T0225144

Handbuch der Gerbereichemie und Lederfabrikation

Bearbeitet von

W. Ackermann, Worms · D. Balányi, Waalwijk · M. Bergmann, New York · E. A. Bohne, Weinheim · W. Freudenberg, Weinheim · O. Gerngroß, Ankara · H. Gnamm, Stuttgart · K. Grafe, Leipzig W. Grassmann, Dresden · K. H. Gustavson, Valdemarsvik · W. Hausam, Dresden . H. Herfeld, Freiberg i. Sa. L. Jablonski, Berlin · Th. Körner, Berlin · A. Küntzel, Darmstadt · R. Lauffmann, Freiberg i. Sa. · F. Mayer, Frankfurt a. M. · W. Mensing, Dresden · A. Miekeley, Dresden · L. Pollak, Aussig a. E. · W. Praetorius†, Leipzig · K. Schorlemmer†, Dresden · G. Schuck, Dresden · Th. Seiz, Berlin · F. Stather, Freiberg i. Sa. · W. Vogel, Freiberg i. Sa. · H. Wacker, Freiberg i. Sa. · A. Wagner, Durlach · Th. Wieschebrink, Freiberg i. Sa. · K. Wolf, Darmstadt

Begründet von **M. Bergmann**, New York

Fortgeführt von

W. Grassmann

Dresden

Dritter Band: Das Leder

1. Teil: Zurichtung und Prüfung des Leders

Textteil

Springer-Verlag Wien GmbH

1936

Zurichtung und Prüfung des Leders

Bearbeitet von

H. Gnamm, Stuttgart · **K. Grafe**, Leipzig · **L. Jablonski**, Berlin · **R. Lauffmann**, Freiberg i. Sa. · **F. Mayer**, Frankfurt a. M. · **K. Schorlemmer** †, Dresden · **W. Vogel**, Freiberg i. Sa. · **H. Wacker**, Freiberg i. Sa. · **A. Wagner**, Durlach · **Th. Wieschebrink**, Freiberg i. Sa.

Herausgegeben von

M. Bergmann
New York

Textteil
Mit 363 Abbildungen
und 78 Tabellen

Springer-Verlag Wien GmbH
1936

© Springer-Verlag Wien 1936
Ursprünglich erschienen bei Julius Springer in Vienna 1936
Softcover reprint of the hardcover 1st edition 1936

ISBN 978-3-7091-2211-2   ISBN 978-3-7091-2214-3 (eBook)
DOI 10.1007/978-3-7091-2214-3

Inhaltsverzeichnis.

Zweites Kapitel.

Mechanische Zurichtmethoden.

Von Gewerbestudienrat Theo Wieschebrink, Freiberg i. Sa.

Drittes Kapitel.

Das Fertigleder.

Von R. Lauffmann, Freiberg i. Sa.

Erstes Kapitel

Chemische Zurichtmethoden.

A. Das Bleichen des Leders.

Von **Dr.-Ing. Hellmut Gnamm**, Stuttgart.

I. Allgemeines.

Das Bleichen von lohgarem Leder verdankt seine Entstehung der bis heute noch verbreiteten Anschauung, daß ein helles Leder in jedem Fall besser sei als ein dunkles. Diese Ansicht ist nicht richtig.

Es ist wohl verständlich, daß der Käufer, wenn er bei gleichem Preis zwischen einem hellen, gleichfarbigen und einem dunklen, mißfarbigen Leder die Wahl hat, stets das helle Leder wählt, obwohl er damit keineswegs immer auch das bessere Leder zu erhalten braucht. Ebenso verständlich ist, daß aus diesem Grund der Gerber im Lauf der Zeit nach Mitteln gesucht hat, mit denen er dunkles und fleckiges Leder aufhellen und damit im Bedarfsfall eine leichter verkäufliche Ware herstellen kann. So ist das sog. „Bleichen" des Leders entstanden.

Über das Aufkommen des Bleichens schrieb A. Claflin im Jahre 1913 sehr treffend folgendes:

„Wie das Sohllederbleichen aufgekommen ist, läßt sich leicht nachweisen. In Amerika war zuerst Eichengerbung die gute und Hemlockgerbung die billige Gerbung. Dann wurde entdeckt, daß etwas Eiche mit einem großen Teil Hemlock zusammen, wenn erstere in den Anfärbestadien der Gerbung verwendet wurde, eine helle Gerbung erzeugte und, besonders wenn eine Bleiche aus Vitriol und Soda benutzt wurde, die Farbe ziemlich der Eichengerbung glich. Mit anderen Worten, das Bleichen des Sohlleders wurde ursprünglich zu dem Zwecke vorgenommen, um gemischte Gerbung als Eichenrindengerbung erscheinen zu lassen. In der Folge hat man sie dann angewandt, um fast jede Gerbung als etwas Besseres erscheinen zu lassen. Daß die Bleiche aber jemand täuschte, ist fast reine Annahme. Jeder erfahrene Großkäufer von Sohlleder kann auf einen Blick das gebleichte von dem natürlich durch die Gerbung gefärbten Leder unterscheiden, und was das konsumierende Publikum betrifft, so ist die Sohle, wenn sie es im Boden des Schuhes erreicht, so überfärbt und imprägniert, daß selbst dem Ledersachverständigen nur eine vorgenommene Sezierung etwas über die Qualität des Leders offenbaren würde."

Die Gründe für das Entstehen dunkler, mißtöniger oder fleckiger Färbungen auf der Lederoberfläche können sehr verschiedener Art sein. War die Blöße an der Oberfläche ungleichmäßig oder zu wenig entkälkt, so bilden sich bei der Gerbung auf der Narbe dunkle, unregelmäßige Kalk-Gerbstoffverbindungen, die als Kalkflecken oder Kalkschatten bekannt sind und dem Leder ein unerfreuliches Aussehen erteilen. Wurden die aus der Gerbung kommenden Häute

ungenügend ausgewaschen, so daß zu viel überflüssiger, d. h. nicht von Hautsubstanz gebundener Gerbstoff in ihnen enthalten blieb, oder aber erfolgte das
Trocknen nach dem Auswaschen zu rasch oder bei zu hoher Temperatur, so verfärben sich die Leder während des Trockenprozesses sehr stark. Das aufgetrocknete
Leder zeigt dann auf seiner Oberfläche eine dunkelbraune. oft sogar braunschwarze
Farbe. Sie entsteht dadurch, daß beim Verdunsten des Wassers der im Leder
vorhandene nicht gebundene Gerbstoff an die Oberfläche tritt und dort unter
der Wirkung des Luftsauerstoffes und des Lichts oxydiert wird. Ein Schutzmittel gegen diese Erscheinung besteht in dem Abölen des Leders (siehe S. 492
dieses Bandes). Bei stark mit überschüssigem Gerbstoff durchtränkten Ledern
kann aber das Abölen mit gewöhnlichen Ölen, wie Tran usw., eine Oxydation
und damit ein dunkles Auftrocknen der Lederoberfläche nicht ganz verhindern.

Endlich können im Lauf der weiteren Zurichtung, so z. B. beim Walzen,
durch Mangel an Sorgfalt ebenfalls Mißfärbungen und Flecken auf den Ledern
hervorgerufen werden.

Alle diese unerwünschten Erscheinungen sind Schönheitsfehler, welche die
Qualität des Leders, d. h. vor allem seine physikalischen Eigenschaften, nicht zu
beeinträchtigen brauchen. Sie stören aber das Aussehen des Leders und rufen
unwillkürlich den Eindruck einer geringeren Ledersorte hervor, besonders wenn
helle, gleichfarbige Leder zum Vergleich herangezogen werden. Viele Gerber
sind daher bestrebt, durch eine weitere Behandlung diese Fehler zu beseitigen.
Sie erreichen dies durch das sog. Bleichen.

Die Bezeichnung „Bleichen" ist unglücklich gewählt. Unter „Bleichen"
versteht man gewöhnlich einen Prozeß, bei dem durch die Einwirkung von
Oxydationsmitteln oder Reduktionsmitteln in Gegenwart von Wasser ein gefärbter Körper farblos gemacht, seine Farbe also zerstört wird. Das Charakteristische für diesen Bleichprozeß ist also die Einwirkung von Sauerstoff in Gegenwart
von Licht und Wasser oder aber die Wirkung von Reduktionsmitteln. Das bekannteste Bleichmittel ist das Wasserstoffperoxyd.

Das sog. „Bleichen" des Leders beruht nicht auf derartigen Wirkungen. Aus
diesem Grunde mußte auch Wasserstoffperoxyd, das schon vor 40 Jahren einmal
als besonders wirksames Bleichmittel für Leder angepriesen wurde, sich zum
Aufhellen von Leder als ungeeignet erweisen, wie das Eitner (1) damals nachgewiesen hat. Nur beim Bleichen von Sämischleder kommen Oxydationsmittel
zu erfolgreicher Verwendung. weil hier der aus dem Tran aufgenommene Farbstoff im eigentlichen Sinn gebleicht, d. h. durch Oxydation in einen farblosen
bzw. nur noch schwach gefärbten Körper verwandelt wird.

Das Bleichen von dunkel gefärbten lohgaren Ledern, das man besser mit
„Aufhellen" bezeichnen würde, beruht auf ganz anderen Vorgängen.

Auf S. 481 im ersten Teil des zweiten Bandes dieses Handbuches wurde
gezeigt, daß die Farbe der pflanzlichen Gerbstoffe in außerordentlich starkem
Maß von dem p_H-Wert, also der Wasserstoffionenkonzentration ihrer Lösung
abhängig ist. Bereitet man sich Auszüge der wichtigsten pflanzlichen Gerbmittel
und stellt diese auf verschiedene p_H-Werte von 2 bis 7 ein, so erhält man in jedem
Fall eine Reihe von ganz verschieden gefärbten Lösungen. Dabei wird man feststellen, daß die Farbtönungen mit steigenden p_H-Werten dunkler, mit abnehmenden p_H-Werten heller werden. Bei ganz niederem p_H-Wert gilt diese Gesetzmäßigkeit allerdings nicht mehr allgemein. Charakteristisch für die Beziehungen
zwischen p_H-Wert und Farbe von Gerbstofflösungen ist die Reversibilität. Die
Färbung läßt sich durch Änderung des p_H-Wertes beliebig und mehrmals verändern. Es handelt sich demnach um einen Indikatoreffekt (Wilson).

Die allermeisten Bleichverfahren für lohgare Leder beruhen nun auf dieser

Beeinflussung der Gerbstofffarbe durch die Wasserstoffionenkonzentration. Die durch Oxydationsvorgänge dunkel gefärbten Gerbstoffe an der Lederoberfläche werden zuerst wieder in Lösung gebracht (da ja nur in Lösungen eine bestimmte Wasserstoffionenkonzentration eingestellt werden kann). Dann wird der p_H-Wert dieser Gerbstofflösung so verändert, daß sie eine hellere Farbe annimmt. Dies wird durch eine Verminderung des p_H-Wertes erreicht, d. h. durch Zusatz von Säure. Aus diesem Grund ist das wichtigste und deshalb auch am meisten verwendete Aufhellungsmittel für lohgare Leder die Säure. Ihr Zusatz zu dem an der Oberfläche gelösten Gerbstoff verändert dessen p_H-Wert derart, daß die ursprünglich dunkle Farbe in eine hellere umschlägt. Darin beruht der sog. „Bleichprozeß" bei der Mehrzahl der Bleichverfahren.

Die Lösung des an der Lederoberfläche angetrockneten oxydierten Gerbstoffes ist nicht ganz leicht. Durch Wasser allein wird er bei gewöhnlicher Temperatur nur mangelhaft in Lösung gebracht. Wirksamer ist schon heißes Wasser. Rascher und vollständiger aber kann man den Oberflächengerbstoff durch verdünnte Alkali- bzw. Sodalösungen auflösen. Deshalb wird der Bleichprozeß in der Praxis meist damit eingeleitet, daß man das vorher in Wasser aufgeweichte Leder mit einer warmen verdünnten alkalischen Lösung, z. B. Sodalösung, behandelt, die den Gerbstoff sehr rasch in Lösung bringt. Auch hierbei zeigt sich sofort die Beziehung zwischen p_H-Wert und Farbe. Durch die alkalische Lösung wird der p_H-Wert des Gerbstoffs erhöht, seine Farbe wird deshalb rasch sehr dunkel. Nach der Alkalibehandlung sind die Leder dunkelbraun bis schwarz, um dann bei der Berührung mit der verdünnten Säurelösung sofort wieder entsprechend der Verschiebung des p_H-Wertes eine hellere Farbe anzunehmen.

Diese Methode zum Aufhellen von lohgarem Leder hat also mit dem sonst üblichen Bleichverfahren, bei dem mittels Sauerstoffes ein Farbstoff entfärbt wird, nichts zu tun. Der Bleichprozeß mit Sauerstoff oder Sauerstoff entwickelnden Mitteln ist nicht umkehrbar, während das Aufhellen von lohgarem Leder mit Säure reversibel ist.

Die Methode läßt aber ohne weiteres erkennen, wo ihre schwachen Punkte liegen, d. h. wo sie für das Leder Gefahr bringen kann. Die Intensität ihrer Wirksamkeit hängt ab: von der Einwirkungsdauer, der Temperatur und der Stärke der angewandten Soda- bzw. Säurelösungen. Es ist außer Zweifel, daß eine Verwendung zu heißer und zu starker Lösungen und ebenso eine zu lange Einwirkung der Lösungen auf das Leder mehr als den erwähnten Indikatoreffekt hervorruft und die Ledersubstanz schwer schädigen kann. Dabei ist, entgegen der landläufigen Anschauung, die Sodalösung gefährlicher als die Säurelösung.

Die Sodalösung soll den in der Oberfläche des Leders sitzenden ungebundenen Gerbstoff in Lösung bringen. Bei zu langer Einwirkung oder bei Verwendung von zu starken und zu heißen Lösungen wird aber nicht nur dieser freie Gerbstoff gelöst. Es beginnt vielmehr die Sodalösung nach Herauslösen des freien Gerbstoffs auf die Lederfaser selbst einzuwirken. Die sich hierbei abspielenden chemischen oder physikalischen Vorgänge vermögen wir zwar nicht näher zu erklären. Wir wissen aber, daß die Einwirkung von alkalischen Lösungen auf Leder dessen Eigenschaften stark verändern kann. Man darf annehmen, daß eine teilweise Entgerbung der Hautfaser eintritt, so daß das Leder bei erneutem Auftrocknen hart, blechig und brüchig wird. Dieser Schaden läßt sich durch keine Nachbehandlung mehr beheben.

Aus diesem Grunde liegt in einer zu starken Sodabehandlung beim Aufhellen des lohgaren Leders eine nicht zu unterschätzende Gefahr. Eine zu starke oder zu lange Säurebehandlung ist nicht in dem Maße gefährlich, weil die Säure aus dem Leder wieder weitgehend ausgewaschen werden kann und weil ihre schädi-

gende Wirkung sich erst im getrockneten Leder auszuwirken beginnt. Dann
allerdings ist ihre Wirkung auf das Leder außerordentlich nachteilig. Der schädliche Einfluß einer zu starken Behandlung mit Sodalösung kommt dagegen unmittelbar zur Auswirkung und kann durch nichts mehr behoben werden.

Diese Gefahr, die das Bleichverfahren mit Soda und Säure für lohgares Leder
in sich birgt, ist der Grund, warum von vielen Lederherstellern und Lederver-
brauchern die ganze Methode verworfen wird, und warum sie verlangen, daß gutes
Bodenleder z. B. nicht gebleicht werden darf. Anderseits werden heute in Amerika
große Mengen jeder Art von Leder nach dem Soda-Säureverfahren gebleicht.

Es ist kaum zu bezweifeln, daß ein vorsichtiges Bleichen von lohgarem
Leder, bei dem nur die äußerste Oberflächenschicht eine Aufhellung erfährt und
jedes tiefere Eindringen der Lösungen und ebenso die Verwendung von zu starken
Lösungen und höherer Temperaturen streng vermieden wird, mit keinerlei
Schädigung des Leders verbunden ist. Dies wird insbesondere dann der Fall sein,
wenn die Sodalösungen sehr schwach gehalten und die Leder nach dem Säurebad
ganz sorgfältig ausgewaschen werden. Auf der anderen Seite steht ebenso zweifels-
frei fest, daß jede übermäßige Einwirkung der Soda- und Säurelösungen unbedingt
zu einer Schädigung des Leders führt. Es muß nun besonders darauf hingewiesen
werden, daß es außerordentlich schwierig ist, die Grenze zu erkennen und einzu-
halten, die eine gefahrlose Anwendung des Bleichens von dem Beginn schädigender
Auswirkungen trennt. Und das ist der Grund, warum vom rein ledertechnischen Standpunkt aus das Bleichen durch Eintauchen der
Leder in heiße Soda- und Säurelösungen zu verwerfen ist.

Es wäre weit zweckmäßiger, mit allen Mitteln auf die Lederverbraucher in
dem Sinn einzuwirken, daß sie bei gewissen Ledersorten dem äußeren Aussehen
nicht mehr die unberechtigte Bedeutung beimessen wie bisher. Warum ein schweres
Sohlleder durchaus eine strahlend helle Farbe haben soll, weiß eigentlich niemand
zu sagen. Das eine aber ist jedenfalls sicher, daß diese Farbe mit seiner Qualität
nicht das geringste zu tun hat, und daß ein dunkles unscheinbares Sohlleder
unter Umständen viel wertvoller, haltbarer, fester usw. sein kann als ein von
vielen Käufern lediglich der äußeren Farbe wegen bevorzugtes Leder, das eine
makellos gleichfarbige, helle Oberfläche aufweist. Bei der gegenwärtigen Mentali-
tät der Masse der Lederverbraucher aber ist kaum damit zu rechnen, daß diese
Anschauung sich bald Bahn bricht.

Ein weiterer Gesichtspunkt, der gegen die erwähnte Art des Bleichens spricht,
der allerdings nur den Lederhersteller interessiert, ist der, daß jedes lohgare
Leder durch die Soda-Säurebleiche an Gewicht verliert. Über diese Frage
führt A. Claflin an der bereits angeführten Stelle folgendes aus:

„Meines Wissens ist eine Statistik über den Gewichtsverlust beim Bleichen noch
niemals veröffentlicht worden. Ja, es ist, glaube ich, nur in sehr wenigen Gerbereien
versucht worden, die Verluste auch nur aufzuzeichnen. In der Tat würde das Bleichen
überhaupt wohl ein für allemal aufhören, wenn der Verlust an gutem Gerbmaterial
durch die Schwefelsäurebleiche richtig gewürdigt würde. Bei der äußerst geringen
Möglichkeit, größeres Zahlenmaterial zu erhalten — was wirklich wesentlich ist,
wenn zutreffende Folgerungen gezogen werden sollen — schätze ich den Reinverlust
am fertigen Leder durch das Bleichen im Minimum auf $1^1/_2 \%$ bei leichter Bleiche und
bis zu 5% bei starker Bleiche und im Durchschnitt auf $2^1/_2$ bis 3%. Dieser Verlust
betrifft den Gerbstoff, der in dem Leder sein sollte. Da unbeschwertes Sohlleder,
annähernd gesprochen, ungefähr 50% Gerbstoff und 50% Hautsubstanz enthält
und der von der Bleiche herrührende Verlust so gut wie ganz auf den Gerbstoff entfällt, so folgt, daß von je 100 Pfund in das Leder hineingebrachtem Gerbstoff 3 bis
10 Pfund vorsätzlich wieder herausgeschafft und weggeworfen werden, und zwar
wegen einer Farbe, deren innerer Wert gleich Null ist. Wenn aber der Verlust so groß
ist, und ich glaube, ich habe ihn mäßig angenommen, warum wird dann der Sache
nicht ein Ziel gesetzt?“

Der Gerbstoffverlust wird deshalb weniger berücksichtigt, weil es vielfach — besonders in den Vereinigten Staaten — üblich ist, auf die Soda-Säurebleiche noch eine Behandlung des Leders mit Bittersalz und Traubenzucker folgen zu lassen, durch welche der Gewichtsverlust wieder ausgeglichen wird.

Im Gegensatz zu dem gefährlichen, weil in seiner Auswirkung nur schwer zu kontrollierenden Tauchverfahren ist ein Aufhellen lohgarer Leder durch einfaches Ausbürsten mit Soda- und Säurelösungen ungefährlich, ganz besonders wenn statt der Schwefelsäure die viel milder wirkende Oxalsäure verwendet wird. Bei diesem Ausbürsten wird ja nur die alleräußerste Oberflächenschicht erfaßt. Auch können durch ein ausgiebiges Nachbürsten mit heißem und kaltem Wasser nahezu die letzten Spuren von Säure entfernt werden. Allerdings sind starke dunkle Verfärbungen, Kalkflecken u. dgl. durch einfaches Ausbürsten mit Soda- und Säurelösungen nicht immer völlig zu entfernen.

Wirkung von Säuren auf das Leder.

Im Zusammenhang mit dem Problem des Bleichens sind die Untersuchungen und die auf deren Ergebnisse gegründeten Anschauungen über die Einwirkung von Säuren auf das Leder von Interesse.

Die schädliche, zerstörende Wirkung von Säuren auf Leder ist schon sehr lange bekannt. Die chemischen Vorgänge, welche die Schädigung des Leders herbeiführen, sind aber keineswegs geklärt. Die Angaben in der älteren Literatur über dieses Problem sind spärlich.

Vor etwa 10 Jahren hat Immerheiser anläßlich der Ausarbeitung einer Methode zur Bestimmung von Schwefelsäure im Leder sich auch mit dem Verhalten dieser Säure im Leder befaßt. Nach seiner Ansicht wird verdünnte Schwefelsäure vom Leder in großen Mengen sehr schnell gebunden und zum Teil „neutralisiert". Dieses „Neutralisieren" soll dadurch erfolgen, daß schon bei gewöhnlicher Temperatur die verdünnte Schwefelsäure — ebenso wie andere freie Säuren — eine tiefgehende Spaltung der Ledersubstanz bewirkt, wodurch ein Teil der Schwefelsäure in organisch-stickstoffhaltige Verbindungen übergeht. Diese organischen Sulfate lassen sich auswaschen und sind durch einen sehr hohen Gehalt an Stickstoff charakterisiert. Deshalb zeigt bei allen Ledern, die unter Einwirkung von Säure gestanden haben, der wässerige Auszug stets einen wesentlich höheren Stickstoffgehalt als bei unbehandelten Ledern. Er kann nach Immerheiser in einzelnen Fällen sich bis auf das Zehnfache des Normalen steigern.

Immerheiser hat Untersuchungen darüber angestellt, wieviel Schwefelsäure eigentlich Ledersorten von verschiedener Gerbung aufnehmen können. Das Ergebnis seiner Versuche war folgendes:

2 g lufttrockenes Leder absorbierten innerhalb 1 Stunde bei gewöhnlicher Temperatur:

bei Gerbung mit	ccm $n/_{10}$-H_2SO_4:
Eichenholzextrakt	7,76—8,22
Quebrachoextrakt	10,33
Mimosarinde	7,61
Myrobalanen	5,54
Kastanienextrakt	5,64
Eichenrindenextrakt	8,70

Immerheiser kommt dann weiter zur Ansicht, daß man Schwefelsäure in einem Leder, das diese Säure im Lauf des Herstellungsprozesses aufgenommen hat, um so weniger nachweisen kann, je älter das Leder ist.

Die Immerheiserschen Anschauungen über die rasche Bindung der Schwefelsäure im Leder wurden von Moeller (1) stark angegriffen. Die daraus entstehende Polemik brachte aber keine weitere Klärung des Problems. Über die zerstörende Wirkung der freien Säure im Leder waren sich beide Verfasser einig, die Geschwindigkeit der schädlich wirkenden Reaktion aber blieb umstritten.

Moeller (2) vertritt die Ansicht, daß bei der Säurewirkung auf Leder nicht nur die Wasserstoffionen einen zerstörenden Einfluß ausüben, sondern auch die Anionen, insbesondere die SO_4- und SO_3-Ionen, sehr stark, zum Teil stärker als die H-Ionen, hydrolysierend auf das Leder einwirken.

Auch Kubelka und Ziegler kamen bei ihren Untersuchungen über das Verhalten von Schwefelsäure im Leder zu der Anschauung, daß nach 5 wöchigem Lagern von der ursprünglich vorhandenen Säure der größte Teil von der Lederfaser so aufgenommen wird, daß er bei der Messung der Azidität nicht wieder gefunden werden kann.

Kubelka und Weinberger stellten fest, daß die meßbare Beschädigung von Leder durch Schwefelsäurezusatz praktisch erst nach einem Monat beginnt. Nach 1 bis 3 Monaten fanden sie

bei   1% H_2SO_4-Zusatz zum Leder 0,53% ⎫ wasser- und
 „   5% H_2SO_4-Zusatz   „   „   1,23% ⎬ sodalösliche
 „   10% H_2SO_4-Zusatz   „   „   9,4% ⎭ Hautsubstanz

Wilson hat den Einfluß der Schwefelsäure, bzw. der Schwefelsäurekonzentration im Leder auf die physikalischen Eigenschaften verschiedener Ledersorten untersucht. Mehrere Lederproben wurden mit steigenden Mengen Schwefelsäure behandelt, getrocknet und dann verschieden lang aufbewahrt ($1\frac{1}{2}$, 3, 6 und 9 Monate). Die Aufbewahrung erfolgte zuerst eine Woche lang an der Luft, dann in einem verschlossenen Gefäß, in dem eine relative Feuchtigkeit von 50% aufrechterhalten wurde. Hierauf wurden die Leder auf ihre Reißfestigkeit geprüft. Die Ergebnisse des Versuchs zeigt Abb. 1.

In der Abb. 1 sind die Versuchsergebnisse bei den niederen Säurekonzentrationen, die bis zu 20% Festigkeitsverlust verursachten, weggelassen, da sie nicht einheitlich sind. Die Kurven zeigen deutlich, daß mit zunehmendem Gehalt an Schwefelsäure und mit zunehmender Lagerzeit die Zerstörung des Leders fortschreitet. Sie zeigen ferner, daß die Zerstörungserscheinungen im lohgaren Leder bei mehr als 4%, im Chromleder bei mehr als 10% Gehalt an Schwefelsäure eintreten und beim Lagern dann nicht mehr aufzuhalten sind.

Nicht zu ersehen ist aus den Kurven der Abb. 1, wie groß der Säuregehalt eines Leders sein darf, ohne daß sich Zerstörungserscheinungen zeigen. Wilson

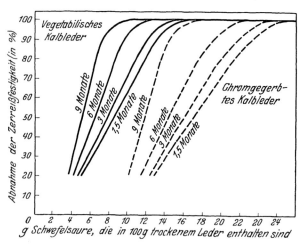

Abb. 1. Einfluß der Zeit und des Schwefelsäuregehaltes von lohgarem und Chromleder auf die durch die Säure bedingten Zersetzungserscheinungen im Leder (nach Wilson).

ist auf Grund von Untersuchungen, die er an Ledern mit einem Alter bis zu 20 Jahren vorgenommen hat, zur Ansicht gelangt, daß für lohgares Leder das noch unschädliche Maximum zwischen 2,6 und 4% angenommen werden kann.

Der Einfluß der Konzentration der Schwefelsäure auf die Zerstörungserscheinungen wurde dadurch ermittelt, daß verschiedene Lederproben in Schwefelsäurelösungen aufbewahrt wurden, die verschiedene Stärke aufwiesen (0,25 n bis 12,00 n). Die Temperatur wurde auf 25° gehalten. Die Dauer der Einwirkung betrug 46 Tage. Die Proben wurden dann 48 Stunden in fließendem Wasser gewaschen, um die Säure zu entfernen. Alle ausgewaschenen lohgaren Leder waren, wie durch Analysen festgestellt wurde, frei von Schwefelsäure. Die Chromlederproben enthielten weniger freie Säure als bei Beginn des Versuchs.

Gegen Ende der Versuchsdauer (46 Tage) zerfielen die lohgaren Proben in der 10 n- und 12 n-Schwefelsäurelösung in mehrere Stücke. Den übrigen lohgaren Proben war äußerlich eine Veränderung nicht anzusehen. Dagegen wurden fast alle Chromlederproben, die in Schwefelsäurelösungen mit 0,4 n- und höherer Konzentration aufbewahrt waren, völlig aufgelöst. Die Abnahme der an den nicht zerstörten Proben vorgenommenen Reißfestigkeit ist aus Abb. 2 ersichtlich.

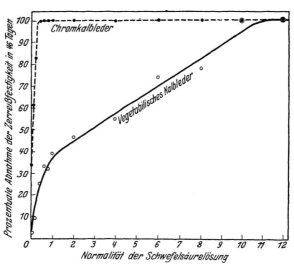

Abb. 2. Einfluß der Schwefelsäurekonzentration auf die zerstörende Wirkung von Schwefelsäurelösungen gegenüber lohgarem und chromgarem Kalbleder (nach Wilson).

Die Versuche zeigen in erster Linie, um wieviel mehr das Chromleder gegen freie Schwefelsäure empfindlich ist als lohgares Leder.

Nach Innes (1) müssen 2% Schwefelsäure im Leder vorhanden sein, wenn eine Zerstörung des Leders einsetzen soll. Woodroffe und Hancock sind der Ansicht, daß Schwefelsäure ohne schädigende Wirkung auf das Leder ist, wenn der p_H-Wert der zur Behandlung des Leders verwendeten Lösung über 2 liegt. Blackadder gibt in seinem neuesten Kommissionsbericht (des Vereins amerikanischer Lederindustriechemiker) betreffend das Studium der zerstörenden Wirkung von Säure auf Leder an, daß bei schwefelsäurehaltigem Leder ein p_H von 2,75 für den wässerigen Auszug des Leders gerade noch vertretbar sei, da man festgestellt habe, daß ein diesem p_H-Wert entsprechender Schwefelsäuregehalt innerhalb von zwei Jahren ein Leder nicht mehr als bis zu 10% schädigen könne.

Daß die Art des Gerbstoffs auf den Empfindlichkeitsgrad des lohgaren Leders gegenüber Schwefelsäure von Einfluß ist, haben Bowker und Critchfield gezeigt. Sie fanden, daß ein mit einem Gemisch von Kastanien- und Quebrachoextrakt gegerbtes Leder weniger widerstandsfähig gegen Schwefelsäure ist, als ein mit Quebracho allein gegerbtes Leder, daß es dagegen von Schwefelsäure weniger leicht zerstört wird als ein Leder, das nur mit Kastanienextrakt gegerbt ist. Diese Feststellungen zeigen, daß alle Versuche über die Einwirkung der Schwefelsäure auf lohgares Leder, das mit einem einzigen Gerbstoff gegerbt ist, nur relativ zu werten sind.

Auch die Versuche von Innes (2) haben gezeigt, daß Art und Stärke der Einwirkung von Schwefelsäure auf lohgare Leder in erheblichem Maße von der Art der verwendeten Gerbstoffe abhängt. Innes fand, daß die mit Pyrogallol-Gerbstoffen gegerbten Leder widerstandsfähiger sind als Leder, die mit Pyrokatechin-Gerbstoffen gegerbt sind. Er konnte weiter mit Hilfe des sog. Peroxydtestes[1] feststellen, daß Leder, welche einen hohen Prozentsatz an wasserlöslichen Stoffen enthalten, gegen die schädliche Wirkung der Schwefelsäure sich viel widerstandsfähiger zeigen als Leder, die arm an solchen Stoffen sind. Es scheinen insbesondere die Nichtgerbstoffe zu sein, welche diese Schutzwirkung ausüben. Unter den Nichtgerbstoffen sind es wieder besonders die Salze schwacher organischer Säuren, welche die zerstörende Einwirkung der Schwefelsäure herabzumindern imstande sind. Den zuckerartigen Nichtgerbstoffen kommt keine Schutzwirkung zu.

Der Gerbungsgrad sowie die Menge und die Natur des dem Leder einverleibten Fettes beeinflussen nach Innes die Wirkung der Schwefelsäure auf Leder nicht.

Man nimmt vielfach an, daß lohgares Leder, das Schwefelsäure enthält, in trockener Luft rascher durch die Säure zerstört wird als in feuchter, weil bei Abnahme der Feuchtigkeit des Leders eine Konzentrierung der Schwefelsäure einträte. Wilson und Kern untersuchten den Einfluß der Feuchtigkeit auf den Zerstörungsvorgang. Verschiedene Lederproben wurden gleichmäßig mit Schwefelsäure behandelt und nach dem Trocknen 46 Tage in Exsikkatoren mit 0, 20, 40, 60, 80 und 100% relativer Feuchtigkeit aufbewahrt. Dann wurde die Abnahme der Reißfestigkeit bestimmt. Die Ergebnisse bei zwei Lederproben, die 5 g Schwefelsäure auf 100 Gramm trockenes Leder enthielten, sind in Tabelle 1 angegeben.

Die Zahlen zeigen, daß mit zunehmender Feuchtigkeit die zerstörende Wirkung der Schwefelsäure fortschreitet. Wilson und Kern erklären dies folgendermaßen: Das Verhältnis zwischen freier Säure und der von Leder gebundenen Säuremenge wird durch die Feuchtigkeit stark beeinflußt, und zwar in dem Sinne, daß mit zunehmender Feuchtigkeit durch hydrolytischen Einfluß

Tabelle 1. Einfluß der Feuchtigkeit auf die zerstörende Wirkung der Schwefelsäure im Leder.

Relative Feuchtig-keit	Wasser im Leder		Abnahme der Reißfestigkeit	
	1	2	1	2
0	1,85	1,25	24,8%	18,4%
20	7,16	6,90	41,0%	33,8%
40	9,83	9,31	47,3%	33,5%
60	13,21	13,28	52,6%	46,2%
80	17,56	17,36	54,1%	51,1%
100	30,40	30,00	62,2%	64,1%

[1] Peroxydtest. Man befeuchtet ein Lederstück von der Größe von 6,5 qcm und einem Gewicht von 2 bis 5 g gleichmäßig mit $n/_1$-Schwefelsäure, wobei man pro Gramm Leder etwa 1 ccm Säure verwendet. Dann läßt man das Leder 24 Stunden bei Zimmertemperatur trocknen. Man läßt hierauf aus einer Pipette tropfenweise eine 10proz. Wasserstoffperoxydlösung auftropfen, so daß im ganzen 0,6 ccm auf 1 g Leder kommt. Über Nacht läßt man wieder trocknen und erneuert die Wasserstoffperoxydzugabe mehrere Male in 24stündigem Abstand. Nach 7 Tagen wird die Wirkung beurteilt. Die Lederprobe ist dann entweder vollständig zerstört, d. h. in eine schwärzliche, zähe Masse übergeführt, oder aber sie ist spröde und brüchig oder aber sie ist nur wenig verändert. Die Ecken der Probe zeigen meist eine stärkere Zerstörung, da sehr häufig bei dem Befeuchten mit Säure und Wasserstoffperoxyd die Flüssigkeit nach den Ecken zu abfließt und sich dort anreichert.

die Menge der freien Säure zunimmt. Da aber die freie Säure allein für die Zerstörung des Leders verantwortlich ist, müssen die Zerstörungserscheinungen mit zunehmender Feuchtigkeit größer werden.

Auch Bowker und Evans fanden, daß bei lohgaren Ledern die Schwefelsäure enthalten, die Geschwindigkeit der Zerstörung des Leders von dem Feuchtigkeitsgehalt der Luft abhängt, in der das Leder lagert. Die Zerstörung erfolgt um so schneller, je höher der Feuchtigkeitsgehalt der Luft ist.

Daß die zerstörende Wirkung der Schwefelsäure auf lohgares Leder durch die Anwesenheit von Magnesiumsulfat abgeschwächt wird, haben die besonders wertvollen Untersuchungen von Bowker, Wallace und Kanagy gezeigt. Das Ergebnis dieser Untersuchungen läßt klar erkennen, daß die schädigende Wirkung der Schwefelsäure viel mehr eine Funktion des p_H-Wertes des Leders als des tatsächlich vorhandenen Schwefelsäuregehaltes ist. Die Untersuchungen sind weiterhin deshalb sehr wertvoll, weil sie mit einem besonders umfangreichen Ledermaterial durchgeführt worden sind und den Ergebnissen somit eine zuverlässige allgemeine Gültigkeit beigemessen werden kann.

Die Angaben in jeder der vier Gruppen (vier verschiedene Ledersorten) entsprechen den Durchschnittswerten von 21 Proben. Aus der Tabelle 2 ist deutlich erkennbar, daß durch einen Magnesiumsulfatzusatz der Anfangs-p_H-Wert des Leders zunimmt, d. h. daß die Wasserstoffionenkonzentration in einem Leder mit

Tabelle 2. Beziehungen zwischen p_H-Wert und Prozentgehalt an Schwefelsäure und Magnesiumsulfat in lohgarem Leder (nach Bowker, Wallace und Kanagy).

%-Gehalt an H_2SO_4	%-Gehalt an $MgSO_4$	p_H-Wert des Leders	
		am Anfang	nach 24 Monaten
Quebracho-Leder			
0,0	—	4,90	4,96
0,7	—	3,26	3,32
1,6	—	2,67	2,88
2,2	—	2,28	2,60
Quebracho-Leder mit Magnesiumsulfatzusatz			
0,0	4,7	4,97	4,91
0,8	4,6	3,52	3,60
1,5	4,9	2,81	2,98
2,3	4,9	2,43	2,63
Kastanienextrakt-Leder			
0,0	—	3,79	3,80
0,8	—	2,87	2,98
1,7	—	2,47	2,70
2,4	—	2,18	2,44
Kastanienextrakt-Leder mit Magnesiumsulfatzusatz			
0,0	5,0	3,87	3,94
0,8	5,2	3,16	3,26
1,7	4,9	2,64	2,80
2,5	5,3	2,33	2,52

Magnesiumsulfatgehalt geringer ist als bei gleicher Schwefelsäurekonzentration in einem magnesiumsulfatfreien Leder. Auffallend ist weiterhin, daß nach den in Tabelle 2 zusammengestellten Untersuchungsergebnissen bei allen Leder proben der p_H-Wert mit dem Altern des Leders — wenn auch wenig — ansteigt.

Ein Vergleich der Reißfestigkeit und der Menge der wasserlöslichen Hautsubstanz bei den einzelnen Proben nach 24monatigem Lagern ergab, daß die zerstörende Wirkung der Schwefelsäure bei einem p_H-Wert des Leders von 3 beginnt und daß sie bei allen Lederproben unterhalb eines p_H-Wertes von 2,8 bereits ein erhebliches Ausmaß erreicht. Siehe Abb. 3 und 4. In den Abb. 3 und 4 entsprechen die vier Kurvenpunkte den vier verschiedenen Lederproben der vier Gruppen nach Tabelle 2.

Daß die Feststellung des p_H-Wertes des Leders bei der Beurteilung einer

schädigenden Säurewirkung viel wichtiger ist als die Bestimmung der Säurekonzentration, geht aus Abb. 3 deutlich hervor, wobei noch besonders auf die

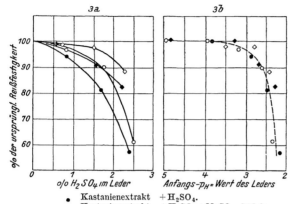

Ähnlichkeit der Kurven in
den Abb. 3a und 4 hinzu-
weisen ist. Die Untersuchung
aller Lederproben, die einen
Zusatz an Magnesiumsulfat
erhalten hatten, zeigte, daß
bei gleichem Schwefelsäuregehalt Leder mit Magnesiumsulfat eine geringere Schädigung erleidet als magnesium-
sulfatfreies Leder.

Lamb und Gilman
konnten durch Reihenver-
suche zeigen, daß die Lichtempfindlichkeit von Le-
dern, die mit Pyrokatechin-
gerbstoffen gegerbt und vor
der Zurichtung mit Schwefelsäure gebleicht wurden, um
so größer ist, je mehr Säure
unneutralisiert im Leder verbleibt.

- Kastanienextrakt $+H_2SO_4$.
- Kastanienextrakt $+H_2SO_4+MgSO_4 \cdot 7\,H_2O$.
- Quebrachoextrakt $+H_2SO_4$.
- Quebrachoextrakt $+H_2SO_4+MgSO_4 \cdot 7\,H_2O$.

Abb. 3. a Einfluß des Schwefelsäuregehaltes von lohgarem Leder
auf die Reißfestigkeit nach einer Lagerung von 24 Monaten (nach
Bowker, Wallace und Kanagy). b Beziehungen zwischen
Anfangs-p_H-Wert und Reißfestigkeit von lohgarem Leder nach
einer Lagerung von 24 Monaten (nach Bowker, Wallace
und Kanagy).

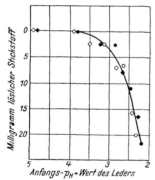

Auch über die Wirkung der Salzsäure auf das Leder hat Wilson Versuche angestellt, indem er verschiedene
Kalblederproben mit $^1/_{10}$ bis $^5/_1$ normalen
Salzsäurelösungen behandelte und die
Leder nach dem Trocknen 46 Tage auf-
bewahrte. Ohne Rücksicht auf die Stärke
der einzelnen Säurelösungen enthielten zuletzt alle Lederproben etwa 3,3 g Salzsäure pro 100 g trockenem Leder. Ebenso
zeigten alle Proben eine Abnahme der
Reißfestigkeit um ungefähr 25%. Wilson
erklärte den gleichmäßigen Salzsäurege-
halt der Lederproben durch die Flüchtigkeit der Säure, die den Eintritt eines
Gleichgewichts zwischen Salzsäure und
Ledersubstanz bedingt.

o Kastanienextrakt $+H_2SO_4$.
o Kastanienextrakt $+H_2SO_4+MgSO_4 \cdot 7\,H_2O$.
• Quebrachoextrakt $+H_2SO_4$.
◊ Quebrachoextrakt $+H_2SO_4+MgSO_4 \cdot 7\,H_2O$.

Abb. 4. Beziehungen zwischen Anfangs-p_H-Wert
des Leders und der Menge der bei 25^0 wasserlöslichen Hautsubstanz[*] nach 24monatigem Lagern
(nach Bowker, Wallace und Kanagy).

Anderseits konnten Kubelka und
Ziegler durch Versuche feststellen, daß
die Azidität eines mit Salzsäure angesäuerten Leders weder nach 5wöchigem
Lagern, noch nach 24stündigem Trocknen bei 100^0, noch nach weiterem 4stündi-
gem Trocknen bei 130^0 sich nicht ändert. Dieses Verhalten ist nur dadurch zu
erklären, daß die Ledersubstanz die Salzsäure bindet, und zwar so fest, daß auch
bei vollkommener Verdunstung des Wassers die gesamte ursprünglich vorhandene Salzsäuremenge von der Ledersubstanz zurückgehalten wird.

---

[*] Bei der Extraktion wurden 25 g Leder mit 200 ccm destilliertem Wasser 3 Stunden bei 25^0 geschuttelt.
In der filtrierten Losung wurde der Stickstoffgehalt nach Kjeldahl bestimmt.

Versuche der gleichen Autoren mit Essigsäure und Ameisensäure zeigten, daß diese Säuren vom Leder nicht in dem Maße wie die Salzsäure zurückgehalten werden.

Schaltet man den Faktor der Flüchtigkeit aus, so zeigt sich, daß die Salzsäure sowohl auf chrom- wie lohgares Leder stärker einwirkt als die Schwefelsäure, wie Wilson dies an einer Versuchsreihe, bei der die Lederproben in Säurelösungen von verschiedener Stärke aufbewahrt wurden, zeigen konnte (siehe Abb. 5).

Die Kurven der Abb. 5 zeigen die Zeit in Tagen an, die für eine völlige Zerstörung des Leders erforderlich waren. In Lösungen, die stärker als 3-normal sind, ist die zerstörende Wirkung der Salzsäure größer als die der Schwefelsäure. Die stärkere Wirksamkeit der Schwefelsäure in den Lösungen, die schwächer als 3-normal sind, führt Wilson auf die vermehrte entgerbende Wirkung dieser Säure zurück.

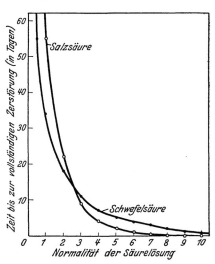

Abb. 5. Geschwindigkeit der Zerstörung von Chromkalbleder in verschieden starken Schwefelsäure- und Salzsäurelösungen (nach Wilson).

Über die Wirkung der Oxalsäure auf lohgares Leder findet man im Schrifttum Angaben, die sich sehr widersprechen. Woodroffe fand an ostindischen Ziegenledern, die eine wechselnde Behandlung mit 4 bis 5% Oxalsäurelösung erfahren hatten, deutliche Verminderung der Reißfestigkeit. Bei Ledern, die mit Salzsäure behandelt worden waren, war die Verringerung der Reißfestigkeit, also der Schädigungsgrad, allerdings deutlicher. Kubelka und Weinberger fanden, daß Oxalsäure erst in größeren Mengen und nach längerer Zeit die Zugfestigkeit von lohgarem Leder schädlich beeinflußt. Bei kleinen Zusätzen ist die Wirkung der Oxalsäure bedeutend schwächer als die der Schwefelsäure. Kubelka und Heger stellten fest, daß ein 10proz. Zusatz von Oxalsäure in seiner Wirkung ungefähr einer Zugabe von 1% Schwefelsäure entspricht.

Bei der Wirkung der Oxalsäure auf lohgares Leder wurde weiterhin die auffallende Beobachtung gemacht, daß nach einmonatiger Einwirkung der Säure die im Leder vorhandene Menge der löslichen Hautsubstanz außerordentlich angewachsen war (10mal höher als im Leder, das mit entsprechender Menge Schwefelsäure behandelt worden war). Nach weiteren 2 Monaten nimmt aber die Menge der löslichen Hautsubstanz wieder ab und wird geringer als bei dem mit Schwefelsäure behandelten Vergleichsleder.

Bowker und Kanagy verfolgten die Wirkung der Oxalsäure auf lohgares Leder während eines Zeitraumes von 2 Jahren. Die Untersuchungen wurden an zwei verschiedenen Ledersorten (je mit Quebrachoextrakt und mit Kastanienextrakt gegerbt) durchgeführt. Dabei wurde die Abnahme der ursprünglichen Reißfestigkeit als Maß für die zerstörende Wirkung der Oxalsäure angesehen.

Es wurde gefunden, daß bei beiden Ledersorten eine das Leder schädigende Wirkung eintritt, wenn der p_H-Wert des Leders infolge der vorhandenen Oxalsäurekonzentration auf 3 gesunken ist (siehe Abb. 6).

In Übereinstimmung mit den von Bowker und Critchfield bei der Wirkung der Schwefelsäure auf lohgare Leder gemachten Feststellungen (siehe S. 7) ist auch die schädigende Wirkung der Oxalsäure auf Leder, das mit Kastanienextrakt gegerbt ist, etwas stärker als auf Quebracholeder. Eine Änderung des Einwirkungsgrades bei verschiedenen Feuchtigkeitsgehalten konnte nicht festgestellt werden.

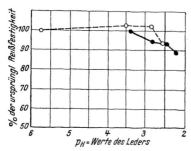

o Quebracholeder.   • Kastanienextraktleder.

Abb. 6. Beziehungen zwischen p_H-Wert und Reißfestigkeit von oxalsaurehaltigem Leder nach 24monatigem Lagern (nach Bowker und Kanagy).

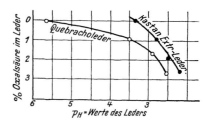

Abb. 7. Beziehungen zwischen Prozentgehalt an Oxalsäure und p_H-Wert von lohgarem Leder (nach Bowker und Kanagy).

Der Einfluß des Oxalsäuregehaltes[1] auf den p_H-Wert des Leders ist aus Abb. 7 ersichtlich. Man sieht, daß der kritische p_H-Wert von 3 beim Kastanienextraktleder bei etwa 1%, beim Quebracholeder bei etwa $1\frac{1}{2}\%$ Oxalsäure erreicht wird.

Tabelle 3. Wirkung verschiedener Säuren auf die Menge auswaschbarer Stoffe im Leder.

Menge des Säurezusatzes in %	Wirkungsdauer (Lagerung)				
	1 Stunde	24 Stunden	1 Monat	3 Monate	6 Monate
	ohne Säure = 9,63% auslaugbarer Stoffe				
	Salzsäure				
1	9,48	9,67	10,09	37,3	Leder zerstört
5	9,77	10,54	28,02	35,1	
10	10,10	13,70	37,06	Leder völlig zerstört	
	Schwefelsäure				
1	10,2	10,88	10,09	8,8	12,6
5	13,0	13,60	12,08	11,0	14,1
10	16,8	18,40	17,06	20,2	21,3
	Oxalsäure				
1	10,20	10,0	7,36	9,67	9,9
5	12,70	12,0	11,26	12,3	12,3
10	14,50	15,9	23,78	11,7	14,0
	Essigsäure				
1	10,3	10,5	8,9	8,6	11,8
5	9,77	9,40	7,34	6,9	6,7
10	9,35	8,04	6,88	7,07	8,2

[1] Bestimmung des Oxalsäuregehalts im Leder nach Bowker und Kanagy. Man schüttelt 5 g zerkleinertes Leder in einer Flasche mit 200 ccm einer 2proz. Salzsäurelösung 2 Stunden lang und filtriert. 50 ccm des Filtrats werden mit Ammoniak neutralisiert und 25 ccm Eisessig zugegeben. Man erhitzt zum Sieden und gibt 5 ccm einer 10proz. Chlorcalciumlösung hinzu, wobei ein Niederschlag von Calciumoxalat ausfällt. Nach zweistündigem Stehen wird der Niederschlag abfiltriert, sechsmal mit heißem Wasser gewaschen, geglüht und als CaO gewogen.

Kubelka und Mitarbeiter haben auch den Einfluß der im Leder etwa vorhandenen Säuren auf die Menge der aus dem Leder auswaschbaren Stoffe untersucht, wobei unter „auswaschbaren Stoffen" der Wert verstanden wurde, welcher bei der offiziellen Lederanalyse bestimmt wird. Die Versuche wurden mit Lederproben ausgeführt, welche mit Schwefel-, Salz-, Oxal- und Essigsäure behandelt worden waren. Das Ergebnis der Versuche ist in Tabelle 3 angegeben.

Die Einwirkung der Säuren auf die Menge der aus Leder auswaschbaren stickstoffhaltigen Substanzen (Hautsubstanz) ist nahezu die gleiche wie die Wirkung der Säuren auf die Menge des Gesamtauswaschbaren. Abb. 8 zeigt die Wirkung verschiedener Säuren auf die Menge der wasserlöslichen Hautsubstanz im Leder nach 3 Monaten.

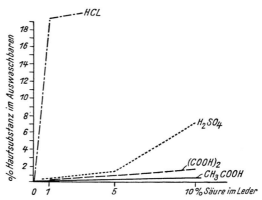

Abb. 8. Vergleich verschiedener Säuren in ihrer Wirkung auf die Menge der wasserloslichen Hautsubstanz im Leder nach dreimonatiger Lagerung (nach Kubelka und Weinberger).

Kubelka und Weinberger kommen auf Grund ihrer Untersuchungen zu dem Schluß, daß die Beschädigung des Leders durch die Einwirkung von Säuren im großen und ganzen etwa parallel mit der Zunahme der Menge der aus dem Leder auswaschbaren Stoffe verläuft. Die Menge des Auswaschbaren kann daher für Versuche, bei denen der Anfangsgehalt an auswaschbaren Stoffen im unveränderten Leder bekannt ist, als Maß für den Beschädigungsgrad des Leders Verwendung finden.

Sonstige Bleichmethoden. Die schädlichen Wirkungen, denen das Leder beim Bleichen mit Soda und Säure ausgesetzt ist, haben frühzeitig ein Suchen nach andern Bleichmitteln veranlaßt.

In Amerika hat man eine Zeitlang sehr viel die schweflige Säure zum Bleichen verwendet. Ihre aufhellende Wirkung beruht zum Teil ebenfalls auf der Säureeigenschaft (p_H-Wert-Erniedrigung), doch wirkt sie gleichzeitig auch reduzierend auf die dunklen Gerbstoffoxydationsprodukte. Die zum Bleichen verwendete schweflige Säure wurde meist durch Verbrennen von Schwefel in besonderen Öfen erzeugt, die in den Trockenräumen aufgestellt waren.

An Stelle der freien schwefligen Säure lassen sich deren Salze sowie Salze der Sulfoxylsäure (Hydrosulfite) zum Aufhellen von lohgarem Leder verwenden. Die im Handel befindlichen Produkte „Blankit", „Deflavit" u. dgl. sind solche Salze, die in 1- bis 2proz. Lösungen zum Bleichen verwendet werden. Meist wird vor- oder nachher noch eine ganz kurze Schwefelsäurebehandlung der Leder vorgenommen. Selbstverständlich ist beim Bleichen von Leder mit schwefliger Säure, Sulfiten und Hydrosulfiten stets die Gefahr einer nachträglichen Bildung von Schwefelsäure vorhanden, wenn auch die Säuremengen, die entstehen können, weit geringer sind als bei der direkten Schwefelsäurebleiche.

Daß an Stelle von Schwefelsäure mit Vorteil die Oxalsäure zum Bleichen verwendet wird, ist bereits erwähnt worden. Noch milder wirkt Kaliumoxalat in Verbindung mit Salzsäure.

Eine besonders milde Wirkung der Säurebleiche läßt sich durch Verwendung der sog. Bleichöle erzielen, die in allen möglichen Arten und Qualitäten auf dem

Markt erschienen sind. Die meisten dieser Bleichöle sind sauer eingestellte, wasserlösliche Öle (von der Art der Türkischrotöle). Der bleichende Faktor ist also
ebenfalls eine Säure bzw. eine Verbindung mit Säurecharakter.

Auch gewisse synthetische Gerbstoffe, die ja vielfach hochmolekulare
organische saure Verbindungen sind, eignen sich sehr gut zum Aufhellen von
lohgaren Ledern. Außer der Beeinflussung der Gerbstoffarbe infolge des sauren
Charakters ist die auffallende Wirkung dieser synthetischen Gerbstoffe noch
darauf begründet, daß sie Phlobaphene und teilweise auch Ellagsäure zu lösen
vermögen. Daß sie gleichzeitig noch gerbend wirken, ist ein weiterer Vorteil
(siehe S. 18).

Auch Zinnsalz (Zinnchlorür) wurde zeitweise viel zum Aufhellen dunkler
lohgarer Leder benutzt. Es verursacht eine gelbliche Färbung, besonders wenn
man die Leder vorher mit einer Sumachlösung behandelt. Allerdings wird auch
dem Zinnsalz eine schädliche Wirkung auf das Leder nachgesagt, die sich besonders
in leichter Narbenbrüchigkeit auswirken soll (siehe S. 18).

Ein sehr viel verwendetes Bleichmittel ist das Bittersalz (Magnesiumsulfat). Bei der früher unter der Bezeichnung „Schwerbleiche" bei Vache- und
Sohlleder hier und dort üblichen Behandlung wurde als Bleichmittel ein Gemisch
von Glukose und Bittersalz von wechselnder Zusammensetzung verwendet.
Mit Bittersalz läßt sich die Farbe von lohgarem Leder weitgehend aufhellen
(siehe S. 18).

Von ganz anderer Art sind nun jene Bleichverfahren, bei denen fein verteilte
Stoffe von weißer oder heller Farbe auf der Oberfläche des Leders, das aufgehellt
werden soll, niedergeschlagen werden. Man hat diese Bleichmethoden auch als
„Tünchen" des Leders bezeichnet.

Fast alle derartige Verfahren beruhen darauf, daß man auf dem Leder zwei
Stoffe in wässeriger konzentrierter Lösung aufeinander einwirken läßt, die unter
Bildung eines unlöslichen Niederschlages von weißer Farbe miteinander reagieren.
Die am meisten verwendeten Stoffe sind Bleizucker und Chlorbarium in Wechsel-
wirkung mit Sulfaten, meist Bittersalz oder Glaubersalz, zwischen denen sich
folgende Reaktionen abspielen:

$$Pb(C_2H_3O_2)_2 + Na_2SO_4 = PbSO_4 + 2\ C_2H_3O_2Na$$
$$BaCl_2 + MgSO_4 = MgCl_2 + BaSO_4.$$

Auch unlösliche Oxalate können auf der Lederoberfläche gebildet werden:

$$Pb(C_2H_3O_2)_2 + C_2H_2O_4 = PbC_2O_4 + 2\ C_2H_4O_2$$
$$BaCl_2 + C_2H_2O_4 = BaC_2O_4 + 2\ HCl.$$

Behandelt man das zu bleichende Leder nacheinander mit den Lösungen der
beiden Stoffe, die zusammen den weißen Niederschlag bilden, so scheidet sich
dieser $(PbSO_4,\ PbC_2O_4,\ Ba\,SO_4,\ BaC_2O_4)$ auf der Lederoberfläche in fein verteiltem Zustand ab. Das Leder erhält dann beim Trocknen eine helle, weißliche
Färbung (siehe S. 19).

Eine andere Art des Aufhellens von Leder besteht in der Abscheidung von
Schwefel auf der Lederoberfläche (siehe S. 19).

Auch das Abscheiden von Aluminiumhydroxyd aus den Lösungen von
Tonerdesalzen kann die gleiche Wirkung haben (siehe S. 19).

Eine weitere Möglichkeit zur Aufhellung von Ledern besteht schließlich darin,
daß man die Leder mit Lösungen heller Gerbstoffe, wie Sumach, Gambir,
Algarobilla u. a., behandelt. Bei Ledern, die bereits sehr dunkel aufgetrocknet sind,
führt diese Maßnahme jedoch zu keinem Erfolg.

Aus diesen Ausführungen geht hervor, daß es neben der stark wirkenden und deshalb gefährlichen Soda-Säurebleiche noch eine Reihe von Methoden gibt, nach denen der Gerber eine Verbesserung der Farbe von solchen lohgaren Ledern, deren Aussehen nicht befriedigt, erzielen kann, ohne daß die Qualität des Leders Schaden leidet.

II. Die Praxis des Bleichens.

Das Aufhellen von Leder, wie es im vorhergehenden Abschnitt erörtert wurde, kommt eigentlich nur für lohgare Ledersorten in Betracht. Chromleder werden nur nach den sog. Tünchmethoden (Ausfällen von fein verteilten weißen Körpern auf der Lederoberfläche) in ihrer Farbe verändert.

1. Bleichen mit Soda und Säure.

Im folgenden sollen eine Anzahl von Bleichmethoden aufgezählt werden, wie sie in den letzten 50 Jahren beschrieben und empfohlen worden sind. Mit Absicht sind dabei auch ältere Methoden und Vorschriften angeführt, um einen Überblick über die Entwicklung dieses Gebietes der Lederzurichtung zu geben.

In seiner „Manufacture of Leather" vom Jahre 1885 erwähnt Davis, wohl zum erstenmal, eine Vorschrift für das Aufhellen von Hemlock-Leder. Sie lautet, dem Inhalt nach, wie folgt:

Das Bleichen wird in drei Stufen durchgeführt. Für 100 Häute bereitet man zuerst eine Lösung von 2,7 kg Vitriol in 2500 l Wasser, in der die Leder 36 Stunden belassen werden. Dann gelangen sie in das zweite Bad, das aus 2500 l Wasser mit 67,5 kg Borax besteht und auf eine Temperatur von 50° gebracht wird. Unter langsamem Bewegen werden hier die Leder 45 Minuten belassen. Das anschließende dritte Bad besteht aus 22,5 kg Schwefelsäure, die in 2500 l Wasser gelöst sind. Die Temperatur beträgt 45°. Im Säurebad verbleiben die Häute nur $^1/_2$ bis 1 Minute. Dann werden sie in frischem Wasser gespült.

Im Jahre 1892 veröffentlichte Eitner (2) im „Gerber" eine Methode zum Bleichen von Sohlleder, die angeblich auch einer englischen Methode entsprach und die durch den charakteristischen Satz eingeleitet wurde:

„Auch Sohlleder muß eine hübsche Farbe haben. Mag die Qualität desselben eine noch so gute sein, so bemängeln es die Käufer doch, wenn nicht auch die Narbenseite rein ist. Deshalb braucht aber doch der Gerber nicht zu verzagen, wenn seine Ware zu dunkel oder fleckig herauskommt. Er kann sie leicht bleichen."

Die Bleichvorschrift lautet wie folgt:

Es werden drei hölzerne Bottiche benötigt, die etwa 0,9 m breit, 1,85 m lang und 0,75 m tief und mit Dampf- und Wasserleitungsrohr versehen sind. Die Bottiche werden zu zwei Drittel mit Wasser gefüllt. Im ersten Bottich werden dann 10 kg Soda gelöst. Die Lösung wird auf 44$^1/_2$° erwärmt. Im zweiten Bottich werden 10 kg Oxalsäure gelöst. Die Lösung wird auf 41$^1/_2$° erwärmt. Der dritte Bottich enthält nur reines kaltes Wasser. Die Leder (halbe Häute) werden in den ersten Bottich 1 bis 2 Minuten eingehängt, dann in das Säurebad gebracht, wo sie 5 Minuten verbleiben, und kommen dann in das kalte Wasser. Von dort aus läßt man sie abtropfen, ölt sie mit Tran ab und hängt sie zum Trocknen auf.

Bei fortlaufendem Bleichbetrieb muß das Sodabad täglich einmal mit 10 kg Soda erneuert werden. Es wird trotzdem jeden Abend abgelassen und am anderen Morgen frisch angesetzt. Das Säurebad erhält im Laufe eines jeden Tages einen Zusatz von 10 kg Oxalsäure und wird zweimal in der Woche frischgestellt.

Bei dieser Vorschrift wird bereits darauf hingewiesen, daß ein zu langes Belassen der Leder in der Sodalösung gefährlich ist und daß die Sodalösung auf die Leder schädlicher einwirken kann als die Säurelösung. Die Vorschrift gibt weiter an, daß man nach dem Bleichen die Leder zuerst einige Tage an einem dunklen kühlen Ort aufhängen und sie dann erst in der Wärme fertigtrocknen soll.

Eine andere Vorschrift zum Bleichen mit Oxalsäure bzw. oxalsaurem Kalium gibt Mazamet im Le Cuir technique 1913 an:

Man bringt die trockenen Leder in ein ca. 45 bis 50° warmes Bad mit 1% kalzinierter Soda. Nach 10 Minuten wird in reinem Wasser gewaschen. Darauf kommen die Leder in eine 1proz. Lösung von Oxalsäure, wo sie 10 Minuten verbleiben. Anschließend läßt man auf dem Bock abtropfen. Die so gebleichten Leder sollen keinerlei Narbenbrüchigkeit zeigen und eine helle reine Farbe haben.

Noch besser soll der Griff und die Färbung des Leders bei Verwendung von Kaliumoxalat nach folgender Methode werden:

Zuerst wird das Leder in einer 1proz., 45 bis 50° warmen ammoniakalischen Sodalösung 10 Minuten gehaspelt. Dann wäscht man aus und bringt das Leder in ein Bad, das 0,75% Kaliumoxalat und 1% einer Salzsäure vom spez. Gew. 1,170 enthält. Nach 5 bis 10 Minuten ist die Bleichung vollendet.

In The Leather Trades Review, Bd. 16, Nr. 1, wird zum Bleichen von besonders mißfarbigen Ledern folgendes Verfahren empfohlen:

1. Bad: 6proz. Lösung von Soda bei 68° C während 10 Minuten.
2. Bad: 6proz. Lösung von Oxalsäure während 10 Minuten.
3. Bad: Wasser.

Bei einem Arbeiten nach diesen Angaben scheint aber doch größte Vorsicht am Platz zu sein. Konzentration, Temperatur und Bleichdauer sind hier derart, daß Schädigungen des Leders wohl sicher zu erwarten sind.

Das amerikanische Patent Nr. 1 588 686 (25. I. 1922) gibt folgende Vorschrift für das Bleichen von lohgaren Ledern an: Bei dem bisherigen Bleichen mit Alkalilösung und darauf folgender Schwefelsäurebehandlung ergeben sich häufig Flecken auf dem Leder, die von dem nur teilweise entfernten Alkali herrühren. Außerdem zeigen derartig gebleichte Leder nach dem Trocknen oft ein geringeres Gewicht als vor dem Bleichen.

Es wurde deshalb ein verbessertes Bleichverfahren für Sohlleder ausgebildet, bei welchem man das Leder in eine Anzahl verschiedener Lösungen taucht. Diesem Verfahren wird in der Patentschrift nachgerühmt, daß man nach dem Auftrocknen ein Leder von gleichmäßiger Farbe erhält, das im wesentlichen dasselbe Gewicht wie vor dem Bleichprozeß hat und keine Narbenbrüchigkeit aufweist.

Nach diesem Verfahren arbeitet man mit fünf verschiedenen Bottichen.

Schema für das Bleichverfahren nach dem amerik. Pat. Nr. 1 588 686.

Wasser	Sodalösung	Lösung von Schwefelsäure, Alaun und Salz	Lösung von Schwefelsäure	Wasser
1	2	3	4	5

Bottich Nr. 1 enthält Wasser, Nr. 2 Soda, Nr. 3 eine Lösung von gleichen Teilen Schwefelsäure, Alaun und Salz in Wasser von 40° Bé, Nr. 4 schwache Schwefelsäure und Nr. 5 wieder reines Wasser. Die Temperatur in allen Lösungen soll ca. 50° betragen.

Die zu bleichenden Leder werden der Reihe nach je 5 Minuten in die Bottiche 1 bis 5 getaucht. Dem Bottich 3 wird besondere Bedeutung beigemessen, weil dem in der Lösung 3 enthaltenden Alaun und Salz eine bessere Wirkung beim Bleichprozeß zugesprochen wird.

Nach einer anderen amerikanischen Bleichmethode arbeitet man mit fünf Behältern, die folgende Lösungen enthalten: Nr. 1 Wasser von 50^0, Nr. 2 $1/4$ proz. Sodalösung von 50^0, Nr. 3 $1/2$ proz. Schwefelsäure von 50^0, Nr. 4 $1/4$ proz. Schwefelsäure von gewöhnlicher Temperatur, Nr. 5 kaltes fließendes Wasser. Die zu bleichenden Leder werden 3 bis 5 Minuten in die einzelnen Bottiche eingetaucht und nach dem Abspülen mit Wasser abgeölt.

Sagoschen gibt für die Anordnung von vier Bädern zum Bleichen folgende Vorschriften an (Bad II und IV enthält Wasser zum Spülen):

1. 3 bis 4% kalz. Soda für Bad I und 4% krist. Oxalsäure für Bad III;
2. 2% Ätznatron für Bad I und 1 bis $1^1/_2$% konz. Schwefelsäure für Bad III;
3. 4% kalz. Soda für Bad I und 3% konz. eisenfreie Salzsäure für Bad III.

Kombinationen der Vorschriften 1 bis 3 ermöglichen weitere Arbeitsweisen für das Bleichen. Besonders zweckmäßig kann nach Sagoschen auch die Verbindung von Säurebädern sein, z. B. Salzsäure-Oxalsäure. Da Salzsäure dem Leder einen gelblichen und Oxalsäure einen mehr rötlichen Ton verleiht, kann man durch geeignete Säuregemische Zwischenfarben erzielen. Für das Alkalibad schlägt Sagoschen eine Temperatur von 36^0, für das Säurebad 25^0 vor. Die Behandlung der Leder im Säurebad soll in keinem Falle länger als 60 Sekunden dauern, da die Säure sonst zu tief ins Leder eindringt.

Bleichverfahren im Faß. Nach ähnlichen Grundsätzen, wie sie für das Tauchverfahren der Alkali-Säurebleiche beschrieben wurden, kann man lohgares Leder auch im Faß bleichen. Man verwendet jedoch bedeutend schwächere Lösungen als beim Tauchverfahren. So werden z. B. $1/2$ bis 1 proz. Boraxlösungen und $1/2$ proz. Lösungen von Oxalsäure empfohlen. Da beim Bleichen im Faß trotz der Anwendung stark verdünnter Säurelösungen die Säure unter Umständen sehr tief ins Leder eindringen kann, ist ein gründliches Spülen mit Wasser nach dem Bleichen besonders wichtig.

Bleichen durch Ausbürsten. Ein Verfahren zum Aufhellen der Leder mit Säure, das besonders mild und schonend wirkt, ist das Ausbürsten. Auch diese Methode ist dem Gerber schon lange bekannt. Die feuchten Leder werden mit ganz schwachen Säurelösungen (zwischen 0,3 bis 1,0%) ausgebürstet und anschließend mit viel kaltem Wasser ausgewaschen. Auch bei diesem Verfahren kann man die Bleichwirkung verstärken, wenn man vorher mit schwachen Soda- oder Boraxlösungen vorbürstet oder wenn man warme Lösungen verwendet.

Aus den aufgeführten Bleichmethoden geht hervor, daß sich das Grundprinzip der Säurebleiche im Laufe der Jahrzehnte kaum geändert hat. Je nach Geschmack und Neigung zur Vorsicht wurde die Konzentration, die Temperatur und die Bleichdauer verschieden gewertet. Für alle Bleichmethoden mit Alkali und Säure aber gilt der Grundsatz, daß nach dem Säurebad ein gründliches Spülen der gebleichten Leder mit viel frischem Wasser unerläßlich ist, um möglichst alle in die Oberfläche des Leders eingedrungene Säure wieder zu entfernen und Schädigungen des Leders auszuschließen.

2. Sonstige Bleichmethoden.

Schweflige Säure. Über die Verwendung der schwefligen Säure in Form von SO_2-Dämpfen finden sich in der älteren Gerbereiliteratur einzelne Angaben. Das Verfahren ist heute wohl kaum mehr im Gebrauch.

Die zu bleichenden Leder wurden in dicht abgeschlossenen Kammern aufgehängt. Auf irgendeine geeignete Weise wurden sodann SO_2-Dämpfe in die Kammer geleitet, die durch fortdauerndes Verbrennen von Schwefel in einem Ofen erzeugt wurden. Die Beschickung des Ofens erfolgte natürlich außerhalb der Bleichkammer.

Eine ähnliche Wirkung erzielt man, wenn man die Leder mit wässerigen Lösungen von Bisulfit oder von Hydrosulfit ausbürstet oder aber im Faß walkt. Es genügt schon eine Konzentration von 2 bis 3%. Ein schwacher Zusatz von Säure erhöht natürlich die Wirkung, weil dadurch freie schweflige Säure entsteht. Über Blankit und Deflavit siehe S. 13.

Ein Verfahren zum Bleichen von Leder mit Aluminiumsalzen der schwefligen Säure wird in dem D.R.P. 275 304 von R. Friedrich empfohlen. Das Verfahren beruht darauf, daß das Leder mit einer verdünnten Lösung von Aluminiumbisulfit oder aber an dessen Stelle mit einem Gemenge von Tonerdesulfat und Natriumbisulfit getränkt wird. Nach Angabe des Patentinhabers wird bei Gegenwart von pflanzlichen Gerbstoffen im Leder die gesamte schweflige Säure des Aluminiumbisulfits abgespalten und dadurch das dunkel gefärbte Leder weitgehend gebleicht. Gleichzeitig soll der Gerbstoff mit dem Tonerdehydrat des Aluminiumbisulfits einen Tonerdelack bilden, der in der Haut fixiert wird und unauswaschbar ist. Zur Durchführung des Verfahrens werden Lösungen von 5° Bé empfohlen. Bei Verwendung eines Gemisches von Tonerdesulfat und Natriumbisulfit· werden diese Salze in stöchiometrischem Verhältnis angewandt.

Zinnchlorür. Über das Bleichen von lohgaren Ledern mit Zinnsalzen finden sich in der Literatur nur spärliche Angaben. Im allgemeinen wird empfohlen, das Leder mit einer 3proz. wässerigen Lösung von Zinnchlorür, mit oder ohne Zusatz von wenig Salzsäure, auszubürsten. Noch wirksamer ist das Walken im Faß mit der leicht sauren Zinnsalzlösung. Man kann z. B. für 10 Häute 0,05 kg Zinnchlorür in genügend Wasser von 30° auflösen, 1% etwa 33proz. Salzsäure (auf die Wassermenge berechnet) zusetzen und dann 20 bis 30 Minuten im Faß walken. Das Leder erhält dabei eine helle gelbliche Farbe.

Bittersalz. Für die Verwendung von Bittersalz zum Aufhellen lohgarer Leder haben sich alle möglichen Arbeitsmethoden herausgebildet. Am meisten wird es in Gemischen mit Traubenzucker von wechselnder Zusammensetzung verwendet. Im Handel sind zahlreiche Produkte erschienen, deren hauptsächlichste Bestandteile Bittersalz und Zucker sind. In den meisten Fällen kann sich der Gerber diese Bleichmittel billiger selbst herstellen.

Das Bleichen mit Bittersalz wird meist im Anschluß an oder zusammen mit starken Extraktgerbungen vorgenommen und deshalb stets im Faß ausgeführt. Vielfach wird noch ein wasserlösliches Öl zugegeben. Bei Qualitätsleder darf das Bleichen mit Bittersalz nicht zu einer übermäßigen Beschwerung führen. Der Gehalt an Bittersalz im Leder ist leicht feststellbar.

Bleichextrakte. Zahlreiche Gerbextrakte, denen eine besondere Bleichwirkung zugeschrieben wird (Bleichextrakte), sind im Handel. Meist sind es stark sulfitierte Extrakte, die dem Leder eine helle Farbe erteilen. Für ihre Verwendung werden zahlreiche Vorschriften herausgegeben. Vielfach wird die Mitverwendung von Bleichölen oder sonstigen Bleichmitteln empfohlen. Auch gewisse Sulfitcelluloseextrakte werden zum Bleichen verwendet.

Synthetische Gerbstoffe. Von den synthetischen Gerbstoffen sind zum Bleichen des Leders besonders geeignet das Tanigan F und FC, sowie Tamol. Meist genügen 3- bis 4proz. Lösungen. Für die Benützung von Tamol NNO als Bleichmittel gibt die I. G. Farbenindustrie A. G. folgende Vorschrift an:

Man walkt die Leder mit 2 bis 3% Tamol NNO, 0,5 bis 1% Oxalsäure und 100% Wasser etwa $^1/_2$ Stunde. Die Mengen beziehen sich auf Gewicht des ausgereckten Leders. Nach dem Walken spült man 10 Minuten in fließendem Wasser. Zum Bleichen von Chromleder kann ein ähnliches Gemisch Verwendung finden.

Nach dem Patent D.R.P. 423137 vom 15. II. 1922 (Meister Lucius und Brüning) kann man Leder dadurch aufhellen, daß man sie mit wasserunlöslichen hellfarbigen, nicht flüchtigen organischen Verbindungen, insbesondere Oxyarylen, von geringerer Azidität als Gerbstoffe behandelt.

Auch in den Patentschriften D.R.P. 299987 (BASF) und Brit. Pat. 157864 und 215880 sind Verfahren zum Bleichen von Leder angegeben.

Bleichen durch Erzeugung von Niederschlägen.

Die auf S. 14 genannten Bleichmethoden, bei denen auf dem Leder wasserunlösliche weiße Niederschläge abgeschieden werden, kommen heute in der Hauptsache bei Chromledern zur Anwendung. Insbesondere die in der Ausfällung von Blei- und Bariumsulfat bestehenden Bleichmethoden werden in großem Umfang zur Herstellung weißer Chromleder verwendet.

Die Leder werden hierzu meist in Lösungen des Barium- bzw. Bleisalzes von wechselnder Stärke gewalkt und anschließend mit Schwefelsäure- bzw. Sulfatlösungen behandelt. Auch durch Einhängen des Leders in die Lösungen läßt sich der gleiche Zweck erreichen. Der Prozeß kann mehrmals wiederholt werden, bis die Weißfärbung der Leder befriedigt. Die Bleisulfatbleiche hat den Nachteil, daß sich die Leder bei der Einwirkung von Schwefelwasserstoff infolge Abscheidung von Bleisulfid dunkel färben. Sowohl bei Verwendung von Blei- wie Bariumsalzen tritt eine erhebliche Gewichtserhöhung des gebleichten Leders ein.

Die Konzentrationen der zum Bleichen verwendeten Bleisalz- und Bariumsalzlösungen sind außerordentlich verschieden. Sie hängen hauptsächlich davon ab, ob der Bleichprozeß durch einmalige Behandlung der Leder in den beiden Bädern, oder durch mehrmaliges Bleichen durchgeführt wird. Zweckmäßig ist, der Schwefelsäurebehandlung stets noch eine Behandlung mit Barium- oder Bleisalzen folgen zu lassen, damit die vorhandene Säure gebunden wird. Wird statt Schwefelsäure ein Sulfat verwendet, so ist dies nicht erforderlich. Das Tünchverfahren ist sowohl in Bädern wie im Faß und durch Ausbürsten der Leder möglich.

Jettmar hat eine Tünchmethode beschrieben, bei der man das Leder zuerst mit einer Lösung von 1 g Bleizucker und 0,2 g Zinnsalz pro Liter ausbürstet und eine Behandlung mit 2 bis 3 proz. Schwefelsäurelösung folgen läßt. Ein gründliches Nachwaschen ist unerläßlich.

Ein anderes Verfahren zum Aufhellen von Leder, das ebenfalls in der Ausfällung eines weißlichen Niederschlages auf der Lederoberfläche besteht, wird in dem D.R.P. 263475 von P. Schneider (1912) empfohlen. Es beruht auf der Tatsache, daß lösliche Aluminiumsalze mit Ammoniak einen weißen, voluminösen, in Wasser unlöslichen Niederschlag bilden. Behandelt man das Leder zuerst mit einer 10 proz. Lösung eines Aluminiumsalzes (z. B. Aluminiumsulfat) und anschließend mit einer 10 proz. wässerigen Ammoniaklösung, so lagert sich der entstehende unlösliche Niederschlag an der Oberfläche des Leders ab und hellt dadurch die Farbe des Leders auf.

Nach einer anderen Methode (D.R.P. 364918 vom 3. I. 1917) wird das Ausfällen von Schwefel auf der Lederoberfläche zum Aufhellen benützt. Hierzu wird das Leder zuerst in einer wässerigen Lösung von Schwefelnatrium, Natriumthiosulfat und einem Alkalihydroxyd und hieran anschließend in einer Säurelösung behandelt. Die erste Lösung setzt sich beispielsweise folgendermaßen zusammen aus:

5,0% Schwefelnatrium,
8,0% Thiosulfat
und 0,25% Alkalihydroxyd.

Als Säurelösung wird eine 6 proz. Lösung von Salzsäure verwendet. Das Verfahren kann zum Bleichen von lohgaren Ledern und Chromledern benützt werden. Es soll neben der Aufhellung eine erhöhte Geschmeidigkeit und Griffigkeit des Leders herbeiführen. Auch eisengegerbte Leder können nach Angabe des Patentinhabers durch diese Methode gebleicht werden.

Anhang: Das Bleichen von Sämischleder.

Im Sämischleder sind Umwandlungsprodukte des Tranes als färbende Stoffe vorhanden, die dem Leder ein dunkles unansehnliches Aussehen erteilen würden. Sie werden durch Bleichen entfärbt; dabei erhält das Sämischleder seine bekannte hellgelbe Farbe.

Das Bleichen von Sämischleder ist ein richtiger Bleichprozeß, d. h. ein Vorgang, bei dem ein Farbstoff durch Einwirkung von Sauerstoff entfärbt wird. Die einfachste und älteste Methode zum Bleichen von Sämischleder war deshalb die natürliche Sonnenbleiche (auch Rasenbleiche genannt). Die Felle wurden auf Rasen aufgespannt, nachdem sie vorher mit einer $1/_2$- bis 1 proz. Sodalösung von 35^0 ausgewaschen worden waren. Je stärker die Sonnenbestrahlung war, um so rascher ging der Bleichprozeß vor sich. Meist dauerte er jedoch mehrere Tage. Über Nacht mußten die Felle wieder abgespannt werden. Das ganze Verfahren war umständlich, nahm viel Zeit in Anspruch und war sehr von der Witterung abhängig. Außerdem genügte die erzielte Bleichwirkung in vielen Fällen nicht.

Heute verwendet man zum Bleichen von Sämischleder Chemikalien, die Sauerstoff entwickeln, in erster Linie Kaliumpermanganat. Die durch Waschen mit Soda oder Seifenlösungen von überschüssigem Fett befreiten Felle kommen zuerst in eine Lösung von Kaliumpermanganat (auf 100 l Wasser gibt man 120 g Kaliumpermanganat und 30 g Schwefelsäure). Wichtig ist, daß das Permanganat vollständig gelöst ist und nicht einzelne ungelöste Körnchen sich in den zu bleichenden Fellen festsetzen. Die Felle werden mit Stangen in der Lösung getrieben, damit die Oxydation an allen Stellen gleichmäßig erfolgt. Durch die Entstehung von Braunstein färben sich die Felle vollständig braun; auch die vorher violette Farbe des Bades schlägt ins Braune um. Nach etwa 40 Minuten werden die Leder herausgenommen und in reinem Wasser gespült.

Sie kommen nun in das zweite Bad, in dem in je 100 l Wasser 10 l Bisulfitlauge von 38^0 Bé aufgelöst sind. Die Lösung erhält unmittelbar vor dem Gebrauch noch einen Zusatz von 1 bis 2% Salzsäure.

Durch die Behandlung der Permanganatlösung wird der Farbstoff des Sämischleders oxydiert und entfärbt. Gleichzeitig hat sich aber das Leder mit einer Schicht Braunstein (MnO_2) überzogen, der nun seinerseits wieder in eine auswaschbare schwach gefärbte Verbindung übergeführt werden muß. Dies geschieht durch die Behandlung des Leders mit Bisulfit. Die schweflige Säure reduziert den Braunstein zu Mangansulfat:

$$MnO_2 + H_2SO_3 \rightarrow Mn\,SO_4 + H_2O.$$

Durch anschließendes gründliches Spülen mit Wasser wird das Mangansulfat aus den Ledern, die jetzt eine gleichmäßige helle Farbe angenommen haben, herausgewaschen.

Besser und rascher wird die Permanganatbleiche von Sämischleder im Faß oder Haspel durchgeführt, wobei ein gleichmäßigeres Arbeiten möglich ist.

Auch mit Wasserstoffperoxyd oder Natriumperoxyd kann der Bleichprozeß durchgeführt werden. Bei der Verwendung des letzteren entsteht aber während des Bleichens gleichzeitig mit der Sauerstoffentwicklung Natronlauge, die schädlich auf das Leder einwirkt und deshalb durch Neutralisieren unschädlich gemacht werden muß. Man kann dies z. B. dadurch erreichen, daß man in eine $^1/_2$ proz. Säurelösung so lange allmählich Natriumperoxyd einträgt, bis die Lösung gerade schwach alkalisch ist (rotes Lackmuspapier färbt sich dann leicht blau). Mit dieser Lösung werden die Felle behandelt, bis sie gleichmäßig aufgehellt sind. Zur Neutralisation von 75 g Natriumperoxyd sind 70 g Schwefelsäure (98 proz.) oder ebensoviel 85 proz. Ameisensäure erforderlich. Statt 75 g Natriumperoxyd kann man auch 4 l 3 proz. Wasserstoffperoxydlösung verwenden.

Billiger, haltbarer und auch bequemer zu handhaben als Natriumperoxyd ist Natriumperborat $NaBO_3 \cdot 4 H_2O$. Es ist weniger alkalisch und erfordert zur Neutralisation daher weniger Säure.

Sämischleder läßt sich auch durch Einwirkung von schwefliger Säure allein bleichen. Dabei kann man die Leder entweder in Bleichkammern aufhängen, in denen auf irgendeine Weise eine Atmosphäre von schwefliger Säure erzeugt wird (Schwefelverbrennung oder Einleiten von SO_2 aus Stahlbomben). Oder aber man behandelt die Leder zuerst mit einer etwa 5 proz. Lösung von Natriumbisulfit und bringt sie anschließend in ein Bad, das wenige Prozente Salz- oder Schwefelsäure enthält.

Anstatt dieser zwei Bäder kann man auch eine Lösung von käuflichem flüssigem Metabisulfit verwenden. Man gibt zu 100 l Wasser 3 kg Metabisulfitlösung und setzt allmählich $^1/_2$ bis 1 kg Salzsäure zu, die man vorher mit der gleichen Menge Wasser verdünnt hat.

Endlich kann Sämischleder auch mit Hypochlorit gebleicht werden. Am billigsten ist ein wässeriger Auszug von Chlorkalk. Anschließend zieht man das Leder noch durch eine schwache Salz- oder Schwefelsäurelösung. Die Wirkung dieses Bleichverfahrens ist nur gering. Für stark dunkle Leder genügt sie nicht.

Von allen aufgeführten Methoden ist die Permanganatbleiche wohl die wichtigste.

Im Anschluß an jeden Bleichprozeß, gleichviel welcher Art er ist, müssen die Leder gründlich mit frischem Wasser ausgewaschen werden. Dann erfolgt die Weiterverarbeitung.

Literaturübersicht.

Blackadder, Th.: Journ. Amer. Leather Chem. Assoc. **1934**, 427.

Bowker, R. C. u. C. L. Critchfield: Journ. Amer. Leather Chem. Assoc. **1932**, 158.

Bowker, R. C. u. Evans: Journ. Amer. Leather Chem. Assoc. **1932**, 81.

Bowker, R. C. u. J. R. Kanagy: Journ. Amer. Leather Chem. Assoc. **1935**, 26.

Bowker, R. C., E. L. Wallace u. J. R. Kanagy: Journ. Amer. Leather Chem. Assoc. **1935**, 91.

Claflin, A.: Technikum des Ledermarkt **1913**, 177.

Critchfield, C. L.: siehe R. C. Bowker.

Davis: Manufacture of Leather. London **1885**, 488.

Eitner, W. (*1*): Gerber **1889**, 279; (*2*): Gerber **1892**, 77.

Evans: siehe R. C. Bowker.

Friedrich, R.: D.R.P. 275304.

Gansser, A.: Taschenbuch des Gerbers, 1. Aufl. Leipzig **1917**, 154.

Gilman, J. A.: siehe M. C. Lamb.

Grasser, G.: Einführung in die Gerbereiwissenschaft, 1. Aufl. Wien: J. Springer **1928**, 135.

Hancock, F. H.: siehe D. Woodroffe.
Heger, O.: siehe V. Kubelka.
Immerheiser, C.: Collegium **1920,** 363.
Innes, R. F. (*1*): Journ. Soc. Leather Trades Chem. **1931,** 480; (*2*): Ebenda **1933,**
725.
Jettmar, J.: Praxis und Theorie der Ledererzeugung **1901.**
Kanagy, J. R.: siehe R. C. Bowker.
Kern, E. J.: siehe J. A. Wilson.
Kubelka, V. u. O. Heger: Collegium **1935,** 294.
Kubelka, V. u. E. Weinberger: Collegium **1933,** 89.
Kubelka, V. u. K. Ziegler: Collegium **1931,** 876.
Lamb, M. C. u. J. A. Gilman: Journ. Soc. Leather Trades Chem. **1932,** 355.
Mazamet: Cuir techn. **1913,** 833.
Moeller, W. (*1*): Collegium **1920,** 468; (*2*): Cuir techn. **1934,** 208, 224, 240.
Sagoschen, J. A.: Gerber **1932,** 83, 89.
Schneider, P.: D.R.P. 263475.
Wallace, E. L.: siehe R. C. Bowker.
Weinberger, E.: siehe V. Kubelka.
Wilson, J. A.: Ind. Eng. Chem. **1926,** 47.
Wilson, J. A. u. E. J. Kern: Ind. Eng. Chem. **1927,** 115.
Wilson, J. A., E. J. Kern, F. Stather u. M. Gierth: Chemie der Lederfabr., 2. Aufl.
Wien: J. Springer. Bd. I, **1931,** 354.
Woodroffe, D.: Journ. Soc. Leather Trades Chem. **1927,** 251.
Woodroffe, D. u. Hancock: Ebenda **1927,** 225.
Ziegler, K.: siehe V. Kubelka.

B. Entfettung.

Von **Dr. phil. Ludwig Jablonski,** Berlin.

Die Entfettung der Haut findet im allgemeinen durch die in der Wasserwerkstatt ausgeführten Arbeitsgänge so weitgehend statt, daß entweder praktisch überhaupt kein Fett mehr darin enthalten ist, oder aber so geringe Mengen, daß die Verarbeitung in der Gerbung und in der Zurichtung keine Hemmung erleiden kann und die Wirkung der Zurichtung nicht störend beeinträchtigt wird.

Wenn Paeßler nach einer persönlichen Mitteilung auch in fertigem Sohlenleder aus Bullenhäuten mehr als 8% Fett gefunden hat, ohne daß das Leder mit Fett beschwert gewesen sein soll, so ist doch meist der Fettgehalt der Rindshäute nicht über 0,5% und wird in der Wasserwerkstatt so weitgehend beseitigt, daß für diese Art von Häuten oder Blößen die Entfettung als ein eigener Arbeitsgang überhaupt nicht in Frage kommt.

Schon bei Kälbern kann der Fettgehalt aber unerwartet stärker sein, bei Schweinshäuten, die im allgemeinen etwa 3 bis 5% Fett enthalten, auf 15 und 20% steigen, und Ziegen, welche im allgemeinen bis 10% aufweisen, können 16% und mehr enthalten, und der Fettgehalt von Schaffellen kann bis 40% anwachsen.

Je nach der Art der Fabrikation und der Höhe des Anspruchs, welchem die fertige Lederware gewachsen sein soll, muß bei derartig hohem Fettgehalt eine Entfettung stattfinden. Denn der Verlauf der Arbeitsgänge, welche die Blöße ergeben, wird durch einen ungewöhnlichen Fettgehalt beeinträchtigt; die stets ungleichmäßige Verteilung des Fetts in dem einzelnen Stück Rohware macht besonders die Einstellung der Anschärfung schwierig: entweder berücksichtigt sie die wenig Fett enthaltenden Teile nicht, dann werden diese übermäßig stark angegriffen, oder die Arbeit wird auf diese fettarmen Stellen eingestellt; dann ist die Beseitigung des Fetts an den fettreicheren Stellen nur unvollkommen.

Das nicht entfernte Fett stört dann sowohl die Gerbung wie die Zurichtung und besonders die Färbung.

Die Entfettung der rohen Ware in der Art, wie sie in der Kürschnerei allgemein ist und dort „Läutern" genannt wird, ist in der Lederfabrikation nicht üblich. Beim Läutern wird das vorgearbeitete Fell mit festen Stoffen, an welchen das Fett haften bleibt, in der Wärme gewalkt. Hierbei können die porösen und saugfähigen Minerale wie Gips oder Ton im allgemeinen nicht verwendet werden, weil sie zu fest an die Haare anfallen und eine Aufhellung des Pigments verursachen, welche den Wert des Pelzes beeinträchtigt; es sei denn, daß weiße Pelze in Frage kommen. Man verwendet deshalb gern lockeren Sand, der sich infolge seiner Schwere gut bis auf die Haut senkt und daher nachhaltig wirkt. An sich wäre dieses billige und oft hinreichend wirksame Verfahren für manchen Gerbereibetrieb wohl brauchbar, besonders wenn eine Mischung von Sand und Ton verwendet wird, da der letzte im Gerbereibetrieb ja keine nachteilige Wirkung ausübt. Die Wirkung bleibt nicht auf die äußere Entfettung beschränkt, sondern durch die Wärme und die Saugwirkung des porösen Minerals wird eine immerhin in Betracht kommende Herabsetzung des Fettgehalts der Haut selbst erreicht, deren Vorteil in einer Erleichterung der Weicharbeit liegt. Das Verfahren kann mit Erfolg nur bei trockener Ware angewendet werden; aber eben hier kann eine günstige Beeinflussung der Weiche von Bedeutung sein.

Die Entfettung der rohen Ware mit Lösungsmitteln oder mit Emulgierungsmitteln ist dagegen in der Lederfabrikation allgemein üblich. Als Emulgierungsmittel werden wässerige Seifenlösungen benutzt, welche nach der ersten Weiche angewendet und durch gute, aber schonende Bewegung in ihrer Wirkung verstärkt werden. Es kommt hierfür vorwiegend die Haspel zur Anwendung. Bei sehr fettreicher Rohware ist indessen diese Arbeitsart im allgemeinen unzulänglich, und das Ausziehen des Fetts mit organischen Lösungsmitteln ist daher weit mehr verbreitet.

An sich ist der Arbeitsgang in seinen Grundlagen allgemein bekannt und in vielen Abarten sowohl hinsichtlich der Apparatur wie hinsichtlich der Lösungsmittel ausführbar und angewendet. Vom einfachen Benetzen und Auswringen bis zur Nachahmung der Soxlethschen Apparate findet man in der Industrie alle möglichen Kombinationen. Und dennoch sind auch hier wirtschaftliche und technische Fehlschläge zu beobachten, welche dem Lederfabrikanten häufig genug gar nicht zum Bewußtsein kommen. Bevor die Darstellung einer wirtschaftlich wirksamen Arbeitsweise gegeben wird, seien einige technische Zusammenhänge erörtert, deren Kenntnis nicht allgemein zu sein scheint und Aufklärung über manchen unerwarteten Mißerfolg geben könnte.

Die Wirksamkeit der Entfettung sowohl beim Rohfell als auch beim mehr oder minder fertigen Leder ist abhängig von dem Wassergehalt des zu entfettenden Gutes, und zwar in verschiedener Hinsicht. Je mehr Wasser in dem Fell oder in dem Leder ist, um so weniger vollkommen ist die erzielte Entfettung. Die Tatsache, daß ja auch wässerige Mischungen im Laboratorium und in der Technik mit Fettlösungsmitteln entfettet werden, verleitet vielfach dazu, den Wassergehalt des Entfettungsgutes unbeachtet zu lassen. Dabei wird aber übersehen, daß man wässerige Lösungen viel energischer mit Fettlösungsmitteln durcharbeiten kann als Felle oder Leder; der Möglichkeit, durch gute mechanische Durchmischung bzw. sehr häufige Berührung zwischen fetthaltigem Gut und Lösungsmittel oder aber durch stärkere Erhöhung der Temperatur die lösende Wirkung der Extraktionsmittel zu steigern, sind in unserem Fall ziemlich enge Grenzen gezogen.

Alle die Apparaturen, welche kleine Gerbereibetriebe sich selbst herstellen und in denen mitunter sogar die Felle nicht glatt, sondern wirr gehäuft behandelt werden, indem das Fettlösungsmittel aufgefüllt und dann die Fettlösung abgezogen wird, können nur eine mangelhafte Wirkung ausüben und lassen dem Zufall einen großen Raum. Werden in die Apparatur dann noch Wärmschlangen eingebaut, um die Lösungswirkung zu erhöhen, so wird eine Gefahrenquelle eingeschaltet, die selbst bei größeren Apparaturen nicht immer sorgfältig genug vermieden wird. Denn wird nicht peinlichst dafür Sorge getragen, daß die Wärmvorrichtung nie mit dem Entfettungsgut in Berührung kommen kann, so kann an vollkommen vom Zufall abhängigen Stellen eine Überhitzung stattfinden. Diese braucht nicht groß zu sein, um bei dem stets vorhandenen Wassergehalt eine Verleimung der Fasern mit Sicherheit herbeizuführen. Es ergibt sich aus der Natur der Ware ohne weiteres, daß bei chromgaren Ledern diese Gefahr nicht sonderlich beachtet zu werden braucht; bei Rohware aber und bei weißgaren Ledern kann die Vorsicht gar nicht übertrieben werden. Die verleimten Stellen nehmen weder die Nahrung noch die Färbung gleichmäßig an; sie zeigen sich häufig genug nicht in mehr oder minder großen Flächen, sondern erscheinen ähnlich den Stippen, d. h. in punktförmigen oder bläschenartigen Flecken. Bei der Untersuchung zeigt sich die Faser gelatinös oder glasig verändert. Da aber die Zusammenhänge nur selten mikroskopisch klargestellt werden, wird der in Erscheinung tretende Mangel häufig genug gar nicht in seiner eigentlichen Ursache erkannt.

Die Gefahr, welche die Feuchtigkeit darstellt, kann naturgemäß vermieden werden, wenn man die Feuchtigkeit entfernt. Diesen Weg geht ein Verfahren, welches Krouse, Davis und Weeber im D.R.P. 380594 geschützt ist.

Die Felle werden im Vakuum soweit getrocknet, wie es nach der Beschaffenheit von Haut und Fettlösungsmittel erforderlich ist und dann mit dem Fettlösungsmittel behandelt, welches so weit vorgewärmt werden kann, wie es die Hautsubstanz zuläßt. Die abgelassene Lösung wird im Vakuum eingedampft und so das Lösungsmittel wieder gewonnen. Das ausgezogene Fett wird gesammelt.

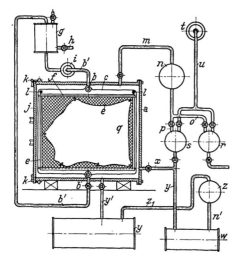

Abb. 9.

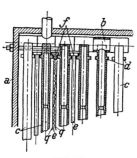

Abb. 10.

Abb. 9 gibt den Apparat im Schnitt, Abb. 10 die Behandlungskammer senkrecht zum Schnitt.

Die Kammer a ist mit einem oberen und einem unteren Sammelrohr b versehen. Diese sind durch eine Reihe von Hohlplatten c verbunden, und die Hohlräume der letzten schließen sich den Kammern b an. Abb. 10 zeigt, daß die Rohrsammelkammern aus anstoßenden Abschnitten hergestellt werden, wobei jeder Abschnitt mit einer Hohlplatte aus einem Stück gebildet ist.

Die Hohlplatten c hängen auf Trägern l und sind auf entgegengesetzten Seiten mit Schienen d versehen. Die Häute oder Felle werden auf Drahtrahmen e, deren Flanschen f auf den Schienen gleiten, gestreckt. Jeder Rahmen sitzt zwischen zwei benachbarten Hohlplatten.

An die Rohrsammelkammern b ist ein Zirkulationsrohr b' angeschlossen, in welchem ein Behälter g und eine Pumpe i eingeschaltet sind. Das Wasser im Behälter *g* wird mit dem durch das Rohr *h* fließenden Dampf geheizt, und die Pumpe *i* bewirkt einen Wasserkreislauf durch die Hohlplatten *c*.

Die Rahmen werden durch die Tür *j*, welche die Kammer *a* luftdicht schließt, eingesetzt.

Das Rohr *m* verbindet die Behandlungskammer *a* mit dem Vakuumapparat *n*, welcher durch die Rohre *o* und *p* mit dem Wassertropfbehälter *r* und dem Lösungsmitteltropfbehälter *s* verbunden ist.

Das Rohr *v* verbindet den Behälter *s* mit dem Vorratsbehälter *w*. Ein Rohr *x* schließt das Rohr *v* der Behandlungskammer *a* an. Der Destillierapparat *y* wird durch das Rohr y_1 mit der Kammer *a*, durch die Rohre z_1 und *n'* und den Kühler *z* mit dem Vorratsbehälter *w* verbunden. Sämtliche Rohre sind mit den entsprechenden Ventilen versehen.

Die Ausübung ist folgende: Die Häute werden durch Wässern und Weichen gereinigt, enthaart und gewaschen. Die Häute *q* werden auf dem Rahmen *e* in die Kammer *a* geschoben. Wasser von ca. 38 ° C wird durch die Hohlplatten in Zirkulation gebracht. Die Luft wird aus der Kammer *a* durch die Rohre *u, c, m*, den Behälter *r* und den Kühler *n* etwa bis auf 30 mm abgesaugt. Das Wasser in den Häuten verdampft, und der Dampf fließt in den Kühler *n* und von dort in den Behälter *r*.

Nach der Trocknung wird das Ventil *x* geöffnet, worauf das Lösungsmittel infolge des Vakuums von dem Vorratsbehälter *w* in die Kammer *a* fließt, die entwässerte Haut durchdringt und das Fett löst. Die Fettlösung fließt in den Destillierapparat ab.

Auf diese Weise können selbst sehr fettreiche Schaffelle praktisch vollkommen entfettet werden.

Bei der Entfettung der Blößen ist dieser Weg praktisch nicht gangbar, weil die Feuchtigkeitsmenge zu groß ist und die Wirtschaftlichkeit deshalb in Frage gestellt wird. Hier kann aber ein mechanisches Verfahren oft helfen. Fettreiche Blößen können praktisch für die vegetabilische Gerbung oder das Pickeln hinreichend entfettet werden, indem man die geschwödeten und entwollten Felle mit warmem Wasser anwärmt und das Fett mit hydraulischen Pressen abpreßt. Bei dieser Arbeitsweise ist (abgesehen von der Beachtung der Temperatur, welche keineswegs 40 ° C übersteigen darf) darauf zu achten, daß der Druck allmählich und langsam gegeben wird, damit Stauungen des Wassers und die hiermit verbundenen Verletzungen der Fasern vermieden werden.

Das Hindernis, welches die Feuchtigkeit der Entfettung entgegenstellt, kann auch auf einem anderen Weg umgangen werden. Der geringe Wirkungsgrad wird durch die mangelnde Benetzung des feuchten Arbeitsgutes mit den Fettlösungsmitteln verursacht. Man kann die Benetzung erheblich steigern, indem man das Lösungsmittel entsprechend ändert. Man kommt dann zu Arbeitsverfahren, die gegebenenfalls sowohl bei Blößen wie bei Leder angewendet werden können.

Das einfachste dieser Verfahren wird in den großen Fleischgefrieranstalten Argentiniens benutzt. Als Lösungsmittel dient wie in den meisten Fällen Benzin, dessen Benetzungsvermögen aber durch Zusatz von Methylalkohol stark gesteigert wird. Gleichzeitig werden durch den Alkohol Oxyfettsäuren, welche sich durch Spaltung der Ester gebildet haben, mit in Lösung übergeführt, während sie in das reine Benzin nicht hineingehen. Die nach dem Schwöden entwollten Blößen kommen mit der Mischung der Lösungsmittel in luftdicht geschlossene Walkfässer und laufen dort 1 bis 2 Stunden, worauf sie schnell abgepreßt werden.

Um die mechanische Wirkung zu erhöhen, werden hierzu nicht Walkfässer aus Holz, sondern aus Wellblech genommen, welche zweckdienlich stark verzinnt sind. Der wesentliche Teil des Fettes wird auf diese Weise entfernt, sodaß die Blößen meist ohne Nachteil vegetabilisch angegerbt oder gepickelt werden können. Das Fettlösungsgemisch wird durch Destillation bis zu zwei Dritteln wieder gewonnen und das Fett erhalten, welches zu bekannten Zwecken verwendet werden kann.

In derselben Richtung bewegen sich auch zwei Verfahren von bekannten deutschen Fabriken. Die eine wendet die sog. wasserlöslichen Öle an, die andere wässerige Emulsionen von Fettlösungsmitteln mit festen saugfähigen Substanzen.

Nach dem schweizerischen Patent 92395 der Firma H. Th. Böhme wird ein Gemisch von spirituösen Seifen mit Kohlenwasserstoffen (z. B. Benzin) oder deren gechlorten Abkömmlingen (z. B. Trichloräthylen) verwendet, deren wässerige Emulsionen als Waschmittel dienen. Neben der auf diese Weise erreichten völligen Benetzung gewinnt man gleichzeitig den Vorteil, daß die Feuergefährlichkeit vermieden wird, so daß selbst bei erhöhter Temperatur in offenen Gefäßen gearbeitet werden kann.

Es werden z. B. 20 g Rübölsäure in 1000 g Benzin gelöst; darauf wird unter Rühren ein Gemisch von 8 g Kalilauge von 50° Bé und 8 ccm Spiritus hinzugefügt. Oder man verwendet 50 g Olein auf 1000 Trichloräthylen und ein Gemisch von 20 g der genannten Kalilauge mit 20 ccm Spiritus.

Diese sog. Naß-Entfettung hat den Vorteil, keinerlei Apparaturen zu benötigen und durchaus ungefährlich zu sein. Die im Handel befindlichen Mittel, welche besonders geeignete Mischungen darstellen, sind unter dem Namen Lanadin eingeführt. Sie können erfolgreich zum Entfetten der meisten Lederarten verwendet werden. Handelt es sich um Leder, welche mit pflanzlichen Gerbstoffen gegerbt werden sollen, so wird vorzugsweise die Entfettung schon an der Blöße vorgenommen, weil der Gerbstoff dem Entfettungsmittel den Zutritt an das Fett erschwert oder versperrt und anderseits der Gerbstoff in seiner wässerigen Lösung die Hautfaser schlecht oder gar nicht durchdringen kann, wenn die Blöße noch fetthaltig ist. Die entfettende Wirkung ist um so stärker, je höher die Temperatur ist, bei welcher gearbeitet wird. Beim Entfetten von Blößen geht man daher bis zu 40° C, während man bei Chromleder bei 60 bis 70° C arbeitet und bei lohgarem Leder die Temperatur um 45° C hält. Wesentlich für das Gelingen der Arbeit ist, daß in jedem Fall das gelockerte und emulgierte Fett und das Entfettungsmittel restlos aus der Haut, bzw. dem Leder entfernt wird. Dieses geschieht durch gründliches Waschen mit warmem Wasser der genannten Temperaturen und nachhaltiges Ausstreichen der Haut.

Man gibt z. B. zu den angewärmten Blößen 8 bis 10% ihres Gewichts von Lanadin L, läßt langsam eine Viertelstunde laufen und setzt dann 40% Wasser der genannten Temperatur hinzu. Nach insgesamt einer Stunde Laufzeit ist die Lockerung durchgeführt, die Fettbrühe wird fortgelassen und das Waschen mit warmem Wasser vorgenommen; dann wird gründlich ausgestrichen.

Felle von geringem Fettgehalt können mit einer anderen Mischung, dem Lanadin Supra, entfettet werden, welches in Wasser selbst schon gute Emulsionen bildet, indem sie vor dem Beizen, während der Beize oder anschließend nach dem Läutern mit 3 bis 4% vom Blößengewicht entfettet werden. Bei stark fetthaltigen Fellen nimmt man 7 bis 9% nach der Beize und arbeitet so, wie vorher beschrieben, im langsam laufenden Faß etwa eine Stunde.

Das andere Verfahren ist der Firma Röhm & Haas durch das österreichische Patent 112114 geschützt und benutzt die anfänglich erwähnte Arbeitsweise mit aufsaugenden festen Stoffen in Verbindung mit der Löse- und Benetzungsfähigkeit von Fettlösungsmitteln, welche in geringer Menge in wässerigen Emulsionen zur Anwendung gelangen.

Es werden beispielsweise 4 Teile Trichloräthylen mit 20 Teilen Wasser und 10 Teilen Kieselgur zu einer Paste gemischt und trocken oder feucht mit Lösungs- oder Emulgierungsmitteln verwendet.

Der weitaus größte Teil der Felle und Leder, welche entfettet werden sollen, werden indessen mit Fettlösungsmitteln behandelt; und da diese restlos aus dem Entfettungsgut entfernt werden müssen, ist die Verwendung auf die niedrig siedenden Mittel beschränkt. Um der Wirtschaftlichkeit willen, zum Teil auch der Feuergefährlichkeit halber, ist daher die Apparatur von entscheidender Bedeutung.

Die erste Anlage von technischer Durchbildung ist in dem D. R. P. 69406 der Firma Turnay in Nottingham beschrieben. Die Stücke werden in einem geschlossenen Behälter aufgehängt und mit dem Lösungsmittel berieselt, dann wird ein Strom warmer Luft daran vorbeigeführt, der mit dem Dampf des Lösungsmittels gemischt ist; die mitgerissenen Dämpfe des Lösungsmittels werden kondensiert, während ein Strom reiner Luft die vollkommene Fortführung des Lösungsmittels und die Trocknung des Arbeitsgutes besorgt.

Die Abbildungen stellen dar: Abb. 11 Seitenansicht, Abb. 12 Grundriß, Abb. 13 und 14 Längsbzw. Querschnitt einer Entfettungskammer, Abb. 15 Seitenansicht des Deckels einer Entfettungskammer, Abb. 16 Seitenansicht einer Hebelübersetzung, Abb. 17 Stirnansicht von Abb. 16, Abb. 18 Grundriß der Aufhängevorrichtung für die Leder, Abb. 19 deren Seitenansicht, Abb. 20 Verbindungsrohr vom Dampfkessel, Abb. 21 Stirnansicht eines Befeuchtungsbehälters, Abb. 22 die Anordnung der Entfettungskammern in Stirnansicht.

Die Entfettungskammern a sind mit einem Oberteil und einem Deckel c versehen (siehe Abb. 11, 14 und 15). Zu beiden Seiten der Behälter a angeordnete Röhren e stehen durch Öffnung d mit dem Innern und durch die Rohrstücke e_1 (siehe Abb. 12) mit dem Befeuchtungsbehälter in Verbindung (g sind Schrauben). Am Boden eines jeden Behälters a ist eine in das Innere hineinreichende Röhre h_1 (siehe Abb. 12), welche in die Verbindungsröhre i

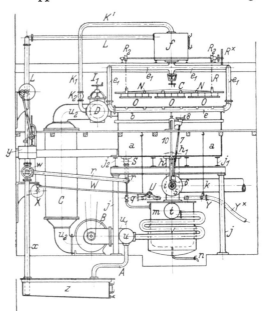

Abb. 11.

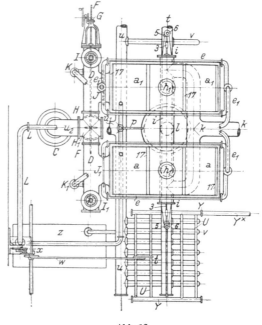

Abb. 12.

übergeht. Über der oberen Mündung von h sind (siehe Abb. 22) kugelförmige Hauben, die, als Rückschlagverschluß dienend, den Eintritt von Dampf in den

Behälter a ermöglichen, den Eintritt der in den Behälter eingespritzten Flüssigkeit in die Röhre h aber verhindern. Behälter a selbst wird durch Säule j und
Riegel $j_1 j_2$ getragen. Die Verbindungsröhre i (siehe Abb. 11) steht durch ein

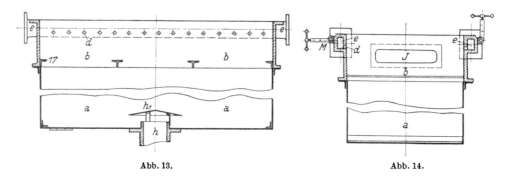

Abb. 13.   Abb. 14.

Rohrstück mit der Luft der Umgebung in Verbindung, welches zweckmäßig
zu einem Ventilator oder ä. führt. In der Mitte der Röhre i zweigt sich eine
Leitung l (siehe Abb. 21) ab, welche zu einem Dampfkessel m führt, der einen

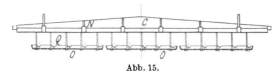

Abb. 15.

Fettauslaufhahn n hat (siehe
Abb. 11). Eine Röhrenleitung p
(siehe Abb. 11) mit Küken q verbindet den Kessel m mit einer
Röhre, welche mit den Klappen-
ventilen S an die Entfettungs-
kammer anschließt. Zu beiden Seiten des Dampfkessels sind Längsrohre t (siehe
Abb. 11) vorgesehen, welche mit einem Längsrohr u durch Kondensationsrohre
in Verbindung stehen; ihr gesamter Rauminhalt ist gleich dem Inhalt der Röhre t.
Das eine Ende des Rohrstücks r (siehe Abb. 11) ist durch einen Dreiweghahn w
am oberen Ende der Saugrohre verschlossen; der Hahn
w verschließt den Zugang zu einer Pumpenleitung. Das
Saugrohr x (siehe Abb. 11) führt zu einem Behälter z,
der das Lösungsmittel aufnimmt. Ein
Rohr A verbindet das Rohrstück u mit
diesem Behälter z. In der Mitte des Rohrs u
zweigt sich ein Rohr u_1 ab (siehe Abb. 12),
das zu einem Ventilator führt. Das Auspuffrohr dieses Gebläses führt durch einen
Vorwärmer C und läuft in ein Dampfrohr D
aus. Hier ist ein Doppelwegventil, bestehend aus einer Scheibe E (siehe Abb. 12),
die unter dem Einfluß der Stange F steht;
diese wird durch die Zahntriebübersetzung
G betätigt, welche oberhalb des Dampfrohrs D gelagert ist (siehe Abb. 12). Die
Scheibe E befindet sich in der Mitte zwi-

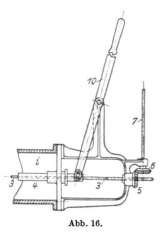

Abb. 16.

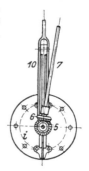

Abb. 17.

schen den beiden Ventilsitzen H und H_1. An den Enden des Dampfrohrs befinden sich die Ventile J und J_1, welche den Auspuff aus dem Dampfrohr und den
Eintritt der Luft in dasselbe ermöglichen. Längliche Öffnungen $J J_1$ (siehe Abb. 12)
führen vom Dampfrohr D zu jeder der Entfettungskammern a. Der Befeuchtungsbehälter f ist mit dem Dampfrohr D durch Röhren $K K_1$ (siehe Abb. 12) und
Hähnen K_2 verbunden. f ist durch das Rohr L mit einer Pumpe y verbunden.

Die Deckel *c* der Kammern *a* können mittels Klammern *M* und *N* (siehe Abb. 13 und 14) dicht angezogen werden. An dem Deckel sind Siebbleche *O* auf-

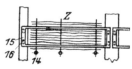

gehängt, die mit Kerben *Q* versehen sind, welche mit den Löchern *d* der Röhre *e* übereinstimmen, wenn die Siebe *O* sich an Ort und Stelle befinden. Ketten *R*, welche über Rollen (R_1, R_2, R_3) laufen und durch das Gegengewicht *s* abgewogen sind, tragen den Deckel und werden durch das Rad *S* (siehe Abb. 22) zum Heben und Senken der Deckel verwendet. Ein Rahmenwerk, aus den Röhren *y* (siehe Abb. 11 und 12) bestehend, welche durch Querröhren *V* miteinander

verbunden sind, und welchen von einem gelenkigen Rohr Y_x aus Wasser zugeführt werden kann, schwingt oberhalb der Kondensationsröhrengruppe *v* durch Vermittlung einer Stange *W* hin und her, welche an einer Kurbel *X* sitzt. Jedes der Klappenventile der Röhre *i* (siehe Abb. 20) hat zwei Scheiben *1* und *2*, deren Eingriffsflächen gerillt sind. Die Scheibe *1* sitzt an der Röhre *4*, welche von einer die Scheibe *2* tragenden Stange *3* durchdrungen ist. Das Ende der Stange *3* trägt ein Rad *5* (siehe Abb. 16), welches in ein Rad *6* eingreift, das auf einer von einem Handhebel *8* aus beweglichen Stange *7* sitzt (siehe Abb. 11). Durch einen

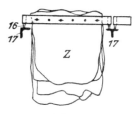

Abb. 19.

Stift *9* (siehe Abb. 16), welcher in einer Kulisse des Handhebels *10* geführt wird, können die Scheiben *1* und *2* unabhängig voneinander geführt und an die Schlitze *11* und *12* gepreßt werden.

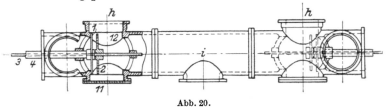

Abb. 20.

Das Leder *Z* wird mit Metallstiften in den hölzernen Rahmen *15* (siehe Abb. 18) gehängt, welchen die Rollen *16* tragen. Der behängte Rahmen wird in die Kammer *a*

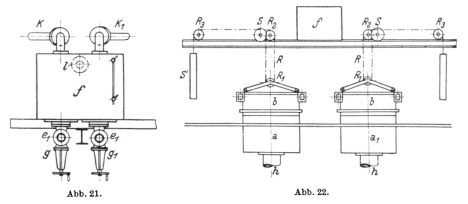

Abb. 21.   Abb. 22.

gebracht, die Deckel heruntergelassen und luftdicht geschlossen. Dann wird der Durchflußquerschnitt der Röhre *i* durch seitliche Verschiebung der Scheiben *1* und *2* geöffnet und die Entfettungskammer mit dem Dampfkessel verbunden.

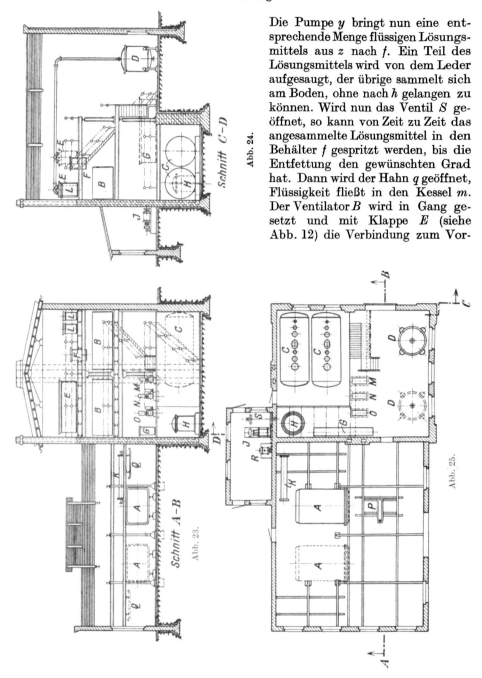

Schnitt C–D

Abb. 24.

Schnitt A–B

Abb. 23.

Abb. 25.

Die Pumpe y bringt nun eine entsprechende Menge flüssigen Lösungsmittels aus z nach f. Ein Teil des
Lösungsmittels wird von dem Leder
aufgesaugt, der übrige sammelt sich
am Boden, ohne nach h gelangen zu
können. Wird nun das Ventil S geöffnet, so kann von Zeit zu Zeit das
angesammelte Lösungsmittel in den
Behälter f gespritzt werden, bis die
Entfettung den gewünschten Grad
hat. Dann wird der Hahn q geöffnet,
Flüssigkeit fließt in den Kessel m.
Der Ventilator B wird in Gang gesetzt und mit Klappe E (siehe
Abb. 12) die Verbindung zum Vor-

wärmer C hergestellt. Hierdurch wird Luft und Lösungsmitteldampf um die
Ware herumgeführt, und zwar vom Ventilator zum Vorwärmer, dann zur Kam-
mer a, zum Dampfkessel, zu den Kondensationsröhren v und dann wieder zum
Ventilator zurück in konstantem Kreislauf. Das Fett wird so vom Lösungsmittel

befreit, das durch die Kondensationsröhren in den Behälter z zurückkommt. Durch Lösung der Klappe J tritt wieder Luft in den Apparat.

Beim Ausbau dieser Verfahren hatte man neben der erstrebten Entfettung die möglichste Schonung der Faser zu beachten und daneben bei nicht zu hoher Investierung für eine einfache Bedienung und möglichst weitgehende Rückgewinnung des Lösungsmittels zu sorgen. Von den gebräuchlichen Anlagen dürfte die nachstehend beschriebene der Firma Maschinenbau-Aktiengesellschaft Golzern-Grimma sehr verbreitet sein (siehe Abb. 23 bis 25).

Die zu entfettenden Felle oder Leder werden außerhalb des Extraktors A an einem längs der Fahrbühne P beweglichen Wagen Q aufgehängt und mit diesem in den Extraktor eingebracht. Der Extraktor wird nun geschlossen und bis zu einer bestimmten Höhe mit Benzin oder Trichlorathylen beschickt, das dem Behälter B

Abb. 26.

entnommen wird. Das Lösungsmittel wird im Extraktor mit Hilfe einer Heizvorrichtung erwärmt und durch die Pumpe N in Umlauf versetzt. Die Dauer dieses Umlaufes richtet sich nach der Größe und dem Fettgehalt des Gutes. Ist der gewünschte Grad der Entfettung erreicht, so wird das Lösungsmittel mit dem darin enthaltenen Fett in einen der Behälter C abgelassen.

Die im Extraktor befindlichen Felle werden nun mit vorgewärmter Luft getrocknet. Um Verluste an Lösungsmittel zu vermeiden, wird die Luft mittels der Luftzirkulationsmaschine J in einem geschlossenen Kreislauf gehalten: sie wird aus dem Extraktor A abgesaugt, im Kuhler G wird das dampfförmig mitgeführte Lösungsmittel niedergeschlagen und im Lösungsmittelabscheider H vom gleichzeitig kondensierten Wasser getrennt. Die Luft wird dann im Vorwärmer K auf die zur Trocknung erforderliche Temperatur vorgewärmt. Der Kühler G und der Abscheider H sind in der Saugleitung, der Luftvorwärmer in der Druckleitung der Luftzirkulationsmaschine eingeschaltet.

Nach Abschluß der Trocknung werden die entfetteten Felle oder Leder aus dem Extraktor herausgefahren, der von neuem beschickt werden kann.

Das fetthaltige Lösungsmittel wird aus einem der Behälter C — gegebenenfalls nach wiederholter Benutzung — mittels der Pumpe N der Destillierblase D zugefuhrt.

In der mit direkter und indirekter Heizung ausgerüsteten Destillierblase wird das Lösungsmittel durch Destillation von den gelösten Fetten getrennt. Die Lösungsmitteldämpfe gelangen in die Kondensations- und Kühlvorrichtung *E*, und das Destillat geht uber den Wasserabscheider *F* zu den Behältern für reines Lösungsmittel *B* zurück.

Die verschiedenen Entlüftungsleitungen sind in einem Sammelrohr vereinigt, welches durch zwei hintereinandergeschaltete Absorptionsgefäße *L* ins Freie führt. In den Absorptionsgefäßen werden von der austretenden Luft etwa mitgeführte Lösungsmitteldämpfe zurückgehalten.

Aus der Destillierblase wird das Fett nach dem Abtreiben des Lösungsmittels von Zeit zu Zeit entfernt.

Auch die Anlagen der Firma Volkmar Hänig & Co. in Heidenau-Dresden sind vielfach in Anwendung, deren Arbeitsgang aus den Abb. 26 und 27 ersichtlich ist. Die Felle werden auch hier auf herausfahrbaren Gestellen in den Apparat gegeben, durch Pumpen das Lösungsmittel in den Extraktor gedrückt, um nach

Abb. 27.

der entfettenden Wirkung als mehr oder minder gesättigte Fettlösung in die Destillationsblase abgelassen zu werden. Erforderlichenfalls, d. h. bei noch nicht vollständiger Entfettung, wird der Arbeitsgang mühelos wiederholt. Zur Entfernung des restlichen Lösungsmittels aus dem Leder wird ein geschlossener kreisender Luftstrom verwendet, welcher, im Lufterhitzer angewärmt, die Felle umspült, das Lösungsmittel aufnimmt und es im Kühler wieder abgibt. Durch erneute Erwärmung der Luft ist sie wieder zur Aufnahme neuen Lösungsmittels imstande, so daß eine verhältnismäßig kleine Menge Luft zur Trocknung der Felle hinreicht und die Verluste an Lösungsmittel verhältnismäßig gering sind.

Die Wahl des Lösungsmittels ist von entscheidender Bedeutung für die Wirkung der Entfettung auf das Fertigfabrikat, nicht nur für die quantitative Entfettung an sich. Im allgemeinen werden Gesichtspunkte als bestimmend angesehen, welche von seiten der Betriebssicherheit oder der durch die Rückgewinnung des Lösungsmittels erreichten Wirtschaftlichkeit geltend gemacht werden. Mit diesen Rücksichten ist aber die Aufgabe nicht erschöpft. Die wesentliche Frage ist diejenige, was aus dem Fell oder dem Leder entfernt werden soll, und hiernach in erster Reihe hat die Wahl zu erfolgen. Die so oft erfolgte Bevorzugung des Benzins ist vielfach darauf zurückzuführen, daß die Oxyfettsäuren, welche sich aus den Glyceriden abgespalten haben, nicht aus den Fellen oder dem Leder entfernt werden und daher durch eine leichte Sämischgerbung der Ware eine Geschmeidigkeit und Wärme verleiht, welche sofort verlorenginge, würde eines jener Lösungsmittel angewendet, in welchen neben den anderen Fetten auch diese Oxyfettsäuren gelöst werden. Anderseits ist der Mißerfolg der Entfettung häufig genug eben darauf zurückzuführen, daß diese Oxyfettsäuren nicht hinreichend entfernt sind und Färbung und Zurichtung dann nicht zu der gewollten Wirkung gebracht werden können.

Die an sich sehr wichtige Frage, wie weit die Entfettung getrieben werden soll, ist nicht mit bestimmten Angaben zu beantworten, sondern nur mit dem Hinweis auf Zweckmäßigkeit. Die Ansichten hierüber sind aber mitunter selbst in dem gleichen Betrieb bei dem Gerbermeister und dem Färbermeister verschieden. Während dieser sein ganzes Streben auf Reinheit und Gleichmäßigkeit der farbigen Erscheinung der Oberfläche konzentriert und ihm eine ungleiche Fettverteilung sehr viel Sorgen und Mühe macht, ist jener gezwungen, die Ledersubstanz in gefälliger Form zu bieten, und er wird es nicht gern sehen, wenn durch gleichmäßige vollkommene Entfettung ihm die Aufgabe entsteht, die nun schütteren Stellen der Haut durch die Gerbung zu füllen, ohne daß das Leder hart wird. Der Ausweg, der sich hier bietet, um beiden gerecht zu werden, ist der, die Entfernung des Fetts nicht weiterzutreiben als sie der Gerber wünscht, und vor dem Färben lediglich den Narben, und auch ihn nur obenhin, zu entfetten. Zu diesem Zweck eignen sich die niederen Fettsäuren bzw. Oxyfettsäuren in Form ihrer verdünnten Lösungen, Ameisensäure, Milchsäure, Weinsäure, Citronensäure. Man nimmt etwa 5% Säure enthaltende Lösungen, bei Milchsäure auch wohl etwas konzentriertere, und wäscht die Leder mit einem Schwamm ab. Wenn die Leder nach dem Abwaschen getrocknet sind, können sie ohne Störungen appretiert bzw. weiterverarbeitet werden.

Soll die Entfettung indessen bestimmte technische Zwecke erfüllen, so richtet sich die Art der Ausführung und der Grad der Entfettung nach diesen. Kornacher (D.R.P. 244066), der eine oberflächliche Entfettung von Chromsohlleder erreichen will, und die üblichen Fettlösungsmittel wegen ihrer schnellen Diffusion nach dem Inneren nicht verwenden kann, entfettet den Narben durch Verwandlung der Fette in Metallseifen, indem die Leder in Laugen von etwa 5% gehängt werden, dann im Säurebad behandelt werden, wodurch Fettsäuren frei werden, und schließlich durch Einhängen in ein Bad von Metallsalzlösungen die Metallseifen gebildet werden. Auf diese Weise wird die durch dieses Verfahren erstrebte Gleitfreiheit des Leders erzielt.

Bei Imprägnierungen, welche der Entfettung folgen sollen, ist es zweckmäßig, solche Lösungsmittel schon zur Entfettung zu verwenden, in denen das späterhin einzuführende Imprägnierungsmittel ebenfalls löslich ist. So nimmt Silberrad (D.R.P. 241614) Solventnaphtha zum Entfetten, um die nachfolgende Imprägnierung mit Kautschuk wirksam zu gestalten.

Die Anwendungsmöglichkeiten der dargestellten Entfettungsverfahren werden in der Praxis nicht immer hinreichend durchdacht und selbst bekannte und zweckmäßige Verfahren werden mitunter erstaunlich selten benutzt. So ist z. B. eine sehr häufig auftretende Aufgabe, Riemen im Betrieb zu entfetten, sei es, um sie zu leimen, sei es, um aus lang gebrauchten Riemen die alten Fette zu entfernen, damit sie durch neue Fettung wieder arbeitsfähig gemacht werden können. Das im Anfang dieses Abschnitts genannte Verfahren des Läuterns der Pelzfelle hat Krieger (D.R.P. 85628) für diesen Zweck in eine sehr bequeme Form gebracht. Die Riemen werden mit hinreichendem Spielraum zwischen den einzelnen Lagen spiralförmig aufgerollt, der Raum zwischen den Lagen mit Tonpulver ausgefüllt und der ganze Riemen dann auch außen in Ton gepackt und nun einer mäßigen Wärme ausgesetzt.

Auf diese Art allein kommt man auch zu brauchbaren Verfahren, um Fettflecke aus ledernen Gebrauchsgegenständen zu entfernen.

Während vorstehend die Entfettung vom Gesichtspunkt der Lederfabrikation aus behandelt wurde, also die Haut bzw. das Leder der Stoff ist, um dessen Verbesserung es sich handelt, kann man die Entfettung auch von der Seite aus betrachten, daß man Fett wiedergewinnen will und die Rücksicht auf das Leder zurücktritt oder ganz schwindet. Es kommen hierfür nur Lederabfälle in Frage. Besonders die Blanchierspäne wurden in dieser Richtung verarbeitet, und einige Maschinenfabriken bauten eigens Apparate hierfür. Aus der Tatsache, daß der Bau dieser Apparate eingestellt wurde, muß geschlossen werden, daß es sich heute im allgemeinen nicht lohnt, Kosten für Apparatur und Arbeit zu diesem Zweck aufzuwenden. Es mag dahingestellt bleiben, ob hierfür die Preisfrage auf dem Fettmarkt oder die Rührigkeit der Sonderfabriken bestimmend ist, welche die Entfettung zum Hauptgegenstand ihres Betriebs machten und das Fett und den entfetteten Abfall der Lederfabrik gegen den Arbeitslohn zurücklieferten.

Die Apparatur bestand in einer Extraktionsblase, welche mit den Abfällen und dem Lösungsmittel beschickt wurde. Der geschlossene Apparat wurde — meist unter Bewegung — erwärmt und die trübe Lösung durch eine Filtervorrichtung in die Destillationsblase abgelassen oder gedrückt, aus welcher das Lösungsmittel abdestilliert. Eine mehrmalige Behandlung entfernte so alles Fett aus den Spänen, welche in der ersten Blase zurückblieben, während das Fett aus der Destillationsblase genommen wurde.

Legt man auf die Erhaltung der Abfälle gar keinen Wert, so braucht man nichts weiter zu tun, als sie mit Wasser gründlich auszukochen, um das Fett weitgehend wiederzugewinnen, das allmählich an die Oberfläche tritt und dort abgeschöpft wird. Dabei treten, je nach der Art der Leder, anfänglich auch die Appreturmittel und Schwärzen mit nach oben, so daß die ersten Fettmengen kaum verwendbar sein dürften.

Auch die Entfettung des Leimleders ist zeitweise von den Lederfabriken selbst betrieben worden. Um sie wirklich wirtschaftlich ausnutzen zu können, ist Voraussetzung, daß man auch für den Leim selbst sogleich Verwendung hat und sich klar darüber ist, daß die Qualität des Leims so hingenommen werden muß, wie sie ausfällt. Die Apparatur ist folgende: Ein doppelwandiger Kessel, der mit Dampf heizbar ist und ein Rührwerk oder eine rotierende Trommel hat, wird mit dem Gut beschickt und die Masse mit Wasser eben bedeckt. Der Kessel muß auf einen Druck von mehreren Atmosphären geprüft sein. Wenn das Wasser siedet und die Luft aus dem Kessel verdrängt ist, wird er geschlossen und etwa 4 Stunden unter einem Druck von etwa 2 Atmosphären gekocht. Je nach dem, ob man mehr Wert auf den Leim oder das Fett legt, wird weitergearbeitet. Im ersten Fall läßt man die heiße Lösung ab, bis die Fettschicht — was man durch ein Beobachtungsglas verfolgt — an den Abflußhahn gesunken ist und sammelt dann das Fett für sich. Im anderen Fall, in dem kein Wert auf die Leimlösung gelegt wird, füllt man den Kessel mit Wasser und läßt das oben schwimmende Fett durch eine Abflußleitung austreten, während man die Leimlösung fortlaufen läßt.

C. Färberei.

I. Chemie der natürlichen und künstlichen Farbstoffe.

Von **Prof. Dr. Fritz Mayer**, Frankfurt a. M.

1. Allgemeiner Teil.

Einleitung.

Schritt für Schritt mit der Entwicklung der organischen Chemie, d. h. der Chemie der Kohlenstoffverbindungen, ist die Synthese künstlicher Farbstoffe gegangen. Allmählich wurden gewisse Gesetzmäßigkeiten klar, welche den Zusammenhang zwischen Farbe und Konstitution, das ist zwischen Farbe einerseits und chemischer Zusammensetzung und Molekülaufbau solcher Verbindungen andererseits betreffen. Es gelang im Verlauf von Jahrzehnten, auch die Konstitution vieler in der Natur vorkommender sog. natürlicher Farbstoffe zu ermitteln, und es zeigte sich, daß auch hier die gleichen Gesetzmäßigkeiten der Abhängigkeit der Farbe von der Konstitution gelten. Es scheint daher zweckmäßig, in der folgenden Übersicht die künstlichen Farbstoffe voranzustellen, da an ihnen die Begriffe entwickelt wurden und ferner ihre Bedeutung für die Färberei im allgemeinen und für das Leder im besonderen überragend ist. Die natürlichen Farbstoffe sind heute weitgehend von den künstlichen ersetzt und verdrängt worden.

Wie sich die natürlichen Farbstoffe in der Pflanze und im tierischen Organismus bilden, ist kaum bekannt. Es dürften sich biologische Reaktionen zum Teil unter Einwirkung reaktionsfördernder Stoffe (Enzyme) abspielen, wobei noch das Licht bei der Synthese in den Pflanzen eine Rolle spielt. Die synthetischen Methoden des Farbstoffchemikers sind hiervon grundverschieden. Sie sind zwar in bezug auf Einfachheit und Ausbeute weitgehend ausgestaltet worden und gestatten die Gewinnung größter Mengen auf denkbar kleinstem Raum. Aber sie spielen sich im Gegensatz zur Natur meist bei höherer Temperatur, oft unter starkem Druck, vielfach in Lösungsmitteln in weit gewaltsamerer Weise ab.

Für die Lederindustrie haben nicht alle der im folgenden beschriebenen Farbstoffe gleiche Bedeutung. Im Interesse einer verständlichen Darstellung ist es aber notwendig, daß auch solche Farbstoffklassen, deren Anwendung für Leder unbedeutend oder bis heute unmöglich ist, eine wenn auch kurze Besprechung finden.

Für einen organischen — also aus der Reihe der Kohlenstoffverbindungen stammenden — Farbstoff kann die Begriffsbestimmung gegeben werden, daß der Stoff eine farbige organische Verbindung sein und ihm die Fähigkeit innewohnen muß, sich auf dem zu färbenden Material dauernd befestigen zu lassen. Die erste Eigenschaft ist, wie schon gesagt, eine Beziehung zwischen Konstitution und Farbe chemischer Verbindungen, die letztere eine Beziehung zwischen farbigen Verbindungen und Färbegut. Beide Beziehungen sind in den verflossenen Jahrzehnten emsig erforscht worden.

Beziehungen zwischen Farbe und Konstitution chemischer Verbindungen.

Licht, welches von der Sonne kommt, löst in dem Auge die Empfindung weißen Lichts aus. Ein Strahl solchen Lichts läßt sich aber durch ein Prisma in ein Band einfacher, nicht weiter zerlegbarer farbiger Lichtarten (Spektrum) aufspalten, welche durch verschiedene Wellenlänge bzw. Schwingungszahl

(Frequenz) gekennzeichnet sind. Diese Lichtarten üben auf das Auge einen Reiz aus, der als Farbigkeit empfunden wird. Durch die Bestimmung der Wellenlänge oder der Schwingungszahl lassen sich eine unendliche Anzahl von Lichtarten unterscheiden; dem Auge sind je nach Übung nur mehr oder weniger gröbere Unterschiede erkennbar, so daß man allgemein von den sieben Spektralfarben: Rot, Orange, Gelb, Grün, Hellblau, Dunkelblau und Violett spricht. Einer Verkleinerung der Wellenlänge bzw. einer Vergrößerung der Schwingungszahl entspricht der Übergang von Rot nach Violett hin. Alle Lichtarten, welche jenseits von Rot oder Violett liegen, sind dem Auge nicht sichtbar. Solche „ultraroten" und „ultravioletten" Lichtstrahlen lassen sich aber z. B. durch die photographische Platte nachweisen. Das dem Auge sichtbare Gebiet umfaßt die Wellenlängen von 0,0008 mm bis 0,0004 mm. Licht erscheint dem Auge aber — auch ohne Zerlegung durch ein Prisma — als farbig, wenn eine der Farben des Spektrums in größerer Stärke im Vergleich zu den Lichtstrahlen der Sonne vorhanden ist als die übrigen oder wenn eine der Farben des Sonnenlichts fehlt. Im ersteren Falle empfindet man als Farbe diejenige, welche in größerer Stärke vorhanden ist; im letzteren erscheint die Komplementär- oder Ergänzungsfarbe, z. B. beim Fehlen von Blaugrün Rot, von Blau Gelb.

Wenn ein Lichtstrahl auf eine chemische Verbindung fällt, so wird ein Teil des Lichts zurückgeworfen (reflektiert), ein weiterer verschluckt (absorbiert) und ein dritter durchgelassen. Der durchgelassene Teil der Lichtstrahlen enthält die etwa von der chemischen Verbindung absorbierten und reflektierten Teile nicht mehr. Dies zeigt sich in der Farbänderung für unser Auge, wie auch bei der spektralanalytischen Untersuchung des durchgelassenen Teils z. B. mit dem Prisma. Die Stellen absorbierter Gebiete erscheinen dunkel. Es können dies Linien sein oder schmälere und breitere Banden (Absorptionsbanden). Auch die reflektierten Strahlen haben häufig eine andere Zusammensetzung als die auffallenden Strahlen. So erscheinen z. B. Kristalle des Farbstoffs Fuchsin in der Aufsicht grün, in der Durchsicht rot. Farbstofflösungen und Auffärbungen, soweit sie nicht ganz außerordentlich stark sind, zeigen diese Erscheinung bei der Reflexion nicht.

Die Änderung der Farbe des auffallenden Lichts ist daher in der Regel bedingt durch die Schwächung oder gar vollständige Auslöschung der betreffenden Lichtstrahlen durch Absorption. Das Auge erkennt das Gemisch der übrigbleibenden Strahlen als die Ergänzungsfarbe zu der oder den absorbierten Farben. Im einfachsten Falle — wenn nur eine Farbe absorbiert wird — entspricht also:

der absorbierten Farbe	die erscheinende Farbe
Violett	Grüngelb
Indigo	Gelb
Blau	Orange
Blaugrün	Rot
Grün	Purpur

und weiter

der absorbierten Farbe	die erscheinende Farbe
Grüngelb	Violett
Gelb	Indigo
Orange	Blau
Rot	Blaugrün
Purpur	Grün

Die Farbe einer chemischen Verbindung, welche absorbiert, ist bestimmt als Komplementärfarbe zu der oder den Farben, welche der Absorption erlegen sind.

Da das weiße Licht verschiedenen chemischen Verbindungen verschiedene Farbe erteilt, muß die Ursache in der verschiedenartigen Adsorption liegen, welche nur durch die verschiedenartige Konstitution der einzelnen chemischen Verbindungen bedingt sein kann. Die Frage nach den Beziehungen zwischen chemischer Konstitution und Farbe ist daher schärfer so zu fassen: Welche chemische Konstitution bedingt Absorption einzelner Lichtarten?

Untersucht man mit geeigneten Apparaten die ultraroten und vornehmlich die ultravioletten Gebiete, so findet man, daß ein Teil der chemischen Verbindungen auch in diesen Gebieten absorbiert. Nur erscheinen solche Verbindungen dem Auge nicht als farbig, weil der Vorgang in bezug auf die Ergänzungsfarbe keinen Einfluß auf das dem Auge sichtbare Teilgebiet des Spektrums von Rot bis Violett ausübt. Gelingt es, solchen Verbindungen gewisse Atome oder Atomgruppen einzuverleiben, welche die Absorptionsbanden in den sichtbaren Teil verlegen, so ist durch Änderung der Konstitution aus einer farblosen absorbierenden Verbindung eine farbige geworden. Die Erfahrung hat gezeigt, daß in einfachen Fällen Absorptionsbanden aus dem Violett nach Rot über Grün und Gelb vorrücken und daher die Farbe der Verbindung komplementär von Gelb nach Grün über Rot und Violett sich wandelt, wie dies aus der vorstehenden Tabelle zu erwarten ist.

Wenn man die chemischen Verbindungen nach ihrer Fähigkeit zu absorbieren — gleichgültig ob im sichtbaren oder unsichtbaren Teil des Spektrums — mustert, so lassen sich auf Grund zahlreicher Untersuchungen, welche von vielen Forschern angestellt worden sind, die Beziehungen dahin zusammenfassen, daß alle Verbindungen ungesättigter Art in der Regel die Erscheinung solcher Absorption in bestimmten Gebieten des Spektrums zeigen. Unter Verbindungen ungesättigter Art versteht man solche, bei welchen die Valenzen wenigstens eines Atoms im Molekülbau unvollständig abgesättigt sind, welche also sog. Doppelbindungen enthalten. (Dieses irreführende Wort ist seit alters eingebürgert.) Beispiele gesättigter Verbindungen sind:

Äthan   Isopropylalkohol   Dimethylhydrazin   Hexahydrobenzol

Beispiele ungesättigter Verbindungen sind:

Äthylen   Aceton   Azomethan   Benzol

Bei der Verfolgung dieses Gedankens hat sich ergeben, daß die Anzahl der Doppelbindungen und ihre Lage zueinander eine wesentliche Rolle für die Art der Absorption spielt, so daß sich hier weitere Gesetzmäßigkeiten ergeben. Die organischen Farbstoffe leiten sich fast ohne Ausnahme von Stoffen wie:

Benzol   Naphthalin   Anthracen   Pyridin   Chinolin   Acridin   Phenazin und anderen mehr ab. Alle diese Stoffe besitzen, wie die beigegebenen Konstitutionsformeln zeigen, Doppelbindungen, sind daher ungesättigter Natur und absorbieren — meist in Gebieten des Ultravioletts. Sie erscheinen daher zum Teil dem Auge noch nicht farbig, der Übergang in Verbindungen, die dem Auge farbig erscheinen, tritt aber ein, wenn man neue ungesättigte Gruppen in das Molekül einführt, wobei eine Verschiebung der Absorptionsbanden erfolgt. Solche viel angewandte Gruppen sind:

1. die Äthylengruppe: $-HC{=}CH-$,
2. die Carbonylgruppe oder Ketogruppe: $=C{=}O$,
3. die Carbimgruppe: $=C{=}N-$,
4. die Azogruppe: $-N{=}N-$,
5. die Azoxygruppe: $-N{=}N-$,
$$\overset{\|}{O}$$
6. die Nitrosogruppe: $-N{=}O$,
7. die Nitrogruppe: $-N\underset{O}{\overset{O}{\lessgtr}}$,

8. die chinoide Gruppe: $={\Large\langle\!\!\!\!\;\rangle}=$.

Die letztere Gruppe bedeutet nur einen anderen Zustand eines Benzolmoleküls im Gegensatz zu dem sog. benzoiden, welchen man durch folgendes Formelbild ausdrücken kann: ⬡.

Man nennt diese Gruppen auch Chromophore, und bezeichnet die Grundverbindungen, in welche man sie einführt, als Chromogene. Die farbverstärkende Wirkung gewisser Gruppen, in erster Linie der Hydroxylgruppe —OH und der Aminogruppe $-NH_2$ hat dazu geführt, diese unter dem Begriff Auxochrome zusammenzufassen.

Was den Vorgang im Innern des Moleküls bei der Absorption betrifft, so ist bei dem heutigen Stand der Forschung eine eindeutige Erklärung noch nicht möglich. Für den Farbstoffchemiker ist aber mit der Erweiterung des Begriffs der Farbigkeit im Sinne der Absorptionsbetrachtung viel gewonnen. Sein Ziel muß sein, Verbindungen ungesättigter Natur — also farbige — aufzubauen, die noch die zweite Bedingung, nämlich die Verwandtschaft zur Faser erfüllen.

Beziehungen zwischen farbigen Verbindungen und Faserstoffen.

Das Verhalten farbiger Verbindungen gegen Faserstoffe ist einmal bedingt durch die Eigenschaften der Faser selbst. Man unterscheidet tierische und pflanzliche Fasern. Zu den ersteren zählt Seide, Wolle und Haut, zu den letzteren Baumwolle, Leinen, Hanf, Jute, Ramie, Papier und Kunstseide. Die tierischen Fasern enthalten Eiweißverbindungen, welche wahrscheinlich die Eigenschaften von Aminosäuren besitzen oder jedenfalls annehmen können. Aminosäuren sind Säuren, welche gleichzeitig die Aminogruppe NH_2 und die Carboxylgruppe COOH enthalten, als Beispiel sei die Aminoessigsäure $NH_2{-}CH_2{-}COOH$ gebracht. Aminosäuren zeichnen sich durch amphoteren Charakter aus, d. h. sie bilden sowohl mit Säuren wie mit Basen Salze, z. B. $HCl\cdot NH_2{-}CH_2COOH$ (salzsaures Salz) und $NH_2{-}CH_2COONa$ (Natriumsalz). Die pflanzlichen Fasern bestehen aus Cellulose. Cellulose ist ein sog. Polysaccharid, ein aus Zuckermolekülen zusammengesetztes Gebilde, welches freie Hydroxylgruppen (OH-Gruppen) besitzt.

Unterscheidet man die Farbstoffe nach ihrem färberischen Verhalten, so gelangt man zu folgendem Bild:

1. Basische Farbstoffe, d. h. Salze von Farbstoffbasen mit meist Mineralsäuren (der basische Anteil enthält den Farbstoff), färben Seide und Wolle unmittelbar an, besonders gut vegetabilisch gegerbtes Leder; Baumwolle und verwandte Fasern dagegen erst nach einer Vorbeize, d. h. nach einer Behandlung mit Metallsalzen oder Gerbstoffen. Es ist unzweckmäßig, Leder, welches mit Kollodium-Deckfarben (siehe später) behandelt werden soll, mit basischen Farbstoffen vorzufärben, weil letztere unter bestimmten Bedingungen herausgelöst werden können.

2. Saure Farbstoffe, d. h. Salze von Farbstoffsäuren (der saure Anteil enthält den Farbstoff), meist Natriumsalze, färben Seide, Wolle und pflanzlich gegerbtes Leder aus saurem Bade an. Chromleder wird bereits ohne Zusatz von freier Säure angefärbt.

3. Beizenfarbstoffe färben sowohl tierische wie pflanzliche Fasern nur nach Vorbeize an, d. h. die Faser muß vorher mit Metalloxyden, z. B. des Chrom oder Eisen, wie auch Gerbstoffen und Ölen behandelt werden, so daß sich auf ihr ein Metallack des Farbstoffs beim Färben bilden kann. Ein solcher Farblack wird nur auftreten, wenn aus Metall und Farbstoff ein inneres Komplexsalz entstehen kann. Die Eigenschaften der Komplexsalze lassen sich verständlich machen, wenn man annimmt, daß bei ihnen neben den sog. Hauptvalenzen (z. B. Kohlenstoff = 4) sich noch Nebenvalenzen bis zu einer bestimmten Maximalzahl betätigen. Die Folge ist, daß solche Komplexsalze oft andere Eigenschaften zeigen als einfache Salze desselben Metalls, wie z. B. in der Löslichkeit, was für diese Betrachtung wichtig ist. Soll ein solches Komplexsalz entstehen, so muß der Farbstoff eine salzbildende Gruppe, z. B. die Carboxylgruppe COOH oder die Hydroxylgruppe OH, und eine zur Erzeugung einer sog. koordinativen Bildung (Nebenvalenzen!) geeignete Gruppe, z. B. die Ketogruppe, besitzen. Als Beispiel sei ein komplexes Metallsalz des Alizarins angeführt:

Me = Metall
····· = Nebenvalenz

In bestimmten Fällen kann die Beizung erst nach dem Aufziehen des Farbstoffs auf der Faser oder gleichzeitig mit diesem Vorgang geschehen; dann müssen aber die Farbstoffe schon eine gewisse Verwandtschaft zur ungebeizten Faser besitzen (Chromierfarbstoffe). Sämisch- und Glacéleder eignen sich nur für Chromierfarbstoffe, wenn mit einem geeigneten Chromsalz vorgebeizt ist; Chromleder besitzt davon genügend für die Anwendung der Beizenfarbstoffe.

4. Entwicklungsfarbstoffe sind solche, bei welchen die Erzeugung des Farbstoffs auf der Faser geschieht. Man tränkt die Faser z. B. mit der einen Komponente und entwickelt mit einer zweiten, wobei der Farbstoff erst auf der Faser entsteht. Das Verfahren kommt in der Hauptsache für Baumwolle in Betracht. Es wird aber auch für Spezialfälle der Lederfärberei, beispielsweise beim Schwarzfärben von Chromvelourleder, angewendet.

5. Substantive Farbstoffe (Direktfarbstoffe, Salzfarbstoffe) sind solche saure Farbstoffe, welche auf Baumwolle ohne Beize ziehen, sie färben größtenteils

auch die tierische Faser an. Für lohgare Leder kommen substantive Farbstoffe nur soweit in Frage, als sie genügend säurebeständig sind, d. h. den zum Färben dieser Ledersorte notwendigen Zusatz von Mineralsäure oder Ameisensäure im Farbbad vertragen, ohne aus der Lösung auszufallen. Zum Färben von Chromleder sind substantive Farbstoffe mit wenigen Ausnahmen geeignet; sie färben diese Lederart in der Regel besonders stark an der Oberfläche an.

6. Die Schwefelfarbstoffe haben für die Lederfärberei eine untergeordnete Bedeutung, da sie lediglich für das Färben von Sämischleder und in seltenen Fällen auch für das Färben von Chromspalten Verwendung finden. Sie müssen in Schwefelnatrium gelöst werden, die Färbebäder sind daher stark alkalisch. Ihr Hauptanwendungsgebiet ist die Baumwollfärberei.

7. Küpenfarbstoffe sind wasserunlösliche farbige Verbindungen, welche durch ein Reduktionsmittel in eine wasserlösliche Verbindung (man nennt die Lösung Küpe) übergeführt werden. Diese Verbindung, welche Verwandtschaft zur Faser besitzen muß, läßt man auf der Faser aufziehen, der Sauerstoff der Luft oxydiert dann wieder die sog. Leukoverbindung zur farbigen wasserunlöslichen Verbindung auf der Faser. Man kennt Küpenfarbstoffe für tierische und pflanzliche Faser. Sie finden bisher noch keine Verwendung für Leder.

Viele Forscher haben sich damit beschäftigt, für die Vorgänge beim Färben eine zusammenfassende Theorie aufzustellen. Erst in neuerer Zeit haben sich aber die Ansichten so geklärt, daß wenigstens eine allgemeine Darstellung des Färbevorgangs möglich ist, wenn auch die Einzelheiten noch lange nicht zutage liegen. Die Betrachtungsweisen gipfeln darin, die tierische Faser sei als Eiweißverbindung (Aminosäuren) fähig, mit Farbbasen wie mit Farbsäuren Verbindungen einzugehen, die man als Salze bezeichnen könne. Die pflanzliche Faser dagegen, die aus Cellulose besteht, in der also Hydroxylgruppen allein die Angriffspunkte bieten, würde im wesentlichen mit zwischenmolekularen Kräften (feste Lösung und Adsorption) den Farbstoff festhalten. Unter Adsorption versteht man die Aufnahme eines gelösten Körpers an der Oberfläche eines festen Körpers. Findet jedoch eine molekulare Durchdringung des gelösten Körpers in den festen Körper statt, so spricht man von einer festen Lösung. Bei allen diesen Anschauungen blieb die überraschende Erscheinung, daß substantive Farbstoffe, also saure Farbstoffe bestimmter Bauart, ohne Beize auf Baumwolle ziehen — völlig ungeklärt.

Man hat neuerdings feststellen können, daß alle Säuren, also auch die Farbstoffsäuren, im Verhältnis ihres Äquivalentgewichts, d. h. nach den gleichen Zahlengesetzen, im Rahmen deren sich chemische Umsetzungen vollziehen, von Wolle aufgenommen werden. Es ist demnach nur das Gewicht der Wolle maßgebend für die Menge aufgenommenen Farbstoffs. Dieselbe Gesetzmäßigkeit gilt, wie neuerdings festgestellt wurde, auch für die tierische Haut, welche genau das gleiche Säurebindungsvermögen besitzt wie Wolle. Ganz ähnlich liegen die Verhältnisse für die Seide, jedoch mit dem Unterschiede, daß deren Säurebindungsvermögen nur etwa ein Viertel bis ein Drittel desjenigen von Wolle und Haut beträgt. Bei Seide tritt stärker als bei Wolle ein erhebliches Lösungsvermögen für Farbstoffe in Erscheinung. Auch bei den basischen Farbstoffen spricht eine Reihe von Tatsachen zugunsten einer vorherrschenden chemischen Bindung, eine Aufnahme durch Adsorption spielt anderseits anscheinend ebenfalls bei der einen oder anderen Faser eine mehr oder minder starke Rolle.

Zur Erklärung der substantiven Färbung auf pflanzlicher Faser lassen sich die neuesten — allerdings nicht unbestrittenen — Forschungen über die Konstitution der Cellulose verwerten. Wenn wirklich die Cellulose aus Ketten einfacher Zuckermoleküle (Glukose) besteht, und wenn das Cellulosemolekül aus Bündeln solcher Ketten besteht, welche aneinander mittels Nebenvalenzen haften, so könnten die Nebenvalenzen maßgebend dafür sein, daß die Farbstoffmoleküle ohne das Zwischenstück der Beize festgehalten werden. Die Farbstoffteilchen müssen nur eine gewisse Größe und Länge haben, um haften zu können; daraus würde sich die Tatsache erklären, daß wirklich eine gewisse Teilchengröße bei substantiven Farbstoffen für das Zustandekommen der Färbung notwendig ist. Bei der Aufnahme substantiver Farbstoffe durch tierische Fasern, beispielsweise Leder, spielen zweifellos außer diesen Nebenvalenzkräften auch noch die an saure Gruppen des Farbstoffmoleküls geknüpften Hauptvalenzen eine Rolle. Vorwiegend durch Nebenvalenzkräfte dürfte die Aufnahme der Schwefelfarbstoffe und Küpenfarbstoffe erfolgen.

Von dem Mechanismus der Beizenfärbung auf der tierischen Faser läßt sich sagen, daß es sich bei der tierischen Faser unter Berücksichtigung des oben Gesagten um eine Salzbildung zwischen drei Komponenten handelt: der Faser, der Beize und dem Farbstoff. Die bekannte Schwerlöslichkeit der Metallfarbstoffsalze läßt auch auf eine Schwerlöslichkeit der Faser-Metallfarbstoffsalze schließen, womit auch die Widerstandskraft solcher Färbungen eine Erklärung findet. Bei der pflanzlichen Faser bildet die Beize nur mit dem Farbstoff eine salzartige Verbindung, deren Lösungsvermögen offenbar für die Faser erhöht ist, wobei sich wieder zwei Vorgänge, nämlich feste Lösung in der Faser und Adsorption übereinander lagern, so daß komplizierte und wenig durchsichtige Gleichgewichtsbedingungen vorhanden sind. Auf die Verhältnisse bei der Kunstseide, wie auch auf ihre Färbemethoden sei mit Rücksicht auf den Zweck der Darstellung nicht eingegangen. Es läßt sich also zusammenfassend sagen, daß für die Färbetheorie drei Begriffe notwendig und ausreichend sind: chemische Bindung, Adsorption und feste Lösung. Nur in seltenen Fällen wird aber die Färbung sich ausschließlich auf einen dieser Vorgänge stützen, in den meisten Fällen wird der eine oder andere Einfluß zwar vorwiegen, aber es werden sich Mischfälle nachweisen lassen.

Was das Leder angeht, so ergeben sich aus dem Gesagten folgende Überlegungen. Leder rechnet zu den tierischen Fasern, beim Färbeprozeß sind ihm aber stets durch die vorhergegangene Gerbung schon Stoffe einverleibt, welche die Anfärbefähigkeit entweder erhöhen oder auch verringern. So wird beispielsweise die Anfärbefähigkeit für saure und substantive Farbstoffe durch die Gegenwart des Chromgerbstoffes erhöht, diejenige für basische Farbstoffe aber verringert. Umgekehrt wirken die pflanzlichen Gerbstoffe als Beizen für basische Farbstoffe, so daß mit diesen Gerbstoffen hergestellte Leder für basische Farbstoffe aufnahmefähiger sind als für sauer ziehende Farbstoffe. Der Farbstoff kann daher vom Leder in chemischer Bindung aufgenommen werden, aber auch, wenn seine Konstitution das Anrecht hierzu gibt (salzbildende und zur Erzeugung einer koordinativen Bindung geeignete Gruppe), in Komplexsalzbildung. Daß aber auch anderseits Vorgänge der festen Lösung oder Adsorption nebenher laufen, wird im Bereich der Wahrscheinlichkeit liegen.

Die Ansprüche, welche man an eine Färbung im Gebrauche stellt, bezeichnet man als Echtheit. Allgemein wird die Widerstandskraft der Färbungen gegen Luft, Licht, Wind, Regen, Wäsche, Walke, Straßenstaub, Schweiß, Alkali, Abreiben usw. nach festgelegten Regeln bestimmt. Die Ansprüche an die Echtheit in der Lederfärberei sind im allgemeinen nicht so groß wie in der Textilfärberei. Für Leder kommen in erster Linie in Betracht: Licht-, Reib-, Wasch-, Wasser-, Säure- und Alkaliechtheit. Eine besondere Lichtechtheit kann nur auf gewissen Ledersorten beansprucht werden, da die Mehrzahl der pflanzlichen Gerbstoffe sich am Licht rascher verändern als Farbstoffe von einer auf Textilien bereits als nur mäßig angesprochenen Lichtechtheit. Für lichtechte Färbungen eignen sich deshalb nur Chrom- und Glacéleder sowie mit Sumach und gewissen neueren lichtechten synthetischen Gerbstoffen hergestellte Ledersorten. Derartige synthetische Gerbstoffe sind beispielsweise Tanigan LL oder DL. Alle Leder, bei welchen Quebracho, indische Akazien-, Mangrove- und Cassiarinde hauptsächlich verwandt sind, dürften ungeeignet sein. Saure Farbstoffe sind lichtechter als die basischen. Für Buchbinderarbeiten ist z. B. lichtecht gefärbtes Leder erforderlich. Die Reibechtheit wird hauptsächlich bei Möbel- und Luxusleder (Portefeuilleleder) verlangt. Sie hängt nicht nur vom Farbstoff, sondern auch wieder von der Gerbung, Vorbehandlung, Zurichtung und dem Fettgehalt des Leders ab, da z. B. fetthaltige Leder stets etwas abreiben. Die sauren Farbstoffe sind reibechter als die basischen, die Reibechtheit der basischen Farbstoffe kann durch eine Nachbehandlung mit bestimmten Chemikalien, deren Auswahl von Fall zu Fall entschieden werden muß, oder durch Auftragen einer Schutzschicht verbessert werden. Färbungen mit sauren und substantiven Farbstoffen oder auch mit basischen Farbstoffen oder Kombinationsfärbungen dieser drei Farbstoffklassen zeigen im allgemeinen eine genügende Wasserechtheit, vorausgesetzt, daß die Farbstoffe auf dem Leder richtig fixiert sind. Eine besonders hohe Anforderung an Wasserechtheit stellt man heute an Bekleidungsleder und gewisse feinfarbige Leder. Diese hohen Anforderungen lassen sich durch eine einfache Färbung nicht erreichen, sondern nur durch nachträgliche Abdeckung der Färbung mit Kollodiumfarben.

Säureechtheit wird beim Färben fast aller Ledersorten von sauren und auch manchen substantiven Farbstoffen gefordert, insofern als entweder das Leder selbst sauer reagiert wie Chromleder oder aber beim Färben freie Säure mitverwendet wird. Die Farbstoffe dürfen dabei keinen merklichen Farbtonumschlag erfahren.

Die Alkaliechtheit ist zu beachten, wenn die gefärbten Leder mit alkalischen Fettemulsionen oder alkalischen Appreturmitteln behandelt werden müssen. Es gibt noch heute eine ganze Reihe von Farbstoffen, die, obwohl sie dieser Forderung nicht genügen, zum Färben von Leder laufend verwendet werden, weil sie besondere färberische Eigenschaften besitzen, welche sie für den Lederfärber unentbehrlich machen, beispielsweise die Fähigkeit, Chromleder nicht nur oberflächlich anzufärben, sondern es auch einzufärben oder gar durchzufärben. Damit wird eine Eigenschaft der Lederfarbstoffe erwähnt, welcher sich in immer steigendem Maße die Aufmerksamkeit des Färbers zuwendet. Die Fähigkeit, mehr oder minder weit in das Leder einzudringen, ist bei sauren und substantiven Farbstoffen sehr verschieden. Im allgemeinen färben substantive Farbstoffe oberflächlich an, während einige saure Farbstoffe auch einfärben oder gar durchfärben. Es gibt aber auch einige substantive Farbstoffe, welche Leder einfärben können. Die für den Textilfärber wichtige Unterscheidung der sauren und substantiven Farbstoffe hat daher für den Lederfärber nicht die ausschlaggebende Bedeutung.

Neuere Untersuchungen deuten darauf hin, daß das verschiedenartige Verhalten der sauren Farbstoffe dadurch hervorgerufen wird, daß sie von dem Säuregrad des Leders in ihrem Aufziehvermögen in unterschiedlicher Weise beeinflußt werden. Diese Tatsache ist die Hauptursache dafür, daß der Lederfärber sehr oft ungleichmäßige und fleckige Färbungen mit buntem Lederschnitt erhält, wenn er Farbstoffe von verschiedenem färberischem Verhalten miteinander mischt, um einen neuen Farbton einzustellen. Heute sind Spezialsortimente von einheitlichen Farbstoffen für die Lederindustrie im Handel, welche diesen Übelstand nicht zeigen (z. B. Erganil-C-Farbstoffe und Säurelederbraun-E-Farbstoffe [I. G.], ferner Echtlederbraun-Farbstoffe [Ciba]).

Einer kurzen Besprechung bedürfen noch die Lederdeckfarben. Man unterscheidet zweierlei Arten, einmal wässerige Deckfarben und Deckfarben in Kollodiumlösung. Die wässerigen Deckfarben besitzen als Grundlage ein Bindemittel, wie Casein, Albumin, Schellack usw. Es ist der Träger, welcher die Befestigung des Farbstoffs vermittelt. Die Kunst der Herstellung liegt in dem Auffinden des richtigen Verteilungsgrades. Als Farbstoffe finden Mineralfarben und organische Pigmentfarbstoffe (siehe im besonderen Teil) der Lackindustrie Verwendung. Die wässerigen Deckfarben kommen überwiegend in Teigform in den Handel[1], aber auch konzentriert in Pulverform. Zum Schönen derselben werden saure oder substantive Farbstoffe oder Spezialprodukte wie die Eukanolbrillantfarbstoffe der I. G. Farbenindustrie verwandt. Letztere sind besonders ausgiebige Schönungsfarbstoffe von guter Licht- und Alkaliechtheit und Formaldehydbeständigkeit, die eine hohe Wasserechtheit nach der Zurichtung gewährleisten.

Die Kollodiumdeckfarben[2] haben Nitrocellulose als Träger, enthalten Weichmachungsmittel, Pigmentfarbstoffe, endlich organische Lösungsmittel, welche auf die Nitrocellulose abgestimmt sind und leicht verdunsten.

Die Deckfarben werden aufgespritzt oder mit dem Plüschbrett aufgetragen mit nachfolgendem Überspritzen derselben Deckfarbenmischung. Nach dem gegenwärtigen Stand der Technik ist die Echtheit der wässerigen Deckfarben geringer als die der Kollodiumdeckfarben. Es ist zwar möglich, die Härtung des Trägers der wässerigen Deckfarben bis zu einem gewissen Grad zu verbessern, indem man z. B. unter Zusatz von Formaldehyd oder Nachbehandlung damit arbeitet, aber die Echtheit einer Kollodiumdeckfarbe wird dadurch nicht vollkommen erreicht.

Lederdeckfarben werden in Lederfabriken zum Egalisieren von gefärbten Ledern in Anwendung gebracht, um leichte Schattierungen und Ungleichheiten in der Färbung auszugleichen, welche in der Beschaffenheit und der Herkunft der Haut und in kleinen Unregelmäßigkeiten der Gerbung ihre Ursache haben. Diese Arbeiten, welche man mit sog. lasierenden Deckfarben ausführt, erhalten das Narbenbild des Leders, so daß bei geschickter Arbeitsweise ein Unterschied zwischen nur mit Farbstoffen gefärbten und solchen Ledern, welche mit lasierenden Deckfarben zugerichtet wurden, kaum zu erkennen ist.

Anders liegen die Verhältnisse bei Deckfarben, welche auf grobdisperser Basis aufgebaut und dazu bestimmt sind, Beschädigungen der Haut, Risse und wundnarbige Stellen abzudecken. Bei diesen Arbeiten wird die Deckfarbe so stark aufgetragen, daß eine Beeinträchtigung des Narbenbildes nicht vermieden werden kann. Ferner werden die Lederdeckfarben in den Schuhfabriken zum Ausbessern von Farbfehlern und Flecken an fertigen Schuhen und zur Herstellung von Antik- und Luxusledern benutzt. Neuerdings hat sich eine Industrie herangebildet, welche die Deckfarben zum Auffrischen unansehnlich gewordener Schuhe und von Lederkleidung benutzt.

Alle Leder, welche mit Lederdeckfarben abgedeckt werden sollen, müssen vorher mit Farbstoffen vorgefärbt werden, und zwar möglichst im Farbton der später aufzubringenden Deckfarbe, damit bei Beschädigungen der Deckfarbe, die durch das Tragen von Schuhen unvermeidlich ist, nicht die in einem anderen

---

[1] Am bekanntesten sind die Eukanolfarben in Teig- und Pulverform (I. G.).

[2] Lacke auf Kollodiumbasis wurden schon vor Jahrzehnten ausnahmsweise in der Lackledererzeugung verwertet. Die Herstellung solcher Lacke für die Lederindustrie wurde aber erst nach 1920 durch die I. G. Farbenindustrie in Frankfurt a. M. aufgenommen. Heute haben von den Produkten dieser Firma in erster Linie die Corialfarben Bedeutung, weiterhin die Echtdeckfarben, welche besonders zur Zurichtung hochwertigen Ledermaterials dienen. Inzwischen haben auch andere Firmen die Herstellung dieser Deckfarben aufgenommen.

Farbton gehaltene Vorfärbung durchschimmert, was dem Schuh ein fleckiges und unschönes Ansehen gibt.

Spaltfarben sind Kollodiumdeckfarben, sie dienen zum Unterschied von Narbenfarben für Spaltleder und sollen Narben vortäuschen. Es sind Nitrocellulosefarben, die weniger fein aufgebaut sind als die vorher genannten Produkte. Ihre Aufgabe ist, die mehr oder weniger rauhe Oberfläche des Spaltleders zu verdecken und eine glatte Oberfläche zu erzielen (z. B. Kasara-Spaltfarben der I. G. Farbenindustrie). Geeignetenfalls können die Leder noch mit künstlichen Narben versehen werden.

Übersicht über die Farbstoffindustrie.

Die Gründung der Farbstoffabriken fällt in die Jahre um 1860, und die Wiege der Industrie stand in Frankreich und England, aber die deutschen Chemiker haben den größten Anteil an den Fortschritten, welche wiederum von deutschen Fabriken technisch ausgebeutet wurden. Die chemische Forschung bemühte sich frühzeitig in Deutschland um die wissenschaftliche Bearbeitung der Farbstoffchemie, glänzende Namen knüpfen sich an die Fortschritte (z. B. Graebe, Liebermann, v. Baeyer, v. Hofmann, Grieß, E. Fischer, O. Fischer, Caro, Martius, Witt, Schmidt, Bohn, Friedländer u. a. m.). Auch die deutsche Patentgesetzgebung, welche für chemische Verfahren kein Stoff-, sondern nur ein Verfahrenspatent kennt, hat zu den Erfolgen nicht wenig beigetragen, weil nicht durch den Schutz des Stoffs selbst jede Forschung auf neue Darstellungsmethoden oder jede Verbesserung lahmgelegt wurde. Von ausländischen Forschern haben W. H. Perkin, Verguin, de Laire, Nicholson, Roussin, Meldola, Sandmeyer, Green, Vidal, Kehrmann u. a. Anteil an der Entwicklung der Farbstoffchemie.

Es ist bekannt, daß die deutsche Farbstoffindustrie bis zum Ausbruch des Weltkrieges eine unbestrittene Machtstellung auf dem Weltmarkt besaß. Die Notwendigkeit, während des Krieges einerseits über Farbstoffe zum Färben zu verfügen, anderseits die Tatsache, daß die Herstellung der Sprengstoffe als Ausgangsmaterial und als Zwischenprodukte der gleichen Stoffe wie die Farbstoffindustrie bedarf, zwang die Deutschland feindlich gegenüberstehenden Staaten, sich mitten im Krieg eine Industrie zu schaffen oder die vorhandene auszubauen. Die sich entwickelnde Auslandskonkurrenz und die gänzlich veränderte Wirtschaftslage der Nachkriegsjahre mit ihren starken Konjunkturschwankungen veranlaßten die deutschen Farbstoffabriken, sich zu der im Jahre 1926 gegründeten I. G. Farbenindustrie A.-G. in Frankfurt a. M. zusammenzuschließen, nachdem schon eine lose Interessengemeinschaft zwischen verschiedenen Gruppen der deutschen Farbstoffindustrie vorher bestanden hatte. Ein weitsichtiger Führer der Industrie, C. Duisberg, hatte schon im Januar 1904 in einer Denkschrift auf die Notwendigkeit des Zusammenschlusses hingewiesen. Die I. G. Farbenindustrie ist heute die einzige Herstellerin von Farbstoffen in Deutschland.

Die schweizerische Industrie ist in einer etwas loseren Interessengemeinschaft der Fabriken: Gesellschaft für chemische Industrie (Ciba), J. R. Geigy & Co., A. G., Chemische Fabrik vorm. Sandoz & Co., A. G., sämtlich in Basel, zusammengeschlossen; die englische im wesentlichen in den Imperial Chemical Industries Ltd., die französische in dem Kuhlmann-Konzern. Zwischen diesen vier Gruppen sollen Abmachungen hinsichtlich der Preise und der Märkte bestehen. Die amerikanische Industrie, welche sich durch hohe Zölle schützt und dadurch fast völlig den amerikanischen Markt beherrscht, steht diesen Konzernen gegenüber.

Der Verkaufswert der jährlichen Erzeugung an Farbstoffen dürfte mit etwa 400 Millionen Mark einzuschätzen sein.

Die Farbstoffe werden im Handel in einer Fabrikmarke geliefert, welche sich immer gleichbleibt, so daß der Färber mit gleichen Mengen immer die gleichen Farbtöne erzielen kann. Man erreicht dies so, daß bei der Erzeugung stärker ausfallende Produkte mit Zusätzen (Kochsalz, Glaubersalz, Dextrin usw.) abgeschwächt, schwächere mit stärkeren Erzeugnissen aufgebessert werden. Die Farbstoffe werden fast nur mit Trivialnamen bezeichnet, neuerdings bürgern sich Sammelbezeichnungen ein, z. B. Indanthren-, Sirius-, Cibanon-, Polarfarbstoffe usw. Die Buchstabenbezeichnungen hinter den Farbstoffnamen nehmen auf den Farbton, die Löslichkeit oder Echtheit, Verwendungszweck und andere Eigenschaften Bezug. So bedeutet Blau R, 2 R, 3 R, rotstichige Blaus verschiedener Abstufung, G. ist die Abkürzung für gelbstichig, B. für blaustichig, S. E. bedeutet z. B. schweißecht, W. häufig Wollfarbstoff, H. W. Halbwollfarbstoff, S. deutet auf das Vorhandensein einer Sulfogruppe oder auf eine Bisulfitverbindung. Auch Ausdrücke, wie extra, conc. usw., sind beliebt. Endlich gibt der Name manchmal schon den Verwendungszweck, wie bei Fettblau, Baumwollblau, Lederbraun, an.

An technischer Bedeutung haben die basischen Farbstoffe trotz klarer und lebhafter Farbtöne infolge der höheren Ansprüche an Licht- und Waschechtheit verloren. Saure Wollfarbstoffe und auf Baumwolle direktziehende Azo- und Schwefelfarbstoffe besitzen für viele Verwendungszwecke genügende Echtheit und empfehlen sich wegen des Preises. Stark verloren haben die sich vom Anthrachinon ableitenden sehr echten Beizenfarbstoffe (Alizarin usw.), die einerseits von den nachchromierbaren sauren Farbstoffen, anderseits von den auf der Faser erzeugten Farbstoffen (Naphthol AS) in ihren Hauptanwendungsgebieten der Wolle und Baumwolle stark bedrängt werden. Der Bedarf an Küpenfarbstoffen ist trotz hoher Preise wegen der ausgezeichneten Echtheit stark im Steigen.

In bezug auf die Neuheiten geht das Bestreben der Farbstofffabriken darauf hinaus, fehlende Farbtöne in den Musterkarten zu ergänzen oder bessere an Stelle in der Echtheit mangelhafter zu bringen, ferner die Darstellungsmethoden zu verbessern und zu verbilligen. Während auf dem Gebiete der Textilfärberei in den letzten Jahren grundlegend Neues wohl nicht geschaffen wurde, ist mit der Ausgabe von Spezialprodukten für die Lederfärberei ein aussichtsreicher Weg beschritten worden. Auf der anderen Seite hat der Zusammenschluß der Fabriken den Markt von Verlegenheits- und Konkurrenzprodukten unwirtschaftlicher Art gereinigt, der Wettbewerb zwischen den einzelnen Gruppen auf dem Weltmarkt hat die Auslese der wertvollsten Farbstoffe gefördert und die Verkaufsorganisationen straffer gestaltet.

Von natürlichen Farbstoffen können nur wenige sich gegenüber den künstlichen Farbstoffen behaupten, für Leder kommen hier nur noch Blau- und Rotholz in größerem, Gelb- und Fisetholz sowie Wau in geringerem Maße in Betracht.

Obwohl die Farbstofffabriken sich bemühen, dem Färber leicht auszuführende Vorschriften in die Hand zu geben und ihm ihren Rat und Hilfe zur Verfügung stellen, ist für jeden größeren Betrieb sachgemäße Leitung durch den Chemiker erforderlich.

Rohstoffe und Zwischenprodukte der Farbstoffherstellung.

Der Rohstoff für die künstlichen Farbstoffe ist der Steinkohlenteer. Daher rührt auch der Name Teerfarbstoffe. Steinkohlenteer bildet sich bei der trockenen

Destillation der Steinkohle, sei es, daß sie zwecks Herstellung von Koks (80%
der Teermenge in Deutschland kommt aus der Kokerei) oder für die Gewinnung
von Leuchtgas vorgenommen wird. Es werden etwa 1,5 Millionen Tonnen Teer
in Deutschland gewonnen. Die Kohle wird in Retorten unter Luftabschluß erhitzt, wobei sie in Koks übergeht, während Ammoniak, Schwefelwasserstoff,
Teer und Leuchtgas bzw. Kokereigas entweichen. Aus den Gasen kann das darin
enthaltene Benzol durch Absorption herausgewaschen werden. Der Teer bildet
eine dickflüssige schwarze Masse, die in den Teerdestillationen in die Fraktionen
Leichtöl, Mittelöl, Schweröl und Anthracenöl getrennt wird. Der Rückstand der
Destillation ist das Pech. Durch weitere Trennungs- und Reinigungsverfahren
werden Phenole und Pyridin gewonnen, als Abfall entstehen neben wertlosen
Produkten auch wertvolle Harze (Cumaronharz).

Aus dem Leichtöl werden erhalten:

Benzol C_6H_6 oder wie üblich geschrieben: (die Zahlen
sind für die Bezifferung der Substituenten maßgebend), Toluol C_7H_8 ,

eine Mischung der 3 Xylole C_9H_{10}, des o-Xylols , des m-Xylol
und des p-Xylol , dann Phenol C_6H_6O ferner Pyridinbasen,

z. B. Pyridin selbst C_5H_5N oder und etwas Naphthalin $C_{10}H_8$

oder oder .

Aus dem Mittelöl:

Naphthalin, Phenol und eine Mischung der drei Kresole C_7H_8O, des
o-Kresol , m-Kresols und p-Kresol .

Aus dem Schwer- und Anthracenöl:

Naphthalin, Anthracen $C_{14}H_{10}$, Acenaphthen $C_{12}H_{10}$,

Carbazol $C_{12}H_8N$ und Chinolinbasen, z. B. das Chinolin selbst, $C_{10}H_7N$.

Die abfallenden Anteile finden Verwendung als Heiz-, Motoren- und Wasch-öle, ferner als Imprägnier- und Teerfettöle.

Der sog. Tieftemperaturteer oder Urteer hat keine Bedeutung für die Farb-stoffindustrie.

Die wichtigsten für die Farbstoffindustrie in Frage kommenden Handels-produkte der Teerindustrie sind: Benzol 90%, Reinbenzol, Reintoluol, Rein-xylol, Rohnaphthalinpreßgut, Reinnaphthalin, Acenaphthen 90%, Carbazol 90%, Anthracen 40 bis 60% und Phenol 40%. Hilfsstoffe der Teerfarbstoffabrikation sind: Schwefelsäure, Salzsäure, Salpetersäure, Natronlauge, Chlor, Kochsalz, Natriumnitrit, Natriumnitrat, Natriumcarbonat (Soda), Ätzkali, Essigsäure u. a. mehr. Aus den oben genannten Ausgangsstoffen werden die Zwischenprodukte durch eine Anzahl Umsetzungen dargestellt. Die wichtigsten dieser Umsetzungen sind:

1. Die Nitrierung, d. i. die Behandlung mit Salpetersäure zwecks Einführung der Nitrogruppe $-NO_2$. Sie wird mit Salpetersäure erzielt; durch Veränderung der Stärke der Salpetersäure, der Temperatur und durch Zugabe der wasser-bindenden Schwefelsäure wird die Ausführung der Reaktion den Eigenschaften der einzelnen zu nitrierenden Verbindung angepaßt.

Beispiel: $\underset{\text{Benzol}}{C_6H_6} + \underset{\text{Salpetersäure}}{HNO_3} = \underset{\text{Nitrobenzol}}{C_6H_5NO_2} + H_2O.$

2. Die Aminierung, meist durch Reduktion der Nitroverbindungen, sei es durch wasserstoffentwickelnde Reagenzien oder durch katalytisch wirksam ge-machten Wasserstoff.

Beispiel: $\underset{\text{Nitrobenzol}}{C_6H_5NO_2} + 3H_2 = \underset{\text{Anilin}}{C_6H_5NH_2} + 2H_2O.$

3. Die Sulfonierung, d. i. die Einführung der Sulfogruppe SO_3H durch Be-handeln mit Schwefelsäure, deren anzuwendende Stärke zusammen mit Tem-peratur und Dauer der Einwirkung durch die Eigenschaften der zu sulfonierenden Verbindung bestimmt wird.

Beispiel: $\underset{\text{Benzol}}{C_6H_6} + \underset{\text{Schwefelsäure}}{H_2SO_4} = \underset{\text{Benzolsulfosäure}}{C_6H_5SO_3H} + H_2O.$

4. Die Alkalischmelze zur Umwandlung der nach 3. gebildeten Sulfosäuren in Phenole.

Beispiel: $\underset{\substack{\text{benzolsulfosaures} \\ \text{Natrium}}}{C_6H_5SO_3Na} + \underset{\text{Natronlauge}}{NaOH} = \underset{\text{Phenolnatrium}}{C_6H_5ONa} + NaHSO_3.$

5. Die Halogenierung, d. i. die Einführung von Halogen, also Chlor, Brom oder Jod, sei es durch unmittelbare Einwirkung von Halogen oder durch eine

Diazotierung (Behandlung mit salpetriger Säure) der nach 2. gebildeten Amino-
verbindung und Umsetzung der diazotierten Base mit Kupferhalogensalzen.

Beispiele:

$$C_6H_6 + Cl_2 = C_6H_5Cl + HCl,$$

Benzol   Chlorbenzol

$$C_6H_5NH_2 \rightarrow C_6H_5\text{---}N\!\equiv\!N \rightarrow C_6H_5Cl + N_2.$$
$$\mid$$
$$Cl$$

Anilin   Diazoverbindung   Chlorbenzol

6. Die katalytische Oxydation von Verbindungen, indem man solche bei
Gegenwart eines Katalysators der Einwirkung sauerstoffhaltiger Gase aussetzt:

$$C_6H_5CH_3 + O_2 = C_6H_5CHO + H_2O,$$

Toluol   Benzaldehyd

$$2\,C_6H_5CH_3 + 3\,O_2 = 2\,C_6H_5COOH + 2\,H_2O,$$

Toluol   Benzoesäure

$$C_{10}H_8 \xrightarrow[+\,O]{} C_6H_4(COOH)_2.$$

Naphthalin   Phthalsäure

Demnach handelt es sich bei den Zwischenprodukten im wesentlichen um
Nitroverbindungen, Amine, Phenole, Sulfosäuren, Aldehyde und Carbonsäuren.
Die zahllosen Möglichkeiten, wie sie durch Stellungsisomerie (z. B. o-, m- und
p-Verbindungen) und Homologe (z. B. Toluol, Xylole) bei den aromatischen Verbindungen vorhanden sind, ergeben eine gewaltige Menge von Zwischenprodukten.
Sie werden in den Farbstoffabriken hergestellt. Die Zahl der Zwischenprodukts-
betriebe dürfte in einer Farbstoffabrik ein Vielfaches der eigentlichen Farbstoff-
betriebe betragen. Die Darstellung erfolgt in Apparaturen neuzeitlicher Ingenieur-
kunst unter sparsamster Anwendung von Menschenhand und Kraft.

Farbstoffanalyse und Erkennung.

Für die Analyse eines Farbstoffmusters ist es notwendig, zuerst festzustellen,
ob die Probe ein einheitliches Produkt darstellt. Man bläst eine sehr kleine Messerspitze voll gegen ein mit Wasser oder auch Alkohol befeuchtetes Stück Filtrierpapier und beobachtet, ob die entstandenen farbigen Flecke einheitliche oder
verschiedenartige Färbung zeigen. Manchmal läßt sich auch verschiedenartige
Färbung erkennen, wenn man die Probe auf die Oberfläche von konz. Schwefelsäure bringt. Verschiedenartige Färbung zeigt an, daß das Muster aus zwei oder
mehreren Farbstoffen gemischt ist. Ist jedoch das Gemisch durch Eindampfen
zweier Farbstofflösungen hergestellt, so versagt die Probe. In solchen Fällen
kann man fraktionierte Lösung, fraktionierte Ausfärbung, fraktionierte Adsorption, Kapillaranalyse oder spektrographische Untersuchung zu Hilfe nehmen.
Von Bedeutung scheint neuerdings die chromatographische Adsorptionsanalyse
zu werden.

Die Untersuchung des Farbstoffs auf seine Klassenzugehörigkeit und seine
Bestimmung kann entweder durch Feststellung des Absorptionsspektrums oder
durch das chemische Verhalten gegenüber Reagenzien oder endlich durch färberische Prüfung erfolgen.

Die für die Lederfärberei wichtigen Farbstoffe, basische einerseits und saure
bzw. substantive anderseits, lassen sich leicht unterscheiden. Basische und saure
Farbstoffe färben ungebeizte Baumwolle nicht oder sehr schwach im Gegensatz
zu substantiven Farbstoffen. Zwischen basischen und sauren Farbstoffen kann
man unterscheiden, wenn man die Lösungen mit Tanninlösungen zusammen-
bringt, wobei basische eine starke Fällung geben, saure nicht. Die für Leder in

Betracht kommenden Schwefelfarbstoffe verraten sich durch ihre Unlöslichkeit; befeuchtet man sie mit konz. Schwefelsäure und erwärmt, so entweicht Schwefelwasserstoff, der am Geruch oder mittels Bleiacetatpapier (Schwärzung) erkannt werden kann. Sind die Farbstoffe auf einem Substrat niedergeschlagen (Pigmentfarbstoffe), so kann man sie durch Behandeln mit Alkalien oder Säuren von ersterem abtrennen. Liegt der Farbstoff nur als Färbemuster vor, so kann man auf der Faser mit Hilfe einer der üblichen Tabellen seine Zugehörigkeit ermitteln. Quantitative Bestimmungen lassen sich entweder durch vergleichende Ausfärbung oder durch kolorimetrische Untersuchung vornehmen.

Um auf Ledermustern den Farbstoff festzustellen, würden die für Färbemuster hier angegebenen Methoden in Frage kommen. Man wird dabei die Schwierigkeiten, wie sie durch Deckfarben, Appretur usw. entstehen, vielleicht überwinden können. Es wird zweckmäßig sein, in solchen Fällen zuerst für diesen Sonderfall gültige Methoden an bekanntem Material auszuarbeiten. Im allgemeinen wird es genügen, die Zugehörigkeit zu einer Farbstoffklasse zu ermitteln, um dann Ersatzvorschläge an Hand der Musterkarten der Farbstoffabriken machen zu können. Wertvoll erscheint es, solche Untersuchungen in einem Betrieb in Kartotheken mit aufgeklebten Mustern zu sammeln, um in späteren Fällen auf die früher gemachten Erfahrungen zurückgreifen zu können.

2. Besonderer Teil.

a) Künstliche Farbstoffe.

Die Einteilung der Farbstoffe, nach welcher sie hier abgehandelt werden sollen, erfolgt zweckmäßig nach chemischen Gesichtspunkten. Würden die färberischen Eigenschaften zugrunde gelegt, so hätte der Leser zwar den Vorteil, färberisch zusammengehörende Farbstoffe am gleichen Ort vorzufinden, aber die zum Verständnis erforderlichen chemischen Betrachtungen würden, über die ganze Darstellung verstreut, völlig auseinandergerissen werden und wären einer ständigen Wiederholung an den verschiedenen Stellen· ausgesetzt.

Die Betrachtung nach chemischen Gesichtspunkten ermöglicht, die Farbstoffe nach den Gruppen der Chromophore einzuteilen und die Aufzählung der Synthesen auf das Notwendigste zu beschränken. Hierdurch wird eine größere Übersichtlichkeit erreicht.

Nitro- und Nitrosofarbstoffe.

Die Einführung der Nitrogruppe —NO_2 verschiebt schon die Absorption in den sichtbaren Teil des Spektrums, aber erst mit dem Eintritt auxochromer Gruppen in das Molekül gelangt man zu färberisch brauchbaren Verbindungen, und zwar finden in erster Linie nitrierte Phenole Anwendung, welche die Nitrogruppe zur Hydroxylgruppe in o-Stellung also benachbart angeordnet haben. Es ist natürlich möglich, nach diesen Richtlinien eine Unzahl Farbstoffe aufzubauen, aber es haben sich nur zwei im Handel behaupten können, welche sich vom Naphthalin ableiten. In zweiter Linie haben sich Verbindungen als wichtig erwiesen, welche mehrere Benzolkerne durch die Iminogruppe —NH— verbunden enthalten und an den verschiedenen Benzolkernen Nitrogruppen und die zur Wasserlöslichkeit erforderlichen Sulfogruppen tragen, sich also z. B. von einer Grundverbindung:

$$\langle\ \rangle—NH—\langle\ \rangle—NH—\langle\ \rangle$$

ableiten. Während die Farbe der erstgenannten Verbindungen reingelb ist, so können hier Farbtöne von gelb bis gelbbraun erzeugt werden, sie sind allerdings etwas stumpfer. Lediglich für die Pigmentfarbenindustrie sind Farbstoffe geeignet, die von der Grundform:

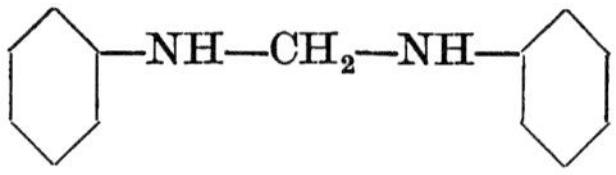

$$\text{—NH—CH}_2\text{—NH—}$$

abgeleitet sind. Sie färben gelb und treten in einen starken Wettbewerb zu Bleichromat. Zusammenfassend kann gesagt werden, daß mit der Nitrogruppe bis heute nur Farbtöne um Gelb erreicht wurden. Von einzelnen Farbstoffen seien genannt: Martiusgelb (Naphthylamingelb, Naphthalingelb)

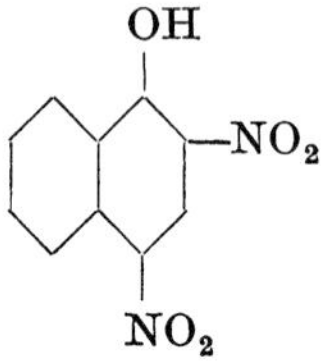

$$\text{OH}$$
$$\text{—NO}_2$$
$$\text{NO}_2$$

Es entsteht z. B., wenn man α-Naphthol

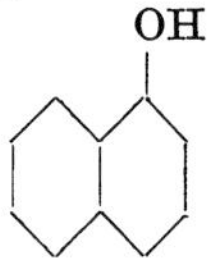

$$\text{OH}$$

sulfoniert und an der entstandenen 1-Oxy-naphthalin-2-4-disulfosäure:

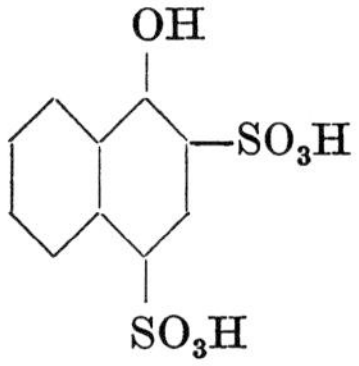

$$\text{OH}$$
$$\text{—SO}_3\text{H}$$
$$\text{SO}_3\text{H}$$

die Sulfogruppen durch Nitrogruppen mittels Salpetersäure austauscht. Martiusgelb ist schwer löslich und sublimiert leicht von der gefärbten Faser, z. B. beim Bügeln, ab. Es dient für Halbwolle- und Halbseidefärberei, da es sowohl tierische wie pflanzliche Fasern gleichmäßig anfärbt.

Naphtholgelb S:

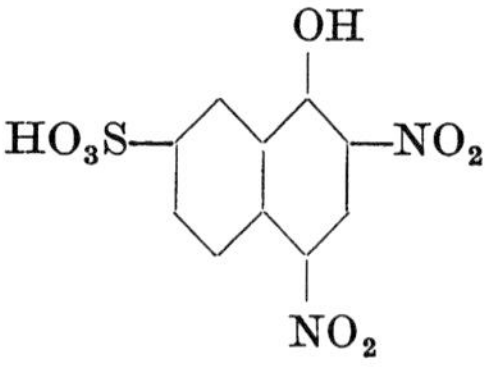

$$\text{OH}$$
$$\text{HO}_3\text{S—} \quad \text{—NO}_2$$
$$\text{NO}_2$$

ist die 1-Oxy-2-4-dinitro-naphthalin-7-sulfosäure. Zu seiner Gewinnung wird α-Naphthol so weit sulfoniert, bis es in die Trisulfosäure:

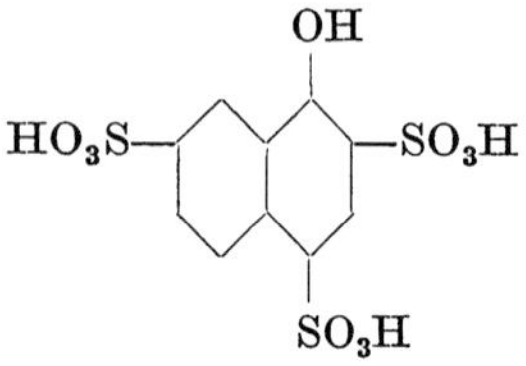

$$\text{OH}$$
$$\text{HO}_3\text{S—} \quad \text{—SO}_3\text{H}$$
$$\text{SO}_3\text{H}$$

übergegangen ist. Behandelt man dann mit Salpetersäure, so werden von den Sulfogruppen nur diejenigen in 2- und 4-Stellung durch die Nitrogruppe ersetzt.

Es dient als Gelb für Wolle, obwohl seine Lichtechtheit zu wünschen übrig läßt. Die allmählich eintretende Verfärbung nach Braun läßt sich so erklären, daß die Nitrogruppe —NO$_2$ zur Azoxygruppe

$$-\underset{\underset{\text{O}}{\|}}{\text{N}}=\text{N}-$$

reduziert wird. Der Typus der zweiten Gruppe ist das wegen seiner Giftigkeit nicht mehr verwendete Aurantia, ein Hexanitrodiphenylamin:

$$\text{NH}\Big\langle\begin{matrix}\text{C}_6\text{H}_2(\text{NO}_2)_3\\\text{C}_6\text{H}_2(\text{NO}_2)_3\end{matrix}$$

Technisch brauchbare Farbstoffe gewinnt man, wenn z. B. Chlordinitrobenzol zur Einwirkung auf Amino- und Diamino-diphenylaminsulfosäuren oder Phenylnaphthylaminsulfosäuren gebracht wird, z. B. entsteht Amidogelb E wie folgt:

Als ein weiterer Farbstoff dieser Reihe sei das Polargelbbraun von folgender Konstitution:

genannt. Die Farbstoffe färben Wolle wie auch Leder mit guten Echtheitseigenschaften an.

Alle die genannten Farbstoffe sind saure Farbstoffe; die folgenden sind wasserunlöslich, aber alkohollöslich, können daher nur für die Zwecke der Pigmentfarbenindustrie Verwendung finden. Sie entstehen durch Umsetzung von Nitroaminoverbindungen mit Formaldehyd, z. B. Pigmentchlorin GG:

aufgebaut aus 1-Methyl-2-amino-4-nitrobenzol:

und Litholechtgelb GG:

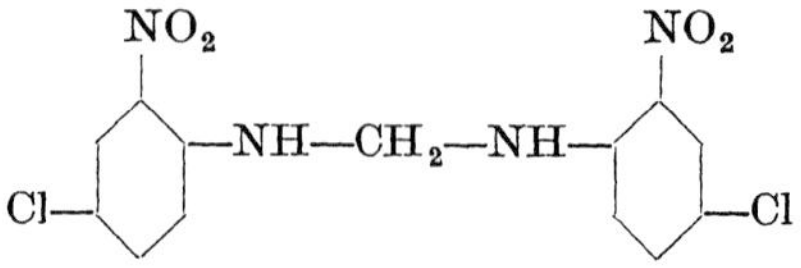

$$NO_2 \quad\quad\quad\quad\quad NO_2$$

Cl—⟨ ⟩—NH—CH$_2$—NH—⟨ ⟩—Cl

Sie zeigen reingelben Ton.

Die Nitrosogruppe —NO kann durch Einwirkung von salpetriger Säure HNO$_2$ in ein Molekül eingeführt werden. Läßt man aber diese Säure auf Phenol wirken, so beobachtet man, daß man die gleichen Verbindungen erhält:

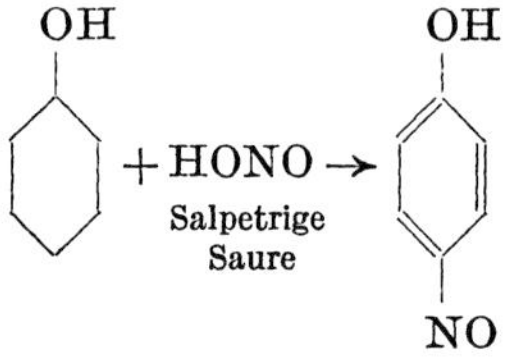

OH   OH

⟨ ⟩ + HONO →   ⟨ ⟩
     Salpetrige
       Saure   NO

wie wenn man auf Chinon Hydroxylamin wirken läßt:

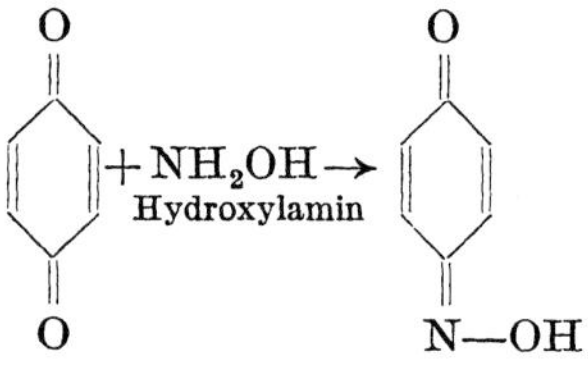

O   O

⟨ ⟩ + NH$_2$OH →   ⟨ ⟩
     Hydroxylamin

O   N—OH
                  Chinonmonoxim

Wie man sieht, unterscheiden sich beide Verbindungen nur dadurch, daß durch Verschiebung eines Wasserstoffatoms im Molekül der benzoide Kern: ⟨ ⟩ in den chinoiden Kern: ‖ ‖ übergegangen ist. Aus der Darstellungsweise läßt sich somit auf die Konstitution der entstandenen Verbindung kein Schluß ziehen. Solche und ähnliche Fälle sind in der organischen Chemie häufig, man bezeichnet die Erscheinung als Tautomerie. Im vorliegenden Falle läßt sich ein Schluß auf die Konstitution der entstandenen Verbindungen auf Grund folgender Überlegung fällen. Wirkliche Nitrosophenole, bei welchen Tautomerie-Möglichkeiten ausgeschaltet sind, zeigen schwachgelbe Farbe. Da die hier in Frage kommenden Verbindungen stark farbig sind, so spricht dieser Grund für die Auffassung ihrer Konstitution als Chinonoxime. Technisch finden nur o-Chinonoxime Verwendung, weil diese fähig sind, mit Metalloxyden, z. B. von Chrom oder Eisen, farbige unlösliche Lacke zu bilden, welche man als innere Komplexsalze von Chinonoximen:

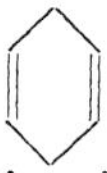

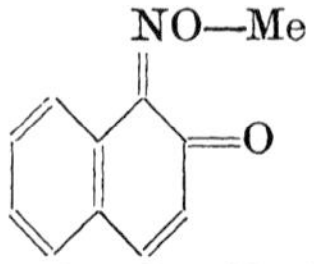

NO—Me

⟨ ⟩⟨ ⟩=O

Me = einwertiges Metall

auffassen kann. Die Wasch- und Lichtechtheit der Farbstoffe ist gut. Erwähnt

seien Solidgrün, welches durch Nitrosieren von Resorcin (1-3-Dioxybenzol) entsteht:

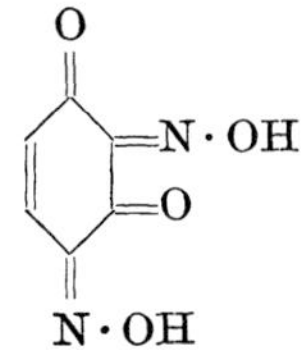

das Elsässergrün, ein Derivat des β-Naphthols:

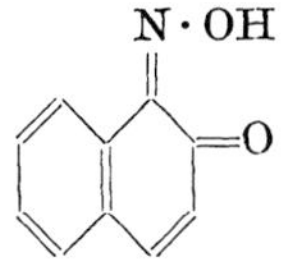

und Naphtholgrün B der Formel:

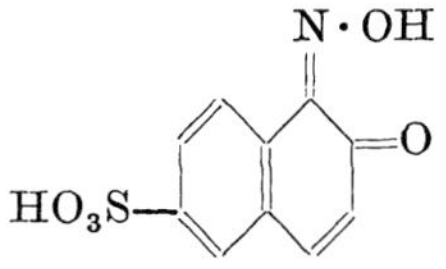

Es wird mit Eisenchlorid in eine komplexe Eisenverbindung übergeführt, die
noch durch die Gegenwart einer Sulfogruppe wasserlöslich bleibt. Auch Hansa-
grün gehört in diese Reihe. Während die erstgenannten Farbstoffe für Baumwolle
oder Lacke dienen, findet Naphtholgrün B für Wolle Verwendung.

Azofarbstoffe.

Die Azofarbstoffe enthalten mindestens einmal zwei durch doppelte Bindung
miteinander verbundene Stickstoffatome, die Azogruppe: —N=N—. Eines der
Stickstoffatome ist stets mit einem aromatischen Rest, z. B. dem Benzol oder Naphthalinkern, verbunden, das zweite Stickstoffatom entweder wiederum mit einem
solchen oder mit Acetessigesterresten (z. B. CH_3—CO—CH_2—CONH—C_6H_5) oder
mit einem heterocyclischen Rest. Hierunter versteht man Ringe, welche im
Ringgefüge andere Atome als ausschließlich Kohlenstoffatome enthalten, z. B.
den Pyrazolonrest

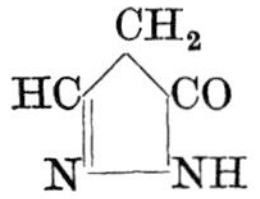

Pyrazolon

Durch die Möglichkeit, die verschiedenartigsten Reste mit der Azogruppe verbinden zu können, ist die große nicht zu erschöpfende Anzahl der Azofarbstoffe
gegeben. Zur Darstellung der Azofarbstoffe findet fast ausschließlich eine Reaktion Anwendung, welche auf der Einwirkung von Diazoverbindungen auf
Phenole oder Amine beruht und sich schematisch durch folgende Gleichungen
ausdrücken läßt:

$$C_6H_5—N=N—OH + C_6H_5—OH = C_6H_5—N=N—C_6H_4—OH + H_2O$$

Diazoverbindung   Phenol   Oxy-azofarbstoff

$$C_6H_5—N=N—OH + C_6H_5—NH_2 = C_6H_5—N=N—C_6H_4—NH_2 + H_2O.$$

Diazoverbindung   Amin   Amino-azofarbstoff

Dieser Vorgang wird Kupplung genannt. Man bedarf daher für die Darstellung
der Azofarbstoffe zweier Komponenten, der Diazoverbindungen und der Phenole
bzw. der Amine.

Zur Herstellung der Diazoverbindungen läßt man auf ein primäres aroma-
tisches Amin, also ein Amin, bei welchem die beiden Wasserstoffatome der Aminogruppe frei sind, z. B. Anilin $C_6H_5NH_2$, salpetrige Säure wirken. Man erhält
dabei zuerst eine sog. Diazoniumverbindung, der man in Anlehnung an die
Ammoniumverbindungen mit fünfwertigem Stickstoff folgende Konstitution zuschreibt:

$$C_6H_5-NH_2 + HCl + HNO_2 = C_6H_5-\underset{\underset{N}{|||}}{N}-Cl + 2 H_2O.$$

Aus einer solchen Diazoniumverbindung kann man die freie Base herstellen,
welche sich wie eine Ammoniumbase verhält und daher auf die Formel:

$$C_6H_5-\underset{\underset{N}{|||}}{N}-OH$$

Anspruch hat. Sie erleidet leicht eine Umwandlung in die Verbindung:
$C_6H_5-N=N-OH$, welche also nur dreiwertigen Stickstoff aufweist. Nach einer
zwar neuerdings wieder bestrittenen, aber doch fast allgemein angenommenen
Auffassung sind die aus der Einwirkung von salpetriger Säure auf primäre
aromatische Amine entstehenden verschiedenen Produkte zum Teil stereoisomer,
d. h. bei gleicher Anzahl der Atome und gleicher Anordnung nur im räumlichen
Aufbau des Moleküls verschieden. Man unterscheidet neben der oben beschriebenen Diazoniumverbindung die folgenden:

$\underset{NaO-N}{\overset{C_6H_5-N}{\|}}$	$\rightleftarrows$	$\underset{N-ONa}{\overset{C_6H_5-N}{\|}}$	$\rightleftarrows$	$C_6H_5-N{\displaystyle<}{{NO}\atop{Na}}$
Syndiazotat, kuppelt leicht mit Phenolen oder Aminen, farblos		Antidiazotat, kuppelt oft nicht, meist schwer, farblos		Nitrosamin, kuppelt nicht, gelb

Bei Syn- und Antidiazotat ist die räumliche Verschiedenheit durch Projektion
auf die Ebene des Papiers angedeutet.
    Die Umwandlungsmöglichkeit der leicht kuppelnden und meist sehr zer-
setzlichen Syndiazotate in die beständigeren Antidiazotate bzw. Nitrosamine ist
von technischer Wichtigkeit, weil man u. a. auf diese Weise die zersetzlichen
Diazoverbindungen leicht in beständige Form bringen kann (vgl. Azofarbstoffe
auf der Faser). Der Grad der Zersetzlichkeit der Diazoverbindungen, die in
Phenole und Stickstoff zerfallen können, z. B.:

$$C_6H_5-N=N-OH \rightarrow C_6H_5-OH + N_2$$

ist verschieden. Negative Substituenten, z. B. die Nitrogruppe, vermindern die
Zersetzlichkeit. Für die Darstellung der Azofarbstoffe werden die Diazoverbindungen im allgemeinen nicht in fester Form isoliert. Man verfährt meist so, daß
man das primäre Amin in einer Säure löst und die nötige Menge Natriumnitrit-
lösung $NaNO_2$ zufügt. Salpetrige Säure wird frei und diazotiert das Amin. Die
so erhaltene Lösung wird zur Kupplung mit einem Amin oder einem Phenol
verwandt. Die Amine verhalten sich auch sonst unterschiedlich je nach den
Substituenten, so bedürfen oft o-Aminophenole, z. B.

besonderer Methoden zur Diazotierung. Sind im aromatischen Rest zwei Aminogruppen vorhanden, so ist zu erwähnen, daß von den drei möglichen Verbindungen, z. B.

$$\text{o-Phenylendiamin} \qquad \text{m-Phenylendiamin} \qquad \text{p-Phenylendiamin}$$

sich nur die m-Verbindung normal verhält und eine Tetrazoverbindung liefern
kann:

$$N\!=\!N\!-\!Cl$$

Auch Verbindungen wie das Benzidin:

$$H_2N\!-\!\langle\;\rangle\!-\!\langle\;\rangle\!-\!NH_2$$

lassen sich in Tetrazoverbindungen überführen (tetrazotieren):

$$Cl\!-\!N\!=\!N\!-\langle\;\rangle\!-\!\langle\;\rangle\!-\!N\!=\!N\!-\!Cl.$$

Die Kupplung selbst erfolgt in der Weise, daß schließlich ein Wasserstoffatom
im Phenol- oder Aminkern durch den Rest der Diazoverbindung ersetzt wird.
Hier können heterocyclische Verbindungen an Stelle der aromatischen treten.
Die mehrmalige Einführung von Azoresten in ein Molekül führt zu Dis-, Tris-,
Tetrakis-, allgemein Polyazofarbstoffen, z. B.:

$$H_5C_6\!-\!N\!=\!N\!-\qquad\qquad\!-\!N\!=\!N\!-\!C_6H_4\!-\!NO_2$$
$$HO_3S\!-\qquad\qquad\qquad\!-\!SO_3H$$

Disazofarbstoff

Der Eintritt des Azorestes in den Kern der „Kupplungskomponente" erfolgt in
p-Stellung zur Hydroxyl- bzw. Aminogruppe:

$$\langle\;\rangle\!-\!N\!=\!N\!-\!Cl \;+\; \langle\;\rangle\!-\!OH \text{ bzw. } (NH_2) \;\rightarrow\; \langle\;\rangle\!-\!N\!=\!N\!-\!\langle\;\rangle\!-\!OH \text{ bzw. } (NH_2)$$

Ist die p-Stellung besetzt, so erfolgt der Eintritt in die o-Stellung zur Hydroxyl-
bzw. Aminogruppe:

$$\langle\;\rangle\!-\!N\!=\!N\!-\!Cl \;+\; \langle\;\rangle \;\rightarrow\; \langle\;\rangle\!-\!N\!=\!N\!-\!\langle\;\rangle$$

Dieses Gesetz gilt aber nur angenähert. Bei zweimaligem Eintritt der Azogruppe
ergibt sich also Eintritt in die p- und o-Stellung:

$$2\;\langle\;\rangle\!-\!N\!=\!N\!-\!Cl \;+\; \langle\;\rangle\!-\!OH \;\rightarrow\; \langle\;\rangle\!-\!N\!=\!N\!-\!\langle\;\rangle\!-\!N\!=\!N\!-\!\langle\;\rangle$$

Der Reaktionsverlauf bei der Kupplung ist jedoch in Wahrheit viel komplizierter als er hier dargestellt wurde, er ist durch eingehende Untersuchungen einigermaßen aufgeklärt. Auch die Schnelligkeit und Vollständigkeit der Kupplung ist verschieden.

Als wichtige Ausnahme von dem Gesetz des Eintritts ist zu verzeichnen, daß α-Naphtholsulfosäuren mit Substituenten in Stellung 3 oder 6, z. B.:

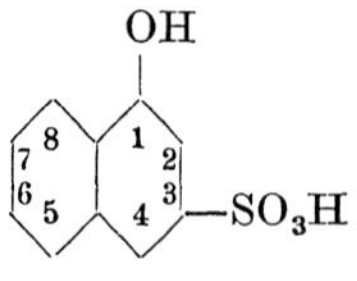

OH NH_2 OH

oder

HO_3S—⟨⟩—SO_3H

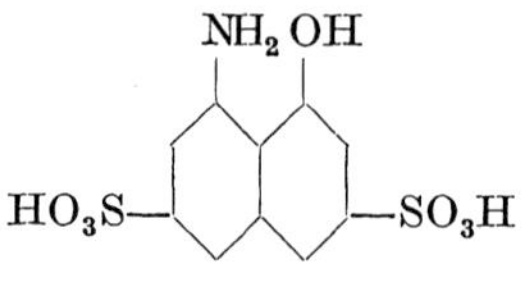

in Stellung 2 oder 7 und nicht in Stellung 4 oder 5 kuppeln. Die in der Technik verwandten α-Naphtholfarbstoffe sind fast ausnahmslos solche Farbstoffe, deren Kupplung in Stellung 2 bzw. 7 vollzogen wurde.

Die Kupplung der Phenole findet in alkalischer oder sodaalkalischer Lösung statt, diejenige der Amine in mineralsaurer oder essigsaurer Lösung. Sind in einer Kupplungskomponente Amino- und Hydroxylgruppen vorhanden, so kann man, und zwar zuerst in saurer Lösung in Richtung auf die Aminogruppe, dann in alkalischer Lösung in Richtung auf die Hydroxylgruppe kuppeln, z. B.:

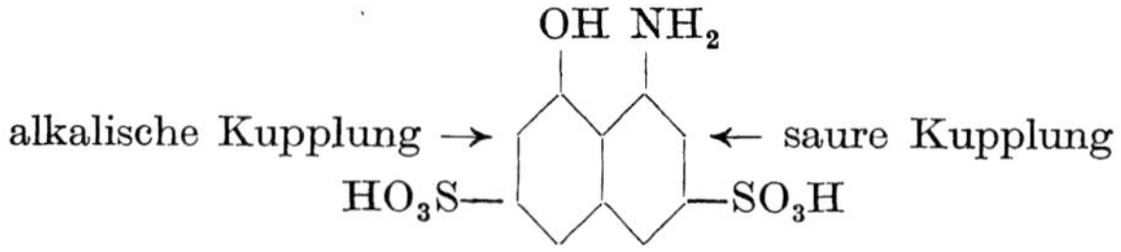

OH NH_2

alkalische Kupplung →   ← saure Kupplung

HO_3S—⟨⟩—SO_3H

H-Säure

Über die Konstitution der Oxyazofarbstoffe, also der Farbstoffe, welche aus Phenolen und Diazoverbindungen entstehen, ist zu sagen, daß man z. B. aus α-Naphthol und Diazobenzol:

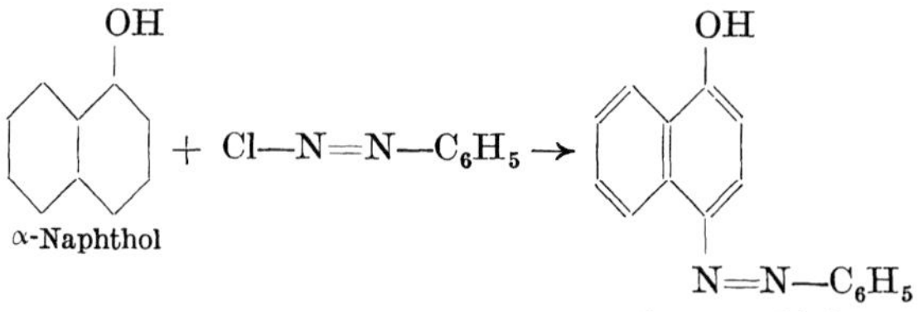

OH   OH

+ Cl—N=N—C_6H_5 →

α-Naphthol N=N—C_6H_5

Oxyazoverbindung

die gleiche Verbindung erhält wie aus α-Naphthochinon und Phenylhydrazin:

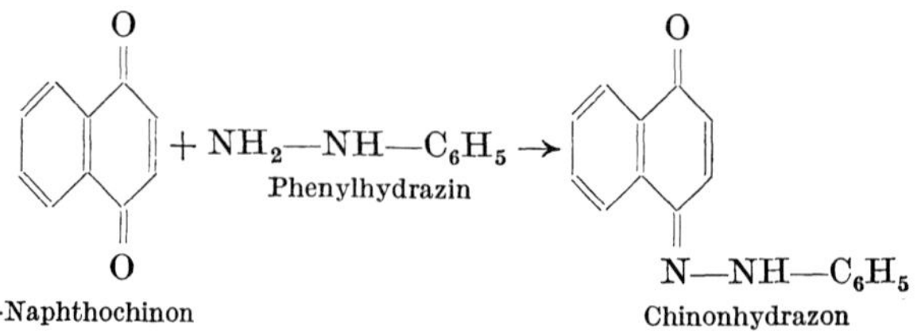

O   O

+ NH_2—NH—C_6H_5 →

           Phenylhydrazin

O N—NH—C_6H_5

α-Naphthochinon   Chinonhydrazon

Somit liegt ähnlich wie bei den Chinonoximfarbstoffen Tautomerie vor, und die Darstellung läßt keine Entscheidung zwischen Formeln, die eine Oxyazoverbindung oder ein Chinonhydrazon ausdrücken. Die Frage ist vielfach bearbeitet worden, eine endgültige Entscheidung hat sich nicht treffen lassen, es ist wahrscheinlich, daß Gleichgewichtszustände wie in ähnlichen Tautomeriefällen vorliegen, daß also beide Formen existenzfähig sind und je nach Lage der Verhältnisse ineinander übergehen. Praktisch hat die Erscheinung vielleicht eine Beziehung zu der Tatsache, daß α-Naphtholfarbstoffe, die in p-Stellung gekuppelt sind, z. B.:

OH

N=N—R

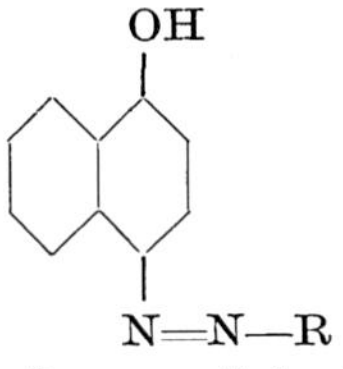

R = aromatischer Rest

alkalilöslich sind und β-Naphtholfarbstoffe, welche in o-Stellung gekuppelt sind, z. B.:

N=N—R

—OH

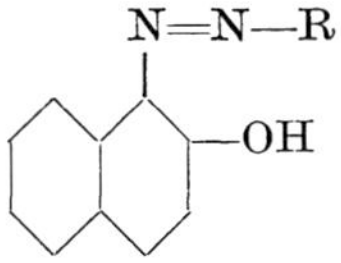

alkaliunlöslich sind und man hier früher das Vorhandensein einer Hydroxylgruppe bzw. einer Chinongruppe, wie es der Unterschied in der Konstitution einer Oxyazoverbindung und eines Chinonhydrazons zeigt, ablesen wollte. Der Schluß ist aber nach neueren Forschungen nicht zulässig, technisch wirkt sich aber der Unterschied zwischen den α-Naphthol- und β-Naphtholfarbstoffen so aus, daß erstere in der Waschechtheit den letzteren nachstehen. Daher erklärt sich auch, daß α-Naphtholfarbstoffe fast nur, wie oben gesagt, technisch brauchbar sind, wenn sie in 2-Stellung gekuppelt sind, z. B.:

OH

—N=N—R

—SO₃H

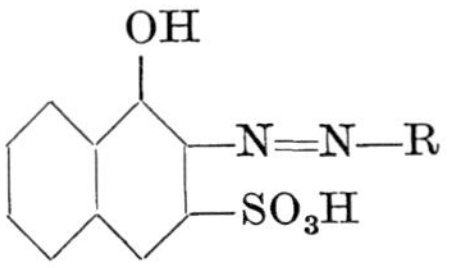

Für die Konstitution der Aminoazofarbstoffe, also solcher, welche aus der Kupplung von Diazoverbindungen mit Aminen entstehen, lassen sich ebenfalls zwei Formeln geben, die zueinander im Verhältnis der Tautomerie stehen. Auch hier kann mit Sicherheit weder für die eine noch die andere Konstitution entschieden werden, die Wahrscheinlichkeit spricht für die Azostruktur:

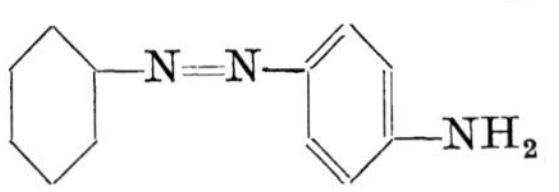

—N=N—   —NH—N=

—NH₂   =NH

Azostruktur 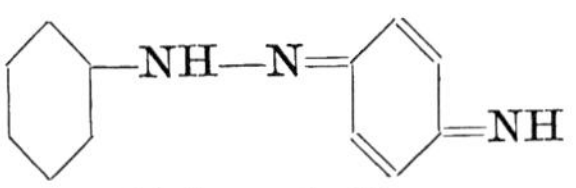   Hydrazonstruktur

Im folgenden sollen die Farbstoffe, ohne damit die Streitfrage entscheiden zu wollen, als Azoverbindungen geschrieben werden.

Über die Eigenschaften und das Verhalten der Azofarbstoffe ist zu bemerken, daß sie, je nachdem es sich um Oxy- oder Aminoazoverbindungen handelt, saure oder basische Eigenschaften besitzen müssen. In der Mehrzahl werden aber in den aromatischen Kern Sulfogruppen eingefügt und die sauren Farbstoffe in Form der Natriumsalze verwandt. Unterwirft man einen Azofarbstoff der Reduktion, so zerfällt er in die Diazokomponente und eine Verbindung, welche aus der ursprünglichen Kupplungskomponente substituiert durch eine weitere Aminogruppe besteht, z. B.:

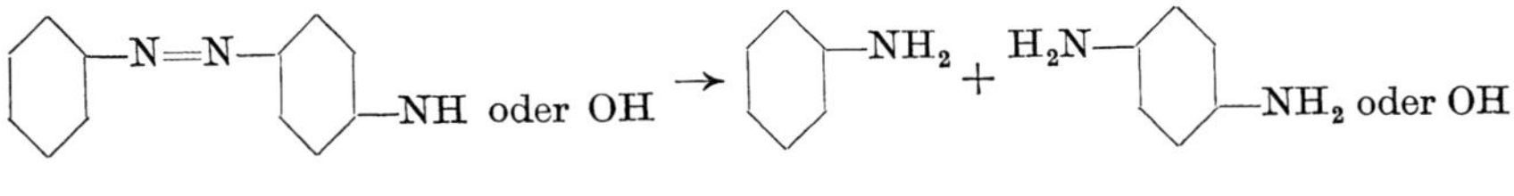

—N=N—   —NH₂   H₂N—

—NH oder OH → —NH₂ oder OH

Über die Beziehungen zwischen Farbe und Konstitution ist zu sagen, daß die einfachen Verbindungen der Benzolreihe gelb bis braun sind. Der Eintritt der Sulfo- und Carboxylgruppe ändert den Farbton wenig, die Methyl-, Halogen- und Nitrogruppe wirkt erwartungsgemäß farbvertiefend. Durch Ersatz des Benzolkerns durch den Naphthalinrest kann man rote, violette, blaue, schwarze und grüne Farbtöne erzielen. In färberischer Beziehung finden die sauren Azofarbstoffe zum Färben von Wolle, Seide und Leder Verwendung, basische Farbstoffe für tanningebeizte Baumwolle und Leder. Bei Dis- und Polyazofarbstoffen färben solche, die als Diazokomponente Diamine, vornehmlich Benzidin und seine Abkömmlinge, sowie einige noch zu beschreibende Basen besitzen, Baumwolle in alkalischem Bade unmittelbar an. Auch durch bestimmte Kupplungskomponenten läßt sich diese Eigenschaft erzielen. Farbstoffe, welche eine Oxygruppe und eine Carboxylgruppe, eine Oxygruppe und eine Aminogruppe, eine Oxygruppe und die Azogruppe, in o-Stellung zueinander, endlich zwei Oxygruppen in bestimmter Stellung enthalten, eignen sich als Beizenfarbstoffe. Sie bilden mit Metalloxyden Salze, die zu einer der genannten Gruppe in Komplexbeziehung treten. Die so zustande kommenden Metallacke zeichnen sich durch große Echtheit auf der Faser aus. Man färbt solche Farbstoffe auf und behandelt nachträglich mit hauptsächlich Chrom- und Kupfersalzen. Da aber als Beize vielfach chromsaure Salze verwandt werden, so kann auch auf der Faser eine Oxydation eintreten. Beide Klassen, zwischen denen Übergänge vorhanden sind, werden als Chromierfarbstoffe bezeichnet und sind für die Wollfärberei von großer Bedeutung. Neuerdings werden die Metallsalze solcher Farbstoffe auch in Substanz hergestellt und sodann aufgefärbt. Ihre Echtheit soll fast an die durch Nachbehandlung erzielte heranreichen. Für die Lederfärberei kommen die basischen, sauren, substantiven und für alaungares Leder die Chromierfarbstoffe in Betracht. Die wissenschaftliche Bezeichnung der Azofarbstoffe ist außerordentlich schwierig, am besten ist immer noch die aufgezeichnete Formel, als bequeme und gut verständliche Aushilfe kann die folgende Art der Darstellung dienen. D bedeutet diazotierte Base, der Pfeil die Kupplung, K die Kupplungskomponente.

D → K   z. B.   Anilin → Phenol bedeutet

Für einen Disazofarbstoff ergibt sich dann sinngemäß, wie im folgenden gezeigt, eine analoge Schreibweise.

Die Disazofarbstoffe lassen sich gliedern in:

1. primäre, erhalten durch aufeinanderfolgendes Kuppeln zweier gleicher oder verschiedener Diazoverbindungen mit einer Komponente, die zwei Azoreste aufnehmen kann:

allgemein ausgedrückt: $\left(\begin{matrix} D \searrow \\ D' \nearrow \end{matrix} K\right)$ oder $\begin{matrix} \text{p-Nitranilin} \searrow \\ \text{Anilin} \nearrow \end{matrix}$ H-Säure;

2. sekundäre unsymmetrische, entstanden durch Herstellung eines p-Amino-azofarbstoffes, erneutes Diazotieren und Kuppeln desselben mit einer neuen Komponente:

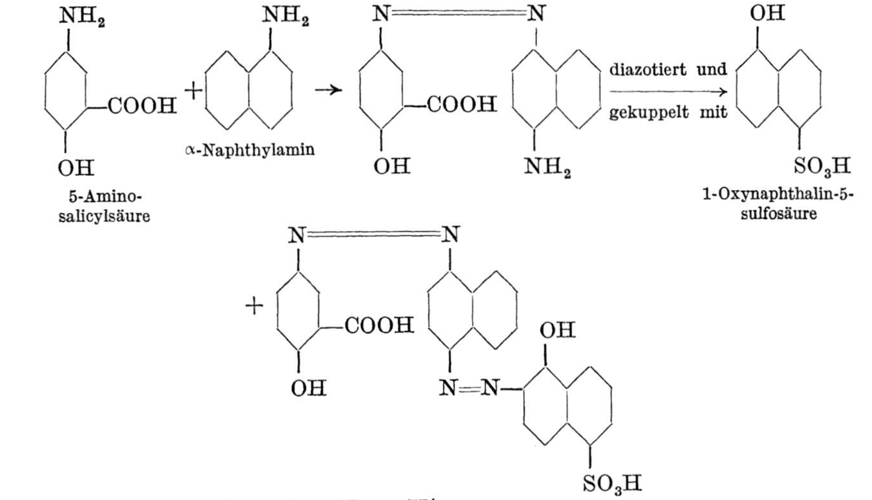

5-Amino-salicylsäure

α-Naphthylamin

diazotiert und gekuppelt mit

1-Oxynaphthalin-5-sulfosäure

allgemein ausgedrückt: $(D \rightarrow K) \rightarrow K'$;

3. sekundäre symmetrische, erhalten aus tetrazotierten p-Diaminen, d. h. solchen, welche sich tetrazotieren lassen, und ähnlichen Verbindungen, durch Kuppeln mit zwei gleichen oder verschiedenen Kupplungskomponenten, wobei die Vereinigung in zwei getrennten Stufen erfolgen kann:

$$C_6H_4-N=N-Cl + C_{10}H_6(NH_2) \cdot SO_3H$$
$$C_6H_4-N=N-Cl + C_{10}H_6(NH_2) \cdot SO_3H$$

$\rightarrow$

$$C_6H_4-N=N-C_{10}H_5 \cdot (NH_2) \cdot SO_3H$$
$$C_6H_4-N=N-C_{10}H_5 \cdot (NH_2) \cdot SO_3H$$

allgemein ausgedrückt: $D \begin{smallmatrix} \nearrow K \\ \searrow K' \end{smallmatrix}$.

Entsprechend läßt sich die Bezeichnung der Polyazofarbstoffe durchführen.

Monoazofarbstoffe.

Basische Farbstoffe. p-Aminoazobenzol (Anilingelb, Spritgelb) von der Formel:

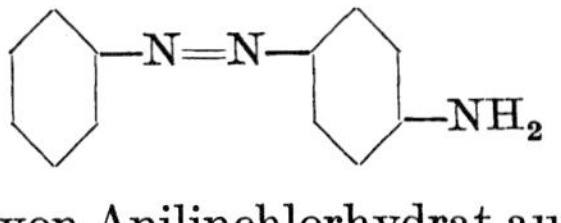

entsteht durch Einwirkung von Anilinchlorhydrat auf diazotiertes Anilin. Es wird zur Herstellung von Schuhwichse, Spritfarben usw. gebraucht, findet jedoch auch Verwendung zur Herstellung seiner Mono- und Disulfosäure (siehe unter saure Azofarbstoffe).

Neuerdings wird es, wie auch seine Homologen in der Acetatseidenfärberei (Kunstseide aus Celluloseacetat) verwandt (Azonine, Cellitazole). Solche Färbungen können dann auf der Faser diazotiert werden und mit einer Kupplungskomponente, z. B. Entwickler ON = 2-Oxynaphthalin-3-carbonsäure;

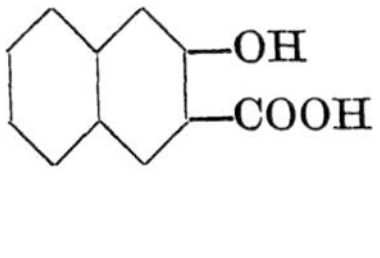

gekuppelt werden.

Chrysoidin 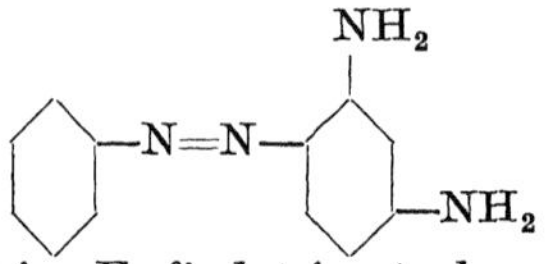 entsteht aus diazotiertem Anilin und

m-Phenylendiamin. Es findet in starkem Maße Verwendung in der Lederfärberei. Seine Lichtechtheit ist gering.

Bismarckbraun (Vesuvin, Phenylenbraun u. a. Namen). Läßt man auf salzsaures m-Phenylendiamin eine Lösung von Natriumnitrit wirken, so erhält man Gemische der Farbstoffe:

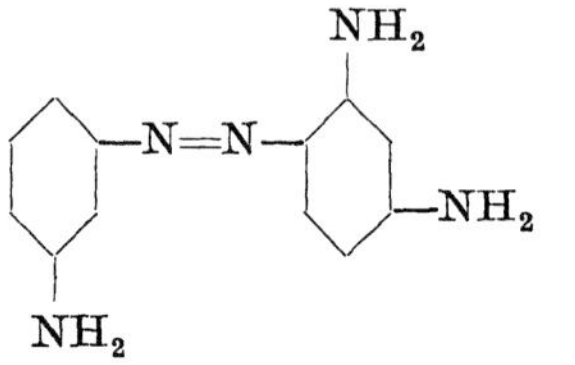

Monoazofarbstoff   und   Disazofarbstoff

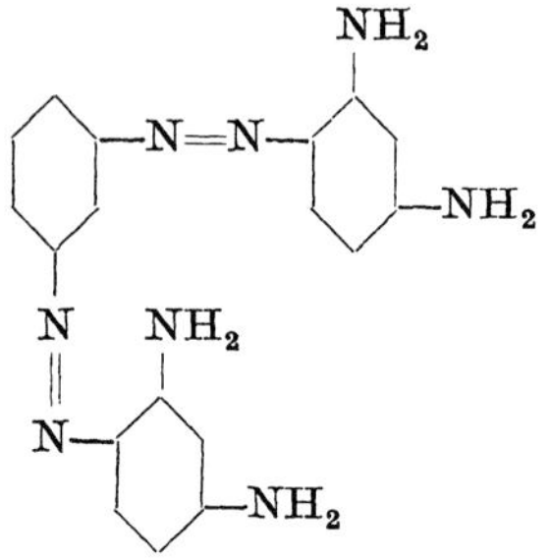

Ein Anteil des m-Phenylendiamins wird diazotiert, ein anderer Teil dient als Kupplungskomponente; der Disazofarbstoff überwiegt jedoch. Bismarckbraun findet in der Baumwoll- und Lederfärberei Verwendung.

Saure Farbstoffe. Echtgelb oder Säuregelb ist das Einwirkungsprodukt von Schwefelsäure auf p-Aminoazobenzol: es entsteht ein Gemisch der Mono- und Disulfosäure, in welcher die Disulfosäure:

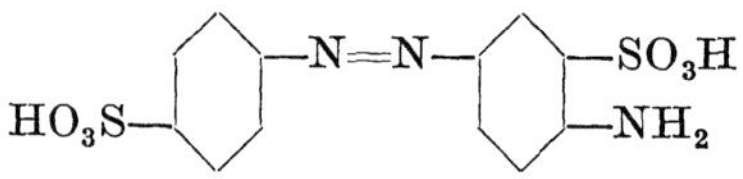

überwiegt. Echtgelb dient als Wollfarbstoff und zur Herstellung von Disazofarbstoffen. Erwähnt seien noch Tropäolin 00 oder Orange IV:

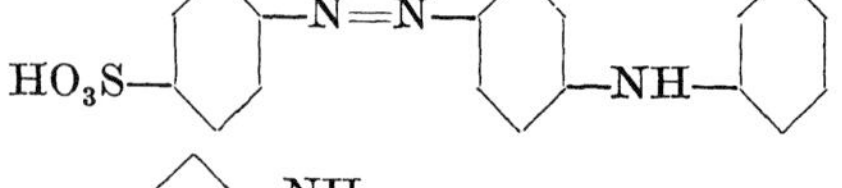

aus Sulfanilsäure: 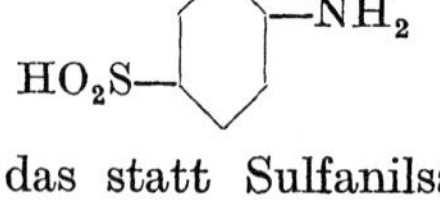 und Diphenylamin:

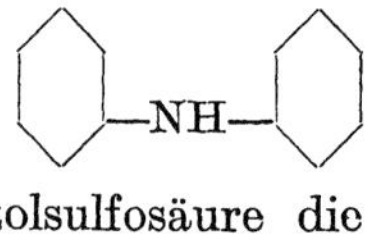

weiter Metanilgelb, das statt Sulfanilsäure, der p-Aminobenzolsulfosäure die m-Aminobenzolsulfosäure:

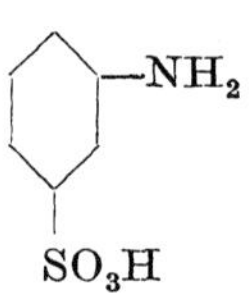

enthält.

Läßt man auf solche Farbstoffe, welche Diphenylamin als Kupplungskomponente enthalten, Salpetersäure einwirken, so entstehen wechselnde Gemische von Nitroprodukten, welche die Nitrogruppen im Diphenylaminkern enthalten. Diese Farbstoffe finden als Azoflavin, Azogelb oder Indischgelb Verwendung in der Seiden- und in der Lederfärberei. Azoflavin H ist auf etwas andere Weise hergestellt, indem man p-Aminoazobenzol mit 1-Chlor-2-4-dinitrobenzol umsetzt und nachträglich sulfoniert:

Die Einwirkung von diazotierter Sulfanilsäure auf α- und β-Naphthol führt zu den Farbstoffen:

von denen das letztere das meist gebrauchte Orange und im Gegensatz zu dem Orange I, dem α-Naphtholfarbstoff, alkaliechter ist (vgl. das früher Gesagte).

Erst die Verwendung von Homologen an Stelle des Anilins und der Anilinsulfosäuren als Diazotierungskomponenten, wie auch die Verwendung von β-Naphtholsulfosäuren, z. B.:

führte zu wertvollen roten Wollfarbstoffen, welche als Ersatz für Cochenille Verwendung fanden. Mit der G-Säure erzielt man gelbstichigere, mit der R-Säure rotstichigere Färbungen. Man hat es so in der Hand, durch verschiedenartige Kombinationen den gewünschten Farbton innerhalb bestimmter Grenzen zu erzielen. Die Entdeckung dieser Farbstoffe, welche als Ponceaux, Scharlachs, Bordeaux, Echtrot in den Handel kamen, und welche sich durch große Schönheit verbunden mit Billigkeit auszeichneten, war von großer Bedeutung für die Färberei. Es war selbstverständlich, daß man auch andere β-Naphtholsulfosäuren in Betracht zog und dieses Gebiet einer eingehenden Bearbeitung unterzog. Von solchen Farbstoffen seien einige genannt, welche auch für Leder Verwendung finden:

Ponceau G: Anilin → R-Säure,

Orange G: Anilin → G-Säure,

Bordeaux B: α-Naphthylamin → R-Säure,

Naphthylaminbraun: Naphthionsäure $\left(\begin{array}{c} NH_2 \\ \\ SO_3H \end{array}\right)$ → α-Naphthol,

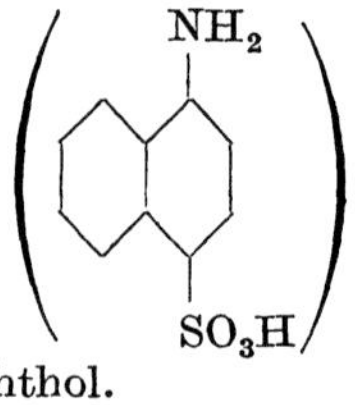

Echtrot A: Naphthionsäure → β-Naphthol.

Alle diese Farbstoffe eignen sich mehr oder minder auch als Lackfarbstoffe, d. h. als solche, welche auf einem anorganischen Material (Substrat z. B. Tonerde, Baryt, Kalk usw.) niedergeschlagen als Pigmentfarben für die Zwecke der Anstrichtechnik als Buch- und Steindruckfarben usw. (vgl. auch das in der Einleitung über Deckfarben Gesagte) Verwendung finden und in Wettbewerb zu den anorganischen Mineralfarbstoffen, z. B. Ocker, treten können. Chemisch ist bei der Fällung auf ein Substrat eine Salzbildung auf Grund freier Hydroxyl-, Sulfo- oder Carboxylgruppen zu erwarten. Es seien von solchen Farbstoffen genannt:

Sudan I: Anilin → β-Naphthol (für gelbe Schuhwichse)

Permanentorange:

3-Chloranilin-6-sulfosäure $\left(\begin{array}{c} NH_2 \\ HO_3S— \\ —Cl \end{array}\right)$ → β-Naphthol

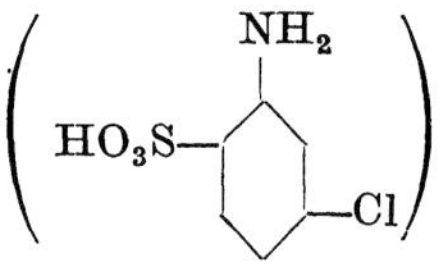

Pigmentechtrot:

3-Nitro-4-toluidin $\left(\begin{array}{c} CH_3 \\ —NO_2 \\ NH_2 \end{array}\right)$ → β-Naphthol

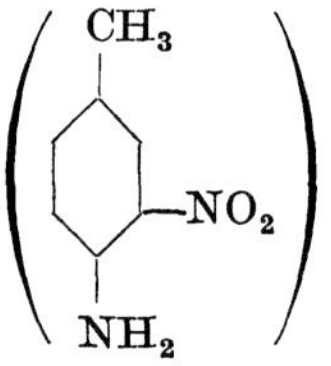

Pigmentpurpur:

o-Anisidin $\left(\begin{array}{c} OCH_3 \\ —NH_2 \end{array}\right)$ → β-Naphthol

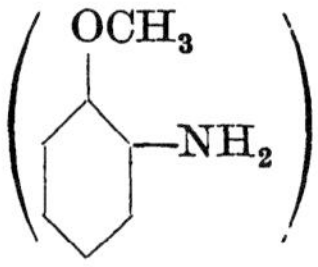

Litholrot R:

2-Naphthylamin-1-sulfosäure $\left(\begin{array}{c} SO_3H \\ —NH_2 \end{array}\right)$ → β-Naphthol

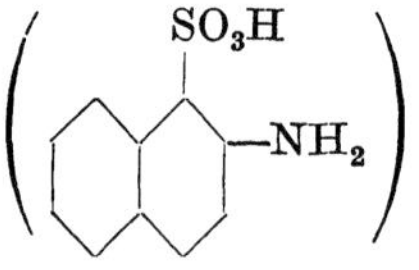

Die Erzielung violetter bis blauer Farbstoffe gelang erst, als man die 1-8-(peri)-Derivate der Naphthalinreihe

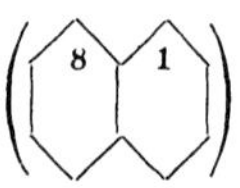

$\left(\begin{array}{c} 8 \quad 1 \end{array}\right)$

verwandte. Es waren dies die:

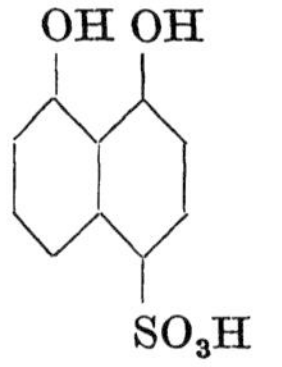

OH OH

$\begin{array}{c} \\ SO_3H \end{array}$

1-8-Dioxynaphthalin-4-sulfosäure
(Dioxy-S-Säure)

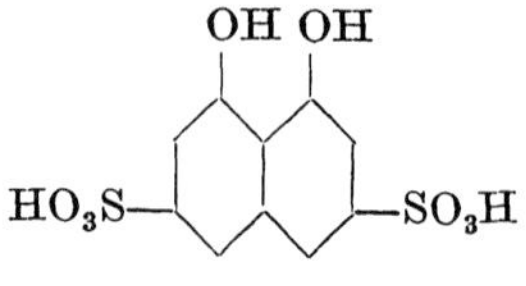

OH OH

$HO_3S—\qquad —SO_3H$

Chromotropsäure   und

HO   NH₂

$HO_3S—\qquad —SO_3H$

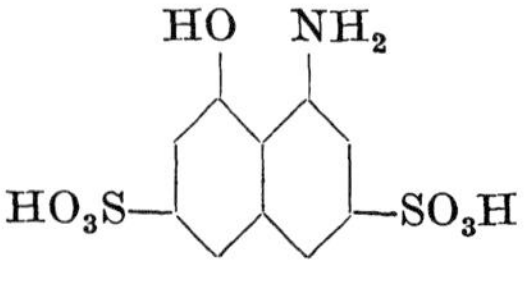

H-Säure

welche sämtlich in 2-Stellung (vgl. oben) kuppeln.

Chromotrop 10 B:

α-Naphthylamin $\left(\begin{array}{c}NH_2\\ \end{array}\right)$ → Chromotropsäure

ist z. B. rotviolett.

Beizen und Chromierfarbstoffe. Die sauren Azofarbstoffe sind um so waschechter, je geringer ihre Löslichkeit in Wasser ist. Die Möglichkeit, diese Eigenschaft zur Herstellung waschechter Farbstoffe auszunutzen, wird begrenzt durch die Tatsache, daß das Egalisierungsvermögen, d. h. das gleichmäßige Aufziehen der Farbstoffe auf der Faser mit der Zunahme der Schwerlöslichkeit leidet, obwohl es nicht davon allein abhängig ist. Zur Erhöhung der Echtheit kann aber die Befestigung auf der Faser durch nachträgliche Behandlung der Färbungen mit einer Metallbeize (Nachchromieren) erfolgen. Es handelt sich dabei, wie schon hervorgehoben wurde, um die Bildung komplexer Metallsalze auf der Faser, es müssen daher die zur Erzeugung komplexer Bindung nötigen Gruppen im Azofarbstoff fertig vorgebildet sein.

Erwähnt seien hauptsächlich Farbstoffe, welche auch für Leder in Betracht kommen:

Alizaringelb G G:

m-Nitranilin $\left(O_2N-\langle\ \rangle-NH_2\right)$ → Salicylsäure $\left(\langle\ \rangle\begin{array}{c}-OH\\-COOH\end{array}\right)$

Beizengelb 3 R:

p-Nitranilin $\left(O_2N-\langle\ \rangle-NH_2\right)$ → Salicylsäure

Beizengelb 0:

2-Naphthylamin-6-sulfosäure $\left(HO_3S-\langle\ \rangle\langle\ \rangle-NH_2\right)$ → Salicylsäure

Säurealizarinrot B:

Anthranilsäure $\left(\langle\ \rangle\begin{array}{c}-NH_2\\-COOH\end{array}\right)$ → R-Säure.

Man sieht, daß alle diese Farbstoffe entweder eine Carboxylgruppe in o-Stellung zu einer Hydroxylgruppe oder zu einer Azogruppe enthalten. Von Dioxyderivaten gehören die schon erwähnten Chromotrop-Farbstoffe hierher, welche ihres Preises halber für solche Färbungen keine bedeutende Verwendung mehr finden. Verwendet man als Nachchromierungsmittel z. B. chromsaure Salze, so können gleichzeitig oder ausschließlich auch Oxydationswirkungen, d. h. Veränderungen der Konstitution des Farbstoffs auf der Faser eintreten, die manchmal zur Erklärung des Farbumschlages beim Nachchromieren z. B. von rot nach blau herangezogen werden. Es sind drei Möglichkeiten der Veränderung der Chromierfarbstoffe nachgewiesen: Oxydation, Bildung eines Chromkomplexsalzes und letztere unter Einfügung einer weiteren Hydroxylgruppe in das Molekül durch Oxydation.

Farbstoffe aus o-Aminophenolen sind in großer Zahl hergestellt worden, erwähnt seien:

Metachrombraun:

Pikraminsäure $\left(O_2N-\langle\begin{array}{c}OH\\ \\NO_2\end{array}\rangle-NH_2\right)$ → m-Toluylendiamin $\left(\langle\begin{array}{c}CH_3\\ \\NH_2\end{array}\rangle-NH_2\right)$

Palatinchromviolett:

$$2\text{-Aminophenol-4-sulfosäure} \left(\begin{array}{c} OH \\ \text{—NH}_2 \\ SO_3H \end{array} \right) \rightarrow \beta\text{-Naphthol}$$

Diamantschwarz PV:

$$2\text{-Aminophenol-4-sulfosäure} \rightarrow 1\text{-5-Dioxynaphthalin} \left(\begin{array}{c} OH \\ \\ OH \end{array} \right)$$

Metachromfarbstoffe sind solche, welche man in einem Bade unter Verwendung der Metachrombeize (Ammoniumbichromat) färben und gleichzeitig nachchromieren kann. Neolan- und Palatinechtfarbstoffe enthalten Chrom, die Lanasolfarbstoffe Kupfer im Farbstoffmolekül gebunden; sie ziehen als Komplexsalze auf und sollen in der Echtheit zum Teil an die nachchromierbaren Farbstoffe heranreichen.

Disazo- und Polyazofarbstoffe.

Primäre Disazofarbstoffe. Die Darstellung erfolgt durch Einwirkung von Diazoverbindungen auf einen Oxy- oder Aminoazofarbstoff. Für Leder wichtig sind:

Resorcinbraun:

$$\begin{array}{c} \text{m-Xylidin} \left(\begin{array}{c} CH_3 \\ \text{—CH}_3 \\ NH_2 \end{array} \right) \\ \text{Sulfanilsäure} \end{array} \rightarrow \text{Resorcin} \left(\begin{array}{c} OH \\ \text{—OH} \end{array} \right)$$

Lederbraun:

p-Phenylendiamin⟶
                        m-Phenylendiamin.
p-Phenylendiamin⟶

p-Phenylendiamin kann als solches nicht diazotiert werden, man muß entweder von p-Nitranilin

$$O_2N\text{—}\langle\ \rangle\text{—NH}_2$$

ausgehen, diazotieren und nachträglich reduzieren oder von p-Aminoacetanilid:

$$H_2N\text{—}\langle\ \rangle\text{—NH·CO·CH}_3$$

und den Essigsäurerest nach der ersten Kupplung abspalten.

Echtbraun G:

Sulfanilsäure⟶
                        α-Naphthol.
Sulfanilsäure⟶

Die Marke 0 enthält ein Homologes der Sulfanilsäure.

Naphtholblauschwarz (Agalmaschwarz 10 B):

$$\left.\begin{array}{l}\text{p-Nitranilin (sauer gekuppelt)}\\ \text{Anilin (alkalisch gekuppelt)}\end{array}\right\} \text{H-Säure}$$

dem nachfolgende Konstitution zukommt:

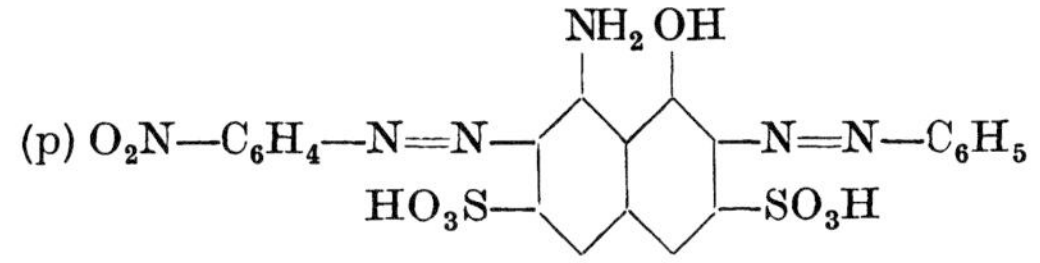

Sekundäre unsymmetrische Disazofarbstoffe. Die Farbstoffe entstehen durch Diazotieren eines p-Aminoazofarbstoffes und Kuppeln mit einer neuen Kupplungskomponente. Man hat folgende Regeln aufgefunden: Farbstoffe aus p-Aminoazobenzol:

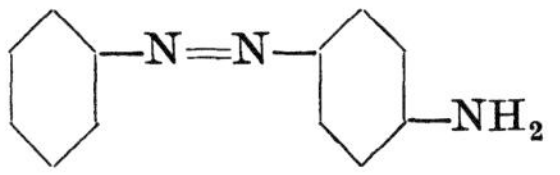

wie auch p-Aminoazotoluol mit Benzolresten gekuppelt, zeigen orange Farbtöne, mit Naphthalinresten gekuppelt rote Färbungen, z. B.:

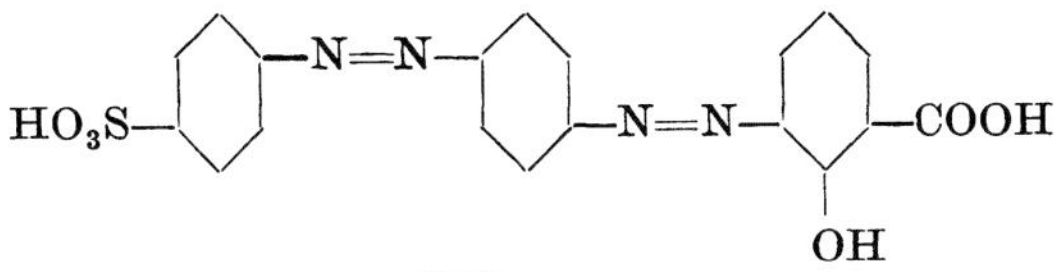

Walkorange

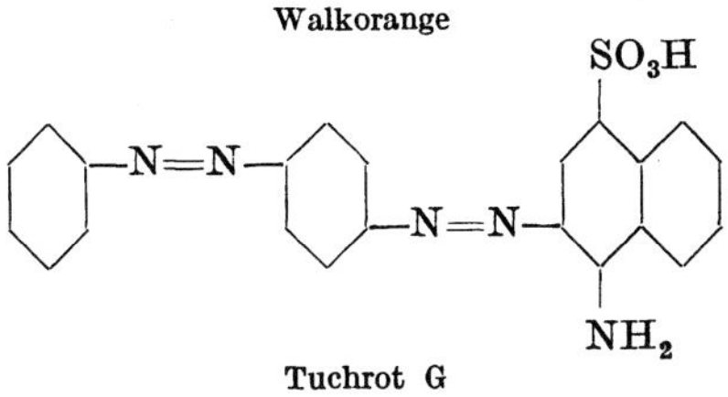

Tuchrot G

Steht dagegen in der Mitte zwischen den Azogruppen ein Naphthalinrest, so entstehen blaue bis schwarze Farbstoffe, z. B.:

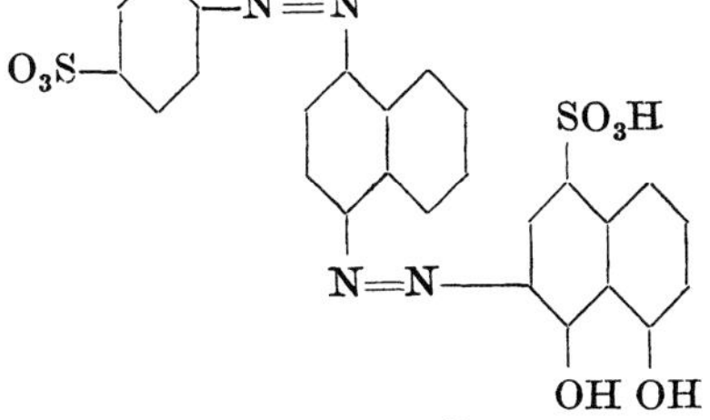

Victoriaschwarz B

stärker wird die Farbvertiefung bei Verwendung dreier Naphthalinreste, z. B.:

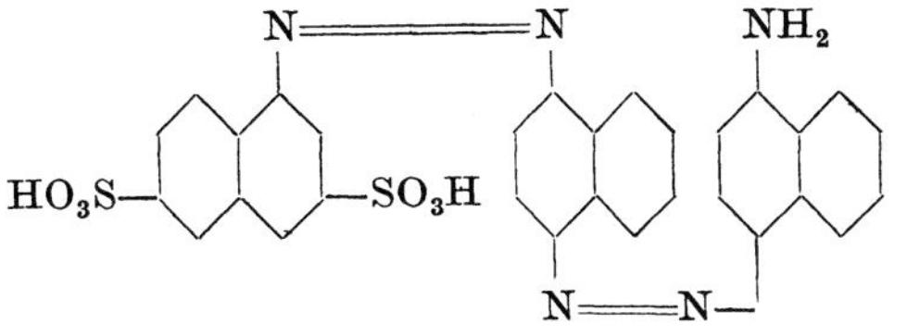

Naphthylaminschwarz D

Walkorange wie oben:

Aminoazobenzolsulfosäure → Salicylsäure

Tuchrot wie oben:

Aminoazobenzol → 1-Naphthol-4-sulfosäure

Baumwollscharlach:

Aminoazobenzol → G-Säure

Erythrin P:

Aminoazobenzol → 2-Oxynaphthalin-3-6-8-trisulfosäure

Naphthylblauschwarz N:

1-Naphthylamin-4-6 (oder 7)-disulfosäure → α-Naphthylamin

→ 1-Amino-2-naphtholäthyläther

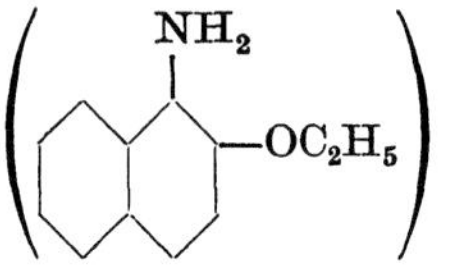

Naphthylaminschwarz D:

1-Naphthylamin-3-6-disulfosäure → α-Naphthylamin → α-Naphthylamin

Manche dieser Farbstoffe zeigen schon Verwandtschaft zur ungebeizten Baumwolle (Diaminogenblauklasse).

Sekundäre symmetrische Disazofarbstoffe. In erster Linie leiten sich diese Farbstoffe von p-Diaminen ab, welche tetrazotiert und zweimal mit der gleichen oder zwei verschiedenen Komponenten gekuppelt werden. Im Anschluß an diese Gruppe werden alle übrigen Farbstoffe besprochen, welche die gleichen färberischen Eigenschaften besitzen mit Ausnahme der Farbstoffe mit Thiazolringen:

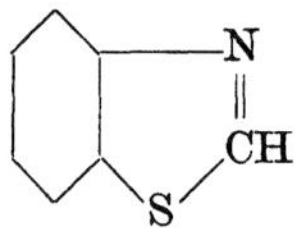

welche aus chemischen Gründen als Anhang bei den Schwefelfarbstoffen abgehandelt werden. Im Benzidin:

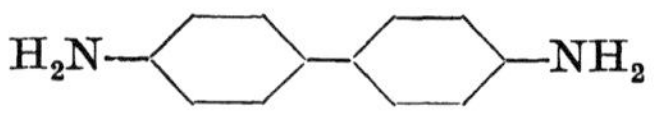

dem Hauptvertreter der hier verwandten p-Diamine, ist offenbar die p-Stellung der Aminogruppen zur Verknüpfungsstelle der Benzolreste für die Erzielung direktziehender Farbstoffe wichtig. Farbstoffe aus o-p-Diaminodiphenyl:

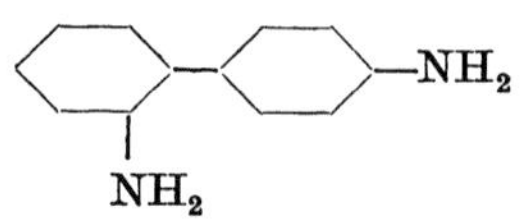

färben nämlich ungebeizte Baumwolle nur schwach an. Auch durch Substitution in m-Stellung zu den Aminogruppen, z. B.:

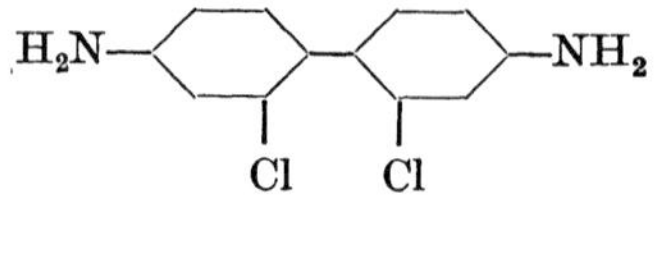

geht die Eigentümlichkeit wieder verloren, dagegen geben Ringgebilde, wie:

$$H_2N-\underset{\text{Diaminocarbazol}}{\boxed{}\overset{NH}{}\boxed{}}-NH_2 \qquad H_2N-\underset{\text{Benzidinsulfon}}{\boxed{}\overset{SO_2}{}\boxed{}}-NH_2$$

$$H_2N-\underset{\text{Diaminofluoren}}{\boxed{}\overset{CH_2}{}\boxed{}}-NH_2$$

trotz besetzter m-m'-Stellung direktziehende Farbstoffe. Ferner zeigen Farbstoffe aus:

$$H_2N-\underset{\text{Diaminodiphenylmethan}}{\boxed{}-CH_2-\boxed{}}-NH_2 \qquad H_2N-\underset{\text{Diaminodiphenylharnstoff}}{\boxed{}-NH-CO-NH-\boxed{}}-NH_2$$

$$H_2N-\underset{\text{Diaminostilben}}{\boxed{}-CH=CH-\boxed{}}-NH_2$$

ebenfalls die gleiche Wirkung.

Von den Verbindungen, welche sich in dieses System nicht einordnen, seien genannt die 2-Amino-5-oxy-naphthalin-7-sulfosäure (J-Säure):

$$HO_3S-\boxed{}-NH_2$$
$$OH$$

die als mittelständige wie als endständige Komponente in Polyazofarbstoffen substantive Wirkung auslöst. Endlich zeigen Farbstoffe, welche als endständige Gruppe eine Anzahl miteinander verketteter Clevesäuremoleküle aufweisen:

$$HO_3S-\overset{NH_2}{\boxed{}} \quad \text{bzw.} \quad HO_3S-\overset{NH_2}{\boxed{}}$$

die gleiche Eigenschaft. Man beobachtet, daß die letztgenannten Farbstoffe häufig bessere Echtheitseigenschaften haben als die Farbstoffe aus Benzidin. Im ganzen ist aber die Echtheit aller substantiven Farbstoffe nicht so groß wie die der sauren Wollfarbstoffe.

Die substantiven Farbstoffe ziehen zum Teil in neutralem Bade auch auf Wolle auf, so daß ihrer Verwendung als Halbwoll- und Halbseidenfarbstoffe nichts im Wege steht. Es gibt aber auch solche, welche die tierische Faser schwächer oder überhaupt nicht anfärben, was wieder für besondere Effekte von Vorteil sein kann.

p-Diamine geben im allgemeinen mit Phenolen und Phenolcarbonsäuren gelbe, mit Naphthylaminsulfosäuren rote, mit Naphtholsulfosäuren rotviolette bis violette und mit Aminonaphtholsulfosäuren blauviolette bis blaue Farbstoffe. Grüne und schwarze Farbstoffe sind fast stets Polyazofarbstoffe, welche man entweder in Substanz oder vielfach auch erst auf der Faser aus Bruchstücken aufbaut. Die Methyl- und Methoxygruppe verschiebt den Farbton nach Blau, der Einfluß der Äthoxy-, Chlor- und Nitrogruppe ist geringer. Die Kupplungsgeschwindigkeit der ersten Diazogruppe ist groß, der zweiten nach der Kupplung der ersten geringer, dadurch wird die Kupplung mit zwei verschiedenen

Komponenten ermöglicht. Aus der riesigen Anzahl von Farbstoffen sei eine kleine Auswahl gegeben, wobei die Verwendungsmöglichkeit für Leder berücksichtigt ist:

Toluylengelb:

$$\text{Toluylendiaminsulfosäure} \begin{array}{c} \nearrow \text{Nitro-m-phenylendiamin} \\ \searrow \text{Nitro-m-phenylendiamin} \end{array}$$

Triazolgelb G:

$$\text{Diaminostilbendisulfosäure} \begin{array}{c} \nearrow \text{Phenetol} \\ \rightarrow \text{Phenetol} \end{array}$$

Toluylenorange RR:

$$\text{Toluylendiaminsulfosäure} \begin{array}{c} \nearrow \beta\text{-Naphthylamin} \\ \rightarrow \beta\text{-Naphthylamin} \end{array}$$

Oxaminrot:

$$\text{Benzidin} \begin{array}{c} \nearrow \text{Salicylsäure} \\ \searrow \text{J-Säure (alkalisch gekuppelt)} \end{array}$$

Dianilechtrot PH (Oxaminechtrot F):

$$\text{Benzidin} \begin{array}{c} \nearrow \text{Salicylsäure} \\ \searrow \text{2-Amino-8-oxynaphthalin-6-sulfosäure (sauer gekuppelt)} \end{array}$$

Diaminviolett N (Dianilviolett H):

$$\text{Benzidin} \begin{array}{c} \nearrow \text{2-Amino-8-oxynaphthalin-6-sulfosäure} \\ \searrow \text{2-Amino-8-oxynaphthalin-6-sulfosäure} \end{array} \bigg\} \text{(sauer gekuppelt)}.$$

Wird die letztgenannte Komponente alkalisch gekuppelt, so entsteht ein Farbstoff von anderem Farbton, zum Vergleich seien beide Farbstoffe nebeneinandergestellt:

$$C_6H_4-N=N-\overset{OH}{\underset{HO_3S}{\bigcirc\bigcirc}}-NH_2 \qquad \overset{C_6H_4-N=N-}{\underset{H_2N-}{\bigcirc\bigcirc}}\overset{OH}{\underset{-SO_3H}{}}$$

$$C_6H_4-N=N-\overset{OH}{\underset{HO_3S}{\bigcirc\bigcirc}}-NH_2 \qquad \overset{C_6H_4-N=N-}{\underset{H_2N-}{\bigcirc\bigcirc}}\overset{OH}{\underset{-SO_3H}{}}$$

Diaminschwarz RO   Diaminviolett N

Diaminblau BB: $\text{Benzidin} \begin{smallmatrix} \nearrow \text{H-Säure} \\ \searrow \text{H-Säure} \end{smallmatrix} \Big\}$ (alkalisch gekuppelt)

Benzoechtscharlache sind Farbstoffe, die 2 Mol der J-Säure durch eine CO-Gruppe verbunden enthalten:

$$HO_3S-\underset{\underset{OH}{}}{\bigcirc\bigcirc}-NH-CO-NH-\underset{\underset{OH}{}}{\bigcirc\bigcirc}-SO_3H$$

Benzolichtfarbstoffe enthalten Aryl-J-Säure:

$$HO_3S-\underset{\underset{OH}{}}{\bigcirc\bigcirc}-NH-CO-C_6H_5$$

endständig, wobei die Mittelkomponente für die Lichtechtheit ausschlaggebend ist. Rosanthrene sind Monoazofarbstoffe mit m-Aminobenzoyl-J-Säure:

$$HO_3S-\underset{\underset{OH}{}}{\bigcirc\bigcirc}-NH-CO-\underset{\underset{NH_2}{}}{\bigcirc}$$

Polyazofarbstoffe für Baumwolle. Für die Darstellung solcher Farbstoffe kommen zwei Möglichkeiten in Betracht: die Herstellung in Substanz und die Erzeugung auf der Faser. Das Zwischenprodukt, welches man dann auffärbt, muß eine primäre Aminogruppe besitzen, welche auf der Faser diazotiert werden kann und mit einem „Entwickler" gekuppelt wird. Das aufgefärbte Zwischenprodukt kann anderseits auch als Kupplungskomponente benutzt werden und muß dann eine freie Oxy- oder Aminogruppe besitzen; solche Farbstoffe werden vielfach mit diazotiertem p-Nitranilin gekuppelt. Durch die Erzeugung des Polyazofarbstoffes auf der Faser wird die Echtheit bedeutend verbessert. Manchmal läßt sich die Echtheit aber auch schon etwas durch Nachbehandlung mit Kupfersalzen beeinflussen oder, falls die Farbstoffe endständig Resorcin oder Phenylendiamin enthalten, mit Formaldehyd.

Die Bedeutung dieser Farbstoffe liegt auf dem Gebiete der grünen und schwarzen Marken, sie kommen jedoch für die Lederfärberei kaum in Betracht. Erwähnt seien drei Farbstoffe, um den Aufbau zu kennzeichnen:

Diamingrün B:

$$\text{Benzidin} \begin{array}{l} \nearrow \text{H-Säure} \leftarrow \text{p-Nitranilin (sauer gekuppelt)} \\ \searrow \text{Phenol} \end{array}$$

Direkttiefschwarz EW:

$$\text{Benzidin} \begin{array}{l} \nearrow \text{H-Säure (sauer)} \leftarrow \text{Anilin} \\ \searrow \text{m-Phenylendiamin} \end{array}$$

Benzobraun B:

$$\text{m-Phenylendiamin} \begin{array}{l} \nearrow \text{m-Phenylendiamin} \leftarrow \text{Naphthionsäure} \\ \searrow \text{m-Phenylendiamin} \leftarrow \text{Naphthionsäure} \end{array}$$

Azofarbstoffe auf der Faser. Die zum Färben verwendeten Azofarbstoffe sind infolge vorhandener Sulfogruppen wasserlöslich, und ihre Echtheit auf der Baumwollfaser ist deshalb von dem Grad der Löslichkeit der Farbstoffe in Wasser und Alkali abhängig. Läßt man in Erweiterung des bei den Polyazofarbstoffen geschilderten Grundsatzes die Bildung des Azofarbstoffes sich völlig auf der Faser vollziehen, so kann man ohne Sulfogruppen auskommen. Man tränkt das Gewebe mit einer Lösung der Kupplungskomponente, welche aber schon eine gewisse Verwandtschaft zur Baumwollfaser besitzen muß, und entwickelt in einem Bade, welches die diazotierte Base enthält. Die Herstellung der Diazolösung durch den Färber kann umgangen werden, wenn man haltbare Nitrosamine (siehe oben unter Diazoverbindungen) oder durch Zusätze beständig gemachte feste Diazoverbindungen verwendet. Als Kupplungskomponente kommen heute fast nur Arylide, und zwar hauptsächlich der 2-Oxynaphthalin-3 carbonsäure in Betracht:

R = aromatischer Rest

Diese Produkte sind unter dem Namen Naphthol AS, z. B.:

Naphthol AS

Naphthol AS—BS

Naphthol AS—BO

Naphtol AS—JTR

im Handel. Als Diazokomponente wird eine große Anzahl einfacher und auch kompliziert zusammengesetzter aromatischer Basen verwandt. Man hat echte Farbtöne von Gelb bis Schwarz zur Verfügung. Die im Handel befindlichen Rapidechtfarbstoffe enthalten ein Naphthol-AS-Derivat und ein beständiges Diazosalz gemischt für Druckzwecke.

Stilbenfarbstoffe.

Läßt man Natronlauge auf p-Nitrotoluol-o-sulfosäure:

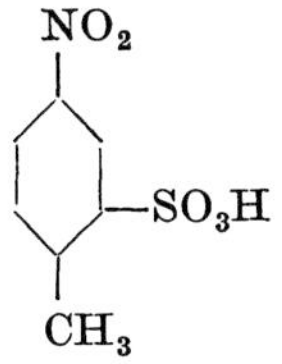

$$NO_2$$
$$—SO_3H$$
$$CH_3$$

wirken, so erhält man Farbstoffe, deren Konstitution je nach der Konzentration der Natronlauge, Temperatur und anderen Bedingungen wechselt, sich aber immer vom Stilben:

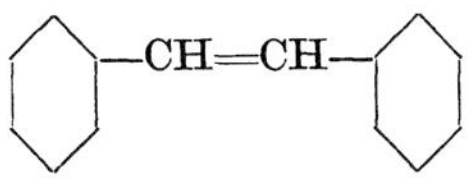

$$—CH=CH—$$

ableitet. Sie finden zum Teil auch für Leder Verwendung. Man kann etwa drei Gruppen unterscheiden, obwohl die Farbstoffe mehr oder minder aus Mischungen dieser bestehen.

Sonnengelb (Direktgelb R) ist nach allerdings nicht unbestrittener Auffassung im wesentlichen:

$$
\begin{array}{ccc}
SO_3Na & & SO_3Na \\
| & & | \\
CH—C_6H_3——N=N—C_6H_3—CH \\
\| & & \| \\
CH—C_6H_3——N=N—C_6H_3—CH \\
| & | & | \\
SO_3Na & O & SO_3Na
\end{array}
$$

zeigt also eine Kombination eines Azofarbstoffes mit einer Azoxyverbindung.

Mikadogelb (Dianildirektgelb S) entsteht durch Oxydation des Sonnengelbs und hat die Konstitution:

$$
\begin{array}{cc}
SO_3Na & SO_3Na \\
| & | \\
CH—C_6H_3—N=\!=\!=N—C_6H_3—CH \\
\| & \| \\
CH—C_6H_3—NO_2 \quad O_2N—C_6H_3—CH \\
| & | \\
SO_3Na & SO_3Na
\end{array}
$$

es enthält demnach Azo- und Nitrogruppen.

Mikadoorange entsteht bei Gegenwart reduzierender Mittel und hat die Formel:

$$
\begin{array}{cc}
SO_3Na & SO_3Na \\
| & | \\
CH—C_6H_3—N=N—C_6H_3—CH \\
\| & \| \\
CH—C_6H_3—N=N—C_6H_3—CH \\
| & | \\
SO_3Na & SO_3Na
\end{array}
$$

zeigt also zwei Azogruppen in ringförmiger Anordnung.

Pyrazolonfarbstoffe.

Diese Gruppe umfaßt Azofarbstoffe, bei welchen die Gruppe —N=N— einerseits mit einem aromatischen Rest, andererseits mit einer heterocyclischen Gruppe, dem Pyrazolonrest verbunden ist. Pyrazolonderivate entstehen allgemein, wenn man β-Ketosäureester mit Phenylhydrazinderivaten umsetzt, z. B.:

$$\begin{array}{c} CH_2{-}CO{-}CH_3 \\ | \\ COOC_2H_5 \\ \text{Acetessigester} \end{array} + \underset{\text{Phenylhydrazin}}{NH_2{-}NH{-}C_6H_5} \rightarrow \begin{array}{c} CH_2{-}C{-}CH_3 \\ | \quad\;\; \| \\ N{-}N\;H\;{-}C_6H_5 \\ | \\ CO\;\;OC_2H_5 \end{array} \rightarrow$$

$$\begin{array}{c} CH_2{-}C{-}CH_3 \\ | \quad\;\; \| \\ CO \quad N \\ \diagdown\diagup \\ N{-}C_6H_5 \end{array} \quad\text{oder}\quad \begin{array}{c} CH{-\!-}C{-}CH_3 \\ \| \quad\;\; \| \\ (OH)C \quad N \\ \diagdown\diagup \\ N{-}C_6H_5 \end{array}$$

Phenylmethylpyrazolon

Beim Kuppeln greift der Azorest in den CH_2-Rest der Gruppe $CH_2{-}CO$ oder tautomer $CH{=}C(OH)$ ein, was an die Kupplung mit Phenolen erinnert.

Der älteste Farbstoff dieser Reihe ist das Tartrazin, das nach verschiedenen Synthesen, die alle die Bildung eines Pyrazolonringes bezwecken, dargestellt wird. Der Farbstoff hat die Formel:

$$\begin{array}{c} C_6H_4{-}SO_3Na \\ | \\ N \\ \diagup\diagdown \\ N \quad CO \\ \| \quad\; | \\ HOOC{-}C{-}C{=}N{-}NH{-\!-}C_6H_4{-}SO_3Na \end{array}$$

oder tautomer geschrieben:

$$\begin{array}{c} C_6H_4{-}SO_3Na \\ | \\ N \\ \diagup\diagdown \\ N \quad CO \\ \| \quad\; | \\ HOOC{-}C{-}CH{-}N{=}N{-}C_6H_4{-}SO_3Na \end{array} \quad\text{bzw.}\quad \begin{array}{c} C_6H_4{-}SO_3Na \\ | \\ N \\ \diagup\diagdown \\ N \quad C(OH) \\ \| \quad\;\; | \\ HOOC{-}C{-}C{-}N{=}N{-}C_6H_4{-}SO_3Na \end{array}$$

Er färbt Wolle in rein gelben lichtechten Tönen an. Andere Farbstoffe sind die Flavazine, Polargelb, Pigmentechtgelb usw. Auch einige Hansagelbmarken enthalten Pyrazolonderivate als Kupplungskomponente. Die Bedeutung liegt in den gelben Tönen für Wolle und Lackfarbstoffe.

Diphenyl- und Triphenylmethanfarbstoffe.

Diese Farbstoffe leiten sich von den beiden Grundverbindungen:

$$\underset{\text{Diphenylmethan}}{H_5C_6{-}CH_2{-}C_6H_5} \qquad\qquad \underset{\text{Triphenylmethan}}{\overset{\displaystyle C_6H_5}{\overset{|}{H_5C_6{-}CH{-}C_6H_5}}}$$

ab. Zur besseren Übersicht lassen sie sich in folgende Untergruppen einteilen.

1. Diphenylmethanfarbstoffe.
2. Triphenylmethanfarbstoffe.

   a) Diaminotriphenylmethanfarbstoffe (Gruppe des Malachitgrüns).
   b) Triaminotriphenylmethanfarbstoffe (Gruppe des Fuchsins).
   c) Trioxytriphenylmethanfarbstoffe (Gruppe des Aurins).
   d) Triphenylcarbinol-carbonsäure-Farbstoffe (Gruppe des Eosins und Rhodamins).

Der Wert der Farbstoffe liegt in ihren schönen und klaren Tönen und in ihrer großen Farbkraft. Es sind basische wie auch saure Farbstoffe darstellbar. Den meisten ist jedoch nur eine geringe Licht- und Waschechtheit eigen, sie haben daher durch die Echtheitsbewegung in der Färberei neuerdings stark von ihrer Bedeutung verloren.

Diphenylmethanfarbstoffe. Bedeutung besitzt nur ein Farbstoff, die Methoden zur Darstellung von Diphenylmethanderivaten sind aber für die Gewinnung von Triphenylmethanfarbstoffen von Wert.

$$HCHO + C_6H_5-NH_2 \rightarrow CH_2{=}N-C_6H_5$$
Formaldehyd   Anilin   Anhydroformanilin

$$CH_2{=}N-C_6H_5 + NH_2-C_6H_5 \rightarrow (p)\ NH_2-C_6H_4-CH_2-C_6H_4-NH_2\ (p)$$
Diaminodiphenylmethan (unter Umlagerung)

Bei Verwendung von tertiären Basen bilden sich sofort Diphenylmethanabkömmlinge, z. B.:

$$HCHO + 2\,C_6H_5-N(CH_3)_2 \rightarrow (p)\ (CH_3)_2N-C_6H_4-CH_2-C_6H_4-N(CH_3)_2\ (p)$$
Formaldehyd   Dimethylanilin   Tetramethyldiaminodiphenylmethan

Die Einwirkung von Phosgen auf Dimethylanilin führt zu dem nach dem Erfinder benannten **Michlerschen Keton:**

$$COCl_2 + 2\,C_6H_5N(CH_3)_2 \rightarrow CO\!\!<\genfrac{}{}{0pt}{}{C_6H_4-N(CH_3)_2\ (p)}{C_6H_4-N(CH_3)_2\ (p)}$$
Phosgen   Dimethylanilin   Tetramethyldiaminobenzophenon

Die Kernsubstitution erfolgt immer in p-Stellung zur Aminogruppe. Der einzige erwähnenswerte Farbstoff, das Auramin, wurde zuerst durch Erhitzen von **Michlers** Keton mit Salmiak erhalten. Für den Farbstoff kommen zwei Formeln in Betracht:

$$C\!\!<\!\!\genfrac{}{}{0pt}{}{C_6H_4-N(CH_3)_2}{C_6H_4-N(CH_3)_2}{=}NH\cdot HCl$$
Iminformel

chinoide Formel

Auf Grund eingehender Forschung hat man sich für die erstere Formel entscheiden müssen. Die Diskussion chinoider Formeln überhaupt wird aus Zweckmäßigkeitsgründen bei den Triphenylmethanfarbstoffen erfolgen. Auramin findet für Leder Verwendung.

Triphenylmethanfarbstoffe. Die Farbstoffe erscheinen gebildet durch Einführung von Amino- oder Hydroxylgruppen in die Benzolreste des Triphenylmethans mit nachfolgender Oxydation. Die Amino- und Hydroxylgruppen stehen in p-Stellung zum Methankohlenstoffatom. Es entsteht zunächst eine farblose Verbindung, z. B. das sogenannte Paraleukanilin (die Bezeichnung para hat hier nichts mit der Stellungsbezeichnung „o-", „m-" und „p-" zu tun):

$$H_2N-C_6H_4-CH\genfrac{}{}{0pt}{}{C_6H_4-NH_2}{C_6H_4-NH_2}$$

welche durch Oxydation in Gegenwart von Säure, z. B. Salzsäure, in ein Farbstoffsalz übergeht, dem man folgende chinoide Konstitution:

$$\genfrac{}{}{0pt}{}{H_2N-C_6H_4}{H_2N-C_6H_4}\!\!>\!C{=}C_6H_4{=}NH_2\ (Cl)$$

zuerteilen kann. Ist dies richtig, dann muß dem Salz die Base:

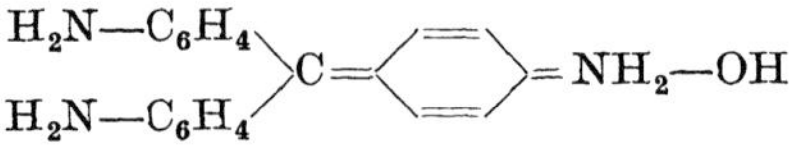

$$\begin{array}{c} H_2N-C_6H_4 \\ H_2N-C_6H_4 \end{array}\!\!\!C = \langle \;\;\rangle = NH_2-OH$$

entsprechen, wofür auch Anhaltspunkte vorliegen. Diese Base spaltet jedoch leicht Wasser ab und geht in eine Iminobase:

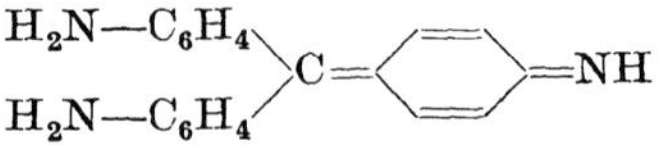

$$\begin{array}{c} H_2N-C_6H_4 \\ H_2N-C_6H_4 \end{array}\!\!\!C = \langle \;\;\rangle = NH$$

über, welche ihrerseits durch Wasseraufnahme in die sog. Carbinolbase:

$$\begin{array}{c} C_6H_4-NH_2 \\ | \\ HO-C-C_6H_4-NH_2 \\ | \\ C_6H_4-NH_2 \end{array}$$

sich verwandelt. Auf diese Weise deutet man den Bindungswechsel zwischen Farbstoffsalz und Farbstoffbase an. Die Carbinolbase ist wieder in den Farbstoff verwandelbar. Diese Vorstellungen sind nicht unbestritten, neuerdings wird von manchen Seiten die Formel:

$$\left[\begin{array}{c} H_2N-C_6H_4 \\ H_2N-C_6H_4 \\ H_2N-C_6H_4 \end{array}\!\!\!C\right] Cl$$

als Komplexformel bevorzugt.

Der Aufbau von Triphenylmethanfarbstoffen ist möglich:

1. durch Zusammenschweißen dreier aromatischer Reste, deren einer eine aliphatische Seitenkette tragen muß, um das Methankohlenstoffatom zu liefern (älteste Methode, Fuchsinschmelze):

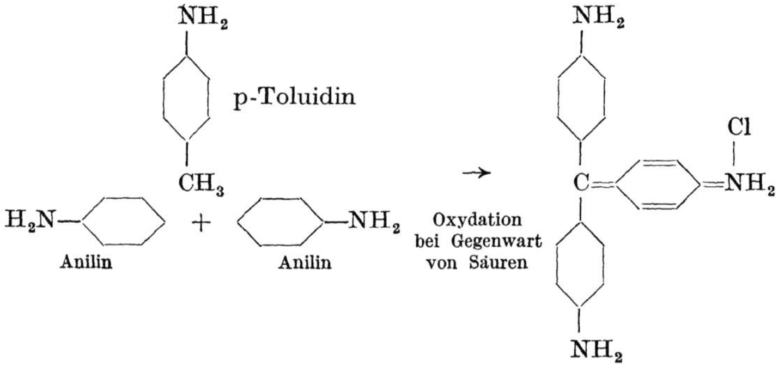

Das Methankohlenstoffatom kann auch durch Hinzufügen von Verbindungen, wie Kohlenstofftetrachlorid, Oxalsäure usw., gestellt werden. Beispielsweise erhält man Oxytriphenylmethanfarbstoffe aus Phenolen und Oxalsäure. Weiter läßt sich Benzaldehyd C_6H_5CHO mit tertiären Basen zu Leukobasen, das sind die farblosen Reduktionsprodukte des Farbstoffs, kondensieren:

$$C_6H_5-CHO + 2\,C_6H_5-N(CH_3)_2 \rightarrow C_6H_5-CH\!\!\begin{array}{c} C_6H_4-N(CH_3)_2 \\ C_6H_4-N(CH_3)_2 \end{array}$$

Leukobase des Malachitgrüns

2. Durch Zusammenschweißen eines Diphenylmethanderivats mit einem aromatischen Rest. Die Diphenylmethanderivate sind nach den früher besprochenen Methoden erhältlich:

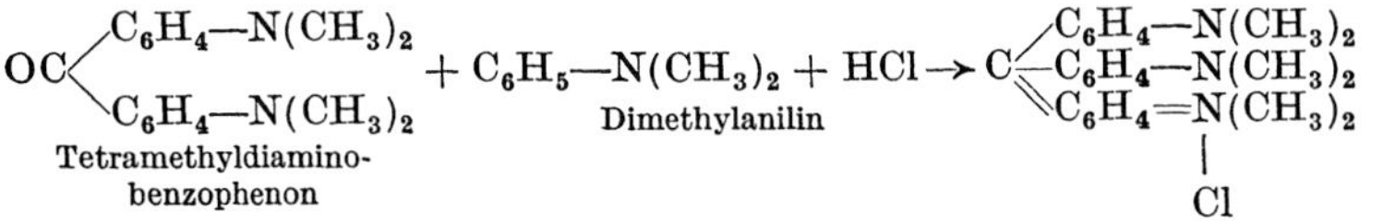

$$OC{<}{}^{C_6H_4-N(CH_3)_2}_{C_6H_4-N(CH_3)_2} + C_6H_5-N(CH_3)_2 + HCl \rightarrow C{<}{}^{C_6H_4-N(CH_3)_2}_{C_6H_4=N(CH_3)_2}$$

Tetramethyldiamino-
benzophenon   Dimethylanilin

$$\overset{|}{Cl}$$

salzsaures Hexa-
methylpararosanilin

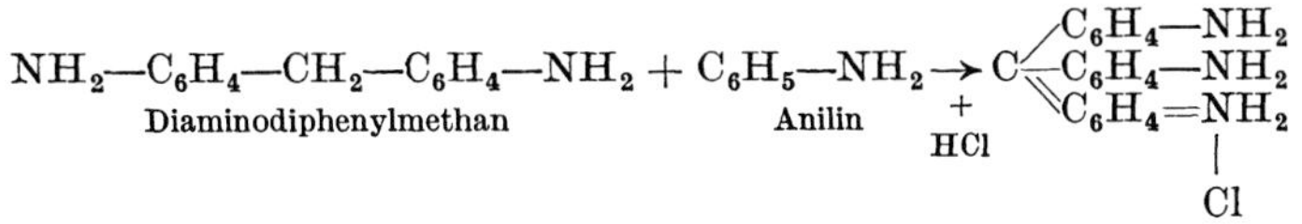

$$NH_2-C_6H_4-CH_2-C_6H_4-NH_2 + C_6H_5-NH_2 \rightarrow C{<}{}^{C_6H_4-NH_2}_{C_6H_4=NH_2}$$

Diaminodiphenylmethan   Anilin
+
HCl

$$\overset{|}{Cl}$$

salzsaures
Pararosanilin

Diamino- und Triaminotriphenylmethanfarbstoffe. Die Farbstoffe sind basischer Natur und kommen als salzsaure, manchmal auch als essigsaure oder oxalsaure, endlich Chlorzinkdoppelsalze in den Handel. Sie geben auf tannierter Baumwolle reine und sehr kräftige Färbungen von geringer Lichtechtheit und finden heute noch insbesondere auch für Leder ausgedehnte Verwendung. Durch Einführung von Sulfogruppen entstehen saure Farbstoffe, die für Wolle und ebenfalls für Leder geeignet sind. Die einfachsten Farbstoffe sind violett bzw. bläulichrot. Eine Vertiefung des Farbtons kann durch Alkylierung der Aminogruppen, z. B.:

$$[C_6H_4-N(CH_3)_2]_2=C=C_6H_4=N(CH_3)_2 \cdot Cl \text{ (violett)}$$

erfolgen. Diese Alkylierung führt bei den Triaminotriphenylmethanderivaten nur bis Violett, bis zum Grün gelangt man durch Abschwächung einer Aminogruppe, z. B. durch Acetylieren:

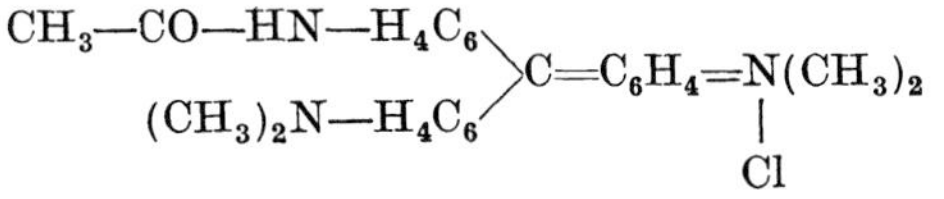

$$CH_3-CO-HN-H_4C_6{}^{\diagdown}$$
$$(CH_3)_2N-H_4C_6{}^{\diagup}C=C_6H_4=N(CH_3)_2$$
$$\overset{|}{Cl}$$

oder besser durch Entfernung einer Aminogruppe:

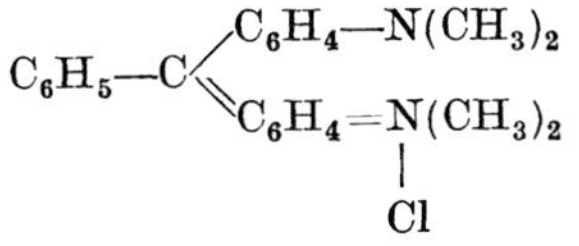

$$C_6H_5-C{<}{}^{C_6H_4-N(CH_3)_2}_{C_6H_4=N(CH_3)_2}$$
$$\overset{|}{Cl}$$

Malachitgrün

Die Substitution in einem Benzolrest eines grünen Farbstoffs in o-Stellung zum Methankohlenstoffatom führt zur Farberhöhung nach Blau, z. B.:

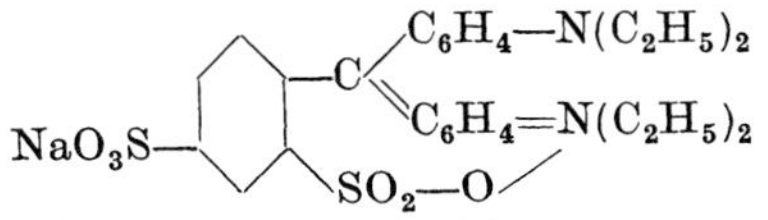

$$NaO_3S-{}\overset{C}{<}{}^{C_6H_4-N(C_2H_5)_2}_{C_6H_4=N(C_2H_5)_2}$$
$$SO_2-O$$

Xylenblau VS

Die Alkaliechtheit der Farbstoffe wird dabei wesentlich gebessert (siehe später).

Diaminotriphenylmethanfarbstoffe. Zuerst ist hier das schon erwähnte Malachitgrün zu nennen, das durch Einwirkung von Benzaldehyd auf Dimethylanilin (siehe oben bei den Darstellungsmethoden) entsteht. Das Äthylderivat ist das Brillantgrün der Formel:

$$C_6H_5-C \overset{\displaystyle C_6H_4-N(C_2H_5)_2}{\underset{\displaystyle \underset{\displaystyle Cl}{|}}{C_6H_4 \ \ N(C_2H_5)_2}}$$

Von blauen Farbstoffen sei genannt Setoglaucin aus o-Chlorbenzaldehyd:

$$\overset{-Cl}{\underset{}{\bigcirc}}-C \overset{\displaystyle C_6H_4-N(CH_3)_2}{\underset{\displaystyle \underset{\displaystyle Cl}{|}}{C_6H_4=N(CH_3)_2}}$$

(Verschiebung des Farbtons nach Blau durch o-Substitution zum Methankohlenstoffatom). Firnblau und Viktoriagrün 3 B sind aus 2-5-Dichlorbenzaldehyd:

$$Cl-\overset{-Cl}{\underset{}{\bigcirc}}-CHO$$

gewonnen.

Durch Kondensation von Benzhydrolen mit aromatischen Säuren, z. B. Benzoesäure oder Salicylsäure, erhält man Farbstoffe von z. B. der Konstitution:

$$\left[C_6H_4-N(CH_3)_2\right]_2 =C \overset{\displaystyle H}{\underset{\displaystyle OH}{\big<}} + C_6H_5-COOH \rightarrow (CH_3)_2N-C_6H_4-\underset{\displaystyle C_6H_4-COOH}{\overset{\displaystyle \overset{\displaystyle Cl}{|}}{C}}=C_6H_4=N(CH_3)_2$$

die als Baumwollfarbstoffe für Chrombeize Verwendung finden (ähnlich Chromblau und Chromviolett).

Zur Herstellung von sauren Farbstoffen, also solchen, welche noch Sulfogruppen enthalten, ist es zweckmäßig, von Äthylbenzylanilin:

$$C_6H_5--N \overset{\displaystyle C_2H_5}{\underset{\displaystyle CH_2-C_6H_5}{\big<}}$$

oder Dibenzylanilin:

$$C_6H_5-N \overset{\displaystyle CH_2-C_6H_5}{\underset{\displaystyle CH_2-C_6H_5}{\big<}}$$

oder deren Sulfosäuren auszugehen. Sulfiert man nämlich Malachitgrün selbst, so tritt nur eine Sulfogruppe in den Benzaldehydrest:

$$\underset{\displaystyle O_2S-}{\overset{\displaystyle O}{\underset{}{|}}} \ \bigcirc -C \overset{\displaystyle C_6H_4=N(CH_3)_2}{\underset{\displaystyle C_6H_4-N(CH_3)_2}{\big<}}$$

eine genügende Wasserlöslichkeit wird aber erst durch den Eintritt zweier Sulfogruppen herbeigeführt, von denen die zweite am besten in einem Benzylrest untergebracht wird.

Von den sauren Farbstoffen (Säuregrün, Neptungrün) seien erwähnt: Säuregrün GG (Lichtgrün SF gelblich), das eine Trisulfosäure mit Benzyläthylanilin als Komponente darstellt. Zu echteren Farbstoffen gelangt man, wenn man in den Benzaldehydrest in m-Stellung zum Methankohlenstoffatom Substituenten einführt (Echtgrün). Aber erst die Einführung einer Sulfogruppe in o-Stellung brachte eine entscheidende Besserung in der Alkaliechtheit der Farbstoffe, die unter dem Namen „Patentblau" in die Färberei eingeführt wurden, z. B.:

$$HO-\langle\quad\rangle-C\langle\begin{matrix}C_6H_4-N(C_2H_5)_2\\C_6H_4=N(C_2H_5)_2\end{matrix}$$
$$HO_3S-\qquad\qquad SO_2---O$$

Patentblau V (Neptunblau BG)

Während nämlich die Sulfogruppen der Säuregrünreihe bei Zusatz von Natronlauge zum Farbstoff die Bildung der Carbinolsalze nicht hindern können, scheint den Farbstoffen der Patentblauklasse mit der Eigenschaft als einbasische Säure die chinoide Konstitution erhalten zu bleiben. Von anderen Marken dieser Klasse seien die Neupatentblaufarbstoffe und das wichtige Naphthalingrün genannt, sie enthalten Naphthalinsulfosäuren.

Triaminotriphenylmethanfarbstoffe. Der einfachste Farbstoff der Reihe ist das Pararosanilin oder Parafuchsin:

$$(C_6H_4NH_2)_2{=}C{=}C_6H_4{=}NH_2$$
$$|$$
$$Cl$$

während das Rosanilin, der Hauptbestandteil des Fuchsins des Handels, um mindestens eine Methylgruppe in o-Stellung zu einer Aminogruppe reicher ist. Parafuchsin erhält man durch die Fuchsinschmelze von 2 Mol Anilin und 1 Mol p-Toluidin, wobei man als Oxydationsmittel Arsensäure oder Nitrobenzol verwendet. Ebenso ist das Formaldehydverfahren anwendbar. Da die Ausbeuten beim Fuchsin besser als beim Parafuchsin sind, so wird dessen Darstellung vorgezogen.

Methylviolettfarbstoffe, z. B. Marke BB:

$$(CH_3)NH-C_6H_4-C\langle\begin{matrix}C_6H_4N(CH_3)_2\\C_6H_4=N(CH_3)_2\end{matrix}$$
$$|$$
$$Cl$$

Diese Farbstoffe entstehen durch Kondensation geeigneter, dem Michlerschen Keton entsprechenden Verbindungen mit entsprechenden Basen, z. B. Tetramethyldiaminobenzophenon mit Dimethylanilin. Die Alkylierung von Rosanilinen wird nicht mehr angewandt. Eine andere Methode ist die Oxydation von Dimethylanilin mit Kupferchlorid und chlorsaurem Kali bei Gegenwart von Phenol und Kochsalz. Der Verlauf der Umsetzung ist so zu erklären, daß mindestens eine Methylgruppe aus dem Dimethylanilin abgespalten wird, welche nunmehr das Methankohlenstoffatom liefert (siehe oben die Formel der Marke BB, die nur noch 5 Methylgruppen enthält). Die Rolle des Phenols ist nicht aufgeklärt. Der Farbstoff ist um so blaustichiger, je mehr Methylgruppen erhalten geblieben sind. Er entspricht also im besten Falle dem Pentamethyl-triaminotriphenylmethan. Kristallviolett ist das Hexaderivat, entstanden aus Phosgen und Dimethylanilin, wobei sich Michlers Keton als Zwischenprodukt bildet.

Säureviolettmarken sind die Sulfosäuren des Methylviolett. Wiederum lassen sich nur solche Violettfarbstoffe, welche Benzylgruppen enthalten, leicht sulfonieren, wobei die Sulfogruppen in die Benzylreste eintreten dürften. Die Produkte werden wohl aber auch durch Kondensation von Benzylanilinsulfosäuren mit Formaldehyd technisch gewonnen.

Das schon erwähnte Fuchsin (Handelsmarken: Pulverfuchsin, Diamantfuchsin, Juchtenrot u. a., Fuchsinscharlach ist eine Mischung von Fuchsin
und Auramin) ist einer der ältesten künstlichen Farbstoffe und kann entweder nach dem Arsensäure- oder Nitrobenzolverfahren (Oxydationsmittel) aus
Anilin, o-Toluidin und p-Toluidin:

(die chinoide Gruppe ist willkürlich im o-Toluidinrest angenommen) gewonnen
werden. Es ist klar, daß das Handelsprodukt kein einheitliches sein kann, weil
sich sowohl aus Anilin und p-Toluidin p-Rosanilin (siehe oben) bilden kann wie
auch aus o-Toluidin und p-Toluidin ein höher methyliertes Fuchsin:

Die Darstellung eines drei Methylgruppen enthaltenden Produkts ist durch
die Kondensation von Formaldehyd mit o-Toluidin (Höchster Neufuchsin)
möglich. Durch Einführung von Alkylgruppen gelangt man entsprechend dem
Methylviolett zu violetten Farbstoffen.

Die Einführung von Phenylgruppen in die Aminogruppen des Parafuchsins
und Fuchsins führt zum Anilinblau. Aus Fuchsin soll nur ein Diphenylderivat zu

erhalten sein, offenbar muß hier die Methylgruppe im Kern hindern (die Angabe wird aber bestritten):

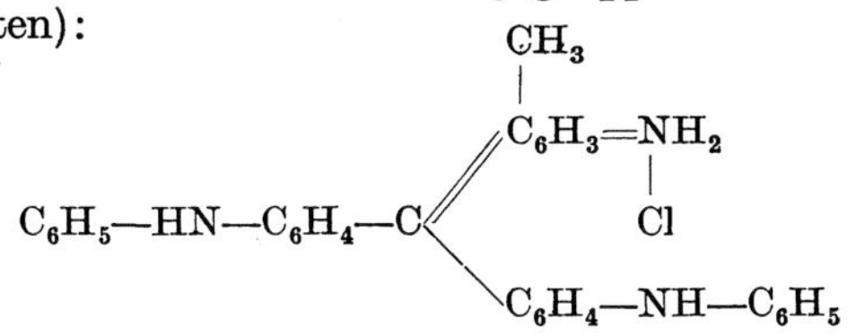

$$C_6H_5-HN-C_6H_4-C \Big\langle{}^{\displaystyle C_6H_3(CH_3)=NH_2\cdot Cl}_{\displaystyle C_6H_4-NH-C_6H_5}$$

Die Farbstoffe enthalten wechselnde Mengen von Phenylgruppen je nach Führung der Fabrikation und unterscheiden sich dadurch in dem Farbton. Sie kommen unter dem Namen Rosanilinblau, Spritblau, Lyonerblau usw. in den Handel, sind in Wasser unlöslich und in Sprit löslich. Viktoriablaumarken und Nachtblau enthalten im Gerüst oder in den Aminogruppen Naphthalinreste.

Von den Sulfosäuren des Fuchsins kommt die Disulfosäure unter dem Namen Säurefuchsin in den Handel. Die Monosulfosäure des Anilinblau ist das Alkaliblau. Di- und Trisulfosäuren sind die Farbstoffe Methylwasserblau, Marineblau, Wasserblau und Baumwollblau. Auch sulfonierte Viktoriablau- und Nachtblaufarbstoffe sind unter den Namen Echtsäureblau, Brillantwollblau usw. im Handel.

Trioxytriphenylmethanfarbstoffe. Ersetzt man in den Triaminotriphenylmethanderivaten die Aminogruppen durch Oxygruppen, so erhält man Aurine oder Rosolfarbstoffe. Der dem Pararosanilin entsprechende Farbstoff hat die Formel:

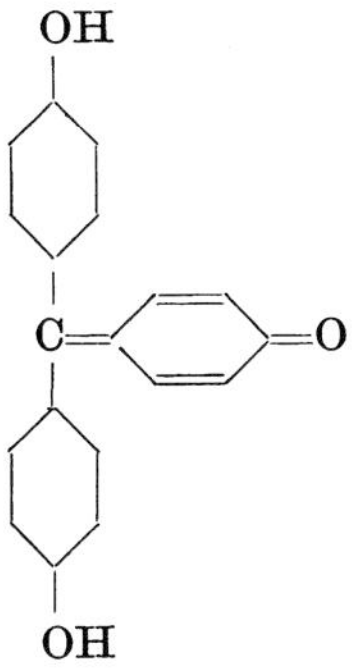

Pararosolsäure oder Aurin

(para hat wieder nichts mit der Stellungsbezeichnung zu tun). Die Farbstoffe sind in freiem Zustand gelb, die Salze rot, haben aber nur als Lacke in der Tapeten- und Papierindustrie geringe Bedeutung. Erst seit einiger Zeit hat die ganze Gruppe erneute Beachtung gefunden, weil durch Kondensation substituierter Benzaldehyde mit o-Oxycarbonsäuren Beizenfarbstoffe, z. B.:

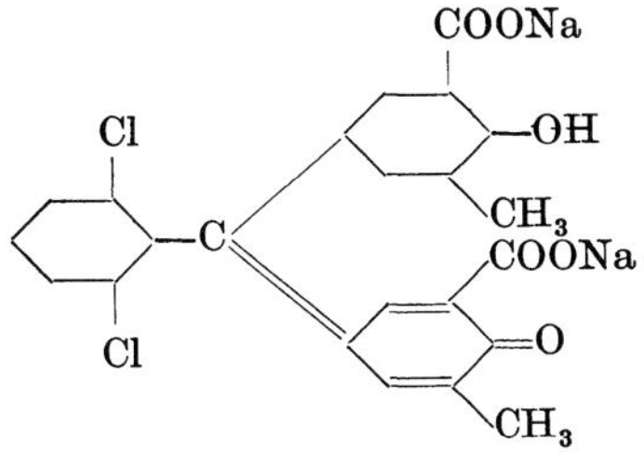

Eriochromazurol B

entstehen, welche beim Nachchromieren auf Wolle rote bis blaurote, sehr lebhafte und waschechte, aber wenig lichtechte Töne ergeben. Auch gemischte Amino- und Oxygruppen enthaltende Farbstoffe dieser Art sind hergestellt worden

(Eriochromfarbstoffe, Chromoxanfarbstoffe, Chromatfarbstoffe). Die ganze
Gruppe kennzeichnet sich als eine Nachahmung der nachchromierbaren sauren
Farbstoffe der Azoreihe.

Triphenylcarbinolcarbonsäurefarbstoffe. Dies sind Verbindungen, welche sich
von der Triphenylcarbinolcarbonsäure:

$$C_6H_4—C\underset{\displaystyle{}}{\overset{\displaystyle C_6H_4}{\diagdown}}\,OH$$
$$—COOH$$

ableiten. Man erhält diese Verbindung in Form ihres Lactons, wenn man Phthalyl-
chlorid:

$$C_6H_4\Big\langle{\textstyle{COCl \atop COCl}}\qquad \text{bzw.}\qquad C_6H_4\Big\langle{\textstyle{CCl_2 \atop CO}}\Big\rangle O$$

mit Benzol umsetzt:

$$C\underset{\displaystyle —CO}{\overset{\displaystyle{}}{\diagdown}}O$$

Behandelt man Phthalsäureanhydrid:

$$C_6H_4\Big\langle{\textstyle{CO \atop CO}}\Big\rangle O$$

mit Resorcin, so erhält man den einfachsten sog. Phthaleinfarbstoff, das Fluorescein:

Fluorescein

indem ein neuer Ring, der Pyronring, sich bildet.

Endlich kann man zu den Rhodaminen kommen, wenn man das Resorcin durch Dimethyl-m-aminophenol:

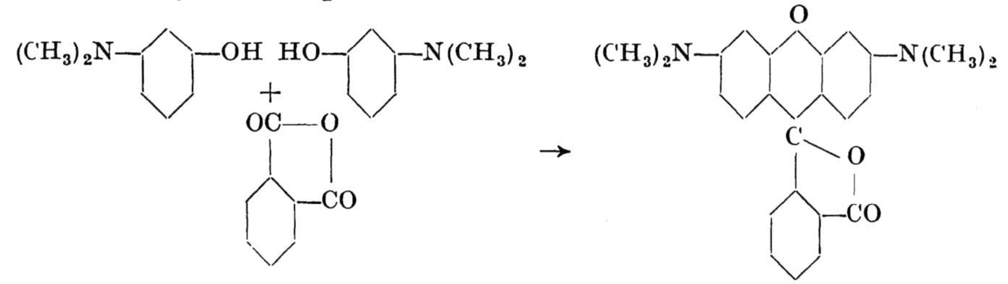

$(CH_3)_2N-\langle\rangle-OH$ $HO-\langle\rangle-N(CH_3)_2$

$+$

$OC-O$

$-CO$

$\rightarrow$

$(CH_3)_2N-\langle\rangle\langle\rangle-N(CH_3)_2$ (O oben)

C

O

$-CO$

ersetzt. Für alle diese Verbindungen lassen sich drei Formeln, eine lactoide und zwei chinoide aufstellen: eine o-chinoide, abgeleitet vom o-Chinon:

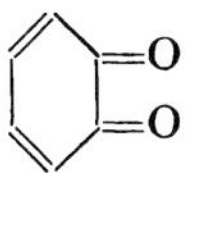

und eine p-chinoide, abgeleitet vom p-Chinon:

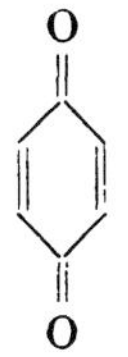

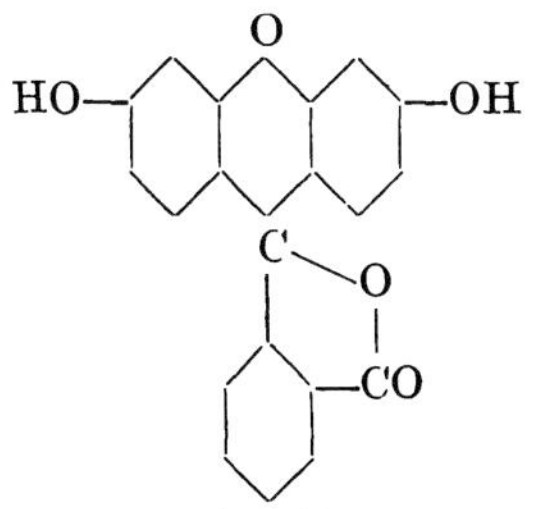

$HO-\langle\rangle\langle\rangle-OH$

C

O

$-CO$

lactoid

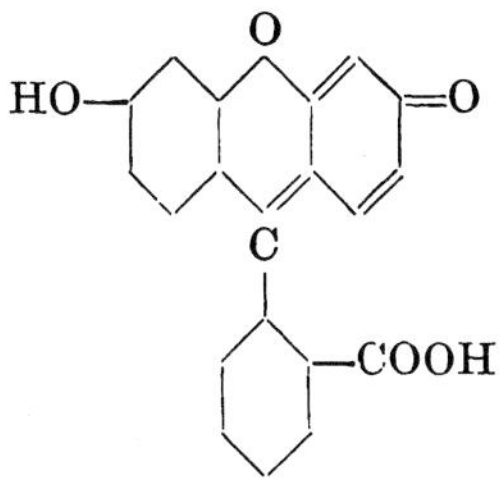

$HO-\langle\rangle\langle\rangle=O$

C

$-COOH$

p-chinoid

$HO-\langle\rangle\langle\rangle-O$

C

$-COOH$

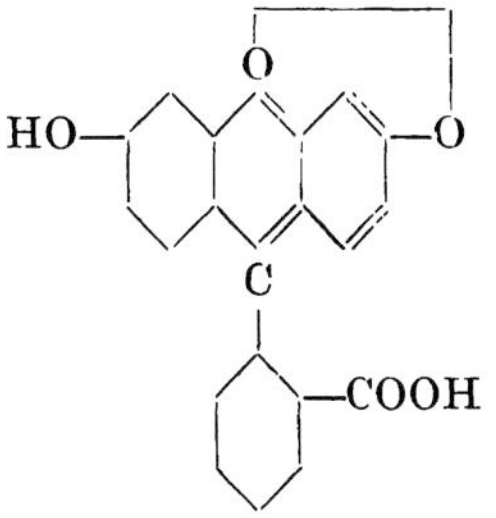

o-chinoid

Man glaubt, daß die chinoide Konstitution den Farbstoffen entspricht; zwischen den beiden chinoiden Formeln eine Entscheidung zu treffen, ist mit den heutigen Mitteln der Wissenschaft nicht möglich, man wird im allgemeinen den o-chinoiden den Vorzug geben können, außer in den Fällen, wo der basische Stickstoff wie in den Rhodaminen als Salzbildner mit in Wettbewerb tritt.

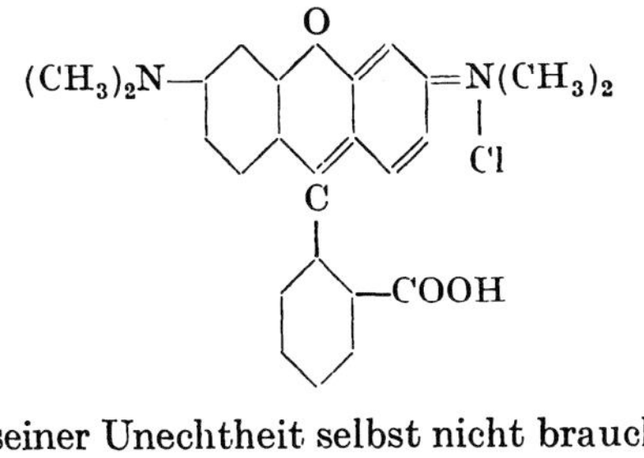

$(CH_3)_2N-\langle\rangle\langle\rangle=N(CH_3)_2$

Cl

C

$-COOH$

Fluorescein ist infolge seiner Unechtheit selbst nicht brauchbar. Durch Aufnahme von Halogen in die dem Pyronring angegliederten Benzolkerne wird der Farbton nach Rot verschoben. Durch weitere Einführung von Halogen in den Phthal-säurerest kann der Farbton etwas nach Blau hin wandern. Die Eosine finden Verwendung für Seide und im Wolldruck sowie für Leder. Sie fluoreszieren in Lösung und auf glänzenden Fasern. Auch für den Chromdruck auf Baumwolle und in der Lack- und Papierfärberei sind sie brauchbar. Die basischen Rhodamine haben ihr

Anwendungsgebiet als Farbstoffe für tannierte Baumwolle und Seide, die sulfonierten sauren Rhodamine in der Wollfärberei und für Leder. Der Farbton ist ein prachtvolles Rot mit starker Fluoreszenz.

Eosine entstehen durch Bromieren des Fluoresceins, z. B.:

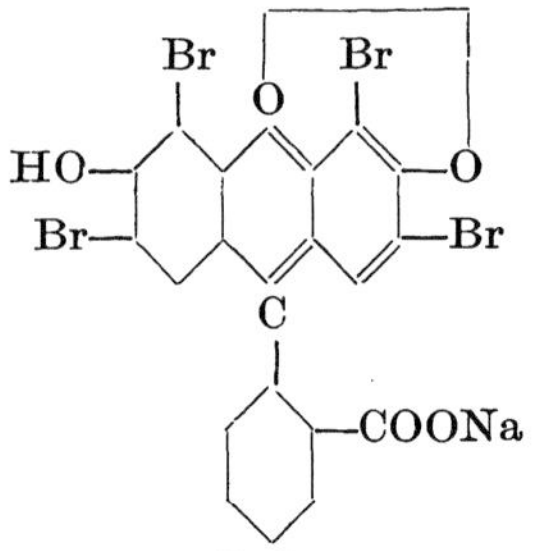

Eosin

Eosinscharlach ist Dibromdinitrofluorescein:

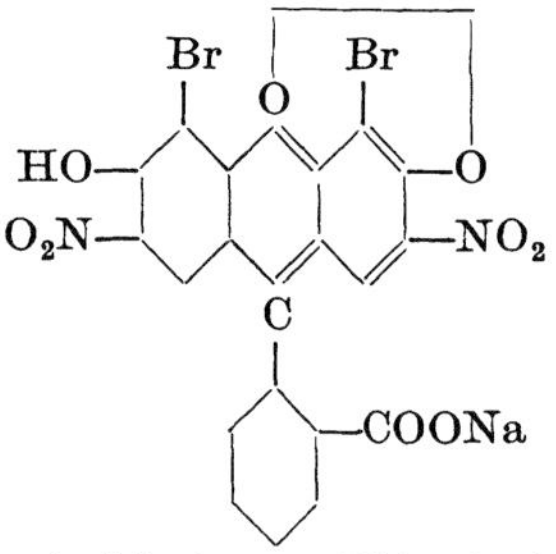

Erythrosine sind Di- und Tetrajodderivate, Phloxin hat die Formel:

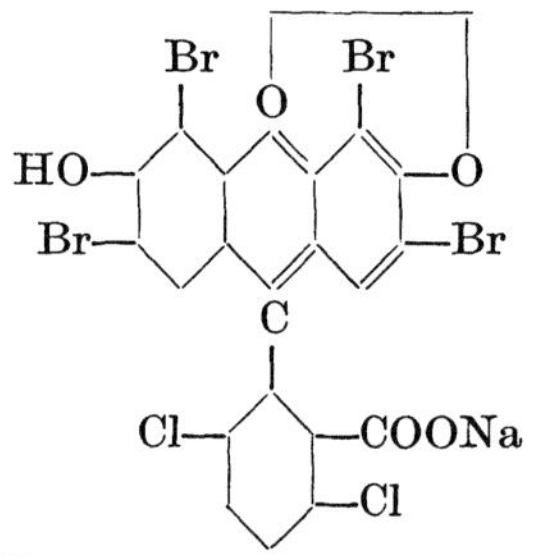

Ersetzt man im Phloxin das Brom durch Jod, so entsteht der Farbstoff Rose Bengale.

Die Rhodamine unterscheiden sich untereinander durch die Stellung und die Anzahl der Alkylgruppen, z. B. ist Rhodamin 6 G:

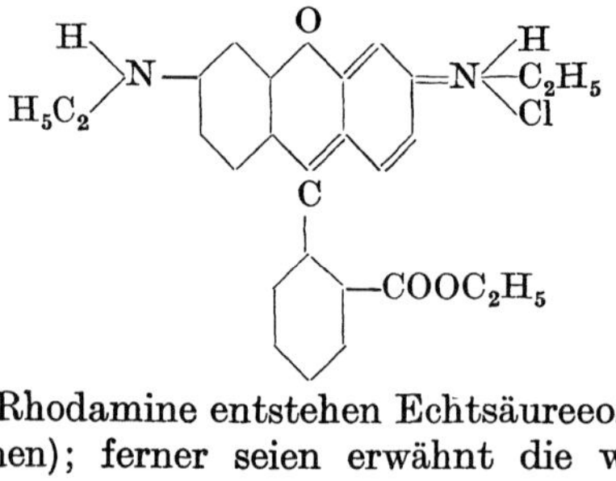

Durch Sulfonieren der Rhodamine entstehen Echtsäureeosine (es ist unsicher, wo die Säuregruppen stehen); ferner seien erwähnt die wertvolleren Violamine,

welche die Sulfogruppen in Arylresten der Aminogruppen enthalten, z. B. Säureviolett 4 RN.

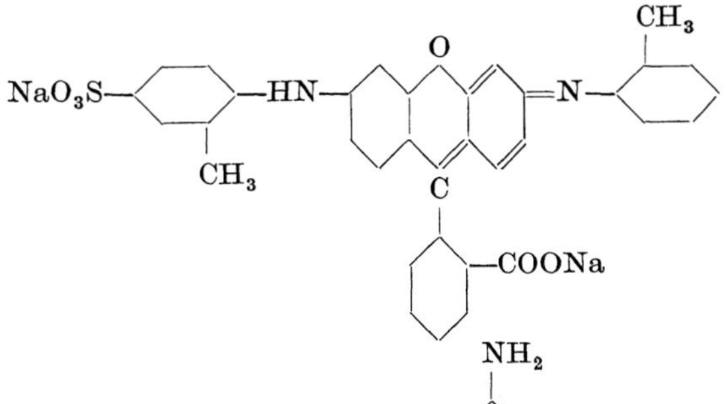

NaO₃S— —HN— O ...CH₃ =N—
CH₃ C —COONa

Violamine aus 1-Amino-2-3-dimethylbenzol: NH₂ —CH₃ —CH₃ geben scharlachrote
und lichtechte Töne.

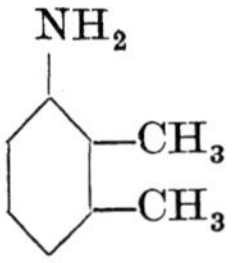

Läßt man Pyrogallol auf Phthalsäureanhydrid wirken, so erhält man Gallein:

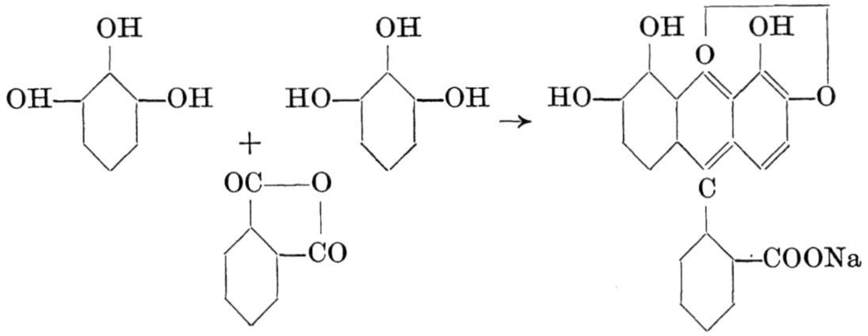

OH OH HO OH + OC—O —CO → OH OH O HO O C —COONa

Es ist ein Beizenfarbstoff und bildet grauviolette echte Lacke. Wird der Farbstoff mit Schwefelsäure erhitzt, so erhält man Coerulein:

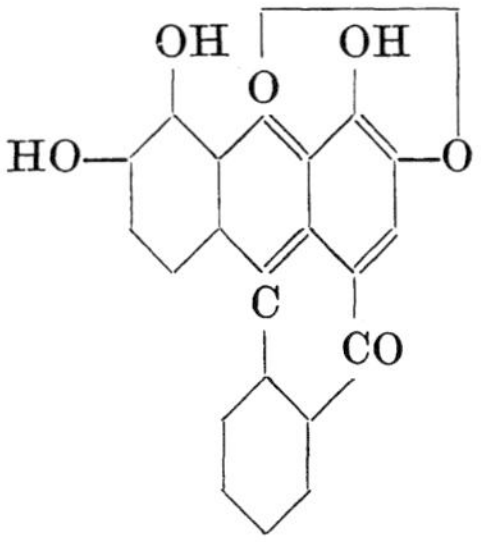

OH OH O HO O C CO

dessen Chromlack olivgrün ist. Wie die Formel zeigt, hat sich ein Anthracenring
gebildet.

Chinoniminfarbstoffe.

Die Farbstoffe dieser Klasse leiten sich von Chinoniminen ab, die einfachsten
Verbindungen dieser Art sind:

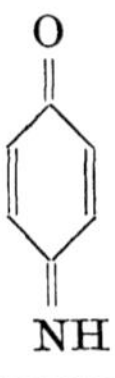

O NH
und
NH NH
Chinonmonoimid Chinondiimid

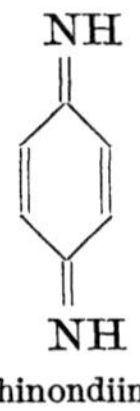

Beide sind farblos, durch Substitution entstehen jedoch farbige Verbindungen, z. B.:

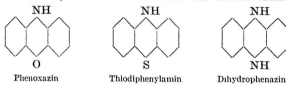

die man als Indamine oder Indophenole bezeichnet. Diese Verbindungen sind infolge ihrer Empfindlichkeit gegen Mineralsäuren keine brauchbaren Farbstoffe, dienen jedoch als Zwischenprodukte für die Herstellung von Schwefelfarbstoffen. Zu wertvolleren Farbstoffen gelangt man aber weiter von den Indaminen ausgehend, wenn man die beiden Benzolkerne in o-o'-Stellung zum mittelständigen Stickstoffatom durch ein Sauerstoff-, Schwefel- oder Stickstoffatom verbindet. Man erhält so Farbstoffe, welche sich von den drei Grundverbindungen:

Phenoxazin   Thiodiphenylamin   Dihydrophenazin

ableiten und Oxazin-, Thiazin- und Azinfarbstoffe heißen.

Indamine, Indoaniline und Indophenole. Es handelt sich nach dem oben Gesagten um Verbindungen der Konstitution:

1. $H_2N-\langle\rangle-N=\langle\rangle=NH$ 2. $H_2N-\langle\rangle-N=\langle\rangle=O$

Indamin   Indoanilin, oft auch Indophenol genannt

3. $HO-\langle\rangle-N=\langle\rangle=O$

Indophenol

Für Indoanilin ist die tautomere Konstitution:

$HN=\langle\rangle=N-\langle\rangle=OH$

in Rücksicht zu ziehen.

Indamine entstehen durch Zusammenoxydieren von p-Phenylendiamin und Anilin:

$H_2N-\langle\rangle-NH_2 + \langle\rangle-NH_2 + O \rightarrow H_2N-\langle\rangle-N=\langle\rangle=NH$

p-Phenylendiamin

oder man kann von einem fertigen Diphenylaminderivat ausgehen:

$H_2N-\langle\rangle-NH-\langle\rangle-NH_2 + O \rightarrow H_2N-\langle\rangle-N=\langle\rangle=NH$

Diaminodiphenylamin

endlich Verbindungen vom Typus des p-Nitrosodimethylanilins mit Aminen umsetzen. p-Nitrosodimethylanilin entsteht durch Einwirkung von salpetriger Säure auf Dimethylanilin.

$(CH_3)_2N-\langle\rangle-NO + \langle\rangle-NH_2 \rightarrow (CH_3)_2N-\langle\rangle-N=\langle\rangle=NH$

p-Nitrosodimethylanilin

Sinngemäß erfolgt die Darstellung von Indoanilinen unter Verwendung von Phenolen, z. B.:

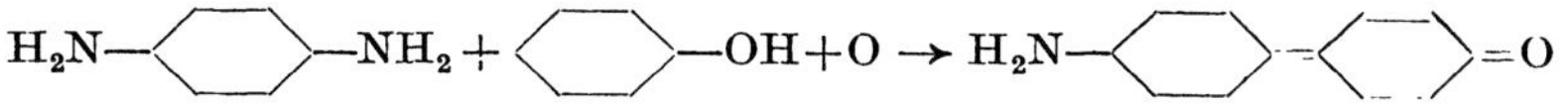

$$H_2N-\langle\ \rangle-NH_2+\langle\ \rangle-OH+O \rightarrow H_2N-\langle\ \rangle-\langle\ \rangle=O$$

und von Indophenolen unter Verwendung von p-Aminophenolen, z. B.:

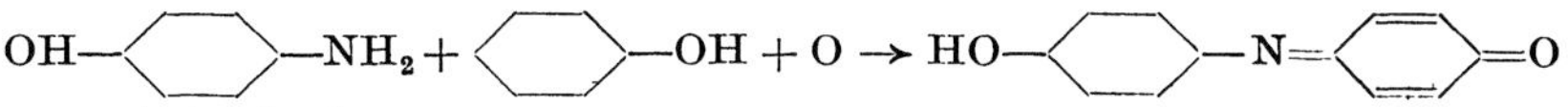

$$OH-\langle\ \rangle-NH_2+\langle\ \rangle-OH+O \rightarrow HO-\langle\ \rangle-N=\langle\ \rangle=O$$

p-Aminophenol

Die Farbtöne liegen bei blau bis grün (Bindschedlers Grün, Toluylenblau, α-Naphtholblau u. a. m.).

Oxazine. Die Oxazine leiten sich von der oben beschriebenen Muttersubstanz, dem Phenoxazin, durch Übergang in den chinoiden Zustand ab, also durch Wegnahme zweier Wasserstoffatome. Es müssen entweder Amino- oder Oxygruppen als Auxochrome vorhanden sein:

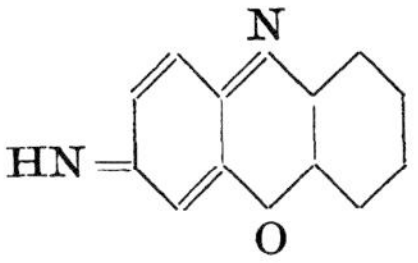

Oxazime (mit Aminogruppen)   und   Oxazone (mit Oxygruppen)

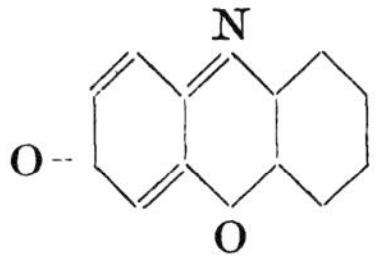

Wie man leicht sieht, lassen sich hier auch o- und p-chinoide Formeln:

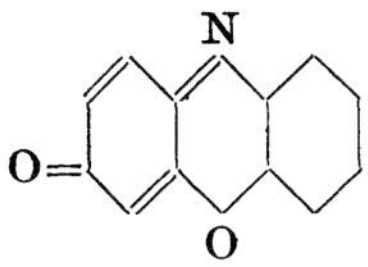

p-chinoid 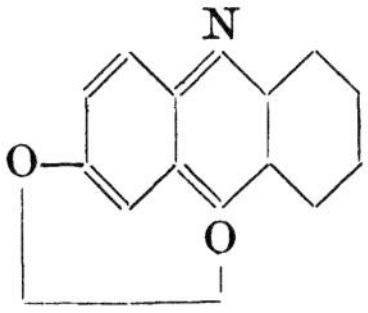   o-chinoid

aufstellen. Eine sichere Entscheidung läßt sich nicht treffen, es gelten die verschiedentlich schon erwähnten Gesetze der Tautomerie. Wenn in der Folge die Formeln in der einen oder anderen Weise geschrieben sind, soll damit keiner bestimmten Auffassung der Vorzug gegeben werden.

Die Darstellung geschieht durch Kondensation passender Komponenten zu o-oxysubstituierten Indaminen und Indoanilinen, welche in Leukoderivate von Oxazinen übergehen, letztere werden der Oxydation unterworfen. Als Beispiel sei die Darstellung von Capriblau aus salzsaurem p-Nitrosodimethylanilin und Diäthylaminokresol angeführt:

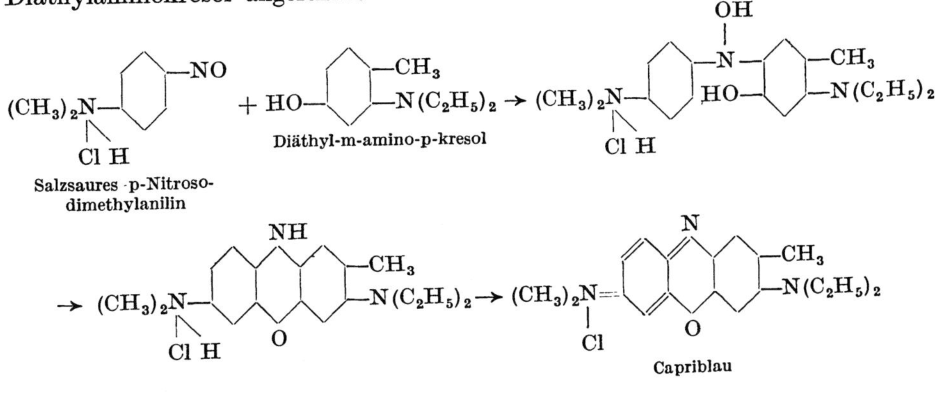

Salzsaures p-Nitroso-dimethylanilin

Diäthyl-m-amino-p-kresol

Capriblau

Durch den Ringschluß mittels des Sauerstoffatoms findet keine Farbvertiefung statt. Die Farbtöne liegen daher bei blau bis blauviolett. Färberisch haben Oxazime Bedeutung für die Baumwollfärberei auf Tanninbeize; Oxazine, welche neben Hydroxylgruppen und Aminogruppen noch Carboxylgruppen enthalten, haben als Gallocyanine in der Wollfärberei auf Beizen und im Baumwolldruck Verwendung gefunden, weil die Lebhaftigkeit der basischen Farbstoffe neben guter Echtheit erreicht wird.

Meldolas Blau (Naphtholblau R, Neublau R) aus p-Nitrosodimethylanilin und β-Naphthol von der Konstitution:

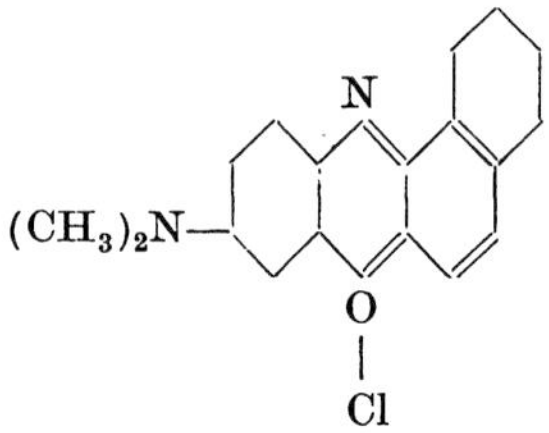

$(CH_3)_2N-$

(o-chinoid geschrieben)

ist in der Lederfärberei in Verwendung, ähnlich ist Nilblau. Echtbaumwollblau (Baumwollblau BB), ebenfalls als Lederfarbstoff verwendet, wird aus Naphtholblau durch Eintritt eines Aminrestes:

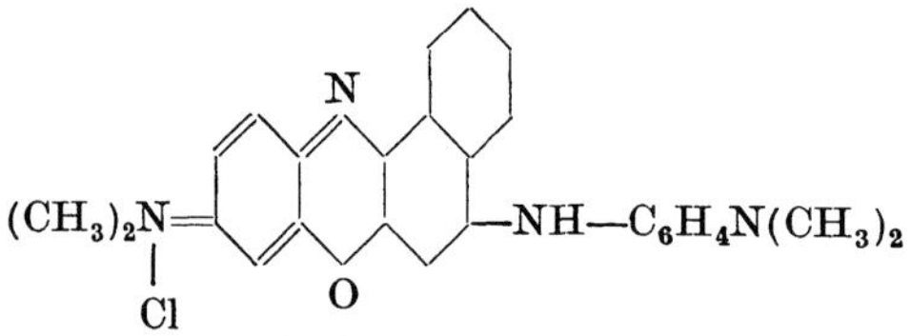

$(CH_3)_2N=$
Cl
$-NH-C_6H_4N(CH_3)_2$

(p-chinoid geschrieben)

erhalten. Von den Gallocyaninen sei das Solidviolett aus p-Nitrosodimethylanilin und Gallussäure:

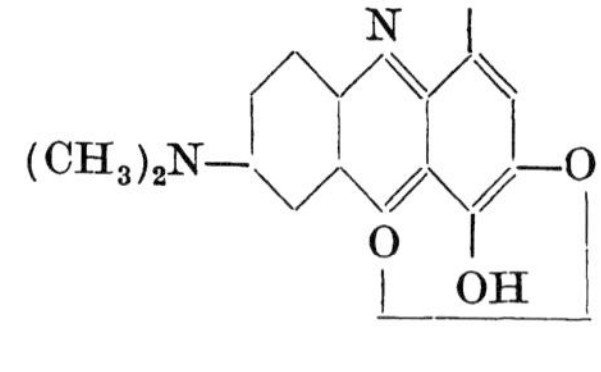

COOH

$(CH_3)_2N-$
$-O$
OH

aufgeführt. Andere derartige Farbstoffe sind Gallaminblau, Prune, Indalizarine, Modernviolett u. a. m.

Thiazine. Die Thiazine entsprechen den Oxazinen, es sind die beiden aromatischen Reste statt mit Sauerstoff mit einem Schwefelatom verkettet. Ihre Darstellung erfolgt aus p-Chinoniminen bei gleichzeitiger Anwesenheit von schwefelwasserstoff- oder thiosulfathaltigen Lösungen. Man unterscheidet

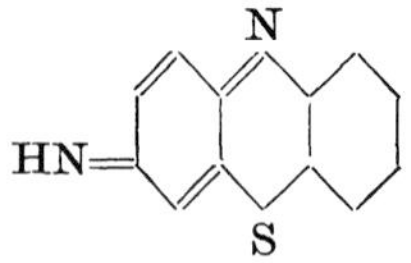

$HN=$ $O=$

Thiazime mit Aminogruppen 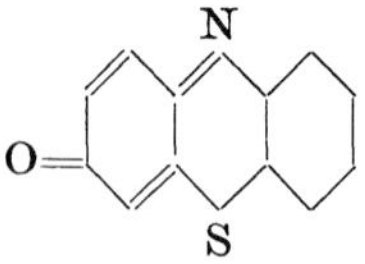   Thiazone mit Oxygruppen

Für die Konstitution kommen wieder o- und p-chinoide Formeln in Betracht:

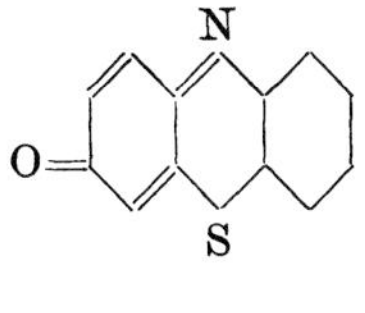

p-chinoid 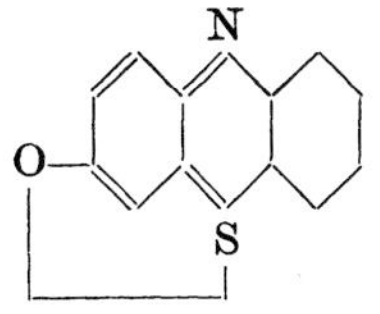   o-chinoid

Die Farbtöne liegen bei blau bis grün, die Farbstoffe dienen für Baumwolle auf Tanninbeize wie für Leder.

Das Methylenblau ist der wichtigste Farbstoff der Reihe. Es entsteht durch Reduktion von p-Nitrosodimethylanilin zu Dimethyl-p-phenylendiamin, Umwandlung des letzteren mit Thiosulfat ($Na_2S_2O_3$) zu Dimethyl-p-phenylendiamin-thiosulfosäure und weitere Umsetzung mit Dimethylanilin:

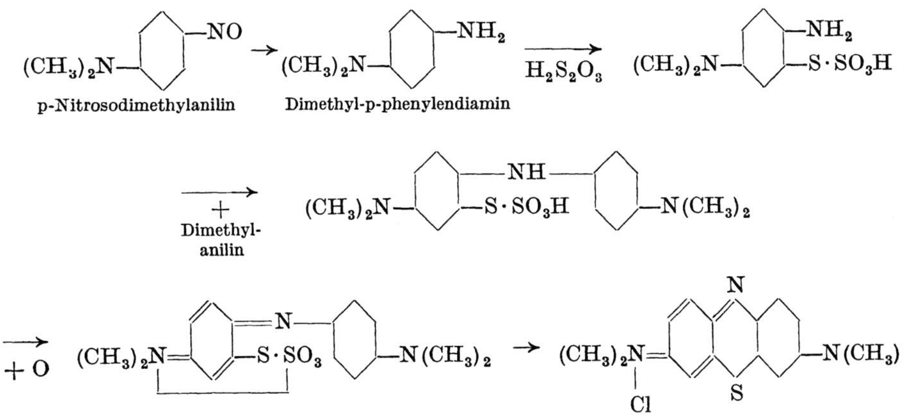

$(CH_3)_2N$—⟨ ⟩—NO   → $(CH_3)_2N$—⟨ ⟩—NH_2 $\xrightarrow{H_2S_2O_3}$ $(CH_3)_2N$—⟨ ⟩—NH_2 / $S \cdot SO_3H$

p-Nitrosodimethylanilin   Dimethyl-p-phenylendiamin

$\xrightarrow{+ \text{Dimethyl-anilin}}$ $(CH_3)_2N$—⟨ ⟩—NH—⟨ ⟩—$N(CH_3)_2$ / $S \cdot SO_3H$

$\xrightarrow{+ O}$ $(CH_3)_2N$=⟨ ⟩=N—⟨ ⟩—$N(CH_3)_2$ / $S \cdot SO_3$ → $(CH_3)_2N$=⟨ ⟩—$N(CH_3)_2$ / Cl S

Methylenblau

Methylgrün ist das Nitroderivat; auch saure Farbstoffe der Reihe, z. B. Indochromin T und Gallothionine, z. B. durch Einwirkung von Dimethyl-p-phenylendiamin-thiosulfosäure auf Gallussäure

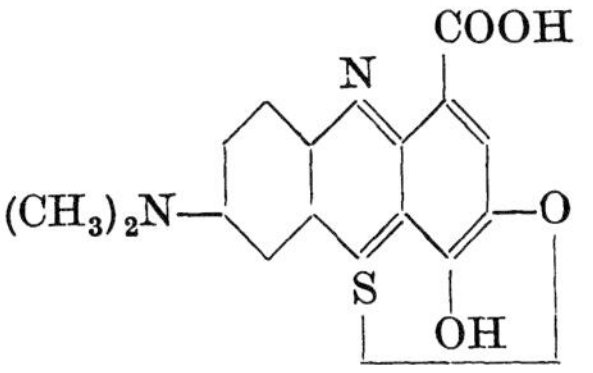

$(CH_3)_2N$—⟨ ⟩ COOH / O / OH S

sind erhalten worden.

Azine. Die Azine besitzen Stickstoff als ringschließendes Atom. Die Bedeutung der Azinfarbstoffe ist größer als die der Oxazine und Thiazine. Man unterscheidet:

Eurhodine (Aminoazine):   ⟨ N / N ⟩—NH_2 Eurhodole (Oxyazine):

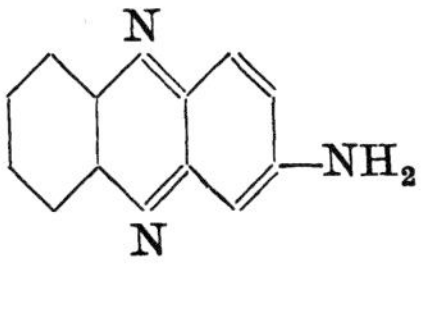

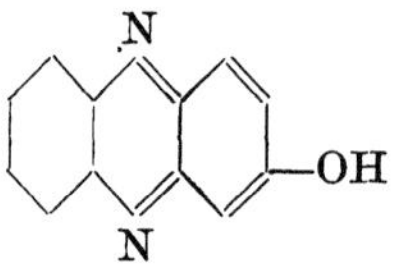

ferner Azine, welche sich vom Phenylazoniumchlorid:

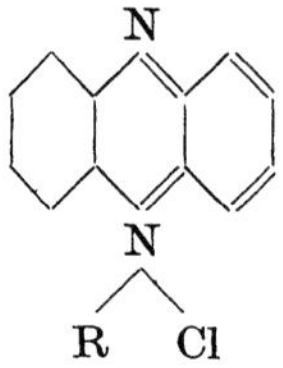

mit fünfwertigem Stickstoff ableiten.

R = aromatischer Rest

Letztere werden, wenn sie eine Aminogruppe enthalten:

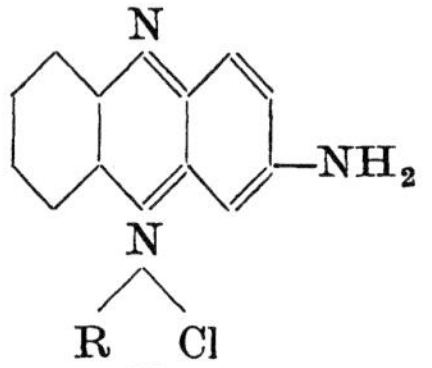

Aposafranine genannt, mit zwei Aminogruppen:

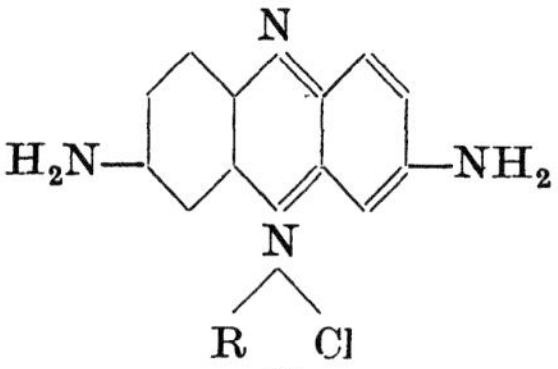

Safranine, Aminoxyderivate dagegen Safraninone:

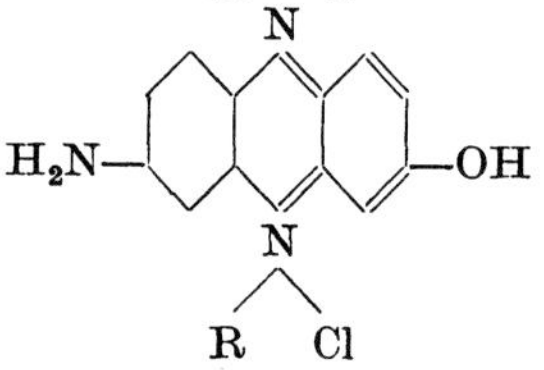

Oxyderivate Safranone: 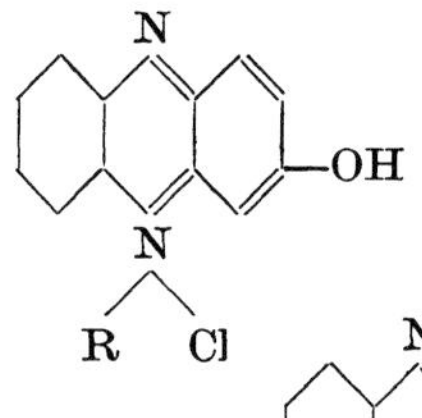   und endlich Dioxyderivate Safranole:

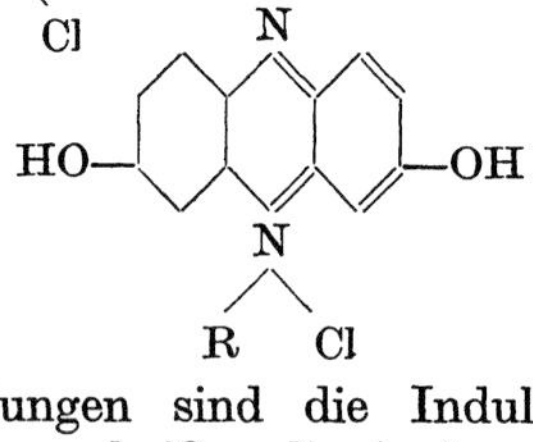

Polyaminophenazoniumverbindungen sind die Induline und Nigrosine. Bei Naphthophenazoniumverbindungen heißen die Amino- bzw. Oxyderivate, wenn sie im Benzolkern substituiert sind, z. B.:

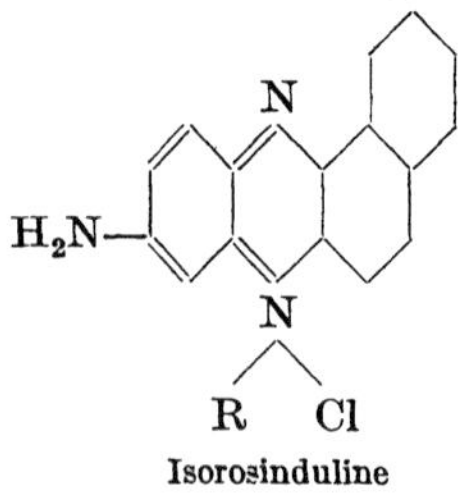

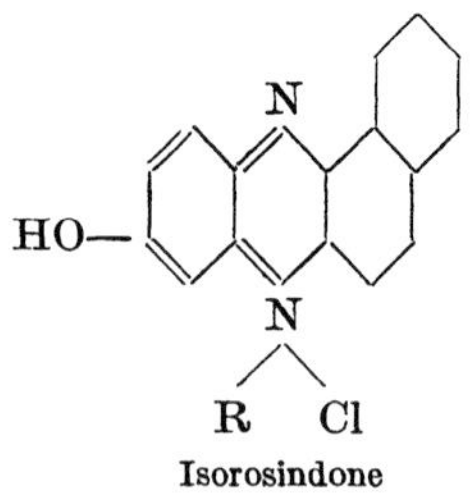

Isorosinduline   und   Isorosindone

während im Naphthalinkern substituierte, z. B.:

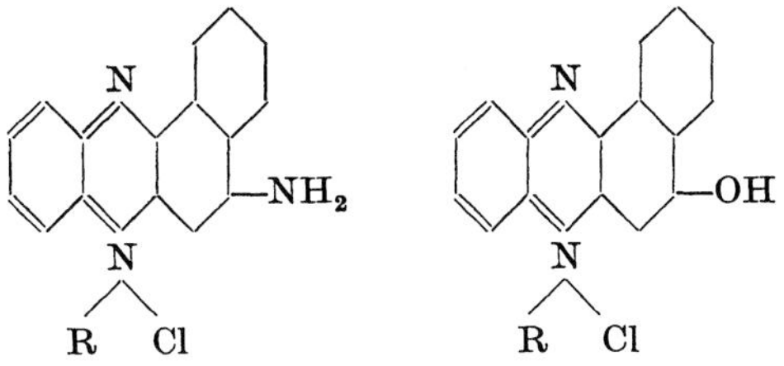

Rosinduline   und   Rosindone

genannt werden.

Auch bei diesen Farbstoffen ist o- und p-chinoide Formulierung:

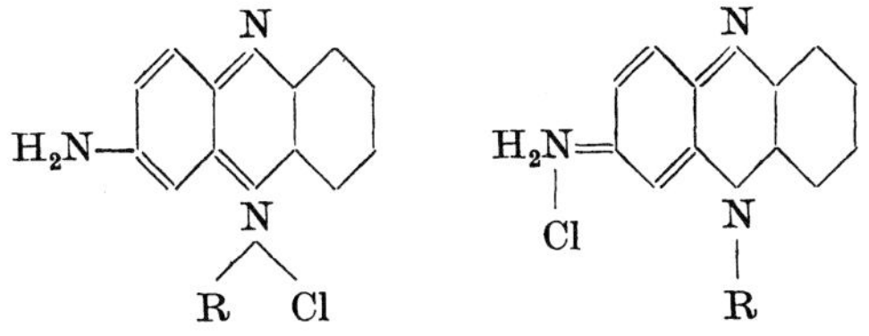

(o-chinoid)   (p-chinoid)

möglich, ja hier sind die Anschauungen über diese Frage entwickelt und der Streit über die Formeln vornehmlich ausgetragen worden. Von manchen Seiten werden heutzutage Formeln wie

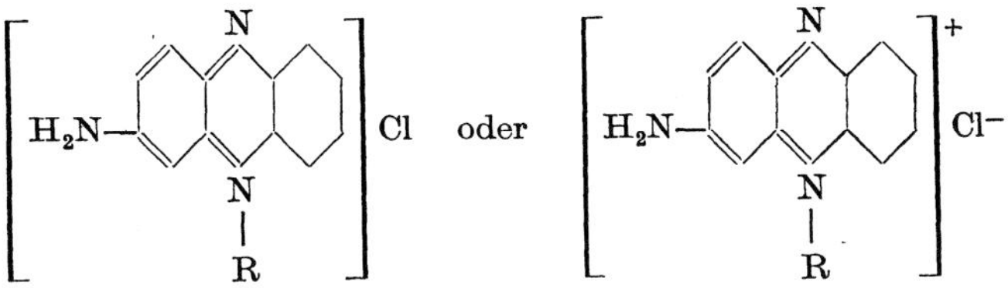

bevorzugt.

Es gibt eine Anzahl Darstellungsmethoden, von denen nur die wichtigsten herausgegriffen seien:

So die gemeinsame Oxydation von o-Diaminen mit Phenolen bei besetzter p-Stellung (weil anderenfalls Indophenolbildung eintritt wie bei α-Naphthol), z. B.:

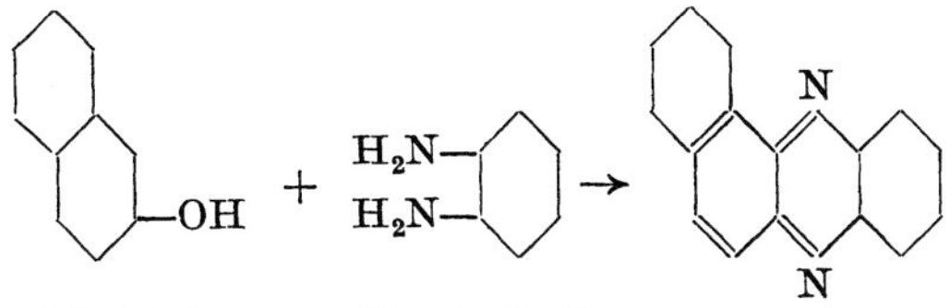

β-Naphthol   o-Phenylendiamin

oder Oxydation von o-Aminoazoverbindungen mit Monaminen, z. B.:

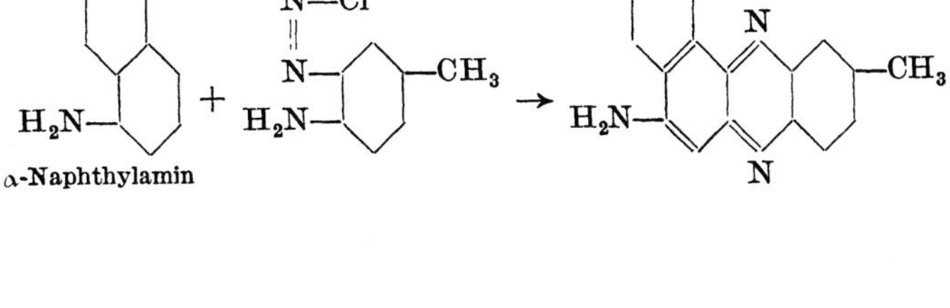

α-Naphthylamin

weiter Ringschluß aus Indaminen mit o-ständiger Aminogruppe, z. B.:

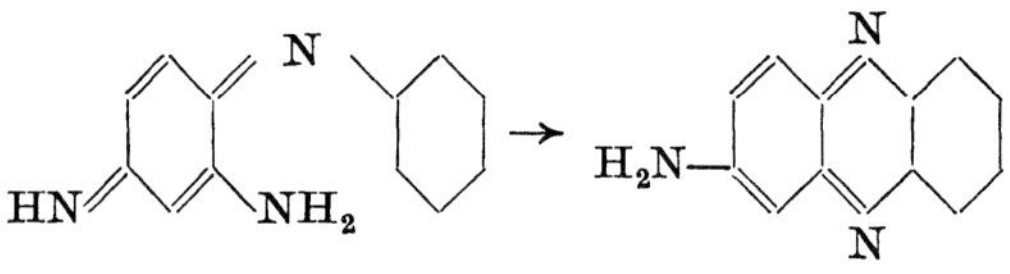

dann die Oxydation eines p-Diamins mit einer unsubstituierten Aminogruppe zusammen mit einem Monamin mit freier p-Stellung und einem weiteren primären Monamin (Safranindarstellung):

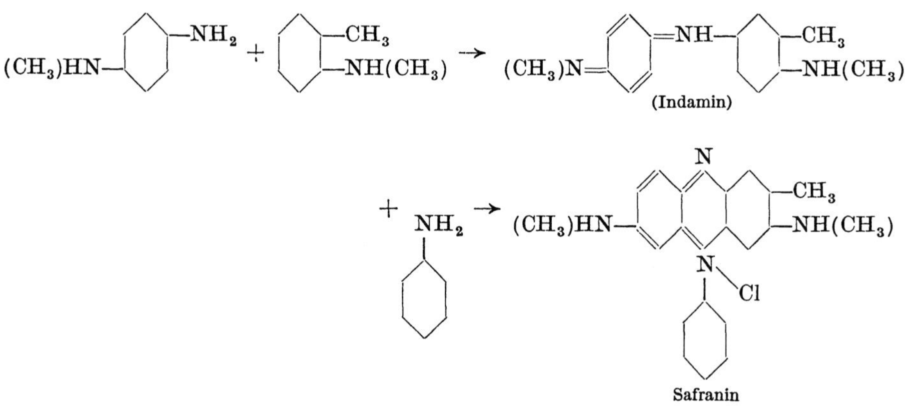

(Indamin)

Safranin

endlich Oxydation von p-Nitrosoverbindungen mit m-Phenylendiaminen:

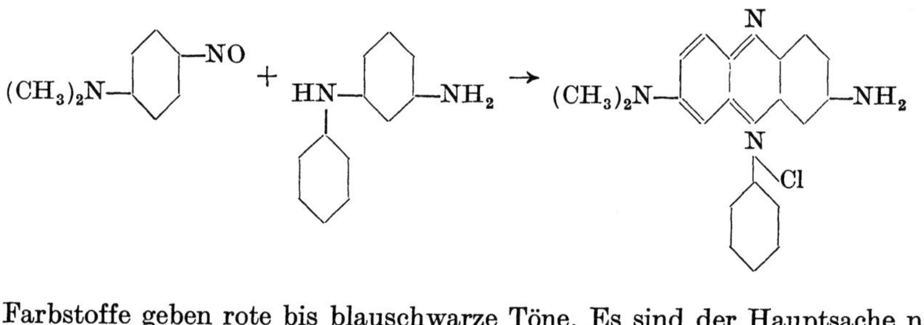

Die Farbstoffe geben rote bis blauschwarze Töne. Es sind der Hauptsache nach basische Farbstoffe für Baumwolle und Papierfärberei, die aber auch in der Lederindustrie ausgedehnte Verwendung finden. Eurhodinen und Eurhodolen kommt eine technische Bedeutung nicht zu, dagegen ist die Gruppe der Safranine von größerer Wichtigkeit. Das im Handel befindliche Safranin T hat die Formel:

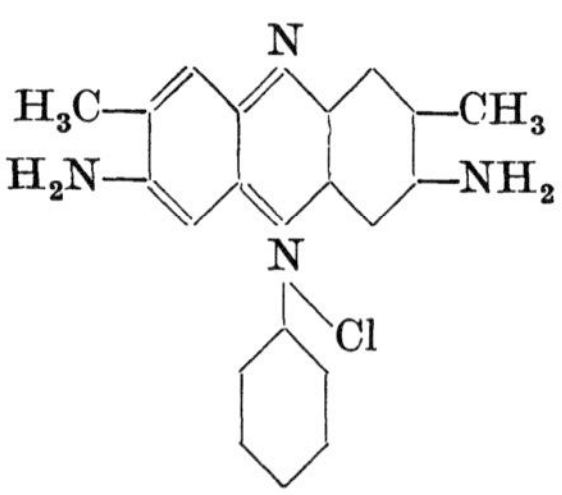

Safranin MN ist:

$$(CH_3)_2N- \quad \substack{N \\ \vert} \quad \begin{array}{l} -CH_3 \\ -NH_2 \end{array} \quad \substack{N \\ \vert} \quad Cl$$

Diazotiert man Safranin und kuppelt mit β-Naphthol, so entsteht das auch für Leder verwendbare Janusblau:

$$\begin{array}{l} H_3C- \\ H_2N- \end{array} \quad \substack{N \\ \vert} \quad \begin{array}{l} -CH_3 \\ -N{=}N- \end{array} \quad OH \qquad \substack{N \\ \vert} \quad Cl$$

Alkylderivate und Arylabkömmlinge sind darstellbar, z. B. Methylenviolett:

$$(CH_3)_2N- \quad \substack{N \\ \vert} \quad -NH_2 \quad \substack{N \\ \vert} \quad Cl$$

(siehe oben auch Safranin MN).

Auch Farbstoffe, wie Mauvein, Rosolan, Indazin, gehören hierher, ferner Äthylblau, ebenfalls für Leder verwandt.

Hier seien noch erwähnt: Neutralblau, Naphthylblau und Azindon. Sulfo-säuren der Safranine sind Naphthazinblau, Säurecyanine u. a. Die Induline ent-stehen in einer Schmelze von Amino-azobenzol, Azobenzol u. a. mit salzsaurem Anilin. Es sind Azine, welche noch Anilinreste enthalten, z. B. Indulin 3 B:

$$\begin{array}{l} (C_6H_5)HN- \\ (C_6H_5)HN- \end{array} \quad \substack{N \\ \vert} \quad -NH(C_6H_5) \qquad \substack{N \\ \diagup \diagdown \\ C_6H_5 \;\; Cl}$$

Induline sind in Alkohol löslich und dienen als Tannindruckfarbe auf Baum-wolle. Durch Sulfonieren entstehen wieder wasserlösliche Farbstoffe, z. B. die in der Lederfärberei verwandten Echtblau R und O. Zu den Indulinen sind auch die in der Lederindustrie außerordentlich viel verwandten Nigrosine zu rechnen, die durch Zusatz von Nitrobenzol oder Nitrophenol zur Indulinschmelze ent-stehen. Über ihre Konstitution weiß man nichts Näheres. Die Farbstoffe sind alkohollöslich, werden für Schuhcreme in großen Mengen gebraucht und gehen durch Sulfonierung in saure Farbstoffe über (Anilingrau, Stahlgrau, Echtblau-schwarz).

Anilinschwarz entsteht bei der sauren Oxydation des Anilin und wird fast ausschließlich auf der Faser erzeugt. Seine Anwendung bezweckt die Erzielung billiger, schöner und echter schwarzer Farbtöne in der Baumwollfärberei und Druckerei wie auch in der Seiden- und Halbseidenfärberei. Die Technik der Herstellung besteht in der Tränkung der Faser mit Anilinsalzen und Behandlung mit Oxydationsmitteln. Der Konstitution nach gehört es wahrscheinlich zu Azinfarbstoffen sehr komplizierten Aufbaus.

Ursol und Furrein dienen zur Erzeugung von Färbungen auf Pelzen, die heute einen großen Umfang angenommen hat. Die Konstitution dieser ebenfalls auf der Faser erzeugten Farbstoffe aus p-Phenylendiamin, p-Aminophenol u. a. dürfte in der gleichen Richtung wie beim Anilinschwarz liegen.

Schwefelfarbstoffe.

Man versteht darunter Farbstoffe, welche durch Einwirkung von Schwefel oder Alkalisulfid (Mono- oder Polysulfiden: Na_2S, Na_2S_2 usw.) oder beiden Reagenzien, seltener anderen schwefelhaltigen Verbindungen auf die verschiedensten organischen Verbindungen erhalten werden. Die so gewonnenen Farbstoffe gehen beim Erwärmen mit Schwefelalkali unter Reduktion in Lösung und scheiden sich auf der Faser wieder infolge Einwirkung des Luftsauerstoffs ab.

Ihre Darstellung erfolgt so, daß man die gewählten organischen Ausgangsmaterialien mit Schwefel oder Schwefelnatrium oder einem Gemisch beider auf Temperaturen von 100 bis 250° mit oder ohne Zusatz von Wasser oder Alkohol erhitzt. Oft wird auch diese Schmelze nochmals wiederholt, auch werden Zusätze in Form von Zink- und Mangansalzen ferner für grüne Farbstoffe von Kupfersalzen gegeben. Die Einhaltung bestimmter Mengenverhältnisse sowie bestimmte Temperaturen und die Einwirkungsdauer sind für die Erzielung der gewünschten Farbtöne von großer Bedeutung. Die Schmelze wird dann entweder unmittelbar in den Handel gebracht oder in Wasser gegossen. In letzterem Falle kann der Farbstoff durch Einleiten von Luft oder Fällen mit Mineralsäure erhalten werden.

Die Schwefelfarbstoffe sind meistens amorphe Verbindungen, in Wasser und Säuren, vielfach auch in Alkalien unlöslich. Ihre Ausfärbung geschieht durch Lösen in Schwefelnatrium und Tränken der Faser mit der Reduktionsflüssigkeit. Sie ziehen auf ungebeizter Baumwolle, werden dagegen seltener auf tierischen Fasern verwandt, dagegen sind sie für Sämischleder gut geeignet, in manchen Fällen auch für Chromspalte. Man erhält sehr waschechte, allerdings etwas stumpfe Färbungen, auch die Lichtechtheit ist gut, nur läßt die Chlorechtheit zu wünschen übrig, wenn auch in neuester Zeit hier ein wesentlicher Fortschritt erzielt worden ist. Die Farbtöne gehen von Gelb bis Braun und von Blau bis Grün und Schwarz. Rein rote Töne dagegen fehlen trotz vielfacher Bemühung um die Herstellung solcher Farbstoffe.

Was die Konstitution der Farbstoffe anlangt, so kann mit einiger Bestimmtheit gesagt werden, daß die gelben Schwefelfarbstoffe Thiazolstruktur, die blauen und schwarzen Thiazinstruktur besitzen:

Thiazol   Thiazin

Dabei ist anzunehmen, daß in dem großen Molekül Disulfidgruppen —S—S— vorhanden sind, welche bei der Reduktion mit Schwefelalkali in Sulfhydryl-

gruppen —SH— übergehen und die Löslichkeit in Schwefelalkali in Form der
Alkalisalze —S—Na bedingen. Diese gehen dann wieder — genau wie einfache
Mercaptanverbindungen:

$$C_6H_5-S-S-C_6H_5 \rightleftarrows 2\,C_6H_5SH \quad \text{bzw.} \quad 2\,C_6H_5SNa$$

Disulfid　　　　　　Mercaptan　　bzw.　　Na-Salz

— durch den Sauerstoff der Luft in Disulfidverbindungen über. Die Gründe,
welche man beibringen kann, daß den blauen, grünen und schwarzen Schwefelfarbstoffen eine Thiazinstruktur entspricht, sind so zusammenzufassen, daß
entweder Indophenole:

$$OH-\langle \rangle-N=\langle \rangle=O$$

oder Indoaniline:

$$H_2N-\langle \rangle-N=\langle \rangle=O$$

als Ausgangsmaterialien Verwendung finden oder doch solche Verbindungen,
welche zur Bildung von Indophenolen geeignet sind, z. B.:

p-Aminophenol　　　　　2-4-Dinitrophenol

Auch die Ergebnisse der Forschung an einzelnen Schwefelfarbstoffen wie der
Aufbau schwefelfarbstoffähnlicher Thiazinverbindungen und einiger Schwefelfarbstoffe selbst unterstützen diese Ansicht.

Die weitere Annahme, daß in den gelben Schwefelfarbstoffen Verbindungen
mit Thiazolstruktur vorliegen, stützt sich auf folgende Beobachtungen. Die im
Anhang zu den Schwefelfarbstoffen besprochenen gelben Primulinfarbstoffe sind
Verbindungen, welche durch Schwefelung von p-Toluidin entstehen. Man hat
erkannt, daß in der Schmelze Dehydrothiotoluidin:

gebildet wird. Weiteres Erhitzen führt zur Primulinbase:

über, die also durch weitere Kondensation eines Moleküls Dehydrotoluidin mit
p-Toluidin gebildet erscheint.

Zur Darstellung der gelben Schwefelfarbstoffe werden nun m-Toluylendiamin oder allgemein arylierte m-Diamine:

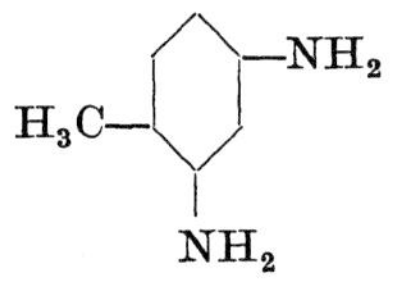

$$H_3C - \text{(Ring)} \begin{array}{l} -NH_2 \\ NH_2 \end{array}$$

und weiter Abkömmlinge dieser Diamine verwandt. Solche Verbindungen scheinen zur Thiazolbildung geeignet. Auch die hohe Temperatur, welche zur Bildung des Primulins wie der gelben Farbstoffe gleicherweise nötig ist, spricht für die vermutete Konstitution.

Braune Töne entstehen durch Verwendung von Dinitronaphthalinen in der Schwefelschmelze, aber auch von Dinitrodiphenylaminen, z. B.:

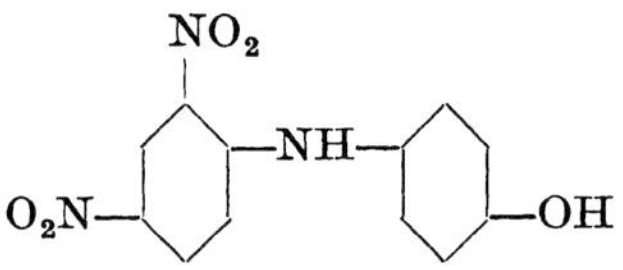

$$O_2N - \text{(Ring, } NO_2) - NH - \text{(Ring)} - OH$$

jedoch erst bei höherer Temperatur, als solche zur Entstehung von schwarzen Tönen notwendig ist. Rötliche Töne gewinnt man durch Schwefelung von Verbindungen wie Safraninonen oder Safraninen, wobei der Azinring wahrscheinlich in der gebildeten Verbindung erhalten bleibt.

Einzelne Farbstoffe:

Gelbe bis braune: Immedialgelb D und Immedialorange C aus m-Toluylendiamin, letzteres bei höherer Temperatur, Immedialdunkelbraun A aus 2-4-Dinitro-4-oxydiphenylamin (siehe die Formel oben).

Blaue bis schwarze: Immedialreinblau aus 4-Dimethylamino-4′-oxydiphenylamin:

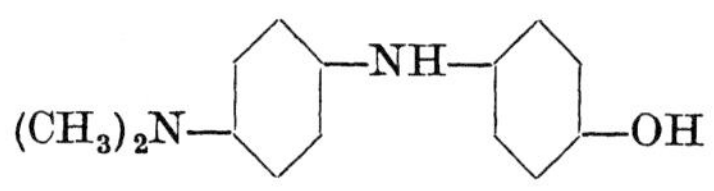

$$(CH_3)_2N - \text{(Ring)} - NH - \text{(Ring)} - OH$$

Immedialindone aus dem Oxydationsprodukt von p-Aminophenol und o-Toluidin:

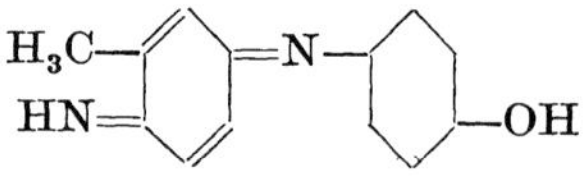

$$\begin{array}{l} H_3C - \\ HN = \end{array} \text{(Ring)} = N - \text{(Ring)} - OH$$

Vidalschwarz aus p-Aminophenol, Immedialschwarz FF extra aus 2-4-Dinitro-4′-oxydiphenylamin. Das meist verwandte Schwarz ist das Schwefelschwarz T (Immedialschwarz NN) aus 2-4-Dinitrophenol.

Grüne: Solche Farbstoffe werden z. B. aus Verbindungen wie:

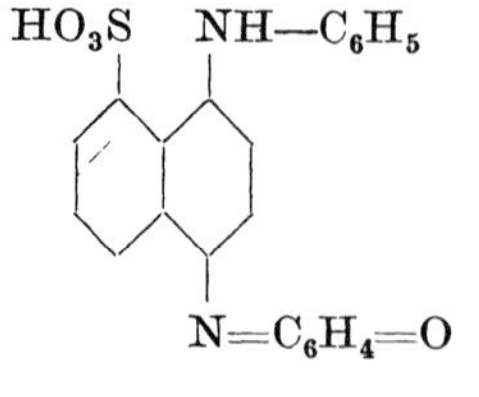

$$\begin{array}{cc} HO_3S & NH - C_6H_5 \\ & \text{(Naphthalin-Ring)} \\ & N = C_6H_4 = O \end{array}$$

durch Schwefelung mit oder ohne Zusatz von Kupfersalzen erhalten.

Ein ganz abweichendes Verhalten zeigt die Hydronblauklasse, deren einfachster Vertreter, das Hydronblau R, aus dem Kondensationsprodukt von Carbazol mit p-Nitrosophenol:

durch lang andauerndes Schwefeln mit Polysulfiden in alkoholischer Lösung entsteht, wobei die Löslichkeit in Schwefelnatrium abnimmt und die Reduktion (Lösung zwecks Ausfärbens) mit Natriumhydrosulfit wie bei den Küpenfarbstoffen bewirkt wird. Seine Konstitution ist neuerdings wie folgt, wahrscheinlich gemacht worden:

Die Hydronblaumarken besitzen hervorragende Echtheit, auch die Chlorechtheit ist gut.

Anhang: *Thioflavine und Primulinfarbstoffe.* Führt man in die Aminogruppe des Dehydrothiotuidins (siehe oben) Alkylreste ein, so erhält man basische Farbstoffe, denen Ammoniumcharakter zukommt:

Das so erhaltene Thioflavin T ist ein basischer gelber Baumwollfarbstoff. Thioflavin S ist die Sulfosäure. Die Farbstoffe besitzen substantiven Charakter. Chloramingelb entsteht durch Oxydation der Dehydrothiotoluidinsulfosäure und dürfte eine Azo- oder Azoxyverbindung sein.

Primulingelb ist die Sulfosäure der Primulinbase (siehe oben), es zieht ebenfalls auf Baumwolle ohne Beize und kann auf der Faser diazotiert und entwickelt werden. Thiazolbasen sind aber auch zur Erzeugung weiterer Azofarbstoffe verwandt worden, z. B.

Baumwollgelb:

Primulin → Salicylsäure

Dianilgelb 3 G (auch für Leder):

Primulin → Acetessigester

Erika B:

Dehydrothiotoluidin → 1-Oxynaphthalin-3-8-disulfosäure

Erika Z extra:

Dehydrothio-m-xylidin → 1-Oxynaphthalin-3-8-disulfosäure

Diaminrosa BD:

Dehydrothiotoluidin $\rightarrow$ 1-Chlor-8-oxy-naphthalin-3-6-disulfosäure

Thiazolgelb (billiges, aber unechtes Gelb):

Dehydrothiotoluidin-sulfosäure $\rightarrow$ Dehydrothiotoluidin-sulfosäure

Chinolin- und Acridinfarbstoffe.

Die Farbstoffe dieser Gruppe enthalten den Pyridinring:

in welchem eine CH-Gruppe des Benzolringes durch Stickstoff ersetzt ist.

Chinolin und Acridin stehen zu Pyridin in dem Verhältnis wie Naphthalin und Anthracen zu Benzol:

Benzol   ·Pyridin   Naphthalin   Chinolin   Anthracen   Acridin

Unter den Chinolinfarbstoffen ist das durch Einwirkung von Phthalsäure-anhydrid auf Chinaldin (α-Methylchinolin) entstehende Chinolingelb zu erwähnen:

bzw.

Durch Behandeln mit Schwefelsäure geht die Base in die Sulfosäure über, welche grünstichig gelb und insbesondere Leder sehr lichtecht anfärbt. Die übrigen Chinolinfarbstoffe — Cyanine — haben nur Bedeutung für die Photographie. Sie sind imstande, Bromsilbergelatine innerhalb des Bereiches der grünen bis orangeroten, ja bis infraroten Strahlen des Spektrums empfindlich zu machen, eine Wirkung, die man vorher nur durch Farbstoffgemische unvollkommen erzielen konnte.

Wichtig für Leder — weil viel verwandt — sind dagegen die Acridinfarbstoffe. Man stellt sie nicht etwa aus der Muttersubstanz, dem Acridin, dar, sondern vornehmlich durch Kondensation von Aldehyden mit 2 Mol eines m-Diamins in Gegenwart von Mineralsäuren:

R·CHO

R = H, aliphatischer oder aromatischer Rest

Monaminoacridine entstehen durch Einwirkung von Aldehyden auf z. B. m-Diamine und β-Naphthol bzw. Aminen mit besetzter p-Stellung.

$$\begin{array}{c} H_3C- \\ H_2N- \end{array}\!\!-NH_2 \quad + \quad \overset{R\cdot CHO}{\underset{HO-}{}} \quad \rightarrow \quad \begin{array}{c} H_3C- \\ H_2N- \end{array}$$

β-Naphthol

Hinderlich ist die Schwerlöslichkeit, der man durch Überführung in sog. quaternäre Ammoniumverbindungen:

$$\begin{array}{c} H_3C- \\ H_2N- \end{array}\!\!-NH_2 \qquad Cl \quad CH_3$$

abzuhelfen sucht.

Acridingelb ist das Einwirkungsprodukt von Formaldehyd oder Ameisensäure auf m-Toluylendiamin:

$$\begin{array}{c} H_3C- \\ H_2N- \end{array}\!\!\begin{array}{c} -CH_3 \\ -NH_2 \end{array}$$

Aurazin ist das ameisensaure Salz. Acridinorange (Euchrysin 3 R, Rhodulinorange) entsteht aus m-Aminodimethylanilin:

$$(CH_3)_2N-\qquad -N(CH_3)_2$$

Benzoflavin hat die Formel:

$$\begin{array}{c} H_2N- \\ H_3C- \end{array}\!\!\begin{array}{c} -NH_2 \\ -CH_3 \end{array} \qquad C_6H_5$$

und wird aus m-Toluylendiamin und Benzaldehyd gewonnen. Verwendet man
Phthalsäureanhydrid statt Benzaldehyd, so entsteht ein Gegenstück zu dem
Rhodamin, das Flaveosin:

$$(CH_3)_2N-\qquad -N(CH_3)_2 \qquad -COOH$$

Chrysanilin (Canelle AL, Phosphin) erhält man bei der Fuchsindarstellung in der Weise als Nebenprodukt, daß sich 2 Mol Anilin mit o- oder p-Toluidin auch folgendermaßen kondensieren können:

oder

Der Farbton ist orangegelb. Flavophosphin GG ist:

Endlich wäre noch der Rheonine zu gedenken, z. B. Rheonin AL von folgender Formel:

Einzelne der Acridinfarbstoffe haben auch in der Heilkunde Bedeutung erlangt (Trypaflavin, Rivanol).

Anthracenfarbstoffe.

Das Anthracen $C_{14}H_{10}$ ist der Kohlenwasserstoff, von welchem sich die Farbstoffe dieser Klasse ableiten:

Man bezeichnet im Formelbild die Stellungen 1—4—5—8 auch als α-Stellungen, die Stellungen 2—3—6—7 auch als β-Stellungen und die Stellungen 9 und 10 als meso- oder γ-Stellungen. Zur Gewinnung des Anthracens kommt seine Anwesenheit in den hochsiedenden Teilen des Steinkohlenteers in Betracht (siehe Einleitung). Man behandelt das Rohanthracen entweder mit Lösungsmitteln oder entfernt aus ihm auf chemischem Wege die Beimengungen (Carbazol, Phenanthren usw.). Das so gereinigte Anthracen ist dann zur weiteren Verwendung geeignet.

Die wichtigste Verbindung, welche man aus Anthracen durch Oxydation erhalten kann, ist das Anthrachinon:

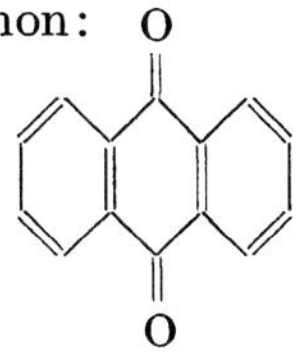

bei welchem die zwei Wasserstoffatome in Mesostellung durch je ein Sauerstoffatom ersetzt sind. Es entsteht so ein Diketon. Von den Zwischenstufen, welche mit Anthracen auf der einen Seite und Anthrachinon auf der anderen Seite möglich sind und welche als Reduktionsprodukte des Anthrachinons oder als Oxydationsprodukte des Anthracens aufgefaßt werden können, sind für die Farbstoffchemie die beiden folgenden wichtig:

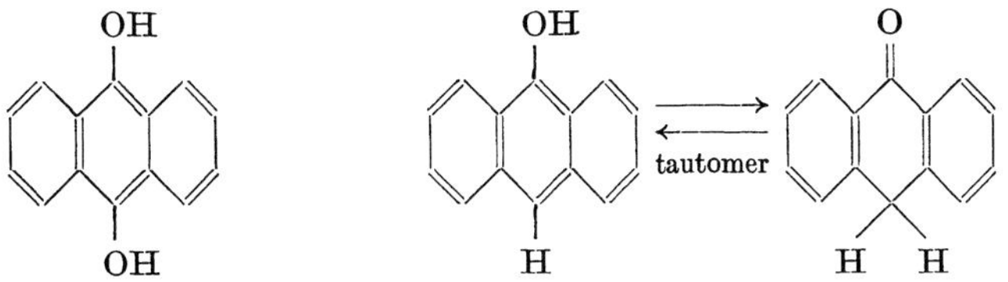

Anthrahydrochinon	Anthranol	Anthron
(Aus Anthrachinon durch Hydrosulfit und Alkali)	(Aus Anthrachinon mit Zinn und Salzsaure oder durch katalytische Reduktion)	

Zur Gewinnung von Anthrachinon selbst verwendet man entweder die Oxydationsmethode mit Natriumbichromat und Schwefelsäure oder katalytische Arbeitsweisen. Die erstere Methode hat den Vorteil, daß hierbei Natriumbichromat in Chromisulfat verwandelt wird, welches die Ledergerberei in großen Mengen aufnimmt und anderenfalls unter Aufwand teurer Chemikalien herstellen müßte. Neuerdings wird in Amerika infolge anderwertiger Verwertung der anthracenhaltigen Steinkohlenteerfraktion (Straßenbau) ein altes synthetisches Verfahren ausgeübt, welches in der Einwirkung von Phthalsäureanhydrid auf Benzol beruht:

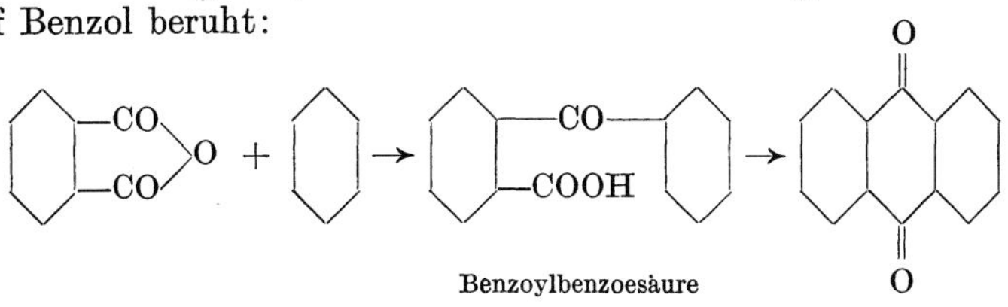

Benzoylbenzoesäure

Allgemein wird das Verfahren angewandt für die Darstellung von Abkömmlingen des Anthrachinons, deren Herstellung aus ihm selbst nicht oder nur schwierig möglich ist, z. B. β-Methylanthrachinon:

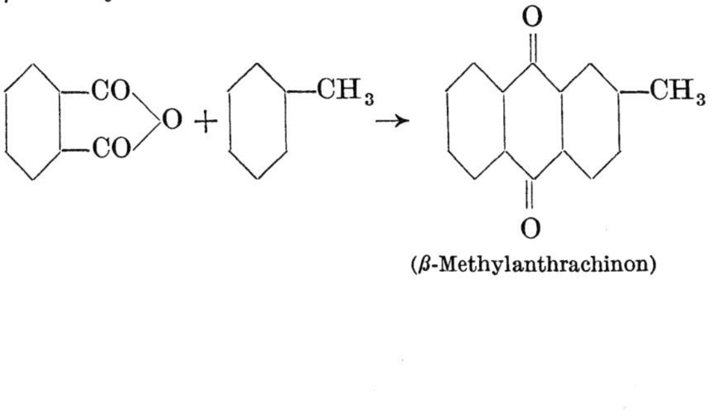

(β-Methylanthrachinon)

7*

Die Chemie des Anthrachinons ist ausgezeichnet durchgearbeitet. Aus der Fülle der Beobachtungen lassen sich folgende allgemeine Grundzüge entwickeln:

Die Nitrogruppe tritt bei der Substitution überwiegend in die α-Stellung:

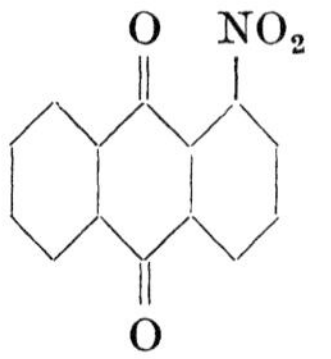

α-Nitroanthrachinon   bzw.   1-5-Dinitroanthrachinon   und   1-8-Dinitroanthrachinon

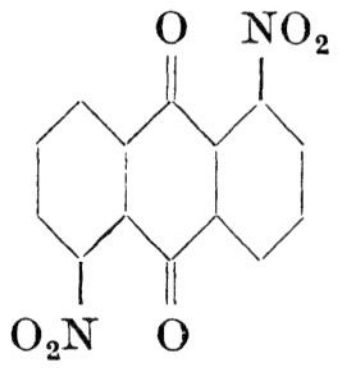

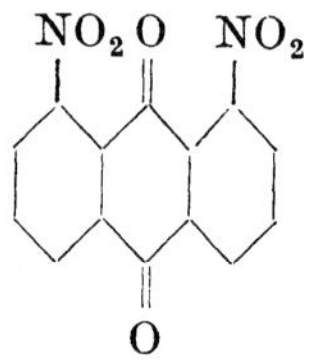

Die Sulfogruppe tritt bei der Substitution überwiegend in die β-Stellung:

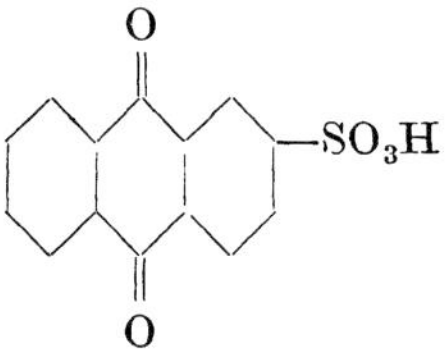

Anthrachinon-β-sulfosaure   bzw.   2-6-Disulfosaure

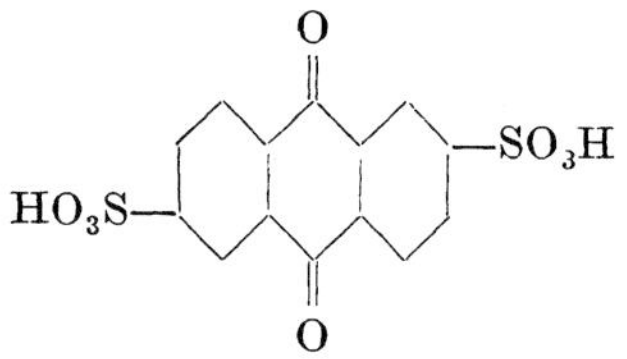

und

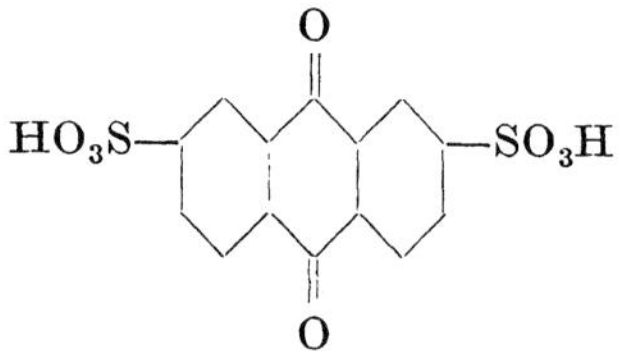

2-7-Disulfosaure

Bei Gegenwart von Quecksilber und seinen Salzen tritt die Sulfogruppe jedoch in die α-Stellung:

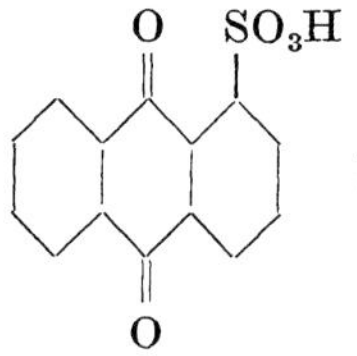

Anthrachinon-α-sulfosaure   bzw.   1-5-Disulfosäure   und   1-8-Disulfosäure

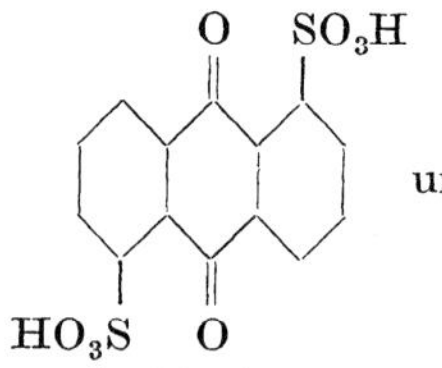

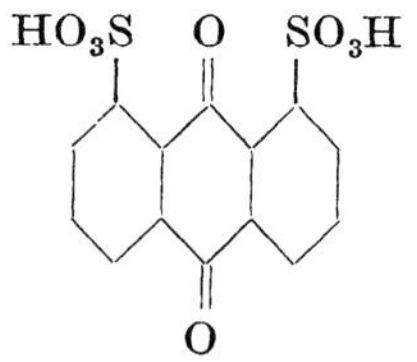

Auf diesen beiden Reaktionen der Nitrierung und Sulfonierung baut sich die Darstellung der meisten Anthrachinonderivate auf. Substituenten in α-Stellung sind etwas beweglicher und leichter austauschbar als in β-Stellung stehende. Dies gilt in erster Linie für saure Substituenten, so z. B. beim Ersatz der Sulfogruppe durch Chlor sowie der Hydroxylgruppe durch Ammoniak und Aminreste:

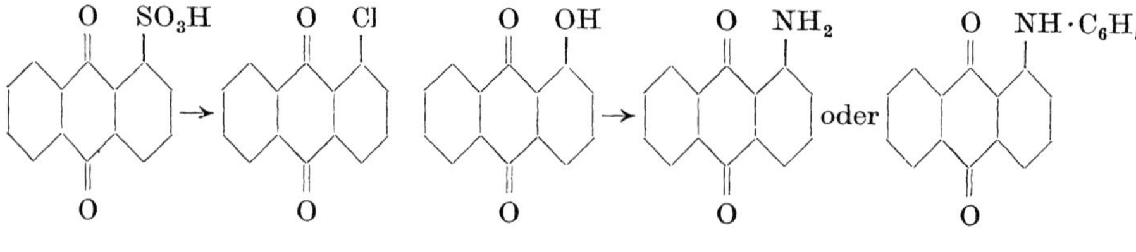

Die Alkalischmelze, d. h. der Austausch der Sulfogruppe gegen die Hydroxylgruppe gelingt in der Anthrachinonreihe mittels Kalk:

Dagegen führt bei β-Anthrachinonsulfosäuren mit freier benachbarter α-Stellung
die Einwirkung von Alkali zu Dioxyanthrachinonen, wobei folgender Reaktionsmechanismus anzunehmen ist:

Alizarin

Weitere Hydroxylgruppen lassen sich in Oxyanthrachinone ja auch in Anthrachinon durch Erhitzen mit anhydridhaltiger Schwefelsäure oder durch
Behandeln mit Braunstein und Schwefelsäure (Reaktion von Bohn-Schmidt)
einführen.

Auch Dinitroanthrachinone liefern mit anhydridhaltiger Schwefelsäure unter
Zusatz von Schwefel oder unmittelbar mit Schwefelsequioxyd Polyoxyanthrachinone.

Eine bedeutende Anwendung findet bei solchen Umsetzungen die Borsäure
(H_3BO_3) z. B. als Schutzmittel bei solchen Oxydationsreaktionen; es werden Borsäureester der Oxyanthrachinone gebildet, welche gegen Schwefelsäure beständig
sind, weiter als Hilfsmittel bei Kondensationen (z. B. Synthesen aus Phthalsäureanhydrid und Phenolen), ferner beim Ersatz α-ständiger Hydroxylgruppen durch
Reste aromatischer Basen, weil die gebildeten Borsäureester sich leichter umsetzen, und als Hilfsmittel bei der Nitrierung (andere Lenkung der Nitrogruppen).

Färberisch lassen sich die Farbstoffe in drei große Gruppen einteilen. Die erste
umfaßt die Oxyanthrachinone. Sie geben auf mit Metalloxyden gebeizten Fasern
Färbungen, deren Ton je nach der Beize wechselt. Diese Farbstoffe dienen für
Wolle, Baumwolle und auch für Leder und die erzielten Färbungen zeichnen
sich durch große Echtheit aus. Die zweite Gruppe umfaßt Oxy-, Amino- und
Oxyaminoanthrachinonsulfosäuren, welche als saure Farbstoffe auf Wolle und
auch auf Leder Verwendung finden. Auch ihre Echtheit ist sehr groß, und die
Farbstoffe werden daher vielfach den sauren Azofarbstoffen vorgezogen. Die
dritte Gruppe begreift solche Anthrachinonverbindungen, welche als Küpenfarbstoffe verwendbar sind und ein Gebiet von Verbindungen sehr verschiedener Zusammensetzung darstellen. Von diesen Farbstoffen aus ist die neuzeitliche Echt-

heitsbewegung in der Färberei ausgegangen. Sie werden bis jetzt in der Lederfärberei nicht verwandt.

Oxyanthrachinonfarbstoffe. Allgemeine Regeln, welche Stellung der Hydroxylgruppen im Anthrachinonmolekül die Eigenschaften guter Beizenfarbstoffe
verbürgt, lassen sich dahin geben, daß die 1-2-Stellung sehr günstig ist, daß
aber allgemein nur das Vorhandensein einer salzbildenden und einer zur Erzeugung von Komplexverbindungen befähigten Gruppe erforderlich ist. Dem
werden im allgemeinen Oxyanthrachinonverbindungen in hohem Maße gerecht.

Beim Eintritt weiterer Hydroxylgruppen zeigt es sich, daß die α-Stellung
auf die Farbvertiefung einen größeren Einfluß hat als die β-Stellung:

| Tonerdelack: | Alizarin blaustichigrot | Purpurin scharlachrot | Alizarincyanin R blau |

aber

| Tonerdelack: | Flavopurpurin gelbstichigrot | Anthragallol braunrot |

Alizarin, 1-2-Dioxyanthrachinon, ist der seit den ältesten Zeiten bekannte Haupt-
farbstoff der Krappwurzel, der Färberröte, in welchem er als ein Glukosid, d. h.
als eine Verbindung mit Zucker, der sog. Rubierythrinsäure vorkommt. Die
heutige künstliche Darstellung, welche den Anbau der Pflanze völlig zum Er-
liegen gebracht hat, geht vom Anthrachinon aus über die Anthrachinon-β-sulfo-
säure. Letzteres wird mit Alkali unter Zusatz von Oxydationsmitteln, z. B. Natriumnitrat, umgesetzt (vgl. den früher beschriebenen Reaktionsmechanismus):

Alizarin kommt als Paste oder Pulver in den Handel und bildet mit Tonerdebeize
den roten Tonerdelack, mit Eisen einen violetten und mit Chrom einen blauvio-
letten Lack. Der Tonerdelack, welcher bei Gegenwart von Ölbeizen auf Baumwolle sehr echte scharlachrote blaustichige Töne darstellt (Türkischrotfärberei),
hat eine große Konkurrenz in den unter den Azofarbstoffen auf der Faser beschriebenen Naphthol-AS-Färbungen erhalten, die jedoch für Leder nicht in Betracht kommen.

Sulfoniert man Anthrachinon stärker, so erhält man 2-6- und 2-7-Anthrachinondisulfosäure (siehe oben), die beim Verschmelzen mit Alkali in 1-2-6- bzw. 1-2-7-Trioxyanthrachinon übergehen:

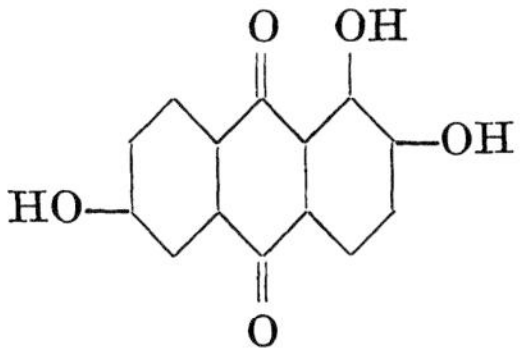

O OH
OH
HO—

Flavopurpurin

O OH
HO— OH

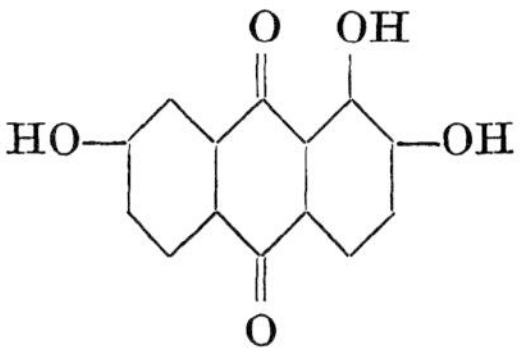

Anthra- (oder Iso-) purpurin

welche Farbstoffe gelbstichiger als Alizarin sind. Reine blaustichige Alizarin-marken kommen unter den Namen Alizarin V I, I und I extra in den Handel, von den gelbstichigen das Flavopurpurin als Alizarin GI, RG, SDG und XG, das Anthrapurpurin als Alizarin SX, GD, RX und RF.

Purpurin, das 1-2-4-Trioxyanthrachinon:

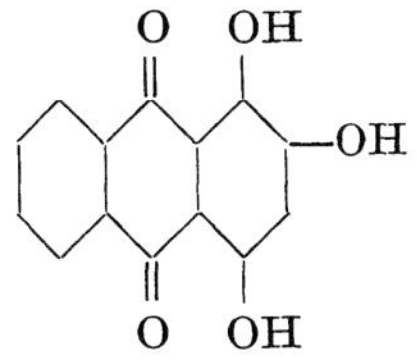

O OH
—OH
O OH

wird durch Oxydation von Alizarin mit Schwefelsäure und Braunstein gewonnen, Anthragallol ist 1-2-3-Trioxyanthrachinon, das synthetisch gewonnen wird. Die weiter angeführten Polyoxyanthrachinone, welche durch die besprochene Bohn-Schmidtsche Reaktion erhalten werden, dienen vornehmlich als Beizenfarb-stoffe für Wolle, und zwar auf Chrombeize:

Chinalizarin, Alizarinbordeaux B ist 1-2-5-8-Tetraoxyanthrachinon:

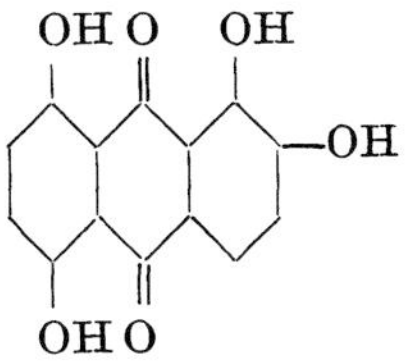

OH O OH
—OH
OH O

1-2-4-5-8-Pentaoxyanthrachinon:

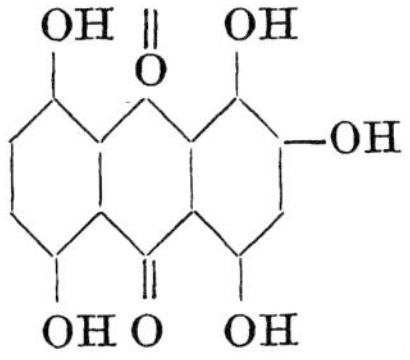

OH ‖ OH
O
—OH
OH O OH

1-2-4-5-7-8-Hexaoxyanthrachinon:

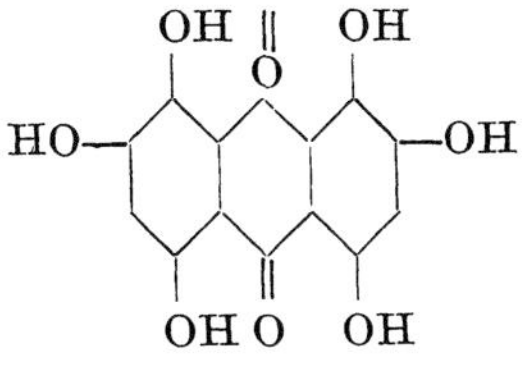

OH ‖ OH
O
HO— —OH
OH O OH

1-2-4-5-6-8-Hexaoxyanthrachinon:

$$\begin{array}{c}\text{OH O\quad OH}\\ \text{HO}\underset{\text{OH O\quad OH}}{}\text{—OH}\end{array}$$

(Alizarincyaninmarken.)

Mehr wie sechs Oxygruppen lassen sich auf diese Weise nicht einführen. Unter den Oxyderivaten, welche noch Stickstoff enthalten, ist zu erwähnen das Alizarin-orange (β-Nitroalizarin):

$$\begin{array}{c}\text{O\quad OH}\\ \text{—OH}\\ \text{—NO}_2\\ \text{O}\end{array}$$

und Alizarinbraun, das α-Nitroalizarin:

$$\begin{array}{c}\text{O\quad OH}\\ \text{—OH}\\ \text{O\quad NO}_2\end{array}$$

endlich das Alizarinblau:

$$\begin{array}{c}\text{O\quad OH}\\ \text{—OH}\\ \text{N}\\ \text{O}\end{array}$$

das aus β-Nitroalizarin mit Glycerin und Schwefelsäure entsteht, indem ein weiterer Ring aufgepfropft wird, zu dem das Glycerin die drei Kohlenstoffatome liefert (analog der später aufgefundenen Skraupschen Chinolinsynthese).

Durch Sulfonierung erhält man aus dem Alizarinblau blaue Säurefarbstoffe.

Von ähnlicher Bedeutung in der Naphthalinreihe ist das Naphthazarin:

$$\begin{array}{c}\text{O\quad OH}\\ \text{O\quad OH}\end{array}$$

das aus 1-5-Dinitronaphthalin durch Erhitzen mit rauchender Schwefelsäure und Schwefel entsteht

$$\begin{array}{c}\text{NO}_2\\ \text{NO}_2\end{array} \rightarrow \begin{array}{c}\text{NH—OH}\\ \text{NH—OH}\end{array} \rightarrow \begin{array}{c}\text{OH NH}_2\\ \text{NH}_2\text{OH}\end{array} \rightarrow \begin{array}{c}\text{O\quad NH}\\ \text{NH O}\end{array} \rightarrow \begin{array}{c}\text{O\quad O}\\ \text{O\quad O}\end{array} \rightarrow \begin{array}{c}\text{O\quad OH}\\ \text{O\quad OH}\end{array}$$

Der Farbstoff ist als Alizarinschwarz WX extra für Wollfärberei und Baumwolldruck im Handel, von ihm leiten sich noch eine Anzahl anderer Marken ab.

Saure Wollfarbstoffe. Die aus dem Alizarin und seinen Derivaten erhältlichen sauren Wollfarbstoffe, welche auch zum Teil für Leder Bedeutung haben, besitzen genau wie saure Azofarbstoffe oder Triphenylmethanfarbstoffe Sulfogruppen. Führt man in die eben beschriebenen Oxyanthrachinone solche Gruppen ein, so wird der Farbton ein wenig nach der blauen Seite des Spektrums hin verschoben und man gewinnt auf der vorgebeizten Faser ähnliche Färbungen wie mit dem unsulfonierten Farbstoff; in anderen Fällen erhält man auf der ungebeizten Faser Färbungen, welche beim Nachchromieren einen völligen Farbumschlag zeigen (z. B. Anthracenblau von rot nach blau).

Einfache Farbstoffe dieser Art sind Alizarinrot JWS, die 3-Sulfosäure des Alizarins:

ebenso die Sulfosäuren des Flavo- und Isopurpurins, weiter das soeben genannte Anthracenblau SWX oder Säurealizarinblau BB aus Anthrachryson:

Das Bild ändert sich aber, wenn man saure Wollfarbstoffe in Betracht zieht, welche Aminogruppen bzw. substituierte Aminogruppen besitzen, wobei Oxygruppen vorhanden sein können oder fehlen. Die Farbstoffe geben klare, lichtechte und reine Färbungen, und zwar vorwiegend blaue bis grüne. Die Aminogruppen sollen in den α-Stellungen stehen. Es geben etwa:

1-4-Derivate blaue bis grüne,
1-5-Derivate ⎫
1-8-Derivate ⎭ gelbrote bis violette
und
1-4-5-8-Derivate blaue bis grüne Farbtöne.

Die Einführung von Alkylresten vertieft den Farbton, mehr noch die der Arylgruppe. Bei gleichzeitiger Anwesenheit von Oxygruppen sind die Farbstoffe häufig alkaliunecht, wenn die Färbungen nicht nachchromiert werden. Aber auch bei Abwesenheit von Oxygruppen ist Nachchromieren möglich, wobei die Töne unverändert bleiben und nur die Echtheit wächst. Die Sulfogruppen stehen meist in β-Stellung oder in den Arylresten. Die Methoden zur Darstellung solcher Farbstoffe sind die Nitrierung der in β-Stellung sulfonierten Anthrachinone und Reduktion der Nitrogruppen zu Aminogruppen. Man kann aber auch den früher besprochenen Austausch α-ständiger Halogen-, Nitro- und Sulfogruppen gegen Aminreste ausnutzen. Einzelne Farbstoffe:

Alizarinsaphirol B:

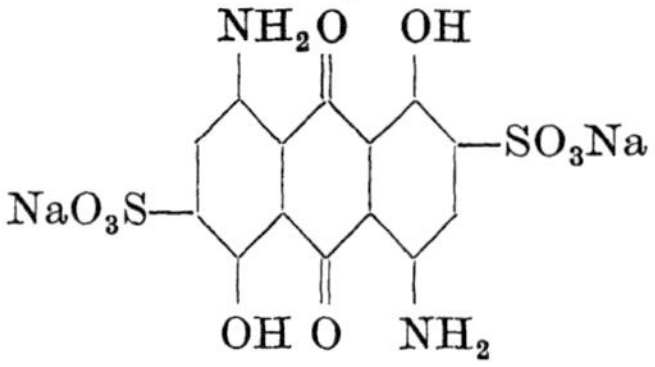

$$NH_2O \quad OH$$

NaO$_3$S— ... —SO$_3$Na

OH O NH$_2$

Alizarinsaphirol SE:

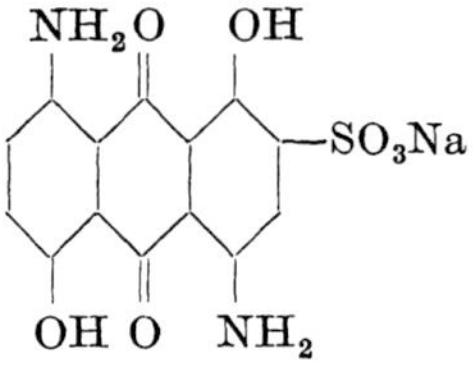

$$NH_2O \quad OH$$

—SO$_3$Na

OH O NH$_2$

Alizarinirisol:

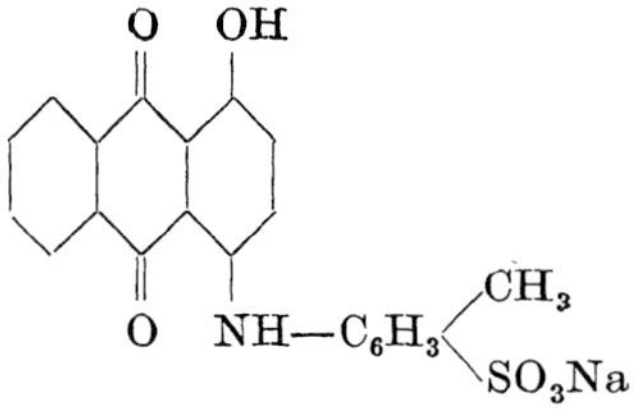

O OH

O NH—C$_6$H$_3$⟨CH$_3$, SO$_3$Na

Alizarinreinblau B:

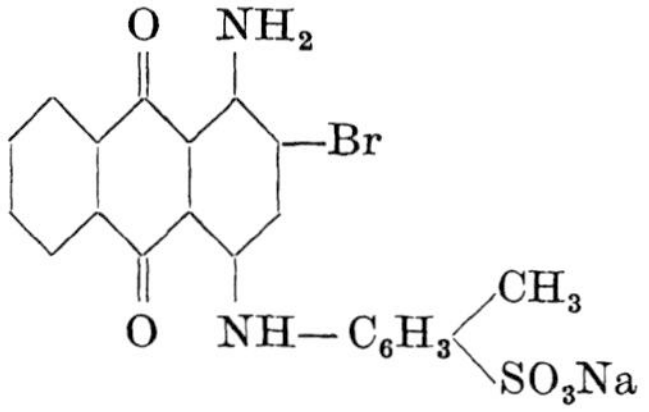

O NH$_2$

—Br

O NH—C$_6$H$_3$⟨CH$_3$, SO$_3$Na

Anthrachinonblau SR:

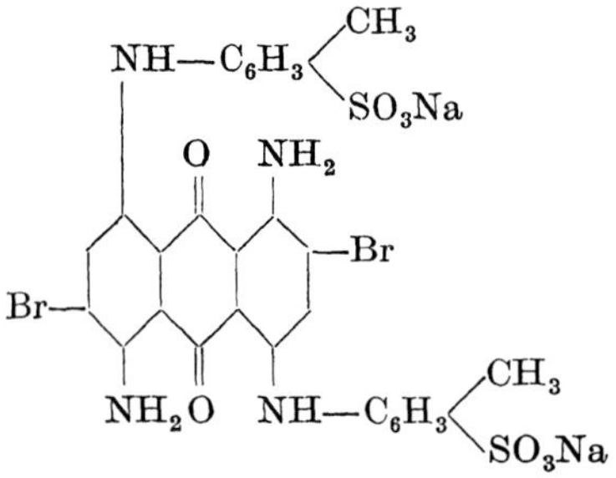

NH—C$_6$H$_3$⟨CH$_3$, SO$_3$Na

O NH$_2$

Br— ... —Br

NH$_2$O NH—C$_6$H$_3$⟨CH$_3$, SO$_3$Na

Cyananthrol RB:

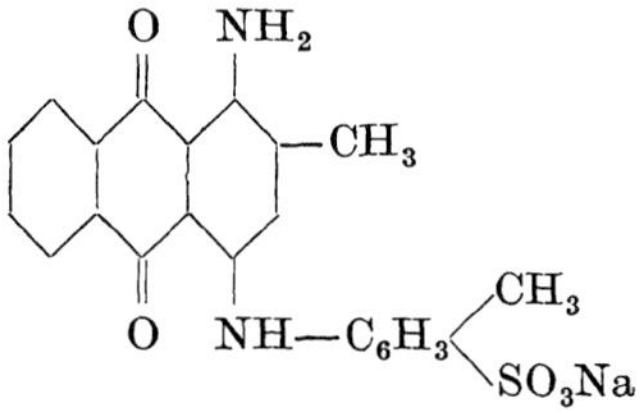

O NH$_2$

—CH$_3$

O NH—C$_6$H$_3$⟨CH$_3$, SO$_3$Na

Alizarincyaningrün:

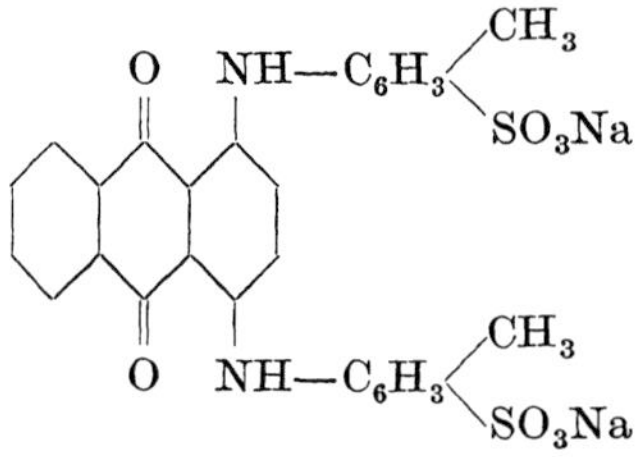

O NH—C$_6$H$_3$⟨CH$_3$, SO$_3$Na

O NH—C$_6$H$_3$⟨CH$_3$, SO$_3$Na

Alizarinrubinol:

CO

HC⟨ ⟩N—CH$_3$

O NH—C$_6$H$_3$⟨CH$_3$, SO$_3$Na

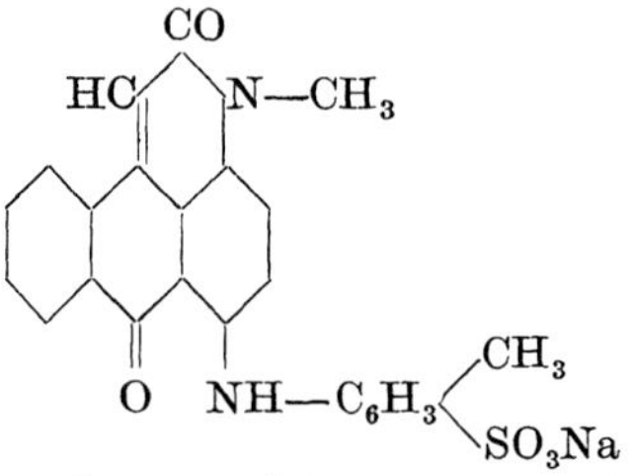

Küpenfarbstoffe. Unter Küpenfarbstoffen werden, wie hier nochmals berührt werden soll, solche Farbstoffe verstanden, welche unlösliche, stark farbige Verbindungen darstellen, aber durch Reduktionsmittel in alkalilösliche Produkte übergehen, welche zu der Faser Verwandtschaft besitzen und durch den Sauerstoff der Luft in den unlöslichen, auf der Faser festhaftenden Farbstoff zurückverwandelt werden. Die Unlöslichkeit — besonders in Wasser und Alkalien — bedingt die große Waschechtheit der Küpenfarbstoffe. Die Überführung in alkalilösliche Reduktionsprodukte gelingt bei fast allen Derivaten des Anthrachinons, wobei Abkömmlinge des Anthrahydrochinons:

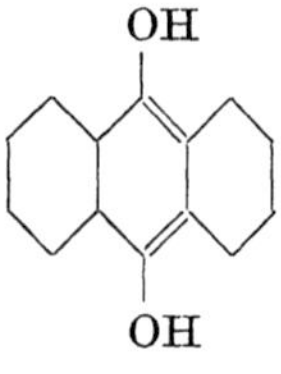

OH

OH

entstehen. Die Reduktion wird fast ausnahmslos mit Natriumhydrosulfit, $Na_2S_2O_4$, bewirkt.

Die Verwendung der Anthrachinonküpenfarbstoffe beschränkt sich fast nur auf Baumwolle, weil die Farbstoffe in Form ihrer soeben beschriebenen Reduktionsprodukte nur eine geringe Verwandtschaft zur Wollfaser besitzen und auch die Alkalität der Anthrachinonfarbstoffküpen (unter Küpe versteht man das Farbbad, welches die Reduktionsprodukte enthält) schädlich für die alkaliempfindliche tierische Faser ist. Neuerdings werden jedoch aus einer Anzahl der Küpenfarbstoffe wasserlösliche Reduktionsprodukte in der Art hergestellt, daß man die Anthrachinonderivate in saure Ester — meist Schwefelsäureester — überführt, diese in Form der Natronsalze auf die Faser bringt, und dort die Überführung in den Farbstoff durch Verseifung und Oxydation bewirkt, wie das folgende Schema zeigt:

Indigosolform

Die Echtheit der Anthrachinonküpenfarbstoffe ist zum Teil außerordentlich groß. Die besten Farbstoffe haben unter dem Sammelnamen „Indanthrenfarbstoffe" eine ausgedehnte Verwendung in der Echtfärberei gefunden. Hierzu kommt, daß die Färberei in der Küpe die Faser außerordentlich schont. Auch in der Lackindustrie haben die Farbstoffe Eingang gefunden, jedoch bis jetzt nicht in der Lederindustrie, wobei die gleichen Gründe wie bei der Wolle maßgebend sind. Es sei deshalb nur eine ganz kurze und unvollständige Übersicht gegeben.

Gruppe der Acylaminoanthrachinone. Es sind Aminoderivate des Anthrachinons, welche Acylgruppen in den Aminresten tragen. Die Gruppe CO-NH bedingt offenbar starke Verwandtschaft zur Baumwollfaser. Die einfachsten Farbstoffe sind gelb. Es gelten die gleichen Regeln betreffs Änderung der Farbtöne wie bei den sauren Wollfarbstoffen. Als Beispiel sei genannt:

Algolscharlach G

Gruppe der Anthrachinonimine (Anthrimide). Sie bestehen aus Anthrachinonresten, welche durch Iminogruppen verbunden sind. Die Verkettung zwischen der α- und β-Stellung scheint besonders günstig zu sein. Die Farbtöne liegen bei Orangerot bis Bordeaux. Beispiel:

Indanthrenorange 6 RTK

Benzanthrongruppe. Die Farbstoffe leiten sich von dem Benzanthron ab, welches durch Behandeln von Anthron wie auch schon Anthrachinon mit Glycerin und Schwefelsäure erhalten wird:

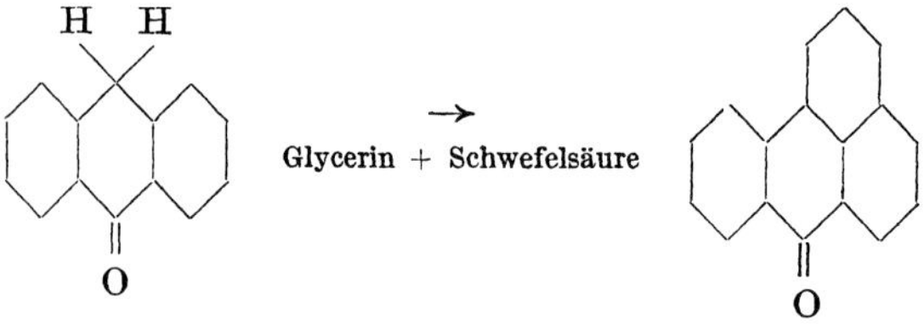

Glycerin + Schwefelsäure

Benzanthron

In der Alkalischmelze gehen Benzanthrone in Dibenzanthrone über:

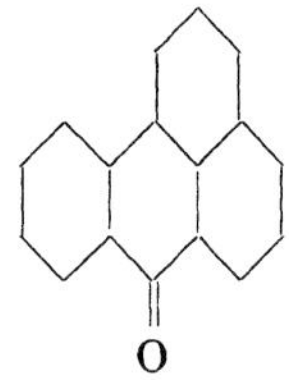

oder anders geschrieben

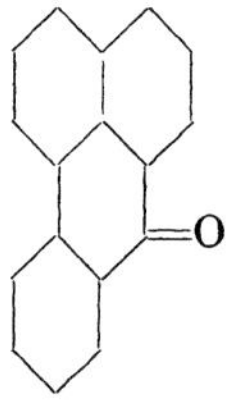

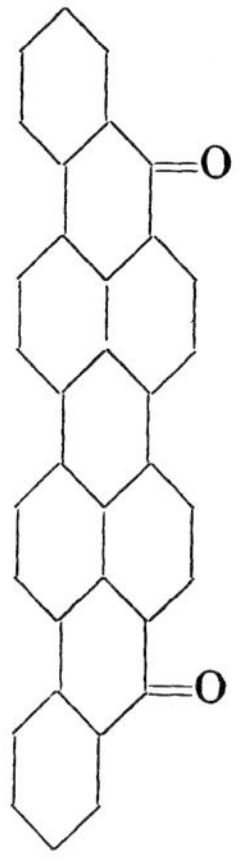

Verbindungen, welche sich vom Perylen:

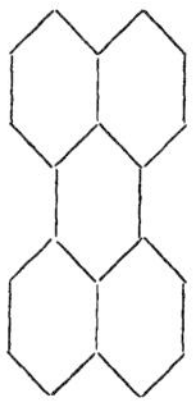

ableiten und als Küpenfarbstoffe außerordentlich wertvoll sind. Es sind auch sog. Isodibenzanthrone:

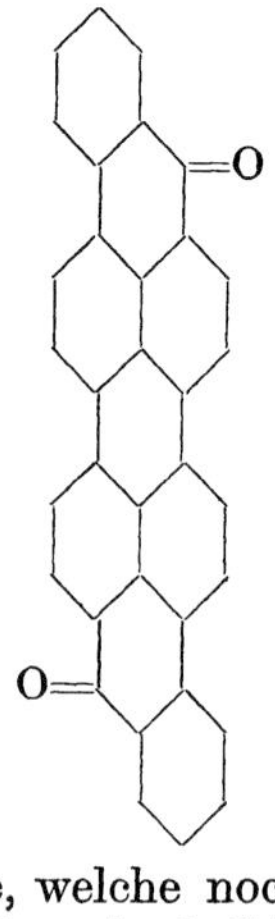

dargestellt worden. Die Farbstoffe, welche noch verschiedenartige Substituenten besitzen können, sind als Indanthrendunkelblau, Indanthrengrün, Indanthrenviolett usw. im Handel.

Indanthren- und Flavanthrengruppe. Durch Alkalischmelze des β-Amino-anthrachinon:

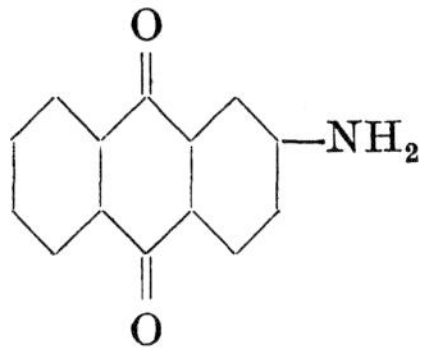

entsteht der Farbstoff Indanthren, welcher der ganzen Gruppe Indanthrenfarb-stoffe schließlich seinen Namen gegeben hat, ohne daß alle diese Farbstoffe kon-stitutionell noch etwas mit dem Indanthren selbst zu tun haben. Die Reaktion verläuft folgendermaßen:

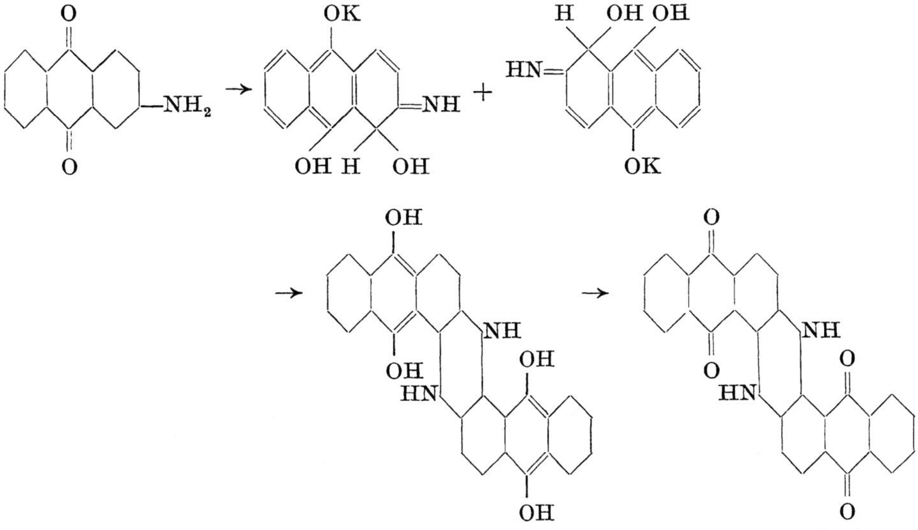

Indanthren

Der Farbstoff ist unter dem Namen Indanthrenblau RS im Handel. Die Echt-heitseigenschaften sind ausgezeichnet. Die Widerstandsfähigkeit gegen Chlor ist bei den halogenierten Derivaten Indanthrenblau GC, GCD, DC usw. besser.

In der Alkalischmelze bildet sich bei höherer Temperatur Flavanthren, das auch beim Behandeln von β-Aminoanthrachinon mit Antimonpentachlorid ent-steht:

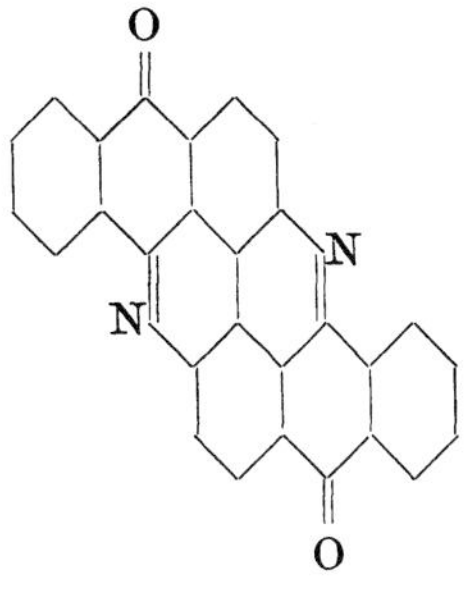

Es ist als Indanthrengelb G im Handel.

Pyranthron ist stickstofffrei und als Indanthrengoldorange G im Handel:

Ihm liegt der Kohlenwasserstoff Pyren:

zugrunde; von ihm leiten sich auch die wertvollen Dibenzpyrenchinone ab.

Gruppe der Anthrachinonacridone. Diese Verbindungen besitzen einen Acridinring, wie aus folgender Synthese hervorgeht:

α-Chloranthrachinon   Anthranilsäure

Nur 2-1-Acridone sind wichtig:

2-1-Acridon   1-2-Acridon

Unter den Farbstoffen sei erwähnt Indanthrenviolett RK. Ähnlich sind Thioxanthonfarbstoffe, z. B.:

Indanthrengelb GN

Erwähnt seien noch Anthanthron

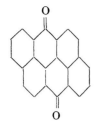

und die Dianthrone z. B.

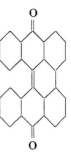

Indigoide Farbstoffe.

Diese Farbstoffe enthalten die Gruppe —CO—C=C—CO—. Sie ist eingebaut in ein Molekül, das zwei gleiche oder verschiedene Reste enthält, die sich meist vom

```
   ⸺CH              ⸺CH
   ⸺CH              ⸺CH
   NH                S
   Indol     oder   Thionaphthen
```

ableiten. Dadurch entstehen verschiedene Untergruppen, die man wie folgt bezeichnen kann.

Farbstoffe mit zwei Indolresten, Gruppe des Indigos:

```
   ⸺CO  OC⸺
    C ═══ C
   NH       NH
```

Farbstoffe mit zwei Thionaphthenresten, Gruppe des Thioindigos:

```
   ⸺CO  OC⸺
    C ═══ C
    S       S
```

Sind die Reste nicht in der bei beiden Gruppen aufgezeigten Symmetrie miteinander verbunden, so entstehen in der Indolreihe Farbstoff vom Typus:

```
   ⸺CO
    C ═══ C⸺
   NH   OC
           NH
```

Indirubin

in der Thionaphthenreihe vom Typus:

```
   ⸺CO
    C ═══ C⸺
    S    OC
            S
```

endlich kann auch ein Indol- mit einem Thionaphthenrest verbunden sein, und zwar symmetrisch oder unsymmetrisch, z. B.:

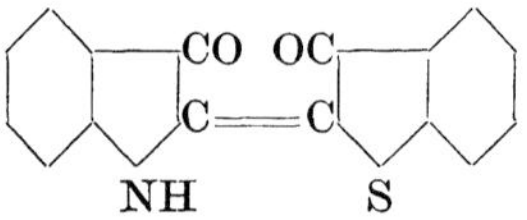

CO OC
C＝C
NH   S

oder

CO
C＝C
NH OC
S

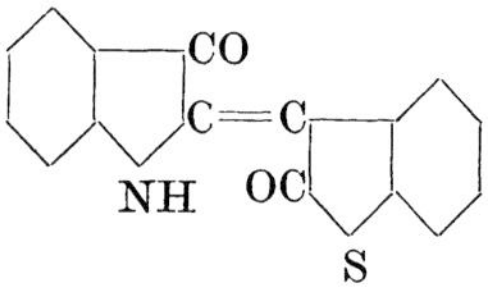

und schließlich ergibt sich die Möglichkeit, irgendeine Verbindung, welche die Gruppe —CO—CO— besitzt, mit einer Verbindung, welche die Gruppe —CH₂—CO— enthält, zu kombinieren, wobei immer der Komplex —CO—C=C—CO— gebildet wird.

Indigo und Abkömmlinge. Der Indigo, das Indigoblau findet sich als Glukosid (Verbindung mit Zucker) Indican in verschiedenen Pflanzen (Indigoferaarten), deren Kultur der künstlichen Darstellung zum Opfer gefallen ist. Er hat die Formel:

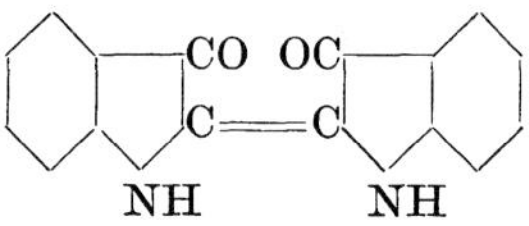

CO OC
C＝C
NH   NH

und kann u. a. nach folgenden zwei wichtigsten Methoden dargestellt werden:

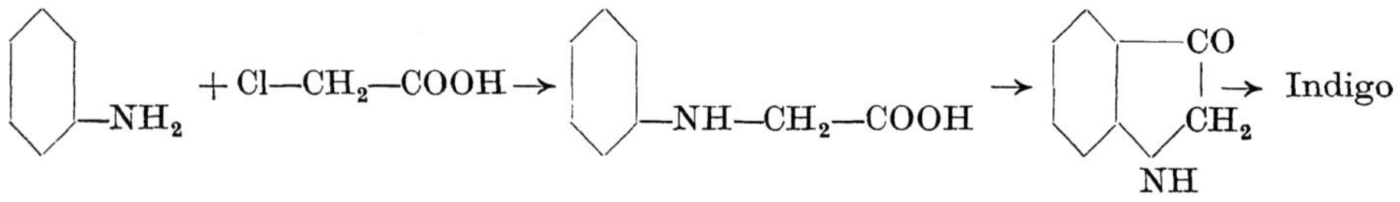

—NH₂   + Cl—CH₂—COOH →   —NH—CH₂—COOH   →   CO
                                                CH₂   → Indigo
                                                NH

Anilin   Chloressigsäure   Phenylglycin   Indoxyl

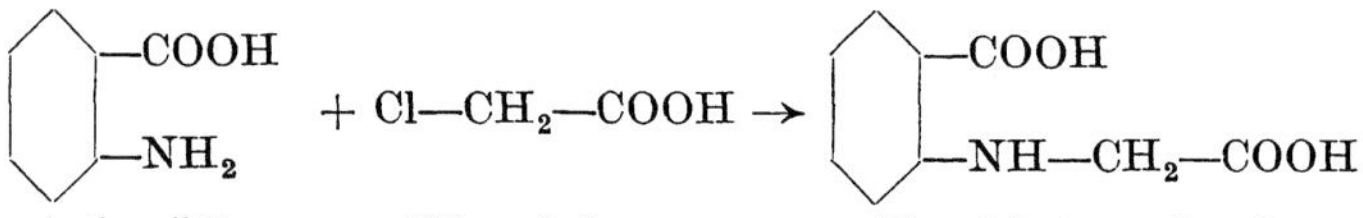

—COOH
—NH₂   + Cl—CH₂—COOH →   —COOH
                         —NH—CH₂—COOH

Anthranilsäure   Chloressigsäure   Phenylglycin-o-carbonsäure

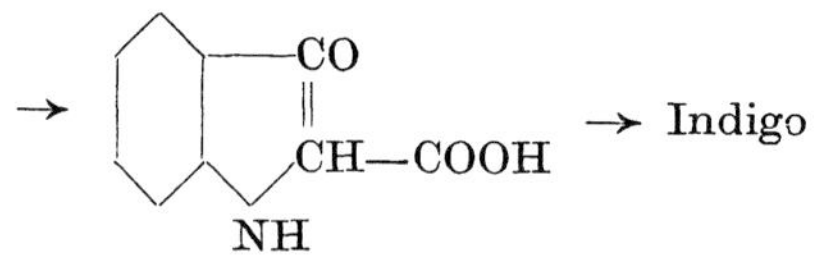

→   CO
    CH—COOH   → Indigo
    NH

Indoxylcarbonsäure

Bei der Reduktion in der Küpe entsteht Indigweiß:

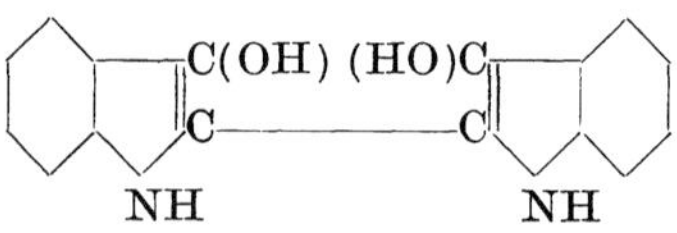

C(OH) (HO)C
C   C
NH   NH

Indigo findet starke Verwendung im Zeugdruck wie zum Färben von Wolle und Baumwolle, die Echtheit ist gut, nur Reib- und Chlorechtheit lassen zu wünschen übrig. Von Abkömmlingen sind wichtig die Halogensubstitutionsprodukte, welche man sowohl durch Aufbau halogenierter Indigos als auch durch Halogenieren fertiger Indigos erhalten kann (Indigo R, Cibablau 2 B oder Indigo 4 B, Cibablau G oder Indigo 5 B).

Thioindigo und Abkömmlinge. Der rote Thioindigo ist das Schwefelanalogon des Indigos, man erhält solche Farbstoffe durch sinngemäße Anwendung einer Indigosynthese, z. B.:

$$\text{Thiophenol} + Cl-CH_2-COOH \rightarrow \text{Phenylthioglykolsäure} \rightarrow \text{Thioindoxyl}$$

Thiophenol   Chloressigsäure   Phenylthioglykolsäure   Thioindoxyl

Während beim Indigo die Substitution und die Stellung der Substituenten zum Stickstoffatom nur verhältnismäßig geringe Verschiebung der Farbtöne verursacht, ändert sich das Bild hier: Substitution in Stellung 6 verschiebt bis Orange, Substitution in Stellung 5 bis nach Blau. So kommt es, daß Farbstoffe von orange, braunem, scharlachrotem, blaurotem, blauviolettem, blauem und grünschwarzem Farbton erhältlich sind.

Thioindigorot ist der Thioindigo selbst. Helindonorange R ist 6-6'-Diäthoxy-thioindigo:

Helindonrosa BN ist 4-4'-Dimethyl-6-6'-dichlorthioindigo:

Helindonechtscharlach: 5-5'-Dibrom-6-6'-diäthoxythioindigo u. a. m.

Von den anderen Klassen seien einige Beispiele gebracht:

Thioindigoscharlach R:

Cibaviolett B:

Alizarinindigo:

Cibascharlach: G

Ihre Darstellung kann z. B. erfolgen durch Kondensation eines Isatinderivates mit einem Indoxyl- oder Thioindoxylderivat, z. B.:

Isatin-α-chlorid   Thioindoxyl

b) Natürliche Farbstoffe.

Daß die Farbstoffe, welche die Natur liefert und welche noch nicht künstlich dargestellt werden, gesondert behandelt werden, geschieht aus rein äußerlichen Gründen. Entweder ist ihre synthetische Gewinnung noch nicht geglückt oder so schwierig, daß die Synthese mit dem Naturprodukt nicht konkurrieren kann. Hier sind nur solche in den Kreis der Betrachtung gezogen, welche für Leder in Frage kommen. Es sind dies Wau, Fisetholz, Gelbholz, Rot- und Blauholz.

Wau ist ein in Reseda luteola enthaltener Farbstoff, Luteolin genannt, und besitzt die Konstitution eines 5-7-3'-4'-Tetraoxyflavon:

Es färbt ein sehr reines Gelb.

Fisetholz, das Holz des Gerberbaumes Rhus cotinus, enthält als färbenden Bestandteil Fisetin von der Konstitution eines 3-7-3'-4'-Tetraoxyflavon:

das ein Rötlichbraun bis Orange färbt.

Gelbholz ist das Holz der Morus tinctoria, enthält Morin, ein 3-5-7-2'-4'-Pentaoxyflavon und färbt ein stumpfes, wenig lichtechtes Gelb.

Diese drei Farbstoffe stehen, wie ein Blick auf die Formel lehrt, konstitutionell in enger Beziehung. Sie sind Beizenfarbstoffe.

Rot- und Blauholz der Caesalpinia Brasiliensis bzw. Hämatoxylon Campechianum enthalten die Farbstoffe Brasilein und Haematein, die sich voneinander durch eine Oxygruppe unterscheiden, und von denen eine Formel hier Platz finden möge.

Brasilein   Hämatein

Rotholz färbt ein unechtes Violett, Blauholz ein billiges ausgiebiges Schwarz, das bisher den Wettbewerb mit den künstlichen Farbstoffen ausgehalten hat.

Für Leder finden die genannten Naturfarbstoffe in der Glacélederfärberei, in kleinen Anteilen in der Sämischlederfärberei Verwendung, Gelbholz und Blauholz auch in der Chromlederfärberei, wobei besonders noch die Gerbwirkung der Farbstoffe in Betracht gezogen wird. Die Darstellung der genannten Naturfarbstoffe erfolgt durch Ausziehen der Rohstoffe nach bekannten Methoden.

Literaturübersicht.
(Kleine Auswahl.)
Lehrbücher der Farbstoffchemie.

Fierz-David, H. E.: Künstliche organische Farbstoffe. Berlin: Julius Springer 1926 und Ergänzungsband 1935.

Mayer, Fritz: Chemie der organischen Farbstoffe, Bd. I: Künstliche organische Farbstoffe, 3. Aufl. Berlin: Julius Springer 1934.

Enzyklopädien.
Ullmann, F.: Enzyklopädie der technischen Chemie, 2. Aufl., 10 Bde. Berlin und Wien: Urban und Schwarzenberg 1928/32 (einzelne Abschnitte).

Tabellenwerke.
Schultz, G.: Farbstofftabellen, 7. Aufl., 2 Bde. und Nachtrag. Leipzig: Academische Verlagsgesellschaft 1931/34.

Rowe, F. M.: Colour Index. Bradford: Society of Dyers and Colourists 1924 und Nachtrag.

Patentliteratur.
Fortschritte der Teerfarbenfabrikation. Begründet von P. Friedländer, fortgeführt von H. E. Fierz-David. Berlin: Julius Springer 1888—1935.

Zwischenprodukte.
Davidson, A.: Intermediates for Dyestuffs. London: Ernest Benn Ltd. 1925.

Farbenchemisches Praktikum.
Moehlau, R. u. Hans Th. Bucherer: Farbenchemisches Praktikum, 3. Aufl. Berlin u. Leipzig: Walter de Gruyter & Co. 1926.

Farbstoffanalyse.
Brunner, A.: Analyse der Azofarbstoffe. Berlin: Julius Springer 1929.

Ruggli, P.: Praktikum der Färberei und Farbstoffanalyse. Berlin: Julius Springer. 1895.

Berl, E. u. G. Lunge: Chemisch-technische Untersuchungsmethoden, Bd. V, 8. Aufl. Berlin: Julius Springer 1934, S. 1214ff.

Pigmentfarbstoffe.
Curtis, A.: Künstliche organische Farbstoffe. Berlin Julius Springer 1925.

Naturfarbstoffe.
Mayer, Fritz: Chemie der organischen Farbstoffe, 3. Aufl., Bd. 2: Natürliche Farbstoffe. Berlin: Julius Springer 1935.

Perkin, A. G. u. A. E. Everest: The natural organic colouring matters. London: Longmans Green & Co. 1918.

II. Farbenlehre und Farbenmessung.

Von Dr. Hans Wacker, Freiberg i. Sa.

1. Allgemeine Farbenlehre.

Einleitung.

Im täglichen Leben, in Wissenschaft, Kunst und Technik macht sich für jeden, der mit Farben umzugehen hat, die Unzulänglichkeit unserer Sprache zur Farbbezeichnung bemerkbar. In ganz besonders hohem Maße mit den Farben vertraut sein muß jedoch derjenige, der Färbungen zu erzeugen hat. Die nachfolgenden Ausführungen haben zum Ziele, den Färber mit dem Wesen, der Ordnung und Normung der Farben bekannt zu machen und ihn in die Lage zu versetzen, bei der Nachbildung einer Farbe mit klarer Überlegung zu Werke zu gehen und seine Aufgabe auf dem einfachsten und kürzesten Wege zu erfüllen. Der Farbmessung, die in Wissenschaft und Technik immer mehr an Bedeutung gewinnt, wird entsprechend Erwähnung getan.

Wilhelm Ostwald wandte sich im Jahre 1914 der Bearbeitung der Farbenlehre zu und stellte sich die Aufgabe, eine sowohl der Wissenschaft wie auch der Praxis gerecht werdende Farbenordnung aufzustellen. Sein Werk, das 1917 der Öffentlichkeit übergeben wurde, bedeutet den Beginn einer neuen Epoche der Farbenlehre. Durch die Farbmessung wird Maß und Zahl in die Farbenwelt eingeführt und die Farbenlehre entwickelt sich von einer qualitativen zu einer quantitativen Wissenschaft. Im folgenden soll versucht werden, aus der Ostwaldschen Farbenlehre das für den praktischen Färber Notwendige herauszuarbeiten.

a) Das Wesen der Farbe.

Unter Farbe versteht man im täglichen Sprachgebrauch einerseits das farbige Aussehen eines Gegenstandes — ein Leder hat z. B. rote, grüne, schwarze Farbe —, anderseits auch Stoffe, mit denen man einem Körper farbiges Aussehen geben kann — ein Leder ist mit Deck,,farbe" behandelt. Hier soll unter Farbe nur die Sinnesempfindung, die ein gefärbter Gegenstand erzeugt, verstanden werden. Bei Entstehung von Farbe wirken im allgemeinen folgende Teilvorgänge mit:

1. Das Licht einer Lichtquelle (Sonne, glühender Gegenstand) gelangt entweder direkt ins Auge oder es trifft, was meist der Fall ist, auf die Oberfläche eines Körpers auf, wird von dort zurückgeworfen und gelangt auf diesem Umwege ins Auge.

2. Stoffe bestimmter chemischer Konstitution (Farbstoffe) beeinflussen das Licht in charakteristischer Weise.

3. Der in bestimmter Weise umgewandelte Lichtreiz wird durch die Netzhaut des Auges aufgenommen, die darauf in angemessener Weise reagiert, und die Reaktion durch Nerven nach dem Gehirn weitergeleitet.

4. Der aufgenommene Reiz wird in Empfindung umgewandelt. Entsprechend diesen Teilvorgängen gliedert Ostwald seine Farbenlehre in vier Hauptgebiete: die physikalische, chemische, physiologische und psychologische Farbenlehre. Dazu kommt noch die sog. mathetische Farbenlehre, welche die von der Mannigfaltigkeit der Farben abhängigen Ordnungsmöglichkeiten untersucht. Das für die Lederindustrie Wichtige aus der chemischen Farbenlehre ist in dem vorangehenden Kapitel über Farbstoffe abgehandelt. Den größten Einfluß auf die Farbenlehre hat der psychologische Vorgang gehabt, weil die überaus verwickelten Zusammenhänge zwischen physikalischem, chemischem und physiologischem Vorgang und Empfindung geklärt, Gesetzmäßigkeiten gefunden und diese bei der Ordnung der Farben zur Anwendung gebracht wer-

den mußten. Wenn auch bezüglich der allgemeinen Lehre vom Licht im einzelnen auf die entsprechenden Kapitel der Physik verwiesen werden muß, sei doch das für die Farbenlehre Wichtigste hier kurz erwähnt.

b) Physik des Lichtes.

Alle Sinnesorgane werden durch eine Energie gereizt, z. B. die Tastkörperchen durch mechanische Energie (Druck). Das Licht ist die Energieart, welche unser das Sehen vermittelnde Organ, das Auge, und zwar die Netzhaut, reizt. Die Lichtenergie ist ein Teil der strahlenden Energie und wird meistens geliefert von der natürlichen und größten der uns bekannten Energiequellen, der Sonne, oder von einer künstlichen Lichtquelle. Das Licht pflanzt sich mit der ungeheuren Geschwindigkeit von 300 000 km/Sek. in Form elektromagnetischer Schwingungen fort. Die periodischen Schwingungen des Lichts vollziehen sich senkrecht zur Fortpflanzungsrichtung (transversale Wellen), und zwar von 400×10^{12} bis 750×10^{12} Schwingungen in der Sekunde. Das Licht bewegt sich praktisch geradlinig nach allen Richtungen von der Lichtquelle in den Raum.

Spiegelung, Streuung, Brechung. Wenn ein Lichtstrahl aus dem leeren Raum in irgendeinen stofferfüllten eintritt, so ändert sich die Fortpflanzungsgeschwindigkeit. In allen Stoffen ist diese geringer als im leeren Raum. Man nennt ein Mittel (Medium), in dem sich das Licht mit geringerer Geschwindigkeit fortbewegt, optisch dichter. Die Verringerung der Lichtgeschwindigkeit in der Luft ist nur sehr gering gegenüber der im leeren Raum; die Luft ist daher beim Vergleich mit anderen Stoffen meist das optisch dünnere Mittel. Wenn ein Lichtstrahl von einem Medium auf ein anderes von anderer optischer Dichte trifft, so wird die Richtung des Lichtstrahls geändert. An jeder Trennungsfläche zweier optisch verschiedener Mittel wird ein Teil des Lichts zurückgeworfen (reflektiert). Der Betrag der Reflexion wächst unter sonst gleichen Verhältnissen mit dem optischen Dichteunterschied beider Mittel; anderseits wächst er schnell mit der Größe des Einfallswinkels. Bei streifendem Einfall tritt überhaupt kein Licht in das dichtere Mittel ein.

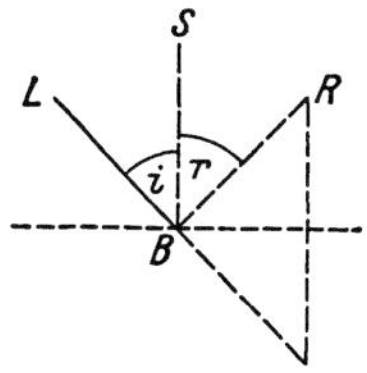

Abb. 28.

Je nach der Art der trennenden Fläche ist die Wahrnehmung der Reflexion eine verschiedene. Jede Trennungsfläche kann man sich aus lauter mikroskopisch kleinen ebenen Flächenstückchen zusammengesetzt denken (Abb. 28). Die Richtung des einfallenden Strahls LB wird gemessen durch den Winkel i, den er mit dem in dem Berührungspunkte B errichteten Lote SB bildet. Der Winkel r zeigt die Richtung des zurückgeworfenen Strahls BR an. Das Reflexionsgesetz lautet: Der Reflexionswinkel ist gleich dem Einfallswinkel: $r = i$. Einfallender Strahl, Lot und zurückgeworfener Strahl liegen in einer Ebene. Liegen die Oberflächen aller kleinsten Flächenstückchen in einer Ebene, so bekommt die Fläche die Eigenschaften eines ebenen Spiegels. Die Lote sind parallel und die auffallenden Strahlen werden zwar in ihrer Richtung geändert, behalten aber eine gewisse Zuordnung zueinander, die vom Auge als mehr oder minder vollkommene Spiegelung der Lichtquelle empfunden wird. Im Idealfall wird alles auffallende Licht geordnet zurückgeworfen, d. h. gespiegelt. Geschliffene Metallflächen kommen dem Ideal 1 bis auf 0,95 nahe.

Liegen die Oberflächen der kleinsten Flächenstückchen nicht in einer Ebene, sondern sind regellos angeordnet, wie z. B. bei einer Schicht feinst geschlämmten Bariumsulfats, so sind die Lote auf die einzelnen Oberflächenstückchen nicht parallel (Abb. 29). Die Folge davon ist, daß das Licht nach allen möglichen Richtungen zerstreut zurückgeworfen wird (diffuse

Abb. 29.

Reflexion) und man spricht dann von einer matten Fläche. Auch von einer derart beschaffenen Fläche kann im Idealfall alles auffallende weiße Licht zurückgeworfen werden. Die Fläche sieht dann weiß aus (Wi. Ostwald, S. 8).

Der Glanz. Sowohl die vollständige Spiegelung wie die vollkommene Streuung sind Idealfälle. Die meisten Oberflächen von Körpern zeigen mehr oder weniger ausgeprägten Glanz, der um so größer ist, je mehr Licht gespiegelt wird. Futterspalt, Nubuk, Boxkalb, Chevreau, Lackleder zeigen zunehmenden Glanz. Bezeichnungen wie Metallglanz, Diamantglanz, Glasglanz, Fettglanz sind allgemein gebräuchlich. Es gibt auch Gegenstände, die nach einer oder mehreren bevorzugten Richtungen Glanz aufweisen, wie z. B. Seide und manche Sorten von Chairleder.

Brechung, Refraktion. In weitaus den meisten Fällen tritt ein Teil des Lichts in das optisch dichtere Mittel ein und geht in demselben mit verminderter Geschwindigkeit weiter, was eine Ablenkung aus seiner ursprünglichen Richtung zur Folge hat. Der Lichtstrahl wird zum Lot gebrochen (Abb. 30). Der einfallende Strahl LB bildet mit dem Lot SB den Winkel i und läuft im optisch dichteren Mittel nach C; Die neue Richtung ist durch den Winkel g gegeben. Die Ablenkung ist um so stärker, je größer der Dichteunterschied beider Mittel ist. Die Sinuswerte des Einfallswinkels i und des Brechungswinkels g verhalten sich wie die Lichtgeschwindigkeiten in den beiden Mitteln.

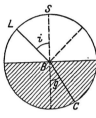

Abb. 30.

$$\frac{\sin i}{\sin g} = \frac{c_1}{c_2}.$$

Der Quotient $\frac{c_1}{c_2}$ ist der Brechungsquotient n (Brechungsindex, Brechzahl). Der absolute Brechungsquotient bezieht sich auf den leeren Raum als das dünnere Mittel. Da aber der Quotient der Luft gegen den leeren Raum sehr klein ist, 1,0003, so kann man den meist auf Luft bezogenen relativen Brechungsquotienten gleich dem absoluten setzen. Die Brechungsquotienten für einige Stoffe mögen das Gesagte erläutern:

Leerer Raum	1,0000	Barytweiß	1,64
Luft	1,0003	Zinkweiß	1,88
Wasser	1,33	Bleiweiß	2,00
Glas	1,52	Titanweiß	2,3
Kreide	1,57	Diamant	2,5

Totale Reflexion. Für den Fall, daß das Licht aus dem optisch dichteren in das optisch dünnere Mittel übergeht, sind die eben geschilderten Verhältnisse umzukehren (Abb. 31). Da aber der Ausfallswinkel a schneller wächst als der Winkel g, so kommt man bald an den sog. Grenzwinkel g_2, bei dem der Strahl C_2B in der Trennungsfläche beider Mittel nach D_2 weiterläuft. Beim Überschreiten dieses Winkels (C_3B) gelangt kein Licht mehr in das optisch dünnere Mittel, sondern wird vollkommen gespiegelt (total reflektiert). Die vollkommene Spiegelung tritt schon bei um so kleinerem Einfallswinkel ein, je größer der Brechungsquotient ist. Der Brechungsquotient und die davon abhängige vollkommene Spiegelung ist wichtig zur Erklärung des Deck

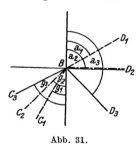

Abb. 31.

vermögens von Farbpigmenten [Ostwald (1), S. 17; Ostwald (2), S. 39, 201; Goldschmidt (1)]. Die Farbpigmente werden durch irgendein Bindemittel auf der Oberfläche des Körpers, den sie färben sollen, festgehalten. Nur wenn der Brechungsquotient des Bindemittels von dem des Farbkörpers genügend verschieden

ist, kommt infolge Spiegelung und Totalreflexion eine Deckung zustande. So
deckt z. B. Kreide in Leim als Bindemittel sehr gut, während sie in Öl eingerührt
eine sehr schlechte Deckung zeigt. Beim Eintrocknen der wässerigen Anrührung
(Leim) bleiben zwischen den Kreide- und Bindemittelteilchen zahlreiche Hohlräume, die mit Luft erfüllt sind. Der Unterschied der Brechungsquotienten von
Luft (1) und Kreide (1,6) ist genügend groß, daß Spiegelung an der Oberfläche
und totale Reflexion im Innern der einzelnen Kreidekörner zustande kommt.
Beim Auftragen einer Mischung von Kreide mit Öl, Lack, Firnis erfüllt das
Bindemittel alle Hohlräume zwischen den einzelnen Teilchen. Die Unterschiede
der Brechungsquotienten von Kreide und Öl sind zu gering — Leinöl 1,5 —, um
die nötige Spiegelung oder gar totale Reflexion zustande kommen zu lassen.
Kreide „deckt" also mit Leim aufgetragen gut, mit Öl dagegen schlecht.

Dispersion. Bei der Spiegelung bleibt die Farbe des zurückgeworfenen Lichts
die gleiche wie die des auffallenden. Das durch einen optisch dichteren Körper
hindurchgehende Licht erfährt nicht allein eine Ablenkung aus seiner ursprünglichen Richtung, sondern an dem durchgehenden Licht sind nicht selten farbige
Erscheinungen zu beobachten. Am deutlich-
sten ist dies wahrzunehmen, wenn ein weißer
Lichtstrahl durch ein Glasprisma hindurchgeht
(Abb. 32). Der von der Sonne herkommende
Strahl S, den man durch einen Spalt möglich schmal gemacht hat, trifft in T_1 auf die
Begrenzungsfläche des Prismas und geht im
Innern desselben zum Lot hin gebrochen
weiter nach T_2. In T_2, wo der Lichtstrahl in
das dünnere Mittel übergeht, erfolgt eine aber-
malige Ablenkung, und zwar vom Lot weg.

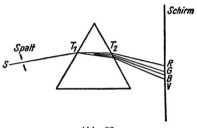

Abb. 32.

Etwa in dem Punkte R auf dem Schirme sollte nun ein weißer Lichtfleck
erscheinen. Man beobachtet jedoch ein breites Band, in dem die Farben Rot,
Gelb, Grün, Blau und Violett in allmählichem Übergang aufeinanderfolgen.
Rot ist aus der zu erwartenden Richtung am wenigsten abgelenkt, während
Violett am weitesten von dem zu erwartenden Lichtfleck R entfernt ist. Diese
Erscheinung wurde von Newton entdeckt. Das farbige Bild heißt Spektrum.
Es ist dadurch entstanden, daß die verschiedenen Lichtarten, rot, gelb, grün,
blau und violett, eine verschiedene Verminderung ihrer Geschwindigkeit im Prisma
erfuhren und daher verschieden stark aus ihrer ursprünglichen Richtung abgelenkt
wurden, so daß die verschieden gefärbten Spaltbilder an verschiedenen Stellen
des Schirmes nebeneinander erscheinen. Das weiße Licht ist also nichts Einheitliches, sondern aus verschiedenen Lichtarten, die unser Auge als verschiedene Farben empfindet, zusammengesetzt. Die Fortpflanzungsgeschwindigkeit des Lichts ist 300000 km pro Sekunde. Die Schwingungszahl drückt aus,
daß in einer Sekunde 400×10^{12} bis 750×10^{12} Schwingungen stattfinden. Die
Strecke, die das Licht während der Dauer einer
Schwingung zurücklegt, erhält man, wenn man
die Fortpflanzungsgeschwindigkeit (v) durch die
Zahl der Schwingungen pro Sekunde (n) dividiert.
Die erhaltenen Werte sind sehr klein — rund
0,00005 cm, das sind 500 Millionstel Millimeter.
Diese Strecke nennt man Wellenlänge (l). Bei

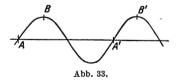

Abb. 33.

Wasserwellen, die erzeugt werden, indem man einen Stein auf die vollkommen
glatte Oberfläche eines Teiches wirft, ist eine Wellenlänge die Entfernung
zwischen zwei Wellenbergen $B B'$, allgemein zwischen zwei Punkten ($A A'$),

die sich zur selben Zeit im gleichen Zustand befinden (Abb. 33). Schwingungszahl und Wellenlänge stehen zueinander in der Beziehung, daß ihr Produkt die Fortpflanzungsgeschwindigkeit in der Zeiteinheit ergibt. Es ist also $n \times l = v$. Die Lichtarten sind unterschieden durch ihre Schwingungszahl und damit durch ihre Wellenlänge, da im leeren Raum die Fortpflanzungsgeschwindigkeit für jede Lichtart gleich ist. Der größeren Schwingungszahl entspricht also eine kleinere Wellenlänge und umgekehrt. Im stofferfüllten Raum (Glasprisma) wird die Fortpflanzungsgeschwindigkeit der einzelnen Lichtarten verschieden stark vermindert. Deshalb werden sie an den Prismenflächen verschieden stark gebrochen. Die violetten Strahlen, die wir am stärksten abgelenkt finden, haben

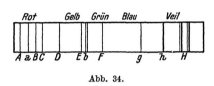

Abb. 34.

eine kürzere Wellenlänge als die roten, die von der ursprünglichen Richtung am wenigsten entfernt sind. Ein aus verschiedenen Lichtarten zusammengesetzter Lichtstrahl wird daher in seine Bestandteile zerlegt (dispergiert) (Abb. 34). Die Reihenfolge der Farben im Spektrum ist Rot, Orange, Gelb, Grün, Blau, Violett. Dieses Spektrum wird von jedem weißen Licht, das von festen Stoffen ausgesandt wird, erhalten, sowohl von dem natürlichen der Sonne, wie auch von künstlichem — Gasglühlicht, Bogenlampe.

Homogenes Licht. Stellt man zwischen Prisma und den Schirm, auf dem man das Spektrum auffängt, einen undurchsichtigen Schirm mit einem schmalen Spalt, so ist man in der Lage, alle farbigen Lichtarten bis auf eine gewünschte Farbe, die man durch den Spalt gehen läßt, aufzuhalten. Auf dem Schirm erscheint dann ein schmaler Streifen in der Farbe des durchgelassenen Lichtes, z. B. Rot. Stellt man nun zwischen Spalt und Schirm abermals ein Prisma, so findet man das rote Spaltbild zwar abgelenkt, aber nicht weiter zerlegt. Das aus dem Spektrum isolierte Licht ist also nicht mehr weiter in Bestandteile zerlegbar und man spricht von homogenem oder einheitlichem Licht.

Fraunhofersche Linien. Im Sonnenspektrum findet sich eine große Anzahl dunkler Linien, die im Spektrum des weißen Lichts einer künstlichen Lichtquelle fehlen. Sie sind dadurch entstanden, daß aus dem Gemisch an sich homogener Lichter des weißglühenden Sonnenkerns durch gasförmige chemische Elemente in der äußeren Sonnenzone Licht einzelner Wellenlängen absorbiert worden ist. Da diese nach ihrem Entdecker benannten Fraunhoferschen Linien naturgemäß immer an denselben Stellen des Spektrums auftreten, kann man, um eine bestimmte Farbe des Spektrums zu definieren, sie zu diesen Linien in Beziehung setzen. Für die markantesten Linien hat man die Buchstaben A, B, C, D, E, F, H gewählt. So ist z. B. der Nullpunkt des S. 128 besprochenen Farbtonkreises bestimmt durch seine Lage zwischen den beiden Linien D und E und die Wellenlänge 572,1. Eine Anzahl gleichabständiger Fraunhoferscher Linien gibt nachstehende Tabelle wieder. Die Wellenlängen sind in $\mu\mu$ angegeben [Ostwald (1), S. 27].

Tabelle 4. Fraunhofersche Linien.

Linie	Wellenlänge	Farbe	Linie	Wellenlänge	Farbe
A	760,4	} Rot	b	517,8	} Blaugrun
B	686,7			516,8	
C	656,3	}	F	486,1	} Blau
D	589,6	} Gelb	G	430,8	
	589,0		h	410,2	
E	527,0	Grün	H	396,9	} Veil = Violett
			K	393,4	

Spektroskop. Ein Instrument, welches außer dem zur Erzeugung des Spektrums notwendigen Spalt *S* und dem Prisma noch zur besseren Beobachtung Linsen trägt und zur Untersuchung des Lichts auf seine Zusammensetzung benützt wird, heißt Spektroskop (Abb. 35),
Durch bestimmte Anordnung der Prismen und entsprechende Wahl der Glasarten ist erreicht, daß zwar eine Dispersion aber keine größere Ablenkung des zu untersuchen-

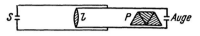

Abb. 35. [Nach Wi. O s t w a l d (*1*), S. 29.]

den Lichts stattfindet. Derartige geradrichtige Instrumente sind leichter auf die zu untersuchende Lichtquelle zu richten. Sie sind für den Chemiker, Physiker und Techniker unentbehrlich geworden. In der Farbenlehre sind sie besonders wichtig, weil sie die Untersuchung des auf eine farbige Oberfläche auffallenden und des zurückgeworfenen Lichts ermöglichen.

Weißes Licht und andere elektromagnetische Schwingungen. Das weiße Licht ist, wie erwähnt, zusammengesetzt aus Licht verschiedener Wellenlänge, die von Violett über Blau, Grün, Gelb und Orange nach Rot zunimmt. Unser Auge ist im Gegensatz zum Ohr, das die Bestandteile eines Tongemisches heraushört, nicht in der Lage, im weißen Licht das Gemisch farbiger Lichtarten zu erkennen.

Außer diesen unser Auge reizenden Lichtarten gibt es noch andere elektromagnetische Schwingungen, die mit den Lichtschwingungen die prinzipielle Natur und die Fortpflanzungsgeschwindigkeit gleich haben. An das violette Ende des Spektrums schließen sich die ultravioletten und an das rote Ende die ultraroten Strahlungen an. Diese Strahlen sind für unser Auge unsichtbar. Unser Auge spricht also nur auf elektromagnetische Schwingungen, die zwischen den Wellenlängen 420 und 760 $\mu\mu$ liegen, mit Lichtempfindung an.

Die Absorption[1]. Durch die Reflexion und Brechung wie auch durch die Dispersion wird der Energiebetrag des Lichts im Idealfalle nicht geändert. Im praktischen Einzelfall ist dies allerdings anders. Schon bei der Besprechung des Glanzes wurde erwähnt, daß auch die vollkommensten Spiegel nicht alles auffallende Licht (1,0) zurückwerfen, sondern dem Ideal auf etwa 0,95 nahekommen. In der Tat verschwindet immer und überall, wo das Licht auf eine Oberfläche auftrifft oder durch einen Körper hindurchgeht, Lichtenergie als solche. Sie wird absorbiert und in andere Energiearten, vorwiegend in Wärme, auch in chemische oder elektrische Energie, umgewandelt. Unter gegebenen Bedingungen wird von einem bestimmten absorbierenden Körper stets der gleiche Bruchteil des durchgehenden Lichtes absorbiert. Dagegen ist die Absorption abhängig von der Natur und der Schichtdicke des Körpers, durch den das Licht hindurchgeht. Es gibt eine große Anzahl von chemischen Verbindungen, die nur Licht bestimmter Wellenlänge absorbieren; zu diesen zählen die Farbstoffe, welche in einem besonderen Kapitel abgehandelt sind (siehe S. 35). Die Betrachtungen über die Absorption gelten gleichsinnig für Licht, das absorbierende Medien durchstrahlt hat, wie für Licht, das von einer absorbierenden Oberfläche reflektiert worden ist. Der Reiz, den das durch Absorption veränderte Licht auf das Auge ausübt, ist verschieden, je nachdem, ob sich die Absorption auf alle Wellenlängen des weißen Lichtes gleichmäßig erstreckt hat, oder ob bestimmte Wellenlängen bevorzugt worden sind.

---

[1] Für den Vorgang des Verschwindens von Licht hat Wi. O s t w a l d die Bezeichnung „Schluckung" an Stelle von „Absorption" vorgeschlagen. Hier sollen jedoch die dem Wissenschaftler geläufigeren Ausdrücke beibehalten werden. Das gleiche gilt auch für andere von O s t w a l d neu vorgeschlagene Bezeichnungen, soweit für diese schon andere Ausdrücke gebräuchlich sind.

Gleichmäßige Absorption. Wenn alle auffallenden farbigen Bestandteile des weißen Lichts durch einen Stoff hindurchgehen oder vollständig zurückgeworfen werden, so bleibt die Zusammensetzung des Lichts dieselbe — das Licht ist weiß; der Körper erscheint farblos. Wenn alle auffallenden Lichtarten des weißen Lichts vollständig absorbiert werden, so gelangt von diesem Körper kein Licht in unser Auge — wir nennen den Körper „schwarz". Es sei hier schon erwähnt, daß wir auch Flächen, die nur bis zu einem Zehntel des auffallenden Lichts zurückwerfen, als schwarz bezeichnen. Vollkommenes Schwarz, das alle auffallenden Lichtarten gleichmäßig vollständig absorbiert, gibt es nicht. Wenn von allen Lichtarten des auffallenden weißen Lichts ein gleicher Betrag vernichtet wird, so behält das zurückgeworfene Licht die Zusammensetzung des weißen Lichts, ist aber in seiner Gesamtmenge geschwächt. In solchem Falle nehmen wir ein „neutrales Grau" wahr. Dieses ist um so dunkler, je größere Anteile aller Lichtarten gleichmäßig absorbiert werden.

Ungleichmäßige Absorption. Bei weitem die meisten Stoffe zeigen eine ungleichmäßige Absorption, d. h. sie bevorzugen bestimmte Wellenlängen. Alle Dinge, welche aus dem weißen Licht bestimmte Strahlen bevorzugt absorbieren, erscheinen farbig. Die Mischung der zurückgeworfenen Strahlen wird als bunte Farbe im Gegensatz zu „neutralem" Unbunt wahrgenommen, und zwar erscheint sie in der Farbe, die den absorbierten Anteil zu Weiß ergänzt. Farben, die sich gegenseitig zu Weiß ergänzen, nennt man Komplementärfarben oder Gegenfarben (siehe Abschn. Mayer, Farbstoffe). Ins Auge gelangen also von dem weißen Licht die Gegenfarben der absorbierten Lichtarten, deren Mischung die Farbe eines Körpers ergibt. Wenn von einem Stoff vorwiegend die kurzwelligen Strahlen Violett und Blau absorbiert werden, so hat das zurückgeworfene Licht die Farbe Gelb, das um so röter wird, je mehr die Absorption gegen das Gelb vorrückt (Abb. 36) [vgl. Ostwald (*1*), S. 40]. Umgekehrt wird, wenn die Absorption vom langwelligen Ende des Spektrums gegen das kurzwellige, also von Rot nach Grün vorschreitet, Blau wahrgenommen, das um so violetter wird, je mehr die Absorption gegen das Blau vorrückt (Abb. 37). Werden zugleich beide Enden des Spektrums, das langwellige rote und das

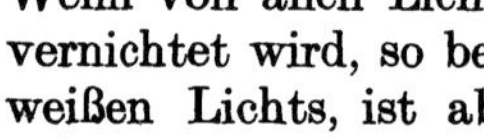

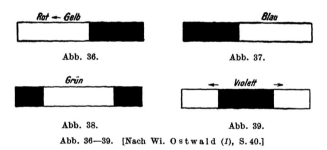

Abb. 36.   Abb. 37.

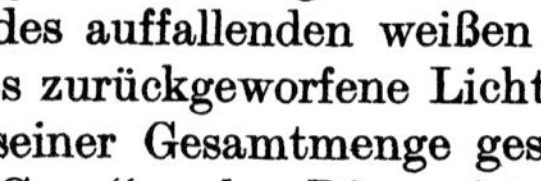

Abb. 38.   Abb. 39.

Abb. 36—39. [Nach Wi. Ostwald (*1*), S. 40.]

kurzwellige violette, von der Absorption erfaßt, so bleibt als Mischung Grün übrig (Abb. 38). Wenn die Absorption in der Mitte des Spektrums die grünen Lichter vernichtet, bleiben die Farben Rot und Violett übrig, die zusammen Purpur bis Violett ergeben (Abb. 39).

Die Beleuchtung. Das von der Sonne ausgestrahlte Gemisch von farbigen Lichtstrahlen empfinden wir als weiß. Bevor das Licht aber zu uns gelangt, hat es bereits mehr oder weniger dicke Luftschichten durchschritten und ist dadurch beeinflußt worden. Außerdem wird das Licht je nach Beschaffenheit der Luft, ob sie trübe oder klar, ob der Himmel bewölkt oder unbewölkt ist, stets in seiner Zusammensetzung geändert. Die allgemeine Beleuchtung unterliegt daher einem steten Wechsel in ihrer Stärke und Zusammensetzung. Im allgemeinen tritt diese Veränderlichkeit nicht sichtbar in Erscheinung. Sie kann aber doch so groß werden, daß man eine Änderung der Farbe des Lichts wahrnehmen kann. Wenn

z. B. oft gegen Abend die roten Strahlen im weißen Licht ganz besonders überwiegen, empfinden wir dies und sprechen dann von warmer Beleuchtung. Mit
dem Spektroskop ist das Fehlen der kurzwelligen blauen und violetten Lichtarten nachzuweisen. Diese sind, da abends das Licht den längsten Weg durch die
Luft zurückzulegen hat, von der Erdatmosphäre absorbiert worden. Trifft
solches „Abendlicht" auf einen Körper, so fehlen auch im reflektierten Licht die
betreffenden Bestandteile: der Körper sieht dann etwas anders als im Tageslicht aus.

In derselben Weise wie das Abendlicht zeichnet sich auch das „weiße" Licht
unserer künstlichen Lichtquellen durch einen Mangel an kurzwelligen blauen
und violetten Strahlen aus. Wo es daher darauf ankommt, eine dem Tageslicht
möglichst ähnliche Beleuchtung zu haben, nimmt man aus dem künstlichen Licht
die zuviel vorhandenen langwelligen Strahlen, Rot, Orange und Gelb, durch ein
blau gefärbtes Filter heraus (Tageslichtlampen). Dafür muß man aber die Verwendung einer entsprechend stärkeren Lichtquelle in Kauf nehmen. Die Zusammensetzung des Lichts einer gewöhnlichen Halbwattlampe im Vergleich
zum Tageslicht mittlerer Zu-
sammensetzung gibt neben-
stehende Tabelle [Lamb-
Jablonski (1), S. 143]. Die
Spektren sind in drei Teile zerlegt und die Bestandteile in
Prozenten angegeben.

Tabelle 5.

	Tageslicht	Halbwatt-lampe
Rot—Orange	21,5 %	54,5 %
Gelb—Grün	32,0 %	32,5 %
Blau—Violett . . .	46,5 %	13,0 %

Außer in der Zusammen-
setzung schwankt das Tageslicht auch stark in seiner Intensität, d. h. in der
Menge des auf die Flächeneinheit auffallenden Lichtes. Die durch künstliche
Lichtquellen zu erreichende Beleuchtung steht bezüglich der Lichtstärke unter
der des Sonnenlichts mittlerer Zusammensetzung.

c) Das Sehen.

Schon eingangs wurde erwähnt, daß die Wahrnehmung der Farben durch
eine Reihe von Teilvorgängen ermöglicht wird. Die Aufnahme des Lichtreizes
geschieht durch das Auge. Zur Betätigung dieses Sinneswerkzeuges sind nur
äußerst kleine Energiebeträge notwendig; die Empfindlichkeit des Auges ist also
sehr groß. Eine Folge dieser hohen Empfindlichkeit ist die sehr geringe Trägheit:
das Auge kehrt nach Aufhören des Reizes schnell in den Ruhezustand zurück,
denn es würde auf einen neuen Reiz falsch ansprechen, wenn der vorhergehende
noch nicht abgeklungen wäre. Doch reagiert unser Auge erst von einer bestimmten
Lichtintensität an. Diese eben empfindbare Lichtstärke nennt man den Schwellenwert. Ferner muß auch bei einer Änderung der Intensität des Reizes diese Änderung
eine bestimmte Größe erreicht haben, ehe das Auge sie wahrnimmt. Man spricht
dann von der Unterschiedsschwelle. Es ist z. B. nicht möglich, alle zwischen
Weiß und Schwarz denkbaren grauen Farben wirklich zu unterscheiden, sondern
die Zahl der erkennbaren Grau wird durch die Unterschiedsschwelle auf etwa
100 beschränkt.

Die Größe des Schwellenwerts ist bei den einzelnen Menschen je nach Begabung
und Beschäftigung verschieden. Durch häufige Beobachtung kleiner Helligkeits-
oder Farbenunterschiede nimmt der Schwellenwert ab und wächst die Empfindlichkeit. Der Ungeübte macht z. B. bei photometrischen Messungen größere
Fehler als der Geübte.

Die Trägheit des Auges ist wohlbekannt durch die Erscheinung der Nachwirkung von Lichteindrücken. Sie gibt die Erklärung, warum die in schneller

Reihenfolge auf die Leinwand geworfenen Bilder eines Kinematographen sich zu einer fortlaufenden Bewegung zusammenschließen. Aus demselben Grunde erscheinen uns die auf einer rotierenden Kreisscheibe aufgemalten Farben als eine einzige Mischfarbe.

Das menschliche Auge besitzt Einrichtungen, die es befähigen, seine Lichtempfindlichkeit auf die vorhandene Beleuchtungsstärke (Reiz) einzustellen. Das Auge enthält eine selbsttätige Blende, die Regenbogenhaut oder Iris, die sich durch Verengern oder Erweitern der jeweiligen Beleuchtung anpaßt. So ist z. B. allgemein bekannt, daß man beim Eintreten in einen halbdunkeln Raum zunächst fast nichts sieht. Erst nach einiger Zeit hat sich das Auge durch Öffnen der Iris und einen komplizierten physiologischen Vorgang auf die neue Beleuchtung umgestellt; man kann dann relativ gut sehen. Durch diese „Adaptation" wird die Größe der Unterschiedsschwelle dem wirkenden Reiz angeglichen.

Diese eben entwickelten Gesetzmäßigkeiten zwischen Reiz und Empfindung sind von E. H. Weber gefunden und von G. Th. Fechner weiter entwickelt worden. Das Weber-Fechnersche Gesetz sagt aus, daß der eben erkennbare Reizunterschied (Schwellenwert) keine konstante Größe ist, sondern daß er in einem konstanten Verhältnis zu der Größe des vorhandenen Reizes steht, bzw. daß die Unterschiedsschwelle ein konstanter Bruchteil des Reizes ist. Damit sich also eine Sinnesempfindung um gleiche Beträge ändern soll, darf der Reiz nicht in einer arithmetischen Reihe (um gleiche Beträge) geändert werden, sondern der Reiz muß in einer geometrischen Reihe (in konstantem Verhältnis) zu- oder abnehmen. Ostwald hat als erster den Einfluß dieser Gesetze auf die Aufstellung empfindungsgemäß gleich abständiger Farbabstufungen erkannt und angewendet. Bei einer Grauskala z. B., die gefühlsmäßig gleich abständige Stufen haben soll, müssen die Stufen in demselben Verhältnis wie die Schwellenwerte zueinander stehen. Da die Schwelle bei der Betrachtung von Grau dort groß ist, wo der Reiz groß ist (in der Nähe des Weiß), müssen hier große Stufen der Reizänderung vorhanden sein; da wo der Reiz klein ist (in der Nähe des Schwarz, Reiz 0), sind die Stufen klein zu wählen.

Die Farben der Umwelt. Wenn auch unser Auge weitgehend die Möglichkeit besitzt, sich der jeweiligen Beleuchtung anzupassen, so ist damit noch nicht erklärt, warum trotz ganz verschiedener Lichtverhältnisse die Farben unserer Umwelt immer die gleiche Empfindung hervorrufen. Das Auge ist, wie jedes Sinnesorgan, Stimmungen unterworfen und die Beleuchtung wechselt täglich stark in ihrer Stärke und Zusammensetzung. Ein weißes Blatt Papier erscheint uns aber immer weiß, ob wir es im hellen Sonnenlicht oder in der Dämmerung oder auch bei künstlichem Licht betrachten. Unwillkürlich beziehen wir das von der weißen Fläche zurückgeworfene Licht auf die momentan herrschende Gesamtbeleuchtung, d. h. auf die Umgebung. Wir sehen die Farben als bezogene Werte und nennen eine Fläche dann weiß, wenn sie nahezu alles auffallende Licht zurückwirft. Ob aber alles auffallende Licht zurückgeworfen wird oder nicht, hängt allein von der Beschaffenheit der Fläche, nicht aber von der Beleuchtungsstärke ab. Wir empfinden nicht die absolute Beleuchtungsstärke, sondern das Verhältnis des zurückgeworfenen Lichtes zu dem auftreffenden, das stets konstant bleibt. Daher ändert sich auch der Eindruck einer Farbe nicht oder nur wenig mit der Gesamtbeleuchtung. Unser gesamtes Farberleben erstreckt sich fast ausschließlich auf bezogene Farben, und die später zu besprechende Ordnung der Farben muß daher diese Beziehungen berücksichtigen, d. h. das Weber-Fechnersche Gesetz anwenden. Unbezogene Farben werden nur unter vollständiger Ausschaltung der Umgebung wahrgenommen; sie entstehen in physikalischen Apparaten und sind dadurch ausgezeichnet, daß sie kein Grau und Schwarz enthalten können.

Von verschiedenen Seiten wurde dem Schwarz der Begriff Farbe abgesprochen mit der Begründung, daß Schwarz durch vollständige Vernichtung des Lichtes entsteht. Tatsächlich hat aber keine Fläche, der wir die Farbe Schwarz zuschreiben, den Rückwurfswert 0, sondern wir empfinden bereits Flächen, die weniger als ein Zehntel des auffallenden Lichts zurückwerfen, als schwarz. So hat man auch in der Technik nie gezögert, Schwarz als Farbe zu betrachten und z. B. von verschiedener Tiefe des Schwarz zu sprechen [Ostwald (1), S. 29, 55; Ostwald (2), S. 50].

2. Ordnung und Normung der Farben.

Daß eine die gesamte Farbenwelt umfassende Ordnung der Farben erst in jüngster Zeit erfolgreich sein konnte, liegt zum Teil daran, daß eine Reihe von Farben (z. B. viele grüne und blaue) erst in jüngster Zeit durch die rapide Entwicklung der Teerfarbstoffindustrie der Allgemeinheit zugänglich wurde, und zum Teil daran, daß viele Versuche, die Farben zu ordnen, sich im rein physikalischen Gebiet bewegten. Trotz der im Mittelalter hochentwickelten Malerei kam aus den Kreisen der Künstler und Kunsthandwerker kein Versuch, sie zu ordnen. Der Physiker Newton (1643 bis 1727) fand als erster die Zusammenhänge zwischen Schwingungszahl (Wellenlänge) und Empfindung. Er ordnete die Farben seines Spektrums unter Hinzufügung der im Spektrum nicht enthaltenen Farben Purpur und Violett zu dem bekannten Farbenkreis. Später haben sich dann Th. Mayer (1745), J. H. Lambert (1772), Ph. O. Runge (1809), M. E. Chevreul (1861), J. W. Goethe (1810), A. Schopenhauer, H. v. Helmholtz (1856), J. Maxwell, E. Hering mit den Farben eingehend beschäftigt.

Wenn auch von Maxwell ausgeführte Messungen schon dazu geführt hatten, Farben zahlenmäßig auszudrücken und weitere Messungen auf dieser Basis zeitigten, so konnten doch Maß und Zahl nicht dazu benützt werden, eine gesetzmäßige Ordnung der Farben aufzustellen. Insbesondere lassen alle älteren Farbenlehren eine Mischlehre, die dem praktischen Färber seine Arbeit erleichtern könnte, vermissen. Auch in den Schulen wurde das Gebiet der Farben kümmerlich behandelt, weil sich die sog. klassische Farbenlehre als unlehrbar erwiesen hat. Durch Messung an den Farben, die wir in Wirklichkeit erleben, beginnt Wilhelm Ostwald die quantitative Farbenlehre. Die Messung wird benützt, um Farbnormen aufzustellen, und weiterhin wird dem Färber in der Lehre vom Farbenhalb eine Mischlehre in die Hand gegeben, mit der er praktisch wirklich arbeiten kann. Im folgenden soll versucht werden, die Ostwaldsche Farbenlehre in ihren für die technische Färberei wichtigen Grundzügen zu entwickeln.

Einteilung der Farben. Die Farben unserer Umwelt werden eingeteilt in zwei große Gruppen. Die einfachere ist die in sich geschlossene Gruppe der unbunten Farben. Alle übrigen Farben bilden die größere und mannigfaltigere Gruppe der bunten Farben. Als unbunt bezeichnen wir alle Farben, die nur Weiß und Schwarz enthalten und die man deswegen auch „neutral" (grau) nennt. Die bunten Farben zeigen neben Weiß und Schwarz als wesentlichen Bestandteil noch einen Farbton, z. B. Rot, Gelb, Grün usw.

1. Die unbunten Farben.

Die unbunten Farben bilden eine zwischen Weiß und Schwarz stetig verlaufende Reihe von grauen Farben. Die Stetigkeit ergibt unendlich viele graue Farben. Als Weiß, das den Rückwurfswert 1 (100) (siehe S. 118) hat, dient eine hinreichend dicke Schicht von reinem Bariumsulfat. Schwarz wird mit Hilfe des Kirchhoffschen Dunkelkastens dargestellt. (Ein innen geschwärzter, allseitig verschlossener Kasten mit einem Loch in einer Seite überzeugt leicht, daß alles, was wir Schwarz nennen, noch nicht den Rückwurfswert 0 hat, wenn man ein gewöhnliches Schwarz mit der Farbe vergleicht, die das Loch des Dunkelkastens uns bietet. Dem Idealschwarz am nächsten kommt schwarzer Seidensamt.) Die Reihe der unbunten Farben ist einfaltig, d. h. es ist nur eine Möglichkeit vorhanden, die unbunten Farben zu verändern; diese besteht in der Änderung des Weißgehalts. Jedes Grau ist gekennzeichnet durch seinen Weißgehalt und hat in der stetigen Graureihe einen bestimmten Platz, der durch seinen auf Weiß bezogenen Rückwurfswert festgelegt ist. Alle gegen das Schwarz hin liegenden Grau sind dunkler, alle gegen das Weiß hin liegenden heller. Es sei hier schon erwähnt, daß man durch Verdünnen eines schwarzen Farbstoffs nicht die oben erwähnten neutralen Grau erhält, weil alle schwarzen Farbstoffe irgendein Gebiet des Spektrums beim Verdünnen bevorzugt durchlassen (siehe S. 151).

Die Normung der unbunten Farben hat Ostwald so durchgeführt, daß er aus der stetigen, unendlich viele Grau enthaltenden Reihe eine Anzahl gefühlsmäßig gleich abständiger Stufen auswählte. Für die Gleichabständigkeit der Stufen war das Weber-Fechnersche Gesetz und für deren Zahl die Schwelle maßgebend. Zum Weber-Fechnerschen Gesetz war auf S. 124 erläutert worden, daß man die Größe des Reizes in einem bestimmten Verhältnis ändern muß, wenn man Empfindungen hervorrufen will, die zueinander wie die Zahlen einer arithmetischen Reihe stehen; man muß daher die Reizgröße, in einer Graureihe also den Weißgehalt, in geometrischer Reihe ändern. Wie verschieden eine arithmetische Reihe grauer Farben von einer geometrischen auf unser Auge wirkt, ist aus Tafel XVI ersichtlich. Die rechte Seite zeigt 10 graue Farben, deren Weißgehalte (Reizwerte) eine arithmetische Reihe bilden; jede Stufe ist also von der nächsten durch einen zahlenmäßig gleichen Betrag unterschieden. Setzt man den Reizwert von Weiß gleich 100, so kommen den Stufen die Reizwerte 90—80—70 usw. zu. Es fällt auf, daß in der Nähe des Weiß das Grau sich von Stufe zu Stufe wenig, in der Nähe des Schwarz aber sehr stark ändert. Bei der linken Seite ist das Weber-Fechnersche Gesetz berücksichtigt. Der Reiz wurde in der Nähe des Weiß stark geändert, in der Nähe des Schwarz aber nur um kleine Beträge. Jede Stufe steht zu der nächsten in einem gleichen Verhältnis; so ist z. B. der Weißwert jeder gegen das Schwarz hin folgenden grauen Farbe rund $^3/_4$ des Weißwertes der vorhergehenden. Im Anschluß an das bekannte Zehnerprinzip ist die einfachste geometrische Reihe 100—10—1—0,1—0,01 usw. mit dem Faktor $^1/_{10}$. Diese Reihe ergäbe zu wenige Farben, da ein Grau mit 1% Weiß technisch schon gar nicht mehr herstellbar ist. Ostwald schob daher zwischen die Stufen 100 und 10 und zwischen 10 und 1 noch je 10 Zwischenstufen ein, die er erhielt durch Aufsuchen der Logarithmen der Zahlen 90, 80, 70 usw. Die auf diese Weise erhaltenen Zahlen sind:

100	79	63	50	40	32	25	20	16	12,6
10	7,9	6,5	5,0	4,0	3,2	2,5	2,0	1,6	1,26

Die Reihe läßt sich nach abwärts unbegrenzt fortsetzen, ohne daß man den Wert 0 erreicht. Man erhält dann immer wieder die gleichen Zahlen, nur jedesmal im Wert ein Zehntel der vorhergehenden Reihe. Durch diese Reihe werden insofern auch die praktischen Verhältnisse wiedergegeben, als es ein Schwarz mit dem Rückwurfswert 0 nicht gibt.

Die angegebenen Zahlen teilen die Reihe der unbunten Farben in Punkte von empfindungsgemäß gleichem Abstand. Die Abschnitte zwischen diesen

Punkten enthalten aus der stetigen Reihe noch eine Anzahl von grauen Farben, die für unser Auge nur schwer unterscheidbar sind. Zur Normung aber sind einheitliche Farben nötig. Man denkt sich daher innerhalb eines solchen Abschnittes alle Grau gemischt. Der Weißwert des Mischgraus ist dann gleich dem Mittel aus je zwei der obigen Zahlen. Folgende Zahlen entsprechen der so erhaltenen Reihe grauer Farben:

89	71	56	45	36	28	22	18	14	11
a	b	c	d	e	f	g	h	i	k

8,9	7,1	5,6	4,5	3,6	2,8	2,2	1,8	1,4	1,1
l	m	n	o	p	q	r	s	t	u

0,89	0,71	0,56	0,45	0,36
v	w	x	y	z

Da dies für den allgemeinen Gebrauch noch zu viele Stufen sind, wurde jede zweite Farbe (b, d, f usw.) ausgelassen. So erhält man die verkürzte praktische Grauleiter, die Tafel XVII zeigt:

89	56	36	22	14
a	c	e	g	i

8,9	5,6	3,6	2,2	1,4
l	n	p	r	t

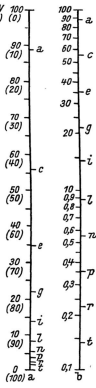

Abb. 40.
[Nach Wi. Ostwald (2), S. 66.]

Der Einfachheit wegen sind diese durch Zahlen genau festgelegten Farben durch Buchstaben bezeichnet worden. Jeder Buchstabe gibt den das Grau kennzeichnenden Weißwert an. Der Schwarzwert wird ebenfalls durch den Buchstaben bezeichnet; er ist die Ergänzung des Weißwertes zu 100. Die Gleichung für die unbunten Farben lautet $W + S = 1$. Das Ergebnis einer Graumessung wird meist in Prozenten des auffallenden Lichts ausgedrückt; die Gleichung geht dann über in $W + S = 100$. Das Grau c hat z. B. einen Weißwert von 56; der Schwarzwert ergibt sich zu: $S = 100 - 56 = 44$.

Die praktische Graureihe ist bei t abgebrochen, weil es kaum schwarze Flächen gibt, die weniger als 1,4% Weiß enthalten.

Bildliche Darstellung. Werden die den einzelnen Graustufen zukommenden Weißwerte in einen Maßstab eingetragen, so kommt wohl die geometrische Teilung, nicht aber die gefühlsmäßige Gleichabständigkeit in der Zeichnung zum Ausdruck; die Punkte a, c, e, g usw. erhalten ungleiche Abstände. In der Nähe des Weiß liegen die Punkte weit auseinander, während sie sich gegen das Schwarz hin stark zusammendrängen (Abb. 40 a). Um den gefühlsmäßig gleich abständigen Farben auch graphisch gleiche Abstände zu geben, werden die Werte in einen logarithmisch aufgeteilten Maßstab eingetragen. Abb. 40 b zeigt links eine solche Teilung, wie sie auf den Rechenschiebern zu finden ist, rechts sind die Weißwerte der Graunormen aufgetragen. Nach unten können beliebig viele Grau angereiht werden. Das Ende der Reihe ist abhängig vom jeweiligen Stande der Technik.

2. Die bunten Farben.

Unter den bunten Farben werden alle Farben zusammengefaßt, die nicht grau sind. Sie haben gegenüber den unbunten noch einen weiteren Bestandteil,

der die Erscheinung des Bunt hervorruft — es ist der Farbton. Die Gruppe der
bunten Farben ist nach Ostwald dreifaltig, d. h. eine Buntfarbe kann sich nach
drei Richtungen ändern:

1. Im Farbton (ein Rot kann gelber oder blauer werden);
2. im Weißgehalt (ein Rot wird blasser);
3. im Schwarzgehalt (ein Rot wird dunkler).

Um auch den Buntfarben eine feste Ordnung zu geben, wurden zuerst die
Farbtöne geordnet und genormt, dann die von den einzelnen Farbtönen sich
ableitenden Buntfarben.

Die Vollfarben. Ostwald ordnete zunächst diejenigen Farben, welche die
Eigenschaft des Farbtons in vollkommenster Weise zum Ausdruck bringen,
also keine erkennbare Beimischung enthalten. Diese Farben nannte er Vollfarben. Sie sind ebenso Idealfälle wie Weiß und Schwarz. Die Reihe der Farbtöne
ist wie die Reihe der unbunten Farben stetig; sie unterscheidet sich aber von
dieser dadurch, daß sie nicht zwei wohldefinierte Endpunkte (Weiß—Schwarz)
hat, sondern in sich zurückläuft. Newton hat die Farbtöne zuerst in einem Kreis
geordnet, und der Name Farbenkreis ist Allgemeingut. Die vor Ostwald aufgestellten Farbkreise waren dem Gefühl nach geteilt und halten in mehrfacher
Beziehung einer wissenschaftlichen Kritik nicht stand. Die erste geometrische
Forderung für einen Farbkreis, daß sich Gegenfarben auf den Enden eines Durchmessers befinden müssen, ist bei keinem älteren Farbtonkreis erfüllt. Auch der
psychologischen Forderung nach gleichabständigen Stufen im Farbtonkreis ist
in den älteren Farbkreisen nicht Genüge getan.

Die Zahl der unterscheidbaren Farbtöne beträgt etwa 400. Für den Abstand
der einzelnen Stufen kommt das Weber-Fechnersche Gesetz nicht in Betracht,
da es sich bei diesem um die Abänderung eines qualitativ gleichen Reizes handelt,
während der Reiz (die Lichtwellen) bei den Farbtönen qualitativ verschieden ist.
Aus der erwähnten Zahl von Farbtönen, die nahe an der Schwelle liegen, wurde
auf Grund langwieriger Messungen eine für die Praxis genügende Anzahl von
Farbtönen ausgewählt. Das Prinzip der inneren Symmetrie gilt für die Mischung
von Farben, z. B. optisch gleiche Mengen Gelb und Rot gemischt geben ein Orange,
welches im Farbkreis in der Mitte zwischen den beiden Ausgangsfarben eingeordnet
wird. Als besonders auffallend in der Reihe der Vollfarben ordnete Ostwald die
vier Urfarben als Gegenfarbenpaare an (Tafel XVII).

Gelb 1 . . . . Ublau   13 (Ultramarinblau)
Rot 7 . . . . Seegrün 19

Zwischen diesen den Kreis in vier Quadranten teilenden Urfarben sind vier
Zwischenfarben gut erkennbar, die mit den ersteren die acht Hauptfarben
ergeben:

zwischen Gelb und Rot . . . . . Kreß = Orange 4 (nach der Kapuzinerkresse
                                 [Tropaeolum majus] benannt)
zwischen Rot und Blau . . . . . Veil = Violett 10 (nach dem Veilchen)
zwischen Ublau und Seegrün . . . Eisblau 16 (dicke Schichten von Eis, Gletscher-
                                 spalten)
zwischen Seegrün und Gelb . . . Laubgrün 22.

Jede der acht Hauptfarben ist mit drei Stufen vertreten, die man als erstes,
zweites, drittes Gelb, Rot usw. bezeichnet. Diese Teilung ergibt 24 gleichabständige
Farbtöne, die von Gelb als der hellsten Farbe beginnend im Kreis geordnet und
mit Zahlen versehen sind (Tafel XVII).

	erstes	zweites	drittes
Gelb	1	2	3
Kreß = Orange.	4	5	6
Rot.	7	8	9
Veil = Violett	10	11	12
Ublau (Ultramarinblau) .	13	14	15
Eisblau	16	17	18
Seegrün	19	20	21
Laubgrün	22	23	24

Diese 24 in Tafel XVII ersichtlichen Farbtonnormen erfüllen nach Ostwald vollkommen die Ansprüche der Kunst und Technik, für weitere Ansprüche und für die messende Kennzeichnung sind noch 24 Zwischenfarben eingeschaltet. Man gelangt dann zu einem 48teiligen Kreis; aus dem durch Einschalten von fünf Zwischenfarben zwischen je zwei Farbtöne 240 Farbtöne entstehen, die eine einwandfreie Bezeichnung jedes Farbtons gestatten. Der 24teilige Farbtonkreis enthält 12 Gegenfarbenpaare, die sich je auf einem Kreisdurchmesser gegenüberliegen. Diese Farben sind zugleich auch die unähnlichsten und in physikalischer Hinsicht dadurch ausgezeichnet, daß sie in optischer Mischung eine unbunte Farbe ergeben. Die Gegenfarbenpaare sind:

Gelb	1	2	3	. . . .	Ublau	13	14	15
Orange = Kreß	4	5	6	. . . .	Eisblau	16	17	18
Rot	7	8	9	. . . .	Seegrün	19	20	21
Violett = Veil	10	11	12	. . . .	Laubgrün	22	23	24

Um auch in späteren Zeiten die Reproduzierbarkeit der Farbtonnormen zu sichern, hat Ostwald für jeden Farbton des Normkreises die entsprechende Wellenlänge im Spektrum festgestellt. Der mit älteren Forschungen in guter Übereinstimmung stehende Zusammenhang des Farbtonkreises mit dem Spektrum ist aus der inneren Kreisteilung der Tafel XVII zu ersehen. Für die violetten Farbtöne zwischen Rot und Blau konnten die Wellenlängen nicht festgestellt werden, da es homogene Lichter dieser Farbtöne nicht gibt. Durch die im folgenden Abschnitt besprochene Lehre vom Farbenhalb ist jedoch auch diese Lücke ausgeglichen.

Die Lehre vom Farbenhalb. Daß die durch ungleichmäßige Absorption entstehenden Farben aus mehreren Wellenlängen zusammengesetzt sind und doch vom Auge einheitlich wahrgenommen werden, wurde S. 121 erwähnt. Ostwald hat als erster untersucht, welche Wellenlängen in dem Licht der reinsten Farben (Vollfarben) vereinigt sind und kam zu dem überraschenden Ergebnis, daß die reinsten Farben von Lichtern gebildet werden, deren Wellenlängen um je einen Viertelkreis nach beiden Seiten von der Wellenlänge abliegen, die den Farbton bezeichnet. So wird z. B. das reinste Gelb 1 von Lichtern gebildet, die von der Wellenlänge 572,1 bis 487 sich nach links erstrecken und rechts in das Ultrarot hineinreichen. Die Grenzen dieses Lichtergemisches sind Gegenfarben. Den Halbkreis, den die Summe der durchgelassenen Wellenlängen auf dem Farbtonkreis bildet, nennt Ostwald das Farbenhalb. Durch Mischen von Spektralfarben in einem Farberzeuger ließen sich die genauen Grenzen der Farbenhalbe der Vollfarben feststellen [Ostwald (1), S. 140, 141].

Anschaulich werden die Farbenhalbe, wenn man in Tafel XVII die Hälfte des Farbkreises mit einem Halbkreis aus durchsichtigem Papier so abdeckt, daß der Durchmesser des Papiers durch den Kreismittelpunkt geht. Senkrecht auf dem Halbkreisdurchmesser ist ein Zeiger angebracht, der die durch die nicht abgedeckten Lichter gebildete Vollfarbe bezeichnet.

Eine schematische Übersicht der Farbenhalbe der acht Hauptfarben zeigt Abb. 41. Die hell gelassenen Teile stellen das Farbenhalb dar, die dunklen das absorbierte (verschluckte) Licht. Das Absorptions- (Schluck-) Halb vernichtet die

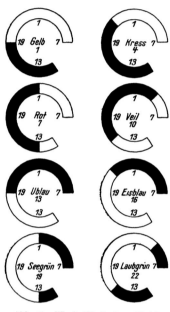

Lichter der Gegenfarbe (siehe Farbenhalb Rot 7 und Seegrün 19) und heißt daher auch Gegenfarbenhalb. Die Purpurfarben, die durch Bestimmung der Wellenlänge nicht direkt zum Spektrum in Beziehung gesetzt werden konnten, sind durch das Farbenhalb jetzt eindeutig bestimmt, weil sie in gleicher Weise wie die anderen Farben von einem Farbenhalb gebildet werden und so keine Sonderstellung mehr einnehmen. Die Lehre vom Farbenhalb hat den verschiedensten Nachprüfungen standgehalten [Ostwald (1), S. 127 bis 152] und hat es ermöglicht, das bisher sehr unübersichtliche Gebiet der Farbenmischung (siehe S. 141) dem Verständnis näherzubringen. Speziell dem praktischen Färber wird die Lehre vom Farbenhalb manches ungeklärte Problem lösen und ihm Fingerzeige geben, wie er seine Farbmischungen vorzunehmen hat.

Abb. 41. [Nach Wi. Ostwald (1), S. 251.]

Nur von den allerreinsten Körperfarben kommt Licht so gleichmäßig und vollständig, wie es der Begriff des Farbenhalbs fordert, und in den seltensten Fällen ist das Absorptionsgebiet scharf gegen das Farbenhalb abgegrenzt. Vielmehr gehen Absorptionsgebiet und Durchlaßgebiet allmählich ineinander über; außerdem finden sich nicht selten im Durchlaßgebiet mehr oder weniger ausgeprägte Absorptionsstreifen.

Die Abkömmlinge der Vollfarben. Von jeder Vollfarbe lassen sich durch Zumischung von Weiß und Schwarz unzählige Farben ableiten. Man erhält so zweifaltige Farbgruppen, d. h. Farben, die sich nach zwei Richtungen ändern

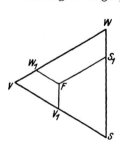

können: in ihrem Weiß- und in ihrem Schwarzgehalt. Eine Änderung des Farbtons tritt nicht ein. Die drei Bestandteile jeder Buntfarbe: 1. Vollfarbe, 2. Weiß, 3. Schwarz hat Ostwald in der Grundgleichung für die Buntfarben $V + W + S = 1$ (100) in gegenseitige Beziehung gesetzt. Von diesen drei Anteilen brauchen nur zwei ihrem Werte nach bekannt zu sein, denn wenn von drei Größen einer Gleichung zwei bekannt sind, ist auch die dritte bestimmt. Alle durch Mischung der drei Bestandteile entstehenden Farben können durch Punkte in einem gleichseitigen Dreieck mit der Seite 1 dargestellt werden. In den Ecken eines

Abb. 42. [Nach Wi. Ostwald (1) S. 218.]

solchen Dreiecks liegen die drei Bestandteile V, W und S. Jeder Punkt im Innern ist bestimmt durch drei Geraden, die man von ihm aus parallel zu den Dreieckseiten bis zum Schnittpunkt mit einer anderen Seite ziehen kann (Abb. 42). Die Summe der Strecken FW_1, FV_1, FS_1 ergibt die Seite 1. Nimmt man die drei Strecken als Maß für die drei Bestandteile einer Buntfarbe, so ist jede mögliche Mischung einer bestimmten Vollfarbe mit Weiß und Schwarz durch einen Punkt des Dreiecks VWS graphisch darstellbar. Ein solches Dreieck heißt farbtongleiches Dreieck. Die farbtongleichen Dreiecke werden immer so gezeichnet bzw. aufgestellt, daß die Seite WS senkrecht mit Weiß nach oben steht.

Auf den Verbindungslinien der Bestandteile, den Dreieckseiten, liegen die Mischungen der Bestandteile. Die Seite WS zeigt die bereits bekannten unbunten Farben, auf der Seite VW liegen die durch Mischung von Weiß und Vollfarbe entstehenden sog. „hellklaren" Farben, während auf der Seite VS die durch Mischung mit Schwarz aus der Vollfarbe entstehenden „dunkelklaren" Farben untergebracht sind. Im Innern des Dreiecks liegen alle Farben, die neben der Vollfarbe noch Weiß und Schwarz, also Grau, enthalten; es sind die „trüben" Farben. In der Nähe der Weißecke befinden sich die weißreichen „helltrüben" Farben, in der Nähe der Schwarzecke die „dunkeltrüben". In der Mitte gegen die Grauseite WS sind die Farben am trübsten (schmutzigsten).

Ordnung innerhalb des farbtongleichen Dreiecks. Im farbtongleichen Dreieck ist als Seite WS die unbunte Reihe enthalten, welche bereits nach gefühlsmäßiger Gleichabständigkeit geordnet ist. Diese Ordnung wird in das farbtongleiche Dreieck übernommen, da die Normung dieser Reihe erhalten bleiben muß. Die Gesetze dieser Ordnung werden auch auf die Seiten VW und VS übertragen. Es hat sich gezeigt, daß das Weber-Fechnersche Gesetz auch hier zutrifft, daß also alle bei der unbunten Reihe angestellten Betrachtungen hierher zu übertragen sind. Die Rolle des Schwarz vertritt in der Seite VW die Vollfarbe als der gegen Weiß kleinere Reiz; die Rolle des Weiß in der Seite VS übernimmt ebenfalls die Vollfarbe als der gegen Schwarz größere Reiz.

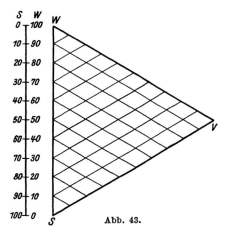

Abb. 43.

Durch einige im Innern des Dreiecks verlaufende Linienscharen wird die Übersicht sehr erleichtert. Jede Linie (siehe Abb. 43), die parallel der Seite VS verläuft, ist der „geometrische Ort" für Farben gleichen Weißgehaltes, da alle Farben der Seite VS durch gleichen Weißgehalt (0) ausgezeichnet sind. Diese Linien sind die Weißgleichen; sie gehen von der unbunten Seite nach aufwärts. Die Parallelen zu der Seite WV enthalten Farben gleichen Schwarzgehaltes; es sind die von der Grauseite nach abwärts gehenden Schwarzgleichen.

Auf den Linien parallel der Seite WS würden Farben gleichen Gehaltes an Vollfarbe unterzubringen sein (Reingleichen). Ein analytisches farbtongleiches Dreieck mit den Weiß- und Schwarzgleichen in arithmetischen Abständen zeigt Abb. 43. Die Zahlenwerte für die Gehalte an Weiß und Schwarz sind aus der neben dem Dreieck ersichtlichen Wiedergabe der Graureihe abzulesen. Diese Reihe entspricht der in Tafel XVI rechts wiedergegebenen. Das Dreieck in Farben ausgeführt, würde gegen die Weißecke ganz geringe Abstufungen zeigen, während sich gegen die Vollfarbe und das Schwarz große Sprünge befänden. Da auch im farbtongleichen Dreieck die Normfarben wie bei der unbunten Reihe gleichabständig ausgewählt werden müssen, muß auch hier das Weber-Fechnersche Gesetz angewendet werden.

Mit Hilfe der Weiß- und Schwarzgleichen läßt sich nun die Ordnung der unbunten Farben auf alle Farben im farbtongleichen Dreieck übertragen. Die Grauseite bildet also den Fixpunkt für die Ordnung im farbtongleichen Dreieck. Abb. 44 zeigt links ein in geometrischer Teilung von der Grauseite aus erhaltenes farbtongleiches Dreieck in „analytischer" Darstellung. Die von der Grauseite

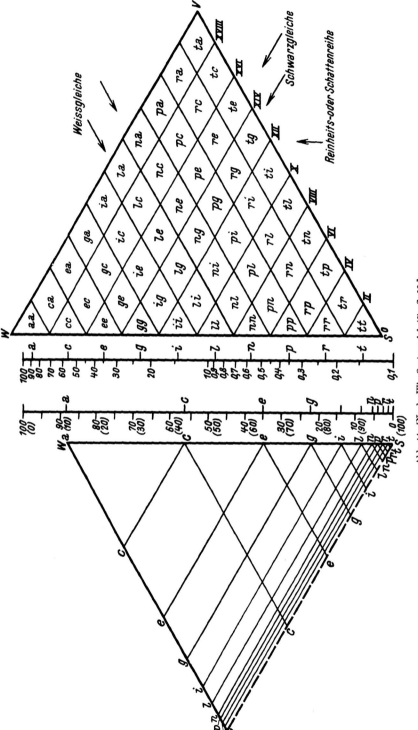

Abb. 44. [Nach Wl. Ostwald (2), S. 98.]

nach aufwärts gehenden Weißgleichen tragen Farben desselben Weißgehaltes wie das Grau, von dem die Linie ausgeht. Auf der Weißgleichen von Grau g aus liegen alle Farben mit dem Weißgehalt 22.

Die Schwarzgleichen von der unbunten Reihe nach abwärts enthalten Farben gleichen Schwarzgehaltes; alle Farben auf der von e aus nach abwärts führenden Linie haben den Schwarzgehalt von 64.

An den Kreuzungspunkten der Weiß- und Schwarzgleichen liegen Farben, die durch ihren Gehalt an Weiß und Schwarz genau bestimmt sind. Wenn von drei Größen zwei bekannt sind, so ist auch durch die Grundgleichung die dritte bekannt und somit jede Farbe durch Angabe des Weiß- und Schwarzgehaltes im farbtongleichen Dreieck eindeutig bestimmt. Aus $V + W + S = 1$ (100) ergibt sich, wenn W und S bekannt sind, $V = 100 - (W + S)$. V ist der Gehalt an Vollfarbe oder die Reinheit. Die geometrische Teilung trägt auch hier der Wirklichkeit Rechnung, denn ebensowenig wie ideales Schwarz gibt es ideale Vollfarben und dunkelklare Farben mit dem Weißgehalt 0 (siehe S. 130). Die Seite VS rückt also in die Unendlichkeit hinaus. Um auch graphisch die Abstände der in gleichen Empfindungsstufen aufeinanderfolgenden Farben gleich zu machen, werden die Werte für Weiß und Schwarz in eine logarithmische Teilung eingetragen, so daß die an den Kreuzungspunkten der Weiß- und Schwarzgleichen liegenden genormten Farben gleich weit voneinander entfernt liegen, wie aus der rechten Seite der Abb. 44 zu ersehen ist. Die grauen Farben sind nur hier mit zwei gleichen Buchstaben bezeichnet, um anzudeuten, daß von jedem Grau eine Weiß- und eine Schwarzgleiche ausgeht.

Die zu der Grauseite parallel und untereinander liegenden Farben ergeben die psychologischen Reinheits- oder Schattenreihen. Diese Farben entstehen bei der Beschattung der entsprechenden hellklaren Farben. Die Reihen sind von der den unbunten Farben zukommenden Reinheit 0 (siehe S. 132) ausgehend mit römischen Zahlen unter Auslassung der Ungeraden bezeichnet, weil ja in der Graureihe auch die zweiten Buchstaben weggelassen wurden (siehe S. 127).

Bezeichnung der Farben. Zur Angabe des Weiß- und Schwarzgehaltes bei den bunten Farben dienen die von den Graunormen her bekannten Buchstaben a, c, e, g usw., die sowohl für Weiß wie für Schwarz Zahlenwerte vorstellen. Jede Farbe des farbtongleichen Dreiecks wird durch zwei Buchstaben bezeichnet, wobei zu beachten ist, daß der zuerst genannte für den Weißgehalt, der folgende für den Schwarzgehalt gilt. Das in Abb. 44 ersichtliche logarithmische oder psychologische Dreieck gibt die Farbzeichen der Normfarben wieder. Das Farbzeichen *le* z. B. bedeutet: Die Farbe enthält soviel Weiß wie das Grau $l = 8{,}9\%$, und soviel Schwarz wie das Grau $e = 64\%$. Zur vollständigen Bezeichnung einer Farbe tritt vor die beiden Buchstaben noch eine Zahl aus dem 24teiligen Farbtonkreis zur Bezeichnung der Buntfarbe (Vollfarbe), in deren farbtongleichem Dreieck die Farbe liegt. Die Farbzeichen für die Normfarben sind leicht zu merken nach Weiß- und Schwarzgleichen. In den Weißgleichen bleibt der Buchstabe für das Weiß gleich, z. B. *pa*, *pc*, *pe*, *pg*, *pi*, *pl*, *pn*, in den Schwarzgleichen der für das Schwarz. Für genauere Bezeichnung von Farben, die keine Normfarben sind, dienen die durch Messung (siehe S. 154) erhaltenen Werte, die in derselben Reihenfolge angeführt werden, z. B. 6; 20; 55. Die Farbzeichen lassen sich durch Einsetzen der entsprechenden Zahlenwerte ebenfalls in Kennzahlen umwandeln; die Kennzahl für die Farbe 6 *le* lautet 6; 8,9; 64.

Tafel XVIII zeigt ein bei p abgebrochenes farbtongleiches Dreieck des Farbtons 6, das mit Collodiumdeckfarben hergestellt ist. Die Farbnormen stellen genau wie den Graunormen Mittelwerte dar, die bei den unbunten Farben für ein Streckenstück, hier aber für ein Flächenstück gelten. Es ist jetzt die Möglichkeit gegeben, jede Farbe an eine Norm anzugleichen und dadurch eine bedeutende Vereinfachung auf dem Gebiete der Farben zu erreichen. Zur Übersicht seien die den Normbuchstaben entsprechenden Zahlenwerte mit den entsprechenden Grenzwerten für den Weiß- und Schwarzgehalt wiedergegeben.

Tabelle 6.

	Weiß		Schwarz	
	Zahlenwerte	Grenzwerte	Zahlenwerte	Grenzwerte
a	89	100—79	11	0—21
c	56	63—50	44	50—37
e	36	40—32	64	68—60
g	22	25—20	78	80—75
i	14	16—12,6	86	87,4—84
l	8,9	10—7,9	91,1	92,1—90
n	5,6	6,3—5,0	94,4	95—93,7
p	3,6	4,0—3,2	96,4	96,8—96
r	2,2	2,5—2,0	97,8	98—97,5
t	1,4	1,6—1,3	98,6	98,7—98,4

Warme und kalte Farben. Die eben mitgeteilten Werte sind nicht für alle Farben gültig. Schon seit langem unterscheidet man zwischen warmen und kalten Farben. Als warm empfinden wir die Farben vom Laubgrün 23 bis zum Rot 9; die kalten Farben sind die blauen und grünen zwischen 11 und 21. Die Ursache dieser Erscheinung fand Ostwald bei der Messung der Farben in dem bedeutend höheren Schwarzgehalt der kalten Farben gegenüber dem der warmen. Das reinste herstellbare Blau, etwa ein Ultramarinblau, finden wir trotz seines Schwarzgehaltes von mindestens 50% gleich rein mit einem allerreinsten Chromgelb, das einen Schwarzgehalt von höchstens 20% aufweist. Wodurch dieser Schwarzgehalt bedingt ist, ist noch nicht erforscht; jedenfalls ist er auf keine Weise aus den kalten Farben zu entfernen. Weil dieser abnorm hohe Gehalt an Schwarz bei der Farbempfindung nicht als Mangel an Reinheit in Erscheinung tritt, wurde das Farbzeichen für die kalten Farben gleich belassen. Man muß aber bedenken, daß die Buchstaben für das Schwarz andere Zahlenwerte bedeuten. In genügender Annäherung findet man die Werte für das Schwarz aus dem Farbzeichen, wenn man zu dem durch das Farbzeichen angegebenen Schwarzgehalt ein Drittel des Reinheitswertes (siehe S. 133) der warmen Farbe hinzufügt. Das Farbzeichen 16 pc ergibt einen Schwarzgehalt für die warmen Farben von 44. Die Reinheit der warmen Farbe ist $100 - (3,5 + 44) = 52,5$. Der Wert für das Schwarz der kalten Farbe 16 pc ergibt sich zu $44 + \dfrac{52,5}{3} = 61,5$ und die Kennzahl der kalten Farbe gleicher Reinheit mit dem Farbzeichen pc lautet 16; 3,5, 61,5. In ähnlicher Weise sind die Schwarzwerte auch abhängig vom Glanz, die genauen Verhältnisse sind jedoch noch nicht erforscht. Klughardt hat sich der Bearbeitung dieses Problems zugewendet und kommt zu dem Ergebnis, den Schwarzanteil als Bezugshelligkeit auszudrücken.

Der Farbkörper. Von jedem der im Farbtonkreis genormten Farbtöne kann nun ein farbtongleiches Dreieck hergestellt werden. Die 24 Dreiecke werden auf dreieckige Pappen aufgezeichnet und so aufgestellt, daß die allen gemeinsame Seite WS die Achse eines Doppelkegels bildet: Die Weißecke befindet sich oben, die Schwarzecke unten, und die Vollfarbecke zeigt von der Grauachse aus seitlich in den Raum hinaus. Der so entstehende Doppelkegel, der Ostwaldsche Farbkörper, enthält die Gesamtheit aller genormten Farben (Abb. 45). Auf dem oberen Kegelmantel finden wir die hellklaren, auf dem unteren die dunkelklaren Farben, der größte Umfang zeigt die Vollfarben. Das in Tafel XVIII ersichtliche farbtongleiche Dreieck enthält 28 bunte Farben; der aus den 24 Dreiecken sich ergebende Farbkörper enthält 672 bunte Farben, zu denen noch 8 unbunte kommen. Ein bei der Stufe *t* abgebrochener Farbkörper ergibt 1080 bunte und 10 unbunte Farben. Die Bedeutung der Normung und der Farbzeichen wird klar bei Betrachtung der Farben des farbtongleichen Dreiecks. Unsere Sprache reicht nicht im entferntesten aus, auch nur diese 28 bunten Farben eines Farbtons eindeutig zu bezeichnen. Jede der im Farbkörper genormten Farben ist durch das Farbzeichen vollkommen festgelegt. Der Farbkörper bietet die Möglichkeit, mit jeder Farbe eine räumliche Vorstellung zu verbinden.

Bestimmung des Farbzeichens einer Farbe. Der Farbkörper gestattet, zu jeder vorgelegten Farbe das Farbzeichen zu ermitteln und den Ort der Farbe festzulegen. In dem der Probe entspre-

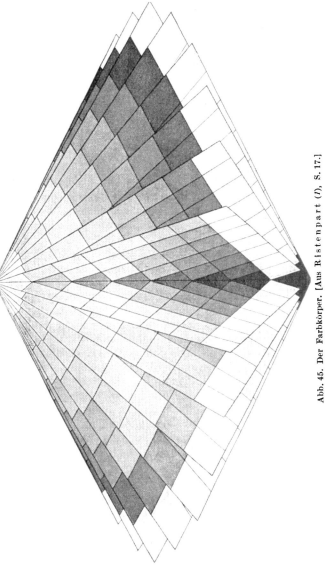

Abb. 45. Der Farbkörper. [Aus Ristenpart (*I*), S. 17.]

chenden farbtongleichen Dreieck sucht man die gleiche oder ziemlich nahekommende Farbe auf. Der Farbton ist durch die Nummer des Dreiecks gegeben; die Buchstaben für Weiß und Schwarz findet man, wenn man von dem der Probe entsprechenden Felde für Weiß in der Weißgleichen gegen die Grauseite nach abwärts, für Schwarz in der Schwarzgleichen nach aufwärts geht. In jedem Falle trifft man auf ein Grau, das denselben Gehalt an Weiß bzw. Schwarz hat wie die zu bestimmende Farbe. Zu beachten ist hierbei, daß der Buchstabe für das Weiß immer später im Alphabet kommt als der für Schwarz. Ein Farbzeichen *cl*

hätte keinen Sinn, denn es bliebe nach der Gleichung $V + W + S = 100$ kein
Anteil für die Vollfarbe; $c = 56 + l = 91,1$ Schwarz; $56 + 91,1 = 147$. Beim
Aufsuchen einer Normfarbe geht man den umgekehrten Weg.

Am einfachsten führt der praktische Färber die Feststellung des Farbzeichens
durch mit dem im Verlage Unesma Großbothen Sa. erscheinenden Farbnormen-
atlas von Wilhelm Ostwald. Er enthält neben einem Übersichtsplan die 672
bunten und 8 unbunten Farben des bei der Stufe p abgebrochenen Farbkörpers
in losen Blättchen, die in wertgleichen Kreisen geordnet sind. Allerdings handelt
es sich hier um matte Farben. Für den gewöhnlichen Gebrauch sind die von dem
Leiter der Deutschen Werkstelle für Farbkunde F. A. O. Krüger herausgegebenen farbtongleichen Meßdreiecke mit je 10 Farben genügend. Viel weiter-
gehend und bei den sehr weißarmen Farben auf Leder besser anwendbar ist der
im Erscheinen begriffene Farbenatlas von F. A. O. Krüger; er enthält auch
neben Mattfarben Glanzfarben.

Übersicht im Farbkörper. Die Zerlegung des Farbkörpers nach verschiedenen Richtungen erleichtert die Übersicht über die Farbenwelt außerordentlich. Wird ein Schnitt, in dessen Ebene die Grauachse liegt, durch den
Farbkörper geführt, so liegen in der Schnittebene zwei gegenfarbige Dreiecke,
die mit der unbunten Seite aneinanderstoßen. Werden von jedem Dreieck des
Farbkörpers die Farben gleichen Farbzeichens herausgenommen, z. B. die auf
dem Kegelumfang angeordneten Farben pa, und im Kreis aneinandergereiht, so
ergibt sich ein Farbkreis, dessen Farben gleichwertig empfunden werden; es
können so 28 wertgleiche Kreise entstehen, die mit Abnahme der Reinheit immer
kleiner werden. Die in der Spitze liegenden Vollfarben ergeben den größten, die
Farben der Reinheit II den kleinsten Kreis, was mit der Tatsache übereinstimmt,
daß mit zunehmender Unreinheit die Farben immer schwerer zu unterscheiden
sind. Die Farben der wertgleichen Kreise können wie die Sprossen einer Leiter
angeordnet werden und man erhält die sog. Farbleitern (zu beziehen von Unesma),
die für jeden, der mit Farben umzugehen hat, ein wichtiges Rüstzeug sind neben
der Grauleiter. Werden in den Farbdreiecken in Richtung entsprechender Reinheitsreihen Schnitte vorgenommen, so entstehen aus dem Farbkörper Zylinder,
die auf ihrer Mantelfläche die wertgleichen Kreise untereinander enthalten
(Reinheitszylinder).

Da im Farbkörper die Farben in gleichmäßigen Abstufungen angeordnet sind,
ist die Möglichkeit gegeben, Farbharmonien gesetzmäßig zusammenzustellen
nach dem Grundsatz: Gesetzlichkeit ist Harmonie [Ostwald (2), S. 271].

3. Die Mischung der Farben.

a) Die Metamerie der Farben.

Dem praktischen Färber nach „alter Schule", speziell dem, der mit den drei
Farben Rot, Gelb und Blau färbt, ist seit langem bekannt, daß er besonders bei
grauen oder helltrüben Farben nur mit Schwierigkeiten ein Muster nachfärben
konnte, weil eine etwa am Abend genau mit dem Muster übereinstimmende Probe
am Tage wieder deutliche Verschiedenheit zeigte. Ein Grund für das verschiedene
Aussehen der Farben unter verschiedenen Umständen konnte bis vor kurzem
nicht gefunden werden. Ostwald hat als erster diese Verhältnisse untersucht
und zur Erklärung dieses Verhaltens mancher Farben die Lehre vom Farbenhalb
mit Erfolg herangezogen. Farben, die unter bestimmten Umständen gleich aussehen, aber aus verschiedenen Lichtern zusammengesetzt sind, nennt Ostwald
metamer. Und zwar sollen metamere Farben nicht nur im Farbton, sondern auch
im Weiß- und Schwarzgehalt gleich sein.

Die Erscheinung der Metamerie der Farben ist bedingt durch das in den
Farben enthaltene Grau. Wie bereits auf S. 132 erwähnt, kann Grau entstehen,
wenn von jeder Lichtart des weißen Lichts gleiche Mengen absorbiert werden.
Man kann dies bildlich darstellen, wenn man sich das Farbenkreisspektrum beim
Gelb 0 aufgeschnitten und zu einem Band auseinandergelegt denkt (Abb. 46 a).

In horizontaler Richtung
werden die Nummern des
Farbtonkreises aufgetragen.
die Senkrechten bedeuten
die Farbstärken. Weiß wird
durch die Abb. 46 a wiedergegeben. Der eben erwähnte
Fall der Entstehung von

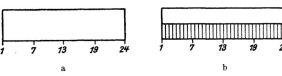

Abb. 46. [Nach Wi. O s t w a l d (1), S. 218, 219.]

Grau wird durch Abb. 46 b schematisch dargestellt, wo der schraffierte Teil
das durchgelassene bzw. das reflektierte Licht (siehe S. 122) darstellen soll.
Der dem vollen Lichtdurchlaß des Weiß parallele Absorptionszug zeigt, daß
alle Lichtarten des Spektrums gleichmäßig geschwächt durchgelassen werden.
Ein durch solche Art der Absorption entstandenes Grau nennt Ostwald ein
einfaches oder vollkom-
menes Grau.

Wie S. 129 gezeigt, er-
gänzen Gegenfarben ein-
ander zu Weiß. Wenn nun
zwei Gegenfarben den Weißanteil in einem Grau lie-

Abb. 47. [Nach Wi. O s t w a l d
(1), S. 221.]

Abb. 48. [Nach Wi. O s t w a l d
(1), S. 219.]

fern, so müssen die beiden anderen Gegenfarben ebenfalls in dem Verhältnis vorhanden sein, daß sie sich zu Unbunt ergänzen; diese Farben ergeben dann in
Mischung den Schwarzanteil des Grau. Dies ergibt die Entstehung eines zweifachen Grau (Abb. 47). Das zweifache Grau kann ebenfalls neutral sein und mit
einem vollkommenen gleiche Helligkeit zeigen und ist dann diesem metamer. Alle
Gegenfarben können an der Entstehung eines zweifachen Grau beteiligt sein, nur

die mittleren laubgrünen
Lichter nicht, denn ihnen
fehlen die gegenfarbigen
Lichter im Spektrum. Ab-
arten des zweifachen Grau
entstehen, wenn eine der
beiden Gegenfarben weni-

Abb. 49. [Nach Wi. O s t w a l d
(1), S. 219.]

Abb. 50. [Nach Wi. O s t w a l d
(1), S. 219.]

ger stark absorbiert wird als die andere. Das Absorptionsgebiet der ersten Farbe
muß sich dann auf breitere Gebiete erstrecken, damit Neutralisation der zweiten
Farbe zu Unbunt eintritt (Abb. 48). Die gleiche Überlegung gilt für den Fall, daß
die eine der Gegenfarben weniger vollständig durchgelassen wird als die andere.
Endlich kann die eine der den Weißanteil stellenden Gegenfarben durch Lichtarten
gebildet werden, die durch einen Absorptionsstreifen getrennt sind. Es liegt dann
ein dreifaches Grau vor (Abb. 49). Je mehr Farben an der Entstehung eines Grau
beteiligt sind. desto mehr erstreckt sich die Absorption auf alle Lichtarten des
weißen Lichts gleichmäßig, d. h. desto mehr wird das Grau zu einem vollkommenen. In Wirklichkeit sind die Durchlaßgebiete, wie schon bei den Vollfarben S. 130 gezeigt, nicht so scharf wie bei den schematischen Darstellungen
gegen die Absorptionsgebiete abgegrenzt, sondern an den Grenzen bestehen allmähliche Übergänge. Ein wirkliches zweifaches Grau wäre etwa durch Abb. 50
wiedergegeben. Außer den oben erwähnten Fällen gibt es natürlich unzählige

Möglichkeiten für die Entstehung von Grau. Dem vollkommenen Grau sind die auf die verschiedenen Arten entstandenen Grau metamer, wenn sie gleich mit ihm aussehen. Diese Gleichheit besteht jedoch nur bei den Beleuchtungsverhältnissen, unter denen die metameren Grau gleich gemacht worden sind.

Der Einfluß der Beleuchtung. Betrachtungen an metameren zweifachen Grau, die in subtraktiver Mischung (siehe S. 140) aus Gelb und Ublau erhalten sind, machen klar, welche Rolle die Beleuchtung spielt. Das vollkommene Grau 2 der Abb. 51 ist hergestellt aus Säurealizaringrau G, dessen bei der Verdünnung hervortretendes Blau durch Zusatz von Azosäurebraun neutralisiert wurde. Das Spektrum dieses Grau ist in Abb. 46 b schematisch dargestellt. Das unvollkommene Grau 1 ist bei guter Beleuchtung am Tage ermischt aus Chinolingelb und Guineaviolett, welches in der Verdünnung Ublau ergibt. Das unvollkommene Grau 3 ist bei künstlicher nicht korrigierter Beleuchtung (elektrische Metallfadenlampe)

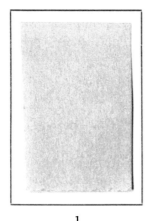

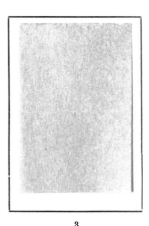

1	2	3
Unvollkommen.	Vollkommen	Unvollkommen.
Grau bei Tageslicht.		Grün bei Tageslicht.
Rot bei Lampenlicht.		Grau bei Lampenlicht.

Abb. 51.

neutral eingestellt. Grau 1 und 3 haben Absorptionsgebiete im Gelb und Blau und ergeben schematisch das Spektrum der Abb. 47. „Weißes" künstliches Licht unterscheidet sich vom weißen Tageslicht mittlerer Zusammensetzung durch einen wesentlich höheren Gehalt an langwelligen roten und orangen Strahlen und einen Mangel an blauen und violetten Lichtstrahlen und würde etwa das in Abb. 52 ersichtliche Spektrum $r\,v$ zeigen (siehe S. 121) [Ostwald (3)].

Trifft nun solches Licht auf das vollkommene Grau 2, so werden alle Lichtarten gleichmäßig geschwächt, und das Spektrum des zurückgeworfenen Lichts wäre durch den Absorptionszug $r'\,v'$ (Abb. 52) wiedergegeben. Wir nehmen also verdunkeltes Weiß, d. i. Grau, wahr. Das am Tage mit dem einfachen Grau gleich gemachte zweifache unvollkommene Grau 1 ist so abgestimmt, daß die nicht absorbierten Spektralgebiete im Rot und Grün sich zu Weiß ergänzen;

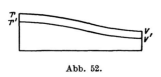

Abb. 52.

dann ergänzen sich auch die Absorptionsgebiete im Blau und Gelb zu Unbunt (Schwarz). Wenn nun künstliches Licht auf ein derartiges Grau trifft, so wird der gegenüber dem Tageslicht erhöhte (siehe S. 123) Betrag an Rot und Orange durchgelassen ebenso wie das Grün. Da aber der Anteil des Grün nicht in demselben

Maße zugenommen hat, sondern gegenüber dem Tageslicht annähernd gleich geblieben ist, so tritt das Rot hervor und wir sehen das Grau nun Rot.

Bei der Einstellung des zweifachen Graus 3 auf Gleichheit mit dem vollkommenen Grau 2 im künstlichen Licht mußte der Anteil des Grün im reflektierten Licht so weit erhöht werden, daß mit dem hohen Betrag des Rot Ergänzung zu Weiß eintrat. Im Tageslicht, dessen Rotgehalt geringer ist, tritt dann das Zuviel an Grün hervor, so daß das unvollkommene Grau in Grün umschlägt.

In den beiden gezeigten unvollkommenen Grau hat das Gegenfarbenpaar Rot—Grün den Weißanteil des Grau geliefert. Mit denselben Farben kann man auch den Schwarzgehalt eines Grau erzeugen, indem man rote und grüne Farbstofflösungen mischt. Das Ergebnis ist ein zweifaches Grau, welches das Gegenfarbenpaar Gelb—Blau als Weißkomponente hat. Man hat ein typisches Abendgrau vor sich. Auch dieses Grau kann der Beleuchtung nicht folgen, weil es seine Farbe objektiv nicht ändert. Auch hier wird man eine Farbabweichung gegenüber dem vollkommenen Grau feststellen können, weil dieses in demselben Verhältnis wie die Beleuchtung gelber wird, ohne daß dies besonders in Erscheinung tritt.

In ähnlicher Weise treten Farbverschiebungen auf bei den unvollkommenen Grau, zu deren Herstellung drei Farbstoffe gemischt wurden, z. B. Gelb, Rot und Blau. Wenn auch der Farbumschlag besonders deutlich in Erscheinung tritt beim Übergang vom Tageslicht zu künstlichem Licht, so ist doch schon bei einem Wechsel der Tagesbeleuchtung ein Farbenumschlag festzustellen. Je mehr Farbstoffe zur Herstellung von Grau angewendet werden, desto mehr dehnt sich die Absorption auf alle Lichtarten aus und desto näher kommt man dem vollkommenen Grau. Dieses folgt stets der Beleuchtung und wird daher so lange als Grau wahrgenommen, als Weiß noch Weiß erscheint.

Metamerie ist bei allen Farben möglich, die Grau enthalten, also bei den trüben Farben. Man braucht sich den Grauanteil dieser Farben nur in verschiedener Weise entstanden zu denken, wie oben erwähnt.

b) Die Mischungsarten.

Schon lange unterscheidet man zwischen der additiven und subtraktiven Mischung. Während die Gesetzmäßigkeiten der additiven Mischung (siehe unten) schon frühzeitig bekannt waren, blieb die subtraktive Mischung wegen der viel verwickelteren Zusammenhänge auch dem, der sie in vollkommenster Weise ausübte, dem praktischen Färber, ein Buch mit sieben Siegeln. (Gelb und Blau geben Grün, eine Erklärung für dieses abweichende Verhalten als Gegenfarben konnte nicht gegeben werden.) Erst Ostwald war es vergönnt, durch die Lehre vom Farbenhalb das Wesen der subtraktiven Farbenmischung wissenschaftlich untersuchen zu können und hierfür in derselben Weise wie bei der additiven Mischung Gesetze aufzustellen.

Additive Mischung. Die additive Mischung ist dadurch gekennzeichnet, daß farbige Lichter gemischt und gemeinsam wahrgenommen werden. Am bekanntesten ist die Mischung von Farben auf dem Farbenkreisel, der mit farbigen Sektoren bemalt und in rasche Umdrehung versetzt wird. Das Auge nimmt wegen der Trägheit die einzelnen Farben nicht mehr wahr, sondern addiert die Empfindungen der verschiedenen Sektoren zu einer Mischfarbe. Farbige nebeneinander liegende Körnchen oder Gewebefasern werden wegen der Kleinheit des Sehwinkels nicht einzeln wahrgenommen, z. B. die farbigen Stärkekörner einer Farbrasterplatte. Die Vereinigung der Farben erfolgt erst im Auge. Auch durch eine Sammellinse lassen sich farbige Lichter gemeinsam zur Empfindung bringen. Diese Vorrichtung wird z. B. in dem zur Messung der Farben dienenden Stufenphotometer benützt. Ferner ist durch optische Überlagerung verschiedener Farben mit Hilfe von Kalkspatprismen additive Mischung möglich. Wenn zwei farbige Lichtstrahlen in einem Punkte eines Schirmes zusammentreffen, entsteht ebenfalls in additiver Mischung eine neue Farbe. Durch alle diese kurz angegebenen additiven Mischungsmethoden wird objektiv an der physikalischen Beschaffenheit der gemischten Farben nichts geändert (beim Stillstand der Kreisscheibe sind die Farben unverändert wieder vorhanden). Ostwald schlägt daher für diese Mischungsart die treffendere Bezeichnung ,,subjektive" Mischung vor. Gegenfarben, z. B. Rot und Grün, müssen nach den S. 122 angestellten Erörterungen Weiß ergeben. Beim Nachprüfen etwa auf einem Farbenkreisel bekommt man jedoch niemals Weiß, sondern immer nur Grau. Das Suchen nach einer Begründung hierfür hat zu einem lange und erbittert geführten Streit zwischen Wissenschaftlern geführt. Ostwald hat die Erklärung für die Entstehung des Grau in dem hohen Schwarzgehalt der kalten Farben gefunden. Jedes Gegenfarbenpaar besteht aus einer warmen und einer kalten Farbe. Wenn nun aber schon ein hoher Anteil Schwarz in die Mischung hineinkommt, kann kein Weiß mehr entstehen. Im unbezogenen Gebiet (siehe S. 125) entsteht tatsächlich das geforderte Weiß, weil es hier kein Schwarz gibt.

Subtraktive Mischung. Die subtraktive Farbenmischung liegt vor, wenn die Farbstoffe, also ,,Farben in Substanz", aus einem Malkasten gemischt werden. In nahezu vollkommener Weise übt der praktische Färber die subtraktive Mischung aus beim Mischen seiner Farbstofflösungen, aus denen dann die durchscheinenden Fasern seiner Gewebe den Farbstoff aufnehmen. Besonders sinnfällig wird die subtraktive Mischung beim Blicken durch gefärbte Gläser. Blickt man z. B. durch ein rotes Glas, vor das man ein grünes hält, so sieht man nichts, d. h. es ist Schwarz entstanden. Die Betrachtung der S. 130 ersichtlichen Farbenhalbe macht das Zustandekommen des Schwarz klar. Das weiße Licht passiert zunächst das rote Glas, wo ihm die durch das Absorptionshalb des Rot bezeichneten grünen Lichter genommen werden. Die Lichter aus dem Farbenhalb des Rot gehen weiter und treffen auf das grüne Glas, welches nun die roten Lichter verschluckt; es wird also alles Licht vernichtet; wir empfinden dann Schwarz. Die subtraktive Mischung kommt also dadurch zustande, daß das Licht durch farbige Partikelchen hindurchgeht und durch deren Absorptionsfähigkeit beeinflußt wird. Die Reihenfolge ist hierbei gleichgültig, hält man das grüne Glas vor das rote — das Absorptionshalb der einen Farbe vernichtet das Farbenhalb der anderen. Die physikalischen Eigenschaften der Farben werden bei solchen Absorptionserscheinungen tatsächlich geändert, weshalb diese Mischungart auch die ,,objektive" genannt wird. Die an den beiden Gläsern entwickelten Vorgänge spielen bei der Messung des Weiß- und Schwarzgehaltes der bunten Farben eine wichtige Rolle.

Der grundsätzliche Unterschied zwischen additiver und subtraktiver Mischung zeigt sich beim Vermischen von Gegenfarben. In additiver Mischung summieren sich die Farbenhalbe (die Lichter) zu Weiß oder Grau, in subtraktiver Mischung wirken die Absorptions- oder Schluckhalbe auf die Lichter ein und ergeben Schwarz. Bei der additiven Mischung sind also allgemein die Farbenhalbe, bei der subtraktiven die Absorptionshalbe in erster Linie maßgebend für das Mischungsergebnis. Die Gegenüberstellung der Gesetze für beide Mischungsarten erleichtert das Verständnis der den praktischen Färber interessierenden Gesetze der subtraktiven Mischung [Ostwald (2), S. 174, 183].

Additive Mischung	Subtraktive Mischung
1. Alle Übergänge zwischen Farben sind stetig.	1. Alle Übergänge sind stetig.
2. Es gibt metamere Farben.	2. Metamere Farben gibt es auch hier.
3. Gleich aussehende Farben ergeben gleich aussehende Mischungen.	3. Gleich aussehende Farben ergeben meist verschieden aussehende Mischungen.
4. Die Mischfarben aus irgendwelchen zwei Farben liegen im analytischen Farbkörper auf der Verbindungsgeraden beider Farbpunkte und teilen diese im umgekehrten Verhältnis ihrer Bestandteile.	4. Die Mischfarben liegen auf einer Verbindungslinie im Farbkörper, die im allgemeinen keine Gerade ist; ein einfaches Gesetz ihrer Teilung ist nicht auszusprechen.
	5. Die Ergebnisse der Mischung werden durch die Verhältnisse der Farbenhalbe der gemischten Farben bestimmt.

Daß sich durch Mischen zweier Farben alle möglichen Übergänge zwischen diesen herstellen lassen, ist geläufig; man kann aus einem Gelb und einem Rot alle dazwischenliegenden orangen Farbtöne herstellen.

Metamere Farben in subtraktiver Mischung. Bezüglich der metameren Farben muß für subtraktive und für additive Mischung nach dem im vorigen Kapitel Besprochenen ein grundsätzlicher Unterschied bestehen. Bei der subtraktiven Mischung beeinflussen sich die zu mischenden Farben in ihrer physikalischen Zusammensetzung durch die Adsorptionsgebiete, bei der additiven jedoch nicht. Es werden im zweiten Falle nur die Empfindungen, die bei metameren Farben trotz physikalischer Verschiedenheit gleich sind, gemischt. Abb. 53 zeigt unter *a* und *b* zwei metamere Farben; die Farbe *a* wird gebildet von zwei durch einen Absorptionsstreifen getrennten Durchlaßgebieten, während bei der Farbe *b* ein zusammenhängendes Durchlaßgebiet vorhanden ist. Ad-

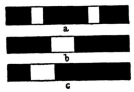

Abb. 53. [Nach Wi. Ostwald (*I*), S. 242.]

ditive Mischungen der Farbe *a* mit der Farbe *c* und von *b* mit der Farbe *c* sehen gleich aus, bei subtraktiver Mischung wird man jedoch verschiedene Farben erhalten. Die Farbe *a* verliert durch Absorption seitens der Farbe *c* das rechte Durchlaßgebiet vollständig, das linke bleibt unverändert, denn es fällt in das Durchlaßgebiet der Farbe *c* hinein. Der Farbton der Mischfarbe wird also nach der linken Seite der Farbe *a* verschoben. Die Farbe *b* liegt fast ganz im Absorptionsgebiet der Farbe *c*, verschwindet also größtenteils; das Mischungsergebnis ist in beiden Fällen verschieden.

Bei der additiven Mischung läßt sich die Lage der Mischfarben auf der Verbindungsgeraden im (analytischen) Doppelkegel, das Mischungsergebnis, im voraus berechnen. Bei der subtraktiven Mischung sind die Mischfarben wegen der Metamerie und wegen der physikalischen Einwirkungen der zu mischenden Farben aufeinander nicht vorauszuberechnen und es soll ausdrücklich betont werden, daß es nicht möglich ist, etwa aus den in einer Musterkarte angegebenen Kennzahlen der zur Mischung gelangenden Farbstoffe das Mischungsergebnis durch einfache Rechnung vorauszubestimmen, d. h. auf Grund dieser Kennzahlen ein Rezept aufzustellen. Wenn auch die geschilderten Verhältnisse noch nicht überall Gesetze erkennen lassen, so wird durch den Punkt 5 der obigen Zusammenstellung das Verständnis und die Beherrschung der subtraktiven Mischung ermöglicht. Die Lehre vom Farbenhalb gibt Auskunft über die physikalischen Eigenschaften der Farben. Man bekommt z. B. eine für die Praxis des Färbers genügende Vorstellung über die Lage der Absorptionsgebiete der gemischten Farben. Es ist aber durchaus nicht notwendig, daß der Färber Kenntnis hat von der genauen Remissionskurve eines Farbstoffs.

Die Verdünnung. Daß bei der Verdünnung von Farbstoffen nicht allein hellere Farben entstehen, sondern daß auch eine oft nicht unwesentliche Verschiebung des Farbtons eintritt, ist vom praktischen Färber vielfach übersehen worden. Der Färber verdünnt erstens seine Farbstoffe, wenn er sie mischt, und zweitens verdünnt er beim Ausfärben helltrüber Farben durch Anwendung von wenig Farbstoff. Die Hauptschwierigkeiten beim Mustern heller Modefarben waren darin begründet, daß der Färber keine Kenntnis davon hatte, wie sich der Farbton beim Verdünnen ändert. Physikalisch besteht die Verdünnung in einer Zumischung von Weiß; das Absorptionshalb zieht sich symmetrisch zusammen und gibt an beiden Enden des Farbenhalbs Lichter frei, die Weiß ergeben, weil sie zu den Lichtern des Farbenhalbs gegenfarbig sind (siehe Abb. 41). Mit Ausnahme des Violett (Veils) und des Laubgrün sind alle Farbenhalbe unsymmetrisch, d. h. sie stehen mit einem Ende in oder an der spektralen Lücke (Abb. 41, Tafel XVII). Das Farbenhalb dieser Farben kann nun nicht eine Zumischung von Lichtern an beiden Seiten erfahren, da die Freigabe von Lichtern einseitig bleibt, denn das Durchlaßgebiet wandert in die spektrale Lücke hinein. — Eine Lösung von Orange II, das in einer Konzentration von etwa 5 g im Liter den Farbton 5 ergibt, hätte das in Abb. 41 zu ersehende Farbenhalb des Orange (Kreß). Beim Verdünnen werden nur an der laubgrünen Seite durch Zurückweichen des Absorptionshalbs Lichter freigegeben, die mit den gegenfarbigen roten und orangen Weiß ergeben. Die Zumischung bleibt aber einseitig, weil auf der anderen Seite beim Rot keine Lichter hinzukommen können, die mit den gegenfarbigen grünen Lichtern Weiß geben würden. Die Folge davon ist eine nicht unerhebliche Verschiebung des Farbtons nach Gelb, die leicht zu beobachten ist, wenn man Filtrierpapierstreifen in zunehmend verdünntere Lösungen des obigen Farbstoffs einhängt und dann trocknen läßt. Alle Farben mit einem unsymmetrischen Farbenhalb erleiden beim Verdünnen eine Verschiebung des Farbtons nach dem in der Mitte des sichtbaren Teiles des Spektrums liegenden Grün 22, das der spektralen Lücke gegenüberliegt. Besonders auffallend treten die Verdünnungserscheinungen zutage bei den Farben Gelb und Orange (Kreß) und dem auf Leder meist gefärbten Braun, das sich von diesen ableitet. Zweites und drittes Gelb wandert nach dem ersten, Orange (Kreß) nach Gelb, Ublau und Eisblau werden deutlich grüner. An Lösungen von Cyanol extra und Patentblau werden diese Verhältnisse in einfacher Weise sichtbar. Für die Farben Violett (Veil) und Laubgrün läßt sich ein von den übrigen abweichendes Verhalten voraussehen. Sie ändern ihren Farbton wenig oder gar nicht. Zu beiden Seiten des Farbenhalbs kommen Lichter hinzu, die mit den gegenfarbigen des Farbenhalbs Weiß ergeben, ohne den optischen Schwerpunkt und damit den Farbton zu ändern. Die roten Farben sollten nach dem eben Gesagten keine Farbtonänderung erfahren, denn auch hier kommen zu beiden Seiten Lichter hinzu. Bei Rot tritt jedoch dann eine Farbtonverschiebung nach Violett (Veil) ein, wenn der Anteil violetter Lichter in dem Rot sehr klein ist, da ein geringes Überwiegen des durch die Verdünnung freigegebenen Violett eine starke Wirkung ausübt. Die Verhältnisse der Farbtonverschiebung sind bei den Vollfarben entwickelt worden, weil sie hier besonders sinnfällig sind. Sie gelten in gleicher Weise auch für alle trüben und dunkelklaren Farben, so wird z. B. ein Rotbraun (Säurelederbraun ER) bei der Verdünnung den Farbton nach Gelb verschieben. Bei den trüben Farben tritt jedoch neben der Verminderung der Vollfarbe eine Verminderung des Schwarz ein. Daher erhält man bei der Verdünnung nicht die Farben einer Schwarzgleiche, sondern man kommt

früher in die hellklare Reihe, bis man bei unendlicher Verdünnung in die Weißecke gelangt. Besonders beim Ausfärben helltrüber Farben machen sich Änderungen des Farbtons mit der Verdünnung bemerkbar. In der Lederfärberei hat
die Unkenntnis dieser Gesetzmäßigkeiten viel unnütze Arbeit verursacht.

Gegenfarben in subtraktiver Mischung. Die Gesetze der additiven Mischung
sind deshalb so übersichtlich, weil hier nur Empfindungen gemischt werden, die
weniger mannigfaltig sind als die Möglichkeiten, Farben aus Lichtern zu erzeugen
(metamere Farben); gegenfarbige Vollfarben geben in additiver Mischung ein
Grau, das etwa bei e liegt (siehe S. 140). Die subtraktive Mischung ist dadurch
scharf von der additiven unterschieden, daß Vollfarben, wenn sie Gegenfarben
sind, Schwarz ergeben. Beiden Mischungsarten ist gemeinsam, daß um so mehr
Unbunt bei der Mischung von Vollfarben entsteht, je weiter die Ausgangsfarben
im Farbkreis auseinanderliegen. Für die additive Mischung kann man die Größe
der entstehenden Trübung aus der Verbindungsgeraden der beiden Farbpunkte
im Farbkörper ersehen. Mit zunehmendem Abstand der gemischten Farben fällt
diese Gerade immer mehr in das Innere der farbtongleichen Dreiecke, wo die
trübsten Farben liegen, berührt daher im Farbkörper immer kleinere Reinheits-
kreise (siehe S. 133). Liegen die zur Mischung gelangenden Farben auf dem Durchmesser (Gegenfarben), so geht die Verbindungsgerade durch die Grauachse. Die
substraktive Mischung ergibt insofern günstigere Resultate, als hier die Verbindungslinie im allgemeinen nach auswärts gebogen verläuft.

In subtraktiver Mischung ergeben nur solche Gegenfarben Schwarz, die
symmetrische Farbenhalbe haben. Dies ist nicht der Fall bei Gelb und Blau.
Allgemein bekannt ist, daß diese Gegenfarben nicht das geforderte Schwarz
ergeben, sondern Grün. Die „unerwünschte" Entstehung des Grüns kann durch
die Lehre vom Farbenhalb erklärt werden. Bei der Mischung beider Farben tritt
eine Verdünnung ein. Gelb sowohl wie Blau bringen dadurch grüne Lichter in
die Mischung mit. Auf der anderen Seite ist jedoch nichts vorhanden, was eine
Absorption im Grün verursachen würde. Das durch die Verdünnung in die
Mischfarbe gelangende Grün tritt also, weil es nicht neutralisiert wird, hervor.
Daß man sich mit der Entstehung des Grün zufrieden gab und lieber die Gegen-
farben in subtraktiver Mischung anders wählte, ist dadurch begründet, daß man
sich über die Reinheit des entstehenden Grün keine Gedanken machte. Das durch
Mischen von reinem Gelb und Blau (Chinolingelb und Wasserblau) erhaltene
Grün ist sehr unrein. Reine grüne Zwischenfarben entstehen nur, wenn zwischen
Gelb und Blau ein Farbstoff etwa bei Farbton 16 eingeschoben wird. Mischungen
von Chinolingelb mit Patentblau und Patentblau mit Wasserblau lassen grüne
Farben erzielen, die den Unterschied in der Reinheit demonstrieren. Die Schwierigkeit, in subtraktiver Mischung aus Gelb und Blau ein neutrales Grau herzustellen,
ist leicht einzusehen. Praktisch kann man aus einem Gelb und einem Farbstoff,
der außer im Gelb im Grün absorbiert (das ist Violett), ein Grau ermischen;
jedoch treten bei diesem alle bei der Metamerie geschilderten Schwierigkeiten auf.

Reinheitsverhältnisse bei der Mischung von Vollfarben. Wenn es auch in den
Teerfarbstoffen für die verschiedensten Vollfarben Vertreter gibt, wird man doch
in vielen Fällen das Mischen nicht entbehren können. Da aber die Farbstoffe um
so wertvoller sind, je mehr sie (neben anderen Eigenschaften) Vollfarbe enthalten, d. h. je reiner sie sind, und da bei unsachgemäßer Mischung Unbunt entsteht, wird man Reinheitsverluste zu vermeiden suchen. Als Prinzip gilt, daß
man nur im Farbkreis benachbarte Farbstoffe mischen darf, die im Farbkreis
nicht zu weit auseinanderliegen. Die Betrachtung des Farbenkreisspektrums und
der Farbenhalbe (Abb. 41 und Tafel XVII) möge das Verständnis erleichtern. Die
abgedeckten bzw. schwarzen Teile stellen die Absorptionsgebiete dar, die bei der

subtraktiven Mischung erhalten bleiben. Durch Aufeinanderlegen der Farbenhalben erkennt man den Rest des nach der Mischung noch vorhandenen Lichts. Dort, wo ein Absorptionsgebiet hinfällt, wird das Licht vernichtet. Die Reinheit der Mischfarbe ist durch Vergleich mit dem Farbenhalb der zu ermischenden Farbe zu ersehen. Bei der Mischung von Farbstoffen in der Flotte sind noch die Verdünnungserscheinungen für die Reinheit maßgebend. Einerseits ist also darauf zu achten, daß in das Farbenhalb der verlangten Farbe kein Absorptionsgebiet einer zu mischenden Farbe hineinfällt und anderseits sollen bei der Verdünnung möglichst nur zum Farbenhalb der Mischfarbe gehörige Lichter freigegeben werden.

Gelb und Orange (Kreß) geben reine Mischfarben, denn durch die Zumischung von Orange (Kreß) wird nur das Farbenhalb des Gelb an der grünen Seite verkürzt und es entstehen alle orangen (kressen) Farben in gleicher Reinheit, weil das Farbenhalb des Orange ganz innerhalb desjenigen des Gelbs liegt. Fremde Lichter werden durch die Verdünnung nicht frei. Die praktische Grenze für den orangen Farbstoff liegt bei Rot 7. Die Farbstoffe Chinolingelb und Säureanthracenrot G verkörpern die Farbstoffe, mit denen man reine Zwischenfarben im Orange ermischen kann. Meist schiebt man noch einen orangen Farbstoff ein (Orange II), weil diese Farbstoffe ausgiebiger sind als die rein gelben. Bei der Mischung von Orange mit Rot ist zu beachten, daß in den roten Farben Violett enthalten ist, das nicht genügend freigegeben wird, wenn man das erste Orange (Kreß) 4 mit Rot 9 mischt. Das letzte Orange (Kreß) 6 ergibt reine rote Zwischenfarben. Rot und Violett lassen reine Mischfarben entstehen, weil beide Farben bezüglich des langwelligen und kurzwelligen Teiles des Spektrums gleich zusammengesetzt sind. Auch Violett und erstes Ublau geben reine Zwischenfarben. Die Mischfarben von Ublau 14 und 15 mit Violett sind unrein, weil die für ein reines Violett nötigen roten Lichter bei der Verdünnung nicht genügend freigegeben werden. Durch Mischung von Ublau mit Eisblau erhält man reine Zwischenfarben, weil beide Farben kein langwelliges Licht in die Mischung mitbringen, welches die Reinheit stören würde. Für Eisblau und Seegrün lassen sich die Betrachtungen bei der Mischung von Gelb mit Kreß übertragen. Wesentlich für reine Zwischenfarben ist eine Absorption im violetten Ende des Spektrums, welche aber erst die höheren Eisblau zeigen. Das dritte Eisblau ist geeignet zur Erzielung reiner Mischfarben mit Seegrün; die Grenze liegt etwa bei Farbton 18. Von Seegrün über Laubgrün bis zum Gelb lassen sich alle Farben, wie schon bei der Mischung der Gegenfarben betrachtet (siehe S. 143), ohne Verlust an Reinheit ermischen. Praktisch kommt man mit einem Farbstoff des Farbtons 18 und einem Gelb 1 aus. Die merkwürdige Tatsache, daß die kalte Hälfte des Farbkreises mit insgesamt nur drei Farbstoffen rein ermischt werden kann, während man auf der anderen Seite vier oder fünf braucht, hat ihren Grund darin, daß die spektrale Lücke bei allen grünen Farben von Blau bis Gelb im unsichtbaren Teile, im Absorptionshalb, liegt und an der Entstehung der Farbe unbeteiligt ist. Für die Farben, in deren Farbenhalb die Lücke liegt, ist es nicht gleichgültig, wo sie sich befindet. Schließt sie sich an das langwellige Ende des Farbenhalbs an, so ergibt sich Orange; liegt sie dagegen in der Mitte des Farbenhalbs, so ist die Farbe violett (Abb. 41 und Tafel XVII).

Die Fünffarbenfärberei. Die Praxis ergibt, daß zur Herstellung eines möglichst reinen Farbkreises mindestens fünf Farbstoffe benötigt werden. Mit Chinolingelb und Säureanthracenrot *G* sind alle Farben von 1 bis 7 ohne Reinheitsverlust ermischbar. Es ist allgemein üblich, aus Rot und Blau Violett zu ermischen. Zwischenfarben von solcher Reinheit, wie sie die Ausgangsfarbstoffe zeigen, können auf diese Weise jedoch nicht erhalten werden. Für reines Violett sind sowohl Lichter vom roten wie auch vom violetten Ende des Spektrums nötig. Blau absorbiert, wie das Farbenhalb zeigt, die roten Lichtstrahlen und es werden daher Lichter aus dem Farbenhalb der zu ermischenden Farbe fortgenommen. Da aber jedes Fehlen von Lichtstrahlen im Farbenhalb eine Zumischung von Schwarz bedeutet, sind die ermischten violetten Zwischenfarben unreiner als die Ausgangsfarben. Die Verhältnisse liegen so, wie bei der Mischung von Grün aus Blau und Gelb gezeigt (siehe S. 143). Durch Hinzunahme eines Farbstoffes mit dem Farbton 10, Echtsäureviolett ARR, eventuell noch eines zweiten des Farbtons 11 oder 12 (siehe Tafel XVII), die mit Rot und Blau gemischt werden, lassen sich die violetten Farben in befriedigender Reinheit herstellen. Als Ublau können Farbstoffe, die die Farbe des Wasserblaus IN oder Brillantvollblaus FFR extra zeigen, verwendet werden. Reine eisblaue Farbstoffe gibt es sehr wenige. Als Vertreter eines reinen Eisblaus sei Patentblau A genannt[1]. Der ganze Halbkreis von Ublau über Seegrün bis Gelb wird aus den bereits S. 143 erwähnten Farbstoffen erhalten. Man braucht also zur Herstellung eines Farbkreises, der in den Mischfarben die gleiche Reinheit zeigt wie die Ausgangsfarben, mindestens fünf entsprechend verteilte Farbstoffe, besser nimmt man sechs oder sieben. Auch ist es erst mit fünf Farbstoffen möglich, ein vollkommenes Grau, welches alle Lichtarten des Spektrums gleichmäßig absorbiert, zu färben.

Die Dreifarbenfärberei. Auch heute noch werden die drei „Urfarben" Rot, Gelb und Blau zur Herstellung aller Farben empfohlen. Verschiedentlich wird wohl auch noch der Versuch gemacht, das zu erreichen. Die Unzulänglichkeit der von der „klassischen" Farbenlehre übernommenen Mischungsregel wird durch nachfolgende Betrachtung anschaulich. Die günstigsten Ergebnisse sind dann zu erwarten, wenn man die drei Urfarbstoffe möglichst rein nimmt. Die drei Farben Rot, Gelb und Blau seien gleichmäßig auf dem Umfang eines Kreises verteilt (Abb. 54). Durch Mischung der Urfarben ergeben sich die „sekundären" Farben, die mit ersteren einen Farbkreis bilden, der aber bezüglich der Gegenfarben falsch ist. Die Gegenfarbe des Gelb ist nicht, wie der so entstehende Kreis glauben machen

Abb. 54.

könnte, Violett, sondern Ublau, denn nur dieses allein gibt mit Gelb Unbunt. Die mangelnde Reinheit eines solchen Farbkreises ist aus Abb. 54 zu ersehen. Der entstehende Farbkreis kann nicht annähernd die Reinheit der Ausgangsfarben zeigen. Die Verbindungslinie der Farbpunkte, auf denen die Mischfarben liegen, geht weit in das Innere des Farbkörpers und nähert sich der Grauachse, wo sich die trübsten Farben befinden (siehe S. 131).

Besonders unrein fallen neben dem Grün die Mischungen aus Rot und Blau zu Violett aus. Unter Zuhilfenahme von Weiß und Schwarz — das Schwarz und auch das in den trüben (tertiären) Farben enthaltene Grau wird aus den Urfarben ermischt — ergibt sich als Raum aller durch derartige Mischung herstellbarer Farben eine dreiseitige Doppelpyramide. Wie alle die reineren Farben, die zwischen dem dem Kreis eingeschriebenen Dreieck und dem Kreisumfang liegen, nicht erreicht werden können, so sind auch die zwischen Doppelkegel und Doppelpyramide liegenden Farben durch Mischung der drei Farben nicht herstellbar. Früher — und auch heute geschieht dies noch häufig — ist zwischen Farbton und Farbe nicht unterschieden worden. Eine Präzisierung der Begriffe „Farbton" und „Farbe" ist aber, wie das Kapitel Ordnung und Normung der Farben beweist, unbedingt notwendig. Man kann wohl durch drei Farben alle Farbtöne ohne

---

[1] Außerdem stehen die reinen eisblauen Farbstoffe, die der Patentblaugruppe angehören, bezuglich ihrer Echtheit hinter den gleich reinen Farbstoffen im warmen Gebiet.

Berücksichtigung der Reinheit ermischen, aber keineswegs alle Farben. Besonders deutlich werden diese Tatsachen beim Betrachten einer Dreifarbenplatte (Autochromverfahren), bei der die Gesetze der additiven Mischung gelten. Man bemerkt auffällig eine besonders hohe Reinheit und dadurch ein starkes Hervortreten der drei Komponenten. Die Zwischenfarben fallen auf durch eine im aufgenommenen Objekt nicht vorhandene Trübung. Auch bei farbigen Reproduktionen durch den Dreifarbendruck (speziell ohne Schwarzplatte) ist dasselbe zu beobachten. Es ist z. B. unmöglich, den in Tafel XVII gezeigten Farbenkreis mit drei Farben zu drucken. Ein weiterer nicht zu übersehender Nachteil der Dreifarbenfärberei liegt darin, daß das durch drei Farben ermischbare Grau nicht vollkommen ist. Es hat, wie schon gezeigt, die Eigenschaft, bestimmte Gebiete des Spektrums bevorzugt durchzulassen. Bei wechselnder Beleuchtung sehen daher solche Grau und alle Farben, in denen es enthalten ist, immer verschieden aus. Das macht ein systematisches Mustern zur Unmöglichkeit. Die von Ostwald geforderte Fünffarbenfärberei zeigt die erwähnten Mängel nicht.

c) Ergebnisse für den praktischen Färber.

Der Lederfärber ist gegenüber dem Textilfärber durch die Natur seines Färbegutes sehr im Nachteil. Während die zur Färbung vorbereitete Textilfaser fast keinen Farbton zeigt und durch Bleichen leicht auf einen Weißgehalt von 80 bis 85 gebracht werden kann, liegt in der gegerbten tierischen Haut ein Material vor, dessen Struktur von Natur aus uneinheitlich ist. Durch die Gerbung hat das Leder Eigenschaften erhalten, die sein Verhalten zu den Farbstoffen weitgehend beeinflussen. Dazu kommt noch, daß die Eigenfarbe des Leders je nach Gerbart sehr verschieden ist. Es soll nun gezeigt werden, daß die Farbenlehre trotz all dieser unsicheren Faktoren dem Lederfärber seine Aufgabe erleichtern kann, eine vorgelegte Farbe nachzufärben.

Was ist von einem Farbstoff wissenswert? Aus den Musterkarten der Farbenfabriken gehen die Farben hervor, die man mit den einzelnen Farbstoffen erhält. Selbst wenn die Farbmuster mit den klaren Ostwaldschen Kennziffern ausgestattet wären, so könnten sie doch nur als ungefähre Anhaltspunkte dienen. Ausschlaggebend für den Färber ist, wie ein Farbstoff sich auf dem Leder verhält, das er zu färben hat. Über die Wirkungsweise und den Wirkungsbereich eines Farbstoffs verschafft sich der Färber durch einen ganz geringen Müheaufwand Klarheit. Die Arbeit besteht in dem Ausfärben einer Verdünnungsreihe oder einer Weißmischkurve und einer entsprechenden Auswertung. Normales im Betrieb zur Färbung vorbereitetes Leder, bei dem die technischen Versuchsbedingungen immer die gleichen sein sollen wie bei der zu färbenden Partie, wird in kleinen Probestücken nach einer geometrischen Reihe ausgefärbt.

Für Chromleder würde man z. B. aus einem Kalbfell Stücke schneiden von 2 qdm (Quadrate) und eine Reihe mit dem Faktor 0,5 von 2% ausgehend ausfärben, z. B. Orange II 2%, 1%, 0,5%, 0,25%. Bei den Färbungen zu 0,5 und 0,25 würden die im Betriebe üblichen Egalisierungsmittel zuzusetzen sein. Die Proben erfahren die übliche Fettung und werden zur Hälfte zugerichtet, während die andere Hälfte unbehandelt bleibt.

Apparaturen. Um stets unter gleichen Bedingungen arbeiten zu können, sind zahlreiche mechanische Einrichtungen vorgeschlagen worden, und im Gebrauch z. B. wird in ein kupfernes Wasserbad eine Anzahl von Batteriegläsern eingestellt und mit der Farbstofflösung beschickt. Die Lederstückchen werden in die auf eine bestimmte Temperatur erwärmten Gefäße eingehängt und unter Bewegung eine gleiche Zeit darin belassen (Lamb-Jablonski, S. 312 ff.). Auch werden die im Laboratorium üblichen Schütteleinrichtungen und rotierenden Gefäße zu diesem Zwecke verwendet. Zur Temperaturregelung werden die einzelnen geschlossenen Farbgefäße in die Fächer eines mit Filz ausgeschlagenen Behälters gegeben und einer Schüttelbewegung ausgesetzt. Diese Apparate haben manche Nachteile. In den Batteriegläsern ist z. B. die Ausfärbung und Lickerung von Chromleder nicht möglich. Bei den übrigen Apparaturen bestehen Schwierigkeiten im Konstanthalten der Temperatur, und zur Behandlung eines Musters (Nachbessern, Fetten) ist das Stillsetzen der ganzen Einrichtung notwendig. Beim Arbeiten in geschlossenen Kästen besteht nicht die Möglichkeit, während der Färbung zu beobachten, und durch Zusammenschlagen der Leder wird die Färbung unegal und für die spätere Auswertung unbrauchbar. Ein vom Verfasser angegebener Apparat zeigt diese Mängel nicht mehr (Abb. 55). Die Färbegefäße

sind den Betriebsverhält- nissen angepaßt und tra- gen Mitnehmer in der Art der Zapfen eines Walk- fasses. Die Art der Be- wegung, der Drehung auf Rollen, gestattet die Aus- färbung mehrerer Muster auf einmal. Der den Mechanismus umgebende Blechmantel wird durch Gas oder Dampf geheizt und gestattet mühelos, während des ganzen Fär- be- und Fettungsvorgan- ges eine Temperatur kon- stant zu halten. Ein wei- terer Vorteil besteht darin,

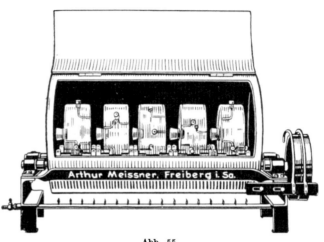

Abb. 55.

daß die Färbung jederzeit beobachtet werden und jedes Gefäß, ohne die an- deren stillsetzen zu müssen, entnommen werden kann. Sollen größere Stücke gefärbt werden, so ist es besser, zwei Stücke von je 2 qdm zu färben als ein größeres.

Die Verdünnungsreihe ergibt nun eine Reihe von Färbungen mit steigendem Weißgehalt; gleichzeitig nimmt der Anteil an Vollfarbe und Schwarz ab. Bei unendlicher Verdünnung erhält man Weiß; bei Leder mit einem Eigenfarbton kommt man im entsprechenden farbtongleichen Druck in die Weißgleiche des ungefärbten Leders. Sehr vorteilhaft ist es, wenn man die Verdünnungsreihe durch Messung des Weißgehaltes und graphische Darstellung desselben auswerten kann. Die beiden Größen, angewandte Menge Farbstoff und erzielter Weißgehalt, werden in ein Koordinatensystem eingetragen, das am besten logarithmisch geteilt ist. Die Abszissen bezeichnen die Farbstoffmenge, die Ordinaten die log- arithmische Graureihe. Die erhaltenen Weißwerte werden eingetragen und mit- einander verbunden. Die entstehende Kurve, die fast geradlinig verläuft, gestattet die für einen bestimmten Weißgehalt nötige Farbstoffmenge zu interpolieren.

Meist steht jedoch in der Lederfärberei kein Meßinstrument zur Verfügung. Hier führt der unmittelbare Vergleich mit den Farbnormen des Farbkörpers, die für diesen Zweck in farbtongleichen Dreiecken (siehe S. 133) vorliegen sollen, gut zum Ziele. Die erzielten Färbungen werden in das Schema eines farbton- gleichen Dreiecks bei der ähnlichsten Farbe dem Weißgehalte nach eingetragen und die Punkte verbunden. Die so erhaltene Ausfärbungskurve des Farbstoffs

Orange II wäre etwa in Abb. 56 punktiert wiedergegeben. Die Kurve eines trüben Farbstoffs würde den durch die ausgezogene Linie bezeichneten Verlauf

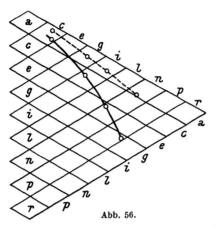

haben. Auch hier ist die Möglichkeit gegeben, durch Interpolieren die für eine bestimmte Weißgleiche erforderliche Farbstoffmenge in guter Annäherung zu erfahren. Die Verschiebung des Farbtons durch beide Darstellungen wird aber nicht erfaßt. Die durch Messung oder Vergleich mit den Normen ermittelte Farbtonverschiebung wird durch Eintragen in ein Farbenkreisspektrum (siehe S. 137) dargestellt. Die Abszissen geben die Farbtöne, die Ordinaten die Farbstoffmengen an (Abb. 57).

Die Farbstoffkartothek. Die Ergebnisse der Probefärbung werden für jeden Farbstoff unter Anbringung der Muster in einem besonderen Blatt niedergelegt (Abb. 57).

Abb. 56.

Das Blatt enthält weiter noch Angaben über Lieferung, Preis, Egalisieren, Durchfärbungsvermögen, Echtheit gegen Licht, Wasser und Reibung, und die Versuchsbedingungen. Die einzelnen Blätter werden in einer Kartothek geordnet und bilden ein wertvolles, mit geringem Aufwand an

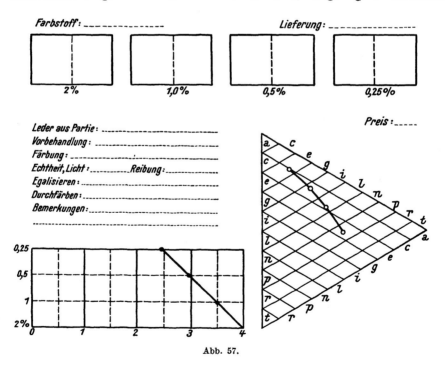

Abb. 57.

Zeit und Material herzustellendes Hilfsmittel, das in keiner modern geleiteten Färberei fehlen sollte. Man hat dann auch die Möglichkeit, die Farbstoffe bezüglich der Ausgiebigkeit und somit der Preiswürdigkeit zu vergleichen; der Farbstoff ist der wertvollere, der bei gleichen Eigenschaften in geringerer Menge einen gleichen Weißgehalt (*l*) ergibt. Ferner liegt in der Ausfärbungskurve der Wirkungsbereich des Farbstoffs vollständig klar: alle Farben, die außerhalb der Kurve gegen die hellklare Reihe liegen, können mit dem Farbstoff nicht erfärbt werden. Man kommt daher nie in die Lage, mit einem Farbstoff Unmögliches zu versuchen.

Das Nachmustern. Für den praktischen Färber, der die Aufgabe hat, eine vorgelegte Farbe nachzufärben, ergibt sich nun die Aufgabe, die drei Komponenten der Farbe, Vollfarbe, Weiß und Schwarz, nachzubilden.

Farbton und Weißgehalt. Farbton und Weißgehalt werden in einem Arbeitsgang erzeugt. Der Farbton der Probe wird durch Messung oder Vergleich mit den Farbnormen ermittelt — es sei z. B. die Farbe 5 *ig* zu färben — und nach einer Musterkarte oder aus der Kartothek ein Farbstoff ausgewählt, der den Farbton ergibt. Ist kein Einzelfarbstoff zur Hand, so werden zwei im Farbkreis benachbarte ausgewählt, die durch Mischen den Farbton ergeben. Farbmischkurven leisten hier sehr gute Dienste. Man erhält solche Kurven, wenn man unter Berücksichtigung der Ausgiebigkeit der Farbstoffe eine Reihe von Zwischenfarben aus z. B. Lederechtgelb *RR* und Säureanthracenrot *G* im Verhältnis 90 : 10; 80 : 20; 70 : 30 usw. ausfärbt. Die erzielten Farbtöne werden in ein Koordinatensystem eingetragen, das als Abszissen die Farbtöne und als Ordinaten die entsprechenden Mischungsverhältnisse anzeigt. Bei der Verdünnung ist die starke Verschiebung des Farbtons, die bei dem auf Leder meist gefärbten Orange ziemlich bedeutend ist, entsprechend zu berücksichtigen. Die Farbmischkurve hätte z. B. für den Farbton 5 in der *pa*-Reihe ein Mischungsverhältnis von Gelb zu Rot von 90 : 10 ergeben. In der Reihe *ia* wird man weniger Farbstoff brauchen. Durch diese Verdünnung wandert der Farbton nach Gelb, etwa nach 4. Daher wird man den Anteil an Rot vermehren müssen und das Mischungsverhältnis der beiden Farbstoffe würde etwa lauten: 85 : 15.

Das Weiß ist in dem zu färbenden Leder gegeben. Ist dessen Menge nicht groß genug, dann muß sie durch Bleichen erhöht werden. Das Weiß kommt dadurch zustande, daß bei Verwendung von wenig Farbstoff sich das Absorptionsgebiet des Farbstoffs zusammenzieht und hierdurch das Durchlaßgebiet verbreitert wird (siehe S. 142). Der Weißgehalt der verlangten Farbe ist maßgebend für die Menge des anzuwendenden Farbstoffs. Diese Frage beantwortete bis jetzt der Färber rein gefühlsmäßig; seine Erfahrung sagte ihm, daß er eine bestimmte Menge Farbstoff braucht, um eine gewisse „Tiefe des Farbtons" zu erreichen. Die Aufgabe kann nun präzise gestellt werden. Sie lautet: „Wieviel Gramm oder Prozent Farbstoff sind notwendig, um den Weißgehalt der Probe zu erzielen oder in die Weißgleiche der verlangten Farbe zu kommen?" Die Ausfärbungskurve in Verbindung mit der Mischkurve erleichtert die Beantwortung der Frage. Aus der Ausfärbungskurve beider Farbstoffe sei entnommen worden, daß mit 0,8% des Farbstoffgemisches die Weißgleiche *i* erreicht wird (*ia* in Abb. 58). Unter Berücksichtigung der Verdünnung wird man, wenn nicht eine Mischreihe für die einzelnen hellklaren Farben ausgefärbt ist, von vornherein etwas mehr Rot nehmen, also $G : R = 85 : 15$.

Der Schwarzgehalt. Als dritte Aufgabe bleibt noch die Erzeugung des Schwarzgehaltes oder der notwendigen Trübung. Durch 0,8% Gesamtfarbstoff, die sich aus 85 Teilen Gelb und 15 Teilen Rot zusammensetzen, kam man in die Nähe der Farbe 5 *ia* (siehe Abb. 58). Physikalisch ist die Erzeugung des Schwarz ein Beschränken des Lichtergemisches der hellklaren Farbe, bis die gewünschte Trübung erreicht ist. Die hellklare Farbe 5 *ia* wird durch ein schwaches Absorptionsgebiet beim Farbton 17 erzeugt (siehe Abb. 58); denkt man sich die durchgelassenen Lichter ebenso und gleichmäßig absorbiert, so hätte man ein vollkommenes Grau (vgl. S. 137), das durch das Zeichen für den Weißgehalt (i) bestimmt ist. Für die Zumischung des Schwarz gibt es nun zwei Möglichkeiten. Die eine ist das von den Färbern bisher geübte Verfahren, Gegenfarben zu-

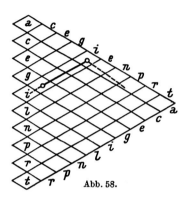

zusetzen. Wird in dem erwähnten Fall zu der Farbe 5 ia etwas von einem gegenfarbigen blauen Farbstoff gesetzt, so werden im günstigsten Falle aus dem optischen Schwerpunkt der Farbe 5 ia Lichter herausgenommen (Gegenfarben in subtraktiver Mischung geben Schwarz) und die hellklare Farbe dadurch getrübt. Es ist also durchaus möglich, mit den drei Farben Gelb, Rot und Blau die gewünschte Farbe 5 ig zu erzeugen. Aber man hat zwei Faktoren in die Arbeit hineingebracht, welche vom Ziele weg-führen. Erstens wird sicher der Farbton beim Zusatz von Blau verschoben, so daß die bereits erzielte Übereinstimmung wieder verlorengeht. Eine Korrektur auf Grund von Überlegung ist hier

Abb. 58.

nicht möglich. Zweitens hat man durch Zufügen der Gegenfarbe ein zweifaches Grau erzeugt, so daß eine bei künstlichem Licht erreichte Übereinstimmung bei Tageslicht nicht mehr vorhanden ist und umgekehrt, vorausgesetzt, daß nicht zufällig eine mit denselben Farbstoffen gefärbte Probe vorgelegen hat.

Die zweite Möglichkeit, eine hellklare Farbe zu trüben, ist der Zusatz von Schwarz. Wenn man wenig eines schwarzen Farbstoffs zu einem Buntfarbstoff zusetzt, so entsteht Grau, welches von allen die hellklare Farbe bildenden Lichtern einen gleichmäßigen Betrag absorbiert und da-

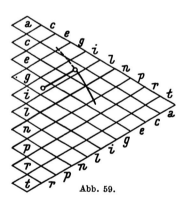

durch die Trübung verursacht. Das Schwarz hat die Aufgabe, nur die Quantität des zurück-geworfenen Lichts zu vermindern, nicht aber die Qualität desselben zu verändern. Die Zu-mischung von Schwarz ist deshalb eine ein-fache Methode, weil der Weißgehalt der hell-klaren Farben durch den Zusatz von Schwarz nicht verändert wird, wenn die zur hellklaren Farbe nötige Gesamtfarbstoffmenge unverän-dert bleibt. In dem angenommenen Falle bliebe also die Menge von 0,8% Farbstoff gleich; durch allmählichen Ersatz von Buntfarbe durch Schwarz würde man alle auf der Weißgleiche i liegenden Farben erfärben und mit 100 Teilen

Abb. 59.

Schwarz beim Grau i anlangen (Abb. 58). Für die Gültigkeit dieser Beziehungen muß allerdings die Voraussetzung erfüllt sein, daß das Schwarz die gleiche Ausgie-bigkeit wie die Buntfarben hat. Praktisch kommt man auch zum Ziele, wenn das nicht genau der Fall ist. Als Vorversuch würde man eine Reihe mit steigendem Schwarzgehalt 5, 10, 15 usw. ausfärben und hat dann die Möglichkeit, durch Inter-polieren den erforderlichen Schwarzzusatz zu erfahren (siehe Abb. 58). Eine etwa eintretende Verschiebung des Farbtons läßt sich leicht durch Änderung des Ver-hältnisses der Buntfarbstoffe korrigieren. Ist durch den Schwarzzusatz die trübe Farbe 5 ig zu gelb geworden, so würde das Verhältnis für die Buntfarben z. B. lauten: 83 : 17. Das Verfahren, Schwarz zuzusetzen, ist der alten Färbeweise unbedingt vorzuziehen, denn man behält die Herrschaft über die Farbe besser und ist in der Lage, in d er Richtung das Rezept zu ändern, wo man die Abweichung erkannt hat. Ein weiterer Vorteil ist, daß ein vollkommenes Grau entsteht, daß also die erzeugte Farbe am Tage genau so aussieht, wie sie abends bei der Einmusterung ausgesehen hat.

Eine dritte Möglichkeit, die helltrübe Farbe 5 *ig* zu färben, wobei man ebenfalls ein einfaches Grau erhält, ist die Anwendung trüber Farbstoffe. Durch Verdünnung derselben gelangt man unmittelbar zu helltrüben Farben, die wegen der physikalischen Eigenschaften der Ausgangsfarbstoffe ein vollkommenes Grau enthalten. Die zu erfärbende Farbe muß nur innerhalb der Ausfärbungskurve liegen. Würde z. B. die Kurve wie in Abb. 59 ersichtlich, die Weißgleiche *i* in der Nähe der Farbe *ic* schneiden bei einer Farbstoffmenge von 0,6%, so wäre in derselben Weise, wie eben beschrieben, die Abtrübung durch Schwarz vorzunehmen. Für die Erzeugung des Farbtons gelten die bei den Vollfarben entwickelten Richtlinien; man nimmt am besten Farbstoffe, die gleich trüb sind. Wenn die Ausfärbungskurve eines trüben Farbstoffs direkt durch den Farbpunkt führt, erübrigt sich weitere Arbeit.

Bezüglich des Trübungsschwarz sei erwähnt, daß ein Schwarz, welches bei der Verdünnung alle Lichter gleichmäßig absorbiert, also die S. 137 aufgestellten Bedingungen erfüllt, im Handel nicht erhältlich ist. Alle schwarzen Farbstoffe haben die Eigenschaft, bei der Verdünnung bestimmte Lichter bevorzugt durchzulassen. Das ist für die Verwendung zum Schwarzfärben nicht etwa nachteilig. Meist ist die durchgelassene Farbe blau oder violett. Dadurch tritt eine Farbtonverschiebung ein. Die schwarzen Farbstoffe egalisieren auch schwerer als die reinfarbigen bunten oder die trüben Farbstoffe. Für die Abtrübung warmer Farben z. B. für die auf Leder meist gefärbten braunen Farben, braucht man kein vollkommen neutrales Grau, sondern man verwendet besser ein Braunschwarz, das beim Verdünnen ein rötliches oder gelbliches Grau ergibt. Dieses Trübungsschwarz kann sich der Lederfärber selbst herstellen, indem er entweder einen gut egalisierenden schwarzen Farbstoff durch Zufügen von Gegenfarben korrigiert und auf Braunschwarz stellt oder indem er ein gut gleichfärbendes sehr tiefes Braun (z. B. Säurelederbraun *ER*) durch Zugabe von Gegenfarben entsprechend einstellt. Die praktische Brauchbarkeit wird durch Versuch ermittelt. Das Schwarz soll den Farbton einer Buntfarbe möglichst nicht ändern und dann soll tunlichst die Ausgiebigkeit derjenigen der Buntstoffe gleich sein. Für jede in der Färberei verwendete Farbstoffklasse wäre ein derartiges Schwarz herzustellen. Ein besonders zum Abtrüben heller Modefarben geeignetes Schwarz ist sehr leicht einzustellen durch Neutralisation von Säurealizaringrau *G* mit Azosäurebraun für Leder, eventuell unter Zugabe von etwas Baumwollscharlach extra.

Absolute und relative Abendfarbe. Es sind eben drei Verfahren beschrieben worden, die zur Farbe 5 *ig* geführt haben. Diese drei Farben sind metamer. Sie würden, wenn sie im Tageslicht hergestellt wurden, am Tage gleich aussehen; am Abend jedoch oder bei künstlichem Licht wird die durch Zumischung von Blau entstandene Farbe von den beiden anderen, die einfaches Grau enthalten, abweichen. Der Färber muß bei Übernahme eines Auftrages wissen, welche Anforderungen an die Färbung gestellt werden. Die Aufgabe kann lauten: Die Farbe soll auch bei künstlichem Licht mit dem Muster übereinstimmen, oder die Farbe soll sich im künstlichen Licht nicht ändern, sie soll eine Abendfarbe sein [Ristenpart (*1*), S. 48]. Soll die Farbe auch bei künstlicher Beleuchtung mit dem Muster übereinstimmen, so müssen zur Nachbildung dieselben Farbstoffe verwendet werden, mit denen die Vorlage gefärbt ist [Lamb-Jablonski (*1*), S. 144].

Für eine sog. Abendfarbe kann man eine absolute oder eine relative Beständigkeit fordern. Eine absolute Abendfarbe ändert sich objektiv nicht im

künstlichen Licht und kann daher, da ja alle anderen Farben unter dieser Bedingung gelber werden, zu Störungen Anlaß geben. Eine solche Abendfarbe
müßte ein aus Rot und Grün ermischtes Grau enthalten (siehe S. 139). Für die
relative Abendfarbe muß jedoch ein vollkommenes Grau verwendet werden, weil
nur dieses allein jeder Beleuchtungsänderung zu folgen vermag. Ein vollkommenes Grau schafft von vornherein die in der Metamerie begründeten Unannehmlichkeiten aus dem Wege.

Vorsichtsmaßregeln beim Mustern. Die erste Bedingung für eine ersprieß-
liche Arbeit beim Mustern ist eine gute Beleuchtung des Musterraumes. Am
besten geeignet ist Tageslicht, das man von Norden einfallen läßt. Für die
Arbeit bei künstlichem Licht wählt man eine auf Tageslicht korrigierte Lichtquelle, die zahlreich im Handel sind (Zeiß-Jena, Lifa-Augsburg usw.). Dem Tageslicht am nächsten kommt das Moore-Licht.

Noch zwei weitere Faktoren sind beim Mustern zu berücksichtigen: der
Nachkontrast und der Nebenkontrast. Beim längeren Betrachten einer Farbe
macht sich die Erscheinung bemerkbar, daß das angestrengte Auge auf neue
Farbeindrücke anders reagiert als das ausgeruhte. Blickt man z. B. längere Zeit
auf ein rotes Feld und dann plötzlich auf eine graue Fläche, so erscheint dort
ein grünes Feld.

Eine verwandte Erscheinung, der Nebenkontrast, macht sich bemerkbar beim
Betrachten einer Farbe, neben der gleichzeitig eine andere auf das Auge wirkt.
Ein graues Feld auf einem grünen Grunde erscheint rötlich, d. h. in der Gegenfarbe. Sowohl beim Nebenkontrast wie auch beim Nachkontrast macht sich also
die Gegenfarbe stark bemerkbar.

Störungen durch Nach- und Nebenkontrast werden beseitigt, wenn man den
Vergleich von Farben in der Umgebung des Grau l vornimmt. Dieses Grau ist
die einzige Farbe im Farbkörper, die keine Gegenfarbe hat und daher weder

Nach- noch Nebenkontrast auslöst. Mit diesem Grau ist
der von Simon und Dorias, Chemnitz, gebaute Textil-
sidor (Abb. 60) innen ausgemalt. Er besteht aus einem
Holzkasten, in dem man unabhängig von farbiger Umgebung seine Muster vergleichen kann. In das oben befindliche Beobachtungsloch sind Farbfilter einzuschieben,
mit Hilfe derer metamere Farben zu erkennen sind. Die
Filter schalten aus den Vergleichsfarben die gleichen Lichter
aus und lassen nur die ihrer Farbe entsprechenden durch.
Man kann so metamere Farben erkennen und auch feststellen, in welchem Gebiet des Spektrums die Metamerie

Abb. 60.
[Nach Ristenpart (*1*),
S. 51.]

begründet ist. Ein zum gleichen Zweck konstruiertes Instrument, das aber mit Linsen und Prismen ausgestattet
ist, ist der Farbenkomparator. Hier nehmen zwei auf
unendlich gestellte Fernrohre die beiden Farben gesondert auf, wobei die Struktur
der Oberfläche des gefärbten Körpers verschwindet. Im Okular erscheinen die
beiden Farben durch eine feine Linie getrennt und sind so bequem zu vergleichen.
Die Fernrohre (Tuben) sind über den Proben schwenkbar angeordnet, so daß die
vom Färber geübte Betrachtungsweise senkrecht und streifend auf die Probe
ermöglicht ist. Auch der Farbenkomparator gestattet durch sieben gleichmäßig
über das Spektrum verteilte Lichtfilter metamere Farben zu erkennen. Hersteller
von Farbkomparatoren sind die Firmen Zeiß-Jena und Janke und Kunkel-
A.-G. Köln.

Das Musterbuch. Wenn auch die auf Leder im allgemeinen üblichen Farben
nicht die Mannigfaltigkeit aufweisen wie die Farben des Textilfärbers, so ist

doch schon aus rein wirtschaftlichen Gründen eine systemlose „Ordnung" der in einem Betriebe erzeugten Farben zu verwerfen. Die Ostwaldsche Farbnormung in Gestalt des Farbkörpers gibt die Möglichkeit, sowohl die dem Kunden vorzulegenden Farbmuster, wie auch die Rezeptsammlung des Färbers in übersichtlicher Weise zu ordnen. Grundlegend hierfür ist die Anwendung der Ostwaldschen Farbzeichen, denen man nach Bedarf noch eine Wortbezeichnung in der bisher üblichen Weise beifügen kann.

Das Musterbuch des Verkäufers ist am besten nach Farbtönen geordnet. Innerhalb dieser ist untergeteilt in Reinheitsreihen; es folgen z. B. bei Farbton 4 *na*, *pc*, *re*; *la*, *nc*, *pe*; *ga*, *ic*, *le*, *ng*, *pi*. Die durch Druck hervorgehobenen Farben kommen auf einem Blatt untereinander zu stehen. Dann würden sich in gleicher Weise angeordnet die Farben des Farbtons 5 anreihen. Für besondere Zwecke und der jeweiligen Mode folgend könnten z. B. nur die helltrüben Farben dem Kunden in gleicher Art geordnet vorgelegt werden. Die Verständigung mit dem Käufer erfährt eine bedeutende Vereinfachung, weil man ähnliche Farben schnell zur Hand hat.

Das Rüstzeug des Färbers ist bis heute ein geheimnisvoll gehütetes Musterbuch mit den Farbrezepten in meist chronologischer Anordnung. In übersichtlicher Weise können die in einem Betriebe hergestellten Proben und Partiefärbungen in einer Kartothek gesammelt werden. Für jede Normfarbe wird ein in Felder geteiltes Kartonblatt angelegt, worauf die entsprechenden Muster untergebracht werden. Farben, die nicht einer Norm entsprechen, werden in das nächstliegende Normblatt eingereiht. Die Arbeitsvorschriften sind oft so umfangreich, daß ihre Unterbringung bei den Mustern Schwierigkeiten bereitet. Ein Hefter enthält daher in gleicher Reihenfolge gleich geteilte Schreibpapierblätter, in die die Rezepte mit allen gewünschten Einzelheiten eingetragen werden können. Auf diese Weise wird unnötiges Suchen erspart.

Im vorliegenden ist zu zeigen versucht worden, wie die neue Farbenlehre, auch ohne Beschaffung teurer Instrumente, mit einfachen Mitteln, speziell dem praktischen Färber Hilfsmittel zur gedanklichen Beherrschung der Farbe zur Verfügung stellt, mit denen er seine Färberei tatsächlich rationalisieren kann.

4. Die Messung der Farben.

Die in den vorhergehenden Kapiteln entwickelte Farbordnung und die Aufstellung zahlenmäßig nach bestimmten Gesetzen festgelegter Normen konnte nur auf Grund von Messungen ausgeführt werden. Zur eindeutigen Festlegung einer Farbe ist die zahlenmäßige Angabe der drei Farbkomponenten, Vollfarbe, Weiß und Schwarz, notwendig. Bestimmt man den Weiß- und Schwarzgehalt, so ergibt sich aus der Gleichung $V + W + S = 100$ die Menge der Vollfarbe (siehe S. 130). Man begnügt sich also mit einer qualitativen Feststellung der Vollfarbe und der quantitativen Bestimmung des Weiß- und Schwarzgehaltes.

a) Theorie der Farbmessung.

Bestimmung des Farbtons. Die Messung des Farbtons wurde zuerst von Ostwald bei der Aufstellung seines Farbkörpers ausgeführt nach der sog. Gegenfarbenmethode mit dem von ihm angegebenen Polarisationsfarbmischer (Pomi) [Ostwald (1) S. 157; Ostwald (2) S. 156]. Die optische Einrichtung dieses Apparats gestattet mit Hilfe eines Wollaston- und eines Nikolprismas durch Übereinanderlagerung die beliebige Mischung zweier Farben. Aus einem 100stufigen Farbtonkreis wird derjenige Farbton festgestellt — es gibt nur einen —, der sich mit der zu messenden Farbe optisch zu neutralem Grau mischen läßt. Zur genauen Einstellung des Grau dient ein gleichzeitig im Gesichtsfeld erscheinendes Blatt Neutralgrau. Auch mit den Stufenphotometern läßt sich die Bestimmung nach dieser Methode ausführen. Ein zweites, heute allgemein übliches Verfahren beruht auf der genauen Nachbildung der zu messenden Farbe; aus einem Normfarbkreis wird derjenige Farbton ausgesucht, der sich durch Zufügen von Weiß und Schwarz mit der zu messenden Farbe gleichmachen läßt. Als Instrument dient hierzu das Pulfrich-Photometer (Stufenphotometer nach Pulfrich) der Firma Carl Zeiß-Jena und · das Ostwald-Stufenphotometer (Janke und Kunkel-A.-G. Köln), in welchen die Zumischung des Weiß zur Normfarbe durch Linsen, die des Schwarz durch eine Meßblende erfolgt.

Bestimmung des Weiß- und Schwarzgehalts. Bei den unbunten Farben fällt die Bestimmung des Farbtons weg. Die direkte Messung unbunter Farben besteht im Vergleichen des zu messenden Grau mit einem Normalweiß, dessen Rückwurfwert gleich 1 oder 100 gesetzt wird. Durch meßbare Verdunkelung wird das Weiß mit dem Grau gleich gemacht; der an der Meßvorrichtung abgelesene Wert ergibt den Weißgehalt, durch den das Grau eindeutig festgelegt ist. $S = 1 (100) - W$. Bei der indirekten Meßmethode vergleicht man die vorliegende Farbe mit einer Graureihe, deren Weißwerte bekannt sind. Dasjenige Grau der Leiter, das der Probe entspricht, zeigt den Weißgehalt an.

Die Messung des Weiß- und Schwarzgehalts der Buntfarben beruht auf der Lehre vom Farbenhalb. Zur Messung des Weißgehalts wird zwischen die farbige Probe und das Auge ein zur Probe gegenfarbiges Farbfilter (Sperrfilter) eingeschaltet. Dadurch wird alles farbige Licht, das von der Probe kommt, absorbiert. Ist die zu untersuchende Probe vollfarbig, enthält sie also weder Weiß noch Schwarz, so wird das Gesichtsfeld schwarz erscheinen. Enthält die Probe aber neben der Vollfarbe noch Weiß, so sind Lichter vorhanden, die im Farbenhalb der Gegenfarbe liegen, also das Filter passieren können. Dadurch erscheint die Probe hinter dem Filter nicht schwarz, sondern heller, und zwar in der Farbe des Filters. Da Grau alle Lichter des Spektrums gleichmäßig geschwächt zurückwirft oder durchläßt (siehe S. 137), wird es ein Grau geben, das hinter dem Filter gleich hell aussieht wie die Probe. Durch Vergleichen mit einer Grauskala bekannten Weißgehalts (indirekte Messung) oder durch meßbare Verdunkelung eines Normalweiß (direkte Messung) stellt man ein Grau fest, welches hinter dem Sperrfilter gleich hell wie die Probe aussieht. Dieses Grau hat dann den gleichen Weißgehalt wie die Probe.

Der Schwarzgehalt wird im gleichfarbigen Licht in analoger Weise gemessen. Die zum Verständnis nötigen Überlegungen sind etwa folgende: Rot und Weiß sehen hinter einem roten Filter gleich hell aus, denn aus dem weißen Licht werden durch das rote Filter die gegenfarbigen grünen Lichter zurückgehalten und nur das Farbenhalb des Rot kommt durch; bei der roten Farbe fehlt von vornherein das Grün, so daß sich gleiche Helligkeit ergibt. Ist das Rot schwarzhaltig, so ist sein Farbenhalb nicht mehr vollständig; das Rot sieht infolgedessen dunkler aus als das Weiß. Auch hier wird wieder das Grau festgestellt, das die gleiche Helligkeit aufweist wie das Rot. Daraus ergibt sich der Schwarzgehalt des Rot. Durch die Angabe des Farbtons aus dem 24teiligen Normfarbkreis und die gemessenen Anteile Weiß und Schwarz kann jede Farbe eindeutig bestimmt werden. An Hand von Tabellen (siehe S. 134) können die Zahlen für Weiß und Schwarz in Buchstaben umgesetzt werden.

b) Ausführung der Messung.

Für die Messung des Farbtons stehen der Polarisationsfarbenmischer (Pomi) und die Stufenphotometer zur Verfügung. Die Messungen des Weiß und Schwarz an bunten und unbunten Farben können mit verschiedenen Einrichtungen vorgenommen werden. Das einfachste Instrument ist das Farbfilterrohr (zu beziehen von Janke und Kunkel-A.-G.-Köln), das zur indirekten Messung dient [Ostwald (2), S. 164]. Die Messung kann auch mit jedem Halbschattenphotometer, das für Buntfarben mit den entsprechenden Filtern ausgerüstet sein muß, ausgeführt werden. Das Ostwald-Universalphotometer (Janke und Kunkel-A.-G.-Köln) gestattet neben der Schwarz-Weißmessung noch die Bestimmung des Farbtons nach der Blochschen Dreifiltermethode [Bloch (1), S. 175]. Es ist anwendbar zur Messung der Deck- und Mischfähigkeit von Farbpigmenten und zur Glanzmessung. (Zur eingehenderen Orientierung sei auf die Druckschriften der Hersteller der Meßinstrumente verwiesen.) Am einfachsten und am genauesten lassen sich Farbtonbestimmung, Weiß- und Schwarzmessung an allen Farben vornehmen mit dem Pulfrich-Photometer und dem Ostwald-Stufenphotometer. Beide Instrumente sind einander sehr ähnlich und können außer zur Farbmessung eine vielseitige Anwendung im Gerbereilaboratorium erfahren. Durch entsprechende Zusatzeinrichtungen wird das Stufenphotometer zu einem Glanzmesser, Trübungsmesser, Kolorimeter oder Vergleichsmikroskop. Es hat wegen seiner universellen Anwendungsmöglichkeiten in wissenschaftlichen und technischen Laboratorien schon weite Verbreitung gefunden. Das erstmalig von Löwe [Löwe (1)] im Collegium beschriebene Stufenphotometer nach Pulfrich hat schon bald durch Anbringung einer zweiten Meßschraube eine Vervollkommnung erfahren. Die von Löwe angegebene Methode der Farbmessung, nach der auch die relativen Messungen von Küntzel ausgeführt sind, ist heute durch die oben in ihren Prinzipien dargelegte Ostwaldsche Methode ersetzt [Küntzel (1).]

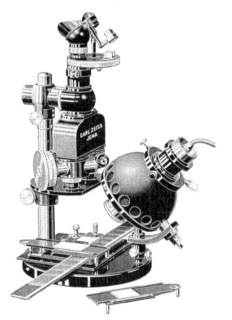

Abb. 61. Pulfrich-Photometer mit aufgesetztem Zusatzapparat nach Krüger.

Das neueste Modell des Pulfrich-Photometers zeigt Abb. 61 in Verbindung mit der Stupholampe, die das Instrument, das auch bei Tageslicht zu Farbmessungen benutzt werden kann, von demselben unabhängig macht. Zu Glanz- und kolorimetrischen Messungen ist die Lampe unentbehrlich. Auf der Grundplatte sind Löcher angebracht, die zur Aufnahme der Zusatzapparate dienen; in der Abb. 61 ist der Krügersche Zusatzapparat, der zur Farbmessung benötigt wird, aufgesteckt. Die optische Einrichtung ist aus Abb. 62 zu ersehen. Das auf unendlich gestellte Doppelfernrohr empfängt durch die beiden Objektivlinsen L_1 und L_2 die zu vergleichenden Strahlenbündel. Diese werden durch die beiden Prismen P_1 und P_2 und durch das Biprisma P_3 im Okular Ok so in einem einzigen Gesichtsfeld vereinigt, daß beim Einblick in das Okular zwei durch eine scharfe Trennungslinie begrenzte Halbkreise zu sehen sind. Diese sind gleich hell, wenn die Objektive von den Objekten A und B gleichmäßig beleuchtet werden. Die beiden Bilder von A und B werden in gleicher Weise von der Pupille des Auges aufgenommen. Eine vor das Okular zu schlagende Vorschlaglupe gestattet die Bilder von A und B, die mit ihren Mitten genau übereinanderliegen, gesondert zu betrachten. O_1 und O_2 sind Zusatzobjektive, die je nach Anwendung des Instruments ausgewechselt werden können. Unterhalb von L_1 und L_2 sind zur Schwächung des Lichts zwei Blenden, die durch die Meßschrauben M_1 und M_2 betätigt werden, angebracht. Die Konstruktion der Blenden im einzelnen ist

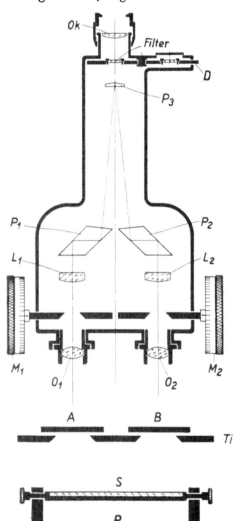

folgende (siehe Abb. 63): Die Meßschrauben nähern oder entfernen zwei rechtwinkelige Spaltbacken durch eine Mikrometerschraube so in der Richtung der Diagonale der quadratischen Blendenöffnung, daß der Mittelpunkt derselben in der optischen Achse bleibt. Den Grad der Helligkeit kann man direkt auf den Meßtrommeln M_1 und M_2 ablesen, auf denen die Teilstriche für die kleinen Helligkeitswerte weit auseinanderliegen, wodurch das Instrument zur Messung kleiner Helligkeiten besonders geeignet wird. Die Teilung paßt sich so den Empfindungsstufen des Auges weitgehend an. Bei den Instrumenten mit Universalteilung gilt hierfür die äußere (schwarze) Teilung; die innere (rote) gestattet die Extinktion E direkt abzulesen und macht die Umrechnung entbehrlich. Unter dem Okular bei D befinden sich in einer Revolverscheibe Farbfilter, die je nach Bedarf eingeschaltet werden können (z. B. für Weiß-Schwarzmes-

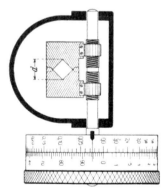

Abb. 62. Strahlengang im Pulfrich-Photometer.   Abb. 63. Meßblende und Meßtrommel.

sungen). Durch eine Reihe von Zwischenrohren, die den Abstand zwischen den Objektivlinsen L und Objektiven O vergrößern, wird erreicht, daß Proben von 3×3 cm bis herunter zu 3×3 mm gemessen werden können.

Die Messung der Buntfarben beginnt mit der Bestimmung des Farbtons. Hierzu ist der in Abb. 64 gezeigte Zusatzapparat nach Krüger notwendig. Vier Farbmeßstreifen F enthalten die 24 Farbtöne mit den halben Zwischenstufen, also 48 Stufen. Der Zusatzapparat trägt zwei Führungen; in die eine, der Stativsäule abgewendete wird der Farbstreifen F eingeschoben, der den Farbton der Probe vermutlich enthält. In die andere Führung ist eine Normalweißplatte B eingelegt. Der links sichtbare Triebknopf T ermöglicht den Weißzusatz zu dem Felde des Farbstreifens, Schwarz läßt sich durch Verengern der linken Blende zugeben. Rechts ist der Farbmeßstreifen überdeckt mit einer Brücke Br,

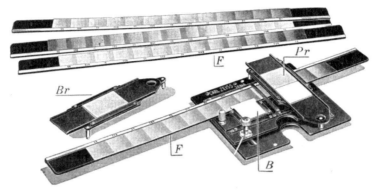

Abb. 64. Zusatzapparat nach K r ü g e r mit Farbstreifen.

welche auf einem Schiebebrettchen die Probe Pr trägt. Nach Bedarf kann zur Probe durch eine Barytweißplatte Weiß gegeben werden.

Für die Farbmessung werden die Objektive O_1 und O_2 (Brennweite f = 30 mm) eingeschraubt. Vor Beginn jeder Messung überzeugt man sich durch zwei untergelegte Barytweißplatten, daß die beiden Hälften des Gesichtsfeldes gleich hell beleuchtet sind. Die Probe wird, wie in Abb. 64 ersichtlich, auf die unter dem rechten Objektiv befindliche Brücke gelegt, zunächst ohne die Weißplatte, und es wird dafür Sorge getragen, daß sie vollkommen eben liegt. Die beiden Meßschrauben stehen auf 100 (volle Öffnung). Links liegt der Farbstreifen und die Barytplatte. Durch Drehen am Triebknopf und an der linken Meßschraube werden beide Felder auf gleiche Farbstärke gebracht; die Abweichung im Farbton wird durch Verschiebung des Farbstreifens ausgeglichen. Die Einstellung ist beendet, wenn beide Halbkreise vollkommen gleich aussehen. Für den Fall, daß die Probe reiner ist als der Meßstreifen, wird rechts eine Barytweißplatte aufgelegt, die zugleich mit der Probe im Gesichtsfeld erscheint, und durch Zumischung von Weiß die Reinheit vermindert. Nach Übereinstimmung der beiden Halbkreise wird durch die Vorschlaglupe das unter dem linken Objektiv liegende Feld des Farbstreifens festgestellt. Liegen zwei Felder im Gesichtsfeld, so werden die Anteile geschätzt. Damit ist der Farbton der Probe ermittelt.

Bei der Weiß- und Schwarzmessung bleibt die Brücke mit der Probe unverändert, links wird gleichfalls eine Brücke aufgesetzt, deren Schiebebrettchen eine Barytweißplatte trägt. Nach Einschalten des der Probe gegenfarbigen Filters sieht die vom Weiß herrührende Hälfte des Gesichtsfeldes heller aus als der von der Probe beleuchtete Halbkreis. Durch Drehen an der über der Weißplatte befindlichen Meßschraube werden beide Gesichtsfeldhälften gleichgemacht. Die Ablesung an der linken Trommel ergibt direkt den Weißgehalt. Es gilt stets der kleinste gefundene Wert. Bei der Schwarzmessung wird das Sperrfilter durch das der Probe gleichfarbige Paßfilter ersetzt und durch Hereindrehen der linken Meßschraube auf gleiche Gesichtsfeldhelligkeit eingestellt. Die abgelesene Helligkeit setzt sich zusammen aus Weiß + Vollfarbe. Das Schwarz ergibt sich daher als Differenz zwischen abgelesenem Wert a und 100, also $S = 100 - a$.

Dem Stufenphotometer sind sieben Farbfilter (K-Filter) beigegeben; deren Anwendung aus nachstehender Tabelle ersichtlich ist.

Tabelle 7. Wirkungsbereich der Lichtfilter für Weiß-Schwarzmessung an
Buntfarben.

Filter	Sperrfilter	Paßfilter
	für Farbton	
II		10,5—7
I	22—13,5	7,5—1,5
III	13,5—10,5	1,5—24,5
IV	11,5—8,5	24,5—22
V	9,5—6	22—16,5
VI		16,5—13,5
VII	6—22	13,5—10,5

Als Sperrfilter reichen fünf, während als Paßfilter sieben notwendig sind. Im Grenzgebiet um 9 wird stets mit beiden Sperrfiltern IV und V gemessen, ebenso im Gebiet um 10,5 mit III und IV; es gilt stets der kleinste Wert. Durch Angabe der Normfarbe und Beifügung der zahlenmäßigen Werte für Weiß und Schwarz ist die Kennzahl einer Farbe festgestellt.

c) Die Farbmessung in der Lederindustrie.

Obwohl, wie in Band II, S. 236, erwähnt, Farbbestimmungen mit dem Tintometer von Lovibond an vegetabilischen Gerbstofflösungen für die Praxis der Gerberei ohne wesentliche Bedeutung sind, werden in manchen Ländern speziell an Gerbstofflösungen Farbbestimmungen mit diesem Instrument ausgeführt und zur Beurteilung der Extrakte herangezogen.

Das Tintometer. Das Prinzip der Farbbestimmung mit dem Tintometer nach Lovibond besteht darin, daß mit gefärbten Gläsern, die in den Farben Gelb, Rot und Blau angewendet werden, die Farbe der zu untersuchenden Lösung nachgebildet wird. Von jeder Farbe ist eine größere Anzahl (150 bis 160) Gläser vorhanden, deren Farbintensität durch Zahlen bezeichnet ist. Die Farbstärken der gelben, roten und blauen Gläser sind so aufeinander abgestimmt, daß beim Durchblicken durch die drei hintereinander gestellten Glasplatten mit gleicher Zahlenbezeichnung Unbunt, Grau oder bei den sehr stark gefärbten Schwarz entsteht. Die Apparatur besteht aus einem innen schwarzen Holzkasten von viereckigem Querschnitt. An dem vorderen verjüngten Ende des Instruments befinden sich zwei rechteckige Öffnungen, durch deren eine das Licht eintritt, das durch die zu analysierende Lösung, z. B. Gerbstofflösung, gegangen ist. Durch die andere tritt das Licht durch die vorgesetzten Gläser ein. Im hinteren breiteren Ende befindet sich die Einblicköffnung, durch die die beiden Farben gleichzeitig beobachtet werden können. Die Gerbstofflösung soll eine Konzentration von 5 g/l haben. Die Schichtdicke ist durch eine rechteckige Küvette zu genau 1 cm bestimmt. Die Gerbstofflösung wird vor die eine Öffnung gestellt und vor die andere der Halter für die Farbgläser. Durch Einschalten der entsprechenden Glasscheiben in den Farben Gelb, Rot und Blau werden die in beiden Öffnungen sichtbaren Farben gleichgemacht, d. h. die Farbe der Gerbstofflösung mit den Gläsern nachgebildet. Zur Einstellung sollen möglichst wenige Farbgläser verwendet werden.

Das Resultat wird festgelegt durch die Angabe der Zahlen, die auf den verwendeten Gläsern ersichtlich sind, z. B. Gelb 6, Rot 8, Blau 3.

Da Blau 3 mit Gelb 3 und Rot 3 zusammen Unbunt ergibt, werden diese Komponenten zusammengefaßt und als Schwarz angegeben. Der dem Blau entsprechende Anteil an Gelb und Rot (je 3) wird dann von den beobachteten Werten abgezogen und die Angabe für obige Ablesung würde lauten: Gelb 3, Rot 5, Schwarz 3 [Kubelka (S. 94 bis 99)].

Oft werden auch nur die Werte für Gelb und Rot angegeben. Man erhält sie, wenn man die dem Blau entsprechenden Anteile von Gelb und Rot abzieht. Das erwähnte Beispiel würde dann folgendes Resultat ergeben: Gelb 3, Rot 5.

Daß durch die Feststellung der Farbe einer Gerbstofflösung noch kein Schluß auf die Farbe des damit gegerbten Leders gezogen werden kann, ist bereits in Band II, S. 505, erwähnt.

Auch die Farbe gefärbter Flüssigkeiten (Gerbstofflösungen) ist nach der Ostwaldschen Methode bestimmbar. Über die Überlegenheit der Messung mit dem Stufenphotometer gegenüber der heute allgemein üblichen mit dem Lovibondschen Tintometer hat Küntzel berichtet und hervorgehoben, daß bei dem letztgenannten Verfahren der Farbcharakter durch zwei Zahlen, beim Stufenphotometer jedoch durch die Normfarbe allein ausgedrückt wird. Die Annäherung an die Farbe der Lösung ist beim Tintometer durch die Gläser sprunghaft, beim Stufenphotometer allmählich (Küntzel). Ein weiterer Nachteil der Festlegung einer Farbe durch Nachbildung mit gefärbten Gläsern in den Farben Rot, Gelb und Blau liegt in der Metamerie der Farben. Speziell beim Hinzunehmen der blauen Gläser ist die eingestellte Farbe sehr von der Beleuchtung abhängig. Kubelka führt auftretende Differenzen in den Resultaten auf die verschiedene Beleuchtung zur Zeit der Messung zurück. So wird z. B. von Blackadder (1) von der Anwendung des blauen Glases abgeraten, weil irreführende Resultate erzielt werden. An anderer Stelle erklären Blackadder und C. E. Garland die Mangelhaftigkeit des Tintometers durch nicht genügend genaues Abgestimmtsein und Unreinheit der Gläser. Auch R. O. Philipps und L. R. Brown führen die Unzulänglichkeit der Farbbestimmung an Gerbebrühen zurück auf den Mangel an genauen Arbeitsvorschriften und bestätigen die früheren Erfahrungen, daß nur gelbe und rote Gläser verwendet werden sollen. Einer Messung der Absorption seitens der Gerbstofflösung kommt T. Blackadder (2) in der Aufstellung einer Remissionskurve nahe. Dieses Verfahren ist zwar genau, aber ziemlich umständlich. M. A. de la Bruère untersucht die Verwendung des Apparates T. T. C. B. von Toussaint, mit dem unter Zuhilfenahme einer photoelektrischen Zelle die Absorption verschiedener Lichtstrahlen durch die Gerbstofflösung in einer Kurve festgelegt wird. In derselben Arbeit wird die Tintometermessung als nicht genügend genau erwähnt. Eine spektralphotometrische Messung ergibt sicher wissenschaftlich einwandfreie Resultate, aus denen aber der Praktiker meist nicht das für ihn Wissenswerte entnehmen kann. Auch diesem Verfahren ist die Ostwaldsche Messung an Einfachheit und an Preiswürdigkeit der Apparatur überlegen.

Wie die durch Messung gewonnenen Resultate beim Mustern zu verwerten sind, ist S. 148 erwähnt. Bei der Fabrikation von weißen und schwarzen Ledern hat sich die zahlenmäßige Feststellung des Weiß- und Schwarzgehaltes als vorteilhaft erwiesen (Küntzel). Die Wirkung von Bleich- und Aufhellungsmitteln bei der Färbung läßt sich durch Messung zahlenmäßig verfolgen. Manche Differenzen, die zwischen Käufer und Verkäufer wegen geringer Farbunterschiede auftreten, könnten beseitigt werden, indem eine zulässige Abweichung innerhalb bestimmter Grenzen vereinbart wird. An Stelle der Farbmessung an Gerbstofflösungen empfiehlt sich die Feststellung der Lederfarbe mit dem Stufenphotometer und die Anwendung der klaren Ostwaldschen Farbzeichen (Vogel). Über die Lichtechtheit der vegetabilischen Gerbstoffe und die der Farbstoffe gibt die Farbmessung zahlenmäßig belegte Auskunft an Stelle der bisher üblichen subjektiven Beurteilung.

d) Kolorimetrische Messungen.

Kolorimetrische Methoden werden vielfach in der analytischen Chemie zur Konzentrationsbestimmung an gefärbten Lösungen angewendet. Hierbei wird die zu untersuchende Lösung mit Lösungen bekannter Konzentration verglichen.

Im Stufenphotometer kommt unter das eine Objektiv die in ein Tauchgefäß bestimmter Schichthöhe eingefüllte zu untersuchende Lösung. Unter das andere Objektiv kommt die Lösung bekannter Konzentration, deren Tauchgefäß eine Vorrichtung zur meßbaren Veränderung der Schichthöhe hat. Die Schichthöhe der Vergleichslösung wird nun so eingestellt, daß die beiden Gesichtsfeldhälften gleiche Helligkeit zeigen. Aus der bekannten Schichthöhe und Konzentration der Vergleichslösung und der Schichthöhe der untersuchten Lösung kann die gesuchte Konzentration berechnet werden. Die Konzentrationen zweier gefärbter Lösungen sind umgekehrt proportional den Schichtdicken. Eine Konzentrationsbestimmung an einer Chromatlösung nach dieser Methode hat nach Küntzel (1)

Abb. 65. Pulfrich-Photometer mit Tauchgefäßen zur Kolorimetrie.

nicht die Genauigkeit der maßanalytischen Methode ergeben.

Besondere Beachtung verdient jedoch die Möglichkeit, mit dem Pulfrich-Photometer Konzentrationen gefärbter Stoffe ohne gleichzeitige Beobachtung einer Vergleichslösung zu messen. Man kann für gefärbte Lösungen bekannter Konzentrationen bei konstanter Schichthöhe durch Messung des Absorptionswertes mit einem gegenfarbigen Filter eine Eichkurve aufstellen oder zusammengehörige Werte von Konzentration und Absorption in Tabellenform niederlegen. Das Stufenphotometer mit Tauchgefäßen, die eine konstante Schichthöhe gewährleisten, ist in Abb. 65 ersichtlich. Die zu untersuchende gefärbte Lösung wird in das auch schon zur Eichung benutzte Tauchgefäß mit konstanter Schichtdicke eingefüllt und der absolute Absorptionswert gegen das in einem gleichartigen Tauchgefäß befindliche reine Lösungsmittel festgestellt. Die zu der gemessenen Absorption gehörige Konzentration wird aus der Eichtabelle oder der Eichkurve abgelesen. Für Messungen an sehr schwach gefärbten Lösungen sind bei horizontaler Verwendung des Instruments verschieden lange Absorptionsrohre vorgesehen. Die eben beschriebene Methode läßt gegenüber der älteren Schichthöhenmethode bessere Resultate erwarten und dürfte sich besonders zu Serienbestimmungen eignen, da die Herstellung einer Standardlösung, die oftmals nicht längere Zeit haltbar ist, wegfällt.

e) Die Glanzmessung.

Der Glanz kommt, wie S. 117 erwähnt, dadurch zustande, daß von den Oberflächen der Körper ein mehr oder weniger großer Betrag des auffallenden Lichts regelmäßig reflektiert (gespiegelt) wird. Bei der Farbmessung ist die störende Wirkung des Glanzes durch die Art der Beobachtung ausgeschaltet. Der gespiegelte Anteil des unter einem Winkel von 45° auffallenden Lichts wird unter demselben Winkel reflektiert und kommt daher nicht in das Objektiv des senkrecht auf die Probe gerichteten Photometers.

Will man das Glanzlicht messen, so muß man den Winkel, unter dem man die Probe beobachtet, verändern können. Diese Möglichkeit gibt z. B. der Glanzmesser von Zeiß, der auf die Grundplatte des Stufenphotometers aufgesetzt wird (Abb. 66). In der Grundstellung, von der bei jeder Glanzmessung ausgegangen wird, steht die Probe waagrecht und das parallele Licht der Stufolampe fällt unter einem Winkel von 45⁰ ein. Durch Drehen an der seitlich befindlichen Vorrichtung gegen die Lichtquelle kann der Einfallswinkel meßbar geändert werden. Wird so die auf dem Glanzmesser befindliche Probe gegen das einfallende Licht hingedreht, so beobachtet man im Stufo eine zunehmende Aufhellung, die einen oder auch mehrere Maximalwerte erreichen kann. Diese Helligkeitszunahme setzt sich zusammen aus der photometrischen Aufhellung, die auch eine ideal matte Fläche infolge stärkerer Beleuchtung erfährt, und dem durch regelmäßige Reflexion erzeugten eigentlichen Glanzlicht.

Die Messung und zahlenmäßige Festlegung des Glanzes hat in neuerer Zeit sehr an Bedeutung gewonnen, und verschiedene Forscher haben Methoden zur Glanzbestimmung ausgearbeitet und den Glanz zahlenmäßig definiert.

Eine einfache Art der Glanzbestimmung stammt von W. Ostwald [(2), S. 149] und wurde von seinem Schüler Douglas in die Praxis eingeführt. Die Messung kann ausgeführt werden mit einem Halbschattenphotometer oder besser mit den Stufenphotometern, unter Benützung der beigegebenen Glanzmesser. Auf die beiden Objektträger, die unabhängig voneinander kippbar sein müssen,

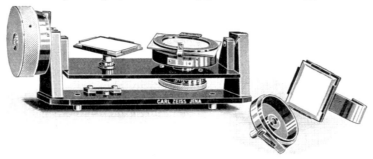

Abb. 66. Glanzmesser zum Aufsetzen auf die Grundplatte des Pulfrich-Photometers.

werden zwei gleichartige Proben aufgelegt. Auf der einen Seite liegt die Probe in der Grundstellung (waagrecht), während sie auf der anderen so gegen die Lichtquelle hingedreht ist, daß das Glanzlicht in den Meßapparat gespiegelt wird. Der dieser Seite entsprechende Halbkreis im Okular ist heller als der andere, und durch Einstellung auf gleiche Helligkeit erhält man ein Maß für den relativen Glanz [Ostwald (2), S. 150].

Wolski (1) benutzt zur Messung des Glanzes das Ostwaldsche Universalphotometer der Firma Janke und Kunkel, ein mit einem umlegbaren Photometerkopf ausgestattetes Halbschattenphotometer. Zunächst wird im Glanzwinkel (Probe und Normalweiß liegen waagrecht, Lichteinfall: 45⁰, Beobachtung durch umgelegten Photometerkopf: 45⁰) die Helligkeit der Probe gegen Normalweiß gemessen. Auf Seiten der Probe, die in der linken Kammer des Photometers liegt, wird eine sog. Beleuchtungsblende eingesetzt, die alles nicht unter einem Winkel von 45⁰ auffallende Licht fernhält. Die glänzende Probe zeigt unter diesen Umständen eine größere Helligkeit als das Normalweiß. Durch einen sog. Verdunkelungsschieber von $^1/_5$ oder $^1/_{25}$ wird die Helligkeit der zu untersuchenden Fläche unter die des Normalweiß gebracht. Durch Stellen des zum Normalweiß gehörigen Meßspaltes wird nun auf gleiche Helligkeit eingestellt. Hierauf wird der Photometerkopf senkrecht auf die unverändert liegengebliebenen Objekte (Probe und Normalweiß) gerichtet und unter den gleichen Bedingungen auf gleiche Helligkeit gebracht. Dieser zweite Wert ist gegenüber dem im Glanzwinkel gemessenen stets kleiner. Der in senkrechter Beobachtung erhaltene Wert wird von dem in schräger Beobachtung erhaltenen abgezogen und die Differenz ist die Maßzahl für den „relativen" Glanz. Hätte z. B. die erste Ablesung unter Verwendung eines Verdunkelungsschiebers von $^1/_5$ 40, die zweite 8 ergeben, so berechnet sich die relative Glanzzahl zu: $(40 - 8) : {}^1/_5 = 32 \times 5 = 160$.

Aus dieser relativen Glanzzahl kann nach Wolski (1) die absolute, welche das Verhältnis des von der Fläche regelmäßig reflektierten Lichts zum auffallenden angibt, berechnet werden. Man erhält die absolute Glanzzahl durch Multiplikation der relativen mit einem Faktor, welcher an einer Glasplatte mit bekanntem absoluten Glanz durch Messung gegen Normalweiß unter Benutzung eines Verdunkelungsschiebers bestimmt wird [Wolski (1)]. Durch Einschalten geeigneter Paßfilter können Störungen, die die Meßgenauigkeit bei stark gefärbten Proben beeinträchtigen würden, beseitigt werden. Der Streuglanz wird durch Licht, welches unter einem größeren Beleuchtungswinkel als 45° einfällt, hervorgerufen. Dieser Glanz kann in einer zweiten Messung, bei der der Beleuchtungsschieber wegfällt, bestimmt werden.

Die beiden eben beschriebenen Methoden messen den Glanz bei dem Winkel, der nach dem Spiegelgesetz das Maximum an Glanz ergibt. Die Flächennormale ist hier die Halbierende des vom einfallenden und reflektierten Lichtstrahl gebildeten Winkels, und auf diesen Winkel bezieht sich die Glanzzahl.

Nach Klughardt (1) reicht aber die Methode der Glanzbestimmung unter nur einem bestimmten Winkel zur Charakterisierung des Glanzes nicht aus. Zur Festlegung des Glanzes sind nach Klughardt folgende Angaben notwendig: 1. die Helligkeit in der Grundstellung; 2. der Drehwinkel d, bei dem das Maximum an Glanz auftritt, und die an dieser Stelle vorhandene Glanzzahl; 3. der Drehwinkel, bei dem die Kurve der Glanzzahlen die Abszissenachse schneidet. Dies ist der Fall an jener Stelle, wo die zu messende Fläche die gleiche Grundhelligkeit haben würde wie eine ideal matte Fläche von gleicher Grundhelligkeit. Die Glanzzahl wird also nach Klughardt nicht allein im Glanzwinkel, sondern in mehreren Winkeln bestimmt und in einem Koordinatensystem in Abhängigkeit vom Drehwinkel graphisch dargestellt. Der Glanz wird so durch eine Kurve charakterisiert.

In der Klughardtschen Glanzzahl γ ist der Faktor der durch die Drehung gegen die Lichtquelle verursachten photometrischen Aufhellung entfernt. Die Glanzzahl γ wird dargestellt als Differenz zwischen der Helligkeit der Probe in einer Drehstellung (H') und der Helligkeit H, welche die gleiche Fläche unter demselben Winkel zeigen müßte, wenn sie ideal matt wäre. Damit sich die Glanzzahlen verschieden heller Flächen vergleichen lassen, wird diese Differenz noch durch die Helligkeit in der Grundstellung H_0 dividiert. Die Glanzzahl γ wird dargestellt durch folgenden Ausdruck:

$$\gamma = \frac{H' - H}{H_0} = \frac{H'}{H_0} - \frac{H}{H_0} = \frac{H'}{H_0} - R.$$

H_0 ist die Helligkeit der Probe in der Grundstellung, H' die Helligkeit in der Drehstellung, beide gemessen gegen Normalweiß, das immer in der Grundstellung verbleibt. H ist die Helligkeit, welche die Probe aufweisen müßte in der Drehstellung, wenn sie ideal matt wäre. $R = \dfrac{H}{H_0}$ ist der durch die photometrische Aufhellung bedingte Faktor, der aus einer von Klughardt aufgestellten Tabelle für die verschiedenen Drehwinkel abzulesen ist. (Zur näheren Orientierung sei auf die oben angeführten Originalarbeiten Klughardts verwiesen. Die Ausführungen über die Glanzmessung mit dem Stufenphotometer sind der Druckschrift Meß 430 der Firma C. Zeiß entnommen.)

Ausführung der Messung. Die Probe wird rechts auf den Glanzmesser gebracht und vollkommen eben durch einen Haltering festgehalten, links befindet sich eine Barytweißplatte. Die erste Messung erfolgt in der Grundstellung, in der Probe und Bezugsnormale waagrecht liegen. Der störende Einfluß der Eigenfarbe des Objekts wird durch Einschalten eines gleichfarbigen Paßfilters beseitigt. Die Probe ist in dieser Stellung immer dunkler als das Normalweiß, daher wird durch Drehen der über dem Weiß befindlichen Meßschraube auf gleiche Helligkeit der Gesichtsfeldhälften im Okular des Pulfrich-Photometers eingestellt. Es sei z. B. der Wert 70 abgelesen worden, die Grundhelligkeit ist dann 0,7. Die Wippe wird nun etwa auf den Winkel $d = 20^0$ gestellt, während die Normalweißplatte fest stehen bleibt. Die zum Normalweiß gehörige Meßtrommel steht auf 100 (volle Öffnung). Die Probe zeigt in dieser Kippstellung eine größere Helligkeit als die Weißplatte, und es wird durch Verengerung der Blende auf Seiten der Probe auf gleiche Gesichtsfeldhelligkeit eingestellt. Die Ablesung an der über der Probe befindlichen Meßtrommel sei 63,8. Die Helligkeit H' der Probe in der Drehstellung ist demnach $\frac{100}{63,8} = 1,567$. Die Glanzzahl für den Winkel $d = 20^0\,(R = 1,282)$ ist nun:

$$\gamma = \frac{1,567}{0,7} - 1,282 = 2,238 - 1,282 = 0,956.$$

Der Glanz wird nach Klughardt ausgehend von der Grundstellung in Drehwinkeln von 5^0 Abstand bestimmt und die erhaltenen Glanzzahlen in ein Koordinatensystem eingetragen, dessen Abszissen die Drehwinkel und die Ordinaten die dazugehörigen Glanzzahlen darstellen. Die erhaltenen Punkte ergeben die Glanzkurve.

Zur Glanzmessung gelangen sehr oft Versuchsstücke, die eine gerichtete Oberflächenstruktur haben. Der Glanz ist bei solchen Flächen unter demselben Einfallswinkel des Lichts abhängig von der Stellung der Probe in der Ebene. So hat Küntzel bei Lackleder in der Richtung der Haarporen einen größeren Glanz gemessen als senkrecht dazu. Die Aufspannvorrichtung für die Proben ist daher in der Ebene drehbar, damit die Versuchsstücke entsprechend zur Lichtrichtung eingestellt werden können. Ein Ring mit Kreisteilung unter der Glanzwippe zeigt den Winkel an, um den das Objekt in der Ebene gedreht wurde (Abb. 66). Der Glanz kann so bei Leder in Richtung des Narbens und senkrecht dazu und, wenn nötig, in verschiedenen Zwischenstellungen gemessen werden.

Eine weitere Methode der Glanzbestimmung gibt M. Richter (1) an, die sich von der Klughardts dadurch unterscheidet, daß die als Bezugsnormale dienende Barytweißplatte gemeinsam mit der Probe gedreht wird, während bei der Klughardtschen Methode die Weißplatte fest stehen bleibt. Durch diese Versuchsanordnung wird die photometrische Aufhellung, die nach Klughardt durch Rechnung entfernt wird, schon bei der Messung praktisch ausgeschaltet. In derselben Weise, wie oben unter der Klughardtschen Methode beschrieben, wird mit dem Stufenphotometer die Helligkeit der Probe in verschiedenen Kippwinkeln gegen die mitgedrehte Barytweißplatte bestimmt. Die Richtersche Glanzzahl berechnet sich dann zu: $\eta = \frac{h'}{h_0} \times k\,(\delta)$. h_0 ist wieder die in Normalstellung gemessene Helligkeit, h' die in der Kippstellung im Winkel δ gemessene Helligkeit, bezogen auf die mitgedrehte Weißplatte. k ist ein durch den geringen Eigenglanz der Bezugsnormale verursachter Korrektionsfaktor, der für die verschiedenen Kippwinkel δ aus einer Tabelle abgelesen wird. Die Glanzzahl gibt an das Verhältnis der Helligkeit der Probe in einer bestimmten Kippstellung zur Helligkeit einer unter demselben Winkel beobachteten ideal matten Fläche von gleicher Grundhelligkeit wie die Probe.

In dem vorerwähnten Beispiel ist die Ablesung in der Grundstellung die gleiche, nämlich 0,7. Die Ablesung in der Kippstellung $\delta = 20^0$ ergibt jetzt 85 und die Helligkeit h' ist $\frac{100}{85} = 1,176$; $k(\delta) = 1,04$. Die Glanzzahl η ist dann:

$$\eta = \frac{1,176}{0,7} \times 1,04 = 1,68 \times 1,04 = 1,747.$$

Die η-Glanzzahlen können in die γ-Glanzzahlen umgerechnet werden.

Küntzel (1) konnte bei der Glanzmessung an Lackleder keine befriedigenden Resultate erzielen, was hauptsächlich darauf zurückgeführt wird, daß die kleinen Proben vom Rande der Haut entnommen werden mußten. Proben, die von Natur aus schon mit anormalen Unebenheiten behaftet sind, müssen für die Glanzmessung natürlich ausscheiden. Wenn auch nach den vorliegenden Unter-

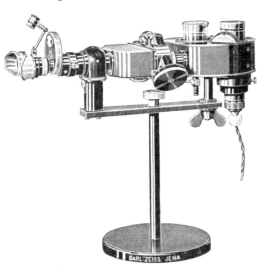

Abb. 67. Pulfrich-Photometer und Trübungsmesser auf gemeinsamer Schiene.

suchungen eine Auswertung der Glanzmessung noch nicht gerechtfertigt erscheint, so besteht vielleicht doch die Möglichkeit, durch geeignete Abänderung der Methodik, eventuell durch Rotation der Proben, den Narbencharakter auszuschalten und die Glanzmessung zu einem Faktor für die Beurteilung des Leders zu gestalten. Die Entscheidung, ob der Glanz in verschiedenen Kippwinkeln zu messen, also eine Glanzkurve aufzustellen ist, oder ob die Messung des im Reflexionswinkel gelegenen Glanzmaximums zur Charakterisierung des Glanzes bei Leder ausreicht, kann erst fallen, wenn es gelungen ist, die Meßgenauigkeit bei diesem Material auf ein befriedigendes Maß zu bringen.

f) Trübungsmessungen.

Trübe Lösungen haben die Eigenschaft, einen Teil des durch sie hindurchgehenden Lichts seitlich abzubeugen und daher das Tyndall-Phänomen zu zeigen. Die Stärke des seitlich gestreuten Lichts ist unter sonst gleichen Bedingungen in bestimmten Grenzen proportional der Konzentration der Lösung an trübendem Stoff. Trübungsmessungen eignen sich speziell bei Reihenversuchen zur schnellen Bestimmung geringer Konzentrationen. Oft ist auch das absolute Maß der Trübung z. B. bei Trinkwässern von Wichtigkeit.

Trübungsmessungen können mit dem in Abb. 67 ersichtlichen Trübungsmesser von Zeiß in Verbindung mit dem Pulfrich-Photometer ausgeführt werden. Das Prinzip der Messung und der Strahlengang im Instrument sind in der schematischen Zeichnung Abb. 68 wiedergegeben. Das von den Teilchen der trüben Lösung seitlich abgelenkte Licht wird von dem linken Objektiv des Stufenphotometers aufgenommen und in Beziehung gesetzt zu einem durch eine trübe Glasscheibe erzeugten Vergleichslicht, das durch das rechte Objektiv eintritt.

Ausführung einer Trübungsmessung. Die trübe Lösung wird in einem gewöhnlichen Becherglas von 50 ccm in die Wasserkammer des Trübungsmessers eingestellt. Außer den Bechergläsern stehen Planküvetten von 2,5 mm Kammertiefe zur Verfügung, und es können auch gewöhnliche Reagensgläser von 18 mm Durchmesser verwendet werden. Durch Drehen am Filterrevolver wird ein die Farbe der Lösung ausschaltendes Farbfilter in den Strahlengang gebracht. Durch

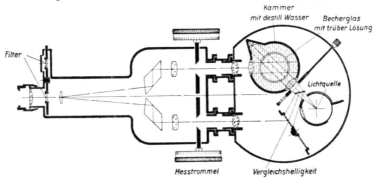

Abb. 68. Strahlengang im Trübungsmesser.

Stellen der im Trübungsmesser angebrachten Scheibe (Abb. 68) wird die entsprechende Vergleichshelligkeit eingestellt, die etwas größer sein soll als die des Streulichts, das die Versuchslösung passiert hat. Mit Hilfe der auf der Seite des Vergleichslichts befindlichen Meßschraube wird auf Gesichtsfeldgleichheit ein-

gestellt. Der an der Meßtrommel abgelesene Wert gibt die auf das Vergleichslicht bezogene relative Trübung der Lösung an. Bei sehr stark getrübten Lösungen, die ein helleres Streulicht ergeben als die Vergleichslichter, wird die linke Meßtrommel auf Seiten der Untersuchungslösung zur Einstellung gleicher Helligkeit gedreht. Die relative Trübung ist dann $100 \times \dfrac{100}{a}$ (a ist der links abgelesene Wert). Durch Aufstellung von Tabellen oder Kurven, deren Trübungswerte an Lösungen bekannter Konzentration ermittelt wurden, läßt sich aus der Trübung einer unbekannten Lösung des gleichen Stoffs die Konzentration feststellen.

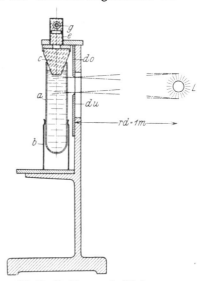

Abb. 69. Strahlengang im Kleinmann-schen Nephelometer.

Die Umrechnung der relativen in absolute Trübung gestattet den Vergleich von Beobachtungsresultaten, die an verschiedenen Orten und mit verschiedenen Instrumenten erhalten wurden. Dem Trübungsmesser ist ein praktisch unveränderlicher geeichter trüber Glaskörper beigegeben. Die Trübungsmessung wird wie oben aber unter Verwendung eines grünen L_2-Lichtfilters ausgeführt. Dann wird der trübe Glaskörper an die Stelle der Untersuchungslösung gesetzt und dessen Trübung bei gleicher Versuchseinrichtung bestimmt. Unter Berücksichtigung der Gefäßform, der Helligkeit und des absoluten Trübungswertes des Glaskörpers kann die relative Trübung in absolute umgerechnet werden.

Ein weiterer Trübungsmesser, welcher die Konzentration einer trüben Lösung durch Vergleich mit der Trübung einer Lösung bekannter Konzentration zu messen gestattet, ist das Nephelometer nach Kleinmann (hergestellt von der Firma Schmidt und Hänsch-Berlin). Das Prinzip der Messung beruht auf dem Lambert-

Beerschen Gesetz, wonach in Lösungen die Schichthöhen d den Konzentrationen c an trübender Substanz umgekehrt proportional sind, wenn die durchgelassenen Lichtintensitäten gleich sind. Beobachtet wird das von den trübenden Teilchen abgebeugte Licht, und als Bezugsnormale dient eine trübe Lösung, deren Schichthöhe d_2 und Konzentration c_2 bekannt sind. In der zu untersuchenden Lösung wird die Schichthöhe d_1 so eingestellt, daß die gleiche Menge Licht abgegeben wird wie von der Lösung bekannter Konzentration. Die unbekannte Konzentration c_1 läßt sich dann berechnen:

$$c_1 = \frac{d_2 \cdot c_2}{d_1}.$$

Den Strahlengang des Kleinmannschen Nephelometers gibt Abb. 69 wieder. Die zu untersuchende Lösung und die Vergleichslösung werden in zwei Reagensgläser von 17 ccm Fassungsvermögen gegeben. Die gleichmäßige Beleuchtung der beiden Lösungen erfolgt durch eine mindestens 75 cm entfernte Lichtquelle, deren Licht durch in einem Schirm angebrachte Fenster von vorne in die Flüssigkeiten einfällt. Das seitlich abgelenkte Licht wird von oben beobachtet. Um Fehler, die durch die Betrachtung der Flüssigkeitsoberfläche entstehen können, auszuschalten, taucht in die Lösungen ein massiver Glaskonus c ein. Durch eine besondere Optik wird das von beiden Lösungen kommende Beugungslicht in einem Gesichtsfeld vereinigt, in dem jeder Lösung eine Hälfte entspricht. Die im Schirm befindlichen Fenster sind durch zwei Metallbacken do und du, die mittels eines Schraubenmechanismus einander genähert oder voneinander entfernt werden, meßbar zu verändern. Dadurch ist die Höhe der dem Licht ausgesetzten Flüssigkeitssäule (Schichthöhe) feststellbar.

Ausführung der Messung. Bei der Messung wird die Schichthöhe der Vergleichslösung eingestellt und auf Seiten der Lösung unbekannter Konzentration die Schichthöhe so verändert, daß im Gesichtsfeld beide Hälften gleiche Helligkeit zeigen. Die Berechnung der Resultate erfolgt im allgemeinen nach dem oben angegebenen Gesetz der Proportionalität [Rona (1), S. 37 bis 40].

In der physiologischen Chemie wurde das Nephelometer bis jetzt bei der Untersuchung verschiedener Fermente mit Vorteil angewendet.

Bei der Bestimmung der Ausflockungszahl von Chromlösungen erübrigt sich nach Küntzel die zahlenmäßige Festlegung der Trübung. Wertvolle Unterlagen dürfte die Trübungsmessung in der Extraktindustrie bieten. Auch bei gerbereichemischen und gerbereitechnischen Arbeiten dürfte sich die Feststellung der Trübung förderlich erweisen.

5. Zusammenfassung.

In der vorangehenden Bearbeitung der Ostwaldschen Farbenlehre ist das Wesen, die Ordnung und die Normung der Farben behandelt worden, um weitere Kreise mit der Farbenlehre bekannt zu machen. Weiterhin fand die Farbenmessung Erwähnung und besonderer Wert wurde auf das für den praktischen Färber wichtige Kapitel der Farbenmischung gelegt.

Der Lederfärber befindet sich dem Textilfärber gegenüber in einer wenig glücklichen Lage. Das Rohmaterial des letzteren, Wolle, Baumwolle, Seide usw., ist im Vergleich zu Leder fast als „homogener Stoff" zu bezeichnen. Neben den durch die Natur der Haut an sich bedingten Ungleichmäßigkeiten des Leders spielen die verschiedensten Arbeitsprozesse während der Überführung der Haut in Leder beim Färben desselben eine wichtige Rolle. Von einer bestimmten einheitlichen, dem ungefärbten Leder eigenen Farbe wie bei den Textilfasern kann nicht gesprochen werden, da die Farbe des Leders sehr von der Gerbart abhängt.

Nicht zu übersehen sind ferner die Einflüsse, welche z. B. die Neutralisation, die Fettung, die Zurichtung usw. auf die Färberei haben. All diese kurz angedeuteten Faktoren schienen die Anwendung einer auf wissenschaftlicher Grundlage aufgebauten Farbenlehre in der praktischen Lederfärberei unmöglich zu machen. In der Textilindustrie hat man bereits, begünstigt durch die Einheitlichkeit des Materials, die Farbmessung mit Erfolg bei der Nachbildung der drei Farbkomponenten herangezogen, wie die Arbeiten von E. Klahre, E. Ristenpart (3), W. Schramek und H. Maschek zeigen. Die Frage, ob auch in der Lederindustrie die quantitative Auswertung der Ergebnisse der Farbmessung beim Mustern möglich ist, kann grundsätzlich bejaht werden. Allerdings ist zu bedenken, daß die durch Messung gewonnenen Resultate wegen der spezifischen Eigenschaften des Leders eine weniger allgemeine Gültigkeit haben könnten als bei der Textilfaser. In Fachkreisen taucht hin und wieder die unbegründete Mahnung, die jeden Fortschritt hemmt, auf, wegen der Uneinheitlichkeit des Leders bei der alten, nach Gefühl arbeitenden Färbeweise zu bleiben. Daß auch ohne die Messung die neue Farbenlehre dem praktischen Färber seine Arbeit wesentlich zu erleichtern vermag, dürften die Ausführungen der vorstehenden Kapitel gezeigt haben.

Die Farbmessung nach Ostwald bewährt sich in der Färberei zur Festlegung des Wirkungsbereichs der Farbstoffe, ihrer Ausgiebigkeit sowie ihrer Farbtonänderung beim Verdünnen. Beim Nuancieren können durch Messung an der Vorlage und am gefärbten Muster vorläufig nur qualitative Schlüsse gezogen werden, in welcher Richtung ein Rezept geändert werden muß (siehe S. 150). Besonders wertvoll erscheint die Farbmessung bei der Beurteilung der Farbe, die ein Gerbstoff dem Leder verleiht, und der Echtheit von Gerb- und Farbstoffen. Bei der Herstellung von weißen und schwarzen Ledern (schwarzen Velourledern) gibt die Messung objektive Werte und wird dadurch dem Techniker zu einem schätzenswerten Hilfsmittel. Einflüsse der Vorbehandlung, Neutralisation, der Fettung und zur Färbung zugesetzter Hilfsstoffe auf die Farbe können durch die Messung quantitativ verfolgt werden. Daß durch die Anwendung der Ostwaldschen Farbzeichen oder der durch die Messung erhaltenen Kennzahlen die Möglichkeit geboten ist, sich schneller und besser über die Farbe zu verständigen, als dies mit Hilfe der gebräuchlichen Wortbezeichnungen geschehen kann, wird bei Betrachtung des farbtongleichen Dreiecks klar.

Von der Glanzmessung steht zu erwarten, daß sie sich zu einem brauchbaren Faktor bei der Beurteilung von Leder und Appreturstoffen gestalten lassen wird.

Im wissenschaftlichen und technischen Laboratorium dürfte sich die Anwendung des Stufenphotometers zu kolorimetrischen Messungen an Farbstofflösungen und auch zu manchen analytischen Bestimmungen als vorteilhaft erweisen. Die Trübungsmessung eröffnet dem Praktiker und Wissenschaftler ein bisher wenig betretenes Neuland.

Neben den oben erwähnten Einwänden gegen die Ostwaldsche Farbenlehre aus den Reihen der praktischen Färber und Koloristen wird von manchen Physikern die Farbmessung nach Ostwald als unzulänglich bezeichnet [Klughard (2)]. Es wird hervorgehoben, daß eine exakte Bezeichnung der Farbe nur durch Aufstellung einer Remissionskurve und entsprechende Auswertung derselben möglich ist. Daß die Farbzeichen strenge Gültigkeit nur für die matten Farben haben und für die Glanzfarben und die kalten Farben noch weitere Forschungen notwendig sind, die inzwischen von Klughard aufgenommen wurden, hat Ostwald in seinen Werken bereits erwähnt. Wenn auch die Remissionskurve dem Physiker genauen Aufschluß über die Lichtarten, die eine Farbe bilden, gibt, so weiß doch der praktische Färber diese Ergebnisse nicht auszunützen [Ristenpart (2)]. Ristenpart führt gegen die Auffassung der reinen Physik an,

daß unser Auge das Licht gar nicht der Remissionskurve entsprechend analy-
sieren kann, sondern als Farbe den Gesamteindruck, der sich aus drei Empfindungen zusammensetzt, wahrnimmt: 1. aus der Empfindung des über das ganze
Spektrum hin durchgelassenen Lichts (Weiß); 2. aus der Empfindung des an
bestimmten Teilen des Spektrums bevorzugt durchgelassenen Lichts (Vollfarbe);
3. aus der Empfindung des noch nicht durchgelassenen Lichts (Schwarz).

Daraus ergibt sich die am leichtesten durch den praktischen Färber auswert-
bare Triade Vollfarbe, Weißgehalt und Schwarzgehalt. Daß sich die Ostwaldsche Farbenlehre auch in der Lederindustrie bereits bewährt, zeigt der Umstand,
daß schon einige Betriebe die Erkenntnisse derselben praktisch verwerten.
Abschließend sei noch bemerkt, daß als alleinige sich die neue Farbenlehre
auch im Unterricht nützlich erwiesen hat.

Literaturübersicht.
Farbenlehre und Farbenmessung.

B l a c k a d d e r (1): J. A. L. C. A. **1921**, 280; Collegium **1921**, 448; (2): J. A. L. C. A.
1922, 208; J. I. S. L. T. C. **1923**, 445; Collegium **1924**, 145.
B l a c k a d d e r u. C. E. G a r l a n d: J. A. L. C. A. **1920**, 281; Collegium **1921**, 56.
B l o c h: Ztschr. f. techn. Phys. **1923**, 175.
B r o w n, L. R. u. R. O. P h i l i p p s: J. A. L. C. A. **1923**, 24; Collegium **1924**, 119.
B r u è r e d e l a, M. A.: Halle aux Cuirs (Suppl. techn.) **1928**, 265; Collegium **1929**, 44.
G o l d s c h m i d t: Farbe **1921**, Nr. 4.
K l a h r e, E.: Mellиands Textilberichte **1926**, Nr. 4.
K l u g h a r d t (1): Ztschr. f. techn. Phys. **8**, 109 (1927); (2): Monatsschr. f. Textilind.
1931, Heft 3.
K u b e l k a: Die quantitative Gerbmittelanalyse. Wien: J. Springer 1930.
K ü n t z e l: Collegium **1930**, 549.
L a m b, M. C. u. L. J a b l o n s k i: Lederfärberei und Zurichtung, 2. deutsche Aufl.
Berlin: J. Springer 1930.
L o e w e: Collegium **1928**, 197.
M a s c h e k, H.: Textilberichte **1925**, 342.
O s t w a l d, W. (1): Physikalische Farbenlehre, 2. Aufl. Leipzig: Unesma 1923;
(2): Farbkunde. Leipzig: S. Hirzel 1923; (3): Monatsschr. f. Textilind., Heft 9
(1931); (4): Mathetische Farbenlehre, 2. Aufl. Leipzig: Unesma 1921.
R i c h t e r: Zentralblatt f. Optik und Mech. **49**, 287 (1928).
R i s t e n p a r t, E. (1): Die Ostwaldsche Farbenlehre und ihr Nutzen für die Textil-
industrie. Leipzig: Th. Martins Textilverlag 1926; (2): Monatsschr. f. Textilind.
1931, Heft 12; (3): Monatsschr. f. Textilind. **1931**, Heft 10 u. 11.
R o n a, P.: Praktikum der physiologischen Chemie, 2. Aufl. Berlin: J. Springer 1931.
S c h r a m e k, W.: Zeitschr. f. d. ges. Textilind. **1929**, 807.
V o g e l, W.: Collegium **1931**, 200.
W a c k e r, H.: Kurzer Abriß der Ostwaldschen Farbenlehre. Freiberg i. Sa.: Deutsche
Gerberschule 1928.
W o l s k i, P.: Ztschr. f. Korrosion und Metallkunde **1926**, Dez.

III. Praktische Lederfärberei.[1]
Von **Dr. Hans Wacker**, Freiberg i. Sa.

Einleitung.

Fast ebenso alt wie die Umwandlung der tierischen Haut in Leder dürfte das
Bestreben sein, das Leder durch Färben auszuschmücken. Sicher kann die Lederfärberei bis in die Entstehungszeit der Bibel verfolgt werden; Moses zählt unter
den als Opfer dargebrachten Dingen auch rot gefärbte Widderfelle auf (Exodus
XXXV, 7 u. 23). Auch bei der Zutageförderung der in ägyptischen Grabdenk-
mälern bestatteten Mumien und der Grabschätze wurden Gegenstände aus

---

[1] Die zu diesem Beitrag gehörenden Tafeln I—XIX sind in dem gesondert
gebundenen Tafelteil enthalten.

gefärbtem Leder gefunden, die bis ins 9. Jahrhundert v. Chr. zurückreichen. Ob die Meder und Perser die ihnen als Schutz gegen Kälte dienenden Handschuhe bereits färbten, ist nicht sicher erwiesen. Die Römer und auch die Griechen haben die Kunst des Lederfärbens vom Osten übernommen, und es waren bei ihnen neben schwarzen auch rot und gelb gefärbte Schuhe im Gebrauch. Durch die Mauren kam die Lederfärberei aus dem Osten nach Spanien, wo im Mittelalter die Herstellung des Maroquien- und Korduanleders in hoher Blüte stand. Gefärbte Handschuhe waren von Rom aus in den liturgischen Gebrauch der katholischen Kirche gekommen, und im 16. Jahrhundert findet sich eine Ordnung für die Farbe der Handschuhe beim Zelebrieren der Messe. Die Farben waren weiß, rot und violett. Mit der Entdeckung der tropischen Erdteile kamen von dort die zahlreichen natürlichen Farbstoffe nach Europa und fanden auch in der Lederfärberei Anwendung. Im 18. Jahrhundert stand die Färberei des Handschuhleders auf hoher Stufe in Frankreich, wo zur Zeit Ludwigs XV. (1710 bis 1774) rosafarbige und purpurrote Handschuhe getragen wurden, die noch dazu parfümiert waren. Von Frankreich kam nach Aufhebung des Ediktes von Nantes (1685) durch Ludwig XIV. mit den auswandernden Flüchtlingen, die die katholische Staatsreligion nicht wieder annehmen wollten, die Handschuhmacherei nach Deutschland, wo speziell in den Hohenzollern-Brandenburgischen Ländern rasch aufstrebende Industrien entstanden (Erlangen, Magdeburg, Berlin). Gerberei, Färberei und Verarbeitung des Leders lagen vielfach in einer Hand. Daß gerade auf Handschuhleder die verschiedensten bunten Farben erzeugt wurden, hat seinen Grund darin, daß die natürlichen Farbstoffe auf lohgarem Leder keine oder nur wenige klare Töne zu erzielen gestatten. Weißes Glacéleder läßt nur den pflanzlichen Farbstoff in Verbindung mit einem Metall (Beize) zur Wirkung kommen, während bei lohgarem Leder der vegetabilische Gerbstoff schon eine bestimmte Farbe verursacht und außerdem mit den Beizen unter Bildung schmutziger Färbungen reagiert. Lohgares Leder wurde meist durch Überbürsten mit Lösungen von Eisensalzen schwarz gefärbt, z. B. mit der auch heute noch bekannten „Bierschwärze", bestehend aus saurem Bier, in dem Eisenabfälle aufgelöst waren. Braune und rote Saffiane waren bald nach Auffindung der natürlichen Farbstoffe bekannt.

Eine neue Epoche der Lederfärberei wie überhaupt der Färberei beginnt um die Mitte des 19. Jahrhunderts, wo die rapide Entwicklung der Teerfarbenindustrie auch in der Lederfärberei ungeahnte Möglichkeiten eröffnete. Nach Überwindung anfänglicher Schwierigkeiten, die einerseits an der Unvollkommenheit der ersten Produkte und anderseits an der falschen Anwendung der neuen Farbstoffe lagen, traten die Teerfarbstoffe erfolgreich in Wettbewerb mit den natürlichen Farbstoffen und haben dieselben heute fast vollständig aus der Lederfärberei verdrängt. Das ebenfalls der Neuzeit der Gerbereigeschichte angehörende Chromleder konnte nur mit den neuen Farbstoffen in allen gewünschten Farben gefärbt werden. Mit Ausnahme von Blauholzextrakt für Schwarz und für einige besondere Zwecke werden die Farbholzextrakte nur noch vereinzelt in der Chromlederfärberei angewendet. Von den natürlichen Farbstoffen finden nur die Abkochungen der Farbhölzer in der Glacélederfärberei noch in größerem Umfange Verwendung, und auch hier beginnen die Teerfarbstoffe diese zu verdrängen, besonders bei den waschbaren Sorten von Handschuhleder.

Während bis zu Beginn des Weltkrieges auf Leder nur ziemlich gedeckte braune Töne und Schwarz üblich waren und etwa ein helles Gelb oder andere leuchtende Farben auf Schuhleder sich nur schüchtern hervorwagten, hat sich nach dem Kriege die Reichhaltigkeit der auf Leder erzeugten Farben um ein Vielfaches vermehrt, und heute gibt es keine Farbe mehr, die nicht auch auf

Leder denkbar wäre. Die Entwicklung der chemischen Industrie hat der Färberei neben neuen Farbstoffen auch neue Hilfsmittel zur Verfügung gestellt und die Anwendung der Deckfarben, die in Deutschland im Jahre 1923 begann, nachdem sie in Amerika schon früher bekannt war, gestattete die Ausbeute an Farbledern gegen früher bedeutend zu erhöhen. Wenn auch in der Anwendung der Deckfarben viel gesündigt worden ist, so hat sich doch heute allgemein die Überzeugung durchgesetzt, daß auch bei Verwendung der egalisierend wirkenden Deckfarben eine ebenso peinliche Arbeit in Gerbung und Färbung notwendig ist, wie ohne diese Zurichtmittel. In jedem Falle, auch wenn die Zurichtung mit Pigmentfarbstoffen erfolgt, muß das Leder zuerst mit Teerfarbstoffen, eventuell in Kombination mit Holzfarbstoffen gefärbt werden. Im folgenden soll versucht werden, die heute üblichsten Färbeverfahren für die einzelnen Ledersorten kurz darzustellen.

A. Die Farbstoffe und das Lösen derselben.

Mit Ausnahme der Glacélederfärberei, wo jedoch auch schon die künstlichen Farbstoffe festen Fuß gefaßt haben, werden heute allgemein die künstlichen Teer- oder Anilinfarbstoffe angewendet. Die wissenschaftliche Einteilung, die chemische Seite der Farbstoffe und die Theorie der Färbung sind S. 35 abgehandelt. Die Einteilung der künstlichen Farbstoffe findet für den Praktiker am besten nach ihrem färberischen Verhalten statt. Die in der Lederindustrie angewendeten Farbstoffe bilden folgende Gruppen:

1. Basische Farbstoffe;
2. Sauerziehende Farbstoffe;
3. Beizenfarbstoffe;
4. Substantive Farbstoffe;
5. Schwefelfarbstoffe;
6. Entwicklungsfarbstoffe.

Die basischen Farbstoffe haben die besondere Eigenschaft, von Tannin, d. h. von allen vegetabilischen Gerbstoffen aus ihren Lösungen ausgefällt zu werden; sie bilden mit dem Tannin unlösliche Verbindungen, sog. Farblacke. Wegen dieser „chemischen" Reaktion mit dem pflanzlichen Gerbstoff finden diese Farbstoffe hauptsächlich zur Färbung pflanzlich gegerbter Leder Verwendung. Besonders auffallend ist ihre große Ausgiebigkeit und die Brillanz der Färbungen, wenngleich auch die übrigen Farbstoffklassen Vertreter haben, die an Leuchtkraft, allerdings bei Anwendung größerer Mengen, nicht hinter den basischen Farbstoffen zurückstehen. Wegen der salzähnlichen Verbindung mit dem Tannin geben die basischen Farbstoffe leicht bei narbenbeschädigten Ledern zu unegalen Färbungen Anlaß, weil an den Stellen, wo der Narben verletzt ist, eine stärkere Ablagerung von Gerbstoff stattgefunden hat. Ein kleiner Zusatz von Essigsäure oder eines sauren Salzes zum Färbebad verlangsamt das Anfallen des Farbstoffs und wirkt somit egalisierend. Manche basische Farbstoffe, z. B. die Methylviolettmarken, zeigen die Neigung, bei Anwendung in konzentrierteren Lösungen zu bronzieren; es entsteht auf der Oberfläche ein metallschillernder Glanz, der meist zu der Eigenfarbe des Farbstoffs gegenfarbig ist. Die grünen Kristalle des Fuchsins, die eine rote Lösung ergeben, zeigen die Erscheinung des Bronzierens sehr schön. Das Bronzieren kann in vielen Fällen beseitigt werden, wenn man die Leder ein oder mehrere Male mit einer schwachen Lösung von Essigsäure überreibt (siehe S. 192). Die Lichtechtheit der basischen Farbstoffe steht hinter derjenigen der übrigen Farbstoffklassen zurück. Sie spielt jedoch insofern eine untergeordnete Rolle, als bei pflanzlich gegerbten Ledern der ·Gerbstoff-

grund meist noch unechter ist als der Farbstoff; nur bei Verwendung eines lichtechten Gerbstoffes (Sumach) sind die basischen Farbstoffe zu vermeiden, wenn
eine lichtechte Färbung erzielt werden soll. Die basischen Farbstoffe sind empfindlich gegen hartes Wasser, insbesondere gegen solches mit vorübergehender Härte.
Es bilden sich schleimige dicke Niederschläge, welche eine Einbuße an Farbstoff
bedeuten und außerdem die Oberfläche des Leders verschmieren, wodurch un-
schöne Färbungen entstehen. Hartes Wasser muß daher entweder nach irgendeinem Verfahren (Kalk-Soda, Permutit) enthärtet oder, was in der Praxis meist
üblich ist, durch Essigsäure korrigiert werden (siehe S. 175). Alle mit basischen
Farbstoffen zu färbenden Leder sind sorgfältig von auswaschbarem Gerbstoff
zu befreien, da dieser beim Färben in der Flotte in dieselbe hineingelöst wird und
infolge von Niederschlagsbildung mit dem Farbstoff neben dem Farbstoffverlust
ein Verschmieren des Leders verursacht.

Die sauerziehenden oder kurz die sauren Farbstoffe ziehen auf vegetabilischen
Ledern nicht ohne Zusatz einer Säure auf, Chromleder jedoch bindet fast alle
sauren Farbstoffe in geringen Konzentrationen direkt, erst bei größeren Mengen
über 1% ist ein kleiner Zusatz von Säure notwendig. Durch den Säurezusatz
wird die Dispersität des Farbstoffs in der Flotte so verringert, daß er von der
Lederfaser absorbiert und dann so fest gebunden wird, daß eine echte Färbung
entsteht. Als Säure wurde früher allgemein die Schwefelsäure verwendet, wahrscheinlich deswegen, weil sie wegen ihrer großen Azidität die brillantesten Färbungen ergibt und weil sie die billigste Säure ist. An anderen Stellen dieses Werkes
ist schon mehrfach darauf hingewiesen worden, daß Schwefelsäure vom Leder so
fest gebunden wird, daß sie sich, auch bei noch so gründlichem Spülen, nicht mehr
vollständig aus demselben auswaschen läßt. Die im Leder zurückbleibende, wenn
auch geringe Menge Schwefelsäure führt speziell bei feineren Ledern früher
oder später einen Zerfall herbei. Deshalb hat man diese Säure durch die flüchtige
Ameisensäure ersetzt, zumal die damit auf vegetabilischem Leder erzielten Färbungen in ihrer Brillanz in den meisten Fällen kaum hinter den mit Schwefelsäure erhaltenen zurückstehen. Auch die Verwendung von Natriumbisulfat
schließt eine Schädigung des Leders durch Säure nicht aus. Die Menge der zuzusetzenden Säure hängt von der chemischen Natur der Farbstoffe ab. Durch
praktische Versuche ist es leicht möglich, die zum Fixieren benötigte Säuremenge
den verwendeten Farbstoffen anzupassen. Die gesamte Säure wird am zweckmäßigsten in mehreren Anteilen dem Farbbad zugegeben. Wenn auch bei der
Verwendung von Ameisensäure weniger leicht Schädigungen des Leders durch
die Säure zu befürchten sind, so ist es doch ratsam, die Säure durch Spülen nach
der Färbung weitgehend zu entfernen.

Die sauren Farbstoffe werden eingeteilt in sog. Uni- und Egalisierungsfarbstoffe. Die Egalisierungsfarbstoffe benötigen eine höhere Säurekonzentration
als die ersteren. Bei säureempfindlichen Farbstoffen und beim Färben heller
Nuancen, wozu nur geringe Mengen Farbstoff benötigt werden, gibt man der
schwächeren Essigsäure den Vorzug. Bei der Färbung vegetabilischer Leder
haben die sauren Farbstoffe die wichtige Eigenschaft, Narbenbeschädigungen
nicht so stark in Erscheinung treten zu lassen wie die basischen. Dieses Verhalten
ist erklärlich, denn sie bilden mit dem Tannin des Leders keinen Farblack und
fallen daher auch an gerbstoffreicheren Stellen nicht stärker an. Gegenüber
den basischen Farbstoffen zeigen die sauren Farbstoffe eine größere Beständigkeit
gegen das Licht. Für die lichtechtesten Färbungen auf Buchbinderleder wendet
man nur saure Farbstoffe an. Ein weiterer Vorzug der sauren Farbstoffe ist,
daß ihnen die Neigung, in höheren Konzentrationen verwendet, zu bronzieren
fehlt oder wenigstens nur bei einigen wenigen Vertretern vorhanden ist.

In der Chromlederfärberei werden die sauren Farbstoffe besonders deswegen sehr viel gebraucht, weil sie meist gut egalisieren und eine eventuell geforderte Durchfärbung des Leders ermöglichen. Manche Farbstoffe färben Chromleder ohne jeden Zusatz durch (Orange II, Cyanol extra). Bei anderen ist ein Ammoniakzusatz notwendig, damit der Farbstoff in das Innere des Leders eindringt (siehe S. 220).

Von den wahren **Beizenfarbstoffen**, die nur in Verbindung mit einer Beize, meist Metallsalz, in der Lage sind, Leder zu färben, sind die Holzfarbstoffe zu erwähnen. Das Hauptanwendungsgebiet dieser Farbstoffe liegt in der Glacélederfärberei (siehe S. 228), wenn sie auch beim Färben des Chromleders noch eine gewisse Rolle spielen. Für vegetabilische Leder kommt hauptsächlich der Blauholzfarbstoff in Verbindung mit Eisensalz für die Schwarzfärbung in Betracht. Besonders zum Färben von rein chromgaren und nachchromierten alaungaren Ledern haben sich künstliche Beizenfarbstoffe als sehr gut geeignet erwiesen. Die Säurefarbstoffe aus der Alizarinreihe und speziell die chromierbaren Azofarbstoffe zeichnen sich durch eine sehr hohe Licht- und Waschechtheit aus. Das in den Ledern enthaltene Chromoxyd dient als Beize (siehe S. 228) und bildet mit den Farbstoffen wasserunlösliche Farblacke. Viele dieser Farbstoffe können auch auf vegetabilischem Leder (lichtechtem Buchbinderleder) ohne Beize angewendet werden. Färbereitechnisch zählen diese Farbstoffe zu den sauren und werden wie diese und auch in Mischung mit ihnen gefärbt. In neuester Zeit haben in der Lederfärberei, speziell bei der Färbung waschbarer Handschuhleder und lichtechter Farben, Chromkomplexe saurer Azofarbstoffe, Erganilfarbstoffe (I. G.) und Neolanfarbstoffe (Ciba), sowie chromierbare Azofarbstoffe [Eriochromfarbstoffe (G)] in größerem Maße Eingang gefunden. Sie zählen zu den sauren Farbstoffen und werden wie diese angewendet.

Die substantiven Farbstoffe bilden die vierte Gruppe der hauptsächlich zum Färben von Leder gebräuchlichen Farbstoffe. Ihrer chemischen Natur nach stehen sie den sauren Farbstoffen sehr nahe. In der Textilfärberei sind sie durch ihr Verhalten gegen Baumwolle, die sie „in Substanz" ohne jeden Zusatz färben, gekennzeichnet. Sie zeigen eine große Säureempfindlichkeit. Ihr Hauptanwendungsgebiet liegt in der Chromlederfärberei, da sie bei guter Gleichmäßigkeit ohne jeden Zusatz sehr schöne, gedeckte Färbungen ergeben. In das Innere des Chromleders dringen sie nicht ein, weil durch die saure Natur des Chromleders ihre Dispersität an den Grenzflächen so sehr vermindert wird, daß sie dort gleich gebunden werden. Auch zum Färben von Semichromleder und vegetabilischem Leder finden einige weniger säureempfindliche substantive Farbstoffe, besonders die Siriusfarbstoffe, Verwendung. Zum Färben von rein vegetabilisch gegerbten Ledern werden ihnen die' sauren Farbstoffe vorgezogen. Speziell für Chromleder stellt die Farbstoffindustrie Farbstoffkombinationen aus sauren und substantiven Farbstoffen zur Verfügung, die vorwiegend substantiven Charakter zeigen. Farbstoffe dieser Art tragen die Bezeichnung Chromleder — Chromlederecht — Spezialchromlederfarbstoffe.

Die Schwefelfarbstoffe spielen hauptsächlich in der Färberei des Sämischleders eine Rolle. Sie sind in Wasser unlöslich und gehen nur durch Zusatz von Schwefelnatrium in Lösung. Zum Lösen von 1 Gewichtsteil Schwefelfarbstoff sind je nach Konzentration und chemischer Beschaffenheit 1 bis 6 Teile Schwefelnatrium (kristallisiert) notwendig. Nur das Sämischleder ist chemisch widerstandsfähig genug gegen die Schwefelnatrium enthaltende Farbflotte. Vegetabilisches Leder hält der Einwirkung dieser stark alkalischen Flotte überhaupt nicht stand, Chromleder wird so beeinflußt, daß sein Charakter verlorengeht. Nach einem neuen Verfahren der I. G. Farbenindustrie A.-G. sind die Schwefelfarbstoffe auch zum Färben von nachchromiertem waschbarem Chairleder geeignet, wenn sie mit Natriumsulfhydrat in Lösung gebracht und in salzhaltigen Flotten verwendet werden.

Entwicklungsfarbstoffe, die erst auf der Faser erzeugt werden, indem ein substantiver oder saurer Farbstoff auf der Faser diazotiert und mit einer Kupplungskomponente in Reaktion gebracht wird, finden im allgemeinen nur beim Schwarzfärben von chromgarem Velour- und Nubukleder Verwendung. Jedoch ist zu erwarten, daß es der Farbstoffindustrie gelingt, diesen durch Licht- und Waschechtheit ausgezeichneten Farbstoffen durch entsprechende Arbeitsweisen eine umfangreichere Gebrauchsmöglichkeit zu verschaffen.

Lösliche Küpenfarbstoffe, die auf der Faser mit Eisensalzen oder Kaliumbichromat oxydiert werden, empfiehlt die I. G. Farbenindustrie A.-G. zur Erzielung waschbarer Bürstfärbungen auf Glacéleder.

Die Unterscheidung der meist angewendeten sauren, substantiven, basischen Farbstoffe hinsichtlich ihrer Klassenzugehörigkeit ist für den Färber deswegen wichtig, weil basische Farbstoffe in Mischung mit sauren und substantiven Farbstoffen Fällungen ergeben. Basische Farbstoffe dürfen also weder mit sauren noch mit substantiven Farbstoffen gemischt werden. Sollen sie gemeinsam zur Anwendung gelangen, was häufig wünschenswert ist, so werden die sauren oder substantiven, oder Mischungen beider zuerst und nach vollendeter Färbung die basischen Farbstoffe ausgefärbt. Die Feststellung der Klassenzugehörigkeit eines Farbstoffs nimmt der praktische Färber am einfachsten mit Hilfe einer Gerbstofflösung vor. Zu der klaren Lösung des Farbstoffs, die man so verdünnt, daß man eben hindurchsehen kann, gibt man eine Lösung von Tannin oder irgendeines Gerbstoffs, der eventuell etwas Natriumacetat zugesetzt wurde. 5 g Tannin und 5 g Natriumacetat auf 100 ccm Wasser ist ein gebräuchliches Reagens. Weitere Unterscheidungsmerkmale siehe S. 35. Entsteht ein Niederschlag, dann liegt ein basischer Farbstoff vor. Lösungen von sauren und substantiven Farbstoffen bleiben nach Zusatz dieses Reagens klar. Die etwas schwierigere Unterscheidung zwischen sauren und substantiven Farbstoffen ist für den Lederfärber nicht unbedingt notwendig. Näheres hierüber ist in dem Abschnitt über Farbstoffe dargelegt.

Viele im Handel befindlichen Farbstoffe sind nicht einheitliche chemische Stoffe, sondern aus verschiedenen Farbstoffen zusammengemischt. Die einfachste Methode des Zusammenmischens ist das gleichzeitige Vermahlen der einzelnen Farbstoffe. Wenn auch die von M. C. Lamb befürchtete Entmischung bei sorgfältig bereiteten Mahlungen nicht eintreten dürfte, so sollte doch der Färber im Interesse der Vereinfachung lernen, seine Farbstoffmischungen selbst herzustellen. Ob eine einfache Mischung von Farbstoffpulvern vorliegt, läßt sich leicht feststellen, indem man eine Spur des Farbstoffes auf mit Wasser befeuchtetes Filtrierpapier bläst. Die einzelnen Farbkörnchen lösen sich mit der ihnen eigenen Farbe auf. Es sind auch Farbstoffmischungen im Handel, die durch Zusammenlösen verschiedener Einzelfarbstoffe und nachheriges Eindampfen der Lösung hergestellt sind. In diesem Falle führt obige Probe nicht zum Ziel. Auch hier ist in vielen Fällen festzustellen, ob ein Gemisch vorliegt, durch die sog. Kapillarisation. In eine Lösung des Farbstoffs, die in einer Konzentration von 0,5 bis 1% hergestellt wird, hängt man einen Streifen trockenes Filterpapier. Durch die Kapillarwirkung der Papierfasern wird die Farbstofflösung hochgesaugt, wobei vielfach die einzelnen Komponenten an verschiedenfarbigen Zonen erkannt werden können, da die einzelnen Farbstoffe verschieden hoch aufsteigen.

Das Farbstofflager.

Wenn auch die Zahl der in einem Betrieb angewendeten Farbstoffe, wie in dem Abschnitt über Farbenlehre dargelegt, nicht sehr groß zu sein braucht, so ist doch auch heute noch das Farbstofflager ein Schmerzenskind vieler Betriebe, besonders was die Zahl der vorhandenen Farbstoffe und die Ordnung derselben anbelangt. Das Lager an Handmustern in einer ungefähren Menge von 0,25 bis 0,5 kg kann sehr wohl reichhaltig sein, damit bei Bedarf die benötigten Farbstoffe wenigstens für Probefärbungen schnell zur Hand sind. Die Abkürzung der Suchzeiten ist gewährleistet durch die im Abschnitt über Farbenlehre beschriebene Farbstoffkartothek und die Durchführung einer bestimmten Platzordnung. Am einfachsten ordnet man die Farbstoffe nach Farbtönen und innerhalb derselben nach Farbstoffklassen und nach der Reinheit. Von den im Betrieb regelmäßig gebrauchten Farbstoffen sind stets größere Mengen in Fässern vorhanden. Da viele Farbstoffe hygroskopisch sind und daher durch Anziehen von Wasser klumpig werden, was eine genaue Gewichtsbestimmung unmöglich macht, sind die Gefäße stets gut verschlossen zu halten. Der Lagerraum soll trocken und frei von sauren Dämpfen und Staub sein. Die Entnahme der Farbstoffe soll mit sauberen Geräten erfolgen und das Stauben vermieden werden, da, abgesehen von der Verunreinigung des Raumes manche Farbstoffe eine Reizwirkung auf die Schleimhäute der Atmungsorgane ausüben können. Eine zuverlässige Waage für kleinere und größere Mengen ist unbedingt notwendig.

Das Wasser in der Färberei und das Lösen der Farbstoffe.

In noch höherem Maße als in der Gerberei ist in der Färberei die Frage des Betriebswassers von Wichtigkeit. Am besten geeignet zum Auflösen der Farbstoffe und zum Färben ist das destillierte Wasser, das vielerorts in Form von Kondenswasser in genügender Reinheit zur Verfügung steht, allerdings oft nicht in hinreichender Menge. Zu beachten ist bei der Verwendung von Kondenswasser, daß es durch gut wirkende Fettabscheider von eventuell beigemengtem Öl befreit sein muß und daß von den Rohrleitungen leicht Rostteilchen hineingelangen können, die durch Absitzenlassen entfernt werden müssen. Auch Regenwasser enthält keine der Färberei unzuträglichen Bestandteile, wenn es in geeigneter Weise aufgefangen wird. In Städten kann jedoch unter Umständen sehr viel Schmutz von den Dächern in das Regenwasser gelangen und auch etwas Schwefelsäure enthalten sein.

Das dem Färber meist zur Verfügung stehende Wasser aus Leitungen, Flüssen und Brunnen, besonders das letztere, enthält eine Reihe von gelösten Salzen, die die sog. „Härte" des Wassers bedingen. Manchmal ist es mehr oder weniger stark getrübt. Trübes, mit schwebenden Teilchen verunreinigtes Wasser muß unbedingt vor der Verwendung durch Filtrieren oder Absitzenlassen geklärt werden. Die „vorübergehende Härte" des Wassers wird durch die gelösten Bikarbonate des Calciums und Magnesiums verursacht, welche beim Kochen des Wassers als unlösliche normale Carbonate ausgefällt werden. Die Sulfate und Chloride dieser Erdalkalien sowie die der Alkalien werden beim Kochen nicht verändert; die von diesen Salzen herrührende Härte heißt die „bleibende Härte".

Die Verunreinigung durch Eisen, das meist in Form des doppeltkohlensauren Eisens vorliegt, ist seltener und leicht zu erkennen. Eisenhaltiges Wasser nimmt beim Stehen eine bräunliche Farbe an und wird trüb. Besonders nachteilig ist eisenhaltiges Wasser beim Färben vegetabilischer Leder, da die durch Einwirkung des Eisens auf den Gerbstoff entstehenden dunkel gefärbten Eisenverbindungen die Farbe des Leders beeinträchtigen. Stark mit Eisen verunreinigtes Wasser dürfte dem Färber kaum unterkommen, da schon für die Verwendung in der Wasserwerkstatt und in der Gerberei die Beseitigung dieser schädlichen Beimengung unerläßlich ist. Wo das Wasser nicht durch besondere Reinigungsanlagen, z. B. durch Anlagen nach dem Permutitverfahren, von allen mehrwertigen Kationen befreit wird, kann das Eisen durch Einblasen eines kräftigen Luftstroms oft bis zu einer nicht mehr störenden Konzentration entfernt werden. Das lösliche Ferrosalz wird durch den Luftsauerstoff zu unlöslichem basischem Ferrisalz oder Ferrihydroxyd oxydiert. Durch Absitzenlassen oder Filtrieren wird das mit Luft behandelte Wasser geklärt.

Die vorübergehende Härte des Wassers führt besonders beim Färben mit basischen Farbstoffen zu unliebsamen Störungen, da die Bikarbonate des Calciums und Magnesiums mit diesen Farbstoffen unlösliche flockige Niederschläge bilden. Die Reinigung des Wassers kann nach dem Kalk-Sodaverfahren oder nach dem Permutitverfahren, wodurch alle mehrwertigen Metalle beseitigt werden, erfolgen (siehe Kapitel: Die Gebrauchswässer, I. Bd., 2. H.). In den Fällen, in denen eine Reinigung des Wassers nach den eben genannten Verfahren nicht erfolgt, kann die vorübergehende Härte des Wassers, das aber nicht durch Eisen- oder Manganverbindungen verunreinigt sein darf, unwirksam gemacht werden. Dieses Korrigieren des Wassers zum Lösen und Färben mit basischen Farbstoffen wird mit Ameisen- oder Essigsäure vorgenommen. Die Säure neutralisiert die Alkalität des Wassers und verhindert die Entstehung von Niederschlägen. Für 100 l Wasser werden für je einen deutschen Härtegrad vorübergehender Härte benötigt: 7,2 ccm Essigsäure von 5,4° Bé oder 4,4 ccm Essigsäure von 8° Bé oder 6,4 ccm Ameisensäure von 8° Bé oder 3,2 ccm Ameisensäure von 15,5° Bé.

Die Wirkung der Korrektur zeigen die Farbproben auf Tafel I, Nr. 1 u. 2. Auf saure und substantive Farbstoffe wirkt die vorübergehende Härte nicht nachteilig ein und eine Korrektur des Wassers ist nicht nötig.

Die bleibende Härte des Wassers macht sich nicht in dem Maße ungünstig bemerkbar wie die vorübergehende, so daß eine Korrektur des Wassers meist unterbleiben kann. Sehr hartes Wasser bleibender Härte vermindert die Löslichkeit mancher saurer und der substantiven Farbstoffe. Diese Härte kann durch Zusatz von Alkalien korrigiert werden und man benötigt für einen deutschen Härtegrad auf 100 l Wasser 2 g kalzinierte Soda oder 2,5 g oxalsaures Ammonium. Durch diesen Zusatz fallen die gelösten zweiwertigen Metalle Calcium und Magnesium als unlösliche Verbindungen aus und das Wasser enthält einwertige Metalle, welche die Dispersität der Farbstoffe weniger stark erniedrigen. Eine zu große Menge von entstehenden Natriumsalzen macht sich jedoch bei manchen leuchtenden Tönen unangenehm bemerkbar. Wird die Härte durch die letzteren Zusätze korrigiert, so ist es ratsam, den entstehenden Niederschlag vor der Verwendung des Wassers zum Auflösen der Farbstoffe zuerst absitzen zu lassen.

Das Lösen der Farbstoffe.

In der Lederfärberei werden die Teerfarbstoffe ausschließlich in Lösung mit dem Färbegut zusammengebracht. Der Endzustand jeder Lösung ist additiv bestimmt durch zwei unabhängig voneinander verlaufende Vorgänge: 1. die Dispersion, 2. die Solvatation. Wenn in Grenzfällen einer der Vorgänge ganz unterbleibt, so liegt im ersten Falle eine ideale Lösung (der gelöste Stoff ist molekulardispers verteilt), im zweiten eine Quellung vor. Wenn auch bei manchen Farbstoffen die Verteilung in einem der Grenzfälle erfolgt, so stehen die meisten Farbstofflösungen zwischen den beiden Endzuständen. Der Dispersionsvorgang ist durch das Verhältnis der in Lösung gehenden Stoffmenge zur vorhandenen Lösungsmittelmenge und durch den erreichten Verteilungsgrad bestimmt. Die

Menge des in einem bestimmten Flüssigkeitsvolumen in Lösung gehenden Stoffs ist bei den Farbstoffen nicht wie bei einfachen Systemen eindeutig bestimmt. Die Löslichkeit eines Farbstoffes ist meist kein von der Temperatur allein bestimmter Gleichgewichtszustand zwischen Farbstoff und Lösungsmittel. Die Löslichkeit des Fuchsins bei 18⁰ wurde von L. Pelet-Jolivet und Th. Henny (R. Auerbach, S. 103) nach Auflösen bei erhöhter Temperatur und Auskristallisierenlassen, d. h. Abkühlen auf 18⁰, fast 50% größer gefunden gegenüber dem Auflösen bei 18⁰. Der Zerteilungsgrad wechselt bei Farbstofflösungen sehr stark. So sind die meisten Egalisierungsfarbstoffe molekulardispers oder gar iondispers gelöst, während viele, speziell substantive Farbstoffe nur bis zu größeren Molekülaggregaten aufgespalten werden, die rein kolloide Lösungen ergeben.

Die Solvatation (Hydratation) ist im Endzustand gekennzeichnet durch zwei Faktoren: durch die Menge des gebundenen Wassers und durch die Intensität, mit der dasselbe gebunden ist. Der Einfluß der Temperatur auf die Lösungsvorgänge ist nur bei der Dispersion näher untersucht, während die komplizierten Zusammenhänge zwischen Lösungstemperatur und Solvatation noch näherer Untersuchung harren. Die Temperatur wirkt bei der Dispersion meistens in beiden Richtungen positiv, d. h. bei höherer Temperatur geht mehr in Lösung, und dann ist der Stoff auch höher dispers gelöst. Der Einfluß von Elektrolyten auf die Lösungsvorgänge ist besonders stark, wenn es sich um Basen oder Säuren handelt. Erstere wirken lösungshemmend und dispersitätsverringernd auf basische, letztere auf saure Farbstoffe. Beide Farbstoffklassen werden in ihrer Löslichkeit durch Neutralsalze, besonders wenn sie mehrwertige Kationen enthalten, ungünstig beeinflußt. Die für das Auflösen der Farbstoffe maßgebenden Gesichtspunkte berücksichtigt die Praxis, indem

1. die Farbstoffe bei möglichst hoher Temperatur (Siedehitze) gelöst werden,
2. möglichst elektrolytfreies Wasser (Kondenswasser, Regenwasser) zum Lösen verwendet werden soll,
3. hartes Wasser durch entsprechende Zusätze zum Lösen geeignet gemacht wird.

Praxis der Auflösung. Zum Auflösen der Farbstoffe können Gefäße aus Holz, Steinzeug, Glas, Porzellan und emailliertem Metall benutzt werden. Gefäße aus Kupfer, verzinntem oder verzinktem Eisen sind mit Vorsicht zu gebrauchen, denn in manchen Fällen wirkt das Metall nachteilig auf die Farbstoffe ein. Auch sind die Metalle gegen chemische Einflüsse weniger widerstandsfähig als die oben genannten Werkstoffe. Die stets rein zu haltenden Geräte werden am besten für die einzelnen Farbstoffklassen, basische Farbstoffe einerseits und saure und substantive anderseits, besonders bezeichnet. Beim Gebrauch von Holzbehältern ist zu beachten, daß Holz Farbstoff aus der Lösung aufnimmt und dann an neue Lösung teilweise wieder abgibt. Aus diesem Grunde sind derartige Gefäße auch schwierig rein zu halten. Wenn stets ein und derselbe Farbstoff in Holzgefäßen aufgelöst wird, ist dagegen nichts einzuwenden. In Holzfässern werden auch häufig gebrauchte Farbstoffe in Form von Stammlösungen bereitgehalten.

Die basischen Farbstoffe werden am besten dadurch aufgelöst, daß sie mit der zur Korrektur des Wassers nötigen Essigsäure angeteigt werden, wobei ein kleiner Überschuß nichts schadet. Die gleichmäßig durchnetzte Paste wird unter stetigem Umrühren mit kochendem Wasser übergossen. Auch bei weichem Wasser ist ein Zusatz von 2 g Essigsäure (30proz.) auf 1 l Wasser empfehlenswert. Manche basische Farbstoffe, wie z. B. Auramin, vertragen Kochhitze nicht, worauf von den Farbenfabriken hingewiesen wird. Die Menge Lösungswasser soll bei dieser Farbstoffklasse mindestens das 50- bis 80fache des Farbstoffgewichts betragen. Manche Farbstoffe ergeben bei dem beschriebenen Anteigen harzige Massen. Man verdünnt in diesem Falle vorsichtig durch allmählichen Zusatz kleiner Wassermengen und inniges Vermischen oder man streut den trockenen Farbstoff auf das mit Essigsäure versetzte heiße Wasser. Während des Niedersinkens lösen sich die Farbstoffteilchen leicht auf und die Klumpenbildung wird vermieden. Auch kann man sich in diesem Falle eine konzentrierte Lösung des Farbstoffs in Spiritus herstellen und diese in Wasser eingießen.

Die sauren und auch die substantiven Farbstoffe sind leichter löslich als die basischen und eine Korrektur des Wassers ist nicht unbedingt erforderlich. Das Anteigen erfolgt ohne Säure. Die erforderliche Wassermenge beträgt das 20- bis 50fache des Farbstoffgewichts. Bei den leichter löslichen Farbstoffen genügt schon eine Lösetemperatur von 60 bis 70⁰ C, die schwerer löslichen erfordern ein kurzes Aufkochen. Die substantiven Farbstoffe zeigen im allgemeinen dieselbe Löslichkeit wie die sauren. Jedoch kann die Dispersität dieser Farbstoffe durch einen kleinen Sodazusatz erhöht werden, den man mit dem Wasser vor der Verwendung aufkocht.

Zum Lösen der Schwefelfarbstoffe bereitet man zunächst eine kochende Schwefelnatriumlösung, die im allgemeinen ebensoviel kristallisiertes oder die Hälfte an konzentriertem Schwefelnatrium enthält wie Farbstoff gelöst werden soll. Unter stetem Rühren wird der Farbstoff in diese Lösung eingestreut und geht leicht in Lösung.

Besonders zu bemerken ist, daß nie basische Farbstoffe mit sauren oder substantiven zusammen gelöst werden dürfen, da Ausscheidungen stattfinden. Saure und substantive Farbstoffe können gemeinsam gelöst werden. Ein zu langes Aufkochen der Farbstofflösungen ist zu vermeiden, ein kurzes Aufkochen zu empfehlen. Vor der Verwendung müssen alle Farbstofflösungen durch ein engmaschiges Haarsieb oder durch ein Leinentuch filtriert werden. Nicht gelöste Farbstoffteilchen geben sowohl bei der Färbung in der Flotte wie auch ganz besonders beim Aufbürsten streifige Färbungen. Da es sich bei den Farbstoffen um technische Produkte handelt, enthalten dieselben hier und da kleine Sandkörnchen, die speziell beim Färben im Faß Narbenbeschädigungen herbeiführen können. Farbstofflösungen längere Zeit stehen zu lassen, ist nicht empfehlenswert. Manche Farbstoffe scheiden sich in der Kälte wieder aus ihren Lösungen aus und außerdem erleiden viele Farbstoffe Zersetzungen. Basische Farbstofflösungen bilden infolge ihres Dextringehalts einen günstigen Nährboden für Schimmelpilze.

Zustand der Farbstofflösungen. Der Dispersitätsgrad der Farbstofflösungen liegt bei den meisten zwischen den typisch kolloiden und den typisch molekulardispersen Lösungen. Wenige Farbstoffe erreichen kolloide Verteilung, wie Nachtblau, Alkaliblau, und nur wenige sind molekulardispers gelöst, wie Naphtholgelb, Cyanol.

Nach der Klasseneinteilung zeigt sich, daß die positiven basischen Farbstoffe meist höher dispers gelöst sind als die negativen sauren und substantiven. Unter den geringer dispersen sauren und substantiven, chemisch eng verwandten Farbstoffen sind besonders die substantiven Farbstoffe bemerkenswert, die infolge ihrer gröberen Verteilung die Fähigkeit haben, die Baumwolle direkt zu färben. Eine feinere Unterteilung bei den substantiven Farbstoffen ergibt die (bei Zimmertemperatur) höher dispersen kaltfärbenden und die niedriger dispersen heißfärbenden Farbstoffe (R. Auerbach).

Auch die sauren Farbstoffe zeigen feinere Differenzierungen in ihrem färberischen Verhalten, welche auf ihrem Zerteilungsgrad beruhen. Ganz allgemein spricht man von Unifarbstoffen und von Egalisierungsfarbstoffen. Die Egalisierungsfarbstoffe zeigen die größere Dispersität. Auch die Unterteilung der Egalisierungsfarbstoffe in sauer und schwach sauer färbende zeigt die Abhängigkeit des Färbeverfahrens von dem Verteilungsgrad der Farbstoffe in Lösung.

B. Die Färbeverfahren.

Die zum Färben des Leders üblichen Verfahren lassen sich einteilen in solche, bei denen das Leder durch Eintauchen in die Farbstofflösung gefärbt wird, und solche, bei denen die Farbstofflösung mechanisch auf die zu färbende Seite des Leders aufgetragen wird. Zur Ausführung der Tauchfärbung stehen verschiedene Einrichtungen zur Verfügung:

1. Die Mulde oder der Farbkasten; die Leder werden mit der Hand in die Farbstofflösung eingetaucht und bewegt.

2. Die Haspel

3. Das Walkfaß } die Leder werden mechanisch in der Farbflotte bewegt.

Das Auftragen der Farbstofflösung auf die zu färbende Seite des Leders geschieht:

1. mit der Hand mittels einer Bürste oder eines Schwammes,

2. mit der Spritzpistole durch Preßluft.

Sowohl beim Tauchverfahren in der Mulde und im Farbkasten, wie auch beim Bürstverfahren hat man versucht, die Handarbeit durch Maschinen zu ersetzen, jedoch ohne dauernden Erfolg.

1. Das Färben in der Mulde.

Die ursprünglichste und primitivste Art, Leder zu färben, ist wohl die, das Leder mit der Hand in die Auflösung eines Farbstoffs einzutauchen. Aus einem einfachen Gefäß hat sich im Laufe der Zeit die Mulde und der Farbkasten als besonders zum Färben von Leder geeignet herausgebildet. Die Mulde findet heute vereinzelt nur noch da Verwendung, wo wenige Felle in einer Farbe gefärbt werden sollen und der Preis des fertigen Leders die gegenüber anderen Verfahren höheren Färbekosten erlaubt. Falls jedoch, was meist der Fall ist, größere Partien in ein und derselben Farbe zu färben sind, hat die Mulde der Haspel oder dem

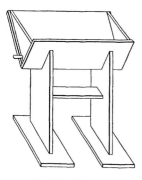

Walkfaß Platz gemacht. In der Mulde werden nur vegetabilische Feinleder, deren Rohmaterial das Kalb, die Ziege und das Schaf stellen, gefärbt, speziell dann, wenn eine ungefärbte Fleischseite verlangt wird. Die gebräuchlichste Form der Mulde ist ein oben offener Kasten von dreieckigem Querschnitt. Er soll reichlich die Länge der zu färbenden Felle haben. Die schmälere Seite des Dreiecks bildet mit der breiteren einen spitzen Winkel, damit die Farbflotte möglichst tief wird und ein bequemes Untertauchen der Felle gestattet. An der tiefsten Stelle der etwas seitlich geneigten Mulde befindet sich ein Spund, der eine einfache Entleerung des Farbbades ermöglicht (Abb. 70). Zum Färben in der Mulde kommen

Abb. 70. Farbmulde.

neben den basischen meist saure lichtechte Farbstoffe in Anwendung. Die zum Färben vorbereiteten Leder werden paarweise, je zwei annähernd gleich große Felle, mit der Fleischseite aufeinandergereckt. Das eine Fell wird mit der Narbenseite nach unten auf einer Tafel mit dem Messingschlicker glattgestrichen und dann das zweite Fell mit der Fleischseite nach unten auf dieses aufgereckt. Man läßt dann die aufeinandergereckten Felle einige Zeit liegen und bereitet die Farbstofflösung vor. Am zweckmäßigsten ist die Herstellung von Stammlösungen, da die Abmessung der benötigten Farbstoffmengen mit Hilfe eines Meßzylinders am einfachsten ist. Die Stammlösungen enthalten bei sauren Farbstoffen meist 10 bis 20 g, bei basischen 5 bis 10 g in 1 l Wasser.

Die Farbflotte richtet sich nach der Fellgröße und beträgt 4 bis 8 l pro Fellpaar — für zwei mittelgroße Ziegenfelle meist 6 l. Je nach Tiefe der zu färbenden Farbe wird eine mehr oder weniger konzentrierte Flotte angesetzt, deren Temperatur 45° beträgt. Beim Färben mit basischen Farbstoffen wird das Wasser in der oben beschriebenen Weise korrigiert. Der Färbeeffekt ist von zwei Faktoren abhängig, einmal von der Konzentration der Farbflotte und dann von der Zeit, während welcher die Felle in der Flotte bewegt werden. Die Tauchzeit für ein Fellpaar beträgt meist 10 Minuten, und unter Berücksichtigung dieser Zeit wird die Konzentration bei konstanter Flottenmenge gewählt. Vor dem Einbringen in die Mulde, die mit der auf Fellpaar berechneten Farbstoffmenge beschickt ist, werden die Felle durch Eintauchen in Wasser von 45° C vorgewärmt, um eine zu rasche Abkühlung der Farbflotte zu verhüten.

Beim Färben mit basischen Farbstoffen werden die Felle 10 Minuten ohne jeden Zusatz in der Flotte bewegt. Das Färben kann auch so ausgeführt werden, daß man das Fellpaar in die zunächst mit der Hälfte des Farbstoffs beschickte Mulde einbringt und 5 Minuten bewegt. Hierauf wird die zweite Hälfte zugegeben und weitere 5 Minuten behandelt. Bei der Verwendung saurer Farbstoffe wird zunächst 5 Minuten ohne Säure gefärbt, dann die erforderliche Menge Ameisensäure zugegeben und weitere 5 Minuten behandelt. Beim Färben mit basischen Farbstoffen kann man das nicht erschöpfte Farbbad noch für einige Fellpaare zubessern, während das mit Säure versetzte Bad der sauren Farbstoffe weggelassen wird. Für sehr stark gedeckte Färbungen arbeitet man in zwei Mulden. In der ersten gibt man eine saure Vorfärbung, die den Vorteil hat, Narbenbeschädigungen nicht so stark hervortreten zu lassen; nach Durchziehen durch warmes Wasser kommen die Felle paarweise in die zweite mit basischem Farbstoff beschickte Mulde. Ein weiterer Vorteil dieser Färbeweise ist, daß mit ihrer Hilfe reibechtere Färbungen erzielt werden als mit basischen Farbstoffen allein.

Dem Färben in der Mulde haftet als großer Nachteil die Verteuerung durch Arbeitslöhne an, und dazu kommt noch, daß die Farbbäder nicht vollständig ausgenützt werden können. Beim Färben unter Verwendung von Säure ist die Verwendung mehrerer Bäder oder das Zubessern ausgeschlossen, weil die zugegebene Säure den nachgesetzten Farbstoff zu schnell auf dem Leder aufziehen läßt. Die basischen Farbstoffe gestatten das Zubessern von Farbstoff zu einem gebrauchten Bad und die Verwendung von mehreren Mulden, deren Flotten nach dem Gegenstromprinzip weitergehender ausgenützt werden können. Sowohl beim Zubessern wie bei der besseren Ausnützung der Farbstoffe durch Färben in mehreren Mulden ist auf die Anwendung gleichmäßig aufziehender Farbstoffe zu achten, denn der langsamer anfallende Farbstoff würde sich im Farbbad anreichern und zu Fehlfärbungen Anlaß geben.

M. C. Lamb (S. 69) beschreibt eine Farbmulde, die eigentlich einen einfachen Kasten oder Trog darstellt, der für Ziegen 1,25 m lang, 1 m breit und etwa 0,25 m tief ist. In diesem Kasten, der mit der zum Färben einer Partie von höchstens drei Dutzend Fellen benötigten Wassermenge von 45° C beschickt ist, werden die Leder auf einmal an einer Schmalseite eingelegt. An der anderen Schmalseite wird $^1/_3$ bis $^1/_2$ der zum Färben benötigten Farbstofflösung zugegeben, verteilt und die Felle durch zwei Arbeiter gewendet. Das Wenden und Zubessern der Farbflotte wird so lange fortgesetzt, bis die Leder die gewünschte Farbe angenommen haben. Die Felle sind hierbei paarweise aufeinandergereckt, wie bei dem oben beschriebenen Muldenverfahren. Der Vorteil gegenüber der ersterwähnten Färbereiweise ist die Möglichkeit, eine größere Partie gleichzeitig zu bearbeiten. Die Möglichkeit des ständigen Beobachtens des Färbevorganges und die damit verbundene leichtere Regulierarbeit der Färbung durch Zubessern dürfte die teure Handarbeit gegenüber der mechanischen Arbeit der Haspel und des Walkfasses nicht aufwiegen, was dadurch bestätigt wird, daß die Mulde schon in den meisten Feinlederfärbereien der Haspel und dem Walkfaß Platz gemacht hat. Speziell bei der Kastenfärberei werden sich die Farbbäder wegen der großen Oberfläche und der ständigen Berührung mit der Luft schnell abkühlen. Dies könnte durch Anbringung einer geschlossenen Dampfschlange unter dem Boden verhindert werden.

Der immer größer werdende Bedarf an farbigen Ledern und die zunehmende Bedeutung der Kosten für Arbeit im Rahmen der Gesamtaufwendung für die Färbung, sowie die Zeitdauer des Färbevorganges drängten einerseits zur Mechanisierung des Tauchens, anderseits zur Anwendung von Arbeitsverfahren, die eine größere Partie Leder durch maschinelle Bewegung in der Farbflotte auf einmal zu bearbeiten gestatten. Von den „Färbemaschinen", welche die Mulden- oder Kastenfärberei durch mechanische Nachahmung der Handarbeit rationell gestalten sollten, hat sich in der Praxis keine durchzusetzen vermocht. Dagegen haben die nach dem zweiten Prinzip arbeitenden Verfahren in der Haspel und dem Walkfaß allgemeine technische Anwendung gefunden.

2. Das Färben in der Haspel.

Die Farbhaspel unterscheidet sich im allgemeinen nicht von der in der Wasserwerkstatt verwendeten Beiz- und Waschhaspel. Die Anordnung des Treibrades und der Bau der Haspel muß so sein, daß alle Felle ständig in Bewegung gehalten werden und nicht etwa einige Felle liegen bleiben. Der Zufluß von heißem Wasser und die Dampfzuleitung werden zweckmäßig so angebracht, daß die Felle mit strömendem heißem Wasser oder Dampf nicht in direkte Berührung kommen können. M. C. Lamb (S. 74) leitet Dampf und Wasser unter einen durchlöcherten sog. falschen Boden und empfiehlt auch die Farbzubesserung auf diese Weise. Die sonst sehr gut brauchbare Anwendung des durchlöcherten Bodens dürfte jedoch die Zubesserung und insbesondere die Reinhaltung der Farbhaspel erschweren. Die Farbhaspel wird am besten mit einem Klappdeckel verschlossen, damit die Temperatur während des Färbens nicht zu schnell sinkt. Der Farbzulauf findet am zweckmäßigsten durch eine an der Vorder- oder Rückseite angebrachte durchlöcherte Rinne statt, so daß die konzentrierte Farbstofflösung nicht direkt zu den Ledern gelangen und eventuell Flecken verursachen kann.

Die Haspel wird in Deutschland meist zum Färben von größeren Partien leichterer Leder angewendet, z. B. von Schafspalten für Hutleder, die durch Behandlung im Walkfaß leicht zerreißen. Das Färben von Schlangenleder in der Haspel ist insofern von Vorteil, als ein Verknoten nicht so leicht eintritt und gegebenenfalls beobachtet und schnell beseitigt werden kann. Auch zum Färben von Chromleder, besonders von Chromroßleder, wird das Haspelgeschirr aus den eben erwähnten Gründen gerne verwendet. Die Fleischseite des Leders wird bei diesem Verfahren im Gegensatz zu den vorerwähnten mit gefärbt. Die Größe der Haspel richtet sich nach den zu färbenden Partien. Damit die Leder genügend in der Farbflotte treiben, muß diese ziemlich reichlich bemessen werden. Man rechnet für 100 kg Feuchtgewicht etwa 400 bis 500 l Wasser. Die Temperatur beträgt bei vegetabilisch gegerbtem Leder 45 bis 50° C, bei Chromleder 60° C. Die Haspel wird mit der berechneten Menge warmen Wassers beschickt und in Bewegung gesetzt, dann gibt man die durch Eintauchen in warmes Wasser vorgewärmten Leder in die Haspel und setzt die entweder auf Fläche oder auf Gewicht berechnete Menge Farbstoff gelöst, in mehreren Anteilen, zu. Die sauren Farbstoffe benötigen zur Fixierung einen Säurezusatz. Da dieser von der Art des Farbstoffs abhängt, schwankt er etwas und wird daher am besten auf die Flottenmenge berechnet und festgelegt. Im allgemeinen dürfte eine Menge von 0,2 bis 1 g Ameisensäure (85 proz.) pro Liter Flotte genügen. Die Säure wird 10 Minuten nach Zugabe des letzten Anteils Farbstoff in einer etwa vierfachen Verdünnung in mehreren Portionen zugegeben. Zur Erzielung übereinstimmender Resultate ist auf gleiche Konzentration der Farbflotte, Färbedauer und Temperatur zu achten. Die Färbedauer beträgt im allgemeinen nach der Zugabe der Säure 30 bis 40 Minuten.

Nach der Färbung kann die Haspel mit Vorteil zum Spülen Verwendung finden, wobei das warme Wasser am Grund der Haspel zu und durch einen Überlauf abfließt. Zur leichteren Entnahme der gefärbten Felle kann nahe der unteren Seite an der vorderen Wand der erhöht aufgestellten Haspel ein Deckel angebracht werden, nach dessen Entfernung die Leder in einen durchlöcherten Karren fallen und wegtransportiert werden können.

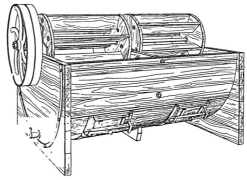

Das Färben in der Haspel bietet, außer bei der Färbung leicht zu beschädigender Leder, besonders beim Färben heller Farben mit wenig saurem Farbstoff Vorteile. Das Mustern in der Farbflotte ist insofern erleichtert, als man während der Färbung leicht Leder- proben entnehmen und nach Prü-

Abb. 71. Farbhaspel. (Aus L a m b - J a b l o n s k i, S. 76.)

fung gegebenenfalls durch entsprechenden Farbstoffzusatz Korrekturen vor- nehmen kann. Für sehr gedeckte (tiefe, weißarme) Farben muß eine erheb- liche Farbstoffmenge (bis zu 4%) angewendet werden, die dann aber wegen der größeren Flüssigkeitsmenge nicht vollkommen ausgenützt werden kann. Beim Färben von Chromleder in hellen Farben, wobei die Flotte des besseren Egalisierens wegen länger gehalten wird, ist die Haspel gut anwendbar. Für gedecktere Farben ist das Walkfaß vorzuziehen, zumal die Fettung ohnehin im Walkfaß, das angewärmt werden muß, vorgenommen wird. Hat die Haspel einerseits den Vorteil, daß man größere Partien auf einmal färben kann, so ist anderseits ein hoher Farbstoffverbrauch bei weißarmen Farben ein Nachteil.

3. Das Färben im Walkfaß.

Zum Färben größerer Partien hat sich das Walkfaß, wie es auch für die Chromgerbung üblich ist, am besten bewährt. Im allgemeinen sind die Farbfässer etwas schmäler gehalten und haben dafür einen etwas größeren Durchmesser als die Gerbfässer. Es kann jedoch notfalls auch ein zum Chromgerben benütztes Walkfaß (nach genügender Reinigung) als Farbfaß dienen. Eine hohle Achse, durch die das Anwärmen des Fasses, das Zubessern der Farbflotte und die Zu- leitung des Spülwassers erfolgen kann, soll unbedingt vorhanden sein. Die Färbe- fässer werden zweckmäßig aus Kiefern, Lärchen- oder Eichenholz, am besten jedoch aus Pitchpine hergestellt und sind im Innern mit versetzt angeordneten Zapfen versehen, die das Leder hochheben und wieder in die Farbflotte hinein- fallen lassen. Zum Färben von feineren Ledern, die leicht zerreißen, können die Zapfen vorteilhaft durch durchlöcherte Bretter, die über die ganze Breite des Fasses gehen, ersetzt werden. In diesem Falle ist jedoch die Flottenmenge beim Färben stets etwas größer zu halten, weil die Gefahr besteht, daß sich die Leder zu einem Klumpen zusammenballen, was zu einem ungleichmäßigen Ausfall der Färbung führt. Die Umdrehungszahl beträgt etwa 12 bis 15 Touren pro Minute. Die Größe der Fässer ist verschieden; bezüglich der Proportionen hat sich ein Verhältnis von Durchmesser zu Daubenlänge = 2 : 1 als günstig herausgestellt. Bei allen Fässern müssen die durchgehenden Eisenbolzen, welche die Armatur festhalten, mit Kupfer- oder Bleiblech überzogen sein. Die Öffnung der Fässer ist meist an dem äußeren Umfange angebracht. Die beiden Achsen, welche reichlich dimensioniert sein sollen (nach M. C. Lamb 15 bis 20 cm), sind zur Aufnahme der Zuleitungen für Dampf, Wasser, Farbstofflösung usw. durchbohrt. Der Antrieb erfolgt durch ein zweckmäßig umsteuerbares Vorgelege, dessen kleines Zahnrad in einen möglichst großen, aus mehreren Segmenten bestehenden Zahnkranz am Walkfaß eingreift (Abb. 72). Bei den zweiachsigen Fässern kann die Öffnung auch auf der dem Antrieb gegenüberliegenden Stirnfläche, nahe an der Peripherie des Fasses, angebracht werden. Es sind auch Fässer im Gebrauch, die nur auf der Antriebsseite mit einer Achse versehen sind. Auf der gegenüberliegenden Seite ist das Faß auf einem sogenannten Rollenständer, auf dessen Rollen ein zentrisch angeordneter Metallkranz läuft, gelagert. Durch diese Lagerung ist es möglich, eine große Öffnung zentrisch in der Stirnseite anzubringen, welche besonders das Einbringen der Leder in das Faß erleichtert. Da der Verschluß an dieser Stelle keiner so starken Belastung ausgesetzt ist, kann

Abb. 72. Färbefaß.

er leichter sein als in den beiden vorerwähnten Fällen. Der Deckel kann während des Laufens entfernt und der Fortgang der Färbung beobachtet werden. Ein Nachteil dieser seitlichen Öffnung macht sich beim Entleeren bemerkbar; es beansprucht viel mehr Zeit als das Entleeren eines Fasses mit oben beschriebenen Öffnungen. Außer der seitlichen Öffnung findet man an diesen Fässern daher oft noch eine Öffnung in der Peripherie des Fasses (Abb. 73). Beim Füllen der Fässer kann an Arbeitszeit und Handarbeit gespart werden, wenn die Leder von oben durch eine Rutsche in das Faß befördert werden. Das Entleeren eines Fasses, dessen Verschluß an dem äußeren Umfange angebracht ist, gestaltet sich dadurch einfach, daß man die Leder durch Drehen des Fasses in einen untergeschobenen Transportkarren hineinfallen läßt.

Besonders rationell ist die Färbung im Walkfaß hinsichtlich der Farbstoffausnützung. Während bei der Haspel 400 bis 500% des Ledergewichtes an Flüssigkeit benötigt werden, damit sich die Leder in der Farbflotte bewegen, genügen im Walkfaß im allgemeinen 150 bis 200%. Durch diese kurze Flotte ist die aufzuwendende Farbstoffmenge sehr gering, weil der Farbstoff vom Leder vollständig aufgenommen wird.

Ausführung der Faßfärbung. Das Faß wird zunächst mit Dampf oder heißem Wasser auf die Färbetemperatur angewärmt und mit etwa 150% des Ledergewichtes an Wasser der gleichen Temperatur beschickt. Die Färbetemperatur beträgt bei lohgaren Ledern 45 bis 50° C, bei chromgaren 55 bis 60°. Die durch Einlegen in Wasser vorgewärmten Leder werden einzeln mit den Narben nach außen in das Faß gebracht, durch dessen hohle Achse man nach Ingangsetzen die Farbstofflösung in mehreren Portionen zugibt. Das Filtrieren der auf die Färbetemperatur abgekühlten Farbstofflösung wird mit dem Zufließenlassen verbunden, indem

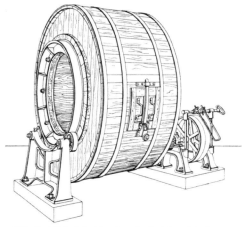

Abb. 73. Färbefaß. (Aus Lamb-Jablonski, S. 81.)

man die Lösung durch einen Trichter mit Siebboden einfließen läßt. Nach der Färbung kann oft im gleichen Bad gefettet werden. Sehr zweckmäßig ist es, die Farbstoffe in einem Raum aufzulösen, der über den Färbefässern neben dem Laboratorium und dem Farbstofflager gelegen ist. Die filtrierte Farblösung kann dann in einfacher Weise durch ein Rohr oder einen Schlauch dem Faß zugeleitet werden. Bezüglich des Färbens der einzelnen Leder mit den verschiedenen Farbstoffen sei auf die entsprechenden Abschnitte verwiesen.

Die trommelartige Faßform hat sich von allen bisher vorgeschlagenen Formen fast allein durchgesetzt. Von anderen Faßformen sind zu erwähnen das Würfelfaß, die sog. Turbulente, und das Polygonwalkfaß. Das

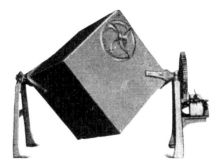

Abb. 74. Kubisches Färbefaß. (Aus Lamb-Jablonski, S. 83.)

Würfelwalkfaß (Abb. 74) empfiehlt sich dann, wenn eine sehr intensive Bearbeitung der Leder erfolgen soll. Die Würfelwalkfässer sind besonders in größeren Ausmaßen sehr schwierig einwandfrei herzustellen, und der Kraftverbrauch ist ziemlich groß, was der Grund dafür sein dürfte, daß sie sich nicht allgemeiner Anwendung erfreuen. Die Polygonwalkfässer haben im größten Durchmesser die Gestalt eines regelmäßigen Vieleckes — meist 6 oder 8 Ecken — und bestehen aus zwei an der Basis durch ein schmales Prisma vereinigten sechs- oder achtseitigen Pyramiden (Abb. 75). Die Faßöffnung befindet sich an einer der Pyra-

Abb. 75. Polygonwalkfaß. (Aus Lamb-Jablonski, S. 83.)

midenseiten. Die Bearbeitung der Leder ist eine ziemlich intensive, weil dieselben bei der Rotation des Fasses immer wieder in den schmalen Raum zusammengepreßt werden. Für kleine Versuchsfässer für 2 bis 10 Felle dürfte sich diese

Faßform wegen der Möglichkeit, die Flottenmenge niedrig zu halten, empfehlen. Auch als Broschierfässer dürften die beiden letztgenannten Bauarten sich gut eignen, da bei diesem Prozeß eine intensive mechanische Bearbeitung der Leder erwünscht ist.

4. Das Färben mit der Bürste.

Wenn auch das Auftragen der Farbstofflösung mit der Hand auf die Oberfläche des Leders wegen der damit verbundenen Arbeit unrationell erscheint, so ist die Anwendung des Bürstverfahrens doch dann gegeben, wenn die Fleischseite der Leder ungefärbt bleiben muß, wenn die Leder vor dem Färben schon teilweise zugerichtet sind oder wenn das Färben im Faß einen zu hohen Farbstoffverbrauch verursacht. Auf der Tafel werden gefärbt: Glacéleder, deren

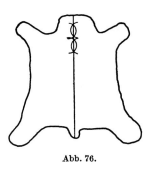

Abb. 76.

Fleischseite rein weiß sein soll, und außerdem vegetabilische Leder, die schon teilweise zugerichtet sind — Blankleder, Kofferleder, Geschirrleder — und die großflächigen Rindhäute für Portefeuille- und Möbelvachetten. Kleine Felle — Schaf-, Ziegen- und Kalbfelle — in vegetabilischer Gerbung werden nur dann gebürstet, wenn eine ungefärbte Fleischseite verlangt wird und die Färbung in der Mulde umgangen werden soll. Das Auftragen der Farbstofflösung mittels einer Bürste geschieht ausschließlich durch Handarbeit. Maschinen haben sich noch nicht einbürgern können. Die Wahl der Bürste hängt von der Beschaffenheit des zu färbenden Leders ab. Bei hartnaturigen Ledern, z. B. Kipsen, wird man

eine härtere Bürste verwenden als bei Ledern, die durch die Farbstofflösung leicht genetzt werden, wie z. B. Rindvachetten für Möbelzwecke. Für die Erzielung einer bestimmten Farbe sind maßgebend: 1. die Konzentration der Bürstflotte und 2. die Zahl der Aufstriche. Zweckmäßig ist die Herstellung von sog. Stamm-

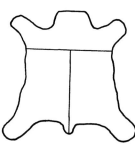

Abb. 77.

lösungen. Man löst die für 1 bis 2 Tage ausreichenden Mengen der Farbstoffe in einer bestimmten Konzentration auf und mischt die Lösungen nach Bedarf. Bei basischen Farbstoffen beträgt die Konzentration zweckmäßig 5 bis 10 g pro 1 l, bei sauren 10 bis 20 g. Die Farbstoffe werden in der S. 176 beschriebenen Weise, unter entsprechender Korrektur des Wassers, gelöst. Das Auftragen der Bürstflotte auf großflächige Häute muß durch erfahrene und geschulte Arbeitskräfte erfolgen. damit die Färbung gleichmäßig ausfällt. Zum Färben einer Haut werden zwei oder besser drei Färber angestellt, von denen jeder eine bestimmte Partie der Haut mit der Bürste zu bearbeiten hat. Das Leder liegt dabei auf

einem ebenen Tisch, der sog. Färbetafel, dessen Höhe so gewählt ist, daß die Färber bequem bis in die Mitte der Haut reichen können. Die beiden Färber stehen an den Seiten der Haut und beginnen beide beim Kopf oder beim Schwanzende die Farbflotte aufzutragen. Jeder arbeitet bis zur Mitte der Haut, die von beiden gleichzeitig übergreifend gefärbt wird, damit nicht an der Grenze Ungleichmäßigkeiten in der Farbe entstehen (Abb. 76). Beim Färben mit drei Färbern steht der eine am Kopfende und bearbeitet nach beiden Seiten von der Mitte aus Hals, Schulter und Vorderklauen. Die beiden anderen arbeiten vom Schwanzende her wie oben beschrieben (Abb. 77).

Die Konzentration der Bürstflotte und die Zahl der Aufträge richtet sich nach der Tiefe (Weißarmut) der Farbe und wird durch Probefärbungen ermittelt. Je weniger gedeckt die Farbe ist, desto geringer wählt man die Konzentration der Farbflotte. Man kommt mit einem oder zwei Aufträgen aus. Gedeckte Farben erfordern höhere Konzentrationen und ein öfteres Auftragen.

5. Die Versuchsfärberei.

Apparate zur Ausführung kleiner Färbeversuche sind S. 147 beschrieben. Bevor man jedoch die Resultate aus einem kleinen Vorversuch in den Betrieb übernimmt, ist es zweckmäßig und auch allgemein üblich, zunächst ein bis zwei Felle und dann etwa ein Dutzend Leder nach dem im Versuch festgelegten Verfahren zu bearbeiten.

Die Versuchsfärberei für ein bis zwei Felle ist meist mit dem chemischen Laboratorium verbunden und dem Arbeitsprozeß des Betriebes entsprechend eingerichtet. Für die Ausführung von Bürstfärbungen ist die in Abb. 78 ersichtliche Anordnung vorteilhaft, da sich die Färbeplatten auf jeden Tisch auflegen

Abb. 78.

lassen. Die schrägen, mit Zinkblech überzogenen, geneigten Flächen erleichtern das Spülen nach der Färbung. Zum Auftragen der Farblösung dienen gewöhnliche Schuhbürsten. Für Färbe- und Fettungsversuche mit ein bis zwei Fellen stehen kleinere Walkfässer aus Holz zur Verfügung. Daneben bestand aber schon

seit langem das Bestreben, den Versuch während seiner ganzen Dauer zu beobachten. Versuchseinrichtungen aus Glas haben die Form von gewöhnlichen weithalsigen Flaschen oder von niedrigen, einem Exsikkator ähnlichen Zylindern. Die Flaschen, die bis zu 25 l Inhalt haben, sind in ein Metallgestell einmontiert, welches mittels zweier Lagerzapfen auf einem Lagerbock ruht (Abb. 79). Als Verschluß dient eine mittels Gummiring abgedichtete Glasplatte, die durch eine Schraubenvorrichtung auf dem Flaschenhals festgehalten wird. Die Anbringung einer hohlen Achse ist umständlich und mit einer Verringerung der Haltbarkeit der Gefäße verbunden. Auch etwa 50 cm hohe Glaszylinder mit einer lichten Weite von etwa 20 cm sind in Gebrauch. Eine wie eben beschriebene drehbar angeordnete Metallarmatur

Abb. 79.

hält den aus einer Gummiplatte bestehenden Verschluß und das ganze Gefäß fest und auch hier ist die Anordnung einer hohlen Achse mit Schwierigkeiten verbunden. Da bei derartigen Versuchseinrichtungen die hohle Achse fehlt, muß beim Zugeben von Farbstofflösung, Säure, Fettlicker usw. der Versuch unterbrochen und der Verschluß geöffnet werden. Bei der Zubesserung von Farb- oder Gerbstofflösung muß das Leder herausgenommen und die Flotte mit der zugebesserten Lösung gemischt werden, damit keine Fleckenbildung eintritt. Zapfen, die in den Walkfässern die Leder immer wieder auseinanderfalten und in die Farbstoffe zurückfallen lassen, können in diesen Glasgefäßen nicht angebracht werden. Daher entstehen sehr häufig infolge Zusammenballens der Leder fleckige Färbungen, weil die Leder an den Glaswänden entlanggleiten. Unangenehm ist das Arbeiten mit solchen Glasgefäßen auch wegen der Bruchgefahr durch Temperaturschwankungen. Ein vom Verfasser angegebenes Walk-

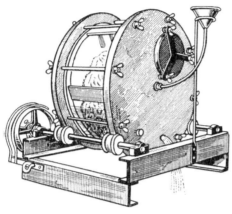

Abb. 80.

faß aus Glas, das in Abb. 80 gezeigt ist, hat die geschilderten Mängel nicht. Die Einrichtung ist die eines Walkfasses, wodurch die Behandlung der Leder den Betriebsverhältnissen weitgehend angepaßt wird. Ein gegen hohe Temperatur widerstandsfähiger Glaszylinder ist zwischen zwei „Faßböden" durch Flügelschrauben elastisch eingespannt. Die seitlich befindliche genügend große Öffnung erleichtert das Zubringen und die Entnahme des Färbegutes. Das Anwärmen kann nach Vorwärmen mit Wasser von etwa 40⁰ C direkt mit Dampf erfolgen, und die Temperatur bleibt während der Färbung und Fettung genügend hoch.

Der in der Faßmitte befindliche, durchbohrte Verschluß gestattet das Nachbessern während des Versuches. Von Vorteil ist ferner, daß das Spülen direkt im Faß vorgenommen werden kann.

Der Kleinversuch für die Muldenfärberei wird am besten in flachen Schalen, wie sie in der Photographie angewendet werden, ausgeführt. Die Probefelle werden in der regelmäßig verwendeten Mulde gefärbt.

C. Das Färben vegetabilisch gegerbter Leder.

Das Rohmaterial für die zur Färbung gelangenden vegetabilisch gegerbten Leder stellt das Rind, das Kalb, die Ziege, das Schaf, in geringerem Umfange das Schwein und der Seehund. Dazu kommen noch die Häute von Eidechsen, Fröschen, Schlangen, Fischen und Vögeln (Strauß), die in der letzten Zeit in der Portefeuille- und Schuhindustrie eine wichtige Rolle spielen. Nach der Größe lassen sich zwei Hauptgruppen bilden: die großflächigen Häute und die kleineren Felle für Feinleder. Erstere können nach ihrer Stärke und Zurichtung eingeteilt werden in:

Schwere Leder . . . . Blank- und Geschirrleder,
Leichtere Leder . . . . Vachetten für Täschnerzwecke,
                                Koffervachetten, Portefeuillevachetten.
Leder in weicher Zurichtung . . Möbelvachetten und Autoleder.

Unter Feinleder sollen alle leichteren Leder aus Kalb-, Ziegen- und Schaffellen und exotischen Häuten zusammengefaßt werden, die als Möbelleder, Portefeuille- und Buchbinderleder im Gebrauch sind. Kalb und Ziegen liefern bessere Leder, während das Schafleder für billigere Portefeuille- und Galanteriewaren verwendet wird. In größerem Umfange werden vegetabilische Schafleder als Hutschweiß- und Futterleder sowie als Leder für Hausschuhe zugerichtet. Die hartnaturigen ausländischen Ziegen stellen die Rohware für die geschätzten Saffiane. Die Reptilienhäute werden meist mit Sumach, lichtechten, möglichst hellgerbenden synthetischen Gerbstoffen oder mit Kombinationen beider gegerbt. In den Fällen, wo die natürliche Zeichnung erhalten bleiben soll, werden die Leder nicht oder nur in lichten Tönen gefärbt.

1. Die Gerbung und ihr Einfluß auf die Färbung.

Daß mit Ausnahme des Sumachgerbstoffes und einiger synthetischer Gerbstoffe die Lichtechtheit der pflanzlichen und synthetischen Gerbstoffe nicht besonders groß ist, wurde bereits S. 170 erwähnt. Rindhäute werden nicht mit Sumachextrakt gegerbt, sondern mit lichtunechteren Gerbstoffen, wie Eiche, Fichte, Quebracho, Mimosa, Myrobalanen usw. Die leichten Felle, die zu lichtechteren Feinledern und speziell als Buchbinderleder zugerichtet werden, erhalten eine Gerbung mit Sumach oder Sumachextrakt. Als sehr zweckmäßig hat sich auch für sehr helle Leder, die eine möglichst große Lichtechtheit aufweisen sollen, die Gerbung mit manchen synthetischen Gerbstoffen allein oder in Kombination mit Sumach erwiesen. Von den vegetabilischen Gerbstoffen sind die lichtunechtesten die des Quebrachoholzes und der Kassiarinde [J. Päßler (1, 2)]. Am wenigsten Eigenfarbe hat das mit Sumach und mit manchen synthetischen Gerstoffen (z. B. Tanigan LL (I. G.), Irgatan (G) gegerbte Leder. Alle anderen Gerbstoffe verleihen dem Leder eine gelb- bis rotbraune mehr oder weniger dunkle und intensive Farbe. Beim Färben heller Farben stört diese dunkle Eigenfarbe des Leders, weshalb diese Leder gebleicht werden (siehe Abschnitt Bleichen).

Die Lichtechtheit des Gerbstoffgrundes ist bei der Auswahl der Farbstoffe zu berücksichtigen. Die Verwendung eines noch so lichtechten und damit auch teueren Farbstoffes auf nicht lichtechtem Leder ist zwecklos, denn der im Lichte veränderliche Gerbstoff ändert in jedem Falle seine Farbe. Nur auf sumachgarem oder mit einigen synthetischen Gerbstoffen gegerbten Ledern kommt die Beständigkeit eines lichtechten Farbstoffs zur Geltung. Die Lichtechtheit einer lichtunechten Grundgerbung kann durch Nachbehandeln mit lichtechten natürlichen oder synthetischen Gerbstoffen nicht verbessert werden.

Die Lichtechtheit des ungefärbten Leders spielt insbesondere bei der Zurichtung ohne Deckfarben eine erhebliche Rolle. Mit Einführung der Deckfarben hat diese Frage etwas an Bedeutung verloren, da in den Deckfarben hoch lichtechte Farbpigmente enthalten sind. Eine braune Farbe, die auf Rindleder, das mit Quebracho, Mimosa und Fichte gegerbt war, mit sauren Farbstoffen hergestellt und mit Kollodiumdeckfarbe überspritzt war, zeigte nach einer vierstündigen Bestrahlung mit der Quecksilberlampe keinerlei Veränderung.

2. Die Vorbereitung der Leder zum Färben.

a) Das Aufwalken und Bleichen. Bei allen vegetabilischen Ledern, die gefärbt werden sollen, ist die Entfernung des überschüssigen Gerbstoffes erforderlich, speziell bei den Ledern, die nach dem Tauchverfahren gefärbt werden. Beim Färben in der Flotte würde der auswaschbare Gerbstoff in die Flotte gelangen und mit basischen Farbstoffen unliebsame Ausscheidungen ergeben. Auch solche Leder, die später in halbfeuchtem oder nassem Zustand gepreßt werden (Sattelleder), dürfen keinen ungebundenen Gerbstoff enthalten. Beim Pressen wird der nicht fixierte Gerbstoff an die Oberfläche gedrückt und ruft unansehnliche Flecken hervor. Die Leder werden daher entweder gleich nach der Gerbung von dem nicht gebundenen Gerbstoff befreit, oder man läßt sie zunächst in der Borke liegen. Im letzteren Falle erfolgt das Auswaschen oft erst vor der Färbung. Die Entfernung des Gerbstoffes unmittelbar nach der Gerbung geschieht durch Waschen im Walkfaß mit Wasser von etwa 30 bis 35° C. Bei längere Zeit im Borkezustand aufbewahrten Ledern bewirkt ein geringer Alkalizusatz eine bessere und schnellere

Durchnetzung und Reinigung des Narbens und außerdem eine oft zweckmäßige gelinde Entgerbung. Besonders beim Aufwalken von Ledern, die aus tropischen Ländern in gegerbtem Zustande kommen (ostindische Ziegen, Bastards und Schafe, ostindische Kipse, australische Basils, Smyrna- und Bagdadziegen) ist es üblich, Alkalien in Form von Soda, Natriumbicarbonat oder Borax anzuwenden, um einen klareren Narben zu erhalten. Die Leder können vor oder nach dem Falzen mit dem Alkali behandelt werden. Zum Falzen waren die Leder in welkem Zustand gelangt (siehe S. 680 bis 686). Auf das nach dem Falzen festgestellte Gewicht, das Falzgewicht, bezieht man am besten die Menge der zum Entgerben, Bleichen, Fetten anzuwendenden Mittel. Bei der Behandlung im Walkfaß soll die Flottenmenge nicht zu gering sein, da besonders schwerere Leder leicht durch Scheuerstellen entwertet werden können. Im allgemeinen wird eine Flotte von 200 bis 250% Wasser, bezogen auf das Falzgewicht, hinreichend sein. In dem etwa 40° warmen Wasser werden die Leder etwa 5 Minuten gewalkt, und dann gibt man die Lösung des Alkalis zu. Eine allgemein gültige Menge dieser Stoffe läßt sich nicht angeben. Soda wirkt am intensivsten entgerbend, Borax am gelindesten. Nach M. C. Lamb (S. 49) enthalten englische wie auch australische Basils größere Mengen natürlichen Fettes. Von indischen Gerbungen (Madras) wird berichtet, daß diesen Ledern zur Erhöhung des Gewichtes nicht selten größere Mengen Öl (Sesamöl) einverleibt wurden. In vielen Fällen kann die Behandlung mit Alkali den Fettgehalt auf ein nicht mehr störendes Maß vermindern. Oft ist jedoch einer nassen Entfettung, entweder im Blößenzustande oder nach der Gerbung, der Vorzug zu geben. Ganz besonders stark fettige Leder werden im Apparat entfettet (siehe S. 22). Für ostindische Bastards genügt eine Boraxmenge von 0,5%. Die Leder werden in der Alkalilösung 30 bis 45 Minuten gewalkt und dann erfolgt ein gründliches Spülen durch zu- und abfließendes warmes Wasser. An Stelle der alkalisch reagierenden Stoffe haben sich in neuerer Zeit besonders sulfonierte Öle und andere Netzmittel (sulfonierte Naphthalinderivate), denen eine stark reinigende Wirkung bei möglichster Schonung des Leders zukommt, gut bewährt. Schonendere Behandlung als im Walkfaß erfahren die Leder in der Haspel.

Um die Farbe des Leders heller und möglichst gleichmäßig zu erhalten, schließt sich an das Aufwalken oder, wenn durchgeführt, an das leichte Entgerben die Bleiche, über welche das entsprechende Kapitel dieses Bandes (siehe S. 1) berichtet. Die früher viel angewendete Schwefelsäurebleiche für leichtere Leder dürfte heute nahezu ganz aus der Technik verschwunden sein. Von den Säuren wird die Oxalsäure viel angewendet, die neben ihrer bleichenden Wirkung noch eventuell vorhandene Eisenflecken, die beim Falzen auf das Leder gelangt sein können, entfernt. Sehr vorteilhaft ist die gleichzeitige Anwendung von synthetischen Aufhellungsmitteln, die zugleich eine Beize für die basischen Farbstoffe ergeben [Tamol NNO, Tanigan GBL (I. G.)]. Besondere Bedeutung als Bleichmittel haben auch manche synthetische Gerbstoffe erlangt, zumal dieselben auch einen nachgerbenden Effekt zeigen. Aufhellende Wirkung in Verbindung mit der Fähigkeit, Eisenflecke zu entfernen, besitzen auch manche Zelluloseextrakte. Die Mengen und die Einwirkungsdauer der Bleichmittel richten sich nach dem Grad der gewünschten Aufhellung. Die Temperatur beträgt 35 bis 40° C. Wo die Farbe des Leders nicht stört, z. B. beim Färben dunkler Farben, kann das Bleichen unterbleiben. Nach dem Bleichen, gleichgültig welche Mittel angewendet wurden, ist es unerläßlich, daß gründlich mit fließendem warmen Wasser gespült wird.

b) Die Nachgerbung. An das Spülen schließt sich eine Nachbehandlung mit vegetabilischen oder synthetischen Gerbstoffen oder mit einer Kombination beider an, um in der Oberfläche eine gleichmäßige Gerbstoffablagerung zu erhalten und den durch die Behandlung verlorengegangenen Gerbstoff wieder zu ersetzen. Am meisten ist die Nachbehandlung mit Sumach, das „Nachsumachieren" üblich. Die Flottenmenge beträgt im Faß ungefähr 200 bis 300% des Falzgewichtes, die Brühenstärke etwa 1 bis 2° Bé. Die Menge der zum Nachgerben nötigen pflanzlichen und synthetischen Gerbstoffe hängt natürlich sehr ab von dem Zustand der Borkefelle. Synthetische Gerbstoffe werden im Faß in kurzer Flotte von 100 bis 150% zu 5 bis 20% angewendet, wobei der Gerbstoff verdünnt in 2 bis 4 Anteilen in halbstündigen Abständen zugegeben wird. In der Haspel beträgt die Brühenstärke 1 bis 3° Bé. Die Nachgerbung dauert im allgemeinen 2 bis 4 Stunden (I. G.). Nach M. C. Lamb (S. 50) sind für 100 kg trockenes Leder 5 bis 10 kg Sumach nötig, die in der zum Walken notwendigen Menge Wasser angesetzt werden. Das Nachsumachieren wird im Faß oder bei ganz dünnen Ledern (Schafnarbenspalten) auch zweckmäßig in der Haspel bei einer Temperatur von 30 bis 40° C, während einer Dauer von 2 bis 4 Stunden ausgeführt. Zum Nachsumachieren dünner Leder empfiehlt M. C. Lamb (S. 51) die Anwendung des Sumachs in Form eines dicken Breies. Die Leder sollen hierbei durch Aufnahme fester Sumachteilchen gefüllt und dadurch die Substanz vermehrt werden. Die während dieser Behandlung leicht eintretende Überhitzung der Leder läßt sich verhindern, wenn das Faß alle halbe Stunde geöffnet wird, damit durch Zutritt frischer Luft Abkühlung eintritt. Von der Verwendung der Sumachblätter wird von anderen Seiten abgeraten und die Anwendung von Sumachextrakten empfohlen, da sich bei der späteren Zurichtung mit Kollodiumdeckfarben unliebsame Verfärbungen einstellen können. An Stelle der Sumachblätter gelangt besser gebleichter Sumachextrakt, der in flüssiger und fester Form im Handel ist, entweder allein oder in Kombination mit synthetischen Gerbstoffen zur Anwendung.

An das „Nachsumachieren" schließt sich abermals ein gründliches Spülen an, das die Entfernung des nichtgebundenen Gerbstoffes bezweckt; nichtgebundener Gerbstoff würde sich beim Färben in der Flotte wieder herauslösen und mit den basischen Farbstoffen einen Niederschlag ergeben (siehe S. 171). Die Behandlung der Leder mit Säuren nach dem Sumachieren ist zu verwerfen, da die Gefahr besteht, daß geringe Säurereste im Leder verbleiben. Wenn dunkle Farben auf dem Leder zu färben sind, kann in vielen Fällen die Bleiche gespart und auch der Sumachgerbstoff durch einen billigeren ersetzt werden, z. B. Quebrachoextrakt oder Gambir. Man muß dann allerdings besondere Ansprüche an die Lichtechtheit fallen lassen. Die synthetischen Gerbstoffe zeigen oft gegen die Farbstoffe eine aufhellende Wirkung. Ein Beispiel für die Vorbereitung ostindischer Bastards zum Färben mögen die obigen Ausführungen ergänzen.

Die trockenen Leder werden kurz durch Wasser gezogen und dann bis zum gleichmäßigen Durchfeuchten auf Stapel liegen gelassen, damit sie falzfeucht werden. Die gefalzten Leder werden gewogen und kommen mit 300 bis 400% Wasser von 35° C in das Faß, wo sie, wenn nötig, unter Zusatz von 0,3 bis 0,5% Borax, etwa 1/2 Stunde gewalkt werden. Hieran schließt sich ein gründliches Spülen von etwa 15 bis 20 Minuten. Zum Bleichen gibt man in das Faß:

200% Wasser 35 bis 40° C und setzt dann zu den laufenden Fellen:

    0,5—1% Oxalsäure
    1—2% Tamol NNO oder Tanigan GBL.

In der Bleiche bleiben die Felle etwa 3/4 Stunden, dann folgt abermals ein gründliches Spülen bei 40 bis 45° C in einer Dauer von etwa 20 Minuten. Den Abschluß der Vorbehandlung bildet dann das Nachsumachieren während 2 Stunden in

    200% Wasser 40° C   oder   200% Sumachlösung 1° Bé
    2% Sumachextrakt.

mit nachfolgendem Spülen. An das Nachgerben schließt sich die Fettung, die meist mit wasserlöslichen Ölen durch das Lickern erfolgt, an. Die Leder können nach dem Bleichen und Nachsumachieren aufgetrocknet oder unmittelbar gefärbt werden, wenn es sich um Tauchfärbungen handelt. Die mit der Bürste zu färbenden Leder werden leicht genagelt und aufgetrocknet. Zum Färben in der Flotte werden dann die Leder, wenn sie nicht zu lange gelegen haben, einfach mit warmem Wasser kurz aufgewalkt, bei längeren Lagerzeiten ist nochmals eine leichte Sumachbehandlung zweckmäßig.

Für schwerere Blankleder empfiehlt sich das Bleichen durch Einlegen während einiger Zeit in eine 0,2proz. Oxalsäurelösung. Nach Abspülen mit Wasser wird durch Einhängen in ein Sumachbad gesüßt. Um speziell beim Bleichen mit stark wirkenden Mineralsäuren (Schwefelsäure) eine spätere Schädigung der Leder durch Säurewirkung zu verhindern, muß die Säure neutralisiert werden. Nach L. Jablonski (D.R.P. 442 233) sind hierzu Hydrazinverbindungen, organische Basen oder deren Salze mit hochmolekularen Säuren (z. B. essigsaures Anilin) sehr gut geeignet.

3. Das Färben von Rindhäuten nach dem Bürstverfahren.

a) Das Sortieren. Blankleder. Die zum Färben vorbereiteten, nach verschiedenen Methoden und je nach Verwendungszwecke verschieden stark gefetteten Blankleder werden sortiert. Die erste Sortierung erfolgt zweckmäßig nach dem Gesichtspunkt der späteren Zurichtung. Vollkommen narbenreine Häute werden glatt zugerichtet, Häute mit geringen Narbenschäden bekommen eine Pressung mit einem künstlichen Narben in feiner Struktur (Schweinsnarben, Perlgrain usw.), stärker beschädigte Häute werden mit einem gröberen, z. B. Floridanarben, versehen. Durch Anwendung der Deckfarben ist es möglich, geringe Narbenschäden so auszugleichen, daß oft noch eine glatte Zurichtung erfolgen kann. Innerhalb dieser drei Gruppen wird nach der zu erzielenden Farbe sortiert. Die in der Farbe gleichmäßigsten und narbenreinsten Hälften erhalten die Zurichtung als Naturblankleder oder werden in ganz hellen Farben ausgefärbt, in sog. London colour. In einem kräftigen Orange oder Braun werden die für Fahrradsättel bestimmten Leder gefärbt. Geringe Ungleichmäßigkeiten der Naturfarbe werden durch Färbung in einem Militärbraun oder Havannabraun ausgeglichen, während für Schokoladebraun und Schwarz Leder, die größere Ungleichmäßigkeit in der Eigenfarbe zeigen, geeignet sind. Häute mit leichten Narbenbeschädigungen, die aber keinesfalls ganz durch den Narben hindurchgehen dürfen, werden auf dem Narben durch Buffieren oder Schleifen leicht angerauht und als Velvetblankleder für Gürtel verarbeitet. Stärker beschädigte und in der Farbe sehr unegale Leder, die aber in ihrer Struktur dicht sein müssen, werden als Lackleder zugerichtet. Gröbere Narbenschäden und Ungleichmäßigkeiten in der Farbe können oft auch durch Schleifen, Färben unter Verwendung von Deckfarben und Pressen, zum Verschwinden gebracht werden.

Vachetten für Portefeuille- und Möbelzwecke. Während für Blankleder schwerere und in ihrer Struktur möglichst kernige Häute als Rohmaterial dienen, werden für Vachetten leichtere und insbesondere großflächige Häute verwendet. Leichtere Leder werden zu Blankvachetten für Taschen- und Kofferleder verarbeitet. Sortierung und Zurichtung dieser Leder erfolgt wie bei Blankleder. Narbenreine Leder, die wegen der Unegalität ihrer Farbe nur schwer eine gleichmäßige Färbung gestatten, können für sog. Phantasiefärbungen — Marmor-, Schatten-, Van Dyck-Leder — ausgewählt werden. Großflächige Häute werden stärker gefettet und finden in weicher Zurichtung als weiche Möbelleder in glatter, genarbter oder in der sog. Antikzurichtung Verwendung.

Neben der reinen Lohgerbung hat sich in neuerer Zeit immer mehr die Semi-chromgerbung oder die Kombinationsgerbung mit synthetischen und vegeta-bilischen Gerbstoffen eingeführt. Diese Leder werden in gleicher Weise zum Färben vorbereitet und wie die rein lohgaren sortiert. Für die glatte Zurichtung gilt das bei den Blankledern Erwähnte. Narbenreine und in der Farbe sehr helle und gleichmäßige Leder werden für helle und leuchtende Farben ausgewählt, weniger narbenreine werden für die Zurichtung mit künstlichem Narben oder für die Antikzurichtung aussortiert. Die Gleichmäßigkeit der Eigenfarbe er-möglicht hier wieder die Unterteilung in großflächige und helle Muster, die Unegalitäten mehr hervortreten lassen und kleinflächige und dunklere Tönungen, die manche in der Haut vorhandene Unegalität der Farbe auszugleichen gestatten. Die spätere Zuhilfenahme der Deckfarben, insbesondere der Kollodiumdeckfarben, erleichtert auch hier das Sortieren, ohne es jedoch ganz entbehrlich zu machen.

Die Blankleder haben schon in der Vorbereitung eine teilweise Zurichtung erfahren, die in der Glattlegung des Narbens durch Ausrecken mit dem Schlicker besteht. In manchen Betrieben werden die Blanklederhälften schon vor der Färbung auf der Fleischseite mit einer Appretur aus Schleimstoffen und Talkum versehen, damit die Leder beim Ausrecken besser auf der Tafel haften. Während des Trocknens sind die Hälften im Rücken an Stangen angenagelt oder hängen mit dem Kopf nach unten, damit sich das bereits fassonierte Leder nicht mehr verzieht.

Wenn nicht zu große Ansprüche an die Licht- und Reibechtheit gestellt und kräftige dunkle Farben erzielt werden sollen, verwendet man am einfachsten die basischen Farbstoffe. Für lichtechtere Färbungen und für helltrübe Farben, London colour, Grau usw., kommen die sauren Farbstoffe in Betracht. Für gedeckte, reibechte Färbungen werden saure und basische Farbstoffe kombiniert.

b) Das Färben mit basischen Farbstoffen. Da die basischen Farbstoffe mit dem Gerbstoff des Leders einen Niederschlag, einen sog. Farblack bilden, haben sie die Eigenschaft, Narbenbeschädigungen besonders stark hervortreten zu lassen, weil sich an diesen Stellen mehr Gerbstoff abgelagert hat. Infolge der schnellen Reaktion der Farbstoffe mit dem Tannin entstehen leicht schlecht egalisierte Färbungen, wenn man die Farbstofflösung direkt auf das trockene Leder aufträgt. Das Anfallen der basischen Farbstoffe kann dadurch verzögert werden, daß man die zu färbenden Leder gleichmäßig mit Wasser von 40° C über-bürstet und daran anschließend die Farbstofflösung aufträgt. Gut saugfähige Rindleder mit weichem Narben lassen sich auch mit einer sehr stark verdünnten Farbstofflösung (0,05 g pro Liter) gleichmäßig anfeuchten. Hartnaturige Kipse mit wenig saugfähigem Narben werden vorgenetzt, indem man sie zuerst mit einer Ammoniaklösung (10 ccm pro Liter Wasser) und anschließend mit einer Milchsäureverdünnung (10 g pro Liter) überbürstet. Bei der Färbung dunkler Farben, Schokoladebraun usw., kommt der Färber leicht in Versuchung, zu konzentrierte Bürstflotten anzuwenden, um einen Farbaufstrich zu sparen. Hiervon muß abgeraten werden, da die Gefahr, ungleichmäßige Färbungen zu erhalten, um so größer ist, je konzentrierter die Farbstofflösung ist. Die Kon-zentration der Farbstoffe beträgt im allgemeinen 2 g pro Liter, und auch für die tiefsten Färbungen soll sie 3 g pro Liter nicht überschreiten. Die Farbstoff-lösung wird bei einer Temperatur von 45 bis 50° C auf das genetzte Leder gleich-mäßig aufgetragen (siehe S. 184). Dann erfolgt ein zweiter Auftrag und, wenn nötig, ein weiterer, bis die gewünschte Farbe erreicht ist. Die Zahl der Aufstriche und die Konzentration der Lösung wird durch Vorversuche ermittelt. Wenn das Leder gleichmäßig durchfeuchtet ist und die Bürstflüssigkeit auf dem Leder stehen bleibt, hat ein weiterer Auftrag keinen Zweck mehr. Ein starkes Schäumen mancher basischer Farbstoffe kann dadurch vermindert oder beseitigt werden, daß man 10 bis 20 ccm Spiritus pro Liter Bürstflotte zusetzt. Ist bis zur völligen Durchnetzung des Leders gefärbt worden, so läßt man die Farblösung etwa $^1/_2$ Minute auf das Leder einwirken und spült den Überschuß mit Wasser weg. Wenn das Leder nicht völlig durchnäßt ist, werden eventuell vorhandene Schaumspuren oder von der Bürste herrührende Streifen durch Überfahren mit einem Bausch Putzwolle beseitigt. Hälften werden dann zum Trocknen längs des Rückens an Stangen genagelt, ganze Häute hängt man längs des Rückens auf abgerundete Stangen und wechselt während des Trocknens die Lage. Wenn die Farbe noch nicht satt genug ist, kann ein weiterer Auftrag auf das trockene Leder erfolgen. Um ein Beschmutzen der Fleischseite mit Farbstoff zu verhüten, legt man auf den Tisch einen Bogen saugfähigen Packpapiers; wenn das nicht geschieht, ist nach jeder Haut die Tafel wieder trocken zu wischen. Manche basische Farbstoffe neigen zum Bronzieren (siehe S. 170), wenn sie in hoher Konzentration angewendet werden; diese unliebsame Erscheinung kann oftmals durch Überreiben der trockenen Leder mit Berberitzensaft oder mit verdünnter Essig- oder Milchsäure beseitigt werden. Gute Dienste leistet auch entrahmte Milch, die man 1 : 10 verdünnt aufträgt.

c) **Das Färben mit sauren Farbstoffen.** Da die sauren Farbstoffe weniger ausgiebig sind als die basischen, benötigt man konzentriertere Bürstflotten. Die übliche Konzentration beträgt 5 bis 10 g pro Liter. Mit Vorteil werden die sauren Farbstoffe zur Färbung narbenbeschädigter Leder angewendet, weil sie die Stellen mit reichlicherer Gerbstoffablagerung nicht in erhöhtem Maße anfärben. Das Anfeuchten gut saugfähiger Leder kann unterbleiben. Das zu schnelle Anfallen der Farbstoffe wird durch kaltes Auftragen der Bürstflotte ohne Zusatz einer Säure verhindert. Die sauren Farbstoffe benötigen zur Fixierung auf vegetabilischem Leder eine Säure, die für den zweiten Auftrag der nun auf 40 bis 45° C erwärmten Bürstflotte zugesetzt wird. Am zweckmäßigsten hat sich die Ameisensäure erwiesen, deren Stärke fast die gleiche Farbintensität zu erzielen gestattet, wie die Schwefelsäure. Im Gegensatz zu der letzteren ist die Ameisensäure aber flüchtig und verdunstet allmählich aus dem Leder, so daß eine Schädigung desselben durch Säure nicht zu befürchten ist. Die Säuremenge beträgt im allgemeinen die halbe bis gleiche Menge des Farbstoffgewichtes: z. B. 5 g Orange II, 2,5 bis 5 g Ameisensäure 85proz. pro Liter Bürstflotte, und die Zugabe erfolgt erst kurz vor dem Auftragen. Je nach Farbtiefe werden mehrere Anstriche mit der angesäuerten Bürstflotte gegeben. Nach Bedarf kann das Leder nach dem Trocknen noch einen Aufstrich mit Säure versetzter Farbstofflösung erhalten.

d) **Helle Farben und Egalisatoren.** Zur Färbung heller Farben kommen nur saure Farbstoffe in geringer Konzentration zur Anwendung. Damit der Farbstoff gleichmäßig auf dem Leder anfällt, unterbleibt der Säurezusatz, und das Färben erfolgt bei gewöhnlicher Temperatur. Zur Erleichterung des Egalisierens ist ein Zusatz von 1 bis 2 g Seife pro Liter Farbstofflösung sehr zweckmäßig. Auch synthetische Produkte wirken egalisierend beim Färben mit sauren Farbstoffen. Das Tamol NNO der I. G. Farbenindustrie A.-G., ein neutralisierter synthetischer Gerbstoff, zeigt neben der egalisierenden eine aufhellende Wirkung. Irgatan, ein synthetischer Gerbstoff der Geigy A.-G., befördert ebenfalls das gleichmäßige Färben der sauren Farbstoffe. Auch Lösungen von Schleimstoffen verzögern das Anfallen der Farbstoffe. Abkochungen von Leinsamen, Stärke, Irischem Moos, Lösungen von Gelatine, Tragant usw. werden oft den Farbflotten zur Verdickung zugesetzt. Nach M. C. Lamb ist ein Zusatz von Gelatine sehr zweckmäßig beim Bürsten von narbenbeschädigten Ledern. Gleichzeitig wird ein zu tiefes Eindringen der Farbstoffe in das Leder verhindert. Eine zu weitgehende Verdickung der Bürstflotten ist jedoch zu vermeiden, da leicht streifige Aufträge entstehen. Nach M. C. Lamb (S. 102) soll nie mehr angewendet werden als 0,5 kg Leinsamen, 0,25 kg Irisches Moos oder 125 bis 250 g Gelatine auf 50 l Farbstofflösung. Die Lösung der Schleimstoffe wird für sich bereitet und der heißen Farbstofflösung zugegeben. Basische Farbstoffe werden mit Leinsamenabkochungen verdickt, saure erhalten einen Zusatz von Karrageenextrakt, der mit ersteren Niederschläge ergibt.

e) **Die Anwendung von Metallsalzen.** Viele Metallsalze bilden mit Tannin mehr oder weniger intensiv gefärbte unlösliche Verbindungen, sog. Gerbstofflacke. Die Anwendung des Brechweinsteins in der Baumwollfärberei zur Fixierung des als Beize für die basischen Farbstoffe dienenden Tannins ist sehr alt und allgemein üblich. Auch in der Lederfärberei wird das Fixieren des Tannins mit Brechweinstein als Vorbehandlung für Leder, die nach dem Tauchverfahren gefärbt werden sollen, empfohlen, obwohl bei gut ausgewaschenen Ledern ein Herauslösen des Gerbstoffs in die Farbflotte nicht zu befürchten ist. Die beim Färben mit der Bürste von manchen Färbern mitverwendeten Metallsalze haben nicht den Zweck, fixierend auf den Gerbstoff zu wirken, sondern die Lacke werden zur Farbbildung benützt. Diesem Zwecke dienen besonders die Salze des Eisens und des Titans, in geringerem Umfange auch die des Kupfers und des Chroms. Allgemein übliche Verbindungen sind das Ferrosulfat (Eisenvitriol, grüner Vitriol) $FeSO_4 \cdot 7 H_2O$, das Ferroacetat, $Fe(CH_3 \cdot COO)_2 \cdot 4 H_2O$, welches gewöhnlich als holzessigsaures Eisen verwendet wird, und das sog. Eisennitrat. Das letztere wird durch Oxydation von Eisenvitriol durch Salpetersäure gewonnen, ist also Ferrisulfatnitrat und als dunkelbraune Flüssigkeit von gewöhnlich 45° Bé im Handel. Das Titan kommt zur Verwendung als Titankaliumoxalat oder als Titanlactat (Korichrom). Kaliumbichromat, $K_2Cr_2O_7$ und Kaliumchromat, K_2CrO_4 sowie das Kupfersulfat spielen eine untergeordnete Rolle. Das Aufbürsten von Eisensalzen dient zum Abdunkeln der Farbe, denn das Eisentannat ist tief dunkelblau bis schwarz gefärbt. Beim Abdunkeln mit Ferrosulfat ist zu bedenken, daß durch die Vereinigung des Eisens mit dem Tannin freie Schwefelsäure entsteht, welche besonders auf den Narben des Leders nachteilig einwirkt, wenn sie nicht genügend entfernt wird. Durch einen nach dem Eisensalz folgenden Auftrag einer schwachen Lösung von Ammoniak oder Natriumacetat kann die Gefahr der Schädigung durch Säure vermieden werden. Das Nachbürsten kann man umgehen, wenn man mit dem Eisensalz etwa die gleiche Menge Natriumacetat auflöst. Zweckmäßiger ist jedoch der Ersatz des Eisenvitriols durch holzessigsaures Eisen, das im Handel als eine Lösung von 15 bis 30° Bé ist. Es wird durch Auflösen von Eisen in roher Essigsäure, dem sog. Holzessig, hergestellt und besitzt infolge der beigemengten Holzteerbestandteile eine schwarzgrüne bis schwarze Farbe und einen eigentümlichen Geruch. Auf derselben Basis beruhen die von manchen Gerbern dadurch bereiteten Lederschwärzen, daß Eisenstücke oder Feilspäne mit alkoholischen Flüssigkeiten, altem Bier, übergossen werden. Durch Gärung entsteht Essigsäure, welche das Eisen zu essigsaurem Eisen auflöst. Die Abdunklung mit den beiden letztgenannten Eisensalzen ist hinsichtlich der Schädigung des Leders durch Säure gefahrlos, weil die bei der Tannatbildung entstehende Essigsäure flüchtig ist und daher nicht im Leder bleibt. Ein Überschuß an Eisen ist jedoch auch hier zu vermeiden, denn wenn zuviel Eisenverbindungen in der Narbenoberfläche abgelagert sind, wirken sie zerstörend auf die Lederfaser und machen den Narben brüchig. Ein vor oder nach dem Eisenauftrag gegebener Anstrich mit einer Gerbstofflösung vermindert diese Gefahr. Die in der Technik angewendeten Konzentrationen schwanken von 0,5 bis 10 g Eisenvitriol pro Liter Wasser. Der Auftrag erfolgt kalt auf das angefeuchtete Leder vor dem sauren Farbstoff. Die Verwendung von Eisensalzen bei der Färbung ist daran zu erkennen, daß das Leder im Schnitt eine mehr oder weniger tief unter die Oberfläche reichende graue Zone zeigt. Alle Gefahren, die das Abdunklen mit Eisensalzen birgt, können sicher umgangen werden, wenn an deren Stelle schwarze Teerfarbstoffe zur Anwendung gelangen.

Während die Eisenverbindungen mit dem Gerbstoff zur Abdunklung der Farben dienen, steht im Titan ein Metall zur Verfügung, dessen Tannate gelb- bis rotbraune Farben liefern, die sich besonders durch Licht- und Seifenechtheit auszeichnen. In der Bürstfärberei werden daher die Titansalze gern in Kombination mit den Teerfarbstoffen angewendet. Da die Titantannate schon braun gefärbt sind, genügt es oft, die Teerfarbstoffe zum Nuancieren heranzuziehen. Nach M. C. Lamb (S. 132) gibt ein Aufstrich einer 1 proz. Lösung von Titan- salz eine gut gangbare Farbe für Sattler-, Riemen- und Geschirrleder. Nach Bedarf kann die Farbe noch mit geeigneten sauren Farbstoffen geschönt werden.

Neben den Salzen des Eisens und des Titans kommen beim Färben lohgarer Leder mit der Bürste noch Salze des Kupfers und des Chroms in Anwendung. Kupfersulfat, das man aus dem beim Eisenvitriol angegebenen Grund mit Na- triumacetat versetzt, oder Kupferacetat geben mit pflanzlichem Gerbstoff dunkle schmutzige Töne, die zur Abdunklung dienen. Mit Katechu gibt Kupfersalz sehr gut lichtechte braune Färbungen, die nach Bedarf noch mit Teerfarbstoffen korrigiert werden können.

Kaliumbichromat und Kaliumchromat wirken oxydierend auf die Gerbstoffe und erzeugen mit ihnen mehr oder weniger intensive Braunnuancen (Nußbraun). Bei der Verwendung dieser Salze ist Vorsicht geboten, weil zu konzentrierte Lösungen den Gerbstoff im Leder oxydieren, so daß der Narben seine Ge- schmeidigkeit verliert und brüchig wird. Um einer Oxydation des Gerbstoffes im Leder vorzubeugen, gibt man nach dem Auftrag dieser Chromsalze einen Anstrich mit der Lösung eines vegetabilischen Gerbstoffs.

Das Auftragen der Metallsalzlösungen erfolgt entweder für sich allein oder in Verbindung mit den sauren Farbstoffen. Werden sie gesondert aufgetragen, so geschieht dies als erster Aufstrich auf das eventuell mit schwacher Gerbstoff- lösung angefeuchtete Leder. Die Metallsalzlösungen werden nicht erwärmt, da namentlich Eisensalze, die mit Natriumacetat versetzt sind, ausfallen würden. In manchen Fällen ist es nur nötig, speziell bei Titan- und Kupfersalzen, die Metallfärbungen mit einem basischen Farbstoff zu übersetzen. Im allgemeinen aber werden nach den Metallaufträgen die sauren Farbstoffe angewendet, denen man nach Bedarf noch einen basischen Aufsatz folgen lassen kann. Die Metall- salze geben mit den basischen Farbstoffen Niederschläge, während sie mit den sauren meist ohne Nachteil gemischt werden können. Manche Färber nehmen daher die Metallsalze gleich in die saure Bürstflotte hinein. Besteht diese Absicht, so ist vor der Zumischung ein Versuch anzustellen, ob der Farbstoff nicht von dem Metallsalz ausgefällt wird. Farbstofflösungen, die mit Metallsalz versetzt sind, werden nicht angesäuert und kalt aufgetragen.

f) Die Kombinationsfärbung. Besonders zur Erzeugung sehr gedeckter und reibechter Färbungen empfiehlt sich die Verwendung der sauren und basischen Farbstoffe, indem man das hohe Egalisierungsvermögen, die Licht- und Reib- echtheit der sauren Farbstoffe mit der Brillanz und Ausgiebigkeit der basischen vereinigt. Die Reibechtheit der basischen Farbstoffe wird wesentlich verbessert, wenn man sie auf eine saure Vorfärbung folgen läßt. Der Auftrag der sauren Farb- stoffe mit oder ohne Anwendung von Metallsalzen erfolgt in der oben beschriebenen

Weise. Der basische Aufsatz wird bei einer Temperatur von 45° C auf die nach der Grundfärbung getrockneten Leder gegeben.

Einige Beispiele und Musterfärbungen sollen die Ausführungen über die Bürstfärbung vervollständigen (alle .Gewichtsangaben beziehen sich auf 1 l Wasser):

A. Färbung mit sauren Farbstoffen (siehe Tafel IX, Nr. 97—99):
   1. Saure Farbstoffe allein; Farbstofflösung 5 bis 15 g.
      Erste Färbung: 1. Auftrag kalt ohne Säure,
                     2. Auftrag 45° warm +1/2—1 Gewichtsteil Ameisensäure.
      Es werden so viele Aufträge gegeben, bis die gewünschte Farbtiefe erreicht ist. Nach dem Trocknen können nach Bedarf in einer zweiten Färbung noch weitere Aufträge mit der angesäuerten warmen Lösung gegeben werden.
   2. Metallsalzvorfärbung:
      5 g Titankaliumoxalat,
      2 bis 3 Aufträge kalt ohne Säure.
      Folgende Aufträge: 5 g saurer Farbstoff + 2,5 bis 5 g Ameisensäure, 45° C warm.
   3. Helltrübe Farben:
      0,5 bis 1 g saurer Farbstoff,
      eventuell unter Zusatz von 0,5 bis 2 g Tamol NNO. — Kalt ohne Säure bis Farbtiefe erreicht.

B. Färbung mit basischen Farbstoffen (siehe Tafel IX, Nr. 100 bis 102).
   1. Alleinige Verwendung basischer Farbstoffe; Farbflotte: 2 bis 5 g bas. Farbstoff.
      Erste Färbung: Anfeuchten mit Wasser von 40 bis 45° C.
                 Farbaufträge: 40 bis 45° C warm, bis gewünschte Deckung erreicht, wenn durchfeuchtet, trocknen, dann
      zweite Färbung: Aufträge auf trockenes Leder 40 bis 45° warm.
   2. Metallsalz als Grund:
      1. Grund: Metallsalzlösung 1 bis 10 g (Eisenvitriol, holzessigsaures Eisen, Titankaliumoxalat usw.) kalt auftragen.
      2. Aufsatz: 2 bis 5 g basischer Farbstoff, 45° warm auf trockenes Leder.

C. Kombinationsfärbungen (siehe Tafel IX, Nr. 103 bis 105).
   1. Grundfärbung: 2 bis 10 g saurer Farbstoff:
      1. Auftrag kalt ohne Säure.
      2.   „   45° warm +1/2 Gewichtsteil Ameisensäure.
      3.   „   wie 2.
      4.   „   wie 2, trocknen.
   Aufsatz: 2 bis 5 g basischer Farbstoff, 45° C warm, 2 bis 4 Aufträge auf trockenes Leder.
   2. Grundfärbung mit saurem Farbstoff + Metallsalz.
      Bürstflotte: 5 bis 10 g saurer Farbstoff,
                0,5 bis 5 g Eisenvitriol,
                (5 bis 10 ccm holzessigsaures Eisen),
                (1 bis 10 g Titankaliumoxalat),
                (0,5 bis 5 g Kupfervitriol).
   Aufträge kalt ohne Säure. Trocknen.
   Aufsatz: 2 bis 5 g basischer Farbstoff 45° warm auf trockenes Leder. Eventuell können vor dem basischen Auftrag vorgefärbte Leder mit einer Kaliumbichromatlösung (1 g pro Liter) angefeuchtet werden.

g) Schwierigkeiten in der Bürstfärbung. Das Durchschlagen der Farbstofflösung auf die Fleischseite tritt besonders gern bei Narbenspalten lockerer Bullenhäute in den Flämen ein. In manchen Fällen läßt sich dieser Fehler verhindern durch Andicken der Farbflotte mit Schleimstoffen, Karrageenextrakt, Leinsamenabkochung. Empfehlenswert ist auch das Auftragen von schleimigen Lösungen auf die Fleischseite der im Gefüge lockeren Stellen der Haut während der Vorarbeiten. Neben den natürlichen Schleimstoffen haben sich auch künstliche, z. B. Colloresin DK (I. G.), gut bewährt.

Bei länger gelagerten Häuten zeigt sich nach dem ersten Farbauftrag keine gleichmäßige Farbe, sondern die Fläche sieht wolkig aus. Man überreibt in diesem Falle das Leder kräftig mit einem Bausch Putzwolle, damit alle Stellen der Haut gleichmäßig genetzt werden. Auch das Ausreiben mit einem Netzmittel auf Basis sulfonierter Produkte [Praestabitöl (Stockhausen)], Smenol (H. Th. Boehme), Coloran NL (Oranienburger Chem. Fabr.)] leistet oft gute Dienste, ebenso wie die Anwendung ganz verdünnter Ammoniak- oder Milchsäurelösungen vor der Färbung. Stark gefettete Leder werden am besten genetzt, indem man sie vor der Färbung kräftig mit einer Lösung von etwa 10 bis 20 g Ammoniak auf 1 l Wasser, dem man eventuell etwas Aceton zugeben kann, überbürstet. Auch verdünnte Sodalösungen verseifen das an der Oberfläche sitzende Fett und erleichtern das gleichmäßige Anfärben; bei Verwendung von Soda ist es ratsam, überschüssiges Alkali durch eine schwache Essigsäurelösung zu neutralisieren. Oft werden zur Bürstfärbung gelangende Leder nach dem Aussetzen auf der Narbenseite mit Tran gefettet. Diese Arbeitsweise ist nach M. C. Lamb (S. 101) nicht vorteilhaft, und man verwendet besser ein gutes Mineralöl. Die, wie heute fast allgemein üblich, mit sulfonierten Ölen eventuell in Verbindung mit Mineralöl abgeölten Leder bereiten in der Färberei weit weniger Schwierigkeiten als die mit Tran behandelten. In vielen Fällen leistet auch ein kleiner Zusatz von Spiritus oder Methylalkohol zur Farbflotte gute Dienste.

h) Weiterverarbeitung der Leder. Blankleder für Portefeuille- und Sattlerzwecke, soweit sie nicht während der Vorarbeit schon appretiert wurden, werden nach dem Färben auf der Fleischseite blanchiert (siehe S. 688). Entweder bleibt die Fleischseite nach dem Blanchieren unbehandelt, oder man trägt eine Appretur, bestehend aus Abkochungen von Schleimstoffen (Karrageenmoos) auf. Wenn die Narbenseite nach der Färbung leicht mit rohem Leinöl abgeölt wurde, ist oft eine besondere Appretur nicht nötig. Die Reibechtheit wird dadurch wesentlich erhöht, daß man auf das trockene Leder eine Albuminappretur aufträgt. Vollständige Wasserechtheit und Reibechtheit kann durch Übersprühen mit der Lösung eines farblosen Kollodiumlackes (Schutzlack) erreicht werden. Zur Korrektur ungleichmäßiger Färbungen dienen die Kasein- und Kollodiumdeckfarben. Nach dem Appretieren des Narbens werden die Leder entweder gerollt, unter leichtem Druck glanzgestoßen oder auf der Bügelpresse (Altera oder einer hydraulischen Presse) geglättet. Schwerere Blankleder werden auch gewalzt.

Leder, die einen künstlichen Narben oder sonst eine Prägung erhalten sollen, werden nach dem Appretieren der Fleischseite, nach leichtem Anfeuchten des Narbens gepreßt. Ein Pressen oder Walzen vor der Färbung ist nicht zweckmäßig, da der Narben an den gepreßten Stellen für die Farbstofflösung weniger aufnahmefähig ist als an den nicht zusammengedrückten Stellen.

Großflächige weiche Vachetten für Möbelzwecke werden nach dem Färben auf der Fleischseite nicht appretiert. Für glatte Zurichtung wird nach dem Färben der Narben auf der Tafel mit dem Glas glatt gelegt. Das Satinieren des Narbens kann auch nach dem Trocknen mit der Maschine vorgenommen werden, nachdem die Leder gleichmäßig (eventuell mit der Spritzpistole) angefeuchtet worden waren. Das Chagrinieren erfolgt ebenfalls in angefeuchtetem Zustand. Die durch das Pressen etwas steifer und dichter gewordene Haut muß wieder gelockert werden. Die gegebenenfalls vorsichtig wieder angefeuchteten Leder werden zu diesem Zwecke mit dem Korkholz unter sich gezogen und aufgekraust. Auch das Nachfalzen der trockenen Leder mit der Maschine wirkt sehr günstig auf die Weichheit des Leders und beseitigt gleichzeitig leichte Anschmutzungen der Fleischseite. In manchen Fällen werden die Leder auch durch Schlichten mit dem Streckeisen weichgemacht.

i) **Antikleder.** Als Möbel-, Auto-, Portefeuilleleder sind neben den einfarbigen glatten oder genarbten Ledern auch großflächige Häute in sog. Antikzurichtung im Gebrauch. Das Antikleder ist die Nachahmung eines alten gebrauchten Leders, das im Laufe der Zeit Runzeln bekommen hat und dessen Farbe bereits an manchen Stellen abgenützt ist. Die Leder zeigen einen Zweifarbeneffekt, der dadurch zustande kommt, daß die Erhöhungen der Runzeln stark abgenützt sind oder daß sich die Runzeln infolge der Ablagerung von Staub und Schmutz schwarz zeigen. Bei der alten Art der Antiklederherstellung wurden die Runzeln des „alten" Leders schon in der Gerbung erzeugt, indem man die in dünnen Brühen leicht angefärbten Häute zusammengeballt, lose zusammengebunden oder in Säcken oder Netzen in stärkere Farben brachte. Durch den unregelmäßigen Zutritt von Gerbstoff schrumpfte der Narben unregelmäßig zusammen. Diese Art der Antiknachahmung ist heute verschwunden. Die Leder werden in normaler Weise wie für glatte Zurichtung gegerbt und die für die Antikzurichtung in Frage kommenden aussortiert. Den Antiknarben erhalten die Leder durch Pressen (siehe S. 722). Die wie bei einfarbiger Zurichtung auf der Tafel mit basischen oder sauren Farbstoffen gefärbten Leder werden in schwach angefeuchtetem Zustand mit dem Antiknarben versehen, der Erhöhungen und Vertiefungen auf dem Leder erzeugt. Das Pressen soll aus dem oben erwähnten Grunde nicht vor dem Färben erfolgen. Der Zweifarbeneffekt kann nun auf verschiedene Weise zustande kommen:

1. Die Vertiefungen erscheinen in einer anderen Farbe als die in der Grundfarbe unveränderten Erhöhungen.

2. Die Vertiefungen bleiben in der Grundfärbung, und die Erhöhungen zeigen eine andere Farbe.

Sollen nach der ersterwähnten Art die Vertiefungen anders erscheinen als die ursprüngliche Färbung, so wird eine neue Farbe „eingelassen". Damit beim Auftragen der zweiten Farbe nicht auch die Erhöhungen mitgefärbt werden, müssen diese Stellen reserviert werden. Das Reservieren besteht in dem Auftragen einer Komposition aus Wachs, Paraffin, Öl auf die Erhöhungen. Das gleichmäßige Aufbringen dieser Mischungen auf großflächige Häute bedarf großer Übung und Sorgfalt: wird das Wachs zu stark aufgetragen, dann werden auch die „Täler" zugeschmiert, und die Einlaßfarbe kann dort nicht färben, bei zu leichtem Reservieren werden die „Berge" nicht genügend geschützt und daher von der Einlaßfarbe mitgefärbt. Beide Fälle haben einen unschönen Effekt zur Folge. Die Zusammensetzung der Wachsmischung ist je nach Arbeitsweise sehr verschieden. Harte Wachskompositionen werden zusammengeschmolzen und dann in Tafeln von etwa 1 cm Stärke gegossen, aus denen dann handliche Stücke geschnitten werden. Wachsmischungen von salbenartiger Konsistenz füllt man in einen Beutel aus Trikotstoff. Beim Überfahren des Leders dringt durch die Maschen des Stoffes wenig der Wachsmischung und überzieht die Erhöhungen des Leders. Feste Wachskompositionen werden unter gelindem Druck über das Leder geführt und versehen die Erhöhungen mit einer leichten Wachsschicht. Einige Beispiele mögen die Zusammensetzung der Wachskompositionen zeigen:

80 Teile	Stearin	70 Teile	Stearin	30 Teile	Paraffin
15 „	Bienenwachs	25 „	Bienenwachs	25 „	IG-Wachs BI
5 „	Talg	5 „	Karnaubawachs	80 „	Karnaubawachs, fettgrau
				40 „	Kidfinishöl.

Zusammensetzung einer Wachspaste:

50 Teile	Paraffin	1000 g	Bienenwachs (oder IG-Wachs)
30 „	JG-Wachs BI	1500 g	Talg
20 „	Terpentinöl	500 g	Leinöl.

Die reservierten Leder werden kalt gefärbt, da in der Wärme das Wachs schmelzen und die Einlaßfarbe das Leder verschmieren würde. Wenn die Leder in der Grundfärbung zur Egalisierung der Farbe nicht mit Deckfarben behandelt wurden, verwendet man als Einlaßfarbe meist die Lösung eines basischen Teerfarbstoffes. Das Auftragen der Farbstofflösung geschieht mit einer weichen Bürste oder mit einem Schwamm, besonders zweckmäßig aber ist die Verwendung der Spritzpistole. Sowohl Albumin- wie Kollodiumdeckfarben, die immer mit der Pistole auf das Leder gespritzt werden, können ebenso wie die Teerfarbstoffe als Einlaßfarbe dienen. Kollodiumdeckfarben müssen natürlich dann zur Anwendung kommen, wenn die Grundfärbung mit solchen Farben egalisiert worden war. Der Einlaß wird dunkler gehalten als die Grundfarbe, bei gedeckteren Tönen ist derselbe schwarz (siehe Tafel IX, Nr. 106 bis 108). Hellere Leder erhalten oft einen Einlaß, der im Farbton der Grundfarbe gleich, aber dunkler ist. Bei Verwendung von Teerfarbstoffen trägt man einen schwarzen basischen Farbstoff in einer Konzentration von etwa 10 g pro Liter auf, oder man nimmt die zur Grundfärbung benützte Farbstofflösung in doppelter Konzentration, eventuell unter Zusatz von etwas mehr Schwarz.

Nach dem Einlaß wird das Leder kalt getrocknet. Beim nachfolgenden Weichmachen durch Schlichten und Untersichziehen wird ein großer Teil des Wachses entfernt, da speziell die Hartwachsmischungen abspringen. Der Rest kann durch Ausreiben mit einem in Benzin angefeuchteten Lappen entfernt werden. Wenn mit Kollodiumdeckfarben eingelassen wurde, läßt man nicht vollständig eintrocknen, sondern entfernt das Wachs und die über diesem liegende Deckfarbe durch Abreiben mit einem benzolfeuchten Leinenbausch. Letzte Reste von Wachs werden in einfacher Weise oft auch dadurch beseitigt, daß die geschlichteten Leder unter Zusatz von Sägespänen oder trockenen Falzspänen in ein trockenes Walkfaß gegeben werden. Durch die Walkwirkung erhalten die Leder gleichzeitig Weichheit und Geschmeidigkeit, und die Späne nehmen das Wachs auf.

Für das Einlassen ist heute, besonders bei Schwarz, noch folgende Arbeitsweise viel in Gebrauch. Das gepreßte Leder wird mit einem Brei aus Ruß und gleichen Teilen Leinöl und Terpentinöl kräftig eingerieben, so daß auch die Vertiefungen ausgefüllt sind. Hierauf nimmt man von den erhöhten Stellen die Einlaßfarbe durch Abreiben mit einem Wollbausch, der mit einer Mischung von gleichen Teilen Terpentinöl und Alkohol angefeuchtet ist, wieder fort. Dieses Verfahren läßt sich sowohl bei ungedeckten wie mit Kollodiumdeckfarben behandelten Ledern in gleicher Weise anwenden und erfordert weniger geschulte Arbeitskräfte als das Reservieren mit Wachs.

Für den Fall, daß die Erhöhungen des gepreßten Leders in einer anderen Farbe erscheinen sollen als die Grundfärbung, sind ebenfalls zwei Verfahren anwendbar. Das eine besteht darin, daß die gepreßten Leder auf der Schleifmaschine (siehe S. 689) mit ganz feinem Schmirgelpapier leicht angeschliffen werden. Dadurch wird an den erhöhten Stellen des Narbens die Grundfarbe wieder entfernt, und diese Stellen erscheinen in der Farbe des ungefärbten Leders, wenn in der Vorfärbung Farbstoffe angewendet wurden, die nicht unter den Narben eindringen. Wenn die Vorfärbung mit sauren Farbstoffen, die etwas in das Innere des Leders eindringen, erfolgte, erscheinen die angeschliffenen Stellen gefärbt, und man hat die Möglichkeit, sehr schöne Effekte nach dieser Methode zu erzielen. Eine zweite Arbeitsweise ist das sog. Tamponieren, wodurch ebenfalls nur die erhöhten Stellen des Leders gefärbt werden. An die Stelle der früher hierfür angewendeten Zaponlacklösungen oder der Farbstofflösungen, die mit Gelatine verdickt wurden, sind heute die Deckfarben, speziell die Kollodiumdeckfarben, getreten. Den zum

Auftragen der Farbe benötigten Tampon stellt man sich her, indem man einen gut handgroßen Bausch Putzwolle in ein zweifach übereinander liegendes Stück Leinwand oder Trikotstoff einschlägt. Die Ränder des Stoffes schlägt man zusammen und dreht den Bausch ein, bis die gewünschte Festigkeit erreicht ist. Der Tampon wird mit Farbe getränkt und dann wieder so ausgedrückt, daß die Farbe nicht abtropft. Vor dem Bearbeiten des Leders reibt man mit dem Tampon auf einer Holz- oder Glastafel, wodurch die Farbe gleichmäßig verteilt und eine glatte Arbeitsfläche erzielt wird. Durch leichtes Überfahren des Leders gibt der Tampon nur an die Erhöhungen des Narbens die Farbe ab, und es wird dadurch ein Zweifarbeneffekt erzeugt. Im Laufe der Arbeit wird die Farbe auf die Tafel getropft und von dort mit dem Tampon entnommen. Nach dem Tamponieren sind die Leder fertig gefärbt.

Die weitere Zurichtung der Antikleder besteht im Weichmachen durch Schlichten und Pantoffeln und in einem leichten trockenen Nachfalzen auf der Maschine. Auch das Walken im trockenen Faß unterstützt das Weichmachen wirkungsvoll. Die unter Zuhilfenahme einer Wachsreserve gefärbten Antikleder werden als letzte Zurichtung oft nur mit einem Wollappen kräftig ausgerieben und auf der Bürstmaschine gebürstet. Die letzten auf dem Leder verbliebenen Wachsreste verleihen ihm den gewünschten Mattglanz. Wird auf besonders hohe Reibechtheit Wert gelegt, so gibt man zum Schluß noch einen Überzug eines nicht wasserlöslichen Lackes. Hierzu dient eine alkoholische Lösung von Schellack, die mit venetianischem Terpentin als Weichhalter versetzt ist, oder am zweckmäßigsten ein „Schutzlack", das ist die farblose Lösung von Kollodiumwolle in organischen Lösungsmitteln (siehe S. 538).

k) Velvet-Blankleder. Zur Herstellung von Gürtelleder eignet sich Blankleder in Velvetzurichtung sehr gut. Sowohl Kernleder wie auch möglichst glatte Hälse und Schultern dienen als Ausgangsmaterial. Die Vorbereitung ist dieselbe wie bei Täschnervachetten beschrieben. Das Aufrauhen des Narbens muß über die ganze Fläche des Leders vollkommen gleichmäßig erfolgen und kann entweder mit der Hand oder mit der Maschine vorgenommen werden. Zur Handarbeit wird das Buffiereisen benützt; das Aufrauhen mit der Maschine geschieht durch Schleifen mit ganz feinem Schmirgelpapier oder mit der Buffiermaschine s. S. 702). Das Schleifen darf keinesfalls den ganzen Narben entfernen, da sonst das Leder einen spaltähnlichen, zu grobfaserigen Velourcharakter erhalten würde, sondern der Narben wird nur gleichmäßig und leicht angerauht. Besonders gleichmäßige Arbeit kann dadurch erzielt werden, daß Sand mit Hilfe von Preßluft (Sandstrahlgebläse) auf die Narbenoberfläche geschleudert wird. Nach dem Entfernen des Schleifstaubes werden die Leder auf der Tafel ausschließlich mit sauren Farbstoffen, eventuell unter Zuhilfenahme von Metallsalzlösungen, gefärbt, da diese Farbstoffe die erforderliche Reibechtheit besitzen und tiefer in das Leder eindringen als die basischen. Das Auftragen erfolgt wie bei Narbenleder beschrieben, bei hellen Nuancen unter Zusatz entsprechender Egalisatoren. Nach dem Trocknen des ersten Auftrages ist es zweckmäßig, ganz leicht nachzuschleifen, um die Aufnahmefähigkeit des Leders für die Farbstofflösung auszugleichen und einen ruhigen, gleichmäßigen Velveteffekt zu erzielen. Hierauf werden die Leder nochmals mit der Lösung desselben Farbstoffs überbürstet. Die getrockneten Leder werden nach leichtem Anfeuchten unter sich gezogen, die Fleischseite wird nachblanchiert und eventuell mit einer nicht abfärbenden Appretur versehen. Die durch das Färben verklebten Fasern lassen sich durch Bürsten wieder aufrauhen. Oftmals werden die Leder auch mit Talkum eingepudert. Hierzu lassen sich auch Farbpigmente verwenden, die Ungleichmäßigkeiten der Farbe beheben. In letzterem Fall ist durch kräftiges Ausreiben mit einem Wollappen und nachheriges Bürsten jeder Überschuß wieder zu entfernen, da sonst die Reibechtheit leicht unbefriedigend werden kann.

Kleinere Felle, wie Ziegen-, Schaf-, Kalbfelle in vegetabilischer Gerbung können im Prinzip nach den gleichen Methoden auf der Tafel gefärbt werden. Für die Herstellung von Möbelvachetten hat sich in letzter Zeit die Semichromgerbung sehr eingebürgert. Das Färben dieser Leder wird ebenfalls auf der Tafel ausgeführt, am zweckmäßigsten durch Kombination der sauren und basischen Farbstoffe. Die für Sandalen bestimmten Seiten werden wie Blankleder gefärbt, da eine ungefärbte Fleischseite verlangt wird. Sehr zweckmäßig hat sich in manchen Fällen die Kombination saurer Farbstoffe mit wasserlöslichen Deckfarben (Albuminfarben siehe S. 562) erwiesen. Der erste Aufstrich besteht in der Lösung eines sauren Farbstoffs, die kalt ohne Säurezusatz aufgetragen wird. Hierauf folgt das Auftragen der auf 45 bis 50° C erwärmten Farbstofflösung unter Zusatz der halben Menge Ameisensäure vom Farbstoffgewicht, bis das Leder durchfeuchtet ist. Nach dem Trocknen bürstet man dieselbe Farbstofflösung, die pro Liter mit $1/_2$ l auftragfertiger Caseindeckfarbe versetzt ist, bei einer Temperatur von 45° C, aber ohne Säurezusatz, auf; ein zweimaliges Auftragen dieser Mischung genügt meist. Nach abermaligem Trocknen wird eine für Caseindeckfarben übliche Härtung (siehe S. 577) mit der Pistole aufgespritzt. In vielen Fällen, z. B. bei der Färbung von Seiten für Fahrradtaschen, hat sich dieses einfache Verfahren sehr gut bewährt.

4. Das Färben leichter vegetabilischer Leder (Feinleder).

Vegetabilisch gegerbte Kalbfelle und Ziegenfelle der verschiedensten Provenienzen bilden in der Hauptsache das Rohmaterial für bessere, die Schaffelle, sowohl in- wie ausländische, für billigere Lederarten. Hierzu kommen noch die Reptilienleder, über die S. 186 das Wesentlichste erwähnt ist. Da das Sortieren und die Färbung weitgehend von der Vorbehandlung und Beschaffenheit der Leder abhängt, sei in Kürze das Wichtigste über Gerbung und Beschaffenheit der zum Färben gelangenden Leder erwähnt.

Die meist aus dem Inland stammenden Kalbfelle werden mit Sumach, eventuell in Kombination mit lichtechten synthetischen Gerbstoffen gegerbt. Wenn auf die Lichtechtheit kein besonderer Wert zu legen ist, kommen Kombinationen anderer Gerbstoffe ebenfalls unter Mitverwendung von synthetischen Gerbstoffen in Anwendung. Die synthetischen Gerbstoffe haben besonders dadurch an Bedeutung gewonnen, daß sie eine wesentliche Abkürzung des Gerbprozesses gestatten.

Für die inländischen und die in ungegerbtem Zustand importierten Ziegen- und Schaffelle gilt bezüglich der Gerbung das von den Kalbfellen Gesagte. Von ausländischen Ziegen sind besonders die Oasen- und Karawanen-Ziegenfelle und die aus Südafrika stammenden Kapziegen zu erwähnen, die das Rohmaterial für die Maroquin-, Ecrasé- und Saffianleder stellen. Sie kommen in getrocknetem Zustand in den Handel und werden mit Sumach gegerbt. Außer diesen meist im eigenen Betrieb hergestellten Ledern werden Ziegen- und Schaffelle in gegerbtem Zustand importiert, und es sei im folgenden das Wichtigste über diese Leder ausgeführt. Als englische „Roans" werden nach M. C. Lamb (S. 8) sumachgare Schaffelle bezeichnet, die für Möbel-, Phantasie- und Buchbinderleder Verwendung finden. Französischen „Roans", die mit einem Gemisch von Sumach und Quebracho gegerbt sind, kommt eigentlich die Bezeichnung „Basils" zu. Unter Basils sind Schaffelle zu verstehen, die mit irgendwelchen vegetabilischen Gerbstoffen oder Kombinationen außer Sumach gegerbt sind, wie z. B. Quebracho, Myrobalanen, Kastanien, Mimosa, Eichenrinde. Die Basils unterscheiden sich hinsichtlich der Farbe und in der Struktur sehr stark, je nach dem angewendeten Gerbverfahren. Außerdem sollen die Basils vielfach mit Flecken und kreisrunden Scheuerstellen, die von der Behandlung im Haspel oder Faß während der Gerbung herrühren, behaftet sein, so daß sie für den Färber ein mehr oder weniger uneinheitliches Material vorstellen. Eine wichtige Rolle spielen die in „ostindischer" Gerbung in den Handel kommenden ostindischen Ziegen- und Schaffelle. Unter der Bezeichnung „ostindische Bastards" oder „Persianer" sind ostindisch gegerbte Schafleder zu verstehen. Nach ihrem Ursprungsort schlägt M. C. Lamb die Trennung in Madras- und Bombaygerbung vor. Die im Madrasbezirk (einschließlich Madras, Koimbatore, Trichinopoly, Dindigul usw.) mit Mischungen von Kassiarinde und Myrobalanen gegerbten Leder zeigen eine helle, klare Farbe, dichtes Gewebe und sind meist nicht sehr fettreich. Die in der „Bombay-Gerbung" mit Bablahrinde und Myrobalanen gearbeiteten Felle sind oft schwammig, in der Farbe weniger schön und außerdem noch fettreicher. Die Lichtechtheit der ostindischen Leder ist gering; sie zeigen schon nach kurzer Belichtung eine intensive Verfärbung nach Rotbraun. Auch aus Ägypten, Bagdad, Smyrna kommen meist mit Valonea und Galläpfeln gegerbte Schaffelle, deren Durchgerbung meist zu wünschen übrig läßt. Die vielfach halbgaren, fleckigen und mit Schnitten behafteten Leder finden als Schuhfutter Verwendung.

Australische Basils, die meist mit Mimosa gegerbt sind, stellen das Ausgangsmaterial für billigere Buchbinder-, Portefeuille- und Futterleder. Die Lichtechtheit ist gering, und oft sind die Leder, da sie vor der Gerbung einen Schwefelsäure-Salzpickel erhielten, etwas beschädigt. Unter den australischen Basils bilden die sog. „Merino-Rippen", die vom Merinoschaf stammenden Felle, eine besondere Klasse. Die Felle zeigen parallel zu den Rippen verlaufende röhrenartige Falten, die eine spätere Zurichtung mit natürlichem glatten Narben ausschließen. Besser als die australischen Basils sind die neuseeländischen.

Als Schafspalt kommt die mehr oder weniger dick abgezogene Narbenseite von Schaffellen, deren Fleischspalt zu Sämischleder verarbeitet wurde, in den Handel. Die Gerbung wird je nach Verwendungszweck mit Sumach oder mit Kombinationen anderer Gerbstoffe, die eine möglichst helle Farbe ergeben, ausgeführt.

a) **Das Sortieren.** Einer der wichtigsten Faktoren für ein gutes und gleichmäßiges Resultat in der Färbung und Zurichtung ist das Sortieren. Die nach der Gerbung aufgetrockneten Leder heißen wegen der runzligen Beschaffenheit ihrer Oberfläche Borkeleder. Das Sortieren erfolgt in der Borke. Als Sortierer sind nur Leute geeignet, die sowohl die Vorarbeiten wie auch die Arbeiten der Färbung und Zurichtung vollauf beherrschen. Der Raum, in dem die Leder sortiert werden, soll gut beleuchtet sein. Die Gesichtspunkte, unter denen das Sortieren erfolgt, sind: Die Gerbung, Narbenbeschaffenheit in Reinheit, Farbe und Unversehrtheit. Weiter sind die Leder zu prüfen und zu sortieren nach ihrer Größe, nach ihrer Form und nach Substanz. Notgare Felle sind zur besonderen Nachbehandlung von den übrigen zu trennen. Auf die Auswahl für die einzelnen Farben sind die bei der Sortierung von großflächigen Ledern erwähnten Gesichtspunkte zu übertragen. Bei den Ziegenfellen werden die hartnaturigen Leder mit guter Fülle zur Verarbeitung auf natürlichen Saffian oder Ecrasé ausgewählt. Weichere Leder mit reinem Narben eignen sich für glatte Zurichtung, während narbenbeschädigte Leder mit künstlichem Narben versehen werden.

Die Schafleder werden, soweit möglich, ohne künstlichen Narben zugerichtet und sind als Portefeuilleleder ein billiger Ersatz für Ziegenleder. Ein großer Teil der stärkeren Schafnarbenspalte dient als Hutleder und mit künstlichem Narben als Portefeuilleleder. Schafleder und Spalte, deren Narben entweder durch Dornrisse verletzt oder durch Fettschwielen lose ist, sowie solche, deren

lockere Struktur eine glatte Zurichtung ausschließt, erhalten einen künstlichen
Narben. Schafleder und Bastardleder werden auch ungefärbt oder gefärbt auf
Futterleder für die Schuh- und Portefeuilleindustrie zugerichtet. Ostindische
Bastardfelle werden in größeren Mengen nachchromiert und finden Verwendung
als Schuhoberleder und als Velourleder.

Loh- und sumachgare Kalbfelle werden wohl heute kaum mehr als Schuhoberleder zugerichtet, da sich hierfür die Chromgerbung als geeigneter erwiesen
hat. Wohl aber stellen die Kalbfelle, speziell Fresser, ein geschätztes Rohmaterial
dar für die Herstellung von Buchbinder-, Möbel- und Portefeuilleleder. Das
Sortieren erfolgt nach den oben angegebenen Gesichtspunkten.

b) Die Anwendung von Metallsalzen und das Fixieren des Gerbstoffes. Um die
Gewähr zu haben, daß von dem zu färbenden Leder kein Gerbstoff in die Flotte
gelangt, schlagen manche Autoren (M. C. Lamb (1), S. 108] vor, den Gerbstoff
wie in der Baumwollfärberei mit basischen Farbstoffen üblich zu fixieren. Als
Fixierungsmittel dienen Metallsalze, die mit dem Tannin unlösliche Tannate
(Gerbstofflacke) bilden und dadurch verhindern, daß der Gerbstoff ausgewaschen
wird und mit dem basischen Farbstoff unlösliche Niederschläge bildet. Die auf
S. 193 geschilderte Anwendung von Metallsalzen hatte nicht den Zweck, Gerbstoff zu fixieren, sondern diente in erster Linie dazu, das Leder durch mehr oder
weniger intensiv gefärbte Gerbstoff-Metallacke zu färben. Grundsätzlich kann
man die dort erwähnten Metallsalze auch zum Färben in der Flotte anwenden,
um die durch die Teerfarbstoffe erzeugte Farbe zu vertiefen. In erster Linie
dienen zum Fixieren des Gerbstoffes vor der Färbung nach M. C. Lamb Antimon-
und Titansalze. Am bekanntesten und ältesten ist die Anwendung von Brechweinstein $K(SbO)C_4H_4O_6 \cdot {}^1/_2 H_2O$, Kalium-antimonyltartrat. Dieses Salz löst
sich nur mäßig in kaltem Wasser; ein Teil wird bei 21° C von 12,6 Teilen Wasser
gelöst, bei 50° C von 5,5 Teilen. Die Mengen an Brechweinstein werden entweder
auf das Trockengewicht oder auf das Falzgewicht des Leders bezogen. Nach
M. C. Lamb (S. 108) ist die für Schaffelle gebräuchliche Menge 2 bis 3% vom
Falzgewicht an Brechweinstein unter Zusatz von 8 bis 12% Salz; für Kalbfelle
werden 1,5 bis 2% Brechweinstein und 3 bis 4% Salz vorgeschlagen. Die zur
Fixierung gelangenden Leder müssen vorher gut ausgewaschen werden, damit
die Wirkung der Fixiersalze nicht dadurch beeinträchtigt wird, daß sich mit dem
ausgewaschenen Gerbstoff in der Fixierflotte unlösliche Verbindungen bilden.
Die Zugabe von Salz soll die Bildung des unlöslichen Antimontannats beschleunigen und vervollständigen. Das Fixieren wird entweder in großen Bottichen, in
denen die Leder von Hand während des Fixierens in Bewegung gehalten werden,
oder im Haspelgeschirr oder auch im Walkfaß ausgeführt. Es ist zweckmäßig,
eine mit Salz versetzte Brechweinsteinlösung für mehrere Partien zu benützen,
indem man nach Behandlung einer Partie wieder Brechweinstein zubessert.
Bei mehrmaligem Gebrauch wird das Fixierbad zu sauer infolge der Anhäufung
von saurem weinsaurem Kalium und verhindert die Bildung des Antimontannats.
Die überschüssige Säure muß daher durch Zusatz von Natriumacetat unschädlich
werden. Die Entstehung von zu viel Säure kann auch dadurch verhindert werden,
daß man in das Fixiergefäß einige Stücke Marmor legt. Wenn die Lösung dann
zu schmutzig geworden ist, was meist nach vier Partien der Fall ist, wird sie
beseitigt. Die Dauer des Fixierens beträgt etwa 10 bis 15 Minuten bei einer
Temperatur von etwa 35 bis 40° C. Nach dem Fixieren wird mit 40° warmem
Wasser gut gespült, da nicht vollkommen fixierte Salze die Reibechtheit der
gefärbten Leder beeinträchtigen, die Zurichtung erschweren und in Hutschweiß-
ledern bei empfindlichen Personen Entzündungen und Erkrankungen der Kopf-
haut hervorrufen können.

An Stelle des Brechweinsteins mit einem Antimonoxydgehalt von 43%
lassen sich mit Vorteil leichter lösliche und höher konzentrierte Salze anwenden.
Das Antimonsalz, $SbF_3 \cdot (NH_4)_2SO_4$, ein Doppelsalz aus Antimonfluorid und
Ammoniumsulfat bildet weiße, leicht lösliche Kristalle mit einem Gehalt von
47% Antimonoxyd. Antimonfluorid, Patentsalz, ein Doppelsalz aus Antimonfluorid und Ammoniumfluorid enthält 75% Antimonoxyd. Die Antimonlactate,
von denen das im Handel befindliche Antimonin, ein Antimonyl-calcium-bilactat,
erwähnt sei, verdienen wegen der weitgehenden Ausnützbarkeit des Antimons
Beachtung. Den ungefähren Wirkungswert der genannten Salze gibt nachstehende
Zusammenstellung an:

> 10 Teile Brechweinstein entsprechen (G. Schultz, S. 302):
> 9 Teilen Antimonsalz
> $6^1/_2$ „   Antimonfluorid
> 10 „   Antimonin.

Als weitere Fixiermittel für den Gerbstoff lassen sich die Salze des Titans verwenden, die als Titankaliumoxalat, Titantannatoxalat und Titanlactat (Korichrom)
im Handel sind. Da die sich im Leder bildenden Titanlacke bereits mehr oder weniger
intensiv braun gefärbt sind (siehe S. 194), kann bei der Färbung mit Teerfarbstoffen in manchen Fällen an Farbstoff gespart werden, wenn Braun in den Farbtönen 1 bis 7 ausgefärbt wird. Zur Färbung reiner Farben, speziell im Gebiet
des Blau und Grün, darf das Fixieren mit Titansalzen nicht zur Anwendung
kommen, da die braunen Titanlacke Blau und Grün abtrüben. Wenn auch das
Fixieren des Gerbstoffes nicht unbedingt nötig erscheint, weil durch das mehrfach intensive Spülen der nicht zu Leder gebundene Gerbstoff sicher entfernt
wird, so erreicht man doch in vielen Fällen intensivere Farben bei gleicher Farbstoffmenge als ohne Vorbehandlung mit Metallsalzen.

Die Titansalze können entweder für sich allein im Walkfaß als Grundierung
für einen nachfolgenden basischen Aufsatz oder mit den sauren Farbstoffen im
gleichen Bad angewendet werden. Die Menge beträgt im ersten Falle 3 bis 10 g
pro mittelgroßes Schaffell und die Behandlungsdauer etwa 20 bis 30 Minuten
bei einer Temperatur von etwa 40 bis 45° C. Nachdem die Leder gespült sind,
wird im neuen Bad mit basischem Farbstoff gefärbt. Beim Färben mit den sauren
Farbstoffen kann das Titansalz gleich zu der Farbflotte gegeben oder nach etwa
10 Minuten dem Farbbad nachgesetzt werden.

Eine vielseitige Verwendungsmöglichkeit kommt den von V. Casaburi im
D.R.P. 440 997 angegebenen Metallbeizen zu. Durch Einwirkung von Verbindungen der Metalle Chrom, Eisen, Aluminium, Kupfer usw. auf aromatische
Sulfosäuren, die gleichzeitig Amino- und Hydroxylgruppen enthalten, entstehen
Komplexverbindungen, die gleichmäßige gedeckte Farben auf Leder ergeben.
Die Verbindungen vermögen basische Farbstoffe zu fixieren und gestatten auf
vegetabilischem Leder die Anwendung von substantiven Farbstoffen, die fast
keine Affinität zu diesem Leder zeigen. Als komplexbildende Säure wird 1-Amino-
8-naphtholsulfosäure angegeben. Eine Eisenbeize wird folgendermaßen bereitet:
„100 Teile 1-Amino-8-naphthol-3,6-disulfosäure, 87 Teile Ferrosulfat, 40 Teile
Natriumacetat, 30 Teile wasserfreies Natriumcarbonat, 60 Teile kristallisiertes
Bisulfat werden tüchtig mit der Hand verrieben und ergeben 317 Teile Beize."
Zum Gebrauch wird die Beize in Wasser gelöst.

c) **Die Farbstoffberechnung.** Beim Färben vegetabilischer Leder in der Flotte
ist die Farbstoffberechnung in der Praxis nicht einheitlich. Färbereitechnisch am
einfachsten ist die Menge Farbstoff und die damit erzielte Wirkung bei der Färbung im Walkfaß zu beurteilen, weil hier die Flotten nahezu vollständig ausgezogen werden, was bei der Färbung in der Mulde oder in der Haspel nicht der Fall

ist. Die Berechnung der Farbstoffmenge auf Ledereinheit erfolgt in einem Falle auf die Fläche des Leders, wobei man ein mittleres Fell der zu färbenden Provenienz zugrunde legt, z. B. bei ostindischen Schafledern ein Fell von etwa sechs Quadratfuß. Die Menge wird meist für ein Dutzend Leder angegeben und beträgt je nach Tiefe der gewünschten Farbe 50 bis 300 g Farbstoff. Diese Art der Farbstoffestlegung hat sich speziell in Betrieben eingebürgert, die größere Mengen derselben Ledergattung färben. Die Angaben der Farbstoffmenge in Tafel X beziehen sich ebenfalls auf die Fläche. Es ist meist nicht nötig, die Leder vor dem Färben auf der Meßmaschine zu messen, da die Sortierer die nötige Sicherheit in der Abschätzung der Fläche durch langjährige Erfahrung besitzen. Werden die Leder zur Färbung vorbereitet (siehe S. 190) gelagert, so kann eventuell auch die Fläche durch Messen festgestellt werden.

Die Farbstoffberechnung der Färbungen auf Tafel XIII ist auf das Trockengewicht der Leder erfolgt. Hierunter ist nicht etwa das Gewicht der Borkefelle zu verstehen, sondern das Gewicht der gefalzten und fertig zur Färbung auf dem Lager liegenden Leder.

Auch auf das Falzgewicht wird hier und da die Farbstoffmenge berechnet. Es ist aber hierbei zu bedenken, daß die Leder schon vor dem Falzen gründlich von überschüssigem Gerbstoff befreit sind, da infolge verschieden großer Mengen lose angelagerten Gerbstoffes leicht Schwankungen im Gewicht eintreten könnten. Befürchtungen, daß wegen zu großer Schwankungen im Rendement der Leder, die Berechnung auf das Falzgewicht zu Differenzen führt, sind unbegründet, da die Leder meist im Faß oder in der Haspel gegerbt werden und durch das Auswaschen der nicht gebundene Gerbstoff wieder entfernt wird.

Beim Färben vegetabilischer Leder in der Haspel bezieht man die Farbstoffmenge am besten auf die Flotte, die zu etwa 400% auf das Falzgewicht berechnet wird und wendet je nach Tiefe der Farbe 2 bis 5 g Farbstoff pro Liter Flotte an. Über die Berechnung der Farbstoffmenge in der immer mehr verschwindenden Mulden- oder Kufenfärberei ist S. 179 berichtet.

d) Das Faßfärben mit basischen Farbstoffen. Die basischen Farbstoffe werden dann gewählt, wenn brillante und gedeckte Farben zu färben sind und nicht zu große Ansprüche an die Lichtechtheit gestellt werden. Die Färbetemperatur beträgt 40 bis 45° C, da vegetabilische Leder bei 50° zu schrumpfen beginnen, und die Flotte setzt man mit 150 bis 200% Wasser, bezogen auf das Gewicht des feuchten ausgesetzten Leders (Falzgewicht), an. Die Leder werden in einem Bottich in Wasser von 45° C angewärmt und einzeln mit dem Narben nach außen in das mit der oben angegebenen Wassermenge beschickte Walkfaß gegeben. Zu hartes Wasser wird nach den S. 175 erwähnten Gesichtspunkten korrigiert. Die auf 45° C abgekühlte Farbstofflösung wird in drei Anteilen im Abstand von etwa 5 Minuten in das laufende Faß durch die hohle Achse zugegeben. Nach Zugabe des letzten Anteils läßt man das Faß laufen, bis die Flotte nahezu ausgezogen ist. Die Färbedauer schwankt nach Farbstoffmenge und Art der Farbstoffe. Im allgemeinen ist die Färbung nach einer Stunde beendet. Bei der Färbung mit basischen Farbstoffen, speziell bei tiefen weißarmen Farben, wird die Flotte nicht vollständig ausgezogen. Für helle Farben sind die basischen Farbstoffe zu vermeiden, weil sie wegen ihrer großen Affinität zu den vegetabilischen Gerbstoffen leicht schlecht egalisierte Färbungen ergeben. Ein Zusatz von 2 g Essigsäure (6° Bé) auf 1 l Farbflotte verhindert das zu schnelle Anfallen der basischen Farbstoffe und erleichtert das Egalisieren. Färbungen mit basischen Farbstoffen sind auf Tafel I, 1 bis 12; X, 115 bis 120; XIII, 151 bis 156 gezeigt.

e) Das Färben mit sauren Farbstoffen. Die sauren Farbstoffe erhalten den Vorzug, wenn höhere Ansprüche an Licht- und Reibechtheit gestellt werden, beim Färben heller Nuancen und wenn die spätere Zurichtung mit Kollodium-deckfarben erfolgt. Die Bereitung der Farbflotte ist dieselbe wie oben beschrieben und auch die Zugabe der Farbstofflösung erfolgt in zwei Anteilen im Abstand von 5 Minuten. Die zum Fixieren der sauren Farbstoffe früher allgemein übliche Schwefelsäure ist heute durch die Ameisensäure ersetzt (siehe S. 171). Nach Zu-gabe des letzten Anteils der Farbstofflösung läßt man das Faß etwa 10 bis 15 Mi-nuten in Bewegung und gibt dann die benötigte Säuremenge 1 : 4 bis 1 : 10 ver-dünnt, in zwei Anteilen, im Abstand von 5 bis 10 Minuten zu. Die Säuremenge ist für die einzelnen Farbstoffe verschieden, die säureunempfindlichen Farbstoffe benötigen mehr wie die säureempfindlicheren. Als Beispiel der ersteren sei Flava-zin E3Gl (I. G.), als Beispiel der letzteren Säureanthracenrot G (I. G.) genannt. Im allgemeinen kommt man mit der halben bis gleichen Menge des Farbstoffs an Ameisensäure (85 proz.) aus. Nach dem letzten Säurezusatz läßt man weiter walken, bis nach etwa 20 Minuten das Färbebad fast restlos ausgezogen ist. In manchen Fällen ist es üblich, durch Zugabe von Metallsalzen, die Färbung zu fixieren. Wenn auch die oben erwähnten Metallsalze mit sauren Farbstoffen in der Mehrzahl keine Fällungen ergeben, so ist es doch ratsam, die Salze nach dem Aufziehen des Farbstoffs zuzusetzen.

Für die Färbung lichtechter Farben ist, wie schon S. 187 erwähnt, Grund-bedingung, daß die Leder lichtecht gegerbt sind. Außer lichtechten sauren Farb-stoffen werden noch Alizarinfarbstoffe, die in der Behandlung den sauren völlig gleichen, verwendet. Einige Färbungen auf sumachgarem Ziegenleder für Buch-binderzwecke sind auf Tafel III ersichtlich. Die Schwarzfärbung ist mit einem basischen Farbstoff genügender Lichtechtheit ausgeführt. Der Verein Deutscher Bibliothekare hat im Jahre 1911 Vorschriften über die Beschaffenheit von Leder für Bucheinbände erlassen. Aus diesen Bestimmungen sind für den Färber und Zurichter besonders wichtig:

Absatz 8: Die künstliche Narbung des Leders ist verboten.

„ 9: Das Bleichen des Leders ist ganz verboten, weil keine unschädlichen Bleichmittel bekannt sind.

„ 10: Es empfiehlt sich nicht, nur ungefärbte Leder zu arbeiten.

„ 11: Es wird davon abgesehen, bestimmte Farbstoffe vorzuschreiben. Nament-lich kann man heute nicht mehr verlangen, daß mit Ausschluß aller Teerfarbstoffe nur mit Farbhölzern gefärbt wird.

„ 12: Es ist möglich, lichtechte Teerfarbstoffe ohne Schwefelsäure und andere Mineralsäuren zu verwenden. Deshalb ist beim Färben die Anwendung von Schwefelsäure und anderen Mineralsäuren sowie von deren sauren Salzen verboten.

„ 13: In bezug auf gleichmäßige Färbung und Einhaltung bestimmter Nuancen dürfen keine übertriebenen Anforderungen gestellt werden. Der heutige Stand der Technik ermöglicht jedoch bei den meisten Farben auch ohne Anwendung von Mineralsäuren eine gleichmäßige Färbung. Deshalb ist ungleichmäßige Färbung durchaus nicht als ein Beweis von Haltbarkeit anzusehen.

„ 14: Das Durchfärben hat vor dem einseitigen Färben der Narbenseite keine Vorzüge.

Nach diesen Bestimmungen sind neuere nicht ergangen. Dem modernen Färber wird die nicht immer einfache Einhaltung dieser Bedingungen durch die Anwendung der Lederdeckfarben, die in Lichtechtheit vollauf befriedigen, wesentlich erleichtert. Der durch die Deckfarben auf dem Leder zur Egalisierung der Farbe erzeugte Film, schützt die Leder gegen mechanische und chemische Einflüsse (schädliche Gase), weshalb speziell die Kollodiumdeckfarben sich einer ausgedehnten Anwendung in der Zurichtung der Buchbinderleder erfreuen.

Helle Nuancen, Grau usw., werden mit sauren Farbstoffen ausgefärbt, weil bei diesen das Aufziehen leichter regulierbar ist als bei den basischen. Die Flottenmenge hält man zweckmäßig etwas größer — etwa 250% des Feuchtgewichts. Um das Egalisieren zu erleichtern, setzt man dem Färbebad Seife zu, für ein mittleres Fell etwa 1 bis 2 g neutrale Marseiller Seife. Sehr vorteilhaft haben sich als Egalisatoren auch synthetische Produkte, z. B. Tamol NNO (I. G.) und Irgatan (G) erwiesen; beide Produkte zeigen eine stark aufhellende Wirkung. Tamol NNO wird, eventuell unter gleichzeitiger Verwendung von Seife, mit dem Farbstoff gelöst zugegeben. Bei Irgatan, einem synthetischen Gerbstoff, ist es zweckmäßig, die Leder mit etwa 5% auf das Trockengewicht etwa 30 Minuten vorzubehandeln und in dasselbe Bad die Farbstofflösung zuzugeben. Auch die gleichzeitige Färbung im Fettlicker unterstützt oft das Egalisieren wirksam. Mangelndes Egalisieren der Farbstoffe ist häufig durch ungleichmäßige Verteilung des Fettes im Leder verursacht. Soweit nicht eine besondere Entfettung der Färbung vorausgeht, leistet oft die Behandlung mit emulgierenden Mitteln vor oder während der Färbung gute Dienste. So ist nach M. C. Lamb (D.R.P. 459 599) eine Behandlung der Leder mit einer Lösung oder Emulsion von hydriertem Naphthalin, Trichloräthylen, die mit oder ohne Emulgierungsmittel wie Natriumricinoleat, sulfurierten oder wasserlöslichen Ölen verwendet wird, vorteilhaft. Auch Sulfoseifen, wie Monopolseife, ein nach besonderem Verfahren hergestelltes Natriumsulforicinat (Chem. Fabrik Stockhausen) und sulfonierte Öle, hydrierte Naphthalinderivate, höhere Alkohole haben sich als egalisierende Zusätze zu Färbebädern gut einführen können.

Die Farbstoffindustrie stellt dem Färber für helle Nuancen besonders gut egalisierende Farbstoffe von hervorragender Lichtechtheit zur Verfügung. So bringt die I. G. Farbenindustrie A.-G. die Klasse der Erganil-C-Farbstoffe (Tafel IV b), die Gesellschaft für chemische Industrie (Ciba) die Neolanfarbstoffe und die I. R. Geigy A.-G. die Polar- und Eriofarbstoffe in den Handel. Diese Farbstoffe können mit gut lichtechten Säurefarbstoffen ohne weiteres kombiniert werden. Ein Absäuern des Farbbades, um den Farbstoff auszuziehen, ist bei hellen Färbungen meist nicht erforderlich. Zum eventuellen Fixieren der Färbung wendet man die Essigsäure an.

Um besonders gut gedeckte Färbungen zu erzielen, hat sich eine Kombination der sauren und basischen Farbstoffe als sehr vorteilhaft erwiesen. Die Farbstoffe beider Klassen werden in getrennten Bädern gefärbt, und zwar zuerst die sauren und nach einem kurzen Spülen die basischen Farbstoffe.

Die Haspel empfiehlt sich außer bei leichten Ledern besonders beim Färben heller Farben, da hierbei des besseren Egalisierens wegen die Farbflotte ohnehin länger gehalten wird und ein größerer Farbstoffverbrauch als im Faß nicht eintritt. Für gedecktere Nuancen gibt man dem Walkfaß den Vorzug, oder man färbt mit sauren und basischen Farbstoffen, wie bei der Faßfärbung beschrieben. Die Arbeitsweise in der Haspel ist S. 181 dargelegt.

Nach beendeter Färbung werden die Leder mit warmem Wasser gut gespült, um anschließend daran im Licker gefettet zu werden, wenn die Fettung nicht schon vor der Färbung vorgenommen wurde.

Die mit sauren Farbstoffen zu färbenden Leder fettet man zweckmäßig vor der Färbung, andernfalls ist ein sorgfältiges Auswaschen der in den Ledern vom Farbbad her enthaltenen Säure unerläßlich, weil sich das Fett aus dem Licker nur an den Außenschichten des schlecht gespülten Leders ansetzen und so ein Verschmieren derselben hervorrufen würde.

Die wichtigsten sauren Farbstoffe auf vegetabilischem Feinleder sind im Anhang auf Tafel II 13 bis 24, III 25 bis 36, X 109 bis 114, XIII 145 bis 150 demonstriert.

Zur Vervollständigung obiger Ausführungen seien einige Beispiele für die am meisten angewendete Faßfärbung gegeben.

1. Basische Farbstoffe allein:

150 bis 200% Wasser 40 bis 45⁰ C auf Feuchtgewicht

	100	,,	200 g	basischer Farbstoff für 1 Dutzend Leder		Die Farbstofflösung
oder	2	,,	4 %	,,	,,	auf Trockengewicht	wird in 3 Anteilen im
,,	1	,,	3 %	,,	,,	auf Feuchtgewicht	Abstand von 5 bis 10
,,	1	,,	3 g	,,	,,	pro Quadratfuß	Minuten zugegeben.

Die Färbung ist beendet, wenn die Farbflotte nicht mehr weiter ausgezogen wird.

2. Basischer Aufsatz auf Metallsalzgrundierung:
   1. Bad 150 bis 200% Wasser 40 bis 45⁰ C
      5 bis 10 g pro Fell Titankaliumoxalat 20 bis 30 Minuten. Nach kurzem Spülen.
   2. Bad: 150 bis 200% Wasser 40 bis 45⁰ C
      5 bis 10 g pro Fell basischer Farbstoff, Zugabe wie oben erwähnt.

3. Saure Farbstoffe allein für mittlere und gedeckte Farben:

150 bis 200% Wasser 40 bis 45⁰ C

   10 ,, 35 g pro Fell saurer Farbstoff, bzw. Berechnung wie oben. In 2 Anteilen im Abstand von 5 Minuten zugeben. Nach 10 Minuten.

$1/_2$ bis $1/_1$ der Farbstoffmenge Ameisensäure 85proz. mit der 10fachen Wassermenge verdünnt in 2 bis 3 Anteilen zugeben. Die Färbung ist nach etwa 20 bis 30 Minuten beendet.

4. Saure Farbstoffe mit Metallsalz:

150 bis 200% Wasser 40 bis 45⁰ C warm

   10 ,, 20 g Farbstoff pro Fell, zugegeben wie oben, nach 20 Minuten.

   3 ,, 5 g Titankaliumoxalat; nach 15 bis 20 Minuten,

   5 ,, 10 g Ameisensäure (85proz.), in mehreren Anteilen zugegeben bis nach 20 bis 30 Minuten Farbbad ausgezogen.

5. Saure und basische Farbstoffe für besonders tiefe Färbungen:
   1. Bad: 150 bis 200% Wasser 40 bis 45⁰ C
      10 ,, 25 g saurer Farbstoff pro Fell ⎱ Zugabe wie bei sauren
      (eventuell mit Metallsalz) ⎰ Farbstoffen allein.
      5 bis 10 g Ameisensäure nach beendeter Färbung, spülen.
   2. Bad: 150 bis 200% Wasser
      5 ,, 10 g basischer Farbstoff pro Fell, nach 30 bis 45 Minuten ist die Färbung beendet.

6. Helle Farben:

200 bis 300⁰/₀ Wasser 35 bis 40⁰ C

   2 ,, 5 g saurer Farbstoff pro Fell

   1 ,, 2 g Seife pro Fell, der Farbstofflösung zugegeben. Die Farbstofflösung wird in mehreren Anteilen dem Bad zugesetzt und gefärbt, bis das Farbbad ausgezogen ist.

oder 0,5 bis 2 g Tamol NNO pro Fell, die der Farbstofflösung zugesetzt werden.

   2 ,, 5 g Essigsäure 6 Bé, wenn das Farbbad nicht auszieht.

f) Weitere Behandlung der gefärbten Leder. Die in der Flotte gefärbten und gespülten Leder werden auf einen Bock geschlagen, und zwar je zwei Felle Narben auf Narben, glatt gestrichen und liegen gelassen, bis sie erkaltet sind. Hierauf setzt man entweder von Hand oder mit der Maschine aus, um durch Entfernung von Wasser das spätere Trocknen zu beschleunigen. Bei dunklen Ledern ist es vielfach üblich, den Narben leicht mit Leinöl zu überfahren. Der Narben wird durch Bearbeiten mit einem Schlicker glatt gelegt, das Leder in Form gebracht und zum Trocknen auf Tafeln genagelt, damit es eben bleibt. Beim Aufnageln sind die Leder nicht zu spannen, sondern nur mit den Nägeln in glatter Fläche festzulegen. Ein zu starkes Dehnen im feuchten Zustand verursacht blechige, leere Leder, die nur durch nochmaliges Anfeuchten und richtiges Nageln wieder weich gemacht werden können. Nach dem Entnageln erfolgt die Zurichtung. Die

Leder werden zunächst beschnitten und durch Untersichziehen etwas weich gemacht. Nach dem Reinigen des Narbens mit verdünnten Lösungen von Milchsäure usw. wird eine Glanzappretur aufgetragen (siehe Appretieren, S. 529) und wieder vollständig getrocknet. Durch Glanzstoßen (siehe S. 704 bis 708) erhalten die Leder den nötigen Glanz, der auch durch Bügeln auf der hydraulischen Presse vielfach in hinreichendem Maße erzielt wird.

Bei der Zurichtung von ostindischen, Marokko-, Kapziegen und deutschen Ziegen auf natürliche Saffiane sind die Arbeitsgänge die gleichen wie bei den glatten Ledern. Nach dem Glanzstoßen wird der Saffiannarben durch das sog. Levantieren (siehe S. 717) von Hand herausgearbeitet. Im Handel sind folgende Bezeichnungen üblich:

> chagrin: für feinen Naturnarben,
> demigrain: für mittleren Naturnarben,
> grosgrain: für groben Naturnarben.

Je gröber das Narbenkorn erscheinen soll, desto dicker muß das Fell sein. Soll auf dünnen Ledern Grosgrain-Naturnarben erzielt werden, so sind die starken Leder nur auf die zum Stoßen notwendige Egalität mit der Falzmaschine zu bringen und nach dem Levantieren durch Spalten dünner zu machen. Je feiner der Perlnarben in Erscheinung treten soll, desto dünner gelangen die Leder zum Levantieren. Nach dem Levantieren werden die Leder warm getrocknet und gelangen dann in halbfeuchtem Zustand zum Aufarbeiten des Narbens, d. h. der Levantierprozeß wird wiederholt. Nach dem Anfeuchten des Narbens gelangen die Leder zum Schnurren. Das Schnurren besteht in einem schnellen Trocknen bei etwa 50° C und hat den Zweck, den herausgearbeiteten Narben so festzulegen, daß er bei späteren Arbeitsgängen und beim Gebrauch des Leders erhalten bleibt. Zum Schluß macht man die Leder durch Krispeln und Untersichziehen nach Bedarf weich. Sollen die Leder einen gewissen Stand haben, so werden sie von der Aasseite leicht angefeuchtet und genagelt.

Zur Zurichtung auf Ecrasé-Leder eignen sich am besten möglichst grobnarbige Kapziegen. An Stelle der üblichen leichten Nachgerbung mit Sumach tritt eine Behandlung in einer 50° C warmen kurzen und konzentrierten 5 bis 8° Bé Sumachextraktlösung, damit der Narben zusammengezogen und körnig wird. In die Vertiefungen zwischen den erhabenen Narbenkörnern kann beim nachfolgenden Färben kein Farbstoff gelangen, wodurch die feine Aderung entsteht. Das Färben wird mit sauren Farbstoffen in hellen Farben in der Haspel oder durch Tauchen in der Mulde oder im Kasten ausgeführt, da beim Färben im Walkfaß infolge der intensiven Bearbeitung auch die Vertiefungen angefärbt würden. Die gefärbten Leder werden ausgereckt, gespalten, glattgereckt, abgeölt und auf Rahmen gespannt. Durch zweimaliges Glanzstoßen und heißes Satinieren auf der hydraulichen Presse wird der spiegelnde Hochglanz erzeugt.

Künstliche Narbung der Schaf- und Ziegenfelle. Das früher übliche Aufbringen eines künstlichen Narbens mit der Chagrinierrolle geschieht heute allgemein durch Aufprägen (siehe S. 721). Vor dem Aufbringen des künstlichen Narbens werden die Leder, wenn eine glänzende Zurichtung verlangt wird, glanzgestoßen. Nach dem Pressen lockert man das Leder durch Pantoffeln und Krispeln auf. Zum Egalisieren von Portefeuilleledern dienen meist die Kollodiumdeckfarben, da dieselben eine besonders gute Reibechtheit zeigen. Um manchen Ledern etwas mehr Stand zu geben, werden dieselben auf der Aasseite mit verdünnten Lösungen von Karrageenmoos eingerieben. Sehr dünne Schafnarbenspalte (fleurs, skivers) erhalten durch Bügeln von Hand oder mit der Maschine den verlangten Glanz.

Die Färbung der meist mit Sumach allein oder in Kombination mit synthetischen Gerbstoffen gegerbten Reptilienbälge wird fast ausschließlich mit sauren lichtechten Farbstoffen ausgeführt. Die Fettung erfolgt am besten vor der Färbung. Nach dem Färben wird gut gespült und in genageltem Zustand getrocknet. Die auf der Fleischseite durch Schleifen egalisierten Leder richtet man entweder matt oder glänzend zu. Die matte Zurichtung besteht in einem Ausreiben der durch Krispeln weich gemachten Leder mit einem Wollappen, gegebenenfalls nach vorherigem Auftragen einer farblosen Albuminappretur. Den oft gewünschten Hochglanz bekommen die Leder durch Glanzstoßen unter hohem Druck. Ob hierzu als Glanzmittel eine Albuminappretur oder ein farbloser Kollodiumlack zweckmäßig ist, richtet sich nach der Gerbung. In manchen Fällen kann das Auftragen einer besonderen Glanzappretur wegfallen.

D. Das Färben des Chromleders.

Die Gerbung von Schuh- und Bekleidungsleder wird heute allgemein mit Chromgerbstoffen vorgenommen. Wenn auch durch die einfachere Einbadgerbung die verschiedenartigsten Leder erzielt werden können, wie z. B. Sprung- und Stand zeigendes Schuhleder, weiches, geschmeidiges Bekleidungsleder und sogar zügiges Handschuhleder, dadurch, daß entsprechende Chromgerbstoffe zur Anwendung kommen und der Gerbprozeß in geeigneter Weise geführt wird, so hat doch die ältere Zweibadgerbung eine gewisse Bedeutung in einigen Zweigen, speziell in der Chevreaufabrikation beibehalten. Die zu färbenden chromgaren Leder dienen in der Hauptsache als Schuh- und Bekleidungsleder, und das Rohmaterial liefert das Rind, das Kalb, die Ziege, das Zickel, das Schaf und Lamm und das Roß. In noch höherem Maße als bei vegetabilisch gegerbtem sind bei Chromleder die dem Färben vorangehenden Arbeitsgänge für den guten Ausfall der Färbung ausschlaggebend. Die Arbeiten der Wasserwerkstatt und der Gerbung müssen mit besonderer Achtsamkeit ausgeführt werden. Speziell bei Ledern, die einen fest anliegenden feinen Narben zeigen sollen (Boxkalb), werden nicht selten Äscher und Beize ungenügend durchgeführt, aus Furcht, einen losen Narben zu bekommen. Dadurch wird der Grund nicht genügend gelockert, und der im Narben verbleibende Gneist ist die Ursache von wolkigen und unbefriedigenden Färbungen.

Chromleder, besonders für fein- und festnarbiges Schuhleder bestimmtes Kalbleder, muß im Anschluß an die Gerbung gefärbt werden. Das Bestreben, auch Chromleder vor der Färbung wie die vegetabilischen Leder aufgetrocknet „in der Borke" zu lagern und nach Bedarf zu färben, hat für Boxkalbleder noch zu keinem brauchbaren Verfahren geführt. Ohne jede Behandlung nach der Gerbung aufgetrocknetes Chromleder wird hart und läßt sich durch Wasser, auch unter Zuhilfenahme von Netzmitteln, nicht mehr so durchnetzen, daß es wieder weich und zur Färbung und Zurichtung geeignet wird. Nach Versuchen des Verfassers kann derartiges Leder wieder in einen Zustand versetzt werden, daß Färbung, Fettung und Zurichtung in normaler Weise ausgeführt werden können. Das getrocknete harte Leder wird in eine Lösung von 30 g Oxalsäure und 10 g Natriumoxalat pro Liter etwa 24 Stunden bei gewöhnlicher Temperatur eingelegt. Am nächsten Morgen wird das Leder in 500% (auf Trockengewicht berechnet) der mit der gleichen Wassermenge verdünnten Lösung gewalkt. Eine Temperaturerhöhung auf etwa 30° C beschleunigt den Vorgang. Wenn gleichmäßige Weichheit erreicht ist, was nach etwa 1 bis 2 Stunden der Fall ist, wird gründlich gespült. Das nun nicht mehr kochgare Chromleder wird nachgegerbt, bis wieder Kochgare vorhanden ist. Um vor der Färbung getrocknetes

Chromleder wieder netzbar zu machen, ist es üblich, nach der Neutralisation eine Vorfettung durchzuführen oder mit vegetabilischem Gerbstoff (Sumach oder Gambir) zu behandeln. Weiche Bekleidungs- und Handschuhleder sind nach dieser Vorbereitung durch Walken mit Wasser im Faß bei einer Temperatur von 50° C wieder so weitgehend netzbar, daß Färbung, Fettung und Zurichtung durchgeführt werden können und ein brauchbares Endprodukt entsteht. Für Schuhleder, das einen zarten, fest anliegenden Narben zeigen soll, ist dieses Verfahren nicht geeignet, weil leicht Losnarbigkeit entsteht oder durch den vegetabilischen Gerbstoff der Charakter rein chromgaren Leders verlorengeht. Durch Vorbehandlung mit vegetabilischem Gerbstoff wird außerdem die Aufnahmefähigkeit für Farbstoff oft ungünstig beeinflußt. Die Färbung und Fettung wird daher im Anschluß an die Gerbung vorgenommen.

Die aus der Gerbung kommenden Leder bleiben zunächst 24 bis 48 Stunden auf dem Bock liegen und gelangen nach dem Abwelken zum Falzen (siehe S. 686). Durch das Falzen wird das Leder in seiner ganzen Fläche gleichmäßig stark gemacht, damit nicht beim späteren Glanzstoßen an den dickeren Stellen infolge höheren Druckes Farb- und Glanzverschiedenheiten gegenüber den dünneren eintreten. Nach dem Falzen werden die Leder gewogen. Auf das Falzgewicht beziehen sich die Mengen aller Stoffe, die zur Behandlung des Leders bis zum Trocknen in Anwendung kommen. Um übereinstimmende Resultate beim Färben verschiedener Partien zu bekommen, müssen nicht nur die Äscher- und Gerbvorgänge in der gleichen Weise durchgeführt werden, sondern auch der Neutralisation, der Färbung selbst und der Fettung sowie der Beschaffenheit der Felle und des Wassers ist entsprechende Beachtung zu schenken. Auch die Flottenmenge und die Temperatur derselben und die Färbedauer sind Faktoren, die den Ausfall der Färbung weitgehend beeinflussen.

Das Färben des Chromleders geschieht allgemein im Walkfaß. Für helle Farben, die zur Erleichterung des Egalisierens in längerer Flotte gefärbt werden, empfiehlt sich auch die Arbeit in der Haspel.

1. Vorbereitung der Chromleder zum Färben.

Die von der Falzmaschine kommenden Leder enthalten eine Reihe von gelösten Stoffen, welche auf die nachfolgende Färbung und Fettung ungünstig einwirken. Von der Gerbung her sind nicht gebundene Chromsalze, Alkalisalze und auch freie Säure im Leder anwesend, die beim Färben aus dem Leder herausgewaschen werden. Infolge der dispersitätserniedrigenden Wirkung von Salzen und Säuren ziehen die Farbstoffe zu rasch und daher ungleichmäßig auf das Leder auf, was zu schlecht egalisierten Färbungen führt. Auch in der Fettung verursachen elektrolythaltige Bäder Störungen. Das aus der Gerbung kommende Chromleder enthält auch einen gewissen Betrag an Säure gebunden, die aber in der Oberfläche des Leders ungleichmäßig verteilt ist. Auch das von allen löslichen Stoffen durch Waschen befreite Chromleder gibt noch zu Schwierigkeiten beim Färben und Fetten Anlaß. Die gelösten Salze und die nichtgebundene Säure werden durch sorgfältiges Spülen aus den Ledern herausgewaschen, und daran anschließend wird die noch vorhandene Säure neutralisiert und der Säuregehalt im Leder gleichmäßig verteilt. Das Waschen erfolgt im Walkfaß mit fließendem Wasser von 30° C, während der Dauer von $1/2$ bis $3/4$ Stunden. Das Spülen muß gründlich vorgenommen werden, da nicht völlig entfernte Chromsalze mit dem zur Neutralisation zugesetzten Alkali im Narben Niederschläge von Chromhydroxyd ergeben, die sich als grüne Flecken hauptsächlich in den Flämen zeigen und zu ungleichmäßigen Färbungen Anlaß geben. An das Waschen schließt sich das Neutralisieren an. Die Leder kommen mit 200% Wasser von 30 bis 40° C in das

Faß, und die Lösung des Neutralisationsmittels wird zweckmäßig in 2 bis 3 Anteilen dem laufenden Faß durch die hohle Achse zugegeben. Zur Neutralisation finden in der Technik Verwendung: Borax, Soda, Natriumbicarbonat, Kreide, Natriumthiosulfat und Spezialprodukte (Koreon weiß BF). Die Menge an Borax und Bicarbonat beträgt ungefähr 1 bis 3%, an Soda 0,5 bis 1%. Die Einwirkungsdauer der alkalischen Mittel auf das Leder ist verschieden. Lockere Schafleder sind in kürzerer Zeit genügend neutralisiert als dichte Kalbfelle. Für diese rechnet man im allgemeinen 1 Stunde bis 90 Minuten, während für jene eine Dauer von 45 Minuten genügen wird. Das Fortschreiten der Neutralisation kann durch Andrücken eines Streifens blauen Lackmuspapiers verfolgt werden. Über den Chemismus der Neutralisation ist in Band II/1 berichtet. Das Verhalten des Leders zu den Farbstoffen hängt weitgehend von der Neutralisation und von der Art des Neutralisationsmittels ab. Gar nicht neutralisierte Chromleder haben eine zu saure Oberfläche, und es fallen daher die sauren und noch mehr die säureempfindlicheren substantiven Farbstoffe zu schnell und daher ungleichmäßig an. Bei nicht genügend neutralisierten Ledern ist die Verteilung der Säure in der Oberfläche nicht gleichmäßig, was ebenfalls zu fleckigen Färbungen Anlaß sein kann. Eine noch größere Wirkung zeigt eine mangelhafte Neutralisation bei der Fettung (siehe S. 320). In färberischer Hinsicht ist zu unterscheiden zwischen Mitteln, die auch das Innere des Leders neutralisieren und solchen, deren Wirkung sich mehr auf die Oberfläche erstreckt. Zum Entsäuern von Ledern, die ganz oder teilweise durchgefärbt werden sollen, verwendet man ein Alkali der ersten Gruppe, z. B. Natriumbicarbonat. Die sauren Farbstoffe dringen ohne oder mit nur geringem Ammoniakzusatz so weit in das Innere des Leders ein, als es neutralisiert ist. Bei Verwendung von Borax oder Soda bleibt die Wirkung vorwiegend auf die Außenschichten beschränkt, daher färben die meisten sauren und substantiven Farbstoffe nur die Außenschichten derart neutralisierter Leder.

Nach dem Neutralisieren ist gründliches Spülen erforderlich, damit die gebildeten Alkalisalze, die Schwierigkeiten bei der Färbung und insbesondere in der Fettung hervorrufen, entfernt werden. Das Spülen erfolgt bei 30 bis 40° C in einer Dauer von $^1/_4$ bis $^1/_2$ Stunden. Nach dem Spülen sind die Leder vorbereitet zum Färben, das sich unmittelbar anschließt. Neutralisierte Leder dürfen nicht längere Zeit liegen bleiben, weil aus dem Innern der Leder wieder Säure an die Oberfläche dringt und auch durch chemische Umwandlung der Chromsalze neue Säure gebildet wird, die den Effekt der Neutralisation wieder zunichte macht. Aus irgendeinem Grunde nach der Entsäuerung liegen gebliebene Chromleder müssen daher vor der Färbung nochmals nachneutralisiert werden, wozu im allgemeinen 0,5% Borax oder Bicarbonat genügen.

2. Farbstoffe.

Zum Färben des Chromleders haben sich die sauren und substantiven Farbstoffe am geeignetsten erwiesen. Hinsichtlich des Verhaltens beider Farbstoffklassen sei erwähnt, daß die substantiven Farbstoffe nicht in das Innere des Leders eindringen und an Deckkraft den sauren überlegen sind. Die von den Farbstoffabriken speziell für Chromleder hergestellten Chromleder — Chromlederecht — Spezialchromlederfarbstoffe zeigen ein den substantiven Farbstoffen ähnliches Verhalten. Die sauren Farbstoffe besitzen ein gutes Egalisiervermögen und werden daher zur Färbung heller Modefarben verwendet. Da sie infolge ihrer geringeren Säureempfindlichkeit auch in die Innenschichten des Leders diffundieren, werden sie zum Durchfärben von Bekleidungsleder benützt. Die basischen Farbstoffe übertreffen die sauren und substantiven an Brillanz, besitzen aber keinerlei Affinität zum Chromleder. Mit basischen Farbstoffen zu färbende

Leder müssen daher mit einer Beize in Gestalt eines vegetabilischen oder geeigneten synthetischen Gerbstoffs vorbehandelt werden. Die alleinige Verwendung von basischen Farbstoffen zum Färben von Chromleder hat sich nicht eingebürgert. Die Deckkraft der basischen Farbstoffe nützt man in der sog. Kombinations-färbung aus, indem man nach dem Vorfärben mit sauren oder substantiven Farbstoffen noch einen basischen Aufsatz gibt. Basische Farbstoffe sind unbedingt zu vermeiden, wenn die Leder in der Zurichtung mit Kollodiumdeckfarben in Berührung kommen. Sie werden von den in den Deckfarben enthaltenen Lösungs- und Verdünnungsmitteln (Spiritus) gelöst und verursachen einen bronzierenden und abfärbenden Ausschlag auf den Ledern. Im Tafelanhang dieses Bandes ist eine Reihe von Farbstoffen auf Chromleder gezeigt, wobei die Auswahl aus den überreichen Sortimenten nach dem Gesichtspunkt geschah, daß mit den gezeigten Farbstoffen alle auf Leder üblichen Farben ausgefärbt werden können.

a) Saure Farbstoffe (die auf vegetabilischem Leder gezeigten Farbstoffe können auch auf Chromleder verwendet werden):
Tafel IV a; IV b; XI. Nr. 121 bis 130; XV, Nr. 169 bis 177.

b) Substantive oder Direktfarbstoffe; Chromleder und Spezialchromlederfarb-stoffe:
Tafel V; XII, Nr. 133 bis 141; XIV.

c) Basische Farbstoffe: Tafel VI Nr. 61 bis 65.

3. Die Färbung chromgarer Schuhoberleder. Boxkalb.

Chromgare Kalbleder bilden die Hauptmenge der besseren Schuhleder. Die im folgenden geschilderte Färbung dieser Leder ist auf die übrigen Schuhleder aus Rind-, Ziegen- und Roßhäuten im wesentlichen zu übertragen. Wenn auch die sehr vervollkommnete Anwendung der Deckfarben das Sortieren erleichtert und die Ausbeute an Farbledern wesentlich erhöht, so wird doch darauf hinzu-zielen sein, einen möglichst großen Anteil des Gefälles ohne Deckfarben zuzu-richten. Vor der Einführung der Deckfarben konnten im günstigsten Falle 30% des Gefälles auf Farbleder verarbeitet werden, während der Rest schwarz gefärbt wurde. Heute richtet man nahezu alle anfallenden Felle farbig zu. Ein brillantes Schwarz kann nicht etwa auf den schlechtesten Ledern erzielt werden. Neben den der Mode weniger unterworfenen mittel- und dunkelbraunen Farben, die von Gelbbraun bis Rotbraun reichen, werden noch helltrübe Farben oder Feinfarben (Beige, Grau usw.), die mehr dem Wechsel unterliegen, für Damenschuhleder gefärbt. Wenn man auch bei der Zurichtung die Caseindeckfarben allgemein zu Hilfe nimmt, so ist man doch stets bestrebt, den natürlichen Narbencharakter des Kalbleders möglichst zu erhalten. Dadurch ist die Forderung bedingt, mit möglichst wenig Deckfarbe auszukommen. Die Leder werden daher vor dem Falzen nach Substanz und auf Narbenreinheit sortiert. Man teilt ein in hellfarbig, mittel-, dunkelfarbig und schwarz zu färbende Felle. Narbenbeschädigte Leder werden als Velourleder auf der Fleischseite zugerichtet, Felle mit sehr unreinem Narben werden auf der Narbenseite geschliffen und dienen als Nubukschuhleder.

a) Die Einbadfärbung. In den meisten Fällen, besonders aber, wenn in der Zurichtung Deckfarben zur Anwendung gelangen, wird das Chromleder in einem Arbeitsgang, in einer sog. Einbadfärbung gefärbt. Zur Färbung dienen saure oder substantive Farbstoffe oder Mischungen beider. Bei der gemeinsamen Ver-wendung von sauren und substantiven Farbstoffen ist es oft zweckmäßig, die Hälfte bis zwei Drittel der Gesamtfarbstoffmenge an substantivem Farbstoff zu nehmen, um genügende Farbtiefe zu erreichen. In den Chromleder- (I. G; J) und Spezialchromlederfarbstoffen (G) stellt die Farbstoffindustrie speziell für die Chromlederfärberei eingestellte Farbstoffe zur Verfügung, die sich färberisch im wesentlichen wie substantive Farbstoffe verhalten. Diese Farbstoffe können sowohl für sich als auch in Mischung mit sauren und substantiven Farbstoffen gefärbt werden.

Flotte und Farbstoff werden auf Falzgewicht berechnet; für die üblichen Brauntöne sind ungefähr 1 bis 2% Farbstoff erforderlich. Nach dem auf die Neutralisation folgenden Spülen werden die Leder auf etwa 60 bis 70° C vorgewärmt und mit 150% Wasser derselben Temperatur in das durch Einleiten von Dampf vorgewärmte Faß gegeben. Die 25 bis 50% vom Falzgewicht betragende Farbstofflösung läßt man in drei Anteilen im Abstand von 5 Minuten durch die hohle Achse in das rotierende Faß hineinfließen. 25 bis 40 Minuten nach der letzten Zugabe ist der Flotte nahezu der ganze Farbstoff entzogen. In den meisten Fällen ist ein Ansäuern des Farbbades nicht nötig, da das Chromleder trotz der vorangegangenen Entsäuerung noch genügend sauren Charakter hat, um saure und speziell substantive Farbstoffe fixieren zu können. Manche saure Farbstoffe, (Orange II, Chinolingelb) ziehen ohne Säure nicht auf, wenn sie in größeren Mengen (über 1%) angewendet werden. Ein Zusatz von 0,1 bis 0,2% Ameisensäure (85proz.), die mit der 10fachen Wassermenge verdünnt wird, vervollständigt das Aufziehen. Der Säurezusatz kann nach Bedarf in Abständen von 5 Minuten wiederholt werden. Eine geringe Menge Säure schadet auch bei leicht aufziehenden Farbstoffen nicht, da die Färbung aviviert wird. Allgemein üblich ist die Behandlung von Chromleder mit vegetabilischem Gerbstoff, meist Sumach- oder Gambirextrakt, um die Zurichtung zu erleichtern und das Haftvermögen für die Deckfarben zu erhöhen. Wenn auch die meisten sauren und viele substantive Farbstoffe die Vorbehandlung des Leders mit vegetabilischem Gerbstoff oder die gleichzeitige Anwesenheit desselben im Farbbad zulassen, so ist es doch zweckmäßig, den Gerbstoff erst dem ausgezogenen Farbbad zuzusetzen. Beim Färben mit substantiven und insbesondere den Chromlederfarbstoffen ergeben sich häufig insofern Unannehmlichkeiten, als diese Farbstoffe ihre Affinität zum Chromleder verlieren und nur matte, unansehnliche Färbungen ergeben, wenn das Leder mit pflanzlichem Gerbstoff vorbehandelt wurde oder wenn derselbe in der Farbflotte anwesend ist. Im allgemeinen genügt eine Menge von 1 bis 2% Sumachextrakt, flüssig, den man etwa 30 Minuten einwirken läßt.

Einige Kombinationen saurer und substantiver Farbstoffe sind auf Tafel VI in den Färbungen 66 bis 69 gezeigt. Als Einbadfärbungen sind ferner alle im Tafelteil auf Chromleder demonstrierten Einzelfarbstoffe aufzufassen.

Häufig werden auch die Farblacke, welche die pflanzlichen Farb- und Gerbstoffe mit Metallsalzen bilden, zur Färbung von Chromleder, meist in Verbindung mit sauren Farbstoffen, benützt. Von den Metallsalzen eignet sich besonders das Titankaliumoxalat, da dessen Lacke eine gedeckte braune Farbe aufweisen. Die Leder werden zunächst mit 1 bis 1,5% Sumach- oder Gambirextrakt oder mit 2% eines festen Farbholzextraktes, eventuell einer Mischung von Gelb-, Rot- und Blauholzextrakt, während einer Dauer von etwa 45 Minuten behandelt. Zur Abtönung und Vertiefung der Farbe kann gleichzeitig auch ein geeigneter saurer Farbstoff zugegeben werden. Zur Lackbildung werden 0,2 bis 1% Titankaliumoxalat nachgesetzt und das Faß noch 20 Minuten in Bewegung gehalten.

Es besteht auch die Möglichkeit, Chromleder mit basischen Farbstoffen allein zu färben. Die zur Färbung vorbereiteten Leder müssen in diesem Falle zunächst mit pflanzlichem oder synthetischem Gerbstoff vorbehandelt werden, was z. B. durch Walken mit 2 bis 3% Sumach- oder Gambirextrakt während einer Stunde geschehen kann. Eine zu starke Behandlung mit pflanzlichem Gerbstoff ist zu vermeiden, da der Charakter der reinen Chromgerbung verschwindet und die Festigkeit des Narbens leidet. Der vegetabilische Gerbstoff kann teilweise ersetzt werden durch synthetische Produkte, die basische Farbstoffe zu fixieren vermögen, z. B. Tamol NNO (I. G.) Irgatan (G), Coloran OL (Oranienburger Chem. Fabrik). Nach kurzem Spülen wird mit basischem Farbstoff in derselben Arbeitsweise wie für die sauren beschrieben gefärbt. Ein Säurezusatz unterbleibt. Die schon beim Färben pflanzlich gegerbter Leder erwähnte Fixierung des Gerbstoffes mit Brechweinstein oder Titankaliumoxalat kann auch hier nach Aufziehen des Gerbstoffes vorgenommen werden, indem z. B. 0,5 bis 1% Titankaliumoxalat nachgesetzt wird. Nach 20 Minuten ist die Fixierung beendet. Als Beize können auch die S. 203 erwähnten metallorganischen Komplexverbindungen dienen. Die Leder werden zunächst mit 3% nach D.R.P. 440 997 hergestellter Beize $^3/_4$ Stunden bei 60° behandelt und in dem ausgezogenen Beizbad mit basischem Farbstoff gefärbt. Das Färben von Chromleder unter alleiniger Verwendung basischer Farbstoffe hat sich jedoch in der Praxis nicht einführen können.

   b) Die Fettung. Die Fettung wird normalerweise im ausgezogenen Farbbad durchgeführt, indem man die Hälfte der Farbflotte wegläßt und den Fettlicker zugibt. Über die Zusammensetzung der Fette und des Fettlickers sei auf das Kapitel „Fettung" verwiesen. Die Fettung kann auch vor der Färbung erfolgen. In diesem Falle ist jedoch auf einwandfreies Aufziehen des Fettes ganz besonders zu achten, da nicht genügend gebundenes oder ungleichmäßig verteiltes Fett das Egalisieren der Farbstoffe verhindert. Der Fettlicker soll neutral oder schwach sauer eingestellt sein. Basische Fettlicker, auch solche, die als Emulgator alkalische Seife enthalten, bedingen oft insofern Schwierigkeiten, als sie bereits fixierte saure und noch mehr die alkaliempfindlicheren substantiven Farbstoffe teilweise wieder abziehen. Der in das Farbbad hineingelöste Farbstoff wird zwar in den meisten Fällen wieder vom Leder aufgenommen, oft aber in höherem Maße auf der Fleischseite abgeschieden, so daß die Narbenseite eine blasse, nicht völlig gedeckte Farbe zeigt. Abweichungen in der Farbe können auch dann eintreten, wenn die Zusammensetzung des Lickers nicht genügend auf das Leder abgestimmt ist. Stark mineralölhaltige Licker können eine unerwünschte Verdunklung der Farbe verursachen, wenn das Fett hauptsächlich in der Narbenschicht abgelagert wird. Die Fettung ist beendet, wenn das Bad wieder vollkommen klar ist. In Farbflotten, die mit Säure oder Metallsalz versetzt worden sind, darf der Fettlicker nur nach einer vorherigen Prüfung auf seine Säure- und Salzbeständigkeit gegeben werden. Wenn es auch viele Kombinationen von Fettstoffen gibt, die auch aus sauren und salzhaltigen Bädern vollkommen einwandfrei vom Leder aufgenommen werden, so besteht immerhin die Gefahr, daß die Fettemulsion vorzeitig zerstört und dann vom Leder schlecht und unvollständig aufgenommen wird. Alle Schwierigkeiten vermeidet man dadurch, daß man nach der Färbung spült und ein neues Bad zur Fettung bereitet. Nach dem Fetten werden die Leder abermals kurz gespült oder durch warmes Wasser gezogen und Narben auf Narben auf den Bock gelegt, wo sie bis zum Erkalten bleiben.

   c) Die Schwarzfärbung wird immer im Einbadverfahren ausgeführt. Die Farbstoffindustrie stellt dem Färber ein reichhaltiges, den verschiedensten Ansprüchen genügendes Sortiment von Spezialfarbstoffen in jeder Konzentration zur Verfügung. Die anzuwendende Menge beträgt von 0,4 bis 1%. Die Chromlederschwarz-Farbstoffe sind entweder substantive oder Mischungen aus sauren und substantiven Farbstoffen mit den färberischen Eigenschaften substantiver Farbstoffe. Obwohl an und für sich das Aussehen der Aasseite schwarzen Boxkalbleders belanglos ist, so ist doch auf eine intensive und gleichmäßige Färbung derselben Wert zu legen. Nicht selten werden sogar vom Abnehmer durch nichts gerechtfertigte Bedingungen gestellt, die eine bläuliche, violette oder rein schwarze bzw. graue Fleischseite neben einer tiefschwarzen Narbenseite verlangen. Das

Sortiment jeder Farbenfabrik enthält Farbstoffe, die die Erfüllung derartiger Wünsche ohne weiteres gestatten. Auch durch Nachsetzen von etwa 0,1 bis 2% eines geeigneten Säurefarbstoffes läßt sich die gewünschte Farbe der Fleischseite erreichen. Die nach der Färbung getrockneten Leder brauchen noch nicht die volle Tiefe des Schwarz aufweisen, da durch das Auftragen einer mit Nigrosin angefärbten Appretur mit nachfolgendem Glanzstoßen die gewünschte Brillanz erzielt wird. Zur Erleichterung der Zurichtarbeiten und um ein volles blumiges Schwarz mit blauschwarzer Fleischseite zu erhalten, wird vielfach Blauholz-extrakt neben dem Chromlederschwarz-Farbstoff verwendet. Der Farbholz-extrakt, wie auch pflanzlicher Gerbstoff, soll erst dem ausgezogenen Farbbad zugegeben werden, da sonst die Deckkraft der Farbstoffe stark vermindert wird.

d) **Helle Modefarben** werden im Einbadverfahren fast ausschließlich mit sauren Farbstoffen gefärbt, zu denen noch einige gut aufziehende substantive kommen. In hellen Modefarben ausgefärbtes Kalbleder ist unter dem Namen Nakokalf im Handel. Die benötigte Farbstoffmenge ist sehr gering und liegt etwa zwischen 0,05 bis 0,5%, und der Farbstoff würde auch von gut entsäuertem Leder ohne entsprechende Hilfsmittel ungleichmäßig aufgenommen werden. Das gleich-mäßige Anfallen des Farbstoffs wird durch eine längere Flotte, die im Faß mit 200 bis 250% Wasser angesetzt wird, begünstigt. Beim Färben in der Haspel sind etwa 350 bis 400% Wasser anzuwenden. Die Färbetemperatur kann so weit erniedrigt werden, als der Fettlicker noch einwandfrei vom Leder aufgenommen wird. Im allgemeinen dürfte eine Temperatur von 45 bis 50° C genügen. Als Egalisierungsmittel ist am längsten die Seife in Verwendung, die zu etwa 1% dem Farbbad zugesetzt wird. Auch vegetabilische Gerbstoffe wirken verzögernd auf die Geschwindigkeit der Farbstoffaufnahme durch das Leder. Besondere Bedeutung kommt den synthetischen Egalisatoren zu, von denen sich besonders das bereits erwähnte Tamol NNO (I. G.) und der synthetische Gerbstoff Irgatan (G) gut bewährt haben. Das dem Farbbad zu Beginn der Färbung in einer Menge von 0,2 bis 1% zugesetzte Tamol verlangsamt das Aufziehen der Farbstoffe, bewirkt ein tieferes Eindringen derselben und zeigt aufhellende Wirkung. Auf letztere Eigenschaft ist bei der Farbstoffberechnung Rücksicht zu nehmen. Färbungen mit Tamol NNO sind auf Tafel VII, Nr. 73 bis 75 demonstriert. Die Anwendung des Irgatans besteht in einer Vorbehandlung des Leders bei Färbe-temperatur mit 2% desselben in einer Dauer von 40 Minuten, nach welcher Zeit die Farbstofflösung zugegeben wird (siehe Tafel XV, Nr. 178 bis 180). Auch das Färben im Fettlicker wirkt in vielen Fällen egalisierend auf die Färbung. Be-sondere Beachtung verdienen die erst seit kurzem unter dem Namen Erganil-C-Farbstoffe (I. G.) und Neolanfarbstoffe (I) im Handel befindlichen chrom-haltigen Azofarbstoffe wegen ihres ausgezeichneten Egalisierungsvermögens und ihrer Lichtechtheit. Ein in Reichhaltigkeit keinen Wunsch offen lassendes Sortiment der Erganilfarbstoffe zeigt Tafel IV b, die Neolanfarbstoffe XI 127 bis 130, Modefarben mit Neolanfarbstoffen Tafel XII, Nr. 142 und 143.

Die geringe Farbstoffmenge wird vom Leder vollständig gebunden, so daß ein Säurezusatz entfällt. Die Fettung wird im ausgezogenen Farbbad, das auf 100% verkürzt wird, vorgenommen, wenn nicht gleichzeitig im Farbbad gefettet wurde.

Zur Ergänzung des über die Einbadfärbung Gesagten mögen nachstehende Beispiele dienen:

1. **Färbung mit Teerfarbstoffen allein:**
      150% Wasser 60° C
   a) 1 bis 2% saurer Farbstoff oder
   b) 1 „ 2% subst. Farbstoff, Chromlederfarbstoff, Spezial-Chromleder-farbstoff oder

    c) 0,5 bis 1% saurer Farbstoff
       0,5 ,, 1% wie b, nach 20 Minuten eventuell Nachsatz von
       0,2% Ameisensäure; im ausgezogenen Farbbad oder nach Spülen Fettung.

Bei Färbung unter Mitverwendung von pflanzlichem Gerbstoff ist derselbe speziell bei Färbungen unter b und c erst in das ausgezogene Farbbad zu geben.

  2. Färbung unter Verwendung von Gerbstoff- und Farbholzlacken:
    a) 150% Wasser 60° C
       1% Sumach- oder Gambirextrakt
       1% Säurefarbstoff; nach 40 Minuten
       0,2 bis 1% Titankaliumoxalat; Fettung im selben oder im frischen Bad.
    b) 150% Wasser 60° C
       0,5% Gambirextrakt
       0,8% Rotholzextrakt
       1% Säurefarbstoff, nach 40 Minuten
       0,2 bis 1% Titankaliumoxalat; Fettung wie 2a.

  3. Helle Modefarben:
    a) 250% Wasser 45 bis 50° C
       0,04 bis 0,5% saurer Farbstoff (Erganil, Neolan)
       0,2% Tamol NNO, nach dem Aufziehen Fettung
    b) 250% Wasser 45° C
       2% Irgatan 40 Minuten
       0,04 bis 0,5 saurer Farbstoff, nach Aufziehen Fettung im frischen Bad.
    c) Haspelfärbung
       350% Wasser 45° C
       1% Seife oder anderer Egalisator
       0,1 bis 0,8% saurer Farbstoff, nach Aufziehen Fettung im Faß.

e) Die Zweibadfärbung. Für Chromleder, das in sehr gedeckten Nuancen (Weißgehalt t und geringer) gefärbt und in der Zurichtung nicht oder nur ganz leicht mit Albumindeckfarben abgedeckt werden soll, hat sich neben der Einbadfärbung besonders die Zweibadfärbung allgemein eingeführt. Das Verfahren besteht in der Kombination der sauren, substantiven und basischen Farbstoffe und darf nicht zur Anwendung gelangen, wenn in der Zurichtung Kollodiumdeckfarben zu Hilfe genommen werden. Die basischen Farbstoffe werden nach den gut egalisierenden sauren oder den gut deckenden substantiven Farbstoffen in einem besonderen Bad gefärbt und bewirken infolge ihrer Brillanz und Ausgiebigkeit eine Vertiefung der Farbe. Die Färbung wird in derselben Weise wie in dem Abschnitt über die Einbadfärbung berichtet ausgeführt. Unter Umständen kann die Farbstoffmenge etwas niedriger gehalten werden. Während die Temperatur des ersten Bades auch bis zu 70° C betragen kann, soll man die basischen Farbstoffe nicht über 50° C heiß färben, weil manche Vertreter dieser Klasse oberhalb 50° ungenügend egalisieren. Da basische Farbstoffe von Chromleder nicht gebunden werden, muß eine Vorbehandlung mit einer Beize für den basischen Farbstoff in Gestalt eines pflanzlichen oder synthetischen Gerbstoffs erfolgen. In das ausgezogene erste Bad werden 0,5 bis 1% Sumach- oder Gambirextrakt, eventuell unter Zusatz von 0,1 bis 0,2% Tamol NNO oder 0,1% Irgatan (G) gegeben und weiter gewalkt, bis der Gerbstoff vollkommen fixiert ist, was eine Dauer von 35 bis 45 Minuten beansprucht. Diese Behandlung genügt, um die für Boxkalb nötige Menge von 0,1 bis 0,3% basischen Farbstoffs zu fixieren; eine größere Menge Gerbstoff ist zu vermeiden, da der Narben und der Ledercharakter leicht ungünstig beeinflußt werden können. Das eine Zeitlang üblich gewesene Weiterfärben mit dem basischen Farbstoff im ersten Bad gab man teilweise wieder auf, da sich häufig insoferne Schwierigkeiten ergaben, als der basische Farbstoff bereits vor dem vollständigen Fixieren des Gerbstoffs zugegeben wurde und dadurch unansehnliche schmierige Färbungen entstanden. Bei der Auswahl der basischen Farbstoffe ist darauf zu achten, daß der basische Aufsatz nicht dunkler gewählt wird als die Vorfärbung, da die Zwickechtheit des Leders leiden kann. Nach dem Fixieren des Gerbstoffs wird das erste Bad weggelassen und in der üblichen Weise ein neues Bad bereitet. Die Lösung des basischen Farbstoffes gibt man in zwei Anteilen dem laufenden Faß zu und färbt 20 bis 25 Minuten weiter. Nach dem Aufziehen des Farbstoffes ist die Flotte klar und wasserhell, und der Fettlicker kann zugegeben werden. Zu sauer eingestellte Fettlicker ziehen einen Teil des basischen Farbstoffs wieder ab, der dann vom Leder meist nicht mehr vollständig aufgenommen wird. Wenn das Bad nach Einziehen des Fettlickers auch etwas gefärbt ist, so ist für die weitere Zurichtung nichts zu befürchten. Einige Zweibadfärbungen sind auf Tafel VI in Nr. 70, 71 72, demonstriert. Die Färbung Nr. 70 erhielt als basischen Aufsatz nicht Diamantphosphin P sondern D. Als Vorfärbung im ersten Bad können alle S. 216 unter 1 und 2 aufgeführten Beispiele dienen; bei den Beispielen unter 2a und b entfällt der Nachsatz des pflanzlichen Gerbstoffs. Die Leder kommen nach kurzem Spülen in das zweite Bad.

> I. Bad: 150% Wasser 55 bis 60° C (eventuell 70°)
> 0,5 bis 1,5% saurer Farbstoff, nach 25 Minuten
> 0,4 „ 1% Sumachextrakt unter Zusatz von
> 0,1 „ 0,2% Tamol NNO oder
> 0,1 „ 0,2% Irgatan.

Nach 45 Minuten
> II. Bad: 150% Wasser 45 bis 50° C
> 0,2 bis 0,3% basischer Farbstoff, nach dessen Aufziehen im gleichen Bad Fettung.

Die Durchfärbung des Chromschuhleders ist Modesache. Der Färber kann den entsprechenden Wünschen der Abnehmer leicht gerecht werden. Wenn der reine Chromschnitt des Leders erhalten bleiben soll, empfiehlt sich die vorwiegende Verwendung substantiver Farbstoffe. Auch die meisten Säurefarbstoffe dringen nicht tiefer in das Leder ein, wenn in der in vielen Betrieben üblichen Weise mit etwa 2% Borax neutralisiert wurde. Soll auch der Schnitt des Leders gefärbt sein, so sind solche saure Farbstoffe zu wählen, die infolge ihrer geringeren Säureempfindlichkeit leicht in das Innere des Leders einzudringen vermögen (Orange II, Säureanthracenbraun R und RH extra). Auch unter den Spezialchromlederfarbstoffen (G) finden sich gut durchfärbende. Gleiche Eigenschaft zeigen die speziell zum Färben von Schuhleder eingestellten Corintronfarbstoffe (G). Die Durchfärbung mit sauren Farbstoffen wird wesentlich erleichtert durch Neutralisation mit dem mehr in die Tiefe wirkenden Natriumbicarbonat. Im allgemeinen nicht durchfärbende saure Farbstoffe dringen in derart neutralisiertes Leder ohne Ammoniakzusatz ein (siehe S. 211). Das Durchfärben wird durch Erniedrigung der Färbetemperatur und die dadurch bedingte Verlängerung der Färbedauer begünstigt.

f) Rindbox und Sportleder. Die Färbung von Rindbox und Sportleder unterscheidet sich in keiner Weise von der des Boxkalbleders. Für die Berechnung der Farbstoffmenge ist zu berücksichtigen, daß die auf das Falzgewicht bezogenen Prozentsätze bei dickeren Ledern niedriger sein müssen als bei den dünneren Kalbfellen, da das Falzgewicht im Verhältnis zur Oberfläche größer ist. Je dicker die Leder sind, desto weniger Farbstoff ist nötig, um dieselbe Deckung zu erreichen als bei Kalbledern, da in den meisten Fällen nur die Oberfläche gefärbt wird. Unter der Bezeichnung Dullbox sind stärker gefettete und mit künstlichem Narben versehene Fresserfelle und Rindhäute in matter Zurichtung im Handel. Eine noch stärkere Fettung im Licker, die noch durch Einwalken einer Fettschmiere erhöht wird, erhalten Waterproofleder, die in natürlicher oder künstlicher Narbung wie Dullbox als Sportleder Verwendung finden. Auf rein chromgarem Leder hält eine künstliche Narbung wegen der Elastizität dieses Leders nicht, weshalb die Menge des nach der Färbung zugesetzten Gerbstoffes erhöht wird, z. B. auf 3% Gambir. Zum Egalisieren stark gefetteter Chromleder dienen die Kollodiumdeckfarben, und die Färbung wird daher im Einbadverfahren ohne basische Farbstoffe ausgeführt.

g) **Chevreau.** Chevreau ist das edelste Schuhleder und wird aus Zickelfellen meist in der Zweibadchromgerbung hergestellt. Die Färbung erfolgt nach den bei Boxkalb angegebenen Gesichtspunkten, wobei zu bedenken ist, daß zweibadgegerbte Leder von Natur aus mehr Farbstoff für die gleiche Farbtiefe benötigen als Einbandchromleder. Vielfach wird eine intensivere Durchfärbung verlangt als bei anderen Schuhledern, was ein zweiter Grund für die Erhöhung der Farbstoffmenge ist. Zur Erleichterung des Durchfärbens wird mit etwa 2 bis 2,5% Natriumbicarbonat neutralisiert und mit 2 bis 3% einer Kombination gut durchfärbender (siehe S. 257) Säurefarbstoffe oder Spezialchromlederfarbstoffe (G) gefärbt. Um ein vollgriffiges Leder zu erhalten, wird Chevreauleder oft mit größeren Mengen bis zu 3% Gambir behandelt. Eine kurze Vorbehandlung im Gambirbad während etwa 10 Minuten und die Ausfärbung im selben Bad mit Säurefarbstoffen begünstigt das Durchfärben. Bei Verwendung substantiver oder Chromlederfarbstoffe setzt man zweckmäßig den Gerbstoff erst nach dem Aufziehen der Teerfarbstoffe zu. Auch die gleichzeitige Anwendung von Farbholzextrakten im sauren Farbbad wirkt günstig auf die Narbenbildung und erleichtert die Zurichtung. Die Farbflotten ziehen wegen der größeren Farbstoffmenge nicht vollkommen aus, weshalb ein Säurezusatz erforderlich ist. Nach erreichter Durchfärbung wird in Anteilen von 0,2%, die im Abstand von 5 Minuten aufeinander folgen, Ameisensäure (85proz.) zugegeben, bis das Bad erschöpft ist. Bei gedeckten Nuancen verwendet man eine Kombination von sauren und substantiven Farbstoffen, wobei man den substantiven Farbstoff auch erst dem teilweise aufgezogenen sauren Farbstoff nachsetzt. Besonders durch die Zweibadfärbung lassen sich leicht brillante Farben erreichen. Die Menge des basischen Farbstoffs kann auf etwa 1 bis 1,5% erhöht werden.

h) **Roßleder,** meist in Einbadgerbung, dient unter dem Namen Roßchevreau als billiger Ersatz für Chevreau. Für die Färbung gilt das eben Erwähnte. Da Roßhäute häufig narbenbeschädigt sind, wird der Narben nach dem Färben leicht angeschliffen und die Zurichtung mit Kollodiumdeckfarben vorgenommen. Um ein Nachfärben zu umgehen, soll auf gute Durchfärbung Wert gelegt werden. Besonders bei Roßklauen hat sich diese Arbeitsweise gut bewährt. Roßleder färbt man gerne in der Haspel, um das bei Faßfärbung oft auftretende Verwickeln des Färbegutes zu vermeiden.

Chevrettes sind chromgegerbte Schafleder, die ebenfalls als Chevreauersatz dienen. Für die Färbung gilt das oben Erwähnte. Für ein tiefes Schwarz kann sich oft die Notwendigkeit einer Zweibadfärbung ergeben.

i) **Weitere Bearbeitung gefärbten Schuhoberleders.** Die aus dem Färbe- bzw. Fettungsbad kommenden Leder werden kurz durch warmes Wasser gezogen und Narben auf Narben auf den Bock gelegt, wo sie bleiben, bis sie erkaltet sind. Hierauf werden die Leder auf der Maschine durch Ausrecken möglichst vom Wasser befreit und der Narben durch Aussetzen von Hand oder mit der Maschine glatt gelegt. Die Leder gelangen dann zum Trocknen (siehe S. 259). Die hart aufgetrockneten Leder bleiben zweckmäßig einige Tage in einem feuchten Keller sich selbst überlassen, damit sie die zum Stollen nötige Feuchtigkeit langsam wieder aufnehmen und dadurch an Substanz gewinnen. Auch durch Einlegen in feuchte Sägespäne (siehe S. 734) erlangen die Leder wieder den gewünschten

Feuchtigkeitsgrad. Die stollfeuchten Leder erhalten auf der Stollmaschine, unter möglichster Schonung der lockeren Teile der Haut (Flämen), Weichheit und Geschmeidigkeit. Nach dem Stollen werden die Leder auf Bretter oder Rahmen genagelt, damit sie eine glatte Form erhalten und der durch die verschiedenen Arbeitsprozesse eingetretene Flächenverlust wieder ausgeglichen wird. Nach völligem Trocknen, das langsam erfolgen soll, werden die Leder abgenagelt und sind nach eventuellem Beschneiden zur Zurichtung vorbereitet. Im einfachsten Falle besteht die Zurichtung im Auftragen einer farblosen Albuminappretur auf den mit verdünnter Milchsäure ausgeriebenen Narben. Nach dem Trocknen dieser Appretur wird auf der Maschine glanzgestoßen. Der Glanzauftrag und das Stoßen kann gegebenenfalls wiederholt werden. An das Glanzstoßen schließt sich das Krispeln an, und den Schluß bildet das von Hand oder mit der Maschine erfolgende Bügeln. Die Zurichtung mit Deckfarben unterscheidet sich von der „ungedeckten" Zurichtung nur dadurch, daß an Stelle der farblosen oder auch mit sauren Teerfarbstoffen geschönten Albuminappretur die entsprechenden Deckfarben, für Boxkalb meist Albumindeckfarben, zur Anwendung kommen. Über die Appreturen, Deckfarben und die mechanische Seite der Zurichtung sei auf die entsprechenden Kapitel dieses Bandes verwiesen.

Bei Chevreau und Chevreauersatz unterbleibt das Krispeln, da der Narben vollkommen glatt liegen muß. Die zu Waterproof bestimmten Rindhäute werden nach dem Lickern nicht vollständig getrocknet, sondern in halbfeuchtem Zustand geschmiert. Eine geeignete Schmiere (siehe Abschnitt Fettung) wird auf Narben und Fleischseite aufgetragen und im warmen trockenen Faß eingewalkt. Erst dann wird vollständig getrocknet, worauf die vorerwähnten Arbeitsprozesse folgen. Zum Egalisieren der Farbe dienen die Kollodiumdeckfarben.

Unter Zwickechtheit, die bei Schuhleder besonders wichtig ist, versteht man die Eigenschaft des Narbens, sich beim Dehnen über den Leisten nicht zu verändern. Mangelhafte Zwickechtheit zeigt sich entweder im Platzen des Narbens oder in einer mehr oder weniger starken Aufhellung der Farbe. Im ersten Falle kann die Ursache in einer Übergerbung des Narbens oder in einer zu starken Nachbehandlung mit pflanzlichem Gerbstoff liegen. Die Aufhellung der Farbe, der häufiger vorkommende Fall, ist bedingt durch einen zu dunkel gewählten basischen Aufsatz mit zuviel Farbstoff oder durch eine nicht zweckentsprechende Fettung. Auch mit Albumindeckfarbe zugerichtete Leder können zwickunecht sein, wenn der Weichhalterzusatz nicht auf die Eigenart der Bindemittel eingestellt ist.

4. Bekleidungsleder

wird meist in reiner Chromgerbung aus Schaf-, Ziegen-, Kalbfellen und Rindhäuten hergestellt. In erster Linie wird eine gute Durchfärbung gefordert, damit sich nach dem Abscheuern des Narbens nicht die helle Farbe des Chromleders zeigt. Bezüglich der Durchfärbung gilt das unter Chevreaufärbung Erwähnte. Schwerer durchfärbende saure Farbstoffe erhalten zweckmäßig einen Zusatz der halben Menge vom Farbstoffgewicht Ammoniak (techn. konz.) und werden nach der Durchfärbung mit Ameisensäure ausgezogen. Ein Nachsatz von substantiven Farbstoffen bringt die erforderliche Deckung der Farbe. Zur Erhöhung der Weichheit und Verbesserung des Griffes wird häufig ein größerer Zusatz von 2 bis 3% Gambir im ausgezogenen Farbbad gegeben. Der basische Aufsatz unterbleibt, da diese Leder zur Erhöhung der Wasser- und Reibechtheit meist mit Kollodiumdeckfarben zugerichtet werden. Für durchgefärbte Töne in üblicher Deckung sind etwa 2,5% sauren und 0,5 bis 1% substantiven Farbstoffs nötig.

Bei Schafledern gibt häufig der natürliche Fettgehalt der Rohware Anlaß zu Schwierigkeiten in der Färbung. Sehr stark fetthaltige Felle (Specker) werden am besten im Apparat entfettet; bei normal fetthaltigen Schaffellen hat die Entfettung als Blöße oder nach der Gerbung guten Erfolg. (Näheres siehe Entfettung.)

Die Zurichtung der Bekleidungsleder besteht in einem Nachstollen nach dem Abnageln mit anschließendem Bürsten und leichtem Bügeln. Zur Erhöhung der Wasserechtheit kann ein farbloser Kollodiumlack oder eine Kollodiumdeckfarbe aufgetragen werden.

5. Färbung von Velour- und Nubukleder.

Velourleder wird aus kleineren leichten Kalbfellen, die eine aderfreie Fleischseite haben müssen, dadurch hergestellt, daß die Fleischseite der chromgaren Leder durch Schleifen einen samtartigen Charakter erhält. Für Nubuk werden größere Kalbfelle mit einwandfreier Narbenseite gewählt. Der Nubukeffekt wird durch ganz leichtes Anschleifen des Narbens erzielt (Velvet-Blankleder). Haupterfordernis ist bei diesen für Schuh- und auch Portefeuillezwecke bestimmten Ledersorten eine vollkommene Durchfärbung, da das Leder während des Gebrauches oft mit Bimsstein oder mit einer Metallbürste wieder aufgerauht wird. Das Schleifen der Leder wird in trockenem Zustand vorgenommen. Die chromgaren Leder werden daher nach dem Falzen zunächst mit Bicarbonat vollständig durchneutralisiert und erhalten dann eine Fettung mit sulfonierten Ölen, um das nachfolgende Aufwalken zu ermöglichen. Zur Erleichterung des Netzens kann dem Fettbad auch ein Zusatz von Netzmitteln gegeben werden, z. B. Igepon A (I. G.), Sapamin CH (I), Coloran NL (O), Resolin NF (S), Smenol (H. Th. Böhme). Sehr zweckmäßig ist auch die Vorfettung mit Eigelb allein oder in Mischung mit sulfonierten Ölen oder mit bereits im Handel befindlichen Spezialfetten. Die nach dem Fetten getrockneten Leder werden gestollt und genagelt. Die abgenagelten Felle werden leicht weich gemacht und geschliffen (siehe S. 691). Das Schleifen soll so gründlich erfolgen, daß nach dem Färben tunlichst nicht nachgeschliffen werden muß, sondern nur ein Aufrauhen des Velours übrig bleibt. In manchen Betrieben ist es üblich, auch nach dem Färben noch leicht nachzuschleifen. In diesem Falle sind solche Farbstoffe, die durch Säurezusatz vorwiegend auf die Außenschichten des Leders aufziehen, zu vermeiden.

Vor dem Färben müssen die Leder wieder vollständig genetzt werden. Vorgefettete Leder werden durch Walken im Faß mit Wasser von 50° C, gegebenenfalls unter Zusatz von 0,5 bis 1% Ammoniak auf Trockengewicht, zum Färben vorbereitet. Die Walkdauer beträgt 1 bis 2 Stunden. Sehr zweckmäßig ist ein Zusatz von Netzmitteln, z. B. sulfonierten Ölen.

Zum Färben finden fast ausschließlich gut durchfärbende saure neben einigen substantiven Farbstoffen, deren Menge man auf das Trockengewicht der geschliffenen Leder berechnet, Verwendung. Die Flotte wird zur Erleichterung des Durchfärbens kürzer gehalten und mit 300% Wasser von 50° C angesetzt. Das Durchfärben wird durch einen Zusatz von Ammoniak begünstigt, der verhindert, daß der Farbstoff von der Lederfaser gebunden wird, bevor er das Leder in seiner ganzen Dicke durchdrungen hat. Zum Fixieren des Farbstoffs auf der Faser und zum Ausziehen des Farbbades dient Ameisensäure. Die Ammoniakmenge beträgt die Hälfte bis zwei Drittel des angewendeten Farbstoffs, und an Ameisensäure genügt im allgemeinen die halbe bis gleiche Menge des Farbstoffgewichts. Am besten gibt man die Säure in Abständen von 10 Minuten in Anteilen von 0,5% zu, bis das Farbbad nahezu völlig erschöpft ist. Vorteilhaft auf die Durchfärbung wirkt auch die Anwesenheit von Sumach- oder Gambirextrakt oder Farbholzextrakten im Farbbade. Nach etwa 10 Minuten langem Einwirken wird die Lösung des sauren Farbstoffs zugegeben. In manchen Fällen kann man so den Ammoniakzusatz umgehen oder weitgehend beschränken, was von der Natur der

Farbstoffe abhängig ist. Das Ausziehen des Farbbades erfolgt auch hier mit Ameisensäure, und außerdem bietet sich die Möglichkeit, durch geringen Zusatz eines Metallsalzes, 0,25 bis 0,5% Kaliumbichromat, 0,2 bis 0,5% Eisenvitriol, 0,2 bis 0,5% Titankaliumoxalat, die Farbe zu vertiefen und zu fixieren. Das Metallsalz wird der Säure nachgesetzt. In manchen Fällen ist zur Erzielung sehr gedeckter Nuancen auch ein basischer Aufsatz erforderlich (siehe S. 216). Die basischen Farbstoffe werden in frischem Bad aufgefärbt, wobei zur Fixierung ein Nachsatz von 0,2 bis 0,5% Brechweinstein gegeben werden kann. Um möglichst volle und kräftige Farben zu erhalten, ist hier und da auch das Einwalken von Erd- oder Teerfarbstoffpigmenten üblich. Im D. R. P. 406 618 ist die Anwendung von Tanninlacken, die in 4%iger Essigsäure und Alkohol, eventuell unter Zusatz von Erdfarbpigmenten gelöst sind, zum Färben von Leder geschützt. Für helle, weniger Farbstoff benötigende Färbungen dienen dieselben Egalisatoren wie bei Narbenleder. Günstig auf die Durchfärbung wirkt auch ein größerer Zusatz von Tamol NNO (Färbung 78). An Stelle der Ameisensäure verwendet man in diesem Falle Essigsäure zum Ausziehen des Farbbades, wenn sich die Notwendigkeit ergeben sollte. Meist zieht die geringe Farbstoffmenge ohne Säure auf.

a) **Die Schwarzfärbung.** Die Färbung von Schwarz auf Nubuk- oder Velourleder bereitet ganz besondere Schwierigkeiten. Es ist bis heute unmöglich, ein höheren Ansprüchen genügendes Tiefschwarz in einem Arbeitsgang zu färben. Am einfachsten unter den vielen teilweise recht komplizierten Verfahren ist die Übertragung der unter Boxkalb geschilderten Zweibadfärbung. Im ersten Bad wird mit einer größeren Menge (etwa 5 bis 10%) eines sauren oder Chromlederfarbstoffs unter Zusatz von Ammoniak durchgefärbt. Für die nachfolgende basische Färbung dient in manchen Fällen der saure und substantive Farbstoff als Beize, so daß Farbholz- oder Gerbstoffextraktzusatz nicht nötig ist. Die im Handel befindlichen Spezialfarbstoffe für Velourschwarz werden ebenso gefärbt. Nach gutem Durchfärben zieht man das Bad durch allmählichen Zusatz der halben Menge vom Farbstoff an Ameisensäure aus und gibt nach kurzem Spülen im zweiten Bad einen basischen Aufsatz. Um ein möglichst tiefes Schwarz zu erhalten, ist es nötig, die zur Anwendung gelangenden Schwarzfarbstoffe auf Neutralschwarz oder Blauschwarz zu nuancieren. Der oft beim konzentrierten Ausfärben schwarzer Farbstoffe sich zeigende Braunstich, der die Tiefe des Schwarz sehr beeinträchtigt, wird durch Zusatz eines blauen oder grünen Farbstoffes beseitigt. Ein schon am Tage wahrnehmbarer Gehalt an Braun tritt im künstlichen Licht noch viel stärker hervor und macht das Schwarz unansehnlich. Ein zu starkes Hervortreten von Blau wird durch Zugabe eines braunen Farbstoffs verhindert. Ein nur mit Teerfarbstoffen hergestelltes Velourschwarz zeigt Farbprobe 81.

Allgemein üblich ist auch die schon erwähnte Kombination von Farbholzextrakt, für Schwarz Blauholzextrakt oder Hämatin, mit Teerfarbstoffen. Der Blauholzextrakt kann vor der Zugabe des sauren Farbstoffs mit einer geringen Menge Ammoniak durchgefärbt werden, worauf der Zusatz des nach Bedarf nuancierten Schwarzfarbstoffs erfolgt. Nach einer Färbedauer von 1 bis 2 Stunden wird das Farbbad durch allmählichen Säurezusatz nahezu ausgezogen und etwa 0,25% Eisenvitriol und 0,5% Kaliumbichromat nachgesetzt. Nach Bedarf kann im gleichen Bad nochmals eine geringe Menge Hämatin mit nachfolgendem Eisenvitriolzusatz aufgefärbt werden. Beim Färben unter Zusatz von Eisenvitriol ist Vorsicht geboten, da leicht eine Verminderung der Reißfestigkeit eintreten kann, wenn zuviel Eisensalz angewendet wird. In einem frischen Bad wird dann basisch übersetzt unter Nachsatz von 0,2% Brechweinstein. Nach einer anderen Arbeitsweise gibt man Blauholz, sauren Farbstoff und Ammoniak gleichzeitig zu und färbt bis zur Durchfärbung. Nach vorsichtigem Absäuern des Farbbades wird zur besseren Fixierung des basischen Aufsatzes etwa 5% Gambirextrakt zugegeben und $1/2$ Stunde weitergewalkt. Die zweckmäßig über Nacht zur Fixierung des Farbstoffs über den Bock geschlagenen Leder werden am nächsten Morgen abgewelkt und basisch nachgefärbt.

Sehr gute Resultate ergeben auch die von der Farbstoffindustrie angegebenen Färbeverfahren mit Diazotierungsfarbstoffen, wobei der Farbstoff erst auf der Faser aus geeigneten Komponenten erzeugt wird. Zunächst wird in üblicher Weise bei 50° C ein diazotierbares substantives Schwarz, eventuell in Verbindung mit einem sauren, durchgefärbt und durch Zusatz von Essigsäure ausgezogen. Nach kurzem Spülen diazotiert man in einem kalten reichlich (600 bis 800%) bemessenen Bad mit etwa 2,5 bis 3% Natriumnitrit und 5 bis 7% Salzsäure oder 4,5 bis 5% Ameisensäure während einer Dauer von 30 Minuten. In der Praxis wird hier häufig der Fehler begangen, daß in zu kurzer Flotte gearbeitet und auf die Temperatur, die nicht über 15° C steigen soll, nicht sorgfältig genug geachtet wird. Die durch Einwirkung von Natriumnitrit entstehenden Diazoverbindungen sind sehr empfindlich gegen Wärme, und der Zerfall dieser Körper bedeutet nicht selten eine Zerstörung der ursprünglichen Färbung. Der nachfolgende Entwickler hat auf die unsachgemäße diazotierte Vorfärbung keine Wirkung, und das Ergebnis ist schlechter als ohne die Behandlung mit Nitrit. Nach dem Diazotieren wird kurz kalt gespült und in frischem Bad mit einem Diamin — meist Toluylendiamin — Entwickler H (I. G.) —, oft in Verbindung mit einem Naphthol, β-Naphthol, — Entwickler A (I. G.) — kalt entwickelt. An Entwickler ist eine Menge von 1% nötig, die mit der gleichen Menge kalzinierter Soda in Wasser gelöst wird. Die Entwicklungsdauer beträgt 20 bis 30 Minuten, nach welcher Zeit gut gespült wird. Als Appretur, die zur Vertiefung des Schwarz beiträgt, empfiehlt die I. G. Farbenindustrie A.-G. eine Behandlung mit Ramasit W konz. in einer Menge von 1 bis 1,5% bei einer Temperatur von 25 bis 30° C in einem Bad von 100% Wasser. Die Tiefe des Schwarz kann noch durch Überfärben mit einem basischen Farbstoff vermehrt werden. Die gut gespülten Leder werden zur Fixierung des Farbstoffes mit etwa 2% Gambir, dem man nach Bedarf etwas (0,5 bis 1%) Blauholzextrakt zufügen kann, eine Stunde gebeizt und in frischem Bad bei 45 bis 50° C mit 2% basischem Schwarz, das entsprechend nuanciert ist, gefärbt. Das Farbbad hält man wieder kürzer und gibt den Farbstoff auf einmal zu. In das nahezu ausgezogene basische Farbbad können 0,2% Eisenvitriol und 0,2% Brechweinstein nachgesetzt werden, die man 20 bis 30 Minuten einwirken läßt. Ein sorgfältiges Spülen beendet den Färbevorgang.

Auch aus der Pelzfärberei hat man Färbeverfahren für Velourschwarz übernommen. Aromatische Amine und Aminophenole geben durch Oxydation auf der Faser in Verbindung mit Metallbeizen sehr lichtechte und gegen die verschiedensten Einflüsse sehr widerstandsfähige Farben. Die unter Ammoniakzusatz aufgewalkten Leder werden zunächst mit Kupfersulfat und Essigsäure während zwei Stunden vorbehandelt. Die Flottenmenge beträgt 400 l, und für 150 Felle sind 600 g Kupfersulfat und 150 ccm Essigsäure nötig (Ledertechnische Rundschau 1930, S. 117). Die gebeizten Leder kommen in eine frische Flotte von 400 l Wasser, dem 2 kg Ursol D (I. G.) und 30 l Wasserstoffsuperoxyd (3 proz.) zugegeben werden. Alle Arbeitsprozesse werden bei gewöhnlicher Temperatur vorgenommen. Die Entwicklung dauert 20 bis 24 Stunden. Nach dem Färben wird gut gewaschen und nachgefettet.

Buntfärbungen auf Kalbnubuk sind auf Tafel VII durch Nr. 76 bis 78, Kalbvelourfärbungen durch Nr. 79 bis 81 und auf Tafel XI, Nr. 131, 132, demonstriert.

Chromgare Rindspalte, die als Futter oder Portefeuilleleder Verwendung finden, erfordern dieselben Vorbereitungs- und Färbearbeiten wie Velourleder. Die Spalte werden auf beiden Seiten gefalzt und nach der Neutralisation in der üblichen Weise gefettet. Im Fettbad kann mit 2 bis 3% Dextrin während 30 Minuten behandelt werden, wodurch ein leichtes Aufwalken ermöglicht und infolge des Verklebens der Fasern beim Schleifen ein feinerer Velour erzielt wird. Spaltfärbungen zeigen die Farbproben 82, 83, 84.

Obige Ausführungen seien durch einige Beispiele ergänzt. Das Farbbad wird für gedeckte Töne mit 200%, für helle Farben mit 300% Wasser von 60° C angesetzt.

1. Buntfärbung:

a) 3% Säurefarbstoff
   2% Ammoniak, bis Durchfärbung erzielt ist
   1,5% Ameisensäure, 85proz.
   Muster Nr. 79, 80, 131

b) 2% Säurefarbstoff
   1 bis 2% substantiver Farbstoff
   1 „ 2% Ammoniak
   1,5% Ameisensäure (Muster Nr. 76, 77)

c) 2 bis 3% Farbholzextrakt
   2 „ 3% Säurefarbstoff
   1 „ 2% Ammoniak
   2% Ameisensäure
   eventuell 0,2 bis 1% Metallsalz.

d) I. 2 bis 3% Farbholz- oder Gerbstoffextrakt
      2 bis 4% Säurefarbstoff
      1 „ 2% Ammoniak bis zur Durchfärbung
      2 „ 3% Ameisensäure
   II. 1 „ 2% basischer Farbstoff

c) helle Farben:
   1 bis 2% Farbholzextrakt
   0,5 „ 1% Säurefarbstoff
   1% Seife
   eventuell 0,5% Ammoniak bis Durchfärbung, nach Bedarf ausgezogen mit 0,5 bis 1% Essigsäure 6 Bé

f) 1 bis 2% Säurefarbstoff
   2% Tamol NNO (Muster 78).

2. Schwarzfärbung:

a) I. 5 bis 10% Chromlederschwarz
      0,5 bis 1% saurer Nuancierfarbstoff
      2% Ammoniak
      5% Ameisensäure.
   II. 1% basisches Schwarz
      0,05 bis 0,5% basischer Nuancierfarbstoff (Farbprobe 81).

b) I. 1 bis 2% Ammoniak
      5 „ 10% Chromlederschwarz
      3 „ 5% Blauholzextrakt bis Durchfärbung
      1 „ 2% Eisenvitriol, nach 20 Minuten
      3 „ 5% Essigsäure.
   II. 2 „ 3% basischer Farbstoff.

c) I. 3% Blauholzextrakt ⎫ 20 Minuten
      1% Ammoniak ⎭
      3% Säurefarbstoff oder Chromlederschwarz bis durchgefärbt
      2% Essigsäure 15 Minuten
      0,2 bis 0,5% Kaliumbichromat ⎫ 20 Minuten
      0,2 „ 0,5% Eisenvitriol ⎭
      0,5 „ 1% Ameisensäure 15 Minuten
      2% Blauholzextrakt, nach 20 Minuten
      0,25% Eisenvitriol.
   II. 1% basisches Schwarz, eventuell nuanciert. Nach 20 Minuten
      0,25% Brechweinstein.

d) Entwicklungsschwarz
   I. 8 bis 10% diazotierbarer substantiver Schwarzfarbstoff, eventuell
      2% Ammoniak
      2 bis 3% Ameisensäure
      oder 5 bis 6% Essigsäure.
   II. Diazotierbad nicht über 15° C
      600 bis 800% Wasser ⎫
      3% Natriumnitrit ⎬ 30 Minuten
      5 bis 7% Salzsäure ⎭

III. direkt oder nach kurzem Spülen Entwicklungsbad kalt
Zugabe von 1% Entwickler H (I. G.) oder
1% Toluylendiamin
gelöst mit 1% Soda calc. Dauer 20 Minuten, gut spülen, gegebenenfalls
IV. 2% Gambir, 1 Stunde, kurz spülen.
V. 1,5% basischer Nuancierfarbstoff.

b) Weiterverarbeitung der gefärbten Velourleder. Nach dem Färben werden
alle Leder, die in säurehaltigen Bädern ausgefärbt wurden, gut gespült, um anschließend gefettet zu werden. Bei erfolgtem basischen Aufsatz kann unter Umständen im selben Bad gefettet werden. Der Fettung aller mit Velour versehenen
Leder ist ganz besondere Aufmerksamkeit zu schenken. Eine Überfettung muß
sorgfältig vermieden werden, da sich leicht auf den Ledern ein speckiger Glanz
zeigt. Auch die Anwendung ungeeigneter Fette bringt oft diese Unannehmlichkeit.
Die Fettung kann mit 2 bis 3% Eigelb bei einer Temperatur von 45° C vorgenommen werden. Von den im Handel befindlichen Fettungsmitteln hat sich besonders der Baykolicker (Stockhausen) gut zur Fettung derartiger Leder
bewährt, da auch bei Verwendung größerer Fettmengen der gefürchtete Fettglanz nicht auftritt. Nach der Fettung wird kurz gespült und eventuell leicht ausgereckt, worauf die Leder getrocknet werden. Das Ausrecken darf nicht zu stark
geschehen, da sonst das spätere Aufrichten der Velourfaser mit Schwierigkeiten
verbunden ist. Die getrockneten Leder werden in Sägespäne eingelegt, gestollt
und auf Rahmen genagelt, um langsam getrocknet zu werden. Bei sehr weichen,
geschmeidigen Ledern unterbleibt das Nageln. Das Aufrichten der Velourfasern
kann durch Bürsten mit einer rauhen Borsten- oder Metallbürste bewirkt werden.
In manchen Fällen wird auch nach der Färbung nochmals leicht geschliffen.
Hierbei ist nur allerfeinster Schmirgel zu verwenden. Bei Ledern, die mit basischen
Farbstoffen überfärbt wurden, ist das Nachschleifen tunlichst zu unterlassen,
da diese Farbstoffe oft nicht genügend in das Innere eingedrungen sind. Auch
bei Schwarz soll bereits vor der Färbung fertiggeschliffen werden. Zur Verbesserung der Reibechtheit gedeckter Farben ist es zweckmäßig, das Leder im trocknen
Walkfaß einem Läuterprozeß, der im Walken mit harzfreien Sägespänen (Buchenholz) oder Lederabfällen besteht, dem sog. Millen, zu unterwerfen. Hierdurch
wird gleichzeitig in einfacher Weise die Velourfaser aufgerichtet und die Farbe
vertieft. Für Schwarz wird auch ein Zusatz von geringen Mengen Petroleum
zu den Sägespänen empfohlen, um die Farbe zu vertiefen (Sandoz).

Die Färberei von rein lohgaren Velourledern ist im Prinzip nicht verschieden
von der der chromgaren. Die Färbetemperatur muß entsprechend niedrig gehalten werden. Die Färbung eines genügend tiefen Schwarz bereitet noch größere
Schwierigkeiten als bei Chromledern. Sehr umfangreich ist die Fabrikation von
semichromgaren Velourledern aus ostindischen Bastardfellen.

E. Das Färben verschieden gegerbter Leder.
Die Färbung des Semichromleders.

Semichromleder wird durch Nachbehandeln vegetabilischer Leder mit Chromgerbstoffen oder durch Nachgerben von Chromleder mit pflanzlichen Gerbstoffen
erhalten. Zur Färbung dienen vorwiegend die sauren Farbstoffe im Einbadverfahren. Auch substantive Farbstoffe lassen sich verwenden, doch ist es ratsam,
vor der Verwendung dieser Farbstoffe zu prüfen, ob der Färbeeffekt hinreichend
ist. In manchen Fällen gelangt das bei Chromleder beschriebene Zweibadverfahren,
wobei der Zwischensatz des vegetabilischen Gerbstoffs wegfallen kann, zur
Anwendung.

Das Färben von Transparentleder.

Transparentleder entsteht durch Imprägnierung von Blöße mit Glycerin. Zur Färbung finden die sauren und manche substantive Farbstoffe Verwendung. Die nach dem Äscher gereinigten Blößen werden im Faß bei 20 bis 25° C mit der Farbstofflösung ohne mit Säure auszuziehen gewalkt. Wenn die Imprägnierung im Faß eingewalkt wird, kann dies gleichzeitig mit dem Färben geschehen.

Technische Leder.

Unter technischen Ledern versteht man die verschiedenen Riemenlederarten, wie Schlagriemen-, Treibriemen-, Binde- und Nähriemenleder, auch Fußballeder und Leder für Schneeschuhbindungen ist hierher zu zählen. Die Färbung wird meist mit substantiven oder sauren Farbstoffen im Einbadverfahren vorgenommen. Für die alleinige Verwendung basischer Farbstoffe gilt das bei Chromleder Erwähnte. Oft ist es bei stark gefetteten Ledern erwünscht, zugleich mit dem Einwalken des Fettes zu färben. Die Farbstoffindustrie stellt zu diesem Zwecke die öl- und fettlöslichen Farbstoffe (Sudanfarbstoffe I. G.) zur Verfügung.

Formaldehydleder

zeigt in färberischer Hinsicht das gleiche Verhalten wie Sämischleder. Es kann mit Schwefelfarbstoffen oder nach entsprechender Vorbehandlung auch mit sauren Farbstoffen gefärbt werden.

F. Die Färbung von alaungaren Ledern.

Durch Gerbung in der sog. Glacégare (siehe Glacégerbung) werden aus Zickel-, Ziegen-, Lamm- und Schaffellen hochwertige Leder hergestellt, die in den verschiedensten Zurichtungen als Handschuh- und Bekleidungsleder Verwendung finden. In die Werkstatt des Färbers kommen diese Leder nicht direkt aus der Gerbung, sondern sie bleiben nach derselben in gestolltem Zustand einige Zeit auf Lager, damit die Gerbung „ausreift". Die Lagerdauer beträgt im allgemeinen 2 bis 3 Monate. Ein zu langes Lagern vor der Färbung bedingt bei den Vorbereitungs- und Färbeprozessen Schwierigkeiten. Die Haupteigenschaften eines guten Glacéleders sind neben Fülle und Weichheit eine sehr große Zügigkeit, milder Griff, Reinheit und ein gewisser Glanz des Narbens. Diese Eigenschaften dürfen durch den Färbeprozeß in keiner Weise vermindert, sondern sollen eher noch verbessert werden. Die Kunst des Glacélederfärbens ist sehr alt und wird heute noch in vielen Betrieben nach alten überlieferten Verfahren ausgeübt. In der Praxis der Glacéfärberei haben sich die pflanzlichen Farbstoffe am längsten in dominierender Stellung gehalten. Wenn auch die anteilige Mitverwendung von Teerfarbstoffen bald nach deren Entdeckung in Gebrauch kam, so ist doch die alleinige Anwendung derselben erst in neuester Zeit mit befriedigendem Erfolge möglich, als Ergebnis jahrelanger intensiver Arbeit von Farbstoff- und Lederindustrie. Speziell die in jüngster Zeit in Mode gekommenen waschbaren Glacéleder werden fast ausschließlich mit Teerfarbstoffen gefärbt.

Das Sortieren der glacégaren Leder erfolgt in weißem Zustande nach dem Stollen und erfordert große Erfahrung und eingehende Kenntnis sowohl der Auswirkung von Färbung und Zurichtung auf dem Leder wie auch der Weiterverarbeitung der Leder. Die im Narben einwandfreiesten Felle werden zur natürlichen Narbenzurichtung gewählt und unterteilt in weiß, hellfarbig, mittel-, dunkelfarbig und schwarz. Felle mit leichten Narbenschäden ergeben auf der Narbenseite geschliffen das sog. Mochaleder; Leder, deren Narbenbeschaffenheit diese Zurichtung nicht zuläßt, deren Aasseite aber einwandfrei ist, werden zu

Chairleder auf der Fleischseite geschliffen. Minderwertige Lamm- und Zickelfelle dienen gefärbt als Futter- und Stulpenleder für Handschuhe.

Die Glacéfärberei wird vielfach als Lohnarbeit, wobei der Handschuhfabrikant Auftraggeber ist, ausgeführt und die Entscheidung, wer bei nicht befriedigenden Färbungen die Schuld trägt, ist oft sehr schwierig und in manchen Fällen nicht mehr zu treffen. Allen Arbeitsgängen der Gerbung und Färbung ist bei Glacé-leder ganz besondere Sorgfalt zu widmen. Besonders das Beizen und die Reinigung des Narbens von Schmutz und Gneist verlangen erhöhte Aufmerksamkeit, da eine klare gleichmäßige Färbung auf ungenügend gereinigten Ledern nicht erzielt werden kann und eine Korrektur mangelhafter Färbungen mit Deckfarben bis heute noch nicht möglich ist. Die Färbeverfahren richten sich nach den Be-dingungen, die an das Leder gestellt werden. Die Färbung auf der Tafel kommt dann zur Anwendung, wenn die eine Seite ungefärbt bleiben soll; können die Leder auf beiden Seiten gefärbt sein, dann wird das Färben im Faß vorgenommen.

1. Vorbereitung zum Färben.

Alle glacégaren Leder, gleich, welcher Zurichtung sie später unterworfen werden, müssen vor der Färbung gründlich aufgewalkt werden. Dieser Arbeits-gang heißt das Broschieren (oder auch Pürgen, aus dem französischen purger = reinigen) und erfordert größte Sorgfalt. Über das Broschieren lassen sich nur allgemeine Richtlinien geben, denn die Dauer der Behandlung und die Anwendung verschiedener Hilfsstoffe richten sich nach der Lagerzeit und hängen sehr ab von der Natur (Provenienz) der Rohware. Zunächst werden die Leder in reichlich Wasser von 25 bis 28° C im Faß während einer Zeit von etwa 45 Minuten bis 1 Stunde gewalkt. Hierauf läßt man das Wasser ablaufen und gibt dem neuen Broschierwasser 2% Ammoniak (30proz.) auf Trockengewicht zu. In dem zweiten Bad werden die Leder 45 Minuten bis 1 Stunde gewalkt, worauf ein 30 Minuten dauerndes Spülen mit Wasser von 30° C folgt. Oft schließt sich an das Ammoniak-bad ein solches mit 1% Essigsäure an in der Dauer von 1 Stunde, worauf dann das Spülen erfolgt. In manchen Fällen ist es zweckmäßig, die Leder nach dem ersten Aufwalken über Nacht in eine Lösung von Essigsäure (3 g pro Liter) ein-zulegen, am nächsten Morgen 15 Minuten in der Lösung zu walken und dann das Broschieren fortzusetzen. Für gute mechanische Durcharbeitung der Leder ist besonders dann zu sorgen, wenn kleinere Partien aufgewalkt werden. Der inten-sivsten Walkwirkung werden die Leder im Würfelwalkfaß oder im Polygonfaß unterworfen. Das Durchnetzen länger gelagerter Leder erfordert längere Zeit, da sich speziell in den Flämen erhärtete Stärkekörner, die sich als weiße Pünktchen zeigen, schwer wieder anfeuchten lassen. Nach Lamb (siehe S. 321) werden die nur schwer benetzbaren Stärkekörnchen schnell beseitigt durch Behandeln der Leder mit 1% (auf Ledergewicht) Malzenzym (Diastase), wodurch die Stärke in löslichen Zucker übergeführt wird. Nicht vollständig aufbroschierte Leder weiterzuverarbeiten ist zwecklos, da sich beim Färben, besonders stark bei nachchromierten Ledern, insoferne Schwierigkeiten im Egalisieren der Farb-stoffe einstellen, als besonders die Flämen den Farbstoff nur schwer und un-gleichmäßig annehmen. Durch das intensive Walken und Auswaschen ist den Ledern ein Teil der Gerbung entzogen worden, so daß in diesem Stadium gefärbte und aufgetrocknete Leder nicht genügend Fülle, Griff und Weichheit zeigen würden. Die Leder erhalten daher eine Nachfettung, die sog. Nachgare, mit Eigelb unter Zusatz von Kochsalz in einer kurzen Flotte. Die Menge schwankt nach Art der Leder und beträgt etwa 20 bis 30 g Eigelb und 10 bis 15 g Salz pro Fell. Das Nachfetten geschieht bei Zimmertemperatur und dauert etwa 45 Minuten. Die nachgefetteten Leder können über Nacht in der eventuell mit Wasser verdünnten

Fettbrühe liegen bleiben, wobei sie unter Vermeidung von Luftblasen sorgfältig unter die Flüssigkeit gedrückt sein müssen. Werden die Leder durch Nachbehandeln mit Chromsalzen oder Formaldehyd waschbar gemacht oder im Faß gefärbt, so bildet die Nachfettung den Schluß der nassen Arbeiten. Der Zusatz von Alaun und Mehl zur Nachfettung hat auf die Eigenschaften des Leders gegenüber der reinen Eigelb-Kochsalz-Behandlung keinen verbessernden Einfluß, wirkt jedoch in färberischer Hinsicht ungünstig ein, weil leicht schlecht egalisierte Färbungen entstehen.

2. Die Färbung auf der Tafel.

Die altüberlieferte Färbung mit Holzfarbstoffen ist noch in vielen Betrieben üblich, wenn auch die Teerfarbstoffe, besonders für Phantasiefarben (lebhaftes Blau, Rot) und für helle Nuancen gleichzeitig als Alleinfarbstoffe angewendet werden. Die Färbung mit Teerfarbstoffen ist der Färbung mit Holzfarbstoffen entschieden vorzuziehen, denn die Abmessung bestimmter Mengen wirksamen Farbstoffs ist bei den Farbhölzern fast unmöglich, und der Färber muß daher bei jeder neuen Abkochung erneut einmustern. Auch da, wo noch die Färbung mit Holzfarbstoffen vorwiegt, ist es üblich, den Farbflotten Teerfarbstofflösungen zuzugeben, um die Brillanz mancher Farben zu erhöhen.

a) **Das Färben mit natürlichen Farbstoffen. Die Farbstofflösungen.** Es ist nicht übertrieben, wenn man sagt, daß alle dem Pflanzenreich angehörenden Produkte, welche zum Färben geeignete Extrakte liefern, früher zum Färben von Glacéleder dienten. Von allen Farbmaterialien haben heute noch insbesondere die Farbhölzer, Rot-, Gelb-, Fiset- und Blauholz und einige Gerbstoffe, Gambir, Sumach, Weiden- und Erlenrinde Interesse. Über die Farbstoffe der Farbhölzer ist im Abschnitt „Farbstoffe" berichtet. Von den Gerbstoffen wäre zu erwähnen, daß jeder pflanzliche Gerbstoff, der infolge seiner geringen Adstringenz den Narben und den Charakter des Leders nicht verändert, zum Färben von Glacéleder geeignet ist. Auch die Extrakte der Farbhölzer zeigen eine gewisse Gerbwirkung, so daß bei der Färbung mit denselben eine gelinde Nachgerbung stattfindet. Obwohl heute im Handel Extrakte von allen pflanzlichen Farbstoffen in einer Qualität vorhanden sind, die jedes Mißtrauen ausschließt, stellen heute noch viele Färbereien die Farbstofflösungen durch Auskochen der Farbmaterialien selbst her. Doch finden die Extrakte auch allein und zum Verstärken von selbsthergestellten Brühen Verwendung.

Das Abkochen der Farbhölzer wird in offenen Kupferkesseln mit indirekter Dampfheizung vorgenommen, und zwar wird Blau- und Gelbholz nach J. Jettmar (1) mit der 10fachen Wassermenge ohne jeden Zusatz einmal in einer Dauer von 2 Stunden ausgekocht. 10 Kilo Rotholz werden mit 100 l Wasser zweimal ausgekocht und jedem Sud 100 g Soda zugesetzt. Von Fisetholz kocht man 16 kg in 100 l Wasser unter jedesmaligem Zusatz von 80 g Soda zweimal aus. Ein dritter Abzug wird zum Auskochen des frischen Holzes verwendet. Erlen- oder Weidenrinde geben in einer Menge von 5 kg auf 100 l Wasser in einer Abkochung brauchbare Extrakte. Ein zu großer Zusatz von Alkali ist zu vermeiden, da durch zu stark basische Farbflotten der Narben des Leders hart wird. Die selbsthergestellten Auszüge werden in großen Holzbottichen durch Absetzenlassen geklärt und möglichst schnell verbraucht. Längeres Stehenlassen macht infolge eintretender Gärung die Abkochungen für die Färbung unbrauchbar. Die Konzentration der als Bürstflotte verwendeten Extrakte richtet sich nach der Tiefe (dem Weißgehalt) der zu färbenden Farbe unter Berücksichtigung der Anzahl der Aufträge und des als Beize (Abzug) benützten Metallsalzes. Die Färbung mit Holzfarbstoffen und Gerbstoffen ist eine reine Beizenfärbung (siehe Theorie der Färbung). Das Zusetzen von Teerfarbstoffen (sauren und Alizarinfarbstoffen) dient dazu, manche stumpfen Nuancen lebhafter zu machen (Schönen). Auch basische Farbstoffe werden hier und da angewendet, um eine Färbung zu vertiefen. Sie dürfen aber nicht den Holzextrakten beigemischt werden, da diese wegen ihres Gerbstoffgehaltes mit den basischen Farbstoffen Niederschläge ergeben, sondern sie werden auf die fertige Holzfärbung als Aufsatz gegeben. Die Dauer des Abkochens und die Zeit bis zur Verwendung des Auszuges sind bei allen Abkochungen gleich zu haltende Faktoren, um wenigstens einigermaßen mit „konstanten Größen" arbeiten zu können. Vor dem Färben jeder Partie und bei jeder neuen Abkochung ist es unerläßlich, den Ausfall einer Farbzusammenstellung auf einigen Fellen zu prüfen und die Zusammensetzung eventuell richtigzustellen. Alle Färbevorgänge werden bei gewöhnlicher Temperatur ausgeführt.

b) Die Beize. Vor dem Auftragen der Farbstofflösungen ist es erforderlich, die Leder für die Aufnahme des Farbstoffes vorzubereiten, was in der Praxis als Beizen bezeichnet wird. Die Beize hat den Zweck, durch Entfernung des im Narben sitzenden Fettes die Oberfläche des Leders für den Farbstoff gleichmäßig aufnahmefähig zu machen. Die als Beize verwendeten Stoffe dürfen das Leder in keiner Weise ungünstig beeinflussen hinsichtlich des natürlichen Narbenglanzes, des Griffes und der Zügigkeit. Ferner sollen die Beizen das Durchschlagen der Farbstofflösung auf die Fleischseite verhindern. Mit dem im wissenschaftlichen Sprachgebrauch üblichen Begriff Beize, unter dem man Stoffe versteht, die einen Farbstoff auf der Faser festhalten, indem sie mit diesem einerseits und der Faser anderseits Verbindungen eingehen (siehe Kap. Farbstoffe), hat die Glacébeize nichts zu tun. Das Beizen der Glacéleder vor der Färbung wird mit alkalischen Lösungen ausgeführt. Am ältesten und am allgemeinsten war die Verwendung von menschlichem Harn. Auch heute ist die Möglichkeit, diesen ekelerregenden Stoff durch andere vollwertig zu ersetzen, noch nicht allgemein anerkannt, denn in einzelnen Betrieben wird nach wie vor die Urinbeize angewendet. Nur die durch moderne Anlagen bedingte Knappheit und die oft umständliche Beschaffung durch Sammeln und das längere Lagern zwingen manche Betriebe, die Urinbeize durch „Ersatzstoffe" zu strecken oder ganz zu ersetzen. Der frisch ausgeschiedene saure Harn (p_H 5,4) wird zur Beize geeignet gemacht, indem man ihn in großen Behältern einige Zeit sich selbst überläßt. Die schnell eintretende, durch im Harn enthaltene Fäulniserreger bewirkte Zersetzung wandelt den Harnstoff, den Hauptbestandteil des Harns, in kohlensaures Ammoniak und Ammoniak um. Durch Ausscheidung von Salzen (hauptsächlich Kalzium- und Magnesiumphosphat) wird der Harn trübe, und gleichzeitig nimmt der vergorene Harn eine ölige Konsistenz an. In diesem Zustand ist er als Beize für Glacéleder geeignet. Die durch Filz filtrierte Beize wird in dicht verschlossenen Fässern aufbewahrt. Die Dichte beträgt 1,015 bei 20° C, und die Flüssigkeit zeigt einen p_H-Wert von 8,5. Die Ausflußzeit von 200 ccm bei 20° C beträgt 55 Sekunden, gegenüber 21 Sekunden für destilliertes Wasser. Für dunkle Farben wurde die Beize unverdünnt verwendet, für helle Farben wurde sie mit $^1/_{10}$ des Volumens Wasser verdünnt und durch Zufügen von Weinstein (50 g auf 100 l) etwas saurer gestellt. Über die Natur der Schleimstoffe ist Sicheres nicht bekannt, sie scheinen aber auf die Glanzbildung des Narbens nicht ungünstig einzuwirken. Daß dem vergorenen Harn in besonderem Maße die Eigenschaft zukommt, das Durchschlagen der Farbstofflösungen zu verhindern, wie vielfach in der Literatur zu lesen ist, trifft nicht zu, denn beim Färben unsachgemäß vorbereiteter Leder schlägt die Farbe trotz der Urinbeize auf die Fleischseite durch. Schon zur Zeit, als noch die

Urinbeize allein in Verwendung stand, wurden derselben andere Stoffe, wie Seife, Ammoniak, Kaliumchromat zugesetzt. Die Bestrebungen, die Urinbeize durch reinlichere Mittel zu ersetzen, sind alt. Da die alkalische Reaktion des vergorenen Harns die Wirkung als Beize verursachte, wurden alkalische Lösungen verschiedener Salze zum Beizen von Glacéleder verwendet. Als brauchbar haben sich Lösungen von 10 bis 12 g Ammoniumcarbonat im Liter unter Zusatz von 10 g Kochsalz erwiesen, denen man unter Umständen auch Schleimstoffe und Kolloide zusetzen kann (Leinsamenabkochung, Dextrin, Tragant usw.). Auch Lösungen von Kaliumbichromat in Verbindung mit Ammoncarbonat sind gut geeignet, nur soll der Zusatz an Chromsalz 1 g pro Liter nicht überschreiten, da der Glanz des Narbens leicht leidet und ein schwammiges Leder entstehen kann. Eine kleine Menge (0,5 bis 1 g Kaliumbichromat pro Liter verhindert schon weitgehend das Durchschlagen der Färbung auf die Fleischseite. Lösungen von Wasserglas und Natriumphosphat zeigen ebenfalls keine nachteiligen Wirkungen auf die Weichheit des Leders. Auch sulfonierte Öle (Türkischrotöl) und synthetische Gerbstoffe in alkalischer Lösung zeigen einen guten Beizeffekt. Unter dem Namen Urigen AS spezial bringt die Firma Röhm & Haas A.-G., Chem.-Fabrik, Darmstadt, eine auf Ammoncarbonat aufgebaute Glacébeize in den Handel, die sich in der Praxis gut eingeführt hat. Einige Beispiele mögen die Betrachtungen über die Beize vervollständigen; die angegebenen Mengen beziehen sich auf 1 l Wasser:

a) Ammoncarbonat . . . . . . 13 g   b) Ammoncarbonat . . . . 10 g
   Dextrin . . . . 10 g   Kaliumbichromat . . . . 1 g
   Türkischrotöl . . . . 2,5 g   Kochsalz . . . . 5 g
c) Natriumphosphat . . . . . . 13 g   d) Ammoncarbonat . . . . 12 g
   Seife . . . . 2 g   Wasserglas . . . . 5 g
   Dextrin . . . . 10 g   e) nicht über 1 proz. Ammoniaklösung.

Außer der netzenden Wirkung auf den Narben bereiten die Beizen wegen ihrer alkalischen Reaktion den nachfolgenden pflanzlichen Farbstoff zur Lackbildung mit den Metallsalzen vor, da sie die entstehenden freien Mineralsäuren, welche die Lackbildung erschweren, neutralisieren.

c) Nachdunkler — Turner. Zur Fixierung der natürlichen Farbstoffe auf dem Leder dienen Metallsalze, die mit dem Farbstoff unlösliche Verbindungen, die Farblacke, bilden. Die Lösungen der Metallsalze sind die Beizen im eigentlichen Sinn und heißen in der Praxis Nachdunkler, Turner oder Abzug. Hauptsächlich sind verwendet: Alaun, besser Aluminiumsulfat, Zinksulfat, Kupfersulfat, Ferrosulfat und Chromacetat. Die Konzentration beträgt für gedeckte Farben 30 g für 1 l Wasser. Für Schwarz soll die Konzentration an Ferrosulfat nicht über 40 g pro Liter hinausgehen, während für Grau eine solche von 5 bis 10 g pro Liter genügt.

d) Ausführung der Färbung. Die zum Färben von Glacéleder dienende Tafel besteht aus Glas oder aus Holz, das mit Blei- oder Zinkblech überzogen ist. Die Platte ist schwach gewölbt; in der Mitte höher, fällt sie gegen den Färber und die von ihm abgewendete Seite hin etwas ab. Der Höhenunterschied von Mitte und Rand beträgt ungefähr 3 cm, und die Größe der Tafel richtet sich nach den zu färbenden Fellen. Rings um die Tafel bildet eine Rinne, die den Abfluß von überschüssiger Farbstofflösung und Spülwasser ermöglicht, den Abschluß. Sehr zweckmäßig ist über dem Färbetisch ein Wasserschlauch mit Quetschhahn angebracht, der in einfacher Weise das Spülen nach dem Färben gestattet. Links an der Tafel befindet sich ein Galgen, an dem die gefärbten Felle etwa 10 bis 15 Minuten aufgehängt werden, bevor sie zum Trocknen gelangen. Die Gefäße für Beize, Farblösung und Nachdunkler sind rechts auf einem Sims aufgestellt.

Das Werkzeug des Färbers besteht in einem dünnen Ausstreicher aus Hartgummi oder Birnbaumholz, einem Messingschlicker, einer genügenden Anzahl von Bürsten und einigen kleinen Töpfen. Für die verschiedenen Metallsalze müssen besondere Bürsten vorhanden sein, und auch die verschiedenen Farben — helle, mittlere, dunklere, schwarz — sowie die Beize sollen mit besonderen Bürsten aufgetragen werden.

Vor dem Färben legt der Färber die ihm zugeteilten Leder mit dem Narben nach innen zusammen und legt sie vor Beschmutzung geschützt zurecht. Das Färben beginnt mit dem sog. Etablieren, einem vollkommen glatten Ausrecken

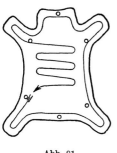

des Felles auf die Färbetafel, damit es während des Färbens gut haftet. Der Färber breitet das mit dem Kopf nach links auf die Platte gelegte Leder mit der Hand flach aus und überbürstet die Narbenseite zur Erleichterung des Etablierens mit der alkalischen Beize. Nun reckt er das Fell mit einem Holz- oder Hartgummirecker unter leichtem Druck glatt aus, so daß keinesfalls in den Flämen, am Hals oder am Kopf Falten entstehen, die sich am gefärbten Leder als weiße vom Rand gegen das Innere keilförmig verlaufende Stellen zeigen würden. Beim Auftragen der Beize beginnt der Färber die Bearbeitung mit der Bürste an der ihm zugekehrten Hinterklaue und

Abb. 81.

überfährt möglichst schnell die äußeren Teile des Felles unter besonderer Berücksichtigung der schwerer netzbaren Stellen an den vorderen und hinteren Flämen, des Halses und des Schildes (siehe Abb. 81 u. 82). Mit jeder eingetauchten Bürste voll Beize ist das Fell 3- bis 4mal zu übergehen, ohne daß es an irgendeiner Stelle antrocknet. Im allgemeinen dürfte ein zwei-

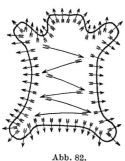

maliges Eintauchen der Bürste hinreichend sein; bei sehr gedeckten Nuancen sind 3 oder 4 Aufträge erforderlich. Das sich anschließende eigentliche Färben geht in derselben Weise wie das Beizen vor sich und erfordert große Geschicklichkeit. Die in Abb. 81 mit o bezeichneten Stellen nehmen die Farbe weniger leicht an und müssen daher intensiver bearbeitet werden. Die Tiefe der Farbe ist bestimmend für die Zahl der Aufträge und die Konzentration der Bürstflotte. Für helle Farben genügt 4maliges Eintauchen der Bürste mit anschließendem Auftragen, während für dunklere Farben der Arbeits-

Abb. 82.

gang mit einer konzentrierteren Farblösung 6- bis 8mal wiederholt wird. In letzterem Fall ist es zweckmäßig, das sich von der Tafel loslösende Fell nach dem Auftragen der zweiten und vierten Farbbürste aufs neue zu etablieren. Das Aufrecken während des Färbens muß immer nach der gleichen Anzahl von Aufstrichen geschehen, da sonst der gleichmäßige Ausfall der Partie in Frage gestellt ist. Das infolge der intensiven Bearbeitung mit der Bürste auftretende starke Schäumen der Farblösung läßt sich durch einen Zusatz von etwa 20 ccm Methylalkohol auf 1 l Bürstflotte vermindern. Wenn die notwendige Sattheit der Farbe erreicht ist, erfolgt das eigentliche Beizen oder das Nachdunkeln. Die Lösung des Metallsalzes oder einer Kombination solcher, der Abzug, die man zur Vervollständigung der Lackbildung mit etwas Natriumacetat versetzen kann, wird aus einem kleinen Gefäß möglichst schnell über das Fell geleert und mit der Bürste verteilt. Dunkle Farben erhalten zwei Aufträge des Nachdunklers. Beim Färben heller Farben braucht das Fell nur mit der sehr verdünnten Lösung (Grau z. B. 0,5 bis 1 g Eisenvitriol auf 1 l) übergossen zu werden. Nach kurzer Einwirkung des Abzuges spült man die gefärbte Seite gründlich mit Wasser ab und reckt das mit der Fleischseite nach oben gekehrte Fell kräftig aus. Zur Fixierung der Färbung werden die Leder Narben auf Narben auf den Galgen gelegt, wo sie so lange bleiben, bis 5 Felle gefärbt sind. Je 4 abgelüftete Felle kommen in den Trockenraum, wo sie durch stark bewegte heiße Luft (40° C) schnell getrocknet werden.

Die Schwarzfärbung des Glacéleders. Besondere Aufmerksamkeit erfordert die Schwarzfärbung des Glacéleders, da es nicht ganz leicht ist, ein genügendes tiefes Schwarz bei völlig weißer Fleischseite herzustellen, ohne daß das Leder in seinen spezifischen Eigenschaften verändert wird. Der Färber kommt leicht in Versuchung, die Beize und Blauholzabkochung zu alkalisch zu stellen und mit zu konzentrierten Eisensalzlösungen abzudunkeln. Die Folge davon ist, daß der Zug und die Geschmeidigkeit des Leders verlorengehen und das Leder blechig wird. Zu starke Abdunkler lassen außerdem leicht ein rötliches, unansehnliches Schwarz entstehen, und weiterhin besteht die Gefahr, daß der Narben schon nach kurzem Lager nicht mehr widerstandsfähig genug gegen Zug ist, sondern bricht. Um einer Verminderung des Glanzes vorzubeugen und das Schwarz zu vertiefen, wird ein Lüster aufgetragen. Dieser besteht in einer 50 bis 100 g im Liter enthaltenden Eigelbemulsion, der gegebenenfalls etwas sulfoniertes Ricinus- oder Olivenöl beigemischt werden kann. Die Leder werden vor dem Trocknen leicht mit dieser Appretur überfahren (Lamb-Jablonski, S. 323). Nach N. Beller (S. 197) gelangen die schwarz gefärbten Leder in normaler Weise zum Trocknen und erhalten den Lüster nach dem Aufstollen (siehe S. 239).

Die Bürstflotte enthält als wesentlichen Bestandteil Blauholzfarbstoff entweder aus selbstbereiteter Abkochung oder als Extrakt. Zur Abtönung auf Neutralschwarz dienen Gelbholzfarbstoff und etwas Sumach. Gelbholz, bzw. Querzitron und Sumach werden zusammen mit dem Blauholz unter Zusatz von Pottasche zweimal ausgekocht und die Brühe soweit konzentriert, daß mit 3 bis 4 Aufträgen ein genügendes tiefes Schwarz entsteht. Nach Lamb (siehe S. 322) löst man 20 g Blauholzextrakt oder Hämatin und 5 g Fisetholzextrakt in 1 l Wasser auf und setzt der Lösung unmittelbar vor dem Gebrauch 1 g Ammoniak zu. Als Beize wird eine etwa 10 g in 1 l enthaltende Ammoniakverdünnung empfohlen. Als Abzug dient eine Lösung von etwa 10 bis 20 g salpetersaurem Eisen und 2,5 g essigsaurem Kupfer. Die mit dem Abzug versehenen Leder bleiben Narben auf Narben 1 Stunde liegen, um eine Fixierung der Farbe zu ermöglichen. Hierauf wird sorgfältig mit Wasser abgebürstet, um jeden Überschuß von Metallsalz und Säure zu entfernen. Nach leichtem Abölen mit der Eigelbemulsion erfolgt die Trocknung. Bei diesem Verfahren dürfte jedoch bei nicht genügend nachgenährten Fellen (siehe S. 226) ein Durchschlagen der Farbe auf die Fleischseite nicht ganz ausgeschlossen sein.

e) Das Färben mit Teerfarbstoffen. Auch die Teerfarbstoffe lassen sich zur Schwarz- wie zur Buntfärbung mit Erfolg heranziehen. Saure oder Alizarinfarbstoffe setzt man der aus pflanzlichem Farbstoff bereiteten Bürstflotte zu, wobei der sonst übliche Säurezusatz wegfällt. Die basischen Farbstoffe bürstet man nach leichtem Etablieren auf die mit Holzfarbstoff vorgefärbten Leder auf. Von den Teerfarbstoffen haben sich die schon mehrfach erwähnten Erganil-C-Farbstoffe (I. G.), die Neolanfarbstoffe (J) und die Eriochromfarbstoffe (G) als besonders geeignet zum Nuancieren von Holzfarbstoffen wie auch als Alleinfarbstoffe erwiesen. Die Eriochromfarbstoffe sind saure chromierbare Azofarbstoffe, die sich ebenfalls durch sehr gutes Egalisiervermögen, verbunden mit Licht- und Waschechtheit, auszeichnen.

Die ausschließliche Verwendung der erwähnten Teerfarbstoffe gibt besonders beim Färben heller und mittlerer Nuancen gute Resultate, und in Licht- und Waschechtheit sind diese Farbstoffe den Holzfarbstoffen weit überlegen. Diese Eigenschaften in Verbindung mit der einfacheren Arbeitsweise haben den künstlichen Farbstoffen allgemein Eingang in der Glacélederfärberei verschafft. Zur Färbung waschbarer Handschuhleder sind sie unentbehrlich. Die Beize besteht in einer Lösung, die auf 1 l 10 g Ammoniak oder 10 bis 12 g Ammoniumcarbonat enthält. Für helle Farben hat sich an Stelle dieser alkalischen Beize das Auftragen (1 bis 3 Aufstriche) einer 5⁰ Bé starken Lösung von violettem Chromacetat (I. G.) sehr zweckmäßig erwiesen. Zur Erleichterung des Netzens empfiehlt sich die Zugabe von 1 bis 2 g säurebeständigem Netzmittel (Prästabitöl V Stockhausen) auf 1 l. Die Nachbehandlung der chromierbaren sauren, Erganil-C- und Neolanfarbstoffe mit der Chromacetatlösung trägt zur Vertiefung der Farbe bei und hat einen gewissen Grad von Waschechtheit zur Folge. Die Färbungen mit Eriochromfarbstoffen können durch Überbürsten mit einer Kaliumbichromatlösung (1 bis 2 g pro Liter) fixiert werden. Beim Färben heller Farben mit wenig konzentrierten Farbstofflösungen begünstigt ein Zusatz von Egalisierungsmitteln das gleichmäßige Anfallen des Farbstoffes. Je nach Helligkeit der Farbe können z. B. 1 bis 10 g pro Liter Farbflotte Tamol NNO (I. G.) oder Irgatan (G) zugegeben werden. Ein Abzug mit Metallsalzen, außer den eben erwähnten, unterbleibt. Die Arbeitsweise ist die gleiche, wie beim Färben mit Holzfarbstoffen beschrieben.

Waschbare Handschuhleder.

Waschbare Färbungen auf Handschuhleder müssen auf der Tafel vorgenommen werden, wenn eine ungefärbte Fleischseite verlangt wird. Vollständig waschechte Färbungen lassen sich nur auf nachchromiertem Glacéleder (siehe S. 236) oder rein chromgarem Leder mit den oben erwähnten Teerfarbstoffen erzielen. Um ein Anfärben der Fleischseite zu verhüten, ist es vorteilhaft, die Neutralisation mit Borax oder Natriumthiosulfat vorzunehmen. Für helle Farben kann die Neutralisation durch gründliches Spülen ersetzt werden. Die mit der Bürste zu färbenden Leder erhalten die Fettung vor der Färbung. Hierbei soll man Emulgatoren oder stark sulfonierte Öle in zu großen Anteilen vermeiden, da konzentrierte Farblösungen leicht auf die Fleischseite durchschlagen. Zweckmäßig ist die Fettung mit Eigelb unter Zusatz der halben Menge an Kochsalz. Nach einem Verfahren der I. G. Farbenindustrie A. G. werden die Erganilfarbstoffe durch eine Lösung von Chromacetat A, trocken violett, die so aufgetragen wird, daß Farblösung und Chromlösung aufeinanderfolgen, fixiert. Bei hellen Farben beginnt der Färbeprozeß mit 3 bis 4 Aufstrichen der 10 bis 20 g im Liter enthaltenden Chromlösung. Ohne auszusetzen wird die mit 5 bis 10 g Tamol NNO pro Liter versetzte Farblösung aufgebürstet und mit der Chromlösung fixiert. Nach leichtem Aussetzen trägt man in derselben Weise Farbstoff- und Chromlösung auf, setzt abermals aus und fährt fort, bis die gewünschte Farbe erreicht ist. Dem letzten Aussetzen folgt bei allen Bürstfärbungen eine besondere Fixierung mit Chromacetatlösung mit anschließendem gutem Spülen. Der Entfernung der im Leder enthaltenen Chromsalze und des Kochsalzes ist besondere Aufmerksamkeit zu schenken, da sonst die mit dem Leder in Berührung kommenden Metalle (Knöpfe, Ösen) stark angegriffen werden. Das auf der Tafel gewendete Fell wird daher auch auf der Fleischseite gründlich gespült, ausgesetzt und getrocknet.

Beim Färben sehr weißarmer und dunkler Nuancen entfällt der zum Egalisieren heller Farben dienende Zusatz von Tamol NNO, und als Beize kommt eine Lösung von 10 g Ammoniak in 1 l Wasser zur Anwendung. Die Konzentration der Chromacetatlösung erhöht sich entsprechend der der Farbstofflösung auf

25 bis 50 g pro Liter. Die Farbstofflösungen erhalten einen Zusatz der halben bis gleichen Menge vom Farbstoffgewicht an Ameisensäure 85proz. Während bei chromgaren Kalbfellen und dichteren Zickelfellen ein Durchdringen der Farbstoffe auf die Fleischseite kaum zu befürchten ist, kann sich bei lockeren Lammfellen ein Andicken der Farbstofflösung zweckmäßig erweisen. Der hierzu verwendete Tragantschleim wird bereitet, indem man 20 g Tragant mit 1 l kalten Wassers anrührt und dann langsam zum Kochen treibt. Der Schleim bleibt stehen, bis die Klumpenbildung verschwunden ist und kann durch Zusatz von etwa 2 bis 5 g Solbrol (I. G.) konserviert werden. Die beim Färben mit sauer gewordener Tragantverdickung nach dem Trocknen sich zeigenden weißen Flecken lassen sich durch Abreiben mit einem feuchten Lappen beseitigen. Die für 1 l Bürstflotte benötigte Menge Erganil-C-Farbstoff löst man in 500 ccm kochendem Wasser auf, setzt Tamol NNO bzw. Ameisensäure zu und bringt mit 500 ccm des Tragantschleimes auf 1 l.

Sehr dunkle Farben, Schwarz und sehr weißarme trübe Braun, lassen oft in der Farbkraft zu wünschen übrig, weshalb man der Färbung mit Teerfarbstoffen eine solche mit Blauholz vorangehen läßt. 5 g Hämatin werden unter Zusatz von 1 g Ammoniak (20proz.) mit Wasser gekocht, bis der Geruch nach Ammoniak verschwunden ist, und auf 1 l aufgefüllt. Nach zweimaligem Auftragen der Hämatinlösung fixiert man durch zwei Aufstriche Metallsalz (für Braun und Grün 1 bis 2 g Kaliumbichromat, für Blau und Schwarz 2 g Eisenvitriol in 1 l Wasser). Nach dem Aussetzen wird in oben beschriebener Weise Farbstoff- und Chromacetatlösung aufgetragen, bis die gewünschte Farbe erreicht ist.

Indigosolfarbstoffe. Ebenfalls nach einem Verfahren der I. G. Farbenindustrie A. G. können für waschbare Färbungen auf chromiertem Glacéleder auch die Indigosolfarbstoffe Anwendung finden. Diese Farbstoffe sind lösliche Schwefelsäureester der Leukoverbindungen von Küpenfarbstoffen und werden auf der Faser durch Oxydationsmittel, z. B. Eisenchlorid oder Kaliumbichromat, in Gegenwart von Schwefelsäure unlöslich niedergeschlagen. Die Färbungen schlagen nicht durch und sind sehr gut waschecht.

Die bei allen übrigen Bürstfärbungen notwendige Vorfettung muß wegfallen, da leicht unegale Färbungen entstehen können. Die Leder sollen nach dem der Neutralisation folgenden Spülen möglichst anschließend gefärbt werden. Für helle Farben setzt man der durch Auflösen der Farbstoffe in heißem Wasser und Abkühlen hergestellten Bürstflotte ungefähr 10 g pro Liter Tamol NNO zu und gibt 2 bis 3 Aufträge unter leichtem Aussetzen. Die Oxydation des Farbstoffes wird durch Eintauchen des Felles in die 20 g Kaliumbichromat und 175 g Tanigan F (I. G.) im Liter enthaltende Entwicklerlösung vorgenommen. Man behandelt so lange, bis die Farbe nicht mehr dunkler wird und gibt nach dem Aufrecken auf die Färbetafel noch 2 bis 3 Aufträge Farbstoff und Entwicklerlösung im Wechsel. Das ausgesetzte Fell behandelt man in einer Lösung von 20 g Bisulfit (Pulver) und 20 g Ameisensäure auf 1 l Wasser so lange, bis das Bichromat reduziert ist. Nach sorgfältigem, fließendem Spülen im Faß wird mit 0,5% Borax neutralisiert, abermals kurz gespült und gefettet. Für dunkle Färbungen entfällt der Tamolzusatz, und die Farbstoffkonzentration beträgt etwa 10 bis 30 g pro Liter. Vor dem Färben kommen die Leder in ein 25 g Kaliumbichromat und 25 g Schwefelsäure (66° Bé) enthaltendes Entwicklerbad, in dem sie 10 Minuten bewegt werden. Das auf der Tafel ausgestrichene Fell erhält zwei Aufstriche mit der Farblösung, worauf ein Aufstrich Entwickler folgt. Nach leichtem Aussetzen trägt man die Farblösung abwechselnd mit Entwickler dreimal auf, wobei nach jedem Entwickleraufstrich ausgereckt wird. Das Behandeln im Entwickler und das abwechselnde Auftragen von Farb- und Entwicklerlösung können wiederholt werden. Den Schluß bildet ein Abzug mit Entwickler. Das auf der Tafel gespülte Fell wird in einer Lösung von 20 g Bisulfit auf 1 l Wasser behandelt, bis das Bichromat auf der Fleischseite reduziert ist. Neutralisation und Fettung erfolgen in oben angegebener Weise.

Zur Schwarzfärbung dient Indigosoldruckschwarz IB (I. G.) in einer Konzentration von 30 bis 40 g in 1 l Bürstflotte. Der im Wechsel mit der Farbstofflösung aufgetragene Entwickler enthält 25 g Eisenchlorid und 25 g Schwefelsäure in 1 l Wasser. Fünf Aufträge genügen und die Weiterbehandlung ist dieselbe wie oben.

Auch auf nichtchromiertem Glacéleder kann das für dunkle Färbungen angegebene Verfahren Verwendung finden, nicht jedoch für Schwarz und viel Schwarz enthaltende Farben. Das auf der Faser reduzierte Bichromat bewirkt die zur Erzielung der Waschbarkeit erforderliche Chromgerbung.

Zur Bürstfärbung waschbar chromierter Chairleder lassen sich nach Angaben der I. G. Farbenindustrie A. G. auch die Schwefelfarbstoffe verwenden, wenn sie mit Natriumsulfhydrat in Lösung gebracht werden und die Bürstflotten einen größeren Zusatz von Kochsalz oder Natriumsulfat erhalten. Die Farbstoffe werden in der gleichen Menge Natriumsulfhydrat auf folgende Weise gelöst:

Man trägt die auf 1 l notwendige Menge Sulfhydrat in 500 ccm kochenden Wassers ein und gibt hierzu den Farbstoff. Mit einer Lösung von 50 g Kochsalz oder Natriumsulfat in 500 ccm Wasser füllt man auf 1 l auf. Nach jedem Farbauftrag zieht man mit einer Lösung von 2 g Kaliumbichromat und 25 g Ameisensäure (85 proz.) in 1 l ab, reckt aus und wiederholt die Aufstriche, bis die gewünschte Farbtiefe erreicht ist. Zuletzt wird nochmals mit dem Abzug überbürstet, ausgesetzt und sorgfältig gespült. Die Fettung erfolgt nach der Färbung bei 50° C.

Verschiedene Möglichkeiten von Bürstfärbungen sind in nachfolgender Zusammenstellung wiedergegeben. Alle Mengen beziehen sich auf 1 l Wasser. Die nach S. 227 gewonnenen Abkochungen der Farbhölzer werden nach Bedarf für dunkle Farben bis auf die Hälfte ihres Volumens eingedampft.

I. Färbungen auf normalem Glacéleder:
   a) Beize: 12 g Ammoncarbonat
                     10 g Kochsalz
      Bürstflotte: Fisetholzabkochung 40 Teile
                     Rotholzabkochung 50   „
                     Blauholzabkochung 10   „
      Abzug: 30 g Kupfersulfat.
   b) Beize: 10 g Natriumphosphat
                     10 g Kochsalz
      Bürstflotte: 20 g Gelbholzextrakt
                      5 Rotholzextrakt
                      1 g Blauholzextrakt
                    0,5 g Erganildunkelbraun C
      Abzug: 25   g Alaun.
   c) Beize: 12   g Ammoncarbonat
                    0,5 g Kaliumbichromat
      Bürstflotte: 15   g Fisetholzextrakt
                     5   g Rotholzextrakt
                     1   g Blauholzextrakt
      Abzug: 10   g Titankaliumoxalat
      Aufsatz: 1   g basischer Farbstoff.
   d) Schwarz nach Lamb
      Beize: 10   g Ammoniak
      Bürstflotte: 20   g Blauholzextrakt
                     5   g Fisetholzextrakt
      Abzug: 6   g Ferrinitrat
                    2,5 g Kupferacetat.

e) Beize: 10 g Ammoniak
oder wie a) bis d)
Bürstflotte: 5 bis 10 g Tamol NNO
2 „ 5 g Erganilfarbstoff
Abzug: 10 bis 20 g Chromacetat A, trocken violett.

f) Beize: 10 g Ammoniak
Bürstflotte: 10 bis 20 g Teerfarbstoff (Erganil, Neolan, Eriochrom)
Abzug: 5 g Chromoxyd 33%, basisch, bzw. für Erichromfarbstoff
2 g Kaliumbichromat.

Auf Tafel VIII ist in Muster 85 eine Färbung mit Urinbeize und Holzfarbstoffen, in Muster 86 eine solche mit Teerfarbstoff gezeigt.

II. Waschbare Färbungen auf chromiertem Glacéleder oder Chromleder:

a) Beize: 10 g Ammoniak
Bürstflotte: 2 bis 10 g Egalisator (Tamol NNO, Irgatan)
2 „ 10 g Teerfarbstoff, abwechselnd mit
10 „ 20 g Chromacetat A, trocken violett.

b) Beize: 10 bis 20 g Chromacetat, 3 Aufträge
Bürstflotte: wie II a).

c) Beize: 10 g Ammoniak
Bürstflotte: 20 bis 30 g Teerfarbstoff
10 „ 30 g Ameisensäure, 85proz., im Wechsel mit
25 „ 50 g Chromacetat.

d) Beize: 10 g Ammoniak
Vorbehandl.: 5 g Hämatin
1 g Ammoniak, abgezogen mit
1 bis 2 g Kaliumbichromat oder
2 g Eisenvitriol
Bürstflotte: 20 bis 30 g Teerfarbstoff
20 „ 30 g Ameisensäure, 85proz.,
10 g Tragant, im Wechsel mit
25 bis 50 g Chromacetat.

Eine Bürstfärbung auf waschbarem Glacéleder ist in Muster 87 ersichtlich.

3. Das Färben in der Flotte.

Glacé-, Mocha- und Chairleder, die auf beiden Seiten gefärbt sein dürfen, werden schon seit langem durch mechanische Behandlung in einer Farbstofflösung gefärbt. Das Tunken oder Plongieren der broschierten Leder kam anfänglich nur für helle Farben, Grau, Rosa usw. in Anwendung, da die mit Holzfarbstoffen in dunklen Farben gefärbten Leder nicht genügend reibecht waren. Gefärbt wurde mit frisch bereiteten Holzabkochungen, die man der in einem flachen Bottich angestellten Farbflotte allmählich zubesserte. Die mechanische Bearbeitung geschah durch Treten der Leder mit den Füßen. Dieses sehr primitive Verfahren wurde bald von der Haspel abgelöst, und heute färbt man größere Partien am einfachsten im Walkfaß. Bei gewöhnlichem Glacéleder können für helle und mittlere Farben Farbholzabkochungen bzw. Extrakte zweckmäßig in Mischung mit den vorerwähnten Teerfarbstoffen angewendet werden, wobei für helle Farben das Abdunkeln mit Metallsalzen wegfällt. Als Basis für die Berechnung von Flotte und Farbstoff dient das Gewicht der trockenen Leder. Die Arbeitsweise ist in diesem Falle sehr einfach und besteht in einem Walken der gut broschierten Leder mit der kalten Farblösung im Faß, bis genügende Durchfärbung erreicht ist. Die Fettung wird nach der Färbung in frischer, kurzer Flotte vorgenommen. Nach dem Aussetzen gelangen die Leder wie bei der Bürstfärbung beschrieben zum Trocknen. Dunklere Nuancen färbt man zweckmäßig waschbar.

a) Das Waschbarmachen von Glacéleder. Waschechte Färbungen können auf gewöhnlichem Glacéleder nicht erzielt werden. Die erhöhte Widerstandsfähigkeit des Leders und der Farbe gegen Wasser und Seife wird durch Einwirkung von basischen Chromsalzen auf das gut broschierte Glacéleder hervorgerufen. Die Flottenmenge, die Menge der Gerb- und Farbstoffe bezieht sich auf das Gewicht der trockenen Glacéleder. Die Menge Chromgerbstoff ist in der Praxis verschieden; je nach Gerbwirkung des Chromsalzes und dem Grad der Chromgerbung gelangen 1 bis 2,5% Chromoxyd in Form 33 bis 42% basischer, handelsüblicher oder selbstbereiteter Extrakte zur Anwendung. Stark adstringente Chromlösungen und eine zu schnelle Zugabe derselben zeigen insofern ein ungünstiges Ergebnis, als der dem Glacéleder eigene Zug vermindert und gummiartig elastisch wird. Eine besonders milde Gerbwirkung zeigt das von der I. G. Farbenindustrie A. G. in den Handel gebrachte Chromacetat A violett trocken (30% Chromoxyd, 42% basisch), von dem 6 bis 8% angewendet werden. Eine Nachgerbung bis zur Kochgare ist nicht notwendig, weil einerseits der Charakter des Glacéleders leicht beeinträchtigt werden kann und anderseits die Handschuhe eine Waschtemperatur von 50° gut aushalten.

Chromierung: Die broschierten Glacéleder kommen mit 600 bis 800% Wasser in das Faß oder die Haspel. Ein Zusatz von 2 bis 3% Kochsalz ist nicht unbedingt nötig, erweist sich aber in manchen Fällen als zweckmäßig. Die Chromlösung fließt den Fellen durch die hohle Achse in 3 bis 4 Anteilen im Abstand von 15 Minuten zu. Nach der letzten Zugabe bleibt das Faß noch 2 bis 3 Stunden in Bewegung. Über Nacht werden die Leder faltenlos Narben auf Narben auf dem Bock geschlagen, am nächsten Morgen 20 Minuten gespült und entsäuert. Für durchzufärbende Leder ist das bei der Neutralisation von Chromleder Gesagte zu übertragen. Zweckmäßig dürfte hier die Neutralisation in einer aus Ammonchlorid und Natriumbicarbonat hergestellten Pufferlösung sein, wodurch eine tiefergehende Entsäuerung erreicht werden kann, ohne daß die Gefahr der Überneutralisation des Narbens besteht. Auf der Tafel zu färbende Leder entsäuert man zweckmäßig mit 1 bis 2% Borax. Nach dem auf die Alkalibehandlung folgenden Spülen sind die Leder zur Faßfärbung vorbereitet; die mit der Bürste zu färbenden Leder erhalten die Fettung vor dem Färben und sollen keinesfalls längere Zeit liegen bleiben.

Weiß bleibende Glacéleder werden durch eine Nachbehandlung mit Formaldehyd waschecht, indem man die broschierten Felle mit 400% Wasser, dem man in mehreren Anteilen 4% Formaldehyd (handelsüblich) zusetzt, zirka 2 Stunden walkt. Nach dieser Zeit wird die Gerbung durch allmählichen Zusatz von 0,5% kalz. Soda abgestumpft. Nach gutem Spülen erfolgt die Fettung mit Eigelb. Nach einer Arbeitsvorschrift der I. G. Farbenindustrie A. G. können weiße waschbare Glacéleder auch mit Chromacetat A trocken violett hergestellt werden. Die anzuwendende Menge beträgt 4 bis 6% und die Behandlungsdauer 3 Stunden. Die über Nacht auf den Bock geschlagenen Felle werden am nächsten Morgen gründlich gespült, bis sie gegen Lackmus nur noch schwach weinrot reagieren, und anschließend gefettet.

Die Färbung der rein chromgaren Handschuhleder, die in letzter Zeit aus Lamm-, Zickel-, Kalbfellen und Schweinshäuten hergestellt werden, erfolgt in der gleichen Weise, wie die der waschbar chromierten Glacéleder. Die chromgaren Leder können ohne vorheriges Falzen entsäuert und nach einer sog. Notfettung mit 2% Türkischrotöl (siehe S. 210) getrocknet und auf Lager gelegt werden. Das Aufwalken geschieht unter Zusatz von Netzmitteln (siehe S. 220) in viel Wasser von 50° C. Für helle und mittlere Farben hat sich die Nachbehandlung der im Anschluß an die Gerbung entsäuerten oder wieder aufgewalkten Leder mit 4% Tanigan F in 80% Wasser (auf Naßgewicht) bei 35° C während 1 bis 2 Stunden zweckmäßig erwiesen (I. G.), weil dadurch der Griff des Leders und die Reinheit der Färbung günstig beeinflußt werden. Nach gutem Spülen sind die Leder für die Faßfärbung vorbereitet, auf der Tafel zu färbende Leder werden gefettet und anschließend gefärbt. Weniger geeignet ist die Taniganbehandlung bei Ledern, die in dunklen Farben besonders im Bürstverfahren gefärbt werden sollen.

b) Waschbare Färbungen im Faß. Als Farbstoffe stehen in erster Linie die Erganil-, Neolan- und Eriochromfarbstoffe und außerdem noch einige aus der Reihe der Alizarin- und Entwicklungsfarbstoffe zur Verfügung. Die Felle kommen mit 600% Wasser von 40 bis 50° C in das Faß. Beim Färben heller Farben ist es zweckmäßig, etwa 20 Minuten mit einem Egalisierungsmittel, z. B. je nach Helligkeit der Farbe mit 1 bis 5% Tamol oder 2 bis 3% Irgatan, eventuell unter Zusatz von Netzmitteln, welche das Durchfärben begünstigen (Derminol L [I. G.], Neopol L [Stockhausen], Smenol [H. Th. Böhme]) vorzubehandeln. Das Durchfärben wird auch durch Walken der Leder mit etwa 1% pflanzlichem Farbholzextrakt unter Zugabe geringer Mengen (0,3 bis 0,5%) Ammoniak während 10 bis 20 Minuten vor dem Färben erleichtert. Dichtere Leder erfordern zur Durchfärbung oft einen Zusatz von 1% Ammoniak oder von 3 bis 5% Ammonacetat zur Farbflotte. Die Farbstoffe löst man in 400% kochendem Wasser auf und gibt die auf Färbetemperatur abgekühlte Lösung in 5 Anteilen, von denen die ersten beiden im Abstand von $1/_2$ Stunde, die weiteren von 15 Minuten aufeinanderfolgen, zu. Man läßt die Leder im Farbbad walken, bis sie durchgefärbt sind. Die Zeitdauer hierzu ist abhängig von der Färbetemperatur und den in der Flotte enthaltenen Zusätzen. Beim Färben mit geringen Farbstoffmengen wird das Färbebad vollständig erschöpft, so daß ein Ausziehen desselben mit Säure unterbleiben kann. Das Absäuern kann gegebenenfalls mit Essigsäure, die man in mehreren Anteilen zusetzt, vorgenommen werden. Nach dem Ausziehen des Färbebades erfolgt die Fixierung der Färbung durch etwa 2stündiges Walken mit 3 bis 5% Chromacetat A violett trocken (I. G.). Ein gründliches Spülen mit anschließender Fettung in kurzer Flotte bei 45 bis 50° C beschließt die Färbung.

Dunkle Nuancen färbt man ohne Egalisator und setzt der Flotte etwa 1 bis 1,5% Ammoniak zu. Die oben erwähnte Vorbehandlung mit Holzfarbstoff kann auch hier zur Erleichterung des Durchfärbens vorgenommen werden. Nach erfolgter Durchfärbung zieht man das Bad mit 1 bis 2% Ameisensäure aus und behandelt mit Chromacetat. In manchen Fällen ist es vorteilhaft, zuerst mit zwei Drittel der Farbstoffmenge durchzufärben, das Bad abzusäuern und dann das letzte Drittel Farbstoff zuzugeben. Die Fixierung wird in normaler Weise vorgenommen. Die Leder bleiben über Nacht flach aufgeschichtet liegen, um am nächsten Morgen nach sorgfältigem Spülen gefettet zu werden.

Die Eriochromfarbstoffe (G) werden ebenfalls mit Ammoniak in oben beschriebener Weise durchgefärbt, worauf man das Färbebad mit 2% Essigsäure 80proz. während 30 Minuten auszieht. Das Fixieren erfolgt in frischem Bad bei 25° C mit einer Lösung von 1 bis 2 g Kaliumbichromat auf 1 l Flotte während 20 Minuten. Nach kurzem Spülen wird in frischem Bad bei 45° C mit 20% Eigelb gefettet.

Proben waschbarer Färbungen auf Glacé-, Mocha- und Chairleder sind auf Tafel VIII in Muster 88 bis 90 ersichtlich. Als Anhaltspunkte und zur Ergänzung obiger Ausführungen mögen nachstehende Zusammenstellungen dienen: Alle Mengen beziehen sich auf das Trockengewicht der Glacéleder.

I. Nicht waschbare Leder:
   a) 600% Wasser 20 bis 25° C
      1 bis 2% Farbholzextrakt, eventuell Nachsatz
      0,2 bis 0,7% Metallabdunkler,

b) 600% Wasser 20 bis 25⁰ C
   1 bis 2% Farbholzextrakt
   0,3 bis 1% Teerfarbstoff,
c) 600% Wasser 20 bis 25⁰ C
   0,5 bis 1% Egalisator
   1 bis 2% Teerfarbstoff.

II. Waschbare Färbungen:
   a) 600% Wasser 30 bis 50⁰ C
      1 bis 5% Egalisator, nach 20 Minuten
      {0,3 bis 1% Farbstoff
      {1 bis 3% Egalisator, eventuell
      0,3 bis 0,5% Ammoniak, nach Durchfärbung
      3 bis 5% Chromacetat,
   b) 600% Wasser 30 bis 50⁰ C
      {0,5 bis 1% Farbholzextrakt
      {0,3 „ 0,5% Ammoniak, nach 20 Minuten
      3 bis 5% Teerfarbstoff, eventuell
      0,3% Ammoniak, nach Durchfärbung
      1 bis 2% Ameisensäure, 85proz., nach Ausziehen
      3 „ 5% Chromacetat,
   c) für Chromleder auf Falzgewicht:
      200 bis 300% Wasser 50⁰ C
      {1% Farbholzextrakt
      {0,3% Ammoniak, 25 Minuten
      3 bis 5% Teerfarbstoff, nach Durchfärbung
      1 „ 2% Ameisensäure, 85proz., nach Ausziehen
      3 „ 5% Chromacetat.

4. Mochaleder.

Unter Mochaleder versteht man glacégares Zickel-, Lamm- oder Gazellen-
leder, dessen Narbenseite durch Schleifen tuchartig matt gemacht ist. Der Name
Mocha (motscha) bedeutet Hirschkuh und stammt aus dem Spanischen, wo
ursprünglich die Haut von Hirschkühen in dieser Zurichtung verarbeitet wurde.
Die glacégaren Felle aus hartnaturiger Rohware, die nur leichte Narbenbeschädigungen haben dürfen oder infolge nicht völlig entfernten Pigmentes nicht zur
Narbenzurichtung geeignet sind, werden nach dem Broschieren feucht geschliffen
(siehe Schleifen) und nach Bedarf in der oben beschriebenen Weise waschbar
gemacht. Die Färbung erfolgt zweckmäßig im Walkfaß mit Teerfarbstoffen.
Das Nachfetten ist wie bei allen Ledern mit faseriger Oberfläche mit größter
Vorsicht vorzunehmen, da infolge Überfettung leicht der gefürchtete Speck-
glanz entsteht.

5. Chairleder (Dänisch-Leder)

ist auf der Fleischseite durch Schleifen zugerichtetes Glacéleder, dessen Rohmaterial Zickel- und Lammfelle, die eine dichtfaserige Struktur haben sollen,
bilden. Im normalen Betrieb anfallende Glacéfelle, die sich zur Zurichtung auf
Narben- oder Mochaleder nicht eignen, deren Fleischseite aber feinfaserig und
aderfrei ist, werden ebenfalls zu Chairleder zugerichtet. Vor dem Schleifen entfernt man durch Bearbeitung mit dem Schlichtmond anhaftende lose Fasern
vom trockenen Leder, das durch Einreiben mit Schlemmkreide für das Werkzeug griffiger gemacht wurde. Die geschlichteten Felle werden broschiert und
dann in feuchtem Zustand geschliffen (gebimst). In manchen Betrieben ist es
üblich, wieder zu trocknen und nach dem Stollen abermals zu schleifen. Die
Färbung wird, wenn einseitig verlangt, auf der Tafel, wenn Durchfärbung gewünscht wird, immer im Faß, und zwar am besten mit Teerfarbstoffen, wie oben
beschrieben, vorgenommen. Die im Faß gefärbten Felle werden gut gespült,
eventuell nochmals feucht geschliffen, dann vorsichtig gefettet und getrocknet.

Chair- und Mochaleder soll nach keiner Richtung irgendeinen Glanz aufweisen und insbesondere keinen Strich haben, d. h. die Fasern sollen so kurz sein, daß sie sich beim Überfahren mit der Hand nicht in die Richtung des Striches legen. Eine Behandlung mit ganz wenig vegetabilischem Gerbstoff begünstigt die Entstehung einer plüschartigen und kurzfaserigen Oberfläche.

6. Die Zurichtung der Handschuhleder.

Vor der Zurichtung bleiben die trockenen Glacéleder in einem feuchten, kühlen Raum einen Tag sich selbst überlassen. Nach kurzem Eintauchen in Wasser werden die Leder über Nacht in Kisten oder Körbe fest eingepackt, damit sich die Feuchtigkeit gleichmäßig durch das ganze Leder verteilt. Das durch Treten auf der Tretleiter oder zweckmäßiger durch Behandlung in der Kurbelwalke weichgemachte Leder wird dann auf der stumpfen Stollklinge gestollt. Nach dem Stollen folgt das Kantenausbrechen (Debordieren) und das Überlassen, ein Stollen auf dem scharfen Stollwerkzeug. Das Überlassen verleiht den nach dem Stollen etwas hart auftrocknenden Fellen wieder Weichheit und Zügigkeit. Der rechte Feuchtigkeitsgrad der Leder bei den einzelnen Prozessen und große Geschicklichkeit des Arbeiters sind Haupterfordernisse zur Erzielung der den Handschuhledern eigenen Weichheit, Zügigkeit und Fülle. Die überlassenen Felle werden auf dem Dressurbock in Fasson gebracht, indem die Leder möglichst faltenlos in die Breite gezogen werden. Eine Appretur ist bei farbigen Glacéledern nicht nötig. Der Glanz und der Griff kann nach Bedarf dadurch verbessert werden, daß die fertigen Leder nach leichtem Einpudern mit Talkum auf der Plüschwalze poliert werden. Schwarze Glacéleder, die mit Blauholzextrakt unter Zusatz von Sumach und Querzitronextrakt, mit nachfolgendem Ferrosulfatabzug gefärbt sind (siehe S. 231), werden zur Vervollkommnung des Schwarz und Erhöhung des Glanzes nach dem Stollen mit einem Lüster versehen. Der Lüster besteht z. B. aus 250 g weißer Marseillerseife und 2 g Soda in einem Liter Wasser, in deren Lösung 500 g Olivenöl, 35 g Stearinsäure und 5 g Wachs durch kurzes Aufkochen emulgiert sind. Nach einigem Erkalten werden 50 g Ammoniak zugesetzt. Der Lüster wird nach dem Stollen kalt aufgetragen und nach dem Überlassen der Überschuß durch Ausreiben mit einem Wollappen (Tamponieren) wieder entfernt. Durch Plüschen erhalten die Leder Glanz. Die mit Velourcharakter versehenen Chair- und Mochaleder werden auf der nichtgeschliffenen Seite bearbeitet, während man die aufgerauhte durch vorsichtiges Nachschleifen mit feinstem Schmirgel und durch Bürsten zurichtet. Die mechanische Seite der Zurichtarbeiten ist im Kapitel „Mechanische Zurichtung" behandelt.

7. Nappaleder.

Besonders aus schwereren Lamm-, Schaf- und Ziegenfellen, die eine normale Glacégerbung erhalten haben, wird durch Nachbehandeln mit Gambir das echte Nappaleder hergestellt. Die sorgfältig broschierten Leder werden unmittelbar vor dem Färben 1 Stunde lang mit 25 bis 40 g pro Fell Würfel- oder Blockgambir gewalkt und dann 2 g Kaliumbichromat pro Fell nachgesetzt, das man $1/2$ Stunde einwirken läßt. Das Liegenlassen der in eben beschriebener Weise nachbehandelten Leder in der Flotte oder nach dem Herausnehmen aus dem Faß an der Luft ist zu vermeiden, denn es besteht in diesem Stadium sehr leicht die Möglichkeit, daß sich Oxydationsflecken bilden, die beim nachherigen Färben nicht mehr verschwinden. Auch das Liegenlassen im Faß verursacht speziell an den Fellen, die aus der Flüssigkeit herausragen, dieselbe Erscheinung. Nach gründlichem Spülen wird mit basischen Farbstoffen im Faß gefärbt, wobei die Farbstoff-

menge meist auf ein Fell berechnet wird; die Färbetemperatur beträgt etwa 25 bis
30⁰ C. Die Felle werden im Farbbad 1 bis 1¹/₂ Stunden behandelt und dann gespült. Die Vorbehandlung kann auch so vorgenommen werden, daß gleichzeitig
mit dem Gambirextrakt basische Chromextrakte zur Anwendung kommen.
Die Gambirmenge wird dann entsprechend reduziert und auf Feuchtgewicht
berechnet etwa 3% Würfelgambir und 0,3 bis 0,5% Chromoxyd in Gestalt
eines 33 bis 50% basischen Gerbeextraktes in das Faß gegeben. Die Färbung
erfolgt in gleicher Weise wie eben erwähnt mit basischen Farbstoffen. Die Bi-
chromatzugabe kann in diesem Falle auch im basischen Bad erfolgen. Zur Erhöhung der Licht- und Reibechtheit setzt man oft nach einstündigem Einwirken
des basischen Farbbades in dieses Lösungen von Metallsalzen, Eisen-, Kupfervitriol, Kaliumbichromat als Abzüge nach. Die Mengen betragen ungefähr
1,5 bis 5 g pro Fell und die Einwirkungsdauer etwa ¹/₂ Stunde. Auch Farbholzextrakte und saure Farbstoffe, die gleich zum Gambirbade gegeben werden,
lassen sich in Verbindung mit Metallsalzabzügen in manchen Fällen vorteilhaft
verwenden.

Nachfolgende Beispiele geben einige Möglichkeiten wieder. (Die Mengen
beziehen sich auf ein mittelgroßes Schaffell):

a) 6 g Vesuvin BL (Tafel VIII, Nr. 91)
b) 10 g Lederrot AL
   Abzug:
   0,5 g Eisenvitriol
   0,5 g Kupfervitriol
   0,5 g Kaliumbichromat,

c) 50 g Gambir
   2,5 g Gelbholzextrakt, krist.
   2,0 g Blauholzextrakt, krist.
   2,0 g Nigrosin NL, Pulver
   0,15 g Säureviolett 4 R N
   Abzug:
   1 g Kupfervitriol
   1 g Eisenvitriol
   0,5 g Kaliumbichromat.

Nach dem Färben wird kurz gespült und mit 25 bis 30 g Eigelb, 3 g Glycerin
und 10 g Kochsalz pro Fell in kurzer Flotte nachgefettet. Eine langsame Trocknung trägt zur Weichheit wesentlich bei.

8. Chromnappa.

Außer durch Gambir werden auch durch Nachbehandeln glacégarer Leder
mit Chromsalzen, die in 33 bis 50% basischer Form zur Anwendung gelangen,
sog. Chromnappaleder hergestellt. Eine Menge von 0,75 bis 1% Chromoxyd, die
in Gestalt eines handelsüblichen oder selbst hergestellten Chromgerbsalzes in
mehreren Anteilen zugegeben wird und 2 Stunden einwirkt, ist hinreichend.
Über Nacht werden die Leder auf den Bock geschlagen und am nächsten Morgen
abgewelkt, nach Bedarf gefalzt, und mit 1,5 bis 3% Natriumbicarbonat in
üblicher Weise neutralisiert. Die Färbung erfolgt wie bei Chromleder beschrieben
mit sauren und substantiven Farbstoffen in einer Einbadfärbung oder unter
Hinzunahme der basischen Farbstoffe nach dem Zweibadverfahren (siehe Tafel
VIII, Nr. 92).

Nach der Färbung wird in einem für Chromleder üblichen Fettlicker gefettet,
gespült, ausgereckt und getrocknet.

Zurichtung der Nappaleder. Die getrockneten Leder werden durch Einlegen
in feuchte Sägespäne stollfeucht gemacht und gestollt. Nach dem gänzlichen
Trocknen wird nachgestollt und die Narbenseite mit Talkum eingerieben. Auf der
Plüschwalze oder durch Bürsten wird der gewünschte Glanz erzeugt. Für die mit
sauren und substantiven Farbstoffen gefärbten Chromnappaleder werden die
Kollodiumdeckfarben zum Egalisieren und zur Erhöhung der Wasserechtheit
verwendet.

G. Die Färbung des Sämischleders.

Wegen seiner mit großer Zähigkeit verbundenen Weichheit und Geschmeidigkeit findet das Sämischleder, auch Wasch- oder Wildleder genannt, ausgedehnte Anwendung in der Bandagen- und Bekleidungsindustrie. Die Gerbung wird entweder unter alleiniger Verwendung von Tran im sog. „Altsämisch"-Verfahren oder durch Kombination der Formaldehyd- mit der Trangerbung im „Neusämisch"-Verfahren ausgeführt. Neben den Wildfellen und Häuten — Reh, Hirsch, Renntier, Gazelle, Antilope — werden viel Fleischspalte von Schaffellen, deren Narbenseite in vegetabilischer Gerbung die Fleurs und Skivers liefert, sämisch gegerbt. Die für Bekleidungszwecke nicht geeigneten Leder dienen als Putzleder. Zur Färbung mit Teerfarbstoffen eignen sich nur solche Leder, deren zuzurichtende Seite glatt geschliffen werden kann. Leder mit Runzeln, Zeckennarben und nicht gleichmäßig entferntem Narben lassen sich mit Teerfarbstoffen nicht einwandfrei färben, sondern müssen mit Pigmentfarbstoffen gefärbt werden.

1. Verhalten zu den Farbstoffen.

In färberischer Hinsicht ist das Sämischleder dadurch ausgezeichnet, daß es mit den bisher zum Färben von Leder angewendeten Farbstoffen ohne Vorbehandlung nicht gefärbt werden kann. Von den Teerfarbstoffen haben sich die Schwefelfarbstoffe seit langem zum Färben dieser Lederart gut bewährt, da sie ohne Vorbehandlung aufziehen und hinsichtlich Wasch-, Reib- und Lichtechtheit allen Anforderungen genügen. Die Schwefelfarbstoffe werden, wie S. 177 erwähnt, durch Schwefelnatrium in Lösung gebracht, wodurch ihr Anwendungsgebiet in der Lederfärberei beschränkt ist, weil sowohl vegetabilisch wie chromgegerbte Leder der Einwirkung der alkalischen Farbflotten nicht widerstehen. Das Sämischleder ist so widerstandsfähig, daß es durch diesen starken chemischen Angriff nicht in seiner Beschaffenheit leidet. Sollen saure oder basische Farbstoffe zum Färben von Sämischleder benützt werden, so ist eine Vorbehandlung nötig, um die nötige Affinität zum Farbstoff herzustellen.

2. Vorbereitung.

Die dem Färber in möglichst fertig geschliffenem Zustand übergebenen Felle werden zunächst durch Walken im Faß mit einer 0,5 bis 1 proz. Sodalösung kalz. bei 25 bis 30° C, dem ein gründliches Spülen mit Wasser der gleichen Temperatur folgt, von den noch enthaltenen Fettresten befreit. Das Walken mit Soda kann gegebenenfalls wiederholt werden, und die Entfettung ist dann beendet, wenn das Waschwasser vollkommen klar bleibt. Nach Lamb-Jablonski (siehe S. 333) ist es besser, die Leder in einer Seifenlösung abzuziehen. Für 50 kg feuchten Leders werden 100 l 1 proz. Seifenlösung angegeben, in der die Leder $^1/_2$ Stunde bei 40° C gewalkt werden. Bei ungenügendem Entfettungseffekt wird der Zusatz von geringen Mengen Entfettungsmitteln, Trichloräthylen, Aceton usw., zur Seifenlösung empfohlen.

An die Entfettung schließt sich die Bleiche an, wenn die gelbe Eigenfarbe beim Färben auf zarte oder besonders lebhafte Farben hinderlich ist. Neben der Rasen- und Sonnenbleiche können alle oxydativen Bleichmittel angewendet werden, da das Sämischleder eine ziemlich hohe Widerstandsfähigkeit gegen chemische Angriffe zeigt. Allgemein ist das Bleichen mit Kaliumpermanganat und Bisulfit üblich. Die Leder werden in einer Lösung von 5 g Kaliumpermanganat pro Liter Lösung $^1/_2$ Stunde gewalkt und ausgespült. Ein nun folgendes Bad von 20 g Natriumbisulfit pulv. im Liter, dem auf 1 l 4 g Ameisensäure zugesetzt sind, entfernt den auf den Ledern niedergeschlagenen Braunstein und erhöht die

Bleichwirkung. Die Dauer der Einwirkung beträgt 20 bis 30 Minuten; die Behandlung kann wiederholt werden, bis der gewünschte Bleicheffekt erreicht ist. Bei einseitiger Aufhellung wird die Bleiche mit den angegebenen Lösungen durch Bürsten auf der Tafel ausgeführt. Das als gebleichtes oder weißes Sämischleder zuzurichtende Leder erhält nach gutem Spülen im Faß eine Nachfettung mit 20 bis 30 g Eigelb pro Fell, wird getrocknet, gestollt und eventuell nachgeschliffen.

3. Die Pigmentfärbung.

Die früher allgemein zum Färben verwendeten Pigmente dürften heute infolge der höheren Anforderungen an die Wasserechtheit des Leders durch die Teerfarbstoffe verdrängt sein. Da aber die Teerfarbstoffe kleine Unregelmäßigkeiten in der geschliffenen Seite, wie Zeckennarben oder unvollständig entfernten Narben, deutlich hervortreten lassen und die Pigmentfarben diese auszugleichen vermögen, wird wohl noch vereinzelt für nicht besonders hochgestellte Ansprüche die Pigmentfärberei angewendet. Als Farbkörper dienen anorganische Farbstoffe wie Ocker, Umbra, Pfeifenton, Eisenoxyd, Titanweiß, Ruß und Teerfarbstoffpigmente. Da diese unlöslichen festen Farbstoffe keinerlei Affinität zur Lederfaser zeigen, müssen sie durch ein Bindemittel festgehalten werden. Ein solches ist Stärkekleister, der durch Eintragen von Stärke, die mit Wasser kalt angerührt wurde, in kochendes Wasser bereitet wird. Auch Gummiarabicum, Casein (siehe auch Bindemittel für Albumindeckfarben) sind zu demselben Zweck im Gebrauch. Die mit dem Bindemittel innig vermischten Pigmente werden mit einer harten Bürste kräftig in das Leder eingearbeitet. Die angestrichenen Leder werden warm getrocknet und gestollt, wobei die nichtgebundenen Farbstoffteilchen zum Teil wieder abfallen. Zur Erhöhung der Reibechtheit trägt das „Stäuben" bei: Je zwei Felle werden mit der ungefärbten Seite nach innen zusammengenommen und gegen einen Holzstab geschlagen. Leichtes Nachschleifen mit feinstem Schmirgel beendet die Zurichtung. Das Einarbeiten des Pigmentbreies, das Stäuben und Schleifen, wird wiederholt, bis die gewünschte Farbe erreicht ist. Am schnellsten und einfachsten entfernt der Staubsauger nicht gebundenen Farbstoff.

Dieses ziemlich umständliche und primitive Verfahren ist vorteilhaft ersetzt durch die Färbung mit Teerfarbstoffen, die auf der Tafel oder im Faß ausgeführt werden kann. Wenn auch die basischen und sauren Farbstoffe nach entsprechender Vorbehandlung auf Sämischleder aufziehen und es der Farbstoffindustrie gelungen ist, durch neue Farbstoffe und Färbeverfahren vollauf befriedigende Ergebnisse zu erzielen, so stehen doch die Schwefelfarbstoffe im Vordergrund, da sie ohne Vorbehandlung färben und den Charakter des Leders in keiner Weise verändern. Wenn auch die ersten Vertreter dieser Farbstoffklasse hinsichtlich der Klarheit und Brillanz der zu erzielenden Farben manchen Wunsch offengelassen haben mögen, so zeigen die gegenwärtig auf dem Markt befindlichen Farbstoffe diesen Mangel nicht mehr. Nur ganz reine Farben lassen sich nicht färben, während alle gebräuchlichen Braun in jeder gewünschten Farbtiefe leicht zu färben sind. Über das Lösen der Schwefelfarbstoffe ist S. 177 das Wissenswerte gesagt.

4. Das Färben mit Schwefelfarbstoffen im Walkfaß.

Die Berechnung der Farbstoffmenge wird verschieden ausgeführt. Wenn die Leder nach der Sodabehandlung oder nach der Bleiche getrocknet oder durch Ausrecken oder Zentrifugieren abgewelkt werden, kann man die Farbstoffmenge auf das Gewicht der trockenen oder ausgereckten Leder beziehen. Da die Schwefelfarbstoffe jedoch nicht in dem Maße wie die Vertreter der bereits genannten

Klassen den Farbflotten entzogen werden, hat sich die Berechnung auf die Flotte allgemein eingeführt. Die Farbbäder sind reichlich und betragen für ein mittleres Rehfell etwa 3 bis 4 l, was ungefähr 500 bis 1000% auf Trockengewicht entspricht. Für hellere Farben wählt man des besseren Egalisierens wegen längere, für intensivere Farben kürzere Flotten. Die Farbstoffmenge wird pro Liter Farbflotte angegeben, wie dies bei den Färbungen Nr. 93 und 94 auf Tafel VIII geschehen ist. Die Färbung wird bei gewöhnlicher Temperatur ausgeführt. Die Leder werden in das mit der erforderlichen Wassermenge beschickte Faß gegeben und dasselbe in Bewegung gesetzt. Die erkaltete Farbstofflösung läßt man durch die hohle Achse zufließen. Zur Schonung der Faser und um vorzeitiges Unlöslichwerden mancher Farbstoffe zu verhindern, kann der Farbstofflösung $^1/_{10}$ des Farbstoffgewichts Formaldehyd (handelsüblich 30%) und $^1/_{10}$ bis $^1/_5$ Seife zugegeben werden. Zur besseren Ausnützung der Farbbäder und zur Erzielung intensiver Farben ist es zweckmäßig (I. G. Farbenindustrie A. G.), nach 15 Minuten dem Bad pro Liter Flotte 30 g Kochsalz oder Ammoniumsulfat oder eine Mischung beider Salze zuzugeben. Neben der aussalzenden Wirkung auf die Farbstoffe verhindert dieser Zusatz einen zu starken Angriff auf die Faser durch die Alkalität des Schwefelnatriums. Nach etwa 30 bis 60 Minuten hat der Farbstoff das Leder vollständig durchdrungen und muß nun fixiert werden, damit die Färbung genügend reib- und waschecht wird. Das Fixieren besteht in einer Behandlung mit Kaliumbichromat allein oder in Verbindung mit Eisen- oder Kupfersalzen. Für dunkle Farben hat sich ein Verhängen der etwas ausgedrückten Leder an der Luft vorteilhaft erwiesen. Nach einigen Stunden wird kurz gespült und für klare Farben in einer Lösung von 3 g Kaliumbichromat und 5 g Essigsäure 6° Bé für 1 l Wasser $^1/_4$ Stunde im Faß oder Bottich behandelt. Für stumpfere trübere Farben kann die Fixierung durch eine Lösung von 1 bis 2 g Kaliumbichromat, 1 bis 2 g Kupfersulfat und 5 ccm Essigsäure vorgenommen werden. Beim Färben heller Farben kann das Verhängen an der Luft umgangen und die Fixierung ohne zu spülen an die Färbung angeschlossen werden. Nach dem Fixieren werden die Leder gut gespült, um anschließend in kurzer Flotte mit 10 g Eigelb und 10 g Seife pro Fell bei einer Temperatur von 25 bis 30° C gefettet zu werden. Durch die Nachfettung erhalten die Leder die erforderliche Weichheit und Geschmeidigkeit.

Nach einem Arbeitsverfahren der Chem. Fabrik Sandoz (Basel) werden die Leder unmittelbar vor dem Färben während 15 bis 30 Minuten in einer Chlorkalklösung, die 4 bis 15 ccm einer 5° Bé-Lösung pro Liter enthält, behandelt und wie oben beschrieben ausgefärbt.

5. Das Färben mit der Bürste.

Leder, die eine ungefärbte Fleischseite zeigen sollen, werden auf der Tafel mit der Bürste gefärbt. Die Farbstoffmenge wird pro Liter Bürstflotte berechnet. Die oben angegebenen Mengen Kochsalz bzw. Natriumsulfat werden der Farbflotte kurz vor dem Auftragen, das ebenfalls kalt erfolgt, zugesetzt. Das Durchschlagen auf die Fleischseite kann verhindert werden, indem man auf die Rückseite eine handelsübliche Lösung von essigsaurer Tonerde oder eine 10proz. Kalialaunlösung aufbürstet. Auch der Auftrag einer 5proz. Lösung von Colloresin DK (I. G.) auf die nicht zu färbende Seite mit nachfolgendem kurzen Ablüften wirkt dem Durchschlagen der Farbstoffe entgegen. Die Farbstofflösung wird mehrere Male mit der Bürste aufgetragen, wobei man speziell bei gedeckten Farben nach jedem Auftrag von der Fleischseite ausreckt. Wenn die notwendige Deckung erreicht ist, wird durch Ablüften fixiert und gegebenenfalls der Farbauftrag wiederholt, wenn die Farbtiefe noch nicht erreicht ist. Nach dem Ablüften folgt die Fixierung mit Kaliumbichromat eventuell unter Zusatz von Metallsalz in der oben beschriebenen Weise und anschließend die Fettung. Tafel VIII zeigt in den Mustern 95 bis 96 zwei Bürstfärbungen auf Sämischleder. Für die Färbung des Sämischleders mit Holzfarbstoffen sei auf das bei der Glacéfärberei Erwähnte verwiesen. Die Holzfarbstoffe sind zum größten Teil von den Teerfarbstoffen verdrängt, da sie die erhöhten Ansprüche an Waschechtheit nicht befriedigen können.

6. Das Färben mit basischen, sauren und substantiven Farbstoffen.

Auch die bereits bekannten Farbstoffe können auf Sämischleder angewendet werden, wenn eine entsprechende Vorbehandlung erfolgt. Für basische Farbstoffe ist eine leichte Nachgerbung mit pflanzlichem oder einem als Beize wirkenden synthetischen Gerbstoff nötig. Die Ausfärbung kann im Faß oder mit der Bürste vorgenommen werden. Wegen der geringen Echtheit dieser Farbstoffe hat sich jedoch diese Färbeweise nicht eingeführt.

Die sauren, substantiven und Chromlederfarbstoffe ziehen nach einer Vorbehandlung des Leders mit Chromgerbstoffen auf. Weniger Bedeutung kommt den substantiven und Chromlederfarbstoffen zu, da sie hinsichtlich der Waschechtheit nicht genügen. Wenn auch auf vorchromiertem Leder alle sauren Farbstoffe verwendet werden können, so ist doch den schon bei der Färbung waschbarer Handschuhleder erwähnten chromhaltigen Azofarbstoffen (Erganil- und Neolanfarbstoffen) und den chromierbaren sauren Farbstoffen (Eriochromfarbstoffe, G) Anthrazen- und Alizarinfarbstoffen der Vorzug zu geben, da diese allen Anforderungen gerecht werden.

Die Chromierung der gebleichten Leder wird in derselben Weise, wie beim Waschbarmachen von Glacéleder oder bei der Herstellung von Chromnappaleder beschrieben, ausgeführt. Eine zu starke Behandlung mit Chromgerbstoffen kann jedoch den milden, samtartigen Griff des Sämischleders etwas beeinträchtigen. Beim Färben mit gewöhnlichen Säurefarbstoffen erfolgt das Chromieren vor dem Färben. Beim Färben mit chromierbaren Farbstoffen kann dieser Arbeitsprozeß sich auch an das Färben anschließen. Die Farbstoffmenge wird auf das Trockengewicht bezogen. Die Färbung erfolgt bei hellen Farben kalt, bei dunkleren Farben kann die Färbetemperatur auf 45^0 C erhöht werden. Die gewöhnlichen Säurefarbstoffe werden durch Zusatz von Ameisensäure in üblicher Weise ausgezogen, nachdem 20 bis 25 Minuten neutral gefärbt worden war. Für helle Färbungen werden die Leder zweckmäßig mit 0,5 bis 1% Tamol NNO oder Irgatan während 15 bis 20 Minuten vorbehandelt und im selben Bad 2 Stunden gefärbt. Die Fixierung der Färbung durch Chromsalze nach der Färbung wird mit ungefähr 0,8 bis 1,2% Chromoxyd als etwa 40% basisches Salz (3% Chromosal B) 3% Chromacetat trocken violett (I. G.) vorgenommen. Die Chromlösung setzt man der Farbflotte nach 2 Stunden nach und walkt etwa $^1/_2$ bis 1 Stunde weiter. Nach dem Spülen erfolgt die Fettung mit 20 bis 30 g pro Fell Eigelb.

Die nach dem Bürstverfahren zu färbenden, gebleichten Leder werden zweckmäßig erst auf der Tafel durch mehrmaliges Auftragen einer 1,5 bis 2 g Chromoxyd 40% basisch (5 bis 10 g Chromosal B oder 10 bis 20 g Chromacetat A trocken violett) pro Liter enthaltende Lösung chromiert. Nach leichtem Ausrecken folgt die Farbstofflösung in mehreren Aufträgen, wobei nach 2 bis 3 Aufstrichen ein Auftrag Chromlösung eingeschaltet werden kann. Zum Schluß wird nochmals Chromlösung gegeben, dann ausgereckt und auf der Tafel durch Aufbürsten von 20 bis 30 g Eigelb im Liter Wasser gefettet.

Auch die bei der Glacéfärberei erwähnten Kombinationen von Holzfarbstoffen und Teerfarbstoffen mit nachfolgendem Metallsalzabzug können auf Sämischleder sowohl für die Faß- wie für die Bürstfärbung übertragen werden.

H. Das Färben der Phantasieleder.

Außer dem bereits erwähnten Antikleder wird in der Lederwarenindustrie noch eine Reihe von Ledern verarbeitet, die einen zwei- oder mehrfarbigen Effekt zeigen. Der Lederdruck bringt zwei oder mehrere Farben auf dem Leder in vorher durch die Druckplatte bestimmten Formen zur Wirkung. Bei der Färberei der Phantasieleder wird eine bestimmte Form oder Zeichnung in verschiedenen Farben nicht oder nur in bestimmter Annäherung angestrebt, und das Ergebnis bleibt mehr oder weniger dem Zufall überlassen. Durch die im folgenden kurz angeführten Verfahren lassen sich eine Anzahl von Phantasieeffekten hervorbringen, wobei dem Färber die Auswahl der anzuwendenden Farben überlassen bleiben soll. Wenn auch die Art der Phantasieeffekte der Mode unterworfen ist, so kann doch als Grundsatz gelten, daß der Charakter des Werkstoffs Leder möglichst gewahrt bleiben und die Farbzusammenstellung nach diesen Gesichtspunkten gewählt werden soll. So werden z. B. auffallend kräftige Harmonien in reinen Farben auf Leder immer unangenehm wirken. Zur Herrtellung von Phantasieleder dienen Schaf-, Ziegen-, Bastard-, Kalb- und Rindleder in rein vegetabilischer oder in Semichromgerbung. Auch auf Glacéleder lassen sich in gleicher Weise solche Effekte erzielen.

1. Marmorierte Leder.

Das einfachste Verfahren ist die Herstellung des sog. Tupfmarmors. Die Leder werden zunächst zweckmäßig mit sauren Farbstoffen in einer hellen Grundfarbe ausgefärbt. Das vorgefärbte Leder reckt man glatt auf eine Tafel auf und tupft die Effektfarbe, in Gestalt einer konzentrierten Lösung eines basischen oder sauren Farbstoffs, mit einem Schwamm auf. Konzentrierte Lösungen basischer Farbstoffe erhalten zweckmäßig einen Zusatz von Spiritus oder Methylalkohol, um die Löslichkeit zu erhöhen. Der Schwamm wird in die Farbstofflösung eingetaucht, durch Ausdrücken von tropfbarer Farblösung befreit und leicht auf das Leder aufgedrückt. Je nach dem Feuchtigkeitsgrad des Leders erscheinen die Konturen der Farbflecke schärfer oder weniger scharf. Auf ganz trockenem Leder und mit konzentrierter Farblösung erhält man scharfkantige Abdrücke des Schwamms. Nachdem das ganze Fell mit einer Farbe übergangen ist, kann derselbe Prozeß mit einer oder mehreren anderen Farben wiederholt werden.

Ähnliche Effekte erhält man dadurch, daß man möglichst grobe Sackleinwand unregelmäßig zu einer Rolle zusammendreht. Diese wird in Farbstofflösung getaucht, ausgedrückt und unter gelindem Druck über das Leder gewälzt. Die Kombination dieses und des vorigen Verfahrens bietet weitere Möglichkeiten.

2. Gesprenkelte Leder.

Den Sprenkeleffekt zeigen auf folgende Weise bearbeitete Leder: Auf das flachliegende trockene oder schwachfeuchte Fell wird die Farblösung mit Hilfe eines Reisstrohbesens in Form kleiner Tröpfchen aufgespritzt. Die Tröpfchen entstehen dadurch, daß man den in die Farblösung getauchten Besen, nachdem er durch Abstreichen am Rand des Gefäßes möglichst von Farbe befreit ist, gegen einen über das Leder gehaltenen Holzstab schlägt. Schneller und einfacher ist dieser Effekt mit der Spritzpistole, wenn unter gelindem Druck gearbeitet wird, zu erreichen.

Lamb-Jablonski (siehe S. 304) beschreibt eine von den Buchbindern übernommene Methode, marmorierte Leder herzustellen. Die Leder werden mit einer schwachen Lösung von Kartoffelmehl oder Kleister überstrichen, getrocknet und auf ein schräges Brett gelegt. Mit Hilfe eines Reisigbündels, das in Wasser getaucht wurde, läßt man Wasser auf das Leder träufeln. Das in schmalen Streifen über das Leder fließende Wasser vereinigt sich zu regellos ineinander verlaufenden Streifen. Nun werden Lösungen von Eisensulfat (250 g auf 5 l Wasser) und von Kaliumtartrat (360 g auf 5 l Wasser) in der oben beschriebenen Weise auf das Leder gesprenkelt. Die durcheinanderfließenden Lösungen erzeugen einen Effekt, der Ähnlichkeit mit einem Baume hat. Wenn die Eisenlösung genügend stark angefärbt hat, wird mit Wasser gut nachgewaschen.

3. Batikleder.

Als Portefeuille- und Buchbinderleder sind die sog. Batikleder viel im Gebrauch. Ihre Färbung hat mit der echten Batikkunst nichts zu tun. Die echte Batikfärberei wird besonders in Ostasien (Java) geübt und besteht zunächst im Reservieren des Stoffes in einer bestimmten Zeichnung durch Aufgießen von geschmolzenem Wachs. Nach dem Erstarren desselben wird meist mit Küpenfarbstoffen gefärbt, wobei nur die von Wachs frei gebliebenen Stellen die Farbe annehmen. Durch Ausschmelzen oder Lösen mit Lösungsmitteln wird das Wachs wieder entfernt. Das Verfahren für „Faltbatik" besteht darin, daß das durch Tauchen, Spritzen oder Bürsten in einer hellen Farbe vorgefärbte Leder

a   b

Abb. 83.

ausgesetzt und in mehr oder weniger unregelmäßigen Falten auf der Tafel zusammengeschoben wird. Das Färben in der Effektfarbe geschieht im einfachsten Falle durch Übergießen mit der Lösung eines basischen oder eines sauren Farbstoffs, welch letztere mit Säure versetzt wurde. Die Farbstofflösung färbt nur die Oberflächen der Falten an und dringt mehr oder weniger zwischen dieselben ein, je nachdem die Falten aneinandergepreßt waren. Durch kurzes Eintauchen des auf einem Brett zusammengeschobenen Felles in eine Farbstofflösung kann man denselben Effekt unter Ersparnis von Farbstoff erzielen. Nach genügend starkem Anfärben wird das Leder gründlich gespült, und nach dem Aussetzen kann das Falten und das Übergießen mit einer anderen Farbstofflösung wiederholt werden. Besonders effektvoll läßt sich dieses Verfahren durch Anwendung der Spritzpistole gestalten, indem man das gefaltete Leder nur von einer Seite mit Farbstofflösung übersprüht, so daß nur die der Pistole zugekehrten Seiten der Falten angefärbt werden. Von einer anderen Seite kann mit einer zweiten, eventuell unter öfterem Richtungswechsel mit mehreren Farben gearbeitet werden.

Blumenartige „Batikeffekte" ergibt folgende Arbeitsweise: Die in einer hellen Farbe vorgefärbten Leder werden auf ein mit Löchern versehenes Brett oder Blech gelegt. Der Abstand und die Größe der Löcher richtet sich nach der Größe der Blumen und der Dicke des Leders. Im allgemeinen dürfte ein Abstand von 4 bis 5 cm bei einem Durchmesser von 2 bis 4 cm angemessen sein. Von der Mitte des Felles beginnend, wird das Leder durch die Löcher gestoßen und der durchragende Teil zusammengedreht (siehe Abb. 83 a u. b). Je weiter die durch die Löcher gesteckten Teile des Felles hervorragen, desto größer werden die Blumen ausfallen. Ist das ganze Fell auf diese Weise vorbereitet, so wird eine konzentrierte Lösung des zur Grundfärbung benützten Farbstoffs darübergegossen und einige Zeit einwirken gelassen. Die eingedrehten Stellen des Felles färben nur in einzelnen zentrisch gegen den tiefsten Punkt verlaufenden spiraligen, adrigen Linien an, während die übrigen Teile in der ursprünglichen Farbe erscheinen. Dadurch, daß die nicht eingedrehten Stellen sich ebenfalls in der neuen Farbe zeigen, entstehen blumenartige Zeichnungen auf dunklem Grunde (Nachfärbung).

4. Schattenleder.

Absichtlich hervorgebrachte wolkige Färbungen führen zum sog. Schattenleder. Nachstehendes Verfahren erfordert etwas Übung. Das Leder, meist halbe Portefeuille-Croupons, wird auf eine ebene Tafel aufgereckt und mit einem Schwamm eine etwa 0,5 bis 1° Bé starke Karrageenabkochung ungleichmäßig aufgetragen. Nun bringt man mittels eines Schwammes die konzentrierte Lösung (30 bis 40 g auf 1 l) eines sauren Farbstoffs, die man mit etwas Kaliumbichromat versetzen kann, in verschieden großen Tropfen und in unregelmäßigen Abständen auf. Die Farbkleckse werden sofort mit einem zweiten Schwamm, der mit einer 0,3 bis 0,5° Bé starken Karrageenabkochung getränkt ist, ungleichmäßig verteilt. Man läßt die Farbstofflösung einwirken, bis sie an den am stärksten getroffenen Stellen genügend angefärbt hat und spült mit reichlich Wasser nach. Zur Fixierung wird zweckmäßig mit einer Ameisensäurelösung (2 g pro Liter) übergossen und nach kurzem Einwirken mit Wasser nachgewaschen.

Durch eine Variation dieses Verfahrens lassen sich ähnliche Phantasieleder herstellen. Die Stellen, an denen der Farbstoff weniger stark anfallen soll, werden durch Karrageenabkochung oder Stärkekleister in der Weise reserviert, daß man z. B. einen halben Croupon mit dem Narben nach oben auf eine Tafel legt und in unregelmäßigen Abständen größere und kleinere Tropfen eines Karageenextrakts auf das Leder bringt. Sollen verschiedene Stellen sehr hell oder ungefärbt erscheinen, so können noch kleinere und größere Kleckse eines aus Kartoffelmehl bereiteten festen Kleisters wahllos aufgestreut werden. Auf das derart vorbereitete Leder legt man mit dem Narben auf die Karrageenschicht ein zweites Leder und verteilt die Gallerte durch mehr oder weniger festes Aufrecken ungleichmäßig auf den Oberflächen beider Leder. Nachdem das obenliegende Leder wieder abgenommen und mit dem Narben nach oben neben das erste hingelegt wurde, erfolgt das Färben entweder durch Aufgießen einer konzentrierten Farbstofflösung oder Aufspritzen derselben mit der Pistole. Das Leder nimmt nun die Farbe ganz unregelmäßig an, und man prüft von Zeit zu Zeit, ob die Farbstofflösung genügend angefärbt hat, indem man kleine Stellen am Rand des Leders nach Abwischen oder Abstreichen von Gallerte und Farblösung beobachtet. Zum Schluß wird unter fließendem Wasser schnell abgebürstet.

Eine andere Art von Marmorierung kann erreicht werden, wenn die Leder über Holzpflöcke, die in unregelmäßigen Abständen senkrecht in einem Holzbrett angebracht sind, gelegt werden. Die Holzdornen können verschiedene Höhe, Dicke und Abstände haben. Mit Hilfe der Spritzpistole werden die sich bildenden faltigen Kegel von verschiedenen Seiten mit verschiedenen Farblösungen bespritzt.

Wirkungsvolle Phantasieeffekte ergibt nachstehendes Verfahren, welches in gewissem Grade eine bestimmte Formgebung zuläßt. Das gut auf einer ebenen Tafel ausgesetzte Leder erhält einen Anstrich mit einer aus Karrageenextrakt oder Kartoffelkleister bereiteten dicken Paste, die man zweckmäßig mit etwas Ruß anfärben kann. Mit einem ausgedrückten Schwamm wird dann der Schleim wieder teilweise entfernt, und durch unregelmäßige Verteilung der restlichen Paste lassen sich mehr und weniger stark reservierte Partien herausarbeiten. Die reservierten Stellen erscheinen durch den Ruß um so dunkler, je weniger intensiv sie später angefärbt werden, so daß sich ein Negativ der Zeichnung zeigt. Die Paste muß so steif sein, daß sie nicht zu schnell wieder zusammenfließt. Hierauf werden die Leder mit einer konzentrierten Lösung (30 bis 40 g pro Liter) eines sauren Farbstoffs unter mäßigem Luftdruck mit der Pistole überspritzt und kurze Zeit sich selbst überlassen. Je zäher die zum Reservieren verwendete Gallerte ist, desto mehr heben sich die Konturen der sich färbenden Stellen ab. Wenn der Farbstoff auf die weniger stark reservierten Stellen des Leders genügend eingewirkt hat, entfernt man Gallerte und überschüssigen Farbstoff durch Abspülen.

Eine der eben erwähnten im Prinzip gleiche Arbeitsweise besteht darin, daß man das Leder zunächst mit einem steifen, gegebenenfalls mit Ruß versetzten, Kleister gleichmäßig überstreicht. Durch Aufdrücken regellos zusammengefalteten Packpapiers oder mit Hilfe eines Pinsels wird an bestimmten Stellen der Kleister wieder teilweise entfernt und die Oberfläche des Leders bloßgelegt. Durch Übersprühen mit Farbstofflösung und nachheriges Spülen kommt der Effekt zur Wirkung.

5. Achateffekte.

Zu sog. Achateffekten fürhrt eine von den Buchbindern übernommene Arbeitsmethode: In einem flachen Becken, das der Größe der zu bearbeitenden Leder entspricht, wird ein sog. Karrageengrund bereitet. Die Viskosität der Karrageenabkochung ist dem zu erzielenden Effekt anzugleichen. Auf den von allen festen Teilchen durch Filtrieren durch ein Tuch befreiten Grund tropft man konzentrierte Lösungen von verschieden sauren Farbstoffen und zieht die Tropfen mit einem Holzstab oder einem aus mehreren Holzstäben hergestellten Kamm durcheinander. Die trockenen Leder werden nun blasenfrei auf den Grund aufgelegt und wieder abgezogen. Man läßt die an dem Leder haftende Farbstoffgallerte einige Zeit einwirken und spült das Leder mit Wasser ab. Dieses Verfahren gibt die Möglichkeit, mehrere Leder hintereinander in einem ähnlichen Effekt auszufärben.

J. Das Drucken auf Leder.

Die im vorangehenden Abschnitt geschilderten Verfahren gestatten nicht, bestimmte Zeichnungen auf dem Leder anzubringen oder ein Muster beliebig oft in getreuer Abbildung zu wiederholen. Dies wird durch Bedrucken des Leders ermöglicht, wobei im einfachsten Falle ein mit bestimmten Figuren versehener Handmodel (Stempel) zur Übertragung einer Druckpaste auf das Leder dient. Auch durch Spezialmaschinen, die im Tiefdruckverfahren arbeiten, kann die Druckpaste aufgebracht werden. Von den zahlreichen in der Textilindustrie angewendeten Druckverfahren vermochte der Pigment- und der Ätzdruck eine gewisse Bedeutung zu erlangen.

1. Der Pigmentdruck.

Als Pigmentdruck verdient der Bronzedruck Interesse, der auf der Narbenseite und Fleischseite von vegetabilisch gegerbten, chrom- und semichromgaren Ledern ausgeführt werden kann. Besonders zur Veredlung von Velourspalten ist dieses Verfahren sehr geeignet. Die zur Verarbeitung gelangenden Leder

brauchen nicht kochbeständig gegerbt zu sein. Als Bindemittel für die Bronzepulver (Goldbronze, Silber-Aluminiumbronze) dient eine durch Verdünnung
auf entsprechende Konsistenz gebrachte farblose Kollodiumlösung — Schutzlack-
lösung (siehe S. 538). Auch in verschiedenen Farben angefärbte Bronzen können
in gleicher Weise verwendet werden. Nach einem Verfahren der I. G. Farbenindustrie A. G. besteht die Druckpaste aus 6 Teilen Schutzlack neu konz., 2 Teilen
Acetessigester und 2 Teilen Lösungsmittel E 13. Auf 100 Teile dieser Verdünnung
werden für Golddruck 8 Teile Goldbronze, für Silberdruck 5 Teile Silberbronze
oder Aluminiumpulver zugegeben.

Ausführung des Handdruckes. Die Leder legt man auf einen mit einer weichen
Auflage (Gummi oder Filz) versehenen ebenen Tisch glatt ohne Spannung auf.
Die Druckpaste wird mit einem Pinsel gleichmäßig auf ein vollkommen ebenes
Übertragungskissen aufgetragen und mit dem Druckmodel von dort durch
leichtes Auflegen desselben entnommen. Eine weiche, etwa 1 cm starke Gummi-
platte läßt sich sehr gut für diesen Zweck benützen. Der mit Druckpaste versehene
Model wird auf das Leder gleichmäßig aufgesetzt. Zur Bewältigung größerer
Partien dienen Druckmaschinen.

Die auf der Velourseite bedruckten Leder sind nach dem Trocknen fertig.
Auf der Narbenseite angebrachter Bronzedruck kann durch Aufspritzen einer
Kollodiumlackverdünnung reibechter gemacht werden.

2. Der Ätzdruck.

Für den Ätzdruck müssen die Leder kochgar sein. Vegetabilisch gegerbte
Leder werden daher kochgar nachchromiert. Der Druck kann auf Narben-,
Velour- und Nubukleder oder Spalten ausgeführt werden. Der Zweifarbeneffekt
kommt dadurch zu stande, daß man das Leder zunächst mit einem Farbstoff,
der durch Reduktionsmittel wieder weggeätzt werden kann, vorfärbt. Die Druckpaste enthält als Reduktionsmittel meist Rongalit und gleichzeitig einen nicht
ätzbaren Farbstoff. An den Stellen, die mit der Druckpaste in Berührung gelangen,
wird die Grundfärbung entfernt und der in der Paste enthaltene Farbstoff aufgefärbt. Zur Vorfärbung dienen saure und substantive ätzbare Farbstoffe, die
in der für Chromleder üblichen Weise angewendet werden. Für den Fall, daß
beim Drucken basische Farbstoffe zur Verwendung gelangen, wird rein chromgares Leder nach der Färbung mit 2% Sumach eventuell unter Zusatz einer
synthetischen Beize (Tamol, Irgatan usw.) $\frac{1}{2}$ Stunde behandelt, um den auf-
zudruckenden basischen Farbstoff zu fixieren. Bei Semichromleder ist diese
Nachbehandlung nicht nötig. Die Leder werden in üblicher Weise gefettet,
getrocknet, gestollt und genagelt. Die abgenagelten Leder sind für den Druck
vorbereitet.

Die Ausführung des Druckes ist dieselbe, wie bei den Bronzedrucken
beschrieben. Nach dem Drucken wird getrocknet.

Zusammensetzung der Druckpaste. Als Verdickungsmittel dient eine Lösung
von Britischgummi, die man durch Auflösen von 2 Teilen Britischgummi in
1 Teil Wasser zweckmäßig auf Vorrat für einige Tage bereitet. Der aufzudruckende
saure oder substantive Farbstoff wird unter Zusatz von Glycerin in 20 Teilen
Wasser kochend gelöst und der etwas erkalteten Lösung Spiritus zugesetzt. Für
basische Farbstoffe kommt an Stelle des Alkohols Tanninalkohol (eine Lösung
von 1 Teil Tannin in 1 Teil Alkohol) zur Anwendung. Ein nicht unbedingt not-
wendiger Zusatz von 10 Teilen Resorcin und 10 Teilen Anilinöl ergibt lebhaftere
Drucke bei basischen Farbstoffen. Die Konsistenz der Druckpaste muß dem zu
druckenden Muster angepaßt werden. Zu dicke Pasten verschmieren die Druckmodel sehr schnell und ergeben wulstige Drucke, während zu dünne durch Aus-

laufen unsaubere Konturen verursachen. Die Viskosität wird durch entsprechende Zugabe von Alkohol und Wasser geregelt. Nachfolgende Zusammensetzung einer Druckpaste ist der Druckschrift 2911/26 der I. G. Farbenindustrie A. G., auf welche auch obige Ausführungen Bezug nehmen, entnommen:

2 bis 4	Teile	Farbstoff (sauer oder substantiv)
3	,,	Glycerin werden zusammen in
20	Teilen	Wasser durch Aufkochen in Lösung gebracht. Man läßt etwas erkalten und fugt dann
10	Teile	denat. Alkohol und
60 bis 90	,,	Britischgummi (bereitet wie oben beschrieben) hinzu. Dieser Mischung gibt man zuletzt noch
15	,,	Rongalit C zu.

Bei basischen Farbstoffen werden an Stelle der 10 Teile Alkohol 12 Teile Tannin-Alkohol zugegeben. Bei Weißätzdrucken, die besonders für Velour- und Nubukleder in Frage kommen, wird als Druckfarbe Zinkweiß zugesetzt, das dann durch Eialbumin fixiert wird. Eine Druckpaste für Weißätzdruck erhält man nach folgender Vorschrift (nach I. G. Farbenindustrie A. G. 2911/26):

22	Teile	Zinkweiß werden mit
10	Teilen	Wasser und
1	Teil	Ammoniak konz. aufgekocht. Dazu gibt man
25	Teile	Britischgummi (2 : 1). Nach dem Erkalten setzt man
15	,,	Albumin (1 : 1) und
25	,,	Rongalit C zu und passiert durch ein Haarsieb.

Für den Braunätzdruck und violetten Druck werden ebenfalls spezielle Vorschriften angegeben.

Die Entwicklung und Fixierung des Druckes erfolgt durch Dämpfen und Nachbehandeln mit einer Lösung von Kaliumbichromat. Das Dämpfen wird in einem hölzernen Dampfkasten vorgenommen. Am Boden des Kastens strömt trockener, nicht überhitzter Dampf durch ein durchlöchertes Rohr ohne Überdruck ein. Der durchlöcherte Deckel des Dampfkastens ist innen mit einer nichtdurchlöcherten Auflage aus Filz oder mehreren Lagen Sackleinwand versehen. Diese Filzeinlage verhindert das Herabtropfen etwa sich bildenden Kondenswassers auf die Leder. Die Behandlung der bedruckten Leder mit strömendem Dampf dauert $1^1/_2$ bis 2 Minuten. Hierbei wird der vorgefärbte Farbstoff reduziert und der aufzudruckende fixiert. Nach dem Dämpfen werden die Leder zweckmäßig in einer Bichromatlösung, die 5 g pro Liter Wasser enthält, einige Minuten bei einer Temperatur von 30 bis 40° C nachbehandelt, wodurch die Farbstoffe nachfixiert werden. Die oxydierende Nachbehandlung ist besonders bei Druckpasten, die basische Farbstoffe enthalten, erforderlich. Nach einem gründlichen Spülen mit kaltem Wasser in der Haspel gelangen die Leder zum Trocknen, um dann in normaler Weise zugerichtet zu werden.

3. Direkter Druck mit Teerfarbstoffen.

Auf rein vegetabilischem Leder führt der Handdruck mit Irgafarben BN (G) in einem Arbeitsgang zu reibechten Drucken. Die Irgafarben sind Lösungen basischer Farbstoffe, die mit einem zur Lackbildung hinreichenden Fällungsmittel versetzt sind. Ein Dämpfen ist zur Fixierung des Druckes nicht notwendig. Durch sorgfältiges genügend langes Trocknen werden die aufgedruckten Farben vollkommen reibecht gebunden. Die Haftfestigkeit wird durch Nachbehandlung in einer Brechweinsteinlösung noch erhöht, so daß die Drucke nassem Reiben widerstehen. Nach Angabe der I. R. Geigy A.-G. setzt sich eine Druckpaste für 1000 g wie folgt zusammen:

> 250 bis 350 g Irgafarbe BN (Serie 400)
> 250 ,, 350 g Irgalösung NB, konz.
> 400 ,, 350 g Britischgummi (1 : 1)
> 100 ,, 50 g Wasser.

Nach genügend langem Trocknen kommen die Leder direkt in ein Bad, das 5 bis 10 g Brechweinstein im Liter enthält und werden bei gewöhnlicher Temperatur 5 bis 10 Minuten bewegt, hierauf sehr gut gewaschen und nach eventuellem Abölen mit weißem Vaselinöl getrocknet.

In derselben Weise lassen sich auf Semichromleder und nachsumachiertem Chromleder Drucke herstellen, doch stehen dieselben hinsichtlich der Fixierung hinter denen auf rein vegetabilischem Leder.

Schließlich ist noch der Spritzdruck zu erwähnen. Mit Hilfe von Schablonen werden bestimmte Teile des Leders abgedeckt und die freibleibenden mit Farbstofflösung bespritzt. An Stelle der Teerfarbstoffe verwendet man jedoch besser Kollodium- oder Albumindeckfarben, da sich mit diesen das Fließen der Spritzfarbe unter die Schablonen sicherer vermeiden läßt. Auch die für den Spritzdruck besonders eingestellten Irgafarben sind für diese Arbeitsweise geeignet. Die Fixierung der Farben erfolgt in derselben Weise, wie oben angegeben. Durch Anwendung mehrerer Schablonen lassen sich leicht mehrere Farben in bestimmter Anordnung zu einem Bild aufbringen. Die verschiedenen Druckverfahren erfordern seitens des Ausübenden große Erfahrung und Sicherheit der manuellen Durchführung der Arbeiten, weshalb eine gründliche Spezialausbildung des Personals Grundbedingung für gute Resultate ist.

K. Goldkäferleder — Bronzierende Leder.

Der Goldkäfer- oder Bronzeeffekt, wie er an den Flügeldecken verschiedener Käfer zu sehen ist, besteht darin, daß die Narbenseite des Leders einen von der Eigenfarbe desselben verschiedenen metallisch schillernden Glanz zeigt. Hauptverwendungsgebiet für diese Leder ist die Schuh- und in geringerem Umfange die Portefeuilleindustrie. Als Rohmaterial dienen vorwiegend Ziegen- und Bastardfelle, die lohgar, semichrom oder rein chrom gegerbt sind.

Beim Färben mit basischen Farbstoffen (siehe S. 170) wurde bemerkt, daß manche Angehörige dieser Farbstoffklasse die unangenehme Eigenschaft haben, beim Ausfärben in höheren Konzentrationen bronzierende Färbungen zu erzeugen. Diese vorwiegend der Triphenylmethanreihe zugehörigen Farbstoffe sind am besten geeignet zur Herstellung des Goldkäferleders. So erhält man mit den verschiedenen Fuchsinmarken einen grünlichen, mit Methylviolett einen gelbgrünen Bronzeglanz; Methylenblau schillert Kupferrot, Bismarckbraun und Diamantgrün goldgelb. Auch die den erwähnten basischen Farbstoffen nahestehenden Säurefarbstoffe, z. B. Säureviolett, Neptunblau und einige andere wie Echtrot, Agalmagrün, Neubordo ergeben Bronzeeffekte.

Vegetabilische Leder werden im Faß oder in der Mulde mit einem geeigneten basischen Farbstoff (10 bis 20 g pro Fell) möglichst satt ausgefärbt und nach kurzem Spülen mit Säurefarbstoff (20 bis 30 g pro Fell) übersetzt. Eine Vorbehandlung der Leder mit Brechweinstein ist zweckmäßig. Nach dem Färben wird von der Fleischseite ausgereckt, der Narben mit Leinöl abgeölt und getrocknet. Kurz vor dem Glanzstoßen überfährt man die Narbenseite ganz leicht mit Leinöl, um das Stoßen zu erleichtern.

Die Entstehung des Bronzeeffektes wird durch Vorfärbung in einem tiefen Blau oder Schwarz sehr begünstigt. Von dem eben beschriebenen Verfahren unterscheidet sich diese Arbeitsweise nur dadurch, daß das Leder vor der basischen Färbung dunkelblau oder schwarz gefärbt wird, wozu am besten das Faß dient. Die saure Überfärbung fällt weg. An die Reibechtheit können in Anbetracht der Überladung des Leders mit Farbstoff keine besonders hohen Anforderungen gestellt werden. Wasser- und Reibechtheit werden dadurch verbessert, daß man die vorgefärbten trockenen Leder mit einer alkoholischen Schellacklösung oder besser mit einer Kollodiumlackverdünnung (Schutzlack), die mit einem basischen oder Spezialfarbstoff angefärbt wurde, überspritzt. Nach dem Trocknen dieses Auftrages wird gestoßen und der Schutzlackauftrag nach Bedarf mit anschließendem Glanzstoßen wiederholt. Die Menge des basischen Farbstoffes beträgt ungefähr 15 bis 30 g pro Liter der spritzfertigen Schutzlackverdünnung.

Bei Chromleder führen die angegebenen Verfahren nicht zum Ziel, da der basische Farbstoff nicht genügend aufgenommen und gebunden wird. Günstige Resultate ergibt eine Zweibadfärbung, bei der abweichend von den früher (siehe S. 216) angegebenen Verfahren der basische Aufsatz soweit erhöht wird, daß sich nach dem Trocknen des Leders der Bronzeeffekt zeigt. Im ersten Bad färbt man zweckmäßig mit einem Chromlederschwarz (0,6%) in Verbindung mit etwa 2% Blauholzextrakt aus. Auch einer der leicht bronzierenden Säurefarbstoffe kann in Verbindung mit Holzextrakt angewendet werden. Die Fettung wird im ersten Bad vorgenommen. Nach kurzem Spülen folgt der basische Aufsatz mit etwa 1 bis 1,5% eines der oben erwähnten basischen Farbstoffe. Der Goldkäfereffekt kommt erst nach dem Glanzstoßen zu voller Wirkung. Auch bei Chromleder kann der Effekt und die Reibechtheit mit Kollodiumlacklösung in vorerwähnter Weise verbessert werden.

Semichromleder wird wie Chromleder oder wie vegetabilisches Leder behandelt.

L. Gold- und Silberleder.

Als Rohmaterial für die in der Schuh- und Portefeuilleindustrie als Luxusleder verwendeten Gold- und Silberleder dienen am besten kleinere Zickelfelle von etwa 5 bis 6 Quadratfuß oder feinnarbige Bastardfelle, die mit vegetabilischen Gerbstoffen allein oder in Kombination mit Chromsalzen gegerbt werden. Die Vergoldung oder Versilberung erfolgt für hochwertige Leder mit echten Gold- oder Silberfolien, für weniger wertvolle Leder mit unechten Bronzepulvern. Eine Vorfärbung der mit Blattmetall zu überziehenden Leder ist nicht notwendig; für den Fall, daß die Fleischseite gefärbt sein soll, färbt man in üblicher Weise mit sauren Farbstoffen.

Die nach der Färbung sorgfältig ausgesetzten Felle gelangen zweckmäßig auf Rahmen gespannt zum Trocknen. Die trockenen Leder müssen möglichst zugfrei sein, da das unelastische Goldblättchen der Dehnung des Leders nicht zu folgen vermag und daher Sprünge zeigen würde. Nach dem Abnageln wird gestollt, die Aasseite geschliffen, abermals getrocknet und nachgestollt. Die ohne Appretur auf der Maschine geglänzten Leder feuchtet man von der Fleischseite mit Wasser an und klebt sie nach gleichmäßigem Durchziehen an den Rändern völlig faltenlos mit Kartoffelkleister auf Holzbretter auf (Gerbereitechnik 1930, Nr. 81 und 86).

Die getrockneten Leder erhalten zunächst eine Grundierung, die man durch Einrühren von 60 g Kartoffelmehl in 2 l kochendes Wasser unter Zusatz von 60 g weißer Gelatine und Auffüllen auf 6 l bereitet. Die Grundierungsmasse trägt man 40° C warm mit einem Schwamm dünn und gleichmäßig auf und reibt sie gut ein.

Nach leichtem Antrocknen wird die mit der gleichen Wassermenge verdünnte Grundierung in derselben Weise aufgebracht, getrocknet und anschließend gebügelt. Das nun folgende eigentliche Vergolden beginnt mit dem Auftragen eines aus 200 g Kartoffelmehl und zirka 5 l Wasser hergestellten Kleisters, mit dem man je 5 Felle gut einreibt. Mit einem weichen Pinsel, dessen Breite der der Goldblättchen entspricht, wird eine aus Gelatine, Eialbumin und eventuell Casein hergestellte Klebelösung vom Kopf bis zum Schwanz aufgestrichen. Auf diesen Streifen legt man vor dem Trocknen die Goldfolien vom Kopf beginnend mit Hilfe eines Vergoldrahmens auf. Dieser dient zum Aufbringen der äußerst zarten Blattmetalle und besteht aus einem mit Seidengaze überspannten Holzrahmen von 15 cm Länge, 11 cm Breite und 1,5 cm Höhe. Ein auf der Rückseite der Gaze befindlicher Öltropfen vermittelt das vorübergehende Haften der Folie, so daß diese glatt auf das Fell gelegt werden kann. Die einzelnen Blättchen läßt man etwas übereinandergreifen und legt Blatt neben Blatt, bis man am Schwanzende des Felles angelangt ist. Neben den ersten Streifen bringt man einen zweiten und fährt fort, bis das ganze Fell vergoldet ist. Auch die Blättchen der folgenden Streifen greifen jeweils etwas über die des vorangehenden. Wenn das ganze Fell mit Blattgold belegt ist, kommt es zum Trocknen. Die nicht festhaftenden übergreifenden Teile des Goldes werden mit einem Schwamm sorgfältig abgewischt, worauf man das Leder vorsichtig von der Tafel abnimmt. Hierauf werden die Leder beschnitten und nach leichtem Überfahren mit reinem Wachs auf der Maschine leicht geglättet. Ein warmes Bügeln vervollständigt die Zurichtung. Um die Vergoldung widerstandsfähiger zu machen, ist es zweckmäßig, leicht mit einem farblosen Kollodiumlack zu überspritzen.

Eine einfachere Arbeitsweise, Blattgold haltbar auf Leder zu befestigen, bedient sich eines aus Sikkativen und eventuell Harzlacken bestehenden sog. Anlegeöls, wie es zum wetterfesten Vergolden von Stein verwendet wird. Die Grundierung erfolgt in der oben beschriebenen Weise. Das vollständig trockene Leder wird mit dem Anlegeöl gleichmäßig überstrichen und einige Zeit sich selbst überlassen. Wenn das Öl gerade noch gut klebt, bringt man die Goldfolien auf und läßt 1 bis 2 Tage gut durchtrocknen. Besonders vorteilhaft lassen sich wegen ihrer einfachen Handhabung die auf Seidenpapier aufgepreßten Blattmetalle verwenden, da die etwas Geschicklichkeit erfordernde Arbeit mit dem Vergoldrahmen wegfällt. Mit Hilfe des Seidenpapiers legt man das Metallblättchen an die bestimmte Stelle, wo es dann nach dem Abziehen des Papiers haften bleibt. Die Fixierung des Metallüberzuges wird wie oben mit Kollodiumlack vorgenommen.

Für billige Leder ersetzt man die echten Blattmetalle durch die unechten Bronzepulver. Als Silberersatz dient Aluminiumpulver, die Goldbronze besteht aus einer gepulverten Kupferlegierung. Das Bindemittel für die Metallbronze ist ein farbloser Kollodiumlack (siehe S. 538), der sich von dem beim Bronzedruck beschriebenen nur dadurch unterscheidet, daß er durch Verdünnung spritzfähig eingestellt wurde. Während bei Verwendung von Aluminiumpulver später kaum eine Veränderung des Metalles zu befürchten ist, zeigt sich bei den kupferhaltigen Goldbronzen leicht eine grünspanähnliche Verfärbung. Diese Umwandlung des Kupfers tritt dann ein, wenn das Leder nicht sorgfältig von jeder Spur Säure und überschüssigem Gerbstoff befreit worden war, oder wenn ungeeignete Fette verwendet wurden. Auch dem Kollodiumlack als Weichhalter zugesetztes Ricinusöl kann sich mit dem Kupfer umsetzen und wird daher zweckmäßig durch indifferente organische Weichhalter ersetzt. Zum Schutz gegen Reibung gibt man den nach dem Spritzauftrag sorgfältig getrockneten Ledern einen Überzug farblosen Kollodiumlackes.

Literaturübersicht.

Auerbach, R.: in R. E. Liesegang, Kolloidchemische Technologie, 2. Aufl. Dresden-Leipzig: Th. Steinkopf 1932.

Beller, N.: Praktisches Handbuch der Glacélederfärberei, 2. Aufl. Weimar: Fr. Voigt 1886.

Bottler, M.: Die Lederfärberei und die Fabrikation des Lackleders, 3. Aufl. Wien und Leipzig: A. Hartlebens Verlag 1921.

Borgmann, J. u. O. Krahner: Die Lederfabrikation III. Die Feinlederfabrikation, zweite, durchgesehene und verbesserte Auflage von Dr. H. Friedenthal, VI. Weiß- und Sämischgerbung, L. P. Kohl. Berlin: M. Krayn 1923.

Casaburi, V.: Collegium 1927, S. 207.

I. G. Farbenindustrie Aktien-Gesellschaft: Ratgeber für die Lederindustrie 1932.

I. R. Geigy A.-G., Basel: Produkte für die Lederindustrie 1931.

Der Gerber: Fachblatt für alle Zweige der Lederindustrie. Teplitz-Schönau: Verlag techn. Zeitschriften G. m. b. H.

Gesellschaft für Chemische Industrie in Basel: Die Farbstoffe der Ges. f. Chemische Industrie in Basel und deren Anwendung, V. Bd: Lederfärberei 1931.

Gerbereitechnik: Beilage der „Lederzeitung und Berliner Berichte". Berlin.

Gnehm, R. u. V. Muralt: Taschenbuch für die Färberei, 2. Aufl. Berlin: J. Springer 1924.

Jablonski, L.: (D.R.P. 442 233) Collegium 1927, S. 256.

Jettmar, J. (1): Gerber 1916, S. 1367; (2): Das Färben des lohgaren Leders, zweite, neu bearbeitete Auflage. Leipzig: B. Fr. Voigt 1922; (3): Kombinationsgerbungen der Lohe — Weiß — und Sämischgerberei. Berlin: J. Springer 1914.

Kohl, F.: Luxusleder-Fabrikation, zweite, erweiterte Auflage. Berlin: F. A. Günther u. Sohn A. G., 1930.

Lamb, M. C. u. L. Jablonski: Lederfärberei und Lederzurichtung, zweite deutsche Auflage. Berlin: J. Springer 1927.

Ledertechnische Rundschau: Technische Beilage zu „Die Lederindustrie". Berlin: F. A. Günther & Sohn A.-G.

Paeßler, J. (1): Deutsche Gerberzeitung 1905, Nr. 60 und 61; (2): Deutsche Gerberzeitung 1908, Nr. 260—262; (3): Die Färberei des loh- und sumachgaren und des Chromleders. Johannes Paeßler, Freiberg i. Sa.

Paeßler, J. u. A. Wagner: Handbuch für die gesamte Gerberei und Lederindustrie, 2 Bde., Deutscher Verlag G. m. b. H. Leipzig 1925.

Ristenpart, E.: Chemische Technologie der organischen Farbstoffe. 2. Aufl. Leipzig: S. A. Barth 1925.

Schultz, G.: Farbstofftabellen, neu bearbeitet und erweitert von Dr. Ludwig Lehmann, I. und II. Bd. Leipzig: Akademische Verlagsgesellschaft 1932.

Zusammenstellung der wichtigsten Teerfarbstoffe.

Abkürzung für die Bezeichnung der Farbenfabriken.

IG = I. G. Farbenindustrie Aktien-Gesellschaft. Frankfurt a. M.

I = Gesellschaft für Chemische Industrie in Basel.

G = Anilinfarben- und Extrakt-Fabriken vorm. Joh. Rud. Geigy in Basel.

Die im Tafelteil demonstrierten Farbstoffe sind durch Fettdruck hervorgehoben.

1. Basische Farbstoffe.

Gelb und Orange:

Auramin O (IG; I; G)

Brillantphosphin G; **5 G**; (I)

Cannelle ALX; OF (IG)

Cannelle ES; OF; 63N; 3337 (I)

Chrysoidin A; G konz.; GGR extra konz. RL (IG)

Chrysoidin G; R (I)

Chrysoidin R (G)

Corioflavin G, R (IG)

Coriphosphin BG; **OX** (G)

Diamantphosphin D; GG; PG; R (IG)

Euchrysin GGNX; GNX; **RRX** (IG)

Flavophosphin GGO; 4 G konz.; H; **R konz.** (IG)

Homophosphin G (IG)

Ledergelb Geigy (konz.) (G)

Ledergelb 3 G (IG)

Lederphosphin PG; PR PGG; **PM** (G)

Patentphosphin G; **GG; M; R** (I)

Philadelphiagelb OR (IG)

Phosphin AL; C; LM; 3R; 5R (IG)

Rheonin AL konz. (IG)

Rhodulinorange NO (IG)

Sellabrillantgelb 5 G; P konz. (G)

Sellaflavin G konz. (G)

Vitolingelb 5 G (IG)

Braun:

Bismarckbraun D; **FR extra**; R; R extra
  (IG); R (I)
Braun AT (G)
Catechubraun 5641 (I)
Coriphosphin T (IG)
Havannabraun R 586; 4114 (I) 2 MS (G)
Lederbraun A; B; 4 G; 5 G; 10 G; 5 RTX
  (IG)
Lederbraun MEO; 4056, **1135** (I)
Ledergelb 1496 (IG)
Ledergelb AL (I)

Manchesterbraun GG (IG)
Nußbraun B 2 S (G)
Tabakbraun 352 (I)
Pariserbraun 972 (I)
Rheonin 3 R (IG)
Schokoladenbraun GX; N; RX; T, V (IG)
Dunkelschokoladenbraun 3936; MNB (I)
Schokoladenbraun ST; B konz. (G)
Vesuvin B konz.; **BLX; 4 B G** konz.; extra;
  000 extra (IG)

Rot:

Acajou FF; C. H. (G)
Clematin (G)
Diamantfuchsin (I)
Juchtenrot D; GB konz. (IG)
Juchtenrot gelblich, bläulich; B (I)
Juchtenrot A (G)

Lederrot AL (IG)
Pulverfuchsin A (IG)
Rhodamin B; 6 G (IG); (G)
Safranin MN konz., **T extra konz.** (IG)
  G 000; MN (I) **superfein doppelt B;**
  G (G)

Blau und Violett:

Baumwollblau BB konz. (IG)
Bengalblau R (G)
Echtbaumwollblau B (IG)
Echtneublau 3 R (IG)
Helvetiablau (G)
Marineblau BN (IG)
Methylenblau BB (IG); D (G)

Methylenblau G (I)
Methylviolett B extra hochkonz. (IG)
Methylviolett BE (G)
Neublau RS (I)
Nuancierblau R (I)
Setocyanin (G)
Setoglaucin (G)
Violett B (I)

Grün und Schwarz:

Brillantgrün krist. (G)
Diamantgrün B (IG)
Ledergrün M; 5547 (I)
Methylengrün (G)
Solidgrün O (I)

Corvolin BT konz.; TM (IG)
Januschwarz I (IG)
Lederschwarz AR; TM; 5068; T 27000
  (IG)
C II; NBM (I)
3791 E; 127; **B 40 E** (G)

2. Saure Farbstoffe.
Gelb und Orange:

Amidogelb E (IG)
Azoflavin FFN; H konz.; 3 R konz.;
  RS neu; SGR extra (IG)
Azogelb 3 G konz.; O (IG)
Azogelb I (I)
Brillantwalkorange G (IG)
Chinolingelb (G)
  extra (IG)
Echtledergelb C; 4 G (I)
Echtorange G (I)
Fond IV (I)
Flavazin E 3 GL (IG)

Helianthin G konz. (G)
Jasmin G konz. (G)
Indischgelb R (IG)
Ledergelb GS (IG)
Metanilgelb extra (IG); konz. (G)
Orange GG krist.; GG Pulver; RO, S; **II**
  (IG) II; MNO; R (I); II (G)
Polarorange GS konz. (G)
Resorcinbraun (G)
Säureledergelb RL konz. (G)
Säurephosphin IO (IG) CL (I)
Tartrazin O (IG); (G)

Braun:

Acidoltiefbraun N für Leder (IG)
Alphanolbraun B; R (IG)
Amidonaphtholbraun 3 G (IG)
Azolederbraun 8322 (IG)
Azosäurebraun für Leder (IG)
Chromechtbraun PC (I)
Dunkelbraun für Leder 2976 (G)
Dunkelnußbraun (IG)
  ZK (G)

Echtbraun D; O; für Leder (IG)
Erioanthracenbraun R (G)
Eriobraun R (G)
Fond V (I)
Grundierbraun G; R (IG). NI (G)
Grundiergelb GT (IG)
Havannabraun G; 5 G; S konz. (IG)
  GS (G)
Hellnußbraun (IG)

Kitonbraun R (I)
Lanasolbraun 2R (I)
Lederbraun SS 2649 (IG)
    4303 (G)
Naphthylaminbraun (IG)
Polarrotbraun V konz. (G)
Radiobraun B (IG)
Resorcinbraun; HL (IG) G (I)
Säureanthracenbraun R; RH extra; T
    (IG)
Säurebraun für Leder (G)

Säuregrundierbraun II (IG)
Säurebraun L 348; 6398; H; RN (I)
Säurelederbraun EG; EGB; E 6 G; E 3 G;
    EKM; E 3 RN; ET; EGR; EKR;
    ER; E 3 R (IG)
    3 R; GBL; I/543; 5394; RN (G)
Säureledergelb GBL; RL konz. (G)
Sellasäurebraun G supra, R supra,
    B supra (G)
Supraminbraun G (IG)

Rot:

Baumwollscharlach extra (IG)
Biebricher Scharlach R extra fein (IG)
Benzylbordeaux B (I)
Bordo B extra (IG)
Bordo extra für Leder (IG)
Brillantcroceïn 3 B; MOO (IG)
Echtlederrot PSNO (I)
Echtrot ANSX; AVX; O (IG)
    GR (I)
Juchtenrot GK (G)

Neubordo RX (IG)
Ponceau BS (G); B extra (IG)
Roccelin (I)
    L (G)
Säureanthracenrot G (IG)
Säurefuchsin (I)
Säurewalkrot G konz. (G)
Scharlach für Leder R (IG)
Wollechtscharlach G konz. (G)

Violett:

Benzylviolett 5 BN (I)
Echtlederviolett 4 R (I)
Echtsäureviolett A 2 R; B (IG)

Kitonechtviolett 10 B (I)
Säureviolett 4 B extra, 4 BL; 4 BLO (IG)
    6 B; RN; 5 B extra (G)

Blau:

Alizarinsaphirol SE Pulver (IG)
Brillantwollblau FFR extra (IG)
Chromlederblau J (I)
Cyananthrol B GA (IG)
Cyanol extra (IG)
Echtblau für Leder; O wasserlösl.; R (IG)
Echtlederblau B; BSI; J (I)
Eriocyanin A (G)

Indulin B 50 : 100; grünl. (IG)
Patentblau A; extra konz. (IG)
Reinblau konz. (IG)
Säurereinblau R extra (G)
Solidblau Z (G)
Wasserblau B krist.; IN (IG)
Wollechtblau BL (IG)

Grün:

Azodunkelgrün A (G)
Benzylgrün B (I)
Eriogrün B (G)
Grün PLX (IG)

Lichtgrün SF gelbl. X (IG)
Neptungrün SBX (IG)
Säuregrün (I); (G)
    GÜ konz. (IG)

Schwarz:

Agalmaschwarz 4 BG (IG)
Dermacarbon B (Sandoz)
Echtledergrau B. R. (I)
Lederschwarz B 40 E (I)
Ledergrau GC; RLC (I)
Naphtholblauschwarz konz. (IG); B konz.
    (G)
Naphthylaminschwarz 4 B (IG)
Naphthylaminschwarz 4 B (IG)
Nigrosin GGA wasserlöslich; NB; NTL;
    T; TS; WL Körner; WL Pulver:
    WLA Körner; WLA Pulver, WLA
    konz. Pulver (IG)

Nigrosin II; K; WES (I)
Nigrosin TS; BBS (G)
Palatinschwarz 4 B (IG)
Polargrau (G)
Sämischlederschwarz B (I)
Säurealizaringrau G (IG)
Säurelederschwarz NJR (G)
Säureledertiefschwarz C (G)
Säureschwarz 4 BNN; D; HA; NN (I)
Velourschwarz 5791 (IG)
Wollschwarz AE (G)

3. Gut lichtechte und leicht egalisierende Farbstoffe.

a) Erganilfarbstoffe (I. G.)

Erganilgelb RC
Erganilorange GC
Erganilhellbraun C
Erganilmittelbraun C

Erganildunkelbraun C
Erganilrotbraun C
Erganilbordo RC
Erganilrot RC

Erganilviolett C
Erganilblau BC
Erganilgrün C

b) Neolanfarbstoff (I)

Neolangelb G
Neolangelb GR 1925
Neolanorange G; R
Neolanrosa B; G
Neolanrot R
Neolanbraun GC; TC; R
Neolanviolettbraun B

Neolanblau B; G; GG; 2R
Neolanbordeaux R
Neolanviolett 3R; R
Neolangrün BL konz.
Neolandunkelgrün B
Neolanschwarz 2G; 2R; WA extra

c) Eriochromfarbstoffe (G):

Eriochromgelb S
Eriochromphosphin R
Eriochromrot G
Eriochromazurol B
Eriochrombraun SWN

Eriochrombraun ST
Eriochrombraun R
Eriochromalbraun AEB
Eriochromgrün P

d) Lichtechte saure Farbstoffe:

Amidogelb E (IG)
Flavazin E3 GL (IG)
Eriosolidgelb R konz. (G)
Erioflavin 3G konz.; 3GNP supra (G)
Erioechtgelb AE (G)
Polargelb G konz.; 5G konz. 2G konz.;
    R Konz. (G)
Lederechtgelb RR (IG)
Lederechtorange 5G (IG)
Polarorange GS konz. (G)
Säureorange 2G krist. (G)
Baumwollscharlach extra (IG)
Lederechtrot BB (IG)
Lederechtbordo 5B (IG)
Chromazonrot A (G)
Wollechtscharlach R konz. (G)
Eriosolidrot 4 BL (G)
Polarbrillantrot B konz. 3B konz. (G)
Eriofloxin 2G (G)
Echtsäureviolett B, A 2R (IG)
Erioviolett RL (G)

Alizarindirektblau A; AGG (IG)
Erioanthracenreinblau B (G)
Erioechtcyanin 3GL; S konz.; SE (G)
Erioanthracencyanin IR (G)
Polarblau G konz. (G)
Cyananthrol BGA (IG)
Wollechtblau BL (IG)
Echtblau R (IG).
Grün PLX (IG)
Neptungrün SBX (IG)
Erioechtcyaningrün EN; G; (G)
Eriosolidgrün G (G)
Eriosolidbraun GL (G)
Säurelederbraun ER (IG)
Lederechtbraun RR (IG)
Säureblauschwarz G konz. (G)
Indulin grünl. (IG)
Nigrosin NB (IG)
Säurealizaringrau G
Lederschwarz AR (basisch) (IG)

e) Gut durchfärbende Farbstoffe:

Croceinorange G (IG)
Säurelederbraun E 6G (IG)
Orange II (IG) (I) (G)
Säureorange 2G (G)
Orange S (IG)
Fond IV
Echtledergelb C (I)
Erioechtgelb AE (G)
Erioflavin 3G konz. (G)
Roccelin (I)
Baumwollscharlach extra (IG)
Azogrenadin S (IG)
Säurerot XB (G)
Echtlederrot PSNO (I)
Azofuchsin G (IG)
Eriofloxin 2G (G)
Benzylbordo B (I)
Kitonechtviolett 10B (I)
Echtlederviolett 4R (I)
Echtsäureblau B (IG)
Neptunblau RX (IG)
Cyanol extra (IG)
Eriocyanin A (G)
Chromlederblau I (I)
Patentblau V (IG)

Erioglaucin supra (G)
Echtgrün bläulich (IG)
Säuregrün (I)
Lichtgrün SF gelbl. (IG)
Säureanthracenbraun RH extra;
    R (IG)
Chromlederbraun PO; BG; BR (I)
Säurealizarinbraun B (IG)
Palatinchrombraun W (IG)
Naphthylaminbraun (IG)
Chromechtbraun PC (I)
Resorcinbraun G (I)
Agalmaschwarz 4BG (IG)
Säureschwarz HA (I)
Säurephosphin CL (I)
Spezialchromlederbraun D (G)
Spezialchromlederrot D (G)
Spezialchromledergelb D (G)
Spezialchromlederschwarz D (G)
Corintronfarbstoffe (G):
Corintrongelb R
Corintronorange R
Corintronbraun R
Corintronbraun B
Corintronviolett R

4. Substantive — Chromleder — Spezialchromlederfarbstoffe.

Gelb und Orange:

Chromledergelb GX (IG);
T (I)
Chromlederorange TR; C (I)
Chromlederorange R extra (G)
Dianildirektgelb S konz. (IG)
Diphenylchrysoin 3 G (G)
Direktgelb R extra (IG)

Naphthamingelb G (IG)
Polyphenylgelb R (G)
Polyphenylorange R extra (G)
Plutoorange G (IG)
Pyraminorange 3 G; RT (IG)
Siriusorange 5 G (IG)

Rot und Violett:

Benzolichtscharlach GG (IG)
Chromlederbordo BXX (IG)
Chromlederrot F (I)
Chromlederviolett N
Diaminechtrot F (IG)
Diphenylviolett BV (I)

Chromlederscharlach SE (I)
Diaminechtscharlach GG (IG)
Dianilechtrot PH konz. (IG)
Diphenylechtrot B (G)
Siriusrot BB; 4B (IG)

Blau und Grün:

Baumwollbrillantblau 8 B (G)
Benzodunkelgrün B (IG)
Brillantechtblau B (IG)

Dianilblau B (IG)
Diphenylblauschwarz doppelt (G)
Diphenyldunkelgrün B konz. (G)

Braun:

Baumwollbraun RVN (IG)
Benzobraun D 3 G extra; MC (IG)
Benzochrombraun B; G; 5 G; R; 3 R
(IG)
Benzolichtbraun RL (IG)
Chromlederbordo BXX (IG)
Chromlederbraun GNI; GTX (IG)
Chromlederbraun T konz.; CGS konz. (G)
Chromlederbraun R; G 98; AD 4566;
AD G; R 99; AH; H 43 119; M; BFM (I)
Chromlederdunkelbraun G (IG); AG (G)
Chromlederechtbraun D; GB; M; R (IG)
Chromlederrotbraun H 43 119 (I)
Diaminbraun M (IG)
Diamincatechin B; G; 3 G (IG)

Diaminechtbraun GB (IG)
Dianilbraun R (IG)
Dianilchrombraun G (IG)
Diphenylcatechin G extra; BN (G)
Diphenylbraun BBN extra; V; BVV MB
(G)
Naphthamindirektbraun V (IG)
Oxamindunkelbraun R; RX; G (IG)
Plutobraun GG (IG)
Renolbraun 3G; MBS extra (IG)
Siriusbraun G; R (IG)
Spezialchromlederbraun GG; G; SP; N;
R; RR; RRN; BIS (G)
Thiazinbraun (G; R)
Toluylenechtbraun 3 G; RR (IG)

Schwarz:

Brillantchromlederschwarz extra; 1912
(IG)
Chromlederechtschwarz F; T konz. (IG)
Chromlederschwarz E extra; E extra
konz. N; E extra kochkonz.; ER ex-
tra; GER extra; GERN extra koch-
konz.; IE extra konz.; RW extra;
RW extra kochkonz.; RWK (IG)
Chromlederschwarz BH; E 5 G; E (I)

Chromlederschwarz GN supra; SG supra;
S supra; VS supra; VN supra; VSB
extra (G)
Chromledertiefschwarz A (I); BX (IG);
BD (G)
Columbiaschwarz FF extra (IG)
Diaminschwarz BH (IG)
Sambesischwarz V (IG)

Für Velourschwarz:

Chromlederechtschwarz S konz.; F;
T konz. (IG)
Chromledertiefschwarz BD (G)
Visbaschwarz B; G (G)
Velourlederschwarz M (I)
Velourschwarz 5791 (IG)

Igenalblauschwarz CB (IG)
Chromlederschwarz BH (I) ⎫ f. Diazo-
Melantherin HW (I) ⎭ schwarz
Dermacarbon B (Sandoz)
Diazophenylschwarz DG konz. (G)

5. Schwefelfarbstoffe.

Immedialfarbstoffe (IG):
Immedialgelb D; GG
Immedialorange C extra
Immedialbordo G extra
Immedialbraun W extra
Immedialkhaki GA extra
Immedialcatechu G; R extra
Immedialdunkelbraun A; B
Immedialechtdunkelbraun B

Pyrogenfarbstoffe (I):
Pyrogencatechu 2 G röter
Pyrogenbraun G; DS
Pyrogenolive 3 G
Pyrogengrün 3 G
Pyrogenblau 2 RN

Eclipsfarbstoffe (G):
Eclipsgelb RP

Immedialschwarzbraun D extra
Immedialviolett 3 RX
Immedialdirektblau B extra
Katigengelbolive G
Immedialolive GN
Immedialgrün GG extra
Immedialcarbon KRN; NN konz.; NNZ
konz.

Eclipsorange GP
Eclipsphosphin RR konz.
Eclipsbraun DSP
Eclipscatechu 2 GP rötlich
Eclipsbronze
Eclipskhaki G
Eclipsgrau
Eclipstiefschwarz S konz.

D. Trocknen.

Von August Wagner.

Die neuzeitliche Lederfabrikation bedingt neben modernen Gerbereimaschinen und Arbeitsmethoden auch wirtschaftliche und leistungsfähige Trockeneinrichtungen. Wer häufig die verschiedenen Gerbereibetriebe des Kontinents aufsucht, dem muß es auffallen, daß die Einrichtungen für die Trocknung der Leder und Abfallprodukte, wie Wolle, Haare usw., fast in jeder Lederfabrik andere Formen annehmen. Auch kommt es vielfach vor, daß besonders die zur Ledertrocknung dienenden Anlagen von dem Gerber selbst und mit oder ohne Beihilfe von Spezialfirmen nach eigener Erfahrung installiert werden. Erst in den letzten Jahren hat die Wärmetechnik sich den Fragen der Trocknung im Gerbereibetrieb wissenschaftlich angenommen und die Grundsätze ermittelt, die für die Trockenverfahren in den Lederfabriken gelten sollen.

Bei den Trocknungsvorgängen der Gerbereipraxis bedient man sich stets der gleichzeitigen Zuführung von Luft, um dem Trocknungsgut seine Feuchtigkeit zu entziehen und sie mit der erwärmten Luft fortzuführen.

Demnach beruhen alle Trockenanlagen auf der Bereitwilligkeit der erwärmten Luft, Wasser aus nassen Materialien (Leder, Wolle, Haare usw.) aufzunehmen. Dieser Vorgang läßt sich um so stärker beschleunigen, je größer die zugeführte Wärmemenge ist, d. h. je höher die zugeführte Frischluft vorgewärmt ist, oder je mehr warme Luft von bestimmter Temperatur über das Trocknungsgut geleitet wird. Außerdem spielt aber der Wassergehalt der zugeführten Frischluft eine entscheidende Rolle.

Die atmosphärische Luft enthält stets Wasserdampf. Der Gehalt der Luft an Wasserdampf ist in der warmen Jahreszeit größer als in den kalten Wintermonaten. Jedoch bleibt ihr Wasserdampfgehalt stets mehr oder weniger hinter der Menge Wasserdampf zurück, die die Luft bei Sättigung mit Wasserdampf zu lösen vermag. Für die austrocknende Wirkung der Luft auf feuchte Ware ist nicht ihr absoluter Gehalt an Wasserdampf entscheidend, sondern das Verhältnis des tatsächlich vorhandenen Wassergehalts zu dem bei der betreffenden Temperatur möglichen Höchstgehalt. Man bezeichnet dieses Verhältnis von vorhandenem zum möglichen Wasserdampfgehalt als ,,relativen Wasserdampfgehalt".

Luft vermag um so mehr Wasserdampf aufzulösen, je wärmer sie ist. In nachstehender Tabelle ist der Wassergehalt der gesättigten Luft in Gramm pro Kubikmeter (g/cbm) für Temperaturen von — 20 bis + 100⁰ zusammengestellt. Wie aus der Tabelle zu ersehen ist, kann z. B. Luft

$$
\begin{array}{ll}
\text{bei } 2^0 \ldots \ldots \ldots & 5{,}6 \text{ g/cbm Wasser,} \\
\text{bei } 25^0 \ldots \ldots \ldots & 23 \text{ g/cbm Wasser}
\end{array}
$$

aufnehmen. Wenn also Luft, die bei 2⁰ gesättigt ist und 5,6 g/cbm Wasser enthält, auf 25⁰ erwärmt wird, so enthält sie statt der zur Sättigung nötigen 23 g Wasser nur 5,6 g. Sie ist nur zu $\dfrac{5{,}6}{23}$ gesättigt, d. h. ihre relative Feuchtigkeit beträgt $\dfrac{5{,}6}{23} = 24\%$.

Tabelle 8.

Temperatur in ⁰C	Wassergehalt der gesättigten Luft in Gramm pro Kubikmeter	Temperatur in ⁰C	Wassergehalt der gesättigten Luft in Gramm pro Kubikmeter	Temperatur in ⁰C	Wassergehalt der gesättigten Luft in Gramm pro Kubikmeter
— 20	0,88	+ 14	12,1	+ 46	68,7
— 18	1,05	+ 16	13,6	+ 48	75,5
— 16	1,27	+ 18	15,4	+ 50	83,0
— 14	1,51	+ 20	17,3	+ 52	91,0
— 12	1,80	+ 22	19,4	+ 54	99,6
— 10	2,14	+ 24	21,8	+ 56	108,9
— 8	2,54	+ 25	23,0	+ 58	119,1
— 6	2,99	+ 26	24,4	+ 60	129,8
— 4	3,51	+ 28	27,2	+ 65	160,5
— 2	4,13	+ 30	30,4	+ 70	197,0
— 0	4,84	+ 32	33,8	+ 75	240,2
+ 2	5,6	+ 34	37,6	+ 80	290,8
+ 4	6,4	+ 36	41,7	+ 85	349,9
+ 6	7,3	+ 38	46,2	+ 90	420,1
+ 8	8,3	+ 40	51,1	+ 95	496,6
+ 10	9,4	+ 42	56,5	+ 100	589,0
+ 12	10,7	+ 44	62,3		

Die Zahlen der vorstehenden Tabelle sind nach folgender Gleichung errechnet worden:

$$
f = 10^6 \cdot 0{,}623 \cdot \frac{0{,}001\,293}{1 + 0{,}00367 \cdot t} \cdot \frac{e}{760}.
$$

Hierin ist f die Wassermenge in Gramm, die in einem Kubikmeter wasserdampfgesättigter Luft enthalten ist; 0,623 ist die Dampfdichte des Wassers, bezogen auf Luft; 0,001 293 ist das spezifische Gewicht der Luft; e ist der Sättigungsdruck des Wasserdampfes bei der Temperatur t; 0,00367 ist der Ausdehnungskoeffizient der Luft.

Je niedriger die relative Feuchtigkeit bei einer bestimmten Temperatur ist, desto mehr Wasserdampf vermag sie noch bis zur Sättigungsgrenze aufzunehmen. Desto größer ist also ihre trocknende Wirkung auf feuchte Ware, mit der sie in Berührung kommt. Vergleicht man anderseits gleiche Luftmengen von gleicher relativer Feuchtigkeit, aber verschiedener Temperatur, so vermag jene Luftmenge noch größere Wasserquantitäten bis zur Sättigung aufzunehmen, welche

---

[1] Vgl.: H. Bongards, Feuchtigkeitsmessung (Verlag R. Oldenbourg, München und Berlin, 1926.

[2] An neueren Werken über Trockentechnik vgl. insbesondere M. Hirsch, Die Trockentechnik, 2. Auflage, Julius Springer, Berlin, 1932, und L. Silberberg, Luftbehandlung in Industrie- und Gewerbebetrieben, Julius Springer, Berlin, 1932.

die höhere Temperatur hat. Bei gleichbleibender relativer Feuchtigkeit ist also die trocknende Wirkung um so größer, je höher die Temperatur der Luft liegt, oder umgekehrt: für eine bestimmte Trockenleistung ist eine um so kleinere Luftmenge nötig, je stärker die Luft erwärmt wird.

Ein anschauliches Bild von der trocknenden Wirkung der Luft auf feuchte Ware kann man sich machen, wenn man zwei Thermometer demselben Luftstrom aussetzt, aber bei dem einen Thermometer die Quecksilberkugel mit einem etwas feuchten Tuch umgibt. Das befeuchtete Thermometer nimmt dann eine tiefere Temperatur an als das trockene Thermometer, und der Temperaturunterschied zwischen befeuchtetem und trockenem Thermometer ist um so größer, je niedriger die relative Feuchtigkeit der Luft ist. Derartige Vorrichtungen werden auch zum Messen der Luftfeuchtigkeit verwendet.

Bei den Trockeneinrichtungen ist es von großem Nutzen, diese relative Feuchtigkeit der Luft zu kennen. Hieraus lassen sich ohne weiteres Schlüsse ziehen, ob die Luft zum Trocknen der Ware geeignet ist, bzw. ob die abziehende Luft zu wenig ausgenützt wurde oder zu stark mit Feuchtigkeit beladen war.

Nach Lamb sind bei einer Temperatur von + 6° C und einer relativen Luftfeuchtigkeit von 89% zur Entfernung von 1 kg Wasser nicht weniger als etwa 1300 cbm Luft erforderlich. Um die gleiche Wassermenge bei einem Wärmegrad von + 28° C und einem Feuchtigkeitsgrad von 75% zu verdampfen, werden nur etwa 150 cbm Luft benötigt, unter der Voraussetzung, daß die Luft sich dabei vollständig mit Wasserdampf sättigt. Die zur Verdampfung von 1 kg Wasser erforderliche Luftmenge ist aber in der Praxis bedeutend größer als sich theoretisch errechnet, weil unter den Arbeitsbedingungen, die im Betrieb und wirtschaftlich möglich sind, keine vollständige Sättigung der Luft mit Wasserdampf erreicht werden kann.

Wie nachgewiesen ist, nimmt das spezifische Gewicht der Luft zu, wenn sie ohne weitere Wärmezufuhr über feuchte Körper streicht und dabei ihren Wassergehalt erhöht. Es liegt daher nahe, bei den Trockeneinrichtungen die Heißluft oben an der Decke einzuführen und vom Boden abzuziehen, also die Luft so zu leiten, wie es ihrer natürlichen Bewegung entspricht. Es leuchtet ein, daß z. B. bei einer Ledertrockenanlage die obersten Teile der zum Trocknen aufgehängten Häute und Felle zuerst trocknen, zumal die Feuchtigkeit, welche im Trockengut enthalten ist, dem Gesetz der Schwere folgend, mehr und mehr nach unten sinkt. Bei der Ledertrocknung ist es also zweckmäßig, den tiefer hängenden Teilen die Feuchtigkeit hinreichend zu entziehen, ohne daß die höher hängenden Partien über das zulässige Maß austrocknen und gegebenenfalls eine Oberflächentemperatur annehmen, die der Qualität der Ware Abbruch tut. Denn je weiter der Trockenprozeß fortschreitet, um so niedriger wird die Spannung des Wasserdampfes auf der Oberfläche des Trockengutes, weil die äußersten Schichten schließlich gar keine Feuchtigkeit mehr enthalten und der Wassergehalt des Kernes nur unter Überwindung eines spannungsmindernden Widerstandes nach außen dringen kann. Sinkt hierbei schließlich die Spannung des Wasserdampfes auf der Oberfläche des Trockengutes so tief, daß sie gleich derjenigen wird, die dem Feuchtigkeitsanteil der trocknenden Luft entspricht, so hört der Trocknungsvorgang auf. Die Oberflächentemperatur des Trockengutes nähert sich immer mehr dem Wärmegrad der eintretenden Luft.

Um bei solchen Trockenanlagen die Ware nicht zu überhitzen, darf man den Wärmegrad der Trockenluft nicht zu hoch treiben. Jedoch bedeutet dieses einen wirtschaftlichen Nachteil, da der Wärmeverbrauch einer Trockenanlage um so niedriger ist, mit je höherer Temperatur sie arbeitet.

Da beim Verdunsten von Wasser Wärme verbraucht wird, erniedrigt sich der Wärmegrad der in den Trocknungsprozeß eingeführten Luft um so mehr, je größere Mengen Feuchtigkeit sie aufgenommen hat. Da jedoch die Fähigkeit der Luft, Wasser aufzunehmen, um so geringer ist, je niedriger ihre Temperatur liegt, so ist für den Trocknungseffekt nicht die Temperatur maßgebend, mit welcher die Luft in den Trockenraum eingeführt wird, sondern die tiefere Temperatur, mit welcher sie den Trockenraum verläßt.

Um diese Vorgänge beobachten zu können, kontrolliert man sowohl die einströmende als auch die ausströmende Luft durch ein Hygrometer und durch das Thermometer. Bei den neueren Ausführungen des Hygrometers läßt es sich direkt ablesen, wie viel Prozent Wasserdampf bei dem eben vorhandenen Wärmegrad in der Luft enthalten ist. Wenn man von den älteren Instrumenten absieht, bei denen eine Umrechnung erfolgen mußte, kommt als Feuchtigkeitsmesser hauptsächlich das sog. Haarhygrometer oder Polymeter in Frage (Abb. 84). Seine Wirkung beruht auf der bei Aufnahme von Wasser eintretenden Verlängerung eines straff gespannten Haares, das an einem Ende befestigt ist, während das andere um eine Walze geschlungen, eine Drehung dieses Zylinders bewirkt. Seine Rotation wird zur Bewegung eines längs der Skala sich bewegenden Zeigers benützt. Die Teilung dieser Skala geschieht in der Regel auf experimentellem Weg, indem das Hygrometer zunächst in gesättigter und dann in vollständig trockener Luft aufgestellt wird, um so die Punkte der Skala von sehr trocken, trocken, normal, feucht und sehr feucht, festzulegen. Außerdem ist das Haarhygrometer mit einer oder zwei Reihen von Gradzahlen versehen, welche die Prozente der relativen und absoluten Luftfeuchtigkeit in dem zu beobachtenden Raum angeben. Mitunter findet man derartige Instrumente auch noch mit einer Dunstdruckskala ausgerüstet.

Abb. 84.

Auch Registrierhygrometer mit Uhrwerk befinden sich neuerdings zu diesem Zweck im Gebrauch. Diese Apparate zeichnen fortwährend in Form einer Kurve den Feuchtigkeitsgehalt der Luft durch eine Schreibvorrichtung auf einem Papierstreifen graphisch auf. Sie lassen sich auch zur Meldung bestimmter Wärmegrade mit Signalvorrichtungen verbinden. Viele Hygrometer sind gleichzeitig mit einem Thermometer kombiniert.

Um wirtschaftlich zu trocknen, sollte man, wie schon oben erwähnt, die Luft so hoch wie möglich erwärmen können. Jedoch ist hierbei der Gerber bei den verschiedenen Stoffen, als wie Leder, Wolle, Haare usw., an bestimmte, durch die Erfahrungen der Praxis festgelegte Grenzen gebunden. In allen Fällen ist es ratsam, eine stärkere Erwärmung der Luft, als dies für den Trockenprozeß notwendig ist, zu vermeiden. Dagegen wird eine rationelle Trocknung stets durch mäßig angewärmte Luft erzielt, die man in reichlichem Maße zuströmen läßt, jedoch nicht bis zum Sättigungspunkt ausnützt, wodurch sie in allen Teilen der Trockenanlage stark wasserverdunstend wirken kann. Hierbei ist es selbst bei der kleinsten Anlage sehr zweckmäßig, die Kontrolle durch das Hygrometer und Thermometer einzuführen, da die Angaben dieser Instrumente dem Lederfabrikanten in einfacher Weise über die Zweckmäßigkeit seiner Trockenmethode Aufschluß geben.

Ledertrockenanlagen.

Eine gut arbeitende Ledertrockenanlage kommt in der Regel zustande, wenn der Gerber mit einem tüchtigen Fachmann für Trockeneinrichtungen Hand in Hand arbeitet, wobei in Projektierung und Ausführung alle Umstände berücksichtigt werden. Es muß dabei von Anfang Klarheit darüber herrschen, wie die Normaltemperatur im Trockenraum sein soll und wie hoch jene für die betreffende Ledersorte steigen darf, ebenso ob die Ware eine starke Zugluft bei ihrer Trocknung verträgt. Um Transportschwierigkeiten zu vermeiden, sollen diese Trockenanlagen auch stets den jeweiligen Zurichtereien, Färbereien und den Schmierlokalen angepaßt sein.

Die für die Ledertrocknung zu benützende Luft muß folgende Fähigkeiten besitzen:

1. die zur Verdunstung des Wassers nötigen Wärmeeinheiten (Kalorien) liefern;

2. die zu trocknenden Leder, ihre Aufhängevorrichtungen bzw. Gestelle zu erwärmen;

3. die Ausstrahlungsverluste des Trockenraumes, welche durch die Wände, Decke und den Fußboden sowie durch die Fenster und Türen entstehen, zu tragen;

4. die Trockenluft muß ferner imstande sein, nach ihrer Abkühlung durch Wärmeabgabe an das aus dem Leder verdunstete Wasser, dieses in sich aufzunehmen, ohne übersättigt zu sein.

Trocknung von lohgarem Unterleder.

Wird vegetabilisch gegerbtes Unterleder gleich von Anfang an in sehr warmer Luft bei ungenügendem Luftwechsel zu schnell getrocknet, so dunkelt es stark nach, und sein Narben wird brüchig. Bei sämtlichen lohgaren Unterledersorten, die auswaschbaren Gerbstoff enthalten, besitzt der letztere die Neigung, in der Wärme sich in dem noch im Leder enthaltenen Wasser zu lösen und beim Verdunsten der Feuchtigkeit an seiner Oberfläche auszublühen. Hierauf beruhen hauptsächlich die bei der Extraktgerbung auftretenden dunklen Flecken und Ränder. Um befriedigende Resultate zu erzielen, hat man die mit Extrakt gegerbten Leder in einem verdunkelten Lokal bei mäßiger Wärme zu trocknen, was ohne zugige Luft geschehen soll. Hierbei ist im allgemeinen mit einer Trockenzeit von 50 bis 60 Stunden zu rechnen. Die Leder sind in nicht zu nahen Abständen voneinander aufzuhängen. Der Trockenraum soll in den ersten 24 Stunden nur bis auf etwa 25° C allmählich erwärmt werden. Die Trockenluft ist so einzublasen, daß der Luftstrom nicht direkt die Ware trifft. Ebenso ist für eine reichliche Ventilation durch Absaugen der mit Feuchtigkeit gesättigten Luft Sorge zu tragen.

Sobald man bemerkt, daß die Leder auf beiden Seiten gleichmäßig angetrocknet sind, kann die Temperatur im Raum eine Erhöhung bis zu 35° C erfahren. Auch ist es jetzt nicht mehr von Nachteil, wenn der Luftstrom die Lederreihen direkt durchstreicht.

Ein auf diese Weise getrocknetes Unterleder wird in der Regel eine gleichmäßig lichte Farbe und einen milden Narben besitzen, der keine Neigung zum Brüchigwerden zeigt.

Die nach dem alten Verfahren grubengegerbten Unterleder sind beim Trocknen weniger empfindlich als faßgegerbte Ware. Sie lassen sich direkt bei mäßiger Luftbewegung trocknen.

Trocknung von lohgarem Oberleder.

Auch die lohgaren Oberledersorten werden vorteilhaft nur bei mäßigem Wärmeaufwand und nicht zu starker Luftbewegung getrocknet. Bei stark gefetteten Ledern wird das Fett an der Oberfläche der Häute bzw. der Felle austreten, wenn die Temperatur des Trockenraumes über dem Schmelzpunkte des Fettes liegt. Die Ware erhält in diesem Falle ein dunkles schmieriges Aussehen.

Besonders bei Fahlledern macht dieser Übelstand sich leicht durch Fleckenbildung bemerkbar.

Ist jedoch vor dem Trocknen das Fett im Schmierwalkfaß gut in das Leder eingewalkt, so kann es aus dieser Verbindung durch den Trockenprozeß bei entsprechend angewendeter richtiger Temperatur nicht gelöst werden. Man erzielt dabei eine helle Farbe und einen trockeneren Griff als bei Anwendung hoher Wärmegrade.

Auch bei mangelhaft ausgewaschenen Ledern ist eine langsame Trocknung unter geringem Wärmeaufwand sehr zu empfehlen, weil solche Ware in trockenem Zustand einen milden Narben aufweist.

Trocknung von Chromoberledern und chromgegerbten Feinledern.

Da die Chromleder mehr hitzebeständig als die lohgaren Ledersorten sind, wird bei den ersteren der Trocknungsprozeß entsprechend anders geleitet. Im allgemeinen vertragen die Chromleder höhere Wärmegrade, ohne dabei Schaden zu erleiden. Die meisten Fachleute sind der Meinung, daß durch Trocknung bei hoher Temperatur dem schwarzen Chromoberleder ein feiner Narben erteilt und seine zu große Dehnbarkeit genommen wird. Jedoch wird man auch hier vorziehen, beim Trockenprozeß die Wärmezuführung allmählich steigernd einzuleiten und eine Beschleunigung der Trocknung durch einen intensiven Luftwechsel, bzw. eine kräftige Ventilation herbeizuführen.

Anders verhält es sich mit den farbigen chromgegerbten Oberledern und Feinledern. Bekanntlich erhalten diese Ledersorten durch das Trocknen oft dunkle Ränder. Dieser Übelstand macht sich um so mehr bemerkbar, je höher die Anfangstemperaturen beim Trocknen liegen. Aus diesem Grunde ist es hier angebracht, die Leder nur langsam anzutrocknen. Ist dann die Ware gut abgelüftet, so kann man mit hohen Wärmegraden und starker Luftbewegung arbeiten.

Trocknung von Chromtreibriemenleder.

Beim Trocknen von chromgarem Treibriemenleder sind besonders hohe Temperaturen angebracht. Diese werden aus dem Grunde notwendig, damit durch scharfe Trocknung die Leder die unerwünschte Elastizität verlieren. Auch sollte schon nach den ersten Stunden im Raum eine starke Luftbewegung einsetzen.

Trocknung von glacégaren und kombiniert gegerbten Ledersorten.

Diese müssen bei mäßiger Wärme und Lüftung ihre Trocknung erhalten. Die Ventilation kann hierbei gleich von Anfang an in Tätigkeit treten. Beim Aufhängen gefärbter Ware zum Trocknen ist es wichtig, daß der Zwischenraum bei den einzelnen Fellen groß genug bemessen wird, daß eine freie Luftzirkulation zwischen ihnen stattfinden kann. Niemals dürfen die Felle so eng hängen, daß sie einander berühren. Ist dies der Fall, so braucht die Ware nicht nur längere Zeit zu ihrer Trocknung, sondern die Berührungsstellen werden stets eine andere Farbe zeigen als die anderen Teile.

Auf das Trocknen jeder auf dem Markt befindlichen Ledersorte hier im speziellen einzugehen, würde zu weit führen, da der Vorgang, je nach der Art der Gerbung, sehr oft wechselt. Werden in einer Lederfabrik z. B. lohgare Unterleder und ebenso Boxkalb, Chevreaux und andere Feinledersorten fabriziert, so dürfen selbstverständlich die Chromfelle nicht mit schweren Sohlledern zusammen in einem Raume, sondern stets voneinander getrennt, ihre Trocknung erhalten.

Ältere Trockeneinrichtungen.

Bei dem ältesten Trockenverfahren, das gelegentlich noch in kleineren Gerbereien angetroffen wird, erfolgt die Trocknung der Leder ohne Anwendung künstlicher Wärme auf Trockenböden, deren Fenster je nach den Witterungsverhältnissen mehr oder weniger geschlossen werden können. Dieses einfache Trockenverfahren gibt nur bei geeigneter Witterung günstige Ergebnisse. In feuchter Luft erfolgt die Trocknung außerordentlich langsam. Um diesen Prozeß unabhängig von der Jahreszeit zu machen und zu beschleunigen, muß nach den bereits oben angegebenen Grundsätzen künstliche Wärme in Verbindung mit geeigneter Ventilation verwendet werden.

Die ersten derartigen Trockeneinrichtungen, welche sich heute noch vereinzelt in kleinen Gerbereien ohne Dampfkesselanlagen im Gebrauch befinden, bilden die hierfür eigens gebauten Öfen, die in der Regel für Lohfeuerung eingerichtet werden.

Die nötige Luftzirkulation erfolgt, da diese Trockenräume sich meist im Dachgeschoß befinden, durch mehrere Ventilationshauben oder auch durch die sog. „Dachreiter". Die ersteren sind meist drehbar gemacht, so daß sie sich mit dem Winde bewegen. Zu diesem Zweck trägt der Haubenkopf auf seinem höchsten Punkt eine Windfahne, wodurch er sich stets in die Windrichtung einstellt. Die Ventilation gestaltet sich am lebhaftesten im strengen Winter, wenn die Außentemperatur am niedrigsten ist. Dagegen ist ihre Wirkung sehr gering, wenn zwischen der Außenluft im Freien und in dem zu lüftenden Trockenraum nur geringe Wärmeunterschiede bestehen.

Das in den Trockenräumen am meisten gebräuchliche Heizsystem bildet jedoch, wo ein Kessel vorhanden ist, die Dampfheizung. Diese wird gewöhnlich mit dem Abdampf der Maschine, seltener mit direktem Kesseldampf betrieben.

Bei der **Abdampfheizung** stehen die Rohre in unmittelbarer Verbindung mit der Dampfmaschine, indem sie nur die Fortsetzung des Auspuffrohres bilden. Je nach dem Dampfmaschinentyp rechnet man auf eine Pferdestärke etwa 7 bis 25 kg Abdampf. Die Wärmeabgabe von 1 qm Heizfläche beträgt bei glatten Rohren 900 bis 1000, bei Rippenheizkörpern 400 bis 500 Wärmeeinheiten (Kalorien) in der Stunde. Bei der Verwendung von Abdampf entstehen keine Betriebskosten. Dagegen besitzt dieses Heizsystem den Nachteil, daß alle Widerstände, die der Dampf beim Durchströmen der Heizrohre findet, auf die Maschine in schädlicher Art als Gegendruck zurückwirken. Um die Ausnützung der im Abdampf noch enthaltenen Wärme nicht auf Kosten der Leistung der Betriebsdampfmaschine zu bewerkstelligen, ist bei der Anlage einer Abdampfleitung darauf zu achten, daß die Widerstände in den Heizröhren möglichst gering ausfallen. Dies wird erreicht, indem man die Dampfzuführungsrohre zu den Heizkörpern (Rippenrohre, Lamellen-Kalorifere usw.) möglichst weit und auf keinen Fall enger als das Auspuffrohr der Dampfmaschine wählt. Auch das in den Dampfleitungen sich bildende Kondenswasser beeinträchtigt die Wirkung der Heizflächen. Deshalb hat man dafür stets Sorge zu tragen, daß dieses Niederschlagwasser in gleicher Richtung mit dem durchströmenden Dampf abfließen kann. Zu diesem Zwecke ist die Leitung stets mit geringerem Gefälle anzulegen, wobei am tiefsten Punkt Kondenswasserableiter (Kondenstöpfe) anzubringen sind, die das sich bildende Wasser selbsttätig entfernen, ohne daß dabei Dampf verloren geht.

Erfolgt die Dampfentnahme direkt vom Kessel, so macht dies die Einschaltung eines Reduzierventils in die Leitung notwendig. Die Dampfspannung in den Röhren soll 2 bis 4 Atmosphären nicht überschreiten. Die Anordnung der Heizung

erfolgt in der vorstehend beschriebenen Art. Nur muß jeder Rohrstrang im Dampf-
zufluß und in der Kondenswasserableitung einen Kondenstopf besitzen. Der
letztere öffnet sich selbsttätig, wenn der Heizkörper genügend Wasser kondensiert hat, nicht aber, wenn die Leitung mit Dampf angefüllt ist. Das abfließende
Kondenswasser wird durch eine Sammelleitung einem Sammelbehälter zugeführt.

Die Wärmeabgabe von 1 qm Heizfläche der Rohre stellt sich bei Heizung
mit Frischdampf aus dem Kessel mit reduzierter Spannung auf etwa 1200 Wärmeeinheiten (Kalorien) pro Stunde.

In Lederfabriken, wo aus besonderen Gründen der Betriebsdampf des Kessels
zur Heizung des Trockenraumes nicht benützt werden soll, oder wo nur Elektro-
motorenantrieb u. dgl. vorhanden ist, kann

Niederdruckheizung mit Vorteil Anwendung finden. Sie erfordert die Aufstellung eines Niederdruckdampfkessels, der am zweckmäßigsten im Keller
untergebracht wird. Der Wasserstand eines solchen Kessels muß stets mindestens
1 m tiefer als die Basis des tiefstehenden Heizkörpers sich befinden. Für die
Heizung an sich ist eine Dampfspannung von 0,2 Atmosphären ausreichend.

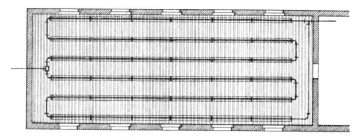

Abb. 85. Etagentrocknung.

Zu den älteren Ledertrockenanlagen für Dampfheizung zählt

die **Etagentrocknung,** die man heute noch hauptsächlich in kleineren und
mittleren Unterlederfabriken antrifft. Gewöhnlich dient hierzu ein besonderer,
aus mehreren Stockwerken bestehender Bau, dessen Einrichtung meist in folgender Weise ausgebildet ist: Im Erdgeschoß wird auf dem Fußboden eine Heizschlange aus Rippenröhren gelagert, deren Glieder gleichmäßig über die ganze
Bodenfläche des Trockenraumes verteilt sind und durch welche man die von
außen durch Maueröffnungen eintretende Luft erwärmt (Abb. 85). Zum Begehen
des Fußbodens im Erdgeschoß ist über den Heizröhren ein Lattenboden angebracht, welcher der künstlich erwärmten Luft einen Durchgang gestattet. Ebenso
bestehen die Zwischendecken des ersten bzw. des zweiten Stockwerks an Stelle der
sonst üblichen Bretterverschalung aus hölzernen Lattengittern. Infolge dieser
Anordnung kann die erwärmte Luft durch sämtliche Etagen hindurch bis unter
das Dach aufsteigen. Die zu trocknenden Leder werden in Reihen auf Stangen
in den übereinander liegenden Trockenböden aufgehängt.

Zum Ablassen der mit Wasserdampf gesättigten Luft sind auf dem Dach des
Gebäudes eine entsprechende Anzahl Luftabzugsrohre aufgesetzt, durch welche
die feuchte Luft ins Freie geleitet wird. Um das Eindringen des Windes zu verhüten, erhalten diese Dunstschlote drehbare Ventilationshauben.

Der hierbei sich abspielende Vorgang beim Trockenprozeß ist folgender:
Infolge ihrer größeren Leichtigkeit steigt die durch die Heizschlange erwärmte
Luft zwischen den Lederreihen hindurch in senkrechter Richtung nach oben,
wobei sie den zu trocknenden Ledern die Feuchtigkeit entzieht. Ist die Wärme

im Trockenraum jedes Stockwerks auf etwa 20 bis 25⁰ C gestiegen, so beginnt eine Luftzirkulation, die man an der Bewegung der aufgehängten Leder deutlich wahrnehmen kann. Hierbei treibt der durch die Maueröffnungen an der tiefsten Stelle des Gebäudes von außen einströmende kalte Luftstrom die in den Räumen bereits erwärmte Trockenluft vor sich her. Die letztere entweicht durch die Abzugsschlote im Dach, wodurch ein Luftzug, ähnlich wie in jedem Kamin, entsteht. Diese Etagentrocknung hat sich nur für kleinere und mittlere Leistungen als wirtschaftlich erwiesen.

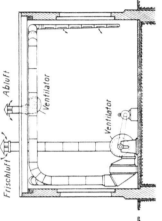

Trockenraum - Einrichtungen nach dem Luftheizungssystem.

Ein großer Fortschritt auf dem Gebiet der Ledertrocknung wurde durch das Luftheizungssystem herbeigeführt, das heute

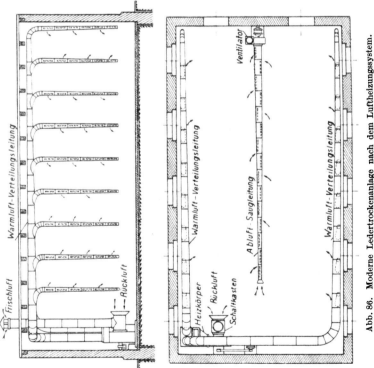

Abb. 86. Moderne Ledertrockenanlage nach dem Luftheizungssystem.

in verschiedenen Ausführungsarten im Gebrauch ist. Auf diesem Gebiet war uns Amerika vorausgeeilt. Heute besitzen wir jedoch auch in den europäischen Ländern eine ganze Anzahl von Firmen, die derartige Trockenanlagen in technisch hoher Vollendung fabrizieren.

Abb. 86 läßt eine nach diesem Grundsatz ausgeführte Einrichtung erkennen. In der Regel bildet hierbei der Lufterwärmer eine Kalorifere aus Lamellen in

Verbindung mit einem Zentrifugalventilator. Bei einem derartigen Heizaggregat wird die Wärme nach Möglichkeit gut ausgenützt. Es ist gewöhnlich aus verschiedenen absperrbar eingerichteten Sektionen zusammengesetzt und wird mit einem Dampfeintritt und Kondenswasseraustritt versehen. Ein derartiger Apparat läßt sich für verschiedenen Dampfdruck, mitunter bis zu 15 Atmosphären, benützen. Seine Ummantelung besteht gewöhnlich aus starkem Eisenblech in Verbindung mit Eisenkonstruktion.

Derartige Lufterwärmer nehmen nur geringen Raum ein und lassen sich überall ohne Schwierigkeit zur Aufstellung bringen.

Mittels des Zentrifugalventilators wird die von außen angesaugte und durch das Heizaggregat angewärmte Luft durch die an der Decke des Lokals befestigten Luftverteilungsrohre eingeblasen bzw. zurückgesaugt. Diese Leitungen werden gewöhnlich aus verzinktem Eisenblech hergestellt. Sie ziehen ˙sich, je nach der Größe des Trockenraumes, in der Anzahl von ein, zwei oder drei Stück an der Decke des Lokals in dessen ganzer Länge hindurch.

Vom Ventilator aus steigt das Hauptrohr in die Höhe empor und geht dann in die Längsrohre über, die wieder in nach unten gebogene, senkrecht angeordnete Zweigrohre oder „Rüssel" ausmünden. Damit diese Ausblase- und Rücksaugrüssel eine weitgehende Regelung der Trockenluft gestatten, besitzen sie zahlreiche Schlitze, die je nach Bedarf mittels Schieber geöffnet oder geschlossen werden können.

Der Zentrifugalventilator ist in der Regel mit einem Lufturbinenschaufelrad ausgestattet, wodurch ein hoher Wirkungsgrad gewährleistet wird. Die an der Ausströmung des Flügelrades eingebauten Schöpfschaufeln bewirken ein stoßfreies Ausströmen der Luft, wobei Wirbelströme in der rotierenden Bewegung des Rades nicht auftreten können. Auch geht infolge der im Umfange rückwärts gebogenen Zweiteilenschaufelung der Luftaustritt stoßfrei von statten.

Die Luftverteilungs-Rohrleitungen sind in der Weise gebaut, daß mit ihnen jede gewünschte Veränderung in bezug auf Luftführung und Luftverteilung vorgenommen werden kann. Gegenüber anderen Trockenmethoden, bei denen die Luft zwischen den Ledern eingeblasen oder durchgesaugt wird, bietet das Einführen der warmen Luft vom Fußboden aus zwischen die zu trocknenden Häuten oder Fellen hindurch nach oben in mancher Hinsicht besondere Vorteile.

Zum Wegführen der Warmluft erhalten auch manche dieser Trockenanlagen einen zweiten Zentrifugalventilator, der nahe an der Decke angebracht ist, oder senkrecht angeordnete hölzerne Dunstschlote, die man mit Regulierklappen versieht.

Um Mischungen von nicht angewärmter Außenluft und temperierter Luft herzustellen, die den Heizapparat passiert hat, sind in den Verteilungsröhren Reguliervorrichtungen in Form von Drehschiebern eingebaut. Hierdurch ist man in der Lage, auch bei übereinanderliegenden Trockenanlagen in jedem Stockwerk, und wenn diese in mehrere Räume geteilt sind, sogar in jedem dieser Lokale eine der jeweiligen Ledersorte am besten zusagenden Temperatur anzuwenden, die im fortschreitenden Stadium des Trocknens zu jeder Zeit sich ändern läßt. Im weiteren besitzen die Luftleitungen Drosselklappen, durch die man die Windstärke regeln kann. Das gleiche wird auch durch entsprechende Einstellung der Schieber an den Zweigröhren erzielt.

Durch diese Reguliervorrichtungen in den Verteilungsröhren ist man bei ungünstiger Außentemperatur, z. B. im Winter bei starker Kälte oder wenn die Atmosphäre stark mit Feuchtigkeit geschwängert ist, von der Außenluft absolut unabhängig. Die schon bereits benützte Luft im Trockenraum wird mittels des Ventilators angesaugt, durch das Heizaggregat getrocknet und in wiedererwärmtem Zustand den Leitungen zugeführt. Dadurch, daß diese Rückluft bereits einen ziemlich hohen Wärmegrad besitzt, lassen sich beträchtliche Ersparnisse an Heizdampf erzielen.

Durch einen Kontrollapparat in Form eines Präzisionshygrometers und eines Thermometers wird die Ausstattung dieser Anlage vervollständigt. Beide Apparate dienen, wie bereits oben erwähnt, zur Kontrolle der verbrauchten Luft. Außerdem ist gewöhnlich an dem Heizkörper ein Winkelthermometer in Metallfassung montiert, das zur Messung des warmen Luftstroms bestimmt ist. Erst durch die Bereitstellung dieser Beobachtungsmittel, wie Hygrometer und Thermometer, wird die Bedienungsmannschaft der Trockenanlage angeregt, in die Vorgänge bei der Ledertrocknung tiefer einzudringen. Hierbei ist es ihr ermöglicht, durch verständnisvolle Handhabung der ganzen Einrichtung nicht nur die günstigsten Verhältnisse zu schaffen, sondern auch ein gut aufgetrocknetes Leder bei wirtschaftlicher Ausnützung des Heizdampfes herzustellen.

Bei dem vorstehend beschriebenen Luftheizungssystem bestehen für die Entnahme der zur Beheizung der Trockenräume dienenden Luft drei Möglichkeiten:

a) Heizung mit Frischluft. Die letztere wird durch die Frischluftleitung direkt durch den Ventilator angesaugt.

b) Heizung mit der aus dem Trockenraum entnommenen Luft. Diese schon an und für sich angewärmte Luft wird durch entsprechende Einstellung der Reguliervorrichtungen in den Rohrleitungen ebenfalls vom Ventilator in den Schaltkasten (siehe Abb. 86) eingezogen und in die Warmluftleitungen gedrückt. Bei strenger Winterkälte ist auf diese Weise die Beheizung des Trockenraumes genügend sichergestellt.

c) Heizung mit gemischter Luft. Bei nicht allzu niedriger Außentemperatur kann durch Schaltung der Schieber und Klappen mit einem Luftgemisch geheizt werden, das aus reiner Frischluft und der aus dem Trockenraum entnommenen Luft sich zusammensetzt. Diese Anordnung hat noch den weiteren Vorteil, daß man in der wärmeren Jahreszeit unter Abstellung der Heizung eine gute Ventilation im Trockenraum vornehmen kann.

Kanal- oder Tunneltrockner.

Hier läßt man die Warmluft in einen Kanal bzw. in einen Tunnel einströmen, wo jedoch die Leder nicht ruhig hängen bleiben, sondern mit Hilfe von Transportvorrichtungen in horizontaler Richtung weiterbefördert werden.

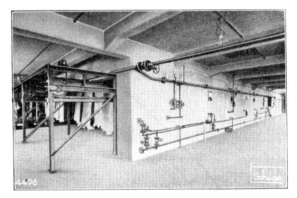

Abb. 87. Kanaltrockner mit gesenkter Tür an der Aufgabeseite.

Die Vorteile dieses Systems bestehen darin, daß die Ware selbsttätig auf getrocknet wird, wobei stets gleichmäßige Verhältnisse vorherrschen und man beträchtlich an Raum spart.

Abb. 87 und 88 zeigen Teilansichten eines derartigen Apparates, welcher besonders zum Trocknen von Oberleder und Feinleder aus Schaf-, Ziegen-, Kalbfellen usw. geeignet ist. Im Prinzip besteht diese Einrichtung aus einem langen, in Eisenkonstruktion ausgeführten Kanal mit Gipsdielenverkleidung oder gemauerten Wänden, durch welche zwei endlose Ketten mit Querträgern zur Aufnahme der Tragstangen geführt sind. Diese Stangen befinden sich auch mit Haken zum Aufhängen der Leder bzw. der Spannrahmen im Gebrauch.

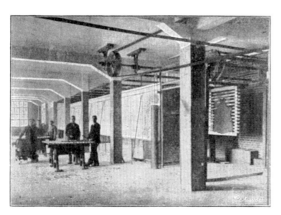

Abb. 88. Kanaltrockner. Abgabestelle des Apparates.

Die Einrichtung zur Lufterwärmung kann unter dem Apparat, neben oder über demselben, eventuell auch in einem beliebigen anderen Raum oder Stockwerk angeordnet sein. Durch die Heizvorrichtung wird die Trockenluft mittels eines Ventilators durchgeblasen, indem sie durch Kanäle in den eigentlichen Tunneltrockner geleitet und den darin aufgehängten Ledern zugeführt wird. Für die Beheizung des Apparats läßt sich sowohl Frischdampf als auch Abdampf benützen.

Zur Bewegung der Ketten, bzw. zum Transport der zum Trocknen aufgehängten Ware dienen besondere Mechanismen. Der Verschluß des Kanals erfolgt durch Türen, die je nach Größe des Apparats von Hand oder auf maschinellem Wege gehoben oder gesenkt werden können.

Die Leder werden nach dem Gegenstromprinzip dem warmen Luftstrom in der Weise entgegengeführt, daß die trockenste Luft zuerst die im letzten Stadium der Trocknung befindlichen Felle trifft, die naturgemäß den letzten Rest ihrer Feuchtigkeit am schwierigsten abgeben. Danach trifft die Luft weniger trockene Partien und zuletzt die ganz nasse, eben eingehangene Ware. Obwohl dann die Luft schon ziemlich feucht und abgekühlt ist, nimmt sie trotzdem von dem nassen Trockengut Feuchtigkeit mit und wärmt die Leder für die weitere Trocknung vor. Auf diese Art und Weise kommt die Ware zuerst in niedrigere Temperaturen und dann mit fortschreitender Trocknung allmählich in höhere, bis zuletzt der höchstgewünschte Wärmegrad für die betreffende Fellsorte erreicht ist. In der heißesten Temperatur verbleiben die Felle nur einige Minuten, nachdem sie inzwischen schon fast ganz trocken und dadurch widerstandsfähig geworden sind.

Die Bedienung eines derartigen Kanaltrockners geht in der Weise vor sich, daß an dem einen Ende die Leder auf Stäben oder Klammern in das Aufhängefeld eingehangen werden. Nach vollständiger Beschickung eines Feldes rückt der Arbeiter eine Transmission ein, worauf die Kanalverschlußtüren sich öffnen. Nach Einrücken einer zweiten Welle fährt der gesamte Kanalinhalt um ein Feld vorwärts, so daß an der Aufhängeseite ein Feld mit nassen Ledern einfährt, während an der entgegengesetzten Seite des Kanals ein solches mit getrockneter Ware den Apparat verläßt. Hierauf werden die Türen auf mechanischem Wege geschlossen.

Bei einer anderen Art von Kanaltrocknern wird die in einem Heizapparat erwärmte Frischluft bis zur Mündung in der Trockenanlage weitergeführt und dort in mehrere Stränge zerlegt. Durch diese tritt die Luft in die einzelnen Trockenkanäle und wird hier durch Schiebereinstellung dem zu trocknenden Leder zugeführt. Auch hier erfolgt bei jedem Kanal der Verschluß an der Einfahrt und Ausfahrt durch eine leicht zu bedienende Rolladentür.

Unterhalb der Decke laufen auf Schienen eine Anzahl Kanalrollwagen, die für jede Größe einer Haut oder eines Felles verstellbar sind und sich automatisch aneinanderkuppeln lassen. Das in diesen Fahrgestellen eingehängte Leder wird mittels einer Schiebebühne in die Trockenkanäle eingefahren, oder man benutzt zum Wagentransport eine an der Ausfahrtseite des Kanals angeordnete Winde.

Da auch hier nach dem Gegenstromprinzip die warme Luft an der entgegengesetzten Seite der Einfahrt eintritt und somit auch die feuchte Ware erst mit abgekühlter Abluft in Berührung gebracht wird, bzw. erst dann mit der fortschreitenden Trocknung in heißere Zonen gelangt, so arbeiten diese Kanaltrockner wie der vorstehend beschriebene Apparat. Je mehr die Leder sich der Ausfahrtstelle nähern, desto wärmerer und trockenerer Luft werden sie ausgesetzt, und um so weiter schreitet der Trockenprozeß vorwärts.

Von der Ventilation dieser Kanaltrockner ist noch zu bemerken, daß unterhalb der Ausfahrt die mit Drosselklappen oder Absperrschieber versehene Warmluftleitung liegt, von der die warme Luft durch eine mit Jalousien versehene Öffnung in den Kanal eintritt. Um eine Regulierung zu ermöglichen, ist die am entgegengesetzten Ende befindliche Austrittsöffnung ebenfalls mit Klappen ausgestattet. Die feuchte, mit Wasserdampf gesättigte Luft wird entweder durch einen besonderen Abzugskanal ins Freie geleitet oder sie kann in Oberleder- und Feinlederfabriken in einem besonderen Raum zum Befeuchten der trockenen Leder vor dem Stollen in der Zurichterei Benützung finden.

Dieser Kanaltrockner besitzt gegenüber dem vorstehend beschriebenen System den Vorteil, daß zur Beförderung der Ware im Tunnel keine Antriebskraft erforderlich ist.

Je nach der verlangten Leistung werden die Kanaltrockner sehr verschieden dimensioniert. Am gebräuchlichsten sind Kanalabmessungen von 15 bis 25 m Länge und 2 bis 3 m Breite. Die Höhe des Kanals richtet sich nach der Länge der Leder bzw. der Rahmen, falls die Felle zum Trocknen aufgenagelt werden.

Der Trockenprozeß ist bei den oben beschriebenen Einrichtungen stets kontinuierlich. Die Leder wandern in einer gleichförmigen Bewegung durch den Tunnel, und zwar unter solchen Bedingungen, daß die zum Trocknen erforderliche Zeit, Temperaturen und Feuchtigkeitsverhältnisse genau geregelt sind. Der Nachteil derartiger Anlagen besteht hauptsächlich darin, daß die ziemlich hohen Anschaffungskosten des Kanaltrockners sowie die Ausgaben für die Instandhaltung der Apparatur den Herstellungspreis des Leders beträchtlich belasten, falls nur kleinere Mengen fabriziert werden. Aus diesem Grunde kommen die Kanaltrockner besonders für den Großbetrieb in Betracht, wo sie sich infolge ihrer großen Leistungsfähigkeit bald bezahlt machen.

Umluft-Stufentrocknung.

Als System der modernen Ledertrockenanlagen wäre weiters die Umluft-Stufentrocknung anzuführen. Das Raumtrockenverfahren mit Zentralbeheizung und Belüftung durch einen Zentrifugalventilator in Verbindung mit den entsprechenden Luftverteilungsleitungen gewährleistet wohl eine gute Qualität des Trockengutes, jedoch ermöglicht es nur eine relativ geringe Leistungsfähigkeit. Auf Grund guter Ergebnisse durch Anwendung der Umluft-Stufentrocknung bei den automatisch arbeitenden Kanaltrocknern bringt man nun seit einiger Zeit auch für Raumtrockenanlagen ein gleiches System, die sog. „**Sturmluft-Raumtrocknung** in Anwendung. Ehe auf deren Wirkungsweise näher eingegangen wird, soll zuvor das bei den Kanaltrocknern schon seit längerer Frist zur Anwendung gekommene Verfahren beschrieben werden. In der Hauptsache besteht

das letztere darin, daß in dem Trockenapparat eine ganze Anzahl von Luftströmungen unter starker Bewegung zirkulieren, wobei die eingebauten Heizelemente (Heizrohrregister) für eine gleichmäßige Trockentemperatur sorgen.
Hierbei wird die in Bewegung befindliche Luft immer von neuem um so viel
Wärmegrade aufgewärmt, wie sie auf ihrem kurzen Weg beim Trocknen der nassen
Leder verloren hat.

Um eine Übersättigung der Trockenluft durch Feuchtigkeit zu vermeiden,
wird bei jedem Apparat durch eine besondere Ventilatorengruppe, die zum Fördern
von Frischluft bzw. von Abluft dient, beständig ein ausgiebiger Luftwechsel
erzeugt.

Die Menge der Abluft und die damit verbundenen Wärmeverluste lassen sich
bis auf das unbedingt erforderliche Maß reduzieren, ohne daß die Luftbewegung
im Trockenkanal selbst dadurch beeinträchtigt wird. Die vielfache Aufwärmung,
die jeder Kubikmeter eintretende Frischluft erfährt, macht es möglich, die Abluft
am Eintritt der nassen Leder in den Kanaltrockner mit 60^0 C und 70 bis 80%
Sättigung abziehen zu lassen.

Bei der Trocknung der Felle läßt sich die geeignetste Temperatur vollständig
der Eigenart der Ware anpassen, da jeder einzelne der in dem Apparat zirkulierenden Luftströme sich auf den gewünschten Wärmegrad einstellen läßt.
Infolgedessen durchwandern die Leder mehrere Temperaturstufen, die bei den
nassen Fellen mit niedrigen Wärmegraden einsetzen und bei den nahezu
trockenen Ledern allmählich zunehmen. Zuletzt befinden sich die Felle nur noch
in einer Temperatur, die derjenigen entspricht, welche im Aufstellungslokal des
Apparats herrscht. Hier kühlt die Ware sich vollkommen ab, um dann nochmals
auf automatischem Wege den Kanaltrockner zu durchwandern, wobei sie zum
Schlusse einem Strom kühler und übersättigter Abluft ausgesetzt wird. Infolge
seiner hygroskopischen Eigenschaft saugt das Leder so viel Feuchtigkeit aus der
übersättigten Luft in sich auf, als zur Erhaltung seines lufttrockenen Zustandes
erforderlich ist, wobei es aber trotzdem äußerst trocken bleibt.

Die Bauart eines solchen nach der Umluft-Stufentrocknung arbeitenden
Kanaltrockners ist folgende: In dem aus leichtem Mauerwerk ausgeführten
Tunnel sind in etwa 1,8 m Höhe die Führungsschienen eingebaut. In den letzteren
laufen Rahmen auf Rollen. An diesen Rahmen werden die zu trocknenden Felle
aufgehängt und auf diese Weise durch den Trockenkanal hindurchgeführt. An
dem einen Ende des Apparats fährt man in kurzen Abständen die nasse Ware ein.
Im gleichen Tempo wird an der anderen Seite jedesmal ein Rahmenwagen mit
getrockneten Ledern herausgezogen. Die Durchfahrt bzw. Umfahrt geschieht
bei größeren Anlagen auf mechanischem Weg, bei mittleren und kleinen Trocknern
aber von Hand des Arbeiters mittels eines seitlichen Rücklaufgeleises, das gleichzeitig zum Aufhängen und Abnehmen der Leder benützt wird. Im Apparat sind
eine ganze Anzahl Ventilatoren eingebaut, welche Kreisluftströme erzeugen, die
sich wie die Ringe einer Kette aneinanderreihen. In jedem dieser Luftströme hat
man in einer bestimmten Abstufung Heizkörper eingebaut, durch welche die
Trockenluft auf den erforderlichen Wärmegrad gebracht werden kann.

Infolge dauernder Umwälzung der Luftströme durch die den Kanal durchwandernden Fellreihen sowie ständiger Wiederaufwärmung der Luft stellt sich
eine hohe Luftsättigung ein. Die Lufttemperatur kann jedoch über einen gewissen
Wärmegrad nicht hinausgehen, da sie durch die an den beiden Kanalenden zutretende Frischluft und durch austretende Abluft beeinflußt wird. Als eine sehr
wichtige Eigenschaft dieser Trocknungsmethode ist die hohe Luftsättigung zu
betrachten, wodurch die eingefahrenen nassen Leder, die nur langsam in höhere
Wärmezonen gelangen, niemals zu scharf durch die Trocknung angefaßt werden

können. Im Gegenteil werden die Felle anfänglich nur von feuchtwarmer Luft erwärmt. Dann erst beginnt die eigentliche Antrocknung der Ware. Aber auch das Fertigtrocknen soll nicht mit zu trockener Luft erfolgen. Deshalb ist auch an der Ausfahrt des Kanaltrockners die etwas angesättigte Luft bei gleichzeitigem Sinken ihres Wärmegrades nur von Vorteil.

Für die Raumtrocknung erweist sich die Umluft-Stufentrocknung insofern als sehr zweckmäßig, weil durch sie nicht nur der Dampfverbrauch herabgemindert wird, sondern dieses Verfahren ermöglicht vor allem eine Steigerung der Leistung bei verhältnismäßig geringer Durchschnittstemperatur und einer besseren Wärmeverteilung im ganzen Raum als bei den älteren Trockenanlagen. Infolgedessen läßt sich der ganze Inhalt des Trockensaales gleichzeitig fertigtrocknen.

Auch hier besteht das Trockenverfahren darin, daß das ganze Lokal durch eine Anzahl Zirkulationsströme unter starker Luftbewegung gehalten wird. Die in die Luftströme eingebauten Heizrohrregister sorgen für konstante Wärmegrade, indem sie die sich umwälzenden Luftströme immer von neuem um soviel Grad temperieren, wie sie auf ihrem Weg durch das Trockengut verloren haben (Abb. 89).

Um eine Übersättigung der Luft zu vermeiden, wird durch den Einbau von Frischluft- und Abluftschächten, welche mit Drosselklappen ausgestattet sind, ein gewisser Luftwechsel auf die Dauer sichergestellt. Infolge-

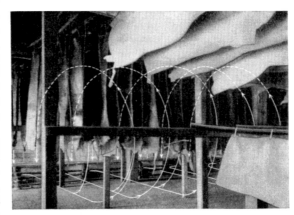

Abb. 89. Umluft-Raumheizung.

dessen bleibt der Sättigungsgrad der einzelnen Luftströme konstant und bewegt sich in leistungsfähigen und wirtschaftlichen Grenzen.

Aus dem oben Gesagten geht hervor, daß die Menge der Abluft und damit auch der mit ihr verbundene Wärmeverlust bis auf das unbedingt notwendige Maß sich reduzieren läßt, ohne daß die Luftbewegung im Trockenraum selbst dadurch beeinflußt wird. Man kann also mit einem geringen Quantum frisch angesaugter Luft arbeiten. Trotzdem hat man im Trockenraum eine starke Luftbewegung, weil die umgewälzten Luftströme in ihrer Ausgiebigkeit unabhängig von der angesaugten Frischluft und der austretenden Abluft sind. Es ist dies einer der bedeutendsten Vorteile dieses neuen Verfahrens, weil zu einer gleichmäßigen Wärmeverteilung und schnellen Trocknung eine intensive Bewegung der Trockenluft die erste Voraussetzung ist.

Soll einmal im Hochsommer unter Ausschaltung künstlicher Wärme, also nur bei Außentemperatur, getrocknet bzw. abgelüftet werden, so läßt die Ledertrockenanlage sich auch so einrichten, daß die Frischluft dauernd in voller Menge angesaugt und im ganzen wieder ausgeblasen wird.

Kurz zusammengefaßt sind die Vorteile der Umluft-Raumtrocknung mit Reihengebläsen folgende:

1. Beschleunigte und trotzdem schonende Trocknung der Leder bei einer in weiten Grenzen einstellbaren Belüftungsintensität. Während man bei den

älteren Trockenraumeinrichtungen mit einer 20 bis 50fachen Belüftung rechnete, kann bei diesem Verfahren, je nach der Eigenart des Trockengutes, eine 100 bis 400fache Belüftung zugrundegelegt werden, wodurch die Leistungsfähigkeit der Anlage eine höhere wird.

2. Gleichmäßige Trocknung der Leder in der ganzen Länge des Trockenraumes durch die in kurzen Abständen verteilten Schraubenventilatoren, von denen jeder nur einen kleinen Raumabschnitt zu belüften hat.

3. Gleichmäßige Wärmeverteilung im ganzen Lokal, indem bei der starken Luftbewegung das Temperaturgefälle auf ein Minimum reduziert wird, welches sich durch die immer erneute Wiederaufwärmung der Umluftströme an den Heizkörpern dauernd ergänzt.

Abb. 90. Supra-Trockner für Häute, Felle, Leder und Pelze.

4. Dampfersparnis durch abgekürzte Trockenzeit.

5. Trotz höherer Belüftung niedriger Kraftverbrauch, durch Verwendung einer ganzen Anzahl kleiner Schraubenventilatoren mit dementsprechend geringerem Bewegungswiderstand infolge der Summierung der Ventilatoren-Saugquerschnitte.

Dadurch, daß durch die dauernde Umwälzung der Raumluft gleichzeitig eine starke Sättigung, besonders im ersten Stadium der Trocknung, sich automatisch einstellt, ist auch der qualitative Ausfall ein vorzüglicher.

Eine andere, auf ähnlichem Prinzip beruhende moderne Trockenraumeinrichtung für Leder besteht aus einem doppelten Kanalgehäuse mit dazwischengebauten Heizkammern. Unten oder oben angeordnete und hintereinandergeschaltete Lufturbinen, sog. „Turbo‘‘-Räder, stehen einerseits mit dem Kanalgehäuse durch ihre Saugleitungen, anderseits mit den Heizkammern durch ihre Druckrohre in Verbindung. Sie saugen also die Trockenluft im Kanal an, drücken sie in die Heizkammern und durch die Übertrittsstellen wieder in das Kanalgehäuse hinein. Es entsteht dadurch eine kontinuierlich kreisende Luftbewegung durch die Kanalzonen einerseits und durch die Heizkammern anderseits. Dies geschieht in der Weise, daß die Trockenluft in der rechten Kanalhälfte von unten nach oben strömt, dagegen in der anderen Hälfte des Kanals im umgekehrten Sinn geführt wird.

Außerdem sind oberhalb der Druckstutzen bei den Luftturbinen verstellbare Lenkbleche eingebaut, welche die von den Ventilatoren in die Heizkammern gedrückte Kreisluft noch vorwärts leiten. Dadurch entsteht neben der kreisenden gleichzeitig eine fortschreitende Luftbewegung, die vom Eintritt bzw. Austritt des Kanals ausgeht und langsam zum Kanalumlauf fortschreitet. Da die vordringende Luft auf ihrem Wege durch die aufeinanderfolgenden Heizkammern kreist, erwärmt sie sich stufenmäßig mehr und mehr und erreicht schließlich ihren höchsten Wärmegrad in der Mitte des Kanalumlaufes, wo sie in wassergesättigtem Zustand austritt.

Durch diese Einrichtung ergibt sich eine abgestufte Trocknung mit langsam ansteigenden Temperaturen und daran anschließend eine solche mit sinkenden Wärmegraden bzw. langsame Erwärmung des zu trocknenden Leders und anschließende langsame Abkühlung der Ware.

Supra-Trockner für Häute, Felle, Leder und Pelze. Dieser in Abb. 90 dargestellte Apparat erwärmt und belüftet den Trockenraum gleichzeitig. Der bei ihm unten angebrachte Elektro-Schraubenventilator saugt die Raumluft durch die darüber befindliche Heizfläche an und bläst sie ohne störende Rohrleitungen nach abwärts auf den Fußboden, über den sie sich gleichmäßig verteilt.

Die Warmluft steigt dann an den aufgehängten Häuten oder Fellen vorbei in die Höhe, wird dann von neuem durch den Ventilator angesaugt, nachgewärmt und auf diese Weise im Umluft-Verfahren kontinuierlich durch die Lederreihen getrieben.

Nach den oben geschilderten neuzeitlichen Gesichtspunkten soll eine Ledertrockenanlage nicht einzig und allein nur eine Heizungs- und Belüftungsanlage darstellen, wie man dies heute noch zum Schaden ihrer Besitzer in vielen Gerbereibetrieben antrifft, sondern es muß jede dieser Trockeneinrichtungen vom ganz individuellen Standpunkt aus behandelt werden, wie dies der Eigenart der zu trocknenden Ledersorte am besten entspricht.

Aus diesem Grunde bietet keine Branche ein reicheres Betätigungsfeld für den Trockenfachmann als dasjenige der Lederindustrie.

Lacklederfabrikations-Einrichtungen, die sich speziell auf das Trocknen beziehen.

Der wesentlichste Teil bei Herstellung von schwarzem und farbigem Lackleder besteht in einer oxydierenden Trocknung bzw. Härtung des Lackes im Lackierofen mit nachfolgender Lichtbehandlung. Durch diese beiden Verfahren bezweckt man ein Hartwerden der Lackschicht herbeizuführen, wodurch bei den in Haufen gelagerten oder zur Versendung gelangenden Ledern ein Zusammenkleben ausgeschlossen sein soll. Schmutz und Staub dürfen auf der Lackschicht nicht anhaften. Trotzdem soll die Oberfläche geschmeidig genug bleiben, um beim Verarbeiten und Gebrauch der aus dem Leder verfertigten Gegenstände ein Springen dieser Schicht nach Möglichkeit zu vermeiden.

In dem Lakierofen wird das Leder unter Verflüchtigung geringer Lackbestandteile einer Temperatur von 55 bis 60° C ausgesetzt, wobei die Lackschicht bei sachgemäßer Behandlung eine Schönheit, Festigkeit und Härte erhält, wie sie durch Lufttrocknung nicht erreicht werden kann.

In ihrer Bauart stellen diese Lackieröfen abschließbare, heizbare Kammern dar, deren Dimensionen sich nach der Größe und Anzahl der Trockenrahmen richten, die stets horizontal liegend in diese Kammer eingeschoben werden müssen.

Jeder Lackierofen muß vollständig staubsicher verschließbar sein. Ebenso ist dafür Sorge zu tragen, daß in der Kammer selbst keine Staubentwicklung entstehen kann. Aus diesem Grunde schiebt man in der Regel die Rahmen so ein, daß die oberste Reihe zuerst eingebracht wird, damit beim Einschieben die unteren Lagen nicht der Gefahr ausgesetzt sind, bestaubt zu werden.

Die Konstruktion der Lackieröfen ist sehr verschieden. Entweder sind diese Öfen gemauert oder in Eisenkonstruktion ausgeführt. Ihre Heizung kann direkt oder indirekt mittels Dampf, Heißwasser, Gas, Kohlen, Grudekoks, Petroleum und Elektrizität erfolgen. Die Wärmeverteilung in der Kammer muß überall eine gleichmäßige sein.

Die Dampfheizung, welche meist aus Rippenheizröhren besteht, befindet sich unter dem aus Gitterwerk oder gelochtem Eisenblech bestehenden Fußboden der Trockenkammer. Zur Heizung kann der Abdampf der Maschine oder Frischdampf von reduzierter Spannung verwendet werden.

In manchen Lacklederfabriken befinden sich auch Trockenöfen mit Entwicklungsfeuchter bzw. salzfeuchter Luft im Gebrauch. Ebenso hat man mit Erfolg Ammoniaklösungen verwendet, wobei durch Erwärmen das Ammoniak in Freiheit gesetzt wird. Seine Dämpfe bringt man in der Trockenkammer zur Einwirkung auf die Lackschicht. Es kann auch verflüssigtes Ammoniak verdampft werden, wobei die auftretende Temperaturerniedrigung die Trocknung wesentlich begünstigt. Jedoch in allen Fällen, wo man mit Wärme arbeitet, empfiehlt sich auch die gleichzeitige Anwendung von Luftbewegung.

Eine besondere Art von Trockenöfen für Lackleder bilden die ausziehbaren Lackieröfen.

Da hierbei der Ofen selbst ausziehbar ist, können die lackierten Leder auf einmal eingeschoben werden. Hierdurch wird nicht nur erheblich an Zeit gespart, sondern auch die Belästigung der Arbeiter durch den bei hoher Temperatur stark auftretenden Geruch vermindert.

Das gleiche Heizsystem läßt sich auch für eine seitliche Beschickung dieser Öfen anwenden. In diesem Falle werden in der Regel mehrere nebeneinander-liegende Ofenabteilungen angeordnet, die man nach Erfordernis von einer Stelle aus auf verschiedene Temperaturen heizt. Derartig konstruierte Öfen sind ganz besonders dort zu empfehlen, wo z. B. schwarze Lackleder neben farbiger Ware getrocknet werden sollen und hierbei in den einzelnen, unter sich getrennten Ofenabteilungen verschiedene Wärmegrade benötigt werden.

Während die bis jetzt beschriebenen Einrichtungen den allgemein gestellten Anforderungen genügen, haben diese sich jedoch für den Großbetrieb als nicht ausreichend erwiesen. Deshalb ist man dort fast allgemein dazu übergegangen, besondere Spezialverfahren anzuwenden, die eine Schlußtrocknung bzw. Härtung des Lackes bezwecken.

Die meisten dieser Trockenmethoden sind unter Patentschutz gestellt.

Nach Dr. Junghans (D.R.P. 253 309) bildet sich beim Trocknen der Lackleder Ozon, welches das Trocknen und Härten des Lackes ungünstig beeinflußt.

Es kann dies durch Anwendung künstlichen Lichts, besonders solcher Lichtquellen, die reich an ultravioletten Strahlen sind, wie z. B. die Quecksilber-Quarzlampen vermindert, jedoch nicht ganz aufgehoben werden. Die letzteren liefern ein weißes und außerordentlich helles Licht, das sehr wenig rote, aber viele ultraviolette Strahlen enthält. Um bei künstlicher Belichtung von Lackleder das erzeugte Ozon zu beseitigen, wendet man mit Vorteil eine ausgiebige Lüftung des Raumes unter gleichzeitiger Regelung der Temperatur im Sinne der für diesen Prozeß günstigen Verhältnisse an.

In der Regel besteht ein derartiger Belichtungsraum aus einer rechteckigen Kammer, an die ein Frischluftkanal sowie ein Abzugskanal angeschlossen sind, die beide zu einem Ventilator führen. Zur Regelung der Temperatur ist auf dem Fußboden eine Heizschlange aus Rippenröhren vorgesehen, die sich über die ganze Bodenfläche erstreckt. Über den Heizröhren befindet sich ein Lattenboden. Die Kammer ist durch Türen zugänglich, durch welche die Rahmen oder Bretter mit dem zu behandelnden Leder eingeführt und entfernt werden können. Um den Luftzug sowie die Temperatur nach Bedarf regulieren zu können, sind verschiedene Ventilationsklappen angebracht.

Die Quecksilberdampflampen hängen in der Mitte des Raumes, und zwar in solcher Höhe, daß das Licht möglichst gleichmäßig auf die lackierte Fläche der Leder geworfen wird.

Wie die Erfahrungen der Praxis lehrten, findet bei dieser Behandlung eine weitere Oxydation nicht mehr statt, deren Wirkung im besonderen auf die vollständige Erhärtung der obersten Lackschicht hinzielt, dagegen den darunterliegenden Schichten eine gewisse Weichheit beläßt.

Bei diesem Verfahren bestand der Übelstand, daß namentlich bei Überseesendungen die mit der Lackseite aufeinandergelegten Leder zusammenklebten und nur unter Zerstörung bzw. Schädigung des Lackes getrennt werden konnten. Das mißlichste hierbei war, daß gewöhnlich nicht im voraus festgestellt werden konnte, ob den Lacklledern dieser Fehler anhaftete. Erst nach langwierigen Experimenten gelang es einer der bedeutendsten Großfirmen der Lacklederindustrie nachzuweisen, daß dieser Mangel nicht in der Nachhärtung des Lackes, sondern in der bisherigen Ausführung des Verfahrens zu suchen sei. Es hat sich gezeigt, daß selbst ganz geringe Mengen Luftfeuchtigkeit bei der Trocknung den Lack in einer Weise schädlich beeinflussen, daß dieser Übelstand nicht wieder gut gemacht werden kann.

Besonders kommt diese Erscheinung unter dem Einflusse längeren Liegens, insbesondere im überseeischen Klima, zur vollen Auswirkung. Es wurde ermittelt, daß selbst kleine Quantitäten feuchter Luft, welche die Atmosphäre bei normalem Sommerwetter enthält, hinreichen, um ihre nachteilige Wirkung auf die Trocknung geltend zu machen, wenn die Luft durch undichte Türen in die Lackieröfen gelangt.

Die auf dieser neuen Erkenntnis beruhende, unter D. R. P. 327 794 gestellte Erfindung besteht darin, zur Verhärtung des Lackes künstlich vorgetrocknete Luft zur Anwendung zu bringen, um dadurch diesen Vorgang vollständig zu beherrschen. Man erzielte dies durch Abkühlung auf den Gefrierpunkt. Eine derartige Lacklledertrockenanlage setzt sich aus folgenden Bestandteilen zusammen:

1. dem Kompressor und Kondensator einer Kälteerzeugungsmaschine;

2. dem Verdampfer, von dem die gekühlte Luft durch Rohrleitungen nach einem Röhrensystem (Rippenkühler) geleitet wird, das vor dem Lackierofen angeordnet ist. Die Leder werden in üblicher Weise auf Rahmen in den Lackierofen eingeschoben.

Die durch Abkühlung entfeuchtete Luft wird mittels eines Ventilators durch einen Kanal nach dem Ofen geleitet, wo sie die auf dem Boden gelagerte Heizschlange aus Rippenröhren bestreicht und zuletzt durch Abzugsrohre ins Freie austritt.

Ein anderes, ebenfalls durch D. R. P. 321 373 geschütztes Verfahren beruht in seinem Prinzip darauf, daß zum Fertigtrocknen gegen die Lackseite ein trockener heißer Luftstrom geführt wird, dem Gase, wie Wasserstoff oder Stickstoff u. dgl., beigemischt sind, während die Rückseite der Leder ein kalter Luftstrom trifft.

Die Wirkungsweise dieser Anlage ist folgende: Von einem Ventilator wird Außenluft mittels Rohrleitung zunächst einem Gefäß zugeleitet, das mit Chlorcalcium oder einem sonstigen Feuchtigkeit aufsaugenden Stoff gefüllt ist. Hierauf gelangt der vom Wasser befreite Luftstrom in einen Gasbehälter, in welchem auf jeden Fall Gase vorhanden sein müssen, die mit der durchgesaugten Luft sich mischen und weder den Lack noch das Leder nachteilig beeinflussen.

Dieses Gasluftgemisch wird hierauf in eine Heizkammer geleitet, deren Erwärmung je nach den örtlichen Verhältnissen mittels Unterfeuerung, Dampfheizung oder dgl. erfolgen kann. Die nunmehr heiße Gasluft wird von einem Ventilator durch eine Leitung in eine Kammer hineingepreßt, deren dem Trockengut zugekehrte Wand eine Anzahl Düsen aufweist, durch die der Luftstrom in einzelnen Strahlenbüscheln gegen die Lackseite der Leder trifft. Ein zweiter Ventilator saugt durch seine Leitung ebenfalls Außenluft an. Wie im ersten Fall gelangt diese Luft in einen zur Entziehung des Wassergehalts bestimmten Trocknungsbehälter, der analog wie bei der oben beschriebenen Anlage als Gefrierraum ausgebildet sein kann. Die kalte Luft wird ebenfalls durch ein Leitungsrohr in eine Kammer gepreßt, aus der sie, durch Düsen in Strahlen zerstäubt, gegen die Lederseite ausströmt. Diese rückseitige Kühlung soll eine Überhitzung des Leders verhüten.

Nach Stöckly (D.R.P. 331 871, 334 005 und 335 143) läßt man zur Härtung des Lackleders in der Wärme und bei ultravioletter Bestrahlung auf die vorgetrocknete Lackschicht Alkohole, bzw. diese bei Gegenwart geringer Mengen von Alkalien einwirken. Oder man führt in den Trockenraum die Dämpfe von solchen organischen Körpern ein, die das schädliche Ozon in Ozonide umwandeln, wie z. B. Terpentinöl. Als Strahlenquelle läßt sich auch der elektrische Hochfrequenzfunken benützen.

Auf diese Weise wurde der Lacklederfabrikation eine ganze Reihe von Patenten erteilt, die sich fast ausschließlich auf das Trocknen der Lackleder beziehen.

Kurz zusammengefaßt, ergibt sich aus dem über die Lackledertrocknung Gesagte folgendes: Eine Härtung des Lackes im gewöhnlichen heizbaren Lackierofen, der nicht gegen die Außenluft dicht abgeschlossen ist, genügt nur für geringere Anforderungen. Zur weiteren Vollendung ist es heute in der Großfabrikation allgemein üblich, bei den Lackledern eine Schlußtrocknung oder Härtung vorzunehmen, die früher durch die Sonne, jetzt aber größtenteils durch künstliche Bestrahlung stattfindet und deren Wirkung im besonderen auf die vollständige Erhärtung der obersten Lackschicht hinzielt, während bei den darunterliegenden Schichten eine gewisse Weichheit erhalten bleiben soll.

Trocknen der Gerberwolle und der Haare.

Früher war das Trocknen dieser Abfallprodukte, als man in Trockenräumen und Speichern an freier Luft arbeitete, nicht während des ganzen Jahres möglich, da man nur auf die frostfreien Monate beschränkt war. Dabei war man stets von der Witterung abhängig. Man legte deshalb schon früher Trockeneinrichtungen in Gestalt von Hordenböden an, auf denen man die gewaschene Wolle u. dgl. auf Lattenböden mit Drahtgeflecht ausbreitete. Mittels Ventilatoren wurde dann künstlich erwärmte Luft durch das Trockengut hindurchgeblasen oder gesaugt. Der Hauptzweck dieser Trocknung besteht stets darin, die Wolle und Haare möglichst schnell zu trocknen, und zwar so, daß sie locker und möglichst staubfrei bleiben.

Die älteren Trockeneinrichtungen erfordern jedoch unverhältnismäßig viel Bodenfläche, Entstaubungsvorrichtungen usw. Ferner herrscht in den Anlagen mit Hordenböden meist eine unerträglich warme und feuchte Atmosphäre. Häufig findet man sie auch an Stellen angelegt, die schwer zugänglich sind. Alle diese Trockeneinrichtungen alten Systems kranken an dem Übelstand, daß sie die Ware nicht gleichmäßig trocknen. Meist ist ein Teil des Trockengutes schon vollständig aufgetrocknet, während der Rest noch eine feuchte Beschaffenheit zeigt. Da man nun den trockenen Teil der Ware so lange auf dem Hordenboden liegen lassen muß, bis auch die nasse Partie getrocknet ist, so wird die erstere scharf nachgetrocknet und erleidet dadurch eine starke Beschädigung in ihrer Qualität. Ein weiterer Nachteil, der diesen Trockeneinrichtungen anhaftet, besteht darin, daß die warme Luft nur einige Male durch das Trockengut getrieben werden darf, wodurch sie nicht vollständig ausgenützt wird.

Eine moderne Trockenanlage für Wolle und Haare muß in ihrer Arbeitsweise zwei Erfordernissen entsprechen, und zwar einer möglichst großen Billigkeit im Betrieb und einer großen Schonung der zu trocknenden Materialien. In mittleren und großen Lederfabriken ist man von der veralteten Trocknung auf Hordenböden längst abgekommen. Überall werden dort die für diesen Zweck eigens hergestellten Trockenapparate bevorzugt, in denen Luft und Wärme durch maschinelle Einrichtungen gezwungen werden, auf die zu trocknende Wolle und Haare einzuwirken.

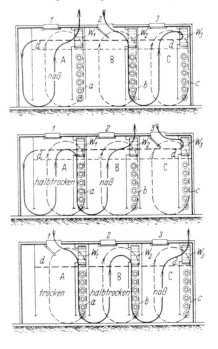

Diese Aufgabe hat in dem auch bei der Ledertrocknung angewendeten Gegenstromprinzip seine beste Lösung gefunden. Hierbei stehen bei richtiger Ausführung die aufzuwendende Luft- und Wärmemenge sowie das Quantum des zu verdunstenden Wassers stets zueinander in richtigem Verhältnis. Wie schon der Name besagt, sind beim Gegenstromprinzip die Wege des Materials und diejenigen der Luft zueinander entgegengesetzt. Die letztere wird hierbei gezwungen, ihre Wirkung bei der bereits fast trockenen Ware zu beginnen und sie bei dem noch nassen Trockengut zu beendigen.

Trockenapparate für Haare und Wolle.

Auf diesem Grundsatz bauen sich die meisten Trockenapparate für Wolle und Haare auf, von denen im nachstehenden die in den Lederfabriken am meisten gebräuchlichen Typen beschrieben sind.

Abb. 91. Schematische Darstellung des Kammer-Trockners, Patent „Turbo-Automat".

Kammer-Trockner, Patent „Turbo-Automat". Der in Abb. 91 dargestellte Apparat ist ganz aus Eisen und Stahl in feuerfester Ausführung gebaut. Seine Heizung kann mittels Frischdampfes oder Abdampfes erfolgen. Die innere Einrichtung besteht aus drei Trockenkammern und ebenso vielen Heizkammern.

Die Arbeitsweise, welche vollkommen automatisch vonstatten geht, ist folgende: Trockenkammer A wird mit nasser Ware gefüllt. Der Eintritt von Luft erfolgt durch die Klappe *2*, während der Luftaustritt durch die Klappe *W* geschieht. Außer einer kreisförmigen entwickelt sich in diesem Apparate eine fortschreitende Luftbewegung, so daß die Trockenkammer *A* die Wärmewirkung der drei Heizelemente *a*, *b* und *c* erhält.

Bei einem derartigen Dreikammer-Apparat ist bei einer angenommenen Trockendauer von zwei Stunden die Wartezeit etwa 40 Minuten. Hierauf ist die Trockenkammer *B* mit Naßgut zu beschicken. Der Lufteintritt wird nunmehr durch Klappe *3* und der Luftaustritt durch Klappe *W₂* vorgenommen. Jetzt erfolgt in der Trockenkammer *B* eine Wärmewirkung von drei, in Kammer *A* eine solche von zwei Heizelementen. Auch hier besteht eine Wartezeit von 40 Minuten.

Im weiteren füllt man die Trockenkammer *C* mit Ware. Der Lufteintritt erfolgt nunmehr durch Klappe *1* und der Austritt der Luft durch Klappe *W₃*. Jetzt hat die Trockenkammer *C* die Wärmewirkung von drei, Kammer *B* von zwei und Kammer *A* nur noch von einem Heizelement. Nach 40 Minuten ist Kammer *A* zu entleeren, worauf der Trockenprozeß sich wiederholt.

Dadurch, daß jegliches Umschalten der Luftklappen völlig selbsttätig durch das Öffnen und Schließen der Kammertüren geschieht, werden Fehler in der Bedienung des Apparates vollständig vermieden.

Bandtrockner. Zum Trocknen von Wolle und Haare befinden sich auch die sog. „Bandtrockner" im Gebrauch, deren Bauart die Abb. 92. erkennen läßt. Die

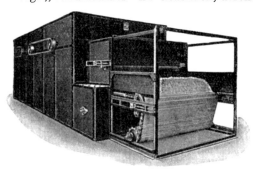

älteren Systeme dieser Trockenapparate arbeiten fast ausschließlich in der Weise, daß durch die oben eingebauten Schraubenventilatoren die unten eintretende Frischluft abgesaugt und ins Freie geführt wird, nachdem sie die Heizelemente und den Bandtrockner einmal passiert hat. Durch diesen nur einmaligen Durchgang der warmen Trockenluft durch den Apparat ist jener naturgemäß nur unvollkommen ausgenützt.

Abb. 92. Bandtrockner für Haare und Wolle.

Neuerdings hat man diese Bandtrockner in der Weise vervollkommnet, daß sie nur mit „Umluft" in kontinuierlichem Strom arbeiten.

Durch diese Umlufttrocknung wird eine bessere Ausnützung der Wärme sowie durch die damit verbundene Trocknung der Wolle und Haare mit dunsthaltiger Luft eine Schonung der Ware während des Trockenprozesses gewährleistet. Besonders bei Spinnfasern, wie sie die Schafwolle darstellt, hat die Trocknung mit dunsthaltiger Luft sich am zweckentsprechendsten erwiesen, da hierbei ein Übertrocknen und das damit verbundene Sprödewerden dieser feinen Fäden vermieden wird.

Hordentrockenapparate. Die in den Lederfabriken benützten Hordentrockner für Wolle und Haare haben sich aus dem Prinzip der Trockenschränke entwickelt, die in ihrer ursprünglichen Bauart aus einem senkrechten Schacht bestanden, in welchem die mit Trockengut gefüllten Horden von oben nach unten ihren Weg zurücklegten, wobei sie von einem warmen Luftstrom von unten nach oben durchstrichen wurden. An der untersten Stelle angelangt, erfolgte ein Herausnehmen der Horden einzeln aus dem Schacht. Hierauf kamen sie auf einen Fahrstuhl und wurden von diesem nach Entleerung und Neufüllung mit Ware wieder in die erforderliche Höhe gehoben. Das Wiedereinschieben in den Schacht geschah selbsttätig durch eine entsprechend angeordnete Tür.

Schon die Erstkonstruktionen dieser Apparate bewährten sich gut, wenn auch ihre konstruktive Durchbildung einige Mängel aufwies, die erst im praktischen Betrieb erkannt werden konnten. Dies gab zu Detailänderungen Veranlassung, die schließlich zur Schaffung von zwei neuen Apparaten führten, die unter den Namen „Simplicior"- und „Simplex-Trockner" heute jedem Gerber bekannt sind.

Bei diesen beiden Systemen wurde in trockentechnischer Hinsicht mit dem Althergebrachten gebrochen, daß man einen grundsätzlichen Unterschied zwischen Trocknung mit Frischdampf und Abdampf als Heizmittel gemacht hat. Steht in der Lederfabrik zur Erwärmung der Trockenluft nur Abdampf zur Verfügung, so sind ganz andere Momente zu berücksichtigen als bei Verwendung von Frischdampf mit hoher Spannung.

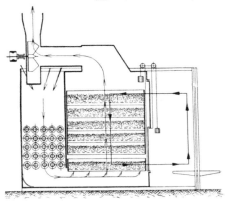

Abb. 93. Schematische Darstellung des Simplicior-Trockners.

Simplicior-Trockner. Dieser Apparat ist der wirtschaftliche Umluft-Trockenapparat für den Kleinbetrieb. Er unterscheidet sich von den Trockenschränken hauptsächlich dadurch, daß seine Horden nicht feststehen, sondern im Trockenschacht wandern. Abb. 93 und 94 lassen die Bauart und Wirkungsweise dieses Apparats erkennen.

Abb. 94. Simplicior-Trockner. (Die frisch gefüllte Horde wird oben eingefahren.)

Die Hordenwanderung hat den Vorteil, daß das Trockengut, als wie Haare, Wolle u. dgl., nacheinander denselben Temperaturstufen und Luftsättigungsgraden ausgesetzt wird, wodurch sich eine gleichmäßige, schonende und dabei doch schnelle Trocknung erzielen läßt.

In Apparaten mit feststehenden Horden erhält die unterste Horde stets die wärmste und trockenste Luft, so daß das darin befindliche Material schneller trocknet als das in den darüberliegenden Horden. Bleibt das Trockengut so lange im Apparat, bis auch dasjenige in den darüberliegenden Horden trocken ist, so wird die unterste Ware übertrocknet. Wolle und Haare werden spröde und verlieren an Wert. Nimmt man die unterste Horde heraus und füllt nasse Ware nach, so werden die darüberliegenden Materialien ungünstig beeinflußt. Dieser Nachteil wird beim Simplicior-Trockner durch das im Gegenstrom erfolgte Wandern vermieden. Seine Wirkungsweise ist folgende: Im Trockenschacht sind eine Anzahl Horden übereinander angeordnet, die langsam auf mechanischem Wege sich nach unten bewegen. Die in der tiefsten Stelle angekommene Horde verläßt den Trockenschacht und wird durch einen Fahrstuhl wieder oben in den Trockenschacht eingeführt, wo sie sich auf die Hordensäule aufsetzt.

Das zu trocknende Material wird in die Horden eingefüllt. Es wandert in diesen durch den Schacht, und während es seinen Weg von oben nach unten nimmt, wird es im Gegenstrom von der Warmluft durchströmt. Die letztere saugt ein auf dem Trockenschacht aufgesetzter Ventilator durch das Trockengut von unten nach oben an und bläst die mit Feuchtigkeit gesättigte Luft ins Freie. Zur Erzeugung der Warmluft dient eine hinter dem Schacht angebaute Heizkammer. Ist die Luftsättigung, z. B. beim Trocknen von sehr nasser Wolle, nicht genügend hoch, so kann auch durch einfache Regulierung am Ventilator auf Umluft eingestellt werden.

Für diesen Fall ist der letztere mit besonderen Schlitzschiebern am Umschweif versehen.

Ist die oben in den Trockenschacht eingefahrene Horde in ihrer tiefsten Stellung angekommen, so besitzt das in ihr befindliche Material eine trockene Beschaffenheit. Die Horde wird herausgezogen, das Trockengut entleert, nasse Wolle bzw. Haare eingefüllt und die Horde wieder oben in den Trockenschacht eingefahren. Inzwischen ist das Material in der jetzt unten befindlichen Horde getrocknet. Die letztere wird nach ihrem Herausziehen leergemacht, mit frischer Füllung versehen, nach oben gefördert, wieder in den Apparat eingeschoben und so fortgesetzt weitergearbeitet.

Durch dieses automatische Wandern kann es eine dauernd unten befindliche Horde nicht geben. Jede dieser Horden befindet sich vielmehr gleichlange Zeit im Trockenschacht und erhält dort die gleiche Temperatur und Luftmenge, wodurch der Trockenprozeß sich gleichmäßig gestaltet. Der Dampf- und Kraftbedarf des Apparats ist als gering zu bezeichnen.

Die Konstruktion des Simplicior-Trockners läßt Abb. 93 und 94 erkennen. Der Trockenschacht selbst ist aus Schmiedeeisen gebaut. Auf diesem Gehäuse wird der Ventilator aufgesetzt, der mit Ringschmierlagerung und Stahlflügeln ausgestattet ist Die Horden bestehen ebenfalls aus einer Schmiedeeisenkonstruktion mit Drahtgeflechtbezug. Jeder Apparat enthält sechs Horden von je 250 mm Höhe. Die Hordenfläche wird der in Frage kommenden Stundenleistung des Trockners angepaßt. Um Schädigungen des Trockenguts durch strahlende Wärme zu vermeiden, hat man die Heizbatterie vom Trockenschacht getrennt. Die Batterie besteht aus schmiedeeisernen Rippenröhren, die autogen zusammengeschweißt sind. Hierdurch werden unübersichtliche Flanschstellen, die durch Undichtwerden den ganzen Trockenprozeß stören können, vermieden.

Die Heizung des Apparats kann durch Frischdampf oder Niederdruckdampf erfolgen. In besonderen Fällen ist auch Gas oder Elektrizität als Heizmittel anwendbar.

Bei den Apparaten bis einschließlich 3 qm Hordengrundfläche erfolgt die Auf- und Abwärtsbewegung der Horden durch Drehen einer Handkurbel an der Aufzugswinde. Die größeren Simplicior-Trockner besitzen Riemenantrieb.

Dagegen geschieht die Einfahrt und Ausfahrt der Horden bei allen Apparaten stets von Hand des Arbeiters. Zur schnelleren Entleerung erlaubt eine einfache Vorrichtung am Fahr-

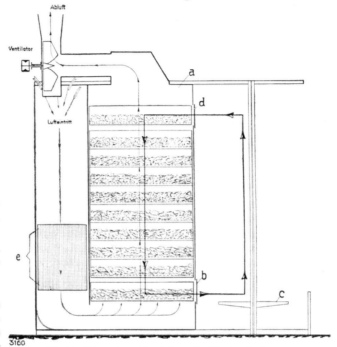

stuhl ein Kippen der ausgefahrenen Horde.

Sollen leichte Wollen, Haare u. dgl. getrocknet werden, so wird das Mit-reißen von Material durch Hordenabdeck-siebe verhindert.

Simplex - Trockner. Während für die Ver-arbeitung kleinerer Men-gen Wolle oder Haare der vorstehend beschrie-bene Hordentrockner „Simplicior" verwendet wird, ist für mittlere und größere Leistungen der in Abb. 95 und 96 dargestellte Simplex-Trockner geeignet.

Alle Materialien, die liegend getrocknet wer-den können, als wie Gerberwolle, Haare aller Art, Schweinsborsten

Abb. 95. Schematische Darstellung des Simplex-Trockners.

usw., lassen sich in diesem Appa-rat gut verarbeiten.

Der Vorzug des Trockenver-fahrens liegt auch hier darin, daß das Trockengut dem Luftstrom entgegenwandert, so daß es nach und nach verschieden hohen Tem-peraturen ausgesetzt wird. Auf diese Weise läßt sich eine gleich-mäßige Durchtrocknung der ge-samten Apparatfüllung erreichen, die bei Trocknung mit feststehen-den Horden nicht zu erlangen ist. Ferner bedingt die selbst-tätige Abdichtung der Horden im Schacht, daß die vom Ven-tilator angesaugte Luft zwangs-läufig durch das Trockengut hin-durchpassieren muß.

Abb. 95 veranschaulicht den

Abb. 96. Simplex-Trockner. (Die frisch gefüllte Horde wird nach oben gefahren.)

Trocknungsvorgang. Die im Schacht *a* aufeinandergestapelten Horden wan-dern nach Herausfahren der untersten Horde durch die Tür *b* jeweils um eine Hordenhöhe nach unten. Die herausgefahrene unterste Horde wird auf dem Fahrstuhl *c* entladen, mit nassem Material frisch gefüllt und auf dem Fahrstuhl bis an die Tür *d* gehoben. Hier fährt sie wieder in den Trockenschacht ein, und zwar zur gleichen Zeit, in der unten eine Horde mit trockenem Gut austritt. Die Horden beschreiben also nacheinander die durch starke Pfeillinie angedeutete Bahn.

Der Ventilator fördert die Trockenluft nach der schwach gezogenen Linie durch den Apparat. Zuerst durchstreicht der Luftstrom die hinter dem Schacht *a* angeordnete Heizfläche *e*, tritt dann unten in den Schacht *a* ein, durchdringt die in diesem befindlichen, mit Material gefüllten Horden und nimmt schließlich teilweise seinen Weg durch ein Abzugsrohr ins Freie. Auf ihrem Umlauf wird die Menge der Abluft bzw. Frischluft durch eine Klappe reguliert, die man so einstellt, daß die Abluft hoch mit Wasser gesättigt abzieht.

Mit fortschreitender Trocknung kommt das Material in immer trockenere und wärmere Luft, bis es schließlich in der untersten Hordenstellung fertiggetrocknet wird.

Bei dem Gegenstromprinzip ist der Feuchtigkeitsaustausch zwischen Luft und Trockengut insofern günstig, daß die Abluft mit einer Sättigung von etwa 80% nach Abkühlung bzw. Wärmeabgabe an die naß eingefahrenen und noch kalten Woll- bzw. Haarmengen entweicht. Diese Wärmeausnützung läßt sich noch durch Umluftbetrieb steigern, wodurch eine Beschädigung des Materials durch eventuelle Übertrocknung in der Weise verhütet wird, daß man die Luftwärme regulierbar macht. Durch Einstellung der Heizfläche und der Dampfspannung hat man die Regelung dieser Temperatur genau in der Hand, so daß diese die zulässige Höhe nicht überschreitet.

Wie Abb. 96 zeigt, besteht der Simplex-Trockenapparat aus einem aus Schmiedeeisen hergestellten Trockenschacht. An dem letzteren ist vorn ein Hordenaufzug und an der Rückseite eine Heizkammer angebaut, der die aus Rippenröhren autogen zusammengeschweißten Heizbatterien enthält.

In dem Trockenschacht befinden sich zehn schmiedeeiserne Horden, deren Böden aus Drahtgeflecht bestehen.

Der zur Umwälzung der Trockenluft dienende Ventilator ist gewöhnlich auf dem Heizkasten des Trockners angeordnet. Er kann aber auch an anderer Stelle aufgestellt werden.

Der gesamte, zur Bewegung der Horden dienende Mechanismus ist außen am Apparat angebracht. Die Bewegung sowie der Wechsel der Horden erfolgt selbsttätig durch Riemenantrieb. Zur Inbetriebsetzung der Aufzugswinde genügt das einmalige Ziehen an einem Hebel, um den Vollzug eines Hordenwechsels, bzw. das Ausfahren, Hochheben, Niedergehen und Einfahren einer Horde zu bewirken.

Die abwechselnde Drehrichtung der Hauptantriebswelle dieses Apparats wird durch Verschieben eines offenen und gekreuzten Riemens erzielt.

Trockenschrank für Rauchwaren. Auch in den Rauchwaren-Zurichtereien und Pelzfärbereien benützt man in neuerer Zeit immer mehr die Trockenschränke, bei denen das fortwährende Verhängen und Abnehmen der zuerst trockenen Pelze oder Schweife nicht mehr erforderlich ist. Eine derartige Trockenschrankanlage ist in Abb. 97 ersichtlich.

Die innere Einrichtung dieses Apparates, der einen verschließbaren Schrank mit Türen bildet, besteht aus Heiz- und Trockenkammern. Für eine ständige Lufterneuerung bzw. Bewegung und zweckmäßige Verteilung dieses Luftstroms ist in dem Schrank ein Ventilator eingebaut.

Außerdem besitzt dieser Apparat eine Vorrichtung, welche die Wiedernutzbarmachung der schon einmal verwendeten Warmluft ermöglicht. Zu diesem Zwecke wird die letztere als Zirkulationsluft von oben nach unten und dann in umgekehrter Richtung, ebenso von rechts nach links sowie im entgegengesetzten Sinn mit der zu trocknenden Ware in Berührung gebracht.

Der Trockenschrank für Rauchwaren ermöglicht ebenfalls in einfacher Weise die Ausnützung der Trockenluft nach dem Gegenstromprinzip, so daß ein Vorwärmen der frisch eingehängten Pelze oder Schweife mit feuchter, wenig stark erwärmter Luft erfolgt, während das Fertigtrocknen mit der Warmluft, wie diese von dem Heizapparat kommt, geschieht.

Das Fortschreiten des Trockenprozesses wird durch Thermometerablesungen kontrolliert. Durch Feuchtigkeitsmessungen der Abluft mittels des oben beschriebenen Hygrometers kann festgestellt werden, ob eine Verminderung des Wärme- bzw. Dampfverbrauchs zulässig ist oder ob eine Einschränkung der zugeführten Frischluftmenge und die Erhöhung des Quantums der Zirkulationsluft sich als notwendig erweist.

Bei elektrischem Antrieb kann der Ventilator des Trockenschrankes direkt mit dem Motor gekuppelt werden. Der letztere muß mit Anlasser so eingerichtet sein, daß eine bequeme Regulierung unter Wahrung eines möglichst hohen Nutzeffekts sich vornehmen läßt.

Leimledertrocknung. Das Trocknen des Leimleders wird im Gerbereibetrieb, falls man sich dort aus besonderen Gründen mit dieser Arbeit befaßt, gewöhnlich im Dachraum vorgenommen. Es trocknet am schnellsten, wenn man es lose auf dem Boden ausbreitet. In der Regel werden Köpfe stets gesondert getrocknet, da sie besser bezahlt werden.

Abb. 97. Trockenschrank für Rauchwaren. (Pelze, Schweife usw.)

Trotz aller bis jetzt angestellten Versuche hat sich bis heute noch keine mit künstlicher Wärme betriebene Trockenanlage, bzw. kein Trockenapparat für diesen Zweck als rentabel erwiesen. Die Ursache ist darin zu suchen, daß zum Trocknen des Leimleders bei der Eigenart dieses Abfallproduktes nur niedrige Wärmegrade von höchstens 30° C angewendet werden dürfen und außerdem mit starker Ventilation getrocknet werden muß. Infolgedessen läßt sich mit den gewöhnlichen Trockenapparaten, gleichviel welchen Systems, nur eine geringe Leistung erzielen und machen sich dadurch die Anlagekosten für eine derartige Trockeneinrichtung nicht bezahlt.

Um große Leistungen zu erreichen, müßte das Leimleder entweder in einem großen Trockenraum mit starker Luftbewegung getrocknet werden oder der zu dem gleichen Zweck dienende Trockenapparat wäre in abnormal großen Abmessungen auszuführen.

Aus diesem Grunde wird das Leimleder fast allgemein in besonderen hierfür vorgesehenen Gruben eingekalkt, die sich gewöhnlich im Hofe an der Mauer bei der Wasserwerkstatt befinden.

In diesem Zustand wird es von Zeit zu Zeit an die Leimfabriken verschickt, wenn am Orte sich nicht eine Siederei befindet, die das Leimleder in frischem Zustand abnimmt.

Rotierende Trockentrommeln für Lohe. Um ausgelaugten und eventuell auf der Lohtrockenpresse entwässerten Gerbmaterialien, wie Rinden, Frucht-farbstoffe usw., die Feuchtigkeit noch weiter zu entziehen, werden rotierende Trockentrommeln verwendet. In Abb. 98 ist ein solcher Apparat ersichtlich.

Abb. 98. Rotierende Trockentrommel für Lohe.

Der Hauptnachteil dieser Einrichtung besteht darin, daß die aufzuwendende Brennstoffmenge zur künstlichen Trocknung der Lohe sowie der Kraftverbrauch zur Rotation der Trommel und des dazugehörigen Ventilators ihre Rentabilität in Frage stellt. Diese Gründe waren auch bisher bestimmend, sich im Gerbereibetrieb mit dem im günstigsten Falle erreichbaren Wassergehalt der mit der Lohtrockenpresse entwässerten Lohe von 45 bis 50% notgedrungen abzufinden.

Vakuum-Dünnschichttrockner. Vielfach werden heute in den Extraktfabriken zum Auftrocknen mancher Extrakte, die infolge ihrer Empfindlichkeit gegen verhältnismäßig hohe Erwärmung, ohne Substanzveränderung nicht trocken dargestellt werden können, an Stelle der Vakuum-Einkochapparate

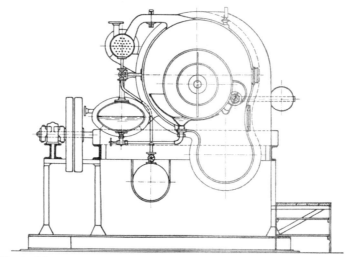

Abb. 99. Schematische Darstellung eines Vakuum-Dünnschicht-Trockners (Querschnitt).

die Vakuum-Dünnschichttrockner benützt. Die letzteren bieten den Vorteil, daß bei ihnen kein Festbrennen an den Gefäßwandungen vorkommen kann, durch das der Gehalt der Extrakte an Gerbstoff vermindert wird.

Auch in den Leimfabriken befinden sich diese Trockentrommel in Gebrauch, mit denen die eingedickte Leimbrühe in Leimpulver überführt wird.

Bei dem Vakuum-Dünnschichttrockner, dessen Querschnitt Abb. 99 erkennen läßt, wird das Trockengut direkt auf die rotierende Heizfläche einer Trommel aufgegeben und kurz vor der Beendigung einer Umdrehung an einer Schaberreihe vorbeigeführt, die das getrocknete Material abkratzt und in einen Behälter fallen läßt, aus dem es entleert werden kann.

Der Apparat besteht in der Hauptsache aus dem Einziehgefäß und einer Mulde, in der die Trockentrommel rotiert. Beide Organe sind in dem Auffangbehälter eingebaut. Über dem Einziehgefäß ist ein Kondensator und unterhalb des Apparates ein Sammelgeschirr für das Kondenswasser angeordnet.

Die Wirkungsweise des Vakuum-Dünnschichttrockners ist folgende: Die zu trocknende Brühe befindet sich in dem außerhalb des Trommelgehäuses installierten Einziehgefäßes, das nicht geheizt wird. Aus diesem Behälter fließt die Flüssigkeit in eine der Heiztrommel angepaßte Mulde, die derart gebaut ist, daß sie jede zufließende Brühe direkt an die Trommel heranleitet.

Da der Außenbehälter einen verhältnismäßig großen Flüssigkeitsspiegel bietet, so ändert sich das Niveau in diesem Gefäß nur minimal, wodurch die Brühe sich genau gleichmäßig in einer Höhe von nur wenigen Millimetern erhalten läßt. Diese geringe Flüssigkeitsmenge kocht bei der Berührung mit der Trommel sofort auf, verteilt sich hierbei sehr schnell auf der ganzen Länge und bedeckt ihre Oberfläche mit einem gleichmäßig dichten Schaum, der infolge seiner leichten und flockigen Beschaffenheit schnell trocknet und hierbei ein feinschaliges, infolge seiner Verteilung rasch auftrocknendes Produkt ergibt.

Da in der Mulde kein Material stehen bleibt, sondern der gesamte der Trommel zufließende Inhalt auch im gleichen Moment verarbeitet wird, so läßt es sich bei diesem Apparat leicht vermeiden, daß die Brühe unter der Einwirkung der Heiztrommel in dauerndem Kochen steht, sich eindickt, gekühlt werden muß und dabei verdirbt.

Wie schon oben erwähnt, wird die erhärtete Schaumschicht an einer Schaberreihe vorbeigeführt, die das Trockenprodukt von der Oberfläche der Trommel ablösen. Infolge der hakenförmigen Form, welche diesen Werkzeugen erteilt ist, kommt das vom Trommelumfang abgeschabte Material sofort zum Abrutschen und wird in dem Sammelgefäß aufgefangen, das entweder auf mechanischem Wege oder von Hand des Arbeiters zwei- bis dreimal täglich entleert werden muß. Ein Nachtrocknen findet in diesem Auffanggefäß nicht statt.

Die Vakuum-Trockentrommel ist mit einem Oberflächenkondensator ausgerüstet. Mittels dieses Apparats wird der Heizdampf der Trockentrommel durch Wasserkühlung, die von dem Dampf durch dünne Röhren getrennt ist, zu destilliertem Wasser niedergeschlagen und gewöhnlich mit Hilfe einer Naßluftpumpe in ein Sammelreservoir gedrückt. Diese Flüssigkeit kann als Kühlwasser Verwertung finden.

Durch eine in weiten Abständen um das Auffanggefäß herumgelegte Heizschlange wird die Bildung von Schweißwasser vermieden. Infolge der Oberflächenkondensation läßt sich ein gleichmäßiger Dampfabzug auf der ganzen Trommellänge des Apparates erreichen sowie die Dampfgeschwindigkeit verringern. Etwaige mitübergerissene Staubteilchen können sofort erkannt und aufgefangen werden. Ebenso läßt das hierbei verwendete Lösungsmittel sich unverkürzt wiedergewinnen.

Trockenschränke für das Laboratorium in der Lederfabrik. (Abb. 100.) Zum Schlusse seien noch Trockeneinrichtungen des Laboratoriums erwähnt. Zu den letzteren zählen die Trockenschränke, die meist zum Trocknen von Niederschlägen oder von festen Körpern dienen.

Ein solcher Apparat besteht in der Regel aus einem mit einer Tür versehenen Blechkasten, in dessen Deckelwand sich eine Öffnung zum Einsetzen eines Thermometers befindet. Die Heizung erfolgt durch Gas, Petroleum usw.

Im Innern der Trockenschränke sind Vorrichtungen zur Aufnahme von Schalen, Gefäßen usw. angebracht. Um der beständigen Beaufsichtigung ent-

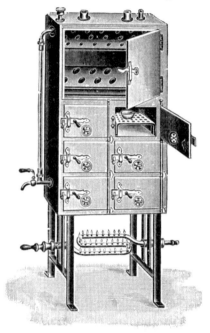

hoben zu sein, sind derartige Schränke meist mit doppelten Wänden konstruiert, in deren Zwischenraum eine Wasserfüllung gebracht und zum Sieden erhitzt wird. Außerdem besitzen sie meist eine Vorrichtung zur Erkennung des Wasserstandes.

Diese Heizapparate bilden unentbehrliche Hilfsmittel des Gerbereichemikers, wenn es sich darum handelt, Gefäße längere Zeit auf bestimmte Temperatur zu erwärmen oder Substanzen bei bestimmter Temperatur zu trocknen.

Am besten werden die Anforderungen, welche man heute an einen Trockenschrank stellt, durch einen Vakuumtrockner für elektrische Heizung mit selbsttätiger Temperaturregulierung erfüllt. Ein derartiger Apparat ist in Abb. 101 ersichtlich.

Er hat gegenüber älteren Konstruktionen den Vorteil, daß hier die Einlageböden selbst als Heizkörper ausgebildet sind. Dadurch ist ein rasches und gleichmäßiges Erhitzen des Trockengutes möglich. Durch eine selbsttätige Temperaturreguliervorrichtung kann man die Einlage auf jede gewünschte Temperatur zwischen 50 und 150° bringen. Die Einstellung geschieht mit Hilfe eines Quarzglas-Quecksilberrelais, das durch einen an der Heizplatte befindlichen Zeiger eingestellt werden kann. Es ist von der Stromart (Gleichstrom, Wechselstrom, Drehstrom) unabhängig. Die Wärmeschwankungen sollen in der Regel nicht mehr als $\pm 1°$ betragen.

Da jede Platte eigene Stromzuführungen hat, ist es dem Chemiker möglich, mit verschieden beheizten Einlagen zu arbeiten. Die Energieaufnahmen dieser Apparate bewegen sich zwischen 0,8 bis 2,4 Kilowatt.

Abb. 100.

Diese Vakuum-Trockenschränke werden ganz aus Aluminium hergestellt.

Um das Trockengut beobachten zu können, besitzen Deckel und Rückwand Schaugläser. Bei den kleineren Typen genügen zum Evakuieren die gewöhnlichen aus Glas hergestellten Wasserstrahlpumpen. Mittlere und größere Schränke evakuiert man am besten mit Metallwasserstrahlpumpen.

Abb. 101. Vakuumtrockner für elektrische Heizung mit selbsttätiger Temperaturregulierung.

Ein Unterdruck von 70 cm Quecksilbersäule wird dauernd konstant gehalten, wenn die Vakuumpumpe ständig im Betrieb bleibt oder wenigstens von Zeit zu Zeit benützt wird.

E. Nachgerbung.

Von Gewerbestudienrat **Theo Wieschebrink,** Freiberg i. Sa.

Die Einteilung der Gerbmethoden in vegetabilische Gerbung, Mineralgerbung, Fettgerbung , Aldehydgerbung u. dgl. ist nicht nur veranlaßt durch die Herkunft und Art der verschiedenen Gerbstoffe und die verschiedenen Arbeitsmethoden, welche durch die Eigenschaften der bekannten Gerbmittel bedingt sind, sondern beruht auch im wesentlichen auf den verschiedenen Eigenschaften, welche die Haut bei der Behandlung mit diesen Gerbstoffen erlangt.

In manchen Fällen besteht die Absicht, die durch eine der genannten Gerbstoffgruppen bedingten typischen Eigenschaften des Leders mit solchen einer zweiten oder auch dritten Gruppe zu kombinieren, um auf diese Weise dem Leder Mischeigenschaften zu erteilen. Es ist z. B. üblich, ein chromgegerbtes Leder mit vegetabilischen Gerbstoffen „nachzugerben", d. h. dieselbe Haut nacheinander mit zwei grundsätzlich verschiedenen Gerbarten zu behandeln. Diese Arbeitsweise, die wohl auch als „Aufgerbung" (in Frankreich „surtannage") gekennzeichnet werden könnte, ist in dem Abschnitt „Kombinationsgerbungen" (Bd. II, 2. Teil) eingehend behandelt. Die im technischen Sprachgebrauch vielfach angewandte Bezeichnung „Nachgerbung" sollte hierfür vorteilhaft keine Verwendung finden.

Bei chromgegerbten Ledern, hauptsächlich Chromoberledern, wird vielfach die Aufgerbung mit vegetabilischen Gerbstoffen vorgenommen, um das Aufziehen basischer Farbstoffe zu ermöglichen (siehe Färben). Waterproofleder, Sportschuhleder, Chromsohlleder u. dgl. werden mit Chromgerbstoffen vorgegerbt und mit vegetabilischen Gerbstoffen aufgegerbt, um die Zügigkeit des Leders zu vermindern, die Wasserdurchlässigkeit herabzusetzen, die Festigkeit des Leders zu erhöhen und die Fettaufnahme bei der Fettung zu erleichtern.

Unter Nachgerbung sollen hier solche Arbeitsmethoden zusammengefaßt werden, welche darauf hinzielen, die schon gegebenen Eigenschaften des Leders zu verbessern oder in höherem Maße herauszuarbeiten. Handelt es sich also bei der Kombinationsgerbung darum, qualitativ verschiedene Effekte zu vereinen, so erstrebt die Nachgerbung die quantitative Verbesserung der vorhandenen Eigenschaften.

Dabei liegt durchaus nicht immer eine Gerbung im eigentlichen Sinn vor. Häufig werden nur die äußeren Kennzeichen einer Gerbung nachgeahmt, insofern als das Leder mit Gerbstoffen behandelt wird und Gerbstoffe in die Haut hineingebracht werden. In manchen Fällen werden aber auch nur die bei der Gerbung üblichen Arbeitsmethoden übernommen, ohne daß dabei Gerbstoffe zur Anwendung kämen; vielmehr werden dem Leder Stoffe zugeführt, die in bezug auf die Haut vollkommen indifferent sind.

Darnach lassen sich folgende Arten der Nachgerbung unterscheiden:

I. die eigentliche Nachgerbung mit dem Ziel, die Gerbung zu vervollkommnen, Narben, Farbe und Griff des Leders zu verfeinern;

II. die Füllgerbung als Mittel, dem Leder ein größeres Maß an Gerbstoffen zuzuführen;

III. die Lederbeschwerung als Weg, das Gewicht des Leders mit an sich lederfremden Stoffen zu erhöhen;

IV. die Fixierung mit dem Ziel, die im Leder vorhandenen löslichen Stoffe in unlösliche überzuführen.

V. die Imprägnierung mit dem Ziel, dem Leder bestimmte Eigenschaften zu verleihen, die es durch die üblichen Arbeiten der Gerbung nicht oder nicht in ausreichendem Maße erhält.

I. Die eigentliche Nachgerbung.

Die Konservierung des Rohmaterials des Gerbers, der Häute und Felle, erfolgt im allgemeinen auf zwei Arten, durch Salzen oder Trocknen. Daneben wird in einigen Produktionsländern für Häute und Felle die Gerbung selbst als Konservierungsmittel angewendet. Indien beliefert den europäischen Markt mit gegerbten Rindhäuten, „Kipsen", die auf den in London monatlich stattfindenden Auktionen in die Hand des Lederfabrikanten gelangen. In gleicher Weise werden über Bombay und Madras als Verschiffungshäfen ostindische Schaf- und Ziegenfelle in gegerbtem Zustand auf den Markt gebracht.

Die Gerbung solcher Ware erfolgt in Indien in verhältnismäßig primitiver Weise, meist mit einheimischen Gerbstoffen. Für die Ansprüche der europäischen lederverarbeitenden Industrien genügt diese Gerbung nicht. Es macht sich eine besondere Nachgerbung notwendig, um dann nach geeigneter Zurichtung die Ware in einen verkaufs- und verarbeitungsfähigen Zustand zu bringen.

Die ostindischen gegerbten Schaf- und Ziegenfelle, wie vor allem auch die Kipse, enthalten größere Mengen nichtgebundenen Gerbstoffs, der das Leder dunkel und fleckig macht. Bei Kipsen wird zum Teil eine starke Fettung (bis zu 10% Sesamöl) zur Gewichtskorrektur benutzt. Schaf- und Ziegenfelle weisen von Naturfett herrührende Flecken auf. Für die Nachgerbung solcher Ware macht sich daher folgendes Arbeitsverfahren notwendig:

Die Häute und Felle werden zunächst in Wasser geweicht, welches zur Beschleunigung des Durchweichens auf zirka 30° C angewärmt wurde. Nach 24stündiger Weiche in der Grube kommen die Leder ins Faß und werden unter Zusatz von 1 bis 2% kalzinierter Soda oder 3 bis 5% Borax, auf Ledertrockengewicht berechnet, gewalkt. Durch die Soda werden die nichtgebundenen Gerbstoffe schnell herausgelöst und das Leder oberflächlich entgerbt. Brühe und Leder erhalten dabei eine schwarzbraune Farbe. Fette, die zur Beschwerung des Leders verwandt wurden, werden dabei verseift und teils mit herausgewaschen. Naturfett läßt sich durch diesen Prozeß nur unvollständig entfernen.

Nach einer halben Stunde läßt man die dunkle Brühe ablaufen und spült mit frischem Wasser 10 Minuten bei offenem Deckel im Faß nach. Da die Gerbstoffe in alkalischem Medium sehr leicht oxydieren und dunkel werden, ist es ratsam, die Leder anschließend wieder anzusäuern, da sich die Dunkelfärbung durch Bleichmittel nicht rückgängig machen läßt. Das Ansäuern erfolgt durch Walken der Leder im Faß mit Wasser unter Zugabe von $1/2$% Milchsäure oder Natriumbisulfit oder 1% Essigsäure, auf Ledertrockengewicht berechnet.

Die weitere Behandlung von Kipsen erfolgt dann durch eine Nachgerbung der Leder in vegetabilischen Gerbbrühen von 10 bis 15° Bé und wird wie bei einer normalen Faßgerbung durchgeführt.

Die Nachgerbung von Schaf- und Ziegenfellen wird mit dünnen Brühen von 2 bis 3° Bé vorgenommen. Die Gerbbrühe setzt man so zusammen, daß eine möglichst helle Lederfarbe erreicht wird. Neben Sumach, Gambir, Valonea, Dividivi und sulfitiertem Quebrachoextrakt werden synthetische Gerbstoffe, Tanigan H, Tanigan F, Tanigan LL, Tanigan GBL und ähnliche verwendet.

II. Füllgerbung.

Der Gerber stellt es sich zur Aufgabe, Leder nach solchen Verfahren zu erzeugen, die ihm ein möglichst hochwertiges Produkt ergeben und ihm zugleich für Arbeit, Risiko, Zeit- und Kapitalaufwand einen angemessenen Gewinn ermöglichen. In Zeiten scharfer Konkurrenz und bei einem allzu gedrückten Preisniveau muß daher auch der Lederfabrikant versuchen, unter Beibehaltung der Qualität seines Fabrikats möglichst auf seine Kosten zu kommen. Soweit Leder nach Gewicht gehandelt wird, bleibt es daher ein verständliches Ziel des Lederfabrikanten, das Leder so herzustellen, daß bei gleichbleibender Qualität das Gewicht möglichst hoch ausfällt.

Wenn auch schon der rheinische Gerber, als er noch mit seinem Fuhrwerk sein Sohlleder zur Leipziger Messe brachte, dem Himmel durchaus nicht zürnte, wenn kurz vor Leipzig ein solider Landregen einsetzte, wenn es auch an heimlichen Versuchen, das Leder zu beschweren, nicht gefehlt haben mag, so kann man doch sagen, daß bis in die Siebzigerjahre des vergangenen Jahrhunderts der solide Gerber sich bemüht hat, seinen Nutzen ohne künstliche Beschwerung zu finden. Die damals einsetzende Absatzkrise und die immer wachsende Konkurrenz zwangen den Gerber dazu, Absatz für seine Ware durch Verbilligung der Produktion zu suchen. Diese Verbilligung erreichte er unter anderem auch durch Vergrößerung der gewichtsmäßigen Lederausbeute aus dem gleichen Quantum eingearbeiteten Rohmaterials.

In den Siebzigerjahren begann die Textilindustrie damit, Ersatzstoffe und beschwerte Ware in den Handel zu bringen. Leinen wurde gefälscht, Baumwolle appretiert, Woll- und Seidenstoff imitiert. Die Papierindustrie führte Holzstoff und Cellulose ein. Die Fettindustrie mengte billige und wertvolle Fette.

In dieser Epoche begann auch für die Lederindustrie die Zeit, in welcher die „Rendementskorrektur" mehr und mehr sich ausbreitete. Der Anfang wurde im großen in England gemacht (Eitner 1, 2), wo man um 1860 mit der „Appretur" von Büffelleder begann. Die Appretur entlehnte man zunächst der Baumwollwarenindustrie, die neben Salzen in der Hauptsache Kartoffelstärke und deren Umwandlungsprodukte in das lockere Baumwollgewebe brachte, um dieses fester und griffiger zu machen.

Für den Lederfabrikanten bestand bei der Herstellung von Büffelleder dieselbe Aufgabe. Dieses an sich schwammige lockere Leder sollte fester und voller erzeugt werden. Die „Appretur" schien dazu geeignet und verlockte um so mehr, als dabei gleichzeitig eine Gewichtserhöhung zu erzielen war. Der Weg war also gegeben. Vom Büffelleder verpflanzte man diese Behandlung auch auf andere Lederarten. Die Beschwerung des Leders war eingeführt.

Von England wanderten die Lederbeschwerungsmethoden zunächst nach Amerika. Bald wurde der europäische Markt mit stark beschwertem billigen Hemlockleder überschwemmt. Durch Zölle suchte man zunächst diese Konkurrenz auszuschalten. Schließlich blieb aber auch dem Lederfabrikanten des europäischen Kontinents nichts anderes übrig, als mitzumachen. In den Achtzigerjahren setzten dann die vielen Bemühungen und Versuche ein, das Leder mit allen möglichen und unmöglichen Mitteln zu beschweren. Daß sich diese Methoden bis heute mehr oder weniger erhalten haben, nimmt bei der jetzigen Lage der Lederindustrie und der an sich verständlichen Einstellung der lederverbrauchenden Industrien, möglichst billig zu kaufen, nicht wunder.

Nur die lederverbrauchende Industrie kann den Anstoß zur Abwendung von den Beschwerungsmethoden geben, wenn sie ihre Ansprüche mit den Preisen, die sie bewilligt, in Einklang bringt.

Es soll damit durchaus nicht gesagt werden, daß jede Rendementserhöhung eine Qualitätsverminderung darstellt. Die modernen Gerbmethoden, die wesentlich von den Methoden der Achtzigerjahre abweichen, bedingen eine durchaus andere Behandlung des Leders. Ein in moderner Faßgerbung hergestelltes Vacheleder würde mit einem Minimum an auswaschbaren Stoffen, d. h. nach beendeter eigentlicher Gerbung, gründlich ausgewaschen, den Ansprüchen der

Verbraucher durchaus nicht genügen. Die Nachbehandlung des Leders ist zu einer Notwendigkeit geworden.

Abweichend von der Eitnerschen (3) Einteilung, nach welcher Gerbmittel, Füllmittel und Beschwerungsmittel unterschieden werden, soll in Anpassung an die modernen Arbeitsmethoden für die Rendementserhöhung eine Einteilung erfolgen in Füllgerbung, Beschwerung, Fixierung und Imprägnierung.

Die Bemühungen, den vegetabilischen Gerbprozeß quantitativ zu erfassen, sind bisher negativ verlaufen, da die Aufnahmefähigkeit der Eiweißsubstanz der Haut für vegetabilen Gerbstoff je nach Vorbehandlung, dem Schwellungsgrad, der Art der Gerbstoffe, dem p_H der Gerbbrühe, dem Dispersitätsgrad der Gerbstoffe, der Temperatur und der Durchführung des Gerbprozesses, großen Schwankungen unterworfen ist. Nach Youl und Griffith, die vergleichende Versuche ausführten, über die Menge von verschiedenen Gerbstoffen, die unter sonst gleichen Bedingungen von der Haut aufgenommen werden, ergab sich als Durchgerbungsgrad die Anzahl Gramm Gerbstoff, die von 100 Teilen wasserfreier Hautsubstanz aufgenommen wurde.

Tabelle 9. (Aus Youl und Griffith.)

Gerbung	Durchgerbungsgrad (aufgenommen)	Durchgerbungszahl (gebunden)
Eichenrinde	111,5	77,6
Quebrachoextrakt	110,5	89,8
Quebrachoholz	108,5	82,1
Eichenholzextrakt	98,8	70,7
„ (entfärbt)	96,1	74,5
Hemlockextrakt	96,1	—
Kastanienholzextrakt	94,5	72,7
Mimosaextrakt	93,0	80,2
Canaigreextrakt.	85,8	75,7
Myrobalanenextrakt	70,7	63,4
Valoneaextrakt	—	70,7

Diese Resultate müssen allerdings unter einem gewissen Vorbehalt aufgenommen werden. Wie M. Bergmann berichtet, können die Untersuchungsergebnisse von Youl und Griffith, die für den damaligen Stand der Gerbereiwissenschaft hoch einzuschätzen sind, den heutigen Erkenntnissen nicht mehr ganz standhalten, da die Autoren bei der Wahl und der Vorbehandlung der Proben nicht alle Gesichtspunkte berücksichtigt haben, die nach neueren Untersuchungen sehr wesentlich sind.

v. Schröder hat bei den Untersuchungen des Leders sich mit dem gleichen Problem beschäftigt. Seine Arbeiten brachten die Einführung der Begriffe Rendementszahl und Durchgerbungszahl. Die Durchgerbungszahl, welche angibt, wie viel Teile Gerbstoff von 100 Teilen wasserfreier Hautsubstanz gebunden wurden, schwankt bei den v. Schröderschen Untersuchungen zwischen 43 und 100. Diese Zahlen beweisen deutlich, wie wechselnd die Bindung von Gerbstoffen an die Haut erfolgen kann. Die Tatsache, daß sich neben diesen gebundenen Gerbstoffen auch nichtgebundene Gerbstoffe sowie Nichtgerbstoffe verschiedenster Art im Leder vorfinden können, führte v. Schröder zum Begriff der Rendementszahl. Diese gibt an, wie viel Teile lufttrockenes Leder aus 100 Teilen wasserfreier Hautsubstanz hervorgegangen sind. In den v. Schröderschen Tabellen schwankt die Rendementszahl bei Unterleder zwischen 200 und 297.

Entsprechende Schwankungen bestehen in den Zahlen, die der Lederfabrikant erhält bei der Berechnung des Lederrendements, d. h. der Ausbeute an Leder aus

100 Teilen Rohhaut, Trockenhaut oder Blöße. Bei Unterleder kann die Lederausbeute, auf 100 Teile Blößengewicht bezogen, sich zwischen 45 und 80 bewegen. Das bedeutet, daß man aus 100 Gewichtsteilen Blöße je nach Beschaffenheit der Blöße und nach dem jeweiligen Gerbverfahren 45 bis 80 Gewichtsteile Unterleder erhalten kann. Die hierbei resultierenden Leder sind in der Qualität durchaus nicht gleichwertig und auch nicht für den gleichen Zweck verwendbar.

Bei einem Rendement unter 45% wird das Leder hornig und mager. Ein Rendement von 80%, welches ungefähr die Höchstgrenze des Erreichbaren darstellt, läßt ein Leder erwarten, das brüchig ist, fleckig und dunkel aussieht, einen sehr hohen Auswaschverlust und ein hohes spezifisches Gewicht aufweist. Entsprechend den jeweiligen Arbeitsverfahren bei der Herstellung des Leders wird man der unteren oder oberen Grenze näherkommen. Ein „höchstes" Rendement läßt sich jedoch nur durch eine Füllgerbung oder Beschwerung erreichen.

Bei der reinen Lohgerbung mit Eiche und Fichte kommt die Haut nur mit verhältnismäßig dünnen Brühen in Berührung. Mit dem Aufkommen der Gerbextrakte ging man immer mehr zur Verwendung stärkerer Brühen über. Die moderne Unterledergerbung benutzt Brühen von 12 bis 18° Bé. Aus dieser Arbeitsmethode entwickelte sich die Füllgerbung, durch welche in die Haut ein bedeutend größeres Maß an Gerbstoffen eingebracht werden konnte, als es bei der reinen Lohgerbung je möglich gewesen wäre.

Für die Herstellung von Unterleder in moderner Gerbung sind folgende Arbeitsverfahren üblich:

Die gerbfertige Blöße durchläuft zunächst einen Farbengang und wird dann

a) direkt ins Gerbfaß gegeben und mit starken Brühen ausgegerbt (reine Faßgerbung);

b) in einen Versenk der Versatz unter Mitverwendung von Lohe weitergegerbt und darauf ins Faß gebracht (Mischgerbung);

c) ins Faß gegeben und anschließend im Versenk oder Versatz unter Mitverwendung von Lohe weitergegerbt (Mischgerbung).

Darauf folgen die Zurichtarbeiten.

Im letzten Stadium der eigentlichen Gerbung werden verhältnismäßig starke Brühen von 8 bis 14° Bé angewendet. Über eine Brühenstärke von 8° Bé geht man im Versenk oder Versatz als Endstadium der eigentlichen Gerbung nicht hinaus. Im Faß sind dagegen Brühen bis zu 15° Bé und mehr in der Ausgerbung üblich.

Eine weitere Füllung des Leders mit Gerbextrakten kann dann auf folgenden Wegen vorgenommen werden:

1. Die aus der eigentlichen Gerbung kommenden Leder werden abgelüftet und dann auf die Fleischseite des Leders von Hand ein bis zu 45° C warmer Extrakt von 18 bis 22° Bé aufgetragen [Eitner (4), Pollak (1)]. Dies Verfahren ist zeitraubend, umständlich und wenig erfolgreich, da der Extrakt nur langsam in das Leder einzieht.

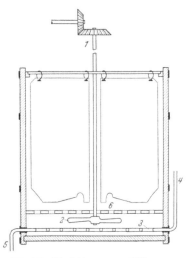

Abb. 102. Einrichtung zum Füllen von Leder mit Extrakten.
1 Rührstock, *2* Propeller, *3* Heizschlange, *4* Dampfzuleitung, *5* Kondenswasserableitung, *6* Lattenrost.

2. Man hängt die abgelüfteten oder getrockneten Leder in eine starke Extraktbrühe ein und läßt sie sich mit Extrakt vollsaugen. Dazu benötigt man einen Bottich oder eine Grube, in die am Boden eine kupferne, geschlossene Heiz-

schlange mit einem darüberliegenden Schutzgitter oder Siebboden aus Holz eingebaut ist. Der Siebboden dient als Schutz gegen ein Verbrennen des Leders bei Berührung mit der Heizschlange. Vorteilhaft ist es, zwischen Siebboden und Heizschlange ein Rührwerk anzubringen (Abb. 102).

In diesen Bottich gibt man die zur Füllgerbung geeigneten Extraktmischungen, die man auf eine Dichte von 18 bis 20° Bé einstellt. Durch die Heizschlange wird die Brühe auf 35 bis 45° C erhitzt und das Leder eingehängt. Die Temperatur wird auf der angegebenen Höhe gehalten. Nach zwei Tagen werden die Leder zum Ablüften aufgehängt und dann nochmals zwei Tage in die Brühe eingehängt. Ein Abnehmen der Dichte des Extrakts wird durch Zubessern neuer Extraktmengen ausgeglichen. Das Rührwerk wird nur zeitweise in Bewegung gesetzt. Bei dem Einleiten von Dampf in die Heizschlange muß das Rührwerk laufen, um eine Überhitzung der Brühe im unteren Teil des Bottichs zu vermeiden. Wenn die Leder genügend Extrakt aufgenommen haben, werden sie für 24 bis 48 Stunden auf Stapel gelegt und dann weiter zugerichtet.

3. Die meist angewandte Methode der Füllgerbung besteht darin, den Gerbextrakt im Walkfaß in das Leder einzuwalken. Dabei läßt sich unterscheiden zwischen der Brühenfüllung und der Trockenfüllung.

Die Brühenfüllung besteht in einer Fortsetzung der Faßgerbung [Eitner (5)] bei höherer Temperatur und größerer Brühendichte. Die Leder bedürfen keiner besonderen Vorbereitung, sondern können in dem Zustand, in welchem sie aus der eigentlichen Gerbung kommen, weiterbehandelt werden. Das Gerbfaß, welches sich bei der Faßgerbung mit einer Umfangsgeschwindigkeit von zirka 1 m/sec. bewegt, erhält dazu eine Geschwindigkeit von zirka 2 m/sec. Das Faß wird beschickt mit einem Brühenüberschuß von 150 bis 250% des Ledergewichts. Durch die geringe Brühenmenge und die größere Umlaufgeschwindigkeit tritt bei dem Walken der Leder eine Temperaturerhöhung ein, sowie durch die Reibung der Leder aneinander und an den Faßwänden. Die an sich dickflüssigen Brühen von 18 bis 22° Bé werden dadurch dünnflüssig. Die bei abnehmender Viskosität zunehmende Diffusionsgeschwindigkeit führt in kurzer Zeit zu einem Konzentrationsgleichgewicht zwischen der Flüssigkeit im Leder und der umgebenden Brühe. Nach 12 bis 24 Stunden ist der Prozeß beendet. Die Temperatur kann bis zu 45° C steigen, bedarf aber wegen der Gefahr, die Leder zu verbrennen, einer besonderen Beobachtung, die durch eigens zu diesem Zweck konstruierte Faßthermometer leicht durchgeführt werden kann. Nach Beendigung des Füllens werden die Leder für zwei Tage auf Stapel geschichtet und dann zugerichtet. Die im Faß zurückbleibende Brühe kann weiterverwendet werden.

Bei der Brühenfüllung besteht ein großer Nachteil darin, daß sich die vom Leder aufgenommene Extraktmenge nur schwierig überprüfen und feststellen läßt. Der als Trockenfüllung bezeichnete Arbeitsprozeß schaltet diesen Nachteil aus und ermöglicht gleichzeitig einen erheblichen Zeitgewinn.

Zur Trockenfüllung bedürfen die Leder einer besonderen Vorbereitung. Leder, die in starken Brühen ausgegerbt werden, müssen zuerst ausgewaschen werden. Es geschieht dies vorteilhaft durch Einhängen der Leder in dünne Brühe oder Wasser, da dann die ausgewaschenen Gerbstoffe dem Fabrikationsprozeß wieder zugeführt werden können. Bei einem Auswaschen im Faß gehen die ausgewaschenen Gerbstoffe mit dem Waschwasser verloren. Es erscheint widersinnig, die Gerbstoffe erst auszuwaschen und dann andere ins Leder einzubringen; jedoch läßt sich in ausgewaschenes Leder ein größeres Maß von Extrakt einwalken, als es bei nichtausgewaschenem Leder unter Berücksichtigung der ausgewaschenen Gerbstoffmenge möglich wäre. Auch ist es zu empfehlen, den Kern der Haut und die Abfälle gesondert bei der Trockenfüllung zu behandeln, da die abfälligen Teile infolge ihrer mehr lockeren Struktur den größeren Teil der angewendeten Extraktmenge schnell aufnehmen, während in den dichten Kern nur ein geringer Teil des Extraktes einzieht.

Während bei der Brühenfüllung ein Konzentrationsausgleich erfolgt zwischen der Flüssigkeit im Leder und der das Leder umgebenden starken Brühe, das Gesamtvolumen von Brühe plus Leder daher im wesentlichen unverändert bleibt, verläuft bei der Trockenfüllung der Prozeß so, daß das Volumen Leder plus Extraktlösung nach und nach auf das Ledervolumen zurücksinkt, die Extraktlösung also vollständig vom Leder aufgenommen wird. Diese Volumenverminderung kann aber nur stattfinden, wenn im Leder Hohlräume oder mit Luft gefüllte Räume vorhanden sind, welche sich bei der Füllung mit Extraktlösung vollsaugen können. Bei nassem Leder sind die Faserzwischenräume mit Wasser oder Gerbstofflösungen gefüllt. Für die Trockenfüllung ist es notwendig, dieses Wasser erst zu entfernen. Durch Abpressen der Leder auf der hydraulischen Presse oder der rotierenden Abwelkpresse, ferner durch Ablüften oder auch vollständiges Trocknen kann die Flüssigkeit aus dem Leder mehr oder weniger beseitigt werden. Das vollständige Trocknen hat den Vorteil, daß die Saugfähigkeit des Leders ein Maximum erreicht, soweit nicht auch eine irreversible Volumkontraktion des Leders bei dem Trocknen erfolgt. Für den Füllprozeß muß das Leder, bevor es ins Faß gegeben wird, durch Wasser gezogen werden, damit es soviel Feuchtig-

Abb. 103. Walkfaß mit Warmluftzufuhrung.

keit aufnimmt, daß es das Walken im Faß verträgt, ohne zu brechen und ohne die Lederfasern bei der mechanischen Beanspruchung im Walkfaß zu zerreißen.

Auch das Walkfaß ist für die Trockenfüllung durch Anwärmen vorzubereiten. Da die starken Extraktlösungen nur in verhältnismäßig dünnflüssigem Zustand in das Leder eindringen können, ist es erforderlich, durch höhere Temperatur die Viskosität herabzusetzen. Man wird also die Extraktlösung bis auf 45° C erhitzen und sich einen Wärmespeicher schaffen durch Erwärmen der Faßwände auf dieselbe Temperatur.

Das Anwärmen des Fasses erfolgt durch Einleiten von Dampf. Das Kondenswasser ist vor Einbringen der Leder zu entfernen. Ein vorheriges Anwärmen des Fasses läßt sich umgehen, wenn man eine Einrichtung schafft, die es gestattet, während des Füllprozesses dem Faß Wärme zuzuführen. Das Faß erhält dazu eine beiderseits hohle, mit weiter Bohrung versehene Achse (Abb. 103).

Von einer Seite wird durch die Achse Warmluft von zirka 45° C eingeblasen. Mit einem Ventilator wird die Luft vorher an mit Dampf geheizten Rippenrohren vorbeigeführt. Bei dem Durchströmen des Fasses nimmt die Warmluft aus Leder und Extrakt Wasser auf. Dadurch wird es möglich, eine größere Extraktmenge in das Leder einzubringen.

Die durch Anfeuchten walkfähig gemachten Leder werden also in das angewärmte Faß gegeben und solange gewalkt, bis sie sich der Temperatur des Fasses angepaßt haben. Darauf wird die 40 bis 45° C warme Extraktlösung von 18 bis 22° Bé — bei gering viskosen Extrakten bis zu 28° Bé — in das Faß gegeben. Bei größeren Extraktmengen fügt man die zweite Hälfte erst zu, nachdem die erste aufgesogen ist. Man walkt nun solange, bis die Extraktlösung vollkommen vom Leder aufgenommen ist, bis das Leder auf Narben- und Fleischseite trocken aussieht. Je nach Beschaffenheit der Leder, nach Temperatur und Viskosität des Extraktes, dauert das Einwalken 1 bis 3 Stunden.

Schneller und einfacher verläuft die Trockenfüllung bei der Verwendung der jetzt mehr und mehr vom Gerbstoffhandel angebotenen gepulverten Gerbextrakte. Man gibt den gepulverten Extrakt zu den nur abgepreßten oder abgewalkten Ledern in das angewärmte mit Warmluft durchströmte Faß. Durch die aus dem Leder beim Walken austretende Flüssigkeit wird der Pulverextrakt gelöst und vom Leder aufgesaugt. Das im Leder vorhandene Wasser wird durch die Warmluft mitgenommen.

Je nach den Arbeitsverhältnissen, nach der Vorbehandlung des Leders, nach Wassergehalt, Temperatur und Eigenschaften des Füllextraktes lassen sich 10 bis 30% an festem Extrakt oder bis zu 50% an flüssigem Extrakt, auf das Trockengewicht des Leders berechnet, in das Leder einwalken.

Der Lederfabrikant wird aus den im Handel befindlichen festen und flüssigen Gerbextrakten nach verschiedenen Gesichtspunkten eine Auswahl treffen müssen. Neben den rein kaufmännischen Erwägungen über Preis, Fracht, Beschaffungsmöglichkeit, spielen die Eigenschaften des Extraktes eine wichtige Rolle.

Da der Lederhandel und die lederverarbeitende Industrie meist ein helles Leder bevorzugen, wird man für die Füllgerbung solche Extrakte auswählen, die dem Leder eine günstige Farbe erteilen. Die Gerbextraktindustrie hat die Auswahl insofern erleichtert, als man hier mit Erfolg bemüht ist, die Farbe der Extrakte aufzuhellen. Wenn auch die Farbe, die das Leder aus der eigentlichen Gerbung mitbringt, nicht ohne Einfluß ist, so wirkt doch die Farbe des Füllextrakts wesentlich bestimmend auf die endgültige Lederfarbe.

Weiter unterscheidet man zwischen festmachenden und weichmachenden Extrakten. Die Urteile über die einzelnen Extrakte sind dabei sehr schwankend. Die Festigkeit des fertigen Leders wird nicht allein von den festmachenden Eigenschaften des Extrakts abhängen, sondern auch von der Vorbehandlung und Zurichtung des Leders. Es liegen Untersuchungen vor über die festmachenden Eigenschaften der einzelnen Gerbmittel bei der eigentlichen Gerbung. Für die Füllgerbung kommen diese aber nicht in Betracht. Solange man das Leder mit reinen Gerbextrakten füllt, dürfte deren Härte, Sprödigkeit und Zähigkeit für die Festigkeit des Leders maßgebend sein.

Bei einem mit Gerbextrakt gefüllten Leder sind die Faserzwischenräume mit Gerbextraktlösung ausgefüllt, bei dem Trocknen des Leders trocknet der Gerbextrakt auf und verklebt die Fasern. Einer Verschiebung der Fasern gegeneinander, wie sie beim Biegen des Leders erfolgt, setzt diese Festlegung der Faser einen Widerstand entgegen. Durch weiteres Biegen oder auch mechanische Bearbeitung (Walzen) wird ein spröder Extrakt zerspringen. Die Fasern werden wieder leicht verschiebbar; das Leder ist weich. Ein zäher Extrakt setzt der Biegung des Leders ebenfalls einen Widerstand entgegen, ohne daß es zum Zerspringen der Extraktmasse kommt. Das Leder bleibt fest. In diesem Zusammenhang sei darauf hingewiesen, daß fester Quebrachoextrakt zu den spröden, Eichenholzextrakt zu den zähen Extrakten zu rechnen ist.

Auch die Hygroskopizität der Extrakte ist zu beachten, da stark wasseranziehende Extrakte das Trocknen erschweren und ein Weichwerden des Leders bei feuchter Lagerung hervorrufen.

Durch Verwendung von Extraktmischungen oder durch Zusätze von Salzen, Traubenzucker, Dextrin, emulgierenden Ölen, Harzen u. dgl. lassen sich die genannten Eigenschaften der Extrakte variieren. Ähnlich kann durch Nachbehandeln der Leder mit diesen Stoffen, wie auch mit Eiweißstoffen, eine Verschiebung dieser Eigenschaften erfolgen.

Bei der Füllgerbung sowohl als auch bei der weiter unten behandelten Lederbeschwerung und Imprägnierung liegt eine Gerbung im eigentlichen Sinne nicht vor. Ein in normaler Gerbung ausgegerbtes Leder hat sein Maximum an Gerbstoffen bereits aufgenommen und an die Eiweißsubstanz der Haut gebunden. Eine weitere Bindung von Gerbstoff ist unmöglich. Bei längerem Verweilen solcher Leder in Gerbbrühen nimmt der Gerbstoffgehalt der Brühe nicht mehr ab.

Wenn es trotzdem möglich ist, noch Gerb- und andere Stoffe in das Leder zu bringen, so ist dies nur dadurch zu erklären, daß das Leder in diesem Zustand porös ist. Die Eiweißstoffe der einzelnen Lederfasern sind in Gerbstoff-Eiweiß-Verbindungen übergeführt. Die Faserzwischenräume enthalten bei nassem Leder Wasser oder Gerbbrühen, bei trockenem Leder Luft. Diese Zwischenräume lassen sich bei geeigneter Arbeitsweise mit anderen Stoffen ausfüllen, wie man Filz mit Leim, einen Schwamm mit Wasser u. dgl. vollsaugen lassen kann. Bei der Füllgerbung werden die Hohlräume mit Gerbextrakt gefüllt, bei der Beschwerung und Imprägnierung mit Stoffen, die sich normalerweise im Leder nicht oder nur in geringen Mengen finden.

Bei der außerordentlichen Feinheit der Faserzwischenräume benötigt der Füllextrakt eine gewisse Zeit, um von außen her bis in die inneren Schichten des Leders vorzudringen. Wie oben erwähnt, dringt die Extraktlösung in die lockeren, abfälligen Teile der Haut infolge der gröberen Struktur wesentlich schneller ein als in die Kernpartien. Ein Unterschied in der Saugfähigkeit einer Haut gegen eine zweite und dritte gleicher Gerbung wird wegen der wechselnden Dichte der Struktur ebenfalls festzustellen sein. Desgleichen geben Unterschiede in der Gerbung auch Unterschiede in der Struktur und damit wechselnde Saugfähigkeit, die noch weiter beeinflußt werden kann durch die Benetzbarkeit der Kapillaren oder die Oberflächenspannung der Füllextraktlösung.

Ein wesentlicher Einfluß auf die Saugfähigkeit des Leders liegt in der Viskosität der Extraktlösung. Die innere Reibung einer Gerbbrühe steigt mit der Konzentration und fällt mit der Temperatur. Sie ist ferner abhängig von dem p_H-Wert der Brühe und kann durch Zusatz von Elektrolyten, Bittersalz, Glauber-

Tabelle 10. Viskosität verschiedener Extrakte bei einer Dichte von 22° Bé.
[Aus L. Pollak (2).]

Extrakt	Englergrade bei				
	20° C	25° C	30° C	40° C	50° C
Reiner Quebrachoextrakt Triumph	105,00	46,35	22,33	8,44	4,02
Reiner Quebrachoextrakt Triumph	83,18	37,35	21,59	8,57	4,32
Sulfit. Quebrachoextrakt Crown .	17,77	11,29	7,69	4,06	2,62
Tizeraextrakt	60,20	30,69	16,24	6,77	3,79
Fichtenrindenextrakt	40,85	31,89	23,50	13,50	8,31
Mimosarindenextrakt	20,20	13,96	9,39	5,47	3,39
Slav. Eichenholzextrakt, dekoloriert	5,62	4,17	3,08	2,17	1,75
Slav. Kastanienholzextrakt, dekoloriert.	3,67	2,92	2,29	1,87	1,58

salz sowie durch Zusatz von Kohlehydraten, Traubenzucker, Dextrin, emulgierenden Ölen u. dgl. beeinflußt werden. Die Abhängigkeit der Viskosität von der Dichte, Temperatur und p_H ist von L. Pollak (2) eingehend untersucht worden. Wie aus der Tabelle 10 ersichtlich, hat z. B. Quebracho sulfitiert bei 22° Bé eine Viskosität von 11,3 Engler, Mimosa 14, Quebrachoextrakt Triumph 46, dagegen Eichenholzextrakt 4,2, Kastanienholzextrakt 2,9 — alles bei einer Temperatur von 25° C. Mit steigender Temperatur rücken die Viskositäten enger zusammen und betragen bei 40° C für Quebrachoextrakt sulfitiert 4,1, Mimosaextrakt 5,5, Triumpfextrakt 8,4, Eichenholzextrakt 2,2, Kastanienholzextrakt 1,9 (Abb. 104).

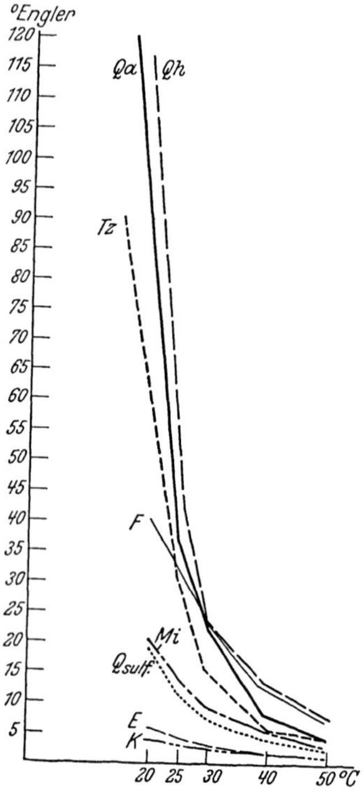

Während Kastanien- und Eichenholzextrakt bei 25° C schon leicht ins Leder einziehen, nimmt diese Eigenschaft bei 40° C verhältnismäßig wenig zu. Dagegen ist für die übrigen Extrakte ein erhebliches Absinken der Viskosität und damit ein bedeutend schnelleres Einziehen bei 40° C zu erwarten, als es bei 25° C möglich wäre. Unsulfitierter Quebrachoextrakt hat bei 25° C und 22° Bé eine Viskosität von 224°, die bei 40° C bei 8° Engler liegt. Ein Celluloseextrakt ergab bei 25° C und 22° Bé eine Viskosität von 1,7°, bei 40° C von 1,4° Engler. Bei 45° C und 20° Bé reicht die Viskosität von Eichenholz, Kastanienholz, Valonea, Mimosa und Celluloseextrakt nahe an die Viskosität des Wassers heran. Es ist daher verständlich, daß diese Extrakte für die Füllgerbung bevorzugt werden und sich auch deshalb besonders eignen, weil mit fallender Temperatur die Viskosität nur langsam zunimmt, wodurch eine gewisse Sicherheit in der Arbeit gewährleistet ist.

Auch folgender Versuch ergab einen Nachweis für die Zusammenhänge zwischen Viskosität und Saugfähigkeit des Leders:

Von einer Anzahl Gerbextrakten wurden Brühen hergestellt von 20° Bé bei Zimmertemperatur. Die Viskosität dieser Brühen wurde bei 40° C bestimmt.

Abb. 104. Abhängigkeit der Viskosität von der Temperatur bei 22° Bé. Aus L. Pollak (2).

Qh Quebrachoextrakt Triumph aus Holz, *Qa* Quebrachoextrakt aus argent. Festextrakt, *Tz* Tizeraextrakt, $Q_{sulf.}$ Sulf. Quebrachoextrakt Crown, *Mi* Mimosarindenextrakt, *F* Fichtenrindenextrakt, *E* Eichenholzextrakt, *K* Kastanienholzextrakt.

Aus drei Halskernstreifen von faßgegerbten und lohgar aufgetrockneten Rindhäuten wurden 12mal je drei Stücke so ausgewählt, daß Unterschiede in der Struktur der Haut und der einzelnen Häute möglichst ausgeglichen wurden (Abb. 105).

Das Gewicht der lufttrockenen Stücke wurde einzeln bestimmt. Die Lederstückchen wurden mit je drei Holznägeln versehen, um ein Festhaften derselben an den Wandungen der Walkfäßchen zu verhindern. Von dem Gesamtgewicht von drei Lederstücken, die für einen Versuch bestimmt waren, wurden 300% an Extraktbrühe berechnet. Leder und Brühe wurden zu gleicher Zeit in kleinen Glaswalkfäßchen (Färbapparat nach Dr. Wacker) bei einer konstanten Temperatur von 40° C solange bewegt, bis bei den schnell eindringenden Extrakten eben eine Durchtränkung des ganzen Lederquerschnittes erreicht war. Darauf wurden die Stücke herausgenommen, in Wasser kurz abgespült, mit Filtrierpapier rasch abgetrocknet und sofort zur Wägung gebracht. Da die Dichte aller Brühen gleich hoch eingestellt war, konnte die Gewichtszunahme dem Volumen der aufgenommenen Extraktmenge gleichgesetzt werden. Die folgende Aufstellung gibt einen Überblick über die Resultate.

Tabelle 11. Beziehungen zwischen Viskosität und Extraktaufnahme.

Extrakt	Lederstücke		% Zunahme	Viskosität 0 Engler 40° C/20° Bé
	Trockengewicht g	Gewicht nach 3 Stunden		
1. Quebrachoextrakt, ordinary . .	45,0	65,8	46	6,6
2. Triumphextrakt	44,2	70,6	60	3,9
3. Mimosaextrakt	47,6	75,0	57,5	3,0
4. Quebrachoextrakt, sulfit. . . .	41,7	70,7	70	2,4
5. Kastanienholzextrakt.	44,2	77,2	74,5	1,9
6. Eichenholzextrakt	47,4	84,9	79	1,6
7. Valoneaextrakt	42,1	76,6	82	1,6
8. Nachgerbeextrakt I	44,5	80,5	81	1,4
9. Celluloseextrakt	47,9	88,7	85	1,2
10. Nachgerbeextrakt II	41,5	77,1	86	1,0

Schließlich ist es für die Rendementszunahme von großem Einfluß, welchen Trockenrückstand bzw. welchen Wassergehalt ein Extrakt aufweist. Mit reinen Gerbextrakten läßt sich eine Gewichtszunahme des Leders um 10 bis 25% leicht erreichen. Weitere Gewichtsver-

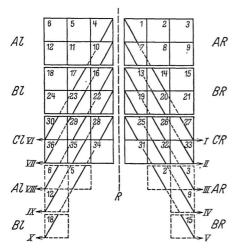

Abb. 105. Verteilung der Lederproben auf die einzelnen Versuche.

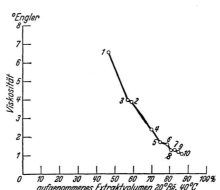

Abb. 106. Beziehung zwischen Viskosität und Extraktaufnahme.

mehrung ist meist nur unter Verwendung der weiter unten behandelten Beschwerungsmittel möglich.

Die Zurichtung stark mit Gerbextrakt gefüllter Leder ist schwierig, falls nicht besondere Methoden angewandt werden. Nach dem Füllen werden die Leder meist auf Stapel gelegt, wo sie 1 bis 2 Tage liegen bleiben. In dieser Zeit soll eine gleichmäßige Verteilung des Extrakts im Leder erreicht werden, vor allem soll der Extrakt aus den äußeren Schichten des Leders nach den noch trockneren, mittleren Schichten ziehen. Darauf werden die Leder gestoßen, abgeölt und zum Trocknen aufgehängt. Beim Auftrocknen werden die Leder meist dunkel und fleckig und können dann durch eine Trockenbleiche in den verkaufsfähigen Zustand gebracht werden. Bei der Trockenbleiche (siehe unter „Bleichen") wird das vorher gewalzte Leder zuerst in einer Sodalösung oberflächlich ausgewaschen, dann kurz abgespült und mit Säure wieder aufgehellt und getrocknet. Durch das Auswaschen wird der vorher durch die übermäßige Extrakteinlagerung brüchige Narben wieder mild und elastisch.

Ein mit reinen Gerbextrakten gefülltes Leder wird gegenüber nichtgefüllten Ledern eine größere Festigkeit und Wasserdichtigkeit aufweisen; der Auswaschverlust wird erhöht, ebenso die Rendementszahl und das Rendement.

III. Lederbeschwerung.

Zum Unterschied von der Füllgerbung, bei welcher im wesentlichen Gerbextrakte zur Nachbehandlung des Leders herangezogen werden, sollen mit Lederbeschwerung die Arbeitsprozesse bezeichnet werden, welche zum Zweck der Gewichtserhöhung an sich lederfremde Stoffe in das Leder einbringen, die unter normalen Bedingungen sich im Leder überhaupt nicht oder nur in geringen Mengen vorfinden.

Die Versuche des Gerbers, mit anorganischen Salzen, wie Bittersalz, Glaubersalz, Kochsalz sowie mit Traubenzucker, Dextrin, Melasse u. dgl. das Leder zu beschweren, sind nicht neu. Herumwandernde „Künstler" verkauften und verkaufen noch heute an die Gerber die geheimnisvollen Rezepte, mit welchen man ein Rendement „nach Wunsch" erzielen kann. Eitner (5) bringt 1878 ein Beschwerungsrezept aus der Praxis:

Man nehme 15 Pfund Traubenzucker
            12   „   verwittertes, schwefelsaures Natron (Glaubersalz)
          4,5   „   schwefelsaures Kali
            3   „   Kalksalz (wahrscheinlich Kochsalz).

Die Stoffe werden in 20 Maß heißem Wasser gelöst und mit einem Lappen auf die Aasseite des trockenen Leders aufgetragen.

Zahlreiche Angebote sind auf diesem Gebiete vorhanden, die alle, mehr oder weniger brauchbar, dem Lederfabrikanten großen Vorsprung vor der Konkurrenz bringen sollten. Entweder läßt sich bei gleichen Preisen, aber höherem Rendement, ein größerer Nutzen herauswirtschaften oder in Krisenzeiten durch erhöhtes Rendement ein Herabsetzen der Preise bei gleichem Gewinn erzielen. In heutiger Zeit werden durch die Einstellung des Lederhandels und der lederverarbeitenden Industrien in gewissem Grade Prämien auf die Beschwerung ausgesetzt. Es würde dem Lederfabrikanten im allgemeinen nicht einfallen, eine Beschwerung des Leders vorzunehmen, wenn nicht die vom Verbraucher für sein Fabrikat bewilligten und bis aufs äußerste gedrückten Preise ihn dazu zwingen würden.

Mit der Errichtung der Untersuchungsinstitute für die Lederindustrie begann auch die Untersuchung von beschwerten Ledern. Die Jahresberichte der Versuchsanstalt für Lederindustrie Freiberg i. Sa. bringen regelmäßig Analysen stark beschwerter Leder. Dort sind erwähnt: Zuckergehalt von Vacheleder mit 3,6; 4,2; 6,6; 7,8%; [Paessler (1)]. Gehalt an Bittersalz 12,3%; ebenso Beschwerungen mit Blei, Barium u. dgl. [Paessler (2)].

Als Rückwirkungen dieser zum Teil überhandnehmenden Beschwerung sind die Verordnungen der Handelsministerien anzusehen, in welchen Normen für die Beschwerung aufgestellt werden und in denen verlangt wird, daß über diese Normen hinaus beschwertes Leder als „künstlich beschwert" zu kennzeichnen ist. So hat das bulgarische Handelsministerium im Jahre 1930 folgende Verfügung erlassen:

Deklarationszwang für beschwertes Sohlleder in Bulgarien.

Das bulgarische Handelsministerium hat folgende Verfügung erlassen:
Sohlenleder, das mehr als 3,5% Mineralstoffe (Asche) oder mehr als 24% auswaschbare Stoffe enthält, hat an sich zu tragen: 1. die Aufschrift: künstlich beschwert und 2. den Hundertsatz für die Beschwerungsstoffe auf dem Leder selbst in deutlich lesbaren Ziffern.

Anmerkung 1. Diese Vorschriften beziehen sich nicht auf Sohlenlederstücke, welche aus dem Kopfstück und den Flanken erzeugt wurden.

Anmerkung 2. Sohlenleder, welches bis zu 3,5% Mineralstoffe (Asche) und bis zu 24% auswaschbare Stoffe enthält, gilt als ordentlich ausgearbeitet.

Der Hundertsatz ist bei einer Feuchtigkeit von 18% zu berechnen. Der Hundertsatz der Beschwerung hat anzugeben, um wieviel das Sohlenleder mehr als 3,5% Asche und mehr als 24% auswaschbare Stoffe enthält. Bei der Feststellung des Hundertsatzes sind Abweichungen bis zu 3% gestattet.

Das Ministerium wird die von den Industriellen vorgelegten Waren hinsichtlich ihres Gehaltes durch eine analytische Methode, welche seitens des Ministeriums vorgeschrieben wird, prüfen. Die Analyse wird gleichzeitig in zwei Laboratorien vorgenommen und der Durchschnitt beider Analysen genommen werden. Übertretungen dieser Vorschriften werden betraft.

Solche Erlässe dienen einerseits dem Schutze der lederverbrauchenden Industrien, mehr aber noch der ledererzeugenden Industrie, die dadurch die Einfuhr von stark beschwerten Ledern aus dem Ausland unterbindet. Im Jahre 1918 trat in Schweden folgende Bestimmung in Kraft, die 1926 abgeändert wurde:

„Die Beschwerung wird als vorhanden angesehen, wenn die in der Asche des Leders nachweisbare Menge von anorganischen Stoffen in ganzen und halben Häuten, Kernstücken nebst abgelösten Vorderteilen 3% und in den abgetrennten Bäuchen 3,5% (2,5) vom Gewicht des lufttrockenen Leders, oder den Auswaschverlust (organische und anorganische Stoffe) in ganzen und halben Häuten, Kernstücken nebst abgelösten Vorderteilen 20% (22) und in den abgetrennten Bäuchen 25% (24,5) des Gewichts des lufttrockenen Leders (18% Wasser) übersteigt."

Diese als Beschwerungsverbot gedachte und zum Schutz der lederverarbeitenden Industrien erlassene Bestimmung hatte zur Folge, daß sich die schwedischen Schuhfabriken mit billigen, stark beschwerten ausländischen (amerikanischen) Ledern eindeckten, während den einheimischen Gerbern das teuere unbeschwerte Leder liegen blieb. Solche Verfügungen haben aber auch zur Folge, daß die regierungsseitig angegebenen Grenzen zu Normen werden, daß also ein bulgarischer Lederfabrikant im Jahre 1930 sich bemüht haben wird, fast 3,5% Asche und fast 24% auswaschbare Stoffe in sein Sohlleder hineinzubringen.

Der schon oft gemachte Vorschlag, Unterleder nach Maß oder besser noch nach Volumen zu handeln, würde die Beschwerung nutzlos machen. Für Unterleder gleichmäßiger Stärke, wie egalisierte Hälse und Bäuche, ist zum Teil schon, vor allem in der Hausschuhindustrie, der Handel nach Flächenmaß (engl. Quadratfuß) eingeführt. Für stärkere Leder lassen sich die Schwierigkeiten der Maß- oder Volumbestimmung wegen der ungleichmäßigen Beschaffenheit der Haut zurzeit noch nicht überwinden. Auch eine Anlehnung an das spezifische Gewicht hat sich nicht durchführen lassen, da dieses in den einzelnen Teilen der Haut großen Schwankungen unterliegt.

Für die Brauchbarkeit eines Stoffes als Beschwerungsmittel gelten die gleichen Gesichtspunkte, wie sie für die Auswahl eines Füllextraktes maßgebend sind. Für anorganische Salze, Bittersalz, Glaubersalz, Bariumchlorid, Alaun u. dgl., kommt die Viskosität nicht in Frage. Die Salzlösungen dringen ohne weiteres in das Leder ein und werden dort abgelagert, während das Wasser verdunstet. Auch Traubenzucker, Dextrin und Stärkelösungen sind bei Temperaturen um 40° C auch in konzentrierter Lösung noch gering viskos, so daß auch hier kaum Schwierigkeiten eintreten beim Einbringen solcher Stoffe in das Leder.

Wichtiger wird die Viskosität dann sein, wenn man Kombinationen von Füllextrakten mit Beschwerungsmitteln vornimmt. Die von der Gerbextraktindustrie und vom Gerbstoffhandel angebotenen Nachgerbeextrakte bauen häufig auf eine solche Kombination auf. Man verwendet dazu vielfach die von Natur aus schon gering viskosen Extrakte, wie Kastanienholz-, Eichenholz-, Valonea- und Celluloseextrakt, welchen man neben Bittersalz oder Glaubersalz, Traubenzucker oder Dextrin u. dgl. zufügt.

Bei dem Einbringen von Bittersalz, Glaubersalz oder Kochsalz in Gerbextrakte erfolgt je nach dem Verhältnis Salz zu Extrakt und je nach der Verdünnung des Extraktes ein Aussalzen und damit Ausflocken eines Teils des Gerbstoffs. Durch Zusatz von Schutzkolloiden läßt sich diese Erscheinung mehr oder weniger verhindern. Als Schutzkolloide wählt man unreinen technischen Traubenzucker, Melasse, Dextrin, Stärke und Celluloseextrakt, so daß sich salzhaltige Nachgerbeextrakte aus diesen Stoffen in verschiedenen Mischungsverhältnissen zusammensetzen. Durch Einstellen auf einen niedrigen p_H, meist auf $p_H = 3$ bis $p_H = 4$, durch Zusatz von Säuren oder sauer reagierenden Salzen, wie Alaun, Aluminiumsulfat, Natriumbisulfat u. dgl., läßt sich ein Aufhellen der Farbe und eine Bleichwirkung am Leder erzielen. Gleichzeitig tritt mit solchen Zusätzen eine wesentliche Erniedrigung der Viskosität ein. Untersuchungen darüber dürften wertvoll sein. Die Analyse von Nachgerbeextrakten ergibt meist einen über den Gerbstoffgehalt hinausgehenden Nichtgerbstoffgehalt bei verhältnismäßig hohem Aschegehalt.

Pollak (4) beschreibt einen Nachgerbeextrakt des Handels, der aus Kastanienholzextrakt, einer Anzahl leicht in die Haut eindringender Stoffe (gemeint sind wahrscheinlich Bittersalz, Traubenzucker u. dgl.) und einem gut emulgierenden Öl besteht.

Das Öl hat hier die Aufgabe, die Netzfähigkeit des Extraktes zu erhöhen und dient weiter dazu, den in das Leder eindringenden Gerbextrakt mit feinen Öltröpfchen zu durchsetzen; dadurch soll beim Austrocknen die Elastizität des Leders und vor allem des Narbens erhalten bleiben.

Das Eindringen der Beschwerungsmittel geschieht im allgemeinen unter den bei der Füllgerbung angegebenen Gesichtspunkten. Eine wahre Gerbung liegt auch hier nicht vor, sondern lediglich ein Ausfüllen der Zwischenräume zwischen den Fasern. Powarnin bezeichnet diesen Vorgang, den er mit ähnlichen Prozessen bei der Fettung und Weißgerbung vergleicht, als mechanische Pseudogerbung.

Für die Beschwerung finden hauptsächlich folgende Stoffe Verwendung:

Magnesiumsulfat. Es bildet bei langsamer Kristallisation große durchscheinende Prismen der Zusammensetzung $MgSO_4 \cdot 7 H_2O$. Durch gestörte Kristallisation erhält man es in feinen Nadeln. Beide Formen werden im Handel mit Bittersalz bezeichnet. Beim Erwärmen schmilzt Bittersalz und gibt dabei 6 Moleküle Wasser ab. Es zerfällt dabei in ein trockenes Pulver der Zusammensetzung $MgSO_4 \cdot H_2O$. An trockener Luft verwittert Bittersalz schwach. Es ist nicht hygroskopisch. In Wasser löst es sich leicht, und zwar lösen 100 Teile Wasser

bei	20	40	70	100° C		
	120	180	327	672	Teile	$MgSO_4 \cdot 7 H_2O$.

Durch größere Mengen Bittersalz wird aus Gerbbrühen der Gerbstoff ausgesalzen unter merklicher Aufhellung. Protocatechugerbstoffe lassen sich praktisch fast vollständig ausfällen. Wird ein mit Quebrachoextrakt gefülltes Leder mit konzentrierter Bittersalzlösung behandelt, so tritt eine Ausflockung des Gerbstoffs im Leder ein. Beim Trocknen konzentriert sich die Bittersalzlösung soweit, daß eine völlige Fällung des Gerbstoffs im Leder zu erwarten ist. Auf diese Weise wird eine wesentliche Aufhellung des Leders erzielt und ein helles Auftrocknen erreicht. Der Narben wird nicht brüchig, da die Gerbstoffe aus dem Innern nicht an die Oberfläche dringen können; die Ränder des Leders werden nicht schwarz. Ein Teil des Bittersalzes wird durch den Gerbstoff gebunden. Die Menge ist jedoch gering. Es verbleibt ein größerer Überschuß an kristallisiertem Bittersalz im Leder, der Veranlassung zu Salzausschlägen geben kann [L. Meunier und J. Roussel (1)].

Natriumsulfat bildet unregelmäßige grobe Kristalle der Zusammensetzung $Na_2SO_4 \cdot 10 H_2O$. Es wird gewöhnlich als Glaubersalz bezeichnet und ist nicht hygroskopisch, sondern verwittert leicht an der Luft. Schon bei 25° C zerfällt es an trockener Luft in ein weißes Pulver. Das Maximum der Löslichkeit liegt bei 38° C. In 100 Teilen Wasser lösen sich

$$\begin{array}{cccc} \text{bei} & 20 & 33 & 100° \text{ C} \\ & 58{,}5 & 323 & 208 \text{ Teile } Na_2SO_4 \cdot 10 H_2O. \end{array}$$

Auf die besonderen Lösungsverhältnisse soll hier nicht weiter eingegangen werden. Ähnlich wie Bittersalz hat auch Glaubersalz eine aussalzende und aufhellende Wirkung auf Gerbstoffe.

Bariumchlorid (Chlorbarium) hat als kristallwasserhaltiges Salz die Zusammensetzung $BaCl_2 \cdot 2 H_2O$. In der Lederindustrie führt es auch die Bezeichnung English Splate. Es ist in Wasser leicht löslich. 100 Teile Wasser lösen

$$\begin{array}{ccccc} \text{bei} & 20 & 30 & 70 & 100° \text{ C} \\ & 44{,}5 & 48 & 63 & 77 \text{ Teile } BaCl_2 \cdot 2 H_2O. \end{array}$$

Zur Beschwerung wird es meist gemeinsam mit Glaubersalz oder Schwefelsäure verwendet. Das Leder wird zuerst mit Bariumchlorid getränkt und mit Glaubersalz oder Schwefelsäure nachbehandelt. Dabei scheidet sich unlösliches weißes Bariumsulfat im Leder und auf der Oberfläche ab. Auf Gerbbrühen wirkt Bariumchlorid stark gerbstoffällend. Die Fällungen der Protocatechugerbstoffe sind verhältnismäßig dunkel gegenüber solchen der Pyrogallolgerbstoffe.

Bleiacetat (essigsaures Blei, Bleizucker) hat die Zusammensetzung $Pb(CH_3COO)_2 \cdot 3 H_2O$. Es befindet sich fein- und grobkristallisiert im Handel. Es ist nicht hygroskopisch. 100 Teile Wasser lösen

$$\begin{array}{cccc} \text{bei} & 15 & 40 & 100° \text{ C} \\ & 44 & 168 & \text{ca. } 235 \text{ Teile } Pb(CH_3COO)_2 \cdot 3 H_2O. \end{array}$$

Mit Sulfaten und Schwefelsäure setzt sich Bleiacetat um zu weißem, in Wasser unlöslichem Bleisulfat. Auf Gerbstoffe wirkt Bleiacetat stark fällend. Durch Schwefelwasserstoff wird aus Bleisalzen schwarzes Bleisulfid gebildet. Mit Bleisulfatniederschlägen versehene Leder werden daher an schwefelwasserstoffhaltiger Luft grau.

Traubenzucker (Glukose, Dextrose, $C_6H_{12}O_6$) wird technisch durch Kochen von Kartoffelstärke oder Maisstärke mit verdünnter Schwefelsäure erhalten. Die saure Lösung wird mit Kreide neutralisiert, filtriert und im Vakuum eingedampft. Je nach der Dauer der Behandlung der Stärke enthalten die Produkte neben Glukose noch Stärke und mehr oder weniger Dextrin. Reine Glukose kristallisiert aus konzentrierter wässeriger Lösung bei 30 bis 35° C, wasserfrei in feinen Nadeln, ist nicht hygroskopisch und schmeckt weniger süß als Rohrzucker. Bei zunehmendem Gehalt der technischen Qualitäten an Dextrin vermindert sich die feste Beschaffenheit des Zuckers bis zur Sirupkonsistenz. Die Hauptbestandteile eines dickflüssigen Sirups von 44,3° Bé sind nach Ullmann:

Glukose 38%; Dextrin 43%; Wasser 16%. Technischer Traubenzucker reagiert schwach sauer, ist in Wasser leicht löslich und wirkt nicht fällend auf Gerbstoffe. Die Handelsformen sind:

1. Bonbonsirup, dickflüssig, von 40 bis 42° Bé;
2. Kapillarsirup (wegen seiner fadenziehenden Eigenschaft) von 44° Bé;
3. technisch reiner Stärkezucker, mit 90 bis 94% Glukose neben 6 bis 10% Dextrin;
4. reiner Stärkezucker mit einem Glukosegehalt von 99,5%.

Die festen Qualitäten kommen in Kisten von 25 und 50 kg und in Säcken von 100 kg in den Handel, die flüssigen in Holz- oder Eisenfässern. Gebräuchliche Handelsbezeichnungen sind außerdem: Stärkesirup, Stärkezucker und Kartoffelzucker.

Melasse, ein Rückstand der Rübenzuckerfabrikation, ist eine dunkelbraun gefärbte dickflüssige Masse, die neben 50% Zucker, hauptsächlich Rohrzucker, 20% organische Nichtzuckerstoffe, 10% Salze, hauptsächlich Kalisalze, und 20% Wasser enthält. Die Dichte der Handelsprodukte schwankt je nach Herkunft.

Stärke $(C_6H_{10}O_5)_n$ aus Kartoffeln, Mais, Reis, Weizen, Sago und anderen stärkehaltigen Pflanzenteilen gewonnen, in Stücken oder meist als weißes glänzendes Pulver im Handel, ist in kaltem Wasser unlöslich. Beim Erwärmen mit Wasser quillt die Stärke zu einem Kleister auf. Der Kleister verschiedener Stärkearten ist bei gleicher Konzentration und Temperatur verschieden viskos. Stärke wirkt auf vegetabilische Gerbstoffe nicht fällend.

Dextrin ist ein Umwandlungsprodukt der Stärke, durch Kochen der Stärke unter Säurezusatz gewonnen. Es stellt ein weißes bis gelbliches lockeres Pulver dar, ist in Wasser leicht löslich, in Alkohol unlöslich und durch Alkohol aus der wäßrigen Lösung ausfällbar. Vegetabilische Gerbstoffe werden durch Dextrin nicht gefällt.

Nach der Art der für die Lederbeschwerung ausgewählten Stoffe ist das Verfahren zum Einbringen der Beschwerungsmittel verschieden. Im allgemeinen kommen aber auch hier die unter „Füllgerbung" angegebenen Methoden in Anwendung (Gansser-Jettmar).

Die anorganischen Salze sowie Traubenzucker, Dextrin und Melasse können in gemeinsamen konzentrierten Lösungen auf das Leder aufgebürstet oder im Faß eingewalkt werden. Diese Beschwerungsstoffe kommen sowohl für lohgare als auch chromgare Leder in Anwendung. Zur Beschwerung mit Traubenzucker verwendet man z. B. [Jettmar (1)] eine Lösung von 3 Teilen Traubenzucker mit 2 Teilen Wasser bei einer Temperatur von 50° C. Die Lösung wird entweder auf der Fleischseite oder Narbenseite oder auch beiderseits aufgebürstet oder im Faß eingewalkt. Das Leder muß dazu abgelüftet oder trocken sein. Nach dem ersten Auftragen kann man weiter ablüften und den Prozeß wiederholen.

Stärke, dextrinhaltiger Traubenzucker sowie die als Beschwerungsmittel überall empfohlene „Brillantine" sind höher viskos und müssen im Faß eingewalkt werden. Brillantine enthält nach Jettmar (2)

Wasser	23,7
Zucker	5,3
Dextrin	62,4
gelöste Stärke	8,6

Sie wird hergestellt durch Behandeln von Stärke mit Säure; dabei wird die Spaltung der Stärke in Traubenzucker auf halbem Weg unterbrochen.

Bei einer gemeinsamen Beschwerung mit Traubenzucker und Bittersalz wird Traubenzucker bis zu 6% und Bittersalz oder an dessen Stelle auch Glaubersalz oder eine Mischung von beiden bis zu 10 und 12%, auf Ledergewicht berechnet, in ungefähr der gleichen Menge Wasser gelöst, in das Leder eingewalkt. Größere Mengen Traubenzucker lassen das Leder feucht und damit weich werden. Häufig tritt dabei Schimmelbildung oder auch der Geruch nach alkoholischer Gärung auf. Ein Übermaß an Bittersalz oder Glaubersalz gibt Veranlassung zu den gefürchteten Salzausschlägen.

Diese Salzausschläge überziehen die Oberfläche des Leders zuerst mit einem feinen Kristallmehl, aus dem bei wechselnder Luftfeuchtigkeit dünne Nadeln hervorschießen. Da Bittersalz und auch Glaubersalz nicht hygroskopisch sind, ist bei alleiniger Verwendung dieser Salze ein Ausschlag weniger zu befürchten. Die Hygroskopizität des Traubenzuckers wird bei gemeinsamer Anwendung von Bittersalz und Traubenzucker unter ungünstigen Umständen bei großer Luftfeuchtigkeit die Veranlassung zu Salzausschlägen geben. Anderseits ist jedoch anzunehmen, daß Traubenzucker kristallisationshemmend wirkt. Auch soll nach Eitner (2) vor allem das Dextrin im technischen Traubenzucker den Salzausschlag verhindern. Wenn mit Bittersalz beschwerte Leder trotzdem zu starkem Salzausschlag neigen, so liegt die Ursache häufig in der Salzsäure, die beim Zurichten der Leder (Bleichen) verwendet wird. Mit Salzsäure setzt sich Bittersalz um zu Magnesiumchlorid, einem Salz, das außerordentlich hygroskopisch ist.

$$MgSO_4 + 2\,HCl \rightleftarrows H_2SO_4 + MgCl_2.$$

Magnesiumchlorid verhindert schon das vollkommene Auftrocknen des Leders. An feuchter Luft wird durch dieses Salz Wasser in großen Mengen angezogen, das dann zum Teil an das Bittersalz abgegeben wird und zu einem Umkristallisieren, einem Wandern der Kristalle, führt.

Bariumchlorid wird teils als Beschwerungsmittel für sich benutzt, meist aber mit Sulfaten innerhalb des Leders in unlösliches Bariumsulfat übergeführt. Das Leder wird zu diesem Zweck zuerst mit einer konzentrierten Bariumchloridlösung (zirka 30proz.) getränkt durch Aufbürsten der Lösung oder Einwalken derselben im Faß. Dann wird das Leder nachbehandelt mit einer Glaubersalzoder Schwefelsäurelösung. Bittersalz ist hier keinesfalls zu empfehlen, da das durch die Umsetzung sich bildende Magnesiumchlorid stark hygroskopisch wirkt. Auch bei scheinbar trockener Luft bleibt ein solches Leder weich und feucht. Der Beschwerungsprozeß läßt sich mehrmals nacheinander ausführen, wodurch sich die Bariumsulfatmengen im Leder sehr stark anreichern können. Lohgare Leder des Handels ergaben bis zu 16,5% Bariumsulfat [Paessler (3)].

Bei Chromsohlledern kommen ähnliche Mengen in Frage. Hierbei wird gleichzeitig ein Bleichen oder besser Weißtünchen des Leders erreicht.

Mit Bleiacetat und einer Vor- oder Nachbehandlung des Leders mit Schwefelsäure oder Sulfaten (Glaubersalz) kann ein ganz ähnlicher Effekt wie mit Bariumchlorid erzielt werden.

Dem Lederfabrikanten werden neben Nachgerbeextrakten häufig Beschwerungsmittel angeboten, zum Teil unter Phantasienamen, meist als „Appreturen". Diese bestehen, soweit sie wesentlich Beschwerungsmittel sind und nebenbei noch eine schwach gerbstofffixierende oder aufhellende Eigenschaft aufweisen, fast durchweg aus Bittersalz, Glaubersalz, Traubenzucker, Dextrin, emulgierenden Ölen, Celluloseextrakt und Gerbextrakten, meist Kastanien- oder Eichenholzextrakt.

Eitner (2) gibt ein Beschwerungsmittel folgender Zusammensetzung an:

50% Glukose, 16% Glaubersalz, 16% Natriumbisulfat (!),
8% Kastanienholzextrakt, 10% Wasser.

An derselben Stelle beschreibt Eitner (2) das Solin, zusammengesetzt aus:

56% Brillantine, 15% Bariumchlorid,
5% geblasener Tran, 14% Wasser.

Die Ledertechnische Rundschau bringt die Analysen eines flüssigen Nachgerbeextrakts: Bei 18% Gerbstoff 22% Nichtgerbstoff mit 8,9% Bittersalz und 10,6%
zuckerartigen Stoffen.

Ein cellulosefreier Nachgerbeextrakt soll nach Angabe des Lieferanten ein
Lederrendement von 85/95%, auf Blöße berechnet, oder 72 bis 85% auf Rohhaut
berechnet, ergeben. In diesem Zusammenhang sei nochmals bemerkt, daß das
Rendement von Sohlleder, das nach dem alten Verfahren gegerbt ist, 45 bis
55% beträgt.

L. Pollak (4) beschreibt einen Nachgerbeextrakt, der bei Versuchen mit einer
Dichte von 15° Bé eine Gewichtszunahme von 31 bis 42% ergab. Bei Anwendung
des unverdünnten Extrakts betrug die Gewichtszunahme 80 bis 100%, die nach
der erforderlichen Bleiche auf 64 bis 90% sank.

Die Beschwerungsmittel lassen sich in erheblichen Mengen in das Leder
einbringen. An Salzen und zuckerartigen Stoffen können bis zu 20% des Ledertrockengewichts Verwendung finden. Bei flüssigen Beschwerungsmitteln beträgt
die verwendbare Menge, je nach dem Trockensubstanzgehalt, bis zu 60% des
Ledertrockengewichts.

Praktisch wird diese Menge jedoch kaum in Frage kommen, da mehr als
3% Bittersalz und mehr als 2% Traubenzucker oder mehr als 2% Asche im Leder
als Beschwerung angesehen werden. Bariumsalze und Bleisalze dürfen in normalen Unterledern überhaupt nicht vorhanden sein. Daraus ergibt sich, daß die
genannten Beschwerungsmöglichkeiten kaum auch nur annähernd ausgenutzt
werden können oder auch ausgenutzt werden.

IV. Fixierung.

Ein nach dem alten Verfahren, in langsamer Grubengerbung, unter Verwendung von Eichenlohe und Fichtenlohe, gegerbtes „Sohlleder" weist nach zahlreichen Untersuchungen einen organischen Auswaschverlust auf von rund 6%,
der sich etwa zu 4 Teilen aus Gerbstoffen und zu 2 Teilen aus Nichtgerbstoffen
zusammensetzt. Die in moderner Gerbung hergestellten Vacheleder zeigen in
der Regel im Auswaschverlust höhere Zahlen, vor allem im Gehalt an auswaschbaren Gerbstoffen. Dieser Gehalt an auswaschbaren Gerbstoffen erhöht sich
noch weiter, wenn das Leder einer Füllgerbung unterworfen wird. Der Gehalt
an auswaschbaren organischen Nichtgerbstoffen steigt mit der Beschwerung
mit Traubenzucker und ähnlichen Stoffen ebenfalls weiter an. Das Verhältnis
von Gerbstoffen zu Nichtgerbstoffen läßt schon den Schluß auf eine solche
Beschwerung zu.

Wie weit sich bei einer Füllung und Beschwerung eines Leders die Analysendaten eines Leders ändern können, zeigt die Analyse eines übermäßig stark
beschwerten und als solches beanstandeten Leders, das nach Angaben der
Deutschen Versuchsanstalt für Lederindustrie, einen organischen Auswaschverlust von 27% aufwies, der sich aus 10 Teilen Gerbstoffen und 17 Teilen Nichtgerbstoffen zusammensetzte. Eine derartige Füllung und Beschwerung des
Leders geht außerordentlich weit über das übliche Maß hinaus und muß als seltene
Ausnahme angesehen werden. Ein solches Produkt wird kaum verkäuflich sein.

Eine leichte Füllung des Leders ist aber, wie schon oben angedeutet, durchaus
nicht zu verwerfen, da es sich hier nicht nur um eine Maßnahme handelt, die aus
rein kalkulatorischen Gründen erfolgt, sondern ebensosehr um einen Prozeß,
durch welchen die Qualität des Leders gesteigert wird. In diesem Zusammenhang
sei darauf hingewiesen, daß eine durch Füllgerbung nachbehandelte Haut dem
Schuhfabrikanten eine weit bessere Ausnutzung des Leders gestattet.

Ein größerer Anteil an auswaschbaren Stoffen im Leder bringt erhebliche Schwierigkeiten mit sich, sowohl in der Fabrikation, als auch bei der Verarbeitung. Die Zurichtung gefüllter Leder ist insofern erschwert, als diese beim Auftrocknen dunkel und fleckig werden. Der Narben wird brüchig und spröde. Beim Dampfmachen des Leders vor der Verarbeitung gibt ein gefülltes Leder in kurzer Zeit erhebliche Mengen Gerbstoff an das Weichwasser ab. Die Sohle wird beim Auftrocknen am Schuh fleckig und dunkel. Aus dem feuchten Unterleder ziehen gelöste Gerbstoffe in das Schuhoberleder und verursachen dort braune Verfärbungen und kranzartige Flecken. Wird die Sohle bei feuchter Witterung getragen, so wäscht sich der Gerbstoff heraus; das Leder wird leer, Sohle und Absatz treten sich breit, „wachsen", und die Kanten erhalten Fransen.

Diese Gesichtspunkte geben genügend Veranlassung dazu, die in das Leder eingebrachten, nichtgebundenen Gerbstoffe innerhalb des Leders in unlösliche, nichtauswaschbare Form überzuführen. Nur auf diese Weise lassen sich bei entsprechender Qualität und entsprechendem Rendement die Nachteile einer Füllung vermeiden. Das Ziel der „Fixierung" ist damit gegeben.

Ein einfacher Weg der Fixierung besteht darin, das Leder mit solchen Gerbextrakten zu füllen, die in Wasser schwer löslich sind. Dies gilt vor allem für die warmlöslichen, unsulfitierten Quebrachoextrakte, die, einmal ins Leder gebracht, mit kaltem Wasser nicht herausgelöst werden können. Solcher Extrakt läßt sich aber, wie oben schon angegeben, nur sehr schwierig und meist nur in Mischung mit gering viskosen Extrakten in das Leder einwalken und hat daher praktisch nur eine eingeschränkte Bedeutung.

Beim Behandeln des Leders mit Säure, wie es bei der Bleiche üblich ist, wird ein erheblicher Teil des Gerbstoffs zur Ausfällung gebracht. Auch hier liegt demnach eine fixierende Wirkung vor, die aber als reversibel angesehen werden muß.

Füllt man ein Leder zunächst mit einem Füllextrakt und behandelt es nachfolgend mit einer konzentrierten Bittersalz- oder Glaubersalzlösung, so tritt bei gleichzeitiger starker Aufhellung eine intensive Fällung der Gerbstoffe im Leder ein. Die Zurichtung solcher Leder ist erleichtert. Der Auswaschverlust wird aber dadurch nicht wesentlich geändert. Einerseits erscheint das Bittersalz ebenfalls im Auswaschverlust, anderseits werden die ausgeflockten Gerbstoffe nach Entfernung des Bittersalzes wieder löslich (Meunier und Roussel).

Blei- und Bariumsalze wirken ebenfalls gerbstoffällend. Die Fällungen sind nicht reversibel und meist dunkel gefärbt. Ein Überschuß an solchen Salzen läßt sich im Leder in unlösliche Sulfate durch eine Nachbehandlung mit Sulfaten überführen. Beide Salze kommen heute nur mehr selten, bei untergeordneten Lederqualitäten, in Anwendung.

Eine größere Bedeutung kommt den Aluminium-, Zinn-, Antimon- und Titansalzen zu. Sie haben einerseits stark gerbstoffällende Eigenschaften, so daß sie, in geringen Mengen angewendet, eine tiefgehende Fixierung der Gerbstoffe im Leder hervorrufen. Anderseits haben sie den Vorteil, daß die Fällungen sehr hell gefärbt sind und daß damit gleichzeitig eine starke Aufhellung des Leders zu erzielen ist.

Die Anwendung dieser Fixiermittel erfolgt derart, daß sie in Mengen von 1 bis 2%, auf das Ledergewicht berechnet, in konzentrierter Lösung auf das Leder aufgebürstet oder im Faß eingewalkt oder auch schließlich die Leder in diese Lösungen eingehängt werden.

Ergänzend sei über die letztgenannten Salze noch folgendes berichtet:

Aluminiumsalze. Von diesen findet nur das Aluminiumsulfat ausgedehntere Verwendung. Es hat die Zusammensetzung $Al_2(SO_4)_3 \cdot 18\,H_2O$ und kommt in

groben Stücken oder in Mühlsteinform in den Handel. Infolge hydrolytischer
Spaltung reagiert es sauer; es ist in Wasser leicht löslich. 100 Teile Wasser lösen
bei 0^0 C 87 Teile und bei 100^0 C 1132 Teile $Al_2(SO_4)_3 \cdot 18 H_2O$.

Zinnsalze. Von den Zinnsalzen kommt fast nur das Zinnchlorür zur Anwendung. Sein Hydrat $SnCl_2 \cdot 2 H_2O$ kristallisiert in monoklinen Säulen oder
in Oktaedern und ist in Wasser leicht löslich. 100 Teile Wasser lösen bei 15^0 C
27 Teile Zinnchlorür. Das Salz löst sich in Wasser zu einer klaren Lösung, die
bei stärkerer Verdünnung weißes basisches Salz $Sn(OH)Cl$ abscheidet.

Antimonsalze. Auch von den Antimonsalzen sind nur wenige praktisch
verwendbar, da die Antimonsalze in Wasser meist in basische Salze übergehen.
Leicht löslich ist das Fluorid SbF_3, welches sich in kaltem Wasser auch bei stärkerer Verdünnung nicht zersetzt. Besser verwendbar sind jedoch die Antimon-
doppelsalze. Von diesen ist das in der Färberei als Ersatz für Brechweinstein
viel benutzte „Antimonsalz (F. Ullmann) $SbF_3(NH_4)_2SO_4$ gut zu verwenden.
Es kristallisiert sehr leicht und ist in Wasser leicht löslich. 100 Teile Wasser
lösen bei 24^0 C 140 Teile Antimonsalz, bei 100^0 C 150 Teile. Brechweinstein kommt
seines hohen Preises wegen für die Fixierung nicht in Frage.

Titansalze. Von den Titansalzen ist das gebräuchlichste das Titankaliumoxalat $TiO(KC_2O_4)_2 \cdot 2 H_2O$ oder auch das Titanammoniumoxalat $TiO(NH_4C_2O_4)_2 \cdot$
$\cdot 2 H_2O$. Wegen des hohen Preises ist die Verwendungsmöglichkeit dieser Salze
begrenzt.

Neben diesen Salzen finden auch Stoffe wie Stärke, Dextrin, Pflanzen-
schleime, Pflanzengummi, Harze u. dgl. Anwendung als Fixiermittel. Eine
gerbstofffällende Eigenschaft kommt diesen Stoffen nicht zu. Wenn sie fixierend
wirken, so geschieht es dadurch, daß sie, einmal ins Leder gebracht, dieses beim
Auftrocknen mit einem dünnen Film überziehen und die Poren verstopfen,
so daß bei nur flüchtigem Naßwerden des Leders ein Herauslösen des Gerbstoffs
nicht stattfindet. Bei längerem Einweichen und auch bei der Analyse werden die
Gerbstoffe trotzdem in Lösung gehen.

Der ideale Weg besteht nun darin, den im Leder befindlichen ungebundenen
Gerbstoff mit Eiweißstoffen zu fällen, also zwischen den Gerbstoff-Eiweiß-
Verbindungen der Lederfaser noch weitere Gerbstoff-Eiweiß-Verbindungen ab-
zuscheiden. Wenn auch diese Gerbstoff-Eiweiß-Verbindungen als nichtstruktu-
rierte Ledersubstanz im Leder abgelagert sind, so ist doch durch die Vermehrung
der „Ledersubstanz" eine erhöhte Haltbarkeit des Leders als Unterleder zu erwarten. Untersuchungen in dieser Richtung dürften für den Lederfabrikanten
von Interesse sein.

Ein weiterer Vorteil einer solchen Behandlung des Leders besteht in der
Beeinflussung der Durchgerbungszahl. Diese gibt an, wieviel Teile Gerbstoff
an 100 Teile wasserfreie Hautsubstanz im Leder gebunden sind. Wenn aus einem
Leder das Auswaschbare entfernt wird, bleibt Ledersubstanz bei einem normalen
Leder, aus Hautsubstanz und Gerbstoff bestehend, zurück. Bestimmt man in
dieser Ledersubstanz den Stickstoff und rechnet diesen in Hautsubstanz um, so
gibt die Differenz gegen die zur Analyse verwendete Ledersubstanz den an Hautsubstanz gebundenen Gerbstoff an. Dieser Gerbstoff, auf 100 Teile Hautsubstanz
umgerechnet, ergibt die Durchgerbungszahl, die normalerweise bei etwa 80 liegt,
so daß an 100 Teile Hautsubstanz 80 Teile Gerbstoff gebunden sind. Bei der Füllgerbung ohne Fixierung erscheint der Überschuß an Gerbstoff im Auswaschverlust. Die Durchgerbungszahl wird nicht erhöht. Beschwert man ein Leder
mit Bariumchlorid unter Nachbehandlung mit Sulfaten, so erscheint das im
Leder unlöslich abgelagerte Bariumsulfat bei der Bestimmung der Durchgerbungszahl als an Haut gebundener Gerbstoff, d. h. die Durchgerbungszahl wird erhöht,

nähert sich z. B. 100. Bei der Füllung mit Gerbstoff und nachfolgender Fixierung mit Eiweißsubstanz errechnet sich aus der durch diese Eiweißsubstanz erhöhten Stickstoffmenge auch ein größerer Anteil an „Hautsubstanz". Neben der größeren Menge an gebundenem Gerbstoff erscheint also auch die „Hautsubstanz" erhöht. Das Verhältnis „Hautsubstanz" zu gebundenem Gerbstoff ändert sich dagegen nur wenig. Es tritt also bei Verringerung des Auswaschverlustes keine wesentliche Verschiebung der Durchgerbungszahl ein.

Ähnlich ist der Einfluß auf die Rendementszahl. Da diese angibt, wieviel lufttrockenes lohgares Leder aus 100 Teilen Hautsubstanz hervorgegangen ist, so wird verständlich, daß durch Erhöhung des „Hautsubstanzgehaltes" des Leders der Gerbstoffgehalt ebenfalls höher sein kann, ohne die Rendementszahl zu verändern. Bei einer Beschwerung mit Bariumsulfat müßte die Rendementszahl unbedingt höher ausfallen.

Für die Durchgerbungszahl wie auch für die Rendementszahl gilt jedoch, daß bei beiden trotzdem eine Erhöhung eintreten wird, wie auch das Verhältnis von nachträglich eingebrachter „Hautsubstanz" zu dem dadurch ausgefällten Gerbstoff ein anderes sein muß, als das Verhältnis Hautsubstanz der Haut zu dem von dieser gebundenen Gerbstoff. Es ist dies darin begründet, daß sich nicht beliebige Mengen von Eiweißsubstanz dem Leder zuführen lassen und daß man mit geringen Eiweißmengen große Mengen Gerbstoff ausfällen kann. Man wird daher praktisch nur soviel Eiweiß zufügen, als notwendig ist, den Gerbstoff auszufällen und wird es kaum ermöglichen können, auf 80 Teile eingewalkten Gerbstoff 100 Teile Eiweißsubstanz zu verwenden. Durch Mitverwendung von stickstoffhaltigen organischen Stoffen wie Hexamethylentetramin, Harnstoff u. dgl. sowie von Ammoniumsalzen hat man gelegentlich versucht, eine Korrektur der Analysendaten zu erzielen.

So naheliegend der Gedanke ist, in einem mit Gerbextrakt gefüllten Leder den löslichen Gerbstoff durch Nachbehandeln des Leders mit Eiweißstoffen unlöslich zu machen, so schwierig ist allerdings auch die praktische Durchführung. Kristalloide Substanzen lassen sich mühelos in ein mit Gerbextrakten gefülltes Leder einwalken. Bei den kolloiden Eiweißlösungen, wie Leim, Casein, Albumin, stellen sich jedoch mancherlei Hindernisse in den Weg. Die Viskosität der Eiweißlösungen verhindert ein schnelles Eindringen in das Leder. Ferner wird die Eiweißlösung an den Stellen, wo sie mit den Gerbstoffen im Leder in Berührung kommt, in eine unlösliche Gerbstoff-Eiweiß-Verbindung übergehen und dem weiteren Eindringen von Eiweiß den Weg sperren. Die Poren werden mit einem Pfropfen verschlossen, jedoch nicht derart, daß nicht durch den Druck beim Walken noch Gerbstoff aus dem Innern des Leders herausgepreßt werden könnte. Dieser Gerbstoff wird außerhalb des Leders durch die Eiweißstoffe ausgefällt und kann dann vom Leder nicht mehr aufgenommen werden. Das Leder überzieht sich dabei mit einer schmierigen, klebenden Masse, die nur schwer wieder zu entfernen ist. In diesem Falle ist ein weiteres Eindringen von Eiweißlösungen in das Leder nicht mehr möglich. Aber auch im erstgenannten Fall wird eine Tiefenwirkung der Eiweißsubstanz nicht zu erwarten sein. Nur in den äußeren Zonen ist eine Fixierung eingetreten. Die Zurichtung wird zwar dadurch erleichtert, der Auswaschverlust aber nur wenig verringert.

Durch Zusatz von Alkali zur Eiweißlösung, die zur Fixierung verwendet werden soll, läßt sich die fällende Eigenschaft der Eiweißstoffe verzögern oder beseitigen. An sich wäre es also möglich, eine mit Soda, Ammoniak, Natronlauge u. dgl. alkalisch gestellte Eiweißlösung in das Leder einzuwalken, da eine solche Lösung mit Gerbstoff keine Fällung ergibt. Die Lösung könnte bis in die mittleren Schichten vordringen. Durch Ansäuern des so behandelten Leders ließe sich erreichen, daß die Gerbstoffe durch die Eiweißstoffe zur Ausfällung gebracht würden. Praktisch treten aber auch hierbei zwei Schwierigkeiten auf. Da die Leder, die fixiert werden sollen, durch die Vorbehandlung schwer kontrollierbare Säuremengen enthalten und diese das Alkali des eindringenden Eiweißstoffes neutralisieren, tritt häufig schon in den äußeren Schichten des Leders eine Fällung ein, die ein weiteres Eindringen des Fixierungsmittels unmöglich macht. Der größte Nachteil liegt aber darin, daß besonders bei höherer Temperatur und längerer Einwirkung des Alkalis an der Oberfläche des Leders eine Entgerbung eintritt. Gleichzeitig werden die Fasern des Leders beschädigt und die Gerbstoffe stark oxidiert. Das Leder wird dunkel bis schwarz und mehr oder weniger brüchig. Durch Bleichen läßt sich eine vollkommene Aufhellung nicht mehr erzielen.

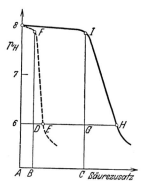

Abb. 107. Titrationskurve eines alkalischen Eiweiß-Gerbstoff-Systems (J. Wagner).
———— mit Pufferung,
– – – – ohne Pufferung,
AB Stabilitätsintervall ungepuffert, AC Stabilitätsintervall gepuffert, DEF Fällungszone ungepuffert, GHI Fällungszone gepuffert.

In diesem Zusammenhang verdient eine Arbeit von J. Wagner (1) eine eingehendere Besprechung, um so mehr, als man hier ein typisches Beispiel dafür hat, wie man auf Grund von wissenschaftlichen Untersuchungen zu einem technischen Verfahren gelangen kann.

Um die bereits geschilderten Schwierigkeiten, die beim Behandeln von Leder mit kolloidalen Eiweißlösungen auftreten, zu umgehen, untersucht J. Wagner zunächst die Möglichkeit, durch alkalische Einstellung der Eiweißlösung zum Ziele zu gelangen. Dabei zeigt sich, daß durch eine schwach alkalische Eiweißlösung die Ausfällung nicht genügend verzögert werden kann, bei stärker alkalischer Reaktion die Gerbstoffe aber irreversibel oxidiert und damit rot und dunkel gefärbt werden. Bei näherer Untersuchung dieser Erscheinung kommt J. Wagner zu dem Ergebnis, daß der Grad der Verfärbung, z. B. die Dunkelrotfärbung bei Quebrachoextrakt, als eine Funktion der Konzentration an freien Hydroxylionen anzusehen ist. Bei der Messung der Farbtöne mit dem Lovibondschen Tintometer wurde gefunden, daß Quebrachoextrakte und -lösungen nach Versetzen mit Alkali einen wesentlich höheren Rot- und Schwarzgehalt aufweisen, daß aber dieses Anwachsen der roten und schwarzen Töne wieder stark zurückgeht, wenn neben Alkali noch Pufferlösungen zugesetzt werden. Durch Pufferung der alkalischen Eiweißlösung läßt sich der Einfluß auf die Farbe des Leders also günstig beeinflussen.

Bei leichter Pufferung bleibt aber die Eiweißlösung empfindlich gegen Elektrolyte. Im Leder vorhandenes Bittersalz führt daher zu einer Kolloidflockung. Eine alkalische, schwach gepufferte Eiweißlösung wird infolgedessen bei Aufbringen auf das Leder immer noch zu einer Verstopfung der Poren und zu einem Verschmieren des Leders führen. J. Wagner findet nun, daß beim Versetzen eines alkalischen Gemisches aus Gerbstoff und Eiweiß mit einer Magnesiumsalzlösung fast sofort eine quantitative Fällung eintritt, daß diese aber ausbleibt, wenn vor dem Salzzusatz eine stärkere Pufferlösung hinzugefügt wird. Abb. 107 erläutert die Verhältnisse näher. Die unterbrochen gezeichnete Kurve gibt für das ungepufferte alkalische Gerbstoff-Eiweiß-System den Verlauf der p_H-Änderung bei Säurezusatz an. Da die p_H-Werte sofort unter 8 sinken, tritt auch sofort eine Fällung ein. Die zweite ausgezogene Kurve zeigt dann, wie durch Pufferung dieses Systems die Stabilität gesteigert wird. Der p_H-Wert ändert sich erst nach erheblich größerem Säurezusatz, und ebenso tritt die Ausflockung erst bedeutend später ein, die Fällungszone ist wesentlich verbreitert.

Die weiteren Untersuchungen beziehen sich dann auf den Einfluß der Alkalität und der Pufferung auf die Viskosität. Fünf Eiweißlösungen gleicher Konzentration mit steigendem p_H von 7 bis 9 werden mit ansteigenden Mengen einer Gerbstofflösung versetzt. Es tritt bei neutraler Eiweißlösung fast sofort eine Fällung ein, die Viskosität steigt schnell auf unendlich. Bei fortschreitender Aklalisierung der Eiweißlösung und steigendem p_H tritt aber bei Zusatz der Gerbstofflösung die Fällung erst allmählich ein und wird um so weiter hinausgeschoben, je höher der p_H-Wert der Eiweißlösung liegt. Auch bei p_H 9 steigt schließlich die Viskosität auf unendlich. Wie die Abb. 108 deutlich beweist, ist die Flockungsgrenze eine gradlinige Funktion des p_H-Werts.

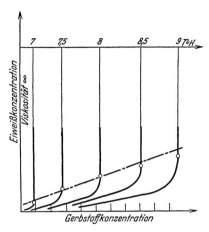

Abb. 108. Fällungsoptimum im System Eiweiß-Gerbstoff bei verschiedenem p_H (J. Wagner).

In einem weiteren Beispiel ist dann gezeigt, wie die Viskosität einer alkalischen Gerbstoff-Eiweiß-Mischung durch Zusatz einer Pufferlösung von 800 auf 80 und weiter auf 40 Englergrade fällt. Aus der Abb. 109 geht weiter hervor, daß die Viskosität einer alkalischen gepufferten Gerbextrakt-Eiweiß-Mischung durch die Pufferung der Viskosität eines normalen Quebrachoextrakts gleicher Konzentration sehr nahekommt.

Aufbauend auf diese Ergebnisse schritt J. Wagner dann gemeinsam mit der Firma Norgine, Chem. Fabr. Dr. Viktor Stein, Aussig, zur Ausarbeitung eines Füll- und Fixiermittels (E.P. 317 427), welches unter dem Namen Tannoderm im Handel ist. Das Präparat besteht aus einem mit einem Überschuß an Eiweiß versetzten Gerbextrakt. Die ausfällende Wirkung der Eiweißstoffe gegenüber Gerbstoff ist durch Alkalisierung beseitigt und die Nachteile der Wirkung von freiem Alkali wird durch Pufferung unterbunden. Gleichzeitig ist das Mittel so gering viskos, daß es bei einem p_H von 8,8 auf eine Dichte von 12° Bé verdünnt, eine Viskosität von 2 Englergraden aufweist. Bei 45° C nähert sich die Viskosität derjenigen der handelsüblichen Nachgerbeextrakte [Pollak (5), J. Wagner (2)].

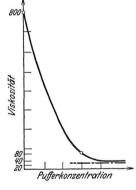

Abb. 109.

——— Einfluß des p_H auf die Viskositat einer Eiweiß-Gerbstoffmischung bei alkalischer Reaktion, ————— Viskosität von Quebrachoextrakt gleicher Konzentration (J. Wagner).

Das Tannoderm wird in Mengen von etwa 10% auf das Feuchtgewicht des Leders berechnet verwendet. Nach dem Einziehen des Extrakts muß das Leder angesäuert werden. Dazu ist soviel Säure zu verwenden, daß ein p_H von 3,5 bis 4,5 in einem wässerigen Auszug des Leders erreicht wird. Erst durch die Nachbehandlung mit Säure tritt die ausfällende Wirkung der mit dem Gerbstoff eingewalkten Eiweißsubstanz auf diesen Gerbstoff ein, während durch den Überschuß an Eiweißsubstanz der im Leder schon vorhanden gewesene ungebundene Gerbstoff ebenfalls ausgefällt wird. Dadurch wird auf dem ganzen Querschnitt des Leders neben der strukturierten

Ledersubstanz noch scheinbare Ledersubstanz eingelagert. Das Rendement wird erhöht, der Auswaschverlust herabgesetzt. Die von Pollak (5) gefundenen Werte weisen z. B. eine Abnahme um 10,57% auf, wie folgende Analysenergebnisse zeigen:

	Unbehandelt	Behandelt
Wasser	18	18
Asche	1,54	1,0
Fett	0,42	0,48
Auswaschverlust bei 35 bis 40° C { Gerbstoffe . . .	17,46 } 21,46	7,86 } 10,89
{ Nichtgerbstoffe .	4,0	3,03
Hautsubstanz	31,54	37,30
Gebundener Gerbstoff	27,04	32,33
Durchgerbungszahl	85,5	86,6
Rendementszahl	317	268

Dabei findet eine Zunahme der „Hautsubstanz" um rund 5,76 statt. Die Verschiebung der Durchgerbungszahl fällt nur wenig ins Gewicht, dafür ändert sich die Rendementszahl erheblich.

Im Anschluß an die Wagnerschen Arbeiten versuchte H. Winter, die Haut schon vor der Gerbung, in der Blöße, mit Eiweißstoffen zu füllen. Die Eiweißstoffe wurden mit Eiweißgiften nach dem Einwalken innerhalb der Haut zur Koagulation gebracht, um das Herauswandern des Eiweiß bei der weiteren Behandlung der Haut zu verhindern. Es zeigte sich hierbei, daß die mit Eiweißgiften koagulierten Eiweißstoffe auf Gerbstoffe nicht mehr fällend wirkten. Winter schlug dann den Weg ein, mit alkalischen Eiweißstoffen unter Zusatz von Natriumbicarbonat das Einziehen der Eiweißlösung in das Leder zu ermöglichen. Der Erfolg war gut, jedoch trocknete der Niederschlag körnig auf; das Leder fühlte sich „sandig" an. Durch Zusammenarbeit mit der Bayrol-Chemische Fabrik München, will Winter ein Eiweißpräparat herausgearbeitet haben, welches unter dem Namen Bayrol-Tanol im Handel ist. Es soll den Gerbstoff nur sehr langsam fällen und in 14 Tagen 400% des Tanol-Gewichtes an Gerbstoff unlöslich machen, während in den ersten 15 Minuten der Behandlung schon 30% des Tanolgewichts an Gerbstoff gefällt werden.

Als gerbstoffällende Eiweißsubstanzen kommen die wohlfeilen Eiweißstoffe, wie Leim, Gelatine und Casein, in Betracht.

Knochenleim und Hautleim in Tafelform, in Perlen oder Schuppen lassen sich gleichartig verwenden. Sowohl die Art des Leims, als auch des Gerbstoffs beeinflußt die Fällung. Stark abgebaute Leime haben eine geringere ausflockende Wirkung. Ein sehr hart trocknender Leim bringt die Gefahr des Narbenbrechens mit sich, da bei nicht vollständiger Ausflockung des Leims im Leder ein Verkleben der Fasern eintritt, was ein Aufheben der Elastizität des Narbens bedeutet. Durch Kochen von Leimleder mit Wasser unter Alkali- oder Säurezusatz wird in den Lederfabriken eine Leimbrühe zur Fixierung häufig selbst hergestellt.

Das Casein wird aus der Milch gewonnen. Die Milch wird zuerst entfettet und dann durch Zusatz von Lab oder Säure zum Gerinnen gebracht. Der ausgeflockte Quark wird abfiltriert, gewaschen, abgepreßt, getrocknet und gemahlen. In seiner elementaren Zusammensetzung unterscheidet sich Casein von den übrigen Eiweißarten nur durch seinen Phosphorgehalt, der etwa 0,85% beträgt. Der Wassergehalt schwankt zwischen 10 und 12%. Casein koaguliert beim Kochen nicht. Casein ist gelblichweiß und in Wasser fast unlöslich. Nach Zusatz von etwas Alkali, Ammoniak, Natronlauge, Kalk, basisch reagierenden Salzen,

Borax, Natriumsulfit, Soda, löst es sich in Wasser leicht. Je nach Art des Lösungsvermittlers ist die Lösung verschieden viskos. Durch Säure fällt Casein aus diesen Lösungen als weißes Pulver aus. Mit Gerbstoffen ergibt Casein eine meist sehr hell gefärbte Ausflockung. Bei stark sulfitierten Extrakten bleibt die Ausfällung hochdispers. Auf Zusatz von Säure tritt aber auch hier eine vollständige Ausflockung ein. In alkalischer Lösung tritt mit Gerbstoff keine Fällung ein. Eine Ausfällung von Gerbstoff durch Casein kann durch Zusatz von Alkali wieder gelöst werden. Casein braucht zur vollkommenen Lösung nach Neuron auf 9 Teile Casein 1 Teil Borax, auf 4 Teile Casein 1 Teil Kalk, auf 20 Teile Casein 1 Teil Soda kalziniert, auf 5 Teile Casein 1 Teil Natriumbicarbonat. Casein geht schnell in Fäulnis über. Die Lösung wird dabei sauer, wahrscheinlich u. a. durch Vergärung mitgerissener Milchzuckermengen.

Die Anwendung der eiweißartigen Fixiermittel erfolgt derart, daß die mit Gerbextrakt gefüllten Leder, nachdem der Gerbstoff vollständig gezogen ist, mit der Eiweißlösung bestrichen oder besser im Faß gewalkt werden. Die Mengen, die notwendig sind, um eine genügende Fixierung zu erreichen, belaufen sich auf 1 bis 2% vom Ledergewicht. Bei Verwendung von Casein ist ein Nachbehandeln mit Säure, z. B. $1/_2$ bis 1% Oxalsäure, notwendig, um das Alkali des Caseins zu binden, die ausfällende Wirkung desselben voll auszunutzen und das Leder entsprechend aufzuhellen. Die Anwendung von Casein hat gegenüber Leim den Vorteil, daß ein Verkleben der Fasern durch die Eiweißsubstanz und damit ein Brechen des Narbens vermieden wird, da das durch Gerbstoff nicht ausgefällte Casein bei der Nachbehandlung mit Säure nach der Fixierung vollständig ausflockt.

Durch die Ausfällung des Gerbstoffs, die meist nur in den äußeren Schichten erfolgt, wird eine Schutzschicht in diese Zonen gelegt, welche die Poren schließt und ein Nachdringen der im Innern des Leders vorhandenen löslichen Gerbstoffe nach außen verhindert. Dadurch ist es möglich, ein mit Gerbstoffen gefülltes Leder hell und ohne Fleckenbildung und dunkle Ränder aufzutrocknen.

Im Handel befinden sich zahlreiche Präparate auf Eiweißgrundlage [Pollak (6)], die als Fixiermittel, häufig auch als Appretiermittel bezeichnet, empfohlen werden. Zum Teil sind diese Eiweißstoffe mit anderen Stoffen, wie Dextrin, Traubenzucker, Bittersalz, Natriumsulfit, Bisulfit, auch mit emulgierenden Ölen, Degras, Wollfett u. dgl. gemischt. Teilweise wird durch solche Zusätze die Viskosität herabgesetzt und damit das Eindringen der Eiweißlösung in das Leder beschleunigt; anderseits wirken die Zusätze verzögernd auf die Gerbstoffällung, so daß der Weg in das Innere des Leders nicht vorzeitig abgeriegelt und eine größere Tiefenwirkung und intensivere Fixierung erreicht werden kann. Dasselbe Ziel erstrebt ein Patent (D.R.P. 67 186 Röhm & Haas-Darmstadt) dadurch, daß tierischer Leim durch Zusatz von Fermenten abgebaut wird. Die Viskosität, wie auch die gerbstoffällenden Eigenschaften verringern sich dabei.

Nach einem Patent (D.R.P. Oskar Trebitsch-Wien) wird der Gerbstoff im Leder fixiert mit abgebauten, nicht koagulierbaren Eiweißstoffen, wie Pepton Acidalbumin (Österr. Pat. 31 675), Globulinen, Fibrinen, Protaminen, Proteiden, in deren Lösungen bzw. Suspensionen das Leder mehrere Stunden eingehängt wird.

Ein anderes Patent (D.R.P. 195 410 Jacob Lund-Sadefjord) behandelt die Fixierung von Gerbfetten (Fettgarleder). Die Gerbfette Degras, Wollfett u. dgl. werden mit Leimlösung zusammengeschmolzen und in das Leder eingewalkt. Die sich bildende Leim-Gerbstoff-Fällung soll das Herauslösen des Fettes beim Gebrauch des Leders verhindern.

Das Patent (D.R.P. 350 595 A. Manvers-London) arbeitet die Leimlösung zum Fixieren unter wechselndem Druck und Vakuum ein.

Eitner (7) empfiehlt, die Leder nach dem Leimen mit Gerbbrühe zu behandeln und einen Überschuß an Leim unschädlich zu machen. Er schlägt ebenfalls das Leimen von Chromledern vor.

Ein französisches Patent (F. P. 644 238, 26 427, A. Th. Hough) stützt sich auf die gerbstoffällende Eigenschaft von Hexamethylentetramin. Das gegerbte Leder wird mit Hexamethylentetramin, Säure (Oxalsäure, Milchsäure) und Metallsalz (Antimon- oder Zinnsalz) behandelt.

Eine Patentanmeldung von A. Menzel (D. R. P. 579 327) beruht darauf, daß Dextrin und Glukose nicht ausreichen, das Auskristallisieren von Bittersalz, Glaubersalz u. dgl. Füllstoffen aus dem Leder zu verhindern. Diese Wirkung soll jedoch erreicht werden durch Nachbehandeln des Leders mit mehr oder weniger abgebauten Eiweißstoffen, die kristallisationsverzögernd wirken. Eine Nachbehandlung des Leders mit einer Lösung von Seife und Eiweißstoffen soll die Wirkung erheblich erhöhen.

Die fällende Wirkung von Anilin auf Sulfitcellulose wird in einem Patent von Dr. O. Steven-Charlottenburg (A. P. 1750 732) unter Schutz gestellt. Darnach werden Celluloseextrakt und synthetische Gerbstoffe im Leder unlöslich gemacht, wenn vor oder nach der Füllgerbung das Leder mit Lösungen von Anilinchlorhydrat, Naphthylaminchlorhydrat, ameisensauren Benzidin u. a. behandelt wird. Vor allem sollen die Ligninsulfosäuren des Celluloseextraktes unlöslich gemacht werden und dessen Geruch verschwinden.

V. Imprägnierung.

Während das Appretieren im Gang der Lederherstellung hauptsächlich eine Oberflächenbehandlung des Leders umfaßt, wodurch der Oberfläche günstiges Aussehen, helle Farbe, Glanz, Gleichmäßigkeit, Festigkeit, Wasserbeständigkeit Reibechtheit, Lichtechtheit u. dgl. erteilt werden soll, bezeichnet das Imprägnieren solche Arbeitsvorgänge, durch welche der ganze Querschnitt des Leders veränderte Eigenschaften erhält. Es handelt sich in der Hauptsache darum, das Leder fester und geschlossener, wasserundurchlässig und gleitfest und vor allen Dingen widerstandsfähiger gegen Abnutzung und andere mechanische Beanspruchung, gegen das Lockern der Nägel u. dgl. zu machen (E. Baumgartner).

Eine scharfe Trennung zwischen Appretieren und Imprägnieren läßt sich nicht durchführen, da beide Prozesse vielfach Hand in Hand gehen, wie auch anderseits eine Beziehung zum Füllen, Beschweren, Fixieren und Fetten vor allem durch die Einheitlichkeit der mechanischen Durchführung besteht. Ein Unterschied gegenüber den letzterwähnten Arbeitsmethoden ist nur insofern vorhanden, als diese sich mehr auf vegetabilisch gegerbte Leder beziehen, die Imprägnierung aber im wesentlichen an mineralgaren Ledern vorgenommen wird.

Das Durchtränken des Leders mit Imprägnierungsstoffen ist nur möglich durch die Faserstruktur der Haut. Die Zwischenräume zwischen den einzelnen Fasern sollen mit der Imprägnierungsmasse mehr oder weniger ausgefüllt werden. Vorbedingung dafür ist, daß die Zwischenräume freigelegt sind und das Imprägnierungsmittel genügend flüssig und oberflächenverwandt ist, um sein Eindringen in das Leder zu ermöglichen. Viskosität und Netzfähigkeit des Mittels sind also von äußerster Bedeutung. Anderseits muß das Leder entsprechend vorbereitet sein. Ein mit Gerbstoffen oder Füllstoffen schon vollgepfropftes Leder kann unmöglich noch ein Imprägnierungsmittel aufnehmen. Ein nasses, mit Wasser gefülltes Leder wird keine wasserunlöslichen Stoffe einsaugen können, und ein durch Trocknen stark geschrumpftes Leder wird sich schwerlich mit größeren Mengen einer Imprägnierungsmasse durchtränken lassen.

Für vegetabilisch gegerbte Leder ist die Vorbereitung insofern einfach, als es nur erforderlich ist, dieses Leder auszuwaschen und zu trocknen. Selbst wenn noch ungebundener Gerbstoff im Leder zurückbleibt, wird dadurch die Saugfähigkeit des Leders nicht wesentlich beeinflußt. Das Leder läßt sich jederzeit, auch nach der Imprägnierung, in Wasser wieder aufweichen, da dieses durch die Lederfasern allmählich nach innen diffundiert. Bei chromgegerbtem Leder tritt durch die Trocknung ein erhebliches Schrumpfen des Leders ein, wobei die Fasern zum Teil miteinander verkleben. Ein solches Leder ist für Wasser zwar durchlässig; die Fasern nehmen jedoch kein Quellungswasser auf, das Leder bleibt mehr oder weniger hart und verwehrt auch den Imprägnierungsmassen den Eintritt.

Da manche der für die Imprägnierung sonst geeigneten Mittel bei normaler Temperatur fest sind und es auch sein müssen — sollen sie ihren Zweck erfüllen — so kommen für die Verflüssigung entweder Lösungsmittel oder höhere Temperaturen in Frage. Für lohgare Leder liegt die Grenze der anwendbaren Temperaturen für nasse Leder bei 45 bis 50° C, für trockene bei 80 bis 90° C. Nasses Chromleder verträgt zum Teil auch längere Zeit Temperaturen von 100° C, trockenes Leder auch darüber hinaus. Dadurch vergrößert sich die Zahl der Imprägnierungsmittel für Chromleder erheblich. Neben Wasser als Lösungsmittel werden organische Lösungsmittel, wie Alkohol, Äther, Benzin, Benzol, Aceton, flüssige Fette u. dgl., verwendet. Auch werden solche Mischungen von festen und flüssigen Mitteln benutzt, die in einem entsprechenden Mischungsverhältnis einen niedrigen Schmelzpunkt aufweisen. Bei einigen Verfahren wird schließlich das Einbringen des Mittels in das Leder durch mechanische Prozesse unterstützt. Sowohl das Einwalken von Imprägnierungsmitteln als auch die Anwendung von Druck und Vakuum sind üblich.

Für das Einbringen der Imprägnierungsmittel in das Leder sind folgende Wege möglich:

1. Tränken des nassen oder trockenen Leders mit wäßrigen Lösungen von Pflanzengummi, Stärke, Schleimstoffen u. dgl. sowie eiweißartigen Stoffen und nachfolgendes Trocknen der Leder.

2. Tränken des trockenen Leders mit in besonderen Lösungsmitteln gelösten Stoffen, wie Harzen, Wachsarten, Pech, Kolophonium, Schellack, Asphalt, Kautschuk u. dgl., gelöst in Alkohol, Aceton, Amylacetat, Benzin, Benzol u. dgl.

3. Einbrennen des Leders mit sonst festen, aber durch Erwärmen verflüssigten Mitteln, wie Harz, Pech, Kolophonium, Asphalt, Wachsen, festen Fetten u. dgl.

Das Tränken und Einbrennen kann durch Auftragen der flüssigen Mittel mit der Bürste erfolgen, durch Eintauchen und Liegenlassen der Leder in der Flüssigkeit oder durch Einwalken der Mittel im Walkfaß.

Ähnlich wie bei der Füllgerbung und Beschwerung können auch bei der Imprägnierung drei Fälle eintreten: Trocknet das Imprägnierungsmittel im Leder zu einer harten zusammenhängenden Masse zwischen den Fasern auf, haftet die Masse dabei fest an den Fasern und verhindert Lageänderung derselben, so wird das Leder hart und brüchig (Harze, Kolophonium) und verliert damit seinen Ledercharakter. Lagert sich jedoch das Imprägnierungsmittel in mehr oder weniger fein zerteilter Form in den Faserzwischenräumen ab, ohne dabei an der Faser festzuhaften, so kann dadurch die Wasserundurchlässigkeit, Druckfestigkeit und Widerstandsfähigkeit des Leders erhöht werden; eine wesentliche Zunahme der Biegungsfestigkeit tritt nicht ein. Eine zähe, nicht spröde Imprägnierungsmasse, die an den Fasern haftet, aber eine Verschiebbarkeit der Fasern gegeneinander noch ermöglicht, wird ein elastisches, gut brauchbares, mehr oder weniger festes Leder liefern.

Daneben verlangt man von den Imprägnierungsmitteln, daß sie durch Wasser nicht herausgelöst werden, nicht klebrig sind, bei etwas höheren Temperaturen nicht weich werden und nicht aus dem Leder heraustreten.

Bei diesen zahlreichen Forderungen, die an ein Imprägnierungsmittel gestellt werden, ist es verständlich, daß man sich vielerorts bemüht hat, ein brauchbares Leder durch Imprägnieren zu gewinnen, daß einerseits viele Versuche fehlgeschlagen sein mögen, daß andererseits aber auch auf verwendbare wie wertlose Verfahren Patente genommen wurden. Die Einführung der Chromgerbung für Unterleder als auch für besondere Oberleder hat die Anregung zu den Versuchen gegeben. Die Erfolge sind so gut, daß sich die Chromsohle einen immer größeren Raum neben der lohgegerbten Sohle erobert.

Die für die Imprägnierung zur Verwendung gelangenden Stoffe sind, soweit sie fettartiger Natur sind, im Abschnitt „Fettung", Bd. III, I f, behandelt; Harze, Wachse und Lösungsmittel im Abschnitt „Appreturen", Bd. III, I g.

Eines der gebräuchlichsten Mittel zum Imprägnieren von lohgaren Ledern ist der Leinölfirnis, mit welchem das feuchte, abgewelkte oder auch trockene Leder abgerieben wird. Da Leinöl an der Luft verharzt, wird auf diese Weise ein Verstopfen der Poren und Verkleben der Fasern erreicht. Das Leder bleibt dabei mehr oder weniger weich, da die Verharzung nur langsam fortschreitet. Es gibt daher zahlreiche Kombinationen mit festen Fetten, Wachsen und Harzen, wie Talg, Wollfett, Kolophonium, Harz, Kopal, Bienenwachs, Japanwachs, Walrat, Paraffin, Stearin u. dgl. [Gerber (1)]. Eine Vorschrift von Villon und Thuau lautet z. B.:

Man löst 100 g Ätznatron, 300 g Seife und 180 g Kolophonium in 2 l kochendem Wasser auf, fügt dann unter Umrühren 100 g Leinöl und 100 g Leim, vorher in Wasser gelöst, zu, worauf man mit Wasser auf 10 l verdünnt. Mit dieser Flüssigkeit tränkt man das Leder, bis die Lösung vollständig eingedrungen ist. Darnach behandelt man das Leder mit Tonerdeacetat, welches man sich aus 400 g Tonerdesulfat und 200 g Bleizucker, in 5 l Wasser gelöst, bereitet.

Das Tonerdeacetat wirkt hier ausfällend, sowohl auf die Seife wie auf Harz und Leim. Das Ätznatron löst das Harz zu einer Harzseife.

Eine andere Vorschrift verwendet 60 g Olivenölseife, gelöst mit 2 l Wasser und 125 g Tischlerleim, der vorher gelöst wurde. Die Fixierung erfolgt nach dem Einziehen dieser Lösung mit einer Auflösung von 400 g Alaun und 460 g Kochsalz.

Oder man stellt sich aus 100 g Seife, in kochendem Wasser gelöst, durch Zufügen von 150 g Tonerdesulfat eine Tonerdeseife her, die man dekantiert, auswäscht und trocknet und dann mit Benzin löst, dem man noch ein Öl zugibt.

Die Verwendung von Kautschuk hat sich sehr eingeführt. Entweder löst man diesen in Schwefelkohlenstoff, Benzol, Terpentinöl oder Öl je nach seinen Eigenschaften und versetzt die Lösung mit Harz oder Öl.

Ein Patent (D.R.P. 256 580) schützt ein Verfahren, bei welchem das Leder in eine Lösung aus 3 Teilen Karbolineum, 7 Teilen dickflüssiger Kautschuklösung, 5 Teilen Talg und 5 Teilen Leinöl für 12 Stunden eingehängt wird. Dieses Verfahren wird für Chromsohlleder verwendet.

Ebenfalls zum Wasserdichtmachen von Chromsohlleder dient folgende Vorschrift (D.R.P. 258 643). Das nach der Gerbung entsäuerte Chromleder wird auf Rahmen gespannt und bei 100 bis 110° C langsam getrocknet und darauf eine halbe Stunde lang in folgende Imprägnierungsmasse eingehängt: 800 g Kolophonium werden mit 100 g Manganoxydul verschmolzen und die gepulverte Masse in 1000 g geschmolzenen Talg eingetragen. Dann wird eine halbe Stunde lang Sauerstoff in die Mischung eingeblasen.

Nach Angabe des Patentinhabers soll auch diese Lösung das Leder vollständig durchdringen. Bei getrocknetem Chromleder ist das Imprägnieren jedoch insofern schwierig, als durch die starke Schrumpfung des Leders beim Trocknen die Fasern zum Teil miteinander verkleben und dadurch das Eindringen der Imprägnierungsmasse sehr gehemmt wird.

Ein französisches Patent (F.P. 440 736, D.R.P. 261 323, Schwed. Pat. 62 141) bezieht sich daher schon auf ein kombiniert gegerbtes Chromleder. Durch die vegetabilische Nachgerbung und nachfolgendes Auswaschen ist der Übelstand vermieden. Das Leder schrumpft nicht, erhält eine normale Stärke und läßt sich leicht mit Harz, Paraffin u. dgl. tränken.

Einen etwas anderen Weg mit dem gleichen Ziel geht ein Verfahren (D.R.P. 272 534), durch welches das fertiggegerbte Chromleder zuerst mit einer Leimlösung behandelt wird. Gequellter Tischlerleim wird auf dem Wasserbad mit Wasser gelöst, bis zur Sirupkonsistenz eingedampft und mit der gleichen Menge Glycerin versetzt. 10 kg dieser Masse werden mit 70 l Wasser bei 50° C gelöst und unter Umrühren mit 7 kg einer Formaldehydlösung aus 16,6 Teilen Formalin, 41,4 Teilen Glycerin und 42 Teilen Wasser versetzt.

Die Lösung wird ins Leder im Faß eingewalkt bei 70 bis 80° C. Dann werden die Leder 12 Stunden liegengelassen, damit die härtende Wirkung des Formalins eintreten kann. Darauf werden die Leder bei 70 bis 90° mit starkem Druck (300 kg pro cm²) zwischen polierten Platten gepreßt, wobei die Eiweißstoffe koagulieren. Dann wird getrocknet und darauf mit einer Mischung aus 60% Wollfett, 10% Asphalt, 25% weichem Pech und 5% Guttapercha bei 90° C eingebrannt.

Dem Engländer Alexander McLennan wurde (amerik. Pat. 1 150 047) folgendes Verfahren patentiert. Die Leder werden zunächst mit einer Gummilösung aus 2,5 kg feinem harten Paragummi in 15 l Naphtha und 50 l Benzin gewalkt. Nach 2 bis 3 Stunden wird nach und nach eine Celluloidlösung aus 300 g Celluloid und 6 l Aceton zugegeben. Nach weiteren 2 Stunden wird eine Lösung aus 1,5 kg Bernsteinharz, 1,5 l Benzol und 1,5 l Naphtha mit 450 g Wacholderharz, gelöst in 850 g Methyläther, zugesetzt.

Da Paraffin, Ozokerit, Wachse und Harze zum Teil schon bei 40° weich werden und bei höherer Temperatur sich aus dem Leder, der Sohle, herauspressen, sucht ein Patent von William Roseo Smith und John Durrant Larkin (D.R.P. 273 854) diesen Nachteil durch Zusatz von Elaterit zu beseitigen. Das trockene Leder wird entweder im Faß oder besser durch Einbrennen imprägniert mit einer Mischung aus 10 kg Elaterit, die mit 100 kg geschmolzenem Gilsonit gelöst wurden, und 500 kg Ozokerit oder auch 20 kg Elaterit, 100 kg geschmolzenem Gilsonit und 200 kg Paraffin.

Elaterit, auch Bergteer oder Malthe (Köhler) genannt, stellt eine dickflüssige, teerartige, klebrige Masse dar, von schwarzbrauner bis schwarzer Farbe und wechselnder Konsistenz. Gilsonit ist ein leichtlöslicher und schmelzbarer Asphalt. Die Asphalte sind löslich in Chloroform, Terpentinöl u. dgl.

Die Schwierigkeit, das Imprägnierungsmittel bis in die inneren Schichten des Leders zu bringen, suchten C. Kunz und H. Bollert (D.R.P. 276 553) dadurch zu überwinden, daß das Leder vor der Imprägnierung sorgfältig im Vakuum bei 50 bis 95° C getrocknet, mit einer Harzlösung getränkt und dann im Vakuum Formalindämpfen ausgesetzt wird. Durch das Vakuum soll das Lösungsmittel für das Harz schnell verdampfen und eine Härtung der Lederfaser und des Harzes durch das Formalin erzielt werden.

Bei der Imprägnierung mit Harz und Fettstoffen erhält Chromleder ein dunkelgrünes bis schwarzes Aussehen. Durch Oberflächenbehandlung mit verseifenden Mitteln, wie Soda oder Ätznatron, läßt sich eine Aufhellung erreichen, die aber schwierig und unvollkommen ist.

W. Rechberg-Hersfeld (D.R.P. 286 225) will eine helle Lederfarbe dadurch erzielen, daß er das Leder zunächst mit einer Lösung aus Leim oder Kochsalz behandelt und dann imprägniert. Das Kochsalz oder der Leim soll sich schützend auf die Fasern legen. Beim Abbürsten mit warmem Wasser soll sich das Imprägnierungsmittel von der Oberfläche entfernen lassen.

Auf den gleichen Namen lautet ein Patent (D.R.P. 317 965) zum Imprägnieren lohgarer Leder. Das feuchte abgewelkte Leder wird mit einer Lösung aus 50% Mineralöl, 20% Benzol und 30% Petrolpech im Faß gewalkt und dann getrocknet. Darauf wird imprägniert mit einer Mischung aus 30% Petrolgondron und 70% Petrol durch Einhängen für 3 bis 4 Tage in diese Lösung.

Petrolpech ist ein mehr oder weniger zäher bis harter Rückstand der Erdöldestillation. Petrolgondron ein flüssiger Asphalt aus Erdölrückständen (H. Köhler).

Auf die Erhöhung der Haltbarkeit eines Unterleders zielt auch ein Patent von Hoffmeister-Paessler (D.R.P. 324 495) ab. Die ausgewaschenen trockenen Leder werden mit einer Lösung von Holzteer in Benzol, Benzin oder Methylalkohol unter Zusatz von 2 bis 3% Ameisen-, Milch- oder Buttersäure getränkt und gewalkt. Die Lösung soll besser einziehen, wenn das Leder vorher mit Formalin gewaschen wird. Bei Chromleder soll eine Vorbehandlung mit Celluloseextrakt das Einziehen der Imprägnierungslösung fördern. Auch hier wird durch eine Art vegetabilischer Nachgerbung bzw. durch eine Härtung der Fasern mit Formalin das Schrumpfen und Verkleben der Fasern vermieden.

Eine etwas rückständige Behandlung schützt das Patent (D.R.P. 334 720) von A. G. Cl. Jacobsen. Das gegerbte, getrocknete und gewalkte Leder wird einem 36stündigen „Schwellbade" in reinem Urin ausgesetzt, dann gespült und getrocknet, sowie imprägniert mit Tran und Mineralöl.

Ein helles Leder soll sich nach dem Patent von Burger (D.R.P. 303 204) erzielen lassen. Das Leder wird getränkt mit einer Auflösung von Schwefel in Naphthalin, auch unter Beigabe von Fetten oder Harzen. Das Gemisch zieht in der Wärme in das Leder ein.

Ein französisches Patent (F.P. 580 565) schützt die Imprägnierung von Leder mit einer Lösung von Acethylcellulose und Kampfer in Amylacetat und Alkohol bei 100° C und 30 bis 50 Atm. Druck.

Nach einem englischen Patent (E.P. 260 652) wird trockenes Chromleder mit Kautschuk, gelöst in Benzin, Naphtha, Tetrachlorkohlenstoff oder Aceton, unter Zusatz kleiner Mengen Isopren in geschlossenem Gefäß bei 65° C getränkt.

G. Vasse berichtet über ein von Le Petit ausgearbeitetes Verfahren. Der Latex afrikanischer Euphorbiaarten wird in Tetrachlorkohlenstoff gelöst, und durch Abdampfen des Filtrats werden die Terpene aus dem Latex gewonnen. Das Leder nimmt die Terpene begierig auf. Aluminiumstearat oder Natrium sulforicinat als Zusatz erhöhen die Haltbarkeit und Wasserundurchlässigkeit.

Zur Erhöhung der Widerstandsfähigkeit gegen Zug und Druck ist der Niederdeutschen Wirtschafts-A. G. Hannover (D.R.P. 446 884) ein Verfahren geschützt, das die gegerbten Leder zunächst im Faß mit einer mit Formalin versetzten Leimlösung behandelt (siehe auch D.R.P. 272 534). Die Leder werden dann in Spannrahmen bei 70° C getrocknet und in einer Lösung aus 10 Teilen Kolophonium, 1 Teil Leinöl unter Zusatz von Teeröl und Benzin eingehängt.

Ein helles elastisches Leder soll durch folgende Arbeitsweise erzielt werden (O. Röhm, D.R.P. 470 552). Das Leder wird getränkt mit einer Lösung von 50 Teilen Kolophonium und 50 Teilen Alkohol oder 50 Teilen Phenolaldehydharz und 50 Teilen Aceton oder 10 Teilen Karnaubawachs und 90 Teilen Alkohol und darauf in Wasser gebracht. Die Lösungsmittel werden dabei vom Wasser aufgenommen und das Imprägnierungsmittel zwischen den Fasern abgelagert.

Ein englisches Patent (E.P. 272 197) von Guillemin verwendet als Imprägnierungsmasse eine Lösung aus 20% Harz, 4,5% harzlösendem Öl, 34% Alkohol und 1% Bleiglätte.

Ein weiteres englisches Patent (E.P. 293 062) von Denning van Tassel jun. benutzt eine Kautschuk-Paraffin-Mischung, deren Viskosität durch Behandeln des Gemisches in Kolloidmühlen oder Homogenisatoren sehr weit herabgesetzt wird.

Schließlich sei noch ein Patent der Anhydatlederwerke A. G. Hersfeld erwähnt. Ein Verfahren (D.R.P. 273 652) beruht darauf, daß Blöße mit Alkohol oder Aceton entwässert wird und die mit Benzol, einem Lösungsmittel für Asphalt, getränkten Blößen unter Druck mit Asphalt imprägniert werden. Das Verfahren wurde dann dahin ausgebaut (D.R.P. 370 159), daß die gut entwässerte Blöße im Vakuum direkt mit Asphalt getränkt werden kann bei entsprechender Temperatur. Nach einem weiteren Patent (D.R.P. 370 160) kann diese Methode auch für loh- und chromgares Leder Verwendung finden.

Mit diesen Angaben sind die Möglichkeiten und Kombinationen für die Imprägnierung durchaus nicht erschöpft. Die imprägnierten Chromsohlleder wie auch lohgegerbten Leder gewinnen zur Zeit immer mehr an Bedeutung. Die Schuhfabrikation hat sich dieser Lederart noch wenig angenommen, dafür findet sie jedoch immer mehr Anklang im Schnitterlederhandel und in den Schuhreparaturanstalten. Die Leder sind zurzeit derart, daß sie sich ebensogut wie lohgare Unterleder verarbeiten und ausputzen lassen.

Literaturübersicht.

Bergmann, M.: Schuhfabrikantenzeitung. Frankfurt. XII, Nr. 65.
Baumgartner, E.: Schweizer Chemikerzeitung 1930.
Eitner, W. (1): Gerber 1888, Nr. 320; (2): Gerber 1910, Nr. 848; (3): Gerber 1890, Nr. 135, 136; (4): Gerber 1890, Nr. 378; (5): Gerber 1913, Nr. 120; (6): Gerber 1878, Nr. 92; (7): Gerber 1913, Nr. 1.
Gansser, A.; Jettmar, J.: Taschenbuch des Gerbers. II. Aufl. 1920; S. 151. Gerber 1915, 295ff.
Jettmar, J.: Handbuch der Chromgerbung. III. Aufl., S. 460/461.
Köhler, H.: Chemie und Technologie der natürlichen und künstlichen Asphalte. 1904, S. 77.
Ledertechn. Rdsch. 19, 17 (1927).
Meunier, L. u. J. Roussel: J. J. S. L. T. C. 8, 629 (1924).
Neuron: Cuir techn. 1918, 326.
Paessler, J. (1): Bericht über die Tätigkeit der Deutschen Versuchsanstalt für Lederindustrie 1910, 26; (2): desgl. 1910, 27; (3): desgl. 1913, 30.
Parker: Collegium 1903, 98.
Pollak, L. (1): Gerber 1931, 103; (2): Collegium 1925, 125; (3): Gerber 1925, 1, 133; (4): Gerber 1926, 175; (5): Gerber 1929, 168, 190; (6): Gerber 1928, 49.
Powarnin, G.: Collegium 1925, 298.
Ullmann, F.: Enzyklopädie der technischen Chemie 1914.
Vasse, G.: Cuir techn. 21, 580 (1928).
Villon u. Thuau: Fabrication des Cuirs. Paris 1912, 300.
Wagner, J. (1): Gerber 1929, 107; (2): Bericht über das 16. Kolloquium der Dresden-Freiberger Institute.
Winter, H.: Ledertechn. Rdsch. 21, 225 (1929).
Youl, J. u. R. W. Griffith: Journ. Soc. chem. Ind. 20, 426 (1901).

F. Die Fettung des Leders.

Von **Dr.-Ing. Hellmut Gnamm,** Stuttgart.

Das Fetten des Leders ist ein wichtiger Teil der Lederfabrikation. Geschmeidigkeit, Widerstandsfähigkeit und Haltbarkeit der einzelnen Ledersorten werden weitgehend durch die Art der Fettung bedingt.

Während in früheren Zeiten dem Gerber nur die natürlichen Fette, welche die Tier- und Pflanzenwelt liefert, als Hilfsstoffe dienten, werden heute in großem Umfang auch Umwandlungsprodukte der Fette und Öle, wie Seifen, sulfonierte Öle, Moellon oder Degras und Fettsäuren zur Lederfettung verwendet. Daneben spielen auch Wachse und mineralische Fettstoffe eine wichtige Rolle.

Die Natur der Produkte, die neben den natürlichen Fetten und Ölen heute der Lederindustrie als Lederfettungsmittel — sehr oft unter Phantasienamen — angeboten werden, ist recht verschieden, ihre Qualität großen Schwankungen unterworfen. Besonders bei den zahllosen im Handel erscheinenden „Lederölen" kann nur der Fachmann das Brauchbare vom Geringwertigen unterscheiden. Es ist deshalb für den Lederfabrikanten bzw. für seinen Gehilfen, den Gerbereichemiker, unerläßlich, sich über die chemische Natur, die Herstellungsweisen und den Wert der verwendbaren Fettstoffe sein eigenes Urteil bilden zu können und sich mit den analytischen Prüfungsmethoden vertraut zu machen, die eine Bewertung der Fettstoffe ermöglichen.

I. Die in der Lederindustrie verwendeten Fettstoffe.

Faßt man alle zur Lederfettung herangezogenen Produkte unter der Bezeichnung „Fettstoffe" zusammen, so lassen sich folgende vier Gruppen unterscheiden:

1. Fette und fette Öle. Es sind dies reine natürliche Fettstoffe, wie sie die Tier- und Pflanzenwelt liefert, so z. B. Talg, Klauenöl, die Seetieröle, Oliven-, Ricinus- und Leinöl; ferner in manchen Fällen auch Rüböl, Baumwollsaat- und Maisöl.

2. Umwandlungsprodukte der Fette und fetten Öle. Hierher gehören in erster Linie die für die Chromlederherstellung wichtigen wasserlöslichen (meist sulfonierten) Öle, dann die unter dem Namen Degras und Moellon verwendeten Lederfette, ferner Seifen als Hilfsmittel bei der Lederfettung, insbesondere bei der Herstellung der Licker, gehärtete Öle als Ersatz für feste Fette, und endlich Fettsäuren wie Stearin und Olein.

3. Wachse. Einzelne Wachse dienen beim Fetten des Leders als Hilfsmittel, z. B. Bienenwachs, Karnaubawachs, Montanwachs.

4. Harze werden zum Imprägnieren mancher Leder verwendet.

5. Mineralische Fettstoffe. Die wichtigsten Mineralfette sind Vaselin, Paraffin und Ceresin. Mineralöle kommen unter allen möglichen Decknamen, allein oder im Gemisch mit fetten Ölen, in den Handel. Es sind Kohlenwasserstoffgemische von wechselnder Zusammensetzung.

1. Fette und fette Öle.

A. Gewinnung, Eigenschaften und Chemie der Fette und fetten Öle.

a) Vorkommen und allgemeine Eigenschaften.

Die Fette und fetten Öle sind Naturprodukte mit bestimmten charakteristischen Eigenschaften, wie die Schlüpfrigkeit beim Zerreiben zwischen den Fingern und die Bildung eines Fettfleckes auf Papier. Sie sind wasserunlöslich und leichter als Wasser.

Die Fette und Öle werden sowohl vom Tier- wie vom Pflanzenkörper erzeugt. Man unterscheidet deshalb zwei Hauptgruppen: die tierischen und die pflanzlichen Fette. Die Pflanze enthält das Fett in Form kleiner, in den Zellen eingeschlossener Tröpfchen. Den größten Fettgehalt haben im allgemeinen die Samen. Im tierischen Körper spielt das Fett beim Aufbau der Zellen eine wichtige Rolle. Der Organismus des Tierkörpers besitzt die Fähigkeit, selbst Fett zu bilden und es an verschiedenen Stellen anzuhäufen, so z. B. unter der Haut, an den Eingeweiden, in den Nieren u. dgl.

Der physiologische Vorgang der Fettbildung ist noch nicht geklärt. Das Ausgangsprodukt für die Bildung von Fetten scheinen sowohl im tierischen wie pflanzlichen Organismus Kohlehydrate zu sein. Anderseits kann man als erwiesen ansehen, daß im Tierkörper Fette aus den Komponenten Fettsäure und Glycerin aufgebaut werden können (Rosenfeldt). Mit der Frage der Fettbildung haben sich zahlreiche Forscher befaßt. (Siehe z. B. Holde, Kohlenwasserstofföle und Fette, 6. Aufl., S. 472ff.)

Die Fette und fetten Öle sind fest oder flüssig, je nach der Temperatur ihrer Umgebung. Bei Temperaturen über 50° bleiben nur wenige Fette, über 60° keines mehr fest. Im lebenden Tierkörper ist das Fett flüssig. Nach dem Tod erstarrt das Fett der Landsäugetiere und Vögel, das der Seetiere bleibt flüssig.

In reinem Zustand sind die Fette und fetten Öle farb-, geruch- und geschmacklos. Sie enthalten aber fast immer Verunreinigungen wie Farb- und Schleimstoffe, Gewebeteile und sonstige organische Substanzen. Ein erheblicher Teil dieser Verunreinigungen bleibt trotz der Reinigungsprozesse in den Fetten gelöst. Diese Stoffe sind es, die beim Verseifen der Fette (siehe S. 330) unverändert zurückbleiben und als „Unverseifbares" bezeichnet werden.

Schüttelt man die Fette oder fetten Öle mit viel Wasser kräftig durch, so gehen Spuren in Lösung. Läßt man die so erhaltene Emulsion stehen, so kann man nach dem Abscheiden des Fettes die in Lösung gegangenen geringen Fettmengen durch Ausschütteln des Wassers mit Äther zurückgewinnen und nachweisen. Umgekehrt werden Spuren von Wasser durch Öle und Fette gelöst, aus denen sie nur durch Erwärmen auf 100° wieder entfernt werden können.

Die Fette und fetten Öle sind in fast allen organischen Lösungsmitteln wie Äther, Schwefelkohlenstoff, Azeton, Chloroform und sonstigen Halogenkohlenwasserstoffen, Benzol, Mineralöldestillaten wie Benzin, Ligroin, Petroläther, in zahlreichen Estern und Äthern wie in verschiedenen Azetaten löslich.

Tabelle 12. Die wichtigsten organischen Lösungsmittel für Fette.

	Spez. Gewicht	Siedepunkt °C	Spez. Wärme	Flammpunkt °C
Benzin 60/100°	0,68—0,82	—	ca. 0,50	unter — 10°
Benzol (90proz.)	0,880	80—100	0,42 (6—60°)	— 15
Xylol (gereinigt)	0,872—0,816	139	—	+ 21
Tetralin	0,975	205—207	—	ca. 78
Tetrachlorkohlenstoff . . .	1,6011	76,7	0,207 (20°)	— ⎫ Nicht
Trichloräthylen	1,471	86	0,233 (18°)	— ⎬ brenn-
Chloroform	1,5264	61,2	0,235 (10—50°)	— ⎭ bar.
Amylacetat	0,8745 (18°)	140	—	ca. 25
Aceton	0,797	56,5	0,549 (20—70°)	—
Äthyläther	0,7191	34,9	0,54 (20—30°)	—
Schwefelkohlenstoff	1,2634 (20°)	46,3	ca. 0,24 (30°)	—

Eine Sonderstellung nimmt der Äthylalkohol ein. Von allen natürlichen Fetten und Ölen wird bei gewöhnlicher Temperatur nur das Ricinusöl von Äthylalkohol gelöst. (Charakteristik der wichtigsten Fettlösungsmittel siehe Tabelle 12.)

Die Viskosität der Öle und der geschmolzenen Fette ist höher als die des Wassers und bei den einzelnen Fetten je nach deren Zusammensetzung verschieden. Besonders hoch ist sie bei Ölen, deren Glyceride sich von Oxyfettsäuren ableiten (Ricinusöl). Hohe Viskosität und Adhäsionsvermögen sind es, welche das schlüpfrige Gefühl beim Zerreiben der Fette und Öle in der Hand verursachen. Auch die Kapillarität der Öle und geschmolzenen Fette ist sehr hoch.

Die Fette und Öle sind nicht flüchtig. Sie vertragen Temperaturen von 200 bis 250⁰ ohne wesentliche Veränderung. Manche Öle werden beim Erhitzen heller. Bei Siedetemperatur, die bei den meisten Ölen in der Nähe von 300⁰ liegt, tritt Polymerisation oder Zersetzung ein. Es entstehen flüchtige Produkte, so vor allem Acrolein. Das Auftreten von Acrolein beim Erhitzen über 300⁰ ist ein Mittel, um Öle und Fette von Mineralölen und ätherischen Ölen zu unterscheiden.

Für sich allein brennen die Fette und Öle nur schwer. Von einem Docht aufgesogen, also bei vergrößerter Oberfläche, oder in Verbindung mit leichter brennbaren organischen Substanzen verbrennen sie mit leuchtender Flamme.

Die Zusammensetzung der Fette und fetten Öle, ihre Veränderung unter dem Einfluß von Wasser, Säuren und Alkalien, von Licht und Luftsauerstoff ist im Abschnitt über die Chemie der Fette und Öle beschrieben.

b) Grundsätze der Fett- und Ölgewinnung.

Die Gewinnung der tierischen Fette und Öle. Fast alle tierischen Organe enthalten Fett. Zur Fettgewinnung werden aber meist nur die fettreichen Körperteile — gewisse kleinere Seetiere ausgenommen — verwendet. Bei den Haustieren Schwein, Rind oder Hammel werden vor allem die Eingeweidefette, das Nieren-, Netz-, Taschen- und Herzfett, sowie das der Knochen, Klauen und Hufe verarbeitet. Das Fettgewebe des tierischen Körpers enthält außer dem Fett kleine Mengen von Wasser. Fett und Wasser ist in den sog. Fettzellen von dünnen eiweißhaltigen Membranen umschlossen.

Die Gewinnung des tierischen Fettes besteht in seiner Abscheidung vom Zellgewebe und Wasser. Man erreicht diese Trennung hauptsächlich durch Ausschmelzen. Man erhitzt hierbei das Fettgewebe so weit, daß das in den Zellen eingeschlossene Fett flüssig wird und infolge seiner Ausdehnung die Zellmembran sprengt. Das flüssige Fett wird sodann von den durch die Erhitzung koagulierten und zusammengeschrumpften Membranteilen und von vielleicht noch vorhandenem, noch nicht verdampftem Wasser durch Abschöpfen, Ablassen oder Abfiltrieren getrennt.

Die Rohstoffe müssen einer Vorreinigung unterworfen werden. Anhängende Fleischteile, Sehnen und Blut werden — meist von Hand — entfernt, das Material wird mit Wasser in Waschtrommeln abgespült. Nach dem Trocknen wird es zerkleinert, wozu in großen Betrieben besondere Maschinen verwendet werden. Die Zerkleinerung von Knochen erfolgt in Stampfwerken.

Von Wichtigkeit ist ferner, daß die fetthaltigen Rohmaterialien bis zur Verarbeitung in guten Kühlanlagen aufbewahrt werden.

Die heute verwendeten Verfahren zum Ausschmelzen des Fettes beruhen entweder auf der sog. Trockenschmelze oder auf der Naßschmelze.

Im Trockenverfahren ist das Schmelzen im Kessel über direktem Feuer wohl die älteste und primitivste Methode, die heute aber kaum mehr angewandt wird, weil die Qualität des gewonnenen Fettes infolge der leicht eintretenden

Überhitzung mangelhaft ist. Durch Ausschmelzen auf dem Wasserbad wird dieser Nachteil vermieden.

In Großbetrieben am meisten angewandt wird das Ausschmelzen mit indirektem Dampf, bei dem wohl mit höheren Temperaturen gearbeitet wird, eine Überhitzung des Fettes aber trotzdem leicht vermieden werden kann. Eine Zeitlang hat man versucht, mit heißer Luft auszuschmelzen; man hat dieses Verfahren wieder aufgegeben, da man erkannte, daß der Luftsauerstoff ungünstig auf das Fett einwirkt und das Ranzigwerden einleitet.

Bei der Naßschmelze wird das Fett durch kochendes Wasser oder Dampf in unmittelbarer Einwirkung aus den Zellen ausgeschmolzen. Für das nasse Verfahren sind zahlreiche Apparate konstruiert worden. Sie beruhen fast alle auf dem gleichen Arbeitsprinzip: Das Schmelzgut wird in liegende oder stehende Kessel gebracht, die mit einem Siebboden ausgestattet sind. Beim Einströmen von Wasserdampf schmilzt das Fett und tropft durch den Siebboden ab. Der nasse Schmelzprozeß muß bei möglichst niedrigen Temperaturen ausgeführt werden, da sonst eine hydrolytische Spaltung der Fette eintritt, welche ihre Qualität beeinträchtigt. Die Naßschmelze findet deshalb hauptsächlich bei der Gewinnung technischer Fette Verwendung.

Die bei der Trocken- und Naßschmelze zurückbleibenden Gewebeteile enthalten noch beträchtliche Mengen Fett, die durch Extraktion gewonnen werden können.

Die Extraktionsmethode, die bei der Pflanzenölindustrie eine große Rolle spielt (siehe unten), wird stets zur Gewinnung der Knochenfette herangezogen.

Die Gewinnung pflanzlicher Öle. Die Gewinnung der in den Früchten der Pflanzen enthaltenen Öle erfolgte früher ausschließlich durch Pressen. Seit der zweiten Hälfte des vorigen Jahrhunderts kam zu dieser alten Methode noch das Extrahieren mit flüchtigen Lösungsmitteln. Beide Verfahren werden heute in den Betrieben benutzt.

Die Ölgewinnung durch Auspressen erfordert folgende Arbeitsgänge: Die Reinigung der Saat, das Zerkleinern der Saat und das Pressen.

Die Reinigung der Ölsaaten[1], die für die Gewinnung hochwertiger Öle unerläßlich ist, bezweckt die Entfernung von Erde, Steinen, Sand, Eisenstücken, färbender sowie geschmack- und geruchstörender Bestandteile oder fremder Samen. Zur Reinigung dienen verschiedenartige Einrichtungen, wie Siebapparate, Magnetapparate, Ventilatoren und Bürstmaschinen. Am meisten verbreitet sind wohl die Siebapparate (Plansiebe, rotierende Siebe, Siebschnecken).

Die gereinigten Ölsaaten werden zur Zerkleinerung den Walzenstühlen, Schleuder- oder Schlagkreuzmühlen zugeführt. In den Walzenstühlen — entweder „paarigen" oder „Rottenwalzenstühlen" — wird das Mahlgut zwischen Walzen zerquetscht, bei Walzenstühlen mit verschiedener Walzengeschwindigkeit zerrissen. Schleudermühlen kommen bei grobstückigem, festem Material zur Anwendung.

Beim Pressen der gereinigten und zerkleinerten Ölsaat unterscheidet man die kalte und die warme Pressung. Im allgemeinen liefert die kalte Pressung Öle von besserer Qualität. Zu starkes Erwärmen erhöht den Fettsäuregehalt des Öles.

Früher benutzte man hauptsächlich Keil- und Rammpressen („Ölschlagen"). Heute kommen allgemein hydraulische Pressen zur Verwendung. Man unter-

---

[1] Die Rohmaterialien für die Gewinnung pflanzlicher Öle bestehen nicht nur aus Samen (Ölsaaten). So ist z. B. das wichtigste Rohmaterial für die in der Margarinefabrikation verwendeten Öle die sog. Kopra, das in Schnitzel geschnittene getrocknete Fruchtfleisch der Cocosnüsse.

scheidet offene und geschlossene Pressen. Die letzteren heißen auch Seiher-pressen. Von beiden Arten gibt es zahlreiche Konstruktionen. Am weitesten verbreitet ist die Seiherpresse, bei der das Preßgut in einem hohen Behälter mit siebartig durchlöcherten Wänden liegt. Durch die Löcher fließt das Öl ab. Der Seiher wird meist durch eine Füllpresse mit dem Preßgut gefüllt, dann in die Hauptpresse gefahren und dort gegen den vorigen bereits ausgepreßten Seiher ausgetauscht. Die besonderen Vorteile der Seiherpressen sind hoher spezifischer Druck und gleichmäßiges Auspressen, Reinlichkeit und Arbeitsersparnis. In den offenen Pressen wird das Material in Preßkuchen geformt und in Tücher einge-schlagen. Mehrere Preßkuchen werden, durch Eisenplatten voneinander getrennt, übereinander geschichtet und in die Presse gebracht. Beim Pressen fließt das Öl durch die als Filter wirkenden Tücher ab. Die Nachteile der offenen Pressen sind: großer Tücherverschleiß, Unsauberkeit im Betrieb, Mehrarbeit gegenüber den Seiherpressen.

Auch kontinuierliche Ölpressen werden benutzt. Die wichtigsten Typen sind die Anderson-Presse und die Schneider-Presse. Auf weitere Einzel-heiten kann hier nicht eingegangen werden.

Beim Preßverfahren bleiben 4 bis 10% des Öles im Preßgut zurück. Dieser Nachteil ist bei der Gewinnung des Öles durch Extraktion wesentlich geringer. Es gelingt hierbei, das Öl bis auf $^1/_2$ bis 2% Rückstand aus dem Saatgut zu ent-fernen.

Die Extraktion besteht in einer Diffusion einerseits des Lösungsmittels, anderseits des Öles durch das Zellgewebe. Das Lösungsmittel verdrängt dabei das Öl. Das älteste Extraktionsmittel ist Schwefelkohlenstoff. Ihm folgte das Benzin, später Tetrachlorkohlenstoff („Tetra") und Trichloräthylen („Tri"). Benzin ist heute noch das Hauptextraktionsmittel. Die Entfernung des Lösungs-mittels nach der Extraktion erfolgt durch Destillatoren. Der Verlust an Lösungs-mittel beträgt $^1/_2$ bis 2%.

Das durch kalte Pressung gewonnene Öl wird das Extraktionsöl stets an Wert übertreffen. Bei der Extraktion werden aus dem Rohmaterial Stoffe mit heraus-gelöst, die bei der Pressung zurückbleiben.

Alle Fette und Öle, ob sie durch Schmelzen, Pressung oder Extraktion ge-wonnen sind, werden gereinigt. Die Reinigung, Raffination, gliedert sich in verschiedene Arbeitsgänge.

Mechanische Verunreinigungen kann man schon durch Absitzenlassen ent-fernen, das sich durch besondere Klärmittel (Kochsalz, Chlorcalcium, Glauber-salz) beschleunigen läßt. Rascher und sicherer arbeiten die Filterpressen. Gelöste Verunreinigungen werden auf chemischem Weg entfernt. Durch Zusatz von konzentrierter Schwefelsäure werden die organischen Fremdstoffe zerstört. Es bilden sich feste dunkle Körper, die zu Boden sinken. Anschließend erfolgt die Neutralisation des Öles mittels Soda, Ätzkali, Ammoniak, Borax oder dgl. Dabei werden die Fett- und Harzsäuren und sonstigen sauren Stoffe neutralisiert und in Flocken ausgeschieden. Sie sinken zu Boden und reißen durch Adsorption andere Verunreinigungen mit. Ein Nachteil muß dabei in Kauf genommen werden: geringe Mengen von Öl werden verseift.

Die neutralisierten Öle werden heute fast durchweg mit Bleicherden ge-bleicht. Bleicherden sind Silikate verschiedener Zusammensetzung, welche Farb-, Geruch- und Geschmackstoffe der Öle adsorbieren. Endlich können durch Destillation oder Desodorierung die Öle von flüchtigen Stoffen befreit werden.

Die vorstehenden Ausführungen sollen nur in ganz großen Zügen ein Bild von der Gewinnung der tierischen und pflanzlichen Fette und Öle geben. Für alle Einzelheiten dieses umfangreichen technischen Gebietes sei auf die reichlich vorhandene Spezialliteratur verwiesen.

c) Die chemische Zusammensetzung der Fette und fetten Öle.

Die natürlichen Fette und fetten Öle sind Gemische von Glyceriden, d.h. Glycerinestern verschiedener aliphatischer Säuren. Als Nebenbestandteile kommen Geruch- und Farbstoffe, gewisse höhere Alkohole (Cholesterin und Phytosterin), Phosphatide, Vitamine und kleine Mengen freier Säuren vor. Die wichtigsten Bestandteile sind die Fettsäuren und das Glycerin, wie sie bei der Verseifung der Fette und Öle erhalten werden.

Die Fettsäuren[1]. Die in den Fetten und Ölen vorkommenden Fettsäuren können sowohl einbasisch gesättigte wie einbasisch ungesättigte Säuren sein. Von den letzteren findet man Säuren mit einer, zwei, drei und noch mehr Kohlenstoffdoppelbindungen.

Man kann daher unterscheiden:

1. Gesättigte einbasische Fettsäuren . . . . $C_nH_{2n+1}COOH$
2. Ungesättigte einbasische Fettsäuren:
   a) mit einer Doppelbindung . . . . $C_nH_{2n-1}COOH$
   b) mit zwei Doppelbindungen . . . . $C_nH_{2n-3}COOH$
   c) mit drei Doppelbindungen . . . . $C_nH_{2n-5}COOH$
   d) mit vier Doppelbindungen . . . . $C_nH_{2n-7}COOH$
   e) mit fünf Doppelbindungen . . . . $C_nH_{2n-9}COOH$

Außerdem kommen in einzelnen natürlichen Fetten als Bestandteile der Glyceride vor:

3. Ungesättigte Oxyfettsäuren . . . . $C_nH_{2n-2}(OH)COOH$
4. Ungesättigte Fettsäuren mit einem Cyclopentanring, die der allgemeinen Formel

$$CH = CH$$
$$| \qquad \qquad \rangle CH \cdot (CH_2)_x \cdot COOH$$
$$CH_2 — CH_2$$

entsprechen.

Im allgemeinen finden sich in den natürlichen Fetten nur Fettsäuren mit einer geraden Anzahl von Kohlenstoffatomen. Die eine Zeit lang als Margarinsäure angesprochene Verbindung $C_{17}H_{34}O_2$ erwies sich als ein Gemisch von Palmitin- und Stearinsäure. Die Fettsäuren gehören ferner alle der „normalen" Reihe an, d. h. sie enthalten eine unverzweigte Kette von Kohlenwasserstoffen. Das Vorkommen von Säuren mit verzweigter Kohlenstoffkette ist in einigen Fällen wahrscheinlich, aber noch nicht sicher bewiesen und kommt nur bei hochmolekularen Säuren in Frage [Bauer (1), S. 45].

Die Fettsäuren (siehe Fußnote) geben mit Metallen Salze von gutem Kristallisierungsvermögen. Die wichtigsten Salze sind die Alkalisalze, die Seifen (siehe S. 436). Die Erdalkalisalze sind in Wasser unlöslich. Von diesen spielen besonders die Calciumsalze, die Kalkseifen, in der Gerberei eine mitunter sehr unerfreuliche Rolle. Schon die im gewöhnlichen Brunnenwasser enthaltenen Mengen von Calciumbicarbonat setzen sich mit Seifenlösungen unter Bildung unlöslicher Kalkseifen um.

Eine wichtige Rolle spielen gewisse Schwermetallsalze der Fettsäuren in analytischer Beziehung. So haben z. B. die Bleisalze der verschiedenen Fettsäuren

---

[1] Unter **Fettsäuren** versteht man in chemischem Sinn ganz allgemein die Säuren der aliphatischen Reihe, deren einfachster Vertreter die Ameisensäure, HCOOH, ist. Im technischen Sinn werden vielfach als Fettsäuren nur die in den natürlichen Fetten und Ölen vorkommenden Säuren bezeichnet.

eine verschiedene Löslichkeit. Die Bleisalze der festen Fettsäuren sind in Äther, Benzol und Alkohol unlöslich, die der flüssigen Fettsäuren dagegen löslich.

Die flüssigen Fettsäuren sind meist ungesättigte, d. h. eine oder mehrere Doppelbindungen enthaltende Säuren im Gegensatz zu den gesättigten, meist festen Säuren. Man kann das verschiedene Verhalten der Bleisalze zur Trennung der gesättigten und ungesättigten Fettsäuren benutzen. Allerdings ist dabei zu berücksichtigen, daß es auch feste ungesättigte Fettsäuren gibt, deren Bleisalze in den genannten Lösungsmitteln unlöslich sind. Eine exakte Trennung über die Bleisalze ist daher nicht möglich.

Außer den Bleisalzen hat man auch die Lithium-, Kalium-, Ammonium- und Thalliumsalze auf Grund ihrer verschiedenen Löslichkeit mit wechselndem Erfolg für analytische Zwecke benutzt.

Auch die Ester der Fettsäuren, insbesondere die Methyl- und Äthylester, haben in der Fettchemie für bestimmte analytische Verfahren besondere Bedeutung erlangt. Sie sind nach den üblichen Veresterungsmethoden leicht herzustellen, können aber auch durch Umesterung aus Triglyceriden nach dem Schema

$$C_3H_5(O \cdot CO \cdot R)_3 + 3\,C_2H_5OH \rightarrow C_3H_5(OH)_3 + 3\,R \cdot CO \cdot OC_2H_5$$

gewonnen werden. Die Ester der Fettsäuren sind im Vakuum unzersetzt destillierbar.

Im folgenden sind die in den natürlichen Fetten vorkommenden Fettsäuren aufgeführt:

1. Aus der Gruppe $C_nH_{2n+1}COOH$ (gesättigte Fettsäuren):

		Mol.-Gew.	Schmelzpunkt	Verseifungszahl
Buttersäure	$C_4H_8O_2$	88	— 2 bis + 2⁰	637
Kaprylsäure	$C_8H_{16}O_2$	144	16—16,5⁰	389
Kaprinsäure	$C_{10}H_{20}O_2$	172	31,3—31,4⁰	326
Laurinsäure	$C_{12}H_{24}O_2$	200	43⁰	280
Myristinsäure	$C_{14}H_{28}O_2$	228	53,8⁰	246
Palmitinsäure	$C_{16}H_{32}O_2$	256	62—63⁰	219
Stearinsäure	$C_{18}H_{36}O_2$	284	70—71⁰	197,5
Arachinsäure	$C_{20}H_{40}O_2$	312	74,5⁰	179
Behensäure	$C_{22}H_{44}O_2$	340	83—84⁰	165
Lignocerinsäure	$C_{24}H_{48}O_2$	368	78⁰	—

Die niederen Glieder der gesättigten Fettsäuren sind Flüssigkeiten von stechendem Geruch. Sie werden mit zunehmender Kohlenstoffatomzahl immer dickflüssiger und zuletzt fest. So ist die Kaprylsäure, $C_8H_{16}O_2$, noch ein öliges Produkt mit unangenehm ranzigem Geruch. Die höheren Fettsäuren sind fest und geruchlos. Mit steigender Kohlenstoffatomzahl nehmen die spezifischen Gewichte ab, die Schmelzpunkte zu. Die unverzweigte Kohlenstoffatomkette läßt sich durch Abbaureaktionen nachweisen.

Von den genannten Fettsäuren der Gruppe $C_nH_{2n+1}COOH$ sind die Palmitin- und die Stearinsäure die wichtigsten. Sie finden sich nicht nur in fast allen Fetten und Ölen, sondern auch in verschiedenen Wachsen.

Die Palmitinsäure, $CH_3(CH_2)_{14}COOH$, kristallisiert in feinen Nadeln vom Schmelzpunkt 62,6⁰ und destilliert zwischen 339⁰ und 356⁰ unter geringer Zersetzung. Ihr spezifisches Gewicht bei 62⁰ ist 0,852. In 100 Teilen kaltem absolutem Alkohol lösen sich 9,3 Teile Palmitinsäure. Bei der Oxydation mit alkalischer Permanganatlösung entstehen Essig-, Butter-, Kapron-, Oxal-, Bernstein- und Adipinsäure.

Die Stearinsäure, $CH_3(CH_2)_{16}COOH$, kristallisiert aus Alkohol in glänzenden Blättchen mit dem Schmelzp. 71 bis 71,5⁰. Sie siedet bei 359 bis 383⁰ unter Atmosphärendruck. Sie löst sich leicht in heißem, schwerer in kaltem Al-

kohol. In Benzol, Benzin, Schwefelkohlenstoff, Tetrachlorkohlenstoff, Trichlor-
äthylen und Chloroform ist sie leicht löslich. Bei der Oxydation mit alkalischer
Permanganatlösung entstehen Valeriansäure, Buttersäure, Essigsäure und andere
Säuren.

Die technische Stearinsäure — das sog. Stearin (siehe S. 441) spielt
bei der Fettung des Leders eine wichtige Rolle.

2. Die ungesättigten Fettsäuren. Sie zeigen alle Reaktionen, die für
Verbindungen mit doppelten Kohlenstoffbindungen charakteristisch sind, insbesondere die Additionsreaktionen (Brom, Jod, Wasserstoff). Diese Additionsreaktionen werden analytisch verwertet.

So läßt sich durch die Bromreaktion die Anwesenheit von ungesättigten
Verbindungen feststellen, da die braune Lösung des Broms in Chloroform oder
anderen Lösungsmitteln bei Zugabe ungesättigter Fettsäuren entfärbt wird.
Auch die durch Bromierung entstehenden bromierten Fettsäuren sind analytisch
von besonderer Bedeutung, weil sie in gewissen Lösungsmitteln unlöslich sind.

Bei Einwirkung von Kaliumpermanganat in wässeriger alkalischer Lösung
auf die ungesättigten Fettsäuren werden zwei OH-Gruppen an die Doppelbindungen angelagert (Hazura). Man erhält auf diese Weise aus einer einfach
ungesättigten Fettsäure eine gesättigte Dioxyfettsäure.

Die Anlagerung von Wasserstoff hat besondere technische Bedeutung (siehe
Fetthärtung, S. 334). Durch Addition von Ozon entstehen Ozonide. Sie geben
beim Kochen mit Wasser Spaltprodukte, deren Natur über die Lage der Doppelbindung im Molekül der ursprünglichen ungesättigten Fettsäure Aufschluß gibt
(Harries und Thieme).

Je nach der Zahl der Doppelbindungen unterscheidet man einfach oder mehrfach ungesättigte Fettsäuren.

$C_nH_{2n-1}COOH = $ Reihe (Ölsäurereihe)

		Mol.-Gew.	Schmelzpunkt	Neutralisations-zahl
Tiglinsäure	$C_5H_8O_2$	100	$64,5^0$	—
Undecylensäure	$C_{11}H_{20}O_2$	160,16	$24,5^0$	350,36
Hypogäasäure	$C_{16}H_{30}O_2$	254,24	33^0	220,66
Physetölsäure	$C_{16}H_{30}O_2$	254	30^0	—
Ölsäure	$C_{18}H_{34}O_2$	282	14^0	198,75
Elaidinsäure	$C_{18}H_{34}O_2$	282	$44,5^0$	198,75
Erukasäure	$C_{22}H_{42}O_2$	338	$33,0—34,0^0$	165,81
Brassidinsäure	$C_{22}H_{42}O_2$	338	$61,5^0$	—

Von diesen Säuren ist in den natürlichen Fetten und Ölen die Ölsäure am
weitesten verbreitet. Sie findet sich in fast allen flüssigen Ölen, in besonderem
Maß im Olivenöl, Mandelöl und Pfirsichkernöl.

Die Ölsäure ist bei gewöhnlicher Temperatur eine farblose, geruch- und ge-
schmacklose Flüssigkeit, die bei 4^0 zu weißen Nadeln erstarrt, dann aber erst bei
14^0 schmilzt. Sie ist sehr schwer in chemisch reinem Zustand herzustellen. Die
technische Ölsäure, das sog. Olein oder Elain, das bei der Herstellung der Stearinsäure anfällt, enthält meist geringe Mengen gesättigter Säuren (siehe S. 326).
Die Doppelbindung liegt bei der Ölsäure zwischen dem 9. und 10. Kohlenstoffatom,

$$CH_3 \cdot (CH_2)_7 \cdot CH : CH \cdot (CH_2)_7 \cdot COOH,$$

also in der Mitte des Atoms. Unter der Einwirkung von salpetriger Säure geht
Ölsäure in die isomere Elaidinsäure über, deren Doppelbindung nach Harries
ebenfalls zwischen dem 9. und 10. Kohlenstoffatom liegt, die aber aus Alkohol in
farblosen Blättchen mit dem Schmelzp. 44 bis 45^0 kristallisiert.

Beim Aufbewahren an der Luft wird die Ölsäure durch Oxydation rasch gelb und nimmt einen ranzigen Geruch an. Es entsteht dabei Ameisensäure, Essigsäure, Buttersäure, Acelainsäure und Korksäure.

Die Alkalisalze der Ölsäure, die Ölsäureseifen, werden aus ihrer wässerigen Lösung durch Zusatz von Alkalilaugen ausgeschieden.

$C_nH_{2n-3}COOH$-Reihe (Linolsäurereihe).

Linolsäure, $C_{18}H_{32}O_2$, Mol.-Gew. 280, Neutralisationszahl 200,2.

Die Linolsäure enthält 2 Doppelbindungen. Die Tatsache, daß sie sich zu Stearinsäure reduzieren läßt, und die Natur der bei der Ozonisierung entstehenden Spaltprodukte ergibt folgende Struktur:

$$CH_3 \cdot (CH_2)_4 \cdot CH : CH \cdot CH_2 \cdot CH : CH \cdot (CH_2)_7 \cdot COOH.$$

Die Linolsäure kommt im Leinöl, Hanföl und Mohnöl in beträchtlichen Mengen vor. Es scheint, daß in manchen Ölen zwei von den vier möglichen geometrischen Isomeren vorhanden sind (Nicolet und Cox).

Läßt man Linolsäure an der Luft stehen, so trocknet sie zu einer festen, harzartigen Masse auf. Bei der Oxydation entsteht Tetraoxystearinsäure.

$C_nH_{2n-5}COOH$-Reihe (Linolensäurereihe).

Linolensäure, $C_{18}H_{30}O_2$, Mol.-Gew. 278, Neutralisationszahl 201,6.
Eläostearinsäure, $C_{18}H_{30}O_2$, Mol.-Gew. 278.

Die Linolensäure addiert sechs Brom- bzw. Wasserstoffatome. Auf Grund ihrer Spaltstücke kommt man zu der Formel

$$CH_3 \cdot CH_2 \cdot CH : CH \cdot CH_2 \cdot CH : CH \cdot CH_2 \cdot CH : CH \cdot (CH_2)_7 \cdot COOH.$$

Die Linolensäure kommt in den Ölen vor, die trocknende Eigenschaften aufweisen. Die Eläostearinsäure ist der Hauptbestandteil des chinesischen Holzöls. Bei der Oxydation geht die Linolensäure in Hexaoxystearinsäure über.

$C_nH_{2n-7}COOH$-Reihe.

Clupanodonsäure, $C_{22}H_{34}O_2$, Mol.-Gew. 330, Neutralisationszahl 169,8.

Die Clupanodonsäure wurde in zahlreichen Seetierölen nachgewiesen. Sie enthält fünf Doppelbindungen, über deren genaue Stellung im Molekül sich allerdings noch nichts Genaues sagen läßt. Die Säure wird als Träger des charakteristischen Fischgeruchs der Seetieröle angesehen. Tsujimoto (1), der Entdecker der Clupanodonsäure, beschreibt sie als eine blaßgelbe Flüssigkeit, die bei — 40° noch nicht erstarrt und bei — 78° eine vaselinartige Masse bildet.

$C_nH_{2n-2}(OH) \cdot COOH$-Reihe (Oxysäuren).

Ricinolsäure, $C_{18}H_{34}O_3$, Mol.-Gew. 298, Neutralisationszahl 187,7.
Ricinelaidinsäure, $C_{18}H_{34}O_3$, Mol.-Gew. 298.

Beide Säuren sind isomer. Die Ricinolsäure ist der Hauptbestandteil des Ricinusöls. Die reine Säure schmilzt bei 4 bis 5°; sie läßt sich unter 15 mm nicht unzersetzt destillieren. Sie addiert zwei Atome Jod oder Brom. Durch Oxydation mit Kaliumpermanganat geht sie in Trioxystearinsäure über.

Erhitzt man Ricinolsäure auf 100°, so bilden sich sog. Estolide, d. h. Kondensationsprodukte aus zwei Säuremolekülen, wobei die Karboxylgruppe des einen sich mit der Hydroxylgruppe des andern Moleküls verbindet.

Durch Einwirkung von konzentrierter Schwefelsäure entstehen verschiedene Sulfoverbindungen. Einzelheiten siehe im Abschnitt „Sulfonierung".

An cyclischen Säuren mit einem Cyclopentanring kommen in natürlichen Fetten die Chaulmoogra- und die Hydnokarpussäure vor. Eine zweibasische Säure, die sog. Japansäure, ist in geringen Mengen im Japantalg enthalten.

Das Glycerin. Die alkoholische Komponente der Fettsäureester (Glyceride) ist das Glycerin

$$CH_2 \cdot OH$$
$$CH \cdot OH$$
$$CH_2 \cdot OH$$

ein dreiwertiger Alkohol von öliger Konsistenz, süßem Geschmack und neutraler Reaktion. Sein spezifisches Gewicht ist 1,265. Es ist mit Wasser und Alkohol in jedem Verhältnis mischbar. Bei gewöhnlichem Druck siedet es etwa bei 290^0 unter geringer Zersetzung. Im Vakuum und mit überhitztem Dampf läßt es sich bei 200 bis 250^0 leicht überdestillieren.

In Chloroform, Petroläther, Schwefelkohlenstoff, Benzol sowie in Ölen und Fetten ist Glycerin unlöslich. Als Alkohol verbindet es sich mit Säuren zu Estern. Bekannt ist, außer den Glyceriden der Fettsäuren, das Glycerinnitrat (Nitroglycerin). Mit Säuren kann das Glycerin drei verschiedene Arten von Estern bilden, je nachdem eine, zwei oder alle drei alkoholische Hydroxylgruppen mit einem Säuremolekül in Reaktion treten. Auf diese Weise können entstehen:

$CH_2 \cdot O \cdot CO \cdot R$	$CH_2 \cdot O \cdot CO \cdot R$	$CH_2 \cdot O \cdot CO \cdot R$
$CH \cdot OH$	$CH \cdot O \cdot CO \cdot R$	$CH \cdot O \cdot CO \cdot R$
$CH_2 \cdot OH$	$CH_2 \cdot OH$	$CH_2 \cdot O \cdot CH \cdot R$
Monoglycerid.	Diglycerid.	Triglycerid.

wobei R das gleiche Säureradikal bedeutet. Es gibt aber auch Glyceride, die verschiedenartige Säureradikale enthalten. Diese „gemischtsäurigen" Glyceride sind die wichtigeren. Endlich können sich die Mono- und die Diglyceride noch durch die Stellung der Estergruppen innerhalb des Moleküls unterscheiden, wie folgende Beispiele zeigen:

$CH_2 \cdot O \cdot CO \cdot R$	$CH_2 \cdot OH$	$CH_2 \cdot OH$	$CH_2 \cdot O \cdot CO \cdot R$
$CH \cdot OH$	$CH \cdot O \cdot CO \cdot R$	$CH \cdot O \cdot CO \cdot R$	$CH \cdot OH$
$CH_2 \cdot OH$	$CH_2 \cdot OH$	$CH_2 \cdot O \cdot CO \cdot R$	$CH \cdot O \cdot CO \cdot R$
a = Monoglycerid.	β = Monoglycerid.	a, β = Diglycerid.	a, a' = Diglycerid.

Konstitution der Fette und Öle. Monoglyceride scheinen in der Natur überhaupt nicht vorzukommen. Von den Diglyceriden hat man bisher nur einen Vertreter, das Dierusin, $C_3H_5(C_{22}H_{41}O_2)_2 \cdot OH$, im Rüböl gefunden. Die meisten Fette und Öle bestehen aus einfachen und gemischten Triglyceriden der höheren Fettsäuren mit 16 bis 18 Kohlenstoffatomen. An erster Stelle stehen die Triglyceride der Palmitin-, der Stearin- und der Ölsäure. Die Glyceride der Laurin-, Myristin-, Arachin- und Behensäure kommen in namhaften Mengen nur in ganz bestimmten Fetten vor. Von den Glyceriden der höher ungesättigten Säuren sind die der Linol- und der Linolensäure die wichtigsten. Sie finden sich besonders in den trocknenden Ölen.

Man hatte früher angenommen, daß die Glyceridmoleküle der Fette und Öle nur eine Fettsäure enthalten, daß also in allen Fetten Gemische einfacher Triglyceride wie Tripalmitin, Tristearin oder Triolein vorliegen. Diese Anschauung hat sich als unrichtig erwiesen. In zahlreichen Fetten wurden gemischtsäurige

Glyceride aufgefunden, so z. B. in der Kuhbutter das Oleopalmitobutyrin, im Schweinefett das α-Palmitodistearin, im Kokosfett das Myristodipalmitin, im Leinöl das Linoleodistearin und andere mehr.

Je nachdem in den Glyceriden die festen (gesättigten) oder die flüssigen (ungesättigten) Fettsäuren überwiegen, weisen sie selbst einen höheren oder niedrigen Schmelzpunkt auf. In den Fetten und vor allem in den Ölen, welche Gemische von festen und flüssigen Triglyceriden darstellen, lassen sich die beiden Glyceridarten bei verschiedenen Temperaturen trennen. So scheiden sich z. B. bei Leinöl, Klauenöl und vielen Seetierölen in der Kälte die festen Glyceride ab, die bei gewöhnlicher Temperatur von den flüssigen Glyceriden in Lösung gehalten werden.

Außer den Triglyceriden sind in den natürlichen Fetten und Ölen in geringeren Mengen noch höhere Alkohole der aromatischen Reihe enthalten, von denen die wichtigsten das Cholesterin und das Phytosterin sind.

Das Cholesterin kommt in fast allen tierischen Fetten vor, und zwar in Mengen bis zu 2%. Das Wollfett, das nicht zu den Fetten, sondern zu den Wachsen gehört, enthält viel Cholesterin in gebundener Form. Es ist in Wasser unlöslich, in Äther, Schwefelkohlenstoff, Chloroform und heißem Alkohol leicht löslich. Es kristallisiert aus den verschiedenen Lösungsmitteln in Nadeln oder Blättchen. Schmelzp. 148°. Spez. Gew. 1,067. In ätherischer Lösung zeigt es $[\alpha]_D = -31,2°$.

Das Phytosterin ist in allen Pflanzenfetten zu finden. Es unterscheidet sich durch seine Kristallform (büschelförmige Nadeln) und durch seinen Schmelzpunkt (137 bis 138°) vom Cholesterin. Spez. Gew. 0,7522. In ätherischer Lösung zeigt es $[\alpha]_D = -32,2°$.

Die Sterine können zur Feststellung dienen, ob ein Fett tierischer oder pflanzlicher Herkunft ist (siehe die Phytosterinacetatprobe nach Bömer, S. 372).

Als weitere Nebenstoffe finden sich in vielen natürlichen Fetten Lezithin (z. B. im Eigelb) und Vitamine. Beide haben für die in der Lederindustrie verwendeten Fettstoffe keine Bedeutung.

Bei der im nächsten Abschnitt enthaltenen Beschreibung der einzelnen Fette und Öle wird auch die chemische Zusammensetzung kurz besprochen.

d) Die Hydrolyse der Fette und fetten Öle.

Wie alle Ester lassen sich die Glyceride durch chemische Spaltung wieder in die beiden Stoffe zerlegen, aus denen sie entstanden sind:

$$
\begin{array}{l}
CH_2 \cdot O \cdot CO \cdot R \quad HOH \\
| \\
CH \ \cdot O \cdot CO \cdot R + HOH \quad \rightarrow \\
| \\
CH_2 \cdot O \cdot CO \cdot R \quad HOH
\end{array}
\qquad
\begin{array}{l}
CH_2 \cdot OH \quad R \cdot COOH \\
| \\
CH \cdot OH + R \cdot COOH \\
| \\
CH_2 \cdot OH \quad R \cdot COOH
\end{array}
$$

Man hat diese Spaltung der Fette früher nur mit Laugen ausgeführt. Dabei entstanden nicht die freien Fettsäuren, sondern ihre Alkalisalze, die Seifen. Der ganze Spaltungsvorgang wurde deshalb „Verseifung" genannt, eine Bezeichnung, die dann von der organischen Chemie allgemein für die Zerlegung aller Ester in Alkohol und Säure übernommen worden ist.

Die chemische Zerlegung der Fette in Glycerin und Fettsäuren ist eine Hydrolyse. Das Wasser ist der wirksame Faktor dieses Spaltprozesses. Die für die Umsetzung benützten Stoffe sind Basen, Säuren und Fermente. Seifen entstehen nur bei der Verwendung von Basen.

Schon beim Erhitzen von Fetten mit Wasser unter einem Druck von 15 Atm. (Temperatur ca. 220°) sowie bei der Destillation der Fette mit überhitztem

Wasserdampf tritt Verseifung ein. Im letzteren Falle destilliert das Glycerin gleichzeitig mit den Fettsäuren über. Eine katalytische Beschleunigung des Prozesses ist möglich.

Große technische Bedeutung hat die Fettspaltung durch Basen und Säuren erlangt. Die „Verseifung" wird mit Alkalien, Calcium-, Magnesium- oder Zinkoxyd durchgeführt. Es ist stets ein gewisser Überschuß an Verseifungsstoffen erforderlich, um die Verseifung innerhalb einer gewissen Zeit zu beendigen. Am raschesten erfolgt die Verseifung bei Verwendung von Kalium- oder Natriumhydroxyd. Diese Stoffe werden deshalb auch bei der Fettanalyse (Bestimmung der Verseifungszahl, des Unverseifbaren usw.) benutzt.

Durch Natriumalkoholat in ätherischer Lösung lassen sich die Fette schon in der Kälte in kürzester Zeit verseifen. Dabei bilden sich Fettsäureäthylester als Zwischenprodukte (Kossel und Obermüller):

$$C_3H_5(OR)_3 + 3\ C_2H_5ONa \rightarrow C_3H_5\,(ONa)_3 + 3\ ROC_2H_5.$$

Durch weitere Einwirkung von Wasser (das sich bei der Reaktion nicht ausschließen läßt), entsteht aus $C_3H_5(ONa)_3$ Glycerin und Natronlauge. Durch die letztere wird der Äthylester verseift:

$$C_3H_5(ONa)_3 + 3\ H_2O \rightarrow C_3H_5(OH)_3 + 3\ NaOH.$$

Ohne Gegenwart von Wasser kann Natriumalkoholat Glyceride nicht verseifen [Bull (1)].

Nach Henriques werden die Fette (und die meisten Wachse) in petrolätherischer Lösung schon in der Kälte durch 10- bis 12 stündiges Stehen in $^n/_1$ alkoholischer Lauge verseift. Auch hierbei bilden sich die Äthylester als Zwischenprodukte.

Beim Verseifungsprozeß, wie er für analytische Zwecke durchgeführt wird, verwendet man ebenfalls alkoholische Kalilauge. Man verseift in der Hitze. Im allgemeinen genügt ein halbstündiges Kochen auf dem Wasserbad (Näheres siehe S. 385).

Der Einfluß der Alkoholkonzentration auf den Verseifungsgrad bei Verwendung von $^n/_2$ Kalilauge wurde von Lascaray und Bergell untersucht. Sie stellten fest, daß bei abnehmender Alkoholkonzentration der Verseifungsgrad schnell auf ein Minimum sinkt und zum reinen Wasser hin wieder ansteigt, ohne den Verseifungsgrad bei hoher Alkoholkonzentration zu erreichen.

Die Verseifung von Rohfetten spielt technisch eine außerordentlich wichtige Rolle (Herstellung von Seifen, Fettsäuren, Glycerin).

Bei der Spaltung der Fette mittels Säure ist die Schwefelsäure zuerst verwendet worden. Die Schwefelsäure wirkt hierbei zum Teil als Katalysator, zum Teil bildet sie Sulfosäuren, welche die Fähigkeit haben, Fett und Wasser in Emulsion zu bringen und dadurch die Berührungsfläche der reagierenden Stoffe außerordentlich zu vergrößern. Die saure Spaltung wird ebenfalls bei Temperaturen von 90 bis 100° durchgeführt.

Bei dem sog. Twitchell-Spaltverfahren werden gewisse aromatische Sulfosäuren mit emulgierender Wirkung dem Fett in geringer Menge zugesetzt und dann das Fett-Wassergemisch mehrere Stunden mit direktem Dampf gekocht. Im Prinzip ist das Twitchell-Verfahren und die Spaltung mit Schwefelsäure gleich, nur daß beim ersteren die emulgierend wirkende Sulfosäure, das sog. Twitchell-Reagens, in Gestalt einer Naphthalinsulfo-Ölsäure von Anfang an zugesetzt wird, während bei der reinen Schwefelsäurespaltung die Sulfoverbindungen erst durch den Prozeß selbst entstehen.

Auch andere sog. „Spalter" sind vorgeschlagen und auch verwendet worden. Schraut (1) hat gefunden, daß die Sulfosäuren des teilweise hydrierten Anthrazens sich gut zur Spaltung der Fette eignen (Idrapidspalter" der Firma

Riedel-Berlin). Unter dem Namen „Pfeilringspalter" wurde schon im Jahre 1912 von den Vereinigten Chemischen Werken Charlottenburg ein Spaltreagens in den Handel gebracht, das durch Sulfonieren eines Gemisches von hydriertem Ricinusöl und Naphthalin hergestellt wurde. Petroff hat eine bei der Raffination der Erdöldestillate mit rauchender Schwefelsäure entstehende organische Sulfosäure als Fettspaltungskatalysator in Vorschlag gebracht, der unter der Bezeichnung „Kontaktspalter" in die Praxis eingeführt wurde.

Endlich kann die Spaltung der Fette in Fettsäuren und Glycerin durch Fermente herbeigeführt werden. Connstein, Hoyer und Wartenberg haben erstmals diese fermentative oder enzymatische Spaltung untersucht. Sie gingen dabei aus von dem im Ricinussamen vorkommenden lipolytischen Enzym. Das Verfahren ist heute auch in der Technik eingeführt. Die Temperatur, bei der die fermentative Fettspaltung durchgeführt wird, liegt zwischen 20 und 25⁰. Es kann eine Spaltungsausbeute bis zu 95% erreicht werden. Trotzdem ist das Verfahren im großen wenig wirtschaftlich.

e) Der Einfluß der Atmosphärilien auf die Fette und fetten Öle.

Die Einwirkung von Luft und Licht auf die natürlichen Fette und Öle tritt in zwei verschiedenen Erscheinungen zutage: dem sog. Ranzigwerden der Fette und Öle und dem Trocknen einer Anzahl von Ölen.

Der Vorgang des Ranzigwerdens ist zwar Gegenstand zahlreicher Untersuchungen gewesen, konnte aber noch nicht einwandfrei geklärt werden. Da beim Lagern der Fette und Öle in vielen Fällen auch eine teilweise Spaltung in Glycerin und freie Fettsäuren stattfindet, hatte man zuerst vermutet, daß zwischen der Menge der freien Fettsäuren und dem Grad der Ranzidität eine gewisse Beziehung bestehe. Es konnte jedoch nachgewiesen werden, daß solche Beziehungen nicht vorhanden sind. Es gibt Fette, welche freie Fettsäuren in beträchtlichen Mengen enthalten und trotzdem nicht ranzig sind.

Weiter vermutete man, daß die in den Fetten enthaltenen Lipasen das Ranzigwerden verursachen. Es zeigte sich aber, daß gewisse Fette, wie z. B. das Schweineschmalz, auch nach dem Erhitzen auf 100⁰, wobei die Lipase unwirksam wird, ranzig werden können. Die Ranzidität muß deshalb die Folge innerer Umsetzungen sein.

Tschirch und Barben haben durch besondere Versuchsreihen festgestellt, daß Luft und Licht als die primären Ursachen des Ranzigwerdens anzusehen sind, und zwar beide zusammen, also nicht Luft allein oder Licht allein. Luft und Licht erzeugen aber nur dann „Geruchsranzidität", wenn Feuchtigkeit im Fett oder in der Luft zugegen ist, vor allem aber nur dann, wenn das Fett ungesättigte Fettsäuren enthält. Tschirch und Barben haben nachgewiesen, daß ein Fett prozentual zur Menge der vorhandenen ungesättigten Fettsäuren ranzig wird.

Bei der Ölsäure dachten sich die beiden Autoren den Vorgang des Ranzigwerdens derart, daß zunächst sich folgender Autoxydationsprozeß abspielt:

$$CH_3 \cdot (CH_2)_7 \cdot CH = CH \cdot (CH_2)_7 \cdot COOH + O_2 \rightarrow$$
$$CH_3 \cdot (CH_2)_7 \cdot CH\!\!-\!\!CH \cdot (CH_2)_7 \cdot COOH \text{ (Peroxyd)}.$$
$$\overset{|}{O}\;\overset{|}{-}\;O$$

Das so entstandene Peroxyd wird allmählich durch Wasser zerlegt:

$$CH_3 \cdot (CH_2)_7 \cdot CH\!\!-\!\!CH \cdot (CH_2)_7 \cdot COOH + H_2O \rightarrow$$
$$\overset{|}{O}\;\overset{|}{-}\;O$$

$$CH_3 \cdot (CH_2)_7 \cdot CH\!\!-\!\!CH \cdot (CH_2)_7 \cdot COOH \text{ (Oxyd)} + H_2O_2 + (O_3).$$
$$\diagdown \overset{}{O} \diagup$$

Es entsteht also außer dem Oxyd Wasserstoffperoxyd, das nach Houzeau stets von Ozon begleitet ist. Das Ozon bildet ein Ozonid:

$$CH_3 \cdot (CH_2)_7 \cdot \underset{\underset{O—O—O}{|\qquad\qquad|}}{CH——CH} \cdot (CH_2)_7 \cdot COOH \text{ (Ozonid)}.$$

Auf Grund der Untersuchungen von Harries und Thieme über die Zersetzungen der Fettsäureozonide durch Wasser vermuteten Tschirch und Barben, daß im weiteren Verlauf der Reaktion das Ölsäuremolekül gespalten wird:

einerseits: in $CH_3 \cdot (CH_2)_7 \cdot COH$, Nonylaldehyd (flüchtig) und $COOH \cdot (CH_2)_7 \cdot$ COOH, Acelainsäure (fest).

Aus dem Nonylaldehyd entsteht weiter: $COH \cdot (CH_2)_7 \cdot COOH$, Acelain-aldehyd (mit Wasserdampf flüchtig);

anderseits: in $CH_3 \cdot (CH_2)_7 \cdot COOH$, Pelargonsäure (flüssig), und daraus weiter: $COOH \cdot (CH_2)_7 \cdot COOH$, Acelainsäure (fest).

Die Aldehyde und Ketone riechen und sind mit Wasserdampf flüchtig. Von ihnen stammt der ranzige Geruch.

Diese Theorie über das Wesen der Ranzidität ist in vielen Punkten sehr wahrscheinlich. Ein gültiger Beweis über einen Verlauf des Prozesses im Sinne obiger Umsetzungen steht aber noch aus.

Fierz-David unterscheidet zwischen „Ölsäureranzigkeit" und „Ketonranzigkeit". Die letztere entstehe dadurch, daß die unverändert gebliebenen gesättigten Fettsäuren durch Schimmelpilze zu den entsprechenden Methylalkylketonen oxydiert werden. Auch Stärkle fand, daß freie Fettsäuren und auch reine Triglyceride durch Penicillium glaucum in die entsprechenden Ketone überführt werden.

Das Ranzigwerden der Öle und Fette ist demnach als eine Folge chemischer Zersetzungen anzusehen, bei denen Oxydationsprozesse die Hauptrolle spielen und auf welche Feuchtigkeit und Licht einen noch nicht aufgeklärten Einfluß ausüben.

Nach Davies sind die Ursachen für die Zersetzung der Öle und Fette neben der Oxydation durch den Luftsauerstoff auch in der Einwirkung von Mikroorganismen zu suchen, die als Verunreinigung vorhanden sind. Durch ihren Angriff auf das Fettmolekül entstehen Produkte, die organoleptisch nachgewiesen werden können.

Zum Nachweis der Ranzidität wird gewöhnlich die Reaktion von Kreis empfohlen: 1 ccm Öl oder geschmolzenes Fett und 1 ccm Salzsäure vom spez. Gew. 1,19 werden eine Minute lang kräftig geschüttelt, hierauf mit 1 ccm kaltgesättigter Benzol-Resorcinlösung versetzt und einmal kräftig durchgeschüttelt. Ranzig gewordene oder gebleichte Fette und Öle färben die Säure stark violett. Verwendet man anstatt Resorcin eine 1 proz. Phloroglucinlösung, so erhält man eine leuchtend rote Färbung.

Die Kreisreaktion ist jedoch kein unbedingt zuverlässiges Mittel zum Nachweis der Ranzidität, auch nicht in der von Wiedmann vorgeschlagenen Modifikation. Weite Fachkreise halten die Geruchs- und Geschmacksprobe vorerst noch immer für das sicherste Mittel, um bei Fetten und Ölen Ranzigkeit festzustellen (Davidsohn).

Verhalten der trocknenden Öle gegen Luft und Licht. Der Trockenprozeß gewisser pflanzlicher Öle ist wie das Ranzigwerden mit einer Zunahme der Oxysäuren verbunden. Er ist also in erster Linie eine Folge der Einwirkung des Luftsauerstoffes auf das Öl. Bei den sog. trocknenden Ölen erstrecken sich aber die für den Trockenprozeß charakteristischen Veränderungen nicht nur auf die Glyceride bzw. Fettsäuren mit einer Doppelbindung, sondern in erster Linie auf die Glyceride mit zwei und mehr Doppelbindungen (Linolsäure-, Linolensäure-, Eläostearinsäureglyceride). Darin beruht der Unterschied zwischen dem Trockenprozeß und dem Ranzigwerden.

Beim Trocknen nehmen die sog. trocknenden Öle, deren bedeutendste Vertreter das Leinöl und das chinesische Holzöl sind, Sauerstoff aus der Luft auf. Mit dieser Oxydation ist außerdem eine Polymerisation verbunden. Die von verschiedenster Seite über den Trockenprozeß angestellten Untersuchungen sind außerordentlich zahlreich. Es sei nur auf die Arbeiten von Mulder, Coffey, Fahrion, Bauer, Slansky und Eibner hingewiesen. Eine restlose Aufklärung des Vorgangs ist aber noch nicht gelungen. Es spielen sich beim Trocknen der Öle wohl chemische, physikalische und kolloidchemische Reaktionen nebeneinander ab. Außerdem lassen sich deutlich mehrere aufeinander folgende Stufen des Trockenvorgangs erkennen, die Eibner als „Antrocknen", „Durchtrocknen" und „Harttrocknen" charakterisiert hat.

Das Trocknen der Öle läßt sich durch bestimmte Katalysatoren beschleunigen. Die wichtigsten sind die Kobalt-, Mangan- und Bleisalze von Fett- und Harzsäuren. Näheres siehe beim Leinöl (S. 358).

Die Endprodukte der Trocknung sind mehr oder weniger harte, in Benzin, Äther usw. unlösliche Verbindungen (Linoxyn, Tungoxyn).

Der Trockenprozeß spielt bei der Herstellung von Lackledern eine sehr wichtige Rolle.

Auch die Einwirkung des Lichtes bedingt eine Veränderung der trocknenden Öle. Starkes Sonnenlicht oder ultraviolette Strahlen können physikalische Veränderungen dieser Öle hervorrufen. McCloskey und France konnten an Leinöl- und Holzölproben, die mit dem Licht einer Quecksilberdampflampe bestrahlt wurden, durch ultramikroskopische Untersuchung nachweisen, daß die Menge der kolloidalen Teilchen mit der Bestrahlungsdauer deutlich zunimmt.

f) Die Fetthärtung (Hydrierung).

Durch die Anlagerung von Wasserstoff an die ungesättigten Kohlenstoffatome flüssiger Fette wird deren Schmelzpunkt erhöht. Das Öl geht in ein festes Fett über. Dieser Prozeß, die Hydrierung oder Härtung der Fette, hat eine außerordentliche technische Bedeutung erlangt. Es gelingt auf diesem Wege, flüssige Fette, wie Trane, für welche nur eine beschränkte Verwendungsmöglichkeit besteht, derart zu veredeln, daß sie für viele Gebiete der Fettindustrie brauchbar werden. Allerdings sind die heute im technischen Betrieb zur Verwendung kommenden Härtungsmethoden erst durch längjährige Erfahrungen herausgebildet worden.

Die ersten, die festgestellt haben, daß chemische Verbindungen mit einer Kohlenstoffdoppelbindung sehr leicht durch Addition von Wasserstoff in gesättigte Verbindungen übergeführt werden können, wenn man auf die Verbindung im Dampfzustand gasförmigen Wasserstoff in Gegenwart von Nickel als Katalysator einwirken läßt, waren Sabatier und Sendérens. Die Anwendung dieser Methode auf die Fette war indessen erschwert, weil nur bei solchen Stoffen diese Reaktion praktisch möglich war, die sich unzersetzt destillieren ließen. Normann fand nun, daß man auch ungesättigte Fettsäuren oder ihre Glyceride dann in gesättigte Verbindungen umwandeln konnte, wenn man sie mit fein verteiltem Nickel als Katalysator mischt und durch das Gemisch bei höherer Temperatur einen Wasserstoffstrom leitet. Normanns Gedanke liegt allen späteren technischen Verfahren mehr oder weniger zugrunde.

Auch Edelmetalle wurden als Katalysatoren zur Hydrierung herangezogen. Die katalytisch wirkenden Eigenschaften von Platinschwamm und Paladiummoor waren ja längst bekannt. Willstätter, Paal und Roth haben mit diesen Metallen Fettsäureäthylester und eine Reihe von Ölen hydriert. Lehmann verwandelte Ölsäure in Stearinsäure, indem er ein Gemisch von Ölsäure mit 0,5% Osmiumtetroxyd erhitzte und Wasserstoff durchleitete. Ipatiew verwendete statt der reinen Metalle Metalloxyde. Bedford und Erdmann folgten später seinem Beispiel. Über die Frage, ob das reine Metall oder das Oxyd als Katalysator brauchbarer sei, entspann sich ein Streit, der auch auf das patentrechtliche Gebiet hinübergriff. Die Frage ist auch heute noch nicht endgültig entschieden.

Bei der Hydrierung wächst die Geschwindigkeit des Prozesses mit steigender Temperatur. Sie ist aber bei Nickel bei 200⁰ wenig größer als bei 170⁰. Oberhalb 200⁰ ist eine Geschwindigkeitszunahme nicht mehr festzustellen. Die Reaktionsgeschwindigkeit steigt außerdem mit dem Druck, der Katalysatormenge und der Intensität des Durchmischens.

Es gibt eine Reihe von Stoffen — sog. Katalysatorgifte —, welche schon in ganz geringen Mengen den Hydrierungsprozeß stören. Besonders empfindlich sind kolloidale Katalysatoren. Als Katalysatorgifte sind schwefelhaltige Gase, Phosphorwasserstoff, Schwefelwasserstoff, Blausäure, Chloroform, Aceton bekannt. Nickeloxyd ist gegen Katalysatorgifte weniger empfindlich als metallisches Nickel.

Die Wirksamkeit der Katalysatoren ist zeitlich begrenzt, sie nimmt ganz allmählich ab. Diese Erscheinung nennt man, wenn sie beim Aufbewahren beobachtet wird, „Altern", wenn sie während der Reaktion auftritt, „Ermüdung" des Katalysators. Über die Wiederbelebung von Katalysatoren sind zahlreiche Untersuchungen angestellt worden (viele Patente).

Durch den Härtungsprozeß erfahren die Öle weitgehende physikalische und chemische Veränderungen. Außer der bereits erwähnten Zunahme des Schmelzpunktes und der dadurch bedingten Konsistenzänderung, wird auch der Geschmack und der Geruch durch die Hydrierung beeinflußt. So verschwindet beim Härten der Trane der typische Fischgeruch vollständig, so daß eine Verwendung gehärteter Trane in der Margarinefabrikation ohne Schwierigkeiten möglich ist. Eigenartig ist der sog. „Härtungsgeruch", der nicht näher zu definieren und kaum zu entfernen ist.

Der Härtungsprozeß wird durch die Jodzahl kontrolliert. Man hat es dabei in der Hand, aus flüssigen Ölen halbweiche, weiche und harte Fette herzustellen. Mit der Dauer der Hydrierung nimmt die Löslichkeit der Fette in Äther und Petroläther ab. Schwefelkohlenstoff und Tetra lösen jedoch gehärtete Fette gut.

Über das erhöhte Aufnahmevermögen gehärteter Fette gegenüber Wasser siehe Brauer, Chem. Zeitg. 1912, S. 793.

g) Die Einwirkung der Schwefelsäure auf die Fette und fetten Öle (Sulfonierung).

Durch Behandlung von Fetten und Ölen mit konzentrierter Schwefelsäure erhält man Produkte, die bei der Lederfettung eine wichtige Rolle spielen. Diese sog. sulfonierten Öle sind im einzelnen in einem besonderen Kapitel auf S. 399 behandelt. Ihr wichtigster Vertreter ist das sulfonierte Ricinusöl (Türkischrotöl), ihre charakteristische Eigenschaft die Wasserlöslichkeit bzw. die Fähigkeit, mit Wasser Emulsionen zu bilden.

Über den Chemismus der Sulfonierung von Ölen liegen sehr zahlreiche Untersuchungen vor. Ein Überblick über diesen besonderen Teil der Fettchemie findet sich in dem Buche von Herbig, „Die Öle und Fette in der Textilindustrie"[1],

---

[1] Wissenschaftl. Verlagsgesellsch. m. b. H., Stuttgart 1929.

2. Aufl., S. 253, auf den seiner Übersichtlichkeit wegen besonders hingewiesen sei.

Bei der Einwirkung der konzentrierten Schwefelsäure auf die Öle haben wir es mit einer Anzahl verschiedener chemischer Prozesse zu tun, die nebeneinander verlaufen. Die sulfonierten Öle sind deshalb Gemische verschiedener Reaktionsprodukte.

Der Verlauf des Sulfonierungsprozesses ist in erster Linie davon abhängig, ob das behandelte Öl eine Oxysäure enthält (wie das Ricinusöl) oder nicht (wie das Oliven- oder Kottonöl). Bei den letztgenannten Ölen, deren Triglyceride keine Hydroxylgruppen aufweisen, reagiert die Schwefelsäure nur mit der Doppelbindung der ungesättigten Fettsäureglyceride, während beim Ricinusöl noch eine Reaktion der Schwefelsäure mit der Hydroxylgruppe hinzukommt.

Neben diesen beiden Hauptreaktionen können noch Nebenreaktionen auftreten. Sie sind bedingt durch die Oxydationswirkung der Schwefelsäure (besonders bei höheren Temperaturen), sowie durch ihre spaltende Wirkung, wobei freie Ricinolsäure entsteht. Diese setzt sich unter dem Einfluß der Schwefelsäure in estolidartiger Bindung mit weiterer Ricinolsäure oder mit unveränderten Ricinolsäureglyceriden um. Nach Rieß können bei der Sulfonierung von Ölsäure oder ölsäurehaltigen Ölen auch feste ungesättigte Fettsäuren entstehen.

Die Reaktion zwischen Schwefelsäure und Doppelbindung hat recht verschiedene Auslegungen erfahren. Ihr Verlauf ist keineswegs aufgeklärt. Siehe die Arbeiten von Liechti und Suida (1), Müller-Jakobs, Saytzeff, Benedict und Ulzer (1), Herbig, Grün und Corelli u. a.

Unter normalen Bedingungen darf man annehmen, daß als Hauptreaktionsprodukt eine Estersäure entsteht nach dem Vorgang

$$R \cdot CH = CH \cdots COOH \qquad\qquad R \cdot CH_2 \cdot CH \cdots COOH$$
$$\xrightarrow{\qquad} \qquad\qquad\qquad |$$
$$+ HOSO_3H \qquad\qquad\qquad\qquad OSO_3H$$

Diese Estersäure kann sich beim Kochen und unter der Einwirkung von Säure in Schwefelsäure und Oxyfettsäure zerlegen:

$$R \cdot CH_2 \cdot CH \cdots COOH \qquad\qquad R \cdot CH_2 \cdot CH \cdots COOH$$
$$| \qquad\qquad\qquad\qquad\qquad | $$
$$O\ SO_3H \qquad \xrightarrow{\qquad} \qquad OH \qquad\qquad + H_2SO_4$$
$$+ H\ OH$$

Unter besonderen Sulfonierungsbedingungen (Einwirkung von Kondensationsprodukten, rauchender Schwefelsäure u. dgl.) sind aber auch andere Reaktionsabläufe möglich, die wir noch nicht vollständig übersehen. Kurz hingewiesen sei nur auf die mögliche Bildung sog. wahrer Sulfonsäuren nach dem Schema

$$R \cdot CH = CH \cdots COOH \qquad\qquad R \cdot CH - CH \cdots COOH$$
$$\xrightarrow{\qquad} \qquad\qquad\qquad\quad | \qquad |$$
$$+ HOSO_3H \qquad\qquad\qquad\qquad\quad OH \quad SO_3H$$

Die Einwirkung der Schwefelsäure auf das Hydroxyl des Ricinolsäuremoleküls im Ricinusöl läßt sich allgemein durch das Schema

$$C_{17}H_{32}\!\!\begin{array}{l} \diagup COOH \\ \diagdown OH \end{array} + H_2SO_4 = C_{17}H_{32}\!\!\begin{array}{l} \diagup COOH \\ \diagdown O \cdot SO_3 \cdot H \end{array} + HO_2$$

ausdrücken. Es entsteht der Ricinolmonoschwefelsäureester.

Da beim Ricinolsäuremolekül die Möglichkeit besteht, daß die Schwefelsäure gleichzeitig mit der Hydroxylgruppe und mit der Doppelbindung reagiert, können je nach den Arbeitsbedingungen verschiedenartige Sulfonierungsprodukte nebeneinander entstehen, zwischen denen wiederum Polymerisationsvorgänge möglich sind. Eine quantitative Regelung der einzelnen Reaktionsabläufe ist bis jetzt nicht durchführbar.

Man darf mit großer Wahrscheinlichkeit annehmen, daß bei niedrigeren Temperaturen die Reaktion der Schwefelsäure mit der Hydroxylgruppe den Hauptprozeß beim Sulfonierungsvorgang bildet. Diese Reaktion verläuft leichter als die an der Doppelbindung möglichen chemischen Prozesse. Über die Umwandlungen, die das Ricinolsäuremolekül oder gar das Ricinussäureglycerid bei höheren Temperaturen durch die Einwirkung von Schwefelsäure erfährt, lassen sich keine sicheren Angaben machen. Siehe im übrigen die Arbeiten von Liechti und Suida (2), Benedict-Ulzer (2), Scheurer-Kestner, Grün und Woldenberg, Rassow und Rubinsky, Tschilikin, Fahrion (1), Rieß u. a.

Ganz in Dunkel gehüllt sind die Reaktionen, die sich zwischen Schwefelsäure und den Seetierölen (Tranen) abspielen. Da die Tranfettsäuren mehrere Doppelbindungen enthalten, sind die Reaktionsmöglichkeiten zahlreicher und verwickelter als bei den Ölsäure- oder Ricinolsäuretriglyceriden.

Über die technische Herstellung von sulfonierten Ölen siehe S. 399.

h) Die Synthese von Fettsäuren und Glyceriden.

Über die Herstellung von Fettsäuren aus Kohlenwasserstoffen gibt es zahlreiche deutsche und fremde Patente. Am häufigsten ist das Paraffin als Ausgangsmaterial gewählt. Versuche, flüssige Paraffinkohlenwasserstoffe in Fettsäuren umzuwandeln, reichen bis zum Jahre 1870 zurück.

Zwei Wege sind es, die bei der Oxydation des Paraffins beschritten worden sind: die Verwendung chemischer Reagenzien mit Ausnahme von Sauerstoff in elementarer Form und die Benützung von Sauerstoff bzw. Ozon als Oxydationsmittel.

Schaal oxydierte das Paraffin unter Anwendung von Katalysatoren mit Chlorkalk und Salpetersäure. Schulz bediente sich des Luftsauerstoffs, indem er das Paraffin aus einer Retorte bei 300⁰ destillierte und gleichzeitig einen Luftstrom den Dämpfen entgegenleitete. Als Katalysatoren eignen sich besonders Manganverbindungen, z. B. Manganoxydul, Manganoxyd, Mangansilikat. Ubbelohde und Eisenstein benützten Braunstein und Manganstearat, Lautenbach verschiedene Salze der Palmitinsäure als wirksame Katalysatoren. Auch Platin, Osmium- und Vanadiumverbindungen werden genannt.

Grün (1) hält für die Oxydation von Paraffin keine Katalysatoren erforderlich. Metalloxyde sollen nach seiner Ansicht sogar schädlich wirken.

Das erste technisch brauchbare Oxydationsverfahren hat Fanto durchgeführt (Pardubitzer Mineralölfabrik). Es beruht darauf, daß in geschmolzenes Paraffin ein Sauerstoff enthaltender Gasstrom eingeleitet wird, bis das Paraffin oxydiert ist. Man erhält ein Gemisch hochmulekularer Säuren, die als Ausgangsmaterial für viele technische Zwecke geeignet sind (Seifen usw.). Siehe auch die Arbeiten von Bergmann und Freund.

Harries und seine Mitarbeiter haben Gasöl durch Ozon oxydiert. Die Ozonisierung erfolgt stufenweise und führt zunächst zu Ozoniden, die durch Behandlung mit Laugen neben Formaldehyd und Ketonen niedere und hochmolekulare Fettsäuren ergeben, so Stearin-, Palmitin- und Myristinsäure. Die Ausbeute ist jedoch wenig befriedigend.

Aus Montanwachs erhielt Mathesius durch Oxydation in geschlossenen Gefäßen bei Gegenwart von Wasser Fettsäuren.

Der nächste Abschnitt auf dem Wege zur Synthese der Fette ist der künstliche Aufbau von Glyceriden. Dabei bereitet das Vorhandensein von drei Hydroxylgruppen im Glycerin besondere Schwierigkeiten, weil die Glyceridbildung an allen drei Gruppen erfolgen kann und ihre differenzierte Behandlung besondere Arbeitsmethoden erfordert. Die etwa bis zum Jahre 1920 vorgeschlagenen Methoden zur Synthese von Glyceriden boten nur wenig Sicherheit über die tatsächliche Struktur der erhaltenen Produkte. Ihre Reinheit war in den meisten Fällen zweifelhaft. Dazu kam die schon von E. Fischer erkannte Möglichkeit, daß die Säurereste der Glyceride unter bestimmten Bedingungen ihre Stellung innerhalb des Moleküls verändern können.

Erst die Arbeiten von Bergmann und seinen Mitarbeitern führten zu Methoden, welche eine selektive Glycerinbildung ermöglichten, d. h. die eine differenzierte Behandlung der freien Hydroxylgruppen des Glycerins in den einzelnen Phasen des Arbeitsganges gewährleisteten. Dabei wurden als Ausgangsmaterial solche Verbindungen gewählt, bei denen zunächst zwei von den drei Hydroxylgruppen verdeckt waren und erst im Verlauf der Synthese für die Veresterung freigemacht wurden.

Auf diese Weise gelangten Bergmann, Brand und Dreyer vom 2-Phenyl-5-methylol-oxazolidin (I), einem leicht zugänglichen Glycerinderivat, in dem zunächst nur eine alkoholische Gruppe zur Esterbildung befähigt ist,

$$
\begin{array}{ll}
CH_2 \cdot OH & CH_2 \cdot O \cdot CO \cdot R \\
| & | \\
CH\!-\!\!-\!\!-\!O & CH \cdot OH \\
| \qquad | & | \\
CH_2 \cdot NH \cdot CH \cdot C_6H_5 & CH_2 \cdot NH \cdot CO \cdot R \\
\quad\quad I. & \quad\quad II.
\end{array}
$$

über das Di-acyl-amino-propylenglykol (II) (das durch Behandlung von I mit Säurechlorid (R·CO·Cl) und Pyridin und nachträglicher Abspaltung des Benzaldehyds entsteht) zu α, β-Diglyceriden entweder mit zwei gleichen, oder mit zwei verschiedenen Säureresten, je nachdem die Synthese zu Ende geführt wurde. Es konnten so α, β-Diglyceride mit Säuregruppen der Benzoe-, Nitrobenzoe- und Essigsäure hergestellt werden; später gelang aber auch die Synthese von Glyceriden der natürlichen Fettsäuren. In einem Fall konnten die genannten Forscher aus dem

$$
\begin{array}{l}
CH_2 \cdot O \cdot CO \cdot C_6H_5 \\
| \\
CH \cdot O \cdot CO \cdot C_6H_4 \cdot NO_2 \\
| \\
CH_2 \cdot OH
\end{array}
$$

α-Benzoyl-β-p-nitrobenzoyl-glycerin

durch Behandeln mit Acetylchlorid und Pyridin das dreifach gemischte Triglycerid

$$
\begin{array}{l}
CH_2 \cdot O \cdot CO \cdot C_6H_5 \\
| \\
CH \cdot O \cdot CO \cdot C_6H_4 \cdot NO_2 \\
| \\
CH_2 \cdot O \cdot CO \cdot CH_3
\end{array}
$$

α-Benzoyl-β-p-nitrobenzoyl-α'-azetyl-glycerin

erhalten.

α-Monoglyceride der Laurin- und Stearinsäure haben Bergmann und Sabetay hergestellt. Für die mit besonderen Schwierigkeiten verbundene Synthese der β-Glyceride haben Bergmann und Carter eine Methode angegeben, die zu eindeutigen Produkten führte. Als Ausgangspunkt wurde Benzal-glycerin (III) — ein Kondensationsprodukt aus Benzaldehyd und Glycerin —

$$\begin{array}{ccc}
CH_2-O & CH_2-O & CH_2\cdot OH \\
| & | & | \\
HO\cdot CH \quad HC\cdot C_6H_5 & R*\cdot CO\cdot O\cdot CH \quad HC\cdot C_6H_5 & CH\cdot O\cdot CO\cdot R* \\
| & | & | \\
CH_2-O & CH_2-O & CH_2OH \\
III. & IV. & V.
\end{array}$$

verwendet. Nach Acetylierung seines Hydroxyls (IV) wurde der Benzalrest durch katalytisch erregten Wasserstoff abhydriert. Durch diese milde Methode der Freilegung der Hydroxyle, die Alkali und Säure ganz vermeidet, wurde die Gefahr einer Acylwanderung soweit als möglich verringert. Die β-Glyceride (V) entstanden in sehr guter Ausbeute, meist über 80% der theoretischen Menge. Bergmann und Carter gelang auf diese Weise die Synthese von β-Benzoylglycerin (Schmelzp. 72,5⁰), β-Acetylglycerin und β-Palmitinglycerin.

Diese mit Erfolg durchgeführten Glyceridsynthesen Bergmanns und seiner Mitarbeiter sind ohne Zweifel richtungweisend auf dem Wege, der zu dem noch fernen Ziel der Synthese natürlicher Fette führen kann. Hierbei werden allerdings von dem aufbauenden Chemiker noch bedeutsame Schwierigkeiten zu überwinden sein, die mit der Einführung der höheren Fettsäuren, insbesondere der ungesättigten, in das Glycerinmolekül verbunden sind.

B. Die Fette und fetten Öle, die in der Lederindustrie Verwendung finden.

a) Tierische Fette und fette Öle.

Der Talg.

Der Rindertalg, auch Unschlitt genannt, wird aus dem Fettgewebe der Rinder gewonnen. Nieren-, Herz-, Lungen- und Netzgegend liefern das reinste, fettreichste Gewebe (Rohkern). Die kleineren, stärker von Fleisch durchsetzten Fettstücke, sowie alle fetthaltigen, mit Blut und Haut durchsetzten Abfälle liefern den weniger wertvollen Rohausschnitt. Der Rohkern wird im allgemeinen zu Speisetalg, der Rohausschnitt zu technischem Talg verarbeitet. Ein Mastochse kann über 100 kg Talg liefern.

Die Gewinnung des Talges erfolgt durch Ausschmelzen über Wasser im direkten oder indirekten Verfahren. Die Qualität des Talges hängt in erster Linie vom Reinheitsgrad des benutzten Rohmaterials ab. Je frischer der Rohkern zur Verarbeitung gelangt, um so besser die Talgsorte. Auch das aus dem Rohausschnitt gewonnene technische Fett ist um so besser, je größere Sorgfalt auf die Entfernung von Blut, Haut und Gewebe verwendet wurde. Dadurch, daß die zum Rohausschnitt kommenden Abfälle oft gesammelt werden und längere Zeit liegen bleiben, gehen Blut und Fleischteile nicht selten in Fäulnis über. Die dabei entstehenden Zersetzungsprodukte gelangen in den Talg und erteilen ihm einen unangenehmen Geruch. Die meisten technischen Talgsorten weisen diesen Geruch mehr oder weniger auf.

Die Reinigung des ausgeschmolzenen Talges geschieht am meisten durch wiederholtes Umschmelzen in Gegenwart von Wasser mit und ohne Zusatz von Chemikalien. Zur Entfernung des unangenehmen Geruchs wird häufig Soda oder Borax zugesetzt. Bei der Reinigung mit direktem Dampf wird der Talg durch

---

* R war, je nach den Versuchen: C_6H_5, CH_3 oder $C_{15}H_{31}$.

den Dampf verflüssigt und durch ein Sieb gedrückt, das die Verunreinigungen zurückhält. Der gereinigte Talg wird in manchen Fällen durch oxydierende Stoffe (Chromsäure, Braunstein, Hypochlorit) gebleicht.

Eigenschaften. Die beste, aus frischem Rohkern hergestellte Rindertalgsorte heißt „Premier Jus". Sie wird zu Speisefetten verarbeitet. Diese besten Talgsorten sind fast weiß, frei von Geruch und nahezu geschmacklos. Die technischen Talgsorten, besonders die ausländischen, weisen alle Farbenschattierungen auf. Man findet hier die australischen schwachgelben, die dunkelgelben nord- und südamerikanischen und die minderwertigen stark gefärbten (no colour) Talgsorten verschiedenster Herkunft.

Kennzahlen[1]. Spez. Gew. (15°) 0,952—0,953; Schmelzp. 42—49°; Erstarrungspunkt 37—35°; Verseifungszahl 195—200; Jodzahl (Hübl) 40; Reichert-Meißl-Zahl 0,25 bis 0,50; Acetylzahl 2,7—8,6; n_D^{60} 1,451.

Fettsäuren: Schmelzp. 43—44°; Erstarr.-Punkt 43—45°; Neutralisationszahl 197,2; Jodzahl 25,9—32,8; n_D^{60} 1,4375.

Daß die Kennzahlen der aus verschiedenen Körperteilen gewonnenen Talgsorten teilweise von einander abweichen, haben die Untersuchungen von Mayer gezeigt (siehe Tabelle 13).

Tabelle 13. Kennzahlen von Rindertalg aus verschiedenen Körperteilen (nach L. Mayer).

Fett aus	Erstarrungspunkt (Methode Pohl) °C	Schmelzpunkt (Methode Pohl) °C	Verseifungszahl
Eingeweide	35,0	50,0	196,2
Lungen	38,0	49,3	196,4
Netz	34,5	49,6	193,0
Herz	36,0	49,5	196,2
Hals	31,0	47,1	196,8
Tasche	35,0	42,5	198,3

Frisch ausgeschmolzenes Rinderfett enthält fast keine freien Fettsäuren (höchstens (0,5%). Bei längerem Lagern kann aber der Gehalt an freien Fettsäuren bis zu 25% ansteigen.

Der Rindertalg ist ein bisher noch nicht genau bekanntes Gemisch von Triglyceriden der Stearin-, Palmitin- und Ölsäure. Einsäurige Triglyceride sind nur in geringen Mengen vorhanden. Durch fraktionierte Kristallisation lassen sich aus dem Rindertalg abscheiden: Dipalmitoolein (Schmelzp. 48°, Verseifungszahl 202,7, Jodzahl 30,18); Dipalmitostearin (Schmelzp. 55°, Verseifungszahl 202,2); Distearopalmitin (Schmelzp. 62,5, Verseifungszahl 195,56); Stearopalmitoolein (Schmelzp. 42°, Verseifungszahl 195,0, Jodzahl 29,13). Der Gehalt an Palmitinsäure beträgt etwa 21%, an Stearinsäure etwa 50%.

Die Menge der einzelnen im Talg vorhandenen Triglyceride hängt sehr von der Art der Vorbehandlung ab. So enthält z. B. der Preßtalg, aus dem die niederschmelzenden Anteile (das sog. Oleomargarin) größtenteils abgepreßt sind, die Triglyceride in ganz anderer Verteilung als Rohtalg oder technischer Talg.

---

[1] Die Literaturangaben über die Kennzahlen der Fette und Öle weichen stark voneinander ab. Hier und bei allen weiteren Fetten und Ölen sind die Werte angegeben, wie sie in dem Buch von Gnamm, Die Fettstoffe in der Lederindustrie, Stuttgart 1926, enthalten sind. Diese Kennzahlenwerte stimmen im großen und ganzen mit den Angaben von Holde (1) überein.

Wie sehr der Gehalt an Stearin- und Ölsäure die Konsistenz des Talges beeinflußt, zeigt eine Zusammenstellung von Dolican (Tabelle 14). Aus der Tabelle ist die Beziehung zwischen Stearinsäuregehalt, Ölsäuregehalt und Titer (Erstarrungspunkt der Fettsäuren) des Talges ersichtlich.

Untersuchung. Der Handelswert des Talges wird, abgesehen von der Farbe, nach dem Erstarrungspunkt der Fettsäuren — dem sog. Titer — bestimmt. Je höher der Titer, um so wertvoller ist der Talg.

Die chemische Untersuchung erstreckt sich in erster Linie auf die Bestimmung der Kennzahlen, welche an sich schon eine weitgehende Beurteilung der Reinheit ermög-

Tabelle 14. Beziehungen zwischen Stearin- und Ölsäuregehalt und Titer des Rindertalges.

Erstarrungs-punkt der Fett-säuren (Titer) °C	Stearinsäure-gehalt des Talges	Ölsäuregehalt des Talges
35	25,20	69,80
36	27,30	67,20
37	29,80	65,20
38	31,25	63,75
39	33,44	61,55
40	35,15	59,85
41	38,00	57,00
42	39,90	55,10
43	43,70	51,30
44	47,50	47,50
45	51,30	43,70
46	53,20	41,80
47	53,95	33,05
48	61,75	33,25
49	71,25	23,25
50	75,05	19,95
51	79,50	15,50
52	84,00	11,00
53	92,10	2,90

licht. Mitunter empfiehlt sich außerdem eine Wasserbestimmung, die Bestimmung wasserlöslicher Stoffe und eine Prüfung auf Verfälschung mit fremden Fetten.

Hautbestandteile, Pflanzenteile und sonstige Verunreinigungen weist man rasch auf folgende Weise nach: 10 bis 20 g Talg werden in einem Kölbchen mit Chloroform gelöst. Die Lösung wird durch ein gewogenes Filter filtriert. Man wäscht mit Chloroform so lange nach, bis ein Tropfen des Filtrats auf Papier nach dem Verdunsten keinen Fettfleck hinterläßt. Das Filter wird bei 100° getrocknet und gewogen.

Durch Ausschütteln mit Wasser von 50 bis 60° kann man dem Talg die wasserlöslichen Bestandteile entziehen. Diese können auch aus Schwefelsäure bestehen, die von der Raffination herrührt. Der dann vorhandene annähernde Schwefelsäuregehalt des Talges läßt sich durch Titration der wässerigen Lösung mit Natronlauge bestimmen. Absichtlicher Zusatz von Kalk (zur Erhöhung des Schmelzpunktes durch die sich bildende Kalkseife) und Kochsalz (zur Beschwerung) sind leicht nachzuweisen. Beide Stoffe bleiben bei der Lösung in Chloroform (siehe oben) auf dem Filter zurück.

An Fettstoffen, die als Verfälschungsmittel in Frage kommen, sind zu nennen: Paraffin, Palmkernöl, Cocosfett, Baumwollstearin, Wollfett, Hammeltalg, außerdem auch Harze.

Auf Cocos- und Palmkernfett weist eine hohe Verseifungszahl (267 und 247) hin. Wollfett erhöht die Säurezahl. Es läßt sich durch die Cholesterinprobe im Ätherauszug nachweisen. Der Nachweis von Baumwollstearin mit Salpetersäure (Rotfärbung) ist wenig zuverlässig. Zur Feststellung von Harzen kann die Reaktion von Storch-Morawski dienen (siehe S. 372). Durch Beimischung von Paraffin wird das Unverseifbare des Talges erhöht und die Jodzahl erniedrigt. Hammeltalg und ebenso Pferdefett (Kammfett) sind schwer nachzuweisen.

Die aus Mittel- und Nordeuropa und aus Nordamerika stammenden Talgsorten sind im allgemeinen selten verfälscht. Südamerikanische Sorten schwanken in Farbe und Güte. Geringwertig ist australischer Talg; illyrischer und dalmatischer Talg enthält viel Hammel- und Ziegenfett. Chinesischer Talg enthält meist 20% Hammeltalg.

Unter der Bezeichnung „esterifizierter Talg" kamen während des Krieges Fettstoffe in den Handel, die ein Gemisch von freien und verseiften Talgfettsäuren, Degras, Tran und Mineralfetten darstellten.

Der **Hammeltalg** ist härter als der Rindertalg, wird leichter ranzig und hat meist einen unangenehmen Geruch. Er hat folgende Kennzahlen: Spez. Gew. (15°) 0,937—0,953; Schmelzp. 44—49°; Erstarrungspunkt 41—32°; Verseifungszahl 192—195,3; Jodzahl 35—46; n_D^{60} 1,4501; Erstarrungspunkt der Fettsäuren 41—39°.

Auch **Hirschtalg** findet mitunter noch in der Lederindustrie Verwendung: Er ist ebenfalls härter als der Rindertalg. Kennzahlen (nach Holde): Spez. Gew. 0,9615—0,9670; Schmelzp. 48—53°; Erstarrungspunkt 48—30°; Verseifungszahl 196—204; Jodzahl 19—26; Reichert-Meißl-Zahl 3,3.

Pferdekammfett. Auch dieses Fett kommt in der Lederindustrie zur Verwendung (insbesondere zum Fetten von Waterproofledern). Seine Qualität ist ganz verschieden, je nach der Beschaffenheit des verwendeten Rohmaterials. Das rohe Kammfett hat einen durchdringenden Geruch und eine butterartige Konsistenz. Die Säurezahl schwankt, ist aber meist sehr hoch, die Jodzahlen liegen zwischen 82 und 88. Die raffinierte Ware hat im allgemeinen einen Titer von 35—38° und eine Säurezahl unter 6. Sie enthält im Durchschnitt etwa 40% Palmitin- und Stearinsäure, 38—40% Ölsäure und 15—20% Linolsäure (auf den Gesamtfettsäuregehalt gerechnet). Beim rohen Pferdekammfett ist der Anteil an festen Säuren geringer, der an flüssigen Säuren höher.

Das Rinderklauenöl.

Das Rinderklauenöl (engl. Neatsfoot oil) ist einer der hochwertigsten Fettstoffe, die zum Fetten von Leder, besonders Chromleder, Verwendung finden. Das reine Öl soll nur aus den Fußknochen und Klauen der Rinder hergestellt werden. Eine Feststellung, ob ein Klauenöl tatsächlich nur von Rinderfüßen stammt, oder ob es mit anderen Knochenölen vermischt wurde, ist kaum möglich. Das Öl wird durch Auskochen der gewaschenen und gespaltenen Rinderfüße gewonnen. Das Auskochen erfolgt in siebartig durchlöcherten Eisengefäßen, die ein Herausnehmen der ausgekochten Knochen ermöglichen. Das Öl sammelt sich oben und wird abgeschöpft.

Das Rinderklauenöl ist von weißlichgelber bis strohgelber Farbe, besitzt einen milden Geschmack und ist fast geruchlos. Sein besonderer Wert für die Lederfettung besteht darin, daß es schwer ranzig wird und in der Kälte nicht erstarrt. Der Grad der Kältebeständigkeit hängt ganz davon ab, wie lange das Öl zur Klärung niederen Temperaturen ausgesetzt war und ob die abgeschiedenen festen Glyceride bei der gleichen niedrigen Temperatur abfiltriert wurden, bei der sie sich ausschieden. Solche Öle bleiben im allgemeinen bis zu — 10° klar.

Kennzahlen des Rinderklauenöls. Die Kennzahlen des kältebeständigen Rinderklauenöls sind von denen des Knochenöls kaum verschieden. Eckart gibt folgende Werte an (siehe Tabelle 15).

Die chemische Zusammensetzung des Klauenöls gleicht der des Rindertalgs. Glyceride der Stearin-, Palmitin- und Ölsäure sind die Hauptbestandteile. Eckart gibt folgende Zusammensetzung an:

Stearinsäure	2—3%	Glycerin	5—10%
Palmitinsäure	17—18%	Unverseifbares	0,1—0,5%.
Ölsäure	74,5—76,5%		

Tabelle 15. Kennzahlen von Knochen- und Klauenöl (Eckart).

	Kältebeständiges Knochenöl (bis — 10⁰)	Rinderklauenöl
Spezifisches Gewicht	0,905—0,9066	0,9038—0,9049
Aschegehalt	bis 0,005⁰/₀	0,005—0,032%
Schmelzpunkt	flüssig	flüssig
Trübungspunkt nach Polenske	—	17,5—31,0⁰ C
Erstarrungspunkt im Reagenzglas . . .	— 6 bis — 12⁰ C	— 3 bis + 2⁰ C
Optisches Drehungsvermögen	— 0,10 bis — 1,60	— 0,40 bis + 0,30
Säurezahl	1,0—2,2	0,1—6,3
Verseifungszahl	191,9—195,3	191,8—196,2
Esterzahl	190,9—193,1	185,5—193,2
Reichert-Meißl-Zahl	0,2—0,5	0,1—0,3
Jodzahl (Hanus)	68,3—78,6	66,6—72,3
Acetylzahl	9,7—9,8	8,0—10,9
Fettsäuren:		
Schmelzpunkt	27,5—34,0⁰ C	29,5—36,0⁰ C
Erstarrungspunkt	6,5— 8,5⁰ C	24,0—27,0⁰ C
Trübungspunkt nach Polenske	18,6—24,0⁰ C	22,0—26,3⁰ C
Neutralisationszahl	199,4—202,0	195,0—200,5
Mittleres Molekulargewicht	277,8—291,4	279,9—287,8
Jodzahl	—	61—77

Aus der Jodzahl läßt sich errechnen, daß die Fettsäuren des Klauenöls zu 10 bis 24% aus gesättigten Fettsäuren bestehen. Auf Grund rhodanometrischer Untersuchungen des Knochenfetts nach der Kauffmannschen Methode kamen Stadlinger und Tschirch zur Ansicht, daß das Öl 5 bis 8% Linolsäure enthält. Holde und Stange haben aus reinem Öl Cholesterin in Form rhombischer Täfelchen mit dem Schmelzp. 145 bis 148⁰ isoliert.

Untersuchung. Als wichtigste Eigenschaft muß von einem guten Klauenöle Kältebeständigkeit gefordert werden. Je kältebeständiger ein Klauenöl ist, um so höher ist sein Preis. Über die Temperaturgrenze, bis zu der ein sog. kältebeständiges Öl Ausscheidungen nicht zeigen soll, gehen die Ansichten auseinander.

Mitunter kann man feststellen, daß Öle mit einer garantierten Kältebeständigkeit von — 10⁰ schon bei — 1⁰ trüb werden. Diese Erscheinung kann durch einen geringen Wassergehalt des Öls bedingt sein. Es kann z. B. die verwendete Flasche nicht völlig trocken gewesen sein. Schüttelt man solche Öle vor der Untersuchung mit Chlorcalcium und läßt sie anschließend durch ein trockenes Filter laufen, so bleiben sie auch bei niederen Temperaturen klar.

Über die Methoden zur Bestimmung der Kältebeständigkeit siehe S. 382 dieses Bandes.

Ein gutes Klauenöl soll möglichst neutral sein. Die Säurezahl der Klauenöle nimmt bei längerem Aufbewahren der Öle zu. Der Einfluß des Lichtes scheint die Zunahme der Säurezahl zu erhöhen. Eckart stellte bei technischem Klauenöl folgende Zunahme des Säuregehalts fest:

Aufbewahrung	Säurezahl nach Tagen						
	11	102	140	199	245	302	365
Belichtet, offen	0,10	1,62	2,15	3,40	4,30	5,20	5,59
Dunkel, geschlossen . . .	0,10	0,92	1,03	1,54	1,60	1,69	2,57

Sehr wichtig kann die Bestimmung des Schmutzes im Klauenöl sein. Unter „Schmutz" werden allgemein diejenigen fremden organischen Stoffe verstanden, die sich nach vorheriger vorsichtiger Säurebehandlung des Öles weder in Äther noch in Wasser lösen. Die anorganischen Schmutzbestandteile umfaßt also die Begriffsbestimmung nicht. Die Säurebehandlung ist nötig, weil die Knochenfette meistens geringe Mengen von Kalkseifen aufweisen, die sich in Äther nicht lösen, aber verwertbare Fettsäuren enthalten. Stadlinger gibt folgende Methode zur Bestimmung der Schmutzstoffe an:

5 g des zu prüfenden Fettes werden in einer Porzellanschale auf dem Wasserbad mit 50 ccm 5proz. Salzsäure etwa 1 Stunde lang auf etwa 50 bis 60° C erwärmt. Hierauf läßt man das Gemisch bei Zimmertemperatur stehen und filtriert die Flüssigkeit durch ein mit heißem Wasser benetztes, vorher bei 100° C getrocknetes und tariertes Filter. Schale und Filter ist mit heißem Wasser bis zum Verschwinden der Chlorreaktion nachzuwaschen. Filter und Trichter werden nun im Trockenschrank unter Verwendung eines kleinen Erlenmeyer-Kölbchens getrocknet, wobei der größte Teil des Fettes in das Kölbchen abfließt. Nach dem Erkalten löst man aus dem Filter mit Äther die letzten Reste von Fett heraus und trocknet wiederum im Trockenschrank. Das erkaltete Filter wird nun gewogen. Zieht man von dem erhaltenen Gewicht die Filtertara ab, so findet man den Gesamtbetrag an organischen Schmutzstoffen und säureunlöslichen Mineralstoffen. Um letztere in Abzug bringen zu können, wird verascht. Aus dem zuerst ermittelten Gesamtbetrag an Ätherunlöslichem ergibt sich nach Abzug der Asche und unter Berücksichtigung der Analyseneinwaage der Prozentgehalt an organischem Schmutz.

Der hohe Preis des Klauenöls verleitet mitunter zu Verfälschungen mit billigeren Ölen. Rüböl, Baumwollsamenöl und Mineralöle werden zum Verschneiden benutzt. Die Verfälschungen lassen sich zum Teil schon mit Hilfe der Jodzahl nachweisen. Die Anwesenheit von Pflanzenölen ist einwandfrei durch die Phytosterinacetatprobe (siehe S. 372) zu ermitteln, auch dann besonders, wenn die Kennzahlen keinen Hinweis auf eine Verfälschung liefern. Ein Mineralölzusatz kann durch die Bestimmung des Unverseifbaren leicht festgestellt werden.

Klauenfett-Talg. Dieses Produkt, das vereinzelt im Handel erscheint, stellt den Preßrückstand des Klauenfettes dar, nachdem alle flüssigen Anteile bei 20° abgepreßt sind. Der Titer ist 42 bis 44°.

Die Seetieröle.

Die Seetieröle haben für den Gerber besondere Bedeutung erlangt. Sie werden nicht mit Unrecht auch heute noch von manchen Gerbern als das beste Lederfett angesehen.

Alle Seetieröle sind bei gewöhnlicher Temperatur flüssig, haben eine Farbe, die zwischen hellgelb und dunkelbraun wechselt, und einen charakteristischen unangenehmen Geruch, der durch eine hochungesättigte Fettsäure, die Klupanodonsäure, bedingt ist.

Man kann die Seetieröle in drei Gruppen einteilen:

die eigentlichen Trane, die aus dem Speck gewisser Seetiere gewonnen werden (Walfisch-, Robben-, Delphintran);

die Leberöle (Lebertrane), die nur von den Lebern verschiedener Fische stammen (Dorsch-, Kabeljau-, Say-, Haifisch-, Rochenlebertran);

Die Fischöle, die ebenso wie die Lebertrane sehr oft auch als „Trane" bezeichnet und aus ganzen Fischen gewonnen werden (Herings-, Sprotten-, Sardinen-, Menhadenöl).

Die Trane.

Der Walfischtran (engl. Whale oil). Der Walfischtran oder Waltran wird schon seit langer Zeit gewonnen. Der Fang der Wale auf offenem Meer geht bis in das 14. Jahrhundert zurück.

Der Walfisch, der nur in den Polarmeeren vorkommt, hat zwischen Haut und Fleisch eine Speckschicht, die zu 75% aus Fett besteht. Bei den größten Walarten, den grönländischen Walfischen, liefert diese Speckschicht eines einzelnen Tieres bis zu 20000 kg Tran, beim Blauwal 8000 kg, beim Finnwal 5000 kg.

Es gibt über 100 Walarten, die man in die beiden großen Gruppen Zahnwale und Bartenwale einteilt. Der Grönlandwal ist heute recht selten geworden; es besteht sogar die Gefahr seiner Ausrottung. Die Walfanggesellschaften, die ihren Sitz in Nordamerika, Japan, Rußland und besonders in Norwegen haben, müssen sich daher heute auch mit kleineren Arten begnügen.

Der Walfischfang erfolgte früher mit der geworfenen Harpune, heute ausschließlich mit der Granatharpune. Die getöteten Tiere werden entweder auf den Schiffen selbst oder aber — und zwar meistens — in den Schmelzereien an Land verarbeitet. Die Einrichtungen für die Trangewinnung sind sehr verschieden. Die Speckschicht wird zuerst abgelöst und zerkleinert. Dann wird der Tran mit gespanntem Dampf in besonderen Kesseln ausgeschmolzen. Neuere Apparate, die einen kontinuierlichen Betrieb gestatten, hat z. B. die Firma E. A. Hartmann-Berlin gebaut (Sommermeyersche Apparate). Außer dem Speck werden auch die Knochen und das Fleisch der Wale zur Gewinnung geringerer Transorten verarbeitet. Der ausgeschmolzene Tran wird meistens entsteariniert, was am einfachsten durch Absitzenlassen in großen Behältern bei niederer Temperatur erreicht wird. Durch Filtrieren kann die Qualität weiter erhöht werden. Eine Desodorierung der Trane ist bis jetzt trotz vieler Versuche nicht gelungen. Der unangenehme Geruch verschwindet nur beim Hydrieren (Härten).

Im allgemeinen wird der Waltran in vier verschiedenen Sorten gehandelt. Waltran I und II sollen nur aus Speck hergestellt sein, Sorte I bei niedrigeren Temperaturen als II. Die Waltrane III und IV enthalten mehr oder weniger Tran, der aus Fleisch und Knochen gewonnen ist. Waltran I hat die hellste, IV die dunkelste Farbe. Die Sorten III und IV weisen außerdem einen weit unangenehmeren Geruch auf und enthalten mehr unverseifbare Stoffe als I und II.

Guter Waltran (I) von Grönlandwalfischen ist honiggelb. Schon bei + 10° beginnen sich Ausscheidungen abzusetzen. Bei längerem Erhitzen färbt er sich schwarz. Seine Azidität nimmt mit der Zeit zu.

Kennzahlen verschiedener Waltrane nach Lewkowitsch (I), siehe Tabelle 16.

Tabelle 16. Kennzahlen verschiedener Waltrane (Lewkowitsch).

	Spez. Gewicht	Säurezahl	Verseifungszahl	Jodzahl	Unverseifbares %
Echter Südwaltran, amerikan. . .	0,9257	0,56	183,1	136,0	1,46
Waltran Nr. 1, roh, Finnmarken .	0,9181	0,86	188,6	104,0	2,36
Raffiniert, Glasgow.	0,9214	1,4	184,7	113,3	2,33
Grönl. Waltran, raffin., amerikan.	0,9234	1,9	185,0	117,4	2,11
Roher, heller Waltran, amerikan. .	0,9222	2,5	183,9	127,4	1,37
Waltran Nr. 2, roh, Finnmarken .	0,9182	3,6	188,3	—	3,3
Gelber Waltran, raff., Glasgow .	0,9232	10,6	185,9	110,0	1,89
Waltran Nr. 3, raff., Finnmarken .	0,9162	26,5	185,7	96,0	2,42
Brauner Waltran, raff., Glasgow .	0,9272	37,2	160,0	125,3	3,22
Waltran Nr. 4, roh, Finnmarken .	0,9205	58,1	182,1	89,0	3,4
Dunkler Waltran, raff., Glasgow .	0,9170	98,5	178,2	103,1	3,03

Als Durchschnittskennzahlen können für Waltrane folgende Werte gelten:

Spez. Gew. (15⁰) 0,917—0,930; Verseifungszahl 188—190; Jodzahl 120—140; Reichert-Meißl-Zahl 0,7—2,0; Hehnerzahl 93,5; Unverseifbares 1,0—1,5% (Fahrion) — Fettsäuren: Schmelzp. 14—43⁰; Jodzahl 130—132.

Über die chemische Zusammensetzung der Waltrane sind nur Einzelheiten bekannt. Die festen Fettsäuren bestehen hauptsächlich aus Palmitinsäure. An ungesättigten Fettsäuren sind außer den hochungesättigten (wie Klupanodonsäure) anscheinend auch Fettsäuren der Ölsäurereihe vorhanden [Bull (2)]. Toyama (1) fand, daß im Buckelwaltran mindestens 15% hochungesättigte Fettsäuren mit mindestens 4 Doppelbindungen vorhanden sind. Im Finnwaltran wurde vom gleichen Forscher Ölsäure und Hexadecylensäure festgestellt.

Der Robbentran (engl. Seal oil). Der aus dem Speck der Flossensäugetiere (Walrosse, Robben und Seehunde) gewonnene Tran wird Robbentran genannt. Früher wurden die Speckstücke der Robben in besonderen Bottichen mit Siebböden aufgestapelt, wobei im Lauf von Wochen der Tran unter dem Druck der Speckschicht bei gewöhnlicher Temperatur ausfloß. Heute wird auch der Robbentran mit Dampf ausgeschmolzen. Man erhält dabei ein bedeutend helleres Produkt.

Die im Handel erscheinenden Robbentrane sind je nach Rohmaterial und Gewinnungsart hellgelb bis braun. Zwischen 0 und 5⁰ scheiden sie Stearin aus. In neuerer Zeit werden manche Robbentrane gebleicht.

Kennzahlen: Spez. Gew. (15⁰) 0,9310—0,9400; Erstarrungspunkt —3⁰ bis +3⁰; Verseifungszahl 189–196; Jodzahl 122–162; Reichert-Meißl-Zahl 0,07 bis 0,22; Unverseifbares 0,3—1,05%. — Fettsäuren: Jodzahl 186—201; Schmelzp. 22—23⁰.

Der „Grönländer Dreikronentran" enthält hauptsächlich Robbentran neben verschiedenen anderen Transorten. „Südseerobbentran" ist ein Gemisch von Tranen, die aus Rüsselrobbe, See-Elefant, Seelöwe und Ohrenrobbe gewonnen werden.

Tabelle 17. Gehalt des Robbentrans an freien Fettsäuren und unverseifbaren Stoffen (Lewkowitsch).

Art des Robbentrans	Freie Fettsäuren (als Ölsäure) %	Unverseifbares %
Kalt hergestellt (hell) ..	1,80	0,5
Mit Dampf hergestellt ..	1,46	0,38
Brauner Tran.........	8,29	0,42
Norwegischer Tran	7,33	0,51
Nordischer Tran	3,20	1,05
Wasserheller Tran......	0,98—1,13	—
Hellbrauner Tran	4,09	—
Gelber Tran..........	1,41	—

Der Robbentran enthält ebenfalls Hexadecylensäure und Klupanodonsäure. 10% der Fettsäuren sind gesättigt (Bauer u. Neth). Gehalt von Robbentranen an freien Fettsäuren und unverseifbaren Stoffen (nach Lewkowitsch), siehe Tabelle 17.

Der Delphintran. Verwendet wird der Speck des schwarzen Delphins (Delphinus globiceps) und des gemeinen Delphins (Delphinus delphis). Der Tran ist von gelber Farbe. Beim Stehen setzt er Walrat ab.

Kennzahlen: Spez. Gew. (15⁰) 0,9250; Erstarrungspunkt + 5 bis — 3; Verseifungszahl 217—230; Jodzahl 99—128; Reichert-Meißl-Zahl 33—44; Unverseifbares 2,01%.

Der Delphintran enthält nach Tsujimoto außer der üblichen Tranfettsäuren auch Glyceride flüchtiger Fettsäuren, wahrscheinlich der Valeriansäure. Tsujimoto hat außerdem die Tetradecylensäure festgestellt.

Die Leberöle (Lebertrane).

Die Leberöle werden nur aus den Lebern der Fische hergestellt. Sie unterscheiden sich von den übrigen Seetierölen durch ihren beträchtlichen Gehalt an Cholesterin und anderen unverseifbaren Stoffen.

Als Rohmaterial für die Gewinnung der Leberöle dienen die Lebern vom Dorsch, Leng, Sayfisch, Merlang, Pallack, Seehecht, Haifisch, Rochen u. a. Die größte Bedeutung hat das aus den Dorschlebern gewonnene Öl — der Dorschlebertran — erlangt.

Dorschleberöl (Dorschlebertran) (engl. Cod liver oil). Die Leber des Dorsches (Gadus morrhua) ist etwa 4 bis 8 kg schwer und enthält 30 bis 50% Fett. Am fettreichsten ist die Leber während der Laichzeit.

Früher hat man zur Leberölgewinnung die Lebern der natürlichen Zersetzung überlassen. Es trat Fäulnis ein, wobei das Öl ausgeschieden wurde. Bei diesem Prozeß waren aber nur die ersten Anteile des Öles von guter Qualität. Mit dem Fortschreiten der Fäulnis wurde das Öl immer dunkler, der Gehalt an freien Fettsäuren nahm zu und der Geruch wurde immer unangenehmer.

Gegenwärtig wird das Öl aus den Fischlebern wohl allgemein durch Ausschmelzen gewonnen. Je sorgfältiger vorher kranke und verdorbene Lebern ausgesucht wurden, um so besser ist die Qualität des Leberöls. Selbstverständlich dürfen auch keine Fleisch- und sonstigen Körperteile in die Sammelgefäße gelangen. Leider ist hierfür eine absolut sichere Gewähr nicht immer vorhanden, wenn auch die Gesellschaften an ihr Personal genaue Vorschriften ausgeben.

Vor dem Ausschmelzen werden die Lebern mit Wasser gewaschen. Das Schmelzen erfolgt in besonderen Kesseln mit direktem oder indirektem Dampf. Das Fett beginnt bei 55° auszuschmelzen und ist bei 85° vollständig ausgeschmolzen. Durch Rührwerke werden die Lebern ständig durchgemischt. Zum Schluß läßt man die Masse ruhen und schöpft das Öl ab. Die zurückbleibende Lebermasse wird nochmals mit direktem Dampf behandelt und ausgepreßt. Man erhält dabei den dunklen, unangenehm riechenden „Preßtran".

Durch Abkühlen der gewonnenen Leberöle werden diese von höher schmelzenden Anteilen befreit. Es ist dafür zu sorgen, daß beim Abkühlen und dem sich anschließenden Filtrieren möglichst wenig Luft zutritt, um eine Oxydation ungesättigter Fettsäuren zu verhindern. Aus diesem Grunde ist auch die schon vorgeschlagene Sonnenbleiche nicht zu empfehlen. Dagegen scheint ein Klären mit Bleicherden sich zu bewähren.

Nach einem amerikanischen elektrolytischen Verfahren sollen 99,75% des in den Lebern enthaltenen Öls gewonnen werden können. Auch durch Extraktion im Vakuumapparat wird Lebertran gewonnen.

Man unterscheidet Medizinallebertran, Dampfmedizinallebertran und technischen Lebertran.

Kennzahlen des Medizinaldorschlebertrans: Spez. Gew. (15°) 0,9220—0,9410; Erstarrungspunkt 0° bis — 10°; Säurezahl unter 5; Verseifungszahl 182—188; Jodzahl 150—175; Reichert-Meißl-Zahl 0,4—0,76; Unverseifbares etwa 0,5% (Fahrion). — Fettsäuren: Schmelzp. 21—25°; Jodzahl 164—170.

Reiner Lebertran zeigt beim Schütteln mit $^1/_{10}$ seines Volumens Salpeter-Schwefelsäure (1:1) erst eine Rosafärbung, die rasch zitronengelb wird.. Bei der Cholesterinreaktion nach Hager-Salkowski (S. 371) gibt reiner Dorschlebertran zunächst eine violette Färbung, die bald in Purpurrot und zuletzt in Tiefbraun übergeht. Auf die sonstigen Farbenreaktionen ist nicht viel zu geben.

Bei den technischen Dorschlebertranen (wie sie in der Lederindustrie Verwendung finden) unterscheidet man hellblanken, braunblanken und braunen Lebertran. Die technischen Trane haben meist einen scharfen Geruch.

Die hellblanken Leberöle enthalten bis zu 10%, die braunblanken bis zu 20% und die braunen Leberöle sogar bis zu 50% freie Fettsäuren. Je reiner, heller[1] und je schwächer im Geruch die technischen Dorschleberöle sind, um so mehr werden ihre Kennzahlen sich den für den Medizinallebertran angegebenen Werten nähern. Über den Gehalt der verschiedenen Dorschlebertrane an unverseifbaren Stoffen (nach Lewkowitsch), siehe Tabelle 18.

Tabelle 18. Gehalt verschiedener Dorschlebertrane an unverseifbaren Stoffen (nach Lewkowitsch).

Art des Dorschtrans	Farbe	Unverseifbares %	Festgestellt durch
Dampfmedizinaltran	hellgelb	0,61	Fahrion
„	fast farblos	0,64	„
Medizinallebertran	rötlichgelb	0,54	„
„	gelb	1,08	„
Techn. Dorschtran	„	0,65	„
„ „	gelbrot	2,62	„
„ „	hellgelb	0,6—0,78	Lewkowitsch
„ „	rötlichbraun	1,5	Thomson und Ballantyne
Braunblanker Tran	braun	1,82	Fahrion
„ „	„	2,23	„
„ „	„	1,87	Thomson und Ballantyne
„ „	„	7,3	Bull

Über die chemische Zusammensetzung des Dorschlebertrans sind zahlreiche Untersuchungen ausgeführt worden. Von den gesättigten Fettsäuren wurden Palmitin-, Myristin- und Stearinsäure nachgewiesen [Bull (3)]. Die verschiedenen Arten der im Dorschlebertran enthaltenen flüssigen Fettsäuren sind noch nicht einwandfrei bestimmt. Die Befunde der einzelnen Untersuchungen widersprechen sich teilweise. Es hat aber den Anschein, daß die ungesättigten Säuren wie in den übrigen Seetierölen der C_{16}-, C_{18}-, C_{20}- und C_{22}-Reihe angehören. Auf das Cholesterin als charakteristischen Bestandteil des Dorschlebertrans ist schon hingewiesen worden. In braunblanken Tranen kommen bis zu 0,035% organische Basen (Amine) vor. Manche Lebertrane enthalten bis zu 0,04% Jod.

Untersuchung der in der Lederindustrie verwendeten technischen Dorschlebertrane. Die Prüfung der Farbe und des Geruchs wird der erfahrene Gerber bei der Beurteilung eines Tranes nie unterlassen. Die Anforderungen werden sich hierbei darnach richten müssen, unter welcher Bezeichnung der Dorschtran gekauft wurde. Wer einen erstklassigen Dorschlebertran zu verwenden wünscht, wird sich deshalb beim Einkauf z. B. „einen naturreinen, unverfälschten, satzfreien, filtrierten Dorschlebertran" garantieren lassen. Er kann dann bei reellen Firmen mit einem einwandfreien Produkt rechnen. An einen braunblanken Lebertran können natürlich nicht die gleichen Anforderungen gestellt werden.

Die Kennzahlen vermögen bei der Untersuchung des Dorschlebertrans wichtige Fingerzeige zu geben. Mineralölzusätze erniedrigen die Verseifungszahl und erhöhen die unverseifbaren Stoffe. Die Bestimmung des Unverseifbaren kann darüber Aufschluß geben, ob andere Leberöle anwesend sind. So beträgt das Unverseifbare des Seyleberöls 6,5%, des Sengleberöls 2,23%, des Haifischleberöls 4—21%. Pflanzliche Öle werden mit Hilfe der Phytosterinacetatprobe (S. 372) nachgewiesen. Auch die Jodzahl kann auf Verfälschungen hinweisen. Dabei ist allerdings zu berücksichtigen, daß die Jodzahlen und ebenso die mit der

---

[1] Vorausgesetzt, daß kein Bleichen stattgefunden hat.

Jodzahl im Zusammenhang stehenden Kennzahlen bei den Tranen in hohem
Maße von den Nahrungsverhältnissen (Vorkommen, Menge, Art und Zusammensetzung der Nahrung) abhängen, unter denen die den betreffenden Tran liefernden
Tiere lebten. Lund hat festgestellt, daß hier erhebliche Schwankungen möglich
sind.

Auerbach hat beobachtet, daß von Natur dunkle und trübe Trane eine
Alkalibehandlung erfahren haben; die dabei entstehende Aufhellung sollte eine
Höherwertigkeit des Produktes vortäuschen. Gibt man zu Tranen, die auf diese
Weise aufgehellt sind, Salzsäure (Zerstörung der Seifen), so tritt die primäre
dunkle Färbung wieder auf.

Der Nachweis von geringen Mengen Fischölen (Nichtleberölen) im Dorschlebertran ist kaum zu erbringen. Die häufig noch vorgeschlagene Schwefelsäurereaktion ist wertlos.

Haifischlebertran (engl. Shark liver oil). Eine Zeitlang wurden von Island und
von Kalifornien beträchtliche Mengen Haifischlebertran nach Europa eingeführt
(Coast Cod Oil). Der Riesenhai kann bis zu 250 kg Tran liefern. Der Tran ist
hellgelb und bleibt noch bei + 6° klar. Er brennt mit heller Flamme, ohne den
Docht zu verkohlen.

Kennzahlen. Spez. Gew. (15°) 0,8662—0,8806; Erstarrungspunkt — 20 bis
+ 10°; Verseifungszahl 23,0—66,8; Jodzahl 259—352; Schmelzp. d. Fettsäuren
20,9; Jodzahl d. Fettsäuren 73,3—119,2; unverseifbare Stoffe 4—21%.

Die Kennzahlen des Haifischleberöls unterscheiden sich also von denen des
Dorschleberöls ganz beträchtlich. Beide Kennzahlen sind deshalb wertvolle
analytische Hilfsmittel.

Eine charakteristische Eigenschaft des Haifischleberöls ist sein Gehalt an
einigen Kohlenwasserstoffen und höheren Alkoholen, die den Hauptteil
seiner unverseifbaren Stoffe ausmachen. Der eine Kohlenwasserstoff ist das
Squalen, $C_{30}H_{50}$, wahrscheinlich mit dem sog. Spinazen identisch, der andere
das Pristan, $C_{18}H_{40}$. Beide wurden von Tsujimoto (2) in zahlreichen Haifisch-
lebertranen gefunden. An höheren Alkoholen wurde der Chimylalkohol, der
Selachylalkohol und der Butylalkohol festgestellt.

Tabelle 19. Kennzahlen einiger weniger bekannten Leberöle.

	Spez. Gew. 15°	Verseifungs-zahl	Jodzahl	Unverseif-bare Stoffe
Saytran	0,925	177—181	123—162	6,5%
Rochenlebertran.	0,928	—	118—131	5,2—5,8%
Seewolftran	0,916	182—185	118—131	5,2—5,8%
Thunfischlebertran	—	—	155	1,0—1,8%
Lengleberol	0,920	184	132	2,2%

Die Fischöle.

Die Fischöle werden aus ganzen Fischen gewonnen, und zwar entweder durch
Auskochen oder durch Pressen oder auch durch Extraktion. Heute sind die
Fischöle heller und weniger übelriechend, da die Fische nicht mehr so lange
gelagert werden, ehe sie zur Verarbeitung gelangen, wie in früheren Jahren.

Heringsöl (engl. Herring oil). Stammt von Clupea Harengus und wird in
Norwegen, Schweden, Japan, in einigen Gegenden von Nordamerika und auf
Sachalin hergestellt. Die Heringe werden in einem Kochgefäß mit Wasser und
Dampf behandelt. Dabei rührt man nur am Anfang, damit die Fische ganz
bleiben. Das Öl sammelt sich an der Oberfläche und wird abgezogen. Man erhält

auf diese Weise etwa $^2/_3$ des in den Heringen enthaltenen Fettes. Der Rest wird durch Pressen (kontinuierliche Pressen) gewonnen, wozu die Fische ganz sein müssen und nicht zerkocht sein dürfen. Bei zu starkem Kochen gelangen außerdem Leimstoffe in das Öl. Das abgepreßte Öl wird geklärt und gebleicht (Soda, Alaun, Kochsalz u. dgl.). Durch Abkühlen und Stehenlassen wird Stearin abgeschieden.

Das Heringsöl ist gelb bis dunkelbraun und besitzt meist einen intensiven Fischgeruch. Kennzahlen: Spez. Gew. 0,9178—0,9391; n_D 1,4701 bis 1,4747; Säurezahl 1,8—19; Verseifungszahl 179–190; Jodzahl 103—146. — Fettsäuren: Schmelzp. 28,5°; Jodzahl 150.

Tabelle 20. Einfluß der Fangzeit auf die Jodzahl von Heringsölen (Lexow).

Fangzeit	Troms	Finnmark
November 1918	135,1—136,9	—
Januar 1919	126,2—128,9	127,5—132,8
Februar 1919	125,2—126,5	124,8—128,5
August 1919	145,2—149,5	146,2—151,1
September 1919	145,1—145,6	144,8—144,9
Oktober 1919	142,2—148,5	147,1
November 1919	136,2—140,0	135,7—140,4
Dezember 1919	—	127,1—130,0
Januar 1920	128,2—129,2	124,1—129,0
Februar 1920	123,2	122,0—126,5
August 1920	148,5—150,2	149,5—152,7
Oktober 1920	145,5	150,0—154,8
November 1920	135,3—135,9	135,2—146,1

Nach Lexow schwanken die Jodzahlen der Heringsöle je nach den Jahreszeiten, in denen die Tiere gefangen wurden (siehe Tabelle 20).

Heringsöle können bis zu 40% freie Fettsäuren enthalten. Die Menge des Unverseifbaren schwankt sehr (Beziehungen zwischen Verseifungszahl und Unverseifbarem siehe Tabelle 21); sie ist von der Art des Auskochens und Auspressens abhängig.

Tabelle 21. Beziehungen zwischen Verseifungszahl und Unverseifbarem des Heringsöls (Lexow).

Verseifungszahl	Unverseifbare Stoffe
184,28	1,79%
186,18	1,31%
188,34	1,24%
190,11	0,89%

Nach Lexow sind im Heringsöl mit Sicherheit nachgewiesen: Myristin-, Palmitin-, Zoomarin-, Stearin-, Öl-, Klupanodon- und Erukasäure. Nach Grimme sind auch Linol- und Linolensäure vorhanden.

Sardinentran, Japantran (engl. Sardine oil). Die Gewinnung erfolgt ähnlich wie beim Heringsöl, teils aus ganzen Fischen (Klupanodon melano), teils aus Abfällen, die beim Konservieren von Sardinen zurückbleiben. In Japan wird die Herstellung von Sardinenöl im großen betrieben. Seine Farbe ist hellgelb bis gelbbraun.

Das durch Kochen gewonnene Öl ist klarer als das ausgepreßte Öl. Ganz dunkle, widerlich riechende Öle erhält man, wenn man die Sardinen aufgehäuft faulen läßt und das abfließende Öl sammelt. Dieses Verfahren gelangt heute kaum noch zur Anwendung.

Kennzahlen: Spez. Gew. (15°) 0,9160—0,9340; n_D^{20} 1,4729; Verseifungszahl 190—196; Jodzahl 100—193. — Fettsäuren: Schmelzp. 27,6—36,2°.

Das Unverseifbare des Sardinenöls schwankt nach Fahrion (2) zwischen 0,48 und 1,01%. Nach Eibner und Semmelbauer enthält Sardinenöl, Klupanodonsäure, α- und Isolinolsäure, Ölsäure, ferner Oxysäuren und gesättigte Säuren (22%), sowie Cholesterin. Die aus dem rohen Sardinenöl abgeschiedenen festen Glyceride werden mitunter als „raffinierter Fischtalg" in den Handel gebracht.

Menhadentran (engl. Menhade oil). Wird aus dem Fleisch des Alosa Menhaden Cuv. gewonnen, eines an der Küste von Long Island in großen Mengen vorkommenden Fisches von der Größe eines Herings. Im Frühjahr und Herbst werden je ungefähr 400 Millionen Kilogramm Fische zur Herstellung von Menhadenöl (auch „amerikanisches Fischöl" genannt) gefangen.

Das Öl wird entweder roh als „prime crude oil" oder von festen Anteilen befreit als „brown strained" und „light strained oil" in den Handel gebracht. Das entstearinierte Menhadenöl ist gelb bis braun und erstarrt erst bei + 4°.

Kennzahlen: Spez. Gew. (15°) 0,9311; Verseifungszahl 189—192; Jodzahl 160—185; Reichert-Meißl-Zahl 1,2; Unverseifbares (nach Fahrion) 0,61—1,43%.

Twitchell (1) fand im Menhadenöl Palmitin-, Stearin-, Myristinsäure und 66,4% ungesättigte Säuren der C_{18}-, C_{20}- und C_{22}-Reihe.

Menhadenöl hat trocknende Eigenschaften und wird nicht selten zum Verfälschen von Leinöl verwendet.

Tabelle 22. Kennzahlen einiger weniger bekannten Fischöle.

	Spez. Gew. 15°	Verseifungszahl	Jodzahl
Makrelentran	0,9301	191,6	167,4
Aaltran	0,9218	200,6	107,4
Stichlingstran	—		162,0
Ströl	0,9236	186,3	125,3
Sprottenöl	0,9274	194,5	122,5
Jap. Suketotran . . .	0,9279	187,87	169,5
Thunfischtran	0,9327	185,32	198,9
Jap. Akajeitran	0,9268	186,98	161,95
Seelöwentran	0,9278	189,80	156,37
Jap. Bonitotran	0,9339	184,69	208,92

Eigelb und Eieröl.

In der Lederindustrie wird das Eigelb besonders für viele Feinledersorten in großem Umfang verwendet. Sein wirksamer Bestandteil ist das sog. Eieröl. Das technische Eigelb wird gesalzen, um seine Zersetzung zu verhindern. Manche Eigelbsorten enthalten auch andere Konservierungsmittel, z. B. Borsäure.

Das Eieröl läßt sich aus dem Eigelb mit Lösungsmitteln extrahieren. Dabei zeigt sich, daß mit verschiedenen Lösungsmitteln verschiedene Fettmengen erhalten werden. Jean erhielt folgende Ölmengen:

mit Petroläther . . . . 48,24% Fett
„ Äther . . . . 50,83% „
„ Schwefelkohlenstoff . 50,45% „
„ Tetrachlorkohlenstoff 50,30% „
„ Chloroform . . . . 57,66% „

Kathreiner und Schorlemmer empfahlen die Extraktion mit Petroläther als die sicherste Methode.

Kennzahlen des Eieröls. Spez. Gew. 0,914; Schmelzp. 22—25°- Erstarrungspunkt 10—8°; Verseifungszahl 184—198; Jodzahl 64—82; Reichert-Meißl-Zahl 0,4—0,66; Acetylzahl 3,8. — Fettsäuren: Schmelzp. 34,5—39°; Jodzahl 72—73.

Der Gehalt an unverseifbaren Stoffen schwankt zwischen 2 und 5%. Die unverseifbaren Stoffe enthalten Cholesterin und Lecithin.

Die Farbe des technischen Eigelbs wechselt nach der Herkunft. Zum Aufhellen des Eigelbs werden mitunter die Salze der hydroschwefligen Säure und der Formaldehydsulfoxylsäure verwendet.

Die Untersuchung von Eigelb. Einheitlich anerkannte Methoden für die Eigelbuntersuchung sind bisher nicht festgesetzt worden. Die Bemühungen der internationalen Analysenkommissionen, im Bereich der Vereinigungen der Lederindustriechemiker bestimmte Vorschriften für die Untersuchung von Eigelb als offizielle Einheitsmethoden einzuführen, sind zur Zeit noch im Gange. Die folgenden Methoden, die im Auftrag der Fettanalysenkommission des I.V.L.I.C.[1] im Jahre 1931 von Auerbach vorgeschlagen worden sind, können als Richtlinien für die Eigelbuntersuchung dienen.

1. Wasser. Die Untersuchung auf Wasser wird in der Regel auf die Weise durchgeführt, daß das Eigelb mit Sand fein verrieben und kurze Zeit im Trockenschrank auf 100° C erwärmt wird, um nach erfolgter Gerinnung des Eiweißes nochmals verrieben und bis zur Gewichtskonstanz getrocknet zu werden.

Nach allgemeiner Erfahrung wird dieses Ziel in der Regel nach 2 Stunden erreicht. Die gelegentlich geäußerte Befürchtung, daß durch Oxydation des verbliebenen Öls der Wassergehalt unrichtig gefunden wird, ist nicht begründet. Anderseits besteht aber kein Zweifel, daß bei Anwesenheit von Borsäure diese zum Teil mit verflüchtigt wird. Es ist fraglich, ob aus diesem Grunde noch die Differenzmethode beibehalten werden kann. Zu ihren Gunsten spricht die Tatsache, daß der Ölbestimmung eine Trocknung in der geschilderten Weise vorausgehen muß.

Die allein richtige, leider aber immer noch nicht allgemein übliche Methode der Wasserbestimmung ist zweifellos die Xylolmethode. Diese Methode muß deshalb unter allen Umständen dann angewendet werden, wenn es sich um genaue Bestimmungen (z. B. Schiedsuntersuchungen) handelt.

2. Fett. Über die Bestimmung des Fettgehaltes bestehen erhebliche Differenzen zwischen der wissenschaftlich einwandfreien und der handelsüblich technischen Durchführung. Handelsüblich ist die Bestimmung mit Chloroform, welche die höchsten Werte ergibt. Die gelegentlich geäußerte Ansicht, daß die Chloroformextraktion deshalb ihre Berechtigung hat, weil in dem auf diesem Wege gefundenen Ölanteil auch das Lecithin enthalten ist, das für die Emulsionsfähigkeit eine wesentliche Rolle spielt, ist als unrichtig anzusehen[2].

Gar kein Zweifel sollte aber darüber bestehen, daß wenn es auf Reinheitsprüfungen ankommt, das zu untersuchende Öl mit Petroläther extrahiert werden sollte.

Alle angewandten Lösungsmittel extrahieren gleichzeitig einen Teil der Borsäure, falls Boreigelb vorliegt. Für genaue Untersuchungen muß daher auch noch die Borsäure bestimmt werden.

3. Salz. Die bisher übliche Salzbestimmung, bei der das Eigelb nach dem Trocknen bis zur vollkommenen Verkohlung erhitzt und in dem wässerigen Auszug das Salz in der üblichen Weise titrimetrisch bestimmt wird, liefert Resultate, die um 1% oder noch mehr zu niedrig ausfallen.

Eine brauchbare Methode für die Salzbestimmung ist die Methode von Mach und Begger:

5 g Eigelb werden mit ungefähr 40 ccm Wasser gut ausgeschüttelt. Man gibt 40 ccm einer Fällungslösung hinzu, füllt auf und bestimmt im Filtrat das Chlor titrimetrisch. Das Fällen geschieht in folgender Weise: Nach jedesmaligem Umschwenken werden 5 ccm 10proz. Gerbsäurelösung und 10 ccm 10proz. Ferrisulfatlösung, gesättigte Sodalösung bis zur alkalischen Reaktion (der Schaum wird rotbraun), 1 ccm 3proz. Wasserstoffperoxyd und Essigsäure bis zur schwach sauren Reaktion zugefügt.

---

[1] Intern. Verein der Lederindustrie-Chemiker.
[2] Parker u. Paul: Colleg. 1910, S. 53.

4. Asche. Eine Eigelbprobe wird verkohlt und der Rückstand mit Wasser ausgezogen. Dann wird das Unlösliche verascht und der wässerige Auszug zur Asche gegeben. Nach dem Eindampfen wird getrocknet, geglüht und gewogen. Nach Innes genügt die übliche Analyse des Eigelbs, d. h. die Bestimmung von Wasser, Ölgehalt, Asche, Salz, dann nicht, wenn Störungen aufgeklärt werden sollen, die bei der Lederherstellung der Eigelbfettung zugeschrieben werden. Innes schlägt in solchen Fällen vor, das Fett weiter zu untersuchen, den Gehalt des Eigelbs an Stickstoff und Phosphor festzustellen und das Emulgierungs- vermögen mit Wasser zu prüfen. Zum Vergleich gibt er die Ergebnisse der Unter- suchung von fünf charakteristischen Eigelbsorten an: Nr. 1 Eigelb von frischen Eiern; Nr. 2 Handelseigelb (das einwandfreies Leder ergab); Nr. 3 Handels- eigelb (das „fettiges" Leder liefern sollte); Nr. 4 synthetisches Eigelb und Nr. 5 Trockeneigelb (das auf dem Leder einen Fettausschlag hervorrufen sollte). Siehe die Zusammenstellung in Tabelle 23.

Tabelle 23. Zusammensetzung und Eigenschaften verschiedener Eigelb- sorten (nach Innes).

	Nr. 1 %	Nr. 2 %	Nr. 3 %	Nr. 4 %	Nr. 5 %
Feuchtigkeit	50,2	52,3	36,8	69,9	5,7
Fettgehalt	26,2	18,6	51,9	12,8	44,5
Asche	2,52	17,90	4,76	7,70	3,21
Chloride als NaCl	0,20	10,00	3,12	6,90	0,15
Fettgehalt ⎫ auf wasser- und	55,8	62,4	88,9	57,1	48,0
Stickstoff ⎬ aschefreie Substanz	5,48	7,55	1,16	1,90	4,51
Phosphor ⎭ bezogen	1,23	1,44	0,36	2,00	0,99
Unverseifbares ⎫ auf das	6,43	6,22	1,05	2,50	4,55
Gesamtfettsäuren ⎬ Gesamtfett	85,3	85,7	93,0	63,4	81,6
Freie Fettsäuren ⎭ bezogen	0,9	1,6	4,6	1,4	3,2
Jodzahl ⎫ der Gesamt-	63,4	62,4	80,0	87,2	70,0
Schmelzpunkt ⎭ fettsäuren	38° C	40—44°	30—32°	36—38°	39—40°
Emulsion in Wasser	gut	gut	schlecht	keine	fast so gut wie bei Nr. 2

Das Produkt Nr. 3 enthält viel weniger Wasser als Frischeigelb. Der Stick- stoff- und Phosphorgehalt der aschefreien Substanz ist wesentlich geringer als bei frischem Eigelb. Auch enthält der Petrolätherextrakt weniger Unverseifbares und mehr Gesamtfettsäuren als das natürliche Eigelb, so daß nach Innes die Annahme einer Verfälschung mittels eines Triglycerids naheliegt und berechtigt erscheint.

Die Probe Nr. 4 kommt schon wegen ihres Mangels an Emulgierungsfähigkeit als brauchbarer Ersatz für natürliches Eigelb nicht in Frage. Dagegen weisen die Analysendaten bei Probe Nr. 5 auf keinerlei Verfälschungen oder bedenkliche Eigenschaften hin.

b) Pflanzliche Öle.

Das Ricinusöl.

Das Ricinusöl (engl. Castor oil) stammt aus den Samen verschiedener Arten von Ricinus communis aus der Familie der Euphorbiaceen. Die stauden- artige Pflanze, die wegen ihres schnellen Wachstums auch als „Wunderbaum" bezeichnet wird, kommt hauptsächlich in Indien, Java, Kapland, Nordamerika und Mexiko vor. Bei der Ricinussaat unterscheidet man zwei Sorten, die sich durch die Größe der Körner unterscheiden: die kleinere Sorte für die Herstellung medizinischer Öle und die größere Sorte, die zur Gewinnung technischer Öle Verwendung findet. Der Ölgehalt der Kerne schwankt zwischen 55 und 70%. Der Ricinussamen enthält außerdem einen giftigen Stoff, das sog. Ricin, sowie ein Ferment mit fettspaltenden Eigenschaften.

Zur Herstellung des Ricinusöls werden die Ricinussamen gepflückt, ehe sie vollständig reif sind. Man legt sie dann zum Nachreifen einige Zeit auf Haufen. Dabei springen die Kapseln auf. Schalen und Kerne werden durch Siebe getrennt.

Nachdem die Samen gereinigt, geschält, sortiert und zerkleinert sind, kommen sie in die Presse. Am zweckmäßigsten wird in einer Seiherpresse kalt gepreßt. Die Preßkuchen von der ersten Pressung werden gewöhnlich ein zweites Mal warm nachgepreßt. Der Rückstand wird extrahiert.

Das gepreßte Öl wird gehandelt als Öl erster Pressung und Öl zweiter Pressung. Das Ricin bleibt in den Rückständen, weshalb diese als Viehfutter nicht verwendbar sind.

Das reine Medizinalricinusöl ist klar und farblos. Die technischen Öle sind leicht grün gefärbt. Das reine Öl schmeckt mild, hinterher etwas kratzend. Besonders charakteristisch ist das Verhalten des Ricinusöls gegenüber den Fettlösungsmitteln. Es löst sich im Gegensatz zu allen andern fetten Ölen in absolutem Alkohol leicht, dagegen in den Erdölkohlenwasserstoffen nur schwer. Weiterhin zeichnet sich das Ricinusöl durch seine hohe Zähflüssigkeit aus, die andere Öle nur erreichen, wenn sie geblasen oder gekocht werden. Beim Stehen an der Luft wird Ricinusöl dick, trocknet aber auch in dünnen Schichten nicht vollständig ein.

Kennzahlen: Spez. Gew. (15⁰) 0,9591—0,9736; Erstarrungspunkt — 10 bis — 18⁰; Verseifungszahl 176—191; Jodzahl 81—86; Reichert-Meißl-Zahl 0,2—0,3; Acetylzahl 149,9—150,5. — Fettsäuren: Spez. Gew. 0,9509; Erstarrungspunkt 3⁰; Jodzahl 86,6—88,3.

Die hohe Acetylzahl, bedingt durch den Gehalt an Oxyfettsäuren, ist eine charakteristische Eigenschaft des Ricinusöls.

Beim Blasen mit Luft erleidet das Ricinusöl Veränderungen, die Lewkowitsch näher untersucht hat (siehe Tabelle 24).

Tabelle 24. Veränderungen der Eigenschaften des Ricinusöls beim Blasen mit Luft (Lewkowitsch).

	Ursprüngliches Öl	2 Std. bei 150⁰ geblasen	4 Std. bei 150⁰ geblasen	6 Std. bei 150⁰ geblasen	10 Std. bei 150⁰ geblasen
Farbe	sehr hell	hell	hell	hell	orangegelb
Spezifisches Gew. bei 15⁰ C . .	0,9623	0,9663	0,9798	0,9778	0,9906
Säurezahl	1,1	1,3	2,4	2,6	5,7
Verseifungszahl	179,0	182,3	185,2	184,8	190,6
Jodzahl	—	83,5	79,63	78,13	70,01
Acetylzahl	146,9	150,7	154,3	159,0	164,8
Verseifungszahl des acetyl. Öls .	303,9	306,5	308,3	308,3	311,0

Erhitzt man Ricinusöl bis zu seinem Siedepunkt (265⁰), so tritt Zersetzung ein. Es entsteht Akrolein, Oenanthol und Undecylensäure. Bei weiterem Erhitzen treten komplizierte Polymerisationsvorgänge auf. Es entsteht ein Öl, das in Alkohol und Eisessig nicht mehr löslich ist, sich dagegen mit Mineralölen und Paraffinkohlenwasserstoffen in beliebiger Menge mischt. Derartige Öle kommen unter dem Namen Floricin in den Handel. Der Unterschied zwischen den Eigenschaften des Ricinusöls und des Floricins ist aus Tabelle 25 ersichtlich.

Tabelle 25. Unterschied zwischen Ricinusöl und Floricin (nach Fendler).

	Floricin	Ricinusöl
Spezifisches Gewicht 15⁰	0,9505	0,9611—0,9655
Erstarrungspunkt	bei —20⁰ keine Trübung	—17⁰ bis —18⁰
Säurezahl	12,1	18,4
Verseifungszahl	191,8	176,0—183⁰
Jodzahl	101,0	83,4—84,4
Acetylzahl	67,4	153,4—156

Das Unverseifbare des Ricinusöls schwankt zwischen 0,3 und 0,4%.

Die chemische Zusammensetzung des Ricinusöls ist besonders durch die Arbeiten von Eibner und Münzing erforscht worden, die eine quantitative Analyse des Öls durchgeführt haben. Sie fanden ca. 9% Ölsäure, 3% Linolsäure, ca. 3% Dioxystearinsäure und Stearinsäure und 80% Ricinolsäure. Demnach besteht das Ricinusöl in der Hauptsache aus einem einsäurigen Glycerid der Ricinolsäure. Die übrigen Säuren sind in Form von gemischten Glyceriden vorhanden. Das Diricinoleostearin und das Dioleoricinolein konnte nachgewiesen werden.

Bei der Untersuchung des Ricinusöls ist in erster Linie das spezifische Gewicht und die Acetylzahl zu bestimmen. Ricinusöl hat das höchste spezifische Gewicht von allen Ölen; seine hohe Acetylzahl ist ebenfalls charakteristisch.

Schüttelt man 10 ccm Öl bei 17,5⁰ in 50 ccm Alkohol vom spez. Gew. 0,829 in einem graduierten Zylinder, so zeigt eine starke Trübung beim Schütteln, die auch beim Erwärmen auf 20⁰ nicht verschwindet, noch 10% fremder Zusätze an (Finkener).

Als Verfälschungen kommen in Betracht geblasene Öle und Harzöl. Die ersteren erniedrigen die Acetylzahl, die letzteren erhöhen die unverseifbaren Stoffe; sie sind außerdem durch die Reaktion von Storch-Morawski nachzuweisen.

Über den Nachweis von Ricinusöl siehe S. 377.

Ein sehr wichtiges technisches Produkt ist das sulfonierte Ricinusöl, das sog. „Türkischrotöl". Auch in der Lederindustrie wird Ricinusöl hauptsächlich in sulfonierter Form als wasserlösliches Öl verwendet (siehe S. 399).

Das Olivenöl.

Das Olivenöl wird aus den Früchten des Ölbaumes (Olea europaea L.) gewonnen, der seit alten Zeiten in den Mittelmeerländern, in Südfrankreich und Portugal für die Ölgewinnung gebaut wird. Die Frucht des Ölbaumes, die Olive, ist eine Steinfrucht, deren Fruchtfleischgewebe neben einer wässerigen Flüssigkeit reichlich Öl enthält. Auch die Kerne sind ölhaltig. Bei guten Oliven schwankt der Ölgehalt zwischen 20 und 30%. Die Ernte beginnt, wenn die Oliven eben abzufallen beginnen.

Für die Gewinnung des Olivenöls ist eine richtige Vorbehandlung der geernteten Früchte von ausschlaggebender Bedeutung. Sie dürfen nicht wie anderes Ölsaatgut lange lagern, da sonst das Fruchtfleisch Zersetzungen erleidet. Man läßt die frischen Oliven vielmehr nur 3 bis 4 Tage in 50 cm hoher Schicht an der Sonne liegen. Dann werden sie gesiebt, gewaschen, in einem Kollergang zerkleinert und gepreßt. Die erste kalte Pressung liefert das beste Öl, das sog. „Jungfernöl". Es wird ausschließlich zu Speisezwecken verwendet und beträgt etwa 15% des Ölertrages. Die Preßkuchen werden sodann nochmals zerkleinert, mit kaltem oder warmem Wasser durchgemischt und unter einem Druck von etwa 150 Atm. erneut gepreßt. Auch das Öl zweiter Pressung wird größtenteils als

Speiseöl verwendet. Eine weitere Pressung ergibt technische Öle. In letzter Zeit ist versucht worden, die dritte Pressung durch eine Extraktion zu ersetzen. Die guten Öle werden filtriert und „demargariniert", d. h. in Kühlkammern einer Temperatur von 6 bis 8⁰ ausgesetzt, wobei sich die Glyceride der festen Fettsäuren absetzen.

Das Olivenöl ist dünnflüssig, klar, meist hellgelb, bisweilen mit einem Stich ins Grünliche. Die grünliche Farbe zeigen besonders die extrahierten Öle. Das Olivenöl löst sich in allen Fettlösungsmitteln, nicht aber in Alkohol. Bei 10⁰ beginnt es meist, sich zu trüben und wird etwa bei 6⁰ fest.

Kennzahlen: Spez. Gew. (15⁰) 0,916—0,918; Erstarrungspunkt + 6⁰; Brechungsindex (15⁰) 1,4698—1,4716; Verseifungszahl 189—193; Jodzahl 80 bis 83; Reichert-Meißl-Zahl 0—3; Acetylzahl 4—10. — Fettsäuren: Spez. Gew. (100⁰) 0,843—0,874; Schmelzp. 24—27⁰; Erstarrungspunkt 21—24⁰; Jodzahl 86 bis 90.

Der Gehalt an freien Säuren ist je nach der Herstellungsart sehr schwankend. Lewkowitsch fand bei der Untersuchung von über 100 technischen Olivenölen Säuregehalte zwischen 0,2 und 25%. Eine eigentümliche Erscheinung ist übrigens, daß die Löslichkeit des Olivenöls in Alkohol und Eisessig mit dem Gehalt an freien Fettsäuren zunimmt.

Der Gehalt an unverseifbaren Stoffen beträgt 1 bis 1,4%. Sie enthalten wenig Phytosterin.

Das Olivenöl besteht zu 70% aus Glyceriden flüssiger Fettsäuren, hauptsächlich Ölsäure. Die Linolsäure soll nach Hazura und Grüßner etwa zu 6% (von den flüssigen Säuren) vertreten sein. Außerdem sind Glyceride der Palmitin-, Stearin- und Arachinsäure vorhanden, die beiden letzteren nur in sehr geringer Menge.

Das Olivenöl wird sehr häufig mit anderen Ölen verfälscht; in Frage kommen hierbei Sesamöl, Rüböl, Baumwollsamenöl, Mohnöl, Arachisöl. Findet man bei einem Olivenöl eine Verseifungszahl unter 185, so liegt der Verdacht auf Verfälschungen vor, wenn auch natürlich die Verseifungszahl allein einen eindeutigen Beweis für Verfälschungen nicht geben kann. Die Jodzahl wird durch das Alter und die Herstellungsweise des Öls beeinflußt. Milani hat für die Reinheitsprüfung von Olivenöl folgende Reaktion empfohlen: Schüttelt man 5 bis 6 ccm Olivenöl mit 1 ccm einer 1proz. Eosin-Acetonlösung, so entsteht eine hellrosa Färbung, die entweder sofort oder nach Erwärmen auf dem Wasserbad verschwindet. Unter gleicher Behandlung zeigt ein Samenöl, wie Sesam-, Baumwollsamen- oder Ricinusöl zuerst eine rote Farbe, die aber selbst beim Erhitzen immer tiefer wird. Olivenöl, das mit Samenöl verfälscht ist, gibt daher eine bleibende rötliche Färbung. Durch Anwesenheit von Wasser wird die Reaktion gestört.

Mitunter ist die Feststellung wichtig, ob in einem Olivenöl ein sog. „Sulfuröl", d. h. mit Schwefelkohlenstoff extrahiertes Öl enthalten ist. Der Nachweis solcher Sulfuröle wird meist in der Weise geführt, daß man den in geringer Menge zurückgehaltenen Schwefelgehalt ermittelt (siehe auch S. 378).

Für den Nachweis einzelner zur Verfälschung verwendeter Öle dienen Einzelreaktionen (siehe S. 376).

Das Rüböl.

Unter Rüböl, auch Rübsen-, Kohlsaat-, Raps- und Colzaöl genannt (engl. Colza oil), versteht man das Öl aus den Samen verschiedener Brassica-Arten. Vielfach wird das Öl von Brassica nigra L. als Rüböl, das Öl von Brassica campestris L. als Colza- oder Kohlsaatöl und das Öl von Brassica napus L. als Raps- oder Repsöl bezeichnet. Aber auch ausländische Rapssaaten, vor allem indische Sorten, werden zur Gewinnung von Rüböl verarbeitet.

Man unterscheidet zwei Rübölsorten, Winteröl von Winterraps und Sommeröl von Sommerraps. Diese Unterscheidung hat aber nur geringen praktischen Wert, da sich die beiden Öle auf Grund chemischer Untersuchungen nicht unterscheiden lassen.

Zur Gewinnung des Rüböls wird die Saat auf Walzenstühlen gemahlen, nachdem sie vorher durch Sieben und ähnliche Verrichtungen gereinigt worden ist. Dann wird das Mahlgut gepreßt, erst kalt, anschließend ein- bis zweimal warm. Wie beim Olivenöl ist das Öl erster Pressung das beste. Warm gepreßte Öle enthalten sehr viel Schleimstoffe. Eine Extraktion kommt nicht in Betracht.

Das rohe Rüböl ist dunkel gefärbt und wird mit Schwefelsäure raffiniert, wobei die aus Eiweiß-, Harz- und Schleimstoffen bestehenden Verunreinigungen koaguliert und niedergeschlagen werden. Nach dem Absitzen der Verunreinigungen wird das Öl säurefrei gewaschen. Auch Bleicherden werden zur Reinigung verwendet, wobei sich aber die Eiweiß- und Schleimstoffe anscheinend nur teilweise entfernen lassen.

Gutes Rüböl soll eine hellgelbe Farbe haben. Es besitzt einen charakteristischen Geruch und einen unangenehmen, herben Geschmack. In dünner Schicht der Luft ausgesetzt, wird es in 12 Tagen sehr dickflüssig, später klebrig, trocknet aber nicht auf.

Kennzahlen. Spez. Gew. (15⁰) 0,911—0,917; Erstarrungspunkt (nach 8 Stunden) 0⁰; Säurezahl 0,5—12,4; Verseifungszahl 172—179; Jodzahl 97—105; Reichert-Meißl-Zahl 0,—0,4. — Fettsäuren: Spez. Gew. 0,843—0,875; Erstarrungspunkt 12,2—19⁰; Schmelzp. 18,3—21⁰; Jodzahl 97—103.

Die unverseifbaren Bestandteile des Rüböls betragen 0,5 bis 0,7% (nach anderen Angaben 1 bis 1,6%).

Gripper hat die Veränderungen untersucht, die Rüböl bei jahrelangem Stehen in verkorkten Flaschen in vollem Tageslicht erfuhr (siehe Tabelle 26).

Tabelle 26. Veränderungen des Rüböls beim Lagern im Licht (Gripper).

	Freie Fettsäuren %	Verseifungs-zahl	Jodzahl	Schmelz-punkt der Fettsäuren ⁰C	Jodzahl der Fett-säuren
Rüböl frisch	2,70	177,8	99,08	20	—
Rüböl nach 4 Jahren 0 Monaten . .	4,30	178,0	96,92	18,3	—
,, ,, 4 ,, 8 ,, . .	4,22	179,4	94,35	18,1	98,23
,, ,, 5 ,, 2 ,, . .	4,32	178,6	100,35	19,1	104,17
,, ,, 6 ,, 6 ,, . .	8,19	195,7	70,83	16,7	—
,, ,, 7 ,, 10 ,, . .	11,04	188,4	71,52	17,2	77,28
,, ,, 8 ,, 2 ,, . .	5,62	181,7	98,90	16,1	103,93
,, ,, 9 ,, 8 ,, . .	4,82	176,7	98,64	17,8	—
,, ,, 10 ,, 1 ,, . .	8,38	180,6	90,38	18,3	—

Das Rüböl enthält nur geringe Mengen von Glyceriden gesättigter Säuren. Toyama (2) fand nur 2% fester Fettsäuren, und zwar Palmitin-, Stearin-, Behen- und Lignocerinsäure. Die charakteristische Fettsäure des Rüböls ist die Erukasäure, $C_{22}H_{42}O_2$. Nach den neuesten Untersuchungen von Hilditsch und Vidyarthi bestehen die Rübölfettsäuren etwa zu 50% aus Erukasäure. Außerdem konnten in englischem Rapsöl noch Öl-, Linol- und Linolensäure festgestellt werden. Die Zusammensetzung der Fettsäuren eines Rüböls aus Brassica campestris (Donaupflanzungen) geben die genannten Autoren wie folgt an: Palmitinsäure 2%, Behensäure Spuren, Lignocerinsäure 2%, Ölsäure

20,5%, Linolsäure 25,5%, Linolensäure 2%, Erukasäure 47%. Die in der Literatur hier und dort angeführte „Rapinsäure" ist mit der Ölsäure identisch.

Untersuchung des Rüböls. Zum Nachweis des Rüböls wird die Erukasäure isoliert (siehe S. 377).

Rüböl wird mit Baumwollsamen-, Leinöl, Tranen, Mineralölen und Harzölen verfälscht. Charakteristisch für das Rüböl ist auch die niedere Verseifungszahl, die durch den beträchtlichen Erukasäuregehalt bedingt ist.

Mineralöl und Harzöl erhöhen den Gehalt an unverseifbaren Stoffen. Leinöl- und Fischölzusätze lassen sich an der hohen Jodzahl erkennen. Zur einwandfreien Feststellung der Anwesenheit von Fischölen ist die Polybromidprobe (siehe S. 376) auszuführen.

Thomas und Chai Lan Yu benutzen zum Nachweis und zur Prüfung von Rüböl dessen Magnesiumseifen. (Näheres siehe Orig.-Literatur.)

Das Leinöl.

Das Leinöl (engl. Linseed oil) ist das Öl aus den Samen des Leins oder Flachses (Linum usitatissimum), aus der Familie der Linaceen. Es ist eines der wichtigsten Pflanzenöle. In der Lederindustrie wird es sowohl zum Fetten des Leders wie zur Herstellung von Lederlacken verwendet.

Die wichtigsten Länder, welche Leinsaat liefern, sind die La Plata-Staaten, Nordamerika, Indien, Rußland, besonders die Ostseeprovinzen, das Schwarze Meer-Gebiet, ferner Ägypten und von europäischen Ländern Holland, Ungarn, Nordfrankreich, Belgien und Dänemark. Die wichtigsten Handelsmarken sind: La Plata-Saat, Bombay-Saat, Kalkutta-Saat, Asow-Saat (black sea seed), baltische Saat (baltic seed), rumänische Saat (Kurtendje seed) und nordamerikanische Saat [Bauer (2)].

Die Leinsaaten werden durch Verunreinigungen mit fremden Saaten in ihrem Wert sehr vermindert. Solche fremden Saaten können sein: Leindotter-, Senf-, Rüb- und andere Brassica-Arten. Die baltischen und amerikanischen Saaten sind besonders rein, Kalkutta-Saaten häufig stark verunreinigt. Der durchschnittliche Ölgehalt der Leinsaat liegt zwischen 36 und 44%. Wintersaat ist ölreicher als Sommersaat; beide werden im Handel nicht unterschieden.

Die Früchte des Leins bestehen aus fast kugelförmigen Kapseln von 7 bis 8 mm Durchmesser. Sie enthalten die ölhaltigen Leinsamen, aus denen das Öl gewonnen wird.

Zur Gewinnung des Leinöls wird die Leinsaat gereinigt, zerkleinert, erwärmt und gepreßt. Extraktion ist zwar schon öfters empfohlen worden, sie hat sich aber nicht eingebürgert. In den modernen Fabriken wird die Leinsaat in besonderen Pressen mit einem Betriebsdruck von 350 Atm. bis auf etwa 7 bis 8% Öl ausgepreßt. Erwärmen des Preßgutes ist nicht unbedingt erforderlich. Sehr wichtig dagegen ist die Wahl geeigneter Preßtücher, die aus dünnem und festem Garn bestehen müssen.

Das rohe Leinöl wird zunächst geklärt und bleibt hierzu in großen Tanks sich selbst überlassen. Verunreinigungen, die spezifisch schwerer sind als das Öl, sinken dabei zu Boden. Früher dauerte das Ablagern jahrelang. Heute werden auch Filterpressen zur ersten Reinigung benutzt.

Das geklärte Leinöl muß noch weiter gereinigt werden, um die Stoffe, die beim Ablagern oder Filtrieren nicht abgeschieden werden, zu entfernen. Diese Schleimstoffe stammen aus den Leinsamen, aus denen sie mit Wasser ausgezogen werden können. Erhitzt man rohes Leinöl auf 270⁰, so scheiden sich die Schleimstoffe als Flocken aus („Brechen" des Leinöls). Zum Entflocken des Leinöls werden verschiedene Methoden angewandt. Die Benutzung von Bleicherden scheint sich dabei immer mehr durchzusetzen. Die sehr häufig empfohlenen Oxydationsmittel sind nicht ohne schädigenden Einfluß auf das Leinöl. Ehe die Bleicherden aufkamen, wurde mit Schwefelsäure raffiniert.

Eine restlose Entschleimung des Leinöls ist nach Wolff und Dorn sehr schwierig. Fast immer bleiben geringe Mengen Schleim zurück, welche bei sehr langem Lagern eine erneute Trübung des Öls bewirken können. Die vollständige Entschleimung ist noch nicht bewiesen, wenn das Öl bei erneutem Erhitzen klar bleibt.

Eigenschaften des Leinöls. Frisches, kalt gepreßtes Leinöl ist goldgelb, warm gepreßtes bräunlichgelb bis bernsteinfarben. Durch Erhitzen entschleimtes Leinöl ist grünlichgelb. Die Färbungen können durch Bleichen sehr verbessert werden.

Kalt gepreßtes Leinöl schmeckt angenehm, warm gepreßtes schmeckt durchdringend scharf mit kratzendem Nachgeschmack. Sehr häufig wird deshalb Leinöl nach seinem Geschmack geprüft. Leinöl ist in Petroläther, Benzol, Schwefelkohlenstoff, Chlorkohlenwasserstoffen und in Eisessig leicht löslich. Ein Teil Leinöl löst sich in 40 Teilen kaltem und 5 Teilen kochendem Alkohol.

Die Eigenschaften des Leinöls hängen in weitem Maße vom Klima, der Witterung, dem Jahrgang und den Bodenverhältnissen, unter denen die betreffende Leinsaat gewonnen wurde, ab. Die Kennzahlen verschiedener Leinöle weisen daher nicht selten beträchtliche Abweichungen von einander auf.

Kennzahlen: Spez. Gew. (15⁰) 0,9315—0,9345; Erstarrungspunkt — 27⁰; Verseifungszahl 190,2—195,2; Jodzahl 171—191; Reichert-Meißl-Zahl 0; Acetylzahl 8,5; Maumené-Probe[1] 104—126⁰. — Fettsäuren: Spez. Gew. (15⁰) 0,9233; Erstarrungspunkt 17—13⁰; Jodzahl 178—209.

Holde (2) gibt für verschiedene Leinölsorten die in Tabelle 27 zusammengestellten Vergleichswerte an.

Tabelle 27. Kennzahlen verschiedener Leinölsorten (Holde).

Herkunft des Öls	Spez. Gewicht 15⁰	Spez. Zähigkeit (Wasser von 0⁰ = 1)	Flüssigkeitsgrad n. Engler bei 20⁰ C	Brech.-Exponent bei 15⁰ C	Jodzahl	Verseifungszahl
95% Rigaer Leinsaat kalt gepreßt	0,9344	25,17	6,77	1,4834	192	191
Prima rohes Leinöl aus nordruss. Leinsaat geschlagen von Thörl, Harburg.	0,9344	26,62	7,14	1,4821	183	190
Schlesische Leinsaat kalt gepreßt	0,9326	26,24	7,06	1,4817	182	190
Leinöl aus schles. Leinsaat von E. Koschinsky, Breslau	0,9339	26,34	7,07	1,4819	180	191
96% Bombay-Leinsaat kalt gepreßt	0,9322	26,62	7,16	1,4813	177	191
96% La Plata-Leinsaat kalt gepreßt	0,9315	27,64	7,43	1,4807	172	190
Frisches rohes Leinöl aus La Plata-Saat geschlagen von Thörl, Harburg	0,9321	28,52	7,66	1,4808	169	189

[1] Bei der Maumené-Probe wird die Temperaturerhöhung festgestellt, die in einer Ölprobe beim Vermischen mit konzentrierter Schwefelsäure eintritt. (Siehe die von Tortelli vorgeschlagene Methode mit Hilfe eines Thermometers in Gnamm, die Fettstoffe in der Lederindustrie. 1926, S. 463.)

Die unverseifbaren Stoffe des Leinöls betragen 0,42 bis 1,71%. Nach Anderson und Moore sind im unverseifbaren Anteil des Leinöls mindestens zwei Phytosterine enthalten, die sich nur schwer trennen lassen.

Leinöl nimmt an der Luft Sauerstoff auf. In dünnen Schichten trocknet es dabei zu einer filmartigen Masse auf, die in Äther unlöslich ist. Das Trockenprodukt des Leinöls nennt man Linoxyn. Auf Grund der Linoxynbildung spielt das Leinöl seine außerordentlich wichtige Rolle in der Lack- und Firnisindustrie. (Über den Trockenprozeß siehe den weiter unten stehenden Abschnitt.)

Zusammensetzung des Leinöls. Die Leinölfettsäuren sind ein Gemisch von gesättigten und mehr oder weniger stark ungesättigten Fettsäuren. Die Menge der gesättigten Fettsäuren beträgt etwa 6%. Sie bestehen aus Palmitin- und Myristinsäure neben kleinen Mengen Stearin- und auch wohl Arachinsäure (Haller). Die ungesättigten Säuren sind besonders von Eibner und seinen Mitarbeitern untersucht worden, die folgende Zusammensetzung des Leinöls angeben:

Zusammensetzung von holländischem Leinöl (Eibner und Schmidinger, 1923)		Zusammensetzung der durch Fermentspaltung abgetr. Fettsäuren (Eibner und Held, 1928)	
α-Linolensäure	20,1%	α-Linolensäure	17,8 %
Isolinolensäure	2,7%	β-Linolensäure	1,8 %
α-Linolsäure	17,0%	α-Linolsäure	16,4 %
β-Linolsäure	41,8%	β-Linolsäure	40,9 %
Ölsäure	4,5%	Ölsäure	3,97%
Oxysäuren	0,5%	Feste Säuren	5,85%
Gesättigte Säuren	8,3%	Oxysäuren	13,9 %
Glycerinrest	4,1%	Summe	100,62%
Phytosterin	1,0%		
Summe	100,0%		

Demnach sind die α-Linolensäure und die β-Linolsäure die Hauptträger der trocknenden Eigenschaften des Leinöls. Auffallend ist der niedrige Gehalt an Ölsäure. Es scheint der geringe Gehalt an Ölsäureglyceriden bei einem fetten Öl die Vorbedingung für ein gutes Auftrocknen zu bilden. Untersuchungen von Friend bestätigten die von Eibner im Leinöl gefundenen Ölsäuremengen. Über den Bau der im Leinöl vorhandenen Glyceride liegen zwar umfangreiche Untersuchungen vor; sie haben aber bisher nur zur Isolierung einzelner Glyceride führen können. Der Gesamtaufbau des Leinöls ist noch unbekannt.

Das Trocknen des Leinöls. Das Leinöl, als Hauptvertreter der trocknenden Öle, erleidet beim Erhitzen mit und ohne Luftzutritt starke Veränderungen. Diese Veränderungen hängen mit dem Trockenprozeß sehr nahe zusammen. Die Veränderungen, die das Leinöl beim Erhitzen unter Luftausschluß erfährt, sind von den durch die Einwirkung des Sauerstoffs hervorgerufenen Veränderungen sehr verschieden.

Erhitzt man Leinöl unter Luftabschluß, so wird es allmählich dicker und geht zuletzt in eine klebrige Masse über. Dabei nimmt die Jodzahl ab, die Menge der freien Fettsäuren zu. Eine befriedigende Aufklärung dieses Polymerisationsvorganges haben die zahlreichen Untersuchungen bisher nicht liefern können. Beim Erhitzen des Leinöls unter Luftzutritt bilden sich in Gegensatz zum erstgenannten Prozeß Oxysäuren, die in Petroläther unlöslich sind. Diese Unlöslichkeit wird um so größer, je weiter die Oxydation fortschreitet. Auch über den Oxydationsprozeß des Leinöls sind zahlreiche Untersuchungen durchgeführt worden. Eine Beschleunigung des Oxydationsprozesses ist auf zwei Arten möglich: a) Zusatz besonderer, als Katalysatoren wirkender Trockenstoffe, sog. Sikkative;

b) Einblasen von Luft während des Erhitzens, wodurch die Sauerstoffaufnahme beschleunigt wird (geblasene Leinöle).

Die durch Kochen oder Einblasen von Luft eingedickten Leinöle heißen Dicköle oder Standöle. Ein Leinöl, das Sikkative enthält, heißt Leinölfirnis. Die letzteren spielen bei der Herstellung von Lederlacken eine wichtige Rolle.

Der Trockenprozeß des Leinöls auf Flächen von Werkstoffen, wie er in der Technik bei Aufstreichen von Farben, Lacken und Firnissen (Lederlacken) eine so wichtige Rolle spielt, ist ein außerordentlich komplizierter, in seinen einzelnen Phasen wohl teilweise aufgeklärter, im ganzen aber noch unbekannter Vorgang. Man kann ihn als eine Kombination von Polymerisations- und Oxydationserscheinungen, die von kolloidalen Zustandsänderungen begleitet sind, betrachten. Beim Ablauf dieser Veränderungen spielen katalytische Vorgänge eine besondere Rolle. Diese Katalysatoren in Gestalt der schon erwähnten Sikkative (Schwermetallsalze von Öl- und Harzsäuren) ermöglichen eine wirksame Beeinflussung des ganzen Trockenvorgangs und sind daher bei der Herstellung von Leinöllacken von großer Bedeutung (siehe Abschnitt „Lackieren", S. 588).

Die Prüfung des Leinöls erfolgt in erster Linie an Hand der Kennzahlen. Das spezifische Gewicht des reinen Leinöls ist sehr hoch. Ein niedriges spezifisches Gewicht deutet stets auf Verfälschungen hin. Ist das spezifische Gewicht aber höher als 0,930, so ist die Gegenwart von Harzöl wahrscheinlich. Reines Leinöl soll bei — 15° noch flüssig bleiben (nach D.A.B. 6 sogar noch bei — 20°).

Das Leinöl hat die höchste Jodzahl von allen bekannten Ölen. Durch Verschneiden mit anderen Pflanzenölen wird die Jodzahl erniedrigt. Ist die Jodzahl kleiner als 170, so sind Verfälschungen wahrscheinlich. Allerdings kann ein verfälschtes Leinöl durch Fischöle so „korrigiert" sein, daß die Jodzahl über 170 liegt.

Deshalb ist bei der Prüfung von Leinöl die Bestimmung der Hexabromidzahl unerläßlich. Leinöl gibt je nach der Höhe seiner Jodzahl 23 bis 38% unlösliche Bromide. Alle andern Pflanzenöle liefern nur ganz wenig oder gar keine Hexabromide. Ist bei einem Leinöl die Menge der hexabromierten Glyceride geringer als 20%, so kann mit Sicherheit auf die Anwesenheit fremder Öle geschlossen werden. Noch besser bromiert man die Fettsäuren, die etwa 30 bis 42% Hexabromide vom Schmelzp. 175 bis 180° geben.

Aber auch Seetieröle geben beim Bromieren Polybromide. Sie unterscheiden sich aber von den Hexabromiden des Leinöls durch ihr Verhalten beim Schmelzen. Die letzteren schmelzen bei 175 bis 180° zu einer klaren Flüssigkeit. Die Polybromide der Seetieröle werden bei dieser Temperatur dunkel und verwandeln sich bei 200° in eine schwarze Masse. Deshalb darf bei der Hexabromidprobe des Leinöls niemals eine Schmelzpunktbestimmung unterlassen werden.

Die zur Verfälschung von Leinöl hauptsächlich benützten Öle sind Baumwollsaatöl, Rüböl, Seetieröle, Hanföl und Sojabohnenöl (Nachweis des letzteren ist schwer).

Auch die von Torelli zur Prüfung des Leinöls auf Reinheit empfohlene Probe sei noch angegeben:

Man erhitzt 20 ccm Leinöl 10 Minuten lang auf dem Wasserbad mit 8 ccm einer 2,5proz. Lösung von Silbernitrat in 99proz. Alkohol. Die Anwesenheit von Baumwollsaatöl wird durch eine schwarze, von Rüböl durch eine schmutziggrüne, von Sesamöl durch eine rote, von Mohnöl durch eine gelbgrüne Färbung angezeigt. Beim Behandeln von 6 ccm Leinöl mit 2 ccm konzentrierter Schwefelsäure erhält man nach demselben Verfasser bei den einzelnen Verfälschungen ebenfalls charakteristische Farbenreaktionen. Das Öl wird zunächst rotbraun, dann schwarz, bei Vermischung mit Baumwollsamenöl gelbrötlich, mit Rüböl gelbbraun, mit Sesamöl orangebraun, mit Mohnöl gelb, mit Harzöl violett.

Mineralöle werden durch die Bestimmung des Unverseifbaren, Harzöle mit Hilfe der Reaktion nach Storch-Morawski nachgewiesen.

Die oft angeführten „Thermalreaktionen" des Leinöls sind wenig brauchbar.

Das Holzöl.

Das Holzöl (chinesisches Holzöl, japanisches Holzöl, Tungöl) wird aus den Samen des Tungbaumes (Aleurites cordata bzw. Aleurites Fordii) gewonnen. Die Samen des etwa 8 m hohen Baumes enthalten durchschnittlich 47 bis 53% Öl. Je nach der Art der Gewinnung erhält man ein hellgelbes, als „weißes Tungöl" bezeichnetes, oder aber ein dunkel gefärbtes Öl, das als „schwarzes Tungöl" im Handel ist. Die Hauptausfuhrhäfen für das chinesische Holzöl sind Hankow und Wutschau. Andere Holzöle kommen aus Japan.

Eigenschaften. Das reine Öl ist geruch- und geschmacklos; das dunkle Öl besitzt einen unangenehmen Geruch. Das Holzöl löst sich in allen üblichen Fettlösungsmitteln, außerdem in heißem Alkohol und Eisessig. Aus diesen beiden letztgenannten Lösungsmitteln scheidet es sich beim Erkalten wieder aus.

Die Kennzahlen des chinesischen Holzöls sind nach Holde: Spez. Gew. (15⁰) 0,9406—0,9440; Erstarrungspunkt: frisches Öl 2—3⁰, altes Öl — 21⁰; Verseifungszahl 190—196; Jodzahl 159—163.

In der Literatur weichen die angegebenen Kennzahlen häufig stark voneinander ab. Der Grund hierfür ist das verschiedene Alter der untersuchten Öle. Holzöl verändert sich infolge seiner leichten Oxydierbarkeit sehr rasch.

Die am meisten charakteristische Eigenschaft des Holzöls ist seine Fähigkeit, sehr schnell zu trocknen. Es trocknet noch rascher als Leinöl. Während das frische Holzöl wenige Grad über Null erstarrt, bleibt das einmal auf 100⁰ erhitzte Öl nach der Abkühlung auch noch bei — 20⁰ flüssig. Erhitzt man Holzöl rasch auf 250⁰, so erstarrt es zu einer gelatinösen Masse. Unter dem Einfluß des Lichtes erstarrt das Holzöl — besonders wenn es mit einem Lösungsmittel vermischt ist — zu einem kristallinischen Produkt. Man nimmt an, daß diese Erscheinung mit einem Übergang der α-Eläostearinsäure (siehe unten) in die β-Form zusammenhängt.

Über Unterschiede zwischen chinesischem und japanischem Holzöl siehe Bauer, Chem. Umsch. 1925, 3.

Zusammensetzung des Holzöls. Die charakteristische Fettsäure des Holzöls ist die Eläostearinsäure, $C_{18}H_{30}O_2$, die einen Schmelzpunkt von 48⁰ besitzt. Der Gehalt an Ölsäure wird verschieden angegeben. Nach neueren Untersuchungen von Jordan soll Holzöl 10 bis 17% Ölsäure enthalten.

Bestimmung der Eläostearinsäure: Man verseift 5 g Öl, scheidet die Fettsäuren ab und löst sie in 50 ccm absolutem Alkohol. Zu der auf null Grad abgekühlten Lösung setzt man 14 bis 14,5 ccm Wasser tropfenweise und unter Umschütteln zu und läßt über Nacht bei null Grad stehen. Die Eläostearinsäure kristallisiert aus und kann im Eistrichter abfiltriert werden.

Über das Trocknen des Holzöls sind zahlreiche Untersuchungen ausgeführt worden. Das Holzöl verdankt sein starkes Trockenvermögen der Eläostearinsäure. Das Endprodukt des Trockenprozesses ist das Tungoxyn, das noch schwerer ·löslich ist als das Linoxyn. Über den Trockenprozeß selbst siehe z. B. Bauer, „Die trocknenden Öle", Stuttgart 1928, ferner Arbeiten von Eibner, Wolff, Jordan, Gardner und Sward u. a.

Prüfung des Holzöls. Von den vielen für die Prüfung von Leinöl vorgeschlagenen Methoden sei hier die Erhitzungsprobe von Browne angegeben: 5 ccm Öl werden in einem Ölbad während mehrerer Minuten auf 282 bis 293⁰ erhitzt. Unverfälschtes Holzöl soll hierauf nach 11 bis 12 Minuten erstarren Ein Zusatz von fremden Ölen verlängert die Zeit. Braucht das Öl 13 Minuten und länger zum Festwerden, so wird die Jodzahl bestimmt.

Über die Untersuchungsmethoden von Worstall, Ilhiney und Bacon siehe Bauer, l. c., S. 95.

Das Baumwollsamenöl.

Baumwollsamen- oder Kottonöl (engl. Cotton oil) wird aus den Samen der verschiedenen Arten von Gossypium gewonnen. Die Hauptanbauländer sind Amerika, Indien und Ägypten. Das Öl wird durch Pressung hergestellt. Das Rohöl ist rotbraun bis schwarz. Die Färbung rührt von einem die Zellen der Samen durchsetzenden Farbstoff her. Anschließend an die Pressung wird das Öl auf chemischem Wege gereinigt.

Man unterscheidet drei Handelsmarken: Rohölauswahl, Prima-Rohöl, Sekunda-Rohöl, und bei den raffinierten Ölen: gelbes Sommer-, gelbes Winter-, helles Sommer- und helles Winteröl. Die Bezeichnung „Winteröl" besagt nur, daß das Öl kältebeständig ist, nicht etwa, daß es im Winter oder aus Wintersaat gepreßt ist.

Kennzahlen. Spez. Gew. (15⁰) 0,9049—0,9300; Erstarrungspunkt — 6⁰ bis — 1⁰; Brechungsexponent (20⁰) 1,4740—1,4760; Verseifungszahl 191—198; Jodzahl 102—111; Reichert-Meißl-Zahl 0,2—1,0; Acetylzahl 16,6. — Fettsäuren: Schmelzp. 34—38,5⁰; Jodzahl 111—116.

Der Gehalt an unverseifbaren Stoffen schwankt zwischen 0,73 und 1,64%. Sie bestehen hauptsächlich aus Phytosterin.

Zur Identifizierung und zum Nachweis des Baumwollsamenöls in anderen Ölen dient die Kottonölreaktion von Halphen (siehe S. 376).

Das Sesamöl.

Das Sesamöl wird aus den Samen der Sesampflanze, Sesamum indicum, gewonnen. Im Handel unterscheidet man die sog. Indische Saat und die Levantesaat. Das kalt gepreßte Sesamöl ist hellgelb, fast geruchlos und von mildem Geschmack; das warm gepreßte Öl besitzt einen scharfen Geschmack und ist dunkel gefärbt. Öle zweiter und dritter Pressung enthalten beträchtliche Mengen freier Fettsäuren.

Kennzahlen: Spez. Gew. (15⁰) 0,9220—0,9237; Erstarrungspunkt — 4 bis — 6⁰; Verseifungszahl 186—193; Jodzahl 102—106; Reichert-Meißl-Zahl 0,1—0,4; Acetylzahl 11,5. — Fettsäuren: Schmelzp. 23 bis 32⁰; Jodzahl 109—112.

Das Sesamöl weist charakteristische Farbenreaktionen auf, mittels deren es allein und in Gemischen zu erkennen ist (siehe S. 376).

Das Maisöl.

Das Maisöl wird aus den Keimen des Maiskornes der Frucht des Maises (Zea mays L.) hergestellt. Es ist ein helles, goldgelbes Öl, das in manchen Ländern in natürlicher und in sulfonierter Form zum Fetten des Leders Verwendung findet. Aus Amerika kommt viel Maisöl, das mit Terpentinöl, Zitronenöl, Petroleum u. dgl. denaturiert ist.

Kennzahlen: Spez. Gew. (15⁰) 0,9200—0,9260; Erstarrungspunkt — 10⁰ bis — 15⁰; Verseifungszahl 188—198; Jodzahl 111—130; Reichert-Meißl-Zahl 0,3—4,3. — Fettsäuren: Spez. Gew. (100⁰) 0,8529; Erstarrungspunkt 14—16⁰; Schmelzp. 18—20⁰; Jodzahl 113—125.

Der Japantalg.

Japantalg, auch Japanwachs genannt, ist das Fett von den Früchten einiger Rhus-Arten. Die Beeren werden zerdrückt und gesiebt; die gesiebte Masse wird ausgepreßt. Der rohe Japantalg ist grünlichgelb, das gebleichte Produkt ist blaßgelb. In kaltem Alkohol ist Japantalg unlöslich, in heißem Alkohol löst er sich, scheidet sich aber beim Abkühlen als kristalline Masse wieder aus. In Äther, Petroläther, Benzin, Benzol, Chloroform ist er leicht löslich. Seine Kennzahlen sind folgende: Spez. Gew. (15°) 0,963—1,006, Schmelzp. 45—50°, Verseifungszahl 207—235, Jodzahl 4—15, Reichert-Meißl-Zahl 1,2, Acetylzahl 27—31. — Fettsäuren: Schmelzp. 56—62°, Jodzahl 42,1. Der Hauptbestandteil des Japantalges sind Glyceride der Palmitin- und der Japansäure ($C_{22}H_{42}O_4$) sowie einer flüchtigen Fettsäure. Verfälschungen mit Rindertalg erhöhen die Jodzahl und erniedrigen den Schmelzpunkt. Es kommen auch Verfälschungen mit 15 bis 30% Wasser oder Stärke vor. Die Stärke bleibt beim Auflösen des Fettes in Chloroform ungelöst zurück.

Tabelle 28. Kennzahlen einiger Öle, die zur Verfälschung der bisher erwähnten Öle Verwendung finden können.

Öl	Spez. Gewicht 15°	Erstarrungspunkt °C	Verseifungszahl	Jodzahl	Schmelzp. der Fettsäuren C°	Jodzahl der Fettsäuren
Hanfol	0,925—0,931	—	190—193	140—157	17—19	—
Leindotteröl	0,920—0,926	—18	188	135—142	18—20	136,8
Mohnöl	0,924—0,927	—18	189—197	133—173	20—21	139
Safloröl	0,924—0,928	—15 bis —20	186—194	129—149	—	159,6
Sojabohnenöl	0,924—0,927	15 bis 8	190—192	121—124	27—29	115—122
Arachisol	0,911—0,920	+2 bis —2,5	185—197	87—103	27—35	95,5—103,4
Walnußol	0,925—0,928	—	192—197	143—147	16—20	—

Besondere pflanzliche Öle.

In neuerer Zeit sind Bestrebungen im Gange, gewisse Kernöle, wie Aprikosenkern-, Pfirsichkern- und Mandelöle, der Lederindustrie dienstbar zu machen (siehe z. B. Kroch, Letertechn. Rdsch. 1932, 113 und Franz. Pat. 734.959). Diese Öle sollen sich durch eine besonders hohe Kältebeständigkeit auszeichnen und deshalb als Ersatz für Klauenöle Verwendung finden können.

Tabelle 29. Kennzahlen verschiedener Kernöle (nach Holde).

	Pfirsichkernöl	Aprikosenkernöl	Kirschkernöl	Mandelöl
n_D^{20}	1,4646	1,4643	—	1,4713
d^{15}	0,918—0,923	0,915—0,920	0,918—0,928	0,914 — 0,920
Verseifungszahl	189—192,5	188—198	193—195	190—196
Jodzahl	92,5—110	96—108	110—114	93—105
Titer	5—13°	0°	15—17°	9,5—10°

Daß diese Öle, ebenso wie Olivenöl, als Lederfettungsmittel dienen können, ist außer Zweifel. Ein endgültiges Urteil über die Brauchbarkeit und etwa vorhandenen spezifischen Vorzüge derartiger Öle ist aber erst möglich, wenn diese Produkte einmal in größerem Umfang zum Fetten von Leder herangezogen worden sind.

Tabelle 30. Übersicht über die Kennzahlen der in der Lederindustrie verwendeten Fette und fetten Öle.

Fett oder Öl	Spezifisches Gewicht 15°	Schmelzpunkt °C	Erstarrungspunkt °C	Säurezahl	Verseifungszahl	Jodzahl	Reichert-Meißl-Zahl	Acetylzahl	Fettsäuren Schmelzp.	Fettsäuren Erstarrp.	Fettsäuren Jodzahl	Unverseifbare Stoffe %
A. Tierische Fette und Öle												
Rindertalg	0,952/953	42—49	37—35	—	195—200	40	0,25—0,50	2,7—8,0	43—44	43—45	25,9—32,8	—
Hammeltalg	0,937/953	44—49	41—32	—	192—195	35—40	—	—	45—55	39—41	31—35	—
Hirschtalg	0,961/967	48—53	48—30	—	190—204	19—26	2—3,0	—	40—52	48—46	23—28	—
Knochenöl	0,905/906	—	—6 bis —12	1,0—2,2	191,9—195,3	68,3—78,0	0,2—0,5	9,7—9,8	27,5—34,0	27,0—24,0	61—77	—
Klauenöl	0,903/904	—	+2 bis —3	0,1—6,3	191,8—196,2	66,0—72,3	0,1—0,3	8,0—10,9	29,5—36,0	—	—	1,0—1,5
Waltran	0,917/930	—	+3 bis —3	—	188—190	120—140	0,7—2,0	—	14—43	132—130	180—201	0,3—1,05
Robbentran	0,931/940	—	+5 bis —3	—	189—196	122—162	0,07—0,22	—	22—23	—	—	2,01
Delphintran	0,925	—	—	—	217—230	99—128	33—44	—	—	—	—	—
Dorschlebertran (medizinal)	0,922/941	—	0 bis —10	unter 5	182—188	150—175	0,4—0,70	—	21—25	—	164—170	0,5
Haifischlebertran	0,866/880	—	+10 bis —20	—	23,0—66,8	250—352	—	—	20,9	—	73,3—119,2	4—21
Heringsöl	0,917/939	—	—	1,8—19,0	170—190	103—140	—	—	28,5	—	150	0,89—1,8
Sardinentran	0,916/934	—	—	—	190—196	100—193	—	—	27,0—36,2	—	.	0,48—1,01
Menhadentran	0,931	—	—	—	189—192	160—185	1,2	—	—	—	72—73	0,61—1,43
Eigelb (Eieröl)	0,914	22—25	10—8	—	184—198	64—82	0,4—0,66	3,8	34,5—39	—	—	2—5
B. Pflanzliche Öle												
Ricinusöl	0,959/973	—	—10 bis —18	—	176—191	81—86	0,2—0,3	149,9—150,5	—	3	86,6—88,3	0,3—0,4
Olivenöl	0,916/918	—	+6	—	189—193	80—83	0—3	4—10	24—27	24—21	86—90	1—1,4
Rüböl	0,911/917	—	0	0,5—12,4	172—179	97—105	0—0,4	—	18,3—21	19—12,2	97—103	0,5—1,6
Leinöl	0,931/934	—	—27	—	190,2—195,2	171—191	0	8,5	—	17—13	178—209	0,4—1,7
Baumwollsamenöl	0,904/930	—	—1 bis —6	—	191—198	102—111	0,2—1,0	16,6	34—38,5	—	111—116	0,7—1,6
Sesamöl	0,922/923	—	—4 bis —6	—	186—193	102—106	0,1—0,4	11,5	23—32	—	100—112	—
Maisöl	0,920/926	—	—10 bis —15	—	188—198	111—130	0,3—4,3	—	18—20	16—14	113—125	—
Holzöl	0,940/944	—	+3 bis +1	—	190—196	159—163	—	—	—	—	—	—

Anhang.

Flüchtige Öle.

Birkenteeröl (Juchtenöl).

Von den flüchtigen Ölen findet in der Lederindustrie das Birkenteeröl Verwendung. Es wird durch Zersetzungsdestillation trockener Birkenrinde gewonnen. Die Rindenstücke werden in Kesseln über dem Feuer erhitzt und die entstehenden Dämpfe durch Abkühlen kondensiert. Man erhält eine braune Flüssigkeit, deren obere Schicht das echte Birkenteeröl darstellt. Mitunter wird auch der eigentliche Birkenteer einer nochmaligen Destillation unterworfen und das dabei erhaltene Produkt als gereinigtes Öl verkauft.

Birkenteeröl wird in der Gerberei verwendet, um gewissen Ledersorten den Geruch des russischen „Juchtenleders" zu geben oder um einen durch andere Öle oder sonstige Zurichtmittel erzeugten unangenehmen Geruch zu verdecken. Birkenteeröl hat ein spez. Gew. von 0,925 bis 0,945 und unterscheidet sich hierdurch von zahlreichen andern Teerölen, die schwerer sind. Über seine chemische Zusammensetzung ist wenig bekannt. Nicht zu verwechseln ist Birkenteeröl mit einem in Amerika hergestellten Öl, das durch Destillation von Blättern und Zweigen der sog. schwarzen Birke mit Wasserdampf gewonnen wird. Dieses Öl ist praktisch identisch mit dem Öl von Gaultheria procumbens, dem sog. Wintergrünöl. Sein Geruch ist von dem des Birkenteeröls sehr verschieden.

C. Die Untersuchung der Fette und fetten Öle.

Die Wissenschaftliche Zentralstelle für Öl- und Fettforschung e. V. (Wizöff) Berlin hat sich im Verlauf des vergangenen Jahrzehntes in engster Verbindung mit allen Kreisen der Fettindustrie um die Aufstellung einheitlicher Methoden für die Fettuntersuchung bemüht. Der erste Erfolg dieser Bemühungen war die Herausgabe der „Einheitlichen Untersuchungsmethoden für die Fettindustrie" im Jahre 1927. In verbesserter und erweiterter Form erschienen diese Einheitsmethoden im Jahre 1930 als zweite Auflage (Einheitliche Untersuchungsmethoden für die Fett- und Wachsindustrie, I. u. II. Teil, 2. Aufl., 1930).

Diese Methoden können heute als Grundlage für die Untersuchung der Fette und fetten Öle angesehen werden. Die beiden internationalen Vereinigungen der Lederindustriechemiker (I. V. L. I. C. u. I. S. L. T. C.[1]) haben auf der gemeinsamen Jahreszusammenkunft in Basel (September 1931) beschlossen, von den oben genannten Einheitsmethoden der Wizöff vorerst die Methoden von Kapitel 2 (Rohfettuntersuchung) und Kapitel 5 (Kennzahlen) im Bereich der beiden Vereinigungen ab 1. Januar 1932 als provisorische Einheitsmethoden anzuerkennen.

Bei der Aufzählung und Besprechung der für die Fettuntersuchung zur Verfügung stehenden Methoden sind deshalb in erster Linie die Wizöff-Methoden genannt[2]. Daneben sind auch noch andere in der Literatur häufig besprochene oder in außerdeutschen Ländern benützte Analysenmethoden angegeben.

Bei der gründlich erwiesenen Brauchbarkeit der Wizöff-Methoden ist es wünschenswert, daß auch von Seiten der Gerbereichemiker immer mehr diese Methoden für die Fettuntersuchung Verwendung finden.

---

[1] I. V. L. I. C. = Internat. Verein d. Lederindustrie-Chemiker. — I. S. L. T. C. = Internat. Soc. of Leather Trades Chemists.

[2] Die Methoden sind im folgenden bei Zitaten u. dgl. kurz als „Wizöff-Methoden, 2. Aufl." bezeichnet.

Allgemeines.

Probenahme. Die für Untersuchungen bestimmten Fett- oder Ölproben müssen ein Durchschnittsmuster der zu bewertenden Ware darstellen. Im allgemeinen soll die Probe aus mindestens 20% der Stücke (Fässer, Flaschen u. dgl.) entnommen sein. Breiige oder satzhaltige Fette müssen vorher richtig durchgemischt werden. Von festen Fetten sticht man mit einem Stechheber in verschiedenen Richtungen zylindrische Probstücke heraus. Aus Kesselwagen entnimmt man die Probe am zweckmäßigsten mit einem geeigneten Musterzieher.

Die einzelnen Proben werden vereinigt und zu einem homogenen Gemisch verrührt. Feste Fettproben schmilzt man zusammen, darf dabei aber nicht über den Schmelzpunkt hinaus erhitzen, damit keine Verluste an flüchtigen Stoffen entstehen. Über Einzelheiten siehe Wizöff-Methoden, 2. Aufl., S. 19 bis 29.

Färbung, Geruch, Konsistenz. Im technischen Betrieb sind die verwendeten Fette und Öle in den meisten Fällen bekannt. Man kann daher bei neu eintreffenden Sendungen sehr häufig an der Farbe, am Geruch oder an der Konsistenz Abweichungen von der normalen Beschaffenheit erkennen. Fluoreszenz in Ölen kann durch die Anwesenheit von Mineralölen bedingt sein. Der Geruch vieler Fette und Öle, besonders der Trane, zeigt sich sehr deutlich beim Verreiben auf der Handfläche. (Prüfungsmethode der alten Gerber für Trane. Noch heute zu empfehlen!) Zähe fadenziehende Konsistenz kann unter Umständen von Kalkseifen herrühren. Sie verschwindet durch Behandlung des Fettes mit Salzsäure.

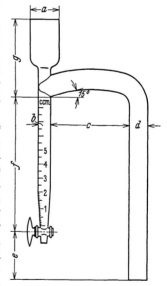

Erhitzungsprobe. Verschwindet die Trübung eines Öles nach einigem Erhitzen im Reagensglas oder im Schälchen auf dem Wasserbad unter Schäumen, Stoßen oder Emulsionsbildung, ohne beim Erkalten wiederzukehren, so rührt sie in der Regel vom Wasser her. Trübungen durch mechanische Ausscheidungen bleiben beim Erhitzen bestehen.

Aschegehalt. Der Aschegehalt ist der mineralische Rückstand in filtrierten Fetten. Wird er vom unfiltrierten Fett bestimmt, so ist dies anzugeben. Er wird in üblicher Weise ermittelt. Mit Rücksicht auf die Gegenwart flüchtiger Alkalisalze wird nach dem ersten Veraschen der Probe der kohlige Rückstand vor dem Glühen mit heißem Wasser ausgezogen, die Lösung durch ein aschefreies Filter filtriert und das Filter gründlich nachgewaschen. Filter und Kohle werden für sich verascht. Nach dem Erkalten des Tiegels wird die wässerige Lösung zurückgegeben, auf dem Wasserbad eingedampft und bei mäßiger Rotglut verascht. Die Asche kann auf Alkali, Erdalkalien, Eisen, Nickel, Kupfer usw. untersucht werden.

Abb. 110. Apparat zur Wasserbestimmung von Fetten und Ölen. [Einheitl. Untersuch. Methoden für die Fett- und Wachsindustrie I. und II. Teil (2. Aufl.) 1930, S 43.]

a 23—25 mm, *b* 10—12 mm, *c* 65—75 mm, *d* 12—38 mm, *e* 100—108 mm, *f* 50—62 mm.

Bestimmung des Wassergehalts. Die direkte Bestimmung (Destillationsmethode) ist die sicherste. Sie wird folgendermaßen ausgeführt[1]:

In einem Kurzhalsrundkolben von 500 ccm mit aufgelegtem Rand werden je nach dem vermuteten Wassergehalt 5 bis 100 g Öl oder Fett eingewogen und mit 100 ccm Xylol gemischt. Bei größeren Probemengen muß mindestens die doppelte Menge Xylol vorhanden sein. Zur Vermeidung eines Siedeverzuges sind der Mischung einige

---

[1] Wizöff-Methoden, 2. Aufl., S. 43.

trockene Tonscherben zuzufügen. Der Rundkolben wird mit einem dichten Stopfen verschlossen, durch den ein Glasrohr geführt ist (siehe Abb. 110). Mit dem Glasrohr ist ein in $1/_{10}$ ccm graduiertes Meßgefäß fest verbunden. An letzteres wird durch einen zweiten Stopfen ein Liebigkühler angeschlossen. Dann wird das Öl-Xylolgemisch langsam zum Sieden erhitzt. Schäumt die Mischung beim Aufkochen stark, so wird zur Zerstörung des Schaumes wasserfreies Olein (etwa $1/_4$ der Einwaage) hinzugesetzt. Die entweichenden Dämpfe werden in dem Liebigkühler verflüssigt. Fließt aus dem Liebigkühler kein sichtbares Wasser mehr ab (frühestens nach 15 Minuten langem Sieden), so hört man auf zu erhitzen und läßt das Meßgefäß abkühlen. Bleiben Wassertropfen an den Wändungen des Gefäßes oder unteren Kühlerendes haften, so bringt man sie durch kurzes Erwärmen und Abstellen des Kühlwasserstromes zum Abfließen. (Wenn die vom Destillat bespülten Apparateteile durch sorgfältige Reinigung mit Bichromatschwefelsäure völlig entfettet sind, ist ein Haftenbleiben von Wasser- oder Emulsionströpfchen nicht zu befürchten.)

Die vom Xylol scharf abgetrennte Wassermenge wird abgelesen, sobald das Meßgefäß auf Zimmertemperatur abgekühlt ist. Bei alkoholhaltigen Substanzen läßt sich die Wasserbestimmung nach dieser Methode nicht durchführen.

Schmutz und Nichtfettstoffe. Der bei der Bestimmung des Ätherextrakts (siehe S. 369) auf dem bei 105° vorgetrockneten, tarierten Filter erhaltene Rückstand wird bei 105° getrocknet. Sein Gewicht ergibt die Menge der ätherunlöslichen, bei 105° nicht flüchtigen Beimengungen anorganischer und organischer Natur (einschließlich ungelöst gebliebener Seifen). Durch Auswaschen mit Olein und anschließend mit Benzin lassen sich die Seifen entfernen.

Freie Mineralsäuren. Man kocht 50 g Fett oder Öl in 200 ccm Wasser und filtriert. In einem aliquoten Teil der Lösung wird, wenn mit Methylorange Rotfärbung eintritt, gravimetrisch die Säuremenge bestimmt. Da niedere wasserlösliche Fettsäuren vorhanden sein können, ist eine titrimetrische Säurebestimmung nicht möglich.

Nachweis von Seifen und Bestimmung des Seifengehaltes[1]. Alkaliseifen geben sich beim Schütteln des Musters mit Wasser außer durch Emulsionsbildung auch durch Rötung von Phenolphthalein infolge Hydrolyse zu erkennen; auf Zusatz von Mineralsäure verschwinden Emulsion und Rötung. Bei Anwesenheit großer Mengen freier Fettsäuren versagt diese Prüfung. Ammoniumseifen verraten sich durch Ammoniakgeruch, den sie noch deutlicher beim Erwärmen der Proben, besonders unter Zusatz von Natronlauge, zeigen.

In Zweifelsfällen wird das Fett mit Benzol-Alkohol (9 : 1) behandelt, da weder die soeben beschriebene Prüfung für Alkaliseifen noch die Veraschung einer Fettprobe für Kalkseifen zuverlässigen Anhalt bietet. Sind in dem filtrierten Benzol-Alkoholextrakt Metalloxyde nachweisbar oder hinterläßt der Extrakt Asche, so liegen Seifen vor.

Die quantitative Seifenbestimmung ist sehr umständlich[2].

In einer Probe des Rohfettes werden die freien Säuren nach dem Vorgang der Säurezahlbestimmung (siehe S. 384) titriert. Bei Verdacht auf Erdalkaliseifen wird das Fett in etwa fünffacher Menge eines Gemisches aus 90 Volumteilen Benzin (D. 0,70) und 10 Volumteilen absolutem Alkohol gekocht (Rückflußkühler). Ungelöstes wird warm abfiltriert und mit dem angegebenen Lösungsmittelgemisch ausgewaschen. Zur Säurezahlbestimmung wird das Fett dann mit 50proz. Alkohol in etwa halber Menge des vorher insgesamt benötigten Lösungsmittels verdünnt. Die titrierte Lösung wird nach dem Verjagen des Alkohols mit Salzsäure behandelt und ausgeäthert, der mineralsäurefrei gewaschene ätherische Auszug wie oben titriert. Wegen der Gewinnung des Ätherextraktes vgl. S. 369.

---

[1] Ebenda, S. 33.
[2] Ebenda, S. 44.

Eine besondere Probe des Fettes ist mit verdünnter Salzsäure zu kochen und das quantitativ abgeschiedene Sauerwasser auf die Art der Seifenbasis (meistens Calcium, Magnesium oder Alkalimetalle, auch Ammonium) zu prüfen.

An den Gesamtfettsäuren des Fettes (siehe S. 372) wird titrimetrisch das Molekulargewicht ermittelt (vgl. S. 386).

Berechnung.

Gegeben: $e =$ Rohfetteinwaage.

$\quad\quad a =$ Verbr. $n/10$-Lauge für freie Säuren.

$\quad\quad b =$ Verbr. $n/10$-Lauge für freie Säuren und an Seifen gebundene Fettsäuren.

$\quad\quad M =$ Mol.-Gew. der Gesamtfettsäuren.

$\quad\quad m =$ Äquivalentgewicht der Seifenbasis (bei Kalkseifen m = 20, bei Natronseifen 23, bei Kaliseifen 39).

Berechnet: $\text{Seifengehalt} = \dfrac{b-a}{e} \cdot \dfrac{M+m-1}{100} \%.$

Bei geringeren Seifenmengen (bis zu 5%) genügt es, 280 als mittleres Molekulargewicht der Fettsäuren anzusetzen.

Die Bestimmung und Untersuchung der Hauptbestandteile der Fette und Öle[1].

1. Der Ätherextrakt.

Der Ätherextrakt eines Fettes enthält die verseifbare Fettsubstanz (Neutralfett, freie Fettsäuren), Beimengungen anderer ätherlöslicher Stoffe und außerdem folgende Bestandteile, je nach der Herstellungsweise des Ätherauszugs,

bei Bestimmung nach a): die an Basen gebundenen Fettsäuren,

bei Bestimmung nach b): die an Basen gebundenen Fettsäuren höchstens in geringen Mengen, da die Seifen nicht ganz ätherlöslich sind.

Der Ätherauszug eines Fettes gibt Aufschluß über dessen reinen Fettgehalt. Für gewöhnlich wird er nach der Methode unter a bestimmt.

Herstellung des Ätherextraktes.

a) Vorbehandlung mit Salzsäure. 3 bis 5 g Fett werden mit ungefähr 10 ccm 25 proz. Salzsäure bis zur bleibenden Rotfärbung von Methylorange am Rückflußkühler erwärmt, bis sich das Fett klar abgeschieden hat und keine Emulsion mehr sichtbar ist. Nach dem Abkühlen des Kolbeninhalts werden 50 ccm Äther durch das Kühlrohr gegossen und damit zugleich die im Kühler etwa kondensierten Fettsäuren in den Kolben gespült. Falls sich durch kurzes Schütteln noch keine klare Fettlösung bildet, wird erneut gekocht. Die Fettlösung mit dem Sauerwasser wird in einen Scheidetrichter gebracht, das Sauerwasser abgezogen, sobald es sich klar abgesetzt hat, und die ätherische Fettlösung wiederholt mit 10 proz. Kochsalzlösung mineralsäurefrei gewaschen.

Mit Rücksicht auf die Gegenwart wasserlöslicher freier Fettsäuren, z. B. bei Cocosfett, Palmkernfett und salzsäureunlöslichen Fremdkörpern, die leicht Fett mitreißen, sind die Sauerwässer bis zur Erschöpfung auszuäthern (Verdampfungsprobe). Sind sonstige, durch Salzsäure schwerangreifbare Beimengungen (Erdalkaliseifen, Beschwerungsmittel usw.) vorhanden, so ist die Behandlung nur mit Salzsäure in der Wärme zu wiederholen. Falls infolge Anwesenheit emulgierender Stoffe keine scharfe Schichttrennung eintritt, müssen die stören-

---

[1] Wizöff-Methoden, 2. Aufl., S. 34 ff.

den Anteile durch Filtration unter erschöpfendem Nachwaschen mit Äther entfernt werden.

Die Ätherlösung wird $1/2$ Stunde lang im Erlenmeyer-Kolben mit entwässertem Natriumsulfat getrocknet und filtriert. Das Natriumsulfat wird unter mehrmaligem Ausschütteln mit ebenfalls über entwässertem Natriumsulfat oder über Natrium getrocknetem Äther und Dekantieren fettfrei gewaschen.

Man treibt die Hauptmenge Äther auf dem Wasserbade ab, bläst einige Male, am besten mit einem Handgebläse, auf den Rückstand, wodurch sich der Rest des Lösungsmittels in kurzer Zeit verflüchtigt, und erzielt durch kurze Trocknung Gewichtskonstanz, das ist höchstens 0,1% Gewichtsänderung in je $1/4$stündiger Trocknungsdauer.

Enthält das Rohfett flüchtige Fettsäuren, z. B. bei Anwesenheit von Palmkern-, Cocosfett u. dgl., so trocknet man bei einer 60⁰ nicht übersteigenden Temperatur. Leicht oxydierbare Fette (trocknende, halbtrocknende Öle, Trane u. dgl.) werden im Stickstoff- oder Kohlensäurestrom getrocknet. Die stark abgekürzte Trocknungsdauer bei dem obigen Verfahren erübrigt jedoch meistens ohne Beeinträchtigung der Genauigkeit die Benutzung von inertem Gasstrom oder Vakuumtrockenvorrichtungen.

b) Ohne Vorbehandlung mit Salzsäure. 3 bis 5 g Fett werden in 100 ccm Äthyläther gelöst. Die Lösung oder, falls auch die ätherunlöslichen Verunreinigungen bestimmt werden sollen, die filtrierte Lösung wird $1/2$ Stunde lang im Erlenmeyer-Kolben mit entwässertem Natriumsulfat getrocknet und filtriert. Im übrigen wird die ätherische Lösung wie bei a weiterbehandelt.

2. Das Unverseifbare.

Unter dem „Unverseifbaren" versteht man die in den Fetten (von Natur aus oder infolge absichtlichen Zusatzes) enthaltenen unverseifbaren Stoffe (Sterine und Kohlenwasserstoffe) und die mit gewöhnlichem Wasserdampf nicht flüchtigen organischen Stoffe, wie Mineralöle u. dgl.

Durch die Bestimmung des Unverseifbaren läßt sich feststellen, ob bei einem Fett oder Öl Verdacht auf absichtliche Beimengungen besteht.

Die unverseifbaren Stoffe aller Fette (auch der Trane, des Wollfetts usw.) lassen sich durch den Äthylätherextrakt des Verseifungsgemisches quantitativ erfassen [Methode a nach Fahrion (4)]. Die Petroläthermethode b nach Spitz-Hönig ist außerdem angeführt, weil sie mitunter leichter zum Ziel führt.

Die Bestimmung des Unverseifbaren.

a) Äthylätherextrakt. 5 g Fett werden mit 12 bis 15 ccm alkoholischer 2n-Kalilauge in einer Schale auf dem Sandbade verseift, wobei das Gemisch unter vorsichtigem Erwärmen bis zur Trockne gerührt wird. Die Seife wird mit etwa 50 ccm warmem Wasser unter Nachspülen mit etwa 10 ccm Alkohol in einen Scheidetrichter gebracht, die abgekühlte Seifenlösung mit 50 ccm Äthyläther ausgeschüttelt, und dies ein- bis zweimal mit je 25 ccm Äther wiederholt. Sollten sich die Schichten nicht glatt absetzen, so läßt man einige Kubikzentimeter Alkohol am Rande des Scheidetrichters herabfließen.

Die vereinigten Ätherauszüge werden mit 1 bis 2 ccm $n/1$-Salzsäure und 8 ccm Wasser unter Zusatz von Methylorange gewaschen und nach dem Abziehen der Säureschicht mit 3 ccm alkoholischer $n/2$-Kalilauge und 7 ccm Wasser entsäuert. Nach einigem Stehen wird die alkoholische Schicht abgezogen und die ätherische Lösung destilliert. Der Ätherextrakt wird bei 100⁰ getrocknet, bis sich das Gewicht in $1/4$stündigem Trocknen nur mehr um höchstens 0,1% ändert.

b) Petrolätherextrakt. 5 g Fett werden mit 12 bis 15 ccm alkoholischer 2n-Kalilauge etwa 20 Minuten unter Rückfluß verseift, mit ebensoviel Wasser versetzt und, falls dabei Ausscheidungen auftreten, nochmals aufgekocht. Die abgekühlte Seifenlösung wird mit etwa 50proz. Alkohol in einen Scheidetrichter gespült und mindestens zweimal mit je 50 ccm Petroläther (Siedegrenzen 45 bis 55⁰) ausgeschüttelt. Etwaige Emulsionen werden durch Zusatz kleiner Mengen Alkohol oder konzentrierter Kalilauge beseitigt.

Die vereinigten Petrolätherauszüge sind zunächst mit 50proz. Alkohol, dem etwas Alkali zugefügt wird, und dann zur Entfernung mitgerissener Seifenreste wiederholt mit je 25 ccm 50proz. Alkohol zu waschen, bis diesem zugesetztes Phenolphthalein nicht mehr gerötet wird, wenn die alkoholische Waschflüssigkeit mit doppelter bis dreifacher Menge Wasser verdünnt wird.

Die petrolätherische Lösung wird wie oben weiterbehandelt.

Die Untersuchung des Unverseifbaren.

1. Sterine. a) Reaktion von Hager-Salkowski: Einige Zehntelgramm des Unverseifbaren werden in Chloroform gelöst und mit dem gleichen Volumen konz. Schwefelsäure geschüttelt. Bei Gegenwart von Cholesterin oder Phytosterin färbt sich die Lösung blutrot, dann kirschrot bis purpurn, während die Schwefelsäureschicht grün fluoresziert. Gibt man einige Tropfen der Chloroformlösung in eine Schale, so schlägt die Farbe über Blau und Grün nach Gelb um.

b) Cholesterinreaktion nach Liebermann. Eine Probe des Unverseifbaren löst man in Essigsäureanhydrid und versetzt die Lösung nach dem Abkühlen tropfenweise mit Schwefelsäure, wobei eine sterinhaltige Lösung erst rosarot, dann blau wird.

c) Digitoninmethode (Wizöff-Methoden, 2. Aufl., S. 49). Die in den natürlichen Fetten und Ölen enthaltenen Sterine (Phytosterin, Cholesterin und noch einige andere Sterine) bilden mit Digitonin Verbindungen (Digitonide), die aus den Fetten abgeschieden und damit quantitativ bestimmt werden können. Da sich die aus den Digitoniden hergestellten Sterinacetate oder Sterine qualitativ unterscheiden lassen, kann an der Gegenwart von Phytosterin das Vorliegen von Pflanzenfett erkannt werden.

Ausführung: 10 bis 50 g Fett (je nach dem zu erwartenden Steringehalt) werden in einem durch Uhrglas bedeckten 500 ccm-Kolben mit 100 ccm alkoholischer Kalilauge[1] etwa ½ Stunde im siedenden Wasserbad verseift. Die Seifenlösung wird mit dem gleichen Volumen heißen Wassers und 50 ccm 25proz. Salzsäure versetzt. Die klar abgeschiedenen Fettsäuren werden auf ein feuchtes, dichtes Filter im Heißwassertrichter gebracht und nach dem Ablaufen der wässerigen Schicht durch ein trockenes Filter in ein Becherglas von 200 ccm Inhalt filtriert. Um ein trübes Durchlaufen der Flüssigkeit zu verhindern, füllt man bei der ersten Filtration das Filter zunächst bis zur Hälfte mit heißem Wasser und gießt erst dann die Flüssigkeit mit den Fettsäuren darauf.

Die gesamte Fettsäuremenge oder bei hohem Steringehalt entsprechend weniger wird bei 60 bis 70⁰ mit 20 bis 50 ccm 1proz. Digitoninlösung[2] versetzt. Nach einstündigem Erwärmen auf 70⁰ und wiederholtem Umrühren wird Chloroform (20 bis 25 ccm) zugegeben und der Glasinhalt sofort auf einer angewärmten Nutsche abgesaugt oder zentrifugiert. Tritt innerhalb 1 Stunde keine Fällung ein, so ist die Prüfung auf Sterine als negativ ausgefallen zu betrachten.

---

[1] 200 g paraffinfreies KOH in 1000 ccm 70 vol.-proz. Alkohol gelöst.
[2] 0,2 g Digitonin werden in 25 ccm 96 vol.-proz. Alkohol gelöst. Das Digitonin (von Merck, Darmstadt) ist vor seiner Benutzung an einem Gemisch aus 48 g Schmalz und 2 g Kottonöl auf seine Wirksamkeit zu prüfen.

Die Digitonidkristalle werden mit warmem Chloroform und Äther fettsäurefrei gewaschen. Das Filtrat darf mit Digitoninlösung keine Fällung mehr geben. Der 10 Minuten bei 100° getrocknete Niederschlag wird zur Entfernung der letzten Fettsäurereste in einer kleinen Schale nochmals mit Äther behandelt und filtriert. Ein Teil des reinen Digitonids wird 10 Minuten lang mit 3 bis 5 ccm reinem Essigsäureanhydrid gekocht und noch heiß mit dem vierfachen Volumen 50 proz. Alkohols versetzt. Nach 15 Minuten langem Abkühlen in kaltem Wasser kann das ausgeschiedene Sterinacetat abgesaugt und mit 50 proz. Alkohol ausgewaschen werden. Die Auflösung des Acetats in wenig Äther wird wieder zur Trockne verdampft, der Rückstand drei- bis viermal aus je 1 ccm Alkohol umkristallisiert. Eine Tonplatte dient zum Abpressen der Fraktionen, deren Schmelzpunkt von der dritten Kristallisation ab in der Kapillare bestimmt wird.

Auswertung. Cholesterinacetat schmilzt bei 114,3° (korr.), die Phytosterinacetate schmelzen mindestens 10° höher. Schmilzt die letzte Kristallisationsfraktion erst bei 117° (korr.) oder darüber, so ist der Nachweis von Phytosterin als erbracht anzusehen, d. h. Pflanzenfett zugegen.

Bei Gegenwart von Wollfett sowie bei oxydierten (geblasenen) und bei oberhalb 200° hydrierten Fetten versagt die Probe meistens.

Die Sterine selbst werden durch längeres Kochen des Digitonids in Xylol und Ausäthern erhalten. Das abgeschiedene Sterin wird in 5 bis 25 ccm absolutem Alkohol gelöst und in einem bedeckten Schälchen langsam kristallisieren gelassen. Cholesterin schmilzt bei 148,4 bis 150,8° (korr.), Phytosterine schmelzen zwischen 132 und 144° (korr.).

Zur mikroskopischen Untersuchung bringt man ein Tröpfchen alkoholischer Sterinlösung oder einige Kristalle auf den Objektträger eines Mikroskops. An den breiten rhombischen Tafeln erkennt man Cholesterin, an den dünnen Nadeln, die an den Enden zugespitzt oder abgeschrägt sind, die Phytosterine. Mischungen kristallisieren vorwiegend in der Form der Phytosterine.

Eine Mikro-Phytosterinacetatprobe, für welche als Untersuchungsmaterial 0,25 bis 1 g Fett genügt, haben Kofler und Schaper vorgeschlagen (siehe Literaturangabe S. 397).

Eine Methode zur quantitativen Bestimmung der Sterine hat Windaus beschrieben.

2. Mineralöle. Sie verraten sich meist schon am Geruch, rufen Fluoreszenz hervor und haben sehr geringe Jodzahlen.

3. Harzöle. Reaktion von Storch-Morawski. 1 bis 2 g des Unverseifbaren schüttelt man mit 1 ccm Essigsäureanhydrid und versetzt nach dem Abkühlen mit einem Tropfen Schwefelsäure ($s = 1,53$). Bei Gegenwart von Harzöl tritt eine intensive rotviolette Färbung auf, die zum Unterschied von der Sterinreaktion bald in Braun umschlägt.

4. Kohlenwasserstoffe, wie Ceresin, Paraffin, lassen sich durch Kochen der unverseifbaren Substanz in Essigsäureanhydrid abtrennen. Sie bleiben dabei ungelöst.

3. Die Bestimmung der Fettsäuren.

Die Gesamtfettsäuren eines Fettes bestehen aus den normalen und den oxydierten Fettsäuren. Harzsäuren können beigemengt sein. Sie sind dann besonders zu bestimmen (siehe S. 439).

Die Fettsäuren eines Fettes können bestimmt werden entweder einschließlich (a), oder ausschließlich (b) der petrolätherunlöslichen Oxyfettsäuren, deren Menge (c) aus der Differenz der Methoden a und b errechnet werden kann.

a) Gesamtfettsäuren einschließlich der petrolätherunlöslichen Oxysäuren. Die nach Abtrennung des Unverseifbaren erhaltenen alkoholischen Seifenlösungen und Waschwässer werden vereinigt und eingedampft, bis der Alkohol völlig verjagt ist, darauf mit heißer verdünnter Salzsäure zersetzt und nach dem Abkühlen im Scheidetrichter bis zur Erschöpfung mit 50 bis 100 ccm Äthyläther ausgeschüttelt. Die mit 10proz. Kochsalzlösung neutral gewaschene Ätherlösung wird wie bei der Bestimmung des Ätherextraktes (siehe oben) weiterbehandelt.

b) Gesamtfettsäuren (ausschließlich petrolätherunlöslicher Oxysäuren). Sollen die petrolätherunlöslichen Oxysäuren von der Bestimmung der Gesamtfettsäuren ausgeschlossen werden, so wird die Ausschüttelung gemäß a nicht mit Äther, sondern mit Petroläther (Siedegrenzen 45 bis 55°) vorgenommen.

Der vorgewärmte Petroläther wird in dünnem Strahl unter gutem Umschwenken hinzugegeben, wobei sich die petrolätherunlöslichen Oxysäuren in braunen Flocken ausscheiden und an die Gefäßwand setzen oder zu Klumpen zusammenballen. Nach dem Ablassen des Petroläthers und Sauerwassers durch ein Filter wird das Gefäß und das Filter sorgfältig mit Petroläther nachgewaschen, die petrolätherische Lösung abgetrennt und wie die ätherische Gesamtfettsäurenlösung weiterbehandelt.

c) Petrolätherunlösliche Oxysäuren. Die Menge Oxysäuren ergibt sich als Differenz der nach a und b erhaltenen Mengen Fettsäuren, kann aber auch direkt auf folgende Weise ermittelt werden:

Die nach b abgeschiedenen petrolätherunlöslichen Oxysäuren werden mit warmem Alkohol oder Chloroformalkohol aus dem Gefäß und Filter herausgelöst, im Scheidetrichter zur Entfernung von Mineralsäure u. dgl. mit Wasser gewaschen und nach Verjagen des Lösungsmittels bei 100° getrocknet und gewogen.

Die Untersuchung der Fettsäuren.

Die Untersuchung der Fettsäuren eines Fettes oder Öles besteht in der Hauptsache in der Trennung der verschiedenen Fettsäuregruppen und der Isolierung einzelner Fettsäuren, die den Hauptbestandteil gewisser Fette ausmachen. Diese analytischen Arbeiten sind meist nicht leicht und erfordern viel Zeit. Jn den Untersuchungslaboratorien der Lederindustrie werden derartige Arbeiten nur in besonderen Fällen erforderlich sein, weshalb hier eine kurze Angabe der wichtigsten Gesichtspunkte genügt.

Im Vordergrund der Untersuchung der Fettsäuren, über deren Charakter ja schon gewisse Kennzahlen Aufschluß geben können, steht die Trennung der festen von den flüssigen, bzw. der gesättigten von den ungesättigten Säuren. (Über die Abscheidung der Oxyfettsäuren siehe oben.)

Trennung der festen und flüssigen Fettsäuren. Es seien nur einige Hinweise gegeben. Älteste Methode: Varrentrapps Bleisalz-Äthermethode (1840). — Zollamtliche Methode für Ölsaureuntersuchung: Bleisalz-Benzolmethode von Farnsteiner (1898). — Verfahren von Twitchell (2) (1921): Bleisalz-Alkoholmethode. Auch über die Kalium-, Thallium-, Lithiumsalze wurden Trennungen ausgeführt.

Weit wichtiger ist die Trennung der gesättigten und ungesättigten Säuren. Hierzu wird die sog. „Bromierungsmethode" von Grün und Janko benutzt. Die Methode beruht darauf, daß man die Fettsäuren in die Methyl- oder Äthylester verwandelt, diese mit Brom behandelt, das Estergemisch destilliert oder auch nur die bromfreien Ester fraktioniert und die ungesättigten Verbindungen aus ihren Bromderivaten regeneriert. Die Methode gliedert sich daher in die Darstellung der Ester, die Bromierung, die Destillation und die Entbromung.

α) Zur Darstellung der Ester wird eine abgewogene Menge Fettsäuren mit einem Überschuß von etwa 1 bis 2proz. alkoholischer Schwefelsäure am Rückflußkühler gekocht. Statt dessen kann man auch das neutrale Öl oder Fett durch Erhitzen mit 1 bis 2proz. alkoholischer Chlorwasserstoffsäure, nötigenfalls bei Gegenwart eines Lösungsmittels, direkt in die Äthyl- (bzw. Methyl-) Ester überführen. Das Estergemisch wird durch Abdestillieren des überschüssigen Alkohols, Auswaschen der Mineralsäure und Trocknen unter Luftabschluß gereinigt. Man prüft die Ester auf einen etwaigen Gehalt an unverändertem Neutralfett durch die Reaktionen auf Glycerin und wiederholt erforderlichenfalls die Veresterung.

β) Zur Bromierung verwendet man mindestens 15 bis 20 g Ester. Der Ester wird in der etwa 5fachen Menge Chloroform, Tetrachlorkohlenstoff oder Petroläther gelöst und die Lösung durch Einstellen in Eiswasser auf 0° oder wenig darüber gekühlt. Unter Umschwenken läßt man dann tropfenweise Brom zufließen. Die erforderliche Brommenge wird ermittelt, indem man die Jodzahl der Substanz mit dem Faktor 0,63 multipliziert. Ist das Esterpräparat rein (nicht dunkel gefärbt), so erkennt man den Endpunkt der Reaktion schon am Farbenumschlag nach hellbraun. Andernfalls pruft man mit Jodkalium-Stärkepapier. Man läßt dann noch ¹/₂ Stunde in der Kälte stehen, destilliert das Lösungsmittel im Kohlensäurestrom auf dem Wasserbad ab, wäscht den Ruckstand erst mit Bicarbonatlösung, dann mit Wasser und trocknet ihn im Kohlensäuretrockenschrank oder im Vakuumexsiccator über warmem Öl[1].

γ) Destillation. Man benutzt ein Fraktionskölbchen von höchstens 4 bis 5 cm Durchmesser und 10 bis 12 cm Halslänge mit einem 1 bis 1¹/₂ cm über der Kugel angesetzten Ableitungsrohr. Thermometer und Kapillarrohr werden durch den Hals eingeführt. Die Verwendung größerer Kolben bringt mitunter eine teilweise Zersetzung der Ester mit sich. Als Vorlage empfiehlt Grün einen Destillierkolben mit hochangesetztem Ableitungsrohr. Das Zwischenschalten eines Kühlers ist überflüssig. Sehr wichtig ist die Verwendung eines genügend hohen Vakuums (nicht mehr als 2 bis 3 mm, höchstens 5 mm Quecksilbersäule). Die Luft wird mittels Kohlensäure aus der Apparatur vertrieben. Dann stellt man das Vakuum her, heizt das Ölbad an und leitet während der Destillation eine dem niedrigen Druck entsprechende, geringe Menge Kohlendioxyd ein.

Bei dieser Arbeitsweise gehen die Ester der gesättigten Säuren bei Temperaturen über, die weit unter den Siedepunkten und auch genügend tief unter den Zersetzungstemperaturen der Bromadditionsprodukte jener ungesättigten Säuren liegen, die praktisch in Betracht kommen. Der Stearinsäureäthylester siedet z. B. unter 2 mm Druck bei 172°, während die Zersetzung des Dibromstearinsäureesters erst bei etwa 190° beginnt. Die Dampftemperatur im Destillationskolben steigt während der Destillation in dem Maße, als Ester höherer Fettsäuren übergehen, erst schneller, dann langsamer. Bei 20 g angewandter Substanz dauert die Destillation etwa ¹/₂ Stunde. Der Endpunkt ist am Sinken der Temperatur im Dampfraum zu erkennen. Die Destillate enthalten nur wenig freie Säure und sind farblos. Destillat und Rückstand werden gewogen. Stimmt die Summe der Gewichte mit der Einwaage überein, so ist die Destillation ohne Bromwasserstoffabspaltung verlaufen.

δ) Die Entbromung. Zur Abspaltung der an die ungesättigten Säuren bzw. ihrer Ester angelagerten Bromatome hat sich die Einwirkung von alkoholischer Salzsäure und Zink gut bewährt (Grun, l. c.).

Für das Gelingen der Entbromung ist es unerläßlich, daß der zu entbromende Destillationsrückstand vorher mit Bikarbonatlösung, dann mit Wasser gewaschen und sorgfältig getrocknet wird. Andernfalls treten Nebenreaktionen ein. Das zur Verwendung kommende Zink muß rein sein und eine große Oberfläche besitzen (schaumiges Zink).

10 g bromierter Ester werden mit 15 ccm Alkohol und 10 g Zink zum Sieden

---

[1] A. Grün macht darauf aufmerksam, daß die Bromadditionsprodukte mehrfach ungesättigter Säuren bei höheren Temperaturen eine Zersetzung erleiden. Deshalb müssen bei Untersuchungsmaterialien, die solche Säuren enthalten, diese vor der Destillation größtenteils entfernt werden. Hierzu bromiert man direkt das Gemisch der freien Fettsäuren und entfernt die Bromide der stärker ungesättigten Säuren mittels Petroläther, in dem sie unlöslich sind. Dabei werden die Hexa- und Oktobromide vollständig, die Tetrabromide zum größten Teil abgetrennt. Die in Lösung gebliebenen Säuren werden nach dem Vertreiben des Petroläthers mit Alkohol und ein wenig Bromwasserstoff verestert.

erhitzt. Dann läßt man 15 ccm alkoholische 5n-Salzsäure langsam zutropfen, so daß das Zufließen ungefähr 20 Minuten dauert, erhitzt dann noch weitere 20 Minuten, im ganzen höchstens 1 Stunde lang. Hierauf gießt man das Reaktionsgemisch in Wasser, das den Alkohol, den Chlorwasserstoff und die entstandenen Salze löst, und nimmt das entbromte Produkt in Äther auf. Die ätherische Lösung wird eingeengt, der Rückstand getrocknet und gewogen. Er darf höchstens Spuren von Brom enthalten (Prüfung mit CuO), sonst muß die Entbromung wiederholt werden.

Die Trennung von Fettsäuren und Harzsäuren in Gemischen unbekannter Zusammensetzung kann bei der Untersuchung von Lederfetten oder -imprägnierungsmitteln notwendig werden. Das Verfahren ist bei der Seifenuntersuchung S. 439 beschrieben.

4. Begutachtung der Fette auf Grund der ermittelten Bestandteile[1].

Es ist ein besonderes Verdienst der wissenschaftlichen Zentralstelle für Öl- und Fettforschung, daß sie in den Einheitsmethoden für die Untersuchung der Öle und Fette auch Richtlinien für die Auswertung der Analysenergebnisse festgelegt hat. Damit wurde zum ersten Male der Verwendung der zahlreichen unklaren Sammelbegriffe wirksam entgegengearbeitet, wie sie seither bei der Begutachtung von Fetten vielfach üblich war.

Der Analytiker hat es jetzt nicht mehr nötig, sich bei der Bewertung von Fetten auf Grund seiner Untersuchungsergebnisse unklarer Bezeichnungen, wie „Verseifbarkeit", „verseifbares Gesamtfett", „Gesamtfett", „Nichtfett" u. dgl. zu bedienen. An Hand der nachstehenden Richtlinien ist auf Grund der analytisch bestimmbaren fettartigen Bestandteile eines Fettes eine wissenschaftlich begründete Begutachtung möglich.

Als fettartige Bestandteile eines Rohfettes (technischen Fettes) können bestimmt werden:

1. Neutralfett,
2. freie Fettsäuren,
3. an Basen gebundene Fettsäuren,
4. Unverseifbares,
5. Gesamtfettsäuren, einschließlich Oxysäuren,
6. Gesamtfettsäuren ausschließlich Oxysäuren,
7. Oxysäuren.

Neutralfett. Durch Säurezahlbestimmung (siehe S. 384) werden im Rohfett die freien Fettsäuren bestimmt, darnach aus der Titrationsflüssigkeit die Lösungsmittel verjagt. Der Rückstand wird mit überschüssiger verdünnter Salzsäure zersetzt, der Ätherextrakt (vgl. S. 369) daraus in seiner Gesamtmenge einer Säurezahlbestimmung unterworfen, aus der die Summe der freien und an Basen gebundenen Fettsäuren berechnet wird (unter Zugrundelegung eines mittleren Molekulargewichtes, siehe S. 386). Anschließend wird das Unverseifbare bestimmt. Die Differenz zwischen den Mengen des gesamten Ätherextrakts (nach Vorbehandlung mit Salzsäure) einerseits, der freien und an Basen gebundenen Fettsäuren sowie des Unverseifbaren anderseits ergibt die Prozentmenge Neutralfett.

Freie Fettsäuren. Siehe S. 384 (Gehalt an freien Säuren).

An Basen gebundene Fettsäuren. Nach der Neutralfettbestimmung wird aus der Differenz der Säurezahltitrationen der Gehalt an Fettsäuren, die an Basen gebunden sind, berechnet.

---

[1] Nach Wizöff-Methoden, 2. Aufl., S. 46 ff.

Unverseifbares (siehe S. 370).

Neutralfett und freie Fettsäuren. Nur in Fällen, in denen die Anwesenheit von Seifen ausgeschlossen ist, kann diese Fettsubstanz als Ätherextrakt (ohne Vorbehandlung mit Salzsäure) nach S. 369 unter anschließender Abscheidung des Unverseifbaren bestimmt werden. Sonst führt nur der S. 375 angegebene Weg zu einwandfreien Resultaten.

Neutralfett, freie Fettsäuren und an Basen gebundene Fettsäuren. Nach Vorbehandlung des Fettes mit Salzsäure wird der Ätherextrakt und das Unverseifbare bestimmt (S. 369 u. 370). Die Differenz beider Mengen stellt die gesamte Fettsubstanz (entsprechend der Überschrift) dar, die aus einem Rohfett gewonnen werden kann.

Gesamtfettsäuren (einschließlich Oxysäuren) siehe S. 373, a).

Gesamtfettsäuren (ausschließlich Oxysäuren) siehe S. 373, b).

Oxysäuren [siehe S. 373, c)].

Besondere Reaktionen zur Erkennung einzelner Fette und Öle[1].

1. Nachweis von Pflanzenfett. Siehe Digitoninmethode, S. 371.

2. Kottonölreaktion. Man erhitzt 2 ccm Öl und 2 ccm einer 1 proz. Lösung von Schwefel in Schwefelkohlenstoff-Pyridin (1 : 1) am Rückflußkühler in einem Bad von etwa 115°. Die Flamme unter dem Heizbad ist zu löschen.

Bei Anwesenheit von mehr als 1% Kottonöl färbt sich das Gemisch in kurzer Zeit rot. Falls nach 5 Minuten keine Färbung eingetreten ist, wird die Schwefellösung erneuert. Tritt auch nach weiteren 5 Minuten keine Rotfärbung auf, so darf die Abwesenheit von Kottonöl angenommen werden. Allerdings geben stark erhitzte oder gebleichte Öle, die Kottonöl enthalten, die Reaktion mitunter schwach oder gar nicht. Anderseits können kottonölfreie Fette von Tieren, die mit Baumwollsaatkuchen gefüttert wurden, die positive Kottonölreaktion geben; in solchem Falle ist die Phytosterinacetatprobe ausschlaggebend.

Anmerkung. Kapok- und Baobaöl zeigen ebenfalls die Kottonölreaktion, jedoch geben ihre Fettsäuren (5 ccm, geschmolzen und getrocknet) mit 5 ccm absolut-alkoholischer 1 proz. Silbernitratlösung beim Schütteln in der Kälte intensiv braune Färbung, während die Fettsauren des Kottonöls höchstens schwach reduzieren.

3. Sesamölreaktion (von Soltsien). Man schüttelt im Volumenverhältnis 1 : 2 : 1 Öl (oder geschmolzenes Fett), Benzin (Siedep. 70 bis 80°) und frisches Bettendorfsches Reagens (5 Teile festes Zinnchlorür und 3 Teile konz., mit HCl gesättigte Salzsäure) und taucht das Gemisch in Wasser von 40°. Nach dem Absetzen der Zinnchlorürlösung wird das Reagensglas in Wasser von 80° gebracht, so daß möglichst die Benzinschicht aus dem Bad herausragt und nicht siedet.

Rotfärbung der unteren Schicht deutet auf die Gegenwart von Sesamöl hin.

4. Hexabromidprobe auf linolensäurehaltige Öle und Polybromidprobe auf Trane. Die bei dieser Prüfung abgeschiedenen Bromide lassen sich als Hexabromide oder höhere Polybromide nach ihrer verschiedenen Löslichkeit in Benzol und ihren Schmelzpunkten unterscheiden. Die Gegenwart der Polybromide, insbesondere des reinen Dekabromids, ist im allgemeinen als Zeichen für die Anwesenheit von Tran anzusehen. Als beweiskräftig hierfür ist jedoch erst eine Menge von mehr als 1% Dekabromid zu betrachten, da auch Knochenöle, Lardöle usw. Klupanodonsäure enthalten, also die Dekabromidprobe geben, wenn auch in sehr geringem Maße.

---

[1] Nach Wizöff-Methoden, 2. Aufl., S. 49 ff.

Bei erhitzten, z. B. desodorisierten Produkten ist die Probe unzuverlässig. 10 ccm Gesamtfettsäuren eines Fettes werden mit 200 ccm Bromreagens (28. Vol. Eisessig, 4 Vol. Nitrobenzol und 1 Vol. Brom) in einem Schüttelzylinder gut durchgeschüttelt. Entsteht nach einstündiger Einwirkung der Bromlösung kein Niederschlag, so ist die Probe praktisch frei von linolensäurehaltigen Ölen und Tranen.

Ein gelber Niederschlag wird nach mehrstündigem Stehen auf einer Nutsche mit dichtem Filtrierpapier oder auf einem Filtriertiegel abgesaugt und mit Äther rein weiß gewaschen. Am einfachsten wird der Niederschlag durch Zentrifugieren erhalten und mit Äther gewaschen, indem man Niederschlag und Äther mit einem Glasstab gründlich durchrührt und wieder zentrifugiert. Der rein weiße Niederschlag wird getrocknet und gepulvert. Vor dem Trocknen muß er gründlich zerdrückt und zerteilt werden, da sonst der verdampfende Äther ihn auseinanderspritzen kann. Das Pulver wird $^1/_2$ Stunde lang am Rückflußkühler mit Benzol (100 ccm auf 2 g) gekocht und ein ungelöst bleibender Rückstand in der Hitze abfiltriert.

Reine Hexabromide lösen sich völlig in Benzol. Der Schmelzpunkt des Benzolextraktes liegt bei 175,8° (ohne Zersetzung). Schmilzt der unlösliche Anteil oberhalb 190° und erhöht sich der Schmelzpunkt durch weiteres Extrahieren des Rückstandes mit Benzol, so ist Tran anwesend (vgl. jedoch die oben erwähnten Einschränkungen).

Die reinen Dekabromide schmelzen oberhalb 200° unter Zersetzung.

5. Prüfung auf Ricinusöl. Man erhitzt eine Ölprobe mit einem erbsengroßen Stück Kaliumhydroxyd in einer Nickelschale bis zur Schmelze. Ein eigenartiger Geruch nach Oktylalkohol läßt die Anwesenheit von Ricinusöl erkennen.

Die Kalischmelze wird in Wasser gelöst und die Lösung direkt mit überschüssiger Magnesiumchloridlösung zur Fällung der Fettsäuren versetzt. Aus dem Filtrat scheidet sich beim Ansäuren mit verdünnter Salzsäure die für Ricinusöl charakteristische Sebacinsäure kristallinisch aus.

6. Prüfung auf Rüböl. 20 bis 25 g Fettsäuren der Fettprobe, die vom Unverseifbaren befreit sind, werden im doppelten Volumen 96 proz. Alkohols und in einem weiten Reagensglas auf — 20° abgekühlt. Der Niederschlag von gesättigten Fettsäuren wird bei — 20° kaltem Alkohol gewaschen. Der Filtratrückstand wird in dem vierfachen Volumen 75 vol.-proz. Alkohols aufgenommen und wie oben behandelt. Bei geringem Rübölgehalt fällt mitunter erst nach einer Stunde weiße kristallinische Erucasäure aus, die wie oben abgesaugt und gewaschen wird. Dann wird sie mit warmem Benzol oder Äther vom Filter gelöst und das Molekulargewicht des getrockneten Verdampfungsrückstandes bestimmt.

Bei zu starkem Niederschlag an gesättigten Fettsäuren wird die alkoholische Lösung zunächst nur auf 0° abgekühlt, die Hauptmenge der festen Säuren bei dieser Temperatur abgesaugt und dann wie oben weiter verfahren.

Beimengungen von Cruciferenölen bis herab zu 20% sind daran zu erkennen, daß das Molekulargewicht des Eindampfungsrückstandes über 300 liegt.

7. Nachweis von Holzöl. 5 g Öl werden unter Rühren mit 5 ccm einer kalt gesättigten Jod-Chloroformlösung übergossen. Reines Holzöl erstarrt nach einigen Minuten zu einer festen Masse. Alle anderen fetten Öle (auch Standöl) bleiben ölig.

Bleibt eine Probe auch nach längerem Stehen ölig, so erwärmt man sie eine Stunde auf dem Wasserbad. Nach dem Erkalten tritt Gelatinieren ein, wenn mindestens etwa 15% Holzöl zugegen sind.

8. Nachweis gehärteter Öle. a) *Nickelprobe.* Man erwärmt 50 bis 100 g Fett mit der gleichen Menge konz. Salzsäure $1/2$ Stunde unter wiederholtem Umschütteln auf dem Wasserbad. Das Gemisch wird durch ein feuchtes Filter filtriert, eingedampft und der Rückstand mit etwas Salzsäure aufgenommen. Die Lösung wird mit Ammoniak stark alkalisch gemacht, mit einer Messerspitze Bleisuperoxyd, einigen Tropfen Natronlauge und 8 bis 10 ccm 1proz. Dimethylglyoximlösung versetzt. Das zum Kochen erhitzte Gemisch wird filtriert.

Je nach der vorhandenen Nickelmenge ist das Filtrat mehr oder weniger rot gefärbt. Eine schwach gelbliche Färbung kann von organischen Zersetzungsprodukten herrühren und gilt nicht als positiver Befund. (Siehe auch Chem. Umsch. 1930, S. 142).

b) *Isoölsäureprobe.* Der verhältnismäßig hohe Gehalt an festen ungesättigten Fettsäuren, vornehmlich isomeren ungesättigten Säuren, und die dadurch bedingte höhere Jodzahl der nach der Bleisalz-Alkoholmethode abgeschiedenen festen Säuren sind charakteristisch für gehärtete Fette.

Nach S. 373 werden aus dem Fett 2 bis 3 g Gesamtfettsäuren abgeschieden, in heißem Alkohol gelöst und mit einer heißen Lösung von etwa 1,5 g Bleiacetat in Alkohol versetzt. Das Gemisch, dessen Volumen etwa 100 ccm betragen soll, wird langsam erkalten gelassen und bleibt am besten über Nacht stehen. Die über den Bleiseifen stehende klare Flüssigkeit muß noch Blei enthalten, d. h. mit Schwefelsäure eine deutliche Fällung geben, sonst muß nochmals Bleiacetatlösung zugesetzt werden. Der Niederschlag wird abgesaugt und mit kaltem Alkohol gewaschen, bis das Filtrat klar abläuft. Man spült ihn dann mit etwa 100 ccm Alkohol in ein Becherglas, setzt 0,5 ccm Eisessig dazu, erhitzt zum Sieden und läßt auf 15⁰ abkühlen. Die wie oben abfiltrierten und gewaschenen Bleiseifen werden wieder in das Becherglas gebracht und mit Äther vom Filter abgespült. Aus den Bleiseifen werden die festen Fettsäuren mit verdünnter Salpetersäure abgeschieden und in bekannter Weise (siehe S. 373) als Ätherextrakt gewonnen.

Die Jodzahl der abgeschiedenen Fettsäuren wird nach S. 387ff. oder S. 389ff. bestimmt.

Auswertung. Die Jodzahl der abgeschiedenen festen Säuren liegt bei natürlichen Fetten meistens zwischen 1 und 2, bei Talg bis 5 hinauf, dagegen bei gehärteten Fetten von schmalz- bis talgartiger Konsistenz in der Regel um 20 herum, jedoch auch bis 50 und darüber.

9. Prüfung auf Sulfurolivenöl. Beimischungen von Sulfurolivenöl in gepreßtem Olivenöl lassen sich mit Hilfe folgender Reaktion nachweisen:

20 mg aus heißen Silbernitrat- und Natriumbenzoatlösungen frisch gefälltes, mit kaltem Wasser gewaschenes und getrocknetes Silberbenzoat werden mit 5 g Olivenöl im Ölbad auf 150⁰ erhitzt.

Eine etwa auftretende deutliche Braunfärbung deutet auf $1/2\%$ und mehr, dunkelbraune Färbung auf 10% und mehr Beimengungen von Sulfurolivenöl hin.

10. Nachweis von Fischölen. Die für den Nachweis von Fischölen vorgeschlagene Reaktion von Tortelli-Jaffé und ebenso die Jodmonochloridreaktion von M. Tsujimoto ist in ihrer Zuverlässigkeit sehr umstritten. In neuerer Zeit haben E. J. Better und J. Szimkin eine Nachweismethode vorgeschlagen, bei der mit Hilfe von Hanuslösung und bei gleichzeitiger Verwendung der von Tortelli-Jaffé vorgeschlagenen Brom-Chloroformmischung eine sichere Farbreaktion erhalten werden soll. Die Prüfung wird folgendermaßen ausgeführt (Fettchem. Umsch. 1934, 225):

3 ccm Öl werden in 3 ccm Eisessig und 4 ccm Chloroform aufgelöst. Falls die

Lösung nicht klar ist, verdünnt man bis zum Klarwerden mit Chloroform. Dann fügt man etwa 20 Tropfen 10proz. Brom-Chloroformmischung und sofort darnach 10 Tropfen Hanuslösung hinzu. Nach dem Durchschütteln der Mischung färbt sich die klare Lösung bei Anwesenheit von Tran in den meisten Fällen innerhalb weniger Minuten tiefgrün. Sollte die Färbung doch nicht sogleich zustandekommen, gibt man nochmals 20 Tropfen Brom-Chloroformmischung zu.

Wenn man es mit Mischungen von Tran und anderen Ölen zu tun hat und in diesen Gemischen nur wenig Tran enthalten ist, soll man nach dem zweiten Zusatz von Brom-Chloroformmischung auch 10 Tropfen Hanuslösung und schließlich nach 5 Minuten weitere 20 Tropfen Brom-Chloroformmischung hinzufügen. Nach jeder Zugabe wird das Reaktionsgemisch geschüttelt. In tranarmen Mischungen erscheint die tiefgrüne Färbung natürlich langsamer, jedoch ist sie dann eindeutig. Auf diese Weise soll man noch 5 bis 10% Tran zuverlässig nachweisen können.

Die physikalischen Prüfungsmethoden[1].

1. Spezifisches Gewicht. Flüssige Fette werden gewöhnlich bei 15 bis 20°, feste Fette und Fettsäuren je nach ihrem Schmelzpunkt bei 40 bis 100° untersucht. Die Bestimmung des spezifischen Gewichtes flüssiger Fette erfolgt am einfachsten mit dem Aräometer. Man läßt hierzu die Spindel in das in einem Standzylinder befindliche Öl gleiten, bis sie schwimmt. Nach einer halben Stunde liest man an dem in der Oberfläche liegenden Teilstrich der Spindelskala das spezifische Gewicht und an der Thermometerskala die Temperatur ab. Bei hellen Ölen wird der Skalenteil in der Höhe des oberen Flüssigkeitsspiegels abgelesen. bei dunkeln am oberen Wulstrande. Im letzteren Fall ist für genaue Bestimmungen 0,001 zu der abgelesenen Zahl hinzuzuaddieren. Die Ablesungen sind nach der Näherungsformel

$$d^{15} = d^t + 0,00069 \, (t - 15)$$

auf die vorgeschriebene Temperatur umzurechnen, wobei t die Beobachtungstemperatur, d^t die dabei festgestellte Dichte und 15 die hier als Beispiel gewählte Temperatur (15°) darstellt, für welche die Dichte errechnet werden soll.

Das spezifische Gewicht fester Fette kann nach der sog. Alkoholschwimmmethode oder mit Hilfe des Pyknometers bestimmt werden[2].

Die Alkoholschwimmethode wird nach Grün (2) folgendermaßen ausgeführt:

Man schmilzt die Probe bei möglichst niedriger Temperatur und läßt Tropfen von einem Glasstab aus geringer Höhe in Alkohol fallen. Die so erhaltenen ganz runden Perlen werden 24 Stunden auf Fließpapier an der Luft liegen gelassen. Dann bringt man einige der Perlen der Reihe nach in vorbereitete Mischungen von Wasser und Alkohol ($s = 0,960$ und höher), die so lange gestanden haben, daß sie frei von Luftbläschen sind, beobachtet, in welcher Mischung die Perlen am leichtesten schweben, und setzt derselben allmählich so viel Wasser oder verdünnten Alkohol zu, daß luftfreie Perlen (andere sind auszuscheiden) vollkommen frei schweben. Dann ist das spezifische Gewicht der Flüssigkeit gleich dem der untersuchten Substanz. Man bestimmt das erstere, selbstverständlich unter Berücksichtigung der Temperatur, im Pyknometer.

Die Methode eignet sich für solche Fälle, in denen nur festzustellen ist, ob das spezifische Gewicht innerhalb bestimmter Grenzen liegt.

---

[1] Wizöff-Methoden, 2. Aufl., S. 58 bis 76.
[2] Siehe auch Wizöff-Methoden, 2. Aufl., S. 62 und 63.

Übersicht über die Dichte der Fette und Öle (bei 15⁰).

Nichttrocknende Pflanzenöle . . . 0,913—0,925
Halbtrocknende Pflanzenöle . . . 0,912—0,936
Trocknende Pflanzenöle . . . . . 0,923—0,943
Ricinus-, Traubenkern-, Kottonöl . 0,955—0,974
Pflanzentalge. . . . . 0,915—0,975
Tierische Fette . . . . 0,915—0,964
Trane . . . . 0,915—0,938
Vegetabilische Wachse . . . . . 0,970—0,999
Tierische Wachse . . . . 0,960—0,970

Die Verwendung des Pyknometers darf als bekannt vorausgesetzt werden. Es wird gewöhnlich bei 20⁰ gefüllt und gewogen, nachdem es zuerst sorgfältig getrocknet und leer gewogen wurde. Zum Temperaturausgleich soll das Pyknometer 10 Minuten lang bis auf 0,2⁰ genau die gleiche Temperatur zeigen wie das Wasserbad.

2. Schmelzpunkt, Fließpunkt, Tropfpunkt, Erstarrungspunkt, Kältebeständigkeit.

a) Schmelzpunkt. Bei den meisten Fetten, die ein Gemisch mehrerer Glyceride darstellen, kann man von einem scharfen Schmelzpunkt nicht sprechen. Man muß vielmehr unterscheiden zwischen dem Wärmegrad, bei dem das Fett flüssig (fließend) und bei dem es völlig klar wird.

Bei der Prüfung der in der Lederindustrie verwendeten Fette genügt die annähernde Bestimmung des erstgenannten Punktes (Flüssigwerden) in Form einer einfachen Schmelzbestimmung im beiderseits offenen geraden Glasröhrchen (Steigschmelzpunkt). Als Heizbadflüssigkeit kann konz. Schwefelsäure, Glycerin oder Wasser verwendet werden.

Zur genaueren Feststellung der Eigenschaften eines Fettes und bei Prüfungen auf Verfälschungen sind beide Punkte (Flüssig- und Klarwerden) im U-Röhrchen mit möglichster Genauigkeit (Zehntelgrade) zu bestimmen. Die so ermittelten Punkte werden als Fließschmelzpunkt und Klarschmelzpunkt bezeichnet.

Die Fette werden in die Glasröhrchen in flüssigem Zustand eingefüllt. Dann läßt man die Probe 24 Stunden bei höchstens 10⁰ liegen.

Zur Bestimmung des Fließschmelzpunktes und Klarschmelzpunktes verwendet man U-förmige Glasröhrchen von 1,4 bis 1,5 mm gleichmäßiger lichter Weite und 0,15 bis 0,2 mm Wandstärke. Der eine Schenkel des Röhrchens soll etwa 60, der andere etwa 80 mm lang, der Abstand beider Schenkel etwa 5 mm sein.

Der längere Schenkel des Glasröhrchens wird so mit dem flüssigen oder erstarrten Fett beschickt, daß das Röhrchen ein ungefähr 1 cm langes Fettsäulchen etwa 1 cm oberhalb seiner Biegung enthält.

Zur Einfüllung fester Fette sticht man das Röhrchen an verschiedenen Stellen des Fettes ein, bis ein genügend langes Fettsäulchen entstanden ist, und schiebt dieses dann mit Hilfe eines Metallstiftes[1] an die vorgeschriebene Stelle.

Die Röhrchen werden mittels eines Gummiringes so am Thermometer befestigt, daß der U-Bogen mit dem unteren Ende der Quecksilberkugel abschneidet. Der Temperaturanstieg wird bei möglichst heller Beleuchtung gegen einen dunklen Hintergrund mit der Lupe beobachtet und der Schmelzpunkt möglichst auf 0,1⁰ (mindestens auf 0,2⁰) genau abgelesen. Als Thermometer eignen sich z. B. Anschütz-Thermometer mit ¹/₅- oder möglichst ¹/₁₀⁰-Teilung.

---

[1] Man halt zum Zwecke des Kalibrierens der Röhrchen und des Einschiebens der Fettsäulchen einen Satz gerader und mit ihrem Durchmesser bezeichneter Drahtstifte von 1,0—1,5 mm Durchmesser bereit. Vor allem müssen die Röhrchen möglichst dünnwandig sein.

Auswertung. Als Fließschmelzpunkt wird derjenige Wärmegrad angesehen, bei dem das Fettsäulchen sich in dem Glasröhrchen so abwärts bewegt, daß man die Bewegung mit dem bloßen Auge deutlich wahrnehmen kann.

Als Klarschmelzpunkt gilt derjenige Wärmegrad, bei dem das stark beleuchtete und gegen einen dunklen Hintergrund gesehene Fett eine Trübung nicht mehr erkennen läßt. In Zweifelsfällen dient zum Vergleich eine Probe desselben Fettes, die über den Klarschmelzpunkt hinaus erhitzt und völlig klar ist.

b) Der Fließpunkt eines Fettes ist die Temperatur, bei der eine an der Quecksilberkugel eines Thermometers befestigte bestimmte Fettmenge eine deutliche Kuppe am unteren Ende des Aufnahmegläschens bildet.

c) Der Tropfpunkt ist die Temperatur, bei welcher der erste Tropfen des schmelzenden Fettes von dem Aufnahmegläschen abfällt.

Die Bestimmung des Fließ- und Tropfpunktes dient dazu, das Erweichen der Fette bei der Erwärmung zu prüfen. Ausführung: Siehe Wizöff-Methode, 2. Aufl., S. 68.

d) Erstarrungspunkt. Als Erstarrungspunkt der Fette und Fettsäuren gilt die nach dem unten beschriebenen Verfahren festgestellte Temperatur, die beim Abkühlen des geschmolzenen Fettes infolge der freiwerdenden latenten Schmelzwärme als Maximum eines vorübergehenden Temperaturanstieges festgestellt wird. Wenn die freiwerdende latente Schmelzwärme nicht ausreicht, um die Abkühlungskurve umzubiegen und zu einem Maximum zu führen, ist der vorübergehende Stillstand des Abkühlungsverlaufs als Erstarrungspunkt anzusehen.

Zur Bestimmung des Erstarrungspunktes wird das Fett durch ein doppeltes trockenes Filter heiß in ein sog. Shukoff-Kölbchen filtriert, bis dieses fast vollgefüllt ist. Das Kölbchen ist ein Weinhold-Gefäß mit Vakuummantel (gewöhnlich auch als Dewar-Gefäß bezeichnet), das in den handlichen Größen von 10 bis 50 ccm hergestellt wird. Die Größe des Kölbchens und die entsprechende Menge an Fett oder Fettsäuren ist ohne Einfluß auf das Ergebnis[1].

Mit einem festschließenden Kork wird ein Thermometer (zweckmäßig ein Anschütz-Thermometer mit einem Skalenbereich von 10 bis 60°, in $^1/_5$ oder $^1/_{10}°$ geteilt) so befestigt, daß die Quecksilberkugel in die Mitte des Gefäßes kommt. Man läßt das geschmolzene Fett auf etwa 5° über dem erwarteten Erstarrungspunkt abkühlen und schüttelt es dann bis zur deutlichen Trübung, wobei man den Kork fest andrückt. Darauf stellt man den Kolben ruhig hin und beobachtet das meist sofortige Ansteigen der Temperatur. Das Maximum, bei dem die Temperatur gewöhnlich einige Minuten anhält, ist der Erstarrungspunkt.

e) Titer. Unter „Titer" wird der Erstarrungspunkt der wasserunlöslichen Fettsäuren eines Fettes verstanden. Die Prüfung wird auch „Titertest" genannt. Die Bestimmung des Erstarrungspunktes der abgeschiedenen Fettsäuren erfolgt nach dem oben für Fette beschriebenen Verfahren.

Abscheidung der Fettsäuren. 50 bis 100 g Fett werden durch einstündiges Kochen mit 40 bis 80 ccm 50proz. Kalilauge unter Zusatz von 25 ccm Alkohol in einer Porzellanschale verseift. Nach Verjagen des Alkohols wird die Seife in Wasser aufgenommen, allmählich unter Rühren mit verdünnter Salzsäure zersetzt und das Gemisch so lange erhitzt, bis die Fettsäuren klar oben schwimmen.

Da es nicht auf die Art der Verseifung, sondern auf die völlige Verseifung ankommt, kann man auch nach folgender Vorschrift arbeiten: Das Fett wird (wie oben) in einer Porzellan- oder Emailschale mit 45 bis 80 ccm 50proz. Kalilauge nach

---

[1] Dies ist ein besonderer Vorteil des Shukoff-Kölbchens gegenüber den sonst üblichen, behelfsmäßigen Apparaten von Dalican, Wolffbauer usw. Wizöff-Methoden, 2. Aufl., S. 74.

dem bei der kalten Verseifung üblichen Verfahren wenige Grade oberhalb des Schmelzpunktes so lange verrührt, bis die homogene Emulsion sich verdickt und „aufzulegen" beginnt. Nach diesem Punkte ist keine Entmischung mehr zu befürchten. Dann setzt man die Masse 2 bis 3 Stunden auf das kochende Wasserbad oder bei etwa 100⁰ in einen Trockenschrank, um die Verseifung zu Ende zu führen. Zersetzung der Seifen wie oben.

Von den klaren Fettsäuren zieht man die wässerige Schicht mit einem Heber ab. Man wäscht die Fettsäuren mit heißem Wasser säurefrei (gegen Methylorange) und filtriert sie durch ein doppeltes trockenes Filter am besten sogleich in den Shukoff-Kolben, den man in einen erwärmten Trockenschrank stellt. Es ist vor allen Dingen darauf zu achten, daß die Fettsäuren völlig frei von Neutralfett und Wasser sind.

f) Bestimmung der Kältebeständigkeit von Klauenölen und verwandten tierischen Ölen[1]. Unter Kältebeständigkeit bei 0, —5⁰. —10⁰ usw. wird die Eigenschaft eines Öls (Klauenöls, Knochenöls oder dgl.) verstanden, nach langsamer Abkühlung auf eine der genannten Temperaturen eine Stunde lang völlig klar zu bleiben, von dem Zeitpunkt an gerechnet, an dem das Öl die angegebene Temperatur angenommen hat.

„Kältebeständigkeit — 5⁰" bedeutet also, daß z. B. ein Klauenöl unter den Bedingungen der nachstehenden Vorschrift völlig klar (blank) bleibt, wenn es eine Stunde lang auf — 5⁰ gehalten worden ist. Die Temperaturintervalle von 5 zu 5⁰ sind deshalb gewählt worden, weil eine genauere Feststellung der Kältebeständigkeitstemperaturen praktisch nicht möglich ist.

Klauenöle, die bei 0⁰ gar nicht oder weniger als eine Stunde blank bleiben, werden als „nicht kältebeständig" bezeichnet.

Sämtliche Temperaturangaben sind in Celsiusgraden zu verstehen.

Vorbehandlung des Öls. Das zu prüfende Öl wird ungefähr $^1/_4$ Stunde lang in einer Porzellanschale auf 105⁰ erhitzt, um es von etwa vorhandenen Wasserspuren zu befreien. Ist das Öl offensichtlich durch Wasser getrübt, so wird es so lange unter Umrühren erhitzt, bis es völlig klar (blank) wird. Die Temperatur darf auch dabei nicht über 105⁰ steigen.

Das so vorbereitete Öl soll $^1/_2$ bis $^3/_4$ Stunde im Exsiccator auf Zimmertemperatur (etwa 20⁰) abkühlen.

Prüfgeräte. Ähnlich wie bei der Stockpunktsprüfung nach den „Richtlinien"[2] wird ein emaillierter eiserner Topf (Höhe und Durchmesser 12 cm) so hoch mit einer Kältelösung gefüllt, daß ihre Oberfläche des Öls im Reagensglas liegt. Die Kältelösung richtet sich in ihrer Zusammensetzung nach der gewünschten Prüftemperatur. Der eiserne Topf wird in einen größeren, möglichst mit Filz isolierten irdenen Topf gestellt, in den die Eismischung (siehe Tabelle 31) kommt. Mit Hilfe einer Stativklammer wird ein Reagensglas (Länge 18 cm, lichte Weite 4 cm) so in die Kältelösung gehängt, daß seine Wandungen überall gleich weit von denen des emaillierten Topfes entfernt sind. Das Glas wird durch einen Kork verschlossen, durch dessen Mitte ein sog. Stockpunktsthermometer senkrecht führt, so daß das untere Ende des Quecksilbergefäßes etwa 17 mm über dem Boden des Reagensglases steht. Auf diese Weise sind die Thermometerwandungen überall gleich weit von denen des Reagensglases entfernt, und die Abkühlung kann gleichmäßig zum Quecksilbergefäß hin vordringen.

---

[1] Einheitsmethoden der Wizöff, 2. Aufl., 1930, Nachtrag 1932.
[2] „Richtlinien für den Einkauf und die Prüfung von Schmiermitteln." 5. Aufl., Düsseldorf 1928: Verlag Stahleisen.

Die Skala soll bei Quecksilberthermometern von — 38 bis + 50°, bei Alkohol-
thermometern von — 50 bis + 30° bei 1 mm Gradlänge und ¹/₂grädiger Teilung
reichen. Sie muß so hoch über dem Quecksilbergefäß liegen, daß sie durch den
Kork nicht verdeckt wird. Fadenkorrektionen werden bei Stockpunktsthermo-
metern nicht vorgenommen.

Zum Abdecken der Töpfe für die Kältelösung und Kältemischung werden
passende Holzdeckel benutzt.

Eismischungen und Kältelösungen. Für die Abkühlung auf die gebräuchlichsten Temperaturen sind folgende Mischungen und Lösungen zu benutzen:

Tabelle 31. Kältemischungen.

Prüf-temperatur	Mischungsverhältnisse (in Gew.-Teilen)			
	Eismischungen		Kältelösungen	
	Eis	Koch- oder Viehsalz	Destill. Wasser	Salze
0°	30	1	mit Eisstückchen	—
— 5°	5	1	100	3,3 Kochsalz 13,0 Kaliumnitrat
— 10°	3	1	100	22,5 Kalium-chlorid

Prüfverfahren. Das vorbehandelte Öl wird sofort nach der Abkühlung auf
Zimmertemperatur mit einer Pipette 4 bis 4¹/₂ cm hoch in das Reagensglas eingefüllt, ohne daß dabei die obere Wandung benetzt wird. Am einfachsten wird
eine Strichmarke am Reagensglas angebracht. Nach dem Einsetzen des Thermometers wird das Glas, wie bereits erklärt (s. oben), in den inneren Topf mit der
Kältelösung gehängt. Die Temperatur dieser Lösung, die öfters umzurühren ist,
soll vom Öl in frühestens 15 Minuten, bei einer Abkühlung auf — 10° in etwa
¹/₂ Stunde angenommen werden. Sobald dies der Fall ist, beginnt die einstündige
Prüfungsdauer.

Nachdem das Öl eine Stunde lang ruhig in der Kältelösung belassen wurde,
wird das Reagensglas herausgenommen und festgestellt, ob das Öl völlig klar
(blank) geblieben ist. Zeigen sich trübende Ausscheidungen, so wird dieselbe
Prüfung bei der um 5° höheren Temperaturgrenze mit der entsprechenden Kältelösung ausgeführt.

3. Optische Untersuchungen. Das optische Drehungsvermögen läßt
sich bei vielen Ölen zur Kennzeichnung einer Verfälschung durch Harzöl oder
überhaupt zum Identitätsnachweis heranziehen. Auch gestattet das Drehungsvermögen eine Unterscheidung der unverseifbaren Anteile von Wollfettolein.
Die Drehungen betragen bei den meisten Ölen nur Bruchteile von Saccharimeter-
graden (bei Fetten von Landtieren praktisch Null).

Das Lichtbrechungsvermögen (Refraktion) ist für die Reinheitsprüfung
vieler Fette ein geeigneteres Hilfsmittel als die optische Drehung. Meist wird das
Refraktometer von Abbé oder das Butterrefraktometer verwendet. [Beschrei-
bungen der Apparate siehe z. B. bei Grün (2) S. 126ff.]. Das Lichtbrechungsvermögen ist eine Funktion des Molekulargewichts. Doppelbindungen und
Hydroxylgruppen erhöhen die Refraktion.

Brechungsexponenten einiger Fette, Öle und Wachse.

Rindertalg (bei 60°)	1,4510	Olivenöl (bei 15°)	1,4698
Hammeltalg (bei 60°)	1,4510	Rüböl (bei 15°)	1,4720
Knochenöle (bei 20°)	1,4679	Leinöl (bei 15°)	1,4835
Eieröl (bei 25°)	1,4713	Maisöl (bei 20°)	1,4763
Dorschlebertran (bei 15°) . . .	1,4800	Baumwollsamenöl (bei 15°) . .	1,4743
Walfischtran (bei 20°)	1,4704	Sesamöl (bei 15°)	1,4748
Robbentran (bei 20°)	1,4760	Ricinusöl (bei 15°)	1,4799
Menhadentran (bei 20°)	1,4801	Holzöl (bei 20°)	1,5200
Sardinentran (bei 20°)	1,4729	Palmöl (bei 60°)	1,4510
Karnaubawachs (bei 40°) . . .	1,4696	Bienenwachs (bei 75°)	1,4398
Chines. Wachs (bei 40°)	1,4565		

Die chemischen Kennzahlen[1].

Die chemischen Kennzahlen werden im allgemeinen an den filtrierten, entwässerten und alkali- bzw. mineralsäurefreien Mustern ermittelt. Alle Bestimmungen werden mindestens doppelt ausgeführt.

1. Säurezahl. Die Säurezahl gibt an, wieviel Milligramm Kaliumhydroxyd zur Neutralisation der in 1 g Fett (Wachs oder Harz) enthaltenen freien organischen Säuren verbraucht werden. Sie bildet ein Maß für die in der untersuchten Substanz enthaltenen freien Fettsäuren.

Man löst 1 bis 3 g Substanz in 40 ccm genau neutralisiertem Benzol-Alkohol (2 : 1) und titriert mit alkoholischer $^n/_{10}$-Kalilauge bis zur Neutralisation. Als Indikator dient Phenolphthalein, bei dunklen Proben Thymolphthalein oder Alkaliblau 6 B. In einer Blindprobe wird der Alkaliverbrauch des Lösungsmittels festgestellt.

Berechnung der Säurezahl. Bei einer Einwaage von e, einem Verbrauch von a ccm $^n/_{10}$-Kalilauge für die Fettlösung und von b ccm für den Blindversuch ist die Säurezahl

$$\text{SZ.} = \frac{5,611 \times (a - b)}{e}.$$

Die Säurezahlen der Fette und Öle sind nicht konstant und daher nicht charakteristisch. Ihre Ermittlung in der Gerberei ist aber mitunter bedeutsam, weil der Säuregrad von Fetten und Ölen bei manchen technischen Prozessen und besonders im fertigen Leder eine wichtige Rolle spielen kann.

Aus der Säurezahlbestimmung läßt sich durch Einschalten des Umrechnungsfaktors f unmittelbar der Prozentgehalt an freien Fettsäuren nach der Gleichung errechnen:

$$^0/_0 \text{ freie Fettsäuren} = \frac{5,611 \times f \times (a - b)}{e}.$$

Der Wert für f ist in Tabelle 32 für eine Reihe von Fetten angegeben.

Tabelle 32. Umrechnungsfaktor für freie Fettsäuren.

Art des Fettes	Berechnet als	1 SZ.-Einheit entspr. % freien Fettsäuren (Faktor f)
Cocos- od. Palmkernfett	Laurinsäure	0,356
Palmfett	Palmitinsäure	0,456
Ölsäurereiche Fette	Ölsäure	0,503
Ricinusöl	Ricinolsäure	0,530
Rüböl	Erucasäure	0,602

---

[1] Wizöff-Methoden, 2. Aufl., S. 77 bis 99.

Manchmal findet man in der Technik noch die Bezeichnung „Säuregrad". Man versteht darunter allgemein die Anzahl ccm $n/_1$-Lauge, die 100 g Fett oder Öl verbrauchen (Köttsdorfer Säuregrade). Die Beziehungen zwischen Säurezahl SZ. und Säuregrad SG. lassen sich durch die Formel $SG. = \dfrac{100\ SZ.}{56,1}$ ausdrücken.

2. Verseifungszahl. Die Verseifungszahl gibt an, wieviel Milligramm Kaliumhydroxyd zur Verseifung von 1 g Fett (oder Wachs) erforderlich sind.

Ausführung der Bestimmung: 1,5 bis 2 g der filtrierten Substanz werden in einen weithalsigen, 150 bis 300 ccm fassenden Kolben eingewogen und 25 oder 30 ccm Lauge zugefügt. Daneben werden zum Blindversuch 25 bzw. 30 ccm Lauge in einen zweiten Kolben aus gleichem Glas, am besten Wiener Normalgeräte- öder Jenenser Glas, abgemessen. Es kommt nicht darauf an, daß genau 25 ccm oder ein anderes bestimmtes Volumen verwendet wird, wohl aber, daß die beiden Volumina, das für die Verseifung und das für den blinden Versuch, vollkommen gleich sind. Man muß deshalb die Pipette bei jeder Abmessung in genau derselben Weise entleeren.

Die beiden Kölbchen werden mit Steigrohren versehen. Dabei ist darauf zu achten, daß nicht etwa Stäubchen von Kork- oder Kautschukersatzstopfen in die Lösung fallen. Für Präzisionsbestimmungen sind Kölbchen mit eingeschliffenen Steigröhren oder Kühlern zu empfehlen. Es genügt gewöhnlich, bis zur vollständigen Auflösung des Fettes in der Lauge und dann noch einige Minuten auf freier Flamme weiter zu erhitzen. Zur Sicherheit läßt man aber meistens $\frac{1}{2}$ Stunde bis 1 Stunde auf dem Wasserbad oder Sandbad kochen. Dann wird Phenolphthalein oder bei dunklen Fetten und solchen, die mit Alkali braunrote Seifen geben, Alkaliblau zugesetzt und mit Säure zurücktitriert. Man benutzt gewöhnlich $n/_2$-Salzsäure (es muß aber weder genau halbnormale noch Salzsäure sein). Die bei Verwendung von Schwefelsäure durch ausfallendes Sulfat verursachte Trübung der Lösung erschwert die Erkennung des Neutralpunktes durchaus nicht. Die alkoholische Lauge kann von Anfang an ein wenig Carbonat enthalten oder während des Verseifens Kohlensäure angezogen haben. Man setzt deshalb einige Tropfen überschüssige Säure zu, kocht die Lösung nochmals mehrere Minuten lang auf, um etwa vorhandene Carbonat-Kohlensäure auszutreiben, verdünnt nötigenfalls und titriert dann erst mit Lauge auf den Neutralpunkt. Selbstverständlich ist darauf zu achten, daß der Wassergehalt der Lösung schließlich nicht über 40% beträgt. Der blinde Versuch wird in der gleichen Weise austitriert.

Bei schwer verseifbaren Substanzen verwendet man eine möglichst wasserarme alkoholische Lauge und setzt dem Reaktionsgemisch ungefähr das gleiche Volumen eines höher siedenden Lösungsmittels zu, z. B. Benzol, Toluol oder Xylol.

Für die Verseifung von Fettprodukten, die innere Ester von Oxysäuren in größeren Mengen enthalten, oder aber für gewisse Wachsarten, wie Wollfett, empfiehlt Grün das folgende Verfahren mit Natriumalkoholat:

11,5 g Natrium werden in $\frac{1}{2}$ l absolutem Alkohol unter Kühlung gelöst, die Lösung wird auf 1 l aufgefüllt. Die eingewogene Substanz — von Wachsen etwa 5 g, von Fetten ungefähr die Hälfte — wird in 20 ccm höher siedendem Benzin gelöst und 25 ccm Natriumalkoholatlösung zugefügt. Die Mischung wird eine Stunde lang gekocht und dann wie üblich mit Säure gegen Phenolphthalein zurücktitriert. Während der Titration stellt man das Kölbchen in ein Becherglas mit 80° warmem Wasser, weil die Seifenlösung sonst erstarrt.

Fahrion (3) ist der Ansicht, daß die Verseifungszahl unter Umständen von gewissen charakteristischen Eigenschaften mancher Fette beeinflußt wird. So liefern Japantran oder Waltran gut übereinstimmende Werte für die Verseifungszahl, dagegen fallen die Werte bei Tranen mit hoher Jodzahl, z. B. Sardinentran, um so höher aus, je länger die Lauge einwirkt, je größer der Alkoholüberschuß ist und je mehr die Lauge Wasser enthält. Der Grund für diese Erscheinung liegt nach Fahrion darin, daß bei langer Einwirkung der Lauge aus den stark ungesättigten Tranfettsäuren geringe Mengen flüchtiger Fettsäuren mit niedrigem Molekulargewicht abgespalten werden.

Derartige Beobachtungen lassen die Anwendung von Einheitsmethoden ganz besonders notwendig erscheinen.

Einheitsmethode für die Bestimmung der Verseifungszahl (Wizöff-Methoden, 2. Aufl., S. 82): Auf etwa 2 g Einwaage, die bei Fetten meistens genügt, werden 25 ccm alkoholische $n/_2$-Kalilauge (Alkohol mindestens 90%) verwendet. Das Gemisch aus Fett, Lösungsmittel, Lauge und Siedesteinchen wird in einem Jenaer Verseifungskolben $1/_2$ Stunde lang gekocht. Der Kolben ist mit einem Rückfluß- oder Pilzkühler verbunden. Falls ein Wasserbad benutzt wird, muß der Kolben tief genug in das stark kochende Bad tauchen. Bei erfahrungsgemäß schwer verseifbaren Fetten wird zur Sicherheit $1/_2$ Stunde länger gekocht.

Mit genau denselben Laugen- und Lösungsmittelmengen wird ein Blindversuch angesetzt.

Der Überschuß an Alkalihydroxyd wird sofort unter ständigem Umschütteln in der warmen Seifenlösung mit $n/_2$-Säure zurücktitriert. Indikatoren wie bei der Bestimmungs der Säurezahl (siehe S. 384).

Berechnung der Verseifungszahl. Bei einer Einwaage von e und einem Verbrauch an ccm $n/_2$-Salzsäure von a bei der Blindprobe und von b bei der eigentlichen Bestimmung ist die Verseifungszahl

$$\text{VZ.} = \frac{28{,}055 \times (a-b)}{e}.$$

Die Verseifungszahl eines Fettes hängt vom mittleren Molekulargewicht der Fettsäuren ab. Je niedriger das Molekulargewicht der Fettsäuren ist, um so mehr Kaliumhydroxyd wird zur Bindung der in 1 g Fett oder Wachs enthaltenen Fettsäuren nötig sein. Die Verseifungszahl einer Fettsäure ist größer als die des entsprechenden Triglycerids (z. B. Stearinsäure 197,5, Tristearin 189,1).

Die Verseifungszahl der Fettsäuren (VZ. Gs.) gestattet eine Berechnung des mittleren Molekulargewichts dieser Säuren nach der Formel

$$\text{Mittleres Mol.-Gew.} = \frac{56110}{\text{VZ. Gs.}}.$$

Auch aus den Titrationswerten selbst ist eine Berechnung möglich. Ist e die Einwaage an Gesamtfettsäuren (nicht Fett!) und a die verbrauchte $n/_{10}$- oder $n/_2$-Kalilauge, so ist

$$\text{Mittleres Mol.-Gew.} = \frac{10000 \times e}{a} \quad \text{(bei } n/_{10}\text{-Lauge)}$$

$$\text{oder} = \frac{2000 \times e}{a} \quad \text{(bei } n/_2\text{-Lauge).}$$

Tabelle 33. Mittleres Molekulargewicht der wichtigsten Fettsäuren.

Ameisensäure, CH_2O_2	Mol.-Gew.	46,01
Essigsäure, $C_2H_4O_2$	,,	60,03
Buttersäure, $C_4H_8O_2$	,,	88,06
Laurinsäure, $C_{12}H_{24}O_2$	,,	200,19
Myristinsäure, $C_{14}H_{28}O_2$	,,	228,22
Palmitinsäure, $C_{16}H_{32}O_2$	,,	256,25
Stearinsäure, $C_{18}H_{36}O_2$	,,	284,29
Cerotinsäure, $C_{26}H_{52}O_2$	,,	396,41
Myricinsäure, $C_{30}H_{60}O_2$	,,	452,48
Ölsäure, $C_{18}H_{34}O_2$	,,	282,27
Erucasäure, $C_{22}H_{42}O_2$	,,	338,34
Linolsäure, $C_{18}H_{32}O_2$	,,	280,26
Linolensäure, $C_{18}H_{30}O_2$	,,	278,24
Klupanodonsäure, $C_{22}H_{34}O_2$	,,	330,27
Ricinolsäure, $C_{18}H_{34}O_3$	,,	298,27

3. Esterzahl. Die Esterzahl (EZ.) gibt an, wieviel Milligramm Kaliumhydroxyd nötig sind, um die in 1 g Fett enthaltenen esterartig gebundenen organischen Säuren abzusättigen.

Bei Abwesenheit innerer Ester oder Anhydride (z. B. Laktone) ergibt sich die Esterzahl aus der Differenz zwischen Säure- und Verseifungszahl. Die Esterzahl bildet dann ein Maß für den Gehalt eines Fettes an echtem Neutralfett (Glycerinestern von Fettsäuren).

Berechnung des Gehaltes an freien Fettsäuren, Gesamtfettsäuren, Neutralfett und Glycerin. Aus den Werten für die Säurezahl (SZ.), Verseifungszahl (VZ.), Esterzahl (EZ.), der Verseifungszahl der Gesamtfettsäuren (VZ. Gs.) und dem Mittleren Molekulargewicht der Gesamtfettsäuren (M.) lassen sich bei Fetten, die keine inneren Ester oder Anhydride enthalten, folgende Werte auf einfache Weise berechnen:

$$^0/_0 \text{ freie Fettsäuren} = \frac{100 \times \text{SZ.}}{\text{VZ. Gs.}},$$

$$^0/_0 \text{ Gesamtfettsäuren} = \frac{100 \times \text{VZ.}}{\text{VZ. Gs.}},$$

$$^0/_0 \text{ Neutralfett} = \frac{100 \times \text{EZ.}}{\text{VZ. Gs.}} \times \frac{3\,\text{M.} + 38}{3\,\text{M.}},$$

$$^0/_0 \text{ Glycerin} = 0{,}0547 \text{ EZ.}$$

4. Jodzahl. Die Jodzahl gibt an, wieviel Prozent Halogen, als Jod berechnet, eine Substanz unter bestimmten Bedingungen binden kann.

Neben der Verseifungszahl ist die Jodzahl die wichtigste der Kennzahlen für die Fette. Sie gibt Aufschluß über die Menge der im Fettmolekül vorhandenen ungesättigten Kohlenstoffatome und ist daher ein wichtiges Kriterium für die Reinheit von Fetten und Fettsäuren.

Die Jodaddition ist von zahlreichen Faktoren wie Dauer der Einwirkung, Temperatur, Zusammensetzung des Jodreagens, dessen Beständigkeit sowie dem angewandten Überschuß abhängig. Es ist daher nicht verwunderlich, daß im Laufe der Zeit immer neue Methoden für die Jodzahlbestimmung vorgeschlagen worden sind. Das Prinzip ist bei allen Methoden das gleiche.

Verfahren der Jodzahlbestimmung. In einen Kolben von 200 bis 300 ccm wird die abgewogene Öl- oder Fettprobe mit Tetrachlorkohlenstoff quantitativ hineingespült. Die Menge des Fettes richtet sich nach seiner vermutlichen Jodzahl (siehe die weiter unten angegebene „Einheitsmethoden"). Dann läßt man aus einer Pipette 25 ccm Jodlösung zufließen. Die Menge der Jodlösung ist so zu bemessen, daß wenigstens die Hälfte des Halogens unverbraucht bleibt. Entfärbt sich das Gemisch nach kurzer Zeit, so muß weitere Jodlösung zugefügt werden.

Gleichzeitig wird ein blinder Versuch angesetzt, indem die gleiche Menge Lösungsmittel und Jodlösung in eine Flasche gebracht werden. Der Inhalt beider Flaschen wird durch vorsichtiges Schwenken gut durchgemischt und während der für die einzelnen Lösungen vorgeschriebenen Reaktionszeiten im Dunkeln stehen gelassen. Die v. Hüblsche und die Wallersche Lösung (siehe unten) erfordern wenigstens eine 6- bis 12stündige Einwirkungsdauer, die mitunter zur Sicherheit auf 18 bis 24 Stunden ausgedehnt wird. Bei der Wijsschen Lösung genügt für Substanzen mit Jodzahlen unter 100 eine $^1/_4$- bis $^1/_2$stündige Einwirkung, die bei Substanzen mit höheren Jodzahlen auf höchstens 2 Stunden auszudehnen ist. Die Lösung von Hanus reagiert schon innerhalb 15 Minuten quantitativ.

Am Ende der Reaktionszeit gibt man in beide Flaschen (Haupt- wie Blind-versuch) je 20 ccm einer Lösung von reinem jodatfreiem Jodkalium in 150 bis 300 ccm Wasser. Bei Verwendung von Hüblscher Lösung scheidet sich hierbei mitunter ein roter Niederschlag von Merkurijodid aus, den man durch weiteren Jodkaliumzusatz in Lösung bringt.

Man titriert hierauf mit $n/_{10}$-Thiosulfatlösung, bis die wässerige Schicht und die Öllösung nur noch schwach gefärbt sind, setzt ein paar Tropfen Stärkelösung zu und titriert vorsichtig auf farblos.

Ist die Differenz der beim Zurücktitrieren des Hauptversuches und des blinden Versuches verbrauchten Kubikzentimeter Thiosulfatlösung = d und die Einwaage = e, so ist die Jodzahl der Probe

$$= \frac{1{,}269 \times d}{e}.$$

Die verschiedenen Jodlösungen (nach Gnamm, Fettstoffe, S. 436).

a) **Die v. Hüblsche Jodlösung.** Diese Lösung wird folgendermaßen hergestellt: Man löst einerseits 25 g Jod in 500 ccm 95 proz. Alkohol und anderseits 30 g Queck-silberchlorid ($HgCl_2$) in der gleichen Menge Alkohol auf. Die Quecksilberchloridlösung muß meist filtriert werden. Die Lösungen werden getrennt aufbewahrt und 48 Stunden vor der Verwendung zu gleichen Teilen gemischt. Man mischt stets nur so viel, als man für eine Bestimmung braucht. Die Hüblsche Lösung ist anfangs etwa $n/_5$, der Titer geht aber sehr rasch zurück. Die Lösung soll nur so lange benutzt werden, als der Titer noch wenigstens $n/_7$ ist, d. h. 25 ccm Losung etwa 35 ccm $n/_{10}$-Thiosulfat-lösung verbrauchen. (Abänderungsvorschläge zwecks Erhaltung eines konstanten Titers kommen heute praktisch nicht mehr in Betracht.)

Zur Vermeidung der durch den Rückgang des Titers bedingten Fehler wurde vor-geschlagen, statt eines blinden Versuchs die Jodlösung vor und nach Anstellung des Hauptversuchs zu titrieren und das Mittel zu nehmen. Schmidt-Nielsen und Owe schlagen für die Berechnung der v. Hüblschen Jodzahl (J) folgende Formel vor:

$$J = \frac{127f}{100i} \left\{ (b_0 - a) - \left[\frac{a}{b_t}\right]^2 (b_0 - b_t) \right\}$$

wobei bedeutet: f = Faktor der Thiosulfatlösung, i = verwendete Fettmenge, a = Thio-sulfatverbrauch der Probe, b_0 = Thiosulfatverbrauch der blinden Probe am Anfang, b_t = Thiosulfatverbrauch der blinden Probe am Schluß des Versuches.

b) **Die Wallersche Jodlösung.** Sie ist eine Modifikation der v. Hüblschen Lösung. Man löst 25 g Jod in 250 ccm starkem Alkohol, dann 25 g Quecksilberchlorid in 200 ccm Alkohol. Zur Quecksilberchloridlösung fügt man 25 g Salzsäure (1,19), vermischt dann beide Lösungen und füllt mit Alkohol auf 500 ccm auf. Die Wallersche Lösung ist doppelt so stark wie die v. Hüblsche Lösung, so daß bei ihrer Anwendung doppelte Mengen der zu untersuchenden Substanzen einzuwägen sind.

c) **Die Wijssche Jodlösung.** Zur Herstellung der Lösung löst man einerseits 7,8 g Jodtrichlorid und anderseits 8,5 g Jod in reinem, wasserfreiem Eisessig. Die Lösungen werden in einen Literkolben zusammengegossen und der Kolben bis zur Marke mit Eisessig aufgefüllt. Eine billigere Methode, die Lösung herzustellen, ist folgende: Man löst 13 g Jod in einem Liter Eisessig auf, bestimmt in 25 ccm der Lösung den genauen Jodgehalt und leitet durch die Hauptmenge gewaschenes und getrocknetes Chlorgas ein, bis der Titer der ursprünglichen Jodlösung gerade ver-doppelt ist. Wenn alles Jod in Jodmonochlorid umgewandelt ist, tritt ein sehr deut-licher Farbenumschlag ein. Die Wijssche Lösung ist sofort verwendbar und hält sich monatelang unverändert.

Als Lösungsmittel verwendet man Tetrachlorkohlenstoff.

d) **Die Hanussche Jodlösung.** 20 g Jodmonobromid löst man in 1 l reinem Eisessig. (Zur Darstellung des Jodbromids verrührt man 20 g gepulvertes Jod all-mählich unter Kühlen auf etwa 5^0 mit 13 g Brom und treibt nach 10 Minuten das überschüssige Brom mittels Kohlendioxyd ab.) Man kann auch einfach 13 g fein zerriebenes Jod mit ein wenig Eisessig übergießen, 8 g Brom dazuwägen, mit Eisessig auf ein Liter auffüllen und bis zur völligen Auflösung schütteln.

e) **Die Jodlösung von Aschmann-Margosches.** In die Lösung von 15 g Jodkalium in 50 ccm Wasser wird Chlor bis zur Wiederauflösung des vorübergehend abgeschiedenen Jods eingeleitet. Nach 5 stündigem Stehenlassen wird vom abge-

schiedenen Kaliumjodat abgegossen und die Lösung auf 500 ccm aufgefüllt. Die
Lösung wird in der gleichen Weise wie die anderen Jodlösungen verwendet, nur wird
mehrmals sehr vorsichtig umgeschwenkt.

Vergleich der verschiedenen Jodlösungen. Die von vielen Chemikern
lange als die beste angesehene Jodzahlbestimmungsmethode v. Hübls hat den
großen Nachteil, daß die Jodlösung sich sehr rasch verändert. Die Methode liefert
gewöhnlich zu niedere Werte. Dasselbe gilt für die Wallersche Lösung. Bei der
Wijsschen Jodlösung tritt sowohl Addition wie Substitution ein, wodurch die
Ermittlung korrekter Jodzahlen erschwert wird. Die Methode nach Hanus weist
die geringsten Fehler auf und ermöglicht ein sehr rasches Arbeiten, weshalb sie
auch zur Zeit als Einheitsmethode vorgeschlagen ist.

Einheitsmethoden für die Jodzahlbestimmung (Wizöff-Methoden,
2. Aufl., S. 91). Es wird die Methode von Hanus und die bromometrische Methode
von Kauffmann wahlweise empfohlen:

Jodbrom-Methode (nach Hanus). Die Einwaage richtet sich nach der voraus-
sichtlichen Höhe der Jodzahl:

$$0,1 \text{ bis } 0,2 \text{ g bei JZ. über } 120$$
$$0,2 \text{ bis } 0,4 \text{ g } \text{ „ } \text{ JZ. } \quad 60\text{—}120$$
$$0,4 \text{ bis } 0,8 \text{ g } \text{ „ } \text{ JZ. unter } 60$$

Die Einwaage e kann auch nach folgender Formel abgeschätzt werden, in der
JZ. die erwartete Jodzahl darstellt:

$$e = 25,4 : JZ.$$

Einwaage und benutzte Menge Halogenlösung sollen in solchem Verhältnis zueinander stehen, daß die zugesetzte Menge Halogenlösung mindestens das $2^1/_2$fache
der zur Addition erforderlichen ist. Weicht bei einer Bestimmung der Halogenüberschuß beträchtlich hiervon ab, so ist die Bestimmung auf Grund des ermittelten
Nährungswertes zu wiederholen.

Die in 200- bis 300-ccm-Jodzahlkolben mit eingeschliffenem Stopfen eingewogene
Substanz wird in etwa 10 ccm Chloroform gelöst, mit 25 ccm Jodmonobromidlösung
(10 g käufliches Jodmonobromid in 500 g 96- bis 100proz. Essigsäure) versetzt und
im verschlossenen Kolben $^1/_2$ Stunde stehen gelassen. Bei Produkten mit höherer
Jodzahl als 120 läßt man 1 Stunde einwirken.

Ein Blindversuch ist in gleicher Weise anzusetzen.

Nach Zusatz von 15 ccm 10proz. farbloser Jodkaliumlösung und 50 ccm Wasser
wird der Halogenüberschuß mit $^n/_{10}$-Thiosulfatlösung zunächst bis zur Gelbfärbung
und nach Zusatz von Stärkelösung (bräunlichschwarze bis blaue Färbung) bis zur
Farblosigkeit zurücktitriert.

Bromometrische Methode (nach Kauffmann). Es sind folgende Einwaagemengen
zu wählen:

0,1 bis 0,12 g bei Fetten mit hoher JZ. (120 und mehr: Leinöl, Holzöl),
etwa 0,2 g bei Fetten mit mittlerer JZ. (61 bis 120: Mandel-, Sesam-, Oliven-,
Arachisöl),
0,3 bis 0,5 g bei Fetten mit kleiner JZ. (21 bis 60: Schmalz, Talg, Cacaobutter),
0,5 bis 1 g bei Fetten mit kleinster JZ. (bis 20: Palmkern-, Cocosfett).

Die benötigte Bromlösung wird aus Methanol (technisch, über gebranntem
Kalk destilliert, oder reine Markenware) und Natriumbromid, das bei 130° getrocknet
wurde, hergestellt. In 100 Teilen Methanol werden etwa 12 bis 15 Teile Natriumbromid
gelöst. Zur Bereitung der Bromlösung dekantiert man 1 Teil der Natriumbromidlösung
und läßt aus einer kleinen Bürette mit Glasstopfen 5,2 ccm Brom („zur Analyse")
zufließen. Geht der Titer der Bromlösung zurück, z. B. bei Verwendung nicht völlig
reiner Reagentien, so kann jederzeit wieder Brom hinzugefügt werden.

Die Fette werden in Miniaturbechergläsern abgewogen, mit diesen zusammen
in Jodzahlkolben (siehe oben) gebracht und in 10 ccm Chloroform gelöst. Hierzu
läßt man 25 ccm der Bromlösung fließen, wobei ein Teil des Natriumbromids ausfällt,
und 30 Minuten, bei Fetten mit hoher Jodzahl 2 Stunden lang stehen, setzt 15 ccm
10proz. Kaliumjodidlösung hinzu und titriert wie oben mit $^n/_{10}$-Thiosulfatlösung
zurück.

Ein Blindversuch ist in gleicher Weise anzusetzen.

Soll die Jodzahlbestimmung bei Fetten hoher Jodzahl beschleunigt werden, so werden die Reaktionsgefäße in Wasser von 40 bis 50⁰ gesetzt. Dann kann schon nach 30 Minuten Einwirkung zurücktitriert werden.

B e r e c h n u n g   d e r   J o d z a h l. Bei einer Einwaage $= e$, einem Verbrauch an $n/_{10}$-Thiosulfatlösung von a ccm für die Blindprobe und von b ccm für den Hauptversuch ist die Jodzahl

$$JZ. = \frac{1{,}269 \times (a - b)}{e}.$$

Die Berechnung gilt für beide Methoden.

D i e   b r o m o m e t r i s c h e   J o d z a h l b e s t i m m u n g   n a c h   R o s e n m u n d und K u h n h e n n. Diese Methode hat sich in vielen Punkten der Hanus-Methode als gleichwertig erwiesen. Als Halogenüberträger wird Pyridinsulfatdibromid ($C_5H_5N \cdot H_2SO_4 \cdot Br_2$), in Eisessig gelöst, verwendet. Die Reaktionsdauer ist noch kürzer als bei der Methode von Hanus. Zur Jodzahlbestimmung wird folgendermaßen verfahren:

Man löst die gewogene Menge des Fettes oder Öles (0,1 bis 0,2 g bei Ölen, 0,6 bis 0,8 g bei festen Fetten) in 10 ccm Stöpselflasche in 10 ccm Chloroform und fügt 20 bis 25 ccm der $n/_{10}$-Pyridinsulfatdibromidlösung hinzu. Ist die Lösung nach dem Umschwenken nicht klar, so wird etwas Eisessig hinzugegeben. Nach spätestens 5 Minuten ist die Reaktion beendet. Man öffnet die Flasche vorsichtig und verdünnt ihren Inhalt mit 50 bis 60 ccm Wasser, schüttelt durch und läßt zu dem Bromüberschuß aus einer Bürette etwas mehr $n/_{10}$-arsenige Säurelösung hinzufließen, als zum Verschwinden der Bromfärbung nötig ist. Man schüttelt kräftig durch und versetzt nun die Mischung mit 2 bis 3 Tropfen einer wässerigen Lösung von Methylorange. Verschwindet die Rosafärbung, so muß noch etwas $n/_{10}$-arsenige Säurelösung hinzugegeben und wiederum mit Methylorange gefärbt werden. Die rosagefärbte Mischung wird nun unter häufigem Umschwenken der Flasche mit der eingestellten Pyridinsulfatdibromidlösung vorsichtig auf Farblosigkeit zurücktitriert.

Hat man a ccm Pyridinlösung zur Bromierung und Titration, b ccm $n/_{10}$-As$_2$O$_3$ und zum Blindversuch c ccm $n/_{10}$-As$_2$O$_3 = d$ ccm Pyridinlösung verbraucht, so ist bei einer Einwaage e die Jodzahl

$$= \frac{[(a \times c/_d) - b] \times 0{,}01269 \times 100}{e}.$$

M i k r o c h e m i s c h e   J o d z a h l b e s t i m m u n g   n a c h   H ü b l. Witol hat eine mikrochemische Bestimmung der Jodzahl vorgeschlagen, die hier angegeben sei, obwohl die Zuverlässigkeit dieses analytischen Verfahrens noch überprüft werden muß.

Man wägt in einem Wägegläschen (10 mm weit, 7,5 mm hoch) 0,3 bis 0,35 g (bei Fetten mit JZ. < 100), bzw. 0,16 bis 0,17 g (bei Fetten mit JZ. 180 bis 200) ab, und legt die Wägegläschen in ein 35 ccm-Kölbchen mit eingeschliffenem Stopfen. Dann läßt man aus einer Pipette, die mit Hilfe einer 2 ccm-Kapillarpipette geeicht worden ist, 20 ccm Chloroform zufließen und läßt die Pipette 10 Sekunden lang abtropfen. 2 ccm Chloroformlösung der Ölprobe werden mit der Kapillarpipette in einen 100 ccm-Erlenmeyer-Kolben mit eingeschliffenem Stopfen gebracht und mit einer zweiten Kapillarpipette 3 ccm Hübl-Wallersche Jodlösung zugegeben. Man läßt das Gemisch 18 Stunden stehen, gibt dann 2 ccm 10proz. Jodkaliumlösung und kurz darauf noch 10 ccm Wasser dazu und titriert mit 0,02n-Natriumthiosulfatlösung zurück.

I n n e r e   J o d z a h l. Die Jodzahl der flüssigen Fettsäuren eines Fettes nennt man „innere Jodzahl". Man trennt die flüssigen Fettsäuren ab (siehe S. 373) und bestimmt genau wie bei den Fetten die Jodzahl. Die erhaltenen Werte sind nicht genau, weil den flüssigen Fettsäuren stets beträchtliche Mengen von festen Säuren anhaften.

Tolman und Munson berechnen die innere Jodzahl aus der Jodzahl des Neutralfettes (J) und dessen Prozentgehalt an flüssigen Fettsäuren F nach der Formel:

$$\text{innere Jodzahl} = \frac{J \times 100}{F}.$$

Überjodzahl (Perjodzahl). Margosches und seine Mitarbeiter stellten die Jodzahlwerte fest, die man nach einer 24stündigen Einwirkung der Jodlösung auf das Fett erhält, und nannten diese Werte Überjodzahlen. Diese Überjodzahlen sollen es ermöglichen, Öle mit gleicher Jodzahl voneinander zu unterscheiden.

Überjodzahlen einiger Öle.

Olivenöl	119,7	Baumwollsamenöl	139,0
Ricinusöl	162,2	Sesamöl	145,4
Rüböl	142,2	Mohnöl	198,1

5. Rhodanzahl. Kauffmann hat gefunden, daß bei Verwendung bestimmter Rhodanlösungen eine selektive Addition seitens der Doppelbindungen eintritt. Während Jodlösung quantitativ eine Absättigung aller Doppelbindungen bewirkt, verhält sich die Rhodanlösung bei den ungesättigten Verbindungen verschieden. So addiert die Doppelbindung der Ölsäure zwei CNS (also genau wie Jod), die Linolsäure und die Linolensäure dagegen nur 2 CNS. Deshalb ist die Rhodanzahl bei der Linolsäure $^1/_2$, bei der Eläostearinsäure $^1/_3$, bei der Linolensäure $^2/_3$ der Jodzahl. In vielen Fällen kann man aus der rhodanometrischen Jodzahl und der Jodzahl die prozentuale Zusammensetzung eines Gemisches von Fettsäuren in bezug auf ihre ungesättigten Bestandteile (z. B. ihren Gehalt an Linolsäure) errechnen.

Unter der Rhodanzahl versteht man die von 100 g Fett verbrauchte Menge Rhodan, ausgedrückt durch die äquivalente Menge Jod. Sie ermöglicht den Nachweis und die Bestimmung mehrfach ungesättigter Verbindungen in Fetten.

Herstellung der Rhodanlösung (Wizöff-Methode, 2. Aufl., S. 94.). Als Lösungsmittel dient Eisessig, der bei in Eisessig allein schwer löslichen Fetten (Hartfetten, Kakaobutter u. dgl.) mit 30% über Phosphorpentoxyd destilliertem Tetrachlorkohlenstoff versetzt wird. Infolge der großen Empfindlichkeit des Rhodans gegen Feuchtigkeit und Verunreinigungen der Lösungsmittel (Gefahr der Hydrolyse oder Polymerisation des Rhodans) müssen die Reagentien von größter Reinheit sein. Zur völligen Entwässerung kann Phosphorpentoxyd oder Essigsäureanhydrid angewendet werden.

Eisessig (99 bis 100%) wird mit 10% frisch destilliertem Essigsäureanhydrid versetzt. Eine Destillation der Mischung wie bei Benutzung von Phosphorpentoxyd ist unnötig. Zur besseren Löslichkeit für schwer lösliche Fette wird der Eisessig wieder mit 30% Tetrachlorkohlenstoff versetzt. Die Lösung wird in 200 ccm-Flaschen mit gut eingeschliffenem Glasstopfen gefüllt. Man schüttet in je 200 ccm 6 g Bleirhodanid (Handwaage) und läßt die Flaschen mindestens 8 Tage lang bei Lichtabschluß stehen. Wenn Rhodanlösung benötigt wird, läßt man aus einer Bürette 0,6 ccm Brom in jede Flasche fließen, schüttelt bis zur Entfärbung und filtriert.

Es empfiehlt sich, eine kleine Bürette mit aufgeschliffenem Stopfen voll Brom vorrätig zu halten.

Eisessig (99 bis 100%) wird unter Zusatz von 10% Phosphorpentoxyd destilliert und die Fraktion mit Siedepunkt 118 bis 120° aufgefangen. Um 500 ccm Rhodanlösung zu gewinnen, versetzt man 200 ccm des destillierten Eisessigs in einer gut schließenden Schliffflasche mit 15 g Bleirhodanid (Handwaage), das mindestens 8 Tage lang im braunen Exsiccator (bei Lichtabschluß) über Phosphorpentoxyd gestanden hat. Dazu werden etwa 4 g (= 1,3 ccm) Brom („zur Analyse"), in 250 ccm des wasserfreien Eisessigs gelöst, allmählich gegeben. Bei gutem Schütteln entfärbt sich die Lösung. Man läßt absetzen und filtriert durch einen bei 100° getrockneten Trichter mit Doppelfilter. Die erhaltene Rhodanlösung soll wasserhell sein.

Ausführung der Bestimmung. Titerstellung. Zweckmäßig wird die Rhodanlösung aus einer Bürette, die möglichst in $1/20$ ccm geteilt ist, entnommen. Man läßt 20 ccm Rhodanlösung in einen sorgfältig getrockneten Jodzahlkolben fließen, dazu aus einem weiten Meßzylinder in schnellem Guß etwa 20 ccm wässerige 10proz. Kaliumjodidlösung, schwenkt gut um, verdünnt mit etwa gleicher Menge Wasser und titriert das ausgeschiedene Jod mit $n/10$-Natriumthiosulfatlösung.

Rhodanierung. Man wägt in einem Miniaturbecherglas bei Fetten mit hoher Jodzahl etwa 0,1 bis 0,12 g ab, bei Fetten mittlerer Jodzahl 0,2 bis 0,3 g, bei Fetten kleinster Jodzahl 0,5 bis 1 g. Die Bechergläschen werden in die Jodzahlkolben gebracht, in die man dann aus einer Bürette je 20 ccm Rhodanlösung fließen läßt. Bei Fetten hoher Jodzahl (linolensäurehaltigen Ölen, Tranen usw.) sind 40 ccm Rhodanlösung erforderlich (oder aber 20 ccm $n/7,5$-Rhodanlösung zu benutzen). Die Lösungen, die nach und nach gelbe Rhodanierungsprodukte der Fette abscheiden, bleiben 24 Stunden im Dunkeln stehen. Dann gießt man in einem Schuß 10proz. Kaliumjodidlösung dazu, deren Menge ungefähr gleich der angewendeten Rhodanlösung sein soll, verdünnt mit der gleichen Menge Wasser und titriert das ausgeschiedene Jod mit $n/10$-Natriumthiosulfatlösung zurück.

Berechnung. Unter Zugrundelegung des Titers der Rhodanlösung (siehe oben) stellt man die Anzahl der verbrauchten Kubikzentimeter Lösung fest und errechnet die Rhodanzahl, indem man diesen Verbrauch auf Jod bezieht.
Ist e = Einwaage, der Verbrauch an $n/10$-Thiosulfatlösung für die Blindprobe = a, für den Hauptversuch = b, so ist die Rhodanzahl RhZ. = $\dfrac{1,269 \cdot (a-b)}{e}$.

Auswertung der Rhodanzahl: Die Rhodanzahl ist nicht nur Kennzahl, sondern dient in vielen Fällen auch zur Ermittlung der prozentualen Zusammensetzung von Fetten und der daraus gewonnenen Gesamtfettsäuren. Dazu sind folgende Formeln der Auswertung nötig:

Bei Fetten, die neben gesättigten Bestandteilen (G) nur einfach ungesättigte Säuren (O)[1] und Linolsäure (L) enthalten, wird der Prozentgehalt der einzelnen Anteile nach folgenden Gleichungen berechnet[2].

$$\text{Glyceride:} \quad \begin{cases} G = 100 - 1,158 \ \text{RhZ.} \\ O = \quad\ 1,162 \ (2 \ \text{RhZ.} - \text{JZ.}) \\ L = \quad\ 1,154 \ (\text{JZ.} - \text{RhZ.}) \end{cases} \tag{1}$$

Enthalten die zu untersuchenden Fette mehr als 1% Unverseifbares, so werden daraus die Gesamtfettsäuren in Freiheit gesetzt und ihre Rhodan- und Jodzahl zugrunde gelegt; in diesem Fall sind folgende Formeln zu benutzen:

$$\text{Fettsäuren:} \quad \begin{cases} G = 100 - 1,108 \ \text{RhZ.} \\ O = \quad\ 1,112 \ (2 \ \text{RhZ.} - \text{JZ.}) \\ L = \quad\ 1,104 \ (\text{JZ.} - \text{RhZ.}) \end{cases} \tag{2}$$

---

[1] O = Ölsäure als häufigstes Beispiel einer einfach ungesättigten Säure; an Stelle der Ölsäure können andere einfach ungesättigte Säuren treten, deren Jodzahl gleich ihrer Rhodanzahl ist (Elaidinsäure, Erucasäure, Ricinolsäure, Petroselinsäure, bestimmte Isomere der Ölsäure in Hartfetten).

[2] In den Gleichungen (1) und (3) bezeichnen die Symbole O, L, Le die Glyceride der betreffenden Säuren, in den Gleichungen (2) und (4) die Fettsäuren selbst.

Bei Fetten, die außerdem noch Linolensäure (Le)[1] enthalten, müssen die gesättigten Anteile (G) auf präparativem Wege bestimmt werden (vorteilhaft nach der Methode von Bertram)[2]; die übrigen Bestandteile berechnen sich dann aus Jodzahl und Rhodanzahl des ursprünglichen Fettes nach folgenden Gleichungen:

$$\text{Glyceride:} \begin{cases} O = (100-G)-1{,}154 \,(\text{JZ.}-\text{RhZ.}) \\ L = (100-G)-1{,}154 \,(2\ \text{RhZ.}-\text{JZ.}) \\ Le = -(100-G)+1{,}154\ \text{RhZ.} \end{cases} \qquad (3)$$

Unter den Voraussetzungen der Gleichungen (2) berechnen sich die prozentualen Mengen der einzelnen Bestandteile nach den Gleichungen:

$$\text{Fettsäuren:} \begin{cases} O = (100-G)-1{,}104 \,(\text{JZ.}-\text{RhZ.}) \\ L = (100-G)-1{,}104 \,(2\ \text{RhZ.}-\text{JZ.}) \\ Le = -(100-G)+1{,}104\ \text{RhZ.} \end{cases} \qquad (4)$$

6. Reichert-Meißl-Zahl und Polenske-Zahl. Die Reichert-Meißl-Zahl gibt an, wieviel Kubikzentimeter $n/10$-Alkalilauge zur Neutralisation der aus genau 5 g Fett erhältlichen, mit Wasserdampf flüchtigen wasserlöslichen Fettsäuren nötig sind.

Die Polenske-Zahl gibt an, wieviel Kubikzentimeter $n/10$-Alkalilauge zur Neutralisation der aus genau 5 g Fett erhältlichen, mit Wasserdampf flüchtigen wasserunlöslichen Fettsäuren nötig sind.

Beide Untersuchungen kommen mehr für die Untersuchungen von Speisefetten als für die Prüfung technischer Fette in Frage. Die Ausführung, bei der ein genaues Einhalten der Vorschrift zur Erzielung vergleichbarer Werte unerläßlich ist, sei der Vollständigkeit halber hier angeführt (Wizöff-Methoden, 2. Aufl., S. 85).

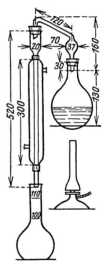

Abb. 111. Apparat zur Bestimmung der Reichert-Meißl- und Polenske-Zahl.

Reichert-Meißl-Zahl-Bestimmung. Genau 5 g Fett werden mit 2 bis 4 ccm Glycerin und 2 ccm 50proz. Kalilauge in einem Jenaer Rundkolben mit aufgelegtem Rand über freier Flamme verseift, bis die Flüssigkeit unter ständigem Umschwenken klar wird. Dann läßt man das Verseifungsgemisch auf etwa 80° abkühlen, setzt 90 ccm frisch gekochtes Wasser von etwa gleicher Temperatur hinzu und sofort zu der klaren Seifenlösung 50 ccm verdünnte Schwefelsäure (25 ccm konzentrierte Schwefelsäure in 1 l Wasser) sowie 0,6 bis 0,7 g Bimssteinpulver oder Kieselgur. Nach sofortigem Verschluß des Kolbens wird in der vorgeschriebenen Apparatur (siehe Abb. 111) destilliert. Der Kolben steht auf einem flachen Asbestteller mit 6,5 cm breitem Ausschnitt und wird mit der wenig abgestumpften Spitze der voll brennenden, freien Flamme erhitzt, so daß in 19 bis 21 Minuten 110 ccm Destillat übergehen. Sobald genau 110 ccm überdestilliert sind, wird die Flamme entfernt und die Vorlage durch ein anderes Gefäß ersetzt. Die Vorlage wird 10 Minuten lang so tief wie möglich in Wasser von 15° eingetaucht. Durch 4- bis 5maliges Umkehren des verschlossenen Kolbens wird das Destillat unter Vermeiden starker Schüttelns gemischt und hierauf durch ein trockenes glattes Filter (8 cm Durchmesser) filtriert. Eine Trübung des Filtrats durch emulgierte feste Säuren läßt sich durch Schütteln mit wenig Kieselgur beseitigen.

100 ccm des Filtrats werden nach Zusatz von 3 bis 4 Tropfen neutralisierter alkoholischer Phenolphthaleinlösung (1proz.) mit $n/10$-Alkalilauge titriert. In gleicher Weise wird ein Blindversuch ausgeführt.

Berechnung. Aus dem Laugenverbrauch a beim Hauptversuch und b beim Blindversuch ergibt sich:

$$\text{RMZ.} = 1{,}1 \cdot (a-b).$$

---

[1] Die Addition des Rhodans an zwei Doppelbindungen der Linolensäure wurde bisher nur an den Linolensäuren des Leinöls festgestellt.

[2] Bezüglich dieser Methode muß auf die Literatur verwiesen werden: Zeitschrift der Deutschen Öl- und Fettindustrie, 1925, 723.

Polenske-Zahl-Bestimmung. Zur völligen Entfernung der wasserlöslichen flüchtigen Fettsäuren wäscht man nacheinander das Kühlrohr, die 2. und 1. Vorlage und das Filter (siehe oben) dreimal mit je 15 ccm Wasser aus und darauf zum Herauslosen der wasserunlöslichen flüchtigen Fettsäuren in gleicher Weise mit je 15 ccm neutralisiertem 90proz. Alkohol. Das Filter darf jedesmal erst nach völligem Ablaufen der Flüssigkeit wieder aufgefüllt werden. Die gesondert aufgefangenen, vereinigten alkoholischen Filtrate werden wie oben titriert.

Berechnung. PZ. = Anzahl der verbrauchten ccm $n/10$-Lauge.

Die Abweichungen zwischen zwei Parallelbestimmungen sollen für einen PZ. bis 2 nicht mehr als 10% betragen, für PZ. 2—5 höchstens 8 % und für PZ. über 10 höchstens 4%. Eine Kontrollanalyse mit reinem Schweinefett muß PZ. 0,5 bis höchstens 0,65 ergeben.

7. Acetylzahl. Die Acetylzahl gibt an, wieviel Milligramm Kaliumhydroxyd zur Absättigung der in 1 g acetyliertem Fett gebundenen Essigsäure erforderlich sind.

Aus der Acetylzahl läßt sich der Gehalt an freien alkoholischen Hydroxylgruppen in Fetten, welche von Sterinen, Wachsalkoholen, Oxysäuren und Oxyfettsäuren, Mono- und Diglyceriden herrühren, ermitteln.

Als Meßeinheit gilt: mg KOH/Essigsäure in 1 g Acetylprodukt.

Ausführung und Bestimmung: 6 bis 8 g Fett werden mit der doppelten Menge Essigsäureanhydrid 2 Stunden in einem Acetylierungskolben mit eingeschliffenem Kühlrohr gekocht. Die Mischung wird in 50 bis 100 ccm benzolfreiem, unter 80⁰ siedendem Benzin gelöst und in einem Scheidetrichter mit 25 ccm 50proz. Essigsäure mehrmals gewaschen, bis sich beim Verdünnen des Waschwassers mit der zehnfachen Menge Wasser weder eine Trübung noch ein Essigsäureanhydridgeruch bemerkbar macht. Bei hochschmelzenden Acetylprodukten ist unter Umständen eine größere Menge Benzin zur Lösung erforderlich und das Auswaschen in der Wärme vorzunehmen. Nach Beendigung des Waschprozesses wird die Lösung des Acetylproduktes so lange mit Wasser gewaschen, bis die Essigsäure vollständig entfernt ist. Nach dem Abtreiben des Benzins wird das Acetylprodukt durch ein doppeltes, trockenes Filter filtriert.

Sowohl vom ursprünglichen als auch vom acetylierten Fett werden die Verseifungszahlen bestimmt (siehe S. 385).

Berechnung der Acetylzahl: V_1 = VZ. des ursprünglichen Stoffes, V_2 = VZ. des acetylierten Stoffes.

$$\text{Acetylzahl} = \frac{V_2 - V_1}{1 - 0{,}00075 \cdot V_1}.$$

Täufel, Thaler und de Mingo haben eine Destillationsmethode zur Bestimmung der Acetylzahl in Fetten beschrieben. Die Methode soll genauere Werte liefern als das oben beschriebene Verfahren. Sie beruht darauf, daß das Acetylprodukt in einer geeigneten Apparatur mit alkoholischer p-Toluolsulfosäure zum verhältnismäßig leicht flüchtigen Äthylacetat umgeestert, abdestilliert und nach dem Verseifen titrimetrisch bestimmt wird. Dieses Verfahren zur Erfassung der Essigsäure von Acetylierungsprodukten soll sehr zuverlässig und sicher sein. Näheres siehe Fettchem. Umsch. 1934, 156.

8. Hexabromidzahl. Die Hexabromidzahl bezeichnet die Menge α-Linolensäurehexabromid, ausgedrückt in Gramm, die man nach dem folgenden Verfahren aus 100 g Fettsäuren des zu untersuchenden Fettes oder Öles erhält.

Ausführung der Bestimmung (Wizöff-Methoden, 2. Aufl., S. 97).

Abscheidung der Fettsäuren. Etwa 10 g Fett werden mit 120 ccm alkoholischer $n/_2$-Kalilauge verseift. Der Alkohol wird abdestilliert, wobei nicht darauf geachtet zu werden braucht, daß er bis auf den letzten Rest entfernt ist. Die Seife wird in etwa 150 ccm Wasser gelöst und die warme Lösung in einen Scheidetrichter umgefüllt. Die mit 20 ccm 5n-Schwefelsäure abgeschiedenen Fettsäuren werden erschöpfend ausgeäthert, wozu im allgemeinen eine Äthermenge von 200 bis 300 ccm genügt. Bei Fetten, die Mineralöle oder sonstige fettfremde unverseifbare Stoffe enthalten, wird vor dem Zusatz der Schwefelsäure die Seifenlösung mit etwa 10 ccm Petroläther ausgezogen und dann von der petrolätherischen Schicht getrennt. Die ätherische Fettsäurenlösung wird wie üblich mit entwässertem Natriumsulfat getrocknet und weiterbehandelt (vgl. S. 370). Von den getrockneten Fettsäuren werden 2 bis 3 g zur Bromierung benutzt.

Bromierung. Die genau gewogene Fettsäurenmenge wird in einem gewogenen 100 ccm-Erlenmeyer-Kolben in 25 ccm Äther gelöst und 10 Minuten auf —10° abgekühlt. Aus einer kleinen Bürette mit feiner Ausflußöffnung[1] trägt man allmählich 1 ccm Brom unter ständiger Kühlung ein. Die Hälfte Brom wird in einzelnen Tropfen, die man an der Wand des Kölbchens entlang laufen läßt, innerhalb 20 Minuten zugegeben, der Rest in Doppeltropfen innerhalb 10 Minuten. Nach jeder Bromzugabe wird gut umgeschüttelt. Das Bromierungsgemisch bleibt 2 Stunden lang bei einer Temperatur von —5° stehen.

Abscheidung der Bromide. Man filtriert darauf die Bromide durch einen bei 100 bis 110° getrockneten Goochtiegel oder Jenaer Glasfiltertiegel ab, wobei man zunächst vom Niederschlag dekantiert. Mit 5 ccm auf —10° abgekühltem Äther bringt man die Bromide aufs Filter und wäscht noch 2 bis 3mal mit je 5 ccm Äther von —10° nach, nachdem man zunächst jedesmal das Kölbchen mit dem Äther ausgespült hat. Bei der Filtration ist darauf zu achten, daß der Niederschlag nicht trocken wird, da sonst keine rein weißen Bromide erhalten werden. Beim Nachwaschen wird der Niederschlag auf dem Filter mit einem dünnen Glasstäbchen öfter aufgerührt. Endlich saugt man scharf ab, trocknet 1 Stunde lang bei etwa 100° und wägt.

Statt zu filtrieren, kann man vorteilhaft auch das Bromierungsgemisch in einem gewogenen Zentrifugenglas zentrifugieren. Den scharf zentrifugierten Niederschlag verteilt man nach Abgießen der ätherischen Lösung mit einem hinreichend starken Draht in 5 ccm kaltem Äther (—10°), zentrifugiert wieder und wäscht in gleicher Weise noch einmal nach. Dann wird der Niederschlag nach nochmaligem Auflockern getrocknet und gewogen. Unmittelbares Trocknen ohne Auflockerung kann zur Folge haben, daß das zusammengepreßte Bromid durch den Dampfdruck des Äthers herausgeschleudert wird. Steht nur eine kleinere Zentrifuge zur Verfügung, deren Gläser nicht 25 ccm auf einmal fassen, so zentrifugiert man die ganze Menge Bromierungsgemisch in 2 bis 3 Portionen im selben Röhrchen. Man kann auch eine geringere Fettsäureneinwaage benutzen (z. B. 1 g, dazu 0,4 ccm Brom) und sonst genau wie vorher verfahren.

Korrektion. Da sich die Bromide schwer völlig aus dem Bromierungskölbchen entfernen lassen, bestimmt man den Rückstand im Kölbchen durch Zurückwägen.

Auswertung. Die erhaltenen Bromide müssen, falls sie allein aus α-Linolensäurehexabromiden (Hexabromstearinsäuren) bestehen, rein weiß sein, bei 176 bis 178° schmelzen und sich beim Kochen in etwa 50facher Menge Benzol völlig lösen. Ein benzolunlöslicher Rückstand ist gemäß S. 376 (Hexa- und Dekabromidprobe) zu prüfen. Auch die Bestimmung des Bromgehaltes kann als Reinheitskontrolle benutzt werden (Theorie: 63,3% Brom). Mit 0,367 multipliziert, ergibt die Hexabromidzahl bei frischen Ölen der Leinölgruppe den Linolensäuregehalt in Prozenten des Öles.

Berechnung. Ist e = Einwaage an Fettsäuren (zur Bromierung) und a = Gewicht der erhaltenen Hexabromide, so ist die Hexabromidzahl $= \dfrac{100 \cdot a}{e}$.

---

[1] Zweckmäßig zieht man ein kurzes, mit Glashahn versehenes Röhrchen an einem Ende ganz spitz aus und schneidet das andere Ende so weit ab, daß 2 ccm Flüssigkeit fassen kann. Das Rohr setzt man dann mit einem eingekerbten Korken auf das Bromierungskölbchen. In dem oberen Rohrstutzen bringt man bei 1 ccm eine Marke an.

Die Hexabromidzahl ist für frische Öle der Leinölgruppe charakteristisch. Beim Erhitzen der Öle geht sie infolge Polymerisation der Linolensäure schnell zurück und sinkt schließlich auf Null. —

Die sonstigen im Schrifttum bekannten Kennzahlen haben für die Untersuchung der in der Lederindustrie verwendeten Fettstoffe keine Bedeutung. Die sog. Hehnerzahl wird heute kaum mehr bestimmt. Sie entspricht bei den meisten reinen Fetten dem Gehalt an Gesamtfettsäuren. Die Hydrierzahlen, Hydroxylzahlen und Thermozahlen (Maumené-Probe) der Fette und Öle sind wenig charakteristische Unterscheidungsmerkmale.

Über die Beziehungen der Kennzahlen untereinander und zu den physikalischen Konstanten hat Lund sehr eingehende und interessante Untersuchungen angestellt, auf die hier verwiesen sei. Siehe außerdem Wolff (1), Chem. Umsch. 1923, 253.

Literaturübersicht

(für Abschnitt IA).

Auerbach, M.: Ledertechn. Rdsch. 1933, 46.
Anderson, R. J. u. M. G. Moore: Chem. Zentralblatt 1924, I, 562.
Bacon: Chem. Reports 1912, Nr. 149/50.
Barben, A.: siehe A. Tschirch.
Bauer, K. H. (1): Fette und Öle. Berlin 1928; (2): Die trocknenden Öle. Stuttgart 1928, 9.
Bauer, K. H. u. Neth: Chem. Umsch. 1924, 5.
Becker, H.: Collegium 1907, 393.
Bedford, C. W. u. E. Erdmann: Journ. f. prakt. Ch. 87, 425 (1913).
Benedict-Ulzer: Monatsh. f. Ch. 1887.
Bergell, C.: siehe L. Lascaray.
Bergmann, M. u. W. Freund: Ztschr. f. angew. Ch. 31, 69, 115, 148 (1918).
Bergmann, M. u. N. M. Carter: Ztschr. f. physiol. Ch. 191, 211 (1930).
Bergmann, M., E. Brand u. F. Dreyer: Ber. 54, 936 (1921).
Bergmann, M. u. S. Sabetay: Ztschr. f. physiol. Ch. 137, 47 (1924).
Better, E. I. u. J. Szimkin: Fettchem. Umsch. 1934, 225.
Brand, E.: siehe M. Bergmann.
Bull (1): Chem.-Ztg. 24, 814, 845 (1900); (2): Benedict-Ulzer: Analyse der Fette, 5. Aufl., 919; (3): Ber. 39, 3570 (1906).
Carter, N. M.: siehe M. Bergmann.
Chai Lau Yu: siehe A. W. Thomas.
Connstein, Hoyer u. Wartenberg: Ber. 35, 3988 (1902).
Corelli: siehe A. Grün.
Cossel u. Obermüller: Ztschr. f. physiol. Ch. 15, 321, 330 (1891).
Cox: siehe B. H. Nicolet.
Davidsohn, J.: Chem. Umsch. 1930, 193.
Davies: Seifensied.-Ztg. 1933, 455, 490, 526.
Dreyer, F.: siehe M. Bergmann.
Eckart, O.: Chem. Umsch. 1923, 54.
Eibner, A.: Chem. Umsch. 1924, 69.
Eibner, A. u. Held: Chem. Umsch. 1928, 76.
Eibner, A. u. Münzing: Chem. Umsch. 1925, 153, 166.
Eibner, A. u. Schmiedinger: Chem. Umsch. 1923, 30, 293.
Eibner, A. u. Semmelbauer: Chem. Umsch. 1924, 189, 201.
Eisenstein: siehe L. Ubbelohde.
Erdmann, E.: siehe C. W. Bedford.
Fahrion, W. (1): Seifenfabr. 1915, 391; (2): siehe Gnamm l. c. S. 122; (3): Chem. Rev. 1899, 25; (4): Chem. Umsch. 1920, 133, 147.
Fanto: Schw. Pat. 82 057 (1916).
Farnsteiner: Ztschr. Nahr.- u. Gen.-Mitt. 1, 390 (1898).
Fendler: Ber. d. Dtsch. Pharm. Ges. 14, 135 (1904).
Finkener: Mittlgen. d. Techn. Vers.-Anst. Berlin, 4, 141 (1886).

France, W. G.: siehe McCloskey.
Fierz, H. E. u. David: Ztschr. f. angew. Ch. 38, 6—8 (1927).
Fischer, E.: Ber. 53, 1621 (1920).
Freund, W.: siehe M. Bergmann.
Friend: The Chemistry of Linseedoil. London 1917, 64.
Gardner, H. A. u. G. Sward: Les Matières Grasses 1931, 9144.
Gnamm, H.: „Die Fettstoffe in der Lederindustrie." Stuttgart 1926.
Grimme, C: Chem. Umsch. 1921, 17.
Gripper: Journ. Soc. Chem. Ind. 1899, 342.
Grün, A. (1): Ber. 53, 987 (1920); (2): Analyse der Fette, 1. Bd., Berlin 1925.
Grün, A. u. Corelli: Ztschr. f. angew. Ch. 1912, 665.
Grün, A. u. Janko: Ztschr. Öl- u. Fett-Ind. 41, 553 (1921).
Grün, A. u. Woldenberg: Chem. Zentralblatt 1909, 1749.
Grüßner: siehe Hazura.
Hager-Salkowski: Ztschr. f. phys. Ch. 57, 515 (1908).
Haller: Compt. rend. 146, 259 (1908).
Hanus: Ztschr. Nahr.- u. Gen.-Mittel 4, 913 (1901).
Harries: Chem.-Ztg. 41, 117 (1917).
Harries u. Thimme: Ann. d. Chem. 343.
Hazura, K.: Monatsh. d. Ch. 8 u. 9, (1889).
Hazura, K. u. Grüßner: Monatsh. d. Ch. 9, 944 (1889).
Held: siehe Eibner.
Henriques: Ztschr. f. angew. Ch. 11, 697 (1898).
Hilditsch, T. P. u. N. L. Vidyarthi: Journ. Soc. Chem. Ind. 1927, 457 T.
Holde, D. (1): Kohlenwasserstofföle u. Fette, 2. Aufl., 1924; (2): Chem. Umsch.
    1913, 10.
Holde, D. u. Stange: Mittlg. d. Techn. Vers.-Anst. Berlin 1900, 225.
Hoyer: siehe Connstein.
Hübl, v.: Dingl. Polytechn. Journ. 253, 281 (1884).
Ilhiney: Ind. Eng. Chem. 1912, Nr. 4 (Chem. Umsch. 1912, 250).
Innes, R. F.: Journ. Soc. Leath. Tr. Chem. 15, 434 (1931).
Ipatiew, V.: Ber. 40, 1281 (1907).
Janko: siehe A. Grün.
Jean, F.: Collegium 1903, 71.
Jordan, L. A.: Journ. Soc. Chem. Ind. 1934, 1.—11. T.
Kauffmann, M.: Arch. d. Pharm. 1925, 35; Ber. 57, 925 (1924).
Kathreiner, Fr. u. K. Schorlemmer: Collegium 1903, 134, 137.
Kofler, L. u. E. Schaper: Fettchem. Umsch. 1935, 21.
Kreis, H.: Chem. Zentralblatt 1918, II, 991.
Kroch, H.: Ledertechn. Rdsch. 1932, 103.
Kühl, Fr.: Collegium 1923, 56.
Kuhnhenn, W.: siehe Rosenmund.
Lascaray, L. u. C. Bergell: Seifensied.-Ztg. 51, 755 (1924).
Lehmann: Arch. d. Pharm. 1913, 251.
Lewkowitsch, J.: Chem. Technolog. d. Öle, Fette u. Wachse II., 6. Aufl.
Lexow, Th.: Chem. Umsch. 1921, 85.
Lichdi u. Suida: Dingl. Polytechn. Journ. Nr. 250, 543; Nr. 251, 172.
Liebermann, S.: Ber. 18, 1804 (1885).
Lund, J. (1): Ztschr. Nahr.- u. Gen.-Mitt. 1922, 113; (2): Fettchem. Umsch.
    1935, 49.
McCloskey u. W. G. France: Ind. Eng. Chem. 1935, 160.
Mathesius: D.R.P. 358402.
Margosches, B. M.: Ber. 58, 794 u. 1064 (1925).
Mayer: Wagners Jahrb. 1880, 844.
Menge, de: siehe Täufel.
Milani, C.: Annali. Chim. Appl. 17, 389 (1927).
Moore, M. G.: siehe R. J. Anderson.
Müller-Jakobs: Dingl. Polytechn. Journ. Nr. 229, 544; Nr. 251, 499; Nr. 253,
    473.
Munson: siehe Tolman.
Münzing: siehe Eibner.
Neth: siehe K. H. Bauer.
Nicolet, B. H. u. Cox: Journ. Am. Chem. Soc. 44, 144.
Normann, W.: D.R.P. 141029 (1902).
Obermüller: siehe Cossel.

Orve, A. W.: siehe Schmidt-Nielsen.
Paal, C. u. Roth: Ber. 41, 2282 (1908).
Petroff, G.: D.R.P. 264 785 u. 271 433.
Rassow u. Rubinsky: Ztschr. f. angew. Ch. 1913, 316.
Rieß, C. (1): Collegium 1931, 557; (2) Collegium 1934, 566.
Rosenfeld, G.: Allgem. Med. Zentralbl. 1901, Nr. 73.
Rosenmund, K. W. u. W. Kuhnhenn: Ztschr. Nahr.- u. Gen.-Mitt. 46, 154 (1923).
Rubinsky: siehe Rassow.
Roth: siehe C. Paal.
Sabetay, S.: siehe M. Bergmann.
Sarbatier, P. u. Senderens: Compt. rend. 1897, 1899, 1901.
Saytzeff, A.: Journ. prakt. Ch. 35, 369.
Schaal: D.R.P. 32 705 (1887).
Schaper, E.: siehe L. Kofler.
Scheurer, A. u. Kestner: Compt. rend. Bd. 112, S. 158.
Schmiedinger: siehe Eibner.
Schmidt-Nielsen u. A. W. Orve: Chem. Umsch. 1924, 53.
Schneider, K.: Fettchem. Umsch. 1934, 204.
Schönfeld: Die Hydrierung der Fette. Berlin 1932.
Schorlemmer: siehe Fr. Kathreiner.
Schrauth, W.: Chem. Umsch. 1924, 136.
Schulz: Chem. Umsch. 1912, 300.
Semmelbauer: siehe Eibner.
Senderens: siehe P. Sarbatier.
Spitz-Hönig: Ztschr. f. angew. Ch. 1920, 133, 147.
Suida: siehe Lichdi.
Stadlinger, H.: Ztschr. Dtsch. Öl- u. Fett-Ind. 1923, 593.
Stange: siehe D. Holde.
Stärkle: Biochem. Ztschr. 151, 371 (Zürich).
Sward, G.: siehe Gardner.
Szimkin, J.: siehe E. Better.
Thaler: siehe K. Täufel.
Thimme: siehe Harries.
Täufel, K., H. Thaler u. M. de Menge: Fettchem. Umsch. 1934, 156.
Thomas, A. W. u. Chai Lau Yu: Journ. Amer. Chem. Soc. 1923, 129.
Tolman u. Munson: Chem. Zentralblatt 1903, II, 1288.
Torelli: Chem. Zentralblatt 1924, II, 2712.
Tortelli: Chem. Ztg. 1905, 530; 1909, 125.
Toyama, Y. (1): Chem. Umsch. 1924, 223, 242; (2): Journ. Soc. Chem. Ind. Japan 1922, 1044.
Tschilikin: Lehnes Färberzeitung 1914, 419.
Tschirch, A. u. A. Barben: Chem. Umsch. 1924, 141.
Tsujimoto, M. (1): Chem. Umsch. 1906, 273; 1924, 192; (2): Chem. Umsch. 1916, 120; 1920, 110.
Twitchell, E. (1): Journ. Ind. Eng. Chem. 1917, 581; (2): Journ. Ind. Eng. Chem. 1921, 806.
Ubbelohde, L. u. Eisenstein: Chem. Zentralblatt 1920, II, 22.
Varrentrapp: Annal. d. Chem. 35, 197 (1840).
Vidyarthi, N. L.: siehe T. P. Hilditsch.
Wartenberg: siehe Connstein.
Wijs: Ber. 31, 750 (1898).
Willstätter, R.: Ber. 41, 1475 (1908).
Windaus, A.: Ber. 42, 238 (1909).
Witol, R.: Ztschr. russ. Öl- u. Fett-Ind. 1934, Nr. 7.
Woldenberg: siehe A. Grün.
Worstall: Chem. Reports 1912, Nr. 149/150. — Chem. Umsch. 1913, 13.
Wolff, H. (1): Chem. Umsch. 1923, 253; (2): Chem. Umsch. 1924, 98.

2. Umwandlungsprodukte der Fette und Öle, die in der Lederindustrie Verwendung finden.

A. Sulfonierte Öle.

Begriff. Herstellung. Verschiedene Arten.

Unter sulfonierten Ölen versteht man Produkte, die durch Einwirkung von konzentrierter Schwefelsäure auf Öle hergestellt werden. Sie wurden zuerst in großem Umfang in der Türkischrotfärberei verwendet und deshalb als Türkischrotöle bezeichnet. Heute versteht man unter Türkischrotöl ein sulfoniertes Ricinusöl.

Außer in der Textilindustrie werden in der Gerberei große Mengen sulfonierter Öle verarbeitet, und zwar nicht nur sulfoniertes Ricinusöl, sondern auch sulfonierte Trane, Klauenöle und andere Öle. Die wichtigste Eigenschaft aller dieser Öle ist, daß sie mit Wasser klare Lösungen oder haltbare Emulsionen bilden und daß sie auf andere (nicht wasserlösliche) Fettstoffe emulgierend wirken. Sie werden deshalb in großen Mengen zum Lickern von Leder aller Art verwendet.

Im Kapitel über die Chemie der Fette und Öle (siehe S. 335) wurde die Art der Einwirkung von konzentrierter Schwefelsäure auf Fettsäureglyceride kurz erwähnt. Es wurde auch darauf hingewiesen, daß trotz sehr umfangreicher Untersuchungen der Verlauf der Reaktion zwischen Schwefelsäure und Öl durchaus noch nicht in allen Teilen so erforscht ist, daß ein abgeschlossenes Urteil über die Natur der Sulfonierungsprodukte möglich ist. Als sicher kann aber gelten, daß die Sulfonierung von Ölsäureglyceriden (Olivenöl) andere Türkischrotöle ergibt als die Produkte, die bei der Einwirkung von Schwefelsäure auf Ricinusöl entstehen. Die sulfonierten Fettstoffe, welche nach neueren Verfahren mit Kondensationsmitteln, mit Chlorosulfonsäure, Schwefelsäureanhydrid u. dgl. hergestellt werden, sind zum Teil ganz anderer Art als die Produkte, welche beim einfachen Sulfonierungsprozeß erhalten werden (siehe S. 403).

a) Einfache (spaltbare) sulfonierte Öle von der Art der Türkischrotöle.

Unter einfachen sulfonierten Ölen sollen die bei der Einwirkung von Schwefelsäure auf Öle entstehenden Produkte verstanden sein, deren organisch gebundene Schwefelsäure durch Kochen mit starker Salzsäure leicht und vollständig abgespalten werden kann. Der Hauptvertreter dieser einfach sulfonierten Öle ist das sulfonierte Ricinusöl, das Türkischrotöl.

Es ist nicht allgemein bekannt, daß das erste Türkischrotöl ein sulfoniertes Olivenöl war, das nach einem Patent von Mercer aus 3 Volumenteilen Olivenöl und einem Teil Schwefelsäure hergestellt wurde. Erst in der zweiten Hälfte des 19. Jahrhunderts fanden die Engländer in ihrem „Castor oil", dem Ricinusöl, ein geeignetes und billiges Ausgangsmaterial für die Herstellung der zum Färben notwendigen Ölbeizen. Seitdem ist die Bezeichnung „Türkischrotöl" auf sulfoniertes Ricinusöl übergegangen.

1. Türkischrotöl (sulfoniertes Ricinusöl).

Die Herstellung von Türkischrotöl. Für die Herstellung von Türkischrotöl lassen sich heute nur ganz allgemeine Verfahrensgrundsätze angeben, mit denen nichts weiter bezweckt werden kann und soll, als demjenigen, der diesem Gebiet ferner steht, eine Vorstellung vom Fabrikationsgang dieser Öle zu vermitteln. Die Methoden der Türkischrotölgewinnung haben im Laufe der Zeit eine solche Erweiterung erfahren, die gewünschte Verschiedenartigkeit der Endprodukte hat Variierungen des Sulfonierungsprozesses in einem solchen Ausmaß gebracht, daß bei der Fülle der entstandenen, teilweise durch zahlreiche Patentschriften geschützten Arbeitsmethoden nur noch die Grundsätze der Türkischrotölherstellung gleich geblieben sind. Nur diese sollen hier kurz beschrieben werden.

Die Sulfonierung des Öls wird in verbleiten oder emaillierten Kesseln aus Eisen oder Kupfer oder in verbleiten Holzbottichen durchgeführt, die mit einem Rührwerk versehen sind. Im Innern des Kessels sind in geeigneter Weise Kühlschlangen angebracht. Der Bau des Rührwerks ist sehr verschieden. Ein gutes, gleichmäßiges Durchrühren des ganzen Kesselinhalts ist außerordentlich wichtig.

Die Säuremenge, die zum Sulfonieren verwendet wird, hängt von den gewünschten Eigenschaften des Endproduktes und von der Art des Verfahrens ab. Theoretisch müßte man, wenn man für 1 Mol Triricinolein 3 Mole chemisch reiner Schwefelsäure rechnet, etwa 35% Schwefelsäure von 66° Bé zum Sulfonieren von Ricinusöl verwenden. Dabei gälte allerdings die Voraussetzung, daß die Schwefelsäure nur zur Bildung der Ricinolschwefelsäure $CH_3 \cdot (CH_2)_5 \cdot CH$ $(O \cdot SO_3H) \cdot CH_2 \cdot CH : CH \cdot (CH_2)_7 \cdot COOH$ verbraucht wird, wofür ein sicherer Beweis ja nicht vorhanden ist.

Bei der Herstellung der gewöhnlichen Türkischrotöle verwendet man im allgemeinen 20 bis 30% Schwefelsäure. Es gibt aber Spezialöle, die mit 100 und mehr Prozent Schwefelsäure sulfoniert werden. Erban unterscheidet eine niedrige Sulfonierung mit 15%, eine mittlere mit 25% und eine hohe Sulfonierung mit 35% Säure. Lochtin empfiehlt im Winter 20 bis 30%, im Sommer 15 bis 20% Schwefelsäure.

Zur Sulfonierung des Öls läßt man, nachdem das Ruhrwerk in Gang gesetzt ist, die Schwefelsäure langsam in dünnem Strahl in den Ruhrbottich fließen. Die Umdrehung des Rührers darf nicht zu schnell erfolgen, damit die Rührflügel Zeit haben, die Ölmasse zu durchschneiden und nicht einfach vor sich herzuschieben. Man kann die gesamte Schwefelsäuremenge auf einmal oder aber mit einer mehrstündigen Pause zufließen lassen.

Sehr wichtig ist die Einhaltung einer bestimmten Temperatur während des Sulfonierungsprozesses. Durch das Einfließen der Schwefelsäure erwärmt sich das Öl sehr rasch; deshalb ist eine Kühlung des Gemisches durch die Kühlschlange von Anfang an erforderlich. Allgemein gilt für die Herstellung von Türkischrotöl, daß bei möglichst niedriger Temperatur sulfoniert werden soll. Anderseits verzögert eine zu niedrige Temperatur den Sulfonierungsprozeß. Die günstigste Temperatur liegt zwischen 25 und 35°. Besondere Vorsicht ist auch bei manchen Tranen am Platz, die sich nachträglich oft noch stark erhitzen, nachdem schon alte Säure zugesetzt ist (siehe Abschnitt über sulfonierte Trane). Sulfoniert man bei zu hoher Temperatur, so entstehen leicht kohlige Ausscheidungen.

Nachdem alle Säure zugeflossen ist, bleibt das Rührwerk noch einige Stunden im Gang. Anschließend läßt man die Masse 24 bis 48 Stunden bei möglichst gleichmäßiger Temperatur stehen.

Aus dem Reaktionsgemisch wird nunmehr die überschüssige Schwefelsäure durch Auswaschen entfernt. Der Auswaschprozeß ist von größtem Einfluß auf die Natur des Endprodukts. Durch verschiedenartiges Waschen des Sulfonats kann man zu ganz verschiedenen Endprodukten gelangen (Schorlemmer). Zum Auswaschen verwendet man Kondenswasser. Beim zweiten oder dritten Waschen setzt man Glaubersalz zu, um die Trennung des Öls vom Wasser zu beschleunigen. Ein Zusatz von Kochsalz bietet keinen besonderen Vorteil. Sowohl bei Natriumsulfat wie bei Kochsalz tritt eine teilweise Neutralisation des Öls ein [Rieß (1)].

Die zum Waschen verwendete Wassermenge beeinflußt den Wassergehalt des Endprodukts. Auch Sodalösung wird zum Auswaschen benutzt.

Das sulfonierte und gewaschene Öl bezeichnet man als 100prozentig. Durch Zusatz von Wasser oder Alkali und Wasser wird es auf einen bestimmten Sulfonatgehalt eingestellt. Die Menge des zugesetzten Alkalis richtet sich darnach, ob man ein neutrales, saures oder alkalisches Öl herzustellen wünscht. Zum Neutralisieren können Lösungen von Natronlauge, Soda oder Ammoniak verwendet werden.

Über die Einstellung der Türkischrotöle ist in der Fachliteratur viel gestritten worden. (Siehe z. B. Rietz, Chem. Umsch. 1928, S. 270 und die Auseinandersetzungen Auerbach/Verband der Türkischölrot-Fabrikanten, Ledertechn. Rdsch. 1927, S. 115 und 173). Im Jahre 1933 wurden von den Vertretern der Erzeuger-, Händler- und Verbraucherorganisationen, unter denen sich auch der Zentralverein der deutschen Lederindustrie befand, die im folgenden wiedergegebenen Lieferbedingungen aufgestellt.

Lieferbedingungen für Türkischrotöle.
(Nr. 839A der Liste des Reichsausschusses für Lieferbedingungen.)

A. Begriffsbestimmung.

Türkischrotöle sind Erzeugnisse, die aus Ricinusöl oder Olivenöl bzw. deren Fettsäuren oder Gemischen dieser Öle bzw. Fettsäuren durch Behandlung mit Schwefelsäure (Sulfonierung) hergestellt sind. Sie enthalten als Fettbestandteile neben Neutralfett, Fettsäuren und deren Alkali- oder Ammoniumseifen, esterartige Verbindungen der Ausgangsstoffe mit Schwefelsäure (Sulfonate[1]) in Form ihrer Alkali- oder Ammoniumsalze.

Andere sulfonierte Öle sind keine Türkischrotöle im Sinne dieser Lieferbedingungen.

B. Bezeichnungen und Sorten.

Türkischrotöle werden nach ihrem Gehalt an Sulfonaten unter der Bezeichnung „Türkischrotol x %, handelsüblich" gehandelt. Die Prozentzahl gibt also den Sulfonatgehalt des Türkischrotöls an. Diese Bezeichnung bedeutet, daß zur Herstellung von 100 kg Turkischrotöl x kg „Sulfonat" (sulfoniertes und ausgewaschenes Öl) verwendet wurden.

Anmerkung: Der Fettsäuregehalt des Sulfonats beträgt durchschnittlich 74%. Es enthält demnach:

	Sulfonatgehalt		Fettsäuregehalt durchschnittlich %
Türkischrotöl	30%	handelsüblich	22,2
,,	40%	,,	29,6
,,	50%	,,	37,0
,,	60%	,,	44,4
,,	70%	,,	51,8
,,	80%	,,	59,2
,,	90%	,,	66,6
,,	100%	,,	74,0

Für den Fettsäuregehalt gilt eine Toleranz von $\pm 1\%$.

Türkischrotöle, die aus Ricinusöl zweiter Pressung oder aus Sulfur-Olivenöl hergestellt worden sind, müssen ausdrücklich als solche gekennzeichnet werden.

C. Eigenschaften.

Türkischrotöle müssen gegen Methylorange neutral reagieren, d. h. sie dürfen weder freie Schwefelsäure noch freie Fettschwefelsäureester enthalten.

---

[1] Der Ausdruck „Sulfonat" wird hier als eingeführter technischer Begriff benutzt, ohne Rücksicht auf den wissenschaftlichen Sprachgebrauch.

Türkischrotöle zeigen im Gegensatz zu Seifen eine gewisse Beständigkeit gegenüber Säuren und Alkalien, gegenüber den Härtebildnern des Wassers und anderen
Salzen, z. B. Glaubersalz und Bittersalz.

Neutrale und (gegen Phenolphthalein) schwach saure Türkischrotöle lösen sich
in Wasser klar.

Türkischrotöle, die eine opalisierende Lösung ergeben, sind stark sauer eingestellt.
Türkischrotöle, die sich unter Bildung von Emulsionen lösen, sind sehr stark sauer
eingestellt. Alkalizusatz ergibt in diesen beiden Fällen klare Lösungen.

Türkischrotöle, deren wässerige Lösung trüb ist und auf Alkalizusatz nicht klar
wird, sind schwach oder schlecht sulfoniert und daher nicht einwandfrei.

Türkischrotöle aus Ricinusöl erster Pressung sind je nach Fettgehalt hellgelbe
bis gelblichbraune Flüssigkeiten von öliger Beschaffenheit. Türkischrotöle aus
Ricinusöl zweiter Pressung sind gelbgrün bis braun. Türkischrotöle aus Olivenöl
neigen zu Abscheidungen, besonders bei tiefen Temperaturen. Sie sind dunkler
als Türkischrotöle aus Ricinusöl.

D. Verpackung und Frachtberechnung.

Türkischrotöle werden in Holz- oder Eisenfässern geliefert und nach dem Netto-
gewicht berechnet.

Im Angebot ist anzugeben, ob sich der Preis einschließlich oder ausschließlich
Verpackung oder ob frachtfrei Station des Empfängers oder ab Fabrik versteht.

E. Probenahme.

Für die Probenahme gelten sinngemäß die Vorschriften der Einheitsmethoden
(Einheitliche Untersuchungsmethoden für die Fett- und Wachsindustrie, Stuttgart
1930, Abs. 19ff. und Abs. 476ff.).

F. Prüfverfahren.

Die Untersuchung von Türkischrotölen ist nach den von der „Wissenschaftlichen
Zentralstelle für Öl- und Fettforschung" (Wizöff) herausgegebenen Methoden zur
„Untersuchung von Türkischrotölen und türkischrotölartigen Produkten", Stutt-
gart 1932, vorzunehmen.

2. Türkischrotölartige (spaltbare) Öle, die nicht aus Ricinusöl hergestellt sind.

Neben Ricinusöl werden zahlreiche andere Öle durch Sulfonieren wasserlöslich
gemacht. Für die Lederindustrie haben besonders das sulfonierte Klauenöl
und die sulfonierten Trane Bedeutung erlangt. Auch Rüböl, Maisöl und andere
pflanzliche Öle werden sulfoniert. Die Grundsätze der Sulfonierung sind die
gleichen wie sie bei der Herstellung von Türkischrotöl geschildert worden sind.
Eine Ausnahme machen die Trane.

Der Sulfonierungsprozeß ist bei den Fischölen naturgemäß noch weit komplizierter als bei Ricinusöl. Die Reaktionen, die bei der Einwirkung von Schwefelsäure auf Tranfettsäureglyceride sich abspielen können, sind schwer zu übersehen.
Im allgemeinen verwendet man bei der Sulfonierung von Tranen weniger Schwefelsäure als bei Ricinusöl. Die Angaben schwanken zwischen 10 und 25%. Auf die
Gefahr der Erhitzung, auch nach beendetem Säurezufluß, wurde schon hingewiesen. Hirsch fand, daß der bei 20° sulfonierte Tran die beste Emulgierbarkeit
aufweist. (Siehe auch die Feststellungen von Stiasny und Rieß, S. 423.)

Der Arbeitsgang des Sulfonierens ist bei Tranen ganz ähnlich wie bei Ricinusöl, wenn auch die vorgeschlagenen Arbeitsmethoden in ihren Einzelheiten voneinander abweichen.

Rose und Keh haben für die Herstellung eines brauchbaren sulfonierten
Trans folgende Vorschrift empfohlen:

In einen Kessel mit Rührwerk, der sich von den sonstigen Sulfonierungsanlagen
im Prinzip nicht unterscheidet, werden 30 kg Tran (VZ. 180, JZ. 130) gebracht und
portionsweise 3 kg chemisch reine Schwefelsäure (spez. Gew. 1,84) hinzugesetzt. Die
Temperatur darf nicht über 25° C steigen. Es muß daher der ganze Kessel während
des Prozesses durch eine Wasserschlange gekühlt werden. Durch das fortwährende
Mischen und Kühlen verhindert man eine verkohlende Wirkung der Schwefelsäure.

Ob richtig sulfoniert wurde, zeigt nach Angabe der Autoren folgende Probe: 1 Tropfen des sulfonierten Tranes soll im Reagensglas, mit Wasser vermischt, eine Emulsion bilden, andernfalls muß das Rühren fortgesetzt oder Säure zugesetzt werden.

Nach einer günstigen Probe wird dann portionsweise etwa 5 kg konzentriertes technisches Ammoniak unter fortwährendem Mischen hinzugefügt. Die Temperatur soll auch hierbei nicht mehr als 24° C betragen. Durch den Ammoniakzusatz geht die Farbe des Gemisches von dunkelbraun nach hellbraun über. Die Reaktion ist dann beendet, wenn das ganze Gemisch eine Degrasfarbe angenommen hat und ähnliche Reaktion zeigt wie der saure Tran vor der Neutralisation. Ein Gramm des fertigen Produkts soll beim Schütteln mit Wasser im Reagensglas eine milchige Emulsion geben. Dies soll gegen Phenolphthalein sauer, gegen Methylorange alkalisch reagieren und nach einer Stunde sich nicht in zwei Schichten teilen.

Bei vielen Tranen treten während des Sulfonierungsprozesses intensive Verfärbungen auf. Schorlemmer stellte bei der Sulfonierung von hellen und gelben Dorschtranen japanischer Herkunft eine tief violette Färbung fest, und zwar schon bei Zugabe der ersten Schwefelsäureanteile. Andere Trane verfärben sich weinrot. Mit fortschreitender Sulfonierung nehmen die Färbungen allmählich einen braunen Ton an. Wichtig ist, daß am Ende des Sulfonierungsprozesses das Sulfonat in dünner Schicht klar ist.

Das Waschen und Neutralisieren der sulfonierten Trane erfolgt nach den gleichen Grundsätzen wie bei der Fertigstellung der Ricinusölsulfonate. Im Handel findet man neutral und sauer eingestellte sulfonierte Trane in Form ihrer Natrium- und Ammoniumverbindungen oder deren Gemische. Durch das Sulfonieren verschwindet der spezifische Trangeruch nicht.

b) Neuere Sulfonierungsverfahren.

In dem Bestreben, neuartige Dispergier-, Netz- und Waschmittel zu schaffen, hat die chemische Industrie in den letzten 10 Jahren die Methoden der Sulfonierung in erstaunlichem Maße ausgebaut. Es waren dabei nicht nur fette Öle, die allen möglichen Arten der Sulfonierung unterworfen wurden. Man zog in den Bereich der Versuche eine ganze Reihe anderer Stoffe, um dabei zu Sulfonierungsprodukten mit neuartigen Eigenschaften zu gelangen. So wurden, um nur einige Beispiele zu nennen, außer den üblichen fetten Ölen z. B. Mono- und Diglycerinester, Wollfett, Leinöl, Holzöl, Stearin- und Palmitinsäure, Ölsäure, Harze, Naphthensäuren, Paraffin und andere Kohlenwasserstoffe, Montanwachs, Bienen- und Carnaubawachs, Ceresin, Spermaceti, ferner nach zahlreichen Verfahren hergestellte höhere Alkohole sulfoniert.

Die durch diese Verfahren gewonnenen neuen wasserlöslichen Öle sowie Netz-, Dispergier- und Waschmittel waren in erster Linie als Hilfsstoffe für die Textilindustrie und verwandte Arbeitsgebiete gedacht. Es war aber unausbleiblich, daß damit auch die in der Lederindustrie verwendbaren wasserlöslichen Öle immer mehr nach solchen neuen Methoden hergestellt wurden. Dazu kam, daß auch im Lederherstellungsprozeß allmählich Netzmittel Verwendung fanden und geeignete Emulgatoren für die Herstellung haltbarer Emulsionen sich als ein von jeher erwünschtes Hilfsmittel für den Lederfettungsprozeß erwiesen.

Während also vor nicht allzu langer Zeit noch Türkischrotöl, sulfonierter Tran und sulfoniertes Klauenöl die einzigen wasserlöslichen Öle und die Seife der Emulgator in der Gerberei waren, sieht sich heute der Gerbereichemiker einer erschreckenden Fülle neuartiger wasserlöslicher „Lickeröle", „Lederöle", „Spezialöle" und Emulgatoren gegenüber, die, von zahlreichen Firmen der chemischen Industrie hergestellt und, mit Deck- und Fantasienamen auf den Markt gebracht, als Hilfsmittel für die verschiedenen Lederfettungsprozesse empfohlen werden.

Während dem Gerbereichemiker Natur und Herstellung der früher verwendeten, oben genannten wenigen wasserlöslichen Öle im allgemeinen bekannt und ihre analytische Untersuchung und Bewertung einigermaßen möglich war, weisen die neuen Produkte in vielen Fällen Eigenschaften auf, die eine Untersuchung nach den bisherigen Methoden erschweren oder unmöglich machen. Dies ist in der Hauptsache darin begründet, daß der Sulfonierungsprozeß bei den neuartigen Produkten in ganz anderer Weise geleitet wird, als z. B. beim gewöhnlichen Türkischrotöl. Die Einwirkung der Schwefelsäure führt bei vielen neueren Verfahren nicht nur zu einfachen Fettschwefelsäureestern, sondern neben anderen Reaktionen zu wahren Sulfonsäuren, die, im Gegensatz zu den ersteren, durch Salzsäure nicht mehr spaltbar sind.

Es ist für den Gerbereichemiker weder möglich noch notwendig, über die Einzelheiten der unzähligen neueren Sulfonierungsmethoden unterrichtet zu sein oder sich über ihre Weiterentwicklung dauernd zu orientieren. Er muß sich aber darüber ein Bild machen können, wie sich die Herstellung der neuartigen wasserlöslichen Öle von den früheren einfachen Produkten unterscheidet. Besonders für die Beurteilung analytischer Möglichkeiten ist für ihn wenigstens ein kurzer Überblick von Nutzen, der ihm die Entwicklung, welche die Herstellung wasserlöslicher Öle und Emulgatoren im letzten Jahrzehnt durchgemacht hat, aufzeigt.

Diesem Zweck einer allgemeinen Orientierung über die heutigen Sulfonierungsmethoden sollen die folgenden Ausführungen dienen. Herbig hat in seinem Buch ,,Die Öle und Fette in der Textilindustrie'', 2. Aufl., 1929, bereits eine Zusammenstellung neuartiger Sulfonierungsverfahren seit etwa 1926 angegeben. Außer den dort aufgezählten, einen Zeitraum von drei Jahren umfassenden Methoden sind heute zahlreiche weitere neue Verfahren bekannt geworden.

Aus dem großen Gebiet der Sulfonierungstechnik sollen in der folgenden Übersicht nur solche aus Patentschriften der letzten 10 Jahre bekannt gewordenen Herstellungsverfahren kurz erwähnt werden, die ausdrücklich — wenn auch neben anderen Zwecken — für die Sulfonierung von Ricinusöl als anwendbar bezeichnet sind. Zahlreiche der genannten Methoden führen zur Bildung nicht spaltbarer Sulfonsäuren. Aus verständlichen Gründen sind in den Patentschriften nur die zur Erlangung des Schutzes unerläßlichen Angaben über die Arbeitsmethoden enthalten. Welche Handelsprodukte mit den einzelnen Verfahren erzeugt werden, ist nicht bekannt.

Zunächst wurde eine Reihe von Methoden gefunden, bei denen die Schwefelsäure durch stärker wirkende Sulfonierungsmittel ersetzt wurde. Im französischen Patent 632155 (I. G. Farbenind., 1926) wird Oleum, Chlorosulfonsäure oder Schwefelsäureanhydrid zum Sulfonieren verwendet. Dabei entstehen echte Sulfonsäuren. In einem Zusatzpatent ist die Verwendung von gasförmigem Schwefelsäureanhydrid geschützt. Es werden z. B. 100 Teile Ricinusölsäure und 300 Teile Tetrachlorkohlenstoff bei —10° bis —3° mit 46 Teilen SO_3 behandelt. Auch bei den Verfahren, welche durch die französischen Patente 640617 (Chem. Fabr. Milch, 1926), 653790 (Oranienburger Chem. Fabr., 1927) und 654080 (I. G. Farbenind., 1927) geschützt sind, wird Chlorosulfonsäure als Sulfonierungsmittel benutzt.

In zahlreichen neueren Verfahren wird der Sulfonierungsprozeß in Gegenwart von organischen Säuren, Säureanhydriden oder -chloriden durchgeführt. Nach dem französischen Patent 624425 (Böhme, 1925) werden z. B. 100 Teile Ricinusöl mit 30 Teilen Essigsäureanhydrid vermischt und dann in üblicher Weise sulfoniert. Es entstehen dabei echte Sulfonsäuren, die mit den alkylierten aromatischen Sulfonsäuren Ähnlichkeit haben. Das französische Patent 636586 (Dreyfuß, 1927) schreibt zur Sulfonierung von 1 Mol Ricinusölsäure 2 Mol Eisessig und 2 Mol Schwefelsäureanhydrid vor. Statt Eisessig kann auch das Chlorid verwendet werden. Nach einem Verfahren der I. G. Farbenind. (Franz. Patent 645221, 1926/27 und Amer. Pat. 1832218) wird Ricinusöl mit rauchender Schwefelsäure zusammen mit einer niederen Fettsäure, deren Anhydrid, Chlorid oder Ester bei Temperaturen unter 50⁰ sulfoniert. Wasserentziehende Mittel, wie Natriumacetat oder Phosphorsäure, werden nach dem französischen Patent 657161 (Servo u. Rozenbroek) zum Sulfonierungsprozeß zugesetzt. Ein Verfahren von Flesch (Brit. Patent 282626, 1926) sieht ebenfalls die Mitverwendung von Eisessig zum Sulfonieren vor. In dem durch D.R.P. 487705 (Böhme, 1925) geschützten Verfahren wird die Sulfonierung in Gegenwart von Sulfonsäuren hydrierter mehrkerniger aromatischer Verbindungen vorgenommen (z. B. werden 500 Teile Ricinusöl + 250 Teile Octohydroanthracensulfonsäure mit 125 Teilen Schwefelsäure behandelt).

Die Sulfonierung in Gegenwart von Lösungsmitteln ist durch mehrere Patente geschützt. Nach dem französischen Patent 632738 (Stockhausen) werden türkischrotölartige Produkte erhalten, wenn man Öle oder Fettsäuren mit 60- bis 100proz. Schwefelsäure bei Temperaturen von nicht über 15⁰ in Gegenwart von Lösungsmitteln sulfoniert. Bei dem Sulfonierungsverfahren nach dem französischen Patent 647417 (Böhme, 1927) wird in Gegenwart von inerten Verdünnungs- oder Lösungsmitteln (z. B. Benzol) unterhalb 0⁰ mit einem Schwefelsäureüberschuß gearbeitet, während die Sulfonierung ungesättigter Fettsäuren nach dem französischen Patent 660023 (I. G. Farbenind., 1927) mit rauchender Schwefelsäure in Gegenwart von Halogenkohlenwasserstoffen durchgeführt wird.

Weiter sind viele geschützte Sulfonierungsverfahren bekannt geworden, bei denen außer den bisher genannten Stoffen beim Sulfonieren andere Zusätze erfolgen, z. B. Oxyde, Chloride und Oxychloride des Phosphors (Brit. Patent 312283, Servo u. Rozenbroek), Sauerstoff entwickelnde Stoffe wie Peroxyde, Perborate und organische Persalze (Franz. Patent 657799, Erba A. G.), Sulfite, Hydrosulfite u. dgl. als Bleichmittel (Franz. Patent 658094, Erba A. G.), Chloride des Schwefels, Kohlenstoffs, Bors sowie gemischte Anhydride der Essigsäure mit anorganischen Säuren wie Borsäure, schweflige Säure, Chromsäure, Phosphorsäure (Franz. Patent 688637, Servo u. Rozenbroek), Aluminiumchlorid (Franz. Patent 690022), Schwefligsäureanhydrid (Franz. Patent 660023, I. G. Farbenind.), Verbindungen, welche durch Einwirkung überschüssiger Schwefelsäure auf ein- oder mehrwertige Alkohole bis zu 6 C-Atomen entstehen (Brit. Patent 351911, Böhme).

Besondere mechanische Vorrichtungen kommen in den Verfahren nach dem französischen Patent 636488 (Dreyfuß, 1927) und dem britischen Patent 287076 (Flesch, 1927) zur Anwendung. Bei beiden Methoden wird die Säure in fein verteiltem Zustand durch einen Injektor (feine Düse) in das Öl eingeblasen.

Endlich sind mehrere Verfahren ausgebildet worden, bei denen dem eigentlichen Sulfonierungsprozeß eine Vorbehandlung des Öls vorangeht. Nach dem französischen Patent 676336 (Oranienburger Chem. Fabr., 1928) werden die Öle vor der Sulfonierung in die Säurechloride übergeführt, indem sie mit Phosphortri- oder -pentachlorid oder mit Sulfurylchlorid behandelt werden. Das Verfahren des französischen Patents 696104 (Böhme, 1929) besteht in einer Kondensation der Öle mit bekannten Kondensationsmitteln und anschließender Sulfonierung. Die Zahl der verwendbaren Kondensationsmittel ist sehr groß. Auch das Verfahren des britischen Patents 310941 (Oranienburger Chem. Fabr.) sieht eine vorher oder mit der Sulfonierung gleichzeitig vorzunehmende Kondensation des Öls mit Kohlenwasserstoffen vor. Nach dem britischen Patent 357670 (Imperial Chem. Ind.) wird Ricinusöl zuerst mit Essigsäureanhydrid, -chlorid oder Benzoylchlorid acetyliert und anschließend mit Oleum bei 10, bis 20⁰ sulfoniert. Ein Verfahren, bei dem ebenfalls Kondensation und Sulfonierung gleichzeitig durchgeführt wird, ist im französischen Patent 710893 (Chem. und Seifenfabrik Baumheier, 1930) geschützt. Hier wird z. B. ein Gemisch von Ricinusöl, Tetrahydronaphthalin, Butylalkohol, Benzylchlorid, Naphthalin mit einem Gemisch von rauchender Schwefelsäure und Chlorosulfonsäure sulfoniert, wobei gleichzeitig eine Kondensation erfolgt.

Diese aus dem Gebiet neuerer Sulfonierungsverfahren herausgegriffene Auswahl von Arbeitsmethoden zeigt deutlich, daß die nach diesen Verfahren hergestellten Produkte sich von den sulfonierten Ölen, wie sie das gewöhnliche Türkischrotöl darstellt, erheblich unterscheiden müssen. Der Unterschied kommt in den besonderen Eigenschaften, welche die neueren wasserlöslichen Öle aufweisen, zum Ausdruck, wie Emulgiervermögen, Säure- und Salzbeständigkeit, starkes Netzvermögen u. dgl. Die Schwierigkeiten, die diese Öle der Analyse bereiten, sind auf S. 421 kurz erwähnt.

Zusammensetzung, Analyse und Bewertung von sulfonierten Ölen.

Schon die kurzen Ausführungen auf S. 335 über die chemischen Vorgänge bei der Sulfonierung von Ölen haben gezeigt, daß die möglichen Endprodukte des Sulfonierungsprozesses sehr mannigfaltig sind. Alle durch Einwirkung von Schwefelsäure wasserlöslich gemachten Öle, und zwar sowohl die einfachen Produkte, wie sulfoniertes Oliven- oder Ricinusöl, als auch sulfonierte Fischöle und erst recht die nach besonderen Verfahren sulfonierten Spezialöle, sind Gemische der verschiedensten Verbindungen, deren chemische Natur uns nur zum Teil bekannt ist.

Ganz allgemein können in Ölen, die mit Schwefelsäure behandelt wurden, folgende Komponenten vorhanden sein:

1. Unveränderte Triglyceride.
2. Teilweise verseifte Glyceride (Diglyceride).
3. Freie Fettsäuren (auch Oxysäuren) und ihre Salze.
4. Oxydations-, Polymerisations- und Kondensationsprodukte (z. B. Estolide, Lactone, Lactide, aber auch Verbindungen ganz unbekannter Natur).
5. Sulfonierungsprodukte der unter 1 bis 4 genannten Komponenten als
    a) Fettschwefelsäureester und ihre Salze (mit Säure spaltbar),
    b) Sulfonsäureverbindungen und ihre Salze (mit Säure nicht spaltbar).
6. Anorganische Verbindungen (Säuren, Salze).
7. Ammoniak.
8. Wasser.
9. Organische Lösungsmittel.
10. Glycerin.
11. Unverseifbare Stoffe
    a) im Ausgangsfett schon vorhanden,
    b) als Mineralöl nachträglich zugesetzt.
12. Nachträglich zugesetzte verseifbare Öle.
13. Verunreinigungen verschiedener Art.

Fast alle sulfonierten Öle, die in der Lederindustrie Verwendung finden, sind Gemische, in denen diese Stoffe mehr oder weniger vollzählig vorhanden sein können. Man unterscheidet zweckmäßig zwei Arten von sulfonierten Ölen:

a) Öle, deren organisch gebundene Schwefelsäure durch Kochen mit Salzsäure abspaltbar ist, und

b) Öle, deren organisch gebundene Schwefelsäure nicht abspaltbar ist.

Zur ersten Gruppe gehören die einfachen sulfonierten Öle, wie sulfoniertes Oliven-, Ricinus-, Klauenöl und ähnliche Produkte, auch einfach sulfonierte Trane. Ihre sulfonierten Anteile bestehen in der Hauptsache aus Schwefelsäureestern, charakterisiert durch die Gruppe $-\overset{|}{\underset{|}{C}}-OSO_3H$.

Zur zweiten Klasse gehören jene Produkte, die nach besonderen Verfahren (siehe S. 403) sulfoniert sind, und über deren organische Schwefelsäureverbindungen im allgemeinen nur soviel bekannt ist, daß sie eben durch Kochen mit Mineralsäure nicht aufgespalten werden können. Vielfach wird angenommen, daß diese Verbindungen die charakteristische Gruppe $-\overset{|}{\underset{|}{C}}-SO_3H$ enthalten, weshalb sie auch oft als „wahre Sulfonsäuren" bzw. deren Verbindungen bezeichnet werden. Ob ihre Natur aber damit restlos geklärt ist, erscheint im Hinblick auf die zahlreichen verschiedenen Herstellungsverfahren nicht sicher.

Daß solche Stoffgemische, wie sie die sulfonierten Öle darstellen, der analytischen Untersuchung erhebliche Schwierigkeiten bereiten, bedarf keiner besonderen Erwähnung. Es ist daher verständlich, daß die Anschauungen über die Analyse sulfonierter Öle noch bis in die jüngste Gegenwart hinein sehr auseinander gingen.

I. Die chemische Untersuchung der sulfonierten Öle.

Von den auf S. 406 aufgezählten Komponenten, die in sulfonierten Ölen vorhanden sein können, lassen sich quantitativ und unmittelbar nur ganz wenige bestimmen. Es sind dies: freie Fettsäuren und ihre Salze, anorganische Salze und Säuren, Ammoniak, Wasser, organische Lösungsmittel und die Summe der unverseifbaren Stoffe. Die wichtigsten Bestandteile aber lassen sich analytisch direkt nicht erfassen.

Diese Schwierigkeit und anderseits aber auch die Tatsache, daß vom gerbereitechnischen Standpunkt aus eine quantitative Bestimmung mancher der genannten Komponenten keine oder nur geringe Bedeutung hat, führte bei den Bemühungen um geeignete Untersuchungsmethoden frühzeitig zu der Gepflogenheit, zur Charakterisierung sulfonierter Öle die folgenden quantitativen Bestimmungen durchzuführen:

1. Gesamtfett. — 2. Wasser. — 3. Gesamtschwefelsäure. — 4. Anorganisch gebundene Schwefelsäure. — 5. Organisch gebundene Schwefelsäure (= Differenz aus 3 und 4). — 6. Aschegehalt. — 7. Neutralfett. — 8. Unverseifbare Stoffe.

Daneben wurden noch Lösungsmittel, Ammoniak und mitunter auch die Verunreinigungen bestimmt.

Auf dieser Analysengrundlage bauen sich bis in die allerjüngste Zeit fast alle Vorschläge, die sich mit Gesamtmethoden zur Untersuchung von sulfonierten Ölen befassen, auf (siehe z. B. Gnamm, Fettstoffe in der Lederindustrie, 1925; Herbig, Fettstoffe in der Textilindustrie, 2. Aufl., 1929; Lunge-Berl, Chemisch-technische Untersuchungsmethoden, 8. Aufl., Bd. IV, 1933; Gerbereichemisches Taschenbuch d. Vagda, 1. bis 3. Aufl.).

Ohne Zweifel gestattet die Bestimmung dieser Ölkomponenten wenigstens bei einfachem sulfoniertem Öl dem Analytiker, sich von der chemischen Natur des Öls ein ungefähres Bild zu machen. Über einzelne wichtige Bestandteile des Öls wird allerdings durch diese Art der Untersuchung kein Aufschluß gegeben. Ein Vergleich der durch obige Analyse bestimmten Stoffe mit den auf S. 406 aufgezählten, in den sulfonierten Ölen möglicherweise vorhandenen Komponenten zeigt deutlich die Begrenzung, die der analytischen Charakterisierung gezogen sind.

So erfaßt z. B. die quantitative Bestimmung des Gesamtfetts keineswegs einen einheitlichen Bestandteil der sulfonierten Öle. Es war bis zur Schaffung der auf S. 409 angegebenen Einheitsmethoden üblich, als „Gesamtfett" die Stoffe zu bezeichnen, welche man aus der Ölprobe nach der Abspaltung der organisch gebundenen Schwefelsäure mit Äther extrahieren kann (siehe die Methode von Herbig, S. 419). Dabei werden erfaßt: die freien Fettsäuren, das abgespaltene Öl, die unverseifbaren Stoffe, und zwar auch zugesetztes Mineralöl, zugesetztes verseifbares Öl und ätherlösliche Polymerisations- und Kondensationsprodukte. Wenn auch diese Bestimmung der als Gesamtfett bezeichneten Stoffe dem Gerber ein gewisses Maß für den Fettwert des untersuchten Öls bietet, so gibt sie über seine Zusammensetzung doch nur wenig Aufschluß.

Dazu kommt, daß man in den angelsächsischen Ländern unter dem Begriff „Gesamtfett" andere Komponenten der sulfonierten Öle zusammenfaßt als in Deutschland. Nach Burton und Robertshaw setzt sich das „Gesamtfett" zusammen aus: unverändertem verseifbarem Öl, freien Fettsäuren, Fettschwefelsäureestern mit freien oder veresterten Carboxylgruppen, Sulfonsäureverbindungen, oxydierten und polymerisierten Verbindungen und nachträglich zugefügtem Neutralöl. Unverseifbare Stoffe gehören also hier nicht zum Gesamtfett.

Nach der offiziellen Methode der amerikanischen Gerbereichemiker wird das „Gesamtfett" durch die Differenz zwischen 100 und der Summe von Wasser, Unverseifbarem, Ammoniak, an Seifen gebundenen Alkalien, neutralisiertem organisch gebundenem SO_3, den organischen Salzen und Verunreinigungen bestimmt. Selbstverständlich taugt diese amerikanische Methode ebensowenig zur analytischen Charakterisierung eines sulfonierten Öls wie die in Mitteleuropa bis vor kurzem üblichen Methoden zur sog. Gesamtfettbestimmung.

Schon diese verschiedenartige Auffassung des Begriffs „Gesamtfett" in den einzelnen Ländern zeigt, wie berechtigt es war, bei der Schaffung von Einheitsmethoden für die Untersuchung von Türkischrotölen durch die Wizöff im Jahre 1932 die sog. Gesamtfettbestimmung aufzugeben und an ihre Stelle zur Charakterisierung des Fettgehalts, wenigstens der einfachen sulfonierten Öle, die „Gesamtfettsäurebestimmung" zu setzen, bei der „die von den nicht verseifbaren organischen Substanzen befreiten Fettsäuren bestimmt werden, welche das ursprüngliche Produkt in freier, veresterter oder verseifter Form enthält" (siehe unter Einheitsmethoden der Wizöff).

Daß eine direkte quantitative Bestimmung der sulfonierten Bestandteile in sulfonierten Ölen nicht möglich ist, ist verständlich, wenn man bedenkt, welche verschiedenartige Sulfonierungsprodukte in den Ölen vorhanden sein können. Man muß sich deshalb damit begnügen, die im Öl vorhandene Gesamtschwefelsäure, sowie die anorganisch gebundene Schwefelsäure zu bestimmen. Die organisch gebundene Schwefelsäure kann dann aus der Differenz ermittelt werden. Es ist vorgeschlagen worden, aus der Menge der organisch gebundenen Schwefelsäure den sulfonierten Anteil als einfache Fettschwefelsäureester zu berechnen. Daß aber in Wirklichkeit die sulfonierten Produkte noch ganz anderer Art sein können, ist schon erwähnt worden.

Daß die Bestimmung des Neutralfettes in einem sulfonierten Öl darüber keinen Aufschluß geben kann, ob und wieviel verseifbares Öl als nicht von der

Sulfonierung erfaßter Anteil des ursprünglichen Öls oder als nachträglich erfolgter Zusatz anzusehen ist, sei nur kurz erwähnt. Bei der Bestimmung des Unverseifbaren dagegen kann man aus der gefundenen Menge meist ersehen, ob es sich um später zugesetztes Mineralöl oder nur um die im Ausgangsöl vorhandenen natürlichen unverseifbaren Stoffe handelt.

Diese Ausführungen zeigen, daß der chemischen Analyse sulfonierter Öle Grenzen gesetzt sind. Um so wichtiger ist es, von den vorhandenen Untersuchungsmethoden die zweckmäßigsten auszusuchen und anzuwenden.

Im Verlauf der Bestrebungen, Einheitsmethoden für die Untersuchung sulfonierter Öle zu schaffen, ist es der Wissenschaftlichen Zentralstelle für Öl- und Fettforschung (Wizöff), Berlin, im Jahre 1932 gelungen, nach sorgfältigen Vorarbeiten zunächst für die Untersuchung von Türkischrotölen und türkischrotölartigen Produkten Methoden aufzustellen, die von weiten Kreisen der Fettindustrie als Einheitsmethoden anerkannt worden sind. Diese Methodenzusammenstellung, die nur für die Untersuchung von sulfonierten Ölen mit vollständig abspaltbarer organisch gebundener Schwefelsäure gilt, gehört ohne Zweifel zu den brauchbarsten Vorschlägen, die für die Analyse sulfonierter Öle bisher gemacht worden sind. Es wäre bei der Aufstellung der Methoden allerdings noch erwünscht gewesen, daß der Begriff „türkischrotölartige Produkte" eine eindeutige Klärung und Umgrenzung erfahren hätte.

Sehr beachtenswerte Vorschläge für die Schaffung von offiziellen Methoden zur Untersuchung sulfonierter Öle sind auch von den englischen Chemikern Burton und Robertshaw gemacht worden. Sie haben das Ziel etwas weiter gesteckt und wollen mit ihren Methoden, die in vielen Punkten den Wizöff-Methoden gleichen, eine Untersuchung der sulfonierten Öle überhaupt, also nicht nur der Türkischrotöle, ermöglichen (Einzelheiten siehe Collegium 1931, S. 848, 1933 S. 141 und S. 555).

Die heutigen Möglichkeiten einer chemischen Analyse sulfonierter Öle geben dem Gerber nur in geringem Maß die Mittel an die Hand, sich über den gerbereitechnischen Wert der Öle ein Bild zu machen. Auf die Methoden zur Bewertung sulfonierter Öle wird in einem späteren Abschnitt eingegangen werden (siehe S. 422). Die rein formale Analyse ist aber für die chemische Kontrolle der verwendeten Produkte und die Überwachung ihrer gleichmäßigen Beschaffenheit unerläßlich.

Im folgenden sind zunächst die Einheitsmethoden der Wizöff, wie sie im Jahre 1932 veröffentlicht worden sind, im Wortlaut aufgeführt. Dabei sind Abänderungs- oder Ergänzungsvorschläge, die seit der Veröffentlichung der Methoden vorgebracht worden sind, kurz angegeben (Petitsatz).

Anschließend sind noch andere, meist ältere Methoden zur Bestimmung des sog. Gesamtfetts, wie sie auch im neuesten Schrifttum noch zu finden sind und teilweise in außerdeutschen Ländern zur Verwendung kommen, sowie sonstige Methoden, die nicht in den Wizöff-Vorschriften enthalten sind, aufgeführt.

a) Einheitsmethoden der Wizöff für die Untersuchung von Türkischrotölen und türkischrotölartigen Produkten 1932.

Allgemeines.

Für die nachstehenden Untersuchungsvorschriften gelten sinngemäß die allgemeinen Bemerkungen zu den „Einheitlichen Untersuchungsmethoden für die Fett- und Wachsindustrie", 2. Aufl., 1930, S. 13/14 u. 187/188. Die wichtigsten Anleitungen seien auch an dieser Stelle wiedergegeben:

1. Wenn auch in den einzelnen Methoden nicht ausdrücklich genormte

Geräte vorgeschrieben werden, sollte doch mit der Zeit allgemein zur Benutzung von DENOG-Geräten[1] übergegangen werden.

Falls für die Prüfungen keine amtlich geeichten Geräte benutzt oder ausdrücklich vorgeschrieben werden, hat der Analytiker für genaue Kontrolle der Prüfgeräte Sorge zu tragen. Das gilt besonders für Schiedsanalysen.

2. Die genaue Angabe des zu benutzenden oder benutzten Prüfverfahrens in Analysenaufträgen, Attesten usw. sollte gang und gäbe werden.

3. — — —.

4. Bei allen Berechnungen ist die Einwaage in Gramm, der Verbrauch an Titrationslösungen in Kubikzentimeter gemeint, sofern nicht besonders etwas anderes angegeben wird. Sämtliche Temperaturangaben gelten in Grad Celsius.

Elementare Meßeinheiten wie g, g/100 g (= Gew.-%), ° Celsius sind nicht besonders angegeben worden, da sie sich ohne weiteres aus den betreffenden Methodenvorschriften ergeben.

5. Abkürzungen sind möglichst vermieden worden, um die Lektüre nicht zu erschweren und die Verwirrung, die bereits auf diesem Gebiete international herrscht, nicht zu vermehren. Beibehalten wurden u. a. folgende Abkürzungen:

D_t = spez. Gew. bei t^0, bezogen auf Wasser von 4^0.

$D_{t_2}^{t_1}$ = spez. Gew. bei t_1^0, bezogen auf Wasser von t_2^0.

$n/1$, $n/2$, $n/10$ usw. = normal, $1/2$ normal, $1/10$ normal usw.

% = Gewichts-%, wenn nicht besonders Volum-% angegeben wird.

Teil = Gewichtsteil, wenn nicht besonders Volumteil angegeben wird.

6. Wichtigste Reagentien:

Wasser: stets = destilliertes Wasser.

Alkohol: stets = Äthylalkohol (ohne Zusatzbemerkung etwa 96vol.-proz. oder 94gew.-proz.).

Äther: stets = Äthyläther, D_{20} = 0,713.

Petroläther: Siedegrenzen 45 bis 55^0, bei 60^0 kein Rückstand.

$n/1$-Kalilauge: Das Kaliumhydroxyd wird mit gekochtem Wasser abgespült, damit die äußeren, carbonathaltigen Schichten entfernt werden, dann in drei- bis fünffacher Menge Wasser gelöst und nach längerem Stehen von dem ausgeschiedenen Niederschlag dekantiert. Dann erst wird die klare Lösung weiter verdünnt. Der Faktor gilt jeweils für den Indikator, mit dem er festgestellt wurde.

$n/2$-Kalilauge, alkoholisch: 32 g Kaliumhydroxyd, in 30 ccm Wasser gelöst, werden nach dem Erkalten mit 1 l Alkohol vermischt. Die Lösung wird kräftig durchgeschüttelt, einen Tag lang stehen gelassen und dekantiert. Sie muß dann klar bleiben oder nach drei Tagen nochmals dekantiert werden. Faktorermittlung mit $n/2$-Salzsäure (Phenolphthalein).

Methylorangelösung: Im Text als „Methylorange" bezeichnet. 1 Teil Methylorange + 999 Teile Wasser.

Phenolphthaleinlösung: Im Text als „Phenolphthalein" bezeichnet. 1 Teil Phenolphthalein + 99 Teile Alkohol (mindestens 60proz.).

Vorbemerkung.

Die folgenden Untersuchungsvorschriften gelten für diejenigen sulfonierten Öle, deren organisch gebundene Schwefelsäure durch Kochen mit Salzsäure leicht und vollständig abspaltbar ist.

---

[1] Symbol für „Deutsche Normgeräte". Näheres durch Deutsche Gesellschaft für chemisches Apparatewesen (Dechema), Seelze bei Hannover.

Qualitative Prüfung auf Sulfonierung.

Verfahren. Von der Probe im ursprünglichen oder, falls nötig, erst konzentrierten Zustand werden 2 g in ungefähr 20 ccm absolutem Alkohol gelöst oder, wenn dieser nicht zur Lösung genügt, in einer Mischung aus absolutem Alkohol und Äther. Während das sulfonierte Produkt sich auflöst, fallen die anorganischen Salze aus. Der Niederschlag wird abfiltriert, das Filtrat zur Trockne verdampft und der Rückstand mit etwa der doppelten Menge Salzsäure ($D_{15} = 1,19$) gekocht, bis das Fett klar abgeschieden ist. Durch ein angefeuchtetes Filter wird vom Fett abfiltriert und das Säurewasser dann in bekannter Weise auf Schwefelsäuregehalt geprüft.

Auswertung. Ist Schwefelsäure nachgewiesen, so kann die geprüfte Substanz ein sulfoniertes Produkt sein, sei es als solches selbst oder im Gemisch mit nicht sulfonierten Fettprodukten.

Sind organische Sulfate zugegen, so können sie in den Alkohol gehen und die Gegenwart eines sulfonierten Produktes vortäuschen.

Fettsäurebestimmung (Ätherextraktmethode).

Erläuterung. Der nach folgender Vorschrift gewonnene Ätherextrakt stellt die von den nicht verseifbaren organischen Substanzen befreiten Fettsäuren dar, die das ursprüngliche Produkt in freier, veresterter oder verseifter Form enthält.

Vgl. auch: „Gesamtfettbestimmung".

Zweck. Der Fettsäuregehalt ist in Verbindung mit dem Gehalt an organisch gebundener Schwefelsäure ein wichtiger Bewertungsfaktor für sulfonierte Produkte.

Verfahren. Ist der Fettsäuregehalt des zu untersuchenden Produktes ungefähr bekannt, so werden bei einem „50% handelsüblichen Öl" etwa 8 g, bei einem „100% handelsüblichen Öl" 4 bis 5 g, sonst 6 bis 8 g in einen Extraktionskolben eingewogen, der mit einem eingeschliffenen Rückflußkühler verbunden werden kann. Die Probe wird in 25 ccm Wasser gelöst und mit 50 ccm Salzsäure ($D_{15} = 1,19$) gekocht, bis sich das Fett völlig klar abgeschieden hat, mindestens aber 1 Stunde lang (Siedesteine). Der Kolben steht dabei auf einem Drahtnetz über kleiner Flamme, der Rückflußkühler ist aufgesetzt. Nach dem Erkalten wird der Kolbeninhalt mit wenig Wasser und Äther quantitativ in einen Scheidetrichter übergespült. Sobald sich die Schichten getrennt haben, wird das klare Säurewasser in einen zweiten Scheidetrichter abgezogen und zweimal mit je 25 ccm Äther ausgeschüttelt. Die vereinigten ätherischen Lösungen werden mehrmals mit je 20 ccm sulfatfreier (!) 10proz. Kochsalzlösung mineralsäurefrei gewaschen (Prüfung der Waschwässer mit Methylorange).

1. Zwischenbemerkung. Treten bei dieser Behandlung Emulsionen auf oder scheiden sich beim Ansäuern der Waschwässer mit Salzsäure wieder fettartige Anteile ab, so enthält das zu untersuchende Produkt noch Sulfonsäuren. Es kann in diesem Fall nicht nach diesen Vorschriften untersucht werden.

2. Zwischenbemerkung. Die vereinigten Säure- und Waschwässer dienen zur Bestimmung der Gesamtschwefelsäure.

Fortsetzung des Verfahrens. Die ätherische Lösung wird quantitativ in einen Extraktionskolben übergeführt, die Hauptmenge Äther auf dem Wasserbad abdestilliert und der Rückstand mit 50 ccm alkoholischer $n/_1$-Kalilauge $1/_2$ Stunde gekocht (Siedesteine, Rückflußkühler). Falls ein Wasserbad benutzt wird, muß der Kolben tief genug in das stark kochende Wasser tauchen. Von der erhaltenen alkoholischen Seifenlösung wird die Hauptmenge Alkohol (etwa 30 ccm) abdestilliert. Der Rückstand wird mit 50 ccm Wasser in einen Scheidetrichter übergespült, dann in bekannter Weise zur Entfernung der nicht verseifbaren organischen Bestandteile ausgeäthert. Im allgemeinen genügt Ausschütteln mit zuerst 50, darnach zweimal mit je 25 ccm Äther. Mit dreimal je 20 ccm Wasser werden aus den vereinigten ätherischen Auszügen die mitgelösten geringen Seifenmengen herausgewaschen. Sollten sich die Schichten beim Ausäthern und Nachwaschen nicht glatt absetzen, so läßt man einige Kubikzentimeter Alkohol an der Wandung des Scheidetrichters herabfließen.

Die mit den Waschwässern vereinigte Seifenlösung wird zur Entfernung des Alkohols eingedampft, der Rückstand in Wasser gelöst und mit 65 ccm $n/_1$-Salzsäure etwa 10 Minuten auf 50° erwärmt, wobei öfters umzuschwenken ist. (Längeres und stärkeres Erwärmen ist wegen sonst eintretender Estolidbildung zu vermeiden.) Das Zersetzungsgemisch mit den abgeschiedenen Fettsäuren wird nach dem Erkalten mit etwa 50 ccm Äther quantitativ in einen Scheidetrichter übergespült und das abgezogene Säurewasser noch zweimal mit je 25 ccm Äther extrahiert. Die vereinigten ätherischen Auszüge werden mehrmals mit je 20 ccm sulfatfreier 10proz. Kochsalzlösung mineralsäurefrei gewaschen (Methylorange) und unter Nachspülen mit Äther in einen Erlenmeyer-Kolben gegossen, der etwa 5 g entwässertes Natriumsulfat enthält. Nach etwa 1 Stunde ist die öfters umzuschwenkende ätherische Lösung entwässert. Sie wird dann durch ein trockenes Filter in einen weithalsigen, gewogenen Kolben filtriert. Mit ebenfalls über entwässertem Natriumsulfat getrocknetem Äther sind Kolben und Filter völlig fettfrei zu waschen. Aus der ätherischen Fettlösung wird auf dem Wasserbad der Äther abdestilliert. Der Rest des Lösungsmittels ist dann leicht zu entfernen, wenn man nach Aufhören der Destillation und Abnehmen des Destillationsaufsatzes mit einem Handgebläse auf den Rückstand bläst, während der Kolben auf dem stark kochenden Wasserbad bleibt. Man trocknet den Rückstand 1 Stunde im Trockenschrank bei einer Temperatur von 100 bis 105° in der Trockenzone, läßt im Exsiccator erkalten und wägt zurück. Von einem wiederholten Trocknen bis zur Gewichtskonstanz ist abzusehen.

Berechnung. Die so ermittelte Fettsäuremenge wird auf Prozentgehalt umgerechnet.

Es ist von der Fettanalysenkommission des I.V.L.I.C. darauf hingewiesen worden, daß die Verwendung von Salzsäure 2:1 zu Unzuträglichkeiten führe, weil beim Kochen am Rückflußkühler Salzsäuredämpfe aus dem Kühler entweichen. Salzsäure 1:4 genüge für die Abspaltung der Schwefelsäure.

Weiter wird das Trocknen des Ätherauszuges mit Natriumsulfat als ungenau bezeichnet und dafür Vertreiben des Wassers mit Alkohol vorgeschlagen (Collegium 1933, 674).

Bei der Bestimmung des Gesamtfettsäuregehaltes sulfonierter Trane nach der obigen Wizöff-Methode treten mitunter beim Ausschütteln des abgespaltenen Fettes mit Äther Störungen auf. Es bilden sich — anscheinend besonders bei hoch sulfonierten Tranen — braune Ausscheidungen, die in Äther unlöslich sind. Werden diese Ausscheidungen nicht berücksichtigt, so erhält man fehlerhafte Analysenresultate. Nach Stadler lösen sich diese ätherunlöslichen Anteile in warmem Alkohol. Auf diese Weise können Verluste vermieden werden.

Nach Ansicht der Fettanalysenkommission der I.S.L.T.C.[1] ist die Methode der Wizöff zur Zeit die beste Methode zur Bestimmung des Gesamtfetts, richtiger des „gesamten abgespaltenen Öls". Die Methode habe nur folgende Ungenauigkeiten:

a) Durch Kondensation, Polymerisation und Karbonisation können zu niedrige Ergebnisse erhalten werden.

b) Verbindungen vom Sulfosäuretyp werden nicht erfaßt. (Dazu ist zu sagen, daß die Wizöff-Methoden ja nur für spaltbare Öle bestimmt sind, also nicht für Öle mit nicht aufspaltbaren Sulfonsäuren. D. Verf.)

c) Manche der hochoxydierten Abbauprodukte sind in Äther unlöslich und gehen daher verloren.

---

[1] International Society of Leather Trades Chemists, London.

d) Es werden teilweise Glyceride und andere Bestandteile, die nicht vollständig hydrolysiert, gespalten oder zersetzt worden sind, eingeschlossen.

e) Es wird vorgeschlagen, das Unverseifbare vor der Spaltung zu entfernen.

Schwefelsäurebestimmung.

Erläuterung. Der Schwefelsäuregehalt wird stets in „% SO_3" berechnet, bezogen auf das untersuchte Produkt. Gravimetrisch bestimmt wird der Gehalt an Gesamtschwefelsäure und an anorganisch gebundener Schwefelsäure, als Differenz beider Werte ergibt sich der Gehalt an organisch gebundener Schwefelsäure.

Gravimetrische Bestimmung der Gesamtschwefelsäure.

Verfahren. Die Gesamtmenge oder ein aliquoter Teil der vereinigten Säure- und Waschwässer von der Fettsäurebestimmung wird mit Ammoniak neutralisiert (Methylorange), mit 1 ccm Salzsäure ($D_{15} = 1,19$) wieder schwach angesäuert und mit Wasser auf rund 400 ccm Gesamtvolumen verdünnt. In bekannter Weise wird darin durch Fällen mit Bariumchloridlösung in der Siedehitze die Schwefelsäure bestimmt.

Berechnung in % SO_3.

Gravimetrische Bestimmung der anorganisch gebundenen Schwefelsäure.

Verfahren. In einem Scheidetrichter werden 10 ccm gesättigte sulfatfreie Kochsalzlösung, 10 ccm Äther und 15 ccm Amylalkohol gemischt und mit 5 bis 7 g zu untersuchender Substanz, deren Menge durch Zurückwägen genau ermittelt wird, vorsichtig durchgeschüttelt. Die klar abgesetzte Kochsalzlösung wird von der ätherischen Schicht abgezogen, die man noch dreimal mit je 10 bis 20 ccm gesättigter Kochsalzlösung auswäscht. Die vereinigten Salzlösungen werden auf 250 ccm Gesamtvolumen gebracht und mit 1 ccm Salzsäure ($D_{15} = 1,19$) angesäuert. In dieser Lösung wird die Schwefelsäure bestimmt.

Es ist von der Fettanalysenkommission des I.V.L.I.C. vorgeschlagen worden, die Ölproben nach der Zugabe von Äther und Kochsalzlösung mit $n/_{10}$-Salzsäure gegen Methylorange zu neutralisieren und dann erst, wie oben, weiter zu behandeln, oder aber dem Ausschüttelgemisch von vornherein 10 ccm 10proz. Salzsäure zuzusetzen. (Siehe Collegium 1933, 674, u. 1934, 644, sowie die Arbeiten von K. Nishizawa und K. Winokuti in der Chem. Umsch. 1931, 1).

Diese Vorschläge haben Berechtigung, da das Dinatriumsalz des Ricinolschwefelsäureesters mit Kochsalzlösungen unter Umständen kolloidale Lösungen bildet, welche eine quantitative Trennung der Ricinolschwefelsäureverbindungen stört. Durch Ansäuern wird das Dinatriumsalz in das in Kochsalzlösungen unlösliche und daher sich leicht abscheidende saure Salz übergeführt. Störungen in der Schichtentrennung beim Ausschütteln werden so vermieden.

Berechnung der organisch gebundenen Schwefelsäure.

Der Gehalt an organisch gebundener Schwefelsäure errechnet sich als Differenz der Werte für Gesamtschwefelsäure und anorganisch gebundene Schwefelsäure.

Titrimetrische Schwefelsäurebestimmung.

Erläuterung. Zur rascheren und direkten Bestimmung des Gehalts an organisch gebundener Schwefelsäure kann als orientierendes Verfahren die folgende titrimetrische Bestimmungsweise empfohlen werden, die sich aus den beiden unten beschriebenen Einzelbestimmungen zusammensetzt. Die Methode ist nicht anwendbar bei sulfonierten Produkten, die niedere, auf Methylorange reagierende organische Säuren enthalten, z. B. Essigsäure.

Gehalt an titrimetrisch bestimmbarem Alkali (Indikator Methylorange).

Verfahren. 5 bis 10 g zu untersuchendes Produkt werden in einen 500 ccm-Erlenmeyer-Kolben eingewogen, in 50 ccm Wasser gelöst und (falls hierzu kurz erwärmt werden mußte, nach dem Abkühlen) mit je 50 ccm konzentrierter Kochsalzlösung und Äther versetzt. Nach Zugabe einiger Tropfen Methylorangelösung wird mit $n/_2$-Salzsäure titriert, bis die wässerige Schicht, die sich abtrennt, schwach sauer reagiert.

Berechnung der Auswertung.

Gegeben: e = Einwaage
a = $n/_2$-Salzsäure.

Berechnet: $A = \dfrac{28{,}055 \cdot a}{e}$.

Der Wert A ist das Äquivalent des bei Gegenwart von Methylorange als Indikator titrierbaren Alkalis, ausgedrückt in Milligramm KOH/1 g Probe. $\dfrac{A}{10}$ entspricht dann dem prozentualen Alkaligehalt (berechnet als KOH).

Titration der organisch gebundenen Schwefelsäure.

Verfahren. 8 bis 10 g Substanz werden in einem 500 ccm-Erlenmeyer-Kolben abgewogen und 1 Stunde mit 25 ccm ungefähr 2n-Schwefelsäure gekocht (Rückfluß-kühler, Siedesteine). Zu der Mischung werden nach Auswaschen des Kühlers und Erkalten je 50 ccm konzentrierte Kochsalzlösung und Äther sowie einige Tropfen Methylorangelösung gegeben. Beim anschließenden Zurücktitrieren des Säureüberschusses mit $n/_2$-Kalilauge wird nach jedem Laugenzusatz gut durchgeschüttelt.

Berechnung und Auswertung.

Gegeben: e = Einwaage
a = $n/_2$-Kalilauge, im Hauptversuch verbraucht
b = $n/_2$-Kalilauge, zur Titration der 25 ccm 2n-Schwefelsäure verbraucht.

Berechnet: $F = \dfrac{28{,}055 \cdot (a-b)}{e}$.

F ist das Alkaliäquivalent (wie A berechnet in mg KOH/1 g Probe) der aus der Estergruppe freiwerdenden Schwefelsäure, vermindert um den Wert A. Es kann auch der Fall eintreten, daß die aus der Estergruppe freiwerdende Schwefelsäure durch das nach obiger Methode bestimmte Alkali überkompensiert ist, z. B. wenn der Wert A groß und die Menge organisch gebundener Schwefelsäure gering ist. In diesem Fall wird F negativ.

Die freigemachte organisch gebundene Schwefelsäure entspricht dem Wert

$$A + F,$$

worin F mit seinem positiven oder negativen Wert einzusetzen ist. Der Prozentgehalt an organisch gebundener Schwefelsäure beträgt dann

$$\% \, SO_3 = \frac{8 \cdot (A+F)}{56{,}11}$$
$$= 0{,}1426 \cdot (A+F).$$

Ein Nachteil der Methode ist, daß bei der Verwendung von 2n-Schwefelsäure nachher zur Rücktitration unter Umständen große Mengen $n/_2$-Kalilauge erforderlich werden. Deshalb ist der Vorschlag, $n/_1$-Schwefelsäure und zur Rücktitration $n/_1$-Lauge zu verwenden, durchaus berechtigt (Collegium 1931, 856, und 1933, 674).

Sulfonierungsgrad.

Erläuterung. Der Sulfonierungsgrad gibt an, wieviel Prozent der in dem untersuchten Produkt enthaltenen Fettsäuren tatsächlich sulfoniert sind, unter der willkürlichen Annahme, daß die gesamte organisch gebundene Schwefelsäure (berechnet als SO_3) in Form von Ricinol-mono-schwefelsäureester vorliegt, nach der Gleichung:

$$CH_3 \cdot (CH_2)_5 \cdot CHOH \cdot CH_2 \cdot CH : CH \cdot (CH_2)_7 \cdot COOH + H_2SO_4 \rightarrow$$
Ricinolsäure

$$CH_3 \cdot (CH_2)_5 \cdot CH(OSO_3H) \cdot CH_2 \cdot CH : CH \cdot (CH_2)_7 \cdot COOH + H_2O$$
Ricinol-mono-schwefelsäureester.

Berechnung. Nach der vorstehenden Gleichung sind 80 g SO_3 äquivalent 298 g Ricinolsäure.

Gegeben: a = % organ. geb. SO_3,
b = % Fettsäuren im untersuchten Produkt (nach S. 411).

Berechnet: Sulfonierungsgrad $= \dfrac{298 \cdot 100 \cdot a}{80 \cdot b}$

$$= \dfrac{373 \cdot a}{b}$$

(berechnet als Ricinol-mono-schwefelsäureester).

Auf das Öl selbst bezogen, ist der Gehalt an sulfonierten Bestandteilen = $3{,}73 \cdot a$ % (berechnet als Ricinol-mono-schwefelsäureester).

Diese Berechnung kommt natürlich nur für die Ermittlung des Sulfonierungs-grades von sulfoniertem Ricinusöl in Frage.

Acidität und Alkalität.

Erläuterung. Türkischrotölprodukte reagieren im allgemeinen gegen Phenolphthalein sauer, gegen Methylorange alkalisch. Die mit Kalilauge in wässeriger Lösung bei Gegenwart von Phenolphthalein titrierte Alkaliaufnahme gilt als Acidität und kann folgendermaßen berechnet werden:
1. als Neutralisationszahl in mg KOH/1 g eingewogene Substanz[1],
2. wie in der Türkischrotölindustrie vielfach üblich, in mg KOH/1 g Fettsäure.

Bei alkalisch reagierenden Türkischrotölprodukten ergibt die Titration mit Salz- oder Schwefelsäure in Gegenwart von Phenolphthalein die Alkalität, die wie oben berechnet wird.

Bei Ammoniak enthaltenden Produkten geben die nachstehenden Verfahren nur Annäherungswerte.

Acidität.

Verfahren. 5 g zu untersuchende Substanz werden in 95 ccm Wasser gelöst und nach Zusatz einiger Tropfen Phenolphthaleinlösung mit $^n/_2$-Kalilauge bis zur Rosafärbung titriert.

Berechnung.

Gegeben: e = Einwaage,
a = $^n/_2$-Kalilauge,
f = % Fettsäuren im untersuchten Produkt.

Berechnet: 1. Acidität (in mg KOH/1 g Einwaage) $= \dfrac{28{,}055 \cdot a}{e}$.

2. Acidität (in mg KOH/1 g Fettsäure bei f % Fettsäuregehalt des untersuchten Produktes) $= \dfrac{2805{,}5 \cdot a}{e \cdot f}$.

Anmerkung. Die Berechnungsweise ist stets durch die Angaben in den Klammern zu erläutern.

---

[1] Vgl. „Deutsche Einheitsmethoden 1930, Wizöff, S. 77".

Alkalität.

Verfahren. 5 g zu untersuchende Substanz werden in 95 ccm Wasser gelöst und nach Zusatz einiger Tropfen Phenolphthaleinlösung mit $n/_2$-Salz- oder Schwefelsäure bis zur Farblosigkeit titriert.

Berechnung.

Gegeben: $e =$ Einwaage,

$a = n/_2$-Kalilauge,

$f = \%$ Fettsäuren im untersuchten Produkt.

Berechnet: 1. Alkalität (in mg KOH/1 g Einwaage) $= \dfrac{28{,}055 \cdot a}{e}$.

2. Alkalität (in mg KOH/1 g Fettsäure bei $f \%$ Fettsäuregehalt des untersuchten Produktes) $= \dfrac{2805{,}5 \cdot a}{e \cdot f}$.

Anmerkung. Die Berechnungsweise ist stets durch die Angaben in den Klammern zu erläutern.

Bestimmung von Neutralfett und nicht verseifbaren organischen Substanzen.

Erläuterung. Das Neutralfett (Fettsäureglyceride) wird nicht direkt bestimmt, sondern man scheidet die in ihm enthaltenen Fettsäuren ab und errechnet aus ihrer Menge den Gehalt an Neutralfett.

In dem gleichen Untersuchungsgang werden die **nicht verseifbaren organischen, mit Wasserdampf nicht flüchtigen Substanzen** abgeschieden.

Die mit **Wasserdampf flüchtigen, nicht verseifbaren organischen Substanzen** gelten als Lösungsmittel.

Abscheidung der fettartigen Bestandteile. 30 g zu untersuchendes Produkt, in 50 ccm Wasser gelöst, werden mit 20 ccm Ammoniak ($D_{15} = 0{,}91$) und 30 ccm Glycerin gemischt und dreimal mit je 100 ccm Äther ausgeschüttelt. Die vereinigten ätherischen Auszüge können das Neutralfett, die nicht verseifbaren organischen Substanzen und die Lösungsmittel enthalten. Sie werden zur Entfernung der in geringen Mengen mitgelösten Seife dreimal mit je 20 ccm Wasser gewaschen. Der Äther wird abdestilliert und der Rückstand mit 25 ccm alkoholischer $n/_1$-Kalilauge unter Rückfluß 1 Stunde gekocht. Aus der Seifenlösung wird die Hauptmenge Alkohol (etwa 15 ccm) durch Eindampfen verjagt. (Dabei kann bereits ein Teil der leicht flüchtigen Lösungsmittel mitentfernt werden.)

Der Rückstand wird mit 20 ccm Wasser aufgenommen, mit weiteren 30 bis 40 ccm Wasser und einigen Kubikzentimetern Äther quantitativ in einen Scheidetrichter übergespült und die so verdünnte Lösung dreimal mit je 50 ccm Äther ausgeschüttelt. Zur Entfernung der in geringen Mengen mitgelösten Seifen werden die ätherischen Auszüge wieder dreimal mit je 20 ccm Wasser gewaschen.

Bestimmung des Neutralfettes. Die mit den Waschwässern vereinigte Seifenlösung enthält das Neutralfett als Seife, die nun durch kurzes Erwärmen mit 65 ccm $n/_2$-Salzsäure auf 50^0 zersetzt wird. Wie S. 412 werden die Fettsäuren abgeschieden und gewogen.

Berechnung.

Gegeben: $e =$ Einwaage,

$a =$ Fettsäuren,

$f =$ Faktor zur Umrechnung von Fettsäuren in Neutralfett.

Berechnet: $\% \text{ Neutralfett} = \dfrac{100 \cdot a \cdot f}{e}$.

Für die Umrechnung von Ricinolsäure auf Triricinolein ist $f = 1,0425$, für die Umrechnung von Ölsäure auf Triolein ist $f = 1,045$.

Bestimmung der nicht verseifbaren organischen Substanzen. Diese sind mit den Lösungsmittelresten im ätherischen Auszug enthalten. Die Lösungsmittel werden nach dem Abdestillieren des Äthers mit Wasserdampf verjagt, als Rückstand bleiben die nicht mit Wasserdampf flüchtigen, nicht verseifbaren organischen Substanzen, die zusammen mit dem Kondenswasser quantitativ (durch Nachspülen mit Äther) in einen Scheidetrichter übergeführt und dreimal mit je 50 ccm Äther extrahiert werden. Die vereinigten ätherischen Auszüge werden sinngemäß nach der S. 412 mitgeteilten Vorschrift weiterbehandelt.

Auswertung und Berechnung. Der in Prozenten der untersuchten Probe berechnete Ätherextrakt stellt die nicht mit Wasserdampf flüchtigen, nicht verseifbaren organischen Substanzen dar. Durch Ermittlung von Kennzahlen wie Acetylzahl, Jodzahl, Refraktion, spezifischem Gewicht usw. kann eine Bewertung des Rückstandes angestrebt werden.

Von der Fettanalysenkommission des I.V.L.I.C. wurde vorgeschlagen, die Bestimmung des Unverseifbaren gleichzeitig mit der Gesamtfettsäurebestimmung durch Ausschütteln mit Äther durchzuführen.

Lösungsmittelbestimmung.

Erläuterung. Als Lösungsmittel gelten die mit Wasserdampf flüchtigen, nicht verseifbaren organischen Substanzen. Die Werte können etwas schwanken. Alkoholgegenwart beeinflußt das Ergebnis auch etwas, je nach der vorhandenen Menge.

Verfahren. 25 g zu untersuchende Substanz werden in einem Becherglas abgewogen, in kaltem Wasser gelöst und in einen langhalsigen Rundkolben von etwa 500 ccm Inhalt umgefüllt. Zum Lösen und Nachspülen sollen etwa 100 ccm Wasser ausreichen. Nach Zusatz von Calciumchlorid[1] (je nach Fettgehalt 2 bis 4 g $CaCl_2$) wird dann so lange mit Wasserdampf destilliert, bis keine öligen Tropfen mehr im Kühlrohr zu beobachten sind. Das Kühlwasser wird nun abgestellt. Dann setzt man die Destillation fort, bis unten aus dem Kühlrohr Dampf austritt. Das Destillat wird in einer geeigneten Vorlage aufgefangen und mit Kochsalz versetzt. Besonders zweckmäßig als Vorlage sind oben und unten lang ausgezogene, graduierte Scheidetrichter, in denen zugleich die Volumina der über oder unter dem Wasser sich sammelnden Lösungsmittel gemessen werden können.

Berechnung.

Gegeben: $e =$ Einwaage

$a =$ ccm wasserunlösliches Destillat

$s = D_{20}$ dieses Destillats.

Berechnet: $\%$ Lösungsmittel $= \dfrac{100 \cdot a \cdot s}{e}$.

Falls Lösungsmittel gefunden werden, die teils leichter, teils schwerer sind als Wasser, werden die Prozentmengen getrennt berechnet und angegeben.

Anmerkung. Bei Anwesenheit von wasserlöslichen Lösungsmitteln, z. B. Methylhexalin, muß das klare Destillationswasser (also nach Abtrennung der bereits abgesetzten Schichten!) mit Äther extrahiert werden. Der ätherische Auszug wird durch einstündiges Stehenlassen über 2 bis 3 g entwässertem Natriumsulfat getrocknet und filtriert. Natriumsulfat und Filter werden mit absolutem Äther nachgewaschen. Nach dem Abdestillieren des Äthers wird der

---

[1] Das Calciumchlorid wird in wässeriger Lösung zugegeben, um die schäumenden Alkaliseifen in nichtschäumende Kalkseifen umzusetzen.

Rückstand $^1/_2$ Stunde bei etwa 60⁰ getrocknet und gewogen. Die gefundene Extraktmenge wird zu dem übrigen Lösungsmittelanteil addiert, falls nicht die getrennte Angabe der Lösungsmittel erwünscht ist.

Auswertung. Die Identifizierung der Lösungsmittel erfolgt nach Geruch, spezifischem Gewicht, Siedekurve, Refraktion usw.

Wasserbestimmung.

Die Bestimmung des Wassergehalts wird in üblicher Weise nach dem Destillationsverfahren vorgenommen (vgl. Deutsche Einheitsmethoden 1930, Wizöff, S. 119ff. Siehe S. 367 dieses Bandes).

Anmerkung. In nicht neutralisierten, d. h. noch mineralsauren sulfonierten Produkten kann der Wassergehalt nicht auf diese Weise bestimmt werden.

Volumetrische Gesamtfettbestimmung.

Erläuterung. Das „Gesamtfett" in sulfonierten Produkten umfaßt die gesamten fettartigen Bestandteile einschließlich der nicht verseifbaren organischen Substanzen. Das folgende Verfahren soll lediglich dazu dienen, den nicht über besondere chemische Einrichtungen verfügenden Verbraucher instand zu setzen, auf einfache, für die Praxis aber hinreichend genaue Weise den Gesamtfettgehalt eines Türkischrotöls zu bestimmen. Es handelt sich also wohlgemerkt nur um eine Orientierungsmethode, die ausschließlich zur Untersuchung nicht lösungsmittelhaltiger Produkte bestimmt ist.

Abb. 112. Fettsäurebestimmungskolben nach Büchner. (Einheitsmethoden für die Untersuchung von Türkischrotolen und turkischrotolartigen Produkten, Wizoff 1932, S 20.)

Verfahren. In einem 100 ccm-Becherglas werden genau 10 g hochprozentiges oder genau 20 g niedrigprozentiges Türkischrotöl abgewogen und mit 25 ccm Wasser erwärmt, bis Lösung eingetreten ist. Die Lösung wird unter wiederholtem Nachwaschen quantitativ in einen sog. Büchnerschen Fettsäurebestimmungskolben[1] (vgl. Abb. 112) übergeführt und nach Zusatz von 50 ccm Salzsäure ($D_{15} = 1,19$) auf dem Drahtnetz über kleiner Flamme so lange — mindestens aber eine Stunde — gekocht, bis sich das Fett klar abgeschieden hat (Siedesteine). Durch Auffüllen mit konzentrierter, etwa 100⁰ heißer Kochsalzlösung wird die Fettschicht in den graduierten Hals des Büchnerschen Kolbens gedrängt. Dann wird der Kolben bis zum Hals in ein lebhaft siedendes Wasserbad gestellt. Zuerst nach 15, darauf nach weiteren 10 Minuten wird das Volumen der Fettschicht abgelesen. Unterscheiden sich die Ablesungen, so sind sie in Abständen von je 10 Minuten zu wiederholen, bis zwei aufeinanderfolgende Ablesungen übereinstimmen.

Berechnung.

Gegeben: e = Einwaage
a = ccm Gesamtfett
d = spez. Gew. des Gesamtfetts[2].

Berechnet: % Gesamtfett $= \dfrac{100 \cdot a \cdot d}{e}$.

---

[1] Bezugsquelle: Ströhlein & Co., G. m. b. H., Dusseldorf 39, Adersstr. 93.
[2] Das spez. Gew. wird in bekannter Weise bei 99⁰ mit einem Pyknometer bestimmt (= D_{99}). Vgl. Deutsche Einheitsmethoden 1930, Wizöff, S. 62ff.

Anmerkung. Die Berechnungsformel vereinfacht sich

bei 10 g Einwaage zu: % Gesamtfett $= 10 \cdot a \cdot d$
„ 20 g „ „ % „ $= 5 \cdot a \cdot d$.

Wird auf die Bestimmung des spez. Gewichts verzichtet, so kann ein Durchschnittswert

$$d = 0{,}9$$

eingesetzt werden.

Rechenbeispiel. Eingewogen 20 g Türkischrotöl, gefunden 8 ccm Gesamtfett. Spez. Gewicht dieses Gesamtfetts im Pyknometer bei 99° gefunden zu 0,894 (d. h. $D_{99} = 0{,}894$). Nach der zweiten Formel unter 57 ergibt sich

$$\% \text{ Gesamtfett} = 5 \cdot 8 \cdot 0{,}894$$
$$= 35{,}8.$$

Die vorstehenden Einheitsmethoden der Wizöff für die Türkischrotöluntersuchung enthalten keine Vorschrift für die Bestimmung der freien Säuren. Hierfür sind folgende Methoden in Vorschlag gebracht worden (Colleg. 1933, 456 und 1934, 646).

α) Bei Abwesenheit von Ammoniak oder Ammonsalzen.

Eine abgewogene Ölprobe wird in Äther-Alkohol oder in Benzol-Alkohol gelöst und mit $^n/_{10}$-Lauge gegen Phenolphthalein titriert. Der Alkaliverbrauch wird in mg KOH pro Gramm Öl ausgedrückt. (Auch die Berechnung als freie Ricinolsäure ist üblich.)

β) Bei Anwesenheit von Ammoniak oder Ammonsalzen.

Eine abgewogene Ölprobe wird unter Zusatz von Äther und gesättigter Kochsalzlösung mit $^n/_{10}$-Salzsäure gegen Methylorange neutralisiert, in einen Scheidetrichter gebracht und mehrere Male mit neutraler gesättigter Kochsalzlösung ausgeschüttelt, wobei die Ammonsalze entfernt werden. Dann wird die ätherische Lösung mit 25 ccm neutralem Alkohol versetzt und gegen Phenolphthalein mit $^n/_{10}$-Natronlauge titriert. Von den verbrauchten Kubikzentimetern Lauge zieht man die bei der Titration des titrimetrisch bestimmbaren Alkalis verbrauchten Kubikzentimetern $^n/_{10}$-Salzsäure ab und drückt das Ergebnis in mg KOH pro 1 g Öl aus.

b) Methoden zur Untersuchung von sulfonierten Ölen, die nicht in den Einheitsmethoden der Wizöff enthalten sind.

Da in manchen, besonders außerdeutschen Fachkreisen neben den oder aber an Stelle der Wizöff-Methoden noch andere, meist ältere Analysenmethoden Verwendung finden, sind die wichtigsten sonstigen Untersuchungsmethoden im folgenden aufgeführt.

1. *Wasserbestimmung nach Fahrion (Tiegelmethode).*

In einem Nickeltigel werden 4 g Öl abgewogen und mit fächelnder Flamme erhitzt, bis alles Wasser vertrieben ist. Das Bilden eines leichten Rauchwölkchens nach beendetem Schäumen zeigt diesen Zeitpunkt an.

2. *Bestimmung des sog. „Gesamtfetts"*
(siehe hierzu die Ausführungen auf S. 408).

a) Methode von Herbig. 10 g Öl werden in einen 500 ccm fassenden Erlenmeyer-Kolben eingewogen und mit 25 ccm Wasser und 30 ccm konzentrierter Salzsäure versetzt. Man erhitzt unter Umschwenken und kocht so lange, bis die Fettschicht völlig klar geworden ist (Dauer 10 bis 15 Minuten). Ein längeres Erhitzen ist völlig zwecklos, da nach $^1/_4$ Stunde die Schwefelsäure total abgespalten ist. Man kühlt zunächst an der Luft, dann in fließendem Wasser ab, spült mit Äther in einen Scheidetrichter, so daß die Ätherschicht etwa 100 ccm beträgt, schüttelt kräftig durch und läßt bis zur völligen Klärung stehen. Ist die Sulfosäure völlig zersetzt, so erfolgt die Klärung äußerst rasch, andernfalls bleibt (namentlich wenn man kalt mit Salzsäure zersetzt und ausäthert) die Ätherschicht infolge der Anwesenheit von Sulfosäure im Wasser trübe.

Man zieht dann die klare Wasserschicht in einen zweiten Scheidetrichter, äthert nochmals aus, läßt die Wasserschicht ab, vereinigt die Ätherauszüge in dem ersten Scheidetrichter, wäscht die Ätherschicht durch dreimaliges Ausschütteln mit je 10 ccm Wasser völlig salzsäurefrei und gibt die Waschwässer zur Wasserschicht. **Ein zweimaliges Ausschütteln der Wasserschicht beeinflußt das Resultat nur sehr gering und ist eigentlich überflüssig.** Die Ätherlösung wird eingedampft, der Rückstand nach Zugabe von etwas Alkohol weiter auf dem Wasserbad erwärmt, bis zur Gewichtskonstanz getrocknet und gewogen.

β) Die Kuchenmethode (Herbig, S. 403). Etwa 10 g Türkischrotöl werden, auf 4 Dezimalen genau gewogen, in einem Porzellantiegel mit 50 ccm Wasser versetzt und auf dem Wasserbad zur Lösung gebracht. Dann fügt man 15 ccm konzentrierte Salzsäure zu und läßt diese eine halbe Stunde auf das Türkischrotöl einwirken. Zweckmäßig bringt man die Fettschicht 2- bis 3mal durch leichtes Blasen mit dem darunter stehenden Säurewasser in Berührung. Sobald die Fettsäure klar auf dem Wasserbad schwimmt, gibt man 10 g Wachs zu und läßt wieder eine halbe Stunde auf dem Wasser stehen, wobei man die beiden Schichten gut miteinander mischt. Nach einer weiteren halben Stunde wird der Tiegel vom Wasserbad genommen und der Wachskuchen zum Erkalten gebracht. Nach dem vollständigen Erkalten nimmt man den Wachskuchen vorsichtig heraus, gießt das Säurewasser ab, spült den Kuchen mit destilliertem Wasser ab und schmilzt nochmals mit destilliertem Wasser um. Zum Schluß werden die Luftblasen an der Wandung des Tiegels mit einem heißen Glasstab vorsichtig entfernt. Nach dem Erkalten tupft man den Wachskuchen mit Filtrierpapier ab, trocknet auf gleiche Weise den Tiegel, bringt den Wachskuchen in den Tiegel und trocknet etwa eine halbe Stunde bei 105 bis 110°. Nach Abzug des zugesetzten Wachses ergibt sich das Gewicht der abgeschiedenen Fettsäure und daraus der Prozentgehalt des Türkischrotöles an Fettsäuren.

3. Bestimmung der freien und anorganisch gebundenen Schwefelsäure in besonderen sulfonierten Ölen (nach Herbig, S. 406).

In zahlreichen sulfonierten Ölen, die nach besonderen Methoden hergestellt sind, läßt sich nach Herbig die anorganisch gebundene Schwefelsäure nach den üblichen Methoden (wie z. B. die Wizöff-Methode, siehe S. 413) nicht bestimmen. Er empfiehlt in diesen Fällen folgendermaßen zu verfahren:

10 g Öl werden mit 200 ccm absolutem Alkohol in einem Erlenmeyer geschüttelt und über Nacht gut verschlossen stehen gelassen. Bei verdünnten Ölen konzentriert man auf nicht zu heißem Wasserbad und vergrößert das Volumen des absoluten Alkohols, um die Unlöslichkeit des Na_2SO_4 zu fördern. Man zieht die völlig klare alkoholische Lösung soweit als möglich ab, bringt den Niederschlag auf einmal auf ein genügend großes Filter und wäscht mit absolutem Alkohol vollständig aus. Den Niederschlag löst man auf dem Filter mit heißem Wasser und wäscht aus. Im Filtrat bestimmt man die Schwefelsäure wie üblich.

4. Bestimmung der Gesamtschwefelsäure nach der Aschenmethode der I.S.L.T.C.
(Journ. Soc. Leath. Trad. Chem. 1931, 320; Colleg. 1931, 857).

In einem Nickeltiegel (mit kurzem Kupferdraht als Rührer) wird etwa 1 g Öl langsam mit trockener Soda verrührt. Dann gibt man auf das Gemisch eine Schicht trockene Soda, eine Schicht Kaliumnitrat und wieder eine Schicht Soda. Anschließend wird über einem Argandbrenner vorsichtig erhitzt und die Temperatur langsam gesteigert, bis eine gelinde Verbrennung eintritt. Zum Schluß wird der Tiegelinhalt über einem Bunsenbrenner zum Schmelzen gebracht. Kohlenreste kann man mit etwas Kaliumnitrat entfernen.

Man läßt erkalten und stellt den Tiegel mit Deckel in ein Becherglas, das soviel Wasser enthält, daß der Tiegel bedeckt ist. Man löst die Schmelze durch Erhitzen auf dem Wasserbad und entfernt Tiegel, Deckel und Rührer nach gründlichem Abspülen aus der Lösung. Dann säuert man vorsichtig mit Salzsäure an, kocht zur Entfernung von Stickoxydverbindungen und neutralisiert mit Ammoniak gegen Methylorange. Hierauf säuert man wieder ganz schwach an und fällt die Sulfate wie üblich mit Chlorbarium, filtriert durch einen Goochtiegel, wäscht mit etwas Alkohol nach und trocknet eine halbe Stunde. Der Niederschlag wird zuletzt vorsichtig geglüht und — nach Abrauchen mit einigen Tropfen Schwefelsäure — gewogen.

5. Bestimmung des Neutralfetts (nach Herbig, S. 409).

Man wägt etwa 5 g Öl in eine Nickelschale, löst es in 30 ccm Wasser, neutralisiert die Lösung unter Phenolphthalein- und Alkoholzusatz genau mit $n/_{10}$-Lauge und trocknet, wie bei der Wasserbestimmung beschrieben ist. Die trockene Masse zerreibt man unter Zusatz von je 50 ccm Petroläther viermal und gießt den Petroläther quantitativ durch ein glattes Filter, das dann noch mit Petroläther ausgewaschen wird. Die vereinigten Petrolätherauszüge werden abdestilliert. Der Rückstand wird gewogen.

6. Prüfung der Beständigkeit gegen Kalk- und Magnesiumsalze.

Man setzt zu einem Liter kalten Brunnenwasser 5 ccm einer 10proz. Lösung des Öls zu und beobachtet, ob sofort oder erst nach längerem Stehen eine Trübung eintritt, oder ob der Eintritt einer Trübung erst nach Einstellen eines bestimmten p_H-Wertes beobachtet wird.

Tritt keine oder nur eine geringe Trübung ein, so setzt man nach einer Stunde 50 ccm einer Lösung von Marseiller Seife zu und beobachtet, ob das Öl imstande ist, die Bildung von Kalkseifen zu verhindern oder zu verzögern. Der Versuch muß in der Kälte und in der Wärme durchgeführt werden.

Siehe auch die Methoden bei Herbig, S. 426.

Hart hat zur Bestimmung der Emulgierfähigkeit vorgeschlagen, die Menge Olivenöl zu ermitteln, die mit 100 g des zu untersuchenden sulfonierten Öls noch eine Emulsion von bestimmter Stabilität ergibt. (Siehe das Referat im Colleg. 1932, 803).

c) Untersuchung nicht spaltbarer sulfonierter Öle.

Sowohl die Wizöff-Methoden wie die meisten anderen aufgeführten Analysenmethoden lassen sich nur bei solchen sulfonierten Produkten anwenden, deren organisch gebundene Schwefelsäure durch Kochen mit starker Salzsäure abspaltbar ist, d. h. die keine Verbindungen von der Art wahrer Sulfonsäuren enthalten. Unter den neueren sulfonierten Ölen, die für Zwecke sowohl der Lederwie der Textilindustrie empfohlen werden, gibt es aber, wie auf S. 407ff. näher ausgeführt wurde, zahlreiche mit Salzsäure nicht aufspaltbare wasserlösliche Öle.

Bei diesen Ölen versagen die für die normalen sulfonierten Öle brauchbaren Analysenmethoden. Auf Salzsäurezusatz scheiden sich die Sulfonsäuren häufig aus und beim Versuch, sie durch Äther auszuschütteln, bilden sich nicht selten drei Schichten, oder aber es tritt überhaupt keine Trennung ein, da die wasserlöslichen und emulgierend wirkenden Sulfonsäuren eine Schichtenbildung verhindern.

Herbig (S. 430) hat zur Bestimmung aromatischer Sulfonsäuren das Ausschütteln mit Amylalkohol vorgeschlagen. Die Methode läßt sich bei manchen
sulfonierten Ölen mit Erfolg anwenden. Die Gesamtschwefelsäure läßt sich in
nicht spaltbaren Ölen nach der auf S. 420 angegebenen Aschenmethode bestimmen. Auch die Herbigsche Methode zur Bestimmung der freien und anorganisch gebundenen Schwefelsäure in besonderen sulfonierten Ölen (siehe
S. 420) ist in manchen Fällen brauchbar. (Siehe auch den Abschnitt über Fettalkoholsulfonate S. 429.)

Von der chemischen Industrie werden ständig neue Verfahren zur Herstellung
wasserlöslicher Öle entwickelt, die sich in ihrer Natur immer mehr von den gewöhnlich sulfonierten Ölen entfernen.

Für die Untersuchung derartiger Öle, die beim Kochen mit Salzsäure keine
Schwefelsäure abspalten, ist die Aufstellung brauchbarer Untersuchungsmethoden
schon deshalb schwierig, weil diese Produkte durchaus nicht alle gleichartige
Eigenschaften aufweisen, und somit unter Umständen ganz verschiedene Analysenmethoden zur Untersuchung erforderlich machen.

Anderseits besteht in den Kreisen der Gerbereichemiker durchaus das Be-
dürfnis, an Hand geeigneter Untersuchungsmethoden sich über Natur und Zu-
sammensetzung auch dieser nicht spaltbaren, meist unter Phantasienamen in den
Handel kommenden Ölprodukte Aufklärung zu verschaffen. In der Fachliteratur
der letzten Jahre ist diesem Bedürfnis wiederholt Ausdruck gegeben worden.
Dabei sind auch bereits erste Vorschläge für Untersuchungsmethoden zu finden
(Fettchem. Umsch. 1932, 268; 1933, 93; Ind. Eng. Chem. [An. Ed.] 1933, 413;
Colleg. 1935, 50).

II. Die Bewertung sulfonierter Öle.

Die bisher erwähnten Untersuchungsmethoden vermögen dem Gerber nur
darüber Aufschluß zu geben, in welchem Verhältnis die einzelnen Bestandteile
in einem Öl vorhanden sind. Die chemische Analyse sagt dem Gerber wohl, ob
das gekaufte Öl den garantierten Fettsäuregehalt besitzt, ob es keine unzu-
lässige Vermengung mit Mineralöl erfahren hat und schließlich auch, ob der
Schwefelsäuregehalt dieses oder jenes vielleicht erfahrungsgemäß als günstig
festgestellte Maß über- oder unterschreitet. Über die Wirksamkeit des Öls, seine
fettenden Eigenschaften, sein spezifisches Verhalten dem Leder gegenüber erfährt er aber durch die Analyse nichts. Zwei Produkte mit gleichem Fettsäuregehalt oder zwei Öle mit derselben Menge organisch gebundener Schwefelsäure
können ganz verschiedene Wirkungen zeigen, wenn sie zum Fetten des Leders
verwendet werden.

Um ein Bild vom Wert eines sulfonierten Öls — und ganz besonders eines mit
einem Phantasienamen bezeichneten unbekannten „Lederöls" — zu bekommen,
genügen deshalb die im Handel üblichen kleinen Ölproben von 20 bis 50 g keineswegs. Es müssen entsprechend große Muster verlangt werden, die neben der
chemischen Untersuchung die Ausführung von Betriebsproben und Fettungsversuchen in größerem Umfang ermöglichen. Viel wichtiger als die genaue
analytische Feststellung des Fettgehalts, der gebundenen Schwefelsäure usw.
ist die Ermittlung der spezifischen Eigenschaften des sulfonierten Öls
oder des sog. Lederöls. Schindler (1) nennt diese spezifischen Eigenschaften
sehr treffend die „Individualität" eines Öls.

Die Möglichkeiten, sich über diese Individualität eines Öls ein Bild zu verschaffen, sind für den Gerbereichemiker bis jetzt sehr gering, wenn man von
der einfachsten und sichersten Methode, der praktischen Fettungs-

probe im Betrieb, absieht. Für die Entwicklung dieser Möglichkeiten sind aber neuerdings einige Arbeiten richtungsweisend gewesen, denen deshalb eine besondere Bedeutung zuerkannt werden muß. Sie zielten darauf hin, dem Gerbereichemiker für die spezifische Beurteilung sulfonierter Öle einige, wenn vorerst auch noch bescheidene Hilfen zu schaffen. Es sind dies Untersuchungen von Stiasny und Rieß und in ähnlicher Weise von Schindler (2) und seinen Mitarbeitern, die durch eine Zerlegung der sulfonierten Öle in ihre Bestandteile Einblick in die Wirksamkeit dieser Öle zu erhalten bestrebt waren. Die Arbeiten brachten außerdem eine teilweise Aufklärung über den Mechanismus des Sulfonierungsprozesses. Ihre Ergebnisse sind deshalb für den gesamten Fragenkomplex der sulfonierten Öle von Interesse. Die Zerlegung von sulfonierten Ölen in ihre Bestandteile durch verschiedene Lösungsmittel haben Stiasny und Rieß in folgender Weise durchgeführt:

Etwa 2 g des Fettes werden in einem Scheidetrichter zu 50 ccm 80proz. Alkohol und 50 ccm Petroläther (Siedep. 40 bis 60°) gebracht und gut durchgeschüttelt. Nachdem sich die Schichten getrennt haben, wird die untere alkoholische in einen zweiten Scheidetrichter abgelassen und wieder mit Petrolather ausgeschüttelt. Dies wird noch ein drittes Mal wiederholt und die vereinigten Petrolatherauszüge dreimal mit 80proz. Alkohol ausgeschüttelt. Die einzelnen Lösungen werden abdestilliert und gewogen.

Die von Stiasny und Rieß untersuchten sulfonierten Trane und Klauenöle wurden auf diese Weise in drei Teile zerlegt:

Teil A   alkohollöslich — petrolätherunlöslich
Teil B   alkohollöslich — petrolätherloslich
Teil C   alkoholunlöslich — petrolätherloslich.

Ein sulfoniertes Klauenöl mit 76,9% Gesamtfett, 3,2% Gesamt-SO_3, 0,11% anorganischem SO_3 und 17,8% Wasser ließ sich z. B. auf diese Weise in folgende Anteile zerlegen (Werte sind auf wasserfreie Substanz berechnet):

	Sulf. Klauenöl	Gew. Klauenol
Teil A . . .	27,1%	0,04%
Teil B . . .	6,6%	0,7 %
Teil C . . .	66,5%	99,5 %

Um nun den Einfluß des Sulfonierungsgrades auf das Verhältnis der Bestandteile A, B und C zu ermitteln, wurden Tran und Klauenöl mit steigenden Mengen Schwefelsäure sulfoniert und das Sulfonierungsprodukt in obiger Weise zerlegt. Die Ergebnisse sind aus Tabelle 34 und 35 ersichtlich.

Tabelle 34. Einfluß des Sulfonierungsgrades auf die Zusammensetzung von sulfoniertem Tran[1] (Stiasny und Rieß).

Nr.	Sulfoniert mit % H_2SO_4	Auf wasserfreie Substanz berechnet				Anteil A	Anteil B	Anteil C
		Gesamt-fett %	Gesamt-SO_3 %	Jodzahl	Säurezahl	%	%	%
0	0	97,6	0,00	157,0	25,2	1,01	6,88	93,6
1	5	97,5	0,70	139,3	32,7	5,68	8,15	83,8
2	10	95,5	1,91	121,4	59,7	18,10	11,20	71,2
3	15	98,9	3,18	97,7	96,1	31,20	19,1	49,8

[1] Der verwendete Tran (Dorschtran) wurde bei 27° sulfoniert und mit 5proz. Kochsalzlosung ausgewaschen.

Tabelle 35. Einfluß des Sulfonierungsgrades auf die Zusammensetzung von sulfoniertem Klauenöl[1] (Stiasny und Rieß).

Nr.	Sulfoniert mit % H_2SO_4	Auf wasserfreie Substanz berechnet				Anteil A %	Anteil B %	Anteil C %
		Gesamtfett %	Gesamt-SO_3 %	Jodzahl	Säurezahl			
0	0	(100)	0,00	74,8	1,00	0,04	0,70	99,8
1	10	95,9	2,30	49,6	99,2	13,4	1,12	86,4
2	20	94,9	2,90	35,4	118,2	22,8	3,65	74,3
3	30	95,1	2,98	29,6	128,7	32,3	6,45	61,6
4	40	95,5	3,09	23,3	127,8	31,5	8,68	59,3
5	50	95,7	3,19	22,5	127,9	24,9	13,25	61,3
6	100	95,6	2,81	22,6	126,7	27,9	10,43	61,5

Tabelle 36. Einfluß des Sulfonierungsgrades auf die Wasserlöslichkeit (Stiasny und Rieß).

Sulfoniert mit % H_2SO_4	Löslichkeit in Wasser	Löslichkeit in Wasser mit Alkalizusatz
	a) Tran.	
5	schlechte Emulsion	Emulsion
10	Emulsion	„
15	gute Emulsion	klar löslich
18	opaleszent löslich	„ „
20	„ „	„ „
25	fast „ klar löslich	„ „
30	„ „ „	„ „
35	„ „ „	„ „
	b) Klauenöl.	
10	Emulsion	opaleszent löslich
20	„	klar löslich
30	durchscheinende Emulsion	„ „
40	„ „	„ „
50	„ „	„ „
100	„ „	„ „

Die Löslichkeit der sulfonierten Produkte in Wasser ist aus Tabelle 36 ersichtlich.

Auf Grund ihrer weiteren Untersuchungen, auf die im einzelnen hier nicht eingegangen werden kann, haben Stiasny und Rieß zwischen dem Sulfonierungsgrad und den Eigenschaften der sulfonierten Produkte ganz allgemein folgende Beziehungen feststellen können:

Je stärker die Sulfonierung, desto besser ist die Emulgierbarkeit. Tran läßt sich weitgehender sulfonieren als Klauenöl. Bei Verwendung von genügenden Säuremengen tritt eine maximale Sulfonierung ein, die bei Verwendung von noch mehr Schwefelsäure nicht überschritten wird. Die Jodzahl der sulfonierten Produkte sinkt bei fortschreitender Sulfonierung nicht auf Null, sondern erreicht einen konstanten Wert. Der in Petroläther unlösliche Anteil A ist weit größer als die aus dem Gehalt der sulfonierten Produkte an organisch gebundener Schwefelsäure berechnete Menge Ölsulfosäure.

Die Fraktionierungsmethode von Schindler.

Schindler (2) führt die Zerlegung sulfonierter Öle zur Kennzeichnung ihrer Komponenten auf andere Weise durch: 5 g der Probe werden in einem etwa 200 ccm fassenden Scheidetrichter mit 25 ccm Alkohol (96%) gut geschüttelt. Nach vollständigem Absitzen, am besten am nächsten Tag, wird die klare alkoholische Lösung, zur Sicherheit durch ein kleines Filter, in einen zweiten Scheide-

---

[1] Das Klauenöl wurde 40 Std. bei 37° sulfoniert und mit 5% Kochsalzlösung ausgewaschen.

trichter gegossen. Zum Rückstand im ersten Scheidetrichter kommen nun 5 ccm $n/_1$ alkoholische Kalilauge und 15 ccm Alkohol. Es wird wieder gut geschüttelt und neuerlich absitzen gelassen; dazu sind diesmal nur 10 bis 30 Minuten nötig. Die klare Lösung wird wieder durch das Filterchen in den zweiten Scheidetrichter gegossen. Der Rückstand wird nun noch zwei- bis dreimal mit Alkohol ausgeschüttelt und die klaren alkoholischen Lösungen in den zweiten Scheidetrichter gebracht, bis der Alkohol auch nach dem Schütteln farblos bleibt. Wir haben nun im ersten Scheidetrichter den Rückstand γ, im zweiten Scheidetrichter eine alkoholische Lösung $\alpha + \beta + \delta$. (Siehe auch die Übersicht auf S. 426.)

a) Behandlung der alkoholischen Lösung ($\alpha + \beta + \delta$): Zu der etwa 100 ccm fassenden Flüssigkeitsmenge werden 15 ccm Wasser, 5 ccm Eisessig und 40 ccm Petroläther zugesetzt. Nach gutem Durchschütteln wird die Scheidung in zwei Schichten abgewartet. Diese Scheidung erfolgt sehr rasch, eventuell kann man noch 2 bis 5 ccm Wasser zusetzen. Die untere alkoholische Schicht wird in einen weiteren Scheidetrichter gebracht, wo sie neuerlich mit 25 ccm Petroläther ausgeschüttelt wird. Das Ausschütteln mit Petroläther wird noch einmal mit 35 ccm Petroläther wiederholt. Die Petrolätherauszüge werden gesammelt und enthalten die Fraktion α. In den alkoholischen Waschflüssigkeiten ist β und δ enthalten.

b) Behandlung der petrolätherischen Lösung α: Diese Lösung enthält neben freien Fettsäuren noch größere Mengen Neutralfett und Oxyfettsäuren. Um die Fettsäuren zu entfernen, wird die petrolätherische Lösung dreimal mit einem Gemisch von 10 ccm $n/_1$ alkoholischer Kalilauge und 10 ccm 70proz. Alkohol geschüttelt. Nach Abziehen der alkoholischen Seifenlösung wird die fast farblose petrolätherische Lösung mit einem Gemisch von 9 ccm 70proz. Alkohol und 1 ccm Salzsäure 1 : 10 gewaschen. Die Behandlung der petrolätherischen Lösung soll möglichst rasch geschehen, um eine eventuelle Verseifung des vorhandenen Neutralfettes zu vermeiden. Die Trennung der Schichten erfolgt aber hinlänglich rasch. Die gereinigte petrolätherische Lösung ergibt nach dem Abdunsten und Trocknen α^1. Die alkoholische Lösung wird mit 200 ccm Wasser und 30 ccm Salzsäure 1 : 10 versetzt und dreimal mit je 10 ccm Tetrachlorkohlenstoff ausgeschüttelt. Aus dieser Lösung erhält man nach dem Abdunsten die Fraktion α_2.

c) Behandlung der alkoholischen Lösung $\beta + \delta$. Arbeitet man genau nach der Vorschrift, so beträgt das Volumen der alkoholisch-essigsauren Lösung 110 ccm. Bei Abweichungen muß das Volumen festgestellt werden. Man gibt auf je 100 ccm Lösung 100 ccm Wasser, 35 ccm konzentrierte Salzsäure und 10 ccm Tetrachlorkohlenstoff. Man schüttelt durch, läßt absitzen und zieht dann die Tetrachlorkohlenstofflösung ab, auch wenn sie zwei Schichten zeigt. Die Restlösung schüttelt man noch dreimal mit je 7 ccm Tetrachlorkohlenstoff aus. Die vereinigten Auszüge enthalten die Fraktion β.

Die verdünnte alkoholisch-salzsaure Lösung wird zur Abscheidung von δ am Wasserbad auf ein Viertel des Volumens eingeengt. Die sich dabei ausscheidenden Fette werden nach dem Erkalten mit $7 + 5 + 5$ ccm Tetrachlorkohlenstoff ausgeschüttelt. Die vereinigten Auszüge ergeben die Fraktion δ.

d) Behandlung des Rückstandes γ. Man löst den Rückstand in einem Gemisch von 10 ccm Aceton und 10 ccm Tetrachlorkohlenstoff. Enthält die Lösung Flocken, so gießt man sie durch ein gewogenes Filter. Der Scheidetrichter wird zweimal mit je 5 ccm Tetrachlorkohlenstoff nachgewaschen, die Waschflüssigkeiten werden ebenfalls durch das gewogene Filter gegeben. Die vereinigten Lösungen enthalten γ_1. Auf dem Filter verbleibt γ_2, allerdings nur ausnahmsweise in größeren Mengen.

Eine Trennung der Fraktion β in β_1 und β_2 hat Schindler ebenfalls durchgeführt. Eine genaue zuverlässige Scheidung ist aber kaum möglich. Das Ergebnis der Trennung ist in hohem Maß von den Arbeitsbedingungen abhängig.

Die Fraktionierungsmethode ist zwar recht kompliziert und wird auch, besonders wenn sie von Ungeübten durchgeführt wird, mitunter unsichere Resultate liefern. Sie bietet aber trotzdem dem Gerbereichemiker die Möglichkeit, sich einen Einblick in die Bestandteile, und damit den spezifischen Wert sulfonierter Öle zu verschaffen.

Übersicht über die Schindlersche Fraktionierungsmethode.

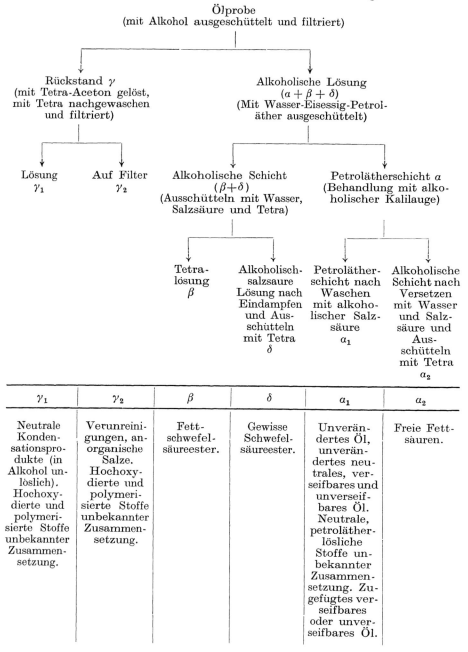

γ_1	γ_2	β	δ	α_1	α_2
Neutrale Kondensationsprodukte (in Alkohol unlöslich). Hochoxydierte und polymerisierte Stoffe unbekannter Zusammensetzung.	Verunreinigungen, anorganische Salze. Hochoxydierte und polymerisierte Stoffe unbekannter Zusammensetzung.	Fettschwefelsäureester.	Gewisse Schwefelsäureester.	Unverändertes Öl, unverändertes neutrales, verseifbares und unverseifbares Öl. Neutrale, petrolätherlösliche Stoffe unbekannter Zusammensetzung. Zugefügtes verseifbares oder unverseifbares Öl.	Freie Fettsäuren.

Die abgetrennten Fraktionen sind ihrer Natur nach ganz verschieden und müssen deshalb vom gerbereitechnischen Standpunkt aus auch ganz verschieden gewertet werden.

Die Fraktionen α_1 und γ_1 sind neutral. Sie besitzen keine emulgierende Wirkung. Dagegen enthalten sie die wichtigen fettenden (schmierenden) Bestandteile, sind also für den Lederfettungsprozeß außerordentlich wertvoll. α_1 enthält vorwiegend Bestandteile, die gewöhnlich mit „Neutralfett" bezeichnet werden. Die Fraktion α_2 besteht aus Fettsäuren. Erhält das verwendete Öl einen Alkalizusatz, so werden diese Fettsäuren in Seifen umgewandelt, die emulgierend wirken.

In der Fraktion β, und teilweise auch δ, ist die Masse der emulgierend wirkenden Fettschwefelsäureverbindungen enthalten.

Als Beispiel für die Möglichkeiten, welche durch die Fraktionierungsmethode zur Bewertung sulfonierter Öle gegeben sind, seien die Ergebnisse aufgeführt, die Burton und Robertshaw bei der Untersuchung einiger Öle erhalten haben. Sie führten die Fraktionierung bei vier verschiedenen, stark verschnittenen Ölen durch, und zwar: Öl A (Türkischrotöl + zugesetztes Mineralöl), Öl B (sulfoniertes Spermöl + zugesetztes verseifbares Öl + Mineralöl), Öl C (unbekanntes Lederöl), Öl D (unbekanntes Lederöl). Die Ergebnisse der Fraktionierung zeigt Tabelle 37.

Tabelle 37. Fraktionierung von Ölen nach der Methode von Schindler (Burton und Robertshaw).

	Öl A	Öl B	Öl C	Öl D
Allgemeine Untersuchung:				
Wassergehalt	6,3%	8,3%	3,4%	6.3%
Unverseifbare Stoffe	34,5%	38,6%	75,0%	67,3%
Verseifbare Stoffe	51,5%	48,2%	17,7%	22,6%
Asche	2,5%	3,2%	1,2%	1,0%
Totalalkali (mg pro Gramm)	3,0	3,0	1,2	8,4
Säurezahl	36,5	18,8	14,7	21,2
Ammoniak (mg pro Gramm)	24,0	—	—	8,4
Fraktionierung nach Schindler:	%	%	%	%
Fraktion α_1:				
Verseifbare Stoffe	10,4	11,4	4,6	0,9
Unverseifbare Stoffe	10,4	10,8	18,0	10,1
Fraktion α_2:				
Verseifbare Stoffe	9,5	3,2	3,6	4,6
Unverseifbare Stoffe	0,4	0,3	0,3	3,3
Fraktion β:	17,0	17,5	7,5	10,3
Fraktion γ_1				
Verseifbare Stoffe	17,6	15,9	1,5	6,0
Unverseifbare Stoffe	18,9	21,3	57,0	42,2
Fraktion γ_2:	Spuren	4,0	0,5	—
Verseifbare Stoffe	—	—	—	1,8
Unverseifbare Stoffe	—	—	—	11,0
Fraktion δ:	5,4	6,3	1,0	2,0
Gesamt-Unverseifbares nach der Fraktionierungsmethode	29,7	32,4	75,3	66,6

Vergleicht man die Werte für die Summe der verseifbaren und unverseifbaren Stoffe, wie sie durch die direkte Bestimmung und durch Fraktionierung erhalten worden sind, so findet man bei den unverseifbaren Anteilen des Öls A und B eine angehende, bei Öl C und D eine gute Übereinstimmung, während die nach den beiden Methoden ermittelten Gesamtmengen der verseifbaren Stoffe sehr voneinander abweichen. Trotzdem zeigt die Tabelle 37 in anschaulicher Weise, daß die Schindlersche Fraktionierung wertvolle Anhaltspunkte für die Bewertung sulfonierter Öle geben kann.

Endlich sei noch kurz auf eine amerikanische Fraktionierungsmethode zur Kennzeichnung der Natur sulfonierter Öle hingewiesen, wie sie
— als Modifikation der Schindlerschen Methode — von Theis und Graham
vorgeschlagen worden ist.

Hierbei werden am Anfang das Neutralöl, die freien Fettsäuren und die unverseifbaren Stoffe aus der alkoholischen Lösung des sulfonierten Öls durch eine besondere Extraktion mit Petroläther in einem modifizierten Soxhlet-Apparat entfernt.

Es wird folgende Arbeitsvorschrift angegeben:

5 g des zu untersuchenden sulfonierten Öls werden mit 10 ccm 85proz. Alkohols
gut durchgemischt und das Gemisch einer kontinuierlichen Extraktion mit Petroläther in dem erwähnten Soxhlet-Apparat unterworfen. Der Rückstand ist eine
alkoholische Lösung von Verbindungen, welche die Verf. ,,polare" Fraktionen nennen.
Sie besteht aus sulfonierten Ölen, Seifen, Oxyfettsäuren, oxydierten Fettsäuren und
hochpolymerisierten Verbindungen. Der Petrolätherauszug enthält freie Fettsäuren,
Neutralöle und unverseifbare Stoffe.

Der Rückstand wird mit 100 ccm Wasser in einen Scheidetrichter gefüllt und
dreimal mit Tetrachlorkohlenstoff ausgeschüttelt. Ein Zusatz von wenig Aluminium-
chloridlösung verhindert Ausscheidungen der Emulsion. Die Tetralösung enthält
nichtneutralisierte sulfonierte Öle und Oxyfettsäuren. Diese Fraktion wird
,,Fraktion 1" genannt.

Die alkoholische Lösung wird jetzt mit 35 ccm konz. Salzsäure kräftig durchgeschüttelt und viermal mit Tetra extrahiert. Der Auszug besteht aus den Produkten,
die man durch Ansäuern der neutralisierten sulfonierten Öle und der Seifen der
oxydierten und nichtoxydierten Fettsäuren erhält. Diese Fraktion heißt ,,Fraktion 2".

Die Fraktion ,,Fraktion 3" enthält die hoch polymerisierten Verbindungen und
wird durch Filtrieren der extrahierten Lösung mit anschließendem Waschen, Trocknen
und Wägen erhalten.

Aus der ersten Petrolätherlösung (siehe oben) wird das Lösungsmittel verdampft.
Dann wird der Rückstand eine halbe Stunde auf 105° erhitzt. Man bestimmt die
Säurezahl und errechnet aus ihr den Gehalt an Fettsäuren (als Ölsäure). Durch Verseifung und die übliche Weiterbehandlung bestimmt man den Gehalt an unverseifbaren Stoffen.

Daß die Untersuchungsergebnisse nach dieser Methode von denen der
Schindlerschen Methode teilweise erheblich abweichen, zeigt die Gegenüberstellung in Tabelle 38.

Tabelle 38. Vergleichsanalysen nach der Fraktionierungsmethode von
Schindler und der Methode von Theis und Graham.

	a) Schindlersche Methode			b) Modifiz. Methode Theis-Graham		
	Freie Fett- säuren α_2	Neutralöl $\alpha_1 + \gamma_1$	Sulfo- niertes Öl β	Freie Fett- säuren	Neutral- öl	Sulfoniertes Öl ,,Fraktion 1" + ,,Fraktion 2"
	In % auf wasserfreies Öl berechnet					
Sulfoniertes Klauenöl .	37,1	12,1	32,0	39,0	27,1	27,5
Türkischrotöl	19,0	5,9	50,4	37,8	17,7	36,9
Sulfonierter Dorschtran	38,8	22,9	24,0	33,1	54,0	19,0
Fettlickeröl des Handels	22,9	39,3	23,9	24,8	46,8	20,7

Über den Wert des Mineralölzusatzes zu sulfonierten Ölen ist viel geschrieben und gestritten worden. Eine einheitliche Anschauung hat sich über
diese Frage noch nicht gebildet.

Daß Mineralöle dem Leder gegenüber ein höheres Durchdringungsvermögen zeigen als andere Öle, ist bekannt. Mäßige Mineralölzusätze zu sulfonierten Ölen, die als Lickeröle Verwendung finden und als solche empfohlen werden, sind daher kaum zu beanstanden. Ganz sicher aber sind hohe Mineralölzusätze von 50 bis 80% für Lickerzwecke ungünstig.

Das sicherste Mittel zur Bewertung der wasserlöslichen Lederöle ist und bleibt die Fettungsprobe in nicht zu kleinem Umfang. Sie allein zeigt dem Gerber einwandfrei, ob das Öl für den beabsichtigten Zweck brauchbar ist.

Auch die gründlichste chemische Untersuchung des Öls, die in jedem Fall wünschenswert ist, kann deshalb die Fettungsprobe nicht ersetzen, wenn man sich gegen später plötzlich beim Fetten des Leders auftretende Störungen und Anstände sichern will.

Anhang.

Fettalkoholsulfate.

In den letzten Jahren sind als neuartige Emulgatoren Fettalkoholsulfonate in den Handel gebracht worden. Es sind dies die Produkte, welche bei der Sulfonierung höherer Alkohole (von der allgemeinen Formel $C_nH_{2n+1} \cdot OH$) entstehen. Praktische Verwertung haben nur die Alkohole mit mehr als 8 C-Atomen gefunden, so z. B. der Laurylalkohol ($C_{12}H_{25}OH$), Myristylalkohol ($C_{14}H_{29}OH$), Palmityl- oder Cetylalkohol ($C_{16}H_{33}OH$), Stearylalkohol ($C_{18}H_{37}OH$) und der Oleylalkohol ($C_{18}H_{35}OH$). Bei der Einwirkung von Schwefelsäure auf diese Alkohole entstehen Fettalkoholsulfonate nach dem Schema

$$C_nH_{2n+1} \cdot OH + H_2SO_4 \quad \rightarrow C_nH_{2n+1} \cdot OSO_3H + H_2O$$
$$C_nH_{2n+1} \cdot OSO_3H + NaOH \rightarrow C_nH_{2n+1} \cdot OSO_3Na + H_2O.$$

Die Fettalkoholsulfonate waren in erster Linie als Ersatz für Seifen gedacht. Sie haben die gleiche, mitunter auch eine höhere Netz-, Reinigungs- und Schaumwirkung wie die Seifen, unterscheiden sich aber charakteristisch von ihnen dadurch, daß sie mit Calciumsalzen keine unlöslichen Kalkseifen bilden. Im Gegensatz zu den Seifen kann man die Alkoholsulfonate deshalb in hartem Wasser lösen, ohne daß Ausfällungen auftreten. Einzelne Produkte sind in wässeriger Lösung sogar gegen Säuren beständig.

Die wässerigen Lösungen der Fettalkoholsulfonate reagieren neutral. Eine Abspaltung von Alkali durch Hydrolyse erfolgt nicht. In getrocknetem Zustand stellen die Alkoholsulfonate meist ein weißes geruchloses Pulver dar. Ihre Herstellung erfolgt nach verschiedenen patentierten Verfahren. Die Netzwirkung und die Kalk- und Säurebeständigkeit wechselt innerhalb der homologen Reihe. Nach M. Briscoe erreichen diese Eigenschaften bei den gesättigten Alkoholen bei 12 C-Atomen, bei den einfach ungesättigten bei 18 C-Atomen ein Maximum.

Infolge ihres starken Emulgiervermögens und der Kalkbeständigkeit ihrer Lösungen haben die Fettalkoholsulfonate auch in der Lederindustrie als Emulgatoren und Fettungsmittel bereits Beachtung gefunden. Unter den zahlreichen der Lederindustrie angebotenen Emulgierungs- und Fettungsprodukten mit Phantasienamen sind auch Fettalkoholsulfonate zu finden. Sie sind in besonderem Maße für die Herstellung von Emulsionen jeder Art geeignet.

Die durch gewöhnliche Sulfonierung erhaltenen Fettalkohole lassen sich durch Behandlung mit heißer Salzsäure in ähnlicher Weise spalten wie die entsprechenden Sulfonate der Fettsäuren. Dabei erhält man bei der Spaltung der Schwefelsäureester gesättigter Alkohole — wenigstens theoretisch — die bei der Sulfonierung verwendete Menge des entsprechenden Fettalkohols zurück. Bei der

Spaltung von Sulfonaten ungesättigter Alkohole ist diese Rückbildung weniger
übersichtlich, da bei der Sulfonierung selbst verschiedenartige Produkte entstehen können (siehe die Untersuchungen von Rieß und von Hueter).

Nach Lindner, Russe und Beyer lassen sich die durch Salzsäure abgespaltenen Fettalkohole quantitativ bestimmen. Statt Äther wird aber Petroläther als Lösungsmittel für die durch die Spaltung entstehenden Fett- oder
Wachsalkohole empfohlen. Einige Schwierigkeiten macht das Trocknen des
Petrolätherrückstandes, das sehr vorsichtig durchgeführt werden muß, in den
meisten Fällen aber bei 50° vorgenommen werden kann. Einzelne Fettalkohole,
wie z. B. die Lorole, sollen allerdings besondere Schwierigkeiten bereiten. Die
genannten Verfasser halten auch eine Trennung echter Sulfonsäuren von Fett-
alkoholen für möglich. Diese echten Sulfonsäuren sind in den petrolätherischen
Fettalkohollösungen teilweise löslich und lassen sich mit heißem 70proz. Äthylalkohol aus den Petrolätherextrakten ausschütteln. Aus äthylätherischen
Lösungen ist dies nicht möglich. Dies ist der Grund, warum zur Aufnahme der
abgespaltenen Fettalkohole Petroläther empfohlen wird.

Die Methoden für die Untersuchung von Fettalkoholsulfonaten, ganz besonders natürlich im Gemisch mit echten Sulfonsäuren, bedürfen noch einer
eingehenden Überprüfung auf ihre Zuverlässigkeit. Die von Lindner, Russe
und Beyer angegebenen und oben kurz erwähnten Methoden verdienen aber
als wertvolle richtungweisende Vorschläge Beachtung. Die von ihnen an bekannten Präparaten durchgeführten Analysen ergaben in befriedigender Weise
übereinstimmende Werte. Siehe auch die von Hart vorgeschlagenen Methoden
(Ind. Eng. Chem. An. Ed. 1933, 413).

B. Moellon und Degras.

Unter echtem Moellon oder Degras (Sodoil) versteht man das Abfallprodukt
der Sämischgerberei, das dadurch entsteht, daß der zur Fettgerbung verwendete
überschüssige Tran aus den Häuten entfernt wird. Der Tran hat während des
Prozesses der Sämischgerbung, insbesondere während der „Brut", verschiedene
Veränderungen erfahren. Er wird als reiner Moellon oder Degras zum Fetten des
Leders besonders geschätzt und vor allem für solche Ledersorten verwendet, die
man weich und geschmeidig machen will.

Die Nachfrage nach diesem Lederfett überstieg aber sehr bald die aus den
Sämischgerbereien anfallenden Degrasmengen. Deshalb begnügte man sich
nicht mehr mit dem bei der Sämischgerbung als Abfallprodukt gewonnenen Fett,
sondern ging dazu über, Degras als Hauptprodukt herzustellen. Man walkte
Hautblößen solange immer wieder mit Tran, als noch nennenswerte Stücke
davon übrigblieben. So entstanden die ersten Degrasfabriken. Leider hatte
diese Herstellungsweise zur Folge, daß der Wert des Produktes allmählich geringer wurde im Vergleich zu dem ursprünglich aus dem natürlichen Gang der
Sämischgerbung anfallenden Degras. Heute gibt es Degrassorten, die mit Haut-
blöße überhaupt nie in Berührung gekommen sind und entweder durch Luft
und Wärme oxydierte Öle oder überhaupt nur Gemische von Tran, Wollfett,
Mineralöl u. dgl. darstellen (siehe unten).

Die Herstellung des echten Degras erfolgt nach zwei Methoden:

Nach dem deutschen Verfahren behandelt man Blößen in der Walke mit
Tran, bis sie genügend Fett aufgenommen haben. Man läßt sie dann längere
Zeit aufeinander liegen. Dann wird der von der Blöße nicht gebundene Tran mit
stumpfen Messern soweit als möglich von der Haut abgestrichen. Den Rest
des Trans entfernt man aus der Haut durch Auswaschen mit Alkalilösungen. Es

bildet sich dabei eine Emulsion, aus der man durch Ansäuern mit Schwefelsäure den Tran zur Abscheidung bringt. Man vereinigt das abgeschiedene Fett mit dem durch Abstreifen erhaltenen Anteil und erhält so den sog. „Weißgerberdegras". Die Bezeichnung „Sämischgerberdegras" wäre richtiger. Das Produkt enthält beträchtliche Mengen von Verunreinigungen, wie Seifen, Hautteilchen, Salze. Mitunter wird ein Teil des Wassers durch Erhitzen entfernt. Der Weißgerberdegras steht dem echten Degras, wie er nach dem französischen Verfahren hergestellt wird, an Qualität sehr nach (Procter).

Nach dem französischen Verfahren erhält man den französischen Degras oder „Moellon pure". Die Blößen werden längere Zeit, 8 bis 16 Tage, täglich 1 bis 2 Stunden mit Tran gewalkt, dann jedesmal gelüftet und bis zur nächsten Walke auf Haufen gelegt, ohne zum Schluß den Prozeß der „Brut" (siehe Bd. II, 2. Teil) durchzumachen. Der Überschuß an Fett wird dann dadurch zurückgewonnen, daß man die Häute in warmes Wasser einlegt und mit hydraulischen Pressen auspreßt. Der so gewonnene Anteil heißt „premiere torse". Das nach dem Pressen noch in den Häuten zurückbleibende Fett wird in gleicher Weise wie beim deutschen Verfahren gewonnen und kommt vermischt mit reinem Moellon in den Handel.

Die Masse des heute verwendeten Degras ist kein reines, nur nach den geschilderten Verfahren hergestelltes Produkt. Reiner Moellon wird in der Hauptsache zur Herstellung von Handelsdegras aller Arten verwendet, indem er mit Wollfett, Mineralölen, fetten Ölen, besonders Tranen, vermischt wird. Derartige Zusätze werden nicht ohne weiteres als Verfälschungen angesehen.

Die bei der Sämischgerbung eintretende Oxydation des Trans läßt sich noch auf andere Weise erreichen. Man erwärmt den Tran auf etwa 150⁰ und bläst so lange Luft ein, bis eine Probe nach dem Erkalten Sirupkonsistenz hat. Zu dem eingedickten Tran gibt man nach dem Erkalten 10 bis 15% Wasser und etwas Soda oder Ammoniak und rührt das Gemisch, bis eine gleichmäßige Emulsion entsteht. Das „Blasen" des Trans erfolgt in verzinnten Gefäßen, damit keine Eisenteile in das Öl gelangen.

Nach einem Verfahren von Schill und Seilacher wurde Degras hergestellt, indem Tran mittels Düsen zerstäubt und in dieser fein zerteilten Form bei 120⁰ mit Luft in Berührung gebracht wird. Nach einem anderen Verfahren wird Wasserstoffperoxyd zur Oxydation benutzt (Baron).

Alle Degrassorten, bei denen eine Oxydation des Trans auf anderem Wege als durch den Prozeß der Sämischgerbung erzielt wird, kann man als künstlichen Degras bezeichnen.

Endlich kommen Produkte als Degras in den Handel, die weder echten Moellon noch einen auf künstliche Weise oxydierten Tran enthalten. Eitner hat in einem Aufsatz über Degras einmal Beispiele für die Zusammensetzung solcher Degrassorten angegeben:

1. 20% Wollfett, 40% Tran, 10% Mineralöl, 5% Talg, 5% Palmbutter, 20% Wasser. Die Ware wurde als „Moellon" bezeichnet.

2. 30% Wollfett, 30% Tran, 15% Mineralöl, 5% Fischtalg, 20% Wasser. Die Ware wurde als „Primadegras" bezeichnet.

3. 40% Wollfett, 15% Tran, 20% Mineralöl, 25% Wasser. Die Ware wurde als Degras bezeichnet.

Alle diese Sorten enthalten nicht die geringste Menge von eigentlichem Degras, nicht einmal künstlich oxydierten Tran. Die Emulgierung der Fette erfolgt durch das Wollfett.

Von einer einheitlichen Zusammensetzung der unter dem Namen Degras und Moellon gehandelten Produkte kann also gar keine Rede sein. Man kann somit vier Arten Degras unterscheiden: 1. Echten französischen Moellon pure (nur

ganz wenig im Handel; im Sämischgerbprozeß hergestellt). 2. Weißgerberdegras (zwar auch durch den Sämischgerbprozeß gewonnen, aber seifenhaltig).
3. Künstlicher Degras (Tran, der künstlich oxydiert worden ist). 4. Geringere Degrassorten, die vielleicht wenig echten oder künstlichen Degras
enthalten oder aber überhaupt nur Tran-Wollfett-Mineralölgemische sind.
Alle Degrassorten enthalten Wasser.

Die Untersuchung von Degras und Moellon. Aus den obigen Ausführungen über die Zusammensetzung der Degrassorten geht hervor, daß die
Untersuchung von Degras eine recht schwierige Aufgabe darstellt. Der charakteristische Bestandteil des guten Degras, also z. B. von Moellon pure, sind die
Oxyfettsäuren (die man früher als Degrasbildner bezeichnet hat). Sie sind
in Petroläther unlöslich und bilden ein Maß für die Wertbestimmung von Degrassorten. Daneben bilden Wasser- und Aschebestimmung, die Bestimmung der
freien Fettsäuren, der Gesamtfettsäuren und des Unverseifbaren ein Mittel,
die Natur und den Wert der verschiedenen Degrassorten aufzuklären und sie
auf ihre Brauchbarkeit für die Lederfettung zu prüfen.

Die Fettanalysenkommission des I.V.L.I.C. schlug im Jahre 1931 für die
Untersuchung von Degras folgende Methoden vor (Colleg. 1931, S. 311):

1. Wasser. Die Wasserbestimmung soll grundsätzlich nach dem direkten
Destillationsverfahren durchgeführt werden. 10 bis 20 g werden in einem kurz-
halsigen Rundkolben von 250 ccm Inhalt mit 100 ccm Xylol gemischt. Zur
Vermeidung eines Siedeverzuges werden Tonscherben zugegeben. Der Kolben
wird mit einem dichten Stopfen verschlossen, durch den ein Glasrohr geführt ist.
Mit dem Glasrohr ist ein $^1/_{10}$-graduiertes Meßgefäß verbunden; an letzteres wird
durch einen zweiten Stopfen ein Liebigkühler angeschlossen. Das Öl-Xylolgemisch wird in einem Sandbad langsam zum Sieden erhitzt und die Destillation
so lange fortgesetzt, bis aus dem Kühler das Xylol klar abläuft. Die vom Xylol
scharf getrennte Wassermenge wird bei Zimmertemperatur abgelesen und auf
die Ausgangssubstanz umgerechnet. (Siehe auch Methode, S. 367.)

Von Fahrion wurde ursprünglich vorgeschlagen, aus dem Degras das Wasser
durch Fächeln mit kleiner Flamme abzutreiben. Der Endpunkt ist zwar bei
einiger Übung scharf zu erkennen. Die direkte Wasserbestimmung verdient aber
den Vorzug. Ein Eintrocknen auf dem Wasserbad oder im Trockenschrank,
auch nach Verreiben mit Sand, kommt für Degras nicht in Frage, da infolge
Oxydation das Resultat falsch ausfallen müßte.

2. Asche. 2 bis 3 g werden im Porzellan- oder Quarztiegel zunächst mit
kleiner Flamme bis zur Beseitigung des Wassers langsam erhitzt, dann allmählich
abgeschwelt und der kohlige Rest verglüht. Sollte, was bei Degras selten der
Fall ist, das Veraschen infolge Anwesenheit von Alkali Schwierigkeiten bereiten,
so muß der stark verkohlte Rest mit Wasser ausgezogen, das Unlösliche für sich
verascht und dann das Filtrat mit der Asche eingedampft und getrocknet werden.

Sind nur geringe Mengen von Eisen vorhanden, so darf die Asche nur schwach
gefärbt sein. Ist die Farbe verdächtig, so muß das Eisen quantitativ bestimmt
werden. Der Gehalt an Eisen darf nicht mehr als 0,05% betragen.

3. Unverseifbares. 5 g Fett werden mit 12 bis 15 ccm alkoholischer 2 n-
Kalilauge in einer Schale auf dem Sandbad verseift, wobei das Gemisch unter
vorsichtigem Erwärmen bis zur Trockne eingedampft wird. Die Seife wird mit
etwa 50 ccm Wasser unter Nachspülen mit etwa 10 ccm Alkohol in einen Scheidetrichter gebracht, die abgekühlte Seifenlösung mit 50 ccm Äthyläther ausgeschüttelt und dies ein- bis zweimal mit je 25 ccm Äther wiederholt. Sollten sich
die Schichten nicht glatt absetzen, so läßt man einige Kubikzentimeter Alkohol
am Rande des Scheidetrichters herabfließen.

Die vereinigten Ätherauszüge werden mit 1 bis 2 ccm n-Salzsäure und 8 ccm Wasser unter Zusatz von Methylorange gewaschen und nach dem Abziehen der Säureschicht mit 3 ccm alkoholischer $n/_2$-Kalilauge und 7 ccm Wasser entsäuert. Nach einigem Stehen wird die alkoholische Schicht abgezogen und die ätherische Lösung destilliert. Der Ätherextrakt wird bei 100^0 getrocknet, bis sich das Gewicht nach $1/_4$stündigem Trocknen nur mehr um höchstens 0,1% ändert.

Da es sich bei Degras um Tran- und eventuell Wollfettprodukte handelt, führt die Bestimmung des Unverseifbaren nach Spitz und Hönig zu falschen Resultaten (vgl. Colleg. 1925, S. 374).

4. Oxyfettsäuren und Gesamtfettsäuren. Der vom Unverseifbaren abgezogene Seifenanteil wird bis zur Beseitigung der geringen Menge Alkohol eingedampft und hierauf mit Salzsäure zersetzt. Anschließend wird im Scheidetrichter vorgewärmter Petroläther (bis 60^0 siedend) in dünnem Strahl unter gutem Umschwenken zugegeben. Die petrolätherunlöslichen Fettsäuren ballen sich zu Klumpen zusammen und setzen sich in der Hauptsache an der Gefäßwand ab. Das Sauerwasser wird abgezogen und die petrolätherische Lösung durch Ausschütteln mit Kochsalzlösung säurefrei gewaschen (Methylorange). Die Petrolätherlösung wird in einen gewogenen Kolben filtriert, wobei die abgeschiedenen Oxysäuren an den Gefäßwandungen zurückbleiben. Der Petroläther wird abdestilliert und der Rückstand bei 100^0 bis zur Gewichtskonstanz getrocknet.

Die zurückgebliebenen Oxysäuren werden in heißem Alkohol gelöst. Aus der filtrierten Lösung wird der Alkohol abdestilliert, der Rückstand wird getrocknet und gewogen. Da die so gewonnenen Oxysäuren Kalium- bzw. Natriumchlorid in mehr oder minder großen Mengen enthalten, muß entsprechend der ursprünglichen Fahrionschen Vorschrift verascht und die Asche abgezogen werden.

6. Freie Säure. Der Gehalt an freier Säure wird in einer Probe des ursprünglichen Degras durch Auflösen in neutralem Alkohol-Äther bzw. Alkohol-Benzol und anschließender Titration mit $n/_{10}$-Lauge bestimmt.

7. Ausgangsmaterial. Die Identifizierung der dem Produkte zugrunde liegenden Fette kann durch Bestimmung der Jodzahl, Verseifungszahl usw. an den abgeschiedenen Fettsäuren erfolgen. Es ist aber zu berücksichtigen, daß das ursprüngliche Fett durch den Oxydationsprozeß bei der Herstellung gewisse Veränderungen erlitten hat.

8. Harz. Die Prüfung auf Harz (Colophonium) geschieht qualitativ nach Storch-Morawski. Die Fettsäuren werden in Essigsäureanhydrid unter Erwärmen gelöst und nach Abkühlen mit einem Tropfen Schwefelsäure (spez. Gew. 1,53) versetzt.

Bei Gegenwart von Harzsäure tritt eine rotviolette Farbe auf, die allmählich in Braungelb umschlägt und schließlich grünlich fluoreszierend wird. Quantitativ ist die Bestimmung durch Verestern nach der S. 439 beschriebenen Methode durchzuführen.

9. Wollfett. Die Anwesenheit von Wollfett ist mit Hilfe der Liebermannschen Reaktion ohne Schwierigkeit festzustellen. Etwa 0,25 g des Unverseifbaren werden in etwas Chloroform gelöst und mit 3 ccm Essigsäureanhydrid versetzt. Durch einen Tropfen konz. Schwefelsäure wird die Lösung anfänglich rosa bis braun gefärbt, dann geht die Farbe schnell in Dunkelgrün über und hält sich längere Zeit, auch bei Anwesenheit von Harz.

Eine quantitative Bestimmung des Wollfettes ist nicht möglich, da die Eigenschaft bzw. Zusammensetzung der ursprünglichen Öle nicht bekannt ist und sowohl die Gehalte wie die Eigenschaften der unverseifbaren Anteile, sowie der Fettsäuren der Trane und des Wollfettes schwanken.

10. **Mineralöl.** Art und Menge des unter Umständen vorhandenen Mineralöls erfolgt durch Untersuchung des Unverseifbaren in bekannter Weise (vgl. Holde, Kohlenwasserstofföle und Fette, 1924, S. 756 u. 758). Es kommt für diese Untersuchung die Bestimmung der Jodzahl und der Drehung, sowie die Trennung durch Acetylieren in Frage.

11. **Sulfatharz.** Die Prüfung auf Sulfatharz kann mit Hilfe der Storch-Morawskischen Reaktion (siehe oben) erfolgen.

12. **Naphthensäuren.** Der Nachweis von Naphthensäuren ist nur qualitativ möglich. Siehe hierüber Holde, Kohlenwasserstofföle und Fette, 1924, S. 73, sowie Naphtali, Monographie über Chemie, Technologie und Analyse der Naphthensäuren, 1927, S. 100 ff.

Normen des Verbandes der Degras- und Lederölfabrikanten E. V. für Leberöle und Degras v. 23. Februar 1926.

1. Normen für Leberöle.

1. **Harzgehalt.** Ein Harzgehalt in einem Lederöl kann nicht unbedingt und in allen Fällen als schädlich angesehen werden; für den Verbraucher ist es aber wichtig und notwendig zu wissen, ob ein Lederöl Harz enthält oder nicht. Ein in einem Lederöl vorhandener Harzgehalt muß deshalb unbedingt angegeben werden.

2. **Mineralölgehalt.** Die Mineralöle haben sich für die Zwecke der Lederfettung in vielen Fällen als wichtig und zweckdienlich bzw. unerläßlich erwiesen. Zu leicht flüchtige Mineralöle, wie sie die billigen Putz- und Gasöle oder Mischungen derselben darstellen, sollten zur Herstellung von Lederölen nicht verwendet werden. Es dürfen nur solche Mineralöle verwendet werden, die folgende Kennzahlen als niedrigste Grenzzahlen aufweisen:

Ein spez. Gew. nicht unter 0,875, eine Viskosität nach Engler von 3 bis 4 bei 20° C oder von 1 bis 3 bei 50°.

Werden aus bestimmten Gründen leichter flüchtige Mineralöle zur Herstellung von Lederölen verwendet, als diesen Grenzzahlen entsprechen, dann ist deren Verwendung besonders anzugeben.

3. **Naphthensäure und Sulfatharze.** Diese sind für die Zwecke der Lederfettung nicht in jedem Falle als schädlich zu bezeichnen. Sind sie in einem Lederöl enthalten, dann muß jedoch deren Gehalt angegeben werden.

Wird also ein Lederöl verkauft als den Normen des Verbandes der Degras- und Lederölfabrikanten entsprechend, dann kann der Käufer verlangen, daß dasselbe keinen Harzgehalt aufweist, frei ist von Naphthensäuren und Sulfatharzen, und daß das Unverseifbare, wenn solches vorhanden ist, aus Mineralöl besteht, das mindestens die oben angegebenen Kennzahlen aufweist.

2. Normen für Degras.

	Gesamt-fett	Flüchtige Bestand-teile	Verseif-bares	Unver-seifbares	Oxyfett-säuren	Asche
Moellon M	80	20	70	10	6—8	
Moellon-Degras Marke MD	78	22	63	15	5—7	max. 1%
Degras Marke D . . .	75	25	55	20	4—6	

Der Gehalt an Gesamtfett bzw. an Verseifbarem darf bis um 2% von den obigen Normen abweichen; größere Schwankungen berechtigen den Abnehmer nicht, die Ware zur Verfügung zu stellen, werden aber pro rata verrechnet.

Eine Verwendung von Harz zur Herstellung von Degras, selbst der geringsten Sorte, ist grundsätzlich verboten; sobald in einem Degras Harz qualitativ festgestellt wird, ist das Produkt als den Verbandsvorschriften nicht entsprechend zu bezeichnen.

Tabelle 39. Vergleich von französischem Degras und Weißgerberdegras (nach Lewkowitsch).

| | Oxy-säuren % | Schmelz-punkt d. Fettsäuren ⁰ C | Seife % | Urspr. Degras | |
				Hautbe-standteile %	Wasser %
Degras nach französischer Methode, wasserfrei:					
Nr. 1	19,14	18,0—28,5	0,73	0,07	16,5
Nr. 2	18,43	28,5—29,0	0,49	0,12	20,5
Nr. 3	18,10	31,0—31,5	0,68	0,18	12,0
Weißgerberdegras, wasserfrei:					
Nr. 1	20,57	33,5—34,0	3,95	5,7	35,0
Nr. 2	18,63	27,9—28,0	3,45	5,9	28,0
Nr. 3	17,84	28,0—28,5	3,00	4,5	30,5

Tabelle 40. Zusammensetzung verschiedener Degrassorten des Handels (nach Lewkowitsch).

	Wasser %	Asche %	Mineral-säure als KOH %	In Petrol-äther löslich %	Seife in Alkohol lös-lich %	Hautteile %	Unver-seifbares %	Oxysäuren %	Freie Fett-sauren als KOH %
Minimum	1,01	0,05	1,13	56,62	0,68	0,15	0,37	1,09	32,65
Maximum	40,61	1,045	9,15	96,60	8,81	2,99	42,62	26,44	34,26

Über die Jodzahl, Säurezahl und Verseifungszahl verschiedener Degrasproben macht Ruhsam folgende Angaben:

Tabelle 41. Jod-, Säure- und Verseifungszahlen verschiedener Degras-proben (nach Ruhsam).

| Probe Nr. | Wasser | Jodzahl | | | Säurezahl | | Verseifungszahl | | mg KOH pro Gramm entsprech. der Mengen von Lactonen |
		Ursprungs-Degras	Wasserfreier Degras	Fettsäuren	Ursprungs-Degras	Wasserfreier Degras	Ursprungs-Degras	Wasserfreier Degras	
1	19,1	60,4	74,7	70,5	30,5	37,7	—	—	38,8
2	12,9	55,9	64,2	58,6	63,3	72,7	96,2	110,4	28,7
3	12,4	67,8	77,4	75,4	35,2	40,2	97,0	110,7	43,4
4	15,9	65,9	78,4	70,2	42,1	50,1	113,4	134,8	30,8
5	16,4	65,0	77,8	78,5	44,1	52,7	114,9	137,4	22,4
6	11,5	67,8	76,6	76,5	57,4	64,9	96,3	108,8	53,8
7	13,9	83,3	96,7	95,9	—	—	—	—	33,1

Nach Maschke und Wallenstein sind an einen für die Lederfettung brauchbaren Degras folgende Anforderungen zu stellen:

1. weniger als 0,05% Eisenoxyd enthalten, da eisenoxydhaltige Degrassorten
das Leder dunkel färben;

2. auf dünnen Platten, im Trockenschrank 10 Stunden bei 100^0 gehalten,
nicht firnisartig hart, aber hornartig werden;

3. nicht dazu neigen, grobkörnig zu erstarren, da dies zum weißen Ausschlag
auf dem Leder führen kann;

4. auf feinstes Leder oder feucht abgepreßte Pappe aufgestrichen, bei 30^0 in
$1/2$ bis 1 Stunde ohne erheblichen Rückstand einziehen;

5. bei dieser Probe nicht von der vertikal hängenden oder stehenden Pappe
herabrinnen.

C. Die Seifen.

Die Seifen bilden einen wichtigen Hilfsstoff in der Lederindustrie. Sie finden
als Emulgierungsmittel zur Herstellung von Fettbrühen (Licker) und für besondere
Fettschmieren Verwendung.

Unter Seifen versteht man im chemischen Sinn die Salze höherer Fettsäuren
mit mindestens acht Kohlenstoffatomen im Molekül, im allgemeinen Sinn aber
nur die Alkalisalze dieser Säuren.

Die Seifen entstehen neben Glycerin beim Kochen von Neutralfett oder von
Fettsäuren mit Alkalilauge oder Soda, wie die folgenden Gleichungen ver-
anschaulichen:

$$\text{I.} \quad \begin{array}{c} CH_2 \cdot OCOR \\ | \\ CH \cdot OCOR \\ | \\ CH_2 \cdot OCOR \end{array} \quad + \quad \begin{array}{c} KOH \\ KOH \\ KOH \end{array} \quad = \quad \begin{array}{c} CH_2 \cdot OH \\ | \\ CH \cdot OH \\ | \\ CH_2 \cdot OH \end{array} \quad + \quad 3\ RCOOK$$

1 Mol.   +   3 Mol.   =   1 Mol.   +   3 Mol.
Neutralfett   Ätzkali   Glycerin   fettsaures Kali (Seife).

$$\text{II.} \quad RCOOH \quad + \quad KOH \quad = \quad RCOOK \quad + \quad H_2O$$

1 Mol.   +   1 Mol.   =   1 Mol.   +   1 Mol.
Fettsäure   Ätzkali   fettsaures Kali   Wasser.

$$\text{III.} \quad 2\ RCOOH \quad + \quad Na_2CO_3 \quad = \quad 2\ RCOONa \quad + \quad H_2O \quad + \quad CO_2$$

2 Mol.   +   1 Mol.   =   2 Mol.   +   1 Mol.   +   1 Mol.
Fettsäure   Soda   fettsaures Natron   Wasser   Kohlendioxyd.

Aus diesen Formeln geht hervor, daß man zur Herstellung von Seifen sowohl
von Neutralfetten wie von Fettsäuren ausgehen kann. Beides geschieht in der
Technik.

Zur Herstellung von Seifen gehört aber nicht nur der Verseifungsvor-
gang, durch den die Alkalisalze der Fettsäuren entstehen, sondern noch der
sog. Seifenbildungsprozeß; er bezweckt, die beim Verseifungsprozeß gebildeten und in Form mehr oder weniger konzentrierter Lösungen vorliegenden
Seifen in eine fertige, d. h. verwendungsfähige Form zu bringen. Diese Umwandlung der primär gebildeten Seife in verkaufsfähige Produkte wird in erster
Linie durch Zusatz von Elektrolyten (meist Kochsalz oder Pottasche) zur fertig
gesottenen Seife bewirkt. Man nennt diesen Prozeß das „Aussalzen" der Seife.

Es ist hier nicht der Ort, um auf die technischen Einzelheiten einzugehen,
welche bei der Seifenherstellung eine Rolle spielen. Hierüber steht eine umfangreiche Sonderliteratur zur Verfügung.

Je nach der Auswahl der Fette und je nachdem der Seifenbildungsprozeß geleitet wird, erhält man Kernseifen, Leimseifen oder Halbkernseifen. Unter Kernseife versteht man eine Seife, welche durch vollständige Aussalzung aus ihrer Lösung (dem Seifenleim) gewonnen worden ist. Die ausgesalzene Seife wird als „Kern" bezeichnet. Die dabei abgeschiedene Flüssigkeit (Glycerin, Salz, überschüssige Lauge) heißt Unterlauge. Leimseifen entstehen durch Erstarren der Verseifungsmasse, ohne daß die Abtrennung eines wässerigen Anteils erfolgt. Unter Halbkernseifen oder Eschweger Seifen versteht man Seifen, welche durch Erstarren eines Gemenges von Seifenkern und Seifenleim entstanden sind. Die Unterschiede bei der Herstellung der drei Seifenarten bestehen somit einmal in dem verschiedenen Grad der Aussalzung, dann aber auch in der richtigen Auswahl der zur Verseifung kommenden Fette.

Diese Charakterisierung der Seifen hat jedoch für den Gerber und Gerbereichemiker wenig Bedeutung. Die Seifen, die er bei der Lederfettung als Emulgierungsmittel verwendet, müssen in erster Linie ein starkes Emulgierungs- und Schaumbildungsvermögen besitzen, ohne eine übermäßig starke alkalische Reaktion aufzuweisen. Die vom Gerber am meisten verwendete Seife ist die sog. „Marseiller Seife". Unter dieser Bezeichnung kommen aber keineswegs nur die echten „Marseiller Seifen", wie sie in Südfrankreich nach einem ganz bestimmten Verfahren hergestellt werden, in den Handel. In Deutschland versteht man unter dem Namen „Marseiller Seife" im allgemeinen eine geschliffene, glatte Kernseife aus Fabrikolivenöl oder häufiger aus grünem Sulfuröl (siehe S. 356), meist unter Mitverwendung anderer Fette. Ein häufig verwendeter Ansatz war folgender: 30% Sulfuröl, 20% Nachmühlensatzöl, 25% Kottonöl und 25% Palmkernöl. In Deutschland werden die grünen Seifen bevorzugt.

Eigenschaften der Seifen. Die Festigkeit (Härte) einer Seife wird beeinflußt durch die Art des in ihr enthaltenen Alkalimetalls (Natronseifen sind fest, Kaliseifen schmierig) und die Menge an stearin- und palmitinsaurem Alkali. Die wasserfreien Seifen sind hygroskopisch, die Kaliseifen in höherem Maß als die Natronseifen.

Im Wasser lösen sich die Seifen zu einer stark schäumenden Flüssigkeit. Da die Fettsäuren sehr schwache Säuren sind, werden ihre Salze, die Seifen, in wässeriger Lösung zum Teil hydrolysiert, d. h. die Seife gibt an die Lösung freies Alkali ab und bildet zugleich freie Fettsäure.

Die Lösungen von Seife in Wasser sind keine echten Lösungen, sondern kolloidaler Natur (wie das Aussalzen beim Seifenbildungsprozeß schon beweist). Die für den Gerber wichtigste Eigenschaft dieser kolloiden Seifenlösungen ist ihr Emulgierungsvermögen, d. h. die Fähigkeit, nichtwasserlösliche Fettstoffe in eine haltbare Emulsion zu bringen. Von dieser Eigenschaft der Seifen wird bei Herstellung von Lickern für die Chromlederfettung in großem Umfang Gebrauch gemacht. Mit der Emulgierungsfähigkeit steht das Schaumbildungsvermögen der Seifen in engstem Zusammenhang. Schindler faßt Schäume als hochkonzentrierte Emulsionen auf, in denen die eingeschlossene Luft die disperse Phase darstellt. Deshalb ist es möglich, das Emulgierungsvermögen nach der Schaumbildungsfähigkeit einer Seife zu messen. Stiepel hat hierfür Verfahren angegeben. Härtere Seifen, wie Natriumstearat, schäumen schlechter als weiche. Stearate sind für die Herstellung von Lickern nicht brauchbar. Am geeignetsten sind die Natriumsalze der Oleate (Olivenöl).

Eine sehr unangenehme Eigenschaft der Seifenlösungen ist für den Gerber die Abnahme der Schaumkraft und damit auch des Emulgierungsvermögens in hartem Wasser. Sie wird hervorgerufen durch das Ausfällen eines Teils der Seifen als unlösliches Calciumsalz (Kalkseifen). Außerdem kehren aber die

Calciumsalze durch elektrische Einflüsse die Art der Emulsion um. Die Kalkempfindlichkeit der Seifen kann man durch Zusatz bestimmter sulfonierter Öle und anderer Produkte herabsetzen. Noch weit nachteiliger auf die Emulgierungsfähigkeit von Seifenlösungen wirken Aluminium- und Chromsalze. Es sei an dieser Stelle auf die umfangreichen Arbeiten des Japaners Masao Hirose im Journ. Soc. Chem. Ind. Japan 1928 u. 1929 hingewiesen, der die Beziehungen zwischen der Zusammensetzung der Seifen und ihren Eigenschaften, besonders dem Emulgierungsvermögen, untersucht hat. (Siehe auch das Kapitel über „Emulsionen".)

Über Fettalkoholsulfonate als Ersatzmittel für Seifen siehe S. 429.

Die Untersuchung der Seifen[1].

Die Anwendung der zahlreichen Untersuchungsmethoden, wie sie für die Prüfung von Seifen üblich sind, haben bei der Beurteilung der in der Lederindustrie verwendeten Seifen wenig Sinn. Der Gerbereichemiker wird an Hand einiger praktischer Prüfungen meist ein besseres Bild von der Brauchbarkeit einer Seife erhalten, als durch umfangreiche analytische Untersuchungen. Wichtig ist die Löslichkeit, der freie Alkaligehalt, das Emulgierungsvermögen und (vom wirtschaftlichen Standpunkt aus) auch der Wassergehalt. Ferner wird die Bestimmung von Nebenbestandteilen in vielen Fällen von Interesse sein.

Wassergehalt. Im allgemeinen genügt die Bestimmung des Gewichtsverlustes bei 105°. Man verreibt 5 g Seife mit geglühtem Seesand und trocknet ihn unter häufigem Umrühren mit einem mittarierten Glasstab.

Freies Alkali. Als freies Alkali gelten Kalium- und Natriumhydroxyd.

Qualitative Erkennung. Eine erbsengroße Probe Seife wird in der 10- bis 15fachen Menge neutralem absolutem Alkohol (der über Kaliumhydroxyd destilliert sein muß) gelöst; nach dem Erkalten zeigt Rotfärbung durch Phenolphthalein freies Alkali, Farblosigkeit dagegen Neutralität oder einen Säuregehalt der Seife an.

Quantitative Bestimmung. Bei festen Seifen werden 5 bis 10 g in 50 bis 150 ccm neutralem absolutem Alkohol gelöst und nach dem Erkalten und Zusatz von 3 bis 4 Tropfen Phenolphthaleinlösung mit $^n/_{10}$-Salzsäure titriert. Bei e Einwaage und a ccm Verbrauch an $^n/_{10}$-Säure ist

$$\text{freies Alkali bei Natronseifen} = \frac{0,4 \times a}{e} \% \text{ ber. als NaOH,}$$

$$\text{„   „   „   Kaliseifen} = \frac{0,56 \times a}{e} \% \text{ „   „ KOH.}$$

Bei weichen Seifen werden 3 bis 5 g Seife durch Kochen am Rückflußkühler mit 50 bis 70 ccm neutralisiertem Alkohol gelöst. In die erkaltete Lösung werden unter Umschwenken 4 bis 6 g entwässertes, fein gepulvertes Natriumsulfat in kleinen Portionen geschüttet. Zur Titration dient $^n/_{10}$ alkoholische Salzsäure.

Kohlensaures Alkali. Man bestimmt die Kohlensäure im Geißlerschen Apparat und rechnet den gefundenen Wert auf Kalium- oder Natriumkarbonat um. Ist e die Einwaage und a die Gewichtsabnahme des Geißlerschen Apparates (CO_2), so ist der

$$\text{Karbonatgehalt} = \frac{2,41 \times a}{e} \text{ Na}_2\text{CO}_3$$

$$\text{bzw.} = \frac{3,14 \times a}{e} \text{ K}_2\text{CO}_3.$$

---

[1] Genaue Analysenmethoden siehe Einheitsmethoden der Wizöff, 2. Aufl., S. 122ff.

Gebundenes Alkali. Als gebundenes Alkali wird das an die Gesamtfettsäuren der Seife gebundene Alkali bezeichnet. Man berechnet es aus der Verseifungszahl.

Bestimmung der Harzsäuren.

Zum qualitativen Nachweis kann die Reaktion von Storch-Morawski dienen (siehe S. 372). Die Reaktion wird aber auch durch Harzöle, gewisse Sterine und Fettsäuren aus grünen Sulfurölen verursacht.

Quantitative Bestimmung. Man löst 2 bis 5 g Gesamtfettsäuren in 10 bis 20 ccm Methylalkohol, gibt 5 bis 10 ccm einer Mischung von 1 Vol. konz. Schwefelsäure und 4 Vol. Methylalkohol hinzu und kocht 2 Minuten am Rückflußkühler. Nach Zusatz der 5- bis 10fachen Menge 10proz. Kochsalzlösung wird ausgeäthert, die wässerige Schicht abgezogen und nochmals 2- bis 3mal ausgeäthert. Die vereinigten ätherischen Lösungen werden mit 10proz. Kochsalzlösung mineralsäurefrei gewaschen (Methylorange) und nach Zusatz von etwas Alkohol mit $n/_2$ alkoholischer Kalilauge neutralisiert (Phenolphthalein). Hierauf gibt man noch 1 bis 2 ccm alkoholischer Lauge hinzu, wäscht die ätherische Lösung mehrmals mit Wasser nach und engt die Seifenlösung und das Waschwasser zusammen auf ein kleines Volumen ein. Durch Ansäuern mit verdünnter Mineralsäure scheidet man unter Zusatz des gleichen Volumens konz. Kochsalzlösung die Harzsäuren einschließlich der unveresterten Fettsäuren ab und äthert sie wie oben aus.

Von der mit entwässertem Natriumsulfat getrockneten, filtrierten, ätherischen Lösung wird der Äther abgetrieben, der erkaltete Rückstand in 10 ccm Methylalkohol gelöst und mit 5 ccm Mischung aus 1 Vol. konz. Schwefelsäure und 4 Vol. Methylalkohol wie oben verestert.

Dann gibt man zu dem Gemisch die 7- bis 10fache Menge 10proz. Kochsalzlösung und äthert 2- bis 3mal aus, neutralisiert die Ätherauszüge mit alkoholischer Kalilauge und zieht sie mehrmals mit schwach alkalischem Wasser aus. Die Harzsäuren werden aus den vereinigten wässerig-alkoholischen Extrakten wie oben ausgeäthert und als Rückstand der ätherischen Lösung bis zur Gewichtskonstanz getrocknet.

Bei einer Einwaage $= e$ und einer Harzsäuremenge $= h$ ist

$$\text{der Harzsäuregehalt} = \frac{100 \times h}{e} \%,$$

$$\text{der Harzgehalt (Colophonium)} = \frac{107 \times h}{e} \%.$$

Anorganische Nebenbestandteile. Man verascht 3 bis 5 g Seife vorsichtig in einer Quarzschale. Die Aschenmenge wird um die auf Karbonat umgerechnete Menge des gebundenen Alkalis vermindert und stellt annähernd die Gesamtmenge der anorganischen Nebenbestandteile (Füllstoffe) dar.

Kristallwasserhaltige anorganische Salze (Glaubersalz, auch Wasserglas u. dgl.) erscheinen in der Asche völlig wasserfrei. Sie geben aber bei der Wasserbestimmung unter Umständen nicht alles Wasser ab. Die experimentell ermittelten Prozentgehalte Reinseife, Asche sowie Wassergehalt können sich deshalb bei Anwesenheit von Wasserglas u. dgl. nicht unbedingt zu 100 ergänzen.

D. Gehärtete Fette.

In den letzten Jahren haben wiederholt auch gehärtete Fette — besonders gehärtete Trane — zum Fetten des Leders Verwendung gefunden.

Über den chemischen Vorgang bei der Härtung (Hydrierung) von Fetten siehe S. 334.

Es sind hauptsächlich drei Verfahren, die in der Fetthärtungsindustrie benutzt werden. Das älteste ist das Normannsche Verfahren (1), das, auf den Hydrierungsmethoden von Sarbatier und Sendérens fußend, erstmals zur Härtung flüssiger Fette in technischem Ausmaß herangezogen wurde. Es ist heute noch in großen Ölwerken im Gebrauch. Das Charakteristische am Normannschen Verfahren besteht darin, daß der Katalysator in Öl suspendiert wird und daß dann durch diese Suspension Wasserstoffblasen durchgeleitet werden. Die Berührung zwischen dem den Katalysator enthaltenden Öl und dem Wasserstoff findet also an der Oberfläche der Gasblasen statt.

Das zweite Verfahren von Erdmann beruht darauf, daß der Katalysator in Form von Nickeloxyd in das zu härtende Öl gebracht und dann in der Hitze Wasserstoff durchgeleitet wird. Das Nickeloxyd wird zu metallischem Nickel reduziert, was man äußerlich schon daran erkennt, daß das Öl eine tiefschwarze Farbe annimmt.

Das dritte Verfahren stammt von Wilbuschewitz und besteht darin, daß das Öl mit dem Nickelkatalysator innig vermischt wird und daß diese Mischung in fein zerstäubtem Zustand in einen Autoklaven gepreßt wird, in dem ihm unter Druck Wasserstoff oder ein Wasserstoff enthaltendes Gas entgegengeführt wird. Dabei findet gleichzeitig ein Durchwirbeln der Masse statt. Das Verfahren gestattet bei einer verhältnismäßig niedrigen Temperatur zu arbeiten, da die Berührung des Wasserstoffs mit der fein verteilten Mischung von Öl und Katalysator besonders innig ist. Auch das Verfahren von Wilbuschewitz findet technische Anwendung.

Über die moderne Fetthärtung, die Ölvorbehandlung, die Wasserstoff- und Katalysatorherstellung siehe Schneider (Fettchem. Umsch. 1935, 204) und Schönfeld, Die Hydrierung der Fette, Berlin, Springer 1932.

In erster Linie wird Tran durch Hydrieren gehärtet. Von den Ölwerken „Germania" in Emmerich werden große Mengen gehärteten Trans hergestellt. Die Hauptmarke dieses Produkts ist das Talgol. Kennzahlen siehe Tabelle 42.

Tabelle 42. Kennzahlen von Talgol und von Talgol extra.

	Talgol	Talgol extra
Schmelzpunkt	35—38	40—45
Verseifungszahl	192—195	192—195
Freie Fettsäure	2%	2%
Glyceringehalt	9—10%	9—10%
Jodzahl	65—70	45—55

Ein in Norwegen hergestelltes Hydrierungsprodukt, das in den Jahren unmittelbar nach dem Krieg der Lederindustrie häufig angeboten und von dieser auch teilweise zum Fetten des Leders verwendet wurde, war das Nofalit. Es wurde in zwei Sorten hergestellt, einer weichen mit dem Schmelzp. 40 bis 42° und einer härteren, bei etwa 50° schmelzenden Sorte. Das Produkt hat sonst große Ähnlichkeit mit Talg und läßt sich im Gemisch mit andern Hartfetten zum Einbrennen von Ledern verwenden.

Ein gehärtetes Fett von butterartiger Konsistenz ist das Krutolin. Es hat nach Jablonski folgende Eigenschaften: Schmelzp. breiartig, Säurezahl 1,1, Verseifungszahl 188, Jodzahl 82,4.

Tabelle 43. Kennzahlen der Candelite.

	Candelit	Candelit extra
Säurezahl	3,8	4,4
Verseifungszahl	192—195	192—195
Unverseifbares	ca. 0,4%	ca. 0,5%
Jodzahl	20—30	10—15
Gehalt an freien Fettsäuren	2%	2%
Glyceringehalt	9—10%	9—10%

Stärker gehärtet sind die mit Candelit und Candelit extra bezeichneten hydrierten Fette (Germania-Ölwerke). Kennzahlen siehe Tabelle 43.

Tabelle 44. Eigenschaften sonstiger gehärteter Fette (Fahrion, S. 131 ff.).

	Schmelzp.	Jodzahl	Verseifungszahl	Unverseifbares
Duratol, gelb	46,5°	3,9	—	1,92%
Duratol, weiß	46°	4,2	—	2,1%
Coryphol	79,3°	—	189,9	—
Gehart. Sesamöl	47,8°	54,8	190,6	—
„ Erdnußöl	46,1°	54,1	188,4	—
„ Olivenöl	70°	0,2	190,9	—
„ Leinöl	68°	0,2	189,6	—
„ Sonnenblumenöl	45°	9,8	189,0	—
„ Baumwollsaatöl	33,6°	69,0	192,5	—
„ Ricinusöl	68°	4,8	183,5	—

Die Untersuchung gehärteter Fette erstreckt sich hauptsächlich auf die Bestimmung des Schmelzpunktes, der Verseifungszahl und der Jodzahl. Sie werden meist nach Schmelzpunkt und Jodzahl gehandelt.

Der Nachweis gehärteter Fette kann in vielen Fällen durch die Nickelprobe erfolgen. Es braucht aber nicht jedes gehärtete Fett die Nickelreaktion ergeben, da ja auch andere Katalysatoren verwendet worden sein können. Sicherer ist die Isoölsäureprobe. Die Ausführung der beiden Proben ist auf S. 377 beschrieben.

Ein Nachweis von geringeren Mengen gehärteter Fette in Fettgemischen ist sehr schwierig. Bei der Prüfung von gehärteten Fetten oder Fettmischungen, in denen gehärtete Fette vermutet werden, wird der Gerbereichemiker zur Sicherheit stets eine Fettungsprobe vornehmen, um die unter Umständen auftretenden spezifischen Wirkungen des Fettes auf das Leder festzustellen.

E. Stearin, Olein, Glycerin.

a) Stearin.

Das technische Stearin besteht aus Stearinsäure, der je nach dem Herstellungsverfahren größere oder geringere Mengen Palmitin- und Ölsäure beigemischt sind. Das Stearin wird durch Verseifung von hauptsächlich tierischen Fetten gewonnen, vorwiegend von Rinder-, Schaf- und Pferdetalg.

Die Stearinfabrikation umfaßt: die Fettspaltung (Verseifung), die Destillation (nicht bei allen Sorten), die Trennung der festen von den flüssigen Säuren (Pressen), das Umschmelzen und Bleichen (nach Bedarf).

Die Fettspaltung wird meist in Autoklaven ausgeführt. Die Arbeitsmethoden sind verschieden. Die saure Spaltung gibt eine höhere Ausbeute an festen Fettsäuren, das erhaltene Stearin hat aber einen etwas geringeren Schmelzpunkt als das Produkt der in Gegenwart von Kalk, Magnesia oder Zinkoxyd durchgeführten Autoklavenspaltung. Beim sog. gemischten Verfahren spaltet man in Autoklaven und behandelt anschließend die Masse mit konz. Schwefelsäure. Das gemischte Verfahren ist zwar teurer als die andern, es gestattet aber auch die Verarbeitung von unreinen und ranzigen Fetten. Die saure und gemischte Spaltung erfordert stets eine Destillation der Fettsäuren.

Vor der Behandlung mit Schwefelsäure (Acidifikation) werden die Fettsäuren in einer besonderen Anlage getrocknet. Zur Säurebehandlung verwendet
man etwa 3 bis 5% Schwefelsäure bei einer Temperatur von 100 bis 110°. Die
Masse wird dabei allmählich dunkel, zuletzt schwarz. Durch die Säuerung wird
der Gehalt des Gemisches an festen Säuren etwa um 10% erhöht. An der Abnahme der Jodzahl kann man dies verfolgen.

Anschließend werden die Fettsäuren gewaschen, um die überschüssige
Schwefelsäure zu entfernen, und dann getrocknet. Nicht genügend getrocknete
Fettsäuren schäumen beim Destillieren über.

Die Destillation erfolgt grundsätzlich mit überhitztem Dampf. Hierbei
gehen über:

die Palmitinsäure etwa bei 170—180°
die Stearinsäure   bei 230—240°
die Ölsäure   bei 200—210°.

Die Destillation im Vakuum erfordert Temperaturen, die etwa 10 bis 15°
niedriger sind. Dagegen wird der Destillationsvorgang bei Anwendung eines
Vakuums sehr beschleunigt. Die Destillation wird in Kupfergefäßen ausgeführt.
Man beginnt bei gewöhnlichem Druck zu destillieren und schaltet die Vakuumpumpe ein, wenn der Prozeß einigermaßen im Gang ist. Die beim Destillationsvorgang sich abspielenden chemischen Prozesse sind sehr verwickelt und wenig
geklärt (Dubovitz). Als Rückstand bleibt das sog. Stearinpech, eine feste
Masse, die neben Asphalten noch Neutralfett, Fettsäuren, Oxysäuren, Ketone,
Kohlenwasserstoffe, Kupfer- und Eisenseifen enthält.

Das Destillat besteht aus festen und flüssigen Fettsäuren, die nunmehr
durch Pressen getrennt werden. Bei manchen Herstellungsmethoden wird
das verseifte Produkt nicht destilliert, sondern unmittelbar zur Presse gebracht.
Daher rühren die vielfach üblichen Handelsbezeichnungen „Saponifikat-
stearin" und „Destillatstearin". Diese Bezeichnungen sind ungenau. Alle
Stearine sind „Saponifikatstearine", da bei allen Sorten die Herstellung mit
der Verseifung (Spaltung) beginnt.

Das Pressen erfolgt mit oder ohne Erwärmen. Es gibt einmal, zweimal
und dreimal gepreßte Stearine (Cranor). Die letzteren sind die reinsten und
härtesten, da sie am wenigsten Ölsäure enthalten, wie die Zusammenstellung
in Tabelle 45 zeigt:

Tabelle 45. Stearinsäure- und Ölsäuregehalt von
einfach und mehrfach gepreßtem Stearin.

	Stearinsäure %	Ölsäure %
Einfach gepreßt	85	15
Doppelt gepreßt	90	10
Dreifach gepreßt	95	5

Beim Pressen läuft das Olein klar ab, falls der Druck in richtiger Weise
langsam gesteigert wurde. Das gepreßte Stearin wird nochmals umgeschmolzen
und nach Bedarf gebleicht. Es kommt in Tafeln in den Handel.

Untersuchung des Stearins. Für die Lederfettung kommen im allgemeinen zwei Stearinsorten in Frage, eine harte mit einem Schmelzpunkt von
50 bis 54° und eine weichere Sorte, die etwa bei 40 bis 42° schmilzt. Die
Schmelzpunktsbestimmung gibt nur Aufschluß über den Härtegrad,
nicht über die Reinheit einer Stearinsorte.

Wichtig ist die Feststellung des Gehalts an unverseifbaren Bestandteilen. Stearine können Kohlenwasserstoffe enthalten, die bei der Destillation durch Überhitzen entstanden sind, oder aber in Form von Paraffin oder Ceresin absichtlich zugesetzt sind. Größere Mengen von Paraffin und Ceresin zeigen sich daran, daß beim Verdünnen einer stark alkalisch verseiften Probe mit viel Wasser sich das Paraffin fein verteilt ausscheidet. Bei einem Gehalt an Unverseifbarem von weniger als 2% liegt kein Verdacht auf Verfälschung durch Mineralfette vor.

Auch an eine Prüfung auf Schwefelsäure muß unter Umständen gedacht werden (siehe S. 442).

Das Verhältnis von Stearinsäure, Palmitinsäure und Ölsäure kann nach Ubbelohde wie folgt bestimmt werden:

Man titriert zunächst 1 g des Stearins, das keine unverseifbaren Bestandteile, Lactone oder Neutralfett enthalten darf, in alkoholischer Lösung in der Wärme mit alkoholischer Kalilauge von bekanntem Gehalt. Ferner ermittelt man durch die Jodzahl den Ölsäuregehalt. Da 100proz. Ölsäure die Jodzahl 90 hat, so gibt der Quotient

$$\frac{100 \times \text{gefundene Jodzahl}}{90}$$

den Prozentgehalt an Ölsäure.

Die von der gefundenen Ölsäure verbrauchte Menge Kalilauge (siehe Tabelle 46) zieht man von der bei der obigen Titration verbrauchten Menge Kalilauge ab und berechnet aus der übrigbleibenden Kalilauge das mittlere Molekulargewicht des Restes der Säuren (Palmitin- und Stearinsäure). Die Mengen Stearin- und Palmitinsäure in diesem Rest verhalten sich dann umgekehrt, wie die Differenzen aus ihren Molekulargewichten und dem mittleren Molekulargewicht (nach Tabelle 46).

Tabelle 46.

	Formel	Molekular-gewicht	1 g Säure verbraucht mg KOH
Stearinsäure	$C_{18}H_{36}O_2$	284,3	197,5
Palmitinsäure	$C_{16}H_{32}O_2$	256,3	219,1
Ölsäure	$C_{18}H_{34}O_2$	282,3	198,9

Die Genauigkeit der Methode ist infolge der möglichen Versuchsfehler beschränkt.

b) Olein.

Das Olein spielt bei der Lederfettung eine geringe Rolle. Immerhin wird es zur Herstellung mancher „Lederöle" und Lederzurichtmittel verwendet.

Man bezeichnet mit Olein den flüssigen Anteil, der bei der Stearingewinnung von den Fettsäuren abgepreßt wird (siehe S. 442). Sein Hauptbestandteil ist die Ölsäure, die aber feste Fettsäuren gelöst enthält. Sie scheiden sich bei niederer Temperatur langsam aus. Das von den Pressen kommende Olein wird deshalb in großen Zisternen in kühlen Räumen gelagert oder aber in Behältern mit besonderen Kühlanlagen aufbewahrt. Nach dem Auskristallisieren der festen Fettsäuren wird das Olein filtriert.

Wie beim Stearin unterscheidet man „Saponifikat-" und „Destillatolein". Die Saponifikatware ist dunkel gefärbt und enthält häufig noch beträchtliche Mengen fester Fettsäuren, außerdem mitunter 3 bis 10% Neutralfett und alle ursprünglich im Ausgangsfett enthaltenen unverseifbaren Stoffe. Die Jodzahl liegt unter 90 (90 ist die Jodzahl reiner Ölsäure).

Das Destillatolein ist ein helles, klares Öl, das im allgemeinen nur geringe Mengen fester Fettsäuren enthält. Die Jodzahl liegt ebenfalls unter 90. Es enthält 93 bis 98% freie Ölsäure, daneben Anhydride und Lactone.

Die Untersuchung des Oleins kann sich auf die Bestimmung des Wassergehalts, des Gehalts an festen Fettsäuren, an Unverseifbarem, an Neutralfett und Schwefelsäure erstrecken. Bleibt eine erwärmte Probe von trübem Olein auch nach dem Abkühlen trüb, so rührt die Trübung nicht von festen Fettsäuren, sondern vom Wasser her. Die Jodzahl gibt einen Anhalt für den Gehalt an festen Fettsäuren. Für die genaue Bestimmung ist die Durchführung der Bleisalz-Alkohol-Methode (Twitchell) erforderlich. Mitunter enthält Olein Linolsäure. Eine stark erhöhte Jodzahl weist darauf hin.

c) Glycerin.

Das Glycerin benutzt der Gerber für manche Zurichtungsarten und zur Herstellung des sog. Transparentleders. Es soll deshalb hier kurz Erwähnung finden, obwohl es nicht zu den Fettstoffen gerechnet werden kann.

Das Glycerin entsteht bei der Hydrolyse der Fette, also bei jeder Art technischer Fettspaltung, wo es sich unter der Fettsäureschicht im sog. Glycerinwasser sammelt. Beim alten Seifensiederprozeß ist es in der sog. Unterlauge enthalten. Glycerinwasser und Unterlaugen sind das Rohmaterial für die Gewinnung des Glycerins.

Im Handel unterscheidet man:

1. Saponifikatrohglycerin. Entsteht bei der Autoklavenspaltung und wird meist in einer Stärke von 28° Bé (spez. Gew. 1,24) gehandelt. Seine Farbe ist hellgelb bis braun. Es soll nicht mehr als 0,5% Asche und nicht mehr als 1% nichtflüssige, organische Säuren enthalten.

2. Acidifikationsrohglycerin. Es wird aus dem bei der sauren Spaltung entstehenden sauren Glycerinwasser gewonnen. Es enthält meist 0,5 bis 1,5% Asche und wird ebenfalls in einer Stärke von 28° Bé gehandelt.

3. Unterlaugenrohglycerin. Stammt aus den Unterlaugen, die bei der direkten Verseifung entstehen. Es ist stark verunreinigt, enthält 75 bis 82% Glycerin, 8 bis 10% Asche und 8 bis 10% Wasser.

Es sei kurz erwähnt, daß Glycerin auch durch rein biochemische Synthese gewonnen werden kann, indem man die alkoholische Gärung in alkalischer Lösung

Tabelle 47. Eigenschaften von Rohglycerinen nach Holde.

Be-zeichnung	Herkunft — Verarbeitung	Aussehen	Geruch	Ge-schmack	Reak-tion	d_{15}^{15}	Glyce-rin %	Asche %	Organ. Rück-stand %
Unterlaugen-glycerin	Seifensieder-unterlaugen — meist auf Destillate	gelb bis braun, nicht schwarz — klar	nicht un-ange-nehm, frei von Tri-methyl-amin	salziger Beige-schmack, nicht laugen-haft	schw. alka-lisch	$\geq 1,3$	75—82 mögl. > 80	< 10	≤ 3
Saponifikat-glycerin	Autoklav.-, Twitchell-, Krebitz-, Ferment-spaltung — Raffinate und Destillate	hellgelb bis braun — klar	nicht unan-genehm	süß	neu-tral	1,24	85—90	$\leq 0,5$	≤ 1

vor sich gehen läßt. Um den Gärungsprozeß in die Richtung der Glycerinbildung zu lenken, gibt man z. B. Natriumsulfit zur Gärungsmasse. Nach dieser Methode wurden während des Krieges von der Protol-Gesellschaft monatlich bis zu 1100 t Glycerin hergestellt.

Holde gibt für die Eigenschaften von Handelsrohglycerinen Durchschnittswerte an. Sie sind in Tabelle 47 zusammengestellt.

Die Veredlung des Rohglycerins erfolgt entweder durch Destillation oder durch Raffination. Das reinste, für pharmazeutische Zwecke verwendete Glycerin (Glycerinum purissimum albissimum) wird zweimal destilliert. Sein Aschengehalt übersteigt selten 0,01%.

Die Untersuchung des Glycerins erstreckt sich auf die Bestimmung des Glyceringehalts, der Asche, des Wassergehalts, des freien Alkalis und des Gehalts an nichtflüchtigen organischen Substanzen.

Zur Glycerinbestimmung wird sehr häufig die Bichromatmethode von Hehner-Steinfels angewandt.

Sie beruht auf der Oxydation des Glycerins in saurer Lösung durch Kaliumbichromat zu Kohlensäure und Wasser nach der Formel

$$3 C_3H_8O_3 + 7 Cr_2O_7K_2 + 28 H_2SO_4 \rightarrow 7 [Cr_2(SO_4)_3 + K_2SO_4] + 9 CO_2 + 40 H_2O.$$

Der Überschuß des Oxydationsmittels wird mit $n/_{10}$-Thiosulfatlösung, deren Titer mit Jod oder genau hergestellter Bichromatlösung eingestellt ist, zurücktitriert:

$$K_2Cr_2O_7 + 14 HCl + 6 KJ \rightarrow 8 KCl + 2 CrCl_3 + 7 H_2O + 3 J_2$$

$$3 J_2 + 6 Na_2S_2O_3 \rightarrow 6 NaJ + 3 Na_2S_4O_6.$$

Ausführung: Man gibt 2 g Rohglycerin in einen 200 ccm-Meßkolben, macht gerade alkalisch, verdünnt etwas mit Wasser und gibt frisch bereitetes Silbercarbonat[1] hinzu. Das Gemisch läßt man 10 Minuten stehen. Dann kocht man mit überschüssiger Bleiglätte eine Stunde und fügt heiß filtrierte 10proz. Bleiacetatlösung (etwa 5 ccm) hinzu, bis gerade kein Niederschlag mehr auftritt. Bei Rohglycerin mit sehr wenig Chlorgehalt genügt $^1/_5$ der Silbercarbonatmenge und 0,5 ccm Bleiacetat. Man füllt jetzt bis zur Marke mit Wasser, läßt den Niederschlag absitzen und filtriert einen Teil der überstehenden Flüssigkeit durch ein lufttrockenes Filter in einen trockenen Kolben. Von dem Filtrat, das mit Bleiessig keinen Niederschlag mehr geben darf, werden 20 ccm in einen 250 ccm fassenden reinen Erlenmeyer-Kolben abpipettiert, mit einigen Tropfen Schwefelsäure zur Fällung des Bleiüberschusses und mit genau 25 ccm Hehnerscher Lösung[2] versetzt. Man spült die Wandungen des Erlenmeyer-Kolbens mit 50 ccm Schwefelsäure (31,1%)[3] nach, stülpt ein umgekehrtes

Tabelle 48. Temperaturkorrekturen für die Thiosulfatlösung bei der Glycerinbestimmung.

Temperatur der Bichromatlösung °C	Titer der Thiosulfatlösung von 15° C ccm	Temperatur der Bichromatlösung °C	Titer der Thiosulfatlösung von 15° C ccm
11	50,10	18	49,93
12	50,06	19	49,90
13	50,05	20	49,87
14	50,02	21	49,85
15	50,00	22	49,82
16	49,98	23	49,80
17	49,95		

[1] Zweimal dekantierter Niederschlag aus 140 ccm 0,5proz. Silbersulfatlösung + 4,9 ccm $n/_1$-Sodalösung.

[2] Hehnersche Lösung: 74,564 g analysenreines $K_2Cr_2O_7$ + 150 ccm konz. H_2SO_4 mit Wasser auf genau 1 Liter verdünnt.

[3] Nach Keller muß die Schwefelsäure gerade $d = 1,23$ zeigen.

Becherglas auf den Kolben und erwärmt 2 Stunden im siedenden Wasserbad. Die abgekühlte Flüssigkeit wird quantitativ auf 500 ccm mit Wasser aufgefüllt und gut durchgeschüttelt. Zur Messung des nicht zur Oxydation verbrauchten Bichromats läßt man 50 ccm der im Meßkolben befindlichen Flüssigkeit zu 2 g festem Kaliumjodid und 25 ccm 20proz. Salzsäure fließen, verdünnt mit Wasser auf etwa $1/_2$ Liter und titriert mit Thiosulfat unter Verwendung löslicher Stärke das ausgeschiedene Jod zurück.

1 ccm $n/_{10}$-Thiosulfatlösung entspricht 0,00065757 g Glycerin. Bei wesentlicher Abweichung der Temperatur der Lösungen von 15⁰ ist die Titeränderung zu berücksichtigen (siehe Tabelle 48).

Acetinmethode zur Glycerinbestimmung: 1 bis $1^1/_2$ g des Glycerins werden in einem weithalsigen Kolben von ca. 100 ccm Inhalt abgewogen, mit 7 bis 8 g Essigsäureanhydrid und ca. 3 g entwässertem Natriumacetat 1 bis $1^1/_2$ Stunden am Rückflußkühler auf dem Sandbad erhitzt. Dann läßt man etwas abkühlen, gibt durch den Kühler 50 ccm Wasser zu und erhitzt, bis alles in Lösung gegangen ist. Die Lösung wird in einen größeren Kolben klar filtriert, abgekühlt, mit Phenolphthalein versetzt und genau mit verdünntem Alkali neutralisiert. Dies ist der Fall, wenn die gelbliche Farbe sich in Rötlichgelb verwandelt. Dann fügt man 25 ccm einer 10proz. Natronlauge zu, kocht 15 Minuten und titriert das überschüssige Alkali mit Salzsäure zurück. Ebenso titriert man 25 ccm der 10proz. Natronlauge mit Salzsäure. Die Differenz beider Titrationen wird auf Glycerin umgerechnet. 1 ccm $n/_2$-NaOH = 0,00153 g Glycerin.

Literaturübersicht.

(Umwandlungsprodukte der Fette und Öle.)

Auerbach: Ledertechn. Rdsch. 1927, 115, 173.
Baldracco, G.: Collegium 1904, 334.
Baron: Rev. Chim. Ind. 1897, 225.
Beyer, A.: siehe K. Lindner.
Briscoe, M.: Journ. Dyers and Colour. 1933, 71.
Bumcke, G.: Journ. Amer. Leather Chem. Assoc. 1927, 621.
Burton, D. u. G. F. Robertshaw: Journ. Soc. Leather Trades Chem. 15, 308 (1931), 17, 294 (1933).
Cranor, D. F.: Ind. Eng. Chem. 1929, 719.
Davidsohn, J.: Seifensied.-Ztg. 1913, 529.
Dubovitz, A.: Chem.-Ztg. 1923, 616.
Eitner, W.: Gerber 1890, 170.
Erban: Lehnes Färber-Ztg. 1915, 187.
Erdmann, H: D.R.P. 211669 (1907), 292649 (1911).
Fahrion, W. (1): Collegium 1911, 53; (2): Die Hydrierung der Fette, 2. Aufl. 1921; (3): Chem.-Ztg. 1913, 1372.
Gnamm, H.: Die Fettstoffe in der Lederindustrie. 1926.
Graham, J. M.: siehe E. Theis.
Grasser, G.: Handb. f. gerbereichem. Labor., 3. Aufl. 1929.
Hart, R.: Ind. Eng. Chem. (An. Ed.) 4, 119 (1932).
Hehner-Steinfels: Seifenfabr. 1905, 1265; 1910, 505.
Heller, H.: Seifenfabr. 1912, Nr. 31.
Herbig, W.: Öle und Fette in der Textilindustrie, 2. Aufl. 1929.
Hirsch, A.: Collegium 1926, 418.
Holde, D.: Unters. d. Kohlenwasserstofföle u. Fette, 6. Aufl. 1924, 646.
Hueter: Mellands Textilber. 1932, 83.
Jablonski, C. F.: siehe Fahrion (2), 132.
Keh: siehe Rose.
Lewkowitsch, J.: Chem. Technologie u. Analyse d. Fette, Öle u. Wachse, Bd. 2.
Lindner, K., A. Russe u. A. Beyer: Fettchem. Umsch. 40, 93 (1933).
Lochtin: siehe Herbig l. c., 287.
Maschke, J. u. Wallenstein: siehe Holde l. c., 732.
Naphtali: Chemie, Technologie und Analyse der Naphthensäuren. 1927.
Nishizawa, K. u. K. Winokuti: Chem. Umsch. 1931, 1.
Normann, W. (1): D.R.P. 141029 (1902); (2): Ztschr. f. angew. Ch. 1925, 380.
Procter, H. R.: Labor. Book 1898, 204.

Rieß, C. (1): Collegium **1928**, 298; (2): Collegium **1931**, 580.
Rietz, C.: Chem. Umsch. **1928**, 270.
Robertshaw, G. F.: siehe D. Burton.
Rose u. Keh: Collegium **1924**, 327.
Ruhsam nach Gnamm: Fettstoffe in der Lederindustrie. **1926**, 303.
Russe, A.: siehe K. Lindner.
Schacherl: siehe W. Schindler.
Schindler, W. (1): Die Grundlagen des Fettlickers. **1928**; (2): Collegium **1927**, 298; **1928**, 255.
Schindler, W. u. Schacherl: Collegium **1930**, 97.
Schorlemmer: Collegium **1929**, 530.
Stadler, O.: Seifensied.-Ztg. 58, 579 (**1931**).
Stiasny, E. u. C. Rieß: Collegium **1925**, 498.
Stiepel, C.: Seifensied.-Ztg. **1914**, 347.
Theis, E. u. J. M. Graham: Journ. Amer. Leather Chem. Assoc. 28, 52 (**1933**).
Wallenstein: siehe J. Maschke.
Winokuti, K.: siehe K. Nishizawa.
Wilbuschewitz, M.: D.R.P. 228128 (1910); 307320 (1918).

3. Wachse.

Die Wachse sind Körper tierischen und pflanzlichen Ursprungs, die mit den Fetten gewisse Ähnlichkeiten aufweisen. Sie sind als esterartige Verbindungen anzusehen, die durch Vereinigung von einbasischen, hochmolekularen Fettsäuren mit ein- oder zweiwertigen, ebenfalls hochmolekularen, teils aliphatischen, teils aromatischen Alkoholen entstanden sind. Sie enthalten außerdem noch freie Fettsäuren, freie Alkohole und hochschmelzende Kohlenwasserstoffe. Je nach ihrem Gehalt an Estern gesättigter oder ungesättigter Säuren kann man unterscheiden [Lüdecke (1)]:

feste Wachse (Ester gesättigter Säuren mit hochschmelzenden Alkoholen), die sowohl im Tier- wie im Pflanzenreich vorkommen, und

flüssige Wachse (Ester ungesättigter Säuren mit leicht schmelzbaren höheren Alkoholen), die nur tierischen Ursprungs sind.

Die Bezeichnung mancher Wachse ist ungenau. So wird z. B. das Wollfett und ebenso Döglingsöl und Spermacetiöl (Walratöl) oft zu den Ölen gerechnet, obwohl sie ihrer Natur nach zu den Wachsen gehören. Anderseits wird das sog. Japanwachs, das fast ganz aus Triglyceriden besteht, vielfach fälschlicherweise zu den Wachsen gerechnet; die Bezeichnung Japantalg ist richtiger (siehe S. 364). Technisch reiht man mitunter auch Ozokerit, Paraffin und Stearin zu den „Wachskörpern" ein. Die amerikanischen Paraffinabladungen werden mit „paraffin wax" bezeichnet. Diese Stoffe sind aber ihrer Natur nach keine Wachse, sondern mineralische Produkte, während das Stearin aus Stearin- und Palmitinsäure besteht.

Die Wachsester lassen sich wie die Glycerinester verseifen. Da aber die Wachse einen hohen Gehalt an unverseifbaren Alkoholen aufweisen, sind ihre Verseifungszahlen niedriger als die der Fette. Obwohl die meisten Wachse höher schmelzen als die härtesten Glyceride, erweichen sie ziemlich weit unter ihrem Schmelzpunkt zu plastischen, knetbaren Massen. Die wenigen flüssigen Wachse machen hierbei eine Ausnahme.

Verdünnt man die alkoholische Lösung eines verseiften Wachses mit Wasser, so scheiden sich die in Wasser unlöslichen Alkohole aus. Sie lassen sich durch Ausschütteln mit Äther gewinnen.

Charakteristisch ist für die Wachse, daß sie auf Papier im Gegensatz zu den Fetten und Ölen keinen Fettfleck hinterlassen.

Die Wachse lösen sich im allgemeinen in allen Fettlösungsmitteln, wenn auch weniger leicht als die Fette. Am besten lösen Benzin und Petroläther. Das Lösungsvermögen der Alkohole, Aldehyde und Ketone ist sehr gering. Sehr gute Lösungsmittel sind die Fettsäureester. Die chlorierten Kohlenwasserstoffe stehen weit hinter ihnen zurück.

Auf die Zusammensetzung der Wachse wird bei der Besprechung der einzelnen Wachsarten kurz eingegangen werden.

Wachse, die im Haushalt der Lederindustrie eine Rolle spielen, sind: Bienenwachs, Wollfett, Karnaubawachs, chinesisches Wachs, Montanwachs.

A. Bienenwachs.

Das Bienenwachs ist der wichtigste Vertreter der tierischen Wachse. Es ist das „Wachs" im allgemeinen Sinn. Es entwickelt sich im Körper der Honigbienen und wird durch Drüsen in Form kleiner Schuppen ausgeschieden. Nach Fürth brauchen die Bienen zur Bildung von 1 g Wachs 12 g Zucker. Die Bienen erzeugen das Wachs zum Bau von Waben.

Das Bienenwachs wird durch Ausschmelzen dieser Waben mit heißem Wasser gewonnen. Dabei gehen Honigreste und Verunreinigungen, wie Blütenstaub, Bienenleichen, Häute der Puppen, Holzsplitter usw., in das Wasser über und setzen sich zu Boden oder lagern sich an der Berührungsstelle zwischen Wachs und Wasser an. Die als „Bodensatz" bezeichneten Verunreinigungen (2 bis 6% des Wachses) enthalten aber noch viel Bienenwachs. Sie werden deshalb nochmals ausgekocht und gepreßt. Der nun erhaltene Rückstand wird durch Extraktion mit Benzin oder Tetra von den letzten Wachsresten befreit.

Neben dieser alten, aber noch immer bewährten Ausschmelzmethode über Wasser sind auch besondere Vorrichtungen im Gebrauch, wie Siebtrommeln und dergleichen (siehe z. B. D.R.P. 376832 und 415650).

Das ausgeschmolzene Bienenwachs kann zur Erhöhung seiner Reinheit noch durch Tücher filtriert werden. Es ist eine gelbe bis braunrote Masse. Bienenwachs aus Rumänien, Griechenland und der Türkei ist stark rötlich gefärbt. Kubawachs erscheint in allen Farben von hellgelb bis dunkelbraun. Das aus Jamaika stammende Bienenwachs zeichnet sich durch eine besonders gleichmäßige gelbe Farbe aus. Brasilianisches Wachs ist goldgelb.

Das deutsche Bienenwachs ist sehr geschätzt. Es ist sehr hell und läßt sich gut bleichen. Die Bleichbarkeit ist eine wesentliche Eigenschaft für die Beurteilung des Wertes der verschiedenen Wachsarten. Gut bleichbar sind z. B. Wachse aus Mittelamerika, Chile, Brasilien, und, wie schon erwähnt, auch die deutschen Bienenwachssorten. Deutschland führt große Mengen Bienenwachs hauptsächlich aus Nord- und Ostafrika ein. Im allgemeinen gut fallende, unverfälschte Sorten kommen aus Benguela, Mozambique, Sansibar und Madagaskar. Diese Wachse werden sowohl in Teller- wie in Schüsselform geliefert.

In Mitteleuropa wird fast in allen Ländern Bienenwachs erzeugt. Das französische Bienenwachs wird ganz im Lande verbraucht. Aus Tunis, Spanien, Italien und Portugal kommen mitunter Bienenwachse, die in raffinierter Weise verfälscht sind. Indische, persische, chinesische und japanische Wachse erscheinen selten auf dem Markt. Auch das nordamerikanische Bienenwachs wird — mit Ausnahme des kalifornischen — ganz im Lande verarbeitet.

Das Bleichen des Wachses erfolgt entweder an der Luft im Sonnenlicht oder auf chemischem Wege.

Für die Luftbleiche ist es zunächst erforderlich, das Wachs über etwa 70° warmem Wasser zu schmelzen und es dann mittels einer besonderen Vorrichtung (Bändermaschine) in kleinen Tropfen und Streifen erstarren zu lassen. Diese

Späne besitzen eine große Oberfläche. Sie werden auf Leinwand ausgebreitet und, vor Staub geschützt, dem Sonnenlicht ausgesetzt. Die Sonnenbleiche dauert eine bis vier Wochen. Die Dauer ist von der Lichtintensität und der Bleichbarkeit des Wachses abhängig. Das Wachs muß während des Bleichens feucht sein und deshalb mehrmals am Tage mit Wasser besprizt werden. Außerdem ist für eine gleichmäßige Bleiche ein wiederholtes Umwenden der Wachsschicht erforderlich. Je dünner die Schicht, um so rascher ist der Bleichprozeß beendet.

Beim Bleichen mit chemischen Mitteln wird Chlor, Kaliumchlorat, Kaliumpermanganat, Chromsäure oder auch ozonisierte Luft verwendet. Das chemische Bleichen ist wegen der damit verbundenen Zeitersparnis billiger.

Gebleichtes Bienenwachs soll rein weiß, ferner geruch- und geschmacklos sein. Sein spezifisches Gewicht ist höher als das des ungebleichten Wachses. Es ist in kaltem Alkohol fast unlöslich, in kaltem Äther und heißem Alkohol teilweise, in heißem Äther, Tetrachlorkohlenstoff und Chloroform vollkommen löslich.

Kennzahlen des Bienenwachses[1]:

Spezifisches Gewicht bei 15° C:

Kuba 0,961	Madagaskar . . . 0,960	Ostafrika 0,965
Brasilien 0,962	Tunis 0,959	Portugal 0,966
Deutschland . . . 0,960	Sanzibar 0,959	Türkei 0,965

Durchschnitt: 0,962.

Schmelzpunkt:

Deutschland	63,5—64,5° C
Ägypten	63,4° C
Brasilien	63,5—65,5° C.

Durchschnitt: 64° C.

Erstarrungspunkt: 60—63,4° C.

Säurezahl:

Deutschland . . . 19,2—20,4	Marokko . . . . . 19,8—21,3
Italien. . . . . . 21—21,5	Algier . . . . . . 20—20,5
Madagaskar . . . 18,5—21,3	Brasilien . . . . 18,3—20,2
Polen, Galizien. . 19,2—19,2	Türkei. . . . . . 19,6.

Durchschnitt: 20,0.

Verseifungszahl:

Deutschland . . . 93—97	Madagaskar . . . . 97—101
Ägypten 97	Italien. . . . . . 98—99
Algier . . . . . . 98,5—99,5	Portugal . . . . . 96—97,5.

Durchschnitt: 97,0.

Verhältniszahl[2]:

Deutschland	3,7—3,8
Italien	3,5—3,8
Madagaskar.	4,0—4,3.

Durchschnitt: 3,8.

Jodzahl:

Deutschland	7,5—8,0
Italien	10,75
Marokko	10,5—12,7
Polen, Galizien . . .	6,5—6,9.

Durchschnitt: 9,0.

Reichert-Meißl-Zahl: 0,34—0,41.

Brechungsexponent (Butterrefrakt.): 42,9—45,6 Skalenteile (berechnet für 40° C).

Unverseifbares (Alkohole + Kohlenwasserstoffe): 52—55%.

Fettsäuren: 46%.

---

[1] Nach Gnamm: Fettstoffe in der Lederindustrie, 1926, S. 320/21.
[2] Siehe „Untersuchung des Bienenwachses", S. 450.

Lewkowitsch hat die Veränderungen untersucht, welche die Kennzahlen des gelben Bienenwachses durch die verschiedenen Bleichprozesse erfahren. Der Schmelzpunkt verändert sich nicht, die Säurezahl nur sehr wenig. Die Verseifungszahl zeigt Erhöhungen bis zu 15%. Die Jodzahl nimmt naturgemäß stark ab.

Das Bienenwachs besteht hauptsächlich aus Myricylpalmitat ($C_{16}H_{31}O_2 \cdot$ $\cdot C_{30}H_{61}$) und freier Cerotinsäure. Gascard und Dormoy isolierten die Kohlenwasserstoffe und Alkohole des Bienenwachses. Sie fanden

Alkohole:	Kohlenwasserstoffe:
Neocerylalkohol, $C_{25}H_{52}O$	Pentakosan, $C_{25}H_{52}$
Cerylalkohol, $C_{26}H_{54}O$	Heptakosan, $C_{27}H_{56}$
Montanalkohol, $C_{29}H_{60}O$	Nonakosan, $C_{29}H_{60}$
Myricylalkohol, $C_{31}H_{62}O$	Hentriakontan, $C_{31}H_{64}$

Später stellte Dormoy folgende Säuren fest: Neocerotinsäure, $C_{25}H_{50}O_2$; Cerotinsäure, Montaninsäure, $C_{29}H_{58}O_2$, Melissinsäure, $C_{30}H_{60}O_2$.

Die Menge der im Bienenwachs enthaltenen Kohlenwasserstoffe schwankt nach den Angaben verschiedener Autoren zwischen 12,7 und 17,4%.

Die Untersuchung des Bienenwachses. Verfälschungen kommen häufig vor. Als Verfälschungsmittel kommen Schwefel, Ocker, Talg, Stearin, Japanwachs, Karnaubawachs, Walrat, Harz, Paraffin und Ceresin in Betracht.

Durch Auflösen einer Probe in Chloroform können Ceresin, Paraffin, Karnaubawachs, die in Chloroform schwer löslich sind, festgestellt werden. Durch Auskochen des Wachses mit Wasser lassen sich mineralische Bestandteile und mechanische Verunreinigungen abscheiden.

Beim Kneten zwischen Daumen und Zeigefinger (Knetprobe) zeigen sich folgende Erscheinungen (nach den Einheitsmethoden der Wizöff):

Die Probe ist lange in der warmen Hand knetbar und, ohne die Finger zu beschmutzen oder zu beschmieren, höchstens etwas klebrig; dabei wird ein völlig homogenes, durchscheinendes, beim Auseinanderziehen kurzzügiges Produkt erhalten, das keinen besonderen Glanz annimmt: Reines Bienenwachs.

Die Probe wird auffallend glänzend, durchsichtig, schlüpfrig, läßt sich lang auseinanderziehen, dabei oft petroleumartiger Geruch: Paraffinzusatz.

Die Probe wird weißlich, porzellanartig, inhomogen, bröcklig; erst bei längerem Kneten entsteht eine homogene und plastische Masse: Ceresin- oder Stearinzusatz.

Die Probe klebt; dabei Harzgeruch: Harzzusatz.

Die Probe schmiert, riecht talgig und ranzig: Talgzusatz.

Die Probe riecht charakteristisch, schwach aromatisch bzw. eigentümlich ranzig. Karnaubawachs- bzw. Japantalgzusatz.

Sehr wichtig ist natürlich die Bestimmung der Kennzahlen (Ausführung siehe im Abschnitt „Fette und fette Öle", S. 384[1]). Hübl hat aus der Säure- und der Verseifungszahl der Wachse die sog. Verhältniszahl errechnet. Er brachte die Menge des Alkalis, die zur Neutralisation der freien Säuren nötig ist (d. h. die Säurezahl), in zahlenmäßige Beziehung zu der Menge Alkali, die zur Verseifung der neutralen Ester nötig ist. Er nannte die Differenz zwischen Verseifungs- und Säurezahl die „Ätherzahl" („Esterzahl" ist richtiger) und das Verhältnis zwischen Ester- und Säurezahl die Verhältniszahl.

Die Verhältniszahl wird nach Holde (S. 747) folgendermaßen bestimmt:

---

[1] Für die Bestimmung der Kennzahlen der Wachse gelten im großen und ganzen die Vorschriften für die Bestimmung der Kennzahlen der Fette.

4 g Wachs werden im neutralisierten Gemisch von 20 ccm Xylol und 20 ccm absolutem Alkohol am Rückflußkühler auf dem Asbestdrahtnetz über einer kleinen Flamme 5 bis 10 Minuten lang im Sieden erhalten und sofort mit alkoholischer $n/_2$-Kalilauge titriert. Hierauf fügt man 30 ccm alkoholischer $n/_2$-Kalilauge hinzu und erhält eine Stunde lang in lebhaftem Sieden. Nach Zugabe von 50 bis 75 ccm 96proz. neutralisiertem Alkohol erhitzt man ungefähr 5 Minuten und titriert so schnell wie möglich mit $n/_2$-Salzsäure zurück. Nach nochmaligem 5 Minuten langem Aufkochen titriert man endgültig bis zur Entfärbung. Aus der Anzahl der zuerst verbrauchten Kubikzentimeter KOH wird die Säurezahl, aus den zuletzt verbrauchten die Esterzahl und dann, wie oben angegeben, die Verhältniszahl berechnet.

Für Bienenwachs und die möglichen Zusatzstoffe sind die Säure-, Ester- und Verhältniszahlen nach Holde in Tabelle 49 zusammengestellt.

Tabelle 49. Säure-, Ester- und Verhältniszahlen von Bienenwachs und den in Betracht kommenden Verfälschungsstoffen.

Material	Säurezahl S	Esterzahl E	Verhältniszahl E : S
Bienenwachs, gelb	19—21	72—76	3,6—3,8
„ weiß	18—24	69—87	3—4
Karnaubawachs	4—8	74—84	9,5—15,5
Chinesisches Wachs	0	80	—
Walrat	0	130	—
Paraffin, Ceresin	0	0	0
Japanwachs	20	195—207	9,75—10,8
Talg	4—10	185—191	18,5—48
Stearinsäure	200	0	0
Harz	130—164	16—36	0,13—0,26

Liegt die Verseifungszahl eines Wachses (E + S) unterhalb 92, ebenso die Säurezahl unter dem normalen Wert und die Verhältniszahl zwischen 3,6 und 3,8, so ist die Anwesenheit von Paraffin oder Ceresin wahrscheinlich. Ist die Verhältniszahl größer als 3,8, so liegt Verdacht auf Japanwachs, Karnaubawachs oder Talg vor. Japanwachs kann in nennenswerten Mengen nicht vorhanden sein, wenn die Säurezahl weit unter 20 liegt. Bei hoher Säurezahl und einer Verhältniszahl unter 3,8 ist die Gegenwart von Stearinsäure oder auch Colophonium wahrscheinlich.

Trotz dieser durch die Kennzahlen gegebenen Anhaltspunkte darf nicht vergessen werden, daß die Verfälschungen so geschickt gewählt werden können, daß das Produkt die Kennzahlen des reinen Bienenwachses zeigt. So findet man nach Lewkowitsch bei einem Gemisch von 37,5 Teilen Japantalg, 6,5 Teilen Stearin und 56 Teilen Paraffin oder Ceresin (also ohne jede Beimischung von Bienenwachs) folgende Kennzahlen:

Säurezahl 20,2
Verseifungszahl 95,2
Esterzahl 75
Verhältniszahl 3,71

Diese Kennzahlen stimmen genau mit denen des reinen Bienenwachses überein. Die Kennzahlen allein geben also noch keine sichere Grundlage für die Beurteilung der Reinheit eines Wachses. Es sind deshalb noch andere chemische Untersuchungen notwendig.

Quantitative Bestimmung und Trennung der Kohlenwasserstoffe und Wachsalkohole nach Leys (Holde, S. 750).

Zweck: Ermittlung von Paraffin- und Ceresinzusätzen.

Man erhitzt 10 g Wachs mit 25 ccm alkoholischer $n/_1$-Kalilauge und 50 ccm Benzol 20 Minuten lang am Rückflußkühler, kocht noch 10 Minuten mit 50 ccm Wasser und hebt die untere Schicht ab. Die Benzollösung kocht man noch 10 Minuten mit Wasser aus und vereinigt die untere Schicht mit der Hauptseifenlösung. Die Benzollösung dampft man nach Ausspülen des Scheidetrichters mit heißem Benzol ein. Das erhaltene Unverseifbare (Alkohole + Kohlenwasserstoffe) beträgt bei reinem Bienenwachs 48,5 bis 53%. (Schmelzp. des Gesamtunverseifbaren 72 bis 78°, nach dem Acetylieren 52 bis 64°. In heißem Acetanhydrid völlig löslich, in kaltem fast ganz unlöslich. Paraffin und Ceresin verändern im Gegensatz zu solchen Gemischen mit höheren Alkoholen nach dem Acetylieren ihren Schmelzpunkt nicht!)

Den Rückstand löst man in kleinen Mengen in einem hohen Becherglas in je 100 ccm Amylalkohol und konz. Salzsäure, erhitzt unter Umrühren zum Sieden und läßt nach einigen Minuten langsam erkalten; die Wachsalkohole scheiden sich in fein kristallinischer Form ab, während die Kohlenwasserstoffe auch in der Hitze sich an der Oberfläche als leicht abzuhebender Kuchen ansammeln. Dieser ist bei reinem Bienenwachs sehr dünn. Er wird von den letzten Resten Melissylalkohol in einem kleinen Becherglas nochmals durch gleiche Behandlung mit je 25 ccm Amylalkohol und Salzsäure befreit. Die Kohlenwasserstoffe und Wachsalkohole werden dann für sich nach dem Auswaschen mit Wasser und Trocknen bei 100° gewogen.

Die Kohlenwasserstoffe, bei reinem Bienenwachs höchstens 14,5%, müssen bei genügender Abtrennung der Alkohole eine Acetylzahl von fast 0 zeigen. Mehr als 14,5% Kohlenwasserstoffe, namentlich wenn die Jodzahl gleichzeitig kleiner als 20 ist, deuten auf Paraffin- (Ceresin-) Zusatz hin.

Zur Gewinnung der Alkohole wird der Kristallbrei unter Nachspülen mit heißem Wasser und etwas Benzol in eine größere Porzellanschale gebracht. Man erwärmt bis zum Durchscheinendwerden der Masse, läßt erkalten und gießt die verdünnte Salzsäure von der erstarrten Lösung der Wachsalkohole im Amylalkohol ab. Nach Verjagen des letzteren spult man die Wachsalkohole mit Benzol in eine gewogene Schale und trocknet nach Verdampfen des Lösungsmittels bei 100° bis zur Gewichtskonstanz.

Zum Nachweis von Stärke wird das Wachs mit Wasser aufgekocht. Auf Zusatz von Jod-Jodkaliumlösung tritt in der wässerigen Lösung Blaufärbung auf. Zur quantitativen Stärkebestimmung kocht man eine Probe mit 2proz. Schwefelsäure; dabei geht die Stärke als Dextrin in Lösung. Durch Wägen des erkalteten Wachskuchens und Abzug des ermittelten Gewichts vom Gewicht der zur Untersuchung verwendeten Wachsmenge läßt sich die Menge der im Wachs vorhandenen Stärke ermitteln.

Der Nachweis von Talg oder Japantalg läßt sich mit Sicherheit durch den Glycerinnachweis führen. Man benützt für die qualitative Prüfung die Acroleinprobe (Freimachen des stechend riechenden Acroleins aus der mit einem wasserentziehenden Salz [Kaliumbisulfat] erhitzten Wachsprobe). Zur quantitativen Glycerinbestimmung eignet sich die Bichromatmethode (siehe S. 445). Dabei kann man von der Wachsseife ausgehen, die man bei der Bestimmung des Unverseifbaren erhält.

Der qualitative Nachweis von Harzen kann mit Hilfe der Storch-Morawski-Reaktion (siehe S. 372) erfolgen. Zur quantitativen Harzbestimmung löst man 1 bis 2 g der in 70proz. Alkohol unlöslichen Wachssubstanz in 10 bis 20 ccm absolutem Alkohol auf und schüttelt die Lösung mit 20 ccm Petroläther und 1 ccm konz. Salzsäure kräftig durch. Falls sich die beiden Schichten schwer trennen, gibt man noch etwas Alkohol hinzu. Nach mehrstündigem Stehen sind Wachse und Fettsäuren verestert, während die Harzsäuren unverestert geblieben sind. Nach Zusatz von 250 ccm Wasser spült man das Säurereaktionsgemisch in einen Scheidetrichter und schüttelt es mit 100 ccm Äther aus. Nach Abziehen des sauren wässerigen Anteils und Nachwaschen der ätherischen Lösung mit 5proz. Kochsalzlösung wird die ätherische Lösung nach Zusatz von 20 ccm Alkohol und einigen Tropfen alkoholischer Phenolphthaleinlösung mit alkoholischer Kalilauge titriert. 1 ccm $n/_2$-Kalilauge entspricht 0,175 g Harz [Lüdecke (1), S. 124].

B. Wollfett.

Unter Wollfett versteht man die in der Schafwolle enthaltenen fettigen Stoffe. Trotz seines fettartigen Charakters wird es zu den Wachsen gerechnet, da bisher Glyceride in ihm nicht festgestellt werden konnten.

Das Wollfett wird entweder durch Ausziehen der frisch geschorenen Schafwolle mit flüchtigen Lösungsmitteln oder durch Auswaschen der Wolle mit Seifen- oder Sodalösungen und nachfolgendem Ausfällen des Wollfetts mit Säuren gewonnen. Zahlreiche Patente befassen sich mit der Gewinnung des Wollfetts[1].

Durch fraktioniertes Abkühlen des geschmolzenen Wollfetts, Auspressen und Zentrifugieren wird neben 85 bis 90% niedrig schmelzender Anteile (30 bis 38°) ein wachsartiger, schwach gefärbter Körper mit einem Schmelzpunkt von 48 bis 54°, das eigentliche Wollwachs, gewonnen. Es hat technisch nur eine geringe Bedeutung.

Das Wollfett ist eine schmierige Masse von dunkler Farbe und unangenehmem Geruch. Es wird auf verschiedene Weise gereinigt und meist mit Bichromat und Schwefelsäure gebleicht. Das gereinigte Wollfett, das keine freien Säuren und Seifen mehr enthält, kommt entweder als wasserfreies Produkt unter der Bezeichnung „Adeps lanae" oder mit einem bestimmten Wassergehalt als „Lanolin", „Alapurin", „Agnin" u. dgl. in den Handel. Es ist hellgelb und durchscheinend, fühlt sich wenig fettig an und ist nahezu geruchlos. In Äther, Chloroform und Amylacetat ist es leicht löslich.

Einige neuere Verfahren zur Gewinnung und Veredelung von Wollfett hat A. Foulon in der Fettchem. Umsch. 1934, S. 174ff. beschrieben (D.R.P. 532258, 520008, 520170, 546231, 578856, 588951).

Kennzahlen des Wollfetts: Spez. Gewicht (15°) 0,941 bis 0,945; Schmelzp. 36 bis 41°; Säurezahl 13,2 bis 15,5; Verseifungszahl 94,2 bis 113,3; Unverseifbares (Alkohole) 38 bis 43%; Jodzahl 10 bis 21.

Kennzahlen der unverseifbaren Alkohole und neutralen Ester des Wollfetts (Lewkowitsch, S. 468):

Alkohole: Erstarrungspunkt 28°; Schmelzp. 33,5°; Mittleres Mol.-Gew. 239; Jodzahl 36; Acetylzahl 143,8[2].

Neutrale Ester: Verseifungszahl 96,9; Fettsäuren 56,66%; Alkohole 47,55%.

Eine charakteristische Eigenschaft des Wollfetts ist seine Fähigkeit, unter Bildung haltbarer Emulsionen beträchtliche Mengen Wasser aufzunehmen (nach Braun und Liebreich bis zu 300%). Das als kosmetisches Mittel verwendete „Lanolin" enthält 22 bis 25% Wasser. Nach Lifschütz ist die ausgesprochene Hydrophilie des Wollfetts auf seinen Gehalt an Metacholesterin zurückzuführen.

Destilliert man Wollfett mit überhitztem Wasserdampf bei 310 bis 350°, so kann aus dem Destillat durch Abkühlen und Pressen ein öliges Produkt, das Wollfettolein, gewonnen werden. Die zurückbleibende Masse ist ein fester, dunkelgelber Körper, das Wollfettstearin, mit einem Schmelzpunkt von 42 bis 45°.

Nach Lewkowitsch (S. 468) wird Wollfett durch wässerige Alkalien nicht verseift. Auerbach gibt an, daß Wollfett in der üblichen Weise durch einstündiges Erhitzen mit $n/2$ alkoholischer Kalilauge bzw. nach der Fahrionschen Methode voll verseifbar ist. Nach Henriques und Lifschütz läßt sich Wollfett in Benzinlösung, mit $n/2$-Kalilauge vermischt, schon in der Kälte verseifen.

---

[1] Z. B. D.R.P. 76613, 143567, 286244, 155744, 226351, 234502, 236245.
[2] Aus Lanolin gewonnene Alkohole.

Die Zusammensetzung des Wollfetts ist noch unsicher. Es ist ein äußerst kompliziertes Gemisch von freien Fettsäuren, wachsartigen Estern, höheren Alkoholen und wohl auch Kohlenwasserstoffen. Nach Darmstädter und Lifschütz, die sich besonders mit der Untersuchung des Wollfetts befaßt haben, kann man das Wollfett in einen festen Bestandteil (10 bis 15%) und einen weichen Bestandteil (85 bis 90%) zerlegen. Die Zusammensetzung dieser beiden Bestandteile ist noch umstritten. Von den höheren Alkoholen scheint das Isocholesterin vorzuherrschen (nach Schulze etwa 15 bis 20%).

Untersuchung und Nachweis des Wollfetts. Die gewöhnliche Cholesterinreaktion (Liebermann) ist zum Nachweis von Wollfett nicht geeignet, da die meisten tierischen Fette auf Grund ihres Gehalts an Cholesterin diese Reaktion geben. Einen sicheren Nachweis ermöglicht aber die Reaktion auf Isocholesterin, das nur im Wollfett vorkommt.

Isocholesterin gibt mit Essigsäureanhydrid und Schwefelsäure nicht die Färbungen des reinen Cholesterins; es färbt die Lösung zunächst grüngelb und bald darauf intensiv blutrot mit starker grüngelber Fluoreszenz. Die Lösung zeigt im Spektrum in der Hauptsache ein dunkles Band im Grün, nahe dem Gelb, und bei starker Verdünnung ein gleiches im Blau. Die Empfindlichkeit dieser Spektralreaktion, namentlich des Absorptionsbandes in Blau, beträgt 1:125000 und wird von Cholesterin nicht beeinflußt [Lifschütz (2)].

Auch die Oxycholesterinreaktion nach Lifschütz (3) ist für Wollfett allein charakteristisch. Die Ausführung ist folgende:

1 g Wollfett wird in etwas Chloroform gelöst, mit 2 bis 3 ccm Eisessig ausgekocht, filtriert und das kalte klare Filtrat mit 8 Tropfen Schwefelsäure versetzt. Das Gemisch färbt sich gelblichrot, dann blaugrün und schließlich rein grün mit dem Endspektrum (dunkler Streifen) im Rot. Es ist die für Oxycholesterin charakteristische Reaktion, welche die Cholesterine nicht geben. Sie tritt ziemlich schnell ein, auf Zusatz eines Tropfens Eisenchlorid in Eisessig sogar schon nach wenigen Sekunden, wobei die Lösung sofort grün wird. Dieses letzte Reaktionsstadium ist wesentlich empfindlicher als die vorausgehenden Stadien (Empfindlichkeit von reinem Oxycholesterin 1:50000).

Bestimmung der unverseifbaren Alkohole [Lifschütz (3)]:

4 g Wollfett werden mit 50 bis 60 ccm alkoholischer $^n/_2$-NaOH 3 Stunden gekocht. Der Überschuß des Alkalis wird mit HCl neutralisiert und zur Trockne eingedampft. Der Rückstand wird dann für sich, oder besser mit etwa der 10fachen Menge reinem wasserfreiem Na_2SO_4 homogen verrieben, im Soxhlet mit reinem (frisch über Na destilliertem) Äther extrahiert und der Extrakt mit 20proz. Alkohol gut ausgewaschen. Nach Abdampfen des Äthers erhält man das reine Unverseifbare, das getrocknet und gewogen wird.

Für die Wollfettalkohole ist die sehr geringe Löslichkeit des Isocholesterins in Methylalkohol charakteristisch. Übergießt man die geschmolzene Masse des Unverseifbaren mit Methylalkohol und digeriert sie einige Zeit bei 60°, so geht alles in Lösung bis auf das Isocholesterin, das als weißes Pulver zurückbleibt. Zu seiner Reindarstellung kann es in Äthylalkohol gelöst und mit Methylalkohol wieder gefällt werden.

Paraffin, Ceresin und Harzöl werden gleichzeitig mit den Alkoholen abgeschieden. Sie scheiden sich nach dem Kochen mit Essigsäureanhydrid beim Erkalten auf der Oberfläche ab. Sie lassen sich auf diese Weise auch quantitativ bestimmen.

Zum Nachweis fremder Fettsäuren empfiehlt Lifschütz(4) die „Spektralreaktion auf Ölsäure", da fremde Fettsäuren fast immer Ölsäure enthalten.

Man löst hierzu etwa 0,2 g des Wollfetts in 4 ccm Eisessig, kocht mit einem Tropfen 10proz. Chrom-Eisessiglösung bis zum Erscheinen einer echt grünen Färbung, trägt in die heiße Lösung 15 bis 20 Tropfen Schwefelsäure ein und erhitzt auf 80° C. Die Lösung zeigt dann im Spektrum 1. ein breites Absorptionsband im Grün dicht am Blau, 2. ein schmaleres und schwächeres Band in dem gleichen Felde näher am Gelb, und 3. einen noch schwächeren Streifen zwischen Gelb und Orange. Ein Teil Ölsäure läßt sich in 15 000 Teilen Flüssigkeit noch mit Sicherheit erkennen. Wollfett allein und seine Oleine geben diese Reaktion nicht.

C. Karnaubawachs.

Das Karnaubawachs ist das wichtigste der pflanzlichen Wachse. Es scheidet sich als Wachsstaub auf den Blättern von Copernica cerifera (Wachspalme) ab, eines 6 bis 10 m hohen Baumes, der im tropischen Südamerika heimisch ist. Die jungen gelben Blätter sondern im Laufe ihrer Entwicklung einen trockenen pulverförmigen Stoff, das Pflanzenwachs, ab. Er hängt so lose an den Blättern, daß er abgeschüttelt werden kann.

Die größten Wachspalmenhaine findet man in Brasilien. Gegen Hitze sind die Palmen ziemlich unempfindlich.

Die Gewinnung des Karnaubawachses ist sehr einfach. Im geeigneten Entwicklungsstadium werden die Blätter abgeschnitten. Dabei läßt man die jüngsten Blätter, die sich im Mittelpunkt der einzelnen Blätterkronen befinden, stehen. Sie sind für den Fortbestand der Palme notwendig. Die Blatternte kann alle sechs Monate erfolgen.

Von den auf Matten ausgebreiteten Blättern wird das Wachs mit Stöcken abgeklopft. Es wird gesammelt, in kochendem Wasser geschmolzen und dann in Formen gegossen. 25 bis 50 Palmblätter liefern 1 kg Wachs. Eine normale Palme liefert bei einer Ernte etwa 96 Blätter, also 2 bis 3 kg Wachs. Von der bei der Gewinnung beobachteten Sorgfalt hängt der Reinheitsgrad des Karnaubawachses ganz wesentlich ab. Ein Schmutzgehalt unter 8% ist nicht als absichtliche Verfälschung anzusehen.

Die Bezeichnung der verschiedenen Karnaubawachssorten ist wechselnd. In Brasilien unterscheidet man: Flor (gleichmäßig eigelb); Primeira (dunkelgelb mit geringen Verunreinigungen); Medina (schwach gelblich bis hellgrau); Gordurosa (fett, dunkelgrau bis schwarz); Arenosa (sandig, hellgrau bis dunkelgrau).

Das nordamerikanische Karnaubawachs wird gehandelt als: Nr. 1, Nr. 2 regular, Nr. 2 North Country, Nr. 3 chalky, Nr. 3 North Country.

In Deutschland kennt man zwei Handelssorten: „fettgrau" und „courantgrau"; sie entsprechen ungefähr den brasilianischen Marken Gordurosa und Arenosa.

Das Karnaubawachs kam zum ersten Male gegen Anfang der sechziger Jahre des vorigen Jahrhunderts in größeren Mengen nach England und hat sich von hier aus allmählich den Markt erobert. Heute ist der Verbrauch des Karnaubawachses außerordentlich groß.

Das rohe Karnaubawachs, wie es von der Pflanze erhalten wird, ist dunkelgrün bis gelb. Es ist sehr hart und spröd und kann leicht gepulvert werden. Es löst sich in Äther und siedendem Alkohol vollständig.

Kennzahlen: Spez. Gew. (15°) 0,999; Erstarrungspunkt 81—80°; Schmelzp. 83—85°; Säurezahl 4—8; Verseifungszahl 74—84; Acetylzahl 55; Jodzahl 13,5; Unverseifbares 54—55%.

Die charakteristische Eigenschaft des Karnaubawachses ist sein hoher Schmelzpunkt und seine dadurch bedingte Härtewirkung auf Fett- und Wachsgemische aller Art. So kann man z. B. nach Valenta durch Karnaubawachszusatz den Schmelzpunkt von Ceresin, Paraffin und Stearin in folgender Weise erhöhen (siehe Tabelle 50):

Tabelle 50. Erhöhung der Schmelzpunkte von Stearin, Paraffin und Ceresin durch Zusatz von Karnaubawachs.

Karnauba-wachs	Schmelzpunkt von Gemischen von Karnaubawachs mit		
	Handelsstearinsäure vom Schmelzp. 58,5° C	Ceresin vom Schmelzp. 72,7° C	Paraffin vom Schmelzp. 60,5° C
%	° C	° C	° C
5	69,75	79,10	73,90
10	73,75	80,56	79,20
15	74,55	81,60	81,10
20	75,20	82,53	81,50
25	75,80	82,95	81,70

Der hohe Schmelzpunkt ist auch das wesentlichste Unterscheidungsmerkmal gegenüber Bienenwachs.

Das Karnaubawachs ist sehr schwer verseifbar. Die Verseifungszahlen, die im Schrifttum zu finden sind, sind deshalb auch sehr verschieden. Durch Behandlung von Karnaubawachs mit Alkalien entstehen keine eigentlichen Wachsseifen, sondern Seifenemulsionen, welche die unverseifbaren Wachsalkohole und Kohlenwasserstoffe in feinster Verteilung enthalten. Die beste Emulsion von Karnaubawachs läßt sich durch Verkochen des Wachses mit einer Seifenlösung erzielen. Hiervon wird praktisch viel Gebrauch gemacht (auch in der Lederindustrie zur Herstellung bestimmter Appreturen und Glanze). Weniger gute Emulsionen gibt die Verseifung mit Soda oder Pottasche. Besonders bei Sodaemulsionen scheiden sich die unverseifbaren Anteile des Karnaubawachses in feinkörniger Form aus, wenn leichter verseifbare Wachse nicht mitverwendet wurden. Am schlechtesten sind die mit Ätzkali oder Ätznatron hergestellten Emulsionen, bei denen nur ein geringer Teil des Karnaubawachses verseift wird, während die Hauptmenge des unveränderten Wachses sich als Kruste auf der Oberfläche der Emulsion vor dem Erkalten ausscheidet [Lüdecke (1), S. 39].

Weißes Karnaubawachs. Von dieser unvollständigen Verseifung durch Ätzalkalien macht man beim Bleichen des Karnaubawachses (Herstellung von weißem Karnaubawachs) Gebrauch. Man setzt hierbei dem Karnaubawachs unverseifbare, feste Kohlenwasserstoffe, besonders hartes Paraffin, zu, um die Abscheidung der unverseifbaren Bestandteile zu erleichtern. Das Gemisch wird in großen Kesseln mit verdünnten Ätzalkalilösungen gekocht. Die dunkelgefärbten Karnaubawachsester werden verseift und gleichzeitig die sonstigen färbenden Verunreinigungen des Wachses niedergeschlagen. Dann läßt man absitzen. Das spezifisch leichtere Gemisch von Paraffin, Karnaubawachsalkoholen und Kohlenwasserstoffen scheidet sich über der Wachsseife ab. Die obere Schicht wird vorsichtig abgepumpt, in einem zweiten Kessel mit Wasser aufgekocht und mit Entfärbungsmitteln aufgehellt. Zum Schluß wird das Wachs durch eine Filterpresse gedrückt, aus der es klar abläuft. In den Formen wird es bis zum Erstarren gerührt. Auf diese Weise erhält man das sog. weiße Karnaubawachs, das, wie aus dem Herstellungsverfahren hervorgeht, stets Paraffin enthält, deshalb einen niedrigeren Schmelzpunkt hat und billiger ist als das rohe Naturwachs.

Kennzahlen des weißen Karnaubawachses: Schmelzp. 70—72°; Säurezahl 2—7; Verseifungszahl 10—12; Jodzahl 2—2,5.

Karnaubawachsrückstände. Die bei der geschilderten Herstellung des weißen Wachses im Kessel zurückbleibenden verseiften Anteile, die eigentlichen Wachsseifen, werden durch Säurezusatz wieder zersetzt. Die ausgefällten Wachssäuren werden mehrmals mit Wasser ausgewaschen und liefern die sog. „Karnaubawachsrückstände", die wegen ihrer leichten Verseifbarkeit sehr geschätzt sind. Sie haben folgende Kennzahlen: Schmelzp. schwankt zwischen 52 und 72°; Säurezahl 28—30,3; Verseifungszahl 40—45,5; Jodzahl 3,8—4,2.

Die chemische Natur des Karnaubawachses ist besonders von Lüdecke (2) untersucht worden. Er fand folgende Bestandteile: Myricylcerotat, Cerylalkohol, Myricylalkohol, Karnaubasäure, $C_{24}H_{48}O_2$, geringe Mengen freier Cerotinsäure, $C_{26}H_{52}O_2$, Oxysäuren sowie einen Kohlenwasserstoff mit dem Schmelzp. 59°.

Untersuchung des Karnaubawachses. Karnaubawachs wird selten verfälscht, da ein verfälschtes Karnaubawachs an einem zu niedrigen Schmelzpunkt leicht zu erkennen ist. Das einzige Wachs, dessen Zusatz den Schmelzpunkt des Karnaubawachses nur wenig beeinflußt, ist das chinesische Insektenwachs. Dieses Wachs ist aber viel zu teuer, um als Verfälschungsmittel dienen zu können. Mitunter kommen Beimischungen von rohem Montanwachs vor.

D. Chinesisches Wachs.

Das chinesische Insektenwachs ist das Ausscheidungsprodukt einer Schildlaus (Coccus ceriferus Fabr.), die in China auf einer großblättrigen Ligusterart gezüchtet wird. Da die Larven sich an ihrem hochgelegenen Heimatort nicht voll entwickeln, werden sie nach den westlichen Teilen Chinas transportiert und auf eine besondere Eschenart, Fraxinus chinensis, verpflanzt. Die Larven verteilen sich hier auf die Äste und Zweige und beginnen etwa nach 14 Tagen sich dicht zusammenzuschieben und zu häuten. Dabei scheiden sie zum Schutz in steigendem Maß einen dicken weißen Wachsstaub aus. Die Bäume sehen allmählich aus, als ob sie mit Schnee bedeckt wären. Die Wachsschicht wird etwa 6 mm dick.

Die Ernte des Wachses beginnt vor Eintritt der Regenperiode. Das Wachs wird nach Besprengen des Baumes mit Wasser von den abgeschnittenen Zweigen und der Rinde der Äste abgekratzt, in eisernen Töpfen über Wasser geschmolzen und dann in Formen von 16 bis 18 kg Inhalt gegossen. Durch Auskochen der abgeschabten Zweige erhält man ein Wachs von geringerer Qualität. Ein Pfund Larven kann bis zu fünf Pfund Wachs produzieren. Etwa 12% des in China erzeugten Insektenwachses, dessen Menge sehr schwankt, werden nach Europa ausgeführt.

Kennzahlen: Spez. Gew. (15°) 0,926—0,970; Schmelzp. 80,5—83°; Erstarrungspunkt 81°; Säurezahl 0,2—0,5; Verseifungszahl 80,4—91,6; Jodzahl 1,4.

Das chinesische Insektenwachs zeichnet sich wie das Karnaubawachs durch einen hohen Schmelzpunkt aus. Es ist ein gesuchtes Härtungsmittel für weiße Wachskompositionen. In frischem Zustand ist es fast rein weiß und etwas durchscheinend. Es ist geschmack- und geruchlos, hat ein faseriges, kristallinisches Gefüge und ist so spröd, daß es sich leicht pulverisieren läßt. Es ist in Alkalien, Alkohol und Petroläther nur schwer löslich. In siedendem Chloroform und Tetrachlorkohlenstoff löst es sich leicht auf.

Es besteht hauptsächlich aus Cerylcerotat, dem Ester der Cerotinsäure und des Cerylalkohols. Verfälschungen des chinesischen Insektenwachses sind bisher nicht festgestellt worden. Es darf nicht mit dem „weißen Chinawachs" verwechselt werden, welches ein Absonderungsprodukt einer in China vorkommenden Cycadeenart ist. Auch das „Chinabienenwachs" hat mit dem chinesischen Insektenwachs nichts zu tun.

E. Montanwachs.

Unter „Montanwachs" versteht man das mit bestimmten Lösungsmitteln
extrahierbare Bitumen von Braunkohlen. Es ist seiner chemischen Natur nach
ein echtes Wachs mineralischer Herkunft.

Unterwirft man Braunkohlen dem Schwelprozeß, so wird die Wachssubstanz
der Kohle bei Temperaturen zwischen 800 und 900° zerlegt und in Form von
paraffinhaltigem Teer abdestilliert. Die Teerausbeute beträgt aber nur 5 bis
10%. Man suchte sie deshalb zu erhöhen.

Das erste brauchbare Verfahren zur Gewinnung des Montanwachses auf
einem andern Weg als über den Schwelprozeß wurde von E. von Boyen eingeführt. Er trennte von der Schwelkohle durch Dampfdestillation, nach einem
späteren Verfahren durch Extraktion der getrockneten Schwelkohle
mit einem flüchtigen Lösungsmittel das Bitumen ab. Von ihm stammt
die Bezeichnung „Montanwachs". Auf dieser Extraktionsmethode von v. Boyen
baut sich heute die ganze Montanwachsgewinnung auf.

Fast jede Braunkohle enthält Montanwachs. Der Gehalt ist jedoch sehr verschieden. Am bitumenreichsten ist wohl die mitteldeutsche Braunkohle, aus der
sich im Durchschnitt 12 bis 18% Montanwachs gewinnen lassen. Auch einzelne
Kohlen der nördlichen Tschechoslowakei in der Nähe von Karlsbad haben
einen hohen Bitumengehalt.

Die Gewinnung des Montanwachses verläuft im Prinzip folgendermaßen: Die geförderte Schwelkohle wird von der Feuerkohle sortiert, durch
Siebanlagen von groben Verunreinigungen (Gestein, Erde, Holzteile) und dann
in besonderen Dampftrockenapparaten von der Hälfte ihres Wassergehaltes
befreit, der etwa 40 bis 60% beträgt. Anschließend wird das vorgetrocknete
Material in Schlagkreuzmühlen oder auf Brechwalzen bis zur Korn- oder Nuß-
größe zerkleinert. Der Kohlenstaub wird durch Siebtrommeln abgeschieden,
da er die Extraktion beeinträchtigt.

Die staubfreie Kohle wird mit Benzol oder mit Benzin extrahiert. Benzin
gibt eine geringere Ausbeute, aber ein helleres Wachs. Meist erhält das Extraktions-
benzol einen Zusatz an Methylalkohol. Die Extraktionsanlage besteht aus
mehreren Zylindern oder Kammern, in denen durch die Kohleschichten ein
fortgesetzter Lösungsmittelstrom aufrechterhalten wird, der das Bitumen allmählich entfernt. Hat sich im Destillator genügend Bitumen angereichert, so
wird das Lösungsmittel abgetrieben (die letzten Anteile mit Wasserdampf)
und das zurückbleibende Montanwachs in flache eiserne Pfannen abgelassen,
in denen es erstarrt. Nach dem Erkalten wird es in Stücke geschlagen und in
Säcke verpackt.

Das rohe Montanwachs ist schwarzbraun und hat einen mattglänzenden
splitterigen Bruch.

Kennzahlen: Schmelzp. 78—84°; Säurezahl 20—28,5; Verseifungszahl
58—82; Jodzahl 17,6; Unverseifbares 28—36%; Asche 0,4—0,6%.

Auch in den nordböhmischen Braunkohlenwerken wird Montanwachs in
der oben geschilderten Weise gewonnen. Das böhmische Montanwachs unterscheidet sich vom mitteldeutschen durch sein dunkleres, asphaltartiges Aussehen, einen etwas niedrigeren Schmelzpunkt, eine höhere Säurezahl und einen
höheren Harzgehalt.

Das Montanwachs läßt sich in Benzollösung schon mit $n/10$ alkoholischer
Kalilauge verseifen. Bei der Destillation, auch im hohen Vakuum, zersetzt sich
das Montanwachs in freie Säure und Kohlenwasserstoffe.

Das Montanwachs besteht aus 15 bis 28% fossilem Harz, 50 bis 60% eines

dem Karnaubawachs ähnlichen Wachskörpers und 20 bis 30% eines huminsäure-
und schwefelhaltigen Asphaltkörpers, der noch wenig erforscht ist. Merkwürdiger-
weise verändert sich das Verhältnis dieser drei Körper zueinander beim Lagern.
Der reine Wachskörper, den man durch Extraktion des rohen Montanwachses mit Alkohol erhält, hat folgende Kennzahlen: Tropfpunkt 67°, Säurezahl 42,1, Verseifungszahl 72,4; Jodzahl 22,2.

Der Hauptbestandteil des Wachskörpers im Montanwachs ist die Montansäure, über die zahlreiche Untersuchungen vorliegen. Ihre Konstitution steht
aber noch nicht fest. Tropsch fand außerdem eine Säure mit dem Äquivalentgewicht 410,13 und der Zusammensetzung $C_{27}H_{54}O_2$, für die er den Namen
Carbocerinsäure vorschlug. Sie schmilzt bei 82°. Das Unverseifbare des Montanwachses besteht unter anderem aus Tetrakosanol, $C_{24}H_{50}O$, Cerylalkohol, $C_{26}H_{54}O$,
und Myricylalkohol, $C_{30}H_{62}O$. Nach Grün und Ulbrich ist im Unverseifbaren
außerdem das Keton der Montansäure, das Montanon, enthalten, dem sie die
Formel $(C_{27}H_{55})_2 \cdot CO$ gaben. Kraemer und Spilker fanden im Montanwachs
auch schwefelhaltige Stoffe. Marcusson und Smelkus konnten zeigen, daß
diese Stoffe aus Oxysäuren und schwefelhaltigen Säuren bestehen.

Das rohe Montanwachs läßt sich durch zahlreiche Methoden reinigen. Je
nach dem Raffinationsgrad und der spezifischen Wirkung der sehr zahlreichen
Reinigungsmethoden[1] erhält man ein weißgelbes bis dunkelgelbes Produkt.
Auch Sorten mit roter Farbe werden hergestellt. Auf die verschiedenen Reinigungsverfahren hier näher einzugehen, ist nicht möglich. Alle Methoden bezwecken die Entfernung der dunkelfärbenden asphaltartigen Bestandteile.

Auffallend ist, daß das Härtungsvermögen des raffinierten Montanwachses
trotz des relativ hohen Schmelzpunktes nicht sehr groß ist. Ein Zusatz von
unter 5% zu einem Wachsgemisch macht sich überhaupt nicht bemerkbar. Gibt
man zu einem Paraffin mit dem Schmelzpunkt 50° 25% raffiniertes Montanwachs,
so erhöht sich der Schmelzpunkt auf 54°. Man erzielt also den gleichen Erfolg
wie durch einen Zusatz von $1^1/_2\%$ Karnaubawachs. Die Kennzahlen der
raffinierten Montanwachse schwanken innerhalb weiter Grenzen: Schmelzp.
73—78°; Säurezahl 110—126; Verseifungszahl 140—155; Acetylzahl 11—13;
Jodzahl 8—12; Unverseifbares 8—65%.

Die Untersuchung von Montanwachs. Verfälschungen kommen bei
Montanwachs so gut wie nicht vor. Die Montanwachsuntersuchung dient mehr
einer Bewertung der einzelnen Sorten. Da die verschiedenen Braunkohlen in
ihrer Beschaffenheit Schwankungen unterworfen sind, kann auch die Zusammensetzung des Montanwachses wechseln. Die Zusammensetzung bedingt aber
gerade seinen Wert.

Die Bewertung des Montanwachses erfordert seine Zerlegung in die Hauptbestandteile: Wachssubstanz, Harzsubstanz und asphaltartigen Körper, um
das Verhältnis dieser drei Stoffe zueinander ermitteln zu können. Lüdecke (1)
(S. 125) empfiehlt hierzu folgendes Verfahren:

Eine Montanwachsprobe wird mit einer Raspel fein verrieben und mit reinem
Hartholzsägemehl aus harzfreien Hölzern, das zur Entfernung aller alkohol-
löslichen Anteile vorher mit heißem Alkohol ausgewaschen und getrocknet wurde,
vermischt und mit Alkohol im Soxhlet-Apparat extrahiert. Hierdurch geht sowohl die Wachssubstanz wie das Harz in Lösung. Erstere scheidet sich beim
Abkühlen völlig aus, so daß diese durch Filtrieren aus der Masse abgeschieden
werden kann. Der Filterrückstand wird noch mehrmals mit kaltem Alkohol aus-

---

[1] Eine Übersicht über die Methoden zur Raffination und Bleichung des Montanwachses nach den deutschen Patentschriften (von J. Davidsohn) findet sich in
der Fettchem. Umsch. 1933, S. 179.

gewaschen, worauf man das Filtrat zur Bestimmung des Harzgehalts eindunstet. Die auf dem Filter zurückgebliebene Wachssubstanz wird vorsichtig von diesem abgehoben bzw. durch heißen Petroläther aufgelöst und ebenfalls eingedunstet, wodurch man den reinen Wachskörper erhält. Zur Entfernung der letzten Montanwachsanteile wird die Filterpatrone bis zur Erschöpfung mit Benzol extrahiert, wodurch man nach Abdunsten des Benzols aus dem Extrakt den dritten, völlig verseifbaren Körper gewinnt.

Das durchschnittliche Mengenverhältnis zwischen Harzkörper, Wachskörper und Asphaltkörper soll bei einem normalen Montanwachs sein: 16,5:55,5:28.

Bei gewissen Raffinationsverfahren wird dem Rohmontanwachs absichtlich Paraffin zugesetzt (z. B. bei D.R.P. 202209). Das Paraffin wird mitunter zwar wieder abgepreßt. Eine Gewähr hierfür ist aber nicht immer vorhanden. Man kann nach Lüdecke(1) (S. 126) den Paraffingehalt in Montanwachs wie folgt bestimmen:

Etwa 10 g fein geraspeltes Montanwachs werden mit 100 ccm Leichtbenzin in einem Schüttelzylinder mehrfach intensiv durchgeschüttelt und dann über Nacht der Ruhe überlassen. Die durch gelöste Harzanteile des Montanwachses schwach gelb gefärbte Benzinlösung wird vom Unlöslichen, das auf dem Filter noch mehrmals mit kaltem Benzin nachzuwaschen ist, getrennt. Hierauf wird das eventuell eingeengte Filtrat so lange mit konz. Schwefelsäure durchgeschüttelt, bis sich die jeweils zuzugebende neue Säure nicht mehr dunkler färbt. Aus der Benzinlösung wird die Säure gründlich ausgewaschen, das Benzin abdestilliert und etwa mitgerissenes Waschwasser entfernt. Der verbleibende Rückstand besteht dann aus dem dem Montanwachs absichtlich zugesetzten Paraffin.

Mechanische Verunreinigungen, wie Kohlenstaub oder sonstige organische Fremdkörper, lassen sich durch Auflösen von 5 g Montanwachs in 100 ccm heißem Benzol, Abfiltrieren und Wägen des unlöslichen Rückstandes bestimmen. (Zum Filtrieren benutzt man ein Vakuumfilter.)

Zur Bestimmung der Verseifungszahl von stark mit Pechprodukten verunreinigtem Montanwachs verfährt man auf folgende Weise [Lüdecke (1), S. 127]:

3 g Wachssubstanz werden in 20 ccm Benzol gelöst und mit 25 ccm $n/_2$ alkoholischer Kalilauge 2 Stunden lang am Rückflußkühler verseift. Nach dem Erkalten fällt man die Pechstoffe mit 100 ccm 96proz. Alkohol aus, worauf man nach Zusatz von 5 ccm Phenolphthalein- oder Alkaliblaulösung mit $n/_2$-Salzsäure die nicht verbrauchte Kalilauge zurücktitriert. Durch Abfiltrieren der neutralisierten Lösung kann die Menge des unverseifbaren Pechrückstandes quantitativ ermittelt werden. Bei Fettpechen hat dieser einen reinen Pechcharakter, bei Erdölpechen ist er pulverig.

Bestimmung der Säurezahl von Montanwachs nach Pschorr, Pfaff und Berndt:

1 bis 1,5 g Substanz werden im 200 ccm-Meßkolben mit 20 ccm Alkohol und 20 ccm Benzol auf dem Wasserbad unter Zusatz von etwa 1 g Natriumacetat 5 Minuten gelinde gekocht und dann mit überschüssiger neutraler Chlorcalciumlösung versetzt. Nach weiterem kurzen Kochen kühlt man ab, verdünnt mit neutralem Alkohol bis zu 200 ccm und filtriert die ausgefallenen unlöslichen Kalksalze der Fettsäuren und andere in der Kälte unlösliche Bestandteile durch ein trockenes Filter. Vom Filtrat wird ein aliquoter Teil der Flüssigkeit mit etwa der zweifachen Menge neutralen Wassers versetzt und mit $n/_{10}$ oder $n/_{40}$ wässeriger Lauge heiß titriert. Zuvor ist aus der sich abscheidenden dunklen Benzolschicht das Benzol abzudampfen. Der ausgeschiedene ölige Rückstand ist mitzutitrieren. Die Säurezahl berechnet sich nach der Formel

$$SZ. = \frac{c/50 \cdot b \cdot 56,2}{a}$$

wobei a die angewandte Substanzmenge, b das Verhältnis von 200 ccm zum Volumen der abfiltrierten Lösung und c die Anzahl der verbrauchten Kubikzentimeter $n/_{50}$-Lauge bedeuten.

Literaturübersicht.

(Wachse.)

Auerbach, M.: Collegium 1925, 374.
Berndt: siehe Pschorr.
Boyen, v.: D.R.P. 101373, 116453.
Braun u. Liebreich: D.R.P. 22516, Amer. P. 271192.
Darmstädter u. L. Lifschütz: Ber. 29, 618 (1896).
Davidsohn, J.: Fettchem. Umsch. 1933, 179.
Dormoy, G.: Journ. Pharm. Chim. 1924, 148 u. 225.
Foulon, A.: Fettchem. Umsch. 1934, 174.
Gascard, C. u. G. Dormoy: Compt. rend. 1924, 1442.
Grün, A. u. Ulbrich: Chem. Umsch. 1916, 57.
Holde, D.: Kohlenwasserstofföle u. Fette, 6. Aufl.
Kraemer u. G. Spilker: Ber. 35, 1216 (1902).
Lewkowitsch, J.: Technologie der Öle, Fette, Wachse, Bd. II.
Leys: Journ. Pharm. et Chim. 5, 577 (1912).
Liebreich: siehe Braun.
Lifschütz: siehe Darmstädter.
Lifschütz, J. (1): Ztschr. f. physiol. Ch. 114, 108; (2): Ztschr. f. physiol. Ch.
    110, 35; (3): siehe Holde, l. c., S. 756; (4): Ztschr. f. physiol. Ch. 56, 446.
Lüdecke, C. (1): Wachse und Wachskörper. Stuttgart. 1926; (2): Seifensied.-Ztg.
    40, 1237 (1913).
Marcusson, J. u. Smelkus: Chem.-Ztg. 1922, 701.
Pfaff: siehe Pschorr.
Pschorr, Pfaff u. Berndt: Ztschr. f. angew. Ch. 34, 334 (1921).
Schulze: Ber. 12, 149 (1879).
Spilker, G.: siehe Kraemer.
Tropsch: Chem. Umsch. 1922, 221.
Ulbrich: siehe Grün, A.

4. Harze.

Harze haben in der letzten Zeit mehrfach zur Imprägnierung bestimmter Ledersorten[1] Verwendung gefunden. Die Leder erhalten hierdurch eine erhöhte Festigkeit und Widerstandsfähigkeit gegen Wasser. Die Verwendung von Harzen erfolgt fast immer zusammen mit Fetten oder Wachsen. Auch bei der Lederzurichtung finden Harze Verwendung.

Die Harze sind amorphe, mehr oder weniger durchsichtige, pflanzliche Ausscheidungsstoffe. Ihre Oberfläche ist meist verwittert. Sie sind klebrig bis hart. Die Farbe wechselt von weiß bis dunkelbraun. Viele Harze haben einen angenehmen, charakteristischen Geruch, manche sind geruchlos. Die natürlichen Harze sind schmelzbar. Sie verbrennen bei der Entzündung mit stark rußender Flamme. In Alkohol, Äther, Chloroform, Benzol, Petroläther, Terpentinöl, Schwefelkohlenstoff, Tetrachlorkohlenstoff sind die Harze löslich. Sie bestehen hauptsächlich aus Estern der Harzsäuren und freien Harzsäuren. (Weiteres hierüber siehe bei Wolff, Die natürlichen Harze. Stuttgart 1927.)

A. Die Terpentine und ihre Abkömmlinge.

Terpentine.

Unter Terpentinen versteht man die Balsame der verschiedensten Abietineen (vorzugsweise der Abies- und Pinusarten). Der Balsam entsteht teils in der Rinde, teils im Holzkörper. Man gewinnt sie durch Anschneiden der lebenden Bäume. Der Balsam (das Rohharz) fließt aus und wird gesammelt.

---

[1] Siehe z. B. D.R.P. 265856.

Die so gewonnenen Terpentine gehören zu den wichtigsten Vertretern der natürlichen Harze. Je nach der Gewinnungsart und Herkunft sind sie hellgelbe bis bräunliche, dünn- oder dickflüssige Massen, meist trüb und mit Harzsäurekristallen durchsetzt. Im Handel unterscheidet man „gewöhnliche" und „feine" Terpentine. Zu den letzteren zählt man den Balsam der Lärche und der Weißtanne. Früher wurden sie als „Venetianische" oder „Straßburger Terpentine" bezeichnet. Heute werden auch andere Produkte als „Venetianischer Terpentin" gehandelt. Handelsterpentine enthalten nach Stock oft 5 bis 6% mineralischer Beimengungen. Gute Terpentinsorten haben einen Aschengehalt von wenigen Zehntelprozenten. Nach Wolff (S. 62) sind Aschengehalte über 2% zu beanstanden. Durch Dampfdestillation wird aus den Terpentinen das ätherische Öl (Terpentinöl) abgeschieden. Als Rückstand bleibt das Colophonium.

Colophonium.

Das Colophonium wird allgemein als Typus der Harze angesehen, obwohl es, streng genommen, kein Harz, sondern ein Harzprodukt ist. Es kommt in den bekannten glasigen Stücken von sehr verschiedener Farbe in den Handel. Dreiviertel des gesamten Colophoniums der Welt wird in Amerika erzeugt. Die Handelssorten werden nach der Herkunft und nach der Farbe unterschieden. Die wichtigsten Sorten sind die amerikanischen und die französischen. Dann folgen die spanischen, portugiesischen und die griechischen Marken.

Die Farbe wird durch bestimmte Buchstaben bezeichnet, und zwar so, daß die im Alphabet aufeinanderfolgenden Buchstaben immer heller werdende Harze bezeichnen. Die hellsten Marken haben besondere Bezeichnungen, so beim französischen Harz mehrere A, wobei mit steigender Anzahl der A die Helligkeit des Produktes zunimmt. Die wichtigsten Marken sind folgende:

Französisches Harz: (beginnend mit den hellsten Typen) AAAAA, AAAA, AAA, AA, AB, WW, WG, N, M, K, J, H, G, F, E.

Amerikanisches Harz: B, D, E, F, G, H, J, K, M, N, WG (window glass), WW (water white), X.

Spanisches Harz: Excelsior, etwa wie französisch AAAAA, dann Ie, Is, Ic wie franz. AAAA, AAA, AA. II zwischen franz. AB und WW (franz. BB), III und IV wie WW und WG; V, VI und VII wie N, K und J. VIII wie G, IX wie F, dann X bis XII.

Es seien hier außerdem die amerikanischen Bezeichnungen für Harz und Terpentinöl aufgeführt, wie sie nach dem Gesetz vom 11. Februar 1924 geregelt sind. Es bedeutet:

a) Naval Stores: Terpentinöl und Harz;
b) Terpentinöl: sowohl Balsam- als auch Holzterpentinöl;
c) Gum spirits of turpentine: Terpentinöl vom Balsam lebender Bäume;
d) Wood turpentine: Holzterpentinöl, das durch trockene oder durch Dampfdestillation gewonnen ist;
e) dampfdestilliertes Holzterpentinöl solches, das durch Dampf aus dem im Holz befindlichen Balsam gewonnen wurde oder aus extrahiertem dampfdestilliert wurde;
f) trockendestilliertes Holzterpentinöl bedeutet Terpentinöl, das durch trockene Destillation erzeugt ist;
g) „Rosin" bedeutet Balsamharz und Holzharz;
h) Balsamharz „gum rosin" bedeutet das Harz, das nach Destillation des Balsams zurückbleibt;
i) Wood rosin (Holzharz) ist das Harz, das nach der Dampfdestillation von Holzterpentinöl zurückbleibt.

Die Standardsorten sollen je nachdem als gum rosin oder wood rosin und mit den Buchstaben: X, WW, WG, N, M, K, J, H. G, F, E, D, B und OP bezeichnet werden.

Wenn ein Harz sichtbare Abietinsäurekristalle enthält, so erfolgt der Zusatz „Cr" hinter die die Helligkeit kennzeichnenden Buchstaben. Auch diese Harze sind als „gum" oder „wood" rosin zu bezeichnen.

Über die **Kennzahlen des Colophoniums** liegen zahlreiche Angaben im Schrifttum vor, die voneinander abweichen. Als Anhalt können die von Seifert an verschiedenen Sorten ermittelten Werte dienen (siehe Tabelle 51).

Tabelle 51. **Kennzahlen von Colophoniumsorten verschiedener Herkunft.**

Marke	Herkunft	Säurezahl	Verseifungszahl	Esterzahl	Unverseifbares %
WG	Amerika	162,0	167,0	5,0	7,4
WG	Frankreich	167,0	169,0	2,0	7,5
WG	„	175,0	177,0	2,0	3,9
WG	„	171,5	173,0	1,5	7,5
WG	Spanien	168,0	172,0	4,0	9,8
WW	Frankreich	167,0	170,0	3,0	6,8
N	Amerika	168,0	178,0	10,0	10,1
J	„	167,0	176,0	9,0	7,8
J	„	163,0	175,0	12,0	7,9
J	„	160,0	170,0	10,0	10,1

Die von Seifert außerdem angegebenen Jodzahlen sind absichtlich weggelassen, da Jodzahlwerte bei Colophonium sehr unzuverlässig sind.

Der **Nachweis von Colophonium** kann für den Gerbereichemiker in vielen Fällen erforderlich sein, während Untersuchungen von Colophonium selten seine Aufgabe sein werden. (Hierzu sei auf das Buch: **Dietrich-Stock**, Analyse der Harze, 2. Aufl., Berlin 1930, hingewiesen.)

Der Nachweis von Colophonium kann erfolgen durch:

a) die **Liebermannsche Probe**, auch **Storch-Morawski-Probe** genannt:

Ein Splitterchen des Colophoniums oder ein bis zwei Tropfen einer Colophoniumlösung, mit etwa 3 ccm Essigsäureanhydrid geschüttelt, gibt auf Zusatz eines Tropfens Schwefelsäure (spez. Gew. mind. 1,56) eine typische violette Färbung, die schon bei geringem Colophoniumgehalt sehr intensiv ist, aber rasch vorübergeht. Verf. fand, daß man noch 0,1% Colophoniumgehalt in einem Gemisch bei einiger Übung sicher erkennen kann.

b) die **Kupferacetatprobe**:

Eine Lösung von wenig Colophonium in Benzin färbt sich, mit einer etwa 3proz. Kupferacetatlösung geschüttelt, schön smaragdgrün infolge Bildung des benzinlöslichen Kupfersalzes.

c) die **Ammoniakprobe**:

Einige Splitter Colophonium werden in möglichst wenig Benzin gelöst. Die Lösung, mit ein bis zwei Tropfen Ammoniak (10proz.) geschüttelt, gelatiniert durch Ausscheidung des kolloiden Ammoniumabietinates.

Gemeines Harz.

Als „gemeines Harz" (Scharrharz, Galipot, Scrape) bezeichnet man die an den Wundrändern bei der Balsamgewinnung oder an zufälligen Verletzungen der Bäume erstarrten Harze. Das gemeine Fichtenharz ist meist halbweich, gelblich bis braun, mit Kristallen von Harzsäuren durchsetzt und stark verunreinigt. Es enthält weniger ätherisches Öl als der Terpentin.

Terpentinöl.

Unter Terpentinöl versteht man das ätherische Öl der Terpentinbalsame, die durch Anschneiden der Rinde verschiedener Nadelbäume gewonnen werden (siehe S. 461). Die Haupterzeugungsländer sind Nordamerika und Frankreich. Die Produktion anderer Länder spielt nur eine geringe Rolle. Die in Rußland und Schweden hergestellten Terpentinöle sind meist „Kienöle". In Deutschland wird seit dem Krieg eine gewisse Menge Terpentinöl gewonnen; es handelt sich hier jedoch vielfach um sog. „Holzterpentinöl" (Wolff, S. 60/61).

Das echte Terpentinöl wird gewonnen, indem man den Terpentinbalsam der Dampfdestillation unterwirft. Der deutsche Schutzverein der Lack- und Farbenindustrie in Berlin E. V. hat im Jahre 1924 die Begriffsbestimmungen für Terpentinöl folgendermaßen festgelegt:

„Terpentinöl" (Balsamterpentinöl) ist ein reines ätherisches Öl aus der Destillation des harzigen Ausflusses (Balsam) lebender Nadelhölzer, dem nicht nachträglich wertvolle Bestandteile, z. B. Pinen zur Herstellung künstlichen Kampfers, entzogen sind.

Wenn ein aus den Stämmen, Ästen oder Wurzeln der Bäume oder bei der Zellulosefabrikation erzeugtes Öl (Kienöl, Holzterpentin, Celluloseöl) Terpentinöl genannt wird, muß durch eine besondere Bezeichnung (Ursprungsangabe, Phantasiename, Nummer, laut Muster oder dgl.) erkennbar gemacht werden, daß dieses kein Balsamöl ist.

Mischungen von Terpentinöl mit anderen Stoffen dürfen nicht Terpentinöl genannt werden, auch nicht Terpentinöl mit einer Nebenbezeichnung.

Die Bezeichnung: Terpentinöl amerikanisch, französisch, griechisch, mexikanisch, portugiesisch, spanisch, Wiener-Neustädter darf nur für Balsamöl angewendet werden.

Unter Terpentinöl: deutsch, finnisch, polnisch, russisch, schwedisch, wird Kienöl oder Holzterpentinöl verstanden. Deutsches, finnisches oder schwedisches Terpentinöl kann auch bei der Zellulosefabrikation gewonnen sein. In Deutschland aus lebenden Bäumen gewonnenes Terpentinöl wird „Deutsches Balsamöl" genannt (Berlin, 12. XII. 1924.)

Frisch destilliertes Terpentinöl (Balsamöl) ist eine farblose Flüssigkeit mit charakteristischem Geruch. Das spezifische Gewicht liegt bei 20⁰ zwischen 0,860 und 0,875. Das Öl beginnt bei 153 bis 155⁰ zu sieden. Es destillieren

$$
\begin{array}{lll}
\text{bis } 160^0 & \text{etwa} & 70\% \\
\text{„ } 165^0 & \text{„} & 85\% \\
\text{„ } 170^0 & \text{mehr als} & 90\%.
\end{array}
$$

Das Siedeende liegt etwa bei 175⁰, nie über 180⁰.

Terpentinöl mischt sich mit Äther, Benzin, Benzol, chlorierten Kohlenwasserstoffen, Schwefelkohlenstoff, Eisessig, Anilin und den meisten fetten Ölen in jedem Verhältnis, ebenso mit absolutem Alkohol.

Über Untersuchung und Lieferungsbedingungen des Terpentinöls siehe Wolff, l. c., S. 66ff.

Holzterpentinöle sind Produkte, die durch Wasserdampfdestillation harzreicher Holzabfälle gewonnen werden. Kienöle entstehen bei der zersetzenden Destillation von harzhaltigem Holz.

Harzöle.

Harzöle entstehen bei der trockenen Destillation des Colophoniums. Die eigentlichen Harzöle destillieren (nachdem das sog. Sauerwasser und das Pinolin übergegangen ist) bei Temperaturen über 300⁰. Man unterscheidet mit steigendem Siedepunkt nach der Farbe „Blauöle" (Siedep. etwa 300—350⁰) und „Rotöle". Die Bezeichnungen sind aber mehr oder weniger willkürlich und geben keine Gewißheit über die Art des Harzöls.

Nur die hellen, säurefreien Harzöle bleiben an der Luft längere Zeit unverändert, die anderen verharzen leicht. Im doppelten Volumen Alkohol lösen sich Harzöle mindestens zur Hälfte auf (im Gegensatz zu Mineralölen, die sich kaum zu 10% lösen).

B. Schellack.

Der Schellack wird aus dem sog. Stocklack hergestellt, einem Gemisch von Harz und einem durch die „Lacklaus" erzeugten Produkt. Die weiblichen Larven des Insektes stechen mit ihrem Saugrüssel die Pflanze (hauptsächlich die Zweige des Lackbaumes, Butea frondosa) an, um deren Saft auszusaugen. Unmittelbar darnach scheiden sie eine zähflüssige Masse aus, welche die Insekten umhüllen. Die Stocklackabsonderung dauert während der Entwicklung der Larve fort. Die Abscheidungen fließen mit Harztropfen des Baumes zu einem die einzelnen Zweige umhüllenden Harzmantel zusammen. Das Harz wird gesammelt und zu Schellack verarbeitet.

Dazu wird der Stocklack zunächst zerkleinert und von groben Verunreinigungen befreit. Dann wird er mit Wasser gewaschen; der beigemengte rote Farbstoff wird auf diese Weise zum großen Teil entfernt. Der gewaschene Stocklack erfährt eine eigenartige Filtration.

Das gewaschene Material wird in besonders hergestellte Schläuche aus Baumwollstoff (Durchmesser etwa 10 cm) gefüllt. Das eine Ende des Schlauches wird festgehalten und über einem Feuer erhitzt, so daß der Lack an dieser Stelle schmilzt. Das andere Ende wird von einem zweiten Arbeiter zusammengedreht und der Schlauch dadurch ausgewunden. Dabei wird der geschmolzene Schellack aus dem Schlauch herausgepreßt und gleichzeitig filtriert. Neuer Lack schiebt sich nach, der beim Erhitzen wieder schmilzt und ausgepreßt wird.

Der filtrierte Schellack wird, noch flüssig, auf Holzzylinder oder Platten aufgestrichen. Nach dem Trocknen kann man die Schellackplättchen abbröckeln.

Maschinelle Gewinnung von Schellack ist selten. Vielfach wird dem Schellack bei der Verarbeitung etwas Colophonium zugesetzt, um ein leichteres Schmelzen zu erzielen. Ein kleiner Colophoniumgehalt kann deshalb als handelsüblich angesehen werden. Er darf jedoch 3% nicht übersteigen. Manche Schellacksorten werden außerdem mit Auripigment (As$_2$S$_?$) glänzend gemacht.

Im Handel sind verschiedene Schellacksorten, die sich teilweise durch ihre Form unterscheiden. So haben der „Körnerlack" und „Knopflack" ihre Bezeichnung von der Form der Lackstücke erhalten, während „Orangelack" und „Granatlack" besonders gefärbte Schellacksorten darstellen. Die im allgemeinen als Standardmarke anzusehende Schellacksorte wird mit „T. N." bezeichnet. Die Bedeutung dieser Buchstaben ist umstritten. In Amerika deutet man sie als „truly native". Eine weitere Marke von allgemeiner Bedeutung ist „Standard I". Sie ist heller als „T. N." und soll frei von Colophonium sein. Die hellsten Sorten werden als „Lemonschellack" bezeichnet. Die Bezeichnungen „H. G." und „M. G." bedeuten „high" bzw. „medium grade of orange". Die letztere ist meist auripigmenthaltig. Über sonstige Schellackmarken, ihre Bezeichnungen und Eigenschaften siehe Dietrich-Stock, Analyse der Harze, 2. Aufl., 1930, S. 239 ff.

Eigenschaften einiger Schellacksorten nach B. W. Parker siehe Tabelle 52.

Das spezifische Gewicht des Schellacks schwankt zwischen 1,02 und 1,12. Er unterscheidet sich von den meisten anderen Harzen durch seine Löslichkeit in Lösungen von Alkalien, kohlensauren Alkalien, Borax und Ammoniak. In konz. Ammoniaklösungen quillt Schellack nur auf und löst sich erst bei der

Tabelle 52. Eigenschaften einiger Schellacksorten (nach B. W. Parker).

	Reiner Knopflack	Schwarzer Knopflack	Reiner Lemon-schellack	Reiner Orange-schellack	T.N.-Standard
Äußeres	rundliche Stücke, etwa 4 bis 12 cm Durchmesser und 0,3 bis 1 cm Dicke	wie 1	dünne Blättchen	dünne Blättchen	Blättchen
Farbe	halbdurchsichtig klar rot oder gelbbraun	dunkelrot bis schwarzbraun in dunner Schicht halbdurchsichtig	klar hellgelb durchscheinend	hell orange durchscheinend	dunkel orange halbdurchscheinend
Colophonium . .	nicht statthaft	max. 2%	nicht zulässig	nicht zulässig	max. 3%
Asche	max. 0,6%	2%	0,7 %	1%	1,5%
Säurezahl. . . .	„ 66	66	60	wie bei 3	wie bei 1
Verseifungszahl .	„ 225	225	200	„ „ 3	„ „ 1
Wachsgehalt . .	min. 3% max. 6%	min. 3% max. 10%	wie bei 1	min. 3% max. 8%	min. 3% max. 9%

erforderlichen Verdünnung. In Alkohol ist Schellack bis auf das Schellackwachs (siehe unten) völlig, in Methylalkohol, Benzol und Äther nur teilweise löslich, in Benzin, Petroläther und Schwefelkohlenstoff fast unlöslich.

Die Kennzahlen des Schellacks liegen etwa innerhalb folgender Grenzen (Wolff, S. 361): Säurezahl 40—70; Verseifungszahl 185—225; Differenzzahl 135—190; Jodzahl 5—25; Schmelzp. 115—120⁰.

Gebleichter Schellack. Da auch die hellsten Sorten des Schellacks noch eine deutliche Färbung zeigen, die bei manchen Verwendungszwecken stört, wird Schellack vielfach gebleicht. Als Bleichmittel dienen Chlor oder unterchlorigsaure Salze. Gebleichter Schellack enthält beträchtliche Mengen Wasser. Handelsüblich sind etwa 15 bis 20%. Der gebleichte Schellack zeigt zunächst die gleichen Eigenschaften wie der gewöhnliche Schellack. Er verliert aber sehr bald seine Alkohollöslichkeit. Auch das Aufbewahren unter Wasser verhindert die Veränderung der Löslichkeitseigenschaften des gebleichten Schellacks nicht. Durch Quellen in Äther oder Ätheracetongemischen und Zugabe von etwas Alkohol nach der Quellung läßt sich der Schellack wieder löslich machen. Allmählich geht aber auch diese Quellbarkeit zurück und der Schellack wird dann praktisch unlöslich. Die Ursache dieser Erscheinung ist wohl in kolloidchemischen Veränderungen zu suchen (Wolff, S. 304).

Schellackwachs. Der Schellack enthält 4 bis 8% Schellackwachs, das beim Lösen des Schellacks in Alkohol oder in Alkalilösungen ungelöst bleibt. Es schwimmt dann als weiße flockige Masse auf der Oberfläche der Schellacklösung.

Untersuchung von Schellack. Auch der Gerbereichemiker kann vor die Aufgabe gestellt werden, den als Rohstoff wertvollen Schellack auf seine Reinheit zu prüfen.

Einen gewissen Anhalt können die Kennzahlen geben. Liegt die Säurezahl über 70 und die Verseifungszahl unter 180, so ist der Schellack mindestens verdächtig. Eine Kennzahl allein bietet keinen Anhaltspunkt für die Beurteilung.

Die Gegenwart von Colophonium läßt sich qualitativ durch die Reaktion von Storch-Morawski nachweisen. Dies besagt aber wenig, da ein Colophoniumgehalt bis zu 3% handelsüblich ist. Die quantitative Prüfung ist deshalb sehr wichtig. Wolff (S. 315) schlägt folgende Methode vor:

Genau 3 g des fein gepulverten Schellacks gibt man in einen Schütteltrichter, der 30 ccm eines Gemisches von 65 ccm Aceton, 20 ccm Alkohol (96proz.) und 15 ccm Wasser enthält. Ist sehr viel Colophonium zugegen, so nimmt man besser 5 ccm Aceton mehr und ebensoviel Alkohol weniger.

Nach Lösung des Schellacks (bis auf das ungelöst bleibende Wachs) schüttelt man mit 25 ccm Petroläther durch (bis 50⁰ siedend). Nach Absitzen des Petroläthers, das man gegebenenfalls durch Zugabe von einigen Tropfen Wasser beschleunigen kann, läßt man die untere Schicht samt der Wachsschicht in einen zweiten Schütteltrichter ab und schüttelt sie nochmals mit 25 ccm Petroläther durch. Nun läßt man wieder die untere Schicht ab und vereinigt beide Petrolätherlösungen, indem man die Scheidetrichter mit 15 ccm Petroläther nachspült.

Der Hauptteil des Petroläthers destilliert man zwecks Wiedergewinnung ab und dampft den konzentrierten Extrakt in einem kleinen Schälchen auf dem Wasserbade zur Trockne. Nun gibt man 10 ccm einer Mischung von 9 Teilen Petroläther und einem Teil Äther hinzu, verarbeitet mittels eines abgeplatteten Glasstabes den Extrakt mit der Äther-Petroläthermischung und filtriert, ohne das Ungelöste aufs Filter zu bringen, die Lösung durch ein kleines Filter in ein gewogenes Schälchen. Den Rückstand behandelt man nochmals mit 10 ccm Äther-Petroläthermischung, filtriert durch das gleiche Filter, wäscht Schale und Filter mit je 2 ccm reinem Petroläther dreimal nach, dampft das Lösungsmittel ab und trocknet bei 100⁰.

Ist der Rückstand $= x$ Gramm, so ist der Colophoniumgehalt in Prozenten

$$F \cdot \left(\frac{x \cdot 100}{3} - 1{,}0 \right).$$

Der Faktor F hat folgende Werte, abhängig vom Wert der Klammer (siehe Tabelle 53).

Diese Berechnung gilt nur, wenn sich der gewogene Rückstand in 96proz. Alkohol völlig oder bis auf wenige Flocken löst. Ist dies nicht der Fall, dann filtriert man die alkoholische Lösung des Rückstands und trocknet den Alkoholextrakt. Beträgt dieser jetzt y Gramm, so ist der Colophoniumgehalt

$$F \cdot \left(\frac{y \times 100}{3} - 0{,}5 \right).$$

Tabelle 45. Werte für den Faktor F bei der Colophoniumbestimmung im Schellack.

Klammerwert	F
1—10 und 25—30	1,25
10—15 und 20—25	1,30
15—20	1,35
über 30	1,20

F hat wieder die oben angeführten Werte.

Die Bestimmung der Alkohollöslichkeit kann zweckmäßig nach der amerikanischen Standardmethode erfolgen:

Die Bestimmung kann in jedem Extraktionsapparat ausgeführt werden, bei dem das Extraktionsgut, bzw. das betreffende mit Heber versehene Gefäß ständig von heißem Alkoholdampf umspült wird. Zur Extraktion wird 95proz. Alkohol verwendet, und zwar besonders denaturierter Alkohol.

Zunächst wird die Extraktionshülse (26 mm Durchmesser, 80 mm Höhe, Schleicher und Schüll Nr. 603) 30 Minuten lang in dem Extraktionsapparat mit kochendem Alkohol extrahiert. Dann wird im Trockenschrank bei 105⁰ getrocknet, worauf die Hülse in ein Wägeglas übergeführt und abgekühlt und gewogen wird.

Nun werden genau 5 g des Schellacks in ein Becherglas (100 ccm Inhalt) eingewogen und in 75 ccm kochendem Alkohol (95proz.) gelöst, indem man das Becherglas in ein kochendes Wasserbad taucht. Wenn alles, auch das Wachs gelöst ist, bringt man die Lösung schnell in die gewogene Extraktionshülse, spült mit heißem Alkohol nach und filtriert durch eine in einem heißen Wasserbad erhitzbare Filtriervorrichtung. Nun wird die Hülse im Extraktionsapparat genau 1 Stunde lang extrahiert. Es soll der Alkohol aus dem Extraktionsgefäß in dieser Zeit 33mal durch den Heber fließen. (Die Art, wie man dies erreichen kann, ist in den Standards genau beschrieben, dürfte hier aber überflüssig sein, da die wenigsten wohl einen solchen Apparat besitzen und dieser nicht das Prinzip berührt. Wesentlich ist, daß der Alkohol in starkem Sieden erhalten wird.)

C. Kopale.

Der Name „Kopal" ist eine Sammelbezeichnung, die sehr viele verschiedene Harze umfaßt. Zwischen den zahlreichen sog. „Kopalen" bestehen weder geographische, noch botanische, noch chemische Zusammenhänge, welche die gemeinsame Bezeichnung rechtfertigt.

Die meisten Kopale werden nicht von den Bäumen geerntet, auf denen sie sich bilden, sondern erst kurze oder auch längere Zeit, nachdem sie zu Boden gefallen sind. Häufiger noch werden sie, wie Bernstein, ausgegraben. Man kann deshalb von der Masse der Kopale sagen, daß sie „gefunden" werden.

Wiesner teilt die Kopale in folgende fünf Gruppen ein:

1. Ostafrikanische Kopale (Sansibar-, Mozambique-, Madagaskar-, Inhambanekopal).

2. Westafrikanische Kopale (Sierra-Leone-, Gabon-, Loango-, Angola- und Kamerunkopal).

3. Kaurikopal (aus Neuseeland und Neukaledonien).

4. Manilakopal (Philippinen, Sundainseln).

5. Südamerikanische Kopale (von Hymenäaarten stammend).

Es muß aber ausdrücklich betont werden, daß die geographischen Namen keinesfalls dafür bürgen, daß der betreffende Kopal tatsächlich aus der betreffenden Gegend stammt. Die genannten Bezeichnungen sind in Europa allmählich zu Phantasienamen oder Qualitätsnamen geworden, welche die Händler einzelnen Sortimenten je nach Farbe oder Härte beilegen. Oft tritt auch in der Bezeichnung der Ware an Stelle des Ursprungslandes der Ort, wo die Weiterbehandlung (Sortierung, Reinigung) vor sich geht. So kann aus Sansibarkopal ein Bombaykopal werden, wenn er von Bombay aus nach Europa oder Amerika gelangt.

Deshalb schwanken auch die Kennzahlen der Kopale in weiten Grenzen. Die Dichte liegt etwa zwischen 1,035 bis 1,060. Die Schmelzpunkte verschiedener Kopalarten zeigt Tabelle 54.

Tabelle 54. Schmelzpunkt verschiedener Kopalarten (nach Bamberger und Riedl).

Kopalart	Herkunft	unterer	oberer
		Schmelzpunkt ^{0} C	
Brasilianischer Kopal . .	Hymenaea Courbarii	77	115
Kamerunkopal	Copaifera sp.	96	110
„	botanische Herkunft unbek.	110	120
Manilakopal	von Badjam (Molukken)	103	120
„	käufliche Sorte	103	120
Kaurikopal	„ „	111	115/140
Angolakopal, hart . . .	„ „	125	—
Sansibarkopal	unreifer, gegrabener	130	160
„	reifer, gegrabener	158	300/360
Lindikopal	aus Lindi (ehem. Dtsch.-Ostafrika)	143	340

Die in der Literatur zu findenden Angaben über die Schmelzpunkte von Kopalen schwanken sehr. Die Werte der Tabelle 54 können daher nur als Anhalt dienen.

Gewöhnlich unterscheidet man „harte" und „weiche" Kopale. Nach Wiesner sind Sansibar- und Mozambiquekopale härter als Kopale von Sierra-Leone, Gabon, Angola. Erstere sind härter als Steinsalz, letztere haben Steinsalzhärte.

Bei der Verwendung der Kopale zu Lacken müssen sie durch einen Schmelzprozeß in Leinöl und Lacklösungsmitteln (Terpentinöl, Schwerbenzin usw.) löslich gemacht werden. Dieses Ausschmelzen stellt eine partielle trockene Destillation dar. Durch das Ausschmelzen verringert sich der Schmelzpunkt ganz bedeutend.

Über die Löslichkeit der Kopale siehe Tabelle 55.

D. Harze von geringerer Bedeutung.

Elemi. Bezeichnung für Harze von Burseraceen und Rutaceen. Das weiche Manila-Elemi ist gewöhnlich eine zähe, gelblichgrüne Masse. Hartes Elemi ist meist braun gefärbt und mit kleinen Kristallen durchsetzt. Auch die härtesten Sorten sind noch weicher als Colophonium.

Dammar. Das Dammarharz stammt von den verschiedenen Diptero-

Tabelle 55. Löslichkeit der Kopale (nach Wolff, S. 357).

Kopale	Aceton	Äther	Äthyl-acetat	Äthyl-alkohol	Amyl-acetat	Amyl-alkohol	Benzin	Benzol	Chloroform	Eisessig	Methyl-alkohol	Schwefel-kohlenstoff	Terpentinöl	Tetra-chlor-kohlenstoff
Angola	fvl	50/75	—	60/85	fvl	fvl	ca. 30	tl	40/60	ful-wl	ca. 30	—	ca. 20/30	wl-tl
Benguela	wl-tl	—	—	tl	tl-fvl	wl-tl	wl	wl-tl	—	ful-wl	wl-tl	—	wl	—
Benin	tl	tl (ca. 50)	tl	wl-tl	tl-fvl	tl	tl	tl	tl	ful-wl	wl	—	wl	—
Borneo	ca. 80	10/40	—	ca. 75	—	—	10/50	—	ca. 50	—	—	—	—	—
Brasil	—	ca. 60	—	wl	—	ca. 80	ca. 20	ca. 35	tl-fvl	—	ca. 55	tl-fvl	—	—
Java	60/90	40/70	—	60/70	fvl	fvl-vl	tl	tl-fvl	tl (40/60)	—	ca. 50/70	—	ca. 25/40	ca. 20/35
Kauri	ca. 35	—	—	ca. 80	—	75	ca. 40	ca. 40	ca. 40	—	ca. 45	—	ca. 25/40	ca. 20
Kolumbia	60/90	ca. 50	—	20/70	fvl-vl	>80	ca. 40	tl	ca. 40/60	—	ca. 30/50	—	—	—
Kongo	ca. 65	ca. 75	—	ca. 70	—	—	ca. 55	ca. 65	ca. 90	—	—	—	—	ca. 20
Loango	ca. 35	ca. 35	—	25/65	ca. 75	ca. 80	ca. 20	ca. 45	ca. 30	swl	ca. 20	—	ca. 40	ca. 15
Madagaskar	fvl	70/90	tl	90/100	fvl	fvl	swl	tl	tl	ful	—	—	ca. 35/40	ca. 40
Manila, weich	50/90	40/50	wl-tl	40/50	tl	fvl	swl	tl	tl	—	—	—	ca. 20/30	ca. 30
„ hart	ca. 25	20/40	—	ca. 70/90	ca. 60/70	ca. 40	ca. 40/50	50 u. mehr	ca. 50	—	ca. 15/30	—	ful-wl	ful
Sierra Leone	tl-fvl	50/60	—	ca. 40/60	fvl	fvl	tl	tl	ca. 50	—	ca. 50	—	wl	ca. 30
Singapore	—	tl	—	tl	—	—	—	tl	—	—	—	—	tl	—

vl = völlig löslich, fvl = fast völlig löslich, tl = teilweise löslich, wl = wenig löslich, swl = sehr wenig löslich, ful = fast unlöslich.

karpaceen (Indien, Sundainseln). Es ist farblos oder gelb, rot, braun, sogar schwarz gefärbt. Ostindischer Dammar erweicht bei 75⁰, wird bei 100⁰ dickflüssig und bei 150⁰ dünnflüssig und klar. Dammar ist mitunter durch Colophonium verfälscht.

Mastix. Baumsaft einer Abart von Pistacia Lentiscus. Kommt hauptsächlich von der Insel Chios, geringere Sorten von Afghanistan und Beludschistan. Schmilzt bei 100⁰. Farbe gelb bis grün.

E. Kunstharze.

Das Gebiet der Kunstharze ist heute außerordentlich umfangreich geworden. Man kennt vier große Gruppen von Kunstharzen, die Kumaronharze, die Aldehydharze, die Phenolaldehydharze und Harnstoffkondensationsprodukte. Es wird auf die ausführliche Abhandlung über „die künstlichen Harze" von Schreiber und Sändig (Stuttgart 1929) hingewiesen.

Literaturübersicht.

(Harze.)

Bamberger u. Riedl: siehe H. Wolff, S. 182.
Dietrich, C. u. E. Stock: Untersuchungen der Harze, Balsame und Gummiharze. Wien. **1930.**
Parker, G.: siehe H. Wolff, S. 301.
Schreiber, J. u. K. Sändig: Die künstlichen Harze. Stuttgart. **1929.**
Stock, E.: Grundlagen d. Lack- u. Farbenfachs. III.
Wiesner: Rohstoffe des Pflanzenreichs. I.
Wolff, H.: Die natürlichen Harze. Stuttgart. **1927.**

5. Mineralische Fettstoffe.

A. Das Erdöl und seine Derivate.

Seit langer Zeit schon werden in der Lederindustrie außer tierischen und pflanzlichen Fetten und Ölen auch Kohlenwasserstofföle oder, wie man kurz zu sagen pflegt, Mineralöle und feste Fettstoffe mineralischen Ursprungs verwendet. Die Mehrzahl dieser Produkte sind Abkömmlinge des Erdöls.

Entsprechend der technischen Bedeutung des von der Natur in großen Mengen gelieferten Erdöls ist das Schrifttum über dieses Produkt außerordentlich umfangreich. Dem Gerbereichemiker sei empfohlen das orientierende Buch Kißling, Das Erdöl, Stuttgart 1923, und das bekannte Werk von Holde, Kohlenwasserstofföle und Fette, Berlin 1924 (6. Aufl.).

Vorkommen des Erdöls. Von den auf der Erde fast überall anzutreffenden Erdölgebieten haben nur wenige eine technische Bedeutung. An erster Stelle stehen die Erdölfelder von Nordamerika und die Ölgebiete bei Baku im Kaukasus. Außerdem haben die Erdölquellen von Persien, Ostindien, Mexiko, Galizien und Rumänien Bedeutung erlangt. Die Ölfunde in Deutschland spielen wirtschaftlich keine Rolle.

Über die Entstehung des Erdöls sind zahlreiche Hypothesen aufgestellt worden, von denen die Englersche Anschauung die meisten Anhänger gefunden hat. Darnach ist das Erdöl aus den Fett- und Wachsstoffen untergegangener tierischer und pflanzlicher Lebewesen nach Zersetzung ihrer anderen organischen Bestandteile durch Fäulnis und Verwesung entstanden. Der Umwandlungsprozeß hat sich durch lange Zeiträume erstreckt.

Die Methoden zur Erdölgewinnung haben sich rasch von der primitiven „Schöpfarbeit" zur technischen Vollkommenheit der heutigen modernen Bohranlagen entwickelt. Durch die Bohrlöcher wird das Erdöl durch natürlichen oder durch einen auf verschiedene Arten künstlich erzeugten Druck an die Erdoberfläche befördert und dann meist in große Behälter aus festgestampftem Lehm oder Eisenblech geleitet. Von hier aus erfolgt der Transport des Rohöls in Rohrleitungen, Schiffen, Kesselwagen u. dgl. an die Verarbeitungsstellen. In Nordamerika sind Druckleitungen im Gebrauch, in denen das Öl mit 70 bis 105 Atmosphären weiterbefördert wird.

Eigenschaften des Erdöls. Das Erdöl ist eine ölige, stark fluoreszierende Flüssigkeit von wechselnder Färbung. Es sind helle, braune und schwarze Erdöle zu finden. Erdöl löst sich in fast allen Fettlösungsmitteln in jedem Verhältnis. Wenig löslich ist es in Amylalkohol und in Äthylalkohol. Durch starkes Schütteln mit Wasser läßt es sich emulgieren.

Das spezifische Gewicht schwankt. Holde gibt für die einzelnen Öle folgende Werte an:

Bakuöl	0,882	Kalifornisches Öl bis zu	1,010
Ohioöl	0,887	Texasöl	0,900—0,970
Ostgalizisches Öl	0,870	Kanadaöl	0,800—0,900

Öle mit einem niedrigen spezifischen Gewicht haben meist einen hohen Gehalt an Benzin und Leichtöl. Der Entflammungspunkt der Erdöle liegt meist nahe bei 0^0.

Das Erdöl ist ein Gemisch von zahlreichen Kohlenwasserstoffen der Paraffin- und der Naphthenreihe, sowie von sauerstoff-, schwefel- und stickstoffhaltigen Stoffen. Aromatische Kohlenwasserstoffe kommen in geringen Mengen vor.

Die Kohlenwasserstoffe des Erdöls kann man in folgende Gruppen einteilen:

a) Alkane (Äthane), C_nH_{2n+2}. Aus dieser Gruppe sind isoliert worden die Glieder CH_4 bis $C_{29}H_{60}$, $C_{31}H_{64}$, $C_{32}H_{66}$, $C_{34}H_{70}$, $C_{35}H_{72}$ und $C_{60}H_{122}$. An Alkanen reich ist besonders das pennsylvanische Öl.

b) Alkylene (Olefine), C_nH_{2n}. Sie sind in weit geringeren Mengen in den Erdölen anzutreffen. Aus Ohio-Öl sind die Glieder $C_{12}H_{24}$ bis $C_{17}H_{34}$, aus kanadischem Öl die Glieder $C_{11}H_{22}$ bis $C_{16}H_{32}$ isoliert worden. Die durch Zersetzungsdestillation (Krakprozeß) erhaltenen Erdöldestillate sind reich an Alkylenen.

c) Naphthene (Polymethylene), C_nH_{2n}, sind vor allem im kaukasischen Erdöl enthalten.

d) Alkine, C_nH_{2n-2}. Bisher scheint man nur einen Kohlenwasserstoff dieser Gruppe (Acetylenreihe) nachgewiesen zu haben.

e) Kohlenwasserstoffe der Formel C_nH_{2n-4}. Hierher gehören offenkettige Olefinacetylene, Polyolefine, Cycloolefine und andere.

f) Kohlenwasserstoffe der Formel C_nH_{2n-8}, C_nH_{2n-10} usw. Hierher gehört ein großer Teil der hochsiedenden Bestandteile des Erdöls.

Sauerstoffhaltige Bestandteile des Erdöls sind vor allem die Naphthensäuren und sonstige, mit Petrolsäuren bezeichnete, unbekannte Säuren. In manchen Erdölen wurden auch Fett- und Wachssäuren nachgewiesen. An Schwefelverbindungen kommen vor: Schwefelwasserstoff, Thiophen und seine Homologen, und Verbindungen, die man als Thiophane, $C_nH_{2n}S$, bezeichnet, ferner Mercaptane, Alkylsulfide und Sulfosäuren. Die in Erdölen aufgefundenen Stickstoffverbindungen sind: Ammoniak, Ammoniumsalze, Trimethylen, Sulfocyan.

Die im Erdöl vorhandenen Kohlenwasserstoffe zeichnen sich durch ihre Widerstandsfähigkeit gegen die meisten chemischen Agentien aus. Sauerstoff wirkt bei gewöhnlicher Temperatur nur sehr wenig auf sie ein. Chlor wird von den ungesättigten Anteilen addiert. Konz. Schwefelsäure wirkt teils oxydierend, teils polymerisierend. Sie ist das Hauptraffinationsmittel in der Erdölindustrie. Die gesättigten aliphatischen Verbindungen des Erdöls sind in der Kälte gegen Schwefelsäure widerstandsfähig.

Von großer technischer Bedeutung ist das Verhalten des Erdöls beim Erhitzen. Es erleidet hierbei verschiedenartige Veränderungen. Man unterscheidet zwischen den Veränderungen durch pyrogene Zersetzung und denjenigen, die durch Zersetzungs- oder Spaltungsdestillation (Krakprozeß) entstehen. Im ersten Fall erhält man als Hauptprodukt gasförmige Kohlenwasserstoffe, im zweiten werden niedrig siedende Spaltstücke (Benzin und Leuchtöl) gewonnen. Eine scharfe Trennungslinie zwischen den beiden Vorgängen läßt sich nicht ziehen. Die chemischen Veränderungen sind sehr kompliziert und noch wenig aufgeklärt.

Die Verarbeitung des Erdöls besteht in einer Trennung seiner Bestandteile mit Hilfe der Destillation (mit oder ohne Zersetzung). Die größte Bedeutung hat die Herstellung der fünf Hauptprodukte: Benzin, Leuchtöl, Mittelöl (Gasöl), Schmieröl und Paraffin. Die Ausbeuten der einzelnen Anteile schwanken je nach dem verwendeten Roherdöl und der Art der Destillation. So liefert z. B. pennsylvanisches Erdöl (Kißling):

	Beim Krakverfahren	Bei Erhaltungsdestillation
Benzin	15%	15%
Leuchtöl	60%	30%
Mittelöl	15%	40%
Schmieröl	8,5%	15%
Paraffin	1,5%	—

a) Mineralöle.

Die in der Lederindustrie verwendeten Mineralöle sind keineswegs einheitliche Produkte und sehr schwer zu charakterisieren. Für den Gerber kommen zum Fetten des Leders nur die Fraktionen des Erdöls in Betracht, die höher sieden als die sog. Leuchtöle. Man bezeichnet die nach den Leuchtölen übergehenden Anteile vielfach auch als „Vaselinöle". Das spezifische Gewicht der für die Lederindustrie in Betracht kommenden Erdölfraktionen liegt etwa zwischen 0,870 und 0,900. Farbe, Geruch und Viskosität der als „Lederöle" gehandelten Mineralöle sind außerordentlich verschieden. Die guten Öle sind hell. Alle zeigen starke Fluoreszenz. Die „Lederöle" sind teils reine Mineralöle (Karbidöle), teils sind sie mit fetten Ölen verschnitten.

Für die Untersuchung der Mineralöle als Lederfettungsmittel stehen Methoden, die eine eindeutige Bewertung dieser Öle ermöglichen, nicht zur Verfügung. Die sicherste Prüfung ist in jedem Fall ein Fettungsversuch im Betrieb. Er allein gibt darüber Aufschluß, ob sich das betreffende Mineralöl zur Fettung dieses oder jenes Leders, allein oder im Gemisch mit anderen Fetten oder Ölen, beim Abölen, Schmieren, Lickern usw. eignet. Es ist daher dringend zu empfehlen, vor der Verwendung von Mineralölen in keinem Fall auf derartige Versuche zu verzichten. Die Zusammensetzung auch der besten Mineralöle ist Schwankungen unterworfen, die nur schwer zu ermitteln sind und die, trotz aller Versicherungen und Versprechungen wohlklingender Angebote und Arbeitsvorschriften der Lieferfirmen, beim Fetten des Leders sich in mannigfacher Weise unerfreulich auswirken können. Es ist dann meist sehr schwierig, den für die störenden Erscheinungen verantwortlichen Faktor rasch ausfindig zu machen.

Eine spezielle Untersuchung der Mineralöle kann nach folgenden Gesichtspunkten vorgenommen werden:

α) Die Bestimmung des Erstarrungspunktes ist von Wichtigkeit, weil sie gleichzeitig erkennen läßt, bei welcher Temperatur die Paraffinausscheidung beginnt.

In einem Reagensglase wird eine Ölprobe in eine geeignete Kältemischung (siehe S. 383) gebracht. In das Öl taucht ein an einem Faden hängendes kleines Thermometer, dessen Skala von —20 bis +20° reicht, derart ein, daß seine Quecksilberkugel unmittelbar über dem Boden schwebt. Man nimmt in bestimmten Zeitabständen, deren Dauer sich nach der Geschwindigkeit der Abkühlung richtet, das Reagensglas zur raschen Beobachtung aus dem Kühlapparat heraus und läßt das Thermometer hin- und herpendeln. Die Temperatur, bei der eine leichte, durch Ausscheidung von Paraffinkriställchen hervorgerufene Trübung eben sichtbar wird, bildet das Kriterium für den Paraffingehalt der Probe.

Die Bestimmung des Erstarrungspunktes kann im gleichen Apparat ausgeführt werden.

b) Prüfung auf Säurefreiheit. Mineralöle, die zum Fetten von Leder verwendet werden, müssen schwefelsäurefrei sein, d. h. ihr Gehalt an Schwefelsäure soll unter 0,01% sein. Dunkle Öle enthalten bis zu 0,5%. Man spült 10 ccm Öl mit etwa 150 ccm eines genau neutralisierten Gemisches von 2 Teilen absolutem Alkohol und 1 Teil Äther in einen Kolben, fügt 1 ccm alkoholische Phenolphthaleinlösung hinzu und titriert mit alkoholischer Kalilauge bis zur Rotfärbung.

Von undurchsichtigen Ölen werden nach Holde 20 ccm Öl in einem mit Glasstopfen verschlossenen Meßzylinder von 100 ccm Inhalt mit 40 ccm neutralisiertem Alkohol (bei dicken Ölen unter Erwärmung) gut durchgeschüttelt. Nach Trennung der Flüssigkeiten wird die Hälfte der alkoholischen Schicht (erforderlichenfalls unter Berücksichtigung ihrer Vergrößerung durch Aufnahme alkoholischer Anteile) abgegossen, mit neutralisiertem Alkohol verdünnt und nach Zusatz von 2 ccm Alkaliblau 6 B mit $n/_{10}$ alkoholischer Natronlauge (Alkohol 96%) titriert. Beträgt der gefundene Säuregehalt über 0,03% (berechnet als SO_3), so muß noch mehrfach nach Abgießen des Alkoholrestes der in dem Zylinder verbliebene Ölrest mit 40 ccm Alkohol geschüttelt und von neuem titriert werden. Die Summe der bei sämtlichen Titrierungen gefundenen Säuregehalte entspricht der vorhandenen Säuremenge.

c) Harzgehalt. Man schüttelt eine Probe des Öls wiederholt mit verdünnter Natronlauge unter Zusatz von Petroläther. Aus dem alkalischen Auszug fällt man das Harz mit Mineralsäure. Löst man die Fällung in 1 ccm Essigsäureanhydrid und setzt einen Tropfen Schwefelsäure ($s=1,53$) hinzu, so tritt bei Anwesenheit von Harz eine deutliche Violettfärbung auf.

d) Bestimmung des Gehalts an fetten Ölen. Man ermittelt die Menge der fetten Öle durch Verseifen von etwa 10 g Öl mit 25 ccm alkoholischer Kalilauge und Ausziehen des Mineralöls mit Petroläther. Aus der Menge des Verseifbaren wird der Gehalt an fetten Ölen errechnet.

e) Die Prüfung auf schwere Steinkohlenteeröle kann erforderlich werden, wenn Mineralöle einen spezifischen Teergeruch aufweisen. Sind derartige Öle vorhanden, so geben die betreffenden Mineralöle die Diazobenzolreaktion (Graefe):

Ein durch Kochen mit wässeriger $n/_{1}$-Natronlauge bereiteter filtrierter Auszug des Öls wird in der Kälte tropfenweise mit salzsaurem Diazobenzol[1] versetzt. Phenol- oder kreosothaltige Öle geben einen orangeroten Niederschlag von Oxyazobenzol.

---

[1] Frisch bereitet durch Zugabe einer Lösung von 1 Mol salpetrigsaurem Kali zu einer in Eis gekühlten salzsauren Lösung von 1 Mol salzsaurem Anilin (Holde, S. 250).

f) Bestimmung des Seifengehalts. 10 ccm Öl werden in einem Scheidetrichter mit 40 bis 60 ccm Äther gelöst und mit so viel verdünnter Salzsäure geschüttelt, bis die sich abscheidende wässerige Schicht sauer reagiert. Man läßt
die sauere Schicht ab, wäscht die ätherische Lösung mit Wasser säurefrei und
titriert unter Zusatz von etwas Alkohol wie bei der Säurebestimmung in Ölen.

g) Prüfung der Emulgierfähigkeit.

Man schüttelt zur Prüfung der Emulgierfähigkeit 10 ccm Öl und 10 ccm
destilliertes Wasser in einem Reagensglas bei 85⁰ eine Minute lang. Als nicht
emulgierend wird ein Öl angesehen, wenn sich Öl und Wasser nach einstündigem
Stehen bei 85⁰ trennen und die Zwischenschicht < 1 mm stark ist. Als schwach
emulgierend, wenn die Zwischenschicht nicht > 2 mm ist. Trennt sich das Öl
vom Wasser nicht, oder bildet sich mehr als 2 mm Zwischenschicht, so gilt das
Öl als emulgierend.

Emulgierbar gemachte Mineralöle enthalten meist Ammoniak-, Kali- oder
Natronseifen von Fettsäuren, Sulfofettsäuren (sulfonierte Öle), Harzsäuren,
Naphthensäuren, häufig unter Zusatz von Ammoniak, Alkohol oder Benzin.

b) Das Paraffin.

Das Paraffin ist der im Erdöl enthaltene feste Anteil. Es wird außerdem
noch bei der Braunkohlendestillation gewonnen.

Aus den hochsiedenden Anteilen des Erdöls wird das Paraffin durch Abkühlen und Auskristallisieren abgeschieden. Bei der Zersetzungsdestillation erhält man als letzte Fraktion die sog. „Paraffinmasse", die ein Hauptausgangs-
produkt für die Gewinnung von Paraffin bildet.

Die Entparaffinierung der Paraffinmassen erfolgt durch sehr langsames Abkühlen und Filtrieren des sich bildenden Kristallbreies durch Filterpressen. Die
abgepreßte Masse wird dann nach dem sog. „Trockenschwitzverfahren" noch
weiter von Öl befreit und dann in starken Filtertüchern zwischen Eisenplatten
nochmals gepreßt. Das dabei abfließende paraffinreiche Öl wird wieder dem Öl
zugeführt, das entparaffiniert werden soll. Je öfter das Paraffin gepreßt wird,
um so geringer wird sein Ölgehalt, um so höher wird sein Schmelzpunkt. Zuletzt
wird mit 200 Atm. Druck gepreßt. Das dabei erhaltene Produkt hat einen
Schmelzpunkt von 52 bis 54⁰.

Zur weiteren Reinigung wird das Paraffin in kleinen Destillationsapparaten
mit Wasserdampf behandelt, um das Benzin völlig zu vertreiben. Es folgt dann
noch eine Entfärbung und das sog. „Schönen" mit einem violetten Farbstoff.
Zum Schluß wird das Paraffin in Blöcke oder Tafeln gegossen.

Beim sog. „Naßschwitzverfahren" wird das in den Paraffinmassen nach dem
Vorpressen noch enthaltene Öl mit warmem Wasser ausgeschmolzen. Die Öl-
schicht sammelt sich auf dem Wasser und wird mit diesem fortgeleitet.

Das Paraffin ist eine weiße, kristallinische, durchscheinende Masse. Die
guten Sorten sind geruch- und geschmacklos. Es löst sich in Benzol, Benzin,
Schwefelkohlenstoff, Tetrachlorkohlenstoff, Äther und in fetten Ölen, wenig in
Amylalkohol, fast gar nicht in Äthylalkohol. Es ist gegen chemische Agentien
sehr widerstandsfähig. Mit Harzen, Wachs, Fetten und Fettsäuren (Stearin)
läßt es sich zusammenschmelzen. Nicht sorgfältig gereinigte Paraffinsorten
färben sich bei längerem Liegen im Licht gelblich.

Im Handel unterscheidet man weiches Paraffin mit einem Schmelzpunkt
von 42 bis 44⁰ und hartes, das bei 52 bis 54⁰ schmilzt, außerdem Paraffinschuppen (Rohparaffin). Besondere Paraffinsorten besitzen Schmelzpunkte
bis zu 60⁰.

Für die Kennzeichnung der im Handel gangbarsten Paraffinsorten gibt Lüdecke folgende Unterscheidungsmerkmale an.

1. Schottisches Paraffin zieht sich beim Kneten mit der Hand zwischen den Fingern zu langen Fäden aus und gibt beim Reiben starken Glanz; es fehlen die Schuppensorten. Die Gradation wird handelsüblich im Gegensatz zu den sonstigen Paraffinen nach Fahrenheit angegeben.

2. Amerikanisches Paraffin ist weicher als schottisches. In den Schmelzpunkten sind diese beiden Paraffine einander ähnlich.

3. Österreichisches (polnisches, tschechisches) Paraffin weist hohe Schmelzpunkte und weißere Färbung als die vorstehend genannten Paraffinsorten auf. Das Paraffin ist mehr wachsartig, ohne jedoch wie dieses kurz zu brechen.

4. Von den Hartparaffinen mit besonders hohen Schmelzpunkten ist das deutsche Paraffin (Schwelparaffin 54 bis 56°) leicht daran zu erkennen, daß die Paraffintafeln beim Anschlagen gegeneinander einen charakteristischen hellen Klang ergeben, was bei dem ebenfalls hochschmelzenden asiatischen (indischen) Paraffin (58 bis 60°) nicht der Fall ist. Das letztere Paraffin ist auch leicht an seiner mehligen Beschaffenheit zu identifizieren.

Für die in der Lederindustrie verwendeten Paraffinsorten ist die Prüfung des Schmelzpunktes und des Reinheitsgrades von Wichtigkeit.

Der Schmelzpunkt wird, wie üblich, im Schmelzröhrchen bestimmt. Bei Hartparaffinen soll die Differenz zwischen Beginn und Endpunkt des Schmelzens 2 bis 4° nicht übersteigen.

Der Erstarrungspunkt kann auf folgende Weise leicht ermittelt werden:

In einem kleinen Becherglas, etwa 7 cm hoch, 4 cm Durchmesser, wird Wasser auf etwa 70° C erwärmt. Auf das Wasser wird ein so großes Stückchen Paraffin geworfen, daß es geschmolzen ein rundes Auge von höchstens 6 mm Durchmesser bildet. Sobald dieses flüssig ist, taucht man in das Wasser ein Normal-Celsius-Thermometer so tief ein, daß das Quecksilbergefäß ganz vom Wasser bedeckt ist. In dem Augenblick, in dem sich im Paraffinauge ein Häutchen bildet, liest man den Erstarrungspunkt ab. Das Becherglas muß durch Glastafeln während des Versuches vor Zugluft geschützt werden. Auch darf der Hauch des Mundes beim Beobachten der Skala das Paraffin nicht treffen.

Das Hartparaffin ist naturgemäß reiner als das Weichparaffin, da es weniger Öle enthält. Mechanische Verunreinigungen stellt man, wie folgt, fest (Holde, S. 310):

Ein abgewogener Teil der Masse wird in dem mehrfachen Gewicht heißen Benzols gelöst und warm filtriert. Das Filter wird wiederholt mit Benzol ausgewaschen (bis ein auf Papier gebrachter Tropfen des Filtrats ohne einen Fettfleck zu hinterlassen verdunstet), bei 105° bis zur Gewichtskonstanz getrocknet und gewogen. An Stelle von Benzol kann auch mit Vorteil Tetrachlorkohlenstoff verwendet werden, der nach Graefe das höchste Lösungsvermögen für Paraffin besitzt.

Den Ölgehalt bestimmt Graefe im Paraffin auf folgende Weise:

200 bis 300 g Paraffin werden in einem rechteckigen, nach unten sich verjüngenden Blechkasten (65 mm Seitenlänge unten, 80 mm oben, 70 mm Höhe) geschmolzen und 4 Stunden im Eisschrank auf —5 bis —10° abgekühlt. Der herausgeschnittene Kuchen wird auf gekühltes Filtrierpapier gebracht, rasch in gleichfalls gekühlte Filtrierleinwand gefüllt und in eine hydraulische Presse gebracht, deren Backen durch zwischengeklemmtes Eis abgekühlt sind. Man preßt 5 Minuten lang stark und schmilzt den Preßrückstand in gewogener Schale auf. Die Differenz gegenüber dem Ausgangsmaterial ergibt den Ölgehalt.

Zum Einbrennen von Ledern verwendet man häufig Gemische von Paraffin und Stearin. Die Schmelzpunkte Stearin-Paraffin-Gemische nach Scheithauer sind in Tabelle 56 angegeben.

Tabelle 56. Schmelzpunkte von Stearin-Paraffin-Gemischen (nach Scheithauer).

Paraffin		Stearin vom Schmelzpunkt 54 °C	Schmelzpunkt des Gemisches
%	Schmelzpunkt °C	%	°C
90,0	50,0	10,0	49,0
66,6	50,0	33,3	47,0
33,3	50,0	66,6	47,5
10,0	50,0	90,0	52,5
90,0	54,0	10,0	53,0
66,6	54,0	33,3	49,0
33,3	54,0	66,6	47,0
10,0	54,4	90,0	52,5
90,0	56,5	10,0	55,5
66,0	56,5	33,3	52,0
33,3	56,5	66,6	47,5
10,0	56,5	90,0	52,5

c) Das Vaselin und Vaselinöl.

Das Vaselin wird besonders aus hellen pennsylvanischen, teilweise auch aus galizischen Erdölen gewonnen. Es ist ein salbenartiges, farbloses, manchmal auch gelblich gefärbtes Produkt. Die Vaseline unterscheiden sich je nach ihrer Herkunft durch den Schmelzpunkt und das spezifische Gewicht. Das letztere schwankt zwischen 0,825 und 0,885. Die Prüfung des Vaselins erstreckt sich hauptsächlich auf die Bestimmung des Säuregehalts und die Anwesenheit von Verunreinigungen. Eine Eigenart des Vaselins ist seine Fähigkeit, Sauerstoff aufzunehmen.

Künstliches Vaselin ist meist ein Gemisch von gebleichtem Mineralöl (Paraffinöl) und Ceresin oder Paraffin. Es geht beim Schmelzen aus der breiigen Form plötzlich in die flüssige über und hat vor der Verflüssigung eine bedeutend dickere, nach der Verflüssigung eine dünnere Konsistenz als Naturvaselin.

Unter Vaselinöl versteht man (ebenso wie unter Paraffinöl) im allgemeinen über 300° siedende Destillate aus Erdöl (oder Braunkohlenteer), die entweder aus paraffinhaltigen Destillaten durch Abpressen des Paraffins als flüssiges Öl oder durch Destillation paraffinreicher Öle als salbenartige Massen erhalten werden. Als Vaselinöle gelten nur über 300° siedende Erzeugnisse der Erdölindustrie, während sog. Paraffinöle auch aus Braunkohlenteer gewonnen werden.

B. Das Ceresin.

Das Ceresin ist das gereinigte Ozokerit oder Erdwachs, das seit der Mitte des 19. Jahrhunderts in Galizien gewonnen wird. Das Hauptvorkommen in Galizien beschränkt sich auf die Bezirke Drohobycz und Stanislau mit den Gemeinden Borislaw und Dzwiniacz. Das in Amerika (Utah, New Jersey und Oregon) gewonnene Erdwachs ist wegen seines hohen Asphaltgehalts nur geringwertig und kommt für den Welthandel nicht in Betracht, dessen Bedarf vorerst durch die galizische Produktion befriedigt werden kann.

Die Lagerstätten des Ozokerits sind sehr unregelmäßig. Teils finden sich Flöze, teils Klüfte, teils Adern und Stöcke. Heute verarbeitet man außer dem reinen Erdwachs auch das sog. Lep, ein poröser, mit Ozokerit durchtränkter Schieferton, den man früher auf die Halden warf. Das geförderte Material wird über Tag von den anhaftenden Gesteinsmassen befreit und das zerkleinerte Erdwachs dann zunächst mit kaltem Wasser ausgewaschen und in Kesseln mit direkter Feuerung über Wasser oder mit Dampf ausgeschmolzen (Lep kochen). Das sich abscheidende Wachs wird abgeschöpft und entweder gleich in Formen gegossen oder zuerst nochmals in Absitzbottiche abgelassen, die mit einem Ablaßhahn versehen sind. Das zu Blöcken erstarrte Wachs wird je nach Farbe, Schmelzpunkt, Geruch und Knetbarkeit in verschiedene Qualitäten sortiert.

Die Farbe des rohen Ozokerits wechselt zwischen gelb und braun, je nach der Beschaffenheit der beigemengten harzartigen Produkte. Die Schmelzpunkte schwanken zwischen 58 und 72⁰. Zur Herstellung der geforderten Handelsmarken werden meist Gemische der einzelnen Sorten hergestellt.

Diese Ozokeritsorten verschiedener Härte sind das Ausgangsmaterial für die Herstellung von Ceresin, die in einer Raffination des Ozokerits besteht. Diese Raffination wird heute fast durchweg mit Schwefelsäure durchgeführt. Die Entfärbungsmethoden allein und chemischen Bleichverfahren haben sich nicht bewährt. Das Ozokerit wird zunächst auf 100⁰ erwärmt, wobei flüchtige Anteile abgetrieben werden, und dann in den Säurekessel übergeleitet. Bei 120⁰ läßt man unter dauerndem Rühren langsam etwa 22 bis 26% 66proz. Schwefelsäure zufließen und steigert dann die Temperatur auf 150⁰, bis das durch Säurereaktion auftretende Schäumen wieder abnimmt. Zum Schluß geht man mit der Temperatur auf 180 bis 190⁰. Wenn an Stelle der anfangs entstehenden SO_2-Dämpfe ein süßlicher Wachsgeruch auftritt, wird das Feuer abgestellt und bei etwa 165⁰ das vorher getrocknete Entfärbungspulver (Fullererde, Floridin u. dgl.) bis zu 5 bis 10% zugesetzt. Nach 1 bis 2 Stunden stellt man das Rührwerk ab, drückt den Kesselinhalt durch eine Filterpresse, aus der dann das Ceresin in die Formen gegossen wird (Lüdecke).

Das reine Ceresin wird zur Herstellung verschiedener Handelsmarken von bestimmtem Härtegrad mit anderen raffinierten Ceresinen oder mit Paraffin über Wasser zusammengeschmolzen.

Vielfach wird auch ein Gemisch von Ozokerit und Paraffinschuppen dem geschilderten Raffinationsverfahren unterworfen. Solche Ceresine erhalten meist die unrichtige Bezeichnung „Ozokerit-Ceresin", die sich leider immer mehr einbürgert.

Die rein weißen, hochprima Ceresine werden zweimal raffiniert. Bei der zweiten Raffination verwendet man 30 bis 33% rauchende Schwefelsäure. Weißes Ceresin wird mitunter auch geschönt (Stearinsäureanilid, β-Naphthol, Aceton).

Die üblichen Ceresinhandelsmarken sind durch folgende Farbabstufung gekennzeichnet: naturgelb, halbweiß, primaweiß, hochprimaweiß. Außerdem gibt es besonders gefärbte Ceresine.

Die Untersuchung des Ceresins setzt große Fachkenntnisse voraus. Reines hochwertiges Ozokerit oder Ceresin muß sich nach Lüdecke (S. 49) wie Wachs kneten lassen und einen scharfen Fingerabdruck geben. Es darf nicht schmierig sein und muß kurz brechen. Auch darf es sich nicht wie raffiniertes Montanwachs zwischen den Fingern zerpulvern lassen. Beim Schneiden bleibt reines Ceresin an der Messerklinge haften, die Schnittfläche ist deshalb nicht glatt. Je größer sein Gehalt an Paraffin oder an weichen Ozokeritsorten ist, um so glatter ist die Schnittfläche. Je glänzender es beim Kneten ist, um so mehr Paraffin enthält es.

Für den Nachweis von Paraffin im Ceresin gibt es keine wirklich einwandfreie Untersuchungsmethode, da es sich bei beiden Produkten um eine sehr ähnliche chemische Zusammensetzung handelt. Lüdecke hält die refraktrometrische Prüfung für die beste, eine Untersuchungsmethode, die auch den Nachweis geringer Paraffinmengen gestattet.

Holde (S. 358) empfiehlt für den Paraffinnachweis folgende Methode:
Man löst 1 g des mit Schwefelsäure gereinigten Produktes in 50 ccm Chloroform unter schwachem Erwärmen und fügt 18 ccm absoluten Alkohol zu der auf 20° abgekühlten Lösung. Das Ceresin scheidet sich amorph aus und kann dadurch nach dem Abnutschen erkannt werden. Zum Filtrat fügt man bei 20° 40 ccm absoluten Alkohol, hält die Temperatur auf dieser Höhe und saugt den entstehenden Niederschlag ab, dessen kristallinisches Aussehen Paraffin verrät.

Die Methode ist aber nicht unter allen Umständen zuverlässig.

Auch das spezifische Gewicht und der Schmelzpunkt bieten in manchen Fällen Anhaltspunkte für stärkere Verfälschungen (siehe Tabelle 57).

Tabelle 57. Schmelzpunkte von Ceresin-Paraffin-Gemischen (nach Berlinerblau).

Ceresin %	Paraffin %	Schmelz-punkt ° C	Erstarrungs-punkt ° C	Spez. Gewicht bei 15 °C
100	0	70—73	69,5	0,921
95	5	69—73	68,5	0,919
90	10	68—72	66,5	0,9175
80	20	76—71,5	65,0	0,914
70	30	64,5—70	63,0	0,910
60	40	62—66	62,0	0,907
50	50	58,5—67	60,0	0,904
40	60	56,5—65	59,0	0,900
30	70	54,5—62	57,0	0,897
20	80	52,5—58,5	54,0	0,894
10	90	49,5—54,5	49,0	0,892
0	100	47—52	47,0	0,889

Je reiner ein Ceresin, um so geringer ist die Differenz zwischen Schmelzpunkt und Erstarrungspunkt. Bei reinem Paraffin beträgt diese Differenz etwa 2%.

Der Nachweis von Füllmitteln und mechanischen Verunreinigungen ist nach den üblichen Methoden leicht durchführbar. Harze lassen sich mit der Storch-Morawski-Reaktion nachweisen. Außerdem erhöhen Harze die Säurezahl, die bei normalem Ceresin etwa 4 beträgt. Farbstoffe gehen beim Durchschütteln einer geschmolzenen Probe mit Alkohol in Lösung.

Literaturübersicht.
(Mineralische Fette und Öle.)

Engler, C. u. Höfer: Das Erdöl, seine Physik, Chemie usw. Leipzig. 1912.
Graefe: Chem. Umsch. 13, 60 (1906).
Höfer: siehe C. Engler.
Holde, D.: Kohlenwasserstofföle und Fette, 6. Aufl. 1924.
Kißling, R.: Das Erdöl. Stuttgart 1923.
Lüdecke, C.: Wachse und Wachskörper. Stuttgart 1926.

II. Über Emulsionen.

Emulsionen sind feine Verteilungen einer Flüssigkeit in einer anderen Flüssigkeit, wobei keine der beiden Flüssigkeiten in der anderen löslich sein darf. Über
Natur und Aufbau der Emulsionen erhält man ein Bild, wenn man von den
Emulsionskolloiden ausgeht, wie sie z. B. die kolloiden Lösungen von Gelatine
in Wasser darstellen. Nimmt man bei diesen Lösungen an, daß die Teilchen sich
immer mehr vergrößern würden, so kommt man von den kolloiden Lösungen zu
groben Dispersionen, wie wir sie in den Emulsionen vor uns haben. Bei diesen
übersteigt die Teilchengröße $0{,}1\,\mu$, während sie bei kolloiden Lösungen zwischen
$0{,}1\,\mu$ und $1\,\mu\mu$ liegt. Nimmt die Teilchengröße noch weiter zu, so wird aus der
Emulsion eine Suspension. Eine scharfe Abgrenzung zwischen den einzelnen
Systemen ist jedoch nicht möglich. Es bestehen vielmehr zahlreiche Übergänge
von den kolloiden Lösungen über die Emulsionen bis zu den grobmechanischen
Suspensionen.

Bei den Emulsionen kann man zweiphasige und dreiphasige Systeme unterscheiden. Die dreiphasigen Emulsionen sind die wichtigeren, die zweiphasigen
sind gerbereitechnisch überhaupt ohne Bedeutung. Bei allen Emulsionen nennt

man den fein verteilten Körper
die disperse Phase und das
Medium, in dem die disperse Phase
verteilt ist, das Dispersionsmittel. Bei dreiphasigen Emulsionen tritt als dritte Phase
noch der Emulgator (das Emulgierungsmittel) hinzu (siehe
später).

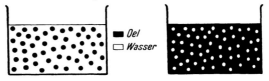

Abb. 113. Bildliche Darstellung einer Öl-in-Wasser-Emulsion
und einer Wasser-in-Öl-Emulsion (nach S t i a s n y, Collegium
1928, S. 231).

Man kann bei den Emulsionen ferner unterscheiden Öl-in-Wasser-Emulsionen und Wasser-in-Öl-Emulsionen, je nachdem die disperse Phase
Wasser oder Öl ist. Der Unterschied wird durch Abb. 113 deutlich veranschaulicht.

Das klassische Beispiel für Wasser-in-Öl-Emulsionen ist das Kondenswasser
von Dampfmaschinen. Man kann derartige Emulsionen, die zweiphasig sind,
auch durch längeres Schütteln kleiner Mineralölmengen mit viel Wasser oder
durch Eingießen einer alkoholischen Mineralöllösung in Wasser herstellen. Die
Teilchengröße solcher Emulsionen beträgt durchschnittlich $0{,}5\,\mu$. Sie zeigen die
Brownsche Bewegung. Sie sedimentieren daher nicht bzw. nur außerordentlich
langsam.

Charakteristisch für die zweiphasigen Emulsionen ist ihre geringe Konzentration, die meist etwa $^{1}/_{10\,000}$ beträgt. Lewis fand Konzentrationen bis zu 2%.
Die Öltröpfchen haben, wie bei allen Emulsionen, negative Ladung; die kata-
phoretische Wanderung läßt dies erkennen.

Wie schon erwähnt, sind es die dreiphasigen Emulsionen, und zwar vom
Typ Öl-in-Wasser, welche beim Fetten des Leders in Frage kommen. Alle Fettlicker, wie sie in großem Umfang zum Fetten von Chromleder und auch anderen
Ledersorten Verwendung finden, sind solche dreiphasigen Öl-in-Wasser-Emulsionen, bestehend aus disperser Phase, Dispersionsmittel und Emulgator.

Ob Öl oder ob Wasser die disperse Phase bildet, läßt sich durch oberflächliche
Betrachtung der Emulsion keineswegs immer mit Sicherheit entscheiden. Das
sicherste Mittel zur Feststellung, welche Art Emulsion vorliegt, beruht darauf,
daß jede Emulsion sich durch weiteren Zusatz ihres Dispersionsmittels verdünnen läßt, ohne zu leiden. Verträgt also eine Emulsion Zusatz von Wasser,
so ist sie eine Öl-in-Wasser-Emulsion.

Eine andere Unterscheidungsmethode ist nach Wilson folgende: Man streut auf die Oberfläche einer Emulsion etwas Farbstoff, der nur in einer der Phasen löslich ist. In einer Öl-in-Wasser-Emulsion wird ein öllöslicher Farbstoff eine Färbung der Tröpfchen, d. h. der dispersen Phase, bewirken, was unter dem Mikroskop leicht beobachtet werden kann.

Endlich läßt sich nach Clayton der Charakter der Emulsionen auch aus ihrer elektrischen Leitfähigkeit erkennen, da die Wasser-in-Öl-Emulsionen im Gegensatz zu den Öl-in-Wasser-Emulsionen fast gar nicht leiten.

Stiasny hat eine allgemeine Übersicht über die gerbereitechnisch wichtigen Emulsionen gegeben. Darnach kommen für technische Emulsionen hauptsächlich folgende Stoffe in Betracht:

a) Als disperse Phase: Triglyceride (Knochenöl, Trane, Olivenöl, Ricinusöl, Rüböl, Sesamöl, Baumwollsaatöl); Wachse (Walrat, Wollfett); Kohlenwasserstoffe (Mineralöle, Vaselin);

b) als Dispersionsmittel: Wasser, bzw. Lösungen des Emulgators, soweit dieser nicht an den Grenzflächen adsorbiert ist; ferner wässerige Lösungen sonstiger Stoffe (Salze, Alkalien usw.);

c) als Emulgatoren: Eigelb, Seifen, sulfonierte Öle, sulfoniertes Wollfett, Alkalisalze sulfonierter Fettsäuren, oxydierte Öle, Degras, Moellon, sulfonierte Estolide, Harze und Harzseifen, löslich gemachte Mineralöl- und Harzölgemische, sulfonierte Naphthene und deren Salze (z. B. „Kontakt"), Fettsäureamide (z. B. Stearamid oder Duron); ferner Gelatine, Gelatosen, Milch, Kasein, Eieralbumin, Lecithin, Cholesterin, Gummi arabicum, Traganth, Agar, Stärke, isländisches Moos, Saponin u. dgl.[1].

Dazu kommen neuerdings eine große Anzahl von Netz- und Dispergierungsmitteln, die nach den verschiedensten Verfahren hergestellt werden. Die nach Spezialverfahren sulfonierten Öle sowie die Fettalkoholsulfonate gehören zu diesen Produkten.

Auch feste Körper können als Emulgatoren wirksam sein. Pickering fand, daß die basischen Sulfate von Eisen, Nickel, Kupfer, Aluminium, Zink stark emulgierend wirken, ebenso frischgefällte Calcium- und Bleiarsenate, sowie manche Tonarten. Weniger wirksam sind die Hydroxyde des Calciums, Magnesiums und Kupfers und die Sulfide des Eisens. Auch an Bleisulfat konnte eine emulgierende Wirkung festgestellt werden (Sheppard). Bechhold, Dede und Reiner konnten unter bestimmten Bedingungen organische Flüssigkeiten mit Zink- und Eisenpulver, Ton, Kieselgur, Hefe u. dgl. emulgieren. Die festen Emulgatoren haben ledertechnisch keine Bedeutung. Sie verdienen aber vom Standpunkt der theoretischen Untersuchung der Emulsionen Interesse.

Die Möglichkeiten zur Herstellung technischer Emulsionen sind somit recht mannigfaltig. In allen dreiphasigen Emulsionen entsteht erst durch das Hinzutreten des Emulgators zu den für sich allein nicht mischbaren und nicht emulgierbaren Komponenten Öl und Wasser die Emulsion. Er ist es also, der die physikalischen und chemischen Bedingungen des Systems Öl/Wasser in ganz bestimmter Weise beeinflußt, so daß die Bildung der Emulsion möglich wird.

Über die Wirkungsweise der Emulgatoren sind zahlreiche Untersuchungen angestellt worden, die alle zum Ziel hatten, den Mechanismus der Emulsionsbildung aufzuklären. Bis jetzt ist dies restlos noch nicht gelungen. Auch ist es vorerst noch schwer, aus den theoretischen Erkenntnissen über die Emulsionsbildung irgend welche praktische Nutzanwendung für das technische Arbeiten mit Emulsionen abzuleiten. Die Ergebnisse der wissenschaftlichen Unter-

---

[1] Von diesen Emulgatoren haben nicht alle für die Praxis der Lederfettung Bedeutung.

suchungen sind aber trotzdem für das Verständnis von Bildung und Natur der Emulsionen unerläßlich und sollen deshalb hier kurz erörtert werden. Dabei sei auf die neueren Arbeiten auf diesem Gebiet hingewiesen: Harkins und Beeman, Emulsions. Journ. Amer. chem. Soc. 51, 1674 (1929). — Stiasny, Über Emulsionen. Collegium 1928, S. 230. — Schindler, Die Grundlagen des Fettlickerns. Leipzig 1928. — Clayton, Theory of Emulsions. 1928. — Thomas, Emulsions. J. A. L. C. A. 1927, S. 171. — Stiasny und Rieß, Über die Herstellung und Eigenschaften von Emulsionen. Collegium 1925, S. 498.

Die Wirkung der Emulgatoren.

Schüttelt man ein Gemisch von Mineralöl und Wasser kräftig durch, so erhält man eine scheinbare Emulsion, in der das Öl in größeren und kleineren, deutlich erkennbaren Tropfen verteilt ist. Sehr bald schließen sich die einzelnen Tropfen zu größeren Ölkomplexen zusammen, bis nach kurzer Zeit fast das gesamte Öl als zusammenhängende Schicht auf der Oberfläche des Wassers schwimmt.

Gibt man nun zu dem gleichen Gemisch eine geringe Menge eines Emulgators (z. B. Seifenlösung, sulfoniertes Öl oder dgl.) und schüttelt in derselben Weise durch, so entsteht eine milchige Emulsion, in der die einzelnen Öltröpfchen mit bloßem Auge nicht mehr zu unterscheiden sind. Der zugesetzte Emulgator muß demnach auf das Gemisch derart einwirken, daß die durch das mechanische Schütteln bedingte Teilchen- bzw. Tropfenzerkleinerung des Öls erleichtert wird, d. h. daß die Kräfte, die einer weitgehenden Verteilung des Öls entgegenwirken, überwunden werden. Die Erklärung dieses Vorgangs ist nicht einfach und keineswegs in allen Fällen möglich. Sie ist in einer Summe physikalischer und chemischer, durch den Emulgatorzusatz bedingten Zustandsänderungen des Systems Öl/Wasser zu suchen, für deren Verständnis die nähere Betrachtung verschiedener Faktoren erforderlich ist.

Die elektrische Ladung der Tröpfchen. In allen Emulsionen sind die Öltröpfchen in wässerigen Dispersionsmitteln negativ geladen, was durch ihre Wanderung im elektrischen Feld deutlich nachweisbar ist. Den Grund für diese elektrische Ladung sucht man gewöhnlich in der sog. Ionenadsorption. Man nimmt an, daß an der Oberfläche der Teilchen Ionen aus dem Dispersionsmittel angereichert werden. Selbst reines Wasser kann infolge elektrolytischer Dissoziation Ionen abtreten. Zur Erklärung der im ganzen System herrschenden Elektroneutralität ist die Annahme erforderlich, daß der an der Tröpfchenoberfläche angereicherten negativen Ionenschicht im Wasser die äquivalente Schicht positiver Ionen gegenüberliegt (Schindler). So entsteht zwischen der negativ geladenen Oberfläche der Öltröpfchen und der sie umgebenden wässerigen Schicht eine Potentialdifferenz, die auf die Zustandsänderungen des Systems von großem Einfluß ist. Lewis hat als einer der ersten diese Potentialdifferenz mit Hilfe kataphoretischer Versuche gemessen. Er fand für das System Mineralöl/Wasser die Potentialdifferenz von 0,05 Volt, später 0,06 Volt. Ellis kam zu Werten zwischen 0,04 und 0,06 Volt. Die Potentialdifferenz läßt sich durch Zusätze von Elektrolyten verringern und schließlich sogar auf 0 bringen (isoelektrischer Punkt). Nach Clayton (S. 19) ist zur Erreichung des isoelektrischen Punktes z. B. ein Zusatz von 5000 Millimol KCl, 95 Millimol $BaCl_2$, 0,51 Millimol $AlCl_3$ pro Liter erforderlich. Nach den Ansichten verschiedener Forscher soll die Beständigkeit einer Emulsion in der Nähe des isoelektrischen Punktes am geringsten sein (Hardy, Powis).

Grenzflächenspannung. Beim Austreten einer Flüssigkeit aus einer feinen Öffnung in ein Gasmedium nimmt der austretende Tropfen Kugelform an. Das gleiche geschieht, wenn eine Flüssigkeit in eine zweite mit der ersten nicht mischbare Flüssigkeit gebracht wird. In der Kugelform bildet der austretende Flüssigkeitsteil die geringste Oberfläche. Man ist deshalb berechtigt anzunehmen, daß bei dem geschilderten Vorgang Kräfte wirksam sind, welche auf eine Verkleinerung der Oberfläche hinstreben. Diese Kraft heißt beim System Flüssigkeit/Gas Oberflächenspannung, beim System Flüssigkeit I/Flüssigkeit II Grenzflächenspannung. Sie ist im folgenden mit gs bezeichnet.

Die Kraft gs arbeitet somit allen Vorgängen entgegen, die eine Vergrößerung der Grenzflächen anstreben. Wenn also in dem anfangs erwähnten Öl/Wasser-Gemisch das Öl durch starkes Schütteln in kleine Tröpfchen zerteilt wurde, so war durch das mechanische Schütteln die Kraft gs zu überwinden, die sich einer Zerteilung eines Öltropfens in mehrere kleinere Tröpfchen widersetzte. Anderseits war im zweiten Beispiel durch Zusatz des Emulgators offenbar die Kraft gs verringert worden, da durch die gleiche mechanische Einwirkung nunmehr das Öl in sehr feine Tröpfchen verteilt, d. h. das Bestreben des Öls, die Grenzfläche soweit wie möglich zu verkleinern, weitgehend aufgehoben worden war. Der Emulgator vermindert also die Grenzflächenspannung zwischen Öl und Wasser.

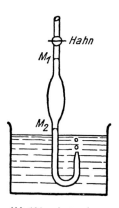

Eine befriedigende Erklärung für das Vorhandensein der Ober- bzw. Grenzflächenspannung ist bis jetzt noch nicht gefunden. Laplace (1806) hat die Ursache in molekularen Anziehungskräften, die an der Ober- bzw. Grenzfläche frei sind, gesucht. Langmuir und Harkins haben die Kraft gs als Folge unabgesättigter Restvalenzen im Sinne der Wernerschen Anschauung betrachtet.

Zur Messung der Grenzflächenspannung benutzt man gewöhnlich die sog. Tropfenmethode, wie sie Tate und später Donnan, Meunier u. a. bei Arbeiten über Emulsionen erprobt haben. Man benutzt hierzu eine dickwandige Kapillarröhre, die in der Mitte zu einer Kugel von ca. 1 ccm Volumen erweitert, an ihrem unteren Ende zweimal rechtwinklig umgebogen und zu einer Spitze ausgezogen ist (Abb. 114). Oberhalb und unterhalb der Kugel befindet sich eine Strichmarke, so daß der Abfluß eines bestimmten Volumens kontrolliert werden kann. Die Pipette wird mit Öl gefüllt, dessen Grenzflächenspannung gegen die wässerige Lösung gemessen werden soll. Man läßt das Öl von Marke zu Marke unter konstantem Druck unter Wasser austreten. Je geringer die Grenzflächenspannung ist, desto kleiner werden die Tropfen. Die Zahl der Tropfen, die ein bestimmtes Ölvolumen (Volumen zwischen den beiden Marken) gibt, ist ein relatives Maß für die Grenzflächenspannung. Die Grenzflächenspannung ist umgekehrt proportional der Tropfenzahl.

Abb. 114. Apparat zur Messung der Grenzflächenspannung (Stalagmometer).

Tropfenzahlen verschiedener Öle.

Nach Meunier:

Klauenöl	18 Tropfen
Olivenöl	20 ,,
Leinöl	18 ,,
Ricinusöl	9 ,,
Mineralöl ($d = 0{,}93$) . . .	9 ,,

Nach Schindler:

Klauenöl . . . . 18,75 Tropfen
Lebertran. 17,50   „
Olivenöl 18,50   „
Mineralöl ($d = 0,85$) 23,00   „

Daß die Temperatur auf die Tropfenzahl und somit die Grenzflächenspannung keinen wesentlichen Einfluß hat, hat Clayton gezeigt (siehe Tabelle 58).

Veränderungen der Grenzflächenspannung (Tropfenzahl) durch Zusätze. Über die Veränderungen des Wertes von gs, ausgedrückt durch die Tropfenzahl, liegen zahlreiche Untersuchungen vor. Die Beobachtungen verschiedener Forscher haben gezeigt, daß ein Zusatz von Alkali die Tropfenzahl erhöht, daß diese Erhöhung und die dadurch bedingte Emulgierung aber nur dann eintritt, wenn die Anwesenheit freier Fettsäuren im Öl eine Seifenbildung ermöglicht. Gereinigtes Olivenöl wird z. B. durch Natronlauge nicht emulgiert. Die Wirkung der Seifen, welche ja als praktisches Emulgierungsmittel bekannt sind, verdient deshalb besonderes Interesse. Die Wirkung der Natriumseifen auf die Grenzflächenspannung wächst, wie zahlreiche Versuche gezeigt haben, mit der zunehmenden C-Anzahl des Fettsäuremoleküls. Vgl. z. B. die von Clayton ermittelten Veränderungen von gs durch die Natriumsalze verschiedener Fettsäuren (siehe Abb. 115).

Tabelle 58. Einfluß der Temperatur auf die Tropfenzahl (nach Clayton).

	Tropfenzahl bei	
	35⁰	50⁰
Erdnußöl	66	64,5
Baumwollsaatol	65	63
Cocosnußöl	61	65
Palmkernfett	74	61
Sojabohnenöl	68	69

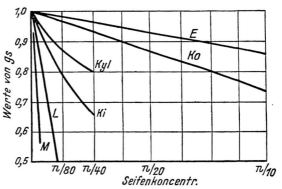

Abb. 115. Veränderung der Grenzflächenspannung Öl/Wasser durch Zusatz von Seifen (nach Clayton).

E Essigsäure, *Ko* Kapronsäure, *Kyl* Kaprylsäure, *Ki* Kaprinsäure, *L* Laurinsäure, *M* Myristinsäure.

Diese Zunahme der Tropfenzahlen mit zunehmender C-Atomzahl des Fettsäuremoleküls erfolgt jedoch keineswegs gleichmäßig. Es treten vielmehr bei den Salzen der Fettsäuren mit mehr als 10 C-Atomen verschiedene Abweichungen von dieser Gesetzmäßigkeit auf, die vermutlich in kolloidchemischen Erscheinungen begründet sind.

Wenn man die Feststellung machen konnte, daß Natronlauge weitaus stärker die Grenzflächenspannung vermindert als die entsprechende Menge Seife, so kann man mit Schindler (S. 27) diese Erscheinung wohl dadurch erklären, daß bei der Einwirkung der Natronlauge die wirksame Seife unmittelbar an der Grenzfläche gebildet wird, während bei der Einwirkung von Seifenlösungen die Seifenteilchen erst an die Grenzfläche diffundieren müssen. Die Diffusionsgeschwindigkeit der Natronlauge ist aber größer als die der schweren Seifenmoleküle oder -mizellen, so daß die letzteren mehr Zeit zur Anreicherung in der Grenzfläche benötigen.

Die Einwirkung von sulfonierten Ölen auf die Grenzflächenspannung zwischen Öl und Wasser wurde zuerst von Meunier und Maury untersucht. Sie fanden folgende Tropfenzahlen:

Klauenöl in Wasser. . . . . 18 Tropfen
   „   „ 0,5proz. Lösung von NH_4-Sulforicinat 29   „
   „   „ 1   „   „   „   „   37   „
   „   „ 2   „   „   „   „   50   „
   „   „ 4   „   „   „   „   75   „
   „   „ 5   „   „   „   „   . . . . . 107 „
   „   „ 6   „   „   „   „   . . . . . ∞ (Strahl)
   „   „ 0,5 „   „   „   Na-Sulforicinat . . . . . 44 Tropfen
   „   „ 1   „   „   „   „   67   „
   „   „ 2   „   „   „   „   . . . . . 104 „
   „   „ 2,5 „   „   „   „   . . . . . ∞ (Strahl)

Stiasny und Rieß fanden bei der Untersuchung der Grenzflächenspannung von Mineralöl gegen verschiedene Lösungen von sulfoniertem Klauenöl folgende Tropfenzahlen:

Mineralöl in Wasser . . . . 27 Tropfen
   „   „ 0,2proz. Lösung von sulfon. Klauenöl 43   „
   „   „ 0,4 „   „   „   „   77   „
   „   „ 0,6 „   „   „   „   99   „
   „   „ 0,8 „   „   „   „   . . . . . 126 „
   „   „ 1,0 „   „   „   „   . . . . . ∞ (Strahl)

Die Wirkung der sulfonierten Öle auf die Grenzflächenspannung zwischen Mineralöl und den wässerigen Lösungen der sulfonierten Produkte ist wesentlich abhängig vom Alkaligehalt und von der [H·]-Konzentration. Stiasny und Rieß (S. 521) fanden (was zum Teil schon Meunier und Maury festgestellt hatten), daß

bei Zusatz von steigenden Mengen Alkali zum sulfonierten Öl die Grenzflächenspannung zunächst zunimmt, um dann stark abzunehmen.

Der Einfluß der [H·]-Konzentration auf die Grenzflächenspannung ist viel größer als der des Sulfonierungsgrades. Erst bei Einstellung auf den gleichen p_H-Wert sinkt die Grenzflächenspannung mit steigender Sulfonierung. Emulsionen, die durch Schütteln von Mineralöl mit der wässerigen Lösung der sulfonierten Produkte hergestellt werden, sind bei einem p_H-Wert von 7,0 bis 7,7 am beständigsten.

Es zeigte sich bei diesen Versuchen weiterhin, daß die Bildung der Emulsionen von anderen Bedingungen abhängt als ihre Haltbarkeit. Die Bildung einer Emulsion wird durch eine möglichst kleine Grenzflächenspannung begünstigt, während die Haltbarkeit einer Emulsion bei einem Maximum der Grenzflächenspannung am größten ist. Da nun die Grenzflächenspannung eines Öls durch größeren Alkalizusatz stetig verringert wird, so begünstigt ein solcher Alkalizusatz wohl die Bildung, nicht aber die Haltbarkeit einer Emulsion (Stiasny und Rieß, S. 520). Diese Feststellungen stimmen mit den Beobachtungen von Smith und Dow überein, daß die Tropfenzahl nur als ein Maß für die Emulgierbarkeit, nicht aber für die Beständigkeit der gebildeten Emulsion angesehen werden könne.

So wichtig nun auch die Verminderung der Grenzflächenspannung für die Beurteilung der Wirksamkeit eines Emulgators ist, so darf man doch ihre Bedeutung und vor allem die Methoden für ihre Messung nicht überschätzen. Die Tropfenzahl läßt wohl gewisse Vergleiche zu; eine zahlenmäßig vergleichbare Wertbestimmung der einzelnen gebräuchlichen Emulgatoren ist aber vorerst noch nicht möglich. Dazu kommt, daß die einzelnen Emulgatoren sich den verschiedenen Ölen gegenüber keineswegs immer gleich verhalten. Es läßt sich zeigen, daß mehrere Öle zur Erzielung der geringsten Grenzflächenspannung ganz verschiedene Emulgatoren benötigen, auch wenn man die Emulgierung, beim gleichen p_H-Wert vornimmt. Von der stalagmometrischen Bestimmungsmethode (Tropfenzahl) darf deshalb vorerst für die technische Praxis der Emulsionen nicht allzuviel erhofft werden.

Theorie der Emulgatorwirkung. Der Emulgator, der im Dispersionsmittel aufgelöst wird, um die Grenzflächenspannung zwischen Öl und Wasser zu erniedrigen, reichert sich an den Grenzflächen der beiden Stoffe an. Diese Adsorption des Emulgators an der Grenzfläche führt bei zahlreichen Emulgatoren zur Bildung eines Häutchens, das in seinen Eigenschaften von der Lösung und von der dispersen Phase verschieden ist. Es stellt in der Emulsion die sog. dritte Phase dar. Daß durch die Anreicherung des Emulgators an der Grenzfläche die Konzentration in der Lösung sinkt, konnte durch verschiedene Versuche bewiesen werden (z. B. Lewis oder Briggs).

Man nimmt heute entsprechend den Anschauungen von Langmuir und Harkins an, daß das Adsorptionshäutchen bei den meisten Emulgatoren eine monomolare Schicht gerichteter Moleküle bildet. Den Beweis dafür, daß es sich z. B. bei der Verwendung von verdünnten Seifenlösungen als Emulgatoren um eine monomolare Adsorptionsschicht an der Grenzfläche handelt, konnte Griffin folgendermaßen erbringen:

Mineralöl wurde in verdünnter Seifenlösung (0,003 bis 0,124 molar) geschüttelt; in der gebildeten Emulsion wurden die Teilchen unter dem Mikroskop gezählt und die Größe der Teilchen bestimmt. Hieraus ergab sich die Gesamtoberfläche der Adsorptionsschicht. Dann wurden die Mineralöltröpfchen samt ihren Seifenhüllen abgeschieden. Bei bekannter ursprünglicher Seifenkonzentration ergibt sich aus der Analyse der zurückbleibenden Seifenlösung die adsorbierte Seifenmenge G. Wenn s das spezifische Gewicht der Seife und O die mikroskopisch gefundene Gesamtoberfläche ist, so ist G/s = Volumen der Seifenhüllen und $\dfrac{G}{s \cdot O}$ = der Dicke der Seifenhüllen. Griffin fand, daß diese Dicke etwa 10^{-7} cm = etwa $1\ \mu\mu$ betrug, d. h. die Dicke der Seifenhülle hat monomolare Dimension.

Auf Grund von Versuchen von Deveaux über Querschnitt und Länge der Emulgatormoleküle nimmt man an, daß die das Adsorptionshäutchen bildenden Moleküle senkrecht auf der Oberfläche stehen, so daß sie mit dem einen Ende dem Öl, mit dem anderen dem Wasser zugekehrt sind. Diese Gruppierung der Moleküle läßt sich auch mit der Absättigung freier Restvalenzen erklären, wobei die Moleküle so orientiert werden, daß die freien Restvalenzen ein Minimum erreichen. Man kann mit Harkins annehmen, daß diejenigen Gruppen des Moleküls, welche zu Wasser eine größere Verwandtschaft haben als zu Öl (z. B. COONa bei Seifen), dem Wasser zugewendet sind, die anderen Gruppen (z. B. CH_3-Gruppen der Seifen) sich dem Öl zukehren. Jede Gruppe wendet sich eben dem Medium zu, zu dem sie die größere Verwandtschaft besitzt. So ist bei den Triglyceriden der Glycerinrest dem Wasser, der CH_3-Rest dem Öl zugekehrt. Auf diese Weise gleicht der Emulgator die schroffen Gegensätze zwischen Öl und Wasser aus, seine die Adsorptionsschicht bildenden Moleküle können einerseits mit dem Öl „verschmolzen" und anderseits „hydratisiert" sein. Die zum Wasser zugekehrten (lyophilen) Gruppen nennt man auch „polare" Gruppen.

Aus dieser Anschauung heraus läßt sich eine mit Hilfe eines Emulgators hergestellte Öl-in-Wasser-Emulsion folgendermaßen kennzeichnen: Die Emulsion besteht aus kleinen Fett-Tröpfchen, die von einem schützenden, durch Adsorption gebildeten, meist monomolekularen Emulgatorfilm umgeben und in einem wässerigen Dispersionsmittel verteilt sind. Die Moleküle dieses Schutzfilms sind so gerichtet, daß die polaren (lyophilen) Gruppen zum Dispersionsmittel (Wasser), die anderen zur dispersen Phase (Öltröpfchen) zugekehrt sind.

Diese Theorie von den gerichteten Emulgatormolekülen führt aber noch zu Erklärungen weiterer Erscheinungen bei der Emulsionsbildung. Für die erwähnte Anordnung der Moleküle in dem Emulgatorfilm müssen diese zu der Krümmung des Öltröpfchens passen. Bei den Alkalimetallen der Seifen ist das Atomvolumen verhältnismäßig groß, und es ist nur ein Fettsäurerest pro Metallatom vorhanden. Die Anordnung der Seifenmoleküle des Emulgatorfilms muß also so erfolgen, wie dies Abb. 116a zeigt (Wilson).

Es ergibt sich daraus von selbst eine Öl-in-Wasser-Emulsion. Bei den Seifen mehrwertiger Metalle ist das Atomvolumen viel kleiner, außerdem kommen auf ein Molekül drei Fettsäurereste. Die Anordnung der Emulgatormoleküle im Adsorptionsfilm muß also wie in Abb. 116b angenommen werden. Diese Gruppierung

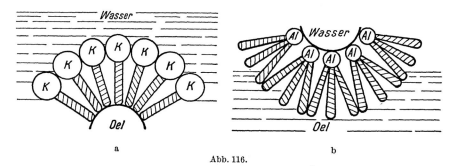

a   b

Abb. 116.

kann nur einer Wasser-in-Öl-Emulsion entsprechen. Daraus geht hervor, daß die mit Seifen der einwertigen Metalle hergestellten Öl-in-Wasser-Emulsionen um so feinteiliger sind, je größer das Atomvolumen des Seifenmetalls ist. Für die Seifen der mehrwertigen Metalle gilt das Gegenteil.

Öl-in-Wasser-Emulsionen, welche Alkaliseifen als Emulgator enthalten, kann man in Wasser-in-Öl-Emulsionen umwandeln, indem man Salze mehrwertiger Metalle zugibt. Deshalb kann bei Lickern die Verwendung von hartem Wasser die Bildung von Kalkseifen auch mit dem Nachteil einer Umkehrung der Emulsion verbunden sein (Stiasny, S. 237).

Verwendet man sulfonierte Öle als Emulgatoren, so bildet der sulfonierte Anteil mit seinen stark polaren Gruppen, genau wie die Seifen, den schützenden Adsorptionsfilm um die disperse Phase des nichtsulfonierten Anteils oder des zugesetzten Neutralöls.

Nicht immer aber ist das um die Tröpfchen der dispersen Phase sich bildende Emulgatorhäutchen monomolar. Nur bei geringen Emulgatorkonzentrationen sind monomolare Schichten zu erwarten. Werden dem Dispersionsmittel größere Emulgatormengen zugesetzt, so ist mit polymolaren Schutzschichten zu rechnen. Infolge des durch derartige Emulgatorfilme ausgeübten höheren Schutzes nimmt die Beständigkeit der Emulsion zu.

Bildung, Beständigkeit und fettende Wirkung technischer Emulsionen. Es wurde schon erwähnt, daß für die Bildung und für die Beständigkeit von Emulsionen keineswegs die gleichen Bedingungen gelten. Die Voraussetzungen, die eine Emulsionsbildung erleichtern, begünstigen nicht immer die Beständigkeit des Systems. So wird die Bildung einer Emulsion z. B. im alkalischen Gebiet durch p_H-Erhöhung stark erleichtert, während ihre Beständigkeit von einem bestimmten p_H-Wert an stark abnimmt. Auf die Feststellungen von Stiasny und Rieß, daß eine Mineralöl/Wasser-Emulsion mit sulfoniertem Klauenöl als Emulgator bei $p_H = 7,7$ die höchste Grenzflächenspannung, aber gleichzeitig die größte Beständigkeit zeigt, wurde bereits hingewiesen.

Stiasny (S. 239) unterscheidet bei technischen Emulsionen (Fettlickern) zwischen der „Beständigkeit beim Stehenlassen" und der „Beständigkeit während des Fettlickerns". Eine Emulsion kann beim Stehen ziemlich beständig sein, beim Zusammentreffen mit dem zu fettenden Leder aber leicht auseinandergehen. Der Gehalt des Leders an Säuren und Salzen kann auf die Fettemulsion eine sehr ungünstige Wirkung ausüben. Deshalb soll ja auch das Chromleder vor dem Fettlicker gut neutralisiert und ausgewaschen werden. Trotzdem ist die Verwendung von nicht allzu empfindlichen Emulsionen empfehlenswert. Emulsionen, die mit sulfonierten Ölen hergestellt sind, sind in dieser Beziehung den Seifenemulsionen überlegen.

Für einen Vergleich der verschiedenen Emulgatoren in bezug auf ihre technische Brauchbarkeit stehen uns leider noch keinerlei Untersuchungsmethoden zur Verfügung. Die Tropfenzahl liefert Vergleichswerte nur für stark verdünnte Emulsionen. Die Wirkungen der Emulgatoren können in konzentrierten Lösungen ganz anderer Art sein als in verdünnten. Es bleibt also nur der praktische Versuch als einziges sicheres Mittel zur Feststellung der Wirkungsweise verschiedener Emulgatoren. Auch mit dem Vorschlag von Smith, die Dispersivkraft emulgierender Stoffe nach einer besonderen Methode zu messen, ist vorläufig in der Praxis nicht allzuviel anzufangen. Auch die für die Bildung und für die Beständigkeit einer Emulsion optimale Emulgatormenge ist keineswegs bei allen Emulgatoren gleich. Ferner wächst die emulgierende Wirkung eines Emulgators durchaus nicht immer mit der Erhöhung seiner Konzentration, wie z. B. Donnan und Potts bei Seifenlösungen zeigen konnten.

Auch über die Beziehungen zwischen der Beständigkeit einer Emulsion und ihrem Fettungsvermögen gegenüber dem Leder sind unsere Kenntnisse noch recht lückenhaft. Es scheint sicher zu sein, daß für eine gute fettende Wirkung es keineswegs Voraussetzung ist, daß die verwendete Emulsion eine große Beständigkeit aufweist. Dabei muß auch in Betracht gezogen werden, daß der eigentliche Fettungsvorgang auf einer Entmischung der Emulsion beruht, wobei die disperse Phase, das Fett, ins Leder eindringt und das Dispersionsmittel im Faß zurückbleiben soll. Auf der Art und Geschwindigkeit dieses Entmischungsvorgangs beruht die gute oder schlechte Fettwirkung eines Lickers. Die Entmischung darf nicht schon an der Oberfläche des Leders quantitativ erfolgen, wie es beim Lickern von mangelhaft neutralisiertem Chromleder zu geschehen pflegt. Sie soll vielmehr langsam und im Innern des Leders vor sich gehen und darf anderseits auch nicht allzu schwer erfolgen, da sonst das Fett nicht im Leder bleibt, sondern mit dem Dispersionsmittel immer wieder leicht herausgewaschen wird. Die Beständigkeit des Fettlickers soll also weder zu gering noch übertrieben groß sein. Vermutlich ist die Emulsion für das Fettlickern am günstigsten, die ihrem inneren Aufbau nach nicht allzu weit vom Entmischungspunkt liegt. Analytische Methoden, diesen Punkt unter Berücksichtigung der Faktoren, die bei der technischen Verwendung der Emulsion eine Rolle spielen, zu ermitteln, besitzen wir nicht. Nur praktische Versuche können hier zur Ermittlung der günstigsten Arbeitsbedingungen führen.

Die Geschwindigkeit der Fettaufnahme durch das Leder aus Lickern ist immer anfangs am größten. Es hat sich gezeigt (Schindler), daß das Leder aus Seifenemulsionen das Fett langsamer und auch unvollständiger aufnimmt als aus Lösungen sulfonierter Öle oder aus Emulsionen, die mit Hilfe sulfonierter Öle hergestellt sind. Ein Zusatz von Mineralöl oder fetten, unverändertem Öl erhöht die Aufnahmegeschwindigkeit. Daß die Geschwindigkeit der Fettaufnahme von der Art des Emulgators weitgehend abhängt, ist nach allem bisher über Emulgatoren Gesagten nicht anders zu erwarten. Auch die Arbeitstemperatur ist von Einfluß. Erhöhung der Temperatur hat Erhöhung der Fettaufnahme zur Folge. Mit der Tropfenverkleinerung ist meist eine Verzögerung der Fettaufnahme verbunden; deshalb wirken Alkalizusätze in der Regel in der Richtung einer Verminderung der Fettaufnahme. (Weiteres über Fettaufnahme siehe im Abschnitt „Praxis der Lederfettung", S. 489).

Brechen der Emulsionen. Es mag hier genügen, die von Thomas angeführten Möglichkeiten aufzuzählen, die zum Brechen von Emulsionen führen können. Diese sind: 1. Zusatz eines Überschusses des Dispersionsmittels und anschließendes Rühren. 2. Zusatz einer Flüssigkeit, in der beide Phasen löslich sind. 3. Zerstörung des Emulgators. 4. Zusatz eines Stoffes, der die Emulsion umkehrt. 5. Filtration. 6. Erhitzen. 7. Ausfrieren. 8. Elektrolyse. 9. Zentrifugieren.

Verhalten der Emulsionen beim Erhitzen. Schindler und Römer haben die Veränderungen untersucht, welche die wässerigen Emulsionen sulfonierter Öle beim Erhitzen erleiden. Das Ergebnis der Untersuchungen ist gerbereichemisch von Bedeutung.

Die Hitzeempfindlichkeit der Emulsionen sulfonierter Öle ist von der Konzentration des Öls abhängig. Während verdünnte Emulsionen im allgemeinen kochbeständig sind, tritt beim Überschreiten einer gewissen Konzentrationsgrenze bei längerem Erhitzen in vielen Fällen eine starke Ölabscheidung ein. Bei der Wirkung von Mineralölzusätzen auf die Kochbeständigkeit der Emulsionen läßt sich ein deutliches Optimum erkennen. Ammoniakzusätze scheinen die Kochbeständigkeit erst zu beeinflussen, wenn der p_H-Wert der Emulsion über 7,5 hinaus erhöht wird.

Literaturübersicht.
(Emulsionen.)

Bechhold, Dede, Reiner: Kolloid-Ztschr. 28, 6 (1921).
Beeman, N.: siehe Harkins.
Briggs, T. R.: Journ. physical Chem. 17, 703 (1922).
Clayton, W.: Theory of Emulsions 1928.
Dede: siehe Bechhold.
Dow: siehe Smith.
Donnan u. Potts: Kolloid-Ztschr. 1910, 208.
Ellis, R.: Ztschr. phys. Chem. 78, 321 (1912).
Griffin, E. L.: Journ. Amer. chem. Soc. 45, 1648 (1923).
Hardy: Ztschr. phys. Chem. 33, 385 (1900).
Harkins, W. D. u. N. Beeman: Journ. Amer. chem. Soc. 51, 1674 (1929).
Langmuir, J. u. W. D. Harkins: Journ. Amer. chem. Soc. 39, 354, 541, 1848 (1917).
Lewis: Kolloid-Ztschr. 4, 211 (1909).
Maury: siehe Meunier.
Meunier, L. u. M. Maury: Collegium 1910, 279.
Pickering, S. U.: Journ. chem. Soc. London 91, 2001 (1907).
Powis, P.: Ztschr. phys. Chem. 89, 186 (1914).
Potts: siehe Donnan.
Reiner: siehe Bechhold.
Rieß: siehe Stiasny, E.
Römer: siehe Schindler.
Schindler, W.: Die Grundlagen des Fettlickerns. Leipzig 1928.
Schindler, W. u. Römer: Collegium 1931, 349.
Sheppard: Journ. physical Chem. 23, 634 (1909).

Smith: Journ. Soc. chem. Ind. 46, 345 (1927).
Smith u. Dow: Journ. physical Chem. 31, 1263 (1927).
Stiasny, E.: Collegium 1928, 230 (Emulsionen).
Stiasny, E. u. C. Rieß: Collegium 1925.
Tate: Phil. Mag. 27, 176 (1864).
Thomas, A. W.: J. A. L. C. A. 1927, 171 (Emulsions).
Wilson, J. A.: Chemistry of Leath. Manufact., Bd. II, 2. Aufl.

III. Die Praxis der Lederfettung.

1. Allgemeines.

Trocknet man ein mit pflanzlichen, mineralischen oder sonstigen Gerbmitteln gegerbtes Leder unmittelbar nach der Gerbung auf, so erhält man ein unansehnliches, hartes und steifes, meist dunkel gefärbtes Produkt, das beim Biegen leicht bricht. Durch die Gerbung ist zwar verhindert worden, daß die einzelnen Fasern zusammenkleben, wie dies etwa beim Auftrocknen eines Stückes Rohhaut oder Blöße geschieht. Die Reibung zwischen ihnen ist aber, solange kein Schmiermittel vorhanden ist, noch sehr groß. Um das Leder geschmeidig, weich, elastisch oder, wie der Gerber sagt, „griffig" und „zügig" zu machen, muß man es nach der Gerbung zurichten. Hierzu gehört in erster Linie eine geeignete Fettung des Leders mit pflanzlichen, tierischen oder mineralischen Fettstoffen oder mit deren Gemischen.

Das lohgare Leder wird nach der Gerbung erst ausgewaschen, damit der größere Teil der nichtgebundenen Gerbstoffe aus dem Leder entfernt wird. Dieses Auswaschen kann erfolgen: 1. in Gruben, in denen man die Häute einfach in Wasser einhängt, 2. in Auswaschfässern, in denen durch mechanische Bewegung und dauernd zufließendes frisches Wasser das Entfernen des überschüssigen Gerbstoffs bewirkt wird, und endlich 3. mit Hilfe besonderer Auswaschmaschinen. Meist wendet man mehrere dieser Methoden hintereinander an. Das Auswaschen der lohgaren Leder ist sehr wichtig, wenn auch der Grad des Auswaschens von der Ledersorte, die man herstellen will, abhängt. Bodenleder, das weder gefettet noch gefärbt wird und fest sein soll, erfordert ein weniger gründliches Auswaschen als Oberleder, farbige Zeugleder und Feinleder jeder Art. Mangelhaft ausgewaschene lohgare Leder trocknen trotz vorherigen Abölens fleckig und dunkel auf, lassen sich nur schwer gleichmäßig durchfetten und machen beim Färben Schwierigkeiten. Auf die Vorbereitung des Chromleders zum Fetten (Lickern) wird später eingegangen werden (siehe S. 502).

Der sich bei der Fettung des Leders abspielende Vorgang ist weniger einfach als auf den ersten Blick erscheinen mag. Die Kollagenfaser nimmt weder in rohem noch in gegerbtem Zustand Fettstoffe auf. Fette und Öle können also die Fasern des Ledergefüges nicht durchdringen. Der Fettungsprozeß besteht der Hauptsache nach in einem Eindringen des Fettes in die zwischen den Fasern liegenden Kapillarräume, wobei Adsorptionserscheinungen an der Faser nicht ausgeschlossen sind. Durch dieses Einlagern von Fettstoffen wird die Reibung der Fasern gegeneinander wesentlich verringert, es tritt eine „Schmierung" des gesamten Fasergefüges in des Wortes voller Bedeutung ein. Biegt man jetzt das Leder, so ist die Faser bei der Biegung in Fetteilchen eingebettet, wodurch die Reibungswiderstände nahezu verschwinden. Das gleiche gilt für eine Beanspruchung des Leders auf Zug. Die Faser kann sich ohne wesentliche Reibung ausdehnen, die Elastizität des Leders ist jetzt größer.

Gibt man auf ein lohgar aufgetrocknetes ungefettetes Stück Leder einen Tropfen Wasser, so wird dieser sofort vom Leder gierig aufgesogen. Es ist dies eine Folge der Kapillarwirkung, die von den Faserzwischenräumen ausgeht. Legt man ein solches Leder ins Wasser, so saugt es sich in ganz kurzer Zeit mit Wasser voll. Es wird dabei weich und lappig, weil die Reibung der feuchten Fasern untereinander viel geringer ist als die der trockenen.

Anders verhält sich das gefettete Leder dem Wasser gegenüber. Die Kapillarräume zwischen den Fasern sind hier ganz oder teilweise mit Fett ausgefüllt. Je mehr Fett in das Leder hineingebracht worden ist, um so weniger Platz bleibt für das Wasser, um so langsamer dringt das Wasser in das Innere des Leders ein, um so geringer ist die Wasserdurchlässigkeit des Leders. Lohgar gegerbtes Sohlleder oder Vacheleder, das nur wenige Prozente Fett enthält, kann deshalb niemals eine große Wasserdichtigkeit besitzen, im Gegensatz zu verschiedenen, in der letzten Zeit mehr und mehr auf dem Markt erscheinenden, stark gefetteten und deshalb in hohem Grade wasserdichten Chromsohlledersorten.

Es wurde oben erwähnt, daß beim Einweichen von trockenem lohgarem Leder das Lappigwerden darauf beruht, daß das Wasser die Reibung der Fasern untereinander verringert. Das Wasser isoliert bis zu einem gewissen Grad die im trockenen Leder fest aneinanderliegenden Fasern. Das Wasser lockert das Fasergewebe auf. Deshalb sind bei einem feuchten Leder die Vorbedingungen für ein gleichmäßiges Durchfetten weit mehr gegeben als beim trockenen Leder. Als Grundregel für die Lederfettung gilt deshalb: Das Leder wird — abgesehen vom sog. Einbrennverfahren — stets in feuchtem Zustand gefettet.

Welche Menge und welche Art Fett dem Leder einverleibt wird, hängt natürlich von der Ledersorte ab, die hergestellt werden soll. Bodenleder enthält nur wenige Prozent (2 bis 3) Fett, die Leder der Heeresausrüstung enthalten 8 bis 10%, Treibriemen zwischen 16 und 25%, manche Geschirrleder über 30% und Spezialleder, wie Schlagriemenleder u. dgl., sogar noch mehr Fett der verschiedensten Zusammensetzung. Chromoberleder ist im allgemeinen ärmer an Fett (3 bis 5%), während die bereits erwähnten neueren im Handel erscheinenden Chromsohlleder oft über 20% aufweisen. Möbel-, Auto-, Koffer-, Taschen-, Mappenleder u. dgl. haben einen sehr wechselnden Fettgehalt.

Über den Einfluß der Fettung auf die Widerstandsfähigkeit, vor allem auf die Reißfestigkeit, und die Elastizität des Leders sind vielfach Untersuchungen angestellt worden, deren Ergebnisse aber nicht einheitlich sind. Dies ist vor allem darin begründet, daß es außerordentlich schwierig ist, für solche Versuche vergleichbare Lederproben in größerer Anzahl zu erhalten.

Whitmore, Hart und Beck haben festgestellt, daß der Fettgehalt der Leder die Reißfestigkeit erhöht, und zwar in gleicher Weise bei Verwendung einer Petroleum-Paraffin-Mischung wie bei einem Gemisch von Tran und Talg. Bowker und Churchill und später auch Wilson konnten zeigen, daß ein Übermaß an Fett die Festigkeit des Leders wieder merklich herabsetzt. Wilson (1) fand, daß die Reißfestigkeit von Treibriemenleder zwar mit steigendem Fettgehalt zunimmt, daß sie aber beim Überschreiten eines Fettgehalts von 21% wieder abnimmt. Auch bei chromgegerbtem Kalbleder sowie bei Polsterleder und ähnlichen Ledersorten, die weich und zügig sein sollen, ist eine deutliche Zunahme der Reißfestigkeit mit wachsendem Fettgehalt festzustellen.

Die Auswahl der Fettstoffe für die Lederfettung richtet sich nach der Lederart, der Gerbung und dem Verwendungszweck des Leders. Die Aufstellung allgemeiner Regeln ist schwer. Jeder Betrieb arbeitet nach seinen eigenen Methoden, die oft das Ergebnis jahrelanger Versuche und Erfahrungen sind. Dazu kommt, daß im Laufe der Zeit die Zahl der für die Lederfettung in Frage kommenden Fettstoffe sich stark vergrößert hat. Besonders die für das

Fettlickern empfohlenen Öle haben heute eine Vermehrung erfahren, welche manchem Gerber die sichere Auswahl des für ihn Geeigneten recht erschwert und ihm, wenn er sich nur auf die in den Angeboten hervorgehobenen guten Eigenschaften des betreffenden Ölprodukts verläßt, recht häufig bittere Enttäuschungen bringen.

Die Sicherheit, mit der von den zahllosen heute auf dem Markt befindlichen Lederölen und Lederfetten mit Phantasienamen und geheim gehaltener Zusammensetzung diese oder jene ganz bestimmte Auswirkung auf einzelne Ledersorten verkündet wird, ist oft erstaunlich. Dabei hängen die Wirkungen solcher Öle keineswegs von ihrer Natur und Zusammensetzung allein, sondern sehr weitgehend auch von Zustand und Eigenschaften des zur Fettung kommenden Leders und den in den einzelnen Betrieben ganz verschiedenen Zurichtmethoden ab. Es sei nur auf die Wechselwirkungen hingewiesen, die gewisse Gerbstoffe (besonders wenn sie sulfitiert sind) und sulfonierte Öle aufeinander ausüben können, deren Natur noch gänzlich unerforscht ist, auf deren Vorhandensein aber aus gewissen Verfärbungen lohgarer Leder nach dem Fetten zweifellos geschlossen werden kann.

Bei der Fettung von Farbledern, sowohl chromgaren wie lohgaren, hat die Frage der Wahl des richtigen Fettes eine weitere Erschwerung durch die Einführung der Deckfarben erfahren. Auch hier sind Wechselwirkungen zwischen Deckfarben und dem zur Fettung benutzten Lederfett möglich, über die noch keine völlige Klarheit gewonnen werden konnte. Dazu sind die verwendeten Deckfarben zu sehr verschieden. Mit Sicherheit läßt sich die geeignete Fettungsmethode nur durch praktische Versuche ermitteln. In noch höherem Maße gilt dies für die Fettung von Lackledern. Trotz der verblüffenden Sicherheit, mit der die Verwendbarkeit dieses oder jenes Öls oder Fetts empfohlen wird, trotz der Gewähr, die ohne Zweifel schon der Name vieler guter Fett- und Ölfirmen bietet, trotz mancher Erkenntnisse, die uns die physikalischen und chemischen Sonderforschungen auf dem Gebiete der Lederfettung gebracht haben, wird heute noch immer das letzte Urteil über die Brauchbarkeit eines Lederfetts durch den praktischen Betriebsversuch — im kleinen und großen — gesprochen, auf den deshalb bei Verwendung von neuen Fettprodukten nie verzichtet werden kann. Nur hierdurch wird der Gerber mit Sicherheit feststellen können, ob das zur Fettung empfohlene Fett oder Öl auch in seinem Falle, d. h. an seinem Leder und im Rahmen seiner Gerb- und Zurichtmethoden, die angepriesenen und andernorts vielleicht schon erwiesenen hervorragenden Eigenschaften zur Auswirkung bringt.

Eine vollständige Übersicht über die heute zum Fetten der verschiedenen Ledersorten verwendeten Fettstoffe zu geben, ist eine schwere und außerdem wenig dankbare Aufgabe. Eine Liste dieser Stoffe würde zu mehr als Dreiviertel Deck- und Phantasienamen enthalten, die nichts besagen. Dazu kommt, daß diese Produkte auch heute noch eine ständige Vermehrung erfahren. Die Mehrzahl dieser Stoffe sind wasserlösliche Öle, die als Lickeröle Verwendung finden oder aber als Emulgatoren dienen können. Zum großen Teil sind es einfach oder nach besonderen Verfahren sulfonierte Stoffe, deren Ausgangsprodukte pflanzliche oder tierische Öle bilden. Neben diesen Fettstoffen haben aber auch heute noch die unveränderten Naturfette, die schon immer zum Fetten des Leders Verwendung gefunden haben, keineswegs ihre Bedeutung verloren. Der Talg und die Trane sind hier in erster Linie zu nennen, andere werden bei der Schilderung der einzelnen Fettungsmethoden Erwähnung finden. Moellon und Degras sind noch immer wichtige unentbehrliche Lederfette. Auch die Zahl der zum Einbrennen bzw. Imprägnieren verwendeten Produkte wird immer größer. Eine besondere, vielfach umstrittene Rolle spielen die mineralischen Fettstoffe beim Fetten des Leders. Es ist aber außer Zweifel, daß sie unter bestimmten Bedingungen wertvolle Dienste leisten können.

2. Das Fetten des Leders.

Bei der Zurichtung kann das Leder auf fünf verschiedene Arten gefettet werden. Man unterscheidet:

1. das Abölen des Leders;
2. das Schmieren des Leders auf der Tafel;
3. das Fetten des Leders im Faß;
4. das Einbrennen des Leders;
5. das Fettlickern.

Je nach der Ledersorte erfolgt der Fettungsprozeß nur nach einer dieser Methoden, oder aber gelangen verschiedene Verfahren hintereinander zur Anwendung.

a) Das Abölen des Leders.

Wenn lohgare Leder nach der Gerbung oder sonst im Laufe des Zurichtprozesses aufgetrocknet werden, so werden sie zuerst auf der Narbenseite abgeölt. Durch das Abölen bezweckt man weniger eine Fettung der Faser als ein Geschmeidigerhalten des Narbens während des Auftrocknens. Die Narbenschicht trocknet rascher als das Innere des Leders. Ist sie nicht durch Abölen geschmeidig gemacht, so bricht sie nach dem Auftrocknen sehr leicht. Durch das Abölen soll ferner die Lederoberfläche gegen die Oxydationswirkung der Luft geschützt werden. Ohne Öl trocknet das Leder dunkel an.

Zum Abölen werden hauptsächlich Trane verwendet. Auch Oliven-, Mais-, Lein- und Baumwollsaatöl sind in einzelnen Gegenden im Gebrauch. Vielfach wird auch sulfoniertes Öl und Mineralöl zu den genannten fetten Ölen zugemischt. Im Handel sind ferner besondere Lederöle, die zum Abölen in den Fällen empfohlen werden, in denen ein besonders heller Narben beim Auftrocknen erzielt werden soll. Derartige Öle sind meist sehr sauer eingestellt,

Abb. 117. Abölmaschine (Maschinenfabrik Turner A.-G.).

wodurch sie eine bleichende Wirkung ausüben. Sie sind mit Vorsicht zu verwenden, besonders wenn die betreffenden Leder später gefärbt werden müssen. Für lohgare Farbleder empfiehlt sich immer das Abölen mit einem guten, hellblanken Dorschtran.

Der Abölprozeß ist sehr einfach. Das Öl wird mit einem Lappen oder mit Putzwolle auf das Leder aufgetragen. Dann werden die Häute zum Trocknen aufgehängt. In amerikanischen Lederfabriken sind teilweise besondere Maschinen zum Abölen im Gebrauch (siehe Abb. 117). Das aufgetragene Öl durchdringt während des Auftrocknens den Narben und, je nach der aufgetragenen Menge, auch noch einen Teil des Fasergewebes, entsprechend der Verdunstung des im Leder enthaltenen Wassers. Es ist eine alte Erfahrungstatsache, daß lohgare Leder nach dem Abölen um so heller und gleichmäßiger auftrocknen, je langsamer der Trockenprozeß vor sich geht. Da aber in großen Betrieben ein übermäßig langes Trocknen der Häute aus Mangel an Platz nicht durchführbar ist, hat man besondere künstliche Trockenanlagen gebaut, in denen durch geeignete Führung der Luftströmung sowie Regelung der Temperatur und Luftfeuchtigkeit ebenfalls ein helles Auftrocknen des Leders möglich ist.

Über das spezifische Eindringungsvermögen einiger Öle beim Abölen des Leders hat Merrill (1) Versuche angestellt. Er führte diese Versuche allerdings an Chromleder aus. Die Ergebnisse werden nicht ohne weiteres auch für lohgare Leder, die in erster Linie abgeölt werden, zu übertragen sein. Immerhin konnte das spezifische Verhalten einzelner Öle beim Abölen von feuchtem Leder aufgezeigt werden.

Bei den untersuchten Ölen (Mineralöl, Klauenöl, sulfoniertes Klauenöl) steigt die Eindringtiefe mit der angewandten Ölmenge. Mineralöle dringen rascher ins Leder ein als Klauenöle. Zwischen gewöhnlichem und sulfoniertem Klauenöl ist der Unterschied im Verhalten beim Abölen nur gering. Merrill ist der Ansicht, daß für das Eindringen und die Verteilung des Öls im Leder in erster Linie physikalische und nicht chemische Prozesse entscheidend sind.

Der wichtigste Faktor bei der Ölaufnahme ist der Wassergehalt des abgeölten Leders. Wenn der Wassergehalt unter ein kritisches Maß gesunken ist, so nimmt die Eindringgeschwindigkeit rasch zu. Nach Marriott ist der kritische Wassergehalt des Leders derjenige, bei dem die Lederporen gerade mit Wasser gefüllt sind. Bei Wassergehalten über 35% wird die Ölaufnahme stark verzögert. Der p_H-Wert der im Leder enthaltenen Flüssigkeit ist nach Marriott zwischen den Werten 1 und 6 ohne Einfluß auf die Geschwindigkeit der Ölaufnahme, bei p_H-Werten über 6 scheint das Öl vom Leder langsamer aufgenommen zu werden. Bei Abölversuchen mit einzelnen Ölen stellte Marriott fest, daß die Öle die Verdampfung des Wassers aus dem Leder in verschiedenem Maße verzögern und daß Türkischrotöl und sulfonierter Tran die geringste Verzögerung verursachen.

Bei Ledern, die mit Tranen gefettet wurden, tritt mitunter nach längerem Lagern eine Erscheinung auf, die als Ausharzen bezeichnet wird. Auf der Narben- oder auf der Fleischseite, manchmal auch auf beiden Seiten des Leders, bilden sich harzige, klebrige Tröpfchen. Man neigte lange Zeit zu der Annahme, daß dieses Ausharzen durch ganz bestimmte Eigenschaften der zum Fetten des Leders verwendeten Trane bedingt sei und pflegte besonders die Höhe der Jodzahl eines Tranes mit seiner Ausharzungsneigung in Beziehung zu bringen.

Die sehr eingehenden Untersuchungen von Stather, Lauffmann und Sluyter haben gezeigt, daß diese Annahme nicht richtig ist. Trane erleiden zwar unter dem Einfluß des Luftsauerstoffs und der Feuchtigkeit sowie unter der Einwirkung ultravioletter Bestrahlung Veränderungen, die durch eine Abnahme der Jodzahl, eine Erhöhung des spezifischen Gewichts und die Bildung von Oxyfettsäuren charakterisiert sind. Auch ließ sich feststellen, daß Eisenverbindungen diese Vorgänge beschleunigen können.

Bei Fettungsversuchen zeigte sich aber, daß gerade Trane mit sehr hohen Jodzahlen keine Ausharzung zeigen. Ebenso ließen sich zwischen Tranart, Oxydierbarkeit sowie Autoxydationsfähigkeit der Trane und der Ausharzungsneigung keinerlei klare Zusammenhänge ermitteln. Am ehesten scheinen noch zwischen den Säurezahlen der Trane und ihrem Ausharzungsvermögen gewisse

Beziehungen zu bestehen, da Trane mit höheren Säurezahlen von sonst gleicher Beschaffenheit weniger leicht und weniger stark ausharzen als Trane mit geringerem Gehalt an freien Fettsäuren. Die Einwirkung des Lichts kann das Ausharzen beschleunigen, ebenso gewisse Mineralsalze im Leder.

Es ist nicht möglich, aus den Ergebnissen der chemischen und physikalischen Untersuchung eines Tranes sichere Schlüsse auf seine Ausharzneigung zu ziehen. Der Ausharzprozeß wird sehr wahrscheinlich durch ein Zusammenwirken sämtlicher Eigenschaften eines Tranes und der besonderen Eigenschaften des Leders bedingt.

Zur Verhinderung des Ausharzens wird allgemein ein mäßiger Zusatz von Mineralöl zu dem zum Fetten verwendeten Tran empfohlen. Ausharzungen lassen sich durch verschiedene Lösungsmittel (Alkohol, Petroleum, Benzin u. dgl.) beseitigen. Sie treten allerdings mitunter auf dem Leder erneut auf (Stather).

b) Das Schmieren des Leders auf der Tafel.

Manche Ledersorten werden auf der Tafel gefettet. Die Haut wird hierzu auf die Tafel gestoßen, Narbenseite nach unten, und mit dem Glas oder Stein geglättet. Dann wird die „Fettschmiere" in einer dünnen Schicht, je nach der Fettmenge, die dem Leder einverleibt werden soll, auf der Fleischseite aufgetragen und mit einer Bürste oder einem Lappen — früher wurde der fleischige Teil des Unterarms dazu verwendet — auf dem ganzen Leder verstrichen. Das Leder wird dann zum Trocknen aufgehängt, wobei das Fett eingezogen wird.

Für das Schmieren hat das Leder den richtigen Feuchtigkeitsgehalt, wenn es vorher auf der Presse abgewelkt worden ist. Bei dem in diesem Zustand geschmierten Leder dringt das Fett langsam in das Fasergefüge ein, in dem Maß als das Wasser verdunstet. Man kann annehmen, daß durch die Wasserverdunstung kleine luftverdünnte Räume entstehen, so daß das Fett teilweise unter Wirkung des atmosphärischen Drucks in das Innere des Leders hineingetrieben wird [Eitner (1)]. Zwischen Wassergehalt und Fettaufnahme gelten hier die gleichen Beziehungen, wie sie beim Abölprozeß erläutert wurden (siehe S. 492).

Eitner ist der Ansicht, daß infolge dieser Wirkung des atmosphärischen Drucks durch das Schmieren auf der Tafel ebensoviel Fett in das Leder hineingebracht werden kann, wie durch das Einwalken im Faß, falls die Tafelschmiere unter den richtigen Bedingungen ausgeführt wird. In vollem Umfang trifft dies nicht zu. Die Fettmenge, die man durch das Fetten auf der Tafel und anschließende Trocknen, sozusagen von selbst, in das Leder einziehen lassen kann, ist begrenzt. Das mechanische Einwalken im Fettfaß gestattet eine weit stärkere Fettung des Leders.

Das zum Schmieren auf der Tafel verwendete Fettgemisch muß vor allen Dingen zu einer vollständig homogenen Masse verrührt sein, so daß alle Bestandteile, auch die in der Schmiere enthaltenen festen Fette, in das Ledergewebe eindringen können. Beim Ansatz des Fettgemisches ist darauf Rücksicht zu nehmen, daß der Schmelzpunkt des Gemisches in richtigem Verhältnis zu der Temperatur steht, bei der das Leder nach dem Schmieren getrocknet wird.

Die Schmiere darf weder so dünn sein, daß sie bei normaler Temperatur von den Ledern abtropft, noch soll sie so fest sein, daß sie nur bei hohen Temperaturen ins Leder eindringt. Die richtige Konsistenz ist im allgemeinen die einer Salbe. Durch gutes mechanisches Verrühren der angewandten Fette bis zur Abkühlung läßt es sich erreichen, daß die Schmiere bei niedriger Temperatur weicher bleibt, als nach den Schmelzpunkten der einzelnen Fette zu erwarten wäre.

Von ungenügend und unsachgemäß durchgerührten Fettschmieren dringen nur die flüssigen oder halbflüssigen Komponenten ins Leder ein und „schlagen dann durch", d. h. sie erzeugen auf der Rückseite fettige Flecken. Die festen Anteile aber bleiben auf der Lederoberfläche sitzen, ohne irgendeine fettende Wirkung auszuüben.

Am häufigsten wird für die Tafelschmiere Talg und Tran verwendet. Auch Degras, Wollfett und Mineralöle werden zu der Schmiere zugesetzt, in besonderen Fällen auch Seifen und Wachse. Man schmilzt Tran und Talg zusammen und rührt das geschmolzene Gemisch bis zum Erkalten ständig durch. Hierdurch wird ein Auskristallisieren der hochschmelzenden Anteile des Talgs vermieden. Durch einen Zusatz von Wollfett macht man das Schmierfett dicker. Wollfett kristallisiert beim Erkalten nicht aus. Es hat weiterhin den Vorzug, daß es sich mit Wasser leicht emulgiert. Es zieht deshalb auch bei niedrigerer Temperatur leicht in das feuchte Leder ein und haftet durch seine Zähigkeit und Klebrigkeit sehr fest an der Faser.

Für viele Ledersorten wird für das Schmieren des Leders auf der Tafel ein Gemisch von gleichen Teilen Tran, Degras und Talg verwendet. Durch den Zusatz von Degras wird das Fettgemisch wasserhaltig. Der Wassergehalt wirkt auf verschiedene Weise vorteilhaft. Guter Degras enthält nicht mehr als 20% Wasser, das Fettgemisch somit etwa 6 bis 7%. Das Wasser ist im Fett emulgiert. Die Emulsion bewirkt eine innige Berührung des Fetts mit der Hautfaser, d. h. eine vermehrte Intensität der einfettenden Wirkung.

Daß auch Mineralöle einen brauchbaren Bestandteil der Tafelschmiere ausmachen können, hat ihre ausgiebige Verwendung während des Krieges mit seiner Fettnot gezeigt. Sie haben mitunter die erwünschte Wirkung, die Neigung des Talgs, in der Kälte auszukristallisieren, zu vermindern. Besser als Mineralöl ist für die Tafelschmiere das salbenartige Vaselin. Es ist aber teurer als Mineralöl.

Die Trockentemperatur für die auf der Tafel geschmierten Leder soll so sein, daß das aufgetragene Fett weich bleibt, aber nicht flüssig wird. Sie richtet sich also nach dem Schmelzpunkt des Fettgemisches. Schwere Leder nehmen in 36 bis 48 Stunden das Fett auf, leichte brauchen weniger Zeit. Ist das Fett richtig eingezogen, so bleibt auf der Fleischseite nur noch ein ganz dünner weißer Belag zurück, der hauptsächlich aus hochschmelzenden Anteilen des Gemisches besteht. Die ganze Haut muß dann gleichmäßig durchgefettet sein, so daß Blanchierspäne von der Oberfläche nur 1 bis 2% mehr Fett enthalten als das Innere des Leders.

c) Das Fetten des Leders im Faß.

Das Fetten des Leders im Faß bei höherer Temperatur ist neben dem Einbrennen die wirksamste Methode, um größere Fettmengen und vor allem solche mit höherem Schmelzpunkt ins Leder hineinzubringen. Beim Faßfetten (Faßschmieren) wird das Leder zusammen mit den Fettstoffen in drehbaren Fässern gewalkt, die mit warmer Luft geheizt werden. Die erwärmte Luft tritt durch die eine hohle Achse in das Faß ein, durch die andere heraus (siehe Abb. 118). Das Faßschmieren ermöglicht, in kurzer Zeit große Mengen Fett in das Leder hineinzuarbeiten. Der Fettgehalt des Leders läßt sich auf jede gewünschte Höhe bringen. Die mechanische Kraft, mit der die Leder in dem sich drehenden Walkfaß herabfallen und aufeinanderschlagen, bewirkt ein Hineintreiben des flüssigen Fettes in das Leder. Dabei ist allerdings die Gefahr vorhanden, daß die Stellen der Häute mit einem lockeren Gefüge (Bauchteile) zu viel Fett aufnehmen und nachher überfettet aus dem Faß kommen. Man kann diesen Übelstand vermeiden, indem man die Leder an den lockeren Stellen (wie Bauchteile) stärker anfeuchtet, so daß diese Stellen mit einem höheren Wassergehalt als die übrige Haut ins Walkfaß gelangen. Die richtige Vorbereitung des Leders für die Faßfettung erfordert viel Erfahrung.

Im allgemeinen muß der Wassergehalt beim Faßfetten geringer sein als beim Schmieren auf der Tafel, da sonst das Fett nur mangelhaft ins Leder eindringt. Eitner hat für die Erzielung des richtigen und gleichmäßigen Feuchtigkeitsgrades das folgende, zwar etwas umständliche, aber nach seiner Ansicht bewährte Verfahren vorgeschlagen: Die durch Aufhängen an der Luft oder durch Abpressen welk gemachten Leder werden auf einen hohen Haufen zusammengelegt und 24 Stunden liegen gelassen. Dabei verteilt sich die Feuchtigkeit durch den Druck und die Kapillarwirkung. Nach einem Tag wird der Stoß umgelegt, wobei gleichzeitig etwa zu trocken gewordene Leder noch nachgefeuchtet werden. Die

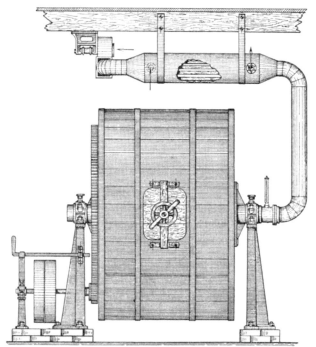

vorher oben gelegenen Leder gelangen jetzt im Stoß zu unterst, und werden dadurch nun einem größeren Druck ausgesetzt. Nach weiteren 24 Stunden wird der Stoß abermals umgestürzt und bleibt nochmals 24 Stunden stehen. Dann ist die Feuchtigkeit vollkommen gleichmäßig verteilt.

Der Vorteil des Faßschmierens, in kurzer Zeit größere Ledermengen fetten zu können, wird durch diese langwierige Vorbereitung allerdings fast völlig aufgehoben. Man wird deshalb sich mit einem sachgemäßen Abwalken der nassen Leder oder einem kurzen Einweichen trockener Leder in den meisten Fällen be-

Abb 118. Schmierwalkfaß (Maschinenfabrik J. Krause, Altona-Ottensen).

gnügen, den Feuchtigkeitsgrad der verschiedenen Hautteile (Bauchteile) durch ein besonderes Anfeuchten vor dem Faßfetten regeln und so eine Überfettung dieser Teile vermeiden können. Beim ganzen Verfahren ist praktische Erfahrung unerläßlich. Ist das Leder zu feucht, so nimmt es das Fett kaum auf, ist es zu trocken, wird es leicht verschmiert und an einzelnen Stellen überfettet. Die einzelnen Ledersorten zeigen sehr häufig beim Fetten im Faß ein ganz verschiedenes Verhalten.

Für das Faßschmieren kommen die gleichen Fette wie beim Schmieren auf der Tafel in Frage. Man ist aber auch in der Lage, unter Anwendung höherer Temperaturen festere Fettgemische in das Leder hineinzubringen. In der Hauptsache wird man Gemische von Tran, Degras, Talg, Stearin, Paraffin und Mineralöl verwenden. Die Dauer des Prozesses ist 45 bis 60 Minuten. Dabei vertragen mineralisch gegerbte Leder höhere Temperaturen als lohgare Leder.

Manchmal zeigen die faßgeschmierten Leder nach dem Trocknen einen Ausschlag, besonders wenn sie bei höheren Temperaturen gefettet worden sind. Eitner erklärte diese Erscheinung damit, daß die festen Fette, für deren Ein-

bringen in das Leder höhere Temperaturen angewendet werden, in flüssiger Form
vom Leder aufgenommen werden, beim Erkalten dort kristallisieren und einen
größeren Raum beanspruchen, den sie aber im Leder nicht vorfinden. Sie müssen
deshalb teilweise aus dem Leder austreten.

Über die Verteilung des Fetts in faßgeschmiertem lohgarem Leder
haben v. Schröder und Paeßler Untersuchungen ausgeführt. v. Schröder
fand, daß der Fettgehalt in den äußeren Schichten stets größer ist als innen.
Ein von ihm untersuchtes faßgeschmiertes Fahlleder (Temperatur 30 bis 35⁰,
Dauer 30 bis 45 Minuten, gleiche Teile Talg und Degras) zeigte in den abge-
nommenen Blanchierspänen 34,25%, im Innern nur 18,64% Fett. Die äußeren
Schichten enthielten also doppelt soviel Fett wie die inneren.

Paeßler hat gezeigt, daß die Verteilung des Fetts im faßgeschmierten Leder
auch in horizontaler Richtung sehr ungleich ist. (Die Ursachen hierfür sind ja
bereits erwähnt worden.) Die an je elf verschiedenen Stellen entnommenen
Lederproben von zwei faßgeschmierten Hauthälften hatten folgenden Fettgehalt:

Hälfte I %	Hälfte II %	Hälfte I %	Hälfte II %
18,4	17,7	26,8	20,9
22,4	12,9	26,8	20,9
22,9	13,6	26,9	23,4
23,4	16,3	30,7	23,7
24,9	16,6	35,0	27,5
25,4	17,7		

Mittel: Hälfte I: 25,8%, Hälfte II: 18,9%.
Größte Differenz: Hälfte I: 16,6%, Hälfte II: 14,8%.

d) Das Einbrennen des Leders.

Unter „Einbrennen" versteht man das Behandeln von völlig trockenem Leder
mit heißem Fett. Es wird hauptsächlich zum Fetten von Treibriemenleder,
gewissen Geschirrledern und den neuerdings auf dem Markt erscheinenden
Chromsohlledern angewandt. Es ist die einzige Methode, bei der das Leder im
trockenen Zustand gefettet wird. Fast immer werden Fettgemische verwendet,
die bei gewöhnlicher Temperatur fest sind.

Die wichtigsten Einbrennfette sind: Talg, Stearin, Paraffin, Ceresin, Japantalg, Wollfett, Wachse. In einigen Fällen werden dem Einbrennfett auch Harze
zugesetzt (siehe z. B. D.R.P. 265856).

Vor dem Einbrennen werden die Leder zuerst in besonderen Trockenräumen
auf einen möglichst geringen Wassergehalt gebracht. Leder, das nicht genügend
getrocknet ist, erleidet beim Einbrennen Schaden. Der sich entwickelnde Wasserdampf „verbrennt" das Leder. Die verbrannten Stellen brechen später sehr leicht.
Man kann das geschmolzene Fett oder Fettgemisch entweder mit einer
Bürste oder mit einem weichen Pinsel auf beide Seiten des Leders auftragen,
oder aber das Leder in einen Kessel tauchen, der das flüssige Fettgemisch enthält.
Die Temperatur des Fettgemisches soll im allgemeinen bei lohgarem Leder 90⁰
nicht übersteigen. Auch bei Chromleder sind Temperaturen über 100⁰ weder
günstig noch erforderlich. Die Fettaufnahme erfolgt aus einem Fettbad bei 120⁰
keineswegs rascher als bei 90⁰. Dagegen ist die Gefahr der Beschädigung des
Leders durch Verbrennen bei allen Temperaturen über 100⁰ sehr groß, zumal
da sich ohne eine Wassergehaltsbestimmung sehr schwer kontrollieren läßt, ob
alle Teile des zum Einbrennen gelangenden Leders genügend getrocknet sind.
Die Zusammensetzung des Einbrennfettes bzw. sein Schmelzpunkt richtet

sich nach der Ledersorte und der Jahreszeit. Im Sommer wählt man ein Fett-
gemisch von niedrigerem Schmelzpunkt als im Winter. Stearin, Paraffin, Ceresin,
Wachse sind mit verschiedenen Schmelzpunkten im Handel. Japantalg ruft
wegen seiner außerordentlichen Kristallisierfähigkeit leicht Ausschläge auf dem
Leder hervor, erzeugt aber einen geschmeidigen glatten Schnitt. Vielfach werden
Harzzusätze zum Einbrennfett als unerlaubte Beschwerung angesehen. In
Chromsohlledern, wie sie zur Zeit hergestellt werden, erfolgt der Zusatz gewisser
Harze mit voller Absicht zur Erzielung ganz bestimmter Eigenschaften des
fertigen Leders, insbesondere um die Wasserfestigkeit des Leders zu erhöhen.

Das Fettgemisch wird im Vorwärmkessel zusammengeschmolzen und dann
nach dem Einbrennkessel abgelassen. Verunreinigungen setzen sich im Vorwärmkessel ab und bleiben zurück. Durch die Heizschlange wird das Fett auf der
gewünschten Temperatur gehalten. Mehrere Kernstücke werden an die Aufzug-
vorrichtung angehängt
und dann gleichzeitig
in das Fett getaucht
(siehe Abb. 119). Die
Eintauchzeit beträgt je
nach der Stärke der
Leder und nach dem
gewünschten Fettge-
halt eine halbe bis
mehrere Minuten. Sie
muß erfahrungsmäßig
ermittelt werden.

Für halbe Häute ver-
wendet man flache Ein-
brennkessel, in welche
die Häute nicht senk-
recht, sondern waag-
recht eingelegt werden
können.

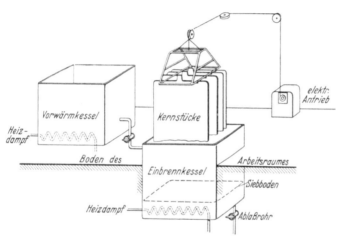

Abb. 119. Schema einer Anlage zum Einbrennen von Leder.

Nach dem Einbrennen werden die Leder noch kurze Zeit in warmen Räumen
aufgehängt, damit das an der Oberfläche befindliche Fett nicht sofort erstarrt,
sondern noch flüssig in das Leder einziehen kann. Anschließend läßt man die
Leder erkalten und hängt sie für einige Zeit ins Wasser, damit sie für das noch
erforderliche Ausbürsten vollständig durchfeuchtet sind. Das an der Oberfläche
noch haftende Fett, durch welches das Leder eine ganz dunkle Färbung erhalten
hat, wird mit einer schwachen Sodalösung und warmem Wasser abgebürstet.
Ein kurzes Nachspülen mit einer 1proz. Säurelösung zur Neutralisierung der Sodalösung ist bei tüchtigem Nachwaschen mit kaltem Wasser ganz ungefährlich. Die
so behandelten Leder trocknen in ihrer natürlichen hellen Farbe ohne Flecken auf.

Paeßler (2) hat über die Verteilung des Fetts in eingebrannten Ledern
Untersuchungen angestellt und gefunden, daß der Fettgehalt ein und desselben
Kernstückes an verschiedenen Stellen außerordentlich schwankt, und daß bei
mehreren Kernstücken der gleichen Fettung der durchschnittliche Fettgehalt
ebenfalls sehr verschieden sein kann. Diese Unregelmäßigkeit ist durch das ungleiche Gefüge der Haut, sowohl innerhalb der einzelnen Haut wie zwischen
Häuten verschiedener Tiere, bedingt und macht sich nicht nur beim Einbrennen,
sondern bei allen Fettungsmethoden geltend. Je kerniger und fester das Haut-
gefüge ist, um so weniger Raum ist für das Fett vorhanden und um so weniger
geht davon ins Leder. Wie beim Faßschmieren nehmen daher die lockeren Haut-

teile mehr Fett auf als die festen. Das gleiche gilt für die Kernstücke von verschiedenen Tieren.

Auch die Temperatur, in der die Kernstücke nach dem Einbrennen belassen werden, kann auf die Verteilung des Fetts von Einfluß sein. Hängt man die Leder bei zu hohen Temperaturen zum Trocknen auf, so kann es vorkommen, daß das Fett im Leder schmilzt und, dem Gesetz der Schwere folgend, sich in den unteren Teilen anreichert.

Die Untersuchungen Paeßlers (2) an vier Kernstücken von verschiedener Länge, Breite und Stärke führten zu Ergebnissen, die für die allgemeine Verteilung des Fetts in eingebrannten Ledern eine gewisse Orientierung gestatten. Da bei der Probenahme für Lederanalysen es sehr wichtig ist, das spezifische Fettaufnahmevermögen der verschiedenen Stellen der Haut zu kennen und in Rechnung zu stellen, so seien die Ergebnisse der Paeßlerschen Untersuchungen hier im einzelnen mitgeteilt.

Paeßler hat 4 Kernstücke (1 bis 4), ein sehr schweres, ein schweres, ein mittelschweres und ein leichtes, mit folgenden Maßen und Gewichten untersucht:

	Länge m	Breite m	Dicke mm	Gewicht kg
Nr. 1	1,70	1,60	4,2—8,7	25,05
Nr. 2	1,70	1,50	4,2—8,5	20,15
Nr. 3	1,50	1,40	3,4—6,3	14,15
Nr. 4	1,40	1,20	2,6—5,2	8,72

Er entnahm jedem Kernstück 18 verschiedene Proben, und zwar an den Stellen, die aus Abb. 120 ersichtlich sind:

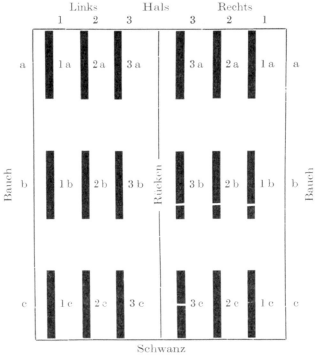

Abb. 120.

Die bei diesen Untersuchungen gefundenen Werte (Fettgehalt in Prozenten) sind in Tabelle 59 zusammengestellt. Die höchsten und niedrigsten Werte sind fettgedruckt.

Tabelle 59.

	Linke Hälfte			Rechte Hälfte		
	1 Bauch	2 Mitte	3 Rucken	3 Rücken	2 Mitte	1 Bauch
Kernstück Nr. I						
a) Hals	18,7	17,7	16,7	17,3	15,7	**23,4**
b) Mitte	15,9	**9,9**	14,6	13,4	11,8	21,6
c) Schwanz	**20,4**	13,2	12,2	12,5	11,6	21,0
Mittel . . .	18,3	13,6	14,5	14,4	13,7	22,0
Kernstück Nr. II						
a) Hals	**27,2**	19,6	20,2	19,5	19,0	**26,0**
b) Mitte	21,7	**15,4**	16,1	16,7	**15,0**	24,3
c) Schwanz	19,1	16,0	16,1	15,4	17,2	21,4
Mittel . . .	22,7	17,0	17,5	17,2	17,1	23,5
Kernstück Nr. III						
a) Hals	15,5	16,8	**20,2**	18,9	16,0	**21,1**
b) Mitte	14,7	**12,8**	15,0	15,5	13,7	15,4
c) Schwanz	14,5	13,4	14,8	15,3	**12,7**	18,6
Mittel . . .	14,9	14,3	16,7	16,6	14,1	18,4
Kernstück Nr. IV						
a) Hals	**19,7**	16,8	16,6	20,0	19,2	**23,6**
b) Mitte	14,6	**12,9**	15,4	16,4	**15,4**	22,0
c) Schwanz	13,7	15,0	16,4	18,3	16,8	21,6
Mittel . . .	16,0	14,9	16,8	18,2	17,1	22,4

Die Zusammenstellung der Mindest- und Höchstfettgehalte sowie der Mittelwerte gibt Tabelle 60.

Tabelle 60.

Kern-stück	Linke Hälfte			Rechte Hälfte			Mittelwert für das ganze Kernstück
	Mindest-gehalt	Höchst-gehalt	Mittel	Mindest-gehalt	Höchst-gehalt	Mittel	
Nr. 1	9,9	20,4	15,5	11,8	23,4	16,7	16,1
Nr. 2	15,4	27,2	19,1	15,0	26,0	19,4	19,3
Nr. 3	12,8	20,2	15,3	12,7	21,1	16,4	15,9
Nr. 4	12,9	19,7	15,9	15,4	23,6	19,2	17,6

Der Höchstgehalt liegt also um 50 bis 100% höher als der Mindestgehalt. Auch der mittlere Fettgehalt der verschiedenen Kernstücke weist ziemlich beträchtliche Unterschiede auf. Dagegen zeigen links und rechts gleich gelegene Stellen desselben Kernstücks im allgemeinen keine größeren Abweichungen. Man könnte von einer Art Gesetzmäßigkeit sprechen, die in den Mittelwerten der einzelnen Hälften deutlich zum Ausdruck kommt. Nur das Kernstück Nr. 4 macht eine Ausnahme, indem aus irgendeinem Grund mehr Fett in die rechte Hälfte ging.

Die weiteren Angaben Paeßlers, die auch sonst in der Literatur übernommen worden sind, daß die Fettgehalte der Stellen 3c dem mittleren Fettgehalt des ganzen Kernstücks am nächsten kommen und daß man infolgedessen durch Analyse von Stücken der Stelle 3 c den ungefähren mittleren Fettgehalt eines Kernstücks ermitteln könne, sind nicht richtig. (Sie beruhen anscheinend auf einem Irrtum Paeßlers in bezug auf seine Analysenergebnisse.)

Dagegen zeigt der Durchschnittswert der rechten und linken 2a-Stücke eine auffallende Annäherung an die mittleren Fettgehalte der ganzen Kernstücke, wie die Zusammenstellung in Tabelle 61 zeigt.

Tabelle 61.

	Mittelwert von 2a links und 2a rechts	Mittelwert für das ganze Kernstück
Kernstück 1	16,7%	16,1%
Kernstück 2	19,3%	19,3%
Kernstück 3	16,4%	15,9%
Kernstück 4	18,0%	17,6%

Der Vergleich der beiden Zahlenreihen könnte zu dem Schluß berechtigen, daß zur Bestimmung des Fettgehalts lohgarer eingebrannter Kernstücke zweckmäßig Musterstücke aus der Halsgegend (2a) verwendet werden, um daraus den ungefähren Durchschnittsfettgehalt des Kernstücks zu erhalten. Die verschiedenen Hautarten zeigen aber ein ganz unterschiedliches Fettaufnahmevermögen, so daß die oben erläuterte Übereinstimmung der Fettgehalte als eine Gesetzmäßigkeit nicht angesehen werden kann. Es ist überhaupt fraglich, ob man den tatsächlichen „mittleren Fettgehalt" eingebrannter Kernstücke aus Ledermustern, die nur den äußeren Kernstückteilen entnommen sind, feststellen kann. Ein Zerschneiden des Kernstücks für eine Analyse kommt aber in der Praxis nicht in Frage.

Pollak hat auf die Verwendbarkeit gehärteter Fette zum Einbrennen von Riemenledern hingewiesen. Bei seinen Versuchen über die Eignung dieser Fette in Einbrenngemischen stellte er gleichzeitig die Verteilung des Fettes in den einzelnen Lederschichten (Narben, Mitte, Fleischseite) fest. Er verwendete folgende 4 Fettgemische:

1. Gehärteter Tran (Schmelzp. 52°) + Stearin (Schmelzp. 52°) . . . . . . 80 : 20
2. Gehärteter Tran (Schmelzp. 52°) + Paraffin (Schmelzp. 49,5°) . . . . . 80 : 20
3. Rindstalg + Stearin. . . . . 80 : 20
4. Rindstalg + gehärtetes Erdnußöl (Schmelzp. 60°) . . . . 80 : 20

Das Einbrennen erfolgte durch Auftragen des heißen Gemisches mit Stofflappen auf beide Seiten des Leders. Dabei ergab sich die in Tabelle 62 ersichtliche Fettverteilung im Leder.

Tabelle 62.

Lederschicht	Fettgemische			
	a	b	c	d
	in Prozenten			
Narben	31,84	23,63	19,21	33,11
Mitte	16,69	16,78	11,90	11,40
Fleischseite . . .	23,02	15,66	14,08	28,73
Gesamtgehalt . .	21,90	19,88	15,85	24,62

Die Kennzahlen der aus den einzelnen Lederschichten extrahierten Fettanteile sind in Tabelle 63 angegeben.

Tabelle 63. Kennzahlen von Fettgemischen, die aus eingebrannten Ledern extrahiert wurden (Pollak).

	Säurezahl	Esterzahl	Ver- seifungs- zahl	Jodzahl	Tropf- punkt ⁰ C
Versuch a					
Narben	43,45	147,28	190,73	24,86	40,6
Mitte	43,27	152,79	196,06	16,67	42,2
Fleischseite	51,31	147,20	198,51	14,59	42,2
Versuch b					
Narben	8,93	161,13	170,06	17,94	49,1
Mitte	7,54	163,20	170,74	12,60	49,2
Fleischseite	9,31	160,12	169,43	14,08	49,4
Versuch c					
Narben	63,44	146,90	210,34	35,26	41,4
Mitte	71,85	148,43	220,28	29,35	43,6
Fleischseite	68,56	147,21	215,77	32,40	42,6
Versuch d					
Narben	18,75	179,76	198,51	32,44	52,4
Mitte	16,14	191,68	207,82	28,44	52,5
Fleischseite	20,45	185,11	205,56	27,45	51,3

Pollak ist der Ansicht, daß Fettgemische, die sich zum Einbrennen von Riemenleder gut eignen sollen, einen hohen Schmelzpunkt und gleichzeitig eine geringere Viskosität bei Einbrenntemperatur aufweisen müssen. Er hält die Anwesenheit kristalliner Fettsäuren im Fett für günstig, weil sie das Eindringen des Fetts in das Leder beschleunigen würden. Gehärtete Fette mit hohem Schmelzpunkt allein zum Einbrennen zu verwenden, ist nach der Ansicht von Pollak nicht zu empfehlen.

e) Das Fettlickern.

Leichte Leder, wie Chromoberleder, Schafleder, Kidleder, aber auch lohgare Rindleder, wie z. B. manche Polsterleder usw., ferner viele kombiniert gegerbte Leder von geringer Stärke werden gewöhnlich durch den Lickerprozeß gefettet. Beim Lickern wird das Fett in Form einer wässerigen Emulsion ins Leder gebracht, und zwar dadurch, daß die Leder mit der warmen Lickerbrühe im Faß bewegt werden. Der Name „Licker" kommt vom englischen „fat liquor", womit man ursprünglich die beim Zurichten von Chromleder verwendete Fettbrühe bezeichnete.

Das Chromleder muß vor dem Lickern neutralisiert werden. Geschieht dies nicht, so scheidet sich das emulgierte Fett an der Oberfläche des Leders aus. Das Leder kommt dann schmierig aus dem Licker und enthält im Innern kein Fett. Bei bestimmten sulfonierten Ölen scheint die Neutralisation des Chromleders vor dem Lickern nicht diese wichtige Rolle zu spielen. So fanden Merrill und Niedercorn, daß die Aufnahme von sulfoniertem Klauenöl um so größer ist, je weniger das Leder neutralisiert wird, je mehr Säure also im Leder verbleibt. Diese Versuchsergebnisse bedürfen vorerst aber noch weiterer Nachprüfungen, vor allem im Hinblick auf andere Lickerfette, ehe sie eine Verwertung in der Praxis erfahren, wo man bisher das Gegenteil anzunehmen geneigt ist. Die Herstellung der Fettemulsion für den Licker ist in den einzelnen Betrieben ganz verschieden. In seinem Buch über die Chromgerbung schreibt Lamb, daß wohl kaum zwei oder drei Chromgerber zu finden seien, die ihre Licker genau nach den gleichen Regeln herstellen. Es ist selbstverständlich, daß bei der Bereitung von Lickerbrühen überall sich besondere Erfahrungen herausgebildet haben, die den Gerber dieses oder jenes Fett oder den einen oder anderen Emulgator bevorzugen lassen.

Alle Licker bestehen aus einem fetten Öl oder Fett und einem Emulgator. Alle Öle sind verwendbar. Als Emulgatoren kommen sulfonierte Öle, Seifen, Eigelb und in neuerer Zeit auch sulfonierte Fettalkohole in Frage. Der Hauptbestandteil des Lickers ist stets das fette Öl. Emulgatoren haben entweder keine oder nur eine beschränkte fettende Wirkung. (Auch in sulfonierten Ölen kommt die fettende Wirkung in erster Linie dem nicht sulfonierten Anteil zu.) Der ab und zu noch übliche Zusatz von Alkalicarbonaten zu den Ölen, um die Emulgierung zu vervollkommnen, ist nicht ratsam. Durch Zugabe dieser Alkalien werden die freien Fettsäuren der Öle verseift. Die im Licker enthaltene Seifenmenge wird dadurch erhöht.

Als sulfonierte Öle kommen zur Verwendung: sulfoniertes Ricinusöl, sulfoniertes Klauenöl, sulfonierte Trane, seltener sulfoniertes Oliven- oder Maisöl. Daneben ist eine große Menge sulfonierter Spezialöle im Handel, deren Natur nicht ohne weiteres erkennbar ist. Von Seifen wird am häufigsten Marseiller Seife, daneben auch Ammoniak-Ölsäureseife als Emulgator benutzt.

Von der Wiedergabe von Rezepten für Lickeransätze soll hier Abstand genommen werden. Sie sind in jedem Buch wieder anders angegeben. Ihre Aufzählung ist deshalb wertlos.

Die in allen möglichen Qualitäten zur Verfügung stehenden sulfonierten Öle haben allmählich den Gebrauch der Seifen als Emulgatoren zum Ansatz von Lickerbrühen zurückgedrängt. Zum Lickern von lohgaren Ledern sind Seifen-Fettbrühen überhaupt nicht zu empfehlen, da sie meist eine Dunkelfärbung des Leders verursachen. Sulfonierte Öle geben ohne viel Mühe tadellose Fettemulsionen, während der Ansatz von Lickerbrühen mit Seifen und fetten Ölen wesentlich umständlicher ist. Im Gegensatz zu Seifen eignen sich Fettalkoholsulfonate (siehe S. 429) auch zum Lickern lohgarer Leder, weil sie infolge ihrer neutralen Reaktion die Farbe von lohgarem Leder nicht beeinflussen.

Daß Eigelb ein ausgezeichneter Emulgator zur Herstellung von Lickerbrühen ist, soll besonders betont werden. Die mit wenig Eigelb bereiteten Emulsionen von Klauen-, Ricinus-, Oliven-, Baumwollsaat-, Leinöl, Dorschtran können mehrere Tage aufbewahrt werden, ohne daß ein Ausflocken des Fetts eintritt. Bringt man das Eigelb durch Zusatz einer genügenden Menge Seife in die halbflüssige Form einer konzentrierten Emulsion, so widersteht diese einige Monate lang der Ausflockung. Die Bedeutung der Haltbarkeit einer Emulsion für den Lickerprozeß wird später besprochen werden.

Nach Lamb benutzt man in England ganz allgemein Fettlicker, die aus einem unbehandelten pflanzlichen oder tierischen Öl in Verbindung mit sulfonierten Ölen bestehen, in Amerika meist ein Gemisch aus sulfonierten Ölen in Verbindung mit reinem oder unbehandeltem Mineralöl. In Deutschland sind die verschiedensten Methoden im Gebrauch; es werden sulfonierte Öle wie Seifen als Emulgatoren benutzt und Licker mit und ohne Mineralöl hergestellt. Zahlreiche sog. „Emulsionsöle" und „Lickeröle", mit denen ohne weiteres durch Auflösen in heißem Wasser sich die gewünschten Lickerbrühen herstellen lassen, sind im Handel und werden vielfach verwendet.

Zur Herstellung der Fettemulsionen mit Seifen verfährt man folgendermaßen: Die erforderliche Seifenmenge löst man in der 3- bis 4fachen Menge kochendem Wasser auf, gibt zu der Seifenlösung das Öl und läßt das Gemisch einige Minuten kochen. Die Mischung wird entweder energisch durchgerührt oder in einem besonderen Emulgierungsapparat bearbeitet, bis eine gleichmäßige Masse entsteht.

Verwendet man Eigelb als Emulgator, so löst man dieses in wenig Wasser von nicht mehr als 35⁰ und rührt so lange, bis eine gleichmäßige Emulsion entstanden ist. Dann rührt man das Öl langsam hinein. In ähnlicher Weise löst man sulfonierte Öle erst mit wenig heißem Wasser und gibt dann zu der Emulsion das fette Öl unter Umrühren langsam zu.

In der letzten Zeit haben für die Herstellung von Lickern besondere Emulgatoren Bedeutung gewonnen, die an Stelle von Seifen die Bereitung von Fettemulsionen mit jedem beliebigen fetten Öl ermöglichen. Mit Hilfe derartiger Emulgatoren, von denen das sog. Derminol (I. G. Farbenind. A. G.) und das Smenol (Böhme-Chemnitz) als zwei der bekanntesten Produkte hier genannt seien, lassen sich z. B. mit gewöhnlichen Tranen, Klauenöl oder Gemischen von fetten Ölen mit Mineralöl ohne Schwierigkeit haltbare Emulsionen herstellen. Die so bereiteten Lickerbrühen dringen besonders leicht ins Leder ein. Die Hersteller derartiger Spezialemulgatoren schreiben meist eine bestimmte Arbeitsweise vor, die für die erfolgreiche Verwendung der Produkte eingehalten werden muß.

Ausführung des Lickerprozesses. Die so hergestellten Lickeremulsionen gibt man durch die hohle Achse in das Lickerfaß, in dem die zu fettenden Leder bereits in heißem Wasser laufen. Lamb empfiehlt auf 500 kg Leder 350 bis 400 l Lickerflüssigkeit. Es gibt aber auch Arbeitsvorschriften, die noch weniger Wasser, und andere, die bedeutend mehr Wasser vorsehen. Die Leder werden im Faß so lange bewegt, bis das Fett aufgenommen ist. Dies ist im allgemeinen nach 40 bis 60 Minuten der Fall. Die Temperatur des Lickerbades soll bei lohgaren Ledern zwischen 30 und 40⁰, bei Chromleder zwischen 40 und 50⁰ betragen. Höhere Temperaturen sind überflüssig. Es ist wichtig, daß die Häute gut und gleichmäßig durchgewärmt sind, ehe das Fett ins Faß gegeben wird, da sich sonst das Fett leicht auf der Oberfläche festsetzt und nicht ins Innere des Leders eindringt. Man läßt deshalb zweckmäßig vor der Zugabe des Fetts die Leder eine Zeitlang im gut angewärmten Wasser laufen.

Das zum Lickern verwendete Wasser muß kalkfrei sein, sofern nicht besondere kalkbeständige Spezialöle verwendet werden. Man verwendet daher am besten Kondenswasser. Der Kalk des harten Wassers bildet mit dem Fett der Lickerbrühe Kalkseifen, die sich als zähe Masse an der Hautoberfläche festsetzten. In letzter Zeit sind kalkbeständige Lickeröle auf den Markt gebracht worden, die gegen hartes Wasser unempfindlich sind. Ferner wurden Produkte angeboten, durch deren Zusatz eine Kalkseifenbildung auch bei gewöhnlichen Ölen vermieden werden soll.

Nach dem Lickerprozeß bleiben die Häute noch einige Zeit zum Abtropfen auf dem Bock hängen und werden dann weiterverarbeitet.

Die Menge des beim Lickern in das Leder hineingebrachten Fetts ist ganz verschieden. Sie richtet sich nach der Ledersorte und den Wünschen der Kundschaft in bezug auf die Eigenschaften der einzelnen Leder. Beim Chromoberleder findet man Fettgehalte zwischen 1,5 und 5,5%, bei Sport- und Waterproof- sowie bei manchen lohgaren Ledern, die durch Lickern gefettet werden, ist der Fettgehalt noch höher. Im allgemeinen wird man bestrebt sein, dem Leder durch das Lickern eine maximale Menge von Fett einzuverleiben. Es darf sich aber später nicht fettig anfühlen und muß sich ohne Anstände zurichten lassen (Deckfarben, siehe S. 491).

Die Aufnahme und Verteilung des Fetts im Leder beim Lickerprozeß [1].

Die Aufnahme von Fett aus Emulsionen durch das Leder ist ein Adsorptionsvorgang, über dessen Mechanismus unsere Kenntnisse trotz recht zahlreicher

---

[1] Während der Drucklegung hat W. Schindler im Collegium 1936, S. 77, einen „Fortschrittsbericht über Fettlickern 1929 bis 1935" veröffentlicht, auf den als wertvolle Ergänzung dieses Abschnitts besonders hingewiesen wird.

über den Lickerprozeß angestellten Untersuchungen sehr bescheiden sind. Man hat zum Vergleich vielfach die bei der Kohle beobachteten und näher charakterisierten Adsorptionserscheinungen herangezogen, ohne aber die Wirkung des Chromleders als Adsorbens aufklären zu können.

Wilson (1) erklärt den Mechanismus der Fettaufnahme beim Lickern als eine Folge elektrischer Entladungen. Die Öltröpfchen haben eine negative Ladung. Wilson nimmt an, daß das Leder eine positive elektrische Ladung besitzt. Bringt man nun Leder und Fettemulsion zusammen, so findet ein Ladungsausgleich, ähnlich wie er ihn beim Gerbvorgang annimmt, statt, wobei die Emulsion gebrochen wird, und zwar nicht durch Koagulation der Fetttröpfchen, sondern durch deren Anlagerung an die Lederfaser. Für die Richtigkeit dieser Anschauung fehlen noch die Beweise. (Siehe auch den Abschnitt über Emulsionen, S. 479.)

Die meisten Untersuchungen über die Fettaufnahme durch das Leder aus Lickerbrühen sind an Chromleder ausgeführt worden. Sie erstreckten sich auf den Einfluß der Fettkonzentration, der Lickerzeit, des p_H-Wertes von Licker und Leder auf die Fettaufnahme und Fettverteilung im Leder sowie auf die Ermittlung der spezifischen Wirkungen einzelner zum Lickern verwendeten Öle und Emulgatoren. Im folgenden sind hauptsächlich die Ergebnisse der Untersuchungen von Wilson, Merrill, Mezey, Schindler, Stiasny und Rieß, Henry sowie die neuesten Arbeiten von Stather und Lauffmann aufgeführt.

Einfluß des Emulgierungsgrades auf die Fettaufnahme. Es ist eine weitverbreitete Ansicht, daß eine Fettemulsion um so besser für das Lickern geeignet sei, je feiner die Dispersion ihres Fetts und je haltbarer sie ist. Diese Anschauung steht nicht im Einklang mit den Erfahrungen. Es ist durchaus nicht erforderlich, daß eine zum Lickern verwendete Fettemulsion stunden- oder gar tagelang haltbar ist. Es gibt Emulsionen, die schon nach kurzem Stehen aufrahmen und trotzdem vom Leder leicht und vollständig aufgenommen werden, und dabei ein durchaus brauchbares Leder liefern. Es ist an anderer Stelle schon darauf hingewiesen worden, daß die Emulsionen von mittlerer Haltbarkeit sich als die brauchbarsten erwiesen haben. Fettbrühen von sehr geringer Haltbarkeit scheiden das Fett zu leicht und schon auf der Lederoberfläche ab. Der Narben wird schmierig und das Leder bleibt im Innern ungefettet. Emulsionen von sehr hoher Dispersität und Haltbarkeit geben zwar einen klaren Narben, aber ein sehr lockeres Leder, besonders in den Flankenteilen der Häute. Wilson ist der Ansicht, daß die Schmierung der Fasern durch den Lickerprozeß nicht durch das ganze Leder gleichmäßig hindurchgeht, sondern in den äußeren Schichten stärker sein soll als in den inneren, da er festgestellt hat, daß die durch Lickern erzielte vollständige Durchfettung ein lockeres, leeres Leder zur Folge hat. Diese Anschauung gilt wohl nicht für alle Ledersorten gleichmäßig.

Einfluß des Verhältnisses von Fett zu Leder und der Fettkonzentration auf die Fettaufnahme. Das in einer Lickerbrühe bestehende Verhältnis zwischen Fettmenge und Ledermenge, sowie zwischen Fettmenge und Flüssigkeitsmenge (Fettkonzentration) ist von ganz bestimmtem und in beiden Fällen sehr verschiedenem Einfluß auf die Fettaufnahme durch das Leder. Merrill (2) hat dies an Versuchen mit Chromkalbleder gezeigt. Der Fettgehalt des fertigen Leders steigt mit der Zunahme des Verhältnisses Fett zu Leder gradlinig an (siehe Abb. 121 und 122).

Die Abb. 122 zeigt, daß der Fettgehalt des Leders von außen nach innen abnimmt. Erst wenn das Verhältnis von Fett zu Leder größer wird, erfolgt eine vollständige Durchfettung des Leders. Man sieht außerdem, daß die äußeren

Schichten auf der Narbenseite mehr Fett aufnehmen als auf der Fleischseite. Stather und Lauffmann kamen allerdings zu gegenteiligen Ergebnissen.

Einfluß der Zeit auf die Fettaufnahme. Der Zeitfaktor spielt bei

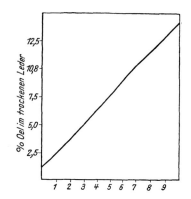

g Fett im Licker auf 100g feuchtes Leder.

Abb. 121. Einfluß des Verhältnisses von Fett zu Leder auf die Fettaufnahme durch Chromleder (nach Merrill).

Temperatur: 40^0, Wasser: $50^0/_0$ vom Leder, Licker-dauer: 2 Stunden, Fett: Sulf. Klauenöl $+ 10^0/_0$ Borax, Lederstärke: 1,6 mm.

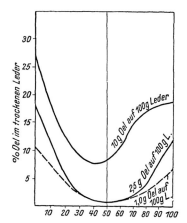

Tiefe unter dem Narben in $^0/_0$ der Gesamtdicke.

Abb. 122. Einfluß des Verhältnisses von Öl zu Leder auf die Eindringtiefe des Fettes bei Chromleder (nach Merrill).

Temperatur: 40^0, Wasser: $50^0/_0$ vom Leder, Licker-dauer: 2 Stunden, Fett: Sulf. Klauenöl $+ 10^0/_0$ Borax, Lederstärke: 1,6 mm.

der Fettaufnahme durch das Leder aus Lickerbrühen ebenfalls eine zu beachtende Rolle. Die aufgenommene Fettmenge wächst mit der Lickerdauer, wie Abb. 123 zeigt, bis zu 4 Stunden. Nach 4 Stunden findet keine Fettaufnahme durch das

Leder mehr statt. Es stellt sich ein Gleichge-wichtszustand ein. Es ist jedoch fraglich, ob dies für alle Ledersorten zutrifft.

Das im Laufe von vier Stunden vom Leder auf-genommene Fett ist innerhalb des Leders nicht gleichmäßig verteilt. Das Fett, das nach der ersten halben Stunde noch aufgenommen wird, befindet sich hauptsächlich in den äußersten Schichten der Haut. Der Unterschied im Fettgehalt zwischen der Ledermitte und den äußeren Schichten ist selbst nach 6 Stunden noch ganz erheblich.

Einfluß des p_H-Wertes von Leder und Licker auf die Fettaufnahme. Der p_H-Wert der Lickerbrühe hat nach Merrill (2) auf die Menge des aufgenommenen Fetts keinen Einfluß, wohl aber auf das Eindringen des Fetts ins Leder. Das Fett dringt bei höherem p_H-Wert des Lickers tiefer ins Leder ein als bei niedrigem p_H-Wert, wie

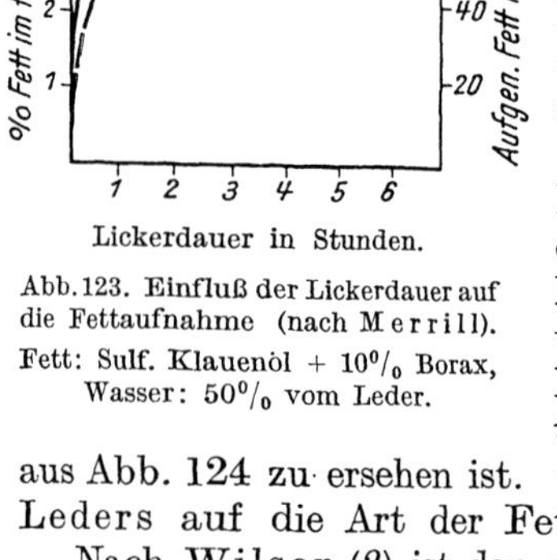

Lickerdauer in Stunden.

Abb. 123. Einfluß der Lickerdauer auf die Fettaufnahme (nach Merrill).

Fett: Sulf. Klauenöl $+ 10^0/_0$ Borax, Wasser: $50^0/_0$ vom Leder.

aus Abb. 124 zu ersehen ist. Ganz den gleichen Einfluß übt der p_H-Wert des Leders auf die Art der Fettaufnahme aus (siehe Abb. 125).

Nach Wilson (2) ist der p_H-Wert des Fettlickers von Einfluß auf den Cha-rakter des gelickerten Leders. Je saurer der Licker ist, um so fester und härter wird das Leder. Je weniger sauer der Licker ist, um so weicher und griffiger soll nach den Wilsonschen Versuchen das Leder werden.

Einfluß des Verhältnisses vom Emulgator zum unveränderten Öl auf die Fettaufnahme. Mezey hat die Ergebnisse einer Versuchsreihe

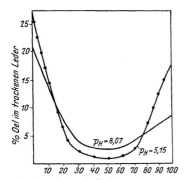

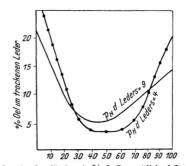

Abb. 124. Einfluß des p_H-Wertes des Lickers auf die Fettaufnahme (nach Merrill).

—·—·— 2,5 Teile Öl auf 100 Teile nasses Leder. End-p_H = 5,15. ———— 2,5 Teile Öl + 1,0 Teil Na$_2$CO$_3$ auf 100 Teile nasses Leder. End-p_H = 8,07. Fett: Sulf. Klauenöl, Temperatur: 40°, Wasser: 50% vom Leder, Lickerdauer: 2 Stunden, Dicke des trockenen Leders: 1,8 mm.

Abb. 125. Einfluß des p_H-Wertes des Leders auf die Fettaufnahme (nach Merrill).

Licker: 4 Teile sulf. Klauenöl + 0,4 Teile Borax auf 100 Teile Licker von 40°, Wasser: 100% vom nassen Leder, Dicke des trockenen Leders: 1,7 mm. Das nasse Leder wurde durch Pufferlösungen auf p_H = 4 bzw. 9 gebracht.

veröffentlicht, in der er den Einfluß, den das Verhältnis zwischen dem Emulgator und dem eigentlichen fettenden Öl auf die Fettaufnahme durch das Leder ausübt, ermittelt. Die Untersuchungsergebnisse sind in Abb. 126 wiedergegeben.

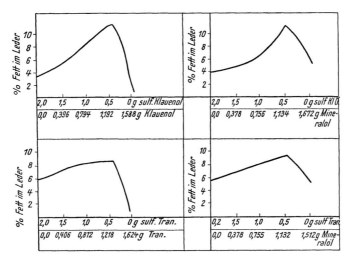

Abb. 126. Einfluß des Verhältnisses vom Emulgator zum unveränderten Öl auf die Fettaufnahme (nach Mezey).

Die Untersuchungen Mezeys zeigen, daß Chromleder aus einem Gemisch von sulfoniertem und nichtsulfoniertem Fett um so mehr Fett aufnimmt, je größer der Anteil an nichtsulfoniertem Fett ist. (Siehe auch die Feststellungen von Stather und Lauffmann, S. 510.) Reichen aber die sulfonierten Anteile zur Emulgierung der nichtsulfonierten Bestandteile des Lickers nicht mehr aus, so sinkt die Menge des vom Leder aufgenommenen Fetts sofort auf einen geringen

Wert. Nur noch an der Lederoberfläche setzt sich dann Fett fest. Das Leder selbst wird beim Trocknen hart und brüchig.

Stiasny und Rieß haben die Fettaufnahme durch Leder aus Lickerbrühen untersucht, die mit sulfoniertem Tran und sulfoniertem Klauenöl hergestellt wurden. Sie konnten feststellen:

1. daß mit der Zunahme der angewandten Fettmenge auch die Menge des vom Leder aufgenommenen Fetts zunimmt;

2. daß von Chromleder die nichtsulfonierten Anteile reichlicher aufgenommen werden als die sulfonierten Anteile, besonders wenn die angewandte Menge des sulfonierten Fetts nicht zu gering ist (wird nur wenig sulfoniertes Fett angewandt, so werden sowohl die sulfonierten wie die nichtsulfonierten Anteile fast vollständig aufgenommen);

3. daß mit steigendem Sulfonierungsgrad unter sonst gleichen Bedingungen die vom Leder aufgenommenen Fettmengen abnehmen;

4. daß der in Petroläther lösliche Anteil mit steigendem Sulfonierungsgrad abnimmt und der Fettanteil, der anschließend durch Aceton extrahierbar ist, mit zunehmendem Sulfonierungsgrad wächst.

Einfluß verschiedener Emulgatoren auf die Fettaufnahme. Schindler hat die Einwirkung verschiedener Emulsionstypen auf den Lickerprozeß miteinander verglichen. Seifen/Mineralöl-Emulsionen werden besonders am Anfang rascher vom Leder aufgenommen als Seifenlösungen allein. Beim Lickern mit Türkischrotöl geht die Fettaufnahme viel rascher vor sich als bei Seifenlösungen. Auch wird aus Türkischrotöllösungen viel mehr Fett aufgenommen als aus Seifenlickern. Bei sulfoniertem Tran ist die Fettaufnahmegeschwindigkeit geringer als bei Türkischrotöl, aber immer noch höher als bei der Verwendung von Seifenlösungen. Auch die Menge des aufgenommenen Gesamtfetts ist bei sulfoniertem Tran geringer als bei Türkischrotöl. Anscheinend findet bei sulfoniertem Tran früher eine Sättigung des Leders mit Fett statt als beim Türkischrotöl. Endlich wird aus einer Emulsion von sulfoniertem Tran/Mineralöl bedeutend mehr Fett aufgenommen als aus einer Emulsion, die nur sulfonierten Tran enthält. Diese Erscheinung steht vielleicht mit der Veränderung der Teilchengröße im Zusammenhang, die durch den Zusatz eines nichtsulfonierten Öls zum sulfonierten Tran hervorgerufen wird. Stather und Lauffmann konnten die Schindlerschen Feststellungen (bei Türkischrotöllickern) bestätigen. Siehe aber auch die später erwähnten Versuche von Theiß und Hunt.

Die Wirkung des Eigelbs als Emulgator ist besonders charakteristisch. Nach den Untersuchungen von Merrill (3) begünstigt das Eigelb die Aufnahme des Fetts von der Fleischseite, wie dies aus Abb. 127 ersichtlich ist.

Besonders deutlich wird die selektive Fettaufnahme des Leders gegenüber Eigelbemulsionen, wenn man die Eigelbmengen variiert, das jeweils gelickerte Leder in eine Narben- und Fleischschicht spaltet und den Fettgehalt der beiden Schichten bestimmt. Merrill (3) hat zu einem Licker, der auf 100 Teile nasses Chromleder 1,5 Teile sulfoniertes Klauenöl und 0,25 Teile Borax enthielt, 0, 2, 4

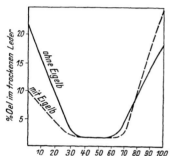

Abb. 127. Einfluß von Eigelb auf die Fettaufnahme des Leders aus Lickerbruhen (nach Merrill).

——— 2,33% sulf. Klauenol + 0,25% Borax. ––––– 1,50% sulf. Klauenöl + 0,25% Borax + 6,0% Eigelb (auf feuchtes Chromleder bezogen). Wasser: 50% vom Leder, Temperatur: 40°, Lickerdauer: 2 Stunden, Dicke des Leders: 1,6 mm.

und 8 Teile Handelseigelb zugesetzt. Die Lederproben wurden gleichmäßig lange gelickert, dann in zwei Schichten gespalten und die Fettgehalte ermittelt. Das Ergebnis zeigt Tabelle 64.

Tabelle 64. Einfluß der Eigelbkonzentration auf die Verteilung des Fetts im Leder [Merrill (3)].

% Eigelb auf nasses Chromleder	% Öl, gefunden im trockenen Leder	% Öl, gefunden in		Verhältnis a/b
		Narbenschicht a	Fleischschicht b	
0	4,26	30	18	1,67
2	4,85	19	16	1,19
4	5,78	21	29	0,72
8	6,52	14	32	0,44

Man sieht, daß bei 8% Eigelbzusatz die Narbenschicht nur noch 0,44mal soviel Fett erhält wie die Fleischseite. Die Eigelblicker ergeben deshalb ein Leder mit besonders hellem und klarem Narben.

Endlich sind Merrill und Niedercorn auf Grund von Untersuchungen zur Ansicht gelangt, daß die Menge des von Chromleder aufgenommenen Fetts mit dem Prozentgehalt des Leders an Schwefelsäure vor dem Fetten zunehmen soll. Dabei sei die aufgenommene Fettmenge unabhängig von der Natur des Salzes, mit dem das Leder entsäuert wurde. Mit steigender Lickerdauer verschwinde jedoch der Einfluß der Acidität des Chromleders auf die Gesamtfettaufnahme. Diese Feststellungen von Merrill und Niedercorn stehen aber mit manchen Erfahrungen der Praxis im Widerspruch. Wenn sich — wie die Verfasser angeben — bei stark sauren Ledern die aufgenommene Mehrmenge an Fett in den äußeren Schichten des Leders, besonders auf der Fleischseite befindet, so handelt es sich hierbei nicht mehr um eine „Fettaufnahme" durch das Leder, sondern um den unerwünschten Niederschlag des meist vollständig durch die Säure aus dem Licker abgeschiedenen Fetts.

Einfluß der Lickerbedingungen auf die von Chromleder aufnehmbaren Mengen an Gesamtfett, extrahierbarem Fett und gebundenem Fett.

Stather und Lauffmann (2) haben in einer umfangreichen Versuchsreihe die Beziehungen aufzuklären versucht, die zwischen den verschiedenen Arbeitsbedingungen beim Lickern und den vom Leder aufgenommenen Mengen an Gesamtfett, extrahierbarem und gebundenem Fett festgestellt werden können. Sie führten die Versuche mit Chromhautpulver aus, konnten aber zeigen, daß auch für Chromleder aus intakter Haut ähnliche Gesetzmäßigkeiten wie bei Hautpulver Geltung haben.

Aufnehmbare Gesamtfettmenge (mit Petroläther, Alkohol, dann Wasser extrahierbares Fett + Restfett, durch Verseifung ermittelt). Die Gesamtfettmenge ist dem im Licker verwendeten Fett proportional, und zwar sowohl bei Türkischrotöl- wie bei Seifen- und Eigelblickern. Der Sulfonierungsgrad des verwendeten Öls ist ohne Einfluß, was allerdings mit den Feststellungen anderer Forscher im Widerspruch steht. Diese Widersprüche sind wohl auf die Versuchsanordnungen zurückzuführen, insbesondere auf die verschiedenen unter „Gesamtfett" bezeichneten Anteile (siehe oben!). Von der Basizität des Hautpulvers und dem p_H-Wert des Lickers scheint die Menge des aufgenommenen Gesamtfetts unabhängig zu sein. Mit dem Neutralisierungsgrad des Chromhautpulvers nimmt die aufgenommene Gesamtfettmenge ab (bei Türkischrotöllickern wurde anfangs eine schwache Zunahme beobachtet). Bei Eigelblickern nimmt sie mit steigendem Chromgehalt des Chromhautpulvers zu, bei Seifenlickern ist eine Beziehung nicht erkennbar.

Bei Türkischrotöllickern, die Zusätze an gewöhnlichem Ricinusöl, Tran, Klauenöl und Mineralöl erhalten haben, stellten Stather und Lauffmann (2) eine schwache Abnahme der Gesamtfettaufnahme entsprechend der relativen Verminderung des sulfonierten Anteils fest. Für Seifenlicker gilt Ähnliches. Dagegen wird bei Eigelblickern die vom Chromhautpulver aufgenommene Gesamtfettmenge durch Zusatz von Neutralölen stark erhöht.

Extrahierbare Fettmenge (durch Petroläther, dann Alkohol, dann Wasser aus dem Hautpulver extrahierbares Fett). Bei Türkischrotöllickern nimmt die aus Chromhautpulver extrahierbare Fettmenge mit zunehmendem Sulfonierungsgrad des Öls ab. Sie ist proportional der angewandten Fettmenge und von der Basizität des Chromhautpulvers sowie dem p_H-Wert des Lickers unabhängig. Bei Seifenlickern nimmt sie mit steigendem Chromgehalt und Neutralisationsgrad des Hautpulvers ab.

Bei Türkischrotöllickern nimmt mit dem Zusatz von nichtsulfonierten Ölen die Menge des mit Petroläther extrahierbaren Anteils zu, während der mit Alkohol extrahierbare Fettanteil abnimmt. Für Seifen- und Eigelblicker gilt das gleiche. Diesen Angaben stehen allerdings Beobachtungen von Theiß und Hunt gegenüber, nach denen die aus gelickertem Chromkalbleder mit Petroläther extrahierbare Fettmenge — von den Verfassern als „Gesamtfett'' bezeichnet — bei Lickern aus sulfoniertem Ricinusöl und Neutralölen ein Maximum aufweist, das beim einen Ölgemisch bei 25%, beim anderen bei 50% sulfoniertem Öl liegt (bei sulfoniertem Tran soll das Maximum sogar bei 100% liegen). Schindler (siehe S. 508) kam schon zu ähnlichen Ergebnissen wie Stather und Lauffmann (2).

Gebundene Fettmenge (der nach der Extraktion des Hautpulvers noch vorhandene, durch Verseifung erfaßbare Fettanteil). Sie wächst proportional der im Licker vorhandenen Fettmenge. Sie nimmt mit dem Sulfonierungsgrad zu und ist von der Basizität des Hautpulvers und dem p_H-Wert des Lickers unabhängig. Das Verhältnis zwischen Lickerflüssigkeit und Hautpulvermenge ist bei Seifenlickern ohne Einfluß auf die vom Leder gebundene Fettmenge, bei Türkischrotölen nimmt sie mit zunehmender Verdünnung des Lickers zu. Eine Erhöhung des Neutralisierungsgrades des Chromhautpulvers bedingt bei Seifenlickern eine Zunahme, bei Türkischrotöllickern eine Abnahme des gebundenen Fetts. Zusätze von Neutralölen zu Türkischrotöl- und Seifenlickern verringern die Menge des vom Leder gebundenen Fetts wesentlich.

Die Feststellungen von Stather und Lauffmann verdienen deshalb besondere Beachtung, weil sie sich auf getrennte Untersuchungen des extrahierbaren und des gebundenen Fetts im Leder gründen. Es wurde von den gleichen Autoren weiter die Beobachtung gemacht, daß aus Eigelblickern überhaupt kein Fett von Chromleder gebunden wird, da das aufgenommene Fett mit Petroläther nahezu vollständig extrahierbar ist.

Zu den gleichen Ergebnissen wie Stather und Lauffmann kam Henry bei der Untersuchung des Einflusses des Sulfonierungsgrades von Tranen auf die Fettaufnahme durch Chromleder. Es wurden drei mit je 10, 15 und 30% Schwefelsäure bei 27° sulfonierte Dorschtrane hergestellt. Die organisch gebundenen SO_3-Mengen betrugen 3,3, 4,6 und 6,1%. Die benutzten Lickerbrühen enthielten 10% Gesamtfett (auf die Flüssigkeit berechnet). Auf 125 Teile Leder wurden 200 Teile Lickerbrühe genommen. Lickertemperatur 40°. Zur Feststellung der Eindringtiefe des Fetts wurden die gelickerten Lederproben in

12 Schichten gespalten und in jeder einzelnen Lederschicht Gesamtfett, gebundenes und nichtgebundenes Fett bestimmt.

Henry kam zu dem Ergebnis, daß bei sulfoniertem Dorschtran

1. die Aufnahme von Gesamtfett unabhängig vom Sulfonierungsgrad ist,

2. mit zunehmendem Sulfonierungsgrad die Menge des vom Leder gebundenen Fetts zunimmt und die Menge des im Leder vorhandenen petrolätherlöslichen Fettanteils abnimmt,

3. mit zunehmendem Sulfonierungsgrad das Eindringungsvermögen der sulfonierten Dorschtrane abnimmt.

Zum Schluß dieses Abschnitts über das Fettlickern sei noch auf die bemerkenswerten Ausführungen von Stadler „Beitrag zur Kenntnis der Grundlagen des Fettlickerns" (Ledertechn. Rdsch. 1929, S. 69 u. 83) hingewiesen. Er hat dort in sehr klarer Weise das Grundsätzliche und Wichtige für die Praxis des Fettlickerns zusammengestellt.

Tabelle 65. Übersicht über die Faktoren, welche die Fettaufnahme beim Lickern von Chromleder beeinflussen.

Faktoren, welche das Lickern beeinflussen	Einfluß auf die Fettaufnahme	Versuche von
1. Verhältnis von Fett zu Leder	Je größer, um so mehr Fett wird aufgenommen.	Merrill, Stather-Lauffmann, Stiasny-Rieß
2. Lickerdauer	Aufgenommene Fettmenge wächst mit Lickerdauer bis zur Erreichung eines Maximums.	Merrill
3. p_H-Wert des Lickers	Ohne Einfluß auf Menge des aufgenommenen Fetts. Das Fett dringt bei höherem p_H-Wert des Lickers tiefer ins Leder ein, als bei niedrigem p_H-Wert.	Merrill
	Ohne Einfluß auf die vom Leder gebundene Fettmenge.	Stather-Lauffmann
	Je niedriger der p_H-Wert, um so fester wird das Leder, je höher der p_H-Wert, um so weicher wird das Leder.	Wilson
4. p_H-Wert des Leders	Bei höherem p_H-Wert des Leders dringt das Fett tiefer ins Leder ein als bei niedrigem p_H-Wert.	Merrill
5. Verhältnis von Emulgator (sulfoniertem Öl) zu unverändertem Öl	Je größer der Anteil an nichtsulfoniertem Öl im Fettgemisch ist, um so mehr Fett wird vom Leder aufgenommen[1].	Mezey
	Mit Verminderung des sulfonierten Anteils tritt schwache Abnahme der Gesamtfettaufnahmen ein.	Stather-Lauffmann

[1] Siehe jedoch die Ausführungen auf Seite 507 über den notwendigen Mindestgehalt des Lickers an sulfoniertem Öl.

Tabelle 65 (Fortsetzung).

Faktoren, welche das Lickern beeinflussen	Einfluß auf die Fettaufnahme	Versuche von
	Je größer bei Türkischrotöllickern der Anteil an nichtsulfoniertem Öl, um so größer ist der mit Petroläther extrahierbare Anteil.	Stather-Lauffmann
	Aus Sulfonierter-Tran/Mineralöl-Lickern wird mehr Fett vom Leder aufgenommen als aus Lickern ohne Mineralöl.	Schindler
	Mit ·Zunahme des nichtsulfonierten Anteils nimmt die vom Leder gebundene Fettmenge ab.	Stather-Lauffmann
	Mit Zunahme des nichtsulfonierten Anteils nimmt der mit Alkohol aus dem Leder extrahierbare Fettanteil ab.	Stather-Lauffmann
	Nichtsulfonierte Anteile werden reichlicher aufgenommen als die sulfonierten Anteile.	Stiasny-Rieß
6. Sulfonierungsgrad	Mit steigendem Sulfonierungsgrad nimmt die vom Leder aufgenommene Gesamtfettmenge ab (siehe unten).	Stiasny-Rieß
	Mit steigendem Sulfonierungsgrad nimmt der mit Petroläther extrahierte Fettanteil ab.	Stiasny-Rieß, Stather-Lauffmann u. Henry
	Sulfonierungsgrad beeinflußt Gesamtfettaufnahme nicht.	Stather-Lauffmann u. Henry
	Mit Sulfonierungsgrad nimmt die vom Leder gebundene Fettmenge zu.	Stather-Lauffmann u. Henry
	Mit Sulfonierungsgrad nimmt die Eindringtiefe sulfonierter Trane ab.	Henry
7. Neutralisierungsgrad des Chromleders.	Mit zunehmender Neutralisierung des Chromleders nimmt aufgenommene Gesamtfettmenge ab.	Stather-Lauffmann
	Mit zunehmender Neutralisierung des Chromleders nimmt die vom Leder gebundene Fettmenge bei Seifenlickern zu, bei Türkischrotöllickern ab.	Stather-Lauffmann
	Je geringer der Neutralisierungsgrad des Chromleders ist, um so mehr Chromfettsäureverbindungen entstehen im Leder.	Schindler u. Klanfer

3. Veränderungen der Fettstoffe im Leder.

Die Veränderungen der Fettstoffe im Leder können physikalischer und chemischer Natur sein. Sie geben, besonders bei fertigen farbigen Ledern, Anlaß zu unliebsamen Erscheinungen, wie sie dem Gerber in Gestalt von Ausschlägen, Flecken, Trübungen des Narbens u. dgl. bekannt sind.

Die Möglichkeit physikalischer Veränderungen der Fettstoffe liegt sehr nahe. Das Fett erstarrt im Leder beim Abkühlen. Auch die bei gewöhnlicher Temperatur flüssigen Fette sind an der großen Oberfläche des Fasergewebes wenig beweglich und festgehalten. Durch Temperaturerhöhungen wird dieser Zustand leicht verändert. Feste Fette werden flüssig und dringen an die Oberfläche des Leders. Die Bildung von dunklen Flecken ist die Folge.

Eine weitere physikalische Veränderung der Fettstoffe im Leder besteht in der möglichen Trennung der flüssigen und festen Anteile. Diese Trennung kann als sekundäre Erscheinung einen Austritt flüssiger Fetteile aus dem Leder zur Folge haben. Diese führen aber stets geringe Mengen gelöster fester Fettstoffe mit, die dann an der Lederoberfläche erstarren und zu weißlichen Ausschlägen führen. Auf diese Weise lassen sich manche Fettausschläge erklären.

Eine Trennung der festen und flüssigen Anteile kann auch bei starker Temperaturerniedrigung eintreten. Es findet ein Auskristallisieren der festen Anteile statt, die dann zu Ausscheidungen auf dem Leder führen. Aus diesem Grunde pflegt man z. B. bei Chromleder das kältebeständige Klauenöl für das beste Fettungsmittel zu halten, obwohl sicherlich in vielen Fällen, in denen Ausschläge auftreten, der Grund nicht allein beim Öl zu suchen ist (siehe auch Arnoldi, Collegium 1928, S. 295).

Nach Eitner kann die Entstehung von Fettausschlägen auch durch Schimmelpilze (Penicillium glaucum) verursacht werden. Er fand in einem Fettausschlag Schimmelsporen und nahm an, daß diese Sporen beim Trocknen in das Leder gelangt sein können, daß das Mycellium das Ledergewebe durchdringe und daß so durch das Wachstum der Pilze das Fett aus dem Leder herausgepreßt werde. Eisensalze, wie sie zum Schwärzen mancher Leder verwendet werden, sollen nach Eitner das Wachstum der Schimmelpilze sehr begünstigen.

Von den chemischen Veränderungen der Fettstoffe im Leder ist zunächst die Spaltung in Fettsäuren und Glycerin zu nennen. Über ihre Ursachen ist bisher wenig bekannt. Von mancher Seite wird angenommen, daß das Wasser als spaltendes Agens wirke. Es ist weiter möglich, daß Spuren von Säuren die Spaltung verursachen. In manchen Fällen bewirken auch wohl Fermente die Spaltung (Ricinuslipase im Ricinusöl). Endlich ist die Wirkung katalytisch wirkender Stoffe denkbar.

Über die Spaltung von Seifen im Chromleder haben Immendörfer und Pfähler eine Reihe von Versuchen durchgeführt.

Im alkoholischen Auszug von Zweibadleder fanden sie 63 bis 85% freier Ölsäure. Das Alkali der Seife, das bei Einbadleder zum Teil in das Innere des Leders eingedrungen war, ließ sich in Form von Natriumsulfat wieder vollkommen extrahieren. Bei der Auslaugung von Einbadleder mit neutralem Alkohol wurde um so mehr freie Ölsäure erhalten, je stärker das Leder vor dem Lickern entsäuert worden war. Auch die Natur des Entsäuerungsmittels (Bicarbonat oder Natronlauge) ist auf die Menge der extrahierbaren Ölsäure von Einfluß.

Anderseits konnten Schindler und Klanfer nachweisen, daß im Leder Chromfettsäureverbindungen in um so größerer Menge entstehen, je weniger das Leder vorher entsäuert worden war.

Daß gewisse Anteile des Fetts auch wohl an die Hautfaser gebunden werden, hat schon Simand nachgewiesen. Die mit Petroläther extrahierbaren Anteile von mit Degras gefettetem Leder werden im Laufe der Zeit immer geringer, so daß man von einer gewissen Nachgerbung des Leders infolge einer festen Verbindung der Oxyfette mit der Hautfaser gesprochen hat. Die sich bei der Fettgerbung abspielenden Vorgänge sind zum Teil wohl auch für das Fetten des gegerbten Leders von Bedeutung.

Über die von Chromleder beim Lickern gebundenen Fettmengen haben Stather und Lauffmann (2) zahlreiche aufklärende Versuche durchgeführt (siehe S. 509).

Die gleichen Autoren (3) haben auch über die Veränderungen von Licker-fetten im Chromleder Aufschluß geben können, indem sie die aus dem Leder wieder extrahierten Fettanteile untersuchten. Diese Vergleichsversuche erstreckten sich auf Seife allein, Gemische von Seife mit Klauenöl, mit Tran, mit Mineralöl und mit Degras, auf sulfoniertes Klauenöl und sulfonierten Tran und auf Eigelb.

Die Lederproben, die mit diesen Fettstoffen gelickert worden waren, wurden zunächst erschöpfend mit Petroläther und hierauf mit Alkohol extrahiert. Von den extrahierten Fetten wurden, ebenso wie von den ursprünglich zum Lickern verwendeten Fetten, die Jodzahl, die Säurezahl und der Gehalt an Oxyfettsäuren bestimmt. Auch von ungelickertem Leder wurden Extrakte hergestellt und mit diesen die gleichen Untersuchungen durchgeführt. Die Ergebnisse sind in der Tabelle 66 zusammengestellt. Die Werte, die bei den Extrakten aus den ungelickerten Ledern erhalten wurden, sind bei den Analysenwerten der Extrakte aus den gelickerten Lederproben berücksichtigt.

Tabelle 66. Untersuchung von Lickerfetten, die aus Chromleder extrahiert wurden [Stather u. Lauffmann (3)].

Zusammensetzung des Fettlickers	Jodzahl				Oxyfettsäuren				Säurezahl			
		Lederextrakt				Lederextrakt				Lederextrakt		
	Lickerfett	Petroläther + Alkohol	Petroläther	Alkohol	Lickerfett	Petroläther + Alkohol	Petroläther	Alkohol	Lickerfett	Petroläther + Alkohol	Petroläther	Alkohol
Seife	67	42	43	42	7	30	36	29	18	171	163	181
$^1/_3$ Seife + $^2/_3$ Klauenöl	60	40	43	36	7	21	20	21	14	35	31	115
$^1/_3$ Seife + $^2/_3$ Tran . .	110	48	51	44	3	19	13	26	11	47	45	110
$^1/_3$ Seife + $^2/_3$ Mineralöl	27	30	9	55	2	4	0,6	13	6	27	26	155
$^1/_3$ Seife + $^2/_3$ Degras .	110	48	49	46	12	22	14	39	29	56	56	105
Sulfoniertes Klauenöl .	58	42	55	32	11	15	7	19	61	31	25	113
Sulfonierter Tran . . .	67	46	54	36	0,7	8	6	16	22	13	10	78
Eigelb	60	46	48	43	2	10	6	25	95	67	64	144

Aus den Analysenwerten der Tabelle 66 ist zu ersehen, daß die verwendeten Lickerfette im Chromleder wesentliche Veränderungen erfahren haben. Bei Seifen und Fetten werden Fettsäuren abgespalten, wobei gleichzeitig eine Oxydation unter Erniedrigung der Jodzahl und eine Bildung von Oxyfettsäuren stattzufinden scheint. Stather und Lauffmann (3) nehmen jedoch an, daß schon beim Emulgieren der Fette und Fettgemische mit Wasser eine hydrolytische Spaltung eintritt, die sich während des Lickerprozesses fortsetzt. Jedenfalls sind aus den Eigenschaften des aus Chromleder extrahierten Fetts nicht ohne weiteres Rückschlüsse auf die zum Lickern verwendeten Fettstoffe möglich.

Über den Einfluß des Alterns auf das Fett im Chromleder haben Theis und Graham Untersuchungen angestellt. Nach den Ergebnissen dieser allerdings nur mit chromgegerbtem Hautpulver durchgeführten Versuche nimmt bei Gemischen von Klauenöl und sulfoniertem Klauenöl das gebundene Fett beim Lagern des Leders bis zur zweiten Woche zu und bleibt dann konstant, während das freie Fett in der gleichen Zeit abnimmt und dann ebenfalls konstant bleibt.

Während der Lagerung des Leders findet dann eine Hydrolyse der freien Fette unter Bildung freier Fettsäuren statt. Diese Spaltung kann bei größeren Anteilen an sulfoniertem Öl im Licker fast 50% des freien Öls erfassen.

Über irgendwelche chemischen Prozesse, die sich zwischen den im Leder enthaltenen Gerbstoffen und den Fetten abspielen, ist nichts bekannt. Es ist oft die Möglichkeit erwogen worden, daß im Chromleder bei der Einwirkung von Seifenlösungen Chromseifen entstehen könnten. Lamb schreibt den Seifen dadurch eine besonders füllende Wirkung zu, daß sie Chrom-Fettsäureverbindungen bilden können. Salomon hält die Entstehung von Chromseifen unter den beim Lickern herrschenden Arbeitsbedingungen nicht für möglich. Schindler und Klanfer haben beim Extrahieren von gefettetem Chromleder mit Tetrachlorkohlenstoff in der Asche des Extrakts stets Chrom gefunden. Siehe auch die Angaben über die Bildung von Chromfettsäureverbindungen auf Seite 513.

Theis und Graham sind der Ansicht, daß die Sulfogruppen enthaltenden Fettmoleküle in den Chromkomplex des Chromleders einzutreten vermögen.

Über Verbindungen zwischen pflanzlichen Gerbstoffen und Fettstoffen liegen Untersuchungen bisher nicht vor. Eine gegenseitige chemische Einwirkung zwischen pflanzlichen Gerbstoffen, besonders Vertretern der Pyrocatechinklasse, und sulfonierten Fetten scheint durchaus möglich zu sein, wie aus bestimmten Verfärbungen lohgarer Leder, die mit sulfonierten Fettstoffen unter besonderen Bedingungen behandelt wurden, hervorgeht.

Über die Erscheinung des Ausharzens siehe S. 493.

4. Öle bei der Gerbung.

Der Gedanke, bei der Faßgerbung der Gerbbrühe Öle zuzusetzen, ist keineswegs neu. Lietzmann hat in seinem im Jahre 1870 erschienenen Buch „Die Herstellung der Leder in ihren chemischen und physikalischen Vorgängen" bereits eine Schnellgerbmethode in geschlossenen Gefäßen mit fortgesetzter Bewegung unter Zusatz von Baumöl, Terpentinöl, Petroleum oder anderen Kohlenwasserstoffen erwähnt.

Heute sind im Handel zahlreiche Öle, denen man die Eigenschaft beilegt, den Gerbprozeß zu beschleunigen, das Aufscheuern des Leders im Faß zu verhindern und aufhellend zu wirken. Meist sind es wasserlösliche, sauer eingestellte Öle.

Die Eigenschaft, aufhellend auf das Leder zu wirken (Säurewirkung) und bis zu einem gewissen Grad das Aufscheuern des Leders im Faß zu verhindern, darf man diesen Ölen wohl zuerkennen. Dagegen ist es sehr fraglich, ob durch Ölzusatz zu Gerbbrühen eine Beschleunigung der Gerbwirkung erzielt werden kann, sosehr diese Annahme auch verbreitet ist. In vielen Fällen kann man sogar feststellen, daß bei größeren Ölzusätzen der Gerbprozeß eine wesentliche Verzögerung erfährt. Dagegen ist zuzugeben, daß beim Gerben des Leders in Brühen mit Ölzusatz eine Schonung der Faser erzielt wird.

Sehr viele der seither als Gerböle angepriesenen Produkte vertragen eine Mischung mit stärkeren Gerbbrühen überhaupt nicht. Die Öle flocken durch die

Einwirkung der Gerbstoffe aus und können dadurch natürlich keinerlei Wirkung im genannten Sinne mehr ausüben. Öle, die sich in Chromgerbbrühen klar lösen, gab es bis vor kurzer Zeit überhaupt nicht. Erst in den letzten Jahren sind einige Produkte auf dem Markt erschienen, die unter ganz bestimmten Bedingungen sulfoniert sind, und deren Lösungen auch bei Zusatz von Gerbstoffen klar bleiben.

So besitzt z. B. das unter der Bezeichnung Smenol V (Böhme, Fettchemie, Chemnitz) im Handel befindliche Produkt stark dispergierende Eigenschaften, so daß es eine lösende und klärende Wirkung auf Gerbbrühen ausübt und dadurch das Eindringen des Gerbstoffes in die Haut erleichtert und beschleunigt.

5. Bestimmung des Fettgehalts im Leder.

Siehe in diesem Band Abschnitt: „Das Fertigleder", S. 850.

Literaturübersicht.

(Die Praxis der Lederfettung.)

Arnoldi, H.: Collegium 1928, 292.
Beck, A. J.: siehe L. M. Whitmore.
Bowker, R. C. u. J. B. Churchill: Bureau of Standards. Technol. Paper Nr. 160 (1920).
Churchill, J. B.: siehe R. C. Bowker.
Eitner, W.: Gerber 1897, 293.
Fahrion, W.: Fettstoffe des Leders. S. 96.
Graham, J. M.: siehe E. R. Theis.
Hart, R. W.: siehe L. M. Whitmore.
Henry, W. C.: J. A. L. C. A. 1934, 66—84.
Immendörfer, E. u. Pfähler: Chem. Umsch. 1922, 73.
Klanfer, K.: siehe W. Schindler.
Lamb, M. C.: The Manufacture of Chrom leather.
Lauffmann, R.: siehe F. Stather.
Marriott, R. H.: J. I. S. L. T. C. 1933, 270.
Merrill, H. B. (1): J. A. L. C. A. 27, 201 (1932); (2): Ind. Eng. Chem. 20, 181 (1928); (3): Ebenda 654.
Merrill, H. B. u. G. J. Niedercorn: Ind. Eng. Chem. 21, 364 (1929).
Mezey, E.: Collegium 1928, 209.
Niedercorn, G. J.: siehe H. B. Merrill.
Paeßler, J. (1): Ber. d. Dtsch. Vers.-Anst. f. d. Led.-Ind., Freiberg 1915; (2): Ledertechn. Rdsch. 1912, Nr. 24 u. 25. — Collegium 1912, 517.
Pfähler: siehe E. Immendörfer.
Rieß, C.: siehe E. Stiasny.
Salomon, Th.: Collegium 1913, 56.
Schindler, W.: Grundlagen des Fettlickerns. Leipzig 1928.
Schindler, W. u. K. Klanfer: Collegium 1928, 286.
Schröder, B. v.: Gerbereichemie 437.
Simand, F.: Gerber 1890, 243.
Sluyter, H.: siehe F. Stather.
Stadler, O: Ledertechn. Rdsch. 1929, 69 u. 83.
Stather, F.: Haut- und Lederfehler. 1934, 22.
Stather, F. u. R. Lauffmann (1): Collegium 1932, 74; (2): Collegium 1932, 391, 672, 940, und 1933, 129, 138, 394; (3): Collegium 1933, 723.
Stather, F., H. Sluyter u. R. Lauffmann: Collegium 1933, 617.
Stather, F. u. H. Sluyter: Collegium 1935, 51.
Stiasny, E. u. C. Rieß: Collegium 1925, 498.
Theis, E. R. u. J. M. Graham: Ind. Eng. Chem. 1934, 743.
Whitmore, L. M., R. W. Hart u. A. J. Beck: J. A. L. C. A. 1919, 128.
Wilson, J. A. (1): Chemistry of Leather Manufacture, 2. Aufl., Bd. II. 1930; (2): Hide and Leather 1934, 20.

G. Appretieren.

Von **Dr. Wilhelm Vogel,** Freiberg i. Sa.

Unter Appretieren des Leders versteht man die Zurichtung desselben zu dem Zweck, entweder seine Qualität zu verbessern oder es gegen äußere Einwirkungen zu schützen. Die Verbesserung der Qualität besteht hauptsächlich darin, daß man dem Leder durch das Appretieren mehr Glanz, Glätte, Geschmeidigkeit und Fülle und damit ein schöneres Aussehen verleiht. Der Schutz gegen äußere Einwirkungen, der durch die Appretur erzielt wird, erstreckt sich hauptsächlich auf die Einflüsse von Feuchtigkeit, Luft und Licht. Die Appreturen können auch dazu dienen, ein Abfärben des Leders zu verhindern, die Farbe zu vertiefen und gleichmäßiger zu gestalten. Schließlich kann man zu den Appreturen auch diejenigen Stoffe rechnen, die namentlich dem Unterleder einverleibt werden, um ihm mehr Fülle und Gewicht zu geben; diese Stoffe und ihre Anwendung werden in dem Abschnitt „Nachgerbung" dieses Bandes behandelt und bleiben daher hier außer Betracht.

Nach ihrer vorstehend angegebenen Wirkung kann man die Appreturen einteilen in Glanz- und Schutzappreturen. Sehr viel Appreturen vereinigen aber beide Wirkungen in sich. Es besteht daher keine scharfe Grenze zwischen diesen beiden Appreturarten, sondern es richtet sich die Bezeichnung Glanz- und Schutzappretur darnach, ob die Glanz- oder die Schutzwirkung vorherrscht. Manche Appreturen wirken schon durch einfaches Auftragen für sich allein, viele kommen jedoch erst bei nachfolgender mechanischer Bearbeitung wie Walzen, Stoßen, Bürsten, Bügeln zur vollen Wirkung. Umgekehrt sind manche mechanische Zurichtarbeiten wie z. B. das Glanzstoßen nur nach vorherigem Auftrag einer entsprechenden Appretur ausführbar. Die rein mechanische Zurichtung wird gesondert in dem Abschnitt „Mechanische Zurichtmethoden" behandelt. Die nachfolgenden Ausführungen umfassen lediglich die Glanz- und Schutzappreturen, die zu ihrer Herstellung dienenden Rohstoffe, die Herstellung der Appreturen selbst, sowie der heute als Appreturmittel besonders wichtigen Deckfarben und schließlich die Anwendung der Appreturen und Deckfarben.

Die Herstellung der Appreturen nimmt der Gerber entweder selbst vor, oder er kauft die für die verschiedensten Zwecke im Handel befindlichen fertigen Präparate. Einfachere Appreturen sollte der Gerber selbst herstellen. Für komplizierter aufgebaute Zurichtmittel wie Deckfarben ist es empfehlenswerter, die fertigen Erzeugnisse zu beziehen. Auf dem Gebiete der Appreturen herrscht noch vielfach eine große Geheimniskrämerei, und es werden nicht selten recht unzweckmäßige Mischungen hergestellt oder gekauft. Daher ist es von großem Nutzen, wenn der Gerber die Eigenschaften und die Wirkungen der zur Bereitung von Appreturen dienenden Rohstoffe kennt; dann wird er auch leicht imstande sein, für den beabsichtigten Zweck aus verhältnismäßig einfachen und billigen Materialien eine gut brauchbare Appretur herzustellen. Je einfacher eine Appretur ist, um so durchsichtiger ist ihre Wirkung. Stets ist zu berücksichtigen, daß man ein und denselben Effekt mit den verschiedensten Mitteln erreichen kann. Es gibt daher keine Universalvorschriften. Auch die Appreturen, welche im folgenden angeführt werden, sind lediglich als Beispiele anzusehen, die nur als Anhaltspunkte dienen sollen und jederzeit eine dem beabsichtigten speziellen Zwecke entsprechende Abänderung erfahren können.

I. Rohstoffe für die Herstellung der Appreturen.

Die Anzahl der für die Herstellung von Appreturen dienenden anorganischen Stoffe ist verhältnismäßig gering. Die wichtigsten derselben sind Talkum und

Kaolin. Die hauptsächlich zum Färben der Appreturen gebräuchlichen Erd-
und Mineralfarben werden in dem Abschnitt „Deckfarben" besprochen. Die
meisten Rohstoffe für Appreturen sind organischer Natur. Für die Besprechung
derselben soll eine Zusammenfassung in Gruppen erfolgen, welche der Einteilung
der Appreturen in Fett-, Harz- und Wachs-, Schleim-, sowie Albumin- und
Kaseinappreturen entspricht. Von einer Behandlung der Fette und Öle kann an
dieser Stelle Abstand genommen werden, da sie bereits in dem Abschnitt „Fettung"
dieses Bandes eine eingehende Beschreibung gefunden haben. Auf die organischen
Lösungs-, Verdünnungs- und Weichmachungsmittel, sowie die Kollodiumwolle
und die Farblacke wird in dem Abschnitt „Deckfarben" näher eingegangen, da
diese Stoffe in erster Linie für die Deckfarben in Frage kommen.

1. Anorganische Rohstoffe.

Talk, Talkum, Federweiß, Speckstein, Talcum venetianum ist ein wasserhaltiges Magnesiumsilikat. Er kommt als feinschuppige, wachsglänzende, schiefe-
rige Masse im Talkschiefer von Böhmen, Tirol und Piemont vor. In derberer
Form findet er sich als Speckstein im Erzgebirge, in Ungarn, Bayern, England
und Schottland. Zur Herstellung der verschiedenen Handelsmarken wird der
Talkstein oder Speckstein fein gemahlen zu einem rein weißen, grau- oder gelb-
lichweißen, sich weich und fettig anfühlenden Pulver. Für die Verwendung
des Talks zu Appreturzwecken ist die Feinheit der Mahlung maßgebend. Sie soll
so fein sein, daß beim Reiben zwischen den Fingern nur ein glatter, schlüpfriger
Griff entsteht, ohne daß gröbere Teilchen zu spüren sind.

Kaolin, Porzellanerde, Pfeifenton, China-clay, Ton, ist reines, wasserhaltiges
Tonerdesilikat von der Formel $H_4Al_2Si_2O_9$ bzw. $Al_2O_3 \cdot 2\,SiO_2 \cdot 2\,H_2O$. Es ist durch
Zersetzung tonerdehaltiger Silikate, namentlich von Feldspat entstanden und
findet sich meist in sekundärer Lagerstätte bei Meißen, Aue, Zettlitz, Karlsbad,
Passau, Amberg, in Cornwall, in Devonshire, St. Yrieux, bei Limoge und anderen
Orten. In den Handel kommt es in Stücken oder als feines, möglichst weißes
Pulver. Die verschiedenen Sorten werden nach ihrer Farbe und ihrer Deckkraft
unterschieden. Die reinsten, weißen Kaoline stammen aus England und werden
unter dem Namen „China-clay" in den Handel gebracht.

Der Reinheitsgrad des Kaolins kann an seinem Gehalt an Al_2O_3 und SiO_2
erkannt werden. Reines Kaolin enthält theoretisch 39,5% Al_2O_3, 46,6% SiO_2
und 13,9% Wasser. Zum Vergleich verschiedener Kaolinsorten wird meist der
Prozentgehalt des geglühten, wasserfreien Produkts an Al_2O_3 und SiO_2 angegeben, z. B.

	Kaolin theoretisch	Kaolin Zettlitz I	China-clay	Kaolin Halle	Kaolin Yrieux
Al_2O_3	46	45	43,5	26	29.9
SiO_2	54	54,6	54	71	63

Kaoline zur Appretur lohgarer Leder sind auch auf ihren Eisengehalt zu
untersuchen und sollen möglichst eisenfrei sein.

Reine Kaoline sind in Wasser, verdünnten Säuren und Alkalien unlöslich,
werden aber durch konzentrierte Schwefelsäure zersetzt. In der Praxis wird
zwischen fetten und mageren Tonen unterschieden. Die fetten Tone enthalten
neben Tonerdesilikat nur noch Quarz und in Säuren und Alkalien lösliche Alu-
minium- und Kieselsäurehydrate. Sie bilden hauptsächlich das Material der
keramischen Industrie. Die mageren, mergeligen Tone, die viel Calcium- und

Magnesiumcarbonat enthalten, sind dagegen mehr als Farb- und Appretur-
materialien geschätzt. Zur groben Beurteilung der Kaoline und Tone kann schon
die Finger- und Zungenprobe dienen. Sie gestattet meist schon eine Unterscheidung zwischen fetten und mageren, sowie zwischen stärker und schwächer
klebenden Tonen. Auch das Anrühren mit Wasser bildet einen Anhaltspunkt
für die Beurteilung. Die Aufschlämmung in Wasser soll möglichst rein weiß sein.
Kaolin für Appreturzwecke soll dabei in Pulver zerfallen und sich nicht zu zähen
Massen zusammenballen.

Kaolin wird in der Lederindustrie in ähnlicher Weise verwendet wie Talkum,
ist jedoch nicht so weich und geschmeidig, dafür aber billiger im Preis.

2. Harze und Wachse.

Schellack, auch Gummilack genannt, ist das für Lederappreturen am meisten
gebrauchte Harz. Es findet sich auf den jungen Zweigen verschiedener ostindischer Bäume und Sträucher, auf denen es als Stoffwechselprodukt verschiedener Lacklaus-Arten in dünnen Schichten abgelagert wird. Der in dieser
Form gesammelte Schellack wird unter der Bezeichnung Stocklack (stick lac)
verkauft. Dieser Rohlack wird durch Schmelzen und Sieben gereinigt und dann
in Stangen, Kuchen oder Platten gegossen, die beim Abkühlen hart werden.
Die Platten werden dann in dünne Stückchen geschnitten und in der Form
dünner Blättchen in den Handel gebracht. Die hellsten Sorten werden als Lemonschellack, die dunkelrotbraunen als Rubinschellack bezeichnet. Andere Handelssorten sind Knopflack, Granatschellack und Orangeschellack. Durch Bleichen
wird der weiße Schellack gewonnen, der in schraubenartig gewundenen, seiden-
artig glänzenden Stangen oder als Pulver auf den Markt kommt. Der Schellack
ist in Wasser unlöslich, in Alkohol löslich. In schwach alkalischem Wasser ist er
löslich, doch ist diese Lösung meist trübe. Die Trübung rührt von Schellackwachs
her. Da dieses die Glanzwirkung vieler Appreturen beeinträchtigt, muß es durch
Filtrieren oder Dekantieren von der Schellacklösung getrennt werden. Schellack
erweicht bei ca. 80° C. Seine Säurezahl beträgt 55 bis 65, die Verseifungszahl
195 bis 210, die Jodzahl 16 bis 20. Verfälschungen des Schellacks mit dem
billigeren Colophonium können nachgewiesen werden durch Lösen des feingepulverten Materials in Benzin. Vom Schellack werden nur einige Prozente, vom
Colophonium bis zu 90% gelöst.

Colophonium oder gewöhnliches Harz wird beim Destillieren des Terpentins
aus dem Rohterpentin gewonnen. Es bildet eine gelbe bis braune, spröde, aber
etwas klebrige, fast geruchlose Masse, die bei 80 bis 100° erweicht und bei 100 bis
152° schmilzt. Es ist unlöslich in Wasser, aber löslich in alkalischen Lösungen,
ferner in Alkohol, Aceton, Benzol, Essigester, Terpentin und in vielen Ölen. Sein
spezifisches Gewicht beträgt 1,08, die Säurezahl 145 bis 185, die Verseifungszahl
153 bis 195, die Jodzahl 125 bis 250, der Aschegehalt 0,1 bis 1,2%.

Mastix, ein aus Pistacia lentiscus hauptsächlich auf der Insel Chios gewonnenes
Harz, bildet rundliche oder längliche Körner, „Mastixtränen", von blaßgelblicher
oder schwachgrünlicher Farbe vom spez. Gewicht 1,04 bis 1,07, erweicht bei
80 bis 90° und schmilzt bei 100 bis 120, ist löslich in Amylalkohol und Benzol-
kohlenwasserstoffen, teilweise löslich in Aceton, Methyl- und Äthylalkohol.

Sandarak, ein hauptsächlich aus Afrika stammendes Harz, kommt in Form
rundlicher oder länglicher Stücke von gelblicher Farbe, die häufig von einem weißen
Staub überdeckt sind, in den Handel. Spez. Gew. 1,05 bis 1,09. Schmelzp. 145
bis 148° C. Löslich in Alkohol, Amylalkohol, Terpentinöl, Aceton, teilweise
löslich in Benzin und Methylalkohol.

Elemi ist der Sammelname für eine Reihe aus dem tropischen Asien und aus Zentralamerika stammender Harze. Im Handel werden weiche und harte Sorten unterschieden. Die weichen Sorten bilden zähe, trübe, gelbliche bis grünliche Massen; die harten Sorten sind von lichtbrauner Farbe. Elemi hat einen gewürzigen, etwas bitteren Geschmack und einen fenchelartigen Geruch. Spez. Gew. ca. 1,085. Löslich in Benzol, Benzin, Aceton, Terpentinöl und in heißem Alkohol. Da die Handelsware meist beträchtliche Mengen Verunreinigungen, wie Holzfasern u. dgl., enthält, muß man Elemilösungen gut absitzen lassen und filtrieren.

Dammar, ein aus den Sundainseln stammendes Harz von gelber bis brauner Farbe, vom spez. Gew. 1,04 bis 1,05, erweicht schon bei 75°, wird bei 100° dickflüssig, bei 150° dünnflüssig und klar, ist löslich in Benzol, Benzin, Amylalkohol und Amylacetat, sowie in Terpentinöl.

Die vorstehend aufgeführten Harze sind Naturharze. Als Ersatz derselben wird in neuerer Zeit unter den verschiedensten Namen eine große Anzahl von Kunstharzen in den Handel gebracht. Diese Kunstharze sind entweder Phenol-Formaldehyd-Kondensationsprodukte, Vinylacetat-Polymerisate, Cyclohexanon-Kondensationsprodukte oder Ester der im Colophonium enthaltenen Säuren, besonders der Abietinsäure.

Von den zahlreichen im Tier-, Pflanzen- oder Mineralreich vorkommenden natürlichen Wachsen werden für Lederappreturen in der Hauptsache nur Bienen-, Karnauba-, Japan- und Montanwachs verwendet. In neuerer Zeit nimmt der Verbrauch an synthetischen Wachsen, namentlich den I. G.-Wachsen ständig zu.

Bienenwachs, der wichtigste Vertreter der tierischen Wachse, wird durch Ausschmelzen der vom Honig befreiten Bienenwaben als eine hellgelbe bis braunrote, knetbare Masse von angenehmem, schwach aromatischem Geruch gewonnen. Durch Bleichen kann es rein weiß erhalten werden. Es besteht in der Hauptsache aus Palmitinsäure-myricylester, $C_{15}H_{31} \cdot CO \cdot O \cdot C_{30}H_{61}$, ist unlöslich in Wasser, löslich in heißem Alkohol, Benzin, Benzol, Aceton, Terpentinöl. Für Lederappreturen kommt es vorwiegend als Dispersion in wässeriger Seifenlösung zur Anwendung.

Karnaubawachs, der wichtigste Vertreter der pflanzlichen Wachse, scheidet sich in Staubform auf den Blättern der in den Niederungen des Amazonenstroms vorkommenden Karnaubawachspalme ab. Der gesammelte Wachsstaub wird geschmolzen, in Formen gegossen und nach dem Erkalten zerkleinert. Das Wachs kommt in unregelmäßigen, harten Stücken von hellgelber, graugrüner bis braunschwarzer Farbe und angenehmem Geruch in den Handel. Man unterscheidet die Marke ,,fettgrau'', d. i. die im Ursprungslande durch Schmelzen des gesammelten Wachsstaubes ohne weitere Reinigung erhaltene, noch ziemlich stark verunreinigte Ware und ,,courantgrau'' oder sandgrau, d. i. das durch Umschmelzen des fettgrauen Wachses auf Wasser erhaltene reinere Produkt. Der Hauptwert des Karnaubawachses liegt in seinem hohen Schmelzpunkt und seinem starken Härtungsvermögen für andere Wachse. Es besteht in der Hauptsache aus Cerotinsäuremyricylester, $C_{25}H_{51} \cdot CO \cdot O \cdot C_{30}H_{61}$. Außerdem enthält es noch freie Cerotinsäure, $C_{25}H_{51} \cdot COOH$, Karnaubasäure, $C_{23}H_{47} \cdot COOH$, Cerylalkohol, $C_{26}H_{53} \cdot OH$, und Myricylalkohol, $C_{30}H_{61} \cdot OH$. Karnaubawachs ist unlöslich in Wasser, auch in heißem Alkohol nur etwas löslich. Durch Behandlung mit Alkalien entstehen Emulsionen, welche die unverseifbaren Wachsalkohole und Kohlenwasserstoffe in feinster Verteilung enthalten, ohne daß sie in der Lauge gelöst sind. Je nach der Konzentration der Lösung und der Stärke der Verseifung entstehen dabei Emulsionen, die in der Kälte entweder salbenartig sind oder flüssig bleiben. Die glatteste Emulsion wird erzielt durch Verkochen des Karnaubawachses mit einer

Seifenlösung. Die hierbei entstehenden Emulsionen finden ausgedehnte Verwendung für Schuhcremes und Lederappreturen. Die durch Verseifung mit kohlensauren oder ätzenden Alkalien gewonnenen Emulsionen sind weniger gut.

Kandelillawachs, das Ausscheidungsprodukt verschiedener mexikanischer Wüstenpflanzen, bildet eine spröde graugelbe bis dunkelbraune Masse, ist in vieler Hinsicht dem Karnaubawachs ähnlich und wird auch ähnlich wie dieses verwendet.

Japanwachs wird im Gebiet von Kobe und Osaka aus den Früchten verschiedener Sumacharten durch warmes Pressen gewonnen. Es ist ein sprödes Produkt, sieht frisch blaßgelb aus, wird bei längerem Lagern bräunlich und erhält einen weißlichen Anflug, besteht im wesentlichen aus Palmitin und den Glyceriden der Japansäure, ist leicht verseifbar, in heißem Alkohol, in Benzol und Benzin löslich. Für Lederappreturen wird es in wässerigen Seifenlösungen dispergiert; wegen seines niedrigen Schmelzpunktes ist seine Verwendung jedoch beschränkt.

Montanwachs wird aus bitumenreicher Braunkohle durch Extraktion mit Benzol oder durch Schwelung gewonnen. Nach dem Abdampfen des Benzols hinterbleibt es als schwarzbraune harte, mattglänzende Masse. Es kommt meist ungereinigt, seltener gebleicht in den Handel. Es enthält vorwiegend Montansäure, $C_{28}H_{58}O_2$, höhere Alkohole und Ester und ist löslich in heißem Benzol. Montanwachs dient als Ersatz für das wesentlich teurere Karnaubawachs.

Synthetische Wachse werden von der I. G. Farbenindustrie A. G. durch Verestern von Fettsäuren mit Alkoholen als hellfarbige feste Substanzen von großer Reinheit und stets gleichmäßiger Zusammensetzung hergestellt. Die für Lederappreturen und Schuhcremes vorwiegend in Frage kommenden Marken O, OP und E können das Karnaubawachs ersetzen und zeichnen sich gegenüber diesem Naturprodukt durch eine höhere Verseifungszahl, einen höheren Schmelzpunkt und einen geringeren Gehalt an Unverseifbarem aus. Ferner weisen sie eine hellere Farbe und eine größere Härte auf. Ein besonderer Vorzug dieser synthetischen Wachse ist ihr gesteigertes Ölbindungsvermögen für Terpentinöl und andere Lösungsmittel, sowie ihre höhere Glanzgebung. Die nachstehende Zusammenstellung der wichtigsten Konstanten der besprochenen Wachse läßt die Überlegenheit der synthetischen Wachse gegenüber den Naturprodukten erkennen.

Wachsart	Schmelz-punkt ^{0} C	Spezifisches Gewicht	Säurezahl	Versei-fungszahl	Unverseif-bares %
Bienenwachs . .	61— 70	0,95—0,97	19—21	87— 97	50—56
Karnaubawachs .	80— 86	0,99—1,00	6—10	80— 86	52—56
Kandelillawachs .	76— 70	0,94—0,99	12—18	58— 64	66—73
Japanwachs . .	46— 50	0,96—0,98	18—26	212—220	1— 1,5
Montanwachs . .	78— 84		20—28,5	58— 82	28—36
IG-Wachs O u. OP	105—108	1,03—1,04	10—20	100—140	7—10
IG-Wachs E . .	80— 83	1,01—1,02	15—20	155—175	7—10

3. Schleim- und Gummistoffe.

Leinsamen ist der Samen des in allen Erdteilen angepflanzten Leins (Linum usitatissimum L.). Es sind 4 bis 6 mm lange, 2 bis 3 mm breite und 1 mm dicke, an einem Ende abgerundete, am anderen Ende zugespitzte braune, glänzende Körner mit spröder Schale. Er enthält ungefähr 36% Leinöl, 23% Eiweißstoffe, 29% stickstofffreie Extraktstoffe und 4% anorganische Stoffe. Den für Appreturzwecke wesentlichen Bestandteil des Leins bildet neben dem Öl sein Gehalt an Schleimstoffen, der ungefähr 5% beträgt. Die Schleimstoffe sitzen in der Oberhaut der Samenkörner und werden durch Auskochen der zerquetschten Körner mit etwa der 40fachen Menge Wasser gewonnen.

Flohsamen stammt von verschiedenen in Südeuropa vorkommenden Wegericharten. Es sind etwa 3 mm lange, 1 mm breite, elliptische, auf der einen Seite gewölbte, auf der anderen Seite ausgehöhlte Körner von bräunlicher bis schwärzlicher Farbe und enthalten ungefähr 15% Schleimstoffe. Der Sitz derselben ist die äußere Samenhaut, die beim Benetzen mit Wasser stark aufquillt und den Samen mit einer wolkigen Hülle umgibt.

Karragheenmoos, auch Perlmoos, irländisches oder isländisches Moos genannt, ist kein eigentliches Moos, sondern eine an den Küsten des Atlantischen Ozeans und der Nordsee massenhaft vorkommende Seealge (Fucus crispus). Sie wächst auf Felsen, die nur bei Flut vom Wasser bedeckt sind. Daher wird sie bei Ebbe gesammelt und an der Sonne getrocknet. In getrocknetem Zustande ist sie knorpelig, etwas durchscheinend, von gelblicher bis bräunlicher, selten weißer Farbe; die einzelnen Algen sind sehr stark verästelt und an den Enden geteilt; ihre Äste haben ein riemenartiges Aussehen. In neuerer Zeit wird es auch in gepulverter Form in den Handel gebracht. Es enthält 55 bis 60% Schleimstoffe. Noch schleimreicher ist der aus dem Moos hergestellte Karragheenschleim oder Karragheenextrakt. Die schleimgebende Substanz wird als „Carragin" bezeichnet. Zur Herstellung einer Karragheenabkochung wird das Moos zur Entfernung des in ihm enthaltenen Salzes einige Stunden in kaltes Wasser gelegt, das Wasser abgegossen und der Rückstand einige Stunden mit heißem Wasser, dem zweckmäßig etwas Soda zugesetzt ist, gekocht, und dann die Lösung noch heiß durch ein Sieb oder Tuch geseiht. Das Karragheenmoos braucht zur Lösung des gesamten Schleims sehr viel Wasser, etwa die 20- bis 40fache Menge seines Gewichts. Die Lösung gelatiniert beim Abkühlen, wenn sie mehr als 10 g Moos pro Liter enthält. Die Karragheenabkochung ist leicht zersetzlich. Um sie vor dem Verderben zu bewahren, werden ihr pro 100 l 30 bis 50 g Salicylsäure oder 30 g Formaldehyd zugesetzt.

Algin ist ein Schleimstoff, der aus den gewöhnlichen Seetangen (Seegras), Laminaria digitata und Laminaria stenophylla, gewonnen wird. Es ist das Natriumsalz der Alginsäure, wird fabrikmäßig aus dem Seegras hergestellt und kommt in Form eines gelblichen Pulvers oder als durchsichtige Blättchen in den Handel. Zur Herstellung des Algins wird das vorher zur Entfernung des Salzes mit Wasser gewaschene Seegras in kochender Ätznatronlösung gelöst. Aus dieser Lösung wird die Alginsäure mit Schwefelsäure ausgefällt. Die so gewonnene Alginsäure wird dann zu einer alkalischen Alginatlösung gegeben, und zwar in solcher Menge, daß man eine neutrale Lösung von Natriumalginat erhält. Als Appretiermittel wird das Algin in 5- bis 10proz. Lösung angewandt.

Tragant, Gummitragant ist der erhärtete Schleimsaft verschiedener asiatischer Astragalusarten. Er kommt in Form flacher, weißer, durchscheinender Stücke von hornartiger Beschaffenheit oder als gelbes Pulver in den Handel. Mit 50 Teilen Wasser übergossen, quillt er allmählich zu einer trüben, gallertartigen Masse auf. Auf Zusatz von Alkali löst er sich. In Lösungen, die pro Liter 5 bis 10 g Tragant enthalten, wird er zuweilen als Ersatz für Leinsamenschleim zu Appreturen verwendet.

Tragasol [(3) A. Kraus, S. 7] ist ein aus den Kernen oder dem Samen des Johannisbrotbaumes (Ceratonia siliqua L.) gewonnenes Produkt. Die Herstellerfirma, The Gum Tragasol Supply Co., Ltd., Hooton, near Birkenhead (England), bringt dieses als Appretier- und Füllmittel verwendete Produkt als steife Gallerte, ferner auch in Pulverform (= Tragon) in den Handel.

Methylcellulose [(3) A. Kraus, S. 8], der Methyläther der Cellulose, kommt unter dem Namen Tylose S. Colloresin DK usw. in den Handel. Sie ist wasserlöslich und ähnelt in ihren Eigenschaften als Füllmittel und Pigmentbindemittel dem Tragasol.

4. Eiweißstoffe.

Eialbumin ist getrocknetes Hühnereiweiß. Zu seiner Gewinnung wird die vom Dotter getrennte Eiweißlösung geklärt und dann in offenen Schalen oder im Vakuum bei einer 40° C nicht übersteigenden Temperatur vorsichtig eingedampft. Man erhält dabei das Eialbumin in durchscheinenden hornartigen Blättchen von hellgelber, bernsteinähnlicher Farbe. Zuweilen kommt es auch in Pulverform in den Handel. Zur Herstellung von 1 kg Eialbumin sind 200 bis 250 Eier erforderlich.

Blutalbumin, das wesentlich billiger ist als Eialbumin, wird aus frischem Blut hergestellt. Das Blut gerinnt kurze Zeit nach dem Schlachten. Hierbei scheiden sich Fibrin und Blutkörperchen als gallertartige Masse ab. Dieser Blutkuchen wird von der Blutflüssigkeit, dem Serum, am besten durch Zentrifugieren getrennt. Das Serum wird dann eventuell nach Entfärbung mit Tierkohle unter den gleichen Vorsichtsmaßregeln eingedampft wie oben für die Eialbuminlösung angegeben. Blutalbumin wird dabei als gelbe bis dunkle Blättchen erhalten. Zur Herstellung von 1 kg Blutalbumin sind 50 bis 60 l Blut erforderlich. Blutalbumin ist nur für die Herstellung dunkel gefärbter Leder zu gebrauchen. Für die Appretierung derartiger Leder wird nicht selten statt des Blutalbumins Blut selbst verwendet. In diesem Falle ist zu beachten, daß das Blut unmittelbar nach dem Schlachten gut gerührt wird, um sein Gerinnen zu verhindern. Vor dem Gebrauche ist das Blut gut zu entschleimen, durchzuseihen und mit Wasser zu verdünnen. Blut zersetzt sich sehr rasch. Um es einige Zeit haltbar zu machen, muß ihm ein Antisepticum zugesetzt werden. Hierfür genügen etwa 0,5 g Mirbanöl pro Liter Blut.

Sowohl Ei- wie Blutalbumin koaguliert bei etwa 55°. Daher soll die Temperatur des beim Lösen verwendeten Wassers 40° nicht übersteigen. Aus dem gleichen Grunde darf die Temperatur beim Eindampfen der Albuminlösungen nicht höher sein, weil sonst das Albumin seine Löslichkeit in Wasser mehr oder weniger verliert. Außer durch Erwärmen wird das Albumin in seinen Lösungen auch koaguliert durch verdünnte Säuren, ferner manche Salze, namentlich Zink- und Aluminiumsalze, sowie durch Formaldehyd. Koaguliertes Albumin ist löslich in Alkalien. Um Albumin zu lösen, läßt man es einen Tag lang erst in Wasser von 20 bis 25° quellen. Die Lösungen des Albumins sind gewöhnlich etwas trübe; die Eialbuminlösungen sind meist farblos, während die Blutalbuminlösungen eine dunkle Farbe aufweisen, die von Blutfarbstoffen herrührt.

Casein, der Eiweißstoff der Milch, wird ebenso wie diese viel zur Herstellung von Appreturen, namentlich für helle Leder gebraucht. Frische Kuhmilch enthält im Mittel: 3,4% Fett, 4,5% Milchzucker, 3% Casein, 0,5% Albumin, 0,7% Salze und rund 88% Wasser. Zur Herstellung des Caseins wird es aus der von Fett befreiten (entrahmten) sog. Magermilch durch Zusatz von Säure ausgefällt, abfiltriert, gewaschen, abgepreßt und bei 40 bis 50° bei gutem Luftzug vorsichtig getrocknet. Das so gewonnene Casein wird als Säurecasein bezeichnet im Gegensatz zum Labcasein, das durch Zusatz des aus dem Kälbermagen stammenden Labferments aus der Magermilch ausgeschieden wird und vorwiegend zur Herstellung von Kunsthorn dient.

In ganz reinem Zustand bildet das Casein eine klare, durchsichtige, hornartige Masse. Die Handelsprodukte besitzen eine milchige Trübung und eine gelblichweiße Farbe, die von Fett herrühren, das beim Ausfällen mitgerissen wird. Meist kommt das Casein gemahlen in den Handel und stellt dann ein weißes oder gelbliches, grießartiges Pulver dar. Zuweilen wird es auch in Körnerform in den Handel gebracht. Reines Casein ist geruchlos. Die besseren Handelssorten riechen nicht unangenehm, nur geringere Sorten riechen ranzig. In Wasser, ebenso in Alkohol ist Casein unlöslich, quillt aber in Wasser stark auf und wird bei längerem Liegen in kaltem Wasser teilweise wasserlöslich. In Ammoniak, Alkalien und alkalisch reagierenden Salzen wie Borax ist es leicht löslich und wird aus diesen Lösungen durch Säuren wieder ausgeschieden. Das technische Casein kommt in zwei verschiedenen Formen in den Handel, nämlich „alkalilöslich", das ist unverändertes Casein, und „wasserlöslich", das ist durch alkalische Mittel löslich gemachtes Casein. Bei technischem Casein beträgt der Wassergehalt 10 bis 12%, der Aschegehalt bis zu 6%, der Fettgehalt bis zu 3% und der Säuregehalt bis zu 0,5%.

Calafene [(3) A. Kraus, S. 8) ist der Name eines Produkts von wahrscheinlich eiweißartiger Konstitution, das die Apex Chemical Co., Inc., 225 West 33th street, New York, in den Handel bringt. Es bildet eine gelbliche, zähe, schneidbare Masse, die sich in heißem Wasser gut auflöst. Calafene eignet sich als Füllstoff für Appreturen und als Bindemittel für Pigmente.

II. Einteilung und Herstellung der Appreturen.

Neben der Unterscheidung zwischen Glanz- und Schutzappreturen kann man je nach der Seite des Leders, die appretiert wird, auch von Narben- und von Fleischappreturen sprechen. Am zweckmäßigsten dürfte es sein, für die Besprechung der Appreturen denjenigen Stoff zugrunde zu legen, der ihren Hauptbestandteil bildet, bzw. durch den in erster Linie der mit der Appretur beabsichtigte Zweck erreicht wird. Nach diesem Gesichtspunkt teilt man ein in Fettappreturen, Harz- und Wachsappreturen Schleimappreturen, Albumin- und Caseinappreturen. Alle diese Stoffe müssen die Eigenschaft besitzen, genügend fest auf dem Leder zu haften, sowie ihm einen gewissen Schutz gegen äußere Einflüsse zu verleihen. Ferner kommt ihnen allen eine größere oder geringere Glanzwirkung zu. Der Glanz ist entweder Eigenglanz oder wird durch mechanische Einwirkungen wie Stoßen, Bürsten, Pressen, Reiben u. dgl. erst hervorgerufen. Wegen dieser Eigenschaft werden diese Appreturen auch als „Glänzen" bezeichnet.

Die Appreturen werden entweder als Lösungen, als Emulsionen oder als Pasten zur Anwendung gebracht. Als Lösungsmittel dient in den meisten Fällen Wasser, doch sind auch alkoholische Lösungen in Gebrauch. Außer dem Grundstoff und dem Lösungsmittel enthalten viele Appreturen noch Zusätze von Füllstoffen, Weichmachungsmitteln, Farbstofflösungen und antiseptischen Mitteln. Als Füllmittel dienen unlösliche Stoffe wie Talkum, Kaolin, Schwerspat, unter Umständen auch geringe Mengen von Farbpigmenten. Weichmachungsmittel sind Öle und Fette. Zum Anfärben nimmt man je nach dem Aufbau der Appretur wasser-, sprit- oder fettlösliche Farbstoffe, und zwar vorwiegend saure Teerfarbstoffe, für Schwarz auch Blauholzabkochungen. Die Färbung soll mit derjenigen des Untergrunds übereinstimmen. Appreturen, die größere Mengen von leicht zersetzlichen organischen Substanzen, namentlich von Eiweißstoffen enthalten, erfordern den Zusatz eines Konservierungsmittels. Hierfür kommen in Betracht Karbolsäure, Salicylsäure, Borsäure, Mirbanöl, Chinosol u. a.

Zur Herstellung von Appreturlösungen werden die entsprechenden Rohstoffe bei gewöhnlicher Temperatur oder in der Wärme in Wasser oder Spiritus gelöst, möglichst unter gutem Umrühren. Um beim Lösen in der Wärme ein Anbrennen zu verhindern, erhitzt man zweckmäßig in einem mit Dampf heizbaren Kessel. Manche Stoffe müssen vor dem Lösen erst in kaltem oder warmem Wasser längere Zeit aufquellen. Stärke und Mehl, die bisweilen auch zu Appreturen verwendet werden, müssen stets für sich mit der nötigen Menge Wasser verkocht werden. Wünscht man lediglich ein leichtes Verquellen, so wird nur mit heißem Wasser abgebrüht, soll dagegen eine gute Verkleisterung erfolgen, so ist einige Zeit auf Siedetemperatur zu erhitzen. Will man, wie es bei vielen Appreturen nötig ist, klare Lösungen haben, so wird die Appretur nach erfolgter Lösung durch ein Sieb oder ein Tuch gegossen. Bisweilen kann man den gleichen Zweck erreichen, indem man die Lösung stehen läßt und dann die klare, über den ausgeschiedenen Stoffen stehende Lösung abgießt. Zur Herstellung von Emulsionsappreturen wird der zu emulgierende Stoff dem Emulsionsmittel unter sehr gutem Rühren langsam zugesetzt und dann noch einige Zeit bis zur einheitlichen gründlichen Emulsion weitergerührt. Pastenförmige Appreturen werden erhalten, indem man in der Wärme die einzelnen Bestandteile zusammenschmilzt und dann während des Erkaltens rührt, bis das Ganze abgekühlt ist und pastenförmige Konsistenz angenommen hat. Ähnlich werden die heißen Lösungen schleimiger Stoffe beim Erkalten gerührt, bis sie gallertartig geworden sind. Unlösliche Stoffe wie Kaolin, Talkum, Pigmente u. dgl. dürfen erst zum Schluß mit der Appretur innig verrührt oder verknetet werden. Teerfarbstoffe, ebenso Antiseptika sind für sich gesondert aufzulösen und dann der Appretur unter gutem Rühren beizumengen. Die Herstellung der Appreturen ist zwar im Grunde genommen keine schwierige Operation, erfordert aber doch einige Übung und Erfahrung, weil bei jeder Appretur sich die Herstellungsweise stark nach der Natur der Stoffe richtet, aus denen sich die Appretur aufbaut. Hierauf soll im folgenden an der Hand von Beispielen etwas näher eingegangen werden.

Die Fettappreturen enthalten als glanzgebende Stoffe Paraffin, Stearin, Ceresin u. dgl., denen zur Erhöhung des Glanzes noch Wachse zugesetzt sind. Diese Stoffe sind in gekochtem Leinöl oder Knochenöl gelöst. Zur Herstellung einer derartigen Glänze werden die festen Stoffe so lange mit dem Öl erwärmt, bis sie geschmolzen sind; dann wird mit dem Erhitzen aufgehört und so lange gerührt, bis die Masse eine salbenartige Konsistenz angenommen hat. Als Beispiele für die Zusammensetzung seien angeführt:

I.	II.
Karnaubawachs . . . . 2 Teile	Karnaubawachs . . . . 2 Teile
Paraffin . . . . 1 Teil	Stearin . . . . 2 ,,
Leinöl . . . . 4 Teile	Leinöl . . . . 5 ,,

Zusätze von Colophonium sind nur in ganz beschränktem Maße zulässig, weil es klebrig macht. Fettappreturen vorstehender Art liefern einen matten milden Glanz. Wünscht man einen Hochglanz, so wählt man statt des Fettgemisches eine Appretur in Emulsionsform. Zur Herstellung einer solchen Glänze kann man folgende Stoffe nehmen:

Karnaubawachs . . . . 2 Teile
Stearin . . . . 2 ,,
Paraffin . . . . 1 Teil
Leinöl . . . . 2 Teile
Ammoniak . . . . 0,25 ,,
Wasser . . . . 2 ,,

Wachs, Stearin, Paraffin und Leinöl werden durch Erwärmen verflüssigt und dann abkühlen lassen, bis die Masse dickflüssig zu werden beginnt. Hierauf wird das Wasser und schließlich das Ammoniak unter gutem Rühren allmählich zugesetzt.

Die unter I und II genannte Mischung mit etwas Terpentinöl versetzt und mit einem entsprechenden Teerfarbstoff gefärbt, gibt eine für mäßig gefettete Leder, besonders Chromoberleder, sehr geeignete Creme. Zu den Fettappreturen kann man auch die Seifenschmieren rechnen, die auf die Fleischseite mancher Lederarten z. B. von Geschirrledern und auf Spalte aufgetragen werden. Es sind Emulsionen von Fetten, Ölen oder Wachsen in wässeriger Seifenlösung, denen zuweilen noch ein durchgeseihter Absud von Karragheenmoos beigegeben wird. Durch den Schleimgehalt dieser Appreturen sowie die feine Emulgierung des Fettes werden die Fasern an der Oberfläche des Leders geschmeidig und leicht glättbar gemacht. Eine Seifenschmiere läßt sich herstellen, indem man 3 kg Seife in 20 l heißem Wasser löst. Gleichzeitig schmilzt man je 5 kg Talg, Tran und Degras zusammen. Dann rührt man diese Schmelze in die heiße Seifenlösung ein und rührt bis zum Erkalten des Gemisches.

Als Seifenschmiere für Fahlleder ist folgende Mischung zu empfehlen:

> 500 g Kernseife
> 1000 g Talg
> 500 g Degras
> 250 g Talkum
> 250 g Karragheenextrakt
> auf 5 Liter aufgefüllt

Harz- und Wachsappreturen. Die Fettappreturen haben in neuerer Zeit an Bedeutung verloren. An ihrer Stelle werden Harz- und Wachsappreturen bevorzugt. Je nachdem man das betreffende Harz in alkoholischer Lösung oder in wässeriger Verseifung anwendet, kommt man zu Spiritusglänzen oder zu wässerigen (verseiften) Glänzen. Die Spiritusappreturen sind widerstandsfähiger gegen Feuchtigkeit; die wässerigen Appreturen werden ihnen aber ihrer Billigkeit halber häufig vorgezogen. Da die Wachse und Harze etwas spröde sind, müssen den mit ihnen hergestellten Appreturen noch gewisse Weichmachungsmittel zugesetzt werden. Als solche sind für alkoholische Appreturen Ricinusöl, für wässerige Appreturen sulfonierte Öle zu empfehlen. Das am meisten für Appreturen gebrauchte Harz ist der Schellack, doch werden auch Elemi, Mastix oder Sandarak verwendet. Die einfachste Art der Herstellung einer Schellackappretur ist die Auflösung des Schellacks in Spiritus. Für besonders helle Appreturen nimmt man gebleichten Schellack. Als Beispiele für Schellackappreturen mögen die folgenden dienen [J. Jettmar (1), S. 441].

<table>
<tr><td align="center">I.</td><td align="center">II.</td></tr>
<tr><td align="center">Für Leder mit normalem Narben:</td><td align="center">Für Leder mit etwas losem Narben:</td></tr>
<tr><td align="center">500 g Rubinschellack</td><td align="center">500 g Rubinschellack</td></tr>
<tr><td align="center">2,5 l Spiritus 90%</td><td align="center">3 l Spiritus 90%</td></tr>
<tr><td align="center">50 g Glycerin 28° Bé</td><td align="center">200 g Venetianisches Terpentin</td></tr>
<tr><td align="center"></td><td align="center">50 g Ricinusöl</td></tr>
</table>

Zur Herstellung dieser Appreturen wird der gepulverte Schellack in einer Flasche an einem mäßig warmen Orte unter öfterem Schütteln mit dem Spiritus stehen lassen, dann die klare Lösung von dem hinterbliebenen Satz abgegossen und mit den übrigen Bestandteilen versetzt.

<table>
<tr><td align="center">III.</td><td align="center">IV.</td></tr>
<tr><td align="center">Helle Schellackappretur:</td><td align="center">Mastixappretur:</td></tr>
<tr><td align="center">100 g Schellack gebleicht</td><td align="center">120 g Mastix</td></tr>
<tr><td align="center">40 g Elemiharz</td><td align="center">50 g Sandarak</td></tr>
<tr><td align="center">1 l Spiritus 90%</td><td align="center">20 g Ricinusöl</td></tr>
<tr><td align="center"></td><td align="center">1 l Spiritus 90%</td></tr>
</table>

Die Spiritusappreturen haben den Nachteil, daß sie nur auf nichtgefettetem Leder haften. Für fettreiche Leder wendet man daher besser wässerige Harzappreturen an. Schellack kann durch verdünnte Alkalien in kolloide Lösung gebracht werden, wozu auf 100 g Schellack ungefähr 25 g Borax oder 15 bis 20 g konz. Ammoniak notwendig sind. Die wässerigen Schellackappreturen erfordern etwas Weichmachungsmittel in Form von Türkischrotöl, Glycerin oder Ricinusölseife. Auch ein geringer Zusatz eines antiseptischen Mittels empfiehlt sich. Nachstehend zwei Beispiele:

V.		VI.	
Schellack . . . . . . 20 Teile		Rubinschellack . . 27,00 Teile	
Borax . . . . 5 ,,		Ätzkali, techn. . . 2,25 ,,	
Glycerin . . . . . . 2 ,,		Borsäure . . . . . 2,25 ,,	
Wasser . . . . 50 ,,		Ricinusölseife . . . 2,25 ,,	
		Wasser . . . . . . 66,25 ,,	

Man gibt zunächst die zerkleinerte Seife zur Ätzkalilösung und trägt dann bei ca. 80° C unter beständigem Rühren den zerkleinerten Schellack zusammen mit der Borsäure ein.

An Stelle der reinen Schellackappreturen werden heute häufig verseifte, wachshaltige Appreturen benützt. Das Wachs gibt einen vorzüglichen Hochglanz, der durch Reiben noch gesteigert werden kann. Als Wachse für solche Appreturen eignen sich: Bienenwachs und Karnaubawachs, die zur Verbilligung zuweilen mit Japanwachs oder Colophonium gestreckt werden. Auch die synthetischen Wachse der I. G. Farbenindustrie haben sich für diesen Zweck bewährt. Die Wachse sind in Wasser unlöslich, lösen sich aber in den meisten Fetten und Ölen. Durch Einwirkung von Alkalien erhält man seifenähnliche Produkte, die mit Wasser gute Emulsionen bilden und viel für Lederappreturen Verwendung finden. Alle Schuhcremes stellen in der Hauptsache Mischungen dieser Wachse dar entweder in wässeriger Verseifung oder verseift mit Fetten und Terpentin unter Beimischung von Farbstoffen und Füllmitteln. Auch die nicht verseifbaren wachsähnlichen Stoffe Ceresin und Paraffin werden mit Wachsen vermengt oder allein zur Herstellung von Appreturen angewandt. Die Wachsappreturen sind Emulsionsglänzen. Am einfachsten erfolgt ihre Herstellung derart, daß man das geschmolzene Wachs in die Seifenlösung unter starkem Rühren einlaufen läßt (Beispiel VII). Beim nachstehenden Beispiel VIII wird in die Schmelze von Wachsen und Terpentin die zerkleinerte Kernseife eingetragen und dann das Ganze mit der siedenden Schellack-Ätznatronlösung verseift.

VII.

Karnauba- oder Bienenwachs . . .	300 g
Weiße Seife	300 g
Glycerin	90 g
Wasser	4310 g

VIII.

I. G.-Wachs O	5,40 Teile
I. G.-Wachs E	2,70 ,,
Venetianisches Terpentin . . .	1,10 ,,
Kernseife	1,10 ,, .
Natriumhydroxyd	0,33 ,,
Schellack, gebleicht	2,20 ,,
Wasser	87,17 ,,

Für die Wahl der Wachse und Seifen ist hauptsächlich die Preisfrage maßgebend. Es ist jedoch auch zu berücksichtigen, daß sich beim Glanzstoßen die Temperatur an der Oberfläche der Leder nicht unbeträchtlich erhöht. Wenn nun diese Temperatur höher ist als der Schmelzpunkt des verwendeten Wachses, so büßen die Leder einen Teil ihres Glanzes ein. Aus diesem Grunde sind für Leder, die glanzgestoßen werden sollen, Wachse mit höherem Schmelzpunkt, wie z. B. Karnaubawachs oder I.G.-Wachse, zu wählen und größere Wachsmengen zu vermeiden. Zur Erzeugung eines Hochglanzes durch Polieren glanzgestoßener Leder leisten die Wachs- und Schellackappreturen vorzügliche Dienste.

Dem gleichen Zweck wie die Harzappreturen dienen die Schleimappreturen. Sie werden aus den verschiedenen schleimgebenden Rohmaterialien, die auf S. 522 behandelt sind, durch Erhitzen mit Wasser hergestellt. Die wichtigsten dieser Stoffe sind Leinsamen und Karragheenmoos; auch Flohsamen und Algin kommen in Betracht, während Tragant und Agar in der Lederindustrie nur wenig angewandt werden. Die Schleimappreturen enthalten außer den eigentlichen Schleimstoffen meist noch Milch- oder Seifenlösung. Als Beispiel einer Leinsamen-Milchappretur sei angeführt (M. C. Lamb-L. Jablonski, S. 266):

500 g Leinsamen
$1\frac{1}{2}$ l Milch
15 l Wasser

Der zerquetschte Leinsamen wird $\frac{1}{2}$ bis 1 Stunde mit Wasser ausgekocht, durch ein Tuch geseiht, der Rückstand nochmals ausgekocht, durchgeseiht und der Absud zur ersten Abkochung gegeben. Nach dem Erkalten wird die Milch zugegeben und auf 15 l aufgefüllt. Die Leinsamenappretur läßt sich mit basischen Farbstoffen gut anfärben und hinterläßt auf dem Leder eine füllkräftige, zäh-geschmeidige Schicht. Sie wird lauwarm aufgetragen und zieht auf der Narben-seite wie auf der Fleischseite gut und rasch ein. Zur Verbesserung des Griffes kann man der vorstehend angeführten Appretur noch etwas neutrale Fettseife zugeben. Wesentlich ausgiebiger als der Leinsamen ist Flohsamen, der etwa 15% Schleimstoffe enthält. Noch schleimstoffhaltiger sind die oben beschriebenen Meeresalgen und Seetange.

Zur Herstellung einer Karragheenappretur läßt man das „Moos" mit der 20fachen Menge Wasser 24 Stunden quellen und erwärmt nach nochmaligem Zusatz der gleichen Menge Wasser $1\frac{1}{2}$ Stunden unter beständigem Rühren fast zum Sieden. Hierauf wird ohne nachzupressen durch Packleinwand filtriert. Wenn man eine steifere Appretur haben will, nimmt man bloß die Hälfte der vorstehenden angegebenen Wassermengen und setzt noch 5% Glycerin zu, damit die Appretur nicht zu steif wird.

Als Fleischappretur für Geschirrleder wird empfohlen [J. Jettmar (2), Jahrg. 1913]:

250 g Karragheenmoos ⎫
60 g Olivenöl   ⎬ Lösung A, gelöst und durchgeseiht
5 l kochendes Wasser ⎭
1,5 kg Federweiß ⎫
3 l Wasser   ⎬ Lösung B

Das Federweiß wird in die 3 l Wasser eingerührt und dann die Lösung B der Lösung A unter gutem Rühren zugegeben.

Als Aasappretur für Vacheleder hat sich folgende Mischung bewährt:

8 l Wasser
2 l Karragheenextrakt
500 g Talkum
250 g sulfuriertes Öl

Karragheenappreturen lassen sich leicht anfärben, doch ist zu beachten, daß das Anfärben mit sauren Farbstoffen erfolgen muß. Basische Farbstoffe würden ausgefällt. Karragheenappreturen sind warm aufzutragen.

Ein vorzügliches Mittel für Schleimappreturen ist das Algin (vgl. S. 522). Es enthält fast keine löslichen Salze, weshalb seine Auftragung weder aus-kristallisiert noch brüchig wird. Ein weiterer Vorteil ist seine gute Löslichkeit und seine leichte Mischbarkeit mit den übrigen Zusatzmitteln. Es hat eine verhältnismäßig gute Haltbarkeit, die durch Zusatz von etwas Formaldehyd oder Karbolsäure noch wesentlich gesteigert werden kann. Als Glanzstoßappretur für farbige Leder empfiehlt M.C. Lamb (3) eine Lösung von 3 Teilen Algin, 1 Teil Dextrin in 100 Teilen Wasser, wozu noch 5 Teile Milch und unter Umständen etwas saurer Farbstoff zugesetzt werden.

Eine ähnliche Wirkung wie die Schleimstoffe üben die gummiartigen Stoffe Tragant und Tragasol aus.

Leim und Gelatine werden ebenfalls bisweilen als Appreturmittel gebraucht. Zur Herstellung von Lösungen läßt man diese Stoffe zunächst in Wasser quellen und löst sie dann durch kurzes Erwärmen auf. Leim und Gelatine sind jedoch für Lederappreturen nicht besonders geeignet, weil sie auf dem Leder brüchige Filme geben. Dieser Mißstand kann auch durch Weichmachungsmittel wie Glycerin nur teilweise beseitigt werden. Anderseits bieten diese Appreturen den Vorteil, daß sie durch Behandeln mit Formaldehydlösungen unlöslich, also gut wasser- und reibfest gemacht werden können. Schleimige Appreturen lassen sich auch aus Stärke, Dextrin oder Mehl herstellen. Derartige Appreturen sind wohl in der Textilindustrie viel gebräuchlich; in der Lederindustrie spielen sie nur eine ganz untergeordnete Rolle.

Albumin- und Caseinappreturen werden sehr viel angewandt. Zur Herstellung der Albuminglänzen dient als Ausgangsmaterial für helle Leder das Eialbumin, für dunkle und schwarze Leder das Blutalbumin. Statt aus diesen Präparaten des Handels kann man sich auch aus dem Eiweiß frischer Eier nach sorgfältiger Abtrennung des Eigelbs eine Glänze bereiten. Ebenso stellen sich noch heute viele Gerbereien aus frischem Rinderblut ihren „Blutglanz" selbst her. Albuminlösungen sind ausgezeichnete Stoßglanzappreturen. Sie werden auch als Anglänzen oder Lüster bezeichnet. Das mit ihnen behandelte Leder erhält durch das nachfolgende Stoßen auf der Maschine einen lebhaften Glanz.

Vorgequollenes Albumin läßt sich unter Berücksichtigung der oben bereits angeführten Vorsichtsmaßregeln, besonders unter Zusatz von etwas Ammoniak, mit Wasser gut in Lösung bringen. Zur Erhöhung des Glanzes können geringe Zusätze von Gelatinelösung gegeben werden. Zum Anfärben von Albuminappreturen werden saure Farbstoffe oder Farbholzabkochungen genommen. Karbolsäure, Kreolin, Fluornatrium oder Mirbanöl dienen zur Konservierung. Albuminlösungen werden nicht nur für sich allein, sondern vielfach auch in Kombination mit Casein, Milch oder Schleimappreturen verwendet. Bei Verwendung frischen Rindsblutes ist darauf zu achten, daß es unmittelbar nach dem Schlachten tüchtig gerührt wird, um sein Gerinnen zu verhüten. Unmittelbar vor dem Gebrauch muß das Blut gut entschleimt, durchgeseiht und dann mit Wasser verdünnt werden. Durchseihen oder Filtrieren ist überhaupt für alle Albuminappreturen erforderlich.

Albuminappreturen enthalten 0,5 bis 2, höchstens 3% Albumin. Für gewöhnlich wird eine ungefähr einprozentige Lösung angewandt. Nachstehend einige Beispiele von Albuminappreturen:

Stoßglänzen für helle Leder.

I.
10—20 g Eialbumin
1 l Wasser

II.
25 g Eialbumin
0,3 l Milch
2,2 l Wasser

III.
50 g Eialbumin
1 l Milch
6 l Wasser
40 g saurer Farbstoff

IV.
12 g Eialbumin
1 g Gelatine
1 g Karbolsäure
1 l Wasser

Stoßglänzen für schwarzes Leder.

V.	VI.
10 g Blutalbumin	3 l Blut
1 g Gelatine	1,8 l Milch
10 g Nigrosin (wasserlöslich)	150 g Nigrosin
7 g Hämatin	30 g Glycerin
3 g Glycerin	30 g Karbolsäure
3 g Türkischrotöl	13 l Wasser
1 l Wasser	

VII.	VIII.
15 g Blutalbumin	20 g Blutalbumin
8 g Nigrosin	5 g Eialbumin
8 g Blauholzextrakt,	2 g Gelatine
2 g Gelatine	8 g Nigrosin
5 ccm Ammoniak	5 g Blauholzextrakt
5 ccm Formaldehyd	2 g Säureviolett
1 l Wasser	50 ccm Spiritus
	1 l Wasser

Die Appreturen müssen vor dem Glanzstoßen völlig aufgetrocknet sein, wenn ein guter Glanz erzielt werden soll. Letzterer kann noch erhöht werden, wenn man die Appretur mehrmals aufträgt und nach dem Trocknen jedes Auftrages glanzstößt.

Einen für Stoßglänzen sehr geeigneten Zusatz bildet die Milch. Frische Kuhmilch enthält im Durchschnitt 4,8% Milchzucker, 3,2% Fett, 3% Casein, 0,5% Albumin, 0,7% Mineralstoffe und rund 88% Wasser. Das in der Milch enthaltene Casein und Albumin sind diejenigen Stoffe, durch welche bei Verwendung von Milch zu Appreturen in erster Linie der Glanz verursacht wird. Gleichzeitig fettet das in der Milch enthaltene Fett den Narben ein und schützt ihn vor Beschädigung durch Reiben beim Glanzstoßen. Milch wendet man besonders als Anglänze für leichte, wenig gefettete Leder an. Zweckmäßig wird ihr etwas Zucker zugesetzt. Die durch Eindampfen der frischen Milch im Vakuum erhaltene kondensierte Milch enthält 25 bis 30% Wasser. Durch Lösen von 1 Teil derselben in 2 bis 4 Teilen Wasser kann man sich ebenfalls eine brauchbare Lederappretur herstellen. Das in neuerer Zeit im Handel befindliche Milchpulver, das nur 10% Wasser enthält, ist für Lederappreturen nicht so empfehlenswert, weil es öfters durch Beimengungen fremder Stoffe verfälscht wird.

Statt der Milch kann das aus ihr hergestellte Casein als Appreturmittel gebraucht werden. Es kann in den Albuminappreturen das Albumin teilweise ersetzen, kann aber auch für sich allein als Appreturmittel dienen. Um es in Lösung zu bringen, wird es mit Wasser zu einem dünnen Brei angerührt, mit ungefähr dem zehnten Teil der Caseinmenge Borax oder Ammoniak versetzt und allmählich mit Wasser verdünnt. Man kann das Casein auch in der Weise lösen, daß man es einige Stunden mit Wasser und Ammoniak weicht und dann die Lösung zum Kochen erhitzt. Caseinlösungen können mit sauren Farbstoffen angefärbt werden. Sie sind leicht zersetzlich und müssen zur Erhöhung ihrer Haltbarkeit geringe Zusätze von antiseptischen Stoffen erhalten. Zur Erhöhung der Wasserechtheit kann man den Caseinappreturen unmittelbar vor dem Gebrauch etwas Formalin zusetzen. Nachstehende Rezepte geben einen Anhaltspunkt für die Zusammensetzung von Caseinappreturen.

I.	II.
70 g Casein	100 g Casein
5 g Borax	5 g Borax
400 ccm Milch	600 ccm Milch
5,6 l Wasser	4 l Wasser

Wilson (S. 815) führt als Beispiel einer typischen Caseinappretur an: 50 g Casein, 400 l Wasser, 5 kg konzentriertes Ammoniak und $1^1/_2$ kg Formaldehyd. Zum Auftragen auf das Leder werden Lösungen verwendet, die 5 bis 50 g dieser konzentrierten Appretur im Liter enthalten.

Das Casein ist ein gutes Emulgierungsmittel und hinterläßt eine festhaftende, leicht glänzbare Schicht. Zur Erzeugung von Hochglanz verwendet man gerne Appreturen aus Albumin und Casein, denen man als Weichmacher etwas Türkischrotöl zusetzt. Derartige Casein-Albuminappreturen bilden die Vorläufer der heute viel gebrauchten Albumindeckfarben, die im folgenden ausführlicher besprochen werden.

III. Einteilung und Herstellung der Deckfarben.

1. Einteilung der Deckfarben.

Während des Weltkrieges und in der Zeit unmittelbar nach demselben herrschte in einer Reihe von Ländern, die von der Zufuhr deutscher Anilinfarbstoffe abgeschnitten waren, starker Farbstoffmangel. Es lag nun der Gedanke nahe, diesem Mangel dadurch abzuhelfen, daß man den bisher benutzten farblosen oder mit löslichen Anilinfarbstoffen transparent gefärbten Appreturen unlösliche Farbpigmente einverleibte, wodurch man zu Appreturen gelangte, die nach ihrem Auftragen und nach dem Verdunsten des Lösungsmittels das Leder mit einer zusammenhängenden gleichmäßig gefärbten Schicht bedecken. So war z. B. das Überziehen verschiedener Lederarten mit Zaponlack schon lange bekannt. Der nach dem Verdunsten des Lösungsmittels das Leder überziehende dünne Film übt auf das Leder vorwiegend eine Schutzwirkung gegen Feuchtigkeit und andere äußere Einflüsse aus. Mischt man dem Zaponlack ein Farbpigment bei, so erhält man eine Deckfarbe. Der nach dem Auftragen derselben auf dem Leder sich bildende Film schützt das Leder nicht nur gegen äußere Einflüsse, sondern verleiht ihm auch ein gleichmäßig gefärbtes Aussehen. Zaponlack ist eine Auflösung von Kollodium (Nitrocellulose) in organischen Lösungsmitteln. Im Farbpigment, im Kollodium und im Lösungsmittel haben wir die drei Hauptbestandteile einer Deckfarbe kennengelernt. Jede Deckfarbe setzt sich demnach in der Hauptsache zusammen aus einem Bindemittel oder Pigmentträger, der in einem Lösungsmittel gelöst ist. Mit dieser Lösung wird ein darin unlösliches, äußerst fein gemahlenes Farbpigment (Farbkörper) innig und gleichmäßig zur fertigen Deckfarbe vermengt. Während beim Färben des Leders mit Farbstofflösungen jede einzelne Faser gefärbt wird, so daß man, wenigstens soweit der Farbstoff eingedrungen ist, auch beim Abschleifen gefärbte Fasern und gefärbtes Leder erhält, stellt die Behandlung des Leders mit Deckfarben lediglich eine Oberflächenfärbung, gewissermaßen ein ganz feines Anstreichen des Leders dar. Der nach dem Verdunsten des Lösungsmittels auf dem Leder haftende dünne, farbige Film kann durch vorsichtiges Abkratzen oder durch Abwaschen mit einer Flüssigkeit, welche das Bindemittel löst, ganz oder teilweise wieder entfernt werden, ohne die darunterliegende Lederschicht zu beschädigen.

Je nach der Art ihres Bindemittels und ihres Lösungsmittels zerfallen die in der Lederindustrie gebräuchlichen Deckfarben in zwei Hauptgruppen:

1. Farben mit Nitrocellulose als Bindemittel und organischen Lösungsmitteln: Kollodiumfarben, auch Nitrocelluloselacke genannt.

2. Farben mit Eiweißstoffen als Bindemittel und Wasser als Lösungsmittel: Albumin- oder Caseinfarben, vielfach auch als Finishe bezeichnet.

Der Hauptunterschied zwischen diesen beiden Gruppen von Deckfarben besteht darin, daß die Kollodiumfarben einen in Wasser unlöslichen, die Albumin- und Caseinfarben einen wasserlöslichen Film geben. Man kennt jedoch später noch zu besprechende Härtemittel, durch welche auch diesem wasserlöslichen Film wenigstens ein gewisser Grad von Wasserbeständigkeit verliehen werden kann. In den ledertechnischen Kreisen bezeichnet man im Gegensatz zu den ohne Deckfarben gefärbten Ledern die mit Deckfarben behandelten als „gedeckte" Leder. Zuweilen spricht man auch die Albumin- und Caseinfarben als „Pigmente" an und stellt dann den damit behandelten „pigmentierten" Ledern die „gespritzten", d. h. die mit Kollodiumlacken behandelten gegenüber.

Um den Deckfarben bestimmte, besonders erwünschte Eigenschaften zu verleihen, kann man ihnen außer den Hauptbestandteilen (Pigment, Binde- und Lösungsmittel) noch Weichmachungs-, Glanz-, Verdünnungs-, Konservierungs- und Fixierungsmittel zusetzen. Infolge der großen technischen Fortschritte in ihrer Herstellung sind die Deckfarben heute ein unentbehrliches Hilfsmittel bei der Fabrikation von Ledern der verschiedensten Art geworden, besonders nachdem auch der Verbraucher gelernt hatte, sie genügend dünn aufzutragen, wodurch der anfängliche Fehler, daß die damit behandelten Leder angestrichen aussehen, vermieden wird. Die Deckfarben dienen nicht nur zum Schutz und zur Verschönerung des Leders, sondern auch zum Egalisieren ungleich gefärbter Leder, sowie zum Um- und Auffärben getragener oder sonstwie unansehnlich gewordener Lederwaren. Während früher der Prozentsatz der anfallenden Häute und Felle, die auf farbige Leder verarbeitet werden konnten, gering war, ist man heutzutage mittels der Deckfarben imstande, den größten Teil des Gefälls auf farbige, gut aussehende Leder zu verarbeiten und der Farbenfreudigkeit sowie den ganz verschiedenen, häufig wechselnden Mode- und Geschmacksrichtungen unserer Zeit Rechnung zu tragen.

Die Herstellung von Deckfarben ist zwar im Prinzip verhältnismäßig einfach; um jedoch ein erstklassiges Produkt zu erzeugen, sind ausgedehnte Erfahrungen nötig. Daher lohnt sich die Selbstherstellung höchstens für ganz große Lederfabriken. Im allgemeinen wird der Ledererzeuger vorziehen, seine Deckfarben von der sehr leistungsfähigen Spezialindustrie zu beziehen, die ihm entweder die Grundfarben oder auf Wunsch auch eingestellte Farben liefert. Sache des Lederfabrikanten ist es dann, sich durch Mischen der Farben die benötigten Farbtöne selbst herzustellen, sowie besonders durch Beimischung der entsprechenden Mengen von Verdünnungs-, Weichmachungs- und Glanzmitteln die Deckfarbe den Eigenschaften seines Leders zweckmäßig anzupassen.

Die kolloidchemische Betrachtungsweise (1) sieht die Deckfarben als ein disperses System an, in welchem das Farbpigment die disperse Phase und das Bindemittel das Dispersionsmittel darstellt. Für die Pigmentphase spielt die Korngröße eine wichtige Rolle. Das Bindemittel ist nicht einheitlich, sondern bildet mit dem Lösungsmittel ein weiteres disperses System. Das Erhärten der Deckfarbe wird als eine Sol-Gel-Umwandlung aufgefaßt. Die Geschwindigkeit des Überganges vom Sol- in den Gelzustand wird von der Konzentration und Temperatur, sowie durch Zusätze beeinflußt. Im Solzustand dringt die Deckfarbe in die poröse Oberschicht des Leders ein. Durch die allmähliche Umwandlung in das Gel wird dann der feste Verband zwischen Leder und Farbschicht hergestellt. Sowohl für Kollodium- wie für nicht gehärtete Albumindeckfarben ist die Sol-Gel-Umwandlung reversibel.

2. Die Herstellung der Kollodiumdeckfarben und Lederlacke.

(Mitbearbeitet von **Dr. A. Kraus,** Wittenberg und **F. K. Jähn,** Berlin.)

Nitrocelluloselacke werden heute in der Lederindustrie verwendet:

1. zum Egalisieren von anilingefärbten Narbenledern (Kollodiumdeckfarben),
2. zur Zurichtung von Spalten (Spaltlacke),
3. zur Herstellung von Lackleder (Kaltlacke).

Auf die Kaltlacke braucht an dieser Stelle nicht eingegangen zu werden, da sie im Abschnitt ,,Lackieren" behandelt werden.

Der Aufbau einer **Kollodiumdeckfarbe** kann folgendermaßen skizziert werden:

Kollodium-
deckfarbe
1. Nichtflüchtige (filmbildende) Bestandteile
   - Bindemittel (Kollodiumwolle)
   - Weichhaltungsmittel
   - Farbträger (Pigment)
2. Flüchtige Bestandteile
   - Lösungsmittel
   - Verdünnungsmittel (Verschnittmittel)

Das gegenseitige Mengenverhältnis der filmbildenden Bestandteile ist für jede Farbe konstant. Es ändert sich weder mit dem Grade der Verdünnung noch beim Auftrocknen des Films. Die zweite Gruppe besteht aus den Lösungs- und Verdünnungsmitteln. Im Gegensatz zur ersten Gruppe ist das gegenseitige Mengenverhältnis der Bestandteile dieser Gruppe sowohl untereinander als auch zu den nichtflüchtigen Bestandteilen wechselnd.

Nach dem Auftragen der Deckfarbe wird infolge Verdunstens der nichtflüchtigen Anteile die zurückbleibende anfangs dünnflüssige Lösung immer zäher, bis sie schließlich erstarrt. Der Verdunstungsprozeß schreitet nun langsam weiter, bis schließlich alle flüchtigen Anteile verschwunden sind. Der schnellere oder langsamere Verlauf dieses Prozesses hat ganz verschiedenartige Wirkungen zur Folge. Langsam verdunstende Lösungsmittel ergeben glänzendere, tiefer in das Leder eindringende Filme. Je schneller jedoch das Lösungsmittel verdunstet, desto matter erscheint der Film, desto weniger vermag er in das Leder einzudringen. Lösungs- und Verdünnungsmittelgemisch muß derart abgestimmt sein, daß die aufgetragene Farbe anfangs ziemlich rasch trocknet, daß aber ein verhältnismäßig geringer Prozentsatz schwer flüchtiger Mittel ein glattes Auftrocknen des Films gewährleistet.

Als Rohmaterial für die Herstellung billiger Deckfarben werden zuweilen Filmabfälle verwendet. Da sie jedoch nach ihrer Herkunft und Herstellungsweise eine ganz verschiedene Zusammensetzung aufweisen, läuft man leicht Gefahr, ein ungleichmäßiges Produkt zu erhalten. Das übliche, den Filmabfällen entschieden vorzuziehende Ausgangsmaterial bildet die Kollodiumwolle. Sie wird zweckmäßig in der mit Alkohol oder Butanol angefeuchteten Form bezogen und enthält in diesem Zustande gewöhnlich 65 Gewichtsteile trockene Wolle und 35 Gewichtsteile Anfeuchtungsmittel. Auch Wolle mit 50 proz. Anfeuchtung ist gebräuchlich. Im Inlande wird die Kollodiumwolle oft in mehr oder weniger konzentrierter Lösung in den verschiedensten Lösungsmitteln bezogen. Für den Export ist die Pastenform vielfach üblich. Auch die angelatinierte Form der Kollodiumwolle, die sog. Celluloid-Rohmasse, kommt für den Export in Betracht. Diese Rohware besteht gebräuchlicherweise aus 82 Teilen Wolle und 18 Teilen Weichmachern (Trikresylphosphat, Dibutylphthalat). Für Lederdeckfarben empfiehlt sich eine hochviskose, also dicke Lösungen ergebende Wolle; denn sie liefert selbst in stark verdünnten Lösungen einen sehr dünnen und geschmeidigen Film, der den natürlichen Charakter des Leders möglichst wenig beeinträchtigt. Die Wolle muß von guter Stabilität sein, d. h. sie darf keine Neigung zur Selbstzersetzung in der Wärme zeigen, und der daraus hergestellte Film muß gegen Licht und Feuchtigkeit große Beständigkeit besitzen. Ferner soll sie sich in dem für sie bestimmten Lösungsmittel klar lösen, ohne unlösliche Fasern zu hinterlassen. Die Lösung selbst soll auch in höheren Konzentrationen fast wasserhell sein, ohne bei längerer Lagerung nachzudunkeln. Der Stickstoffgehalt bedingt in erster Linie die Löslichkeit der Wolle in Alkohol wie auch in anderen Lösungsmitteln. Er liegt in den Grenzen von ca. 10,5% (bei hochalkohollöslichen Wollen) bis ca. 12,3% (bei esterlöslichen Wollen). Als Kollodiumwollen, die für die Herstellung von Lederdeckfarben besonders in Frage kommen, seien genannt die Marken E 1160, E 950 und E 1440 der I. G. Farbenindustrie, sowie 8, 8a, 17 und 18 der Westfälisch-Anhaltischen Sprengstoff-A. G.

An Weichhaltungsmitteln werden den Deckfarben sowohl natürliche, wie Ricinusöl, als auch synthetische Stoffe zugesetzt. Zweckmäßig verwendet man ein Gemisch beider Arten. Bei der fabrikmäßigen Herstellung der Deckfarben vermeidet man im allgemeinen zu große Mengen von Weichhaltern, und überläßt es lieber dem Verbraucher, der spritzfertigen Farbe die für die in Frage kommende Lederart noch nötigen Mengen Weichhalter selbst beizumengen.

Was die Farbpigmente anlangt, so ist zu beachten, daß Erdfarben zwar gute Deckkraft besitzen, aber stumpfe Farbtöne geben, während die organischen Farbpigmente sich durch größere Brillanz des Farbtons auszeichnen. Von außerordentlicher Wichtigkeit ist die möglichst feine Vermahlung der Pigmente. Je feiner das Pigment vermahlen ist, desto weniger braucht man der Deckfarbe zur Erzielung eines bestimmten Deckeffekts zuzusetzen. Je weniger Pigmente ein Kollodiumfilm enthält, um so elastischer, dehnbarer und dauerhafter ist er, um so weniger wird durch das Auftragen der Deckfarbe der Charakter des Leders verändert. Man vermeide daher unbedingt den Zusatz von Pigment zum Zwecke der Verdickung, sondern reguliere die Konsistenz der Farbe ausschließlich durch das Lösungsmittel. Die für eine Deckfarbe verwendeten Pigmente sollen möglichst gleich in ihrem spezifischen Gewicht sein. Mischungen von Pigmenten, deren spezifische Gewichte stark voneinander abweichen, zeigen beim Stehenlassen leicht eine teilweise Entmischung, indem die schwereren Pigmente sich absetzen, während die leichteren in Suspension bleiben. Die organischen Pigmente sind im allgemeinen weicher und spezifisch leichter als die anorganischen Farben; sie sind daher leichter zu vermahlen und setzen weniger leicht ab. Alle Pigmente müssen in Lösungs- und Weichmachungsmitteln weitgehend unlöslich sein; eine völlige Unlöslichkeit in allen Lösungs-, Verdünnungs- und Weichmachungsmitteln besteht nur bei einigen wenigen (anorganischen) Pigmentfarbstoffen [(4) A. Kraus]. Sie dürfen ferner keine die Kollodiumwolle angreifenden Bestandteile enthalten. Bezüglich der anorganischen Pigmente wird auf S. 542 und der organischen Pigmente auf S. 548 verwiesen.

Die Lösungs- und Verdünnungsmittel werden auf S. 558 bis 561 behandelt. Ausgezeichnete Lösungsmittel für Kollodiumwolle finden sich unter den Ketonen (Aceton, Anon, Methylanon); auch Ester werden in ausgedehntem Maße für die Herstellung von Kollodiumlacken angewandt, z. B. Methyl-, Äthyl-, Butyl-, Amylacetat, E 13 und E 14, Milchsäureester, Tamasole, Adronolacetat. Das gleiche gilt für Äther, besonders Glykoläther. Als Verdünnungs- (Verschnitt-) Mittel für Kollodiumwolle kommen in Betracht Kohlenwasserstoffe wie Benzin, Benzol, Toluol, Xylol sowie die verschiedensten Alkohole. Alle Lösungs- und Verdünnungsmittel sollen neutral reagieren. Als Lösungsmittel für Lederdeckfarben werden Gemische von Flüssigkeiten von mittlerer und hoher Flüchtigkeit gebraucht, denen aber von langsam flüchtigen Stoffen wenigstens geringe Mengen von Anon, Methylanon oder Butanol beigemengt werden sollen, weil dadurch das Haftvermögen der Deckfarben günstig beeinflußt wird. Kollodiumwolle löst sich im allgemeinen langsam. Die Lösungsgeschwindigkeit ist stark abhängig von der Viskosität der Wolle und der Konzentration der Lösung. Um die Auflösung der Wolle zu beschleunigen, wird sie vorteilhaft zunächst mit der Hauptmenge des Verdünnungsmittels (Alkohol, Butanol) und wenig Lösungsmittel durchtränkt. Dadurch quillt sie auf und löst sich dann in der restlichen Menge des Lösungsmittels sehr leicht. Zur Entfernung von kleinen Fremdkörpern, die jede Wolle enthält, wird die fertige Kollodiumlösung zweckmäßig durch Absitzenlassen, Filtrieren oder Zentrifugieren geklärt. Zur Herstellung dünnflüssiger Kollodiumlösungen genügen einfache Rollfässer aus Holz. Hierbei ist darauf zu achten, daß neue Fässer vor der Benutzung mit den zur Fabrikation der betreffenden Deckfarbe verwendeten Lösungsmitteln gut ausgewaschen werden, damit sich nicht Harze, die im Holz vorhanden sind, während der Fabrikation lösen und die Zusammensetzung des Lacks verändern. Dickere Lösungen stellt man meist in Apparaten mit langsam laufenden Rührwerken oder in Knetmaschinen her. Die Apparate müssen wegen der Flüchtigkeit der Lösungs- und Verdünnungsmittel luftdicht abgeschlossen sein. Apparate aus Eisen oder Kupfer eignen sich nicht, weil schon geringe Spuren dieser Metalle die Farbe vollkommen verändern können. Man verwendet daher verzinnte, emaillierte oder mit Aluminium ausgekleidete Apparate.

Die Herstellung einer Lederdeckfarbe erfolgt zweckmäßig in drei getrennten Operationen: der Herstellung der Kollodiumlösung, der Bereitung der Pigmentpaste und dem Vermischen von Kollodiumlösung mit der Pigmentpaste.

Abb. 128. Misch- und Knetmaschine mit Planetenrührwerk. — Ruhrwerk ist hochgewunden, Behälter aus der Maschine herausgefahren.

Die Bereitung der farblosen Kollodiumlösung — letztere wird auch als Schutzlack oder Transparentlack bezeichnet — ist ein kombinierter Auflösungs- und Mischprozeß, der ganz auf kaltem Wege vorgenommen wird. Die meist alkohol- oder butanolfeucht bezogene Kollodiumwolle wird im Lösungs- und Verschnittmittel in Lösung gebracht. Im Kleinbetrieb erfolgt dies im Rollfaß, im größeren Betrieb in einem dicht schließenden Gefäß mit Planetenrührwerk (siehe Abb. 128). Die Reihenfolge, in der die einzelnen Komponenten zugegeben werden, ist keiner allgemeinen Vorschrift unterworfen. So kann man z. B. die Kollodiumwolle durch Zugabe von Verschnittmitteln (Alkohol, Toluol u. a.) zunächst zum Quellen bringen, und hierauf durch Zusatz des eigentlichen Lösungsmittels die Lösung herbeiführen, die dann meist sehr rasch vonstatten geht. Man kann aber auch erst das Lösungsmittel zusetzen und nach erfolgter Durchgelatinierung der Wolle das Verdünnungsmittel zugeben, wobei jedoch infolge der mehr oder weniger pastösen Beschaffenheit der aufgelösten Wolle die homogene Vermischung langsamer vor sich geht. Hierbei ist auch zu beachten, daß bei zu großen Mengen von Verdünnungsmitteln eine Fällung der Kollodiumwolle eintreten kann.

Abb. 129. Farbereibmaschine (Walzenstuhl).

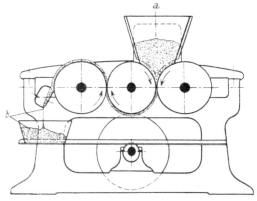

Abb. 130. Schema eines Walzenstuhles.

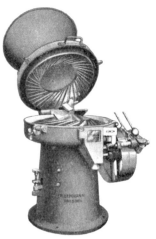

Abb. 131. Trichtermühle mit auf-
geklapptem Oberteil.

Die Herstellung der Farbpaste wird in Farbereibmaschinen (Walzenstühlen) (siehe Abb. 129 und 130) vorgenommen. Die Lederdeckfarben benötigen große Mengen von Weichmachungsmitteln. Da letztere das beste Anreibungsmedium darstellen, werden die Pigmente, die so fein als möglich vermahlen werden müssen, zweckmäßig damit angerieben. Die zum Anreiben der Pigmente nötige Menge Weichmachungsmittel ist je nach der Natur des Pigments verschieden. Sie beträgt ungefähr für Titanweiß 25%, Carbon black 50% und für die organischen Pigmente 35 bis 40% an Weichmachungsmitteln auf den Pigmentfarbstoff bezogen. Die Pigmente müssen meist zwei- bis dreimal den Walzenstuhl passieren, bis sie fein genug, d. h. kornfrei vermahlen sind. Namentlich die natürlichen Erdfarben erfordern ein besonders sorgfältiges Mahlen, weil sie sonst leicht etwas rauh und körnig geraten.

Die durch Anreiben des Pigments mit dem Weichhaltungsmittel erhaltene Farbpaste wird nun der Kollodiumlösung zugesetzt. Nach kräftigem Durchrühren dieser Mischung ist dann die Deckfarbe fertig.

In neuerer Zeit haben sich einige Farbenfabriken so spezialisiert, daß sie gleich Farben in Pastenform, also in Weichmachungsmitteln angerieben, in den Handel bringen. Wenn man nicht mit Farbpasten arbeiten, sondern gleich die Kollodiumlösung mit Farbkörpern und Weichhaltungsmitteln zusammen verreiben will, so benutzt man hierzu Trichter-, Kugel- oder Einwalzenmühlen. Am leistungsfähigsten sind Trichter- (siehe Abb. 131) und Walzenmühlen, während Kugelmühlen fast keiner Wartung benötigen, allerdings längere Mahlzeiten erfordern. Kugelmühlen bieten noch den Vorteil, daß man in ihnen die Operationen des Auflösens der Kollodiumwolle, des Mischens und Farbreibens in einem einzigen Arbeitsgang vornehmen kann, wobei man allerdings einen Teil des Lösungsmittelgemisches weglassen muß, um den Mahlprozeß bei der richtigen Konsistenz durchzuführen.

Man stellt sich zweckmäßig einige wenige Grundfarben her, etwa Weiß, Gelb, Hell- und Dunkelrot, Blau und Schwarz. Aus diesen lassen sich durch Mischen alle anderen Farbtöne bereiten. Das genaue Nuancieren ist sozusagen eine Kunst und erfordert guten Farbensinn und lange Übung. Infolge unvermeidlicher Schwankungen der Rohstoffe und etwaiger Konzentrationsänderungen durch Verdunstungsverluste lassen sich Mischfarbtöne nicht durch einfaches, gewichtsmäßiges Mischen verschiedener Grundfarben erzielen; das letzte Nuancieren muß stets nach der Vorlage vorgenommen werden. Es sei außerdem darauf hingewiesen, daß die versuchsweise aufgetragene Lederdeckfarbe nur dann mit der nachzuahmenden Farbe verglichen werden kann, wenn sie auf dem gleichen Leder aufgetragen wurde und dieselben Behandlungsarten (Glanzstoßen, Bügeln u. dgl.) wie das Original durchgemacht hat.

A. Kraus [(1), Nr. 28] gibt für den Aufbau von Lederdeckfarben nachstehendes Rezept an, in dem Lösungs- und Verschnittmittel den jeweiligen Erfordernissen entsprechend in ihrer Menge variiert werden können:

Bindemittel:	Kollodiumwolle, hochviskos (Trockengewicht) .	5,0 Teile
Farbträger:	Pigment	4,5 ,,
Weichhaltungsmittel: {	Casterol	4,0 ,,
	Dibutylphthalat	2,5 ,,
Lösungsmittel: {	Methylanon	18,0 ,,
	Butylacetat	10,0 ,,
Veredelungsmittel:	Butanol	15,0 ,,
Verschnittmittel: {	Alkohol	5,0 ,,
	Toluol	27,0 ,,
	Xylol	9,0 ,,
		100,0 Teile

Die Westfälisch-Anhaltische Sprengstoff A. G., Berlin, gibt für Lederdeckfarben als ungefähres Aufbauschema an:

Kollodiumwolle, hochviskos	5 Teile	
Mittelsiedende Lösungsmittel	13 ,,	(10—15)
Hochsiedende Lösungsmittel	25 ,,	(20—30)
Weichmacher	5 ,,	
Verdünnungsmittel	52 ,,	(40—58)
	100 Teile	

Als praktisches Beispiel wird von der gleichen Gesellschaft angeführt:

Kollodiumwolle Wasag 8a . . .	5%
Dibutylphthalat	2%
Casterol oder Ricol	5%
Methylanon	10%
Butylacetat	15%
Butanol	13%
Toluol	40%
Xylol	6%
Pigment	4%
	100%

Einen Lederlack von besonders hoher Deckkraft ergibt nachstehende Mischung:

Kollodiumwolle Wasag 8a . .	5 %
Dibutylphthalat	1,5%
Casterol	7 %
Methylanon	15 %
Butylacetat	15 %
Butanol	15 %
Alkohol	29,5%
Pigment	12 %
	100,0%

Früher hat man den Lederdeckfarben meist auch einige Prozent Harz zugesetzt. Das hat sich jedoch nicht als sehr zweckmäßig erwiesen. Heute gibt man im allgemeinen nur den sog. Auffrischfarben, das sind Farben, welche zum

Auffärben getragener Ledergegenstände dienen, zur Verbesserung der Haftfestigkeit und zur Erhöhung des Glanzes einen Harzzusatz von 10 bis 20% des Gewichts der trockenen Kollodiumwolle. Als hierfür besonders geeignete Harze werden [A. Kraus (1), Nr. 28] Albertol 82 G, Harzester und Cellodammar bezeichnet.

In seiner Zusammensetzung den Deckfarben ähnlich ist der Glanzlack, der auch unter den Namen Schutzlack, Spritzglanz, Lackglanz, Schlußlack u. a. in den Handel gebracht wird. Es ist ein Kollodiumlack ohne Pigment. Da er kein Pigment enthält, trocknet er glänzend auf. Er findet vielseitige Verwendung. Um die Haftfestigkeit des Kollodiumfilms zu erhöhen, werden die Leder vielfach vor dem Auftragen der eigentlichen Deckfarbe mit einer dünnen Glanzlackschicht versehen, die meist eingerieben wird. Die mit Kollodiumfarben gedeckten Leder erhalten durch Überziehen mit Glanzlack einen Hochglanz. Durch Beimischung von Glanzlack zu Kollodiumdeckfarben kann deren Glanz erhöht werden. Wird der Glanzlack mit spritlöslichen Farbstoffen angefärbt, so gibt er eine vorzügliche Egalisierfarbe für gefärbte Leder. Will man dieser Egalisierfarbe etwas Deckkraft verleihen, so braucht man dem angefärbten Lack nur eine gewisse Menge Deckfarbe zuzusetzen.

Die Westfälisch-Anhaltische Sprengstoff A. G. gibt für einen Schutzlack folgendes Schemarezept an:

Glanzlack A.

Kollodiumwolle Wasag 8 a	5,0	Teile
Dibutylphthalat oder Diamylphthalat	2,0	,,
Casterol oder Ricol 242	3,0	,,
Äthylglykol	5,0	,,
Anon	5,0	,,
Butylacetat	14,0	,,
Butanol	15,0	,,
Alkohol	51,0	,,
	100,0	Teile

Nach A. Kraus [(1) Nr. 28] kann man einen Glanzlack aus nachstehenden Bestandteilen aufbauen:

Glanzlack B.

Kollodiumwolle, hochviskos	5	Teile
Casterol	4	,,
Dibutylphthalat oder Diamylphthalat	2	,,
Methylanon	20	,,
Butylacetat	8	,,
Butanol	13	,,
Alkohol	48	,,
	100	Teile

Zum Zurichten von Spalten werden heutzutage sehr viel Kollodiumfarben verwendet. Die für diesen speziellen Zweck gebräuchlichen Farben führen gewöhnlich die Bezeichnung Spaltlederlacke. Sie werden im allgemeinen nach den gleichen Grundsätzen aufgebaut wie die Deckfarben für Narbenleder. Auch ihre Herstellung ist derjenigen der Deckfarben ähnlich. Als Bindemittel dient eine hochviskose Kollodiumwolle, damit die Lösung nicht zu tief in das sehr poröse Spaltleder eindringt. Zur Erzeugung der nötigen Elastizität wird diese Wolle mit 100 bis 150% Weichhaltungsmitteln (auf trockene Wolle berechnet) vermischt, und zwar nimmt man meist ein Gemisch von Ricinusöl mit Trikresylphosphat oder Phtalsäureestern. Da die Spaltlacke meist mit dem Pinsel aufgetragen werden, bevorzugt man langsamer verdunstende Lösungsmittel als bei Deckfarben, z. B. Adronolacetat, Äthyllactat u. dgl. Von den Pigmenten eignen sich wegen ihrer guten Deckkraft, Lichtbeständigkeit und Billigkeit besonders

die natürlichen Erdfarben und anorganischen Farbstoffe, die möglichst fein verteilt sein müssen. Mit Rücksicht auf eine gute Deckkraft erfordern die Spaltlederlacke mehr Pigment als die Deckfarben. Da bei der Zurichtung der billigen
Spalte auf möglichst niedrigen Preis des Lacks gesehen werden muß, werden
möglichst billige Lösungsmittel und soviel als möglich Verschnittmittel (Alkohol,
Kohlenwasserstoffe) angewandt.

Beim unmittelbaren Auftragen des Lackes auf das Spaltleder zeigen sich mit
der Zeit Risse und Knicke in der Filmschicht. Zweckmäßig trägt man daher auf
das Spaltleder zuerst einen pigmentfreien oder schwach pigmenthaltigen Grundlack und dann erst den eigentlichen stark pigmenthaltigen Decklack auf.

Ein Spaltlederdecklack kann nach Kraus ungefähr folgendermaßen aufgebaut sein:

Kollodiumwolle, hochviskos	8,5 Teile
Trikresylphosphat	2,0 ,,
Ricinusöl (Casterol)	8,5 ,,
Methylanon.	8,0 ,,
Butylacetat.	8,0 ,,
Essigester	7,0 ,,
Alkohol	38,0 ,,
Xylol	10,0 ,,
Pigment (z. B. Eisenoxydrot)	10,0 ,,
	100,0 Teile .

Wünscht man ein besonders hochglänzendes Leder, so kann noch ein farbloser
Schutzlack aufgespritzt werden, der dann durch Bügeln zu Hochglanz gebracht
wird.

Da die pigmenthaltigen Filme eine wesentlich geringere Reißfestigkeit und
Dehnbarkeit besitzen als die pigmentfreien, kann man zweckmäßig auch in der
Weise verfahren, daß man die Spalte zuerst mit einem hochelastischen farblosen
Lack grundiert und auf diesen dann den eigentlichen pigmenthaltigen Decklack
aufbringt. Dadurch wird die ganze Lackierung elastischer gehalten und die Riß-
und Knickbildung stark herabgesetzt.

Bei der Spaltzurichtung ist eines der Hauptprobleme die Vermeidung des
nachträglichen Abwanderns der Weichmacher in das Leder, das mit einer Ver-
sprödung der Deckfarbenschicht verbunden ist [(3) A. Kraus, S. 6]. Man verwendet daher meist zuerst ein Grundiermittel, das zugleich den Deckfarben-
verbrauch verringern und daher die Zurichtung verbilligen soll. Neben farblosem
oder schwachpigmentiertem Lederlack kommen Grundiermittel mit Pflanzenschleimstoffen, Harzen, Eiweißstoffen und Celluloseabkömmlingen, sowie mit
Kautschuk in Betracht. Auch käufliche Produkte wie der Corialgrund E und N,
Plexigum, Orangrund u. ä. sind als Grundiermittel verwendbar.

3. Die Rohstoffe für Kollodiumdeckfarben.

a) Die Kollodiumwolle.

Celluloseartige Stoffe wie Baumwolle, Holzschliff, Papier u. dgl. sind in
neutralen organischen Lösungsmitteln unlöslich. Bei der Einwirkung von Salpetersäure auf cellulosehaltige Stoffe bei Gegenwart von Schwefelsäure („nitrieren")
tritt der Salpetersäurerest in das Cellulosemolekül ein, und man erhält die sog.
„Nitrocellulosen", die richtiger als Cellulosenitrate oder Cellulosesalpetersäureester
bezeichnet werden sollten. Diese Nitrocellulosen sind in vielen organischen
Lösungsmitteln löslich. Je nach den beim Nitrieren eingehaltenen Arbeitsbedingungen verbinden sich mehr oder weniger Salpetersäurereste mit der
Cellulose. Bei starker Nitrierung erhält man Schießbaumwolle, bei mäßiger

Nitrierung Kollodiumwolle. Schießbaumwolle und Kollodiumwolle unterscheiden sich durch ihren Stickstoffgehalt. Er beträgt für Schießbaumwolle 12,5 bis 13,4%, für Kollodiumwolle 10 bis 12,5%. Ein weiterer Unterschied liegt in der Löslichkeit in einem Gemisch von 2 Teilen Äther und 1 Teil Alkohol. Schießbaumwolle ist darin unlöslich, Kollodiumwolle dagegen löst sich darin auf. Diese zähflüssige Lösung bildet das Kollodium des Handels. Die Kollodiumwolle bildet das Ausgangsmaterial für die neuzeitlichen Nitrocelluloselacke, die bald nach dem Weltkriege in Amerika und Deutschland aufkamen. Sie haben seit dem Jahre 1923 in der holzverarbeitenden und in der Automobilindustrie eine völlige Umwälzung der Anstrichtechnik hervorgerufen und finden seit jener Zeit auch in der Lederindustrie als Kollodiumdeckfarben und Nitrocelluloselacke eine ausgedehnte Verwendung.

Die technische Herstellung der Kollodiumwolle erfolgt in der Weise, daß möglichst reine Cellulose, meist Baumwoll-Linters bei einer 40° C nicht übersteigenden Temperatur in kleinen Portionen in ein Gemisch von Salpetersäure und Schwefelsäure, die sog. („Nitriersäure") eingetragen und $^{1}/_{4}$ bis 1 Stunde der Einwirkung desselben ausgesetzt wird. Nach der Trennung von dem Säuregemisch wird die nitrierte Wolle durch Waschen in fließendem Wasser möglichst säurefrei gemacht. Hierauf wird sie einige Stunden in Wasser gekocht, wodurch die Entfernung verschiedener bei der Nitrierung entstandener Nebenprodukte und damit eine wesentliche Stabilisierung erreicht wird. Daran schließt sich eine mechanische Auflockerung und Zerkleinerung der Wolle im Holländer, sowie eine Reinigung von Sand, Metallteilchen, Holzfasern u. dgl. Schließlich wird die Kollodiumwolle durch Zentrifugieren soweit als möglich von Wasser befreit. Allein die so gewonnene Wolle enthält noch immer 25 bis 35% Wasser. Dieses für die Lackherstellung schädliche Wasser entfernt man in der Weise, daß man es durch Durchpressen von Spiritus durch die feuchte Wolle unter hohem Druck verdrängt.

Die trockene Kollodiumwolle ist eine voluminöse weiße, leicht entzündliche Masse, die bei Annäherung einer offenen Flamme mit großer Heftigkeit unter Verpuffung abbrennt. In dieser Form ist sie für den Versand zu gefährlich. Daher wird sie mit Alkohol oder Butanol angefeuchtet in den Handel gebracht. Bei einem Anfeuchtungsgrad von mindestens 35% ist sie nicht mehr explosionsfähig und gilt dann auch für den Versand nicht mehr als Sprengstoff. Zuweilen wird sie auch mit 50% Feuchtigkeit versandt. Zweckmäßig ist der Bezug von Wolle mit 35% Feuchtigkeit. Es kommen dann auf 100 Gewichtsteile trockene Wolle 54 Gewichtsteile Anfeuchtungsmittel oder auf ca. 2 Teile Wolle 1 Teil Anfeuchtungsmaterial. Alkohol- und butanolfeuchte Wollen lassen sich bequem unter Berücksichtigung dieser Zusammensetzung auf Lacke und Deckfarben verarbeiten. Der Versand derartiger Kollodiumwolle erfolgt in mit Zinkblecheinsatz versehenen Holzkisten, für größere Mengen in verzinkten Eisenfässern. Die Deckel sind mit Gummidichtungen bekleidet. Die Packgefäße mit Kollodiumwolle müssen in kühlen, trockenen, gut gelüfteten Räumen gelagert und stets dicht verschlossen gehalten werden. Angefeuchtete Kollodiumwollen erfahren beim Lagern bei normaler Temperatur keine Veränderung ihrer Viskosität. Der Feuchtigkeitsgehalt ist stets auf mindestens 35% zu halten. Man muß sich von Zeit zu Zeit durch Nachwägen davon überzeugen und ausgetrocknete Wolle sofort nachfeuchten. Das Hantieren mit Kollodiumwolle in der Nähe von offenen Flammen ist unter allen Umständen zu vermeiden, ebenso das Arbeiten an Kollodiumpackungen mit eisernen Werkzeugen, weil dadurch Funken entstehen können, die ein Entzünden und Explodieren der Wolle verursachen würden.

Kollodiumwolle wird auch in Form von Lösungen und Pasten geliefert. Für den Auslandsversand wird sie als celluloidartige Masse mit Weichmachungsmitteln gelatiniert in Blättchenform in den Handel gebracht. Für diese Lieferungsformen gelten entsprechende Vorsichtsmaßregeln wie für die angefeuchtete Wolle.

Für die Eignung einer Kollodiumwolle zu Lacken und Deckfarben kommt hauptsächlich ihre Stabilität, Viskosität und Löslichkeit in Frage, während ihr Stickstoffgehalt von nebensächlicher Bedeutung ist. Gut stabil ist eine Wolle, die unter gewöhnlichen Lagerbedingungen keine Neigung zur Selbstzersetzung zeigt und sich auch unter dem Einfluß des Lichts weder verfärbt noch zersetzt. Der Begriff der Stabilität wurde ursprünglich für die Schießbaumwolle geprägt, für welche Lagerbeständigkeit ein unbedingtes Erfordernis ist; er hat aber auch für die Kollodiumfarben und -lacke der Lederindustrie Bedeutung. Die aus diesen Farben und Lacken gebildeten Filme müssen licht- und feuchtigkeitsbeständig sein, den Einwirkungen des Schweißes widerstehen und standhalten, auch wenn z. B. ein Leder infolge unsachgemäßer Fettlickerung Spuren von freiem Alkali enthält, oder wenn ein Chromleder nicht genügend neutralisiert wurde. Zur Prüfung auf ihre Haltbarkeit wird eine abgewogene geringe Menge Kollodiumwolle mit einem Streifen Jodzinkstärkepapier in ein gut schließendes Glasgefäß gebracht und letzteres längere Zeit auf einer Temperatur von 75 bis 80° C gehalten. Die Zeit, welche das Reagenspapier bis zur Blaufärbung braucht, gibt einen Anhaltspunkt für die Stabilität der betreffenden Wolle. Infolge der sehr strengen Lager- und Versandbedingungen kommen in Deutschland nur einwandfreie, stabile Wollen zur Auslieferung, weshalb sich im allgemeinen eine Nachprüfung der Stabilität seitens der Verbraucher erübrigt.

Ein wichtiges Charakteristikum für Kollodiumwollen bildet ihre Viskosität. Sie ist außer von der Art des Ausgangsmaterials stark abhängig von den Arbeitsbedingungen bei der Herstellung der Wolle, namentlich von der Temperatur und Dauer der Nitrierung, sowie der Nachbehandlung der nitrierten Wolle. Sie ist aber auch von großer Wichtigkeit für die Eigenschaften der aus einer Kollodiumwolle hergestellten Lacke und Deckfarben. Durch Lösen von niedrigviskosen Wollen kann man mit dem gleichen Lösungsmittel viel kollodiumwollereichere Lösungen gleicher Dünnflüssigkeit erhalten als beim Lösen von hochviskosen Wollen. Man kann also durch Lösen von niedrigviskosen Wollen bedeutend an Lösungsmittel sparen. Durch Herstellung von konzentrierten Lösungen niedrigviskoser Wollen ist man in der Lage, durch einen einzigen Aufstrich einen verhältnismäßig dicken Film zu erzeugen. Die niedrigviskosen Wollen liefern aber im Gegensatz zu den hochviskosen Filme von geringerer Reißfestigkeit und geringerer Dehnbarkeit, sowie vor allem auch von wesentlich geringerer Knitterfestigkeit. Daher kommen sie für Lederdeckfarben weniger in Frage [5] A. Kraus, S. 3]. Die einzelnen Fabriken stellen eine Reihe von Wollen verschiedenster Viskosität her. Bei der Herstellung von Lacken ist stets auf die Viskosität der Wolle Rücksicht zu nehmen. Für Lederdeckfarben und Lederlacke verwendet man vorwiegend hochviskose Wollen. Für die Bestimmung der Viskosität muß man sich Lösungen von bestimmter Konzentration herstellen und die Messung selbst bei einer ganz bestimmten Temperatur ausführen. Man bevorzugt Lösungen von Kollodiumwolle in reinem Butylacetat. Ohne Spezialapparatur kann man mit einer für die Verhältnisse der Praxis hinreichenden Genauigkeit die Viskosität bestimmen, indem man eine Kollodiumlösung von bestimmter Konzentration bei einer festgesetzten Temperatur aus einer Pipette oder Bürette ausfließen läßt und mittels einer Stoppuhr für eine bestimmte Menge (50 oder 100 ccm) die Ausflußzeit in Sekunden feststellt. Von den nach diesem Prinzip konstruierten Apparaten ist der bekannteste das Englersche

Viskosimeter. Viel gebräuchlich gerade für Nitrocelluloselösungen ist auch die Fallkugelmethode. Bei ihr wird die Zeit bestimmt, welche eine Stahlkugel von bestimmtem Durchmesser braucht, um eine Nitrocelluloseschicht von bestimmter Höhe und Konzentration bei einer festgelegten Temperatur zu durchfallen.

Kollodiumwolle ist in Wasser vollkommen unlöslich, dagegen ist sie in verschiedenen organischen Lösungsmitteln mehr oder weniger leicht löslich. Als ausgezeichnete Lösungsmittel für Kollodiumwolle werden zur Herstellung von Deckfarben und Lederlacken verwandt: Ketone (Aceton, Anon, Methylanon), eine große Anzahl von Estern wie Methyl-, Äthyl-, Butyl- und Amylacetat, Milchsäureester, E 13, Tamasole und Adronolacetat, ferner Äther, besonders die verschiedenen Glykoläther. Unlöslich ist die Kollodiumwolle in Kohlenwasserstoffen (Benzin, Benzol, Toluol, Xylol) und in den meisten Alkoholen. Die Löslichkeit der Kollodiumwolle in Alkohol (95proz. Sprit) ist je nach der Beschaffenheit der Wolle verschieden. Wollen mit höherem Stickstoffgehalt (ca. 12%) sind in Sprit praktisch unlöslich, solche von mittlerem Stickstoffgehalt (ca. 11,5%) sind in Alkohol teilweise, Wollen mit niedrigem Stickstoffgehalt sind darin vollständig löslich. Es werden daher in neuester Zeit Wollen in den Handel gebracht, die bis zu ca. 10proz. Konzentration ohne jeden Zusatz in 95proz. Spiritus vollkommen löslich sind. Bei der Herstellung von Kollodiumfarben und -lacken hat man bei Auswahl der Lösungsmittel auf den Verwendungszweck der Lösungen Rücksicht zu nehmen. Je nach der Wahl des Lösungsmittels erhält man Lacke von ganz verschiedenen Eigenschaften. Im allgemeinen gilt: Je besser das Lösungsvermögen desto dünnflüssiger ist die resultierende Lösung. Um die Kollodiumlacke zu verbilligen, werden meist Gemische von Lösungsmitteln und Nichtlösern angewandt. Die letzteren dienen also in diesem Falle lediglich als Verdünnungs- oder Verschnittmittel.

Alle Lösungs- und Verdünnungsmittel müssen neutral reagieren. Die Lösungen von Kollodiumwolle sollen farblos sein oder höchstens einen schwach gelblichen Ton zeigen. Eine einfache Prüfung auf klare und farblose Löslichkeit kann man vornehmen, indem man eine Probe der Wolle entweder in Butylacetat oder in einem Gemisch von Alkohol und Äther 1 : 1 auflöst.

Als billiger Ersatz für Kollodiumwolle wird öfters Celluloid in Form von Filmabfällen verwendet. Als Rohstoff für gute Lacke und Deckfarben ist dieses Material jedoch nicht zu empfehlen, weil es infolge der in ihm vorhandenen, verschiedenen Weichmachungsmittel zu wechselnd in seiner Zusammensetzung ist, so daß es Schwierigkeiten bereitet, Lacke von stets gleicher Viskosität, Klarheit und Farblosigkeit zu erhalten.

Versuche, statt der Nitrocellulose die Acetylcellulose als Ausgangsmaterial für die Herstellung von Lacken und Deckfarben zu verwenden, haben bis jetzt zu keinem praktischen Ergebnis geführt, obwohl die Acetylcellulose gegenüber der Nitrocellulose den Vorteil der Schwerentflammbarkeit besitzt.

Dieser Vorteil wird allerdings durch die Anwesenheit brennbarer Lösungsmittel in den Kollodiumfarben illusorisch. Die Bevorzugung der Nitrocellulose für Lederdeckfarben hat ihren Grund in ihrem niedrigen Preise und in ihrer höheren Haftfestigkeit auf Leder. Ferner ist für Nitrocellulose eine größere Auswahl an Weichmachungsmitteln, sowie Lösungs- und Verdünnungsmitteln vorhanden.

b) Pigmentfarben und Farbstoffe.

Die zur Herstellung von gefärbten Appreturen, Deckfarben und Lacken verwendeten Farbstoffe sind Pigmentfarben, das sind unlösliche Farbstoffe anorganischer oder organischer Natur. Die anorganischen Farbkörper finden sich mehr oder weniger rein als Farberden in der Natur vor. Diese Farberden bilden das Rohmaterial, aus welchem durch vorwiegend mechanische Prozesse die Erdfarben gewonnen werden. Anorganische Pigmente lassen sich aber auch künstlich auf chemischem Wege erzeugen. Derart hergestellte Produkte pflegt man als Mineralfarben zu bezeichnen. Als organische Pigmente kommen unlösliche organische Farbstoffe oder Farblacke in Frage.

α) Anorganische Pigmentfarben.

Die oben bereits erwähnte Einteilung der anorganischen Pigmente in Erd- und Mineralfarben ist vom fabrikationstechnischen Standpunkt aus insofern berechtigt, als sich die Herstellung der Erdfarben in den meisten Fällen auf einen Mahl- und Schlämmungsprozeß beschränkt, während die Mineralfarben entweder in umständlichen Glüh- und Reinigungsprozessen oder auf dem Fällungswege gewonnen werden. Im folgenden werden unter Verzicht auf diese technisch gerechtfertigte Einteilung zunächst die Herstellungsverfahren für Erd- und Mineralfarben kurz skizziert und dann anschließend die wichtigsten anorganischen Körperfarben aufgeführt, wobei als Grundlage ihre Farbe dient.

Mit Ausnahme des Rußes, der ebenfalls unter die anorganischen Körperfarben gezählt werden kann, sind fast alle anorganischen Pigmente Metallverbindungen. Ihre Herstellung erfolgt entweder auf trockenem Weg durch Mahlen, Sieben und Sichten oder auf nassem Weg entweder durch Schlämmen oder durch Fällen mit anschließendem Filtrieren und Trocknen. Zur Herstellung mancher Erd- und Mineralfarben ist auch ein Glühprozeß erforderlich.

Das Mahlen der Erdfarben, dem öfters eine Vorzerkleinerung in Brechmaschinen oder Pochwerken vorausgeht, erfolgt in Glocken-, Schleuder- oder Schlagkreuzmühlen. Für das feinere Vermahlen dienen Kollergänge, Kugel- und Trommelmühlen, sowie Mahlgänge. Um allerfeinstes Pulver zu erhalten, wird das Mahlgut zum Schluß noch in Sichtmaschinen durch Stoffgaze oder Metallsiebe getrieben.

Zur Trennung der Erdfarben von Gangart und anderen Verunreinigungen wird das Mahlgut in einem System terrassenförmig nebeneinander angeordneter Bottiche mit Wasser geschlämmt. Das Fällen bei der Herstellung von Mineralfarben wird in mit Rührwerk versehenen Bottichen vorgenommen. Zur Trennung von überschüssigem Wasser wird das Schlämmgut bzw. das Fällungsprodukt durch Filterpressen gedrückt. Das Trocknen der Erdfarben erfolgt in mäßig geheizten und gut ventilierten Trockenkammern, Trockenkanälen oder Vakuumtrockenschränken.

Manche Erdfarben, wie z. B. Ultramarin, Mennige, Lithopone, Chromgrün, werden durch Brennen (Calcinieren) in Flamm- oder Muffelöfen hergestellt. Durch dieses Erhitzen bis zum Glühen werden organische und flüchtige Bestandteile zerstört, Hydratwasser ausgetrieben, Strukturveränderungen und Verdichtungen bewirkt. Bei der Herstellung mancher Farben, wie z. B. der Mennige, finden dabei auch Oxydationsvorgänge statt.

Zu erwähnen ist noch das sog. „Schönen" der Erdfarben, das darin besteht, daß man entweder Teerfarbstoffe auf der Erdfarbe fixiert oder die Erdfarben mit organischen Farblacken vermischt. Auf diese Weise werden Farbprodukte mit lebhafteren, wärmeren Tönen von meist recht guter Haltbarkeit erzielt. Das Schönen bedeutet demnach meist eine erhebliche Verbesserung der Erdfarben.

Die Erd- und Mineralfarben kommen fast ausschließlich in Pulverform in den Handel. Für ihre Beurteilung ist die Feinheit der Mahlung, also die Korngröße von Wichtigkeit. Die Mahlung soll möglichst fein und die Korngröße nicht

nur möglichst gering, sondern auch möglichst gleichmäßig sein. Bei manchen
Erdfarben empfiehlt sich eine Bestimmung ihres Feuchtigkeitsgehaltes. Die
Untersuchung der Erd- und Mineralfarben erstreckt sich im allgemeinen lediglich
auf ihre praktische Verwertbarkeit. Die Prüfung auf Verunreinigungen und
Beimengungen, sowie auf die Anwesenheit künstlicher Körperfarben und Farb-
stoffe wird nach den üblichen analytischen Untersuchungsmethoden vorgenommen.

Die Aufbewahrung der Farben soll in möglichst frostfreien, luftigen und
trockenen, aber gegen Zug geschützten Räumen und in zugedeckten Fässern
erfolgen. Die Fässer selbst werden auf Bretter gestellt, die man auf den Fußboden
gelegt hat, um Faß und Farbe gegen die Bodenfeuchtigkeit zu schützen. Auch
ein Klumpigwerden des unteren Teils der Farbe kann die Bodenfeuchtigkeit
zur Folge haben.

Nachstehend werden nun die wichtigsten anorganischen Pigmentfarben aufgeführt, die für die Herstellung von Appreturen, Spalt- und Deckfarben in
Betracht kommen.

Schwarze Pigmente.

Das wichtigste schwarze Farbpigment ist der Ruß, der ziemlich reinen Kohlenstoff darstellt. Er bildet sich bei der unvollständigen Verbrennung oder bei der
Zersetzung kohlenstoffreicher Körper. Die älteste Sorte ist der bei der Verbrennung von harzreichem Kiefernholz entstehende Kienruß. Da er noch teerige
und ölige Anteile enthält, muß er, um als Farbpigment brauchbar zu sein, nochmals gebrannt (erhitzt) werden. Wegen seines grauen Aussehens und seiner
geringen Deckkraft besitzt er heutzutage ebensowenig Bedeutung wie das echte
Bister oder Rußbraun, das durch Verbrennen, Glühen und Sieben von Buchenholz
gewonnen wird. Im Großbetrieb werden gegenwärtig hauptsächlich folgende
Sorten von Ruß hergestellt: Flammruß durch Verbrennen von öligen, teerigen
und harzigen Stoffen in besonders konstruierten Öfen, Lampenruß durch Verbrennen von Mineralölen oder Petroleumdestillaten in Dochtlampen, Gasruß
(Carbon black) durch Verbrennen oder Zersetzen von Gasen, namentlich Erdgasen, und Acetylenruß durch Zersetzung von Acetylen bei höherer Temperatur
mittels des elektrischen Funkens. In Deutschland werden beträchtliche Mengen
von Flammruß gewonnen, wofür das nötige Rohmaterial reichlich vorhanden ist.
Die vorzüglichen Sorten von Gasruß liefert vorwiegend Amerika, dem in den
pennsylvanischen Erdgasen das beste Rohmaterial hierfür billig zur Verfügung
steht.

Die nach den verschiedenen Verfahren hergestellten Ruße zeigen in ihren
physikalischen Eigenschaften bedeutende Unterschiede und werden dementsprechend im Preise bewertet. Der Kienruß ist wegen seiner öligen Beschaffenheit
und geringen Ausgiebigkeit am billigsten. Etwas besser ist der Flammruß, dem
der auch noch als billig zu bezeichnende Ölruß folgt. Als hochwertig gilt der
Lampenruß. Am meisten geschätzt wird der Gasruß, der schon äußerlich tiefschwarz erscheint, und der Acetylenruß, der als der schwärzeste und am besten
deckende Ruß gilt.

Das spezifische Gewicht beträgt für Flammruß 1,6 bis 1,7, für Lampenruß
1,7 bis 1,8 und für Gasruß 1,9 bis 2,0. Die Korngröße des Rußes schwankt von
0,25 bis 10 μ. Der Ruß ist ausgezeichnet durch gute Deckkraft und große Widerstandsfähigkeit. Auf Reinheit prüft man den Ruß durch Veraschen. Er soll
nicht mehr als 0,1% Asche enthalten.

Ruß dient in der Lederindustrie nicht nur zur Herstellung von Appreturen,
Spalt- und Deckfarben, sondern wird auch bei der Herstellung von Lackleder,
Stiefelwichsen und Schuhcremes viel gebraucht.

Weiße Pigmente.

Bleiweiß, Deckweiß, Kremser Weiß, Kemnitzer Weiß ist basisch kohlensaures Blei, das im allgemeinen ungefähr der Formel $2\,PbCO_3\cdot Pb(OH)_2$ entspricht, und wird nach verschiedenen chemischen Verfahren hergestellt. Die älteren sog. Kammerverfahren bestehen darin, daß Bleiplatten in der Wärme dem Einfluß von Essigsäure, Kohlensäure, Luft und Feuchtigkeit ausgesetzt, das auf den Platten entstandene Bleiweiß abgeklopft, gereinigt und gemahlen wird. Bei den neueren sog. Fällungsverfahren werden Lösungen von Blei in Essigsäure mit Kohlensäure oder Alkalicarbonaten gefällt. Das Kammerweiß besitzt mehr amorphe, das Fällungsweiß mehr kristalline Struktur. Das Kammerweiß zeigt bessere Deckkraft als das Fällungsweiß.

Bleiweiß, ein ziemlich rein weißes Pulver vom spez. Gew. 6,5 bis 7,0 ist in Wasser unlöslich, wird aber durch Säuren und Alkalien gelöst bzw. zersetzt, von Schwefelwasserstoff geschwärzt, ist ausgezeichnet durch hervorragende Deckkraft, findet aber wegen der durch sein hohes spezifisches Gewicht verursachten leichten Sedimentierung für Deckfarben nur wenig Verwendung. Verfälscht bzw. verschnitten wird es zuweilen mit Schwerspat und Kreide. Schnellprüfung auf Reinheit: Soll sich in Salpetersäure und Essigsäure ohne Rückstand lösen, wobei Kohlensäure unter Aufbrausen entweicht. Bleiweiß ist sehr giftig. In den Magen gebracht oder als Staub eingeatmet verursacht es Bleierkrankungen (Bleisaum am Zahnfleisch, Bleikolik).

Zinkweiß, Zinkoxyd, ZnO, wird durch Verbrennen von Zink im Luftstrom oder durch Rösten von Zinkblende gewonnen. Weniger rein weiß wird es durch Glühen von aus Zinklösungen ausgefälltem Zinkcarbonat erhalten. Es ist leicht und von geringerer Deckkraft als Bleiweiß, in Wasser unlöslich, in Säuren und Alkalien löslich, bleibt beim Glühen, ebenso bei der Einwirkung von Schwefelwasserstoff unverändert, durch Luft verwandelt es sich allmählich in Carbonat, ist gegen feuchtes Lagern sehr empfindlich. Es ist nur schwach giftig und sehr gut lichtecht. Die Handelssorten sollen 99,5 bis 99,8 ZnO enthalten. Sie werden nach Weiße und Feinheit des Korns in 4 Sorten unterschieden, nämlich:

1. Grünsiegel, Schneeweiß, Chinesischweiß, feinste und beste Sorte,
2. Weißsiegel, Lackweiß,
3. Rotsiegel oder Zinkweiß I und
4. Blausiegel oder Zinkweiß II.

Lithopone wird hergestellt durch Fällen von Zinksulfatlösung mit Schwefelbarium: $ZnSO_4 + BaS = ZnS + BaSO_4$. Der aus Schwefelzink und Bariumsulfat bestehende Niederschlag wird geglüht und gemahlen. Er kommt als trockenes Pulver unter folgenden Qualitätsbezeichnungen in den Handel:

Gelbsiegel	mit ca.	15%	Schwefelzinkgehalt
Rotsiegel	,, ,,	30%	,,
Lilasiegel	,, ,,	35%	,,
Grünsiegel	,, ,,	40%	,,
Bronzesiegel	,, ,,	50%	,,
Silbersiegel	,, ,,	60%	,,

Unter dem Namen „Sachtolith" findet ein 98proz. Schwefelzink viel Verwendung als Weißpigment.

Lithopone ist ein lockeres, weiches Pulver von ziemlich rein weißer Farbe und dem spez. Gew. 0,9 bis 1,5, in Wasser, schwachen Säuren und Basen unlöslich, wird von starken Säuren und Alkalien teilweise zersetzt, entwickelt mit Säuren Schwefelwasserstoff, ist nicht giftig und von guter Deckkraft. Die Deckkraft ist hauptsächlich vom Gehalt an Schwefelzink abhängig. Lithopone ist wenig lichtecht, färbt sich am Lichte grau, nimmt jedoch im Dunkeln die ursprüngliche Farbe wieder an. Gegen Schwefelwasserstoff ist sie unempfindlich.

Titanweiß, Rutilweiß, wird aus dem Rutil und anderen Titanerzen gewonnen und findet in neuerer Zeit in steigendem Maße als Farbpigment Verwendung. Das reine Titanweiß, Titandioxyd, TiO_2, welches früher nur in Mischungen mit Bariumsulfat im Handel war, wird heute in reiner Form mit einem Gehalt von 98% TiO_2 geliefert. Titanweiß ist ein leichtes, lockeres ungiftiges Pulver vom spez. Gew. 2,0 bis 2,4, von hohem Weißgehalt, ausgezeichneter Deckkraft und guter Lichtechtheit, wird von Schwefelwasserstoff nicht geschwärzt, von sauren Gasen und Dämpfen nicht angegriffen. Von starken Säuren wird es gelöst. Eine empfindliche Reaktion auf Titan ist die Gelbfärbung, welche Titanlösungen mit Wasserstoffsuperoxyd geben. Wegen seiner starken Deckfähigkeit und seiner großen Beständigkeit findet Titanweiß für Kollodiumlacke steigende Verwendung.

Barytweiß, Permanentweiß, Blanc fixe, ist durch Fällung gewonnenes Bariumsulfat ($BaSO_4$), in Wasser, Säuren und Basen praktisch unlöslich, außerordentlich licht- und wetterecht, von hohem Weißgehalt, ungiftig, spez. Gew. 1,15, dient viel als Streckmittel für andere Farbpigmente, sowie als Unterlage von Teerfarbstofflacken.

Antimonweiß, Antimonoxyd (Sb_2O_3), ist als gut deckendes Weißpigment in England und den Vereinigten Staaten unter dem Namen Timonox im Handel.

Braune und gelbe Pigmente.

Ocker sind Erdfarben, die durch Verwitterung von Eisenerzen und Feldspat entstanden sind. Sie bestehen daher einerseits aus den Verwitterungsprodukten des Feldspats, nämlich kieselsaurer Tonerde und Quarz, anderseits aus den Zersetzungsprodukten der Eisenerze: Eisenoxydhydrat, Eisenoxyden und basischem Eisensulfat. Den färbenden Bestandteil bilden dabei die Eisenverbindungen, während die kieselsaure Tonerde der Farbstoffträger ist. Ocker von ausgezeichneter Qualität finden sich im Harz und Westerwald, in Thüringen, Bayern, Frankreich, Spanien und Italien. Sie werden an ihren meist durch Anschwemmung entstandenen Lagerstätten gegraben und geschlämmt. Das Schlämmprodukt wird dann entwässert, durch Mahlen, Sieben und Sichten in ein feines Pulver (spez. Gew. 0,6 bis 0,8) übergeführt, welches in Säcke oder Fässer verpackt in den Handel kommt. Eine einheitliche Benennung oder Sortierung der Ocker existiert nicht. Nach der Farbe unterscheidet man Licht-, Gelb-, Gold-, Braun- und Rotocker. Vielfach sind für die Qualitätsbezeichnung die Anfangsbuchstaben französischer Wörter gebräuchlich. Es bedeutet: J = jaune, gelb; O = or, gold; R = rouge, rot; M = moyen, mittel; T = très, sehr; L = lavé, geschlämmt; C = citro, hochgelb, oder clair, hell; E = extra, besonders; S = superieur, feinst; F = foncé, dunkel. Nach der Aufbereitungsart wird unterschieden: Stück-, Ballen-, Brocken-, gemahlener, geschlämmter Ocker. Auch die Bezeichnung nach Herkunft wie hessischer, Amberger, französischer usw. Ocker ist gebräuchlich.

Ocker ist ungiftig, sehr beständig gegen Licht und Luft, in Säuren ist er teilweise löslich.

Zu den Ockerarten gehören auch die braunen natürlichen Farbpigmente Sienaerde oder Terra di Siena, sowie die Umbrasorten, welche Handelsnamen wie „Gebrannte Umbra", „Umbraun", „Kastanienbraun" u. dgl. führen.

Chromgelb, Postgelb, durch Fällung von Bleisalzlösungen mit Chromaten hergestelltes Bleichromat, $PbCrO_4$, ist giftig, nicht vollkommen lichtecht, von guter Deckkraft, empfindlich gegen Schwefelwasserstoff und wird von Säuren und Alkalien zersetzt.

Cadmiumgelb, Schwefelcadmium, CdS, ist ungiftig, von guter Deckkraft, großer Lichtechtheit und guter Mischfähigkeit, beständig gegen Alkalien, wird von Säuren unter Schwefelwasserstoffentwicklung zersetzt.

Rote Pigmente.

Als **Eisenrot,** Eisenmennige, Polierrot, Englischrot, Indischrot, Venetianisch, rot, Caput mortuum, colcothar, wird eine Reihe anorganischer Farben bezeichnet, deren farbgebender Bestandteil aus Eisenoxyd, Fe_2O_3, besteht. Die Herstellung erfolgt entweder durch Mahlen von Eisenerzen, wie Roteisenerz, Blutstein, Hämatit u. a., oder durch Glühen eisenoxydhaltiger Abfälle. Diese Farben sind ungiftig, von vorzüglicher Deckkraft und Lichtechtheit, aber etwas trüb und stumpf, gegen Alkalien beständig, werden aber von Säuren zersetzt. Sie werden gewöhnlich stark mit Kaolin, Gips, Kreide oder Schwerspat verschnitten.

Mennige, Bleimennige, Saturnrot, Minium, besteht aus dem Bleioxyd, Pb_3O_4, und wird hergestellt durch Erhitzen von Bleiglätte (PbO) oder von Bleiweiß. Es ist ein giftiges, schweres, rotes Pulver vom spez. Gew. 3,5 bis 4,5, lichtbeständig und von guter Deckkraft, gegen Alkalien beständig, wird von Säuren zersetzt, von Schwefelwasserstoff geschwärzt, daher nicht zur Herstellung von Eiweißdeckfarben geeignet. Wird bisweilen verfälscht bzw. verschnitten mit Ziegelmehl, Ocker, Schwerspat u. a. Auch Schönungen mit Teerfarbstoffen kommen vor. Wegen der durch ihr hohes spezifisches Gewicht bedingten leichten Sedimentierung wird Mennige nur wenig für Deckfarben verwendet.

Grüne Farben.

Grünspan, basisch essigsaures Kupfer, ist zwar ein brauchbares Farbpigment, wird aber wegen seiner Giftigkeit nur noch wenig verwendet. Das gleiche gilt vom

Schweinfurter Grün, einer Doppelverbindung von Kupferacetat und Kupferarseniat. Grünspan und Schweinfurter Grün sollten überhaupt nicht mehr gebraucht werden, da es andere grüne Farben gibt, die nicht nur ungiftig, sondern auch in ihren übrigen Eigenschaften besser sind. Eine solche Farbe ist das

Chromoxydgrün, Cr_3O_3, ein ungiftiges, gegen Säuren und Alkalien, Licht, Luft, Hitze und Schwefelwasserstoff vollkommen beständiges Pulver vom spez. Gew. 4,6 bis 5,2.

Guignetgrün, Chromoxydhydratgrün, auch Smaragd- und Mittlersgrün genannt, ist Chromoxydhydrat, ein ebenso beständiger Körper wie Chromoxydgrün und von hervorragender Färbekraft. Der ausgedehnteren Verwendung der Chromgrün steht ihr hoher Preis im Wege.

Chromgrün, Grüner Zinnober, Milorigrün, ist eine Mischung von Berlinerblau und reinem Chromgelb.

Blaue Pigmente.

Berlinerblau, Preußischblau, Turnbullsblau, Miloriblau, Stahlblau, Eisenblau, ist das wichtigste anorganische blaue Farbpigment. Es wurde im Jahre 1704 von Diesbach in Berlin entdeckt und besteht in der Hauptsache aus Eisensalzen der Ferrocyan- bzw. der Ferricyanwasserstoffsäure. Hergestellt wird es gegenwärtig meist durch Fällen einer Ferrocyankaliumlösung mit Ferrosulfat und Oxydieren des entstandenen Niederschlags. Dann wird der Niederschlag gewaschen und getrocknet. Das Berlinerblau kommt entweder als leichte spröde Stücke oder als feines, grün- oder rotstichiges blaues Pulver in den Handel. Es ist gegen verdünnte Säuren und Schwefelwasserstoff beständig, von Alkalien wird es unter Abscheidung von Eisenhydroxyd zersetzt, ist gut lichtbeständig, außer in Mischungen mit Zinkweiß und Titanweiß.

Ultramarinblau ist ein schwefelhaltiges Aluminiumsilikat. Zu seiner Herstellung wird eine Mischung von Kaolin, Quarz, Glaubersalz, Soda, Holzkohle und Schwefel bei Luftabschluß geglüht, wodurch man das grüne Ultramarin erhält, das, mit Schwefel bei Luftzutritt nochmals geglüht, das blaue Ultramarin ergibt. Es ist ein ungiftiges, feines Pulver von tiefblauer, grün- bis rotstichiger Farbe und dem spez. Gew. 0,6 bis 1,0, von guter Deckkraft und Lichtechtheit, beständig gegen Alkalien, dagegen wird es von Säuren zersetzt. Mit Blei- und Kupferfarben ist es nicht mischbar. Ultramarin ist leicht nachweisbar durch Übergießen mit verdünnter Salzsäure. Es wird dadurch entfärbt unter Entwicklung von Schwefelwasserstoff.

β) Organische Pigmentfarben.

Organische Pigmentfarben sind entweder unlösliche organische Farbstoffe oder Farblacke. Die Farblacke entstehen im allgemeinen in der Weise, daß man einen in Wasser gelösten Farbstoff auf einem unlöslichen Grundstoff, Substrat oder Basis genannt, niederschlägt. Als Substrate dienen vorwiegend anorganische weiße unlösliche Verbindungen, wie frisch gefälltes Tonerdehydrat, Bariumsulfat, Gips, Kaolin, Bleisulfat, Kieselgur, Zinkweiß u. a. Die Substrate bilden der Menge nach meist den Hauptbestandteil der Farblacke. Manche Farbstoffe schlagen sich auf ihnen infolge chemischer Bindung nieder. In den meisten Fällen handelt es sich aber wohl um eine Adsorption des ausgefällten Farbstoffs durch das Substrat. Das Substrat wird entweder vor der Ausfällung des Farbstoffs aufgeschlämmt, oder es wird bei der Ausfällung gleichzeitig miterzeugt. Als Farbstoffe für die Herstellung von Lacken wurden früher natürliche Farbstoffe verwendet. Als Beispiel hierfür sei auf den Krapplack und den aus Cochenille hergestellten Karminlack verwiesen. Heutzutage erfolgt die Herstellung der Farblacke zum weitaus größten Teil aus künstlichen Teerfarbstoffen. Die Art der Farblackbildner, d. h. derjenigen Chemikalien, welche dazu dienen, den gelösten Teerfarbstoff in eine unlösliche stark gefärbte Form überzuführen, in welcher er dann auf dem Substrat niedergeschlagen wird, richtet sich nach der Natur des gelösten Farbstoffs. Basische Farbstoffe werden vorwiegend mit Tannin in Reaktion gebracht. Saure Farbstoffe, deren Bariumsalze gewöhnlich unlöslich sind, werden meist mit Chlorbarium umgesetzt. Auch Aluminiumsulfat wird angewandt. Es dient gleichzeitig als Lackbildner, und der gebildete Lack schlägt sich auf dem mit Soda ausgefällten Tonerdehydrat nieder. Die Eosine werden mit Bleinitrat oder Bleizucker pigmentiert. Beizenfarbstoffe wie das Alizarin werden mit Tonerdehydrat und Calciumphosphat umgesetzt und außerdem der Einwirkung von Türkischrotöl unterworfen. Der bei der Verlackung entstandene Niederschlag wird durch Filtrieren von der Lösung getrennt; der hinterbleibende Lack wird ausgewaschen und kommt entweder als Paste in den Handel, oder er wird getrocknet, fein vermahlen und als Farbpulver verkauft.

Die Farblacke werden in besonderen Farbenfabriken hergestellt und unter den verschiedensten Markenbezeichnungen in den Handel gebracht, die keinen Aufschluß über den chemischen Charakter des betreffenden Pigments geben. Die I. G. Farbenindustrie Aktiengesellschaft führt als die meistbenutzten Teerfarbstoffpigmente für Kollodiumlacke an: Verschiedene Marken von Hansagelb, Litholmarken in Gelb, Orange, Scharlach und Rot, ferner Heliorot RMT extra, Permanentrot R extra und F 4 R, Pigmentlackrot, Heliobordo BLC und Indanthrenblau GGSL. Sie liefert alle diese Pigmente in Pulverform.

Die Pigmente für Lederdeckfarben müssen aufs allerfeinste vermahlen sein, damit sie genügend Egalität und Deckkraft besitzen und den Griff des fertigen Leders nicht durch grobe Farbteilchen beeinträchtigen. Teerfarbstoffpigmente sind im allgemeinen weicher und spezifisch leichter als anorganische Pigmente. Sie sind daher leichter zu vermahlen und setzen weniger leicht ab. Ihr spezifisches Gewicht zeigt je nach der Art des Substrats starke Schwankungen. Während alle blei- oder bariumhaltigen Pigmente ein sehr hohes spezifisches Gewicht besitzen, sind die auf Tonerde, Zinkoxyd u. dgl. niedergeschlagenen Farblacke wesentlich leichter. Um eine Entmischung zu vermeiden, soll man daher bei der Zusammenstellung von Mischfarben Pigmente von möglichst ähnlichem spezifischen Gewicht verwenden. Die Teerfarbstoffpigmente zeichnen sich gegenüber den anorganischen Farbkörpern im allgemeinen durch eine größere Brillanz des Farbtons bei teilweise hervorragender Lichtechtheit aus.

Viele Teerfarbstoffpigmente sind in manchen Lösungs- und Weichmachungsmitteln mehr oder weniger löslich. Man erkennt das daran, daß bei längerem Stehen und Absitzen einer damit hergestellten Deckfarbe das an der Oberfläche befindliche klare Lösungsmittel gefärbt ist. In diesem Falle kann leicht das sog. „Ausbluten" eintreten, das namentlich bei roten Farbstoffen öfters zu beachten ist. Wenn eine Farbe für sich allein oder in Mischung mit sehr ähnlichen Farbtönen gebraucht wird, dann trägt die Löslichkeit des Pigments zur Erhöhung der Lebhaftigkeit des Farbtons bei. Wenn jedoch die Farbtöne der einzelnen Komponenten stark verschieden sind, kann namentlich beim Abtönen zarter Farben leicht Fleckenbildung oder beim Glanzstoßen ein Umschlagen des Farbtons eintreten. Beim Auftragen eines Glanzlacks auf die eigentliche Deckfarbenschicht kann der gelöste Farbstoff in die Glanzlackschicht übertreten und Flecken oder einen unerwarteten Farbumschlag hervorrufen. Unlöslichkeit des Farbpigments in den Lösungs- und Weichmachungsmitteln ist daher eine wichtige Anforderung, die man an ein gutes Teerfarbstoffpigment stellt, die aber kaum von einem organischen Farblack völlig erreicht wird; fast alle organischen Farblacke sind in dem einen oder anderen Lösungsmittel etwas löslich.

γ) Organische Farbstoffe.

Zum Färben von Appreturen, Deckfarben und Lacken werden vielfach auch lösliche Teerfarbstoffe verwendet. Der eigentliche Farbträger ist zwar stets das Farbpigment; um jedoch die Lebhaftigkeit und Feurigkeit des Farbtons zu erhöhen, setzt man den Deckfarben und Lacken Farbstofflösungen zu, die natürlich im Farbton den Pigmentfarben möglichst nahekommen müssen. Man spricht in einem solchen Fall vom „Schönen" der Deckfarben und Lacke. Zum Schönen von wässerigen Albumindeckfarben gebraucht man saure oder substantive Anilinfarbstoffe. Kollodiumdeckfarben und Kollodiumlacke werden mit spritlöslichen basischen oder anderen spritlöslichen Anilinfarbstoffen geschönt. Zu beachten ist, daß die Schönungsfarbstoffe eine gute Lichtechtheit besitzen. Unsere leistungsfähige Teerfarbenindustrie stellt für jede Farbe eine Anzahl allen Anforderungen entsprechender Teerfarbstoffe zur Verfügung, sowohl wasser- wie spritlösliche. Unter den spritlöslichen befinden sich wiederum viele, die auch in anderen zur Herstellung von Kollodiumlacken gebräuchlichen Lösungs- und Verdünnungsmitteln löslich sind. Diese Farbstoffe, zu denen u. a. Sudan- und Zaponechtfarben gehören, sind für die Herstellung von Kollodiumdeckfarben und -lacken ganz besonders geeignet.

Bezüglich der Aufbewahrung der organischen Farbpigmente und Farbstoffe gilt das gleiche, was auf S. 544 über die Aufbewahrung der anorganischen

Pigmente ausgeführt wurde. Die Aufbewahrung hat in gut verschlossenen Gefäßen in einem kühlen, trockenen Raum zu erfolgen. Für Kollodiumlacke bestimmte Pigmente und Farbstoffe sind besonders gut gegen Feuchtigkeit zu schützen, weil feuchte Stoffe sehr leicht eine Trübung der Kollodiumlösung zur Folge haben können.

c) Weichmachungsmittel.

Eine Lösung von reiner Kollodiumwolle hinterläßt nach dem Verdunsten des Lösungsmittels einen harten, spröden Film. Eine derartige Lösung (Zaponlack) eignet sich daher nur zum Auftragen auf starre Materialien. Auf ein biegsames Material wie Leder aufgebracht, würde eine solche Lösung einen Film geben, der bei der geringsten Formänderung rissig wird und abblättert. Gerade bei Lederlacken und Lederdeckfarben werden an die Elastizität des Films die höchsten Anforderungen gestellt. Um die gewünschte Elastizität, gute Haftfestigkeit und die nötige Zügigkeit zu erzielen, setzt man daher den Lederlacken und Deckfarben sog. Weichmachungsmittel zu. Es sind das entweder schwerverdunstende, hochsiedende Flüssigkeiten oder niedrigschmelzende, feste Körper, die nach dem Trocknen in der Lackschicht verbleiben und ihr eine dauernde Elastizität verleihen. In der Praxis werden sie auch als Weichhaltungsmittel, Weichmacher oder Plastikatoren bezeichnet. Außer zur Erzielung der gewünschten Elastizität und zur Vermehrung der Haftfestigkeit tragen die Weichmacher vielfach auch zur Erhöhung des Glanzes und zur Verminderung der Entflammbarkeit der Filme bei. Weichmacher erniedrigen die Reißfestigkeit und erhöhen die Dehnbarkeit und Knitterfestigkeit von Kollodiumfilmen.

Das älteste Weichmachungsmittel für Kollodiumwolle ist der Campher. Wegen seines hohen Preises, seiner Flüchtigkeit und seines starken Geruchs war man bestrebt, ihn durch billigere, weniger riechende und weniger flüchtige Mittel zu ersetzen. Tatsächlich ist auch eine Unmenge derartiger Campherersatzmittel in den Handel gebracht worden, aber nur eine verhältnismäßig geringe Menge derselben hat sich als Zusatzmittel neben dem echten Campher bewährt. Es sind hauptsächlich Ester der Phosphorsäure und einiger organischer Säuren, in erster Linie der Phthalsäure.

Als Weichmacher für Kollodiumlacke sind ferner seit vielen Jahren mehrere nicht trocknende oder halbtrocknende pflanzliche Öle in Gebrauch. An erster Stelle ist das Ricinusöl zu nennen; aber auch Baumwollsaatöl (Kotonöl), Holzöl und zuweilen gekochtes Leinöl kommen in Betracht. Diese Öle sind für ein Material mit porösem Untergrund wie Leder besonders geeignet. Es kommt ihnen (ausgenommen Ricinusöl) mehr eine filmbildende als ausgesprochen weichmachende Wirkung zu.

Nach ihrem Verhalten gegen Kollodiumwolle teilt man die Weichhalter zweckmäßig ein in:

1. Gelatinierungsmittel. Hierzu gehört der Campher und seine esterartigen Ersatzprodukte.

2. Nicht gelatinierende Weichhaltungsmittel (Substanzen, die Kollodiumwolle nicht lösen). Hierzu gehören Ricinus-, Koton-, Holz-, Leinöl und mitunter auch rohes oder geblasenes Rüböl.

Die Gelatinierungsmittel können allein oder in Mischung mit nicht oder nur teilweise lösenden flüchtigen Körpern die Kollodiumwolle lösen bzw. gelatinieren. Sie bilden nach der Verdunstung aller anderen im Lack befindlichen flüchtigen Bestandteile mit der Kollodiumwolle einen völlig homogenen Körper, der als feste Lösung angesprochen werden kann und gegen äußere Einwirkungen wie

Druck und Wärme sehr widerstandsfähig ist. Die Gelatinierungsmittel haben aber den Fehler, daß sie, in zu großen Mengen dem Lack zugesetzt, den Film klebrig machen. Wenn man jedoch die richtigen Mengen zusetzt, so erhält man Filme, die gleichzeitig hart und doch zügig sind. Durch diese Eigenschaften ist diese Gruppe von Weichhaltungsmitteln für Lederlacke und Deckfarben besonders wertvoll.

Ein Weichhaltungsmittel muß nicht unbedingt ein Gelatinierungsmittel sein, weil durch die flüchtigen Lösungsmittel die Kollodiumwolle ohnehin schon in den gelösten Zustand übergeführt wird. Man kann daher auch solche Weichhaltungsmittel benutzen, die Kollodiumwolle nicht lösen (Gruppe 2). Sie lagern sich bei der Verdunstung der Lösungsmittel in den trocknenden Lackfilm ein und bewirken ebenfalls eine Erhöhung der Elastizität bzw. der Zügigkeit, und zwar in gewissen Grenzen ungefähr proportional den zugesetzten Mengen. Ein Klebrigwerden des Films ist bei größeren Zusätzen dieser Weichhaltungsmittel weniger zu befürchten, jedoch führen zu große Mengen zu Trübungen des Films. Da diese Weichhalter sich nur im Lackfilm einlagern, mit ihm also keinen homogenen Körper bilden, können sie leicht durch Wärme ausschwitzen oder durch Druck ausgepreßt werden, eine Eigenschaft, die besonders beim Bügeln und Stoßen der lackierten oder gedeckten Leder zu beachten ist.

Um die guten Eigenschaften beider Gruppen von Weichhaltungsmitteln auszunützen und ihre Fehler auszugleichen, benutzt man heute fast allgemein ein Gemisch von Weichhaltern beider Gruppen. Weichhalter der ersten Gruppe wirken dann als „Lösungsvermittler", d. h. homogenisierend. Man erreicht dadurch, daß das gefürchtete „Ausschwitzen" des nichtlösenden Weichhaltungsmittels selbst bei größeren Zusätzen vermieden wird. Ein ideales Weichhaltungsmittel für alle Verwendungszwecke gibt es nicht. Durch sorgfältige Auswahl des Weichhalters und seiner Menge ist man jedoch in der Lage, die Eigenschaften des Films weitgehend zu ändern und sie den Erfordernissen der einzelnen Lederarten anzupassen.

Im allgemeinen werden an ein Weichmachungsmittel folgende Anforderungen gestellt (F. Zimmer, S. 27). Es soll geringe Flüchtigkeit, gute Lösefähigkeit für Kollodiumwolle sowie gute Mischbarkeit mit den üblichen Lösungsmitteln zeigen. Es soll außerdem möglichst farb- und geruchlos, von neutralem Charakter, nicht hygroskopisch und auch nicht mit Wasser mischbar sein. Erwünscht ist ferner, daß es schwer oder gar nicht brennbar ist und sich mit Pigmenten gut vermahlen läßt, sowie weder selbst vergilbt noch die Vergilbung der Kollodiumwolle verstärkt.

In Tabelle 66 sind die physikalischen Eigenschaften und die chemische Zusammensetzung der für Lederlacke und Lederdeckfarben gebräuchlichsten Weichhaltungsmittel aufgeführt. Als Ergänzung zu dieser Tabelle folgen nachstehend für die einzelnen Weichhalter noch einige Angaben, die für ihre Anwendung als Weichmachungsmittel für Lederlacke und Deckfarben von Wichtigkeit sind. Ferner wird auf die Beschreibung der Weichhaltungsmittel in dem Abschnitt „Lackieren" dieses Bandes verwiesen.

Campher bildet weiße, durchscheinende, glänzende, schon bei gewöhnlicher Temperatur sublimierende Kristalle von charakteristischem Geruch, ist in Wasser kaum, in den gebräuchlichen organischen Lösungsmitteln leicht löslich, besitzt ein äußerst hohes Gelatiniervermögen für Kollodiumwolle und ist gut verträglich mit anderen Weichmachungsmitteln. Er wird zur Herstellung von Celluloid und anderen plastischen Massen verwendet. Wegen seiner großen Flüchtigkeit und seines hohen Preises ist er für Lacke und Deckfarben weniger zu empfehlen. Hierfür werden die nachstehenden Ersatzmittel bevorzugt.

Triphenylphosphat (Triphenylester der Orthophosphorsäure), weißes bis schwach gelbliches geruchloses Kristallpulver, in fast allen organischen Lösungsmitteln außer Benzinkohlenwasserstoffen gut löslich, fast nicht brennbar, stellt ein vorzügliches Gelatinier- und Weichmachungsmittel für Kollodiumwolle dar, ist so gut wie gar nicht flüchtig und verleiht den Filmen eine dauernde hohe Festigkeit bei guter Elastizität. Es neigt jedoch zu starker Vergilbung und wird daher für helle Lacke zweckmäßig durch Palatinol C ersetzt.

Trikresylphosphat (Trikresylester der Orthophosphorsäure), in Amerika „Lindol" genannt, eine farblose, ölige, geruchlose, unbrennbare Flüssigkeit von schwach bläulicher Fluoreszenz und großer Kältebeständigkeit, besitzt ein vorzügliches Gelatiniervermögen für Kollodiumwolle, verleiht den Lackfilmen hohe Festigkeit und gute Elastizität, die auch beim Lagern dauernd erhalten bleibt. Trikresylphosphat enthaltende helle Lacke neigen jedoch zu einer starken Vergilbung, weshalb es in diesem Falle zweckmäßig durch Palatinol C ersetzt wird. Infolge seiner ausgezeichneten Eigenschaften und seines angemessenen Preises ist es einer der am meisten für Lederlacke angewandten Weichmacher, der das Triphenylphosphat fast vollständig verdrängt hat. Mit Ricinusöl im Verhältnis 1 : 2 bis 1 : 5 gemischt, dient es zur Herstellung von Filmen mit hoher Zügigkeit und verhindert gleichzeitig das Ausschwitzen des Ricinusöls. Zu hohe Zusätze von Trikresylphosphat geben klebrige Filme, die sich schwer stoßen lassen.

Tributylphosphat (Tributylester der Orthophosphorsäure), eine wasserhelle, wasserunlösliche, fast geruchlose Flüssigkeit, mit den meisten organischen Lösungsmitteln mischbar, von geringer Brennbarkeit, besitzt ein hohes Gelatiniervermögen für Kollodiumwolle und große Kältebeständigkeit. Wegen seiner außerordentlichen Lichtechtheit eignet es sich besonders für Weißlacke.

Dibutylphthalat (Palatinol C), eine farb- und geruchlose, wasserunlösliche Flüssigkeit, ist ein viel gebrauchtes Weichmachungsmittel für Kollodiumlacke. Filme, die es enthalten, verbinden hohe Lichtechtheit mit guter Härte bei hoher Elastizität und Knitterfestigkeit, die auch bei längerer Lagerung erhalten bleiben. Auch ihre Kältebeständigkeit ist sehr gut. Für Lederlacke wird es im allgemeinen in Mischung mit Ricinusöl verwendet, wobei auf 1 Teil Palatinol C etwa 2 bis 5 Teile Ricinusöl genommen werden.

Diäthylphthalat (Palatinol A), eine farb- und geruchlose, wasserunlösliche Flüssigkeit, besitzt im großen und ganzen ähnliche Eigenschaften wie Palatinol C, ist jedoch von etwas größerer Flüchtigkeit.

Als **Sipaline** kommen Ester der Adipinsäure und der Methyladipinsäure in den Handel, die gut plastitifizierend wirken und sich durch hohe Lichtechtheit des Lackfilms auszeichnen.

Mollit BR extra, eine bräunlich gefärbte, stark viskose Flüssigkeit, wirkt nur schwach gelatinierend auf Kollodiumwolle, findet jedoch für Lederlacke Verwendung, weil es den Filmen hohe Zügigkeit und Weichheit verleiht, ohne zum Ausschwitzen zu neigen.

Butylstearat (Butylester der Stearinsäure) besitzt kein Gelatiniervermögen für Kollodiumwolle, kann aber mit den gelatinierenden Weichmachungsmitteln ähnlich wie Ricinusöl verarbeitet werden und bildet einen guten Ersatz des Ricinusöls dort, wo dessen Ranzigwerden und Vergilben störend wirken.

Ricinusöl, eine farblose bis gelblichgrüne Flüssigkeit von mildem Geschmack, verdickt sich beim Stehen an der Luft und geht schließlich in eine zähe Masse über, ohne jedoch vollständig einzutrocknen. Als Weichmacher für Lederlacke darf es weder ranzig noch säure- oder wasserhaltig sein. Man soll daher nur reines Öl erster Pressung verwenden. Zweckmäßig ist es, das für Kollodiumlacke bestimmte Öl vorher 8 bis 10 Stunden lang auf 105 bis 110⁰ zu erhitzen. Dabei färbt sich zwar das Öl etwas dunkler, verliert aber nicht seine Brauchbarkeit. Derartig präparierte Öle kommen unter dem Namen Casterol, Ricol u. a. in den Handel. Obwohl Ricinusöl zum Ranzigwerden und Ausschwitzen neigt, auch den Glanz des Films herabsetzt, wird es doch viel für Lederlacke verwendet, entweder für sich allein oder in Mischung mit Trikresylphosphat, Palatinol u. a. synthetischen Weichmachern. Durch diese Mittel wird das Ausschwitzen verhindert.

Kotonöl (Baumwollsamenöl) wird zuweilen statt Ricinusöl gebraucht, weil es geringere Viskosität besitzt und nicht klebrig macht. Es darf nur bestes, raffiniertes Öl genommen werden.

Holzöl (Tungöl) und gekochtes Leinöl finden für die Herstellung von Lackleder Verwendung, sind dagegen für die Herstellung von Kollodiumlacken und Deckfarben ohne Bedeutung. Zu erwähnen wäre höchstens, daß Holzöl den Glanz des Kollodiumfilms erhöht und daher zuweilen Kollodiumlacken zugesetzt wird, wenn möglichst hoher Glanz verlangt wird.

Tabelle 66. Die gebräuchlichsten Weichmachungsmittel
für Kollodiumwolle.

Name	Chemische Formel	Schmelzpunkt °C	Siedepunkt °C	Flammpunkt °C	Flüchtigkeit[1] %	Spezifisches Gewicht $\frac{20^0}{4^0}$
1. Gelatinierende Weichmachungsmittel.						
Campher	$C_{10}H_{16}O$	175	209	ca. 70	99,6	0,963
Triphenylphosphat	$PO_4(C_6H_5)_3$	49	$\frac{320}{(760\ mm)}$ $\frac{}{260}$ (20 mm)	235	1,15	1,185 (geschmolzen)
Trikresylphosphat	$PO_4(C_6H_4 \cdot CH_3)_3$	—	über 400 $\frac{(760\ mm)}{275—280}$ (20 mm)	233	0,15	1,179
Tributylphosphat	$PO_4(C_4H_9)_3$	—	$\frac{180}{(20\ mm)}$	160	—	0,979
n-Dibutylphthalat (Palatinol C)	$C_6H_4(CO_2 \cdot C_4H_9)_2$	—	$\frac{335}{(760\ mm)}$ $\frac{}{200—216}$ (20 mm)	160	3,74	1,046
n-Diäthylphthalat (Palatinol A)	$C_6H_4(CO_2 \cdot C_2H_5)_2$	—	290 $\frac{(760\ mm)}{174—180}$ (20 mm)	141	6,59	1,118
Mollit BR extra	Gemisch	—	über 300 unter Zersetzung	197	—	1,10—1,12
2. Nichtgelatinierende Weichmachungsmittel.						
Ricinusöl	—	—	über 300 unter Zersetzung	285	0,04	0,960
Butylstearat	$C_{18}H_{35}O_2(C_4H_9)$	—	221—238 (20 mm)	—	—	0,859

[1] = % Gewichtsverlust in 6 Stunden bei 100° C.

d) Lösungs- und Verdünnungsmittel.

Die früher in der Lederindustrie gebräuchlichen Zaponlacke enthielten fast ausschließlich Amylacetat als Lösungsmittel. Mit dem Aufkommen der Nitrocelluloselacke und Kollodiumdeckfarben hat eine außerordentlich große Zahl der verschiedenartigsten organischen Lösungsmittel Anwendung gefunden. Die einzelnen Lösungsmittel besitzen ein ganz verschiedenes Lösungsvermögen für Kollodiumwolle. Die Eigenschaften der erhaltenen Kollodiumlacke sind in hohem Grade von der Art des Lösungsmittels oder Lösungsmittelgemisches abhängig. Allen diesen organischen Lösungsmitteln gemeinsam ist jedoch ein verhältnismäßig hoher Preis. Man ist daher bestrebt, die Kollodiumlösungen durch Zusatz der verschiedensten Verdünnungs- oder Verschnittmittel zu strecken und zu verbilligen. Diese Mittel besitzen zwar gegenüber der Kollodiumwolle kein oder nur ein geringes Lösevermögen, können ihren Lösungen aber in beträchtlichen Mengen zugesetzt werden, und zwar in um so größerer Menge, je größeres Lösungsvermögen für Kollodiumwolle die angewandten Lösungsmittel besitzen. Erst die Anwendung der Verschnittmittel hat die Kollodiumlacke und -farben derart verbilligt, daß sie in der Industrie in größtem Ausmaße Verwendung finden konnten. Außer Lösungs- und Verdünnungsmitteln kommen beim Aufbau von Kollodiumlacken auch die sog. Veredelungsmittel in Frage, als deren wichtigster Vertreter das Butanol zu nennen ist. Die Veredelungsmittel verhindern, daß infolge zu rascher Verdunstung der leichtflüchtigen Lösungsmittel Bestandteile des Lacks ausfallen, bevor der Film vollkommen erstarrt ist, wodurch fleckige und trübe Filme entstehen würden. Die Veredelungsmittel dienen zur Korrektur der Verdunstung und zur Erhöhung des Glanzes.

Alle Lösungs- und Verdünnungsmittel sind vollkommen oder nahezu vollkommen farblose, wasserhelle Flüssigkeiten. Sie sollen sich beim Lagern nicht verändern, besonders nicht verharzen und sollen neutral reagieren. Bei alkalischer oder saurer Reaktion besteht die Gefahr, daß die Wandungen der Verpackungsgefäße angegriffen oder die Kollodiumwolle zersetzt wird. Man soll daher auch nicht mit Pyridin vergällten Spiritus als Verschnittmittel gebrauchen, sondern Toluol oder Methylalkohol als Vergällungsmittel wählen. Alle Lösungs- und Verdünnungsmittel sollen möglichst wasserfrei sein, weil wasserhaltige Mittel leicht Trübungen der Lacke oder Wollausscheidungen geben können. Auf die Feuergefährlichkeit der Lösungs- und Verschnittmittel ist bei ihrer Lagerung, sowie bei allen Arbeiten mit ihnen Rücksicht zu nehmen. Fast alle Lösungs- und Verdünnungsmittel besitzen einen mehr oder weniger ausgesprochen starken Geruch. In größeren Mengen eingeatmet, können die Dämpfe mancher Lösungsmittel Gesundheitsstörungen hervorrufen. Bei allen Arbeiten mit diesen Mitteln muß daher für gute Lüftung des Arbeitsplatzes oder der Arbeitsräume gesorgt werden, zumal außerdem auch viele dieser Mittel mit Luft explosive Gemische bilden.

Für die Beurteilung der Lösungsmittel ist vor allem ihr Lösevermögen für Kollodiumwolle von Wichtigkeit. Es ist für die verschiedenen Lösungsmittel ganz verschieden. In der Praxis werden diejenigen Lösungsmittel als die besten angesehen, die möglichst dünnflüssige und stark verschnittfähige Lösungen ergeben. Derartige Lösungen haben den Vorteil, daß sie sich sehr stark mit Verschnittmitteln vermischen lassen, ohne daß Ausfällung von Kollodiumwolle erfolgt. Überhaupt verlangt man von einem Verdünnungsmittel, daß es sich möglichst weitgehend ohne Ausscheidung mit der Kollodiumlösung mischen und dann klar auftrocknende Filme geben soll. Auch mit den zugesetzten Weichmachungsmitteln müssen sich die Verschnittmittel gut vertragen. Manche Verschnittmittel wirken in Verbindung mit Lösungsmitteln oder anderen Verschnittmitteln lösend auf Kollodiumwolle. Solche lösende Gemische sind z. B. Äther-Alkohol, Alkohol-Benzol, Alkohol-Toluol.

Eine der wichtigsten Eigenschaften eines Lösungs- wie eines Verschnittmittels ist seine Verdunstungsgeschwindigkeit. Sie ist nicht ohne weiteres vom Siedepunkt abhängig, sondern muß eigens ermittelt werden. Mit einer für die Verhältnisse der Praxis hinreichenden Genauigkeit kann man für ihre Bestimmung folgendermaßen verfahren: Man träufelt 0,5 ccm Lösungsmittel aus einer Pipette auf gleichmäßig dickes Filtrierpapier und stellt die Zeit fest, welche das Lösungsmittel bis zur restlosen Verdunstung braucht. Bei der Feststellung der Verdunstungszeit müssen Temperatur und Feuchtigkeit der umgebenden Luft berücksichtigt werden. Tabelle 67 enthält die relativen Verdunstungszeiten der wichtigsten Löse- und Verschnittmittel, bezogen auf die Verdunstungszeit des Äthers, die gleich 1 gesetzt wird. Man teilt darnach, wie in dieser Tabelle ebenfalls geschehen, die Lösungs- und Verschnittmittel in solche von schneller, mittlerer und langsamer Flüchtigkeit ein. Natürlich kommt es bei der Beurteilung dieser Eigenschaft auch sehr darauf an, ob man bei ruhender oder bewegter Luft trocknet.

Lösungsmittel von schneller Flüchtigkeit kommen für sich allein nur in Ausnahmefällen zur Verwendung, weil durch die beim Trocknen entstehende Verdunstungskälte leicht aus der Feuchtigkeit der Luft Wasser auf der Filmoberfläche niedergeschlagen und infolgedessen Kollodiumwolle ausgefällt wird. Man erhält daher einen trüben oder weißen, oft auch rissigen Film. Zur Herstellung von Lederdeckfarben und Lederlacken werden stets Lösungsmittel von mittlerer und langsamer Flüchtigkeit mitverwendet. Man erhält dann blasen- und schleierfreie Filme von schönem Glanz und gutem Verlauf. Die Verdunstungsgeschwindigkeit der einzelnen Lösungsmittel gibt noch kein klares Bild über die Verdunstungsgeschwindigkeit eines Lösungsmittelgemisches, noch viel weniger über die Trockendauer der damit hergestellten Kollodiumfilme. Die Praxis lehrt, daß die nichtflüchtigen Bestandteile eines Lacks oder einer Deckfarbe die Verdunstung der Lösemittel verzögern, und zwar um so mehr, je zähflüssiger ein Lack ist. Die verschiedenen Typen von Kollodiumwolle verzögern daher die Verdunstung der Lösungsmittel je nach der Viskosität der Wolle ganz verschieden. Während die Verdunstungsgeschwindigkeit von schnellflüchtigen Lösungsmitteln durch die nichtflüchtigen Bestandteile des Lacks nur wenig herabgesetzt wird, werden die langsam verdunstenden Lösungsmittel verhältnismäßig sehr lange im Kollodiumfilm zurückgehalten. Derartige Filme weisen zuerst eine außerordentliche Elastizität auf, die jedoch entsprechend der Verdunstung des Lösungsmittelrests langsam, aber stetig abnimmt. Leder mit einer solchen Kollodiumschicht bereiten Schwierigkeiten beim Stoßen. Man muß daher zur Herstellung von Lacken und Deckfarben Kombinationen von Lösungsmitteln von verschiedener Flüchtigkeit wählen derart, daß eine möglichst gleichmäßige Verdunstung gewährleistet wird.

Was über die Wahl der Lösungsmittel auf Grund ihrer Flüchtigkeit gesagt wurde, gilt im allgemeinen auch für die Verschnittmittel. Die Flüchtigkeit der Verschnittmittel muß derjenigen der Lösungsmittel sorgsam angepaßt werden. Besonders zu beachten ist, daß Lösungsmittel im Lack vorhanden sein müssen, bis alle Verschnittmittel verdunstet sind. Wäre ein Verschnittmittel der zuletzt verdunstende Anteil, so würde die Kollodiumwolle ausfallen und dadurch eine einwandfreie Filmbildung verhindert. Übermäßig große Zusätze an Verschnittmitteln führen ebenfalls zu einer Trübung oder Ausfällung der Kollodiumwolle. Wenn der Feuchtigkeitsgehalt der Luft in den Arbeits- und Trockenräumen zu hoch ist, kann es vorkommen, daß ein Lack, der an trockener Luft einen einwandfreien Film liefert, mit einem trüben oder weißen Schleier auftrocknet. Zur Ver-

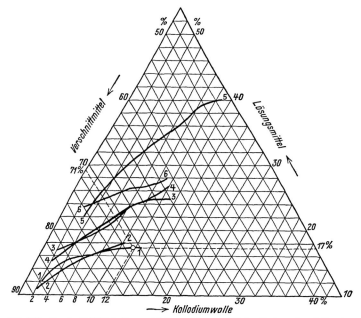

Abb. 132. Verschnittfähigkeit verschiedener Lösungsmittel mit Benzol und Benzin.

Kurve *1* Äthylglykol-Benzol, *2* Methylglykol-Benzol, *3* Methylglykolacetat-Benzol, *4* Äthylglykolacetat-Benzol, *5* Buthylacetat-Benzol, *6* Äthylglykol-Benzin

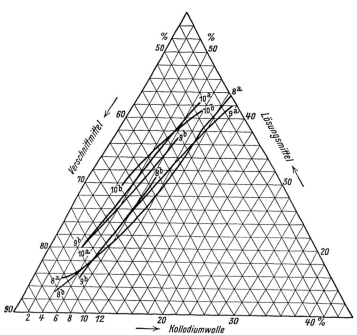

Abb. 133. Scheinbare und wahre Verschnittfahigkeit verschiedener Losungsmittel mit Alkohol.

Kurve *8a* Äthylglykol-Alkohol, *8b* Äthylglykol-Alkohol, *9a* Äthylglykolacetat-Alkohol, *9b* Äthylglykolacetat-Alkohol, *10a* Methylglykolacetat-Alkohol, *10b* Methylglykolacetat-Alkohol, *a* scheinbare Verschnittfähigkeit, *b* wahre Verschnittfahigkeit.

hütung der durch zu große Zusätze an Verschnittmitteln oder zu hohe Luftfeuchtigkeit verursachten Fehler genügt in den meisten Fällen ein geringer
Zusatz von Butanol.

Die Verschnittfähigkeit der Kollodiumwolle ist abhängig von der Konzentration der Lösung, von der Art des Lösungs- und des Verschnittmittels, sowie von
der Temperatur. Mit abnehmender Temperatur sinkt die Verschneidbarkeit
der Lösung. Zur Bestimmung der Verschneidbarkeit wird die Kollodiumlösung
so lange unter Rühren oder Schütteln mit Verschnittmittel versetzt, bis Trübung,
Gelatinierung oder Entmischung erfolgt. Auf diese Weise erhält man (I. G.
Farbenindustrie, S. 32) die scheinbare Verschnittfähigkeit. Die wahre Verschnittfähigkeit gründet sich auf die Beschaffenheit des Lackfilms. Man be-
stimmt, bis zu welcher Menge von Verschnittmittelzusatz der Film noch eine
vollständig glatte Oberfläche ohne Anlaufen und Strukturen beibehält. Die
Ergebnisse derartiger Untersuchungen kann man sehr übersichtlich in einem
Gibbsschen Dreieck darstellen. Als Beispiele seien aus der Broschüre der I. G.
Farbenindustrie Aktiengesellschaft die Abb. 132 und 133 angeführt (I. G.
Farbenindustrie, S. 33 und 35), die sich auf Kollodiumwolle E 510 beziehen.
Die Kurven stellen die jeweiligen Grenzlinien der Verschnittfähigkeit dar. Sämtliche Zusammensetzungen, die in den Gebieten oberhalb der Kurven liegen,
geben vollkommene Lösungen; soweit sie oberhalb der Kurven der wahren Verschnittfähigkeit liegen, erhält man einwandfreie Lackschichten. Die jeweilige Zusammensetzung der Lösung wird an den umgrenzenden Dreieckseiten abgelesen,
z. B. kennzeichnet der Punkt 1 des Diagramms von Abb. 132 folgende Zusammensetzung der Lösung: 12% Kollodiumwolle
 17% Äthylglykol
 71% Benzol

Die vorstehenden Beispiele beziehen sich auf nur ein Lösungs- und nur ein
Verschnittmittel. In der Praxis werden aber mehrere Lösungs- und mehrere
Verschnittmittel gleichzeitig gebraucht, wodurch die Verhältnisse sich wesentlich
komplizierter gestalten. Durch den Zusatz von Weichmachungsmitteln, die Löser
für Kollodiumwolle sind, tritt eine Erhöhung des Anteils an Verschnittmitteln ein.
Ihrer chemischen Natur nach teilt man die wichtigsten Lösungs-, Verschnitt-
und Veredelungsmittel in folgende Gruppen ein:

1. Kohlenwasserstoffe:
    a) Aliphatische: Benzin.
    b) Aromatische: Benzol, Toluol, Xylol.
2. Alkohole: Methanol, Äthylalkohol, Butanol, Isopropylalkohol, Amylalkohol, Diacetonalkohol.
3. Ketone: Aceton, Anon, Methylanon, Pyranton.
4. Ester: E 13, E 14, Äthylacetat, Amylacetat, Butylacetat, Äthyllactat,
Äthylglykolacetat, Adronolacetat.
5. Äther: Äthyläther, Glykoläther.

Unter der Gruppe der Kohlenwasserstoffe und Alkohole finden sich vorwiegend
Verschnittmittel, während die Gruppen der Ketone, Ester und Äther hauptsächlich Lösemittel für Kollodiumwolle umfassen.

Für die Zwecke der Praxis empfiehlt sich mehr die Einteilung auf Grund der
Flüchtigkeit, wie sie in Tabelle 67 durchgeführt ist. In dieser Tabelle sind nur die
für Lederlacke und Deckfarben wichtigsten Lösungs- und Verschnittmittel aufgeführt. Sie enthält außer der chemischen Zusammensetzung und der Verdunstungszeit auch die Siedegrenzen, das spezifische Gewicht und den Flammpunkt der
einzelnen Löse- und Verschnittmittel. Zur Ergänzung der Tabelle kann die Beschreibung der Lösungsmittel in dem Abschnitt „Lackieren" dieses Bandes dienen.

Tabelle 67. Die wichtigsten Lösungs- und Verschnittmittel für Kollodiumwolle.

A. Produkte von hoher Flüchtigkeit.

Name	Chemische Formel	Spez. Gewicht $D \frac{20^0}{4^0}$	Siedepunkt °C	Flammpunkt °C	Relative Flüchtigkeit	Bemerkung
Äthyläther (Äther, Schwefeläther) (L)	$C_2H_5 \cdot O \cdot C_2H_5$	0,722	34—35	unter 0	1	Die spezifisch sehr schweren Äther-dämpfe haben die Neigung zu „kriechen" und sind mit Luft gemengt sehr explosiv. Äther wird wegen seiner hohen Feuergefährlichkeit und seiner großen Flüchtigkeit nur wenig für Lacke verwendet.
Aceton 99/100% (Dimethylketon) (L)	$CH_3 \cdot CO \cdot CH_3$	0,791	55—56	unter 0	2,1	Ausgezeichnetes Lösungsmittel für Kollodiumwolle. Gibt Lösungen von niedriger Viskosität.
Lösungsmittel E 13 (L)	Vorwiegend Gemisch von Methyl- und Äthylacetat	0,885	55—63	— 10	2,5	Hervorragendes Lösungsmittel für Kollodiumwolle; gibt Lösungen von sehr geringer Viskosität, die sich weitgehend verschneiden lassen.
Lösungsmittel E 14 (L)	Lösungsmittelgemisch	0,873	52—62	unter 10	2,4	Eigenschaften wie E 13, besitzt aber etwas größere Lösungsgeschwindigkeit und gibt vielfach Lösungen von noch geringerer Viskosität wie E 13.
Äthylacetat 98/100% (Essigsäureäthylester, Essigäther) (L)	$CH_3 \cdot CO_2 \cdot C_2H_5$	0,900	74—77	unter 0	2,9	Löst Kollodiumwolle rasch und gut.
Benzol (Reinbenzol, Kristallbenzol) (V)	C_6H_6	0,879	80—81	unter 0	3,0	Außer dem Reinbenzol kommt für Kollodiumlacke auch das sog. 90er Benzol in Betracht, das bis zu 20% Toluol, Xylol u. dgl. enthält.
Benzin (Gasolin, Petroläther) (V)	Gemisch verschiedener Kohlenwasserstoffe	0,68—0,72	67—100	unter 0	3,5	Für Kollodiumlacke eignen sich nur Leichtbenzine (Siedepunkt bis 100° C). Bei Gegenwart von höher

Reintoluol (V)	C₆H₅·CH₃	0,864	109—111	+7	6,1	siedenden Schwer- und Lackbenzinen laufen die Filme infolge Wollausscheidung leicht weiß an. Wichtiges Verschnittmittel für Lösungen von Kollodiumwolle.
Methanol rein 100% (Methylalkohol) (L)	CH₃·OH	0,796	64—65	+6,5	6,3	Gutes Lösungsmittel für Kollodiumwolle. Starkes Magengift, das auch zur Erblindung führen kann. Vorsicht auch beim Einatmen der Dämpfe!
Äthylalkohol (Äthanol, Alkohol, Spiritus) (V) (94% mit 2% Toluol vergällt)	C₂H₅·OH	0,798	78	+12	8,3	Manche Kollodiumwollen sind ganz oder teilweise in Alkohol löslich. Für Kollodiumwollen ist möglichst hochprozentiger Spiritus zu verwenden.

B. Produkte von mittlerer Flüchtigkeit.

Butylacetat 98/100% (Normales Butylacetat) (L)	CH₃·CO₂·C₄H₉	0,879	121—127	+25	11,8	Ist eines der wichtigsten Lösungsmittel für Kollodiumwolle, kann wegen seiner günstigen Flüchtigkeit, seiner hohen Widerstandsfähigkeit gegen Luftfeuchtigkeit und seines guten Lösevermögens weitgehend ohne Ausfällung der Kollodiumwolle verschnitten werden.
Butylacetat 85% (L)		0,871	110—132	+24	12,5	Enthält 15% Butanol, verdunstet daher etwas langsamer, ist aber sonst dem „Butylacetat 98/100" gleich.
Amylacetat rein (L)	CH₃·CO₂·C₅H₁₁	0,874	135—140	etwa +44	13—18	Als hervorragendes Lösungsmittel für Kollodiumwolle wird es auch heute noch zur Herstellung von Zaponlacken gebraucht. Für Kollodiumlacke und Deckfarben ist es durch Butylacetat verdrängt.

(L) = Lösungsmittel; (V) = Verschnittmittel.

Name	Chemische Formel	Spez. Gewicht $D\frac{20^0}{4^0}$	Siede-punkt °C	Flamm-punkt °C	Relative Flüchtig-keit	Bemerkung
Reinxylol (V)	$C_6H_4(CH_3)_2$	0,857	137—139	+23	13,5	Dient als Verschnittmittel für Kollodiumlacke.
Isopropylalkohol 98/100% (V)	$(CH_3)_2 \cdot CHOH$	0,808	97—82	+18—20	21	Wird zuweilen an Stelle von Äthylalkohol verwendet, dem er in seinen Eigenschaften ähnlich ist.
Butanol 98/100% (normaler Butylalkohol)	$C_4H_9 \cdot OH$	0,812	114—118	+34	33	Wichtiges Veredelungsmittel für Kollodiumlacke; ist selbst kein Lösungsmittel für Kollodiumwolle, steigert aber in Mischung mit Lösungsmitteln deren Lösevermögen und die Verschnittfähigkeit.
C. Produkte von langsamer Flüchtigkeit.						
Anon 94% (Cyclohexanon) (L)	$C_6H_{10}O$	0,947	150—156	+44	40	Besitzt ein hohes Lösungsvermögen für Kollodiumwolle. Diese Lösungen sind weitgehend verschnittfähig. Dient hauptsächlich als langsam flüchtiges und nur in kleinen Mengen zuzusetzendes Veredelungsmittel für Kollodiumwolle. Eignet sich ganz besonders als Lösungsmittel für die Herstellung von Lederlacken, da es deren Haftvermögen auch auf nicht vollständig entfetteten Ledern verbessert.
Äthylglykol (Glykolmonoäthyläther) (L)	$CH_2OH \cdot CH_2 \cdot OC_2H_5$	0,932	126—138	+40	43	Geruchsschwaches, ausgezeichnetes Lösungs- und Veredelungsmittel für Kollodiumwolle. Gibt Lösungen von hoher Verschnittfähigkeit, wird trotz langsamer Flüchtigkeit vom trockenen Lack nicht übermäßig

Name	Formel					Bemerkungen
						lange festgehalten. Sehr geeignet, um Trockenzeit, Verlauf und Verschnittfähigkeit zu regulieren, sowie zur Herstellung von Streichlacken.
Methylanon (Methylcyclohexanon) (L)	$C_6H_9 \cdot CH_3$	0,919	165—171	+45—50	47	In seinen Eigenschaften dem Anon gleichend, nur etwas langsamer flüchtig.
Äthylglykolacetat (L)	$CH_2OC_2H_5 \cdot CH_2O \cdot COCH_3$	0,791	149—160	+47	52	Dem Äthylglykol in seinen Eigenschaften ähnlich, nur etwas weniger leicht flüchtig.
Amylalkohol	$C_5H_{11} \cdot OH$	0,810	129—132	etwa +40	62	In seinen Eigenschaften dem Butanol sehr ähnlich, durch das er seines milderen Geruchs wegen vielfach ersetzt wird.
Adronolacetat (Cyclohexylacetat) (L)	$C_6H_{11} \cdot CO \cdot CH_3$	0,966	170—177	+57,5	77	Eines der besten Lösungsmittel für Kollodiumwolle; gibt Lösungen von weitestgehender Verschnittfähigkeit. Seiner sehr langsamen Flüchtigkeit und des länger anhaftenden Geruchs wegen nur in kleinen Mengen als Löse- und Veredelungsmittel zu verwenden; besonders geeignet, um das Haftvermögen von Lederlacken zu verbessern.
Äthyllactat (Milchsäureäthylester „Solactol") (L)	$CH_3CHOH \cdot CO_2C_2H_5$	1,036	149—160	+50	77	Besitzt großes Lösevermögen für Kollodiumwolle, gibt Lösungen von hoher Verschnittfähigkeit, ist in nicht zu großer Menge zu verwenden.
Diacetonalkohol („Pyranton A") (L)	$CH_3CO \cdot CH_2 \cdot C(CH_3)_2 \cdot OH$	0,930	150—165	+45—46	147	Schwach riechendes, sehr gutes Lösungsmittel für Kollodiumwolle, nur in kleinen Mengen zu verwenden. Neben Glykoläthern besonders für Streichlacke geeignet.

(L) = Lösungsmittel; (V) = Verschnittmittel.

4. Albumindeckfarben (Pigment Finishe) und ihre Herstellung.

Um das Gleiten des Glanzstoßwerkzeugs über die Lederfläche zu erleichtern und einen guten Glanz zu erzeugen, werden die Leder vor dem Glanzstoßen mit einem Stoßglanz (Glänze, Lüster) versehen. Dieser Stoßglanz wirkt auch gleichzeitig als Schutzappretur, die das fertige Leder gegen Feuchtigkeit und andere äußere Einflüsse schützt und seine Reibechtheit erhöht. Als Stoßglanz werden farblose oder mit löslichen Anilinfarbstoffen gefärbte wässerige Lösungen verschiedener Eiweißstoffe, mitunter auch Schellacklösungen verwendet. Die im Weltkriege von den Vereinigten Staaten von Nordamerika zuerst erzeugten Deckfarben fanden anfangs wegen ihres anstrichartigen Aussehens wenig Beifall. Man hat jedoch rasch in der Herstellung und in der Anwendung dieser Farben große Fortschritte gemacht, und gegenwärtig bilden sie und die Kollodiumdeckfarben die wichtigsten Lederappreturen, während die früheren Glänzen und Lüster stark an Bedeutung verloren haben. Der Hauptgrund für die immer stärker zunehmende Verwendung dieser Farben liegt darin, daß sie außer der Glanz- und Schutzwirkung auch eine sehr gute Egalisierung der Farbe der mit ihnen behandelten Leder hervorrufen. Die ursprünglich in Amerika für diese Farben gebräuchlichen Bezeichnungen Finish oder Pigmentfinish haben auch bei uns Eingang gefunden. Sonst werden sie zweckmäßig als Albuminfarben bezeichnet, wobei unter Albumin nicht nur Ei- und Blutalbumin, sondern alle eiweißartigen Stoffe zu verstehen sind, die zur Herstellung solcher Farben Verwendung finden. Da in diesen Farben Wasser das Lösungsmittel bildet, werden sie bisweilen auch wässerige Deckfarben oder Wasserdeckfarben genannt im Gegensatz zu den Kollodiumdeckfarben.

Die Albumindeckfarben setzen sich aus nachstehenden Hauptbestandteilen zusammen:

1. Farbpigmente und Farbstoffe
2. Bindemittel
3. Lösungsmittel
4. Weichhaltungsmittel
} Hauptbestandteile ähnlich wie bei den Kollodiumdeckfarben.

5. Konservierungsmittel
6. Fixierungsmittel
7. Glanzmittel
} Spezielle Bestandteile der Albumindeckfarben.

Von den für Albumindeckfarben geeigneten Pigmenten verlangt man starkes Färbvermögen und große Deckkraft, gute Lichtbeständigkeit und billigen Preis, ferner Beständigkeit gegen schwache Alkalien, weil die meisten Bindemittel in schwach alkalischer Lösung zur Anwendung gelangen, außerdem eine gewisse Hitzebeständigkeit, damit der Farbton bei den höheren Temperaturen, wie sie beim Zurichten unter der Glanzstoß- und Bügelmaschine auftreten, sich nicht verändert. Weitere Anforderungen, die an die Pigmente gestellt werden, sind eine weiche, nicht körnige Struktur und möglichste Unempfindlichkeit gegen die äußeren Einflüsse, die das Leder auszuhalten hat. Diesen Anforderungen entsprechen am besten die Erd- und Mineralfarben (siehe S. 543 ff.). Tatsächlich wurden ursprünglich ausschließlich derartige Pigmente verwendet. Sie bilden auch jetzt noch den Hauptbestandteil der Pigmente. So werden z. B. viel gebraucht Umbra, Siena, Ocker, Eisen-, Cadmium-, Chromfarben u. a. Als Weißpigmente dienen besonders Zinkweiß und Titanweiß, als Schwarz Beinschwarz, Lampenruß und Carbon black. Die Erd- und Mineralfarben geben jedoch im allgemeinen stumpfe Farbtöne; daher müssen trotz ihrer geringeren Licht- und Alkalibeständigkeit und ihres höheren Preises namentlich für Rot, Grün und Violett auch organische Farblacke mit herangezogen werden.

Die unlöslichen Pigmente bilden den eigentlichen Träger der Deckwirkung. Zur Erhöhung der Brillanz und zur Vertiefung des Farbeffekts werden aber den wässerigen Deckfarben fast ausnahmslos lösliche Anilinfarbstoffe zugesetzt. Sie werden meist erst der gebrauchsfertigen Deckfarbe zugegeben und gestatten eine leichte Nuancierung der Farbe. Man wählt möglichst brillante, kräftige Farbstoffe von guter Licht- und Alkaliechtheit. Wegen der schwach alkalischen Reaktion des Bindemittels sind basische Farbstoffe hierfür nicht geeignet, vielmehr kommen hauptsächlich saure Farbstoffe in Betracht. Die Verwendung substantiver Farbstoffe empfiehlt sich im allgemeinen weniger, da sie nicht die Leuchtkraft der sauren Farbstoffe besitzen und daher auch keine stärkere Schönung des Albuminfarbenauftrags bewirken. Es ist zu berücksichtigen, daß saure Farbstoffe ohne Säurezusatz gelöst werden müssen, um eine Ausfällung des Bindemittels zu verhindern. Ferner ist darauf zu achten, daß keine zu großen Farbstoffmengen in den Finish eingeführt werden, weil die fertigen Leder um so mehr zum Abfärben neigen, je mehr sie an löslichem Farbstoff enthalten. Im allgemeinen dürften 5 bis 20 g Farbstoff pro Liter gebrauchsfertiger Deckfarbe genügen. Schwarze Finishe, besonders solche mit Hochglanz, stellt man vielfach nicht mit unlöslichen Pigmenten her, weil letztere den Glanz herabsetzen, sondern setzt ihnen an Stelle des Pigments wasserlösliche Nigrosine zu.

Die Bindemittel haben den Zweck, den Farbkörper nach dem Verdunsten des Wassers zu einer zusammenhängenden Schicht zusammenzuhalten und diese auf der Unterlage gut haltbar zu befestigen. Außerdem geben die Bindemittel dem Leder einen Schutz gegen äußere Einflüsse und verleihen auch einen gewissen Glanz. Es läßt sich daher eine ganz scharfe Trennung zwischen den Bindemitteln und den Glanzmitteln nicht durchführen. Als Bindemittel für Pigment-Finishe kommen in erster Linie Ei- und Blutalbumin sowie Casein in Frage. Aber auch andere Eiweißstoffe, wie z. B. Leim und Gelatine, ferner Harze und Schleimstoffe werden zur Herstellung von wässerigen Deckfarben beigezogen. Die Mehrzahl von diesen Stoffen ist in Wasser löslich. Bei fast allen empfiehlt es sich, sie vor dem Lösen erst einige Zeit in Wasser quellen zu lassen. Einige Eiweißstoffe wie z. B. das Albumin koagulieren bei höheren Temperaturen. Man darf daher ihre Lösungen nicht höher als auf etwa 40⁰ erwärmen. Das gewöhnliche Casein ist in Wasser unlöslich. Um es in Lösung zu bringen, muß man Ammoniak, Borax oder Soda zusetzen. Überhaupt wird die Löslichkeit der meisten dieser Stoffe durch Alkalien erhöht. Zur Erhöhung der Wasserfestigkeit und des Glanzes wird den wässerigen Deckfarben vielfach in beschränktem Umfang Schellack zugesetzt, der durch schwach alkalische Mittel, meist Borax, in Lösung gebracht wird. Die ersten in den Handel gebrachten wässerigen Deckfarben enthielten sogar Schellack oft als Hauptbestandteil. Man ist jedoch bald davon abgekommen und sucht gegenwärtig wegen der Schwierigkeiten, welche die damit abgedeckten Leder beim Glanzstoßen, Narbenpressen und Bügeln verursachen, derartige Zusätze auf ein Minimum zu reduzieren oder ganz zu vermeiden.

Das als Lösungs- und Verdünnungsmittel dienende Wasser muß vollkommen rein und klar, möglichst weich und gänzlich eisenfrei sein. Diese Forderung ist namentlich für helle Farben unerläßlich. Wenn irgend möglich, verwendet man daher destilliertes Wasser, Kondens- oder Regenwasser.

Die albuminartigen Bindemittel der wässerigen Deckfarben geben nach dem Auftrocknen eine harte, spröde, hornige Masse, die sehr leicht rissig wird und schwer auf dem Leder haftet. Um das Springen und Abblättern dieser Masse zu verhindern, muß ihr durch weichmachende Zusätze eine gewisse Geschmeidigkeit verliehen werden. In ähnlicher Weise, wie wir es bei den Kollodiumfarben kennengelernt haben, verlangen daher auch die Albuminfarben Zusätze von bestimmten

Weichmachungsmitteln. Für die Albuminfarben braucht man Weichmacher, die in Wasser löslich sind oder zum mindesten mit Wasser gut haltbare, feine Emulsionen bilden. Solche Produkte sind die sulfonierten, wasserlöslichen Öle, wie sulfoniertes Klauenöl, Ricinusöl, Tran und Sojabohnenöl. Diese Öle müssen aber, um als Weichmacher für wässerige Deckfarben dienen zu können, möglichst frei von Mineralölen sein, weil durch das zugesetzte Mineralöl der Glanz des Leders vermindert und ein Abrußen der Farbe verursacht werden kann. Am besten eignet sich reines, aus gut kältebeständigem Rohmaterial hergestelltes Klauenöl, das infolge seiner ausgezeichneten Emulgierbarkeit dem Leder einen besonders milden Griff verleiht und wegen seiner hellen, beständigen Farbe auch für zartere Töne gut brauchbar ist. Die im Preise sich wesentlich niedriger stellenden sulfonierten Trane erzeugen auf dem Leder wegen ihrer Neigung zur Nachoxydation leicht Flecken und geben einen harzigen Griff. Wohl am meisten wird sulfoniertes Ricinusöl (Türkischrotöl) als Weichmacher für Albuminfarben gebraucht; doch ist zu beachten, daß es, in zu großer Menge angewandt, dem Leder einen klebrigen Griff gibt und das Glanzstoßen erschwert. Auch Glycerin stellt ein gutes Weichmachungsmittel dar, darf aber nur in geringer Menge zugesetzt werden, weil es sonst den Glanz vermindert und wegen seiner Hygroskopizität die Überzüge zu wasserempfindlich macht. Ferner können als Weichmacher dienen Leinsamenabkochungen sowie Seifenlösungen. In neuerer Zeit wird [M. C. Lamb (1) S. 320] zur Erhöhung der Geschmeidigkeit wässeriger Deckfarben ein Kautschukzusatz in Form einer ammoniakalischen Latexlösung empfohlen.

Die Bindemittel der Albumindeckfarben werden besonders in wässeriger Lösung sehr leicht durch Fäulnis zersetzt. Um sie davor zu schützen, erhalten sie geringe Zusätze von antiseptischen Mitteln. Ein vorzügliches Konservierungsmittel ist das Sublimat. Einige Kubikzentimeter einer 1 proz. Sublimatlösung auf 1 l Deckfarbe zugesetzt, verhindern jede Fäulnis. Seiner starken Giftigkeit wegen ist das Sublimat jedoch nicht sehr zu empfehlen. Ein Zusatz von $^1/_4$ bis $^1/_2\%$ Carbolsäure bietet ebenfalls einen wirksamen Schutz gegen Zersetzung der Albuminfarben. Größere Mengen sind bedenklich, da viele Eiweißstoffe durch Carbolsäure zur Koagulation gebracht werden. Ein für wässerige Deckfarben viel gebrauchtes Konservierungsmittel stellt das Mirbanöl oder Nitrobenzol dar. Es ist zwar giftig und feuergefährlich, wirkt aber im Gegensatz zur Carbolsäure nicht koagulierend auf Eiweißstoffe. Sein Geruch wird angenehm empfunden und kann dazu dienen, den unangenehmen Geruch, der manchen Eiweißstoffen eigen ist, zu verdecken. Ein empfehlenswertes Antiseptikum ist auch das geruchlose Chinosol.

Während die Kollodiumfarben einen vollkommen wasserbeständigen Film geben, sind die mit Albuminfarben gedeckten Leder gegen Wasser ziemlich empfindlich, was ohne weiteres verständlich ist, da bei ihnen ja wasserlösliche Stoffe verwendet werden. Bei längerem Lagern nimmt zwar die Wasserechtheit dieser Leder erheblich zu, doch erreicht sie niemals den Grad, der in der Praxis bei ihrer Verwendung verlangt wird. Um die Unbeständigkeit der wässerigen Deckfarben gegen Nässe zu beheben oder wenigstens stark herabzudrücken, kann man die Deckfarbenschicht mit einem Kollodiumschutzlack oder einer Schellackappretur überziehen. Viel zweckmäßiger ist der auch in der Praxis meist angewandte Weg, die aufgetragene Albuminfarbe in eine unlösliche oder mindestens schwerlösliche Form überzuführen. Bis zu einem gewissen Grade kann dies durch Erhitzen bewirkt werden. Vom Casein abgesehen, wird die Mehrzahl der Eiweißkörper durch Erwärmen koaguliert, und zwar irreversibel, so daß sie später nicht mehr mit Wasser allein in Lösung gehen. Die Wasserbeständigkeit von Deckfarben, die derartige Eiweißkörper als Bindemittel enthalten, wird daher durch heißes Bügeln oder durch Trocknen in heißen Räumen wesentlich erhöht. Eine noch stärkere Wasserechtheit wird erzielt, wenn man die Albuminschicht durch Behandeln mit gewissen Fixierungsmitteln unlöslich macht. Das beste derartige Mittel stellt das Formaldehyd dar. Es kommt gewöhnlich als 40volumproz. Lösung unter dem Namen „Formalin" in den Handel. Das Formaldehyd bildet mit den Eiweißkörpern in Wasser unlösliche Verbindungen. Leim und Gelatine führt es in harte, spröde Körper über. Ein Einwirkungsprodukt von Formaldehyd auf Casein ist der Galalith, der als Kunsthorn viel Verwendung findet. Im Formaldehyd besitzen wir daher auch ein fast ideales Mittel zur Fixierung der Albuminfarben. Zu diesem Zwecke wird Formalinlösung der auftragfertigen Deckfarbe unmittelbar vor ihrem Auftragen zugesetzt. Viel wirksamer ist es, eine verdünnte Formalinlösung auf die vollständig getrockneten gefinishten Leder aufzuspritzen oder aufzutragen. Formalin ist ein Gerbstoff. Man kann daher die Reaktion zwischen Formaldehyd und dem Eiweißstoff der wässerigen Deckfarbe auch als einen Gerbevorgang auffassen. Zur Härtung der Albumindeckfarben hat man nun auch noch andere Gerbstoffe anzuwenden versucht, nämlich basische Chromlösungen und Tannin. Basische Chromlösung macht wohl den Finish gut unlöslich, hat aber den Nachteil, daß sie auf hellfarbigen Ledern schwer anzuwenden ist. Mit Tannin ist es noch nicht gelungen, eine absolute Wasserfestigkeit zu erlangen. So kommt man mit dem äußerst reaktionsfähigen Formaldehyd noch immer am besten zum Ziel. Allerdings ist auch bei seiner Anwendung eine gewisse Vorsicht geboten. Es darf nur in stark verdünnter Lösung genommen werden. Ein zu großer Überschuß davon ist zu vermeiden, und nach dem Auftragen ist der Überschuß durch schnelles Trocknen in warmen, gut ventilierten Räumen möglichst rasch zu entfernen; sonst erhält das Leder einen rauhen, harten Griff, unter Umständen auch einen losen Narben, der bei längerem Lagern brüchig wird.

Farbpigment, Binde-, Lösungs- und Weichhaltungsmittel sind Bestandteile, die jede Albuminfarbe unbedingt enthalten muß. Der Zusatz eines Konservierungsmittels ist nur erforderlich, wenn die Farben bis zum Gebrauch längere Zeit aufbewahrt werden müssen, was allerdings meistens der Fall ist. Auch die Fixierungsmittel bilden keinen ständigen Bestandteil der Deckfarben, sondern werden erst unmittelbar vor dem Auftragen der verwendungsfähigen Farbe zugesetzt oder noch besser auf die bereits aufgetragene Farbe einwirken lassen. In ähnlicher Weise braucht auch nicht jede Albuminfarbe spezielle Glanzmittel zu enthalten, da die Bindemittel schon bis zu einem gewissen Grade glanzspendende Eigenschaften besitzen. Als Mittel, um den Glanz zu erhöhen, kommen in Betracht Schellack und Wachse, sowie Milch, Tragasol u. dgl. Auch geringe Zusätze von Zinkstearat oder Zinkpalmitat verleihen dem Film infolge ihres wachsähnlichen Charakters hohe Polierbarkeit und steigern den Glanz. Gleichzeitig vermindern diese Zinksalze bis zu einem gewissen Grade das Absetzen der Pigmente. Ferner dienen Zusätze von Gelatine, Fischleim und Pflanzenschleimstoffen zur Steigerung des Glanzes. Damit beim Glanzstoßen, Narbenpressen und Bügeln keine Schwierigkeiten auftreten, dürfen die Mengen der Glanzmittelzusätze nicht zu hoch gewählt werden. Vorteilhafter als der direkte Zusatz von ausgesprochenen Glanzmitteln ist die Herstellung einer besonderen Glanzappretur. Man trägt sie auf die Deckfarbenschicht als besondere Glanzschicht auf und erreicht dadurch nicht nur mehr Lebendigkeit der Farbe, sondern auch größere Widerstandsfähigkeit der Farbschicht.

Im Anschluß an die vorstehende Besprechung der einzelnen Bestandteile der Albuminfarben soll nunmehr die Herstellung dieser Deckfarben kurz besprochen werden. Im Prinzip ist sie sehr einfach. Man löst z. B. Casein unter Zusatz von etwas Ammoniak in heißem Wasser, kühlt auf 40° C ab und gibt dazu eine Albuminlösung, die durch Lösen von Albumin bei einer 40° nicht übersteigenden Temperatur erhalten wurde. Dann rührt man die Lösung von saurem Anilinfarbstoff und feinst gepulvertem Pigment, ferner etwas Weichmachungs- und Desinfektionsmittel zu; dann ist die Deckfarbe fertig. In dieser Weise wurde auch anfangs bei der Herstellung der Deckfarben verfahren. Die so gewonnenen Erzeugnisse entsprachen jedoch nur sehr mangelhaft den Bedürfnissen der Praxis. Man hat aber rasch große Fortschritte in der Herstellung der Albuminfarben gemacht. Es ist eine besondere Deckfarbenindustrie entstanden, die durch sorgfältige Auswahl der geeignetsten Rohmaterialien und unter Benutzung aller technischen Errungenschaften der Neuzeit bei der Verarbeitung dieser Materialien imstande ist, Deckfarben von stets gleichmäßiger Beschaffenheit zu liefern, die allen Anforderungen der Verbraucher entsprechen. Daher wird der Lederfabrikant im allgemeinen den Bezug fertiger Deckfarben der Selbstherstellung vorziehen.

Die Herstellung der wässerigen Deckfarben ist von derjenigen der Kollodiumfarben insofern stark verschieden, als die ersteren in der Kollodiumwolle einen einheitlichen Grundstoff haben, der lediglich in Konzentration und Viskosität Unterschiede aufweist. Im Gegensatz dazu finden für die wässerigen Deckfarben die verschiedenartigsten Bindemittel Verwendung. Jedes derselben erfordert eine seinen Eigenschaften angepaßte Behandlung.

Als Pigmente sind gut deckende, ausgiebige Körperfarben zu wählen. Sie müssen auf einer Trichter- oder Kugelmühle aufs feinste vermahlen werden. Diese feingepulverten Pigmente werden sorgfältig in der Weise angerührt, daß man das Pigment in die nötige Wassermenge einrührt. Würde man umgekehrt das Wasser zum Pigment rühren, so würden sich Klumpen bilden, die nur schwer wieder vollständig zu zerteilen wären. Als Anhaltspunkt für die benötigten Wassermengen möge dienen, daß schwere Pigmente etwa 50%, mittelschwere etwa 50 bis 70% und spezifisch leichte organische Pigmente 100 bis 150 % Wasser zum Anteigen erfordern. Vielfach wird das Pigment auch mit dem Weichmachungsmittel angerieben. Gerade die möglichst gute Vermahlung und möglichst feine Verteilung des Farbkörpers sind von ausschlaggebender Wichtigkeit für die gute Qualität eines Finishes. Sie ermöglichen die Bildung eines dünnen glatten Films, der den Griff des Leders nur unbedeutend verändert. Außerdem verhindert die gute Dispergierung eine vorzeitige Bildung von Bodensatz.

Zur Herstellung einer wässerigen Deckfarbe werden die einzelnen Bestandteile in Wasser gelöst und dann diese Lösungen durch gründliches Rühren zu einer Paste zusammengemischt. Hierauf läßt man sie ein oder mehrere Male durch eine gute Walzenmühle laufen, um eine wirklich gründliche Durchmischung zu erzielen.

Nachstehendes Beispiel [Gerbereitechnik (2), Nr. 93 und 101] gibt einen Anhalt für die Herstellung einer guten Deckfarbe für Blankleder, Koffervachetten u. dgl. Man stellt sich folgende Lösungen bzw. Pasten her:

A: 6 kg Pigment, feinst gepulvert, wird in Wasser zu einem dicken Teig gerührt. Je nach dem spezifischen Gewicht des Pigments ergibt das 9 bis 12 kg Pigmentpaste. Falls man Anilinfarbstoff mitverwenden will, rührt man die Lösung desselben ebenfalls der Farbpaste zu.

B: 1,0 kg Lemonschellack ⎫
0,2 kg Borax   ⎬ = 5,2 kg Lösung
4,0 l Wasser   ⎭

werden in der Weise gelöst, daß man den Schellack in die heiße Boraxlösung rührt, bis er sich gelöst hat. Nach dem Erkalten wird das auf der Oberfläche schwimmende Wachs u. dgl. abgeschöpft und dann die Lösung durch ein feines Sieb oder Tuch gegossen.

C: 2,0 kg Casein ⎫
   0,15 l Ammoniak ⎬ = 4,15 kg Lösung.
   2,0 l Wasser ⎭

Das Casein wird in das warme Wasser eingerührt, dann nach Abkühlung auf Zimmertemperatur das Ammoniak zugesetzt und das Ganze über Nacht stehen lassen.

D: 0,15 kg Gummitragant ⎫
   0,2 kg Gelatine   ⎬ = 2,35 kg Lösung
   2,0 l Wasser   ⎭

werden kurz vor der Zusammenmischung der Deckfarbe gelöst. Bei längerem Stehen erstarrt die Lösung.

E: 0,5 kg Eialbumin ⎫
   0,05 kg Ammoniak ⎬ = 2,55 kg Lösung.
   2,0 l Wasser   ⎭

Diese Lösung wird 35 bis 40° C warm angesetzt und über Nacht an einem warmen Ort stehengelassen.

F: 0,2   kg Karnaubawachs ⎫
   0,015 kg Kernseife   ⎬ Wachsemulsion,
   0,2   l Wasser   ⎭
   0,032 kg Pottasche ⎫
   0,1   l Wasser   ⎬ Pottaschelösung.

Man stellt sich eine Wachsemulsion her, indem man in 0,2 l kochendem Wasser zunächst die Kernseife löst, dann in kleinen Stücken das Wachs zugibt und mit der Seifenlösung zu einer gleichmäßigen Emulsion verrührt. Zu der siedenden Emulsion wird die heiße Pottaschelösung unter ständigem Rühren im Verlaufe von 1 bis 2 Stunden, bis die Verseifung beendet ist, zugesetzt, das Ganze dann mit Wasser auf 1,5 kg eingestellt und unter Rühren erkalten lassen.

G: 5 g Sublimat werden in $^1/_2$ bis $^3/_4$ l heißem Wasser gelöst, nach dem Erkalten 300 ccm Mirbanöl zugesetzt und das Ganze auf 1 kg gestellt.

Man rührt nun die einzelnen nachstehend nochmals aufgeführten Lösungen der Reihe nach in die Pigmentpaste ein.

Deckfarbe A.

9—12,0 kg Pigmentpaste (A)
   5,2   kg Schellacklösung (B)
   4,15 kg Caseinlösung (C)
   2,35 kg Gelatine-Tragant-Lösung (D)
   2,55 kg Eialbuminlösung (E)
   1,5   kg Wachsverseifung (F)
   1,0   kg Konservierungsmittel (G)

Summe 28,75 kg Farbpaste.

Die durch gründliches Rühren erhaltene Farbpaste läßt man dann durch die Walzenmühle laufen. Hierauf wird sie gewogen und das auf 30 kg noch fehlende Wasser zugerührt. Man erhält also aus den oben aufgeführten Materialmengen 30 kg Farbpaste oder konzentrierte Stammfarbe. Für das Auftragen auf Leder muß je nach dem beabsichtigten Deckeffekt mit Wasser im Verhältnis 1 : 1 bis 1 : 5 verdünnt werden.

Die vorstehend beschriebene Farbpaste enthält keinerlei Weichmachungsmittel und eignet sich daher nur für Leder, die wenig oder gar nicht auf Dehnbarkeit beansprucht werden, wie Blankleder und Koffervachetten. Für Oberleder sind Weichmachungsmittel unentbehrlich. Als Beispiel einer Deckfarbe für diese Ledersorten sei nachstehende Mischung [Gerbereitechnik (2), Nr. 117] angeführt:

Deckfarbe B.

6—8,0 kg Pigmentbrei
1,95 kg Caseinlösung (400 g Casein, 50—80 ccm Ammoniak, 1,5 l warmes Wasser)
6,1 kg Schellacklösung (1,5 kg Schellack, 100—150 g Borax, 4,5 l heißes Wasser)
4,3 kg Gelatine-Tragant-Lösung (400 g Gummi Tragant, 400 g Gelatine, 3,5 l
          kochendes Wasser)
2,05 kg Eialbuminlösung (500 g Eialbumin, 1,5 l lauwarmes Wasser, 50 ccm
          Ammoniak)
1,0 kg Leinsamenabkochung
2,0 kg sulfoniertes Klauenöl, emulgiert in
2,0 l heißem Wasser
0,3 kg Mirbanöl
300 ccm 1proz. Sublimatlösung.

Diese Lösung wird nach dem Passieren der Farbmühle durch Zurühren von Wasser auf ein Gesamtgewicht von 30 kg gebracht.

Zur Herstellung der Leinsamenabkochung werden 5 kg Leinsamen mit 12 l Wasser in einem emaillierten oder kupfernen Kessel gekocht, bis etwa die Hälfte des Wassers verdunstet ist. Dann wird das Ganze durch ein Tuch gegossen, der Rückstand nochmals mit 2 bis 3 l gekocht und diese zweite Abkochung durch das Tuch zur ersten gegeben. Das Gesamtvolum der Leinsamenabkochung soll 7 bis 8 l betragen.

Die Deckfarben A und B genügen für den Fall, daß kein besonderer Hochglanz verlangt wird, da sie schon beträchtliche Mengen von glanzspendenden Mitteln enthalten. Zur Steigerung des Glanzes und der Lebendigkeit der Farbe, sowie zur Erhöhung ihrer Widerstandsfähigkeit empfiehlt sich aber die Verwendung einer besonderen Glanzappretur. Diese Glanzappretur wird entweder dem zweiten Deckfarbenauftrag, und zwar am zweckmäßigsten der unverdünnten Stammfarbe in bestimmter Menge beigemischt oder auf die erste Deckfarbenschicht als besondere Glanzschicht aufgetragen.

Nachstehendes Beispiel [Gerbereitechnik (2), Nr. 109] kann als Anhaltspunkt für den Aufbau einer Glanzappretur dienen:

Glanzappretur.

6,3 kg Caseinlösung (2 kg Casein, 4 l Wasser, 300 ccm Ammoniak)
5,2 kg Schellacklösung (1 kg Schellack, 200 g Borax, 4 l Wasser)
2,4 kg Gelatinelösung (400 g Gelatine, 2 l kochendes Wasser)
3,55 kg Eialbuminlösung (1 kg Eialbumin, 2,5 l lauwarmes Wasser, 50 ccm
          Ammoniak)
8,0 kg Leinsamenabkochung (wie für Deckfarbe B angegeben)
4,0 kg sulfoniertes Klauenöl
0,5 kg Konservierungsmittel (3 g Sublimat, 197 ccm Wasser, 300 g Mirbanöl)
Summe 29,95 kg konz. Glanzappretur.

Bezüglich der Art der Herstellung der Lösungen der einzelnen Bestandteile wird auf die entsprechenden Angaben bei Beschreibung der Deckfarbe A verwiesen. Die einzelnen Stoffe müssen gut gelöst, bzw. vollkommen gleichmäßig gequollen sein. Man gibt zuerst die Schellacklösung zu der gut erwärmten Caseinpaste unter beständigem kräftigem Rühren und rührt dann die heiße Gelatinelösung zu. Nachdem das Ganze unter beständigem Rühren sich auf etwa 40° C abgekühlt hat, wird die Eialbuminlösung, hierauf die mit dem Öl angerührte, abgekühlte Leinsamenabkochung und schließlich das Konservierungsmittel zugerührt. Nach eventuellem Zurühren der noch auf 30 kg fehlenden Wassermenge wird die Paste ein oder mehrere Male durch die Farbmühle getrieben.

Die Albuminfarben kommen entweder in Form einer dicken Paste, oder in Pulverform in den Handel, und zwar werden meist die wichtigsten Grundfarben sowie verschiedene Braunmarken geliefert. Um Glanz und Geschmeidigkeit der Ledersorte entsprechend regulieren zu können, werden Glanzappretur und unter Umständen auch Weichmacher in besonderer Verpackung dazu geliefert. Die Farben und Appreturen sind kühl und trocken aufzubewahren, die Verpackungsgefäße stets gut verschlossen zu halten. Da bei längerem Stehen bisweilen teilweise Entmischung und Bildung eines Bodensatzes eintritt, ist der Inhalt der Gefäße vor dem Gebrauche stets gut umzuschütteln oder umzurühren.

IV. Die Anwendung der Appreturen.

Die Appreturen können auf verschiedene Weise auf die Oberfläche des Leders aufgetragen werden. Am gebräuchlichsten ist noch immer das Auftragen mit der Hand, doch sind in neuerer Zeit auch Appretiermaschinen konstruiert worden. Das Auftragen mit der Hand kann mittels eines Schwammes, einer Bürste, eines Lappens, eines Wattebausches oder des Plüschbrettes erfolgen. Für manche Appreturen kann man sich zum Auftragen auch der Spritzpistole bedienen. Das Auftragen mit der Hand erfordert große Übung und Geschicklichkeit. Es bietet aber den Vorteil, daß dabei das Leder gewissermaßen individuell behandelt werden kann. Es kann der Aufnahmefähigkeit der einzelnen Felle, sowie der verschiedenen Aufnahmefähigkeit der einzelnen Stellen ein und derselben Haut Rechnung getragen werden. So nehmen z. B. die dünnen losen Flanken die Appretur viel leichter auf als der dicke, dichte Rücken. Beim Handauftrag kann dies bei einiger Übung leicht ausgeglichen werden, so daß schließlich ein schöner gleichmäßiger Auftrag resultiert. Eine derartige Arbeitsweise ist beim Auftragen mit der Maschine nicht möglich, und das ist der Hauptgrund, weshalb sich die Maschinen trotz ihres viel billigeren Arbeitens noch nicht mehr eingebürgert haben. In den Appreturmaschinen werden die auf einem endlosen Bande liegenden Leder unter einer Anzahl rotierender, mit der Appretur getränkter Bürsten vorbeigeführt.

Das Auftragen erfolgt durch gutes Einreiben der Appretur in das Leder. Die Appretur muß, damit sie fest haftet, bis unter die Narbenschicht eindringen. Die Haftfestigkeit einer Appretur auf ihrer Unterlage ist von größter Wichtigkeit. So haften z. B. Spiritusappreturen nur auf ungefettetem Leder. Um derartige Appreturen auch auf gefetteten Ledern haftend zu machen, muß die Oberfläche des Leders durch Abreiben mit Benzin oder Salmiakgeist entfettet werden. Ferner ist die Temperatur der aufzutragenden Appretur zu berücksichtigen. Die meisten Appreturen werden kalt aufgetragen. Manche Appreturen, namentlich die Schleimappreturen, müssen warm aufgetragen werden, damit sie schnell und gut einziehen. Von größter Wichtigkeit ist die Dicke des Auftrags. Der nach dem Auftragen auf dem Leder bleibende Überzug muß dick genug sein, um die beabsichtigte Schutz- und Glanzwirkung auszuüben; er darf aber nicht so dick sein, daß er als Lackschicht sichtbar wird und bei Narbenledern die ganze Oberfläche den Narben nicht mehr erkennen läßt. Eine auf die Fleischseite zu dick aufgetragene Appretur blättert leicht ab und macht das Leder unansehnlich. Feucht gelagert, wird sie leicht schmierig, in zu trockenen Lagerräumen kann die

Appretur staubförmig werden. Für das Auftragen der Appreturen gilt daher als oberster Grundsatz, stets so dünn als möglich. Diesem Grundsatz hat die Konzentration der Appretur und die Dicke des Auftrags selbst Rechnung zu tragen. Es ist nicht ratsam, die erforderliche Dicke mit einem einzigen Auftrage zu bewirken. Viel zweckmäßiger ist es, mehrere Aufträge hintereinander zu geben, wobei jedoch der vorhergehende Auftrag immer gut eingetrocknet sein muß, bevor der nächste folgt. Der lediglich durch das Auftragen der Appreturen entstehende Glanz ist in den meisten Fällen ungenügend. Erst durch nachfolgende mechanische Bearbeitung wie Glanzstoßen, Bürsten, Bügeln, Walzen, Reiben mit einem weichen Tuch und ähnliche Operationen wird der Glanz zu seiner vollen Entfaltung gebracht.

V. Die Anwendung der Deckfarben.

Die Herstellung gleichmäßig gefärbter Leder lediglich mit natürlichen oder künstlichen Farbstoffen im Faß oder mit der Bürste hat von jeher beträchtliche Schwierigkeiten bereitet. Um dem immer stärker werdenden Bedarf der heutigen Zeit nach farbigen Ledern entsprechen zu können, kam man auf den Gedanken, den Appreturen Farbpigmente beizumischen, um dadurch eine größere Gleichmäßigkeit der Färbung zu erzielen. So haben sich aus den wässerigen Appreturen im Laufe der letzten 15 Jahre die Albumindeckfarben entwickelt. Man mußte jedoch erst die geeignetsten Pigmente, Binde-, Weichhaltungs- und Glanzmittel ausfindig machen. Das Problem der möglichst feinen Vermahlung der Pigmente und ihrer innigen Vermischung mit dem Bindemittel mußte gelöst werden. Weiter waren Verfahren auszuarbeiten, um den mit solchen Deckfarben zugerichteten Ledern die nötige Wasser-, Reib- und Zwickfestigkeit zu verleihen. Schließlich mußte man auch das Auftragen derartiger Farben lernen. Sie wurden anfangs viel zu dick aufgetragen, so daß die damit gedeckten Leder ein anstrichartiges Aussehen zeigten. Durch sachgemäßes dünnes Auftragen gelangte man jedoch bald dahin, daß durch die Deckfarbe das Narbenbild und der Griff des Leders nicht wesentlich verändert wurden. Ähnliche Schwierigkeiten waren für die aus den Zaponlacken hervorgegangenen Kollodiumfarben zu überwinden. Hier galt es besonders, durch entsprechende Weichmachungsmittel dem spröden Kollodiumfilm die nötige Weichheit zu verleihen. Auch hier ist man der Schwierigkeiten bald Herr geworden, und heute haben Albumin- und Kollodiumdeckfarben ohne Zweifel gleiche Daseinsberechtigung. Einen Hauptvorteil der Kollodiumfarben bildet ihre vollkommene Wasser- und Wetterbeständigkeit, während der Griff der mit ihnen behandelten Leder manchmal noch etwas lacklederähnlich ist. Die Albuminfarben bieten den Vorteil eines wesentlich billigeren Preises und eines milderen Griffes; dagegen stehen sie in Wasser- und Reibechtheit hinter den Kollodiumfarben zurück, obwohl die heutigen Albuminfarben auch in diesem Punkte normalen Anforderungen entsprechen dürften. Diese Gesichtspunkte sind in erster Linie dafür maßgebend, mit welcher der beiden Deckfarbenklassen ein Leder zugerichtet werden soll. Für Möbel-, Taschen-, Portefeuille-, Buchbinder-, Blankleder u. dgl. wird man im allgemeinen den Kollodiumfarben den Vorzug geben, während für Schuhoberleder für gewöhnlich die Albuminfarben genügen und nur für besonders helle und feine Leder die Zurichtung mit Kollodiumfarben bevorzugt werden dürfte.

Die mit Deckfarben zu behandelnden Leder bedürfen meist einer besonderen Vorbereitung, die für Albumin- und Kollodiumfarben verschieden ist und daher für jede dieser beiden Deckfarbenarten gesondert besprochen wird.

Die Deckfarben sollen im Farbton möglichst mit der Farbe des zu über-

ziehenden Leders übereinstimmen; dann fallen Falten und Sprünge des Deck-
farbenfilms weniger auf, weil sich die darunterliegende gleichfarbige Schicht
nicht abhebt.

Zum Auftragen der Albumindeckfarben verwendet man Bürsten oder Pinsel
mit weichen, kurzen und möglichst gleichmäßig dichtgestellten Borsten, sog.
Lackbürsten. Das Plüschpolster ist ein Brettchen von Bürstenform, das mit
gutem, möglichst langfaserigem Wollplüsch überzogen ist. Man stellt es her,
indem man das Brettchen zuerst mit einer weichen Filzunterlage, dann mit
einem gummierten Stoff und zuletzt mit dem Plüsch überzieht. Die Bürste
eignet sich mehr für einen stärkeren Auftrag, während man sich des Plüsch-
polsters mit Vorteil bei solchen Ledern bedient, welche wenig aufnahmefähig
sind, oder bei denen die Farbe nur etwas ausgeglichen werden soll.

Für Kollodiumfarben kommt wegen der großen Flüchtigkeit ihrer Lösungsmittel das Aufstreichen mit dem Pinsel selten in Frage. Sie werden fast ausschließlich mit der Spritzpistole, in einzelnen Fällen auch mittels eines Tampons
aufgetragen. Das Zerstäuben mit der Pistole wendet man auch zum Auftragen
ganz dünner Albuminfarbenschichten, sowie von Fixierungsmitteln und Glanzappreturen an. Die Einrichtung der Spritzanlagen wird in dem Kapitel „Mechanische Zurichtung" beschrieben.

1. Die Anwendung der Kollodiumdeckfarben.

Um mit Kollodiumfarben einen richtigen, gut haltbaren Auftrag zu erzielen,
ist eine zweckmäßige Vorbereitung des Leders erforderlich. Da Kollodiumlösungen mit Wasser ausflocken, müssen die abzudeckenden Leder sehr gut
lufttrocken sein. Ferner sollen die Leder nicht zu viel Fett enthalten, weil sonst
der Film schlecht haftet. Bei stark fetthaltigen Ledern muß daher vor dem Auftragen der Farbe die abzudeckende Oberfläche mit einer Mischung von verdünnter
Milchsäure und Aceton gründlich abgerieben werden. Auch 95proz. Spiritus
oder Lösungsmittel E 13, eventuell unter Zusatz von etwas Ammoniak, wird für
diesen Zweck empfohlen. Ebenso nimmt man heute vielfach ein Abreiben mit
verdünntem Schutzlack vor. Für Leder mit stark geschlossenem und wenig
saugfähigem Narben hat sich ein Ausreiben mit Anon oder Methylanon gut bewährt. Bei der Aufarbeitung gebrauchter Leder müssen alte Appreturen und
alle sonstigen Substanzen, die den Zusammenhang zwischen Deckfarbe und Leder
stören würden, durch eine derartige Behandlungsweise unbedingt entfernt werden.
Es wird dadurch gleichzeitig eine gute Öffnung der Poren bewirkt, so daß die
Deckfarbe leicht einziehen und sich gut auf dem Leder befestigen kann. Für
eine gute Haftfestigkeit und Dauerhaftigkeit des Kollodiumfilms ist auch die
Art der für die Fettung des Leders gebrauchten Öle von Wichtigkeit. Für die
Fettung von Ledern, die mit Kollodiumfarben behandelt werden sollen, eignen
sich besonders sulfonierte Öle, überhaupt leicht verseifbare Fette, während die
Verwendung unvollständig verseifter Trane zu vermeiden ist. Die Öle zum Fetten
von kollodiumgedeckten Ledern müssen vor allem frei sein von Mineralöl. Mineralöl beeinträchtigt die Haftfestigkeit des Kollodiumfilms und kann namentlich
auf hochglänzenden Ledern die Bildung eines Schleiers verursachen.

Für die Anwendung der Kollodiumfarben kann man unterscheiden: die
Schutzlackzurichtung, die Egalisier- und Deckfarbenzurichtung sowie die Spalt-
farbenzurichtung.

Die Schutzlackzurichtung wird für naturfarbige oder anilingefärbte Leder
an Stelle der Zurichtung mit wässerigen Glanzappreturen angewandt, namentlich
wenn es darauf ankommt, dem Leder besondere Wasserechtheit und Widerstands-

fähigkeit gegen äußere Einflüsse zu verleihen. Der durch den Schutzlack erzeugte Kollodiumfilm läßt Schmutz- und Ölflecken nicht in das Leder eindringen und gestattet ihre leichte Entfernung durch einfaches Abwaschen.

Vor dem Auftragen des Schutzlacks müssen die Leder, damit der Lack gut haftet, von Fett und Unreinigkeiten gereinigt werden. Um gute Haftfähigkeit des Schutzlacks zu erreichen, reibt man die Leder vor dem Auftragen mit einer Mischung gleicher Teile Aceton und Spiritus oder Aceton und Benzol oberflächlich gut ab. Diese Abreibung wird mittels des Plüschbrettes oder eines Lappens vorgenommen. Für Erzielung einer besonders hohen Reibechtheit reibt man mit einer stark verdünnten Glanzlacklösung, z. B. einer Lösung, die aus 1 Teil Glanzlack A (siehe S. 538), 6 Teilen Aceton und 3 Teilen Benzin besteht, aus. Die ausgeriebenen Leder werden sofort in noch leicht feuchtem Zustand auf Rahmen aufgenagelt und dann mit dem Glanzlack überspritzt. Die Lösung wird möglichst fein verstäubt aufgespritzt, so daß das Leder stark feucht, aber nicht direkt naß (glänzend) wird. Hierauf trocknet man die Leder etwa eine Viertelstunde bei Zimmertemperatur und bringt sie dann in den gut gelüfteten Trockenraum, dessen Temperatur 30 bis 35⁰ nicht übersteigen soll. Die getrockneten Leder werden vom Rahmen abgenommen und in üblicher Weise zugerichtet. Um als Schutzlackappretur zu dienen, muß der übliche Glanzlack stark verdünnt werden. Der Grad der Verdünnung, ebenso die Wahl der zuzusetzenden Verdünnungsmittel richtet sich ganz nach der Lederart. Als Anhaltspunkte seien Mischungen [Gerbereitechnik (2), Nr. 37 und 42] angegeben, die sich auf die S. 538 beschriebenen Glanzlack A beziehen.

Lohgare Kofferleder.

Glanzlack A . . . . 50 Teile
Butylacetat 85proz. . . . . 5 „
Aceton . . . . 10 „
Butanol . . . . 20 „
Benzin . . . . 15 „
Ricinusöl . . . . 2 „
Venetianisches Terpentin . . 0,6 „

Weiche lohgare Täschnerleder.

Glanzlack A . . . . 30 Teile
Butylacetat 85proz. . . . . 5 „
Butanol . . . . 20 „
Spiritus 95proz. . . . . . 50 „
Leinölfirnis . . . . 2 „

Bekleidungsleder.

Glanzlack A . . . . 30 Teile
Äthylglykol . . . . 15 „
Adronolacetat . . . . . . 10 „
Butanol . . . . 20 „
Spiritus 95proz. . . . . . 25 „
Ricinusöl . . . . 1,5 „
Venetianisches Terpentin . . 0,3 „

Boxcalf.

Glanzlack A . . . . 30 Teile
Äthylglykol . . . . 10 „
Aceton (oder E 13) . . . . 10 „
Butanol . . . . 15 „
Spiritus 95proz. . . . . . 35 „
Ricinusöl . . . . 1 Teil

Um ein bisweilen auftretendes graues Aufbrechen der Schutzlackschicht weniger bemerkbar zu machen, wird der Glanzlack durch einen spritlöslichen Anilinfarbstoff leicht angefärbt. Ein derartiger gefärbter Schutzlack bietet noch den Vorteil, eine gewisse Egalisierung der Färbung zu bewirken und bildet daher den Übergang zu den Egalisier- und Deckfarben.

Zwischen Egalisier- und Deckfarben besteht lediglich ein gradueller Unterschied. Die Egalisierfarben verbessern nur geringe Ungleichheiten der Färbung, die Deckfarben dagegen sind imstande, auch gröbere Färbefehler, unter Umständen sogar geringe Narbenschäden zu verdecken. Wenn man einen Unterschied zwischen Egalisierfarben und Deckfarben machen will, so versteht man unter Egalisierfarben einen mit Lösungs- und Verschnittmitteln verdünnten und mit spritlöslichen Anilinfarbstoffen angefärbten transparenten Glanzlack, unter Deckfarben die eigentlichen pigmenthaltigen Deckfarben nach Verdünnung mit den nötigen Lösungs- und Verschnittmitteln, sowie eventuellem Zusatz von Weichmachungs- und Glanzmitteln. Für Egalisierfarben verwendet man 0,5 bis 2% spritlöslichen Farbstoff, auf spritzfertig verdünnten Glanzlack berechnet. Für die Zurichtung mit Egalisier- und Deckfarben werden die Leder in ähnlicher Weise ausgerieben, wie oben für die Schutzlackvorrichtung beschrieben wurde. Zur Herstellung der spritzfertigen Deckfarbe werden die handelsüblichen konzentrierten Deckfarben zunächst mit der nötigen Menge Lösungs- und Verschnittmittel verdünnt, indem man diese Verdünnungsmittel in mehreren Portionen in die Deckfarbenmischung einrührt. Für die Wahl der zweckmäßigsten Verdünnungsmittel sind die in dem Abschnitt „Lösungs- und Verdünnungsmittel" (siehe S. 554 ff.) ausgeführten Gesichtspunkte maßgebend. Neben der Preisfrage ist zu berücksichtigen, daß durch diese Verdünnungsmittel keine Ausfällung von Kollodiumwolle verursacht werden darf. Ferner spielt die Verdunstungsgeschwindigkeit eine wichtige Rolle. Sehr flüchtige Mittel verursachen durch die infolge ihrer raschen Verdunstung entstehende starke Abkühlung ein Niederschlagen des Wasserdampfs der Luft auf dem Film, wodurch er trübe und schwammig wird. Schwer flüchtige Mittel bewirken wohl ein klares, glattes und glänzendes Auftrocknen des Films, verlängern aber die Trockendauer unnötig. Man muß daher das Lösungs- und Verdünnungsmittelgemisch derart abstimmen, daß die aufgetragene Farbe anfangs ziemlich rasch trocknet, daß aber ein verhältnismäßig geringer Prozentsatz schwer flüchtiger Mittel ein glattes Auftrocknen des Films gewährleistet. Nach den Lösungs- und Verdünnungsmitteln sind die nötigen Weichmachungsmittel zuzusetzen. Ihre Menge richtet sich nach der Lederart, die abgedeckt werden soll. Im übrigen wird bezüglich ihrer Eigenschaften auf den Abschnitt Weichmachungsmittel verwiesen. Zur Erzielung eines guten Glanzes wird vielfach dann auch etwas Glanzlack beigemischt. Für gewisse lebhafte Töne, besonders für Chevreau empfiehlt es sich, die Deckfarbe noch mit spritlöslichem basischem Farbstoff zu schönen. Die Menge der anzuwendenden Verdünnungsmittel hängt sehr ab von der Konzentration der Stammfarbe und dem beabsichtigten, stärkeren oder geringeren Deckeffekt. Als Beispiel einer spritzfertigen Deckfarbe mittleren Deckvermögens für normale Leder sei folgende Zusammensetzung [Gerbereitechnik (2), Nr. 46] angeführt.

Kollodiumfarbe (S. 537) . . . 60 Teile
Glanzlack A (S. 538) . . . . 40 „
Methylalkohol . . . . 30 „
Butanol . . . . 20 „
Spiritus 95proz. . . . . . . 50 „
Benzol . . . . 20 „

Auf das durch Ausreiben gereinigte, auf Rahmen ausgespannte, gut getrocknete Leder wird die fertige Deckfarbe mittels der Spritzpistole in einer gut ventilierten Kabine aufgespritzt. Das Leder ist hierbei nahezu senkrecht aufgespannt. Der Druck soll 2,5 bis 3,5 Atm. betragen. Bei zu niedrigem Druck besteht die Gefahr der Tropfenbildung auf dem Leder; bei zu hohem Druck verdampft ein Teil des Lösungsmittels schon, bevor die Farbe auf das Leder gelangt, wodurch ein teilweises Ausfallen der Kollodiumwolle und ein harter Narben verursacht wird. Die Düsenöffnung der Pistole soll bei Kollodiumfarben im allgemeinen 2 bis 3 mm betragen. Für dünnflüssige Farben, und wenn das Leder nur mit einem feinen Hauch übersprüht werden soll, genügt auch schon 1 mm Düsenweite. Für sehr stark zu deckende Leder und für sehr dickflüssige Farben empfiehlt sich eine 4-mm-Düse. Flachstrahlzerstäuber sind für das Auftragen von Deckfarben weniger geeignet, weil damit meist zu dick aufgespritzt wird; dagegen leisten sie für die Lackiererei gute Dienste. Zum Auftragen von Deckfarben kommen fast nur Zerstäuber mit rundem Streukegel in Betracht. Unter ihnen verdienen die Pistolen mit Drehstrahldüse vor allen anderen den Vorzug. Die Entfernung der Spritzpistole vom Leder soll bis etwa 0,5 m betragen. Sie richtet sich ganz darnach, ob man stärker oder schwächer abdecken will. Je weiter entfernt die Pistole gehalten wird, um so dünner wird der Film. Das Spritzen ist so auszuführen, daß die Farbe möglichst gleichmäßig über das ganze Leder verteilt wird. Grundsatz soll dabei sein, so dünn als möglich zu spritzen. Das Leder darf beim Spritzen nur einen Augenblick feucht, niemals aber tropfnaß werden. Wenn der erste Überzug nicht genügend deckt oder egalisiert, wird, bevor der vorhergehende Auftrag ganz getrocknet ist, nochmals überspritzt. Mehrere ganz dünne Auftragungen sind viel besser als ein einziger dicker Auftrag. Die Deckfarbe muß in ihrem Ton der Farbe des Leders möglichst gleich sein. Dunkle Farben lassen sich im allgemeinen viel leichter egalisieren und abdecken als helle. Die Druckluft muß staub-, wasser- und ölfrei sein, sonst läuft der Film milchig an, oder er wird infolge teilweiser Ausfällung von Kollodiumwolle rauh. Staubfilter, Wasser- und Ölabscheider müssen daher von Zeit zu Zeit auseinandergenommen, gereinigt und eventuell erneuert werden. Auch der Spritzraum soll möglichst trockene Luft haben und deshalb im Winter geheizt sein. Ferner ist darauf zu achten, daß die Leder nicht unmittelbar vor dem Überspritzen von einem kalten in den warmen Raum kommen, weil sie sich sonst mit Feuchtigkeit beschlagen. Gute Pflege muß man auch der Spritzpistole angedeihen lassen. Sie ist genügend zu ölen und öfters mit E 13 zu reinigen. Ist sie während der Arbeitszeit außer Gebrauch, so ist sie in den dafür bestimmten Halter zu legen. Mit diesem Halter ist meist ein Behälter verbunden, in dem sich ein Reinigungsmittel (meist Acetonersatz, E 13 u. dgl.) befindet. In diesen Behälter ist die Pistole nach Arbeitsschluß so zu legen, daß Kopf und Düse in das Reinigungsmittel tauchen. Wegen der gesundheitsschädlichen Wirkung der Dämpfe der Lösungs- und Verdünnungsmittel ist die Spritzkabine während des Arbeitens stets gut zu ventilieren. Da die beim Aufspritzen der Kollodiumfarben sich entwickelnden Dämpfe äußerst feuergefährlich und mit Luft gemengt auch stark explosiv sind, ist jede offene Flamme aus Räumen, in denen mit diesen Farben gearbeitet wird, unbedingt fernzuhalten. Als ein Übelstand der mit Kollodiumfarben gedeckten Leder wird vielfach der eigentümliche von den Lösungsmitteln herrührende Geruch empfunden, der ihnen ziemlich lange anhaftet. Man kann ihn bis zu einem gewissen Grade überdecken, wenn man der Farbe geringe Mengen von Juchtenöl zusetzt. Man kann auch der spritzfertigen Farbe einige Prozent Amyl- oder Butylalkohol zusetzen. Dann verschwindet der Geruch in sehr kurzer Zeit. Außerdem bietet dieser Zusatz den Vorteil, daß ein geringer aus der Luft in die Farbe gelangter Wassergehalt den Film nicht ungünstig beeinflußt.

Die fertig gespritzten Leder werden am besten über Nacht ausgelüftet, damit sich der Geruch der Lösungsmittel möglichst verflüchtigt. Dann können sie ohne weiteres in der üblichen Weise zugerichtet werden.

Außer als Egalisier- und Deckfarbe für Narbenleder finden die Kollodiumfarben in neuerer Zeit ausgedehnte Verwendung für die Zurichtung von Spalten. Näheres über den Aufbau der hierzu gebräuchlichen Spaltlacke oder Spaltfarben siehe S. 539. Zur Herstellung der Kollodiumspalte wird die Spaltfarbe auf die am besten geeignete, gut geglättete Spaltseite in mehreren Lagen mit dazwischenliegendem Trocknen und eventuell Bügeln mit dem Pinsel aufgetragen. Statt mit dem Pinsel kann die Farbe auch nach entsprechender Verdünnung mit einem organischen Lösungsmittel mittels der Pistole aufgespritzt werden. Gebräuchlich ist es auch, zuerst einen schwach pigmenthaltigen Grundlack und dann den eigentlichen stark pigmenthaltigen Decklack aufzutragen. Zur Erhöhung der Reibechtheit und des Glanzes kann ein Glanzlack den Farben beigemengt oder gesondert aufgetragen werden. Die Kollodiumspalte werden entweder glatt oder mit eingepreßtem künstlichem Narben hergestellt und stellen ein billiges Leder für Portefeuillezwecke u. dgl. dar. Auch Antikspalte lassen sich leicht mit Kollodiumfarben herstellen.

Farblose Kollodiumlacke finden vielfach Verwendung zur Herstellung bronzierter Leder. Zu diesem Zwecke wird die Bronze in den mit geeigneten Lösungsmitteln verdünnten Lack eingerührt und dann dieser Bronzelack mittels einer weitdüsigen Pistole (2,5 bis 4 mm Düsenöffnung) auf das Leder aufgespritzt. Schließlich sei noch darauf hingewiesen, daß sich die Kollodiumdeckfarben vorzüglich zum Auffrischen alter, verschossener und mißfarbiger Leder eignen, die aber vorher gründlich von Unreinigkeiten und alter Appretur befreit werden müssen.

2. Die Anwendung der Albumindeckfarben.

Noch mehr als bei den Kollodiumfarben ist bei der Behandlung mit wässerigen Deckfarben die Fettung der Leder von Wichtigkeit. Fett löst sich nicht in Wasser, während die Lösungs- und Verdünnungsmittel der Kollodiumfarben fettlösende Eigenschaften besitzen. Für das Auftragen wässeriger Deckfarben dürfen daher die Leder nicht überfettet sein, weil die Deckfarbe nicht fest auf der Fettschicht haftet und infolgedessen leicht abschmiert. Auch ein Gehalt der Leder an Mineralölen verursacht leicht ein Abrußen der Deckfarbe. Von Natur aus sehr fettreiche Leder, wie manche Schaffellarten, müssen vor der Zurichtung mit Albuminfarben regelrecht entfettet werden. Meist genügt jedoch ein gründliches Abwaschen der Leder mit fettlösenden Flüssigkeiten mittels Plüschbretts und Bürste. Man nimmt dazu lauwarmes Wasser, dem eventuell etwas Ammoniak zugesetzt ist. Die Leder müssen in diesem Falle nach dem Abwaschen gut trocknen, damit das Ammoniak verdunstet. Zu empfehlen ist auch Milchsäure mit der 5- bis 10fachen Menge Wasser verdünnt. Die mit Milchsäure abgewaschenen Leder müssen gut getrocknet werden. Zur Erhöhung der fettlösenden Wirkung kann man der Milchsäurelösung etwas Brennspiritus oder Aceton oder Lösungsmittel E 13 zusetzen. Leder, das einen stark mit Fett verschmierten Narben hat, reibt man mit einem Gemisch von gleichen Mengen Spiritus und Aceton oder E 13 aus. Auf die mit wässerigen Lösungen abgewaschenen Leder kann, solange sie noch feucht sind, gleich anschließend die Deckfarbe aufgetragen werden. Die abzudeckenden Leder müssen nicht nur oberflächlich von Fett befreit sein, es darf auf sie auch keine Glanz- oder sonstige Appretur aufgetragen sein, damit der Finish möglichst offene Poren vorfindet und sich gut auf ihnen befestigt.

Die im Handel befindlichen konzentrierten Albuminfarben enthalten gewöhnlich bereits sämtliche Bindemittel. Zuweilen müssen ihnen aber auch besondere Bindemittel zugesetzt werden. Jedenfalls müssen die handelsüblichen Farben zunächst mit Wasser verdünnt werden, um die auftragsfertige Farbe zu erhalten. Je nach Bedarf sind ihnen dann noch besondere Bindemittel, Weichmachungsmittel, Farbstofflösungen, Fixier- und Glanzmittel zuzusetzen. Durch entsprechende Mischung der Grundfarben einerseits und durch Beimischung von Anilinfarbstoffen anderseits stellt man sich die Farbe von dem gewünschten Farbton her, der mit dem Ton des vorgefärbten Leders möglichst gut übereinstimmen soll.

Zum Verdünnen der konzentrierten Farben des Handels für den Gebrauch nimmt man reines, lauwarmes Wasser. Die Menge des zur Verdünnung nötigen Wassers schwankt innerhalb weiter Grenzen und beträgt für Farben das 5- bis 10fache, für Glanzappreturen das 6- bis 20fache. Man kann aber die Stammfarbe auch mit Glanzappretur verdünnen. In diesem Falle wird nur der Pigmentgehalt herabgesetzt. Durch steigende Verdünnung der Stammfarbe mit Wasser gelangt man schließlich zu einer Lösung, die nur noch Spuren eines Pigmentfilms auf dem Leder hinterläßt, während bei der mit Glanzappretur verdünnten Farbe lediglich der Pigmentgehalt, also die Deckkraft vermindert wird. Auf diese Weise ist man imstande, von der ungefärbten Glanzappretur über die pigmentarme Egalisier-farbe bis zur stark deckenden Deckfarbe alle Übergänge herzustellen. Für den Grad und die Art der Verdünnung ist zunächst maßgebend, ob ein Leder mehr oder weniger ungleichmäßig gefärbt ist. Außerdem ist auch die Beschaffenheit seines Narbens zu berücksichtigen. Bei stark geschlossenem, wenig saugfähigem Narben muß mindestens die erste Deckfarbe stark mit Wasser verdünnt werden, um ihr Eindringen und ihre Haftfestigkeit zu erleichtern. Bei stark saugfähigem Leder hingegen würde von einer sehr verdünnten Farbmischung das in Wasser gelöste Bindemittel unnötig tief ins Leder eindringen und das Leder hart und steif machen. In diesem Falle ist es angebracht, die Stammfarbe zunächst mit Glanzappretur zu strecken und dann erst mit Wasser bis zu einer Konsistenz zu verdünnen, die ein unnötig tiefes Eindringen in das Leder verhindert.

Für gewisse Ledersorten, besonders solche mit hartem Narben, erhält die verdünnte Farbe noch einen besonderen Zusatz von Weichmachungsmittel.

Zur Erhöhung der Brillanz und zur Vertiefung des Farbeffekts, häufig auch zum Zweck einer leichten Nuancierung, wird meist der verdünnten Pigmentfarbe kurz vor ihrer Verwendung etwas Lösung eines Anilinfarbstoffs zugesetzt. Über Menge und Wahl geeigneter Farbstoffe vergleiche man S. 563. Die sauren Farb-stoffe werden vielfach durch Verdünnung mit Glaubersalz standardisiert. Wird von einem derartigen Farbstoff zuviel zugesetzt, so kann es vorkommen, daß das Glaubersalz auf dem getrockneten Deckfarbenauftrag auskristallisiert und dadurch Veranlassung zu Ausschlägen gibt.

Wie bei den Kollodiumfarben gilt auch bei den wässerigen Deckfarben der Grundsatz, daß ein zu starkes Auftragen unter allen Umständen zu vermeiden ist, weil der natürliche Charakter des Leders und die Haltbarkeit der Deckfärbung durch einen übermäßig dicken Auftrag beeinträchtigt werden. Die beiden Methoden des Auftragens, die mittels Plüschbretts oder Bürste und die mittels der Spritzpistole, haben ihre Vorteile und Nachteile. Beim Auftragen mit Plüsch-brett oder Bürste dringt die Farbe besser in das Leder ein und der Griff wird glatter. Anderseits kommt mehr Flüssigkeit auf das Leder, wodurch es sich beim Trocknen leicht etwas zusammenzieht und in sich etwas hart wird, weshalb man häufig noch nachstollen muß. Zeigt der Narben bereits etwas Neigung zum Losewerden, so wird dies durch das Arbeiten mit dem Plüschbrett oder der Bürste noch gefördert. Das Spritzen ist einfacher und birgt diese Gefahren nicht in sich. doch wird dabei leicht der Griff des Leders etwas rauh. Man kombiniert daher mit Vorliebe beide Methoden, indem man den ersten Auftrag mit dem Plüschbrett, den zweiten mit der Spritzpistole gibt. Der erste Aufstrich erfolgt meist nach dem Färben der Leder, solange sie noch feucht sind. Der zweite und eventuelle weitere Aufstriche werden nach vorherigem Trocknen der Leder, zum mindesten nach gutem Antrocknen vorgenommen. Zum Aufspritzen ver-wendet man einen Kegelstrahlzerstäuber, und zwar am besten einen mit Dreh-strahldüse. Der Düsenquerschnitt muß für Albuminfarben geringer sein als für Kollodiumfarben. Er beträgt je nach der Dicke der Farbe 1 bis 2 mm. Der Druck dagegen muß etwas höher sein als für Kollodiumfarben. Er soll sich zwischen 3 und 5 Atmosphären bewegen. Beim Aufspritzen wässeriger Deck-farben soll man nicht zu nahe an das Leder herangehen. Man spritzt sie aus etwa 50 bis 70 cm Entfernung. Die Düsenöffnung und der Abstand der Pistole vom Leder sind so zu wählen, daß die Farbe als ganz feiner Nebel auf die Oberfläche des Leders gelangt und entweder sofort einzieht oder als feiner Hauch liegenbleibt. Auf keinen Fall darf die Farbe als nasse Schicht auf dem Leder liegenbleiben oder gar ins Rinnen geraten. Pigmentfinishe setzen viel leichter ab als Kollodiumfarben. Daher muß beim Auftragen derselben die Farbflüssigkeit ständig in Bewegung bleiben. Beim Arbeiten mit Pistolen mit anmontiertem Farbtopf wird das Durchschütteln der Farbe durch die lebhafte Handbewegung während des Spritzens besorgt. Bei Pistolen, denen die Farbe aus einem besonderen größeren Farbbehälter zugeleitet wird, wird durch ein in letzteren eingebautes Propeller-Rührwerk für ständige Durchmischung der Farbe gesorgt. Es gibt auch Farbbehälter, die unter Preßluft stehen und die Farbe gleichzeitig aufrühren und der Spritzpistole zuführen. Zum Aufspritzen der wässerigen Deckfarben werden die Leder entweder auf eine schräge Unterlage gelegt oder senkrecht aufgehängt. Als schräge Unterlage eignet sich sehr gut ein Drahtgitter mit nicht zu engen Maschen oder ein durchlochtes Blech.

Zur nachträglichen Fixierung verdünnt man käufliches Formalin (40 Vol.-%) mit der 3- bis 5fachen Menge Wasser. Man kann auch proLiter dieser Verdünnung noch 10 ccm Ammoniak zugeben. Diese Lösung wird auf die vorher vollständig getrockneten gefinishten Leder aufgespritzt. Dann hängt man die Leder Narben auf Narben über den Bock, deckt sie gut zu und läßt sie so einige Stunden hängen. Erst dann werden sie vollständig getrocknet und in üblicher Weise weiterbehandelt. Vielfach wird nun auf die gut getrockneten Leder eine Glanzappretur aufgetragen. Neuerdings versucht man auch, die Wasser- und Reibechtheit der Albuminfarben dadurch zu erhöhen, daß man sie mit einem verdünnten Kollodiumschutzlack überspritzt; doch ist es bis jetzt noch nicht gelungen, eine völlig befriedigende Haftfestigkeit des Kollodiumlacks auf der Albuminfarbe zu erreichen. Die Wasserbeständigkeit derartig behandelter Leder ist allerdings vorzüglich. Hohe Wasserechtheit, wie sie besonders für Kofferleder verlangt wird, läßt sich durch Schellackappreturen erreichen, für deren Zusammensetzung zwei Beispiele aufgeführt seien [Gerbereitechnik (2), Nr. 190 und 198]:

Wässerige Schellackappretur.		Alkohol. Schellackappretur.	
Schellack	150 g	Schellack	150 g
Borax	30 g	Venetianisches Terpentin . . .	40 g
Marseiller Seife	15 g	Terpentinöl	20 g
Spiritus	150 g	Leinöl	20 g
Wasser	655 g	Spiritus 95proz.	770 g

Die Schellackappretur wird auf das vollkommen fertiggestellte Leder mittels eines Schwammes, weichen Lappens oder Tampons ganz dünn und gleichmäßig unter fortgesetztem Reiben ähnlich wie eine Tischlerpolitur aufgetragen und trocknet dabei mit schönem Glanz auf.

Die wässerigen Deckfarben finden auch zum Färben billiger Spaltleder Verwendung. Zu diesem Zwecke wird auf die am besten geeignete Seite des Spalts die Albuminfarbe in Mischung mit Casein, Anilinfarbstoff und etwas Seife mit einer steifen Bürste in einem oder mehreren Aufstrichen aufgetragen; dann wird in noch feuchtem Zustand möglichst heiß gebügelt oder ein künstlicher Narben eingepreßt. Nach vollständigem Trocknen müssen die Leder mit einem wasserbeständigen Überzug einer alkoholischen Schellacklösung oder eines Kollodiumschutzlacks versehen werden.

3. Die Anwendung der Appreturen und Deckfarben auf die verschiedenen Lederarten.

Unterleder. Sohlleder, besonders diejenigen alter Eichenlohgrubengerbung, erhalten im allgemeinen keine Narbenappretur. Ihre Fleischseite wird zuweilen

mit einer Schleim-Talkum-Appretur versehen. Für Vacheleder kommt als Narbenappretur das Abölen mit salzbeständigen Ölen in Frage. Gebräuchlich sind auch
seifenhaltige und hin und wieder Leim- und Caseinappreturen. Die Fleischappretur der Vacheleder besteht aus einer Schleim- oder Leimappretur, der Talkum,
Kaolin oder Ton, zuweilen auch kleinere Mengen von Ocker beigemengt sind.

Oberleder. Bei Fahlledern wird die Narbenseite lediglich abgeölt, während
die Fleischseite eine Seifenschmiere aus Seife, Talg, Leim oder Karragheenschleim
und Talkum erhält. Zylinderleder, die an dieser Stelle gleich mitbesprochen werden sollen, bekommen nichts weiter als einen Albuminglanz. Farbiger Boxcalf,
Chevreau, Rindbox, Chevrettes, chromgare Sandaletten- und Opankenleder
werden mit einer eventuell mit Farbstoff etwas angefärbten Albuminglänze appretiert. Schwarzen Ledern der genannten Art gibt man einen Blut- oder Blut-
albuminglanz. Sowohl die farbigen wie die schwarzen Chromoberleder werden
heute meist mit Deckfarben egalisiert, und zwar vorwiegend mit wässerigen.
Waterproof wird gewöhnlich mit Kollodiumfarben abgedeckt, wobei besonders zu
beachten ist, daß dieselben genügend große Mengen von Weichmachungsmitteln
enthalten. Auf die Deckfarbe kann noch eine Wachsappretur aufgetragen werden.

Geschirr-, Zeug- und Blankleder erhält auf der Narbenseite eine Albuminappretur. Statt derselben werden gegenwärtig meist Albumin- oder Kollodiumdeckfarben aufgetragen. Die Fleischseite dieser Leder wird mit einer Schleimappretur
versehen, der Talkum oder Ton und etwas sulfoniertes Öl beigemengt ist.

Treibriemenleder bedürfen keiner besonderen Appretur, höchstens ein
leichtes Abölen. Infolge ihres Fettgehalts geben sie beim Stoßen ohne weiteres
den nötigen Glanz.

Vachetten- und Möbelleder erfordern eine gute reib- und wasserechte
Appretur. Vachetten erhalten einen Albuminglanz oder eine Deckfarbe; die
Möbelleder werden entweder mit Deckfarben zugerichtet oder mit einem Schutz-
lack überzogen.

Fein- und Luxusleder werden mit einem Albuminglanz oder mit Kollodiumdeckfarben zugerichtet. Hutleder werden auf der Narbenseite mit Kollodiumdeckfarben zugerichtet, auf der Fleischseite meist mit einer Schleimappretur
versehen, die ihnen etwas Steifheit verleiht. Schaffutterledern gibt man
gewöhnlich eine Albuminglänze.

Für Bekleidungsleder ist die Zurichtung mit Kollodiumdeckfarben allgemein
üblich. Wegen der von ihnen verlangten starken Zügigkeit ist ein reichlicher
Zusatz von Weichhaltungsmitteln erforderlich.

Glacé-, Nappa- wie überhaupt alle Handschuhleder werden auf der Narbenseite lediglich mit Talkum abgerieben.

Sämischleder erhält keine besonderen Appreturen.

VI. Appreturen für verarbeitete Leder.

Appreturen werden nicht nur bei der Herstellung des Leders angewandt.
Auch das fertig verarbeitete Leder bedarf zum Zwecke seiner Konservierung
und zur Erhaltung seines guten Aussehens noch vielfach der Behandlung mit
Appreturen. Die Zusammensetzung dieser Appreturen hat sich den Eigenschaften
und dem Verwendungszweck der verschiedenen Lederarten anzupassen. Im
allgemeinen sind die meisten derartigen Appreturen denjenigen ähnlich, die bei
Herstellung der betreffenden Lederart aufgetragen würden. Die Notwendigkeit
und Häufigkeit der Behandlung fertiger Lederwaren mit Appreturen richtet
sich nach der Lederart. Oberleder brauchen eine ständige Behandlung mit
Appreturen; in geringerem Maße ist eine solche Behandlung bei Geschirr-, Zeug-

und Blankledern erforderlich. Unterleder (Stiefelsohlen) werden nur für besondere Zwecke, wie Wasserdichtmachen, appretiert. Bei den meisten der übrigen Lederarten wie Möbelledern, Fein- und Luxusledern, Bekleidungsledern, Glacéledern kommt für fertig verarbeitete Waren gewöhnlich eine Appretur nur bei der Auffrischung alter gebrauchter Sachen in Frage. Dabei wird in der Regel so verfahren, daß nach Entfernung der alten Appretur nachgefärbt und eine neue Appretur oder eine Deckfarbe aufgetragen wird.

1. Appreturen für Schuhsohlen.

Die Schuhsohlen werden am zweckmäßigsten naturfarbig ohne jede weitere Appretur getragen. Zum Zwecke schöneren Aussehens wird jedoch vielfach in den Schuhfabriken auf den Schuhboden eine schwarze oder farbige Kaltpoliertinte, auch „Finish" oder „Dressing" genannt, aufgetragen. Diese Poliertinten werden nach dem Auftragen und Trocknen zur Erzeugung eines Hochglanzes auf der Maschine gebürstet. Die Poliertinten bestehen meist aus verseiften Wachsemulsionen, die zur Erzielung von Glätte und Zartheit einen Zusatz von Seife und zur Erhöhung der Haftfestigkeit einen Zusatz von Klebmitteln, wie Fischleim, Gummi arabicum oder Schellack-Borax-Lösung, erhalten. Schwarze Poliertinten werden mit wasserlöslichen Nigrosinen angefärbt, während bunte Tinten einen Zusatz von Pigmentfarben erhalten und eventuell noch mit geringen Mengen Anilinfarbstoff geschönt werden. Als Beispiele guter Poliertinten gibt die I. G. Farbenindustrie A. G. an:

Schwarze Poliertinte.

Lösung I.		Lösung II.	
4 Teile	Montanwachs	2 Teile	Schellack
4 „	Karnaubawachs	6,5 „	Borax
1 Teil	Seife	35—40 „	Wasser
1,5 Teile	Pottasche	8 „	Nigrosin.
35—40 „	Wasser.		

Lösung I wird gekocht, bis eine glatte Emulsion entstanden ist. Dazu wird die kochend heiße Lösung II gegeben. Nach dem Erkalten wird die Tinte durch ein feines Sieb gegeben.

Nach einem anderen Rezept verschmilzt man

Farbloser Ansatz
23 kg I. G.-Wachs O oder OP mit
2 kg Colophonium und verseift mit einer siedenden Lösung von
4 kg Kernseife und
4,5 kg Pottasche in
280 l Wasser, eventuell unter Zusatz von 10% Schellack-Borax-Lösung.

Für schwarze Poliertinten wird die Komposition mit Nigrosin gefärbt. Zur Anfertigung bunter, deckender Kaltpoliertinten kombiniert man:

79 kg dieses farblosen Ansatzes mit
8 kg Schellack-Borax-Lösung,
3 kg Fischleim (möglichst säurefrei) und
10 kg Pigmentfarbstoff.

Die vorstehend erwähnte Schellacklösung wird erhalten, indem man in eine kochende Lösung von 5 kg Borax in 80 l Wasser 25 kg fein gepulverten gebleichten Schellack einträgt, bis zur völligen Lösung im Sieden hält und dann auf 100 l auffüllt.

Zum Wasserdichtmachen, zur Erhöhung der Haltbarkeit und besonders bei Chromledern auch zur Verminderung des Gleitens werden die Stiefelsohlen vielfach mit Leinöl oder Leinölfirnis in Kombination mit den verschiedensten festen Fetten, Wachsen und Harzen getränkt. Auch Lösungen von Kautschuk, Harz, Asphalt, Teer, Pech, Kollodiumwolle in den entsprechenden Lösungsmitteln, sowie mit Formaldehyd gehärtete wässerige Leimlösungen finden für diesen Zweck Verwendung. Derartige Lösungen sind jedoch schon mehr Imprägnier- als Appreturmittel.

2. Appreturen für Schuhoberleder.

Für die Behandlung des Oberleders fertiger Schuhe ist zu beachten, ob es sich um lohgares oder chromgares Leder handelt. Die lohgaren Leder werden bei ihrer Herstellung mit flüssigen oder salbenförmigen Fetten geschmiert, die chromgaren gelickert. Dieser Herstellungsart hat sich die Behandlung des Leders am fertigen Schuh anzupassen. Lohgare Leder müssen zur Erhaltung ihrer Wasserdichtigkeit und Geschmeidigkeit mit Lederschmieren, Lederfetten oder Lederölen von Zeit zu Zeit nachgefettet werden. Eine andere Art lohgarer Leder, die früher viel getragen wurden, sind die Wichsleder. Bei ihnen kommt es weniger auf Wasserdichtigkeit als auf Glanz an. Dieser Glanz wird erzeugt, indem auf die von Schmutz und Staub gereinigten Schuhe eine Stiefelwichse aufgetragen wird. Nach dem Eintrocknen der Wichse wird durch Bürsten der gewünschte Glanz hervorgerufen. Die Wichsleder sind heutzutage fast vollständig durch die verschiedenen Arten von Chromledern, wie Boxcalf, Chevreau, Rindbox, Roßbox u. dgl., verdrängt. Zur Konservierung dieser Leder bedient man sich ausschließlich der meist in Pastenform in den Handel kommenden Schuhcremes.

Die **Lederschmieren,** die von flüssiger oder salbenartiger Form sind und hauptsächlich für Sport-, Touristen-, Arbeiter- und verschiedenes Berufsschuhwerk in Frage kommen, werden mit der Bürste, einem Lappen oder auch mit der Hand auf das Schuhoberleder aufgetragen und dann gut eingerieben. Die Rohstoffe, aus denen die Lederschmieren hergestellt werden, sind sehr verschieden. Beinahe zahllos sind die Rezepte für derartige Schmieren. Im Grunde genommen ist jedoch die Sache sehr einfach. Die Grundlage der meisten dieser Schmieren bilden Tran und Degras. Sie können auch für sich allein angewendet werden. Meist aber werden sie mit Talg, Schweinefett und anderen Fetten und Ölen kombiniert. Vielfach erhalten sie noch geringe Zusätze von Harzen, Wachsen oder Seifen, zuweilen auch von Terpentin. Auch Ceresin, Paraffin, Vaselin werden zur Herstellung von Lederschmieren gebraucht. Die besten Rohmaterialien sind Öle und Fette tierischer und pflanzlicher Herkunft, die weniger gut taugenden Mineralöle und Mineralfette werden vorwiegend zur Verbilligung des Preises mitverwendet. Harz verhindert das Ausschlagen. Der Harzgehalt soll jedoch 8% nicht übersteigen. Die Färbung erfolgt durch fettlösliche Farbstoffe, eventuell auch durch Beimengung geringer Mengen von Pigmenten. Nachstehend einige Beispiele für Schuhschmieren (L. E. Andés, S. 203ff.; H. Gnamm, S. 574 und 575):

Zur Herstellung einer Talg-Tran-Schmiere schmilzt man 5 Teile gereinigten Talg und setzt unter Umrühren $2\frac{1}{2}$ Teile Tran hinzu.

Zur Gewinnung einer Tran-Wachs-Schmiere wird 1 Gewichtsteil Wachs in 5 Teilen Terpentinöl bei mäßiger Wärme gelöst, dann 1 Teil Harzseife zugesetzt und schließlich 20 Teile Tran, der mit 3 Teilen Kienruß angerieben wurde.

Für Vaselinlederfett schmilzt man 400 Teile gelbe Vaseline, 60 Teile gelbes Wachs und 50 Teile Talg zusammen oder 100 Teile Vaseline, 10 Teile Tran, 20 Teile Ceresin, 18 Teile Leinöl.

Eine Wasserstiefelschmiere wird erhalten durch Zusammenschmelzen von 16 Teilen Talg, 8 Teilen Schweinefett, 4 Teilen Terpentin und 4 Teilen Wachs.

Weitere Beispiele zur Herstellung von Lederschmieren:

a) 50 Teile Leinöl, 20 Teile Tran, 20 Teile Bienenwachs, 10 Teile Harz.

b) 60 Teile heller Tran, 30 Teile Talg, 10 Teile Waltran.

c) 50 Teile Vaselinöl, 20 Teile Tran, 15 Teile Wollfett, 8 Teile Montanwachs, 7 Teile Paraffin.

Anschließend noch einige Rezepte eines anderen Autors (C. Becher):

Gelbe Lederfette:

15 kg Wollfett und	18 kg Paraffin, Schmelzp. 50 bis 52⁰,
20 kg Talg werden mit	4 kg Ozokerit,
10 kg Tran geschmolzen und mit	8 kg Harz und
10 kg Ricinusöl und	15 kg Wollfett werden mit
45 kg Leinöl verdünnt.	25 kg Tran geschmolzen und mit
100 kg	30 kg Mineralöl, 0,885, verdünnt.
	100 kg

Die Fette können noch mit einem fettlöslichen gelben Farbstoff gefärbt werden.

Braune Lederfette:

14 kg Montanwachs, roh, und	12 kg Paraffin, 50 bis 52⁰,
20 kg Wollfett werden mit	2 kg Ozokerit und
20 kg Tran geschmolzen und mit	8 kg Rohmontanwachs werden mit
46 kg Vaselinöl verdünnt.	20 kg Tran geschmolzen und mit
100 kg	58 kg Mineralöl, 0,885, verdünnt.
	100 kg

Schwarze Lederfette:

Sie können erhalten werden durch Färben der vorgenannten gelben und braunen Lederfette mit 2 bis 3% fettlöslichem Nigrosin. Andere Beispiele sind:

20 kg Paraffin, 50 bis 52⁰, und	14,0 kg Montanwachs, roh,
5 kg Ozokerit schmelzen und in der Schmelze lösen,	8,0 kg Harz,
2 kg Nigrosin, fettlöslich, hierauf verdünnen mit	2,5 kg Paraffin, 50 bis 52⁰, und
	0,5 kg Ozokerit schmelzen und in der Schmelze lösen,
18 kg Tran und dann mit	2,0 kg Nigrosin, fettlöslich, dann verdünnen mit
55 kg Mineralöl, 0,885.	73,0 kg Mineralöl 0,885.
100 kg	100,0 kg

Lederöle:

30 kg Leinöl,	8 kg Harz schmelzen und mit
30 kg Tran, hellblank, und	30 kg Leinöl und
40 kg Mineralöl, 0,885, unter Erwärmen gut vermischen.	62 kg paraffinfreiem Vaselinöl verdünnen.
100 kg	100 kg

Kautschukhaltige Lederöle:

58 kg Spindelöl auf 100⁰ C erhitzen, dazu	6 kg Gummilösung mit
2 kg Rohkautschuk zerkleinert und	80 kg Spindelöl und
1 kg Harz. Nach Lösung verdünnen mit	14 kg hellblankem Tran verdünnen.
39 kg Leinöl.	100 kg
100 kg	

Die Gummilösung wird hergestellt durch längeres Schütteln von

6 kg Rohkautschuk, zerkleinert, und
4 kg Harz, zerkleinert, mit
90 kg Benzin oder Benzol.
100 kg

Schuh- und Stiefelwichsen sind die ältesten Mittel zum Schwarzfärben des Leders. Sie werden mit Wasser verdünnt auf dem Schuhwerk aufgetragen, hierauf wird durch Bürsten der Glanz erzeugt. Ihre Hauptbestandteile sind Knochenkohle als färbende Substanz, Schwefelsäure zum Aufschließen der Knochenkohle, Sirup, Melasse oder Zucker als Glanz- und Adhäsionsmittel, Fett zur Konservierung des Leders und schließlich Wasser, um der ganzen Masse die nötige teigförmige Konsistenz zu verleihen. Wichtig ist die Verwendung der richtigen Menge Schwefelsäure. Sie soll gerade hinreichen, um die in der Knochenkohle vorhandenen Carbonate und Phosphate in Sulfate überzuführen und soll durch Verkohlung des Zuckers restlos verbraucht werden. Wichse, die freie Schwefelsäure enthält, gibt zwar starken Glanz, macht aber das Leder rasch spröde und brüchig. Daher wird meist Soda zur Neutralisation der freien Schwefelsäure angewandt. Fettzusätze sind zwar unbedingt nötig, um dem Leder hinreichende Geschmeidigkeit zu erhalten. Zu große Mengen davon sind jedoch zu vermeiden, weil sonst der Glanz zu stark vermindert wird. Die meisten Wichsen enthalten daher nicht die zur dauernden Weichhaltung des Leders erforderlichen Mengen Fett. Ein weiterer Nachteil der Wichsen ist, daß sie alle abfärben und die Kleidungsstücke beschmutzen. Die in neuerer Zeit aufgekommenen Wachswichsen (Schuhcremes) verhalten sich in dieser Hinsicht viel günstiger und haben daher die alten Kohle-Schwefelsäure-Wichsen nahezu vollkommen verdrängt. Mit Rücksicht auf die heutige geringe praktische Bedeutung der Wichse mag die Angabe einiger weniger Beispiele genügen.

Normale Wichse besteht nach K. Dieterich aus 33 Teilen Knochenkohle, 156 Teilen Melasse, 44 Teilen Schwefelsäure, 10 Teilen Soda, 5 Teilen Knochenfett, 4 Teilen Mineralöl, 3,5 Teilen Glycerin.

Wichse nach Huron (L. E. Andés, S. 52) enthält: 45 Teile Knochenkohle, 50 Teile Melasse, 25 Teile Schwefelsäure 68° Bé, 12 Teile Olivenöl oder Rüböl.

Zur Herstellung einer Lackglanzwichse werden gemischt (L. E. Andés, S. 51): 30 Teile Beinschwarz, 15 Teile Sirup, 2 Teile Olivenöl und 1 Teil Schwefelsäure. Die Mischung wird mit Wasser auf die gewünschte Konsistenz verdünnt.

Als Beispiel einer schwefelsäurefreien Wichse diene die Perleberger Glanzwichse (H. Gnamm, S. 579), die durch feines Verreiben von 20 Teilen gepulverter Knochenkohle mit 10 Teilen Glycerin, 1 Teil Öl und 2 Teilen Essig hergestellt wird.

Die **Schuhcremes** stellen die heute fast allgemein gebräuchliche Schuhappretur dar. Das Charakteristische dieser Cremes ist ihr Wachsgehalt. Das Wachs gibt einen vorzüglichen Glanz, macht wasserdicht und schützt gegen atmosphärische Einflüsse und vorzeitige mechanische Abnutzung. Als diese Cremes etwa um die Jahrhundertwende aufkamen, wurden sie im Gegensatz zu den damals üblichen Kohle-Schwefelsäure-Wichsen als Wachswichsen bezeichnet. Heute führen sie ganz allgemein die Bezeichnung Schuhcremes. Sie sind das Appreturmittel für das Oberleder alles besseren Schuhwerks. Sport-, Touristen- und Berufsschuhe werden meist mit Stiefelschmieren behandelt.

Die Schuhcremes werden in zwei Hauptgruppen eingeteilt: wasserlösliche oder verseifte Cremes und wasserunlösliche oder Terpentincremes.

Die Wassercremes werden durch Verseifen von Karnaubawachs oder dessen Rückständen mit kohlensauren Alkalien, vorwiegend Pottasche, hergestellt. Das Karnaubawachs kann teilweise durch das billigere Montanwachs ersetzt werden. Unverseifbare Wachse wie Ceresin und Paraffin sind für Wassercremes nicht zu gebrauchen. Es handelt sich bei diesen Cremes weniger um eine vollständige Verseifung, vielmehr soll der verseifte Anteil des Wachses seine nichtverseiften Bestandteile in Emulsion halten. Zur Herstellung der wasserlöslichen Cremes werden die Wachse, und zwar das mit dem höheren Schmelzpunkt zuerst in einem durch indirekten Dampf geheizten Kessel mit Rührwerk geschmolzen; hierauf gibt man unter vorsichtigem Rühren die heiße Pottaschelösung langsam hinzu und erwärmt weiter, bis eine gleichmäßige Emulsion entstanden ist, auf der keine Fettaugen mehr schwimmen. Dann wird die Heizung abgestellt, bis zum Dickflüssigwerden gerührt und bei 40 bis 50⁰ in Dosen oder Tuben abgefüllt. Teerfarbstoffe, die alkalibeständig sein müssen, werden in wässeriger Lösung zugesetzt. Zur Verhinderung der Schimmelbildung empfiehlt sich ein geringer Zusatz von Formaldehyd-, Salicyl- oder Borsäurelösung. Damit sich keine unlöslichen Kalk- und Magnesiumsalze der Wachs- und Fettsäuren bilden, ist mit möglichst weichem Wasser, am besten Regen- oder Kondenswasser, zu arbeiten. Zusätze von etwas Glycerin, Spiritus oder Terpentinöl verleihen der Creme erhöhte Frostsicherheit.

Beispiele von verseiften Cremes [C. Lüdecke (1), F. Wilhelm y]:

a) **Schwarze Creme.**

12	Teile	Montanwachs, roh
6	,,	Karnaubawachsrückstände
2	,,	Japanwachs
3	,,	Pottasche, 96- bis 98proz.
77	,,	Wasser
3	,,	Nigrosin

b) **Farbige Creme.**

12	Teile	I. G.-Wachs
13	,,	raffiniertes Montanwachs
3	,,	Pottasche, 96- bis 98proz.
70	,,	Wasser
2	,,	Anilinfarbe, wasserlöslich

c) **Farbige Creme.**

25	Teile	Karnaubawachsrückstände
2	,,	Pottasche, 96- bis 98proz.
73	,,	Wasser
2—4	,,	Anilinfarbe, wasserlöslich

d) **Farbige Creme.**

4,0	Teile	Karnaubawachs
12,0	,,	Karnaubawachsrückstände
1,5	,,	Pottasche, 96- bis 98proz.
30,0	,,	Terpentinöl
52,5	,,	Wasser
2—4	,,	Anilinfarbe

Beispiel d) stellt eine sog. Mischcreme dar, d. i. eine verseifte Creme, bei der zur Verbesserung der Qualität ein Teil des Wassers durch Terpentinöl ersetzt ist. Infolge der schnelleren Verdunstung des Terpentinöls erfolgt bei dieser Creme die Glanzbildung auf den Schuhen rascher als bei reiner Wasserware.

Die wasserfreie sog. Öl- oder Terpentincreme ist gegenwärtig die beste und meist gebrauchte Schuhappretur. Sie ist für alle Oberleder gleich gut geeignet ohne Rücksicht darauf, ob dieselben mit Albumin- oder Kollodiumdeckfarben zugerichtet sind, oder ob es sich um rein anilingefärbte Leder mit einem Stoßglanz handelt. Die Herstellung der wasserfreien Cremes besteht in der einfachsten Form im Schmelzen des Wachses und anschließender Verdünnung mit Terpentin. Das Abfüllen erfolgt bei einer Temperatur von ungefähr 50⁰. Das geeignetste Wachs ist auch hier Karnaubawachs, das jedoch ganz oder teilweise durch das billigere Montanwachs ersetzt wird. Das Wachs ist der eigentliche Glanzbildner der Creme; das meist noch zugesetzte Paraffin oder Ceresin wirkt lediglich als Füllmittel. Das Terpentinöl dient als Verdünnungsmittel der Wachsmasse und kann teilweise durch gut raffiniertes Kienöl ersetzt werden. Harzzusätze sind nicht zu empfehlen, weil Harz die Creme klebrig macht. Als Farbstoffe gebraucht man öllösliche. Sie werden meist in das geschmolzene Wachs unter Rühren eingetragen. Zusätze von Pigmentfarben sind nicht ratsam, weil sie sich in den heiß abgefüllten Dosen leicht am Boden absetzen.

Die erste wasserfreie Schuhcreme, das Guttalin, bestand aus gleichen Teilen Karnaubawachs und thüringischem Braunkohlenparaffin, verdünnt mit der dreifachen Menge amerikanischem Terpentinöl, sowie einem Zusatz von Nigrosin und einem gelben Teerfarbstoff. Nachstehend folgen einige Beispiele für die Zusammensetzung von Terpentincremes [C. Lüdecke (1), F. Wilhelm y].

Schwarze Terpentincremes.

a) 4 Teile Karnaubawachs
   10 „ Montanwachs
   14 „ Paraffin, 50 bis 52⁰
   70 „ Terpentinöl
   2—3 „ Nigrosin, fettlöslich

b) 12,5 Teile Montanwachs
   16,0 „ Paraffin, 50 bis 52⁰
   70,0 „ Terpentinöl
   2—3 „ Nigrosin, fettlöslich

c) 12 Teile Karnaubawachs
   4 „ Ceresin, 58 bis 60⁰
   8 „ Paraffin, 50 bis 52⁰
   73 „ Terpentinöl
   2—3 „ Nigrosin, fettlöslich

d) 12 Teile Montanwachs, roh
   12 „ Paraffin, 50 bis 52⁰
   3 „ Candelillawachs
   70 „ Terpentinöl
   2—3 „ Nigrosin, fettlöslich

Man stellt sich aus 1 Teil Nigrosinbase und 2 Teilen Fettsäure (Olein oder Stearin) einen Vorrat von Fettfarbe her. Diese Fettfarbe wird der Wachsschmelze zugesetzt und dann zum Schluß das Terpentinöl eingerührt.

Farbige Terpentincremes.

a) 10 Teile Montanwachs, raffiniert
   4 „ Karnaubawachsrückstände
   12 „ Paraffin, 50 bis 52⁰
   72 „ Terpentinöl
   2 „ fettlösliche Anilinfarbe

b) 8 Teile I. G.-Wachs O
   6 „ Ceresin, 58 bis 60⁰
   14 „ Paraffin, 50 bis 52⁰
   70 „ Terpentinöl
   2 „ fettlösliche Anilinfarbe

Für die Herstellung einer rein weißen Creme wird folgende Vorschrift angegeben [C. Lüdecke (1), S. 79]:

12 Teile rein weißes, raffiniertes Karnauba- oder Montanwachs werden mit 16 Teilen doppeltraffiniertem Paraffin zusammengeschmolzen und dann mit 52 Teilen Terpentinöl verdünnt. Kurz vor dem Ausfüllen wird in dieser Creme eine innig verriebene Mischung von 10 Teilen Zinkweiß-Weißsiegel, das noch mit einer geringen Menge Ultramarin geschönt wurde, und 10 Teilen Terpentinöl durch Rühren verteilt.

3. Appreturen für Geschirr-, Zeug- und Blankleder.

Zum Zwecke des Auffrischens von Gegenständen, die aus diesen Ledern hergestellt sind, werden sie zunächst mit lauwarmem Seifenwasser abgewaschen. Dann erhalten sie gewöhnlich auf der Narbenseite eine Schellack- oder Wachsappretur, auf der Fleischseite eine mit Talkum versetzte Schleimappretur.

4. Appreturen für Treibriemen.

Treibriemen werden bei längerem Gebrauch hart und rutschen dann auf den Riemenscheiben. Diesem Übelstand suchte man früher dadurch zu begegnen, daß man Harz, besonders Colophonium auf die Innenseite auftrug, um die Haftfähigkeit des Riemens durch derartige klebrige Substanzen zu erhöhen. Es kamen die verschiedensten Treibriemenadhäsionsfette in flüssiger, salbenförmiger und fester Form in den Handel. Diese Präparate erfüllten zwar den beabsichtigten Zweck. Man erkannte jedoch mit der Zeit, daß diese sehr harzreichen Produkte den Treibriemen brüchig machten und daher die Lebensdauer des wertvollen Materials stark herabsetzten. Bei Verminderung des Harzgehalts und Erhöhung des Fettgehalts ergab sich ebenfalls eine gute Adhäsion. Durch die Nachbehandlung mit Fetten bleibt der Riemen geschmeidig und elastisch und besitzt, weil er sich gut an die Riemenscheibe anschmiegen kann, ebenfalls genügend Adhäsion. Gleichzeitig wird durch eine derartige Behandlungsweise seine Lebensdauer verlängert. Die modernen Treibriemenadhäsionsfette und Adhäsionsöle enthalten daher weniger Harze und zum Zwecke der Konservierung mehr Fette und Öle, wie nachstehende Beispiele (C. Becher, S. 22ff.) zeigen.

Treibriemenadhäsionsmittel.

a) 20 kg Harz und
20 kg Talg werden mit
10 kg Tran geschmolzen und mit
10 kg Ricinusöl und
40 kg Leinöl verdünnt.

b) 25,0 kg Harz,
26,3 kg Paraffin, 50 bis 52⁰, und
0,7 kg Ozokerit werden geschmolzen und mit
28,0 kg Vaselinöl und
20,0 kg Leinöl verdünnt.

c) 40 kg Wollfett,
25 kg Paraffin, 50 bis 52⁰, und
5 kg Ozokerit werden geschmolzen und mit
20 kg Tran verdünnt.

d) 30 kg Harz,
36 kg Paraffin, 50 bis 52⁰,
4 kg Ozokerit und
30 kg Talg werden zusammengeschmolzen.

Treibriemenadhäsionsöle.

a) 10 kg Harz werden geschmolzen und mit
30 kg Tran und
60 kg Leinöl verdünnt.

b) 4 kg Rohkautschuk werden in
80 kg Spindelöl bei 100⁰ C gelöst und mit
16 kg Tran verdünnt.

Als Appreturen für verarbeitete Möbel-, Fein-, Luxus- und Bekleidungsleder dienen heutzutage fast ausschließlich die Deckfarben, und zwar vorwiegend Kollodiumfarben. Zum Auffrischen von Gegenständen, die aus diesen Lederarten hergestellt sind, muß zunächst die alte Appretur unter Verwendung eines geeigneten Lösungsmittels möglichst vollständig entfernt werden; hierauf wird die für die betreffende Lederart entsprechend zusammengesetzte Deckfarbe in der für Deckfarben üblichen Weise aufgetragen.

VII. Die Beurteilung der Deckfarben und Appreturen.

Was die Untersuchung und Beurteilung der Deckfarben anlangt, so ist nach ihrem Aussehen, ihrem Geruch, ihren Lösungsmitteln und den Vorschriften für ihre Anwendung in den meisten Fällen ohne weiteres zu entscheiden, ob man es mit einer Albumin- oder einer Kollodiumfarbe zu tun hat. Die nähere qualitative und quantitative Feststellung der Farbkörper, der Binde-, Lösungs- und Weichmachungsmittel ist für die Beurteilung des praktischen Werts der Deckfarben von untergeordneter Bedeutung. Überdies wird diese selbst für den geschulten Analytiker sehr mühsame und zeitraubende Arbeit häufig nicht zu voller Aufklärung führen. Viel wichtiger für die Beurteilung des Werts einer Deckfarbe ist eine Anzahl von Proben, die sich mehr auf ihre praktische Brauchbarkeit erstrecken. Diese Prüfungen können entweder mit den Deckfarben selbst vor ihrer Verwendung oder mit den auf das Leder aufgetragenen Farben vorgenommen werden. Die Ergebnisse dieser Prüfungen lassen sich zwar meist nicht genau zahlenmäßig ausdrücken. Es handelt sich dabei vielfach nur um Vergleichsprüfungen, die unter ganz gleichen Umständen ausgeführt werden. Trotzdem können diese Prüfungen dem Praktiker wichtige Aufschlüsse über den Wert und die Eigenschaften einer Deckfarbe geben.

Von den mit der Deckfarbe selbst vorzunehmenden Untersuchungen ist zunächst die Prüfung auf ihre Konzentration zu erwähnen. Sie besteht für wässerige Deckfarben in der Bestimmung ihres Wassergehalts, für Kollodiumfarben in der Feststellung ihrer flüchtigen Bestandteile. Zur Bestimmung des Wassergehalts wird feste wässerige Deckfarbe im Trockenschrank bei 100⁰ bis zur Gewichtskonstanz getrocknet, flüssige und pastenförmige nach vorhergehendem Eindampfen auf dem Wasserbad. Den Trockensubstanzgehalt von Kollodiumfarben bestimmt man durch Eindampfen auf dem Wasserbad, wobei zweckmäßig Wasser zugesetzt wird, um die Kollodiumwolle auszufällen, weil gelatinierte Wolle hartnäckig Lösungsmittel zurückhält.

Um die flüchtigen Bestandteile zu isolieren, unterwirft man die Kollodiumfarbe einer Vakuumdestillation, wobei die Lösungs- und Verdünnungsmittel
abdestillieren. Sie werden hierauf fraktioniert destilliert, wobei die bis ca. 100^0
übergehenden Bestandteile als leichtflüchtig, die von 100 bis 150^0 übergehenden
als mittelflüchtig und die über 150^0 übergehenden als schwerflüchtig angesehen
werden. Eine Erhitzung der Kollodiumfarbe über 120^0, besonders eine direkte
Erwärmung mit der Flamme ist wegen der Zersetzungsgefahr der Nitrocellulose
(bei ca. 160^0) unter allen Umständen zu vermeiden.

Eine Prüfung der Deckfarbe unter dem Mikroskop gibt Aufschluß über die
Feinheit der Pigmente. Bei 500- bis 600facher Vergrößerung kann man sogar
die Größe der einzelnen Teilchen messen. Bei dieser Vergrößerung wurde bei
einer Anzahl von Deckfarben festgestellt, daß der Durchmesser der Pigment-
teilchen 1 bis $5\,\mu$ beträgt.

Eine sehr zweckmäßige Prüfung besteht ferner darin, daß man von der auf-
tragsfertigen Farbe eine Probe auf eine Glasplatte aufgießt, fein aufstreicht oder
aufspritzt und die zum Trocknen nötige Zeit feststellt. An dem aufgetrockneten
Film beobachtet man, ob er glatt und gleichmäßig ist. Beim Durchschauen durch
die mit dem Film überzogene Glasplatte kann man sich schon mit bloßem Auge,
besser noch mit Hilfe des Mikroskops ein Urteil über die Feinheit und Gleichmäßigkeit der Pigmentkörner bilden. Wird in ähnlicher Weise ein Schutzlack
ganz fein auf eine Glasplatte aufgespritzt, so kann man sich überzeugen, ob er
klar und farblos auftrocknet.

Zur Bestimmung der Festigkeit gießt man sich dünne, gleichmäßige Filme,
schneidet sie in Streifen und ermittelt im Schopperschen Festigkeitsprüfer
ihre Dehnbarkeit und Reißfestigkeit.

Über die Deckkraft einer Farbe gewinnt man einen Anhaltspunkt, wenn man
auf einen weißen Karton ein schwarzes Kreuz zeichnet und nun so lange mit der
Farbe überspritzt, bis von dem schwarzen Kreuz nichts mehr sichtbar ist. Beim
Einhalten völlig gleicher Arbeitsbedingungen kann man auf diese Weise durch
Feststellen der Menge Farbstoff oder der Zeit, die bis zum Unsichtbarwerden der
schwarzen Unterlage erforderlich ist, brauchbare Anhaltspunkte für die Beurteilung der Deckkraft verschiedener Farben gewinnen.

Die eigentliche Prüfung der Deckfarben erfolgt am Leder selbst. Hier treten
alle für die Beurteilung wesentlichen Faktoren richtig in Erscheinung. Schon
beim Auftragen sind die Deckfarben auf eine richtige Spritz- und Streichbarkeit,
auf glattes und schnelles Auftrocknen zu beobachten. An die aufgetragene,
getrocknete Deckfarbe werden weitgehende Ansprüche gestellt. Vor allem wird
verlangt, daß sie fest auf ihrer Unterlage haftet. Man prüft hierauf, indem man
das Leder Narben gegen Narben umbiegt und zwischen den Fingern hin- und
herreibt. Die Farbe soll dabei möglichst wenig Falten und Sprünge bekommen,
unter keinen Umständen darf sie dabei abblättern. Es sind auch besondere
Maschinen konstruiert worden, um die Leder auf ihre Biege- und Knitterfestigkeit
zu prüfen, und es wird an dieser Stelle auf die entsprechenden Prüfungen im
Abschnitt Mechanische Lederanalyse verwiesen. Auf Dehnbarkeit und Reißfestigkeit prüft man einen Lederstreifen im Schopperschen Apparat, indem
man eventuell unter Zuhilfenahme einer Lupe oder eines Mikroskops während
des Dehnens scharf beobachtet, ob zuerst der Film oder das Leder springt oder
reißt. Diese Prüfung gibt wertvolle Anhaltspunkte über den Zusatz der richtigen
Mengen an Weichmachungsmitteln. Dehnbarkeit und Reißfestigkeit kann man
in einfacher Weise durch die bekannte Schlüsselprobe feststellen, deren man sich
viel zur Prüfung von Oberledern auf Zwickfestigkeit bedient. Bei dieser Probe
soll der Narben keine Sprünge bekommen. Unter keinen Umständen darf er

dabei platzen. Zur Prüfung auf den Griff biegt man das Leder um und gleitet mit den Fingern über den Bug hinweg, und zwar hält man dabei den Daumen auf der einen, die übrigen Finger auf der anderen Seite des Buges. Im allgemeinen wird der Griff des Leders durch Deckfarben, falls sie nicht zu dick aufgetragen werden, nur unwesentlich verändert. Die Reibechtheit wird festgestellt, indem man mit einem trockenen, weichen, weißen Lappen oder einem Wattebausch mehrmals unter leichtem Druck über das Leder wegreibt und die Färbung des Lappens bzw. Wattebausches beobachtet. Die Reibechtheit ist stark abhängig von der Natur des Bindemittels, von der Dicke der Farbschicht und von den verschiedenen Zusätzen zu den Deckfarben, namentlich den Schutzlacken oder Härtungsmitteln. Auf Wasserechtheit wird das Leder geprüft durch Überreiben mit einem feuchten Tuch oder Wattebausch und Beobachtung der hierbei eintretenden Abfärbung. Auch das Verhalten der mit Deckfarben behandelten Leder gegen Kälte und Hitze ist von Wichtigkeit. Zur Feststellung der Kältebeständigkeit setzt man das Leder Temperaturen aus, die etwas über oder unter dem Nullpunkt liegen, und beobachtet hauptsächlich, ob eine Verminderung des Glanzes, eine Schleierbildung oder gar ein Ausschlag eintritt. Das Verhalten gegen Hitze ermittelt man am einfachsten durch Bügeln mit einem heißen Bügeleisen. Bisweilen sind Deckfarben, besonders Kollodiumdeckfarben, anzutreffen, deren rote und gelbe Pigmente bei höherer Temperatur aus der Mischung heraussublimieren und an der Oberfläche des Films ein Bronzieren verursachen. Die Lichtechtheit der Deckfarben ist fast ausnahmslos sehr gut. Zur Prüfung auf dieselbe bedeckt man die eine Hälfte eines Lederstücks mit einem Stückchen Karton und setzt dann das Ganze längere Zeit den Sonnenstrahlen aus. Schneller kommt man durch Belichten mit der Quarzlampe zum Ziel. Die Prüfung auf Lichtechtheit ist besonders für Schutzlacke, Glanzappreturen und helle Farben wichtig, weil manche derselben zu raschem und starkem Vergilben neigen. Die Prüfung auf Deckkraft und Verbrauch einer Farbe zum Zwecke der Kalkulation an kleineren Stücken ist zu ungenau. Ein richtiges Bild erhält man nur bei einem Versuch in größerem Maßstab, indem man wenigstens einige Dutzend Felle mit einer abgewogenen oder abgemessenen Menge Farbe zurichtet. Dabei ist zu beachten, daß die Farbverluste durch Verspritzen auf ein Minimum reduziert werden.

Für die Beurteilung der nicht mit Deckfarben, sondern lediglich mit gewöhnlichen Appreturen behandelten Leder gelten die vorstehenden Ausführungen in sinngemäßer Anwendung.

Literaturübersicht.

Andés, L. E.: Die Fabrikation der Stiefelwichse und der Lederkonservierungsmittel. 3. Aufl. Wien und Leipzig: A. Hartleben 1913.

Becher, C.: Lederkonservierungsmittel und Treibriemen-Adhäsionsfette. Augsburg: Verlag f. Chem. Industrie H. Ziolkowsky 1929.

Boisseau, J.: Cuir techn. **17**, 422 (1928).

Braidy, H.: Cuir techn. **18**, 22 (1929).

Curtis, C. A.: Künstliche organische Pigmentfarben. Berlin: J. Springer 1929.

Dohogne, M.: Cuir techn. **19**, 352 (1930).

Dietrich, K.: in Real-Enzyklopädie der ges. Pharmacie. 2. Aufl., XII., S. 664.

„Gerbereitechnik", Beil. zu Leder-Ztg. (*1*): 1929, Nr. 165, 173, 178, 182, 185, 190, 194, 197, 202, 205; (2): **1930**. Nr. 1, 5, 10, 13, 17, 21, 26, 29, 37, 42, 46, 58, 61, 65, 70, 73, 77, 86, 93, 101, 109, 117, 125, 134, 150, 166, 174, 182, 190, 198.

Gnamm, H.: Die Fettstoffe in der Lederindustrie. Stuttgart: Wissenschaftl. Verlagsges. 1926.

Grasser, G.: Technikum, Beil. z. Ledermarkt 1912, Nr. 22.

I. G. Farbenindustrie A. G.: Lösungsmittel, Weichmachungsmittel. 1930.

I. G. Farbenindustrie A. G.: Die Collodiumwolle und ihre Verarbeitung zum Lack. Ausgabe 1931.

Jähn, F. K.: Farbe und Lack. **1924**, 274, 348.
Jettmar, J. (*1*): Handbuch der Chromgerbung. 3. Aufl. Leipzig: P. Schulze 1923; (*2*): Gerbereitechnik. Beilage zu Leder-Ztg. 1912.
Keiner, E. G.: J.A.L.C.A. **22**, 476 (1927).
Kirchdorfer, Fr.: Farbe und Lack. **1931**, Nr. 40, 41, 43.
Kraus, A. (*1*): Seifensieder-Zeitung **1931**, Nr. 3, 26, 27, 28; (*2*): Farbe und Lack. **1932**, Nr. 10, 11, 13, 14, 16; (*3*): Ledertechn. Rdsch. **1934**, S. 6, 7, 8; (*4*): Farbe und Lack **1934**; (*5*): Ledertechn. Rdsch. **1935**, S. 3.
Lamb, M. C. (*1*): Cuir techn. **18**, 318, 464 (1929); (*2*): Ebenda **17**, 167 (1928); (*3*): Gerbereitechnik **1913**, 115; (*4*): J.I.S.L.T.C. **12**, 58 (1928); (*5*): Ebenda **13**, 231 (1929).
Lamb, M. C. u. R. Denyev: J.I.S.L.T.C. **15**, 107 (1931).
Lamb, M. C. u. L. Jablonski: Lederfärberei und Lederzurichtung. 2. Aufl. Berlin: J. Springer 1927.
Lüdecke, C. (*1*): Schuhcremes und Bohnermassen. Augsburg: Verl. f. Chem. Ind. H. Ziolkowsky 1924; (*2*): Die Wachse und Wachskörper. Stuttgart: Wissenschaftl. Verlagsges. 1926.
Martin-Wodd, H.: Cuir techn. **20**, 224 (1931).
Pollak, L.: Gerber **56**, 108 (1930).
Rose, H.: Collegium **1929**, 262.
Schranth, W.: Farbenzeitung 1929, H. 34.
Stern, E.: Farbenbindemittel, Farbkörper und Anstrichstoffe, in: R. E. Liesegang, Kolloidchemische Technologie. 2. Aufl. Dresden und Leipzig: Verl. Steinkopff 1931.
Vogel, W. (*1*): Die Deckfarben und ihre Anwendung in der Lederindustrie. 38. Jahresbericht der Deutschen Gerberschule zu Freiberg i. Sa. 1927; (*2*): Collegium **1925**, 560.
Wagner, A. u. J. Paeßler: Handbuch f. d. ges. Gerberei und Lederindustrie. Leipzig: Deutscher Verlag 1925.
Wagner, H.: Die Körperfarben. Stuttgart: Wissenschaftl. Verlagsges. 1928.
Westfälisch-Anhaltische Sprengstoff A. G., Berlin (*1*): Die Herstellung von Kollodiumfarben für Leder (Lederdeckfarben). Broschüre; (*2*) Collodiumwolle für die Lackindustrie 1931.
Wilhelmy, F.: Schuhcremes und moderne Schuhputzmittel. Augsburg: Verl. f. Chem. Ind. H. Ziolkowsky. 1929.
Wilson, J. A., F. Stather u. M. Gierth: Die Chemie der Lederfabrikation. 2. Aufl., II. Bd. Wien: J. Springer 1931.
Wolff, H.: Die Lösungsmittel der Fette, Öle, Wachse und Harze. Stuttgart: Wissenschaftl. Verlagsges. 1927.
Wolff, H. u. W. Toeldte: Vergleichende Untersuchung über Öl- und Nitrocelluloselacke. Heft 3 des Fachausschusses für Anstrichtechnik. Berlin: VDI 1929.
Zimmer, Fr.: Nitrocelluloseesterlacke und Zaponlacke. Leipzig: S. Hirzel 1931.

H. Lackieren[1].

Von **Dr. Karl Grafe**, Leipzig, und **Dipl.-Ing. Karl Schorlemmer**, Dresden.

Einleitung.

Eine besondere Art der Lederzurichtung bildet das Lackieren der Leder. Das dabei erzielte Produkt, das Lackleder, stellt mit seiner spiegelglatten und hochglänzenden Oberfläche eines der wertvollsten Produkte der Lederindustrie dar. Es ist in erster Linie dazu bestimmt, dem Auge gefällig zu erscheinen. Daher sind sein Hauptanwendungsgebiet Bekleidungsstücke, und zwar solche, die keine sehr hohe Beanspruchung erfahren, wie elegantes Schuhwerk und Galanteriewaren. Weniger wichtig ist die Erzeugung einer gegen äußere Einflüsse schützenden Schicht auf dem Leder, wie das vielfach beim Lackieren anderer Stoffe,

---

[1] Die Abschnitte I., 1. „Rohstoffe für das Öllackierverfahren", I., 2. „Rohstoffe für das Kaltlackierverfahren", II., 4. „Das Kaltlackierverfahren", II., 5. „Kombiniertes Lackierverfahren" und III. Untersuchung der Rohstoffe und des Lackleders" wurden von Dr. K. Grafe, die Kapitel II., 1. „Lohgares Lackleder", II., 2. „Lackvachetten" und II., 3. „Chromlackleder" von Dipl.-Ing. K. Schorlemmer verfaßt.

z. B. bei Holz und Metall, ausschlaggebend ist. Der Verwendungszweck hat sich teilweise im Laufe der Zeit gewandelt, einerseits weil für manche Artikel kein oder wenig Bedarf mehr vorliegt, wie z. B. für Geschirre und Wagendecken, oder weil der Geschmack sich geändert hat, wie z. B. für Möbelleder, oder weil man billigere Ersatzstoffe vorzieht.

Vor etwas mehr als 30 Jahren kannte man nur lohgare Lackleder, dann kamen von Amerika aus chromgare Lackleder auf den Markt, und heute bilden die Chromlackleder den weitaus größeren Teil aller im Handel befindlichen lackierten Leder.

Zwei prinzipiell verschiedene Wege kennt man heute, um eine gut haftende, elastische Lackschicht auf Leder anzubringen, das Öllackierverfahren und das Kaltlackierverfahren. Das Öllackierverfahren ist das zuerst erfundene und schon seit langer Zeit geübte Verfahren, das als Grundlage die Fähigkeit des natürlichen Leinöls hat, in dünner Schicht zu einer festen, elastischen Haut aufzutrocknen. Durch Vorbehandeln des Leinöls mit Chemikalien in der Hitze lernte man die günstigen Eigenschaften dieses Naturstoffes so zu steigern, daß man Lacke mit hervorragenden Eigenschaften für alle Zwecke herstellen kann. Dabei ist man rein empirisch vorgegangen, und die Arbeit des Lacksiedens wie die ganze Lackiererei lag nur in Händen von Praktikern mit langer Erfahrung. Das ist, was die Lacklederindustrie anbetrifft, auch jetzt noch so. Die Erfahrungen und Rezepte erben sich hier fort und werden heute noch als ein großes Geheimnis gehütet. Für Schuhoberleder hat sich der Leinöllack besonders gut bewährt, so daß er hier noch immer, wenn er auch aus anderen Anwendungsgebieten stark verdrängt worden ist, eine große Rolle spielt.

Nachdem in der Lack- und Farbenindustrie während der letzten Zeit in immer steigendem Maße Nitrocellulose als Lackkörper verwendet worden ist, hat auch die Lederindustrie solche Lacke für ihre Zwecke aufgenommen. Sie hat sie nicht nur für die Zwecke des Appretierens als sehr bequemes und haltbares Appreturmittel anzuwenden gelernt, das erfolgreich mit den älteren Albumin- und Casein-Appreturen konkurriert, sondern die einfache und zeitsparende Bereitung der Celluloseesterlacke sowie ihre Billigkeit und schnelle Filmbildung haben auch bald zu Bemühungen geführt, in der Lacklederindustrie das Leinöl zu ersetzen. Das geht u. a. aus einer großen Zahl von Patenten hervor, die in neuerer Zeit auf die Herstellung von Lackleder aus Nitro- und Acetylcellulose genommen worden sind. Das Ziel zu erreichen, ist vorerst nur in beschränktem Umfange gelungen. Zunächst waren die Lackschichten viel zu hart und spröde, um unbeschädigt alle Bewegungen der Lederunterlage mitmachen zu können. Ferner zeigten solche Filme nur eine geringe Haftfestigkeit auf der Lederoberfläche. Diese Mängel konnten behoben werden, als sich herausstellte, daß Zusatz von Öl die Celluloseesterfilme weich und geschmeidig erhält und sie gleichzeitig fester an Leder bindet. Weiterhin lernte man auch durch Zusatz besonderer Weichmachungsmittel, den Cellulosederivaten ihre Sprödigkeit zu nehmen. Auch gestattete eine wachsende Zahl von technisch dargestellten Lösungsmitteln, durch Kombinieren leicht flüchtiger mit schwerer flüchtigen die Filmbildungsgeschwindigkeit abzustimmen. So kam man zu Lederlacken von recht guter Brauchbarkeit, die sich durch einen besonderen Glanz auszeichnen und wesentlich billiger sind als Leinöllacke. Allerdings werden die hohen Anforderungen, die man an einen Lederlack auf Schuhoberleder stellen muß, nicht so weit erfüllt, wie es durch den gekochten Lack geschieht. Offenbar ist dies doch eben nur durch den langsamen, auf chemischen Reaktionen beruhenden Trockenprozeß möglich, wie ihn der Leinölfilm durchmacht.

Es gibt verschiedene Verfahren der Lacklederherstellung, bei denen Celluloseester verbraucht werden. Man kann Nitrocelluloselack allein zum Grundieren verwenden, um die späteren Schichten dann aus Öllack aufzubauen, oder man nimmt sowohl für den Grund als für die anderen Aufträge Gemische von Celluloseestern und Leinöl. Ferner ist es möglich, auch den ganzen Lackfilm nur aus den Esterlacken herzustellen.

An dem Prinzip des Lackierens selbst ist im Laufe der Zeit nicht viel geändert worden. Man bringt zunächst einen oder mehrere „Grunde" auf die Leder auf, die die Poren zudecken und die Leder für die nachfolgenden Lackschichten undurchdringlich machen sollen. Auf den Grund folgt der Vorlack, und diesem läßt man den Schlußlack folgen. Grunde, Vorlack und Schlußlack stellt sich der Lacklederfabrikant meistens noch selbst her, und wir wollen deshalb vorerst die Rohstoffe betrachten, die zu deren Herstellung dienen, um später die verschiedenen Lackledersorten und die einzelnen Herstellungsweisen besser verstehen zu können.

I. Rohstoffe.

1. Rohstoffe für das Öllackierverfahren.

a) Das Leinöl und die Natur seines Trockenprozesses.

Im Kapitel „Fettung" dieses Bandes ist bereits das Wichtigste über das Leinöl und seine Eigenschaften zusammengestellt. Hier sei noch auf einiges eingegangen, das für die Lacklederbereitung wichtig erscheint.

Im Handel unterscheidet·man die Leinöle teils nach ihrer Herkunft als russische, baltische, La Plata-Leinöle usw., die infolge verschiedener, der Leinölsaat beigemischter fremder Samen in ihren Eigenschaften etwas voneinander abweichen. Ferner kann man Rohöle oder Lackleinöle kaufen. Erstere enthalten noch mehr oder weniger Schleimstoffe, die bei den Lackleinölen durch Raffination entfernt worden sind. Oft wird auch mit einer Reinigung ein Bleichprozeß verbunden. Extrahierte Öle kommen heute kaum mehr in den Handel, auch die sog. Leinsaatöle nicht mehr, die aus den Preßrückständen mit Lösungsmitteln gewonnen wurden. Als Lackleinöl eignet sich besonders Öl, das in Anderson-Pressen (Schraubenpressen) gewonnen worden ist.

Reines Leinöl wird bei etwa —10° dickflüssig, auch trübe durch geringe Ausscheidungen; bei —15°, auch unterhalb dieser Temperatur, wird es salbenartig und erstarrt bei etwa —20°. Säurereiche Öle verdicken sich schon bei höheren Temperaturen.

Die Säurezahl reinen Leinöls beträgt normalerweise 3 bis 5 und ändert sich auch bei langem Lagern nur unbedeutend. Ein höherer Säuregehalt muß aber durchaus nicht immer für die Lackbereitung nachteilig sein (H. Wolff-W. Schlick-H. Wagner, S. 109).

Viel Beachtung muß den nichtöligen Verunreinigungen des Leinöls geschenkt werden, die die unliebsamen Trübungen des Öls wie des Lacks verursachen. Frischgepreßtes Leinöl ist meist stark getrübt durch Ausscheidung eines schleimigen Stoffs, der erst durch jahrelanges Lagern sich vollständig absetzt. Erhitzt man das Rohöl auf etwa 250° bis 280°, so flockt der Schleim als voluminöser Niederschlag schneller aus („Brechen" des Öls). Chemisch besteht diese Abscheidung teils aus anorganischen Stoffen (hauptsächlich aus Erdalkaliphosphaten), teils aus organischen Stoffen, deren Natur aber noch ganz unbekannt ist. Nach R. Jürgen sind an den Trübungen des Leinöls auch Saatreste, Feuchtigkeitsspuren, Beimengungen hochschmelzender Stearine und stickstoffhaltige Verbindungen beteiligt.

Der Leinölschleim ist nach Untersuchungen von H. Wolff und Ch. Dorn zunächst kolloidal im Öl gelöst, was durch Ultrafiltration und Ultramikroskopieren festgestellt wurde. Beim „Brechen" erfolgt eine Vergröberung der kolloiden Teilchen, die beim ruhigen Erhitzen meist zur Ausflockung führt. Bemerkenswert ist aber, daß beim Erhitzen unter lebhafter Bewegung ebenfalls Teilchenvergrößerung eintritt, daß aber in diesem Falle meist die kolloide Verteilung bestehen bleibt. Da Firnis (z. B. Bleifirnis) aus nicht gebrochenem Leinöl weniger zum Ausfallen der Trockenmittel neigt als Firnisse aus schleimfreiem Leinöl, so ist anzunehmen, daß die Schleimstoffe hier als Schutzkolloide wirken.

Die Beseitigung des Leinölschleims geschieht außer durch Erhitzen, das nicht vollständig zum Ziel führt, heute meist durch Adsorption der kolloiden Stoffe, und zwar vornehmlich mit Hilfe von Bleicherden (Aluminium-Magnesium-Silikate), z. B. Fullererde. Auch durch Behandeln mit Alkalien oder Erdalkalien wird heute in der Technik Entschleimung und gleichzeitiges Bleichen erzielt. So kann man mit 0,1% Kalk und Erhitzen auf 280° eine Schleimabscheidung erreichen (F. Fritz). Vermutlich wirken hierbei die entstehenden Kalkseifen fällend auf die disperse Phase.

Vor der Verarbeitung soll Leinöl, auch wenn es raffiniert und nicht brechend ist, einige Zeit lagern, wenigstens einige Monate. Durch Aufbewahren in farblosen Glasgefäßen wird die Trocknungszeit des Leinöls erheblich herabgesetzt, womit eine Erhöhung der Jodzahl parallel geht (K. H. Bauer und A. Freiburg). Es empfiehlt sich sehr, Leinöl unter Glasbedachung bei Licht und Luftzutritt zu lagern. Dadurch soll man auch die lästige Eigenschaft des Nachklebens verhindern, die Firnisse zeigen, wenn sie aus Leinöl hergestellt sind, das Feuchtigkeit enthält und längere Zeit im Dunkeln gelegen hat (H. Wolff-W. Schlick-H. Wagner, S. 226).

Kaltgeschlagenem Leinöl wird allgemein bei der Auswahl als Lackrohstoff der Vorzug vor dem in der Wärme gewonnenen Öl gegeben, obwohl beide Arten sich nach Vergleichsversuchen von K. H. Bauer und A. Freiburg in den Kennzahlen kaum, in der Zusammensetzung nicht wesentlich unterscheiden. Allerdings trocknet kaltgepreßtes Leinöl erheblich schneller als warmgepreßtes (K. H. Bauer und A. Freiburg).

Die ausgesprochene Fähigkeit des Leinöls, in dünner Schicht zu einer trockenen elastischen Haut zu erhärten, einen Film zu bilden, ist für die Technik die wertvollste Eigenschaft dieses Pflanzenöls. Während des Trocknens unterscheidet man, praktisch meist durch Prüfen mit dem Finger, die Stadien des Anziehens, Klebendwerdens und klebefreien Antrocknens. Äußere Bedingungen, wie Temperatur, Licht, Feuchtigkeit der Luft, und auch Ursprung, Vorbehandlung und Zusammensetzung des Öls beeinflussen erheblich die Trockenzeit und Eigenart des Films. Im allgemeinen steigt die Trockenfähigkeit mit steigender Jodzahl, wie nach der Natur des Trockenprozesses zu erwarten ist (vgl. weiter unten). Da jedoch zweifellos beim Trocknen auch physikalische und kolloidchemische Vorgänge eine Rolle spielen, läßt sich von der Jodzahl nicht ohne weiteres auf das Trocknungsvermögen schließen. So können nach Talanzew manche pflanzlichen Öle, darunter Leinöl, mit niedrigerer Jodzahl schneller trocknen als solche mit höherer. Allgemein gilt auch, daß die Trockenfähigkeit um so größer ist, je höher das spezifische Gewicht gefunden wird (G. Hefter, S. 29). Je nach der Jahreszeit und dem Feuchtigkeitsgehalt der Luft soll ein gutes Leinöl in 3 bis 5 Tagen trocknen.

Die Natur des Leinöltrocknungsprozesses.

Über die Natur des Trocknungsvorgangs an Ölen und Firnissen besteht bis heute trotz zahlreicher eingehender Experimentalarbeiten noch keine Klarheit.

Auf die wichtigsten der bisher aufgestellten Theorien sei im folgenden etwas eingegangen. Vorher sei kurz über die tatsächlichen Beobachtungen an trocknendem
Leinöl berichtet. Die auffälligste Erscheinung an einer Schicht trocknenden
Leinöls ist die erhebliche Gewichtsvermehrung, die das Öl bei längerer Berührung
mit Luft erfährt. Sie ist verursacht durch eine Autoxydation, also durch eine
freiwillige Aufnahme von Sauerstoff. Die Affinität zum Sauerstoff ist so groß,
daß die bei der Oxydation freiwerdende Wärme unter Umständen zu einer Verkohlung, ja zur Selbstentzündung führen kann, z. B. wenn das Leinöl auf sehr
großer Oberfläche, wie auf Geweben und Fasern, verteilt ist. Nach neueren,
sehr gründlichen Untersuchungen von J. d'Ans, die allerdings an Firnis angestellt
wurden, nahmen Aufstriche, bei gewöhnlicher Temperatur in diffusem Licht einer
Sauerstoffatmosphäre ausgesetzt, nach 2 Tagen 11%, nach 7 Tagen 18% an

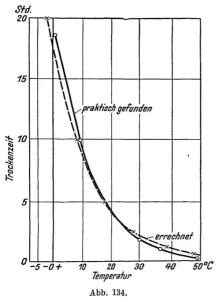

Abb. 134.

Gewicht zu. Es entstehen dabei neben dem
Linoxyn, wie man das festgewordene Leinöl
nennt, erhebliche Mengen flüchtiger Oxydationsprodukte: Kohlensäure, Wasser, Aldehyde und niedere Fettsäuren. Die gasförmigen und die leicht flüchtigen, beim Erwärmen bis auf 130° entweichenden Oxydationsprodukte betrugen bei den Versuchen
von J. d'Ans bis 36% des angewandten
Firnis.

Eine Reihe von Faktoren beeinflußt das
Trocknen des Leinöls und der Firnisse.
Wärme steigert auch hier die Reaktionsgeschwindigkeit erheblich; im Sommer trocknen alle Lacke, unabhängig vom Sonnenlicht, schneller als im Winter. A. Eibner
und E. Pallauf haben an Kobaltfirnissen
die Verkürzung der Trockenzeit mit zunehmender Temperatur verfolgt und gefunden,
daß eine Erhöhung der Temperatur um 10° C
die Reaktionsgeschwindigkeit verdoppelt. Das
ist bekanntlich eine vielfach beobachtete Er-
fahrungsregel. Veranschaulicht werden die Befunde durch die Abb. 134, in der die
gefundenen Werte wie auch die nach der genannten Regel errechneten Zahlen
graphisch aufgetragen sind.

Technisch viel herangezogen wird die katalytische Wirkung des Lichts, um
deren Willen man umständliche Arbeit nicht scheut, wenn man z. B. die Lackleder
nach jedem neuen Auftrag ins Freie schafft, um sie im Sonnenlicht schneller
und besser zu trocknen. Seit man erkannt hat, daß die ultravioletten Strahlen
der wirksame Faktor im Tageslicht sind, hat man die Quecksilberdampflampe
im technischen Maßstab mit Erfolg zur Beschleunigung der Lederlacktrocknung
herangezogen. H. A. Gardner hat die Einwirkung ultravioletten Lichts auf
trocknende Öle studiert und gefunden, daß ein sehr geringer Zusatz von Kobaltverbindungen das Festwerden außerordentlich beschleunigt. Aber auch vor
dem Trockenprozeß ist Leinöl schon durch Licht beeinflußbar, wie A. Eibner (1)
fand. Lange im Dunkeln gelagertes Leinöl trocknet viel langsamer als solches,
das in diffusem Licht aufbewahrt wurde, kann aber durch mehrtägiges Belichten
wieder die normale Trocknungszeit erreichen. Durch Licht ist Leinöl also akti-
vierbar.

Zahlreiche Angaben über Dichteänderungen, die sikkativierte Leinöle beim

Belichten mit Sonnenlicht, mit ultravioletten Strahlen und ohne Belichtung erfahren, finden sich in einer Arbeit von G. L. Clark und H. L. Tschentke. Die Dichte nimmt beim Altern in allen Fällen zu, z. B. bei 32stündigem Belichten um 2 bis 4%, bei 248tägigem Liegen in Sonne und Witterung um 14 bis 25%. Filme, die im Dunkeln altern, nehmen nur wenig an Dichte zu. Diese Zunahme läßt sich jedoch vermehren, wenn vor dem Altern mit Sonnenlicht oder mit der Quarzlampe belichtet wird.

Wasser ist nicht ohne Einfluß auf den Trockenvorgang. Ist die Luft mit Wasserdampf gesättigt, so wird die Trocknung verzögert. Nach H. Wolff (7) ist für Firnisse der Feuchtigkeitsgehalt der Luft, bei dem die beste Trocknung stattfindet, abhängig von der Art des Sikkativs. So trockneten z. B. bei 25⁰ Kobaltfirnisse im allgemeinen bei 35% relativer Luftfeuchtigkeit schlechter als bei 15% oder 55%, Manganfirnisse wiesen aber gerade bei 35% Luftfeuchtigkeit ein Optimum auf. Der Linoxynfilm quillt in Gegenwart von Wasser ähnlich wie andere Gele. Nach Eibner soll auch Wasser im Öl eine begrenzte Verseifung herbeiführen.

Allgemein bekannt ist die Möglichkeit, den Trockenprozeß der Öle durch Katalysatoren zu beeinflussen. So wird seit alters her aus Leinöl durch Zusetzen von Verbindungen bestimmter Schwermetalle der Firnis und auch der Lederlack bereitet. Über die Natur dieser Trockenmittel und das bis jetzt von ihrer Wirkungsweise Bekannte ist im folgenden Kapitel „Trockenstoffe" berichtet. Beschleunigung des Trocknens können nach P. Slansky (1) auch ölfremde Stoffe hervorrufen, die als unlösliche Körper nur suspendiert sind (z. B. Bariumsulfat und Calciumsulfat). Es scheint sich hier um eine Oberflächenwirkung zu handeln, da die Stärke des Einflusses mit der Feinheit der Stoffe zunimmt.

Die künstliche Beeinflussung durch ölfremde Katalysatoren hat man zu unterscheiden von der durch öleigene Katalysatoren, die sich im trocknenden Öl unter der Einwirkung des Luftsauerstoffs von selbst bilden (A. Genthe). Die Gegenwart solcher autokatalytischer Stoffe geht aus Versuchen von A. Eibner und F. Pallauf besonders deutlich hervor: Einige Zeit der Luft und dem Licht ausgesetztes Leinöl, das im Dunkeln in 1,8 Tagen trocknete, wurde in verschiedenen Prozentsätzen zu frischem Leinöl zugesetzt, das im Dunkeln 30 Tage zum Trocknen brauchte. Zusatz von 10 bzw. 25 bzw. 50% an oxydiertem Öl drückten die Trocknungszeiten (ebenfalls bei Ausschluß von Licht) auf 14 bzw. 11 bzw. 5,2 Tage herab. Als wirksame Stoffe kommen die unbeständigen Peroxyde in Frage, da bei längerem Lagern die katalytische Wirkung verlorengeht.

Auch Substanzen, die durch ihre Gegenwart das Lèinöltrocknen verzögern, sich also negativ katalytisch auswirken, sind bekannt, z. B. die auch für Lederlacke verwendeten Kohlepigmente. F. H. Rhodes und H. E. Goldsmith fanden die prozentuale Oxydation von Leinölaufstrichen, die Lampen-, Bein- und Rebschwarz enthielten, erheblich niedriger als bei reinem Leinöl. In derselben Richtung wurden durch die Pigmente Kobalt- und Bleifirnisse beeinflußt, während bei Manganfirnissen keine Wirkung festgestellt wurde. Vielleicht absorbieren die Pigmente die autokatalytisch wirkenden Oxydationsprodukte des Leinöls und einen Teil der Sikkative. Es ist aber wohl auch an eine Verminderung der Lichtaktivierung zu denken. Negativ katalytisch wirken ferner Phenole und phenolartige Verbindungen, die allgemein die Autoxydation verzögern und daher Antioxygene genannt werden (C. Mouren und C. Dufraisse). Auch Harze, Ester und noch stärker Farbstoffe verlangsamen nach P. E. Marling das Leinöltrocknen.

Mit der theoretischen Deutung der Vorgänge beim Leinöl- und Firnistrocknen hat sich der bekannte Fettchemiker W. Fahrion vor zwei bis drei Jahrzehnten eingehend befaßt, nachdem es ihm gelungen war, die schon von C. Engler (1900) angenommene Bildung von Peroxyden beim Trocknen experimentell zu beweisen. Durch Anlagerung von molekularem Sauerstoff an die ungesättigten Bindungen der Fettsäurereste (Schema I) entstehen offenbar Verbindungen mit Peroxydstruktur (II), die, wie W. Fahrion [(1) S. 177] für wahrscheinlich hielt, sich dann in Oxyketosäuren (III) umlagern sollen.

$$\begin{array}{ccccc}
\overset{H}{\underset{}{}}\ \overset{H}{\underset{}{}} & & \overset{H}{\underset{}{}}\ \overset{H}{\underset{}{}} & & \overset{H}{\underset{}{}} \\
-C{=}C- \quad +O_2 & \longrightarrow & -C{-}C- & \longrightarrow & -C{-}C- \\
& & |\quad| & & \|\quad| \\
& & O{-}O & & O\ \ OH \\
\mathrm{I} & & \mathrm{II} & & \mathrm{III}
\end{array}$$

Befunde von J. Marcusson (1) sprechen jedoch gegen diese Annahme und ließen vermuten, da aus oxydiertem Öl gewonnene „oxydierte Fettsäuren" das Doppelte des ursprünglichen Molekulargewichts zeigten, daß sich bei der Addition von Sauerstoff zwei Moleküle ungesättigter Fettsäure unter Einlagerung zweier Moleküle Sauerstoff zu einer Verbindung entsprechend IV zusammenschließen. Dieser Körper müßte ebenfalls die Reaktion auf peroxydischen Sauerstoff geben. Die Hälfte des angelagerten Sauerstoffs soll weiter zur Oxydation von Wasserstoffatomen zu Hydroxylgruppen und zur Spaltung von Kohlenstoffketten verbraucht werden, während die ursprünglichen Peroxyde in Oxyde mit der schematischen Struktur V übergehen sollen.

Es ist aber bisher noch nicht gelungen, solche Verbindungen, die einen Dioxanring enthalten, im Linoxyn aufzufinden. P. Slansky (2) schließt aus Versuchen über die Stoffverluste beim Lufttrocknen von sikkativiertem Leinöl, daß man bei der Einwirkung von Sauerstoff zwei Reaktionen unterscheiden könne: Bei der ersten entstehen die Peroxyde an den ungesättigten Kohlenstoffatomen; die so entstandenen oxydierten Glyceride wirken katalytisch auf die zweite Reaktion, die in einer Anlagerung von Sauerstoff an gesättigte Kohlenstoffatome besteht und zur Bildung flüchtiger Produkte führt. Nach J. Scheiber (4) greift der Sauerstoff die zwischen den Doppelbindungen eingeschaltete Methylengruppe an und oxydiert sie zur Ketogruppe:

$$-CH{=}CH-CH_2-CH{=}CH- \qquad -CH{=}CH-CO-CH{=}CH-$$

An den ungesättigten Bindungen tritt auch eine Spaltung der Kohlenstoffkette ein, die die Entstehung der flüchtigen Produkte, wie Kohlendioxyd, Ameisensäure, Wasser und etwas Kohlenoxyd, erklärt:

$$-CH{=}CH-CO-CH{=}CH-$$
$$\downarrow$$
$$-COOH + HOOC{\cdot}CO{\cdot}COOH + HOOC-$$
$$\downarrow$$
$$CO_2 + HOOC{\cdot}COOH$$
$$\downarrow$$
$$CO_2 + HCOOH$$
$$\downarrow$$
$$CO + H_2O$$

In der rein chemischen Erforschung des vorliegenden Gebiets hat man in den letzten zehn Jahren kaum einen Erfolg zu verzeichnen. Daher hat man sich mehr und mehr der physikalisch-kolloidchemischen Untersuchung des Leinöls und seiner Umwandlungsprodukte zugewandt. P. Slansky (3) hat zum erstenmal klar die Auffassung vertreten, daß kolloidchemische Vorgänge beim Trockenprozeß eine wichtige Rolle spielen. Seiner Meinung nach besteht das Trocknen eines Ölfilms darin, daß das Öl durch teilweise Oxydation allmählich in ein kolloides System übergeht, in dem die oxydierten Glyceride die disperse Phase, die nichtoxydierten Ölanteile das Dispersionsmittel bilden. Das eigentliche Festwerden wird durch die Umwandlung dieses Sols zu einem Gel herbeigeführt; es tritt also Gelatinierung ein. Tatsächlich zeigt das Linoxyn manche typische Kolloideigenschaft, z. B. Elastizität und Quellbarkeit.

Während P. Slansky streng zwischen Oxydations- und Koagulationsvorgang unterscheidet und ersteren, wie auch J. Scheiber [(1) und (2)], als den primären bezeichnet, wurde von anderer Seite [H. Wolff (1), L. Auer (1), A. V. Blom] gerade die Oxydation als sekundär bezeichnet, die kolloidchemischen Änderungen erst folgen soll. Diese Anschauungen stützen sich auf Versuche, bei denen gefunden wurde, daß Leinölfirnis, auch ohne Gegenwart von Sauerstoff, in einer Kohlendioxydatmosphäre, ja sogar im Vakuum normal trocknet. Diese Versuche konnten jedoch von H. Wolff (2) selbst nicht eindeutig, sowie u. a. auch von P. Slansky (4) nicht reproduziert werden. Auch sehr exakt ausgeführte Kontrollversuche von H. Schmalfuß und H. Werner konnten die für die Gaskoagulationstheorie wesentlichen Experimente nicht bestätigen. Gegen die Annahme von L. Auer (2), Leinöl sei an sich schon ein kolloides System, sprechen u. a. auch neue Versuche von H. Freundlich und H. W. Albu, die auf optischem Wege wie auch durch Messung der inneren Reibung bei reinem Leinöl und kurz erhitztem Öl von geringem Trocknungsgrad keine Anzeichen für das Vorliegen einer kolloiden Lösung fanden. Trotzdem halten es diese Autoren für möglich, daß in späteren Stadien des Trocknens kolloide Einflüsse sich stärker geltend machen.

Eine nur auf Gesetzen und Überlegungen der Kolloidchemie aufgebaute Theorie des Trocknens fetter Öle hat in neuerer Zeit A. V. Blom ausgeführt. Durch Zusammenschluß von Molekülen sollen sich im Öl Keime ausbilden, die das Bestreben haben, an die Oberfläche zu wandern. Dort verdichten sie sich mehr und mehr und koagulieren schließlich. Durch die fortschreitende Konzentrierung an der Oberfläche sollen schließlich chemische Umsetzungen ermöglicht werden. Von der semipermeablen Oberfläche her dringt der Prozeß weiter in die Tiefe. „Als Keime kommen alle möglichen lockeren Verbände in Frage, die den hochmolekularen Verbindungen mit konjugierten Doppelbindungen ihren Ursprung verdanken." Da der Autor über die wichtige Frage der Entstehung der Keime keine genauen Vorstellungen geben kann, hat die Theorie wenig Überzeugungskraft. Es ist auch noch darauf hinzuweisen, daß in den trocknenden Ölen mit Ausnahme des Holzöls keine Verbindungen mit konjugierten Doppelbindungen vorkommen.

Eine andere Theorie, die versucht, den Trockenvorgang bei Ölen einheitlich zu erklären, ist von B. Scheifele gegeben worden. Danach gehen von den ungesättigten Bindungen in den Fettsäureresten, die als Sitz elektrischer Ladungen aufgefaßt werden, Kraftfelder aus, die auf benachbarte Moleküle anziehend wirken. Dadurch sollen sich Moleküle zu kettenartigen Gebilden zusammenfügen, die durch weitere Bindungen untereinander ein Gelgerüst im trocknenden Öl ausbilden. Die eigentliche Verfestigung erfährt das Gel dadurch, daß auch Sauerstoffmoleküle durch die Kraftfelder gebunden werden, die eine

innigere Verknüpfung zwischen den einzelnen Molekülen herstellen. Ausschlaggebend für die Trocknungs- und Polymerisationsfähigkeiten der einzelnen Öle
sind Gehalt und Natur der ungesättigten Fettsäuren, von denen z. B. die Eläostearinsäure des Holzöls infolge ihrer drei konjugierten Doppelbindungen von
vornherein ein besonders festes Gelgerüst zu bilden vermag. Daher trocknet
Holzöl rasch, die Filmbildung beginnt schon nach Aufnahme sehr wenigen Sauerstoffs. Leinöl dagegen, das infolge seines hohen Gehalts an Linolsäure (mit zwei
weiter auseinanderliegenden ungesättigten Bindungen) weniger und schwächere
Kraftfelder hat, braucht zur Verfestigung mehr Sauerstoffbrücken, nimmt also
mehr Sauerstoff auf und trocknet langsamer.

Heute wird von bekannten Fachleuten [z. B. A. Eibner (2), H. Wolff (3)
S. 80, J. Scheiber (1) und (2)] angenommen, daß beim Trocknen der fetten
Öle die Oxydation durch Sauerstoff der einleitende Prozeß sei und daß das
eigentliche Verfestigen des Films auf kolloidalen Vorgängen beruhe. Der Film
ist demnach als ein Gel aufzufassen.

Um dem Verständnis der Vorgänge beim Kochen des Lederlacks näherzukommen, muß man die Untersuchungen heranziehen, die bisher über das
Kochen des Leinöls zu Standöl ausgeführt worden sind, denn über Lederlacke
selbst liegen nur ganz vereinzelte Veröffentlichungen vor.

Bei der Standölbereitung aus Leinöl erhitzt man bekanntlich längere Zeit
unter Luftabschluß auf höhere Temperaturen, ca. 300⁰. Der Lederlack wird
ebenfalls durch längeres Erhitzen von Leinöl, allerdings unter Zusatz von anorganischen Stoffen, hergestellt. Infolgedessen werden sich dabei ähnliche Vorgänge abspielen, wie sie für das Standölkochen festgestellt sind. Man hat den
Vorgang der Standölbildung streng zu trennen von dem natürlichen Trocknungsvorgang bei Ölen. In letzterem Fall sind es die durch Autoxydation entstandenen
peroxydischen Glyceride, die zur kolloiden Phase werden. A. Eibner spricht
daher dort von „Autoxydationspolymerisation“. Die meisten Konstanten des
Leinöls ändern sich bei der Standölbereitung erheblich: Die Jodzahl sinkt stark,
Brechungsindex, Säurezahl, spezifisches Gewicht und Viskosität steigen
(W. Krumbhaar, B. P. Caldwell und J. Matiello). Nach W. T. Lattey (1)
entstehen beim Kochen bis 10% freie Fettsäuren. Aus den Änderungen der Kennzahlen muß man schließen, daß beim Erhitzen des Öls erhebliche chemische
Veränderungen stattfinden. Allgemein nennt man diesen Vorgang Polymerisation
und spricht von „polymerisierten Ölen“, wobei man nicht immer auseinanderhält,
daß von Polymerisation nur dann gesprochen werden darf, wenn Moleküle durch
Hauptvalenzen, also verhältnismäßig fest, verknüpft werden. Dies findet offenbar,
worauf besonders das Sinken der Jodzahl hinweist, in erheblichem Maße statt.

Aus der Tatsache, daß gekochte Öle durch Behandeln mit organischen Lösungsmitteln in Bestandteile mit verschiedenen Eigenschaften aufgeteilt werden
können, muß man schließen, daß bei der Standölbereitung nur ein Teil des Öls
stark verändert wird. Dieser scheint sich im nicht veränderten oder nur schwach
veränderten Ölanteil in kolloider Lösung zu befinden. Dieses eigentliche Reaktionsprodukt verursacht letzten Endes das Festwerden. Neben der chemischen
Reaktion der Polymerisation spielen sicher auch kolloidchemische Vorgänge,
wie Aggregation von Glyceridmolekülen zu größeren Verbänden, eine Rolle.
Die zahlreichen Molekulargewichtsbestimmungen an erhitzten Ölen und Glyceriden erlauben keinen klaren Rückschluß auf die Struktur der polymerisierten
Öle, weil man keine Gewähr dafür hat, ob in den Lösungen dieser Stoffe in organischen Solventien tatsächlich molekulare Lösungen vorliegen; man muß
befürchten, daß kolloidgelöste Anteile die Messung erheblich stören. [K. H.
Bauer (1) S. 192].

Von den Möglichkeiten, die man für die Struktur der beim Leinölkochen entstehenden Verbindungen ins Auge gefaßt hat, liegt die von W. Fahrion angegebene am nächsten. Sie sieht gemäß beistehendem Schema

$$
\begin{array}{ccc}
\overset{\displaystyle |}{\text{HC}} \quad \overset{\displaystyle |}{\text{CH}} & & \overset{\displaystyle |}{\text{HC}}\!-\!\overset{\displaystyle |}{\text{CH}} \\
\| \quad + \quad \| & \longrightarrow & | \qquad | \\
\underset{\displaystyle |}{\text{HC}} \quad \underset{\displaystyle |}{\text{CH}} & & \underset{\displaystyle |}{\text{HC}}\!-\!\underset{\displaystyle |}{\text{CH}}
\end{array}
$$

eine Addition zweier Kohlenstoffketten an ihren ungesättigten Bindungen vor. Dieser Vorgang wäre dem Übergang von Zimtsäure in Truxillsäure analog, der schon beim Belichten stattfindet. Solche Atomgruppierungen könnten sich sowohl im Innern eines Glyceridmoleküls wie auch von einem Glycerid zum andern ausprägen.

Nach J. Scheiber (3) ist die Voraussetzung für die Ausbildung koagulationsfähiger kolloidaler Phasen das Vorliegen von konjugierten Doppelbindungen in den Fettsäureresten. Dies ist in unbehandelten Ölen nur beim Holzöl der Fall, das daher so außerordentlich rasch trocknet. Die isoliert angeordneten ungesättigten Bindungen der Linol- und Linolensäure sollen durch den Kochprozeß und unter der Einwirkung von Katalysatoren zu entsprechender konjugierter Lage verschoben werden und dadurch zu direkter Bildung kolloider Phasen befähigt sein. Gestützt wird diese Auffassung durch die Tatsache, daß sich ein synthetisches Glycerid der Oktodecadien-9,11-säure (aus Ricinolsäure gewonnen), das zwei konjugierte Doppelbindungen enthält, als ein sehr gut trocknendes Öl erwies, das zwischen dem überaktiven Holzöl und dem langsam trocknenden Leinöl die Mitte hält [J. Scheiber (2)].

Eingehende Untersuchungen über Natur und Verlauf des Leinölerhitzens sind auch von J. S. Long und Mitarbeitern in Amerika durchgeführt worden. Die Entstehung von Wasser, Acrolein und anderen Stoffen beim Erhitzen wurde exakt nachgewiesen und der Schluß gezogen, daß bei der Verdickung Kondensationen unter Freiwerden von Wasser eine wesentliche Rolle spielen. Außerdem scheint auch eine Addition von freien Fettsäuren an Doppelbindungen der Glyceride vor sich zu gehen. (Zugabe freier Fettsäuren zum kochenden Öl beschleunigt das Ansteigen des Molekulargewichts.)

Fast allgemein ist man heute der Meinung, daß die Umwandlung von Leinöl in Standöl in einem Übergang des Öls in eine kolloide Lösung besteht. Durch die Wirkung der Wärme werden im Öl Molekülkomplexe erzeugt, die die disperse Phase des kolloiden Systems darstellen, während der unveränderte oder nur schwach veränderte Ölanteil als Dispersionsmittel wirkt. Die Frage, ob Leinöl an sich nicht schon zu den Kolloiden zu rechnen sei, ist zur Zeit noch umstritten. Wenn man es hier tatsächlich mit kolloiden Stoffen zu tun hat, so sind es sicher sog. Isokolloide, d. h. Systeme, in denen die disperse Phase stofflich vom Dispersionsmittel nur sehr wenig unterschieden ist. Daher kann man z. B. mit ultramikroskopischen Methoden, die sich auf die verschiedenen Brechungskoeffizienten der beiden Phasen gründen, die Frage nicht entscheiden. Auch fehlen die Voraussetzungen für ein Auftreten ausgeprägter elektrischer Ladungen an der dispersen Phase, so daß z. B. Wanderung im elektrischen Feld und Koagulation durch Elektrolyte nicht zu erwarten sind. Aber auch mit Hilfe besonderer, für ganz schwache Dispersoide ausgearbeiteter Untersuchungsmethoden ließen sich keine eindeutigen Anzeichen für eine kolloidchemische Auffassung der fetten Öle erbringen (vgl. S. 595). An Standölen fanden W. Ostwald, O. Trakers und R. Köhler durch sehr genaue Viskositätsbestimmungen deutlich kolloiden Charakter, aber rohe Öle gaben keine Anhaltspunkte dafür. Gleichgerichtete Unter-

suchungen von P. Slansky und L. Köhler [(1) und (2)] stehen dazu in gewissem
Gegensatz. Diese Autoren glauben, auch die Öle selbst als verdünnte kolloide
Systeme betrachten zu können; allerdings halten sie für möglich, daß Verun-
reinigungen im Öl die disperse Phase ausmachen könnten.

b) Die Trockenmittel.

Allgemeines.

Die Lederlacke stellen bekanntlich Leinölfirnisse dar, die man durch Kochen
von Leinöl mit gewissen Salzen oder Oxyden bestimmter Schwermetalle erhält.
Diese Stoffe werden im allgemeinen als Trockenstoffe oder auch als Sikkative[1]
bezeichnet. Ihr Zweck ist in erster Linie, die Trockengeschwindigkeit des Öls
so zu erhöhen, daß man schon nach Stunden einen gut gefestigten Film erhält.
Durch Auswahl und Kombination verschiedener Trockenstoffe kann man das
Aussehen und die mechanischen Eigenschaften des fertigen Lacküberzugs in
gewissen Grenzen für den Zweck abstimmen, für den das fertige Lackleder vorgesehen ist.

Die Chemikalien, die man früher ausschließlich dem Leinöl beim Kochen
zugab, wie Bleiglätte, Eisenoxyd, Bleiweiß, sind keine Sikkative im eigentlichen
Sinne. Man wandelt sie vielmehr erst dazu um, indem man in der Hitze eine Umsetzung mit dem Öl erzwingt. Dabei werden durch teilweise Verseifung des Öls
Fettsäuren frei, die sich mit dem zugesetzten Oxyd oder Salz so umsetzen, daß
fettsaure Metallsalze entstehen. Diese sind in Öl löslich, während die unveränderten
Ausgangsstoffe unlöslich bleiben. Aus dieser Erkenntnis heraus ist man schon
länger dazu übergegangen, fettsaure, harzsaure und andere öllösliche Salze auf
besonderem Wege herzustellen und diese dem Lacksud beizufügen. Erst diese
Metallseifen sind die eigentlichen Trocknungsbeschleuniger. Man bezeichnet
daher heute nach Seeligmann-Zieke (S. 508) die Stoffe, die erst in die
wirksame Form übergeführt werden müssen, als Trockenstoffgrundlagen
und unterscheidet davon die eigentlichen Trockenstoffe. Ein Hinweis
darauf, daß die anorganischen Metallsalze nicht von vornherein die wirksamen
Katalysatoren darstellen, ist die von E. Schad und C. Rieß festgestellte Tatsache,
daß Leinölfirnisse, die mit Kobaltoxalat oder mit Eisenoxyd gekocht wurden,
gegenüber sikkativfreiem Leinöl Verzögerungen im Anstieg der Viskosität
zeigen, während leinölsaures Eisen und Kobalt eine Beschleunigung des Viskosi-
tätsanstiegs hervorrufen.

Eine neuzeitliche Einteilung aller Trockenmittel wird von Seeligmann-
Zieke gegeben:

1. Trockenstoffgrundlagen: Metalloxyde, Metallsalze.
2. Trockenstoffe: Geschmolzene und gefällte Metallseifen.
3. Trockenstofflösungen: Lösungen von Metallseifen in trocknenden Ölen
(„Firnisextrakte" u. ä.) und in flüchtigen Lösungsmitteln („flüssige Sikkative").

Die große Erhitzungsdauer und die ziemlich hohen Temperaturen, die nötig
sind, um die Trockenstoffgrundlagen mit der Ölkomponente in Reaktion zu
bringen, begünstigen die Dunkelfärbung des Lacks, die auch in der Lederindustrie
nicht immer gleichgültig ist. Die Schwierigkeit, zu kontrollieren, wieviel von
dem zugesetzten Ausgangsmaterial in aktiven Katalysator übergegangen ist,
und der Verlust an nicht umgesetzter Substanz lassen es vorteilhaft erscheinen,
mit den fertigen Trockenstoffen zu arbeiten. Diese können bei wesentlich niedrigeren Temperaturen dem Lack so einverleibt werden, daß sie die nötige feine

---

[1] Man neigt heute dazu, nur die flüssigen Trockenstofflösungen als Sikkative
zu bezeichnen.

Verteilung haben. Dabei bleibt der Firnis hell und klar, wie er für hellfarbige Lacke gebraucht wird. Ist der Gehalt des Sikkativs an wirksamem Metall bekannt — die Mitglieder der Vereinigung deutscher Trockenstoffabrikanten garantieren für den angegebenen Gehalt (vgl. S. 609) —, so kann man genau dosieren, da man nur in Ausnahmefällen mit einem Unlöslichwerden des Sikkativs zu rechnen hat.

Die öllöslichen Trockenpräparate sind zum größten Teil entweder leinölsaure oder harzsaure Salze (Linoleate, Resinate), je nachdem, ob man das Metall an Säuren fetter Öle oder Harzsäuren bindet. Hierzu treten in neuerer Zeit naphthensaure Salze, die von der I. G. Farbenindustrie unter dem Namen „Soligene" in den Handel gebracht werden (vgl. S. 609). Ferner werden in den letzten Jahren von Gebr. Borchers A.-G. Metallverbindungen von Oxyfettsäuren als Sikkative hergestellt (vgl. S. 609). Salze der Säuren aus anderen Ölen, wie Holzöl (Tungate) oder Perillaöl, spielen praktisch kaum eine Rolle. Linoleate und Resinate werden vom Verbraucher auch selbst hergestellt. Darum sind mehrere Darstellungsvorschriften unter „Bleiverbindungen" angeführt. Einheitliche Salze mit wohldefinierten Eigenschaften zu gewinnen, wird dabei nicht erstrebt. Da man die Linoleate stets durch teilweises oder vollständiges Verseifen von Leinöl und Umsetzen der Leinölfettsäuren mit Salzen oder basischen Oxyden erhält, wird man im wesentlichen stets ein Gemisch von ölsaurem, linol- und linolensaurem Metall vor sich haben. Bei den Resinaten handelt es sich hauptsächlich um Salze der Abietinsäure, $C_{19}H_{29}COOH$, die den größten Teil des Colophoniums ausmacht.

Nach der Herstellungsart der Trockenstoffe unterscheidet man geschmolzene und gefällte Produkte. Die ersten werden durch Eintragen eines entsprechenden Metalloxyds in geschmolzenes Harz oder erhitztes Leinöl bzw. Leinölfettsäuren hergestellt, wobei bestimmte Bedingungen eingehalten werden müssen, um satzfreie Produkte zu erhalten. Gefällte Trockenstoffe gewinnt man, wenn man die durch Verseifen mit Alkali erhaltenen Natriumsalze der Fett- oder Harzsäuren in Lösung mit ebenfalls gelösten Metallsalzen versetzt. Dabei scheiden sich die gewünschten Produkte als in Wasser schwerlösliche Körper meist pulverförmig ab. Die gefällten Sikkative sind den geschmolzenen an Feinheit und Reinheit oft überlegen, sind aber weniger einfach herzustellen. Die Sikkativindustrie stellt jetzt auch sog. Normaltrockner her, für die ein bestimmter wirksamer Metallgehalt garantiert wird. Genaue Angaben darüber finden sich in dem Normenblatt der Vereinigung deutscher Trockenstoffabrikanten (vgl. S. 609). Unter flüssigen Sikkativen versteht man Lösungen der Öl- bzw. Harzseifen in organischen Lösungsmitteln. Mit Vorliebe benutzt man sie, wenn die Trocknungseigenschaft eines fertigen Lacks korrigiert werden soll. Man kann sie leicht ohne Erwärmen homogen zumischen.

Die Fähigkeit, den Trockenvorgang katalytisch zu beeinflussen, kommt einer ganzen Anzahl von Metallen zu. Quantitativ zeigen sich jedoch große Unterschiede. Man kann die Metalle nach abnehmender Trockenwirkung in folgender Reihe ordnen:

Co, Mn, Ce, Pb, Fe, Cu, Ni, Va, Cr, Ca, Al, Cd, Zn, Sn.

„Als sehr gut wirkend zeigen sich: Kobalt und Mangan, als gut: Blei, Eisen, Kupfer und Nickel; mittelmäßig ist die Wirkung des Chroms, während Calcium, Aluminium, Cadmium, Zink und Zinn als Trockner ohne Bedeutung sind" (A. Eibner und F. Pallauf). Es fällt auf, daß diese Metalle im periodischen System der Elemente bis auf Blei und Cer sehr eng zusammenstehen. Praktisch in Frage kommen aber nur die ersten 5 Metalle dieser Reihe, da Chrom und Nickel, und erst recht die anderen Elemente ohne Bedeutung sind. Daß gelegentlich Verbindungen des einen oder des anderen Metalls doch Verwendung finden, hängt meist mit anderen Wirkungen dieser Stoffe zusammen. So sollen z. B. die Zinksalze in Colophoniumlacken härtend wirken (Seeligmann-Zieke, S. 511). Andererseits enthalten die Rezepte in der Praxis oft Substanzen, deren Wirkung ganz unsicher ist. Über die katalytischen Fähigkeiten der Vanadiumverbindungen gehen die Anschauungen stark auseinander. Während sie nach R. Swehten besser als die von Blei und Manganverbindungen sein und bald die Kobaltverbindungen erreichen sollen, fand F. Hebler (1) an Vanadiumfirnissen zwar ein rascheres Anziehen, aber ein längeres Durchtrocknen, das sogar länger als das Trocknen von reinem Leinöl dauerte. Auch A. Eibner und F. Pallauf widersprechen einer günstigen Beurteilung der Vanadiumverbindungen. Erwähnt sei, daß nach Versuchen von P. E. Marling auch organische Substanzen, wie Diphenylguanidin und das Lösungsmittel Tetralin, den Trockenprozeß im Öl beschleunigen können. Technisch verwertet werden aber solche Stoffe nicht.

Die Trockenwirkung eines Sikkativs ist in erster Linie von dem Gehalt an wirksamem Metall und von dessen Verteilungszustand abhängig. Daher unterscheiden sich Resinate und Linoleate in ihrer Wirksamkeit praktisch nicht (Hilden und Ratcliff, A. Eibner und F. Pallauf). Allerdings fanden H. Wolff (7) und Mitarbeiter Unterschiede zwischen Resinaten, Linoleaten und Soligenen desselben Metalls, wenn Firnis unter verschiedener relativer Luftfeuchtigkeit getrocknet wurde. Wegen der Billigkeit, besseren Löslichkeit und der Eigenschaft, weniger zu nachträglichen Ausscheidungen[1] zu neigen, geben die Fachleute vielfach den Resinaten den Vorzug. Doch erreicht man mit Linoleaten bei Lacken, die sehr geschmeidig sein müssen, oft mehr als bei Verwendung der harzhaltigen Trockner.

Die optimalen Gehalte an wirksamem Metall, die zur Erzielung der kürzesten Trockendauer notwendig sind, sind bei den einzelnen Metallen etwas verschieden. Für Eisen sind etwa 0,9% Fe nötig [F. Enna (2), S. 322]. Für Kobalt ist die günstigste Konzentration ca. 0,1%, für Mangan 0,15 bis 0,25%, für Blei 0,6% Metallgehalt. Besonderes Interesse verdienen die Mengen und Mengenverhältnisse, die bei der häufigen Kombination von Blei- und Mangansalzen zu den besten Trockenzeiten führen. Hier sei eine Versuchsreihe von A. Eibner und F. Pallauf angeführt (Tabelle 68), bei der Blei und Mangan im konstanten Verhältnis 3,8 : 1 (Verhältnis der Atomgewichte) als Resinate mit abnehmender Konzentration auf Leinöl angewandt wurden.

Diese Versuche bestätigen die alten Angaben von M. Weger, daß das Optimum bei 0,5% Blei und 0,1% Mangan liegt. Man hält jedoch die Konzentrationen besser etwas unterhalb dieser Grenze, da Ausfällungen von Blei zu befürchten sind.

Tabelle 68. Abhängigkeit der Trockendauer vom Gehalt an Blei-Mangan (nach A. Eibner und F. Pallauf).

	% Pb	% Mn	Trockenzeit
Firnis mit	1,9	+ 0,5	15—16 Stdn.[2]
„ „	0,95	+ 0,25	2 Stdn. 40 Min.[2]
„ „	0,475	+ 0,125	2 „ 10 „
„ „	0,24	+ 0,062	2 „ 30 „
„ „	0,12	+ 0,031	3 „ 5 „
„ „	0,06	+ 0,015	4 „ 40 „

---

[1] Nach A. Sinowjew bestehen die Abscheidungen in den Linoleatfirnissen aus Metallseifen fester Fettsäuren. Es soll sich daher empfehlen, die Leinölsikkative aus solchen Leinölfettsäuren herzustellen, die vorher durch Ausfrieren von den festen Fettsäuren befreit worden sind.

[2] Braune Fällung.

Überschreitet man das Optimum, so steigt oft die Trockendauer wieder (vgl. Tabelle 68). P. E. Marling stellt dies auch bei Filmen fest, die mehr als 0,54% Mangan enthalten (vgl. auch F. Wilborn und E. Baum). Ein Zuviel an Sikkativ bringt dem Film oft wegen zu stark gesteigerter Oxydation ungünstige Eigenschaften ein; Nachkleben, Erweichen, verkürzte Lebensdauer können die Folgen sein.

Der Trockenprozeß verläuft, wenn er von verschiedenen Metallen beschleunigt wird, nicht in jedem Fall gleichmäßig. So trocknet Kobalt den Film mehr von der Oberfläche her, während Mangan und besonders Blei das Trocknen von innen heraus fördern. Kobaltfirnisse zeichnen sich durch eine besondere Weichheit und Biegsamkeit aus und sind daher besonders für die Lederindustrie wichtig.

Ein Einfluß der Trockenstoffe auf die endgültige Beschaffenheit des Films macht sich in mancher Hinsicht bemerkbar. Augenfällig sind die Verfärbungen, die manche Trockner hervorrufen. Im folgenden sei auf Untersuchungen von E. Schad und C. Rieß und von F. Enna eingegangen, in denen der Einfluß verschiedener Trockenstoffe auf die Eigenschaft der Lackfilme studiert worden ist. Sie wurden besonders im Hinblick auf Lederlacke ausgeführt. Mit Eisenoxyd gekochte Firnisse sind rostbraun und oft leicht getrübt, dagegen bleiben Eisenlinoleatfilme hell und klar. Andererseits haben sowohl aus Kobaltoxalat als auch aus Kobaltlinoleat bereitete Lacke besondere Helligkeit und Klarheit. Mit Eisenchlorid gekochter Lack nimmt eine fast schwarze Farbe an, dagegen geben Borate und Acetate wie auch Ferrioxalat helle Lacke. Daraus ist zu schließen, daß der Säurerest (das Anion) der Trockenstoffgrundlage verantwortlich für die Farbe des Lacks ist und daß gering dissoziierte Säuren wenig Einfluß haben. Will man also helle Lacke erzielen, muß man Salze starker Säuren vermeiden. Auch kleine Mengen freier starker Säuren verdunkeln den Farbton. Die Wertigkeit des Eisens in den Verbindungen, die beim Leinölkochen verwendet werden, soll keine Rolle spielen, da schon bei 60° alles Eisen zu zweiwertigem reduziert werde [F. Enna (2)].

Die Beeinflussung der Viskosität durch Trockenstoffe beim Kochen des Lacks ist ganz erheblich. Eisensalze sind besonders wirksam; hydratisiertes Eisenoxyd z. B. verkürzt die Kochdauer auf die Hälfte [F. Enna (2)]. Werden fertige Trockenstoffe zugesetzt, so tritt sofort eine Beschleunigung der Viskositätszunahme gegenüber reinem Leinöl ein. Ölunlösliche Salze und Oxyde (z. B. Kobaltoxalat und Eisenoxyd) zeigen zunächst eine Verzögerung (E. Schad und C. Rieß).

Die Trockendauer der Firnisse ist viel mehr von der Art und Menge des angewandten Sikkativs als von der Kochdauer abhängig. Mit Eisenoxyd gekochte Lacke trocknen schneller als mit Kobaltoxalat hergestellte, viel schneller aber solche, die mit Gemischen von Kobalt- und Eisenlinoleat versetzt waren (E. Schad und C. Rieß).

Besondere Ansprüche an die mechanischen Eigenschaften der Lackfilme müssen vom Lacklederfabrikanten gestellt werden, wenn sich sein Material als Schuhoberleder eignen soll. Es interessiert deshalb besonders, auch die Elastizität, Reißfestigkeit und Härte bei verschiedenem Katalysatorgehalt zu kennen. Auch hierüber sind von E. Schad und C. Rieß Versuchsreihen durchgeführt worden. Die Lacke waren mit Eisenoxyd und Kobaltoxalat, zum Teil auch mit den Linoleaten von Eisen und Kobalt gekocht worden.

Die Dehnbarkeit und Elastizität wurde an Filmen gemessen, die auf Gummistreifen gestrichen waren, so daß die Unterlage elastischer als der Lack war. Gemessen wurde die Dehnung beim Platzen des Films. Filme aus Lacken von

nicht allzu hoher Viskosität und Kochdauer (20 bis 25 Stunden bei 0,05% Eisenoxyd bzw. 0,5% Kobaltoxalat) zeigten die beste Elastizität.

Die Reißfestigkeit an Filmen ohne Unterlage zu messen gelingt, wenn man
über ein Verfahren verfügt, solche Filme in genügender Gleichmäßigkeit herzustellen. Ein solches wurde von E. Schad und C. Rieß ausgearbeitet, wobei
der Lack auf Glasplatten ausgegossen wurde, die mit einer Schicht von Glukose
überzogen waren. Durch Lösen dieser Zwischenschicht in Wasser läßt sich der
Film isolieren und im Reißfestigkeitsapparat untersuchen. Wie stark verschieden
die Festigkeit solcher Filme gefunden wird, zeigt die Abb. 135. Unter den eben-

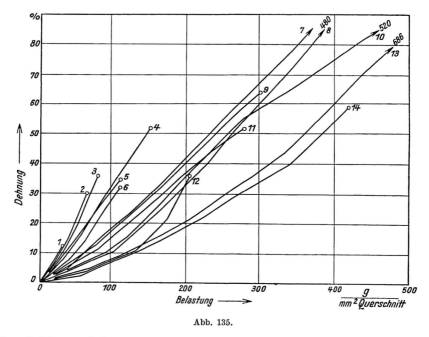

Abb. 135.

falls mit Eisenoxyd, Kobaltoxalat und mit Gemischen von Fe- und Co-Linoleaten
hergestellten Filmen vertrugen die letzteren bei weitem die stärkste Belastung.

Den Einfluß verschiedener Faktoren auf die Festigkeit von Filmen, die aus
einem technischen Lederlack durch Ausgießen auf Quecksilberoberflächen gewonnen waren, zeigte W. C. Henry. Mit steigender Trockendauer bis zu 80 Stunden bei 65° wächst die Reißfestigkeit ganz bedeutend. Wurde aber so „getrocknet",
daß im Ofen eine relative Feuchtigkeit von 50% aufrechterhalten wurde, so
ergaben sich bei weitem niedrigere Festigkeiten, vor allem bei den länger erwärmten Filmen, während die nur 22 Stunden getrockneten Filme übereinstimmende
Festigkeiten aufwiesen. Eine auffällige Zunahme der Festigkeit tritt schon
bei geringen Änderungen in der Ofentemperatur ein: Ein bei 55° C getrockneter
Film riß bei weniger als 4 kg/qcm Belastung, während ein aus gleichem Material
und bei sonst gleichen Bedingungen erhaltener Film, der bei 70° C getrocknet
war, erst bei 25 kg/qcm riß.

Die Dehnung ist nach den bereits erwähnten Versuchen von E. Schad und
C. Rieß bei gleicher Beanspruchung an den Linoleatfilmen am günstigsten. Eine
allzu große Dehnbarkeit erscheint für Lederlacke nicht erwünscht, weil sonst
ein Werfen und Verschieben des Lacküberzugs auf der Lederunterlage zu befürchten ist. Die Elastizität von Lackfilmen ist auch abhängig von der Trockendauer,

wie W. C. Henry feststellte. Zur Messung der elastischen Eigenschaften wurden Filmstreifen eine bestimmte Zeit lang um 10% ihrer Länge gedehnt und dann wurde verfolgt, in welchem Grade und mit welcher Geschwindigkeit das Material fähig ist, seine ursprüngliche Länge wieder einzunehmen. Es zeigte sich, daß die Filme mit 20- und 30stündiger Trockendauer (bei 65°) günstiger abschnitten als die mit 16stündiger und die mit erheblich längerer Trockendauer.

Bezüglich der Härte der Filme ergaben sich an den von E. Schad und C. Rieß untersuchten Filmen keine charakteristischen Unterschiede. Allgemein war bei zunehmendem Sikkativzusatz und zunehmender Kochdauer ein Wachsen der Härte zu beobachten. Gemessen wurde die Härte mit dem Ritzhärteprüfer nach Clemen (Näheres siehe S. 658).

Theorie der Trockenstoffwirkung.

Nach vorherrschender Ansicht wirken die Sikkative bei der Leinöltrocknung als Katalysatoren, d. h. sie beschleunigen nur die an sich schon verlaufende Oxydation, ohne im Endeffekt selbst verändert zu werden. Da man es hier aber nicht mit einer einzigen, sondern sicher mit einer Anzahl sich gegenseitig überlagernder Reaktionen zu tun hat, sind die Schwierigkeiten groß, über die eigentliche Wirkungsweise der Trockenmittel etwas auszusagen. Die alte Theorie [E. Engler-J. Weißberg (1904)], daß die gelösten Oxyde als Überträger des Luftsauerstoffs an die ungesättigten Glyceride aufzufassen sind, ist in dieser Form hinfällig geworden, da ja nicht die Oxyde, sondern die Metallsalze wirksam sind. Immerhin wird der leichte Übergang von einer höherwertigen Form in eine niedrigerwertige und umgekehrt bei den wirksamen Metallen von Bedeutung sein. Andererseits sind unter den Metallen, die sich zweifellos als aktiv erwiesen, solche, die nur in einer Wertigkeitsstufe aufzutreten vermögen, wie Thorium, Calcium, Cadmium und Zink. Also muß wohl noch an eine andere Wirkungsweise gedacht werden, über die aber genauere Vorstellungen noch nicht gefunden worden sind. Nach A. Eibner und F. Pallauf besteht zwischen der Natur des Leinöltrocknens und des Trocknens in Gegenwart von Sikkativen kein prinzipieller Unterschied, wie manchmal angenommen worden ist. Die Trockenstoffe sollen nur die auch ohne sie stattfindende Bildung von Glyceridperoxyden beschleunigen. Nach Roch kann man beim Firnistrocknen zwei verschiedene Gruppen von katalytisch wirkenden Metallen unterscheiden, von denen die eine die Reaktion 1, die andere die Reaktion 2 beeinflußt:

1. $\quad >\!C\!=\!C\!< + O_2 \longrightarrow \begin{array}{c} >\!C\!-\!C\!< \\ | \quad | \\ O\!-\!O \end{array}$

2. $\quad \begin{array}{c} >\!C\!-\!C\!< \\ | \quad | \\ O\!-\!O \end{array} \longrightarrow \begin{array}{c} >\!C\!-\!\!-\!C\!< \\ \diagdown O \diagup \end{array} + O$

Reaktion 1 soll durch Barium, Blei (und Licht), Reaktion 2 durch Kobalt und Mangan beschleunigt werden. Dies würde die eigenartige Tatsache erklären, daß die Kombination Blei-Mangan viel besser trocknet als Blei oder Mangan allein. F. Wilborn hat in letzter Zeit die unterschiedliche Wirkungsweise der verschiedenen Metalle weiterverfolgt und dabei auch Eisen, Cer und Thorium in diesem Zusammenhang näher untersucht.

Die Tatsache, daß für die Ausbildung eines technisch brauchbaren Films ein Optimum an Sikkativgehalt festzustellen ist, widerspricht an sich dem Begriff des Katalysators. Sie ist aber dadurch zu erklären, daß bei zu intensiver Förde-

rung der Oxydation ein zu starker Abbau der Glyceride eintreten muß, der die
zur Verfilmung nötige Ausbildung der kolloiden Phase schwächt bzw. verhindert.

Eine Theorie, die sich insbesondere auf die Bildung der üblichen Lederlacke
beim Kochen bezieht, ist von C. Schiffkorn formuliert worden. Danach soll
den Glyceriden des Leinöls an ihren ungesättigten Bindungen durch das gelöste
Eisen Wasserstoff im Sinne der Wielandschen Dehydrierungstheorie entzogen
werden, so daß Acetylenbindungen entstehen. Diese sollen ihrerseits durch Anlagerung von Sauerstoff in Polyketosäuren übergehen und sich durch Kondensation mit anderen Glyceriden zu größeren Komplexen vereinigen können.
Das durch Aufnahme von Wasserstoff zur Ferroform reduzierte Eisen, das als
Hydroxyd wirksam sein soll, würde durch den Sauerstoff der Luft wiederum
oxydiert und so in den Kreislauf zurückkehren. Leider stützen sich keine der
zahlreich angeführten Reaktionsgleichungen und formulierten Verbindungen
auf praktische Versuche.

In neuerer Zeit sind verschiedentlich Anschauungen vertreten worden, die
den Trockenstoffen eher eine kolloidchemische als eine rein chemische Aufgabe
zuschreiben. Nach J. S. Long liegen die Trockner im Öl nicht in wahrer Lösung
vor, sondern sind kolloidal dispergiert. Sie wirken viel mehr gelbildend als
oxydationsfördernd. Baldwin fand tatsächlich an Lösungen von Stearaten,
Resinaten und Linoleaten des Bleis, Mangans, Kobalts und Zinks in Benzol,
Triolein und anderen Mitteln keine Gefrierpunktserniedrigung, woraus geschlossen
wird, daß die Salze kolloidal gelöst sind.

Die Darstellung der Trockenstoffe[1].

Zur Herstellung für den Lackverbraucher kommen hauptsächlich die Linoleate
und die Resinate in Frage. Als Ausgangsstoffe für die anorganische Komponente
zur Darstellung geschmolzener Trockenstoffe eignen sich ganz allgemein
die Hydroxyde der Schwermetalle, und zwar in frisch gefälltem, noch feuchtem
Zustand am besten. Man fällt die Hydroxyde mit Kalk aus und preßt ab. Bleiglätte löst sich unmittelbar gut in Harz und Leinöl. Die Gewinnung gefällter
Trockenstoffe beruht auf der Umsetzung wasserlöslicher Metallsalze mit ebenfalls
wasserlöslichen Alkalisalzen von Fett- bzw. Harzsäuren. Dabei fallen die gewünschten Resinate und Linoleate als Niederschläge aus.

Geschmolzene Linoleate gewinnt man entweder aus Leinöl oder aus dem
Fettsäuregemisch („Leinölsäure"), das durch Verseifen von Leinöl leicht zu erhalten ist. Nur die oben genannten leicht öllöslichen Hydroxyde und die Bleiglätte setzen sich mit Öl direkt genügend um. Man erhitzt so lange, bis eine
Probe auf einer Glasplatte klar und nach dem Erkalten fest wird. Ganz trocken
werden die Linoleate, vor allem die aus Leinöl hergestellten, nicht, da ein Teil
des frei gewordenen Glycerins im Endprodukt verbleibt. Hat man Acetate
verwendet, so muß bis zur Entfernung der Essigsäure gekocht werden. Die
fertigen Produkte sollen entweder fest oder pastenartig sein.

Geschmolzene Resinate werden durch Umsetzen geeigneter Metallverbindungen mit geschmolzenem Colophonium erhalten. Meist nimmt man die
Oxyde bzw. Hydroxyde und Oxydhydrate. Trockene Ausgangsstoffe reibt man
möglichst mit Leinöl oder Harzöl an. Die Salzbildung erfolgt durch die Abietinsäure, doch entstehen, selbst wenn man auf Grund der Säurezahl des Harzes eine
genau berechnete Menge an anorganischen Basen zusetzt, vielfach keine neutralen
Abietinate, sondern offenbar basische Resinate (M. Ragg). Überschüssige freie
Harzsäure neutralisiert man gern mit Kalk.

---

[1] Einzelne Darstellungsvorschriften sind zu finden z. B. in Seeligmann-Zieke,
Handbuch der Lack- und Farbenindustrie.

Gefällte Linoleate gewinnt man meist, indem man ,,Leinölsäure'' mit Natronlauge löst und nach Verdünnen mit Wasser bei ca. 70° mit einem geringen Überschuß an Schwermetallsalzlösung versetzt, wobei ein flockiger Niederschlag von Schwermetallinoleat entsteht. Den Endpunkt der Umsetzung erkennt man am Verschwinden der Schaumbildung. Die Metallseife wird abfiltriert, abgepreßt und dann mit wenig Leinöl geschmolzen. Die Produkte verfärben sich meist ziemlich stark, weil die gefällten Körper mit ihrer großen Oberfläche leicht oxydiert werden. Bleiacetat, Mangan-(2)-chlorid, Kobaltacetat, Kobaltchlorid sind die am häufigsten verwendeten Salze.

Gefällte Resinate werden, den gefällten Linoleaten entsprechend, aus verseiftem Harz in ziemlich verdünnter Lösung mit den wasserlöslichen Metallsalzen gefällt. Man läßt die Reaktion bei ca. 40° vor sich gehen. Der durch Filtrieren und Abpressen von der Hauptmenge des Wassers befreite Niederschlag wird dann vorsichtig getrocknet, um zu starke Verfärbung zu vermeiden. Man erhält also im Gegensatz zu den gefällten Linoleaten feste, meist leichte und hellfarbige Pulver.

Die einzelnen Trockenstoffgrundlagen und Trockenstoffe.

Bleiverbindungen. Bleitrockner verursachen meist eine schnelle Anfangstrocknung, die nach einiger Zeit nachläßt. Sie machen die mit ihnen versetzten Ölpräparate verhältnismäßig dickflüssig und die getrockneten Filme ziemlich hart und weniger elastisch. Für Lederlacke sollten daher Bleiverbindungen allein nicht verwendet werden. Allerdings spielen gerade sie in manchen Lederlackrezepten eine erhebliche Rolle (J. L. Urbanowitz). Meist werden wohl aber Blei- und Manganverbindungen gleichzeitig zugesetzt, um auch die Elastizität und das Durchtrocknen günstig zu beeinflussen.

Von Bleiverbindungen werden hauptsächlich verwendet: Bleioxyd, Mennige, Bleiacetat, Bleiborat, Bleilinoleat und Bleiresinat.

Bleioxyd (Bleiglätte, Silberglätte, Goldglätte) ist das Oxyd des zweiwertigen Bleis, PbO, ein gelbliches bis rötliches Pulver. Im Handel unterscheidet man zwischen Bleiglätte, die kristalline Struktur aufweist, und Massicot, einem gelblichen amorphen Pulver. Bei der Firnisbereitung ist Bleioxyd der Mennige und dem Bleidioxyd überlegen (A. Eibner und F. Pallauf, S. 110). Nach F. Hebler (2) ist der Feinheitsgrad der Glätte innerhalb bestimmter Grenzen ohne merklichen Einfluß auf die Auflösungsgeschwindigkeit im Leinöl.

Mennige, siehe Kapitel ,,Appretieren'' dieses Bandes.

Bleiacetat (Bleizucker) hat die Zusammensetzung $Pb(CH_3 \cdot COO)_2 \cdot 3 H_2O$. Es färbt das Öl sehr stark. Weitere Angaben vgl. Kapitel ,,Nachgerbung'' dieses Bandes.

Bleiborat, $Pb(BO_2)_2 \cdot H_2O$, ein weißes Pulver, das sich beim Vermischen konzentrierter Lösungen von Bleinitrat und Borax ausscheidet. Es ist neben Manganborat manchmal in den sog. Sikkativpulvern enthalten.

Bleilinoleat, geschmolzen, zeigt bei richtiger Herstellung muscheligen Bruch. Aus der Helligkeit darf nicht auf die Güte des Produkts geschlossen werden, da die helle Farbe durch Ausscheidungen hervorgerufen wird, die beim Abkühlen der klaren Schmelze entstehen. Das geschmolzene wie das gefällte Produkt enthält nach den D.T.V.-Normen über 30% Metall.

Bleiresinat, geschmolzen, zeichnet sich vor anderen Bleisikkativen durch sehr leichte und vollständige Löslichkeit in Leinöl aus. Das gefällte Produkt ist meist recht hell, aber weniger leicht löslich.

Manganverbindungen. Die Mangansalze sind allgemein bessere Trockner als die Bleiverbindungen. Bei ihrer Verwendung ist die Gefahr einer Trübung kaum vorhanden, so daß man sie manchmal für ganz klare Lacke allein verwendet. Die Trockenwirkung des Mangans wird aber durch die Gegenwart von Bleisikkativen noch günstiger, so daß Blei-Mangan-Trockenmittel sehr gern verwendet werden (vgl. S. 629). Beim Verarbeiten von technischen Manganverbindungen ist auf den Mangangehalt des vorliegenden Produkts besonders zu achten; denn es liegen oft Ausgangssubstanzen mit erheblichen Mengen von Verunreinigungen vor. Der Gehalt an Mangan schwankt infolgedessen in weiten Grenzen und ist auch oft durch Verfälschungen herabgedrückt. Diese wirken sich dann als Trübungen im fertigen Lack aus. Für Schuhlackleder soll sich nach F. Enna (1) Mangan als Trockenstoff nicht eignen, da die Lacke bald spröde werden und auch die Schlüsselprobe nicht aushalten sollen. Jedoch hat einer der Verfasser mit Blei- und Mangantrockenmitteln für farbige Schuhlackleder recht gute Erfolge erzielt.

Die am meisten gebrauchten Manganverbindungen sind: Manganoxydhydrat, Manganborat, Manganacetat, Mangancarbonat, Manganlinoleat und Manganresinat.

Manganoxydhydrat, $Mn_2O_3 \cdot H_2O$, ist schwarzbraun, kommt natürlich als Manganit vor und ist auch in der Umbra enthalten. Darstellen kann man es u. a. aus Mangan-(2)-chlorid-Lösungen durch Fällen mit Kalkwasser und gleichzeitiges Oxydieren mit Chlorkalk. Die Zusammensetzung der technischen Produkte wechselt stark. Der Metallgehalt liegt etwa in den Grenzen 50 bis 65% Mn.

Manganborat. Mangan-(2)-borate erhält man durch Umsetzen von Mangan-(2)-Salzen mit Borax in wässeriger Lösung. Die Zusammensetzung solcher Präparate schwankt erheblich, sie nähert sich der eines wasserhaltigen Tetraborats, MnB_4O_7. Die käuflichen Produkte enthalten oft zu viel Borsäure und sind mitunter gefälscht, z. B. kann das Verfärben zu Braun durch Zusatz von Natriumsulfit unterdrückt worden sein. Die bei der Umsetzung im Öl verbleibende Borsäure zeigt keine Nachteile.

Mangancarbonat ist ein weißes, luftbeständiges Pulver, das mehr oder weniger Wasser enthält. Es wird durch Fällen von Mangan-(2)-chlorid-Lösungen mit Sodalösung gewonnen. Hält man dabei nicht bestimmte erprobte Konzentrationen ein, so ergibt sich ein braunes Produkt. Es spielt auch als Sikkativpulver eine gewisse Rolle.

Manganacetat, blaßrote, luftbeständige Kristalle von der Zusammensetzung $Mn(C_2H_3O_2)_2 \cdot 4\,H_2O$. Es wird bei etwa 180⁰ im Öl gelöst und gibt besonders helle Firnisse.

Manganlinoleat, auch fälschlich als Manganoleat bezeichnet, ist in Form von gelben Stücken im Handel. Die nicht pulverisierbare Masse verfärbt sich an der Luft. Man erhält sie durch Schmelzen von Leinöl mit Braunstein, reinem Manganoxyd oder Manganborat oder auch durch Fällen in wässeriger Lösung entsprechend den unter ,,Bleilinoleat'' angegebenen Methoden. Manganoxyde erhitzt man mit Öl auf 250 bis 260⁰, um sie in Lösung zu bringen. Mangansuperoxyd geht besonders schwer in Lösung.

Manganresinat. Die beiden Arten harzsaures Mangan, die im Handel sind, unterscheiden sich äußerlich stark. Das gefällte Produkt ist ein loses Pulver von Fleischfarben, das man in heißem Leinöl, Chloroform und Terpentinöl und Benzol gut lösen kann. Dabei löst es sich meist satzfrei und gibt einen recht hellen Lack. Schwerlöslich ist die andere Form des Manganresinats, die man durch Schmelzen von Manganoxyd mit Colophonium gewinnt. Sie fällt in schwarzbraunen, herzähnlichen Stücken an und soll in Benzin und erwärmtem Leinöl in Lösung gehen.

Bleimanganverbindungen. Da vielfach Blei und Mangan nebeneinander zur Anwendung kommen, sind auch Sikkative, die beide Metalle gemischt enthalten, üblich: harzsaures und leinölsaures Bleimangan. Das geschmolzene Resinatgemisch ist in Form brauner, durchscheinender Stücke im Handel, während das gefällte Produkt ein schwach gelbes Pulver darstellt.

Eisenverbindungen. Als Trockenmittel werden Eisenverbindungen in der Lack- und Firnisindustrie sehr wenig angewendet, obwohl das Eisen in der auf S. 599 angeführten Reihenfolge die fünfte Stelle unter den nach ihrer Trockenwirkung geordneten Elementen einnimmt. Der Grund ist offenbar der, daß in den Verbindungen des Mangans, Bleis und Kobalts genügend Stoffe zur Verfügung stehen, die zur Bereitung der verschiedensten Firnisse und Lacke nötig sind. Andererseits kann man, da zum großen Teil helle oder farbige Lacke gewünscht werden, das stark färbende Eisen nicht gebrauchen. Zum Lackieren von Leder ist aber gerade diese Eigenschaft willkommen, da zum überwiegenden Teil auf einen tiefschwarzen Lack hingearbeitet wird. Daher verwendet man besonders die Eisenverbindung gern, die an sich schon gefärbt ist und dem Lack gleichzeitig als Farbkörper den gewünschten schwarzblauen Ton gibt, das Berlinerblau. Außerdem finden Umbra und auch Ocker in der Lacklederindustrie Verwendung, während sie für Firnisse und Lacke nur selten gebraucht werden.

Berlinerblau (Preußischblau, Pariserblau) ist das Ferrisalz der Ferrocyanwasserstoffsäure, $Fe_3[Fe(CN)_6]_3$. Die Produkte, die man beim Fällen einer Eisen-(3)-Salzlösung mit gelbem Blutlaugensalz (Kaliumsalz der Ferrocyanwasserstoffsäure) erhält, weichen in der Zusammensetzung schon von dieser Formel ab, erst recht die technischen Produkte, die man durch Oxydation des Ferrosalzes der Ferrocyanwasserstoffsäure („Weißteig") erhält. In der Praxis kennt man eine Anzahl von Berlinerblau-Sorten, die sich je nach den Herstellungsbedingungen in manchen äußeren Eigenschaften unterscheiden. Ferner zeigen alle einen wechselnden Kalk- und Wassergehalt. Man unterscheidet Pariserblau als die feinste Sorte, ferner Stahlblau, Miloriblau (mit rotstichigem Farbton), Mineralblau (die minderwertigste Sorte) u. a. Als besonderes Fabrikat ist das wasserlösliche Berlinerblau bekannt, das sich nach F. Enna (1) für Lederlacke nicht eignen soll, da es sich nicht vollständig im Öl löst.

Diese blauen Farbstoffe sind amorphe, in Wasser und verdünnten Säuren unlösliche Körper, die selbst gegen stark verdünntes Alkali recht empfindlich sind. Sie sind nicht giftig. Die Handelsprodukte sind oft mit wertlosen Stoffen vermengt, deren Natur sich nach dem Verwendungszweck der Farbe richtet. Zur Verwendung in Ölfarben enthalten sie vielfach Gips oder Schwerspat.

Berlinerblau als Trockenmittel hat nach F. Enna (1) folgende Vorteile: Es ist relativ leicht im Öl löslich; es kann leicht in feinstes Pulver übergeführt werden; es besitzt ausgezeichnete Trockeneigenschaften. Diesen Vorzügen stehen aber erhebliche Nachteile gegenüber: es ist sehr teuer; seine Darstellung ist nicht einfach; es enthält vielfach schädliche Verunreinigungen, wenn man es nicht selbst herstellt oder Garantie für Reinheit hat; es spaltet beim Erhitzen im Öl auf 130 bis 170° Blausäure ab und geht dabei in Eisenoxyd über.

Für die Wirksamkeit des Berlinerblaus ist offenbar nur sein Eisengehalt maßgebend, da F. Enna mit selbstdargestellten Eisenoxyden bei Anwendung gleicher Eisenmengen Filme mit denselben mechanischen Eigenschaften erhielt, wie sie mit dem Farbstoff erhalten wurden. Daraus geht auch hervor, daß die Gegenwart von 2- und 3wertigem Eisen im Berlinerblau nicht Ursache seiner bevorzugten Anwendung sein kann.

Eisenoxyd. Als eine sehr gute Trockenstoffgrundlage erwies sich bei den Versuchen von F. Enna (1) ein hydratisiertes Eisenoxyd, das aus saurer Ferrosulfatlösung durch Fällen mit Sodalösung in der Wärme und Trocknen des

Niederschlags bei 100° als ein sehr feines goldgelbes Pulver erhalten worden war. Es ergab Lacke mit normalen Eigenschaften, verkürzte aber wegen seiner schnelleren Löslichkeit im Öl die Kochdauer eines mit Preußischblau bereiteten Lacks um die Hälfte. Als weitere Vorteile dieses besonderen Eisenoxyds werden Reinheit, Gleichmäßigkeit, leichte Herstellbarkeit, Billigkeit und Feinheit genannt.

Umbra (Kastanienbraun). Häufig wird für Lederlack, vor allem für den Grund, als Trockenstoff Umbra verwendet. Sie wird als verwittertes Eisenerz von rot- bis grünlichbrauner Farbe im Bergbau gewonnen, vielfach noch gebrannt und auch geschlemmt. Umbra besteht in der Hauptsache aus manganhaltigem Eisenoxyd, dem aber immer größere Mengen Tonerde, Kieselsäure und Kalk beigemengt sind. Die durchschnittliche Zusammensetzung ist: 25 bis 35% Fe_2O_3, 7 bis 14% Mn_2O_3, 7 bis 14% Al_2O_3, 20 bis 30% SiO_2, 4 bis 8% $CaCO_3$, 10 bis 17% H_2O.

Eisenlinoleate. Salze des Eisens mit Leinölfettsäuren oder Harzsäuren sind nicht im Handel. Die Eigenschaften solcher Verbindungen, wenigstens die der Eisenseifen aus Leinölfettsäuren, sind aber bekannt. H. Salvaterra hat durch Umsetzen der Natriumseifen des Leinöls mit Eisensalzlösungen drei Arten von Eisenseifen erhalten: 1. neutrale Ferroseifen, 2. basische Eisenseifen wechselnder Zusammensetzung, 3. neutrale Ferriseifen. Diese Verbindungen stellen amorphe Massen dar, die in den meisten Lösungsmitteln (außer Alkohol) leicht löslich sind. Die Ferroseife ist außerordentlich empfindlich gegen Luftsauerstoff. Die Eisensalze der Oxyfettsäuren (aus oxydiertem Leinöl gewonnen), erwiesen sich als unlöslich in den meisten organischen Mitteln. Eisenlinoleat gab bei den Versuchen von E. Schad und C. Rieß (vgl. S. 601) insofern gute Resultate, als die Lacke daraus hell und stets klar waren, während mit Eisenoxyd gekochte Filme oft Trübungen zeigten.

Kobaltverbindungen. Der Kobalt hat von allen auf das Öltrocknen katalytisch wirkenden Metallen die stärkste und dabei zeitlich eine sehr gleichmäßige Wirkung. Er wird deshalb in geringen Mengen angewendet und ist, da keine Dunkelung, sondern eher ein Aufhellen des Films zu beobachten ist, besonders für wertvolle Lacküberzüge geeignet. Für Leder sind Kobaltsikkative deshalb vorteilhaft, weil sie sehr zähe und elastische und weniger harte Filme ergeben.

Folgende Verbindungen spielen als Trockenstoffgrundlagen eine Rolle: Kobaltoxydul, Kobaltoxyd, die entsprechenden Hydroxyde, Kobaltacetat, Kobaltsulfat und Kobaltchlorür; als fertige Sikkative werden hergestellt: Kobaltlinoleat, Kobaltresinat.

Die Kobaltoxyde des Handels sind meist Gemische von Kobalt-(2)-oxyd, CoO, und Kobalt-(3)-oxyd, Co_2O_3. Da die zweiwertige Stufe sich leicht oxydiert, enthält auch gefälltes und getrocknetes Kobalt-(2)-hydroxyd stets die dreiwertige Form. Außerdem binden diese Hydroxyde wechselnde Mengen Wasser. Zur näheren Bezeichnung von Kobaltverbindungen sind Buchstaben gebräuchlich, wie Kobaltoxyd RRO = reines Kobaltoxyd. Die Oxyde und Hydroxyde des zweiwertigen Kobalts sind heller und auch vorteilhafter für die Sikkativbereitung als die der dreiwertigen Stufe. Die rosafarbenen Oxydulhydrate des Handels sollen ebenso gut löslich sein und ebenso helle Lacke liefern wie das Acetat, dabei aber noch billiger sein (F. Wilborn, S. 54).

Kobaltacetat, $Co(CH_3 \cdot COO)_2 \cdot 4H_2O$, ist ein rotes, kristallines Salz, das sehr häufig unmittelbar als Sikkativ verwendet wird, weil es sich leicht im Öl löst. Die bei der Umsetzung entwickelte Essigsäure stört sehr und muß durch Erhitzen entfernt werden. Man löst das Salz daher zunächst nur in einem kleinen Teil des Öls. Entwässern des Acetats ist weniger günstig.

Kobaltlinoleat[1]. Die im Handel befindlichen Präparate sind äußerlich und in ihrem Metallgehalt recht verschieden. Geschmolzene Kobaltlinoleate bis etwa 4% Co sind meist flüssig, solche mit etwa 6% pastenförmig; erst bei ca. 10% Co sind sie wirklich fest. Ihre Farbe kann rötlich, braun oder auch violett sein. Das flüssige Produkt (z. B. von J. D. Riedel-E. de Haen A. G.) ist auch kalt mit Öl mischbar und in Terpentinöl löslich und so bequem anwendbar.

Kobaltresinat wird durch Fällen oder Schmelzen gewonnen. Das gefällte Produkt ist auch in Stücken, mit ca. 4% Co, im Handel. Es wird durch Umsetzen des Chlorids oder Sulfats mit dem verseiften Harz gewonnen. Das geschmolzene Kobaltresinat wird aus dem Acetat oder aus den Oxydhydraten hergestellt und enthält meist 2 bis 2,5% Co, während das gefällte Resinat 6,4 bis 6,5% Metall enthält.

Weitere Trockenstoffe.

Während die eben beschriebenen Trockenstoffe Linoleate und Resinate des Kobalts, Mangans und Bleies sowohl von Spezialfirmen als auch vom Verbraucher selbst hergestellt werden, sind andere Trockenstoffe im Gebrauch, deren Fabrikation gesetzlich geschützt ist. In erster Linie sind hier die **Soligen-Trockenstoffe** zu nennen, deren Herstellung der Firma C. Jäger G. m. b. H., Düsseldorf (Erfinder F. Pohl), geschützt und später von der I. G. Farbenindustrie übernommen wurde (D. R. P. 352356, 385434, 395646). Das aktive Metall ist hier an Naphthensäuren gebunden, die beim Reinigen von Erdöl anfallen. Die Soligene haben sich infolge ihrer bequemen Anwendbarkeit sehr rasch eingeführt. Sie sind in der Farbe verhältnismäßig hell, leicht bei niedriger Temperatur in Ölen und Lacklösungsmitteln löslich und recht beständig in konzentrierter Lösung. In dieser letzten Eigenschaft sind sie besonders den Linoleaten überlegen. Da die Molekulargewichte der verwendeten Naphthensäurefraktionen verhältnismäßig niedrig sind, enthalten die Präparate relativ viel Metall. Sie werden in fester und flüssiger Form geliefert. Über Erfahrungen mit Soligen-Trocknern bei der Lacklederherstellung ist bisher noch nichts bekannt geworden [Literatur: Meidert; Vereinigung Deutsche Trockenstoffabrikanten; H. Munzert; H. Wolff (6); F. Wilborn und C. Fink].

In den letzten Jahren sind noch von Gebr. Borchers A.-G. neuartige Sikkative in den Handel gebracht worden, die aus Oxyfettsäuren hergestellt sind (D. R. P. 555715). Da neben der Carboxylgruppe auch die Hydroxylgruppe basische Eigenschaften entwickelt, entstehen Produkte mit hohem Metallgehalt. So hat ein Borchigen-Ultra-Kobaltoleat 15,5 bis 16% Co, ein Borchigen-Ultra-Manganoleat 14,5 bis 15% Mn. Erfahrungen über diese Stoffe liegen noch nicht vor.

Erstes Normenblatt der Vereinigung Deutscher Trockenstoff-Fabrikanten (D. T. V.).

Um den Handel mit Sikkativen und ihre fabrikmäßige Herstellung zu vereinfachen, hat sich der oben genannte Verband[2] entschlossen, für die von seinen Mitgliedern gelieferten Trockenstoffe Normen herauszugeben. Darin werden für die Linoleate und Resinate von Blei, Mangan und Kobalt sowie für Mischungen dieser Stoffe der Metallgehalt und die Herstellungsart festgelegt. Die Mitglieder der Vereinigung garantieren für den Metallgehalt derjenigen Präparate, die den Zusatz „Norm D. T. V." führen. In einem Anhang werden kurz für den Metall-

---

[1] Über die Herstellung von gefälltem Kobaltlinoleat: Farbe und Lack, **1925**, 201.
[2] Angeschlossen sind die Firmen: E. de Haen, Seelze b. Hannover; Dr. Höhn & Cie. G. m. b. H., Neuß a. Rh.; I. G. Farbenindustrie A. G., Frankfurt a. M.; E. Merck, chemische Fabrik, Darmstadt; Dr. F. Wilhelmi A.-G., Fabrik chemischer Produkte, Taucha b. Leipzig.

gehalt die Bestimmungsmethoden des D.T.V. angeführt und ihre allgemeine Anwendung empfohlen (vgl. „Untersuchung der Trockenstoffe").

Der Wortlaut des Normenblattes ist folgender:

Blei-Resinat geschmolzen. Norm D.T.V. Bleigehalt: 11,0 bis 12,0%. Es wird hergestellt aus Harz (Colophonium) und Bleiverbindungen.

Blei-Resinat gefällt. Norm D.T.V. Bleigehalt: 22,0 bis 23,0%. Es wird hergestellt durch Fällung aus einer wässerigen Alkali-Harzseife (Colophonium) mit einem Bleisalz.

Blei-Linoleat geschmolzen. Norm D.T.V. Bleigehalt: 31,0 bis 34,0%. Es wird hergestellt aus Leinöl oder Leinölsäure und Bleiverbindungen.

Blei-Linoleat gefällt. Norm D.T.V. Bleigehalt: 31,0 bis 32,0%. Es wird hergestellt durch Fällung aus einer wässerigen Alkalilösung mit einem Bleisalz.

Mangan-Resinat geschmolzen. Norm D.T.V. Mangangehalt: 2,0 bis 2,5%. Es wird hergestellt aus Harz (Colophonium) und Manganverbindungen.

Bei der Herstellung geschmolzener D.T.V.-Produkte ist der Zusatz von Kalk zulässig.

Bei sämtlichen D.T.V.-Produkten werden keine anderen Rohstoffe als Harz (Colophonium), Leinöl, Leinölsäure und die angegebenen Metallverbindungen verwandt.

Mangan-Resinat gefällt. Norm D.T.V. Mangangehalt: 6,0 bis 6,5%. Es wird hergestellt durch Fällung aus einer wässerigen Alkali-Harzseife (Colophonium) mit einem Mangan-(II)-Salz.

Mangan-Linoleat geschmolzen. Norm D.T.V. Mangangehalt: 7,0 bis 7,5%. Es wird hergestellt aus Leinöl oder Leinölsäure und Manganverbindungen.

Mangan-Linoleat gefällt. Norm D.T.V. Mangangehalt: 8,0 bis 8,5%. Es wird hergestellt durch Fällung aus einer wässerigen Alkali-Leinölseife mit einem Mangan-(II)-Salz.

Kobalt-Resinat geschmolzen. Norm D.T.V. Kobaltgehalt: 2,2 bis 2,5%. Es wird hergestellt aus Harz, Colophonium und Kobaltverbindungen.

Kobalt-Resinat gefällt. Norm D.T.V. Kobaltgehalt: 6,2 bis 6,5%. Es wird hergestellt durch Fällung aus einer wässerigen Alkali-Harzseife (Colophonium) mit einem Kobalt-(II)-Salz.

Kobalt-Linoleat geschmolzen. Norm D.T.V. Kobaltgehalt: 2,2 bis 2,5%. Es wird hergestellt aus Leinöl oder Leinölsäure und Kobaltverbindungen.

Kobalt-Linoleat gefällt. Norm D.T.V. Kobaltgehalt: 9,2 bis 9,5%. Es wird hergestellt durch Fällung aus einer wässerigen Alkali-Leinölseife mit einem Kobalt-(II)-Salz.

Blei-Mangan-Resinat geschmolzen. Norm D.T.V. Bleigehalt: 4,5 bis 5,5%. Mangangehalt: 1,0 bis 1,5%. Es wird hergestellt aus Harz (Colophonium), Bleiverbindungen und Manganverbindungen.

Blei-Mangan-Resinat gefällt. Norm D.T.V. Bleigehalt: 12,0 bis 12,5%. Mangangehalt: 2,5 bis 3,0%. Es wird hergestellt durch Fällung aus einer wässerigen Alkali-Harzseife (Colophonium) mit einem Bleisalz und einem Mangan-(II)-Salz.

Blei-Mangan-Linoleat geschmolzen. Norm D.T.V. Bleigehalt: 14,0 bis 15,0%. Mangangehalt: 2,7 bis 3,2%. Es wird hergestellt aus Leinöl oder Leinölsäure, Bleiverbindungen und Manganverbindungen.

Blei-Mangan-Linoleat gefällt. Norm D.T.V. Bleigehalt: 14,0 bis 15,0%. Mangangehalt: 2,7 bis 3,2%. Es wird hergestellt durch Fällung aus einer wässerigen Alkali-Leinölseife und einem Bleisalz und einem Mangan-(II)-Salz.

2. Rohstoffe für das Kaltlackierverfahren.

Wenn auch die Celluloseester wegen ihrer viel größeren Einheitlichkeit in der Zusammensetzung und wegen des übersichtlicheren Vorgangs der Filmbildung leichter zu handhaben sind als das Leinöl, so ist doch eine genaue Kenntnis ihrer Eigenschaften und Eigenarten unbedingt nötig und ein näheres Eingehen auf die Rohstoffe erforderlich.

Von der Zahl der Celluloseester, die dargestellt und technisch verwertet werden, kommt praktisch für die Lacklederindustrie in erster Linie die Nitrocellulose in Frage. Neben ihr scheint in jüngster Zeit die Acetylcellulose eine gewisse Bedeutung zu erlangen. Der grundsätzliche Unterschied zwischen der Filmbildung von Celluloseestern und von Leinölprodukten ist bekanntlich der,

daß beim Leinöl durch chemische Umsetzungen und kolloidchemische Vorgänge
ein Film langsam erzeugt wird (vgl. S. 591 ff.), während bei den Cellulosederivaten der Film lediglich dadurch zustande kommt, daß das Lösungsmittel
verdampft und den gelösten, nichtflüchtigen Stoff als dünnes Häutchen zurück-
läßt. Daß die Nitrocelluloseester in sehr vielen organischen Lösungsmitteln
löslich sind und daß die Geschwindigkeit der Filmbildung durch Auswahl schneller
oder langsamer verdunstender Lösungsmittel bequem verändert werden kann,
ist der große Vorzug der Kaltlacke. Auch die mechanischen Eigenschaften des
Celluloseesterfilms können in verschiedenen Richtungen weitgehend verändert
werden, was man durch Zugabe von Weichmachungsmitteln (Plastifikatoren),
Harzen und Füllmitteln erreicht.

a) Die Nitrocellulose.

Über alles Wesentliche, was über diesen Rohstoff mitgeteilt werden muß,
ist im Kapitel „Appretieren" berichtet. Hier sei nur noch einiges hervorgehoben[1]:
Besonders wichtig bei der Verarbeitung von Nitrocellulose ist die Viskosität
ihrer Lösungen. Da die Kollodiumwolle kein einheitlicher Stoff ist, erhält man
mit dem gleichen Lösungsmittel bei gleicher Konzentration je nach dem Fabrikat
sehr verschiedene Viskositäten. Man spricht daher von „verschieden viskosen
Wollen". So geben z. B. Produkte der Westfälisch-Anhaltischen Sprengstoff A. G.
(Wasag) bei folgenden Konzentrationen gleichkonsistente Lösungen:

Nr. 5 ca. 23% Nitrocellulose
„ 6a „ 15% „
„ 8 „ 8% „
„ 17 „ 3% „
„ 19 „ 1,5% „

Andererseits gibt das gleiche Fabrikat bei gleichem Substanzgehalt Lösungen
recht verschiedener Zähflüssigkeit, wenn das Lösungsmittel und das Verdünnungsmittel geändert wird. Die mechanischen Eigenschaften des Films sind abhängig
von der Viskosität, und zwar ist insbesondere die Knitterfestigkeit und die
Dehnbarkeit um so größer, je höher die Viskosität ist. Die höchstviskosen
Kollodiumwollen eignen sich aber trotzdem für Lackleder nicht, da sie in den
gebrauchsfertigen Lösungen zu wenig filmbildendes Material enthalten, also
eine zu dünne Schicht liefern würden. Mischt man zwei Kollodiumarten verschiedener Herkunft zu einer bestimmten Viskosität, so fällt der Film vielfach
schlechter aus, als wenn er aus einem einheitlichen Kollodium der gleichen Viskosität erhalten wird.

Für die Verarbeitung von angefeuchteter Kollodiumwolle ist wichtig zu wissen,
daß die staatlichen Vorschriften über die Menge des Anfeuchtungsmittels in
den einzelnen Ländern voneinander abweichen. So muß z. B. in Preußen die
gesetzliche Mindestmenge Anfeuchtungsmittel 35 v o m Hundert betragen, während
in Sachsen 35 a u f Hundert vorgeschrieben sind (nach E. Pilz). In Preußen sind
also in 100 g feuchter Wolle 65 g Nitrocellulose, in Sachsen 74 g Nitrocellulose
enthalten. Bei der Entnahme von gefeuchteter Kollodiumwolle muß man immer
mit sehr großen Ungenauigkeiten rechnen, da sich das Verhältnis von Substanz
zu Anfeuchtungsmittel im Vorratsgefäß leicht stark verschiebt. Man kann diesen
Fehler zum Teil dadurch beseitigen, daß man sich zunächst eine konzentrierte
Stammlösung mit bestimmtem Gehalt bereitet, aus der durch Verdünnen die
gewünschte Konzentration erhalten werden kann. Vorteilhafter ist es jedenfalls,
die fertigen Lösungen, sog. Kollodium, mit 20 bis 30% Nitrocellulose zu beziehen.

---

[1] Einige der im folgenden gebrachten Gesichtspunkte entstammen einem im Literaturverzeichnis zitierten Artikel von E. Pilz.

Neben dem bekannten Äther-Alkoholgemisch stehen als Lösungsmittel Amyl-
und Butylacetat hier im Vordergrund. Meist sind die Kollodien des Handels
schwach gelb. Diese geringe Färbung fällt aber praktisch nicht ins Gewicht,
da sie beim dünnen Film nicht mehr wahrgenommen wird.

Eine andere Form, in der Nitrocellulose gehandelt wird, sind Mischungen
von Nitrocellulose und Weichmachungsmitteln, bei denen der Lackkörper im
Weichmacher aufgequollen ist. Sie sind teils pastenförmig, teils fest als trockene
Schnitzel und wurden vor allem wegen zolltechnischer Vorteile eingeführt. Bei
Verwendung solchen Ausgangsmaterials können dadurch Schwierigkeiten ent-
stehen, daß der Gehalt an Plastifizierungsmittel zu groß ist.

Als Rohstoff für Lederlacke spielen auch Abfälle der Celluloid- und Filmindustrie eine Rolle. Bestimmend für ihre Verwendung ist meist der Preis und
dabei der hohe Gehalt an dem wertvollen Weichmachungsmittel, dem Campher.
Dieser ist ebenfalls in Lederlacken von Wert, wenn auch die Gefahr besteht,
daß ein campherhaltiger Film durch allmähliches Verdunsten des Camphers an
seinen guten Eigenschaften einbüßt. Man wendet die Abfälle zusammen mit
Kollodiumwolle und anderen Weichmachungsmitteln an. Schwierigkeiten entstehen leicht wegen der unterschiedlichen Herkunft der Abfälle, die vielfach
Schmutz, Farbstoffe und Füllmittel enthalten. Verwendet man Abfälle aus der
Filmindustrie, so muß man mit Material aus Acetylcellulose rechnen. Dieser
Rohstoff wird sich dadurch bemerkbar machen, daß er in den für Nitrocellulose
üblichen Solventien nicht in Lösung geht. Photographische Filme enthalten
heute im allgemeinen keine Zusätze, also auch kein Ricinusöl mehr. Man sollte
nur nach eingehender analytischer und technischer Untersuchung eines größeren
Musters sich zu einem Kauf von Celluloid- oder Filmabfällen entscheiden.

Besondere Vorsicht erfordert das Lagern von Celluloidabfällen, da sie bekanntlich leicht entzündbar sind und dann mit großer Geschwindigkeit unter Entwicklung giftiger Gase und gefährlicher Stichflammen brennen. Da die Entflammungs-
temperatur schon bei ca. 170^0 liegt, muß ein Lagern in Nähe von Öfen, heißen
Rohren usw. auf alle Fälle vermieden werden. Am sichersten bewahrt man die
Abfälle mit Wasser befeuchtet auf.

Hingewiesen werden muß noch auf eine Eigenschaft der Nitrocellulose, die
für deren Anwendung in der Technik von Interesse ist: das Verhalten gegenüber Licht. Absolut stabil sind die in der Kollodiumwolle vorliegenden Salpeter-
säureester der Cellulose nicht. Nach W. Münzinger zeigt aber ein nur aus
Nitrocellulose bestehender Film bei mehrmonatiger Belichtung nur eine geringe
Vergilbung und eine gewisse Brüchigkeit. Enthält der Film aber, wie gewöhnlich,
Weichmachungsmittel wie Ricinusöl oder Trikresylphosphat, so wird er schon
nach einigen Wochen Belichtung rissig und spröde. Aber lange vorher, schon
nach mehrtägiger Belichtung ist ein Unlöslichwerden der Filmsubstanz in den
üblichen organischen Lösungsmitteln zu beobachten. Es zeigt sich hier also
ein katalytischer Einfluß der Weichmachungsmittel auf die Lichtbeständigkeit,
der vorläufig nicht zu umgehen ist.

b) Die Weichmachungsmittel.

Über diese für die Lacklederindustrie äußerst wichtige Stoffklasse ist ebenfalls
durch W. Vogel im Kapitel „Appretieren" zusammenhängend berichtet worden.
Es seien hier nur noch einige neuere Weichmachungsmittel genannt, da deren
Kenntnis für den Fachmann von Interesse sein dürfte. Es handelt sich um einige
synthetische Weichmachungsmittel, die in den letzten Jahren in einer außerordentlich großen Zahl auf den Markt gebracht wurden. Im obengenannten
Kapitel sind bereits näher beschrieben: Campher, Triphenylphosphat, Trikresyl-

phosphat, Tributylphosphat, Diäthyl- und Dibutylphthalat, Butylstearat, Mollit BR extra und Ricinusöl. (Über Ricinusöl vgl. auch das Kapitel „Fettung" in diesem Band.) Größere Bedeutung haben noch folgende Ester der Adipinsäure gewonnen (Fabrikate der Deutschen Hydrierwerke A. G.):

Sipalin AOM (Adipinsäure-methylcyclohexylester) und
Sipalin MOM (Methyladipinsäure-methylcyclohexylester)
sind farblose, neutral reagierende Flüssigkeiten von sehr hohem Siedepunkt (225 bis 232° C bzw. 216 bis 224° C bei 12 mm) und schwachem Geruch. Sie zeichnen sich durch äußerst geringe Flüchtigkeit aus (Gewichtsverlust nach 40 Stunden bei 45°: 0,05% bzw. 0,02%). Ferner besitzen sie hohe Lichtechtheit, so daß sie für helle Lacke besonders gut geeignet sind. Da sie die Nitrocellulose leicht und klar lösen, entstehen beim Glanzstoßen keine Schwierigkeiten. Sipalin MOM ist von beiden das billigere.

Sipalin AOC (Adipinsäure-dicyclohexylester)
weist ganz ähnliche Eigenschaften wie die eben genannten Produkte auf, nur ist es bei gewöhnlicher Temperatur fest (Schmelzp. 38° C, Gewichtsverlust nach 40 Stunden bei 45°: 0,1%).

Hydropalat A (Hydrophthalsäure-diäthylester) und
Hydropalat B (Hydrophthalsäure-dibutylester)
(Deutsche Hydrierwerke A.-G.) unterscheiden sich von den Phthalsäureestern durch einen weniger intensiven Geruch und niedrigeren Siedepunkt (160 bis 165° C bzw. 185 bis 190° C). Die Flammpunkte sind 131° C bzw. 152° C. Die Hydropalate sollen den Filmen eine bessere Kältebeständigkeit geben, als es die nicht hydrierten Phthalsäureester vermögen.

c) Lösungsmittel und Verdünnungsmittel.

Lösungsmittel.

Bei der Bereitung der Celluloseester dient bekanntlich das Lösungsmittel dazu, den Lackkörper in einen solchen Zustand zu bringen, daß er in gleichmäßiger Schicht auf die zu lackierende Unterlage übertragen werden kann. Ist diese Aufgabe erledigt, soll das Lösungsmittel bald und restlos wieder verschwinden. Für diesen Zweck stehen sehr viele organische Flüssigkeiten zur Verfügung. Gemäß der Natur der Nitrocellulose als Ester werden vorzugsweise Ester ein gutes Lösungsvermögen haben, ferner andere sauerstoffreiche Verbindungen, wie Ketone und Alkohole. Welche Gesichtspunkte maßgebend für die Auswahl sind, ist bereits im Kapitel „Appretieren" erörtert worden. Hier seien noch einige weitere Gesichtspunkte und Ergebnisse von Untersuchungen angeführt, die in das etwas komplizierte Gebiet des Löse- und Verdünnungsvorgangs Licht zu bringen versuchen.

Da die äußere Beschaffenheit einer Lackschicht ganz außerordentlich von der Geschwindigkeit abhängt, mit der sich der Film bildet, muß man über die Verdunstungsgeschwindigkeit der Lösungsmittel im klaren sein. Die Flüchtigkeit geht bekanntlich ungefähr mit dem Siedepunkt der Lösung parallel, wenigstens innerhalb der einzelnen Körperklassen, wie den Estern, Äthern, Alkoholen usw. Daß man sich aber hüten muß, diese Regel zu verallgemeinern, ist aus einem Beispiel von B. K. Brown und Ch. Bogin zu ersehen, nach denen Toluol dreimal so schnell verdampft wie Isobutylalkohol, während sein Siedepunkt um 2° höher als der des Alkohols ist. Die Verdampfungsgeschwindigkeit ist in erster Linie abhängig von dem Dampfdruck, der bei der jeweiligen Temperatur von der Lösung entwickelt wird. Sie wird ferner von zahlreichen einzelnen Faktoren beeinflußt, wie Geschwindigkeit der Wärmezufuhr, Wärmeleitfähigkeit und

Oberflächenspannung der Flüssigkeit, Assoziationsgrad der Flüssigkeitsmoleküle u. a. m. Um nur für den letzten Faktor ein Beispiel zu geben, sei erwähnt, daß Alkohole mit niedrigem Siedepunkt langsamer verdampfen können als manche ihrer Ester, die höher sieden. Der Grund ist darin zu suchen, daß bei freier OH-Gruppe die zusammenhaltenden Kräfte der Moleküle größer sind als bei veresterter OH-Gruppe. Eine grobe Einteilung der Lösungsmittel hat man nach dem Siedepunkt vorgenommen, und zwar unterscheidet man gewöhnlich

Niedrigsieder (Siedep. unter 100° C),

Mittelsieder (Siedep. zwischen 100° C und dem Siedepunkt des Amylacetats, ca. 150° C),

Hochsieder (höher als ca. 150° C).

Um die Flüchtigkeit zahlenmäßig auszudrücken, hat man die Verdampfungsgeschwindigkeit der einzelnen Mittel zu der von Äther in Beziehung gebracht und setzt dabei die von Äther gleich 1. (Im einzelnen sind viele Ausführungsformen vorgeschlagen worden [vgl. auch den Abschnitt „Appretieren]). Als Produkte von leichter Flüchtigkeit versteht man dann solche, die Ätherzahlen etwa unter 7 haben, von mittlerer Flüchtigkeit solche mit Ätherzahl zwischen 7 und 35; schwer flüchtige Substanzen haben Ätherzahlen über 35.

Die Geschwindigkeit der Filmbildung nach dem Aufstreichen oder Aufspritzen reguliert man allgemein durch Verwendung verschiedener Lösungsmittel mit unterschiedlicher Flüchtigkeit. Der Bestandteil mit dem höheren Dampfdruck wird schneller entweichen als der mit dem niedrigeren Dampfdruck. Es ändert sich also dauernd das gegenseitige Verhältnis der Lösungsmittel in der Lackschicht, bis zuletzt auch die am schwersten flüchtigen Stoffe verschwinden. Je nach dem anfänglichen Mischungsverhältnis kann man also die Dauer des Filmbildungsprozesses regulieren. Es ist jedoch hier wichtig zu wissen, daß es Mischungen von organischen Lösungsmitteln gibt, die beim Verdampfen nicht einen sich stetig in der Zusammensetzung ändernden Rückstand ergeben, bei denen es vielmehr ein bevorzugtes Mischungsverhältnis gibt. Ist dieses Verhältnis erreicht, so verdampft es gleichmäßig, und die Zusammensetzung des Rückstandes ändert sich nicht mehr. Solche azeotrope Mischungen können von allen Mischungsverhältnissen den höchsten oder auch den niedrigsten Dampfdruck aufweisen.

Daß es Lösungsmittelgemische mit einem Dampfdruckmaximum, also mit einem Siedepunktsminimum, gibt, ist vom Lackfachmann besonders zu beachten. Er muß z. B. auch bedenken, daß ein Lösungsmittelgemisch während des Verdunstens seinen Flammpunkt ändert. Anfangs wird der Flammpunkt dem des niedrigst siedenden Anteils entsprechen, später wird er steigen. Vermag sich aber ein azeotropes Gemisch mit Siedepunktsminimum zu bilden, so wird der Flammpunkt noch weiter fallen, was zu unerwarteten Bränden führen kann. Daß natürlich auch die Verdunstungsgeschwindigkeit des Gemisches sich ändert und damit die Art und Weise der Filmbildung, wenn ein azeotropes Gemisch auftritt, ist leicht ersichtlich.

Die Verdunstungsgeschwindigkeit der Lösungsmittel wird mit zunehmender Konzentration des Lackkörpers in der Lackschicht abnehmen, da die Lösungsmittelmoleküle immer schwerer aus dem Innern des Films nach der Oberfläche diffundieren können. In diesem Endstadium der Filmbildung wird die Verdampfungsgeschwindigkeit wesentlich von der Molekülgröße der Lösungsmittel abhängen, da kleinere Moleküle schneller diffundieren können als größere. Natürlich spielt hier auch die Viskosität der verwendeten Nitrocellulose eine Rolle, da diese ebenfalls die Diffusion beeinflußt. Es bleiben also die hochsiedenden Stoffe, weil sie meist ein relativ großes Molekulargewicht haben, unverhältnismäßig lange im Film. Sie können dann, da sie als Weichmacher wirken, einen gut elastischen Film vortäuschen, der dann nach und nach brüchig wird, je mehr die Lackschicht an dem schwerflüchtigen Lösungsmittel verarmt.

Der Vorgang des Verdampfens einer Flüssigkeit, also der Übergang aus dem flüssigen in den gasförmigen Zustand, ist bekanntlich mit einem Energieverbrauch verbunden, fühlbar an der Abkühlung des verdampfenden Mittels. Bei rasch verdampfenden Stoffen, wie Aceton und Methylacetat, oder bei beschleunigter Verdampfung (Spritzverfahren) kann der Wärmeentzug leicht so weit gehen, daß der Lack sich unter den Taupunkt der umgebenden Luft abkühlt. Es wird sich dadurch Feuchtigkeit der Luft auf der Lackschicht niederschlagen, was wiederum ein Ausfällen der wasserunlöslichen Lackkörper zur Folge hat; der Film läuft dann weiß an. Enthält das Lösungsmittel erhebliche Mengen von Stoffen, die sich in Wasser lösen, wie Alkohol, Aceton, Diacetonalkohol oder Äthyllactat, so ist die Gefahr des Anlaufens nicht so groß, da das Wasser schnell von der Oberfläche in tiefere Schichten verteilt wird. Eine Kondensation von Wasser wird natürlich um so schneller eintreten, je mehr Wasserdampf in der Luft vorhanden ist, je größer also die relative Feuchtigkeit ist. Daher sind regelmäßige Feuchtigkeitsmessungen in dem Lackverarbeitungsraum angebracht (vgl. Abschnitt ,,Trocknen" dieses Bandes). Wird der Wasserdampfgehalt der Luft zu hoch gefunden, so muß unter Umständen mehr von den Mittel- und Hochsiedern zum Lösen angesetzt werden. Andere Vorbeugungsmittel sind natürlich Trocknen der umgebenden Luft durch Absorption des Wasserdampfes mit chemischen Mitteln oder durch Abkühlen der Luft und Kondensieren des Wassers und Wiedererwärmen. Ein Arbeiten in Räumen mit erhöhter Temperatur und mit schwach erwärmten Lacken ist natürlich auch ein Weg, doch besteht hierbei die Gefahr, daß die Lackschicht zu rasch dickflüssig wird und dann schlecht verläuft. Ein vorzeitiges Ausfallen der Nitrocellulose kann auch durch zu rasches Verdunsten der Lösungsmittel, ohne daß Wasser niedergeschlagen wird, verursacht sein. Auch hier kann sich ein azeotropes Gemisch mit Siedepunktsminimum schädlich auswirken, da es eben besonders schnell verdampft. Die Gefahr einer trüben Lackoberfläche dürfte einer der Hauptgründe sein, warum man großen Wert auf ein richtiges Verhältnis der leicht-, mittel- und schwerflüchtigen Lösungsmittel legen muß. Allgemein gilt, daß ein Anstrich um so weniger zum Anlaufen neigt, je höher viskos der Lack ist.

Neben den Lösungsmitteln spielen bekanntlich die Verdünnungsmittel bei der Lackbereitung eine erhebliche Rolle. Ihre Verwendung wird erzwungen durch die Tatsache, daß die reinen Lösungsmittel recht teuere Stoffe sind. Während diese meist Ester und Äther sind, herrschen unter den Verschnittmitteln neben Alkoholen die billigen Kohlenwasserstoffe vor. Diese haben allein kein Lösevermögen für Nitrocellulose, können aber doch zu einer Celluloseesterlösung in bestimmtem Maße zugesetzt werden, ohne daß die gelöste Substanz ausfällt, bzw. ein Gemisch von Löser und Nichtlöser vermag auch Nitrocellulose zu lösen. Vielfach unterscheidet man neben den Verdünnungsmitteln noch die sog. ,,Verdünner". Darunter versteht man Gemische von wenig Lösungsmittel mit viel Verdünnungsmittel, mit denen man fertige, aber zu viskose Lacke dünnflüssiger macht. Solche Gemische sind z. B. Toluol-Butylacetat oder Butylalkohol-Äthylacetat.

Nach Seeligmann-Zieke (S. 660) hat ein Verdünner für Nitro-Lacke etwa folgende Zusammensetzung:

Essigäther	5—25%
Butylacetat.	20—40%
Butylalkohol	10—20%
Verdünnungsmittel . . .	20—60%

(als Verdünnungsmittel können Toluol, Xylol oder Leichtbenzin verwendet werden.)

Bei der Wahl des verdünnenden Mittels muß man zunächst bedenken, daß sich der nichtlösende Anteil nicht während des Verdunstens im Rückstand erheblich zuungunsten des lösenden Mittels vergrößern darf, da sonst leicht die Konzentration an Nichtlöser so groß wird, daß Nitrocellulose ausfällt. Man muß also ein Verschnittmittel wählen, das ebenso oder noch flüchtiger ist als das Lösungsmittel. Natürlich muß man bei sehr flüchtigen Verdünnungsmitteln wiederum beachten, daß keine zu große Verdunstungskälte entsteht.

Für die Menge des Verdünnungsmittels, die eine Nitrocelluloselösung verträgt, bestehen Grenzen, die man im allgemeinen durch Vorversuche festzustellen sucht. Man gibt so lange zu einer fertigen Nitrocelluloselösung abgemessene Mengen des zu untersuchenden Verschnittmittels zu, bis ein Niederschlag entsteht, der durch Schütteln nicht wieder zu entfernen ist. Man hat dann die äußerste Grenze der Verschnittfähigkeit. Diese Probe sollte aber niemals für die Menge an Verdünnungsmittel allein ausschlaggebend sein, sondern durch einen Trocknungsversuch kontrolliert werden. Da Trocknungsversuche ganz andere Verdünnungsgrenzen ergeben können als die Fällungsversuche, unterscheidet H. Wolff (3) zwischen scheinbarer und wahrer Verschnittfähigkeit. So liegt z. B. nach H. Wolff für Äthylglykol und Äthylglykolacetat die „scheinbare Verschnittfähigkeit" unter der des Butylacetats, während die „wahre Verschnittfähigkeit" wesentlich größer als die des Butylacetats ist. Man muß außerdem bedenken, daß sich das mögliche Verdünnungsverhältnis ändert, wenn andere Wollkonzentrationen vorliegen. Bei Lacken, die Pigmente enthalten, in denen man also eine Fällung der Kollodiumwolle nicht wahrnehmen kann, kann man durch Beobachtung des abnehmenden Glanzes die Verschnittfähigkeit ungefähr beurteilen.

Sehr übersichtlich kann man die Verdünnungsfähigkeit graphisch darstellen. Liegt z. B. ein Lösungsmittelgemisch von zwei Stoffen vor, das durch einen dritten verdünnt werden soll, so kann man durch Eintragen seiner Versuchsergebnisse in ein System von Dreieckkoordinaten ein gutes Bild erhalten, welche Mengen Verdünnungsmittel für irgendein Mischungsverhältnis der beiden Lösungsmittel verträglich sind (H. E. Hofmann und E. W. Reid).

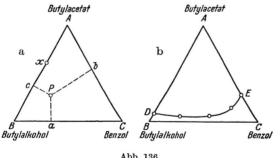

Abb. 136.

Als Beispiel sei hier das Verdünnen einer Butylalkohol-Butylacetat-Nitrocellulose-Lösung mit Benzol gegeben. Jede Ecke des Dreiecks (siehe Abb. 136a) stellt 100% des dort angeschriebenen Stoffs dar. Jede Seite ist in 100 Teile unterteilt. Alle Mischungsverhältnisse, die zwischen den drei Stoffen möglich sind, sind durch einen Punkt in dem Dreieck darstellbar. Die Mischungen aus zwei Stoffen werden durch Punkte auf den Seiten dargestellt, so daß also der Punkt X ein Gemisch mit XA% Butylacetat und XB% Butylalkohol bedeutet. Entsprechendes gilt für die anderen Seiten. Die Punkte im Innern des Dreiecks bezeichnen Gemische mit drei Bestandteilen. Ihre Zusammensetzung ergibt sich aus der Länge der Senkrechten, die von dem Punkt aus nach drei Seiten gezogen werden, und zwar gelten sie für den Stoff, dessen Ecke sie gegenüberliegen. Für den Punkt P ist also die Zusammensetzung Pa% Butylacetat, Pb% Butylalkohol, Pc% Benzol. Man kann nun solche Punkte experimentell ermitteln. Wünscht man z. B. eine 8proz. Nitrocelluloselösung mit den genannten drei Flüssigkeiten herzustellen und gleich zu wissen, welche Mischungsverhältnisse überhaupt in Frage kommen, so ermittelt man die Zusammensetzung der Mischungen aus zunächst zwei Anteilen, die die gewünschte Konzentration eben noch lösen, im gegebenen Fall kombiniert man also den Löser Butylacetat zunächst mit dem Nichtlöser Butylalkohol, danach mit dem Nichtlöser Benzol. Die erstere Mischung sei wiedergegeben durch den Punkt *D* (siehe Abb. 136 b), die letztere durch den Punkt *E*. Wenn man nun ferner noch einige Mischungen aus allen drei Komponenten ermittelt, die eben noch die gewünschte Konzentration lösen, erhält man Punkte innerhalb des Dreiecks. Die Kurve, die alle Punkte untereinander verbindet, stellt die Grenze aller Mischungen dar, mit denen eine Lösung von der geforderten Konzentration hergestellt werden kann. Alle Mischungsverhältnisse in der Fläche *B D E C* kommen dafür nicht in Frage, wohl aber alle innerhalb der Fläche *A D E C*. Die Anwendungsmöglichkeit der Dreieckskoordinaten für andere lacktechnische Fragen, wie Anlaufen, Preis, Viskosität u. a., haben H. E. Hofmann und E. W. Reid ebenfalls beschrieben.

Ausführliche Untersuchungen über das Verdünnungsverhältnis einiger Lösungsmittel von Nitrocellulose haben J. G. Davidson und E. W. Reid veröffentlicht. Sie drücken das Verdünnungsverhältnis durch die Anzahl Kubikzentimeter Nichtlöser aus, die erforderlich ist, um in 1 ccm einer Nitrocelluloselösung von bestimmtem Gehalt eben eine Fällung zu erzeugen. In der Tabelle 69

Tabelle 69. Verdünnungsverhältnis einiger Nitrocelluloselösungen für Kohlenwasserstoffe (J. G. Davidson und E. W. Reid).

Verdünnungsmittel	Lösungsmittel			
	I	II	III	IV
Benzol	4,3	4,8	2,6	2,6
Toluol	3,8	5,2	3,0	2,5
Xylol	2,4	4,0	2,8	2,4
Terpentinöl	0,4	1,9	2,8	3,5
Pennsylv. dest. Gasolin (48°/221°)	0,2	0,6	1,2	1,3
Dampfgekrackt. Gasolin (50°/221°)	0,6	1,3	1,9	2,0

I = Methyläther des Äthylenglykols, II = Äthyläther des Äthylenglykols, III = Butyläther des Äthylenglykols, IV = Butylacetat.

ist ein Auszug aus der großen Zahl von Werten wiedergegeben, die für amerikanische Verhältnisse ermittelt wurden. Die Werte sind an 25 proz. Lösungen einer $^1/_2$ sec-Wolle bei 20° gemessen worden. Die amerikanischen Autoren haben ihre Ergebnisse etwa folgendermaßen zusammengefaßt:

1. Das Verdünnungsverhältnis der untersuchten Lösungsmittel ist gegenüber den aromatischen Kohlenwasserstoffen (Benzol und Homologe) größer als gegenüber Benzinen.

Tabelle 70. Einfluß der Nitrocellulose-Endkonzentration auf das Verdünnungsverhältnis (Seeligmann-Zieke, S. 667).

Lösungsmittel	Endkonzentration der Wolle in %	Verdünnungsverhältnis für Toluol
Äthylglykol . . . . . {	2	7,0
	8	5,2
	12	4,2
Diacetonalkohol . . . {	2	4,5
	8	3,5
	12	3,2
Butylacetat . . . . . {	2	3,5
	8	2,9
	12	2,7

2. Glykoläther lassen sich durch aromatische Kohlenwasserstoffe stärker verdünnen als die Butylester; gegen Benzine verhalten sich beide gleich.

3. Gekrackte Benzine sind bessere Verdünnungsmittel als einfach destillierte und niedrig siedende Benzinfraktionen besser als höher siedende.

Für die rezeptmäßige Auswertung ermittelter Verdünnungsverhältnisse ist erforderlich, daß die Versuche so durchgeführt wurden, daß die Konzentration an Nitrocellulose am Ende ungefähr so groß war wie man sie im Lack anzuwenden wünscht. Das Verdünnungsverhältnis ist nämlich stark abhängig von der Konzentration der gelösten Wolle. Aus der Tabelle 70 geht hervor, um wieviel das Verdünnungsverhältnis etwa kleiner wird, wenn man dafür sorgt, daß auch nach dem Verdünnen noch eine Nitrocellulosekonzentration von 8 bzw. 12% vorhanden ist.

Die einzelnen Lösungs- und Verdünnungsmittel.

Von den meisten Stoffen, die hier zu nennen sind, finden sich Angaben über die Konstanten sowie über ihre Eigenschaften als Lösungsmittel für Kollodiumwolle in einer Tabelle des Kapitels „Appretieren" in diesem Bande. Im folgenden werden die einzelnen Lösungs- und Verdünnungsmittel etwas eingehender beschrieben. Auf die Wiedergabe von Kennzahlen[1] und von technischen Eigenschaften wird aber dann verzichtet, wenn diese aus der zitierten Tabelle ersichtlich sind. Am besten unterrichtet man sich daher über ein Lösungsmittel, wenn man an beiden Stellen nachliest. Viele Lösungs- und Verdünnungsmittel sind nicht einheitliche Stoffe, sondern Gemische von oft gleichmäßiger Zusammensetzung, die teils als solche aus uneinheitlichen Rohstoffen gewonnen werden, teils aber erst gemischt werden („Speziallösungsmittel").

Kohlenwasserstoffe.

Benzine.

Unter diesem Namen faßt man die Bestandteile der Erdöle zusammen, die bei fraktionierter Destillation bis etwa 200⁰ übergehen. Ferner bezeichnet man auch die ersten Fraktionen des Braunkohlenteers als Benzine, doch haben diese für die Lacktechnik kaum Bedeutung.

Eine für alle Länder zutreffende einheitliche Einteilung der Benzinfraktionen läßt sich nicht angeben. Je nach Verwendungszweck werden bestimmte Fraktionen hergestellt. In Deutschland ist es noch üblich, die Benzine nach spezifischen Gewichten zu handeln, doch hat man so keinen Anhaltspunkt für die Siedegrenzen und damit für die Flüchtigkeit, da die Beziehungen zwischen diesen beiden Größen je nach Herkunft des Benzins verschieden sind.

Nach D. Holde (S. 179) stellen deutsche und englische Raffinerien aus der Erdölbenzinfraktion neben anderen, hier unwichtigen, folgende Produkte her:

Petroläther, d_{20} = 0,645 bis 0,655, zwischen 40 und 60⁰ siedend.

Gasolin, zwischen 30 und 70 bzw. 80⁰ siedend.

Extraktionsbenzine, Siedegrenzen: 60 bis 100⁰, 80 bis 100⁰, 90 bis 130⁰, 100 bis 125⁰, 100 bis 140⁰.

Waschbenzin, meist zwischen 100 und 150⁰ siedend.

Motorenbenzin, unterteilt in

    Leichtbenzin,   bis 100⁰ > 60%, bis 170⁰ > 90% Destillat,

    Mittelbenzin,   bis 100⁰ < 60%, aber   > 10% Destillat,

    Schwerbenzin,   bis 100⁰ < 10% Destillat.

Testbenzin, meist zwischen 130 und 200⁰ siedend.

---

[1] Unter Ätherzahl wird im folgenden die Zahl verstanden, die angibt, wieviel mal langsamer der Stoff verdampft als Äther (vgl. S. 650).

Tabelle 71. Typenvorschriften des Benzolverbandes (nach D. Holde, S. 573).

Bezeichnung	Siedebeginn nicht unter °C	Mindest-Vol.-% Destillat vom Siedebeginn an bis °C	Farbe	Schwefelsäurereaktion (siehe S. 651) höchstens	d_{15} etwa	Bemerkungen
Gereinigtes 90er Benzol	—	Mindestens 90%, höchstens 93% bis 100°	Wasserhell	1,5	0,880	—
Farbenbenzol	—	Mindestens 90%, höchstens 93% bis 100°	Wasserhell	0,5	0,880	—
Reinbenzol	—	90% innerhalb 0,6° 95% innerhalb 0,8°	Wasserhell	0,3	0,882	Keine Gewähr für Erstarrungspunkt.
Gereinigtes Toluol	100	90% bis 120°	Wasserhell	0,5	0,870	—
Reintoluol	—	90% innerhalb 0,6° 95% innerhalb 0,8°	Wasserhell	0,3	0,870	—
Gereinigtes Xylol	120	90% bis 145°	Wasserhell	3,0	0,860	Lichtbeständig.
Reinxylol	—	90% innerhalb 3,6° 95% innerhalb 4,5°	Wasserhell	2,0	0,860/68	
Gereinigtes Lösungsbenzol I	120	90% bis 160°	Wasserhell bis schwach gelblich	3,0	0,870	Lichtbeständig, schwacher, milder Geruch.
Gereinigtes Lösungsbenzol II	135	90% bis 180°	Wasserhell bis gelblich	Ausscheidung braungelber harziger Massen gestattet	0,870	Nicht ganz lichtbeständig, milder, nicht rohteerölartiger Geruch.

Als Verdünner kommen hauptsächlich die Leichtbenzine, deren Siedeende bei ca. 150⁰ liegt, und die Lackbenzine mit der Siedegrenze etwa 130 bis 200⁰ in Frage.

Testbenzin (Lackbenzin, Terpentinersatz) wird viel für Öllacke verwendet. Sein Flammpunkt soll nicht unter 21⁰ C (bei 760 mm) liegen. Sein „Lösevermögen" ist stark von der Herkunft abhängig.

Benzol (C_6H_6).

Benzol ist, im Gegensatz zu den Benzinen, ein zyklischer Kohlenwasserstoff und der Grundkörper der aromatischen Verbindungen. Gewonnen wird es aus Steinkohlenteer, dessen erste Fraktionen im wesentlichen aus Benzol bestehen; außerdem lassen sich erhebliche Mengen aus den Kokoreigasen abscheiden. Im Handel befinden sich verschiedene Produkte, denen meist mehr oder weniger Homologe des Benzols, also Toluol, Xylole u. a. beigemengt sind. Chemisch rein hat es folgende Eigenschaften:

Siedep. 80,2⁰ C, Schmelzp. 5,4⁰ C, spez. Gew. (20⁰ C) 0,878, Löslichkeit in Wasser 0,2⁰/₀, Flammp. — 8⁰ C.

Die Handelsbenzole werden, je nachdem, ob bei der Destillation bei 100⁰ 90, 50 oder 0 Vol.-% übergehen, als 90er, 50er und 0er Benzol bezeichnet. Ferner werden noch Lösungsbenzole und Reinbenzol unterschieden (Näheres siehe Tabelle 71). Als Lackverdünnungsmittel kommen hauptsächlich das 90er Benzol und die Lösungsbenzole in Frage. Sie lösen Nitrocellulose nicht, aber die meisten Öle und manche Harze und Albertole. Nach E. Pilz ist Handelsbenzol vom spez. Gew. 0,883 bis 0,886 (bei 15⁰) das richtige Verdünnungsmittel für solche Lacke, die wasserlösliche Lösungsmittel, wie Diacetonalkohol, Äthyllactat und Äthylglykol, enthalten. Als schädliche Verunreinigungen können die Lösungsbenzole Phenole enthalten, die sich an der Luft verfärben, außerdem wegen ihrer sauren Eigenschaften leicht zu Störungen Anlaß geben.

Toluol ($C_6H_5 \cdot CH_3$).

Dieser nahe Verwandte des Benzols kommt gleichfalls im Steinkohlenteer vor und läßt sich infolge seines höheren Siedepunkts von diesem abtrennen.

Chemisch rein hat es einen Siedepunkt von 110,3⁰ C und das spez. Gew. (20⁰) 0,872. Es erstarrt im Gegensatz zum Benzol in der Kälte nicht. In Wasser ist es nur zu 0,05% löslich. Nach D. H. Durrans (S. 58) ist die Verdunstungsgeschwindigkeit etwa zweimal so groß wie die von Butylalkohol. Im Handel sind Rohtoluol, gereinigtes Toluol und Reintoluol (vgl. Tabelle 71).

Toluol hat kein Lösevermögen für Nitrocellulose, doch lassen sich mit ihm fertige Lösungen meist stärker als mit anderen Mitteln verdünnen. Es löst aber glatt Ricinusöl und Leinöl, ist mischbar mit Benzinen, aber mit Alkohol nur in beschränktem Maße.

Xylol ($C_6H_4(CH_3)_2$).

Es gibt drei isomere Xylole, deren Siedepunkte sehr dicht beieinander liegen: 138⁰, 139⁰ und 142 bis 143⁰. Man hat in allen technischen Fabrikaten daher hauptsächlich Gemische dieser drei Verbindungen neben anderen Kohlenwasserstoffen vorliegen. Wegen der Handelsxylole vgl. Tabelle 71. In seinen allgemeinen Eigenschaften ähnelt es sehr dem Toluol.

Terpentinöl.

Unter diesem Namen sind bekanntlich eine Unzahl von Produkten ganz verschiedener Herkunft und Zusammensetzung auf dem Markt, die eine starke

Verwirrung in den Begriff „Terpentinöl" gebracht haben. Nach den Bedingungen des Reichsausschusses für Lieferbedingungen (RAL-Blatt 848 C, vgl. S. 652) bedeutet Terpentinöl ausschließlich das aus dem Balsam gewisser Nadelbäume durch Wasserdampfdestillation gewonnene Produkt (Balsamterpentinöl). Produkte, die aus Holz durch Wasserdampf gewonnen werden, sind als Holz- terpentinöle zu kennzeichnen. Unter diesen Begriff fallen auch die Kienöle (aus Holz, durch trockene Destillation gewonnen) und die Sulfat- oder Cellulose- Terpentinöle, die bei der Cellulosefabrikation mitgewonnen werden. Fehlt bei der Bezeichnung „Terpentinöl" eine nähere Qualitätsbezeichnung, so ist Balsamterpentinöl zu verstehen. Chemisch besteht Balsamterpentinöl größtenteils aus Pinen, einem zyklischen Kohlenwasserstoff, $C_{10}H_{16}$, der bei 155⁰ siedet und eine Doppelbindung enthält. Beim Stehen an der Luft nimmt das Öl Sauerstoff auf und färbt sich dabei gelb. Die Peroxyde, die sich hierbei bilden, wurden früher vielfach als sehr wesentlich für die Filmbildung bei den mit Terpentinöl verdünnten Öllacken angesehen. Sie scheinen jedoch hier kaum von Bedeutung zu sein, können aber die Ursache einer Säurebildung sein, da aus den Peroxyden u. a. Camphersäure, $C_8H_{14} \cdot (COOH)_2$, entstehen soll. In den Holzterpentinölen herrscht vielfach ebenfalls das Pinen vor neben anderen nahe verwandten Kohlenwasserstoffen. Cymol, $C_{10}H_{14}$, ein aromatischer Kohlenwasserstoff und Grundkörper der Terpene, ist vielfach Hauptbestandteil der Öle aus dem Sulfitprozeß.

Über die physikalischen Konstanten vgl. S. 653.

Terpentinöl ist leicht mischbar mit Benzin und Petroleum und wird manchmal mit diesen Stoffen verfälscht. Verwendet wird es zum Verdünnen von Öllacken auch heute noch, obwohl sein Verbrauch zugunsten anderer Lösungsmittel stark zurückgegangen ist.

Alkohole.

Methylalkohol, Methanol $(CH_3 \cdot OH)$.

Als erstes Glied in der Reihe der aliphatischen Alkohole stellt der Methyl- alkohol eine leicht bewegliche, niedrig siedende Flüssigkeit dar, die früher aus- schließlich aus den Produkten der Holzdestillation gewonnen wurde und daher auch den Namen Holzgeist führt. Die Hauptmenge wird heute aber durch Hochdrucksynthese aus Kohlenoxyd und Wasserstoff gewonnen.

Chemisch reines Methanol siedet bei 65⁰ und hat eine Dichte von $d_{20} = 0,7911$. Seine Giftigkeit ist erheblich. Da die Gefahr einer Verwechslung mit Äthyl- alkohol ziemlich naheliegt, bevorzugt man heute die Bezeichnung Methanol. Technisch reines Methanol soll etwa folgende Eigenschaften aufweisen (nach Seeligmann-Zieke, S. 203):

Spez. Gew. nicht über 0,7995. Innerhalb eines Grades sollen mindestens 95% destillieren. Der Acetongehalt soll nicht über 0,7% betragen. 1 ccm einer 0,1proz. Kaliumpermanganatlösung soll durch 5 ccm Methanol nicht sofort entfärbt werden.

Äthylalkohol, Äthanol $(C_2H_5 \cdot OH)$.

Dieser meist als Alkohol bezeichnete Stoff wird bekanntlich in riesigen Mengen aus zucker- bzw. stärkehaltigen Naturstoffen mit Hilfe der Enzyme der Hefe durch Gärung gewonnen. Aus der vergorenen Maische erhält man heute in den modernen Kolonnenapparaten unmittelbar einen 90proz. „Rohsprit". Er enthält noch höhere Alkohole (Fuselöle) und Wasser. Um diese noch abzu- scheiden, wird nochmals rektifiziert, wobei man Vorlauf, Feinsprit und Nachlauf auffängt. Je nach der Reinheit des Feinsprits unterscheidet man Weinsprit als das höchstprozentige Produkt, weiter Prima- oder Feinsprit als zweite Sorte;

ferner fällt noch ein Sekundasprit an, der zwar auch etwa 96% Alkohol enthält, aber stärker verunreinigt ist. Einen „absoluten" Alkohol mit 99,8 bis 99,9% stellt man heute in großen Mengen aus Feinsprit mit Hilfe patentierter Verfahren verhältnismäßig billig her. Der Gehalt wird gewöhnlich in Volumprozent ausgedrückt.

Äthylalkohol siedet bei 78⁰ C und hat eine Dichte von $d_{20} = 0,7933$. Er ist ein Lösungsmittel für viele organische Substanzen, wie Öle, Harze usw., für Nitrocellulose jedoch erst nach Zugabe von Äther. Er mischt sich ferner mit Benzol und Glycerin und ist hygroskopisch.

Um den steuerfrei abgegebenen Spiritus für Genußzwecke unbrauchbar zu machen, muß er vom Staate vergällt werden. Das in Deutschland übliche Vergällungsmittel, ein Gemisch von Holzgeist und Pyridin, kann bei Alkohol für Spezialzwecke durch andere Stoffe ersetzt werden. Für die Lackindustrie kommen z. B. Terpentinöl, Toluol, gereinigtes Lösungsbenzol und Centralit in Frage. Man unterscheidet vollständige und unvollständige Vergällung.

Zur Bereitung von Lacken sollte niemals Alkohol unter 90% verwendet werden, weil der Wassergehalt dann um so eher zum Blindwerden oder Anlaufen führen kann.

Butylalkohol, Butanol $(C_4H_9 \cdot OH)$.

Seitdem es gelungen ist, diesen Alkohol in technischem Maßstab preiswert zu erzeugen, hat er sich in der Lackindustrie ziemlich rasch eingeführt. Dieser Alkohol stellt eine farblose, mäßig stark riechende Flüssigkeit vom Siedep. 118⁰ C und der Dichte $d_{20} = 0,8099$ dar. Von Wasser wird er nur in beschränktem Maße gelöst (bei 15⁰ von 11 Vol.-Wasser). Gewonnen wird Butylalkohol einerseits synthetisch aus Acetylen über Acetaldehyd und Crotonaldehyd, andererseits auf biologischem Wege durch Vergärung kohlenhydratreichen Materials, insbesondere Mais, mit Hilfe besonderer Bakterien. Diese erzeugen gleichzeitig aus dem im Rohstoff enthaltenen Zucker Aceton und Butanol. Der synthetische Butylalkohol ist meist 99proz., während der Gärungsbutylalkohol nur etwa 90% enthält.

Butylalkohol ist ein gutes Lösungsmittel für Harze und ein gutes Verschnittmittel für Nitrolacke, ohne selbst Nitrocellulose zu lösen.

Amylalkohol $(C_5H_{11}OH)$.

Zwei Alkohole dieser Zusammensetzung werden als Nebenprodukte bei der Spiritusfabrikation aus Maischen als die sog. „Gärungsamylalkohole" aus dem Fuselöl gewonnen. Sie bestehen aus Isoamylalkohol als dem Hauptbestandteil und aus dem optisch-aktiven d-Amylalkohol. Das Gemisch beider wird allgemein mit „Amylalkohol" bezeichnet. Gewöhnlich unterscheidet man im Handel drei Sorten verschiedener Reinheit [H. Wolff (4), S. 125]:

Rektifizierter oder gereinigter Amylalkohol: Siedegrenzen 90 oder 100 und 140⁰.

Doppeltrektifizierter oder doppeltgereinigter Amylalkohol: Siedegrenzen 128 und 132⁰.

Bezeichnung wie vorher oder auch Amylalkohol I, Siedegrenzen 130 und 132⁰.

Diese Produkte sind farblose Flüssigkeiten mit sehr charakteristischem Geruch. Amylalkohol ist mischbar mit den meisten Lösungsmitteln, nicht aber mit Wasser. Als Verdünnungsmittel spielt er für Lacke eine Rolle, da er die Streichfähigkeit günstig beeinflußt. In Amerika soll sich ein Amylalkoholgemisch „Pentasol" bewährt haben, das aus Pentan-Kohlenwasserstoffen, die in Naturgasen enthalten sind, über die Chlorverbindungen gewonnen wird. 100% destillieren über 112⁰, Endpunkt nicht über 140⁰ (Sharples Solvents Corporation).

Ester.

Diese Klasse organischer Stoffe besteht aus Verbindungen von Alkoholen mit Säuren, die durch Synthese aus beiden Bestandteilen leicht zu erhalten sind. Die Essigsäure spielt als Säurebestandteil die Hauptrolle, neben der die Ameisen- und Milchsäure in den Hintergrund tritt. Als andere Komponente treten die ersten Glieder der leicht zugänglichen aliphatischen Alkohole hervor.

Unter den Lösungsmitteln für Kaltlacke stehen die Ester mengenmäßig an erster Stelle. Außer der Nitrocellulose lösen sie Öle, natürliche und künstliche Harze im allgemeinen ziemlich leicht.

Von geringer Bedeutung sind die Ester der Ameisensäure, die sich wohl wegen verschiedener Nachteile nicht einführen konnten. Sie haben einen unangenehmen Geruch, z. B. Ameisensäure-äthylester, ferner ein schlechteres Lösevermögen als die Essigsäureester, sind ferner auch gegen hydrolytische Einflüsse unbeständiger.

Methylacetat, Essigsäuremethylester $(CH_3 \cdot O \cdot CO \cdot CH_3)$ ist ein sehr leicht flüchtiges und sehr gutes Lösungsmittel für Nitrocellulose. Der Siedepunkt des technischen Produkts liegt bei 56 bis 62^0, der Flammpunkt bei — 13^0, die Ätherzahl bei 2,2. In 100 ccm Methylacetat lösen sich bei 20^0 20 ccm Wasser.

Für Lederlacke findet Methylacetat wegen seiner zu starken Flüchtigkeit für sich kaum Anwendung, wohl aber als Lösungsmittel in den Lederkitten. Es ist jedoch ein wesentlicher Bestandteil vieler Lösungsmittelgemische, die im Handel sind, wie Speziallösungsmittel A oder Lösungsmittel E 13.

Äthylacetat, Essigsäureäthylester $(C_2H_5 \cdot O \cdot CO \cdot CH_3)$.

Dieser Ester, der einen angenehmen, fruchtartigen Geruch hat, gehört ebenfalls zu den leicht verdunstenden Mitteln. Das technische Produkt, das für Lacke wegen des Preises nur in Frage kommt, enthält von seiner Darstellung her noch Reste von Alkohol und Wasser, während die Essigsäure meist gut ausgewaschen ist. Man muß jedoch auf Neutralität achten. Reiner „Essigester" siedet bei 77^0; Flammpunkt — 2^0. Über die Kennzahlen des technischen Produkts, das 98 bis 100proz. ist, vgl. „Appretieren" dieses Bandes. 100 ccm Ester lösen bei 20^0 3 ccm Wasser. Essigester ist nicht hygroskopisch, verringert daher die Neigung zum Anlaufen des Films.

Butylacetat, Essigsäure-n-butylester $(CH_3 \cdot CH_2 \cdot CH_2 \cdot CH_2 \cdot O \cdot CO \cdot CH_3)$.

Seitdem Butylalkohol großtechnisch gewonnen wird, ist besonders sein Essigsäureester auf den Markt getreten und hat hier dem Amylacetat stark Konkurrenz gemacht. Er ist ebenfalls eine farblose, mit Wasser nicht mischbare Flüssigkeit von angenehmem Geruch, die physiologisch weniger schädlich als Amylacetet sein soll. Das Lösevermögen für Kollodiumwolle und Harze ist sehr gut. Im Handel befinden sich zwei Fabrikate, das eine mit 98 bis 100% und das andere mit 85% Gehalt. Über die Kennzahlen vgl. Abschnitt „Appretieren" dieses Bandes.

Unter dem Namen Tamasol J stellt die I. G. Farbenindustrie ein Lösungsmittel her, das 85% Isobutylacetat, $(CH_3)_2 \cdot CH \cdot CH_2 \cdot O \cdot CO \cdot CH_3$, enthält. Siedepunkt 106 bis 117^0, Flammpunkt + 18^0, Ätherzahl 7,7.

Amylacetat, Essigsäureamylester $(C_5H_{11} \cdot O \cdot CO \cdot CH_3)$.

Diese angenehm fruchtartig riechende Flüssigkeit ist wohl das bekannteste Lösungsmittel für Nitrocellulose (Zaponlack) und wird in der Lacklederindustrie sehr häufig angewendet. Die im Handel befindlichen Produkte sind keine einheitlichen Stoffe, da sie aus dem Alkoholgemisch des Fuselöls gewonnen werden. Der Hauptbestandteil ist der Essigsäureester des Isoamylalkohols, $(CH_3)_2 \cdot CH \cdot CH_2 \cdot CH_2 O \cdot CO \cdot CH_3$, der in reinem Zustand bei 142⁰ siedet. Das „technische" Produkt hat je nach Herkunft verschiedene Siedegrenzen und Zusammensetzung. Es enthält etwa 85 bis 95% Ester, berechnet auf Amylacetat. Die Siedegrenzen liegen weit auseinander, zwischen 100 und 150⁰, da auch unveresterte Alkohole und Ester anderer Alkohole aus dem Fuselöl beigemischt sind. Vielfach wird eine Ware verlangt, bei der 50 bis 60% bei über 130⁰ oder 135⁰ übergehen (vgl. „Untersuchungsmethoden"). Das „gereinigte" oder „chemisch-reine" Produkt siedet zwischen 135 und 142⁰ und ist natürlich teurer, da es durch fraktionierte Destillation gewonnen wird. Amylacetat ist bekannt als das Lösungsmittel mit ausgesprochen mittlerer Flüchtigkeit, das den Lack mit sehr schön glatter Oberfläche auftrocknen läßt. Da es ebenfalls Öle und Harze leicht aufnimmt, ist es auch für die kombinierten Öl-Kollodiumlacke ein sehr geeignetes Lösungsmittel.

Die dem Pentasol (vgl. S. 622) entsprechenden Acetate, „Pentacetat" genannt, sollen in Amerika als Lacklösungsmittel mit Erfolg gebraucht werden. Der Gehalt an Ester ist über 85%, die Siedegrenzen liegen bei 126⁰ und 150⁰ C.

Cyclohexylacetat, Cyclohexanolacetat, auch Adronolacetat oder Hexalinacetat ($C_6H_{11} \cdot O \cdot CO \cdot CH_3$).

Der dem Ester zugrunde liegende Alkohol, das Cyclohexanol oder Hexalin, wird durch Hydrierung von Phenol technisch gewonnen und mit Essigsäure verestert. Es ist eine farblose, mit Wasser nicht mischbare Flüssigkeit, im Geruch dem Amylacetat ähnlich, aber von geringerer Flüchtigkeit. Für die wesentlichen Kennzahlen des technischen Produkts werden verschiedene Angaben gemacht. Siedegrenzen 164 bis 180⁰, Flammpunkt 64⁰ (G. Cohn, S. 513), Siedegrenzen 170 bis 177⁰, Flammpunkt 58⁰ [H. Wolff (4), S. 140]. Der reine Ester siedet bei 175⁰. Angewendet wird Cyclohexylacetat meist nur in kleinen Mengen, da die Viskosität bei alleiniger Anwendung zu hoch wäre und die Lackschicht auch zu langsam trocknete. Schon nach Zusatz kleinerer Mengen zeigt sich eine erhebliche Verschnittfähigkeit. Es wirkt sich bei Kombinationslacken gut als vermittelndes Lösungsmittel zwischen Nitrocellulose und Öl aus. Glatter Verlauf und gute Haftfestigkeit sind weitere Vorzüge, die mit diesem Mittel bereitete Lacke aufweisen.

Methylhexalinacetat, auch Methylcyclohexanolacetat oder Heptalinacetat ($CH_3 \cdot C_6H_{10} \cdot O \cdot CO \cdot CH_3$).

Hydriert man Kresol an Stelle von Phenol und verestert mit Essigsäure, so erhält man das Homologe des Cyclohexalinacetats. Da man als Ausgangsmaterial technisches Toluol, ein Gemisch der drei isomeren Toluole, benutzt, resultiert eine Mischung von drei Methylhexalinacetaten. Nach G. Cohn liegen die Siedegrenzen bei 176 bis 193⁰, der Flammpunkt bei 65⁰, das spez. Gew. $d_{20} = 0,941$. Die Eigenschaften sind denen des Cyclohexalinacetats sehr ähnlich.

Acetate des Äthylenglykols.

Es hat sich gezeigt, daß nicht nur Essigsäureester der Alkohole mit einer OH-Gruppe für Nitrocellulose gutes Lösevermögen haben; auch den Estern des Glykols, $HO \cdot CH_2 \cdot CH_2 \cdot OH$, kommt diese Eigenschaft zu, und zwar haben sich besonders die Abkömmlinge dieses Alkohols bewährt, bei denen eine OH-Gruppe verestert ist und die andere eine Methyl- bzw. Äthylgruppe trägt. Es sind hier zu nennen:

Methylglykolacetat ($CH_3O \cdot CH_2 \cdot CH_2 \cdot O \cdot CO \cdot CH_3$) und Äthylglykolacetat ($C_2H_5O \cdot CH_2 \cdot CH_2 \cdot O \cdot CO \cdot CH_3$).

Diese Stoffe sind farblose Flüssigkeiten, die im Gegensatz zu den meisten organischen Lösungsmitteln nur einen schwachen Geruch haben. Sie lösen Nitrocellulose und Celluloid ausgezeichnet; Methylglykolacetat löst auch Acetylcellulose. Dieses ist auch mit Wasser in jedem Verhältnis mischbar, das Äthylglykolacetat aber nur in beschränktem Maße. Beide Stoffe begünstigen den Verlauf der Lacke und erhöhen die Viskosität.

Die physikalischen Konstanten des Methylglykolacetats: Siedegrenzen 138 bis 152°, spez. Gew. 0,967, Flammpunkt 44°, Ätherzahl 35 (nach W. Herbert). Über Äthylglykolacetat vgl. die Tabelle im Abschnitt ,,Appretieren".

Äthyllactat, Milchsäureäthylester ($CH_3 \cdot CH(OH) \cdot CO \cdot OC_2H_5$).

Dieser Stoff kommt unter dem Namen ,,Solactol" von den Byk-Guldenwerken und als Eusolvan von Schering-Kahlbaum A. G. in den Handel (Kennzahlen: siehe Tabelle im Kapitel ,,Appretieren"). Es ist eine farblose, leicht bewegliche Flüssigkeit von angenehmem schwachem Geruch. Für Nitro- und Acetylcellulose sowie für Harze und Kunstharze ist es ein ausgezeichnetes Lösemittel, das ziemlich langsam verdunstet und sich sehr günstig auf die Festigkeit und auf die Oberflächenbeschaffenheit auswirkt. Wegen der geringen Verdunstungsgeschwindigkeit bleiben die Lacke gut streichfähig, die Filme aber auch ziemlich lange weich. Bemerkenswert ist, daß die Lösungen bedeutend stärker verdünnt werden können als z. B. Amylacetatlösungen, allerdings nicht mit Benzinen, denn diese sind mit dem Milchsäureester nicht mischbar. Äthyllactatlösungen sind auch sehr unempfindlich gegen Zusatz von Wasser, also günstig bei Verarbeitung in feuchter Atmosphäre. Äthyllactat ist ferner nicht feuergefährlich.

Äther.

Diese Klasse organischer Stoffe sind Verbindungen, die, rein formelmäßig, durch Vereinigung zweier Moleküle Alkohol unter Austritt von Wasser entstanden sind. Manche Darstellungsweisen entsprechen auch diesem Vorgang. Es sind sehr beständige Stoffe, von denen allerdings nur wenige als Lacklösungsmittel eine Rolle spielen.

Äthyläther ($CH_3 \cdot CH_2 \cdot O \cdot CH_2 \cdot CH_3$).

Diese besonders niedrig siedende Flüssigkeit ist schon seit sehr langer Zeit bekannt und trägt, da sie mit Hilfe von Schwefelsäure aus Äthylalkohol gewonnen wird, häufig noch den leicht irreführenden Namen Schwefeläther. Im Gemisch mit Alkohol ist Äther das bekannte Lösungsmittel im Kollodium (Ätherkollodium), für sich allein löst Äther keine Celluloseester. Besondere Aufmerksamkeit und größte Vorsicht ist beim Arbeiten mit Äther geboten, da er außerordentlich leicht entzündbar ist (Flammpunkt unter — 10°) und seine Dämpfe mit Luft äußerst explosible Mischungen geben. Jede Flamme oder Funkenbildung muß dort, wo Äther verdunsten kann, unbedingt vermieden werden. In der Lacklederindustrie wird Äther selten gebraucht, nur da, wo man seine rasche Verdunstungsgeschwindigkeit gebrauchen kann, etwa beim Grundieren mit Nitrolack.

Glykoläther.

Veräthert man eine OH-Gruppe des Äthylenglykols mit einwertigen Alkoholen, wie Methyl-, Äthyl- oder Butylalkohol, so erhält man ausgezeichnete Lösungsmittel, die farblos sind, ganz schwach und nicht unangenehm riechen und mit Wasser mischbar sind. Sie zeichnen sich ferner durch günstige Verschneidbarkeit mit Kohlenwasserstoffen und besonders Alkoholen aus. Zu nennen sind hier vor allem:

Glykolmonomethyläther, Methylglykol ($OH \cdot CH_2 \cdot CH_2 \cdot OCH_3$) und
Glykolmonoäthyläther, Äthylglykol ($OH \cdot CH_2 \cdot CH_2 \cdot OC_2H_5$).

Im Vordergrund steht das Äthylglykol. Über seine charakteristischen Eigenschaften vgl. Tabelle 67 im Abschnitt „Appretieren". Es gibt hochviskose Lösungen und wird, auch seines Preises wegen, dem Lack nur als Verbesserungsmittel in kleinen Mengen zugesetzt.

Das Methylglykol siedet tiefer als das Äthylderivat, bei 124 bis 125° C, hat aber sonst ganz ähnliche Eigenschaften.

Über die Essigsäureester dieser Äther vgl. unter „Ester".

Ketone.

Unter Ketonen versteht man Verbindungen, die zwischen zwei Kohlenstoffatomen die charakteristische Gruppe — CO — tragen. Sie erwiesen sich ebenfalls als hervorragende Lösungsmittel für Celluloseester. Ihre Gewinnung in technischem Maßstab ist aber auf wenige Produkte beschränkt. Manche Weichmachungsmittel, auch Campher, gehören in diese Klasse.

Aceton ($CH_3 \cdot CO \cdot CH_3$).

Der Definition entsprechend ist das einfachste Keton das Aceton oder Dimethylketon. Es ist eines der Lösungsmittel für Nitrocellulose, die schon lange im großen dargestellt und von Anfang an für Lederlacke oft angewendet wurden. Dargestellt wird es teils aus den Destillationsprodukten des Holzes über den sog. „Graukalk", teils nach neuen Methoden durch ein besonderes Gärverfahren, teils auch aus synthetischer Essigsäure durch thermische Aufspaltung.

Aceton ist eine farblose, leicht bewegliche Flüssigkeit von schwachem, eigenartigem Geruch und sehr großer Flüchtigkeit (Ätherzahl 2,1!). Der Siedepunkt der reinen Substanz ist 56,5° C (wegen anderer physikalischer Konstanten vgl. Kapitel „Appretieren"). Aceton ist mit Wasser in allen Verhältnissen mischbar.

Das technische Aceton ist, seiner Gewinnung entsprechend, in verschiedenen Reinheitsgraden im Handel. Nach H. Wolff (4) (S. 150) werden meist an „technisch reines" Aceton folgende Anforderungen gestellt:

1. Bis 58° sollen etwa 95 Vol.-% überdestillieren.
2. Spezifisches Gewicht bei 15° etwa 0,797 bis 0,800.
3. Beim Verdunsten von 25 ccm soll kein wägbarer Rückstand bleiben.
4. Gleiche Teile Wasser und Aceton sollen sich klar mischen. Die Mischung muß neutral sein und darf höchstens minimal sauer reagieren.
5. Der Aldehydgehalt soll nicht über 0,25% betragen.

Aceton löst außer Nitrocellulose auch einige Acetylcellulosen und die meisten Harze. Es löst auch Celluloid sehr rasch und gibt niedrig viskose Lösungen, die vor der Verarbeitung natürlich noch mit höhersiedenden Anteilen versetzt werden müssen. Wegen des hohen Dampfdrucks ist die Gefahr des Anlaufens ziemlich groß.

Viel Verwendung finden auch die sog. Acetonöle; das sind Nachläufe von der Rektifikation des bei der Holzdestillation gewonnenen Acetons. Man trennt gewöhnlich das Rohaceton bei der ersten Rektifikation in drei Fraktionen, von denen die erste das technisch reine Aceton (Siedepunkt 54 bis 60°) darstellt. Die zweite Fraktion ergibt nach erneuter Destillation das sog. „Keton", d. i. haupt-

sächlich Methyläthylketon, und das „leichte" oder „weiße Acetonöl", Siedegrenzen 70 bis 120⁰, das ein kompliziertes Gemisch höhere Ketone darstellt.
Das „schwere" oder „gelbe Acetonöl" stellt die dritte Fraktion (Siedegrenzen 120 bis 250⁰) dar. „Keton" und „leichtes Acetonöl", die auch als „Acetonersatz" bezeichnet werden, können nach E. Pilz an Stelle des technisch
reinen Acetons für Lederlacke „mit völlig gleichem Erfolg" verwendet werden.
Das Lösevermögen dieser Produkte ist recht gut und die geringere Verdunstungsgeschwindigkeit oft ganz willkommen. In Deutschland werden von der Hiag
(Holzverkohlungsindustrie A. G.) Acetonöle unter dem Namen „Ketonge-
misch K" mit verschiedenen Siedepunkten in den Handel gebracht. Die Verdunstungszeiten dieser Fabrikate betragen je nach Siedepunkt das 2- bis 20fache
des Acetons, die Flammpunkte liegen zwischen — 2 und + 40⁰.

Cyclohexanon, Anon $(C_6H_{10}O)$.
Methylcyclohexanon, Methylanon $(CH_3 \cdot C_6H_9O)$.

Durch Anlagerung von Wasserstoff an Phenol, $C_6H_5 \cdot OH$, erhält man bei
vollständiger Hydrierung das Cyclohexanol, $C_6H_{11} \cdot OH$, bzw. aus Kresol, $CH_3 \cdot C_6H_4 \cdot$
OH, das Methylcyclohexanol $CH_3 \cdot C_6H_{10} \cdot OH$. Diese Stoffe selbst sind keine
Lösungsmittel für Celluloseester, wenn sie auch zusammen mit Lösungsmitteln
deren Lösevermögen zu erhöhen vermögen. Aus ihnen können aber durch Oxydation mit Leichtigkeit die entsprechenden Ketone, das Cyclohexanon und das
Methylcyclohexanon, gewonnen werden. Da diese Stoffe nun keine ungesättigten
Bindungen mehr enthalten, stehen sie in ihren Eigenschaften trotz ihrer Ring-
struktur den gesättigten aliphatischen Verbindungen nahe. Als Lösungsmittel
für Nitrocellulose sind sie für recht brauchbar gefunden worden (vgl. auch Cyclohexanolacetat, S. 624).

Beide Ketone kommen von der chemischen Großindustrie (I. G. Farbenindustrie und Deutsche Hydrierwerke) in ziemlich hoher technischer Reinheit
in den Handel. Über die physikalischen Konstanten und die Eigenschaften in
bezug auf Lederlack vgl. die Tabelle 67 im Kapitel „Appretieren" dieses Bandes.
Hier sei noch erwähnt, daß Anon und Methylanon farblose, neutrale Flüssigkeiten mit an Pfefferminz erinnerndem Geruch sind. Sie sind mit Wasser nicht
mischbar. Zur Verbesserung eines Lacks sind sie sehr geeignet, da sie bei zu
großer Flüchtigkeit leicht siedender Anteile ausgleichend wirken. Neben Nitrocellulose werden Acetylcellulose, viele Harze und Öle gelöst, auch Linoxyn.
Wichtig ist, daß auch manche basischen Farbstoffe von Anon und Methylanon
aufgenommen werden, was für farbige Lacke ausgenutzt werden kann [nach
H. Wolff (4), S. 155].

Diacetonalkohol $[(CH_3)_2 \cdot C(OH) \cdot CH_2 \cdot CO \cdot CH_3]$.

Diese Substanz, die gleichzeitig Alkohol und Keton ist, entsteht auf einfachem
Wege aus Aceton durch Vereinigung zweier Moleküle. Man leitet die Reaktion,
die schon bei 14% Acetonalkohol zum Stillstand kommt, mit verdünntem Alkali
ein. Der reine Körper siedet bei 163 bis 164⁰. Das technische Produkt (Konstanten vgl. Tabelle 67 im Kapitel „Appretieren" dieses Bandes) ist farblos bis
schwach gelb und besitzt schwachen, nicht unangenehmen Geruch. Es ist mit
Wasser mischbar. Nach G. Cohn (S. 643) enthält es 10 bis 15% Aceton.
Von der I. G. Farbenindustrie kommt Diacetonalkohol unter dem Namen „Pyranton A" und von der Dr. Alexander Wacker A. G. als „Lösungsmittel DA"
in den Handel. Diese Produkte lösen Cellulosenitrat und -acetat sehr gut, ebenso
viele Harze, Leinöl nur mäßig. Sie geben harte und glänzende Filme und sind
ausgezeichnete Veredelungsmittel.

II. Die Herstellung des Lackleders.

1. Lohgares Lackleder.

Vor etwa 30 Jahren noch kannte man nur lohgare Lackleder, die meistens nur aus Kalbfellen hergestellt wurden und alle auf der Fleischseite lackiert waren. Da hierbei auf den Narben kein Wert gelegt wurde, verwendete man zu diesem Zweck narbenbeschädigte Felle, und zwar vielfach trockene russische Kalbfelle. Dieselben wurden mit Eichenlohe gegerbt, sorgfältig gefettet, meistens nur mit reinem Moellon, sog. Lackmoellon, und zweckmäßig zugerichtet und dann in die Lackierung gebracht. Dort wurden sie zuerst mit den Grunden versehen, auf die alsdann der Vorlack aufgetragen und schließlich der Schlußlack aufgesetzt wurde.

Der erste Grund bestand aus einem sehr dick und zäh gekochten Leinölfirnis. Leinöl wurde mit Trockenstoffen längere Zeit gekocht, indem man die Temperatur allmählich bis gegen 300⁰ C steigerte, dann wieder zurückgehen ließ, wieder steigerte usw. Als Trockenmittel benutzte man Umbra (Umbraun) und Bleiverbindungen, wie Bleizucker, Mennige oder Bleiglätte. Das Kochen des Grundes wird in einem eisernen Kessel vorgenommen, der zweckmäßig in einem fahrbaren Gestell aufgehängt ist, damit er bei Erfordernis rasch von der Feuerstelle entfernt werden kann. Gekocht wurde der Grund $1^1/_2$ bis 2 Tage, bis er sehr zähe war und ziemlich kurz abriß. Dieser Grund wurde noch warm mit Ruß vermischt, wodurch er eine tiefschwarze Farbe erhielt, und dann auf einer Walzenmühle innig verrieben, so daß er mit dem Ruß eine gleichmäßige Masse bildete. In kaltem Zustande war der Grund sehr zähe und kaum zu verarbeiten. Vielfach wurde dieser Grund auch schon mit etwas Terpentinöl verdünnt, um ihn etwas geschmeidiger und leichter verarbeitbar zu gestalten. Vor dem Verarbeiten wurde der Grund angewärmt und blieb während des Verarbeitens in einem warmgehaltenen Wasserbad stehen, so daß er zähflüssig war. In diesem Zustand wurde er mit einer Spachtel auf die Fleischseite der Felle aufgetragen, mit der Spachtel auf dem Fell verteilt und dann sofort mit der Spachtel wieder abgezogen, so daß nur eine dünne, gleichmäßige Schicht auf dem Fell verblieb. Der Grund verband sich innig mit der Lederfaser, durfte aber nicht tief in das Fell eindringen, da dasselbe sonst zu steif und hart geworden wäre.

Die grundierten Felle wurden in einer Trockenstube bei 28 bis 30⁰ C getrocknet und hierauf mit einem maschinell betriebenen rotierenden Schleifstein geschliffen. Durch das Schleifen wurde die Oberfläche der grundierten Seite schon etwas glätter, überstehende Lederfäserchen wurden entfernt, die ganze Schicht wurde gleichmäßiger. Auf diesen ersten Grund wurden nun noch zwei weitere Grunde aufgetragen, der zweite und der dritte Grund. Es wurde gewöhnlich ein sog. dritter Grund gekocht, der weniger Trockenmittel enthielt als der erste Grund und auch nicht so zäh gekocht worden war. Durch etwas Terpentinölzusatz wurde auch hier die Geschmeidigkeit vergrößert. Eine Mischung aus dem ersten und dem dritten Grund diente als zweiter Grund. Der zweite und der dritte Grund wurden wiederum mit der Spachtel aufgetragen, wurden in gleicher Weise getrocknet und nach dem Trocknen jedesmal geschliffen. Das Schleifen geschah aber jetzt nicht mehr mit der Maschine, sondern mit einem künstlichen Schleifstein mit der Hand.

Nach dem Schleifen des dritten Grundes war die Oberfläche der Fleischseite schon ziemlich glatt und eben und für die nachfolgenden Lackschichten gut vorbereitet. Die Grunde haben den Zweck, die Oberfläche des Leders nicht nur glatt und gleichmäßig zu gestalten, sondern auch das Leder abzudecken, so daß die Lacke nicht mehr in das Leder eindringen können, sondern auf den Grunden stehenbleiben müssen. Nach dem Schleifen des dritten Grundes wurden die Felle auf Tafeln aufgenagelt und erhielten dann den Vorlack. Sie wurden im Lackierofen getrocknet, später wieder geschliffen, und dann erhielten sie den Schlußlack. Auch dieser wurde im Ofen zuerst langsam angetrocknet und dann bei 50 bis 55⁰ C fertiggetrocknet und hatte später noch eine Nachtrocknung im Sonnenlicht an der Luft nötig, die je nach dem Wetter und der Jahreszeit einige Stunden dauerte und durch welche die Lackschicht erst vollkommen klebfrei wurde.

Die hier verwendeten Lacke waren reine Leinöllacke, die nur durch Verkochen mit Berlinerblau (Preußischblau, Pariserblau) hergestellt worden waren. In manchen Vorschriften für derartige Lederlacke werden neben Berlinerblau auch noch Blei- und Mangansalze aufgeführt. Zum Kochen von Lederlacken verwendet man reines, gut abgelagertes Leinöl, aus welchem sich schleimartige Stoffe vollkommen ausgeschieden und niedergeschlagen haben. Die fertiggekochten Lacke werden nach dem Erkalten zweckmäßig mit Benzin oder Terpentinöl verdünnt und dann zum Klären in größere Kessel oder in Kannen abgefüllt. Dort setzen sie einen Bodensatz ab, von dem sie vor der Verwendung getrennt werden müssen.

Bei diesem alten Lackierverfahren wurden die Lacke in ziemlich dickflüssigem Zustande mit dem Pinsel aufgetragen. Die Felle waren, wie schon bemerkt, auf Tafeln aufgenagelt, und die Tafeln standen während des Lackierens fast senkrecht. Sie wurden nach dem Lackieren sogleich in den Ofen eingeschoben, in welchem die Felle dann eine waagrechte Lage einnahmen, so daß sich der Lack dann noch gleichmäßig ausbreiten konnte.

Dies ist in großen Umrissen das alte Verfahren der Aaslack-Lederbereitung. Es wird heutzutage noch angewandt zur Herstellung von Mützenschildern und von Gürteln, also für Ledersorten, die kaum eine Beanspruchung erleiden müssen. Bei solchen Ledern findet man aber meistens mehr als drei Grunde und auch oftmals mehrere Vorlacke und Lacke.

2. Lackvachetten.

Vachetten, die lackiert werden sollen, werden auch heute noch meistens lohgar ausgegerbt. Den in Gruben oder Brühen gegerbten Ledern gibt man gewöhnlich noch eine Nachgerbung, entweder mit Sumach oder auch nach Art der Dongolagerbung, um sie genügend weich zu gestalten und ihnen eine gleichmäßige Farbe und einen feinen Narben zu verleihen. Narben und Fleischseite werden mit reinem Moellon geschmiert. Genarbte Vachetten werden direkt auf der Narbenseite grundiert und lackiert, bei glatten Vachetten wird oftmals der Narben abgepufft oder auch abgezogen. Das Lackieren zerfällt auch hier wieder in drei Teile, das Grundieren, Schwarzstreichen und Schlußlackieren. Grunde und Lacke sind meistens Leinölfirnisse. J. G. Ritter macht genaue Angaben über die Zusammensetzung, Bereitung und Verwendung von Grunden und Lacken für Vachetten.

Für dieselben wurde eine ganze Anzahl von Trockenstoffen verwendet, obschon ein oder zwei denselben Zweck erfüllt hätten und bei Verwendung richtig gewählter Mengenverhältnisse Grunde und Lacke mit besseren Eigenschaften hätten erzielt werden können.

Für die Vachetten werden ebenfalls zwei Grunde gekocht. Diese stellen Leinölfirnisse dar, die mit Hilfe von Blei- und Mangansalzen bereitet werden. Zur Verwendung kommen z. B. Goldglätte (PbO), Bleizucker, Manganborat, leinölsaures und harzsaures Mangan. Der erste Grund wird etwas länger gekocht als der zweite Grund und soll in der Konsistenz etwas steifer und zäher sein als der letztere. Nach dem Kochen werden die Grunde mit Terpentinöl oder auch mit Benzin bzw. mit einem Gemisch aus beiden Stoffen verdünnt. Vor der Verwendung werden sie noch mit Lampenruß verrührt und innig gemischt und nach

Erfordernis mit Terpentinöl weiter verdünnt. Der Schwarzstrich wird in ähnlicher
Weise gekocht wie die Grunde, doch begnügt man sich mit einer kürzeren Kochdauer, weil der Schwarzstrich nicht die Konsistenz eines Grundes, sondern vielmehr die eines Lacks haben soll. Auch der Schwarzstrich wird vor dem Gebrauch mit
Lampenruß gründlich vermischt. Am besten läßt man das Gemisch drei- bis viermal
durch eine Farbmühle gehen, um eine äußerst feine und gleichmäßige Verteilung
des Rußes zu bewirken, und filtriert kurz vor der Verwendung durch feine Gaze,
die man noch mit Watte belegen kann. Den Vachettenlack kocht man am besten
aus Leinöl unter Zusatz von Pariserblau; manche Vorschriften wenden neben dem
Pariserblau auch noch Bleiverbindungen (Goldglätte, Bleizucker u. dgl.) und
Eisenverbindungen an, z. B. Eisenoxydhydrat. Der fertiggekochte Lack wird
mit Benzin oder Terpentinöl verdünnt und kommt zum Absetzen und Klären in
einen Kessel. Nach einigen Tagen füllt man den geklärten Lack in Kannen ab
und verdünnt ihn darin strichfertig mit Terpentinöl oder Benzin. Den Lack läßt
man in den Kannen etwa 14 Tage an einem warmen Ort stehen, filtriert ihn,
wenn nötig, durch feinmaschige Gaze in andere Kannen, die man dann bis zum
Gebrauch gut mit einem Deckel verschlossen in einem warmen Raum aufbewahrt.

Das Lackieren muß in einem vollkommen staubfreien Raum ausgeführt
werden, dessen Wände man während des Arbeitens öfters mit Wasser besprengt.
Die Grunde werden mittels einer kleinen Bürste oder eines Schwamms auf die
Leder aufgetragen, darauf gut verrieben und dann entweder in einer nur schwach
geheizten Trockenstube oder an der Luft bzw. an der Sonne getrocknet. Nach
dem Trocknen werden die Grundschichten mit künstlichem Bimsstein leicht abgeschliffen, vom Staub durch Abkehren befreit, mit Sämischleder lauwarm abgewaschen und gut abgetrocknet. Schließlich werden die Leder an beiden Seiten
nochmals gut abgekehrt, um jedes Staubteilchen sorgfältig zu entfernen. Zum
Zwecke des Schwarzstreichens legt man die Rahmen, in welchen das Lackleder
eingespannt ist, waagrecht auf zwei Böcke und trägt mit einem breiten Pinsel
den Schwarzstrich auf. Die Rahmen mit den Ledern werden in den auf 40° C
erwärmten Lackierofen geschoben und während 12 Stunden bei etwa 50° C darin
getrocknet. Nach dem Trocknen im Ofen, dem man zuweilen ein Trocknen an der
Sonne folgen läßt, werden die Leder aus den Rahmen genommen und mit künstlichem Bimsstein glattgeschliffen. Nach gründlicher Reinigung werden die Leder
wieder in Rahmen gespannt und kommen dann zur Lackierung. Der Auftrag des
Lacks erfolgte früher mit einem feinen Roßhaarpinsel. In neuerer Zeit hat sich
aber immer mehr die Lackspritze (Zerstäuber, siehe den Abschnitt ,,Appretieren'')
eingebürgert, die es gestattet, den Lack in äußerst fein verteilter Form gleich
einem Hauch oder auf Wunsch auch in etwas dickerer Schicht auf die Lederoberfläche aufzubringen. Die lackierten Leder kommen in den auf etwa 25° C
angewärmten Lackierofen, dessen Temperatur man allmählich auf 50 bis 55° C
erhöht. Nach ein bis zwei Tagen sind die Lackschichten trocken. Die Leder
werden aus dem Ofen genommen und an die Luft bzw. an die Sonne gestellt,
wobei ein Nachtrocknen der Lackschicht erfolgt und die Leder klebfrei werden.

Vachetten für Schuhzwecke werden gewöhnlich zweimal grundiert und erhalten einen Schwarzstrich und einen Lack; Wagenvachetten dagegen versieht
man meistens mit drei Grunden. Genarbte Vachetten erhalten nur einen Lack-
aufstrich, während man glatte Vachetten zweimal lackiert. Der erste Lackauftrag wird schwach gehalten und nach dem Trocknen im Ofen mit einem neuen
Bimsstein leicht abgeschliffen. Den zweiten oder Schlußlack hält man etwas
stärker. Genarbte Vachetten werden nach dem Lackieren und Trocknen noch
gekrispelt, und zwar mit dem Krispelholz in üblicher Weise auf einer feinen
Krispeltafel.

3. Chromlackleder.

Mit der Verbreitung des Chromleders wurde auch der Wunsch rege, Chrom-lackleder zu erzeugen. Da die Chromleder alle Narbenleder waren und bei den-selben großer Wert auf einen schönen Narben gelegt wurde, so mußte auch das Chromlackleder ein narbenlackiertes Leder sein, bei dem die feine Zeichnung des Narbens möglichst erhalten und sichtbar bleiben sollte.

Man darf nun aber nicht glauben, daß ein jedes chromgegerbte Leder sich auch zum Lackieren eigne. Chromgare Leder, die lackiert werden sollen, müssen besondere Eigenschaften haben. Die Lederfaser muß vollkommen abgesättigt, d. h. gut gegerbt sein, damit sie die Hitze des Lackierofens aushalten kann; der Narben muß fein und dichtanliegend sein, damit er auch in den Gehfalten des Schuhes sich nicht abhebt und nicht hohl wird. Das Leder soll möglichst wenig Zug haben, denn bei einem zügigen Leder würde die Spannung zwischen Lack-schicht und Leder sehr groß werden. Die Lackschicht würde die Dehnung des Leders nicht mitmachen können und würde platzen oder springen.

Auf alle diese Punkte muß bei der Herstellung des Leders schon Rücksicht genommen werden; besonders wichtig sind die Arbeiten in der Wasserwerkstätte. Auf ein sachgemäßes Weichen folgt eine kurze, kräftige Äscherung. Dieselbe muß derartig sein, daß nicht nur die Haare leicht und völlig entfernt werden, sondern daß auch die Haut entsprechend aufgeht, ohne daß aber Hautsubstanz verlorengeht. Einige typische Beispiele neuerer Äscherverfahren für Chromlack-leder aus der Praxis seien hier angeführt. Ein Äscher für Rindlackleder hatte folgende Zusammensetzung: 5% Kalk, 5% Schwefelnatrium, krist., 1% rotes Arsenik, 8% Kochsalz, Temperatur des Äschers 25° C; Einwirkungszeit etwa 24 Stunden, Haspeläscher. Denselben Zwecken diente ein Faßäscher folgender Zusammensetzung: 4% Kalk, 4% Schwefelnatrium, krist., 0,4% rotes Arsenik, 2% Kochsalz. Temperatur des Äschers 35° C, Dauer desselben 6 bis 7 Stunden. Das Faß läuft die erste Stunde fortwährend, dann jeweils pro Stunde 10 bis 15 Minuten. Die Haare waren in dieser Zeit vollkommen entfernt. Nach dem Äschern wurden die Häute noch 2 Stunden kalt gespült. Sie waren tadellos glatt und prall. Nach dem Äschern erfolgt das Entfleischen, das Streichen und Spalten der Häute.

Geradeso wichtig wie das Äschern ist das Beizen. Die Beize darf nicht zu stark sein, muß aber doch derart wirken, daß das Fell oder die Haut weich und geschmeidig wird. Allzu kräftig wirkende Beizen können viel Schaden anrichten, da sie das Leder flach und leer und den Narben lose oder gar hohl machen können. Hier sind mild wirkende Beizen am Platze, wie z. B. die Escobeize oder das Naipin. Derartige Beizen greifen die Hautsubstanz nur sehr wenig an; man kann sie deshalb länger auf die Haut einwirken lassen und dadurch ein gründliches Durchbeizen der Haut bewirken, wodurch weiche, aber volle, kräftige Leder erzielt werden.

Die Chromgerbung muß sorgfältig ausgeführt werden. Die Lederfaser muß gut ausgegerbt sein. Man bewirkt dies einerseits, indem man die Felle oder Häute in üblicher Weise angerbt, für die Schlußgerbung aber stärker basische Brühen wählt, als sie sonst in Gebrauch sind, oder andererseits, indem man die auf gewöhn-liche Weise gegerbten Häute noch einige Zeit in eine stärkere Chromgerbbrühe einlegt oder einhängt, die eine entsprechende Basizität aufweist. Man findet daher bei Lackledern meist einen höheren Chromoxydgehalt wie bei anderen Ledersorten. Vielfach werden in der Praxis zur Erzielung eines feineren Narbens die Felle oder Häute vor der Chromgerbung noch gepickelt. Sie erhalten ent-weder den gewöhnlichen Säurepickel, aus Kochsalz und Schwefelsäure oder

Salzsäure bestehend, oder einen Pickel, der sich aus schwefelsaurer Tonerde und Kochsalz zusammensetzt. Schließlich sei noch bemerkt, daß auch auf eine gute Entsäuerung der Leder großer Wert gelegt werden muß.

Nach dem üblichen Färben der Leder folgt dann das Fetten derselben, was wiederum eine äußerst wichtige Prozedur darstellt. Unter keinen Umständen sollte zum Fetten der Leder irgendwelches Mineralöl benutzt werden, da dieses beim Lackieren sehr stören würde. Am besten haben sich zum Fetten der Lackleder sulfonierte Öle bzw. Gemische von solchen bewährt, die eine stärkere Sulfonierung erfahren haben. Solche Fettungsmittel fetten die Leder nicht nur, d. h. sie machen sie nicht nur weich und geschmeidig, sondern sie üben sicherlich auch eine Art Nachgerbung aus. Die Lederfaser wird besser abgesättigt und widerstandsfähiger gegen Hitzeeinwirkung, wovon man sich überzeugen kann, wenn man Proben von den Ledern vor und nach dem Fetten nimmt und dieselben der Heißwasserprobe nach Fahrion (2) unterwirft, d. h. die Wasserbeständigkeitszahl derselben bestimmt. Dieselbe fällt bei den gefetteten Ledern höher aus. Bei richtiger Wahl der Fette hat man es sogar in der Hand, die Dehnung und den Zug der Leder zu beeinflussen, d. h. dieselben möglichst einzuschränken.

Nach dem Fetten werden die Leder getrocknet, und nun ist es wesentlich, daß sie in diesem trockenen Zustande ein entsprechendes Lager erhalten, damit das Fett sich gleichmäßig verteilen und überall seine Wirkung tun kann. Bei den jetzt noch folgenden Zurichtearbeiten soll besonders noch auf das Nageln aufmerksam gemacht werden. Nach dem Stollen sind die Felle wieder ziemlich feucht; sie werden auf Tafeln aufgenagelt, wobei man sie nach allen Seiten gleichmäßig stark dehnt und auszieht. In diesem Zustande werden sie dann getrocknet, wodurch ihnen der Zug vollkommen genommen wird.

Schließlich werden die Felle oder Häute noch entfettet. Man kennt zwar im Handel Fettgemische, die beim Lackieren der Felle nicht im geringsten hinderlich sind und die auch bei längerem Lagern der Lackleder nicht schädlich auf dieselben einwirken. Aber trotzdem werden die meisten Leder vor dem Lackieren doch entfettet, um sicherzugehen, daß die Leder beim längeren Lagern nicht anlaufen oder gar ausschlagen. Das Entfetten der Leder geschieht mit Benzin; die entfetteten Leder werden dabei aber nicht vollkommen fettfrei, sondern weisen bei der Analyse noch 1 bis 2% Fett auf. Dieser geringe Fettgehalt stört nicht weiter.

Nun kommt das Lackieren selbst, das, wie bemerkt, auf der Narbenseite ausgeführt wird. Für diesen Zweck waren aber die bisher verwendeten Grunde völlig ungeeignet, da sie viel zu dick waren und den Narben völlig zugedeckt und unsichtbar gemacht haben würden. Es entstand daher die Aufgabe, einen Grund herzustellen, der dünn genug war, um den Narben sichtbar zu lassen, der sich mit der Lederfaser verbinden sollte, aber nur ganz wenig in dieselbe eindringen durfte, und der fähig war, die Narbenseite vollkommen abzudecken, so daß die nachfolgenden Lacke nicht mehr in das Leder eindringen, sondern auf dem Narben stehenbleiben würden. Diese Aufgabe wurde von Amerika zuerst gelöst, und die ersten Narbenlackleder kamen von dort zu uns herüber.

Man fand, daß man den stark und zähe gekochten Grund sehr gut mit Amylacetat oder mit Benzin oder mit beiden Lösungsmitteln verdünnen konnte, und daß er sich in diesem stark verdünnten Zustande sehr gut verwenden ließ. Weiter fand man, daß eine Lösung von Nitrocellulose (sog. Schießbaumwolle) in Amylacetat sich sehr gut mit dem verdünnten Grunde mischen ließ, und daß ein solches Gemisch, auf die Narbenseite des Chromleders aufgetragen, diese so vorbereiten würde, daß die nachfolgende Lackierung ohne weiteres erfolgen kann.

Beim Kochen des zähen Grundes für diese Chromlackleder nimmt man viel weniger Trockenmittel, als man früher für die Aaslackgrunde verwendete. Trotzdem wird der Grund aber recht zähe gekocht, bis er kurz abreißt, und am besten noch warm verdünnt. Das Mischen mit der Nitrocelluloselösung muß sehr sorgfältig geschehen, die Mischung muß eine innige sein und wird am besten in einem Rührwerk vorgenommen. Dem Grund setzt man gewöhnlich noch etwas Ruß hinzu, aber ebenfalls viel weniger als früher, da das Chromleder ja vor dem Lackieren schon schwarz oder dunkelblau gefärbt wird und daher der Grund nicht mehr so intensiv schwarz zu sein braucht.

Grundiert werden die Felle oder Häute 1- bis 3mal, je nach Erfordernis. Der Grund wird mit einer Bürste oder mit einem Flanellbausch dünn aufgetragen und gut eingerieben und bei mäßiger Wärme in Trockenstuben getrocknet. Meistens werden die Felle oder Häute schon vor dem ersten Grundieren in Rahmen eingespannt und dort mit Hilfe von Klammern und Schnüren fest und eben ausgespannt gehalten. In diesem Zustande werden die Felle vom ersten Grund ab bis zum Fertiglackieren bearbeitet. Nach den einzelnen Grundaufträgen, bzw. nach der Trocknung derselben werden die Felle mit einem künstlichen Schleifstein mit der Hand leicht geschliffen und abgebürstet. Dann werden sie lackiert, und zwar zuerst wieder mit einem Vorlack, dem man manchmal etwas Ruß zugesetzt hat, und dann mit dem Schlußlack.

Die Lacke selbst werden nach den neueren Methoden auch mit viel weniger Berlinerblau gekocht als früher und werden viel stärker verdünnt zur Anwendung gebracht. Das Lackieren der Felle geschieht deshalb auch in waagrechter Lage; der Lack wird entweder mit dem Pinsel aufgetragen, oder er wird, was heute meistens geschieht, mit dem Spritzapparat gespritzt. Der Spritzapparat besteht aus einer Düse, welcher durch ein Rohr der Lack zugeführt wird; am Ausgang der Düse tritt Druckluft hinzu, welche den Lack mit sich reißt, ihn in Nebel verwandelt und ihn in diesem fein verteilten Zustand auf das Fell bringt. Bei guter und sicherer Arbeitsweise kann man mit dem Spritzapparat sehr dünn lackieren, was bei Lackleder sehr erwünscht ist.

Die im Ofen getrockneten Felle erhalten schließlich noch eine Nachtrocknung im Sonnenlicht an der Luft. Diese Nachtrocknung an der Sonne machte besonders im Winter Schwierigkeiten, wenn man wochenlang trübes Wetter hatte und die Sonne am Himmel nicht sichtbar wurde. Da häuften sich die fertiglackierten und im Ofen getrockneten Felle massenweise an, alle Lagerschuppen waren vollgepfropft, und die Fabrikation mußte manchmal unterbrochen werden, weil die Lagerräume nicht ausreichten. Da wurde durch das Patent Junghans ein Verfahren bekannt zum Nachtrocknen von Lackleder mit Hilfe von Quecksilberlampen, also durch Benutzung ultravioletter Strahlen, welches von den größeren Lacklederfabriken geprüft und dann mit gutem Erfolg eingeführt wurde. Die Lackleder werden in aufgespanntem Zustand langsam an den Quecksilberlampen vorübergeleitet; die Lampen sind so aufgehängt, daß eine gleichmäßige Bestrahlung des Lackleders an allen Stellen erfolgen kann. Die Vorwärtsbewegung der Lackleder wurde so eingerichtet, daß dieselben eine ganz bestimmte Zeit brauchten, um die Lampenreihe zu passieren. Ein Zeitraum von 2 Stunden stellte sich als die günstigste Belichtungszeit heraus; innerhalb dieser Zeit war die Nachtrocknung des Lackleders in der gewünschten Weise vollendet. Anfänglich waren die Erfolge mit der Trocknung durch ultraviolette Strahlen nicht vollkommen befriedigend; man fand aber bald, daß das durch die ultravioletten Strahlen aus der Luft sich bildende Ozon die Ursache der ungenügenden Trocknung war, und lernte, dieses Ozon durch Luftbewegung, welche durch praktisch eingebaute Ventilatoren bewirkt wurde, zu entfernen. Über die verschiedenen Verfahren zur Trocknung und Nachtrocknung von Lackleder mit Hilfe von Lichtstrahlen und bewegter Luft gibt das Patentverzeichnis in diesem Bande näheren Aufschluß.

Man soll jetzt auch Lackleder herstellen, die zur vollkommenen Trocknung weder des Sonnenlichts noch der künstlichen Bestrahlung bedürfen, die also einzig und allein im Lackierofen vollkommen klebfrei werden. Es ist ja wohl möglich, daß die neueren Konstruktionen der Lacklederöfen diesen Fortschritt zum großen Teil bewirkt haben. Früher waren die Lackleder-Trockenöfen fast vollkommen hermetisch geschlossen, so daß die bei der Trocknung der Lackschicht entstehenden flüchtigen Produkte, bestehend aus Lackverdünnungsmitteln, Feuchtigkeit und aus Zersetzungsprodukten aus Lack und Verdünnungsmitteln, kaum oder nur sehr unvollständig aus den Öfen während der Trocknung entweichen konnten. Die Lackleder wurden also gleichsam in einer Dunsthülle getrocknet, was sicherlich auf die Trocknung der Lackschicht nicht gerade günstig eingewirkt hat. Heute legt man Wert auf eine richtige gute Entlüftung der Lackleder-Trockenöfen, wodurch das Trocknen der Lackschicht unbedingt gefördert werden muß.

Bisher war nur von der Fabrikation schwarzer Lackleder die Rede; es soll nun auch die Herstellung farbiger Lackleder besprochen werden. Im großen und ganzen lehnt sich die Fabrikation farbiger Lackleder eng an diejenige des schwarzen Lackleders an. Die Grunde sind ziemlich die gleichen wie beim schwarzen Lackleder, nur werden sie nicht mit Ruß gefärbt, sondern meistens ungefärbt aufgetragen. Der Vorlack enthält die Farbe und wird Farblack genannt, er muß so aufgetragen werden, daß eine gleichmäßig gefärbte Schicht entsteht, welcher durch einen farblosen Schlußlack schließlich der gewünschte Glanz verliehen wird. Vor dem Auftragen des Schlußlacks wird der gut getrocknete Vorlack wieder sauber geschliffen.

Die Lacke für die farbigen Lackleder kann man natürlich nicht mit Berlinerblau kochen, da sie dadurch zu dunkel werden würden. Man verwendete zu ihrer Herstellung früher meistens borsaures Manganoxydul und auch Bleisalze. Heute werden Kobaltsalze und die Linoleate und Resinate von Kobalt, Blei und Mangan Verwendung finden, mit denen man sehr helle Lacke erzielen kann. In dünner Schicht erscheinen die Lacke fast farblos. Der Lack, der als Schlußlack dient, wird auch zur Bereitung des Farblacks genommen. Man verreibt in einer Farbmühle innigst, am besten mehrmals, den Lack mit den Farbstoffen, die zur Erzeugung der farbigen Schicht dienen sollen. Zuletzt wird der Lack entsprechend verdünnt und dann in Kannen gefüllt und 8 bis 14 Tage ruhig stehengelassen. Während dieser Zeit setzen sich die gröberen Teilchen der Farbstoffe zu Boden und bilden dort eine ziemlich feste Schicht, von welcher man später den überstehenden Farblack gut abgießen kann. Die fein vermahlenen Farbteilchen bleiben in dem viskosen Lack schweben und bilden beim Trocknen des Farblacks eine gleichmäßige, den Untergrund gut abdeckende Farbschicht.

Die Mode hat sich aber nicht nur mit schwarzen oder einfarbigen Lackledern begnügt, sie hat auch Lackleder in mehreren Farben und in Mustern hervorgebracht. Hierher gehören z. B. die schwarzen Lackleder, die eine große Menge feinster Pünktchen von Gold oder Silber aufwiesen, oder aus denen unzählige feinste Pünktchen in Rot, Gelb, Grün hervorleuchteten; auch Lackleder mit mehreren farbigen Punkten waren auf dem Markt. In derselben Weise wurden dann auch farbige Lackleder hergestellt, z. B. dunkelblaue Lacke mit hellblauen oder mit roten Pünktchen. Diese Pünktchen wurden erzeugt durch allerfeinste Metallflitterchen oder Farbstoffkörnchen, die in dem viskosen Lack schwebten, beim Trocknen desselben sich aber doch so weit in die Lackschicht einsenkten, daß sie die spiegelglatte Lackoberfläche nicht irgendwie behinderten.

4. Das Kaltlackierverfahren.

Der Gedanke, bei der Herstellung von Lackleder den Leinöllack durch Nitrocellulose zu ersetzen, ist schon vor 1900 in einer Anzahl von Patenten niedergelegt worden. Es waren vor allem Amerikaner und Engländer, die hier einen neuen Weg suchten. Anfangs wollte man einen fertigen Film aus Nitrocellulose auf dem Leder als Überzug befestigen. Eine gute Bindung mit dem Leder konnte so aber nicht erreicht werden, wie wir heute wissen. Immerhin wird bei den Versuchen von W. Field im Jahre 1893 die wichtige Beobachtung gemacht, daß ein Zusatz von Öl zur Nitrocellulose den Film geschmeidiger hält (Engl. Patent 3469, nach E. C. Worden). Wenige Jahre später (1897) nahmen W. F. Reid und E. J. V. Earle ein engl. Patent (Nr. 26 677), nach dem zum Lackieren des Leders selbst eine Mischung aus 5 Teilen niedrig nitrierter Cellulose und 11 Teilen nitrierten Ricinusöls, gelöst in Aceton, verwendet werden (nach H. R. Procter, S. 483). In den folgenden Jahren erscheinen Patente, die die Verwendung von Gemischen aus gekochtem Leinöl und Nitrocellulose-Amylacetatlösungen beschreiben, also die beiden verschiedenartigen Lackkörper gleichzeitig anwenden.

Heute geschieht der Aufbau der Nitrocelluloseschicht auf dem Leder grundsätzlich nicht anders als bei der Öllackierung, d. h. man trägt auf einen Grundlack eine Zwischenschicht auf und läßt dieser einen Schlußlack folgen. Mit einem einzigen Auftrag ließen sich die Anforderungen, die man an einen Lederlack stellen muß, nämlich hohe Elastizität bei geringer Weichheit, gute Haftfestigkeit am Untergrund und Glanz an der Oberfläche, nicht erzielen. Verteilt man aber die zum Teil gegensätzlichen Aufgaben auf verschiedene Lackaufträge, so gelingt es, einen Film zu schaffen, der den Ansprüchen weitgehend genügt. Äußerst wichtig ist der Grundlack. Er soll sehr weich gehalten werden, damit er sich den Bewegungen des Leders bei dessen mechanischer Beanspruchung gut anschmiegen kann. Er muß ferner als das eigentliche Bindeglied zwischen Film und Leder auf dem Untergrund gut festhaften; daher muß er bis zu einem gewissen Grade in die Lederoberfläche eindringen, um sich gut zu verankern. Jedoch darf er nicht so tief vordringen, daß die Lederfasern verklebt werden und dabei an Biegsamkeit einbüßen. Wiederum darf er nicht zu schnell erstarren, damit er Zeit hat, sich in den Poren richtig festzusetzen; er muß also eine gewisse Menge schwerflüchtiger Lösungsmittel enthalten. Adronolacetat wirkt hier z. B. günstig. Ferner sollen sich die Cyclohexanone und die Glykolderivate für die Erzielung einer guten Haftfestigkeit, auch auf ungenügend entfetteten Ledern, bewährt haben. Die Bedeutung des Grundlacks ist hier dieselbe wie bei der Öllackierung, auf die sich ein Satz aus einem Artikel von W. T. Lattey (2) bezieht: „Das ganze Gelingen eines guten Lackleders hängt von den Grundaufträgen ab."

Um die Lederoberfläche gegen ein übermäßiges Eindringen des „Grundes" zu schützen und um gleichzeitig an Grundlack zu sparen, versieht man vielfach die Leder, vor allem die sehr saugfähigen Spaltleder, zunächst mit einer Schicht, die keinen Lackcharakter hat. Es sind dies die sog. Grundiermittel, über die A. Kraus (2) zusammenhängend berichtet hat. Sie haben ferner den Zweck, ein allmähliches Abwandern von Weichmachungsmitteln, vor allem Öl, aus der Lackschicht in das Leder und das damit verbundene Sprödewerden des Films zu verhindern. Die Zusammensetzung der Grundiermittel entspricht in mancher Hinsicht den üblichen wasserlöslichen bzw. mit Wasser emulgierbaren Appreturmitteln. Es sind also Pflanzenschleimstoffe, Kautschuk, Cellulosederivate und Kunstharze (vgl. das Kapitel „Appretieren" dieses Bandes). So eignen sich dazu z. B. dünne Aufträge von Isländisch-Moos, Leinsamenschleim, Gummi, Tragant und ähnlichen Stoffen. Bequem in der Handhabung sind die bekannten Präparate Tragasol und Tragon. Ihnen ähnlich sind Produkte, die aus Methylcellulose bestehen, wie Tylose S und Colloresin DK. Man setzt diesen Stoffen oft noch etwas wasserlösliches Weichmachungsmittel, wie Glycerin oder Türkischrotöl, zu. Kunstharzprodukte und der Polyvinylklasse zugehörig sollen Corialgrund N und Plexigum E sein. Zwischenschichten aus Latex eignen sich nur, wenn noch eine zweite Schicht aufgetragen wird oder wenn noch andere Stoffe zugemischt werden, da die Kautschukschicht klebrig auftrocknet und Nitrocellulose unmittelbar auf ihr nicht haften kann. Als Zusätze eignen sich wasserlösliche Kolloide, wie Tragasol und Calafene. Die Grundiermittel werden möglichst dünn mit der Bürste oder dem Schwamm aufgetragen und nach dem Trocknen bei 70 bis 90° gebügelt. Wichtig ist, daß die grundierte Schicht genügend elastisch ist.

Während die Menge des Weichmachungsmittels beim Grundlack sehr hoch ist, soll die Zwischenschicht daran bereits ärmer sein. Der Schlußlack enthält nur relativ wenig, bzw. gar nichts, wenn er besonders widerstandsfähig gegen mechanische Beschädigung (Ritzen) sein soll. Im Schlußlack vermeidet man gern Öl als Weichmacher und ersetzt es durch einen der synthetischen Ester, wie Trikresylphosphat. Um einen guten Verlauf des letzten Auftrages zu erreichen, stellt man den Schlußlack auf eine verzögerte Trocknungsgeschwindigkeit ein, z. B. durch einen Zusatz von Äthylglykol oder Anon.

Für die Wahl der Nitrocellulosesorte ist besonders ausschlaggebend, welcher mechanischen Beanspruchung die lackierten Leder beim Gebrauch gewachsen sein müssen. Da die höchstviskosen Kollodiumwollen zwar die elastischsten und knitterfestesten Filme geben, aber in gebrauchsfähigen Lösungen zu wenig Lackkörper enthalten, ist man hauptsächlich auf die Nitrocellulosesorten von mittlerer Viskosität angewiesen. Dieser entsprechen z. B. die auch in der Literatur vielfach genannten Produkte der Westfälisch-Anhaltischen Sprengstoff A.-G., Nr. 8 und 8a. (Nach Angaben der genannten Firma besteht aber zwischen beiden noch ein beachtlicher Unterschied in der Viskosität: eine Lösung aus Nr. 8 hat bei derselben Konzentration Spritzkonsistenz, bei der eine Lösung aus Nr. 8a eben noch streichfähig ist.) Für Spaltlederlacke werden meist höher viskose Wollen gewählt. In der amerikanischen Literatur werden Nitrocellulosen von 70 bis 90 Sekunden Viskosität (gemessen nach der amerikanischen Kugelfallmethode) empfohlen (A. Jones). Filmabfälle und Celluloid können wegen ihrer unregelmäßigen Zusammensetzung nur bei weniger wertvollem Material angewendet werden. Die Konzentration an Nitrocellulose liegt für Spritzlacke bei ca. 4%, für Streichlacke bei ca. 5%, berechnet auf das Gesamtvolumen.

Als Lösungsmittel für die Nitrocellulose und die Weichmacher und als Verdünnungsmittel zum Zwecke der Verbilligung kommen praktisch alle Produkte in Frage, die weiter oben näher beschrieben sind. Mengenmäßig finden Amyl- und Butylacetat neben Essigester, sowie als Verdünnungsmittel Alkohol, Benzin und Toluol wohl die meiste Verwendung. Nach A. Jones umfaßt das Lösungsmittelgemisch gewöhnlich

33% niedrigsiedende Lösungsmittel,
17% mittelsiedende Lösungsmittel,
50% hochsiedende Lösungsmittel.

Manche, vor allem hochsiedende Mittel werden nur in geringen Mengen zugesetzt. Sie dienen dazu, einzelne Eigenschaften besser hervortreten zu lassen, wie gute Streichfähigkeit, gleichmäßige Oberflächenbildung, hoher Glanz u. a. Manche Mittel setzt man auch nur zu, um dann mehr nichtlösende billige Verdünnungsmittel anwenden zu können. Solche Eigenschaften rühmt man z. B. dem Milchsäureäthylester und dem Adronolacetat in besonderem Maße nach.

Als Weichhaltungsmittel für Lederlacke spielt im Gegensatz zu anderen Lacken und Farben neben den synthetischen Stoffen das Ricinusöl eine hervorragende Rolle. Man erzielt mit ihm eine extrem große Geschmeidigkeit, ohne die Lackschicht allzu weich zu machen. Nach A. Kraus (1) bewegt sich die Menge des Weichhaltungsmittels, bezogen auf trockene Nitrocellulose, zwischen 170% (für Grundlacke) und 70% (für Schlußlacke). Ein normaler Zwischenlack enthält meist etwa die gleiche Menge Weichmachungsmittel wie Nitrocellulose. Bei gleichzeitiger Verwendung von synthetischen Estern und Öl als weichhaltendes Mittel ist eine gern benutzte Mischung: $^1/_3$ Trikresylphosphat, $^2/_3$ Ricinusöl. Die Gegenwart eines solchen Esters wirkt sich auch beim Glanzstoßen und Narbenpressen günstig aus, da das Ricinusöl dann seine Neigung zum Ausschwitzen verliert.

Bei der Auswahl der Lösungs- und Verdünnungsmittel ist man manchmal gezwungen, auf den Geruch des entstehenden Films Rücksicht zu nehmen. Soll dem Lackleder möglichst wenig Geruch anhaften, muß man die Glykolderivate, wie Methyl-, Äthyl- und Butylglykol, auch deren Acetate, als Lösungsmittel heranziehen und als Verdünnungsmittel den aliphatischen Alkoholen, wie Äthyl- und Butylalkohol, vor den Kohlenwasserstoffen den Vorzug geben.

Für jeden Fall gültige Vorschriften für die Zusammensetzung von Lacken zu geben, ist bei der starken Verschiedenheit, mit der die Leder zum Lackieren kommen, natürlich nicht möglich. Der Lack muß je nach Gerbung, Zurichtung und Verwendungszweck des Leders abgestimmt werden. Man wird also oft Vorversuche an Proben mit verschieden zusammengesetzten Lacken machen müssen, um für eine bestimmte Ledersorte die günstigste Mischung zu treffen. Dabei spielt natürlich auch der Preis der recht teuren Lösungsmittel eine erhebliche Rolle. Allgemeine Angaben über die ungefähre Zusammensetzung der Lacke für die einzelnen Schichten hat A. Kraus (1) in der Tabelle 72 gemacht.

Tabelle 72. Schematische Zusammensetzung von Grund-, Zwischen- und Schlußlack (A. Kraus).

	Grundlack	Zwischenlack	Schlußlack
	Gewichtsprozente		
Kollodiumwolle	10	10	10
Weichmacher	14—17	10	7
Lösungs- und Verdunnungsmittel	73—76	80	83

Tabelle 73. Zusammensetzung eines Kaltlacks für Chromrindleder (A. Kraus).

	Grundlack	Zwischenlack	Schlußlack
	Gewichtsprozente		
Kollodiumwolle Wasag Nr. 8	10	8	8
Trikresylphosphat ...	3	2	4,5
Casterol	12	7	0
Äthylglykol	0	0	5
Butylacetat	20	20	20
Essigester	5	5	5
Butanol	10	8	13
Toluol	37	45	34
Xylol	3	5	10,5
	100	100	100

Rezepte mit genaueren Angaben der Mengenverhältnisse sind in der Literatur nur äußerst selten gegeben worden. Viele Angaben sind bei der schnellen Entwicklung, die auf dem Gebiete der Nitrocelluloselacke stattgefunden hat, schon wieder veraltet. Auf Chromrindleder sollen sich nach dem schon mehrfach zitierten Artikel von A. Kraus (1) die in der Tabelle 73 angeführten Lacke, hintereinander aufgetragen, bewährt haben.

Ein anderes Beispiel eines Nitrocellulose-Lederlacks ist folgendes:

Kollodiumwolle . . . . . . 30 g
Amylacetat . . . . 200 ccm
Butylacetat . . . . 200 ccm
Essigester . . . . 100 ccm
Butanol . . . . 100 ccm
Alkohol . . . . 100 ccm
Leinöl oder Ricinusöl . . . 40 ccm
Dibutylphthalat . . . . . . 10 ccm
Estergummi . . . . 10 g

mit Toluol auffüllen auf 1000 ccm (nach J. A. Wilson-F. Stather-M. Gierth, II. Bd., S. 189). Ein solches Rezept kann sich wohl, trotzdem es für eine bestimmte Ledersorte geeignet ist, für eine andere als unbrauchbar erweisen, zumindest müssen die Mengen der einzelnen Zusätze oft durch Probieren verändert werden.

Dem eigentlichen Lack werden im allgemeinen noch färbende Bestandteile zugesetzt. Auch beim Kaltlackieren ist Schwarz vorherrschend, bei dem der Glanz der Oberfläche am stärksten zur Wirkung kommt. Über die Wahl der Farbstoffe gehen die Meinungen der Fachleute auseinander. Während nach E. Pilz in erster Linie die Pigmente, also unlösliche Farbkörper, auch für Schwarz in Betracht kommen, sollen nach A. Kraus (1) schwarze Körperfarben, wie Ruß, Carbon black u. dgl., nicht zu empfehlen sein, da man mit ihnen die mechanischen Eigenschaften der Lacküberzüge verschlechtere. Es werden von diesem Autor sprit- oder benzollösliche schwarze Teerfarbstoffe, wie Typophorschwarz, Sudanschwarz, Zaponschwarz X, Nigrosin, vorgeschlagen. Sie werden in Mengen von 1 bis 2% den Lacken beigemischt.

Bei der Verwendung von schwarzen Pigmenten, für die eine Anzahl Rußarten, wie Lampenruß, Gasruß (Diamantschwarz), Acetylenruß, Carbon black, sowie Beinschwarz, und auch organische Pigmente, wie Pigmentschwarz und Pigmenttiefschwarz (I. G. Farbenindustrie), zur Verfügung stehen, ist ein größerer Zusatz von Weichmachungsmitteln nötig. Das erforderliche Mehr beträgt ca. 30% der schon vorhandenen Menge bei den meisten, auch den schwarzen Pigmenten. Es muß gesteigert werden, wenn das spezifische Gewicht des Farbstoffs relativ hoch ist. Man tut gut, den Farbstoff gleich mit der nötigen Menge Weichmachungsmittel anzureiben und dann dem fertigen Lack einzuverleiben. Um die bei hohem Pigmentgehalt auftretende Verschlechterung in der Elastizität der Lackschicht auszugleichen, hat sich die Dr. Th. Schuchardt G. m. b. H. in dem Patent D.R.P. 471 725 ein Verfahren schützen lassen, nach dem jeweils zwischen zwei stark pigmentierten Aufträgen eine Schicht aus Nitrocellulose mit oder ohne Zusatz von Harzen, Harzestern oder Ölen angebracht wird.

Das Kaltlackierverfahren ist an keine besondere Lederart gebunden und kann sowohl bei vegetabilisch als auch bei chromgegerbtem Leder angewendet werden. Bevorzugt werden die Nitrolacke für billige Spaltleder, die für modische Portefeuillewaren vielfach Verwendung finden. Heute scheint man so weit zu sein, daß man auch wertvolles Chromleder für manche Zwecke allein mit Nitrocelluloselacken versieht. Über die Art der Gerbung und die Vorbehandlung der Leder gilt das gleiche, was über Chromlackleder gesagt worden ist. Besonders wichtig ist natürlich auch hier, daß das Fett, und besonders das natürliche,

möglichst weit entfernt ist, weil auch Celluloseesterlacke auf fetthaltigem Untergrund nicht richtig haften können (vgl. das Kapitel „Entfetten" dieses Bandes).
Es sind nach verschiedenen Richtungen Anstrengungen gemacht worden, gut haftende Laeküberzüge auch ohne Entfettung herzustellen. So soll nach dem amerikanischen Patent 1829302 von S. S. Sadtler und E. F. Kayo die Entfettung und die übliche Grundierung fortfallen können, wenn die Leder mit einer 5proz. Schellacklösung, die gleichzeitig Füllstoffe enthält, grundiert werden. Ferner soll sich nach dem deutschen Patent 464041 von E. Jacoby die Haftfestigkeit von Celluloseesterfilmen auf Chromledern durch Vorbehandeln mit vegetabilischem Gerbstoff erheblich steigern lassen. J. Paisseau hat sich Patente (E.P. 255803, E.P. 613501) auf die Vorbehandlung zu lackierender Leder mit organischen Säuren, wie Milch-, Wein- oder Ameisensäure, geben lassen. Er setzt außerdem dem Lack noch Eisessig zu. Nach A. Kraus (1) übt tatsächlich eine Vorbehandlung des Leders mit Essigsäure einen günstigen Einfluß auf das Anhaften der Lackfilme aus. Auch eine Imprägnierung der zu lackierenden Oberfläche mit Weichmachungs- und Gelatinierungsmitteln zum Zwecke guten Anhaftens der Celluloseester ist patentiert worden [D.R.P. 417600 der Farbenfabriken vorm. F. Bayer & Co. (1925)].
Das Auftragen der einzelnen Lackschichten erfolgt stets auf den aufgespannten Ledern (wegen verschiedener Spannvorrichtungen vgl. das Kapitel „Mechanische Zurichtung" in diesem Bande), und zwar wird der Grund meist mit der Hand eingerieben. Man benutzt dabei einen Schlicker oder einen Stoffballen und verteilt den Lack gründlich. Chromleder verträgt als Grund eine dünnflüssigere Lösung als vegetabilisch gegerbtes Leder, da es den Lack weniger leicht aufnimmt. Natürlich muß man für absolut klare, unter Umständen filtrierte Lösungen sorgen und jeden Staub im Arbeitsraum vermeiden. Nach dem Trocknen des Überzugs, was in horizontaler Lage in Trockenöfen bei 30 bis 40° geschieht (vgl. das Kapitel „Trocknen" dieses Bandes), wird, wenn nötig, die lackierte Fläche mit Bimsstein geglättet. Dies geschieht vielfach mit Hand oder aber mit einer Lacklederschleifmaschine, wie sie für diesen Zweck besonders konstruiert sind. Im allgemeinen genügt ein ein- bis zweimaliges Auftragen des Grundes.
Die nun folgenden Lackschichten werden am besten mit Hilfe der Spritzpistole aufgetragen, die ein rasches Arbeiten und gleichmäßiges Verteilen ermöglicht (Näheres vgl. Kapitel „Appretieren" dieses Bandes). Gespritzt wird auf die senkrecht stehenden Häute aus etwa $1/_2$ m Entfernung. Auch hierbei ist die richtige Konsistenz des Lacks und ein gut abgestimmtes Lösungsmittelgemisch wichtig. Ist zu viel leichtflüchtiges Lösungsmittel vorhanden, oder spritzt man aus zu großer Entfernung, so kann der Lackfilm leicht den sog. „Orangenschaleneffekt" zeigen, d. h. mit ungleichmäßiger, porös erscheinender Oberfläche auftrocknen. In solchen Fällen haben die einzelnen Tröpfchen auf dem Weg zum Leder schon so viel Lösungsmittel verloren, daß der Lackkörper schon ausgefallen und ein Verlaufen auf dem Untergrund nicht mehr möglich ist. Der Lack muß also genügend feucht auf dem Leder ankommen. Wiederum darf der Lack nicht zu dünnflüssig auftreffen, da er sonst wegläuft. Etwa 2 bis 3 solcher Aufträge sind nötig; nach jedem muß wieder im Ofen bei 30 bis 40° getrocknet werden.
Besonders sorgfältig muß das Auftragen des Schlußlacks vorgenommen werden, weil hiervon die dem Auge gefälligen Eigenschaften des Lackleders, wie der spiegelnde Glanz, vollkommene Gleichmäßigkeit und Kornfreiheit, am stärksten abhängen. Der Schlußlack wird ebenfalls gespritzt und stets nur einmal. Nachdem auch der Schlußlack getrocknet ist, lüftet man die Leder noch ab, um den Geruch abzuschwächen. Dann erfolgt oft noch eine weitere mechanische Zurichtung, die je nach Verwendungszweck verschieden ist. Vielfach wird ge-

bügelt bzw. gepreßt und gekrispelt. Durch Pressen bei höherer Temperatur mit geheizten hochpolierten Platten erzielt man eine besonders glatte und hochglänzende Oberfläche. Die Gefahr bei solcher Behandlung ist ein Ausschwitzen des als Weichmachungsmittel anwesenden Ricinusöls, das im Schlußlack daher durch synthetische Mittel ersetzt werden soll.

5. Kombiniertes Lackierverfahren.

Bei den Versuchen, die Celluloseester für das Lackieren von Leder verwendbar zu machen, hat sich herausgestellt, daß Kollodiumwolle und polymerisiertes Leinöl sich sehr wohl vertragen und daß solche Mischungen zu einem technisch brauchbaren Film aufzutrocknen vermögen. Ja, für Chromleder hat man eine solche Vereinigung als besonders günstig gefunden, da man so einen besonders elastischen Lack erhalten kann. Sind die Mischungsverhältnisse und Konzentrationen gut ausprobiert, so ergeben sich Lacke, die die Geschmeidigkeit und den Glanz des Öllacks mit den angenehmen Eigenschaften des Nitrolacks, nämlich Festigkeit, Klebfreiheit und Widerstandsfähigkeit gegen Temperatureinflüsse, vereinigen. Man ist so zu einem Verfahren gekommen, bei dem man entweder in allen oder nur in einzelnen Lackschichten Gemische von gekochtem Öl und Nitrocellulose anwendet. Man arbeitet heute auch so, daß man die Lackkörper selbst nicht mischt, wohl aber den Film aus einzelnen Lackschichten aufbaut, die entweder aus diesem oder aus jenem Material bestehen. Die Literatur über kombinierte Lackierverfahren ist, entsprechend der Einstellung der Industrie und weil die Verfahren noch nicht lange geübt werden, sehr spärlich und außerdem schwer zugänglich. E. C. Worden hat vielleicht zum ersten Male technisch brauchbare Angaben über die Bereitung und Anwendung solcher Lackgemische gegeben. Leider sind, worauf A. Kraus (1) aufmerksam gemacht hat, bei der Übernahme seiner Vorschriften in die deutsche ledertechnische Literatur (M. C. Lamb-E. Mezey; H. Börner) erhebliche Übersetzungsfehler unterlaufen, so daß diese Unterlagen wertlos wurden.

Nach E. C. Worden (S. 446) kocht man auf die übliche Weise einen Leinöllack, wobei auf 1 l Öl 3,7 g Umbra und 4,2 g Preußischblau angewendet und nicht höher als auf 275° C erhitzt werden soll. Beim Anheizen soll die Temperatur in 15 Minuten um etwa 10° steigen und schließlich so lange erhitzt werden, bis die Konsistenz eines dicken Syrups erreicht ist. Nach Abkühlen auf 100° werden 20% des eingesetzten Ölvolumens an Amylacetat auf einmal zugefügt und sorgfältig vermischt. Man kann auch einen Teil des Amylacetats durch Terpentinöl ersetzen. An einer auf eine Glasplatte gebrachten Probe überzeugt man sich, ob die Mischung wirklich homogen ist.

Die Nitrocelluloselösung soll etwa die Konsistenz von Rapsöl haben und als Lösungsmittel ein Gemisch aus 6 Teilen Amylacetat und 4 Teilen Benzin enthalten. Als typische Zusammensetzung wird angegeben:

Kollodiumwolle	225 g
Amylalkohol	735 g
Amylacetat	1980 g
mit Benzin aufgefüllt auf . .	3785 ccm

Der Lösung wird ein schwarzer löslicher Farbstoff zugesetzt, der zunächst in einem Benzin-Amylalkoholgemisch gelöst wird. Die Menge richtet sich nach der Natur des Farbstoffs und der Tiefe des gewünschten Tons. Die Farbstofflösung — meist kommt Nigrosin in Frage — läßt man zur Klärung vor Gebrauch mehrere Tage lang stehen und filtriert außerdem.

Das Mischen des Öllacks mit der Nitrocelluloselösung geschieht so, daß man die Kollodiumlösung unter gutem Umrühren zum Öl gibt und nicht umgekehrt. Die Mengenverhältnisse richten sich nach den verschiedenen Aufstrichen; der Anteil des Öls nimmt nach dem Schlußlack zu ab. Dieser ist oft auch frei von Öl, wenn er besonders widerstandsfähig sein soll. E. C. Worden gibt als Mischungsverhältnisse an: für den 1. Auftrag 1 Teil gelöstes Öl, 3 Teile Kollodiumlösung, für den 2. Auftrag das Verhältnis 1 : 6. Am besten läßt man auch hier die Mischung mehrere Tage vor Gebrauch stehen.

Das Auftragen des Lackgemisches geschieht beim Grundieren auch hier am besten mit einem Schlicker, womit man den Grund gut einreiben kann. Vorher hat man zweckmäßig durch Bearbeiten des fest ausgespannten Leders mit einer kräftigen Bürste für Entfernung alles Staubes gesorgt. Dies begünstigt die Haftfestigkeit des Grundes. Die Konsistenz des Lacks und die aufzutragende Menge richtet sich nach der Porosität des Leders. Nach dem Trocknen (bei ca. 30⁰) werden im allgemeinen, um eine recht gleichmäßige Unterlage für den Schlußlack zu schaffen, ein oder mehrere Zwischenschichten aufgetragen, die dünner als der Grund gehalten werden. Aufgestrichen wird hier meist mit einer langhaarigen, steifen Bürste oder auch mit einem Schwamm. Vor allem ist für ganz gleichmäßiges Abdecken des Untergrundes Sorge zu tragen.

Den Schlußlack bildet ein ölfreier oder wenigstens an Öl sehr armer Lack. Er muß so eingestellt sein, daß er gut verläuft, also auch hochsiedende Lösungsmittel enthalten, die ein zu rasches Antrocknen verhindern. Andererseits darf der Schlußlack nicht zu lange feucht bleiben, weil sonst die unteren Schichten durch Diffusion des Lösungsmittels wieder aufgeweicht werden können. Dieser letzte Auftrag muß sehr dünn aufgetragen werden, wozu heute am besten die Spritzpistole verwendet wird. Nach abermaligem Trocknen sind die Leder fertig. Sie sollen aber, damit die letzten Spuren Lösungsmittel sich verflüchtigen können, noch etwa 1 Woche zum Lüften aufgehängt werden. Unter Umständen kann die Rückseite leicht gefettet werden, wenn eine bessere Geschmeidigkeit erwünscht ist.

Ein anderes, von A. Kraus (1) mitgeteiltes Verfahren der gleichzeitigen Verwendung von Öl- und Nitrolack sei hier noch wiedergegeben. Abweichend von oben wird hierbei als Schlußlack ein reiner Leinöllack verwendet:

„1. Kochen des Öls. 97,85 kg amerikanisches Baumwollsamenöl oder Ricinusöl erster Pressung werden auf 100⁰ erhitzt und mit 1,37 kg Umbra und 0,78 kg Berlinerblau versetzt. Die Trockenstoffe sind vorher zweckmäßig mit etwas Öl vermischt worden. Das Ganze wird unter beständigem Rühren langsam auf 275 bis 300⁰ erhitzt.

2. Herstellung der Kollodiumlösung und Mischen mit dem gekochten Öl. Man löst hochviskose Nitrocellulose — etwas Wasagwolle Nr. 8a — 4proz. mit Amylacetat auf. 80 kg dieser Lösung werden mit 20 kg des gekochten Öls innig vermischt, indem man die Kollodiumlösung unter gutem Rühren in das Öl einträgt.

3. Auftragen des Lacks. Diese Nitrocellulose-Ölmischung wird mit Hilfe eines langhaarigen Pinsels oder auch eines Schwammes auf das Leder aufgetragen, und zwar insgesamt zwei- bis dreimal. Beim letzten Strich verwendet man eine Mischung von 25 kg der 4proz. Amylacetat-Kollodiumlösung mit 75 kg gleicher Teile Äther und Alkohol.

4. Herstellung des Decklacks. Zu 94,34 kg Leinöl fügt man 0,94 kg kristallisierten Bleizucker, 0,940 kg Bleiglätte und 3,78 kg Umbra und erhitzt das Ganze auf 300⁰, worauf man langsam abkühlen läßt. Dieser Decklack wird dann entweder im Streichverfahren, vorteilhafter im Spritzverfahren auf die völlig durchgetrocknete Grundierung aufgebracht. Zur Anfärbung des Lacks dienen spritlösliche schwarze Anilinfarbstoffe."

Für die Zurichtung von Spaltleder kommen noch andere Methoden der gemeinsamen Anwendung von Öl- und Nitrolack in Frage. Diese bestehen darin, daß man das Leder zunächst mit mehreren Schichten Leinöllack grundiert und dann eine oder zwei Schichten Nitrocellulose aufbringt. Allerdings läßt hierbei manchmal die Haftfestigkeit der beiden verschiedenartigen Filme aneinander zu wünschen übrig.

III. Untersuchung der Rohstoffe und des Lackleders.
Untersuchung des Leinöls[1].

Die verschiedenen im Handel befindlichen Leinölsorten sind vom Reichsausschuß für Lieferbedingungen (RAL) in folgende 4 Sorten eingeteilt worden:

1. Rohes Leinöl.
2. Gebleichtes Leinöl.
3. Raffiniertes Leinöl.
4. Lackleinöl.

Nach Vereinbarung maßgebender Erzeuger und Verbraucher sollen diese 4 Sorten bestimmten Ansprüchen bezüglich der wichtigsten physikalischen und chemischen Eigenschaften genügen. Diese festgelegten Bedingungen sind nach Nr. 848 A der Liste des Reichsausschusses für Lieferbedingungen:

1. Rohes Leinöl.

Rohes Leinöl muß klar oder darf nur schwach getrübt sein. Stärkere durch Kälte erzeugte Trübungen müssen beim Erwärmen auf etwa 40° C verschwinden, so daß das Öl auch nach längerem Stehen bei Zimmertemperatur klar oder nur schwach getrübt ist. Der Geruch soll blumig sein, die Farbe gelb oder gelbgrün und nicht dunkler als eine $1/100$-Normaljodlösung. Beim Farbenvergleich sind zwei Röhrchen genau gleichen Durchmessers zu nehmen, das eine ist mit dem filtrierten Leinöl, das andere mit der Vergleichslösung bis zu gleicher Höhe aufzufüllen. An Stelle der Vergleichslösung kann auch die Farbenskala von Knauth-Weidinger verwendet werden. Die Farbe darf nicht tiefer als Rohr 8 dieser Skala sein.

Die physikalischen und chemischen Kennzahlen müssen zwischen den nachstehend angegebenen Grenzwerten liegen. Der Besteller ist nicht berechtigt, Leinöl zurückzuweisen, das bei einer einzelnen Kennzahl, besonders bei der Säurezahl, eine Abweichung von den Grenzen bis zu 2 Einheiten der letzten angegebenen Stelle aufweist, es sei denn, daß eine ausführliche Untersuchung einen Verschnitt zweifellos erweist.

Spez. Gew. (20°/4°, 760 mm) . . . . 0,927 bis 0,932
Brechungsindex (n_D^{20}) . . . . 1,4785 bis 1,4830
Säurezahl . . . . nicht über 6
Verseifungszahl . . . . 188 bis 196
Jodzahl nach Hübl-Waller oder Hanus. mindestens 170
Unverseifbare Stoffe nach Spitz-Hönig . höchstens 2,0%
Hexabromidzahl . . . . mindestens 48
bei baltischen Ölen . . . . mindestens 53

(Die Hexabromide müssen sich in der 50fachen Menge Benzol beim Erhitzen völlig lösen und sollen bei 176 bis 178° C ohne Schwärzung schmelzen.)

---

[1] Vgl. dazu den Abschnitt „Leinöl" im Kapitel „Fettung" dieses Bandes, in dem auch die Einzelheiten für die Bestimmungsmethoden der Konstanten enthalten sind.

2. Gebleichtes Leinöl.

Das Öl muß klar sein. Trübungen, die etwa durch Kälte entstanden sind, müssen beim Erwärmen auf 40° C verschwinden und dürfen auch bei längerem Stehen bei Zimmertemperatur nicht wiederkehren.

Die Farbe darf nicht tiefer sein als eine $1/600$-Normaljodlösung (Rohr 4 der Knauth-Weidinger-Skala). Im übrigen gelten die gleichen Bedingungen wie für rohes Leinöl. Der Geruch kann blumig oder gurkenartig sein. Beim Erhitzen darf das gebleichte Leinöl nicht dunkler werden.

3. Raffiniertes Leinöl.

Das Öl muß klar sein. Trübungen, die etwa durch Kälte entstanden sind, müssen beim Erwärmen auf 40° C verschwinden und dürfen auch bei längerem Stehen bei Zimmertemperatur nicht wiederkehren.

Die Farbe darf nicht tiefer sein als eine $1/600$-Normaljodlösung (Rohr 4 der Knauth-Weidinger-Skala). Die Säurezahl kann bis zu 8 betragen. Im übrigen gelten die gleichen Bedingungen wie für rohes Leinöl. Der Geruch kann blumig oder gurkenartig sein. Beim Erhitzen darf das Öl keine Schleimstoffe abscheiden, während ein Dunklerwerden dabei nicht zu beanstanden ist.

4. Lackleinöl.

Lackleinöl muß klar sein. Trübungen, die etwa durch Kälte entstanden sind, müssen beim Erwärmen auf 40° C verschwinden und dürfen auch bei längerem Stehen bei Zimmertemperatur nicht wiederkehren. Die Kennzahlen sind die gleichen wie bei rohem Leinöl. Bei der Erhitzungsprüfung darf eine Schleimausscheidung nicht stattfinden, das Öl soll beim Erhitzen auf 280 bis 300° C hellgelblich oder grünlich oder wasserhell werden (Farbtiefe nach Erhitzen wie bei 2).

Für eine schnelle orientierende Prüfung einer Leinölprobe gibt die Bestimmung des Brechungsindex (vgl. S. 648) Aufschluß, da alle fremden Öle bis auf Holzöl die Refraktion erniedrigen [H. Wolff (3), S. 81]. Eine Ermittlung der Verseifungszahl gibt einen weiteren Anhaltspunkt für die Reinheit. Man kann sich hier schon durch die übliche qualitative Probe auf Unverseifbares[1] einen ersten Anhalt für bestimmte Verfälschungen verschaffen.

Erscheint eine genauere Untersuchung notwendig, so ist die Ermittlung der Hexabromidzahl[1] wichtig. Vor allem kann man damit auch Trane, die durch die anderen Prüfungen nicht erfaßt werden, erkennen. Deren Hexabromide sind nämlich in Benzol unlöslich und schmelzen nicht, sondern werden erst oberhalb 200° schwarz (vgl. RAL-Bedingungen).

Eine schnelle Prüfung auf Gegenwart leicht flüchtiger Kohlenwasserstoffe und Lösungsmittel kann durch eine Entflammbarkeitsprobe ausgeführt werden (H. Wolff-W. Schlick-H. Wagner, S. 109).

Man füllt einen kleinen Porzellantiegel bis zu etwa $1/2$ cm unter den Rand mit dem zu prüfenden Öl und setzt den Tiegel auf ein Wasserbad, das zum schnellen Anheizen vorteilhaft klein gewählt wird. Während des Erwärmens fährt man mit einer kleinen Flamme ab und zu dicht über dem Rand des Tiegels hin. Tritt dabei ein Aufflammen ein, so ist ein Verschnitt mit brennbaren flüchtigen Stoffen sehr wahrscheinlich.

Eine genauere Methode zur Ermittlung solcher Stoffe ist natürlich eine Wasserdampfdestillation, wozu etwa 100 g Öl angesetzt werden müssen.

Aufschluß über den Grad der Raffination kann eine Erhitzungsprobe geben. Sie wird nach den oben genannten RAL-Bedingungen Nr. 848 A wie folgt ausgeführt:

---

[1] Vgl. Fußnote S. 642.

„In einem bis zu etwa $^2/_3$ gefüllten Reagensglas wird das Öl mit großer Flamme schnell auf 300⁰ C erhitzt. Die Thermometerkugel soll dabei in der Mitte des Öls sein. Das Erhitzen erfolgt ohne Umrühren. Der bei dieser Probe sich abscheidende Schleim soll hell oder mäßig bräunlich, jedenfalls nicht dunkelbraun gefärbt sein. Auch soll die Ausscheidung gallertig und nicht pulverig oder körnig sein. Das Öl soll nach dem Erhitzen und Filtrieren klar und etwas heller sein als das nicht erhitzte oder eine grünliche Farbe annehmen."

Raffinierte Leinöle und Lackleinöl dürfen überhaupt nicht „brechen". Schäumt das Öl beim Erhitzen, so kann man auf ein „junges", frischgeschlagenes Produkt schließen.

Für die Verwendung als Lackrohstoff ist ferner eine Trocknungsprüfung des unbehandelten Öls wichtig. Sie wird nach den vereinbarten Bedingungen (RAL-Blatt Nr. 848 A) folgendermaßen ausgeführt:

„Drei Tropfen werden auf einer Glasplatte 9 × 12 cm aufgebracht, und zwar so, daß sie in etwa gleichen Abständen auf der kleineren Halbierungslinie sich befinden. Durch abwechselndes Verstreichen mit der Fingerkuppe in der Längs- und Querrichtung werden die Tropfen gleichmäßig verteilt; die Platte wird dann waagrecht der Luft ausgesetzt.

Das Trocknen soll bei einer Temperatur von 20⁰ C, jedenfalls nicht unter 18⁰ und nicht über 23⁰, und zwar in zerstreutem Tageslicht erfolgen. Die Trockenzeit darf im Sommer nicht länger als 4 Tage, im Winter nicht länger als 6 Tage betragen. Bei dauernd feuchtem Wetter kann sich die Trockenzeit um etwa 2 Tage verlängern."

Zur Bestimmung des Trockengrades ist nach RAL-Blatt Nr. 840 A 2 für die Praxis das einfache Betasten mit dem Finger ausreichend. „Der Trockenprozeß muß in allen seinen Stufen verfolgt werden. Man fährt zunächst ganz behutsam über den Anstrich und kann dabei folgende Stufen der Trocknung unterscheiden:

a) Anziehen (Antrocknen): Der Finger erfährt einen fühlbaren Widerstand;

b) klebende Trocknung: Der Finger klebt beim Gleiten über die Oberfläche des Anstrichs;

c) staubfreie Trocknung: Der Finger gleitet ohne Widerstand über den Anstrich.

Um die nun beginnende Stufe des Durchtrocknens festzustellen, streicht man von Zeit zu Zeit mit immer mehr steigendem Druck mit dem Finger über die Fläche. Der Anstrich gilt als durchgetrocknet, wenn der Finger keinen Widerstand mehr erfährt und außerdem bei stärkstem Druck ein Fingerdruck nicht mehr sichtbar ist". Um sich von den äußeren Bedingungen, wie Temperatur, Feuchtigkeitsgehalt der Luft, Zugluft usw. weniger abhängig zu machen, tut man gut, jedesmal eine Probe eines als gut erkannten Leinöls zum Vergleich mittrocknen zu lassen. Eine besondere Methode zur Beobachtung des Trockenvorgangs, bei der die Ausbreitung eines auf die trocknende Fläche gebrachten Tropfens einer Farbstofflösung gemessen wird, wurde von H. Wolff und W. Toeldte angegeben.

Nach A. Eibner kann man an die Trockenprobe eine Schmelzprobe des Films anschließen. Filme aus reinem Leinöl verkohlen, ohne zu schmelzen, bei 240 bis 250⁰, während Filme aus verunreinigten Ölen unter Schäumen schmelzen.

Untersuchung der Trockenmittel.

Vorprüfung.

Gefällte Präparate sind oft kenntlich als leichte, lockere, farblose oder nur gering gefärbte Pulver, die geschmolzenen Resinate liegen meist als dunkle, spröde Stücke vor. Resinate erkennt man außerdem am Geruch, besonders deutlich beim Verbrennen. Ob ein pulveriges Sikkativ wirklich durch Fällen oder durch nachträgliches Pulverisieren eines geschmolzenen Produkts erhalten worden ist, kann man meist unter dem Mikroskop feststellen, wo sich im zweiten Fall durchsichtige Harzpartikel feststellen lassen. Geschmolzene Produkte sind außerdem wasserfrei.

Analyse auf Metallgehalt.

Qualitative Prüfung: Man verascht eine Probe, nimmt mit verdünnter Salzsäure auf und prüft nach dem üblichen Analysengang. Zunächst auf Blei, Mangan, Kobalt und Eisen. An anderen Metallen können noch Erdalkalien vorhanden sein, die, wie Calciumverbindungen, manchmal zum Härten dienen sollen, aber auch als billiges Beschwerungsmittel gedacht sein können. Man prüft also noch auf Calcium, Strontium, Barium, ferner auf Magnesium, Aluminium und Zink, dem man auch manchmal günstige Eigenschaften zuschreibt.

Quantitative Bestimmung: Bei den eigentlichen Trockenstoffen (Linoleaten und Resinaten) wägt man ca. 2 g Substanz genau ab und verascht. Bei den Trockenstoffgrundlagen (Oxyden und Salzen) genügen 0,5 g. Das Veraschen geschieht am besten, um Verspritzen zu vermeiden, auf folgende Weise (H. Wolff, W. Schlick und H. Wagner, S. 319):

„Man steckt in das geschmolzene, in einem Tiegel befindliche Sikkativ (oder bei flüssigen ohne weiteres in dieses) ein zusammengerolltes Stückchen aschefreies Papier als Docht. Man hält das Papier in senkrechter Lage durch einen dünnen Platindraht. Nun steckt man, indem man den Tiegel schwach erwärmt, das Papier an. Das Sikkativ brennt dann ruhig ab. Endlich erhitzt man bei schwacher Rotglut so lange, bis die Kohle ganz verschwunden ist."

Die Asche bzw. mineralische Substanz wird mit Salzsäure aufgenommen, unter Umständen mit Salpetersäure, wenn viel Blei zugegen ist. Zunächst wird das Blei mit Schwefelwasserstoff gefällt und nach Abfiltrieren und Veraschen mit Salpetersäure gelöst, mit Schwefelsäure in das Sulfat übergeführt und gewogen.

Im Normenblatt der D.T.V. (vgl. S. 609) wird die Analyse von Bleipräparaten folgendermaßen vorgeschlagen:

„Vorsichtig veraschen, aufnehmen mit konzentrierter Salpetersäure, eindampfen, aufnehmen mit konzentrierter Salpetersäure, verdünnen, filtrieren; Fällen und Wägen des Bleis als Sulfat. Zur Prüfung des Sulfats auf Reinheit löst man in basischem Ammonacetat und bringt einen eventuellen Rückstand in Abzug."

Mangan kann man sehr bequem durch Titration mit Kaliumpermanganat nach Volhard bestimmen. Die Methode gründet sich auf die Oxydation von Manganosalz zur vierwertigen Stufe, und zwar zu manganiger Säure, die als Zinkmanganit ausgefällt wird.

Man versetzt die schwach saure Mangansalzlösung mit in Wasser aufgeschwemmtem Zinkoxyd in kleinen Portionen, bis die Lösung ganz entfärbt ist und alles vorhandene Eisen als Hydroxyd eben flockig ausgefällt ist. Man filtriert, wenn viel Eisen zugegen ist; andernfalls erhitzt man die auf ca. 400 ccm verdünnte Lösung auf ca. 80° und läßt $n/_{10}$-Kaliumpermanganatlösung zutropfen. Dabei wird kräftig geschüttelt. Man titriert auf die Farbe einer Vergleichslösung, die 0,1 ccm Permanganat auf 400 ccm enthält. Der Wirkungswert der Permanganatlösung muß, da der theoretische Wert nicht ganz erreicht wird, mit Hilfe eines Mangansalzes von bekanntem Gehalt bestimmt werden. Zu diesem Zwecke stellt man sich eine Manganchlorürlösung aus Kaliumpermanganat, dessen Gehalt gewichtsanalytisch, z. B. nach dem anschließend beschriebenen Verfahren, genau ermittelt worden ist, her, indem man etwa 1,5 g Permanganat abwägt, in einem Meßkolben von 500 ccm in wenig Wasser löst, dann 15 ccm Salzsäure (d = 1,13) langsam hinzufügt und allmählich zum Sieden erhitzt, bis die Lösung klar ist und die Chlorentwicklung beendet ist. Dann füllt man auf, titriert Proben von 50 ccm nach Verdünnen auf ca. 300 in der Hitze mit der einzustellenden Permanganat-Losung (Lunge-Berl, S. 142).

Gewichtsanalytisch kann Mangan bei Abwesenheit von größeren Mengen der Erdalkalien, Zink und ähnlicher Metalle gut mit Ammoniak in Gegenwart von Brom oder Wasserstoffperoxyd als Manganomanganit gefällt und als Mn_3O_4 gewogen werden. Man verfährt dabei wie folgt (H. Wolff-W. Schlick-H. Wagner, S. 320):

In der durch Kochen von Schwefelwasserstoff befreiten Lösung entfernt man zunächst oft vorhandenes Eisen und auch Aluminium, indem man mit etwas Salpetersäure kocht und dabei oxydiert, dann bis zur schwach sauren Reaktion zum größten Teil neutralisiert und mit Ammonacetatlösung durch kurzes Kochen Eisen und Aluminium als basische Acetate, ausfällt. Das Filtrat wird mit Bromwasser versetzt und mit Ammoniak deutlich alkalisch gemacht. Der grobflockige Niederschlag wird filtriert, heiß gewaschen, getrocknet und durch starkes Glühen in Manganoxyduloxyd Mn_3O_4 übergeführt.

Liegen neben Mangan größere Mengen alkalische Erden oder Magnesium vor, so wird das Mangan am besten als Sulfid gefällt. Dies muß in vorliegendem Falle bei Gegenwart von viel Ammonsalz und in der Kälte durchgeführt werden. Die Fällung geschieht mit Ammonsulfid durch längeres Stehenlassen. Das Sulfid wird durch Glühen in Mn_3O_4 umgewandelt.

Kobalt. Am genauesten und bequemsten bestimmt man Kobalt elektrolytisch, und zwar in ammoniakalischer, ammonsalzhaltiger Lösung des Sulfats oder Chlorids mit einem Strom von 0,5 bis 1 Amp. Bei der gewichtsanalytischen Bestimmung kann Kobalt als Metall gewogen werden (durch Reduktion der Oxyde im Wasserstoffstrom) oder als Sulfat oder Phosphat und als Ammoniumkobaltimolybdat. Soll auf etwa vorhandenes Nickel Rücksicht genommen werden, so elektrolysiert man einen Teil der Lösung und zieht von der so erhaltenen Summe beider Metalle die Nickelmenge ab, die man durch Fällen eines aliquoten Teils mit Dimethylglyoxim erhält. Liegen noch andere Schwermetalle vor, so kann man folgendermaßen verfahren (Seeligmann-Zieke, S. 819):

Die mit Schwefelwasserstoff von Blei befreite Lösung wird mit Ammoniak und etwas Wasserstoffsuperoxyd versetzt und gekocht. Nach Zusammenballen eines unter Umständen entstehenden Niederschlags (Mangan) wird mit etwas Ammonoxalatlösung versetzt, um etwa vorhandenes Calcium zu entfernen. Nach einiger Zeit wird der Niederschlag filtriert und mit NH_3-haltigem Wasser gewaschen.

Aus dem Filtrat fällt man mit Ammonsulfid das Kobalt als Sulfid und wäscht es mit ammonsulfidhaltigem Wasser. Es wird dann in möglichst wenig Königswasser gelöst und die Lösung unter Zusatz von etwas Schwefelsäure wieder eingedampft, danach der größte Teil der Säure durch Abrauchen verjagt. Mit Ammoniak wird die Lösung des Sulfats genau neutralisiert und siedend mit Ammonphosphat gefällt. Auf einem Goochtiegel wird das Kobaltphosphat gesammelt und bei 100 bis 120° getrocknet. Ist viel Zink vorhanden, so muß dies vor der Fällung des Kobaltsulfids in schwach saurer Lösung bei Gegenwart von Ammoniumrhodanid mit Schwefelwasserstoff ausgefällt werden.

Nach dem Normenblatt der D.T.V. (S. 8) (vgl. S. 609) werden Kobaltpräparate wie folgt analysiert:

„Vorsichtig veraschen, aufnehmen mit konzentrierter Salzsäure, verdünnen, versetzen der salzsauren Lösung mit überschüssigem Ammoniak und Ammonoxalat; im Filtrat Fällen des Kobalts als Sulfid, überführen in Sulfat und als solches wägen. Vorzuziehen ist die elektrolytische Bestimmung des Kobalts."

Eisen. Für das in der Lacklederindustrie viel angewendete Berlinerblau hat F. G. A. Enna (3) folgende Analysenvorschrift angegeben:

Feuchtigkeit: 1 g der fein pulverisierten Substanz wird in einen Porzellantiegel eingewogen und 2 Stunden bei 105 bis 110° C getrocknet, schließlich bis zur Gewichtskonstanz fortgetrocknet. (Preußischblau sollte nicht mehr als 2,5 bis 3% Feuchtigkeit enthalten.)

Gesamteisen: 0,25 g des fein gepulverten Blaus werden in einem Porzellantiegel in der Kälte mit konz. Schwefelsäure $^1/_4$ Stunde lang behandelt; dann wird über einer sehr kleinen Flamme $^1/_2$ Stunde lang erhitzt, so daß die Säure eben ruhig raucht. Wenn die Masse farblos — weiß, nicht grau — geworden ist, wird sie mit kaltem dest. Wasser in einen 400-ccm-Erlenmeyer gefüllt. Es muß darauf geachtet werden, daß die Substanz sich vollkommen zersetzt hat (kein blaues Partikel mehr). Das Volumen soll ungefähr 200 ccm betragen. Die Mischung wird erhitzt, bis eine klare Lösung zustande kommt; unlösliche Bestandteile werden auf einem gewogenen, bei 110° getrockneten Filter gesammelt, so lange gewaschen, bis das Waschwasser mit Ammonrhodanid keine Reaktion mehr gibt, dann wird getrocknet und gewogen (unlösliche Verunreinigungen).

Das Filtrat wird stark mit konz. Schwefelsäure angesäuert, mit reinem granuliertem Zink versetzt und erhitzt, bis es farblos wird und mit Ammonrhodanid keine Färbung mehr gibt (Abwesenheit von Ferrisalzen). Dann wird die Lösung mit frisch gekochtem dest. Wasser auf 250 ccm aufgefüllt.

100 ccm dieser Lösung werden in einer Porzellanschale mit 5 cm reiner Salzsäure und 150 bis 200 ccm frisch gekochtem dest. Wasser versetzt und mit $n/10$-Permanganatlösung titriert, bis eine blasse, aber deutlich rote Farbe auftritt.

$$1 \text{ ccm } n/10\text{-KMnO}_4 = 0,005584 \text{ g Fe}$$
$$= 0,012128 \text{ g Fe}_7(\text{CN})_{18}$$

Wirkliches Berlinerblau: 1 g der pulverisierten Substanz wird mit einer heißen Lösung reiner 5proz. Salzsäure behandelt, das Blau abfiltriert und mit heißem dest. Wasser gewaschen, bis das Filtrat keine Rhodanreaktion mehr gibt. Im Filtrat und in den vereinigten Waschwässern wird dann das Eisen mit Zink und Schwefelsäure reduziert und wie oben bestimmt. Diese Eisenmenge wird von dem oben gefundenen Gesamteisen in Abzug gebracht; die Differenz ist wirkliches Berlinerblau.

Unlösliche Verunreinigungen: Der bei der Bestimmung des Gesamteisens verbleibende Rückstand (s. o.) wird gewogen und als % Unlösliches angegeben.

Lösliche Verunreinigungen: 100 minus der Summe der anderen Bestandteile $(1 + 2 + 3 + 4)$ gibt die löslichen Verunreinigungen.

Die Bestimmung von Eisen in Trockenstoffgrundlagen erfolgt am besten ebenfalls nach der oben angeführten Methode der Titration mit Permanganat.

Organische Bestandteile.

In einem Scheidetrichter nimmt man etwa 10 g Sikkativ mit Äther auf und setzt mit konzentrierter Salzsäure die organischen Säuren in Freiheit. Durch Ausschütteln mit Wasser entfernt man die Metallchloride und wäscht die ätherische Lösung mit verdünnter Kochsalzlösung mineralsäurefrei. Nach Trocknen der ätherischen Lösung mit Natriumsulfat verdampft man das Lösungsmittel.

An dem Rückstand läßt sich schon qualitativ meist feststellen, ob Harz oder Leinöl bzw. deren Fettsäuren vorliegen. Harz macht sich schon durch seinen Geruch und Geschmack bemerkbar. Für seine Gegenwart spricht ferner ein positiver Ausfall der Reaktion nach Liebermann-Storch-Morawsky[1]. Eine quantitative Bestimmung der Harz- und Fettsäuren dürfte kaum in Frage kommen.

Technische Prüfung der Trockenstoffe.

Zur Untersuchung auf praktische Brauchbarkeit der Trockenstoffe stellt man sich einige in der Konzentration den tatsächlichen Verhältnissen angepaßte Lösungen des Sikkativs in heißem Leinöl her, indem man es unter Rühren in kleinen Portionen in 150° heißes Leinöl einträgt. Abgesehen von gefälltem Kobaltresinat müssen sich alle Trockenstoffe (nicht die Trockenstoffgrundlagen!) nahezu klar mit nur ganz geringfügigem Bodensatz lösen. Beim Stehen kann allerdings eine Trübung bzw. Abscheidung eintreten, ohne daß daraus ein Schluß auf Untauglichkeit gezogen werden kann. Man kann sich auch nach Seeligmann-Zieke (S. 822) eine Stammlösung aus 90 g Leinöl und 10 g Sikkativ bereiten und

---

[1] Man schüttelt eine Probe unter schwachem Erwärmen mit 1 ccm Essigsäureanhydrid und versetzt nach dem Abkühlen mit 1 ccm Schwefelsäure vom spez. Gew. 1,53 (34,7 ccm konz. H_2SO_4 + 35,7 ccm Wasser). Bei Gegenwart von Harz tritt eine violette Färbung auf. Sterine und Trane geben allerdings ähnliche Reaktionen.

daraus durch Verdünnen von je 10 ccm mit verschiedenen Mengen Leinöl die
richtigen Lösungen herstellen.

Das probeweise Trocknen geschieht wie auf S. 644 beschrieben. Um von den
äußeren Bedingungen weniger abhängig zu sein, vergleicht man mit einer Lösung
eines anderen, als gut erkannten Sikkativs.

Untersuchung der Nitrocellulose.

Da die Kollodiumwolle stets zusammen mit flüchtigen Anfeuchtungs- oder
Plastifizierungsmitteln bezogen wird, macht sich oft eine Bestimmung des
Gehalts an trockner Nitrocellulose notwendig. Man stellt sich zu diesem
Zweck aus einer größeren Menge Substanz (etwa 100 g) eine Lösung in einem
leicht flüchtigen Lösungsmittel her, verdampft einen gemessenen Teil auf schwach
geheiztem Wasserbad in einer Schale oder einem Kolben, den man noch evakuieren
kann, und trocknet bis zu annähernder Gewichtskonstanz.

Viskositätsbestimmung. Zur Beurteilung der Eigenschaften einer Nitrocellulose ist die Kenntnis der Viskosität ihrer Lösungen sehr wichtig. Da man
im allgemeinen keine absoluten Zahlen für diese Größe braucht, kann man die
Messung ziemlich einfach gestalten. So genügt in manchen Fällen schon das
Auslaufenlassen eines bestimmten Volumens aus einer gewöhnlichen Pipette
und Messen der erforderlichen Zeit. Genaue Resultate erhält man mit den Ka-
pillarviskosimetern von W. Ostwald, bei denen die Durchlaufszeit einer bestimmten Menge Lösung durch eine Kapillare gemessen wird. In den angelsächsischen Ländern sind besonders die Kugelfallviskosimeter im Gebrauch, bei denen
die Fallzeit einer geeichten Stahlkugel durch eine bestimmte Flüssigkeitssäule
gemessen wird. Sie sind besonders für hochviskose Lösungen praktisch, für die
bei den anderen Apparaten, auch bei dem bekannten Engler-Viskosimeter, zu
lange Zeiten erhalten werden. Sehr genaue Messungen lassen sich mit dem neuen
Apparat nach Höppler ausführen, der ebenfalls nach der Kugelfallmethode
arbeitet.

Die Viskosität ist stark abhängig von der Temperatur und muß daher bei
genaueren Messungen bei konstanter und immer derselben Temperatur bestimmt
werden. Wichtig ist ferner, daß man stets das gleiche Lösungsmittel bzw. ein
Gemisch von konstanter Zusammensetzung anwendet, da die Natur des Lösungsmittels die Viskosität oft stark beeinflußt.

Untersuchung der Lösungsmittel.

Zur Beurteilung eines Lösungsmittels hinsichtlich Reinheit und Tauglichkeit
dienen in erster Linie dessen Konstanten, die für handelsübliche Produkte bei
der Beschreibung der einzelnen Stoffe (siehe S. 618 bis 627) angeführt sind.
Man hat also die Dichte, den Brechungsindex, den Siedepunkt bzw. die
Siedegrenzen und die Verdampfungsgeschwindigkeit zu ermitteln. Außerdem ist eine Prüfung auf Neutralität und die Kenntnis des Flammpunkts
von Bedeutung.

Die Dichte wird, wie allgemein bekannt, mit einer Spindel (Aräometer)
oder für sehr genaue Messungen mit einem Pyknometer bestimmt. Letzteres ist
ein Glasgefäß mit feststehendem Fassungsvermögen, das bis zur Marke gefüllt
und dann genau ausgewogen wird. Da die Dichte stark von der Temperatur
abhängt, wird allgemein angegeben, bei wieviel Grad der betreffende Wert
ermittelt wurde.

Als Brechungsindex bezeichnet man das Verhältnis des Sinus des Einfallswinkels eines Lichtstrahls, der aus Luft in das betreffende Medium eintritt, zum

Sinus des Brechungswinkels in diesem Medium. Der Brechungsindex wird mit Hilfe optischer Instrumente bestimmt. Dazu dienen in der Praxis die Refraktometer nach Abbé oder seltener die Instrumente nach Pulfrich. Die Bedienung dieser Apparate ist sehr einfach und wird von den herstellenden Firmen stets genau mitgeteilt. Ein näheres Eingehen auf das Prinzip der Messung und die Konstruktion der Apparate würde den Rahmen dieses Buches überschreiten. Diese optischen Instrumente sind leider recht teuer. Da man aber durch Feststellung des Brechungsindex rasch und sicher die Einheitlichkeit einer vorliegenden Flüssigkeit beurteilen kann, dürfte sich vielfach die einmalige größere Ausgabe für die Anschaffung eines solchen Instruments lohnen.

Am wertvollsten für die Beurteilung eines Lösungsmittels ist die Ermittlung seines Siedepunkts. Besteht der Stoff, wie oft bei technischen Produkten, nicht aus einer einheitlichen chemischen Verbindung, so werden die untere und die obere Siedegrenze angegeben. Manchmal bestimmt man die Temperaturen, innerhalb deren beim Destillationsversuch gewisse prozentuale Anteile übergehen, oder es wird die untere Siedegrenze angegeben und die Menge (in Volumprozenten), die bis zu einer gewissen Temperatur übergeht. Da der Verlauf einer Destillation abhängig ist von der Art, wie sie durchgeführt wird, und davon, welche Form und Größe die benutzten Apparate haben, hat man sich auf Apparate mit festgesetzten Ausmaßen geeinigt. So ist für die Siedeanalyse von Benzinen und Erdölprodukten die Destillation nach C. Engler-F. Ubbelohde international gebräuchlich und für Zoll- und Handelsanalysen vorgeschrieben. Sie wird aber auch für andere Stoffe, z. B. für Terpentinöle, Alkohole und Ester, benutzt.

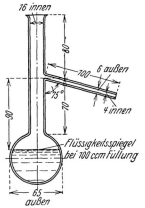

Abb. 137. Engler-Kolben.

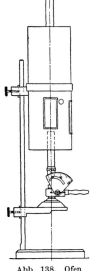

Abb. 138. Ofen für den Engler-Kolben.

Der Engler-Kolben (130—135 ccm fassend) steht in einem mit Asbestpappe verkleideten Ofen aus Eisenblech und wird mit einem Bunsenbrenner geheizt. Als Thermometer werden die für den zollamtlichen Destillationsapparat vorgeschriebenen, von 0 bis 360° reichenden Thermometer empfohlen. Bei diesen beträgt die Länge der Skala von 0 bis 100° 55 ± 2 mm, von 0 bis 360° 200 ± 10 mm. Bei Handelsanalysen ist es nicht üblich, eine Korrektur für den herausragenden Faden vorzunehmen. Dagegen ist eine Korrektur bei einem stark von 760 mm abweichenden Luftdruck nötig. Alle übrigen Einzelheiten und Maße gehen aus den Abb. 137, 138 und 139 hervor.

Es werden 100 ccm destilliert. Als Siedebeginn gilt diejenige Temperatur, bei welcher der erste Tropfen des Destillats am Kühlerende abfällt. Die Geschwindigkeit der Destillation soll etwa 2 Tropfen je Sekunde betragen. Das Destillat wird entweder innerhalb bestimmter Temperaturbereiche aufgefangen und gemessen, oder es werden nach Übergang bestimmter Mengen Destillat (in Prozenten der eingemessenen Menge) die Temperaturen abgelesen. Die einzelnen Fraktionen werden meist nicht getrennt, sondern in einer graduierten Vorlage abgemessen. Als Siedeendpunkt gilt die Temperatur, bei der weiße Nebel durch Zersetzung auftreten. Gegen Ende der Destillation läßt sich oft das vorgeschriebene Tempo nicht mehr einhalten. Sind nur noch 5 ccm Flüssigkeit im Kolben, so ist die Flamme zu vergrößern, damit auch schwerer flüchtige Anteile übergehen. Die Destillation dieser letzten 5 ccm soll nicht unter 3 und nicht über 5 Minuten dauern. Die höchste dabei beobachtete Temperatur ist der „Siedeschluß" (nach D. Holde, S. 161 und S. 194).

Bei der Untersuchung von Lösungsmitteln macht sich unter Umständen die Trennung eines vorliegenden Gemischs in einheitliche Stoffe notwendig. Man destilliert dann, um eine möglichst weitgehende Trennung zu erreichen, mit einem Destillationsaufsatz, z. B. nach Hempel, für kleinere Substanzmengen auch sehr vorteilhaft mit einem Aufsatz nach G. Widmer.

Zur Charakteristik eines organischen flüchtigen Lösungsmittels gehört die Angabe des Flammpunkts. Man versteht unter dem Flammpunkt (Fp) eines Öls die niedrigste Temperatur, bei der der betreffende Stoff beim langsamen Erwärmen so viel Dampf entwickelt, daß er in Berührung mit Luft eine durch eine Flamme entzündliche Mischung bildet. Die Bestimmung dieser Temperatur geschieht allgemein in dem Apparat von Abel-Pensky, der für Petroleum schon lange international vereinbart worden ist. Wegen der Einzelheiten des Apparats sowie wegen der Bestimmungsvorschriften sei auf Spezialliteratur, z. B. das im Literaturverzeichnis zitierte Buch von D. Holde, verwiesen.

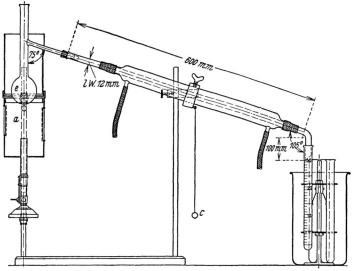

Abb. 139. Destillationsapparat nach Engler-Ubbelohde.

Von besonderem Interesse für die lackverarbeitende Industrie ist die Verdampfungsgeschwindigkeit der Lösungsmittel. Für deren Bestimmung gibt es keine einheitliche Methode. Man läßt z. B. eine bestimmte kleine Menge Lösungsmittel von einem Stück Filtrierpapier aufsaugen und verdunsten und beobachtet im durchfallenden Licht die Zeit, in der alles verdampft ist. Oder man läßt auf einem Uhrglas eine gewogene Menge verdampfen und wägt in Zeitabschnitten. Man kann so für Gemische von Lösungsmitteln den Verlauf der Verdunstung ermitteln und dann graphisch darstellen. Luftfeuchtigkeit, Temperatur und Zugluft haben natürlich großen Einfluß auf die erhaltenen Werte und müssen möglichst konstant gehalten werden.

Untersuchung der wichtigsten Lösungs- und Verdünnungsmittel.

Benzin (vgl. S. 618). Die meisten Anhaltspunkte zur Beurteilung ergeben Bestimmungen des spezifischen Gewichts und des Flammpunkts sowie eine Destillation im Engler-Kolben (siehe S. 649). Bei einer Verdunstungsprobe soll kein Rückstand mehr bleiben. 1 Tropfen, auf 1 Stück Filtrierpapier gebracht, soll bei Zimmertemperatur in 4 bis 8 Minuten verdampfen. Der Flammpunkt soll im allgemeinen nicht unter 21° liegen.

Benzol und Homologe. Auch hier ist zur Beurteilung die Dichte und der Siedeverlauf wichtig, ferner der Raffinationsgrad.

Der **Siedeverlauf** von Benzolen wird nach **Kraemer und Spilker** untersucht (siehe Abb. 140), und zwar in einem Apparat mit festen Dimensionen:

Auf einer kupfernen Blase von 150 ccm Inhalt sitzt ein gläserner Aufsatz, in dessen Kugel sich das Ende des Thermometers befinden soll. Der kleine Blechofen ist oben mit einer Asbestplatte abgeschlossen, die in einem runden Ausschnitt (50 mm Ø) den Kolben aufnimmt. 100 ccm werden destilliert. Für Geschwindigkeit und Siedebeginn gilt dasselbe wie für die Destillation der Benzine. Die Destillation ist beendet, wenn 90 ccm übergegangen sind, oder bei Reinbenzol 95 ccm. Um den jeweiligen Barometerstand zu berücksichtigen, werden zunächst 100 ccm Wasser aus dem Apparat destilliert und die Temperatur abgelesen, wenn 60 ccm übergegangen sind. Die Differenz gegen 100° wird dann den für Benzol gefundenen Werten zugezählt, bzw. von ihnen abgezogen, je nachdem, ob der Siedepunkt des Wassers höher oder niedriger als 100° gefunden wurde. Auch ein Thermometer mit einstellbarer Skala leistet hier gute Dienste.

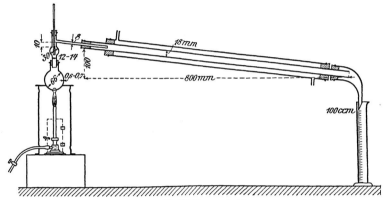

Abb. 140. Apparat zur Benzoldestillation nach **Kraemer und Spilker.**

Die **Raffinationsprobe** (Schwefelsäurereaktion) zur Prüfung auf ungesättigte und verharzbare Anteile wird folgendermaßen ausgeführt:

Je 5 ccm Benzol und konz. Schwefelsäure werden in einem mit Schliffstopfen versehenen Röhrchen 5 Min. kräftig geschüttelt. Die entstandene Färbung wird mit der Farbe einer Lösung von Kaliumbichromat in 50proz. Schwefelsäure, über der ebenfalls 5 ccm Benzol stehen, verglichen. Technische Benzole sollen je nach Typ (siehe Tabelle S. 619) eine solche Farbe geben, die Lösungen von 0,5 bis 3,0 g $K_2Cr_2O_7$ in 1 l 50proz. Schwefelsäure entsprechen. Die Vergleichslösungen sind lange haltbar, doch muß reines Benzol jedesmal frisch überschichtet werden (nach **Kraemer und Spilker**, zitiert nach D. **Holde**, S. 576).

Um einen schädlichen Gehalt an **Phenolen**, die wegen ihrer sauren Eigenschaften in der Lackschicht stören könnten, zu ermitteln, schüttelt man in einem Meßzylinder mit feiner Teilung 100 ccm Benzol mit 100 ccm Natronlauge (d = 1,1) kräftig und beobachtet nach dem Absitzen, ob die wässerige Schicht an Volumen gewonnen hat. Dies darf bei gereinigten Benzolen nur einige Zehntel Prozent ausmachen [nach H. **Wolff** (5), S. 55].

Terpentinöl.

Die besonderen Prüfverfahren für Terpentinöle beziehen sich auf das Auffinden von Benzinen und Benzolen, die als Verschnittmittel zugemischt sein können, und auf den Nachweis von weniger wertvollen Terpentinölen, wie Kienöl u. a.

Größere Zusätze von Benzinen verraten sich schon durch eine **Löslichkeits- probe** mit Alkohol, bei der sie sich als unlöslich abscheiden. Kleinere Mengen

Kohlenwasserstoffe machen sich durch eine Änderung des Brechungsexponenten in den ersten Fraktionen der Destillation bemerkbar. Da das Pinen als Hauptbestandteil des Balsamterpentinöls an seiner ungesättigten Bindung Brom addiert, wird bei einer unter der Norm liegenden Bromzahl auf die Gegenwart von gesättigten Kohlenwasserstoffen zu schließen sein. Einen weiteren Nachweis von gesättigten Kohlenwasserstoffen kann man durch die Ermittlung des Schwefelsäureunlöslichen erbringen. Durch Schwefelsäure wird nämlich das Terpentinöl bis auf einen geringen Rest in wasserlösliche Produkte verwandelt, während Benzin kaum und Benzol nicht angegriffen werden. Man mißt dann die Menge der in der Säure unlöslichen Anteile. Findet man bei diesen einen Brechungsindex von weniger als 1,49, so ist auf Verschnitt mit Benzinen zu schließen. Für die Ausführung dieser Bestimmung sind viele Verfahren vorgeschlagen worden, von denen das nach Markusson, der mit Salpetersäure arbeitet, wohl das genaueste ist; es ist jedoch zeitraubend und weniger einfach [H. Wolff (5), S. 69]. In den RAL-Bedingungen (siehe unten) hat man sich auf die einfachere amerikanische Standardmethode geeinigt, da Amerika der Hauptlieferant für Terpentinöle ist (Ausführungsbestimmungen, siehe S. 653).

Zur Prüfung auf die Gegenwart von Kienölen dienen Farbenreaktionen, von denen die empfindlichste, die Berlinerblau-Probe nach H. Wolff, in die „Lieferungsbedingungen" (siehe unten) aufgenommen ist. Diese Reaktion versagt nach D. Holde (S. 606) manchmal, wenn besonders gut gereinigte Holzterpentinöle vorliegen, da diese dann in der Zusammensetzung von den Balsamterpentinölen kaum abweichen. Einige weitere Reaktionen auf Kienöl sind:

Probe nach Utz:
Mit offizineller Zinnchlorürlösung (5 Teile kristallisiertes Salz mit 1 Teil 25proz. Salzsäure verrührt und mit Chlorwasserstoff gesättigt) geben Kienöle und kienölhaltige Mischungen himbeerrote Färbungen. Reine Terpentinöle verfärben sich höchstens bis zu orangegelb.

Probe nach Piest:
5 ccm Öl werden mit 5 ccm Essigsäureanhydrid geschüttelt, unter Abkühlen mit 10 Tropfen konzentrierter Salzsäure, nach dem Abkühlen mit weiteren 5 Tropfen versetzt und umgeschüttelt. Bis zur Klärung läßt man stehen. Terpentinöl bleibt farblos. Kienöle werden schwarz, ein Zusatz von 5% Kienöl ergibt schon Dunkelfärbung.

Andere charakteristische Farbenreaktionen auf Kienöle können mit Kalilauge, mit schwefliger Säure, mit Essigsäureanhydrid und Schwefelsäure, mit Nitrobenzol und Salzsäure ausgeführt werden [H. Wolff (5)].

Die Einzelheiten der wichtigsten Prüfungsverfahren für Terpentinöle sowie Näheres über Begriffsbestimmung, Beschaffenheit und Kennzahlen sind in folgendem Auszug aus dem Blatt 848 C des Reichsausschusses für Lieferbedingungen (RAL)[1] enthalten:

„A. Sorten, Begriffserklärung und Bezeichnung.

1. Balsamterpentinöl.
Unter dieser Bezeichnung darf nur reines ätherisches Öl aus der Destillation des harzigen Ausflusses (Balsam) lebender Kiefern (Pinusarten), dem nicht nachträglich wertvolle Bestandteile (z. B. Pinen) entzogen sind, gehandelt werden.

2. Holzterpentinöl.
Unter dieser Bezeichnung werden die aus Holz und Holzabfällen durch Wasserdampfdestillation, die durch direkte (destruktive) Destillation (Kienöl) und die aus der Zellulosegewinnung erhaltenen Terpentinöle zusammengefaßt.
Allgemein gilt folgendes:

---

[1] Zu beziehen durch: Vertriebsstelle des RAL: Beuth-Verlag G. m. b. H., Berlin S 14.

Wird der Bezeichnung „Terpentinöl" nicht die Qualitätsbezeichnung „Holzterpentinöl" in Klammern beigefügt, so ist Balsamterpentinöl zu liefern.

Wird Terpentinöl bestimmter Herkunft verkauft oder verlangt, so ist die Herkunft innezuhalten.

Mischungen von Terpentinölen mit anderen Stoffen dürfen nicht mit Worten bezeichnet werden, die das Wort „Terpentin" oder „Terpentinol" enthalten, außer bei der Bezeichnung „Terpentinersatz" oder „Terpentinölersatz"[1].

B. Beschaffenheit.

1. Aussehen.
Klar und frei von Trübungsstoffen und Wassertröpfchen.

2. Farbe.
Terpentinol soll wasserhell oder höchstens schwach gefärbt sein. Die Farbe der Lieferung soll nicht wesentlich von der des Kaufmusters abweichen.

3. Geruch.
Der Geruch soll bei Balsamterpentinöl milde sein und bei den anderen Terpentinölen dem charakteristischen Geruch entsprechen.

4. Kennzahlen.

	Terpentinol	Holzterpentinöl
Spez. Gewicht (20°/4°, 760 mm)	0,855—0,872	0,860—0,880
Brechungsindex n $\frac{20}{D}$	1,467—1,478	1,465—1,478
Siedebeginn bei 760 mm Hg	152—156	150—165
Mindestens 75% destillieren bis . . . . . (Korrektur für je 1 mm Hg 0,057°)	162°	meistens bis 180°[2]
Bromzahl	nicht unter 210	nicht unter 155[2]
Schwefelsäureunlösliches	höchstens 2%	höchstens 2,5%
Refraktion des Unlöslichen (20°)	mindestens 1,50	mindestens 1,48
Abdampfrückstand	unter 0,5%	unter 1,0%

Einfache Prüfverfahren.

1. Bestimmung des spezifischen Gewichtes.
Das spezifische Gewicht kann mit dem Aräometer, Pyknometer oder nach einer anderen üblichen Methode festgestellt werden.

Bei einer anderen Temperatur als der unter B 4 angegebenen, die jedoch nicht unter 15° und nicht über 25° C liegen darf, ist für jeden Grad 0,00085 abzuziehen oder hinzuzufügen, je nachdem die Temperatur bei der Messung unter bzw. über 20° C lag.

2. Verdunstungsprüfung.
Ein Tropfen auf ein Stück Filtrierpapier gegossen, muß bei Balsamterpentinöl nach 10, bei Holzterpentinöl spätestens nach 20 Minuten verdunstet sein, so daß höchstens ein kaum sichtbarer Rand zu bemerken ist, wenn das Papier gegen das Licht gehalten wird. Das Papier muß während der Verdunstung an einem möglichst zugfreien Platz frei hängen. Die Raumtemperatur darf 15° C nicht unterschreiten.

3. Löslichkeit.
Ein Raumteil Terpentinöl soll sich mit 7 Raumteilen Sprit von mindestens 90 Gewichtsprozent Alkoholgehalt klarmischen.

Genaue Prüfverfahren.

1. Bestimmung des Brechungsexponenten.
In einem der bekannten Instrumente zu bestimmen, Korrektur für je 1° C ± 0,00045.

2. Destillation.
Aus dem „Engler-Kolben" in der für Erdölprodukte üblichen Ausführungsweise nach Engler-Ubbelohde[3].

3. Bromzahl.

---

[1] Das Wort „Terpentin" sollte niemals für Terpentinöl oder terpentinölartige Stoffe verwendet werden, da es einen Balsam bedeutet.

[2] Bei Ölen aus der Holzdestillation, die etwa von 170/180 bis 195° sieden und eine niedrige Bromzahl haben, müssen die Siede- und Bromzahlen angegeben werden.

[3] Siehe S. 649.

50 ccm Alkohol von mindestens 95 Vol-% werden in eine Glasstöpselflasche gegeben, dazu läßt man genau abgemessen 0,5 ccm Terpentinöl fließen (Meßpipette 1 ccm Inhalt, Teilung in $^1/_{50}$ oder $^1/_{100}$ ccm) und fügt 5 ccm 25proz. Salzsäure hinzu. Nun titriert man mit der Bromatlösung (siehe unten), bis die Lösung mindestens eine Minute lang schwach gelb gefärbt bleibt oder nach einer Minute noch Jodzink-stärkepapier bläut.

Liegen stärker gefärbte (ältere) Öle vor, so werden dieselben destilliert, bis das Destillat mindestens 95% beträgt, und das Destillat wird jetzt zur Bestimmung der Bromzahl verwendet.

Werden a ccm der Bromlösung verbraucht, so ist die Bromzahl = 8 . a.

Bromatlösung.

13,918 g trockenes Kaliumbromat und 50 g Bromkali werden gelöst und auf 1 Liter aufgefullt.

4. Schwefelsäureunlösliches[1].

In einem Meßkolben mit engem mit Teilung versehenem Halse werden 20 ccm Schwefelsäure (38normal = 100,92% H_2SO_4) gegeben, dann mit Eiswasser gekühlt. Aus einer Pipette läßt man nun langsam 5 ccm des zu prüfenden Terpentinöls zu-fließen. Man mischt nun vorsichtig, daß der Inhalt zwar warm bleibt, aber auf keinen Fall 60° C übersteigt. Wenn die Temperatur beim Schütteln nicht mehr steigt, setzt man den Kolben auf ein Wasserbad und hält den Inhalt mindestens 10 Minuten lang bei 60 bis 65° C, wobei man sechsmal je $^1/_2$ Minute lang kräftig schüttelt. Nach Abkühlen auf Zimmertemperatur fullt man mit konz. Schwefelsäure auf, bis das nichtpolymerisierte Öl in den Hals steigt, und läßt 12 Stunden lang stehen (oder zentrifugiert 5 Minuten mit 1200 Umdrehungen pro Minute oder 15 Minuten mit 900 Umdrehungen). Nach dem Absetzen liest man das Volumen des abgesetzten Öls ab, beobachtet die Viskosität, die hoch sein soll, die Farbe, die hellgelb oder dunkler ist, und mißt die Refraktion.

5. Berlinerblaureaktion.

Reagenzien: Lösung A 0,5 g Ferricyankalium in 250 ccm Wasser,
Lösung B 3 ccm Eisenchloridlösung DAB in 250 ccm Wasser gelöst.

Ausführung: 5 Tropfen des Terpentinöls werden zu einer Mischung von je 4 ccm Lösung A und B gegeben und kräftig eine Viertelminute lang geschüttelt. Bei Gegen-wart von Holzterpentinölen entsteht sofort oder spätestens nach 3 Minuten eine blaue Färbung oder Fällung. Spätere Reaktionen sind nicht zu berücksichtigen. Stets ist eine Vergleichsprüfung mit reinem Terpentinöl wie auch mit einer Mischung von 10 bis 20% rektif. Kienöl mit 80 bis 90% Balsam-terpentinöl gleichzeitig zu machen.

6. Abdampfruckstand.

Eine Schale (Inhalt etwa 50 ccm) wird bis nahe zum Rande in den Sand ein-gebettet. Dicht neben die Schale steckt man ein Thermometer in den Sand, so daß die Kugel etwa 2 bis 3 mm vom Schalenboden entfernt ist. Nun reguliert man die Temperatur auf 150 bis 155° C, läßt dann 5 ccm Terpentinöl langsam aus einer Pipette einfließen und bringt nach dem Verdampfen die Schale noch für 15 Minuten in einen auf 150° C geheizten Trockenschrank. Endlich wiegt man und berechnet den Rück-stand unter Berücksichtigung des spezifischen Gewichts des Öls auf Gewichtsprozente."

Alkohole.

Für Spiritus ist in erster Linie sein Gehalt an Äthylalkohol wichtig. Er wird bestimmt durch das spezifische Gewicht, bzw. mit besonderen Spindeln (Alkoholo-metern), an denen man unmittelbar die Alkoholkonzentration ablesen kann.

Bei Butyl- und Amylalkohol wird neben der Dichte eine Siedeanalyse (nach Engler-Ubbelohde, siehe S. 649) Aufschluß über Einheitlichkeit geben. Etwa zugemischte Kohlenwasserstoffe können durch Ausschütteln mit konzen-trierter Schwefelsäure nach folgender Methode quantitativ ermittelt werden:

---

[1] Für besondere Untersuchungen, etwa Bestimmung der Menge von Verschnitt-mitteln, kann der Untersucher außerdem nach seinem Ermessen auch andere Ver-fahren anwenden.

In eine Schüttelbürette (50 ccm Inhalt, Teilung in 0,1 oder 0,2 ccm) gibt man ca. 15 ccm Schwefelsäure (d = 1,78) und läßt unter Kühlung mit Wasser langsam 10 ccm des Alkohols zufließen, wobei man durch Umschwenken (nicht stark schütteln!) mischt. Nach Zugabe des Alkohols mischt man nochmals durch zweimaliges Umkehren des Zylinders. Alkohole (Ester und Ketone desgl.) lösen sich klar in der Säure. Kohlenwasserstoffe (auch Chlorkohlenwasserstoffe) scheiden sich ab. Nach erfolgter Trennung kann das Volumen abgelesen und die Verschnittmenge in Volumprozenten angegeben werden. (Bei Abscheidungen unter 10% findet man im allgemeinen etwa 2% zu wenig; hat sich also nur 1 ccm oder weniger abgeschieden, so sind zu dem Ergebnis noch 2% zu addieren. Bei längerem Stehen können sich spontan Abscheidungen ergeben, die aber nicht zu berücksichtigen sind, da es sich um Reaktionsprodukte der Säure mit dem Alkohol handelt (Seeligmann-Zieke, S. 836).

Zur Prüfung auf Wasser mischt man eine Probe mit einem Vielfachen an Benzol, das vorher mit Wasser gesättigt wurde. Nahezu wasserfreie Produkte dürfen dabei keine Trübung zeigen.

Ester.

Bestimmung des spezifischen Gewichts und des Siedepunkts nach Engler, eventuell noch des Brechungsindex, ist auch hier das Wichtigste bei der Prüfung. Den Gehalt an Ester ergibt die Verseifungszahl (vgl. Kapitel „Fettung" dieses Bandes). Zu achten ist auf Gegenwart von freier Säure. Man bestimmt sie durch Titration von 10 ccm mit $^n/_{10}$-Lauge gegen Phenolphthalein unter Zusatz von etwa 50 ccm säurefreiem Alkohol und berechnet die Säure als Essigsäure.

Im Essigester erkennt man einen Gehalt an Wasser und Alkohol durch Schütteln mit einem gemessenen Teil gesättigter Chlorcalciumlauge, deren Volumen bei reinem Ester nur unwesentlich zunehmen darf. Ein Wassergehalt kann ferner durch Schütteln mit der 10fachen Menge wassergesättigten Benzols festgestellt werden. Zusätze von Kohlenwasserstoffen zu den Estern ermittelt man nach dem unter „Alkohole" angegebenen Verfahren.

Aceton.

Den Gehalt an Aceton kann man bei Reinaceton durch das spezifische Gewicht, unter Zuhilfenahme besonderer Tabellen, ermitteln. Am sichersten ist die Bestimmung des Acetongehalts auf chemischem Weg:

„In einem geschlossenen kleinen Wägeröhrchen wägt man 1,2 bis 1,5 g ab. Das Wägeröhrchen wirft man unmittelbar nach Entfernung des Stopfens in einen halb mit Wasser gefüllten Meßkolben von 500 ccm Inhalt und füllt zur Marke auf. Nach Durchmischen pipettiert man 10 ccm ab, gibt 20 ccm n-Natronlauge hinzu, sodann genau 50 ccm $^n/_{10}$-Jodlösung. Nach 5 Minuten langem Stehen säuert man mit der eben ausreichenden Menge verdünnter Schwefelsäure an und titriert, zuletzt unter Zusatz von Stärkelösung, das ausgeschiedene Jod mit $^n/_{10}$-Thiosulfat. Hatte man p g eingewogen und zur Titration a ccm $^n/_{10}$-Thiosulfat verbraucht, so ist der Gehalt an Aceton = 4,83 (50—a)/p%" (nach H. Wolff-W. Schlick-H. Wagner, S. 152).

Untersuchung der Weichmachungsmittel.

Die Hauptanforderungen, die an ein Weichmachungsmittel für Nitrocellulose gestellt werden müssen, sind: 1. geringe Flüchtigkeit; 2. gutes Löse- bzw. Quellvermögen für Nitrocellulose; 3. Mischbarkeit mit allen Lösungsmitteln; 4. Geruch- und Farblosigkeit; 5. neutrale Reaktion. Die Brauchbarkeit entscheidet aber in erster Linie der an Reihen von Proben angestellte praktische Versuch, der allerdings erst nach einiger Zeit auswertbar ist, da bekanntlich bei der Haltbarkeit eines Lacks Alterungserscheinungen eine wichtige Rolle spielen.

Die Flüchtigkeit kann man, wie z. B. E. Mühlendahl und H. Schulz angegeben haben, durch Erwärmen von 10 g Substanz in kleiner Schale (75 mm ⌀) bei 100° C im Trockenschrank prüfen und dabei von Zeit zu Zeit den Gewichtsverlust feststellen. Die erwähnten Autoren fanden:

für Ricinusöl . . . . nach 10 Tagen 0,1% Abnahme
„ Trikresylphosphat „ 10 „ 0,5% „
„ Triphenylphosphat „ 10 „ 1,0% „
„ Amylphthalat . . „ 10 „ 8,1% „
„ Campher . . . . „ 2 „ 99,8% „

Um das Lösevermögen für Nitrocellulose zu bestimmen, nehmen dieselben Verfasser 4 g Nitrocellulose mit 8 g Alkohol und 8 g des Weichmachungsmittels auf und versetzen dann die Lösung so lange mit Benzol, bis Gelatinierung oder Ausflockung eintritt.
Folgende Ergebnisse wurden erhalten:

Weichmachungsmittel	Verbrauchtes Benzol	Endzustand der Lösung
Campher	88 ccm	Gelatinierung
Elaol	44 ccm	Ausflockung
Amylphthalat	41 ccm	Ausflockung
Triphenylphosphat	38 ccm	Gelatinierung
Trikresylphosphat	35 ccm	Gelatinierung
Ricinusöl	0 ccm	Die Kollodiumwolle ist nur teilweise gelöst

Natürlich können diese Werte bei der Verschiedenheit der einzelnen Nitrocellulosearten nur für diese eine bestimmte Sorte Geltung haben. Man kann bei dieser Prüfung auch so verfahren, daß man zu einer Kollodiumlösung einen Überschuß von Weichmachungsmitteln hinzusetzt und beobachtet, ob Nitrocellulose ausfällt. Auch nach Verdunsten des Lösungsmittels darf keine Ausfällung eintreten.

Über die Untersuchung von Ricinusöl vgl. das Kapitel „Fettung" dieses Bandes.

Prüfung des Lackleders.

Die Qualität eines Lackleders objektiv und schnell zu prüfen, macht erhebliche Schwierigkeiten, da die gestellten Anforderungen zu verschieden sind, als daß man die Tauglichkeit an einigen wenigen Eigenschaften nachprüfen könnte. Man ist deshalb gezwungen, wenn man überhaupt Messungen vornehmen will, das Lackleder auf jeweils eine Eigenschaft hin zu prüfen. Eine u. a. auch bei Lackleder häufig benutzte Prüfungsmethode ist die sog. „Schlüsselprobe", mit der die Meister vielfach ganze Partien durchprüfen. Sie gibt vor allem über die Zwickfestigkeit Auskunft. Die Schlüsselprobe besteht darin, daß man das schräg nach oben gehaltene Ende eines gewöhnlichen Schlüssels bzw. eines dem Zweck angepaßten Werkzeugs von der nicht lackierten Seite her gegen das Lackleder drückt. Dieses spannt man gleichzeitig mit beiden Händen etwas und beobachtet die Stelle des Lacküberzugs, unter der sich das Leder durch den Druck des Eisens aufwölbt. Bei sprödem oder nicht gut haftendem Lack wird man Risse oder eine Lockerung vom Narben beobachten können. So schnell und bequem diese Probe auszuführen ist, so wenig objektiv ist sie, da die Kraft, mit der das Leder beansprucht wird, von Person zu Person sehr verschieden sein wird. Eine Vorrichtung, die diesen Mangel behebt, aber sonst auf gleichem Prinzip beruht, ist, wie es scheint, noch nicht konstruiert worden. Aber im Zusammenhang hiermit steht eine von F. Fein vorgeschlagene Untersuchungsmethode, die geeignet erscheint, in der Praxis angewendet zu werden. F. Fein spannt Lacklederproben in den Reißfestigkeitsprüfer und mißt Belastung und Dehnung zum ersten Male, sobald der Lackfilm reißt, d. h. sobald Risse auftreten, und zum zweiten Male, wenn das eigentliche Leder reißt. Wie erwartet, sind die Differenzen zwischen beiden Ablesungen groß, wenn ein schlechtes Leder vorliegt, und im Verhältnis dazu klein bei Ledern, die sich beim Gebrauch als gut erweisen. Die folgende Tabelle bringt die an zwei solchen Ledern gefundenen Werte; außer dem Mittel aus je zehn Bestimmungen sind der höchste und der niedrigste gefundene Wert angegeben. Lackleder A springt beim Verarbeiten nicht, Lackleder B reißt leicht.

Tabelle 74. Bruchlast und Dehnung von Film und Leder bei gutem und schlechtem Lackleder (F. Fein).

	Dicke mm	Bruchlast		Dehnung		Differenz	
		Lack kg	Leder kg	Lack %	Leder %	Bruchlast kg	Dehnung %
			Lackleder A				
Mittel . . .	—	27,08	29,33	37,8	42,5	2,25	4,7
Minimum .	0,85	14,75	17,25	34,5	38,0	—	2,5
Maximum .	1,10	35,25	38,75	43,0	52,0	5,00	9,0
			Lackleder B				
Mittel . . .	—	20,03	30,20	25,1	40,9	10,17	15,8
Minimum .	1,20	11,00	20,25	16,0	26,5	2,25	3,5
Maximum .	1,40	34,75	39,00	33,0	49,0	21,50	28,0

J. A. Wilson und Mitarbeiter haben bei ihren systematischen Untersuchungen typischer Schuhleder auch die Werte für die Reißfestigkeit, Dehnbarkeit und Haftfestigkeit einiger Lackleder ermittelt und dabei sowohl öllackierte wie kaltlackierte Proben herangezogen (siehe Tabelle 74). Einen wertmäßigen Vergleich zwischen den beiden Lacksorten lassen diese Zahlen nicht zu, da die gefundenen Zahlen hauptsächlich von der Natur, der Gerbung und der Zurichtung des zugrunde liegenden Leders abhängen und dieses verschiedener Herkunft war (vgl. auch J. A. Wilson, F. Stather und M. Gierth, II., S. 966).

Tabelle 75. Reißfestigkeit, Dehnung und Nahtfestigkeit dreier Lederlacke (aus einer Tabelle von J. A. Wilson und G. Daub).

Ledersorte	Durchschnittliche Dicke mm	Reißfestigkeit (kg/qcm Querschnitt)	Prozentuale Dehnung bei 100 kg Belastung pro qcm Querschnitt	Nahtfestigkeit
Lackseitenleder .	1,09	90	30	3
Lackkidleder . .	0,96	217	24	7
Kaltlackleder . .	1,43	228	24	8

Für Luft erwiesen sich Lacklederproben als ganz undurchlässig (M. Bergmann und Mitarbeiter, J. A. Wilson und R. O. Guettler). Bemerkenswert ist aber, daß für Wasserdampf eine gewisse Durchlässigkeit vorhanden ist. J. A. Wilson und R. O. Guettler fanden sie für die in der Tabelle 75 genannten Leder etwa $1/10$ so hoch wie für vegetabilische und chromgegerbte Kalbleder. Auffällig ist, daß zwischen gewöhnlichem Leder und Lackleder ein Unterschied besteht, wenn man die Richtung des Wasserdampfdurchtritts ändert. Während sich nämlich hierbei die Durchlässigkeit für lackfreies Leder nicht ändert, steigt sie bei Lackleder auf mehr als das Dreifache, wenn man statt der Fleischseite die Narbenseite der feuchten Atmosphäre zukehrt (J. A. Wilson und G. O. Lines). Bezüglich der Änderungen der Flächenausdehnung bei wechselnder Luftfeuchtigkeit ist bei den von J. A. Wilson untersuchten Lackledern festgestellt worden, daß sie sich weniger beeinflussen lassen als die anderen Chromleder (J. A. Wilson und E. J. Kern).

Apparate, die die Beanspruchung von Schuhoberleder nachahmen sollen und die zur Qualitätsbeurteilung von Lackleder für Schuhzwecke dienen könnten, sind verschiedentlich beschrieben worden (Näheres im Abschnitt „Lederuntersuchung" dieses Bandes). Es hat sich aber wohl keiner in der Praxis recht eingeführt, da die Schwierigkeiten einer möglichst getreuen Nachahmung der Beanspruchung in der Praxis noch nicht überwunden sind.

Zur Prüfung der Härte der Lackoberfläche dient vielfach eine Ritzprobe mit dem Fingernagel. Zahlenmäßige Angaben erhält man mit den Apparaten von Clemen[1] oder R. Kempf[2]-Schopper. Sie beruhen darauf, daß der Film unter einem durch Gewichte belastbaren scharfen Werkzeug, das auf der Schicht aufsitzt, weggezogen wird und daß beobachtet wird, welche Spuren das Werkzeug im Film hinterläßt. Im Apparat von Kempf-Schopper wird der Lackfilm unter einem Rollrädchen weggezogen, das kontinuierlich und selbsttätig belastet wird. Das Gewicht, durch das Rillen auf der Lackoberfläche entstehen, und die Tiefe dieser Rillen geben die Maße für die Härte.

Bei der Untersuchung der Lackschicht selbst leistet ein Mikroskop wertvolle Dienste. Hierzu sind von E. C. Line sehr wertvolle Angaben gemacht worden. Man betrachtet Querschnitte des Films, die man sich bei einiger Übung leicht auch ohne Mikrotom mit einem scharfen Rasiermesser herstellen kann. Die Probe wird dabei, zwischen Korkstückchen eingeklemmt, mit der linken Hand gehalten, während die rechte das Messer führt[3]. Unter dem Mikroskop erkennt man meist mühelos die einzelnen Schichten und kann bei genügender Erfahrung oft feststellen, ob eine vorliegende Probe aus dem eigenen Betrieb stammt oder nicht, was bei Beanstandungen von großem Wert sein kann. E. C. Line gibt viele Hinweise, wie man mit Hilfe von Lösungsmitteln auch Schlüsse auf die Zusammensetzung des Films und einzelner Schichten ziehen kann. Cellulosenitrat wird von Estern schnell gelöst; Essigester und Amylacetat weichen auch Ölfilme auf. Gemische von Öl- und Kaltlack erweichen schnell, und nach Weglösen des Celluloseesters hinterbleibt das oxydierte Öl als gallertige Masse. Im Ofen getrocknetes Linoxin löst sich nach E. C. Line in Tetrachloräthan, in der Sonne getrocknetes dagegen nicht. Alkohol wirkt weder auf Öl- noch auf Cellulosefilme, aber löst Schellack und greift Filme an, wenn sie gewisse Harze enthalten. Behandelt man nicht Schnitte, sondern etwas größere Lederproben mit verschiedenen Lösungsmitteln im Reagensglas und untersucht dann nach Verdampfen die Rückstände auf ihre Eigenschaften gegenüber anderen Solventien, so kann man die mikroskopischen Befunde noch ergänzen.

Die mikroskopische Betrachtung eines Lacklederquerschnitts kann natürlich auch noch Aufschluß über manche andere Frage geben, über die Verteilung des Pigments in den einzelnen Schichten, über dessen Korngröße und ungefähre Konzentration, ferner über Haftfestigkeit und Verankerung im Narben.

Den Glanz von Lederoberflächen hat man ebenfalls der Messung zugänglich gemacht. Das Zeißsche Pulfrich-Photometer ist für diesen Zweck bekannt und mit besonderen Zusatzapparaten versehen worden[4]. Der Glanz wird in Glanzzahlen angegeben, die nach einer bestimmten Formel errechnet werden (A. Klughardt). Der Glanz eines mit einer glänzenden Schicht überzogenen Leders ist,

---

[1] Hergestellt von der Firma H. Keyl, Dresden-A.

[2] R. Kempf hat im zit. Aufsatz die Literatur über Lackhärteprüfung zusammengestellt.

[3] Näheres vgl. Gerbereichemisches Taschenbuch (VAGDA-Kalender), 3. Aufl. Dresden und Leipzig: Theodor Steinkopf 1932, siehe S. 214.

[4] Die Firma Carl Zeiß, Jena, hat darüber im Jahre 1931 eine besondere Druckschrift herausgegeben, in der die Einzelheiten über die Methodik sowie weitere Literatur angegeben sind.

worauf A. Küntzel aufmerksam machte, von der Richtung abhängig, in der das Leder betrachtet wird. Verursacht wird die Erscheinung durch den Narben, der eine abschwächende bzw. verstärkende Wirkung ausübt, wie es bei Faserstoffen die Faserrichtung tut. A. Küntzel fand die Glanzmessungen wenig genau, da Schwankungen in der Beschaffenheit der Oberfläche und Unregelmäßigkeiten im Narben sich bei der Messung stark bemerkbar machen (vgl. auch R. Kempf und J. Flügge).

Literaturübersicht.

d'Ans, J.: Fettchem. Umsch. **34**, 283, 296 (1927).

Auer, L. (*1*): Farben-Ztg. **31**, 1240 (1926); (*2*): Kolloid-Ztschr. **40**, 334 (1926).

Bauer, K. H.: Ubbelohdes Handbuch der Chemie und Technologie der Öle und Fette. 1. Bd., 2. Aufl. Leipzig: S. Hirzel 1929.

Bauer, K. H. u. A. Freiburg: Fettchem. Umsch. **38**, 78 (1931).

Bergmann, M. (gemeinsam mit St. Ludewig, F. Stather u. M. Gierth): Collegium **1927**, 571.

Blom, V. R.: Angew. Chem. **40**, 146 (1927).

Börner, H.: Kunststoffe **2**, 221 (1912).

Brown, B. K. u. Ch. Bogin: Ind. engin. Chem. **19**, 968 (1927).

Caldwell, B. P. u. J. Matiello: Ind. engin. Chem. **24**, 158 (1932).

Clark, G. L. u. H. L. Tschentke: Ind. engin. Chem. **21**, 621 (1929).

Clemen: Farben-Ztg. **24**, 412 (1919).

Cohn, G.: F. Ullmanns Enzyklopädie der techn. Chemie. 3. Bd., 2. Aufl. Berlin-Wien: Urban & Schwarzenberg 1929.

Davidson, J. G. u. E. W. Reid: Ind. engin. Chem. **19**, 977 (1927).

Durrans, T. H.: Lösungsmittel und Weichmachungsmittel. Berlin: J. Springer 1933.

Eibner, A. (*1*): Über fette Öle. München: B. Heller 1922; (*2*): Das Öltrocknen ein kolloider Vorgang aus chemischen Ursachen. Berlin: Allg. Industrie-Verlag 1930.

Eibner, A. u. F. Pallauf: Fettchem. Umsch. **32**, 81, 97 (1925).

Engler, C.: Ber. **33**, 1097 (1900).

Engler, C. u. J. Weißberg: Kritische Studien über die Vorgänge der Autoxydation. Braunschweig 1904.

Enna, F. G. A. (*1*): J. I. S. L. T. C. **9**, 74 (1925); (*2*): ebenda **10**, 311 (1926); (*3*): ebenda **10**, 172 (1926).

Fahrion, W. (*1*): Die Chemie der trocknenden Öle. Berlin: J. Springer 1911; (*2*): Chem.-Ztg. **1908**, Nr. 75; siehe auch Collegium **1908**, 495 u. 497.

Fein, F.: Collegium **1930**, 117.

Freundlich, H. und H. W. Albu: Angew. Chem. **44**, 56 (1931).

Gardner, H. A.: Ind. engin. Chem. **22**, 378 (1930).

Genthe, A.: Angew. Chem. **19**, 2087 (1906).

Hebler, F. (*1*): Farben-Ztg. **32**, 2077 (1927); (*2*): ebenda **31**, 637 (1926).

Hefter, G.: Technologie der Fette und Öle. II. Bd., Berlin: J. Springer 1908.

Henry, W. C.: J. A. L. C. A. **26**, 595 (1931).

Herbert, W.: F. Ullmanns Enzyklopädie der technischen Chemie, Bd. 10, 2. Aufl. Berlin-Wien: Urban & Schwarzenberg 1932.

Hilden u. Ratcliffe: Fettchem. Umsch. **25**, 12, 143 (1918).

Hofmann, H. E. u. E. W. Reid: Ind. engin. Chem. **20**, 431 (1928).

Holde, D.: Kohlenwasserstofföle und Fette. 7. Aufl. Berlin: J. Springer 1933.

Jones, A.: British Industrial Finishing, **3**, 102, zit. nach Ref. Farben-Ztg. **37**, 1517 (1932).

Jürgen, R.: Farben-Ztg. **32**, 1257 (1927).

Kempf, R.: Angew. Chem. **40**, 1296 (1927).

Kempf, R. u. J. Flügge: Ztschr. Instrumentenkunde **49**, 1 (1929).

Klughardt, A.: Ztschr. techn. Physik **8**, 109 (1927); Monatsschr. für Textilindustrie, Leipzig **1930**, Heft 10, S. 409; Heft 11, S. 444.

Kraus, A. (*1*): Ledertechn. Rdsch. **25**, 37, 53, 69, 81, 88 (1933); (*2*): **26**, 6 (1934).

Krumbhaar, W.: Chem.-Ztg. **40**, 937 (1916).

Küntzel, A.: Collegium **1929**, 554.

Lamb, M. C.: Die Chromlederfabrikation, Berlin: J. Springer 1925, übers. von E. Mezey.

Lattey, W. T. (*1*): Journal Oil and Colour Chemists Ass. **9**, 68 (1926); (*2*): J. I. S. L. T. C. **10**, 199 (1926).

Line, E. C.: J. I. S. L. T. C. **16**, 93 (1932).
Long, J. S.: Paint, Oil and Chemic. Review **89**, 8 (1930), zit. nach Farben-Ztg. **35**, 1001 (1930).
Long, J. S., C. A. Knauß u. I. G. Smull: Ind. engin. Chem. **19**, 62 (1927).
Long, J. S. u. G. Wentz: Ind. engin. Chem. **17**, 905 (1925).
Lunge-Berl: Chemisch-technische Untersuchungsmethoden. 2. Bd., 7. Aufl. Berlin: J. Springer 1922.
Marcusson, J.: Angew. Chem. **38**, 780 (1925).
Marling, P. E.: Canadian Chem. Metallurg. **11**, 63 (1927); Chem. Ztrbl. 1927 II, 1631.
Meidert: Chem.-Ztg. **1928**, 859; **1929**, 299.
Moureu, C. u. C. Dufraisse: Compt. rend. Acad. Sciences **174**, 258 (1922).
Mühlendahl, E. u. H. Schulz: Farbe u. Lack **1927**, 276.
Munzert, H.: Chem.-Ztg. **1929**, 672.
Münzinger, W.: Chem.-Ztg. **1932**, 851.
Ostwald, Wo., O. Trakers u. R. Köhler: Kolloid-Ztschr. **46**, 136 (1928).
Pilz, E.: Gerber **1933**, 20, 29, 37, 63, 73, 85, 90, 105.
Procter, H. R.: The Principles of Leather Manufacture, London: E. & F. N. Spon 1922.
Ragg, M.: Farben-Ztg. **1914**, 209, 421.
Rhodes, F. A. u. H. E. Goldsmith: Ind. engin. Chem. **18**, 566.
Ritter, J. G.: Gerber **1914**, Nr. 944/45; siehe auch Collegium **1914**, 257.
Roch: Angew. Chem. **24**, 80 (1911).
Salvaterra, H.: Angew. Chem. **43**, 620 (1930).
Schad, E. u. C. Rieß: Collegium **1930**, 20.
Scheiber, J. (*1*): Fettchem. Umsch. **34**, 6 (1927); (*2*): Farbe u. Lack **1927**, 75; (*3*): Angew. Chem. **40**, 1279 (1927); (*4*): ebenda **46**, 643 (1933).
Scheifele, B.: Angew. Chem. **42**, 787 (1929).
Schiffkorn, C.: Collegium **1931**, 287.
Seeligmann-Zieke: Handbuch der Lack- und Firnisindustrie. 4. Aufl. Herausgegeben v. E. Zieke u. H. Wolff. Berlin: Union Deutsche Verlagsgesellschaft 1930.
Sharples Solvents Corporation: Chem.-Ztg. **1928**, 1016.
Sinowjew, A.: Öl- und Fett-Ind. (russ.) **1928**, Nr. 9, ref. Collegium **1929**, 420.
Slansky, P. (*1*): Fettchem. Umsch. **31**, 277, 281 (1924); (*2*): ebenda **39**, 155 (1932); (*3*): Angew. Chem. **34**, 533 (1921); (*4*): Fettchem. Umsch. **34**, 148 (1927).
Slansky, P. u. L. Köhler (*1*): Kolloid-Ztschr. **46**, 128 (1928); (*2*): Fettchem. Umsch. **35**, 41 (1928).
Swehten R.: Farben-Ztg. **32**, 1138 (1927).
Urbanowitz, J. L.: Ledertechn. Rdsch. **24**, 125, 140 (1932); **25**, 21 (1933).
Vereinigung Deutscher Trockenstoffabrikanten: Chem.-Ztg. **1929**, 160, 299.
Weger, M.: Angew. Chem. **10**, 547 (1897); **11**, 508 (1898).
Widmer, G.: Helv. chim. Acta VII, 59 (1924).
Wilborn, F.: Die Trockenstoffe. Berlin: Union Deutsche Verlagsgesellschaft 1933.
Wilborn, F. u. Baum: Mitt. Inst. Lackf. (1928).
Wilborn, F. u. C. Fink: Mitt. Inst. Lackf., S. 147, Auszug in Farben-Ztg. **35**, 2179 (1930) u. Farbe u. Lack **1930**, 338.
Wilson, J. A. u. R. O. Guettler: J. A. L. C. A. **21**, 241 (1926).
Wilson, J. A. u. E. J. Kern: J. A. L. C. A. **21**, 351 (1926).
Wilson, J. A. u. G. O. Lines: Ind. engin. Chem. **17**, 570 (1925).
Wilson, J. A., F. Stather und M. Gierth: Die Chemie der Lederfabrikation, Bd. 2. Wien: J. Springer 1931.
Wolff, H. (*1*): Farben-Ztg. **31**, 1239 (1926); (*2*): Fettchem. Umsch. **34**, 205 (1927); (*3*): Ubbelohdes Handbuch der Chemie und Technologie der Öle und Fette, 2. Bd., 2. Aufl. Leipzig: S. Hirzel 1932; (*4*): Die Lösungsmittel der Fette, Öle, Wachse und Harze, 2. Aufl. Stuttgart: Wissenschaftl. Verlagsgesellsch. m. b. H., 1927; (*5*): Laboratoriumsbuch fur die Lack- und Farbenindustrie. Halle: W. Knapp 1924; (*6*): Farben-Ztg. **17**, 21 (1912); (*7*): Veröffentlichungen des Fachausschusses fur Anstrichtechnik beim Verein Deutscher Ingenieure und beim Verein Deutscher Chemiker, Heft 12. Berlin: VDI-Verlag 1931.
Wolff, H. u. Dorn: Farben-Ztg. **27**, 736 (1921).
Wolff, H. u. W. Toeldte: Farben-Ztg. **34**, 1060 (1929).
Wolff, H., W. Schlick und H. Wagner: Taschenbuch fur die Farben- und Lackindustrie. 7. Aufl. Stuttgart: Wissenschaftl. Verlagsges. 1931.
Worden, E. C.: Nitrocellulose-Industry, 1. Bd., London: Constable & Co. 1911.

Zweites Kapitel.

Mechanische Zurichtmethoden.

Von Gewerbestudienrat **Theo Wieschebrink**, Freiberg i. Sa.

Einleitung.

Die allgemeine übliche Dreiteilung des Herstellungsprozesses des Leders in Blößenbereitung, Gerbung und Zurichtung läßt erkennen, daß mit der Überführung der Haut in Leder durch die Einwirkung von Gerbstoffen das Produkt „Leder" noch nicht erreicht ist. Zahlreiche Arbeitsvorgänge sind noch notwendig, um aus der gegerbten Haut ein Leder, nicht in seiner wissenschaftlichen Definition, sondern nach den Begriffen des Handels, der lederverarbeitenden Industrien und des Verbrauchers herzustellen. Die Arbeiten, welche die gegerbte Haut erst in einen für ihre Verwendung geeigneten Zustand versetzen, werden als Zurichtung bezeichnet. Welche Bedeutung diesen Arbeiten zukommt, ist daraus ersichtlich, daß die Zahl der in der Zurichtung tätigen Arbeiter diejenige der in den übrigen Arbeitsprozessen beschäftigten weit übersteigt. Dies gilt sowohl für die wenig Zurichtung erfordernden Unterleder, als erst recht auch für die heute in höchster Vollkommenheit erzeugten Ober- und Feinleder.

Neben den chemischen Zurichtmethoden, die im Färben, Fetten, Entfetten und Bleichen der Leder bestehen, bleiben noch manche mechanische Zurichtarbeiten auszuführen, die dem Leder erst die für die Verwendung notwendigen Eigenschaften und das für den Verkauf erforderliche gefällige Aussehen verleihen.

Die Eskimos überlassen die Zurichtung der Felle der erjagten Tiere, die sie mit Fett und Hirn in primitiver Weise gerben, noch heute ihren Frauen, die mit erstaunlicher Ausdauer und Geduld das Weichmachen des Leders für Bekleidungszwecke durch Kauen mit den Zähnen bewirken. Bis in die Mitte des vergangenen Jahrhunderts erfolgte die Zurichtung im Kleinbetrieb des zünftigen Gerbers meist „von Hand", unterstützt durch einfache, häufig selbst hergestellte Werkzeuge. Die Entwicklung der Technik schuf zunächst vollkommenere Werkzeuge und übertrug dann die Handarbeit mehr und mehr auf die Maschine. Heute ist ein moderner Gerbereibetrieb ohne einen gut ausgerüsteten Bestand an Zurichtmaschinen nicht mehr denkbar. Trotzdem die Maschine schneller, gleichmäßiger und meist auch vollkommener arbeitet, hat der Anteil der Zurichter an der Gesamtheit der Lederarbeiter kaum abgenommen. Denn mit den vergrößerten Möglichkeiten in der Zurichtung sind auch die Ansprüche des Verbrauchers an das Fertigfabrikat gestiegen.

Die mechanischen Zurichtmethoden beziehen sich zum Teil auf die Vorbereitung des Leders für die chemischen Bearbeitungsprozesse, durch Reinigen und Auswaschen des Leders unter Beseitigung der nichtgebundenen Gerbstoffe und des Wassers. Die weitere Verarbeitung verfolgt das Ziel, dem Leder die erforderliche Stärke und Gleichmäßigkeit der Dicke, die notwendige Ebenmäßigkeit und Glätte, sowohl im Narben als auch auf der Fleischseite zu erteilen, der Oberfläche ein gefälliges Aussehen zu geben, diese für den Bestimmungszweck des Leders möglichst geeignet zu machen und dem Leder die für die Verarbeitung notwendigen Eigenschaften in Griff und Festigkeit zu erteilen. Bei den zahlreichen Verwendungsmöglichkeiten des Leders, die jeweils ganz besondere Eigenschaften verlangen, welche in den einzelnen Betrieben auf verschiedenen Wegen herausgearbeitet werden, kann im Rahmen dieser Ausführungen nicht die Zurichtung einzelner Lederarten behandelt werden. Vielmehr kommt es hier an auf eine allgemeine Darstellung der bei der Zurichtung üblichen und möglichen mechanischen Arbeitsmethoden.

I. Reinigen des nassen Leders.

Wenn die eigentliche Gerbung der tierischen Haut beendet ist, finden sich in dem jetzt vorliegenden Produkt noch zahlreiche Stoffe, welche entfernt werden müssen, um die nachfolgenden Arbeiten zu ermöglichen, sie nicht zu stören und schließlich ein Fabrikat entstehen zu lassen, welches den Anforderungen des Verbrauchers entspricht. Je nach der Art der Gerbung enthält das Leder größere oder geringere Mengen von nicht gebundenen vegetabilischen Mineral- oder Fettgerbstoffen. Bei Gewichtsleder wird man bemüht bleiben, möglichst viel von diesen Stoffen im Leder zu belassen. Bei grubengegerbten Ledern begnügt man sich dann mit einem Abkehren und leichten Abspülen des Leders durch kurzes Eintauchen in Wasser. Leder, die gefettet oder als Blankleder zugerichtet werden sollen, bedürfen einer intensiveren Beseitigung der löslichen Gerbstoffe. Besonders notwendig ist das Entfernen der löslichen Gerbstoffe bei solchen Ledern, die gefärbt werden sollen. Chromgare Leder werden vor dem Färben gründlich ausgewaschen, glacégare Leder mehrere Stunden im Faß „broschiert", Sämischleder ist vor der Zurichtung möglichst vollständig zu entfetten (Näheres siehe unter „Färben" und „Entfetten").

1. Spülen.

Soll ein Leder gründlich ausgewaschen werden, so erfolgt diese Arbeit im Spülfaß oder im Haspel. Man verwendet dazu Walkfässer mit 10 bis 15 Umdrehungen pro Minute. Der Deckel wird durch einen Lattenrost ersetzt, der das Spülwasser ungehindert austreten läßt. Die Dauben werden häufig mit Löchern versehen, so daß auch hier das Spülwasser auslaufen kann. Durch die hohle Achse läßt man das kalte oder besser lauwarme Spülwasser dauernd zufließen und walkt so lange, bis das ablaufende Wasser einen bestimmten Reinheitsgrad angenommen hat und erfahrungsgemäß das Leder genügend ausgewaschen ist. Beim Waschen im Haspel läßt man zweckmäßig das zulaufende Wasser am Boden des Haspels einfließen und oben ablaufen.

In solchen Fällen, wo nur eine oberflächliche Reinigung des Leders erforderlich ist, kann ein Einhängen der Leder in eine Spülgrube mit Wasser oder auch ein kurzes Waschen im Faß zum Ziele führen. Oft macht sich jedoch eine intensivere Bearbeitung des Narbens notwendig, vor allem dann, wenn auf dem Narben Stoffe abgelagert sind, die in Wasser nicht löslich sind. Meist handelt es sich dabei um grubengare Leder, die auf der Oberfläche eine „Blume", einen Belag von Ellagsäure aufweisen oder auch um stärker gefettete Leder, deren Narben- und Fleischseite von Fett befreit werden sollen.

2. Ausrecken.

Bei der Reinigung der Leder von Hand geschieht dies entweder auf dem Baum in gleicher Weise wie beim Glätten oder Streichen. Meist aber wird der Prozeß von Hand auf der Tafel ausgeführt. Das nasse Leder wird dazu auf einer Stein-

oder Zinktafel ausgebreitet und mit dem „Schlicker" fest angedrückt, so daß es auf der Tafel haftet. Dann wird der Narben mit dem Schlicker und einer harten Bürste abwechselnd bearbeitet. Der Schlicker besteht aus einer kleinen Stein- oder Metallplatte, die an der schmalen Seite flach geschliffen ist. Die scharfen Kanten müssen etwas abgerundet werden. Die Platte ist in einem Holzgriff befestigt, der mit beiden Händen unter Druck über das Leder geführt wird (siehe Abb. 150, S. 670). Die Metallschlicker sind meist aus Stahl hergestellt, zur Vermeidung von Eisenflecken bei lohgaren Ledern vielfach aus Messing, neuerdings auch aus rostfreiem Stahl, der widerstandsfähiger gegen eine Abnützung ist als Messingschlicker. Die Reinigung des Narbens wird durch Mitverwendung von warmem Wasser unterstützt. Eine Maschine, die die Handarbeit nachahmt und ersetzt, ist die Burdon-Auswasch- und Ausbürstmaschine (siehe Abb. 141). Die Maschine besteht aus

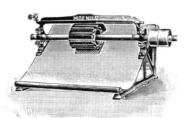

Abb. 141. Auswasch- und Ausbürstmaschine (Moenus A. G., Frankfurt a. M.).

einem auf einen Ständer gelagerten, mit 500 Umdrehungen pro Minute rotierenden Arbeitszylinder, der abwechselnd mit Bürsten und Metall-, Gummi- oder Steinreckern besetzt ist. Das Leder wird unter den Bürstzylinder geschoben. Die Tischplatte liegt fest, trägt aber unter dem Zylinder in einer ausgesparten Öffnung eine um ein Scharnier bewegliche, mit Zinkblech belegte Platte, die durch einen Fußhebel gegen den Zylinder gedrückt werden kann und das darauf liegende Leder gegen die Trommel preßt. Von oben wird dabei dauernd warmes Wasser zugeführt. Die Maschine wird verwendet für Geschirr-, Blank- und Riemenleder. Auch die in Abb. 155 und 156 dargestellte Trommelstoßmaschine der Maschinenfabrik Turner A. G., Frankfurt a. M., eignet sich für den Zweck. Der Zylinder ist in diesem Fall mit Steinreckern besetzt.

3. Ausbürsten.

Für Croupons der gleichen Lederarten sowie zum Auswaschen von Vachecroupons wird eine Maschine der Maschinenfabrik Moenus A. G., Frankfurt a. M., verwendet, die das Leder auf der ganzen Breite in einem Zug bearbeitet.

Abb. 142. Auswaschen des Leders auf der Tafel.

Das Leder wird dazu auf eine fahrbare Tafel gelegt, die sich selbsttätig langsam vorschiebt und das Leder unter zwei rotierenden Bürstwalzen durchführt. Der Druck der Bürsten auf das Leder wird durch Gewichte erreicht und kann durch einen Fußhebel weiter verstärkt werden. Durch einen Handhebel kann die Tafel vor- und rückwärts gesteuert werden. Ein Verteilungsrohr führt auf der ganzen Breite dauernd warmes Wasser zu. Zur Steigerung der auswaschenden Wirkung läßt man auch Sodalösung oder zum Bleichen Säurelösung zufließen.

Das Ausbürsten von Riemencroupons und ähnlichen Ledern von Hand wird in folgender Weise ausgeführt:

Der Croupon wird auf eine nach einer Seite abfallenden Tafel von der Größe 180 × 200 cm gelegt (siehe Abb. 142). Die Tafel ist zum Schutz des Arbeiters beiderseits mit Ablaufrinnen versehen. Das Leder wird mit warmem Wasser oder warmer Sodalösung übergossen und nun von zwei oder drei Arbeitern kräftig mit harten, aus Pflanzenfasern hergestellten Bürsten bearbeitet. Nach genügender Säuberung wird das Leder mit Wasser abgespült und durch Übergießen mit einer schwachen Säurelösung aufgehellt (Näheres siehe unter Bleichen).

II. Das Entwässern des Leders.

Im Abschnitt „Trocknen" (III. I d) des Leders sind die Vorgänge zusammengefaßt, die den Wassergehalt eines Leders soweit herunterdrücken, daß sich dieser bei gleichbleibender Luftfeuchtigkeit nicht mehr wesentlich ändert. Demgegenüber sollen unter Entwässern nur solche Prozesse verstanden werden, die dem Leder einen Teil der vorhandenen Feuchtigkeit entziehen, ohne eine Trocknung zu erreichen. In verschiedenen Stadien der Zurichtung macht sich eine solche Entwässerung des Leders notwendig, um das Material in einen Zustand zu versetzen, in welchem sich die Zurichtarbeiten am günstigsten ausführen lassen. Das Leder ist im nassen Zustand gummiartig, elastisch. Ein solches Leder läßt sich nicht falzen, da es den Messern des Falzkopfes der Falzmaschine ausweicht. Ein Ausstoßen nasser Leder ist zwecklos, weil das Leder bald wieder seine frühere Form annimmt. Das Fetten nasser Leder mit ungelickerten Fetten ist unmöglich, da das Fett nicht vom Leder aufgenommen wird.

Für diese Arbeiten muß das Leder daher zuerst entwässert werden. Den Arbeitsprozeß bezeichnet man je nach der Art der Ausführung als Auswringen, Auspressen, Abwelken, Ablüften, auf den Wind arbeiten, Windieren. Soweit die Maschinen, welche für diese Arbeitsvorgänge Verwendung finden, mit Vorrichtungen zum Aussetzen, Ausstoßen oder Ausrecken kombiniert sind, werden sie weiter unten besprochen werden.

Es ist allgemein üblich, Leder nach der Gerbung, nach dem Waschen, dem Fetten oder Färben im Faß zunächst auf Böcke zu schlagen, sorgfältig glatt aufeinander zu schichten und dort kürzere oder längere Zeit hängen zu lassen. Dabei tropft ein erheblicher Teil von Flüssigkeit ab, zunächst aber nur Flüssigkeit, die sich auf der Oberfläche des Leders oder zwischen den faserigen Teilen der Fleischseite befindet. Aus dem Innern des Leders entweicht das Wasser aber nur so weit, als durch den Druck der oberen Leder auf die unteren eine Schrumpfung des Gesamtvolumens der Leder veranlaßt wird.

1. Ablüften.

Ein einfacher Weg, ein solches Leder wasserärmer zu machen, besteht nun darin, das Leder aufzuhängen und dann der trocknenden Wirkung der Luft auszusetzen. Die Leder werden zu diesem Zweck über Stangen gehängt oder mit Nägeln an Stangen geheftet und so lange hängen gelassen, bis der notwendige Feuchtigkeitsgrad erreicht ist. Dieser Prozeß verursacht einerseits einen erheblichen Zeitverlust, anderseits bringt er auch Nachteile mit sich, die darin bestehen, daß das Wasser sich im Leder nach den unteren Teilen der Haut zieht, so daß die oberen Teile oft schon zu weit austrocknen, während die unteren noch naß sind. Bei dem Hängen über Stangen trocknet der auf der Stange liegende Teil infolge des Drucks und der Dehnung, die er erfährt, ebenfalls bedeutend schneller als die übrigen Teile. Wenn man diesem Nachteil auch durch Umhängen der Häute oder Felle begegnen kann, so lassen sich doch hier große Unregelmäßigkeiten im Feuchtigkeitsgehalt nicht vermeiden. Diese Arbeit, die als Ablüften, Abwelken, Welkmachen, Auf-den-Wind-Arbeiten, Windieren (französisch: mettre au vent) bezeichnet wird, wobei diese Ausdrücke vielfach auch das nachfolgend auszuführende Ausstoßen und Ausrecken mit umfassen, wird in größeren Betrieben ausschließlich auf der Maschine vorgenommen. Durch die Maschinenarbeit wird ein erheblicher Zeitgewinn erzielt, und die oben genannten Nachteile des unregelmäßigen Auftrocknens fallen vollkommen fort.

2. Auswringen.

In der Struktur sehr lockere, tuchartige Leder, wie Sämischleder, lassen sich sehr leicht entwässern. In handwerksmäßigen Betrieben erfolgt daher das Entwässern solcher Leder einfach durch Ausschleudern auf der Zentrifuge oder durch Auswringen. Zur Erleichterung dieser Arbeit wird dann auch eine Wringmaschine ganz einfacher Konstruktion verwendet, bei welcher das Leder zwischen zwei durch eine Feder aufeinander gepreßten, rotierenden Gummiwalzen hindurchläuft. Die Gummiwalzen haben einen Durchmesser von zirka 50 mm. Durch die starke Krümmung der Preßfläche ist die eigentliche Druckzone sehr klein. Das Wasser kann daher verhältnismäßig leicht beim Zusammenpressen des Leders in die auf der Einlauf-seite liegende benachbarte Zone entweichen. Bei großflächigen, stärkeren und festeren Ledern müssen die Gummiwalzen, um einen entsprechenden Druck ausüben zu können und um ein Ausweichen der Walzen zu vermei-

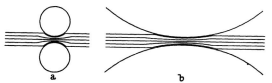

Abb. 143.   a Kleine,   b breite Druckzone der rotierenden Abwelkpresse.

den, mit bedeutend größerem Durchmesser konstruiert werden. Dadurch wird die Druckzone erheblich verbreitert. Das Wasser kann aber in einem solchen Fall aus der Zone des größten Drucks schwerer entweichen, da die benachbarte Zone ebenfalls schon unter Druck steht und das Wasser daher nicht nach der Oberfläche austreten kann (siehe Abb. 143). Einen Ausweg hat man darin gefunden, daß man die Gummiwalzen zum Teil durch Metallwalzen ersetzte und diese mit einem Zylinder aus Filz, mit Filzärmeln, überzog. Sobald das Leder in die Druckzone kommt, wird das sich herauspressende Wasser von dem auch unter Druck immer noch stark porösen Filz aufgesogen. Auf diese Weise lassen sich auch Chromleder einwandfrei abwelken, bei welchem dieser Prozeß sonst dadurch erschwert wird, daß die Fasern des Leders stark geschwellt und die Faserzwischenräume dadurch verhältnismäßig eng sind. Durch die Weichheit der Fasern legen sich diese im Gegensatz zu den Fasern lohgarer Leder unter der Einwirkung des Preßdruckes so dicht aneinander, daß das Herauspressen des Wassers stark behindert und daher erst unter starkem Druck möglich wird.

3. Abwelken.

Bei älteren Konstruktionen solcher rotierender Abwelkpressen, die nach Art der Wringmaschinen gebaut sind, wird das Leder an der einen Seite eingeführt und auf der gegenüberliegenden Seite abgenommen. Hierbei kommt es häufig zu Faltenbildungen und Beschädigungen des Leders. Die moderne Bauart der Abwelkpressen kombiniert daher die Maschine mit einer Faltenverteilungsvorrichtung, mit welcher gleichzeitig ein Ausrecken und Ausstoßen der Leder erreicht wird. Die Abb. 144 zeigt eine solche Maschine in leichter Bauart für dünne Ledersorten in geöffneter Stellung. Das Leder wird auf die vordere Gummiwalze gelegt. Durch Herunterdrücken des Fußhebels bewegt sich diese Walze schräg nach oben gegen die zweite Druckwalze. Sobald die Walzen sich in Arbeitsstellung befinden, wird das Leder zwischen diesen jetzt rotierenden Zylindern ausgepreßt und nach vorn aus der Maschine herausbewegt. Die untere Walze preßt das Leder dabei gleichzeitig gegen die Reckerwalze, die ebenfalls rotiert. Durch die Recker wird das Leder leicht entwässert und gleichzeitig auf dem nach oben liegenden Narben ausgereckt und ausgebreitet. Eine darunterliegende Walze von kleinerem Durchmesser verstärkt die Beseitigung der Falten.

Abb. 144. Rotierende Abwelkpresse fur leichte Leder (Turner A. G., Frankfurt a. M.).

Hat das Leder die Maschine verlassen, wird durch Herunterdrücken des Fußhebels die Maschine wieder geöffnet. Darauf wird das Leder mit der anderen Hälfte, die sich in der Hand des Arbeiters befand, eingeworfen und in gleicher Weise bearbeitet.

Eine schwere Bauart stellt die Maschine Abb. 145 dar, die für kräftige Unterleder, Riemenleder und Chromleder Verwendung findet. Die beiden Preßwalzen werden hier mit lose aufliegenden Filzärmeln überzogen. Der Preßdruck ist durch beiderseits über den Federn angebrachte Schraubenspindeln regulierbar. Die Faltenverteilung und das Ausrecken erreicht man durch die dahinterliegende Reckerwalze, die mit stumpfen Messingreckern versehen ist. Der Andruck des Leders gegen diese Reckerwalze erfolgt jedoch nicht wie

Abb. 145. Rotierende Abwelkmaschine für schwere Leder (Turner A. G., Frankfurt a. M.).

bei der oben beschriebenen Maschine durch die untere Preßwalze, sondern durch ein gefilztes, mit Leder überzogenes Andruckpolster. Der Druck dieser Andruckleiste ist durch einen rechts an der Maschine angebrachten Handhebel jederzeit leicht zu regulieren. Die Maschine wird für eine Arbeitsbreite bis 300 cm konstruiert und erfordert je nach Durchgangsbreite eine Antriebkraft von 8 bis 12 PS.

Eine Verdoppelung des Abwelkeffekts ist bei einer Konstruktion der Bayrischen Maschinenfabrik F. J. Schlageter, Regensburg, durchgeführt. Wie das

Konstruktionsschema (siehe Abb. 146) zeigt, arbeitet die Maschine mit fünf Zylindern. Zum Abwelken und Ausrecken (siehe S. 669) werden die beiden Preßwalzen *1* und *2* mit Filzbezügen versehen. Die Walze *3* ist mit Weichgummi überzogen, während die Walze *4* als kleine Vorstoß- und Ausbreitwalze mit leichter Federung die Haut an den Reckerzylinder *5* legt. Der Reckerzylinder ist pendelnd gelagert. Die Gummiwalze *3* ist mit Moment-Druckregulierung und einem Handhebel mit Feinstellskala versehen.

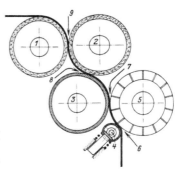

Beim Schließen der Maschine hebt die kleine Vorstoßwalze *4* das Leder gegen die Reckerwalze *5*, so daß es an der Arbeitsstelle *6* zunächst faltenfrei ausgebreitet wird. An der Druckstelle *7* erfolgt dann die eigentliche Abwelk- und Ausreckarbeit auf der Weichgummiwalze. An der Druckstelle *8*, zwischen der Weichgummiwalze *3* und der Filzwalze *2* findet ein weiteres Abwelken statt und eine noch weitgehendere Entwässerung an der Druckstelle *9*.

Abb. 146. Konstruktionsschema einer rotierenden Abwelkmaschine mit mehrfachem Abwelkeffekt (Bayerische Maschinenfabrik F. J. Schlageter, Regensburg).

4. Abpressen.

Eine andere mechanische Arbeitsweise zum Entwässern des Leders erfolgt dadurch, daß man das Leder zwischen zwei Preßplatten aufeinanderschichtet und die Platten solange nähert, bis genügend Flüssigkeit aus dem Leder entfernt ist. Diese Pressen, die in ähnlicher Konstruktion auch in den anderen Industrien Verwendung finden, sind entweder als Spindelpressen oder hydraulische Pressen konstruiert.

Eine einfache Bauart zeigt die Lederabwelkpresse für Handbetrieb oder maschinellen Antrieb, bei welchem das Leder auf den unteren feststehenden Tisch möglichst gleichmäßig aufgeschichtet wird und der Druck von dem oberen Tisch durch Senken der Schraubenspindel ausgeübt wird (siehe Abb. 147).

Bei den auf gleichem Prinzip beruhenden hydraulischen Pressen ist der obere Tisch mit einem Kolben fest verbunden, der sich vertikal in einem Zylinder bewegen kann (siehe Abb. 148). Durch eine hydraulische Preßpumpe wird in diesen Zylinder Wasser eingepreßt, bis der notwendige Druck erreicht ist. Ein in die Wasserzuleitung eingebautes Manometer läßt eine Kontrolle dieses Drucks zu. Die Pumpe wird von der Transmission aus angetrieben und ist so eingerichtet, daß bei dem für die Konstruktion höchstzulässigen Druck die Pumpe selbsttätig ausrückt.

Abb. 147. Lederabwelkpresse für Handbetrieb oder mechanischem Antrieb (Bayerische Maschinenfabrik F. J. Schlageter, Regensburg).

Das Leder muß dem Druck längere Zeit ausgesetzt werden, damit das Wasser aus den inneren Teilen der gepreßten Ledermasse nach außen austreten kann. Der Druck läßt durch den dabei eintretenden Volumenschwund des Leders allmählich nach. Vielfach sind die Preßpumpen mit Vorrichtungen versehen, die bei dem Nachlassen des Druckes die Pumpe selbsttätig wieder einrücken und den Druck automatisch auf der gleichen Höhe halten. Die Pumpen liefern einen Druck bis zu 400 Atm., so daß die Stirnfläche des Preßkolbens an der Lederpresse mit 400 kg pro Quadratzentimeter belastet werden kann. Bei einem Durchmesser des Preßkolbens von 100 mm erhält dessen Stirnfläche

eine Größe von 78,5 qcm. Bei 400 Atm. Druck des Wassers beträgt dann der
Gesamtdruck auf den Kolben $400 \times 78,5 = 31.400$ kg, der durch die feste Verbindung mit dem oberen Preßtisch auf diesen übertragen wird. Bei einer Tischgröße von 100×100 cm $= 10.000$ qcm kommt auf 1 qcm Preßfläche ein Druck
von 3,14 kg. Die Pressen werden eingerichtet bis zu einem Druck von 4,5 kg
pro Quadratzentimeter Preßplatte. Da zum Aufbauen des Leders auf die untere
Preßplatte, zum Abpressen und Wiederabräumen der Platte ungefähr 1 Stunde
benötigt wird, so läßt sich die Leistungsfähigkeit der Presse dadurch erhöhen,

daß der untere Preßtisch
in doppelter Länge kon-
struiert wird oder besser
noch ausfahrbar eingerichtet wird. Wie die Abb. 148
zeigt, ist diese Presse mit
zwei fahrbaren Tischen
versehen. Das Aufbauen
und Abräumen kann außer-
halb der Presse erfolgen
und sofort nach beendeter
Pressung und Hochziehen
der oberen Preßplatte ein
Auswechseln der Wagen
vorgenommen werden. Die
untere Preßplatte wird zur
Entlastung der Räder durch

Abb. 148.   Hydraulische Abwelkpresse mit ausfahrbaren Tischen   eine besondere Vorrichtung
(Badische Maschinenfabrik, Durlach).   auf ein Bett von Eisenträ-
gern aufgelegt. Der Preß-
tisch ist mit Ablaufrinnen für die ausgepreßten Flüssigkeiten versehen, die eine
Rückgewinnung von Gerbbrühen ermöglichen. Die Größe der Preßplatten richtet
sich je nach der Art und Menge der auszupressenden Leder und beträgt von
100×100 cm bis 165×210 cm. Beim Auspressen von Unterleder muß der
Kern flach ausgebreitet bleiben, während die Abfälle eingeschlagen werden
können. Die dabei entstehenden Preßfalten lassen sich durch Aufwalken der
Leder im Faß beseitigen.

III. Die Bearbeitung der Fläche.

Die äußere Form der Haut in jenem Zustand, in welchem sie zur Verarbeitung
in die Gerberei übernommen wird, ist hauptsächlich bestimmt durch die Körper-
form der Tiergattung, von welcher sie stammt. Die abgezogene Haut liegt nicht
gleichmäßig glatt und die Umrandung ist mehr oder weniger unregelmäßig. Nur
dann kann der Schuhfabrikant oder Sattler die Lederfläche ohne große Verluste
ausschneiden oder ausstanzen, wenn die Form der Haut möglichst geschlossen
und die Fläche möglichst eben ist. Bei der Zurichtung von Leder müssen daher
Arbeitsprozesse eingeschaltet werden, welche der Haut diese Eigenschaften in
höchstem Maße erteilen. Soweit das Leder nach Fläche gehandelt wird, hat der
Lederfabrikant ferner das Ziel, aus Gründen der Rentabilität die Fläche des
Leders soweit zu dehnen, als dadurch eine Qualitätsverminderung nicht verursacht wird. Gleichzeitig macht sich eine solche Flächenbearbeitung des Leders
notwendig, um später vorzunehmende Zurichtarbeiten wie Walzen, Glanzstoßen, Bügeln, Chagrinieren und Lackieren mit entsprechender Vollkommenheit

zu ermöglichen. Es besteht also für den Zurichter die Aufgabe, das Leder so zu bearbeiten, daß bei relativ großer Flächenausbeute die Fläche möglichst eben und abgerundet erscheint. Diesem Ziele dienen das Ausrecken, Ausstoßen, Aussetzen, Plattieren und Spannen des Leders.

Die Bezeichnungen: Ausstoßen, Aussetzen, Ausrecken und Plattieren gelten im wesentlichen für den gleichen Arbeitsprozeß und dienen dem gleichen Zweck, die Fläche des Leders eben zu gestalten. Mit diesem Zweck wird das Ziel verbunden, den Narben möglichst glatt zu legen, ihn von allem Narbenzug, soweit angängig, zu befreien und gleichzeitig die Narbenschicht, die Papillarschicht, fester mit der darunterliegenden Retikularschicht zu vereinigen. Die Grenzzone zwischen den genannten Schichten ist dadurch sehr aufgelockert, daß sich hier die Hohlräume befinden, die von den Haarwurzeln und Talgdrüsen zurückgelassen werden. Bleiben die Hohlräume sehr groß, so zeigt das fertige Leder einen losen, rinnenden Narben. Neben verschiedenen anderen Einflüssen auf die Narbenfestigkeit, d. h. auf das Festliegen des Narbens, kommt also auch dem Ausstoßen eine große Bedeutung zu. Ein weiteres Ziel des Stoßens der Leder liegt noch darin, die dünnen, abfälligen Teile der Haut, besonders die Flämen so zu bearbeiten, daß diese Teile voller und fester werden. Es wird dies dadurch erreicht, daß das Leder in den Flämen stark zusammengeschoben wird, während die umgebenden Teile gedehnt werden. Die tonnige Form der Haut wird dadurch in eine Ebene gebracht, daß die kürzeren Teile, wie die Rückenlinie und die sog. Sehnen, d. h. die auf der Vorderseite des Oberschenkels liegenden Teile der Haut, der Mittelteil der Klauen, sowie der bei der Kratze liegende Teil gedehnt werden, während der Schild und die Ränder in ihrer Fläche verkleinert, eingestoßen werden müssen.

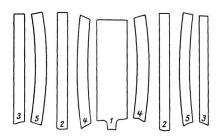

Abb. 149. Dehnung der Bahnen eines Riemenkernstuckes.
1 Wirbelbahn oder Mittelnickenbahn, *2* Huftbahnen, *3* Seitenbahnen, *4, 5* Zwischenbahnen.

Das fertige Leder zeigt in den einzelnen Teilen der Haut eine sehr wechselnde Dehnung. Dies ist zum Teil begründet in der lockeren oder festeren Struktur der einzelnen Partien, wird aber auch wesentlich beeinflußt durch das Ausrecken und Ausstoßen. Die beim Ausstoßen stark gedehnten Teile werden am fertigen Leder eine geringere Dehnung zeigen als „eingestoßene" Teile gleicher Struktur. Sowohl beim Ausschneiden von Oberleder für den Schuh als auch bei der Verarbeitung der Haut zu technischen Ledern ist auf diese Verhältnisse sehr viel Rücksicht zu nehmen. Ein zu Riemenleder bestimmtes Kernstück wird hauptsächlich in der Längsrichtung ausgestoßen, um die Dehnung des fertigen Leders möglichst klein zu halten. Trotzdem zeigen die durch Zerschneiden des Kernstückes erhaltenen Bahnen untereinander ganz verschiedene Dehnung, die beim Verleimen wohl beachtet werden muß (siehe Abb. 149). Die Rückenbahn oder Wirbelbahn *1* weist geringe symmetrische Dehnung auf, die Hüftbahn *2* die stärkste, ebenfalls symmetrische Dehnung, die Seitenbahn *3* wieder eine geringe symmetrische Dehnung. Die Zwischenbahnen *4, 5* zeigen unsymmetrische Dehnung, so daß sie sich am laufenden Riemen krummziehen können.

1. Ausstoßen von Hand.

Aus den genannten Gründen wird daher das Ausstoßen von Hand in folgender Weise vorgenommen: Das schon durch Ablüften oder Abwelken zum Teil entwässerte Leder wird mit dem Narben nach oben auf eine glatte Steintafel gelegt, so, daß die Rückenlinie der Haut fast mit der vorderen Kante der Tafel abschneidet, die eine Hälfte also auf der Tafel liegt, während die andere herabhängt. Nur bei kleinen Fellen kann das Leder ganz auf die Tafel gelegt werden, da dann auch

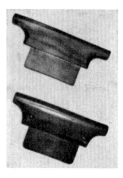

die entfernter liegenden Teile vom Arbeiter noch erreicht werden können. Mit dem Stoßeisen, Stoßstein, Recker oder Schlicker (siehe Abb. 150) wird nun das feuchte Leder leicht ausgebreitet und angedrückt. Durch stärkeren Druck mit dem Recker wird jetzt die Rückenlinie von der Mitte auch nach dem Schild und dem Hals gedehnt. Dann wird vom Rücken nach den Klauen und Flämen gearbeitet, die Kratzengegend glatt gelegt und die Wölbung in der Mitte möglichst nach den Flämen hin zusammengestoßen (siehe Abb. 151). Schließlich werden die Kanten noch eingestoßen und die ganze Fläche in gleicher Weise nochmals leicht nachgeholt, um alle Unebenheiten, Ansätze und Streifen des

Abb. 150.   Oben: Stoßstein, unten: Stoßeisen, Recker oder Schlicker.

Schlickers zu beseitigen, den Narben gleichmäßig fest und glatt zu legen und den Narben möglichst feinkörnig zu machen. Das Fell oder die Haut wird dann von der Tafel abgehoben und die andere Hälfte in gleicher Weise bearbeitet. Um beim Abnehmen von der Tafel jede Formveränderung zu vermeiden, werden ganze Häute und Felle so von der Tafel abgehoben, daß man eine Holzstange an der vorderen Kante der Tafel unter dem Leder durchschiebt und das Leder abhebt und zum Trocknen aufhängt. Bei Hälften, Hälsen und Seiten wird eine Stange

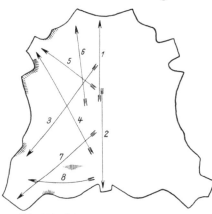

Abb. 151.   Schema des Stoßens von Hand.
→ Ausstoßen,   ‖‖ Einstoßen.

an die Schnittkante des Leders gelegt und das Leder mit einigen Nägeln oder Klammern an der Stange befestigt, abgehoben und aufgehängt.

Das Werkzeug, der Recker oder Schlicker, besteht aus einer rechteckigen Platte aus Eisen, rostfreiem Eisen, Messing, Hartgummi oder einem feinkörnigen Stein (Schiefer) oder Glas (siehe Abb. 150). Mit der oberen Kante ist der Schlicker in ein Holzheft eingesetzt, welches vom Arbeiter mit beiden Händen so geführt wird, daß der Schlicker mit der Stoßtafel einen Winkel von zirka 60° bildet. Die untere Seite des Schlickers ist rechtwinklig geschliffen und die Kanten sind leicht gebrochen. Je nach der Art der Gerbung und des Leders wird der Schlicker stärker oder schwächer, breiter oder schmäler aus dem einen oder anderen Material gewählt. Die Arbeit ist zeitraubend und stellt große Anforderungen an die Muskelkraft und Ausdauer des Arbeiters.

2. Ausreckmaschinen.

Es war daher zu erwarten, daß man sich um die mechanische Ausführung dieser Arbeit bemühen würde. Der nächste Weg bestand darin, die Bewegung des Schlickers maschinell in möglichst gleicher Weise wie bei der Handarbeit nachzuahmen. In England wurde in den Sechzigerjahren (vgl. E.P. 2325 vom

10. Sept. 1866) des vergangenen Jahrhunderts ein Versuch gemacht durch die Konstruktion der Ausreckmaschine System Fitz-Henry (siehe Abb. 152).

Bei dieser Maschine wird durch einen Kurbelantrieb ein Schlitten in einem an der Decke des Arbeitsraumes befestigten Gestell hin- und herbewegt. Der

Abb. 152. Ausreckmaschine (altes Modell, System Fitz-Henry).

Schlitten trägt zwei Metallschlicker, die so mit der Kurbel verbunden sind, daß jeweils der in der Bewegungsrichtung vorne liegende Schlicker auf das darunterliegende Leder gedrückt wird. Der Andruck ist durch Blattfedern elastisch gestaltet. Das Leder liegt auf einer mit einer Kupfer- oder Zinkplatte über

Abb. 153. Bandstoßmaschine (altes Modell).

zogenen Tafel, die drehbar in der Längs- und Querrichtung verschoben werden kann, so daß jede Stelle des Leders bequem zu bearbeiten ist.

Eine Vereinfachung der Konstruktion erfolgte in der Stoßmaschine „Patent Turin", die zuerst in Frankreich gebaut wurde. Die Abb. 153 zeigt die Arbeitsweise dieser Maschine. Statt der im Schlitten hin- und hergehenden Schlicker trägt diese „Bandstoßmaschine" ein Schlickerband aus Leder oder Gummi, auf welches die Metallschlicker aufgesetzt sind. Das Band läuft über zwei Scheiben, von denen die eine angetrieben wird. Der Druck der Schlicker auf das

Leder wird durch den „Rollenkasten" erreicht. Das Band wird durch neben-
einandergelagerte Rollen, die einzeln gefedert sind, elastisch gestützt. Der Tisch
ist in gleicher Weise wie bei der Fitz-Henry-Maschine drehbar und in der Längs-
und Querrichtung verschiebbar eingerichtet.

Eine weitere Verbesserung erfuhr diese Maschine durch Ersatz des Schlicker-
bandes durch einen rotierenden Reckerzylinder. Die Recker sind in V-Form auf
den Mantel des Zylinders aufgeschraubt. Dadurch wird eine gute Ausstoßwirkung
und gleichzeitig eine Faltenverteilung erreicht. Der Reckerzylinder liegt in
einem gefederten Hebel und macht zirka 50 bis 60 Umdrehungen in der Minute.

Bei den bisher beschriebenen Konstruktionen muß der Arbeiter den Tisch
in der Längs- und Querrichtung durch Handräder verschieben und gleichzeitig
den Tisch drehen. Dies erfordert erhebliche Anstrengung und Geschicklichkeit
des Arbeiters. Die Konstruktion „Automat" der Badischen Maschinenfabrik
Durlach, brachte dann einen
weiteren Fortschritt dadurch,
daß der Tisch in der Längsrichtung durch maschinellen
Antrieb verschoben wurde.
Durch einen Handhebel kann
der Arbeiter die Hin- und Her-
bewegung des Tisches beliebig
steuern, da das Fahrgestell des
Tisches durch eine Kette vor-
und zurückbewegt wird. Die
Verschiebbarkeit in der Querrichtung wurde bei dieser Konstruktion fallen gelassen.

Abb. 154. Tafelausstoßmaschine „Ideal" mit „wandelnder Werkzeugwalze" (Bayerische Maschinenfabrik F. J. Schlageter,
Regensburg).

Die Bayerische Maschinen-
fabrik F. J. Schlageter, Regensburg, brachte dann im
Jahre 1900 eine Konstruktion auf den Markt, die sich im wesentlichen bis
heute erhalten hat. Die Tafelausstoßmaschine „Ideal" (siehe Abb. 154) zeigte
als erste den Fortschritt, daß sie mit einer „wandelnden Werkzeugwalze" eingerichtet wurde. An die Stelle der Längsbewegung des Tisches trat die Längsbewegung des Reckerzylinders. Dem Tisch blieb nur die Bewegung in der Querrichtung und die drehende Bewegung.

An der Decke des Arbeitsraumes oder auf vier eisernen Ständern sind zwei
lange Eisenträger befestigt, die die Gleitbahn für den daranhängenden Schlitten
tragen. Der Schlitten ist durch eine Kette mit dem Vorgelege der Maschine
verbunden und kann durch einen Handhebel vor- und zurückgesteuert werden.
Ein über Lenkrollen geführter Riemen hält die Reckerwalze in rotierender Bewegung. Durch eine besondere Hebelkonstruktion wird der Druck der Reckerwalze auf das Leder automatisch geregelt, so daß dünnere und dickere Stellen
des Leders ohne Zutun des Arbeiters gleichmäßig bearbeitet werden. Durch ein
Handrad läßt sich der Druck abschwächen und verstärken und der Reckerzylinder von der Tafel abheben. Der Arbeiter kann von seinem Platz aus durch
ein zweites Handrad den auf zwei Schienen fahrbar angeordneten Tisch in der
Querrichtung bewegen. Der Tisch selbst ist auf Rollen gelagert, so daß er sich
leicht drehen läßt.

Das abgewelkte Leder wird auf die Tafel gelegt und zunächst mit dem Hand-
schlicker angedrückt, so daß es fest auf der Kupfer- oder Zinkplatte liegt. Dann
wird der Tisch unter den rotierenden Reckerzylinder geschoben und der Zylinder

durch das Handrad auf das Leder gesenkt. Während jetzt der Arbeiter mit der einen Hand die Längsbewegung des Schlittens nach Bedarf steuert, kann er mit der anderen Hand die Tafel durch Drehen des zweiten Handrades beliebig in der Querrichtung verschieben und gleichzeitig oder auch von einem zweiten Arbeiter

unterstützt, den Tisch drehen. Auf diese Weise läßt sich in kurzer Zeit eine vollkommene Stoß-arbeit fast mühelos er-reichen. Die Leistungs-fähigkeit der Maschine kann noch dadurch er-höht werden, daß zwei fahrbare Tische verwen-det werden. Während ein Arbeiter die Haut auf die Tafel legt und andrückt, kann eine an-dere Haut durch einen zweiten Arbeiter ge-

Abb. 155. Trommelausstoßmaschine (Turner A. G., Frankfurt a. M.).

stoßen werden. Nach Beendigung des Stoßens werden die Tafeln gewechselt, die zweite Haut unter die Maschine genommen, während die erste noch von Hand leicht nachgearbeitet und abgenommen und dann eine neue Haut aufgelegt wird.

Die normale Tischgröße bei diesen Maschinen beträgt 325×160 bis 325×300 cm, je nach der zu bearbei-tenden Lederart. Der Kraftbedarf schwankt zwischen 2 bis 6 PS. Die Be-dienung erfordert bei den kleinen Tafeln einen, bei den größeren zwei Mann, die Stundenleistung beläuft sich auf 9 bis 18 halbe Häute. Besonders vollendete Arbeit leistet diese Maschine auch beim Ausstoßen von Riemenkernstücken.

Eine andere Lösung der Bewegung von Werkzeug und Unterlage wurde bei der Trommelausstoßmaschine gefunden (Abb. 155). Hier wird das Leder auf eine große Trommel *1* (Abb. 156) gelegt und durch eine Klemmvorrichtung *2*, die automatisch beim Beginn des Stoßens in Tätigkeit tritt, festgehalten. Durch einen Handhebel wird die Be-wegung der Trommel eingeleitet. Die

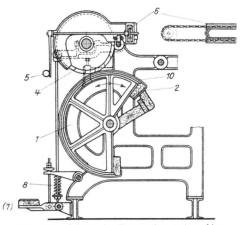

Abb. 156. Schema der Trommelausstoßmaschine (Turner A. G., Frankfurt a. M.).

Trommel dreht sich langsam aufwärts und kann, wenn das Ende des Leders unter dem Werkzeug *4* liegt, durch Umlegen des Handhebels wieder rückwärts-gesteuert werden. Das Leder wird dabei unter dem Reckerzylinder *4* vor- und zu-rückbewegt. Der Reckerzylinder kann durch den weiteren Handhebel *5* nach beiden Seiten verschoben werden, so daß sich das Leder an allen Stellen be-arbeiten läßt. Die seitliche Bewegung des Reckerzylinders wird durch die Ma-schine ohne Kraftleistung des Arbeiters ausgeführt *6*. Der Druck des Werk-zeuges auf das Leder erfolgt durch einen Fußhebel *7* und ist durch Gewichte oder Federn *8* elastisch gemacht. Anderseits wird die aus Eisen oder Holz gefertigte Trommel mit einer Filz- oder Gummidecke *10* belegt und mit einer Lederdecke überzogen. Auf diese Weise wird ein zu hartes Arbeiten und eine Verletzung und Beschädigung des Leders vermieden. Die Maschine leistet mit einem Arbeiter pro Stunde zirka 45 Hälse oder Bäuche oder 40 Kernstücke oder 20 Hälften. Der Kraftbedarf beträgt 10 bis 12 PS.

Messerwalze

Abb. 157. Schema der Vertikalausreckmaschine (Moenus A. G., Frankfurt a. M.).

Während die bisher beschriebenen Ausstoßmaschinen hauptsächlich zur Bearbeitung stärkerer Leder dienen und mit kurzer Reckerwalze versehen sind, um eine intensivere Wirkung sowohl in den dünneren als auch stärkeren Teilen der Haut zu ermöglichen, sind für die Ausstoßarbeit für leichte Häute und Felle, die entsprechenden Maschinen mit Werkzeugzylindern versehen, die das Material in der ganzen Breite in einem Arbeitsgang bearbeiten.

Eine der ersten Konstruktionen dieser Art Maschinen in moderner Bauart ist die Vertikalausreckmaschine des Amerikaners Vaughn. Das Leder wird hier auf eine senkrecht stehende Tafel gehängt, so daß die Rückenlinie

Abb. 158. Mehrtisch-Vertikalausreckmaschine (Moenus A. G., Frankfurt a. M.).

auf der oberen Kante der Tafel liegt. Die Tafel ist mit einer Filzdecke und darüberliegender Leder- oder Gummidecke versehen. Durch Heben eines rechts an der

Maschine befindlichen Handhebels bewegt sich die Tafel langsam aufwärts zwischen zwei Reckerzylindern hindurch (siehe Abb. 157). Durch einen vor der Maschine liegenden Fußhebel werden die Reckerzylinder gegeneinander gegen die Tafel gedrückt. Die gleichzeitig mit zirka 70 Umdrehungen pro Minute rotierenden Zylinder pressen die im Leder vorhandene Flüssigkeit heraus und stoßen das Leder gleichzeitig aus. Die Recker sind aus Bronze hergestellt und mit starker Steigung, schraubenlinienförmig, mit rechts und links gegenläufiger Windung um den Zylinder gelegt. Dadurch wird eine Ausstoßwirkung in vertikaler und horizontaler Richtung erreicht und gleichzeitig die Faltenbildung vermieden. Wenn die Tafel ihre höchste Stellung erreicht hat, wird der Fußhebel losgelassen und gleichzeitig der Handhebel nach unten gedrückt. Die Tafel bewegt sich jetzt abwärts. Der nach unten gedrückte Handhebel wirkt als Bremse, so daß eine Beschädigung der Tafel beim Aufstoßen auf die unten liegenden Gummipolster vermieden wird.

Bei kleineren Maschinen wirkt die Bremse selbsttätig. Bei Bedarf wird der gleiche Arbeitsgang nochmals wiederholt. Da der auf der oberen Kante des Tisches liegende Teil der Haut von den Reckern nicht erfaßt wird, muß das Fell umgehängt werden, so daß die Rückenlinie auf eine Fläche der Tafel zu liegen kommt. Die Maschinen werden mit einer Arbeitsbreite bis zu 3 m gebaut. Der Kraftbedarf beträgt je nach Tischgröße 5 bis 15 PS, die Stundenleistung bei einem Arbeiter und einer Hilfskraft 80 bis 100 Felle oder Häute pro Stunde.

Für Kalb-, Ziegen- und Schaffelle wird die Maschine bei einer Arbeitsbreite von 150 bis 180 cm mit 3 bis 5 Tischen ausgerüstet (Abb. 158). Der Arbeiter hängt

Abb. 159. Ausreckmaschine (Turner A. G., Frankfurt a. M.).

auf dem untenstehenden Tisch ein Fell auf. Der Tisch bewegt sich zuerst nach hinten und läuft dann langsam aufwärts zwischen den beiden ersten Ausreckzylindern hindurch. Dann erfolgt selbsttätig das „Verhängen" des Felles, um die nichtbearbeitete Rückenlinie auf eine Tafelfläche zu bringen. Der Tisch durchläuft dann ein zweites Reckerwalzenpaar und bewegt sich nun auf der Vorderseite der Maschine wieder abwärts. Das ausgestoßene Fell wird abgenommen und ein neues aufgehängt. Je nach Tischzahl bearbeitet die Maschine bei 1 bis 2 Hilfskräften 300 bis 600 Felle pro Stunde.

Das gleiche Arbeitsprinzip ist durchgeführt bei der Horizontal-Reihentisch-Ausreckmaschine. Nach dem Auflegen des Materials bewegen sich die Tische in horizontaler Richtung zwischen zwei Paaren von Reckerwalzen hindurch. Das Leder wird auf der rückwärtigen Seite der Maschine abgenommen, während die Tafeln unterhalb der Maschine zur Einarbeitungsseite zurücklaufen.

Eine in Konstruktion und Arbeitsweise der Falzmaschine nahekommende Ausstoß- und Ausreckmaschine ist das Modell der Abb. 159. Bei dieser Maschine ist das Werkzeug in gleicher Weise wie bei der Tafel- und Trommelausstoßmaschine eingerichtet. Das Leder wird durch eine Andruckvorrichtung, die durch einen Fußhebel bedient wird, gegen die Reckertrommel gepreßt. Der Druck ist dabei beliebig und schnell regulierbar, so daß sich ähnlich wie auf der Trommelausstoßmaschine eine einwandfreie Ausstoßwirkung erzielen läßt. Die

Andruckvorrichtung ist entweder als einfache zwangsläufig angetriebene Gummiwalze eingerichtet oder auch mit einem endlosen Förderband ausgestattet. Bei
der Konstruktion der Abb. 159 läßt sich die Bewegungsrichtung des Förderbandes
umsteuern, so daß die Andruckvor-
richtung hinein- oder herausfördernd
arbeitet. Die Maschine wird bevorzugt zum Ausstoßen von Abfällen
und zum Ausrecken der Klauen von
Chromoberleder. Die Recktrommel
macht 300 Umdrehungen pro Minute, der Kraftbedarf beträgt 5 bis
10 PS.

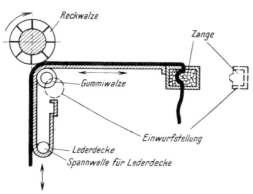

Abb. 160. Ausreckmaschine „Goliath" mit feststehendem
Arbeitszylinder (Moenus A. G., Frankfurt a. M.).

Ein Vorläufer der rotierenden
Ausstoß- und Ausreckmaschine ist
die Konstruktion der Abb. 160. Im
Gegensatz zu den Ausstoßmaschinen
mit vertikal oder horizontal wan-
derndem Tisch, bei welchem die
Reckerzylinder pendelnd gelagert
sind, so daß sie den Ungleichheiten
der Haut nachgeben können und der Andruck reguliert werden kann, ist hier
der Reckerzylinder feststehend angeordnet. Das Leder wird auf eine Lederdecke
gelegt, die durch eine Gummiwalze gegen den Reckerzylinder gepreßt wird.
Der Andruck der Gummiwalze
wird durch einen Fußhebel
vorgenommen. Der Transport
des Leders wird dadurch erreicht, daß dieses in die Zange
eines Ziehapparates eingepreßt
und langsam an dem Reckerzylinder vorbei aus der Maschine herausgezogen wird.
Der Reckerzylinder macht
zirka 800 Umdrehungen pro
Minute.

Die neuen Konstruktionen
der rotierenden Ausreckma-
schinen sind die gleichen, wie
sie weiter oben (Seite 666),
zum Abwelken des Leders beschrieben wurden. Hier wird
Ausrecken und Abwelken in
einem Arbeitsgange durchgeführt, in dem das Leder gegen
einen meist mit Bronzereckern
versehenen Zylinder gepreßt

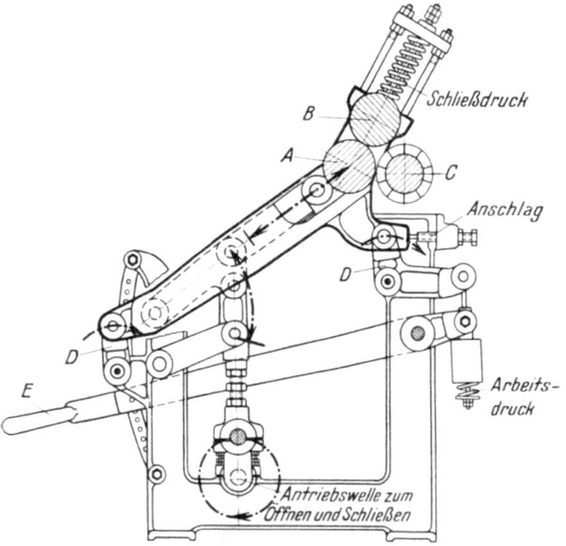

Abb. 161. Schema der „Richter" Ausreckmaschine (Turner A. G.,
Frankfurt a. M.).

wird, die den Narben des Leders bearbeiten. Anschließend läuft dann das
Leder zwischen zwei oder drei Transportwalzen hindurch. Um die Wirkung
des Ausreckzylinders nicht zu stören, werden die Transportwalzen, welche auf
der Narbenseite transportieren, mit Gummibelag versehen, an Stelle von Filz
bei den hauptsächlich zum Abwelken benutzten Maschinen.

Eine in ihrer Arbeitsweise besonders feinfühlige Ausreckmaschine ist die

„Richtermaschine" der Maschinenfabrik Turner A. G. Das Neuartige dieser Konstruktion liegt darin, daß die beiden Transportwalzen bei geschlossener Maschine ein System bilden, das gegenüber dem festgelagerten Ausreckzylinder federnd ausweichen kann. Wie das Schema Abb. 161 zeigt, bewegt sich die Gummiwalze A auf einem Schlitten gegen die obere Transportwalze B, die entweder mit einem fest aufgeschrumpften Filzärmel zum Windieren oder mit Hartgummi zum Nachsetzen der bereits angewelkten Leder bezogen ist. Die Schlittenführung, an deren oberen Ende die Transportwalze federnd gelagert ist, ruht auf zwei Schwingen D—D und wird unter der Wirkung einer Feder gegen die Reckerwalze C hingedrückt. Durch Verstellung eines Handhebels E läßt sich der Arbeitsdruck regeln, und zwar ganz unabhängig vom Schließdruck zwischen den beiden Transportwalzen.

Häufig macht sich ein besonders kräftiges Ausstoßen einzelner Hautteile notwendig. Bei den bisher beschriebenen Maschinen schieben sich, besonders bei festeren Ledern, die Klauen leicht übereinander. Die Hälse mancher Häute zeigen von den Mastfalten herrührende „Rippen", die sich bei der normalen Ausreckarbeit nicht immer beseitigen lassen. Um solche Teile vollkommener zu bearbeiten, sind besondere Modelle konstruiert worden.

Eine ältere Konstruktion besteht in der Pendel-Ausreckmaschine. Durch Kurbelantrieb wird ein kurzer rotierender Reckerzylinder pendelnd über das Leder bewegt, welches auf einer konkaven Unterlage liegt. Der Druck wird durch einen Fußhebel betätigt.

Eine gradlinige Bewegung führt das Werkzeug aus bei der Ausreck- und

Abb. 162. Schrägtisch-Aussetzmaschine (Moenus A. G., Frankfurt a. M.).

Rollmaschine der Abb. 162. Das Werkzeug, die „Rolle", ist hier in einem durch Kurbelantrieb hin- und hergehenden Schlitten eingesetzt. Der Druck wird durch ein Handrad reguliert. Das Leder liegt auf einer flachen Tafel und wird durch einen nach jedem Zug sich hebenden Stempel gehalten. Die Tafel kann durch ein zweites Handrad seitwärts bewegt werden.

Das Zeit- und Arbeitskraft raubende „Handstoßen" ist heute mehr oder weniger aus den Lederfabriken verschwunden. Daß es trotz der zahlreichen Konstruktionen von Ausstoßmaschinen bis heute noch nicht ganz zu entbehren ist, liegt daran, daß die wechselnde Struktur der einzelnen Hautteile, die individuelle Beschaffenheit der einzelnen Häute und die durch die Art der Gerbung hervorgerufenen, verschiedenen Eigenschaften des Leders es fast unmöglich machen, eine allen Anforderungen dienende Maschine zu konstruieren, durch welche es gelingt, die von Natur aus nicht eben liegende Haut in eine den höchsten Ansprüchen genügende, ebene, glatte Lederfläche umzugestalten.

IV. Das Egalisieren.

Die tierische Haut ist von Natur aus in ihrer Stärke durchaus nicht gleichmäßig. Der Kern ist kräftig, mit nur geringen Stärkeunterschieden in den einzelnen Zonen. Die Abfälle, wie Hals, Kopf, Seiten und Flämen weisen demgegenüber große Verschiedenheit in der Stärke auf. Bei Fellen und Kleintierhäuten sind die Unterschiede verhältnismäßig gering, aber deutlich vorhanden, während bei Großviehhäuten erhebliche Schwankungen festgestellt werden können. So wünschenswert es für Unterleder verarbeitende Betriebe wäre, ein Leder gleichmäßiger Stärke zu verwenden, so wenig wirtschaftlich wäre es, wenn man Häute, die zu Sohlleder verarbeitet werden, egalisieren wollte. Der Schuhfabrikant benötigt für seine Arbeit Leder verschiedener Stärke. Es muß ihm daher überlassen bleiben, die Haut so auszustanzen, wie er die einzelnen Teile für seine Zwecke benötigt und eine Sortierung nach der Stärke am ausgestanzten Stück vorzunehmen. Nur unverhältnismäßig große Stärkeunterschiede beseitigt der Lederfabrikant durch Egalisieren der Köpfe oder Klauen. Bei Oberleder und Feinleder liegen die Dinge wesentlich anders. Dort verlangt der Verbraucher eine möglichst gleichmäßige Stärke, nicht nur im einzelnen Fell, sondern auch bei den verschiedenen Fellen oder Häuten einer für die Verarbeitung übernommenen Partie. Hier besteht also schon für den Lederfabrikanten die Aufgabe, die Ware in gleichmäßiger Stärke herzustellen. Doch liegt der Zwang, das Leder zu egalisieren, schon im Fabrikationsgang des Leders selbst, da sich manche Zurichtarbeiten, z. B. das Glanzstoßen, nicht einwandfrei ausführen lassen, wenn größere Unterschiede in der Lederstärke vorhanden sind. Wenn der Verbraucher ungleichmäßig starker Leder sich zum Teil dadurch helfen kann, daß er die dünnen Stellen durch Unterkleben von Spalt auf die normale Stärke bringt, so ist für den Lederfabrikanten dieser Weg ausgeschlossen. Für ihn besteht nur die Möglichkeit, die Haut zu egalisieren, durch Anpassen der Stärke dickerer Stellen an die der dünneren Teile.

Im Fabrikationsgang des Leders wird das Egalisieren und die Herstellung einer bestimmten Lederstärke in verschiedenen Stadien der Lederherstellung ausgeführt. Sowohl in der Blöße, als auch im halbgegerbten, sowie im gerbfeuchten und trockenen Zustand werden Arbeitsprozesse eingeschaltet, die als Spalten, Falzen, Blanchieren und Schleifen bezeichnet werden.

1. Das Spalten.

Das Spalten wird in den meisten Fällen an der Blöße durchgeführt, obschon auch das Spalten der Haut im gegerbten Zustand gewisse Vorteile bietet. Beim Spalten im Blößenzustand werden infolge des wechselnden Schwellungsgrades der Blößen, der durch die Art des Äschers und dessen Temperatur wesentlich beeinflußt wird, die Leder trotz gleicher Einstellung der Maschine ungleich dick ausfallen. Dazu kommt, daß die einzelnen Hautteile infolge ihrer wechselnden Festigkeit in der Struktur, dem Druck der Förderwalzen der Spaltmaschine verschieden stark nachgeben, wodurch weitere Ungleichheiten verursacht werden. Wenn auch diese Einflüsse beim Spalten im gegerbten Zustand nicht verschwinden, so treten sie durch die bei der Gerbung erlangte größere Festigkeit und gleichmäßigere Beschaffenheit der Haut in weit geringerem Maße in Erscheinung. Wenn trotzdem das Spalten im gegerbten Zustand sich wenig eingeführt hat, so liegt die Ursache darin, daß eine vor der Gerbung egalisierte Haut gleichmäßiger und damit schneller durchgerbt und die Spaltabfälle sich rationeller verwenden lassen. Dünnere und kleinere Spaltstücke sind im Blößenzustand zur Leimbereitung sehr geschätzt. Im gegerbten Zustand sind sie meist nicht weiter verwendbar, und zu dem Verlust an Hautleim kommt noch der Verlust an Gerbstoff hinzu, der von diesen Stücken aufgenommen wurde.

Das Spalten im gegerbten Zustand der Haut bietet technisch nicht solche Schwierigkeiten wie das Spalten in der Blöße (siehe Bd. I, 2. Teil). Meist wird es an dem feuchten, aus der Gerbung kommenden Leder ausgeführt, läßt sich bei gelickerten Chromledern, aber auch im Trockenzustand durchführen. Da die

Transporteinrichtung der Spaltmaschine gegerbte Leder bedeutend leichter vorschiebt als die verhältnismäßig glatte Blöße, kann die obere Transportwalze, die zum Spalten von Blößen als Stahlriffelwalze ausgebildet ist, durch eine glatte Walze ersetzt werden, die dann meist aus Messing hergestellt ist, um eine Beeinträchtigung des Narbens durch Eisenflecke zu vermeiden. Auch läßt sich durch Auswechseln der Zahnräder für den Transportapparat der Transport der Häute so weit verzögern, daß sich die Schnittleistung des Bandmessers erhöht, wodurch auch harte und kernige Teile der Haut ohne Fehler die Maschine passieren. Die Mengenleistung der Bandmesserspaltmaschine kann dann durch Erhöhung der Umdrehungszahl der Antriebsscheibe auf die gleiche Stufe gebracht werden wie beim Spalten aus dem Äscher. Bei dem Spalten empfindlicher Leder, wie sumachgarer Schaffelle, Zylinderkalbfelle u. dgl., wird der Schleifapparat mit einem Ventilator versehen zum Absaugen des Schleifstaubes. Dadurch wird vermieden, daß sich die am Bandmesser abgerissenen Eisenteilchen auf dem Leder absetzen, wo sie punktförmige Eisenflecke verursachen würden.

Zum Spalten gegerbter Leder im feuchten und trockenen Zustand wird vielfach noch die Unionspaltmaschine benutzt. Die Maschine eignet sich weniger zum Spalten „aus dem Kalk", da durch die starke Zugbeanspruchung der Haut leicht Narbenrisse entstehen. Zu Fahlleder bestimmte Häute werden, nachdem sie durchgegerbt sind, im Kern und Hals auf dieser Maschine egalisiert. Kalbfelle für Zylinderleder werden auf die erforderliche gleichmäßige Stärke gebracht.

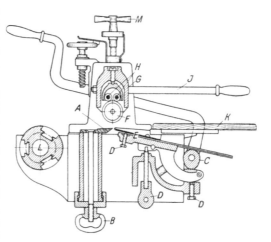

Abb. 163. Schema der Unionspaltmaschine mit feststehendem Messer (Badische Maschinenfabrik, Durlach).

Die Unionspaltmaschine ist ein Vorläufer der heute meist gebrauchten Bandmesserspaltmaschine und spaltet im Gegensatz zu dieser mit einem feststehenden Messer. Das aus einer stärkeren Stahlplatte hergestellte Messer wird auf einer Spaltmesserschleifmaschine sorgfältig geschliffen und abgezogen. Durch eine Anzahl Schrauben B (siehe Abb. 163) wird das Messer A in der Maschine befestigt. Gegenüber dem Spaltmesser ist ein durch einen Exzenter C und durch die Stellschrauben D einstellbarer Tisch E angebracht, der das Leder gegen die Führungswalze F drückt. Die Spaltstärke wird reguliert durch Heben oder Senken der Führungswalze F, durch Drehen der Spindel M. Zum Spalten wird durch Heben des Handhebels J der Kopf ausgeschwenkt, das Leder über den Tisch K so weit in die Maschine eingeschoben, daß es über der Wickelwalze L liegt. Durch Herunterdrücken des Handhebels J wird der Kopf wieder in die Arbeitsstellung gebracht. Die Führungswalze F drückt jetzt das Leder gegen das Messer A. Ein Arbeiter legt nun das Leder um die Wickelwalze L und drückt es mit der Hand in die dort angebrachten Nuten. Durch Bedienung eines Fußhebels setzt sich die Wickelwalze in Bewegung und zieht das Leder gegen die Schneide des Messers, welches den „Spalt" abschneidet, der unter die Maschine fällt. Dann wird das Leder mit dem entgegengesetzten Teil in die Maschine eingeschoben und auch dieser Teil ausgespalten. Der Spalt wird also nicht zusammenhängend abgenommen, sondern besteht jeweils aus zwei Teilen.

Eine Verbesserung erfuhr diese von Warden Revere in Bosten, Massachusetts erfundene, 1810 in England patentierte, und später durch Stott durch Einführung der Wickelwalze vervollkommnete Maschine durch den Franzosen Chunart dadurch, daß die Maschine mit oszillierendem Messer versehen wurde. Die hin- und hergehende Bewegung des Messers erleichterte vor allem das Spalten dünner Felle und ermöglichte das Abspalten des Narbens an Schaffellen zur Gewinnung der Skivers oder Fleurs.

Die Bezeichnung dieses Arbeitsvorganges als „Spalten" ist an sich nicht zutreffend, da die Beschaffenheit der Haut in keiner Weise eine solche Schichtung aufweist, daß sich, wie z. B. bei Holz und bestimmten Gesteinen, ein eigentliches Spalten durchführen ließe. Es handelt sich bei der Haut lediglich um das Abschneiden einer mehr oder weniger gleichmäßigen Schicht.

Ähnlich ungenau ist die Bezeichnung eines anderen ungefähr dem gleichen Zweck dienenden Arbeitsprozesses, des Falzens. Das Falzen besteht darin, daß an der Haut Späne abgeschabt werden mit dem Ziel, die Stärke der Haut zu egalisieren. Die Bezeichnung Falzen stützt sich darauf, daß zu dieser Arbeit ein Werkzeug verwendet wird, dessen Schneide umgelegt, „gefalzt" ist.

Das Falzen dient dazu, geringere Stärkeunterschiede der Haut auszugleichen. Es ist daher zunächst üblich zum Egalisieren von Fellen, von Kalb-, Schaf- und Ziegenfellen, wird aber auch angewandt, um bei großen Lederflächen, wie Rindbox, Vachetten u. dgl., die durch die Vorarbeit des Spaltens entstandenen Unregelmäßigkeiten in der Stärke zu beseitigen. Weiter dient es dazu, dickere Teile in den Abfällen, an Kopf und Klauen ungespaltener Häute in der Stärke den übrigen Teilen der Haut anzupassen. Außerdem verfolgt man damit das Ziel, die Fleischseite der Haut von Resten von Unterhautbindegeweben zu befreien, die Fleischseite „abzudecken". Auch Fleischspalte, die zu einem Leder mit gleichmäßiger Stärke verarbeitet werden sollen, werden durch Falzen egalisiert.

Das Egalisieren ist nicht nur erforderlich, um dem Lederverbraucher ein Fabrikat zur Verfügung zu stellen, welches eine einheitliche Stärke aufweist, sondern macht sich auch da notwendig, wo die weitere Verarbeitung und Zurichtung eine gleichmäßige Stärke des Leders verlangt. Es gilt dies besonders für das Glanzstoßen, Bügeln, Krispeln und Narbenpressen.

2. Handfalzen.

Das Handfalzen wird heute nur mehr in kleinen Betrieben und bei einigen speziellen Lederarten durchgeführt. Es besteht darin, daß die Fleischseite der Haut mit dem „Falz" bearbeitet wird. Das Leder wird dazu mit der Fleischseite nach oben auf den Falzbock gehängt, der eine schrägstehende Unterlage bildet. Der Arbeiter hält das Leder auf der Unterlage fest

Abb. 164. Falzen von Hand.

durch Andrücken der Haut mit dem Körper und zieht mit dem Falz dünnere oder dickere Späne vom Leder ab. Das Ziehen erfolgt von oben nach unten (siehe Abb. 164).

Der Falzbock besteht aus einem mehr oder weniger schräg gestellten Kantholz, auf dem eine Hartholzauflage, meist aus Pockholz, befestigt ist (siehe Abb. 165). Das eigentliche Werkzeug, der Falz, trägt in einer Falzschere das Falzblatt. Die Falzschere ist zur Führung durch die rechte Hand mit einem geraden Holzgriff und für die linke Hand mit einem Kreuzgriff versehen (siehe Abb. 166, Mitte). Das Falzblatt ist aus gutem Stahl hergestellt und wird zunächst wie ein Messer sorgfältig angeschliffen und die Schneide durch Abziehen mit einem feinkörnigen Stein geglättet. Die Schneide wird dann mit dem Legestahl (siehe Abb. 166, rechts, 167) allmählich rechtwinkelig umgelegt, so daß der entstehende „Faden" überall die gleiche Breite aufweist. Bei den Doppelfalzen wird die gegenüberliegende Schneide in entgegengesetzter Richtung umgelegt. Durch den Falzstahl (Abb. 166, links) läßt sich der Faden durch Abziehen wiederholt schär

Abb. 165. Falzbock.

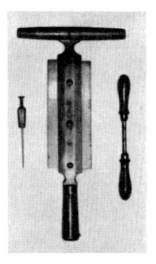

Abb. 166. Falzeisen mit Legestahl und Abziehstahl.

fen. Je nach der Breite des Fadens werden die Falzspäne gröber oder feiner. Der Falz wird so über das Leder geführt, daß die Schneide nach unten zeigt (Abb. 167).

3. Maschinenfalzen.

Für die moderne Lederherstellung ist das Handfalzen zu zeitraubend und daher durch die Maschinenarbeit fast vollkommen verdrängt worden. Dabei ist die Maschinenarbeit bedeutend vollkommener und gleichmäßiger und stellt an die Geschicklichkeit und Fertigkeit des Arbeiters bei weitem nicht die Anforderungen, welche die Handarbeit verlangt. Das Arbeitsprinzip des Handfalzens ist bei der Falzmaschine erhalten geblieben. Das Werkzeug, der Falz, ist bei der Maschine durch einen Falzkopf, einen mit Falzmessern besetzten rotierenden Stahlzylinder ersetzt worden, gegen den das Leder durch eine besondere Andruckvorrichtung geführt wird.

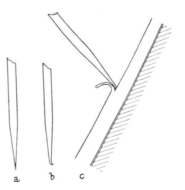

Abb. 167. Falzeisen.
a angeschliffen, b Schneide umgelegt, c schneidend.

Der Falzkopf besteht aus einem mit zirka 1800 Umdrehungen pro Minute rotierenden Stahlzylinder (siehe Abb. 168), der beiderseits in sorgfältig konstruierte Ringschmierlager gebettet ist und beiderseits durch je einen Riemen vom Vorgelege aus angetrieben wird. In den Stahlzylinder sind Nuten eingefräst, in welche die Falzmesser mit Messing- oder Kupferband eingestemmt werden. Die Messer umlaufen den Zylinder in Schraubenlinien, und zwar auf der rechten und linken Hälfte des Zylinders in entgegengesetzter Richtung, auf der rechten Hälfte als Linksgewinde, auf der linken als achtgängiges Rechtsgewinde. Durch diese Anordnung der Messer wird erreicht, daß das Leder stets nach beiden Seiten auseinandergestreckt wird, wodurch sich Faltenbildung, die zu einer Beschädigung des Leders führen würde, sicher vermeiden läßt. Die Messer sind aus Stahl hergestellt, der bei entsprechender Elastizität an der in der Drehrichtung des Messerkopfes liegenden Vorderseite so viel Härte aufweist, daß sich ein Grat anschleifen läßt. Das Schleifen der Messer erfolgt durch einen hinter dem Messerkopf liegenden rotierenden Karborundumschleifstein, der sich beim Schleifen automatisch von rechts nach links und zurück an dem rotierenden Messerkopf vorbeibewegt (siehe Abb. 169). Die ganze Schleifeinrichung ruht auf einem Schlitten, der bei Abnützung der Messer und der Schleifscheibe durch ein Handrad gegen den Messerkopf vorgeschoben werden kann. Die Schleifscheibe hat eine dem Messerkopf entgegengesetzte Drehrichtung. Die Umfangsgeschwindigkeit der Schleifscheibe ist so bemessen, daß sie größer ist als die Umfangsgeschwindigkeit des Messerkopfs. Da-

Abb. 168. Messerkopf der Falzmaschine (Moenus A. G., Frankfurt a. M.).

durch wird der beim Schleifen entstehende Grat auf den Messern auf der Arbeitsseite der Schleifscheibe nach oben gezogen, so daß dieser auf der Arbeitsseite des Messerkopfs nach unten, in der Drehrichtung des Messerkopfs, also nach vorn liegt (siehe Abb. 169). Die Wirkungsweise ist daher die gleiche wie bei dem Handfalz, dadurch, daß der Grat der einzelnen Messer über das zu falzende Leder streicht und dabei die Falzspäne vom Leder abschneidet. Wenn die Messer durch längeren Gebrauch so weit abgeschliffen sind, daß sich eine Erneuerung notwendig macht, wird der Falzkopf aus der Maschine ausgebaut, die abgenutzten Messer entfernt und neue Messer eingestemmt. Beim Einstemmen der Messer ist darauf zu achten, daß die gehärtete Seite der Stahlmesser auf die in der Drehrichtung des Falzkopfes liegende Vorderseite zu liegen kommt. Um Störungen im Gebrauch der Maschine zu vermeiden, wird vielfach ein Reservefalzkopf bereitgehalten. Nach dem Einstemmen neuer Messer wird dann der Messerkopf auf einer besonderen Schleifmaschine vorgeschliffen.

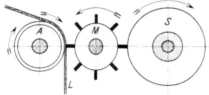

Abb. 169. Anordnung der Falzmaschine. A Andruckwalze, M Messerkopf, S Schleifscheibe, L Leder.

Zum Falzen wird das Leder auf die Andruckvorrichtung gelegt, durch welche es gegen den Messerzylinder gepreßt und dabei langsam vorgeschoben wird. Die Andruckvorrichtung ist schwenkbar angeordnet. Das Andrücken erfolgt durch einen Fußhebel. Eine Feder zieht die Vorrichtung beim Nachlassen des Drucks auf den Fußhebel so weit zurück, daß der Messerkopf das Leder nicht mehr berührt. Durch eine Stellschraube kann die Entfernung, bis zu welcher die Andruckvorrichtung an den Messerkopf herangebracht wird, reguliert werden. Dadurch läßt sich die Stärke des Leders auf ein bestimmtes Maß einstellen und eine gleichmäßige Dicke des ganzen Leders mühelos erzielen. Bei den modernen Konstruktionen der Falzmaschine wird das Leder durch eine Walze aus Hartgummi, Messing oder Stahl gegen den Messerkopf gedrückt. Die Walze ist entweder freilaufend angeordnet oder zwangsläufig vom Vorgelege aus angetrieben, so daß ein gleichmäßiger Transport des Leders zur Schnittstelle hin erfolgt. Falls nur eine einfache Andruckwalze (siehe Abb. 169) für die Andruckvorrichtung verwendet wird, erhält diese einen Durchmesser von ca. zwei Drittel des Durchmessers des Messerkopfs. Die Walze wird nach beiden Seiten durch an den Enden abgerundete Holzwalzen verlängert, die entweder freilaufen oder zwangsläufig angetrieben werden. Die Holzwalzen dienen dazu, beim Falzen größerer Felle die Seitenteile des Fells gleichmäßig mit zu transportieren, um ein glattes, faltenloses Einlaufen des Leders zu gewährleisten. Die Andrucksvorrichtung ist weiter verbessert worden durch den Einbau einer von der Maschinenfabrik Turner A. G., Frankfurt, auf den Markt gebrachten besonderen Zubringerwalze, die vor der eigentlichen Andruckwalze liegt (siehe

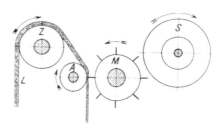

Abb. 170 u. 171). Die Andruckwalze kann bei dieser Konstruktion einen kleinen Durchmesser erhalten. Dadurch wird die Schnittwirkung des Messerkopfs erhöht und größere Sicherheit beim Falzen erreicht. Das Leder erhält auf der mit großem Durchmesser hergestellten Zubringerwalze genügend Auflage, um ein plötzliches Hineinziehen des Leders zu vermeiden. Die Zubringerwalze wird beiderseits stark verlängert, um dem Leder auch an den Seiten Auflage zu geben.

Abb. 170. Andruckvorrichtung mit Zubringerwalze. Z Zubringerwalze, A Andruckwalze, M Messerkopf, S Schleifstein, L Leder.

Auch die Zubringerwalze wird freilaufend oder zwangsläufig vom Vorgelege aus angetrieben eingerichtet. Die Andruckwalze wird häufig mit freiem Rücklauf versehen, um das Ausfalzen von Klauen und Köpfen zu erleichtern. Man läßt diese Teile vielfach nicht einwärts laufen, sondern zieht sie nach erfolgtem Andruck rückwärts. Die Transportgeschwindigkeit der Andruckvorrichtung läßt sich je nach der zu falzenden Lederart und der Geschicklichkeit des Arbeiters schneller oder langsamer einstellen.

Das gefürchtete „Treppenfalzen", d. h. ein nicht gleichmäßiges, sondern welliges Ausfalzen, kann folgende Ursache haben:

1. Die Umlaufgeschwindigkeit des Messerkopfs ist zu gering, bzw. die Vorschubgeschwindigkeit der Andruckwalze zu groß;

2. die Maschine vibriert, ist entweder zu leicht gebaut oder nicht genügend fest aufgestellt, oder auch der Andruckhebel ist zu leicht gebaut;

Abb. 171. Falzmaschine mit zwangsläufig angetriebener Andruckwalze und Zubringerwalze (Turner A. G., Frankfurt a. M.).

3. der Schleifstein schlägt, dadurch, daß er nicht genügend ausbalanciert ist, oder die Lager zu viel Spiel haben;

4. der Antrieb für die Andruckwalze ist abgenutzt, so daß der Vorschub des Leders unregelmäßig erfolgt.

Die normale Bauart der Maschine (siehe Abb. 171) besitzt einen Messerkopf von 300 mm Arbeitsbreite. Für größere Leistungen, besonders zum Falzen von großflächigem Material, wie Rindhäuten für Rindbox und Vachetten, wird die Maschine mit einem Messerkopf von 450 oder 600 mm Arbeitsbreite konstruiert. Die Andruckvorrichtung wird hierbei mit Zubringerwalze und mit einer Sperrvorrichtung versehen, so daß durch Betätigung des Fußhebels die Andruckwalze in Arbeitsstellung geht und in dieser Lage verharrt, bis sie durch Bedienen eines zweiten Fußhebels wieder zurückfällt. Neben dieser vollautomatischen Einstellung bleibt die halbautomatische der normalen Bauart bestehen, so daß sich nach Bedarf die eine oder andere verwenden läßt, und zwar zur Bearbeitung des Kopfes, der Ränder und Klauen die halbautomatische, zur Bearbeitung der Rückenbahnen die vollautomatische.

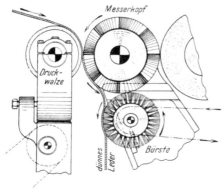

Abb. 172. Anordnung der Falzmaschine mit rotierender Ablenkbürste (J. Krause, Altona-Ottensen).

Zum Falzen dünner Leder oder von Fellen mit langen Klauen wird die Maschine mit einer Sicherheitsvorrichtung versehen. Man bringt unter dem Messerkopf eine rotierende Flügelwelle oder Bürste an (siehe Abb. 172), durch welche erreicht wird, daß die dünnen Teile, die durch die Saugwirkung des den Messerkopf umkreisenden Luftstroms leicht mitgerissen werden, wobei das Fell in die Maschine hineingezogen und zerschnitten wird, vom Messerkopf entfernt werden.

Die durch das Schleifen von den Messern abgerissenen Eisenteilchen setzen sich leicht auf dem Leder an und verursachen dort kleine, punktförmige Eisenflecke. Bei empfindlichen Ledern wird darum ein Ventilator zum Absaugen des Schleifstaubes eingebaut.

Die Stärke, bis zu welcher das Leder ausgefalzt wird, ist in der Tabelle 76 angegeben.

Tabelle 76.

	Boxkalbleder		Bekleidungsleder
	schwarz	farbig	
bis 10 Quadratfuß	1,3—1,5	1,2—1,3	0,7—0,8
10—12 ,,	1,5—1,6	1,2—1,3	0,7—0,8
12—14 ,,	1,5—1,6	1,2—1,3	0,7—0,8
14—16 ,,	1,6—1,7	1,4—1,5	0,8—0,9
über 16 ,,	1,8—1,9	1,5—1,6	0,8—0,9
	Rindbox		
	schwarz		farbig
leicht	1,7—1,8		1,5—1,6
mittel	1,8—1,9		1,6—1,7
schwer	2,0—2,1		1,7—1,8
Sport	2,2—2,3		2,2—2,3

Das Gewicht gefalzter Leder beträgt bei chromgaren Kalbfellen im Mittel 40 bis 50% des Rohgewichts. Bei Rindnarbenspalten beträgt das Falzgewicht je nach Rohmaterial und Stärke der herzustellenden Leder im Mittel 40% des Rohgewichts der Häute.

Das Falzen von Kalbfellen u. dgl. erfolgt in der in der Abb. 173 durch Nummern gekennzeichneten Weise. Zuerst werden die Ränder und Klauen ausgefalzt und anschließend der Mittelteil. Rindhäute für Rindbox werden vor dem Falzen in der Rückenlinie getrennt und in Hälften gefalzt. Auf den Maschinen mit doppelter Arbeitsbreite lassen sich auch die ganzen Häute mühelos bearbeiten. Die Flämen und abfälligen Teile der Haut werden meist nicht oder weniger stark ausgefalzt, da diese Teile infolge ihrer lockeren Struktur beim Trocknen stärker zusammenfallen als die aus dichtem Fasergefüge bestehenden Kernteile.

Zu diesem Zweck ist in neuester Zeit ein federnder Anschlag (DRGM Nr. 1233 626 Paul Nissen, Wickrath) für den die Andruckwalze der Falzmaschine tragenden Schwinghebel konstruiert worden (siehe Abb. 174 u. 175). Der Anschlag hat einen „Druckpunkt", der beim Niedertreten des Fußhebels fühlbar ist, und bei dessen Überwindung die Druckwalze sich um ein genau einstellbares Maß (etwa 0,3 mm) dem Falzzylinder nähert. Im allgemeinen soll das Leder mit einem Schnitt auf die notwendige Stärke gebracht werden, da die merkwürdige Tatsache besteht, daß die Falzmesser an schon einmal gefalzten Stellen nur mehr schlecht angreifen, während es ohne Schwierigkeiten möglich ist, mit einem Schnitt einen dicken

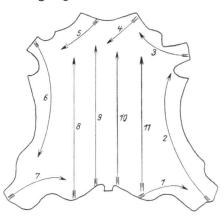

Abb. 173. Reihenfolge der Bahnen beim Falzen eines Felles.

Span abzufalzen. Immer aber ist es notwendig, die Leder vollkommen gleichmäßig, ohne Stufen auszufalzen. Jede Unregelmäßigkeit in der Stärke macht sich bei der weiteren Zurichtung, vor allem beim Glanzstoßen und Bügeln, durch Ungleichheit des Narbens bemerkbar. Das Falzen chromgarer Leder erfordert mehr Geschicklichkeit und Aufmerksamkeit als die Bearbeitung lohgarer Leder.

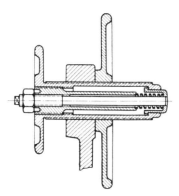

Abb. 174. Schema des federnden Anschlags mit Druckpunkt (Turner A. G., Frankfurt a. M.).

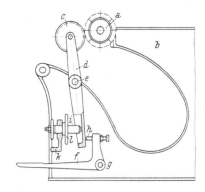

Abb. 175. Anordnung des federnden Anschlags mit Druckpunkt in der Falzmaschine (Turner A. G., Frankfurt a.M.).

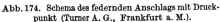

Infolge seiner gummiartigen Beschaffenheit weicht das chromgare Leder vor allem bei zu großem Wassergehalt den Messern aus, während bei lohgaren Ledern, die weniger Elastizität aufweisen, die Messer leichter und gleichmäßiger in das Leder einschneiden. Lohgare Leder mit größeren Mengen an auswaschbaren Gerbstoffen neigen dazu, sich zu erhitzen, wobei die Fleischseite leicht verbrennt. Gefettete lohgare Leder lassen sich mühelos im nassen und fast trockenen Zustand falzen.

Chromgare Leder müssen vor dem Falzen gründlich abgewelkt oder auch abgelüftet werden. Der Wassergehalt, der bei frisch aus der Gerbung kommenden Ledern rund 75% beträgt, soll zum Falzen ungefähr 45% ausmachen. Vor dem Falzen werden chromgare Leder vielfach mit Talkum, feinem Holzmehl u. dgl. eingepudert, um ein „Kleben" an der Andruckwalze zu vermeiden.

Die stündliche Leistung eines geübten Falzers beträgt bei:

	Arbeitsbreite der Maschine mm		
	300	450	600
Kalbfellen	12—18	16—20	25—30
Rindboxhälften	6—12	10—14	12—16
Vachetten, ca.	7	12	15
Kraftbedarf, ca. PS	3	4	5

Die vom Leder abgefalzten „Falzspäne" finden Verwendung als Isolier- und Verpackungsmaterial und zur Herstellung von Kunstledern. Chromlederfalzspäne werden nach besonderem Verfahren entgerbt und zu Chromleim verarbeitet. Zur Reduktion von Kalium- oder Natriumbichromat bei der Herstellung von Einbadchrombrühen lassen sich ebenfalls die Chromlederfalzspäne verwenden. Die Verarbeitung zu Kunstdünger hat nur Wert, wenn die Falzspäne vorher entgerbt werden.

V. Zurichtung der Fleischseite.

Schon in der Wasserwerkstatt wird das der Fleischseite der Haut anhängende lockere, mit Fett durchsetzte Unterhautbindegewebe entfernt durch Handscheren oder Entfleischen auf der Maschine. Doch läßt sich dabei die Haut selten so herrichten, daß sie am fertigen Leder auf der Fleischseite gleichmäßig und sauber ist. Wird die Blöße gespalten, so erhält die Fleischseite durchweg ein gleichmäßiges Aussehen. Durch Falzen der gegerbten Leder wird ein ungefähr gleichartiger Effekt erzielt. Jedoch bleibt die Fleischseite faserig und pelzig, besonders in jenen Teilen der Haut, in welchem das Gewebe locker und grobfaserig ist. In den meisten Fällen, besonders dann, wenn die Fleischseite am verarbeiteten Leder sichtbar bleibt, macht sich eine mehr oder weniger sorgfältige Bearbeitung der Fleischseite des Leders notwendig. Im allgemeinen sind zur Verbesserung der Fleischseite zwei Wege gangbar:

1. die mechanische Bearbeitung der Fleischseite durch Entfernung der anhängenden groben Gewebe und Fasern durch Abdecken, Blanchieren, Schleifen u. dgl.;

2. ein Verdecken und Niederlegen der groben Fasern durch Appretieren.

1. Handblanchieren.

Vor der Einführung der Maschine zur mechanischen Säuberung und Glättung der Fleischseite wurde dieser Prozeß durch das Handblanchieren ausgeführt. Die Bezeichnung Blanchieren (französisch blanchir = weißmachen, aufhellen) rührt wohl daher, daß durch diese Arbeit die sonst dunkel und ungleichmäßig aussehende Fleischseite aufgehellt und gesäubert wird.

Das Blanchiereisen besteht aus einer Stahlplatte von 0,8 bis 1,6 mm Stärke aus feinkörnigem hartem Stahl, in einer Größe von 10 bis 15 cm Länge und 10 cm Breite. Die Stahlplatte wird in ein Holzheft (siehe Abb. 176) fest eingesetzt oder eingeschraubt.

Zum Blanchieren wird das an den Ecken etwas abgerundete Eisen zunächst an der unteren Fläche sorgfältig geschliffen und mit einem feinkörnigen Stein poliert, so daß zwei rechtwinkelige Kanten entstehen (siehe Abb. 177). Die untere Fläche wird dann unter stärkerem Druck über einen harten Rundstahl (siehe Abb. 176) geführt oder das Eisen in den Schraubstock gespannt und der Legestahl (siehe Abb. 166 rechts) unter Druck über die untere Fläche hin- und hergezogen. Dadurch wird zu beiden Seiten ein Faden oder „Draht" gebildet, der in der Ebene der unteren Fläche liegt (siehe Abb. 177, 2). Mit dem Blanchierstahl (siehe Abb. 176) oder durch flaches Streichen über den „Russen" (siehe Abb. 176) wird der Faden nach vorn gelegt, so daß er die Fortsetzung der Schneide darstellt (siehe Abb. 177, 3). Darauf fährt man mit der konischen Spitze des Blanchierstahls an der Innenseite des Fadens entlang, um diesen wieder etwas nach außen zu legen und gleichzeitig abzuziehen (siehe Abb. 177, 4). Der Faden muß möglichst gleichmäßig, an allen Stellen gleich breit sein.

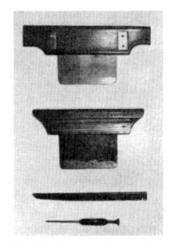

Abb. 176. Eingeschraubtes und eingesetztes Blanchiereisen, Russe und Blanchierstahl.

Das zu blanchierende Leder wird mit der Fleischseite nach oben auf eine bis zu 30° geneigte Stein- oder Glastafel gelegt. Der Arbeiter hält dabei das Eisen mit beiden Händen so, daß die Daumen am Rücken des Holzgriffs, die übrigen Finger flach auf dem Eisen liegen. Unter leichtem Druck wird dann das Eisen flach über das Leder geschoben und der Span abgeschnitten. Das Leder wird durch Andrücken mit dem Körper an die Tischkante oder auch mit Klammern gehalten.

Je feiner der Faden gehalten wird, um so kurzfaseriger und glatter ist der Schnitt. Das Leder darf nicht vollkommen trocken sein. Um einen glatten Schnitt zu erzielen, wird daher die Fleischseite des Leders leicht angefeuchtet unter Verwendung von Seifenwasser. Das Blanchieren läßt sich meist nur an gefetteten Ledern ausführen. Eine zu starke Fettung erschwert die Arbeit. Mit dem Glätten der Fleischseite wird gleichzeitig ein Egalisieren der Lederstärke durchgeführt, indem zu starke Stellen kräftiger ausblanchiert werden. Das Handblanchieren ist heute noch üblich bei lohgaren Schaf- und Ziegenfellen,

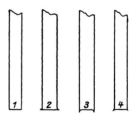

Abb. 177. Herrichten des Blanchiereisens.

1 rechtwinklig angeschliffene Flache, 2 zu beiden Seiten angelegter Faden, 3 aufgerichteter Faden, 4 abgezogener Faden.

sowie an Rindhäuten für Fahl-, Blank- und Geschirrleder. Bei Fahlleder bevorzugt man die Handarbeit, da sich durch die Maschinenarbeit die Fleischseite nicht so kurzfaserig und glatt herrichten läßt. Stärkere Geschirrleder müssen häufig von Hand blanchiert werden, da sie sich durch ihre Festigkeit und Ungleichheit auf der Maschine nicht bearbeiten lassen.

2. Schnittfalzen.

Zur Beseitigung eines geringen Fleischbehanges der Aasseite von Unterleder, Riemenleder u. dgl. sowie zum Entfernen leichter Schnitte und Ausheber dient

ein Prozeß, der als Schnittfalzen bezeichnet wird. Hierzu wird der Tafelfalz
(siehe Abb. 178) oder ein kräftiges Blanchiereisen verwendet, dessen Ecken stark
abgerundet werden. Das Eisen wird wie ein Messer scharf angeschliffen und

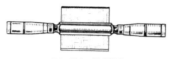

Abb. 178.   Tafelfalz.

poliert. Mit dem Legestahl wird dann die Schneide
ähnlich wie beim Falzeisen umgelegt und mit der
konischen Spitze des Falzstahles abgezogen. Das
Eisen wird senkrecht auf das Leder gesetzt. Die
Schneide ist dem Arbeiter zugekehrt. Durch Heranziehen des Eisens lassen sich dann die Späne vom
Leder abheben. Zur Säuberung der Fleischseite maschinengeschorener Unterleder
u. dgl. von den noch anhängenden groben Fasern und Resten von Unterhautbindegewebe wird seit einiger Zeit ein Nachentfleischen am gegerbten Leder
vorgenommen. Da das Leder nach beendeter Gerbung im abgewelkten Zustand

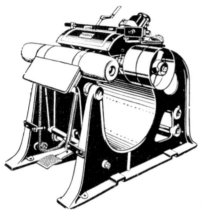

den Messern des Entfleischzylinders einen besseren Angriff gestattet, läßt sich eine aderreine
Fleischseite erzielen durch ein leichtes Falzen
auf der Nachentfleischmaschine. Für diese Arbeit sind die Konstruktionen der Ausstoßmaschinen schon seit Jahren benutzt worden. An
Stelle der stumpfen Messingschlicker versieht
man den Arbeitszylinder dieser Maschinen
mit Stahl- oder Bronzemessern, die durch einen
feststehenden Schleifstein scharfkantig gehalten
werden. Auch die pneumatische Entfleischma-
schine kann für diesen Zweck Verwendung finden, besonders zum Nachentfleischen von Kernstücken. Für dieseen Zweck eignet sich auch
die Ausstoßmaschine Abb. 159, Turner A. G.,
Frankfurt, bei entsprechender Änderung der
Schlicker. Die Abb. 179 zeigt diese Maschine
als Nachentfleischmaschine eingerichtet.

Abb. 179. Maschine zum Nachentfleischen
lohgarer Leder (Turner A. G.,
Frankfurt a. M.).

3. Maschinenblanchieren.

Die maschinelle Durchführung des Blanchierens auf der Blanchiermaschine
schließt sich eng an die Arbeitsweise auf der Falzmaschine an. Der Messerkopf
unterscheidet sich von dem der Falzmaschine dadurch, daß die Zahl der Messer,
die bei der Falzmaschine meist acht be-
trägt, hier auf 12 bis 22 Messer vermehrt
ist. Die Messer umlaufen den Stahlzylinder nur in einer Richtung, als links-
gängiges Gewinde. Die Steigung der
Messer, die Höhe der einzelnen Windun-

Abb. 180. Messerkopf der Blanchiermaschine.

gen, ist größer als bei der Falzmaschine (siehe Abb. 180). Während bei der Falzmaschine die Schnittzone ungefähr in Höhe der Achse des Messerkopfs liegt, ist bei der
Blanchiermaschine diese Zone fast senkrecht unter die Achse verlegt (siehe Abb. 181).
Die Andruckvorrichtung für das Leder besteht aus einer freilaufenden oder
zwangsläufig angetriebenen Gummiwalze A, oder aus einem feststehenden mit
Leder überzogenem Gummipolster. Das Andrücken erfolgt wie bei der Falzmaschine durch einen Fußhebel (siehe Abb. 182). Zum Absaugen der Blanchierspäne wird der Messerkopf mit einem Gehäuse umgeben und unter dem Messerkopf eine Saugöffnung angebracht. Von Gehäuse und Saugöffnung führen Rohrleitungen zu einem Ventilator und weiter zu einem Staubsammler.

Das Leder, welches glatt und gleichmäßig ausgestoßen sein muß, wird unter den mit ca. 1800 Umdrehungen pro Minute rotierenden Blanchierkopf geführt und in etwas schräger Richtung von links nach rechts langsam vorgeschoben und gleichmäßig durch die Andruckvorrichtung gegen den Blanchierkopf gepreßt. Die in gleicher Weise wie bei der Falzmaschine durch einen rotierenden Schleifstein scharfkantig gehaltenen Messer hobeln an dem Leder eine dünne Schicht ab. Je schneller der Messerkopf rotiert und je größer die Zahl der Messer ist, um so feiner und kurzfaseriger wird der Schnitt. Das Maschinenblanchieren erfolgt am trockenen oder auch leicht angefeuchteten

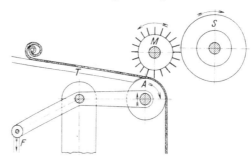

Abb. 181. Schematische Darstellung der Blanchiermaschine.
M Messerkopf, *S* Schleifstein, *A* Andruckwalze (angetrieben), *F* Zugstange des Fußhebels, *T* Tisch.

Leder. Eine starke Fettung des Leders erschwert die Arbeit bis zur Unmöglichkeit, während eine schwache Fettung den Prozeß sehr erleichtert. Ein mit größeren Mengen nicht gebundener Gerbstoffe gefülltes Leder brennt auf der Maschine.

Das Blanchieren wird hauptsächlich ausgeführt an lohgaren Oberledern, Geschirrledern und Vachetten.

4. Schleifen.

Ein ähnlicher Effekt wie beim Blanchieren wird durch das Schleifen erzielt, auch als Bimsen, Abbimsen, Ponzieren und Dolieren bezeichnet. Das Handschleifen findet nur noch in besonderen Fällen Anwendung, beim Bearbeiten von Samtleder, auch hier meist nur mehr zum Nachbehandeln der auf der Maschine vorbehandelten Leder. Beim Handschleifen verwendet man natür-

Abb. 182. Blanchiermaschine (Moenus A. G., Frankfurt a. M.).

liche oder auch künstliche Bimssteine. Den künstlichen Steinen, die aus gemahlenem Bimsstein mit einem Bindemittel hergestellt werden, gibt man den Vorzug, da sie in der Struktur vollkommen gleichmäßig sind und in gleichbleibender sortierter Körnung geliefert werden können.

Zum Handschleifen werden die Felle auf eine glatte Filzunterlage gelegt und mit dem Bimsstein in kreisender Bewegung bearbeitet. Beim Handschleifen von Trommelleder und Pergament verwendet man Tuchpolster und Bimssteinpulver.

Die Entwicklung der Schleifmittelindustrie hat die Möglichkeit der Bearbeitung des Leders durch Schleifen sehr erweitert. Die von der Schleifmittelindustrie hergestellten künstlichen Schleifsteine in jeder erdenkbaren Form, die künstlichen Schleifpulver, Schleifpapiere und Schleifleinen und anderseits die weitentwickelten Schleifmaschinen ermöglichen auch dem Lederfabrikanten die Verwendung dieses Zurichtmittels in erhöhtem Maße.

Der Schleifprozeß ist eine Art Schneideprozeß, bei welchem durch die scharfen

Schleifkörner feine Späne vom Arbeitsstück in großen Mengen abgeschnitten werden. Die scharfen Kanten der Körner nutzen sich auf dem Arbeitsgut ab. Dadurch läßt die Schleifwirkung allmählich nach. Je feiner die einzelnen Körner sind, um so weniger tief drücken sie sich in das Arbeitsgut ein, um so feiner wird auch der Schliff. Mit erhöhtem Druck wird der Schliff gröber. Bei der Verwendung von Schleifsteinen, Schleifpapieren oder Schleifleinen hat neben der Körnung die „Bindung" sehr großen Einfluß auf den Schleifeffekt. Die Bindung, d. h. Natur und Eigenschaften des Bindemittels zwischen den schleifenden Körnern und der Unterlage, muß so beschaffen sein, daß sich die abgenutzten Körner aus der Schleifmasse herauslösen und neue Kanten frei werden. Ist das Bindemittel zu hart, so fängt die Schleifmasse an zu schmieren unter Wärmeentwicklung. Bei zu weicher Bindung tritt ein Schmieren nicht ein, wohl nützt sich aber die Schleifmasse zu schnell ab. Von den natürlichen Schleifstoffen verwendet man für das Leder Quarz, Sandstein, Bimsstein, Schmirgel und Korund, von den künstlichen den Elektrokorund und das Siliciumcarbid oder Karborundum. Für den Naßschliff benutzt man als Bindemittel die keramische Bindung mit Ton, Kaolin oder Feldspat. Für Trockenschliff kommt die vegetabilische Bindung mit Pflanzengummi, Harz, Cellulose oder Schellack in Anwendung. Bei der Herstellung von Schleifpapieren und Schleifleinen wählt man als Unterlage Papier oder ein Gewebe, als Bindemittel Leim und als Schleifstoffe Schmirgel, Flint oder Glas. Die Körnung der Schleifstoffe wird bei gesiebtem Material nach den Siebnummern bezeichnet, meist nach der Anzahl der Siebmaschen, die auf einen englischen Zoll Sieblänge entfallen.

Geschlämmtes Schleifmaterial kommt mit der Bezeichnung 0, 00, 000 oder 0, 2/0, 3/0 usw. in den Handel, manchmal auch mit F, FF usw. bezeichnet. Bei der Siebnummerbezeichnung tragen die sehr groben Körnungen niedrige Nummern von ca. 10 bis 20 und steigen über grob, mittelgrob, fein und sehr fein bis auf ca. 250, bei anderen Bezeichnungen bis auf 400. Daneben gibt es zahlreiche willkürliche Körnungsbezeichnungen. Die Härte der Schleifmittel liegt zwischen 8 und 10^0 der Moßschen Härteskala. Die Härtebezeichnung erfolgt durchweg mit den Buchstaben des Alphabets derart, daß außergewöhnlich weich mit A.B.C. usw. beginnt und mit den Stufen sehr weich, weich, mittel, hart, sehr hart und außergewöhnlich hart mit Z endet (Schleifmittelkalender 1926). Auch hier sind zum Teil andere Bezeichnungen üblich.

Das Schleifen auf der Trommel wird als Dolieren bezeichnet („dol" französisch = Trommel, Faß). Man benutzte dazu Holzfässer, die drehbar eingerichtet werden. Die Oberfläche wird zunächst mit Leim bestrichen und dann Sand, Schmirgel oder Karborundum in einer passenden Körnung aufgestreut. Nach dem Hartwerden der Leimmasse ist die Doliertrommel gebrauchsfertig. Für größere Umdrehungsgeschwindigkeiten wird die Holztrommel durch eine gußeiserne, ballige Scheibe ersetzt. Da hier die Wärme, die beim Schleifen entsteht, schneller abgeleitet wird, kann das Brennen der Leder leicht vermieden werden. Die Schleifmittelindustrie hat diese Schleiftrommeln durch massive, faßförmige Karborundumsteine ersetzt, die für Naß- und Trockenschliff in gleicher Weise verwendbar und bedeutend haltbarer sind. Auf diesen massiven Steinen werden Brandstellen fast vollkommen vermieden.

Für Handschuhleder und ähnliche Leder, deren Fleischseite ein samtartiges Aussehen erhalten soll, wird die Schleif- oder Bimstrommel auf einen gußeisernen Ständer (siehe Abb. 183) montiert. Auf der Vorderseite wird aus Holz eine Fellauflage geschaffen. Beim Schleifen größerer Leder wird die Maschine mit einem Gehäuse umgeben, das nur die Schleiffläche freiläßt (siehe Abb. 184). In das Gehäuse wird dann meist ein Ventilator eingebaut zum Absaugen des Schleif-

staubes. Die Umdrehungszahl der Trommel beträgt 300 bis 800. Mit zunehmender
Geschwindigkeit wird der Schliff feiner und kurzfaseriger.

Beim Dolieren legt der Arbeiter das Leder
mit der zu schleifenden Seite auf die Dolier-
scheibe und hält es durch Andrücken mit
dem Körper an das Gehäuse fest. Mit einem
Handleder, einem ledernen oder wollenen

Abb. 183. Doliermaschine für Handschuhleder
(Badische Maschinenfabrik, Durlach).

Abb. 184. Doliermaschine mit Gehäuse und Ventilator
(Moenus A. G., Frankfurt a. M.).

Kissen oder einer weichen Bürste wird das Leder dann gegen die rotierende
Trommel gepreßt. Die Hand muß stets in Bewegung bleiben, um ein Brennen
zu verhindern. Beim Bimsen
von Handschuhleder wird das
Fell auf der Vorderseite der
Maschine festgehalten durch
Andrücken mit dem Körper.
Der Arbeiter beugt sich über
die Trommel, erfaßt die Fell-
ränder und spannt das Leder
leicht über die Trommel.

Die Dolier- und Bimsmaschi-
nen haben den Nachteil, daß
die Schleifwirkung nicht beobachtet werden kann. Nur durch
jedesmaliges Umwenden des
Felles kann der Arbeiter den
Erfolg feststellen. Für großflächige Leder ist diese Maschine
ebenfalls ungeeignet. Hierfür
kommen die Lederschleif-
maschinen mit rotierendem
Schleifzylinder zur Anwendung
(siehe Abb. 185). Der Schleifzylinder ist aus Gußeisen oder

Abb. 185. Lederschleifmaschine mit oszillierender Schleiftrommel
und angetriebenem Filzandruckärmel (Turner A. G.,
Frankfurt a. M.).

Aluminiumbronze hergestellt und trägt parallel zur Achse einen Schlitz.
Das Aufziehen von Schleifpapier oder Schleifleinen erfolgt derart, daß die
beiden Enden des Schleifbandes in den Schlitz eingeführt und mit einer be-

sonderen Vorrichtung in einfacher Weise gespannt und befestigt werden. Der
vom Vorgelege aus angetriebene Zylinder rotiert mit 800 bis 1200 Umdrehungen pro Minute. Zur Vermeidung von Streifenbildung wird der Zylinder
mit oszilierender Bewegung eingerichtet. Der Andruck des Leders gegen
den Schleifzylinder erfolgt durch einen Fußhebel. Die Andruckvorrichtung
besteht entweder aus einem feststehenden Filzpolster, der auch mit Leder überzogen werden kann, oder auch aus einer zwangsläufig angetriebenen Andruckwalze, die mit Filz belegt ist. Bei einer Konstruktion der Maschinenfabrik
Turner A. G. Frankfurt (siehe Abb. 185), besteht die Andruckvorrichtung aus
einem über zwei Walzen laufenden zwangsläufig angetriebenen endlosen Förderband aus Filz. Die normale Arbeitsbreite des Schleifzylinders beträgt 250 mm.
Für großflächige Leder, Blankleder und Vachetten werden Arbeitsbreiten bis
600 mm konstruiert. Für solche Leder wird auch dem Ständer eine weite Ausladung gegeben Zur Beseitigung des Schleifstaubes werden Einzelmaschinen
mit einem Ventilator versehen, der in den Ständer eingebaut ist. Bei Serien-
aufstellung übernimmt ein Exhaustor das Absaugen des Schleifstaubes. Der
Tisch zum Auflegen der Leder wird diesen in der Größe angepaßt.

Das Ziel der bisher beschriebenen Bearbeitungsmethoden der Fleischseite
besteht darin, die Fleischseite von anhängendem Unterhautbindegewebe zu
befreien, ihr ein gleichmäßiges, sauberes Aussehen zu geben und das Leder soweit
zu egalisieren, daß die Lederstärke möglichst gleichmäßig ist, so daß sich beim
Glanzstoßen oder Einpressen eines künstlichen Narbens keine Unregelmäßigkeiten,
Stufen u. dgl. bilden.

5. Appretieren.

In solchen Fällen, wo nicht so hohe Anforderungen an das Aussehen der
Fleischseite gestellt werden und es nicht so sehr auf eine gleichmäßige Beschaffenheit und Stärke des Leders ankommt, wird die Fleischseite lediglich durch Auftragen einer Appretur geschönt. In anderen Fällen wird zwar die mechanische
Bearbeitung vorgenommen und außerdem eine Appretur aufgetragen, die vor
allem bei lohgaren Ledern, Blankledern
u. dgl. der Fleischseite ein helles, fast
weißes und glattes Aussehen verleiht.
Die Appreturen, die im einzelnen in
dem Abschnitt „Appreturen" in ihrer
Zusammensetzung und Herrichtung
näher beschrieben sind, werden mit
der Bürste auf die Fleischseite des
Leders aufgetragen. Das Bürsten erfolgt meist in kreisender Bewegung
unter Anwendung von Druck. Die
lockeren Fasern der Fleischseite werden
durch die Bürste aufgerichtet und
in die Appretur eingebettet. Meist
wird das Auftragen der Appretur

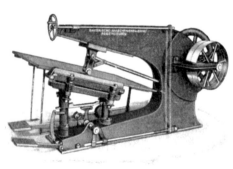

Abb. 186. Abglasmaschine (Bayerische Maschinenfabrik F. J. Schlageter, Regensburg).

am feuchten, abgewelkten Leder vorgenommen. Durch die nachfolgenden
Zurichtprozesse, durch Glasen, Walzen oder Bügeln, werden die Fasern niedergelegt, so daß sich eine glatte Oberfläche am Leder bildet. Die aus Eiweißstoffen,
Schleimstoffen, Pflanzengummi, Harzen u. dgl. bestehende Grundlage der Appretur gibt dabei einen mehr oder weniger starken Glanz, während Zusatzstoffe, wie
Talkum, Oker, Schlemmkreide, Ton u. dgl., eine aufhellende Deckschicht bilden. Für
das Auftragen von Appreturen finden Appreturmaschinen meist keine Anwendung.

Bei lohgaren Oberledern, Fahlledern u. dgl. wird die Aasseite mit einer Seifen-schmiere, aus Seife, Talg und Schleimstoffen bestehend, appretiert. Durch Stoßen mit einem Glasschlicker oder Bearbeitung auf einer Abglasmaschine (siehe Abb. 186) werden die Fasern des Leders niedergedrückt und eine glatte Aasseite erzeugt. Das Stoßen mit dem Glasschlicker wird als Glasen oder Abglasen be-zeichnet.

VI. Die Form des Leders.

Die Form der Häute und Felle ist im wesentlichen bestimmt durch die Körper-form der Tiere, von welchen sie stammen. Das Aufschneiden der Haut vor dem Abziehen erfolgt im allgemeinen nach Gesichtspunkten, die eine möglichst ge-schlossene Fläche liefern. Dadurch ist die Art der Umrandung durchweg fest-gelegt. Die Haut wird daher meist in gleichartiger, äußerer Form in die Hände der Lederfabrikanten gelangen und in einer ähnlichen Form an den Verbraucher als Leder weitergegeben werden.

1. Beschneiden der Ränder.

Kalbfelle, Schaf- und Ziegenfelle behalten die Form, die sie nach der Schlach-tung haben. In der Wasserwerkstatt werden Hautteile, deren Verarbeitung nicht lohnend ist, entfernt. Der Kopf, Nabel, Beutel und Schwanz werden abgeschnitten, die Klauen werden nötigenfalls gekürzt. Die jetzt erzielte Form bleibt bis zur Zurichtung erhalten. Dort wird nochmals ein Beschneiden der Ränder vorge-nommen mit dem Ziel, die Randteile, die meist ein unschönes Aussehen haben, zu beseitigen, die vom „Nageln" zurückge-bliebenen Nagellöcher, die von Spann-klammern hinterlassenen Eindrücke, die vom Entfleischen, Falzen oder Blan-chieren noch anhaftenden Fransen zu ent-fernen, und der ganzen Fläche ein mehr abgerundetes, gleichmäßiges, sauberes Aus-sehen zu geben. Das Beschneiden wird meist nach dem Abnageln vorgenommen, um dadurch auch die weiteren Zuricht-arbeiten, wie Glanzstoßen, Krispeln u. dgl., zu erleichtern. Je nach der Qua-lität und Gattung des Leders wird diese Arbeit mehr oder weniger sorgfältig durch-geführt. Mit dem Beschneiden ist immer ein Flächenverlust verbunden, der mit 1 bis 3% der beschnittenen Fläche an-gesetzt werden muß. Zum Beschneiden werden die Felle einzeln auf einen Tisch gelegt und mit einer geeigneten Schere oder auch mit einem sorgfältig geschliffe-nen Messer die Randteile entfernt.

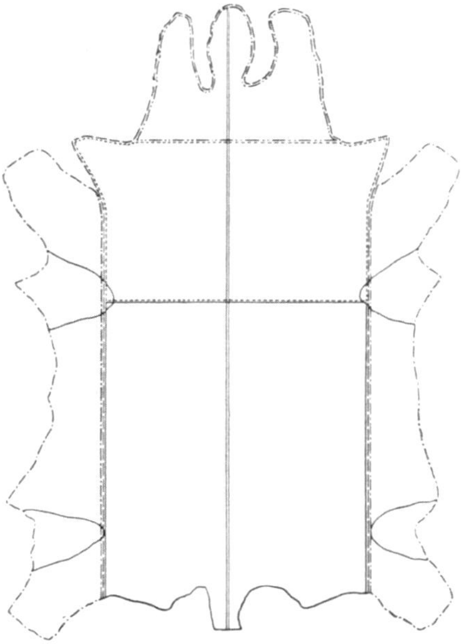

2. Crouponieren.

Größere Häute sind in der ganzen Fläche häufig zu schwer und unhandlich,

Abb. 187. Zerteilung der Haut.

——— Kern, —··— Seiten, ——— Flämen, Schulter, —··— Kopf, — — — Doppel-hecht, ═══ Rückenlinie, Schulter + Kopf = Hals.

um sie als Ganzes zu bearbeiten. In solchen Fällen nimmt man eine Teilung der Haut in „Hälften" vor. Die Trennung erfolgt je nach Lederart und Fabrikations-

gang in verschiedenen Stadien durch Zerschneiden der Haut längs der Rückenlinie (siehe Abb. 187). Bei Unterleder, vor allem bei schweren Häuten, findet eine
weitere Zerteilung der Haut statt, die als „Crouponierung" bezeichnet wird. Es
wird dabei der Kern der Haut („croupe" franz. Kruppe) von den Abfällen,
Hals und Seiten getrennt. Soweit diese Zerteilung nicht schon an der Blöße
vorgenommen wird, erfolgt sie nach beendeter Gerbung am feuchten Leder oder
auch am aufgetrockneten Leder. Maßgebend für die Kernbreite ist dabei die
Entfernung der Rückenlinie von der durch geringere Lederstärke sich deutlich
abhebenden hinteren Fläme. Bei normaler Crouponierung hat der Kern eine
ungefähr quadratische Form. Der Abstand der beiden Hinterflämen gibt, wenn
er von der Gegend der Schwanzwurzel nach dem Hals hin aufgetragen wird, die
normale Kernlänge. Bei gutgestellten Häuten kann diese Grenze nach dem Kopf
hin etwas vorgeschoben werden, muß bei sehr abfälligem Material häufig auch etwas
zurückverlegt werden. Für bestimmte Zwecke, für Blankleder und Riemenleder
bleibt der Kern quadratisch, während bei Sohl- und Vacheleder der Kern in der
Rückenlinie in zwei halbe Kernstücke oder Kerntafeln zerteilt wird. Der durch
die Crouponierung nach dem Kopf zu herausfallende Teil wird als „Hals" bezeichnet, der durch einen zirka 10 cm hinter den Hornlöchern geführten Schnitt
in Kopf und Halsbahn oder Schulter zerlegt werden kann. Der Kopf wird weiter
in Stirn und Backen zerteilt. Wenn von der Haut nur die beiden Seiten abgetrennt
werden, entsteht der „Doppelhecht", der in der Rückenlinie geteilt, zwei „Hechte"
liefert. Für technische Leder werden auch Hechte ohne Kopf geschnitten. Von
den Seiten oder Bäuchen werden manchmal die Vorder- und Hinterklauen abgeschnitten und neben dem Mittelstück besonders verarbeitet.

Diese weitgehende Zerteilung der Haut ist begründet in der verschiedenen
Beschaffenheit und Struktur der einzelnen Teile. Sowohl bei der Zurichtung als
auch bei der Verarbeitung des Leders muß auf diese Unterschiede weitestgehend
Rücksicht genommen werden. Die Zerteilung der Haut erfolgt jedoch hauptsächlich deshalb, um dem Lederverbraucher solche Hautteile zur Verfügung zu
stellen, die für seine Belange am meisten geeignet sind und bei den erheblichen
Preisunterschieden zwischen diesen einzelnen Teilen ihm eine rationelle Ausnutzung des Leders ermöglichen.

Die Aufteilung der Rindhäute wird vielfach schon an der Rohhaut oder an
der Blöße vorgenommen, wobei dann die einzelnen Teile auch zu verschiedenen
Lederarten verarbeitet werden. Unterleder wird in Hälften oder Kernstücken
und Abfällen gehandelt. Ein Hals und zwei Seiten werden dabei als Garnituren
oder Kränze bezeichnet. Blankleder wird in ähnlicher Weise aufgeteilt. Der
Kern wird ebenso wie die Schulter zu Riemenleder verarbeitet. Die Seiten
und Hälse zu Schuhoberleder, zu Rindbox, Sportoberleder oder Waterproof.
Die Köpfe finden als Absatz-Aufbauleder oder Blankleder untergeordneter Art
Verwendung.

Bei lohgarem Unterleder beträgt das Gewicht des Kernes im Mittel 55%,
das des Halses 23%, das der Seiten 22% vom Ledergewicht der ganzen Haut
bei normaler Crouponierung.

VII. Spannen und Strecken.

Wie schon früher ausgeführt wurde, besteht ein wichtiger Teil der Zurichtung
darin, dem Leder eine möglichst gleichmäßige, glatte Form zu geben, nicht nur
wegen des gefälligen Aussehens, sondern auch zur Befriedigung der Ansprüche
der verarbeitenden Industrien und des Verbrauchers, und nicht zuletzt aus Gründen, die in der Zurichtung selbst liegen. Es bezieht sich dies vor allem auf die

letzten Zurichtprozesse, auf Glanzstoßen, Bügeln, Krispeln und auf das Färben mit der Bürste. Diese Prozesse sind in einwandfreier Weise nicht durchzuführen, wenn nicht die Fläche des Leders entsprechend „ausgearbeitet" ist.

Eine wichtige Vorarbeit zu diesem Ziel ist das gründliche Ausstoßen und Ausrecken, das weiter oben (siehe S. 668) eingehend behandelt ist. Das Ausrecken wird am feuchten, abgewelkten Leder ausgeführt. Durch die Einwirkung des Hand- oder Maschinenschlickers wird der Narben „ausgearbeitet", d. h. es werden alle Unregelmäßigkeiten des Narbens und der Haut möglichst beseitigt und die Haut so behandelt, daß die Falten verteilt werden und die tonnige Form der Haut in eine ebene Fläche übergeführt wird. Für schwere Leder, Vacheleder, Geschirrleder, Fahlleder, Blankleder, sowie für untergeordnete leichtere Leder, wie lohgare Schaffelle, für Futterleder, lohgare Kalbfelle u. dgl. genügt diese Bearbeitung, die gegebenenfalls am etwas abgelüfteten Leder nochmals wiederholt wurde, vollkommen, da sich die Form dieser Leder beim Trocknen nur mehr wenig ändert und bei den weiteren Zurichtarbeiten kaum verlorengeht.

Bei chromgaren Oberledern und Feinledern, sowie bei sorgfältiger zuzurichtenden lohgaren Kalbfellen, Schaf- und Ziegenfellen und Reptilledern, als auch bei Vachetten, führt auch ein mehrfaches Ausstoßen nicht zum Ziel. In wechselnden Stadien der Zurichtung werden diese Leder aufgespannt, einerseits um eine gleichmäßige, glattliegende, ebene Fläche zu erhalten, aber auch um die zu Flächenverlusten führende Schrumpfung des Leders beim Trocknen zu vermeiden oder auszugleichen.

Bei lohgaren Fellen und Vachetten wird das Spannen meist nach dem Abwelken und Ausstoßen vorgenommen, während bei chromgaren Ober- und Feinledern nach dem Ausrecken zunächst getrocknet wird. Durch Anfeuchten der Leder wird zum Stollen vorbereitet und erst nach dem Stollen aufgespannt.

1. Aufnageln.

In einfacher Weise erfolgt das Spannen durch Aufnageln der Leder auf Bretter oder Lattenroste, die der Größe der Leder angepaßt sind. Das Einschlagen der Nägel wird in folgender Weise vorgenommen: Zunächst werden an der Quatze des Fells zwei Nägel eingeschlagen. Der an der gegenüberliegenden Seite des waagrecht liegenden Brettes stehende Arbeiter faßt unter kräftigem Zug am Kopf des Fells an und befestigt das in der Rückenlinie stark gedehnte Fell durch Einschlagen einiger Fellnägel. Beide Arbeiter bewegen sich dann nach rechts, einer spannt und befestigt die rechte Hinterklaue, der andere die linke Vorderklaue. Darauf wird die linke Hinterklaue und rechte Vorderklaue in gleicher Weise behandelt und in der Nabelgegend beiderseits ebenfalls ein Nagel eingeschlagen. Der übrige Teil des Randes wird dann unter Ausübung eines Zuges mit der notwendigen Anzahl Nägel so befestigt, daß das Fell möglichst glatt liegt und alle Falten möglichst beseitigt werden. Das Brett wird dann gewendet, auf der jetzt oben liegenden Seite ein zweites Fell befestigt und das Brett in den Trockenraum gestellt. Nach beendetem Trocknen wird abgenagelt und weiter zugerichtet.

Bei halben Häuten, wie sie für Rindbox u. dgl. üblich sind, wird ebenfalls die Rückenlinie zunächst stark gespannt und durch Einschlagen einer Anzahl Nägel in gerader Linie befestigt. Dann folgen die Klauen und der übrige Teil des Randes.

Die Holztafeln, die zum Aufnageln der Felle Verwendung finden, werden, um ein Verziehen der Tafeln zu vermeiden, durch Zusammennageln von zwei sich rechtwinklig kreuzenden Lagen ca. 12 mm starker, einseitig gehobelter, möglichst

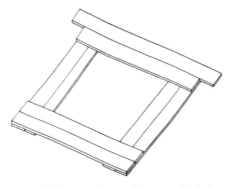

Abb. 188. Fellspannrahmen mit ausgespartem Mittelteil und Nasen zum Aufhängen des Rahmens.

astfreier Bretter hergestellt. Für Felle benutzt man häufig Tafeln, deren Mittelteil ausgespart ist, so daß die Luft auch die Fleischseite des Fells bespülen kann. Die Tafeln werden an der oberen Kante beiderseits mit Nasen versehen, so daß sie sich an Trägern aufhängen lassen, die in entsprechender Höhe an der Decke des Trockenraums befestigt sind (siehe Abb. 188). Für Trockenkanäle wird vielfach die gleiche Einrichtung gewählt, wobei die Tafeln an die Transportketten gehängt werden. Eine andre Einrichtung besteht darin, daß in Tischhöhe, im Abstand der Tafelbreite, zwei parallellaufende Balken angebracht werden, die sowohl als Unterlage beim Aufnageln, als auch zum Aufstellen der Tafeln zum Trocknen zu benutzen sind (siehe Abb. 189). Für große

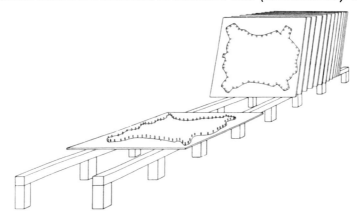

Abb. 189. Einrichtung zum Nageln und Aufstellen der Spannrahmen.

Häute bevorzugt man zur Abminderung des Gewichts der Holztafeln Lattenroste. In neuerer Zeit sind an Stelle der Holztafeln und Holzrahmen Stahl-Rohrrahmen konstruiert worden, in welchen ein gelochtes Blech befestigt ist. Die Leder werden mit Klammern (siehe Abb. 190), die durch einen Hebeldruck am Leder fest angreifen, gespannt und durch einen an der unteren Seite der Klammer befindlichen Dorn in das Lochblech eingesetzt. Dadurch werden die Nagellöcher, die durch Beschneiden der Leder entfernt werden müßten, vermieden. Die Rahmen tragen auf halber Höhe zu beiden Seiten Zapfen, so daß nach Aufspannen der Leder der Rahmen mühelos gewendet oder senkrecht gestellt werden kann. Die Zapfen werden auch mit Rollen versehen, damit sich die Rahmen leicht verschieben lassen (siehe Abb. 191). M. C. Lamb beschreibt eine Methode, bei welcher Knebel oder Klammern, die an Schnüren befestigt sind, an das Fell geheftet werden, während das andere Ende der Schnur unter Spannung um Decknägel gewickelt wird, die in den hölzernen Spannrahmen eingeschlagen

Abb. 190. Spannklammer für Lochblechrahmen (Walter Hartmann, Dresden).

sind (siehe Abb. 192). Die an Schnüren befestigten Fellklammern sind so eingerichtet, daß sie sich durch die Spannung der Schnur automatisch am Leder fest-
klammern und mit steigen-
dem Zug sich die Klemm-
wirkung erhöht.

Eine andere von M. C.
Lamb an gleicher Stelle beschriebene Anordnung be-
steht darin, daß die in
einem Holzrahmen eingesetzten Füllbretter verschiebbar
sind. Die Felle werden zu
beiden Seiten auf Füllbretter aufgenagelt und die
Spannung wird durch Ein-
treiben eines Holzkeils an
der Kopf- und Schwanz-
seite zwischen den mittleren
Füllbrettern erzeugt (siehe
Abb. 193).

Die zum Nageln der Leder
benutzten Fellnägel bestehen
aus verzinkten Eisen- oder

Abb. 191.   Einrichtung zum Spannen und Trocknen   (Walter Hartmann, Dresden).

Stahlnägeln oder auch Messingstiften, die, durch einen Holzschaft gesteckt
oder mit einem Kragen versehen, in den Holzschaft eingedrückt sind. Länge
und Durchmesser des Stifts und Schafts
richten sich nach dem zu nagelnden
Material. Dadurch, daß man dem Stift

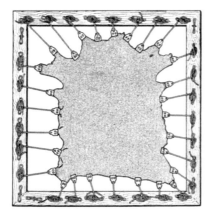

Abb. 192. Spannrahmen (Lamb-Mezey, Chromlederfabrikation).

Abb. 193. Spannrahmen (Lamb-Mezey, Chromlederfabrikation).

eine ahlenförmige, lang ausgezogene Spitze gibt, erleichtert man das Einschlagen
der Spitze und erhöht man die Lebensdauer der Holztafeln (siehe Abb. 194 a u. b).

Eine andere Einrichtung zum
Spannen besteht darin, daß man
in den Rand des Leders Ösen ein-
drückt und den Rahmen in regelmäßigen Abständen mit Deck-

Abb. 194.   Fellnägel.

nägeln versieht. Man legt dann eine Schnur abwechselnd über die Ösen und Decknägel und spannt durch Anziehen der Schnur.

Das Abnageln erfolgt durch Herausziehen der Nägel, bei kräftigen Ledern auch durch Abreißen des Leders von der Unterlage. Der Firma J. Ungeheuer, Niederreifenberg, ist ein Nagel patentiert, der zur Erleichterung des Ausziehens am Schaft mit einer Zunge versehen ist, so daß er sich leicht durch Ziehen aus Holz und Leder entfernen läßt.

2. Spannen.

Das Spannen wird unter Ausübung eines kräftigen Zugs vorgenommen. Hierdurch wird, wie schon oben angegeben, die Flächenausbeute des Leders erhöht und weiter vermieden, daß sich die Fläche des Leders durch die beim Trocknen eintretende Schrumpfung stärker vermindert. Die Erfahrung hat gezeigt, daß ein übermäßiges Spannen zwar eine größere Flächenausbeute ermöglicht, daß aber der Griff und die Fülle des Leders gleichzeitig abnehmen, dadurch verständlich, daß eine größere Fläche nur auf Kosten der Lederstärke gewonnen werden kann. Gleichzeitig mit der Flächenzunahme vermindert sich die Dehnung, so daß man durch das Spannen in der Lage ist, dem Leder eine gewünschte Zügigkeit zu verleihen. Man wird daher für Chromoberleder bestimmte Ledersorten kräftig spannen, da hier nur eine geringe Zügigkeit erwünscht ist, während z. B. Bekleidungsleder nur leicht oder nicht gespannt werden, um diesen die Zügigkeit zu erhalten.

Ein ganz besonderes Gewicht muß auf die Beseitigung der Zügigkeit und Dehnung bei solchen Chromledern gelegt werden, die zur Herstellung von Lackleder Verwendung finden. Hier muß dafür Sorge getragen werden, daß die Elastizität des Leders geringer ist als die der Lackschicht, da sonst bei Zugbeanspruchung des Leders der Lack rissig wird. Da die meisten Lacke im Laufe der Zeit an Elastizität einbüßen, muß die Dehnung des Leders fast vollständig beseitigt werden. Felle, Hälften und Vachetten für Lackleder werden daher sehr sorgfältig gespannt. Beim Spannen auf Tafeln oder Rahmen legt sich der Arbeiter, um einen stärkeren Zug ausüben zu können, einen Riemen um die Hüften, der mit einer automatisch wirkenden Spannklammer versehen ist. Die Klammer wird am Rande des Leders eingesetzt und durch Zürücklegen des Körpers das Leder straff gespannt und in dieser Form am Rahmen oder an der Tafel befestigt. (Näheres siehe Lackleder.)

Die Zügigkeit der lohgaren, insbesondere auch der chromgaren, technischen Leder wird als großer Nachteil angesehen. Bei ungespannten, stark gefetteten Chromledern beträgt die Dehnung bis zu 20%. Es leuchtet ein, daß eine solche Dehnung für technische Leder, wie Chromriemenleder, Schlagriemenleder, Laufleder, Florteilriemchen, Binderiemen u. dgl., sehr störend wirkt. Daraus ergibt sich die Notwendigkeit, wenn solche Leder ohne Nachteile verwendbar sein sollen, sie unter sehr kräftiger Spannung zu trocknen. Es kommt hinzu, daß sich bei chromgaren Ledern die durch sorgfältiges Ausstoßen erzielte Form beim Trocknen nicht erhalten läßt, daß sich solches Leder beim Trocknen stark wirft und verzieht, so daß es im fertigen Zustand verbeult und wellig aussieht. Ähnliches gilt für Trommelleder und Nähriemen, die im ungegerbten Zustand als Blöße getrocknet werden. Während bei den letztgenannten Ledern ein Aufspannen im feuchten Zustand zum Ziele führt, müssen Riemenleder „gestreckt", d. h. unter Anwendung eines sehr starken Zuges getrocknet werden. Dabei führt man den Zug hauptsächlich in der Richtung aus, in welcher die fertigen Leder im Gebrauch auf Dehnung beansprucht werden. Riemenkernstücke u. dgl. werden daher in erster Linie in der Längsrichtung, parallel zur Rückenlinie gestreckt, Riemenschultern in der Querrichtung der Haut, da auch die Riemenbahnen in dieser Richtung geschnitten werden.

3. Strecken.

Das Strecken solcher Leder kann nicht in der Weise durchgeführt werden, wie es für die leichten Leder angegeben wurde, da sich bei dieser Methode der notwendige Zug nicht ausüben läßt und durch die beim Trocknen sich dauernd erhöhende Spannung die Nägel aus der Unterlage herausgezogen werden, die Schnüre reißen und die Tafeln und Rahmen sich verziehen oder brechen. Für solche Leder werden daher die Rahmen aus stärkeren Holzbalken oder Eisenträgern hergestellt. Die automatischen Klammern werden mit Ketten an Haken befestigt, die an den Rahmen angebracht sind. Für stärkeren Zug werden die Rahmen mit Schlitzen versehen, in welche Schraubenspindeln eingeschoben werden, die in den Rahmen hineinragen und dort mit einem Haken versehen sind, der

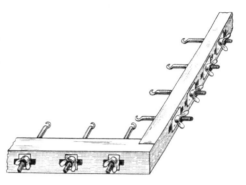

Abb. 195. Streckrahmen für technische Leder.

in den Rand des Leders eingesetzt wird. Das nach außen aus dem Rahmen herausragende Ende der Schraubenspindel trägt eine Flügelmutter, durch welche die Spindel langsam angezogen werden kann (siehe Abb. 195).

Abb. 196. Streckmaschine für Riemenkernstücke (Turner A. G., Frankfurt a. M.).

Von der Maschinenfabrik Turner A. G., Frankfurt a. M., wurde eine Riemencrouponstreckmaschine (siehe Abb. 196) folgender Arbeitsweise konstruiert. Ein eiserner Streckrahmen trägt an der einen Seite fest mit dem Rahmen verbunden, aber verschiebbar angeordnet, eine Anzahl Klammern, in welche die eine Kante des Leders durch Anziehen der Schrauben befestigt wird. Auf der entgegengesetzten Seite des Rahmens erfolgt die Befestigung in gleicher Weise. Die Klammern sind hier in eine gegen den Rahmen verschiebbare, aber durch Schrauben zu befestigende Leiste eingesetzt, die mit einer Bohrung versehen ist, welche in den Bolzen des Zugapparats eingehängt wird. Zu beiden Seiten sind auf verschiebbaren Rundeisen ebenfalls Spannklammern angebracht. Der Croupon wird mit der gerade geschnittenen Halskante in sämtlichen Klammern der feststehenden Leiste des Spannrahmens befestigt, am Schwanzende jedoch zunächst nur in 4 bis 6 Klammern der beweglichen Leiste, und zwar an denjenigen Stellen, die den am meisten dehnbaren Bahnen entsprechen. Die seitlichen Klammern werden nur so weit nach außen gezogen, daß die gerade Linie der Seitenkanten während des folgenden Streckprozesses erhalten bleibt. Dann wird durch einen Elektromotor die hydraulisch wirkende Zugmaschine in Tätigkeit gesetzt und das Leder in der Längsrichtung so lange gestreckt, bis ein an der Maschine angebrachtes Manometer den gewünschten Zug anzeigt. Nun läßt man mit der Zugbelastung etwas nach und befestigt die übrigen Klammern der beweglichen Leiste am Ende des Croupons, worauf der hydraulische Kolben wieder betätigt und der Zug bis zur vollen, der ganzen Crouponbreite entsprechenden Höhe gesteigert wird. Unter dieser Belastung wird die bewegliche Leiste mittels der hierfür vorgesehenen Schrauben am Rahmen festgeklemmt. Der Croupon wird durch dieses Verfahren bahnenweise naßgestreckt, und jede Bahn erhält eine ihrer Dehnbarkeit angepaßte Belastung. Durch eine Kippvorrichtung wird der Rahmen senkrecht gestellt, in eine an einem Träger angebrachte Laufkatze eingehängt und zur Seite geschoben. Dann wird der nächste Rahmen durch die Kippvorrichtung heruntergelassen, das darin schon gestreckte Leder herausgenommen und ein neuer Croupon eingespannt. Das Leder wird im feuchten Zustand in den Streckrahmen gebracht und bleibt bis zur vollständigen Trocknung darin.

Eine andere Einrichtung besteht darin, daß Kernstücke auf einer langen Tafel durch doppelseitige Spannleisten hintereinander befestigt werden. Die Spannleiste an dem einen Ende dieses Bandes ist an der Unterlage festgeschraubt. Am anderen Ende ist die Spannleiste mit einer Zugspindel versehen, die nun langsam angezogen wird.

Da das Kernstück in den einzelnen Bahnen jedoch verschiedene Dehnung besitzt, wie oben (S. 669) bereits ausgeführt, wird vielfach das Strecken des Leders erst vorgenommen, nachdem der Croupon in die einzelnen Bahnen zerschnitten wurde. Es werden dann die Bahnen für sich oder auch der fertige Riemen auf Riemenbahnenstreckmaschinen verschiedener Konstruktion gestreckt. Da dies eine Angelegenheit der Riemereien ist, soll hier nicht weiter darauf eingegangen werden, besonders da auch die Ansichten über den Wert des hier beschriebenen Naßstreckens und des am fertigen Leder vorgenommenen Streckens durchaus nicht einheitlich sind.

VIII. Zurichtung des Narbens.

1. Das Entfernen des Narbens.

Das Entfernen des Narbens am Leder bezeichnet man als Narbenabziehen, Effleurieren, Buffieren oder Abbuffen. Man verfolgt dabei das Ziel, Ungleichmäßigkeiten des Narbens auszugleichen und dem Narben ein besseres Aussehen und bessere Eigenschaften zu geben, als er nach der Gerbung zeigte.

Der Narben an Zahmhäuten und besonders an Wildhäuten weist vielfach zahlreiche Fehler auf. Stacheldrahtrisse, Hornrisse, Striegelverletzungen, offen oder vernarbt, verheilte Engerlingslöcher, Verletzungen durch Zecken und Hautkrankheiten, Konservierungsfehler u. dgl. bilden die Ursache zu einer Zerstörung der Narbenschicht. Dazu kommen häufig noch Fehler, die bei der Bearbeitung entstehen, vor allem wundgestrichene Stellen, Beizstippen, Scheuerstellen durch Behandlung im Faß, ein stark gezogener, grober, wilder Narben, brüchiger Narben u. dgl. mehr. Die Verwendungsmöglichkeit des Leders wird durch diese Fehler stark beeinträchtigt. Das Leder erhält ein unschönes, minderwertiges Aussehen und wird dadurch im Preis erheblich gedrückt.

Durch ein Abziehen des Narbens lassen sich derartige Fehler mehr oder weniger beseitigen. Wenn auch ein abgebufftes Leder einem solchen mit reinem Narben nicht gleichwertig ist, so kann doch auf diesem Weg eine Verbesserung der Qualität erzielt werden. Es ist, wie zahlreiche Untersuchungen ergeben haben, dadurch keine Verminderung der Reißfestigkeit des Leders zu befürchten, da die Narbenschicht nicht der Träger der zugfesten Gewebe ist. Solche Leder sind bei sorgfältiger Zurichtung nur schwer von normalen Ledern zu unterscheiden. Meist fehlt aber diesen Ledern die geschlossene feine Oberflächenstruktur des Narbens, und die Narbenschicht ist je nach dem Grad des Abziehens am Schnitt mehr oder weniger dünner als bei der unbehandelten Haut.

Das Abziehen des Narbens wird vorgenommen bei beschädigten Häuten, die zu Geschirrleder verarbeitet werden. Vor allem wird der Hals von Wildhäuten, der vielfach Garrapataverletzungen aufweist, derartig behandelt. Man erreicht hierbei gleichzeitig ein Zurücktreten der starken Rippen- oder Mastfalten. Auch in Fällen, wo der Narben während der Gerbung oder auch durch das Einbrennen solcher Leder brüchig geworden ist, erreicht man durch Abbuffen eine Beseitigung dieses Fehlers. Dasselbe gilt für Kipse, die als Pantinenleder zugerichtet werden, sowie für Fahlleder und Vachetten.

Ein anderes Ziel verfolgt man beim Abbuffen von Schaf- und Kalbfellen für Nubuk- und Velvetleder. Hier wird der Narben so weit abgeschliffen, daß die Oberfläche eine samtartige Beschaffenheit erhält. Dasselbe gilt für einige Sorten Handschuhleder. Bei der Herstellung von Lackleder wird, falls der Lack auf der Narbenseite aufgetragen werden soll, ebenfalls ein Teil der Narbenschicht entfernt. Man erreicht dadurch eine innigere Verbindung zwischen Lackschicht und Leder und vermeidet ein Sichtbarwerden von Narbenfehlern auf dem Lacküberzug.

Das Abziehen des Narbens muß so durchgeführt werden, daß der Narben in allen Teilen möglichst gleichmäßig entfernt wird. Die obere Schicht des Narbens ist außerordentlich feinfaserig. Je näher man der Retikularschicht kommt, um so gröber wird die Faserstruktur. Bei ungleicher Arbeit entstehen daher auf dem Narben Unterschiede, die am fertig zugerichteten Leder häufig sichtbar bleiben. Eine wichtige Vorarbeit besteht darin, das Leder möglichst glatt auszustoßen, damit das Buffierwerkzeug überall gleichmäßig eingreifen kann.

Trockenes ungefettetes Leder läßt sich nur schwer bearbeiten. Meist werden daher die gefetteten Leder buffiert. Bei schwacher Fettung wird der Narben vor dem Abziehen mit Wasser oder Seifenlösung angefeuchtet.

a) Abbuffen.

Das Abziehen des Narbens von Hand wird mit dem Buffiereisen durchgeführt. Es wird ähnlich hergerichtet wie das Blanchiereisen. An der an der unteren Kante sorgfältig angeschliffenen und polierten Fläche wird mit dem Legestahl ein feiner Faden angelegt, der wie bei dem Blanchiereisen aufgerichtet wird. Das Eisen wird mit Heft und Schneide flach auf das Leder gelegt und in längeren Zügen vorwärtsgeschoben. Das Leder liegt dazu auf einer leicht geneigten Stein- oder Glastafel.

Die maschinelle Ausführung des Buffierens, die erheblich geringere Übung und Fertigkeit des Arbeiters erfordert als die Handarbeit, wird auf der Buffiermaschine vorgenommen. Die Maschine schließt sich in der Konstruktion eng an die Blanchiermaschine an (siehe Abb. 171). Die Zahl der Messer am Buffierkopf ist

gegenüber der Blanchiermaschine noch weiter erhöht auf 20 bis 24 (siehe Abb. 197), so daß der Abstand der einzelnen Klingen sehr klein wird. Auf diese Weise wird ein feiner, sehr kurzfaseriger Schnitt erzielt, währendgleich-

Abb. 197. Messerkopf der Buffiermaschine.

zeitig auch bei größerem Druck nur eine dünne Schicht von der Oberfläche des Leders abgenommen wird. Die Andruckvorrichtung besteht für weichere Leder aus einer freilaufenden oder zwangsläufig angetriebenen Gummiwalze, während man für harte Leder ein feststehendes, mit Leder überzogenes Gummipolster bevorzugt. Da die Staubentwicklung sehr groß ist, muß auch die Buffiermaschine mit einer guten Absaugevorrichtung versehen sein.

b) Effleurieren.

Zum Effleurieren von Vachetten, auch für Lackleder, werden die Schleifmaschinen (siehe Abb. 185) bevorzugt, für trockenes Chromleder kommen sie allein in Frage. Das Leder wird häufig mit einem Papier gröberer Körnung vorgeschliffen und mit einem solchen feiner Körnung nachgeschliffen. Für große Flächen benutzt man eine Schleifmaschine mit doppeltbreitem Schleifzylinder mit 600 mm Arbeitsbreite und 1000 bis 1200 Umdrehungen pro Minute.

Für Samtleder aus Kalb-, Schaf- und Ziegenfellen wird zum sorgfältigen Nachschleifen zur Erzeugung eines sehr feinen, kurzen Samts eine Schleifmaschine wie Abb. 198 verwendet. Der Antriebsmotor dieser Maschine wird fahrbar aufgehängt. Die Achse steht senkrecht und ist mit dem Werkzeug durch eine biegsame Welle verbunden. Am Ende der biegsamen Welle wird der Bimsstein oder Karborundumstein in passender

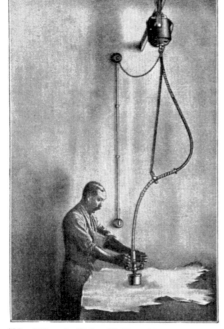

Abb. 198. Lacklederschleifmaschine (Badische Maschinenfabrik, Durlach).

Körnung und Form aufgeschraubt. Der mit 800 bis 1200 Umdrehungen pro Minute laufende Stein wird dann an zwei Handgriffen über das Leder geführt. Je nach Schleifscheibengröße und Lederart beträgt der Kraftbedarf $1/_2$ bis $3/_4$ PS.

c) Velourleder.

Die Herstellung eines feinen Velours erfolgt in folgender Weise: Die alaun- oder glacégaren, auch chromgare oder leicht vegetabilisch nachgegerbten Leder werden nach der Gerbung — bei chromgaren nach der Fettung — getrocknet, leicht angefeuchtet und durchgestollt. Anschließend erfolgt das Abschleifen des Narbens am trockenen Leder. Meist wird zuerst mit einer groben Körnung des Schleifrades oder des Schleifpapiers vorgeschliffen und mit einer feineren Körnung nachgearbeitet. Dann wird das Leder aufbrochiert, gefärbt, falls notwendig eine Nachgare gegeben und wieder aufgetrocknet, leicht angefeuchtet und gestollt. In fast trockenem Zustand wird darauf mit feinster Körnung nochmals nachgeschliffen. Das Aufrichten der Fasern erfolgt dann durch Bürsten oder Millen. In manchen Betrieben erfolgt das erste Schleifen auch im feuchten Zustand nach dem Falzen.

2. Die Erzeugung eines glatten Narbens.

Wenn auch nicht alles Glänzende als Gold anzusehen ist, so geht doch die Meinung der meisten Menschen dahin, daß sich unter einer glänzenden Oberfläche etwas Gutes verbirgt. Deshalb zieht der Käufer ein schön glänzenden Schuhen einem stumpf und fettig aussehenden vor, deshalb schmückt sich die Dame mit einer schön glänzenden Tasche, und deshalb verlangt der Fabrikant für seine Maschinen einen hellen, glänzenden Treibriemen. Aus dem gleichen Grund sieht sich die lederverarbeitende Industrie nach gefällig und gepflegt aussehendem Leder um, und der Lederfabrikant muß folgen, abgesehen davon, daß er selbst einen Erzeugerstolz in sich fühlt, wenn er dem Käufer ein edles und ansprechendes Produkt anbieten kann.

Das hat den Gerber schon in frühester Zeit dazu geführt, seine Ware zu färben und glatt und mehr oder weniger glänzend herzustellen. Wenn wir dabei von den primitivsten Methoden durch Technik und Wissenschaft zu Wegen gekommen sind, die auch die verwöhntesten Ansprüche befriedigen, so bleibt doch dieser Teil der Lederzurichtung immer noch ein Sorgenkind des Fabrikanten.

Da das Färben in einem besonderen Abschnitt (siehe S. 168) eingehend behandelt ist, sollen hier nur die darauffolgenden Arbeiten näher beschrieben werden.

Nur selten wird die glatte Zurichtung des Narbens an Ledern vorgenommen, die nicht irgendwie mit einer Appretur versehen sind. Unterleder in der normalen Zurichtung sieht nach dem Trocknen meist matt aus. Durch das ,,Walzen'' erhält das Leder einen leichten Glanz und wird gleichzeitig flach gelegt. Der Glanz läßt sich erhöhen durch Verwendung einer Appretur (siehe Appreturen) beim Anfeuchten, sowie dadurch, daß der Zylinder der Walze eine Hochglanzpolitur erhält.

Auch Riemenleder legt sich durch leichtes Walzen glatt und bekommt einen matten Glanz, der sich noch durch nachfolgendes Bürsten, Rollen oder Glanzstoßen erhöhen läßt. Durch den Druck des Werkzeugs wird ein Teil des im Leder vorhandenen Fettes an die Oberfläche gepreßt und dadurch die Unebenheiten der Oberfläche ausgeglichen. Die Farbe wird durch diese Behandlung meist dunkler.

Blank- und Geschirrleder erhalten immer eine Narbenappretur, da diese Leder mit glatter, mehr oder weniger glänzender Oberfläche verlangt werden. Nach Antrocknen der Narbenappretur wird der Glanz herausgearbeitet durch Pendeln, Blankstoßen oder Bügeln, zum Teil auch durch Bürsten. Bei loh- und chromgaren Ober- und Feinledern führt ein Glanzstoßen, Rollen und Bügeln nach Auftragen einer Appretur ebenfalls zu einer glänzenden, glatten Oberfläche.

Bei Bekleidungs- und Handschuhleder gibt man durch Plüschen einen matten, seidigen Glanz, die Fläche wird durch Bügeln geebnet. Nubukleder werden nur gebürstet, um den Samt aufzurichten und gleichmäßig zu machen.

a) Glasen.

Die Erzeugung des Glanzes durch Handarbeit, das ,,Abglasen'', wird heute nur mehr in kleinen Betrieben bei Fahlleder, Geschirrleder, Wichsleder u. dgl.

durchgeführt. Die Arbeit gleicht mehr dem Ausstoßen von Hand. Als Werkzeug verwendet man jedoch einen dicken, in ein Holzheft eingesetzten Glasschlicker, der in kleinen, schnell aufeinanderfolgenden Strichen über das Leder geführt wird. Gefettete lohgare Leder erhalten dadurch einen leichten Glanz. Statt der Glasschlicker werden auch Glas- oder Achatrollen in Form eines Zylinders von 2 bis 3 cm Durchmesser und 7 cm Länge verwendet, die ebenfalls in einen Werkzeughalter fest eingesetzt sind. In solchen Fällen bezeichnet man auch die Arbeit als Glanzstoßen von Hand.

b) Glanzstoßen von Hand.

Auch hier lag der Gedanke nahe, die Arbeit dadurch auf die Maschine zu übertragen, daß man den Schlicker oder die Rolle mechanisch über das Leder

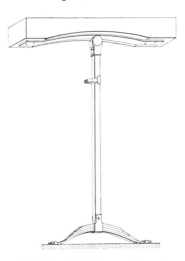

bewegte, in Nachahmung der Handarbeit. Der Weg wurde zunächst festgelegt durch die Konstruktion einer Pendelglänzmaschine, des „Jiggers". für Handbetrieb (siehe Abb. 199). An der Decke des Arbeitsraumes wird ein an einer horizontalen Welle aufgehängtes Pendel befestigt, das am unteren Ende das Werkzeug trägt. Ein am Pendel angebrachter Handgriff ermöglicht es dem Arbeiter, das Pendel vor- und rückwärts über eine darunterstehende Unterlage, auf welcher das Leder liegt, zu bewegen. Um bei ebener Stoßbahn und der gekrümmten Bahn des Werkzeugs eine längere Stoßbahn zu erzielen, wurde der Drehpunkt des Pendels häufig in das über dem Arbeitsraum liegende Stockwerk verlegt. Eine Verbesserung wurde dann dadurch eingeführt, daß man Pendel und Unterlage federnd einrichtete oder auch der Stoßbahn selbst eine der Pendellänge angepaßte Krümmung verlieh.

Abb. 199. Pendelglänzmaschine für Handbetrieb.

Für schwere Leder ging man dann von der Pendelbewegung ab und führte das Werkzeug in einem Schlitten, der sich in einer Gleitführung parallel zur Unterlage vor- und rückwärtsbewegt. Diese Bewegung wird durch einen Kurbeltrieb erreicht, womit gleichzeitig der Vorteil verbunden ist, daß die Bewegung langsam einsetzt und allmählich beschleunigt wird. Die Pleuelstange, die meist am Schlitten selbst angreift, wurde dann dazu benutzt, das mit einem Gelenk am Schlitten befestigte Werkzeug selbst eine Pendelbewegung ausführen zu lassen. Dadurch wird erreicht, daß das Werkzeug beim Rückwärtsgang von der Stoßbahn abgehoben bleibt und erst dann, wenn es am oberen Ende der Stoßbahn angekommen ist, sich allmählich auf das Leder senkt und die stoßende Wirkung ausübt. Die Federung wurde dann in die Unterlage verlegt und verstellbar eingerichtet.

c) Rollen.

Bei den Maschinen moderner Bauart (siehe Abb. 162) läßt sich durch Drehen der unteren Handräder die Stoßbahn so einstellen, daß sie mit der Bahn des Werkzeugs vollkommen parallel liegt und das Werkzeug überall gleichmäßig stark aufdrückt. Meist senkt man die Stoßbahn an der Vorderseite etwas, um ein sanftes Aufsetzen des Werkzeugs zu erzielen. Die Härte des Druckes läßt sich durch Handräder regulieren. Je weiter man die Federn zusammendrückt, um so härter wird der Druck, um so höher auch der Glanz auf dem Leder. Die Stoßbahn liegt so tief, daß das Werkzeug die Stoßbahn nicht berührt und das Leder bei laufender Maschine unter das Werkzeug geschoben werden kann. Durch Heruntertreten eines Fußhebels wird dann die Stoßbahn gegen das Werkzeug gehoben. Bei einer anderen Konstruktion wird durch ein am Kopf der Maschine befindliches Handrad ein Heben oder Senken der Stoßbahn ermöglicht zur Regulierung des Druckes. Durch Herunterdrücken des Fußhebels wird auch hier die Stoßbahn in die Arbeitsstellung gehoben. Eine weitere Reguliermöglichkeit besteht darin, daß die Stoßbahn in der Querrichtung parallel zum Werkzeug eingerichtet werden kann, damit das Werkzeug auf der ganzen Breite gleichmäßig aufdrückt und Streifenbildung vermieden wird. Die Stoßbahn trägt eine Hartholzauflage, die meist noch mit einem Lederriemen überdeckt wird. Die Antriebswelle wird mit einer Stufenscheibe ausgerüstet, die Gegenscheibe auf einem Zwischenvorgelege angebracht, um die Maschine, je nach der Art der auszuführenden Arbeit, mit verschiedenen Geschwindigkeiten benutzen zu können.

Zum Bearbeiten der Leder wird nach Inbetriebsetzung der Maschine und entsprechender Einstellung der Fußhebel heruntergedrückt und das Leder nach jedem Zug der Maschine um eine halbe Bahnbreite weitergeschoben. Hälften werden dabei ähnlich wie beim Ausstoßen von der Mitte nach außen bearbeitet. Bei Kernstücken wird zuerst der äußere Teil bearbeitet und darauf der Mittelteil. Die Stoßlänge beträgt 700 bis 850 mm.

Zum Abglasen stärker gefetteter Leder wird ein dicker Glas- oder Achatschlicker an Stelle der Glasrolle eingesetzt. Doch läßt sich mit der Glasrolle ein ähnlicher Effekt erzielen. Für einen leichten Mattglanz wird an Stelle des Glasrollenhalters ein Kopf eingesetzt mit einer sich drehenden Messingwalze. Das Leder wird „gerollt". Neben dem Glätten des Narbens wird hier gleichzeitig ein leichter Walzeffekt erreicht, wodurch dem Leder etwas mehr Stand gegeben wird.

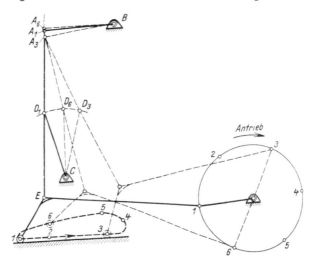

Abb. 200. Parallelführung des Pendels der Glanzstoßmaschine.

d) Glanzstoßen mit der Maschine.

Das Glanzstoßen von chrom- und lohgaren Ober- und Feinledern, von Rindbox, Boxkalb, Chevreaux, Ecrasé u. dgl. erfolgt auf Maschinen etwas anderer Konstruktion. Da diese Leder meist sehr dünn sind, muß der Druck der Glasrolle gleichmäßig gestaltet werden, und die Unterlage muß sorgfältiger gefedert sein. Da bei solchen Ledern ein intensiver Glanz gefordert wird, verlangt die Arbeit sehr viel Aufmerksamkeit. Häufig wird auf die Leder zuerst eine Glanzappretur aufgetragen, dann glanzgestoßen, nochmals Glanz aufgetragen und auch das Glanzstoßen wiederholt.

Die Stoßbahn ist bei den für Oberleder bestimmten Maschinen ebenfalls gerade. Die Parallelführung des Werkzeugs mit der Stoßbahn, welches in gleicher Weise wie bei den oben genannten Maschinen durch einen Kurbeltrieb vor- und rückwärtsbewegt wird, ist dadurch erreicht, daß der Drehpunkt (Abb. 200) A_1, A_3, A_6 des Pendels vertikal schwingbar eingerichtet ist, durch einen um B schwingenden Hebel. Am Maschinengestell ist über der Stoßbahn ein weiterer Hebel angebracht, dessen Schwingungsbahn über dem Drehpunkt C liegt. Das schwingende Hebelende ist bei D_1, D_3, D_6 mit dem Stoßpendel verbunden. Dadurch wird erreicht, daß das Stoßpendel in der Stellung D_1 D_3 gehoben, in der Stellung D_6 wieder gesenkt wird. Die vertikale Bewegung des Stoßpendels ist bei einigen Konstruktionen durch Federung des Hebels AB gedämpft. Am unteren Ende des Stoßpendels ist der Werkzeughalter in einem Gelenk E beweglich befestigt und gleichzeitig mit der Pleuelstange verbunden. Durch die Bewegung in diesem Gelenk wird erreicht, daß das Werkzeug bei der Rückwärtsbewegung von der Stoßbahn abgehoben bleibt, so daß nur in einer Richtung gestoßen wird und der Arbeiter Zeit gewinnt, das Leder zu verschieben. Bei einigen Konstruktionen ist der Werkzeughalter mit einer Federung versehen, um ein gleichmäßiges Aufliegen des Werkzeugs auf der Stoßbahn zu ermöglichen. Die Regulierbarkeit und Federung der Stoßbahn ist bei den einzelnen Fabrikaten der Glanzstoßmaschine in verschiedenster Weise versucht worden. Die Regulierbarkeit bezieht sich auf die Einstellung der Stoßbahn zur Bahn des Werkzeugs. Im allgemeinen wird die Stoßbahn in folgender Weise eingestellt: Durch den Fußhebel wird die Stoßbahn soweit gehoben, daß das Werkzeug, dort, wo es auf die Stoßbahn aufsetzt, diese eben berührt. Das Werkzeug wird dann an das hintere Ende der Stoßbahn geschoben, bis zu der Stelle, wo es sich abzuheben beginnt und durch den Regulierungsmechanismus die Stoßbahn hier soweit gehoben oder gesenkt, daß sie mit dem Werkzeug, der Glasrolle, sich eben berührt. Darauf muß dann die Stoßbahn in der Querrichtung so eingestellt werden, daß die Glasrolle zu beiden Seiten gleichmäßig aufdrückt. Man versucht dann mit einem Bogen Packpapier bei laufender Maschine, indem man einige Bahnen mit Zwischenraum stößt. Der so erzeugte glänzende Streifen muß von vorne bis hinten gleichmäßig sein, am hinteren Ende allmählich verlaufend.

Die Federung ist teils mit zylindrischen Schraubenfedern, teils mit Gummipuffern durchgeführt. In neuerer Zeit ist man jedoch allgemein wieder zur altbekannten Holzfederung übergegangen, wie man auch daß Stoßpendel jetzt meist in Holz ausführt, um eine größere Elastizität beim Glanzstoßen zu erzielen. Die Holzfedern haben die Form von Blattfedern, deren Elastizität durch Gegeneinanderpressen der Blattfedern durch zwei an den Enden der Blattfedern angreifende Schrauben reguliert werden kann. Das Einstellen des Druckes beim Glanzstoßen erfolgt meist durch ein Handrad, durch welches die Stoßbahn gesenkt oder gehoben werden kann. Die Stoßbahn selbst besteht aus Hartholz oder Eisen mit einer Filz-, Leder- oder Gummiauflage. Die Bahnbreite ist der Breite der Glasrolle angepaßt und meist etwas schmaler als diese.

Die Glasrollen wechseln je nach Verwendungszweck im Durchmesser, in der Breite sowie in der Abrundung der Ecken. Für härteren Glanz verringert man Durchmesser und Breite. Da sich die Glasrollen beim Stoßen abnutzen oder durch Staubteilchen auf dem Leder beschädigt werden, müssen sie von Zeit zu Zeit gedreht werden. Abgenutzte Glasrollen lassen sich auf einer besonderen Glasrollenschleifmaschine wieder rund schleifen und neu polieren und wieder verwenden. An Stelle der Glasrollen benutzt man auch Achatrollen, die eine größere Härte als Glasrollen besitzen und sich infolgedessen nicht so schnell abnutzen. Sie haben jedoch den Nachteil, daß sie leicht zerspringen und sich sehr stark erwärmen, so daß das Fett des Leders an die Oberfläche gedrückt wird. Die Glasrollen werden nicht direkt in den eisernen Greifer eingesetzt, sondern ein Leder oder Asbestpolster zwischen Glas und Metall gelegt.

Dadurch sitzt die Glasrolle fester und erwärmt sich stärker, weil die Wärme nicht so schnell fortgeleitet wird. Wenn die Glasrolle sich zu stark erhitzt, wählt man als Unterlage auch den sog. Bremsbelag, der ein mittleres Wärmeleitungsvermögen besitzt. Die Lederauflage der Stoßbahn muß vollkommen gleichmäßig stark und glatt sein. Die Kanten müssen mit einem Schaber abgerundet werden, damit Streifenbildung vermieden wird. Das zu stoßende Leder muß vollkommen trocken sein, da sich der Stoßglanz sonst zusammenschiebt und das Leder verschmiert. Die Luft im Arbeitsraum muß trocken und warm sein, damit ein Gleiten des Glases auf dem Leder gewährleistet ist. Ein ganz leichtes Abölen der Stoßbahn mit Leinöl erleichtert das Glanzstoßen.

Zum Glanzstoßen wird das Leder, nachdem die Glasrolle erwärmt ist, bei gesenkter Stoßbahn aufgelegt. Durch einen Fußhebel wird dann die Stoßbahn gegen das Werkzeug gehoben. Der Fußhebel ist meist so eingerichtet, daß die Stoßbahn in dieser Arbeitsstellung verharrt, auch nach Loslassen des Fußhebels. Nach Beendigung des Stoßens oder bei auftretenden Schwie-

Abb. 201. Glanzstoßmaschine aus Holz für Chevreaux (Turner A. G., Frankfurt a. M.).

rigkeiten kann die Stoßbahn durch Bedienen eines zweiten Fußhebels sofort gesenkt werden, wodurch die Arbeit augenblicklich unterbrochen wird. Bei feuch-

tem Leder, ungeeigneter Zusammensetzung des Stoßglanzes, unrichtiger Einstellung der Maschine, oder bei zu zügigem losnarbigem Leder schiebt sich das Leder vor der Glasrolle zusammen. Dadurch entstehen die sogenannten „Zwicker", scharf eingepreßte Falten, die meist nicht wieder zu entfernen sind.

Kalb- und Ziegenfelle u. dgl. werden von der Mitte aus strahlig nach dem Rand hin gestoßen. Rindbox wird zumeist an der Bauchseite und darauf an der Rückenlinie, dann erst in der Mitte bearbeitet. Meist wird die ganze Fläche zweimal unter der Glasrolle hergeführt, häufig unter Veränderung des Druckes, um die beim ersten Stoßen nicht vermeidbare Streifenbildung zu beseitigen.

Je nach der Art und Schwere der Leder muß die Maschine mehr oder

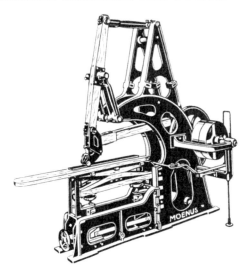

Abb. 202. Glanzstoßmaschine für Felle (Moenus A. G., Frankfurt a. M.).

weniger kräftig gebaut sein. Für sehr harten Glanz für Chevreaux benutzt man eine Maschine mit waagrechter, schmaler Stoßbahn. Vielfach werden dazu noch ganz aus Holz konstruierte Maschinen verwendet (siehe Abb. 201). Für Boxkalb u. dgl.

dient eine Maschine ebenfalls mit waagrechtem Tisch, (siehe Abb. 202), während für großflächige Leder eine Maschine mit schräger Stoßbahn und weit ausladendem Ständer bevorzugt wird (siehe Abb. 203).

Für Feinleder, Schaf- und Ziegenleder wurde zur Erzeugung des Glanzes früher der „Sternroller" benutzt. Die Maschine besteht aus einem mit ungefähr 30 Umdrehungen pro Minute rotierenden Stern, dessen 8 Arme am äußeren Ende je eine bewegliche Messingrolle oder Pockholzrolle tragen. Das Leder wird auf eine mit einer Lederbahn überzogene Unterlage gelegt, die in der Krümmung dem größten Radius des Sternes gleichkommt. Durch einen Fußhebel kann der Tisch gehoben und damit der Druck je nach Bedarf reguliert werden.

Schließlich sei noch eine Spezialmaschine erwähnt zum Glanzstoßen von Reptilienhäuten, Schlangen, Eidechsen u. dgl. Da solche Häute sich wegen ihrer geringen Fläche und unregelmäßigen Oberfläche auf den normalen Maschinen nicht bearbeiten lassen, ist hierfür eine kleine Maschine mit 350 mm Stoßlänge und schmaler Stoßbahn, sowie kurzer Glasrolle oder Achatrolle konstruiert worden. Das Stoßbrett ist gefedert. Der Druck wird durch einen Fußhebel reguliert.

Der harte Druck der Glasrolle auf das Leder führt dazu, daß der Narben fest und geschlossen wird und bei Verwendung eines Stoßglanzes entsprechenden Hochglanz erhält. Gleichzeitig tritt ein Nachdunkeln der Farbe des Leders ein, was bei hellen Nuancen sich besonders bemerkbar macht. Einerseits ist dieses Dunkelwerden in der durch die Glanzgebung veränderten Lichtbrechung begründet. Aber auch das Fett, besonders wenn es durch mißlungene Fettung hauptsächlich in der Oberfläche abgelagert worden ist und durch den Druck in die äußeren Schichten gedrängt wird, bildet die Ursache zum Nachdunkeln. Dies tritt besonders an jenen Stellen hervor, bei welchen die Lederstärke ungleichmäßig ist. In den Teilen, wo das Leder eine größere Stärke aufweist, bei Falztreppen u. dgl., wird der Druck der Glasrolle stark erhöht. Solche Stellen werden dann als dunklere Flecken auf dem Narben, besonders bei hellfarbigen Ledern, sichtbar. Dünnere Stellen, Ausheber u. dgl. zeichnen sich durch hellere Färbung ab. Auch die Adern werden bei leeren Fellen deutlich sichtbar, dadurch, daß das die Adern umgebende Gewebe stark aufgelockert ist und diese Stellen daher weniger Druck erhalten. Die Adern sind dann deutlich durch eine hellere Färbung zu erkennen.

e) Bügeln.

Ein weiterer Weg, das Leder oberflächlich zu glätten, gleichmäßig zu machen und einen Glanz auf dem Leder zu erzeugen, besteht darin, das Leder zu bügeln

Abb. 203. Glanzstoßmaschine mit schräger Stoßbahn für großflächige Leder (Turner A. G., Frankfurt a. M.).

oder zu satinieren. Man verwendet dazu Bügeleisen oder Plätteisen in der üblichen Form, je nach der Lederart schwerer oder leichter, vorteilhaft mit elektrischer Beheizung. Das Bügeln erfolgt auf einer Filzunterlage, von der Mitte des Felles aus nach dem Rande. Nötigenfalls wird das Leder mit der linken Hand leicht gespannt. Die Temperatur des Eisens kann nicht ohne weiteres vorgeschrieben werden, sondern ist der Art des Leders jeweils anzupassen. Zur Kontrolle der Temperatur werden die Bügeleisen mit Thermometern versehen. Bei höherer Temperatur besteht die Gefahr, daß das Fett aus dem Leder an die Oberfläche tritt. Die Eisen werden meist so schwer gewählt, daß beim Bügeln ein Druck mit der Hand unnötig ist.

Auch diese Arbeit wird auf der Maschine ausgeführt. Die Bügelmaschine ist konstruiert nach dem System der Glanzstoßmaschine. Als Unterlage auf dem gefederten, im Druck einstellbaren, durch Fußhebel anzuhebenden Tisch dient eine Filzbahn. Das Werkzeug besteht in einem elektrisch heizbaren Bügeleisen, welches durch einen Kurbelantrieb vor- und rückwärtsbewegt wird. Die Parallelführung des Eisens zur Unterlage erfolgt in gleicher Weise wie bei den verschiedenen Systemen der Glanzstoßmaschine, mit einer zur Unterlage parallel laufenden Gleitbahn. Das Bügeln erfolgt nur bei der Vorwärtsbewegung des Eisens. Beim Rückgang bleibt das Eisen von der Bahn abgehoben. Die im oberen Teil des Ständers eingebaute Gradführung ist leicht regulierbar eingerichtet. Die Stromführung zum Eisen ist ebenfalls dort eingebaut mit an Kupfer-

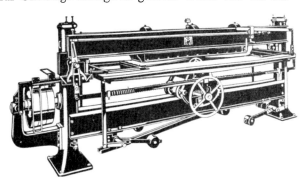

Abb. 204. Bügelpresse mit hin- und hergehender Druckwalze (Moenus A. G., Frankfurt a. M.).

schienen gleitenden Stromabnehmern. Das Eisen ist an der hinteren, breiten Seite gefedert. Durch ein unter dem Tisch angebrachtes Handrad läßt sich die Bahn bis zum erforderlichen Druck heben. Zum Bügeln wird das Leder auf die Unterlage gelegt und durch Bedienen des Fußhebels der Tisch in Arbeitsstellung gebracht. Das Leder wird von der Mitte nach dem Rande hin gebügelt und dabei mit beiden Händen gehalten und leicht gespannt. Nach Beendigung des Bügelns oder falls das Fell mitgerissen wird, kann der Tisch durch einen zweiten Fußhebel augenblicklich gesenkt werden.

Durch den Druck des heißen Bügeleisens wird die Oberfläche des Leders geglättet und geglänzt. Der Druck wirkt nicht so hart wie bei der Glanzstoßmaschine. Das Leder wird daher nicht hart und bleibt griffiger und geschmeidiger als beim Glanzstoßen. Durch den Zug des Eisens wird die Flächenausbeute erhöht. Ungleichheiten in der Lederstärke des Leders machen sich hier nicht so bemerkbar wie bei der Glanzstoßmaschine. Die Farbe bleibt daher gleichmäßiger und die Adern treten nicht so deutlich heraus.

Die Maschine findet Anwendung zum Bügeln von Bekleidungsleder, glatten Schaf- und Ziegenfellen, für Phantasieleder, zur Erzeugung eines Spitzenglanzes auf chagrinierten Ledern, sowie zum Bügeln von Chromoberleder nach dem Krispeln.

Eine wesentlich andere Art des Bügelns wird mit den Bügelpressen ausgeführt. Die Maschinen sind so eingerichtet, daß das Leder durch eine hin-

und hergehende Walze gegen eine hochglanzpolierte Stahlplatte gepreßt wird. Die Abb. 204 zeigt die Konstruktion einer solchen Maschine. Unter den oberen Traversen ist ein gußeiserner Kasten befestigt, an welchen die Bügelplatte angeschraubt wird. Der Kasten kann durch Dampf, Gas, Spiritus oder durch elektrische Heizung auf die gewünschte Temperatur gebracht werden. Das Leder wird unter die Bügelplatte geschoben und durch Einrücken der Maschine die Walze unter der Bügelplatte von der einen Seite zur anderen bewegt. Die Walze rotiert in einem Karren, der auf die unteren Traversen gestützt ist. Die Lager der Walze ruhen an jeder Seite auf drei starken Schraubenfedern. Durch Drehen des Handrades kann das Bett der Schraubenfedern gehoben und damit der Druck erhöht werden. Zwischen Walze und Leder wird eine Wollfilzbahn befestigt, um ein gleichmäßiges Anpressen des Leders zu gewährleisten. Unter den Filz wird zu dessen Schonung eine Kernlederbahn eingelegt. Filzbahn und Lederbahn sind zu beiden Seiten an Laschen befestigt, die federnd mit dem Tisch verbunden sind. In der Ruhestellung, wenn die Walze seitlich neben der Preßplatte steht, ist der Tisch gesenkt, so daß das Leder bequem eingelegt und glattgezogen werden kann. Durch eine Einrückvorrichtung wird ein Riemen von der Losscheibe auf die Festscheibe gebracht. Die Treibspindel für den Karren setzt sich in Bewegung, der Tisch hebt sich und die Walze geht unter der Bügelplatte hinweg zur anderen Seite. Jetzt senkt sich der

Abb. 205.   Hydraulische Bügelpresse (J. Krause G. m. b. H., Altona-Ottensen).

Tisch wieder, das Leder wird weitergeschoben und nun durch Einrücken nach der anderen Seite der gekreuzte Riemen auf die Festscheibe gelegt, wodurch sich die Bewegungsrichtung der Spindel und des Karrens umkehrt. Die Plattenlänge beträgt bei 300 mm Breite 1000 bis 3000 mm.

Eine neuere Konstruktion einer Bügelpresse hat jetzt in vielen Lederfabriken Eingang gefunden, einerseits weil die Mengenleistung dieser Maschine alle anderen übertrifft und anderseits wegen ihrer vorzüglichen Qualitätsleistung. Die bisher meist gebrauchte Bügelmaschine mit hin- und hergehender Preßwalze hat den Nachteil, daß die Druckzone sich seitwärts über das Leder bewegt. Bei einem Leder mit lockerer Struktur werden dabei die Schichten der Fleischseite gegen die der Narbenseite verschoben, wodurch das Leder häufig einen losen, rinnenden Narben erhält. Bei der neueren Bauart, der hydraulischen Bügelpresse, wirkt der Druck senkrecht zur Lederfläche, dadurch, daß das Leder zwischen zwei Preßplatten unter starken Druck gesetzt wird. Eine Maschine solcher Bauart ist in Abb. 205 wiedergegeben. Die Bügelplatte ist an dem oberen Teil des massiven Stahlgußständers befestigt. Das Leder wird auf die untere Preßplatte gelegt, die zur Erzielung eines gleichmäßigen Druckes mit einer Hartfilzauflage bedeckt ist. Durch Betätigung eines Handhebels wird die Platte mittels eines Hilfskolbens gegen die Bügelplatte gehoben, wobei sich der Zylinder mit Öl füllt. Durch eine mit dem Zylinder verbundene Dreikolbenpumpe werden dann weitere Ölmengen in den Zylinder gepumpt, bis der Kolben seine Höchststellung erreicht hat. Der Druck der Kolben der Ölpumpe auf das Öl ist so berechnet, daß der durch das Öl auf die Stirnfläche des Kolbens und damit auf die Preßplatte wirkende Druck pro Quadratzentimeter der Preßplatte je nach Konstruktion 30 bis 70 kg beträgt, so daß je nach Größe der Preßplatte Gesamtdrucke von 250000 bis 750000 kg erreicht werden. Der Druck läßt sich innerhalb der für die Konstruktion gegebenen Grenzen durch ein Ventil beliebig regulieren, so daß das Leder automatisch mit dem gleichen Druck gepreßt wird. Ein Manometer ermöglicht die Kontrolle des

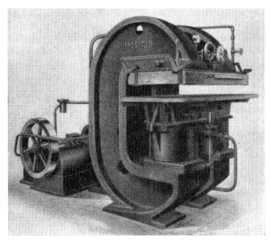

Abb. 206. Hydraulische Bugelpresse mit Zwischenkolben (Moenus A. G., Frankfurt a. M.).

Druckes. Man kann dabei den Druck beliebig lange auf das Leder wirken lassen, so daß sich in jedem Falle die erwünschte Wirkung erzielen läßt. Nach einer weiteren Betätigung des Handhebels öffnet sich die Presse wieder. Die Bügelplatte ist durch Dampf, Gas oder elektrischen Strom heizbar eingerichtet, die Temperatur durch ein Thermometer zu kontrollieren. Kleine Felle können durch die erhebliche Größe der Preßplatte in einem Preßgang gebügelt werden. Die Größe der Preßplatten gestattet aber auch für große Lederflächen eine bisher nicht erreichte Mengenleistung. In der Minute können je nach Konstruktion bis zu 15 Arbeitshube ausgeführt werden. Der Druck wird durch wechselnde Stärke des Leders nicht geändert. Unregelmäßigkeiten des Narbens, Mastfalten und Narbenzug werden mit der Maschine vollkommen beseitigt. Der Narben erhält einen einheitlichen, streifenfreien Glanz.

Abb. 207. Hydraulische Zweisäulenpresse mit automatischer Schutzvorrichtung (Turner A. G., Frankfurt a. M.).

Das Anheben des Preßtisches erfolgt bei einer weiteren Konstruktion — System Wiegand — (siehe Abb. 206), dadurch, daß ein kleiner hydraulischer Kolben, welcher zwischen den Preßkolben angebracht ist, sein Druckwasser von der Preßpumpe erhält. Die Ventile steuern sich dann selbständig um, so daß anschließend die Preßpumpe den Preßdruck erzeugt. Auch hier läßt sich der Druck beliebig regulieren und dauernd gleichmäßig einstellen. Auch die Zeit, in welcher der Druck wirken soll, kann bei dieser Presse reguliert werden, so daß nach Ablauf dieser Zeit das Druckwasser automatisch abgelassen wird und der Tisch sich wieder in seine Anfangsstellung senkt. Dadurch wird die Arbeit von der Bedienung vollkommen unabhängig.

Eine neue Konstruktion der Maschinenfabrik Turner A. G., Frankfurt a. M. (siehe Abb. 207), kann erst nach Senken des Schutzgitters durch Bedienen eines Handhebels eingerückt und durch Zurücklegen des gleichen Hebels wieder geöffnet werden. Diese, durch eine hohe Leistungsfähigkeit ausgezeichnete Presse arbeitet in folgender Weise (siehe Abb. 208):

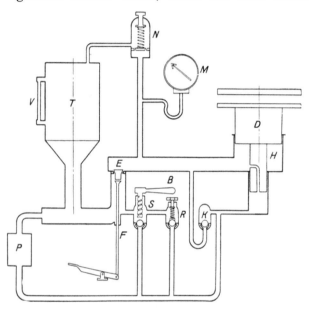

Abb. 208. Anordnung der hydraulischen Bügelpresse (Turner A. G., Frankfurt a. M.).

Die Ölpumpe P fördert in regelmäßigem Strom das Öl aus dem Ölbehälter T durch das Ventil S nach T zurück. Beim Herumlegen des Handhebels B wird das Ventil S geschlossen und das Öl drückt den Hilfskolben H, der mit dem Druckkolben D verbunden ist, nach oben. Gleichzeitig hebt sich der Druckkolben D, wodurch die Presse augenblicklich geschlossen wird. Damit senkt sich gleichzeitig die Steuerstange F, wodurch das Ventil E sich schließt. Nun drückt die Ölpumpe das Öl durch einen Kanal des Hilfskolbens H in den Druckzylinder, wodurch der Druckkolben D den Preßtisch mit den am Regulierventil R eingestellten Druck gegen das Leder und dieses gegen die Bügelplatte preßt. Beim Zurücklegen des Hebels B entweicht das Öl zunächst durch das Ventil S. Der Druckkolben D senkt sich ein wenig, wodurch mit der Steuerungsstange F das Ventil E offengestoßen wird. Das Öl fließt nun schnell nach dem Ölbehälter T ab, und der Druckkolben D senkt sich dabei soweit, daß die Presse wieder geöffnet ist.

f) Bürsten.

Die Erzeugung eines leichten Glanzes läßt sich bei einigen Lederarten auch durch Bürsten erzielen. Blankleder, Riemenleder, mit Narbenpressung versehene Feinleder, Vachetten und Möbelleder werden dazu mit einer meist wachshaltigen Appretur versehen, die glatten Leder auch vorher gewalzt oder gerollt. Das Bürsten erfolgt dann auf einer besonderen Bürstmaschine, die als Werkzeug einen mit 300 bis 500 Umdrehungen pro Minute rotierenden Bürstzylinder aufweist. Die meist aus Roßhaar in verschiedener Dichte hergestellten Bürsten umlaufen den Bürstzylinder entweder in Schraubenlinien oder sind in V-Form auf dem Zylinder befestigt, um dadurch ein Ausstreichen der Falten zu erzielen.

Bei der Tischbürstmaschine (siehe Abb. 209) wird das Leder unter die rotierende Bürste geschoben und durch Heben des Tisches mittels Fußhebels gegen die Bürste gepreßt. Für groß-flächige Leder werden die Lager für die Bürstzylinderwelle an einem an der Decke des Arbeitsraumes angebrachten Gestell befestigt, so daß die Leder unter der Bürste frei beweglich sind. Der Andruck erfolgt dann auch durch eine Klappe, die mit einem Scharnier am Tisch in einer Aussparung befestigt ist und durch Fußhebel angehoben werden kann (siehe Abb. 210). Um schwere Leder in einem Arbeitsgang bürsten zu können, bedient man sich der Maschine (siehe Abb. 211), die bei einer Durchgangsbreite von 1500 mm mit drei hintereinanderliegenden Bürstwalzen

Abb. 209. Tischburstmaschine (J. Krause G. m. b. H., Altona-Ottensen).

versehen ist. Das Leder wird auf einem end-losen Gummiband vorgeschoben. Ein unter dem Gummiband liegender Drucktisch kann durch ein Handrad gehoben und gesenkt und damit der Druck gegen die Bürsten reguliert werden. Auch die Modelle der Schleifmaschinen lassen sich als Bürstmaschinen verwenden, wenn die Schleiftrommel als Bürstzylinder ausgebildet wird. Eine Konstruktion, die zum Bürsten von geschliffenen Ledern, Velourleder u. dgl. benutzt wird, stellt die Abb. 212 dar. Die Maschine ist mit zwei Bürstzylindern ausgerüstet. Die vordere Bürste dient als Andruck und wird durch Bedienen des Fußhebels gegen die zweite Bürste gedrückt, deren Bürstenbesatz in Schraubenlinie angeordnet ist, um Faltenbildung zu vermeiden. Das Leder wird zwischen den beiden Bürstwalzen hindurchgeführt und dabei sowohl auf der Narbenseite als auch auf der Aasseite gebürstet. Die Maschine ist mit einem hölzernen Gehäuse umschlossen, so daß der vom Leder abgenommene Schleifstaub durch einen Ventilator abgesaugt werden kann.

Abb. 210. Burstmaschine, Deckenanordnung fur großflachige Leder (J. Krause G. m. b. H., Altona-Ottensen).

g) Plüschen.

Zur Erzeugung des Seidenglanzes auf glacégegerbten Handschuh- und Bekleidungsledern benutzt man die Glänz- oder Plüschmaschine. Das im

Abb. 211. Walzen-Burst- und -Poliermaschine (Turner A. G., Frankfurt a. M.).

übrigen fertig zugerichtete Leder wird mit Talkum leicht abgerieben und auf die mit 400 bis 500 Umdrehungen pro Minute laufende Plüschwalze gelegt und mit

45 a

einer Bürste oder einem Polster leicht angedrückt oder auch mit der Hand über die Walze gezogen. Die Plüschwalze trägt auf dem Metallkern eine Filzauflage, die mit einem nahtlosen Plüschärmel überzogen ist (siehe Abb. 213).

Abb. 212. Burstmaschine fur geschliffene Leder mit Ventilator (J. Krause G. m. b. H., Altona-Ottensen).

Es lassen sich durch eine entsprechende Bearbeitung des Leders alle Abstufungen im Glanz, vom leichten Seidenglanz bis zum stärksten Hochglanz, hervorrufen. Der Glanz kommt teils dadurch zustande, daß die Fasern der Oberfläche flach gedruckt und fest aufeinandergepreßt werden. Dabei wird die Widerstandsfähigkeit des Narbens gegen das Eindringen von Feuchtigkeit und gegen das Anhaften von Schmutz und gegen mechanische Verletzungen wesentlich erhöht.

Durch Zuhilfenahme von Appreturen kann diese Widerstandsfähigkeit gesteigert werden. Mehrfaches Appretieren unter Auswahl stark glanzgebender Stoffe und wiederholte mechanische Behandlung zur Glanzerzeugung ermöglichen schließlich eine dem Lackleder ähnliche Oberflächenbeschaffenheit. Die Herstellung von Lackleder stützt sich jedoch auf ein wesentlich anderes Verfahren und ist daher gesondert im Abschnitt „Lackleder" behandelt.

3. Die Formung des Narbens.

Abb. 213. Plüschmaschine für Glacéleder (M. Luzzatto, Wien X).

Die zahlreichen Verwendungszwecke, denen das Leder zugeführt wird, lassen das Bestreben aufkommen, in Aussehen und Beschaffenheit des Leders mannigfache Variationen herzustellen. Wenn auch, abgesehen von den Velour-, Velvet-, Nubuk- und Chairledern, dem Leder allgemein ein mehr oder weniger starker Glanz gegeben wird, so bemüht man sich doch auch, die glatte Fläche des Narbens zu unterbrechen und zu beleben, um dadurch dem Narben ein besonderes charakteristisches Aussehen zu geben. Im einfachsten Falle geht bei der Erzeugung eines natürlichen Narbens das Ziel dahin, dem Leder die der Haut eigene natürliche Fältelung und Körnung wiederzugeben oder diese stärker hervorzuheben und herauszuarbeiten. Man erreicht diesen Effekt durch Krausen, Krispeln oder Levantieren. Durch andere Zurichtmethoden, die man als Narbenpressen und Chagrinieren bezeichnet, erzeugt man auf einem beliebigen Leder einen beliebigen Narben.

a) Das Krispeln.

Das Krispeln oder Krausen wurde früher ausschließlich in Handarbeit durchgeführt und ist auch heute für bessere Ledersorten noch nicht durch die Maschine verdrängt. Durch das Krausen wird der Narben mit kleinen Fältelungen versehen, die je nach der Art der Rohware, je nach der Gerbung und den Vorarbeiten der Zurichtung und je nach der Ausführung des Krispelns selbst ein wechselndes Bild ergeben.

Das Krispeln von Leder ist nur dadurch möglich, daß die Narbenschicht sich in Struktur und Festigkeit wesentlich

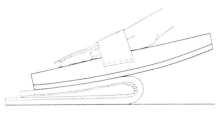

Abb. 214. Krispeln mit dem Krispelholz.

von der Retikularschicht unterscheidet. Wenn ein Leder so gefaltet wird, daß Narben auf Narben zu liegen kommt, so dehnt sich die Oberfläche der Fleischseite sehr stark, während der Narben an der Innenseite sich stark zusammenschieben müßte. Da das dichte Fasergefüge des Narbens dies unmöglich macht, wölbt sich der Narben rippenartig nach oben. Auf der Rippe (siehe Abb. 214) selbst wird der Narben gedehnt, in den Rillen zwischen zwei Rippen zusammengedrängt. Diese Dehnungen und Pressungen bleiben dann beim Auseinanderlegen der Falte erhalten und sichtbar.

Der gekrispelte Narben wird also dadurch erreicht, daß man das Leder Narben auf Narben zusammenlegt und die sich bildende

Abb. 215. Krispelhölzer.

Falte mit dem Krispelholz nach dem Rand zu weiterbewegt. Das Leder wird daher mit der Narbenseite nach oben auf einen Tisch gelegt, dann zunächst in der Nabellinie gefaltet und die Falte in nebeneinanderliegenden Zügen nach dem Rande verschoben. Der Arbeiter hält mit der linken Hand den oben liegenden Teil des Leders, während die rechte Hand das Krispelholz führt. Je nach der Lederart und dem beabsichtigten Krispeleffekt wird der Druck verschieden gehalten. Der Kern ist sehr kräftig zu behandeln, während die Abfälle und vor allem die Flämen zu schonen sind. In den kernigen Teilen wird das Krispelholz mehrfach vorwärts und rückwärts bewegt, in den Abfällen nur leicht vorwärts. Der Narben wird um so gröber, je weniger

Abb. 216. Armkrispelholz.

fest er mit der Retikularschicht verbunden ist, je leerer die Haut und je lockerer deren Struktur ist.

Das Krispelholz besteht als Handkrispel aus einem an der Unterseite mit Kork belegten, in der Längsrichtung leicht gebogenem Holz von 30 bis 33 cm Länge und 18 bis 25 cm Breite. Auf der Oberseite wird ein Riemen befestigt, unter welchen der Arbeiter seine Hand schiebt, so daß er das Holz leicht führen kann. An Stelle des Korkes tritt manchmal Gummi oder Linoleum (siehe Abb. 215).

Für schwere Leder wird das Armkrispelholz verwendet. Es trägt an der vorderen Seite einen Griff für die rechte Hand, an der hinteren Seite ein Polster, um mit dem Ellenbogen einen Druck ausüben zu können, und darüber einen Riemen, in welchen der Arm hineingeschoben wird. Für harte, schwere Leder wird an Stelle des Korkbelages das Holz mit zahnartigen Kerbungen versehen, um ein besseres Mitnehmen des Leders zu ermöglichen und das Gleiten zu verhindern (siehe Abb. 216).

Das Leder wird zunächst in der Richtung von der Mitte zum Schwanz gekrispelt, die Falte also in der Nabellinie gelegt, dann um 180° gedreht, so daß von der Mitte nach dem Kopf hin gearbeitet wird. Dadurch erscheint das Fell jetzt in der Querrichtung, senkrecht zur Rückenlinie gestreift mit feinen parallel laufenden Bruchlinien (siehe Abb. 217). Wird nun das Krispeln in der Richtung parallel zur Rückenlinie, von dieser nach den Seiten hin geführt, so entsteht jetzt eine Streifung senkrecht zur ersten. Die Fläche erscheint jetzt in zahlreishe verschieden große Quadrate eingeteilt (siehe Abb. 218). Auf diese Weise entsteht z. B. der Boxnarben, der vielfach auf Boxkalb, Rindbox und ähnlichen Ledern

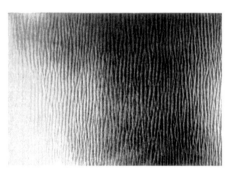

Abb. 217. Narben in einer Richtung gekrispelt.

angebracht wird. Da jede Richtung, in der von der Mitte aus das Krispeln erfolgt, als ein Quartier bezeichnet wird, liegt hier ein Krispeln auf vier Quartiere vor. Das Krispeln kann in der Richtung der Diagonalen, also von der Mitte zu den Vorder- und Hinterklauen, fortgesetzt werden. Bei diesem Krispeln auf acht Quartiere werden die Ecken der Quadrate abgerundet. Es entsteht ein körniger Narben. Durch Krispeln auf 16 Quartiere, d. h. mit Fortsetzung des Krispelns in der Richtung der Zwischendiagonalen, rundet sich das Narbenkorn weiter ab und tritt deutlicher hervor. Auf diese Weise wird der Perlnarben, auch Saffiannarben oder Levante genannt, auf Ziegen- und Schaffellen erzeugt (siehe Abb. 235). Das Krispeln wird dann auch als Levantieren bezeichnet, während für einfaches

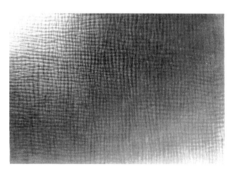

Abb. 218. Narben in zwei senkrecht zueinander liegenden Richtungen gekrispelt.

Krispeln auf zwei oder vier Quartiere auch die Bezeichnung Krausen üblich ist. Durch Bevorzugung der einen oder anderen Richtung beim Krispeln lassen sich mannigfache Variationen im Narbenbild erzeugen. Mit erhöhtem Druck mit dem Krispelholz sowie beim Krispeln im feuchten Zustand oder durch mehrfache Wiederholung des Arbeitsvorganges, läßt sich der Narben mehr und mehr „heben", d. h. das Narbenkorn tritt immer plastischer heraus. Soll nur ein leichtes Krausen des Narbens erreicht werden, so wird mit geringem Druck trocken gekrispelt.

Die Gerbung ist von wesentlichem Einfluß auf das Narbenbild. Ein sehr plastischer Narben läßt sich nur auf pflanzlich gegerbten oder wenigstens vegetabilisch nachgegerbten Ledern erzeugen. Bei Chromleder bleibt der Narben flacher. Dazu ist die Eigenart der Haut, die Struktur des Narbens von wesentlicher Bedeutung für das Narbenbild. Beim Krispeln chromgegerbter Kalbfelle auf vier Quartiere ergibt sich eine sehr feine, leichte Kräuselung des Narbens. Bei Rindbox, dessen Fasern gegenüber denen eines Kalbfells gröber sind, wird auch das Narbenbild bei gleicher Arbeitsweise vergröbert. Ziegen- und Schaffelle liefern einen mehr körnigen, stärker gehobenen Narben, und ein mustergültiger Saffiannarben läßt sich nur bei bestimmten Provenienzen von Ziegenfellen erzeugen. Je fester und voller das Leder ist, um so feiner wird die Kräuselung. Im Kern wird daher das Narbenbild meist sehr fein, während es sich nach den Abfällen hin vergröbert und in den Flämen meist sehr grob ausfällt. Die Durchführung des Äschers, der Beize, der Gerbung und Fettung ist daher bestimmend für die Beschaffenheit des Narbens, wie auch das Ausstoßen, die Zusammensetzung der Narbenappretur, das Trocknen und der Feuchtigkeitsgrad beim Stollen, nicht ohne Einfluß sind. Bei nicht sachgemäß durchgeführter Arbeit entsteht der lose, rinnende Narben, der sich darin zeigt, daß beim Zusammenbiegen der Narbenschicht diese sich in grobe, von der Retikularschicht sich abhebende Falten legt.

Das Krispeln chromgarer Oberleder, Rindbox, Boxkalb u. dgl., erfolgt nach dem Auftragen des Stoßglanzes und dem Glanzstoßen am trockenen Leder. Häufig wird anschließend nochmals Stoßglanz aufgetragen, glanzgestoßen und nochmals gekrispelt. Erst dann wird das Satinieren oder Bügeln als letzter Zurichtungsprozeß vorgenommen. Lohgare Oberleder, Fahlleder, lohgare Kalbfelle u. dgl. werden nach dem Glasen oder Rollen mit dem Krispelholz bearbeitet. Bei beiden Lederarten wird meist auf vier Quartiere gearbeitet.

b) Levantieren.

Zur Erzeugung eines natürlichen Narbenkorns, eines „Grain" oder Levante, auf lohgaren Ziegen- und Schaffellen wird das „Levantieren" in folgender Weise durchgeführt: Nach dem Auftragen einer Glanzappretur auf das trockene, gut ausgestoßene Leder wird glanzgestoßen. Anschließend zieht man die Felle durch warmes Wasser, läßt sie bis zum nächsten Tag auf Stapel liegen und levantiert auf 16 Quartieren, trocknet, feuchtet leicht an und levantiert nochmals in gleicher Weise und trocknet wieder. Dann wird der Narben mit einem Schwamm angefeuchtet und darauf bei 50° C schnell getrocknet. Man bezeichnet diese Arbeit als Schnurren. Später wird dann wieder leicht angefeuchtet und nochmals leicht nachlevantiert. Während des Levantierens wird auch „pantoffelt" (siehe S. 734), um dem Leder die erforderliche Griffigkeit zu verleihen.

Das eigentliche Levantieren läßt sich bisher nicht einwandfrei auf der Maschine durchführen, da diese Arbeit je nach der Art der Rohware und deren Verarbeitung sehr sorgfältig vorgenommen werden muß und größte Übung und Erfahrung seitens des Arbeiters erfordert.

c) Krispelmaschinen.

Die ersten Krispelmaschinen bestanden darin, daß das Korkholz an einem Pendel befestigt und mechanisch vor und zurückbewegt wurde, wenn das Leder darunterlag. Diese Konstruktion konnte nur für grobe Arbeit Verwendung finden, zum Krispeln von Fahlleder u. dgl., da eine wechselnde Druckgebung, wie sie für feinere Arbeit erforderlich ist, hier nicht zu erreichen war.

Die Nachahmung der Handarbeit gelang in ziemlich vollkommener Weise in der Konstruktion der Fortuna-Krispelmaschine der Fortuna-Werke, Stuttgart-Cannstatt. Hier wird das Leder mit dem Narben nach innen über eine Zunge,

eine Stahl- oder Messingplatte, gehängt. Vor und hinter der Zunge befindet
sich je ein Krispelholz, welches aus einer Anzahl federnder, mit Kork belegter
Holzplatten besteht. Beim Einrücken bewegen sich die Kork-
platten gegen das Leder. Während sich nun die Platte A aufwärts und die über der Zunge liegende Falte des Leders nach
oben bewegt, geht die gegenüberliegende Platte B abwärts und
führt die Lederfalte wieder nach unten. Dann weichen beide
Platten etwas zurück und der gleiche Vorgang wiederholt
sich (siehe Abb. 219 u. 220). Das Leder wandert dabei über
die Zunge und fällt schließlich in eine Auffangvorrichtung.

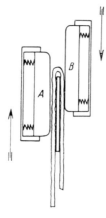

Es wird jedesmal nur ein Quartier gekrispelt, so daß
beim Krispeln von Kalbfellen auf vier Quartiere das Fell viermal, d. h. zweimal über die Rückenlinie und zweimal über die
Nabellinie eingehängt werden muß. Der Druck läßt sich in
weiten Grenzen regulieren durch zwei Handräder. Die Zunge
kann stärker oder schwächer gewählt werden, so daß sich auf
dieser Maschine jede Art von Leder bearbeiten läßt. Die Arbeitsbreite von 2800 mm bis 3220 mm gestattet auch die Bearbeitung großflächiger Häute.

Abb. 219. Arbeits-
weise der Krispelma-
schine „Fortuna“.

Eine Spezialkonstruktion für großflächige Leder wurde von
der Bayerischen Maschinenfabrik F. J. Schlageter, Regensburg,
auf den Markt gebracht. Die Maschine arbeitet im Gegensatz zu der Fortuna-
Krispelmaschine mit gekrümmten, korkbelegten Segmenten. Der in der
Abb. 221 an der Vorderseite der Maschine
angebrachte Tisch ist in der Ruhestellung
ausgeschwenkt. Das Leder wird über die
an der Arbeitsseite des Tisches angebrachte Stahlleiste, mit dem Narben nach
innen eingehängt. Beim Einrücken bewegt sich der Tisch vorwärts, so daß das
Leder mit einer Falte zwischen den beiden Segmenten liegt. Während sich nun
das obere Segment abwärtsbewegt und
die Falte nach hinten weiterschiebt, wandert das untere Segment nach vorn, so
daß die Falte nahe bei der Stahlleiste
liegen bleibt. Unmittelbar vor Beginn
des Rücklaufs der Segmente wird das
obere Werkzeug automatisch abgehoben
und gleichzeitig der Tisch einige Zentimeter zurückgezogen, so daß das Leder
wieder vollständig frei auf dem Tisch
liegt. Dann rückt der Tisch wieder vor
und die Segmente wiederholen ihre erste
Bewegung. Auf diese Weise wird auf der
ganzen Breite der Maschine jeweils ein
Streifen von ca. 450 mm gekrispelt.

Abb. 220.   Fortuna-Krispelmaschine (Fortuna-
Werke, Stuttgart-Cannstatt).

Die Korkwalzen-Krispelmaschine arbeitet in ähnlicher Weise. Statt der hin-
und hergehenden Segmente trägt die Maschine zwei mit Kork oder Linoleum
belegte Zylinder. Das Leder wird wie bei der vorgenannten Maschine mit dem
Narben nach unten auf den in der Ruhestellung ausgeschwenkten Tisch gelegt,

so daß es fast zur Hälfte herunterhängt. Beim Einrücken schiebt die am Tisch angebrachte Stahlplatte das Leder zwischen die beiden Korkwalzen. Die obere Walze zieht das Leder herein, während die untere Walze, die sich im gleichen Sinn wie die obere langsam dreht, das Leder wieder herausführt (siehe Abb. 222). Der Tisch kann je nach Lederstärke und gewünschtem Arbeitseffekt weiter vorgeschoben oder zurückgenommen werden. Die Entfernung zwischen der oberen und unteren Walze wird durch Handräder eingestellt, so daß die Falte zwischen den Zylindern in regulierbarer Weise gepreßt und damit die Krispelwirkung geregelt werden kann. Die obere Walze ist außerdem gefedert und der Druck der Federn einstellbar angeordnet. Ein Handgriff ermöglicht es, die obere Walze augenblicklich abzuheben, falls Störungen eintreten, oder das Leder unrichtig oder faltig einläuft.

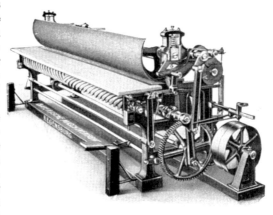

Abb. 221.　Segment-Krispelmaschine (Bayerische Maschinenfabrik F. J. Schlageter, Regensburg).

Die bisher beschriebenen Konstruktionen leisten eine gute, gleichmäßige Krispelarbeit, haben jedoch den Nachteil, daß das ganze Fell oder die ganze Haut gleichartig behandelt wird. Dadurch werden die Flämen, die bei der Handarbeit geschont werden, ebenfalls mitbearbeitet, wodurch diese ein unschönes, loses Aussehen erhalten. Die Walzenkrispelmaschinen haben außerdem den Nachteil, daß sich

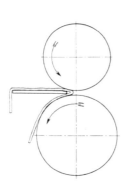

Abb. 222.　Schema der Korkwalzen-Krispelmaschine.

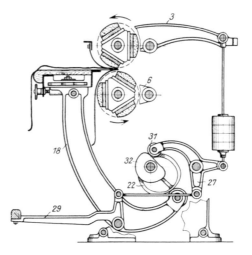

Abb. 223.　Anordnung der Segmentwalzen-Krispelmaschine (Turner A. G., Frankfurt a. M.).

die Ränder der Haut zusammenschieben und sog. „Zwickel" bilden, d. h. senkrecht zum Rand verlaufende Falten, die sich nicht wieder beseitigen lassen.

Eine neue Spezialkonstruktion der Maschinenfabrik Turner A. G., Frankfurt a. M., schaltet diese Fehler im weitesten Maß aus. Bei dieser Maschine (System Rausch) sind die Korkwalzen durch Segmente ersetzt. Während die obere Segmentwalze die Falte des durch einen ausschwenkbaren Tisch eingeführten

Leders nach hinten führt, wird die Falte durch das untere, sich entgegengesetzt bewegende Krispelholz an der gleichen Stelle gehalten. Dann wird das Fell losgelassen und kurz darauf von den beiden nächsten nun an die Arbeitsstelle gelangenden Hölzern bearbeitet, bis das Leder nach unten freigegeben wird (siehe Abb. 223). Die untere Segmentwalze ist auf der ganzen Breite der Maschine zylindrisch ausgebildet, während die obere an den beiden Enden sich konisch verjüngt. Durch seitliche Verschiebung der Stützringe läßt sich der zylindrische Teil des oberen Werkzeugs breiter oder schmäler einstellen (siehe Abb. 224). Auf diese Weise kann man die Maschine für verschiedene Fellgrößen so einstellen, daß beim Krispeln vom Kopf zum Schwanz und umgekehrt nur

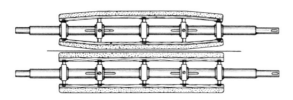

Abb. 224. Unten zylindrische, oben konische Walze der Segmentwalzen-Krispelmaschine (Turner A. G., Frankfurt a. M.).

der mittlere Teil des Leders kräftig bearbeitet wird, während Flämen und Seiten nach Belieben leicht gekrispelt werden oder auch ungekrispelt bleiben können. Dadurch läßt sich der durch das Krispeln der Flämen entstehende Nachteil vollkommen vermeiden. Sowohl die konische Ausbildung des oberen Werkzeugs als auch die Teilung des Werkzeugs in je drei getrennte Polster verhindern auch die Zwickelbildung. Das untere Werkzeug ist durch eine regulierbare Schraubenfeder gefedert. Das obere Werkzeug kann durch Gewichte entlastet oder durch eine regulierbare Feder belastet werden, so daß sich der Druck auf das Leder in weitesten Grenzen einstellen läßt. Durch einen Fußhebel läßt sich während der Arbeit oder bei Störungen das obere Werkzeug augenblicklich abheben, so daß das Krispeln sofort unterbrochen werden kann.

d) Das Chagrinieren.

Neben dem Krispeln und Levantieren hat es an Versuchen nicht gefehlt, das Narbenbild auch auf andere Weise zu beleben. Die Erzeugung eines künst-

Abb. 225. Kammzug.

Abb. 226. Narbenzug.

lichen Narbens, die als Chagrinieren bezeichnet und heute mit schnell und vollkommen arbeitenden Maschinen ausgeführt wird, hat den Gerber lange Zeit zu den kompliziertesten Arbeitsmethoden gezwungen. Es sei hier erwähnt, daß zur Herstellung des Antiknarbens die Blöße in Falten gelegt, in ein Netz gegeben und dann in Gerbbrühen eingehängt wurde, daß ein körniger Narben zum Teil dadurch erzielt wurde, daß man in die Blöße Fruchtkörner einpreßte, die erhöht stehengebliebenen Teile dann mit dem Handfalz beseitigte und dann die Gerbung ausführte, daß man ferner bis in die neuere Zeit mit Ziegenfellen die „Sackgerbung" durchführte, um einen hochwertigen Levantenarben zu erhalten. Die Ziegenfelle wurden dabei zu einem Sack zusammengenäht, dieser dann mit Sumachblätter und Wasser gefüllt und in Sumach-brühe gelegt. Zum Teil sind auch heute noch ein-fache Werkzeuge gebräuchlich, wie der „Kamm-zug" (siehe Abb. 225) und das Zahneisen (siehe Abb. 227), mit welchem eine Quer-, Diagonal- oder Kreuzstreifung auf dem Narben erzeugt wurde, oder auch der „Narbenzug" (siehe Abb. 226), der aus einem Handgriff mit daran befestigter, scharf-gängiger Schraubenspindel besteht. Einem ähn-lichen Zweck dienen die Handchagrinierrollen (siehe Abb. 228), welche unter Druck über das feuchte Leder geführt werden. Die Oberfläche dieser früher aus Holz, heute aus Metall hergestellten Chagrinierrollen trägt ein Negativ des Narben-bilds, welches auf dem Leder erzeugt werden soll. Hier hat dann die Übertragung auf die Maschine eingesetzt, indem die Rolle in eine Maschine ein-gebaut wurde, bei welcher der Druck durch Fe-derung erreicht und die Rolle mechanisch bewegt wurde. Eine Chagriniermaschine stellt die Abb. 162 auf S. 677 dar. Die Glasrolle wird hier durch eine Chagrinierrolle ersetzt. Die bei dieser Maschine vorgesehenen Stufenscheiben ermöglichen es, die Geschwindigkeit so weit zu ermäßigen, daß der Druck der Chagrinierwalze genügend lange auf das Leder einwirkt. Eine Spezialkonstruktion ist in der Abb. 229 wiedergegeben. Das Leder wird hier zwischen zwei Walzen hindurchgeführt. Durch Betätigung eines Fußhebels wird die obere, heizbare Chagrinierwalze mit Kniehebel-druck gegen die untere, angetriebene, mit einem Gummiüberzug versehene Gegendruckwalze ge-preßt. Eine ähnliche Arbeitsweise wird bei der Maschine Abb. 230 erreicht. Auch hier wird das Leder zwischen zwei Walzen hindurchgeführt. Der Druck wird durch Verschieben des auf dem Druck-hebel angebrachten Gewichts eingestellt.

Die Möglichkeit, großmusterige, plastischere Narbenpressung auch auf stärkeren Ledern zu erzielen, wurde durch die Chagriniermaschinen gegeben, die statt der Chagrinierrolle eine mit dem Negativ des einzupressenden Narbenbilds versehene „Narbenplatte" aufweisen. Die Konstruktion dieser Maschine ist in Abb. 204, S. 709, dargestellt. Unter dem heizbaren Preßkasten wird an Stelle der polier-ten Bügelplatte eine Narbenplatte angeschraubt. Das Leder wird mit dem Narben nach oben unter die Platte geschoben und die Druckwalze mechanisch von der einen Seite zur anderen unter der Platte durchgeführt. Bei dieser Kon-struktion lassen sich bedeutend höhere Drucke wie auch höhere Temperaturen

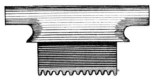

Abb. 227. Zahneisen.

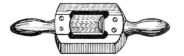

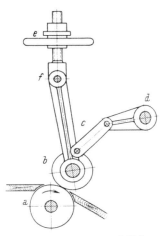

Abb. 228. Handchagrinierrollen.

Abb. 229. Chagrinierwalze mit Knie-hebeldruck (Badische Maschinen-fabrik, Durlach).

anwenden. Zum Einpressen der Linien- und Rayénarben, bei denen ein besonders sorgfältiges Ansetzen der Preßbahnen notwendig ist, um eine Durchbrechung des Musters zu vermeiden, wurde eine Maschine konstruiert, die mit abhebbarem Preßkasten versehen ist. Nach Ausführung einer Pressung wird der Preßkasten

gehoben, das Leder weitergeschoben und genau mit dem Muster angesetzt, durch Senken des Preßkastens. Erst dann geht der Preßzylinder über das Leder.

Eine ältere Bauart zum ansatzlosen Pressen von Kalb-, Schaf- und Ziegenfellen bis zu 1,20 m Länge und Breite ist die Narbenpreßmaschine der Abb. 231. Auf dem senkrecht zur Preßbahn verschiebbaren Tisch wird die Narbenplatte aufgeschraubt. Darauf legt man das Leder mit der Narbenseite nach

Abb. 230. Chagriniermaschine.

unten und darüber eine Leder-, Filz- oder Gummidecke. Dann wird die Walze unter Verschiebung des Tisches so oft über den Tisch geführt, bis die ganze Fläche bearbeitet ist.

Die in neuerer Zeit eingeführten hydraulischen Pressen (siehe Abb. 205, 206 und 207, S. 710) gestatten bei genügend großer Platte die ansatzlose Pressung

Abb. 231. Narbenpreßmaschine (ältere Bauart).

auch der schwierigsten Muster. Da man auf ihnen den Druck beliebig lang auf das Leder einwirken lassen kann — im allgemeinen genügen 1 bis 3 Sekunden — wird der Narben besser und haltbarer ausgeprägt. Eine Dehnung und Verschiebung des Leders kann nicht eintreten, weil dasselbe während des Preßvorgangs fest zwischen den beiden Druckplatten gehalten ist.

Das Einpressen des Narbens erfolgt meist nach der Färbung, in einzelnen Fällen auch vorher. Das Leder muß dazu leicht und gleichmäßig angefeuchtet werden. Bei lohgaren Ledern ist bei Anwendung entsprechenden Drucks und einer Temperatur bis zu 60° C die Narbenpressung unbedingt haltbar. Rein chromgegerbte Leder liefern unscharfe Pressungen und verlieren die Musterung allmählich. Durch eine vegetabilische Nachgerbung kann diesem Nachteil abgeholfen werden.

Das Chagrinieren ermöglicht es, auf einem beliebigen Leder den für eine bestimmte Tiergattung charakteristischen Naturnarben herzustellen. So kann eine Rindshaut mit einem Krokodil- und Seehundnarben, ein Kalbfell mit einem Ziegen- oder Eidechsennarben versehen werden. Daneben besteht die Möglichkeit jede Art von Phantasienarben — Strohnarben, Gerstenkorn, Blumen u. dgl. — auf dem Leder zu erzeugen. Während die Chagrinierrollen nur für kleinere Muster geeignet sind, gestatten die Narbenplatten auch das Aufpressen eines großen Musters.

Die Chagrinierrollen und Narbenplatten werden entweder auf galvanoplastischem Weg hergestellt oder auch durch Prägen oder Gravieren. Bei der galvanoplastischen Erzeugung von Narbenplatten geht man von einem auf Leder herstellbarem oder vorhandenem Naturnarben aus, von dem auf galvanischen Weg ein Kupferabdruck hergestellt wird. Solche Muster sind in Abb. 232 bis 245 dargestellt. Die galvanischen Narbenplatten sind durch ihre Herstellungsart verhältnismäßig weich, eignen sich daher nicht für harte Leder und geben meist eine etwas unscharfe Pressung.

Bedeutend haltbarer sind die gravierten Platten, die aber nur für einfachere, leicht herzustellende Muster fabriziert werden (siehe Abb. 246 bis 251).

Auch die geprägten Narbenplatten zeichnen sich durch eine gute Haltbarkeit aus. Sie kommen im Narbenbild den galvanisch hergestellten Platten meist näher, eignen sich jedoch auch nur für kleinere, sich wiederholende Muster.

e) Das Prägen.

Bei allen Narbenpressungen werden die erhabenen Teile der Narbenplatte in das Leder eingepreßt, so daß an diesen Stellen das Leder stark zusammengedrückt wird, soweit es nicht seitwärts ausweicht. Die Fleischseite behält dabei im allgemeinen ihre glatte ebene Beschaffenheit. Soll das Leder im Narbenbild plastischer erscheinen, so muß es geprägt werden. Dazu werden besondere Prägeplatten benutzt. Der galvanisch oder durch Gravieren hergestellten Patrize, die erhabene Teile des Leders in tieferen Aussparungen enthält, wird die Matrize unterlegt, die mit erhabenen Teilen in die Tiefen der Prägeplatte eingepaßt ist. Die Matrizen werden meist aus mit Kleister gehärteten und mit Leder überzogenen Pappunterlagen hergestellt. Das Leder wird in gut feuchtem Zustand zwischen die Platten gelegt und unter Anwendung von Wärme in der hydraulischen Bügelpresse längere Zeit unter Druck gesetzt.

4. Das Appretieren des Narbens.

Das Imprägnieren des Leders (siehe „Nachgerbung", S. 314) besteht darin, daß man das Leder mit Stoffen verschiedener Art durchtränkt, um ihm eine größere Festigkeit, Härte, Biegsamkeit oder Undurchlässigkeit zu verleihen. Unter Appretieren faßt man solche Arbeitsprozesse zusammen, durch welche lediglich die Oberfläche des Leders beeinflußt wird. Das Appretieren des Narbens erfolgt daher mit solchen Mitteln, die dem Narben einen stärkeren oder schwächeren Glanz verleihen, ihn wasserdicht machen, es verhindern, daß sich die Farb-

Muster geprägter und gravierter Narbenplatten (Moenus A. G., Frankfurt a. M.).

Abb. 232. Chagrin.

Abb. 233. Kapziege.

Abb. 234. Ecrasé.

Abb. 235. Sm...h.

Abb. 236. Antik.

Abb. 237. Schwein.

Abb. 238. Seelöwe.

Abb. 239. Seehund.

Abb. 240. Elefant.

Abb. 241. Krokodil.

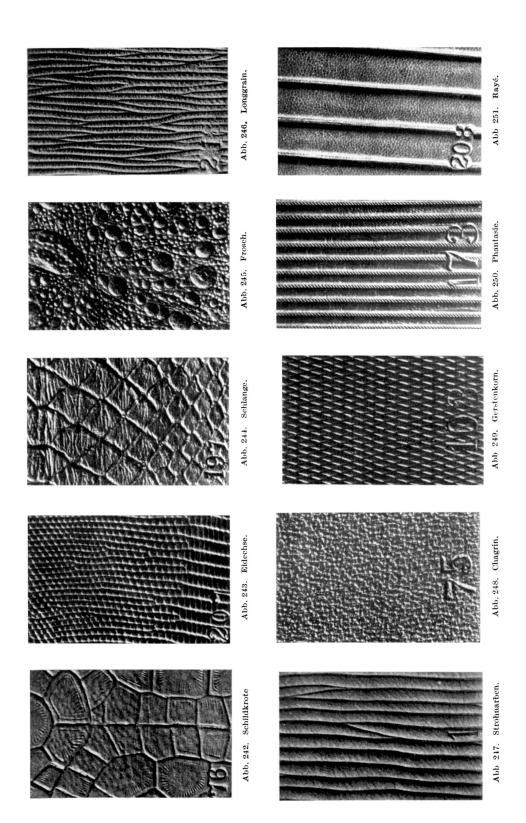

Abb. 242. Schildkrote

Abb. 243. Eidechse.

Abb. 244. Schlange.

Abb. 245. Frosch.

Abb. 246. Longgrain.

Abb. 247. Strohnarben.

Abb. 248. Chagrin.

Abb. 249. Gerstenkorn.

Abb. 250. Phantasie.

Abb 251. Rayé.

stoffe herauslösen, vielfach aber auch, um die Färbung zu korrigieren. Da die
Appreturen im Abschnitt „Appretieren" eingehend behandelt sind, sollen hier
nur die Arbeitsweisen beschrieben werden, die üblich sind zum Auftragen solcher
Appreturen auf den Narben des Leders.

Vor dem Auftragen der Appretur ist zunächst eine gründliche Reinigung
des Narbens erforderlich. Vor allem bei gefettetem Leder muß die der Oberfläche anhaftende Fettschicht entfernt werden, da sich diese sonst trennend
zwischen Appretur und Narben legt und ein Ablösen der Appretur zur Folge
haben kann. Auch „kriecht" das Fett gern in die Appretur hinein, so daß sich
auf der Oberfläche ein Fettausschlag bildet oder auch, vor allem bei Hochglanz-
appreturen, ein „Blindwerden" des Glanzes sich sehr störend bemerkbar macht.

Das Ausreiben, Entfetten oder Reinigen des Narbens erfolgt mit schwachen,
meist 2- bis 5proz. Säurelösungen von Milch-, Ameisen-, Wein- oder Zitronen-
säure oder auch mit einer schwachen Ammoniaklösung, schließlich auch mit
Fettlösungsmitteln, wie Spiritus, Aceton, Amylacetat, und anderen organischen
Lösungsmitteln. Der Narben wird in langen Strichen oder in kreisender Bewegung
mit einem mit dem Reinigungsmittel getränktem Schwamm oder Stoffballen
ausgerieben.

Das Auftragen der Appretur auf den ausgeriebenen Narben erfolgt dann
entweder von Hand oder mit besonderen Appretiermaschinen, schließlich auch
nach dem Spritzverfahren.

a) Appretieren von Hand.

Das Auftragen der Appreturen auf Blank-, Ober- und Feinleder erfolgt bei
der Handarbeit dadurch, daß man einen Schwamm, eine Bürste, einen Flanell-
ballen oder ein Samtkissen oder Plüschholz in die Appretur eintaucht und diese
dann in den Narben einreibt. Man führt dabei ähnliche Bewegungen aus, wie
sie beim Bürstfärben üblich sind. Durch einige lange Striche verteilt man zunächst die Appretur auf der Fläche und treibt sie dann durch kreisende Bewegungen gründlich in alle Unebenheiten des Leders hinein, damit eine feste Verbindung zwischen Appretur und Leder gewährleistet wird. Dabei werden die
poröseren Teile des Narbens, die Abfälle, etwas stärker appretiert als der dichtere
Kern und Hals. Die Appretur wird so lange verrieben, bis sie auf der ganzen
Fläche gleichmäßig eingezogen ist. Die Appretur selbst soll nicht zu dick sein,
so daß nur eine feine, dünne Schicht über den Narben gelegt wird. Zu dicke
Appreturen geben einen losen und unschönen Narben und neigen dazu, sich
abzulösen, während Aussehen und Griff des Leders um so besser ausfallen, je
dünner die Appreturschicht bei entsprechendem Glanzeffekt ist. In manchen
Fällen ist es ratsam, zweimal eine dünne Appreturschicht aufzutragen. Der
Effekt ist besser, als wenn man einmal einen stärkeren Auftrag vornimmt.
Vielfach ist es auch üblich, nach dem ersten Auftragen der Appretur zu trocknen
und zu glanzstoßen, dann einen zweiten Strich der Appretur aufzutragen und
das Glanzstoßen zu wiederholen. Durch das erste Glanzstoßen wird der Narben
so weit geschlossen, daß dann eine ganz dünne Appretur genügt, um die notwendige Glanzwirkung zu erzielen.

Bei Unterleder wendet man für die Narbenseite einfache Ölappreturen an.
Entweder benutzt man dazu natürliche Öle, wie Tran, Leinöl u. dgl., oder auch
besondere Lederöle, die aus sulfonierten Fetten oder Ölen in Mischung mit
unveränderten Ölen, auch Mineralölen, hergestellt sind und die entweder unverdünnt oder auch mit Wasser zu einem Licker verarbeitet, benutzt werden. Diese
Öle werden auf die Narbenseite des Leders mit einem Lappen aufgetragen. Die
Verteilung muß gleichmäßig erfolgen, so daß eine geschlossene Fettschicht auf

dem .Leder gebildet wird. Andernfalls entstehen beim Trocknen des Leders Streifen und dunkle Stellen. Eine Schutz- und Glanzappretur wird bei Unterleder, besonders bei bittersalzhaltigen Ledern, häufig vor dem Walzen der Leder angewendet. Diese Appreturen enthalten glanzgebende Stoffe neben Seife, die ein Auskristallisieren des Bittersalzes verhindern soll.

b) Appretieren mit der Maschine.

Bei Blank-, Ober- und Feinledern erfordert das Auftragen der Appreturen größte Übung und Sachkenntnis, da jedes Fell fast eine individuelle Behandlung verlangt. Deshalb haben sich die Appretiermaschinen zum Auftragen von Glanzappreturen nur wenig und meist nur für schwarze Qualitäten eingeführt, trotz mehrfacher Verbesserungen.

Bei diesen Appretiermaschinen wird eine geeignete Appretur aus einem auf der Vorderseite angeordneten Trog an eine geriefte Messingwalze abgegeben, die sich dadurch mit einer Appreturschicht überzieht. Diese Schicht wird von einer gegen die Messingwalze rotierenden Bürstwalze abgenommen und auf das unter der Bürste durchgeführte Leder aufgetragen. Drei bis vier weitere Bürstwalzen mit verschiedener Drehzahl sorgen dann für eine gleichmäßige Verteilung und ein gründliches Einreiben der Appretur in das Leder. Bei dem Modell Abb. 252 wird das

Abb. 252. Appretiermaschine (Turner A. G., Frankfurt a. M.).

Leder auf einer Trommel durch die Maschine befördert und an der Rückseite durch eine Transporteinrichtung abgenommen, die gleichzeitig so eingerichtet werden kann, daß die Appretur schnell getrocknet wird und nicht zu tief in das Leder einzieht. Bei einer anderen Konstruktion wird das Leder auf einem endlosen Gummiband unter den Bürstwalzen fortbewegt und kann an der Abnahmeseite in gleicher Weise weitergeführt werden, durch einen Trockenraum zu den Glanzstoßmaschinen.

c) Das Spritzen.

In neuerer Zeit hat sich das Auftragen von Narbenappreturen durch das Spritzverfahren in der Lederindustrie überall eingeführt. Bei diesem Verfahren werden sowohl Lasuren, d. h. farblose Schutzlacke, als auch Deckfarben, d. h. mit Pigmentfarben versetzte Lacke, durch besondere Zerstäuber in fein verteilter Form auf den Narben gebracht. Es läßt sich durch diese Arbeitsweise eine hauchdünne Schicht, wie auch eine starke Deckschicht auf das Leder in einfachster Weise auftragen.

Die Apparatur einer dazu erforderlichen, auch in manchen anderen Industrien verwendeten Spritzanlage, ist folgende: Die zu der Zerstäubung der Appretur notwendige Druckluft wird in einer Hubluftpumpe (siehe Abb. 253) erzeugt. Die Pumpe ist mit einer automatischen Schleuderschmierung versehen. Der

Zylinder wird durch Kühlwasser vor zu starker Erwärmung geschützt. Die Luft wird durch ein besonderes Luftfilter angesaugt, um Staubteilchen fernzuhalten. Das Ansaugrohr ist mit einem Druckregler versehen, der sich so einstellen läßt, daß nach Erreichung des erforderlichen Druckes von meist 3 bis

Abb. 253. Hubluftpumpe mit Luftfilter und Luftkessel (A. Krantzberger & Co. G. m. b. H., Holzhausen
bei Leipzig).

Abb. 254. Luftreiniger mit Reduzierventil und Druck-
messer (A. Krantzberger & Co. G. m. b. H., Holzhausen
bei Leipzig).

4 Atm. das Ansaugrohr sich schließt, die Pumpe also leerläuft. Die komprimierte Luft wird in einen Luftkessel (siehe Abb. 253) geleitet, der dazu dient, die Stöße der Pumpe zu puffern und einen gleichmäßigen Preßluftstrom zu liefern. Der

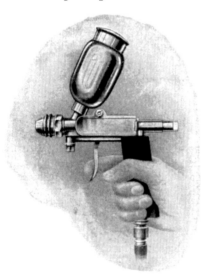

Abb. 255.   Spritzpistole (A. Krantzberger
& Co. G. m. b. H., Holzhausen bei Leipzig).

Druckkessel ist mit einem Ventil versehen, das bei Überschreitung des eingestellten Drucks sich öffnet. Am Boden des Luftkessels ist ein Hahn angebracht, um sich abscheidendes Kondenswasser abzulassen. Vom Luftkessel aus wird die Druckluft durch ein Eisenrohr weitergeleitet zu dem am Arbeitsplatz aufgestellten Luftreiniger (siehe Abb. 254). Hier durchstreicht die Luft ein Koks- und Filzfilter, wodurch Wasser und aus den Rohren mitgenommene feste Schmutzteile abgeschieden werden. Die Luft geht dann weiter durch ein Reduzierventil, durch welches der Druck für die Arbeitsstelle genau eingestellt werden kann und darauf durch einen Gummischlauch zum eigentlichen Werkzeug der Spritzpistole (siehe Abb. 255).

Der Schlauch, welcher die Preßluft zuführt, ist an dem Schlauchnippel a (siehe Abb. 256) befestigt. Die Luft dringt durch den Kanal im Handgriff der Pistole bis zum Luftventil bei b vor. Durch Anziehen des Abzughebels c wird das Ventil geöffnet, wobei die Preßluft bis zur Düse bei f vordringt und um die Düse herum ausströmt. Durch weiteres Anziehen des Abzughebels c wird die Düsennadel e zurückgezogen, so daß sich die Düse f für den Austritt der Appretur öffnet. Die Appretur wird in den Farbbehälter über m hineingegeben und fließt durch den Farbkanal bis zur Düse vor. Die ausströmende Luft reißt die Farbe mit, welche nun fein zerstäubt mit dem Luftstrom auf das Leder geschleudert

wird. Durch Loslassen des Abzughebels wird die Farbdüse und
das Luftventil sofort geschlossen
und damit die Arbeit unterbrochen. Die Düsennadel muß so
eingestellt sein, daß die Pistole
„Vorluft" gibt, d. h. daß beim
Anziehen des Abzughebels zuerst Luft ausströmt und bei
weiterem Zurücknehmen erst die
Farbdüse geöffnet wird.

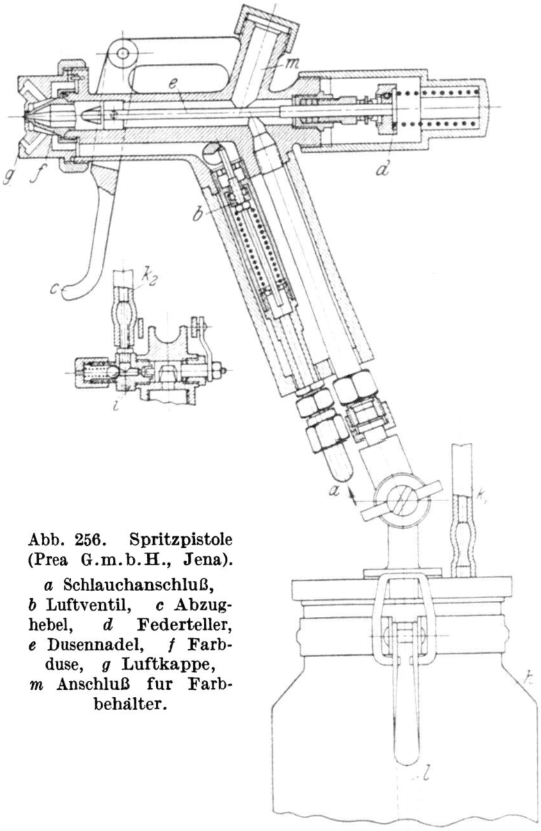

Der aus der Pistole heraus-
tretende Strahl läßt sich durch
besondere Konstruktion des
Mundstücks der Pistole in verschiedener Weise formen.

Der meist angewendete „Rundstrahl" wird dadurch erreicht,
daß eine die Düse einhüllende
Reglerkappe die Preßluft rund
um die Düse herum austreten

Abb. 256. Spritzpistole
(Prea G.m.b.H., Jena).
a Schlauchanschluß,
b Luftventil, c Abzug-
hebel, d Federteller,
e Dusennadel, f Farb-
duse, g Luftkappe,
m Anschluß für Farb-
behälter.

läßt. Wenn Düse und Kappe
an der Vorderseite in gleicher
Höhe abschneiden, entsteht ein
kegelförmiger Strahl, welcher die
Appreturmasse etwa in Kreisform
auf das Leder schleudert (siehe
Abb. 257 u. 258).

Dadurch, daß die Kappe an
der Vorderseite größer gehalten
und mit zwei weiteren Austrittsöffnungen für Preßluft versehen wird, drückt
sich der Strahlkegel flach und erzeugt den „Flachstrahl" (siehe Abb. 259).

Befinden sich die beiden Öffnungen über und unter der Düsenöffnung, so
liegt der Strahl waagrecht. Durch Drehen der Kappe
um 90⁰ tritt die Luft rechts und links der Düse aus.
Der Strahl ist jetzt seitwärts zusammengedrückt.

Ein mehr geschlosse-
ner Strahl wird durch
die Drehstrahldüse er-
reicht. Diese trägt außen
eine Anzahl Drallnuten,
die dem austretenden
Luftstrom eine kreisende
Bewegung erteilen (siehe
Abb. 260 u. 261).

Die Düse wählt man
bei den für Leder ver-

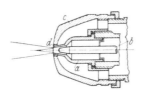

Abb. 257. Rundstrahldüse (A.
Krantzberger & Co. G. m. b. H.,
Holzhausen bei Leipzig).

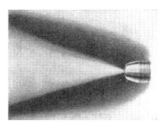

Abb. 258. Rundstrahl (A. Krantzberger & Co. G. m. b. H., Holzhausen
bei Leipzig).

wendeten Deckfarben und Appreturen mit einer Düsenöffnung von 1 bis 2,5 mm.
Die Pistole wird in einer Entfernung von 20 bis 40 cm vom Leder geführt, entweder
in breiten Strichen von rechts nach links und umgekehrt oder auch in kreisender Bewegung im gleichen Sinne. Meist beginnt man an der oberen linken Ecke des Leders
und spritzt in diagonaler Richtung bis zur unteren rechten Ecke. Der Farbzufluß

ist so zu regeln, daß die Farbe auf dem Leder nicht zu Tropfen zusammenfließt oder gar abfließt. Wenn das einmalige Spritzen nicht genügt, läßt man

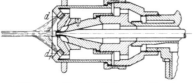

das Leder erst trocken werden und spritzt dann
nochmals in gleicher Weise.

　　Die Appretur wird bei Verwendung kleinerer Mengen in einem der Pistole aufgesetzten
ca. 200 ccm fassenden Topf untergebracht. Für
größere Leistungen wird an die Stelle des Topfes
ein Schlauchmundstück eingebaut. Die Appre-

Abb. 259. Flachstrahldüse (A. Krantzberger & Co. G.m.b.H., Holzhausen bei
Leipzig).

tur wird dann von einem größeren, mit einem
Hahn versehenen Behälter aus durch einen
Schlauch der Pistole zugeführt (siehe Abb. 262).
Falls sich der Behälter nicht so aufstellen läßt, daß die Appretur zur Pistole ab-
fließt, kann die Zuführung durch Verwendung von Preßluft ermöglicht werden
(siehe Abb. 256).

　　Vielfach werden beim Spritzen
Appreturen verwendet, die neben dem
Pigment ein Kollodiumbindemittel

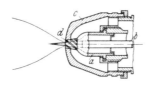

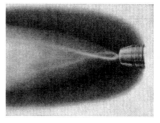

Abb. 260. Drehstrahldüse (A. Krantzberger & Co.
G.m.b.H., Holzhausen bei Leipzig).

Abb. 261. Drehstrahl (A. Krantzberger & Co. G.m.
b.H., Holzhausen bei Leipzig).

und organische Lösungsmittel enthalten. Da diese Kollodiumdeckfarben äußerst
wasserempfindlich sind, ist zunächst darauf zu achten, daß die Druckluft sorg-

fältig entwässert ist. Da sich durch
die Ausdehnung der Preßluft und
das Verdunsten der Lösungsmittel
die Temperatur häufig stark erniedrigt, muß die Luft im Spritzraum warm und möglichst trocken
sein, damit es nicht zur Bildung
von Wasserflecken kommt, die die
Deckfarbe blind machen. Die Ap-
preturnebel sowohl wie die Lösungsmittel belästigen die Atmungsorgane sehr. Die Lösungsmittel sind außerdem feuergefährlich, so daß für die Beseitigung
der Dämpfe gesorgt werden muß.
Man richtet deshalb die Arbeitsstelle so ein, daß diese Stoffe durch
einen Ventilator abgesaugt werden
können.

Abb. 262. Spritzanlage (Prea G.m.b.H., Jena).

　　Die Abb. 263 und 264 zeigen
eine Einrichtung, bei welcher das
Leder mit dem Spannrahmen an einer Art Drehtüre aufgehängt wird. Die im Tür-
rahmen eingebauten Rüssel saugen die Farbnebel und verdunstenden Lösungs-

mittel durch einen Ventilator ab. Während die Appretur aufgespritzt wird, kann auf der Rückseite der Tür das fertige Leder abgenommen und ein neues Leder aufgehängt werden.

Bei der Spritzanlage wie Abb. 265 ist die Arbeitsstelle durch Glaswände abgegrenzt. Die Unterlage für das Leder besteht aus einem schräggestellten, auf einem Holzkasten befestigten Drahtnetz. Der Kasten ist mit dem Ventilator verbunden. Durch dessen Saugwirkung wird das Leder flach auf dem Drahtnetz

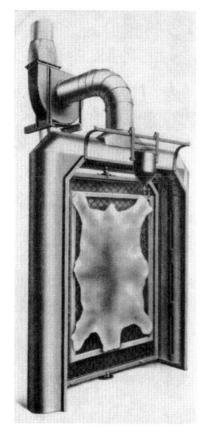 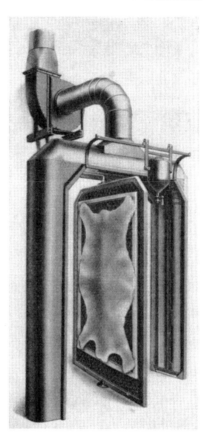

Abb. 263. Spritzschrank mit Drehtür (Poca G.m.b.H.,   Abb. 264. Spritzschrank mit Drehtur (Poca G.m.b.H., Leipzig).   Leipzig).

festgehalten, während die Dämpfe zum Teil durch das grobmaschige Drahtgitter hindurch, zum Teil durch den Ventilator direkt abgesaugt und ins Freie geführt werden.

Vielfach werden auch die Leder mit dem Spannrahmen, so wie sie aus dem Trockenraum kommen, an die Arbeitsstelle gebracht. Bei großflächigen Ledern setzt man dann den Spannrahmen auf ein schrägstehendes Drehgestell (siehe Abb. 266). Bei der Verwendung wasserlöslicher Appreturen ist meist ein zwei- bis dreimaliges Spritzen notwendig. Dabei muß das Leder nach jedem Appretur-auftrag getrocknet werden. Häufig folgt dann noch ein Auftrag einer Formalin-lösung, um die Appretur reibecht zu machen. Für diese Arbeitsweise ist eine Trockenanlage von der Firma A. Teufel, Backnang (Abb. 267), konstruiert worden. Die Leder werden dabei auf der Rückseite in den Trockenkanal eingehängt und bewegen sich automatisch zum Spritztisch, wo sie am Förderband hängend ap-

pretiert werden. Die Leder durchlaufen dann
langsam den Trockenkanal und kehren zum
Spritztisch zurück. Am Spritztisch werden die
Farbnebel abgesaugt. Dem Trockenkanal wird
dauernd Warmluft zugeführt. In anderen Fällen

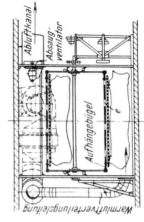

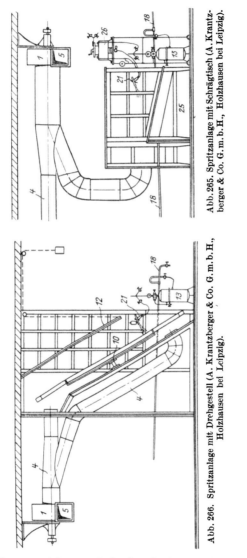

Abb. 265. Spritzanlage mit Schrägtisch (A. Krantzberger & Co. G. m. b. H., Holzhausen bei Leipzig).

Abb. 266. Spritzanlage mit Drehgestell (A. Krantzberger & Co. G. m. b. H.,
Holzhausen bei Leipzig).

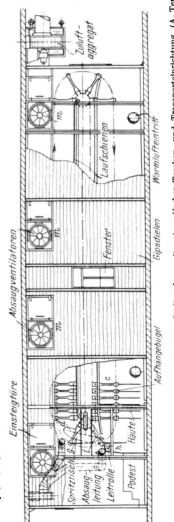

Abb. 267. Spritzanlage mit automatischer Trocken- und Transporteinrichtung (A. Teufel, Backnang).

hilft man sich so, daß die Leder nach dem
Spritzen in einen Trockenraum eingehängt und
gegebenenfalls nach dem Trocknen ein zweites
oder drittes Mal bearbeitet werden. Je nach
der Art des Leders und der Appretur folgt nun
ein einfaches Bügeln von Hand oder auf der
Bügelpresse oder auch das Glanzstoßen.

IX. Das Weichmachen des Leders.

Wenn man die verschiedenen Lederarten untereinander nach ihrer Festigkeit vergleicht, so könnte man eine Härteskala aufstellen, die folgende Aufreihung zeigen müßte: 1. Unterleder zum Nageln, 2. Unterleder zum Nähen, 3. Treibriemenleder, 4. Geschirrleder, 5. Blankleder, 6. Fahlleder, 7. chromgare Schuhoberleder, 8. Futter- und Feinleder, 9. Bekleidungsleder, 10. Sämischleder, 11. Glacéleder. In erster Linie wird die Festigkeit eines Leders bestimmt durch dessen Stärke und weiter durch die Struktur der Haut. Doch hat es der Lederfabrikant in der Hand, durch die Bearbeitung der Haut im Betrieb, durch Äscher und Beize schon regulierend auf die Festigkeit einzuwirken. Die Art der Gerbung und deren Durchführung ergeben zahlreiche Unterschiede in der Festigkeit des Leders. Auch die Fettung übt eine entscheidende Wirkung aus. Immer aber bleibt es der mechanischen Zurichtung überlassen, dem Leder den bestimmten „Griff" zu geben, der für die einzelnen Lederarten gefordert wird.

Nachdem die Arbeiten am nassen Leder beendet sind, wird das Leder abgewelkt, ausgestoßen und getrocknet. Dabei schrumpft das Volumen des Leders zusammen, auch die Fläche verkleinert sich, soweit man dies durch Aufspannen des Leders nicht unmöglich macht. Die einzelnen Fasern der Haut verkleben dabei mehr oder weniger und setzen sich mit den Unebenheiten ihrer Oberfläche eng ineinander. Alle Arbeiten, die darauf hinzielen, das Leder durch mechanische Bearbeitung weich zu machen, haben daher das Ziel, die Einzelfasern voneinander zu lösen, so daß sie gegeneinander leicht verschiebbar werden. Es kann dies dadurch geschehen, daß man das Leder zusammenbiegt und wieder geradestreckt, sowie auch dadurch, daß man einen Zug auf das Leder ausübt. In beiden Fällen müssen sich die Fasern voneinander lösen und das Gewebe sich auflockern. Bleibt diese Wirkung aus, so versagen alle Mittel.

Durch das Trocknen verkleben bei manchen Lederarten, vor allem bei mineralgegerbten, schwach gefetteten Ledern, die Fasern derart fest, daß eine mechanische Bearbeitung keinen Erfolg hat oder auch eine zu starke mechanische Beanspruchung dazu führt, daß der Narben bricht. Daher ist es in den meisten Fällen notwendig, vor der mechanischen Bearbeitung das Leder anzufeuchten. Hierdurch wird die Starrheit der einzelnen Faser etwas gemildert und auch die inkrustierende Substanz erweicht.

Das Anfeuchten darf nur so weit erfolgen, daß das Leder den zur Bearbeitung erforderlichen Weichheitsgrad besitzt. Wird das Leder zu feucht gemacht, so verkleben beim Antrocknen nach der Bearbeitung die Fasern aufs neue, wodurch die Arbeit nutzlos wird. Da auch ein geringer Feuchtigkeitsgrad das Leder oft nach der Bearbeitung wieder härter werden läßt, wird die mechanische Bearbeitung vielfach zweimal durchgeführt, zuerst am angefeuchteten Leder, dann nochmals nach dem Trocknen.

Das Anfeuchten erfolgt durch schnelles Eintauchen der Leder in Wasser, durch Anfeuchten des Narbens mit dem Schwamm, durch Spritzen mit der Pistole, durch Einhängen in feuchte Räume oder durch Einlegen in feuchtes Holzmehl.

Beim Eintauchen in Wasser gibt man diesem eine Temperatur von ca. 20° C und läßt die Leder, je nachdem sie das Wasser leichter oder langsamer aufnehmen, mehr oder weniger lange mit dem Wasser in Berührung. Dann werden die Leder auf Stapel geschichtet und bleiben ca. 24 Stunden liegen, damit sich die Feuchtigkeit gleichmäßig im ganzen Leder verteilt. Da es sich hierbei jedoch nicht vermeiden läßt, daß poröse Teile des Leders das Wasser schneller aufnehmen als die kernigen Teile, wird der Feuchtigkeitsgehalt und damit auch die Wirkung der mechanischen Bearbeitung sehr ungleichmäßig. Vorteilhaft ist es daher schon, das Leder mit einem nassen Schwamm auf der Oberfläche gleichmäßig anzufeuchten und dann auf Stapel zu schichten, bis sich die Feuchtigkeit gleichmäßig verteilt hat, oder auch mit der Spritzpistole das Wasser in Form eines feinen Nebels auf die Aasseite oder Narbenseite zu bringen und darauf die Leder im gedeckten Stapel liegen zu lassen.

C. M. Lamb empfiehlt diese Art der Anfeuchtung, da sich die Feuchtigkeit bei genügend langem Lagern im Stapel, falls dieser luftdicht abgedeckt ist, sehr gleichmäßig verteilen soll.

Meist üblich ist es jedoch, das Leder in feuchte Sägespäne einzulegen. Für helle Leder dürfen nur die Späne von harz- und gerbstofffreien Hölzern benutzt werden. Das Holzmehl wird mit Wasser angefeuchtet und mehrmals umgeschaufelt, auch durch eine Hürde geworfen, damit sich die Feuchtigkeit möglichst gleichmäßig verteilt. Auf den Boden des Raumes zum „Einspänen" der Leder wird zunächst eine Schicht des feuchten Holzmehls ausgebreitet. Dann werden zwei Felle oder Häute, die mit dem Narben nach innen zusammengelegt wurden, darauf geschichtet, darüber eine Schicht Sägemehl gestreut, dann wieder zwei zusammengelegte Felle und so fort. Je nach der Stärke des Leders bleibt dieses 24 oder 48 Stunden in den Spänen liegen und kommt dann zur Bearbeitung.

Es ist auch vorgeschlagen worden (Wagner, Paeßler, Befeuchtungsanlagen), an Stelle der beschriebenen Anfeuchtungsmethoden mit feuchtigkeitsgesättigter Luft zu arbeiten. Dies hat gegenüber der Verwendung von Sägemehl neben einer Arbeits- und Raumersparnis den Vorteil, daß sich das Sägemehl nicht in die lockeren Teile der Fleischseite hineinsetzt, aus denen es häufig nur schwer zu entfernen ist. Man schafft dazu Luftbefeuchtungsanlagen, wie sie in der Textilindustrie üblich sind. Durch Preßluftzerstäuber oder Zentrifugalzerstäuber, die an der Decke des Anfeuchtraums anzubringen sind, werden feine Wassernebel in den Raum geschleudert. Die Luftfeuchtigkeit kann dabei so eingestellt werden, daß die Leder durch ihre hygroskopischen Eigenschaften die erforderliche Feuchtigkeitsmenge aufnehmen.

Wenn das Leder auf die eine oder andere Art soweit vorbereitet ist, folgt dann die mechanische Bearbeitung, die in verschiedener Weise durchgeführt werden kann und als Untersichziehen, Pantoffeln, als Schlichten, Stollen oder Aufbrechen, als Überlassen, Kantenausbrechen oder Debordieren und als Millen, je nach der Arbeitsweise, bezeichnet wird.

1. Das Pantoffeln.

Für schwere Leder sowie lohgare Oberleder und Feinleder, aber auch zum Nacharbeiten chromgarer Oberleder wird das Leder untersichgezogen oder pantoffelt. Bei Ausführung von Hand erfolgt es mit denselben Werkzeugen, wie sie zum Krausen oder Krispeln beschrieben wurden. Für dünnere Leder verwendet man dabei das Korkholz (siehe Abb. 214, S. 715), für schwere Leder das Armpantoffelholz, welches aus einem auf der Unterseite gewölbten und mit Kork, Gummi oder Linoleum belegten Holz mit Handgriff und Kissen besteht (siehe Abb. 268). Der Unterschied gegenüber dem Krispeln besteht lediglich darin,

Abb. 268. Armpantoffelholz.

daß das Leder mit dem Narben nach unten auf die Tafel gelegt wird und so gefaltet wird, daß nicht der Narben, sondern die Fleischseite nach innen liegt. Der Narben wird dadurch nicht gekraust, sondern bleibt glatt, während durch das Zusammenbiegen des Leders und das Weiterschieben der Falte die Fasern voneinander gelöst werden. Auch beim Krispeln wird dieser Effekt erzielt, aber in bedeutend geringerem Ausmaße. Die für das Krispeln konstruierten Maschinen (siehe „Krispeln", S. 717) sind in gleicher Weise für das Untersichziehen zu verwenden. Hier ist das Leder so in die Maschine einzulegen, daß der Narben nach außen liegt, und bei der Walzenkrispelmaschine z. B. mit dem Narben nach oben über den Tisch zu hängen.

2. Das Schlichten.

Eine kräftigere Wirkung erzielt man durch das Schlichten. Hierbei wird neben dem Biegen und Wiedergeradestrecken des Leders eine Zugwirkung ausgeübt. Das Handschlichten wird nur bei leichtem, von Natur aus weichem Leder vorgenommen. Das Leder wird dazu auf den Schlichtbaum gehängt. Dieser besteht in einem ungefähr in Schulterhöhe angebrachten, meist in zwei Stützen ruhenden Balken, der auf der oberen Kante eine Nute trägt. Nachdem das Leder darübergehängt ist, wird ein Rundholz, das seitlich durch Keile befestigt wird, in die Nute gelegt und das Leder fest eingeklemmt. Der Arbeiter erfaßt nun mit der linken Hand den herabhängenden Teil des Leders und fährt mit dem Schlichtmond von oben nach unten unter Druckgebung über die Fleischseite des Leders. Der Schlichtmond (siehe Abb. 269) besteht aus einer schwach

Abb. 269. Schlichtmond.

gewölbten, tellerförmigen Stahlscheibe von 25 bis 35 cm Durchmesser, die in der Mitte eine Öffnung von 12 bis 15 cm lichter Weite trägt. Der äußere Rand wird scharfgeschliffen, manchmal auch die Schneide wie beim Falz (siehe S. 681) umgelegt. Zum Schutz der Hand des Arbeiters, der den Mond in der Öffnung hält, wird der Innenrand mit einem Leder- oder Messingband gepolstert. Die konvexe Seite des Tellers liegt beim Stollen nach oben. Auch werden zu dieser Arbeit Halbmonde und Viertelmonde (siehe Abb. 270) verwendet. Statt des Schlichtbaumes wird für weiche Leder auch der Schlichtrahmen benutzt, in welchem das Leder mittels Klammern glatt eingespannt und durch Hin- und Herführen des Werkzeuges bearbeitet wird. Mit dem Schlichten wird meist eine Säuberung der Fleischseite verbunden, da durch die scharfe Kante des Mondes die lockeren Gewebe der Fleischseite abgerissen werden. Die zu schlichtenden Felle werden zuerst mit der Schwanzseite an den Schlichtbaum gehängt,

Abb. 271. Streckeisen.

Abb. 270. Halbmond und Viertelmond.

so daß zuerst vom Schild zum Kopf, dann in umgekehrter Richtung, und schließlich vom Rücken nach beiden Seiten gearbeitet wird. Für kräftigere Leder benutzt man statt der Monde das Streckeisen (siehe Abb. 271), welches mit einem Kreuzgriff in die Schulter eingesetzt wird, während die rechte Hand das scharfe Eisen an der hinteren Kante führt. Dadurch läßt sich ein erheblich stärkerer Druck ausüben.

3. Das Stollen.

Die Umkehrung des Schlichtens, dadurch, daß das Werkzeug feststeht und das Leder bewegt wird, bezeichnet man als Stollen. Für die Handarbeit benutzt man dazu den Stollpfahl. Dieser besteht aus einem 70 bis 80 cm hohen, am Boden oder an einem Fußbrett befestigten Holzständer, an dessen oberer Kante ein Stollmond oder auch eine mehr oder weniger breite und stark gewölbte „Stolle" befestigt wird (siehe Abb. 272). Die Kante der Stolle ist scharfgeschliffen, die Schneide häufig auch umgelegt. Je schärfer die Schneide gehalten wird, um so kräftiger ist die Stollwirkung. Zum Stollen wird das Leder, mit der Narbenseite nach oben, von links nach rechts über die Schneide gezogen. Das Leder wird dabei straff gespannt und so mit der Hand geführt, daß es links fast waagrecht liegt, rechts aber stark nach unten gezogen wird. Die konvexe Seite des Stollmondes liegt dabei rechts. Diese Bewegung wird so lange wiederholt, bis das ganze Leder weich ist. Die kernigen Teile müssen dabei kräftiger behandelt werden, während man die Abfälle, besonders die Flämen schont. Das Stollen des Randes wird als Kantenausbrechen bezeichnet.

Abb. 272. Stollpfahl.

Das Stollen von glacégaren Ledern wird meist noch von Hand ausgeführt. Das Anfeuchten der trockenen, glacégegerbten Zickel- und Lammfelle erfolgt durch schnelles Eintauchen in Wasser. Die Felle werden darauf in Tonnen gelegt und festgestampft und bleiben bis zum nächsten Tag liegen, damit sie sich gleichmäßig durchfeuchten. Anschließend bringt man die Felle in die Kurbelwalke und walkt dort ca. $^1/_2$ Stunde unter Zusatz von Kleie. Eine weitere Behandlung besteht darin, die Felle zu ca. 10 Stück auf die Trethorde, ein Gitter von runden Holzstäben, zu legen, auf welcher sie von

Abb. 273. Kniestollen.

Abb. 274. Dressieren.

einem Arbeiter mit den Füßen bearbeitet, „getreten", werden. Der Arbeiter hält sich mit den Händen an einer Handleiste und schiebt unter ständigem Treten die Leder langsam nach hinten. Darauf begibt er sich an die andere Seite des Rostes und schiebt die Leder wieder zurück. Dann werden die Felle, die entweder in der Rückenlinie gefaltet oder zu je zwei nach der Gerbung Narben auf Narben aufgezogen waren, auseinandergezogen und jetzt erst auf dem Stollpfahl bearbeitet. Kleinere Felle werden mit der Hand in der oben beschriebenen Weise über die Stolle gezogen. Bei größeren Fellen wird das Knie zu Hilfe genommen. Die Kopfseite

wird in die linke Hand genommen, die Schwanzseite in die rechte. Neben der
rechten Hand setzt der Arbeiter das nackte Knie auf das Leder und zieht, während
er mit der linken Hand zurückhält, das Leder nach unten (siehe Abb. 273).
Nach zwei Zügen in dieser Richtung wird das Fell in entgegengesetzter Richtung
vom Kopf zum Schwanz bearbeitet. Dann erfolgt das Ausbrechen der Kanten.
Darauf werden die Felle, um ihnen die erforderliche Form zu geben, auf den
„Dressierbock" oder Ziehbock gehängt und „dressiert". Die Hinterklauen werden
scharf nach unten gezogen und mit den
Knien gehalten. Der Arbeiter beugt sich
dann über den Bock und zieht die Vorderklauen schräg nach vorn (siehe Abb. 274).
Darauf werden die Felle auf Stangen gehängt, getrocknet und anschließend durch
Nachstollen, welches man als „Überlassen"
bezeichnet, nochmals auf dem Stollpfahl
in gleicher Weise behandelt.

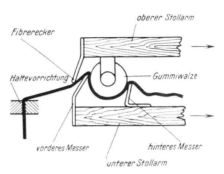

Abb. 275. Schema der Stollmaschine
(Moenus A. G., Frankfurt a. M.).

Eine Maschine zum Stollen wurde in
den achtziger Jahren zuerst in Amerika
konstruiert. Das heute noch erhaltene,
wenn auch verbesserte System stellt
eine Nachahmung des Schlichtens dar.
Das Arbeitsorgan besteht aus zwei Greif-
armen, die in einem Schlitten durch eine Kurbel vor- und rückwärtsbewegt
werden (siehe Abb. 275). Der untere Arm trägt zwei aufwärts- oder schräggestellte
mehr oder weniger stumpfe Messer. Am oberen Arm ist eine drehbare Gummirolle befestigt, welche beim Schließen der aus den beiden Armen gebildeten
Zange sich zwischen die beiden Messer
senkt. Vor dem vorderen Messer steht
ein am oberen Arm befestigter stumpfer
Recker. Das Leder wird auf den in der
Höhe des Werkzeuges angebrachten
Tisch gelegt und an dessen Vorderkante
festgehalten. Die Zange wird durch die
Kurbel vorgeschoben, schließt sich und
bewegt sich dann rückwärts. Dabei wird
das Leder über die beiden am unteren
Arm befestigten Messer gezogen. Die
Wirkung ist dabei ähnlich wie beim
Schlichten, wo der Schlichtmond über das
gespannte Leder geführt wird. Durch
das Knicken, Geradestrecken und Zerren des Leders werden die Fasern von-

Abb. 276. Stollkopf mit Stollwerkzeugen (Turner A. G., Frankfurt a. M.).

einander gelöst und das Leder weich gemacht. Der am oberen Arm befestigte
Recker verstärkt die Wirkung, da durch ihn das Leder schärfer über die vordere
Schneide geführt wird. Das Leder wird am vorderen, schärfer gehaltenen Messer
gestollt, während das hintere Messer — meist eine Vulkanfiberplatte mit gerun-
deter Kante — dazu dient, die für die Stollarbeit erforderliche Dehnung hervor-
zubringen, indem das Leder zwischen ihr und der Gummiwalze eingeklemmt
und bei der Bewegung der Werkzeuge in die Länge gezogen wird. Für eine
kräftige Stollarbeit wurde von der Maschinenfabrik Turner A. G., Frankfurt, ein
Stollkopf (siehe Abb. 276) konstruiert, bei welchem das Leder zuerst über einen
stumpfen Recker und anschließend noch über drei scharfe Recker gezogen wird.

Die Reguliervorrichtungen für die Stollarbeit bestehen darin, daß die beiden Arme mehr oder weniger einander genähert werden können, so daß die Gummirolle und der obere Recker das Leder in einem spitzen Winkel über die Stollklingen ziehen. Am oberen Arm ist zu diesem Zweck ein Handrad angebracht, durch welches erreicht werden kann, daß sich die Gummirolle tiefer und weniger tief zwischen die Stollklingen senkt. Zur Regulierung während der Arbeit dient je nach Bauart ein Fußhebel oder Kniedruckregulierung, durch welche der untere oder obere Arm dem anderen stärker genähert und die Stollwirkung damit erhöht wird. Weiter läßt sich die Stollwirkung dadurch verstärken, daß die Messer der Gummiwalze stärker genähert werden. Meist wird das Leder mit leichterem Druck vorgestollt und

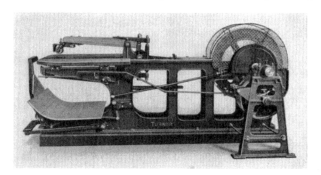

Abb. 277. Stollmaschine mit automatischer Festhaltevorrichtung und Fußregulierung (Turner A. G., Frankfurt a. M.).

mit stärkerem Druck nachgearbeitet. Die Abfälle werden nur leicht gestollt, Kern und Klauen sind kräftig zu bearbeiten.

Das Festhalten des Leders an der vorderen Tischkante erfolgt dadurch, daß der Arbeiter dieses mit dem Körper gegen ein Gummi- oder Lederpolster drückt. Der Arbeiter trägt dazu einen kleinen mit Filz unterlegten Lederschurz. Die neuen Konstruktionen sind mit automatischer Festhaltevorrichtung versehen (siehe Abb. 277). Diese klemmt das Leder so lange an der vorderen Tischkante fest, als der Stollkopf das Leder bearbeitet. Dann öffnet sich die Haltevorrichtung, so daß der Arbeiter das Fell, welches er mit beiden Händen hält, verschieben kann. Für großflächige Leder wird der Hub, der bei kleinen Maschinen 600 mm beträgt, auf 800 mm erhöht und der Tisch schräg angeordnet, damit sich das Leder selbsttätig glattlegt. Auch erhält die Maschine dann eine entsprechende weite Ausladung, so daß sich das Leder über und unter dem Tisch bequem unterbringen läßt.

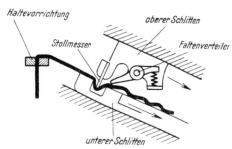

Abb. 278. Schema der Stollmaschine, System Poaker (Moenus A. G., Frankfurt a. M.).

Hauptsächlich für schwere Leder werden Schrägtischmaschinen verwendet, bei welchem die Stollwirkung dadurch hervorgerufen wird, daß das Leder durch ein Stollmesser in einen Spalt gedrückt wird. Das Leder wird (siehe Abb. 278) mit dem Narben nach unten auf den Stolltisch gelegt und durch eine Festhaltevorrichtung gehalten. Der durch eine Kurbel vor- und zurückbewegte, in einer Gradführung mit dem Tisch parallel gehende Stollkopf trägt an der Unterseite das Stollmesser. Bei der Vorwärtsbewegung des Kopfes ist das Messer abgehoben, so daß es das Leder nicht berührt. In dem Augenblick, wo der Stollkopf beginnt sich rückwärts zu bewegen, senkt sich das Messer auf das Leder und drückt dieses mehr oder weniger tief in einen im Tisch angebrachten Spalt. Der Spalt ist mit dem Stollkopf verbunden und bewegt sich jetzt mit dem Messer schräg abwärts nach hinten. Das Leder wird dabei über die Kante des Messers gezogen und gestollt. Der zwischen Messer und Haltevorrichtung liegende Teil wird dabei einem starken Zug unterworfen. Ein hinter dem Messer angebrachter Faltenverteiler verhindert, daß sich das Leder in Falten unter das Messer zieht, erhöht aber auch gleichzeitig die Spannung, mit welcher das Leder über die Schneide des Messers gezogen wird. Der Druck des Faltenverteilers auf das Leder ist gefedert und regulierbar. Je dünner das Messer gewählt wird, um so intensiver ist die Stollwirkung, die sich während der Arbeit auch dadurch verstärken oder abschwächen läßt, daß der Tisch und damit der Spalt durch einen Fußhebel angehoben oder gesenkt wird; beim Anheben des Tisches taucht das Messer tiefer in den Spalt ein. Dadurch wird, ähnlich wie beim Stollpfahl, der Winkel, den das Leder über dem Messer bildet, spitzer und die brechende Wirkung stärker.

Abb. 279. Stollmaschine für zügige Leder (Badische Maschinenfabrik, Durlach).

Für dünne oder zügige Leder, wie Glacéleder und Bekleidungsleder, sowie dünne Feinleder findet eine Maschine Verwendung (siehe Abb. 279), die das Leder auf der ganzen Breite in einem Zug bearbeitet. Das Werkzeug dieser Maschine besteht aus einem mit ca. 400 Umdrehungen pro Minute rotierenden Zylinder, der mit halbmondförmigen Stollklingen besetzt ist. Die Klingen sind von der Mitte aus in links- und rechtsgängigen Schraubenlinien eingesetzt, um eine Faltenverteilung und gleichzeitig ein Stollen in der Breite zu erzielen. Das Leder wird in eine Klemmschiene eingeklemmt, die seitlich an Zahnstangen befestigt ist. Durch Herunterdrücken des Fußhebels spannt die rechts an der Maschine sichtbare Spannrolle einen Riemen, der die an der Hubwelle befestigte Scheibe in Drehung versetzt. Die auf dieser Welle angebrachten Zahnräder greifen in die Zahnstange ein, wodurch sich die Klemmschiene mit dem Leder aufwärtsbewegt. Das Leder wird nun an dem Stollzylinder vorbeigeführt und durch ein Andruckleder, dessen Druck durch zwei Handgriffe beliebig reguliert werden kann,

Abb. 280. Feinlederstollmaschine (Badische Maschinenfabrik, Durlach).

gegen das Werkzeug gepreßt. Das Leder wird so eingespannt, daß die Fleischseite dem Stollzylinder zugekehrt ist. Wenn das Leder das Werkzeug passiert hat, wird die Klemmleiste wieder gesenkt, das Leder herausgenommen, mit der anderen noch nicht bearbeiteten Seite eingehängt und diese in gleicher Weise gestollt. Eine pneumatische Bremse sorgt für ein langsames Niedergehen der Klemmschien.

Die maschinelle Durchführung des Hand- und Kniestollens von weißgaren und glacégaren Ledern erfolgt auf dem Stollrad. Dieses besteht aus einer breiteren oder schmäleren gußeisernen Scheibe, auf deren Umfang eine Anzahl Stollmonde befestigt sind. Die Maschine (siehe Abb. 280) trägt abwechselnd nach rechts und links schräggestellte Stollwerkzeuge. Das Leder wird von links nach rechts über das Stollrad gezogen, während es gleichzeitig mit dem Körper gegen die Festhalteleiste gepreßt wird. Das Rad macht dabei 60 bis 80 Umdrehungen pro Minute. Durch dieses „Vorziehen" läßt sich nur der mittlere Teil des Fells genügend bearbeiten. Zum „Kantenausbrechen" wird eine ähnliche Konstruktion (siehe Abb. 281) benutzt. Hier wird das Leder auf die Stolltrommel gelegt, durch Andrücken an die Festhalteleiste gehalten und mit der durch einen Chromlederhandschuh geschützten Hand auf die Werkzeuge gedrückt. Zum Ausstollen und Breitstollen der Klauen kann eine Maschine verwendet werden (siehe Abb. 282), bei welcher die Werkzeuge aus stark gerundeten kleinen Monden bestehen, die mit kurzen, gerade abgeschnittenen Monden abwechseln.

Eine Art Nachstollen, die als Trockenwalken oder „Millen" bezeichnet wird, kommt bei Velourledern, weichen Futterspalten, dünnen Narbenspalten, Glacéledern u. dgl. in Anwendung. Man bringt dazu die Leder in ein schnell laufendes

Abb. 281. Kantenausbrechmaschine (Turner A. G.,   Abb. 282. Klauenausstollmaschine (Turner A. G.,
Frankfurt a. M.).   Frankfurt a. M.).

Walkfaß und walkt sie darin bis zu 2 Tagen. Die Leder werden an den Faßwänden durch Mitnehmer hochgerissen und fallen wieder nach unten, worauf sich der gleiche Vorgang wiederholt. Dabei pressen und zerren sich die Leder gegenseitig, wobei sich die Struktur des Leders so weit auflockert, daß ein tuchartig weicher Griff erreicht wird.

Durch die Einwirkung des Stollens werden die Leder je nach den Vorarbeiten und der Fettung, wie schon oben erwähnt, mehr oder weniger weich. Das ganze Fasergefüge wird aufgelockert. Das Leder wächst dabei etwas in der Stärke, vor allem aber in der Fläche. Glacégare Leder schrumpfen beim Trocknen gewaltig ein. Durch das Stollen wird hier die Fläche erheblich vergrößert. Während die aufgetrockneten Leder keine Zügigkeit zeigen, ist diese nach dem Stollen sehr deutlich. Für Schuhoberleder ist ein elastischer Zug erwünscht, d. h. das Leder soll nach der Dehnung seine frühere Form wieder annehmen, der Zug soll zurückgehen und nur kurz sein. Bei Handschuhleder muß die Zügigkeit möglichst groß sein. Das in der Richtung Kopf—Schwanz langgezogene Fell muß sich bei einem Zug in der Querrichtung auf seine doppelte Breite dehnen lassen. Dabei soll der Zug stehen, d. h. nach Aufhören der Zugbeanspruchung soll die Breite sich nicht verringern, der Zug darf nicht zurückgehen, muß unelastisch sein. Über die Methoden zur Untersuchung der Dehnung, Elastizität und des Griffs siehe Abschnitt „Mechanische Lederanalyse".

X. Das mechanische Härten des Leders.

1. Imprägnieren und Appretieren.

In gleicher Weise wie man bei der Herstellung weicherer Leder schon mit der Auswahl des Rohmaterials beginnen muß, so ist auch für die festen Lederarten die Beschaffenheit des Rohmaterials, sowie der Herstellungsgang des Leders mit vielen Einzelheiten und Verschiedenheiten von wesentlichem Einfluß auf die Qualität des Leders. Insbesondere wird aber auch bei festen Ledern der eigentliche Festigkeitsgrad erst in der Zurichtung herausgearbeitet. Wenn man dem Leder einen gewissen „Stand", d. h. eine entsprechende Biegungsfestigkeit und Biegungselastizität neben einer angemessenen Stärke geben will, so läßt sich dies dadurch erreichen, daß man das Leder imprägniert oder füllt. Dabei wird der Raum zwischen den einzelnen Fasern mehr oder weniger ausgefüllt mit einer Substanz, welche die Fasern miteinander verklebt. Je nach der Beschaffenheit der Füllmasse wird die Festigkeit des Leders verschieden ausfallen (siehe Abschnitt „Nachgerbung"). Bei leichteren Ledern genügt häufig ein Verkleben der Fasern der Fleischseite durch Auftragen einer geeigneten Aasappretur. In den meisten Fällen wird jedoch der „Stand" durch eine mechanische Bearbeitung des Leders hervorgerufen.

Diese besteht hauptsächlich darin, einen kräftigen Druck auf das Leder auszuüben. Das Leder wird dadurch zusammengepreßt und die Verschiebbarkeit der Fasern gegeneinander gehemmt. Der Druck ist dann besonders wirksam, wenn die Fasern in zäh auftrocknende Substanzen eingebettet sind, wie Gerbextrakte, Schleimstoffe, leimartige Stoffe, Fette u. dgl.

Die Festigkeit der für Hutleder verwendeten Narbenspalte erreicht man durch eine Aasappretur und den Druck der Glanzstoßmaschine. Schaffutterleder erhält häufig eine Aasappretur. Der Druck wird auf der hydraulischen Bügelpresse erzeugt. Chromgare Oberleder werden glanzgestoßen und gekrispelt, um ihnen den erforderlichen „Griff" zu geben. Blankleder werden gerollt (siehe S. 704) oder leicht gewalzt oder auch auf der Bügelpresse behandelt. Bei Riemenleder erzeugt man die Festigkeit in ähnlicher Weise durch Rollen oder Walzen. Alle Arten von Unterleder werden mit hohem Druck gewalzt oder gehämmert, um auf diesem Weg die notwendige Festigkeit und geschlossene Struktur des Leders zu erreichen.

Da das Glanzstoßen, Rollen und Bügeln schon in einem anderen Zusammenhang behandelt wurde, soll hier nur mehr auf die bei schweren Ledern üblichen mechanischen Arbeitsvorgängen näher eingegangen werden.

Eine wichtige Vorbedingung für eine günstige Wirkung der Lederwalze oder des Lederhammers besteht darin, daß das Leder mit einem gewissen Feuchtigkeitsgrad dieser Bearbeitung unterzogen wird. Nachdem man das Unterleder nach Beendigung der übrigen Zurichtarbeiten soweit als möglich getrocknet hat, ist es hart und dürr. In diesem Zustand würde ein auf das Leder ausgeübter starker Druck keine festmachende Wirkung haben, da die Fasern dem Druck nicht nachgeben können. Vielmehr würde bei Anwendung stärkerer Drucke ein Teil der Fasern zerrissen, inkrustierende Stoffe infolge ihrer Sprödigkeit zerdrückt und das Leder dabei beschädigt werden. Der Feuchtigkeitsgehalt, der jedem Fabrikat angepaßt werden muß, darf anderseits nicht zu groß sein. Wenn das Leder zu feucht ist, gibt es zwar dem Druck der Walze leicht nach, jedoch geht es nach Aufhören des Drucks allmählich wieder in seine frühere Form zurück. Außerdem wandern durch den Druck die inkrustierenden Stoffe, Gerbextrakte u. dgl. bei größerem Feuchtigkeitsgehalt infolge ihrer mehr flüssigen Beschaffenheit an die Oberfläche des Leders. Das Leder wird dadurch dunkel und fleckig.

Das Anfeuchten wird daher so vorgenommen, daß nur geringe Wassermengen in das Leder gebracht werden und dafür Sorge getragen wird, daß diese sich möglichst gleichmäßig im Leder verteilen. Die aus dem Trockenraum kommenden Leder werden mit einem nassen Schwamm oder Tuch von der Narben- oder Aasseite oder auch beiderseits angefeuchtet, aufeinandergeschichtet und zugedeckt. In manchen Betrieben verwendet man an Stelle von Wasser Wachs-, Fett- oder Seifenappreturen. Der Stapel bleibt dann 1 bis 2 Tage liegen, damit die Feuchtigkeit bis in die inneren Schichten sich gleichmäßig verteilt. Das Auftragen des Wassers kann ebenfalls mit der Spritzpistole vorgenommen werden. Ein anderer Weg besteht darin, die Leder in einen Raum einzuhängen, dessen Luft von Natur aus feucht ist oder durch Luftbefeuchter auf einem entsprechenden Feuchtigkeitsgrad gehalten wird. Manchmal findet auch die aus den Trockenräumen abströmende Luft dazu Verwendung. Die Feuchtigkeit kann durch Hygrometer kontrolliert werden. Der relative Feuchtigkeitsgehalt der Luft soll ungefähr 90% betragen.

2. Walzen.

Im rein handwerksmäßigen Betrieb benutzte der Gerber in früherer Zeit die Karrenwalze. Diese bestand aus einem Eisenblock oder einem mit Eisen-

Abb. 283　Karrenwalze alter Konstruktion.

platten oder Steinen gefüllten Kasten, unter dem eine drehbare Messingwalze befestigt war. Mit einem oder zwei Handgriffen (siehe Abb. 283 u. 284) wurde der Karren langsam hin und her über das auf einer festen Unterlage liegende Leder geführt. Aus diesem Werkzeug hat sich die heute gebräuchliche Lederwalzmaschine entwickelt. Wie die Abb. 285 zeigt, erfordert der heute angewandte hohe Druck eine kräftige Eisenkonstruktion aus zwei gußeisernen Ständern, die durch zwei schwere Doppel-T-Träger miteinander verbunden sind. Auf dem unteren Träger liegt die Walzbahn, eine aus hartem Stahl oder Messingstahl hergestellte gehobelte Platte. Das Leder

Abb. 284. Karrenwalze alter Konstruktion.

wird auf die Walzbahn gelegt und der Walzzylinder darübergerollt. Der aus Stahl bestehende, polierte Zylinder ist in einem Karren gelagert, der durch eine Treibschraube nach rechts und links bewegt werden kann. Die Treibschraube trägt drei Riemenscheiben, deren mittlere auf der Spindel festsitzt, während die beiden äußeren Scheiben leerlaufen. Von der Transmission aus geht ein offener und ein gekreuzter Riemen auf die Leerscheiben. Durch Umlegen der Handleiste läßt sich der offene oder gekreuzte Riemen auf die Festscheibe bringen, wodurch sich die Umdrehungsrichtung der Treibschraube und damit die Bewegungsrichtung des Karrens beliebig steuern läßt. Die Treibschraube wird bei den neueren Konstruktionen in Stützkugellager gelagert zum Auffangen der axialen Stöße, die beim Aufsteigen des Zylinders auf das Leder oder beim Herunterrollen von Leder auftreten. Die Lager für die Zapfen des Walzzylinders sind vertikal verschiebbar angeordnet. Der Druck auf

das Leder wird erzeugt durch zwei Pufferfedern, welche sich unten auf diese Lager stützen und oben gegen zwei Spindeln drücken, die durch einen mit Handrad versehenen Schnecken-
radantrieb gesenkt wer-
den können. Durch Her-
unterschrauben dieser
Spindeln kann bei den
stärkeren Konstruktio-
nen die Walze einen
Druck von 30 000 bis
40 000 kg, berechnet auf
die gesamte Druckfläche, auf das Leder ausüben. Der Druck muß
der Lederstärke und der
Lederqualität jeweils an-
gepaßt werden. Beim
Aufsteigen der Walze
auf das Leder erhöht sich

Abb. 285. Lederwalze (Badische Maschinenfabrik, Durlach).

der Druck infolge der in diesem Augenblick vorhandenen geringen Preßfläche so-
weit, daß die Kanten des Leders sich stark zusammendrücken und sich dabei dunkel färben. Diesem Nachteil kann man entweder dadurch begegnen, daß man ein Stück Lederabfall vorlegt, so
daß die Walze schon angehoben ist,
wenn sie auf das zu walzende Leder
kommt oder dadurch, daß man durch
eine besondere Einrichtung die Walze
soweit anhebt, daß sie nur ganz locker
auf der Walzbahn aufliegt. Das Anheben erfolgt durch zwei Regulierschrauben am unteren Teil des Karrens,
durch welche die vertikal beweglichen
Achsenlager der Lederstärke entsprechend gehoben werden. Der Druck der

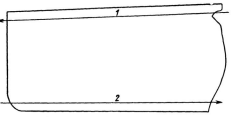

Abb. 286. Bahnen beim Walzen eines Kernstuckes.
1, 2 Fleischseite.

Pufferfedern wird dann von diesen Regulierschrauben aufgefangen und kommt erst voll zur Auswirkung, wenn die Achsenlager durch Aufsteigen des Zylinders auf das Leder von den Regulierschrauben abgehoben werden.

Da das Leder durch den Druck
des Zylinders nicht nur zusammengedrückt, sondern auch gedehnt wird,
ist es notwendig, beim Walzen die
Struktur der Haut zu berücksichtigen. Die festen, beim Ausstoßen
gedehnten Stellen strecken sich beim
Walzen nur wenig, während die
weicheren eingestoßenen Teile sich
stärker ausdehnen. Der Kern des Leders neigt infolgedessen dazu, seine
tonnige Form, die beim Stoßen be-

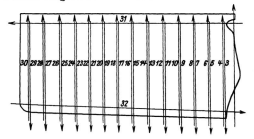

Abb. 287. Bahnen beim Walzen eines Kernstückes.
3—32 Narbenseite.

seitigt worden war, wieder anzunehmen, wenn man ihn in Bahnen parallel zur Rückenlinie walzt. Man legt daher das Leder so unter die Walze, daß zunächst eine Bahn längs der Rückenlinie gewalzt und dieser Teil gedehnt wird. Dann läßt man die Walze senkrecht zur Rückenlinie über das Leder laufen, wodurch nur eine Dehnung in der Querrichtung eintritt. Vielfach führt man dabei die Walze so, daß sie an der Bauchseite des Leders aufsteigt und in der Nähe der Rückenlinie umgesteuert wird und wieder zurückläuft (siehe Abb. 286 u. 287), um die Stärke des Leders in der Rückenlinie nicht mehr als nötig zu vermindern. Je nach Art des Leders und der Gerbung sowie nach der Höhe des angewandten Drucks vermindert sich die Stärke des Leders in den verschiedenen Teilen der Haut um 10 bis 20%.

Da beim Ausstoßen der Klauen diese sich häufig nicht flach legen lassen und daher eingeschnitten werden müssen und die dabei entstehenden Zipfel übereinanderliegen, erfolgt hier das Walzen in der Weise, daß ein Zipfel zunächst zurückgebogen und der zweite gewalzt wird, anschließend der gewalzte Zipfel zurückgebogen und der erste bearbeitet wird. Soll das Leder nur leicht gewalzt werden, so walzt man nur von der Narbenseite. Vielfach ist es aber auch notwendig, zuerst von der Fleischseite und anschließend von der Narbenseite zu walzen.

Wenn sich beim Walzen dunkle Flecken auf dem Leder bilden, so kann dies in einer ungleichmäßigen Befeuchtung des Leders seine Ursache haben. Bei Anwendung eines höheren Druckes machen sich aber auch Ungleichheiten in der Lederstärke durch eine Schattierung des Narbens bemerkbar. Bei Unterleder zeichnen sich nach dem Walzen die einzelnen Bahnen, in welchen der Scherdegen über die Haut geführt wurde, häufig ab. Vor allem bei Verwendung zu harter Scherdegen bleiben zwischen den einzelnen Bahnen Rippen stehen, die dann beim Walzen durch die größere Stärke des Leders mehr Druck erhalten und sich auf dem Narben dunkler färben. Ausheber und dünnere Stellen der Haut fallen als hellere Flecken auf.

Durch den Druck des polierten Walzzylinders wird sowohl die Aasseite wie die Narbenseite geglättet. Der Narben erhält dabei meist einen gewissen Glanz. Die Festigkeit des Leders wird erhöht, die Wasserdurchlässigkeit vermindert, der Schnitt wird geschlossener und dunkler.

3. Pendeln.

Zum Walzen leichterer Leder findet hier und da die Pendelwalze Verwendung. Die Wirkungsweise gleicht sehr der Rollmaschine. Das eigentliche Werkzeug besteht in einer sich drehenden Messingwalze, die an einem Pendel befestigt ist. Durch einen Kurbelmechanismus wird der Pendel hin und her über die gerade oder gekrümmte Unterlage, auf welche das Leder gelegt wird, geführt. Der Druck kann durch ein Handrad reguliert werden.

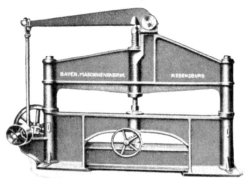

Abb. 288. Pendelwalze (Bayerische Maschinenfabrik F. J. Schlageter, Regensburg).

4. Hämmern.

Für feste Leder verwendet man vereinzelt den Lederhammer oder Klopfhammer. Das Leder wird dabei unter einem Hammerstempel langsam weiterbewegt, welcher starke Hammerschläge auf das Leder ausübt (siehe Abb. 288). Der Hammerstempel besteht aus einem runden Stahlhammer, der durch eine Feder hochgezogen und durch einen durch Kurbel auf- und abbewegten Hebel heruntergedrückt wird. Die Unterlage, der „Ambos", ist in seiner Höhe durch ein Handrad zu regulieren.

Nach dem Walzen, Pendeln oder Hämmern müssen stärker angefeuchtete Leder nachgetrocknet werden, da sonst ein Teil der durch das Walzen erzielten Festigkeit wieder verlorengeht. Es geschieht dies dadurch, daß man die Leder für kurze Zeit einem starken Warmluftstrom aussetzt oder auch in den für die Ledertrocknung vorhandenen Einrichtungen oder in den meist warmen Zurichtraum ca. 1 Stunde hängen läßt.

XI. Das Messen des Leders.

Das fertige Leder wird teils nach Gewicht, teils nach Flächenmaß verkauft. Maßgebend für die eine oder andere Art ist in erster Linie die Lederstärke, derart, daß alle Lederarten, bei welchen die Haut im wesentlichen ihre ursprüngliche Stärke behält, nach Gewicht gehandelt werden, während man dünn ausgespaltene Häute und alle Fellarten nach Flächenmaß dem Käufer in Rechnung stellt.

Die Ermittlung des Gewichts von Sohlleder, Vacheleder, Riemenleder, Geschirrleder, Fahlleder, stärkeren Blankledersorten, verschieden technischen Ledern, wenig zugerichteten Spalten u. dgl. erfolgt in der üblichen Weise auf geeigneten Wagen. Als Gewichtseinheit gilt entweder das Kilogramm oder die in einzelnen Staaten übliche besondere Gewichtseinheit.

1. Flächenmeßmaschinen.

Alle Arten Chromoberleder, Feinleder, Glacéleder, Bekleidungsleder, feinere Blankledersorten, Polster-Vachetten und ähnliche Spezialleder werden heute nach Quadratfuß und Quadratmeter gehandelt. In den Maßeinheiten besteht jedoch zur Zeit noch keine Einheitlichkeit.

Bis zu Ende des vergangenen Jahrhunderts wurden Felle meist nach Stückzahl an den Käufer abgegeben. Zahleinheiten waren das Dutzend (12 Stück), der

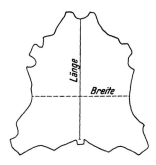

Abb. 289. Länge plus Breite (an der schmalsten Stelle).

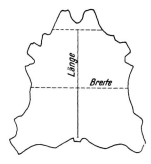

Abb. 290. Nabelmaß.

Decker (10 Stück), die Stiege (20 Stück), das Zimmer (40 Stück). Dabei wurden diese Einheiten, z. B. das Dutzend mit einem Durchschnittsmaß oder einheitlichem Flächenmaß zusammengestellt. Ein Dutzend Felle von 175 cm enthielt z. B. 12 Felle von 175 cm, d. h. die ganze Länge von Kopf zum Schwanz wurde zu der Breite an der absolut schmalsten Stelle (siehe Abb. 289), meist in der Nabellinie hinzuaddiert. In anderen Fällen wurde das „Nabelmaß" (siehe Abb. 290) angegeben, das Produkt aus der Länge und der Breite am Nabel oder das französische

Maß: Länge von der Schwanzwurzel bis zum Ende des Halses mal Breite in der Mitte der Länge gemessen (siehe Abb. 291).

Bei Rindleder wurde das Mülheimer Maß (siehe Abb. 292) angewandt, errechnet aus der Länge vom unteren Rande (Stoß) bis zur Mitte der Backen —

Abb. 291. Französisches Maß.   Abb. 292. Mülheimer Maß.

mal der Breite — 50 oder 60 cm vom Stoß — d. h. in einem Abstand von 50 oder 60 cm vom unteren Rand nach dem Hals zu gemessen. Bei dem rheinischen Maß wurde die Breite, einheitlich 60 cm vom Stoß gemessen, mit der ganzen Länge multipliziert. In Ländern mit anderen Maßsystemen, z. B. dem Zoll, legte man bei ähnlichen Meßmethoden diese Maßeinheiten zugrunde.

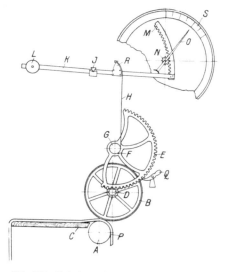

Abb. 293. Meßschema der „Sawyer" Meßmaschine.

Ein heftiger Streit um die Meßmethoden entbrannte um die Jahrhundertwende, als von Amerika die ersten Meßmaschinen herüberkamen. Diese gestatteten das Flächenmaß des Leders in Quadratfuß leicht und schnell zu bestimmen. Man sah in dieser neuen Methode eine Belastung des Käufers und Verkäufers, da die Anschaffung solcher Maschinen erhebliche Unkosten verursachte und beiden Teilen ohne die Maschine die Meßkontrolle erschwert wurde. Da der Fuß kein einheitlich festgelegtes Längenmaß darstellte — der Pariser Fuß mißt z. B. 325 mm, der englische nur 305 mm — so war mit der Angabe des Maßes in Quadratfuß noch keine zuverlässige Basis geschaffen und ist auch bis heute noch nicht endgültig erreicht. Alle Bemühungen, das metrische System zugrunde zu legen, sind gescheitert. Lediglich bei Vachetten hat sich dieses Maßsystem durchgesetzt, so daß deren Flächenmaß in Quadratdezimeter bzw. Quadratmeter angegeben wird. Zudem waren die Meßmaschinen lange Zeit so unzuverlässig, daß die Eichämter der verschiedenen Länder sich zur Eichung der Maschinen nicht entschließen konnten. Erst die in der Nachkriegszeit erfolgte Verbesserung der Meßmaschinen, die eine Maßbestimmung mit Fehlergrenzen unter 2% gestatteten, ließen die Eichung der Meßmaschinen zu.

Das Prinzip der modernen Meßmaschinen beruht darauf, daß die zu messende

Lederfläche in gleichbreite, parallele Bänder meist von 1 Zoll Breite zerlegt gedacht wird, die Länge der einzelnen Bänder gemessen und addiert und dieses Längenmaß auf eine entsprechend geeichte Skala übertragen wird. In der Skizze (siehe Abb. 293) ist der Vorgang schematisch dargestellt. Die Transportwalze A ist zwangsläufig angetrieben und setzt das daraufliegende Meßrad B in entgegengesetzte Bewegung. Das Le-
der wird vom Zuführungstisch C
aus zwischen die Transportwalze
A und das Meßrad B eingeführt
und läuft dann selbsttätig weiter.
Sobald das Leder unter das Meßrad B kommt, wird dieses angehoben. Dadurch greift das auf
der Achse des Meßrades B befestigte Zahnrad D in die Zähne
des Zahnsegments E ein, welches
sich solange weiterbewegt, als das
Leder unter dem Meßrad durch-

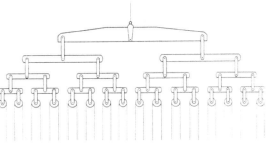

Abb. 294.   Summierwerk.

geht. Wenn das Leder die Maschine passiert hat, fällt das Meßrad wieder auf die Transportwalze A herunter, das Zahnrad D verliert seine Berührung mit dem Zahnsegment E. Eine Fixierungsvorrichtung Q sorgt dafür, daß das Seg-
ment nicht zurückfallen kann. An der Achse G des Zahnsegments E ist eine Kette oder ein Stahlband bei F befestigt. Entsprechend der unter dem Meßrad hindurchgegangenen Lederbandlänge wird auf die
Achse G eine äquivalente Länge Stahlband aufge-
wickelt. Die Verkürzung des Stahlbands H äußert
sich durch einen entsprechenden Zug an dem im
Drehpunkt J gelagerten Waagebalken K, der durch ein
Gegengewicht L in seiner Lage gehalten wird. Der
Waagebalken trägt bei M ein Zahnsegment, welches in
das Zahnrad N des Zeigers O eingreift. Die Bewegung
des Waagebalkens K äußert sich in einer Drehung des
Zeigers O, der über einer Skala S spielt und die Länge
des gemessenen Lederbandes anzeigt. Beträgt die Breite
des vom Meßrad B abgetasteten Lederbandes 1 Zoll,
so ergibt die Länge in Zoll die gemessenen Quadratzoll
an. Bei den Meßmaschinen ist eine der Breite des
Leders entsprechende Anzahl solcher Abtastorgane
nebeneinandergestellt. Die Verkürzungen der Stahlbänder der Einzelorgane werden durch ein Hebelwerk (siehe Abb. 294) oder Summierwerk in bestimmter Verjüngung nach einem Punkt hin zusammengezogen und äußern sich durch einen entsprechenden
Zug an dem Waagebalken, der die Größe seiner

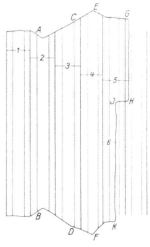

Abb 295.   Schema der Flächen-
abtastung.

Bewegung auf den Zeiger überträgt. Die Skala, über welcher der Zeiger spielt, ist so geeicht, daß das abgetastete Maß in Quadratfuß oder Quadratmeter und deren Unterteilungen angezeigt wird.

Das Prinzip der Flächenbestimmung durch Aufteilung der Fläche in Bänder bestimmter Breite, deren Länge gemessen wird, läßt theoretisch eine genaue Flächenbestimmung zu bei geradlinig begrenzten Flächen. Die unregelmäßige Begrenzung der Haut liefert jedoch nur Annäherungswerte. Folgende Fehler sind zu berücksichtigen:

1. Der Breitenfehler. Dieser entsteht dadurch, daß die einzelnen Meßräder nicht schneidenförmig ausgebildet werden dürfen, da sie dann auf dem Leder gleiten und störende Eindrücke hinterlassen könnten. Die Meßräder haben eine Breite von ca. 20 mm bei einem Abstand von Mitte zu Mitte von 25 bis 30 mm. Das Band 1 (siehe Abb. 295) wird in seiner wahren Größe bestimmt. Bei Band 2 wird annähernd ein richtiges Maß angegeben, da die Länge AB gemessen wird. Band 3 wird durch die Länge CD zu groß angegeben, ebenfalls Band 4 dadurch, daß die Länge EF gemessen wird. Der Fehler ist also stets positiv.

2. Der Randfehler entsteht sowohl durch die Breite der Meßräder als auch durch den toten Raum zwischen zwei Meßrädern. Bei Band 5 wird der Teil GH zu klein gemessen, der Teil JK zu groß angegeben. Der Fehler ist teils positiv, teils negativ. Der Breitenfehler ist bei neueren Konstruktionen fast ganz ausgeschaltet, während der Randfehler sich nicht beseitigen läßt.

3. Der Dickenfehler kommt bei dem oben beschriebenen System dadurch zustande, daß die Meßräder sich zu früh heben und zu spät senken. Das Messen beginnt in dem Augenblick, wo das Meßrad B (siehe Abb. 298) durch das ein-

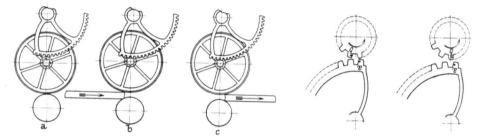

Abb. 296. Entstehen des Dickenfehlers.   Abb. 297. Zahnfehler.
a Zahnsegment ohne Eingriff, b vorzeitiges Eingreifen,   a, b Zusammengehörige Zahnflanken.
c verspätetes Ausnicken des Zahnsegments.

geführte Leder soweit angehoben wird, daß das Zahnrad D in das Segment E eingreift. Dies darf erst eintreten, wenn das Leder die Mittellinie AB erreicht hat. Beträgt der Abstand des Zahnrads B vom Segment E nur 0,5 mm und führt man ein 2,5 mm starkes Leder ein (siehe Abb. 296b), so setzt die Bewegung des Segments schon ein, wenn das Leder noch ca. 15 mm von der Mittellinie entfernt ist und geht solange weiter, bis das Leder ca. 15 mm hinter der Mittellinie angekommen ist (siehe Abb. 296c). Dadurch wird sowohl entlang den einlaufenden als auch den auslaufenden Rändern ein Streifen von ca. 15 mm Breite zuviel gemessen. Dieser Fehler ist dadurch verringert worden, daß man die Zahnsegmente in der Höhe verstellbar anordnete. Die Segmente werden soweit angehoben, daß der Abstand zwischen Zahnsegment und Zahnrad 0,5 mm weniger beträgt als die Lederstärke. Damit ist aber der Fehler nicht ausgeschaltet und bei den schwankenden Lederstärken nie ganz zu beseitigen. Der Fehler wirkt sich ebenfalls stets positiv aus. Bei den neueren Konstruktionen ist er gänzlich beseitigt.

4. Der Zahnfehler: Beim Anheben der Meßräder durch das einlaufende Leder wird nicht immer ein Zahn des Zahnrades auf eine Zahnlücke des Zahnsegments treffen. Infolgedessen muß sich das Zahnrad so lange weiterdrehen, bis ein Zahn des stillstehenden Segments in seine nächste Lücke einfällt. Erst dann beginnt das Segment sich zu drehen. Der Zahnfehler wirkt also stets negativ (siehe Abb. 297).

5. Der Klinkenfehler: Wenn das Segment durch den Durchgang des Leders

gedreht wird, so muß es, nachdem das Leder das Meßrad passiert hat, in dieser Lage fixiert werden. Dies geschieht durch eine Klinke Q (siehe Abb. 298), die erst nach Ablesung des Meßergebnisses abgehoben wird, so daß das Segment in seine Anfangsstellung zurückfallen kann. Auch hier entsteht ein Fehler, wenn sich die Klinke in dem Augenblick, wo das Meßrad nach dem Durchgang des Leders wieder herunterfällt, auf einem Zahn befindet. Das Segment läuft dann soweit zurück, bis die Klinke in die benachbarte Zahnlücke eingreift. Dieser Fehler ist stets negativ.

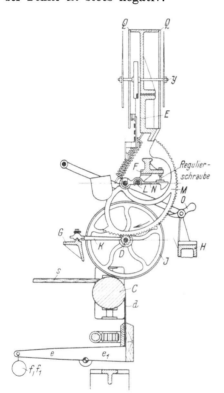

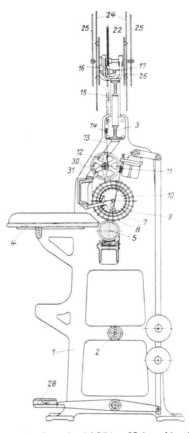

Abb. 298. Anordnung der „Sawyer" Meßmaschine (Badische Maschinenfabrik, Durlach).

Abb. 299. Anordnung der eichfähigen Meßmaschine „Turner", Seitenansicht (Turner A. G., Frankfurt a. M.).

Auch dieser Fehler ist bei den neuen Konstruktionen beseitigt.

Die hier genannten Fehler der Sawyer-Maschine (siehe Abb. 298) lassen sich durch eine Einstellvorrichtung mehr oder weniger ausgleichen. Diese besteht darin, daß sich der Hebelarm der Wage vom Drehpunkt bis zum Angriffspunkt des Stahlbands des Summierwerks in seiner Länge verändern läßt. Die Adjustierung der Maschine erfolgt dann derart, daß man Meßbogen, deren Fläche auf anderem Wege genau bestimmt wurde, durch die Maschine gehen läßt und den Hebelarm dann so in seiner Länge verändert, bis das vom Zeiger auf der Skala angezeigte Maß mit dem des Meßbogens übereinstimmt. Der Breitenfehler, Randfehler, Zahnfehler und Klinkenfehler können dadurch auf ein kleines Maß bei Messungen innerhalb der Größe des Meßbogens zurückgeführt werden. Der Dickenfehler läßt sich dadurch annähernd ausgleichen, daß die Transportwalze oder die Zahnsegmente durch eine besondere Einrichtung der Lederstärke ent-

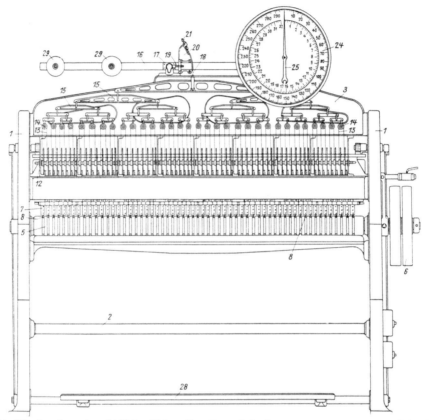

Abb. 300. Anordnung der eichfähigen Meßmaschine „Turner", Vorderansicht (Turner A. G., Frankfurt a. M.).

Abb. 301. Eichfähige Meßmaschine „Turner",
die Meßorgane (Turner A. G., Frankfurt a. M.).

sprechend gehoben oder gesenkt werden.
Auch hier kann eine Kontrolle durch Meßbogen in gleicher Stärke wie die zu
messenden Leder durchgeführt werden.
Die Meßgenauigkeit ist daher wesentlich
von der Aufmerksamkeit und Gewissen-
haftigkeit des die Maschine bedienenden
Arbeiters abhängig, so daß sich die Eichämter bisher nicht zu einer Eichung
solcher Maschinen haben entschließen
können. Durch eine veränderte Konstruktion, wie sie bei der Primesma-Meß-
maschine der Maschinenfabrik Turner
A. G., Frankfurt a. M; durchgeführt worden ist, sind die dem Sawyer-System anhaftenden Fehler fast ganz beseitigt worden. Bei diesem System (siehe Abb. 299,
300 und 301) ist die von der Transmission
oder direkt durch einen Elektromotor angetriebene Transportwalze 5 mit Nuten N
versehen. Auf der Transportwalze liegen an

Hebeln *H* befestigte Laufräder 7, die beim Leerlauf durch die Transportwalze in Drehung versetzt werden. Beim Einschieben von Leder zwischen Laufräder und Transportwalze werden die Laufräder angehoben und laufen nun auf dem durch die Transportwalze weiter bewegtem Leder mit. Die Laufräder, die einen Abstand von 1 Zoll haben, sind im Umkreis mit Stiften 8 versehen, die ganz lose geführt sind, so daß sie nach unten fallen und an der unteren Seite des Laufrades herausragen. Beim Leerlauf bewegen sich die Stifte frei durch die Nuten *N* der Transportwalze.

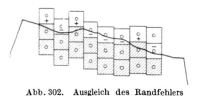

Abb. 302. Ausgleich des Randfehlers (Turner A. G., Frankfurt a. M.).

Wird Leder eingeführt, so stoßen die Stifte auf das Leder und werden dadurch angehoben. Sie ragen dann auf der Innenseite des inneren Führungskranzes *F* heraus. Jeder nach innen herausragende Stift geht an dem Zahnrad 9 vorbei und dreht dieses um eine Zahnbreite weiter. Die Umdrehungen des Zahnrades 9 werden durch eine Spindel 10 auf die Schnecke 11 und weiter auf das Schneckenrad 12 übertragen. Auf der Achse des Schneckenrades sitzt mit diesem fest verbunden ein kleiner Zapfen, an welchem das Stahlband 13 des Summierwerks 14, 15 befestigt ist. Hier wird ein — der Länge des unter dem Laufrad durchgegangenen Lederbandes — entsprechendes Maß Stahlband aufgewickelt. Die Verkürzung der Stahlbänder wird durch das Hebelwerk des Summierapparats in entsprechend verjüngtem Maße auf die Wage 16 und von dort auf den Zeiger übertragen. Die Nulleinstellung erfolgt durch Abheben der Schnecke 11 vom Schneckenrad 12, welches dann bis zum Anschlag an eine Warze 31 zurückläuft.

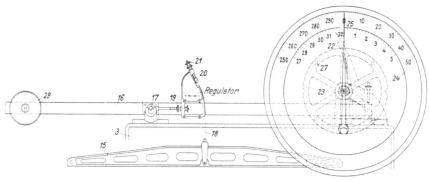

Abb. 303.

Da das Zahnrad 9 auf der Spindel vertikal verschiebbar angeordnet wurde, ist das Meßergebnis von der Lederstärke völlig unabhängig. Der Breitenfehler ist dadurch verringert, daß nicht ein Band, sondern nur eine der Stiftstärke entsprechende Linie abgetastet wird. Der durch den Abstand der Stifte am Umfang der Laufräder verursachte Fehler entspricht dem Randfehler bei der Sawyer-Maschine (siehe S. 748). Während er dort, wie gezeigt wurde, stets negativ wirkt, gleicht er sich bei der Primesma-Maschine aus, denn er ist hier bald positiv, bald negativ, je nachdem, ob der Stift, der für das unvollständige Randquadrat registrieren soll, noch auf das Leder auftrifft oder nicht (siehe Abb. 302). Der Klinkenfehler kommt in Wegfall, weil die Schneckentriebe selbsthemmend wirken. Ein etwaiger Zahnungsfehler durch unvollständiges Kämmen von Schnecken und Schneckenrädern wird vermieden, indem man die letzteren in ihrer Anfangslage so einrichtet, daß sich die Gänge der Schnecke stets in die Zahnlücken der Schneckenräder legen.

Diese Maschine ist als eichfähig anerkannt worden und wird dadurch geeicht, daß die Hebellänge der Waage, vom Drehpunkt *17* (siehe Abb. 303) bis zum Angriffspunkt des Stahlbands *20* fixiert wird. Die Schrauben *19*, die zur Verschiebung des Regulators *20* dienen, werden nach der Einstellung durch Plomben gesichert.

Für das Messen gelten folgende Regeln: Vor Beginn des Messens ist der Zeiger in die Nullstellung zu bringen. Dies geschieht durch Verlängerung oder Verkürzung des am Waagehebel angreifenden Stahlbandes durch eine Stellschraube *21* (siehe Abb. 303) am Regulator *20*. Darauf ist die Maschine mit dem Meßbogen zu kontrollieren. Der Meßbogen soll annähernd die Größe — bei den Sawyer-Maschinen auch die Stärke — der zu messenden Leder aufweisen und mit dem genauen Flächeninhalt in Quadratfuß oder Quadratdezimetern bezeichnet sein. Meist werden rechteckige, kreisförmige oder elliptische Bogen, deren Flächen sich rechnerisch ermitteln lassen, verwendet. Es ist darauf zu achten, daß das Material, aus welchem die Meßbogen hergestellt sind, möglichst unempfindlich ist gegen Temperatur- und Feuchtigkeitsschwankungen der Luft. Ist das angezeigte Maß größer als das auf dem Meßbogen angegebene, so läßt sich durch Vergrößerung der Entfernung zwischen dem Drehpunkt *17* der Waage und dem Angriffspunkt des Stahlbands *18* (siehe Abb. 303) des Summierwerkes durch Verstellen der Schraube *19* die Maschine einregulieren. Ist das Maß kleiner, so muß diese Entfernung verkürzt werden durch entsprechende Verschiebung des Regulators zum Drehpunkt hin. Bei den eichfähigen Turner- und Moenus-Maschinen braucht diese Einregulierung nur einmal nach der Montage vorgenommen zu werden. Zur Eichung wird der Angriffspunkt des Stahlbands durch Plombieren der für die Verschiebung vorgesehenen Schrauben am Regulator festgelegt.

Bei den Sawyer-Systemen ist bei Wechsel in der Größe und Stärke der zu messenden Leder die Maschine jeweils auf diese Stärke einzustellen und jeweils mit dem entsprechenden Meßbogen zu kontrollieren und zu regulieren. Wenn diese Maschine richtig eingestellt ist, müssen beim Leerlauf alle Zahnsegmente in Ruhe bleiben, während beim Durchgang des Leders die durch das Leder angehobenen Zahnräder zum vollen Eingriff kommen sollen. Infolge Schwankungen in der Lederstärke ist eine dauernde Beobachtung der Maschine in dieser Richtung erforderlich, um Fehlmessungen zu vermeiden. Da die Laufräder durch ihren Druck meist Spuren auf dem Leder hinterlassen, wird dieses mit der Narbenseite nach unten auf den Einführungstisch gelegt und in die Maschine eingeführt. Meist ist es üblich, Felle mit dem Schwanzende einlaufen zu lassen. Während die Mitte des Fells in der Rückenlinie an der Tischkante leicht gebremst wird, sorgt man dafür, daß die Klauen möglichst glatt und faltenlos durch die Maschine gehen. Jede Falte bedeutet einen Maßverlust. Das vom Zeiger angezeigte Maß wird auf dem Fell vermerkt.

Halbe Häute werden ebenfalls mit der Schwanzseite in die Maschine eingelassen. Es ist aber darauf zu achten, daß die Rückenlinie nicht gerade, sondern schräg die Maschine durchläuft, da sich der Randfehler sonst stark bemerkbar macht.

Stark zügige Leder, wie Glacéleder, Bekleidungsleder und Sämischleder, sollen sorgfältig ausgebreitet und unter leichtem Zug durch die Maschine gelassen werden.

Die Ledermeßmaschinen der Bauart der Maschinenfabrik Turner A. G., Frankfurt a. M. (Primesma), deren Flächenmaßergebnisse nicht von der Dicke des Meßguts beeinflußt werden, sind allgemein zur Eichung zugelassen. Nach Angabe der Physikalisch-Technischen Reichsanstalt, Abt. I für Maß und Gewicht sollen auf

Grund von Sonderbestimmungen gegebenenfalls künftig auch Ledermeßmaschinen, deren Maßanzeigungen von der jeweiligen Dicke des Meßguts in der Weise beeinflußt werden, daß bei dickerem Meßgut mehr angezeigt wird als bei dünnerem von gleichem Flächeninhalt, zur Eichung zugelassen werden, wenn sie für eine bestimmte Dicke des Meßguts, für die sie hauptsächlich im Betrieb angewendet werden sollen, innerhalb der Eichfehlergrenze von 2% richtig befunden worden sind. Die Anwendung solcher Maschinen (System Sawyer) soll jedoch hinsichtlich der Dicke des Meßguts beschränkt werden. Zu diesem Zweck müssen diese Maschinen mit der Aufschrift versehen sein: „Nur zulässig für Dicken von ... bis ...."

Durch eine ab 1. Januar 1935 in Kraft gesetzte Verordnung über die Eichpflicht von Meßwerkzeugen und Meßmaschinen für Längenmessungen und Flächenmessungen, ist der Eichzwang auch auf Ledermeßmaschinen, die im öffentlichen Verkehr zur Bestimmung von Leistungen angewendet und bereitgehalten werden, ausgedehnt worden.

Die Flächenmaße im Lederhandel werden bei Schuhoberleder u. dgl. meist in englischen Quadratfuß angegeben, bei Möbelvachetten u. dgl. meist in Quadratdezimetern. Es ist wiederholt, auch seitens des Bureau International des Poids et Mesures, angeregt worden, auf dem Gebiet des Meßwesens im Lederhandel allgemein an Stelle des vielfach angewendeten Meßsystems nach englischen Quadratfuß das metrische System einzuführen. Dabei wurde das Quadratdezimeter als geeignete Einheit des Flächenmaßes vorgeschlagen. Bisher sind diese Bestrebungen hauptsächlich an dem Widerstand Englands und seiner Dominions gescheitert. Neuerdings haben einzelne Länder für sich, zuletzt Polen und Rußland, das metrische System mit dem Quadratdezimeter als Einheit an Stelle des englischen Meßsystems im Lederhandel vorgeschrieben. In diesen Ländern werden daher nur solche Meßmaschinen zur Eichung zugelassen, die ausschließlich mit einer metrischen Teilung versehen sind. In Deutschland ist bisher mit Rücksicht auf die Ausfuhr nach Ländern, in denen das Leder nach englischen Quadratfuß gemessen und gehandelt wird, von einer solchen Vorschrift Abstand genommen worden.

Die allgemein maßgebende Beziehung des englischen Quadratfußes zum metrischen System beruht auf dem im Jahre 1898 in England gesetzlich eingeführten Wert: 1 Yard = 3 Fuß = 0,914399 Meter. Daraus ergibt sich: 1 engl. Fuß = 0,30480 Meter und — 1 engl. Quadratfuß = 0,092903 Quadratmeter oder = 9,2903 Quadratdezimeter und 1 Quadratdezimeter = 0,107639 Quadratfuß. Die Umrechnung von Quadratfuß in Quadratdezimeter ermöglicht folgende Tabelle 77:

Tabelle 77. Umrechnungstabelle (Quadratfuß in Quadratmeter).

Quadratfuß	Quadratmeter	Quadratfuß	Quadratmeter	Quadratfuß	Quadratmeter
$^1/_8$	0,0116	8	0,7432	19	1,7651
$^1/_4$	0,0232	9	0,8361	20	1,8580
$^1/_2$	0,0464	10	0,9290	30	2,7870
$^3/_4$	0,0096	11	1,0219	40	3,7160
1	0,0929	12	1,1148	50	4,6450
2	0,1858	13	1,2077	60	5,5740
3	0,2787	14	1,3006	70	6,5030
4	0,3716	15	1,3935	80	7,4320
5	0,4645	16	1,4864	90	8,3610
6	0,5574	17	1,5793	100	9,2903
7	0,6503	18	1,6722	1000	92,9030

Bezüglich der Abrundung des auf der Skala der Meßmaschinen angezeigten
Maßes bestehen keine besonderen Vorschriften. Das Meßergebnis kann an der
metrischen Skala der Maschine ohne weiteres auf Zehntelquadratdezimeter abgelesen werden. Bei Angabe des Meßergebnisses in ganzen Quadratdezimetern
werden die überschüssigen Zehntel in der üblichen Weise nach oben oder unten

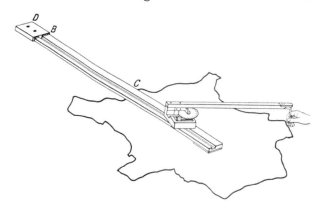

auf das nächste ganze
Quadratdezimeter abge-
rundet. Bei der Maß-
angabe in engl. Quadrat-
fuß ist es vielfach üblich,
die Flächenmaße nur bis
auf $^1/_4$ Quadratfuß, seit
einiger Zeit auch auf $^1/_8$
Quadratfuß anzugeben,
wobei die Abrundung
für gewöhnlich nach
oben erfolgt. Diese Art
der Aufrundung ist bei
der erhöhten Meßge-
nauigkeit der geeichten
Meßmaschinen nicht ge-
rechtfertigt.

Abb. 304. Messen mit dem Planimeter (nach C o r a d i).

Die Fehlergrenzen betragen gemäß der Eichordnung $\pm 1\%$. Das angegebene
Maß darf also nicht mehr als 1% nach oben und unten vom wirklichen Maß abweichen. Es ist jedoch beabsichtigt, wegen der erheblich höheren Meßgenauigkeit
der eichfähigen Meßmaschinen die Fehlergrenzen herabzusetzen.

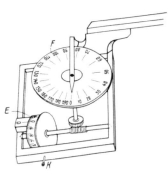

Hinsichtlich des Meßbereichs der Meßmaschinen
bestimmt die Eichordnung, daß Flächen, die kleiner
sind als $^1/_{20}$ der größten Fläche, zu deren Aus-
messung das Meßgerät ausreicht, auf der Maschine
nicht gemessen werden dürfen. Der Meßbereich
muß auf den geeichten Maschinen angegeben
werden.

Für Einzelmessungen und Kontrollmessungen
sind verschiedene Apparate konstruiert worden,
die als Planimeter bezeichnet werden und meist zur
Eichung zugelassen sind. Das Messen erfolgt derart,
daß der Apparat auf oder neben das zu messende
Leder gestellt und die Umgrenzungslinie des
Leders mit einem „Fahrstift" umfahren wird.

Abb. 305. Meßwerkzeug des Plani-
meters (nach C o r a d i).

Das Umfahren erfolgt von einem markierten Punkt
am Rande des Leders meist in der Richtung des Uhrzeigers. Löcher in der Lederfläche werden durch das Umfahren in entgegengesetzter Richtung subtrahiert.
Die Apparate werden für alle vorkommenden Meßbereiche konstruiert. Von den
zahlreichen Konstruktionen soll hier nur das Planimeter von C o r a d i näher beschrieben werden, welches in der Lederindustrie als Kontrollmaß vielfach Verwendung findet. Das Holzlineal (siehe Abb. 304) ist mit seinem Abschnitt BD
auf dem Tisch befestigt. Der Teil BC kann aufgeklappt werden. Das zu messende
Leder wird mit dem Schwanz bei C angelegt und das Lineal in der Richtung
Schwanz—Kopf daraufgelegt. Der Meßapparat wird nun in der Nähe von B
so auf die Schiene gesetzt, daß seine Achse in der Nute des Lineals sich bewegen
kann. Der am Meßapparat angebrachte Fahrstab wird mit seinem Fahrstift

bei C am Rand des Leders in die Nute eingesetzt. Dann werden Meßrolle E (siehe Abb. 305) und Meßscheibe F auf O eingestellt. Die Meßrolle trägt auf ihrer Achse eine Schnecke, welche die Bewegung auf die Meßscheibe im Verhältnis 10 : 1 überträgt. Nun fährt man mit dem Fahrstift von C aus im Sinne des Uhrzeigers genau am Rande des Leders entlang, bis man bei C wieder angelangt ist. Auf der Meßscheibe lassen sich die Quadratdezimeter von 10 zu 10 Quadratdezimeter oder auch die ganzen Quadratfuß ablesen, auf der Meßrolle die ganzen und zehntel Quadratdezimeter oder $^1/_{10}$ und $^1/_{100}$ Quadratfuß. Im Leder vorhandene Löcher sind besonders zu messen und von dem Gesamtmaß abzuziehen. Der Apparat mißt nur dann genau, wenn das Leder vollkommen flach liegt. Faltige Leder müssen daher auf der Unterlage möglichst flach befestigt werden. Von anderen Planimetern seien erwähnt das Stangenplanimeter, das Areameter nach Connolly, das Kettenplanimeter, das Fadenplanimeter und das Zahnstangenplanimeter.

2. Dickenmesser.

Für die Bestimmung der Dicke des Leders lassen sich die in der Metallindustrie gebräuchlichen Schublehren und Mikrometer verwenden. Doch hat sich in der Lederindustrie ein Schnellmesser überall eingeführt, der es ermöglicht, die Dicke des Leders an jeder Stelle im Augenblick abzulesen. Die Abb. 306 zeigt den Apparat. An dem für die Reichweite des Apparats mehr oder weniger groß ausgebildeten Bügel sind an dessen offener Seite zwei Taster angebracht, die für hartes Material halbkugelförmig ausgebildet werden, für weichere Leder aber flach mit größerem oder geringerem Durchmesser ausgeführt werden. Der obere Taster ist verschiebbar angeordnet und läßt sich durch einen Hebel anheben zum Einführen des Leders. Eine Feder drückt den

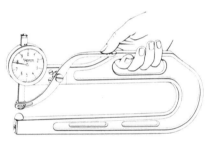

Abb. 306. Lederdickenmesser.

Taster herunter, so daß das Leder fest zwischen den beiden Tastern liegt. Die Gleitführung des oberen Tasters trägt an einer schmalen Kante eine feine Zahnteilung, in welche ein auf der Zeigerachse befestigtes Zahnrad eingreift. Wenn beide Taster sich berühren, steht der Zeiger auf 0. Durch das Anheben des oberen Tasters durch das Leder rückt der Zeiger auf der Skala vor und zeigt die Dicke des Leders in $^1/_{10}$ mm genau ablesbar an.

Literaturübersicht.

Borgmann-Krahner: I. Unterlederfabrikation; II. Oberlederfabrikation; III. Feinlederfabrikation; IV. Chromgerbung.
Eichordnung, amtliche Ausgabe 1930.
Friedrich, H.: Mechanik der Gerbereimaschinen (20. Jahresbericht der Deutschen Gerberschule).
Gansser-Jettmar: Taschenbuch des Gerbers.
Grasser, G.: Kurzes Lehrbuch der Chromgerbung.
Gerbereitechnik: Beilage der Lederzeitung und Berliner Berichte.
Gerber, Teplitz-Schönau.
Jablonski, L.: Das Leder, seine Herstellung und Beurteilung.
Jettmar, J.: Handbuch der Chromgerbung.
Jettmar, J.: Kombinationsgerbungen der Loh-, Weiß- und Sämischgerberei.
I. G. Farbenindustrie: Ratgeber für die Lederindustrie.
Kleinschmidt: Schleifindustrie-Kalender 1926.
Klose, R.: Farbspritzen. Verlag Springer 1932.

Kohl, L. P.: Weiß- und Sämischgerbung.

Kohl, F.: Luxuslederfabrikation.

Köhler, G. A.: Kenntnis vom Herstellen und Untersuchen des Leders.

Köhler, G. A.: Warenkenntnis der Schuhbranche.

Lamb-Jablonski: Lederfärberei und Lederzurichtung. II. Aufl.

Lamb-Mezey: Chromlederfabrikation.

Ledertechnische Rundschau: Beilage zu „Die Lederindustrie". Berlin.

Maschinenkataloge der Maschinenfabriken: Badische Maschinenfabrik, Durlach; Bayerische Maschinenfabrik F. J. Schlageter, Regensburg; Fortuna-Werke, Stuttgart-Cannstatt; J. Krause, G. m. b. H., Altona-Ottensen; A. Krautzberger & Co., G. m. b. H., Holzhausen b. Leipzig; M. Luzzatto, Wien X; Moenus A. G. Frankfurt a. M.; Prea, G. m. b. H., Jena; Turner A. G., Frankfurt a. M.

Rischmann, M.: Ledertreibriemen. III. Aufl.

Stiasny, E.: Gerberei-Chemie (Chromgerbung).

Stutz, A.: Die Oberlederkalkulation.

Vogel: Über Deckfarben und ihre Anwendung in der Lederindustrie.

Wagner-Paeßler: Handbuch für die gesamte Gerberei und Lederindustrie.

Wilson-Stather-Gierth: Die Chemie in der Lederfabrikation, I. u. II.

Wiener, F.: Die Lohgerberei.

Wust, W.: Über das Messen der Leder (Ledertechn. Rdsch. 1911).

Zeidler, R.: Die moderne Lederfabrikation. II. Aufl.

Drittes Kapitel

Das Fertigleder.

Von **R. Lauffmann**, Freiberg i. Sa.

A. Allgemeine Eigenschaften des Leders.

Die Eigenschaften des Leders werden durch sein Gefüge und seine stoffliche Zusammensetzung bestimmt und beeinflußt, die wiederum von der Natur der verwendeten Häute und Felle und von der Herstellungsweise des Leders abhängen. Es sind aber auch an den verschiedenen Stellen des Leders einer Haut und bei den verschiedenen Schichten des Leders Unterschiede vorhanden, die sich zum Teil durch Gefügeunterschiede in den verschiedenen Schichten und in der Flächenrichtung der Lederhaut erklären.

Das Gefüge des Leders ist dem Fasergefüge der Lederhaut insofern ähnlich, als es im wesentlichen ein Geflecht von Fasern darstellt, die wiederum aus feineren Fasern, Fibrillen, bestehen. Anderseits unterscheidet sich das feinere Gefüge des Leders von dem der Lederhaut dadurch, daß die Fasern besonders durch die vorbereitenden Arbeiten bei der Herstellung des Leders mehr oder weniger in Fibrillenverbände und Fibrillen gespalten sind und daß ferner die Lage der Fasern und die Form und die Größe der Zwischenräume des Gefüges wesentlich verändert worden ist [W. Moeller (1)].

Der Gefügeunterschied der S c h i c h t e n des Leders zeigt sich darin, daß wie bei der Lederhaut auch beim Leder die Narbenschicht eine dichtere Beschaffenheit hat als die darunterliegende Schicht. Die Unterschiede im Gefüge des Leders einer Haut in der F l ä c h e n r i c h t u n g bestehen besonders in der verschiedenen Stärke und Lage der Lederfasern, indem bei pflanzlich gegerbtem Leder die Faserbündel im Hals und Bauch schwächer sind als im Kern und Schwanz und im Kern in der Richtung Kopf—Schwanz, im Hals teilweise in der Richtung Rücken—Bauch und im Bauch hauptsächlich in letzterer Richtung verlaufen [L. Jablonski (1)].

Bei den nach verschiedenen Gerbverfahren hergestellten Ledern zeigt das Gefüge in den Lederfasern ebenfalls mancherlei Unterschiede, und zwar besonders bei pflanzlich gegerbtem Leder gegenüber den Ledern mit anderen Gerbarten. Die Faser des pflanzlich gegerbten Leders ist am stärksten in Fibrillenverbände und Fibrillen gespalten, während diese bei den Fasern des chromgaren, sämischgaren und aldehydgaren Leders mehr zusammengeschlossen sind [W. Moeller (2)].

Es ist versucht worden, die Unterschiede und anormalen Erscheinungen im Gefüge des Leders mit seiner Güte in Beziehung zu bringen und zu Schlußfolgerungen in dieser Hinsicht zu verwerten.

Die hierbei in Betracht kommenden Unterschiede im Gefüge des Leders betreffen nach M. Kaye die Art der Faserbündelverflechtung, das innere Gefüge der Faserbündel, die mehr oder weniger dichte Lagerung der Faserbündel und die Unterschiede in der Faserbündelverflechtung bei den verschiedenen Schichten und Stellen des Leders.

Die Verschiedenheiten der Faserbündelverflechtung werden von M. Kaye auf drei Grundformen zurückgeführt, von denen die eine (Abb. 307) die normale Form darstellt und die anderen von dieser in verschiedener Hinsicht abweichen, indem die Faserbündel entweder flach gewellt und platt (Abb. 308) oder stark gewellt und dick (Abb. 309) erscheinen.

Die normale Verflechtung der Faserbündel findet sich bei allen guten Ledern, bei deren Herstellung die Arbeiten der Wasserwerkstatt und der Gerbung sachgemäß durchgeführt wurden und die voll, weich und geschmeidig sind. Leder mit platten, schwach gewellten Faserbündeln sind blechig, hart und leer. Die stark gewellten Faserbündel mit dicken Fasern finden sich bei hartem und festem Leder, wie starkem Sohlleder und schwerem Riemenleder, bei denen diese Eigenschaften in verschiedenem Grade nötig sind. Die Unterschiede im inneren Gefüge der Faserbündel bestehen darin, daß diese bei sonst unversehrter Beschaffenheit gar nicht, bzw. infolge Entfernung der Zwischenzellensubstanz in normaler Weise in Fibrillen gespalten oder stark gelockert und dabei sehr stark in Fibrillen zerfallen sind, so daß diese sich leicht aus dem Leder herauslösen

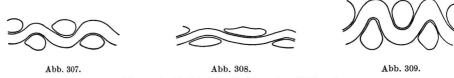

Abb. 307.   Abb. 308.   Abb. 309.
Schema der Farbbündelverflechtung (aus M. Kaye).

lassen. Die ungenügende Zertrennung der Fasern in Fibrillen findet sich in Verbindung mit flach gewellten und platten Faserbündeln bei Ledern aus trockenen Häuten, die nicht genügend geweicht wurden, und verursacht ein hartes und blechiges Leder. Bei Sämischledern und manchen Handschuhledern ist eine gewisse Lockerung des Gefüges der Faserbündel wesentlich, doch muß dabei eine normale Faserverflechtung vorhanden sein. Die mehr oder weniger dichte Lagerung der Faserbündel hat auch einen wesentlichen Einfluß auf die Beschaffenheit des Leders. Wenn die Faserbündel dicht aneinanderliegen, so daß beim mikroskopischen Schnitt Zwischenräume nicht mehr erkennbar sind, so ist das Leder gewöhnlich hart und fest. Wenn die Faserbündel weniger dicht beieinanderliegen, so daß sie sich beim Biegen oder Strecken des Leders gegeneinander bewegen können, so ist das Leder weich und biegsam. Die sehr lockere Lagerung der Faserbündel, die fast immer mit einem lockeren Gefüge verbunden ist, wird durch Verlust an Hautsubstanz, ungenügende Konservierung der Haut, zu starkes Weichen bzw. faules Weichwasser, sowie übermäßiges Äschern und Beizen hervorgerufen. Das Gefüge und die Anordnung der Fasern ist bei guten Ledern in allen Teilen normal. Zwar sind Unterschiede bei den verschiedenen Schichten und Stellen eines Leders vorhanden, doch ist die Zerteilung und die Lagerdichte der Faserbündel von der Narbenseite bis zur Fleischseite gleichartig. Örtliche Abweichungen werden durch Fehler an der Rohhaut infolge von Tierkrankheiten, Bakterienangriff während der Konservierung und des Weichens, ungenügendes oder zu starkes Erwärmen bei der Trockenkonservierung, ungenügendes Weichen, Verleimung der Mittelschicht der nicht genügend durchgegerbten Haut durch Behandlung mit heißen Gerbbrühen und Anhäufungen von Naturfett in der Haut verursacht (M. Kaye).

Zu ähnlichen Ergebnissen wie M. Kaye kommt mit Bezug auf den Zusammenhang des Gefüges mit der Güte des Leders auch R. M. Marriott. Danach spielen hierbei folgende Umstände eine Rolle: Die Dicke der einzelnen Fasern, die Dichte der Faserverflechtung, der Grad der Aufspaltung der Faserbündel in Fasern und Fibrillen, der Verwebungswinkel, d. i. der Winkel, den die Fasern im allgemeinen gegenüber der Narbenbegrenzung einzunehmen scheinen, und der allgemeine Eindruck von dem Ordnungsgrad des Gewebes; doch ist bei der Beurteilung der Güte des Leders in erster Linie der Gesamteindruck und der Ordnungsgrad des Gewebes zu berücksichtigen, während die andern obengenannten Kennzeichen nicht sehr hoch bewertet werden dürfen. Bei einem guten Leder soll das Fasergefüge einen hohen Verwebungswinkel und volle, gut und geschlossen verwobene Fasern mit nicht zu starker Aufteilung in Fibrillen erkennen lassen (R. H. Marriott; R. H. Marriott und E. W. Merry).

Die Ergebnisse der Arbeiten von R. H. Marriott bzw. R. H. Marriott und E. W. Merry sind von A. Küntzel (1) kritisch bewertet und durch eigene mikroskopische und sonstige Beobachtungen überprüft worden. Darnach sind bei den Gefügeeigenschaften des Leders zu unterscheiden solche, die durch die Beschaffenheit der Haut von Natur aus gegeben sind, und solche, die durch die Herstellungsweise des Leders bedingt sind und beeinflußt werden können. Zu den Gefügeeigenschaften, die von Natur aus bei der Haut vorhanden sind, gehört die natürliche Gewebedichte, der Verwebungswinkel der Fasern und die Faserdicke. Je steiler der Verwebungswinkel ist, je steiler also die Fasern die obere und untere Seite des Leders miteinander verbinden, um so kerniger und fester ist die Haut, um so dichter ist auch die natürliche Dichte der Verwebung. Die Steilheit des Faserverlaufs zwischen Ober- und Unterseite des Leders ist um so ausgeprägter, je dicker die Haut ist. Zwischen der Faserdicke der verschiedenen Häute und Hautstellen sind deutliche Unterschiede vorhanden, und zwar gilt hierbei, daß die dicke Haut dickere Fasern hat als eine dünne Haut von vergleichbarer Festigkeit und Kernigkeit. Außerdem sind aber die Fasern bei jungen Tieren dünner als bei alten Tieren.

Die Gewebeeigenschaften des Leders, die durch dessen Herstellungsweise beeinflußt werden, sind die Aufspaltung der Fasern in Teilfasern bzw. Fibrillen und die Gestrecktheit der Fasern im Leder. Die Aufspaltung der Fasern in Teilfasern bzw. Fibrillen wird besonders bei dem mit der Faßgerbung hergestellten Leder beobachtet. Ähnliche Gefügeänderungen können jedoch auch durch mechanische Beanspruchung beim Äschern hervorgerufen werden. Der Grad der Faseraufspaltung ist außerdem auch von der Beschaffenheit der Rohhaut abhängig und z. B. bei sonst gleicher Verarbeitung bei der Zahmhaut größer als bei der Wildhaut. Ferner ist bei den weniger kernigen Teilen der Haut die Faseraufteilung und die Auflockerung des Gewebes bedeutend stärker als bei den kernigeren Teilen der Haut. Ein sicheres Unterscheidungsmittel des im Faß hergestellten gegenüber dem mit der alten Gerbung bzw. der Grubengerbung erzeugten Leder ist also durch die Erscheinung der Faseraufspaltung in Teilfasern und Fibrillen nicht gegeben. Auch die verschiedenen Schichten der Haut zeigen Gefügeunterschiede, wobei die Fasern der Mittelschicht am wenigsten verändert sind.

Die Fasern befinden sich von Natur aus in einem leicht gewellten Zustand. Doch kann man im fertigen Leder auch gestreckte bzw. gestraffte Fasern antreffen, und zwar bei Sohlleder weit häufiger als gewellte Fasern. Die Gestrecktheit der Faser kann durch Äscherschwellung oder Säureschwellung verursacht sein. Es kann demnach auch das Merkmal der Fasergestrecktheit über die Entstehungsgeschichte des Leders und über die Art der Gerbung keinen eindeutigen

Abb. 311.

Abb. 313.

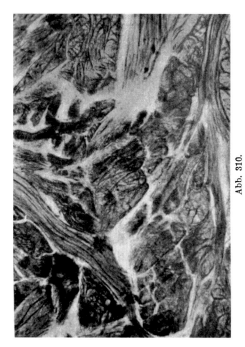

Abb. 310.

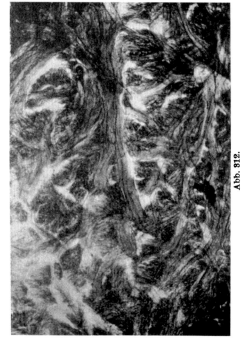

Abb. 812.

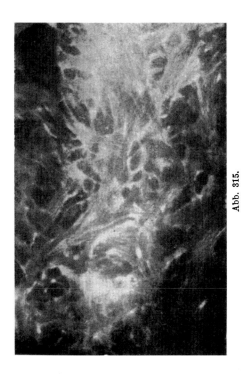

Abb. 315.

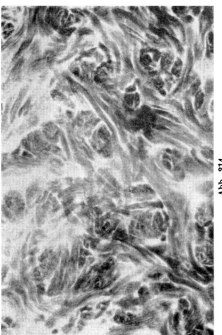

Abb. 314.

Aufschluß geben. Es besteht wohl ein gewisser Zusammenhang zwischen der Gerbart und dem Ausmaß an mechanischer Bewegung im Faß auf der einen Seite und dem Fasergefüge auf der anderen Seite, aber, entgegen den Angaben von R. H. Marriott, kein erkennbarer Zusammenhang zwischen der Lederqualität und den genannten Gefügemerkmalen [A. Küntzel (1), S. 11 bis 15].

Die mikrophotographischen Abb. 310 bis 317 zeigen aus M. Kaye Beispiele für das Gefüge des Querschnitts von verschiedenen pflanzlich gegerbten Ledern (Abb. 310 bis 315, Vergrößerung 31fach) und von Boxkalbledern (Abb. 316 und 317, Vergrößerung 45fach).

Abb. 310. Sohlleder, daß ohne Faßgerbung hergestellt ist. Die Faserbündel sind in beträchtlichem Maß aufgespalten und die Fasern dünn. Das Leder fühlt sich kernig an, ist aber sehr weich und ziemlich flach.

Abb. 311. Sohlleder, daß mit Anwendung der Faßgerbung hergestellt ist. Die Wrikung der Faßgerbung zeigt sich darin, daß die Faserbündel dicker geworden und dadurch dichter aneinandergelagert sind.

Abb. 312. Sohlleder von sehr guter Beschaffenheit, das ohne Anwendung von Mineralsäure hergestellt ist. Das Leder ist nicht besonders hart und dicht, aber dauerhaft und ziemlich biegsam.

Abb. 313. Sohlleder englischer Herstellung von ziemlich guter Beschaffenheit, bei dessen Herstellung Schwefelsäure zum Entkälken und zum Schwellen in den ersten Farben verwendet wurde.

Abb. 314. Riemenleder von guter Beschaffenheit mit langen und gleichmäßigen Fasern.

Abb. 315. Riemenleder von weniger günstiger Beschaffenheit, das, wahrscheinlich durch Anwendung einer Beize, zu weich ist sowie kurze und ungleichmäßige Fasern zeigt.

Abb. 316. Boxkalbleder englischer Herstellung. Das Leder ist voll und biegsam, aber ein wenig hart.

Abb. 317. Boxkalbleder, in Deutschland hergestellt. Das Leder ist voll, milde und sehr biegsam.

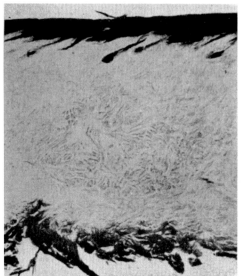

Abb. 316.

Die folgenden Abb. 318 bis 322 zeigen mikrophotographische Aufnahmen des Querschnittgefüges einiger sonstiger Lederarten. Vergrößerung bei Abb. 318 bis 321 75fach, bei Abb. 322 38fach (aus J. A. Wilson und G. Daub).

Abgesehen vom Gefüge sind Unterschiede bei Ledern mit verschiedener, auch solchen von einzelnen Häuten gleicher Gerbart vorhanden und selbst innerhalb des Leders einer Haut mit mehr oder weniger großer Regelmäßigkeit, z. B. bei der stofflichen Zusammensetzung (F. H. Small) und bei physikalischen Eigenschaften wie dem spezifischen Gewicht, der Reißfestigkeit und der Dehnung, festgestellt worden [J. Paeßler (1), S. 52, 55, 56 (2); L. Jablonski (2)].

Die Unterschiede in der stofflichen Zusammensetzung des Leders, die auch innerhalb einer Haut ganz bedeutend sein können (siehe Abb. 323), werden unter anderem dadurch hervorgerufen, daß die dichteren Teile der Haut mehr Hautsubstanz enthalten und daher mehr Gerbstoff binden als die lockeren Teile, und daß diese wiederum mehr von solchen Stoffen aufnehmen, die, wie überschüssiger löslicher Gerbstoff sowie Mineralstoffe, Zucker (als Beschwerungsmittel), Fett, das Leder im wesentlichen nur füllen.

Abb. 317.

Die Unterschiede, die sich an verschiedenen Stellen derselben Haut in bezug auf Gefüge, physikalische Eigenschaften und Zusammensetzung ergeben, sind in besonderem Maße bei dem noch nicht zugerichteten Leder vorhanden und werden bei der Zurichtung durch die mechanische Bearbeitung, wie Walzen, Hämmern, teilweise ausgeglichen (Abb. 324 und 325) [L. Jablonski (2)].

Die verschiedene Zusammensetzung der Lederschichten hängt zum Teil mit dem Unterschied im Gefüge der Schichten der Lederhaut zusammen, wird aber auch dadurch verursacht, daß die beim Gerben, Fetten usw. verwendeten

Stoffe meist überwiegend in den Außenschichten des Leders abgelagert bzw. gebunden werden und daß anderseits lösliche Stoffe besonders beim Trocknen des Leders nach seiner Oberfläche wandern. Auch der Wassergehalt ist in den Außenschichten des Leders höher als in der Mittelschicht. Da das Eindringen des Gerbstoffs und anderer Stoffe in die Haut auch von der Vorbereitung der Haut zum Gerben abhängt, so hat diese ebenfalls einen Einfluß auf die Verteilung der Stoffe in den einzelnen Lederschichten, und die Unterschiede bei diesen werden um so geringer sein, je zweckmäßiger die Leitung der vorbereitenden Arbeiten und der Gerbung durchgeführt wird. So wurde bei pflanzlich gegerbtem Leder das Verhältnis von gebundenem Gerbstoff zur Hautsubstanz in den verschiedenen Schichten des Leders um so gleichmäßiger gefunden, je besser die Haut für die Gerbung vorbereitet war (S. Ramm). Bei Chromleder, das mit basischer Chromalaunbrühe gegerbt ist, wird die Verteilung des Chroms in den verschiedenen Schichten des Leders besonders durch die Basizität, das Alter und die Temperatur der Chrombrühe beeinflußt. So wird aus Chrombrühen unter 40% Basizität von der Mittelschicht, aus Chrombrühen über 40% Basizität von der Narbenschicht am meisten Chrom aufgenommen (W. Schindler und

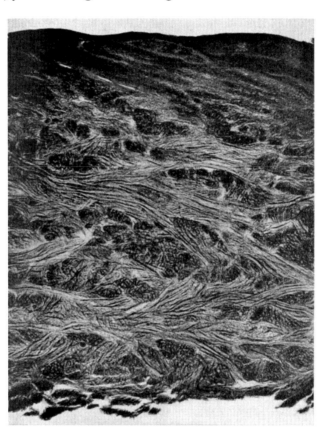

Abb. 318. Kalboberleder, pflanzlich gegerbt und gefärbt.

K. Klanfer). Das Ergebnis, daß unter gewissen Bedingungen die Narbenschicht mehr Chrom enthält als die darunterliegende Schicht der Lederhaut, entspricht nicht der Annahme, wonach die lockere Fleischseite mehr Chrom aufnehmen müsse, wurde jedoch bei anderen Versuchen bestätigt, bei denen bei Chromleder im Nnarbenspalt ein höherer Chromgehalt gefunden wurde als in dem dazugehörigen Fleischspalt [R. M. Cobb und F. S. Hunt; R. F. Innes, (1), S. 699]. Die stärkere Aufnahme des Chroms in der Narbenschicht kann dadurch erklärt werden, daß die Chromverbindungen in die dichtere Narbenschicht langsamer eindringen und daher dort überwiegend abgelagert werden oder daß die Narbenschicht mehr Hautsubstanz enthält und daher auch mehr Chrom zu binden vermag als die darunterliegende Schicht der Lederhaut. Auch bei

Abb. 319. Fohlenleder, chromgar, lackiert, schwarz.

Abb. 320. Känguruhleder, chromgar, schwarz.

Eisenleder wurde eine verschiedene Verteilung des mineralischen Gerbmittels in den verschiedenen Schichten des Leders festgestellt und dabei in den Außenschichten mehr Eisen gefunden als in der Mittelschicht [Deutsche Versuchsanstalt für Lederindustrie. Das Fett des gefetteten Leders ist in seinen verschiedenen Schichten ebenfalls ungleichmäßig verteilt, und zwar enthält die Mittelschicht weniger Fett als die Außenschichten und von diesen die Narbenschicht gewöhnlich mehr als die Fleischschicht [L. Balderston (1)]. Beim Fetten des Chromleders durch Lickern wird gleichfalls in der Mittelschicht am wenigsten Fett aufgenommen und auch die günstigste Wirkung erzielt, wenn das Fett in der Hauptsache in den Außenschichten des Leders sich befindet [J. A. Wilson (1)]. Auch von anderer Seite wurde gefunden, daß das Fett beim Lickern des Chromleders hauptsächlich von den Außenschichten, besonders vom Narben, aufgenommen wird, während die Mittelschicht nach dem Fettlickern nicht wesentlich mehr Fett enthält, als dem natürlichen Fettgehalt der Haut entspricht [H. B. Merrill (1)]. Die Verteilung des Fettes in den verschiedenen Schichten des Chromleders hängt auch von der Art des zum Fettlickern verwendeten Fettes ab. Bei Verwendung von sulfoniertem Öl allein wird vom Narben, bei Benutzung eines mit Eigelb versetzten sulfonierten Öls sowie von Eigelb allein von der Fleischseite mehr Fett aufgenommen [H. B. Merrill (2)]. Bei Versuchen mit Lickern aus Tran mit sulfoniertem Tran und Klauenöl mit sulfoniertem Klauenöl ergab sich ebenfalls, je nach der angewandten Menge von sulfoniertem Öl eine verschiedene Verteilung des Fettes im Leder, wobei aber die Fleischseite wesentlich mehr Fett enthielt als die übrigen Schichten (E. R. Theis und J. M. Graham). Die Verteilung der Öle in dem damit gefetteten Leder soll auch mit der Grenzflächenspannung Öl — Wasser zusammenhängen, und zwar sollen Öle mit geringer Grenzflächenspannung sich mehr nach der Fleischseite ziehen, da diese eine größere Wasseroberfläche hat, Öle mit größerer Grenzflächen-

Abb. 321. Haifischoberleder, pflanzlich gegerbt, schwarz.

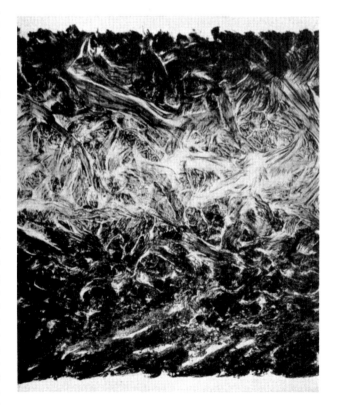

Abb. 322. Rindsoberleder, zuerst mit Chrom, dann pflanzlich gegerbt, ungefärbt.

spannung sich dagegen mehr auf der Narbenseite abscheiden (A. A. Claflin).

Der Querschnitt des Leders zeigt bei ungleichmäßiger Verteilung der Stoffe in den verschiedenen Schichten des Leders meist ein streifenweise verschieden-

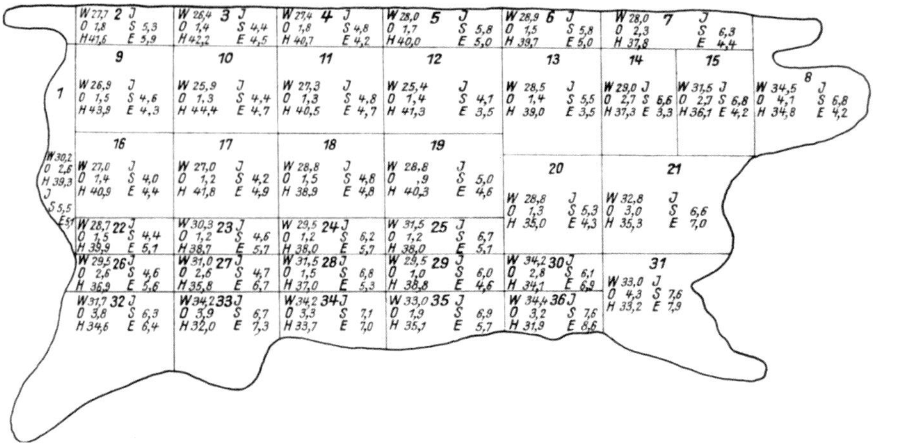

Abb. 323. Unterschiede in der Zusammensetzung des Sohlleders innerhalb einer halben Haut (aus F. H. Small).
W Wasser, O Fett, H Hautsubstanz, J unlösliche Asche (nicht bestimmt), S Zucker, E Bittersalz.

artiges Aussehen. Diese Erscheinung kann bei pflanzlich gegerbtem Leder davon herrühren, daß die bei seiner Herstellung verwendeten Gerbstoffe ungleichmäßig in die Haut eingedrungen sind. Es kann auch vorkommen, daß die mittlere Schicht nicht genügend Gerbstoff erhalten hat, so daß das Leder nicht durchgegerbt ist. Dieser Mangel zeigt sich im Querschnitt des Leders, indem dieser dann in der Mitte einen wesentlich helleren Streifen aufweist. Ein gut durchgegerbtes

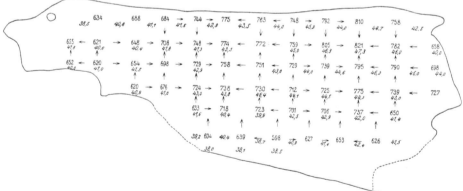

Abb. 324. Kuhhaut, grubengar umgewalzt [aus L. Jablonski (2)].
Senkrechte Zahlen: Spezifisches Gewicht; Kursivzahlen: Prozente Hautsubstanz.

Leder soll im Querschnitt ein möglichst gleichmäßiges Aussehen zeigen. Dabei ist zu berücksichtigen, daß Farbstoffe oder gefärbte Deckschichten, die auf das Leder aufgetragen werden und in dieses eindringen, naturgemäß das Aussehen des betreffenden Teils des Querschnitts ebenfalls verändern. Anderseits macht sich eine verschiedene Verteilung der Stoffe in den Schichten des Leders vielfach im Aussehen des Querschnitts nicht deutlich bemerkbar.

Mit dem Gefüge und der Zusammensetzung des Leders hängt seine Dichte und Porosität zusammen. Die Dichte des Leders wird durch das in üblicher

Weise ermittelte „spezifische Gewicht" ausgedrückt, indem das Gewicht
einer Lederprobe durch ihr in entsprechendem Maß eingesetztes Volum geteilt
wird. Die hierbei für das spezifische Gewicht erhaltenen Werte werden jedoch
durch die Porosität und auch verschiedene andere Umstände beeinflußt. Jedes
Leder enthält eine große Anzahl Zwischenräume und in diesen eine nicht unwesentliche Menge von Luft, die zwar beim Gewicht des Leders keine nennenswerte Rolle spielt, aber bei Bestimmung des Ledervolumens mitgemessen wird.
Der Anteil der lufterfüllten Zwischenräume am Volumen beträgt ungefähr bei
pflanzlich gegerbtem Sohlleder 25 bis 30%, bei pflanzlich gegerbten anderen
Ledern 30 bis 40% und bei Chromleder 50 bis 60% (J. D. Clarke). Man unterscheidet das einschließlich der Zwischenräume ermittelte „scheinbare" spezifische Gewicht von dem wahren spezifischen Gewicht, wobei das Volumen der

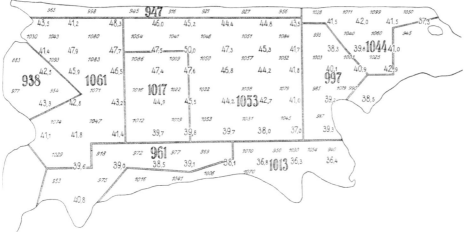

Abb. 325. Kuhhaut, grubengar gewalzt [aus L. Jablonski (2)].
Kursivzahlen: Spezifisches Gewicht; Senkrechte Zahlen: Prozente Hautsubstanz; Schraffierte Zahlen: Mittleres
spezifisches Gewicht innerhalb der schraffierten Fläche.

Ledersubstanz selbst festgestellt und zur Berechnung des spezifischen Gewichts
benutzt wird.

Durch die mechanische Bearbeitung des Leders wird seine Porosität vermindert und daher sein scheinbares spezifisches Gewicht erhöht. Beim Walzen
nimmt das scheinbare spezifische Gewicht um 12 bis 15% zu, und zwar in der
Hauptsache nach dem ersten Walzen (E. Maschnikow). Die mit der wechselnden Feuchtigkeit und Temperatur der Luft stattfindende Aufnahme und
Abgabe von Wasser durch das Leder verändert ebenfalls das scheinbare
spezifische Gewicht, indem dieses bei Wasseraufnahme erhöht, bei Wasser-
abgabe erniedrigt wird. Das gefettete Leder hat ein anderes scheinbares spezifisches Gewicht als das gleiche Leder in ungefettetem Zustand, und zwar nicht
nur wegen des geringeren Wassergehalts und der Aufnahme des Fettes, sondern
auch infolge der beim Fetten stattfindenden Volumänderung. Im allgemeinen
zeigt das gefettete Leder infolge seines geringeren Wassergehaltes und höheren
Fettgehaltes ein niedrigeres scheinbares spezifisches Gewicht als das ungefettete
Leder. Außerdem ist das scheinbare spezifische Gewicht des Leders bei verschie-
nen Teilen einer Haut je nach dem Gefüge und der Zusammensetzung des betreffenden Lederteils verschieden. In dieser Beziehung hat sich ergeben, daß das scheinbare spezifische Gewicht bei einem Riemenlederkernstück in den nach dem Bauch
zu gelegenen Teilen niedriger ist als in den anderen Teilen und abweichend von

diesen, von vorn nach hinten regelmäßig zunimmt, ferner mit der durchschnittlichen Dicke des Leders steigt und innerhalb eines Kernstücks Unterschiede bis 0,15 aufweist [J. Paeßler (2), S. 194, siehe auch Abb. 324]. Das scheinbare spezifische Gewicht des Leders ist auch in seinen Schichten verschieden, und zwar in der Narbenschicht am geringsten, in der Fleischschicht größer und in der Mittelschicht bis zu 20% höher als in der Narbenschicht (U. J. Thuau und A. Goldberger). Leder verschiedener Gerbart zeigen größere Unterschiede im scheinbaren spezifischen Gewicht, das bei pflanzlich gegerbtem Leder 0,7 bis 1,2, bei chromgarem und anderem mineralgarem Leder 0,6 bis 1,0 beträgt. Das wahre spezifische Gewicht aller Leder ist nach Versuchen unabhängig von der Art und der Stelle der Probenahme des Leders und schwankt nur innerhalb der engen Grenzen 1,327 bis 1,433 (J. D. Clarke).

Zwischen dem scheinbaren spezifischen Gewicht und der Haltbarkeit des Leders bestehen, wie bei Chromleder und einem durch Chromgerbung mit pflanzlicher Nachgerbung hergestellten Leder gefunden wurde, keine Beziehungen [R. W. Frey und J. D. Clarke (1)]. Das scheinbare spezifische Gewicht hat für die praktische Verwertung des Sohlleders besonders insofern Bedeutung, als davon die Ausgiebigkeit des Leders beim Ausschneiden abhängt (R. E. Porter). So besitzt z. B. von gleichen Gewichtsmengen zweier verschiedener Leder von gleicher Dicke dasjenige mit niedrigerem scheinbarem spezifischen Gewicht eine größere Fläche und liefert daher eine größere Anzahl Sohlen als das andere.

Die Porosität ist eine praktisch sehr wichtige Eigenschaft des Leders, da damit die Durchlässigkeit des Leders für Wasser, Luft, Gase, Dämpfe, das Aufnahmevermögen für Wasser, Fett usw., das Wärmeleitungsvermögen und auch die Weichheit und Geschmeidigkeit des Leders zusammenhängt. Besonders für Schuhleder und anderes Leder für Bekleidungszwecke ist die Porosität von großer Bedeutung, da derartiges Leder sich nur angenehm trägt und gesundheitlich einwandfrei ist, wenn es für Luft und Wasserdämpfe bzw. Ausdünstungen des Körpers genügend durchlässig ist.

Auf Grund von Versuchsergebnissen über den Durchtritt von Wasserdampf durch Leder wurde berechnet, daß das Leder als Durchgänge „größere Kapillaren" mit dem Durchmesser 10^{-4} bis 10^{-5} cm hat, die gewöhnlich nicht mit Wasser gefüllt sind, und „kleinere Kapillaren" mit dem Durchmesser etwa 10^{-7} cm, die in den meisten Fällen Wasser enthalten [R. S. Edwards (1)].

Die Durchlässigkeit des Leders für Luft oder Gase ist, wenn diese unter Druck hindurchgetrieben werden, unter sonst gleichen Verhältnissen dem Druck unmittelbar proportional. Es gilt für Leder das Poiseuillesche Gesetz, so daß die von einer bestimmten Lederprobe durch eine bestimmte Fläche (25 qcm) durchgelassene Gasmenge (in Kubikzentimeter unter Normalbedingungen) geteilt durch den Druck (in Millimeter Hg) konstant ist und ihr Zahlenwert eine Konstante darstellt, die um so höher ist, je größer die Durchlässigkeit des Leders ist. Es wurden für eine Anzahl verschiedener Lederarten folgende Konstanten gefunden: Schafleder, chromgar 23 bis 25, Schafleder, sumachgar 23 bis 32, Ziegenleder, glacégar 184, Ziegenleder, chromgar 6,0 bis 8,0, Kalbleder, chromgar 5,8 bis 8,3, Vachekernstück, lohgar, nachgegerbt, aber nicht gefettet und nicht zugerichtet 3,5 bis 6,0, Vachekernstück, lohgar, nicht nachgegerbt, aber zugerichtet 1,8 bis 3,4, Vachekernstück, nachgegerbt und zugerichtet 2,4, Vachekernstück, zweijährige Grubengerbung, nachgegerbt und zugerichtet 1,8, Eisenleder Celloferrin, zugerichtet 5,9 bis 6,7, Schaf- und Rindlackleder 0,0 (M. Bergmann und St. Ludwig, S. 346—348).

Beim Durchsaugen von Luft durch das Leder wurden hinsichtlich der Unterschiede und der Größe der Luftdurchlässigkeit bei den verschiedenartigen Ledern ähnliche Ergebnisse wie von M. Bergmann und St. Ludwig erhalten.

Ferner wurde durch Versuche zahlenmäßig festgelegt, daß die Luftdurchlässigkeit auch bei den verschiedenen Stellen des Leders einer Haut mehr oder weniger verschieden ist (Abb. 326). Bei der Abbildung bezeichnen die Linien die Stellen mit gleicher Durchlässigkeit und die Zahlen die Werte für die Durchlässigkeit, die um so geringer ist, je größer die Zahlen sind [R. S. Edwards (2)].

Bei pflanzlich gegerbten Vachelederkernstücken wurde gefunden, daß die Durchlässigkeit für feuchte Luft von der Narbenseite zur Fleischseite dieselbe ist wie umgekehrt und daß der Narbenspalt für Luft sehr viel weniger durchlässig ist als der Fleischspalt von derselben Haut und der entsprechenden Hautstelle. Beim praktischen Gebrauch von Leder für Bekleidungszwecke verhält sich demnach die Narbenschicht wegen ihrer wesentlich geringeren Luftdurchlässigkeit

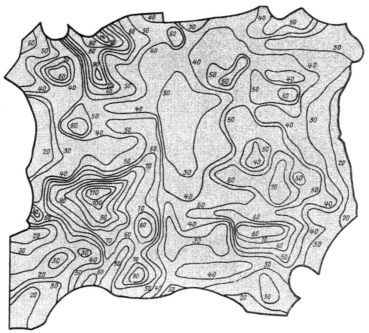

Abb. 326. Luftdurchlässigkeit an den verschiedenen Stellen des Leders einer Haut (aus R. S. Edwards).

viel ungünstiger als die darunterliegende Lederschicht. Wenn zwei Leder, wie es für Bekleidungsleder und Dichtungsleder vorkommt, übereinanderliegen, so läßt sich, wenn die Konstanten für diese beiden Leder K_1 und K_2 sind, die beim Durchströmen mit Luft vorhandene Luftdurchlässigkeit der beiden übereinanderliegenden Lederschichten, wie durch Versuche festgestellt wurde, nach der Formel $\frac{1}{K} = \frac{1}{K_1} + \frac{1}{K_2}$ berechnen. Diese Formel ist bei Verwendung von mehr als zwei Einzellederschichten durch Anreihung weiterer Glieder $\frac{1}{K_3}$, $\frac{1}{K_4}$ usw. zu ergänzen. Es ist dabei für die Gesamtdurchlässigkeit gleichgültig, in welcher Reihenfolge die einzelnen Leder übereinandergeschichtet sind und in welcher Richtung sie durchströmt werden. Der Wassergehalt des Leders, der mit der relativen Feuchtigkeit der Luft zusammenhängt, beeinflußt mit der Porosität die Luftdurchlässigkeit des Leders, da sich mit dem Wassergehalt der Quellungszustand des Leders und damit auch die Weite der Zwischenräume ändert und mit diesen wieder der Grad der Durchlässigkeit des Leders in Beziehung steht. So wurde bei Durchströmung einer Lederprobe mit Luft, die reich an Wasserdampf war, gefunden, daß die Durchlässigkeit etwa sechsmal so schnell abnimmt, als die Wasseraufnahme zunimmt, und daß die Hauptabnahme der Durchlässigkeit in den ersten 24 Stunden erfolgt (M. Bergmann und St. Ludwig, S. 348—351).

Bei Schwankungen der relativen Luftfeuchtigkeit von 30 bis 60% wurden bei pflanzlich gegerbten Ledern, die frei der Luft ausgesetzt waren, Schwankungen der Porosität bis 12% beobachtet.

Die Durchlässigkeit des Leders für Wasserdampf und die Porosität ist bei stark gefettetem und appretiertem Leder sowie Lackleder sehr gering. Die Durchlässigkeit für Wasserdampf wird durch die Richtung, in welcher der Wasserdampf durchdringt, bei gewöhnlichem Leder nicht beeinflußt, wohl aber durch Temperaturzunahme wesentlich erhöht [J. A. Wilson und G. O. Lines (1)].

Wenn das Leder zwei Räume mit verschiedener Feuchtigkeit voneinander trennt, so diffundiert der Wasserdampf vom Raum höherer (h_1) zum Raum niederer Feuchtigkeit (h_2) durch das Leder hindurch. Die Menge des diffundierten Wasserdampfes (Q) ist direkt proportional der Fläche (A), der Zeit (t) und dem Feuchtigkeitsunterschied ($h_1 - h_2$) und umgekehrt proportional der Dicke des Leders (l), so daß $Q = \dfrac{K \cdot A \cdot (h_1 - h_2) \cdot t}{l}$, wobei K eine Konstante ist, die von der Lederart abhängig und die für pflanzlich gegerbtes Sohlleder 0,08, für Boxkalbleder 0,10, für gewachstes pflanzlich gegerbtes Sohlleder 0,04, für wasserdichtes Chromoberleder 0,0017 und für Lackleder 0,0015 ist, wenn man die Luftdiffusion als 1 annimmt [H. Bradley, T. M. Kay und B. Worswick (1)].

Die Verminderung der Durchlässigkeit für Wasserdampf bei Behandlung der Leder mit Stoffen wie Fett, Casein, Kollodium hängt von der hierbei angewandten Menge dieser Stoffe ab. Eine unmittelbare Beziehung zwischen der Porosität und der Durchlässigkeit für Wasserdampf besteht jedoch bei den so behandelten Ledern nicht (J. A. Wilson und R. O. Guettler).

Bei manchen Eigenschaften des Leders kommt auch seine Dicke in Betracht. So wird die Biegsamkeit, die Durchlässigkeit, das spezifische Gewicht, die Dehnung, die Reißfestigkeit, die Zusammensetzung der Lederschichten auch durch die Dicke des Leders beeinflußt. Diese hängt zunächst von der Dicke der Lederhaut an der Rohhaut ab und ist daher bei Leder von Häuten verschiedener Tierarten, aber auch von Häuten derselben Tierart, ferner auch an verschiedenen Stellen einer Haut verschieden, indem mit wenigen Ausnahmen der Kern die größte Dicke hat und diese in den anderen Teilen nach dem Rande der Haut zu allmählich abnimmt. Außerdem wird die Dicke des Leders durch die Quellung und Entquellung (Schwellen und Verfallen) der Haut bzw. Blöße während der vorbereitenden Arbeiten, durch das Gerbverfahren, das Fetten, besonders aber durch die mechanische Bearbeitung bei der Zurichtung beeinflußt. Die Dicke des Leders beträgt ungefähr bei Ziegen-, Schaf- und Kalbleder 0,5 bis 2 mm, bei Schweinsleder und Roßleder 2 bis 4 mm, bei Rindleder 3 bis 8 mm, bei Büffel-, Elefanten-, Nilpferd-, Walroßleder 10 bis 15 mm.

Eine wichtige Rolle für die Verwendung als Schuhoberleder und Riemenleder spielt auch die Dehnbarkeit des Leders, die zunächst von dem Gefüge der Haut abhängt und daher bei Häuten verschiedener Tiere, bei einzelnen Häuten derselben Tierart und aber auch bei den Teilen einer Haut verschieden ist. Die Abhängigkeit der Dehnbarkeit des Leders von der Art der Tierhaut zeigt sich z. B. dadurch, daß Ziegenleder sich bei gleicher Belastung wesentlich stärker dehnt als Kalbleder der gleichen Gerbart, was durch das mehr lockere und daher dehnbarere Gefüge des Ziegenfells erklärt wird [J. A. Wilson und A. F. Gallun jr. (1)].

Ferner wird die Dehnbarkeit des Leders durch die Art der vorbereitenden Arbeiten beeinflußt, wodurch das Gefüge der Haut mehr oder weniger gelockert wird. Die Art der Gerbung kommt ebenfalls für die Dehnbarkeit des Leders in Betracht, indem im allgemeinen pflanzlich gegerbtes Leder weniger dehnbar ist als Chromleder, anderseits Glacéleder und Sämischleder gewöhnlich noch mehr als Chromleder. Dagegen soll die Art der pflanzlichen Gerbung, ob Grubengerbung, Faßgerbung oder gemischte Gerbung, auf die Dehnbarkeit des Leders keine wesentliche Wirkung haben [J. Paeßler (1), S. 57].

Ein Einfluß des Fettens auf die Dehnbarkeit des Leders ist ebenfalls vorhanden und kommt dadurch zum Ausdruck, daß die Dehnung des Leders bis zu einem gewissen Grade mit der Höhe des Fettgehalts zunimmt und ferner bei niedrigerem Schmelzpunkt des Fettes höher ist [B. Kohnstein (1)].

Die Feuchtigkeit der Luft, bzw. der mit dem Feuchtigkeitsgehalt letzterer wechselnde Wassergehalt des Leders, ändert ebenfalls die Dehnungsfähigkeit des Leders, indem feuchtes Leder sich bei gleicher Zugspannung im allgemeinen weniger dehnt als trockeneres Leder [M. Rudeloff (1)]. Mit der Dehnung verringert sich die Dehnungsfähigkeit des Leders. Hiervon wird beim Strecken des Treibriemenleders Gebrauch gemacht, wobei das Leder vor der Verwendung künstlich gedehnt und dadurch die Dehnung des Treibriemens im Betrieb vermindert wird. Auch das Zwicken bei der Schuhherstellung hat den Zweck, durch vorheriges Dehnen des Leders sein Dehnungsvermögen am fertigen Schuh möglichst zu verringern. Die Dehnbarkeit des Leders einer Haut ist in den entsprechenden Teilen zu beiden Seiten der Rückenlinie ziemlich gleich, zeigt aber im übrigen bedeutende Abweichungen mit gewissen Regelmäßigkeiten. So ergab pflanzlich gegerbtes (Abb. 327) und chromgares Kalbleder an entsprechenden Stellen der beiden Hälften ähnliche Dehnungen, im übrigen aber bedeutende Dehnungsunterschiede, wobei die geringste Dehnung überwiegend im Kern gefunden wurde [J. A. Wilson (2)]. Bei pflanzlich gegerbten Riemenlederkernstücken zeigte sich kein Unterschied in der Dehnung zwischen der rechten und der linken Hälfte und zwischen Hals und Schild, wohl aber bei den Bahnen, die in verschiedenen Entfernungen von der Rückenlinie geschnitten sind, indem die aus dem mittleren Teil der Krouponhälften stammenden Bahnen sich stärker dehnen als die anderen, die an sich die gleiche Dehnbarkeit haben [J. Paeßler (1), S. 56]. Nach den verschiedenen Richtungen des Felles ist die Dehnbarkeit bei unzugerichtetem pflanzlich gegerbtem und chromgarem Leder gleich, während sie durch das Zurichten in der Längsrichtung des Felles vermindert wird [J. A. Wilson (3)].

Die verschiedenen Schichten des Leders haben eine verschiedene und eine andere Dehnbarkeit als das ungespaltene Leder. Die Dehnung bei bestimmter Belastung ist bei dem Narbenspalt immer bedeutend größer und bei dem Fleischspalt meist geringer, die prozentuale Dehnung dagegen bei beiden Lederschichten geringer als bei dem ungespaltenen Leder (E. Bowker und E. S. Olson).

Bei der Dehnung des Leders tritt als Gegenwirkung dazu im Leder eine Spannung auf. Über das Verhältnis der Dehnung zur Spannung wurde festgestellt, daß Leder nicht dem Hookeschen Gesetz folgt, wonach die Dehnungen den Spannungen innerhalb gewisser Grenzen proportional sind. Die Dehnung nimmt vielmehr langsamer zu als die Spannung (H. Fricke, S. 7 und 63). Diese Erscheinung wird durch das gewebeartige Gefüge des Leders erklärt. Der Dehnungskoeffizient des Leders ist innerhalb der Teile einer Haut verschieden, und zwar bei der Kratze größer als beim Hals [Materialprüfungskommission an der Technischen Hochschule in Stuttgart (1)].

Die elastische Dehnung ist an verschiedenen Stellen des Leders einer Haut fast gleich, die bleibende Dehnung und damit auch die Gesamtdehnung dagegen

sehr verschieden. Das Verhältnis der elastischen Dehnung zur Gesamtdehnung
wechselt daher ebenfalls je nach der Stelle des Leders einer Haut und wurde bei
einem Kernoberleder in der Rückenlinie zu 0,75 bis 0,6 und nach den Seiten
allmählich abnehmend bei diesen zu 0,4 bis 0,3, bei einem pflanzlich gegerbten
Schafleder im Mittel zu 0,35 gefunden (D. Balabanow).

Bei zu weitgehender Dehnung des Leders zerreißt schließlich die Lederfaser
und damit auch das Leder. Der Widerstand des Leders gegen Zerreißen, der durch
die Bestimmung der Reißfestigkeit gemessen wird, hängt zunächst von dem
Gefüge der Haut und daher in dieser Hinsicht von ähnlichen Umständen wie die
Dehnung ab, dabei auch von der Hautstelle, von der das Leder stammt. Da die
Reißfestigkeit des Leders auf die Querschnitteinheit an der Reißstelle der Lederprobe berechnet wird, so wird für die Reißfestigkeit im allgemeinen in erster
Linie die Anzahl und Stärke der Lederfasern in einem bestimmten Querschnitt
des Leders maßgebend sein, die auch durch
die Herstellungsweise des Leders beeinflußt
wird. Die Reißfestigkeit der Rohhautfaser
wird übrigens durch die pflanzliche Gerbung,
in geringerem Maße durch die Chromgerbung herabgesetzt (J. A. Jovanovits und
A. Alge). Hinsichtlich des Unterschieds der
Reißfestigkeit des Leders an verschiedenen
Stellen einer Haut ergab sich bei pflanzlich
gegerbten Riemenlederkernstücken, daß die
höchste Reißfestigkeit in einem Kernstück
im allgemeinen in der vorderen Hälfte und
hier in den vom Rücken am meisten entfernten Bahnen zu finden ist, die geringste
Reißfestigkeit dagegen in der hinteren Hälfte
und hier wiederum in den Bahnen vorhanden
ist, die von den mittleren Teilen der Kernstück-
hälften herrühren [J. Paeßler (1), S. 56].
Bei einem pflanzlich gegerbten (Abb. 327) und
einem chromgaren Kalbfell wurden für die

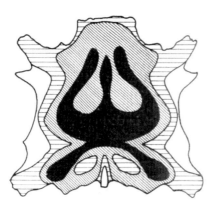

Abb. 327. Unterschiede in der Reißfestigkeit
und Dehnung bei einem pflanzlich gegerbten
Kalbfell. In der Reihenfolge schwarz, enge,
weite Schraffierung, weiß nimmt die Reißfestigkeit ab, die Dehnbarkeit zu
[aus J. A. Wilson (2)].

Reißfestigkeit innerhalb eines Felles auch große Unterschiede und die höchsten
Werte hierfür im Kern gefunden. Bei entsprechenden Stellen der beiden Hälften
ist dagegen die Reißfestigkeit durchschnittlich ziemlich gleich [J. A. Wilson (2)].
Ferner ergab sich, daß bei zugerichtetem Leder die Reißfestigkeit in der Längsrichtung und der Querrichtung des Felles verschieden ist, und zwar bei pflanzlich
gegerbtem und chromgarem Leder in der Längsrichtung größer als in der Querrichtung [J. A. Wilson (3)]. Die besonders während der vorbereitenden Arbeiten
mehr oder weniger stattfindende Hydrolyse der Hautsubstanz hat einen wesentlichen Einfluß auf die Reißfestigkeit des Leders, in dem diese mit zunehmender
Hydrolyse abnimmt (G. Powarnin, S. 145). Die Reißfestigkeit hängt auch von
der Art der Gerbung ab und ist bei chromgarem Leder durchschnittlich höher
als bei pflanzlich gegerbtem Leder (J. Jettmar, S. 124 und 126). Das durch Chromgerbung mit nachfolgender pflanzlicher Gerbung erhaltene Leder hat eine wesentlich geringere Reißfestigkeit als das Chromleder (R. W. Frey, J. D. Clarke und
L. R. Leinbach). Die verschiedenen Ausführungsformen der pflanzlichen Gerbung
(Grubengerbung, Faßgerbung, gemischte Gerbung) ergeben dagegen keinen wesentlichen Unterschied in der Reißfestigkeit [J. Paeßler(1), S.57]. Eine deutliche Beziehung zwischen der Reißfestigkeit und dem Gehalt des Leders an auswaschbaren
Stoffen wurde ebenfalls nicht festgestellt (D. Woodroffe und W. R. Morgan).

Bei Chromleder wird die Reißfestigkeit durch eine zu satte Chromgerbung vermindert, bei Zweibadchromleder auch durch den Schwefelgehalt dieses Leders beeinflußt, und zwar bei höherem Schwefelgehalt verringert, bei niedrigerem anscheinend erhöht (J. Jettmar, S. 141 und 129). Der Fettgehalt des Leders beeinflußt die Reißfestigkeit in dem Sinne, daß diese mit steigendem Fettgehalt des Leders bis zu einer gewissen Grenze zunimmt [B. Kohnstein (1)]. Doch scheint eine günstige Wirkung des Fettes auf die Reißfestigkeit des Leders nicht bei den Häuten oder Fellen aller Tierarten zu erfolgen, da bei vergleichenden Versuchen mit Kalbledern und Ziegenledern gefunden wurde, daß durch Fetten die Reißfestigkeit bei ersteren wesentlich erhöht, bei letzteren kaum verändert wurde [J. A. Wilson und A. F. Gallun jr. (1)]. Die zur Erzielung der höchsten Reißfestigkeit nötigen Fettmengen sind verschieden und hängen wahrscheinlich nicht nur von der Art des Fettes, sondern auch von der Gerbung und der Verteilung des Fettes im Leder ab. Bei einem Fettgehalt des Leders von 14% ist gewöhnlich die günstigste Wirkung des Fettes auf die Reißfestigkeit des Leders erreicht, so daß diese dann durch stärkere Fettung nicht mehr gesteigert wird. (L. Whithmore, R. W. Hart und A. J. Beck). Durch zu hohe Temperatur beim Fetten, wie sie z. B. beim „Einbrennen" vorkommt, wird das Leder, wie auch die Erfahrung zeigt, geschädigt und dadurch auch die Reißfestigkeit herabgesetzt. Auch ein längeres Verweilen des Leders in dem geschmolzenen Fett beeinträchtigt die Festigkeit des Leders (L. Minski). Die Zurichtung hat ebenfalls Einfluß auf die Reißfestigkeit, da dabei die Ledersubstanz teilweise verdichtet wird. So wurde gefunden, daß durch die Zurichtung die Reißfestigkeit von Chromleder um 10%, von pflanzlich gegerbtem Leder um 40%, von pflanzlich gegerbtem und mit Chrom nachgegerbtem Leder um etwa 70% erhöht wird [J. A. Wilson (3)]. Beim Walzen nimmt die Reißfestigkeit, besonders nach dem zweiten Walzen, zu, und zwar beim Schild 50%, beim Hals 40% und bei den Seiten 45%, im Mittel 45% (E. Maschnikow).

Der mit der Luftfeuchtigkeit wechselnde Wassergehalt des Leders beeinflußt bedeutend die Reißfestigkeit des Leders, zum Teil sogar stärker als andere Umstände, z. B. Fettgehalt, Temperatur usw. (L. Minski). So ergab sich, daß bei pflanzlich gegerbtem Leder die Reißfestigkeit bei einer Änderung des Wassergehalts des Leders von 12% um 100 bis 310% geändert, und zwar mit Zunahme des Wassergehalts erhöht wird (G. Powarnin, S. 140). Ferner wurde gefunden, daß die mittlere Reißfestigkeit bei einer Erhöhung der relativen Feuchtigkeit der Luft von 35% auf 55% um 12,9%, und bei einer Steigerung der relativen Feuchtigkeit von 35% auf 75% um 42,3% zunahm, so daß bei höherer relativer Feuchtigkeit die Reißfestigkeit stärker erhöht wird als bei niedrigerer [F. P. Veitch, R. W. Frey und L. R. Leinbach (1)]. Bei Versuchen von anderer Seite wurde dagegen bei pflanzlich gegerbtem Kalbleder ein nennenswerter Einfluß der Feuchtigkeit der Luft auf die Reißfestigkeit nicht festgestellt, während bei Chromkalbleder die Reißfestigkeit bei einer Änderung der relativen Feuchtigkeit der Luft von 50,0% bis 0,0% um 31% abnahm, von 50,0% bis 100,0% um 43% zunahm, also mit der Gesamtänderung der relativen Feuchtigkeit um 74% wechselte [J. A. Wilson und E. J. Kern (1)]. Bei pflanzlich gegerbten Ledern, die 1 Stunde mit Wasser durchfeuchtet waren, ergab sich eine Änderung, und zwar meist sogar eine Erhöhung der Reißfestigkeit (D. Woodroffe und E. J. Stubbings).

Trockene Hitze wirkt auf die Lederfaser und damit auch auf die Reißfestigkeit bei den einzelnen Lederarten in verschiedener Weise ein. In dieser Hinsicht wurde im Gegensatz zu der sonstigen Annahme gefunden, daß Chromkalbleder bei Einwirkung trockener Hitze von über 60° bedeutend mehr an Reißfestigkeit einbüßt als pflanzlich gegerbtes Leder (G. Powarnin, S. 141).

Durch die mannigfache mechanische Beanspruchung, der das Leder beim Gebrauch besonders in technischen Betrieben unterworfen ist, wird die Reißfestigkeit des Leders naturgemäß ebenfalls stark beeinträchtigt. Bei Versuchen wurde gefunden, daß bei Riemenleder durch Hin- und Herbiegen des Leders in rascher Folge die Reißfestigkeit bis zu 75% verringert wurde [L. Balderston (2)].

Die Reißfestigkeit des Leders ist entsprechend ihrer Abhängigkeit von mannigfaltigen Umständen sehr verschieden und schwankt bei sachgemäß hergestelltem Leder zwischen 2 und 6 kg auf 1 qmm Querschnitt berechnet.

Da das Leder vielfach gespalten, bzw. von der Fleischseite oder der Narbenseite her dünner gemacht wird, so ist die Frage von großer Bedeutung, wie die Reißfestigkeit des Narbenspaltes und des Fleischspaltes zu derjenigen des ungespaltenen Leders bzw. zueinander sich verhält oder durch die Entfernung der Narbenschicht oder Fleischschicht beeinflußt wird. Es ergab sich, daß beim Abspalten der Narbenschicht bis zu einer Tiefe von 48% bei pflanzlich gegerbtem Leder und von 22% bei Chromleder die Reißfestigkeit der verbleibenden Lederschicht, berechnet auf die Querschnitteinheit, gegenüber der des ungespaltenen Leders erhöht wird, die Narbenschicht also weniger fest ist, daß die Summe der Werte für die Reißfestigkeit der beiden Spalte aber stets geringer ist als die Reißfestigkeit des ungespaltenen Leders. Wenn pflanzlich gegerbtes Leder in zwei gleich dicke Schichten gespalten wird, so zeigt jeder Teil ein Viertel der Reißfestigkeit des ungespaltenen Leders, so daß der Verlust an Reißfestigkeit 50% beträgt. Wenn der Narbenspalt aber nur ein Viertel der Dicke des Fleischspalts hat, so ist seine Reißfestigkeit nur noch ein Fünfzehntel derjenigen des ungespaltenen Leders. Bei Chromleder ist beim Spalten des Leders in zwei gleich dicke Schichten die Summe der Werte für die Reißfestigkeit der beiden Schichten 52% geringer als beim ungespaltenen Leder [J. A. Wilson und E. J. Kern (2)]. Von anderer Seite wurde bei Chromkalbledern bei dem Narbenspalt auch eine geringere Reißfestigkeit festgestellt als bei dem ungespaltenen Leder und die Reißfestigkeit, auf die Querschnitteinheit berechnet, bei dem Narbenspalt 20 bis 25%, bei dem Fleischspalt 80 bis 106% des ungespaltenen Leders gefunden (R. C. Bowker und E. S. Olson). Bei pflanzlich gegerbtem Leder, Chromleder und durch Verbindung beider Gerbarten hergestelltem Leder hat der Fleischspalt die größte, der Mittelspalt die geringere und der Narbenspalt die geringste Reißfestigkeit, so daß diese durch Entfernung der Narbenschicht des Leders fast nicht herabgesetzt wird. Beim Fleischspalt und Narbenspalt ist die Reißfestigkeit in feuchtem Zustand bei pflanzlich und bei kombiniert gegerbtem Leder größer, bei Chromleder kleiner als in trockenem Zustand [P. J. Pawlowitsch (1)].

Bestimmte Wechselbeziehungen zwischen Reißfestigkeit und Dehnbarkeit scheinen nicht zu bestehen, so daß ein Leder mit großer Reißfestigkeit eine ziemlich starke Dehnbarkeit zeigen kann und umgekehrt [Materialprüfungskommission an der Technischen Hochschule in Stuttgart (2)].

Andere Festigkeitseigenschaften als beim Zerreißen zeigt das Leder, wenn man dieses in einem schmalen Streifen anschneidet und dann weiterzureißen versucht oder beim „Ausreißen", wobei man das Leder nahe dem Rande durchlöchert und dann von dem Loch aus nach dem Rande durchreißt. Bei Prüfung der Ausreißfestigkeit des Leders von einzelnen Teilen einer Haut wurden deutliche Regelmäßigkeiten bei pflanzlich gegerbtem Riemenleder nicht gefunden [J. Paeßler, S. 56 (1)].

Die Ausreißfestigkeit wird durch Spalten des Leders ebenfalls ungünstig beeinflußt und wurde bei Chromkalbledern beim Narbenspalt zu 10 bis 20%, beim Fleischspalt zu 40 bis 80% des ungespaltenen Leders ermittelt. Bei einem pflanzlich gegerbten Rindleder betrug die Ausreißfestigkeit beider Spalte 40% von derjenigen des ursprünglichen Leders (R. C. Bowker und E. S. Olson).

Beim Biegen des Leders wird dieses in besonderer Weise mechanisch beansprucht, wobei die Fasern der Narbenschicht oder im ganzen Querschnitt reißen können. Jedes Leder muß eine seinem Verwendungszweck entsprechende Biegsamkeit und Widerstandsfähigkeit gegen Biegen, eine genügende Bruchfestigkeit haben und wird, wenn dies nicht der Fall ist, als brüchig oder narbenbrüchig bezeichnet. Bei Sohlleder und anderem Unterleder, das nicht so stark auf Biegung beansprucht wird, hat es weniger zu bedeuten, wenn sonst gutes Leder bei scharfem Biegen bricht bzw. ,,platzt''. Doch darf auch bei solchem Leder die darunterliegende Faserschicht nicht reißen. Riemenleder und technische Leder für verschiedene Verwendungszwecke, besonders Treibriemenleder, sind beim Gebrauch in besonderem Maße der Beanspruchung durch Biegen ausgesetzt. Bei solchen Ledern darf daher der Narben nicht platzen, noch weniger die darunterliegende Schicht brechen. Bei Schuhoberleder kommt die Bruchfestigkeit des Leders ebenfalls sehr in Betracht, da das Oberleder bei der Schuhherstellung beim Zwicken im Narben stark gedehnt und beim Tragen besonders am vorderen Teil des Schuhs durch die Gehbewegung andauernd hin- und hergebogen wird. Aber auch von anderen Ledern, insbesondere den pflanzlich gegerbten, den glacégaren und sämischgaren Feinledern wird eine hohe Biegsamkeit ohne jede Narbenbrüchigkeit verlangt, zumal die Biegsamkeit neben der Weichheit und der Elastizität besonders zum günstigen ,,Griff'' des Leders beiträgt, der von Praktikern durch Betasten, Biegen usw. des Leders festgestellt wird.

Der ,,Griff'' kommt auch im ,,Stand'' und ,,Sprung'' des Leders zum Ausdruck, Eigenschaften, die mit Hilfe einer besonderen Vorrichtung (siehe ,,Untersuchung des Leders'', S. 826) zahlenmäßig festgestellt werden können.

Der ,,Stand'' der Leder kann sehr verschiedene Werte aufweisen. Er liegt für weiche Leder etwa in der Größenordnung von Wollstoff und reicht für harte Leder an Zinkblech oder Pappdeckel heran. Beim ,,Sprung'' sind nicht so ausgeprägte Unterschiede gefunden worden, doch zeigte sich, daß ganz weiche Leder gegenüber den anderen einen besonders geringen ,,Sprung'' aufweisen.

Der Stand zeigt ferner bei dem Leder einer Haut schon innerhalb des Schildes große Unterschiede, noch bedeutender sind die Unterschiede des Standes der abfälligen Teile gegenüber dem Schild.

Die verschiedenen mechanischen Zurichtearbeiten beeinflussen mehr oder weniger den Stand des unzugerichteten Leders. Stollen und Pantoffeln machen, wie bekannt, das Leder weich, so daß der Stand entsprechend abnimmt. Auch beim Bimsen wurde durch geringe Verminderung des Standes eine gewisse Erweichung festgestellt. Beim Stoßen wird das Leder an sich weicher, und zwar um so mehr, je stärker man stößt. Der erreichte Stand nimmt dagegen zu, da das Leder dünner wird. Ähnlich verhält sich das Leder beim Rollen und beim trockenen Bügeln. Beim feuchten Bügeln wurde eine viel stärkere Zunahme des Standes festgestellt als beim trockenen Bügeln (F. English).

Die elastischen Eigenschaften des Leders kommen ebenfalls für die meisten Verwendungszwecke in Betracht. Die Elastizität ist von der Art der verwendeten Gerbstoffe und des angewandten Gerbverfahrens, ob Grubengerbung, Faßgerbung oder gemischte Gerbung, abhängig (G. Powarnin, S. 146). Chromleder hat eine höhere Elastizität als ein durch Verbindung der pflanzlichen Gerbung mit der Chromgerbung hergestelltes Leder (G. Powarnin und W. Tokarew). Bei Ledern, die durch Verbindung mehrerer Gerbarten hergestellt sind, hat auch die Reihenfolge der Anwendung dieser Gerbarten einen Einfluß auf die Elastizität, auch auf die Dehnung. So wurde gefunden, daß bei Chromgerbung mit nachfolgender Sämischgerbung ein elastisches Leder mit großer Reißdehnung, bei Sämischgerbung mit anschließender Chromgerbung dagegen ein hartes Leder mit geringer Reißdehnung erhalten wird (G. Powarnin und Syrin). Auch Leder von verschiedenen Teilen einer Haut zeigen Unterschiede in den elastischen Eigenschaften, indem die Elastizität des Leders vom Kopf gegen die Kratze zunimmt [Materialprüfungskommission der Technischen Hochschule in Stuttgart (1)]. Auch der mit der Luftfeuchtigkeit wechselnde Wassergehalt und der Fettgehalt des Leders beeinflussen seine Elastizität, indem diese mit wachsender relativer Feuchtigkeit der Luft und dem Wassergehalt des Leders abnimmt und bei entfettetem Leder, und zwar pflanzlich gegerbtem wie chromgarem, höher ist als bei dem entsprechenden gefetteten Leder, also durch den Fettgehalt vermindert wird (J. A. Wilson und E. J. Kern (3)]. Durch Walzen oder eine ähnliche mechanische Bearbeitung wird die Elastizität des Leders ebenfalls verringert (G. Powarnin und K. Wolkow). Die Elastizität des Leders ist bei der Narbenschicht größer als bei der Fleischschicht (W. Powarnin und N. Ssolowjew).

Leder zeigt in hohem Maße die Erscheinung der elastischen Nachwirkung, indem die Formveränderung bzw. Wiederherstellung der Gestalt und Form des Leders bei bzw. nach äußerer mechanischer Einwirkung nur allmählich erfolgt. Die elastische Nachwirkung ist bei einmaliger längerdauernder Formveränderung bei der Belastung größer als bei der Entlastung, und zwar um so größer, je länger die Belastung gedauert hat, bei öfter aufeinanderfolgender Formveränderung dagegen bei der Entlastung größer als bei der Belastung (H. Fricke, S. 63).

Eine andere praktisch wichtige Eigenschaft des Leders besteht darin, daß dieses, abgesehen von der mechanischen Einwirkung, auch durch andere Umstände seine Fläche und sein Volumen verändert. Eine Flächenveränderung des Leders findet unter dem Einfluß der wechselnden Luftfeuchtigkeit statt. Mit zunehmender relativer Feuchtigkeit von 0 bis 100% nimmt Chromleder 18%, pflanzlich gegerbtes Leder nur 6% an Fläche zu. Bei abnehmender relativer Feuchtigkeit erfolgt dagegen eine entsprechende Flächenverringerung des Leders [J. A. Wilson und A. F. Gallun jr. (2)]. Bei anderen Versuchen betrug bei Zunahme der relativen Luftfeuchtigkeit von 0 bis 100% die Flächenzunahme bei pflanzlich gegerbtem Leder 4,0 bis 9,4%, im Durchschnitt 7,0%, bei chromgarem Leder 9,6 bis 19,0%, im Durchschnitt 14,4% [J. A. Wilson und E. J. Kern (4)]. Wenn die bedeutende Oberflächenveränderung des Chromoberleders beim Tragen der Schuhe nicht lästig wirkt, so ist dieses auf die hohe Dehnbarkeit des Chromleders zurückzuführen. Beim Trocknen verliert das Leder an Fläche, und zwar gefettetes mehr als ungefettetes Leder. Bei Chromkalbleder wurden in ungefettetem Zustand 36%, mit 1% Fett 32%, mit 2% Fett 29%, mit 3% Fett 26%, mit 4% Fett 24% und mit 10% Fett 23% Flächenverlust festgestellt [J. A. Wilson (4)].

Mit dem Wechsel der Luftfeuchtigkeit und damit des Wassergehalts des Leders finden auch Volumänderungen des Leders statt, und zwar nimmt das Volum mit steigendem Wassergehalt des Leders zu. Als Volumzunahme bei Änderung des Wassergehalts des Leders von 9 bis 20% in feuchter Luft wurde bei Sohlleder 7,6 und 7,8%, bei einem Riemenleder mit 23% Fettgehalt 5,4% und bei einem anderen mit 13% Fettgehalt 6,4% des ursprünglichen Volums gefunden (Deutsche Versuchsanstalt für Lederindustrie). Durchfeuchten des Leders mit Wasser bewirkt ebenfalls eine Volumzunahme des Leders, die mit dem Grade

der Durchgerbung des Leders geringer wird und 10 bis 33% des Volums des ursprünglichen Leders beträgt. Beim Fetten des Leders erfolgt ebenfalls Volumzunahme, und zwar die gleiche, wenn das Leder feucht gefettet und dann ge-

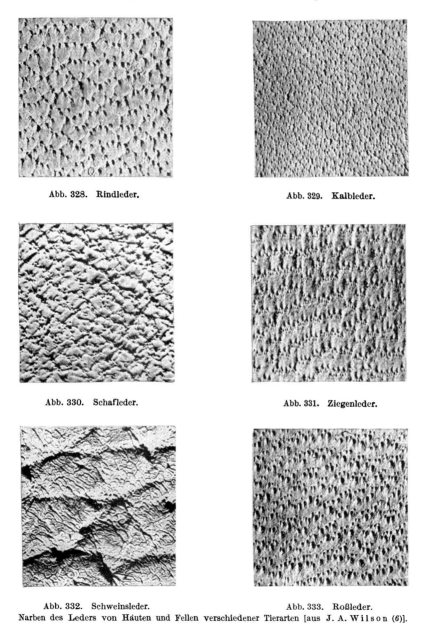

Abb. 328.   Rindleder.

Abb. 329.   Kalbleder.

Abb. 330.   Schafleder.

Abb. 331.   Ziegenleder.

Abb. 332.   Schweinsleder.

Abb. 333.   Roßleder.

Narben des Leders von Häuten und Fellen verschiedener Tierarten [aus J. A. Wilson (6)].

trocknet oder wenn es trocken gefettet und dann aufgeweicht und schließlich
wieder getrocknet wird (A. Reisnek).

Von den beiden Flächen des Leders ist bei den meisten Lederarten besonders
die Beschaffenheit und das Aussehen der Narbenseite von Bedeutung. Die

Narbenseite des Leders zeigt, soweit sie nicht durch mechanische Bearbeitung bei der Zurichtung wesentlich verändert oder vom Narben befreit oder mit einem Lack oder einer anderen Deckschicht versehen ist, bei Leder von Häuten und Fellen der einzelnen Tierarten sehr verschiedenartige Narbenbilder, die in der Hauptsache von der Größe und gegenseitigen Stellung der nach Entfernung des Haares bzw. der Wolle dort vorhandenen Poren sowie von Erhebungen der Lederhaut (Papillen) herrühren, die bei der rohen Haut in die Oberhaut hineinragen. Dieses Narbenbild, die Narbe, ist für jedes Tier verschieden und bis zu einem gewissen Grad kennzeichnend, aber auch bei Tieren derselben Art und innerhalb einer Haut nicht vollständig gleichartig und wird außerdem durch das Zurichten unter Umständen wesentlich verändert. Die bildliche Wiedergabe des Narbens der Haut bzw. des Leders kann daher nur ein bedingt zutreffendes Bild von dem tatsächlichen Aussehen des Narbens und den in dieser Hinsicht bei Leder von Häuten verschiedener Tierarten vorhandenen Unterschieden (siehe Abb. 328 bis 333) geben.

Der Narben kann je nach der Art des Narbenbildes insbesondere der Narbenerhebungen (Korn) eine gröbere oder feinere Beschaffenheit haben. Diese Eigenschaft hängt außer von der Tierart, der die Haut entstammt, besonders auch von dem Alter der Tiere ab, indem Häute und Felle jüngerer Tiere im allgemeinen einen feineren Narben haben als solche der entsprechenden älteren Tiere.

Vielfach wird dem Leder an Stelle des natürlichen Narbens ein künstliches Narbenmuster auf- oder eingepreßt, das entweder den Narben anderer Tierarten nachahmt, die ein feineres, wertvolleres Leder geben, oder ein Phantasiebild darstellt. Der künstliche Narben wird ferner besonders beim Leder des Fleischspalts angebracht, um den dort fehlenden Narben zu ersetzen und um dem Leder das Aussehen des mit natürlichem Narben versehenen Leders zu geben (vgl. die Abbildungen im Kapitel „Mechanische Zurichtung" dieses Bandes). Bei manchen Lederarten wird die Narbenschicht fortgenommen oder wie bei den Samt- oder Velvetledern die Narben- oder Fleischseite abgeschliffen und dadurch leicht aufgerauht, um dem Leder einen samtartigen Griff und ein entsprechendes Aussehen zu geben.

Wesentlich für das Aussehen der Narbenseite ist bei Ledern, bei denen der Narben fehlerlos und nicht abgenommen oder mit einer Deckschicht versehen ist, ein eigenartiger Glanz, der namentlich davon herrührt, daß das Fasergeflecht des Leders an der Narbenoberfläche besonders dicht und feinfasrig ist und daß die Fasern hier mehr in der Richtung der Lederoberfläche verlaufen.

Die Farbe, die das Leder nach der Fertigstellung erhalten hat, ist nicht nur bei gefärbtem Leder, sondern häufig auch bei naturfarbigem Leder wichtig, zumal die Farbe des letzteren oft auch diejenige des gefärbten Leders beeinflußt. Andrerseits werden hinsichtlich der Farbe des Leders bei manchen Lederarten, z. B. Sohlleder, bei denen es praktisch hierauf nicht so ankommt, übertrieben hohe Anforderungen gestellt.

Die Farbe und der Farbton des naturfarbigen Leders, das also nicht gefärbt oder gebleicht oder mit farbigen Deckschichten versehen ist, hängt von der Art der Gerbung, bei pflanzlich gegerbtem Leder auch sehr wesentlich von der Art der verwendeten Gerbstoffe ab. Von pflanzlichen Gerbstoffen liefern das hellste Leder Gambir, Sumach, Sumachauszug und Algarobilla, dann folgen in etwa der angegebenen Reihenfolge mit immer dunkleren Farbtönen Myrobalanen, Valonea, Knoppern, kaltlösliche Quebrachoauszüge, Dividivi, Fichtenrinde, Eichenholzauszug, Trillo, Eichenrinde, Quebrachoauszug, behandelt und geklärt, Mimosenrinde, Kastanienholzauszug, Malletrinde, Fichtenrindenauszug und schließlich Mangrovenrinde und ihr Auszug, die die dunkelste und zugleich rötlichste Lederfarbe geben. Der Farbton ist bei Sumach, Sumachauszug und Gambir neutral, d. h. es tritt keine der drei Grundfarben Rot, Gelb und Blau hervor. Diese Gerbstoffe eignen sich daher, abgesehen von der hellen Farbe, ganz besonders zur Herstellung hellfarbiger Leder, da die Farbe, die sie dem Leder verleihen, die nach dem Färben dieser Leder erhaltene Lederfarbe wenig oder gar nicht verändert. Myrobalanen, Valonea, Knoppern, kaltlösliche Quebracho-auszüge, Eichenholzauszug, Kastanienholzauszug und Trillo geben einen neutralen aber kräftigen Farbton. Einen gelben bis braunen Farbton liefern nach der un-gefähren Farbenstärke geordnet Dividivi, Eichenrinde, Fichtenrinde, Fichten-rindenauszug, Malletrinde, einen rötlichen Farbton Mimosenrinde sowie Que-brachoauszug, unbehandelt und geklärt, und einen ausgesprochen roten Farbton Mangrovenrinde [J. Paeßler (3)].

Die Naturfarbe der mit anderen Gerbmitteln hergestellten Leder ist bei Chromleder grün oder blaugrün, bei Weißgarleder und Glacéleder weiß, bei Sämischleder gelblich, bei Eisenleder braun, bei Formaldehydleder weiß, bei den mit synthetischen Gerbstoffen, z. B. Neradol, Ordoval, ausschließlich gegerbten Ledern hellgelblich. Bei Chromleder wird die Naturfarbe durch die Art des benutzten Neutralisationsmittels beeinflußt und ist z. B. bei Verwendung von Natriumphosphat grün, Borax blaugrün, Soda graublau [P. Chambard und M. Queroix (1)]. Die durch Verbindung mehrerer Gerbarten hergestellten Leder haben die entsprechenden Mischfarben. Vielfach wird die ursprüngliche Farbe des Leders durch Nachbehandlung, z. B. durch Säure bei pflanzlich ge-gerbtem Leder oder durch Erzeugung weißer Niederschläge von Baryumsulfat bzw. Bleisulfat, bei Sämischleder auch durch Bleichmittel aufgehellt. Die Farben und Farbtöne der jetzt meist mit Hilfe künstlicher Farbstoffe, neuerdings auch unter Verwendung von Deckfarben, erhaltenen farbigen Leder sind außerordent-lich zahlreich, mannigfaltig und zum Teil prächtig. Schwarze und farbige Leder werden auch durch Auftragen von entsprechend gefärbtem Leinöllack oder Celluloseesterlack (Zaponlack) erhalten. Ferner gibt es Leder, die als Antikleder oder marmoriertes Leder auf der Narbenseite entsprechend gemustert und solche, die mit Ornamenten oder Metallverzierungen versehen sind.

Die meisten Leder sind bei der Verwendung mehr oder weniger der Ab-nutzung durch Abreiben unterworfen. Dieser Umstand kommt auch bei solchen Ledern in Betracht, die möglichst reibecht sein sollen. Derartige Leder erhalten daher vielfach zur Erhöhung der Reibechtheit eine besondere Schutzschicht. Die Widerstandsfähigkeit des Leders gegen Abnutzung durch Abreiben ist auch wichtig bei Sohlleder, das durch die Gehbewegung des Fußes einer besonderen Beanspruchung durch Abreiben ausgesetzt ist. Die hierdurch verursachte Abnutzung ist je nach der Herstellungsweise des Leders verschieden. Durch Abreibeversuche [U. J. Thuau (1)] und Tragversuche (A. Goldenberg) wurde festgestellt, daß die Abnutzbarkeit des pflanzlich gegerbten Sohlleders durch die Art der vorbereitenden Arbeiten, je nach den hierbei stattfindenden hydrolysierenden Vorgängen beeinträchtigt und auch durch die Art der Gerbung beeinflußt wird. Auch wurde gefunden, daß das durch Chromgerbung mit pflanz-licher Nachgerbung hergestellte Leder eine größere Widerstandsfähigkeit beim Tragen hat als das rein pflanzlich gegerbte Leder, dagegen eine ge-ringere als das mit Chrom gegerbte Leder [R. W. Frey und J. D. Clarke (2), S. 150]. Ferner ergab sich, daß durch Hämmern und Walzen die Widerstands-fähigkeit des Leders gegen Abreiben erhöht wird [U. J. Thuau (2)]. Gewöhnlich wird angenommen, daß die Widerstandsfähigkeit des Leders vor allem von dem Durchgerbungsgrad, d. h. von der Gerbstoffmenge abhängt, die im Ver-hältnis zur Menge Hautsubstanz an diese gebunden ist; doch erscheint dieses noch nicht völlig klargestellt. Während von einer Seite (G. Powarnin und J. Schichireff) gefunden wurde, daß die Widerstandsfähigkeit des trockenen Sohlleders gegen Abreiben mit dem Grade der Durchgerbung zunimmt, ergaben andere Versuche [D. Woodroffe (1)], daß dieses nur bis zu einem gewissen Grade gilt und daß auch die auswaschbaren Stoffe bis zu einem Maße günstig wirken, indem die Widerstandsfähigkeit des Leders gegen Abreibung bei niedrigem Gehalt an solchen Stoffen geringer ist, dann mit ihrer Zunahme bis zu einem Gehalt von 18 bis 24% steigt und schließlich wieder abnimmt. Hiergegen läßt sich einwenden, daß die Schutzwirkung der auswaschbaren Stoffe nur so lange und in dem Maße anhalten kann, als sie beim Tragen der Sohle durch Feuchtigkeit nicht herausgelöst werden. Eine Beziehung zwischen den zeitlichen Ergebnissen der Tragversuche und der Wasseraufnahmefähigkeit konnte bei Chromleder mit pflanzlicher Nachgerbung nicht festgestellt werden (A. C. Orthmann).

Die einzelnen Teile der Haut haben eine verschiedene Widerstandsfähigkeit des Leders gegen Abnutzung durch Abreiben. Die praktische Erfahrung, daß Leder aus dem Kern widerstandsfähiger ist als Leder aus den anderen Teilen der Haut, wurde durch Abreibeversuche wie auch durch Tragversuche bestätigt gefunden [R. W. Hart und R. C. Bowker; P. Pawlowitsch (2); E. P. Veitch und J. S. Rogers]. Auch die Narbenseite und die Fleischseite des Leders zeigen eine verschiedene Widerstandsfähigkeit gegen Abreiben. Die gut gereinigte Fleischseite des Sohlleders ist widerstandsfähiger als die Narbenseite, und die Festigkeit des Narbens ist nur gering (A. Posnjak und A. Kukarkin). Es ergab sich auch, daß beim Abnehmen des Narbens des Sohlleders dessen Widerstandsfähigkeit gegen Abreiben um 20% erhöht wird [U. J. Thuau (3)]. Nach anderen Versuchen ist die Abnutzung bei der Mittelschicht des Leders geringer als bei der Narben- und Fleischseite, dabei aber auf beiden Seiten fast gleich (R. W. Hart).

Für die praktische Verwendung des Riemenleders als Treibriemen kommt außer der Dehnung, Reißfestigkeit und Elastizität des Leders auch seine Reibung gegenüber Metallen, insbesondere der Reibungswiderstand auf der Scheibe in Betracht. In dieser Hinsicht wurde durch Versuche auf gußeisernen Scheiben festgestellt: Die Richtung der Gleitbewegung zur Lederhaut ist ohne gesetzmäßigen Einfluß auf die Größe des Reibungswiderstandes. Die Größe der reibenden Fläche beeinflußt unter sonst gleichen Bedingungen den Reibungswiderstand derart, daß letzterer mit ersterer wächst, und zwar in stärkerem Maße. Bei derselben Gleitgeschwindigkeit nimmt der Reibungswiderstand im Verhältnis der Belastung zu. Auch mit wachsender Gleitgeschwindigkeit nimmt der Reibungswiderstand zu. Diese Zunahme hängt wahrscheinlich von der Oberflächenbeschaffenheit des Leders und von seinem Fettgehalt ab. Bei derselben Belastung ist der Reibungswiderstand bei geringerer Gleitgeschwindigkeit für das fettfreie, bei größerer für das fetthaltige Leder größer. Das gefettete und das ungefettete Leder zeigen den gleichen Reibungswiderstand bei um so höherer Gleitgeschwindigkeit, je geringer die Belastung ist. Diese Erscheinung wird darauf zurückgeführt, daß das im Leder enthaltene Fett infolge der durch die Reibung bewirkten Erwärmung der Gleitfläche aus dem Leder heraustritt [M. Rudeloff (2)].

Über den Einfluß der Beschaffenheit des Sohlleders auf die Haltbarkeit der Nagelung bei Schuhwerk, die besonders für Bergschuhe wichtig ist, wurden mit fünf verschiedenartigen Sohlledern Versuche ausgeführt, wobei man die sachgemäß mit Eisennägeln genagelten Schuhsohlen 24, 48 und 96 Stunden in Wasser legte und nach diesen Zeitabschnitten versuchte, die Nägel herauszuziehen. Es ergab sich, daß die Nägel um so fester haften, die Nagelung also um so haltbarer ist, je härter und fester das Leder ist (C. Schiaparelli).

Das Wärmeleitungsvermögen des Leders, das für manche seiner Verwendungszwecke, besonders für Bekleidungs- und Polsterleder, ebenfalls von Bedeutung ist, hängt außer von der Zusammensetzung auch von der Porosität des Leders ab und wird daher durch die mechanische Bearbeitung bei der Zurichtung des Leders beeinflußt, die die Porosität bzw. die im Leder vorhandene Luftmenge vermindert. Bei chromgarem Leder und wahrscheinlich bei allen mineralgaren Ledern ist das Wärmeleitungsvermögen größer als bei pflanzlich gegerbtem Leder. Das Chromleder verhält sich aus diesem Grunde beim Tragen nicht so günstig als das pflanzlich gegerbte Leder, da Schuhe mit Chromoberleder leichter bei warmem Wetter heiße, bei kaltem Wetter kalte Füße erzeugen [B. Kohnstein (2)]. Es wurde bei verschiedenartig gegerbten Ledern und anderen Stoffen folgende mittlere Wärmeleitfähigkeit (ausgedrückt in c-g-s-Einheiten) bestimmt und berechnet: Normales Sohlleder $4,28 . 10^{-4}$, Chromoberleder $2,97 . 10^{-4}$, pflanzlich gegerbtes Brandsohlenleder etwa wie Chromoberleder, Gummisohle $6,63 . 10^{-4}$, Filz $2,1 . 10^{-4}$. Imprägnierung des Leders, wie sie bei Waterproofleder üblich ist, bewirkt eine starke Erhöhung der Wärmeleitfähigkeit, und zwar bei schwerem Chromoberleder verhältnismäßig mehr als bei pflanzlich gegerbtem Leder. Im allgemeinen ist für Schuhmaterialien eine möglichst geringe Wärmeleitfähigkeit erwünscht. Die Wärmeleitfähigkeit an verschiedenen Stellen des Leders einer Haut ist verschieden und schwankt bei einem Kroupon zwischen $4,30 . 10^{-4}$ und $4,95 . 10^{-4}$ (R. S. Edwards und G. Browne). Von anderer Seite wurde gefunden, daß die Wärmeleitfähigkeit bei dem Leder einer Haut am größten beim Kern und am geringsten beim Hals und bei den Seiten ist (D. Woodroffe, O. Bailey und A. S. Rundle).

Das Wärmeaufnahmevermögen des Leders wird durch seine Farbe beeinflußt, da gefunden wurde, daß bei Einwirkung des Sonnenlichts bei 15^0 Luftwärme die Höchsttemperatur, die sich nach einigen Minuten einstellte, bei hellfarbigen Ledern 38^0, bei schwarzen Ledern 47^0 betrug (J. A. Wilson und E. J. Diener).

Über das elektrische Verhalten des Leders liegen nur wenige Untersuchungen oder Angaben vor. Pflanzlich gegerbtes Leder wird als ein schlechter Leiter der Elektrizität bezeichnet, für andere Lederarten sind Angaben hierüber nicht vorhanden. Doch dürfte sich chromgares und anderes mineralgares Leder auch in dieser Hinsicht abweichend von pflanzlich gegerbtem Leder verhalten, da bei ersteren die Mineralstoffe eine wesentliche Rolle spielen und bei letzterem außerdem eine große Menge pflanzlicher Gerbstoffe vorhanden ist und alle diese Stoffe, abgesehen von der Hautsubstanz, ein verschiedenes elektrisches Leitungsvermögen haben werden. Der Luftgehalt und der mit der Luftfeuchtigkeit wechselnde Wassergehalt des Leders beeinflussen naturgemäß ebenfalls sein Leitungsvermögen für Elektrizität. Bei pflanzlich gegerbtem Treibriemenleder wurden bei Bewegung des Treibriemens über die Scheibe elektrische Erregungszustände beobachtet. Auf diesen Umstand sind manche Explosionsfälle in feuergefährlichen Betrieben, z. B. in Benzinwäschereien, zurückgeführt worden (M. M. Richter). Die Ansammlungen statischer Elektrizität werden besonders durch Reibung des Riemens an der Scheibe und Abheben des Riemens von dieser erzeugt (Anonymus (1)). Beim Abwischen von Lackleder zur Entfernung von Staub entsteht Reibungselektrizität. Nach einem durch D.R.P. 482 217 geschützten Verfahren der Lederwerke Becher & Co. in Offenbach a. M.-Bürgel, kann die beim Bürsten oder dgl. auftretende statische Elektrizität dadurch beseitigt werden, daß in den Bürstraum Dampf eingeführt und dieser zugleich mit der Frischluft durch Absaugen entfernt wird.

Bei der Prüfung des Leders nach dem Reflexionsverfahren hinsichtlich seiner akustischen Eigenschaften ergab sich bei Versuchen in größerem Maßstabe mit sumachgarem Ziegenleder von 0,8 mm Dicke, daß der akustische Absorptionskoeffizient von Leder bei der mittleren Frequenz 500, die gewöhnlich als Standardfrequenz angenommen wird, 0,40 beträgt, d. h. eine Schallabsorption von 40% stattfindet. Da eine Absorption von 20% schon von beträchtlichem Wert ist und eine solche von 40% außerordentlich gut ist, so besitzt Leder ausgezeichnete akustische Eigenschaften. Bei weiteren kleineren Versuchen zeigte sich, daß Schaf-, Ziegen-, Kalb- und Spaltleder sehr ähnliche akustische Eigenschaften haben und daß diese auch durch die Zurichtung z. B. mit Nitrozellulosedeckschicht nicht nennenswert beeinflußt werden (National Physical Laboratory in Teddington).

Die Eigenschaften des Leders werden auch durch Wärme oder Kälte mehr oder weniger beeinflußt. Besonders höhere Wärmegrade, etwa über 50°, haben eine je nach der Lederart mehr oder weniger starke Wirkung auf das Leder. Wenn durch die Erwärmung zu viel Wasser aus dem Leder entfernt wird, so wird die Lederfaser spröde und damit auch das Leder hart und mürbe. Höhere Wärmegrade können auch dadurch das Leder schädigen, daß durch die beim Erhitzen des Leders stattfindende Umwandlung des darin enthaltenen Wassers in Wasserdampf das Fasergewebe des Leders auseinandergetrieben und in seinem Zusammenhang beeinträchtigt wird. Diese Ursache der Lederschädigung ist z. B. vorhanden, wenn feuchtes Leder durch „Einbrennen", d. h. durch Eintauchen in geschmolzenes Fett mit höherem Schmelzpunkt bei zu hoher Temperatur gefettet oder feucht gewordenes Schuhwerk bei zu großer Hitze getrocknet wird. Beim Gebrauch werden besonders technische Leder häufig zu hoher Hitze ausgesetzt oder durch Reiben zu stark erwärmt. Letzteres ist z. B. auch der Fall, wenn ein Treibriemen auf der Scheibe rutscht, wobei durch die dabei stattfindende Erwärmung des Leders dieses hart und mürbe wird. Die Schädigung durch Wärme bei pflanzlich gegerbtem Leder macht sich in einer Abnahme der Reißfestigkeit, der Narbenfestigkeit, bei starker Wärmewirkung auch der Dehnbarkeit bemerkbar und ist um so größer, je höher der Feuchtigkeitsgehalt des Leders, die einwirkende Temperatur und die Dauer der Wärmeeinwirkung ist. Diese „Verbrennungs"-Erscheinungen werden durch den Fettgehalt des Leders nicht nennenswert beeinflußt. Stärkere Einlagerungen anorganischer und organischer Stoffe im Leder vergrößern die Verbrennungsschäden. Besonders groß ist die Gefahr der Schädigung des Leders durch Hitzewirkung bei Gegenwart stark wirkender freier Säuren im Leder (F. Stather und H. Herfeld).

Eine schädliche Wirkung höherer Wärmegrade auf das Leder findet auch beim sog. „Selbsterhitzen" des Leders statt, das durch die Tätigkeit von Mikroorganismen besonders bei pflanzlich gegerbtem Leder verursacht wird, wenn das Leder in zu hohen Stößen in feuchtem Zustand oder in zu feuchten Räumen lagert. Dabei kann die Wärme im Innern des Lederstoßes so weit steigen, daß das Leder dunkel und mürbe wird. Eine Entflammung erfolgt jedoch nicht, so daß die Entstehung von Bränden infolge Selbsterhitzung des Leders unwahrscheinlich ist (W. Eitner).

Wie durch höhere Temperatur, so kann Leder, dessen Feuchtigkeitsgehalt höher als normal ist, auch durch niedrigere bei oder unter dem Gefrierpunkt des Wassers liegende Temperaturen geschädigt werden, indem durch die beim Gefrieren des Wassers sich bildenden Eiskristalle das Fasergewebe des Leders auseinandergedehnt und zerrissen wird [Anonymus (2)]. Chromgare Kalb- und Rindleder, die in eben gegerbtem und stark wasserhaltigem Zustand infolge einer Betriebsstörung bei — 6° liegen bleiben mußten, zeigten Auswitterungen von Salzen und Eiskristallen und nach der Fertigstellung einen losen Narben (K. G., S. 534).

Auch eine Wirkung des Lichts auf das Leder ist vorhanden und macht sich besonders dadurch bemerkbar, daß die Farbe des ungefärbten, besonders des mit pflanzlichen Gerbstoffen gegerbten Leders, aber auch diejenige der mit nicht lichtechten Farbstoffen gefärbten Leder allmählich mehr oder weniger verändert wird. Für das Verhalten der pflanzlichen Gerbstoffe bzw. des damit gegerbten Leders bei der Belichtung gilt folgendes: Die mit Sumach, Sumachauszug und Gambir gegerbten Leder ändern ihren Farbton und ihre Farbstärke am wenigsten, was für ihre Verwendung bei der Herstellung farbiger Leder einen weiteren Vorteil bedeutet. Bei den mit Valonea, Trillo, Knoppern, Eichenholzauszug und Kastanienholzauszug gegerbten Ledern ist die Veränderung der ursprünglichen Farbe auch sehr gering, stärker bei den mit Algarobilla und Dividivi hergestellten Ledern. Die mit Eichenrinde, Fichtenrinde und Fichtenrindenauszug gegerbten Leder dunkeln sehr stark nach, wobei jedoch das belichtete Leder nicht röter als das unbelichtete erscheint, so daß die Farbstärke ohne wesentliche Veränderung des Farbtons zunimmt. Die mit Mimosarinde, Malletrinde, Quebrachoholz und Quebrachoauszug unbehandelt und geklärt gegerbten Leder zeigen nach der Belichtung nicht nur eine wesentlich stärkere Färbung, sondern auch einen ausgesprochen rotbraunen Farbton [J. Paeßler (3)]. Bei gefärbten Ledern, die mit pflanzlichen Gerbstoffen gegerbt sind, können die Farbenveränderungen letzterer zur Folge haben, daß auch das Leder seine Farbe verändert, obgleich der verwendete Farbstoff lichtecht ist. Die Lichtempfindlichkeit des Leders hängt, abgesehen von der Art des Gerbstoffs und Farbstoffs auch noch von verschiedenen anderen Umständen ab. Einen Einfluß auf die Lichtempfindlichkeit des pflanzlich gegerbten Leders übt auch der p_H-Wert aus, bei dem die Ausgerbung erfolgte, und zwar ist die Lichtempfindlichkeit bei $p_H = 3$ beträchtlich größer als bei $p_H = 5,5$ (F. Stather und R. Schubert). Die Lichtempfindlichkeit wird erhöht, wenn das Leder vor dem Färben und Zurichten mit Schwefelsäure gebleicht wird, und zwar um so mehr, je mehr Säure unneutralisiert vom Leder aufgenommen wird (M. C. Lamb und J. A. Gilman). Die Lichtechtheit gefärbter Leder ist auch abhängig vom Charakter und der Intensität der Lichtstrahlen, von der Temperatur, der Luftfeuchtigkeit, der Tiefe und Stärke der Färbung und dem Farbton. Die ausbleichende Wirkung des Lichtes ist wahrscheinlich abhängig vom Gehalt des Lichtes an chemisch wirksamen (ultravioletten) Strahlen und im Sommer und bei direktem Sonnenlicht stärker als im Winter und bei bewölktem Himmel. Auch das Licht der elektrischen Bogenlampe, der Quecksilberdampflampe bzw. ultraviolettes Licht, sogar das Licht der elektrischen Glühlampe wirkt bleichend. Der Einfluß der Temperatur zeigt sich oberhalb bestimmter Wärmegrade, wie sie in den Tropen vorkommen. Bei starker Luftfeuchtigkeit bleichen Farbstoffe und Farben schneller aus, als bei trockener Luft. Je stärker die Färbung ist, um so langsamer erfolgt das Ausbleichen, so daß zarte und hellere Farbentöne empfindlicher sind als dunkle und kräftige. Pigmente, soweit sie mineralischen Ursprungs sind, sind wesentlich lichtechter als Anilinfarbstoffe. Die Lichtechtheit der für Leder ebenfalls verwendeten Farblacke ist verschieden (M. C. Lamb). Bei Versuchen über die Einwirkungen ultravioletter Strahlen auf Leder ergab sich folgendes: Wirksam sind die ultravioletten Strahlen kleiner als 300 $\mu\mu$, bei genügend langer Bestrahlungsdauer auch jene größer als 300 $\mu\mu$, Der Angriff der ultravioletten Strahlen hat eine Gerbstoffaktivierung und bei Ledern, die z. B. zur stärkeren Fixierung der Färbung mit Eisensalzen behandelt wurden, eine Eisendemaskierung, ferner eine Zersetzung von Ledereiweißstoffen, wobei Farbstoffe (vielleicht phenolartiger Natur) entstehen, zur Folge. Mancherlei Stoffe anorganischer und organischer Natur beschleunigen, verfestigen und vertiefen diese

Färbung. Diese Erscheinungen sind zur Erzeugung von Mustern auf Ledern verwertet worden (H. Freytag).

Das im Leder enthaltene Wasser beeinflußt eine ganze Anzahl von Eigenschaften des Leders, indem dadurch das spezifische Gewicht, die Fläche und das Volumen, die Dehnung und die Reißfestigkeit, die Biegsamkeit und die Elastizität verändert werden.

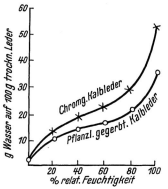

Das Wasser ist im Leder teils als solches, teils in Form von Kristallwasser der im Leder enthaltenen Salze vorhanden. Für den Wassergehalt des Leders spielt die Feuchtigkeit der Luft eine große Rolle. Zwischen dem Wassergehalt des Leders und der relativen Feuchtigkeit der Luft besteht ein Zusammenhang (Abb. 334). Der Wassergehalt des in feuchte Luft gebrachten Leders ändert sich, bis ein von der relativen Feuchtigkeit der Luft abhängiger Gleichgewichtszustand erreicht ist, und nimmt dabei, je nachdem der ursprüngliche Wassergehalt des Leders höher oder niedriger ist als dem Gleichgewichtszustand der betreffenden relativen Feuchtigkeit der Luft entspricht, ab oder zu. Die Temperatur hat innerhalb normaler Grenzen auf den Wassergehalt des Leders beim Gleichgewichtszustand gegenüber der Feuchtigkeit der Luft nur

Abb. 334. Zusammenhang zwischen dem Wassergehalt von pflanzlich gegerbtem Kalbleder sowie Chromleder und der relativen Feuchtigkeit der Luft [aus J. A. Wilson, F. Stather u. M. Gierth].

einen geringen Einfluß. Bei den einzelnen Lederarten ist der Wassergehalt beim Gleichgewichtszustand verschieden. Das Wasser wird von Leder mit geringerem Wassergehalt auch bei niedriger relativer Feuchtigkeit der Luft nur langsam abgegeben, dagegen von trockenem Leder selbst bis zu einer relativen Feuchtigkeit von nur 16% sehr schnell aufgenommen.

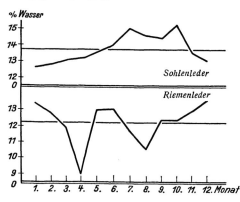

Bei höherer relativer Feuchtigkeit der Luft wird das Wasser vom Leder fast ebenso schnell abgegeben als aufgenommen. Bei einem Vergleich der Feuchtigkeitsaufnahme von Leder gegenüber Wolle und Baumwolle unter gleichen Bedingungen ergibt sich, daß Leder weniger Feuchtigkeit aufnimmt als Wolle und mehr als Baumwolle [H. Bradley, A. T. M. Kay, B. Worswick (1)]. Die Aufnahme von Luftfeuchtigkeit durch das Leder scheint, wenigstens bei einer relativen Luftfeuchtigkeit bis zu 60%, lediglich durch den Proteingehalt des Leders bedingt zu sein, durch Fett, Salze, Nichtgerbstoffe und nicht gebundenen Gerbstoff aber nicht

Abb. 335. Schwankungen des Wassergehaltes des mit pflanzlicher Gerbung hergestellten Leders zu verschiedenen Zeiten des Jahres [aus V. Kubelka und F. Peroutka (1)].

beeinflußt zu werden (W. D. Evans und C. L. Critchfield).

Der Wassergehalt des Leders schwankt wegen seiner Abhängigkeit von der Luftfeuchtigkeit mehr oder weniger mit der Jahreszeit (siehe Abb. 335) und ist bei warmer und trockener Luft geringer als bei kalter und feuchter Luft. Der Wassergehalt des gefetteten Leders, der durchschnittlich niedriger ist als bei ungefettetem Leder, hängt von dem Wassergehalt ab, den die fettfreie Ledersubstanz unter den gleichen Bedingungen zeigt (J. v. Schroeder und J. Paeßler).

Über den Wassergehalt des pflanzlich gegerbten Leders wurde früher angegeben, daß der mittlere Wassergehalt des ungefetteten Leders 18% beträgt und bei gefettetem Leder sich nach der Formel $W = \dfrac{1800\,(100 - F)}{200 + 18\,(100 - F)}$ berechnen läßt, wobei W den durchschnittlichen Wassergehalt und F den Fettgehalt der Ledertrockensubstanz bedeutet (J. v. Schroeder und J. Paeßler). Nach neueren Feststellungen beträgt der mittlere Wassergehalt des ungefetteten pflanzlich gegerbten Leders nur 14% und ist bei gefettetem Leder zwar niedriger, aber anscheinend nicht nur vom Fettgehalt, sondern auch von der Art der zum Fetten benutzten Fettstoffe abhängig. Bei gefetteten Ledern mit weniger als 20% Fett wurden 12,5% und mit mehr als 20% Fett 11% mittlerer Wassergehalt gefunden. Als Ursache für den in neuerer Zeit geringeren durchschnittlichen Wassergehalt des pflanzlich gegerbten Sohlenleders kommt besonders die Änderung des Gerbverfahrens, und zwar die immer zunehmende Anwendung der Extraktgerbung an Stelle der Grubengerbung, sodann auch die Verwendung neuer Gerbmittel neben den früher benutzten in Betracht [F. Stather (1)]. Auch von anderer Seite wurde der mittlere Wassergehalt bei längere Zeit gelagerten pflanzlich gegerbten Ledern zu rund 14% (13,7%) festgestellt und die Tatsache, daß der mittlere Wassergehalt jetzt niedriger gefunden wird als zur Zeit der Untersuchungen von Schroeders darauf zurückgeführt, daß die Lagerräume für Leder in neuerer Zeit infolge der vervollkommneten Heizungs- und Lüftungsvorrichtungen trockener als früher sind. Dagegen ergab sich bei frischgegerbten Sohlenledern ein höherer Wassergehalt von 18 bis 20% [V. Kubelka und F. Peroutka (1)]. Die Grenzen für den normalen Wassergehalt pflanzlich gegerbter ungefetteter Leder liegen bei etwa 12 bis 18%. Chromleder enthält bei gleicher relativer Feuchtigkeit der Luft wesentlich mehr Wasser als pflanzlich gegerbtes Leder [J. A. Wilson und E. J. Kern (4); siehe auch Abb. 334]. Der Wassergehalt des Chromleders ist nach früheren Angaben von J. Paeßler (4) bei ungefetteten Ledern 18,8 bis 28,0%, im Mittel 24,5%, bei gefetteten Ledern mit 20% Fett 19,3%, mit 17,3% Fett 20,1%, mit 15% Fett 23,9% im Mittel. Bei Untersuchungen von anderer Seite, besonders in neuerer Zeit, wurden jedoch meist bedeutend niedrigere Wassergehalte bei Chromleder gefunden, die häufig zwischen 10 und 18% liegen (J. Jettmar, S. 137 bis 140, J. A. Wilson, F. Stather u. M. Gierth, Bd. 2, S. 937, Deutsche Versuchsanstalt für Lederindustrie).

Bei Berührung des Leders mit Wasser nimmt dieses je nach der Art und Beschaffenheit des Leders und den sonstigen Umständen schneller oder langsamer und in verschiedenem Maße Wasser auf. Die Diffusionskonstante beim Eintauchen des Leders in Wasser zeigt für die verschiedenen Lederarten im Mittel etwa dieselbe Reihenfolge, wie bei der Diffusion von Wasserdampf (siehe dort), indem wasserdichtes Chromoberleder die kleinste und pflanzlich gegerbtes Sohlleder die größte Diffusionskonstante besitzt. Die Zeit, die nötig ist, um das in Wasser gebrachte Leder mit diesem zu sättigen, ist in den meisten Fällen umgekehrt proportional der Diffusionskonstante und direkt proportional dem Quadrat der Dicke [H. Bradley, T. M. Kay und B. Worswick (2)].

Die Wasseraufnahme des Leders erfolgt im wesentlichen in der Weise, daß von der Oberfläche aus zunächst die Zwischenräume zwischen den Fasern (Poren) je nach ihrer Anzahl und Größe mehr oder weniger schnell mit Wasser gefüllt und nun die Lederfasern je nach ihrer Benetzbarkeit mit Wasser durchfeuchtet werden. Dann tritt das Wasser, das von einer Seite auf das Leder einwirkt, durch dieses hindurch. Für das Verhalten des Leders gegen Wasser kommt auch in Betracht, daß die Quellfähigkeit der Fasern ebenfalls von Einfluß auf die Weite der Poren ist, indem diese beim Quellen der Fasern verringert und dann die Aufnahmefähigkeit und Durchlässigkeit für Wasser vermindert wird. Die Anzahl und Größe der Poren wird zunächst durch die Art und Stelle der Haut bestimmt, kann jedoch auch durch die Gerbung, Zurichtung und spätere Behandlung beeinflußt werden. Die Benetzbarkeit der Lederoberfläche und der einzelnen Fasern hängt auch von der Art der Gerbung, Zurichtung und Imprägnierung ab. Die Benetzbarkeit der mit verschiedenen pflanzlichen Gerbstoffen hergestellten Leder wird ferner auch durch den p_H-Wert des Leders beeinflußt und ist bei Ausgerbung bei $p_H = 3$ beträchtlich größer, als bei Ausgerbung bei $p_H = 5,5$ (F. Stather und R. Schubert).

Wenn man ein wasserdichtes Sohlleder herstellen will, so kann man bei der Herstellung möglichst geringe Porosität anstreben oder später die Poren mit irgendeinem in Wasser unlöslichen Stoff, wie geeigneten, besonders festen Fetten (Stearin, Paraffin), gekochtem Leinöl, Kautschuk usw. ausfüllen oder die Benetzbarkeit des Leders bzw. der Lederfasern durch Behandlung mit geeigneten Stoffen wie Aluminiumseife, vermindern. Das letzte Verfahren ist vorzuziehen, da es den Vorteil bietet, daß dabei die Porengröße und daher die Durchlässigkeit des Leders für Luft und Atmungsgase trotz Verminderung der Benetzbarkeit des Leders erhalten bleibt (M. Bergmann und A. Miekeley).

Nach anderen Angaben (E. Belavsky und G. Wanek, E. Belavsky und K. Fiksl) sind bei der Wasseraufnahme des Leders zwei verschiedene Vorgänge zu unterscheiden, und zwar die zuerst stattfindende kapillare Wasseraufnahme, die in dem Eindringen des Wassers in die kapillaren Zwischenräume besteht, und die dann folgende molekulare Wasseraufnahme des Aquogels der Haut sowie der Gele von Gerbstoffen und Füllstoffen wie Leim, Eiweiß usw. Die Verschiedenheiten der Wasseraufnahme kommen zum Ausdruck, wenn man die Wasseraufnahme in häufigen Zeitabschnitten, etwa von 1 Stunde, binnen 24 Stunden bestimmt. Es ergibt sich dann, daß die Form der Kurven von der Art der Gerbung und dem Grad der Ausgerbung abhängt. Bei den völlig ausgegerbten Ledern zeigt die Kurve einen steil ansteigenden ersten Teil, der die kapillare Wasseraufnahme kennzeichnet, und dann einen ziemlich scharf waagrecht rechts abbiegenden Teil, der auf eine bedeutende molekulare Wasseraufnahme hindeutet. Die zu dieser Gruppe gehörigen Leder nehmen bis zu einem bestimmten Grad rasch Wasser auf, trocknen jedoch wieder leicht, ohne die Festigkeit und Elastizität zu ändern. Die weniger gründlich ausgegerbten Leder haben eine größere molekulare Wasseraufnahme, und die Kurve zeigt bei diesen keinen so scharfen Übergang vom ersten in den zweiten Teil. Bei den nur unvollkommen ausgegerbten Ledern, bei denen die molekulare Wasseraufnahme sehr groß ist, steigt die Kurve allmählich an. Derartige Leder nehmen Wasser nur langsam auf, werden aber auch sehr langsam trocken und geben nach starkem Trocknen ein hartes und brüchiges Leder.

Von anderer Seite wird gegen die obigen Angaben eingewandt, daß sich aus dem Verlauf von Kurven für die Wasseraufnahme zahlenmäßige Schlußfolgerungen hinsichtlich der Art der Gerbung nicht ziehen lassen, da gefunden wurde, daß zwei Lederproben mit gleicher Kapillarität und gleichem Wasserbindungsvermögen bei verschiedener Zurichtung ganz verschiedene Zeitkurven der Wasseraufnahme ergeben können, da die Zurichtung einen viel stärkeren Einfluß als die Gerbung hat [M. Bergmann und A. Miekeley (1)].

Die Wasseraufnahmefähigkeit des fertigen Leders hängt von der gesamten Herstellungsweise des Leders ab und wird schon durch die vorbereitenden Arbeiten zur Gerbung, so durch die Art des Äscherverfahrens, beeinflußt. Bei vergleichenden Versuchen ergab sich unter sonst gleichen Umständen die größte Wasseraufnahme des Leders nach einem Weißkalkäscher, eine geringere nach einem Dreitageäscher und die geringste nach einem Schwefelnatriumäscher (M. Bergmann, W. Vogel, A. Miekeley, G. Schuck und T. Wieschebrink).

Die Art der Gerbung ist ebenfalls bei der Wasseraufnahme des Leders von Bedeutung. Chromleder nimmt bei gleicher relativer Feuchtigkeit der Luft mehr Wasser auf als pflanzlich gegerbtes Leder. Bei dem durch Chromgerbung mit pflanzlicher Nachgerbung hergestellten Leder ist das Wasseraufnahmevermögen geringer als bei dem nur mit Chrom gegerbten Leder [R. W. Frey und J. D. Clarke (2)]. Auch die Art der Gerbstoffe und deren Sulfitierung ist von Einfluß auf die Wasseraufnahme. So wurde bei ungewalztem Leder bei Gerbung mit sulfitiertem Quebrachoextrakt mehr Wasser aufgenommen, als bei Gerbung mit nicht sulfitiertem Quebrachoextrakt. Durch das Walzen wird die Wasseraufnahmefähigkeit des Leders in allen Fällen stark vermindert und zwar bei Gerbung mit sulfitiertem Quebrachoextrakt mehr als bei Gerbung mit nicht sulfitiertem Quebrachoextrakt, so daß die Wasseraufnahme nach dem Walzen in beiden Fällen ungefähr gleich ist. Bei wiederholtem Anfeuchten und Auftrocknen, wie es beim praktischen Tragen der Fall ist, behält das mit unsulfitiertem Quebrachoextrakt hergestellte Leder die nach dem Walzen angenommene geringere Wasseraufnahmefähigkeit bei, während dieses bei dem mit sulfitiertem Quebrachoextrakt erzeugtem Leder nicht der Fall ist [M. Bergmann und A. Miekeley (2), S. 127 u. 128]. Bei der Zurichtung wird die Porosität und die Wasseraufnahme durch die mechanische Bearbeitung, z. B. Walzen, Hämmern, durch Behandlung mit Fetten und anderen füllenden bzw. Wasser abstoßenden Stoffen, z. B. Aluminiumseife, und durch Auftrag von Deckschichten, die gegen Wasser widerstandsfähig sind, beeinflußt und mehr oder weniger vermindert. Die Wasseraufnahme erfolgt, wenn das Leder dem Wasser von der Fleischoder Narbenseite oder von der Schnittfläche ausgesetzt ist, verschieden schnell. Bei weitem am größten ist sie von der Schnittfläche, am geringsten von der Narbenseite her [M. Bergmann und A. Miekeley (1)]. Nach Versuchen von anderer Seite wird auch der Narben leicht vom Wasser durchdrungen. Nach Entfernung des Narbens nimmt das Leder nicht mehr Wasser auf als mit dem Narben. Sohlleder, dessen Narben mit dem Wasser in Berührung kommt, nimmt den dritten Teil bis etwa zur Hälfte derjenigen Wassermenge auf, die es bei völligem Durchfeuchten aufsaugt. Die Entfernung der Narbenschicht durch den Schuhmacher oder beim Tragen der Sohlen ist daher ohne Einfluß auf die Widerstandsfähigkeit der Sohle gegen Wasser (E. Jalade).

Das Wasseraufnahmevermögen des Leders schwankt innerhalb ziemlich weiter Grenzen. Bei ungefettetem, pflanzlich gegerbtem Bodenleder kann nach F. Stather (2) die Wasseraufnahme beim Einlegen des Leders im Wasser als normal bezeichnet werden, wenn diese nach 2 Stunden nicht über 25% und bei maximaler Wasseraufnahme (meist nach 48 Stunden Einlegen) nicht über 40% beträgt. Das Wasseraufnahmevermögen des durch Grubengerbung und besonders des durch Grubengerbung und Faßgerbung hergestellten Leders wird durch Einweichen des Leders, wie es z. B. von Schuhmachern vorgenommen wird, und darauf folgendes Trocknen um mehrere hundert Prozent erhöht. Die fertige Sohle am Schuh zeigt demnach in allen Fällen eine viel höhere Wasseraufnahmefähigkeit, als das Leder, aus welchem die Sohle gefertigt wurde. Diese Erkenntnis muß berücksichtigt werden, wenn fertige Schuhe (z. B. bei militärischen Lieferungen) bei der Übernahme geprüft werden sollen [V. Kubelka und F. Peroutka (2)].

Die Durchlässigkeit für Wasser, die praktisch eine wichtige Rolle, besonders für Bekleidungsleder und Dichtungsleder spielt, wird durch das Gefüge der Haut und Leders und ihrer Teile sowie durch die Art der Lederherstellung in bedeutendem Maße beeinflußt. Schon die Art der vorbereitenden Arbeiten spielt hierbei eine wichtige Rolle. So ergab sich, daß die Durchlässigkeit nach Anwendung des Schwefelnatriumäschers, besonders bei Benutzung des Fasses, bedeutend geringer ist als nach Anwendung des reinen Kalkäschers (M. Bergmann, W. Vogel, A. Miekeley, G. Schuck und T. Wieschebrink). Die Wasserdurchlässigkeit hängt ferner von der Gerbart des Leders ab. Pflanzlich gegerbtes, mit der Faßgerbung hergestelltes Leder zeigte nach erfolgter Nachgerbung eine ziemlich, nach viermonatiger Grubengerbung des so erhaltenen Leders eine ganz bedeutend verringerte Wasserdurchlässigkeit (U. J. Thuau und P. de Korsak). Demnach hat die Art der pflanzlichen Gerbung einen wesentlichen Einfluß auf die Wasserdurchlässigkeit, der bei Anwendung der Grubengerbung besonders günstig ist. Ungenügende Durchgerbung, Auswaschen und Bleichen nach dem Gerben und starkes Füllen des Leders mit überschüssigem Gerbstoff erhöhen die Wasserdurchlässigkeit (E. Jalade, S. 377).

Versuche von anderer Seite ergaben dagegen, daß bei einem sonst sachgemäß gegerbten Leder weder das Füllen mit Gerbstoffauszug noch die Behandlung mit Mineralsalzen für die Wasserdurchlässigkeit Bedeutung hat. Dagegen beeinflußt das Durchfeuchten des pflanzlich gegerbten Leders vor der Verwendung seine Wasserdurchlässigkeit, indem diese bei angefeuchtetem Sohlleder bedeutend erhöht ist. Die bei der Lederherstellung zur Verringerung der Wasserdurchlässigkeit auf die Narbenseite oder Fleischseite gebrachten Schutzschichten können dem Leder nur vorübergehend eine größere Widerstandsfähigkeit gegen Wasser verleihen, da sie allmählich ebenfalls für Wasser durchlässig werden (H. van der Waerden). Chromleder zeigt eine besondere Aufnahmefähigkeit und Durchlässigkeit für Wasser, wodurch seine Verwendbarkeit als Sohlleder stark beeinträchtigt wird. Von großem Einfluß auf die Wasserdurchlässigkeit ist auch das Fetten des Leders, wodurch das Leder nicht nur biegsamer und geschmeidiger, sondern auch wasserdichter gemacht werden soll. Es kommt dabei neben dem Fettgehalt des Leders auch die Art des Fettes in Betracht, da manche Öle, besonders die Mineralöle, leichter durch Wasser aus dem Leder verdrängt werden als andere, besonders die festeren Fette.

Wenn man unzugerichtetes lohgares Leder oder seinen Fleischspalt mit Wasser unter Druck durchströmen läßt, so dringt dieses viel schneller durch, wenn es von der Fleischseite als wenn es von der Narbenseite eintritt (M. Bergmann).

Andere Wirkungen des Wassers auf das Leder machen sich geltend, wenn dieses längere Zeit mit Wasser behandelt bzw. ausgelaugt wird, namentlich aber, wenn die Einwirkung des Wassers bei erhöhter Temperatur erfolgt. Bei längerem Auslaugen des Leders mit Wasser wird zunächst ungebundener Gerbstoff sowie Nichtgerbstoff herausgelöst. Dann aber wird, besonders bei höheren Wärmegraden, die Ledersubstanz, d. h. die im Leder vorhandene Verbindung zwischen Hautsubstanz und Gerbstoff, in verschiedenem Maße durch Hydrolyse angegriffen und dabei neben Zersetzungsprodukten der Hautsubstanz auch eine entsprechende Menge des ursprünglich an diese gebundenen Gerbstoffs herausgelöst. Der zurückbleibende Rest der Ledersubstanz soll bei allen pflanzlich gegerbten Ledern eine ähnliche Zusammensetzung zeigen, wobei auf 100 Teile Hautsubstanz etwa 78 Teile Gerbstoff kommen. Letztere Gerbstoffmenge soll die geringste sein, die von 100 Teilen Hautsubstanz gebunden wird (H. Rose). Es würde dieses Verhältnis einer „Durchgerbungszahl" von 78 entsprechen. Es gibt jedoch Leder mit wesentlich niedrigeren Durchgerbungszahlen, bei denen also auf 100 Teile Hautsubstanz weniger Gerbstoff kommt, als dem angegebenen Verhältnis entspricht. Ferner wird von anderer Seite angegeben, daß bei längerem Erhitzen des pflanzlich gegerbten Leders mit heißem Wasser, besonders bei ungleichmäßig gegerbtem Leder, nicht nur Hydrolyse der Ledersubstanz, sondern auch eine Umlagerung des an Hautsubstanz nicht oder nur schwach gebundenen Gerbstoffs stattfindet und daß dabei verschiedene chemische Verbindungen zwischen Hautsubstanz und Gerbstoff sich bilden, derart, daß das Verhältnis dieser zueinander je nach der Art der verwendeten Gerbstoffe und je nachdem es sich um Unterleder oder Oberleder handelt, verschieden ist (G. Arbusow). Die Zersetzbarkeit der Haut-Gerbstoff-Verbindung durch Wasser bei pflanzlich gegerbtem Leder hängt von der Art des Gerbstoffs ab. Während z. B. Quebracho- und Eichenrindengerbstoff neben einer lockeren eine außerordentlich feste Verbindung mit Kollagen geben, ist die Verbindung des Gambirgerbstoffs mit Kollagen nur wenig beständig [H. B. Merrill (3)]. Nach weiteren Untersuchungen wird bei längerer Einwirkung von Wasser auf Leder zunächst das „freie Wasserlösliche", sodann als schwerer lösliche Anteile das „gebundene Wasserlösliche" herausgelöst, wobei die eigentliche Ledersubstanz zurückbleibt, und diese dann langsam hydrolysiert. Auf Grund der bei der Hydrolyse unter gleichen Bedingungen gebildeten Mengen an löslichen Anteilen wurde für eine Anzahl von Gerbstoffen die Bindungsfestigkeit berechnet und für diese folgende Reihenfolge mit abnehmender Bindungsfestigkeit erhalten: Eichenrindengerbstoff, Sumachgerbstoff, sulfitierter Quebrachogerbstoff, Mimosenrindengerbstoff, natureller Quebrachogerbstoff, Kastanienholzgerbstoff, Myrobalonengerbstoff, Valoneagerbstoff, Fichtenrindengerbstoff, Gambirgerbstoff [F. Stather und R. Lauffmann (1); siehe auch R. O. Page]. Die Tatsache, daß auch der gebundene Gerbstoff bei längerer Behandlung des Leders mit Wasser mehr oder weniger herausgelöst wird, wird dadurch erklärt, daß der schwerer auswaschbare „gebundene Gerbstoff" in den Kollagenmizellen eingelagert ist, durch deren Aneinanderlagerung in der Längsrichtung die Fibrillen gebildet werden, der leichter auswaschbare „gebundene Gerbstoff" dagegen in den viel weiteren Mizellarzwischenräumen abgeschieden ist [A. Küntzel (2)]. Die bei der Hydrolyse des Leders mit heißem Wasser, besonders bei Ledern mit geringer Wasserbeständigkeit, in Lösung gehenden, Stickstoff enthaltenden Stoffe bestehen nicht aus Leim, sondern aus weiteren Abbauprodukten der Hautsubstanz von der Art der Peptone, Peptide und Aminosäuren [W. Moeller (3)].

Chromleder ist gegen Wasser wesentlich widerstandsfähiger als pflanzlich gegerbtes Leder und widersteht selbst kochendem Wasser bis zu einem gewissen Grade. Das Zweibadchromleder scheint aber im allgemeinen weniger „kochbeständig" zu sein als das Einbadchromleder. Bei lange andauernder Behandlung des Chromleders mit Wasser wird fast die gesamte bei der Gerbung mit basischem Chromsulfat an Chrom gebundene Schwefelsäure abgespalten und ausgewaschen, während die Verbindung des Chroms mit der Hautsubstanz bzw. dem Kollagen sehr beständig ist [J. A. Wilson und G. O. Lines (2)]. Bei Eisenledern, die sonst sehr günstig beurteilt waren, wurde bei Einwirkung von heißem Wasser ein beträchtlicher Abbau von Hautsubstanz festgestellt [W. Moeller (4)]. Bei den mit synthetischen Gerbstoffen gegerbten Ledern ist die Beständigkeit gegen heißes Wasser geringer als bei pflanzlich gegerbtem Leder und Chromleder und ungefähr gleich derjenigen des mit Formaldehyd gegerbten Leders [W. Moeller (5)]. Ferner wurde gefunden, daß die Widerstandsfähigkeit des Leders gegen kochendes Wasser bei Verwendung der nachfolgend angeführten Gerbmittel in der angegebenen Reihenfolge abnimmt: Formaldehyd (Wasser), Naphthol-Formaldehyd (Alkohol), Chrom, Formaldehyd (Alkohol), Ordoval G. G., Eisenchlorid-Formaldehyd, Chinon (Wasser), Chinon (Alkohol), synthetische Gerbstoffe, Tannin-Formaldehyd, Tannin (G. Grasser).

Das Verhalten des Leders gegen Wasser von erhöhter Temperatur, bzw. gegen die gleichzeitige Einwirkung von Feuchtigkeit und Hitze wird auch dadurch gekennzeichnet, daß ein kleiner schmaler Lederstreifen bei allmählichem Erwärmen in Wasser bei einer bestimmten Temperatur sich nach der Fleischseite einbiegt oder einrollt („Schrumpfungstemperatur") oder eine deutlich bemerkbare Verkürzung erleidet („Gelatinierungstemperatur").

Die Schrumpfungstemperatur des Leders ist an verschiedenen Stellen der Haut nur wenig verschieden, zeigt aber bei den Ledern verschiedener Gerbart, bei pflanzlich gegerbtem Leder auch je nach der Art der hierfür verwendeten Gerbstoffe, zum Teil wesentliche Unterschiede und ist z. B. bei Gerbung von Kalbsblöße mit Fichtenrinde 68^0, Tannin 70^0, Eichenrinde 75^0, Mangrovenrinde 76^0, Quebrachoauszug 85^0, bei Chromleder dagegen über 100^0 (G. Powarnin und N. Aggeew).

Es zeigen sich auch Unterschiede hinsichtlich der Schrumpfungstemperatur, je nachdem der zu prüfende Lederstreifen in der Längsrichtung oder Querrichtung des Fells herausgeschnitten wird, so daß das Leder unter der Einwirkung feuchter Wärme in diesen beiden Richtungen verschieden schrumpft. Auch die einzelnen Schichten des Leders verhalten sich nach den Schrumpfungstemperaturen gegenüber feuchter Hitze verschieden, indem die Narbenschicht widerstandsfähiger als die Fleischschicht und die Mittelschicht am widerstandsfähigsten ist. Die wasserlöslichen Stoffe im Leder und das Färben mit künstlichen Farbstoffen beeinflussen nicht nennenswert die Schrumpfungstemperatur des Leders (W. J. Chaters). Auch ein Zusammenhang zwischen Durchgerbungsgrad und Schrumpfungstemperatur bzw. Heißwasserbeständigkeit war bei den durch Ausgerben mit verschiedenen pflanzlichen Gerbstoffen bei verschiedenem p_H-Wert erhaltenen Ledern nicht zu erkennen (F. Stather und R. Schubert).

Die Gelatinierungstemperatur wird ebenfalls in starkem Maße durch die Gerbart beeinflußt und ist bei der Gerbung mit pflanzlichen Gerbstoffen durchschnittlich 80^0, mit normalem Tonerdealaun 60^0, mit basischem Tonerdealaun 70^0, mit normalem Chromalaun 91 bis 92^0, mit basischem Chromalaun, in Glycerin bestimmt, 115 bis 120^0, mit Eisenalaun etwa 64^0, mit Aldehyden 90^0, Chinon 80^0, synthetischen Gerbstoffen 70 bis 80^0 (C. Schiaparelli und L. Careggio).

Bei Sohlleder kommt auch das Verhalten gegen Wasser beim Tragen des Schuhwerks auf feuchtem Boden bzw. bei feuchtem Wetter in Betracht. In dieser Hinsicht zeigt Chromleder die ungünstige Eigenschaft, daß Chromledersohlen dabei durch Quellung infolge Aufnahme von Wasser leicht schlüpfrig werden, wodurch die Sicherheit des Gehens beeinträchtigt wird. Dieser Übelstand soll allerdings durch Imprägnieren des Chromsohlleders mit Paraffin, Stearin und Harz beseitigt werden können (E. Baumgartner).

Verschiedene, zum Teil schädliche Wirkungen üben je nach Stärke, Konzentration und Einwirkungsdauer die Säuren und Alkalien auf das Leder aus. Die Säuren verschiedener Art werden besonders zum Entkalken, Schwellen, Pickeln, bei der Zweibadchromgerbung, ferner zur Nachbehandlung des pflanzlich gegerbten Leders zwecks Aufhellung der Farbe des Leders, unter Umständen auch beim Lederfärben angewandt und dabei von dem Leder aufgenommen. Die stärkeren Säuren, wie Schwefelsäure, Salzsäure, haben je nach dem Umständen eine auch durch die Erfahrung bekannte mehr oder weniger schädliche Wirkung auf das Leder, indem sie, häufig allerdings erst nach längerer Zeit, die Lederfaser zerstören und dadurch das Leder mürbe machen und seine Haltbarkeit, z. B. auch die Reißfestigkeit, beeinträchtigen (G. Powarnin und M. Ljubitsch). Dagegen ist eine Schädigung durch organische Säuren noch nicht festgestellt worden und wegen ihrer Eigenschaften als schwache Säuren auch kaum anzunehmen. Eine gewisse Sonderstellung scheint allerdings die Oxalsäure einzunehmen, die an sich bedeutend schwächer ist als Mineralsäuren, z. B. Salzsäure, anderseits aber in stärkerer Konzentration die Lederfaser doch angreifen soll, dagegen nicht bei sachgemäßer Verwendung der ganz verdünnten Säurelösungen, wie sie in der Gerberei benutzt werden sollen [D. Woodroffe (2)]. Bei einem Vergleich der Wirkung von $n/_2$-Salzsäure, $n/_2$-Schwefelsäure und $n/_2$-Essigsäure zeigte sich, daß die Hautsubstanz des Leders durch Salzsäure am meisten, durch Schwefelsäure etwas weniger und durch Essigsäure nur in ganz geringem Maße abgebaut wird [W. Moeller (6)]. Von anderer Seite wurde bei einem mit Kastaniengerextrakt hergestellten, mit der Säurelösung behandelten Leder durch Bestimmung der Reißfestigkeit und der löslichen Zersetzungsprodukte der Hautsubstanz ebenfalls festgestellt, daß, abgesehen von Schwefelsäure und Salzsäure auch Oxalsäure eine wenn auch nicht sehr starke, schädigende Wirkung auf das Leder hat, daß aber die Essigsäure das Leder überhaupt nicht schädigt (V. Kubelka und E. Weinberger). Die Stärke der Säuren und ihrer Lösungen wird in neuerer Zeit durch den p_H-Wert ausgedrückt, und ihre Wirkung ist im allgemeinen um so größer, je kleiner der p_H-Wert ist. Die Wirkung der Säuren und Säurelösungen auf das Leder wird durch den p_H-Wert beeinflußt. Im Zusammenhang mit dem dabei in verschiedenem Grade stattfindenden Abbau von Haut- oder Ledersubstanz wird die Dehnung und Reißfestigkeit des Leders mit abnehmendem p_H einer auf das Leder einwirkenden Schwefelsäurelösung geringer (D. Woodroffe und H. Hancock). Bei einer Anzahl von Ledern, die mit Schwefelsäure behandelt waren, ergaben nach zweijähriger Lagerung die charakteristischen Kurven der Reißfestigkeitswerte in Abhängigkeit von den p_H-Werten der wässerigen Lederauszüge übereinstimmend einen Knickpunkt bei $p_H = 3$. Es wird daraus geschlossen, daß $p_H = 3$ als Grenzwert anzusehen ist, der nicht unterschritten werden darf, wenn ein Leder lagerbeständig sein soll (R. C. Bowker und E. J. Wallace). Auch mit Oxalsäure behandelte unter Verwendung von Quebracho- bzw. Kastanienextrakt hergestellte Leder hatten nach zweijähriger Lagerung beträchtlich an Reißfestigkeit eingebüßt, wenn der p_H-Wert bei 3 oder darunter lag. Die Zerstörung war etwas geringer und fing bei einem etwas niedrigeren p_H-Wert an, als bei ähnlichen Ledern, die mit Schwefelsäure behandelt waren. Der Gehalt des Leders an Oxalsäure bei dem kritischen Punkt betrug 1% bei dem mit Kastanienextrakt und $1^1/_2$% bei dem mit Quebrachoextrakt hergestellten Leder. Der Grad der Zerstörung der Leder war bei 65⁰ und bei 85⁰ relativer Luftfeuchtigkeit etwa gleich (R. C. Bowker und J. R. Kanagy). Von anderer Seite wurde gefunden, daß Leder, die Schwefelsäure oder Oxalsäure enthalten, dann Beschädigungen aufweisen, wenn der p_H-Wert der wässerigen Lederauszüge zwischen 2,75 und 3,25 liegt, und daß die bei $p_H = 2,75$ hervorgerufenen Schädigungen nach zweijähriger Lagerung bei dem Leder mit Schwefelsäure 10% und bei dem Leder mit Oxalsäure höchstens 5 bis 6% betrugen (Th. Blackadder).

Es üben jedoch nicht nur die Wasserstoffionen, die den p_H-Wert bedingen, sondern auch die Anionen, besonders die SO_4- und SO_3-Ionen eine zerstörende, zum Teil noch stärker hydrolysierende Wirkung auf das Leder aus. Die Stärke der hydrolysierenden Wirkung ist dabei von dem jeweiligen Dissoziationsgrad der Neutralsalze bzw. der Säuren im Leder abhängig, steht also auch in Zusammenhang mit dem jeweiligen Feuchtigkeitsgehalt des Leders [W. Möller (7)]. Es hängt auch von weiteren Umständen ab, ob und in welchem Maße Säure im Leder schädlich wirkt. Es kommt hierbei auch der Gehalt des Leders an löslichen Neutralsalzen in Betracht, da diese mit der Säure im Leder einen Pickel bilden, dessen hydrolysierende Wirkung auf das Leder vom Verhältnis der Salzmenge zur Säuremenge abhängig ist. Wenn dieses Verhältnis

5 : 1 ist, so soll eine Wirkung der Säure auf das Leder überhaupt praktisch
nicht vorhanden sein (G. Powarnin und J. Schichireff). Die Art der zur
Herstellung des Leders verwendeten pflanzlichen Gerbstoffe spielt ebenfalls
bei der Säurewirkung eine Rolle. Bei Leder von Bucheinbänden, die lange
Zeit der Einwirkung von Schwefelsäure enthaltender Luft ausgesetzt waren,
wurde eine Schädigung fast nur bei dem mit Protokatechingerbstoffen,
kaum bei dem mit Pyrogallolgerbstoffen hergestellten Leder festgestellt (R. W.
Frey und J. O. Clarke). Anderseits zeigte sich ein Leder, das mit einem
Gemisch von Kastanienholzextrakt, einem Pyrogallolgerbstoff, und Quebrachoextrakt, einem Protokatechingerbstoff hergestellt war, gegen Schwefelsäure
weniger widerstandsfähig, als ein mit Quebrachoextrakt allein erzeugtes Leder,
dagegen weniger empfindlich als ein nur mit Kastanienextrakt hergestelltes
Leder (R. C. Bowker und C. L. Critchfield). Der Grad der Gerbung hat
wenig Einfluß auf die Zerstörung des Leders durch Säuren. Die Schädigung des
Leders nimmt aber mit der Dauer der Einwirkung und der Konzentration der
angewandten Säure zu [R. C. Bowker (1)]. Ferner hängt die Wirkung der verschiedenen Säuren auf das mit pflanzlichen oder mit künstlichen Gerbstoffen
gegerbte Leder auch von der Widerstandsfähigkeit der auf den Kollagenmizellen
niedergeschlagenen Gerbstoffteilchen gegen Säure ab, indem die Säuren nicht nur
das Kollagen der Faser hydrolysieren, sondern auch, je nach ihrer Art, die unlöslichen Gerbstoffteilchen im Leder dispergieren [W. Moeller (8)]. Chromleder
wird durch Lösungen von Schwefelsäure oder Salzsäure stärker angegriffen als
pflanzlich gegerbtes Leder, und zwar in Lösungen von mehr als dreifach normal
durch Salzsäure, in schwächeren Lösungen durch Schwefelsäure stärker [J. A.
Wilson (5)]. Die Luftfeuchtigkeit, bei der das Leder lagert, hat auch einen wesentlichen Einfluß auf die zerstörende Wirkung der Säure auf Leder. Es könnte
angenommen werden, daß bei Abnahme des Wassergehaltes des Leders infolge
verringerter Luftfeuchtigkeit durch die dabei stattfindende Konzentrierung der
freien Säure im Leder dieses stärker und schneller zerstört wird. Es wurde jedoch
festgestellt, daß die in einer Verminderung der Reißfestigkeit zum Ausdruck
kommende Zerstörung des Leders bei höherer Luftfeuchtigkeit zunimmt und
schneller fortschreitet (R. C. Bowker und W. D. Evans).

Der Schädigung des Leders durch Säuren kann entgegengewirkt werden,
indem man puffernd wirkende Salze in das Leder hineinbringt, wobei Natrium-
formiat und Natriumazetat besonders geeignet erscheint (D. McCandlish und
W. R. Atkin). Es wurde ferner gefunden, daß „Nichtgerbstoffe“, und zwar
sowohl Zuckerarten, ferner besonders Salze schwacher Säuren, aber auch anorganische Salze (NaCl, Na_2SO_4, $MgSO_4$) eine Schutzwirkung gegenüber der
zerstörenden Wirkung von Säure und von oxydierend wirkenden Stoffen ausüben. Die Mindestmenge der hierfür nötigen Stoffe beträgt bei Salzen 5%, bei
Nichtgerbstoffen 8% vom Leder. Die besondere Schutzwirkung ist auch bei
einem unter Verwendung von Quebracho, also einem Protokatechingerbstoff,
hergestelltem Leder vorhanden [R. F. Innes (2)]. Versuche von anderer Seite
über den Einfluß von Natriumsulfat und Magnesiumsulfat auf die Hydrolyse
von Leder durch Schwefelsäure, wobei die Ergebnisse von Reißversuchen zugrunde gelegt wurden, zeigten jedoch, daß eine hemmende Wirkung der Salze
auf die Zerstörung des Leders durch Hydrolyse, besonders bei Natriumchlorid,
nur anfangs vorhanden ist und daß Salze nach längerer Lagerung des Leders
(6 Monate) bei normaler Temperatur und Feuchtigkeit keine schützende Wirkung
gegen die Schädigung des Leders durch Säure mehr ausüben (E. L. Wallace
und J. R. Kanagy).

Alkalische Stoffe bzw. Lösungen machen die Farbe des pflanzlich gegerbten Leders dunkler und greifen dieses wesentlich mehr als neutrale wässerige Lösungen an, indem zuerst Gerbstoff gelöst und dann auch Hautsubstanz zersetzt und gelöst wird. Chromleder ist ebenfalls gegen alkalische Lösungen nicht sehr widerstandsfähig. Wenn Chromleder mit zunehmenden Mengen eines Alkalisalzes einer schwachen Säure neutralisiert wird, so büßt es seine kennzeichnenden Eigenschaften, z. B. die Kochbeständigkeit, ein, sobald ein bestimmter, je nach der Säure des Salzes verschiedener Überschuß davon angewendet wird. Dabei erfolgt die durch Schrumpfung gekennzeichnete „Entgerbung" des Chromleders bei einer bestimmten Hydroxylionenkonzentration, die etwa einem $p_H = 6,6$ der Neutralisierflüssigkeit entspricht. Bei Einwirkung von Natronlauge erfolgt die Schrumpfung schon bei Anwendung einer wesentlich geringeren Menge hiervon als zum Neutralisieren der im Leder enthaltenen Säure nötig ist [P. Chambard und M. Queroix (2)].

Die Art der Neutralisation des Chromleders mit Mitteln wie Natriumhydroxyd, Natriumcarbonat und Natriumphosphat beeinflußt wohl die Fettaufnahme, hat aber im übrigen nicht die ihm gewöhnlich zugeschriebene Bedeutung. Die Eigenschaften des Chromleders sind vielmehr in der Hauptsache von der Zusammensetzung und der Konstitution der Chrom-Kollagen-Verbindung abhängig. Es kann Chromleder geben, die richtig neutralisiert und doch zu sauer oder zu basisch sind. Dieses hängt von der Art der Gerbung ab. Bei der Neutralisation sollen die sauren Gruppen des Chromkomplexes nicht angegriffen werden (J. S. Mudd und P. L. Pebody).

Weißgares Leder und Glacéleder, die schon durch Einwirkung von kaltem Wasser, das die Aluminiumverbindungen zum größten Teil herauslöst, die Beschaffenheit von Leder mehr oder weniger einbüßen, werden durch alkalische Lösungen noch leichter geschädigt, so daß glacégares Handschuhleder mit der alkalisch reagierenden Seifenlösung nicht gewaschen werden kann, da es dann hart wird. Das Sämischleder ist dagegen wesentlich widerstandsfähiger gegen alkalische Lösungen und daher auch mit Seifenlösungen waschbar, weshalb diese Lederart auch „Waschleder" genannt wird.

Auch der Fußschweiß kann dadurch, daß die darin enthaltenen Salze und anderen Stoffe sich im Leder anhäufen, das Oberleder beim Gebrauch des Schuhes, besonders bei starkem Schweißfuß des Trägers, derart verändern, daß es hart und mürbe wird (D. Woodroffe und E. Green).

Da Bichromatlösung zur Behandlung des Leders vor dem Färben Verwendung findet, so ist es praktisch wichtig, ob das Bichromat auf das Leder schädlich wirkt. Es wurde jedoch bei einem mit Bichromatlösung behandelten sumachgaren Spaltleder erst bei längerer Lagerdauer eine Schädigung des Leders durch verminderte Reißfestigkeit festgestellt [D. Woodroffe (3)].

Sehr wichtig ist auch das Verhalten des Leders gegenüber oxydierenden Einflüssen. Es wurde gefunden, daß gegenüber der oxydierenden Wirkung von Kaliumpermanganatlösung das mit pflanzlichen Gerbstoffen erhaltene, und zwar besonders das grubengare Leder viel widerstandsfähiger ist, als das durch Gerbung mit Chrom, Formaldehyd und Chinon hergestellte Leder. Die besondere Widerstandsfähigkeit des pflanzlich gegerbten Leders gegenüber oxydierenden Einflüssen wird dadurch erklärt, daß durch Oxydation aus den pflanzlichen Gerbstoffen beträchtliche Mengen von gerbend wirkenden Huminstoffen bzw. Humussäuren entstehen und das mit Humussäure hergestellte Leder gegenüber oxydierenden Einflüssen sehr beständig ist [W. Möller (9)]. Auch bei Einwirkung von Wasserstoffsuperoxyd erwies sich das pflanzlich gegerbte Leder gegen Oxydation als sehr beständig, viel weniger dagegen Chromleder und Eisenleder [W. Möller (10)].

Die obigen Versuchsergebnisse von W. Möller geben Anhaltspunkte aber keinen sicheren Aufschluß über das Verhalten von Leder gegenüber freiem Sauerstoff z. B. aus der Luft. Versuche über die Aufnahme von freiem Sauerstoff durch Leder ergaben im wesentlichen folgendes: Pflanzlich gegerbtes Leder nimmt unter Autooxydation Sauerstoff auf, und zwar mit steigendem p_H des Leders in stark erhöhtem Maße. Auch Gegenwart von Eisenverbindungen bewirkt eine stark beschleunigte Sauerstoffaufnahme. Dabei scheint ein wesentlicher Unterschied dieser Wirkung zwischen Fe^{III}- und Fe^{II}-Salzen nicht zu bestehen. Nach den Versuchsergebnissen ist mit einem oxydationskatalytischen Einfluß der Eisensalze, und zwar bei solchem, das keine p_H-Verschiebung bewirkt, mit einer Beschleunigung der Oxydation zu rechnen; doch ist anderseits zu beachten, daß die oxydationskatalytische Wirkung des Eisens von dessen Bindungsart abhängt und in manchen Eisenkomplexen fast völlig fehlen kann. Wenn das Eisensalz eine p_H-Verschiebung nach der sauren Seite bewirkt, so kann eine Verlangsamung der Sauerstoffaufnahme erfolgen. Es wird dann die Schädigung des Leders entsprechend der Auffassung von D. Woodroffe und von M. Bergmann nicht durch oxydationskatalytische, sondern durch hydrolytische Zerstörung der Faser herbeigeführt werden. Weitere Versuche ergaben, daß die Einwirkung von Sauerstoff in erster Linie beim Gerbstoff und nur in geringem Maße bei der Hautsubstanz erfolgt. Bei Chromleder wurde demgemäß keine Aufnahme von Sauerstoff festgestellt. Ob die beobachtete Sauerstoffaufnahme mit einer entsprechenden Verschlechterung des Leders verbunden ist, soll durch weitere Versuche festgestellt werden (W. Grassmann und F. Föhr).

Ferner kommt außer dem Einfluß der Luft auch die Wirkung von Gasen und Dämpfen auf das Leder, besonders in Fabrikbetrieben, in Betracht. Die Luft kann durch die oxydierende Wirkung des Sauerstoffs das pflanzlich gegerbte Leder, besonders wenn dieses feucht ist oder erhöhter Temperatur ausgesetzt wird, dunkler machen, wie es häufig der Fall ist, wenn das Leder nicht sachgemäß getrocknet wird. Die Wirkung der verschiedenen Gase und Dämpfe auf das Leder hängt davon ab, ob diese neutral, sauer oder alkalisch sind, oxydierend oder reduzierend wirken. Pflanzlich gegerbtes Leder wird im allgemeinen durch saure oder reduzierend wirkende Gase und Dämpfe heller, durch alkalische oder oxydierend wirkende dunkler. Bei längerer Einwirkung können alle chemisch wirksamen Gase und Dämpfe eine schädliche Wirkung auf das Leder ausüben, wobei das Chromleder widerstandsfähiger ist als das pflanzlich gegerbte Leder. Das Leder kann daher durch Zerstörung der Lederfaser oder der Ledersubstanz geschädigt werden, wenn die Luft, wie es in chemischen Fabriken der Fall sein kann, Spuren von Mineralsäure oder von Schwefeldioxyd, das bei Gegenwart von Feuchtigkeit Schwefelsäure bildet, oder von Ammoniak enthält. Auf der Einwirkung schädlicher Gase in der Luft beruht auch zum Teil die Zerstörung des Leders von Bucheinbänden in den Büchereien [F. P. Veitch, R. W. Frey und L. R. Leinbach (2)]. Die Zerstörung des Leders durch die Einwirkung von SO_3 und Cl_2 wird durch die Anwesenheit von Feuchtigkeit erheblich gefördert. Es wird durch diese Gase Chromleder bedeutend stärker angegriffen, als pflanzlich gegerbtes Leder. Die Zerstörung wird durch Hydrolyse der Hautsubstanz, nicht durch oxydative Vorgänge verursacht [W. Möller (11)].

Bei Versuchen, ob Kohlenwasserstoffe, insbesondere das allgemein als dampfförmiger Zusatz zum Leuchtgas zur Naphthalinbekämpfung verwendete Tetralin schädigend auf das Leder von Lederbälgen bei Gasmessern wirken, ergab sich, daß die Kohlenwasserstoffe, insbesondere Tetralin die zum Fetten verwendeten Fette (Tran, Mineralöl) aus dem Leder herauslösen, daß dafür aber aromatische Kohlenwasserstoffe in das Leder eindringen und bei diesem Austausch die Zerreißfestigkeit um etwa 25% sinkt (W. Schairer).

Bei der mechanischen Bearbeitung während der Zurichtung erleidet das Leder ebenfalls mancherlei Veränderungen, die unter Umständen mit Schäden verbunden sein können. So soll z. B. beim Walzen des Leders das Fasergewebe stellenweise zu stark gedehnt und dadurch geschwächt werden, während anderseits die durch das Walzen bezweckte Verdichtung des Leders nur unvollkommen erreicht wird, da die Lederfasern das Bestreben haben, den Stellen höheren Drucks auszuweichen (N. Kostromin). Von anderer Seite wurde durch Versuche gefunden, daß Sohlleder beim Walzen tatsächlich fester wird, und zwar um so mehr, je lockerer es war, daß dabei die Wasserdurchlässigkeit geringer wird, anderseits aber auch die Elastizität abnimmt (G. Powarnin und K. Wolkow).

Schließlich kommt für die Eigenschaften des Leders in Betracht, daß in diesem mit der Zeit mehr oder weniger verschiedenartige Veränderungen vor sich gehen. Diese bestehen, abgesehen von dem Wechsel im Wassergehalt, zum Teil darin, daß die im Leder vorhandenen gerbend wirkenden Stoffe, besonders bei Chromleder, Weißgarleder, Glacéleder, allmählich fester und in größerer Menge an die Haut gebunden werden, eine Erscheinung, die durch chemische Reaktionen, wie Kondensation, Polymerisation, Verolung (bei Chromleder) oder durch kolloidchemische Vorgänge, wie Umwandlung von Sol in Gel, erklärt wird. Derartige Veränderungen im Leder haben zum Teil zur Folge, daß das Leder mit dem Lagern gegen äußere Einflüsse, Chromleder z. B. gegen Säuren und Alkalien und gegen die entchromende Wirkung von Gerbstoffen und Salzen schwacher Säuren widerstandsfähiger wird (E. Stiasny und D. Balanyi). Das Einbadchromleder erleidet beim Lagern insofern stärkere Veränderungen, als das Zweibadchromleder, als bei ersterem die Basizität der Chromverbindung des Sulfatochromkomplexes zunimmt, bei letzterem nicht (H. Gustavson). Auch der pflanzliche Gerbstoff wird im Laufe der Zeit fester an Hautsubstanz gebunden, da der Gerbstoff sich mit der Dauer der Lagerung des Leders in geringerem Maße auswaschen läßt [J. A. Wilson und E. J. Kern (5)]. Versuche mit Hautpulver, das mit einer Anzahl verschiedener Gerbextrakte gegerbt war, führte zu nachstehenden Schlußfolgerungen: Die Menge des irreversibel gebundenen Gerbstoffes nimmt mit zunehmender Lagerdauer, und zwar in wesentlichem Maße schon bei gewöhnlicher Temperatur zu. Eine Erhöhung der Lagertemperatur auf 40° bewirkt eine beträchtliche Erhöhung der gebundenen Gerbstoffe, doch ist der Einfluß der Lagerdauer bei erhöhter Temperatur geringer, als bei gewöhnlicher Temperatur. Die Lagerfeuchtigkeit scheint auf die Zunahme des gebundenen Gerbstoffes ohne großen Einfluß zu sein. Bei Erhöhung der Lagertemperatur von 40 auf 60° wird die Gerbstoffbindung nicht weiter erhöht. Eine Einwirkung von Sauerstoff scheint keinen sehr großen Einfluß zu haben [F. Stather (3)]. Andere allmähliche Wirkungen und Veränderungen werden im Leder hervorgebracht, wenn freie Mineralsäure oder Oxalsäure in wesentlicher Menge darin enthalten ist. Es findet dann bei Gegenwart von freier Schwefelsäure im Leder durch die Säure mit der Zeit Hydrolyse der Hautsubstanz statt, und zwar auch bei gefettetem Leder, so daß das darin enthaltene Fett eine Schutzwirkung gegenüber dem Einfluß der Säure nicht ausübt (H. Büttner). Auch von anderer Seite wurde durch Bestimmung der Reißfestigkeit gefunden, daß die Zerstörung des pflanzlich gegerbten Leders durch Schwefelsäure, wenn diese vorher im Leder vorhanden war, durch Fetten des Leders nicht behindert wird [R. C. Bowker (2)]. Durch die allmähliche Wirkung der Säuren wird die Lederfaser immer mehr angegriffen

und das Leder schließlich mürbe. Eine andere Wirkungsweise freier Säure besteht
darin, daß sie bei pflanzlich gegerbtem Leder, das freie Schwefelsäure enthält,
allmählich die löslichen Gerbstoffe in unlösliche Phlobaphene umwandelt, wodurch
der Gehalt des Leders an löslichen Stoffen vermindert wird (A. Kukarkin).
Außer der allmählichen Zerstörung des Leders durch freie Säure gibt es auch
andere Ursachen, die eine ähnliche Schädigung des pflanzlich gegerbten Leders
bei längerem Lagern bewirken. Diese von der Gegenwart von Säure unab-
hängige Zerstörung des Leders scheint mit der Gegenwart von Protokatechingerbstoffen im Leder und einer durch Licht, vielleicht auch durch Feuchtigkeit
begünstigten Oxydation der Gerbstoffe zusammenzuhängen [D. Woodroffe (4)].
    Veränderungen anderer Art, die meist erst nach einiger Zeit am Leder sich
bemerkbar machen, bestehen darin, daß Mineralstoffe, Zucker, Fette, besonders
wenn diese in zu großen Mengen zur Beschwerung in das Leder gebracht wurden,
aus diesem wieder heraustreten, einen ,,Ausschlag" bilden, oder daß bei Verwendung von Tran zum Fetten unter Umständen harzartige, klebrige Oxydationsprodukte des Tranes an der Oberfläche des Leders erscheinen, ein Vorgang, der mit ,,Ausharzen" bezeichnet wird. Die Neigung zum Mineralstoffausschlag hängt weniger vom Gehalt des Leders an Mineralstoffen, als von
seinem Gehalt an Hautsubstanz und der damit verbundenen mehr oder weniger
lockeren Beschaffenheit des Leders ab, und es sollen danach Leder mit mehr
als 36% Hautsubstanz mit Salzen beladen werden können, ohne daß Mineralstoffausschlag eintritt (A. Colin-Ruß). Über die Ursachen des Ausharzens
des Tranes wurde auf Grund von praktischen Fettungs- und Lagerungsver-
suchen bei mit verschiedenen Tranen gefettetem Leder und anderer Untersuchungen im wesentlichen folgends festgestellt: Das Ausharzen des Tranes
auf pflanzlich gegerbtem Leder wird durch die Lagerungsverhältnisse des
gefetteten Leders, durch die Eigenschaften des zur Fettung benutzten Tranes,
durch die Höhe des Fettgehaltes und die Beschaffenheit des Leders bei der
Fettung verursacht bzw. beeinflußt. Das Ausharzen wird durch Anwesenheit
von Feuchtigkeit und, unter gewissen Bedingungen, durch stark erhöhte
Temperatur begünstigt, durch Licht bzw. Sonnenbestrahlung beschleunigt;
doch können auch ohne Einwirkung von Licht Ausharzungen auftreten.
Über den Einfluß der Eigenschaften des Fettungstranes auf das Ausharzen
ließen sich wohl Anhaltspunkte aber keine eindeutigen Ergebnisse gewinnen.
Auf jeden Fall kann die bisher übliche Beurteilung der Trane nach der Jodzahl
hinsichtlich der Gefahr des Ausharzens in vielen Fällen zur irrtümlichen Bewertung führen. Durch Erhöhung des Fettungsgrades wird das Ausharzen gefördert; doch können Leder auch bei einem geringen Fettgehalt ausharzen.
Der Einfluß der Beschaffenheit des mit den verschiedenen Tranen gefetteten
Leders besteht darin, daß das Ausharzen mit zunehmendem Gehalt des
Leders an auswaschbaren organischen Stoffen und eingelagerten Mineralstoffen und mit Zunahme des p_H-Wertes des Leders begünstigt bzw. verstärkt
wird [F. Stather, H. Sluyter und R. Lauffmann; siehe auch F. Stather
und R. Lauffmann (2)].
    Weitere Umwandlungen der Fette in gefetteten Ledern beim Lagern bestehen
darin, daß aus dem Neutralfett Fettsäuren abgespalten werden. Durch Trocknen
des gefetteten Leders in der Wärme wird dieser Vorgang beschleunigt (K. Schorlemmer). Ferner wurde festgestellt, daß Lickerfette schon während des Lickerns
und später im Chromleder Veränderungen erleiden, wobei Seife und Fette unter
Freiwerden von freien Fettsäuren größtenteils gespalten werden und gleichzeitig eine Oxydation unter Erniedrigung der Jodzahl und Bildung von Oxyfettsäuren stattfindet [F. Stather und R. Lauffmann (3)].

Literaturübersicht.
Allgemeine Eigenschaften des Leders.

Anonymus (*1*): Ledertreibriemen und technische Lederartikel. **2**, 54 (1929); (*2*): Ledertechn. Rdsch. **7**, 53 (1915).

Arbusow, G.: Westnik **1927**, Nr. 9, 337—342; Referat Collegium **1928**, 365.

Balabanow, D.: Westnik **1929**, Nr. 12, 684—685; Referat Collegium **1932**, 105.

Balderston, L. (*1*): J. A. L. C. A. **17**, 406 (1922); (*2*): J. A. L. C. A. **23**, 223 (1928).

Baumgartner, E.: Schweizer Chemikerztg. **1930**; Referat Collegium **1930**, 46.

Belavsky, E. u. K. Fiksl: Gerber **57**, 203 (1931).

Belavsky, E. u. G. Wanek: Gerber **57**, 135 (1931).

Bergmann, M.: Collegium **1927**, 577.

Bergmann, M. u. St. Ludwig: Collegium **1928**, 346—348, 348—351.

Bergmann, M. u. A. Miekeley (*1*): Ledertechn. Rdsch. **23**, 130 (1931); (*2*): Collegium **1934**, 127, 128.

Bergmann, M. u. M. Vogel, A. Miekeley, G. Schuck, J. Wieschebrink: Ledertechn. Rdsch. **24**, 13 (1932).

Blackadder, Th.: J. A. L. C. A. **29**, 427 (1934).

Bowker, R. C. (*1*): J. A. L. C. A. **26**, 444 (1931); (*2*): J. A. L. C. A. **26**, 677 (1931).

Bowker, R. C. u. C. L. Critchfield: J. A. L. C. A. **27**, 158 (1932).

Bowker, R. C. u. W. D. Evans: J. A. L. C. A. **27**, 81 (1932).

Bowker, R. C. u. I. R. Kanagy: J. A. L. C. A. **30**, 26 (1935).

Bowker, R. C. u. E. S. Olson: J. A. L. C. A. **25**, 289 (1930).

Bowker, R. C. u. E. I. Wallace: J. A. L. C. A. **28**, 125 (1933).

Bradley, H., T. M. Kay u. B. Worswick (*1*): J. I. S. L. T. C. **13**, 87 (1929); (*2*): J. I. S. L. T. C. **13**, 102 u. 105 (1929).

Büttner, H.: Ztschr. Leder- und Gerbereichem. **2**, 135 (1922/23).

Candlish, D. Mc. u. W. R. Atkin: J. I. S. L. T. C. **17**, 510 (1933).

Chambard, P. u. M. Queroix (*1*): Cuir techn. **13**, 212 (1924); (*2*): J. I. S. L. T. C. **8**, 211 u. 212 (1924).

Chaters, W. I.: J. I. S. L. T. C. **12**, 542 u. 556 (1928).

Claflin, A. A.: J. A. L. C. A. **27**, 277 (1932).

Clarke, I. D.: Ind. engin. Chem. **23**, 62 (1931).

Cobb, R. M. u. F. S. Hunt: J. A. L. C. A. **20**, 347 (1925).

Colin-Russ, A.: J. I. S. L. T. C. **13**, 450 u. 451 (1929).

Deutsche Versuchsanstalt für Lederindustrie: Nicht veröffentlicht.

Edwards, R. S. (*1*): J. I. S. L. T. C. **16**, 439 (1932); (*2*): J. I. S. L. T. C. **14**, 404 (1930).

Edwards, R. S. u. G. Browne: J. I. S. L. T. C. **17**, 408—410 (1933).

Evans, W. D. u. C. L. Critchfield: Bureau of Standards J. Research **11**, 147 (1933); Referat Collegium **1934**, 356.

Eitner, W.: Gerber **43**, 51, 66 (1917).

English, F.: Collegium **1931**, 201.

Frey, R. W. u. J. D. Clarke (*1*): U. S. Dept. Agr. Bul. **169** (1930); Referat Collegium **1931**, 48; (*2*): J. A. L. C. A. **25**, 133 (1930).

Frey, R. W. u. I. O. Clarke: J. A. L. C. A. **26**, 461 (1931).

Frey, R. W., J. D. Clarke u. L. R. Leinbach: J. A. L. C. A. **23**, 430 (1928).

Freytag, H.: Collegium **1932**, 166.

Fricke, H.: Über die elastischen Eigenschaften des Leders. Inaug.-Diss. 1902, S. 63. Göttingen: Dieterichsche Universitätsbuchdruckerei (W. Fr. Kästner).

Goldenberg, A.: Cuir techn. **18**, 420 (1929).

Grasser, G.: Cuir techn. **16**, 245 (1927).

Grassmann, W. u. F. Föhr: Collegium **1935**, 379.

Gustavson, K. H.: J. A. L. C. A. **22**, 102 (1927).

Hart, R. W.: Technologic Paper 166. Bureau of Standards; Referat J. A. L. C. A. **16**, 161 (1921).

Hart, R. W. u. R. C. Bowker: Hide and Leather **58**, Nr. 25, 38 (1919).

Innes, R. F. (*1*): Collegium **1914**, 699; (*2*): J. I. S. L. T. C. **17**, 725 (1933).

Jablonski, L. (*1*): Collegium **1922**, 96; (*2*): Collegium **1922**, 56.

Jalade, E.: Cuir techn. **9**, 372 u. 374 (1920).

Jettmar, J.: Handbuch der Chromgerbung. 3. Aufl. Leipzig: Verlag Schulz & Co.

Jovanovits, J. A. u. A. Alge: Collegium **1932**, 231.

K. G.: Collegium **1930**, 534.

Kaye, M.: J. I. S. L. T. C, **13**, 73, 118 (1929); die Abb. 307, 308, 309 nach Referat Collegium **1930**, 622.

Kohnstein, B. (1): Collegium 1910, 291; (2): Collegium 1910, 316.
Kostromin, N.: Westnik 1927, Nr. 3, 95—98; Referat Collegium 1928, 364.
Kubelka, V. u. F. Peroutka (1): Gerber 58, 4 (1932); (2): Collegium 1935, 74.
Kubelka, V. u. E. Weinberger: Collegium 1933, 103.
Kukarkin, A.: Westnik 1925, Nr. 1, 150—155; Referat Collegium 1928, 41.
Küntzel, A. (1): Die Qualitätsbeurteilung von Sohlleder auf Grund mikroskopischer,
    chemischer und physikalischer Prüfungen. Herausgegeben von der Vereinigung
    akademischer Gerbereichemiker. Darmstadt (Vagda), S. 11—15; (2): Collegium
    1934, 13 u. 16.
Lamb, M. C.: Leather World 32, 616 (1932); Referat Collegium 1934, 655.
Lamb, M. C. u. J. A. Gilman: J. I. S. L. T. C. 16, 355 (1932).
Marriott, R. H.: J. I. S. L. T. C. 18, 22, 68, 328 (1934).
Marriott, R. H. u. E. W. Merry: J. I. S. L. T. C. 18, 562, 600 (1934).
Maschnikow, E.: Westnik 1929, Nr. 6, 375; Referat Collegium 1931, 418 (1):
Materialprüfungskommission an der Technischen Hochschule in Stuttgart (1): Leder-
    prüfungen. Dtsch. Gerber-Ztg. 46, Nr. 77 (1903); (2): Dtsch. Gerber-Ztg. 46,
    Nr. 86 (1903).
Merrill, H. B. (1): Ind. engin. Chem. 20, 181 (1928); (2): Ind. engin. Chem. 20, 654
    (1928); (3): J. A. L. C. A. 25, 182 (1930).
Minski, L. (1): Westnik 1928, Nr. 6 u. 7, 291—293; Referat Collegium 1929, 83.
Moeller, W. (1): Collegium 1916, 127; (2): Collegium 1916, 354; (3): Ztschr. Leder-
    und Gerbereichem. 1, 53 (1921/22); (4): Ztschr. Leder- und Gerbereichem. 1, 167
    (1921/22); (5): Ztschr. Leder- und Gerbereichem. 1, 103 (1921/22); (6): Ztschr.
    Leder- und Gerbereichem. 1, 223 (1921/22); (7): Cuir techn. 27, 208, 224, 240 (1934);
    (8): Ztschr. Leder- und Gerbereichem. 2, 185 (1922/23); (9): Cuir techn. 27, 274,
    308 (1934); (10): Cuir techn. 27, 346 (1934); (11): Cuir techn. 27, 324 (1934).
Mudd, J. S. u. P. L. Pebody: J. I. S. L. T. C. 13, 213 u. 214 (1929).
National Physical Laboratory in Taddington: Leather World 27, 668 (1935).
Orthmann, M. C.: J. I. L. C. A. 23, 184 (1928).
Paeßler, M. C. (1): Collegium 1909, 52, 55, 56, 57; (2): Ledertechn. Rdsch. 4, 185, 186,
    193, 194 (1912); (3): Dtsch. Gerber-Ztg. 50, Nr. 262 (1907); Collegium 1908, 54;
    (4): Private Mitteilung. Dtsch. Gerber-Ztg. 48, Nr. 156 (1905).
Page, R. O.: J. A. L. C. A. 23, 495 (1928); 26, 143 (1931); 27, 432 (1932).
Pawlowitsch, P. (1): Berichte des N. I. K. P. für 1930, Bd. II, S. 29. Referat
    Collegium 1931, 236; (2): Collegium 1925, 458 u. 459.
Porter, R. E.: J. A. L. C. A. 24, 36 (1929).
Posnjak, A. u. A. Kukarkin: Westnik 1928, Nr. 6 u. 7, 277—280; Referat Colle-
    gium 1929, 90.
Powarnin, G.: Collegium 1927, 140, 145, 146.
Powarnin, G. u. N. Aggeew: Collegium 1924, 207.
Powarnin, G. u. M. Ljubitsch: Westnik 1925, Nr. 10—11, 115—118; Referat Col-
    legium 1927, 545.
Powarnin, G. u. J. Schichireff: Collegium 1926, 271.
Powarnin, W. u. N. Ssolowjew: Westnik 1930, Nr. 5, 275—278; Referat Collegium
    1932, 381.
Powarnin, G. u. Syrin: Westnik 1930, Nr. 8 u. 9, 398—399; Referat Collegium
    1932, 122.
Powarnin, G. u. W. Tokarew: Westnik 1929, Nr. 4, 229—230; Referat Collegium
    1930, 437.
Powarnin, G. u. K. Wolkow: Westnik 1929, Nr. 1, 54—55; Referat Collegium 1930, 405.
Ramm, S.: Westnik 1928, Nr. 9, 431; Referat Collegium 1929, 93.
Reisnek, A. (1): Westnik 1923, Nr. 6—8, 32; Referat Collegium 1925, 165.
Richter, M. M.: Pharmaz. Zentralhalle 1908, 396; Referat Collegium 1909, 59.
Rose, H.: Collegium 1925, 479.
Rudeloff, M. (1): Mitteilungen aus dem Materialprüfungsamt zu Berlin-Dahlem.
    22, 47 (1904); (2): Mitteilungen aus dem Materialprüfungsamt zu Berlin-Dahlem.
    38, 306 (1920).
Schairer, W.: Das Gas- u. Wasserfach 10, 185 (1932).
Schiaparelli, C.: Auszug aus Bolletino Ufficiale della R. Stazione Sperimentale
    per L'Industria delle pelle et delle materie concianti. Turin-Neapel, Mai 1931, 88.
Schiaparelli, C. u. L. Careggio: Cuir techn. 13, 70 (1924).
Schindler, W. u. K. Klanfer: Collegium 1929, 152.
Schorlemmer, K.: Collegium 1929, 527.
Schroeder, J. v. u. J. Paeßler: Dingl. polyt. Journ. 293, Heft 6—8 (1894); Dtsch.
    Gerber-Ztg. 1894, Nr. 123—138.

Small, F. H.: J. A. L. C. A. **16**, 422—428 (1921).
Stather, F. (*1*): Collegium **1931**, 254; (*2*): Ledertechn. Rdsch. **24**, 100 (1932); (*3*): Collegium **1933**, 616.
Stather, F. u. H. Herfeld: Collegium **1935**, 126.
Stather, F. u. R. Lauffmann (*1*): Collegium **1935**, 433; (*2*): Collegium **1932**, 82.; (*3*): Collegium **1933**, 726.
Stather, F., H. Sluyter u. R. Lauffmann: Collegium **1933**, 628.
Stather, F. u. R. Schubert: Collegium **1934**, 621.
Stiasny E. u. D. Balányi: Collegium **1927**, 96.
Theis, E. R. u. J. M. Graham: Ind. engin. Chem. **26**, 893 (1934).
Thuau, U. I. (*1*): Cuir techn. **18**, 539—541 (1929); (*2*): Collegium **1931**, 90; (*3*): J. I. S. L. T. C. **16**, 118 (1932).
Thuau, U. J. u. A. Goldberger: Cuir. techn. **20**, 114 (1933).
Thuau, U. I. u. P. de Korsak: Collegium **1910**, 232.
Ussatenko, W. u. A. Alexandrowa: Westnik **1929**, Nr. 10/11, 575—577; Referat Collegium **1931**, 673.
Veitch, F. P., R. W. Frey u. I. D. Clarke: U. S. Dept. Agr. Bul. **1923**, 1168.
Veitch, F. P., R. W. Frey u. L. R. Leinbach (*1*): J. A. L. C. A. **17**, 492 (1922); (*2*): J. A. L. C. A. **21**, 174 (1926).
Veitch, F. P. u. I. S. Rogers: J. A. L. C. A. **13**, 86 (1918).
Van der Waerden, H.: Collegium **1928**, 458.
Wallace, E. L. u. I. R. Kanagy: J. A. L. C. A. **28**, 186 (1933).
Whitmore, L.: R. W. Hart u. A. I. Beck: J. A. L. C. A. **14**, 128 (1919).
Wilson, J. A. (*1*): J. A. L. C. A. **22**, 561 (1927); (*2*): Ind. engin. Chem. **17**, 829 (1925); (*3*): J. A. L. C. A. **24**, 12 u. 13 (1929); (*4*): Hide and Leather **20**, 30 (1934).; (*5*): Ind. engin. Chem. **18**, 47 (1926).
Wilson, J. A. u. A. W. Bear: Ind. engin. Chem. **18**, 84 (1926).
Wilson, J. A. u. G. Daub: J. A. L. C. A. **21**, 193 (1926); Abb. 318—321 hinter S. 194.
Wilson, J. A. u. E. I. Diener: Hide and Leather **73**, Nr. 23, 39 (1927).
Wilson, J. A. u. A. F. Gallun jr. (*1*): Ind. engin. Chem. **16**, 1147 (1924); (*2*): Ind. engin. Chem. **16**, 268 (1924).
Wilson, J. A. u. R. O. Guettler: J. A. L. C. A. **21**, 249 (1926).
Wilson, J. A. u. E. I. Kern (*1*): J. A. L. C. A. **21**, 255 u. 256 (1926); (*2*): Ind. engin. Chem. **18**, 312 (1926); (*3*): J. A. L. C. A. **21**, 400—402 (1926); (*4*): J. A. L. C. A. **21**, 353 (1926); (*5*): Ind. engin. Chem. **12**, 1149 (1920).
Wilson, J. A. u. G. O. Lines (*1*): Ind. engin. Chem. **17**, 570 (1925); (*2*): J. A. L. C. A. **21**, 302 (1926).
Wilson, J. A., F. Stather, M. Gierth: Die Chemie in der Lederfabrikation. Berlin: Jul. Springer 1931. Bd. 2, S. 937. Abb. 334, S. 987.
Woodroffe, D. (*1*): J. I. S. L. T. C. **10**, 271 (1926); (*2*): J. I. S. L. T. C. **12**, 386 u. 389 (1928); (*3*): J. I. S. L. T. C. **17**, 531 (1933); (*4*): J. I. S. L. T. C. **18**, 424 (1934).
Woodroffe, D., O. Bailey u. A. S. R. Rundle: J. I. S. L. T. C. **17**, 107 (1933).
Woodroffe, D. u. E. Green: J. I. S. L. T. C. **7**, 307 (1923).
Woodroffe, D. u. Hancock: J. I. S. L. T. C. **11**, 227 (1927).
Woodroffe, D. u. W. R. Morgan: J. I. S. L. T. C. **8**, 620 (1924).
Woodroffe, D. u. E. I. Stubbings: J. I. S. L. T. C. **8**, 622 (1924).

B. Lederfehler und fehlerhafte Erscheinungen an Ledergegenständen.

Wenn die zur Herstellung des Leders verwendeten Häute und Felle, sei es von Natur aus, sei es infolge ungenügender Konservierung, minderwertig sind, wenn die dabei verwendeten Gerbmittel und Hilfsstoffe, wie Beizmittel, Fette, Appreturen, nicht die geeignete Beschaffenheit haben, wenn die vorbereitenden Arbeiten oder die Gerbung oder die Zurichtung nicht sachgemäß ausgeführt werden oder die Lagerung des Leders nicht unter den richtigen Bedingungen erfolgt, so können mannigfache fehlerhafte Erscheinungen am Leder auftreten,

die seine Brauchbarkeit oder wenigstens sein Aussehen beeinträchtigen und
dadurch seinen Wert mehr oder weniger vermindern oder gar das Leder unver-
käuflich machen [F. Stather (1), (2); L. A. Cuthbert]. Nachfolgend sollen
in den Abschnitten a bis f die wichtigsten fehlerhaften Erscheinungen am Leder
und ihre Ursachen besprochen werden, und zwar unter a) durch Fehler an
der Rohhaut, b) bei den vorbereitenden Arbeiten, c) beim Gerben, d) beim
Nachbehandeln und Zurichten, e) beim Färben und Lackieren, f) beim Lagern
verursachte Lederfehler. Unter g) wird dann noch eine Anzahl fehlerhafter
Erscheinungen an Ledergegenständen behandelt werden.

a) Die Fehler und Schäden an der Rohhaut sind solche, die am lebenden Tier
vorhanden sind oder entstehen, und solche, die beim Abziehen der Haut oder
später verursacht werden.

Bei der ersteren Gruppe kommen besonders in Betracht Fettansammlungen
in der Haut, besonders in der Nackengegend, Querfalten im Halsteil, Hervortreten der Adern, Hauterkrankungen (Warzen, Pocken, Geschwüre), Verletzungen, besonders Hornrisse, Stacheldrahtrisse, Striegelrisse, durch den An-
treibstachel, durch Brandmarken, ferner durch Insektenstiche, durch Haut-
schmarotzer, wie Larven, Milben oder Zecken (B. Peter) und verschiedene
Käferarten (E. Belavsky und J. Raschek; E. C. Line), schließlich Schädigungen der Haut durch unsaubere Stallhaltung.

Die stark fetthaltigen Stellen der Haut verhalten sich dadurch ungünstig,
daß das Fett die Wirkung der Weiche, des Äschers, der Beize, der Schwellbrühe
und damit auch die Gerbung behindert und unter Umständen auch zu Fleckenbildung (E. Belavsky; J. S. Rogers, H. Highberger und E. K. Moore) und Fettausschlag am Leder Veranlassung gibt. Es müssen daher stark fetthaltige Häute
vor der Verarbeitung entfettet werden. Die Querfalten am Halsteil finden sich
bei stark gemästeten Tieren, aber auch bei solchen, die übermäßig als Zugtiere
beansprucht wurden, und vermindern, zumal sie nicht beseitigt werden können,
den Wert des betreffenden Haut- und Lederteils. Das Hervortreten der Adern
zeigt sich beim Leder als aderige, mit Knötchen durchsetzte Erhebungen oder
als matte Vertiefungen, die dem Lauf der Adern folgen (A. Küntzel). Durch
diesen Fehler wird ebenfalls das Aussehen des Leders beeinträchtigt und außerdem
unter Umständen seine Festigkeit vermindert. Durch die verschiedenen Hauterkrankungen, wie Warzen, Pocken, Geschwüre, wird die Haut an den betreffenden
Stellen verändert und das Leder zeigt an diesen, die außerdem beulenförmig
erhöht oder aber vertieft sind, eine härtere, oft hornartige Beschaffenheit und
ferner Neigung zum Brüchigwerden oder Abblättern des Narbens. Die englisch
mit „cockle" bezeichnete, besonders an der Haut von Schafen auftretende Haut-
erkrankung (A. Seymour-Jones) zeigt sich ebenfalls am fertigen Leder in
Form kleiner, harter warzenförmiger Erhebungen, die das Leder minderwertig
machen. In Verbindung mit gewissen krankhaften Gewebeveränderungen der
Haut findet an diesen Stellen eine Ablagerung von Kalk statt, die auch zur
Fleckenbildung Anlaß geben kann [M. Bergmann, W. Hausam und E. Liebscher (1)]. Die Verletzungen der Haut durch Insektenstiche, Larven, besonders
von der Dasselfliege oder Rinderbremse [F. Stather (1), S. 39], und durch
Milben oder Zecken erscheinen als Löcher oder Vertiefungen und heben sich am
Leder auch im vernarbten Zustand durch ihr Aussehen und ihre stoffliche Beschaffenheit von der Umgebung ab. Weitere Schäden an der Haut und am Leder,
besonders am Narben, entstehen durch Hautkrankheiten, die durch einen zu
den Nematoden gehörigen Wurm [L. S. Stuart und R. W. Frey (1); W. Roddy
und F. O. Flaherty], durch Haut- und Haarpilze, Dermatophyten [M. Bergmann; M. Bergmann, W. Hausam und E. Liebscher (2)], durch die Ringel-

flechte oder durch nichtparasitäre Ekzeme, die wahrscheinlich durch eine durch toxische Stoffe verursachte Störung im Nervengefäß- oder Drüsen'system [L. S. Stuart und R. W. Frey (2)] oder durch mechanische Reizung der Haut, durch starke Sonnenbestrahlung, durch Fütterung der Tiere mit ungeeigneten Futtermitteln (M. E. Robertson) verursacht werden, hervorgerufen sind. Auch stippenartige Haut- und Lederschäden, die sonst auf Salzschäden zurückgeführt werden, können durch Haarpilze verursacht sein [M. Bergmann, F. Stather, W. Hausam und E. Liebscher; M. Bergmann, W. Hausam und E. Liebscher (3)]. Verletzungen der Haut durch Hornrisse, Stacheldraht und den Antriebstachel beeinträchtigen, selbst wenn sie verheilt sind, ebenfalls das Leder. Eine andere Schädigung der Haut und des Leders wird durch die in außereuropäischen Ländern übliche Kennzeichnung der Tiere durch Einbrennen von Marken verursacht, zumal letztere meist an Körperstellen angebracht werden, die dem wertvollsten Teil der Haut entsprechen. In neuerer Zeit wird die Kennzeichnung der Tiere auch mit Farben vorgenommen. Wenn hierbei jedoch ungeeignete kupferhaltige Farben verwendet werden, so macht sich die Färbung auch noch am fertigen Leder bemerkbar (E. Belavsky und G. Wanek). Bei unsauberer Stallhaltung werden durch den Urin und Kot Entzündungen an der Haut verursacht, wodurch der Narben angegriffen wird.

Bei den Fehlern der Haut nach dem Abziehen letzterer handelt es sich, abgesehen von Schnitten an der Fleischseite und Narbenschäden durch gewaltsame Hautdehnung, die bei unsachgemäßem Abziehen der Haut entstehen, vor allem um Fäulniserscheinungen infolge zu später oder ungenügender Konservierung oder ungünstige Veränderungen der Haut durch Anwendung eines ungeeigneten, z. B. mit Eisenverbindungen, Alaun denaturierten Salzes, ,,Kharisalz'' (E. Belavsky), oder um Bildung farbiger Flecken, die im wesentlichen durch Mikroorganismen hervorgerufen werden und wie die anderen fleckenartigen Schäden bei gesalzenen Häuten meist als Salzflecken bezeichnet werden [J. Paeßler; H. Abt; H. Becker; F. Stather (3); F. Stather und E. Liebscher; F. Stather und G. Schuck; B. G. Babakina und K. S. Kutukowa] und zum Teil auch am Leder mehr oder weniger Fleckenbildung verursachen. Die Fäulniserscheinungen treten der Art und dem Grad nach an der Haut und daher auch als Lederfehler in verschiedener Weise auf. Geringere Fäulniserscheinungen am Narben, der besonders leicht angegriffen wird, zeigen sich darin, daß die Narbenseite des Leders im Gegensatz zum gesunden Narben nicht gleichmäßig glänzend, sondern ganz oder stellenweise matt erscheint. Man sagt dann, daß das Leder einen blinden Narben [W. Eitner (1)] hat. Zuweilen finden sich auf der Narbenseite als Folge von Fäulniserscheinungen kleine runde Flecken oder Vertiefungen oder Löcher, die man als Faulstippen bezeichnet. Starke Fäulniserscheinungen zeigen sich in der Weise, daß die Haut und dann auch das Leder auf mehr oder weniger großen Flächen wie angefressen erscheint oder gar durchlöchert ist. Eine fehlerhafte Erscheinung, die auch meist durch Fäulnis an der Haut hervorgerufen wird, besteht darin, daß das Leder sich von selbst oder bei mechanischer Beanspruchung in mehrere Schichten spaltet [Jahresberichte der Deutschen Versuchsanstalt für Lederindustrie (1)]. Diese Erscheinung wird bei trockenen Rohhäuten dadurch verursacht, daß die Haut bei der Trocknung in den Tropen zu starker Sonnenbestrahlung ausgesetzt wurde, wobei die Außenschicht zu schnell ausgetrocknet wird und daher die Feuchtigkeit aus dem Innern nicht genügend entweichen kann, so daß die Innenschicht fäulnisfähig bleibt. Eine derartige Haut trennt sich oft schon in der Weiche in mehrere Schichten und läßt sich in der durch Fäulnis zersetzten Mittelschicht nicht genügend gerben, so daß diese keine genügende Festigkeit besitzt und daher leicht das Spalten des Leders in mehrere Schichten erfolgt.

b) Während der vorbereitenden Arbeiten treten ebenfalls leicht Fäulnis-erscheinungen, z. B. Stippen [W. Eitner (2)], an der Haut ein, die sich am Leder als Schäden bemerkbar machen. Dies ist besonders der Fall, wenn die Häute beim Wässern und Weichen nicht genügend von Blut, Kot und Schmutz ge-reinigt werden oder beim Weichen, Äschern, Beizen usw. mit Brühen behandelt werden, die infolge zu langer Benutzung viel Zersetzungsprodukte der Haut und Fäulniserreger enthalten. Die Fäulnis der Haut wird dabei auch begünstigt, wenn das bei diesen Arbeiten verwendete Wasser infolge Gegenwart wesentlicher Mengen von organischen Stoffen fäulnisfähig. ist und Fäulnisbakterien enthält.

Zur Vermeidung der Lederfehler durch Fäulnis soll man die Häute möglichst früh und in sachgemäßer Weise durch Trocknen, Salzen usw. konservieren, beim Wässern und Weichen gründlich reinigen und Weichwasser, Äscherbrühe, Beizbrühe usw. zeitig genug erneuern, sowie die hierbei benutzten Behälter jedesmal gut säubern.

Der Einfluß der Beschaffenheit der konservierten Häute und der vorbe-reitenden Arbeiten auf die Gerbung zeigt sich auch bei der Herstellung von Chromleder. Es wird hierbei ein weiches Chromleder mit lockerem Fasergefüge erhalten, wenn die Konservierung der Haut zu spät erfolgt, wenn die Alkalinität bzw. der Sulfidgehalt des Äschers zu hoch war oder zu lange, bzw. bei zu hoher Temperatur geäschert wurde, wenn beim Beizen eine übermäßige Entkälkung oder Fermentwirkung erfolgt und wenn beim Pickeln zu viel Säure oder zu wenig Salz angewendet wurde. Dagegen ergibt sich ein hartes, flaches Chromleder, wenn trockene, überhitzte Häute verwendet wurden, wenn ungenügend, bei zu niedriger Temperatur oder mit hartem Wasser geweicht wurde, beim Äschern die Alkalinität zu niedrig oder die Kalkmenge oder die Äscherdauer zu gering war, die Entkälkung oder Fermentwirkung ungenügend war und wenn beim Pickeln zu wenig Säure und zu viel Salz benutzt wurde (H. G. Turley).

Oft kommt es vor, daß das fertige Leder eine harte, steife, „blechige" Be-schaffenheit hat. Eine der häufigsten Ursachen hierfür liegt bei Verwendung trockener Häute darin, daß diese nicht genügend oder ungleichmäßig erweicht in den Äscher gebracht und die nicht gut aufgeweichten Häute nur schwierig oder ungenügend durchgegerbt werden. Es ergibt sich daraus, daß trockene Häute vor dem Äschern auf jeden Fall gründlich erweicht werden müssen, wobei zu beachten ist, daß sehr ausgetrocknete Häute und solche, die einen starken Belag haben, das völlige Erweichen sehr erschweren. Ein blechiges Leder kann auch bei Häuten sich ergeben, die an der Rohhaut oder bei den vorbereitenden Arbeiten durch Fäulnis gelitten haben, da an den durch Fäulnis veränderten Stellen der Haut der Gerbstoff nicht genügend wirkt.

Wenn die Häute infolge unsachgemäßer Durchführung der vorbereitenden Arbeiten einen zu großen Verlust an Hautsubstanz erleiden, so wird ein leeres, schwammiges Leder erhalten. Ein wesentlicher Verlust an Hautsubstanz kann eintreten, wenn die Häute zu lange oder unter Verwendung stark wirkender Anschärfungsmittel geweicht oder geäschert werden oder zum Beizen eine zu alte Beizbrühe benutzt wird. Der Verlust an Hautsubstanz und die Lockerung des Hautgewebes beim Wässern, Weichen, Äschern, Beizen usw. wird mit Er-höhung der Temperatur gesteigert. In gleichem Sinne wirkt auch eine längere oder stärkere mechanische Behandlung der Häute während der vorbereitenden Arbeiten. Alle diese Umstände, bei denen durch Verlust an Hautsubstanz eine stärkere Lockerung des Hautgewebes stattfindet, haben dann auch ein lockeres, schwammiges Leder zur Folge. Es muß daher zur Vermeidung dieses Lederfehlers darauf gesehen werden, daß die vorbereitenden Arbeiten in der richtigen Weise geleitet werden, daß hierbei insbesondere die nötige Zeitdauer nicht überschritten und daß die Häute oder Blößen nicht zu stark oder andauernd bewegt werden.

Eine häufig vorkommende fehlerhafte Erscheinung am Leder besteht darin, daß das Leder oder sein Narben eine mürbe Beschaffenheit hat, d. h. schon bei geringer mechanischer Beanspruchung reißt. Eine allgemeine Ursache für diese verminderte Haltbarkeit des Leders liegt darin, daß die Haut- oder Lederfaser durch besondere Einwirkungen angegriffen und dadurch in ihrer Widerstandsfähigkeit beeinträchtigt wurde. Diese Schädigung der Haut und des Leders kann durch chemische Einflüsse, insbesondere durch unsachgemäße Verwendung von stark wirkenden Säuren (z. B. Schwefelsäure, Salzsäure) oder alkalischen Stoffen in Verbindung mit einer dabei stattfindenden starken Schwellung, ferner durch Fäulniserscheinungen infolge der damit verbundenen zersetzenden Wirkung auf die Hautfasern, sodann durch Einwirkung höherer Wärmegrade auf die Hautfasern hervorgerufen werden. Durch erhöhte Temperatur wird auch die schädigende Wirkung der Säuren und alkalischen Stoffe auf die Haut und die Fäulnis, die durch Wärme begünstigt wird, gesteigert. Die Schädigung durch Säuren kommt bei den vorbereitenden Arbeiten namentlich bei unsachgemäßer Verwendung stark wirkender Säuren beim Entkälken, Schwellen und Pickeln in Betracht, wobei auch eine bedeutende Schwellung der Haut beobachtet wird. Zur Verhütung einer Schädigung durch Säuren werden beim Entkälken am besten nur schwache organische Säuren, wie Ameisensäure, Essigsäure, Milchsäure, die lösliche Kalksalze bilden, verwendet, in jedem Falle aber die Säuren, besonders stark wirkende Säure, wie Salzsäure, nur allmählich und in der zur Entkälkung gerade genügenden Menge zugegeben. Beim Schwellen mit Säuren sollen die Schwellfarben und Schwellbäder, namentlich wenn zum Schwellen eine stark wirkende Säure, wie Schwefelsäure, verwendet wird, zur Verhütung einer schädlichen Wirkung nicht zu viel Säure enthalten. Einer Schädigung der Haut durch Säure wird auch dadurch entgegengewirkt, daß die Blöße vor dem Schwellen ganz schwach angegerbt wird. Eine Schädigung der Haut durch alkalische Stoffe kommt besonders beim Weichen und Äschern unter Verwendung von Anschärfungsmitteln (Soda, Ätznatron, Schwefelnatrium) in Betracht, wenn dabei eine zu lange andauernde oder zu starke Einwirkung auf die Haut stattfindet. Es wird auch in diesem Falle die Faser angegriffen und dadurch ein Leder von mürber Beschaffenheit erhalten. Das Weichen und Äschern soll daher der verschiedenen Empfindlichkeit der Hautarten und der herzustellenden Lederart angepaßt und nur bis zur gerade zureichenden Wirkung ausgedehnt werden. Das gleiche gilt auch für die Beize, wobei auch eine zu hohe Temperatur unbedingt vermieden werden muß.

Verschiedene fehlerhafte Erscheinungen kommen in der Beschaffenheit des Narbens, und zwar darin zum Ausdruck, daß dieser nicht fest und glatt auf der darunterliegenden Lederschicht aufliegt. Der „lose", „rinnende" Narben [W. Eitner (3)], wobei dieser sich von selbst oder beim Biegen des Leders nach der Narbenseite wulstig abhebt, bei mechanischer Bearbeitung unter Umständen bricht oder abblättert, kann dadurch verursacht sein, daß der Narben durch zu lange andauerndes Wasserarbeiten oder durch starke Verwendung von Anschärfungsmitteln zum Weichen und Äschern oder durch Verwendung alter Weich-, Äscher- und Beizbrühen geschwächt und aufgetrieben wurde, während die darunterliegende Hautschicht zu fest geblieben ist. Der faltige Narben [W. Eitner (4), (5), (6)] besteht darin, daß sich eine feinere oder gröbere Faltenbildung des Narbens an der Haut und am Leder, und zwar in ihrer Längsrichtung zeigt. Dieser Fehler wird im wesentlichen wahrscheinlich dadurch verursacht, daß die unter dem Narben liegende Schicht im Verhältnis zur Narbenschicht selbst nicht genügend erweicht wurde, so daß auch der Äscher und die Beize nicht durchgehend wirken konnten. Infolge der verschiedenen Beschaffenheit dieser Hautschichten legt sich der Narben auf der festeren Unterlage in Falten.

Narbenbeschädigungen können während der vorbereitenden Arbeiten durch Fäulnis hervorgerufen werden. Unter Umständen können aber auch bei der mechanischen Bearbeitung der Haut Schädigungen des Narbens verursacht werden. Wenn der Schmutz an der Rohhaut fest angetrocknet ist und beim Wässern nicht genügend erweicht wurde, wenn bei geäscherten Häuten, die an der Luft liegengelassen wurden, der Kalk angetrocknet ist oder wenn Sand, der als Verunreinigung des Kalkes in den Äscher oder bei der Kotbeize durch den Kot in die Beizbrühe gelangt ist, sich auf dem Narben festgesetzt hat, so können dadurch Narbenverletzungen hervorgerufen werden, daß beim Streichen der Schmutz oder der Kalk von der Narbenseite gewaltsam abgerissen oder der Sand durch das Werkzeug über den Narben geführt und dieser dadurch aufgeritzt wird. Es muß daher darauf geachtet werden, daß der Schmutz der Rohhaut vor ihrer Weiterverarbeitung genügend erweicht wird, daß der Kalk beim Herausnehmen der Häute aus dem Äscher nicht antrocknet und daß kein Sand aus der Äscherbrühe, Beizbrühe usw. auf die Haut bzw. Blöße gelangt. Beim Strecken der Häute wird, wenn diese vorher nicht gut oder ungleichmäßig erweicht wurden, unter Umständen ebenfalls der Narben beschädigt. Beim Walken der Häute im Faß können gleichfalls Narbenverletzungen entstehen, wenn die Häute sich gegeneinander oder an den Faßwandungen reiben. Dies ist besonders der Fall, wenn im Verhältnis zu den Häuten zu wenig Flüssigkeit im Faß vorhanden ist. Es soll daher beim Walken der Häute so viel Flüssigkeit im Faß sich befinden, daß die Häute sich gut bewegen können. Es empfiehlt sich auch zur Vermeidung der Narbenbeschädigungen durch Reibung die Häute vor der Überführung in das Faß mit der Narbenseite nach innen zusammenzuschlagen.

Eine als Kalkschatten oder Schattenflecke bezeichnete Erscheinung, die darin besteht, daß der Narben der geäscherten und enthaarten Haut und häufig dann auch das Leder unregelmäßig begrenzte, matte, rauhe Stellen aufweist, wird dadurch verursacht, daß der in der Haut enthaltene Kalk, wenn die Häute an die Luft oder in hartes bzw. freie Kohlensäure enthaltendes Wasser gebracht werden, mit der Kohlensäure der Luft oder des Wassers auf dem Narben kohlensauren Kalk bildet. Die Entstehung des Kalkschattens wird bei Häuten mit blindem oder beschädigtem Narben begünstigt, da in solchen Fällen der kohlensaure Kalk besser am Narben haftet. Da der kohlensaure Kalk, abgesehen von der Schwefelsäure, in den gewöhnlich benutzten Säuren leicht löslich ist, so verschwindet der Kalkschatten häufig beim Entkälken mit Säuren und kann durch Behandeln der Haut mit verdünnten Säurelösungen beseitigt werden.

Wenn die Blöße vor der Gerbung ungenügend entkälkt wird, so daß sie mit einer beträchtlichen Menge Kalk in die Farben gelangt, so kann es vorkommen, daß die darin enthaltene Säure zur Neutralisation des Kalks nicht genügt. Der überschüssige Kalk bildet dann mit dem Gerbstoff eine dunkel gefärbte Verbindung, wodurch auch das Leder eine dunkle Farbe annimmt. Durch verschiedene Umstände kann bei den vorbereitenden Arbeiten an der Haut und am Leder Fleckenbildung verursacht werden. Wenn das an der Rohhaut vorhandene Blut beim Wässern nicht genügend entfernt wird und sich an der Haut zersetzt, so treten an den betreffenden Stellen, zum Teil infolge des Eisengehaltes des Bluts beim nachfolgenden Gerben mit pflanzlichen Gerbstoffen am Leder dunkle Flecken auf. Solche entstehen auch, wenn auf irgendeine Weise Eisenteilchen auf die Haut gelangen oder diese mit Eisen in Berührung kommt. Wenn die

Häute unter Verwendung von Schwefelnatrium oder anderen Sulfiden geweicht oder geäschert werden, so können ebenfalls dunkle Flecken entstehen, und zwar durch unmittelbare Einwirkung der Sulfide auf Zersetzungsprodukte der Hautsubstanz (G. W. Schultz, S. 356) oder bei Gegenwart von Eisen an der Haut durch Umsetzung der Sulfide mit Eisen zu Schwefeleisen.

c) Beim Gerben können verschiedene Umstände dazu führen, daß ein ungenügend durchgegerbtes Leder erhalten wird. Dies ist zunächst der Fall, wenn die zum Gerben verwendete Gerbstoffmenge nicht genügt oder wenn die Gerbbrühe zu wenig Gerbstoff oder im Verhältnis dazu zu viel Nichtgerbstoff enthält. Es muß daher dafür gesorgt werden, daß der Haut eine zur völligen Durchgerbung hinreichende Menge Gerbstoff geboten wird und daß in der Gerbbrühe nicht zu viel Nichtgerbstoffe enthalten sind. Auch muß im Beginn der Gerbung ein der herzustellenden Lederart entsprechender Schwellungsgrad der Haut vorhanden sein, da die Schwellung die Gerbstoffaufnahme begünstigt und die technischen Eigenschaften des Leders entsprechend beeinflußt. Die Blöße soll ferner zur Erzielung einer guten Gerbwirkung nicht unmittelbar in starke, sondern zunächst in schwache und dann allmählich in immer stärkere Gerbbrühe gebracht werden und es soll auch beim weiteren Gerben eine steigende Menge Gerbstoff zur Verwendung kommen. Wenn die Haut bei Beginn der Gerbung sogleich mit starken Gerbbrühen behandelt wird, so wird die äußere Schicht der Haut zu schnell angegerbt, so daß der Gerbstoff nicht genügend in das Innere der Haut eindringen kann. Häute, die mit sehr sauren Brühen angegerbt sind, sollen nicht sofort mit starken süßen Brühen weitergegerbt werden, da sonst durch den Einfluß der Säure in den Außenschichten der Haut viel Gerbstoff abgeschieden wird, der das weitere Eindringen von löslichem Gerbstoff in die Haut und damit die Durchgerbung erschwert. Wenn die zum Gerben verwendeten Brühen nicht klar sind, so verstopfen die darin enthaltenen unlöslichen Stoffe die Poren der Haut, wodurch ebenfalls das Eindringen des Gerbstoffs in die Haut behindert oder unmöglich gemacht wird. Es muß deshalb die trübe Brühe nötigenfalls durch Klären oder Filtrieren zum Gerben geeignet gemacht werden. Es kommt auch vor, daß sich in der Gerbbrühe oder auf dem Leder Schleimpilze entwickeln, die die Haut stellenweise überziehen und an den betreffenden Stellen eine ungenügende Gerbung verursachen. Bei der Chromgerbung wird die Gerbung beeinträchtigt, wenn mit zu basischen Brühen gegerbt wird, da diese leicht unlösliche Chromverbindungen abscheiden, die sich auf der Haut ablagern und das Eindringen löslicher Chromverbindungen erschweren. Ferner muß auch bei der Chromgerbung zur Erzielung einer guten Gerbwirkung mit Brühen mit steigendem Chromgehalt gegerbt werden. Dabei darf aber die zum Gerben benutzte Chrombrühe auch nicht zu sauer sein, da aus solchen Brühen der Gerbstoff in geringerem Maße aufgenommen und gebunden wird. Die Chrombrühe soll daher genügend basisch, anderseits aber zur Vermeidung der Abscheidung unlöslicher Chromverbindungen auf der Haut auch nicht zu basisch sein. Außerdem muß die Basizität der Chrombrühe mit dem Fortschritt der Gerbung gesteigert werden. Die angewandte Chrommenge und die Azidität der Chrombrühe kommen auch insofern in Betracht, als bei Verwendung von zu viel Chrom ein zu weiches, lockeres, bei Verwendung von zu wenig Chrom und zu hoher bzw. geringer Azidität ein zu hartes, flaches Chromleder erhalten wird (H. G. Turley). Bei der Weiß- und Glacégerbung wird eine genügende Gerbwirkung nicht erzielt, wenn zu wenig Alaun angewendet oder die Bestandteile der Gare nicht im richtigen Verhältnis zueinander stehen oder die Gare zu dünn- oder zu dickflüssig ist, wobei sie im ersteren Fall leicht abläuft, im letzteren nicht gut und gleichmäßig aufgenommen wird. Ferner darf die Gare nicht zu heiß sein, da sonst die Felle unter der Einwirkung der Wärme zusammenschrumpfen, wobei die Gare nicht gut eindringen kann. Wenn anderseits die Behandlung mit der Gare bei zu niedriger Temperatur erfolgt, so wird ebenfalls zu wenig davon von der Blöße aufgenommen. Bei der Herstellung der Gare darf die Alaun-Kochsalz-Lösung bei Zugabe der Mischung von Mehl und Eigelb nicht zu heiß sein, da sonst der Eidotter gerinnt, wodurch die Aufnahmefähigkeit und Wirkung der Gare ebenfalls beeinträchtigt wird. Bei der Sämischgerbung muß ein Tran von starker Oxydationsfähigkeit verwendet werden, da andernfalls keine genügende Gerbwirkung erzielt wird. Auch darf der Tran keine wesentlichen Mengen von unverseifbarem Öl, wie Mineralöl, enthalten, da dadurch sein Gehalt an oxydationsfähigem Öl vermindert und damit auch seine Gerbfähigkeit herabgesetzt wird. Ein wesentlicher Gehalt des Trans an Nichtfett behindert ebenfalls die Sämischgerbung, da das Nichtfett die Poren der Haut verstopft.

Wenn die Häute nicht genügend durchgegerbt werden, so wird das Leder hart, steif und blechig. Der gleiche Mangel kann eintreten, wenn die Haut bei dem Herausnehmen aus der Gerbbrühe in zu hohen Stößen gelagert wird, da dann aus den unteren Häuten Gerbbrühe herausgepreßt wird und infolgedessen von der Haut nicht genügend Gerbstoff gebunden wird.

Ein mürbes Leder wird bei der Gerbung verursacht, wenn dabei stark wirkende Säuren in unsachgemäßer Weise zur Schwellung oder stark saure künstliche Gerbstoffe verwendet werden.

Ein anderer Lederfehler, der in der Behandlung der Häute bei der Gerbung seine Ursache hat, besteht darin, daß das Leder brüchig wird, d. h. beim Biegen durchgehend oder in der äußeren Schicht, besonders im Narben bricht. Die Ursache der Brüchigkeit liegt in der Hauptsache darin, daß eine zu große Menge von Stoffen in das Leder gebracht wurde, die nicht eigentlich gerbend, sondern als Füllstoffe wirken, indem sie sich nicht mit der Hautfaser verbinden, sondern lediglich dazwischenlagern. Dadurch wird die Bewegungsfähigkeit der Fasern beeinträchtigt, und diese müssen beim Biegen des Leders unter ähnlichen Umständen reißen, wie der Docht einer Kerze, wenn man diese biegt und zerbricht. Es wird daher die Brüchigkeit besonders durch starke Behandlung bzw. Beschwerung mit Mineralstoffen, Zucker oder ein übermäßiges Füllen des Leders mit starken Brühen bei der Faßgerbung hervorgerufen. Das Leder kann auch brüchig werden, wenn Gerbstoffauszüge mit viel schwer löslichem Gerbstoff bei der Faßgerbung verwendet werden, da der schwer lösliche Gerbstoff, der sich bei der erhöhten Temperatur im Faß zunächst gelöst hatte und dadurch in die Haut eindringen konnte, im Leder wieder unlöslich sich abscheidet und dabei mechanisch einlagert.

Die durch lösliche Füllstoffe, wie Mineralstoffe, Zucker, überschüssigen Gerbstoff hervorgerufene Brüchigkeit kann meist beseitigt werden, wenn das Leder, besonders auf dem Narben, gut mit Wasser ausgewaschen wird. Wenn dies nicht genügend wirksam ist, so kann der Narben dann noch mit einem geeigneten Öl behandelt werden. Um der Erscheinung des brüchigen Narbens schon während des Gerbens vorzubeugen, kann man der Gerbbrühe sulfoniertes Öl zusetzen.

Wenn die Häute in nicht genügend durchgegerbtem Zustand der Faßgerbung zugeführt werden, so kann die Mittelschicht der Haut bei der erhöhten Temperatur im Faß verleimt bzw. zersetzt und dann nicht mehr richtig gegerbt werden. Die Mittelschicht der Haut besitzt dann keine genügende Festigkeit, und es kann in solchem Falle in ähnlicher Weise, wie bei den Häuten, die im Innern durch Fäulnis gelitten haben, die Erscheinung eintreten, daß das Leder sich in mehrere Schichten spaltet.

Wenn die Blößen bei der pflanzlichen Gerbung ohne vorherige Angerbung bzw. zu schnell in starke Gerbbrühe gebracht werden, so tritt der „gezogene" oder „krause" Narben auf, eine Erscheinung, die darin besteht, daß der Narben unregelmäßige, nach allen Richtungen verlaufende Runzeln oder Falten bildet. Diese Erscheinung zeigt sich leichter und in stärkerem Maße, wenn beim Gerben keine oder doch keine genügende Bewegung stattfindet. Zur Vermeidung des Narbenziehens muß das Gerben mit schwachen Gerbbrühen begonnen und die Brühenstärke langsam gesteigert und auf diese Weise die Blöße ganz allmählich angegerbt und durchgegerbt werden. Ferner muß, besonders bei der Faßgerbung, darauf geachtet werden, daß eine genügende Bewegung der Häute im Faß stattfindet und daß das Faß die hierfür nötige Menge Gerbbrühe enthält. Ein wirksames Mittel zur Verhütung des Narbenziehens besteht auch darin, daß der Faßbrühe ein geeignetes Öl zugesetzt oder die Häute vor der Überführung in das Faß abgeölt werden. Der Bildung des gezogenen Narbens wird ferner entgegengewirkt, wenn man die Häute während der Gerbereiarbeiten möglichst glatt hinlegt bzw. beim Herausnehmen aus der Gerbbrühe auf den Bock hängt.

Hautschäden durch Fäulnis sind während des Gerbverfahrens im allgemeinen weniger zu befürchten, da die von der Haut aufgenommenen gerbenden Stoffe der Fäulnis entgegenwirken. Eine Art von „Stippen" kann bei der Glacégerbung auftreten, wenn die verwendete Gare in Fäulnis übergegangen war und Teilchen davon auf dem Narben haften bleiben, wo dann der Narben durch Fäulnis angegriffen wird.

Eine dunkle Färbung des Leders kann bei der Gerbung verursacht werden, wenn die hierzu verwendete pflanzliche Gerbbrühe durch Aufnahme von überschüssigem Kalk aus der Haut alkalisch reagiert oder die Gerbbrühe oder das verwendete Wasser eine wesentliche Menge von Eisenverbindungen enthält. Weißgares oder glacégares Leder, das unter Verwendung von eisenhaltigem Alaun hergestellt wird, zeigt nicht eine rein weiße, sondern eine braunstichige Farbe. Die mehr oder weniger starke Veränderlichkeit der Farbe des mit pflanzlichen Gerbstoffen gegerbten Leders hat bei Ledern, die in hellen Farbtönen gefärbt werden sollen, ebenfalls einen ungünstigen Einfluß auf die Farbe des gefärbten Leders. Fleckenbildung beim Leder erfolgt beim Gerben mit trüben Gerbbrühen, indem sich die unlöslichen Stoffe auf der Haut ablagern und dort eine dunkle Färbung erzeugen. Bei einem mit Gerbbrühe stark gefüllten Leder kann beim Trocknen Gerbstoff an die Oberfläche treten und dort dunkle Flecken hervorrufen. Wenn zerkleinerte oder gemahlene Gerbmittel verwendet werden, in die aus der Mühle Eisenteilchen gelangt sind, so entstehen auf dem Leder durch Verbindung des Gerbstoffs mit gelösten Anteilen des Eisens dunkle Flecken. Eisenteilchen, die auf weißgares, glacégares oder chromgares Leder gelangt sind, rufen auf diesem rostbraune Flecken hervor, die bei der Nachbehandlung solcher Leder mit pflanzlichen Gerbstoffen eine noch dunklere Farbe annehmen. Bei der Zweibadchromgerbung entstehen auch Flecken, wenn die Haut nach dem ersten Bad dem Licht ausgesetzt wird, da dieses an den betreffenden Stellen eine Reduktion der Chromsäure und dadurch eine Farbenveränderung verursacht.

Wenn das Leder stark mit Mineralstoffen, Zucker oder dgl. gefüllt ist, so treten diese Stoffe unter geeigneten Bedingungen nach einiger Zeit an die Oberfläche des Leders und bilden auf diesem einen sog. Ausschlag, der in Form eines starken oder weißlichen Belags oder Anflugs mit unregelmäßiger Begrenzung erscheint. Bei dem Zweibadchromleder oder dem mit der Schwefelgerbung hergestellten Leder kann auch ein Belag von Schwefel sich finden. Bei weißen Pelzfellen, die unter Benutzung von Schwefelsäure zubereitet sind, sollen auf diesen durch Einwirkung der Schwefelsäure auf das im Fett der Wolle oder der Haare enthaltene Cholesterin gelblich-orangefarbige Flecken entstehen, die sich bei der Färbung mit Ursolfarbstoffen durch eine stärkere Färbung und einen anderen Farbenton abheben (P. Buzzi).

d) Wenn das mit starken Gerbbrühen, Zucker oder Mineralstoffen gefüllte Leder nach der Gerbung nicht genügend ausgewaschen wird, so wird das Leder leicht brüchig. Bei Chromleder ist dies auch der Fall, wenn das Leder nach der Gerbung zur Entsäuerung zu stark mit alkalischen Stoffen behandelt wird. Auch die Farbe des Leders kann bei seiner Behandlung nach der Gerbung ungünstig beeinflußt werden. Das stark mit Gerbbrühe gefüllte Leder verhält sich auch bei der Trocknung ungünstig, indem es besonders an den Rändern beim schnellen Trocknen leicht eine dunkle Färbung annimmt. Beim Pressen und Walzen des Leders kann, wenn die Platte oder Walze aus Eisen besteht, Dunkelfärbung eintreten, besonders wenn das Leder zu feucht ist. Ebenso wird das Leder bei starker Belichtung durch die Einwirkung des Lichts je nach der Art der verwendeten Gerbstoffe mehr oder weniger dunkler. Beim Fetten des Leders kann ebenfalls durch verschiedene Umstände eine dunkle Färbung hervorgerufen werden, besonders wenn das Öl wie manche sulfonierte Öle alkalisch reagiert oder wenn das Fett zu flüssig ist oder Mineralöl enthält, wobei Fettbestandteile nach der Narbenseite durchschlagen und die Farbe des Leders im ganzen oder durch Fleckenbildung ungünstig verändern. Leder, das unter Verwendung von Bleiverbindungen durch Bildung eines Belags von Bleisulfat aufgehellt oder beschwert wurde, färbt sich, wenn die Luft Schwefelwasserstoff enthält, dunkler, da dann das weiße Bleisulfat schwarzes Schwefelblei bildet.

Wenn Leder nach der Gerbung viel Mineralstoffe enthält und dann nicht gut ausgewaschen wird, so kann ein Mineralstoffausschlag erscheinen, da die löslichen Salze beim Trocknen bzw. bei Abnahme der Feuchtigkeit des Leders an seine Oberfläche treten und dort auskristallisieren. Der Mineralstoffausschlag soll besonders leicht bei geschwärzten Ledern auftreten, was auf eine Kontaktwirkung der durch die Schwärze in das Leder gelangten Eisenverbindungen zurückgeführt wird. Zur Vermeidung des Mineralstoffausschlags dürfen Stoffe, die wie die sog. „Füllextrakte", Sulfitcelluloseauszüge, und die meisten künstlichen Gerbstoffe viel Mineralstoffe enthalten, oder Mineralstoffe wie Bittersalz, die zur Nachbehandlung oder Beschwerung des Leders dienen, höchstens in mäßiger Menge verwendet werden. Bei Chromleder, das nicht gut ausgewaschen wurde, handelt es sich bei einem Mineralstoffausschlag in der Hauptsache um Alkaliverbindungen, die durch die Chrombrühe, das Neutralisationsmittel sowie durch den Licker in das Leder gelangen. Bei alaun- und glacégarem Leder kommt ein Alaun- und Kochsalzausschlag vor [W. Eitner (7), (8); Jahresberichte der Deutschen Versuchsanstalt für Lederindustrie (2)], besonders wenn zu viel von diesen Stoffen in die Blöße gebracht oder für die Gare verhältnismäßig viel Kochsalz verwendet wurde oder die Trocknung des Leders zu schnell oder zu langsam erfolgte, wobei Alaun oder Kochsalz an der Oberfläche des Leders auskristallisiert.

Bei gefetteten Ledern geben die verwendeten Fettstoffe wie Stearin, Talg und feste Fettanteile der Öle unter bestimmten Bedingungen einen Fettausschlag [W. Eitner (9), (10); W. Fahrion; Anonymus (1); Jahresberichte der Deutschen Versuchsanstalt für Lederindustrie (3)], der ähnlich wie der Mineralstoffausschlag als weißer Belag oder Anflug mit unregelmäßigen Umrissen erscheint. Es wird angenommen, daß u. a. durch Bakterien und Fermente eine Zerlegung der Glyceride der Fette unter Abspaltung der Fettsäuren im Leder stattfindet und dadurch die Bedingungen des Fettausschlags gegeben sind. Unverseifbare feste Fettstoffe wie Paraffin zeigen für sich keine Neigung zur Bildung eines Fettausschlags. Der Fettausschlag tritt um so leichter ein, je mehr von den entsprechenden festen Fettstoffen in das Leder gebracht wurde. Seifen fester Fettsäuren, die z. B. für den Licker des Chromleders verwendet werden, können bei Gegenwart freier Mineralsäuren im Leder ebenfalls zum Fettausschlag Veranlassung geben, da durch die Säure aus der Seife die Fettsäure freigemacht wird, die dann den Ausschlag bildet. Der Fettausschlag wird durch ein lockeres Gefüge des Leders begünstigt und tritt daher besonders häufig bei Chromleder ein. Auch ein beschädigter Narben erleichtert den Fettausschlag, da an den betreffenden Stellen die Fettstoffe leichter aus dem Leder heraustreten können. Ferner wird angegeben, daß Fettausschläge weniger durch die Gegenwart hochschmelzender Fette an sich im Leder, als besonders dadurch verursacht werden, daß die durch Ranzigwerden von Naturfett oder aus anderem Fett im Leder gebildeten Fettsäuren durch die Schimmelbildung an die Oberfläche des Leders gedrängt werden oder pflanzlich gegerbtes Leder abwechselnd warmer und kalter Luft ausgesetzt wird oder beim Färben des Leders ein besonderes Lösungsmittel verwendet wurde (R. F. Innes). Wenn im Leder eine besondere Menge von Mineralstoffen enthalten ist, so können diese zusammen mit dem Fett als Ausschlag erscheinen.

Dem Fettausschlag wird durch Zugabe von Mineralfett (Vaseline, Paraffin, Ceresin) oder Mineralöl zu der zum Fetten verwendeten Fettmischung oder durch nachträgliches Einreiben des Narbens mit Mineralöl vorgebeugt. Der Fettausschlag kann beseitigt werden, wenn man das Leder mit einem mit Petroleum getränkten Lappen abreibt, doch ist es nicht ausgeschlossen, daß der Übelstand nach einiger Zeit wieder auftritt.

Wenn zum Fetten des Leders ein ungeeigneter Tran verwendet wird, so kann es vorkommen, daß beim Lagern des Leders aus diesem harzartige klebrige Stoffe, häufig in Form von Tröpfchen austreten, eine Erscheinung, die man als „Ausharzen" bezeichnet. Es handelt sich bei diesen Stoffen im wesentlichen um Oxydationsprodukte des Trans. Das Ausharzen wird durch eine ganze Anzahl unter „Allgemeine Eigenschaften des Leders" angeführter Umstände (F. Stather, H. Sluyter und R. Lauffmann; F. Stather und H. Sluyter) verursacht bzw. begünstigt. Bei Leder, das mit Metallteilen wie Haken, Ösen, Schnallen an Schuhwerk, Gürteln usw. verbunden ist, erfolgt das Ausharzen hauptsächlich in der Umgebung der Metallteile. Die harzartigen Stoffe lassen sich durch Abreiben des Leders mit Spiritus oder Terpentinöl entfernen, erscheinen jedoch häufig nach einiger Zeit wieder. Als Mittel gegen das Wiederausharzen kann ein leichtes Abreiben des Narbens mit Mineralöl dienen.

Wenn Chromleder in der Innenschicht zu wenig Fett enthält, so schrumpft diese Schicht beim Trocknen zusammen. Dabei treten, abgesehen von der Flächeneinbuße, ungünstige Veränderungen ein, indem sich ein wilder Narben bildet und ferner die Fasern der Mittelschicht so stark zusammenkleben, daß diese sich beim Stollen nur schwer voneinander trennen lassen und dadurch die Stollwirkung beeinträchtigt wird (J. A. Wilson).

Bei unsachgemäßer Bearbeitung des Leders beim Falzen oder bei Benutzung unvollkommener Maschinen beim Falzen oder Spalten entstehen auf der Fleischseite des Leders rippenförmige Unebenheiten („Treppen") und bei Verwendung von Werkzeugen mit schartiger oder unebener Schneide Risse oder Kerben. Derartige Unebenheiten wirken bei der Bearbeitung der Narbenseite des Leders sehr störend, da eine gleichmäßige Beschaffenheit der Narbenseite beim Glanzstoßen oder Glätten nur bei völlig ebener Fleischseite des Leders erreicht wird. Außerdem wird durch derartige Fehler auch das Aussehen der Fleischseite des Leders beeinträchtigt.

Bei Ledern, die einen Glanz erhalten sollen, fällt dieser häufig matt und ungleichmäßig aus. Als Ursache hierfür kommt besonders in Betracht ein hoher

Gehalt des Leders an Naturfett, zu starkes oder ungleichmäßiges Fetten des Leders und das Durchschlagen von Fett nach der Narbenseite. Bei ungenügend entsäuertem Chromleder wird durch die Säure die Seife des Lickers zersetzt und damit die Emulsion zerstört, so daß das Fett nicht gut in das Leder eindringt und den Glanz beeinträchtigt. Auch ein Mineralölstoffausschlag, Fettausschlag, Schwefelbelag usw. verursacht, daß das Leder nach dem Glänzen an den betreffenden Stellen matt bleibt. Ein loser oder faltiger Narben macht naturgemäß beim Glanzstoßen Schwierigkeiten und tritt ebenso wie Narbenverletzungen beim geglänzten Leder um so mehr hervor. Wenn das Leder ungleichmäßig blanchiert oder gefalzt wird, so erhalten die stärkeren Stellen des Leders mehr Druck als die schwächeren und erscheinen nach dem Glanzstoßen als dunklere Flecken. Als Ursache für einen matten Glanz kommt auch die Verwendung eines ungeeigneten Glanzmittels in Betracht, indem z. B. bei Verwendung von zu viel Blut das Leder stellenweise verschmiert wird und dadurch matt bleibt. Das Abblättern des Glanzes kann daher rühren, daß das Leder zu stark gefettet oder vor dem Glänzen auf der Narbenseite nicht gut gereinigt wurde oder daß das Glanzmittel nicht die richtige Zusammensetzung hatte. Wenn z. B. bei Verwendung von Schellackglanz zu viel Schellack genommen wird, so wird der Glanz spröde und blättert ab. Auch muß zur Vermeidung dieses Übelstandes der Schellackglanz auf das trockene Leder aufgetragen werden.

e) Beim Schwärzen und Färben von Leder kommen ebenfalls mancherlei Umstände in Betracht, die zu ungünstigen Ergebnissen führen können. Die Ursachen hierfür liegen zum Teil im Leder selbst, zum Teil in einer unsachgemäßen Durchführung der Färbearbeiten.

Wenn das Leder nach der Gerbung nicht gut ausgewaschen wird, so beeinträchtigen die löslichen Stoffe, indem sie im Leder eintrocknen oder sich mit dem Farbstoff verbinden, die Farbe des Leders. Chromleder muß vor dem Färben richtig neutralisiert werden, da die Säure im Leder die Farbstoffe je nach ihrer Art verändert und außerdem die Lickeremulsion zerstört, so daß das Fett sich an der Oberfläche des Leders abscheidet und dadurch die Farbstoffaufnahme behindert. Ferner wird die Farbe beeinträchtigt oder ungleichmäßig, wenn das Leder viel Naturfett enthält oder ungleichmäßig gefettet wird, da die Farbstoffe an den mehr Fett enthaltenden Stellen weniger aufgenommen werden und daher eine fleckige Färbung erhalten wird. Die Verwendung einer stark alkalischen Fettemulsion beim Lickern von Chromleder kann ebenfalls zu einer ungleichmäßigen Färbung Veranlassung geben, indem das Alkali die Farbe des Leders und des Farbstoffs verändert. Eine fleckige Färbung wird auch erhalten, wenn das Leder vor dem Färben nicht gleichmäßig durchfeuchtet wird, da die feuchteren Stellen des Leders mehr Farbstoff aufnehmen als die weniger feuchten, so daß letztere eine hellere Färbung zeigen. Leder mit fleckiger Färbung ergeben sich auch, wenn das zu färbende Leder einen Ausschlag oder Belag hat, da an den betreffenden Stellen die Farbe nur ungenügend aufgenommen wird oder durch Bildung lackartiger Verbindungen eine abweichende Färbung entsteht. Eine häufige Ursache für ungleichmäßige Färbung sind ferner Narbenverletzungen der Haut und des Leders, da solche Stellen infolge ihrer porösen Beschaffenheit mehr Farbstoff binden als die gesunden Stellen des Narbens und daher eine dunklere Färbung erhalten.

Die zum Schwärzen und Färben verwendeten Stoffe können bei ungeeigneter Beschaffenheit oder Verwendung in verschiedener Hinsicht zu einer ungünstigen Lederfarbe Veranlassung geben. Beim Schwärzen entstehen bei unsachgemäßer Durchführung dieser Arbeit fleckige Stellen, wenn der Narben vor dem Auftragen der Blauholzbrühe nicht mit Alkali entfettet wird oder wenn die Blauholzbrühe

vor dem Auftragen der Eisenschwärze nicht völlig eingedrungen ist. Die ungenügenden oder ungleichmäßig geschwärzten Stellen des Leders treten später
beim Zurichten und Lagern des Leders mehr hervor. Die angeführte fehlerhafte
Arbeitsweise beim Schwärzen hat häufig auch zur Folge, daß das geschwärzte
Leder beim Gebrauch abfärbt. Eine weitere Ursache hierfür besteht darin, daß
das Leder vor dem Schwärzen zu stark gefettet wurde. Beim Färben des Leders
spielt zunächst auch die Beschaffenheit des hierbei verwendeten Wassers eine
wesentliche Rolle. Wenn das Wasser eine hohe vorübergehende Härte hat, also
viel Bicarbonate von Kalk oder Magnesia enthält, so bilden diese mit basischen
Farbstoffen unlösliche Verbindungen, die nicht nur einen Farbstoffverlust verursachen, sondern auch Flecken auf dem Leder hervorrufen. Auch Eisenverbindungen wirken, wenn sie in wesentlicher Menge im Wasser vorhanden sind,
ungünstig, da sie auch die Farbe mancher Farbstoffe verändern und da die aus
dem Wasser unlöslich abgeschiedenen Eisenverbindungen Flecken auf dem Leder
erzeugen. Die im Wasser enthaltenen Sulfate und Chloride der Alkalien und von
Kalk und Magnesia sind von geringerem Einfluß beim Färben. Eine ungleichmäßige bzw. ungünstige Färbung wird auch erhalten, wenn die benutzten Farb-
brühen trüb sind oder die Farbstoffe in zu reichlicher Menge verwendet werden,
wobei in letzterem Falle bei basischen Farbstoffen das sog. ,,Bronzieren" am
Leder eintreten kann. Es darf aber auch nicht eine ungenügende Farbstoffmenge
verwendet werden, da auch in diesem Falle die Farbe des Leders ungleichmäßig
wird. Ferner ist zur Erzielung einer guten Färbung nötig, daß die Stärke der
Farbflotte allmählich ansteigt und daß beim Färben in der Haspel oder im Faß
die Farbbrühe nach und nach zugesetzt wird, da sonst die starke Farbstofflösung
mit einzelnen Stellen des Leders in Berührung kommt, die dann fleckig werden.
Die Temperatur der Farbflotte soll 40 bis 50° nicht übersteigen, da andernfalls
Runzeln oder Falten am Leder entstehen, die ebenfalls eine ungleichmäßige
Färbung verursachen.

Neuerdings werden bei der Herstellung farbiger Leder vielfach Deckfarben
verwendet, die aus dem Farbkörper (Mineralfarbe oder künstliche Farbe), einem
Bindemittel (Casein oder Nitrocellulose), dem Lösungsmittel (Wasser bei Caseindeckfarbe, andernfalls organische Lösungsmittel) und einem Weichhaltungsmittel (Öle oder besondere hierfür hergestellte Stoffe) bestehen. Es kommt bei
Ledern mit Deckfarbe vor, daß die Deckfarbe beim Gebrauch Risse erhält oder
stellenweise abspringt. Dieser Fehler kann daher rühren, daß das Leder nicht
die zum Auftragen der Deckfarbe geeignete Beschaffenheit hatte, z. B. nicht
genügend aufnahmefähig, bei Verwendung von Nitrocellulosedeckfarbe zu feucht
war, daß der Deckfarbe vor der Verwendung nicht genügend Weichhaltungsmittel
zugesetzt wurde, daß allmählich eine Entmischung der Deckfarbenbestandteile
am Leder stattgefunden hat oder daß das Weichhaltungsmittel sich chemisch
verändert oder teilweise verflüchtigt hat. Durch Entmischung des Farbkörpers der Deckfarbe können auch Farbenänderungen und Flecken hervorgerufen werden.

Beim Lackieren des Leders sind als Ursache für eine fehlerhafte Beschaffenheit des Lackleders ebenfalls Umstände vorhanden, die zum Teil in
einer ungeeigneten Beschaffenheit des zu lackierenden Leders, zum Teil in einem
unsachgemäßen Lackierverfahren oder in der Verwendung eines nicht einwandfreien Grundes oder Lacks liegen. Ein mattes, blindes Aussehen des Lackleders
kann dadurch hervorgerufen werden, daß das Leder zu viel Fett enthält oder
einen Mineralstoffausschlag, einen Fettausschlag oder einen Belag, z. B. von
Schwefel, zeigte. Der gleiche Fehler tritt auf, wenn das zur Herstellung des Lacks
benutzte Leinöl oder der bei seiner Verwendung hergestellte Grund oder Lack

trübe ist. Eine klebrige Beschaffenheit der Lackschicht zeigt sich, wenn diese nicht gut trocknet, was durch eine ungeeignete Zusammensetzung des Grundes oder Lacks oder durch eine unsachgemäße Trocknung verursacht sein kann. Wenn der Schleifstaub von dem Leder nicht völlig entfernt wurde oder im Lackierraum oder beim Trocknen des Leders Staub auf dieses gelangt, so wird dadurch eine körnige Lackschicht hervorgerufen. Bläschenförmige Unebenheiten zeigen sich in der Lackschicht, wenn der Lack Luftbläschen enthält und diese beim Lackieren auf dem Leder nicht zum Platzen gelangen. Eine runzlige oder wulstige Lackschicht wird erhalten, wenn der Grund oder Lack in zu großer Menge, zu dick oder ungleichmäßig aufgetragen wurde oder wenn das Leder beim Lackieren nicht ganz glatt ausgespannt wurde. Das Rinnen des Narbens, wobei dieser beim Biegen des Leders nach der Narbenseite sich wulstig abhebt, tritt ein, wenn das zum Lackieren verwendete Leder lose oder schwammig war. Das Springen der Lackschicht, wobei sich in dieser eine große Anzahl feiner Risse bildet, erfolgt, wenn die Lackschicht infolge ungeeigneter Beschaffenheit der zum Lackieren verwendeten Mittel nicht genügend elastisch ist oder das Leder zu wenig oder zu stark entfettet oder das Lackleder zu schnell oder zu stark getrocknet wurde. Ferner wird das Lackleder rissig, wenn das zum Lackieren verwendete Leder zu dehnbar ist, und die Lackschicht selbst eine geringere Dehnbarkeit besitzt. Ein Abschälen oder Abblättern der Lackschicht kann eintreten, wenn der Grund vor dem Auftragen des Lacks nicht genügend getrocknet war und ferner durch alle Einflüsse, die eine runzlige oder wulstige Beschaffenheit der Lackschicht hervorrufen [siehe z. B. Anonymus (2)].

f) Bei Ledern, die in feuchtem Zustand oder in feuchte Räumen lagern, können durch die Entwicklung von Bakterien und Schimmelpilzen verschiedenfarbige Flecken entstehen (J. A. Wilson und G. B. Daub), deren Bildung begünstigt wird, wenn das Leder wasseranziehende Stoffe, wie Zucker, Glycerin, oder Stoffe enthält, die wie auch die genannten einen guten Nährboden für Schimmelpilze bilden. Die Schimmelpilze gelangen entweder aus der Luft oder durch schimmlige Gerbbrühe oder durch Berührung mit Gegenständen, an denen Schimmel haftet, auf das Leder. An feuchtem unzugerichtetem Chromleder wurden rote und blaue Stockflecken beobachtet, die von einem Strahlenpilz (Actinomycesart) herrühren (M. Bergmann und F. Stather). Auch Schädigungen des Ledergewebes durch Schimmelpilze und andere Mikroorganismen (F. Schmidt) sowie durch die Larve der Fettschabe (K. Braßler, S. 280) wurden festgestellt. Zur Verhütung der Schimmelbildung soll das Leder nicht in feuchtem Zustand liegen bleiben, in genügend trockenen, gut gelüfteten Räumen gelagert werden und während der gerberischen Arbeiten, wie auch später nicht mit Gegenständen in Berührung kommen, an denen Schimmel vorhanden ist. Um die Schimmelbildung auf dem Leder zu vermeiden, kann man das Leder mit einer 0,03—0,05proz. Lösung von Raschit, Parachlormetakresol oder einer 2- bis 3proz. Lösung von Fluornatrium oder einer 0,2proz. Lösung von salizylsaurem Natrium bestreichen und den bei der Herstellung des Leders verwendeten Fetten, Appreturen usw. etwas von den genannten Mitteln zusetzen.

Auch Käfer bzw. deren Larven sind als Lederschädlinge festgestellt worden. Nicht selten werden bei pflanzlich gegerbten, längere Zeit gelagerten Ledern Beschädigungen in Form vereinzelter kreisrunder Löcher von etwa $1/_2$ bis $1^1/_2$ mm Durchmesser festgestellt, die häufig auf die bohrende Tätigkeit eines besonderen Lederwurms zurückgeführt wurden. Es gelang aber, in einem Armeesattel und einem Pferdekumt, die derartige Beschädigungen zeigten, unter Mitverwendung von Ledermehl gebildete Puppenkokons und bei letzterem Ledergegenstand im Filzwerk auch den gemeinen Diebskäfer (Pinus fur L.) zu ermitteln. Auf Grund dieser Feststellungen, des mikroskopischen Bildes der Beschädigungen und der bekannten Lebensgewohnheiten des Diebskäfers wird angenommen, daß die betreffenden Lederbeschädigungen auf die bohrende Tätigkeit der Larven des Diebskäfers zurückzuführen sind [F. Stather (4)]. Durch verschiedene andere Käferarten (Brotbohrer, Kräuterdieb, Messingkäfer, Pelzkäfer) sowie durch die Larve einer Mottenart (Fettschabe, Aglossa pinguinalis) wird das Leder ebenfalls geschädigt (K. Braßler).

Auch Selbsterhitzung des Leders, wobei dieses durch die dabei stattfindende Erwärmung hart und mürbe wird oder gar verkohlt, wird durch unsachgemäße Lagerung hervorgerufen, wenn das Leder in feuchtem Zustand in hohen Stößen übereinandergelagert und nicht von Zeit zu Zeit umgestapelt wird. Andere unliebsame Erscheinungen, die beim Lagern des Leders oder der Ledergegenstände sich zeigen können, sind der Mineralstoffausschlag, der Fettausschlag und das Ausharzen. Auch die Schädigung des Leders durch stark wirkende Säuren zeigt sich häufig erst beim Lagern des Leders, indem dieses eine immer mürbere Beschaffenheit annimmt und nach längerer Zeit unter Umständen völlig zerfällt. Schließlich treten Farbenänderungen, Mißfärbungen, Fleckenbildungen häufig erst beim Lagern des Leders auf oder doch deutlicher hervor.

Gewisse Stoffe sollen, wenn sie im Bekleidungsleder enthalten sind, besonders unter Mitwirkung des Schweißes, eine Reizung der Haut hervorrufen. Es wird jedoch andererseits auf Grund von Untersuchungsergebnissen über die aus Chromleder extrahierbaren Chromverbindungen die Meinung vertreten, daß die Reizbarkeit nicht durch bestimmte Stoffe allgemein bedingt ist, sondern lediglich bei Personen sich zeigt, die gegenüber den betreffenden Stoffen überempfindlich sind (F. E. Humphreys und H. Phillips). Das gleiche gilt wohl auch von anderen Stoffen, denen, wie stark wirkenden freien Säuren, gewissen Bestandteilen von künstlichen Farbstoffen oder anderen synthetisch hergestellten, für Leder verwendeten Stoffen, eine hautreizende Wirkung zugeschrieben wird.

g) Bei Gegenständen aus Leder kann ein Gehalt des Leders an freier, stark wirkender Säure, an Fettsäure oder an Schwefel Metallteile schädigen, die mit dem Leder verbunden sind. Wenn bei der Einwirkung von Fettsäuren auf Metalle gebildete Metallseifen in das Leder eindringen, so üben sie auf dieses einen schädigenden Einfluß aus, der auch in einer Verminderung der Reißfestigkeit des Leders zum Ausdruck kommt (F. Stather und R. Lauffmann). Wenn Leder, das freie, stark wirkende Säure enthält, für genähte Schuhe verwendet wird, so kann die Säure die Nähfäden zerfressen und auch dadurch die Haltbarkeit des Schuhes beeinträchtigen.

Ferner gibt es zahlreiche Fälle, in denen eine schlechte Haltbarkeit oder ungünstige Veränderung des Ledergegenstandes nicht durch eine minderwertige Beschaffenheit des Leders, sondern dadurch verursacht ist, daß der Gegenstand beim Gebrauch nicht richtig behandelt wurde oder das Leder anderen schädlichen Einwirkungen ausgesetzt war. Häufig werden Gegenstände, wie Treibriemen, Schuhe, mit Fettstoffen behandelt, um sie widerstandsfähiger bzw. gegen Wasser undurchlässiger zu machen. Wenn diese Fettstoffe, wie es bei unsachgemäß hergestellten Schuhputzmitteln festgestellt wurde, freie Mineralsäure enthalten, so gelangt diese in das Leder und macht dieses mürbe. Fette, Schuhputzmittel usw., die alkalisch reagieren, beeinflussen nicht nur die Farbe des damit behandelten Leders ungünstig, sondern können diesem auch eine harte und brüchige Beschaffenheit verleihen. Bei Schuhen, deren Oberleder mit einer Deckfarbe versehen ist, darf nicht ein beliebiges Schuhpflegemittel verwendet werden, sondern es muß dieses der Art der Deckfarbe angepaßt sein. So darf als Reinigungsmittel für Leder mit Caseindeckfarbe keine alkalische Flüssigkeit, wie Seifen-

lösung, und für Leder mit Kollodiumdeckfarbe keine Schuhcreme, die ein or-
ganisches Lösungsmittel enthält, benutzt werden [Jahresbericht der Deutschen
Versuchsanstalt für Lederindustrie (4)]. Harze, wie Fichtenharz, sollen den zum
Behandeln von Ledergegenständen verwendeten Fetten nicht zugesetzt werden,
da dadurch das Leder ebenfalls hart und brüchig wird. Die zur Haltbarmachung
und als Adhäsionsmittel für Treibriemen empfohlenen Erzeugnisse haben oft eine
hierfür völlig ungeeignete Beschaffenheit. Die Riemen werden, wenn nötig,
am besten mit einer Mischung von Talg und Degras oder mit Klauenöl nachgefettet.
Die harte, mürbe oder brüchige Beschaffenheit und damit auch verminderte
Haltbarkeit von Treibriemen ist meist nicht durch Minderwertigkeit des Leders,
sondern durch andere Umstände, besonders ein zu starkes Erhitzen des Leders
durch Gleiten auf der Scheibe oder eine sonstige unsachgemäße Behandlung des
Riemens verursacht. Wenn feuchtes Schuhwerk bei starker Hitze, etwa am heißen
Ofen getrocknet wird, so übt diese Behandlung ebenfalls einen äußerst schäd-
lichen Einfluß auf das Schuhwerk aus. Bei diesem kann auch starker Fußschweiß
dadurch, daß die darin enthaltenen, zum Teil alkalisch reagierenden Stoffe in das
Leder eindringen und sich in diesem anhäufen, das Leder hart und brüchig machen
[Jahresberichte der Deutschen Versuchsanstalt für Lederindustrie (5)]. Derartige
schädliche Veränderungen des Oberleders durch Fußschweiß sind bei entsprechenden Versuchen mit Chromlederschuhen vor und nach dem Tragen letzterer durch
Untersuchungen festgestellt worden (D. Woodroffe und R. E. Green).
      Ferner haben entsprechende Untersuchungen gezeigt, daß neben den Aus-
dünstungen des Fußes auch die anderen beim Tragen des Schuhes hauptsächlich
in Betracht kommenden Umstände, nämlich die Einlagerung anorganischer
und organischer Verbindungen in das Leder und die Einwirkung von Eisenverbindungen (siehe auch „Lederuntersuchung" unter „Untersuchung von
Ledergegenständen") das Leder mehr oder weniger hart und brüchig machen.
Diese Veränderungen äußern sich meist weniger in einer Verminderung der Reißfestigkeit oder Veränderung der Dehnbarkeit des Leders in seiner ganzen Dicke,
als in einer starken Verminderung der Dehnbarkeit und damit einem Bruch der
empfindlichen Narbenschicht. Dabei zeigt sich im allgemeinen Chromleder
gegenüber sämtlichen untersuchten Einflüssen weniger empfindlich als pflanzlich
gegerbtes Leder [F. Stather und H. Sluyter (2)]. Hinsichtlich der Wirkung
von Eisenverbindungen im Leder hat sich ferner ergeben, daß diese nicht, wie
vielfach angenommen wird, unter allen Umständen einen schädlichen Einfluß
auf das Leder ausüben, sondern namentlich dann, wenn das Eisen nicht in komplexer, sondern in ionisierbarer Form vorhanden ist, daß ferner bei den ionisier-
baren Eisenverbindungen zwischen der Wirkung des Eisens und der Säure zu
unterscheiden ist, wobei es sich im ersteren Falle um einen oxydativen, im letzteren um einen hydrolytischen Vorgang handelt (M. Bergmann, A. Miekeley
und N. Jambor). Von anderer Seite wird angegeben, daß schädliche Wirkungen
von Eisenverbindungen bei pflanzlich gegerbtem Leder eintreten können, indem
auch an sich geringe Eisenmengen bei Zutritt der Luft ungünstig wirksam werden
oder Eisenverbindungen, die von außen z. B. bei Treibriemen von der Scheibe,
bei Schuhsohlen vom Boden in das Leder gelangen, sich in den Außenschichten
des Leders stark anhäufen, wobei die dabei gebildeten Verbindungen des Eisens
mit dem Gerbstoff oder mit den Fettsäuren des Lederfettes das Leder mürbe
machen (L. Jablonski).
      Auch Ausschläge am Leder werden häufig durch Umstände verursacht, die
mit der Beschaffenheit des Leders nichts zu tun haben. So hat sich unter anderem
gezeigt, daß bei Schuhwerk ein am Leder aufgetretener Ausschlag von Bittersalz
nicht durch einen hohen Gehalt des Leders an diesem Salz, sondern dadurch ver-

ursacht war, daß das für das Schuhwerk verwendete Futter mit Bittersalz behandelt war, das infolge der Ausdünstung des Fußes in das Oberleder übergeht und dann an diesem den Ausschlag bildet [Jahresberichte der Deutschen Versuchsanstalt für Lederindustrie (6)].

Wenn ungeeignete Klebemittel bei der Herstellung von Schuhen verwendet werden, so können diese, indem sie unter der Einwirkung von Feuchtigkeit oder Fußschweiß das Oberleder durchdringen, auf diesem zu Fleckenbildung Veranlassung geben.

Manche beim Gebrauch des Leders auftretende Mißstände werden dadurch hervorgerufen, daß das Leder für Zwecke benutzt bzw. verarbeitet wird, für die die betreffende Lederart gar nicht hergestellt bzw. bestimmt ist, oder einer übermäßigen Beanspruchung ausgesetzt wird. Letzteres ist z. B. häufig bei Treibriemen der Fall, wenn diese nicht die den Betriebsverhältnissen entsprechenden Ausmaße haben.

Wenn das Leder bei unrichtiger Verwendung, übermäßiger Beanspruchung oder infolge unsachgemäßer Behandlung beim Lagern und beim Gebrauch den praktischen Anforderungen nicht genügt, so kann für die dabei entstehenden Schäden und Mißstände natürlich nicht der Lederfabrikant verantwortlich gemacht werden.

Literaturübersicht.

Abt, G.: Collegium **1912**, 388.
Anonymus (*1*): Gerber **35**, 267 (1909); (*2*): Ledert. Rdsch. **27**, 89 (1935).
Babakina, B. G. u. K. S. Kutukowa: Russ. Led. Ber. **4**, 75 (1934); Ref. Collegium **1935**, 565.
Becker, H.: Collegium **1912**, 408.
Belavsky, E.: Collegium **1933**, 553 u. 554.
Belavsky, E. u. I. Raschek: Collegium **1930**, 118.
Belavsky, E. u. G. Wanek: Der Gerber **58**, 110 (1932).
Bergmann, M.: Collegium **1931**, 823.
Bergmann, M., W. Hausam u. E. Liebscher (*1*): Collegium **1932**, 129; (*2*): Collegium **1931**, 248; (*3*): Collegium **1932**, 130; **1933**, 2.
Bergmann, M. u. F. Stather: Collegium **1929**, 326 u. 327.
Bergmann, M., F. Stather, W. Hausam u. E. Liebscher: Collegium **1931**, 542.
Bergmann, M., A. Miekeley u. N. Jambor: Collegium **1934**, 456.
Braßler, K.: Ledertechn. Rdsch. **18**, 280 (1926).
Buzzi, P.: Boll. R. Staz. Industria Pelli **10**, 513 (1933); Ref. Collegium **1935**, 245.
Cuthbert, L. A.: J. A. L. C. A. **29**, 233 (1934).
Eitner, W. (*1*): Gerber **21**, 50 (1895); (*2*): Gerber **30**, 2 (1904); (*3*): Gerber **15**, 230 (1889); (*4*): Gerber **22**, 187 (1896); (*5*): Gerber **36**, 77 (1910); (*6*): Gerber **36**, 335 (1910); (*7*): Gerber **19**, 185 u. 186 (1893); (*8*): Gerber **19**, 196 (1893); (*9*): Gerber **20**, 217 (1894); (*10*): Gerber **30**, 65 (1904).
Fahrion, W.: Die Fettstoffe des Gerbers. Prag: Verlag von Ing. Jos. Jettmar, 1918.
Highberger, H. u. E. K. Moore: J. A. L. C. A. **29**, 16 (1934).
Humphreys, F. E. u. H. Phillips: Pharmaceutical Journal **20**, 504 (1889); Analyst **58**, 509 (1933); Ref. Collegium **1934**, 157.
Innes, R. F.: Leather World **27**, 511 (1935); Ref. Collegium **1935**, 346.
Jablonski, L.: Collegium **1935**, 8.
Jahresberichte der Deutschen Versuchsanstalt für Lederindustrie (*1*): **1911**, 29; **1917**, 25; (*2*): **1902**, 21; **1919**, 18; (*3*): **1900**, 16; **1902**, 21; **1904**, 22; (*4*): **1904**, 23; **1912**, 30; **1925**, 27.
Kuntzel, A.: Collegium **1929**, 153.
Line, E. C.: J. I. S. L. T. C. **28**, 244 (1934).
Lloyd, D.; deutsche Übersetzung von F. Stather: Collegium **1930**, 270.
Paeßler, J.: Ledertechn. Rdsch. **1**, 401 (1909).
Peter, B.: Collegium **1929**, 469.
Robertson, M. E.: Leather World **27**, 715 (1935).
Roddy, W. u. F. O. Flaherty: Hide and Leather, Heft 19, 21 (1934).
Rogers, I. S.: J. A. L. C. A. **28**, 511—525 (1933).
Schmidt, F.: Ledertechn. Rdsch. **17**, 185 (1925).

Schultz, G. W.: J.A.L.C.A. **23**, 360 (1928).
Seymour-Jones, A.: Collegium 1908, 191.
Stather, F. (*1*): Haut- und Lederfehler. Wien. Verlag von Julius Springer; (*2*):
    Chem.-Ztg. **58**, 253 (1934); (*3*): Collegium 1928, 594; (*4*): Ledertechn. Rdsch.
    24, 25 (1932).
Stather, F. u. R. Lauffmann: Collegium **1935**, 544.
Stather, F. u. E. Liebscher: Collegium **1929**, 427.
Stather, F. u. G. Schuck: Collegium **1930**, 161.
Stather, F. u. H. Sluyter (*1*): Collegium **1935**, 51; (*2*): Ledertechn. Rdsch. **24**,
    49 (1932).
Stather, F., H. Sluyter u. R. Lauffmann: Collegium **1933**, 628.
Stuart, L. S. u. R. W. Frey (*1*): J. A. L. C. A. **30**, 162 (1935); (*2*): J. A. L. C. A.
    30, 63 u. 124 (1935).
Turley, H. G.: J. A. L. C. A. **27**, 316 (1932).
Wilson, J. A.: Hide and Leather **20**, 30 (1934).
Wilson, J. A. u. G. Daub: J.A.L.C.A. **20**, 400 (1925).
Woodroffe, D. u. R. E. Green: J.I.S.L.T.C. **7**, 305 (1923).

C. Die Untersuchung, Beurteilung und Zusammensetzung des Leders.

Probenahme.

Wegen der Verschiedenheiten im Gefüge und in der Zusammensetzung verschiedener Häute und Hautteile ist es nicht leicht, die Probenahme bei Leder so zu gestalten, daß ein der einzelnen Haut und der ganzen Partie Leder entsprechendes Durchschnittsergebnis erhalten wird, zumal durch die Fortnahme der Proben der Wert des Leders möglichst nicht beeinträchtigt werden soll. Die

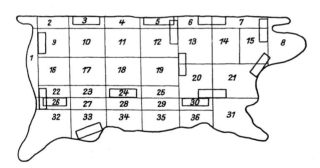

Abb. 336. Plan für die Probenahme.

Anzahl n der zur Untersuchung heranzuziehenden Leder einer Partie soll nicht zu gering sein und kann, wenn x die Anzahl der Stücke einer Partie ist, nach der Formel $n = \sqrt{\dfrac{x}{2}}$ berechnet werden (H. G. Bennet). Bei jeder Haut sollen die Proben von Stellen mit möglichst verschiedener Beschaffenheit und Zusammensetzung entnommen werden. Dabei sollen aber bei allen Ledern einer Partie für die Probenahme gleichartige Stellen und die Proben in derselben Anzahl ausgewählt werden. Die Anzahl und der Umfang der Proben soll möglichst gering sein. Für die Probenahme, besonders zur chemischen Untersuchung, ist ein diesen Forderungen für alle Handelsformen des Leders Rechnung tragender Plan (Abb. 336) vorgeschlagen worden (F. H. Small, S. 429), der jetzt in Amerika als Richtlinie für pflanzlich gegerbtes Leder angenommen wurde, während für die Probenahme bei Chromleder ein anderes Verfahren bestimmt ist (Bylaw and methods usw.). Danach sind bei pflanzlich gegerbtem Leder die Stellen für die Probenahme bei der Hälfte 3 — (6 — 7) — 33, bei der Hälfte ohne Bauch 3 — (6 — 7) — 24, beim halben Kern 3 — 5 — 24, halben Hals (6 — 7) — (20 — 21), Bauch 26 — 30 — 33 und bei der ganzen Haut 9 — (15 — 21) — (22 — 26), bei der Haut ohne Bäuche 9 — (7 — 15) — 24, beim

Kern 9 — (5 — 12) — 24, bei ganzen Hälsen (13 — 20) — (20 — 21). Die ent-
nommenen Lederproben sollen eine rechteckige Form mit etwa 6 × 20 cm
Kantenlänge haben. Ferner soll an jenen Kanten, die den Rand des ursprünglichen Leders darstellen, ein 1 cm breiter Streifen fortgeschnitten werden, um den
Einfluß der durch die stärkere Aufsaugungsfähigkeit des Randes der Haut verursachten Unregelmäßigkeit in der Zusammensetzung des Leders zu vermeiden.
Wenn es aus irgendeinem Grunde nicht möglich ist, von einer Haut mehrere
Proben zu entnehmen, so schneidet man eine Probe aus dem Hals nahe dem Kern
in der Rückenlinie heraus, da dieser Teil im allgemeinen der mittleren Zusammensetzung des Leders einer Haut am nächsten kommen soll. Doch sind bei einer
derartigen Probenahme die Ergebnisse stets weniger zuverlässig, besonders bei
der physikalischen Lederprüfung, wobei schon kleine Unterschiede im Gefüge
einen wesentlichen Einfluß ausüben können und daher zur Erzielung genauer
Durchschnittsergebnisse eigentlich eine größere Anzahl nach besonderen Grundsätzen ausgewählter Lederproben für die Prüfungen nötig ist [G. Powarnin (1),
S. 127 bis 138; C. P. Spiero]. Da das Leder seinen Wassergehalt mit der
Luftfeuchtigkeit ändert, so müssen Lederproben, die zur Untersuchung eingesandt
werden, hierfür in luftdicht verschlossenen Behältern untergebracht werden.

Die physikalische Prüfung des Leders.

Prüfung des Schnittes. Man schneidet das Leder an seiner stärksten Stelle
an und beobachtet den Querschnitt des Leders. Dieser soll möglichst gleichmäßig
in der Farbe und im Gefüge sein. Wenn in der mittleren Schicht ein hellerer
Streifen sich zeigt, so ist das Leder wahrscheinlich nicht genügend durchgegerbt.

Prüfung auf Durchgerbung. Um zu prüfen, ob ein Leder vollständig durchgegerbt (gar) ist oder nicht, wird an seiner stärksten Stelle ein gleichmäßig,
ungefähr $^1/_2$ mm dicker Streifen abge-
schnitten und in 20- bis 30 proz. Essigsäure
gelegt (Essigsäureprobe). Eine ungenügende Durchgerbung ist dadurch gekennzeichnet, daß der Lederabschnitt durch
die Einwirkung der Essigsäure auf die
rohen oder schwachgegerbten Fasern aufquillt und bei Betrachtung im durchfallenden Licht wachsgelb und durchsichtig erscheint. Wenn dagegen der Lederabschnitt gegen das Licht betrachtet un-
durchsichtig oder in der Mitte braun bis
braunrot durchscheinend sich zeigt, so ist
die Durchgerbung gut oder befriedigend.
Es ist festgestellt worden, daß dieses

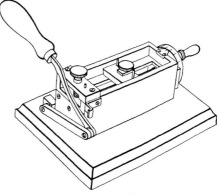

Abb. 337. Lederschneideapparat.

Verfahren eine ungenügende Durchgerbung
zuverlässig anzeigt (G. Grasser). Die Prüfung wird sehr erleichtert, wenn man
zur Herstellung des Lederschnittes einen geeigneten Lederschneideapparat (siehe
Abb. 337) und zur Beobachtung des Lederabschnittes im durchfallenden Licht
ein Spaltrohr (siehe Abb. 338) verwendet.

Die Prüfung auf Durchgerbung kann auch durch Anfärbung des Schnitts
mit künstlichen Farbstoffen erfolgen. Bei Verwendung von basischen Farbstoffen
färben diese nur die (pflanzlich) gegerbte Faser echt an. Wenn man dann den
Schnitt mit Wasser abwäscht, so wird der Farbstoff von der ungegerbten Schicht
der Haut entfernt, während der gegerbte Teil durch Malachitgrün, Brillantgrün

und Methylgrün grün, durch Bismarckbraun braun und durch Rhodamin purpur gefärbt bleibt. Auch mit sauren Farbstoffen lassen sich gute Unterscheidungen erzielen, indem der ungegerbte Teil in einem anderen Ton anfärbt als der gegerbte und sich daher deutlich von letzterem unterscheidet (E. Seel und A. Sander, S. 334). Man kann ferner diese Prüfung auch auf mikroskopischem Weg in der Weise ausführen, daß man die mittels des Gefriermikrotoms oder auch durch Schneiden des in Paraffin eingebetteten Leders angefertigten Schnitte mit Hämatoxylin-Alaun-Lösung anfärbt. Die nicht durchgegerbten Stellen färben sich lila an. Die Messung des durchgegerbten Streifens gestattet eine prozentuale Bestimmung der Durchgerbung (G. Wolpert).

Zur Prüfung der Gleichmäßigkeit der Durchgerbung ist auch vorgeschlagen worden, eine Probe des Leders in drei gleich dicke Schichten zu spalten und in jeder Lederschicht den Stickstoffgehalt zu bestimmen. Die aus dem Verhältnis des Stickstoffgehalts der verschiedenen Schichten sich ergebenden Zahlen sollen ein Ausdruck für die Gleichmäßigkeit der Gerbung sein (G. Powarnin und J. Schichireff). Dieses Verfahren gestattet jedoch keine sichere Schlußfolgerung aus den Ergebnissen, da der Stickstoffgehalt in den verschiedenen Schichten nicht nur durch den Gehalt an Gerbstoffen, sondern auch an Wasser, Mineralstoffen, Fett usw. beeinflußt wird. Bei Chromleder wird zur Prüfung der Durchgerbung und der Güte des Leders meist die später (S. 842) erwähnte sog. „Kochprobe" angewendet.

Abb. 338. Spaltrohr.

Die Prüfung des Leders auf den Grad der Gerbung kann auch mit Hilfe des polarisierten Lichts erfolgen. Leder, das nicht genügend durchgegerbt ist, zeigt an Lederquerschnitten in Wasser- oder Glycerin-Gelatine-Einbettung im Polarisationsmikroskop mit Gipsplättchen Rot erster Ordnung die helleuchtenden Interferenzfarben der Rohhautfaser. Je mehr der Gerbvorgang fortgeschritten ist, um so mehr erscheinen vorwiegend grün gefärbte Faserbündel. Bei völlig durchgegerbtem Leder erscheinen die Faserbündel nur vereinzelt und sind in $+$-Stellung bei Sohlleder meist stark grün gefärbt. Sowohl bei grubengarem als auch bei dem mit Extrakt gegerbten Leder können im Innern des Querschnitts des Leders stets noch einzelne Faserbündel mit leuchtenden Interferenzfarben festgestellt werden [J. Jovanovits (1)].

Spezifisches Gewicht. Man erhält das spezifische Gewicht eines Körpers, wenn man sein Gewicht durch sein Volumen teilt, wobei die Volumeinheit und die Gewichtseinheit im gleichen Meßsystem ausgedrückt sein müssen, also z. B. nach dem cm-g-Sek.-System, das Volumen in Kubikzentimeter und das Gewicht in Gramm. Die Lederprobe wird gewogen, wobei das Gewicht bis auf wenigstens 0,01 g genau festgestellt wird. Das Volumen der entsprechenden Lederprobe kann auf verschiedene Weise festgestellt werden:

a) Man schneidet ein genau quadratisches Stück von etwa 10 cm Kantenlänge aus dem Leder heraus und mißt mit einem Dickenmesser (siehe Abb. 306 in „Mechanische Zurichtemethoden") an möglichst vielen, gleichmäßig verteilten Stellen die Dicke der Lederprobe. Das Volumen der Lederprobe (in Kubikmillimeter) ergibt sich, wenn man die Fläche (in Quadratmillimeter) mit ihrer durchschnittlichen Dicke (in Millimeter) vervielfältigt.

b) Man benutzt zur Bestimmung des Volumens der Lederprobe eine in 0,1 ccm eingeteilte, unten geschlossene, teilweise mit Quecksilber gefüllte Röhre, liest den Stand des Quecksilbers ab, taucht einen gewogenen Lederstreifen von etwa 10 g Gewicht mit der feinen Spitze einer Nadel unter das Quecksilber und beobachtet wieder den Stand des Quecksilbers. Aus dem Unterschied der beiden Ablesungen ergibt sich das Volumen der Lederprobe.

Die Messung des Volumens durch Quecksilber kann auch mit einem anderen, von H. Sluyter angegebenen Apparat (Abb. 339) erfolgen, der sich auch für die Prüfung weicher Leder eignet, bei welchen die Bestimmung durch Untertauchen des Leders unter Quecksilber in der Röhre nicht so gut gelingt. Der Apparat wird nach Entfernen des Messingverschlusses a und des eingeschliffenen Glasstopfens b, die Kugel nach unten, mit Quecksilber bis zum roten Eichstrich d gefüllt. Hierauf gibt man die bis auf 0,01 g genau gewogene Ledermenge, die ein Volumen von 8,5 bis 12 ccm haben muß, in den walzenförmigen Teil c. Sodann verschließt man den Apparat mit dem Glastöpsel und dem Metallverschluß, dreht ihn um, so daß er auf dem Messingverschluß steht, und läßt alles Quecksilber nach unten fließen. Man kann dann an der Skala, die in 0,1 ccm eingeteilt ist, unmittelbar das Volumen bis auf 0,05 ccm ablesen.

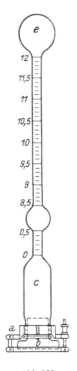

Abb. 339.
Volumenometer.

c) Das Volumen des Leders kann auch durch den Auftrieb bestimmt werden, den das Leder in Quecksilber erleidet. Die Lederprobe wird durch eine besondere Vorrichtung in Quecksilber getaucht. Der Auftrieb wird grob durch Auflegen von Gewichten auf eine Waagschale ausgeglichen und die genauere Messung dann mit einer Art Briefwaage ausgeführt, die mit dem Apparat verbunden ist. Es wird auf diese Weise das Gewicht des verdrängten Quecksilbers und daraus durch Division mit dem spezifischen Gewicht des Quecksilbers das Volumen der Lederprobe erhalten [R. S. Edwards (1)].

Bei der Bestimmung des Volumens des Leders unter Quecksilber wird nicht das wahre spezifische Gewicht des Leders bestimmt, da hierbei das Volumen der mit Luft gefüllten Zwischenräume des Leders mit gemessen und demnach nur das scheinbare Volumen gefunden wird. Zur Bestimmung des wahren und gleichzeitig des scheinbaren Volumens bzw. spezifischen Gewichts ist das folgende Verfahren angegeben worden:

Bestimmung des wahren und des scheinbaren spezifischen Gewichts des Leders. Ein Glaskolben mit 50 ccm Inhalt und eingeteiltem Hals wird mit luftfreiem Benzin gefüllt und das Volumen abgelesen. Dann wird die abgewogene Lederprobe in den Kolben gebracht, durch zeitweise Anwendung von Vakuum die Luft entfernt und wieder abgelesen. Aus der Volumenzunahme ergibt sich das wahre Volumen des Leders. Dann wird die Lederprobe äußerlich von Benzin befreit und in der oben angegebenen Weise wieder in ein abgemessenes Volumen Benzin gebracht. Die nunmehrige Volumenzunahme entspricht dem „scheinbaren" Volumen des Leders.

Es wird dann bei Division des Gewichts der Lederprobe durch das wahre Volumen der wahre und durch das scheinbare Volumen das scheinbare spezifische Gewicht erhalten.

Es wurde jedoch gefunden, daß das scheinbare Volumen des Leders dadurch beeinflußt werden kann, daß nach dem Eintauchen der Lederprobe

unter Quecksilber an dem Leder äußerlich noch Luft haften bleibt, wodurch
das scheinbare Volumen zu groß, das scheinbare spezifische Gewicht also zu
niedrig gefunden wird. Auch bei der Bestimmung des wahren spezifischen Gewichts durch Eintauchen der Lederprobe in Benzin kann ein Fehler entstehen,
wenn nicht alle Luft durch das Benzin aus dem Leder verdrängt wurde. Zur
Vermeidung obiger Fehlerquellen sind mehrere Vorrichtungen geschaffen worden,
wobei bei der Bestimmung des scheinbaren spezifischen Gewichts die dem Leder
anhaftende Luft durch Erzeugung eines Vakuums vor der Messung des verdrängten Quecksilbers entfernt wird und anderseits die Bestimmung des wahren
Volumens nach einem neuen Grundsatz erfolgt, indem die Luftmenge gemessen
wird, die die Lederprobe verdrängt, und daraus das wahre Volumen berechnet
wird (U. J. Thuau und A. Goldberger). Ein ähnlich gebautes Volumenometer
zur Bestimmung des wahren spezifischen Gewichts des Leders ist von anderer
Seite angegeben worden [R. S. Edwards (2)].

Im Gegensatz zu den Angaben von U. J. Thuau und A. Goldberger, wonach
das Leder zur Bestimmung des scheinbaren Volumens bzw. des scheinbaren
spezifischen Gewichts unter Vakuum gesetzt werden muß, um die am Leder
anhaftende Luft zu entfernen, wurde festgestellt, daß die in diesem Fall stattfindende Volumenabnahme in der Hauptsache durch Eindringen von Quecksilber in die Poren des Leders und nach Entfernung der Luft durch Zusammendrücken des Leders durch den normalen Luftdruck verursacht wird. Es ist
daher das scheinbare Volumen und damit auch das scheinbare spezifische Gewicht
wie bisher ohne Anwendung von Vakuum zu bestimmen (W. Ackermann).
Anderseits wird von A. Goldberger daran festgehalten, daß die Bestimmung
des scheinbaren spezifischen Gewichts unter Verwendung des Vakuums durchzuführen ist.

Das scheinbare spezifische Gewicht des Leders hat für seine Beurteilung
keine große Bedeutung, da dieser Wert durch mancherlei Umstände, so durch
den Luftgehalt, den mit der Luftfeuchtigkeit wechselnden Wassergehalt und
durch die mechanische Bearbeitung des Leders beeinflußt wird und da ferner
Leder mit gleichem spezifischen Gewicht eine ganz verschiedene Zusammensetzung haben können, so daß auch eine Beschwerung des Leders an seinem spezifischen Gewicht nicht mit Sicherheit zu erkennen ist. Wegen des Einflusses der
Feuchtigkeit auf das spezifische Gewicht des Leders gilt das gefundene spezifische
Gewicht nur für den Wassergehalt des Leders, bei welchem es bestimmt wurde.

Aus dem Unterschied zwischen dem wahren und dem scheinbaren Volumen
ergibt sich das Porenvolumen (Volumen der Zwischenräume) des Leders.

Wenn das Porenvolumen in Prozenten des unter Quecksilber bestimmten Volumens des Leders ausgedrückt wird, so ergibt sich die „Porosität“.

Die Porosität wurde bei normalen Sohlledern zu 39 bis 54%, bei einem stark
mit Extrakt gefüllten Leder zu 20% und bei einem ungefetteten Chromleder zu
51% gefunden (A. Reisnek). Bei der Beurteilung der für die Porosität erhaltenen
Ergebnisse ist zu beachten, daß diese durch verschiedene Umstände, so durch
die mechanische Bearbeitung, den Fettgehalt und durch den wechselnden Wassergehalt des Leders beeinflußt werden.

Die Bestimmung der Porosität liefert einen gewissen Anhaltspunkt für die
Durchlässigkeit des Leders. Ferner läßt sich aus der Porosität die höchste Fett-
aufnahmefähigkeit des Leders und in Verbindung mit der tatsächlich darin vorhandenen Fettmenge der Fettungsgrad des Leders berechnen (A. Reisnek).

Dehnung und Reißfestigkeit. Die Dehnung wird zugleich mit der Zerreißfestigkeit des Leders mit den hierfür bestimmten Apparaten ermittelt. Bei
dem Lederkraftmesser von Fecken-Kirfel (Abb. 340) wird ein Lederstreifen

von folgender Form (Abb. 341) für die Prüfung verwendet, der mit einem entsprechenden Ausschlageisen hergestellt wird. Der schmälere Teil des Lederstreifens ist zweckmäßig 10 cm lang und 3 cm, bei Leder mit höherer Reißfestigkeit 2 cm breit und in fünf Felder eingeteilt. Innerhalb jedes Feldes wird die Dicke des Leders an wenigstens drei Stellen mit dem Dickenmesser ermittelt. Der Lederstreifen H wird in die Klemmbacken K und L eingespannt. Alsdann wird das Handrad A langsam bis zum Zerreißen der Lederprobe gedreht. Dabei gibt der auf der Skala C vorwärtsgleitende Zeiger D die Dehnung des Leders,

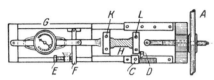

Abb. 340. Lederkraftmesser.

bei 10 cm Länge des Lederstreifens in Prozenten und der Zeiger des Dynamometers G die jeweilige Spannung in Kilogramm an. Die Zeiger auf der Skala C und am Dynamometer G bleiben beim Reißen des Leders stehen, und letzterer zeigt an, bei wieviel Kilogramm Spannung das Reißen des Leders erfolgt. Die Spannung in Kilogramm beim Reißen der Lederprobe wird auf die Querschnitteinheit, meist 1 qmm, an der gerissenen Stelle berechnet, indem man zur Berechnung des Querschnitts die in dem betreffenden Felde vorhandene mittlere Dicke des Lederstreifens mit seiner Breite vervielfältigt und die beim Reißen abgelesene Spannung in Kilogramm durch den Querschnitt teilt. Wenn z. B. die Spannung

Abb. 341.

im Augenblick des Reißens 450 kg, die Breite des Streifens 30 mm, seine mittlere Dicke an der gerissenen Stelle 5 mm, sein Querschnitt dort also 150 qmm ist, so beträgt die Reißfestigkeit 450:150 = 3,0 kg auf 1 qmm.

Bei einer anderen Vorrichtung (Abb. 342) zur Bestimmung der Reißfestigkeit wird die Lederprobe durch Muttern einerseits an dem Ständer, anderseits an dem beweglichen Bügel festgespannt. Alsdann schraubt man die Ringmutter so weit wie möglich nach oben und dreht die Spindel, wodurch ein im Zylinder des Ständers beweglicher Kolben sowie eine Membran niedergedrückt wird. Dabei wird der Bügel aufwärtsgezogen und das eingespannte Probestück gedehnt und schließlich zerrissen. Beim Zerreißen wird auf das im Zylinder befindliche Glycerin ein Druck ausgeübt, der auf das Manometer übertragen und von diesem in Kilogramm angezeigt wird. Die mit dem zu diesem Apparat gehörigen Formeisen ausgeschlagene Lederprobe ist in dem zum Zerreißen bestimmten Teil 10 mm breit. Bei einer Dicke der Lederprobe von 5 mm, also einem Querschnitt letzterer von 50 qmm, kann die Reißfestigkeit in Kilogramm für 1 qmm unmittelbar abgelesen werden. Wenn die Lederprobe eine andere Dicke bei 10 mm Breite hat, so ergibt sich die Reißfestigkeit nach der Formel $\dfrac{50 \cdot a}{10 \cdot d} = \dfrac{5\,a}{d}$, wobei a die Manometerangabe und d die Dicke der Lederprobe ist.

Abb. 342. Apparat zur Bestimmung der Reißfestigkeit.

Auch die S c h o p p e r - Festigkeitsprüfer finden in verschiedenen Ausführungsformen zur Bestimmung der Reißfestigkeit und Dehnung des Leders

Anwendung. Die Lederprobe wird (Abb. 343) zwischen den Klemmschrauben j und M eingespannt. Die zum Zerreißen der Lederprobe nötige Kraft wird gemessen durch eine Neigungswaage mit Gewichtshebel D und abnehmbarem Gewicht G und mittels eines Zeigers, der sich über die Bogenteilung F bewegt, deren Bezifferung unmittelbar die Kraftleistung in Kilogramm angibt. Die Dehnung wird

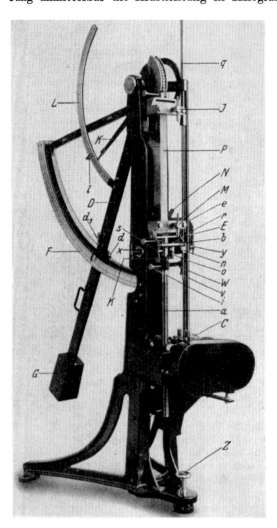

während des Versuchs durch Veränderung des Standpunkts der beiden Einspannklemmen festgestellt, die mittels einer Zahnstange q auf einen Zeiger l übertragen wird, der sich über eine Bogenteilung L bewegt. Der Teilungswert dieser Bogenteilung entspricht der Verlängerung der Probe um 1 mm, wobei 1 mm bei 100 mm Einspannlänge 1% Dehnung anzeigt. Der Antrieb erfolgt bei der abgebildeten Ausführungsform, die für eine Kraftleistung bis 200 kg und eine Einspannlänge bis 400 mm eingerichtet ist, durch einen Elektromotor, der mittels Winkelradgetriebe die Schraubenspindel a in Bewegung setzt.

Bei der Berechnung der Reißfestigkeit auf die Querschnitteinheit ist zu berücksichtigen, daß die gefundene Reißfestigkeit auch von der Breite des für die Prüfung benutzten Lederstreifens abhängt, da beim Ausschneiden des Streifens das Fasergewebe in den Randschichten zerschnitten wird und daher dem Zerreißen fast gar keinen Widerstand entgegensetzt, so daß sich die Gesamtbelastung beim Reißversuch nicht auf den ganzen Querschnitt, sondern nur auf einen entsprechenden Teil davon verteilt. Man erhält jedoch richtige Werte, wenn man

Abb. 343. S c h o p p e r - Festigkeitsprüfung.

die Reißfestigkeit auf die Querschnitteinheit, hier Quadratmillimeter, nicht nach der Formel $q = \dfrac{Q}{a \cdot b}$, sondern unter Einführung der Korrektur α für die geschädigten Lederschichten nach der Formel $q = \dfrac{Q}{a\,(b - \alpha)}$ berechnet, worin q die Reißfestigkeit in Kilogramm auf 1 qmm, Q die Belastung beim Zerreißen in Kilogramm, a die Dicke des Streifens an der Zerreißstelle in Millimeter, b die Breite des Streifens an der Zerreißstelle in Millimeter bedeutet und α nach Versuchen für Sohlenleder $= 0,6$ zu setzen ist (J. P. Sybin).

Da ferner der wechselnde Wassergehalt des Leders einen Einfluß auf die Dehnung und Reißfestigkeit des Leders ausübt, so ist empfohlen worden, das Leder vor der Prüfung in einem Raum mit einer bestimmten Feuchtigkeit 8 Tage liegen zu lassen, damit die Ergebnisse der Reißversuche vergleichbar sind (M. Rudeloff). Der Einfluß eines von 15% abweichenden Wassergehaltes des Leders kann auch in Rechnung gezogen werden, wenn man das Ergebnis der Reißfestigkeitsbestimmung bei 13% Wasser mit 1,10, 14% Wasser mit 1,04, 16% Wasser mit 0,96, 17% Wasser mit 0,945 vervielfältigt [G. Powarnin (2)].

Bei vergleichenden Bestimmungen der Reißfestigkeit, z. B. zur Feststellung des Verhaltens des Leders gegenüber äußeren Einwirkungen, ist zu beachten, daß das Leder bei der Einwirkung von Feuchtigkeit und Wasser bzw. wässerigen Flüssigkeiten Veränderungen in der Dicke und im Volumen erleidet. Es muß deshalb in solchen Fällen die Dicke und der Querschnitt der Lederprobe vor der Behandlung an zahlreichen Stellen ermittelt werden. In manchen Fällen, so zur Feststellung des Einflusses einer schädigenden Wirkung auf die Hautsubstanz des Leders, ist es nötig, die Reißfestigkeit nicht auf die Querschnitteinheit (z. B. 1 qcm) des Leders, sondern der Hautsubstanz zu beziehen. Diese Umrechnung kann nach der Formel $Q_0 = \dfrac{Q \cdot d_0 \cdot 100}{d \cdot N}$ erfolgen, worin Q die durchschnittliche Zerreißkraft auf 1 qcm, d_0 das spezifische Gewicht der Hautsubstanz, nach Arbusoff $= 1,42$, d das beobachtete spezifische Gewicht des Leders, N der Gehalt an Hautsubstanz bei dem Feuchtigkeitsgehalt des Leders zur Zeit der Untersuchung ist [G. Powarnin (1), S. 145].

Die Bestimmung der Reißfestigkeit und Dehnung hat für Leder Bedeutung, das beim Gebrauch in entsprechender Weise auf Zug beansprucht wird, also besonders für Riemenleder und Geschirrleder. Wenn zwei Leder solcherart eine verschiedene Reißfestigkeit, im übrigen aber eine gleich günstige Beschaffenheit haben, so wird man dasjenige mit höherer Reißfestigkeit im allgemeinen vorziehen können. Die Ergebnisse dieser Prüfung allein sind jedoch für die Beurteilung der Festigkeit und Brauchbarkeit eines Leders nicht ausschlaggebend und müssen, besonders wenn die Prüfung mit wenigen oder gar nur einer Probe vorgenommen wurden, mit großer Vorsicht verwertet werden, da die Dehnung und Reißfestigkeit bei verschiedenen Ledern einer Partie und bei Lederproben von einzelnen Teilen einer Haut sehr verschieden sein kann und abgesehen vom Wassergehalt, auch durch geringe Abweichungen im Gefüge des Leders, wie sie z. B. durch Engerlingslöcher, Hautkrankheiten usw. hervorgerufen werden, ferner durch Fleischerschnitte und andere Verletzungen beeinflußt wird. Bei Treibriemen ist noch besonders zu beachten, daß bei diesen nicht die durchschnittliche Reißfestigkeit des Leders der einzelnen Bahnen, sondern die geringste Reißfestigkeit für die Haltbarkeit maßgebend ist. Wie eine geringere Reißfestigkeit für sich noch nicht unter allen Umständen auf ein geringwertiges Leder schließen läßt, so gibt anderseits eine hohe Reißfestigkeit an sich noch keine Gewähr für eine besondere Güte des Leders. „Eine Reißfestigkeit von 2 bis 2,5 kg auf 1 qmm darf im allgemeinen als Mindestleistung angenommen werden, ohne zu weiteren Schlußfolgerungen zu berechtigen." (Reichsausschuß für Lieferbedingungen.)

Nach englischen, französischen, amerikanischen, russischen und tschechoslowakischen Vorschriften wird als geringste durchschnittliche Reißfestigkeit von mehreren (meist fünf) Proben 2,5 bis 2,6 kg pro Quadratmillimeter festgesetzt (F. Berka). Alle diese Normen hinsichtlich der Reißfestigkeit beziehen sich auf Riemen mit pflanzlicher Gerbung, nur bei den französischen auch auf Riemen aus Chromleder. Bei Chromleder ist die durchschnittliche Reißfestigkeit jedoch wesentlich höher. Im übrigen gibt es Riemenleder verschiedener Gerbart, die bis zu 6 kg Reißfestigkeit haben.

Die Ergebnisse der Reißversuche liefern bei Treibriemenleder auch deswegen keinen sicheren Maßstab für die Dauerhaftigkeit eines Treibriemens im Betrieb, als hierbei nicht nur die Festigkeit, sondern auch das Verhältnis der elastischen zur bleibenden Dehnung, die Fähigkeit, raschen Spannungswechsel zu ertragen, die Schmiegsamkeit, Ansaugefähigkeit usw. in Betracht kommt. Wenn all diese Umstände berücksichtigt werden sollen, muß daher der Riemen zur Prüfung auf eine Versuchsmaschine aufgelegt und in einem Dauerversuch einer so lange gesteigerten Belastung unterworfen werden, bis die bleibende Dehnung so groß ist, daß sich kein Beharrungszustand mehr einstellt (Kammerer).

Die Prüfung der Dehnbarkeit und Reißfestigkeit hat auch bei Lackleder eine wesentliche Bedeutung. Wenn ein Lackleder auf Dehnung beansprucht wird, so kann es vorkommen, daß die Lackschicht Risse erhält, unter Umständen

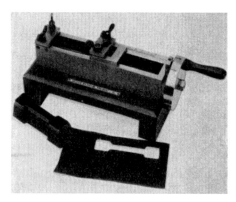

Abb. 344. Apparat zur Prüfung der Dehnbarkeit und Reißfestigkeit einer Deckschicht auf Leder.

auch völlig durchreißt. Dieser Übelstand wird dadurch verursacht, daß die Lackschicht eine andere Dehnung und Reißfestigkeit hat als das darunterliegende Leder. Man kann das Verhalten des Lackleders in dieser Hinsicht prüfen, indem man einen z. B. 150 mm langen und 10 mm breiten Streifen davon, dessen Dicke an möglichst vielen Stellen gemessen wurde, in einem Festigkeitsprüfer so lange dehnt, bis in der Lackschicht Risse auftreten, die entsprechende Dehnung und Reißfestigkeit der Lackschicht berechnet, dann die Probe weiter dehnt, bis das Leder reißt und nun die Dehnung und Reißfestigkeit des Leders berechnet.

Je höher die Reißfestigkeit der Lackschicht gegenüber der des Leders ist und je weniger die für die Dehnung und Reißfestigkeit gefundenen Werte bei der Lackschicht und beim Leder auseinanderliegen, um so günstiger verhält sich das Lackleder bei der Beanspruchung durch Dehnung (F. Fein).

In gleicher Weise kann auch die Dehnbarkeit und Reißfestigkeit einer Deckfarbe oder anderen Deckschicht auf Leder festgestellt werden. Hierfür kann, ebenso wie für die Prüfung der Lackschicht ein Apparat (Abb. 344) der Deutschen Versuchsanstalt für Lederindustrie benutzt werden, in dem die ausgestanzte Lederprobe eingespannt und dann durch Drehung der seitlich angebrachten Scheibe gedehnt wird, bis in der Lackschicht, Deckfarbe oder anderen Deckschicht mikroskopisch die ersten feinen Risse bemerkbar sind, was während der Dehnung durch ein über den Apparat gestelltes biokulares Mikroskop beobachtet werden kann. An einer Skala läßt sich die Dehnung des Streifens in Millimeter ablesen, während am Umfang der Scheibe die feinere Ablesung in 0,1 mm erfolgen kann.

Der Apparat gestattet eine gute Beurteilung der Deckfarben und anderen Deckschichten, die bei guter Beschaffenheit 30 bis 35% Dehnung aushalten, ohne Risse zu zeigen.

Ausreißfestigkeit. Es ist beobachtet worden, daß zwei Leder, die bei der üblichen Bestimmung der Reißfestigkeit gleiche Ergebnisse liefern, sich ungleich verhalten können, wenn man sie anschneidet oder anreißt und dann versucht,

sie weiterzureißen. Verschiedene Leder lassen sich verschieden schwer weiterreißen. Der Widerstand, den das Leder dem Weiterreißen entgegensetzt, wird
als „Ausreißfestigkeit" bezeichnet.

Zur Bestimmung der Ausreißfestigkeit wird ein Lederstreifen von folgender
Form (Abb. 345) verwendet. Der nichtdurchlochte Endteil der Lederprobe
wird wie bei der Bestimmung der Reißfestigkeit festgeklemmt. In den anderen
Klemmbacken des Apparats wird eine eiserne Platte mit einem Dorn eingespannt,
der vollständig rund sein und genau denselben Durchmesser, wie das im Ver-
suchsstreifen befindliche Loch haben muß, jedoch
nicht dünner als 5 mm sein darf, da er sonst
schneidend wirken würde. Der Dorn wird durch
das Loch gesteckt und durch irgendeine Vorrichtung daran verhindert, daß er beim Reißversuch
abgleiten kann. Hierauf wird der Reißversuch
in gleicher Weise wie bei Bestimmung der Reiß-

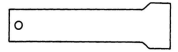

Abb. 345. Form eines Lederstreifens
zur Bestimmung der Ausreißfestigkeit.

festigkeit vorgenommen und die Ausreißfestigkeit ebenfalls auf 1 qmm Querschnitt berechnet. Die Ausreißfestigkeit wird in allen Fällen kleiner als die Reißfestigkeit gefunden [J. Paeßler (1)].

Nähfestigkeit. Diese Prüfung gibt einen Anhaltspunkt für die Ausreißfestigkeit
beim Nähen des Leders für die Herstellung von Schuhen usw. Man durchlocht
die Lederprobe mit einer Schusterahle an zwei Stellen in einer Entfernung von
6 mm vom Rande des Leders und voneinander, zieht durch die beiden Löcher
einen gewachsten Leinenzwirn Nr. 10 und bindet diesen zu einem Knoten zusammen. Dann befestigt man den Knoten an einem Dynamometer, wozu eine
einfache Federwaage mit Zeiger dienen kann und zerrt ruckweise an der Lederprobe, bis der Faden die Verbindungsstelle zwischen den beiden Löchern im Leder
durchreißt. Wenn man die vom Dynamometer im Augenblick des Reißens der
Probe angegebene Spannung in Pfund (1 engl. Pfund = 0,4536 kg) durch die
in Tausendstel eines Zolls (1 engl. Zoll = 2,54 cm) ausgedrückte Dicke des Leders
teilt, so erhält man den sog. Koeffizienten der Nähfestigkeit. Wenn dieser Koeffizient größer als 100 ist, so soll sich das Leder, ohne zu reißen, gut nähen lassen.
Je größer dieser Koeffizient ist, um so besser ist das Verhalten des Leders beim
Nähen. Wenn dieser Koeffizient unter 100 ist, so wird häufig eine schlechte
Haltbarkeit des Leders an den Nahtstellen beobachtet (A. Rogers).

Widerstand des Leders beim Ausreißen von Schuhnägeln. Diese Eigenschaft,
die für die Haltbarkeit der Sohlen von genagelten Schuhen wichtig ist, kann
mit einem von G. Powarnin angegebenen Apparat geprüft werden. Diese
Prüfung kann zweckmäßiger und einfacher auch in einem hierfür bestimmten
Schopper-Apparat ausgeführt werden (G. Powarnin (2), S. 173].

Druckelastizität. Zur Prüfung der Druckelastizität des Leders kann das
folgende einfache Verfahren angewendet werden: Eine oben und unten offene
Glasröhre von etwa 60 cm Länge und etwas über 1 cm Weite wird in genau senkrechter Stellung so befestigt, daß sie auf der zu prüfenden Lederprobe, die auf
einer festen Unterlage sich befindet, aufsitzt. Dann läßt man in der Röhre aus
der Höhe von 60 cm einen Messingzylinder von 1 cm Durchmesser und 8 cm
Länge auf die Lederprobe herabfallen. Man mißt an der in Millimeter eingeteilten
Röhre die Höhe, bis zu welcher der Zylinder durch die elastische Gegenwirkung
nach oben zurückgestoßen wird, und berechnet diese Höhe in Prozenten der
Gesamtfallhöhe. Der Versuch wird einige Male wiederholt und dabei die Lederprobe jedesmal derart verschoben, daß der Messingzylinder beim Herabfallen
stets eine andere Stelle des Leders trifft [J. A. Wilson (1)].

Es wurden dabei u. a. folgende Werte für die Druckelastizität gefunden:

bei drei Proben von pflanzlich gegerbtem Sohlleder 37 bis 39, bei zwei Proben von chromgarem Sohlleder 17 und 19, bei einem zuerst pflanzlich und dann mit Chromverbindungen gegerbtem Leder 24 und bei Absatzflecken aus Kautschuk 20 und 37.

Bestimmung von „Stand" und „Sprung" des Leders. Dieses Prüfungsverfahren soll dazu dienen, einen zahlenmäßigen Ausdruck für die Summe jener Eigenschaften des Leders (weich, lappig, leer, hart, blechig usw.) zu geben, die man unter der Bezeichnung „Griff" zusammenfaßt, um dadurch von der gefühlsmäßigen Feststellung dieser Eigenschaften unabhängig zu sein.

Ein dazu bestimmter Apparat besteht aus einer Einspannvorrichtung, in die das zu prüfende Leder als Streifen von 100 : 30 cm in Form eines Ringes eingespannt wird. Eine Waagschale ist über dem Ring an einem Coconfaden mit Hilfe einer hinreichend großen Rolle und eines Gegengewichts aufgehängt und durch Führung gegen seitliche Verschiebung gesichert. Die Waagschale befindet sich mit dem Gegengewicht im Gleichgewicht. Die Reibung ist so gering, daß eine Belastung von 5 mg genügt, um die Waagschale auf den Ring herabzudrücken. Ein Zeiger am Gegengewicht, der vor einer Spiegelskala spielt, gibt den jeweiligen Stand der Waagschale an. Die Nullage ist dann genau eingestellt, wenn die untere Fläche der Waagschale 31,8 mm über der Oberfläche der Festhaltevorrichtung steht. Es entspricht dies dem Durchmesser eines Zylinders von 100 mm Mantelumfang. Die Nullage wird eingestellt, indem die Waagschale auf einen Körper von 31,8 mm Höhe aufgestellt und die Skala so verschoben wird, daß der Zeiger des Gegengewichts auf der Marke 0 mm steht. Das zu messende Lederstück, dessen mittlere Dicke festgestellt wurde, wird zunächst durch Umlegen um ein entsprechend dickes Rohr gerundet und dann in die Festhaltevorrichtung eingespannt. Dann wird durch Auflegen eines Gewichtes von 0,1 g die Waagschale auf den Ring herabgedrückt und durch mechanische Nachhilfe der Ring so eingestellt, daß der Zeiger auf dem Nullpunkt der Skala steht. Nun wird die Waagschale mit Tarierschrot belastet und nach erfolgter Zusammendrückung des Ringes die Anzahl an Millimetern an der Skala abgelesen. Man läßt die Senkung 15 Sekunden bestehen, entfernt dann die Belastung, bringt durch ein ganz kleines Gewicht die Waagschale wieder mit dem Leder in Berührung und liest die Senkung in entlastetem Zustand ab. Dann wird das Tarierschrot gewogen. Der Lederring wird durch allmähliche Belastung mehr und mehr zusammengedrückt, behält jedoch auch nach der Entlastung eine mehr oder weniger zusammengedrückte Form.

Die Belastung P_1, die sich ergibt, wenn man die Versuchsbelastung bei einer Senkung von 10 mm auf 1 mm der Dicke des Leders umrechnet, wird als „Stand" bezeichnet. $P_1 = \dfrac{P\,d}{d_3}$, wobei die $P\,d$ unmittelbare Belastung und d die Dicke des Leders bezeichnet. Als Kennzahl für den „Sprung" wird die Anzahl von Millimetern gewählt, um die der Ring nach der Entlastung zurückschnellt, so daß also Sprung = 10 minus Senkung nach der Entlastung [F. English (1)].

Bei Untersuchungen über Stand und Sprung des Leders ist u. a. zu beachten, daß die verschiedenen Schichten des Leders in ihrem Stand und Sprung nicht immer gleich sind und daß der Einfluß der Feuchtigkeit Dicke und Stand des Leders ändert, so daß Vergleichsversuche stets unter den gleichen Feuchtigkeitsbedingungen vorzunehmen sind [F. English (2)].

Elastizität und Bruchfestigkeit beim Biegen. Bei der für diese Prüfung bestimmten Vorrichtung (Abb. 346) kann die zwischen den beiden waagrechten Walzen eingesetzte Lederprobe (I), da die obere Walze in senkrechter Richtung beweglich ist, durch einen Druck auf die Druckscheibe (II) gebogen werden.

Der dabei ausgeübte Druck entspricht der zum Zusammenziehen der Spiralfeder (*III*) erforderlichen Kraft, die für jede Feder bestimmt wird. Beim Biegen der Lederprobe wird durch einen an der Druckscheibe befestigten Zeiger der Weg der Spiralfeder auf dem Zylinder (*IV*), der gleichzeitig eine volle Umdrehung macht, in Form einer Kurve und dadurch das normale Diagramm der Fläche aufgezeichnet, die die zum Durchbiegen des Leders erforderliche Arbeit darstellt. Je elastischer das Leder ist, um so größer wird der zum Biegen der Lederprobe nötige Druck sein. Die bei wiederholtem Biegen erhaltene Kurve kennzeichnet die eigentliche Elastizität des Leders. Je höher diese Kurve zu liegen kommt, um so größer ist die Fläche des zweiten Diagramms. Wenn das Leder wenig elastisch ist, so kann es beim Biegen brechen, was in dem zugehörigen Kurvenbild zum Ausdruck kommt. Zum Durchbiegen des Ledermusters von ungefähr 5 mm Dicke gehört eine Kraft von 2 kg, wenn das Leder eine gute Dauerhaftigkeit besitzt. Es werden für diese Prüfungen Ledermuster von 110 mm Länge und 10 mm Breite verwendet, wobei der Biegungsweg 50 mm beträgt. Es hat sich jedoch gezeigt, daß dieser Biegungsweg für Sohlleder zu klein ist, da diese hierbei häufig brechen und daß besser Lederproben von 200 bis 250 × 20 mm bei 75 bis 100 mm Biegungsweg bei entsprechend abgeänderter Vorrichtung benutzt werden (A. Smetkin).

Prüfung der Biegefestigkeit des Leders. Es kann hierfür der von L. Schopper für die Prüfung von Pappe usw. bestimmte Apparat (Abb. 347) angewendet werden: Die 50 × 150 mm große Lederprobe wird in die Klemmen eingespannt und durch Dre-

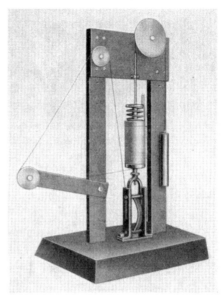

Abb. 346. Meßapparat zur Bestimmung der Elastizität von Sohlenleder (A. Smetkin).

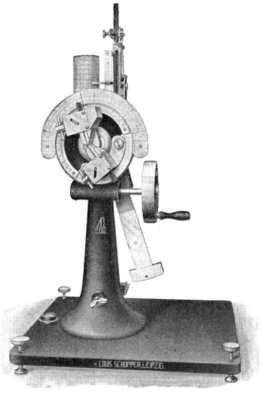

Abb. 347. Apparat zur Prufung der Biegefestigkeit des Leders.

hen eines Handrades über die Kanten der Klemmen gebogen bis der Narben platzt. Dann wird auf der Skala der Biegewinkel und die Biegekraft abgelesen, bei welchen das Platzen des Leders erfolgt. Die Maschine schreibt außerdem während des Versuchs ein Diagramm, wobei waagrecht die Biegekraft und senkrecht der Biegewinkel zum Ausdruck kommt und dadurch eine Kurve sich ergibt. Diese Kurve neigt sich um so mehr, je größer die Biegekraft ist, und zeigt, wenn der Narben bricht, einen Knick (E. Belavsky und K. Fiksl).

Die Biegsamkeit und Bruchfestigkeit des Leders kann auch gemessen werden, indem man das Leder mit der Narbenseite nach außen zuerst um eine Walze mit dem sechsfachen Durchmesser der Dicke des Leders und dann um Walzen mit immer geringerem Durchmesser legt, bis das Leder im Narben oder durchgehend bricht (R. Sansone).

Bei einem weiteren Prüfungsverfahren auf ähnlicher Grundlage wird ein Streifen aus dem zu prüfenden Leder um halbkreisförmige hölzerne oder metallene Körper mit immer geringerem Durchmesser gelegt. Die Nummer derjenigen Körper, bei welchem der Streifen beim Herumlegen bricht, kennzeichnet die Biegsamkeit des betreffenden Leders (A. Dawydow).

Abnutzung durch Biegung. Zur Prüfung der Festigkeitsverminderung von Leder durch schnell wechselnde Biegung, wie sie in technischen Betrieben, besonders bei Riemen häufig vorkommt, wurde folgende Vorrichtung [L. Balderston (1)] benutzt: Die Lederproben (14 cm lang und 2,5 cm breit) wurden mit dem einen Ende an einer waagrecht liegenden Stange befestigt, die in seitlichen Führungen senkrecht beweglich ist, und mit dem anderen Ende in einer parallel zu dieser senkrecht darüberliegenden Stange festgeklemmt, die abwechselnd nach jeder Seite um 135° gedreht wurde, so daß die Gesamtbiegung der Lederproben einem Winkel von 270° entspricht und in der Minute 100 Bewegungen erfolgten. Es wurde dann die Reißfestigkeit der in dieser Weise längere Zeit (168 Stunden) beanspruchten Lederproben gegenüber derjenigen nichtbeanspruchter Lederproben aus benachbarten Stellen derselben Haut gemessen. Dabei wurde zum Teil überhaupt keine, zum Teil eine bis 70% gehende Verminderung der Reißfestigkeit festgestellt. Ein sicherer Anhaltspunkt für die Haltbarkeit von Treibriemen im Betriebe ist durch solche Prüfungen allein jedoch nicht gegeben.

Prüfung der Dehnbarkeit und Festigkeit bzw. Zwickbeständigkeit des Narbens. Diese Prüfung wird vom Praktiker mit Hilfe der (im nächsten Abschnitt beschriebenen) sog. Schlüsselprobe ausgeführt, die jedoch nur eine subjektive Beurteilung gestattet. Eine quantitative Feststellung in dieser Hinsicht kann mit Hilfe eines Apparates von Schopper erfolgen und beruht darauf, daß ein scheibenförmiges Lederstück von der Fleischseite dem Druck einer kleinen Kugel ausgesetzt und die angewendete Kraft in Kilogramm pro Quadratmillimeter angegeben wird, wobei die Ablesung durch einen Selbstregistrierapparat ermöglicht wird. Man vermerkt das Auftreten von Rissen auf der Narbenschicht und setzt die Belastung fort, bis das Lederstück reißt. Durch eine hierfür aufgestellte Formel läßt sich der Kraftaufwand errechnen, während die Kurve auf dem Registrierapparat gestattet, die Ausdehnung zu berechnen und die Belastung beim Reißen abzulesen (A. J. Posdnjak und N. A. Bogdanow). Ein von anderer Seite für die Prüfung von Oberleder angegebener Apparat und die Arbeitsweise hiermit beruhen auf ähnlicher Grundlage (H. Bradley).

Bei der Prüfung mit derartigen Apparaten kann bei gefärbten Ledern aus den Veränderungen des Farbtons des Leders bei Einwirkung des Druckes auch ein Schluß auf die Zwickechtheit der Farbe des Leders gezogen werden (B. I. Zuckermann und A. S. Winogradowa).

Prüfung der Knitterfestigkeit der Narbenschicht oder einer auf dem Leder aufgetragenen Lack-, Deckfarbe- oder anderen Deckschicht. Diese Prüfung kann nach einem im staatlichen Materialprüfungsamt Berlin-Dahlem und in der Deutschen Versuchsanstalt für Lederindustrie angewandten Verfahren erfolgen, wobei die Lederprobe in einem besonderen Apparat einem dauernden Knittern ausgesetzt und die Widerstandsfähigkeit der Deckfarbe usw. gegenüber der dabei stattfindenden Beanspruchung des Leders beobachtet wird. Hierzu wird bei der Ausführungsform des Apparats der Versuchsanstalt (Abb. 348) die etwa 4 cm breite Lederprobe mit der die Deckschicht tragenden Seite nach oben einerseits in den festen, anderseits in den beweglichen Block eingespannt, der durch einen Motor hin- und herbewegt wird. Die Blöcke sind 20 cm breit, so daß vier Lederproben nebeneinander eingespannt und gleichzeitig geprüft werden können.

Abb. 348. Apparat zur Prüfung der Knitterfestigkeit.

Der Mindestabstand der beiden Blöcke und die Hubgröße können durch entsprechende Vorrichtungen verschieden eingestellt werden. Die Zahl der Hinundherbewegungen beträgt 70 oder durch Umstellung der Übersetzung 100 in der Minute. Durch die verschiedene Einstellung des Abstands der Blöcke und der Hubgröße sowie durch die Wahl der Dauer des Versuchs kann die Beanspruchung der Lederproben bei der Prüfung nach Wunsch geregelt bzw. geändert werden.

Die Lederprobe wird nach je einer Stunde Knitterdauer bis zum Auftreten der ersten mikroskopisch sichtbaren Haarrisse in der Deckfarbe usw. beobachtet, später in größeren Zeitabschnitten, wobei die Deckfarbe bei weiterer Veränderung gelockert wird oder abblättert, makroskopisch und mikroskopisch unter dem biokularen Mikroskop bei etwa 50facher Vergrößerung auf die Beschaffenheit der Deckfarbe usw. untersucht. Um bei der Prüfung von Schuhoberledern den Verhältnissen beim Tragen der Schuhe möglichst nahezukommen, werden bei solchen Ledern die Knitterversuche bei einer gleichmäßigen Temperatur von 30 bis 35⁰ C, die durch eine zwischen den

Abb. 349. Apparat zur Prüfung der Biege- und Knitterfestigkeit.

Blöcken angeordnete, zur Regelung der Entfernung von den Lederproben verschiebbare, zylinderförmige Glühlampe erzeugt wird, unter dauernder ganz schwacher Anfeuchtung von der Fleischseite ausgeführt, wobei gegebenenfalls alkalische Lösungen verwendet werden, um die Wirkung des Fußschweißes nachzuahmen. Die Anfeuchtung der Lederproben wird durch je vier an der Innenseite der Blöcke von oben nach unten eingelegte breite Dochte bewirkt, die mit den unteren Enden in ein schmales Gefäß mit Wasser oder alkalischen Lösungen tauchen und dadurch stets feucht gehalten werden.

Eine andere Vorrichtung (Abb. 349) zur Prüfung der Biege- und Knitterfestigkeit des Narbens und von Lackschichten, Deckfarben- oder anderen Deckschichten bei Oberleder, die bei der Beanspruchung der Lederprobe die Gehfalten des Schuhes nachahmt, gestattet die gleichzeitige Prüfung von acht einzelnen

Lederproben bzw. die Ausführung von 4 Vergleichsversuchen, wobei ebenfalls die Lederproben je nach der Geschwindigkeit der Bewegung und der Dauer des Versuchs in verschiedenem Grade belastet werden können (Erfinder und Hersteller des Apparats: P. D a r m s t ä d t e r, Darmstadt).

Bei einem anderen Apparat zur Knickfestigkeitsprüfung für leichte Leder wird die Lederprobe unter einer ganz bestimmten Belastung der Knickung so lange ausgesetzt, bis das Leder an der Knickstelle reißt (J. D. C l a r k e und R. W. F r e y).

Behelfsmäßige praktische Festigkeitsprüfungen. Der Lederfachmann führt verschiedene Prüfungen auf Biegsamkeit und Festigkeit des Leders ohne Zuhilfenahme besonderer Vorrichtungen aus. Zur Prüfung der Biegsamkeit und Bruchfestigkeit wird das Leder nach der Narbenseite und Fleischseite abwechselnd hin- und hergebogen. Lohgares Oberleder, Sattlerleder und technisches Leder soll sich hierbei stärker biegen lassen, ohne daß es bricht und Risse zeigt oder der Narben sich wirft. Auch Vacheleder soll ein stärkeres Biegen vertragen, ohne zu brechen, während Sohlleder auch bei guter Beschaffenheit beim Biegen mäßige Risse zeigen kann. Die Geschmeidigkeit und Haltbarkeit der Narbenschicht prüft man, indem man das Leder, ohne es zu knicken, zusammenfaltet und dann das doppelt liegende Leder nochmals quer zur Falte umbiegt. Dabei soll sich das Leder an der Kante nicht werfen und auch nicht platzen. Bei Oberleder wird zur Prüfung der Festigkeit auch die Schlüsselprobe benutzt. Hierbei wird der Schlüssel, der möglichst keinen scharfkantigen Dorn haben soll, mit dem Bart nach oben in der einen Hand gehalten, das Leder zwischen den Daumen dieser Hand und das Schlüsselende gelegt und dann mit der anderen

Abb. 350. Apparat zur Prüfung der Widerstandsfähigkeit des Leders gegen Abnutzung (R. W. H a r t und R. O. B o w k e r).

Hand über den Schlüssel gezogen und dabei mehr oder weniger stark an das Schlüsselende gepreßt. Oberleder und Möbelleder soll dabei einem beträchtlichen Druck widerstehen, ohne daß der Narben platzt oder die Faserschicht reißt. Vielfach wird die Festigkeit des Leders auch in der Weise geprüft, daß man das Leder an einer Ecke 4 bis 5 cm vom Rand 3 bis 5 cm tief einschneidet und versucht, das Leder weiter einzureißen oder den Streifen abzureißen. Diese Prüfung kann jedoch bei Oberleder und feinen Ledern irreführende Ergebnisse liefern, da solche auch bei sonst guter Beschaffenheit unter Umständen ziemlich leicht weiterreißen können.

Derartige behelfsmäßige Prüfungsmittel können häufig Anhaltspunkte für die Beurteilung des Leders geben. Doch darf nicht außer acht gelassen werden, daß die damit erhaltenen Ergebnisse sehr von der Meinung oder dem Gefühl des Prüfenden abhängig sind.

Härte. Die Härte des Leders kann in der J o h n s o n schen Presse bestimmt werden, wobei eine Nadel mit einem unteren Flächendurchmesser von 2 mm unter einem bestimmten Druck von 10 kg auf 1 qmm gegen das Leder gepreßt wird und die Tiefe des Eindringens der Nadel als Maß für die Härte des Leders dient [G. P o w a r n i n (2), S. 174].

Widerstand des Sohlleders gegen Abnutzung. Es sind für diese Prüfung eine ganze Anzahl von Vorrichtungen vorgeschlagen worden, von denen einige hier wiedergegeben seien.

Bei der Vorrichtung von R. W. Hart und R. O. Bowker (Abb. 350) ist die Lederprobe am äußeren Umfang eines Rades von 37,5 cm Durchmesser befestigt, das in der Minute 30 Umdrehungen um eine waagrechte Achse macht, die auf zwei parallelen Hebelarmen als Unterlage ruht, bei denen das eine Ende frei ist, das andere eine drehende Bewegung gestattet. Das Rad, das die Last der zwei Hebelarme und außerdem an ihrem freien Ende ein ergänzendes Gewicht trägt, ruht auf einer waagrechten Scheibe von 40 cm Durchmesser, die eine Oberfläche von Carborundum hat. Es dreht sich um eine senkrechte Achse und ist unterhalb der Scheibe mit einer aus einer Scheibe mit Riemen und Gewicht

Abb. 351. Apparat zur Prüfung der Widerstandsfähigkeit des Leders gegen Abnutzung (U. J. T h u a u).

bestehenden Hemmvorrichtung versehen. Das Rad wird durch eine Kette angetrieben und bewegt seinerseits durch Reibung die Scheibe, mit der die zu prüfenden Ledermuster in Berührung kommen. Bei Benutzung dieser Vorrichtung wird auf die Ledermuster eine scherende Wirkung unter Druck mit gleichzeitiger leichter Reibung ausgeübt, wobei diese Bedingungen nach Wunsch geändert werden können. Außerdem liegt auf der Scheibe eine runde zylindrische Bürste und ein kleiner Staubsauger zur Entfernung des während des Versuchs sich bildenden Staubes. Vor Ausführung des Versuchs wird das spezifische Gewicht der Lederprobe bestimmt. Der Grad der Abnutzung wird durch den Volumenverlust der Lederprobe ausgedrückt, der aus dem nach dem Versuch sich ergebenden Gewichtsverlust mit Hilfe des spezifischen Gewichts berechnet wird. Das Muster, welches den größten Volumenverlust zeigt, wird als am wenigsten haltbar beurteilt. Mit dieser Vorrichtung wurden bei Sohlledern die gleichen Ergebnisse erhalten wie bei Tragversuchen mit Ledermustern von benachbarten Stellen derselben Haut (P. Pawlowitsch, S. 457, 459).

Eine auf ähnlicher Grundlage beruhende, jedoch in verschiedener Hinsicht verbesserte Abreibevorrichtung (Abb. 351) und Arbeitsweise wurde von

U. J. Thuau angegeben. Auf einem Tisch, auf dem sich auch ein Elektromotor befindet, ist horizontal eine Stahlscheibe angebracht, die sich in Kugellagern dreht und auf der die abreibende Masse, am besten Carborundum, befestigt ist. Seitlich über dieser Abreibscheibe befindet sich an waagrechter Achse ein Rad, das durch den Motor angetrieben wird. Am Umfang dieses Rades sind die zu prüfenden Lederproben befestigt. Dieses Rad drückt auf die Abreibscheibe unter einem Druck von 70 kg, der dem Durchschnittsgewicht eines erwachsenen Mannes entspricht. Die Schwingungen und Stöße dieses Rades werden während der Arbeit durch ein elastisches Widerlager aus Gummi aufgenommen, dessen Höhe auch während des Ganges der Maschine geregelt werden kann. Eine Metallbürste aus Messing fegt den Staub von der körnigen Oberfläche der Abreibscheibe. Dadurch wird verhindert, daß sich das Korn der Abreibscheibe zu schnell verstopft. Der Staub wird dann automatisch durch eine unter dem Tisch sich befindende Absaugevorrichtung entfernt. Die Metallbürste kann für Versuche in feuchtem Zustand mit Hilfe einer entsprechenden Vorrichtung benetzt werden. Die Oberfläche der Scheibe wird durch diese Vorrichtung stets sauber gehalten. Wenn sich nach längerem Gebrauch die rauhe Oberfläche der Scheibe glättet oder abnutzt, so kann man diese auch während des Versuchs, ohne irgendeinen Bestandteil abnehmen zu müssen, wieder anschärfen und nivellieren, indem man eine zwangsläufig bewegte Abreibevorrichtung oder einen Diamanten darauf wirken läßt.

Als Widerstandskoeffizient gegen Abnutzung einer Sohle oder eines Leders bei Anwendung dieser Vorrichtung wurde die Anzahl Quadratzentimeter Oberfläche angenommen, die in Berührung mit der Abreibscheibe kommen muß, um pro Quadratzentimeter eine Schicht von 1 mm Dicke des betreffenden Ledermusters abzunutzen.

Auf Grund der rechnerischen Entwicklung von Thuau ergibt sich, daß der Widerstandskoeffizient gegen Abnutzung $R = \dfrac{N \cdot d \cdot S}{p}$ ist, worin N die Anzahl der Umdrehungen, d das (unter Quecksilber bestimmte) spezifische Gewicht des Leders, S die abzureibende Lederoberfläche und p den Gewichtsunterschied in Gramm zwischen der Lederprobe vor und nach dem Abreiben bedeutet. Die abzureibende Oberfläche der Lederprobe wurde bei Verwendung dieser Vorrichtung zu 50 qcm gewählt.

Wenn z. B. die Anzahl der Umdrehungen 4500, das spezifische Gewicht etwa 1,229, die abzureibende Fläche 50 qcm und der Gewichtsunterschied zwischen der Lederprobe vor und nach dem Abreiben 13,298 g beträgt, so ist

$$R = \frac{4500 \cdot 1{,}229 \cdot 50}{13{,}298} = 2079.$$

Für den Fall, daß die mit verschiedenen Abreibevorrichtungen erhaltenen Ergebnisse verglichen werden sollen, verwendet Thuau als Vergleichsstoff ein vorher auf 600° erhitztes und dann abgekühltes Rotkupferblech von 2,5 mm Dicke, dessen Abnutzung unter bestimmten Bedingungen willkürlich = 100 angesetzt wird. Wenn der bei Anwendung der betreffenden Abreibevorrichtung gefundene Widerstandskoeffizient des Rotkupfers 6400 ist, so ist dann der Widerstandskoeffizient des Leders, bezogen auf dieses Rotkupfer, $R_{Cu} = \dfrac{R \cdot 100}{6400}$ und bei obigem Beispiel $R_{Cu} = \dfrac{2079 \cdot 100}{6400} = 32{,}49.$

Die Widerstandsfähigkeit des Leders gegen Abreibung ist in den verschiedenen Schichten ungleichmäßig. Es werden daher die Abreibeversuche zweckmäßig auf der Narbenseite und der Fleischseite vorgenommen und nach je 20 Minuten oder 500 Umdrehungen die Ergebnisse festgestellt. Wenn man die Widerstandsfähigkeit des Leders bezogen auf Rotkupfer = 100 auf die Ordinate und die

Dicke auf die Abszisse aufträgt, so erhält man Kurven, die die Widerstandsfähigkeit für die ganze Dicke des Ledermusters zeigen.

Das Hämmern des Leders bzw. der Sohlen hat einen großen Einfluß auf die Widerstandsfähigkeit des Leders gegen Abnutzung. Um diesen Einfluß zu berücksichtigen, kann man mit gehämmerten Ledern auch Feuchtversuche machen, nachdem diese in einen gewissen Feuchtigkeitszustand gebracht worden sind. Zu diesem Zweck werden die ausgestanzten und gewogenen Ledermuster 20 Stunden feuchter Luft ausgesetzt oder während dieser Zeit in feuchte Tücher eingewickelt aufbewahrt. Auf diese Weise wird die Wirkung des Hämmerns aufgehoben, und die Leder befinden sich dann in dem Zustand von Schuhsohlen, die während anhaltenden Regenwetters zwei Tage lang getragen wurden, ohne inzwischen zu trocknen [U. J. Thuau (1)].

Später sind ergänzende Angaben zu obigem Verfahren über weitere Verbesserungen der Abreibemaschine, die Verwendung des Kupfers als Berechnungsgrundlage und die Herstellung der Lederproben für die Prüfungen gemacht worden (U. J. Thuau (2)].

Es wurde durch Versuche gefunden, daß die mit der Maschine von Thuau erhaltenen Ergebnisse mit den bei Tragversuchen erhaltenen Ergebnissen in Einklang stehen (J. G. Parker). Von anderer Seite wurde festgestellt, daß das Verfahren zur Bestimmung des Abnutzungswiderstandes des Leders mit der Maschine von Thuau wohl für die Beurteilung von trockenem Sohlleder brauchbar ist, anderseits aber, besonders bei der Prüfung von naß gemachtem Leder, eine Anzahl von Fehlerquellen aufweist, die näher erläutert werden (E. W. Merry).

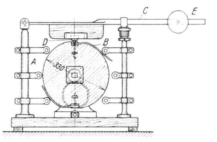

Abb. 352. Apparat zur Prüfung der Widerstandsfähigkeit des Leders gegen Abnutzung [P. Pawlowitsch].

Eine andere einfachere Abreibevorrichtung (Abb. 352) besteht aus einer drehbaren hölzernen Scheibe *A*, auf deren Umfang genau einander gegenüber zwei Ledermuster von 160 × 50 mm befestigt sind. Oben wird gegen die Scheibe durch ein Gewicht *E* eine an einem einarmigen Hebel *C* befindliche stählerne Raspel *D* gedrückt. Es entspricht dabei die Krümmung der Holzscheibe ungefähr der Biegung der Sohle beim Gehen und die der Abreibung ausgesetzte Fläche von 50 × 100 mm etwa der Sohlenfläche, die der Abnutzung unterworfen ist. Der freie Hebelarm ruht auf einer Gabel, die im Verlauf der Abnutzung der Lederprobe von Zeit zu Zeit niedriger gestellt wird, wodurch die Stellung der Raspel zum Leder unverändert bleibt. Die Scheibe wird mit einer Handhabe in Bewegung gesetzt. An dem gegenüberliegenden Ende der waagrechten Achse der Scheibe ist ein Tourenzähler angebracht. Innerhalb des Rahmens befinden sich drehbare zylindrische kupferne Rollen, um dem Leder die gewünschte Richtung zu erteilen. Während der Prüfung wird nach je 100 Umdrehungen die Raspel mit einer Stahlbürste gereinigt, wobei die Muster gleichzeitig abkühlen können. Alle Prüfungen werden unter einem Druck von 10,5 kg ausgeführt, wobei auf 1 qcm der Oberfläche des zu prüfenden Lederstücks ein Druck von 1,4 kg kommt, was dem von einem Menschen von 70 kg auf 1 qcm ausgeübten Druck entspricht. Nachdem etwa 50% von der Dicke des Leders verschwunden sind, wird die Anzahl der Umdrehungen auf dem Tourenzähler vermerkt. Die Dicke des Leders und sein Gewicht wird vor und nach der Prüfung bestimmt. Aus diesen Angaben wird die Anzahl der Umdrehungen berechnet, die nötig ist,

um von 100 qcm Fläche 1 g Leder zu entfernen. Die so erhaltenen Verhältniszahlen bringen den Grad und den Unterschied des Widerstandes der verschiedenen Lederproben gegen Abnutzung zum Ausdruck. Die Vorrichtung ist nur
für eine annähernde Prüfung geeignet, wobei auch nur zwei Lederproben miteinander verglichen werden können (P. Pawlowitsch, S. 460, 461).

Bei einer anderen Vorrichtung (Abb. 353) wird die Bestimmung der
Abnutzung des Sohlleders durch Reiben der Probe mit Sand von bestimmter
Korngröße vorgenommen, der sich in einem zylinderförmigen flachen Gefäß A
befindet. Die Lederprobe e, die eine Oberfläche von 3 qcm hat, wird am Hebelarm a
befestigt und entweder das Lederstück oder das Gefäß um die Achse bewegt.
Der Durchmesser des von dem Lederstück beschriebenen Kreises beträgt 1 m,
die Geschwindigkeit der bewegten Lederstücke ist 1 m/sec. Die Oberfläche des
Leders, mit Ausnahme derjenigen, die abgerieben werden soll, muß durch eine
besondere Hülle vor der Berührung mit dem Sand geschützt werden. Nach dem
Durchlaufen eines gewissen Weges wird die Lederprobe gewogen. Der Gewichtsunterschied der Lederprobe vor und nach dem Versuch ergibt den Verlust durch
Abnutzung. Während des Versuchs wird Temperatur und Feuchtigkeit des Raumes auf einer bestimmten Höhe erhalten. Diese Vorrichtung hat den Nachteil,
daß die Prüfung sehr viel Zeit in Anspruch
nimmt, bis die Lederprobe wenigstens bis zur
Hälfte ihrer Dicke abgerieben ist. Dies ist
aber für eine richtige Beurteilung notwendig, da die inneren Schichten der Abnutzung größeren Widerstand entgegensetzen als die Narbenschicht (P. Pawlowitsch, S. 464).

Die Ergebnisse der Untersuchungen über
den Abnutzungswiderstand von Sohlleder sind
wenig übersichtlich und anschaulich. Es ist daher vorgeschlagen worden, als Einheit des Abnutzungswiderstandes die Anzahl von Tagen

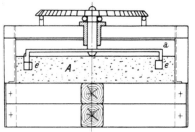

Abb. 353. Apparat zur Prüfung der Widerstandsfähigkeit des Leders gegen Abnutzung
[P. Pawlowitsch].

zu wählen, die ein Leder getragen werden muß, wenn es 1 mm dünner werden soll.
Wenn der Widerstandskoeffizient eines durchschnittlich 5 mm dicken Leders nach
dem Verfahren von Thuau 30 ist, so wird es in 30 Tagen um gerade 1 mm dünner
geworden sein, da seine Lebensdauer 150 Tage beträgt. Der Widerstandskoeffizient des Leders bedeutet nun die Anzahl von Tragtagen, innerhalb welcher die
Sohle um einen Millimeter verschlissen wird (N. Matta).

Die Vorrichtungen zur Bestimmung der Abnutzung von Sohlleder und die
damit erhaltenen Ergebnisse sind bis zu einem gewissen Grade für vergleichende
Versuche verwendbar, doch haben diese Prüfungsverfahren den Übelstand, daß
die Versuchsbedingungen, denen hierbei die Lederproben unterworfen werden,
mehr oder weniger von den beim praktischen Tragen der Schuhsohlen vorhandenen Bedingungen abweichen. Man führt deshalb vielfach, unter Umständen
als Ergänzung der durch mechanische Vorrichtungen für die Abnutzung von
Sohlleder gewonnenen Ergebnisse, T r a g v e r s u c h e aus und hält meist die hierbei
erhaltenen Ergebnisse für ausschlaggebend zur Beurteilung der Dauerhaftigkeit
des Leders beim Tragen. Es darf aber nicht übersehen werden, daß auch bei den
Tragversuchen Umstände in Betracht kommen, die die Beurteilung ihrer Ergebnisse erschweren und auch zu falschen Schlußfolgerungen führen können. Bei
Tragversuchen in kleinerem Umfange machen sich schon mancherlei Abweichungen in der Gangart der verschiedenen Personen als Fehlerquelle bemerkbar, so daß hierfür Personen mit möglichst gleichartiger Gangart ausgewählt

werden müssen. Ferner haben umfangreiche Tragversuche durch Truppen ergeben, daß die Ergebnisse der Tragversuche durch das Klima und die Bodenverhältnisse des Landes, in dem sie stattfinden, sehr beeinflußt werden. Man kann daher keine allgemeingültigen Grundsätze und Vorschriften für die Haltbarkeit von Sohlleder beim Tragen aufstellen, sondern muß die in Betracht kommenden Verhältnisse in jedem Land berücksichtigen. Anderseits haben die erwähnten Versuche gezeigt, daß ein Sohlleder, das sich in einem Lande bei Tragversuchen günstiger verhielt als ein anderes, auch in einem anderen Lande bessere Ergebnisse liefert, so daß in solchen Bereichen die Tragversuche untereinander vergleichbar sind. Im übrigen wurde bei den Massenversuchen festgestellt, daß die Ergebnisse der Tragversuche mit denjenigen der gleichzeitig mit denselben Ledern ausgeführten mechanischen Lederprüfungen in keiner Beziehung stehen (A. Goldenberg).

Benetzbarkeit für Wasser. Zur Prüfung der Benetzbarkeit des Leders für Wasser ist ein Verfahren angewendet worden, wobei als Maß für die Benetzbarkeit die Zeit in Sekunden gewählt wurde, die ein auf der Narbenseite des zuvor drei Tage in einen Exsikkator mit 50% relativer Luftfeuchtigkeit eingelegten Leders aufgebrachter, stets gleich großer Wassertropfen bis zum völligen Einziehen in das Leder benötigt. Zur Ausschaltung der Verschiedenheiten der Hautstellen wurde die Bestimmung der Benetzbarkeit bei jedem Leder an sechs von verschiedenen Stellen der Haut entnommenen Lederproben und an diesen selbst wiederum an je drei verschiedenen Stellen durchgeführt, so daß Mittelwerte aus 18 Einzelbestimmungen erhalten werden (F. Stather und R. Schubert).

Wasseraufnahme. Um die Wasseraufnahme des Leders beim Einlegen in Wasser zu bestimmen, wird die gewogene Lederprobe von 20 g Gewicht in kaltes Wasser gelegt, so daß sie vollkommen davon umgeben ist, nach 2 Stunden herausgenommen, abtropfen gelassen und gewogen. Dann wird die Probe noch 22 Stunden in dieselbe Flüssigkeit gelegt, wieder gewogen und dadurch die Wasseraufnahme nach 24 Stunden festgestellt. Die Gewichtszunahme wird in beiden Fällen in Prozenten des Gewichts der Lederproben ausgedrückt und dadurch die Wasseraufnahme nach 2 Stunden und nach 24 Stunden erhalten. Das in Prozente umgerechnete Verhältnis der Wasseraufnahme nach 2 Stunden zu der nach 24 Stunden wird als prozentuale Sättigung in 2 Stunden bezeichnet und wechselt bei den verschiedenen Ledern von 50 bis 100 (L. M. Whitmore und G. V. Downing).

Bei der Bestimmung der Wasseraufnahme des Leders durch Einlegen in Wasser wird gewöhnlich nicht berücksichtigt, daß durch das Wasser mehr oder weniger wasserlösliche Stoffe aus dem Leder herausgelöst werden und daß daher wegen der damit verbundenen Gewichtsverminderung des Leders eine geringere Wasseraufnahme berechnet wird als tatsächlich stattgefunden hat. Es müssen daher, besonders bei Ledern, die viel wasserlösliche Stoffe enthalten, einen höheren Auswaschverlust haben, jene löslichen Stoffe mit in Rechnung gezogen werden. Man kann hierbei in folgender Weise verfahren:

Das gewogene Ledermuster (20 × 20 cm) wird in einen Zylinder mit 250 ccm Wasser gebracht und mit der 15fachen Menge destillierten Wassers (18 bis 20⁰) übergossen. Nach 2 Stunden wird das Ledermuster herausgenommen, über dem Zylinder 2 bis 3 Minuten abtropfen gelassen und gewogen. Dann wird das Volumen der Flüssigkeit gemessen. Von dieser werden 50 ccm abgedampft. Der Rückstand wird bis zum gleichbleibenden Gewicht getrocknet und gewogen. Dann wird das Ledermuster für weitere 22 Stunden in dieselbe Flüssigkeit gebracht, abtropfen gelassen und wieder gewogen. Es wird dann wieder das Volumen der Flüssigkeit bestimmt und von 50 ccm davon der Trockenrückstand er mittelt. Die Berechnung der Wasseraufnahme erfolgt dann nach folgenden Formeln:

$$\text{Wasseraufnahme nach } 2 \text{ Stunden} = \frac{100\,(B - A)\,2\,D\,F}{A}\,\%,$$

$$\text{Wasseraufnahme nach } 24 \text{ Stunden} = \frac{100\,(C - A)\,2\,E\,G}{A}\,\%.$$

Hierin bedeuten:

$A =$ Gewicht des Ledermusters nach 24stündigem Verbleiben im Exsikkator über Natriumbichromat,

$B =$ Gewicht des Ledermusters nach 2 Stunden Wasseraufnahme,

$C =$ Gewicht des Ledermusters nach 24 Stunden Wasseraufnahme,

$D =$ Trockenrückstand von 50 ccm nach 2 Stunden,

$E =$ Trockenrückstand von 50 ccm nach 24 Stunden,

$F =$ Flüssigkeitsvolumen nach 2 Stunden,

$G =$ Flüssigkeitsvolumen nach 24 Stunden (J. G. Manochin und P. P. Schlikow).

Ferner wurde ein Verfahren und ein Apparat zur Bestimmung der Wasseraufnahme des Leders angegeben, wobei die Lederprobe in eine genau abgemessene Wassermenge gelegt und nach einer vorgeschriebenen Zeit das freie, nicht aufgesaugte Wasser vom Leder abgetrennt und genau gemessen wird. Auch bei diesem Verfahren werden die durch das Wasser ausgewaschenen Stoffe berücksichtigt (V. Kubelka und V. Němec).

Die Messung der Wasseraufnahme des Leders durch Einlegen der Lederprobe in Wasser entspricht nicht genügend den Verhältnissen beim Gebrauch des Sohlleders. Hierbei kommt zunächst nur eine Fläche des Leders mit Wasser in Berührung und die in den Poren des Leders eingeschlossene Luft kann beim Eindringen des Wassers durch die andere Fläche des Leders entweichen. Beim vollständigen Untertauchen des Leders in Wasser wird dagegen das Entweichen der Luft und damit das Eindringen des Wassers in das Leder behindert. Es ist daher für den Praktiker wichtiger, zu erfahren, wie die Benetzung und Durchfeuchtung des Leders verläuft, wenn das Leder nur mit einer Fläche mit dem Wasser in Berührung kommt und wie sich die Narbenseite bzw. die Fleischseite und irgendwelche Schnittflächen in ihrem Verhalten gegen Wasser unterscheiden. Es ist daher für diesen Zweck folgende Arbeitsweise vorgeschlagen worden (M. Bergmann und A. Miekeley), wobei die Lederprobe immer nur mit einer Seite mit Wasser in Berührung gebracht wird:

Man schneidet sich rechteckige Lederproben, deren Länge und Breite man genau mißt, und bestreicht vor der Messung der Wasseraufnahme die seitlichen Schnittflächen der Proben mit Hartparaffin (Schmelzp. 55 bis 60°), um zu verhindern, daß das Wasser auch von den Seitenflächen eindringt. Man wägt dann die Lederprobe, legt sie mit der Narbenseite oder Fleischseite auf eine grobporige Jenaer Glasfilterplatte $G\,1$, die bis zum oberen Rand in Wasser liegt, und wägt die Lederprobe unmittelbar nach dem Abtrocknen mit Filtrierpapier in geeigneten Zeitabständen, die sich nach der Aufsaugefähigkeit der untersuchten Lederprobe richten. Die Messung wird in jedem Fall abgebrochen, wenn das Wasser bis auf die obere Seite der Lederprobe durchkommt. Zur Messung der Wasseraufnahme durch seitliche Schnittflächen der Lederprobe wird diese nach dem Wägen mit der geraden und glatten Seitenfläche auf die nasse Glasfilterplatte gestellt und im übrigen in obiger Weise verfahren. Die aus der Gewichtszunahme berechnete Wasseraufnahme ist jedoch in diesem Falle keine geeignete Grundlage für die Beurteilung, da sie zu sehr von den Ausmessungen der Lederprobe abhängt. Man berechnet daher hier die Wasseraufnahme in Milligramm pro Quadrat-

zentimeter Berührungsfläche, wobei auch bei ganz verschieden großen Lederstücken hinreichend übereinstimmende Ergebnisse erhalten werden.

Das obige Verfahren zur Bestimmung der Wasseraufnahme des Leders ist
dadurch vereinfacht und verbessert worden, daß die von dem Leder aufgenommene Wassermenge mit einer entsprechenden Vorrichtung volumenometrisch
bestimmt wird, wobei die mit der Wägung der Lederproben verbundene Un-
genauigkeit und Umständlichkeit fortfällt (A. Miekeley und G. Schuck).

Kapillare und molekulare Wasseraufnahme. Für diese Bestimmungen wird der
gewogene Lederstreifen, dessen Volumen vorher bestimmt wurde, in einer in 0,1 ccm
geteilten, unten geschlossenen, teilweise mit Wasser gefüllten Röhre, nachdem der
Stand des letzteren abgelesen wurde, unter Wasser
getaucht und 2 bis 4 Stunden damit in Berührung gelassen. Dann wird der Wasserstand wieder abgelesen und dadurch das Volum des vom Leder auf-
gesaugten Wassers bestimmt, wodurch sich die
„kapillare Wasseraufnahme" ergibt. Hierauf wird
der Lederstreifen mit Filtrierpapier abgetrocknet und
das Volum des durch das aufgenommene Wasser ge-
quollenen Leders, wie bei der Bestimmung des spezifischen Gewichts durch Untertauchen unter Quecksilber festgestellt und dadurch die „molekulare Wasseraufnahme" erhalten [G. Powarnin (2), S. 172].

Ferner wurde vorgeschlagen, die Lederproben
von 10×10 cm zur Bestimmung der Wasseraufnahme senkrecht in das Wasser hineinzustellen.
Wenn man die Wasseraufnahme in dieser Weise
unter Berücksichtigung der dabei ausgewaschenen
Stoffe zeitlich näher verfolgt, so ergeben die erhaltenen Werte Kurven mit einem in der Hauptsache steil ansteigenden Anfangsteil, der die durch
Luftverdrängung aus den Kapillaren bewirkte kapillare Wasseraufnahme und einem anschließenden,
mehr oder weniger waagrecht verlaufenden Teil,
der die molekulare Wasseraufnahme zum Ausdruck
bringt, wobei es sich um die Wasseraufnahme des

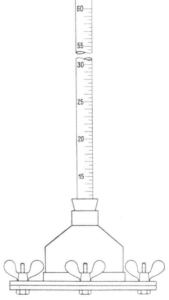

Abb. 354. Apparat zur Prüfung der
Wasserdurchlässigkeit von Leder.

Aquagels der Haut und der Gele bildenden Füllstoffe Eiweiß, Leim und Gerbstoff handelt (E. Belavsky und G. Wanek).

Eine **praktische Prüfung der Schuhmacher** zur Prüfung des Verhaltens des Leders gegen Wasser besteht darin, daß die mittlere Dicke eines
Lederstreifens bestimmt, dieser dann über Nacht in Wasser gelegt und hierauf
seine Dicke in feuchtem Zustand und nach dem Trocknen festgestellt wird. Aus
diesen Messungsergebnissen werden die Werte für die prozentuale Zunahme der
Dicke des Leders nach dem Liegenlassen in Wasser über Nacht und für die
Zunahme der Dicke nach dem Trocknen gegenüber dem ursprünglichen Leder
berechnet. Von einem guten Leder wird vom Standpunkt des Schuhmachers
erwartet, daß es nach dem Anfeuchten und Trocknen eine möglichst geringe
Zunahme der Dicke zeigt, vielmehr in möglichst hohem Grade die ursprüngliche
Beschaffenheit wieder annimmt [D. Burton (1)].

Wasserdurchlässigkeit. Für die Bestimmung der Wasserdurchlässigkeit, die
besonders für Sohlleder und andere Bekleidungsleder sowie für Dichtungsleder
Bedeutung hat, sind u. a. die nachfolgend unter 1 bis 5 beschriebenen Vorrichtungen vorgeschlagen worden, bzw. in Gebrauch:

Abb. 355. Apparat zur Prüfung der Wasserdurchlässigkeit von Leder [G. Powarnin (2)].

1. Die in Form einer Scheibe von mindestens 15 cm Durchmesser ausgeschnittene Lederprobe wird zwischen die ringförmigen Platten (siehe Abb. 354) im unteren Teil eingeklemmt und dann Wasser durch die Röhre eingefüllt. Die Prüfung erfolgt in der Weise, daß man bei allmählicher Erhöhung der Wassersäule die Höhe mißt, bei welcher das Wasser zuerst durch das Leder durchdringt. Man kann z. B. in der Weise verfahren, daß man die Wassersäule auf 10 ccm, dann nach je 24 Stunden nacheinander auf 20, 30 und 40 ccm bringt und, wenn während dieser Zeit das Wasser noch nicht durchgedrungen ist, die Lederprobe noch 1- bis 3mal 24 Stunden dem Druck einer Wassersäule von 50 ccm aussetzt. Wenn das Leder den Druck der Wassersäule von 50 ccm drei Tage lang aushält, so kann es praktisch als wasserundurchlässig bezeichnet werden. Je geringer die Höhe der Wassersäule bzw. die Versuchszeit ist, die zum Durchdringen des Wassers durch das Leder nötig ist, um so weniger wasserdurchlässig ist das Leder (Deutsche Versuchsanstalt für Lederindustrie).

Es kann bei dieser Prüfung ferner die Wasserdurchlässigkeit bei Berührung der Fleischseite oder der Narbenseite mit dem Wasser gemessen werden, je nachdem diese oder jene Seite bei dem Versuch nach oben gelegt wird.

2. Die Lederprobe wird (siehe Abb. 355) zwischen die beiden in der Mitte mit Öffnungen versehenen Flanschen L eingeklemmt, die durch den Hahn K mittels Gummischlauch und Glasröhre mit einer waagrecht gelagerten Glaskapillare a verbunden sind, die eine lichte Weite von 2 bis $2^{1}/_{2}$ mm besitzt und sich 1 m über den Flanschen befindet. Das Leder wird 4 Tage mit Wasser durchfeuchtet, indem die untere Flansche mit Wasser gefüllt wird, wobei Luftblasen vermieden werden müssen. Dann wird der Hahn K geöffnet, der Meniskus bei o in a eingestellt und nach 60 Minuten die Lage des Meniskus wieder abgelesen. Wenn S die der Flanschöffnung entsprechende offene Fläche des Leders und A der Mittelwert der Wassermenge (in Gramm) ist, die innerhalb einer Stunde durch das Leder gedrungen ist, so ergibt sich, unter der Voraussetzung, daß die Wasserdurchlässigkeit von der Dicke des Leders unabhängig ist, die Wasserdurchlässigkeit p nach der Gleichung $p = \dfrac{A}{S}$ [G. Powarnin (2), S. 172].

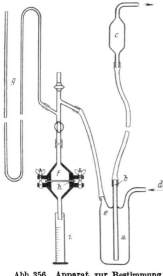

Abb. 356. Apparat zur Bestimmung der Wasserdurchlässigkeit von Leder [M. Bergmann (1)].

3. Zur Abkürzung der Versuchsdauer wird ein höherer Druck bis zu 1 bis 2 Atm. und ein besonders hierfür eingerichteter Apparat (siehe Abb. 356) angewendet. Zur Druckerzeugung und gleichzeitig zur

Durchströmung der Lederprobe wird das Wasser der Wasserleitung benutzt. Das Wasser strömt zunächst bei d in den Druckregler a, auf dessen Boden bei Beginn eine geringe Menge Quecksilber vorhanden ist, dann an dem Quecksilbermanometer g vorbei in die Prüfungskammer f und wird dort durch die Lederprobe am Weiterfließen gehindert. Es entsteht daher im ganzen von Wasser durchströmten Prüfungsraum sofort ein erhöhter Druck und drückt das Quecksilber aus dem Druckregler a durch das Rohr b hinauf. Da der Druck weitersteigt, fließt schließlich Wasser durch a und b hinauf nach dem Überlauf c und aus diesem fort. Dann bleibt ·der Druck, während der Überschuß des Leitungswassers durch a, b, c fließt, völlig gleich. Die Höhe der Quecksilbersäule in b und c kann durch Heben oder Senken der Überlaufvorrichtung c oder durch Vermehrung oder Verminderung der Quecksilbermenge beliebig geändert werden und ist bestimmend für den Arbeitsdruck in der Prüfungskammer. Die Zeitdauer vom Einlassen des Wassers in die Prüfungskammer bis zum Abtropfen des ersten Tropfens von der Unterseite des Leders ist ein Maß für die Durchnetzbarkeit der Lederprobe. Die Menge des weiterhin während gemessener Zeiträume durchströmenden Wassers ist ein Maß für die Wasserdurchlässigkeit. Nach einer einfach anzubringenden Ergänzung dieser Vorrichtung können an Stelle von reinem Wasser Salzlösungen, Säuren, Alkalien, ferner Enzymlösungen oder mit Wasser nicht mischbare Flüssigkeiten als Durchströmungsflüssigkeiten verwendet werden. Auch kann die Prüfungskammer, wenn es wünschenswert ist, in einen Thermostaten eingesetzt werden [M. Bergmann (1), S. 572].

4. Auf einem beiderseits offenen Glaszylinder, dessen einer Rand eben geschliffen ist, wird ein kreisrundes in entsprechender Größe ausgestanztes Stück Leder durch Bestreichen seines Randes mit Kollodium aufgekittet, wobei ein Benetzen der Ober- und Unterseite des Leders vermieden werden muß. Der Zylinder wird mit der mit dem Leder verschlossenen Seite auf einen Metallstreifen gesetzt oder auf dieser mit einer Kappe von Stanniol überzogen. Dann wird in den Zylinder ein Platin- oder Kupferdraht gehängt. Die äußere Metallauflage und der Draht wird mit einer Glühlampe als Widerstand, wenn kein anderer vorhanden ist, mit dem elektrischen Lichtanschluß in Verbindung gebracht. Hierauf wird der Zylinder mit Wasser gefüllt und die von diesem Zeitpunkt bis zur beginnenden Elektrolyse des Wassers verflossene Zeit festgestellt. Wenn auch die Wassermenge gemessen werden soll, die in einer bestimmten Zeit durch das Leder gedrungen ist, so wird, nachdem das Wasser bereits hindurchgetreten ist, ein eingeteilter Zylinder unter den von der Umhüllung oder der Unterlage befreiten Versuchszylinder gestellt und die darin sich ansammelnde Flüssigkeitsmenge gemessen [L. Jablonski (1)].

Die für dieses Prüfungsverfahren dienende Vorrichtung ist von anderer Seite wesentlich verbessert worden (J. N. Gerssen).

Ein anderer Apparat, wobei das zu prüfende Leder einem steigenden Wasserdruck ausgesetzt und unter Berücksichtigung der Dicke des Leders der bis zum Durchschlagen von Feuchtigkeit erforderliche Druck gemessen wird, ist von J. A. Jovanovits (2) angegeben worden.

5. Die zu prüfende Lederprobe wird, wie bei dem Verfahren von J. A. Jovanovits, einseitig einem steigenden Wasserdruck ausgesetzt. Der bis zum deutlichen Durchschlagen von Feuchtigkeit durch das Leder erforderliche Druck in Kilogramm pro Quadratzentimeter dividiert durch die Dicke des Leders in Millimeter wird als Wasserdurchlässigkeitsquotient der Beurteilung der Wasserdichtigkeit bzw. -undichtigkeit des Leders zugrunde gelegt. Der stetig ansteigende Wasserdruck auf die Lederprobe wird (Abb. 357) dadurch erzielt,

daß der Druck einer mit gutem Feinregulierventil versehenen ,Kohlensäure-
bombe durch Handregulierung um genau 0,2 kg pro Quadratzentimeter in der
Minute ansteigend auf ein entsprechend dickwandiges, zur Hälfte mit Wasser
gefülltes Kupfergefäß und so als Wasserdruck auf die Lederprobe einwirken gelassen wird. Ein auf dem Kupfergefäß angebrachtes genaues Manometer gestattet
den Wasserdruck, bei dem ein Durchschlagen von Feuchtigkeit eintritt, bis zu
einem Druck von 5 Atm. direkt abzulesen. An das Kupfergefäß können mehrere
Prüfkammern gleichzeitig angeschlossen werden. Das Verfahren wird mit gutem
Erfolg bei der **Deutschen Versuchsanstalt für Lederindustrie** angewendet. Der Prüfapparat wird von der Firma Arthur Meißner, Freiberg i. Sa.,
hergestellt (F. Stather und H. Herfeld).

6. Ein **behelfsmäßiges** Verfahren zur Prüfung der Wasserdurchlässigkeit
von Oberleder besteht darin, daß man die kreisrund ausgeschnittene Lederprobe
von etwa 20 cm Durchmesser doppelt zusammengefaltet wie ein Filter in einen
Glastrichter einsetzt, das Lederfilter bis etwa 1 cm unterhalb des Randes mit
Wasser von Zimmertemperatur füllt und die Zeit feststellt, die verflossen ist,
bis der erste Tropfen
aus dem Trichter ab-
tropft.

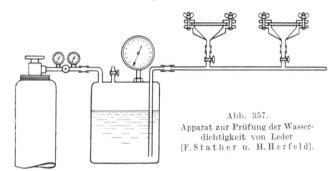

Abb. 357.
Apparat zur Prüfung der Wasser-
dichtigkeit von Leder
[F. Stather u. H. Herfeld].

Bei der Beurteilung
der Prüfungsergebnisse
für die Wasserdurchläs-
sigkeit ist zu beachten,
daß diese bei verschie-
denen Ledern derselben
Partie und an den ein-
zelnen Stellen des Le-
ders einer Haut sehr
verschieden sein kann.

Ferner ist in Hinblick auf den praktischen Gebrauch des Leders zu berücksichtigen,
daß die bei seiner Herstellung angewendeten Appreturen, da sie nach und nach
auch vom Wasser durchdrungeu werden, die Widerstandsfähigkeit des Leders gegen
Wasser nicht dauernd erhöhen können. Da außerdem bei Sohlleder die Appretur
beim Verarbeiten des Leders, jedenfalls aber sehr bald beim Tragen der Sohle
entfernt wird, so ist es zweckmäßig, bei Sohlleder die Appretur vor der Prüfung
auf Wasserdurchlässigkeit zu beseitigen, indem hierdurch den Verhältnissen beim
Tragen der Schuhsohle besser entsprochen wird (H. van der Waerden). Schließlich kommt bei Sohlleder in Betracht, daß die Sohle bei der Herstellung des
Schuhes mit Wasser durchfeuchtet (,,dampfmachen") und dann wieder getrocknet
wird und daß dadurch die Durchlässigkeit des Leders für Wasser beeinflußt wird.

Wasserbeständigkeit. Wenn es sich darum handelt, festzustellen, welche
lösende Wirkung das Wasser auf das Leder hat, so kann dazu die unter ,,chemische
Untersuchung" beschriebene Bestimmung des ,,Auswaschverlusts" des Leders
dienen, wobei Wasser von gewöhnlicher oder erhöhter Temperatur angewendet
werden kann. Außerdem wird zur Prüfung des Verhaltens des Leders gegen
Wasser von erhöhter Temperatur die ,,Schrumpfungstemperatur" und die
,,Gelatinierungstemperatur" des Leders bestimmt, ferner die ,,Heißwasserprobe"
sowie, besonders bei Chromleder, die sog. ,,Kochprobe" angewendet.

Zur Bestimmung der **Schrumpfungstemperatur** (Ts⁰) wird ein schmaler
Streifen des Leders 3 × 30 mm an dem Quecksilbergefäß eines Thermometers
so befestigt, daß die Narbenseite der Skala zugewendet ist und das Ende des
Lederstreifens über das Ende des Thermometers hinausragt. Dabei kann auch

noch eine zweite Lederprobe der anderen gegenüber befestigt und so gleichzeitig eine zweite Bestimmung vorgenommen werden. Das Thermometer mit dem Lederstreifen wird in ein Gefäß mit destilliertem Wasser gesenkt, so daß die Lederprobe völlig davon bedeckt ist. Das Wasser wird dann langsam erwärmt und dabei zur gleichmäßigen Erwärmung gemischt. Die Einwirkung der Erwärmung zeigt sich dadurch, daß der Lederstreifen sich bei einer gewissen Temperatur nach der Fleischseite einbiegt und sich bei weiterer Erhöhung der Temperatur spiralförmig einrollt. Diejenige Temperatur, bei welcher das durch Abrücken des Lederstreifens von der Thermometerskala gekennzeichnete Einbiegen des letzteren nach der Fleischseite erfolgt, wird als Schrumpfungstemperatur (Ts⁰) bezeichnet (G. Powarnin und A. Aggeew).

Die Schrumpfungstemperatur läßt sich bei fertig zugerichtetem Leder weniger genau bestimmen als bei dem feucht aus der Gerbung kommenden Leder, da die Lederproben des zugerichteten Leders bei entsprechender Erhöhung der Temperatur des Wassers nicht eine plötzliche Krümmung zeigen, sondern ihre Form nur ganz allmählich ändern (Bericht über die Versammlung deutscher Gerbereichemiker, S. 224).

Die Gelatinierungstemperatur (C. Schiaparelli und L. Careggio) wird in entsprechender Weise wie die Schrumpfungstemperatur bestimmt, indem jedoch die Temperatur ermittelt wird, wobei der am Thermometer befestigte unter Wasser getauchte Lederstreifen bei allmählicher Erwärmung des Wassers eine eben beginnende Zusammenziehung erleidet.

Bei der Heißwasserprobe zur Bestimmung der „Heißwasserbeständigkeit" wird nach den folgenden beiden Verfahren 1 und 2 die Menge der unter bestimmten Bedingungen bei Behandlung des Leders mit Wasser von 100⁰ nicht angegriffenen bzw. nicht gelösten organischen Stoffe (a) oder Hautsubstanz (b) bestimmt und in Prozenten der gesamten organischen Stoffe bzw. Hautsubstanz ausgedrückt. Die so erhaltene Zahl wird als „Heißwasserbeständigkeit" angegeben.

1. Man bringt in ein 100-ccm-Kölbchen mit Marke genau 1 g durch Raspeln zerkleinertes Leder und 70 bis 80 ccm Wasser, stellt das Kölbchen unter öfterem Schütteln und Ersatz des verdampfenden Wassers 10 Stunden lang in ein kochendes Wasserbad, läßt die Flüssigkeit auf 75 bis 80⁰ erkalten, füllt mit Wasser von Zimmertemperatur zur Marke auf, schüttelt durch, filtriert durch ein Leinwandfilter in ein trockenes Becherglas, pipettiert 50 ccm vom Filtrat in eine Platinschale, dampft zur Trockne, trocknet den Rückstand bis zum gleichbleibenden Gewicht, wägt, verascht den Trockenrückstand und wägt wieder. Der Unterschied der beiden Wägungen ergibt mit 200 vervielfältigt die Prozentmenge der durch Wasser gelösten organischen Stoffe (b). In einer zweiten Probe des Leders wird der Wassergehalt und die Asche bestimmt. Wenn man die Summe ihrer Prozentgehalte von 100 abzieht, so erhält man den Prozentgehalt des Leders an organischen Stoffen (a). Dann ist die Heißwasserbeständigkeit $W. B. = \dfrac{(a-b)\,100}{a}$.

Es wurden nach diesem Verfahren z. B. folgende Zahlen für die Heißwasserbeständigkeit (W. B.) gefunden: Sämischleder 80,5, lohgares Sohlleder 54,5, lohgares Oberleder 70,0, Einbadchromleder 90,4, Zweibadchromleder 86,4 [W. Fahrion (1)].

Dieses Prüfungsverfahren hat den Nachteil, daß dabei neben der gelösten Hautsubstanz auch der gelöste Gerbstoff in Rechnung gesetzt wird, so daß die bei pflanzlich gegerbtem Leder erhaltenen Zahlen für die Wasserbeständigkeit, da diese durch den hohen Gerbstoffgehalt dieser Lederart besonders herabgedrückt werden, nicht mit den Zahlen solcher Leder verglichen werden können, die wie Chromleder wesentlich weniger oder wie Aldehydleder sehr wenig von den gerbenden Stoffen enthalten.

Dieser Umstand wird bei der folgenden Abänderung dieses Verfahrens (O. Gerngroß und R. Gorges) berücksichtigt.

2. Bei diesem Verfahren, das vom I. V. L. I. C. vorgeschrieben ist, wird zunächst der Prozentgehalt des Leders an Stickstoff bestimmt und aus diesem unter Zugrundelegung eines Gehalts von 17,8% Stickstoff in der Hautsubstanz (siehe später) durch Vervielfältigung mit 5,62 der Prozentgehalt des Leders an Hautsubstanz berechnet. Dann wird die 1 g Hautsubstanz entsprechende Menge des Leders in einem 100-ccm-Kölbchen mit 80 ccm Wasser 7 Stunden im siedenden Wasserbade unter Rühren mit einem mechanischen Rührer erhitzt. Hierauf wird durch ein in einem erwärmten Trichter befindliches Leinenfilter in ein trockenes Becherglas filtriert. Dann wird in einer gemessenen Menge des Filtrats die Stickstoffbestimmung ausgeführt, aus dem Ergebnis die in der Gesamtmenge der Lösung (100 ccm) enthaltene Stickstoffmenge berechnet und diese dann durch Vervielfältigung mit 5,62 auf Hautsubstanz umgerechnet. Die so gefundene Menge letzterer entspricht der gelösten Hautsubstanz. Wenn a die Hautsubstanzmenge in der Lederprobe, b die durch Behandlung des Leders mit heißem Wasser gelöste Menge Hautsubstanz ist, so ist W. B. $= \dfrac{(a-b)\,100}{a}$.

Zu den Verfahren zur Prüfung des Leders auf sein Verhalten gegen heißes Wasser ist zu bemerken, daß hierbei das Leder Bedingungen ausgesetzt wird, wie sie bei seiner praktischen Verwendung kaum vorkommen. Ferner ist zu berücksichtigen, daß Leder, die sich hierbei ungünstig verhalten, in den anderen Eigenschaften völlig genügen können und daß, da bei diesen Prüfungsverfahren ein nasses Erhitzen mit gleichzeitigem Auslaugen des Leders stattfindet, aus den Ergebnissen auch keine Schlußfolgerungen über das Verhalten des Leders gegen trockene Hitze gezogen werden dürfen.

Bei der Kochprobe wird von dem zu prüfenden Leder ein rechteckiges Stück von etwa 3 × 5 cm auf Papier gelegt und sein Umriß darauf abgezeichnet. Dann wird die Lederprobe 1 oder 2 Minuten in kochendes Wasser gebracht, herausgenommen, abgetrocknet und der Umriß der so behandelten Lederprobe wiederum abgezeichnet. Je geringer der Unterschied zwischen der Fläche, Form und sonstigen Beschaffenheit der Lederprobe vor und nach dem Kochen mit Wasser ist, um so größer ist die Kochbeständigkeit des Leders gegen heißes Wasser. Einen zahlenmäßigen Ausdruck für das Verhalten des Chromleders bei der Kochprobe gewinnt man, wenn man die Lederfläche nach der Kochprobe in Prozenten der Lederfläche vor der Kochprobe ausdrückt.

Die Kochprobe wird gewöhnlich angewendet, um festzustellen, ob ein Chromleder genügend gegerbt ist. Doch ist zu beachten, daß bei dem Ausfall der Kochprobe außer der Gerbung auch andere Umstände, z. B. die Art der Neutralisation und der Trocknung, in Betracht kommen. Es wurde auch gefunden, daß Lederproben, die vor dem Glanzstoßen kochbeständig waren, nachher Schrumpfung zeigten, was auf die alkalische Reaktion mancher Glänze oder auf die beim Glanzstoßen entstehende höhere Temperatur zurückgeführt wird. Ferner wurde festgestellt, daß ein vor der Prüfung mit kaltem Wasser durchfeuchtetes Chromleder sich bei der Kochprobe günstiger verhält. Es sollte daher fertiges Chromleder vor der Prüfung auf Kochbeständigkeit mit kaltem Wasser gut durchfeuchtet werden. Im übrigen erscheint es nicht statthaft, ein nicht völlig kochbeständiges Chromleder lediglich aus diesem Grunde als minderwertig zu beurteilen, zumal viele Chromleder des Handels, besonders Zweibadleder, nicht ganz kochbeständig befunden wurden (Bericht über die Versammlung deutscher Gerbereichemiker, S. 225).

Nach Beobachtungen aus der Praxis erscheint vollständige Kochbeständigkeit des Chromleders unter Umständen sogar unerwünscht, da festgestellt wurde, daß mit Erlangung der Kochbeständigkeit bei manchen Ledersorten, besonders solchen mit lockerem Gefüge, wie Schafleder, die Reißfestigkeit bedeutend sinkt und bei anderen Ledersorten sonstige Nachteile eintreten, besonders die Beschaffenheit des Narbens beeinträchtigt wird (L. Althausen, S. 59). Die Gerbung kann als beendet angesehen werden, wenn bei der Kochprobe die Lederfläche um nicht mehr als 15 bis 20% zusammenschrumpft.

Durchlässigkeit für Luft, Gase und Dämpfe. Bei der Prüfung der Durchlässigkeit des Leders für Luft und Gase kann eine mit Leitungswasser betriebene Vorrichtung (Abb. 358) dienen, wobei das Wasser aus b in die verstellbare Überlaufvorrichtung mit dem Ablauf c und von dort durch a und die Tropfvorrichtung d in das Gasvorratsgefäß e fließt. Der Niveauunterschied zwischen dem Überlaufrohr c und der Wasseraustrittsstelle von d bestimmt den Gasdruck, der im Gasvorratsgefäß e und im oberen Teil der Prüfungskammer g herrscht. Aus dem Vorratsgefäß e tritt das Gas durch den Mantel der Tropfvorrichtung d vorbei am Quecksilbermanometer f in die Prüfungskammer g und durch die Lederprobe in den Auffangegasometer i, der mit Niveaubirne und Entleerungsvorrichtung versehen ist. Im Gasometer i kann die Menge des senkrecht zur Lederfläche durchgetretenen Gases gemessen werden [M. Bergmann (1), S. 573].

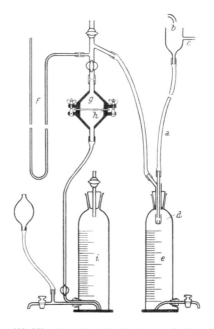

Abb. 358. Apparat zur Bestimmung der Luft- bzw. Gasdurchlässigkeit [M. Bergmann (1)].

Ferner sind zwei Vorrichtungen zur Messung der Luft- bzw. Gasdurchlässigkeit von Leder angegeben worden (R. S. Edwards), wobei die Luft bzw. das Gas durch die Lederprobe hindurchgesaugt wird.

Das eine Verfahren besteht darin, daß unter Benutzung einer entsprechenden Einrichtung Luft zuerst durch die Lederprobe und dann durch ein dahintergeschaltetes Kapillarrohr von bestimmten Ausmaßen gesaugt und der Druckunterschied gemessen wird, der sich dabei ergibt. Auf Grund der Messungsergebnisse wird die Durchlässigkeit in absoluten C.-G.-S.-Einheiten ausgedrückt. Die hierbei für die Luftdurchlässigkeit bei den verschiedenartigen Ledern gefundenen Werte sind 0,5 bis 20×10^{-6} C.-G.-S.-Einheiten, und zwar bei pflanzlich gegerbtem Sohlleder 0,5 bis $1,0 \times 10^{-6}$ C.-G.-S.-Einheiten.

Hinsichtlich der Prüfungsergebnisse ist bei diesem Verfahren zu beachten, daß diese, abgesehen von pflanzlich gegerbtem Sohlleder, mit der Größe des Druckunterschiedes wesentlich wechseln und auch bei gleichem Druckunterschied von der Behandlung abhängen, die die Lederprobe bei vorhergegangenen Versuchen mit dieser erfahren hat. Diese Erscheinung wird dadurch erklärt, daß die Zwischenräume des Leders beim Durchströmen der Luft erweitert werden und nicht ohne weiteres die ursprüngliche Größe wieder annehmen. Dieses ist erst der Fall, wenn die Probe nach Ausführung des Versuchs einige Zeit gelegen hat. Dann wird der ursprüngliche Wert für die Luftdurchlässigkeit gewöhnlich wieder erhalten.

Das zweite Verfahren eignet sich zwar nicht für absolute, wohl aber für vergleichende Messungen und hat den Vorteil, daß es mit einfacher Vorrichtung schnell ausführbar ist und vor allem das Leder nicht durch Herausschneiden von Proben entwertet zu werden braucht, sondern am ganzen Stück auf seine Durchlässigkeit an den verschiedenen Stellen geprüft werden kann. Die Messung wird hierbei (Abb. 359) in folgender Weise ausgeführt: Es wird, nachdem die Hähne T_1 und T_2 geschlossen worden sind und der Hahn T_3 geöffnet wurde, mit Hilfe einer Saugpumpe ein geeignetes Vakuum in dem Apparat erzeugt, das durch die Höhe der Quecksilbersäule in H angezeigt wird. Es wird dann der Hahn T_3 geschlossen und hierauf das Leder an die Saugvorrichtung B angelegt, die aus einem Glasrohr mit einer an seinem Ende befestigten Saugscheibe aus Kautschuk besteht. Nun wird der Hahn T_1 geöffnet. Die Luft strömt dann infolge des Druckunterschiedes zwischen der Luft außerhalb und innerhalb des Apparats in diesen hinein, wodurch mit Zunahme des Luftdrucks im Innern des Apparats die Höhe der Quecksilbersäule in H abnimmt. Es wird die Zeit gemessen, in der die Höhe der Quecksilbersäule eine bestimmte Abnahme erfährt. Die hierbei erhaltenen Zahlen dienen zum Vergleich der Luftdurchlässigkeit an verschiedenen Stellen des Leders und sind um so höher, je geringer die Durchlässigkeit ist.

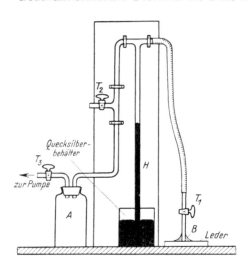

Abb. 359. Apparat zur Bestimmung der Luft- bzw. Gasdurchlässigkeit [R. S. E d w a r d s (3)].

Eine einfache Vorrichtung zur Bestimmung der Durchlässigkeit des Leders für Wasserdampf besteht in folgendem:

Auf ein weithalsiges 70 ccm fassendes Glas, das etwas reine konzentrierte Schwefelsäure enthält, wird ein zwischen zwei Messingringe geklemmtes rundes Stück des zu untersuchenden Leders von etwa 3 cm Durchmesser luftdicht aufgeschraubt. Der von außen durch das Leder tretende Wasserdampf wird von der Schwefelsäure aufgenommen. Es wird die Gewichtszunahme gemessen, die das Gefäß mit der Schwefelsäure und der Lederprobe nach längerem Stehen in einer Atmosphäre mit 100% relativer Feuchtigkeit erfährt. Die Größe und Schnelligkeit der Gewichtszunahme ergibt ein Maß für die Durchlässigkeit des Leders für Wasserdampf (J. A. Wilson und G. O. Lines).

Wärmedurchlässigkeit. Wärmeleitfähigkeit. Diese Eigenschaft des Leders, die besonders für Bekleidungsleder wichtig ist, kann unter anderem mit den nachfolgend unter 1 bis 3 angegebenen Vorrichtungen und Verfahren gemessen werden.

1. Die Vorrichtung besteht aus einem Kupferzylinder mit elektrischer Heizvorrichtung und Thermometer. Das zu prüfende Leder wird in Form eines Mantels um den Kupferzylinder gelegt. Zur Ausführung der Prüfung wird die Vorrichtung zunächst auf eine bestimmte Temperatur (z. B. 36,5⁰ = Körperwärme, 33⁰ = Hautwärme) angeheizt und dann durch Zuführung der nötigen Strommenge auf die gewünschte Temperatur eingestellt. Es wird am Voltmeter und Milliamperemeter die zur Erhaltung einer konstanten Temperatur pro Sekunde nötige Strommenge abgelesen und nach folgender Formel in kleine Kalorien (cal) umgerechnet: $I \cdot E \cdot t \cdot 0,238 = n$, worin t die Zeit in Sekunden, I die Stromstärke und E die Spannung bedeutet. Als Wärmedurchlässigkeit

in kleinen Kalorien wird demnach die Wärmeenergie bezeichnet, die der Vorrichtung unter bestimmten Versuchsbedingungen zugeführt wird. Die Genauigkeit der Messung mit dieser Vorrichtung soll bis zu 0,000001 cal betragen (A. Bikow).

2. Zur Messung der Wärmeleitfähigkeit von Leder wird Wasser von bestimmter Temperatur über die Lederprobe geleitet, die auf einer Kupferplatte liegt. Wenn diese durch das Leder hindurch die Wärme des Wassers angenommen hat, ist der Versuch beendet. Die Wärmeleitfähigkeit (k) des Leders wird dann nach der Formel: $k = \alpha\, B \dfrac{x\,(t_2 - t_0)}{t_1 - t_2}$ berechnet, wobei B eine Konstante ist, die durch Eichen des Apparats mit einer Aluminiumplatte von bekannter Wärmeleitfähigkeit erhalten wird, t_0 die Zimmertemperatur, t_1 die Temperatur des Wassers und t_2 die der Kupferplatte bedeutet (D. Woodroffe, O. Bailey und A. S. R. Rundle).

3. Die Lederprobe liegt unter bestimmter Belastung zwischen einem Messingblock, der als Kalorimeter ausgebildet ist, und einer oberen Kammer, die durch einen Dampfstrom auf gleichbleibende Temperatur erwärmt wird. Durch das Kalorimeter fließt während der Messung ein konstanter Wasserstrom, dessen Einfluß- und Ausflußtemperatur gemessen wird. Aus der Temperaturerhöhung und der in einer bestimmten Zeit durch das Kalorimeter geflossenen Wassermenge kann die Wärmemenge berechnet werden, die von der heißen Oberfläche durch die Lederprobe nach der kalten Oberfläche geleitet wird. Mit Thermoelementen wird die Temperatur auf der kalten und auf der warmen Oberfläche der Lederprobe gemessen. Die Wärmeleitfähigkeit berechnet sich nach der Formel

$$k = \frac{m\,(T_2 - T_1)\,d}{A\,(\Theta_1 - \Theta_2)},$$

darin bedeuten: m die Menge des Wassers, die in einer Sekunde durch das Kalorimeter fließt, d die Dicke, A die Fläche der Lederprobe und Θ_1 und Θ_2 die Temperaturen an den beiden oberen Flächen der Lederprobe (R. S. Edwards und G. Browne).

Farbenmessung. Hierfür sind verschiedene Apparate angegeben worden, von denen hier nur das Universalphotometer nach W. Ostwald (von Janke und Kunkel, Köln a. Rh.), das Stufenphotometer von Pulfrich (Zeißwerke, Jena) und der Spektrodensograph nach Goldberg genannt seien, über deren Anwendung und Brauchbarkeit von verschiedener Seite [H. Wacker, S. 28, F. Löwe, A. Küntzel (1), H. Schering] berichtet wurde.

Lichtbeständigkeit. Der Einfluß des Lichts auf die Farbe des Leders kann in der Weise geprüft werden, daß man ein rechteckiges oder kreisförmiges Stück des Leders auf der einen Hälfte durch Abdecken z. B. mit einer Metallplatte vor Licht schützt und die andere Hälfte dem Licht, möglichst den Sonnenstrahlen, aussetzt. Die Zeit bis zur deutlichen Farbenveränderung und der Grad letzterer

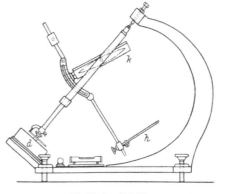

Abb. 360.   Kallabs Belichtungsapparat.

nach bestimmter Belichtungsdauer geben einen Anhaltspunkt für die Lichtbeständigkeit der Farbe des Leders. Diese Prüfung kann sehr beschleunigt werden, wenn man die Lederprobe mit dem Kallabschen Belichtungsapparat

(Abb. 360) prüft, wobei die Sonnenstrahlen durch eine bikonvexe Linse, die durch ein Uhrwerk der Sonne folgt, stets senkrecht auf die Lederfläche fallen und konzentriert werden und dadurch die Wirkung des Lichts verstärkt und daher schneller festzustellen ist (F. V. Kallab).

Die Veränderlichkeit der Farbe des Leders kann auch durch Einwirkung des ultravioletten Lichts geprüft werden, wobei eine schnellere Veränderung erfolgt, da die ultravioletten Strahlen chemisch besonders wirksam sind. Zur Ausführung dieser Versuche ist die Quecksilber-Quarzlampe (siehe dieses Handbuch, 1. Teil, Bd. II, S. 224) besonders geeignet. In der Quecksilber-Quarzlampe wird Quecksilberdampf, der sich in einem luftleeren, durchsichtigen Rohr aus geschmolzenem Bergkristall (Quarz) befindet, durch einen elektrischen Strom zum Leuchten gebracht und dadurch ein außerordentlich starkes Licht erzeugt, das sehr reich an ultravioletten Strahlen ist. Dieses Licht der Quarzlampe wird durch ein Filter von Uviolglas geschickt, das die Eigenschaft hat, daß es von der gesamten Strahlung des Quarzbrenners nur die ultraviolette Strahlung durchläßt. Dieses Filter kann jedoch auch ausgeschaltet werden, um für manche Zwecke das volle, unfiltrierte Quarzlicht verwenden zu können. Der Brenner ist in dem oberen kastenförmigen Aufbau luftdicht eingeschlossen. Durch Drehen der kleinen vorn sichtbaren Kurbel wird das Zünden bewirkt. Unter dem Brenner befindet sich das Filter, durch welches die Ultraviolettstrahlung in den darunter befindlichen Beobachtungsraum fällt, in den die zu prüfende Probe gebracht wird. Dieser Raum wird seitlich durch Vorhänge und vorn bis 5 cm vom Boden (zum Einschieben der Probe) durch die heruntergeklappte Kastenwand abgeschlossen.

Die Prüfung des Leders kann im übrigen wie bei der Bestrahlung mit Tageslicht erfolgen, indem die Lederprobe teilweise mit einer Metallplatte bedeckt und der unbedeckte Teil dem ultravioletten Licht ausgesetzt wird.

Bei Ledern, die mit einer Deckfarbe oder Lackschicht versehen sind, muß die Belichtung, wenn die Beständigkeit der Farbe der darunterliegenden Lederschicht geprüft werden soll, naturgemäß auf der Fleischseite bzw. anderen Seite des Leders vorgenommen werden.

„An die Lichtbeständigkeit können im allgemeinen heute, namentlich bei Möbelleder, hohe Anforderungen gestellt werden, ohne daß auch in Fällen, in denen eine lange Lebensdauer des Gegenstandes oder eine starke Einwirkung des Lichts in Frage kommt, die höchste Leistung zu beanspruchen ist" (Ausschuß für wirtschaftliche Fertigung).

Glanz. Die Messung des Glanzes, den das Leder zeigt, kann mit den oben erwähnten Apparaten für die Farbenmessung ausgeführt werden und beruht darauf, daß die in schräger und die in senkrechter Richtung zurückgeworfene Lichtmenge gemessen und der Unterschied zahlenmäßig angegeben wird. (Näheres vgl. unter „Farbenlehre und Farbenmessung".)

Reibechtheit. Die Reibechtheit des farbigen Leders wird dadurch annähernd geprüft, daß man das Leder mit einem trockenen weißen Lappen leicht abwischt. Es soll dabei eine wesentliche Färbung des Lappens oder eine nennenswerte Veränderung der Farbentiefe und des Farbtons des Leders nicht zu bemerken sein. Andernfalls kann das Leder nicht als reibecht bezeichnet werden. Wenn geprüft werden soll, ob das Leder beim feuchten Abreiben oder bei Einwirkung organischer Lösungsmittel, wie es bei der Reinigung des Leders in Betracht kommt, in der Farbe leidet, so wird das Leder mit einem mit Wasser oder entsprechenden organischen Lösungsmitteln befeuchteten Lappen abgewischt und die Wirkung wie oben angegeben beobachtet. In ähnlicher Weise kann auch die Einwirkung anderer Stoffe auf die Lederfarbe, die wie Schuhputzmittel zur Behandlung des Leders dienen, geprüft werden.

„Die Reibechtheit gefärbter Leder kann durch Anwendung von Appreturen oder Lacken bis zur Vollkommenheit gesteigert werden; sie ist ohne diese Mittel nie vollkommen" (Ausschuß für wirtschaftliche Fertigung).

Bei Prüfung von farbigen Ledern mit Deckfarben ist zu beachten, daß Eiweißdeckfarben in alkalischen Mitteln, z. B. Soda, Ammoniak, Nitrocellulose-deckfarben, dagegen in manchen organischen Lösungsmitteln löslich sind und daß daher bei solchen Ledern die Prüfung auf Reibechtheit entsprechend der Art der Deckfarbe und unter Berücksichtigung der Vorschriften ausgeführt werden muß, die von der die Deckfarbe herstellenden Firma für die Behandlung des Leders gegeben werden.

Die Prüfung der Reibechtheit der Lederfarbe durch Abreiben mittels eines Lappens mit der Hand hat den Nachteil, daß die besonders für vergleichende Versuche unbedingt nötige, völlig gleichmäßige Ausführung der Prüfungen nicht gewährleistet ist. Dieser Übelstand wird vermieden, wenn man eine Vorrichtung (Abb. 361) anwendet, die von der **Deutschen Versuchsanstalt für Lederindustrie** in Freiberg in Sachsen in Verbindung mit dem Laboratorium der **Eri-Gesellschaft**, Göppingen, für die Prüfung der Einwirkung von Creme auf die Farbe des Leders beim Abreiben („Reibschärfe") erdacht und zusammengestellt wurde, die aber auch in allen Fällen, in denen die Reibechtheit der Farbe des Leders oder die Widerstandsfähigkeit des Narbens beim Abreiben geprüft werden soll, geeignet ist.

Abb. 361. Apparat zur Prüfung der Reibechtheit.

Der bewegliche Stempel der Vorrichtung trägt eine Schale, die zur Erzielung eines bestimmten Drucks mit einem entsprechenden Gewicht belastet werden kann. Um den Stempel ist ein Streifen von zusammengelegtem Putztuch gewickelt. Bei der Prüfung zieht man den in senkrechter Richtung beweglichen Stempel hoch, bringt einen etwa 10 cm langen und 3 cm breiten Streifen des zu prüfenden Leders darunter, läßt den Stempel wieder herab und führt nun mit Hilfe der Schiebestange in der Längsrichtung des Lederstreifens eine bestimmte Anzahl von Hin- und Herbewegungen des Stempels mit gleicher Weglänge aus. Der Tuchstreifen wird, wenn die Reibechtheit des Leders beim trockenen Abreiben geprüft werden soll, unmittelbar verwendet, wenn die Wirkung des Abreibens mit einer Flüssigkeit festgestellt werden soll, mit dieser an der unter dem Stempel befindlichen Stelle durchtränkt. Zur Prüfung der Einwirkung von Creme auf die Farbe des Leders wird ein Tropfen Creme (etwa 1 ccm) auf den Lederstreifen gebracht und dieser so unter den Stempel geschoben, daß der Cremetropfen gerade unter diesen zu liegen kommt. Dann läßt man den Stempel herab, wobei der Tuchstreifen an der betreffenden Stelle mit Creme durchfeuchtet wird. Nun führt man die bestimmte Anzahl von Hin- und Herbewegungen aus, zieht den Stempel wieder hoch, entnimmt den Lederstreifen und entfernt mit einem Lappen die vorhandenen Reste der Creme. Die Beurteilung erfolgt erst, nachdem die flüchtigen Stoffe der Creme verdunstet sind. Wenn der ringförmig um den Stempel gewickelte Tuchstreifen nach dem Versuch an der zum Reiben benutzten Stelle beschmutzt ist, so dreht man ihn weiter, damit bei einem nächsten Versuch eine saubere Stelle des Tuchs mit dem Leder in Berührung kommt. Wenn der Tuchstreifen vollständig beschmutzt ist, so wird er durch einen neuen ersetzt. Die Belastung durch den Stempel mit dem Gewicht bewirkt einen entsprechenden auf der ganzen Weglänge des Stempels gleichmäßigen Druck. Dieser entspricht bei einem Druckgewicht von etwa 600 g wie bei obiger Vorrichtung ungefähr dem vom Finger bei kräftigem Reiben ausgeübten Druck.

Eine Abänderung obiger Vorrichtung unterscheidet sich von dieser dadurch, daß der Stempel als einseitig offener Hohlkörper ausgestaltet ist, dessen Putzfläche, ebenso wie an der entsprechenden Stelle das Putztuch durchlöchert ist, so daß die Creme in der Mitte des Stempels zugeführt werden kann.

Die Bestimmung der Reibechtheit kann auch mit dem Apparat von J. Chailow erfolgen. Hierbei wird das Ledermuster über eine drehbare Walze gespannt und mit einem Stoffstreifen, der tangential an das Leder herangeführt wird, in Berührung gebracht. Der Stoffstreifen wird an einem Ende mit einem Gewicht von 1 kg beschwert. Bei trockener Reibung wird die Walze hundertmal nach jeder Richtung bewegt. Bei feuchter Reibung, wobei der Stoffstreifen vor dem Versuch angefeuchtet wird, genügen 25 Umdrehungen (B. J. Zuckermann und A. S. Winogradowa).

Die physikalischen Prüfungsverfahren sind für die Prüfung und Beurteilung des Leders erst in neuerer Zeit in besonderem Maße ausgebildet und herangezogen worden. Wenn die damit erhaltenen Ergebnisse auch nicht immer ein sicheres oder abschließendes Urteil über die Eigenschaften und das Verhalten des Leders beim praktischen Gebrauch gestatten, so bilden sie doch eine wertvolle, zum Teil unentbehrliche Ergänzung zu den Ergebnissen der chemischen Untersuchung, die wiederum die Beurteilung der Beschaffenheit des Leders nach anderen für die Herstellung und Verwendbarkeit des Leders wichtigen Gesichtspunkten ermöglicht und über die Art und Zusammensetzung des Leders Aufschluß gibt.

Die chemische Untersuchung des Leders.

Vor der chemischen Untersuchung müssen die entnommenen Lederproben zur Herstellung eines einwandfreien Durchschnittsmusters in geeigneter Weise zerkleinert werden. Hierfür werden die Lederstücke mit einem Messer oder einer Schneidevorrichtung in Streifen geschnitten, die nicht mehr als 2 cm lang und 0,5 mm dick sein sollen. Eine derartige Zerkleinerungsform ist für pflanzlich gegerbtes Leder vorgeschrieben, das auf keinen Fall mit Reibmühlen zerkleinert werden darf. Die Vorschrift für die Zerkleinerung des Leders muß beachtet werden, da die Ergebnisse der Lederuntersuchung zum Teil, besonders beim Wassergehalt und den auswaschbaren Stoffen, durch die Zerkleinerungsform des Leders beeinflußt werden [R. Lauffmann (1)]. Die Zerkleinerung des Leders in der hierfür vorgeschriebenen Zerkleinerungsform kann mit einem einfachen mit bestem Erfolg erprobten Apparat vorgenommen werden, der auch bei hartem Leder in der ganzen Länge und Breite stets gleichmäßig 0,5 mm dicke Lederstreifen liefert. Der Apparat entspricht im wesentlichen einer bereits von L. Balderston (2) vorgeschlagenen Konstruktion und wird von der Firma A. Meißner, Freiberg i. S. hergestellt (F. Stather, S. 63). Die von jeder Probe erhaltene zerkleinerte Ledermenge wird gut gemischt. Von den so vorbereiteten Proben eines Leders werden gleiche Gewichtsmengen fortgenommen. Diese werden wieder gut gemischt, wodurch das Durchschnittsmuster erhalten wird. Dieses muß sofort in eine luftdicht schließende Flasche gebracht werden, da das Leder seinen Wassergehalt unter dem Einfluß der wechselnden Luftfeuchtigkeit ändert.

Bei der chemischen Untersuchung des Leders kommt zunächst die Bestimmung einer Reihe von Stoffgruppen in Betracht, die allen Lederarten gemeinsam sind. Da das Leder aus der tierischen Haut hervorgegangen ist, so enthält es eine bestimmte Menge Hautsubstanz. Ferner ist in dem Leder Wasser vorhanden, unter Umständen auch in Form von Kristallwasser in Salzen. Auch Mineralstoffe finden sich in jedem Leder. Sie stammen aus der Haut, von den bei den vorbereitenden Arbeiten, z. B. beim Haarlockern, verwendeten Stoffen, bei pflanzlich gegerbtem Leder von den benutzten Gerbmitteln, Gerbstoffauszügen, Füll- und Beschwerungsmitteln, bei dem durch Mineralgerbung erhaltenen Leder zum Teil von den benutzten Aluminium-, Chrom- und Eisenverbindungen, schließlich auch von dem bei der Lederherstellung verwendeten Wasser. Auch Fett ist in jedem Leder, auch in ungefettetem, vorhanden und rührt in letzterem Falle von dem in den Häuten und Fellen meist in geringerer, unter Umständen aber auch in größerer Menge enthaltenen Naturfett her. Schließlich enthält das Leder auch wasserlösliche Stoffe, die zum Teil aus Mineralstoffen, zum Teil aus organischen Stoffen bestehen.

Es handelt sich also bei der chemischen Untersuchung des Leders zunächst um die Bestimmung des Wassers, der Mineralstoffe in Form der Asche, des Fetts, der wasserlöslichen Stoffe und um die Ermittlung des Gehalts an Hautsubstanz, die in der Hauptsache aus eiweißartigen Stoffen besteht und daher Stickstoff enthält. Der Stickstoff wird bestimmt, und es kann daraus auf der unten angegebenen Grundlage der Gehalt des Leders an Hautsubstanz berechnet werden.

Für die Untersuchungsverfahren bestehen nur bei pflanzlich gegerbten Ledern in einzelnen Punkten Vorschriften, die vom Internationalen Verein der Lederindustriechemiker (I. V. L. I. C.) und der International Society of Leather Trades' Chemists (I. S. L. T. C.) aufgestellt sind. (Siehe Collegium 1931, S. 839 u. 1933, S. 678.) Die Verfahren zur Bestimmung der obengenannten Stoffgruppen können auch bei anderen Lederarten angewendet werden. Anderseits müssen je nach der Lederart und den Umständen noch andere Untersuchungsverfahren mit herangezogen werden.

Pflanzlich gegerbtes (lohgares) Leder.

Bei der Untersuchung pflanzlich gegerbter Leder sind nach den Vorschriften zu bestimmen: Feuchtigkeit, Fett, auswaschbare Stoffe, Hautsubstanz, Asche.

Für alle diese Bestimmungen soll das Leder in Späne von 0,5 mm Dicke gehobelt sein.

Feuchtigkeit. 5 g Leder werden im Trockenschrank bei 100 bis 105⁰ bis zur Gewichtskonstanz getrocknet. Das Gewicht soll als konstant angesehen werden, wenn zwei Bestimmungen innerhalb zwei Stunden keinen größeren Gewichtsunterschied als 15 mg ergeben. Die erste Gewichtsfeststellung soll nach 6 Stunden ununterbrochener Trocknung vorgenommen werden. Der höchste Wert soll als Ergebnis angenommen werden.

Eine genaue Bestimmung des Wassergehalts bzw. der Feuchtigkeit des Leders durch Trocknen ist nicht möglich, da bei 100 bis 105⁰ ein Teil des Kristallwassers der im Leder vorhandenen Salze zurückbleibt, anderseits, besonders bei noch weiter erhöhter Temperatur, auch andere flüchtige Stoffe, z. B. Fett, entfernt sowie Gerbstoffe und Fette oxydiert werden [R. F. Innes und G. M. Coste; D. Burton (2)], ferner die Ergebnisse auch durch die relative Feuchtigkeit der Luft während des Trocknens merklich beeinflußt werden (F. V. Veitch, T. D. Jarrell).

Die Wasserbestimmung durch Destillation mit Xylol liefert bei Leder ebenfalls keine befriedigenden Ergebnisse, da auch bei diesem Verfahren das Kristallwasser nicht völlig abgegeben wird. Auch ein Verfahren (A. Colin-Ruß), wobei das durch Einwirkung des Wassers des Leders auf Calciumcarbid entwickelte Acetylen gemessen wird, ist mit Fehlerquellen verbunden.

Wegen der Fehlerquelle durch Oxydation des Fetts bei der Wasserbestimmung ist vorgeschlagen worden, die Lederprobe vor der Wasserbestimmung zu entfetten; doch entsteht dabei ein neuer Fehler, weil durch das Fettlösungsmittel auch ein Teil des im Leder enthaltenen Wassers entfernt wird. Zur möglichst weitgehenden Verminderung dieser Fehlerquelle ist folgendes Verfahren vorgeschlagen worden (V. Kubelka, V. Nemec und S. Zuralev): 10 g fein zerteiltes Leder werden bei 100⁰ eine Stunde getrocknet, wobei der größte Teil des Wassers, etwa 80 bis 90%, entfernt wird. Dann wird die Lederprobe in der unten angegebenen Weise mit Petroläther extrahiert und das Fett gewichtsanalytisch bestimmt. Die entfettete Lederprobe wird drei Stunden bei 100⁰ getrocknet. Der Gehalt des Leders an Feuchtigkeit ergibt sich dann aus der Differenz des Gewichts des ursprünglichen Leders und der Summe Fettgehalt + + Gewicht des getrockneten entfetteten Leders.

Ein ungewöhnlich hoher Wassergehalt ist besonders bei Leder, das nach Gewicht gehandelt wird, zu beanstanden und wirkt auch beim Lagern ungünstig, da solches Leder dann leicht schimmlig wird. Aber auch ein zu niedriger Wassergehalt ist dem Leder nicht zuträglich, da dieses bei zu starkem Austrocknen spröde wird.

Asche und lösliche Mineralstoffe. 2 bis 5 g Leder werden zur Bestimmung der Asche langsam bei schwacher Rotglut (nach der I. V. L. I. C.-Vorschrift nicht über 300⁰) verascht. Wenn die dabei gebildete Kohle schwierig verbrennt, so befeuchtet man die Asche mit Wasserstoffsuperoxyd und glüht wieder schwach. Man kann in diesem Falle auch in der Weise verfahren, daß man die Asche mit heißem Wasser auslaugt, filtriert, Filter und Rückstand in einer Schale verbrennt, die beim Auslaugen erhaltene Lösung dazu gibt, zur Trockne verdampft und glüht.

Bei dem Ergebnis der Aschenbestimmung ist zu berücksichtigen, daß die gefundene Asche nach Menge und Art von den im Leder tatsächlich vorhandenen Mineralstoffen mehr oder weniger abweicht, da beim Veraschen mannigfache Veränderungen, unter anderem Zersetzungen, z. B. von Aluminium- und Magnesiumverbindungen, und Reduktionen, z. B. von Alkalisulfaten, stattfinden.

Der durch Zersetzung von Magnesiumsulfat usw. beim Veraschen des Leders entstehende Fehler kann ausgeglichen werden, wenn man die Asche mit Schwefelsäure abraucht, wodurch die Magnesia usw. wieder in das Sulfat übergeführt wird, erneut bei 500 bis 600⁰ glüht und wägt [M. Bergmann (2)].

Wenn die gefundene Asche 1% übersteigt, so müssen die Aschenbestandteile, wie später unter „Beschwerung des Leders" angegeben, ermittelt und bestimmt werden, wobei auch festgestellt wird, ob eine Beschwerung des Leders mit Mineralstoffen vorliegt.

Fett. 10 bis 20 g Leder werden mit nicht über 60⁰ siedendem Petroläther, der hierfür vorgeschrieben ist, ausgezogen, bis kein Fett mehr in Lösung geht. Zur Extraktion verwendet man am besten Soxhlet-Apparate, unter die man einen gewogenen Kolben stellt. Das Leder wird entweder in eine Papierhülse eingefüllt oder kann bei neueren Apparaten unmittelbar auf eine in den Apparat eingeschmolzene Glasfritteplatte gegeben werden. Wenn einige Tropfen des abgeheberten Petroläthers auf Schreibpapier beim Verdunsten keinen Fettfleck mehr hinterlassen, ist die Extraktion beendet. Petroläther wird abdestilliert, der Rückstand 5 Stunden bei 100⁰ getrocknet und dann als „Fett" gewogen.

Zu diesem Verfahren der Fettbestimmung ist zu bemerken, daß weder Petroläther noch die anderen gebräuchlichen Fettlösungsmittel die gesamte im Leder enthaltene Fettmenge aus diesem ausziehen können [J. A. Wilson (2), R. Lauffmann (2)], da gewisse Fettstoffe, wie Oxyfettsäuren der Trane, ferner sulfonierte Öle und Seifen teilweise darin unlöslich sind und da das Naturfett (G. D. McLaughlin und E. R. Theis), bei gefetteten Ledern auch das sonstige Fett, wahrscheinlich teilweise an Hautsubstanz gebunden ist. Es ist daher mit Recht vorgeschlagen worden, die beim unmittelbaren Ausziehen mit Fettlösungsmitteln und Abdestillieren dieser erhaltenen Rückstände nicht als Fett, sondern als „durch Petroläther, Chloroform usw. ausziehbare Stoffe" zu bezeichnen [D. Woodroffe (1)].

Es gibt zwar ein bei sonstigen Lederarten anwendbares Verfahren, bei dem das nach dem Ausziehen des Leders mit Fettlösungsmitteln darin noch zurückgebliebene Fett genügend genau bestimmt werden kann. Dieses Verfahren, das bei der Untersuchung des Chromleders beschrieben ist, ist jedoch aus den dort unter „Bemerkung" ange-führten Gründen für pflanz-lich gegerbtes Leder nicht geeignet.

Ferner ist zu beachten, daß bei Gegenwart sulfo-nierter Öle ein Teil davon in die bei der Bestimmung des Auswaschverlustes er-haltene wässerige Lösung gehen kann. Eine genaue Bestimmung dieses Fettan-teils ist jedoch bei pflanz-lich gegerbtem Leder eben-falls wegen der Gegenwart von Gerbstoff in der wäs-serigen Lösung nicht mög-lich.

Dagegen kann in dieser Lösung Fett nachgewiesen werden, wenn man einen

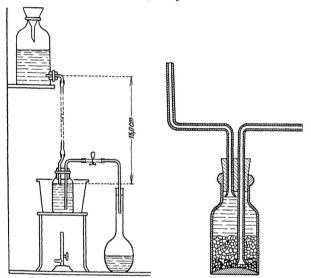

Abb. 362. Einrichtung zur Bestimmung der auswaschbaren Stoffe.

Teil davon nach Zusatz von etwas verdünnter Salzsäure einige Minuten kocht, abkühlt, mit Äther ausschüttelt, die ätherische Lösung mehrmals mit kleinen Mengen Wasser wäscht, den Äther abdestilliert und den Rückstand mit der Fettfleckprobe auf Papier auf Fett prüft.

Auswaschverlust. Man versteht hierunter die Menge der unter bestimmten Bedingungen durch Wasser aus dem Leder herausgelösten Stoffe. Es kann für diese Bestimmung, wenn es sich um ein ungefettetes Leder handelt und nicht eine vollständige Lederuntersuchung ausgeführt werden soll, das zerkleinerte Leder unmittelbar verwendet werden. Andernfalls wird hierzu die entfettete Lederprobe benutzt, wie sie nach dem Ausziehen des Fettes mit Petroläther zur Fettbestimmung erhalten wird. Dieser Lederrückstand wird zunächst auf Papier ausgebreitet liegengelassen, bis der Petroläther vollständig verdunstet ist. Die Auslaugung des Leders kann mit Wasser von gewöhnlicher Temperatur (18⁰ C) oder erhöhter Temperatur (45⁰ C) im Prokterschen oder im Kochschen Apparat ausgeführt werden, wobei die Lederprobe auf das Fünfzigfache der Ein-waage, bei Anwendung von 20 g Leder also auf 1 l ausgelaugt wird. In der Aus-fertigung des Analysenberichtes muß die Art der Bestimmung genannt werden. Für den Bereich des I.V.L.I.C. ist unter „Bestimmung des Auswaschverlustes" das Ergebnis der warmen Auslaugung (45⁰ C) im Kochschen Apparat zu verstehen. Die Auslaugedauer kann für 1 l Flüssigkeit auf 2 Stunden bemessen werden. Bei

Anwendung des Kochschen Apparats (Abb. 362) wird die gewogene Lederprobe in die Auslaugeflasche gegeben und diese von der darüberstehenden Vorratsflasche aus mit destilliertem Wasser gefüllt. Die Auslaugeflasche wird beim Auslaugen bei 45⁰ in ein auf diese Temperatur angewärmtes Wasserbad gestellt. Das Abflußrohr zum Maßkolben ist an einer Gummischlauchverbindung mit einem Quetschhahn versehen. Dieser wird so weit geöffnet, daß die Flüssigkeit tropfenweise in den daruntergestellten Maßkolben von entsprechender Größe gelangt. Wenn der Kolben bis zur Marke gefüllt ist, wird der Inhalt auf Zimmertemperatur abgekühlt. Dann wird eine gemessene Menge der Lösung (50 oder 100 ccm) auf dem Wasserbad zur Trockne verdampft, der Rückstand bis zum gleichbleibenden Gewicht getrocknet, gewogen und als Auswaschverlust berechnet. Der Trockenrückstand der auswaschbaren Stoffe enthält auch die löslichen Mineralstoffe des Leders. Da diese auch bei der Bestimmung der Asche des Leders gefunden und in Rechnung gesetzt werden, so müssen sie durch Veraschen des Trockenrückstandes bestimmt und bei der Zusammenstellung der Ergebnisse für die vollständige Lederuntersuchung vom Trockenrückstand der auswaschbaren Stoffe abgezogen werden, wodurch sich die „auswaschbaren organischen Stoffe" ergeben. Zur Durchführung der Bestimmung der auswaschbaren Stoffe im Leder ist ein automatisches Verfahren angegeben worden (J. N. Gerssen).

Das Auslaugen des Leders zur Bestimmung des Auswaschverlusts erfolgt bei erhöhter Temperatur, um möglichst auch etwa vorhandene ungebundene, aber in kaltem Wasser unlösliche Gerbstoffteilchen von der Art der Phlobaphene herauszulösen. Gegen die Verwendung von erwärmtem Wasser hierfür ist jedoch eingewendet worden, daß dabei die Ledersubstanz hydrolisiert werden könnte. Es wurde daher ein Verfahren vorgeschlagen, wobei das entfettete Leder zuerst 4 Stunden in einer Auslaugevorrichtung nacheinander mit Methylalkohol und Äthylalkohol und dann durch Einlegen der etwas ausgepreßten Extraktionshülse in 400 ccm Wasser über Nacht mit Wasser ausgelaugt wird. Der alkoholische und der wässerige Auszug des Leders wird zur Trockne verdampft. Die Rückstände werden getrocknet, gewogen und verascht [G. Powarnin (3)]. Der Auswaschverlust ergibt sich aus der Summe der Trockenrückstände. Nach Abzug der Asche vom Gesamtrückstand werden die auswaschbaren organischen Stoffe erhalten. Dieses Verfahren wird naturgemäß andere Ergebnisse liefern als das Auslaugen des Leders mit Wasser. Es entspricht auch nicht den jetzt für die Bestimmung der auswaschbaren Stoffe geltenden Vorschriften und ist außerdem wegen der verschiedenen Löslichkeit der einzelnen Gerbstoffe in organischen Lösungsmitteln unrichtig.

Wenn eine vollständige Lederuntersuchung ausgeführt oder das Leder auf Beschwerung (siehe später) untersucht werden soll, so wird in der Lösung der auswaschbaren Stoffe auch eine Bestimmung der Nichtgerbstoffe ausgeführt, wozu das Filterverfahren angewendet werden kann. Die mit etwa 7 g schwach chromiertem Hautpulver gefüllte Filterglocke wird in 125 ccm der Lösung der auswaschbaren Stoffe gestellt, die sich in einem 200 ccm Becherglas befindet. Wenn das Hautpulver bis zum oberen Rand der Filterglocke mit Flüssigkeit durchtränkt ist, wird am Heberrohr angesaugt. Von der abtropfenden Flüssigkeit werden 30 ccm verworfen. Die weitere Nichtgerbstofflösung wird in ein 60-ccm-Kölbchen bis zur Marke tropfen gelassen. Dann werden 50 ccm dieser Nichtgerbstofflösung zur Trockne verdampft und bis zum gleichbleibenden Gewicht getrocknet. Der Trockenrückstand enthält auch Mineralstoffe und wird daher verascht. Nach Abzug der Asche vom Trockenrückstand werden die organischen Nichtgerbstoffe erhalten und bei der vollständigen Lederuntersuchung in die Untersuchungsergebnisse eingestellt. Der Unterschied der organischen auswaschbaren Stoffe und der organischen Nichtgerbstoffe ergibt den auswaschbaren Gerbstoff.

Hautsubstanz. Der Gehalt des Leders an Hautsubstanz kann auf Grund einer Stickstoffbestimmung im Leder berechnet werden, da gefunden wurde (Jul. v. Schroeder und J. Paeßler), daß die Blößentrockensubstanz ohne Mineralstoffe und Fett einen bestimmten Stickstoffgehalt hat, der bei den am meisten in der Gerberei verarbeiteten Häuten und Fellen 17,8% beträgt. Es ergibt sich daher aus dem Prozentgehalt des Leders an Stickstoff durch Vervielfältigung mit 5,62 der Prozentgehalt des Leders an Hautsubstanz. Diese Berechnung ist naturgemäß nur dann einwandfrei, wenn andere Stickstoff enthaltende Stoffe, wie Leim, Casein, Harnstoff, Hexamethylentetramin, die in neuerer Zeit zur Bindung des löslichen Gerbstoffs zuweilen verwendet werden bzw. vorgeschlagen wurden, sowie stickstoffhaltige Farbstoffe und sonstige fremde stickstoffhaltige Stoffe nicht im Leder vorhanden sind.

Zur Bestimmung des Stickstoffs wird meist das Kjeldahl-Verfahren angewendet, das darauf beruht, daß die organischen Stoffe im Kjeldahl-Kolben durch konzentrierte Schwefelsäure, frei von Stickstoff, bei Gegenwart von Mitteln wie Quecksilber, Kupferoxyd, Wasserstoffsuperoxyd, die zur Beschleunigung des Vorgangs dienen, zerstört werden und dabei der Stickstoff in Ammoniak übergeführt wird, das von der Schwefelsäure gebunden wird. Die dem gebildeten Ammoniumsulfat entsprechende Menge Ammoniak wird dann in der üblichen Weise nach Zusatz von Natronlauge durch Abdestillieren des Ammoniaks und Auffangen des letzteren in Säure bestimmt.

Für die Einzelheiten der Stickstoffbestimmung auf der Grundlage des Kjeldahl-Verfahrens sind zahlreiche Vorschläge gemacht worden, die sich besonders durch die Wahl der Zusatzmittel zur Säure unterscheiden und zum Teil mehr oder weniger abweichende Ergebnisse liefern.

Man kann zur Stickstoffbestimmung in der Weise verfahren, daß man von pflanzlich gegerbtem Leder 0,600 g zerkleinertes Leder abwägt, in den Kjeldahl-Kolben bringt, mit 10 ccm konzentrierter Schwefelsäure durchtränkt, einen Tropfen Quecksilber zugibt und dann bei langsam, schließlich bis zum Sieden gesteigerter Temperatur so lange erhitzt, bis nach einigen Stunden der Inhalt des Kolbens eine wasserhelle Farbe angenommen hat oder doch keine Veränderung der Farbe mehr zeigt. Nach dem Erkalten wird der Kolbeninhalt vorsichtig mit Wasser verdünnt, bis das ausgeschiedene Salz sich gelöst hat, und in den Destillationskolben gespült. Dann werden einige Zinkspäne oder Stücke Bimsstein zur Verhütung des Stoßens, ferner 60 ccm einer 500 g Natriumhydroxyd und 16,5 g Kaliumsulfid im Liter enthaltenden Lösung zugesetzt, wobei das Schwefelkalium zum Ausfällen des Quecksilbers dient. Nachdem der Destillationskolben, der einen Sicherheitsaufsatz trägt, sogleich mit dem Kühler verbunden ist, wird erst langsam erhitzt, dann gekocht. Das überdestillierende Ammoniak wird in 50 ccm $n/10$-Schwefelsäure aufgefangen und der Überschuß letzterer nach Zusatz von Kongorotlösung mit $n/10$-Natronlauge zurücktitriert. Der Unterschied der vorgelegten und der zurücktitrierten Anzahl Kubikzentimeter $n/10$-Lösung ergibt, mit 0,0014 vervielfältigt, die in der angewendeten Ledermenge enthaltene Menge Stickstoff. Aus letzterer wird durch Vervielfältigung mit 5,62 die entsprechende Menge Hautsubstanz berechnet.

Wenn die zur Stickstoffbestimmung abgewogene Ledermenge mit e und der Unterschied zwischen der vorgelegten und der zum Zurücktitrieren verbrauchten Anzahl Kubikzentimeter mit u bezeichnet wird, so erhält man den Prozentgehalt des Leders an Hautsubstanz H einfacher nach der Formel $H = \dfrac{0,7868\,u}{e}$. Bei einer Einwaage von 0,600 g Leder ist also $H = 1,3113\,u$.

In neuerer Zeit wird auch ein Mikrokjeldahl-Verfahren für die Stickstoffbestimmung im Leder angewendet [O. Gerngroß und W. E. Schäfer; G. Rehbein (1)].

Bei der Stickstoffbestimmung im Leder nach Kjeldahl bildet neben einigen anderen Umständen auch der Fettgehalt des Leders eine Fehlerquelle, so daß empfohlen wird, die Stickstoffbestimmung im entfetteten Leder vorzunehmen (D. Burton und H. Charlton). Dementsprechend ist jetzt vorgeschrieben, Leder, das mehr als 5% Fett enthält, vor der Stickstoffbestimmung zu entfetten. Das Entfetten kann hierbei durch einfaches Dekantieren vorgenommen werden.

Nach Ermittlung des Gehalts an Hautsubstanz im Leder wird durch Abzug der Summe der Prozentgehalte von Wasser, Asche, Fett, auswaschbaren organischen Stoffen und Hautsubstanz von 100 der Prozentgehalt an gebundenem Gerbstoff erhalten. Die Summe von Hautsubstanz und gebundenem Gerbstoff wird als Ledersubstanz bezeichnet, die auch berechnet wird, wenn man die Summe der Prozentgehalte von Wasser, Asche, Fett und auswaschbaren organischen Stoffen von 100 abzieht.

Die in dieser Weise erhaltenen Untersuchungsergebnisse werden nach folgendem Beispiel zusammengestellt:

Wasser		14,3
Asche		0,8
Fett		1,2
Auswaschbare {	Gerbstoff	4,6
organische Stoffe {	Nichtgerbstoff	2,8
Ledersubstanz {	Gerbstoff	33,1
{	Hautsubstanz	43,2
		100,0

Auswaschbare organische Stoffe 7,4
Gesamtgerbstoff (auswaschbarer Gerbstoff und
    an Hautsubstanz gebundener Gerbstoff) . . 37,7

Rendementzahl und Durchgerbungszahl. Auf Grund des Gehalts des Leders an Hautsubstanz läßt sich dann die „Rendementzahl" und in Verbindung mit dem Gehalt an gebundenem Gerbstoff die „Durchgerbungszahl" berechnen.

Die Rendementzahl (R) gibt an, wieviel Teile des lufttrockenen, pflanzlich gegerbten Leders aus 100 Teilen Hautsubstanz entstanden sind. Wenn das Leder x Prozent Hautsubstanz enthält, so ist $R = \dfrac{100 \cdot 100}{x} = \dfrac{10\,000}{x}$.

Die Rendementzahl bezieht sich auf den Wassergehalt, den das Leder bei der Untersuchung hat. Wenn die Untersuchungsergebnisse auf einen anderen, zweckmäßig auf den heutigen durchschnittlichen Wassergehalt von 14%, umgerechnet werden, so muß dieses auch bei der Rendementzahl geschehen, die dadurch eine entsprechende Änderung erfährt. Wenn die Untersuchungsergebnisse mehrerer Leder zur Beurteilung miteinander verglichen werden sollen, so müssen außer den übrigen Ergebnissen auch die Rendementzahlen auf den gleichen Wassergehalt umgerechnet werden.

Ferner ist zu beachten, daß das aus der Rendementzahl berechnete Lederrendement von dem praktisch im Betriebe ermittelten mehr oder weniger abweicht (W. Appelius und L. Manstetten).

Die Durchgerbungszahl (D) gibt an, wieviel Teile Gerbstoff von 100 Teilen Hautsubstanz gebunden wurden, und wird ermittelt, indem man den Prozentgehalt des Leders an gebundenem Gerbstoff mit 100 vervielfältigt und den erhaltenen Wert durch den Prozentgehalt an Hautsubstanz teilt.

Die Durchgerbungszahl liegt bei Ledern, die keine besondere Behandlung der unten angegebenen Art erfahren haben, meist unter 100, und zwar bei rein grubengarem Leder gewöhnlich zwischen 65 und 70, auch höher, bei Ledern, die mit der Faßgerbung für sich oder in Verbindung mit der Grubengerbung hergestellt sind, durchschnittlich zwischen 80 und 90. Wenn die Durchgerbungszahl über 100 gefunden wird, so kann dieses durch verschiedene Umstände hervorgerufen sein. Zunächst kann ein Leder mit sehr satter Durchgerbung vorliegen. Ferner kann das Leder in der Wärme mit unbehandeltem Quebrachoextrakt zur Abscheidung von schwerlöslichem Gerbstoff im Leder nachbehandelt worden sein. Der schwerlösliche Gerbstoff wird dann bei der Bestimmung der auswaschbaren Stoffe nicht völlig herausgelöst und daher zum Teil als „gebundener" Gerbstoff gefunden, so daß die Durchgerbungszahl entsprechend höher berechnet wird. Schließlich kann das Leder mit den früher erwähnten stickstoffhaltigen Gerbstoffbindemitteln nachbehandelt worden sein, wobei der lösliche Gerbstoff des Leders teilweise gebunden und dadurch der Gehalt an auswaschbaren Stoffen herabgesetzt wird. Dabei wird, wenn die Menge der in das Leder gelangten stickstoffhaltigen Stoffe gegenüber der Menge des dadurch gebundenen Gerbstoffs geringer ist, die Durchgerbungszahl erhöht. Anderseits kann allerdings die Durchgerbungszahl durch die stickstoffhaltigen Bindemittel auch erniedrigt werden, wenn dadurch der Gehalt an Stickstoff und damit auch der berechnete Gehalt an Hautsubstanz gegenüber dem Gehalt an gebundenem Gerbstoff im Leder erhöht wird.

Bei Verwendung von Sulfitcelluloseauszug und synthetischen Gerbstoffen zur Lederherstellung, die auch zum Teil an Hautsubstanz gebunden werden, wird die Durchgerbungszahl ebenfalls höher gefunden, als dem Gehalt an gebundenem pflanzlichen Gerbstoff entspricht. Ferner ist zu beachten, daß der berechnete Gehalt an gebundenem Gerbstoff und damit auch die Durchgerbungszahl u. a. dadurch fehlerhaft beeinflußt wird, daß bei der Trockenbestimmung das Kristallwasser der Salze nicht völlig entfernt wird, bei der Bestimmung der Asche die Mineralstoffe mehr oder weniger zersetzt werden und bei der vorgeschriebenen Fettbestimmung das Fett sowie Umwandlungsprodukte der Öle, wie sulfonierte, oxydierte und geschwefelte (Faktis) Öle, und manche andere etwa zur Imprägnierung verwendete Stoffe, wie Kautschuk, nicht vollständig aus dem Leder herausgelöst werden, die zurückbleibenden Fettanteile usw. daher als gebundener Gerbstoff mit eingerechnet werden. Es darf daher eine höhere Durchgerbungszahl allein noch nicht als Kennzeichen einer guten Durchgerbung gelten.

Aschenuntersuchung. Beschwerung des Leders. Häufig wird das Leder mit Mineralstoffen oder organischen Stoffen behandelt, die zwar zum Teil auch gewisse günstige technische Wirkungen hervorbringen können, manchmal aber zu dem Zweck angewandt werden, um die Gewichtsausbeute an Leder zu erhöhen. Von Mineralstoffen werden hierfür besonders Magnesiumverbindungen, vorwiegend in Form von Bittersalz ($MgSO_4 \cdot 7 H_2O$), ferner lösliche Barium- und Bleiverbindungen verwendet, die nach Aufhellung des pflanzlich gegerbten Leders mit Schwefelsäure dazu dienen, diese zu binden und dabei zu den entsprechenden weißen Sulfaten umgesetzt werden, die die Farbe des Leders noch heller machen. Zuweilen findet man eine auffällig hohe Menge von Aluminiumverbindungen im Leder, die auch zum Aufhellen der Lederfarbe sowie zum Klären der Gerbbrühen verwendet werden.

Wenn der Gehalt des Leders an Mineralstoffen 1% nicht übersteigt, so ist eine besondere Behandlung des Leders mit Mineralstoffen nicht anzunehmen, so daß eine Untersuchung in dieser Richtung sich erübrigt. Andernfalls müssen die Mineral-

stoffe auf Art und Menge der vorhandenen mineralischen Bestandteile untersucht werden.

Zum Nachweis und zur Bestimmung der wesentlichen Aschenbestandteile kann
für pflanzlich gegerbtes Leder und für andere Lederarten, die kein Chrom und
keine Kieselsäure enthalten, der nachfolgende Arbeitsgang unter a dienen,
wobei Aluminium-, Eisen-, Calcium-, Magnesium-, Barium- und Bleiverbindungen
berücksichtigt sind. Bei Gegenwart von Kieselsäure wird zunächst nach b,
dann weiter nach a untersucht.

a) Die Asche wird mit Wasser in ein Becherglas gespült. Dann wird Salzsäure
und etwas verdünnte Schwefelsäure zugegeben und gekocht. Hierauf wird
ohne Rücksicht auf unlösliche Mineralstoffe Natronlauge bis zur stark alkalischen Reaktion zugefügt und gekocht, wobei vorhandene Bleiverbindungen in
lösliches Natriumplumbit umgewandelt werden. Dann wird filtriert und der
Niederschlag, der aus Bariumsulfat und Hydroxyden besteht, gut ausgewaschen.
Das Filtrat wird mit verdünnter Schwefelsäure angesäuert, wobei das Blei als
Bleisulfat ausgefällt wird. Nach einigen Stunden wird das Bleisulfat abfiltriert
und ausgewaschen. Dann wird verascht, geglüht und das Bleisulfat gewogen. Der
Niederschlag vom Bariumsulfat und von den Hydroxyden wird gleich nach dem
Auswaschen mehrmals mit heißer verdünnter Salzsäure behandelt, wobei die
Hydroxyde gelöst werden und etwa vorhandenes Bariumsulfat zurückbleibt.
Nach dem Auswaschen, Veraschen und Glühen wird das Bariumsulfat gewogen.
Die nach dem Abfiltrieren des Bariumsulfats und des Bleisulfats erhaltenen
Filtrate werden vereinigt. Zu dieser Lösung wird zur Fällung von Aluminium
und Eisen verdünntes Ammoniak gegeben, gekocht und filtriert. Dann wird der
Niederschlag ausgewaschen, auf dem Filter in heißer Salzsäure gelöst, die Lösung
mit verdünnter Natronlauge versetzt und gekocht, der Niederschlag von Eisenhydroxyd abfiltriert und gut ausgewaschen, das Filter verascht, der Rückstand
geglüht und als Eisenoxyd (Fe_2O_3) gewogen. Das Filtrat von Eisenhydroxyd-
niederschlag wird mit Salzsäure angesäuert, mit Ammoniak versetzt und gekocht.
Hierauf wird der Niederschlag von Aluminiumhydroxyd abfiltriert, gut ausgewaschen, das Filter verascht und der Glührückstand als Aluminiumoxyd (Al_2O_3)
gewogen. Im Filtrat der Hydroxyde von Aluminium und Eisen wird nach dem
Erhitzen zum Sieden durch tropfenweisen Zusatz von Ammoniumoxalatlösung
und Kochen der Kalk gefällt. Der Niederschlag von Calciumoxalat wird durch
Veraschen und Glühen in Calciumoxyd (CaO) übergeführt und als solches gewogen. Das Filtrat von Calciumoxalatniederschlag wird, wenn nötig, bis auf
etwa 50 ccm eingedampft, mit $^1/_3$ seines Volums konzentriertem Ammoniak
und dann zur Fällung des Magnesiums tropfenweise unter kräftigem Rühren mit
Natriumphosphatlösung versetzt. Der Niederschlag von Ammoniummagnesium-
phosphat wird längere Zeit, zweckmäßig über Nacht, stehengelassen, dann filtriert, mit $^1/_2$proz. Ammoniak ausgewaschen und nach dem Veraschen und
Glühen als Magnesiumpyrophosphat ($Mg_2P_2O_7$) gewogen. Die gefundene Menge
hiervon wird durch Vervielfältigung mit 1,077 in Magnesiumsulfat ($MgSO_4$)
oder mit 2,205 in Bittersalz ($MgSO_4 \cdot 7\,H_2O$) umgerechnet.

Bemerkung. Wenn nach obigem Untersuchungsgang Bariumsulfat gefunden
wird, so wird dieses, da es noch etwas Aluminium- und Eisenoxyd enthalten
kann, zweckmäßig gereinigt, indem das Filter verascht, der Rückstand mit dem
unter b angegebenen Gemisch von Natriumcarbonat und Kaliumcarbonat geschmolzen, die Schmelze mit Salzsäure behandelt, ein Rückstand vom Bariumsulfat abfiltriert und gut ausgewaschen wird. Das Filter wird dann verascht und
das Bariumsulfat gewogen. Das Filtrat von Bariumsulfat wird zu der Aschen-
lösung gegeben.

b) Wenn Kieselsäure im Leder vorhanden ist, so verfährt man nach dem Veraschen zunächst in folgender Weise: Die Asche wird mit etwa der fünf- bis sechsfachen Menge eines Gemisches von 3 Teilen Natriumcarbonat und 1 Teil Kaliumcarbonat geschmolzen. Die Schmelze wird dann mit heißem Wasser behandelt.
Der wasserunlösliche Teil der Schmelze wird abfiltriert, gut ausgewaschen und
zunächst beiseite gelegt. Das Filtrat wird mit Salzsäure angesäuert und noch
mit konzentrierter Salzsäure versetzt. Die Flüssigkeit wird dann auf dem Wasserbad abgedampft, bis der Abdampfrückstand völlig trocken ist. Der Abdampfrückstand wird dann mit konzentrierter Salzsäure durchfeuchtet und mit heißem
Wasser übergossen. Hierauf wird die Kieselsäure abfiltriert, ausgewaschen und
nach dem Veraschen geglüht und als SiO_2 gewogen. Der wasserunlösliche Teil
der Schmelze der Lederasche wird nach dem Veraschen des Filters mit überschüssiger Salzsäure behandelt. Die hierbei erhaltene Flüssigkeit wird ohne
Rücksicht auf unlösliche Mineralstoffe zu der übrigen Lösung gegeben.
Die gesamte Flüssigkeit wird dann mit etwas Schwefelsäure versetzt, gekocht
und nach a weiteruntersucht.

Bei der Untersuchung ist zu beachten, daß bei Gegenwart von Phosphorsäure,
die als Bestandteil pflanzlicher Gerbstoffe vorhanden oder z. B. durch die
Verwendung von Eigelb zum Fetten oder in Form der Glacégare in das
Leder gelangt und bei Fischleder als phosphorsaurer Kalk in der Narbenschicht reichlich vorhanden ist, durch Zusatz von überschüssigem Ammoniak
zur salzsauren Lösung neben Aluminium und Eisen auch Calcium und Barium
als Phosphat ausfällt und dadurch der Gehalt an Aluminium und Eisen zu hoch
gefunden bzw. die Gegenwart ihrer Verbindungen vorgetäuscht werden kann,
während Calcium und Barium zu niedrig gefunden werden. Kieselsäure findet sich
besonders als Bestandteil mineralischer Appreturmittel (Ton, Talkum) im Leder.

Zinn, Titan, Kupfer, Mangan. Für die Prüfung des Leders auf diese
Metalle können hier nur einige Anhaltspunkte gegeben werden.

Bei Gegenwart von Zinn gibt die salzsaure Lösung der Asche mit Schwefel-
wasserstoff eine braune Fällung von Stannosulfid (SnS) und bei Zusatz von
Quecksilberchlorid ($HgCl_2$) einen Niederschlag von weißem Quecksilberchlorür
(HgCl), unter Umständen mit metallischem Quecksilber.

Das Titan wird wie Aluminium, Eisen usw. ebenfalls mit Ammoniak als
Hydroxyd gefällt. Eine mit Ammoniak entstandene Fällung wird sofort wieder
in verdünnter Salzsäure gelöst. Die salzsaure Lösung nimmt bei Gegenwart
von Titan nach Zusatz von Zink oder Zinn durch Reduktion eine violette bzw.
blaue und, bei Gegenwart von wenig Säure, nach Zugabe von etwas Wasserstoffsuperoxyd eine gelbe bis orange Färbung an.

Wenn Kupfer vorhanden ist, so zeigt nach Zusatz von Ammoniak die Lösung
bzw. das Filtrat der Fällung eine blaue Färbung.

Bei Anwesenheit von Mangan wird beim Schmelzen der Lederasche mit dem
Gemisch von Natriumcarbonat und Kaliumcarbonat eine grün gefärbte Schmelze
erhalten. Wenn das Leder viel Alkalien enthält, so ist bei Gegenwart von Mangan
unter Umständen die Asche selbst schon grün gefärbt. Nach Ansäuren der
Schmelze mit Salpetersäure und Kochen mit Bleisuperoxyd ist durch Bildung
von übermangansaurem Alkali eine rote Färbung der Flüssigkeit bemerkbar.

Zu beachten ist, daß Mangan auch als natürlicher Bestandteil pflanzlicher
Gerbmittel und Kupfer durch kupferhaltige Gerbextrakte in das Leder gelangt
sein kann. Zinn- und Titansalze dienen als Beizmittel beim Färben und sind
daher eigentlich nur bei gefärbten Ledern zu berücksichtigen. Mangan kann bei
Lackleder auch als Bestandteil der Lackschicht (vom Sikkativ des Leinöllacks)
und bei Leder mit sonstigen Deckschichten als Mineralfarbe vorhanden sein.

Die Untersuchung der Asche kann naturgemäß je nach den Erfordernissen vereinfacht werden. Wenn das Leder nur auf Beschwerungsmittel geprüft werden soll, so wird man nur Barium, Blei und Magnesium, unter Umständen auch Aluminium quantitativ bestimmen. Zuweilen findet sich bei einem höheren Gehalt an Mineralstoffen eine bedeutende Menge von Alkaliverbindungen im Leder, was durch Verwendung eines stark mit Alkaliverbindungen behandelten Gerbstoffauszuges, von Sulfitcelluloseauszug oder von synthetischen Gerbstoffen verursacht sein kann. Die Bestimmung der Alkalien kann in der Asche einer anderen Probe des Leders nach dem bei der Untersuchung des Chromleders angegebenen Verfahren erfolgen.

Die Untersuchung des Leders auf organische Beschwerungsmittel braucht nicht ausgeführt zu werden, wenn der Gehalt an auswaschbaren organischen Stoffen 4% nicht überschreitet. Andernfalls müssen in der Lösung der auswaschbaren Stoffe die Nichtgerbstoffe bestimmt werden. Wenn der Gehalt an Nichtgerbstoffen mehr als 4% beträgt und dabei gegenüber dem Gehalt an auswaschbarem Gerbstoff auffällig hervortritt, so muß das Leder auf organische Beschwerungsmittel untersucht werden.

Von organischen Mitteln zur Beschwerung des Leders kommt besonders Zucker in Form von Traubenzucker, Melasse u. dgl. in Betracht.

Die Zuckerbestimmung im Leder wird im folgenden beschrieben. Da es meist nur auf den Gesamtgehalt an Zucker ankommt, ist hier auf eine getrennte Bestimmung der Zuckermengen, die unmittelbar Fehlingsche Lösung reduzieren und der, die erst nach Inversion reduzieren, kein Wert gelegt worden. Durch eine qualitative Prüfung kann man einen Anhaltspunkt für die Art des vorhandenen Zuckers gewinnen.

Ein größerer Teil der Lösung der auswaschbaren Stoffe, bei Auslaugung auf 1 l 400 ccm, wird auf weniger als 100 ccm eingedampft. Die Flüssigkeit wird in ein 100-ccm-Kölbchen übergespült und auf 100 ccm aufgefüllt. Dann wird der Inhalt des Kölbchens in ein Becherglas gegeben und das Kölbchen mit 10 ccm Wasser nachgespült. Die Flüssigkeit von 110 ccm wird dann zur Ausfällung des Gerbstoffs mit 20 ccm Bleiessig versetzt. Dann wird $1/4$ Stunde stehengelassen und filtriert. Vom Filtrat wird ein möglichst großer Teil abgemessen und daraus durch Zugabe von 20 ccm gesättigter Glaubersalzlösung das Blei entfernt. Die Flüssigkeit wird $1/4$ Stunde stehengelassen und dann filtriert. Vom Filtrat werden 50 ccm in ein 100-ccm-Kölbchen pipettiert und zur Inversion mit 10 ccm Schwefelsäure 1:5 im siedenden Wasserbade $1/2$ Stunde erhitzt. Dann wird nach Zusatz einiger Tropfen Phenolphthaleinlösung mit 30proz. Natronlauge neutralisiert, abgekühlt und zur Marke aufgefüllt. Zur Reduktion wird die übliche Fehlingsche Lösung verwendet. Doch wird die Erhitzungsdauer mit Rücksicht auf die langsame Reduktionswirkung der in den Gerbstofflösungen natürlich vorkommenden zuckerartigen Stoffe auf $1/2$ Stunde ausgedehnt (J. v. Schroeder). Ausführliche Angaben über die Zusammensetzung der Fehlingschen Lösung, den Bleiessig usw. finden sich im 1. Teil, Bd. II, S. 202 u. 203 dieses Handbuchs.

Man mischt im Becherglas 30 ccm der Kupferlösung und 30 ccm der Seignettesalzlösung, setzt so viel Wasser zu, daß die Flüssigkeit mit der später zugesetzten zuckerhaltigen Lösung 145 ccm beträgt, bringt das Becherglas in ein siedendes Wasserbad, gibt 25—40 ccm der vorbereiteten Zuckerlösung hinzu und erhitzt im siedenden Wasserbad $1/2$ Stunde. Das ausgeschiedene Kupferoxydul wird durch ein Allihnsches Röhrchen filtriert, mit destilliertem Wasser ausgewaschen, getrocknet und im Wasserstoffstrom zu Kupfer reduziert.

Zur Bestimmung des ausgeschiedenen Kupfers kann das gewichtsanalytische Verfahren nicht angewendet werden, wenn die Lösung eine wesentliche Menge

von Magnesia, Barium, Eisen oder anderen Basen enthält, die mit dem überschüssigen Natriumhydroxyd der Fehlingschen Lösung unlösliche Hydroxyde
bilden, da diese sich dem Kupferoxydulniederschlag beimengen und dadurch die
Ergebnisse zu hoch ausfallen würden. In diesem Fall muß ein titrimetrisches
Verfahren zur Bestimmung des Kupferoxyduls bzw. Kupfers benutzt werden.
Es hat sich für diesen Zweck das folgende jodometrische Verfahren [W. Appelius
und Schmidt (1)] gut bewährt:

Man pipettiert in einen 300-ccm-Erlenmeyer-Kolben je 15 ccm der Kupferlösung und der Seignettesalzlösung, gibt dann soviel Wasser hinzu, daß die Flüssigkeit mit der später zugesetzten zuckerhaltigen Lösung 75 ccm ausmacht, erhitzt
die Flüssigkeit zum Sieden, pipettiert 20 bis 40 ccm der vorbereiteten zuckerhaltigen Lösung dazu und bringt den Kolben mit aufgesetztem Kühlrohr $1/_2$ Stunde
in ein siedendes Wasserbad. Dann wird der Kolbeninhalt abgekühlt, mit einem
Gemisch von 15 ccm Schwefelsäure 1 : 2 und 10 ccm 35proz. Jodkaliumlösung
versetzt und das ausgeschiedene Jod, zum Schluß unter Zusatz von Stärkelösung,
mit Thiosulfatlösung titriert. In gleicher Weise wird in einem blinden Versuch
der Kupfergehalt in der Mischung von 15 ccm Kupferlösung, 15 ccm Seignettesalzlösung und 45 ccm Wasser bestimmt. Von der hier verbrauchten Anzahl
Kubikzentimeter Thiosulfatlösung wird die bei der zuckerhaltigen Lösung verbrauchte Anzahl Kubikzentimeter Thiosulfatlösung abgezogen. Dann wird der
Unterschied in Kubikzentimeter auf Jod umgerechnet. Die Jodmenge ergibt
durch 2 geteilt die Kupfermenge.

Auch das folgende Titrationsverfahren kann nach G. Bertrand zur Bestimmung des Kupfers angewendet werden: Die nach dem Erhitzen der Fehlingschen Lösung in obiger Weise erhaltene Flüssigkeit wird mit Hilfe der Saugpumpe
durch einen Goochtiegel mit Asbesteinlage filtriert, wobei dafür gesorgt wird,
daß zunächst möglichst wenig Kupferoxydul auf das Filter gelangt. Dann wird
das Kupferoxydul mit destilliertem Wasser völlig auf das Filter gespült, gut ausgewaschen und auf dem Filter unter Verwendung kleiner Anteile einer Lösung
von 50 g Ferrisulfat und 200 g Schwefelsäure von 60° Bé in einem Liter Wasser
gelöst. Das Filter wird nach völliger Auflösung des Kupferoxyduls mit Wasser
gut ausgewaschen. Das grüne Filtrat mit dem Waschwasser wird dann mit einer
Kaliumpermanganatlösung titriert, die durch Auflösen von 5 g Kaliumpermanganat in 1 l Wasser hergestellt ist. Der Titer der Kaliumpermanganatlösung wird
gegen Ammoniumoxalat gestellt und kann auf Grund der Beziehung berechnet
werden, wonach 1 Molekül kristallisiertes Ammoniumoxalat 2 Fe bzw. 2 Cu entspricht. Die zur Titration angewendete Gewichtsmenge Ammoniumoxalat ergibt,
mit 0,895 multipliziert, die Menge Kupfer, die dem Volumen der zur Titration
verbrauchten Anzahl Kubikzentimeter Kaliumpermanganatlösung entspricht.

Die der Kupfermenge des ausgeschiedenen Kupferoxyduls entsprechende
Zuckermenge wird aus Tabellen entnommen, die für das Verfahren v. Schroeders
wegen der dabei angewandten längeren Erhitzungsdauer der Zuckerlösung mit
der Fehlingschen Lösung für Traubenzucker und Invertzucker besonders
ausgearbeitet sind (siehe dieses Handbuch, Bd. II, 1. Teil, S. 204 u. 207). Der
gefundene Invertzucker wird durch Vervielfältigung mit 0,95 auf Rohrzucker
umgerechnet. Nachdem weiter unter Berücksichtigung der bei der Vorbereitung der
Lösung für die Zuckerbestimmung stattgefundenen verschiedenen Verdünnungen
die der entnommenen Menge Zuckerlösung entsprechende Ledermenge festgestellt
worden ist, kann der Prozentgehalt des Leders an Zucker berechnet werden.

Wenn man 20 g Leder auf 1 l auslaugt und von der Lösung der auswaschbaren
Stoffe 400 ccm eingedampft und in der oben angegebenen Weise vorbereitet hat,
so entsprechen 40 ccm der vorbereiteten zuckerhaltigen Lösung 0,9728 g Leder.

Bei den Ergebnissen der Zuckerbestimmung ist zu beachten, daß auch die pflanzlichen Gerbmittel und Gerbstoffauszüge mehr oder weniger zuckerartige Stoffe enthalten. Ferner ist bemerkenswert, daß auch künstliche Gerbstoffe bei der obigen Vorbereitung zur Zuckerbestimmung noch eine gewisse Reduktionswirkung auf Fehlingsche Lösung ausüben, die jedoch so gering ist, daß bei einem Gehalt des Leders an künstlichem Gerbstoff die Ergebnisse der Zuckerbestimmung dadurch nicht wesentlich erhöht werden können [R. Lauffmann (3), C. van der Hoeven (1)].

Der Zuckergehalt der nicht mit Zuckerlösungen behandelten Leder beträgt gewöhnlich weniger als 1%, doch kommen bei Ledern, die unter Verwendung zuckerreicher Gerbmittel, wie Fichtenrinde, Myrobalanen, Dividivi und ihrer Auszüge, hergestellt sind, auch Zuckergehalte bis 2% vor. Wenn wesentlich mehr als 2% Zucker im Leder gefunden werden, so ist wahrscheinlich Zucker in Form von Traubenzucker, Melasse u. dgl. künstlich in das Leder gebracht worden.

Die Verwertung der Untersuchungsergebnisse zur Entscheidung der Frage, ob ein Leder künstlich beschwert ist, macht häufig Schwierigkeiten. Bestimmungen darüber, welche Stoffe als Beschwerungsmittel zu gelten haben oder in welcher Menge die gewöhnlich als Beschwerungsmittel betrachteten Stoffe, wie Magnesia-, Barium-, Bleiverbindungen, Zucker im Leder vorhanden sein dürfen, sind in den Vorschriften des Internationalen Vereins der Lederindustriechemiker nicht enthalten; doch bestehen in einer Anzahl von Staaten gewisse Vorschriften, denen das Leder genügen muß, um nicht als beschwertes Leder angesprochen zu werden und die sich besonders auf die zugelassenen Höchstgehalte an Asche und auswaschbaren Stoffen beziehen (vgl. unter „Lederhandel").

Wenn man die Frage der Beurteilung des Leders hinsichtlich der Beschwerung ganz unbeeinflußt betrachtet, so wird man wohl fordern müssen, daß Stoffe, die nicht gerbend wirken, nicht in unnötig großer Menge in das Leder gebracht werden sollten. Von diesem Standpunkt aus wird man auch Leder, die durch Behandlung mit starken Gerbbrühen oder Sulfitcelluloseextrakt so stark gefüllt sind, daß der Auswaschverlust unnötig hoch ist, beanstanden können. Auf keinen Fall darf von den zum Füllen und Nachbehandeln verwendeten Stoffen soviel in das Leder gelangen, daß dadurch das Leder brüchig wird oder auf diesem ein Ausschlag erscheint.

Auch die früher erwähnten, Leim oder Casein enthaltenden Gerbstoffbindemittel tragen zur Gewichtserhöhung des Leders bei und geben ferner dadurch, daß sie durch Umwandlung des löslichen Gerbstoffs in eine unlösliche Gerbstoff-Eiweiß-Verbindung den Auswaschverlust erniedrigen und dabei die Durchgerbungszahl erhöhen können, den Untersuchungsergebnissen des Leders unter Umständen ein günstigeres Bild, als der tatsächlich darin vorhandenen Ledersubstanz entspricht.

Eine sichere Erkennung einer Behandlung mit derartigen Gerbstoffbindemitteln ist nicht möglich. Zunächst ist zu beachten, daß bei solchen Ledern vielfach auffällig hohe Durchgerbungszahlen gefunden werden, die allerdings auch bei nicht in dieser Weise behandelten Leder vorkommen können. Da ferner die Eiweißstoffe wohl nicht tief in das damit behandelte Leder eindringen, so wird sich in den von diesen dünn abgespaltenen Außenschichten wahrscheinlich wesentlich mehr Stickstoff finden als in der Mittelschicht.

Nachweis pflanzlicher Gerbstoffe und ihrer Art. Bei ungefärbten Ledern kann pflanzlicher Gerbstoff nachgewiesen werden, indem man einen Tropfen Eisenalaunlösung auf das Leder oder zu einigen Kubikzentimetern der Lösung der auswaschbaren Stoffe zugibt. Bei Gegenwart von pflanzlichem Gerbstoff entsteht auf dem Leder ein grünschwarzer oder blauschwarzer Fleck oder in der Lösung eine entsprechend gefärbte Fällung, bzw. grüne bis olivgrüne oder blaue Färbung. Wenn in der Lösung der auswaschbaren Stoffe sehr wenig Gerbstoff vorhanden ist, so muß diese vor der Prüfung auf Gerbstoff entsprechend eingedampft werden. Bei gefärbten Ledern, bei denen eine durch Eisensalz hervorgerufene Reaktion wegen des Farbstoffs nicht deutlich erkennbar ist, kann der Farbstoff unter Umständen durch Behandlung des Leders mit solchen organischen Lösungsmitteln, in denen, wie z. B. in Petroläther und Chloroform, die Gerbstoffe wenig löslich sind, soweit entfernt werden, daß der Gerbstoff sich mit Eisenalaunlösung nachweisen läßt.

Ein weiteres Mittel zum Nachweis von Gerbstoff ist eine Lösung von 1 g Gelatine und 10 g Kochsalz in 100 ccm Wasser, die in Lösungen, die Gerbstoff enthalten, mit diesem eine flockige Fällung erzeugt.

Die Art der zur Herstellung des Leders verwendeten pflanzlichen Gerbstoffe läßt sich in keinem Fall vollständig feststellen, da ein Teil des Gerbstoffs, und zwar besonders der im Anfangsabschnitt der Gerbung angewendete, so fest an die Hautsubstanz gebunden sein kann, daß er überhaupt nicht oder nur in zu geringer Menge aus dem Leder herausgelöst werden kann, anderseits beim Betupfen des Leders mit der Eisenalaunlösung immer nur die Farbe der überwiegend vorhandenen Gerbstoffe oder eine Mischfarbe sich zeigt, da ferner auch die Unterscheidungsmittel der qualitativen Gerbstoffprüfungen hierzu nicht genügen. Trotzdem lassen sich hinsichtlich der Art der mit Wasser auswaschbaren Gerbstoffe mit Hilfe der Mittel der qualitativen Gerbstoffprüfung einige Feststellungen und Angaben über die vorhandenen Gerbstoffe machen. Wenn z. B. mit Eisenalaunlösung eine blaue Farbe oder blauschwarze Fällung erhalten wird, so können z. B. Eichenrinde, Mimosenrinde, Myrobalanen, Dividivi, Valonea, Sumach oder deren Auszüge, Kastanienauszug, Eichenholzauszug verwendet worden sein. Zeigt sich dagegen eine grüne oder olivgrüne Färbung oder grünschwarze Fällung, so kann der Gerbstoff von Quebracho, Fichtenrinde, Mangrovenrinde oder deren Auszügen, Gambir oder Catechu vorhanden sein.

Die Gerbstoffreaktion mit Eisensalzlösung ermöglicht, gegebenenfalls in Verbindung mit anderen Prüfungen, unter Umständen auch die häufig gewünschte Feststellung, ob es sich, wie es bei der reinen Eichenlohe-Grubengerbung der Fall sein soll, um ein ausschließlich mit Eichenrinde gegerbtes Leder handelt. Wenn nämlich bei Zusatz von Eisenalaunlösung zur Lösung der auswaschbaren Stoffe keine rein blaue Färbung, sondern eine grüne Färbung oder eine Mischfarbe entsteht, so ist sicher nicht Eichenrinde allein, sondern zumindest daneben noch ein Gerbstoff der eine grüne Färbung gebenden Gerbstoffgruppe verwendet worden, deren wichtigste Vertreter oben angegeben wurden. Eine weitere einfache Prüfung zur Erkennung einzelner Gerbstoffe besteht darin, daß man 8 bis 10 Tropfen der Lösung der auswaschbaren Stoffe in ein Porzellanschälchen gibt und mit etwa 2 ccm konzentrierter Schwefelsäure vermischt. Wenn dabei eine allerdings schnell vorübergehende karminrote Färbung eintritt, so kann bei der Gerbung Quebracho-, Urunday- oder Mimosenrindenauszug verwendet worden sein. Eine ähnliche Färbung wird aber unter Umständen bei Gegenwart von Eichenrinde hervorgerufen. Die anderen Gerbstoffe geben mit Schwefelsäure gelbe, braune oder rotbraune Färbungen. Zur Prüfung auf Gambir und Catechu kann die sog. Fichtenspanreaktion dienen. Man dampft einen Teil der Lösung der auswaschbaren Stoffe so weit ein, daß die Flüssigkeit etwa 1,5% Gerbstoff enthält, stellt in die Flüssigkeit einen Fichtenspan, nimmt diesen nach etwa 15 Minuten heraus, trocknet ihn und befeuchtet ihn dann mit konzentrierter Salzsäure. Bei Gegenwart von Gambir oder Catechu nimmt der Fichtenspan dann eine mehr oder weniger starke purpurrote oder violette Färbung an, während bei anderen Gerbstoffen keine oder nur ganz schwache Färbungen eintreten.

Bei der Beurteilung der mit diesen Prüfungen erhaltenen Ergebnisse ist immer zu beachten, daß, wenn ein Gerbstoff in der Lösung der auswaschbaren Stoffe nicht festgestellt werden konnte, damit noch nicht seine Abwesenheit bewiesen ist, da der Gerbstoff so fest an die Hautsubstanz gebunden sein kann, daß er sich nicht genügend herauslösen läßt.

In neuerer Zeit wurden Verfahren angegeben, um pflanzliche Gerbstoffe bei Bestrahlung im ultravioletten Licht durch die dabei auftretenden Fluoreszenz-farben zu prüfen und zu unterscheiden [O. Gerngroß und G. Sándor (1); O. Gerngroß und G. Sándor (2); O. Gerngroß und H. Hübner (1); O. Gern-groß und H. Hübner (2)].

Dieses Prüfungsverfahren kann auch zur Feststellung der Gerbstoffe im Leder mit herangezogen werden. Die Fluoreszenzerscheinungen werden besonders an Lösungen der auswaschbaren Stoffe, wenn nötig auf 1 : 1000 verdünnt oder an Watte beobachtet, die in diese Lösungen eingetaucht und dann stark ausgepreßt wird.

Zu diesen Prüfungen sei hier nur angeführt, daß eine stark blaue bis violette Fluoreszenz der Lösungen durch Fichtenrinde und deren Auszüge, Sulfitcellulose-extrakt oder künstliche Gerbstoffe (siehe unten), eine gelbe Fluoreszenz an Watte u. a. durch Quebracho, Urunday, Tizera, Mimosenrinde, bzw. deren Auszüge, eine stark violette Fluoreszenz an Watte durch Fichtenrinde oder deren Auszüge hervorgerufen sein kann. Wenn derartige Fluoreszenzerscheinungen sich zeigen, so liegt eine Gerbung mit reiner Eichenrinde (Eichenlohe) nicht vor.

Näheres über die verschiedenen Ausführungsformen dieses Prüfungsverfahrens und über Einzelheiten der Ergebnisse siehe in der oben angegebenen Literatur und Bd. II, Teil 1, S. 224 bis 229 dieses Handbuches.

Sulfitcelluloseauszug. Der aus den Abfallaugen der Sulfitcellulosefabrikation hergestellte Sulfitcelluloseauszug wird ebenfalls bei der Gerbung des Leders verwendet. Zu seinem Nachweis können die folgenden Prüfungsverfahren 1—3 angewendet werden:

1. Man fügt zu 5 ccm der klaren Gerbstofflösung, die nicht mehr als 0,5% Gerbstoff enthalten soll, 0,5 ccm (etwa 17 Tropfen) Anilin, schüttelt kräftig durch und setzt hierauf 2 ccm konzentrierte Salzsäure hinzu. Wenn nach Zusatz der Salzsäure in der Lösung sogleich oder wenigstens innerhalb einiger Minuten eine flockige Abscheidung sich zeigt, so kann Sulfitcelluloseauszug vorhanden sein (H. R. Procter und S. Hirst).

Das für diese Prüfung verwendete Anilin muß chemisch rein und die zu prüfende Gerbstofflösung muß völlig klar sein, da sonst auch bei Abwesenheit von Sulfitcelluloseauszug eine Trübung oder flockige Abscheidung auftreten kann [O. Gerngroß und H. Herfeld (1) S. 532].

Bei der ursprünglichen Ausführungsform der Reaktion mit Anilin erhält man auch bei Holzextrakten, die unter Verwendung von faulendem Holz her-gestellt sind, eine positive Reaktion, die durch die dabei in den Extrakt gebrachte Huminsäure verursacht wird. Dieser Fehler wird bei dem folgenden abgeänderten Verfahren ausgeschaltet [O. Gerngroß und H. Herfeld (2)]:

10 ccm der ein mal, also nicht notwendigerweise bis zur Klarheit filtrierten Lösung von Analysenstärke werden mit 0,2 ccm 25proz. Salzsäure versetzt, kräftig durchgeschüttelt und nach 10 Minuten filtriert. 5 ccm des völlig klaren Filtrats werden wie nach Procter-Hirst mit 0,5 ccm reinem Anilin versetzt

und kräftig durchgeschüttelt. Dann werden 2 ccm konzentrierte Salzsäure zugegeben. Nach genau 15 Minuten wird beobachtet, ob eine Trübung erfolgt ist oder nicht.

2. Man kocht 10 g zerschnittenes Leder mit 100 ccm Wasser kurz aus, gibt zur Lösung 0,5 g Tannin, setzt 5 ccm 25proz. Salzsäure zu, kocht wieder kurz auf, kühlt ab und filtriert. 50 ccm des klaren Filtrats werden mit 20 ccm einer Cinchoninsulfatlösung versetzt, die durch Übergießen von 5 g Cinchonin mit Wasser unter Zusatz starker Schwefelsäure bis zur Lösung und Auffüllen mit Wasser zum Liter hergestellt wurde. Dann wird die Flüssigkeit zum Sieden erhitzt, ohne das Gefäß umzuschwenken [W. Appelius und R. Schmidt (2)]. Wenn nach dem Kochen ein klumpiger brauner bis schwarzer Rückstand hinterbleibt, so kann dieser durch Sulfitcelluloseauszug verursacht sein.

Bei der Beurteilung der Prüfungsergebnisse der Reaktion mit Anilin und Salzsäure und mit Cinchoninsulfat ist zu beachten, daß dieselben Erscheinungen wie bei der Anwesenheit von Sulfitcelluloseauszug auch durch die meisten künstlichen Gerbstoffe hervorgerufen werden und in geringem Maße auch eintreten können, wenn ein durch Sulfitieren unter hohem Druck hergestellter Gerbstoffauszug zum Gerben verwendet wurde. Ferner ist zu berücksichtigen, daß die betreffenden Erscheinungen nur dann noch deutlich auftreten, wenn in der zu prüfenden Lösung eine gewisse Mindestmenge von Sulfitcelluloseauszug vorhanden ist [O. Gerngroß und H. Herfeld (1) S. 537]. Der Nachweis von Sulfitcelluloseextrakt im Leder ist ferner schwierig oder unmöglich, wenn der Sulfitcelluloseextrakt im ersten Stadium der Gerbung verwendet wurde oder das damit gegerbte Leder längere Zeit gelagert hatte, da in diesem Falle die kennzeichnenden Stoffe unter Umständen so fest an die Hautsubstanz gebunden sind, daß sie mit Wasser nicht in genügender Menge herausgelöst werden [W. Moeller (1); R. Lauffmann (4)]. Es ist im Hinblick hierauf vorgeschlagen worden, das Leder statt mit Wasser mit 2proz. Natronlauge auszulaugen, die Lösung zu neutralisieren und in der so erhaltenen Flüssigkeit die Reaktion mit Anilin und Salzsäure auszuführen [W. Moeller (2)]. Bei Anwendung dieses Verfahrens sind jedoch Täuschungen möglich, da durch die Einwirkung der Natronlauge lösliche Zersetzungsprodukte der Haut gebildet werden können, die bei der Reaktion mit Anilin und Salzsäure durch letztere wieder ausgeflockt werden, oder die Gerbstoffe derart verändert werden können, daß auch bei Abwesenheit von Sulfitcelluloseauszug eine positive Reaktion auf letzteren erhalten wird.

3. Zur Prüfung auf Sulfitcelluloseauszug kommt auch die Fluoreszenzprüfung im ultravioletten Licht in Betracht. Wenn eine stark violette Fluoreszenz der Lösung beobachtet wird, so kann diese vom Sulfitcelluloseauszug, aber auch von Fichtenrinde oder deren Auszügen und von künstlichem Gerbstoff herrühren. Wenn aber bei der Prüfung mit Watte nur eine schwach lila Fluoreszenz sich zeigt, so kommt die Gegenwart von Fichtenrindengerbstoff nicht in Frage.

Wegen der Schwierigkeiten bei dem einwandfreien Nachweis von Sulfitcelluloseauszug werden zweckmäßig auf jeden Fall alle drei angeführten Prüfungsverfahren nebeneinander angewendet und können die Ergebnisse nur dann als genügend beweiskräftig angesehen werden, wenn ein Widerspruch dabei nicht gefunden wird.

Zuweilen kann auch der Mineralstoffgehalt des Leders einen Anhaltspunkt bei der Prüfung auf Sulfitcelluloseauszug geben. Wenn die Asche des Leders sehr niedrig (unter 0,5%) gefunden wird, so ist die Gegenwart von Sulfitcelluloseauszug wenig wahrscheinlich, da dieser stets eine größere Menge von Mineralstoffen, in der Hauptsache Alkaliverbindungen, enthält, die bei seiner Verwendung in das Leder gelangen.

Künstliche Gerbstoffe. Von künstlichen (synthetischen) Gerbstoffen seien hier genannt die Erzeugnisse Neradol D (Tanigen D), Neradol ND (Tanigen ND), Ordoval (Tanigen O), Gerbstoff F (Tanigen F) der Badischen Anilin- und Sodafabrik.

Als Vorproben für den Nachweis der künstlichen Gerbstoffe können die Reaktionen mit Anilin und Salzsäure und mit Cinchoninsulfat dienen. Wenn hierbei eine flockige Ausscheidung oder ein Rückstand sich zeigt, so kann dieser durch künstliche Gerbstoffe, aber auch durch Sulfitcelluloseauszug oder durch die anderen bei der Prüfung auf letzteren erwähnten Umstände verursacht sein. Ferner kann die Fluoreszenzprobe zur Prüfung mit herangezogen werden, da die Lösungen synthetischer Gerbstoffe im ultravioletten Licht eine blaue oder violette Fluoreszenz geben (O. Gerngroß, N. Bán und G. Sándor).

Wenn nach den Ergebnissen der drei angeführten Prüfungsverfahren künstliche Gerbstoffe vorhanden sein können, so müssen, da bei Gegenwart von Sulfitcelluloseextrakt ähnliche Ergebnisse erhalten werden, noch besondere Prüfungsmittel zur Prüfung auf künstliche Gerbstoffe in Anwendung kommen. Es sind hierfür eine Anzahl von Verfahren vorgeschlagen worden, die auf dem Nachweis der in den meisten praktisch wichtigen künstlichen Gerbstoffen als wesentlicher Bestandteil oder als Verunreinigung vorhandenen Phenole durch Farbenreaktionen beruhen und daher nur zum Nachweis solcher künstlicher Gerbstoffe dienen können, die Phenol in irgendeiner Form enthalten. Hierher gehört auch das folgende Verfahren [R. Lauffmann (5)], das eine Fortbildung und Verbesserung früherer Verfahren [E. Seel und A. Sander S. 333; R. Lauffmann (6)] ist und darin besteht, daß der Trockenrückstand des alkalischen Lederauszugs der Kalischmelze unterworfen wird, wobei das Phenol aus den Sulfosäuren freigemacht und ebenso wie das sonst vorhandene Phenol nach dem Zersetzen der Schmelze mit Schwefelsäure und Zusatz von überschüssigem Ammoniak mit Äther ausgeschüttelt und nach dem Abdestillieren des Äthers im Rückstand mit der Indophenolreaktion nachgewiesen wird. Die Ausführung des Verfahrens gestaltet sich folgendermaßen, wobei die angegebenen Bedingungen genau eingehalten werden müssen:

Man behandelt 10 g zerkleinertes Leder und dann nochmals den Lederrückstand mit je 100 ccm 2proz. Natronlauge, vereinigt die alkalischen Auszüge, neutralisiert diese mit Schwefelsäure, dampft die Flüssigkeit zur Trockne und führt mit dem fein zerriebenen Rückstand in einem geräumigen Silbertiegel die Kalischmelze aus, indem man den Rückstand unter Umrühren in 20 ccm vorgewärmter Kalilauge 1 : 1 einträgt, dann bei etwas größerer Flamme bis zur Entfernung des Wassers, schließlich stärker erhitzt, bis der Tiegelinhalt nicht mehr teigig, sondern bröcklig ist. Man löst dann die Schmelze in verdünnter Schwefelsäure, die man bis zur schwach sauren Reaktion zusetzt, gibt dann 100 ccm verdünntes Ammoniak zu, schüttelt die Flüssigkeit zweimal mit etwa der Hälfte des Flüssigkeitsvolums Äther aus, wobei etwa auftretende hartnäckige Emulsionen durch Zugabe von etwas heißem Alkohol beseitigt werden können, destilliert den Äther ab und trocknet den Rückstand $\frac{1}{4}$ Stunde bei 100^0. Dann löst man den Rückstand in 6 ccm heißem Alkohol, verteilt hiervon 1, 2 und 3 ccm auf drei Uhrgläser, verdünnt mit Alkohol auf je 4 ccm, fügt unter gutem Durchmischen einige Tropfen konzentriertes Ammoniak und dann nacheinander je 2 Tropfen einer 0,5- bis 0,6proz. wässerigen Lösung von Dimethylparaphenylendiaminchlorhydrat und einer 5proz. Lösung von Ferrocyankalium hinzu. Bei Gegenwart von Phenol entsteht durch Bildung eines Indophenolfarbstoffs eine mehr oder weniger stark blaue, dabei zuweilen grünstichige Färbung. Wenn bei Zugabe der Reagentien Trübungen auftreten, die die Deutlichkeit der Farbenreaktion beeinträchtigen, so filtriert man durch ein kleines Filter, wobei dann bei Gegenwart von Phenol das Filtrat eine blaue oder blaugrüne und das Filter besonders am Rand eine blaue Färbung zeigt. Wenn künstliche Gerbstoffe der in Betracht kommenden Arten vorhanden sind, so erhält man wenigstens bei einem der geprüften Anteile der alkoholischen Lösung eine deutliche positive Reaktion.

Zum Nachweis von Neradol ND bzw. Tanigen ND kann man in folgender Weise verfahren: Man übergießt 10 g des zerkleinerten Leders mit 100 ccm 2 proz. Natronlauge, läßt etwa 6 Stunden unter häufigem Umrühren stehen, filtriert, gibt zu 30 ccm des Filtrats je 30 ccm 10 proz. Lösungen von Aluminiumsulfat und Ammoniak, mischt, filtriert, dampft das Filtrat zur Trockne und verwendet den Trockenrückstand zu folgender Prüfung: Man verteilt verschiedene Mengen des Trockenrückstands (etwa der Masse von 1, 2 und 4 Erbsenkörnern entsprechend) auf Uhrgläser, verreibt die Masse bis zur möglichst vollständigen Lösung mit 2 bis 5 Tropfen der käuflichen Wasserstoffsuperoxydlösung, gibt dann 3 bis 4 ccm konzentrierte Schwefelsäure hinzu und vermischt möglichst schnell unter mehrfachem Reiben des Bodens des Uhrgläschens mit einem Glasstäbchen. Bei Gegenwart von Neradol ND tritt eine meist stark violette Färbung auf, die je nach der Menge der neben Neradol ND vorhandenen organischen Stoffe mehr oder weniger schnell in andere Färbungen übergeht.

Wenn man bei dem ersten alkalischen Auszug des Leders die obige Reaktion auf Neradol ND bzw. Tanigen ND nicht erhält, so übergießt man den nach dem ersten Auslaugen des Leders erhaltenen Rückstand nochmals mit 100 ccm der 2 proz. Natronlauge, läßt eine Stunde unter Umrühren stehen, gießt ab, wiederholt dieses Verfahren noch zweimal und behandelt zur Prüfung jeden dieser alkalischen Auszüge für sich wie den ersten Auszug. Erhält man bei keinem der Auszüge mit Wasserstoffsuperoxyd und konzentrierter Schwefelsäure eine violette Färbung, so ist Neradol ND im Leder nicht vorhanden. Bei Gegenwart von Neradol ND gibt wenigstens einer der Lederauszüge 2 bis 4 eine deutliche, meist stark blaue bzw. violette Färbung [Lauffmann (6)].

Die bei obigem Verfahren erhaltenen Trockenrückstände können übrigens auch zum Nachweis von Neradol D mit der Indophenolreaktion in entsprechender Weise verwendet werden: Man verteilt die drei verschiedenen Mengen Trockenrückstand auf drei Uhrgläser, setzt je 5 ccm Wasser hinzu, bringt durch Rühren mit einem Glasstäbchen in Lösung und setzt dann nacheinander unter jedesmaligem gutem Mischen einige Tropfen konzentriertes Ammoniak, 2 Tropfen einer 0,6 proz. Lösung von Dimethylparaphenylendiaminchlorhydrat und 2 Tropfen einer 5 proz. Lösung von Ferricyankalium hinzu. Bei Gegenwart von Neradol D tritt, wenigstens bei einem der verschiedenen Trockenrückstände bzw. Anteilen letzterer, sogleich eine meist stark blaue Färbung ein, die unter Umständen mehr oder weniger schnell mißfarben wird.

Der Aschengehalt des Leders kommt unter Umständen auch bei der Prüfung auf künstliche Gerbstoffe in Betracht. Bei sehr niedriger Asche (unter 0,5%) ist künstlicher Gerbstoff wahrscheinlich nicht vorhanden, da die synthetischen Gerbstoffe meist ebenfalls einen hohen Gehalt an Mineralstoffen aufweisen, die im wesentlichen aus Alkaliverbindungen bestehen.

Unterscheidung von grubengarem und brühengarem (faßgarem) Leder.

Wenn ein Leder in der Hinsicht beurteilt werden soll, ob es sich um ein grubengares oder um ein mit der Faßgerbung oder in anderer Weise durch Nachbehandlung mit starken Gerbbrühen hergestelltes Leder handelt, so wird man zunächst

den Auswaschverlust des Leders bestimmen. Wenn dieser hoch ist, so liegt ein
rein grubengares Leder nicht vor. Dagegen darf ein Leder mit niedrigem Auswaschverlust nicht ohne weiteres als ein rein grubengares Leder angesprochen
werden, da der lösliche Gerbstoff nachträglich daraus durch Auswaschen entfernt
worden sein kann. Ein weiteres Kennzeichen zur Unterscheidung soll darin
bestehen, daß grubengares Leder widerstandsfähigere Fasern hat und daher
beim Reißversuch an der Reißstelle langfaseriger reißt, als das mit der Faßgerbung
oder durch Nachbehandlung mit starken Gerbbrühen hergestellte Leder. Ferner
wird als Unterscheidungsmittel die Prüfung des Lederabschnitts im polarisierten
Licht angegeben [L. Jablonski (2)], wobei grubengares und faßgares Leder
ein verschiedenes optisches Bild ergeben. Eine sichere Unterscheidung dürfte
dieses Prüfungsmittel jedoch nicht ermöglichen, da die Brechungserscheinungen
der Haut- und Lederfasern durch verschiedenartige Umstände beeinflußt werden.

Die erwähnten Unterschiede beim Verhalten des grubengaren und des faß-
garen Leders werden darauf zurückgeführt, daß die Lederfasern bei der Faßgerbung durch das dabei stattfindende Walken mehr verändert und geschwächt
werden als beim ruhigen Liegen des Leders in der Grube. Wenn es nach den
Ergebnissen dieser Prüfungen wahrscheinlich ist, daß es sich um ein grubengares
Leder handelt, so kann durch die oben angegebene Prüfung der Lösung der auswaschbaren Stoffe des Leders mit Eisenalaunlösung und im ultravioletten Licht
hinsichtlich der Art der pflanzlichen Gerbstoffe unter Umständen noch festgestellt werden, ob ein nur mit Eichenrinde in der Grube gegerbtes Leder
vorliegen kann.

Freie Säure. Bei der Untersuchung des Leders auf freie Säure muß man
zunächst durch qualitative Prüfung mit Hilfe der unten angegebenen, auf
der Bestimmung der p_H-Werte beruhenden Verfahren feststellen, ob das Leder
freie, stark wirkende Säure enthalten kann, da sich andernfalls die Anwendung
eines der quantitativen Verfahren erübrigt, die meist umständlich sind und
dabei in keinem Fall zu einwandfreien Ergebnissen führen können.

Für die quantitative Bestimmung der freien Säure, insbesondere der freien
Schwefelsäure im Leder, sind zahlreiche Verfahren vorgeschlagen worden, die
jedoch alle, abgesehen von anderen, einige der drei folgenden wesentlichen
Fehlerquellen enthalten [R. Lauffmann (7)]:

1. Das Leder wird zum Herauslösen der freien Säure mit Wasser behandelt,
wodurch infolge der lösenden und hydrolysierenden Wirkung des Wassers zahlreiche Veränderungen im Leder vor sich gehen können, die zur Folge haben,
daß die im Lederauszug enthaltene Säure nach Menge und Art nicht mehr derjenigen entspricht, die im ursprünglichen Leder vorhanden war.

2. Bei fast allen Verfahren wird das Leder zur Bestimmung der gesamten
oder der anorganisch gebundenen SO_3 verascht. Hierbei finden beim Glühen
mannigfache Umsetzungen und Zersetzungen zum Teil unter Verlust von SO_3
statt, so daß die Menge des in der Asche gefundenen SO_3 nicht mehr dieselbe
sein kann wie im Leder selbst.

3. Bei manchen Verfahren, besonders solchen, bei denen die freie Schwefelsäure nach Ermittlung der anorganisch gebundenen SO_3 und der Gesamt-SO_3
aus dem Unterschied berechnet wird, kommt zu den anderen Fehlerquellen
noch hinzu, daß auch solches SO_3 als „frei" gefunden wird, das in Form von
Sulfogruppen von sulfitierten Gerbstoffauszügen (J. v. Schroeder), von Sulfitcelluloseauszug, von synthetischen Gerbstoffen, sulfonierten Ölen [S. Kohn und
E. Crede (S. 190); D. Woodroffe (2)], von künstlichen Farbstoffen (W. R. Atkin
und F. C. Thomson) im Leder vorhanden oder aus dem Schwefel anderer Stoffe,
wie Hautschwefel und Thiosulfat, entstanden ist. Es wird daher bei Gegenwart

solcher Stoffe in Ledern bei Anwendung der betreffenden Verfahren freie Schwefelsäure im Leder gefunden werden können, die gar keine freie Säure enthalten, auf
jeden Fall das Ergebnis für die gefundene freie Schwefelsäure gegenüber der
tatsächlich vorhandenen zu hoch ausfallen.

Man wird also bei Anwendung der betreffenden Verfahren bei der Untersuchung des Leders auf freie Säure zu unrichtigen Ergebnissen und auf Grund
letzterer zu falschen Schlußfolgerungen hinsichtlich der Brauchbarkeit und Güte
des Leders gelangen. Solche Ergebnisse können, wenn sie bei einem Leder mit
schlechter Haltbarkeit gefunden werden, auch insofern irreführend sein, als jener
Übelstand dann auf einen Gehalt des Leders an freier Säure zurückgeführt
werden wird, während tatsächlich andere Ursachen hierfür in Betracht kommen.
Schließlich kann die Anwendung solcher Verfahren durch die damit erhaltenen
unzutreffenden Ergebnisse die Lederindustrie schädigen, zumal Behörden die
Abnahme von Leder vielfach auch davon abhängig machen, daß dieses keine
freie Schwefelsäure oder andere stark wirkende Säuren enthält.

Von den vorgeschlagenen Verfahren zur quantitativen Bestimmung der Säure
im Leder seien nachfolgend vier unter a bis d beschrieben:

a) Dieses Verfahren von J. Paeßler und H. Sluyter ist eine Fortbildung
eines von Balland und Maljean (Compt. rend. Acad. Sciences, Bd. 119, S. 913)
angegebenen Verfahrens. Von dem zerkleinerten Leder werden 10 g mit SO_3-
freier Sodalösung und etwas Salpeterlösung durchfeuchtet, getrocknet und verascht, ferner 10 g ohne Zusatz von Soda- und Salpeterlösung verascht. Zum
Veraschen benutzt man einen Spiritusbrenner oder den elektrischen Ofen, da
bei Anwendung von Gas, das schwefelhaltig ist, Fehler entstehen könnten. Die
Aschenrückstände werden in Wasser unter Zusatz von Bromwasser gelöst. Die
Lösungen werden erwärmt und mit Salzsäure angesäuert. Dann wird das Brom
durch Kochen vertrieben, wenn nötig filtriert, und in den Lösungen durch Zusatz
von Bariumchloridlösung die Schwefelsäure gefällt. Von dem auf SO_3 berechneten
Unterschied zwischen den beiden Bestimmungen wird die dem Hautschwefel
entsprechende Menge SO_3 (0,14% auf 18% Wassergehalt des Leders, 0,17% auf
Ledertrockensubstanz berechnet), ferner die dem im Leder enthaltenen Aluminium, Eisen, Chrom und zur Hälfte die der darin vorhandenen Magnesia entsprechende Menge SO_3 abgezogen, da die Schwefelsäure der betreffenden Sulfate
bei genügendem Glühen ganz, bei dem Magnesiumsulfat etwa zur Hälfte abgespalten wird. Der Rest an SO_3 wird als Gehalt des Leders an freier Schwefelsäure angegeben.

b) 10 g zerkleinertes Leder werden mit 200 ccm destilliertem Wasser übergossen und 12 Stunden stehengelassen. Die Flüssigkeit wird abgegossen, der
Lederrückstand wieder mit 200 ccm Wasser übergossen, 12 Stunden stehengelassen und dieses Verfahren noch einmal wiederholt. Die wässerigen Auszüge
werden vereinigt und unter Zusatz von 5 g reinem Quarzsand zur Trockne verdampft. Der Trockenrückstand wird gepulvert und in einem mit Glasstopfen
versehenen Erlenmeyerkolben mit etwa 100 ccm wasserfreiem Äther übergossen. Die wasserfreie Beschaffenheit des Äthers wird daran erkannt, daß bei
Zugabe von entwässertem Kupfersulfat dieses keine blaue Farbe annimmt und
beim Schütteln von 10 bis 15 ccm Äther mit einem kleinen Tropfen konz. Schwefelsäure eine klare Lösung erhalten wird. Der Ätherauszug wird nach etwa zwei-
stündiger Einwirkung bei zeitweiligem Umschütteln durch ein Filter gegossen
und der Rückstand mit etwas Äther nachgewaschen. Dieses Verfahren wird mit
je 40 ccm wasserfreiem Äther und unter Benutzung des gleichen Filters noch
zweimal wiederholt. Nach Vereinigung der Ätherauszüge (etwa 200 ccm) wird
der Äther abdestilliert. Der hierbei erhaltene Rückstand wird mit heißem Wasser

und etwas Salzsäure aufgenommen und zur Bindung der Schwefelsäure mit
Chlorbariumlösung versetzt. Bei der Einwirkung freier Schwefelsäure auf wasserfreien Äther entsteht Äthylschwefelsäure. Da diese ein lösliches Bariumsalz
bildet, so muß zu ihrer Zerlegung die Lösung samt Niederschlag nochmals zur
Trockne verdampft werden. Der Rückstand wird wiederum in heißem Wasser
gelöst und die Lösung mit einigen Tropfen Salzsäure und Bariumchloridlösung
versetzt. Der aus Bariumsulfat bestehende Niederschlag wird abfiltriert, ausgewaschen und gewogen, und aus dem Gewicht des Bariumsulfats die Menge der
freien Schwefelsäure berechnet. Die Menge der in Form von löslichen schwefel-
sauren Salzen vorhandenen Schwefelsäure wird in der Weise ermittelt, daß der
nach dem Ausziehen mit Äther verbliebene Rückstand mit heißem Wasser aufgenommen, die Lösung vom Sand abfiltriert und im Filtrat die gebundene
Schwefelsäure durch Fällen mit Bariumchloridlösung usw. bestimmt wird
(C. Immerheiser).

c) Dieses Verfahren von C. van der Hoeven (2), das eine Fortbildung eines
früher von A. W. Thomas angegebenen Verfahrens auf gleicher Grundlage
darstellt, beruht darauf, daß beim Auslaugen des Leders mit einer primären
Natriumphosphatlösung die im Leder vorhandenen SO_4-Jonen durch die PO_4-
Ionen der zum Auslaugen des Leders benutzten Lösung verdrängt werden und in
den wässerigen Lederauszug übergehen.

5 bis 10 g feingeschabtes Leder werden in einem Extraktionsapparat, wozu
die Kochsche Flasche benutzt werden kann, bei ungefähr 55° zwei Stunden
ohne Unterbrechung mit einer 8proz. NaH_2PO_4-Lösung ausgezogen, bis eine
Flüssigkeitsmenge von 500 ccm erreicht ist. In einem gemessenen Teil dieser
Flüssigkeit wird nach Zusatz von verdünnter Salzsäure die Gesamtschwefelsäure durch tropfenweisen Zusatz von Bariumchlorid als Bariumsulfat gefällt
und bestimmt. Nachdem dann der Lederrückstand noch mit Wasser ausgewaschen und verascht worden ist, wird in der Asche auch die in unlöslicher
Form vorhandene Schwefelsäure bestimmt und zum löslichen Schwefelsäure-
anteil hinzugerechnet. Ferner wird eine andere Probe des Leders verascht und
in der Lösung der Asche nach Zusatz von etwas Bromwasser, Vertreiben des
Broms, Filtrieren und Fällen mit Bariumchlorid die Schwefelsäure ermittelt.
Der Unterschied zwischen der Gesamtschwefelsäure und der in der Asche gefundenen Schwefelsäure soll der im Leder vorhandenen freien Schwefelsäure
entsprechen.

d) Nach diesem Verfahren (H. R. Procter und A. B. Searle) befeuchtet
man 2 bis 3 g Leder mit 25 ccm $n/_{10}$-Sodalösung, dampft auf dem Wasserbade zur
Trockne, erhitzt den Trockenrückstand bis zum Verkohlen, kocht den Rückstand
mit Wasser aus, filtriert vom Rückstand in eine Erlenmeyerkolben, gibt das
Filter mit dem ungelösten Anteil in eine Schale, verascht und glüht, behandelt
den Rückstand mit 25 ccm $n/_{10}$-Salzsäure, erwärmt und gibt diese Lösung zu
der früher erhaltenen wässerigen Lösung. Man prüft dann die Reaktion der
Flüssigkeit. Wenn diese sauer reagiert, so wird unter Verwendung von Methyl-
orange oder Methylrot mit $n/_{10}$-Alkali zurücktitriert und die hierbei verbrauchte
Anzahl Kubikzentimeter auf freie Säure, meist Schwefelsäure, umgerechnet.
Wenn die Flüssigkeit alkalisch reagiert, so ist freie Säure nicht vorhanden.

Auf einige andere in neuerer Zeit vorgeschlagene Verfahren zur Bestimmung
freier Schwefelsäure im Leder sei hier nur noch hingewiesen [G. Rehbein (2),
J. v. Schroeder].

In neuerer Zeit ist versucht worden, die Bestimmung des p_H-Wertes im
wässerigen Auszug des Leders bei nachfolgend angeführten Verfahren a bis c in
verschiedenen Formen als Mittel zur Prüfung auf freie Säure heranzuziehen.

a) Das Verfahren besteht darin, daß man 5 g fein zerkleinertes Leder mit 100 ccm Wasser schüttelt, bis der p_H-Wert der Lösung sich nicht mehr verändert, dann die Lösung nach Zusatz von Methylorange mit $n/_{10}$-Natronlauge titriert und während der Titration mehrfach den p_H-Wert bestimmt. Die Kurve, die aus den jeweilig verbrauchten Kubizentimetern $n/_{10}$-Natronlauge und den entsprechenden p_H-Werten erhalten wird, soll durch ihre Form die Anwesenheit freier Schwefelsäure oder einer anderen Mineralsäure im Leder erkennen lassen. Ein weiterer Anhaltspunkt hierfür ergibt sich dadurch, daß der Anfangs-p_H-Wert bei Ledern von guter Beschaffenheit bei 3 oder wenig unter 3, bei schlechten Ledern dagegen bei 2 oder unter 2 gefunden werden soll (S. Kohn und E. Crede, S. 190, 191).

b) Ein anderes Verfahren beruht darauf, daß starke Säuren im Gegensatz zu schwachen Säuren bei zehnfacher Verdünnung den p_H-Wert bedeutend ändern und daß der Unterschied des p_H-Wertes der unverdünnten und der zehnfach verdünnten Lösung der auswaschbaren Stoffe zur Beurteilung des Leders auf seinen Gehalt an freier Säure herangezogen wird [F. Innes (1)].

Auf dieser Grundlage kann das Verfahren nach Untersuchungen von anderer Seite in der Weise ausgeführt werden, daß bei dem nach dem offiziellen Verfahren des I. V. L. I. C. zur Bestimmung des Auswaschverlustes im Leder hergestellten Lederauszug, ferner bei der durch Verdünnen dieses Auszuges mit der zehnfachen Menge destilliertem Wasser erhaltenen Lösung der p_H-Wert bestimmt wird. Wenn dieser bei dem unverdünnten Lederauszug niedriger als 3 und der Unterschied zwischen dem p_H-Wert des ursprünglichen und des zehnfach verdünnten Lederauszuges größer, als 0,7 ist, dann wird daraus geschlossen, daß das Leder stark wirkende Säure in freiem Zustand enthält (V. Kubelka und R. Wollmarker).

c) Es werden bei diesem Verfahren drei verschiedene, einer geometrischen Reihe entsprechende Gewichtsmengen, z. B. 1, 3 und 9 g, Leder abgewogen, mit je 100 ccm $n/_{10}$-Kaliumchloridlösung übergossen und dann unter gelegentlichem Umrühren 24 Stunden stehengelassen. Dann wird in den drei so erhaltenen Lederauszügen der p_H-Wert bestimmt. Nun wird berechnet, in welchem Grad das in den abgewogenen Ledermengen enthaltende Wasser durch die abgemessene Menge Kaliumchloridlösung verdünnt wurde. Wenn das Leder z. B. 14% Wasser enthält, so beträgt die mit dem Leder in Berührung stehende Flüssigkeitsmenge bei 1 g Leder, das 0,14 g Wasser enthält, $100 + 0,14 = 100 \cdot 14$ ccm. Der ursprüngliche Wassergehalt des Leders ist also im Verhältnis $\dfrac{100 \cdot 14}{0,14}$, also um das 716fache vermehrt worden. Man entnimmt dann den Logarithmus dieser Verdünnungszahl, der bei 716 also 2,86 ist. In entsprechender Weise berechnet man die Verdünnungszahl für die anderen abgewogenen Ledermengen, bei obigem Beispiel also 3 und 9 g Leder, und entnimmt dann die entsprechenden Logarithmen. Wenn man dann die p_H-Werte auf der einen, die Logarithmen der Verdünnungszahlen auf der anderen Koordinatenachse aufträgt, so ergibt sich aus den Werten eine gerade Linie. Der p_H-Wert, der durch den Schnittpunkt dieser geraden Linie mit der p_H-Wert-Achse angezeigt wird, wird Säurewert (acid figure) genannt. Als unterer Säurewert, der die Gefahr einer schädlichen Wirkung der Säure anzeigt, wird der p_H-Wert 2,5 angegeben (W. R. Atkin und F. C. Thomson).

Bei der praktischen Durchführung des Verfahrens von Atkin-Thomson ergibt sich auch bei ganz sorgfältiger Durchführung des Verfahrens manchmal die Schwierigkeit, daß die durch Messung des p_H-Wertes der drei verschiedenen verdünnten Auszüge desselben Leders erhaltenen Werte nach der Eintragung in das Diagramm drei Punkte ergeben, die nicht auf einer Geraden liegen. In solchen Fällen ist die graphische Berechnung des Ergebnisses nach der ursprünglichen Arbeitsweise von Atkin-Thomson ziemlich ungenau, da man die Gerade, deren Schnittpunkt mit der Ordinate das eigentliche Ergebnis gibt, dann nur annähernd durch drei Punkte legen kann. Es kann jedoch die graphische Berechnung etwas genauer gestaltet werden, wenn man die Gerade, die durch die gewonnenen drei Punkte bestimmt wird, auf folgende Weise (Abb. 363) konstruiert.

Man verbindet die drei Punkte so, daß je zwei davon eine gerade Linie bestimmen, wobei der mittlere Punkt den beiden Geraden gemeinsam ist. Die so erhaltenen Geraden werden bis zur Ordinate verlängert und die Winkel, welche sie mit derselben bilden, aufgezeichnet (α_1 und α_2). Nun addiert man diese zwei Winkel graphisch und erhält durch Zweiteilung den mittleren Winkel α, den die resultierende Gerade mit der Ordinate bilden wird (im Diagramm links oben). Unter diesem Mittelwinkel führt man eine Hilfsgerade (A_0) und bestimmt den mittleren Wert der Abstände der drei gefundenen Punkte von dieser Geraden. (Durchziehen von Senkrechten und graphische Dreiteilung $\frac{x_1 + x_2 + x_3}{3}$ siehe im Diagramm rechts unten). In dem so erhaltenen Mittelabstand (X) zieht man jetzt eine Gerade parallel zur Hilfsgeraden und erhält so die endgültige Resultante (A). Dort, wo diese Resultante A die Ordinate schneidet, liegt der Punkt, dessen Entfernung vom Nullpunkt die Azidiätszahl genau angibt [V. Kubelka und K. Ziegler (1)].

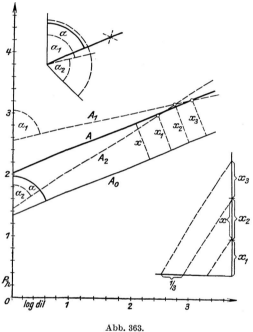

Abb. 363.

Wenn eine erhöhte Azidität auf Grund dieser Prüfung nicht oder nicht in nennenswertem Maße gefunden wird, so darf nicht geschlossen werden, daß keine schädigende Wirkung von Säure stattgefunden hat. Die Ledersubstanz kann nämlich die Säure gebunden haben und dabei selbst angegriffen worden sein [V. Kubelka und K. Ziegler (2)]. Im übrigen kann gegen die auf p_H-Messung in wässerigen Lederauszügen beruhenden Verfahren zur Prüfung des Leders auf freie Säure ebenfalls der Einwand erhoben werden, daß bei Behandlung des Leders mit Wasser bereits Veränderungen im Leder vor sich gehen, die seine Azidität beeinflussen, so daß der gefundene p_H-Wert der tatsächlich im Leder vorhandenen Art und Menge der freien Säure nicht mehr entspricht.

Inzwischen ist (Amsterdam 1933) eine für die dem I. V. L. I. C. angehörigen Landesgruppen geltende Vorschrift zur Prüfung des pflanzlich gegerbten Leders auf freie Säure festgelegt worden mit folgenden Richtlinien:

1 g zerkleinertes Leder, dessen Stücke nicht dicker als 0,5 mm sein dürfen, werden in Porzellangefäßen zur Auslaugung mit 50 ccm doppelt destilliertem Wasser übergossen und darin 1 Stunde unter zeitweiligem Bewegen belassen. Die unfiltrierte, abgegossene Lösung wird unmittelbar und nach zehnfacher

Verdünnung mit destilliertem Wasser elektrometrisch unter Anwendung der Chinhydronelektrode 15 bis 20 Minuten nach Zugabe des Chinhydrons gemessen, wobei während dieser Zeit mehrfach umgeschüttelt wird. Es muß auch zuletzt noch eine deutliche Aufschwemmung von Chinhydron vorhanden sein. Die abgelesenen p_H-Werte sind auf 18^0 C zu korrigieren [L. Jablonski (3)].

Wenn der p_H-Wert des ursprünglichen Lederauszuges niedriger als 3 ist und der Unterschied zwischen ihm und dem p_H-Wert der zehnfach verdünnten Lösung höher als 7 ist, so sind in dem Leder stark wirkende Säuren in freiem Zustand vorhanden (V. Kubelka und R. Wollmarker). Wenn, als seltener Fall, der ursprüngliche p_H-Wert unter 3 und die Differenzzahl unter 7 liegt, so wird dadurch die Gegenwart organischer Säuren im Leder angezeigt. Bei der Beurteilung der Ergebnisse ist noch die Einschränkung zu machen, daß wohl auf die Anwesenheit stark wirkender freier Säuren geschlossen werden darf, wenn die Differenzzahl über 7 ist, dagegen nicht auf deren Abwesenheit, wenn dieses nicht der Fall ist.

Zur genauen und einfachen elektrometrischen Bestimmung des p_H-Wertes kann das „Ionometer" von F. und M. Lautenschläger, München, dienen.

In zweifelhaften Fällen ist es vorteilhaft, die p_H-Änderungen zu bestimmen, die sich ergeben, wenn man gleiche Ledermengen mit steigenden Wassermengen auszieht. Wenn stärkere Säuren im Leder vorhanden sind, so findet man bei dieser Arbeitsweise größere Differenzen, während eine durch Abwesenheit starker Säuren zur Wirkung gelangende Pufferung in Gestalt kleinerer Differenzzahlen, als sie beim einfachen Verdünnen beobachtet wird, erkennbar wird.

Es wird für diese Untersuchung folgende Vorschrift (E. Müller und A. Luber) angegeben:

1. Je 1 g des zu untersuchenden Leders wird in 0,5 mm dicke Streifen zerschnitten und mit 20, 40, 60, 80 und 100 ccm zweifach destilliertem Wasser in ausgedämpften Glas- oder Porzellangefäßen eine Stunde unter öfterem Bewegen bei Zimmertemperatur stehengelassen. Bei praktischer Abwesenheit von schädlicher Säure darf der p_H-Wert des konzentrierten Auszugs nicht niedriger als 3,00 und der Unterschied gegenüber dem verdünntesten Auszug höchstens 0,3 sein, was einer Differenz von höchstens 0,07 zwischen den einzelnen Auszügen sinkender Konzentration entspricht.

2. Der wässerige Auszug von 1 g Leder, das wie oben in 0,5 mm dicke Streifen zerschnitten ist, wird auf das Zehnfache verdünnt. Der p_H-Unterschied zwischen dem unverdünnten und dem verdünnten Auszug soll kleiner als 0,7 sein.

Die Gegenwart freier schädlicher Säure in pflanzlich gegerbtem Leder kann auch durch potentiometrische Titration der wässerigen Lederauszüge festgestellt werden. Wenn die Änderung der H'-Konzentration der Auszüge während der Neutralisation mit $^n/_{100}$-Natronlauge verfolgt wird und die Ergebnisse graphisch dargestellt werden, so läßt sich aus dem Verlauf der dabei erhaltenen Kurve ein Gehalt des Leders an stark wirkender Säure sowie an Puffersubstanzen erkennen und damit außer dem Säuregrad des Leders auch dessen Pufferkapazität bestimmen. Für diese beiden Eigenschaften, die zusammen erst einen Rückschluß auf die Lagerfähigkeit des Leders erlauben, ist der Kurvenverlauf zwischen 4,0 und 5,5 entscheidend und die Steilheit dieses Kurvenabschnittes, die sich durch den Tangens des Steilheitswinkels ausdrücken läßt, soll als Kriterium für die Güte des Leders gelten können (G. Otto).

Wenn im wässerigen Auszug des Leders keine freie Mineralsäure nachgewiesen wird, so kann doch das Leder mit Mineralsäure nachbehandelt sein, wenn diese durch Puffersalze, die im Leder vorhanden sind, mehr oder weniger neutralisiert wurde. Dieses kann man beurteilen, wenn man den wässerigen Auszug des Leders nach dem Leitfähigkeitsverfahren titriert und die erhaltenen Kurven dann mit bekannten anderen Kurven von Säuren und Gerbstoffauszügen vergleicht (G. W. Davies und R. F. Innes).

Ein Verfahren zur Bestimmung ven starken Säuren und von Puffersalzen in pflanzlich gegerbtem Leder beruht darauf, daß in 90proz. azetonischer Lösung schwächere organische Säuren fast vollständig, stärkere organische Säuren, z. B. Oxalsäure, zum großen Teil undissoziiert bleiben, dagegen starke Säuren in ihrer Dissoziation kaum beeinträchtigt werden. Es wird ein wässeriger Auszug von 1 g Leder mit 10 ccm Wasser hergestellt und dieser mit Azeton im Verhältnis 1 : 9 vermischt. Der p_H-Wert dieser Lösung wird kolorimetrisch unter Verwendung einer 0,1proz. alkoholischen Lösung von Naphthylaminorange (Naphthylaminazobenzol-p-sulfosäure) bestimmt. Es wird mit 0,02 n alkoholischer NaOH unter Benutzung einer Mikrobürette auf die Farbe einer Vergleichslösung titriert, die aus 5 ccm 0,001 HCl und 45 ccm Azeton mit dem Indikator besteht. Wenn dabei der p_H-Wert 4 oder darüber gefunden wird, so kann angenommen werden, daß das Leder stark wirkende Säure nicht enthält. Das Verfahren eignet sich auch zur Titrationsbestimmung von puffernden Salzen im Leder, wobei der wässerige Auszug mit alkoholischer Salzsäure gegenüber dem gleichen Indikator titriert wird [R. F. Innes (2)].

Gegen das Verfahren der Prüfung des Leders auf Säure mit Hilfe der Bestimmung des p_H-Wertes nach Innes-Kubelka usw. ist eingewandt worden, daß dabei nur die frei im Leder vorhandene, aber nicht die bei längerer Lagerdauer im Leder gebundene Säure erfaßt wird. Es wurde aber bei entsprechenden Untersuchungen gefunden, daß nicht nur die Wasserstoffionen einen zerstörenden Einfluß auf das Leder ausüben, sondern daß auch die Anionen, insbesondere die SO_4- und SO_3-Ionen, ebenso stark, zum Teil stärker hydrolysierend wirken, und zwar in Abhängigkeit von dem jeweiligen Dissoziationsgrad der Neutralsalze bzw. der Säuren im Leder. Die Prüfung des Leders muß sich daher auf alle Säureradikale erstrecken, die sich frei oder gebunden im Leder befinden. Ferner ist der Einwirkung aller dieser Stoffe sowohl auf das Leder und dessen Zersetzungsprodukte als auch auf die Gerbstoffe und deren Zersetzungsprodukte Aufmerksamkeit zu schenken. Erst bei Berücksichtigung aller dieser Faktoren können sichere Anhaltspunkte für die Zerstörung des Leders und deren Ursachen erhalten werden [W. Möller (3)].

Verfahren zum Messen des Säurebeschädigungsgrades des Leders. Die Lederprobe wird zunächst, ähnlich wie bei der offiziellen Lederuntersuchung zur Bestimmung der auswaschbaren Stoffe, mit Wasser auf 1 Liter ausgelaugt. Der Lederrückstand wird unter denselben Bedingungen mit einer 1proz. Sodalösung wieder auf 1 Liter ausgelaugt. In den beiden so erhaltenen Auszügen wird der Stickstoff bestimmt und durch Multiplikation mit 5,62 auf „Hautsubstanz" umgerechnet. Der so erhaltene Wert wird als „wasser- und sodalösliche Hautsubstanz" in Prozenten der ursprünglichen Lederprobe ausgedrückt. Dieser Wert nimmt parallel der Beschädigung des Leders durch Säure zu und soll sich daher zur Beurteilung des Beschädigungsgrades des Leders durch Säure eignen. In normalen pflanzlich gegerbten Ledern, die ohne Säure hergestellt waren, wurde ein Gehalt an „wasser- und sodalöslicher Hautsubstanz,, von höchstens 0,3 bis 0,5% gefunden. Wesentlich höhere Ergebnisse bei dieser Bestimmung sollen unzweifelhaft auf eine Beschädigung des Leders durch Säurehydrolyse hinweisen; doch wird weiter dazu bemerkt, daß die angegebenen Werte noch an einer möglichst großen Anzahl von Ledermustern aus der Praxis nachgeprüft werden müssen (V. Kubelka und E. Weinberger).

Chromleder.

Die wichtigsten Untersuchungen bei chromgarem Leder sind der Nachweis und die Bestimmung des Chroms, die Bestimmung der Basizität der Chromverbindung im Leder bzw. auf der Faser und die Bestimmung der Azidität des Leders. Dazu kommt dann noch nach Erfordernis die Bestimmung des Wassers, der Asche, der außer Chrom vorhandenen Mineralstoffe, der Menge des Fetts, der auswaschbaren Stoffe, der Hautsubstanz sowie etwaiger Beschwerungsmittel oder sonstiger zur Behandlung des Leders angewendeter Stoffe.

Falls bei gefärbten Ledern Zweifel bestehen, ob ein chromgares Leder vorliegt, wird man zunächst eine Vorprüfung hierauf ausführen. Das ungefärbte und nicht mit Aufhellungsmitteln behandelte reine Chromleder wird leicht an der grünen bis blaugrünen Farbe erkannt. Andernfalls wird zunächst in der Weise geprüft, daß man eine Probe des Leders verascht, wobei Chromleder eine grün gefärbte Asche liefert oder in dieser Teilchen von grünem Chromoxyd sichtbar sind. Zur weiteren Prüfung schmilzt man einen Teil der Asche im Platin- oder Porzellantiegel mit etwa der fünf- bis sechsfachen Menge eines Gemisches von 15 Teilen Natriumcarbonat, 5 Teilen Kaliumcarbonat und 1 Teil Kaliumchlorat. Bei Gegenwart von Chrom wird infolge Bildung von Alkalichromat eine gelbe Schmelze erhalten, die sich in Wasser mit gelber Farbe löst. Nach dem Ansäuern der Lösung mit verdünnter Schwefelsäure, Überschichten der Flüssigkeit mit Äther, Zusatz von Wasserstoffsuperoxyd und Schütteln mit Äther wird die Ätherschicht durch gebildete Überchromsäure blau gefärbt. Ein Verfahren zum mikrochemischen Nachweis des Chroms von K. Klanfer ist später unter „Feststellung der Gerbart des Leders" (S. 888) angegeben worden.

Wasser und Asche. Diese Bestimmungen werden wie bei pflanzlich gegerbtem Leder ausgeführt. Zur Aschenbestimmung ist zu bemerken, daß beim Glühen mancherlei Zerlegungen und Umsetzungen der Mineralstoffe stattfinden, wobei u. a. die Chromoxydverbindungen mehr oder weniger Säure verlieren, zum geringen Teil in Alkalichromat umgewandelt werden.

Untersuchung der Asche. Zunächst wird die Asche durch Schmelzen mit oxydierenden Salzgemischen aufgeschlossen und dabei das Chromoxyd in chromsaure Salze übergeführt. Es werden hierfür u. a. die folgenden Salzgemische bzw. Schmelzverfahren angewandt:

1. Man mischt die Asche von 5 g Leder im Platin- oder Porzellantiegel mit der fünf- bis zehnfachen Gewichtsmenge eines Gemisches gleicher Teile von wasserfreiem Natriumcarbonat und Kaliumchlorat und erhitzt zunächst gelinde, dann 5 Minuten bei heller Rotglut [D. Woodroffe (*3*), S. 93].

2. Man verwendet zum Schmelzen das oben für die qualitative Prüfung auf Chrom angegebene Salzgemisch, das vor dem unter 1 angeführten den Vorteil hat, daß infolge des wesentlich geringeren, aber völlig genügenden Gehalts an Kaliumchlorat die Platingefäße weniger angegriffen und durch die Gegenwart von Kaliumcarbonat das Schmelzen erleichtert wird (Deutsche Versuchsanstalt für Lederindustrie).

3. Man gibt zur Asche von 3 g Leder im Platintiegel 4 bis 6 g eines Gemisches gleicher Gewichtsteile von Natriumcarbonat, Kaliumcarbonat und gepulvertem wasserfreiem Borax, mischt gut und schmilzt 30 Minuten (A. C. Orthmann).

4. Man mischt die Asche von nicht mehr als 5 g Leder im Platintiegel mit der drei- bis vierfachen Gewichtsmenge eines Gemisches gleicher Gewichtsteile von wasserfreiem Natriumcarbonat und Magnesiumoxyd, erhitzt eine Minute zur hellen Rotglut, läßt erkalten, zerkleinert den Tiegelinhalt; mit einem Achatmörser, mischt gründlich, bringt die Mischung in den Platintiegel zu-

rück und erhitzt noch 20 Minuten bei heller Rotglut [vgl. D. Woo-droffe (*3*), S. 92].

5. Man mischt die Asche von 5 g Leder im Eisen- oder Nickeltiegel mit der fünf- bis zehnfachen Gewichtsmenge Natriumsuperoxyd, schmilzt allmählich und erhitzt bei mäßiger Rotglut 1 bis 5 Minuten. Bei Anwendung eines Eisentiegels werden bei nicht genauer Befolgung der Untersuchungsvorschriften bei Gegenwart von Mangan zu hohe Ergebnisse erhalten, während dieser gegenüber dem Nickeltiegel anderseits den Vorteil hat, daß das überschüssige Natriumsuperoxyd infolge katalytischer Wirkung des Eisens schneller zerstört wird [D. Woodroffe (*3*), S. 92].

Nach J. Wagner wird bei Anwendung der Natriumsuperoxydschmelze eine schnelle Zerstörung des überschüssigen Natriumsuperoxyds schon auf kaltem Weg erreicht, wenn man beim Lösen der Schmelze in 150 bis 200 ccm Wasser 5 ccm gesättigte Kaliumpermanganatlösung zusetzt. Dasselbe kann man noch besser erreichen, wenn man etwas Nickelnitratlösung zusetzt. Dabei entsteht nicht, wie bei Permangat, ein Niederschlag, der abfiltriert werden muß (F. Feigl, K. Klanfer und L. Weidenfeld).

Bemerkungen zu dem Schmelzverfahren. Das Schmelzen muß auf jeden Fall so lange fortgesetzt werden, bis keine grünen Teilchen in der Schmelze mehr sichtbar sind. Die zur Herstellung der Schmelzmischung verwendeten Salze, sowie das Natriumsuperoxyd müssen rein, vor allem frei von Stoffen wie Eisen, Aluminium sein, die nach dem Schmelzen quantitativ bestimmt werden sollen. Wenn eine quantitative Bestimmung des Eisens beabsichtigt ist, so darf natürlich ein eiserner Tiegel zum Schmelzen nicht verwendet werden.

Bestimmung von Aluminium, Eisen, Barium, Blei, Kalk und Magnesium. Die Schmelze wird zuerst mit warmem Wasser behandelt und dann überschüssige verdünnte Salzsäure zugegeben. Dann wird etwas verdünnte Schwefelsäure zugesetzt und einige Minuten gekocht. Hierauf wird ohne Rücksicht auf unlösliche Mineralstoffe Natronlauge bis zur stark alkalischen Reaktion zugefügt und gekocht, wobei vorhandene Bleiverbindungen in lösliches Natriumplumbit umgewandelt werden. Dann wird filtriert und der Niederschlag, der aus Bariumsulfat und Hydroxyden besteht, gut ausgewaschen. Das Filtrat wird mit verdünnter Schwefelsäure angesäuert, wobei das Blei als Bleisulfat ausgefällt wird. Nach einigen Stunden wird der Niederschlag abfiltriert und ausgewaschen. Dann wird verascht, geglüht und der aus Bleisulfat bestehende Glührückstand gewogen. Der Niederschlag von Bariumsulfat und Hydroxyden wird gleich nach dem Auswaschen mehrmals mit heißer verdünnter Salzsäure behandelt, wobei die Hydroxyde gelöst werden und etwa vorhandenes Bariumsulfat zurückbleibt. Nach dem Auswaschen, Veraschen· und Glühen wird das Bariumsulfat gewogen. Die nach dem Abfiltrieren des Bariumsulfats und des Bleisulfats erhaltenen Filtrate werden vereinigt. Diese Lösung wird dann auf ein bestimmtes Volumen gebracht. In einem gemessenen Teil davon wird nach dem unter ,,Beschwerung des Leders'' (S. 856) bei der Untersuchung der Asche des pflanzlich gegerbten Leders angegebenen Untersuchungsgang Aluminium, Eisen, Kalk und Magnesium, in einem anderen Teil das Chrom jodometrisch bestimmt. Wenn nur das Chrom bestimmt werden soll, so wird die Schmelze mit heißem Wasser behandelt, vom Rückstand abfiltriert, gut ausgewaschen, das Gesamtfiltrat auf ein bestimmtes Volumen gebracht und ein abgemessener Teil davon zur Chrombestimmung verwendet.

Bestimmung des Chroms. Der hierfür abgemessene Teil der Lösung wird mit überschüssiger 10proz. Jodkaliumlösung versetzt. Nach einigen Minuten wird das abgeschiedene Jod mit Thiosulfatlösung von bekanntem Wirkungswert,

zum Schluß unter Verwendung von Stärkelösung titriert, bis die blaue Farbe
der Jodstärke verschwindet und die grüne Farbe der Chromoxydverbindung
erscheint. Es finden hierbei folgende Vorgänge statt.

$$K_2Cr_2O_7 + 14\,HCl + 6\,KJ = 2\,CrCl_3 + 8\,KCl + 6\,J + 7\,H_2O$$
$$6\,J + 6\,Na_2S_2O_3 = 3\,Na_2S_4O_6 + 6\,NaJ.$$

Bei Anwendung von $^n/_{10}$-Thiosulfatlösung entspricht 1 ccm davon 0,00173 g
Chrom (Cr) oder 0,00253 g Chromoxyd (Cr_2O_3).

Bei der Chrombestimmung ist eine Anzahl von Umständen zu beachten, die
zu fehlerhaften Ergebnissen führen können [K. Schorlemmer, R. Lauffmann (8)]. Dabei ist auch zu berücksichtigen, daß den Niederschlägen und
Rückständen in Lösungen, die Alkalichromat enthalten, auch bei sorgfältigem
Auswaschen hartnäckig Alkalichromat anhaftet, so daß dann die Ergebnisse
für Chromoxyd zu niedrig, für Aluminium, Eisen, Barium usw. zu hoch ausfallen.
Man muß daher in solchen Fällen die Niederschläge usw., besonders wenn ihre
Menge beträchtlich ist und auf eine genaue Bestimmung Wert gelegt wird, durch
nochmalige Fällung usw. von anhaftendem Alkalichromat möglichst befreien
und die dabei sich ergebenden Filtrate zur übrigen Lösung hinzufügen. Zur
doppelten Fällung wird das Eisen- bzw. Aluminiumhydroxyd auf dem Filter
in verdünnter heißer Salzsäure gelöst und aus der Lösung durch Kochen mit
Ammoniak wieder ausgefällt. Bleisulfat wird in Natronlauge gelöst und aus der
Lösung durch Zusatz von überschüssiger verdünnter Schwefelsäure wieder abgeschieden. Bariumsulfat wird zunächst mit dem Gemisch von Natriumcarbonat
und Kaliumcarbonat aufgeschlossen. Die Schmelze wird mit verdünnter Salzsäure behandelt und das Bariumsulfat abfiltriert. Alle Niederschläge werden
dann nochmals gründlich ausgewaschen. Ferner ist bei der Chrombestimmung
zu berücksichtigen, daß Eisenverbindungen in der zur Bestimmung des Chroms
verwendeten Lösung nicht vorhanden sein dürfen, da diese bei dem jodometrischen Verfahren ebenfalls Jod zur Abscheidung bringen, wodurch die Ergebnisse
der Chrombestimmung entsprechend zu hoch ausfallen. Auch darf die bei dem
jodometrischen Verfahren angewandte Salzsäure kein freies Chlor und das benutzte Jodkalium kein Kaliumjodat enthalten, da sonst ebenfalls zu hohe Ergebnisse gefunden werden. Man kann jedoch, wenn man bei der Untersuchung
der Chromatlösung gemessene Mengen von Salzsäure und Jodkaliumlösung verwendet, die durch solche Verunreinigungen verursachten Fehlerquellen dadurch
ausschalten, daß man einen blinden Versuch mit den gleichen Mengen Salzsäure
und Jodkaliumlösung ohne Chromatlösung ausführt, das hierbei etwa ausgeschiedene Jod bestimmt und von dem bei der Chromatlösung erhaltenen Ergebnis
abzieht.

Die Bestimmung des Chroms und gleichzeitig des Eisens im Leder kann
unter Verwendung von Überchlorsäure zur Zerstörung der Ledersubstanz auch
in folgender Weise ausgeführt werden:

Man bringt, je nach dem Chrom- und Eisengehalt des Leders, 1 bis 6 g davon,
die nicht allzu fein zerkleinert zu sein brauchen, in einen 300-ccm-Kjeldahl-
kolben. Man gibt 15 ccm Überchlorsäure dazu, erhitzt zunächst mit ganz kleiner
Flamme im lose verschlossenen Kolben und steigert die Temperatur dann langsam, so daß die Bildung von dunklen Krusten und Verpuffung vermieden wird.
Wenn nach völliger Zerstörung der organischen Stoffe die Flüssigkeit rein grün
erscheint, erhitzt man stärker, da die Oxydation des Chroms, die im übrigen
schnell erfolgt, erst beim Sieden der Überchlorsäure beginnt. Sobald die tiefgrüne Farbe über Schmutzigbraun nach Tiefgelbrot umzuschlagen beginnt,
macht man die Flamme zur Vermeidung der Bildung von Chromylchlorid ganz

klein. Man läßt dann erkalten, gibt etwa 70 ccm Wasser hinzu und verkocht das gebildete Chlor. Nach dem Erkalten bestimmt man in der Flüssigkeit, die mit Bezug auf den Gehalt an Salzsäure möglichst normal sein soll, jedoch zwischen 0,5 und 2 n schwanken kann, das Chrom nach L. A. Sarvar und I. M. Kolthoff in der Weise, daß man nach Zusatz von 7 bis 8 Tropfen Diphenylaminlösung (0,17 g Diphenylamin in 100 ccm konzentrierter Schwefelsäure) und 10 ccm 25proz. Phosphorsäure auf je 50 ccm zu titrierender Flüssigkeit mit $n/_{10}$-Ferroammoniumsulfatlösung titriert, wobei die Farbe der Lösung beim Endpunkt von Blau nach Grün umschlägt.

In der zur Bestimmung des Chroms benutzten Lösung kann das Eisen bestimmt werden, indem man die Lösung zum Sieden erhitzt, tropfenweise mit Zinnchlorürlösung versetzt, bis die Lösung von Gelb über Gelbgrün umgeschlagen ist, nach 2 Minuten 10 ccm gesättigte Sublimatlösung zugibt und nach Abkühlung der Lösung auf 30^0 und Zugabe von Indikator das Eisen mit $n/_{10}$-Bichromatlösung titriert, wobei die Farbe von Grün nach Blau umschlägt. Zu beachten ist, daß bei Zugabe der Sublimatlösung nur ein feiner weißer Niederschlag und keine schwarze Fällung entstehen darf, da letztere anzeigt, daß zu viel Reduktionsmittel zugesetzt wurde, was unbedingt vermieden werden muß (M. Bergmann und F. Mecke).

Nach neueren Arbeiten kann der Aufschluß des Leders wesentlich schneller und einfacher mit einer Mischung von Überchlorsäure, Schwefelsäure und Salpetersäure durchgeführt werden (G. Frederick Smith und V. R. Sullivan).

Alkalien. Zur Bestimmung der Alkalien muß natürlich eine besondere Probe des Leders verwendet werden. Für diese Bestimmung werden 10 bis 15 g Leder getrocknet und mit Schwefelkohlenstoff entfettet. Das entfettete Leder wird nach völliger Entfernung des Schwefelkohlenstoffs durch Trocknen bei 100^0 allmählich in kleinen Anteilen in 50 bis 100 ccm rauchende Salpetersäure (frei von SO_3 und Cl, spez. Gew. 1,52), die sich in einem Erlenmeyerkolben befindet, eingetragen, wobei die Flüssigkeit zur Vermeidung einer zu stürmischen Reaktion gut gekühlt wird. Dann wird die Flüssigkeit über Nacht stehengelassen, in eine Porzellanschale gespült, fast zur Trockne verdampft, der Rückstand in heißem Wasser gelöst, die Flüssigkeit filtriert und das Filtrat auf 250 ccm gebracht. Diese Lösung wird nicht nur für die Bestimmung der Alkalien, sondern auch der Sulfate und der Chloride benutzt.

Für die Alkalibestimmung wird ein gemessener Teil dieser Lösung zur Trockne verdampft, getrocknet, verascht und gelinde geglüht. Der Glührückstand wird mit sehr verdünnter Salzsäure behandelt. Dann wird filtriert, das Filtrat auf ein kleines Volumen eingedampft, dann mit Ammoniak und Ammoniumcarbonat versetzt und gekocht, um die geringen Mengen noch in Lösung gegangener Chrom-, Aluminium- und Eisenverbindungen sowie den Kalk auszufällen. Hierauf wird filtriert und das Filtrat nach Zusatz einiger Tropfen Schwefelsäure in einer Schale zur Trockne verdampft. Der Rückstand wird zur Vertreibung der Ammoniumsalze schwach geglüht. Der Glührückstand wird als Alkalisulfat gewogen. Eine etwaige Anwesenheit von Magnesia ist bei diesem Verfahren nicht berücksichtigt, so daß in dem als Alkalisulfat erhaltenen Rückstand Magnesia vorhanden sein kann. Man kann die Magnesia in dem Rückstand bestimmen und nach Berechnung als Sulfat vom Alkalisulfat in Abzug bringen.

Sulfate. In einem gemessenen Teil der nach dem Zerstören des Leders mit rauchender Salpetersäure usw. auf 250 ccm gebrachten Lösung wird nach mehrfachem Abdampfen zur Entfernung der Salpetersäure und Zusatz von etwas Salzsäure die Schwefelsäure durch Fällen mit Bariumchlorid bestimmt. Der in der Haut enthaltene Schwefel braucht hierbei nicht berücksichtigt zu werden, da dieser zum größten Teil in Methylsulfosäure umgewandelt wurde, die durch Bariumchlorid nicht ausgefällt wird.

Chloride. Für diese Bestimmung wird ein weiterer gemessener Teil der Lösung aus dem 250-ccm-Kolben mit Sodalösung neutralisiert und nach Zusatz einiger Tropfen Kaliumchromatlösung mit $n/_{10}$-Silbernitratlösung titriert. Wenn hierbei infolge der Gegenwart unzerstörter organischer Stoffe bei der Titration ein deutlicher Endpunkt nicht beobachtet wird, so verfährt man in der Weise, daß man die Lösung mit Soda (frei von Chlor) alkalisch macht, die Flüssigkeit zur Trockne verdampft, den Rückstand verkohlt, mit heißem Wasser auslaugt, die Lösung mit Essigsäure neutralisiert und dann das Chlor mit $n/_{10}$-Silbernitratlösung titriert.

Acidität; an Chrom gebundene Säure. Die Säure ist im Chromleder zum Teil in Form von Neutralsalzen, zum Teil in hydrolysierbarer Bindung mit Chrom und mit Kollagen vorhanden. Die Azidität des Leders entspricht der Säure der hydrolysierbaren Verbindungen. Zur Bestimmung der Azidität bzw. der an Chrom gebundenen Säure sind u. a. die nachfolgenden Verfahren a bis g vorgeschlagen worden (vgl. auch II. Band, 2. Teil, Chromgerbung):

a) Eine Probe des zerschnittenen Leders wird mit Schwefelkohlenstoff von Fett und Schwefel, dann durch Auslaugen mit heißem, zuletzt kochendem Wasser von Alkalisulfat und anderen wasserlöslichen Stoffen befreit. Dann wird die Lederprobe in zwei Hälften geteilt. Die eine Hälfte der Probe wird zur Zerstörung der organischen Stoffe drei Tage mit rauchender Salpetersäure behandelt. Die dabei erhaltene Flüssigkeit wird gekocht und zur Entfernung der Salpetersäure mehrmals, zunächst für sich, dann unter Zusatz von Wasser zur Trockne verdampft. Der Rückstand wird in Wasser gelöst und die Flüssigkeit wird filtriert. Im Filtrat wird durch Fällen mit Bariumchlorid die Schwefelsäure bestimmt. Die andere Hälfte der Lederprobe wird verascht und in der Asche in der oben beschriebenen Weise die Chrombestimmung ausgeführt [D. Woodroffe (3), S. 91].

Dieses Verfahren ist nicht einwandfrei, da durch das Auslaugen des Leders mit heißem Wasser auch an Chrom gebundene Schwefelsäure herausgelöst werden kann. Anderseits dürfte auch die an Kollagen gebundene Säure dabei in der Hauptsache entfernt werden.

b) Man übergießt 5 g zerkleinertes, wenn nötig vorher entfettetes Leder in einem verschließbaren Gefäß mit 50 ccm $n/_5$-Natriumbicarbonatlösung und 50 ccm Wasser, schüttelt 3 Stunden, gießt die Flüssigkeit in einen 250-ccm-Meßkolben, gibt noch 75 ccm destilliertes Wasser zu den Lederstücken, schüttelt wieder 1 Stunde, gießt das Waschwasser in den Meßkolben, bringt die Flüssigkeit auf 250 ccm und titriert den Überschuß der $n/_5$-Natriumbicarbonatlösung mit $n/_5$-Salzsäure zurück. Aus dem Unterschied zwischen der angewendeten Anzahl Kubikzentimeter $n/_5$-Natriumbicarbonatlösung und der beim Zurücktitrieren verbrauchten Anzahl Kubikzentimeter $n/_5$-Salzsäure ergibt sich der Verbrauch des Leders an Kubikzentimeter $n/_5$-Natriumbicarbonat. Hieraus wird die in der angewandten Ledermenge vorhandene hydrolysierbare Säuremenge berechnet, die in Prozenten des Leders angegeben wird (L. Meunier und P. Chambard).

Die Fehlerquellen bei diesem Verfahren bestehen, abgesehen von einigen anderen, auch darin, daß nicht nur die an Chrom, sondern auch die an Kollagen gebundene Säure, ferner Aluminium- und Eisenverbindungen, zurückgebliebenes Fett, auch Farbstoff Bicarbonat verbrauchen und dann die Ergebnisse für die an Chrom gebundene Säure zu hoch, die Werte für die Basizität zu niedrig ausfallen. Das Verfahren ist nicht für fertiges Leder, wohl aber zur Fabrikkontrolle für frisch gegerbtes Leder verwendbar [D. Woodroffe (2)]. Es ist versucht worden, das Verfahren unter Verwendung von Natriumbicarbonat durch verschiedene Abänderungen zu verbessern (W. Schindler, K. Klanfer und E. Flaschner).

c) Das hier kurz beschriebene Phosphatverfahren macht von dem Umstand Gebrauch, daß das SO_4- bzw. Cl-Ion der hydrolysierbaren Verbindungen bei Einwirkung wässeriger Alkaliphosphatlösung auf das Leder durch das PO_4-Ion verdrängt wird. Es wird einerseits die Gesamtsäure der Neutralsalze und der hydrolysierbaren Verbindungen, anderseits die Säure der Neutralsalze für sich bestimmt.

Der Unterschied zwischen den Ergebnissen der Bestimmung der Gesamtschwefelsäure und der Schwefelsäure des Neutralsulfats bzw. der Gesamtsalzsäure und Salzsäure des Neutralchlorids entspricht etwa der an Chrom gebundenen Schwefelsäure bzw. Salzsäure. Es ist allerdings zu berücksichtigen, daß auch an Kollagen gebundene Säure dabei mit bestimmt wird.

Verfahren für Sulfate (A. W. Thomas). 1 g Leder wird in einem 250-ccm-Meßkolben mit 200 ccm einer $n/_{10}$-primären Kalium- oder Natriumphosphatlösung 2 Stunden unter mehrfachem Umschütteln im siedenden Wasserbad behandelt. Dann wird abgekühlt, filtriert und nach dem Verwerfen von 20 bis 25 ccm in einem gemessenen Teil des Filtrats nach Zusatz von verdünnter Salzsäure die Schwefelsäure durch Fällen mit Bariumchloridlösung bestimmt.

Eine weitere Lederprobe von 1 g wird mit destilliertem Wasser, sonst in gleicher Weise wie bei der Bestimmung der Gesamtschwefelsäure, behandelt. Im Filtrat wird die Schwefelsäure bestimmt. Das Ergebnis entspricht der Schwefelsäure des Neutralsalzes.

Verfahren für Chloride (A. W. Thomas und A. Frieden). Das Verfahren ist im übrigen das gleiche wie bei dem Sulfatverfahren, nur wird in den Filtraten nach Zusatz von Salpetersäure durch Fällen mit Silbernitratlösung das Chlor bestimmt, und bei der Bestimmung des Chlors von Neutralchlorid das Leder nicht mit Wasser, sondern mit Alkohol (200 ccm) behandelt, mit Alkohol auf 250 ccm aufgefüllt, aus einem abgemessenen Teil des Filtrats der Alkohol verdunstet, Wasser zugegeben, mit Salpetersäure schwach angesäuert und dann das Chlor gewichtsanalytisch bestimmt.

d) Es wird eine 4 g Hautsubstanz entsprechende Menge des zerkleinerten Leders mit 100 ccm wässeriger 4proz. Pyridinlösung 16 Stunden geschüttelt. Dann wird die wässerige Pyridinlösung abgegossen und das Leder mit destilliertem Wasser nachgewaschen. Das ausgewaschene Leder wird getrocknet und dann in gleichen Teilen davon der Gehalt an Säure nach dem Phosphatverfahren unter c und der Gehalt an Chrom bestimmt [K. H. Gustavson (1)].

Bei der Behandlung mit der wässerigen Pyridinlösung soll die Verbindung des Chroms mit der Säure nicht angegriffen, dagegen die an Kollagen gebundene und die etwa frei vorhandene Säure durch die wässerige Pyridinlösung völlig entfernt werden, so daß die entsprechenden Fehlerquellen fortfallen würden. Es ist aber von H. B. Merrill, J. G. Niedercorn und R. Quarck festgestellt worden, daß durch die Behandlung mit Pyridinlösung in wesentlicher Menge auch an Chrom gebundene Schwefelsäure aus dem Leder herausgelöst wird und daher das Verfahren unter e vorgeschlagen worden.

Demgegenüber kommt in einer neueren Arbeit K. H. Gustavson (2) zu dem Ergebnis, daß das Pyridinverfahren mit wenigen Ausnahmen auch bei fertigen Ledern befriedigende Ergebnisse liefert und daß die ungünstigen Befunde von H. B. Merrill und seinen Mitarbeitern auf die besondere Natur der bei ihren Arbeiten verwendeten basischen Chromverbindung zurückzuführen sind.

e) Man schüttelt 2 g zerkleinertes Leder 1 Stunde mit 100 ccm destilliertem Wasser, läßt über Nacht stehen und titriert dann nach Zusatz von 2 Tropfen

Methylrotlösung mit 0,02 n NaOH, bis die Lösung lachsfarben, d. h. ihr p_H 5,3 ist. Die Lösung mit dem Leder wird dann noch 2 Tage lang geschüttelt und dabei fortgesetzt mit 0,02 n NaOH auf den p_H-Wert 5,3 gebracht (Einzelheiten vgl. H. B. Merrill und Mitarbeiter). Hierauf wird das Leder mit destilliertem Wasser gewaschen und dann darin die an Chrom gebundene Säure nach dem Phosphatverfahren unter c bestimmt.

Auch bei diesem Verfahren kann die Fehlerquelle vorhanden sein, daß infolge des längeren Schüttelns des Leders mit Wasser Säure aus der Chromverbindung hydrolytisch abgespalten wird.

Die nachfolgenden Verfahren zur Bestimmung der Säure im Chromleder berücksichtigen besonders den Umstand, daß die Färbung der Lösung durch den Farbstoff bei der Bestimmung störend wirkt.

Bei den nächsten, auf dem obigen Verfahren von L. Meunier und P. Chambard beruhenden Arbeitsweisen wird der Bicarbonatauszug des Leders durch Zusatz von Natriumsulfatlösung entfärbt und kann dann titriert werden.

f) 1. Arbeitsweise. 5 g des gut entfetteten, fein zerkleinerten Leders werden 5 Stunden mit 50 ccm 10% Natriumsulfat enthaltender $^n/_5$-NaHCO$_3$-Lösung und 50 ccm 10proz. Natriumsulfatlösung geschüttelt. Die Lösung wird durch ein feinmaschiges Kupferdrahtnetz abgegossen. Dann werden die Lederstückchen mit 10proz. Natriumsulfatlösung mit Hilfe der Spritzflasche sorgfältig nachgewaschen, eine Stunde mit 75 ccm 10proz. Natriumsulfatlösung geschüttelt, unter Nachwaschen wieder von der Flüssigkeit getrennt, nochmals eine Stunde mit 50 ccm Natriumsulfatlösung geschüttelt und wieder sorgfältig nachgewaschen. Die Auszüge werden vereinigt und auf 500 ccm aufgefüllt. Die Flüssigkeit, in der sich Lederteilchen und Farbstoffniederschlag befinden, wird filtriert. 200 ccm vom Filtrat werden abpipettiert und mit $^n/_5$-HCl gegen Methylorange titriert. Bezeichnet man die von 50 ccm der Bicarbonatlösung verbrauchten Kubikzentimeter $^n/_5$-HCl mit a, die von 200 ccm des Filtrats verbrauchten Kubikzentimeter $^n/_5$-HCl mit b, die Einwaage mit g, die 1 g Leder entsprechenden Kubikzentimeter $^n/_5$-HCl mit x, dann ist

$$x = \frac{a - \frac{5}{2} b}{g},$$

wobei x je nach dem Ergebnis der qualitativen Untersuchung auf Chlorid, Sulfat oder organische Säurereste umgerechnet werden kann.

2. Arbeitsweise. 5 g zerkleinertes Leder werden in ein tariertes Schüttelgefäß gegeben und 5 Stunden wie bei Arbeitsweise 1 geschüttelt. Bezeichnet man das Ledergewicht mit g, das Gewicht des Schüttelgefäßes mit G, so muß man, um das Gewicht der Flüssigkeit auf 200 g zu bringen, so lange 10proz. Natriumsulfatlösung zusetzen, bis das Gesamtgewicht $(G + g + 200 - 0,18 g) = (G + 0,82 g + 200)$ Gramm beträgt. Die Lösung wird filtriert und 50 ccm des Filtrats werden in einem Kolben mit eingeschliffenem Stopfen genau abgewogen und titriert. Bezeichnet man die von 50 ccm Bicarbonatlösung verbrauchten $^n/_5$ ccm HCl mit a, die Einwaage an Filtrat mit s, die von s g Filtrat verbrauchten Kubikzentimeter $^n/_5$-HCl mit b, die Einwaage an Leder mit g die 1 g Leder entsprechenden Kubikzentimeter $^n/_5$-KCl mit x, dann ist

$$x = \frac{a - \frac{200}{s} b}{g},$$

wobei x wieder auf die entsprechenden Säurereste umgerechnet werden kann (J. Jany).

g) Ein weiteres Verfahren, das auch bei farbigem Chromleder angewendet werden kann, ist das folgende:

1 g Leder wird in einem 300 ccm fassenden Kolben mit 2 ccm Aceton befeuchtet. Dann werden 25 ccm $n/_{10}$-NaHCO$_3$-Lösung zugegeben. Hierauf wird aufgekocht, 3 Minuten im Sieden erhalten und über Nacht stehengelassen. Am nächsten Tage wird 5 Minuten gekocht und die Flüssigkeit durch ein engmaschiges Messingdrahtnetz in ein 400-ccm-Becherglas gegossen. Das Leder wird dann noch sechsmal mit je 20 ccm Wasser aufgekocht. Die gesamte Flüssigkeit wird mit Filterschlamm versetzt, hergestellt aus einer halben (etwa 0,5 g) Filtertablette (Schleicher und Schüll, Nr. 292), die man mit 10 ccm Wasser aufschlemmt. Hierauf werden 30 ccm $n/_{10}$-Schwefelsäure und 20 g NaCl zugesetzt. Dann wird etwa 10 bis 15 Minuten gekocht, absitzen gelassen und in einem 500-ccm-Erlenmeyerkolben filtriert. Das Filter wird mit natriumchloridhaltigem Wasser sorgfältig säurefrei ausgewaschen. Die noch schwach gefärbte Flüssigkeit wird mit 10 ccm einer 5proz. Wasserstoffsuperoxydlösung (hergestellt aus Perhydrol Merck) versetzt, bis zur völligen Entfärbung gekocht, abgekühlt und mit $n/_{10}$-Natronlauge gegen Methylorange auf Gelb titriert. Das Ergebnis wird auf Prozente SO$_4$ berechnet. Bezeichnet man die verbrauchten Kubikzentimeter $n/_{10}$-Natronlauge mit a, dann ist Prozent SO$_4 = \dfrac{(a-5) \cdot 0,48}{\text{Einwaage}}$ (M. Schuster).

Basizität. Die Basizität wird jetzt fast ausschließlich nach der Begriffsbestimmung von K. Schorlemmer angegeben. Unter Basizität Schorlemmer versteht man die Zahl, die angibt, wieviel Prozent vom Gesamtchrom an Hydroxylgruppen gebunden sind, also nicht an Säure. Die Prozentzahl für die Basizität ergibt sich danach, wenn A die Prozente Gesamtchrom, B die Prozente an Säure gebundenes Chrom bedeutet, nach der Formel $\dfrac{100\,(A-B)}{A}$. Man muß also die Untersuchungsergebnisse für Chrom und Säure, soweit sie sich nicht an sich auf die gleiche Gewichtsmenge Leder beziehen, als Prozentgehalte des Leders ausdrücken. B in obiger Formel ergibt sich, wenn man die den gefundenen Säureprozenten äquivalente Menge Chrom in Prozenten berechnet. Man erhält daher die Prozente Chrom für B zum Beispiel, wenn man die Prozente SO$_4$ mit 0,361, die Prozente Salzsäure (HCl) mit 0,490, die Prozente Ameisensäure (HCOOH) mit 0,377 usw. vervielfältigt. Bei Titrationsverfahren zur Bestimmung der an Chrom gebundenen Säure, wie dem obigen Verfahren unter b, muß die verbrauchte Anzahl Kubikzentimeter $n/_{10}$-Lauge bzw. $n/_{10}$-Natriumbicarbonatlösung naturgemäß auf diejenige Säure umgerechnet werden, die im Chromleder an Chrom gebunden ist.

Da die obigen Bestimmungsverfahren für die an Chrom gebundene Säure mit Fehlerquellen behaftet sind, so ist auch eine genauere Bestimmung der tatsächlichen Basizität der Chromverbindung im Chromleder nicht möglich.

Fett. Bei der Fettbestimmung ist zu beachten, daß auch bei Chromleder nicht alles Fett durch Fettlösungsmittel herausgelöst werden kann, wobei zu den bei der Fettbestimmung bei pflanzlich gegerbtem Leder angeführten Umständen bei Chromleder noch hinzukommt, daß ein Teil des Fetts an Chrom gebunden ist und bei gelickerten Ledern Seife und gewisse Bestandteile sulfonierter Öle, die beim Lickern in das Leder gebracht wurden, in den Fettlösungsmitteln mehr oder weniger schwer löslich sind.

Zur Bestimmung des unmittelbar mit Fettlösungsmitteln auszichbaren Fetts verwendet man, wenn das Leder, wie es bei Zweibadleder meist der Fall ist, Schwefel enthält, zweckmäßig Schwefelkohlenstoff, da dabei auch der Schwefel im wesentlichen aus dem Leder ausgezogen wird und dann nach dem später (S. 882) beschriebenen Verfahren in dem nach Abdestillieren des Schwefelkohlenstoffs erhaltenen Rückstand bestimmt werden kann. Nach Abzug der Schwefelmenge von diesem Rückstand ergibt sich die darin enthaltene Fettmenge.

Bei Gegenwart von sulfoniertem Öl im Leder muß zur Bestimmung des unmittelbar auszieh baren Fetts neben Schwefel im Leder folgendermaßen verfahren werden: Der beim Ausziehen mit Schwefelkohlenstoff, Abdestillieren des letzteren und Trocknen erhaltene, gewogene Rückstand wird zur Zersetzung des sulfonierten Fetts mit 30 HCl (1:5) am Rückflußkühler gekocht, bis sich alles Fett klar abgeschieden hat. Dann wird mit Äther ausgeschüttelt, die Ätherlösung mehrmals mit Wasser gewaschen und der Äther abdestilliert. In dem Rückstand wird nach später angegebenem Verfahren der Schwefel bestimmt. Aus dem Unterschied zwischen der gefundenen Schwefelmenge und den mit Schwefelkohlenstoff ausziehbaren Stoffen ergibt sich das mit Schwefelkohlenstoff ausziehbare Fett (L. J. Ginsburg).

Der mit Fettlösungsmitteln nicht ausziehbare Teil des Fetts kann unter Benutzung eines zunächst für Sämischleder ausgearbeiteten Verfahrens [W. Fahrion (2)] in folgender Weise bestimmt werden.

Man erwärmt 5 g des nach dem Ausziehen mit dem Fettlösungsmittel verbliebenen Lederrückstands mit etwa 25 ccm 8proz. alkoholischer Natronlauge auf dem Wasserbad unter Umrühren, bis einzelne Lederteile nicht mehr sichtbar sind und nach dem Verdunsten des Alkohols eine leimartige Masse zurückbleibt. Wenn dann die Zerstörung des Leders noch nicht vollständig ist, so muß man den Rückstand nochmals in derselben Weise mit 25 ccm der alkoholischen Natronlauge behandeln. Der Rückstand wird in etwa 50 ccm heißem Wasser unter Umrühren gelöst. Die Lösung wird mit verdünnter Salzsäure angesäuert, dann mit 30 ccm konzentrierter Salzsäure versetzt, etwa 10 Minuten gekocht und zweimal mit je etwa 100 ccm Äther ausgeschüttelt. Die Ätherlösung wird drei- bis viermal mit 15 bis 20 ccm Wasser gewaschen und der Äther abdestilliert. Der Rückstand wird dann getrocknet und gewogen. Die beim Ausschütteln mit Äther unlöslich zurückbleibenden Bestandteile, die neben zersetzter Hautsubstanz und Chromverbindungen auch Oxyfettsäuren, die teilweise auch in Äther unlöslich sind, enthalten können, werden abfiltriert und mit warmem Alkohol behandelt, wodurch im wesentlichen nur Oxyfettsäuren gelöst werden. Die alkoholische Lösung wird filtriert, der Alkohol verdunstet und der Rückstand gewogen.

Die Summe des unmittelbar mit dem Fettlösungsmittel herausgelösten Fetts, des Rückstands der ätherischen Lösung und der alkoholischen Lösung ergibt mit praktisch genügender Genauigkeit die Gesamtmenge des im Leder enthaltenen Fetts.

Bemerkung. Das obige Verfahren zur Bestimmung des aus dem Leder mit Fettlösungsmitteln unmittelbar nicht herausziehbaren Fetts kann bei allen Lederarten angewendet werden, mit Ausnahme des mit pflanzlichen Gerbstoffen hergestellten Leders, da bei solchem Leder nach dem Ansäuern und Ausschütteln mit Äther auch Gerbstoff gelöst wird und anderseits mit Zersetzungsprodukten der Hautsubstanz und Oxyfettsäuren auch Gerbstoff sich unlöslich abscheidet, der ebenso wie die Oxyfettsäuren in warmem Alkohol zum Teil löslich ist und daher von den Oxyfettsäuren nicht genügend genau getrennt werden kann.

Schwefel. Bevor man diese Bestimmung ausführt, prüft man, ob das Leder Schwefel enthält. Man bringt einige angefeuchtete Stückchen des Leders auf ein blankes Silberblech und trocknet. Wenn nach Entfernen der Lederstückchen an den Stellen, wo das Leder gelegen hat, schwarzbraune Flecken auf dem Silberblech sich zeigen, so ist Schwefel in dem Leder vorhanden (Heparreaktion).

Zur Bestimmung des Schwefels wird der bei der Fettbestimmung erhaltene Rückstand nach dem Wägen, nötigenfalls bei gelinder Erwärmung, mit rauchender Salpetersäure behandelt, wobei das Fett zerstört und der Schwefel in Schwefelsäure übergeführt wird. Dann wird die Flüssigkeit zur möglichst vollständigen Entfernung der Salpetersäure auf dem Wasserbad abgedampft. Der Rückstand wird in heißem Wasser gelöst, die Lösung filtriert, mit Salzsäure angesäuert und die Schwefelsäure mit Bariumchlorid gefällt. Das Bariumsulfat wird bestimmt und durch Vervielfältigung mit 0,137 auf Schwefel umgerechnet.

Auswaschbare Stoffe. Die Bestimmung und Untersuchung der auswaschbaren Stoffe gibt auch bei Chromleder weiteren Aufschluß über die Zusammensetzung des Leders.

Man verdampft einen gemessenen Teil der Lösung der auswaschbaren Stoffe, trocknet, wägt den Trockenrückstand, verascht und wägt wieder. Der Unterschied der Ergebnisse der beiden Wägungen entspricht der Menge der auswaschbaren organischen Stoffe. Der Glührückstand stammt von den auswaschbaren Mineralstoffen und kann auch lösliche Barium- und Bleiverbindungen enthalten, die durch Zusatz von Schwefelsäure ausgefällt und nachgewiesen werden. Die auswaschbaren organischen Stoffe können neben Fett vom Lickern auch Leim oder Kasein, die als Füllmittel verwendet wurden, ferner Zucker, Dextrin, Melasse, die als Beschwerungsmittel dienten, enthalten. Fett kann in der Lösung, wie oben beschrieben, festgestellt werden. Wenn Leim oder Kasein in der Lösung der auswaschbaren Stoffe vorhanden sind, so wird diese, nötigenfalls nach dem Konzentrieren, mit Tanninlösung eine Fällung und nach Zusatz von Alkalilösung und einigen Tropfen Kupfersulfatlösung beim Erwärmen eine violette Färbung geben (Biuretreaktion). Wenn der Gehalt des Leders an auswaschbaren organischen Stoffen mehrere Prozente übersteigt, so wird die Zuckerbestimmung ausgeführt, und zwar unmittelbar, wenn Leim oder Kasein sowie Fett in der Lösung nicht vorhanden sind, andernfalls nach den unten angegebenen Verfahren, wobei diese Stoffe entfernt werden. Zur unmittelbaren Zuckerbestimmung werden 500 ccm der Lösung der auswaschbaren Stoffe auf 100 ccm eingedampft. 50 ccm dieser konzentrierten Lösung werden mit Schwefelsäure 1 : 5 während $^1/_2$ Stunde im siedenden Wasserbad invertiert und dann neutralisiert. Mit dieser Lösung wird wie bei pflanzlich gegerbtem Leder die Zuckerbestimmung ausgeführt. Wenn die ursprüngliche konzentrierte Lösung unmittelbar Fehlingsche Lösung reduziert, so liegt Traubenzucker vor, andernfalls Rohrzucker, Melasse u. dgl. Wenn Dextrin in der Lösung der auswaschbaren Stoffe vorhanden ist, das als Zucker mitbestimmt wird, so entsteht nach genügender Konzentration der Lösung in dieser nach Zusatz von überschüssiger sehr verdünnter, eben noch gelb gefärbter Jodlösung eine weinrote Färbung. Wenn Leim oder Kasein vorhanden ist, so werden zur Zuckerbestimmung zunächst diese Stoffe in einem gemessenen Teil der Lösung mit Tanninlösung ausgefällt. Dann wird auf ein bestimmtes Volum gebracht, filtriert, in einem bestimmten Teil des Filtrats mit Bleiessig das Tannin, im Filtrat der Bleiessigfällung mit Glaubersalz das überschüssige Blei ausgefällt, das Filtrat invertiert, neutralisiert und weiter so verfahren wie bei Zuckerbestimmung in der Lösung der auswaschbaren Stoffe des pflanzlich gegerbten Leders. Befindet sich Seife oder sulfuriertes Öl in der Lösung der auswaschbaren Stoffe, so muß vor Ausführung der Zuckerbestimmung eine gemessene Menge dieser Lösung nach Zusatz von etwas verdünnter Salzsäure einige Minuten gekocht, das abgeschiedene Fett mit Äther ausgeschüttelt, und die saure wässerige Lösung nach dem Vertreiben des aufgenommenen Äthers neutralisiert werden. In der so vorbereiteten Lösung, in der durch die Salzsäure bereits Inversion stattgefunden hat, wird dann die Zuckerbestimmung ausgeführt. Bei gleichzeitiger

Gegenwart von Leim, Kasein neben Fett werden auch diese Stoffe in der oben angegebenen Weise vorher entfernt.

Die Stickstoffbestimmung und die Berechnung der Hautsubstanz erfolgt bei Chromleder wie bei pflanzlich gegerbtem Leder, wobei jedoch wegen des höheren Gehalts des Chromleders an Stickstoff bzw. Hautsubstanz nur 0,3 bis 0,4 g Leder für diese Bestimmung genommen werden. Die Gewichtsausbeute an Leder, wie sie bei pflanzlich gegerbtem Leder auf Grund des Gehalts an Hautsubstanz durch die daraus berechnete Rendementzahl zum Ausdruck gebracht wird, hat jedoch bei Chromleder keine so große Bedeutung, da dieses meist nach der Fläche und weniger nach Gewicht gehandelt wird. Soweit letzteres der Fall ist, wird aber auch das Chromleder nicht selten in beträchtlichem Maß z. B. mit Barium- und Bleiverbindungen, Zucker beschwert. Ein Niederschlag von weißem Barium- oder Bleisulfat dient allerdings häufig auch dazu, die Farbe des Leders aufzuhellen.

Zu den Ergebnissen der Chromlederuntersuchungen ist zu bemerken, daß die Summe der Prozentgehalte von Wasser, Asche, unmittelbar ausziehbarem Fett, auswaschbaren organischen Stoffen und Hautsubstanz bei Chromleder meist wesentlich unter 100 liegt, was dadurch verursacht ist, daß bei der Aschebestimmung Umsetzungen der Mineralstoffe unter Abspaltung von Säure erfolgen, daß ein Teil des Fetts bei der Extraktion mit Fettlösungsmitteln im Leder zurückbleibt und daß, wie schon bei der Untersuchung des pflanzlich gegerbten Leders bemerkt, bei Gegenwart von Fett die Ergebnisse der Stickstoffbestimmung zu niedrig ausfallen.

Unterscheidung von Einbad- und Zweibadchromleder. Zuweilen ist die Frage zu entscheiden, ob ein Chromleder im Einbadverfahren oder im Zweibadverfahren hergestellt ist, da diese verschiedene Herstellungsweise des Chromleders auch seine Eigenschaften in mancher Hinsicht beeinflußt. Diese Frage ist jedoch vielfach nicht mit Sicherheit zu beantworten. Wenn nach der Heparreaktion Schwefel im Leder nicht vorhanden ist, so handelt es sich wahrscheinlich um ein Einbadchromleder. Es ist allerdings zu berücksichtigen, daß die Zweibadchromgerbung so geleitet werden kann, daß sich wenig oder gar kein Schwefel abscheidet und daß die Reduktion im zweiten Bad auch mit Hilfe von Mitteln wie Bisulfit ausgeführt werden kann, wobei kein Schwefel frei wird. Wenn im Leder durch die Heparreaktion oder in dem mit Schwefelkohlenstoff ausgezogenen Fett Schwefel nachgewiesen wird, so liegt wahrscheinlich eine Zweibadchromgerbung vor. Es ist jedoch auch nicht ausgeschlossen, daß es sich um ein in Verbindung mit der Schwefelgerbung hergestelltes Einbadchromleder handelt. Ein weiteres Merkmal ist vielleicht durch die Ergebnisse der Bestimmung des Chromgehalts in den Außenschichten und der Mittelschicht des Leders gegeben, indem im Zweibadleder das Chrom in den einzelnen Schichten gleichmäßiger verteilt sein soll als bei Einbadleder (Bericht über die Versammlung deutscher Gerbereichemiker, S. 221).

Alaungares (weißgares) Leder.

Asche. Bei der Bestimmung der Asche derartiger Leder ist zu beachten, daß die Ergebnisse wesentlich niedriger gefunden werden als der Menge der im Leder enthaltenen Mineralstoffe entspricht, da, wie die Chromverbindungen, auch die Aluminiumverbindungen beim Veraschen und Glühen unter Abspaltung von Säure zerlegt werden.

Aluminiumoxyd. Da das beim Veraschen des Leders und Glühen der Asche gebildete Aluminiumoxyd zum Teil auch in Säure schwer löslich ist, so verfährt man zu seiner Bestimmung zweckmäßig in der Weise, daß man die Asche nach dem Wägen mit der fünf- bis sechsfachen Menge des Gemisches von 3 Teilen wasserfreier Soda und 1 Teil Kaliumcarbonat längere Zeit schmilzt, die Schmelze in heißem Wasser löst, die Lösung in ein Becherglas spült, mit Salzsäure ansäuert, aufkocht, einen etwa verbleibenden Rückstand nach dem Abfiltrieren zur völligen Auflösung in der gleichen Weise behandelt wie die ursprüngliche Asche, die vereinigten Lösungen auf ein bestimmtes Volum bringt, in einem gemessenen Teil dieser Lösung das Aluminium durch Ammoniak und Kochen ausfällt, abfiltriert, gut auswäscht, verascht, glüht und das Aluminiumoxyd wägt. Die übrigen Aschenbestandteile können in derselben Weise wie bei pflanzlich gegerbtem Leder beschrieben, nachgewiesen und bestimmt werden.

Bemerkung. Wenn Aluminium bestimmt werden soll, so darf nicht in einem glasierten Tiegel verascht oder geglüht werden, da durch Alkalien aus der Glasur leicht Aluminiumverbindungen herausgelöst werden.

Fett. Für diese Bestimmung wird das Leder mit Petroläther oder einem anderen Fettlösungsmittel ausgezogen und der nach dem Abdestillieren und Trocknen erhaltene Rückstand gewogen. Das etwa im Leder zurückbleibende Fett kann nach dem bei Chromleder angegebenen Untersuchungsverfahren ermittelt werden.

Auswaschbare Stoffe. Bei dieser Bestimmung ist zu beachten, daß das alaungare Leder gegen Wasser nur sehr wenig beständig ist, daß daher neben Zersetzungsprodukten der Hautsubstanz ein großer Teil der Aluminiumverbindung beim Auswaschen mit Wasser, also auch bei der Bestimmung der auswaschbaren Stoffe, in Lösung geht und daher beim Veraschen des Trockenrückstands der auswaschbaren Stoffe infolge Zersetzung der Aluminiumverbindungen ein wesentlich größerer Gewichtsverlust eintritt als der Menge etwa vorhandener organischer Stoffe entspricht.

Glacéleder.

Das in der üblichen Weise hergestellte Glacéleder enthält neben Aluminiumverbindungen, die wie bei alaungarem Leder bestimmt werden können, und etwas Kochsalz als sonstige Bestandteile der Gare auch Eigelb und Mehl. Es muß sich daher in dem mit einer solchen Gare hergestellten Glacéleder neben Aluminium auch Eigelb und Mehl (Stärke) nachweisen lassen.

Eigelb. Zur Feststellung von Eigelb im Leder kann das folgende Verfahren (N. Jambor) benutzt werden, das auf dem Nachweis der im Lecithin des Eigelbs in organischer Bindung vorhandenen Phosphorsäure beruht. Wenn das Leder mit einer Deckfarbe versehen ist, so wird es von dieser vor der Prüfung durch Abreiben mit 1 proz. Ammoniaklösung oder organischen Lösungsmitteln, wie Amylacetat, Lösungsmittel E 13, befreit. 10 g zerkleinertes Leder werden mit Äther ausgezogen, wodurch neben sonstigem Fett etwa vorhandenes Eieröl herausgelöst wird. Der Äther wird abdestilliert, der Rückstand mit heißem Wasser und 3 ccm 10 proz. Natronlauge übergossen und einige Minuten damit gekocht. Die Flüssigkeit wird dann mit Essigsäure neutralisiert, wiederum einige Minuten gekocht und durch Schleicher- und Schüll-Papier 589 Weißband filtriert. Das Filtrat wird mit Salpetersäure und dann mit heißer Ammoniummolybdatlösung versetzt. Wenn Lecithin vorhanden ist, so scheidet sich beim Erwärmen ein gelber Niederschlag von Ammoniumphosphomolybdat aus. Man kann auch in der Weise verfahren, daß man das aus dem Leder herausgezogene Fett mit einigen Gramm einer oxydierenden Schmelze, z. B. 1 Teil Natriumcarbonat, 1 Teil Kaliumcarbonat und 2 Teilen Natriumnitrat, verrührt, vorsichtig erhitzt, verascht, die Asche in Salpetersäure löst, filtriert und das Filtrat nach Zusatz von Ammoniummolybdatlösung auf Phosphorsäure prüft. Dieses Verfahren erscheint sicherer, da dabei organische Stoffe, die die Reaktion auf Phosphorsäure beeinträchtigen können, vorher zerstört werden.

Mehl. Zur Prüfung auf Mehl wird mit einem wässerigen Auszug des Leders die Jodstärkereaktion ausgeführt. Man behandelt 10 g des verkleinerten Leders mit heißem Wasser, kühlt ab, filtriert und setzt dem Filtrat einige Tropfen einer schwach gelb gefärbten Jodjodkaliumlösung zu. Die Gegenwart von Stärke wird durch eine von Jodstärke herrührende blaue Färbung der Flüssigkeit angezeigt. Bei weißem Glacéleder wird die Gegenwart von Mehl unter Umständen auch durch Aufbringen eines Tropfens der entsprechend verdünnten Jodlösung auf das Leder selbst an der dunkelblauen Färbung erkannt. Bei gefärbtem Glacéleder muß man vor der Prüfung auf Mehl versuchen, den Farbstoff mit organischen oder sonstigen Lösungsmitteln möglichst zu entfernen, da sonst undeutliche oder irreführende Ergebnisse erhalten werden.

Wenn Eigelb (Lecithin) und Mehl sich nicht nachweisen lassen, so handelt es sich jedenfalls nicht um ein mit der eigentlichen Glacégare hergestelltes Glacéleder. Wenn Phosphorsäure gefunden wird oder die Stärkereaktion positiv ausfällt, so ist zu beachten, daß auch andere Lederarten unter Umständen unter Verwendung von Eigelb gefettet werden und dann die Phosphorsäurereaktion geben, daß ferner Mehl als Appretur ebenfalls auch in anderen Lederarten vorhanden sein kann. Es ist daher, auch wenn Eigelb oder Mehl nachgewiesen wird, zur Kennzeichnung des Glacéleders stets die Aluminiumbestimmung und die sonstige ergänzende Untersuchung des Leders nötig.

Eisenleder.

Das Eisenleder wird daran erkannt, daß beim Aufbringen von einem Tropfen Tanninlösung auf das Leder auf diesem eine blauschwarze Färbung erscheint. Der beim Veraschen von Eisenleder hinterbleibende Glührückstand hat eine braune Farbe.

Asche. Das Eisenleder enthält eine beträchtliche Menge von Mineralstoffen, die in der Hauptsache als Eisenverbindungen vorhanden sind. Beim Veraschen findet eine teilweise Zerlegung der Eisenverbindungen mit anderen Umsetzungen statt.

Eisen und Aluminium. Nach Bestimmung der Asche werden die Aschenbestandteile mit destilliertem Wasser in ein Becherglas gespült und mit starker Salzsäure gekocht, bis eine klare Lösung entstanden ist, die auf ein bestimmtes Volumen gebracht wird. Zur Bestimmung des Eisens wird ein gemessener Teil dieser Lösung mit Ammoniak versetzt, gekocht, das Eisenhydroxyd und Aluminiumhydroxyd abfiltriert, gut ausgewaschen, auf dem Filter wieder in Salzsäure gelöst, die Lösung für sich mit Natronlauge versetzt, gekocht, das Eisenhydroxyd abfiltriert, gründlich ausgewaschen, verascht, geglüht und als Eisenoxyd gewogen. Im Filtrat von Eisenhydroxyd kann nach dem Ansäuern mit Salzsäure durch Kochen mit überschüssigem Ammoniak das Aluminium als Hydroxyd ausgefällt und als Aluminiumoxyd bestimmt werden. Die übrigen Aschenbestandteile werden wie bei pflanzlich gegerbtem Leder nachgewiesen und ermittelt.

Fett. Das unmittelbar mit Fettlösungsmitteln ausziehbare und das im Lederrückstand verbleibende Fett kann wie bei Chromleder bestimmt werden.

Auswaschbare Stoffe. Bei der Bestimmung der auswaschbaren Stoffe ist zu beachten, daß manche Eisenleder mit Sulfitcelluloseauszug gefüllt sind und dann einen hohen Auswaschverlust haben. Es läßt sich dann in der Lösung der auswaschbaren Stoffe durch die Reaktion mit Anilin und Salzsäure Sulfitcelluloseauszug nachweisen.

Für die sonstigen Untersuchungen gilt sinngemäß das bei Chromleder Gesagte.

Sämischleder.

Mineralstoffe. Das Sämischleder enthält, trotzdem es nur mit Tran gegerbt wird, immer mehrere Prozent Mineralstoffe, in der Hauptsache Alkaliverbindungen, die dadurch in das Leder gelangen, daß dieses nach der Gerbung zur Entfernung des überschüssigen Tranes mit Sodalösung ausgewaschen wird. Zuweilen wird das Sämischleder unter Verwendung von Blei- oder Bariumsulfat aufgehellt. Blei und Barium können dann in der oben beschriebenen Weise in der Asche nachgewiesen und bestimmt werden.

Fett. Das im Sämischleder vorhandene Fett kann auch bei dieser Lederart durch unmittelbares Ausziehen mit Fettlösungsmitteln nicht völlig entfernt werden, da, abgesehen von zurückbleibendem Hautfett, bei der mit Oxydation des Trans verbundenen Gerbung mehr oder weniger unlösliche Oxyfettsäuren gebildet werden und ein Teil der Tranfettsäuren an Hautsubstanz gebunden wird. Zur Bestimmung des nach dem Ausziehen mit dem Fettlösungsmittel im Leder zurückbleibenden Fetts wird das bei Chromleder beschriebene Verfahren angewendet, wobei auch die Bestimmung der Oxyfettsäuren auszuführen ist.

Fettgarleder.

Da diese Lederart meist sehr stark gefettet ist, so muß das Ausziehen mit Fettlösungsmitteln sehr gründlich erfolgen. Der im Leder zurückgebliebene Fettrest kann nach dem früher angegebenen Verfahren bestimmt werden. Im übrigen wird das Fettgarleder entsprechend der verschiedenen Art der dabei stattfindenden Gerbung auf pflanzliche Gerbstoffe, Aluminium- und Chromverbindungen, unter Umständen auch durch Prüfung auf Schwefel auf eine etwa stattgefundene Schwefelgerbung untersucht.

Formaldehydleder.

Formaldehyd. Zum Nachweis von Formaldehyd im Leder können folgende Verfahren dienen:

a) 10 g zerkleinertes Leder werden in einen Destillationskolben gegeben, mit 50 ccm Schwefelsäure 1 : 5 übergossen und einige Zeit stehengelassen. Man destilliert dann die Flüssigkeit aus dem Kolben ab und prüft die ersten 10 ccm Destillat auf Formaldehyd, indem man einen Teil davon mit dem gleichen Volum 30 proz. Natronlauge mischt, etwas Resorcin hinzugibt und erhitzt. Bei Gegenwart von Formaldehyd entsteht eine mehr oder weniger starke rote Färbung der Flüssigkeit.

Dieses Verfahren zur Prüfung auf Formaldehyd kann auch bei den anderen Lederarten angewendet werden.

b) Auch ein von O. Hehner und F. v. Fillinger zum Nachweis von Formaldehyd angegebenes Verfahren kann zur Prüfung des Leders angewendet werden:

Man destilliert 20 g zerkleinertes Leder mit 50 ccm 20 proz. Phosphorsäure bis fast zur Trockne. Das Destillat prüft man in der Weise, daß man 0,1 g Pepton darin löst, zu 10 ccm dieser Lösung einen Tropfen einer 5 proz. Eisenchloridlösung gibt und die Flüssigkeit mit konzentrierter Schwefelsäure unterschichtet. Bei Gegenwart von Formaldehyd entsteht über der Schwefelsäure ein violetter Ring und beim Vermischen eine violette Färbung der Flüssigkeit.

Diese Reaktion kann auch bei dem nach Verfahren a erhaltenen Destillat ausgeführt werden.

c) Man bringt eine kleine Menge von etwa 0,5 g in dünne Streifen geschnittenes Leder mit 7 ccm Wasser in ein Probierrohr, fügt 1 ccm Salzsäure (Spez. Gew. 1,13) hinzu, erhitzt bis zum beginnenden Sieden, wodurch gebundenes Formaldehyd abgespalten und die Reaktion beschleunigt wird, läßt auf Zimmertemperatur erkalten und setzt 1 ccm des Reagens von Grosse-Bohle hinzu. Wenn Formaldehyd vorhanden ist, so entsteht in der Flüssigkeit und auf dem Leder eine graublaue Färbung, die langsam in Blauviolett übergeht. Das Reagens von Grosse-Bohle wird in folgender Weise hergestellt: Man löst 1 g Rosanilinchlorhydrat in 500 ccm destilliertem Wasser, gibt eine Lösung von 25 g kristallisiertem Natriumsulfit, dann 15 ccm Salzsäure (Spez. Gew. 1,13) hinzu und bringt auf 1 l. Die Lösung entfärbt sich nach 1 bis 2 Tagen und kann dann nach dem Filtrieren verwendet werden (P. Chambard).

Nach diesem Verfahren läßt sich, wie Versuche ergaben, auch bei längere Zeit gelagertem Leder, das mit Formaldehyd behandelt wurde, letzteres noch nachweisen. Bei Ledern, die in dunklen Farbtönen gefärbt sind, ist das Verfahren jedoch nicht anwendbar, da der Farbstoff des Leders die durch das Reagens bei Gegenwart von Formaldehyd hervorgerufene Färbung verdeckt. In solchem Fall muß die Prüfung nach den Verfahren a und b herangezogen werden.

d) Ein anderes Verfahren zum Nachweis von Formaldehyd im Leder, das auf der Beobachtung von Ewald beruht, wonach mit Formaldehyd gegerbtes Kollagen beim Kochen zwar schrumpft, beim Abkühlen sich aber zum Teil wieder ausdehnt, wurde in folgender Form angegeben: Die Lederprobe wird, ähnlich wie bei der Kochprobe für Chromleder, in Wasser aufgeweicht, dann aufgekocht und sofort nach dem Schrumpfen in kaltes Wasser gebracht. Es wird beobachtet, ob das Leder sich jetzt wieder ausdehnt. Die abwechselnde Behandlung der Lederprobe mit heißem und kaltem Wasser wird zur mehrfachen Beobachtung und Nachprüfung einige Male wiederholt. Sehr festes und dichtes Leder dehnt sich verhältnismäßig langsam aus. In diesem Falle ist es zweckmäßiger, das Augenmerk auf die erneut einsetzende Verkürzung bei wiederholtem Hineinbringen der Lederprobe in kochendes Wasser zu richten, die immer sehr viel schneller erfolgt als die Wiederausdehnung beim Abkühlen. Leder, die nicht mit Formaldehyd gegerbt sind, ändern sich, wenn sie einmal geschrumpft sind, bei aufeinanderfolgender Behandlung mit kaltem und heißem Wasser nicht mehr. Die Schrumpfungs- und Dehnungsvorgänge sind um so ausgesprochener, je lockerer das Ledergewebe ist. Man nimmt daher für diese Prüfung am besten eine Probe aus den Flanken [A. Küntzel (2)].

Gerbung mit synthetischen Gerbstoffen, mit Naphthol.

Mit synthetischen Gerbstoffen hergestelltes Leder. Die Gerbung mit synthetischen Gerbstoffen wird für sich kaum angewendet. Die Prüfung des Leders auf synthetische Gerbstoffe kann mit den bei der Untersuchung des pflanzlich gegerbten Leders angegebenen Verfahren erfolgen.

Mit Naphthol gegerbtes Leder. Das nachfolgende Prüfungsverfahren kann auch angewendet werden, wenn neben Naphtholgerbung auch Formaldehydgerbung vorliegt: Das bei Pelzfellen vorher durch Abschneiden von den Haaren getrennte Leder wird mit einer Mischung von Alkohol und Azeton ausgezogen. Das Lösungsmittel wird dann verdunstet. Ein Teil des weißlichen Verdunstungsrückstandes wird in heißem Wasser gelöst und mit einigen Tropfen Eisenchloridlösung versetzt. Wenn Färbungen oder Fällungen von violetter oder grüner Farbe auftreten, so ist α- bzw. β-Naphthol vorhanden. Wenn an Stelle der Eisenchloridlösung eine alkalische Jodlösung verwendet wird, so entsteht bei Gegenwart von α-Naphthol eine violette Färbung. Der Rest des Verdunstungsrückstandes wird mit konzentrierter Schwefelsäure durchtränkt und mäßig erwärmt. Wenn rote bis violette Färbungen entstehen, so ist Naphthol in Verbindung mit Formaldehyd zur Gerbung verwendet worden. Wenn keine Färbung eintritt, so gibt man zur Kontrolle einige Tropfen Formaldehyd und konzentrierte Schwefelsäure zu. Wenn auch in diesem Falle eine Färbung nicht entsteht, so ist bestimmt Naphthol zur Gerbung nicht benutzt worden [G. Grasser (2)].

Pelzgerbung.

Zur Untersuchung der Art der Gerbung der Pelzfelle wird eine Probe davon durch Abrasieren von den Haaren befreit und dann zerkleinert. Eine früher besonders geübte Zubereitung der Pelzfelle ist deren Behandlung mit Kochsalz und Schwefelsäure in Form einer Art Pickel. Eine Probe wird verascht, wobei, wenn das Pelzfell mit Kochsalz und Schwefelsäure behandelt wurde, die Schwefelsäure das Kochsalz zum Teil in Natriumsulfat umwandelt. Wenn die Asche in Wasser löslich ist und Cl und SO_3 darin in wesentlicher Menge nachgewiesen werden kann, so ist das Pelzfell mit Kochsalz und Schwefelsäure zubereitet, andernfalls kommt die Alaungerbung, Chromgerbung, Sämischgerbung bzw. Fettgerbung oder Formaldehydgerbung, gegebenenfalls in Verbindung mit der Alaungerbung in Betracht. Die Untersuchung in dieser Hinsicht erfolgt wie nachfolgend unter „Feststellung der Gerbart des Leders" beschrieben. Wenn die Asche sehr niedrig ist, so liegt eine Gerbung mit einem synthetischen oder sonstigen organischen Gerbstoff vor.

Feststellung der Gerbart des Leders.

Häufig kommt es vor, daß bei einem Leder unbekannter Natur die Gerbart festgestellt werden soll. Bei den Ledern, deren Farbe nach dem Gerben durch Färben, Aufhellungsmittel, Deckfarben usw. nicht verändert wurde, kann schon die Farbe des Leders einen Anhaltspunkt für die Art der Gerbung geben, indem pflanzlich gegerbtes Leder eine gelbliche, braune oder rotbraune, Chromleder eine grüne oder blaugrüne, Sämischleder eine gelbliche, Alaunleder bzw. Weißgarleder, Glacéleder, Formaldehydleder eine weiße Farbe hat. Ferner zeigt bei ungefärbten Ledern eine schwarzblaue oder schwarzgrüne Färbung beim Aufbringen von Eisensalzlösung pflanzliche Gerbung, eine dunkelblaue beim Aufbringen von Tanninlösung Eisengerbung an. Die angeführten Prüfungen mit Eisensalzlösung und mit Tanninlösung werden bei farbigen, jedoch nicht ganz durchgefärbten Ledern auf der Fleischseite ausgeführt. Beim Veraschen liefert Alaun- und Glacéleder eine weiße, Chromleder eine grüne und Eisenleder eine braune Asche, und zwar in reichlicher Menge. Auch pflanzlich gegerbtes Leder und Sämischleder gibt eine hellfarbige Asche, wenn nicht Eisenverbindungen zugegen sind.

Von Ledern mit Deckfarbe, Lack- oder anderen Deckschichten darf zur qualitativen und quantitativen Untersuchung hinsichtlich der Art der Gerbung nur die Fleischschicht verwendet werden, da die Deckfarbe Eisen- oder Chromverbindungen als Mineralfarben, die Lackschicht Eisen als Sikkativ des Leinöllacks enthalten kann und bei Mitverwendung der Narbenschicht zur Untersuchung der Irrtum entstehen könnte, daß Chrom- oder Eisenverbindungen zur Gerbung des Leders verwendet worden sind.

Wenn für die Untersuchung nur eine sehr geringe Menge Leder zur Verfügung steht oder, wie es häufig bei der Prüfung von Schuh- oder anderen Lederwaren der Fall ist, entnommen werden darf, so kann zum Nachweis von Chrom das folgende mikrochemische Prüfungsverfahren angewendet werden, wobei aber auch die kleine Lederprobe hierfür aus den oben angeführten Gründen von der Fleischschicht des Leders zu entnehmen ist: Das Lederstückchen wird in einem Mikroporzellantiegel verascht, eine hirsekorngroße Menge Natriumsuperoxyd zugesetzt und durch Schmelzen das Chrom in Chromat übergeführt. Die Schmelze wird nach dem Erkalten im Tiegel in einem Tropfen Schwefelsäure (1 : 5) gelöst. Dann werden 1 bis 2 Tropfen einer etwa 2 proz. alkoholischen Lösung von Diphenylcarbacid (etwa 2 proz.) zugegeben. Bei Gegenwart von Chrom entsteht eine stark violette Färbung (K. Klanfer).

Die für den Nachweis von Aluminium und Eisen angegebenen mikrochemischen Prüfungsverfahren (K. Klanfer) sind für den sicheren Nachweis einer Gerbung mit Aluminium- oder Eisenverbindungen nicht brauchbar, da diese, wenn auch zum Teil in sehr geringer Menge, in jedem Leder enthalten sind, indem sie als Beimengungen oder Verunreinigungen der bei der Lederherstellung verwendeten sonstigen Stoffe oder des Wassers in das Leder gelangen.

Zur weiteren Feststellung müssen die qualitativen Prüfungen durch quantitative Untersuchungen ergänzt werden. Wenn ein Leder zum Teil an Hautsubstanz gebundenes Fett, aber keine anderen als Gerbmittel verwendeten Stoffe enthält, so handelt es sich um ein Sämischleder. Ein geringer Gehalt des Leders an Aluminium-, Chromverbindungen, Schwefel in Verbindung mit einem hohen Fettgehalt, läßt auf ein Fettgarleder schließen. Wenn das Leder eine größere Menge von Aluminium-, Chrom- oder Eisenverbindungen, jedoch keine sonstigen Gerbmittel enthält, so liegt eine reine Aluminium-, Chrom- oder Eisengerbung vor. Wenn neben einer wesentlichen Menge von Aluminiumverbindungen auch Eigelb und Mehl im Leder nachgewiesen wird, so kann es sich um Glacéleder handeln. Bei Nachweisbarkeit von Formaldehyd im Leder würde es sich um ein unter Anwendung der Formaldehydgerbung hergestelltes Leder handeln. Weiter kann festgestellt werden, ob ein Leder durch eine Verbindung mehrerer Gerbverfahren hergestellt ist. Wenn neben pflanzlichen Gerbstoffen auch eine nennenswerte Menge von Chrom im Leder vorhanden ist, so ist das Leder ähnlich wie Semichromleder oder Dongolaleder gegerbt. Finden sich wesentliche Mengen von Aluminium und Chrom in dem Leder, so ist die Alaungerbung in Verbindung mit der Chromgerbung angewendet worden. Lassen sich neben pflanzlichen Gerbstoffen die Bestandteile der Glacégare (Aluminium, Eigelb, Mehl) im Leder feststellen, so liegt bei sonstiger entsprechender Beschaffenheit ein Nappaleder vor. Wenn neben den Bestandteilen der Glacégare noch Formaldehyd im Leder nachgewiesen wird, so ist das Leder als ein mit Formaldehyd waschbar gemachtes Glacéleder anzusprechen.

Hinsichtlich der Ergebnisse ist zu beachten, daß Aluminiumverbindungen auch als natürliche Bestandteile pflanzlicher Gerbstoffe, als Klärungsmittel für Gerbbrühen, als Mittel zur Aufhellung der Farbe pflanzlich gegerbter Leder, Eisenverbindungen durch pflanzliche Gerbmittel, bei der Chromgerbung als Verunreinigung der Chromverbindungen, bei schwarzen Ledern durch Eisenschwärze, bei Ledern mit Deckfarbe oder Lackschicht als eisenhaltige Mineralfarbe bzw. als Bestandteil eines Sikkativs in geringer Menge in das Leder gelangen können und daß pflanzlicher Gerbstoff bei nicht pflanzlich gegerbtem Leder in manchen Fällen nicht zum eigentlichen Gerben, sondern, z. B. bei Chromleder, als Beizmittel vor dem Färben und bei Alaunleder nur zum Anfärben des Leders verwendet wird, um dem Leder die Farbe des pflanzlich gegerbten Leders zu verleihen. Wenn eine geringe Menge von Chrom im Leder vorhanden ist, so kann diese bei gefärbten Ledern auch davon herrühren, daß zum Abdunkeln vor dem Färben Bichromat verwendet wurde.

Ein weiterer Anhaltspunkt für die Gerbart eines Leders, der besonders bei gefärbten Ledern wichtig ist, bei denen die Entfernung der Farbstoffe, die vor der Prüfung auf pflanzlichen Gerbstoff mit Eisenlösung nötig ist, nicht genügend erreicht wird, ergibt sich, wenn man nach Bestimmung von Wasser, Asche, Gesamtfett, auswaschbaren organischen Stoffen und Hautsubstanz die Prozentgehalte dieser Werte zusammenzählt und die Summe von 100 abzieht. Wenn hier ein bedeutender Rest (etwa 30 bis 45%) gefunden wird, so kann es sich um ein pflanzlich gegerbtes Leder handeln. Dagegen ist der Rest bei den mit den wichtigsten synthetischen Gerbstoffen gegerbten Ledern nur etwa 10 bis 18% und bei den mineralgaren, sämischgaren Ledern und bei Formaldehydleder noch geringer. Auch die Rendementzahlen sind bei pflanzlich gegerbtem Leder bedeutend höher als bei den anderen Lederarten. Es darf jedoch, wenn der Rest und die Rendementzahl niedrig ist, nicht ohne weiteres geschlossen werden, daß pflanzlicher Gerbstoff in dem Leder nicht vorhanden ist, da ein unter Verwendung einer ungenügenden Menge von pflanzlichem Gerbstoff oder ein durch eine Verbindung der pflanzlichen Gerbung mit anderen Gerbverfahren hergestelltes Leder vorliegen kann. Es muß daher, soweit möglich, auch die Prüfung auf andere Gerbarten ausgeführt und das Ergebnis zur Beurteilung mit herangezogen werden.

Feststellung der Art des Fetts.

Neben der Menge des im Leder enthaltenen Fetts ist auch die Beschaffenheit und Art seiner Bestandteile von Bedeutung, da diese die Eigenschaften des Leders in mancher Hinsicht beeinflussen und daher der Art und dem Verwendungszweck des Leders angepaßt sein müssen. Ein festes Fett gibt dem Leder mehr Steifheit und „Stand", ein weiches und flüssiges Fett macht das Leder weicher und geschmeidiger. Die unverseifbaren Fette, wie Mineralöl, Paraffin, haben nicht so günstige fettende Wirkungen wie die verseifbaren Fette. Es ist daher wichtig, sich durch die Untersuchung des im Leder enthaltenen Fetts Aufschluß über dessen Natur und Zusammensetzung zu verschaffen.

Das Wichtigste über die hierfür nötigen Untersuchungsverfahren und den Untersuchungsgang, sowie über die auf Grund der Untersuchungsergebnisse möglichen Schlußfolgerungen über die Natur und Zusammensetzung des Fetts soll nachfolgend angeführt werden.

Zur Untersuchung wird das bei der Fettbestimmung im Leder oder, wenn seine Menge zu gering ist, das aus einer größeren Ledermenge ausgezogene Fett verwendet. Von dieser Menge wird der Hauptteil zur Bestimmung des Unverseifbaren, der Rest zur Bestimmung des Schmelzpunkts, der Säurezahl, der Jodzahl und der Prüfung auf Harz verwendet. Bei fester Beschaffenheit des Fetts wird zuerst die Säurezahl bestimmt. Man löst hierfür das abgewogene Fett in einem neutralisierten Gemisch von einem Teil Alkohol und zwei Teilen Äther und titriert mit $^{n}/_{5}$ alkoholischer Kalilauge bei Gegenwart von Phenolphthalein bis zur roten Färbung. Es entspricht 1 ccm $^{n}/_{5}$-KOH 0,0112 g KOH. Man berechnet dann die Säurezahl, die die von 1 g Fett verbrauchten Milligramm KOH zum Ausdruck bringt. Die Hälfte der Säurezahl entspricht dem Prozentgehalt des Fetts an freien Fettsäuren, als Ölsäure berechnet. Wenn die Säurezahl etwa 190 bis 210 ist, so besteht das Fett, wenn es sich als frei von Harz erweist, ganz aus Stearin. Sollte die Säurezahl wesentlich niedriger oder das Fett flüssig sein, so wird das Unverseifbare bestimmt.

Hierfür werden nach der Wizöff-Vorschrift 5 g Fett, wenn nicht so viel davon zur Verfügung steht auch weniger, in einer Schale zur Verseifung mit 12 bis 15 ccm $\dfrac{2\,\text{N}}{\text{KOH}}$ unter öfterem Umrühren auf dem Wasserbade erwärmt, bis der

Alkohol langsam vertrieben und der Schaleninhalt, wenigstens bei Gegenwart von wenig Unverseifbarem, bröcklig fest geworden ist. Der Schaleninhalt wird dann mit 50 ccm heißem Wasser behandelt und in einen Scheidetrichter gebracht. Die Schale wird mit 10 ccm Alkohol nachgespült. Dann wird der Inhalt des Scheidetrichters zuerst mit 50 ccm, dann zweimal mit je 25 ccm Äther ausgeschüttelt. Die vereinigten Ätherauszüge werden mit 10 ccm einer Mischung von 6 ccm Wasser und 4 ccm $n/_2$ HCl, dann, nach dem Ablassen der sauren Flüssigkeit, mit 10 ccm einer Mischung von 6,4 ccm Wasser und 3,6 ccm alkoholischer $n/_2$-KOH ausgeschüttelt. Der Äther wird abdestilliert, der Rückstand bei 100° bis zum etwa gleichbleibenden Gewicht getrocknet und gewogen.

Wenn das Unverseifbare höchstens einige Prozent der Fettmenge beträgt, so ist neben einer geringen Menge von unverseifbaren Bestandteilen des Hautfetts nur das natürliche Unverseifbare tierischer oder pflanzlicher Fette vorhanden und haben nur solche Fette zum Fetten des Leders Verwendung gefunden. In diesem Fall könnte, wenn das Fett fest ist, bei niedriger Säurezahl (etwa bis 5) und einem Schmelzpunkt des Fetts von etwa 40 bis 50° C Talg, bei höherer Säurezahl und wesentlich höherem Schmelzpunkt, jedoch Abwesenheit von Fichtenharz bzw. Colophonium, ein Gemisch von Stearin und Talg vorhanden sein; doch ist zu berücksichtigen, daß bei längere Zeit gelagertem Leder die Säurezahl bzw. der Gehalt des Fetts an freien Fettsäuren zum Teil auch durch die mit der Zeit stattfindende Abspaltung von Fettsäuren aus Glyceriden erhöht werden kann. Wenn der Fettrückstand ölartig ist, so handelt es sich ganz oder in der Hauptsache um Tran oder Leinöl, falls die Jodzahl mindestens etwa 120 bzw. 160 beträgt. Wenn bei niedrigerer Jodzahl ein entsprechender Gehalt an Oxyfettsäuren gefunden wird, so ist oxydiertes Öl vorhanden, das von der Verwendung von Degras bzw. Moellon herrühren kann; doch kann ein Teil der Oxyfettsäuren auch bei der Lagerung des Leders durch Oxydation des Fetts entstanden und dadurch auch zum Teil die Jodzahl erniedrigt worden sein. Ferner ist zu berücksichtigen, daß Ricinusöl, das aber durch seine völlige Löslichkeit in Alkohol und Unlöslichkeit in Petroläther gekennzeichnet ist, von Natur aus eine Oxyfettsäure enthält.

Bei Jodzahlen, die bei oder unter 100 liegen, kann bei flüssiger Beschaffenheit des Fettrückstands, wenn eine nennenswerte Menge von Oxyfettsäuren nicht vorhanden ist, geschlossen werden, daß das Öl ganz oder in der Hauptsache aus pflanzlichem Öl besteht. Anderseits kann bei derartigen niedrigeren Jodzahlen auch bei Gegenwart einer wesentlichen Menge von Oxyfettsäuren ein pflanzliches Öl, und zwar Ricinusöl, vorliegen.

Zur Bestimmung der Jodzahl nach dem bei den Wizöff-Vorschriften angewandten Verfahren von Hanus werden 0,200 g (bei Jodzahlen über 120), 0,200 bis 0,400 g (bei Jodzahlen von 60 bis 120) oder 0,400 bis 0,800 g (bei Jodzahlen unter 60) Öl bzw. Fett in einer Stöpselflasche in 10 ccm Chloroform gelöst. Zu dieser Lösung werden 25 ccm einer Lösung von Jodmonobromid (etwa 10 g Jodmonobromid in 500 ccm Eisessig) gegeben. Nach $1/_2$ Stunde, bei Jodzahlen über 125 nach 1 Stunde, wird das überschüssige Jod mit $n/_{10}$ Thiosulfatlösung zurücktitriert. Der Unterschied zwischen der bei dem Versuch mit bzw. ohne Fett verbrauchten Anzahl Kubikzentimeter Thiosulfatlösung wird auf Jod ungerechnet. Letztere Jodmenge, die von der eingewogenen Menge Fett aufgenommen wurde, ergibt, in Prozenten der Fettmenge ausgedrückt, die Jodzahl.

Die Bestimmung der Oxyfettsäuren kann in der bei Bestimmung des Unverseifbaren nach dem Ausschütteln mit Äther usw. zurückgebliebenen Seifenlösung erfolgen. Man verdunstet den darin enthaltenen Alkohol, gibt etwa 50 ccm warmes Wasser hinzu, spült die Flüssigkeit mit Wasser in einen Scheidetrichter und scheidet dann durch Zusatz von 20 ccm etwa 10proz. Salzsäure die Gesamtfettsäuren ab. Dann wird der Inhalt des Scheidetrichters abgekühlt, mit 100 ccm Petroläther ausgeschüttelt, die saure wässerige Flüssigkeit abgelassen, die Petrolätherlösung oben durch ein Filter abgegossen, der unlösliche Rückstand im Scheidetrichter und auf dem Filter mit Petroläther gewaschen und dann auf dem Filter in heißem Alkohol gelöst. Die alkoholische Lösung wird filtriert, das Filtrat in gewogener Schale verdunstet, der Rückstand bis zum gleichbleibenden Gewicht getrocknet und als „Oxyfettsäuren" gewogen.

Wenn das Unverseifbare mehr als einige Prozent vom Gesamtfett beträgt, so kann es bei fester Beschaffenheit Mineralfett (Paraffin, Ceresin), unverseifbare Anteile von Wachs oder bei zäher, klebriger Beschaffenheit von Wollfett, wenn es flüssig ist, Mineralöl, aber auch natürliche feste oder flüssige unverseifbare Bestandteile gewisser Fischtrane enthalten. Das natürliche Unverseifbare zeigt stets höhere Jodzahlen, die über 70 und bei dem flüssigen Unverseifbaren mancher Tranarten weit über 100 liegen. Dagegen werden beim Unverseifbaren von Mineralfett, Mineralöl und Wachs Jodzahlen von 5 bis 15 und vom Wollfett von 30 bis 40 festgestellt. Die Jodzahl der natürlichen unverseifbaren Stoffe wird daher durch die Gegenwart von fremden unverseifbaren Stoffen mit geringer Jodzahl entsprechend erniedrigt. Das Unverseifbare von Wachs und Wollfett kann von Mineralöl und Paraffin beim Kochen mit Essigsäureanhydrid unterschieden werden, wobei das acetylierte Unverseifbare von Wachs und Wollfett in Lösung geht, während Mineralöl und Paraffin auf der Flüssigkeit schwimmt. Beim Erkalten scheiden sich die acetylierten Bestandteile des Unverseifbaren von Wachs und Wollfett zum Teil kristallinisch ab, während das Unverseifbare von Paraffin erstarrt.

Die Fettanteile des durch Fettlösungsmittel nicht unmittelbar aus dem Leder ausziehbaren Fetts müssen nach dem früher angegebenen Verfahren bestimmt und untersucht werden, wobei auch die darin vorhandenen Oxyfettsäuren zu berücksichtigen sind. Eigelb sowie Seife und sulfoniertes Öl werden in der oben ebenfalls angegebenen Weise nachgewiesen.

Wichtig ist auch die Prüfung des Fetts auf Harz, da dieses die Eigenschaften des Leders ungünstig beeinflußt. Wenn die Säurezahl des Fetts sehr niedrig ist, so kann Fichtenharz, das eine Säurezahl von etwa 140 hat, nicht vorhanden sein; andernfalls muß die Prüfung auf Fichtenharz (Colophonium) ausgeführt werden. Hierfür wird zunächst ein kleiner Teil des Fettrückstands mit etwas Essigsäureanhydrid erwärmt, abgekühlt, filtriert und das Filtrat mit einem Tropfen Schwefelsäure 1:1 versetzt. Wenn dann eine rotviolette Färbung eintritt, so kann Fichtenharz (Colophonium) vorhanden sein; doch kann die rotviolette Färbung auch durch unverseifbare Bestandteile (Sterine) hervorgerufen sein. Man wiederholt daher, wenn die rotviolette Färbung bemerkt wird, die Prüfung auf Harz nach Entfernung des Unverseifbaren. Aus der bei der Bestimmung des Unverseifbaren (siehe dort) zurückgebliebenen Seifenlösung wird der Alkohol verdunstet. Der Rückstand wird mit Wasser in einen Scheidetrichter gespült. Dann werden durch Zusatz von überschüssiger verdünnter Salzsäure die Fettsäuren zusammen mit den Harzsäuren abgeschieden. Hierauf wird mit Äther ausgeschüttelt, die ätherische Lösung mehrmals mit Wasser gewaschen, der Äther abdestilliert und der Rückstand getrocknet. Dann wird der Rückstand mit etwas Essigsäureanhydrid erwärmt. Wenn die Essigsäureanhydridlösung nach Zusatz eines Tropfens Schwefelsäure 1:1 ebenfalls eine rotviolette Färbung zeigt, so ist Harz (Colophonium) vorhanden. Man kann auch die nach Entfernung des Unverseifbaren und Bestimmung der Oxyfettsäuren (siehe dort) verbliebene Ätherlösung verwenden, indem man diese mehrmals mit Wasser wäscht, den

Äther abdestilliert, den Rückstand trocknet und in der obenangegebenen Weise auf Harz prüft.

Der **Schmelzpunkt** des Fetts kann in folgender Weise bestimmt werden: Das Fett wird bis gerade zum völligen Schmelzen erhitzt und dann in ein feines Glasröhrchen von etwa 1 mm Weite eingesogen. Bei Gegenwart von Stearin wird das Röhrchen nun zunächst 10 bis 12 Stunden liegengelassen. Das Röhrchen wird mit Hilfe eines Gummiringes an einem Thermometer derart befestigt, daß das Fett neben dem Quecksilbergefäß des Thermometers sich befindet. Hierauf wird das Thermometer mit dem Röhrchen in ein mit Wasser gefülltes 300-ccm-Becherglas getaucht. Nun wird das Wasser langsam unter beständigem Rühren angewärmt, bis nach etwa 10 Minuten das Fett nach dem Schmelzen in dem Röhrchen in die Höhe getrieben wird. Die in diesem Augenblick abgelesene Temperatur gilt als Schmelzpunkt des Fetts.

Bei Berechnung und Beurteilung der Fettbestandteile auf Grund der Untersuchungsergebnisse des aus dem Leder herausgezogenen Fetts ist zu berücksichtigen, daß ein Teil des verseifbaren Fetts und des Unverseifbaren vom Naturfett der Haut herrührt und daß die zum Fetten des Leders verwendeten Fette beim Lagern des Leders Veränderungen erleiden, die besonders in einer Abspaltung von Fettsäuren aus Glyceriden und einer Oxydation des Fetts unter Bildung von Oxyfettsäuren bestehen (siehe auch unter „Allgemeine Eigenschaften des Leders", S. 796). Durch diese Veränderungen werden der Schmelzpunkt und die Säurezahl beeinflußt und mit der Oxydation des Fetts die Jodzahl erniedrigt. Die bei der Untersuchung des aus dem Leder herausgezogenen Fetts erhaltenen Ergebnisse können daher, besonders bei längere Zeit gelagertem Leder, einen genaueren Aufschluß über die Art und Zusammensetzung der zum Fetten des Leders verwendeten Fette bzw. Fettgemische nicht immer geben.

Art des angewandten Fettungsverfahrens.

Die Frage, in welcher Weise das Leder gefettet wurde, ist ebenfalls für die Herstellung und die Eigenschaften des Leders und darum auch als Gegenstand der Untersuchung wichtig. Das Fetten des Leders erfolgt entweder kalt durch Auftragen einer halbflüssigen Fettmischung (meist gleiche Teile von Talg, Tran und Degras), oder auf heißem Wege dadurch, daß das Leder in geschmolzenes Fett von höherem Schmelzpunkt (Stearin, Paraffin, Talg) eingetaucht oder mit solchen Fetten bei erhöhter Temperatur im heizbaren Faß gewalkt wird. Es kann daher aus der Beschaffenheit und Zusammensetzung des aus dem Leder gewonnenen Fetts ein Schluß auf das für das Leder angewendete Fettungsverfahren gezogen werden. Wenn das Fett fest ist und damit einen höheren Schmelzpunkt zeigt, so handelt es sich um ein heiß durch „Einbrennen" oder Walken im erwärmten Faß gefettetes Leder, andernfalls um ein mit halbflüssiger Fettmischung kalt gefettetes Leder.

Untersuchung von Deckfarben und anderen Deckschichten am Leder.

Diese Bestandteile des Leders müssen zur Untersuchung und Feststellung ihrer Natur vom Leder in möglichst großer Fläche entweder abgelöst oder vorsichtig abgeschabt oder abgespalten werden. In manchen Fällen läßt sich schon durch Abreiben der Oberfläche des Leders mit gewissen lösend wirkenden Mitteln ein Anhaltspunkt für die Natur der Deckschicht bzw. Deckfarbe gewinnen. Zu diesem Zweck bringt man etwas von dem Lösungsmittel auf einen weißen Lappen und reibt damit das Leder leicht ab. Wenn dadurch bei Verwendung von Ammoniak die Deckschicht sich leicht ablöst oder die Deckfarbe wesentlich abfärbt, so handelt es sich um eine Deckschicht oder Deckfarbe mit Casein bzw. Eiweiß. Dagegen liegt eine Deckschicht oder Deckfarbe auf der Grundlage von Nitrocellulose vor, wenn diese nicht oder nur unbedeutend durch Ammoniak, wohl aber bei Verwendung entsprechender organischer Lösungsmittel abfärbt, wozu sich besonders das Lösungsmittel E 13 der I. G. Farbenindustrie A.-G. eignet. Die Unterscheidung wird sicherer, wenn man nach folgendem Verfahren auf Nitrocellulose prüft: Man kocht eine Probe der abgeschärften, zerkleinerten Deckschicht einige Minuten mit etwa 10 ccm ungefähr 10proz. Natronlauge, wobei die Nitrogruppe der Nitrocellulose als Salpetersäure abgespalten und als Natriumnitrat gebunden wird. Die Flüssigkeit wird dann mit verdünnter Schwefelsäure angesäuert, abgekühlt und filtriert. Einige Tropfen des Filtrats läßt man in eine auf einem Uhrglas befindliche Lösung einiger Körnchen Diphenylamin in konzentrierter Schwefelsäure vom Rande aus einfließen. Bei Gegenwart von Salpetersäure tritt eine blaue Färbung ein, wodurch Nitrocellulose nachgewiesen ist. Wenn die Deckschicht weder beim Abreiben mit E 13 oder anderen organischen Lösungsmitteln, noch mit alkalischen Mitteln wie Ammoniak abgelöst werden kann, so kann angenommen werden, daß es sich um eine mit Leinöllack hergestellte Deckschicht handelt, besonders dann, wenn bei schwarz lackierten Ledern in der zur Prüfung abgeschabten oder abgespaltenen Deckschicht Metalle wie Mangan, Blei, Kobalt gefunden werden, die bei der Herstellung des Leinöllacks als Trockenmittel dienen. Bei farbigen Ledern kann dagegen aus der Anwesenheit solcher Metalle eine derartige Schlußfolgerung nicht ohne weiteres gezogen werden, da die entsprechenden Metallverbindungen bei der Herstellung des Leders auch als Erdfarben Verwendung gefunden haben können. Wenn in der Deckschicht neben Mangan, Blei, Kobalt usw. auch Nitrocellulose (Salpetersäure) oder ein auffällig hoher Stickstoffgehalt festgestellt wird, so liegt bei schwarzen Ledern wahrscheinlich eine aus Leinöllack in Verbindung mit Nitrocellulose oder Casein hergestellte Deckschicht vor. Fett kann in der abgelösten oder abgespaltenen Casein- oder Nitrocellulosedeckschicht bestimmt werden, indem man mit alkoholischer Kalilauge verseift, den Alkohol verdunstet, den Rückstand in Wasser löst, mit überschüssiger Salzsäure versetzt, mit Äther ausschüttelt, die ätherische Lösung mit Wasser wäscht, den Äther abdestilliert und den Rückstand wägt, der dann noch näher, z. B. auch auf Harz, untersucht werden kann. Eine Schellackdeckschicht wird beim Verbrennen der abgekratzten Stoffe oder des durch Behandlung des Leders mit einem geeigneten Lösungsmittel wie Äther und Verdunsten des letzteren erhaltenen Rückstands an dem eigenartigen harzigen Geruch erkannt. Auch kann der Rückstand weiter auf Schellack chemisch geprüft werden. Andere Bestandteile von Deckschichten, wie sie besonders auch für die Fleischseite Verwendung finden, z. B. Kaolin, Talkum, Stärke, Seife, können nach der Entfernung von der Lederfläche ebenfalls chemisch festgestellt werden, so Kaolin und Talkum durch Nachweis von Kieselsäure und Aluminium oder Magnesium, Stärke durch die Blaufärbung mit Jodlösung, Seife durch die alkalische Reaktion der wässerigen Lösung und der Abscheidung von Fett aus dieser bei Zusatz von Mineralsäure.

Bei den mit Nitrocellulose- bzw. Collodiumdeckfarben versehenen Ledern kommt auch die Prüfung auf die Art des einen Bestandteil der Deckfarbe bildenden Weichhaltungsmittels in Betracht, wobei neben Ricinusöl u. a. Campher, Palatinole (Phthalsäureester), Triphenyl- und Trikresylphosphat verwendet werden. Campher wird entweder am Geruch des Leders oder des nach der Destillation des Leders bzw. seiner Deckschicht mit Wasserdampf erhaltenen Destillats erkannt. Triphenyl- und Trikresylphosphat können vorhanden sein, wenn nach Durchtränken der abgetrennten Deckschicht mit reiner Sodalösung, Trocknen und Veraschen in der Asche Phosphorsäure nachgewiesen wird, oder nach dem Erwärmen der Deckschicht mit Natronlauge, Abkühlen und Ansäuern mit verdünnter Schwefelsäure Geruch nach Phenol auftritt. Der Nachweis von Phthalsäureestern kann unter Benutzung eines Verfahrens von Levinson in folgender Weise geführt werden: Man zieht die abgetrennte Deckschicht mit Äther aus, verdunstet den Äther, gibt zum Trockenrückstand 1 g Borsäure, erwärmt, gibt dann 1 g Resorcin hinzu, behandelt den Rückstand unter Erwärmen mit 50 ccm Wasser, bringt die Lösung in einen Glaszylinder und setzt Natronlauge bis zur alkalischen Reaktion hinzu. Wenn dann eine schöne Fluoreszenz sich zeigt, so deutet dieses auf die Gegenwart von Phthalsäure.

Die Zusammensetzung von Deckschichten läßt sich zum Teil auch dadurch erkennen, daß man die Lederprobe mit geeigneten Lösungsmitteln (Wasser, Alkalilösung, Alkohol, Amylacetat) behandelt, die die einzelnen Schichten entsprechend der Art ihrer Zusammensetzung selektiv in Lösung bringen, und dann in einem Schnittpräparat mikroskopisch feststellt, wie dabei die einzelnen Schichten angegriffen werden. Nitrocellulosedeckschichten werden durch die Lösungsmittel für Nitrocellulose wie Amylacetat leicht gelöst; doch sind in derartigen Lösungsmitteln auch gewisse Harze löslich. Leinöllackdeckschichten lassen sich durch Behandeln des Leders mit Trichloräthylen („Westrosol") unter leichtem Abreiben entfernen, ebenso durch Tetrachloräthan („Westron"), falls das Lackleder nicht im Sonnenlicht getrocknet wurde. Die mikroskopische Untersuchung wird dadurch ergänzt, daß man die Lösungsmittel, mit denen die Lederproben behandelt wurden, verdunstet und die Rückstände auf Nitrocellulose, oxydierte Öle, Harz u. dgl. untersucht (E. Line).

Feststellung der Ursachen von Lederfehlern.

Es sollen hier nur die am häufigsten vorkommenden fehlerhaften Erscheinungen an Ledern berücksichtigt werden, und zwar soweit die Feststellung ihrer Ursachen auf chemischem Wege möglich ist, während die Prüfung des Leders auf fehlerhafte Erscheinungen im Gefüge in einem späteren Abschnitt (S. 902) behandelt wird, (siehe auch unter „Allgemeine Eigenschaften des Leders", S. 757—762).

Wenn das Leder oder sein Narben bei geringem Biegen bricht, so wird diese Erscheinung meist durch Einlagerung von Stoffen zwischen die Faser des Leders verursacht, wie es z. B. beim Füllen des Leders mit starken Gerbbrühen, Sulfitcelluloseauszug, Zucker, Mineralstoffen der Fall ist. Durch diese eingelagerten Stoffe wird die Bewegungsfreiheit und Biegungsfähigkeit der Lederfaser behindert, die deshalb beim Biegen des Leders brechen muß, wodurch seine Haltbarkeit bei mechanischer Einwirkung beeinträchtigt wird. Da es sich hierbei meist um lösliche Stoffe handelt, so zeigen derartige Leder dann einen hohen Auswaschverlust. Wenn die brüchige Beschaffenheit nach gründlichem Auswaschen des Leders durch Einhängen in Wasser bei häufigem Wasserwechsel und nachfolgendem langsamen Trocknen verschwunden ist, so ist dieser Fehler durch eine zu starke Einlagerung von Gerbstoff oder anderen Stoffen zwischen die Lederfasern verursacht.

In anderer Weise ist die Haltbarkeit des Leders verringert, wenn das Leder mürbe geworden ist. Eine mürbe Beschaffenheit des Leders zeigt sich dadurch, daß die Lederfaser besonders dem Zerreißen wenig Widerstand entgegensetzt und daß das Leder daher bei mechanischer Beanspruchung auf Zug wenig haltbar ist. Dieser Mangel wird dadurch verursacht, daß die Hautfasern durch Zersetzung oder Veränderung der Hautsubstanz angegriffen und dadurch geschwächt sind. Derartige Veränderungen können durch stark wirkende Säuren (Schwefelsäure,

Salzsäure) und durch Einwirkung von Hitze hervorgerufen werden. Wenn nachgewiesen ist, daß freie stark wirkende Säuren im Leder vorhanden sind, so wird
man hierauf die mürbe Beschaffenheit des Leders zurückführen. Wenn dieses
nicht der Fall ist, so kann man annehmen, daß das Leder durch Hitze gelitten
hat, wie man sagt „verbrannt" ist, wobei es dann meist auch eine auffällig
dunklere Farbe zeigt. Nach neueren Feststellungen sollen Veränderungen des
Leders durch Erhitzen auch durch vergleichende optische Untersuchungen der
mürben und der einwandfreien Stellen erkannt werden können, indem die Lederfasern der erhitzten Stellen im Gegensatz zu den anderen bei der Untersuchung
mit dem Polarisationsmikroskop und Gipsplättchen im Querschnitt keine Interferenzfarben zeigen (J. Jovanovits, S. 233).

Wenn lösliche Mineralstoffe, wie Bittersalz, Bariumchlorid, Natriumsulfat,
oder organische Stoffe, wie feste Fette, Zucker, Dextrin, in größerer Menge in das
Leder gebracht werden, so treten diese später unter Umständen wieder aus dem
Leder heraus und bilden dann in unregelmäßigen Umrissen einen meist weißen
Ausschlag auf dem Leder. Zur Erkennung der Art dieses Ausschlags können
folgende Prüfungen dienen: Man erwärmt die Stelle mit dem Ausschlag vorsichtig
etwa durch die Flamme eines brennenden Streichholzes. Wenn der Ausschlag
schmilzt, so handelt es sich um Fett. Dieses wird bestätigt, wenn der Ausschlag
sich auf dem Leder oder nach dem Abkratzen in einem Fettlösungsmittel wie
Äther löst. Wenn der Ausschlag beim Erwärmen nicht schmilzt, so liegt ein
Ausschlag von Mineralstoffen oder auch von Zucker oder Dextrin vor. Man
schabt dann etwas von dem Ausschlag ab und verbrennt diesen. Verbleibt ein
verhältnismäßig großer Rückstand, so besteht der Ausschlag aus Mineralstoffen,
deren Art dann wie bei der Untersuchung der Lederasche festgestellt werden
kann, wobei in erster Linie Magnesiumverbindungen in Betracht kommen. Andernfalls ist der abgekratzte Ausschlag noch auf Dextrin und Zucker zu untersuchen.
Eine Probe davon wird verbrannt, wobei bei Gegenwart von Dextrin oder Zucker
ein Geruch nach Karamel zu bemerken ist. Eine andere Probe wird in einem
weißen Schälchen mit einem Tropfen einer schwach gelb gefärbten wässerigen
Jodjodkaliumlösung übergossen. Wenn es sich ganz oder in der Hauptsache um
Dextrin handelt, so tritt eine vorübergehende weinrote Färbung auf. Die
Prüfung auf Dextrin läßt sich bei dem nicht pflanzlich gegerbten, ungefärbten
Leder auch auf dem Leder selbst durch Aufbringen einiger Tropfen der Jodlösung vornehmen. Ein weiterer Teil des Ausschlags wird in wenig Wasser
gelöst und mit etwas Fehlingscher Lösung gekocht. Bei Gegenwart von Trau-
benzucker findet Abscheidung von rotem Kupferoxydul statt.

Zuweilen kommt auf dem Leder auch ein Belag von anderen Stoffen wie
Schwefel oder Seife vor. Der Schwefel wird beim Verbrennen des abgekratzten
Belags an dem stechenden Geruch von Schwefligsäureanhydrid erkannt. Ein
Belag von Seife löst sich nach Abkratzen in Wasser, die Lösung zeigt eine alkali-
sche Reaktion und gibt bei Zersetzung mit Säure eine Abscheidung von Fettsäure.

Das Ausharzen des Leders, wobei harzig klebrige Stoffe häufig tropfenförmig
an der Oberfläche des Leders erscheinen, kann eintreten, wenn ein stark oxy-
dationsfähiger Tran zum Fetten des Leders verwendet wurde, wobei dann die
oxydierten Stoffe des Trans an die Oberfläche des Leders treten. Derartige
Stoffe lösen sich zum Teil in Äther oder warmem Alkohol und schmelzen beim
Erwärmen.

Von den zahlreichen beim Leder sich zeigenden Fleckenbildungen, die sehr
verschiedene Ursache haben, seien hier nur die durch schwer löslichen Gerbstoff
und die durch Eisen hervorgerufenen Flecken berücksichtigt. Die Gerbstoffflecken entstehen bei Verwendung von trüben Gerbbrühen oder von schlecht

geklärten Gerbstoffauszügen, indem die in der Hauptsache aus Gerbstoff bestehenden, schwer löslichen Stoffe, da sie nicht in die Haut eindringen können, sich auf seiner Oberfläche ablagern. Wenn es sich um Flecken dieser Art handelt, die sich von den angrenzenden Teilen des Leders durch ihre dunklere Farbe abheben, so können diese durch Abreiben oder Walken mit warmem Wasser oder verdünnter, 1- bis 2proz. Sodalösung entfernt werden.

Eisenflecken, die durch Bildung der bei der Gerbstoffreaktion mit Eisensalz erwähnten blauschwarzen oder grünschwarzen Verbindungen von Eisen mit Gerbstoff hervorgerufen werden, treten bei pflanzlich gegerbtem Leder häufig auf, wenn bei Verwendung ungenügend gereinigter Häute das eisenhaltige Blut sich zersetzt hat oder die Haut oder das Leder mit Eisen in Berührung gekommen ist. Eine andere Ursache für Eisenflecken bei Leder jeder Gerbart ist vorhanden, wenn zur Haarlockerung im Äscher oder durch Anschwöden Schwefelnatrium verwendet wird, indem dann bei Berührung der Haut mit Eisenteilen an den betreffenden Stellen durch Bildung von Schwefeleisen schwarze Flecken entstehen. Die durch Verbindung des Eisens mit pflanzlichem Gerbstoff entstandenen Flecken verschwinden, wenn man das Leder mit einer verdünnten, etwa 2proz. Lösung von Oxalsäure schüttelt oder abreibt, während die durch Schwefeleisen verursachten Flecken durch Abreiben der betreffenden Stellen mit verdünnter Salzsäure beseitigt werden. Eisenflecken, die durch eine Verbindung von Eisen mit Gerbstoff entstanden sind, können auch festgestellt werden, wenn man auf die fleckige Stelle des Leders mit reiner Salzsäure angefeuchtetes reines Filtrierpapier legt, einige Minuten liegen läßt und dann einige Tropfen einer 20proz. Lösung von Kaliumferrocyanid auf das Papier gibt. Wenn dieses an den fleckigen Stellen blau gefärbt wird, so handelt es sich um Eisenflecken.

Gesundheitsschädliche, insbesondere hautreizende Stoffe.

Es sollen hier nur die von der Herstellung künstlicher Farbstoffe herrührenden in Betracht kommenden Stoffe, und zwar Diamine und Aminophenole berücksichtigt werden. Für die Prüfung auf andere hautreizende Stoffe, wie Chromsäure, Formaldehyd, können die an den entsprechenden Stellen des Abschnitts „Lederuntersuchung" angegebenen Prüfungsverfahren benutzt werden.

Zur Prüfung der Haare von Pelzfellen werden unter Anlehnung an ein Verfahren von M. Goldberger etwa 5 g der abgeschnittenen Haare durch Übergießen mit Petroläther entfettet und nach dem Abgießen und Verdunsten des Petroläthers mit 80 bis 100 ccm etwa $n/_{10}$ HCl behandelt. Dann wird filtriert und das Filtrat mit verdünnter Natronlauge gegen Lackmuspapier neutralisiert. Mit der so erhaltenen Flüssigkeit werden unter anderen die nachfolgend angegebenen Reaktionen ausgeführt (siehe Tabelle 78, S. 898), (M. Goldberger).

Nach einem anderen Prüfungsverfahren (W. Mather und W. J. Shanks) werden 3 g fein zerschnittenes Leder 20 Stunden mit 30 ccm $n/_{10}$-HCl ausgezogen. Von dem Auszug werden, wenn das Leder pflanzlichen Gerbstoff enthält, 10 ccm zur Ausfällung des Gerbstoffs mit einem Überschuß von Bleiacetat versetzt. Dann wird filtriert und im Filtrat das überschüssige Bleisalz durch eine Lösung von Ammoniumsulfat ausgefällt. Es wird wieder filtriert und das Filtrat auf 20 ccm gebracht. Bei Ledern, die keinen pflanzlichen Gerbstoff enthalten, erübrigt sich die Bleifällung usw. 4 ccm der zu prüfenden Lösung werden schwach ammoniakalisch gemacht, mit dem unten angegebenen Reagens auf den zu prüfenden Stoff, dann mit 4 Tropfen 0,1proz. Kaliumbichromatlösung versetzt, gemischt, mit Essigsäure angesäuert und wieder gemischt. Es werden nun

Tabelle 78.

Zusätze	Meta-phenylen-diamin	Para-phenylen-diamin	Diamino-phenol	Para-amino-phenol	Methyl-paraamino-phenol
0,2 ccm 2 N HCl $+ 0{,}5$ ccm $\dfrac{N}{2}$ NaNO$_2$	tief gelbbraun	schwach braun	rot	hellgelb	hellgelb
Etwas ungefähr 0,5proz. Bromwasser	geringe weiße Fällung	nichts	weiße Fällung	nichts	nichts
2 Tropfen etwa 5proz. Eisenchloridlösung	nichts	violett	nichts	nichts	nichts
Einige Tropfen 5proz. Phenollösung und 2 Tropfen Natriumhypo-chloridlösung	rosa	violett bis blau	rot	blau	langsam blau oder violett
0,5 ccm einer 1proz. Anilinchlorhydratlösung $+$ 1 Tropfen einer 2proz. Kaliumbichromatlösung	nichts	blaugrün, dann schnell blau	—	—	—

a) sogleich nach dem Ansäuern mit Essigsäure, b) nach nachfolgendem Er-wärmen im Wasserbad auf 50°, c) nach 2 bis 3 Minuten Kochen die bei Anwesen-heit der betreffenden Stoffe eintretenden Farbenerscheinungen der Flüssigkeit festgestellt.

Prüfung auf Metaphenylendiamine: Zusatz eines Tropfens einer 0,1proz. Lösung von Dimethyl-p-phenylendiaminchlorhydrat (vor dem Bichromat-zusatz). Farbenerscheinungen: a) langsam blau werdend, b) blau, c) tiefrot.

Prüfung auf Paraphenylendiamine: Zusatz von 4 Tropfen einer 0,1proz. Lösung von Dimethylanilinchlorhydrat bzw. Anilinchlorhydrat. Farbener-scheinungen: a) grünlich, b) grün, c) grün, bzw. a) grün, b) blau, c) rot.

Prüfung auf Dimethylparaphenylendiamine: Zusatz von 4 Tropfen 0,1proz. Lösung von Anilinchlorhydrat. Farbenerscheinungen: a) rosa bis purpur, b) blaugrün, c) grün.

Ferner wird zur Prüfung von Pelzfellen auf Paraphenylendiamin folgendes Verfahren angegeben: Man erwärmt ein etwa 6 bis 7 qcm großes Stück des Pelz-felles mit 1 bis 2 ccm 3proz. Essigsäure auf 45° C, drückt die Flüssigkeit heraus und gibt einen Tropfen Anilinlösung (1 Tropfen Anilin in 50 ccm Wasser) und einige Kristalle Kaliumpersulfat dazu. Wenn innerhalb von 5 Sekunden eine blaugrüne Färbung eintritt, so ist Paraphenylendiamin oder eines seiner Derivate vorhanden (O. Heim).

Prüfung der Schweißechtheit der Lederfarbe.

Die Lederprobe wird auf der Narbenseite mit einem weißen Stoffstreifen belegt und bei 45° für 30 Minuten in die 25fache Gewichtsmenge einer Lösung von 5 g Natriumchlorid und 6 ccm 24proz. Ammoniak im Liter gebracht. Hierauf wird die Lederprobe mit dem Stoffstreifen nochmals $^1/_2$ Stunde in die gleiche Lösung unter Zusatz von 7,5 ccm Eisessig pro Liter gegeben. Sodann wird die Lederprobe mit dem Stoffstreifen herausgenommen, bei Zimmertemperatur getrocknet und die Schweißechtheit je nach der Veränderung der Farbe des Leders und nach der Stärke der Färbung auf der Stoffprobe beurteilt (B. I. Zucker-mann und A. S. Winogradowa).

Unterscheidung von Leder und Lederersatz.

Es gibt zahlreiche verschiedenartige Erzeugnisse von Lederersatz, darunter auch solche, die durch Zusammenkleben von kleinen Lederspaltstücken mit Pappe oder aus gemahlenen Lederabfällen für sich oder mit Zellstoff durch Pressen hergestellt sind. Derartige Erzeugnisse können schon daran erkannt werden, daß sie bei längerem Einlegen in Wasser meist in ihre Bestandteile zerfallen und daß ferner die unter Verwendung von gemahlenen Lederabfällen und Zellstoff hergestellten Erzeugnisse das zusammenhängende Gefüge und den Narben des natürlichen Leders nicht zeigen.

Zur chemischen Untersuchung wird das Kunstleder bzw. die bei seinem Auslaugen erhaltene Lösung der auswaschbaren Stoffe auf pflanzlichen Gerbstoff, die Asche auf Chrom geprüft und ferner eine Stickstoffbestimmung ausgeführt. Wenn ein nennenswerter Gehalt an Stickstoff und daneben pflanzlicher Gerbstoff oder Chrom oder beide gefunden werden, so handelt es sich um ein unter Verwendung der Abfälle von pflanzlich gegerbtem Leder bzw. Chromleder oder beider hergestelltes Erzeugnis. Bei Gegenwart von pflanzlichem Gerbstoff kann der Stickstoffgehalt durch Vervielfältigung mit 5,62 auf Hautsubstanz umgerechnet werden. Der Stickstoff kann allerdings zum Teil auch von der Verwendung von Leim als Bindemittel herrühren. Wenn nur Chrom vorhanden ist, so ergibt sich der ungefähre Gehalt an Chromledersubstanz aus der Summe des in gleicher Weise berechneten Gehalts an Hautsubstanz und der Chromverbindungen. Wenn Stickstoff gefunden wird, aber pflanzlicher Gerbstoff, Chromverbindungen oder andere gerberisch wirksame Stoffe nicht festgestellt werden, so liegt ein unter Verwendung von Hautabfällen (Leimleder) oder von Leim oder Eiweiß als Bindemittel hergestelltes Erzeugnis vor. Der ungefähre Gehalt an diesen Stoffen ergibt sich durch Vervielfältigung des Stickstoffgehalts mit 6. Bei Abwesenheit von Stickstoff können natürlich Lederabfälle sowie Hautabfälle, Leim, Eiweiß bei der Herstellung des Erzeugnisses nicht verwendet worden sein.

Ein aus Zellstoff (Pappe usw.) bestehender Anteil solcher Erzeugnisse kann nach folgendem Verfahren [R. Lauffmann (9)] festgestellt werden. Es beruht darauf, daß Leder der verschiedenen Gerbarten beim Kochen mit 2proz. Natronlauge völlig in lösliche Zersetzungsprodukte übergeht, während der Zellstoff verschiedener Herkunft fast ganz unlöslich zurückbleibt. Wenn der Lederersatz außer Zellstoff noch andere Stoffe enthält, die wie Kautschuk, Nitrocellulose beim Kochen mit Wasser bzw. Natronlauge nicht gelöst werden, oder wenn größere Mengen Fett im Leder vorhanden sind, so müssen diese Stoffe vor der Untersuchung entfernt werden, indem 10 g fein zerkleinertes Leder nacheinander mit Äther, Aceton und Toluol gut ausgezogen werden. Der nach dem Vertreiben des Lösungsmittels verbleibende Rückstand wird getrocknet. Zur Untersuchung kocht man 2 g dieses getrockneten Rückstands oder des ursprünglichen fein zerkleinerten Lederersatzes im 300-ccm-Becherglas 10 Minuten mit 100 ccm 2proz. Natronlauge. Man filtriert den Rückstand durch einen Goochtiegel mit Asbesteinlage, spült den noch im Becherglas befindlichen Rest mit 40 ccm heißer 2proz. Natronlauge ebenfalls auf das Filter, wäscht je viermal mit je etwa 10 ccm heißer 2proz. Natronlauge, dann acht- bis zehnmal mit heißem Wasser, hierauf zur Lösung etwa ausgefällter Hydroxyde dreimal mit 2proz. heißer Salzsäure, dann acht- bis zehnmal mit heißem Wasser und schließlich je dreimal mit Alkohol und Äther. Man trocknet dann bei 100° bis zum gleichbleibenden Gewicht, wägt, verascht und zieht die Aschenmenge vom Trockenrückstand ab. Der Rest besteht aus Zellstoff und wird, falls die obige Vorbehandlung stattgefunden hat, auf die ursprüngliche Menge des Lederersatzes umgerechnet. Da der Zellstoff in 2 proz. Natronlauge nicht ganz unlöslich ist, so wird der Prozentgehalt an etwa gefundener Cellulose zum Ausgleich des Verlusts mit 1,05 vervielfältigt.

Durch das Ergebnis dieser Untersuchung läßt sich in Verbindung mit der Bestimmung von Wasser, Asche, Fett (Harz), Stickstoff, sowie dem aus dem Gehalt an letzterem berechneten Gehalt an Hautsubstanz, Leim, Eiweiß und der aus dem Hautsubstanzgehalt sich ungefähr ergebenden Gehalt an Ledersubstanz ein Bild von der Zusammensetzung des Lederersatzes machen, wobei außerdem zur Vervollständigung noch die Untersuchung der Aschenbestandteile und die Prüfung auf die sonstigen bei der Untersuchung des Leders erwähnten Stoffe mit eingezogen werden kann.

Sonstige Lederprüfungen.

Es sollen hier noch einige Prüfungen behandelt werden, die sich besonders auf die Feststellung der zur Lederherstellung verwendeten Haut- oder Fellart, auf die Unterscheidung von Narbenleder und Fleischspaltleder und auf die Untersuchung des Ledergefüges beziehen.

Feststellung der zur Lederherstellung verwendeten Haut- oder Fellart.

Diese Feststellung ist meist verhältnismäßig leicht, wenn die Haut oder das Fell ganz oder wenigstens zur Hälfte vorliegt. Dann bietet das Gewicht, die Größe der Fläche, die durchschnittliche Dicke, der Unterschied der Dicke in den verschiedenen Teilen der Haut, das Verhältnis der Breite zur Dicke häufig eine genügende Anzahl von auffälligen Merkmalen. So ist das leichte, dünne Kalb-, Ziegen- und Schaffell sowie die Schweinshaut ohne weiteres von den Großtierhäuten von Rind, Ochs und Büffel zu unterscheiden. Besondere Kennzeichen bietet Leder von Roßhäuten durch zwei dichte, kautschukartige Schichten auf der Fleischseite im hinteren Rückenteil solcher Häute und von Kipsen, das auf der Narbenseite meist noch die Stelle erkennen läßt, wo der Höcker des Tieres sich befand. Leder von Wildhäuten und von Zahmhäuten kann unter Umständen ebenfalls unterschieden werden. Wenn an dem Leder auf der Narbenseite ein Brandzeichen vorhanden ist, so handelt es sich bestimmt um Leder von Wildhäuten. Dagegen ist eine Unterscheidung durch das Gefüge, das sonst bei eigentlichen Wildhäuten gröber ist als bei Zahmhäuten, nicht mit Sicherheit möglich, zumal es auch Kreuzungen europäischer und außereuropäischer Rassen gibt, deren Häute eine ausgeprägte Beschaffenheit nicht zeigen. Die Dicke des Leders bietet ebenfalls Anhaltspunkte zur Unterscheidung. Stierhäute, zum Teil auch Büffelhäute sind, abweichend von Häuten und Fellen sonstiger Tierarten, nicht in den Abfallteilen dünner, sondern im Gegenteil in der Mitte längs der Rückenlinie am schwächsten und in den Seitenteilen in der Regel sehr dick. Beide Häutearten haben außerdem in den Abfallteilen eine besonders lose schwammige Beschaffenheit. Wenn die genannten Unterschiede in der Dicke durch die mechanische Bearbeitung bei der Zurichtung auch zum Teil ausgeglichen werden, so sind sie doch häufig auch am Leder noch zu erkennen. Die Dicke kann auch bei Leder von Teilen einer Haut einen Anhaltspunkt geben, indem dickes Leder von etwa über 3 mm Dicke nicht vom Kalb-, Schaf- oder Ziegenfell stammen kann. Dagegen können Großtierhäute, wenn sie während der Herstellung des Leders gespalten wurden, sehr wohl als dünnes Leder vorliegen, wobei dann aber der Querschnitt des Leders beim Narbenspalt die dichtere Beschaffenheit des Narbens, bei Fleischspalt das gröbere Gefüge der darunter-

liegenden Faserschicht zeigt. Die Unterschiede des Narbens bei Häuten und
Fellen verschiedener Tierarten müssen auch zur Prüfung mit herangezogen
werden. Es ist jedoch zu beachten, daß das Narbenbild auch bei den einzelnen
Teilen einer Haut, besonders in den Abfallteilen gegenüber dem Kern mancherlei
Abweichungen zeigt und daher, besonders wenn nur kleinere Lederteile vorliegen,
ein sicheres Kennzeichen zur Feststellung nicht mehr bietet. Auch muß bei
Ledern, die gefärbt sind oder eine Deckfarbe oder sonstige Deckschicht haben,
diese vor der Prüfung mit den bei der Untersuchung der Deckschichten angegebenen Mitteln vorsichtig entfernt werden. Zur besseren Beobachtung des
Narbens wird gewöhnlich die Lupe verwendet. Die Beobachtung wird noch erleichtert, wenn man die Lederprobe in der Weise vorbereitet, daß man sie zunächst
in 10proz. Kalilauge legt, dann mehrmals mit Wasser behandelt, hierauf $^{1}/_{4}$ Stunde
in 2proz. Essigsäure oder 1proz. Salzsäure bringt, dann auf einer Unterlage
ausgespannt in Alkohol legt und nun mit der Lupe mit vierfacher Vergrößerung
prüft. Die Lupe leistet bei Beobachtung des Narbens gewöhnlich gute Dienste,
hat aber den Nachteil, daß das Gesichtsfeld dabei beschränkt ist. Man kann die
Beobachtung erleichtern und die Übersicht verbessern, wenn man die Narbenfläche in geeigneter Weise photographiert. Die unmittelbare Aufnahme des
unebenen Narbens ist jedoch wegen der Lichtbrechung und Schattenbildung auf
diesem nicht leicht. Dagegen werden gute Ergebnisse erzielt, wenn man in
folgender Weise verfährt:

Man gießt auf eine ebene, völlig waagrecht liegende Glasplatte in dünner
Schicht eine geschmolzene Mischung gleicher Teile Wachs und Paraffin, läßt
die Schicht abkühlen, bis diese an der Oberfläche zu erstarren beginnt, preßt in
diesem Augenblick das Leder mit der Narbenfläche ganz gleichmäßig gegen die
Schicht und photographiert dann das in diese eingepreßte Narbenbild im durchfallenden Licht (C. F. Sammet).

Unterscheidung von Ziegenleder, Schafleder und Bastardleder.

Besonders häufig ist die Frage zu entscheiden, ob es sich um Ziegenleder oder
Schafleder handelt. Die Unterscheidungsmerkmale bestehen, abgesehen davon,
daß Ziegenfelle im Verhältnis zur Länge schmäler sind als die Schaffelle, in dem
verschiedenen Porenbild des Narbens, indem die Poren bei Schafleder zu rund-
lichen Gruppen vereinigt sind, die ohne erkennbare Ordnung mehr oder weniger
dicht beieinander liegen und in der Beutelgegend besonders groß sind, beim
Ziegenfell dagegen in Gruppen von 3 bis 8 schwach gebogene Reihen bilden (siehe
„Allgemeine Eigenschaften des Leders", Abb. 330 und 331), die im wesentlichen in
gleicher Richtung liegen, wobei aber der Abstand zwischen den Poren und den
Reihen verschieden sein kann. Es kommen wohl je nach der Hautstelle auch bei
Ziegenfellen Abweichungen in der Anordnung der Poren vor, doch kann das Fell
als Ziegenfell angesprochen werden, wenn wenigstens einige der kennzeichnenden
Reihen der geschilderten Art sichtbar sind. Das Bastardleder stammt vom Fell
eines ostindischen Schafes, das Haare trägt. Ein sicheres Unterscheidungsmittel
des Bastardleders vom Schaf- oder Ziegenleder ist nicht bekannt. Die Porenstellung
des Narbens ist bei Bastardleder ähnlich wie bei Schafleder. Anderseits liegen
die Haarkanäle beim Bastardfell wie sonst bei Haarfellen schräg, beim Fell vom
Wollschaf dagegen mehr steil. Dieser Unterschied wird jedoch bei der Lederherstellung, besonders bei der Zurichtung, ganz oder fast völlig verwischt. Nach
B. Cuccodoro sieht man auf dem Ziegenfell die beim Schaffell und Bastardfell
fehlenden Öffnungen der Flaumhaare. Wenn daher die reihenförmige Anordnung
der Poren vorhanden ist, so handelt es sich, wenn außerdem auch Öffnungen
der Flaumhaare sichtbar sind, um ein Ziegenfell, andernfalls um ein Bastardfell.

Unterscheidung von Volleder und Narbenspalt- bzw. Fleischspaltleder.

Zunächst ist zu beachten, daß der natürliche Narben des Leders stets einen gewissen Glanz zeigt. Wenn dieser in der ganzen Fläche des Leders fehlt, so ist der Narben abgeschliffen oder in anderer Weise entfernt. Einzelne glanzlose Stellen des Narbens können durch schwache Fäulniserscheinungen oder durch Narbenverletzungen verursacht sein. Bei gefärbten Ledern, Ledern mit Deckfarbe oder anderen Deckschichten müssen diese und die Farbstoffe vor der Prüfung möglichst gut entfernt werden, damit die Poren freigelegt werden und das natürliche Narbenbild des Leders möglichst deutlich zum Vorschein kommt. Man verwendet hierzu die bei der Untersuchung der Deckschichten angegebenen Mittel, wie Abreiben mit verdünntem Ammoniak oder mit dem Lösungsmittel E 13. Außerdem kann man die Lederprobe in der bei Prüfung des Narbenbildes beschriebenen Art vorbereiten oder einfach durch Einlegen in Wasser unter Zusatz von Essigsäure einweichen und aufquellen. Wenn die Poren in genügender Anzahl deutlich sichtbar sind und diese Fläche das dichte, feinfaserige Gefüge der Lederschicht zeigt, so liegt ein Narbenleder oder ein Narbenspalt, andernfalls ein Fleischspalt vor. Dabei ist aber zu beachten, daß die Haarporen zum Teil tiefer in die unter dem Narben liegende Lederschicht hineinreichen und daher vereinzelt auch noch sichtbar sein können, wenn die Narbenschicht bis zu einer gewissen Tiefe fortgenommen ist. Je weitgehender die Narbenschicht entfernt ist, um so grobfaseriger erscheint die entsprechende Oberfläche des Leders, um so mehr nähert sie sich in dieser Hinsicht dem Aussehen der Fleischseite. Wenn demnach beide Lederflächen ein gleichartiges oder ähnliches grobfaseriges Gefüge zeigen, so ist dieses ebenfalls ein Kennzeichen für Fleischspaltleder.

Bei dickerem Leder gibt auch das Aussehen seines Querschnitts senkrecht zur Oberfläche des Leders einen gewissen Anhaltspunkt, indem sich bei ungespaltenem Leder die Narbenschicht als Streifen mit wesentlich dichterem und feinfaserigem Gefüge von der darunterliegenden grobfaserigen Lederschicht abhebt, während der ganze Querschnitt bei Spaltleder grobfaserig, bei reinem Narbenspalt dicht und feinfaserig erscheint. Dünne Leder können in ähnlicher Weise geprüft werden, wobei man den Schnitt jedoch nicht senkrecht, sondern in einem spitzen Winkel zur Oberfläche des Leders führt, wodurch die der Beobachtung zugängliche Fläche verbreitert und die Erkennung der Art des Gefüges erleichtert wird.

Bei der Beurteilung der Ergebnisse auf Grund der Beobachtung des Lederquerschnitts muß jedoch berücksichtigt werden, daß durch die mechanische Bearbeitung des Leders bei der Zurichtung besonders die unter der bearbeiteten Fläche liegende Lederschicht verdichtet wird, so daß auch Spaltleder im Querschnitt Unterschiede in den verschiedenen Schichten zeigen kann und die Beurteilung des Querschnitts nur in Verbindung mit den Ergebnissen der Prüfung auf die Gegenwart von Poren und Anwesenheit einer Narbenschicht verwertet werden sollte.

Prüfung auf fehlerhafte Veränderungen des Leders und Ledergefüges.

Die Beobachtung der Oberfläche des Leders hat nicht nur bei der Prüfung des normalen Narbenbildes und der Unterscheidung von Narbenleder und Spaltleder, sondern auch für andere Zwecke Bedeutung, wobei neben der gewöhnliche Lupe auch die biokulare Lupe von Zeiß, Jena, gute Dienste leistet, womit außer der Natur von Ablagerungen auf dem Leder, Veränderungen des

Narbens, wie sie durch Wunden, Insektenstiche, Hautkrankheiten, Fäulniserscheinungen, sowie mechanische Verletzungen hervorgerufen werden, festgestellt werden können. Die Veränderungen durch Fäulnis, wobei außerdem die betreffenden Stellen glanzlos und dunkler erscheinen und meist vertieft sind, unterscheiden sich im Gefüge dadurch von den sonstigen Veränderungen, daß dabei die Fasern angegriffen und zersetzt („verleimt") erscheinen, während dies bei den anderen Ursachen nicht der Fall ist, wohl aber das Gefüge von abweichender Beschaffenheit und die Fasern bei mechanischen Verletzungen stellenweise zerrissen sind. Für manche Zwecke kann zur Beobachtung des Gefüges des Leders die mikroskopische Prüfung herangezogen werden. Sehr wichtig ist hierbei die einwandfreie Herstellung der hierfür nötigen Lederschnitte, wobei mancherlei Vorsichtsmaßregeln zu beachten sind, da das Gefüge des Leders dabei nicht verändert werden darf. Man verfährt zur Vorbereitung des Leders und zur Herstellung der Lederschnitte für die mikroskopische Prüfung zweckmäßig in folgender Weise (R. B. Croad und G. A. Enna): Wenn die Proben während der vorbereitenden Arbeiten, der Gerbung oder gleich nachher entnommen werden, so werden sie zur Festigung des Fasergewebes zuerst 24 bis 48 Stunden in 20 ccm einer Flüssigkeit gebracht, die durch Mischen von 70 Teilen gesättigter, wässeriger Pikrinsäurelösung, 10 Teilen 40proz. Formaldehyd und 1 Teil Eisessig hergestellt ist. Die Probe wird dabei gleichzeitig durch die Pikrinsäure stark gelb gefärbt, wodurch Unterschiede im Gefüge mehr hervorgehoben werden. Nach dieser Behandlung wird die Probe entwässert, indem sie nacheinander 12 Stunden in 30 ccm wässerigen Alkohol und 24 Stunden in absoluten Alkohol gelegt wird. Weiter werden die Proben, um die Herstellung der Schnitte zu ermöglichen, mit schmelzendem Paraffin durchtränkt, vorher aber, damit das Paraffin gut eindringt, 2 Stunden in 30 ccm Xylol gelegt. Handelt es sich um Proben von zugerichtetem Leder, so werden diese ohne die sonstige oben beschriebene Vorbehandlung unmittelbar in Xylol gebracht und dann mit Paraffin durchtränkt. Zum Einbetten der Probe in Paraffin verwendet man zweckmäßig ein aus dünner, an den Randteilen in entsprechender Weise eingeschnittener und umgebogener Bleifolie hergestelltes, dichthaltendes Kästchen von 4 qcm Fläche und $^1/_2$ cm Höhe, was den Vorteil hat, daß der Paraffinblock, ohne zu zerbrechen, leicht von der Umhüllung befreit werden kann. Man gibt zunächst einige Tropfen Xylol und dann eine dünne Schicht des bei 55 bis 56° geschmolzenen Paraffins auf den Boden des Kästchens, bringt die Lederprobe hinein, bedeckt diese vollständig mit Paraffin, erwärmt das Bleikästchen mit Inhalt 72 Stunden bei 56 bis 58° C, läßt eine Stunde abkühlen und entfernt die Bleifolie von dem Paraffinblock, der dann die Probe vollständig einhüllt. Der so erhaltene Paraffinblock wird in eine geeignete Form geschnitten und im Mikrotom zur Herstellung von Schnitten von etwa $^1/_{1000}$ mm Dicke verwendet. Dünnere Schnitte sind, wenn es sich um die Beobachtung des Gefüges handelt, nicht nötig. Von jeder Probe werden mehrere Schnitte hergestellt. Diese werden durch sechsmalige Behandlung mit je 10 ccm Xylol von Paraffin befreit, wobei das Xylol nach jeder Behandlung verdunstet wird. Man legt dann die Schnitte auf Glasplättchen und gibt auf jedes 1 Tropfen Xylol und 2 Tropfen Kanadabalsam. Hierauf läßt man vorsichtig von einer Seite her ein Deckgläschen auf den Kanadabalsam fallen, so daß sich der Tropfen unter dem eigenen Gewicht des Deckgläschens ausbreitet. Es wird dadurch die Bildung von Bläschen und die Zerstörung des Gefüges des Lederschnitts, die bei Haut- und Lederschnitten sonst schon bei dem geringsten äußeren Druck leicht eintritt, vollständig vermieden.

Eine andere Arbeitsweise zur Herstellung von Lederschnitten ist folgende: Die hierfür bestimmten Lederproben werden mehrere Stunden in Wasser geweicht, bis sie völlig damit durchtränkt sind. Dann werden die Lederproben mit einer Rasierklinge in geeigneter Weise zurechtgeschnitten und mit etwas Wasser auf dem Objekttisch des Mikrotoms unter Anwendung von Kohlensäure festgefroren. Von den eingefrorenen Lederschnitten werden etwa 80 μ dicke Schnitte hergestellt. Diese Schnitte werden zunächst in Wasser aufgefangen und aufgetaut, dann vorsichtig in absoluten Alkohol gebracht und entwässert, hierauf zum Aufhellen des Gewebes mit Xylol behandelt, dann in Zedernholzöl eingebettet und schließlich mit einem Deckgläschen bedeckt. Derartige Schnitte sind durch die Xylolbehandlung bereits so weit aufgehellt, daß sie trotz der verhältnismäßig beträchtlichen Dicke in durchfallendem Licht photographiert werden können. Es hat sich gezeigt, daß das obige Verfahren, wobei das Leder zur Schnittherstellung zuerst durchfeuchtet und dann vereist wird, für die Hautsubstanz am schonendsten ist und daß dabei die Lederfaser wie Butter geschnitten werden kann, während das trockene Leder auch bei sehr scharfem Messer leicht splittert [A. Küntzel (4), S. 5].

Derartige Lederschnitte können bei mikroskopischer Beobachtung Aufschluß geben über Einwirkungen auf die Faser und das Fasergewebe und besonders bei Vergleichen mit Lederschnitten von einwandfreier Beschaffenheit über fehlerhafte Maßnahmen und schädliche Veränderungen des Ledergefüges während der Herstellung des Leders (siehe auch unter „Allgemeine Eigenschaften des Leders", S. 760—765).

Die mikroskopische Untersuchung bei durchfallendem Licht hat den Nachteil, daß sich dabei ein ganz anderes Bild ergibt als beim gewöhnlichen Sehen, wobei nur die Oberfläche z. B. des Leders oder Lederschnitts beobachtet wird. Die Beobachtung bei auffallendem Licht ist daher für manche Zwecke vorzuziehen. Bei der Beobachtung im auffallenden Licht spielt jedoch die Stärke der Beleuchtung und die Art, in der das Licht auf den Gegenstand auftrifft, eine wesentliche Rolle, da hiervon die Deutlichkeit der Beobachtung und das durch die Verteilung von Licht und Schatten sich ergebende Oberflächenbild abhängig ist. Bei schwächerer Vergrößerung unter Verwendung der einfachen oder der biokularen Lupe genügt oft das Tageslicht zur Beobachtung. Mit steigender Vergrößerung muß jedoch der zu beobachtende Gegenstand von oben oder von der Seite stark beleuchtet werden. Es sind für diesen Zweck verschiedene Hilfsvorrichtungen erdacht worden, die entweder darauf beruhen, daß man die Beleuchtungsstrahlen innerhalb des Objektivs verlaufen läßt, wobei die Objektivlinsen zur Vereinigung der Lichtstrahlen auf der Objektfläche mit benutzt werden (Innenbeleuchtung), oder daß das notwendige Licht durch besondere Linsen oder Spiegelanordnungen, die sich außerhalb des Objektivs befinden, auf das Objekt konzentriert werden (Außenbeleuchtung).

Die Vorrichtung für Innenbeleuchtung ist der Vertikalilluminator, der jedoch für die Anwendung bei Leder weniger zweckmäßig ist, besonders weil die Schattenbildung dabei fortfällt, die der Lederoberfläche das kennzeichnende Aussehen gibt. Für Außenbeleuchtung kommt der Busch-Schräglichtilluminator nach F. Hauser, der einseitig auffallendes Licht liefert, anderseits der Lieberkühn-Spiegel und der Auflicht-Dunkelfeldkondensator, die allseitig Licht auf das Objekt fallen lassen, sowie der Busch-Parabolspiegel nach Metzner, der eine Mittelstellung einnimmt, in Betracht.

Die verschiedenen Auflicht-Beleuchtungsverfahren unterscheiden sich ferner durch die Vergrößerungsbereiche, innerhalb welcher sie anwendbar sind. Bei ganz schwachen Objektvergrößerungen benutzt man am besten die unmittelbare Beleuchtung, bei stärkeren Objektvergrößerungen den Dunkelfeldkondensator, in den dazwischenliegenden Bereichen beliebig die anderen Vorrichtungen. Die

Stärke der Vergrößerung richtet sich wiederum nach der Art der zu lösenden Aufgabe. Lederschnitte und stark profilierte Flächen sind nur bei schwacher Vergrößerung übersehbar, während Leder mit glatter Fläche, bei denen weniger das Fasergefüge als die Eigenschaft der Appretur zu untersuchen ist, am besten bei starker Vergrößerung unter dem Auflicht-Kondensator betrachtet wird.

Die Verwendung des auffallenden Lichts bei mikroskopischen Beobachtungen ist besonders von Nutzen, wenn es sich um die Beobachtung von Fleckenbildungen und Unregelmäßigkeiten im Glanz, um das Auftreten von kleinen Sprüngen und eingeschlossenen Fremdkörpern im Appreturfilm, um Narbenunregelmäßigkeiten z. B. durch Ausschwitzen von Fett handelt, ferner auch in allen Fällen, wo eine ungewöhnliche Zeichnung oder Flächengestaltung der Haut, wie bei Reptilien und Fischen, näher untersucht werden soll [A. Küntzel (3)].

Auch die in der oben beschriebenen Weise nach Durchfeuchten der Lederprobe mit Wasser und Anfrieren hergestellten Lederschnitte können mit gutem Ergebnis bei Verwendung des auffallenden Lichts unter kräftiger Beleuchtung beobachtet und photographiert werden und geben eine recht gute Anschauung von dem allgemeinen Fasergefüge des Leders, besonders dem Hauptrichtungsverlauf der Fasern [A. Küntzel (4), S. 6].

Untersuchung von Ledergegenständen.

Bei der Untersuchung und Beurteilung von Ledergegenständen kommen mancherlei besondere Umstände in Betracht. Wenn bei Schuhen das Oberleder beim Tragen sich leicht ungünstig verändert, so darf dieses nicht ohne weiteres darauf zurückgeführt werden, daß das zur Herstellung der Schuhe verwendete Leder minderwertig ist, sondern es ist auch zu berücksichtigen, daß diese Veränderungen durch schädliche Einwirkungen auf das Leder hervorgerufen sein können. Das Oberleder der Schuhe wird besonders an den am Fuß anliegenden Teilen und in den entstandenen Gehfalten beim Tragen unter Umständen schnell mißfarbig, hart und brüchig. Diese Erscheinung kann auch durch den Fußschweiß, der Natriumchlorid und alkalisch reagierende Stoffe hinterläßt, ferner durch die Gegenwart einer wesentlichen Menge von mineralischen (z. B. Bittersalz) oder organischen (Dextrin) Appreturmitteln im Futter des Schuhes verursacht sein. Durch die Ausdünstungen des Fußes gehen die Stoffe aus dem Fußschweiß und aus dem Futter in das Oberleder über, reichern sich dort an und rufen dadurch die schädlichen Veränderungen des Leders hervor. Ähnliche ungünstige Veränderungen können bei Behandlung des Oberleders mit einer eisenhaltigen Schwärze, durch den Schmutz schlecht gereinigter Schuhe, oder bei Schuhen von Landarbeitern eintreten, wenn diese auf feuchtem Boden sich bewegen, auf dem etwa zur Vertilgung des Ungeziefers Eisen- oder Kupfervitriol ausgestreut wurde. In diesem Fall dringen die Mineralstoffe usw. von außen in das Leder ein, das dadurch hart und brüchig wird.

Zur Erkennung der Ursachen solcher schädlicher Veränderungen stellt man Menge und Art der Mineralstoffe und der auswaschbaren Stoffe bei den sorgfältig herausgeschnittenen, ungünstig veränderten und bei den einwandfreien Stellen desselben Lederteils oder besser einer Probe des zur Herstellung der Schuhe verwendeten unverarbeiteten Leders fest und untersucht ferner das Futter des Schuhes auf seinen Gehalt an löslichen Mineralstoffen und organischen Stoffen. Wenn das Futter nur sehr wenig lösliche Stoffe enthält, wird man die dann meist auch mit Verfärbung des Leders verbundenen ungünstigen Veränderungen des letzteren auf Fußschweiß zurückführen können. Andernfalls handelt es sich um Schäden, die durch das Eindringen der löslichen Stoffe des Futters in das Leder verursacht sind, vorausgesetzt, daß das zur Herstellung des Schuhes verwendete Leder sich als befriedigend erwies. Häufig kommt es vor, daß aus dem Futter in das Leder übergegangene lösliche Stoffe das Leder durchdringen und auf diesem einen Ausschlag bilden, so daß auch in diesem Falle das Futter als Ursache in Betracht kommt und untersucht werden muß. Wenn in dem Leder eines Schuhes Kupfer oder eine auffällige Menge von Eisen gefunden wird, so kann angenommen werden, daß die betreffenden Mineralstoffe bei der oben gekennzeichneten Gelegenheit von außen in die Schuhe eingedrungen sind. Eine mürbe Beschaffenheit des Leders kann durch Einwirkung von freier Säure verursacht sein, wenn Mineralsäure auf irgendeine Weise an das Leder der Schuhe gelangt ist. Dies wird der Fall sein, wenn bei der Prüfung auf freie Säure solche in dem Leder des Schuhes, aber nicht im unverarbeiteten Leder gefunden wird. Fleckige Stellen auf dem Leder, die sich besonders bei hellfarbigen Schuhen unangenehm bemerkbar machen, können außer durch Fußschweiß auch durch Einwirkung von Feuchtigkeit auf das Leder der Sohle entstehen, indem aus diesem auswaschbare Stoffe herausgelöst werden und in das Oberleder eindringen. Dieser Übelstand tritt besonders dann auf, wenn das Sohlleder verhältnismäßig viel auswaschbare Stoffe enthält. Wenn es sich um Gerbstoffflecken handelt, geben diese Stellen beim Betupfen mit der Eisenalaunlösung eine grünschwarze oder blauschwarze Färbung. Zur Feststellung der Menge der auswaschbaren Stoffe kann, wenn ein benutzter Schuh vorliegt, die Sohle nicht mehr verwendet werden, da aus dieser bereits Teile der löslichen Stoffe durch die Bodenfeuchtigkeit herausgelöst sind, sondern es muß hierzu ein Stück des noch nicht verarbeiteten Leders, das zur Herstellung der Schuhe diente, benutzt werden. Als weitere Ursache für die Bildung von Flecken und anderen Veränderungen des Leders an Schuhen und anderen Ledergegenständen kommt häufig auch die Verwendung ungeeigneter Klebstoffe bei der Herstellung in Betracht, die z. B., wenn sie alkalisch reagieren, das Leder fleckig und hart machen können.

Zur Beurteilung der bisher angeführten Fälle von ungünstigen Veränderungen des Leders an Lederwaren ist zu bemerken, daß bei feinerem Schuhwerk die Veränderungen durch starken Fußschweiß und durch Tragen bei feuchtem Wetter nicht berechtigen, das Leder als minderwertig zu bezeichnen, da bei der Herstellung derartiger Leder mit solchen besonderen Einwirkungen nicht gerechnet werden kann. Anderseits sollte von den Schuhfabrikanten für feineres hellfarbiges Schuhwerk kein Sohlleder verwendet werden, das viel auswaschbare Stoffe enthält und diese durch den Einfluß von Feuchtigkeit auf die Sohle an das Oberleder abgibt.

Es gibt auch Fälle, in denen ein nicht einwandfreies oder ungeeignetes Leder ungünstige Veränderungen an solchen Stoffen verursacht, die mit diesem Leder zusammen zu Gebrauchsgegenständen verarbeitet werden. Dies ist z. B. der Fall, wenn Schnallenverschlüsse, Ösen usw. von Metall, besonders Kupfer oder Zink, sich an Gürteln, Mappen, Schuhen von solchen Ledern befinden. Es können dann an dem Metall verschiedene ungünstige Veränderungen auftreten, indem dieses die Farbe verändert, den Glanz verliert oder angefressen oder zerstört wird. Die mehr äußerlichen Veränderungen können dadurch hervorgerufen werden, daß das Leder freie Mineralsäure, sauer reagierende Salze oder wie bei den meisten Zweibadchromledern oder unter Verwendung der Schwefelgerbung hergestellten Ledern Schwefel enthält, der mit den Metallen bei Gegenwart von Feuchtigkeit Schwefelverbindungen bildet. Wenn das Metall angefressen oder gar zerstört ist, so kann dies dadurch verursacht sein, daß das im Leder vorhandene Fett eine größere Menge freier Fettsäuren enthält, die sich mit den Metallen verbinden und diese dadurch angreifen.

Man wird daher, wenn bei Metallteilen an Ledergegenständen ungünstige

Veränderungen auftreten, zur Feststellung der Ursache untersuchen, ob in dem Leder freie Mineralsäure oder Schwefel oder im Fett des Leders viel freie Fettsäure vorhanden ist, und je nach dem Ergebnis die entsprechende Schlußfolgerung ziehen.

Zusammensetzung der Leder.

Pflanzlich gegerbtes Leder. Der Wassergehalt von Sohl- und Vacheledern liegt gewöhnlich zwischen 12 und 18% und beträgt jetzt im Mittel etwa 14%. Bei gefetteten Ledern ist der Wassergehalt durchschnittlich niedriger als bei ungefetteten Ledern (siehe auch unter „Allgemeine Eigenschaften des Leders", S. 784—785).

Ein ungewöhnlich hoher Wassergehalt ist besonders bei Ledern, die nach Gewicht gehandelt werden, zu beanstanden und wirkt auch beim Lagern ungünstig, da solches Leder leicht schimmlig wird. Aber auch ein zu niedriger Wassergehalt ist dem Leder nicht zuträglich, da dieses bei zu starkem Austrocknen spröde wird.

Die Asche beträgt bei rein grubengarem Leder unter 1%, im übrigen gewöhnlich bis 1,5%. Höhere Aschenbefunde können durch eine Beschwerung des Leders mit Mineralstoffen, meist Bittersalz, unter Umständen bis zu einem gewissen Grad aber auch durch stärkere Verwendung von mineralischen Appreturen oder sulfitierten Extrakten, Sulfitcelluloseauszug, synthetischen Gerbstoffen, wobei verhältnismäßig mehr Alkaliverbindungen in das Leder gelangen, verursacht sein (siehe auch S. 855—857).

Der vom Naturfett der Haut herrührende Fettgehalt ungefetteter Leder, also der Sohlleder und der meisten Vacheleder beträgt 0,2 bis 2%, ausnahmsweise aber auch bis 10%. Bei Verwendung von sulfonierten Ölen bei der Faßgerbung und beim Abölen von Vacheleder wird der Fettgehalt solcher Leder etwas erhöht. Wenn Mineralöl in dem extrahierten Fett eines derartigen Leders gefunden wurde, so beweist dieses, daß das Leder unter Verwendung von Mineralöl abgeölt wurde. Die Fettgehalte gefetteter pflanzlich gegerbter Leder sind je nach der Lederart bzw. ihrem Verwendungszweck verschieden. Die Grenzen der Fettgehalte betragen nach J. Paeßler (2) bei Riemenleder 3 bis 30%, im Mittel 13%, Rindoberleder 12 bis 25%, im Mittel 19%, Roßoberleder 16 bis 35%, im Mittel 27%, Kalboberleder 12 bis 25%, im Mittel 18,5%; doch bleiben die Fettgehalte, zum Teil entsprechend behördlichen Vorschriften, jetzt meist bedeutend unterhalb der angegebenen oberen Grenzen.

Der Gehalt an auswaschbaren organischen Stoffen ist bei den verschiedenen Arten von pflanzlich gegerbtem Leder sehr ungleich und beträgt bei regelrecht und ohne Verwendung fremdartiger Stoffe hergestellten lufttrockenen Ledern bei Sohl- und Vacheledern etwa 3 bis 20%, bei Riemenledern 3 bis 10%, bei Oberledern 3 bis 9%. Der höhere Gehalt an auswaschbaren Stoffen findet sich bei Ledern, die mit starken Brühen gegerbt oder gefüllt und dann nicht besonders ausgewaschen wurden.

Der ungefähre Gehalt an Hautsubstanz bzw. gebundenem Gerbstoff beträgt nach L. Jablonski [(3), S. 81] bei ungefettetem pflanzlich gegerbtem Leder 30 bis 45% Hautsubstanz und 23 bis 40% gebundener Gerbstoff, wobei bei rein eichenlohgrubengar gegerbtem Leder die obere, bei stark gefülltem faßgarem Leder die untere Grenze des angegebenen Hautsubstanzgehalts erreicht wird.

Die Rendementzahl und Durchgerbungszahl sind bei der Untersuchung des pflanzlich gegerbten Leders behandelt.

Über die Beurteilung des pflanzlich gegerbten Leders auf Grund seiner chemischen und physikalischen Analyse siehe auch F. Stather (S. 85).

Mineralisch gegerbtes Leder. Die Asche dieser Lederarten (Chromleder, weißgares Leder, Glacéleder) beträgt stets mehrere Prozent, unter Umständen bis 10% oder noch mehr. Die Mineralstoffe bestehen, abgesehen von Chromverbindungen bei Chromleder, das 1 bis 6%, meist 2 bis 4% Chromoxyd (Cr_2O_3) enthält, Aluminiumverbindungen bei weißgarem Leder oder Glacéleder und Eisenverbindungen bei Eisenleder, in der Hauptsache aus Alkaliverbindungen, wenn nicht noch eine besondere Behandlung des Leders mit anderen Mineralstoffen stattgefunden hat. Das Zweibadleder enthält ferner Schwefel, und zwar bis zu einigen Prozent. Der Fettgehalt des Chromleders beträgt gewöhnlich 2 bis 14%, es wurden aber auch wesentlich größere Mengen, bei Chromsohlleder bis zu 40% festes Fett darin festgestellt. Die auswaschbaren Stoffe bestehen bei den nicht mit organischen Stoffen wie Zucker beschwerten, mineralisch gegerbten Ledern im wesentlichen aus Mineralstoffen. Der Gehalt an Hautsubstanz liegt bei Chromledern meist zwischen 50 und 65%.

Sämischleder, Fettgarleder. Der Mineralstoffgehalt des Sämischleders ist etwa 1,5 bis 8%. Die Mineralstoffe enthalten in der Hauptsache Alkaliverbindungen, zuweilen auch Blei- oder Bariumverbindungen, die in Form der Sulfate zum Aufhellen der Naturfarbe des Leders dienen. Der Gehalt des Sämischleders an Fett, einschließlich des geringeren an Hautsubstanz gebundenen Anteils (0,6 bis 2,0%), ist 1,5 bis 12%. Auswaschbare Stoffe sind in dieser Lederart nur in geringer Menge vorhanden. Der Gehalt dieses Leders an Hautsubstanz ist etwa 65 bis 75%. Bei Fettgarleder beträgt der Mineralstoffgehalt einige Prozent. Die Mineralstoffe enthalten Aluminiumverbindungen, die zum Teil von der schwachen Gerbung mit Alaun herrühren. Der Fettgehalt dieser Lederart ist bedeutend und übersteigt unter Umständen 25%.

Mit synthetischen Gerbstoffen, mit Formaldehyd gegerbtes Leder. Das mit synthetischen Gerbstoffen (Tanigen D, Tanigen ND, Tanigen G, Tanigen F) hergestellte Leder enthält 2 bis 3% Mineralstoffe, die im wesentlichen aus Alkaliverbindungen bestehen. Von den synthetischen Gerbstoffen findet sich wesentlich weniger an Hautsubstanz gebunden als von den pflanzlichen Gerbstoffen. Bei einem Wassergehalt von 15% wurden bei der Gerbung mit Neradol ND 18,5%, Ordoval G 10,2% und Gerbstoff F 15,7% an Hautsubstanz gebundener synthetischer Gerbstoff und entsprechend 7,4, 5,3, 7,0% auswaschbare Stoffe in den Ledern gefunden. Die Rendementzahlen (146 bis 172) und die Durchgerbungszahlen (15 bis 32) der mit den genannten synthetischen Gerbstoffen gegerbten Leder sind auch wesentlich niedriger als bei pflanzlich gegerbtem Leder [C. van Hoeven (1)]. Bei Formaldehydleder ist nur eine sehr geringe Menge von gerbenden Stoffen an Hautsubstanz gebunden.

Durch Verbindung mehrerer Gerbarten erhaltene Leder. Bei derartigen Ledern wird die Zusammensetzung und der Gehalt an den verschiedenen Stoffen naturgemäß der Art und dem Wirkungsgrad der angewendeten Gerbverfahren entsprechen. So finden sich bei Semichromleder neben pflanzlichen Gerbstoffen auch Chromverbindungen, wobei das Leder dann weniger Gerbstoff als ein pflanzlich gegerbtes Leder und eine geringere Menge Chrom als ein nur mit der Chromgerbung hergestelltes Leder enthält. Bei den unter Verwendung von pflanzlichen Gerbstoffen in Verbindung mit synthetischen Gerbstoffen oder Sulfitcelluloseauszug hergestellten Ledern ist ein Teil letzterer Stoffe neben dem pflanzlichen Gerbstoff an Hautsubstanz gebunden, so daß dieser mehr zurücktritt. In allen genannten Fällen gelangen durch die angewendeten Gerbverfahren, abgesehen vom Chrom bei dem Semichromleder, in besonderem Maße auch Alkaliverbindungen in das Leder.

Literaturübersicht.

Ackermann, W.: Collegium 1932, 613.

Althausen, L.: Wegweiser der Chromgerbung. Leipzig: Deutscher Verlag G. m. b. H. 1930, S. 59.

Appelius, W. u. L. Manstetten: Collegium 1911, 147.

Appelius, W. u. R. Schmidt (1): Ledertechn. Rdsch. 5, 154 (1913); (2): Ledertechn. Rdsch. 6, 225 u. 285 (1914).

Atkin, W. R. u. F. C. Thompson: J. I. S. L. T. C. 13, 307 (1929).

Ausschuß für wirtschaftliche Fertigung: Collegium 1925, 53.

Balderston, L. (1): J. A. L. C. A. 23, 221 (1928); (2): J. A. L. C. A. 18, 159 (1923).

Belavsky, E. u. A. Fiksl: Gerber 57, 203 (1931).

Belavsky, E. u. G. Wanek: Gerber 57, 135 (1931).

Bennett, H. G.: J. I. S. L. T. C. 10, 57 (1926).

Bergmann, M. (1): Collegium 1927, 572, 573; (2): Gerber 58, 72 (1932).

Bergmann, M. u. F. Mecke: Collegium 1933, 610.

Bergmann, M. u. A. Miekeley: Ledertechn. Rdsch. 23, 132 (1931).

Bericht über die Versammlung deutscher Gerbereichemiker (1): Collegium 1926, 221, 224, 225.

Berka, F.: Gerber 57, 33 (1931).

Bertrand, G.: Bull. Soc. chim. France [3] 35, 1285 (1906).

Bikow, A.: Westnik Nr. 11/12, 545 (1931); Referat Collegium 1933, 48.

Bradley, H.: J.A.L.C.A. 28, 135 (1933).

Burton D. (1): J.I.S.L.T.C. 13, 180 (1929); (2): J.I.S.L.T.C. 15, 273 (1931).

Burton, D. u. H. Charlton: J.I.S.L.T.C.: 12, 210 (1928).

Bylaw and methods of sampling and analysis 1930, 32 u. 33.

Chambard, P.: Cuir techn. 18, 469 (1929).

Clarke, I. D. u. R. W. Frey: J.A.L.C.A. 28, 77 (1933).

Colin-Ruß, A.: J.I.S.L.T.C. 15, 113 (1931).

Croad, R. B. u. G. A. Enna: J.A.L.C.A. 16, 694 (1921).

Cuccodoro, B.: Boll. R. Staz. Industria Pelli 3, 57 (1935).

Davies, G. W. u. R. F. Innes: J.I.S.L.T.C. 16, 546—557 (1932).

Dawydow, A.: Westnik 1928, Nr. 8, 382—383; Referat Collegium 1929, 666.

Edwards, R. S. (1): J.I.S.L.T.C. 16, 292 (1932); (2): J.I.S.L.T.C. 17, 358 (1933); (3): J.I.S.L.T.C. 14, 392 (1930).

Edwards, R. S. u. G. Browne: J.I.S.L.T.C. 17, 402 (1933).

English, F. (1): Collegium 1931, 201; (2): Collegium 1932, 928.

Fahrion, W. (1): Chem.-Ztg. 32, 888 (1908); (2): Chem.-Ztg. 19, 1002 (1895).

Feigl, F., K. Klanfer u. L. Weidenfeld: Collegium 1929, 593.

Fein, F.: Collegium 1930, 117.

Gerbereichemisches Taschenbuch, Dresden und Leipzig: Th. Steinkopff. 3. Aufl., S. 188.

Gerngroß, O., N. Bán u. G. Sándor: Collegium 1925, 565.

Gerngroß, O. u. R. Gorges: Collegium 1926, 392 u. 393.

Gerngroß, O. u. H. Herfeld (1): Collegium 1931, 532, 537; (2): Collegium 1932, 244.

Gerngroß, O. u. H. Hübner (1): Collegium 1927, 426; (2): Collegium 1927, 431.

Gerngroß, O. u. G. Sándor (1): Collegium 1926, 1; (2): Collegium 1927, 12.

Gerngroß, O. u. W. E. Schaefer: Collegium 1923, 188.

Gerssen, I. N. (1): Collegium 1928, 337; (2): Collegium 1933, 285.

Ginsburg, L. J.: Russ. Led. Ber. 1932, Nr. 2, 27; Referat Collegium 1933, 429.

Goldberger, A.: Cuir techn. 22, 182 (1933).

Goldberger, M.: Cuir techn. 21, 48—49 (1932).

Goldenberg, A.: Cuir techn. 18, 420—422 (1929).

Grasser, G. (1): Collegium 1922, 384; (2): Cuir techn. 23, 166 (1934).

Gustavson, K. H. (1): J.A.L.C.A. 22, 60 (1927); (2): J.A.L.C.A. 26, 635 (1931).

Hehner, O. u. Fr. v. Fillinger: Pharm. Zentralhalle 40, Nr. 50; Referat Collegium 1910, 203.

Heim, O.: Ind. engin. Chem., An. Ed., 7, 146 (1935); Referat Collegium 1936, 56.

Immerheiser, C.: Ledertechn. Rdsch. 10, 82 (1918).

Innes, F. (1): J.I.S.L.T.C. 12, 256 (1928); (2): J.I.S.L.T.C. 18, 457 (1934).

Innes, F. u. G. M. Coste: J.I.S.L.T.C. 15, 126 (1931).

Jablonski, L. (1): Collegium 1925, 617; (2): Ledertechn. Rdsch. 4, 286 (1912); (3): Collegium 1933, 523; (4): Das Leder, seine Herstellung und Beurteilung; Berlin: D. Alterthum u. Co.

Jambor, N.: Collegium 1928, 460.

Jany, J.: Collegium **1935**, 12.

Jovanovits, I. (*1*): Collegium **1927**, 232, 233, 234; (*2*): Gerbereichemisches Taschenbuch, 3. Aufl., S. 188.

Kallab, F. V.: Collegium **1912**, 287.

Kammerer: Versuche mit Riemen- und Seiltrieben. Mitteilungen über Forschungsarbeiten aus dem Gebiet des Ingenieurwesens. Heft 56 u. 57. Berlin: Julius Springer 1908.

Klanfer, K.: Collegium **1931**, 217, 218.

Kohn, S. u. E. Crede: J.A.L.C.A. **18**, 190, 191 (1923).

Kubelka, V. u. V. Němec: Collegium **1933**, 311.

Kubelka, V., V. Němec u. S. Zuralev: J.I.S.L.T.C. **19**, 25 (1935).

Kubelka, V. u. E. Weinberger: Collegium **1933**, 104.

Kubelka, V. u. R. Wollmarker: Collegium **1931**, 102.

Kubelka, V. u. K. Ziegler (*1*): Collegium **1931**, 552; (*2*): Collegium **1931**, 881 u. 882.

Küntzel, A. (*1*): Collegium **1929**, 549; (*2*): Collegium **1932**, 344; (*3*): Collegium **1931**, 381; (*4*): Die Qualitätbeurteilung von Sohlleder auf Grund mikroskopischer, chemischer und physikalischer Prufungen, S. 5 u. 6. Herausgegeben von der Vereinigung akademischer Gerbereichemiker, Darmstadt.

Lauffmann, R. (*1*): Ledertechn. Rdsch. **7**, 163 (1915); (*2*): Ledertechn. Rdsch. **19**, 64 (1927); (*3*): Ledertechn. Rdsch. **15**, 137 (1923); (*4*): Ledertechn. Rdsch. **6**, 379 u. 380 (1914); (*5*): Ledertechn. Rdsch. **11**, 90 (1919); (*6*): Ledertechn. Rdsch. **9**, 109 (1917); (*7*): Ledertechn. Rdsch. **19**, 124 (1927); (*8*): Ledertechn. Rdsch. **10**, 37 (1918); (*9*): Ledertechn. Rdsch. **8**, 79 (1916).

Laughlin, G. D. Mc. u. F. T. Theis: J.A.L.C.A. **21**, 552 (1926).

Line, E.: J.I.S.L.T.C. **16**, 93 (1932).

Lowe, F.: Collegium **1928**, 198.

Manochin, I. G. u. P. P. Schlikow: Beherrsch. Led. Techn. **10**, 31 (1932); Referat Collegium **1934**, 62.

Mather, W. u. W. J. Shanks: J.I.S.L.T.C. **18**, 512 (1934).

Matta, N.: J.I.S.L.T.C. **18**, 200 (1934).

Merrill, H. B., u. I. G. Niedercorn u. R. Quarck: J.A.L.C.A. **23**, 187 (1928).

Merry, E. W.: J.I.S.L.T.C. **18**, 558 (1934).

Meunier, L. u. P. Chambard: Cuir techn. **12**, 7 (1923).

Miekeley, A. u. G. Schuck: Ledertechn. Rdsch. **26**, 1 (1934).

Moller, W. (*1*): Ledertechn. Rdsch. **6**, 83 u. 84 (1914); (*2*): Collegium **1914**, 160: (*3*): Cuir techn. **27**, 208, 224, 240 (1934).

Müller, E. u. A. Luber: Collegium **1933**, 409.

Orthmann, A. C.: J.A.L.C.A. **19**, 194 u. 195 (1924).

Otto, G.: Collegium **1933**, 600, 602.

Paeßler, J. (*1*): Collegium **1909**, 50; (*2*): „Gerberei" in F. Ullmann, „Enzyklopädie der technischen Chemie". 2. Aufl., Bd. V. Berlin: Urban & Schwarzenberg 1930. 641 u. 648.

Paeßler, J. u. H. Sluyter: Dtsch. Gerber-Ztg. **44**, Nr. 66, 69 (1901).

Parker, I. G.: J.I.S.L.T.C. **17**, 111 (1933).

Pawlowitsch, P.: Collegium: **1925**, 457, 459, 460, 462, 464.

Posdnjak, A. J. u. N. A. Bogdanow: Berichte der N.I.K.P. **2**, 51 (1930); Referat Collegium **1931**, 237.

Powarnin, G. (*1*): Collegium **1927**, 125; (*2*): Collegium **1925**, 172; (*3*): Collegium **1923**, 222.

Powarnin, G. u. N. Aggeew: Collegium **1924**, 198.

Powarnin, G. u. I. Schichireff: Collegium **1926**, 273.

Procter, H. R. u. S. Hirst: Journ. Soc. chem. Ind. **28**, Nr. 6 (1909); Collegium **1909**, 186.

Procter, H. R. u. A. B. Searle: Leather Trades' Review 1901; Wissenschaftliche technische Beilage des Ledermarktes **1901**, 65.

Rehbein, G. (*1*): Collegium **1923**, 256; (*2*): Ledertechn. Rdsch. **5**, 97 (1913).

Reisnek, A.: Westnik 1923, Nr. 6—8, 32; Referat Collegium **1925**, 165.

Rogers, A.: J.A.L.C.A. **20**, 495 (1925).

Rudeloff, M.: Mitteilungen aus dem Materialprüfungsamt zu Berlin-Dahlem, **22**, 46 u. 47 (1904).

Sammet, C. F.: J.A.L.C.A. **8**, 165 (1913).

Sansone, R.: Cuir techn. **10**, 508 (1921).

Sarver, L. A. u. I. M. Kolthoff: Journ. Amer. chem. Soc. **53**, 2906 (1931).

Schering, H.: Collegium **1928**, 143.

Schiaparelli, C. u. L. Careggio: Cuir techn. **13**, 70 (1924).

Schindler, W., K. Klanfer u. E. Flaschner: Collegium **1929**, 474 u. 475.

Schorlemmer, K.: Collegium **1917**, 374—376.

Schroeder, Jul. v.: Dingl. polyt. Journ. **288**, Heft 10 u. 11 (1894).

Schroeder, Jul. v.: Collegium **1929**, 520.

Schroeder, Jul. v. u. J. Paeßler: Dingl. polyt. Journ. **287**, Heft 11—13; (1893); Collegium **1905**, 353.

Schuster, M.: Collegium **1935**, 182.

Seel, E. u. A. Sander: Angew. Chem. **29**, I, 332, 334 (1916).

Small, F. H.: J.A.L.C.A. **16**, 429 (1921).

Smetkin, A.: Collegium **1925**, 378.

Smith, G. Frederick u. V. R. Sullivan: J.A.L.C.A. **30**, 442 (1935); Ind. engin. Chem., An. Ed., **7**, 301 (1935).

Spiero, C. R.: J.I.S.L.T.C. **15**, 61, 153 (1931).

Stather, F.: Ledertechn. Rdsch. **24**, 63, 85 (1932).

Stather, F. u. H. Herfeld: Collegium **1935**, 13.

Stather, F. u. R. Schubert: Collegium **1934**, 617.

Stiasny, E.: Gerber **27**, 235 (1901) bzw. **58**, 107 (1932).

Sybin, J. P.: Collegium **1932**, 20.

Thomas, A. W.: J.A.L.C.A. **15**, 504 (1920).

Thomas, A. W. u. A. Frieden: J.A.L.C.A. **16**, 5 (1921).

Thuau, U. J. (*1*): Collegium **1931**, 79; (*2*): Cuir techn. **20**, 307 (1931).

Thuau, U. J. u. A. Goldberger: Cuir techn. **20**, 300 (1931).

Van der Hoeven, C. (*1*): Collegium **1924**, 282; (*2*): Collegium **1922**, 283.

Van der Waerden, H.: Collegium **1928**, 458.

Veitch, F. P. u. T. D. Jarrell: J.A.L.C.A. **16**, 547 (1921).

Wacker, A.: Kurzer Abriß der Ostwaldschen Farbenlehre. 39. Jahresbericht der Deutschen Gerberschule zu Freiberg i. Sa.

Wagner, J.: Collegium **1924**, 86.

Whitmore, L. M. u. G. V. Downing: J.A.L.C.A. **23**, 604 (1928).

Wilson, J. A. (*1*): J.A.L.C.A. **20**, 576 (1925); (*2*): J.A.L.C.A. **14**, 140 (1919).

Wilson, J. A. u. G. O. Lines: Ind. engin. Chem. **17**, 570 (1925); J.I.S.L.T.C. **9**, 222 (1925).

Wolpert, G.: Westnik **1929**, Nr. 12, 687—688; Referat Collegium **1932**, 116.

Woodroffe, D. (*1*): J.I.S.L.T.C. **8**, 199 (1924); (*2*): J.I.S.L.T.C. **11**, 394 (1927); (*3*): J.I.S.L.T.C. **7**, 91, 92, 93 (1923).

Woodroffe, D., O. Bailey u. A. S. R. Rundle: J.I.S.L.T.C. **17**, 107 (1933).

Zuckermann, B. I. u. A. S. Winogradowa: Russ. Led. Ber. **1932**, Nr. 6 u. 7, 50—53; Referat Collegium **1933**, 736.

Auszug aus der Patentliteratur.

Von **Dr. Arthur Miekeley**-Dresden und **Dr. Gertrud Schuck**-Dresden.

Erklärung der Abkürzungen.

A.P.	Amerikanisches Patent.	Jap.P.	Japanisches Patent.
Aust.P.	Australisches Patent.	Jugosl.P.	Jugoslawisches Patent.
Belg.P.	Belgisches Patent.	Norw.P.	Norwegisches Patent.
Can.P.	Canadisches Patent.	Ö.P.	Österreichisches Patent.
Dän.P.	Dänisches Patent.	Pol.P.	Polnisches Patent.
D.R.P.	Deutsches Reichspatent.	R.P.	Russisches Patent.
E.P.	Englisches Patent.	Schwed.P.	Schwedisches Patent.
F.P.	Französisches Patent.	Schwz.P.	Schweizer Patent.
Finn.P.	Finnisches Patent.	Tschechosl.P.	Tschechoslowakisches Pat.
Holl.P.	Holländisches Patent.	Ung.P.	Ungarisches Patent.
It.P.	Italienisches Patent.	Zus.P.	Zusatzpatent.

Chemische Zurichtmethoden.

A. Das Bleichen des Leders.

D.R.P. 263475/Kl. 28a vom 13. 3. 1912. — Coll. 1913, 321 u. 429.

Firma Paul Schneider, Dessau.

Verfahren zum Bleichen und Aufhellen von gegerbten Häuten. Erzeugung eines Niederschlags von Aluminiumhydroxyd auf dem Leder (vgl. S. 19).

D.R.P. 275304/Kl. 28a vom 16. 7. 1913. — C. 1914, II, 282; Coll. 1914, 621.

Dr. Richard Friedrich, Glösa b. Chemnitz/Sa.

Verfahren zum Entfärben von Leder. Behandeln der Leder mit Aluminiumbisulfit oder Aluminiumsulfat + Natriumbisulfit (vgl. S. 18).

D.R.P. 299987/Kl. 28a vom 13. 11. 1913. — C. 1917, II, 513.

Badische Anilin- und Sodafabrik, Ludwigshafen a. Rhein.

Verfahren zum Bleichen von Leder. Behandeln des Leders mit Lösungen von Sulfogruppen enthaltenden, z. B. durch Kondensation von aromatischen Oxyverbindungen mit Formaldehyd hergestellten synthetischen Gerbstoffen, wie sie gemäß D.R.P. 284119 und 299857 zum Löslichmachen vegetabilischer Gerbextrakte verwendet werden.

D.R.P. 364918/Kl. 28a vom 3. 1. 1917. — C. 1923, II, 546; Coll. 1922, 367.
F.P. 533646 vom 31. 3. 1921. — C. 1922, II, 1237.
Schwz.P. 94235 vom 29. 3. 1921. — C. 1923, II, 208.

Deutsche Patentlederwerke G. m. b. H., Laasphe, Westfalen.

E.P. 157864 vom 10. 1. 1921. — C. 1921, II, 1003.

C. R. Reubig, Gießen.

Verfahren zum Ausfällen, Entfärben und Verfeinern von Leder aller Art. Ausfällen von Schwefel auf der Lederoberfläche (vgl. S. 19).

E.P. 175362 vom 8. 11. 1920. — C. 1923, II, 700.
A.P. 1413488 vom 21. 1. 1922. — C. 1923, II, 700.
Thomas Burnell, Carmichael, Waterloo b. Liverpool, und *William Henry Ockleston*,
Kelsall, Chester.

Verfahren zur Verbesserung der Eigenschaften von vegetabilisch oder mineralisch gegerbten tierischen Häuten. Vegetabilisch oder mit Chrom- oder Aluminiumsalzen gegerbte Leder werden mit einer wässerigen Pyridinlösung und anschließend mit verdünnten Säurelösungen (Oxal-, Ameisen-, Schwefelsäure) ausgewaschen.

A.P. 1588686 vom 25. 1. 1922. — C. 1926, II, 1227.
Jacob Raiser, Hornell, New York, *Dudley S. Mersereau* und *John M. Payne*, Endicott,
New York, V. St. A.

Bleichen von Sohlleder. Aufeinanderfolgende Behandlungen mit Soda, Schwefelsäure, Alaun und Kochsalz (vgl. S. 16).

D.R.P. 423137/Kl. 28a vom 15. 2. 1922. — C. 1926, I, 3643; Coll. 1926, 136.
Farbwerke vorm. Meister Lucius u. Brüning, Höchst a. M.

Verfahren zum Aufhellen dunkel ausgefallener Gerbungen. Behandeln der Leder mit aromatischen Oxyverbindungen (vgl. S. 19).

E.P. 243144 vom 31. 10. 1924. — C. 1927, II, 661.
Louis Arnold Jordan, Brantham, Suffolk, England.

Verbesserung der Farbe vegetabilisch gegerbten Leders. Um die rote Farbe des z. B. mit Quebrachoextrakt gegerbten Leders zu beseitigen, werden die Gerbextrakte mit solchen synthetischen organischen Farbstoffen versetzt, die gegenüber der reduzierenden Wirkung von Schwefeldioxyd oder löslichen Bisulfiten widerstandsfähig sind, z. B. Chinolingelb, Disulfingrün usw.

D.R.P. 557203/Kl. 28a vom 28. 12. 1926. — C. 1932, II, 2277; Coll. 1932, 866.
F.P. 700727 vom 18. 8. 1930. — C. 1931, II, 181; Coll. 1932, 296.
Farb- und Gerbstoffwerke Carl Flesch jr., Frankfurt a. M.
E.P. 282710 vom 4. 8. 1927. — C. 1929, I, 2383.
Herbert Flesch, Frankfurt a. M.
F.P. 637441 vom 28. 6. 1927. — C. 1928, II, 1962; Coll. 1930, 129.
Schw.P. 133206 vom 28. 6. 1927. — C. 1930, I, 3268; Coll. 1931, 319.
Carl Dreyfuß, Frankfurt a. M.

Verfahren zum Vorbehandeln und zum Gerben von tierischen Häuten und Fellen. Verwendung von Schwefelsäureestern von Ölen und Fetten mit einem hohen Gehalt an organisch gebundener Schwefelsäure bei der Gerbung. Die Leder erhalten hierdurch eine hellere Farbe.

F.P. 709985 vom 27. 1. 1931. — C. 1931, II, 2959; Coll. 1932, 297.
Otto Hecht, Deutschland.

Verfahren zum Beschweren und Bleichen von Leder. Leder, insbesondere vegetabilisch gegerbte, werden mit einer Mischung aus Magnesiumsulfat oder Natriumsulfat, Kohlehydraten (Dextrin, Glukose) und Oxalsäure und anschließend mit einem Eiweißprodukt behandelt, das durch Kochen von tierischem Leim mit Natronlauge und Neutralisieren der überschüssigen Lauge mit Fettsäuren erhalten wurde.

F.P. 575431 vom 26. 12. 1923. — C. 1927, I, 553.
Etablissements Reynier und Constantin Szmukler, Grenoble.

Bleichen von Weißleder und anderen organischen Produkten tierischen Ursprungs. Behandeln der in einer Kammer aufgehängten Leder, insbesondere Handschuhleder, mit trockenem Ozon. Anschließend werden die Leder bis zum Verschwinden des Ozongeruchs gelüftet.

A.P. 1668875 vom 14. 10. 1925. — C. 1931, II, 180.
Stein Fur Dyeing Co., Inc., New York, V. St. A.

Behandeln von Häuten, Fellen oder dgl. Bleichen mit einer wässerigen Lösung, die mehr als 3% Wasserstoffsuperoxyd und außerdem Ammoniak und in Wasser lösliche Seife enthält.

F.P. 692981 vom 6. 7. 1929. — C. 1931, I, 1399.

André Cornillot, Frankreich, Seine.

Verfahren zum Bleichen von Leder, Fellen, Pelzen, Haaren u. dgl. Behandeln in Bädern, die Peressigsäure (erhalten durch Einwirkung von Wasserstoffsuperoxyd auf Essigsäureanhydrid) und zweckmäßig noch Phosphate, Borate, organische Alkalisalze oder Alkalien, Ammoniak und Netzmittel, Katalysatoren oder Stabilisatoren enthalten.

Ö.P. 30726 vom 26. 6. 1906. — Der Gerber 1920, 120.

Ferdinand Mocker, Kaaden.

Verfahren zum Bleichen von Leder, insbesondere Sämischleder. Das 2- bis 3mal in bekannter Weise rasengebleichte Leder wird mit einer in warmem Wasser gelösten bzw. suspendierten Mischung von eisenfreiem Alaun, weißem Paraffinöl, Bologneser- oder feiner Schlemmkreide, gegebenenfalls unter Zusatz eines arsenikfreien Farbstoffs, behandelt, durch die Wringmaschine gezogen und noch einmal der Rasenbleiche ausgesetzt.

B. Entfetten.

1. Verfahren zum Entfetten und Entfettungsmittel.

D.R.P. 85628/Kl. 28 vom 13. 7. 1895.

Max Krieger, Berlin.

Verfahren zur Entfettung von Treibriemen u. dgl., indem man den spiralig aufgerollten Riemen mit Tonerde umgibt und einer mäßigen Wärme aussetzt (vgl. S. 33).

D.R.P. 241616/Kl. 28a vom 21. 4. 1909 — C. 1912, I, 182.

Oswald Silberrad, Buckhurst Hill, England.

Verfahren zur Zurichtung von Leder. Vor dem Imprägnieren mit Kautschuk werden die Leder mit dem gleichen Lösungsmittel entfettet, in dem der Kautschuk gelöst wird (vgl. S. 33).

D.R.P. 244066/Kl. 28a vom 31. 1. 1911.

Fritz Kornacher, Auerbach, Hessen.

Verfahren zur Herstellung festen, fast vollkommen wasserdichten, gleitfreien Leders. Die mit Fettstoffen imprägnierten Sohlleder werden oberflächlich durch Ausbürsten mit Alkalilösungen und Nachbehandeln mit Säure- und Metallsalzlösungen entfettet (vgl. S. 33).

D.R.P. 272782/Kl. 28a vom 12. 1. 1913. — Coll. 1914, 343.
Zus.P. zu D.R.P. 261323/Kl. 28a.

Pierre Castiau, Renaix, Belgien.

Verfahren zur Herstellung festen, fast vollkommen wasserdichten, gleitfreien Leders, insbesondere Sohlenleders. Nach dem Imprägnieren mit Fettstoffen u. dgl. werden die Leder für einige Sekunden in Fettstoffe lösende Mittel (Benzin, Alkohol) getaucht.

F.P. 524624 vom 26. 3. 1920. — C. 1922, II, 227.

Alexander-Thomas Hough, Frankreich.

Verfahren zur Herstellung eines Entfettungs- und Emulgiermittels. Zum Entfetten von Leder dient ein Gemisch der Natrium- oder Ammoniumsalze sulfonierter Öle, z. B. des Ricinusöls, und schwer entzündbarer organischer Lösungsmittel, wie Tetrachlorkohlenstoff, Trichloräthylen u. a.

F.P. 528718 vom 16. 12. 1920. — C. 1922, II, 527.
E.P. 155595 vom 20. 12. 1920. — C. 1922, II, 527.
Schwz.P. 92395 vom 13. 12. 1920. — C. 1922, II, 1174.

H. Th. Böhme, Chemische Fabrik, Chemnitz.

A.P. 1405902 vom 11. 1. 1921. — C. 1922, II, 876.

Paul Dietze, Chemnitz.

Verfahren zur Herstellung von Fettlösungsmitteln. In Kohlenwasserstoffen (Benzin) oder ihren Derivaten (Trichloräthylen) gelöste Fettsäuren werden mit alkoholischer Alkalilösung versetzt und die erhaltenen Produkte in Wasser emulgiert (vgl. S. 26).

A.P. 1640478 vom 25. 7. 1924. — C. 1928, I, 459; Coll. 1930, 131.

Manufacturing Improvement Co., Boston, Mass., V. St. A.

Verfahren zum Entfetten von Häuten. Die Häute werden mit einer wässerigen Emulsion von in Wasser unlöslichen Kohlenwasserstoffen behandelt, z. B. 58 Teile Petroleum, 37 Teile neutrale Olivenölseife und 39 Teile Wasser.

F.P. 592025 vom 22. 1. 1925. — C. 1926, I, 2993.
E.P. 230421 vom 20. 1. 1925. — C. 1927, I, 553.

H. Th. Böhme A. G., Chemische Fabrik, Chemnitz.

Entfetten von Häuten und Ledern. Verwendung von Mischungen chlorierter Kohlenwasserstoffe mit hydrierten Naphthalinen oder ähnlichen hochsiedenden Kohlenwasserstoffen.

Ö.P. 112114 vom 19. 4. 1926. — C. 1930, I, 2673; Coll. 1930, 411.

Röhm & Haas A. G., Darmstadt.

Verfahren zum Extrahieren von Fetten, Ölen, Harzen, Wachs und ähnlichen Stoffen aus Leder. Das Leder wird mit einer Mischung von Lösungs- bzw. Emulsionsmitteln (Trichloräthylen) und aufsaugend wirkenden Stoffen (Kieselgur) behandelt (vgl. S. 26).

D.R.P. 539356/Kl. 28a vom 16. 12. 1926. — C. 1932, II, 1574; Coll. 1932, 176.

Röhm & Haas A. G., Darmstadt.

Verfahren zum Entfetten von Blößen und Leder. Die Blößen oder Leder werden mit einem Gemisch von frisch gefälltem Metallhydroxyd, z. B. Aluminiumhydroxyd, und Tetrahydronaphthalin oder ähnlichen Kohlenwasserstoffen behandelt.

D.R.P. 625638/Kl. 12o vom 30. 10. 1929. — C. 1936, I, 3755.

Oranienburger Chemische Fabrik A. G., Oranienburg.

Herstellung von kondensierten organischen Sulfonsäuren bzw. ihren Salzen. Gemische organischer Stoffe werden kondensiert und sulfoniert, indem man sie mit Reaktionsprodukten behandelt, die durch Auflösen von SO_3 (oder Oleum mit mindestens 50% SO_3) in Trichloräthylen oder 1,2-Dichloräthan entstehen. Die erhaltenen Produkte werden u. a. als Entfettungsmittel für Leder verwendet.

A.P. 1822898 vom 24. 1. 1930. — C. 1931, II, 3709; Coll. 1932, 303.

Grasselli Chemical Co., Cleveland, Ohio, V. St. A.

Entfetten von tierischen Häuten und Fellen. Die gepickelten Häute und Felle werden bei Temperaturen von 20 bis 40° C mit 0,5 bis 3%igen Lösungen von Trinatriumphosphat (12 H_2O) behandelt; schwere Häute werden anschließend nochmals schwach nachgepickelt.

R.P. 20757 vom 11. 4. 1930. — C. 1932, I, 1614; Coll. 1933, 174.

P. I. Pawlowitsch, N. G. Schtschekoldin, W. I. Dreling, K. I. Sjablow und *W. G. Drosdow*, USSR.

Entfetten von Schafsblößen. Die Blößen werden mit einer alkalischen Lösung des Kontaktspalters oder mit Naphthenseifen behandelt.

R.P. 30793 vom 17. 1. 1932. — C. 1934, I, 990; Coll. 1935, 148.

W. I. Dreling und *K. I. Sjablow*, USSR.

Entfetten von Schafsblößen. Die Blößen werden in Wasser unter Zusatz eines Emulgators (z. B. Kontaktspalter), Petroleum und Aceton mechanisch behandelt, mit Wasser, Alkali- und Kochsalzlösung gewaschen, gepickelt, mit der Fleischseite aufeinandergelegt, wobei zwischen je 2 Blößen ein Baumwolltuch kommt, und hierauf gepreßt.

F.P. 738167 vom 4. 6. 1932. — C. 1933, I, 2497; Coll. 1934, 44.

Oskar Löw Beer, Deutschland.

Verfahren zum Entfetten von Häuten, Fellen und Leder. Verwendung solcher synthetischer Gerbstoffe, die aus aromatischen, hydroaromatischen oder aliphatischen Verbindungen oder aus Gemischen von aromatischen und aliphatischen Verbindungen durch Kondensation z. B. mit Formaldehyd erhalten werden und salzbildende Gruppen im Molekül enthalten, gegebenenfalls im Gemisch mit natürlichen Gerbstoffen. Zweckmäßig werden die Salze mit organischen Säuren angesäuert oder in solche Salze überführt, die einen schwach sauren Charakter haben.

E.P. 393164 vom 17. 10. 1932. — C. 1933, II, 3052; Coll. 1935, 140.

H. Th. Böhme A. G., Chemnitz.

Verfahren zur Verbesserung der Netz-, Dispergier-, Durchdringungs- und Emulgierfähigkeit von Produkten, die in Form von Präparaten oder Flüssigkeiten zu Behandlungsbädern für Textilstoffe, Leder oder andere Faserstoffe zugesetzt werden. Verwendung von wasserlöslichen Estern aus Tetrahydrofurfuralkohol und aliphatischen Karbonsäuren mit nicht mehr als 5 Kohlenstoffatomen zum Entfetten von gegerbten Schaffellen.

A.P. 1954798 vom 16. 3. 1933. — C. 1934, II, 1248; Coll. 1936, 118.
F.P. 770178 vom 14. 3. 1934.

Tanning Process Co., Boston, Mass., V. St. A.

Entfetten von tierischen Häuten und Fellen. Die entfleischten und gefalzten Hautblößen werden mit einer Emulsion aus Kohlenwasserstoffen (Petroleum) und Fetten oder Ölen (Tran, Klauenöl, sulf. Tran, sulf. Ricinusöl) entfettet. Nach einstündigem Walken wird Wasser zugefügt, die Felle werden ausgewaschen und in Kochsalzlösung gewalkt.

F.P. 782854 vom 5. 3. 1934. — C. 1935, II, 3472.

Henri-Adolphe Boudet, Frankreich.

Entfetten von tierischen Häuten und Fellen. Verwendung von Lösungsmittelgemischen, deren Dichte gleich oder ähnlich der des Wassers ist, in Verbindung mit Wasser und festen Adsorptionsmitteln, wie Kreide, Fullererde usw.

F.P. 789676 vom 7. 5. 1935. — C. 1936, I, 1559.

I. G. Farbenindustrie A. G., Frankfurt a. M.

Entfetten von Häuten und Leder. Verwendung wässeriger Lösungen von Schwefelsäureestern aliphatischer Alkohole oder von Sulfogruppen enthaltenden höhermolekularen Fettsäureamiden oder in der Alkoholkomponente sulfonierten höhermolekularen Fettsäureestern (Beispiel: Natriumsalz des Dichlorstearinsäure-äthanolamid-schwefelsäureesters).

2. Vorrichtungen zum Entfetten.

D.R.P. 301084/Kl. 28b vom 13. 3. 1914.

Carl Wiese, Neumünster.

D.R.P. 416097/Kl. 28b vom 29. 5. 1924. — Coll. 1925, 483.

J. H. Wiese Söhne A. G., Neumünster.

Vorrichtung zum Entfetten von Leder, Häuten oder dgl. Drehbare Trommel mit getrennter Zuführung für Luft und Dampf.

D.R.P. 380594/Kl. 28a vom 27. 2. 1920. — C. 1923, IV, 863; Coll. 1923, 300.
E.P. 167787 vom 16. 2. 1920. — C. 1922, IV, 396.

Charles Clement Krouse, Philadelphia, *Ernest Howell Davis* und *William Passon Belber*, Williamsport, Philadelphia, V. St. A.

Verfahren und Vorrichtung zum Vorbehandeln von frischen Häuten und Fellen mit mittlerem und hohem Fettgehalt zum Gerben. Entfetten der im Vakuum vorgetrockneten Häute mittels Fettlösungsmitteln (vgl. S. 24).

D.R.P. 423179/Kl. 28b vom 24. 8. 1924. — Coll. 1926, 137.

Firma A. J. Krahnstöver & Co., Rostock.

Waschmaschine zur Reinigung und Entfettung von Fellen, insbesondere von Schaffellen. Die Felle werden auf einem Streckrahmen aufgespannt in dem Lösungsmittel bewegt, wobei sie durch einen zweiten, kleineren Reiberahmen mechanisch bearbeitet werden.

D.R.P. 542942/Kl. 23a vom 10. 4. 1927. — C. 1932, I, 2910.

Joseph Savage, Weston Point b. Runcorn, England.

Verfahren zur Entfettung wasserhaltigen Rohgutes. Das Lösungsmittel wird in der Wärme und unter Druck im Kreislauf durch Extraktor und Kondensator geführt und aus dem Mischkondensat das Wasser abgeschieden.

R.P. 37217 vom 16. 2. 1930. — C. 1935, II, 3472.

K. W. Trofimow, USSR.

Wiedergewinnung von Benzin bei der Entfettung von Häuten und Leder. Die benzinhaltige Luft wird in einem Skrubber mit den bei der Entfettung von Schafspelzen erhaltenen Ölen gewaschen.

F.P. 717000 vom 13. 5. 1931. — C. 1932, I, 3024; Coll. 1933, 168.

Charles Marchand, Frankreich.

Verfahren und Vorrichtung zum Entfetten von Häuten. Auf die in einem geschlossenen Zylinder aufgehängten Häute wird das Fettlösungsmittel versprüht, worauf sich das gelöste Fett am Boden ansammelt. Durch Einblasen von warmer Luft werden die Häute getrocknet und in einem Kondensator die Lösungsmitteldämpfe kondensiert.

D.R.P. 600940/Kl. 28a vom 21. 4. 1932. — C. 1934, II, 2346; Coll. 1934, 465.

Dr. Alexander Wacker, Gesellschaft für elektrochemische Industrie G. m. b. H., München.

Verfahren zum Entfetten von Rohhäuten, Blößen sowie Leder. Die mit einem mit Wasser nicht mischbaren Lösungsmittel entfetteten Blößen bzw. Leder werden in Gegenwart von warmem Wasser mit einem angewärmten Luft- bzw. Gasstrom behandelt, um zurückbleibende Lösungsmittelanteile zu entfernen.

C. Färberei.

1. Farbstoffe.

D.R.P. 513842/Kl. 8m vom 4. 2. 1925. — C. 1931, I, 1224.
F.P. 609904 vom 23. 1. 1926. — C. 1927, I, 523.

A.P. 1690318 vom 23. 1. 1926. — C. 1929, I, 1747.

Grasselli Dyestuff Corp., New York.

Verfahren zum Färben von Leder mit sauren Azofarbstoffen.

Schwz.P. 121344 vom 8. 12. 1925. — C. 1928, I, 260.
E.P. 313927 vom 19. 6. 1929. — C. 1930, I, 292.
E.P. 339029 vom 24. 9. 1929. — C. 1931, I, 1178.
F.P. 728186 vom 12. 12. 1931. — C. 1932, II, 2540.

I. G. Farbenindustrie A. G., Frankfurt a. M.

F.P. 780976 vom 9. 11. 1934. — C. 1936, I, 1318.
Zus.P. 45391 vom 10. 11. 1934. — C. 1936, I, 1318.

J. R. Geigy A. G., Basel.

Herstellung von Monoazofarbstoffen zum Färben von Leder.

D.R.P. 476457/Kl. 8m vom 5. 4. 1927. — C. 1929, II, 246.

I. G. Farbenindustrie A. G., Frankfurt a. M.

Färben von Leder. Chromleder wird mit Sulfon- oder Carbonsäuren von Kondensationsprodukten aus aromatischen Aldehyden und Pyrazolonen gefärbt.

F.P. 640225 vom 29. 8. 1927. — C. 1928, II, 1946.

I. G. Farbenindustrie A. G., Frankfurt a. M.

Tetrakisazofarbstoffe, die Chromleder schwarz färben.

E.P. 310343 vom 24. 10. 1927. — C. 1929, II, 2510.
Zus.P. 316847 vom 24. 7. 1928. — C. 1930, I, 747.
E.P. 316198 vom 19. 3. 1928. — C. 1930, I, 747.
F.P. 671081 vom 8. 3. 1929. — C. 1930, I, 2017.

I. G. Farbenindustrie A. G., Frankfurt a. M.

Herstellung von komplexen Chromverbindungen von Oxyazofarbstoffen zum Färben von Leder.

D.R.P. 481447/Kl. 22a vom 21. 2. 1928. — C. 1929, II, 2510.
Zus.P. 557125/Kl. 22a vom 1. 3. 1931. — C. 1932, II, 2543.
Zus.P. 610625/Kl. 22a vom 16. 9. 1933. — C. 1935, I, 3719.
E.P. 306447   vom 30. 11. 1928. — C. 1929, II, 934.

J. R. Geigy A. G., Basel.

Herstellung von Farbstoffen für Leder aus Azofarbstoffen durch Oxydation mit Luft in Gegenwart von Ammoniak und Schwermetallen, wie Fe, Cu, Cr, Mn oder deren Verbindungen.

Ö.P. 113672 vom 5. 8. 1928. — C. 1930, I, 594.
F.P. 656691 vom 29. 5. 1928.

Verein für Chemische und Metallurgische Produktion, Aussig a. E.

Herstellung von Azofarbstoffen auf der tierischen Faser, wie z. B. Leder.

D.R.P. 552953/Kl. 8m vom 26. 8. 1928. — Coll. 1932, 643.
E.P. 296310   vom 27. 8. 1928. — C. 1929, I, 305.

Gesellschaft für Chemische Industrie Basel, Basel.

Verfahren zur Herstellung echter Färbungen auf Leder und Seide mit Chromverbindungen von Triarylmethanfarbstoffen, gegebenenfalls in Kombination mit chromierbaren Azofarbstoffen.

E.P. 297331 vom 17. 9. 1928. — C. 1929, I, 445.
F.P. 686194 vom 6. 12. 1929. — C. 1931, I, 3063.
Schwz.P. 168106 vom 22. 4. 1933. — C. 1935, I, 1491.
F.P. 771969 vom 18. 4. 1934. — C. 1935, I, 2736.

Gesellschaft für Chemische Industrie Basel, Basel.

Herstellung von komplexen Metallverbindungen (Cr, Fe, Cu, Mn, Al, Ni, Co, U usw.) **von Azofarbstoffen** zum Färben von Leder.
Ähnliche Verfahren:
D.R.P. 556541/Kl. 22a vom 11. 1. 1931. — C. 1932, II, 2539.
F.P. 792545   vom 29. 6. 1935. — C. 1936, I, 3223.

I. G. Farbenindustrie A. G., Frankfurt a. M.

E.P. 421054 vom 6. 6. 1933. — C. 1935, I, 3718.

Imperial Chemical Industries Ltd., London.

E.P. 316822 vom 29. 10. 1928. — C. 1930, I, 788; Coll. 1931, 272.

J. C. Bottomley & Emerson Ltd. und William David Earnshaw, Brighouse, Yorkshire.

Färben von Leder mit Disazofarbstoffen, die z. B. durch Kuppeln von 2 Mol diazotierter o-Toluidin-p-sulfonsäure mit 1 Mol Resorcin erhalten werden können. Die Farbstoffe färben Leder braun.

D.R.P. 533963/Kl. 22a vom 28. 4. 1929. — C. 1932, I, 137.
Zus.P. 535671/Kl. 22a vom 4. 7. 1929. — C. 1932, I, 137.
E.P. 338930   vom 22. 7. 1929. — C. 1931, I, 1178.

I. G. Farbenindustrie A. G., Frankfurt a. M.

Herstellung von Farbstoffen, insbesondere zum Färben von Chromleder durch Einwirkung von aromatischen N-Nitrosoverbindungen auf aromatische Amino-, Oxy- oder Aminooxyverbindungen. Die Farbstoffe können auch im Färbebad erzeugt werden.

D.R.P. 564695/Kl. 22a vom 7. 3. 1930. — C. 1933, I, 1524.
Zus.P. 566102/Kl. 22a vom 18. 11. 1930. — C. 1933, I, 1524.
F.P. 702388 vom 19. 9. 1930. — C. 1932, I, 454.
Gesellschaft für Chemische Industrie Basel, Basel.

D.R.P. 528607/Kl. 22a vom 1. 5. 1930. — C. 1931, II, 2064.
E.P. 352004 vom 31. 1. 1930. — C. 1931, II, 2221.
F.P. 778962 vom 27. 9. 1934. — C. 1935, II, 2132.
I. G. Farbenindustrie A. G., Frankfurt a. M.
Chromhaltige Azofarbstoffe zum Färben von Leder.

E.P. 371866 vom 28. 1. 1931. — C. 1932, II, 3020.
Imperial Chemical Industries Ltd., London, und *Mordecai Mendoza* und *John Hannon*,
Blackley b. Manchester.

E.P. 373689 vom 13. 3. 1931. — C. 1932, II, 2539.
Williams (Hounslow) Ltd. und *Herbert Ackroyd*, Hounslow.

E.P. 424262 vom 10. 8. 1933. — C. 1935, II, 1968.
Robert Schuloff, Wien.

E.P. 435477 vom 23. 3. 1934. — C. 1936, I, 1318.
E. J. du Pont de Nemours & Co., Del., V. St. A.
Herstellung von Azofarbstoffen (Dis-, Poly-) zum Färben von Leder.

F.P. 734932 vom 9. 4. 1932. — C. 1933, II, 650; Coll. 1935, 142.
I. G. Farbenindustrie A. G., Frankfurt a. M.
Verfahren zum Färben von Leder mit Ammoniumsalzen substantiver Azofarbstoffe, die durch Fällen der Farbstoffe mit Säuren und Umsetzen der Farbpaste mit überschüssigem Ammoniak erhalten werden, unter gleichzeitigem Zusatz von Harnstoff.

1. **D.R.P. 586180**/Kl. 22a vom 8. 6. 1932. — C. 1934, I, 298.
2. **Zus.P. 607661**/Kl. 8m vom 14. 10. 1933. — C. 1935, I, 2092.
I. G. Farbenindustrie A. G., Frankfurt a. M.
1. **Herstellung von Chromverbindungen von Farbstoffen.** Chromverbindungen chromierbarer, Sulfonsäuregruppen enthaltender Azofarbstoffe werden mit solchen Farbstoffen der Triarylmethan- oder Xanthenreihe umgesetzt, die Sulfo- und Amino-, aber keine chromierbaren Gruppen enthalten.
2. Die Farbstoffe werden auf dem Leder erzeugt, indem das Leder mit den Komponenten nacheinander behandelt wird.

D.R.P. 582399/Kl. 22a vom 17. 6. 1932. — C. 1933, II, 3625.
Zus.P. zum D.R.P. 566471.
Chemische Fabrik vorm. Sandoz, Basel.
Trisazofarbstoffe zum Schwarzfärben von Leder.

D.R.P. 595187/Kl. 8m vom 24. 12. 1932. — C. 1934, II, 139.
F.P. 784829 vom 27. 12. 1934. — C. 1936, I, 1320.
Gesellschaft für Chemische Industrie Basel, Basel.
Verfahren zum Färben von Leder unter Verwendung von Kupferverbindungen von Azo- und Polyazofarbstoffen.

E.P. 423183 vom 26. 7. 1933. — C. 1935, I, 3854.
E. J. du Pont de Nemours & Co., Wilmington, V. St. A.
Herstellung von Trisazofarbstoffen.

E.P. 423185 vom 27. 7. 1933. — C. 1935, I, 3720.
E.P. 423521 vom 4. 8. 1933. — C. 1935, I, 3603.
E. J. du Pont de Nemours & Co., Wilmington, V. St. A.
Herstellung von Polyazofarbstoffen zum Braunfärben von Leder.

1. **D.R.P. 622753/Kl.** 8m vom 8. 12. 1933.
    F.P. 782255 vom 4. 12. 1934. — C. 1936, I, 1319.
2.   **F.P. 782290** vom 4. 12. 1934. — C. 1936, I, 1319.

J. R. Geigy A. G., Basel.

Verfahren zum Durchfärben von Leder.
1. Verwendung von Salzen der Aminoazobenzolsulfonsäuren, die in der Kupplungskomponente Mono- oder Polyoxalkylaminogruppen enthalten und die außerdem noch in anderer Weise kernsubstituiert sein können, wobei N-Alkylgruppen mit mehr als 2 C-Atomen ausgenommen sein sollen. Die Farbstoffe färben Chromleder durch.
2. Färben von Leder unter Verwendung von Aminoazobenzolsulfonsäuren, die im Rest der Azokomponente Mono- oder Polyoxalkylgruppen enthalten.

F.P. 772474 vom 26. 4. 1934. — C. 1935, I, 2738.

I. G. Farbenindustrie A. G., Frankfurt a. M.

Kupferhaltige Azofarbstoffe zum Färben von Leder in braunen Tönen.

F.P. 792699 vom 20. 7. 1935. — C. 1936, I, 3028.
F.P. 792700 vom 20. 7. 1935. — C. 1936, I, 3028.

Imperial Chemical Industries Ltd., London.

Herstellung von Trisazofarbstoffen, die Leder in braunen Tönen färben.

2. Allgemeine Färbeverfahren.

D.R.P. 286467/Kl. 22f vom 9. 8. 1913. — C. 1915, II, 570.
Zus.P. 289878/Kl. 22f vom 29. 5. 1914. — C. 1916, I, 351.
Zus.P. 347129/Kl. 8m vom 1. 11. 1914. — C. 1922, II, 480.

Badische Anilin- und Sodafabrik, Ludwigshafen.

Herstellung lichtechter Färbungen und Lacke auf Leder, Textilfasern u. dgl. mit basischen Farbstoffen bzw. solchen sauren Farbstoffen, die eine oder mehrere Sulfo- und Aminogruppen enthalten, und Behandlung mit komplexen Metawolframsäuren oder deren Salzen.

D.R.P. 286341/Kl. 8m vom 30. 11. 1913. — Coll. 1915, 339.

Eduard Weiler und *Oskar Heublein*, Frankfurt a. M.

Verfahren zum Färben von Leder. Anwendung von Farbbädern, die aus Lösungen von Farbstoffen und einem Halogenkohlenwasserstoff, wie Pentachloräthan, Hexachloräthan, Tetrachloräthan u. dgl., oder einem Gemisch mit organischen Lösungsmitteln, wie Spiritus, bestehen.

A.P. 1371572 vom 2. 7. 1917. — C. 1921, IV, 76.

Presto Color Company, Cudahy, Wisconsin.

Verfahren zum Färben von Leder. Das Leder wird mit einer wässerigen Suspension von unlöslichem Pigment unter ständigem Bewegen in der Wärme behandelt.

A.P. 1414029 vom 1. 9. 1921. — C. 1923, II, 1091.
A.P. 1414030 vom 1. 9. 1921. — C. 1923, II, 1091.
A.P. 1414031 vom 29. 9. 1921. — C. 1923, II, 1091.

Arthur Linz, New York.

Färbeverfahren für Leder. Nach dem Beizen mit Tannin und Brechweinstein wird mit einer Lösung von Na_2HPO_4 und Natriumwolframat oder -molybdat und Essigsäure behandelt und mit basischen Farbstoffen gefärbt. Man kann auch zuerst färben und dann mit Salzen der Phosphorwolfram- oder Phosphormolybdänsäure behandeln.

D.R.P. 422465/Kl. 8m vom 6. 12. 1923. — C. 1926, I, 1887; Coll. 1926, 133.

Leopold Cassella & Co. G. m. b. H., Frankfurt a. M.

Färben von Ledern anderer Gerbungsarten als Glacéleder. Die Leder werden entweder vor dem Färben oder während des Färbens in einem Bade mit alkalisch abgestumpften Gerbmitteln behandelt.

D.R.P. 417201/Kl. 8m vom 28. 5. 1924. — C. 1925, II, 1897; Coll. 1925, 528.

Kalle & Co. A. G., Biebrich a. Rhein.

Verfahren zum Färben von Leder mit sauren oder direktziehenden Farbstoffen, insbesondere für Sämisch- und Glacéleder in Gegenwart von Metallsalzen (z. B. Fe-, Al-, Cr-, Ti-Salze) und Substanzen (Lactate, Tartrate, Sulfitablauge), die das Entstehen von Niederschlägen verhindern.

F.P. 614460 vom 13. 4. 1925. — C. 1927, II, 662; Coll. 1929, 273.

Alfred Joseph Clermontel, Haute-Vienne, Frankreich.

Färben von Leder mit stark fetthaltiger Oberfläche. Mit lauwarmer Seifenlösung behandeln, spülen, mit Ammoniak oder Soda beizen, färben und zurichten. Bei lohgaren Ledern mit einem Fettlösungsmittel entfetten.

D.R.P. 483512/Kl. 8m vom 5. 9. 1925. — C. 1930, I, 290.

Zair Syndicate Ltd., London.

E.P. 242027 vom 25. 6. 1925. — C. 1926, I, 2969.

Samuel Wright Wilkinson, Westminster, London.

Verfahren zur Vorbehandlung eiweißhaltiger tierischer Fasern, wie Leder, Federn u. dgl., vor dem Färben mit Ozon und Ammoniak.

D.R.P. 448527/Kl. 75c vom 28. 8. 1926. — C. 1928, I, 850; Coll. 1927, 485.

H. Th. Böhme A. G., Chemische Fabrik, Chemnitz.

Verfahren zum Färben fetthaltiger Flächen, insbesondere Leder. Verwendung von Lösungen oder Dispersionen der Farbstoffe in fettlösenden Halogenkohlenwasserstoffen.

A.P. 1729938 vom 4. 10. 1926. — C. 1930, I, 319; Coll. 1931, 322.

Benjamin R. Harris, Chicago.

Mittel zum Färben von Leder. Lösung eines Farbstoffs in einem Gemisch von Alkohol und aromatischen Oxyverbindungen, wie Kresolen.

Tschechosl.P. 32564 vom 24. 11. 1926. — C. 1932, II, 1263.

Titan Co. A/S, Frederikstad.

Gerben und Färben von Leder. Titandoppelsalze mit Alkalimetallen, wie das Titannatriumsalz der Weinsäure, Milchsäure, Oxalsäure u. dgl., eignen sich zum Gerben und Färben von Leder in gelben und braunen Nuancen.

D.R.P. 551680/Kl. 8m vom 26. 7. 1927. — C. 1932, II, 3017.

I. G. Farbenindustrie A. G., Frankfurt a. M.

Verfahren zum Färben und Drucken tierischer Stoffe, wie Leder und Wolle, mit Farbstoffen der Indigo- oder indigoiden Reihe.

R.P. 21116 vom 30. 3. 1930. — C. 1933, 174.

M. A. Iljanski, A. S. Winogradowa und *N. W. Bulgakow*, USSR.

Verfahren zum Färben von Leder mit Leukofarbstoffen gemäß D.R.P. 270520 in wässeriger Suspension und in Gegenwart von Schutzkolloiden, wie Leim, und von Salz oder Natriumsulfat.

D.R.P. 604404/Kl. 8m vom 2. 12. 1931.
Zus.P. 607750/Kl. 8m vom 8. 12. 1931. — Coll. 1935, 87.
F.P. 747043 vom 7. 12. 1932. — C. 1933, II, 3763.

I. G. Farbenindustrie A. G., Frankfurt a. M.

Verfahren zum Färben von tierischen Fasern mit Metallkomplexverbindungen von organischen sauren Farbstoffen. Den Farbbädern wird außer der üblichen Schwefelsäuremenge ein in Wasser lösliches Schutzkolloid zugesetzt, wie z.B. Eiweißstoffe oder deren Abbauprodukte, Dextrin, Sulfitzelluloseablauge oder Kondensationsprodukte aus organischen Oxy-, Carboxy- oder Aminoverbindungen und Polyglykoläthern mit mindestens 4 Äthylengruppen.

D.R.P. 588 759/Kl. 8m vom 23. 11. 1932. — C. 1935, I, 1810.

Philipp Bullmann und *Andreas Bremser*, Hamm i. W.

Färben und Umfärben von Leder mit basischen Farbstoffen 'in organischen Lösungsmitteln, die Benzaldehyd und harzartige Kondensationsprodukte aus Tannin, Harnstoff oder Thioharnstoff und einem oder mehreren Aldehyden enthalten.

F.P. 762 985 vom 27. 10. 1933. — C. 1934, II, 2902.

Gesellschaft für Chemische Industrie in Basel, Basel.

Färben von tierischen Fasern mit sauren Farbstoffen unter Verwendung von Farbbädern, die Harnstoff oder seine Derivate enthalten.

F.P. 779 801 vom 15. 10. 1934. — C. 1935, II, 1484.

Imperial Chemical Industries Ltd., London.

Färben von Leder. Tanningegerbte oder mit Pflanzenfarbstoffen vorgefärbte Leder werden durch eine Behandlung mit Lösungen von Diazoverbindungen, besonders wasserunlöslicher Amine, waschecht gefärbt.

F.P. 780 491 vom 30. 10. 1934. — C. 1935, II, 1484.

Rudolf Heinrich Engeland, Saar, Deutschland.

Färben von Häuten mit Lösungen von Diazoverbindungen, wie Diazobenzolsulfosäure, wobei die Häute zugleich gefärbt und gegerbt werden.

F.P. 791 763 vom 27. 6. 1935. — C. 1936, I, 3442.

I. G. Farbenindustrie A. G., Frankfurt a. M.

Verfahren zum Färben von Leder mit sauren oder substantiven Farbstoffen. Den Färbebädern werden neutrale oder saure Puffersubstanzen zugesetzt, die den Färbevorgang nicht stören und das Leder nicht schädigen. Geeignet sind z. B. Ammoniumchlorid, Ammoniumoxalat, Aluminiumsulfat, Alkaliphosphate oder Kaliumphthalat.

F.P. 792 641 vom 18. 7. 1935. — C. 1936, I, 3442.

I. G. Farbenindustrie A. G., Frankfurt a. M.

Färben von Leder, indem es in beliebiger Reihenfolge mit kupplungsfähigen, sulfonierten Azokomponenten (z. B. Baumwollfarbstoffen) und mit Diazoverbindungen oder Verbindungen, die in gleicher Weise reagieren (Eisfarbenentwickler, Nitrosamine), behandelt wird.

3. Färben von vegetabilisch gegerbten Ledern.

D.R.P. 126 598/Kl. 8k vom 23. 10. 1900.
Zus.P. 140 193/Kl. 8k vom 16. 3. 1901. — C. 1903, I, 1008.

Karl Dreher, Freiburg i. Br.

Verfahren zum Färben von Leder mit Titansalzen vor dem Fertiggerben.

1. **D.R.P. 139 059**/Kl. 8k vom 29. 1. 1901. — C. 1903, I,   607.
   Zus.P. 139 060/Kl. 8k vom 31. 3. 1901. — C. 1903, I,   677.
   D.R.P. 139 858/Kl. 8k vom 12. 3. 1901. — C. 1903, I,   795.
   D.R.P. 142 464/Kl. 8k vom 29. 1. 1901. — C. 1903, II,   76.
2. **D.R.P. 136 009**/Kl. 12o vom 17. 10. 1901. — C. 1902, II, 1228.
   Zus.P. 149 577/Kl. 12o vom 17. 10. 1901. — C. 1904, I,   908.

Karl Dreher, Freiburg i. Br.

Verfahren zum Färben mit Titansalzen und Beizenfarbstoffen.

1. Färben in Gegenwart von Salzen (Acetate, Formiate) der Erdalkalien, des Chroms oder Aluminiums oder deren basischen Salze oder von anderen Hilfsstoffen.
2. Herstellung von Lösungen und Verbindungen der Titansäure in oder mit Milchsäure, die zum Färben von Leder geeignet sind.

D.R.P. 260 897/Kl. 8m vom 27. 1. 1911. — Coll. 1913, 329.

Chemische Werke vorm. Dr. Heinrich Byk, Lehnitz b. Berlin.

Verfahren zum Beizen von Leder mit Antimon und Glykolsäure enthaltenden Verbindungen.

A.P. 1523365 vom 13. 3. 1923. — C. 1925, I, 2137.

Oscar Löw Beer, Frankfurt a. M.

Herstellung von hellfarbigem Leder. Vegetabilisch gegerbte Leder werden vor dem Färben mit Aluminium- und Chromsalzen synthetischer Gerbstoffe behandelt.

D.R.P. 440997/Kl. 8m vom 7. 8. 1924. — C. 1927, I, 3139; Coll. 1927, 207.
Schwz.P. 114271 vom 11. 10. 1924. — C. 1926, II, 2351.

Vittorio Casaburi, Neapel.

Verfahren zur Herstellung von Beizen für das Färben von Leder. Organische Komplexsalze aus Metallverbindungen (Chrom, Eisen, Aluminium, Kupfer usw.) und aromatischen, im Kern Amino- und Hydroxylgruppen enthaltenden Sulfonsäuren (z. B. 1-Amino-8-Naphtholsulfonsäure) (vgl. S. 203 u. 214).

D.R.P. 459599/Kl. 8m vom 6. 6. 1925. — C. 1928, I, 3117; Coll. 1928, 502.
E.P. 255555 vom 27. 4. 1925. — C. 1927, I, 1373.

Morris Charles Lamb, Bermondsey.

A.P. 1640706 vom 9. 6. 1925. — C. 1928, I, 977.

Röhm & Haas Co., Inc. Philadelphia, V. St. A.

Verfahren zum Färben von Leder (vgl. S. 206).

R.P. 20742 vom 26. 1. 1926. — C. 1932, I, 1614.

N. P. Schawrow, USSR.

Verfahren zum Färben von Leder. Extrahierte Gerbhölzer werden unter Zusatz von Alkali erneut extrahiert und der erhaltene Extrakt mittels Metallbeizen zum Färben verwendet.

D.R.P. 532119/Kl. 8m vom 12. 7. 1929. — C. 1931, II, 3711; Coll. 1931, 795.

Weil & Eichert, Chemische Fabrik A. G., Ludwigsburg.

Verfahren zum Färben von Schuhsohlen. Behandlung der abgebimsten Sohlen mit wässerigen Lösungen von basischen Anilinfarbstoffen und Oxalsäure oder deren Salzen.

E.P. 419941 vom 13. 5. 1933. — C. 1935, I, 1810.

Imperial Chemical Industries Ltd., London.

Färben von ganz oder teilweise vegetabilisch gegerbtem Leder. Das Leder wird mit wässerigen Lösungen quaternärer Ammoniumsalze, die eine von OH-Gruppen freie, gesättigte, aliphatische Kette mit nicht weniger als 10 C-Atomen enthalten, vorbehandelt und dann mit sauren, direkten oder basischen Farbstoffen gefärbt. (Vgl. auch F.P. 773253 vom 14. 5. 1934. — C. 1935, I, 3088.)

4. Färben chromgarer Leder.

A.P. 591769 vom 12. 10. 1897.

Emil Köster für *E. Avellis*, Berlin.

Vorbereitung von Chromleder zum Färben. Die Leder werden nach dem Entsäuern mit vegetabilischen Gerbstoffen nachbehandelt. Zur Erzielung klarer Töne wird mit Brechweinstein oder Brechweinsteinpräparaten gebeizt.

D.R.P. 133757/Kl. 8k vom 10. 7. 1901. — C. 1902, II, 833.

Lepetit, Dollfus & Ganßer, Mailand.

Verfahren zum gleichzeitigen Gerben und Färben mit Chromsalzen. Zusatz solcher Farbstoffe, die durch Chromsalze nicht oder nur teilweise gefällt werden.

D.R.P. 162278/Kl. 8m vom 27. 3. 1904. — C. 1905, II, 861.

Leopold Cassella & Co. G. m. b. H., Frankfurt a. M.

Verfahren zum gleichzeitigen Schmieren und Färben von Chromleder. Alkalischen Fettemulsionen wird die Lösung eines Sulfinfarbstoffes und eine das Leder vor der Einwirkung des Schwefelnatriums schützende Substanz, wie Formaldehyd, Glukose oder Tannin, zugesetzt.

D.R.P. 189468/Kl. 8m vom 11. 3. 1906. — C. 1907, II, 1946.

Wilhelm Epstein, Frankfurt a. M.

Verfahren zum Schwarzfärben von Chromleder. Chromgare Felle werden mit angesäuerten Lösungen von Bichromat und von Anilinsalz oder Salzen der Homologen des Anilins behandelt.

D.R.P. 258752/Kl. 8m vom 5. 10. 1911. — C. 1913, I, 1478.

Actien-Gesellschaft für Anilinfabrikation, Berlin-Treptow.

Verfahren zum Färben von Leder. Chromgares oder chromiertes Leder wird mit solchen substantiven Farbstoffen gefärbt, die sich mit Diazoverbindungen kuppeln lassen. Die Färbungen werden mit Diazoverbindungen, vorzugsweise Nitrodiazobenzol, nachbehandelt.

D.R.P. 406618/Kl. 8m vom 1. 4. 1923. — C. 1925, I, 927; Coll. 1925, 46.

Wilhelm Brauns G. m. b. H., Quedlinburg.

Verfahren zum Färben von Leder. Behandlung des Leders mit einer Lösung von Tanninlacken in verdünnten Säuren und Alkohol oder anderen mit Wasser mischbaren, organischen Flüssigkeiten, gegebenenfalls unter Zusatz von Metallsalzen und Körperfarben (vgl. S. 221).

E.P. 243091 vom 27. 8. 1924. — C. 1927, I, 2262.
F.P. 604014 vom 27. 8. 1925. — C. 1927, I, 2262; Coll. 1927, 450.

Robert Howson Pickard, Dorothy Jordan-Lloyd und *Albert Edward Caunce*, London.

Behandlung von Chromleder vor der Färbung. Chromleder wird nach der Gerbung in ein Acetonbad gebracht und darnach bei 57⁰ getrocknet. Das Leder kann nach langem Lagern wieder angefeuchtet und weiterverarbeitet werden.

R.P. 14923 vom 25. 7. 1927. — C. 1931, I, 3643; Coll. 1932, 461.

N. A. Sichr und *J. A. Cheilow*, USSR.

Färben von Leder mit Anilinschwarz und ähnlichen Farbstoffen, durch Einreiben mit Lösungen davon unter Zusatz von Fetten, Ölen und Lösungsmitteln und Walken bei 60 bis 70⁰ mit angesäuerter Chromatlösung und Zusatz von Kupfer oder Vanadinsalzen als Sauerstoffüberträger.

A.P. 1774626 vom 5. 8. 1927. — C. 1930, II, 3887.

George Edwin Maurer, Philadelphia.

Verfahren zum Imprägnieren von Leder. Die Leder werden mit einer 10- bis 30%igen Lösung von $CaCl_2$ und $MgCl_2$ durchtränkt, abgepreßt und getrocknet. Vor dem Färben werden die Leder zur Entfernung der Salze ausgewaschen.

E.P. 305949 vom 11. 2. 1929. — C. 1929, II, 246; Coll. 1931, 270.

Gesellschaft für Chemische Industrie in Basel, Basel.

Färben von Leder mit Beizenfarbstoffen. Chromgegerbtes, mit Borax neutralisiertes oder mit Tonerde gegerbtes, durch Diastase in warmem Wasser weichgemachtes Leder wird mit Chromverbindungen von Beizenfarbstoffen gefärbt. Dem Färbebad wird zu Beginn der Färbung Ammoniumacetat, am Schluß Ameisensäure zugesetzt.

D.R.P. 571222/Kl. 8m vom 20. 1. 1928. — Coll. 1933, 296.
Zus.P. 573718/Kl. 8m vom 20. 1. 1928. — Coll. 1933, 300.
F.P. 667779   vom 19. 1. 1929. — C. 1930, II, 2444.

Oranienburger Chemische Fabrik A. G., Berlin-Charlottenburg.

Verfahren zum Beizen von Chromledern. Durch Verwendung von einfachen oder kondensierten hochmolekularen aliphatischen Sulfonsäuren mit mehr als 10 Kohlenstoffatomen in der aliphatischen Kette oder von Salzen solcher Sulfonsäuren, die durch die Einwirkung kondensierender und sulfonierender Substanzen auf Neutralfette, Fettsäuren, Wachsalkohole, Fettalkohole, hochsiedende Destillationsprodukte des Erdöls, Braunkohlenteer usw. allein oder im Gemisch mit anderen zur Kondensation geeigneten organischen Verbindungen (z. B. aromatische und aliphatische Kohlenwasserstoffe, Alkohole, Karbonsäuren usw.) gewonnen werden.

D.R.P. 603572/Kl. 28a vom 1. 9. 1932. — Coll. 1934, 588.
A.P. 1877119 vom 29. 3. 1930. — C. 1932, II, 3347; Coll. 1933, 115.
Schwz.P. 164205 vom 3. 9. 1932.

Peter A. Blatz, Westover Hills, Delaware, U. S. A.

Verfahren zur Lagerung mineralgarer Leder vor der Färbung. Die aus der Gerbung kommenden Häute werden bis zur Färbung in Behältern mit Wasser bei Temperaturen von 2 bis 7⁰ C gelagert.

D.R.P. 617957/Kl. 28a vom 11. 5. 1932. — C. 1936, I, 244.

A. Th. Böhme, Chemische Fabrik, und *Paul Pfeiffer*, Dresden.

Verfahren zum Lagern chromgarer Häute in ungefärbtem Zustand. Chromgegerbte Häute, die mit Lösungen von $CaCl_2$, $MgCl_2$ und antiseptischen Stoffen, z. B. β-Naphthol oder mit feuchten Sägespänen, denen antiseptische Stoffe, wie Fluornatrium, zugesetzt sind, behandelt wurden, können in feuchtem Zustand gelagert und darnach gefärbt werden.

D.R.P. 605397/Kl. 28a vom 1. 12. 1932. — C. 1935, I, 840; Coll. 1935, 80.

A. Th. Böhme, Dresden.

Verfahren zur Behandlung und Lagerung von ungefärbtem Chromleder. Die Leder werden mit hochkonzentrierten Lösungen von anorganischen Salzen hoher Wasserlöslichkeit, insbesondere $MgCl_2$ und $CaCl_2$, behandelt und aufgetrocknet. Vor dem Färben werden sie gegebenenfalls unter Zusatz von Neutralsalzen oder anorganischen oder organischen Säuren geweicht.

E.P. 416016 vom 4. 3. 1933. — C. 1935, I, 1491.
F.P. 769434 vom 28. 2. 1934.

Imperial Chemical Industries Ltd., London, und *George Stuart James White*, Blackley, Manchester.

Färben von Chromleder mit basischen Farbstoffen. Die Leder werden vor dem Färben mit komplexen Heteropolysäuren, wie Phosphorwolframmolybdänsäure, Phosphorwolframsäure und Phosphormolybdänsäure, behandelt.

F.P. 765945 vom 14. 3. 1933. — C. 1934, II, 3050; Coll. 1936, 125.

Constantin Szmukler, Yser, Frankreich.

Färben von Leder mit Oxydationsfarbstoffen. Das Leder wird in Bädern, die Polyphenole und Gerbmittel enthalten, vorbehandelt und die Färbung durch Zusatz von Nitrit zu den Bädern entwickelt. Chromgares Leder wird z. B. in einem Bad, das basisches Chromsulfat, Seignettesalz, Resorcin und Pyrogallol enthält, vorbehandelt, dann wird Natriumnitrit zugesetzt, gespült und mit Hyposulfit oder Natriumbicarbonat neutralisiert und zugerichtet. Man erhält licht- und seifenechte, grau oder schwarz durchgefärbte Leder.

D.R.P. 614336/Kl. 28a vom 5. 10. 1933. — C. 1935, II, 2483; Coll. 1935, 442.

J. H. Epstein A. G., Frankfurt a. M.-Niederrad.

Verfahren zum Anfeuchten von getrocknetem, chromgarem Leder. Das getrocknete Leder wird vor dem Färben mit in Wasser mischbaren Lösungsmitteln (z. B. Spiritus) und dann mit einem Überschuß von Wasser behandelt.

5. Färben verschieden gegerbter Lederarten.

D.R.P. 161190/Kl. 8m vom 14. 11. 1901. — C. 1905, II, 88.
D.R.P. 159691/Kl. 8m vom 18. 6. 1902. — C. 1905, II, 88.
Zus.P. 161774/Kl. 8m vom 24. 3. 1903. — C. 1905, II, 724.
Zus.P. 161775/Kl. 8m vom 24. 3. 1903. — C. 1905, II, 724.
D.R.P. 163621/Kl. 8m vom 18. 6. 1904. — C. 1905, II, 1397.

Leopold Cassella & Co., Frankfurt a. M.

Verfahren zum Färben von Leder mit Schwefelfarbstoffen. Zum Schutz der Faser gegen die Wirkung des Schwefelnatriums werden den Farbbädern Gerbextrakte und Glukose bzw. Formaldehyd, Aldehyde der Fettreihe oder die Formaldehydverbindung der hydroschwefligen Säure zugesetzt.

D.R.P. 271984/Kl. 8 m vom 31. 7. 1912. — Coll. 1914, 337.

Dr. Emile d'Huart, Luxemburg.

Verfahren zum Beizen von gargemachten Blößen für den Färbeprozeß. Weißgare Leder werden vor dem Färben mit Gemischen von Alkali- oder Erdalkaliglycerophosphaten und Malzextrakt, Alkalicarbonaten und Dextrin, eventuell unter Zusatz von Alkalichloriden oder Alkalinitraten behandelt.

D.R.P. 335907/Kl. 8 m vom 17. 5. 1918. — Coll. 1921, 257.

Badische Anilin- und Sodafabrik, Ludwigshafen a. Rhein.

Verfahren zum Färben von alaungarem Leder mit Teerfarbstoffen. Die Leder werden vor dem Färben mit synthetischen Gerbmitteln behandelt.

1. **D.R.P. 346694/Kl.** 8 m vom 1. 8. 1919. — C. 1922, II, 444.
2. **Zus.P. 377289/Kl.** 8 m vom 11. 1. 1922. — C. 1923, IV, 365.

Leopold Cassella & Co., Frankfurt a. M.

1. **Verfahren zum Färben von Glacéleder.** Die Leder werden vor dem Färben mit einer alkalisch abgestumpften Gerbstofflösung, z. B. mit einer durch Borax neutralisierten Lösung von Gambir, behandelt und dann mit basischen oder sauren Farbstoffen gefärbt.
2. Das Leder wird ohne Vorbehandlung mit Teerfarbstoffen unter Zusatz von alkalisch abgestumpften vegetabilischen, mineralischen oder synthetischen Gerbstoffen gefärbt.

D.R.P. 509925/Kl. 8 m vom 6. 1. 1928. — C. 1930, II, 3686; Coll. 1930, 547.
E.P. 303523   vom 5. 1. 1929. — C. 1929, I, 3166; Coll. 1931, 268.

Chemische Fabrik vorm. Sandoz, Basel.

Verfahren zum Färben von Sämischleder mit Schwefel- und Küpenfarbstoffen. Man behandelt das Leder mit Oxydationsmitteln, wie Wasserstoffsuperoxyd, Perborat, Halogenen, Halogenacylaminen, färbt und entwickelt die Färbungen durch Nachbehandeln mit Oxydationsbädern, wie angesäuerten Alkalibichromat-, Alkalinitritlösungen usw.

D.R.P. 536808/Kl. 8 m vom 3. 5. 1929. — C. 1932, I, 328; Coll. 1932, 91.

Johann Dieter, Wolmirstedt.

Beize für Glacéleder. Alkali- und Ammoniumcarbonat mit einem Gehalt an venetianischer Seife, die aus einem Teil Na-Seife aus gesättigten Fettsäuren und zwei Teilen ölsaurem Kalium besteht.

F.P. 754388 vom 14. 4. 1933. — C. 1934, I, 2043; Coll. 1935, 146.

I. G. Farbenindustrie A. G., Frankfurt a. M.

Färben von Häuten und Leder mit Schwefelfarbstoffen. Es werden Lösungen von Schwefelfarbstoffen in Alkalisulfidlösungen verwendet, die gleichionige Salze, z. B. Natriumsulfat und gegebenenfalls gleichzeitig Alkalibicarbonat enthalten. Man kann auch direkt Lösungen der Schwefelfarbstoffe in Alkalihydrosulfidlösungen verwenden. Nach dem Verfahren können Chrom- und Glacéleder gefärbt werden.

A.P. 2002792 vom 26. 4. 1935. — C. 1935, II, 3343.

Agoos Leather Co., Inc., Boston, Mass., V. St. A.

Herstellung von Schwedenleder. Zur Erzielung besonders schöner gleichmäßiger Farbtöne wird das aufgetrocknete und gestollte chromgare Leder durch Einpressen eines Musters genarbt, buffiert, in einer schwachen Alkalilösung geweicht, mit einer Mischung von Säure und Direktfarbstoffen im Faß gefärbt, gefettet, aufgetrocknet und zugerichtet.

6. Drucken, Mustern, Verzieren u. dgl.

D.R.P. 268449/Kl. 8 m vom 24. 10. 1912. — Coll. 1914, 51.

Dr. Albert Wolff, Hamburg-Hamm.

Verfahren zur Herstellung von mehrfarbigem, gemustertem Leder. Bedrucken mit Beizenfarbstoffen unter Benutzung von Verdickungsmitteln und anschließendes Dämpfen bei 70⁰ im luftverdünnten Raum.

Holl.P. 8332 vom 30. 12. 1919. — C. 1931, I, 2152.

Soc. An. des Anciens Etablissements A. Combe & Fils & Cie., Paris.

Herstellung von goldfarbenem Leder durch Imprägnierung mit einer methylalkoholischen Lösung von Fuchsin, Methylviolett, Tannin, Nitrobenzol und Schellack.

1. **D.R.P. 353656/Kl.** 28b vom 1. 3. 1921. — Coll. 1922, 117.
2. **D.R.P. 376070/Kl.** 75c vom 3. 5. 1921. — C. 1923, IV, 272.

Wilhelm Knoll, Stuttgart.

1. **Verfahren zum Auftragen von buntfarbigem Muster mittels Druckstockes oder Schablone auf Leder.**
2. **Herstellung ein- und mehrfarbiger Zeichnungen auf glattflächigem Leder.** Die Zeichnungen werden durch ein abdeckendes Färbemittel (Lack) aufgebracht, das in das Leder eindringt und nach der Einfärbung nicht mehr entfernt wird.

D.R.P. 411365/Kl. 8m vom 8. 4. 1923.
 E.P. 207778   vom 6. 4. 1923. — C. 1924, I, 1612.
 A.P. 1896353   vom 4. 5. 1929.

Anciens Etablissements A. Combe & Fils & Cie., Paris.

Bedrucken von Leder. Mit Formaldehyd oder Alaun und dann mit Sumach gegerbtes Leder wird nach dem Trocknen bei 35⁰ mit einer Mischung von Farbstoff, Beize, Tragant und Glycerin bedruckt und bei 75⁰ gedämpft. Die Drucke sind waschecht.

1. **F.P. 582383** vom 1. 9. 1923. — C. 1925, I, 2137.
2. **F.P. 582384** vom 1. 9. 1923. — C. 1925, I, 2139.

Gaston Ferreira de Almeida, Seine, Frankreich.

Verfahren zum Aufbringen von Metallschichten auf Leder.
1. Es wird ein mit Metallpulvern vermischter Nitrocelluloselack aufgespritzt.
2. Man überzieht das Leder mit Fischleimlösung, bringt hierauf eine Schicht von unechten Metallfolien und wiederholt dasselbe mit Folien aus echtem Metall.

A.P. 1650079 vom 13. 5. 1924. — C. 1928, I, 769.

Joseph Sec, New York.

Verzieren von Leder und anderen Oberflächen durch Aufspritzen von Farbe durch Schablonen.

D.R.P. 420468/Kl. 28b vom 27. 6. 1924. — Coll. 1926, 277.
 F.P. 597572   vom 4. 5. 1925. — C. 1926, I, 3376.

Willy Moog, Landau (Pfalz).

Verfahren und Vorrichtung zur Herstellung von farbigen Mustern auf Leder mittels Schablonen oder dgl.

D.R.P. 433154/Kl. 8n vom 28. 4. 1925. — C. 1926, II, 2227; Coll. 1926, 520.

I. G. Farbenindustrie A. G., Frankfurt a. M.

Verfahren zur Herstellung von Bunt- und Schwarzätzdrucken auf Leder und Kunstleder. Ätzpasten, die z. B. Zinkformaldehydsulfoxylat-Verbindungen, Hydrosulfitpräparate sowie ätzbeständige Farbstoffe, Pigmentfarbstoffe, Farblacke bzw. Oxydationsfarben enthalten, werden auf gefärbtes Leder aufgedruckt und der ätzbeständige Farbstoff durch kurzes Dämpfen fixiert.

F.P. 601432 vom 31. 7. 1925. — C. 1926, II, 1488.

Societé Anonyme Des Anciens Etablissements A. Combe & Fils & Cie., Seine, Frankreich.

Bedrucken, Reservieren und Ätzen von Chromleder. Chromleder wird nach dem Gerben nicht getrocknet, sondern das durch Tränken mit einer Glycerinlösung feuchtgehaltene Leder wird mit Farbstoffen, Beizen oder Reserven bedruckt.

A.P. 1703675 vom 26. 1. 1927. — C. 1930, I, 319; Coll. 1931, 321.

Kaumagraph Co., New York.

Verzieren von Leder. Auf biegsame Pappe geklebtes, dünnes entfettetes Leder wird nach lithographischen oder anderen Verfahren bedruckt mit Farben auf Ölgrundlage, z. B. Lein- oder Holzöl mit Kobalt als Sikkativ und Pigment.

A.P. 1844479 vom 13. 5. 1927. — Coll. 1933, 113.

Laboratoires Sevigne-Pearl, Inc., V. St. A.

Verfahren zur Herstellung von Kristallmustern auf Leder u. dgl. Lösungen von Nitrocellulose und Salicylsäure bzw. Benzoesäure werden aufgetragen und nach dem Trocknen und Auskristallisieren der organischen Säuren die Leder durch Wasser gezogen, um die Kristalle wieder abzulösen. Auf die den Kristallen entsprechend gemusterte Oberfläche wird noch ein Harzdecklack aufgebracht.

D.R.P. 562509/Kl. 8m vom 20. 6. 1928.
E.P. 301365   vom 24. 6. 1927. — C. 1929, I, 2828.

Pollopas Limited, Nottingham.

Färben und Bedrucken von Leder. Die Leder werden in bekannter Weise mit löslichen Harnstoff-Formaldehydkondensationsprodukten behandelt, gehärtet, gefärbt oder bedruckt.

A.P. 1837686 vom 21. 7. 1928. — C. 1932, II, 3163; Coll. 1934, 26.

Synthetic Plastics Co., Inc., New York.

Färbeverfahren. Leder wird mit Lösungen von Halbkondensaten aus Harnstoff oder Thioharnstoff und Formaldehyd in Wasser imprägniert und gefärbt oder bedruckt. Je nach der Affinität der Halbkondensate für den verwendeten Farbstoff werden die imprägnierten Stellen stärker oder schwächer gefärbt bzw. reserviert.

Ö.P. 114418 vom 13. 9. 1928. — C. 1930, I, 319; Coll. 1931, 317.

Adolf Eßler, Lang-Enzersdorf b. Wien.

Bemustern von Leder durch Färben unter Verwendung von Abdeckungsmitteln. Das Leder wird nach dem Entfetten und Trocknen in dem Ausmaße des gewünschten Musters mit Asphaltlack belegt und die lackfreien Stellen angefärbt.

D.R.P. 519506/Kl. 75c vom 31. 3. 1929. — C. 1931, I, 3426; Coll. 1931, 166.

Otto Marotz, Mülheim-Ruhr.

Verfahren zum Auftragen farbiger Muster auf Leder u. dgl. Die nicht zu färbenden Teile des Musters werden mit einer Lösung von Wachs oder Harz auf Papier gedruckt und von dort durch heißes Aufbügeln oder Aufwalzen auf das Leder übertragen. Nach dem Färben wird das Abdeckmittel mit geeigneten Lösungsmitteln abgewaschen.

A.P. 1843737 vom 6. 7. 1929. — C. 1932, II, 3657; Coll. 1934, 26/27.
A.P. 1843738 vom 6. 7. 1929. — C. 1932, II, 3657; Coll. 1934, 26/27.
A.P. 1843739 vom 29. 4. 1930. — C. 1932, II, 3657; Coll. 1934, 26/27.
A.P. 1843740 vom 29. 4. 1930. — C. 1932, II, 3657; Coll. 1934, 26/27.
A.P. 1843741 vom 9. 5. 1930. — C. 1932, II, 3657; Coll. 1934, 26/27.

Barrett & Co., Newark.

Verzierungsverfahren für Leder. Das Muster wird mittels einer geeigneten Druckfarbe auf eine Hilfsunterlage von Papier oder Gewebe aufgedruckt und in Gegenwart eines Lösungsmittels für die Farbe durch Aufdrucken des Übertragungspapiers auf das Leder übertragen.

Aust.P. 25784/1930 vom 22. 3. 1930. — C. 1932, I, 1043; Coll. 1933, 116.

Leslie John Hillier, Australien.

Verfahren zur Verzierung von Oberflächen von Leder. Muster werden auf Vervielfältigungspapier aufgezeichnet, mittels Druckmaschinen auf Leder übertragen und mit Farben ausgemalt.

D.R.P. 554208/Kl. 8m vom 20. 7. 1930. — C. 1932, II, 3044; Coll. 1932, 731.

Hans Engels, Offenbach a. M.

A.P.   2004043 vom 16. 7. 1931.
F.P.   720143 vom 18. 7. 1931. — C. 1932, I, 3531; Coll. 1933, 169.
Schwz.P. 157008 vom 20. 7. 1931.

Oswald Rügner, Offenbach a. M.

Verfahren zur Herstellung heller Muster auf von Natur dunkelfarbigen Häuten und Ledern. Mittels an sich bekannter Oxydations- oder Reduktionsmittel wird das natürliche, dunkle Pigment stellenweise ausgebleicht.

A.P. 1853364 vom 4. 8. 1930. — C. 1932, II, 2004; Coll. 1933, 115.

Essex Tanning Corporation, Inc., V. St. A.

Verfahren zum Imitieren von Reptilleder. Die Narbenseite gegerbter, geglätteter, auf Manilapapier gelegter Kalbhäute wird mittels Steindruck bemustert, ein Lack aus Harz mit Kollodiumzusatz aufgespritzt und mit beheizten Prägeplatten das Reptilmuster eingepreßt.

A.P. 1955562 vom 2. 5. 1931. — C. 1935, I, 3723.

Decorative Development, Inc., Brooklyn, N. Y., V. St. A.

Aufbringen von Abziehbildern auf Leder oder andere poröse Flächen. Nach Bestreichen des Leders mit einem Lösungsmittelgemisch (40 Teile Butylacetat, 10 Teile Butylalkohol, 5 Teile Butylphthalat) und oberflächlichem Trocknen wird das Abziehbild mit Druck und Hitze übertragen und mit einem elastischen Lack überzogen.

A.P. 1968083 vom 12. 10. 1931. — C. 1935, I, 163.

Kaumagraph Co., New York.

Abziehverfahren zum Mustern von Leder. Das Abziehpapier wird durch Offsetdruck mit einer Spezialfarbe bedruckt, auf das Leder gelegt, das zuvor mit einem Lack überzogen ist, und mittels eines Bügeleisens bei etwa 88°, wobei die Druckfarbe nur erweicht, aufgebügelt.

A.P. 1966942 vom 20. 1. 1932. — C. 1934, II, 4025.

Arthur D. Little, Inc., Cambridge, Mass., V. St. A.

Abziehverfahren zum Verzieren von Leder. Eine durchsichtige Folie aus Cellophan, Gelatine-Glycerin oder dgl., auf die gegebenenfalls eine dünne Nitrolackschicht aufgetragen ist, wird mit Celluloidfarbe bedruckt. Die Folie wird unter Anwendung von Druck und Hitze auf das mit Nitrolack überzogene Leder aufgepreßt und nachher abgezogen.

A.P. 1985675 vom 27. 1. 1932. — C. 1935, I, 3237.

Peter A. Blatz, Westover Hills, Del., V. St. A.

Herstellung von Zierleder. Im gewünschten Farbton vorgrundierte Leder werden mit einem Nitrocelluloselack versehen, heiß gebügelt und mit einem Muster bedruckt, wobei als Druckfarbe eine Caseinfarbe verwendet wird.

A.P. 1985236 vom 27. 1. 1932. — C. 1935, I, 3236.

Peter A. Blatz, Westover Hills, Del., V. St. A.

Herstellung farbiger Reptilien- oder Eidechsenleder. Loh- oder chromgare Leder werden mit einem hellen Farbton einer Caseinfarbe grundiert, getrocknet und darnach 3 bis 4 verschiedenfarbige Farbtöne von Caseinfarben mit der Bürste oder Spritzpistole aufgetragen.

Belg.P. 388275 vom 3. 5. 1932. — C. 1935, II, 3343.

S. Bronfenbrener, Brüssel.

Lederherstellung. Zur Erzielung von jaspisfarbigen Tönen auf Leder wird dasselbe mit einer Stärkelösung bestrichen, dann in eine Lösung einer Mischung aus Natriumbichromat und Pikrinsäure eingebracht und gewaschen.

D.R.P. 609404/Kl. 15k vom 27. 8. 1932. — C. 1935, I, 3723.
E.P. 393132 vom 26. 8. 1932. — C. 1933, II, 1099.

Alfred B. Poschel, Brooklyn, V. St. A.

Übertragungspapier zum Bemustern von Leder, Geweben usw. Das auf dem Übertragungspapier aufgedruckte Muster wird mittels eines Farblösungsmittels unter Anwendung von Druck und Wärme auf das Leder übertragen. Das Übertragungspapier wird zuvor mit einer gegen die Farblösungsmittel unempfindlichen und farbundurchlässigen Schicht versehen, die durch Auftragen einer gegebenenfalls mit Vulkanisationsmitteln versetzten Emulsion von Kautschuk, Casein, Fett, Wachs und Zinkstearat erhalten wird.

F.P. 743233 vom 29. 8. 1932. — C. 1933, II, 1099.

Decorative Development, Inc., V. St. A.

Abziehpapier zum Übertragen von Abziehbildern auf Leder. Das Papier erhält als Träger für die Farben eine Kautschukschicht, die z. B. aus 40 Tl. Latex, 10 Tl. Casein, 5 Tl. Zinkstearat, 50—100 Tl. Wasser, 5 Tl. Paraffinemulsion, 2 Tl. Formaldehyd und 3 Tl. Triäthanolamin besteht.

F.P. 749199 vom 18. 1. 1933. — C. 1934, I, 138; Coll. 1935, 145.

Maurice Goszimy, Frankreich.

Bronzieren von Leder. Die Leder werden auf der Narbenfläche mit Benzin oder Aceton entfettet und mit Celluloseesterlacken mustermäßig bespritzt. Das eventuell gefärbte Metallpulver wird dem Lack vor dem Auftragen zugemischt.

A.P. 1939821 vom 20. 1. 1933. — C. 1934, I, 1564; Coll. 1935, 137.

Kaumagraph Company, New York.

Bügelfolie für Leder, Gewebe, Papier und Holz. Ein Papierträger wird mit einer Masse überzogen, die z. B. aus 50 g Celluloseacetat, 50 g Triphenylphosphat, 50 g Butyltartrat, 5 g Mineralöl und 20 g Farbstoff besteht. Durch Auflegen auf die zu verzierende Unterlage und Bügeln wird das Muster übertragen.

7. Färbereihilfsmittel.

D.R.P. 396382/Kl. 8m vom 31. 1. 1922. — C. 1924, II, 1635.
Zus.P. zum **D.R.P. 330133.**

Carl Bennert, Grünau, Mark.

Verwendung von Spaltungsprodukten der Eiweißkörper. Zum Färben von Leder werden Eiweißspaltungsprodukte vom Typ der Protalbin- und Lysalbinsäure u. dgl .den Bädern zugesetzt.

A.P. 1760076 vom 4. 2. 1927. — C. 1930, II, 2601.

Quaker Oats Co., Chicago.

Farbstofflösungen zum Färben von Leder. Zur Herstellung der Farbstofflösungen verwendet man Furanderivate, wie Furfurol, Furansäureester, Furfurylalkohol oder Tetrahydrofurfurylalkohol.

Ö.P. 125182 vom 19. 8. 1929. — C. 1932, I, 291; Coll. 1933, 173.

H. Th. Böhme A. G., Chemnitz.

Herstellung von Behandlungsflotten für die Lederindustrie. Den neutralen, sauren oder alkalischen Behandlungsflüssigkeiten werden, insbesondere beim Färben, Schwefelsäureester der Säureamide der höhermolekularen Säuren der Fett- und Ölsäurereihe zugesetzt.

A.P. 1827163 vom 18. 1. 1930. — C. 1932, I, 1043; Coll. 1933, 111.

Ritter Chemical Comp., New York.

Zurichtung von Leder. Formaldehyd- oder chromgares Leder, insbesondere Schweden- und Mocchaleder wird, um es glänzend zu machen, mit Aktivin (Natriumsalz des p-Toluolsulfonsäurechloramids) behandelt und kann anschließend in bekannter Weise gefärbt werden.

E.P. 358535 vom 20. 5. 1930. — C. 1932, II, 126.

H. Th. Böhme A. G., Chemnitz.

Verfahren zum Netzen und Dispergieren. Zur Herstellung von Farbbädern, Farbstoffpasten, Farbstoffpulvern für die Lederindustrie werden die Sulfonierungsprodukte von höhermolekularen Alkoholen mit mehr als 10 C-Atomen verwendet. Vgl. F.P. 736771 vom 6. 5. 1932. — C. 1933, I, 3793, Deutsche Hydrierwerke A. G., Berlin-Charlottenburg.

E.P. 369978 vom 31. 12. 1930. — C. 1932, II, 1974.

Deutsche Hydrierwerke A. G., Berlin-Charlottenburg.

Netz- und Durchdringungsmittel, bestehend aus Alkalixanthogenaten aliphatischer oder cycloaliphatischer höhermolekularer Alkohole (Laurin- oder Naphthenylalkohol), die den Färbebädern der Leder in Mengen von 1% zugesetzt werden.

E.P. 390218 vom 26. 9. 1931. — C. 1933, II, 3198; Coll. 1935, 139.

I. G. Farbenindustrie A. G., Frankfurt a. M.

Verfahren zum Behandeln von Leder- und Textilstoffen. Den Farbbädern werden 0,1 bis 5% Alkyl- oder Cycloalkylamine mit mindestens 8 C-Atomen und einer Doppelbindung oder deren wasserlösliche Salze (Monooleylaminlactat) zugesetzt.

E.P. 425689 vom 20. 9. 1933. — C. 1935, II, 762.

Moritz Freiberger, Berlin.

Färben, Drucken von Leder und Textilstoffen. Den Behandlungsbädern und Druckpasten werden Proteinabbauprodukte zugesetzt, die jedoch weiter als bis zur Protalbin- und Lysalbinsäure, nicht aber bis zu den Aminosäuren abgebaut sind.

F.P. 764974 vom 4. 12. 1933. — C. 1934, II, 3049; Coll. 1936, 125.

I. G. Farbenindustrie A. G., Frankfurt a. M.

Färben von Leder, Textilstoffen, Federn usw. Verwendung von Färbebädern mit einem Gehalt an wasserlöslichen Salzen der Meta- oder Pyrophosphorsäure. Man erhält gleichmäßige Färbungen und keine schädlichen Ausscheidungen bei Anwendung von hartem Wasser.

8. Färbemethoden.

D.R.P. 446540/Kl. 8m vom 8. 9. 1925. — Coll. 1927, 408.

Max Hatlapa, Uetersen b. Hamburg.

Verfahren zur Vorbehandlung von Leder, insbesondere für das Färben. Die Narbenoberfläche wird mittels eines Strahlgebläses mit trockenen, kleinkörnigen, harten Körpern behandelt.

F.P. 712035 vom 24. 2. 1931. — C. 1932, II, 322.

Soc. des Produits Peroxydés, Frankreich, Seine.

Verfahren zur oberflächlichen Behandlung von Fasern. Es werden z. B. Leder oder Pelzwerk, die gegen Flüssigkeiten empfindlich sind, mit festen Absorptionsmitteln (Sägespäne, Silicagel, Kieselgur usw.), die z. B. mit Farbstofflösungen gerade so weit getränkt sind, daß sie sich trocken anfühlen, längere Zeit im Schüttelapparat oder in rotierenden Trommeln behandelt.

D.R.P. 343407/Kl. 28b vom 4. 11. 1919.

James Ulysses Flanagan, Wilmington, V. St. A.

Maschine zum Färben und Tränken von Leder.

D.R.P. 377050/Kl. 28b vom 2. 5. 1922.

Firma J. Roeckl, München.

Maschine zum Färben von Leder. Das auf einem umlaufenden Tisch gestrichene Leder wird durch radial nebeneinanderstehende Dusen, die eine hin- und hergehende Bewegung ausführen, mit Farbe bespritzt.

E.P. 309609 vom 13. 4. 1929. — C. 1929, II, 1225.

L. Volonte, Saronno, Italien.

Färbeapparat. Die Häute werden in einem aus zwei Kammern bestehenden Gefäß gefärbt; die Kammern sind durch ein außerhalb des Gefäßes angebrachtes Rohr, das mit einer Schraube versehen ist, verbunden, so daß die Flotte nach beiden Richtungen bewegt werden kann.

D.R.P. 553894/Kl. 28b vom 24. 12. 1929.

Ernesto Wydler, Turin.

Vorrichtung zum Färben von Leder, insbesondere mit Pigmentfarben. Das Leder wird mittels eines in senkrechter Ebene laufenden Bandes an Bespritzungsstellen und Trockeneinrichtungen vorbeigeführt, wobei eine Einrichtung zum Absaugen von Luft und Dampf vorgesehen ist.

D. Trocknen.

1. Trockenvorrichtungen.

D.R.P. 371869/Kl. 82a vom 8. 11. 1919. — C. 1923, IV, 392.

Benno Schilde, Maschinenfabrik, Hersfeld.

Kanaltrockner, in dessen Abschnitten die Trockengase sich im Kreislauf in Längsrichtung des Kanals bewegen und in dessen einzelnen Abschnitten Frischluftzulässe und Abluftauslässe angebracht sind.

D.R.P. 374690/Kl. 82a vom 22. 5. 1921. — C. 1923, IV, 271.

Moritz Hirsch, Frankfurt a. M.

Trocknung von Leder u. dgl. Trockenmittel (Gase und Dämpfe) werden durch in verschiedenen Höhenlagen angebrachte Eintrittsschlitze regelbar in den Trockenraum eingeführt, indem bei Beginn des Vorgangs zunächst die oberen Schlitze, dann die mittleren und schließlich die unteren geöffnet werden.

D.R.P. 387683/Kl. 82a vom 21. 7. 1922. — C. 1924, I, 1076.

Richard Schilde, Hersfeld.

Kanalstufentrockner.

D.R.P. 564069/Kl. 28b vom 25. 8. 1929. — Coll. 1933, 33.

John James Burton, Brisbane, Australien.

Trockenvorrichtung, insbesondere für Felle, Häute u. dgl. Die Zuleitungsdüsen für die Trockenluft werden derartig bewegt, daß die Trockenluft das Trockengut periodisch überstreicht.

D.R.P. 584864/Kl. 82a vom 12. 9. 1931. — C. 1933, I, 884; Coll. 1935, 130.

Maschinenfabrik Carl Winkelmüller & Co., Leipzig.

Verfahren und Vorrichtung zur Trocknung von lohgegerbten Ledern. Kanaltrocknung, bei der die Leder zunächst einen nicht erwärmten und nicht luftbewegten Abwelkraum, dann einen Vortrockner bei allmählich ansteigenden Temperaturen und Querluftzirkulation und schließlich einen Nachtrockenraum passieren, in dem hohe, nach dem Ausgang zu abnehmende Temperaturen und Querluftzirkulation hohen spezifischen Druckes herrschen.

D.R.P. 580727/Kl. 28b vom 7. 7. 1932.

Maschinenfabrik Turner A. G., Frankfurt a. M.

Vorrichtung zum Trocknen von Fellen, Häuten oder dgl. in halbkreisförmigen, nach der Vorderseite offenen Kammern mit Luftaustrittsöffnungen, vor denen die auf kreisrunden Spannrahmen befestigten Werkstücke bewegt werden.

2. Trocken-Verfahren.

1. **D.R.P. 532036**/Kl. 28a vom 10. 7. 1927. — Coll. 1931, 666.
2. **E.P. 295804** vom 7. 7. 1927. — C. 1928, II, 2769.
   F.P. 637384 vom 9. 7. 1927. — C. 1928, II, 2769; Coll. 1930, 130.
3. **F.P. 637337** vom 8. 7. 1927. — C. 1928, II, 2213; Coll. 1930, 130.

Vincent Gregory Walsh, London.

Trocknen von Leder.

1. Erleichterung des Trocknens von pflanzlich gegerbtem Leder durch Behandlung mit einer Suspension von Aluminiumhydroxyd in einer alaunhaltigen Lösung von pflanzlichen Gerbstoffen.

2. Zur Vermeidung des Rissig- und Mißfarbigwerdens beim Trocknen wird das Leder nach dem Gerben mit einer Lösung von schwach sauren Elektrolyten behandelt. Man verwendet z. B. eine Lösung von 2% Gerbstoff, 10% Alaun, Aluminiumphosphat oder Kaliumtartrat, 5% NaOH, 4,5% Borax und 10% Gummigut oder Glukose.

3. Die Leder werden mit der Fleischseite nach unten auf eine Emaille- oder Holzplatte gelegt und mit einer zirka 6,5 mm oder noch stärkeren Schicht eines Trockenmittels (wasserfreies Natriumsulfat), dem zweckmäßig Sand zugemischt wird, bestreut. Nach Entfernung des Trockenmittels sind die Häute nach zirka 24 Stunden trocken.

A.P. 2004930 vom 28. 6. 1932. — C. 1935, II, 2618.

Tanning Process Co., Boston, Mass.

Vorbereitung von Leder für die Trocknung. Die Leder werden mit der Narbenseite auf einer kautschukähnlichen Unterlage ausgebreitet und mit dem Schlicker glattgestrichen. Die von beiden Seiten mit einer Haut belegte Unterlage wird zwischen Walzen unter Druck abgewelkt, die Häute von der Unterlage abgenommen und bei niederen Temperaturen zum Trocknen aufgehängt.

A.P. 1952088 vom 27. 4. 1933. — C. 1934, II, 1077; Coll. 1936, 117.

Tanning Process Co., Boston, Mass.

Verfahren zum Trocknen von Leder. Die Leder werden mit der Narbenseite auf elastische Kautschukplatten ausgebreitet, ausgesetzt und von überschüssigem Wasser befreit, während die Fleischseite mit einer stärke- oder dextrinhaltigen Klebstofflösung schwach angefeuchtet wird.

A.P. 1992138 vom 8. 12. 1934. — C. 1935, II, 1484.

George M. Argabrite, Chicago, V. St. A.

Ledertrocknung. Die feuchten Leder werden auf Aluminiumplatten, die durch ½stündige Behandlung mit 25%iger H_2SO_4 und Einhängen in heißes Wasser anoxydiert werden, ausgestoßen und auf einer Schiene durch einen Trockenraum bewegt.

3. Trocknen von Lackleder.

D.R.P. 253309/Kl. 28a vom 13. 2. 1912.
Ö.P. 71472   vom 1: 5. 1912. — Gerber 1918, 99.

Dr. Arthur Junghans, Schramberg.

Verfahren zur Lichtbehandlung von Lackleder. Das bei der Trocknung im ultravioletten Licht sich bildende, die Härtung der Lackschicht ungünstig beeinflussende Ozon wird durch ausgiebige Luftbewegung beseitigt (vgl. auch S. 276).

D.R.P. 267667/Kl. 28b vom 26. 7. 1912.

Georg Jäger, Worms.

Lackledertrockenofen.

1. D.R.P. 284604/Kl. 28a vom 13. 9. 1912. — Coll. 1915, 302.
2. D.R.P. 284605/Kl. 28a vom 23. 3. 1913. — Coll. 1915, 336.
   Zus.P. 302331/Kl. 28a vom 28. 4. 1916. — C. 1918, I, 321.
3. D.R.P. 327794/Kl. 28a vom 19. 9. 1915. — C. 1921, II, 150. — Coll. 1920, 487.
4. D.R.P. 303096/Kl. 28a vom 23. 5. 1916. — C. 1918, I, 501.
5. Zus.P. 328241/Kl. 28a vom 24. 10. 1919. — C. 1921, II, 150; Coll. 1920, 488.
6. D.R.P. 318062/Kl. 28a vom 15. 11. 1916. — C. 1920, II, 574; Coll. 1920, 96.

Firma Cornelius Heyl in Worms.

Verfahren zur Trocknung von Lackleder
1. in ultraviolettem Licht und in wasserdampffreier Atmosphäre;
2. unter Einwirkung von ultraviolettem Licht und Ammoniakdämpfen; an Stelle von Ammoniak können dessen Derivate, reiner Stickstoff oder indifferente Gase verwendet werden;
3. unter Zuführung vorgetrockneter, erwärmter Luft zum Trockenofen (vgl. S. 277);
4. im ultraviolettem Licht unter Ausschluß von Luft, gegebenenfalls bei Gegenwart eines indifferenten Gases (keine Ozonbildung);
5. nach D.R.P. 303096 in der Weise, daß höchstens 2 Vol.-% Sauerstoff oder 10 Vol.-% Luft vorhanden sind.
6. Zur Vermeidung der Ozonbildung werden ultraviolette Strahlen von geringerer Wellenlänge als 200 $\mu\mu$ verwendet.

D.R.P. 267524/Kl. 28a vom 19. 9. 1912. — Coll. 1914, 41.

Doerr & Reinhart G. m. b. H., Worms.

Verfahren zum Trocknen bzw. Nachtrocknen von Lackleder in Gegenwart von Ammoniakdämpfen.

D.R.P. 321373/Kl. 28a vom 16. 8. 1917. — C. 1920, IV, 311; Coll. 1920, 227.

Adler & Oppenheimer, Lederfabrik A. G., Straßburg i. E.

Verfahren zum Fertigtrocknen von Lackleder (vgl. S. 277).

D.R.P. 331871/Kl. 28a vom 14. 4. 1918. — C. 1921, II, 680; Coll. 1921, 48.
D.R.P. 334005/Kl. 28a vom 14. 12. 1917. — C. 1921, II, 767; Coll. 1921, 201.
D.R.P. 335123/Kl. 28a vom 9. 8. 1919. — C. 1921, II, 946; Coll. 1921, 206.
E.P. 149334   vom 19. 7. 1920. — C. 1921, II, 150.
Dr. Johann Joseph Stöckly, Berlin.
Verfahren zum Härten von Lackleder (vgl. S. 278).

A.P. 1702043 vom 15. 9. 1923. — C. 1929, II, 247; Coll. 1931, 321.
Turner Tanning Machinery Co., Massachusetts.
Verfahren und Vorrichtung zum Auftragen und Behandeln von Lacken. Die auf
einem Band ohne Ende aufgespannten Häute durchlaufen, nachdem der Grundier-
lack aufgetragen ist, einen Trockenraum, erhalten dann einen Decklack und werden,
nachdem sie einen weiteren Trockenraum passiert haben, der Einwirkung des ultravioletten Lichts ausgesetzt.

D.R.P. 417524/Kl. 28b vom 26. 8. 1924.
Wilhelm Rühl, Nauen.
Lackledertrockenofen.

D.R.P. 459158/Kl. 28a vom 3. 10. 1924. — C. 1928, I, 3024.
Wilhelm Rühl, Nauen.
Verfahren und Vorrichtung zum Nachtrocknen von Lackleder mittels eines auf
— 6 bis — 8° abgekühlten Luftstroms in einem geschlossenen Trockenraum.

F.P. 708783 vom 2. 1. 1931. — C. 1932, I, 170; Coll. 1932, 297; Coll. 1933, 165.
Turner Tanning Machinery Corporation, Frankreich.
Verfahren und Vorrichtung zum Trocknen von Lackleder. Die lackierten Leder
werden auf Transportbändern mit Quarzlampen, die zirka 125 bis 355 mm oberhalb
der Leder angebracht sind, 5 bis 25 Minuten unter Luftbewegung bestrahlt.

E.P. 371587 vom 13. 4. 1931. — C. 1932, II, 1574; Coll. 1933, 121.
Ontario Research Foundation, Toronto, Canada.
Verfahren zur Herstellung von Lackleder. Das mit Kohlenwasserstoffen entfettete
Leder wird für die Lackierung zunächst in einer Atmosphäre von 50% relativer Luftfeuchtigkeit getrocknet, grundiert und bei 50° C getrocknet. Nach dem ersten Lack-
aufstrich wird 14 Stunden bei 70° getrocknet und darnach der zweite Lackauftrag
gegeben. Die Trocknung wird im Ofen bei 50% relativer Luftfeuchtigkeit vorgenommen, wodurch das Leder weniger schrumpft.

D.R.P. 520932/Kl. 82a. — Coll. 1931, 166.
Benno Schilde, Maschinenbau A. G., Hersfeld.
Trockenkanal zum Trocknen von Lacküberzügen u. dgl.

4. Trocknungsverfahren für Felle.

D.R.P. 509902/Kl. 82a vom 15. 8. 1928. — C. 1930, II, 3887.
D.R.P. 549986/Kl. 28b vom 24. 10. 1929.
Zus.P. 580726/Kl. 28b vom 3. 8. 1932.
Paul Hertzsch, Markranstädt b. Leipzig.
**Trocknen und Läutern von Fellen in abschließbaren Drehtrommeln unter Wärme-
zufuhr und Vakuumbehandlung.**

F.P. 683576 vom 21. 10. 1929. — C. 1933, II, 3524; Coll. 1935, 141.
Zus.P. 42517 vom 29. 11. 1932. — C. 1933, II, 3524.
E.P. 340940 vom 1. 10. 1929.
Zus.P. 399327 vom 27. 10. 1932.
Paul Hertzsch, Deutschland.
Trocknungsverfahren für Felle in einem hermetisch abgeschlossenen, rotierenden
Faß unter Zu- und Ableitung eines kontinuierlichen, warmen Luftstroms, gegebenen-
falls bei Überdruck, um die Trocknung zu beschleunigen. Der Absaugestutzen ist
mit Filter versehen, um Sägemehl oder dgl. beim Läutern zurückzuhalten.

E. Nachgerbung.

1. Lederbeschwerung.

A.P. 1622127 vom 16. 8. 1919. — C. 1927, II, 2256.

Frederick C. Atkinson, Indianopolis, Indiana, V. St. A.

Herstellung eines Gerb- und Lederfüllmittels. Gemahlene Maiskolben werden mit Wasser und etwas Essigsäure 2 bis 3 Stunden unter Druck auf 140 bis 200⁰ C erhitzt. Die wässerige Flüssigkeit wird durch Abpressen vom Rückstand getrennt und zu einem dicken, zähen Sirup eingedampft. Das in Alkohol nahezu völlig lösliche, Pentosen enthaltende Produkt findet als Lederfüllmittel Verwendung.

A.P. 1800776 vom 22. 7. 1930. — C. 1931, II, 181; Coll. 1932, 303.

Joseph T. Burke, Camden, New Jersey, V. St. A.

Zurichtung von Leder. Gegerbte und gefärbte Häute und Felle werden zunächst durch Auswaschen mit Wasser vom überschüssigen Farbstoff befreit, dann mit einer Lösung von 168 g Magnesiumsulfat, 14 g Salzsäure, 42 g sulfoniertem Klauenöl und 7 Liter Wasser behandelt und wie üblich zugerichtet.

F.P. 709985 vom 27. 1. 1931. — C. 1931, II, 2959; Coll. 1932, 297.

Otto Hecht, Deutschland.

Verfahren zum Beschweren und Bleichen von Leder. Die Leder werden mit einer Mischung aus Magnesiumsulfat oder Natriumsulfat, Kohlenhydraten (Dextrin, Glukose), der 6% Oxalsäure zugefügt werden, bei 30⁰ C gewalkt und anschließend mit Eiweißabbauprodukten behandelt, um die Säure zu neutralisieren und das Auskristallisieren der Beschwerungsmittel zu verhindern.

It.P. 314406 vom 11. 5. 1933. — C. 1935, II, 3047.

Carlo Calotti, Busto Arsizio, Italien.

Lederimprägnierungsmittel. Mischung aus 80 Teilen Dextrin, 9 Teilen Bariumsulfat, 6 Teilen Magnesiumsulfat und 6 Teilen sulfoniertem Öl.

2. Fixierung.

a) Mit Eiweißstoffen und ihren Abbauprodukten.

D.R.P. 195410/Kl. 28a vom 26. 8. 1906.

Jakob Lund, Sadefjord, Norwegen.

Verfahren zur Fixierung des Gerbfettes in den Lederfasern. Dem Gerbfett werden Leim oder andere Eiweißstoffe beigemischt, die mit ihm Emulsionen bilden und sich mit den im Leder zurückbleibenden freien Gerbstoffen verbinden (vgl. S. 313).

D.R.P. 265913/Kl. 28a vom 26. 4. 1912. — C. 1913, II, 1636; Coll. 1913, 606.

Oskar Trebitsch, Wien.

Verfahren zum Appretieren und Färben von Leder aller Art. Das vegetabilisch oder kombiniert gegerbte Leder wird mit Lösungen von nichtkoagulierbaren Eiweißstoffen tierischer oder pflanzlicher Herkunft oder deren Gemengen oder Abbauprodukten behandelt (vgl. S. 313).

A.P. 1378213 vom 31. 7. 1918. — C. 1922, IV, 89.

Paul Brant, Bristol, Indiana, *Herman T. Wilson*, Petoskey, Michigan, und *Victor N. Brant*, Bristol, Indiana, V. St. A.

Verfahren zur Herstellung von Leder. Pflanzlich vorgegerbte tierische Häute werden mit Leimlösung und einem Gerbmittel in Gegenwart einer Base (NaOH) unter Zusatz von Öl nachgegerbt und schließlich mit einer Säure (Schwefel- oder Milchsäure) behandelt.

D.R.P. 350595/Kl. 28a vom 25. 3. 1920. — C. 1922, II, 1237.
E.P. 167785   vom 14. 2. 1920. — C. 1921, IV, 1356.
Schwz.P. 87970   vom 2. 3. 1920. — C. 1921, IV, 307.

Otto Manvers, London.

Verfahren zum Behandeln von Häuten. An sich bekannte Beschwerungsmittel (z. B. Leimlösung) werden unter abwechselnder Anwendung von hohem Vakuum und Druck in das Leder eingebracht (vgl. S. 313).

A.P. 1586964 vom 11. 8. 1924. — C. 1926, II, 1227.

Charles H. Campbell, Lynn, Mass., V. St. A.

Gerbverfahren. Die Hautblößen werden vor der üblichen Gerbung mit Lösungen von Eiweißabbauprodukten getränkt, die erhalten werden durch Behandeln von Gelatine, Keratin, Elastin mit Wasserdampf unter Druck.

D.R.P. 486977/Kl. 28a vom 1. 4. 1926. — C. 1930, I, 2833; Coll. 1930, 38.

Röhm & Haas A. G., Darmstadt.

Verfahren zum Beschweren und Festmachen von Leder. Es werden Eiweißstoffe verwendet, die bei 15° C oder höherer Temperatur mit Enzymen soweit abgebaut werden, daß der formoltitrierbare Stickstoff 10% des Gesamtstickstoffs nicht überschreitet.

R.P. 11260 vom 1. 10. 1927. — C. 1931, I, 2964; Coll. 1932, 460.

M. G. Korolew, USSR.

Verfahren zur Behandlung von Leder, insbesondere Sohlenleder. Die in üblicher Weise gegerbten Häute werden mit einer neutralen Lösung keratinhaltiger Stoffe behandelt, die durch Einwirkung von Ätznatron oder -baryt auf Haare, Hörner, Hufe u. dgl. entsteht.

E.P. 320053 vom 26. 6. 1928. — C. 1930, I, 788; Coll. 1931, 273.

C. A. Venino und A. Azzoni, Lecco, Italien.

Herstellung von Leder. Vegetabilisch gegerbtes Leder wird mit Lösungen von Eiweißabbauprodukten getränkt, die durch Behandeln von Hautabfällen mit Schwefelwasserstoff, Kaliumrhodanid und Calciumhydroxyd erhalten werden.

E.P. 307748 vom 6. 3. 1929. — C. 1930, I, 788; Coll. 1931, 271.

Chemische Fabrik Norgine, Dr. Victor Stein & J. Wagner, Prag.

Herstellung von Leder. Die Leder werden nach oder während der Gerbung mit gepufferten (pH = 8,8) alkalischen Lösungen von Eiweißstoffen (Hydrolysenprodukten von Gelatine, Lederabfällen u. dgl.) und Gerbstoffen, eventuell unter Zusatz von Seifen (Monopolseife) oder Türkischrotöl getränkt und die Eiweiß-Gerbstoff-Verbindung im Leder durch Zusatz von Säuren ausgefällt (vgl. S. 311).

F.P. 727351 vom 6. 2. 1931. — C. 1932, II, 1574; Coll. 1933, 172.
E.P. 376956 vom 20. 7. 1931.

Société Anonyme Progil, Frankreich.

Verfahren zum Füllen von Leder. Häute und Felle werden vor oder nach der Gerbung mit schwach alkalisch reagierenden Emulsionen von Eiweißstoffen, insbesondere von Casein, gegebenenfalls unter Zusatz von Fetten oder Ölen, behandelt.

D.R.P. 560019/Kl. 28a vom 2. 5. 1931. — Coll. 1933, 29.
F.P. 711525 vom 18. 2. 1931. — C. 1931, II, 3710; Coll. 1932, 297.
Schwz.P. 150626 vom 21. 5. 1931. — C. 1932, II, 815.
E.P. 379281 vom 22. 5. 1931.

Franz Lober, Augsburg.

Verfahren zum Imprägnieren von Häuten, Fellen und Leder. Zur Verbesserung und Erhöhung der Ausbeute von Leder werden die Häute vor oder nach der Gerbung mit Lösungen von Eiweißabbauprodukten behandelt, die durch Säurehydrolyse von Hautabfällen u. dgl. erhalten werden und bei denen mehr als 10% vom Gesamtstickstoff formoltitrierbar sind.

Vgl. **A.P. 1962444** vom 21. 5. 1931. — *W. Hesselberger*, Augsburg.

Ö.P. 132929 vom 25. 11. 1931. — C. 1933, II, 484; Coll. 1934, 47.

Johann Rauch und Viktor Becker, Graz.

Verfahren zur Vorbehandlung von tierischen Blößen vor der Gerbung. Die geäscherten Blößen werden vor der Gerbung mit einer Mischung aus vegetabilischen Gerbstoffen und Eiweißstoffen behandelt, und durch Zusatz von Säuren oder Salzen wird dieses Gemisch im Innern der Häute als Gerbstoffeiweißniederschlag gefällt.

F.P. 774503 vom 13. 6. 1934. — C. 1935, I, 3087.

J. R. Geigy A. G., Basel, Schweiz.

Füllen von Leder. Behandeln der Leder vor oder nach der Färbung mit einer Mischung aus Leim und Kaolin, um den abfälligen Teilen eine größere Fülle zu verleihen.

b) Mit anderen Stoffen.

F.P. 644238 vom 26. 4. 1927. — C. 1929, I, 339; J. I. S. L. T. C. **13**, 485 (1929).

Alexander Thomas Hough, Frankreich (Seine).

Fixieren und Unlöslichmachen von Tannin in Leder. Behandeln des Leders nach der vegetabilischen Gerbung mit Hexamethylentetramin (oder Ammoniak + Formaldehyd), eventuell unter Zusatz einer Säure (Oxalsäure, Milchsäure) und eines Metallsalzes (lösliche Antimon- oder Zinnsalze, z. B. Brechweinstein) (vgl. S. 314).

1. **D.R.P. 589175**/Kl. 28a vom 26. 7. 1931. — C. 1934, I, 2536; Coll. 1934, 94.
   E.P. 388091 vom 2. 9. 1931. — C. 1933, I, 3527; Coll. 1934, 37.
2. **D.R.P. 592224**/Kl. 28a vom 9. 7. 1932. — C. 1934, I, 2537; Coll. 1934, 183.
   Zus. zu **D.R.P. 589175.**
   Norw.P. 53688 vom 15. 6. 1933. — C. 1934, II, 182.

I. G. Farbenindustrie A. G., Frankfurt a. M.

Verfahren zum Ausfällen und Unlöslichmachen gerbender und nichtgerbender Stoffe in der tierischen Haut und im Leder.
1. Behandeln der Leder bzw. der Häute vor, während oder nach dem Gerben mit Komplexverbindungen aus Chromisalzen und Harnstoffen.
2. Verwendung von Aluminiumsalzen an Stelle der Chromisalze.

D.R.P. 606140/Kl. 28a vom 22. 12. 1931. — Coll. 1935, 85.
   A.P. 1947513 vom 8. 8. 1933. — C. 1934, I, 3828.

Dr. Max Bergmann, New York, V. St. A.

Verfahren zur Fixierung des Gerbstoffes in vegetabilisch gegerbten Ledern. Behandlung vegetabilisch gegerbter oder mit vegetabilischen Gerbstoffen nachbehandelter Leder vor dem Auswaschen mit stark verdünnten, wässerigen Lösungen von Kondensationsprodukten aus Harnstoff, Thioharnstoff oder deren Derivaten und Formaldehyd oder anderen aliphatischen sowie aromatischen Aldehyden, gegebenenfalls in Kombination mit einer Säurebehandlung.

1. **D.R.P. 613782**/Kl. 28a vom 23. 7. 1932. — C. 1935, II, 2165; Coll. 1935, 297.
2. **Zus.P. 615150**/Kl. 28a vom 31. 5. 1933. — C. 1935, II, 2166; Coll. 1935, 444.

I. G. Farbenindustrie A. G., Frankfurt a. M.

Gerbstoff-Fixierungsmittel.
1. Verwendung von in Wasser löslichen Salzen der Aldehydkondensationsprodukte von aromatischen Aminen (Dimethylanilin), bzw. von Gemischen solcher Amine mit Phenolen, allein oder in Verbindung mit Säure zum Fixieren von pflanzlichen und künstlichen Gerbstoffen, Sulfitzelluloseablaugen und in Wasser löslichen Ölen oder Seifen im Leder.
2. Verwendung der unter 1. genannten Verbindungen unter Mitverwendung von Stoffen vom Typus der Pyridiniumverbindungen (Methylpyridiniumchlorid) und gegebenenfalls von Schutzkolloiden (Leim), in Wasser löslichen Celluloseäthern, Pflanzenschleim oder von Salzen, die fällend auf pflanzliche oder künstliche Gerbstoffe einwirken.

A.P. 2018588 vom 27. 7. 1934. — C. 1936, I, 942.

Leas and McVitty, Inc., Philadelphia, Pa. V. St. A.

Fixieren des Gerbstoffes im Sohlleder. Pflanzlich gegerbtes Leder wird mit Lösungen von Aldehyden (Form-, Acet-, Furfur- oder Benzaldehyd) und Ammoniumsalzen (Sulfat, Chlorid, Oxalat oder Phosphat) behandelt.

D.R.P. 514723/Kl. 28a vom 23. 7. 1927. — C. 1931, I, 1224; Coll. 1931, 35.
   A.P. 1750732 vom 30. 6. 1928. — C. 1930, II, 1181; Coll. 1932, 300.

Otto Ludwig Steven, Berlin-Charlottenburg.

Verfahren zur Nachgerbung von Leder. Fixierung von Sulfitablauge im Leder durch Behandeln mit wasserlöslichen Salzen carbocyklischer Basen (Anilinchlorhydrat, β-Naphthylaminchlorhydrat).

3. Imprägnierung.

a) Mit Fettstoffen und ihren Umwandlungsprodukten.

D.R.P. 258643/Kl. 28a vom 16. 11. 1910. — Coll. 1913, 229.
F.P. 418162 vom 12. 7. 1910.

Adolphe Wigand, Kaatsheuvel, Holland.

Verfahren zum Wasserdichtmachen von Chromsohlleder durch Erwärmen mit Fetten. Man läßt auf eine Mischung aus geschmolzenem Talg oder einem ähnlichen Fett und unlöslichen Harzseifen komprimierte Luft, Sauerstoff oder Ozon einwirken und tränkt das trockene Leder bei Temperaturen bis 125° C mit dieser Mischung (vgl. S. 316).

D.R.P. 257236/Kl. 28a vom 23. 1. 1912. — Coll. 1913, 152.

Karl Louis Felix Friedemann, Stockholm.

Verfahren zum Imprägnieren von Leder. Oxydationsprodukte des Leinöls, hauptsächlich Linoxyn und Linoxynsäure, werden in konz. Essigsäure gelöst, die Säure verdampft, der Rückstand in einem Lösungsmittel, z. B. Alkohol, gelöst und das Leder mehrere Stunden in diese Lösung eingelegt.

1. **D.R.P. 261323**/Kl. 28a vom 9. 2. 1912. — Coll. 1913, 389 u. 146.
   F.P. 440736 vom 28. 2. 1912. — Coll. 1913, 517.
2. **D.R.P. 272782**/Kl. 28a vom 12. 1. 1913. — Coll. 1914, 343.
   Zus. zu **D.R.P. 261323**.

Pierre Castiau, Renaix, Belgien.

Verfahren zur Herstellung festen, fast vollkommen wasserdichten, gleitfreien Leders, insbesondere Sohlenleders.
1. Kombiniert gegerbtes Leder wird ausgewaschen, um allen überschüssigen pflanzlichen Gerbstoff zu entfernen und dann mit Paraffin, Harz u. dgl. imprägniert (vgl. S. 317).
2. Die imprägnierten Leder werden nach dem Erkalten einige Sekunden in Lösungsmittel, die das Imprägnierungsmittel in der Kälte zu lösen vermögen, z. B. Benzin, Alkohol u. a., eingetaucht.

D.R.P. 265912/Kl. 28a vom 9. 7. 1912. — C. 1913, II, 1636.

Josef Maier, Passau-Grünau.

Aus Wachs, Paraffin und Terpentin bestehendes Imprägniermittel für Leder. Außer gelbem Bienenwachs wird Japanwachs, an Stelle von gewöhnlichem Paraffin sogenanntes Schottisch-Paraffin und an Stelle von dünnflüssigem Terpentin dickflüssiges, sogenanntes Venezianisch-Terpentin und ferner noch ein beträchtlicher Zusatz von Leinöl verwendet.

Schwed.P. 54390 vom 6. 10. 1919. — C. 1924, I, 2053.

American Balsa Company Inc., New York, V. St. A.

Imprägnieren von Leder, Häuten und Fellen. Das zu imprägnierende Gut wird in ein auf ca. 100° C erwärmtes Bad aus geschmolzenem Paraffin, Infusorienerde und Harz eingebracht; das Harz kann ganz oder teilweise durch Naphthalin ersetzt werden.

F.P. 609296 vom 16. 4. 1925. — C. 1927, II, 536.

Léon Jean Doumeyrou, Paris.

Verfahren zum Imprägnieren und Elastischmachen von Leder und Pelzen. Die Ammoniumsalze höherer Fettsäuren werden in Form von Lösungen (Benzin, Alkohol, Äther), Emulsionen (Wasser) oder Pasten in das Leder eingewalkt.
Vgl. **F.P. 31603** vom 16. 4. 1925. — Coll. 1929, 272.
Zus. zu **F.P. 595954**.

A.P. 1645642 vom 1. 10. 1925. — C. 1928, I, 460; Coll. 1930, 132.

Thomas Blackadder, Great Neck, New York.

Verfahren zum Wasserdichtmachen von Leder. Das Leder wird mit einer wässerigen Ölemulsion behandelt, die wasserunlösliche Seifen (Aluminium-, Eisen-, Chrom-, Zink-, Magnesium- oder Calciumseifen) enthält.

F.P. 662304 vom 9. 2. 1928. — C. 1931, I, 3204; Coll. 1932, 290.

Jean Le Roy, Frankreich.

Imprägnierungsmittel für Leder und ähnliche Stoffe. Mischung aus Leinöl, Schwefelsäure, Braunstein, Bleiacetat, Salzsäure und Wasser, der noch eine Lösung von Kolophonium und Terpentinöl in Benzol zugefügt werden.

E.P. 312697 vom 31. 5. 1929. — C. 1930, I, 317.

E. Bronner, Berlin.

Imprägnieren von Holz oder Leder. Durch Behandeln mit Alkohol, der 2% Phenol enthält, wird das Wasser aus den zu imprägnierenden Stoffen entfernt, der Alkohol durch Benzol, Xylol oder andere paraffinlösende Mittel verdrängt und schließlich die Stoffe in geschmolzenes Paraffin getaucht.

F.P. 692919 vom 27. 6. 1929. — C. 1931, I, 1224; Coll. 1932, 294.

Apollon Gaïdoukow, Frankreich.

Verfahren zum Imprägnieren von Leder. Die Leder werden 24 Stunden in eine Mischung aus 40 bis 65 Teilen Ricinusöl, 3 bis 10 Teilen Schweineschmalz, 20 bis 40 Teilen Glycerin, 2 bis 10 Teilen Olivenöl und 1 bis 5 Teilen Terpentinöl eingehängt.

F.P. 698720 vom 11. 10. 1929. — C. 1931, I, 3204; Coll. 1932, 295.

Le Cuir Lissé Français, Frankreich.

Imprägnieren von Leder. Trockenes Leder wird in eine Lösung von Paraffin, Vaseline und Leinöl in Tetrachlorkohlenstoff eingetaucht.

A.P. 1990320 vom 3. 4. 1930. — C. 1935, II, 1299.

United Gas Improvement Co., Philadelphia, Pa., V. St. A.

Imprägnieren von Gasmesserleder. Das Leder wird mit einer in Benzol und anderen Kohlenwasserstoffen unlöslichen Aluminium-Cocosölseife imprägniert. An Stelle von Aluminiumseife können auch Bariumseifen verwendet werden.

D.R.P. 565983/Kl. 28a vom 20. 4. 1930. — Coll. 1933, 161.
F.P. 713965   vom 27. 3. 1931. — Coll. 1933, 165.
E.P. 364466   vom 14. 4. 1931. — C. 1932, I, 2113.
Schwz.P. 157680   vom 10. 7. 1931.

Ernst Theodor Rydberg, Liljeholmen, Schweden.

Verfahren zur Herstellung von vollkommen wasserdichtem Leder. Tränken der Leder mit faktisbildenden Ölen (Leinöl), die eine zur Faktisbildung unzureichende Menge Schwefelchlorür enthalten, und anschließend Nachbehandlung mit gasförmigem Schwefelchlorür.

D.R.P. 609636/Kl. 28a vom 12. 6. 1930. — C. 1935, II, 171; Coll. 1935, 212.

Dipl.-Ing. Karl von Vallentsits, Wien.

Verfahren zum Imprägnieren von Leder. Imprägnieren von Leder mit durch Einwirkung von schwefelfreien Kondensations- bzw. Polymerisationsmitteln (Bortrichlorid, Antimontrichlorid, Zinntetrachlorid) auf polymerisierbare Öle (Leinöl, Standöl) gewonnenen Kondensations- bzw. Polymerisationsprodukten. Die Produkte können auch innerhalb des Leders erzeugt werden.

Schwed.P. 80330 vom 16. 9. 1931. — C. 1934, II, 3201.

Chemische Fabrik Pfersee, G. m. b. H., Augsburg.

Wasserdichtmachen von Textilien, Papier, Leder oder dgl. Verwendung positiv geladener wässeriger Emulsionen, die Paraffin oder dgl., ein Schutzkolloid (Leim), organische oder anorganische Säuren oder sauer reagierende Salze, insbesondere Aluminiumsalze, sowie in gewissen Fällen einen Emulgator enthalten.

Can.P. 327977 vom 8. 10. 1931. — C. 1934, II, 2643; Coll. 1936, 120.

Emil Johnson, St. Paul, Minn., V. St. A.

Lederimprägnierungsmittel. Mischung aus Tran, Talg und Petroleumrückständen.

E.P. 415 740 vom 25. 11. 1932. — C. 1934, II, 4058; Coll. 1936, 122.

Alder u. Mackay Ltd., Edinburgh, *Edward Crowther*, Heaton, und *Wilfred Illing-worth Ineson*, Idle.

Imprägnierung von Gasmesserledern. Zur Verhinderung der schädlichen Einwirkung der im Gas enthaltenen Kohlenwasserstoffe wird das Leder mit einer Mischung aus Talg, Paraffin und durch Abkühlen von Gas erhaltenen flüchtigen Kohlenwasserstoffen durch Eintauchen imprägniert.

Ung.P. 110 880 vom 19. 2. 1934. — C. 1935, II, 3606.

„Tellur" Ipari és Kereskedelmi R. T. Vegyészeti Gyár, Budapest.

Herstellung eines Füll- bzw. Beschwermittels für Leder u. a. Wasserunlösliche Metallseifen (Aluminium-, Chrom-, Eisen-, Kupferseifen) werden in Kohlenwasserstoffen (Trichloräthylen) gelöst und der Lösung so lange freie Fettsäuren, besonders ungesättigte und Oxyfettsäuren zugesetzt, bis ein fadenziehendes Sol entstanden ist, das im Bedarfsfall verdünnt wird.

Schwed.P. 83 627 vom 1. 3. 1934. — C. 1935, II, 3622.

B. Reichert Numme, Estland, und *E. Rydberg*, Stockholm, Schweden.

Wasserdichtmachen von Leder und ähnlichen Stoffen. Innerhalb des Leders wird durch Tränken mit einem vulkanisierbaren Öl und Behandeln mit Schwefelchlorür Faktis gebildet. Die hierbei entstehende Salzsäure wird mit Alkalibicarbonatlösung neutralisiert.

A.P. 2 026 453 vom 11. 1. 1935. — C. 1936, I, 3442.

Arthur J. Beford, Littlestown, Pa., V. St. A.

Imprägnierung von Leder. Verwendung einer Mischung aus 16 Teilen Paraffinwachs, 2 Teilen Harz (Kolophonium oder Terpentin), 1 Teil Burgunderpech, 1$^1/_2$ Teilen Klauenöl, 1 Teil Methylalkohol, 1 Teil Tran und einigen Tropfen Wintergrünöl. Die Leder werden trocken in die geschmolzene Mischung eingetaucht, abgebürstet und getrocknet.

A.P. 2 032 250 vom 14. 11. 1935. — C. 1936, I, 4864.

Bert H. Bower. Gloversville, N. Y., V. St. A.

Imprägnieren von Handschuhleder. Gegerbte, gefärbte und dollierte afrikanische Schaffelle oder chromgare Leder werden auf der Fleischseite mit einer Emulsion aus 7 Teilen Wollfett, 1 Teil Ölsäure, 0,25 Teilen Triäthanolamin, 12 Teilen Glycerin, 2 Teilen Honig, 1 Teil Parfüm und 78 Teilen Wasser eingerieben, zum Trocknen aufgehängt und fertig zugerichtet.

b) Mit natürlichen und synthetischen Harzen.

D.R.P. 276 553/Kl. 28a vom 17. 4. 1913. — Coll. 1914, 718.

Conrad Krug, Kervenheim b. Kevelaer, und *Heinrich Böllert*, Duisburg.

Verfahren zum Kernigmachen von Leder durch Imprägnierung mit gelösten Harzstoffen. Das Leder wird vor der Imprägnierung im Vakuum bei 50 bis 95^0 C getrocknet und nach der Imprägnierung ebenfalls im Vakuum mit Formalindämpfen behandelt (vgl. S. 317).

D.R.P. 276 434/Kl. 28a vom 2. 7. 1913. — Coll. 1914, 677.

Wilhelm Eitner und *Richard Kind*, Wien.

Verfahren zur Verbesserung und Konservierung von Leder und Lederwaren. Behandeln der Leder mit Lösungen der harzartigen Kondensationsprodukte von Phenolen und Aldehyden mit oder ohne Zusatz von vulkanisierten Fetten oder Fettsäuren.

A.P. 1 376 553 vom 31. 7. 1918. — C. 1922, II, 1186.

General Indurating Corporation, New York, V. St. A.

Verfahren zum Wasserdichtmachen von Papier oder Leder. Man tränkt die Stoffe mit einem Gemisch von Rohpetroleum und Harz.

1. **D. R. P. 470552**/Kl. 28a vom 20. 12. 1924. — C. 1930, I, 2833.
2. **Zus. P. 471675**/Kl. 28a vom 9. 5. 1925. — C. 1930, I, 2833.

Dr. Otto Röhm, Darmstadt.

Lederimprägnierungsverfahren.
1. Das in Wasser unlösliche Imprägnierungsmittel (Kolophonium, Phenolaldehydharz, Karnaubawachs) wird in mit Wasser mischbaren Lösungsmitteln (Aceton, Alkohol) gelöst, dem Leder einverleibt und hierauf durch Behandeln des Leders mit Wasser ausgefällt (vgl. S. 319).
2. Dem mit dem imprägnierten Leder in Berührung zu bringenden Wasser werden an sich bekannte, das Leder aufhellende Mittel zugegeben (Oxalsäure).

E. P. 272197 vom 26. 5. 1927. — C. 1928, II, 2769; Coll. 1930, 128.

Jacques Jules Joseph Guillemin, Conflans-St. Honorine, Frankreich.

Imprägnierungsmasse für Leder, bestehend aus Harz, harzlösendem Öl, Alkohol und Bleiglätte (vgl. S. 319).

A. P. 1930158 vom 24. 8. 1929. — C. 1934, I, 328; Coll. 1935, 135.

Graton and Knight Co., Worcester.

Verfahren zum Imprägnieren von Leder. Vegetabilisch oder chromgegerbte Leder werden nach dem Auftrocknen mit einer auf 60⁰ C erwärmten Lösung von Kunstharzen, z. B. Phenol- oder Harnstoff-Formaldehyd-Kondensationsprodukten oder Glyptalharzen imprägniert und heiß gepreßt. An Stelle der Kunstharzlösungen können auch trocknende Öle Verwendung finden.

E. P. 333759 vom 29. 8. 1929. — C. 1930, II, 3228; Coll. 1932, 287.

James Taylor und *Auguste Victor Keller*, London.

Verfahren zum Imprägnieren von Leder. Das Leder wird mit einer konz. Lösung eines Kondensationsproduktes aus Harnstoff, Thioharnstoff, substituierten Harnstoffen u. dgl. oder Phenolen und ihren Derivaten mit Formaldehyd, Paraformaldehyd oder anderen Aldehyden und ihren Derivaten behandelt.

Ö. P. 145045 vom 22. 4. 1931. — C. 1936, I, 5021.

Heinrich Prüfer, Wien.

Konservierung von Leder. Verwendung von Kondensationsprodukten aus Formaldehyd, einem Phenol und pflanzlichen oder tierischen Ölen, insbesondere nichttrocknenden Ölen. Z. B. werden Formaldehyd, Phenol, Ricinusöl und Kolophonium auf 180—200⁰ C erhitzt und die Leder mit einer Lösung des so gewonnenen Kondensationsproduktes in Benzin oder Solventnaphtha getränkt.

E. P. 387736 vom 3. 9. 1931. — C. 1933, I, 3399; Coll. 1934, 37.

I. G. Farbenindustrie A. G., Frankfurt a. M.

Porenfüllmittel, insbesondere für Leder. Die Leder werden mit wässerigen kolloidalen Dispersionen von festen, in Wasser unlöslichen Polymerisationsprodukten von Monovinylverbindungen, gegebenenfalls mit einem Zusatz von Farbstoffen, Schutzkolloiden, Weichmachungsmitteln u. dgl. behandelt.

Jugosl. P. 10860 vom 15. 8. 1933. — C. 1934, II, 2643; Coll. 1936, 126.

I. G. Farbenindustrie A. G., Frankfurt a. M.

Imprägnierung von Leder gegen Wasserdurchlässigkeit. Die Leder werden mit Produkten der Polymerisation von Vinyläthern hochmolekularer, aliphatischer Alkohole, z. B. mit Polyvinyloctodecyläther behandelt.

F. P. 789051 vom 19. 4. 1935. — C. 1936, I, 1560.

Clement u. *Marcel Dupire*, Frankreich.

Imprägnieren von Leder. Verwendung von polymerisierbaren Kunstharzen, insbesondere Phenol-Formaldehydharzen, indem das von Feuchtigkeit befreite Leder mit einer wässerigen Lösung niedrigmolekularer Kunstharze (Bakelit A) bei 50 bis 60⁰ C unter Druck imprägniert und dann auf 70 bis 80⁰ C erwärmt wird, um das Kunstharz in den hochmolekularen, wasserunlöslichen Zustand überzuführen (Bakelit B). Auch natürlicher oder künstlicher Gummi kann verwendet werden.

c) Mit Kautschuk allein und in Verbindung mit anderen Stoffen.

D.R.P. 241616/Kl. 28a vom 21. 4. 1909. — C. 1912, I, 182.

Oswald Silberrad, Buckhurst Hill, England.

Verfahren zur Zurichtung von Leder. Nach dem Entfetten des Leders mit einem Lösungsmittel wird es mit im gleichen Lösungsmittel gelöstem Kautschuk imprägniert.

D.R.P. 256580/Kl. 28a vom 8. 7. 1911.

Gottlieb Bork, Dortmund.

Verfahren, Sohlenleder wasserdicht und haltbarer zu machen. Das Leder wird mit einer Lösung aus Carbolineum, Kautschuklösung, Talg und Leinöl getränkt (vgl. S. 316).

1.	**D.R.P.**	**320621**/Kl. 28a vom 29. 8. 1913. — C. 1920, IV, 311; Coll. 1920, 176.
	A.P.	**1150047**	
2.	**E.P.**	**179969**	vom 19. 11. 1920. — C. 1922, IV, 911.
	A.P.	**1425530**	vom 21. 1. 1922. — C. 1923, II, 70.
	F.P.	**549063**	vom 17. 3. 1922. — C. 1923, IV, 972.
3.	**E.P.**	**338536**	vom 19. 8. 1929. — C. 1931, I, 2152; Coll. 1932, 287.

Alexander McLennan, The Tannery, Ross, Grafsch. Herefore, England.

Verfahren zum Imprägnieren von Leder.

1. Behandeln des Leders mit Lösungen von Kautschuk, Celluloid, Wacholderharz und Bernsteinharz (vgl. S. 317).

2. Das zugerichtete Leder wird mit einer Lösung von krist. Schwefel in Schwefelkohlenstoff oder Tetrachloräthan unter Zusatz von Paraffin oder Petroleum vorbehandelt, getrocknet und anschließend zuerst mit einer Lösung von Kautschuk in Solventnaphtha und dann mit einer Lösung, die außer Kautschuk noch Guttapercha, Balata, Mastix und Dammarharz enthält, behandelt. Zum Schluß wird noch mit einer Lösung von Schwefelchlorür in Aceton, Äther und Benzol gewalkt.

3. Das Leder, insbesondere Chromleder, wird mit einem Reinigungsbad aus Schwefelkohlenstoff und Petroleum vorbehandelt, getrocknet und in einer Lösung von Kautschuk in Solventnaphtha gewalkt. Nach abermaligem Trocknen und Walken wird mehrmals eine Lösung von Guttapercha in Schwefelkohlenstoff und Tetrachlorkohlenstoff unter Zusatz von Antimontrisulfid auf die abgebimste Fleisch- oder Narbenseite aufgetragen.

E.P. 202563 vom 16. 11. 1922. — C. 1924, I, 382.

O. G. Göransson, Stockholm.

Imprägnieren von Leder, Pappe u. dgl. 70% einer Lösung von Kautschuk in Harzen, Wachsen, Ölen oder Fetten werden mit 30% eines Lösungsmittels (Gemisch aus Benzol und Trichloräthylen) vermischt, Leder, Pappe u. dgl. damit getränkt und das Lösungsmittel bei ca. 70° C verdampft.

Can.P. 256033 vom 14. 11. 1923. — C. 1926, II, 1488.

Robert Russell, Rhodes, Lancaster, und *Herbert Broomfield*, Stockport, Chester, England.

Wasserdichtmachen und Imprägnieren von Häuten und Fellen. Aus den Häuten oder Fellen werden die gesamten löslichen Fettbestandteile und stickstoffhaltigen Stoffe herausgelöst, mit Kautschukmilch gemischt und die vorbehandelten Häute und Felle mit dem Gemisch imprägniert.

F.P. 589372 vom 1. 2. 1924. — C. 1926, I, 290.

Gabriel Félix Bertout und *Paul Duclos*, Seine-et-Marne, Frankreich.

Mittel zum Wasserundurchlässigmachen von Leder, Papier, Holz u. dgl. Man löst Steinkohlenteer in Petroleum oder Spiritus unter Rühren in der Wärme, gießt nach dem Abkühlen vom Ungelösten ab und vermischt mit einer Lösung von Kautschuk, Paraffin und Wachs, bis eine homogene Masse entstanden ist.

E.P. 260652 vom 3. 7. 1925. — C. 1927, I, 2500; Coll. 1928, 378.

Norman Joseph Sinclair Nunn und *Keki Peston Padshaw*, London.

Verfahren zum Imprägnieren von Leder, Gewebe oder Papier mit Kautschuk. Leder, insbesondere Chromleder, wird mit einer Lösung von Kautschuk in Benzin, Naphtha, Tetrachlorkohlenstoff und Aceton, gegebenenfalls unter Zusatz von wenig Isopren, imprägniert (vgl. S. 318).

A.P. 1860651 vom 3. 12. 1925. — C. 1932, II, 1574.

Mishawaka Rubber and Woolen Mfg. Co., Indiana.

Wasserdichtmachen von Leder. Das Leder wird mit einer Mischung aus Kautschukmilch und Gasolin, Paraffinwachs, Paraffinöl und Seifenlösung imprägniert und nach dem Trocknen mit einer Mischung aus Nitrocelluloselösung, Verdunnungsmittel und Kautschuklösung überzogen.

1. **A.P. 1677435** vom 6. 7. 1926. — C. 1928, II, 2214; Coll. 1930, 132.

Van Tassel Co., Boston, Mass., V. St. A.

2. **E.P.   293062** vom 31. 1. 1927. — C. 1928, II, 2214; Coll. 1930, 128.

Edward Deming van Tassel jun. und *Van Tassel Co.*, Boston, Mass., V. St. A.

Wasserdichtmachen von Leder.

1. Das Leder wird mit einer Mischung von Kautschuk oder Guttapercha und Paraffinwachs, eventuell unter Zusatz eines Harzes oder eines trocknenden Öles bei etwa 90 bis 100° C imprägniert.

2. Die Viskosität der Kautschuk-Paraffinlösung wird durch Behandeln in Kolloidmühlen oder Homogenisatoren herabgesetzt (vgl. S. 319).

F.P. 632072 vom 9. 7. 1926. — C. 1928, I, 1829; Coll. 1931, 316.

Marcel Albert André Dayne und *Marcel Louis Paynard*, Frankreich.

Mittel zum Undurchdringbarmachen von Leder. Mischung aus Kautschuk, Vaseline und Wachs.

Ö.P. 112121 vom 19. 12. 1927. — C. 1929, II, 2959.

Rudolf Koller, Schwechat b. Wien.

Imprägnierungsmittel zum Wasserdichtmachen und Konservieren von Geweben und Leder. Lösung von 1 Teil Paragummi, 3 Teilen Dammarharz, 2 Teilen Bienenwachs und 2 Teilen Campher in 92 Teilen Toluol.

D.R.P. 543233/Kl. 28a vom 8. 2. 1929. — C. 1932, I, 3024; Coll. 1932, 443.
F.P. 721002   vom 3. 8. 1931.

Radiochemisches Forschungs-Institut G. m. b. H., Darmstadt.

Verfahren zum Imprägnieren von Leder mit Kautschuklösungen. Behandeln des Leders mit wasserfreien Dispersionen aus vulkanisiertem Kautschuk, dem zum Schutze des Leders Lederfettungs- und -weichmachungsmittel zugesetzt werden, gegebenenfalls unter Anwendung von Vakuum und Überdruck.

E.P. 331263 vom 19. 2. 1929. — C. 1930, II, 2601.

C. G. Shaw, Ontario, Canada.

Imprägnieren von Leder. Leder wird mit Kautschuk, gegebenenfalls unter Zusatz von Füllstoffen, imprägniert und dann mittels eines Beschleunigers und Schwefel vulkanisiert.

Ö.P. 127386 vom   6. 5. 1931. — C. 1932, II, 1088.
F.P. 717087 vom 15. 5. 1931. — C. 1932, II, 1088.

Radiochemisches Forschungs-Institut G. m. b. H., Darmstadt.

Herstellung von Kautschukfirnissen oder -lacken. Einen zum Imprägnieren von Leder oder dgl. geeigneten Firnis erhält man, indem man natürlichen oder synthetischen Kautschuk in Gegenwart hochsiedender Kohlenwasserstoffe unter Zusatz von Chlorkalk und eventuell Metallchloriden (Eisen-, Zink-, Aluminium-, Calcium-, Magnesiumchlorid) unter Druck im Autoklaven vulkanisiert. Man kann Vinylchlorid oder -acetat in Mengen von 5 bis 50% oder Butadienkohlenwasserstoffe oder deren Halbpolymere zusetzen; in diesem Falle fugt man zweckmäßig noch 1 bis 3% Trichloressigsäure zu.

A.P. 2032027 vom 25. 5. 1931. — C. 1936, I, 4864.
A.P. 2032028 vom 12. 10. 1931. — C. 1936, I, 4864.

Hans Rees' Sons, Inc., New York, V. St. A.

Imprägnierung von Leder. Lösungen von natürlichem oder künstlichem Kautschuk oder Kautschukmilch werden in das eingespannte Leder von der Narbenseite aus unter starkem Druck eingepreßt.

Norw. P. 51102 vom 3. 7. 1931. — C. 1933, II, 3650.

E. Zetterlund, Bergsmo.

Imprägnierungsmittel für Ledersohlen, bestehend aus Rohgummi oder Guttapercha, Harz, Leinöl, mit Rohgummi gesättigtem Terpentinöl und Paraffinwachs.

Finn. P. 16339 vom 5. 5. 1933. — C. 1935, II, 1299.

Carl Gustaf Julius Åström, Törnsjö, Schweden.

Wasserdichtes Leder. Das Leder wird mit einer Mischung von Gummi, Leinöl, Tran, Talg und Harz behandelt. Das Leinöl kann ganz oder teilweise durch Tran oder umgekehrt der Tran durch Leinöl ersetzt werden.

Can. P. 348938 vom 1. 5. 1934. — C. 1936, I, 4817.

René Botson, Anderghem, Belgien.

Imprägnieren von Häuten, Leder, faserigem oder porösem Material mit Kautschuklösung. Behandeln mit einer Lösung von 5% Kautschuk (als Lösungsmittel wird die zwischen 140 und 320° C übergehende Fraktion der Kautschukdestillation verwendet), die mit Wasser emulgiert wird und der evtl. noch Füllstoffe wie Harze, Gerbmittel, Gummi, Zellulose zugefügt werden.

d) Mit verschiedenen Stoffen.

1. **D. R. P. 273652**/Kl. 28a vom 15. 12. 1911. — C. 1914, I, 1904; Coll. 1914, 425.
2. **Zus. P. 274418**/Kl. 28a vom 16. 8. 1912. — Coll. 1914, 432.
3. **D. R. P. 370159**/Kl. 28a vom 14. 3. 1915. — C. 1923, II, 1069; Coll. 1923, 57.
4. **Zus. P. 370160**/Kl. 28a vom 1. 3. 1916. — C. 1923, II, 1069; Coll. 1923, 59.

Anhydat-Leder-Werke A. G., Hersfeld.

5. **D. R. P. 317965**/Kl. 28a vom 22. 2. 1918. — C. 1920, II, 573; Coll. 1920, 42.
6. **D. R. P. 317418**/Kl. 28a vom 3. 11. 1918. — C. 1920, II, 352.

Wilhelm Rechberg, Hersfeld.

Verfahren zur Herstellung von Leder.

1. Mit Alkohol oder Aceton entwässerte Blöße oder trockenes Chromleder wird entweder direkt oder nach Vorbehandlung mit einem Lösungsmittel (Benzol) oder mit wasserfreien Gerbstofflösungen mit einer geschmolzenen Masse, z. B. Asphalt, Petrolgoudron, Paraffin, Ceresin u. dgl. imprägniert (vgl. S. 319).
2. Feuchtes Chromleder wird, wie unter 1 angegeben, entwässert und gegebenenfalls imprägniert.
3. Die gut entwässerten Blößen werden ohne Vorbehandlung mit einem Lösungsmittel (Benzol) im Vakuum mit den geschmolzenen Imprägnierungsmitteln behandelt (vgl. S. 319).
4. Ausdehnung des unter 3 beschriebenen Verfahrens auf loh- und chromgares Leder (vgl. S. 319).
5. Vegetabilisch gegerbtes Leder wird in nassem Zustand mit einer Lösung von Asphalt, Petrolpech, Harz u. dgl. in flüchtigen Lösungsmitteln behandelt, sodann getrocknet und erneut mit einer Lösung der genannten Stoffe imprägniert (vgl. S. 318).
6. Vegetabilisch gegerbtes oder mineralisch vor- und vegetabilisch nachgegerbtes Leder wird lufttrocken mit den unter 5 beschriebenen Imprägnierungsflüssigkeiten unter Zusatz von Pyridinbasen, die überschüssigen vegetabilischen Gerbstoff fällen, behandelt.

D. R. P. 265856/Kl. 28a vom 2. 4. 1912. — Coll. 1913, 606.

Jörgen Winther, Roskilde, Dänemark.

Verfahren zum Fertigmachen von Chromleder. Das Leder wird unmittelbar nach der Gerbung in noch feuchtem Zustand mit einer Zuckerlösung getränkt, getrocknet und anschließend mit einer Wachs- oder Harzlösung behandelt.

D. R. P. 273854/Kl. 28a vom 27. 4. 1912. — Coll. 1914, 429.

William Rosco Smith und *John Durrant Larkin*, Buffalo, New York, V. St. A.

Verfahren zur Behandlung von Leder, Häuten und Fellen mit harzartigen und paraffinartigen Körpern zwecks Erhöhung der Wasserundurchlässigkeit und zur Behebung der Schlüpfrigkeit. Elaterit (ein kautschukartiges Erdpech) wird in geschmolzenem Gilsonit gelöst, die Lösung mit Paraffin oder Ozokerit zusammengeschmolzen und das trockene Leder mit dieser Mischung imprägniert (vgl. S. 317).

D.R.P. 271843/Kl. 28a vom 9. 1. 1913. — Coll. 1914, 335.

Louis Bogaerts, Boxtel, Holland.

Verfahren zur Umbildung von schlechtem Leder in gutes Leder. Die Leder werden mit einer Auflösung von Baumwolle, Campher oder Celloidabfällen, Ölen und Schwefel bzw. Chlorschwefel in flüchtigen Lösungsmitteln getränkt.

1. **D.R.P.** 272534/Kl. 28a vom 23. 3. 1913. — Coll. 1914, 340.

Otto Walter, Hannover.

2. **D.R.P.** 446884/Kl. 28a vom 8. 2. 1924. — C. 1927, II, 1321; Coll. 1927, 410.

Niederdeutsche Wirtschafts A. G., Hannover.

 E.P. 229501 vom 6. 3. 1924. — C. 1926, II, 1720.
 A.P. 1582495 vom 2. 6. 1924. — C. 1926, II, 1720.

Otto Walter, Sarstedt, Hannover.

Verfahren zum Imprägnieren von Leder.

1. Chromleder wird mit der Lösung eines Kolloidstoffes (Leim, Agar-Agar) unter Zusatz von Formaldehyd behandelt und dann bei erhöhter Temperatur stark gepreßt; gegebenenfalls können die gepreßten und getrockneten Leder noch mit einer Masse aus Wollfett, Asphalt, Pech, Guttapercha u. dgl. bei etwa 90° C im Vakuum nachimprägniert werden (vgl. S. 317).

2. Das in bekannter Weise mit Kolloidstoffen (Leim, Agar-Agar) imprägnierte Leder wird auf dem Spannrahmen, gegebenenfalls bei erhöhter Temperatur (25 bis 40° C) getrocknet. Anschließend können noch andere Füllstoffe eingelagert werden (vgl. S. 318).

D.R.P. 286225/Kl. 28a vom 2. 11. 1913. — Coll. 1915, 337.

Wilhelm Rechberg, Hersfeld.

Verfahren zur Herstellung eines wasserdicht imprägnierten, oberflächlich von Imprägnierungsmasse freien Unterleders. Man tränkt das Leder vor der Imprägnierung in seinen obersten Schichten mit Salz- oder Leimlösungen, um das Imprägnierungsmittel aus der Oberfläche beim nachfolgenden Auswaschen leichter entfernen zu können (vgl. S. 218).

1. **D.R.P.** 303204/Kl. 28a vom 15. 5. 1914. — C. 1921, II, 832; Coll. 1921, 45.
  E.P. 157929 vom 10. 1. 1921. — C. 1921, IV, 163.
 Schwz.P. 94853 vom 31. 3. 1921. — C. 1923, II, 207.
2. **D.R.P.** 531779/Kl. 28a vom 31. 12. 1925.
 Schwz.P. 159164 vom 13. 11. 1931.
  E.P. 373549 vom 26. 11. 1931. — C. 1932, II, 1574; Coll. 1933, 122.
  F.P. 740368 vom 22. 7. 1932.

Heinrich Burger, Berlin-Friedenau bzw. Freiburg/Breisgau.

Verfahren zum Imprägnieren von Leder.

1. Das Leder wird mit Naphthalin oder in geschmolzenem Naphthalin gelösten Schwefel, gegebenenfalls unter Zusatz anderer Imprägnierungsmittel, getränkt (vgl. S. 318).

2. Das Leder wird mit Schwefel in Lösung oder Suspension bei etwa 100° C imprägniert, wobei als Lösungs- oder Suspensionsmittel flüchtige organische Stoffe mit einem Siedepunkt über 100° C verwendet werden (Xylol, Monochlorbenzol, Tetrahydronaphthalin).

1. **D.R.P.** 324495/Kl. 28a vom 16. 3. 1917. — C. 1920, IV, 491; Coll. 1920, 435.
2. **Zus.P.** 335484/Kl. 28a vom 25. 9. 1919. — C. 1921, IV, 163; Coll. 1921, 254.

Heinrich Hoffmeister, Heidelberg, und *Dr. Johannes Paßler*, Freiberg/S.

Verfahren zur Erhöhung der Haltbarkeit von Unterleder pflanzlicher, mineralischer oder anderer Gerbung, insbesondere auch solchem aus den minderwertigen Teilen der Haut.

1. Imprägnieren des Leders mit einer Lösung von Holzteer in Benzin, Benzol, Methylalkohol oder dgl. unter Zusatz organischer Säuren. Pflanzlich gegerbte Leder werden vorher mit Formalin ausgewaschen, mineralisch gegerbte mit starken Gerbstofflösungen oder Celluloseextrakten nachgegerbt (vgl. S. 318).

2. Als Lösungsmittel für Holzteer wird Benzin mit einem Zusatz von Mineralöl verwendet, wobei der Zusatz der organischen Säure fortfallen kann. Das Auswaschen der pflanzlich gegerbten Leder erfolgt mit einer Lösung von Formalin, organischer Säure und Eisenvitriol, die gleichen Stoffe werden den zur Nachgerbung mineralisch gegerbter Leder dienenden Gerbstofflösungen bzw. Celluloseextrakten zugesetzt.

D.R.P. 353444/Kl. 28a vom 14. 2. 1918. — C. 1922, IV, 290; Coll. 1922, 116.

Dr. Arthur Geiger, Berlin, und *Dr. Erich Brauer*, Neumünster.

Verfahren zur gasdichten Imprägnierung von Leder. Imprägniermitteln mittlerer Viskosität, z. B. halogenisierten aliphatischen Kohlenwasserstoffen, deren Viskosität zwar von der Temperatur nahezu unabhängig, jedoch nicht ausreichend hoch ist, werden Stoffe höherer Viskosität, die bei tieferen Temperaturen nicht aus der Mischung auskristallisieren, z. B. Abfallöle oder Cumaronharz, zugesetzt.

D.R.P. 334720/Kl. 28a vom 20. 8. 1919. — C. 1921, II, 946; Coll. 1921, 204.
F.P. 525997   vom 13, 10. 1920. — C. 1922, II, 168.

Adolf G. Cl. Jacobsen, Berlin-Friedrichsfelde.

Imprägnier- und Schmierverfahren für Leder aller Art. Vor der Behandlung mit Imprägnier- und Schmiermitteln wird das Leder einem 24- bis 36stündigen Urinbade ausgesetzt (vgl. S. 318).

F.P. 580565 vom 23. 4. 1924. — C. 1925, I, 1669; Coll. 1926, 96.

Georges Wilhelm Neu, Deutschland (Saargebiet).

Imprägnieren und Wasserdichtmachen von Leder. Das Leder wird unter einem Druck von zirka 30 Atm. in einen in Wasser unlöslichen (Acetylcellulose und Campher in Amylalkohol) oder im Verlauf des Verfahrens in diesem unlöslich werdenden Stoff (Phenol-Formaldehydkondensationsprodukte) eingetaucht (vgl. S. 318).

A.P. 1720223 vom 11. 5. 1927. — C. 1930, II, 346; Coll. 1932, 299.

William E. Lane, Auburn, New York.

Verfahren zum Imprägnieren von Brandsohlledern. Eintauchen des Leders in eine Natriumsilikatlösung, die geringe Mengen eines blauen Farbstoffs enthält.

Dän.P. 40185 vom 22. 11. 1927. — C. 1932, I, 2125; Coll. 1933, 307.

Hans Christian Christensen, Horsens.

Imprägnieren von Leder oder dgl. gegen Feuchtigkeit. Behandeln des Leders mit einer Mischung aus finnischem Teer, Lebertran, amerikanischem Öl und Baumöl und anschließend mit Terpentinöl.

A.P. 1696867 vom 30. 11. 1927. — C. 1929, I, 2382; Coll. 1931, 320.

Martin Segoria, Vallejo, California, V. St. A.

Behandlung von Leder. Das Leder wird mit einer Mischung von Kienteerpech, Leinöl und Bienenwachs behandelt.

A.P. 1865783 vom 19. 9. 1928. — C. 1932, II, 1736; Coll. 1933, 115.

Charles P. Vogel, Milwaukee, V. St. A.

Verfahren zur Herstellung von wasserdichtem Leder. Das Leder wird zuerst auf der Narbenseite mit einem mit Pigmenten oder Anilinfarben gefärbten Leinöl- oder Celluloselack versehen und nach dem Trocknen in eine erwärmte Imprägniermischung bekannter Zusammensetzung getaucht.

D.R.P. 487129/Kl. 28a vom 11. 10. 1928. — C. 1930, I, 2834; Coll. 1930, 38.

Dr. Hein Kohlschein, München.

Tränkmittel für Gewebe aller Art, Leder oder dgl. Kolloide Lösungen von Graphit, schwer oxydierbaren Metallen oder dgl. in bekannten Dispergierungsmitteln (Öl) zum Tränken der Membran von Gasmessern.

F.P. 679053 vom 28. 11. 1928. — C. 1931, I, 1399.
Zus.P. 37588 vom 16. 8. 1929. — C. 1931, I, 3204; Coll. 1932, 292.

Charles Joseph Michel Marie Le Petit, Frankreich.

Imprägnieren von Leder mit dem Milchsaft von Euphorbiaceen, der in besonderer Weise vorbehandelt und gegebenenfalls mit anderen Mitteln kombiniert wird (vgl. S. 318).

It.P. 278855 vom 12. 3. 1929. — C. 1935, II, 3047.

Guiseppe Biavati, Bologna.

Lederimprägnierungsmittel. Mischung aus 10 Teilen Wasser, 1,5 Teilen Seife, 1,5 Teilen Soda, 0,1 Teil Kolophonium und Farbstoff.

E.P. 354443 vom 29. 5. 1930. — C. 1932, I, 2404.

I. G. Farbenindustrie A. G., Frankfurt a. M.

Wasserdichtmachen von Geweben, Leder, Papier u. dgl. Man imprägniert die Stoffe mit Salzen mehrwertiger Metalle (Aluminium, Kupfer, Zink) von wasserlöslichen Schwefelsäureestern aliphatischer, cycloaliphatischer oder aliphatisch-aromatischer Verbindungen, die mindestens 10 Kohlenstoffatome und eine olefinische Doppelbindung oder Hydroxylgruppe bzw. beides enthalten, oder mit Salzen echter Sulfosäuren gesättigter oder ungesättigter aliphatischer oder cycloaliphatischer Verbindungen, die mindestens 10 Kohlenstoffatome im Molekül enthalten. Geeignet sind z. B. die Aluminium-, Kupfer-, Zinksalze der Sulfopalmitinsäure, Sulfostearinsäure, des sauren Schwefelsäureesters des Cetyl- oder Octylalkohols.

F.P. 716116 vom 1. 9. 1930. — C. 1932, I, 2125; Coll. 1933, 308.

Jaques Guillemin, Frankreich.

Verfahren zum Undurchlässigmachen und Verbessern von Leder. Behandeln der Leder mit einer Auflösung von Teer in Petroleum und Benzin.

A.P. 1967275 vom 21. 5. 1931. — C. 1934, II, 3869; Coll. 1936, 119.

E. J. Du Pont de Nemours & Co., Wilmington, Delaware, V. St. A.

Imprägnieren von porösen Werkstoffen, wie Leder, Papier, Gewebe, Holz u. dgl. Die Leder werden in eine Mischung von Chlor-2-butadien-1,3, Benzin und Terpentin eingetaucht und nach dem Verdunsten des Lösungsmittels 6 Tage der Polymerisation unterworfen.
Vgl. **E.P. 413666** vom 18. 10. 1932. — C. 1936, I, 2475.

R.P. 31558 vom 12. 8. 1931. — C. 1934, I, 2537; Coll. 1936, 127.

W. J. Babun, USSR.

Imprägnierung von Ledern. Als Imprägnierungsmittel finden Produkte Verwendung, die durch Sulfonierung von Anthracenöl oder schweren Steinkohlenteerölen mit 10 bis 20% Schwefelsäure und Abtrennung der unsulfonierten Öle erhalten werden.

A.P. 1969701 vom 7. 3. 1932.

Frank Berdolt, Walden, N. Y., V. St. A.

Mittel zum Wasserdichtmachen und Gerben. Schwefel wird bis zur Dunkelfärbung mit Wasser gekocht, das Wasser verdampft und der Rückstand mit Leinöl erhitzt, bis eine homogene zähe, schwammartige Masse ensteht. Um eine Imprägnierungsflüssigkeit von gewünschter Konsistenz zu erhalten, wird das Produkt mit überschüssigem Leinöl bis zur Homogenisierung gekocht.

F.P. 750728 vom 14. 5. 1932. — C. 1933, II, 3080; Coll. 1935, 145.

Soc. Anon. La Chevrette, Frankreich.

Verfahren zum Imprägnieren von Schuhsohlen. Auf die aufgeraute Schuhsohle wird ein- oder mehrmals eine Lösung von Aluminiumsulfat, Oxalsäure, Benzoesäure, Wasser, Alkohol, Aceton mit oder ohne Zusatz von Farbstoffen aufgetragen.

F.P. 749446 vom 23. 1. 1933. — C. 1933, II, 3216; Coll. 1935, 145.

James Frederick Moseley, England.

Behandeln von Faserstoffen. Zum Appretieren oder Imprägnieren von Leder, Textilien oder Papier geeignete Dispersionen erhält man durch Zusatz verschiedener organischer Substanzen, z. B. Ölsäure, Leinöl, Gelatine zu einer Lösung von Natriummetasilikat.

D.R.P. 627908/Kl. 28a vom 1. 8. 1933. — C. 1936, I, 4864.

Dr. Ludwig Jablonski, Berlin.

Imprägnier- und Schmiermittel für Leder. Verwendung von Polyglycerinen.

F. Fettung.

1. Umwandlungsprodukte der Fette und Öle.

a) Sulfonierungsprodukte von Fetten, Ölen, Fettsäuren und anderen Fettstoffen.

D.R.P. 487705/Kl. 23c vom 28. 3. 1925. — C. 1930, I, 1055.

Chemische Fabrik H. Th. Böhme A. G., Chemnitz.

Herstellung von Türkischrotölen (vgl. S. 405).

D.R.P. **561715**/Kl. 12o vom 6. 5. 1925. — C. 1932, II, 3975; Coll. 1932, 871.
F.P. **632738** vom 13. 4. 1927. — C. 1928, I, 2141.
Chemische Fabrik Stockhausen & Cie., Krefeld.
A.P. **1849209** vom 5. 7. 1927. — C. 1932, I, 3515.
Hans Stockhausen, Krefeld, *Fritz Schlotterbeck*, Heidelberg, *Conrad Cremer* und *Arnulf Hecking*, Krefeld.
Sulfonierung von Ölen, Fetten oder Fettsäuren mit konz. Schwefelsäure bei Temperaturen von 10^0 C und gegebenenfalls unter Zusatz eines Lösungsmittels, wie z. B. Trichloräthylen.

1. **D.R.P.** **577428**/Kl. 12o vom 26. 8. 1925. — C. 1933, II, 449.
2. **Zus.P.** **608362**/Kl. 12o vom 12. 8. 1927. — C. 1935, I, 2262.
I. G. Farbenindustrie A. G., Frankfurt a. M.
1. **Netz-, Reinigungs- und Dispergierungsmittel.** Sulfonierung der durch unvollständige Oxydation von Paraffinkohlenwasserstoffen erhaltenen Oxydationsprodukte mit konz. Schwefelsäure.
2. Es werden nur neutrale Oxydationsprodukte sulfoniert.

D.R.P. **553503**/Kl. 12o vom 12. 11. 1925. — Coll. 1932, 643.
Zus.P. **564489**/Kl. 12o vom 17. 12. 1925.
Zus.P. **581658**/Kl. 12o vom 11. 10. 1927. — Coll. 1933, 580.
F.P. **624425** vom 10. 11. 1926. — C. 1927, II, 2108.
E.P. **261385** vom 10. 11. 1926. — C. 1928, I, 606.
E.P. **263117** vom 27. 11. 1926. — C. 1928, I, 606.
E.P. **298559** vom 21. 9. 1928. — C. 1929, I, 1151.
E.P. **298560** vom 27. 9. 1928. — C. 1929, I, 1151.
A.P. **1801189** vom 18. 10. 1927. — C. 1931, II, 1783.
H. Th. Böhme A. G., Chemische Fabrik, Chemnitz.

Sulfonierung von Fettsäuren und deren Ester in Gegenwart von wasserfreien, organischen, aliphatischen oder aromatischen Säuren, insbesondere Essigsäure, bzw. deren Anhydriden oder Chloriden (vgl. S. 404).

D.R.P. **591196**/Kl. 12o vom 30. 12. 1925. — C. 1924, I, 2514.
Zus.P. **629182**/Kl. 12o vom 25. 12. 1926.
F.P. **632155** vom 5. 4. 1927. — C. 1928, I, 2313.
E.P. **272967** vom 21. 6. 1927. — C. 1928, II, 1389.
E.P. **288612** vom 21. 6. 1927. — C. 1928, II, 1824.
E.P. **326815** vom 12. 12. 1928. — C. 1930, II, 311.
E.P. **330904** vom 18. 3. 1929. — C. 1930, II, 2050.
F.P. **37163** vom 29. 6. 1929. — C. 1931, I, 1823.
Zus.P. zu **F.P. 632155.**
I. G. Farbenindustrie A. G., Frankfurt a. M.
Verfahren zur Herstellung von Netz- und Emulgierungsmitteln. Aliphatische und aromatische Verbindungen mit mehr als 8 C-Atomen, wie z. B. Stearinsäure, Palmitinsäure, Ricinusölsäure, Ölsäure, deren Glyceride, Paraffin usw., werden bei gewöhnlicher oder erhöhter Temperatur mittels Oleum, Chlorsulfonsäure, gasförmigem SO_3, gegebenenfalls in Gegenwart von indifferenten Verdünnungsmitteln, wie Nitrobenzol, Tetrachlorkohlenstoff usw., oder von Eisessig, Essigsäureanhydrid und Katalysatoren, wie Phosphorpentoxyd, Diatomeenerde, aktive Kohle u. dgl., sulfoniert (vgl. S. 404).

D.R.P. **583686**/Kl. 12o vom 3. 8. 1926. — C. 1933, II, 4354.
Zus.P. **611443**/Kl. 12o vom 2. 2. 1927. — C. 1935, II, 599.
D.R.P. **582790**/Kl. 12o vom 14. 1. 1927. — C. 1933, II, 2458; Coll. 1933, 641.
Zus.P. **586066**/Kl. 12o vom 2. 2. 1927. — C. 1934, I, 132.
D.R.P. **607018**/Kl. 12o vom 2. 2. 1927. — C. 1935, I, 2091.
Zus.P. **616321**/Kl. 12o vom 6. 3. 1932. — C. 1935, II, 3303.
Oranienburger Chemische Fabrik A. G., Oranienburg.
F.P. **640617** vom 1. 8. 1927. — C. 1929, I, 700.
Chemische Fabrik Milch A. G., Berlin.
Reinigungs-, Emulgierungs- und Benetzungsmittel. Neutralfette, Fettsäuren, fettähnliche Stoffe, wie Naphthensäuren, Wachse, Mineralöldestillate usw., werden

mit Chlorsulfonsäure oder anderen bekannten Sulfonierungsmitteln in Gegenwart von Kohlenwasserstoffen, Lactonen, Alkoholen Ketonen oder dgl. (z. B. Isopropylalkohol, Cyclohexanon) sulfoniert. Die Sulfonierungsmittel können auch im Gemisch mit wasserentziehenden Säuren, Anhydriden, Oxyden oder Halogeniden (z. B. Phosphorsäureanhydrid, Phosphoroxychlorid) verwendet werden.

D. R. P. 557088/Kl. 12o vom 15. 3. 1927. — C. 1932, II, 2375.
> *Farb- und Gerbstoffwerke Carl Flesch jr.*, Frankfurt a. M.
E. P. 287076 vom 4. 8. 1927. — C. 1928, II, 184.
> *Herbert Flesch*, Frankfurt a. M.

Schwefelsäureester von Dioxy-, Trioxy- und Polyoxyfettsäuren aus Oxyfettsäuren mit Schwefelsäure, die bei tiefer Temperatur (— 5⁰) in fein verteiltem Zustand durch Spritzdüsen eingetragen wird.
Vgl. auch **F. P. 636488** vom 23. 6. 1927. — C. 1928, II, 292.
> *Carl Dreifuss*, Deutschland (vgl. S. 405).

D. R. P. 564758/Kl. 12o vom   4. 5. 1927.
Zus. P. 595880/Kl. 12o vom 19. 7. 1928. — C. 1934, II,   337.
  E. P. 289841   vom   3. 5. 1928. — C. 1928, II, 2511.
  F. P. 653790   vom   2. 5. 1928. — C. 1929, I, 2715.
> *Oranienburger Chemische Fabrik A. G.*, Oranienburg.

Herstellung halogenhaltiger Sulfonsäuren durch Sulfonierung von ungesättigten Fettsäuren, Fetten, Ölen, Mineralölen, Alkoholen oder Lactonen, z. B. mit Chlorsulfonsäure in Gegenwart von Halogenüberträgern, wie Braunstein.

F. P. 636586 vom 25. 6. 1927. — C. 1928, II, 292.
> *Carl Dreifuss*, Deutschland.

Herstellung sulfonierter Öle und Fette mit hohem Gehalt an organisch gebundener Schwefelsäure. Einwirkung eines Gemisches von molekularen Mengen SO₃ oder Chlorsulfonsäure und einer niederen Fettsäure, deren Anhydrid oder Chlorid, wie Ameisen-, Essig-, Propion-, Butter- oder Milchsäure, auf Fettsäuren, Fette oder Öle, wie Olivenöl, Ricinusölsäure, Olein usw.
Ähnliche Verfahren:
D. R. P.   606776/Kl. 12o vom   2. 4. 1927. — C. 1935, I, 2107.
Zus. P.   zu D. R. P. 591196.
  F. P.   645221   vom   6. 12. 1927. — C. 1929, I, 1632.
  A. P. 1882218   vom   9. 12. 1927.
  E. P.   288127   vom 23. 12. 1927. — C. 1928, II,   302.
> *I. G. Farbenindustrie A. G.*, Frankfurt a. M.
D. R. P.   564759/Kl. 12o vom 24. 12. 1926. — C. 1933, I,   865.
Zus. P.   617347/Kl. 12o vom 25. 1. 1927. — C. 1935, II, 3857.
  E. P.   282626   vom   4. 8. 1927. — C. 1928, I, 1729.
  E. P.   284206   vom   4. 8. 1927. — C. 1928, I, 2552; Coll. 1929, 180.
> *Farb- und Gerbstoffwerke Carl Flesch jr.*, Frankfurt a. M. (vgl. S. 404/405).

F. P. 636817 vom 29. 6. 1927. — C. 1928, II, 291.
> *I. G. Farbenindustrie A. G.*, Frankfurt a. M.

Netz- und Emulgierungsmittel. Sulfonierung von höheren, nichtgesättigten Fettsäuren in Gegenwart von Phenolen.

1. **E. P.   292574** vom 15. 12. 1927. — C. 1928, II, 2521.
   F. P.   657799 vom 21. 6. 1928.
2. **E. P.   294621** vom 15. 12. 1927. — C. 1928, II, 2522.
   A. P. 1734050 vom   3. 2. 1928.
3. **E. P.   296935** vom 30. 12. 1927. — C. 1929, I, 1166.
   F. P.   658094 vom 26. 7. 1928.
> *Erba A. G.*, Zürich.

Herstellung von sulfonierten Ölen und Fetten u. dgl.
1. Sulfonierung in Gegenwart von in saurer Lösung Sauerstoff abgebenden Substanzen, wie H₂O₂, Peroxyde, Persäuren, Persalze (Perborat), Alkalipersulfate (vgl. S. 405).

2. Nachfolgende Einwirkung eines reduzierenden Bleichmittels, wie Sulfit, Hydrosulfit, Sulfoxylat, eventuell in Gegenwart von naszierendem Wasserstoff.

3. Sulfonierung mittels organischer Sulfosäuren (Naphthalinsulfosäure) mit oder ohne Zusatz von Schwefelsäure und in Gegenwart von oxydierenden oder reduzierenden Bleichmitteln.

D.R.P. 480157/Kl. 12o vom 25. 12. 1927. — C. 1929, II, 3189.

Hermann Bollmann und *Bruno Rewald*, Hamburg.

Herstellung von sulfoniertem Öl. Fette, Öle u. dgl. werden mittels konz. Schwefelsäure unter Zusatz von Pflanzenphosphatiden sulfoniert.

E.P. 284280 vom 11. 1. 1928. — C. 1928, I, 2552.
F.P. 647417 vom 17. 1. 1928.

H. Th. Böhme A. G., Chemnitz.

Sulfonierung von Ölen, Fetten und Fettsäuren mit einem Überschuß an H_2SO_4 bei Temperaturen unter 0^0 in Gegenwart von Kohlenwasserstoffen (Benzol) oder halogenierten Kohlenwasserstoffen (vgl. S. 405).

E.P. 293690 vom 2. 7. 1928. — C. 1929, I, 323.
E.P. 312283 vom 23. 5. 1929. — C. 1929, II, 1492.
F.P. 657161 vom 7. 7. 1928.

N. V. Chemische Fabriek Servo und *M. D. Rozenbroek*, Holland.

Sulfonierung von Fettsäuren und deren Derivaten in Gegenwart von wasserentziehenden Mitteln, wie H_3PO_4 oder H_3PO_3, Phosphoroxyd, Phosphoroxychlorid, und von Essigsäure, deren Homologen oder Salzen mittels Schwefelsäure, rauchender Schwefelsäure oder Chlorsulfonsäure (vgl. auch **E.P. 368853** vom 6. 12. 1930. — C. 1932, II, 1370; Coll. 1933, 120).

D.R.P. 597957/Kl. 12o vom 5. 7. 1928. — C. 1934, II, 1224.

A. Th. Böhme, Chemische Fabrik, Dresden.

Herstellung wasserlöslicher Fettkörper. Ungesättigte Fett- oder Ölsäuren oder deren Glyceride werden unter Rühren in die zwei- bis mehrfache Menge auf -20^0 C abgekühlte konz. Schwefelsäure eingetragen.

A.P. 1836487 vom 30. 8. 1928.
F.P. 660023 vom 6. 9. 1928.
E.P. 296999 vom 10. 9. 1928. — C. 1929, I, 952.

I. G. Farbenindustrie A. G., Frankfurt a. M.

Sulfonierung ungesättigter Fettsäuren bei 0 bis 5^0 C in Gegenwart von ungesättigten Halogenkohlenwasserstoffen, wie z. B. Trichloräthylen.

F.P. 690022 vom 15. 2. 1929. — C. 1931, I, 710.

Soc. An. pour l'Indistrie Chimique à Saint-Denis, Frankreich.

Herstellung von sulfonierten Ölen und Fetten oder deren Fettsäuren mittels überschüssiger Schwefelsäure bei 0^0 und in Gegenwart von Katalysatoren, wie Essigsäureanhydrid und Aluminiumchlorid.

E.P. 351911 vom 23. 12. 1929. — C. 1931, II, 1783.

A. Th. Bohme, Chemische Fabrik, Dresden.

Sulfonierungsprodukte von Ölen und Fetten durch Behandlung mit überschüssiger Schwefelsäure in Gegenwart von Produkten, die durch Einwirkung von überschüssiger Schwefelsäure auf ein- oder mehrwertige Alkohole mit höchstens 6 C-Atomen bzw. deren Ester (Butylalkohol, Äthylglykolacetat) gewonnen werden.

F.P. 688637 vom 21. 1. 1930. — C. 1931, I, 180.

N. V. Chem. Fabriek Servo und *Meindert, Danius Rozenbroek*, Holland.

Sulfonierung von Fettsäuren und deren Derivaten in Gegenwart von S_2Cl_2, Carbonyl-, Thionyl- oder Sulfurylchlorid, BCl_3, H_3BO_3, Borsäureanhydrid, Essigsäureanhydrid, SO_2, CrO_3, Oxysäuren des Phosphors, Äthionsäure, Isothioàthionsäure und dergleichen.

D.R.P. 535854/Kl. 12o vom 28. 2. 1930.
F.P. 705071 vom 28. 10. 1930. — C. 1931, II, 1783.
Gesellschaft für Chemische Industrie in Basel, Basel.
Herstellung von wasserlöslichen Sulfonierungsprodukten durch Einwirkung von sulfonierten, aromatischen Carbonsäuren (Sulfobenzoesäure) bzw. deren Anhydride, wie Phthalsäureanhydrid, in Gegenwart von Sulfonierungsmitteln auf höhermolekulare, ungesättigte Fettsäuren oder deren Derivate.

D.R.P. 588139/Kl. 12o vom 20. 4. 1930. — C. 1934, I, 950.
I. G. Farbenindustrie A. G., Frankfurt a. M.
Herstellung von sulfonierten Oxydationsprodukten aus Kohlenwasserstoffen (Paraffin), Wachsen u. dgl.

E.P. 354417 vom 17. 5. 1930. — C. 1931, II, 2519; Coll. 1932, 457.
Imperial Chemical Industries Ltd., London, *Hugh Mills Bunbury, Wilfred Archibald Sexton* und *Alexander Stewart*, Blackley, Manchester.
Verfahren zur Herstellung von Emulgierungsmitteln. Sulfonierung von Haifischöl, insbesondere Haifischleberöl für sich oder in Mischung mit anderen Ölen mit Schwefelsäure oder Oleum in Gegenwart von organischen Säureanhydriden, wie z. B. Essigsäureanhydrid.

D.R.P. 557110/Kl. 12o vom 1. 10. 1930.
F.P. 703126 vom 2. 10. 1930. — C. 1931, II, 1219; Coll. 1932, 458.
William Seltzer, V. St. A.
Verfahren zum Reinigen der Sulfonierungsprodukte von Fetten, Ölen und Fettsäuren, insbesondere zum Trennen der sulfonierten von den nichtsulfonierten Anteilen, durch Verrühren mit einem nichtsulfonierten Öl oder Wachs, wobei sich die sulfonierten Anteile als Bodenschicht absetzen.

Belg.P. 373977 vom 6. 10. 1930. — C. 1934, I, 3941.
Imperial Chemical Industries Ltd., London.
Herstellung von sulfonierten fetten Ölen unter gleichzeitiger oder nachfolgender Zugabe einer geringen Menge von Gerbsäure.

Ö.P. 134993 vom 30. 12. 1930. — C. 1934, I, 150; Coll. 1935, 147.
August Chawala, Wien, und *Edmund Waldmann*, Klosterneuburg.
Verfahren zur Sulfonierung fetter Öle, Fette und Wachse. Sulfonierung unter gleichzeitigem oder nachträglichem Zusatz von Mineralölen mit energisch wirkenden Sulfonierungsmitteln, wie Oleum oder Chlorsulfonsäure, in Gegenwart wasserentziehender organischer oder anorganischer Säuren, deren Anhydriden oder Salzen, z. B. Pyrophosphorsäure, oder in Gegenwart von Phenolen, aromatischen oder hydroaromatischen Kohlenwasserstoffen oder Alkoholen und Ketonen.

D.R.P. 608693/Kl. 12o vom 6. 9. 1931. — C. 1935, I, 2633; Coll. 1935, 132.
Zschimmer & Schwarz, Chem. Fabrik, Dölau, Greiz-Dölau.
Herstellung von kältebeständigem, sulfoniertem Klauenöl durch Sulfonierung von kältebeständigem Klauenöl mit nicht mehr als 15% Schwefelsäure bei 0⁰ in Gegenwart von indifferenten Lösungsmitteln (z. B. CCl$_4$).

D.R.P. 608692/Kl. 12o vom 8. 9. 1931. — C. 1935, I, 3219.
Rudolf & Co., Zittau/Sachsen.
Sulfonierung von Fetten, Ölen oder deren Fettsäuren. Die Fettstoffe werden in Schwefelsäure, Oleum oder Chlorsulfonsäure am tiefsten Punkt des Reaktionsgefäßes bei Temperaturen unter 0⁰ unter Rühren eingespritzt.

D.R.P. 622728/Kl. 12o vom 20. 11. 1932. — C. 1936, I, 1997.
Dr. Hellmut Jahn, Frankfurt a. M.-Höchst.
Verfahren zur Herstellung wasserlöslicher Fettkörper mit hohem Gehalt an esterartig gebundener Schwefelsäure. Die Sulfonierung mit konz. Schwefelsäure oder anderen Sulfonierungsmitteln wird in Gegenwart von festem Kohlendioxyd vorgenommen.

b) Sulfonierungsprodukte von Fettsäurederivaten.

D.R.P. 595173/Kl. 12s vom 5. 9. 1928. — Coll. 1934, 252.
E.P. 318542 vom 19. 7. 1929. — C. 1930, I, 744.
F.P. 679185 vom 23. 7. 1929.

H. Th. Böhme A. G., Chemnitz.

Behandlungsflotten für die Leder-, Textil-, Papier- und Fettindustrie. Amide, substituierte Amide bzw. Anilide von Fett- oder Ölsäuren (Ölsäureamid) werden in Gegenwart von wasserfreien organischen Säuren, deren Anhydriden oder Chloriden sulfoniert.

F.P. 693699 vom 11. 4. 1929. — C. 1931, I, 1018.
E.P. 343098 vom 7. 8. 1929.

I. G. Farbenindustrie A. G., Frankfurt a. M.

Netz- und Dispergierungsmittel. Sulfonierung von Ketonen höherer Fettsäuren (Oleonon, Palmitylphenylketon, Pentadecylnaphthylketon, Stearylnaphthylketon) in Gegenwart von Lösungsmitteln (CCl_4).

E.P. 343899 vom 7. 8. 1929.
E.P. 343524 vom 7. 8. 1929. — C. 1931, II, 128.
F.P. 693620 vom 10. 4. 1930. — C. 1931, I, 1018.

I. G. Farbenindustrie A. G., Frankfurt a. M.

Netz-, Reinigungs- und Dispersionsmittel. Hochmolekulare Säureamide oder deren Derivate, die eine Doppelbindung oder Hydroxylgruppe enthalten (z. B. Ölsäureamid, Ölsäureäthylanilid, Ricinusölsäureamid, Palmitinsäuremonoäthanolamid), werden in bekannter Weise hochsulfoniert. Ähnliche Produkte werden auch durch Umsetzung von Fettsäurechloriden mit Taurin erhalten.

D.R.P. 572283/Kl. 23c vom 29. 4. 1930. — C. 1933, I, 3129.

I. G. Farbenindustrie A. G., Frankfurt a. M.

Emulgierungsmittel, bestehend aus Salzen von Sulfaminsäuren oder deren Derivaten, die mehr als 8 C-Atome im Molekül enthalten (z. B. Palmitinsulfaminsäure).

E.P. 357670 vom 10. 7. 1930. — C. 1931, II, 3684; Coll. 1932, 457.

Imperial Chemical Industries Ltd., London.

Herstellung von sulfonierten Fettsäurederivaten (vgl. S. 405).

D.R.P. 628828/Kl. 12p vom 22. 7. 1930.

Böhme Fettchemie G. m. b. H., Chemnitz.

E.P. 369072 vom 20. 5. 1931. — C. 1932, II, 1522; Coll. 1933, 121.
F.P. 718393 vom 8. 6. 1931.

H. Th. Böhme A. G., Chemnitz.

Mittel zur Verminderung der Oberflächenspannung. Verbindungen aus höhermolekularen Fettsäuren mit heterocyclischen Basen, wie Piperidin, Pyrrol, Pyrazol und so weiter (z. B. Ölsäurepiperidid), werden mit konz. Schwefelsäure bei 0 bis 5⁰ C sulfoniert.

E.P. 375770 vom 24. 12. 1930. — C. 1932, II, 2375; Coll. 1933, 123.
Zus.P. zu **E.P. 364327.**

Erba A. G., Fabrik Chemischer Produkte, Zürich.

Herstellung von säure-, kalk- und salzbeständigen sulfonierten Ölpräparaten. An Stelle der Fettsäuren und ihrer Ester werden die entsprechenden Aldehyde und Ketone benutzt. Die Produkte werden mit starken Sulfonierungsmitteln, eventuell in Gegenwart anorganischer oder organischer Entwässerungsmittel und von Lösungs- oder Verdünnungsmitteln, sulfoniert.

E.P. 386966 vom 25. 6. 1931. — C. 1933, II, 137.

I. G. Farbenindustrie A. G., Frankfurt a. M.

Herstellung von Netz- und Emulgierungsmitteln. Umsetzung der Schwefelsäureester von Oxyalkylaminen, die in der Aminogruppe wenigstens ein freies H-Atom besitzen, mit organischen Säurehalogeniden (z. B. Stearylsäurechlorid).

E.P. 404364 vom 18. 7. 1932. — C. 1934, I, 3269.
F.P. 764620 vom 25. 9. 1933.
Imperial Chemical Industries Ltd., London und *Richard Greenhalgh*, Blackley, Manchester.
Herstellung von Sulfonierungsprodukten. Behandeln von azetyliertem Ricinusöl oder azetylierter Ricinolsäure in flüssigem SO₂ mit SO₃ oder Oleum.

F.P. 766497 vom 4. 1. 1934. — C. 1934, II, 3556; Coll. 1936, 126.
Flesch Werke A. G., Deutschland.

Netz-, Reinigungs-, Emulgierungsmittel, insbesondere für die Textil- und Lederindustrie, bestehend aus den organischen Sulfonsäuren von höhermolekularen Diacylamiden (z. B. Acetylricinolsäureamid), Disulfonsäureamiden bzw. gemischten Acylsulfonsäure- amiden (z. B. Laurylmethansulfonsäuresulfamid), die allgemein die folgenden Gruppen besitzen: $R \cdot CO \cdot NH \cdot CO \cdot R'$; $R \cdot CO \cdot NH \cdot SO_2 \cdot R'$; $R \cdot SO_2 \cdot NH \cdot SO_2 \cdot R'$.

c) Sulfonierungs- und Kondensationsprodukte.

1. **D.R.P. 599933**/Kl. 12o vom 4. 5. 1928.
   E.P. 310941   vom 3. 5. 1929. — C. 1929, II, 2107.
2. **D.R.P. 623108**/Kl. 12o vom 26. 4. 1929. — C. 1936, I, 2213.
3. **D.R.P. 625638**/Kl. 12o vom 30. 10. 1929.
Oranienburger Chemische Fabrik A. G., Oranienburg.

Verfahren zum Darstellen hochmolekularer Sulfonsäuren und ihrer Salze.
1. Neutralfette, Fettsäuren, Harze, Naphthensäuren werden gleichzeitig oder nacheinander mit aromatischen Kohlenwasserstoffen (Xylol) und niedrigmolekularen Fettsäureanhydriden (Essigsäureanhydrid) kondensiert und sulfoniert (z. B. mit Chlorsulfonsäure).
2. Die Kondensation erfolgt mit aromatischen Kohlenwasserstoffen bzw. deren Halogen-, Amino- oder phenolischen Oxyverbindungen oder hydroaromatischen Kohlenwasserstoffen und niedrigmolekularen Alkoholen, Thioalkoholen, Ketonen, Sulfochloriden, Carbonsäuren und deren Chloriden.
3. Zur Sulfonierung und Kondensation werden Produkte verwendet, die beim Auflösen von SO₃ in Trichloräthylen oder Äthylendichlorid entstehen. Ähnliches Verfahren:

F.P. 710893 vom 2. 2. 1931. — C. 1931, II, 3270.
Chemische und Seifenfabrik R. Baumheier A. G., Deutschland.

Herstellung von Netz- und Emulgierungsmitteln (vgl. S. 406).

D.R.P. 625637/Kl. 12o vom 12. 6. 1928.
E.P. 313453   vom 11. 6. 1929. — C. 1930, I, 744.
F.P. 676336   vom 7. 6. 1929.
Oranienburger Chemische Fabrik A. G., Oranienburg.

Netz-, Reinigungs- und Emulgierungsmittel. Ungesättigte Neutralfette, Fettsäuren und fettähnliche Stoffe, wie Harzsauren, Naphthensäuren, werden mittels PCl₃, PCl₅, SO₂Cl₂, SOCl₂ u. dgl. in die entsprechenden Säurechloride verwandelt und sulfoniert, wobei vor oder nach der Überführung in die Säurechloride die Fette mit aliphatischen, aromatischen oder hydroaromatischen Stoffen (Essigsäureanhydrid Xylol, Phenol u. dgl.) kondensiert werden.

D.R.P. 609456/Kl. 12o vom 18. 7. 1929. — C. 1935, I, 3203.
Oranienburger Chemische Fabrik A. G., Oranienburg.

Herstellung von kondensierten Sulfonierungsprodukten der Wachse, Wachs- und Fettalkohole. Die Fettstoffe werden in Gegenwart von anderen sulfonierbaren und kondensierbaren Stoffen, wie Alkoholen, Ketonen, Carbonsäuren, Phenolen, Kohlenwasserstoffen usw., zunächst mit konz. oder rauchender Schwefelsäure und dann mit Schwefelsäurehalogenhydrinen behandelt.

F.P. 696104 vom 26. 5. 1930. — C. 1931, I, 2283.
A. Th. Böhme, Chemische Fabrik, Dresden.

Emulgierbare Kondensationsprodukte aus ungesättigten Fettsäuren oder Ölen (Ricinusöl) und aliphatischen oder aromatischen gesättigten oder ungesättigten Kohlenwasserstoffen (Solaröl, Paraffinöl, Alkohole, Äther, Carbonsäuren) und anschließende Sulfonierung.

D.R.P. 581955/Kl. 12o vom 29. 9. 1931. — C. 1933, II, 2061.

I. G. Farbenindustrie A. G., Frankfurt a. M.

Netz-, Reinigungs- und Emulgierungsmittel. Amide höherer Fett-, Harz- und Naphthensäuren werden mit Aldehyden und aromatischen Kohlenwasserstoffen bzw. deren durch OH-, NH$_2$- oder Halogengruppen substituierten Derivaten kondensiert und sulfoniert. Z. B. wird das Kondensationsprodukt von Cocosfettsäureamid, Naphthalin und Paraformaldehyd sulfoniert.

d) Fettalkoholsulfonate.

D.R.P. 542048/Kl. 12o vom 10. 3. 1928.
E.P. 307709   vom 11. 3. 1929. — C. 1929, II, 1851.
F.P. 671065   vom 8. 3. 1929.

Deutsche Hydrierwerke A. G., Berlin.

Verfahren zur Darstellung von höhermolekularen Sulfonsäuren. Aliphatische Alkohole mit mehr als 8 C-Atomen (Cetylalkohol, Wollfett, Bienenwachs, Spermölalkohole) werden in Gegenwart von inerten Verdünnungsmitteln (Nitrobenzol, Tetrachlorkohlenstoff), Sulfonierungskatalysatoren (Phosphorsäureanhydrid, aktive Kohle) und wasserbindenden Stoffen (Anhydride der Schwefel-, Essig- und Phthalsäure) sulfoniert. Ähnliche Verfahren:

F.P. 671456 vom 14. 3. 1929.
E.P. 308824 vom 28. 3. 1929. — C. 1929, II, 1350.
F.P. 37134 vom 18. 6. 1929. — C. 1931, I, 688.
E.P. 317039 vom 26. 6. 1929. — C. 1930, I, 1227.
Schwz.P. 142438
Zus.P. 146178 vom 18. 3. 1929. — C. 1931, II, 2390.

H. Th. Böhme A. G., Chemnitz.

Sulfonierung von höhermolekularen gesättigten und ungesättigten Alkoholen.

D.R.P.   593709/Kl. 12o vom 31. 3. 1929.
D.R.P.   628064/Kl. 12o vom 21. 3. 1929.
E.P.   351452   vom 18. 3. 1930. — C. 1931, II, 1922.

H. Th. Böhme A. G., Chemnitz.

A.P. 1968794   vom 27. 5. 1932. — C. 1934, II, 3845.

American Hyalsol Corp., Wilmington, V. St. A.

Verfahren zur Herstellung von Sulfonierungsprodukten der den höheren Fettsäuren entsprechenden, durch Reduktion ihrer Alkylester erhältlichen Alkohole. Aus Cocosnußöl und Palmkernöl gewonnene, in der Hauptsache aus Laurinsäure bestehende Fettsäuren werden mit niederen aliphatischen Alkoholen verestert, das Estergemisch zu Alkoholen reduziert und in bekannter Weise sulfoniert.

D.R.P. 592529/Kl. 12o vom 7. 2. 1930. — C. 1934, II, 1026.

A. Th. Böhme, Chemische Fabrik, Dresden.

Darstellung von Sulfonierungsprodukten höherer Fettalkohole. Aus Wachsen gewonnene oder durch Reduktion von Alkylestern der entsprechenden höheren Fettsäuren dargestellte Alkohole werden mit Alkylschwefelsäuren (z. B. Butylschwefelsäure) behandelt.

1. **D.R.P. 557428**/Kl. 12o vom 20. 12. 1930. — C. 1932, II, 2724.
2. **Zus.P. 606083**/Kl. 12o vom 25. 12. 1930. — C. 1935, I, 1770.
3. **D.R.P. 558296**/Kl. 12o vom 22. 8. 1930. — C. 1932, II, 2724.
4. **Zus.P. 564760**/Kl. 12o vom 7. 10. 1930. — C. 1933, II, 607.
5. **Zus.P. 565040**/Kl. 12o vom 7. 9. 1930. — C. 1933, II, 607.
6. **Zus.P. 565898**/Kl. 12o vom 25. 12. 1930. — C. 1933, II, 607.

I. G. Farbenindustrie A. G., Frankfurt a. M.

Herstellung von Schwefelsäureestern höherer Alkohole.
1. Die Alkohole werden gegebenenfalls in Gegenwart eines Lösungsmittels (z. B. Pyridin) mit Salzen der Imidodisulfonsäure behandelt.
2. Die Alkohole (z. B. Cetylalkohol) werden mit Salzen saurer Schwefelsäureester niederer Alkohole (z. B. äthylschwefelsaures Kalium) behandelt.
3. Die Veresterung erfolgt durch Erhitzen mit Amidosulfonsäure.

4. Die Veresterung wird nach 3 in Gegenwart organischer Basen (Pyridin, Triäthanolamin, Diäthylanilin usw.) durchgefuhrt.

5. Die Alkohole werden mit organischen Sulfaminsäuren oder deren Salzen (z. B. 4-Methylphenylsulfaminsäure) behandelt.

6. Statt der einfachen Alkohole werden Äther, Ester, Amine, Säureamide, die Oxygruppen enthalten (z. B. Lauryloxäthylamid), nach 3 verestert.

D.R.P. 623948/Kl. 12o vom 20. 8. 1931.

Oranienburger Chemische Fabrik A.G., Oranienburg.

Herstellung von Sulfonierungsprodukten. Fett- und Wachsalkohole werden mit den Einwirkungsprodukten der Schwefelsäurehalogenhydrine auf Oxybutter- oder Oxyvaleriansäure bzw. deren Lactone umgesetzt.

E.P. 400986 vom 4. 5. 1932. — C. 1934, I, 1562; Coll. 1935, 141.

Deutsche Hydrierwerke A.G., Berlin-Charlottenburg.

Herstellung und Verwendung halogenierter Schwefelsäureester ungesättigter aliphatischer höhermolekularer Alkohole.

F.P. 753080 vom 24. 3. 1933. — C. 1934, I, 294; Coll. 1935, 146.

Ernst A. Mauersberger, Deutschland.

Herstellung von Sulfonsäuren aus mit Borsäure veresterten höhermolekularen aliphatischen Alkoholen. Die Sulfonsäuren der Borsäureester sind ausgezeichnete Weichmachungs-, Dispergier- und Imprägnierungsmittel.

e) Phosphorylierungsprodukte.

D.R.P. 575660/Kl. 23c vom 26. 11. 1926.

F.P. 642392 vom 10. 10. 1927. — C. 1929, I, 578.

H. Th. Böhme A.G., Chemnitz.

Herstellung von türkischrotölähnlichen Produkten durch Behandlung von Fetten und Ölen mit Phosphorpentoxyd oder Acetylphosphorsäure oder mit einer Mischung von Essigsäureanhydrid oder Acetylchlorid und Phosphorsäure.

D.R.P. 619019/Kl. 12o vom 6. 4. 1929. — C. 1935, II, 4000.

Böhme Fettchemie G. m. b. H., Chemnitz.

Verfahren zur Herstellung von sauren Phosphorsäureestern hochmolekularer aliphatischer Alkohole durch Einwirkung von Acetylphosphorsäure oder deren Bildungskomponenten.

D.R.P. 622268/Kl. 12o vom 7. 9. 1932. — C. 1936, I, 1503.

Oranienburger Chemische Fabrik A.G., Oranienburg.

Herstellung von gleichzeitig mit Phosphorsäure veresterten Schwefelsäureestern höhermolekularer aliphatischer Alkohole.

2. Emulgierungsmittel und Emulsionen.

D.R.P. 348488 vom 1. 3. 1917. — Coll. 1922, 35.

Dubois & Kaufmann, Rheinau b. Mannheim.

Verfahren zur Herstellung von Emulsionen. Als Emulsionsmittel dienen Alkalisalze von Sulfosäuren des Cumaronharzes.

D.R.P. 313803/Kl. 28a vom 1. 6. 1917. — C. 1919, IV, 699; Coll. 1919, 261.

Dr. Otto Röhm, Darmstadt.

Verfahren zur Herstellung von Fettemulsionen zum Fetten von Leder aller Art und zur Fettgerbung. Öle und Fette werden mit kolloidalem Ton oder ähnlichen Mineralien gegebenenfalls unter Zusatz von Fettlösungsmitteln emulgiert.

A.P. 1655868 vom 23. 3. 1925. — C. 1928, II, 2769; Coll. 1930, 132.

Standard Oil Co., Whiting, Indiana.

Behandlung von Leder. Zum Fetten von Leder dient eine Emulsion eines geeigneten Mineral- oder fetten Öles, die unter Verwendung eines öllöslichen Natriumsalzes einer aus Kohlenwasserstofffölen erhaltenen Sulfosäure und unter Zusatz von Alkohol und nicht mehr als 8% Harzseife hergestellt wird.

D.R.P.   524211/Kl. 28a vom   8. 9. 1926. — C. 1931, II, 1666; Coll. 1931, 408.
E.P.   318070   vom 27. 12. 1928. — C. 1930, I,   155; Coll. 1931, 273.
A.P.   1780983   vom 4. 1. 1929. — C. 1931, I, 1558.

I. G. Farbenindustrie A. G., Frankfurt a. M.

Verfahren zur Herstellung von in der Lederindustrie verwendbaren wässerigen Öl-und Fettemulsionen. Als Emulgator werden wässerige Lösungen von Alkylcellulose, insbesondere Methylcellulose mit oder ohne Zusatz von anderen emulgierend wirkenden Stoffen verwendet.

D.R.P.   482139/Kl. 28a vom 14. 11. 1926. — C. 1930, I, 1420; Coll. 1929, 655.
F.P.   640349   vom 1. 9. 1927. — C. 1930, I, 1420.
Schwz.P. 129006   vom 2. 9. 1927. — C. 1930, I, 1420.
Pol.P.   9321   vom 6. 9. 1927. — C. 1929, II, 2627.
E.P.   280509   vom 22. 9. 1927. — C. 1930, I, 1420; Coll. 1931, 265.
A.P.   1751217   vom 5. 10. 1927. — C. 1930, I, 3632.
R.P.   9237   vom 10. 10. 1927. — C. 1931, I, 3425.
Aust.P. 10289/1927   vom 8. 11. 1927. — C. 1931, II, 2820.

Röhm & Haas A. G., Darmstadt.

Emulsionen für Gerbereizwecke, bestehend aus Fett und Öl und frisch gefälltem Metallhydroxyd, insbesondere Aluminiumhydroxyd und Wasser. Der Emulsion kann Harnstoff zugesetzt werden.

F.P. 640535 vom 18. 2. 1927. — C. 1928, II, 2214; Coll. 1930, 130.

Viktor Szidon, Frankreich.

Eigelbersatz für die Weiß- und Chromgerbung. Emulsionen, bestehend aus Isländischem Moos, Carragheen, Klauenöl, Olivenöl, Ricinusöl, ricinusölsulfosaurem Aluminium, eventuell unter Zusatz von Glycerin als Weichmachungsmittel.

D.R.P.   551403/Kl. 23c vom 28. 8. 1927.
Zus.P.   582106/Kl. 23c vom 15. 2. 1928.
Zus.P.   590165/Kl. 23c vom 15. 2. 1928.
F.P.   664261   vom 5. 11. 1928. — C. 1929, II, 2937.
F.P.   690330   vom 20. 2. 1930. — C. 1931, I, 326.

Th. Goldschmidt A. G., Essen.

Herstellung von Emulsionen aus Estern mehrwertiger Alkohole (Glycerin, Glykol), die aber noch eine freie Hydroxylgruppe enthalten, mit gesättigten, ungesättigten oder Oxyfettsäuren (z. B. Ölsäuremonoglykolester). Fette, Fettsäuren, Wachse, Harze, Latex, Leim, Dextrin, seifenartige Stoffe u. a. können zugesetzt werden.

D.R.P.   575922/Kl. 23c vom 9. 10. 1927. — C. 1934, I, 2848.
Zus.P.   585586/Kl. 23c vom 23. 8. 1930.

Ivo Deiglmayr, München.

Herstellung hochprozentiger haltbarer wässeriger Emulsionen von Ölen, Fetten und Wachsen mittels Pektin und pektinhaltiger Stoffe in Gegenwart von Milch-, Frucht-, Traubenzucker usw.

Schwz.P. 132896 vom 30. 11. 1927. — C. 1930, I, 626.
E.P. 307000 vom 1. 12. 1927. — C. 1929, II, 1499; Coll. 1931, 271.

J. R. Geigy A. G., Basel.

Herstellung von Emulsionen zum Behandeln von Leder aus Tran, Asphalt, schweren Petroleumölen, Steinkohlenteer- oder Braunkohlenteerdestillaten mit Sulfitablauge und kolloidaler Kieselsäure als Emulgator.

E.P. 284707 von 1. 2. 1928. — C. 1928, I, 3024; Coll. 1931, 266.

A. Ehrenreich, London.

Emulsions- und Imprägnierungsmittel aus Haifischrogen durch Verrühren unter Zusatz eines Desinfektionsmittels und Trocknen im Vakuum bei 40 bis 50⁰ C.

F.P. 678095 vom 25. 10. 1928. — C. 1930, II, 681; Coll. 1932, 292.

Élisée Charles Duhamel u. Comp. Générale des Industries Textiles.

Herstellung eines Fett- und Imprägnierungsmittels für Leder, bestehend aus mit Alkali- oder Erdalkalisalz hergestellten Emulsionen von Wollfettsäuren, -äthern oder -alkoholen. Durch geeignete Emulgatoren, wie Lecithin, Cholesterin und gallensaure Salze wird die Haltbarkeit der Emulsionen erhöht.

D.R.P. 607609/Kl. 23c vom 20. 11. 1928. — C. 1935, I, 2263; Coll. 1935, 211.

Oranienburger Chemische Fabrik A. G., Berlin-Charlottenburg.

Verfahren zur Herstellung von gegen Aluminiumverbindungen oder Salze anderer mehrwertiger Metalle beständigen Emulsionen von fetthaltigen Pflanzenphosphatidgemischen. Der zu emulgierende Stoff wird zunächst mit Hilfe kleiner Mengen eines der bekannten Schutzkolloide emulgiert und die Emulsion mit Eigelb stabilisiert.

D.R.P. 518920/Kl. 8k vom 12. 2. 1929. — C. 1931, II, 1080; Coll. 1931, 165.

Otto Röhm, Darmstadt.

Verfahren zur Herstellung von Ölemulsionen für die Behandlung von Leder und Textilien. Als Emulgierungsmittel werden Kohlenhydrate, Leim bzw. abgebauter Leim verwendet.

D.R.P. 622640/Kl. 12s vom 21. 9. 1929. — C. 1936, I, 2443.

Böhme Fettchemie G. m. b. H., Chemnitz.

Dispersionsmittel. Verwendet werden die Einwirkungsprodukte von aliphatischen Oxyaminen mit einer oder mehreren Hydroxylgruppen (z. B. Triäthanolamin) auf sulfonierte höhere aliphatische Alkohole mit mehr als 8 Kohlenstoffatomen.

D.R.P. 627055/Kl. 12s vom 28. 4. 1929.

Böhme Fettchemie G. m. b. H., Chemnitz.

Netz-, Durchdringungs-, Schaum- und Dispergierungsmittel, bestehend aus Einwirkungsprodukten organischer Basen (Pyridin, seine Homologen und Derivate) auf sulfonierte, höhere aliphatische Alkohole mit mehr als 9 C-Atomen.

E.P. 317730 vom 19. 8. 1929. — C. 1929, II, 3203; Coll. 1931, 272.

Oranienburger Chemische Fabrik A. G., Berlin.

Herstellung von Lecithinemulsionen als Eigelbersatz mit Mitteln wie Gelatine, Albumin, Casein, Seifen, sulfonierte Fette in Gegenwart von Glykol, Glycerin oder Chlorhydrinen.

A.P. 1883042 vom 20. 6. 1930. — C. 1933, I, 2498; Coll. 1934, 28.

Röhm & Haas Co., Delaware, V. St. A.

Verfahren zum Fettlickern von Leder mit Emulsionen, die unter Verwendung säurebeständiger Fettemulgatoren hergestellt werden. Als Emulgatoren werden solche tertiären Alkylamine und Alkylammoniumsalze benutzt, deren eines Radikal aus einer Kette von mindestens 8 mit Wasserstoff gesättigten Kohlenstoffatomen besteht.

A.P. 1836047 vom 25. 6. 1930. — C. 1932, I, 2126.
A.P. 1836048 vom 25. 6. 1930. — C. 1932, I, 2126.

Röhm & Haas Co., Delaware, V. St. A.

Emulgierungsmittel, insbesondere zum Behandeln von Leder, bestehend aus Salzen langkettiger Amine (z. B. Diäthanoloctadecylaminhydrochlorid).

D.R.P. 545264/Kl. 12o vom 19. 9. 1930. — C. 1932, I, 2784; Coll. 1932, 447.
E.P. 387693 vom 31. 7. 1931. — C. 1933, I, 4090; Coll. 1934, 36.

I. G. Farbenindustrie A. G., Frankfurt a. M.

Verfahren zur Herstellung emulgierbarer Fettgemische, insbesondere für die Lederindustrie. Ungesättigte Fettsäuren bzw. ihre Ester (Tran) werden mit schwefligsauren Salzen (Natriumsulfit, Natriumbisulfit) unter gleichzeitiger Einwirkung von Oxydationsmitteln mit oder ohne Zusatz von Katalysatoren behandelt.

F.P. 707966 vom 18. 12. 1930. — C. 1931, II, 3071.

Erba A. G., Deutschland.

Herstellung von Hilfsmitteln für die Textil- und Lederindustrie. Höhermolekulare Ketone und Aldehyde, die bei der Destillation der Kalksalze von höhermolekularen Fettsäuren entstehen, werden mit Seifen, Türkischrotölen oder dgl. emulgiert.

F.P. 711210 vom 30. 12. 1930. — C. 1931, II, 3160.

Deutsche Hydrierwerke A. G., Berlin.

Herstellung von Netz-, Dispergierungs- und Emulgierungsmitteln durch Umsetzung der Mineralsäureestersalze höhermolekularer Alkohole, die eine primäre Hydroxylgruppe besitzen, mit neutralen schwefligsauren Salzen, eventuell unter Anwendung von Druck und in Gegenwart von Beschleunigern und indifferenten Lösungsmitteln. Ähnliche Verfahren:

E.P. 360539 vom 29. 8. 1930. — C. 1932, I, 877.

F.P. 716705 vom 7. 5. 1931. — C. 1932, II, 446.

I. G. Farbenindustrie A. G., Frankfurt a. M.

Holl.P. 36785 vom 24. 12. 1932. — C. 1936, I, 2212.

F.P. 749228 vom 18. 1. 1933. — C. 1933, II, 3932.

Chemische Fabrik Grünau Landshoff & Meyer A. G., Berlin-Grünau.

Dispergierungsmittel für die Leder- und Textilindustrie, bestehend aus Kondensationsprodukten aus Halogeniden bzw. Anhydriden von höhermolekularen Fettsäuren und höhermolekularen Eiweißspaltprodukten.

E.P. 413457 vom 20. 4. 1933. — C. 1934, II, 3049; Coll. 1936, 121.

I. G. Farbenindustrie A. G., Frankfurt a. M.

Emulgierungs-, Netz- und Weichmachungsmittel für die Textil- und Lederindustrie, bestehend aus Sulfamiden, die aus höhermolekularen aliphatischen Sulfochloriden (z. B. Dodecylsulfochlorid) durch Einwirkung von Ammoniak oder Aminen (z. B. Äthylendiamin, Methyltaurin) entstehen.

E.P. 434424 vom 27. 2. 1934. — C. 1936, I, 2212.

Imperial Chemical Industries Ltd., London.

Dispergierungsmittel für die Lederindustrie. Moellon, Degras und ähnliches werden mit Äthylenoxyd kondensiert.

F.P. 771614 vom 10. 4. 1934. — C. 1935, I, 2091.

Gesellschaft für Chemische Industrie in Basel, Basel.

Netz-, Reinigungs-, Emulgierungs- und Weichmachungsmittel. Aliphatische oder hydroaromatische Polyoxyamine (Glucamin, Fructosamin usw.) werden mit Fettsäurehalogeniden (z. B. Laurinsäurechlorid) acyliert.

F.P. 785006 vom 31. 1. 1935. — C. 1936, I, 1468.

H. Th. Böhme A. G., Chemnitz.

Wässerige Ölemulsionen von Fettstoffen sowie Mineralölen für die Textil- und Lederindustrie. Anwendung von Gemischen als Emulgatoren, deren eine Komponente ein kolloides Kation (Pyridiniumsalze, langkettige, aliphatische quaternäre Ammoniumverbindungen, z. B. Laurylpyridiniumsulfat), deren andere Komponente ein kolloides Anion (z. B. höhermolekulare aliphatische Sulfonierungsprodukte) enthält.

3. Verschiedene Fettungsprodukte.

D.R.P. 286437/Kl. 28a vom 9. 4. 1913. — C. 1915, II, 570.

Dr. Otto Röhm, Darmstadt.

Verfahren zum Ersatz von Eigelb bei der Herstellung von Glacéleder sowie zum Fetten anderer Ledersorten, insbesondere vegetabilischen Leders. Verwendung sulfonierter Öle, die frei von Seifen sind, gegebenenfalls unter Zusatz flüchtiger, öllöslicher Stoffe, wie Toluol, Essigester oder dgl. und Verdünnung mit unverändertem Öl.

D.R.P. 344016/Kl. 28a vom 17. 6. 1915. — C. 1922, II, 659; Coll. 1921, 505.
Ö.P. 85685 vom 10. 6. 1916. — C. 1922, II, 659.
A.P. 1414014 vom 13. 6. 1917. — C. 1923, II, 1048.

Dr. Otto Röhm, Darmstadt.

Verfahren zur Herstellung eines Mittels zum Fetten von Leder aller Art und zur Fettgerbung. Verwendung sulfonierter Öle, für deren Sulfonierung nur soviel Schwefelsäure verwendet wird, daß sie nach dem Neutralisieren gerade noch gut löslich sind.

D.R.P. 323803/Kl. 23c vom 11. 5. 1918. — C. 1920, IV, 449.
Zus.P. 326038/Kl. 23c vom 31. 5. 1918. — C. 1920, IV, 724.

Willy Burkhardt, Duisburg.

Schmier- und Ledereinfettungsmittel, bestehend aus Wollfettalkoholen für sich allein oder im Gemisch mit anderen Lederfetten.

D.R.P. 359998/Kl. 28a vom 15. 10. 1918. — C. 1923, II, 208; Coll. 1922, 292.
Ö.P.   87317   vom 28. 9. 1918. — C. 1922, IV, 779.

V. B. Goldberg und *Eidam,* Wien.

Verfahren zum Fetten von Leder- und Textilfasern mittels oxydierter, ungesättigter Pflanzenölfettsäuren mit einer Jodzahl von 115 bis 145 (Maisölfettsäure).

D.R.P. 354165/Kl. 28a vom 26. 8. 1919. — C. 1922, IV, 467; Coll. 1922, 156.

Gerb- und Farbstoffwerke H. Renner & Co. A. G., Hamburg.

Verfahren zur Herstellung eines Gerb- und Lederschmiermittels aus Oxyfettsäuren und Phenol. Die aus Oxyfettsäuren (Glykolsäure, Milchsäure, Ricinusölsäure oder Glyceride, wie Ricinusöl) nach der Destillation bei gewöhnlichem oder vermindertem Druck entstehenden Harze werden mit ein- oder mehrwertigen Phenolen vermischt.

D.R.P. 482965/Kl. 23c vom 23. 6. 1922. — C. 1929, II, 2942; Coll. 1929, 661.

A. Riebecksche Montanwerke A. G., Halle.

Herstellung von Gerbfetten u. dgl. aus Kolophonium und Ricinusöl nach D.R.P. 451180 durch Behandlung mit Wasserstoff unter Druck und bei erhöhter Temperatur in Gegenwart geeigneter Katalysatoren.

A.P. 1609798 vom 18. 7. 1923. — C. 1927, II, 661; Coll. 1929, 275.

Gust. A. Danielson, Los Angeles, V. St. A.

Mittel zum Wasserdichtmachen von Leder. Auf die Oberfläche des Leders wird eine Paste, bestehend aus Talg, Bienenwachs, Klauenöl, Kolophonium, Terpentinöl und Paraffin aufgetragen.

A.P. 1721762 vom 25. 6. 1925. — C. 1930, I, 1259; Coll. 1931, 321.

Standard Oil Development Co., Delaware, V. St. A.

Mittel zum Zurichten von Lederriemen, bestehend aus 70 Teilen Mineralschmieröl, 20 Teilen löslichem Mineralölnatriumsulfonat, 10 Teilen Klauenöl, dem eventuell 2,6% Kolophonium zugesetzt sind.

A.P. 1715892 vom 27. 7. 1925. — C. 1931, I, 1224.
Can.P. 276497 vom 21. 7. 1926. — C. 1930, II, 2219; Coll. 1932, 304.
E.P.   255908 vom 27. 7. 1926. — C. 1928, I, 2227; Coll. 1931, 264.

Standard Development Co., New York.

Lederöl, bestehend aus Mineralöl, Mineralölsulfonat (Na-Salz) und Tran bzw. Transeife.

1. **D.R.P. 514399**/Kl. 28a vom 17. 7. 1927. — C. 1931, I, 1054; Coll. 1931, 33.
2. **Zus.P. 516187**/Kl. 28a vom 7. 9. 1927. — C. 1931, I, 2153; Coll. 1931, 222.
3. **Zus.P. 516188**/Kl. 28a vom 25. 10. 1927. — Coll. 1931, 223.
4. **Zus.P. 516189**/Kl. 28a vom 25. 12. 1927. — Coll. 1931, 223.

Hermann Bollmann und *Dr. Bruno Rewald,* Hamburg.

5. **Zus.P. 522041**/Kl. 28a vom 6. 12. 1927. — C. 1931, II, 1665; Coll. 1931. 228.
Zus.P. zu Zus.P. 516187.

Hanseatische Mühlenwerke A. G. und *Dr. Bruno Rewald,* Hamburg.

F.P. 647456 vom 18. 1. 1928. — C. 1929, II, 1616.
Ö.P. 117838 vom 13. 1. 1928. — C. 1930, II, 3495.
Holl.P. 22981 vom 24. 1. 1928. — C. 1931, I, 1054.

Hermann Bollmann und *Dr. Bruno Rewald,* Hamburg.

E.P. 306672 vom 23. 1. 1928. — C. 1930, I, 319; Coll. 1931, 271.

Hanseatische Mühlenwerke A. G. und *Dr. Bruno Rewald,* Hamburg.

1. **Mittel zum Fetten von Leder,** bestehend aus einer Mischung von Lecithin, tierischen oder pflanzlichen (Sojabohnen) Ursprungs und fetten, tierischen oder pflanzlichen Ölen.

2. Anwendung als Licker.
3. Fettungsmittel, bestehend aus einer Lösung von Lecithin in Wasser.
4. Zusatz von Seife oder sulfoniertem Öl.
5. Als Emulgator werden die bei der Gewinnung von Phosphatiden aus Sojaschlamm anfallenden Rückstände verwendet.

D.R.P. 545698/Kl. 28a vom 4. 12. 1927. — Coll. 1932, 450.
  F.P. 659209   vom 21. 8. 1928. — C. 1930, I, 626.
Oranienburger Chemische Fabrik A. G., Berlin-Charlottenburg.

Verfahren zur Herstellung kältebeständiger Öle. Klauenöl wird mit 15 bis 35% seines Gewichtes an flüssigen Fettsäuren vermischt und die Mischung gegebenenfalls nach bekannten Methoden, insbesondere durch Sulfonierung, wasserlöslich gemacht.

1. D.R.P. 517353/Kl. 28a vom 8. 12. 1927. — C. 1931, II, 1665; Coll. 1931, 225.
2. D.R.P. 517354/Kl. 28a vom 24. 2. 1928. — C. 1931, II, 1665; Coll. 1931, 226.
Hermann Bollmann und *Dr. Bruno Rewald*, Hamburg.

Fettprodukte für die Glacégerbung.
1. Phosphatide pflanzlichen oder tierischen Ursprungs mit einem Gehalt an einer aromatischen oder aliphatischen Sulfosäure und gegebenenfalls einem pflanzlichen, insbesondere aus Sojabohnen, gewonnenen Eiweiß.
2. Emulsion von Phosphatiden und Eiweiß, das in geringen Mengen Alkali gelöst wird.

1. D.R.P. 581765/Kl. 28a vom 17. 12. 1927. — C. 1933, II, 1823; Coll. 1933, 638.
2. Zus.P. 626145/Kl. 28a vom 13. 11. 1932. — C. 1936, I, 4243; Coll. 1936, 186.
Aktiengesellschaft für medizinische Produkte, Berlin.

Eidotterersatz für die Herstellung von Leder.
1. Sterinreiche Öle oder Fette, die durch Ausziehen von sterinhaltigen Ölen und Fetten (Sojabohnenöl, Dorschlebertran usw.) mit heißem Alkohol gewonnen werden, werden für sich oder in Gemisch mit anderen Fetten und Ölen benutzt.
2. In Mischung mit Ölen und Fetten werden sterinreiche Produkte verwendet, die aus Organen, wie z. B. Pferdehirn, Galle, Fischleber usw., durch Verseifung und Extraktion mit Fettlösungsmitteln gewonnen werden.
Vgl. auch **D.R.P. 596061**/Kl. 28a vom 26. 2. 1931. — C. 1934, II, 388; Coll. 1934, 248.

D.R.P. 596576/Kl. 28a vom 21. 8. 1928. — Coll. 1934, 299.
  E.P. 317730   vom 19. 8. 1929. — C. 1929, II, 3203.
Oranienburger Chemische Fabrik A. G., Berlin-Charlottenburg.

Fettungsmittel für Leder, bestehend aus Lecithin, gegebenenfalls im Gemisch mit Fettstoffen, wie Olivenöl, Klauenöl usw., einem Emulgierungsmittel (Eiweißstoffe, Kohlenhydrate, Seife, sulfonierte Fette, aromatische und hydroaromatische Sulfosäuren, Eigelb) und einem ganz oder teilweise wasserlöslichen Lösungsvermittler (Glykol, Glycerin usw.).

D.R.P. 560054/Kl. 28a vom 7. 12. 1928. — C. 1932, II, 3347; Coll. 1933, 29.
  E.P. 337524   vom 5. 9. 1929. — C. 1931, I, 1224; Coll. 1932, 287.
Dr. Otto Röhm, Darmstadt.

Fettprodukt für die Glacélederherstellung. Ölemulsionen, bestehend aus Klauenöl, Tran oder Olivenöl und einem Zusatz von Estern aus zwei- oder mehrwertigen Alkoholen und Phosphorsäure (z. B. Glycerinphosphorsäure) oder deren Salzen sowie gegebenenfalls Methylcellulose, Tragant oder Leim.

A.P. 1836756 vom 5. 9. 1929. — C. 1933, I, 719; Coll. 1934, 26.
John Emil Johnson, St. Paul, Minnesota.

Mittel zum Wasserdichtmachen von Leder, bestehend aus 50 Teilen Hammeltalg, 5 bis 10 Teilen Vaseline und 100 bis 150 Teilen Tran. Das Gemisch wird in der Wärme zusammengerührt.

Schw.P. 152258 vom 3. 3. 1931. — C. 1932, II, 1856.
Elise Sidler-Schori, Zürich.

Verfahren zur Herstellung eines wasserdichtmachenden Lederfettes. Pflanzenöl (Baumöl), Tierfett (Rinderfett, Schweinefett, Tran), Wachs und Terpentinöl werden durch Erwärmen miteinander gebunden.

F.P. 390534 vom 7. 10. 1931. — C. 1933, II, 3788; Coll. 1935, 139.

Deutsche Hydrierwerke A. G., Rodleben b. Roßlau.

Imprägnier- und Weichmachungsmittel für Leder, bestehend aus Estern des Cyclohexanols oder seiner Homologen, die keine Sulfo- oder Aminogruppen enthalten, mit hochmolekularen aliphatischen oder hydrocyclischen Monocarboxylsäuren (z. B. Palmitincyclohexylester).

A.P. 1968004 vom 16. 12. 1931. — C. 1934, II, 4058; Coll. 1936, 120.

John G. Lanning, Corning, N. Y., V. St. A.

Fettungsmittel für Leder von besonders hohem Eindringungsvermögen, bestehend aus 95% Lebertran und 5% Methylsalicylat oder Wintergrünöl. Bei Riemenleder verhindert die Mischung das Gleiten.

4. Verfahren zum Fetten von Leder.

E.P. 243438 vom 27. 8. 1924. — Coll. 1929, 267.
F.P. 604013 vom 27. 8. 1925. — C. 1927, I, 2262.

R. H. Pickard, D. Jordan Lloyd und *A. E. Caunce*, London.

Verfahren zur Fettung von Chromleder. Das feuchte Leder wird mit Aceton bis auf einen Wassergehalt von 14 bis 20% entwässert und nach dem Trocknen mit heißer Luft bei 57° C in üblicher Weise gefettet.

F.P. 615951 vom 1. 10. 1925. — C. 1927, II, 662; Coll. 1929, 273.

Association Parisienne pour l'Industrie Chimique, Paris.

Verfahren zum Weich- und Geschmeidigmachen von Leder. Anwendung neutraler oder saurer Ester höherer Fettsäuren mit aliphatischen, aromatischen oder Terpenalkoholen (z. B. Ricinussäurebenzylester) für sich oder gemischt in geeigneten Lösungsmitteln gelöst.

Schwz.P. 121819 vom 13. 2. 1926. — C. 1928, I, 2480; Coll. 1931, 318.

Henri Welti, Basel.

Verfahren zur Herstellung von schwarzem und farbigem Oberleder. Ganz oder teilweise mineralisch gegerbte Leder werden zur Erzeugung eines guten Glanzes mit einer wässerigen Emulsion imprägniert, die man mit oder ohne Zusatz von Emulgierungsmitteln aus Montan-, Bienen-, Karnaubawachs oder auch Walrat herstellt.

D.R.P. 567177/Kl. 28a vom 29. 12. 1926. — Coll. 1933, 163.
E.P. 307775 vom 13. 12. 1927. — C. 1930, I, 3140.
F.P. 646395 vom 27. 12. 1927. — C. 1929, II, 246; Coll. 1931, 317.

I. G. Farbenindustrie A. G., Frankfurt a. M.

Verfahren zum Fetten von Leder mit Wollfettsäuren, die in Gegenwart von Phenol nach dem Verfahren des D.R.P. 531296 (F.P. 645819, E.P. 307776) sulfoniert sind, indem entweder mit den wässerigen Lösungen dieser Produkte gelickert wird oder sie durch Walken oder Einreiben dem Leder einverleibt werden.

D.R.P. 532329/Kl. 28a vom 20. 4. 1927. — Coll. 1931, 797.
Ö.P. 117831 vom 30. 5. 1927. — C. 1930, II, 1326; Coll. 1932, 298.

Johann Georg Kastner, Frankfurt a. M.

Verfahren zum Fetten von Chromleder. Zusatz von 30% eines Sudes bzw. Auszuges von Johannisbrotkernen zum Fettlicker. Dem Sud wird gegebenenfalls ein Konservierungsmittel, vorzugsweise Formaldehyd, zugefügt.

F.P. 638257 vom 26. 7. 1927. — C. 1928, II, 1962; Coll. 1930, 129.

Carl Freudenberg G. m. b. H., Weinheim.

Herstellung von schwarzem und farbigem Oberleder. Zur Erzielung von Glanz und zur Vermeidung von Brüchig-, Rissigwerden und Farbveränderungen werden ganz oder teilweise mineralisch gegerbte Leder während oder nach der Gerbung oder Färbung mit einer wässerigen Emulsion von 1 bis 3% vom Gewicht des Leders an Wachs (Karnauba-, Montan-, Bienenwachs, Walrat u. a.) oder anderen glänzendmachenden Mitteln imprägniert.

F.P. 653519 vom 27. 4. 1928. — C. 1930, II, 681; Coll. 1932, 289.

Paul Fouriscot et Fils G. m. b. H., Frankreich.

Herstellung von wasserdichtem Leder. Behandeln der trockenen, mit Myrobalanen und Quebrachoextrakt gegerbten Häute bei 60⁰ C mit einer Mischung von Moellon, Talg, Ricinusöl, Dorschtran, Norwegertran und Harz.

D.R.P. 525379/Kl. 28a vom 15. 9. 1928. — C. 1931, II, 1805; Coll. 1931, 410.

Deutsche Hydrierwerke A. G., Rodleben b. Roßlau, Anhalt.

Verfahren zum Konservieren und Geschmeidigmachen von Lederriemen und anderen Lederwaren. Verwendung von festen oder flussigen Estern zweibasischer Säuren (z. B. Phthalsäure) mit höhermolekularen Alkoholen (Oleinalkohol, Cetylalkohol) fur sich oder in Verbindung mit anderen bekannten Stoffen, wie Wollfett, Montanwachs, Ceresin usw.

E.P. 329642 vom 21. 1. 1929. — C. 1930, II, 1938; Coll. 1932, 286.

Ernst Luckhaus, Duisburg.

Verfahren zum Kaltschmieren und Trocknen von Leder. Die Ledercroupons werden mit 15% einer Mischung von Talg und Tran auf der Fleischseite geschmiert und in einer evakuierten Apparatur bei 35⁰ C und 600 mm Druck getrocknet.

D.R.P. 568769/Kl. 28a vom 11. 3. 1930. — Coll. 1933, 233.
F.P. 713737   vom 10. 3. 1931. — C. 1932, I, 2126; Coll. 1933, 165.

Chemische Fabrik Siegfried Kroch A. G., Berlin-Charlottenburg und *J. H. Epstein A. G.*, Frankfurt a. M.-Niederrad.

Verfahren zum Fetten von Leder mittels sulfoniertem, gegebenenfalls kalk- und säurebeständigem Eieröl.

D.R.P. 629996/Kl. 28a vom 4. 10. 1931.

I. G. Farbenindustrie A. G., Frankfurt a. M.

Verfahren zum Fetten von tierischen Häuten und Leder. Als Fettungs- und Emulgierungsmittel werden ester- oder amidartige Kondensationsprodukte von höheren ungesättigten Fettsäuren (z. B. Tran- oder Leinölfettsäure) und Oxy- oder Aminoalkylsulfonsäuren (z. B. Oxyäthansulfosäure, Aminoäthansulfosäure) verwendet.

F.P. 734959 vom 11. 4. 1932. — C. 1933, I, 719; Coll. 1934, 41.
E.P. 387542 vom 11. 4. 1932.

Chemische Fabrik Siegfried Kroch A. G. und *J. H. Epstein A. G.*, Deutschland.

Verfahren zum Fetten von Leder mit vegetabilischen Ölen, die einen Gehalt von zirka 85% oder mehr an ungesättigten Fettsäuren der Ölsäurereihe oder deren Ester und eine Kältebeständigkeit von unter — 6⁰ aufweisen, vorzugsweise unter Verwendung von Emulgatoren oder im sulfonierten Zustand (z. B. Teesaatöl, Aprikosenkernol, Pfirsichkernöl, Mandelöl).

E.P. 432636 vom 22. 1. 1934. — C. 1936, I, 488.

Imperial Chemical Industries Ltd., London, *Richard Greenhalgh* und *George St. J. White*, Blackley, Manchester.

Fetten von Leder. Zum Einschmieren von Ledersohlen wird eine Mischung von Tran, Mineralölen, ungesättigten Fettsäuren und Ammoniak benutzt.

D.R.P. 244066/Kl. 28a vom 31. 1. 1911.

Fritz Kornacher, Auerbach, Hessen.

Verfahren zur Herstellung festen, fast vollkommen wasserdichten, gleitfreien Leders. Vegetabilisch vorgegerbtes oder mineralisch durchgegerbtes und vegetabilisch nachgegerbtes Leder wird nach dem Bleichen und Trocknen mit verseifbaren und unverseifbaren Fettstoffen durch Einbrennen imprägniert und darnach durch Behandlung mit schwacher Alkalilauge und Waschen mit schwacher Schwefelsäure oberflächlich entfettet, gereinigt, gebleicht und gegebenenfalls mit vegetabilischen Gerbstoffen nachgegerbt.

1. **D.R.P.** 261323/Kl. 28a vom   9. 2. 1912. — Coll. 1913, 146 u. 389.
2. **Zus.P.** 272782/Kl. 28a vom 12. 1. 1913. — Coll. 1914, 343.
   F.P. 440736   vom 28. 2. 1912. — Coll. 1913, 517.

Pierre Castiau, Renaix, Belgien.

Verfahren zur Herstellung festen, fast vollkommen wasserdichten, gleitfreien Leders, insbesondere Sohlleders.
1. Chromsohlleder wird nach einer vegetabilischen Nachgerbung ausgewaschen, getrocknet und darauf mit einer auf 80 bis 100° C erwärmten Mischung von Paraffin und Harz imprägniert.
2. Nach der Imprägnierung und dem Erkalten wird das Leder in ein die Fettstoffe lösendes Lösungsmittel (Benzin, Alkohol usw.) getaucht, um die Fettstoffe aus der Oberfläche zu entfernen.

A.P. 1738934 vom 12. 11. 1926. — C. 1930, II, 346.

Ritter Dental Mfg. Inc., Rochester, New York.

Verfahren zum Imprägnieren von Leder. Nach einer Vorbehandlung mit Aceton, um die Poren zu öffnen, wird das Leder mit einer Mischung aus 3 Teilen Bienenwachs, 1 Teil Karnaubawachs, 1 Teil Montanwachs und $1^1/_2$ Teilen Paraffin eingebrannt.

D.R.P. 524212/Kl. 28a vom 18. 12. 1927. — Coll. 1931, 409.
Ung.P. 97612   vom 15. 9. 1928. — C. 1930, I, 2346; Coll. 1931, 318.
Zus.P. 99891   vom 15. 9. 1928. — C. 1936, I, 265.

Röhm & Haas A.G., Darmstadt.

Verfahren zur Behebung des Glitschens. Eisen- oder chromgare Leder werden in bekannter Weise mit trocknenden Ölen (Leinöl, Holzöl) oder Mischungen davon, die unter Zusatz von Sikkativen gekocht sein können, imprägniert und getrocknet.

F.P. 681598 vom 17. 8. 1929. — C. 1930, II, 1326; Coll. 1932, 293.

Emile Gagnan, Frankreich.

Imprägnierungsverfahren für Leder und ähnliche Stoffe. Eintauchen der Leder bei gewöhnlicher Temperatur oder in der Wärme, gegebenenfalls unter Druck, in eine Mischung von nichtcyclischen Kohlenwasserstoffen (Vaselinöl oder Paraffinöl) und einer bestimmten Menge Ozokerit oder Ceresin.

D.R.P. 588611/Kl. 28b vom 25. 1. 1933. — C. 1934, I, 1146; Coll. 1934, 93.

Lederwerke Becker & Co., Offenbach a. M.-Bürgel.

Vorrichtung zum Wasserdichtmachen von Leder. Um das Durchschlagen der Fettstoffe zu verhindern, wird das auf der Fleischseite mit Fett versehene Leder gepreßt, wobei die Fettseite beheizt und die Narbenseite gekühlt wird.

D.R.P. 617117/Kl. 28a vom 8. 11. 1933. — C. 1935, II, 3047.

Robert Bosch A.G., Stuttgart.

Imprägnieren von Lederdichtungen mit einem Gemisch aus unverseiftem Talg und mit Kalk verseiftem Talg.

5. Gerböle.

D.R.P. 557203/Kl. 28a vom 28. 12. 1926. — C. 1932, II, 2277; Coll. 1932, 866.
F.P. 700727   vom 18. 8. 1930. — C. 1931, II, 181; Coll. 1932, 296.

Farb- und Gerbstoffwerke Carl Flesch jr., Frankfurt a. M.

E.P. 282710 vom 4. 8. 1927. — C. 1929, I, 2383.

Herbert Flesch, Frankfurt a. M.

Schwz.P. 133206 vom 28. 6. 1927. — Coll. 1931, 319.
F.P. 637441 vom 28. 6. 1927. — C. 1928, II, 1962; Coll. 1930, 129.

Carl Dreyfuss, Deutschland.

Verwendung von stark sulfonierten Ölen und Fetten beim Gerben. Schwefelsäureester von Ölen und Fetten (hochsulfonierte Türkischrotöle) mit einem Gehalt von mehr als 6% an organisch gebundener Schwefelsäure werden bei den vorbereitenden Prozessen und bei der vegetabilischen sowie mineralischen Gerbung verwendet.

1. **D.R.P.** 598300/Kl. 28a vom 5. 3. 1927. — C. 1934, II, 1884; Coll. 1934, 434.
2. **Zus.P.** 602749/Kl. 28a vom 7. 5. 1927. — C. 1934, II, 3890; Coll. 1934, 586.
Oranienburger Chemische Fabrik A. G., Oranienburg.
Verfahren zum Gerben tierischer Häute.
1. Den Gerbbrühen werden wasserlösliche, an sich nicht gerbend wirkende Sulfonsäuren oder Sulfonsäuresalze zugesetzt, die aus Fetten, Ölen oder Fettsäuren, gegebenenfalls in Gemisch mit aromatischen Kohlenwasserstoffen, Alkoholen, Ketonen, Lactonen oder Carbonsäureanhydriden bzw. -chloriden durch intensive Sulfonierung hergestellt sind.
2. Es werden die entsprechenden halogensubstituierten Sulfonsäuren oder deren Salze verwendet.

F.P. 743517 vom 3. 10. 1932. — C. 1933, II, 650.
E.P. 401481 vom 13. 10. 1932.
I. G. Farbenindustrie A. G., Frankfurt a. M.
Verfahren zur Herstellung und Behandlung von Leder und Pelzen. Gegerbte und nichtgegerbte Häute und Felle werden mit Sulfonsäuren gesättigter und ungesättigter Verbindungen, die mehr als 8 C-Atome und gerbende und fettende Eigenschaften besitzen, behandelt.

G. Appretieren.

1. Verschiedene Appreturen (Fett-, Harz-, Wachs, Schleim-, Eiweiß- und andere Appreturen).

D.R.P. 289188/Kl. 28a vom 2. 10. 1912. — C. 1916, I, 199; Coll. 1916, 70.
Wilhelm Neuhoff, Mülheim-Ruhr.
Verfahren zur Herstellung wasserdichten und farbbeständigen, mit Anilinfarben gefärbten Leders. Das Leder wird nach der Färbung mit einer im wesentlichen aus einem trocknenden Öl und zitronensaurem Kalk bestehenden Appretur und darauf mit einem aus Eiweißstoff und Firnis bereiteten Überzug versehen.

D.R.P. 302158/Kl. 22g vom 14. 4. 1915. — C. 1918, I, 251.
Franz Nathó, Hamburg.
Verfahren zur Herstellung einer Imprägnierungsmasse für Leder, Gewebe usw. Burgunderharz, Cumaron- oder ähnliche andere Harze und tierische Fette werden bis zu einer gewissen Konsistenz erhitzt, durch Zusatz von pulverisiertem Schwefel vulkanisiert, auf 30 bis 40⁰ abgekühlt und mit flüchtigen Lösungsmitteln, wie Benzol, Tetrachlorkohlenstoff verdünnt.

D.R.P. 340774/Kl. 75c vom 23. 8. 1919. — C. 1922, II, 39.
Zus.P. 347119/Kl. 75c vom 14. 11. 1920. — C. 1922, II, 530.
Zus.P. 348129/Kl. 75c vom 3. 1. 1920. — C. 1922, II, 705.
Zus.P. 355632/Kl. 75c vom 4. 6. 1921. — C. 1922, IV, 553.
Elise Handke, Gisela Hedwig Anna Handke, Bodo Georg Bernhard Handke und *Walter Schoerk*, Berlin.
Verfahren zur Herstellung einer Überzugsfarbhaut für Lederwaren und andere Stoffe. Lösung von Paragummi, Harzen (Mastix, Kolophonium, Schellack) und wasserbeständiger Deckfarbe in Terpentinöl. An Stelle von Paragummi kann eine Lösung von Guttapercha in einer Mischung von Terpentinöl und einem flüchtigen Kohlenwasserstoff (Benzin, Benzol) oder Schwefelkohlenstoff benutzt, neben Harz noch Wachs zugefügt werden.

A.P. 1385184 vom 14. 10. 1919. — C. 1922, IV, 603.
Wyman H. Meade und *Sven H. Friestedt*, Camden, New Jersey, V. St. A.
Verfahren zur Herstellung einer grauen Lederappretur. Zu einer Lösung aus Karnaubawachs, Borax, Casein und Schellack gibt man gepulvertes Selen bzw. Antimon, Tellur und Graphit.

D.R.P. 389251/Kl. 22g vom 2. 9. 1921. — C. 1924, I, 1612.
E.P. 165302 vom 21. 5. 1920. — C. 1921, IV, 1069.
Alfred Remengo, Caldwell, Whittier, California, V. St. A.
Lederappretur. Man löst Bienenwachs bei Temperaturen unter 100⁰ C in Asphalt und setzt Kautschuklösung, Ruß und Japantrockner zu. Nach dem Erkalten verdunnt man mit Benzin oder Gasolin.

A.P. 1393697 vom 28. 5. 1921. — C. 1922, II, 206.

Presto Color Company, Cudahy, Wisconsin, V. St. A.

Verfahren zur Herstellung eines Farbgrundes für Lederappreturen, bestehend aus feingemahlenem Pigment, einem in Wasser löslichen Öl, Wasser und etwas Sublimat.

D.R.P. 407691/Kl. 22g vom 21. 3. 1924. — C. 1925, I, 1138; Coll. 1925, 212.

Dr. Carl Ebel, Mailand.

Lederlack. Wässerige Schellack-Borax-Lösung, die einen Zusatz von Saponin enthält.

E.P. 254350 vom 31. 12. 1924. — C. 1926, II, 2947.

P. Spence & Sons Ltd., Manchester und *M. C. Lamb*, London.

Färben von Leder. Das Leder erhält einen Aufstrich von Titaniumtannat und anschließend wird durch Bürsten oder Spritzen eine wässerige Lösung von Tragant, Gummiarabicum, Irischmoos aufgebracht, der man Mineralfarben, basische oder öllösliche Farbstoffe zusetzen kann.

A.P. 1696815 vom 30. 11. 1926. — C. 1929, I, 2383; Coll. 1931, 320.

Abram Small, Danvers, Mass., V. St. A.

Glätten und Fertigmachen von Leder. Man überzieht Leder mit einer Casein-, Schellack-, Wachs-, Harz- und Eiweißlösung, der Latex zugesetzt ist, trocknet, überzieht mit derselben Lösung, doch ohne Latexzusatz, bestäubt nach dem Trocknen mit Talk und ähnlichen Stoffen und preßt das Leder zwischen heißen Platten bei zirka 60 bis 80° C.

CanP. 280294 vom 5. 12. 1927. — C. 1933, I, 3527; Coll. 1934, 32.

Myron Laskin, Milwaukee, V. St. A.

Gerbverfahren. Die in bekannter Weise gegerbten Felle werden auf der Fleischseite geschliffen und mit einer Farbstoff enthaltenden Gummitragantlösung eingefärbt und getrocknet. Dann wird auf die Fleischseite ein Pigmentfinish, bestehend aus einer Lösung von Karnaubawachs, Bienenwachs und Casein mit einem Zusatz an präpariertem Blut, Nitrobenzol und schwarzem Pigment aufgetragen und getrocknet. Anschließend wird eine Wachslösung aufgetragen, das Leder getrocknet und glanzgestoßen.

A.P. 1847629 vom 13. 11. 1929. — C. 1932, I, 3024; Coll. 1933, 114.

James W. M. Skinner, Flatts, Bermuda.

Lederappretur. Eine Mischung aus 72 Teilen Talg, 3,5 Teilen Vaseline, 13,5 Teilen Seife, 9 Teilen Bienenwachs und 2 Teilen Harz wird in das Leder eingerieben.

Ung.P. 102199 vom 16. 4. 1930. — C. 1931, II, 1240; Coll. 1932, 462.

C. M. Müller & Co., Budapest.

Lederappretur. Harze und Alkalien (Soda, Pottasche) und Anilin- oder Holzfarbe werden zusammengeschmolzen und die Masse nach dem Erkalten pulverisiert.

R.P. 21323 vom 24. 5. 1930. — C. 1932, I, 2125.

A. S. Kostenko und *W. L. Woitzechowski*, USSR.

Wasserdichtmachen von Leder. Das Leder wird mit einer Mischung aus Leim, Seife und Albumincaseinfarben appretiert und darauf mit Schwermetallsalzlösungen behandelt.

1. **A.P. 1975670** vom 3. 6. 1930. — C. 1935, I, 1162.
   E.P. 384663 vom 28. 5. 1931. — C. 1933, I, 2498; Coll. 1934, 35.
2. **A.P. 1975671** vom 3. 6. 1930. — C. 1935, I, 1162.
3. **E.P. 384664** vom 28. 5. 1931. — C. 1933, I, 2498; Coll. 1934, 35.

Charles G. Shaw, Huntsville und *Jaques Hoffman*, Toronto, Ontario, Canada.

Verfahren zum Imprägnieren von Sohlleder.
1. Die Leder werden von der Narbenseite mit einem Lack folgender Zusammensetzung versehen: 5 Teile Nitrocellulose, 3 Teile Ricinusöl, 1,5 Teile Leinölfirnis, 35 Teile Äthylacetat, 8 Teile Amylacetat und 40 Teile Toluol. Nach einstündigem

Trocknen wird ein zweiter Lack aufgespritzt aus 7 Teilen Pyroxylin, 6 Teilen Ricinus-öl, 10 Teilen roher Sienna, 20 Teilen Butylacetat, 20 Teilen Äthylacetat, 3 Teilen Butyllactat und 20 Teilen Toluol und die Leder 12 Stunden getrocknet.
2. Die mit zwei Aufstrichen versehenen Leder werden noch mit einer Mischung aus 20 Teilen Kornzucker, 10 Teilen Wasser, 10 Teilen Magnesiumsulfat, 10 Teilen Stearin, 20 Teilen Paraffin, 15 Teilen Asphalt, 15 Teilen Petroleumdestillat und 5 Teilen sulfoniertem Tran im Faß bei 40 bis 55° C appretiert, auf der Narbenseite ausgesetzt, mit Wasser von 38° C abgespült und die Narbenseite mit Naphtha abgerieben.
3. Vor dem Auftragen der ersten Lackschicht werden die Leder von der Narbenseite mit einer heißen, 2proz. Boraxlösung und dann mit einer verdunnten Losung einer organischen Säure (Essig- oder Milchsäure), der 2% eines sulfonierten Öles zugesetzt sind, behandelt. Nach dem zweiten Aufstrich und dem nachfolgenden Trocknen werden die Leder mit einer Wachsemulsion, bestehend aus 2 Teilen Karnaubawachs, 1 Teil Ceresin und 1 Teil Turkischrotöl, eingerieben.

D.R.P. 621978/Kl. 12o vom   5. 12. 1930. — C. 1936, I, 2474.
D.R.P. 624876/Kl. 8k vom 30. 4. 1931.
   F.P. 723718   vom   1. 10. 1931. — C. 1933, I, 1064; Coll. 1934, 39.
   Farb- und Gerbstoffwerke Carl Flesch jr., Frankfurt a. M.
   Behandlungsmittel für Textilien und Leder. Durch Behandeln von Kohlenhydraten (Cellulose, Stärke) mit Schwefel- oder Phosphorsäure hergestellte Produkte werden in Form ihrer Alkali-, Erdalkali-, Aluminium-, Zink-, Zinn- oder Bleisalze zum Appretieren von Textilien sowie zum Beschweren, Imprägnieren und Appretieren von Leder und zum Gerben verwendet.

Ung.P. 104987 vom 23. 12. 1930. — C. 1933, I, 2771.
   J. Fazekas, Pesterzsébet.
   Glanzmittel für die Fleischseite von Sohlen- und Unterleder. Die aus Casein durch Behandeln mit den Hydroxyden, Oxyden, Carbonaten, Fluoriden oder dgl. Verbindungen der Erdalkalimetalle erhaltenen Caseinsalze werden mit Farbstoffen, z. B. Erdfarben, mineralischen oder Anilinfarbstoffen oder Pigmenten, gemischt.

D.R.P. 587974/Kl. 8k vom   1. 3. 1931.
   F.P. 739908   vom 12. 7. 1932. — C. 1933, I, 2892.
   Luis Neumann, Zürich, Schweiz.
   Verfahren zur Behandlung von Textilien, Leder und Papier. Es werden Mischungen der ublichen Appretiermittel (Stärke, Dextrin, Seife, Öl u. dgl.) mit Pektinstoffen, insbesondere trockenem Pektin, verwendet.

E.P. 361805 vom 22. 4. 1931. — C. 1932, I, 1159; Coll. 1933, 118.
   Toshiyuki Maeda, Tokushima-shi, Japan.
   Anstrich- und Überzugsmittel für Leder, Linoleumersatz, Wellpappe u. dgl. Zu einer erwärmten Losung von Carragheenmoos in Wasser werden Glycerin, Formalin, Gelatine, Salicylsäure, Essigsäure und gegebenenfalls noch Farb- und Fullstoffe zugegeben.

E.P. 376540 vom 31. 8. 1931. — C. 1933, I, 1206.
Felicite Antoine Henry Heinert, Manchester und *Frederick Lucius*, Baguley, England.
   Überzugsmasse. Eine zum Überziehen von Leder, Gewebe, Papier u. dgl. geeignete Masse wird hergestellt durch Mischen von 15 bis 60% Celluloseestern oder -athern und 85 bis 40% Kondensationsprodukten aus Harnstoff bzw. seinen Derivaten und Aldehyden sowie Fullstoffen.

F.P. 745229 vom 22. 10. 1932. — C. 1933, II, 1791; Coll. 1935, 143.
   I. G. Farbenindustrie A. G., Frankfurt a. M.
   Überzugs- und Imprägnierungsmittel aus Kautschukumwandlungsprodukten. Emulsionen aus Umwandlungsprodukten von Kautschuk, Guttapercha, Balata oder Butadienpolymerisaten, Lein- oder Holzöl oder synthetischen Harzen, Weichmachern u. a.

F.P. 786233 vom 15. 5. 1934. — C. 1936, I, 1560.
E.P. 410503 vom 14. 11. 1932. — C. 1934, II, 1885; Coll. 1936, 121.
Imperial Chemical Industries Ltd., London, und *Stephen H. Oakeshott, Alexander Stewart* und *William Todd*, Blackley, Manchester.

Herstellung von Appreturen, insbesondere für Leder. Aliphatische Alkohole mit 10 und mehr Kohlenstoffatomen, z. B. Cetylalkohol, werden unter Zusatz von Stearinsäure und Triäthanolamin mit alkalischer Schellacklösung gemischt und gegebenenfalls Pigmente oder Farbstoffe und Casein, Leim oder Gummen als Emulgierungsmittel zugefügt.

F.P. 754577 vom 20. 4. 1933. — C. 1934, I, 2363; Coll. 1936, 123.
International Latex Processes Ltd., Île de Guernesey.

Grundier- und Überzugsmittel für Leder, Gewebe, Filz u. dgl. Latex wird mit Hilfe von Koagulierungsmitteln in Gegenwart einer größeren Menge Wasser in flockiger oder granulierter Form ausgefällt, der Niederschlag abfiltriert und mit Zusatzstoffen (Zinkoxyd, Kaolin, Akaziengummi, Gelatine usw.) zusammen verruhrt.

R.P. 36572 vom 22. 7. 1933. — C. 1935, II, 958.
W. N. Torsujew, USSR.

Herstellung von Glanzchromleder. Das in ublicher Weise mit Casein appretierte Chromleder wird mit einer 20 bis 25%igen Chromalaunlösung eingerieben, gewaschen und getrocknet.

2. Deckfarben.

D.R.P. 382505/Kl. 22g vom 13. 9. 1921. — C. 1923, IV, 988; Coll. 1923, 302.
Chemische Fabrik vorm. Weiler-ter Meer, Uerdingen, Niederrhein.

Verfahren zum Färben von Leder. Überstreichen des Leders mit einer stark verdunnten Celluloseesterlösung, die mit Pigmentfarbstoffen versetzt ist, in so dunner Schicht, daß der Charakter der Lederoberfläche erhalten bleibt, Flecken aber verdeckt werden.

D.R.P. 482184/Kl. 75c vom 27. 6. 1926. — C. 1930, I, 472.
F.P. 627437 vom 27. 12. 1926. — C. 1928, I, 874; Coll. 1930, 128.
Alfred Jeremias, Gundringen, Württemberg.

Verfahren zur Herstellung wasserbeständiger Überzüge für gefärbtes Leder oder dgl. Wasserunlösliche Überzugsmittel (z. B. Zaponlack, Kautschuck, Cellit) werden mittels Seife, Türkischrotol usw. in Wasser emulgiert, diese Emulsionen auf das Leder aufgetragen und mit Alaunlösung fixiert.

D.R.P. 612809/Kl. 22g vom 3. 8. 1928. — C. 1935, II, 2292; Coll. 1935, 239.
Doerr & Hofmann, Alzenau.

Lederdeckfarbe. Um die Vorzüge an sich bekannter, auf Basis hochviskoser Celluloseester und solcher auf Basis niedrigviskoser Celluloseester aufgebauter Deckfarben zu vereinigen, werden Mischungen beider verwendet.

Ö.P. 129286 vom 18. 11. 1929. — C. 1932, II, 2915; Coll. 1934, 46.
I. G. Farbenindustrie A. G., Frankfurt a. M.

Präparat zur Herstellung von Überzügen auf Leder und anderen porösen saugfahigen Stoffen, bestehend aus einer Emulsion von in Wasser unlöslichen Celluloseestern (Nitrocellulose) in wässerigen Lösungen, wasserlöslicher Cellulosederivate (Methylcellulose).
Vgl. **E.P. 330897** vom 16. 3. 1929. — C. 1930, II, 2067.

D.R.P. 600197/Kl. 22g vom 12. 6. 1930. — C. 1934, II, 3344; Coll. 1934, 462.
I. G. Farbenindustrie A. G., Frankfurt a. M.

Lederappreturen bzw. Lederdeckfarben. Ein in einem organischen Lösungsmittel gelostes, filmbildendes Kolloid (Nitrocellulose, Kunstharz, Leinöl-Standöl, Kautschuck) wird mittels wasserlöslicher oder alkalilöslicher Oxyalkyl- oder gemischter Alkyl-Oxyalkyl-Cellulose-Derivate in Wasser emulgiert, gegebenenfalls unter Zusatz von Weichmachungsmitteln, Farbstoffen, Pigmenten usw. Die Emulsion ergibt auf Leder auch ohne Benutzung eines Fixierungsmittels, wasserbeständige Überzuge.

D.R.P. 599211/Kl. 22g vom 9. 8. 1930. — C. 1934, II, 2607.

I. G. Farbenindustrie A. G., Frankfurt a. M.

Verfahren zur Herstellung von Deckfarben. Verwendung von harzartigen Kondensationsprodukten aus mehrwertigen Alkoholen (Glycerin), mehrbasischen Säuren (Phthalsäure) und ungesättigten Fettsäuren (Leinölsäure), die mit Pigmenten innig verarbeitet werden und anschließend in bekannter Weise unter Zusatz von emulsionsfördernden, hochmolekularen organischen Substanzen in Wasser emulgiert werden.

F.P. 705219 vom 6. 11. 1930. — C. 1931, II, ·3711.

Doerr & Hofmann, Deutschland.

Farbige Lederlacke. Man mischt Vinylabkömmlinge, insbesondere Vinylester, mit anderen filmbildenden Substanzen (Celluloseestern) sowie Lösungsmitteln, Weichmachungsmitteln, Farbstoffen usw. Zweckmäßig werden Vinylester oder Celluloseester verschiedener Viskosität zusammengemischt.

D.R.P. 564674/Kl. 8m vom 11. 4. 1931. — C. 1933, I, 2317.

I. G. Farbenindustrie A. G., Frankfurt a. M.

Verfahren zum Schönen von wässerigen Deckfarben mit Anilinfarbstoffen. Eine bessere Wasserechtheit und bessere feuchte Reibechtheit wird erreicht durch Verwendung von Ammoniumsalzen saurer und substantiver Farbstoffe, die gegebenenfalls mit Harnstoff eingestellt werden können.

F.P. 734656 vom 5. 4. 1932. — C. 1933, II, 944; Coll. 1935, 142.

I. G. Farbenindustrie A. G., Frankfurt a. M.

Herstellung von Weichmachungsmitteln, insbesondere für Caseinlederdeckfarben. Tierische oder pflanzliche Öle oder Fette werden mit 10 bis 40 Gewichtsprozent Schwefelsäure sulfoniert und mit flüchtigen Basen, z. B. Ammoniak, auf schwache Alkalität eingestellt. Die so erhaltenen Produkte lösen sich klar in Wasser, fallen schon in schwach saurer Lösung aus und sind aschefrei.

E.P. 434423 vom 27. 2. 1934. — C. 1936, I, 1560.

Imperial Chemical Industries Ltd., London, *Archibald Alwyn Harrison* und *George Stuart James White*, Manchester, England.

Lederfinish. Lösung von Äthylcellulose in einem niedrigen aliphatischen Alkohol (Äthylalkohol) mit Zusatz von Weichmachern (aliphatische Alkohole oder Säuren mit mehr als 8 Kohlenstoffatomen oder Ölen, wie Ricinusöl, oder Trikresylphosphat) und Harzen (Schellack), sowie Farbstoffen oder Pigmenten.

3. Appreturen für verarbeitete Leder.

a) Für Sohlen.

It.P. 279345 vom 15. 3. 1929. — C. 1935, II, 4016.

Friedrich Moser, Wien.

Imprägnierungsmittel für Schuhsohlen. Mischung aus 20 Teilen Lederpulver, 21,5 Teilen Celluloid, 50 Teilen Aceton und 8,5 Teilen Trikresylphosphat, die in dünner Schicht auf die Schuhsohlen aufgetragen wird.

E.P. 423946 vom 12. 8. 1933. — C. 1935, II, 1484.

Frederick B. Collinson, Liverpool, England.

Imprägnieren von Ledersohlen. Die auf der Fleischseite aufgerauhten Ledersohlen werden auf einem endlosen Band zunächst durch eine Trockenkammer und dann über eine Heizvorrichtung geführt; anschließend wird auf die Fleischseite der erwärmten Sohlen geschmolzenes Wachs aufgetragen.

b) Für Oberleder (Lederschmieren und Schuhcremes).

Lederschmieren.

It.P. 277180 vom 25. 2. 1929. — C. 1935, II, 1648.

Giovanni P. Nasi, Avigliana, Italien.

Imprägnierungsmittel für Schuhe. Mischung aus 500 g Nußöl, 500 g Leinöl, 5 g Moschus und 5 g Canadabalsam.

Norw. P. 51960 vom 13. 12. 1930. — C. 1934, I, 805.

Adolf Olsen, Larvik.

Stiefelschmiere. Mischung von 14% Fichtenharz, 13% Vaselinöl, 25% Motorschmieröl, 25% Tran, 13% festem Paraffin und 10% Rohteer.

Schwz. P. 159158 vom 11. 2. 1932. — C. 1933, I, 4090; Coll. 1934, 50.

Ernst Nanni, Trogen, Schweiz.

Fett- und Glanzmittel für Lederwaren. 2 Teile Asphalt, 2 Teile Vaseline, 2 Teile Lederöl, 5 Teile Terpentinol und 1 Teil Rebenschwarz.

Jugosl. P. 11095 vom 16. 9. 1933. — C. 1934, II, 3707; Coll. 1936, 127.

Vjekoslav Maletić, Bjelovar, Jugoslawien.

Herstellung von Präparaten zum Einreiben und Konservieren von Leder und ledernen Gegenständen. Bei einer Temperatur von 60° C werden schnelltrocknende Öle (z. B. 50% Leinöl und 10 bis 15% Ricinusöl) mit langsam trocknenden Ölen (5 bis 15% Fischöl) gemischt bei 30° C ätherische Öle (0,5% Eukalyptusöl) und schließlich 0,25% Tannin sowie Wachse und Farben zugefügt.

Schuhcremes (Wasser- und Terpentincremes).

F. P. 518036 vom 26. 6. 1920. — C. 1921, IV, 270.

Roger Brossier, Frankreich (Seine).

Verfahren zur Herstellung eines Schmiermittels für Leder und Schuhwerk. Man schmilzt Bienenwachs, Karnaubawachs und Ceresin mit Teer und Paraffin in einer wässerigen Lösung von Marseillerseife zusammen und setzt einen beliebigen Farbstoff zu.

Can. P. 237471 vom 23. 4. 1923. — C. 1925, I, 927.

The Sunbeam Chemical Company, Chicago, Ill. V. St. A.

Färben und Polieren von Leder. Gemisch von 4 Teilen Farbstoff, 4 bis 5 Teilen Karnaubawachs, 4 bis 5 Teilen Terpentinöl und 86 bis 88 Teilen Alkohol.

A. P. 1605041 vom 6. 10. 1924. — C. 1931, I, 3426; Coll. 1932, 454.

William Citron, Trustee, V. St. A.

Färbe- und Poliermittel für Leder, z. B. 15 Teile Karnaubawachs, 55 Teile Paraffinwachs, 5 Teile Bismarckbraun, 35 Teile Xylol und 40 Teile Alkohol oder 15 Teile Karnaubawachs, 5 Teile Montanwachs, 10 Teile Ölschwarz, 30 Teile Terpentin und 40 Teile Aceton.

F. P. 634792 vom 4. 4. 1927. — C. 1928, I, 2765.

Henri Mazeau, Frankreich.

Paste zum Glänzend- und Undurchdringbarmachen von Leder, bestehend aus 15% reinem Bienenwachs, 5% Karnaubawachs, 5% Walrat, 45% Wasser, 25% Terpentin und 5% Pottasche.

F. P. 755016 vom 1. 5. 1933. — C. 1934, I, 1925; Coll. 1935, 146.

Carl Gentner, Chemische Fabrik, Göppingen, Deutschland.

Herstellung von Schuhcreme. Eine Suspension aus 25 Teilen Oxydrot, 2 Teilen Seife und 100 Teilen Wasser wird bei 80 bis 90° C mit einer heißen Lösung von 20 Teilen Candelillawachs, 10 Teilen Montanwachs, 20 Teilen Paraffin, 2,5 Teilen Aluminiumstearat und 130 Teilen Terpentinöl verrührt.

A. P. 1916523 vom 16. 12. 1929. — C. 1933, II, 2223; Coll. 1935, 134.

Charles S. McNown, Bunker Hill, Indiana.

Lederkonservierungsmittel. Alkoholische Lösung von Gummikopal, Lösung von Aluminiumoleat in Petroleum, Asphaltterpentin, Terpentinspiritus, Japanterpentin und Asbestmehl.

E. P. 388369 vom 10. 8. 1931. — C. 1933, II, 1290; Coll. 1935, 138.

I. G. Farbenindustrie A. G., Frankfurt a. M.

Herstellung von Überzugs- und Poliermitteln für Leder u. a. Verwendung der Gemische von Alkoholen mit mehr als 8 Kohlenstoffatomen, die erhalten werden bei der destruktiven Oxydation von aliphatischen oder cycloaliphatischen Kohlenwasserstoffen (Paraffinwachs) mit Luft bei 150⁰ C in Gegenwart von Essigsäure. 300 Teile dieser Alkohole werden z. B. mit 100 Teilen Ozokerit und 600 Teilen Terpentin zusammengeschmolzen.

E.P. 388 241 vom 15. 4. 1932. — C. 1933, I, 3664; Coll. 1934, 37.

Pierre Hippolyte Jules Paindavoine, Le Havre, Frankreich.

Konservierungs- und Poliermittel für Leder, bestehend aus Karnaubawachs, Japanwachs, Paraffinwachs, Harz, Pottasche, Petroleumkohlenwasserstoffen und Wasser ferner Nigrosin, Alaun, Palmöl, Spiritus, Schellack und Nitrobenzol.
Vgl. **Belg.P. 366 375** vom 12. 12. 1929. — C. 1933, I, 1888; Coll. 1934,　32.
　　Ö.P. 125 668 vom 18. 12. 1929. — C. 1932, I, 1863.

E.P. 409 058 vom 25. 11. 1932. — C. 1934, II, 3708; Coll. 1936, 121.

George Benjamin Ames, Harrow, Middlesex, England.

Reinigungs- und Poliermittel. Mischung aus Klauenfett, Paraffinol, Terpentin und einem Schmiermittel, gegebenenfalls Bienenwachs, Essig, Vaseline, Leinöl.

Schwz.P. 171 374 vom 17. 11. 1933. — C. 1935, II, 1648.

Johann Marti-Baumgartner, Wald, Zürich.

Lederkonservierungsmittel. 0,2 Teile Leinöl, 2,2 Teile Wachs, 2,5 Teile Petrol und 5 Teile Terpentinol.

c) Für Treibriemen.

D.R.P. 291 461/Kl. 22g vom 10. 1. 1915. — C. 1916, I, 957; Coll. 1916, 336.

Oskar Heublein, Frankfurt a. M.

Verfahren zum Imprägnieren von Kraftübertragungsmitteln, wie Leder- oder Textiltreibriemen. Anwendung bekannter Adhäsionsmittel, wie Wollfett und Pech in Form einer bei gewöhnlicher Temperatur nicht erstarrenden Lösung in geeigneten flüchtigen Lösungsmitteln (Benzin, gechlorte Kohlenwasserstoffe u. a.).

D.R.P. 328 881/Kl. 22g vom 31. 7. 1918. — C. 1921, II, 363.

Hubert Haselberger, Spital am Pyhrn, Oberösterreich.

Verfahren zur Herstellung eines Adhäsionsmittels für Riemen oder dgl. Rückstände der Destillation vergorener Flüssigkeiten oder Stoffe (z. B. Protol- oder Fermentolpech), die Zucker, Dextrin, Schleimstoffe, Glycerin, Polyglycerine, Verbindungen der Milchsäure u. a. enthalten und wasserlöslich sind, werden unter Zusatz eines Rostschutzmittels mit Wasser oder anderen Flussigkeit in sirupähnliche Konsistenz gebracht.

Dän.P. 33 218 vom 8. 9. 1923. — C. 1925, I, 927.

Peter Kaj Hermann Nielsen, Kopenhagen, Dänemark.

Imprägnierungsmittel für Treibriemen. Gemisch von gleichen Teilen Harz und konsistem Fett.

A.P. 1 584 209 vom 23. 4. 1925. — C. 1926, II, 1230.

Halowax Corporation, New York, V. St. A.

Schmiermittel für Ledertreibriemen. Zusatz von Monochlornaphthalin zu einem Gemisch von Rinderklauenol und Ricinusöl; die Öle dringen dadurch besser in das Leder ein, es bleibt weich und wasserdicht.

D.R.P. 468 094/Kl. 22g vom 22. 10. 1925. — C. 1929, II, 1122; Coll. 1929, 219.

I. G. Farbenindustrie A. G., Frankfurt a. M.

Lederadhäsions- und -konservierungsöl. Verwendung von flüssigen Triarylphosphaten.

D.R.P. 563 110/Kl. 28a vom 31. 3. 1929. — C. 1933, I, 3033; Coll. 1933, 31.

I. G. Farbenindustrie A. G., Frankfurt a. M.

Riemenöle. Lösungen von Wollfett in Tran, denen zur Verbesserung der Adhäsion Harzole zugesetzt werden, die praktisch harzfrei sind.

F.P. 724842 vom 30. 12. 1930. — C. 1933, I, 3859; Coll. 1934, 40.

Pierre Jacquet, Frankreich.

Adhäsionsmittel für Treibriemen. Auf die Riemen wird eine durch Erwärmen verflüssigte Masse aus einem natürlichen oder künstlichen Harz, einem Öl und einem Farbstoff aufgetragen.

A.P. 1958220 vom 5. 2. 1932. — C. 1934, II, 3708; Coll. 1936, 118.

J. A. Webb Belting Co., Inc., Buffalo, V. St. A.

Treibriemenadhäsionsmittel. Mischung aus geblasenem Baumwollsaatöl, Teer, Asphalt, Harz, Pech und Gummi.

F.P. 747215 vom 8. 12. 1932. — C. 1933, II, 2088; Coll. 1935, 144.

Jean-François-Désiré Morin, Frankreich.

Imprägnieren von Riemenleder. Zur Erhöhung der Haftfähigkeit wird Riemenleder zunächst in ein Bad aus Tetrachlorkohlenstoff getaucht und dann mit einer Mischung aus Kolophonium, Glycerin und Tetrachlorkohlenstoff durch Eintauchen imprägniert.

Schwz.P. 167812 vom 20. 6. 1933. — C. 1934, II, 3708; Coll. 1936, 191.

Alfred Mühlethaler, Luterbach, Schweiz.

Riemenfett. Ein Gemisch aus 200 g Kolophonium, 200 g Lebertran, 300 g reinem Maschinenöl, 200 g Eukalyptusöl und 100 g Rapsöl wird $2^1/_2$ Stunden gekocht und bis zum Erkalten gerührt.

F.P. 763110 vom 13.'9. 1933. — C. 1934, II, 3708; Coll. 1936, 124.

Auguste Mégevand, Frankreich.

Riemenkonservierungsmittel. Alte vulkanisierte Kautschukluftschläuche werden aufgelöst und 100 Liter dieser Lösung mit 10 Liter Gasöl vermischt. Durch Auftragen dieser Lösung auf die Riemen wird das Gleiten verhindert.

H. Lackieren.

1. Öllacke.

a) Trockenmittel.

1. **D.R.P. 352356**/Kl. 22h vom   5.   9. 1920. — C. 1922, IV,   167; Coll. 1922, 111.
2. **Zus.P. 395646**/Kl. 22h vom 14. 11. 1922. — C. 1924, II, 2430.
3. **D.R.P. 379333**/Kl. 22h vom   5. 10. 1920. — C. 1923, IV,   731.
4. **D.R.P. 385494**/Kl. 22h vom 29. 10. 1921. — C. 1924,   I, 1274.
5. **D.R.P. 402616**/Kl. 22h vom 6. 11. 1920. — C. 1924, II, 2430.

Karl Jäger G. m. b. H., Düsseldorf.

Sikkative, Leinölfirnisersatz und Ersatz für oxydierende Leinöle.

1. Anwendung naphthensaurer Salze des Zinks und Kobalts (vgl. S. 609).
2. Es werden die Schwermetall- und Erdalkalisalze verseifter Naphthensäuredestillationsprodukte verwendet.
3. Anwendung von benzoesauren Salzen (Co, Cu, Pb).
4. Anwendung von Kobaltbleisalzen verseifter Fette, fetter Öle, organischer Säuren usw.
5. Metalle oder deren Verbindungen werden in fein verteilter oder kolloidaler Form unmittelbar in Leinöl oder ähnlichen Produkten in Gegenwart von reduzierenden organischen Verbindungen, z. B. Phenylhydrazin, erhitzt.

D.R.P. 555715/Kl. 22h vom 24. 1. 1929.
   E.P. 346812   vom   3. 1. 1930. — C. 1931, II, 1359.

Gebrüder Borchers A. G., Goslar.

Herstellung von Trockenmitteln mit hohem Metallgehalt. Mono- oder Polyoxyfettsäuren, wie Glykolsäure, Milchsäure, Ricinolsäure oder deren Glyceride werden bei höheren Temperaturen mit geeigneten Metallverbindungen, wie den Oxyden oder Hydroxyden des Al, Pb, Zn, Co, Cu, Mn, Bi, gegebenenfalls in Gegenwart von gesättigten oder ungesättigten Fettsäuren oder deren Glyceriden umgesetzt (vgl. S. 609).

D.R.P. 583249/Kl. 22h vom 20. 2. 1930. — C. 1933, II, 2765; Coll. 1933, 641.

Institut für Lackforschung, G. m. b. H., Berlin.

Verfahren zur Herstellung eingedickter Öle. Die Öle werden mit Thorverbindungen (Thorresinat, -stearat-, oleat oder -naphthenat) mehrere Stunden auf 240° C erhitzt.

D.R.P. 600691/Kl. 22h vom 17. 9. 1930.
E.P. 363394   vom 9. 9. 1930. — C. 1932, II, 450.

Resinous Produkts & Chemical Co., Inc., Delaware, V. St. A.

Verfahren zur Herstellung von Öllacken und Firnissen. Als Trockenmittel werden die Salze aus mehrwertigem Metall (Co, Mn, Pb usw.) und einer einbasischen aromatischen Ketosaure, z. B. Naphthoyl-o-benzoesäure, verwendet.

b) Lacke.

D.R.P. 120083/Kl. 22h vom 4. 11. 1900. — C. 1901, I, 1076.

Georg Leopold Mohr, Darmstadt.

Herstellung eines geschmeidigen Lederlacks. Ein mit Salpetersäure angefeuchtetes Gemisch von Eisenchlorid, Eisensulfat, gelbem und rotem Blutlaugensalz wird scharf getrocknet und mit gekochtem Leinöl und Talg erhitzt. Durch Zusatz von Sikkativ, Glanzol und Leinölfirnis wird der Lack geklärt.

A.P. 1725561 vom 7. 3. 1928. — C. 1929, II, 2279.

E. J. du Pont de Nemours & Co., Wilmington, Delaware, V. St. A.

Behandlung trocknender Öle zur Herstellung von Lacken. Trocknende Öle (Leinöl, Sojaol) werden unter Ausschluß von Sauerstoff, z. B. in Gegenwart von Stickstoff, 40 Stunden auf zirka 277° C erhitzt, auf 68° C abgekuhlt und schließlich 3 Stunden mit Luft geblasen.

F.P. 358472 vom 4. 6. 1930. — C. 1932, I, 3354.

Imperial Chemical Industries Ltd., London.

Trocknende Öle enthaltende Lacke. Die Lacke enthalten außer Sikkativen noch Stoffe, die eine weitere Oxydation nach dem Trocknen verhindern bzw. verzögern, z. B. Catechin, dreiwertige Phenole und deren Derivate.

A.P. 1919723 vom 27. 4. 1933. — C. 1933, II, 2757; Coll. 1935, 134.

Veliscol Corporation, Illinois, V. St. A.

Herstellung von Lacken, Imprägnierungsmitteln u. dgl. Die aus trocknenden Ölen, Sikkativen, Harzen und Verdunnungsmitteln bestehenden Lacke erhalten einen Zusatz von polymerisierten, sauerstoffabsorbierenden Kohlenwasserstoffen, wodurch die Filmbildung erheblich beschleunigt wird.

2. Kaltlacke.

D.R.P. 351228/Kl. 22h vom 14. 12. 1917. — C. 1922, II, 1144.

Friedrich Medicus, Leipzig-Anger.

Verfahren zur Herstellung geschmeidiger Lacke aus Celluloseestern durch Zusatz von Estern der Zimtsaure.

D.R.P. 350973/Kl. 22h vom 17. 1. 1919. — C. 1922, II, 1144.

Ludwig Bing, Hamburg, und *Arnold Hildesheimer,* Wandsbek.

Verfahren zur Herstellung geschmeidiger Lacke aus Nitrocellulose durch Zusatz von Mono- oder Diglycerinestern nichttrocknender Öle.

D.R.P. 461480/Kl. 22h vom 20. 5. 1923. — C. 1932, I, 592.

I. G. Farbenindustrie A. G., Frankfurt a. M.

Verfahren zur Herstellung von Celluloseesterlacken. Pigmentfarben werden mit Celluloseesterlacken gemischt und gegebenenfalls Lösungen von Kautschuk zugesetzt.

1.   F.P. 579553 vom 28. 6. 1923. — C. 1925, I, 1818.
2. Zus.P. 28946 vom 17. 11. 1923. — C. 1931, I, 2275.

Paul Ferdinand Grivel, Haute-Garonne, Frankreich.

Lederlack.

1. Man erhitzt Kopal auf 360° C bis er zirka 30% seines Gewichts verloren hat, vermischt damit eine auf 160° C erhitzte Mischung von Leinöl und chinesischem Holzöl und kocht bis eine homogene Masse entstanden ist. Nach Zusatz von Sikkativen (leinölsaures Blei, Zn SO$_4$, harzsaures Magnesium) und Terpentinöl läßt man erkalten und fügt dann eine Lösung von Cellulosenitrat und Campher in Äther, Alkohol und Amylacetat sowie Farbstoff und oxydiertes, mit Trockenmitteln versetztes Leinöl hinzu.

2. Man fügt zum Lack ein peptisierendes und stabilisierendes Mittel, z. B. Essigsäure.

D.R.P. 407691/Kl. 22g vom 21. 3. 1924. — C. 1925, I, 1138.

Carl Ebel, Mailand.

Lederlack, bestehend aus einer Schellack-Borax-Lösung, die einen Zusatz von Saponin enthält.

F.P. 615328 vom 22. 9. 1925. — C. 1927, I, 1380.

Association Parisienne pour l'Industrie Chimique, Frankreich.

Lederlacke. Den Nitro- und Acetylcelluloselacken werden Estersalze saurer Alkohole (Glykolester, Milchsäureester), Aceton, seine höheren Homologen, Öle und Fette zugesetzt.

D.R.P.   527403/Kl. 22h vom 15. 12. 1925.
A.P. 1902337   vom   9. 12. 1926. — C. 1933, I, 3373.

I. G. Farbenindustrie A. G., Frankfurt a. M.

Lacke, bestehend aus Kondensationsprodukten von Harnstoff und Formaldehyd und mindestens der gleichen Menge eines Celluloseesters oder -äthers oder Harzes in organischen Lösungsmitteln.

Schwz.P. 127041 vom 20. 9. 1926. — C. 1929, II, 247; Coll. 1931, 318.

Société Anonyme Feericuir, Paris.

Verfahren zur Herstellung von Lackleder unter Verwendung von cellulosehaltigen Lacken, die einen Fettkörper enthalten, der eine durch ein Metall oder eine mineralische oder organische Base nicht abgesättigte Säureeigenschaft besitzt.

D.R.P. 471725/Kl. 75c vom 29. 6. 1926. — C. 1929, I, 2836.

Th. Schuchardt G. m. b. H., Berlin.

Verfahren zur Herstellung von festhaftenden, nichtreißenden Lacküberzügen auf Nitrocellulosegrundlage (vgl. S. 638).

A.P. 1842978 vom 27. 6. 1928. — C. 1932, II, 3025; Coll. 1933, 113.

E. J. Du Pont de Nemours & Co., Delaware, V. St. A.

Überzugsmasse für Leder, bestehend aus einem Celluloseester, Weichmachungsmittel (Dibutylphthalat) und einem klebfähigen Öl, wie Lebertran, Spermöl, Klauenöl u. dgl.

D.R.P. 565267/Kl. 22h vom 18.   1. 1929.
E.P. 334567   vom   6.   5. 1929.
F.P. 688315   vom 16.   1. 1930. — C. 1932, I, 2903.
Schwz.P. 146002   vom 13. 11. 1929. — C. 1931, II, 2809.

I. G. Farbenindustrie A. G., Frankfurt a. M.

Verfahren zur Herstellung von Überzugsmassen für Leder, Textilien u. dgl. Cellulosederivate (Nitro-, Acetylcellulose oder Celluloseäther), organische Lösungsmittel (z. B. Dibutylphthalat, Butylalkohol, Glykolderivate usw.) werden mit wässerigen Lösungen wasserlöslicher, filmbildender Kolloide (Methylcellulosen, Polyvinylalkohol, Leim, Stärke u. a.) in Gegenwart von Weichmachungsmitteln emulgiert.

F.P. 686381 vom 10. 12. 1929. — C. 1932, II, 451; Coll. 1933, 165.

Imperial Chemical Industrie Ltd., London.

Verfahren zum Überziehen von Leder, Ledertuch u. dgl. Verwendung von Glyptalharz, das zusammen mit trocknenden und halbtrocknenden Ölen, deren Fettsäuren oder fetten Ölen kondensiert wird. Der Lack kann Zusätze von Phenol- (Harnstoff-) Formaldehyd-Harz, Celluloseester, Weichmachern, Sikkativen usw. enthalten. Vgl. auch **F.P. 708399** vom 26. 12. 1930. — C. 1932, I, 3353.

F.P. 696523 vom 23. 5. 1930. — C. 1931, I, 2153; Coll. 1932, 458.

E. J. Du Pont de Nemours & Co., V. St. A.

Lederdecklack, bestehend aus Nitrocellulose, Weichmachungsmitteln, Wachs, Pigment oder Farbstoff.

D.R.P. 549073/Kl. 22h vom 3. 8. 1930. — C. 1932, II, 450; Coll. 1932, 641.

I. G. Farbenindustrie A. G., Frankfurt a. M. und *Consortium fur elektrochemische Industrie G. m. b. H.*, München.

Verfahren zur Herstellung von Überzügen auf Leder und anderen Stoffen mittels wässeriger Emulsionen von Polymerisationsprodukten von Polyvinylverbindungen unter Zusatz von Pigmenten und Schutzkolloiden.

F.P. 705219 vom 6. 11. 1930. — C. 1931, II, 3711; Coll. 1932, 459.

Dorr & Hofmann, Deutschland.

Farbige Lederlacke. Mit Mischungen von Vinylestern (Vinylacetat) und Celluloseestern verschiedener Viskosität werden gut haftende, wetterfeste, biegsame, schnelltrocknende Lacke von hohem Glanz erhalten.

A.P. 1954750 vom 18. 12. 1930. — C. 1934, II, 1077; Coll. 1936, 118.
E.P. 394000 vom 18. 12. 1931. — C. 1933, II, 3350.

E. J. Du Pont de Nemours & Co., Wilmington, V. St. A.

Verfahren zur Herstellung von Lackleder. Die in bekannter Weise unter Verwendung von gekochtem Leinöl grundierten Leder werden mit einem Lackanstrich versehen, der ein aus mehrwertigem Alkohol (Glycerin), einer mehrbasischen Säure (Phthalsäureanhydrid) und trocknendem Öl (Leinöl) hergestelltes Kunstharz und gegebenenfalls Trockenstoffe, wie Mn- oder Fe-Linoleat enthält. Derartig lackierte Leder brauchen nicht dem Sonnenlicht oder künstlichem Licht ausgesetzt werden.

A.P. 1898540 vom 13. 5. 1931. — C. 1934, I, 2383; Coll. 1936, 114.

L. E. Carpenter & Co., Newark, V. St. A.

Überzugsmasse für Leder, insbesondere Buchbinderleder, bestehend aus 1 Teil trockener Nitrocellulose, 1 Teil Standöl, 10 Teilen eines Lösungsmittelgemisches (Äthyl-, Butylacetat, Alkohol, Toluol) und 0,002 Teilen Trockenstoff. Statt Leinöl können auch andere geblasene Öle oder Harze verwendet werden.

D.R.P. 611056/Kl. 12o vom 1. 7. 1931. — C. 1935, II, 766.

Dr. Kurt Albert G. m. b. H., Chemische Fabriken, Amöneburg b. Wiesbaden a. Rhein.

Verfahren zur Herstellung von harzartigen Kondensationsprodukten aus mehrbasischen organischen Säuren (Bernsteinsäure, Maleinsäure, Phthalsäureanhydrid usw.) und gesättigten Polyoxymonocarbonsäuren (z. B. Dioxystearinsäure). Die Kondensationsprodukte, die gegebenenfalls in Gegenwart von fetten Ölen (Leinöl, Holzöl usw.) sowie Fettsäuren hergestellt werden können, sind als Lacke und Überzugsmittel für Leder geeignet.

D.R.P. 615219/Kl. 22h vom 14. 7. 1931. — C. 1935, II, 2587.

I. G. Farbenindustrie A. G., Frankfurt a. M.

Lacke. Wässerige Dispersionen von in Wasser unlöslichen Polymerisationsprodukten organischer Verbindungen, wie Polyacrylsäureester, Polystyrole, Polyvinylchlorid oder -acetat oder Gemische davon eignen sich als Lacke für Leder, Spaltleder u. a.

Schwz.P. 165059 vom 22. 4. 1932. — C. 1934, II, 1854.
Zus.P. zu Schwz.P. 162157.

Röhm & Haas A. G., Darmstadt.

Herstellung von Lederlack aus polymerem Methacrylsäureäthylester. Vgl. auch **E.P. 401653** vom 29. 4. 1932. — C. 1934, II, 673.

E.P. 407669 vom 18. 6. 1932. — C. 1934, II, 1380.

E. J. Du Pont de Nemours & Co., Wilmington, V. St. A.

Herstellung eines Überzugsmittels für poröse Oberflächen, z. B. Leder. Ein bis zu einer Gallerte polymerisiertes, nichttrocknendes Öl, z. B. Ruböl, wird in einer Kugelmühle behandelt, bis es durchscheinend geworden ist, und darauf in einem flüssigen Medium, z. B. Celluloseester-ätherlösung, dispergiert.

E.P. 407914 vom 23. 6. 1932. — C. 1934, II, 1852.

British Thomson Houston Co. Ltd., London.

Harzartige Kondensationsprodukte auf Glyptalbasis zur Herstellung von Lacken und Imprägnierungsmitteln für Leder. Phthalsäureanhydrid, Bernsteinsäure und Fettsäuren, denen trocknende oder halbtrocknende Öle zugrunde liegen, werden mit Glykolen bei 180 bis 190° C vorkondensiert und darnach mit Glycerin zum Sieden erhitzt.

D.R.P. 607555/Kl. 22h vom 13. 5. 1933. — C. 1935, I, 2096.

I. G. Farbenindustrie A. G., Frankfurt a. M.

Verfahren zur Herstellung von Lacken für Leder. Polyvinyhalogenide, die mehr Halogen enthalten, als der Formel $(CH_2=CH-Halogen)_n$ entspricht, und Kondensationsprodukte aus mehrbasischen Sauren (z. B. Phthalsäureanhydrid), mehrwertigen Alkoholen (Glycerin) und höhermolekularen einbasischen Säuren oder deren Estern mit mehr als 6 C-Atomen (z. B. Leinöl) werden in geeigneten Lösungsmitteln gelöst.

3. Lackierverfahren.

D.R.P. 103726 vom 10. 12. 1897. — C. 1899, II, 896.

The Velvril Company Ltd., London.

Verfahren zur Herstellung eines glänzenden Anstrichs auf Leder. Die Oberfläche des Leders wird zunächst mit einer schwachen Lösung von Nitrocellulose und Nitrolinolein oder Nitroricinolein behandelt und dann weitere Schichten der gleichen Mischung aufgetragen.

D.R.P. 300908/Kl. 75c vom 22. 1. 1916. — C. 1917, II, 716.

Internationale Celluloseester-Ges. m. b. H., Sydowsaue b. Stettin.

Verfahren zur Herstellung von Lackleder unter Benutzung von Celluloseacetatlacken. Das Leder wird vor dem Aufbringen des Lackes mit einer Eisessiggelatinelösung mit oder ohne Zusatz von Füllstoffen grundiert.

F.P. 530692 vom 6. 8. 1920. — C. 1922, IV, 975.

Charles-Reymond-Jean Laborie, Frankreich.

Verfahren zur Herstellung von Anstrichen auf Leder. Auf Leder (Spaltleder) wird zunächst ein mit isländischem Moos oder Agar-Agar verdickter saurer Farbstoff, dann ein basischer oder substantiver Farbstoff aufgetragen. Nach dem Satinieren, Glätten usw. erhält das Leder einen Lacküberzug aus Kollodiumlösung und Leinöl.

D.R.P. 346070/Kl. 22g vom 24. 9. 1920. — C. 1922, II, 1144.

Elisabeth Büchting, Hildesheim.

Verfahren zur Herstellung eines haltbaren Lacküberzuges auf Leder u. dgl. Nach dem Auftragen einer aus Leinölfirnis, Terpentinol, Sikkativ und Kienruß bestehenden Spachtelmasse und Glattschleifen der Oberfläche wird auf diese nach Ölung und Trocknung eine mehrfache, aus Asphaltlack, Ricinusöl und Campher bestehende Lackschicht aufgetragen.

D.R.P. 417600/Kl. 75c vom 27. 6. 1924. — C. 1926, I, 1349.

Farbenfabriken vorm. Friedrich Bayer & Co., Leverkusen.

Vorbereitung von Leder für den Auftrag von Lacken aus Celluloseestern. Die gefärbten Leder werden mit Weichmachungsmitteln oder Gelatinierungsmitteln für Celluloseester, wie Trikresylphosphat, Phthalsäuredimethylester u. a. behandelt. Die Lacke haften sehr fest (vgl. S. 639).

F.P. 615952 vom 1. 10. 1925. — C. 1927, II, 536.
Association Parisienne pour l'Industrie Chimique, Paris.

Glänzendmachen und Beschweren von Leder. Lacke aus Acetyl- oder Nitrocellulose haften besser, wenn die Leder mit Metallsalzen (Al, Zn, Mn oder Bi) höherer gesättigter oder ungesättigter Fettsäuren (Capronsäure, Stearinsäure, Ölsäure usw.) beschwert werden.

F.P. 613501 vom 23. 7. 1925. — C. 1927, I, 1380.
E.P. 255803 vom 27. 10. 1925. — C. 1927, I, 219; Coll. 1929, 267.
J. Paisseau, Paris.

Lackieren von Leder. Nach Vorbehandlung der Lederoberfläche mit einer organischen Säure, wie Ameisen-, Milch-, Wein- oder Oxalsäure, oder mit Gelatine und Tannin überzieht man mit einem Celluloseesterlack, dem Essigsäure, Ricinusöl und Perlessenz zugesetzt sein können (vgl. S. 639).

F.P. 613502 vom 23. 7. 1925. — C. 1927, I, 1381.
Jean Paisseau, Seine, Frankreich.

Lackieren von Leder. Das Leder wird zunächst mit einer sehr stark verdünnten Nitrocellulose- oder Celluloseacetatlösung im Vakuum oder durch Hindurchsaugen oder -drücken behandelt und dann Celluloseesterlack aufgetragen.

A.P. 1705311 vom 12. 9. 1925. — C. 1929, I, 2852; Coll. 1931, 321.
Ambrose H. Rosenthal, Salem, Mass., V. St. A.

Behandlung von Leder. Wismutoxychlorid (BiOCl) wird in Pulverform oder in wässeriger oder alkoholischer Lösung auf die Lederoberfläche aufgetragen, dann wird mit einer gefärbten Celluloselösung behandelt, und nach einem zweiten Anstrich mit Wismutoxychlorid wird das Leder mit einem geschmeidigen Decklack überzogen.

E.P. 255022 vom 15. 3. 1926. — C. 1927, I, 553; Coll. 1929, 268.
Snyder-Welch Process Corp., Waltham, Mass., V. St. A.

Verzieren von Patentleder. Nach einer Reihe von Lacküberzügen wird auf den letzten noch nicht getrockneten Anstrich Farbpulver gebracht, der Überschuß desselben nach dem Erwärmen des Leders im Vakuum abgebürstet und nochmals lackiert.

E.P. 262780 vom 7. 12. 1926. — C. 1927, I, 1779; Coll. 1929, 268.
A. C. Lawrence Leather Co., Mass., V. St. A.

Herstellung von Lackleder. Nach einem Aufstrich einer Schicht aus Leinöl und Pyroxylin trägt man einen zweiten Überzug aus Leinöl, Pyroxylin und Metallpulver (Aluminium oder Bronze) auf. Nach dem Trocknen erhält das Leder einen dritten Überzug aus Leinöl und Naphtha, der mit einem von dem zweiten Anstrich verschiedenen Farbstoff gefärbt sein kann; es wird alsdann bei 140° C erwärmt und dem Licht ausgesetzt.

A.P. 1829302 vom 19. 3. 1927. — C. 1932, I, 1043; Coll. 1933, 112.
Samuel S. Sadtler, Springfield, Township und *Eugene F. Cayo*,
Philadelphia, V. St. A.

Herstellung von Lackleder. Um eine Entfettung mit organischen Lösungsmitteln zu vermeiden, werden die Leder mit einer 5proz. Schellacklösung, die feinverteilte Füllstoffe, wie Kreide, Ton, Bentonit usw., enthält, grundiert (vgl. S. 639).

D.R.P. 464041/Kl. 75c vom 18. 5. 1927. — C. 1928, II, 1413; Coll. 1929, 77.
Ernst Jakobi, Berlin.

Verfahren zur Lackierung von Chromleder. Um die Haftfestigkeit der Celluloseesterlacke zu erhöhen, werden die Leder eventuell nach vorheriger Entfettung mit vegetabilischen Gerbstofflösungen vorbehandelt (vgl. S. 639).

E.P. 301554 vom 6. 7. 1927. — C. 1930, I, 472; Coll. 1931, 268.
John Reginald Claridge Jorgensen, London.

Überzug auf Leder, bestehend aus einer dünnen Schicht eines organischen oder anorganischen Celluloseesters oder -äthers. Das entfettete oder abgeschliffene und in Rahmen gespannte Leder wird mit einer Lösung eines Cellulosederivates, z. B. Celluloseacetat in Aceton, der Füll- und Farbstoffe zugesetzt sein können, mittels geeigneter Vorrichtungen überzogen und getrocknet. Die Schichtdicke kann mittels eingestellter Rollen, zwischen denen das Leder hindurchgezogen wird, beliebig eingestellt werden.

D.R.P. 538074/Kl. 81 vom 23. 8. 1928. — C. 1932, I, 2126; Coll. 1932, 94.

Consortium für elektrochemische Industrie G. m. b. H., München.

Verfahren zum Auftragen von Schichten bei der Herstellung von Lackleder u. dgl. Nach dem Auftragen einer Grundschicht, die Pigment, ungelöstes, feingepulvertes Polyvinylacetat, Leinölfirnis, Sikkativ, Zinkweiß enthält, wird das Leder mit einer 30proz. Lösung von Polyvinylacetat in Spiritus lackiert.

F.P. 687541 vom 25. 3. 1929. — C. 1930, II, 3865.

Robert Schneider, George Corbasson, Jacques Battut und *Fernand Laurent*, Frankreich.

Verfahren zum Lackieren von Leder. Nach dem Auftrag mehrerer Schichten eines Lackes (z. B. Nitrocelluloselack) und Trocknen bringt man auf diese Grundierung die Suspension eines Pigments, die mit dem Lösungsmittel des Grundlackes oder der Lösung dieses Grundlackes hergestellt ist, und trocknet.

A.P. 1950417 vom 17. 4. 1929. — C. 1934, II, 1851; Coll. 1936, 117.

Chadeloid Chemical Company, New York.

Verfahren zur Herstellung gekräuselter Oberflächen auf Leder, Kunstleder, Papier u. a. Ein aus trocknenden Ölen (Leinöl, Standöl, oxydiertes, geblasenes oder rohes Holzöl), Harzen, Sikkativen, Lösungsmitteln bestehender Lack wird durch Auftragen oder Spritzen in mehr oder weniger dicker Schicht auf das Leder gebracht und durch Neigen der Unterlage oder Aufblasen von Luft verzerrt.

Schwz.P. 155552 vom 26. 9. 1931. — C. 1933, I, 1531.

Gesellschaft für chemische Industrie in Basel, Basel.

Lackierverfahren für poröse Stoffe, wie Leder usw. Das Leder wird in einem Saugkasten unter Evakuierung der Unterseite mit einem Anstrich beliebiger Art versehen.

E.P. 392797 vom 5. 9. 1932. — C. 1933, II, 1786.

Giacomo Galimberti und *Giuseppe Peverelli,* Mailand.

Verfahren zum Überziehen von Leder mit Lack oder dgl. Nach ein- oder mehrmaligem Auftrag einer Mischung von Kautschuk oder Latex mit Füllstoffen wird mit einer Emulsion, bestehend aus Latex, trocknendem Öl und Harz sowie Bindemittel (Casein), unter Zusatz von Formaldehyd überzogen.

F.P. 766319 vom 20. 3. 1933. — C. 1934, II, 2935; Coll. 1936, 125.

Soc. An. La Nitro-Française, Frankreich.

Lackieren von Leder. Auftragen einer Nitrocelluloselackschicht auf eine polierte Unterlage aus Glas oder Aluminium, Andrücken des Leders an diese Schicht und Abziehen des Leders.

F.P. 764884 vom 11. 10. 1933. — C. 1935, I, 3606.

Soc. Française Duco, Frankreich.

Glanzlackierung auf Leder. Aufbringen einer Grundschicht aus einem Cellulosederivat mit einem geblasenen Öl als Weichmacher und einer Deckschicht aus Alkydharz mit Zusatz von Leinöl, Holzöl und Sikkativen.

Mechanische Zurichtmethoden.

1. Zurichtungsverfahren.

D.R.P. 284239/Kl. 28b vom 4. 12. 1913. — Coll. 1915, 270.

Karl Rausch, Leipzig-Reudnitz.

Verfahren zum Mustern von Leder auf der Narbenseite mittels Sandstrahl. Die Lackschicht eines Leders wird mit Hilfe von Schablonen mittels Sandstrahl teilweise entfernt und die entstandenen Vertiefungen gegebenenfalls mit einem andersfarbigen Lack ausgefüllt.

D.R.P. 289306/Kl. 28a vom 28. 8. 1914. — C. 1916, I, 199.

United Shoe Machinery Company, Paterson, New Jersey und Boston, V. St. A.

Verfahren zum Verzieren von Leder. Die eine Seite eines gespannten Lederstücks wird erhitzt, so daß sie mehr zusammenschrumpft als die unbehandelte, wodurch auf der letzteren Verzierungen in Gestalt von Falten und Runzeln entstehen.

A.P. 1696815 vom 30. 11. 1926. — C. 1929, I, 2383; Coll. 1929, 417.

Abram Small, Danvers, Mass., V. St. A.

Glätten und Fertigmachen von Leder. Das Leder wird mit einer Caseinschellack-, Wachs-, Harz- und Eiweißlösung, der Latex zugesetzt ist, überzogen, getrocknet, mit derselben Lösung, doch ohne Latexzusatz, bestrichen und nach dem Trocknen mit Talk und anderen Stoffen bestäubt und zwischen heißen Platten bei zirka 60 bis 80⁰ C gepreßt.

F.P. 643705 vom 9. 11. 1927. — C. 1929, I, 339.

Wallace Clark Wright, V. St. A.

Glätten von Häuten und Leder. Das Leder wird auf einem Transportband über eine Walze geführt, durch die es mit einer Leimschicht überzogen wird, und dann einer Glättmaschine zugeführt.

E.P. 300077 vom 3. 4. 1928. — Coll. 1931, 268.

Alfred Owen Torrance Beardmore, Toronto, Canada.

Behandlung von Leder. Vorzugsweise vegetabilisch gegerbte Leder werden zur Verbesserung der Qualität in einem geschlossenen Raum auf einen Feuchtigkeitsgehalt von 25% gebracht, alsdann wird bei 60⁰ C auf die Oberfläche ein Gemisch von mineralischem und pflanzlichem Öl gespritzt, gewalkt und bei 27 bis 42⁰ C mit einem Druck von zirka 1000 Atm. gewalzt.

A.P. 1983001 vom 8. 12. 1928. — C. 1935, I, 3236.

Joseph D. Quick und *George F. Mack*, Binghamton, N. Y., V. St. A.

Strecken von Häuten und Fellen, indem sie mit einer Mischung aus 1 Teil Stärke, 1 Teil Gips, 1 Teil Borax, 1 Teil Wasser auf eine Unterlage aufgeklebt und dann aufgetrocknet werden.

D.R.P. 578422/Kl. 28b vom 13. 3. 1929. — C. 1933, II, 650.

Charles George Shaw, Huntsville, Canada.

Verfahren zum Zurichten von Leder. Das Leder wird einer Pressung unter hohem Druck mittels einer sich dem Widerstand des Leders anpassenden nachgiebigen Oberfläche (Kissen) unterzogen derart, daß vorwiegend die loseren Teile des Leders gepreßt werden.

D.R.P. 557132/Kl. 28b vom 27. 8. 1929. — C. 1932, II, 2278.

Alfred Kluge, Leipzig.

Verfahren zur Herstellung von doppelseitig gemustertem Zierleder. Die Musterung geschieht durch Prägen und Pressen auf beiden Lederseiten in einem Arbeitsgang mittels einer Presse, deren beide Preßwerkzeuge gemustert sind.

D.R.P. 580771/Kl. 28b vom 29. 8. 1931. — Coll. 1933, 580.
Ö.P. 128551   vom 21. 8. 1931. — C. 1932, II, 1736; Coll. 1933, 174.

Richard Schnabel, Wien.

Verfahren zur Verarbeitung von Leder. Zur Imitation von exotischen Lederarten werden die Leder nach dem bekannten Knautschverfahren regelmäßig oder unregelmäßig gefaltet und geknüllt und mit einer gegebenenfalls profilierten Platte gepreßt.

D.R.P. 598572/Kl. 28a vom 27. 11. 1932. — Coll. 1934, 460.
Dän.P. 46541   vom 27. 8. 1931. — C. 1934, I, 2382.

Jörgen Nielson, Bröndsbjerg, Dänemark.

Verfahren zum Weich- und Geschmeidigmachen von gegerbten Häuten und Fellen. Die ausgereckten Leder werden in feuchtem Zustand einer vollständigen Durchfrierung unterzogen.

A.P. 1969743 vom 12. 4. 1932. — C. 1935, I, 186.

F. Hecht & Co., Inc., New York und *Amalgamated Leather Comp.*, Inc., Wilmington, Del., V. St. A.

Herstellung von Reptilleder. Die in üblicher Weise gegerbten Leder werden leicht vorgefärbt, gefalzt und auf der Narbenseite stark gepreßt. Dann wird ein Lack (eventuell mit Bronzefarben vermischt) unter schiefem Winkel parallel zur Längs- und Querrichtung der Haut aufgespritzt, so daß die plattgedrückten Schuppen gleichmäßig von dem Lack bedeckt werden; dann Trocknen und Glanzstoßen.

D.R.P. 576172/Kl. 8m vom 28. 4. 1932. — C. 1933, II, 3937.

Dirick von Behr, Raunheim, Hessen.

Verfahren zur Herstellung von Schweinslederimitationen. Auf vegetabilisch, synthetisch oder mineralisch gegerbte Leder beliebiger Herkunft werden die Poren des Schweinsledernarbens durch Einstechen nachgeahmt.

D.R.P. 605367/Kl. 28a vom 26. 1. 1933. — Coll. 1935, 296.

Dr. E. Meyer & Co., Hannover-Limmer.

Verfahren zur Vorbereitung von Leder für den Schleifprozeß. Zwecks Erzeugung von Leder mit velourartigem Aussehen lagert man in das Leder vor dem Schleifprozeß (eventuell während des Lickerns) fein zerteilte Mineralien (Kreide, gemahlenen Bimsstein, Siliciumcarbid) ein.

A.P. 2017453 vom 17. 6. 1933. — C. 1936, I, 1559.

A. C. Lawrence Leather Co., Boston, Mass.

Herstellung von künstlich genarbtem Leder. Aufpressen einer Narbenplatte auf glatt ausgestrichene, gebeizte und gepickelte Blößen, Aufstreichen einer basischen Chromgerbstofflösung bis zur Durchgerbung, Neutralisieren durch Auftragen einer Natriumbikarbonatlösung und Zurichten in bekannter Weise.

1. D.R.P. 611724/Kl. 75d vom 9. 9. 1933. — C. 1936, I, 1777.
2. Zus.P. 621504/Kl. 76d vom 26. 11. 1933. — C. 1936, I, 1777.

Lederfabrik Walter Krug & Co. G. m. b. H., Neu-Isenburg b. Frankfurt a. M.

Verfahren zur Herstellung von in Musterung und Narben vollkommen naturgetreuer Imitationen von Reptilledern u. dgl.

1. Photographieren des Originalreptilleders, Übertragen mittels einer Matrize auf das Leder, Photographieren dieser Übertragung und Herstellen der Narbenpreßplatte nach dieser zweiten Photographie.

2. Von der ersten photographischen Aufnahme werden zwei Originalkopien hergestellt und davon die eine als Abziehbild auf das Leder übertragen, während nach der anderen die Narbenpreßplatte angefertigt wird.

2. Maschinen (Auszug aus der deutschen Patentliteratur).

a) Ausrecken, Abwelken, Strecken, Glätten usw.

D.R.P. 258563/Kl. 28b vom 30. 3. 1911.

William B. Turner, Melrose, Mass., V. St. A.

Maschine zum Ausstoßen, Glätten usw. von Häuten und Leder mit hin und her bewegbarem, während des Arbeitshubes mit dem Auflagetisch in Eingriff tretendem Werkzeug.

D.R.P. 270386/Kl. 28b vom 30. 3. 1911.

William B. Turner, Melrose, Mass., V. St. A.

Maschine zum Glätten, Blanchieren, Ausstoßen, Satinieren und ähnliche Bearbeitung von Häuten, Fellen und Leder mit über einem Auflagetisch vor- und rückwärts bewegbarem Werkzeugträger.

D.R.P. 284703/Kl. 28b vom 12. 7. 1913.

Anton Job, Luxemburg-Hollerich.

Maschine zum Strecken und Weichmachen von Leder.

1. D.R.P. 270947/Kl. 28b vom 13. 3. 1913.
 D.R.P. 271701/Kl. 28b vom 13. 3. 1913.
 Zus.P. 335167/Kl. 28b vom 23. 6. 1920.
2. D.R.P. 374162/Kl. 28b vom 8. 7. 1921.

Daniel Mercier, Ardèche, Annonay, Frankreich.

1. Werkzeugtrommel zum Weichmachen und Ausrecken von Häuten und Leder.
2. Maschine zum Strecken und Geschmeidigmachen von Häuten und Leder.

D.R.P. 396520/Kl. 28b vom 16. 1. 1923.
D.R.P. 396521/Kl. 28b vom 16. 1. 1923.
D.R.P. 397909/Kl. 28b vom 28. 10. 1922.
Munk & Schmitz, Maschinenfabrik, Köln-Poll.
Ausstoßmaschine zum Bearbeiten von Oberledern.

D.R.P. 410172/Kl. 28b vom 18. 1. 1923.
Façoneisen-Walzwerk L. Mannstaedt & Cie., Troisdorf b. Köln.
Ausstoß- und Aussetzmaschine.

D.R.P. 442968/Kl. 28b vom 8. 10. 1924.
J. W. Aulson & Sons, Inc., Salem, V. St. A.
Maschine zur Narbenbildung und zum Bearbeiten (Weichmachen) von Häuten
mit einem gegen eine Trommel beweglichen Arbeitstisch.

D.R.P. 463429/Kl. 28b vom 1. 3. 1925.
William Walker & Sons Ltd. und *Richard Cooke Fogg,* Bolton, England.
Lederstreckrahmen mit in Längsschlitzen einer als kastenförmiger Hohlkörper
ausgebildeten Querschiene einstellbaren Greiferklauen.

1. **D.R.P.** 471077/Kl. 28b vom 4. 4. 1925.
2. **D.R.P.** 446427/Kl. 28b vom 27. 8. 1925.
The Turner Tanning Machinery Company, Peabody, Mass., V. St. A.
1. Ausreckmaschine fur Häute, Felle und Leder.
2. Maschine zum Ausstoßen des Narbens und zum Ölen von Leder mit hin und her
drehbarer Werkstuckauflagetrommel und langer Reckerwalze.

D.R.P. 472774/Kl. 28b vom 21. 7. 1928.
Maschinenfabrik Turner A.G., Frankfurt a. M.
Maschine zur Bearbeitung von Häuten, Fellen u. dgl., insbesondere zum Aus-
setzen oder Ausstoßen der Narbenseite.

D.R.P. 493131/Kl. 28b vom 27. 10. 1927.
D.R.P. 510823/Kl. 28b vom 12. 5. 1928.
Maschinenfabrik Moenus A.G., Frankfurt a. M.
Ausreck- und Abwelkmaschine für Leder.

D.R.P. 515797/Kl. 28b vom 19. 1. 1928.
Maschinenfabrik Turner A.G., Frankfurt a. M.
Maschine zum Bearbeiten (Ausrecken, Abwelken, Aussetzen und Walzen) von
Hauten und Leder.

D.R.P. 533278/Kl. 28b vom 31. 1. 1929.
Bayrische Maschinenfabrik Regensburg, F. J. Schlageter, Regensburg.
Maschine zum Abwelken und Ausrecken von Häuten und Ledern.

D.R.P. 573338/Kl. 28b vom 10. 3. 1932.
Friedrich Gatke, Neumunster, Holstein.
Abwalk- und Ausreckmaschine.

D.R.P. 619527/Kl. 28b vom 26. 7. 1932.
The Tanning Process Company, Boston, Mass., V. St. A.
Verfahren zum Strecken oder Weichmachen von Häuten, Fellen und Leder und
Maschine zur Ausfuhrung des Verfahrens. Das Werkstück wird zwischen zwei mit
Reiboberflachen versehenen, dicken, nachgiebigen Tüchern gelegt und durch eine
Preßvorrichtung gefuhrt.

D.R.P. 602481/Kl. 28b vom 24. 11. 1932.
Jos. Krause G. m. b. H., Altona.
Verfahren und Vorrichtung zum Bearbeiten von Häuten und ähnlichen weichen
Stoffen mittels Preßwalzen.

D.R.P. 611 415/Kl. 28b vom 17. 3. 1933.
Badische Maschinenfabrik und Eisengießerei vorm. G. Sebold u. Sebold & Neff,
Durlach, Baden.
Lederabwelkpresse.

b) Spalten.

D.R.P. 269 947/Kl. 28b vom 30. 6. 1912.
Joseph Henry Gay, Newark, New Jersey, V. St. A.
Spaltmaschine für Leder und Häute, bei der die Schneidkante des Messers in der unmittelbaren Nähe der Drucklinie zwischen dem Druckstück und der Zufuhrwalze liegt.

D.R.P. 282 506/Kl. 28b vom 12. 8. 1914.
Peter Hofmann, Stuttgart.
Lederschärf- und Spaltmaschine mit umlaufendem Bandmesser.

D.R.P. 326 130/Kl. 28b vom 28. 8. 1919.
Zus.P. 328 104/Kl. 28b vom 2. 3. 1920.
D.R.P. 349 610/Kl. 28b vom 2. 7. 1920.
Maschinenwerke zu Frankfurt a. M. vorm. Kolb, Rieber & Co. G. m. b. H.,
Frankfurt a. M.
Maschine zum Spalten und Schärfen von Leder.

D.R.P. 346 688/Kl. 28b vom 17. 7. 1920.
Max Ehrhardt, Pößneck.
Lederspaltmaschine.

D.R.P. 396 503/Kl. 28b vom 20. 8. 1921.
Thomas Joseph O'Keefe, Boston, V. St. A.
Lederspaltmaschine.

D.R.P. 456 939/Kl. 28b vom 1. 2. 1927.
D.R.P. 483 578/Kl. 28b vom 29. 6. 1927.
Maschinenfabrik Turner A. G., Frankfurt a. M.
Bandmesserspaltmaschine, insbesondere für Häute und Leder.

c) Falzen.

D.R.P. 257 331/Kl. 28b vom 13. 6. 1912.
Hans Rasmussen, Kopenhagen.
Maschine zum Ausstoßen, Falzen und Glätten von Leder, mit einem gegen die Messerwalze schwingbaren, als Walze ausgebildeten Werkstückträger.

D.R.P. 350 510/Kl. 28b vom 9. 2. 1921.
Ernst Schmidt, Durlach.
Lederfalzmaschine.

D.R.P. 378 006/Kl. 28b vom 19. 8. 1922.
D.R.P. 379 823/Kl. 28b vom 5. 8. 1922.
D.R.P. 466 345/Kl. 28b vom 1. 2. 1923.
Façoneisen-Walzwerk L. Mannstaedt & Cie., Troisdorf b. Köln.
Entfleisch- und Lederfalzmaschine.

D.R.P. 408 584/Kl. 28b vom 6. 7. 1922.
Gerbereimaschinenfabrik Schmidt, Knappschneider & Co., Kirchheim-Teck.
Falzmaschine.

d) Schleifen.

D.R.P. 324 432/Kl. 28b vom 21. 5. 1914.
United Shoe Machinery Company, Paterson u. Boston, V. St. A.
Maschine zum Aufrauhen oder Abschleifen von Lederstücken.

D.R.P. 415207/Kl. 28b vom 2. 3. 1924.

Maschinenfabrik Turner A. G., Frankfurt a. M.

Lederschleifmaschine mit nachgiebiger Werkstückauflage auf Filz.

D.R.P. 472775/Kl. 28b vom 26. 10. 1927.

Klöckner-Werke A. G., Abteilung Mannstaedt-Werke, Troisdorf b. Köln.

Maschine zur Herstellung samtartiger Oberflächen auf Leder durch Schleifen mit von einer Trommel getragenen elastischen Schleifkörpern.

1. **D.R.P. 477065**/Kl. 28b vom 15. 2. 1927.
2. **D.R.P. 574293**/Kl. 28b vom 23. 4. 1932.

Badische Maschinenfabrik & Eisengießerei vorm. G. Sebold u. Sebold & Neff,
Durlach, Baden.

1. Maschine zum Schleifen, Polieren oder Aufrauhen von Leder, mit Hilfe einer zwei verschiedene Bewegungen ausführende Werkzeugtrommel.
2. Lederschleifmaschine.

D.R.P. 587065/Kl. 28b vom 22. 8. 1930.

Maschinenfabrik Turner A. G., Frankfurt a. M.

Maschine zum Bearbeiten von Leder, insbesondere zum Schleifen.

e) Glanzstoßen, Bügeln.
1. **D.R.P. 354027**/Kl. 28b vom 22. 3. 1921.
2. **D.R.P. 353575**/Kl. 28b vom 30. 3. 1921.

Schulze & Biehl, Inh. Adolf Schulze, Düsseldorf-Rath.

1. Glanzstoßmaschine.
2. Bügelmaschine für Leder.

D.R.P. 421895/Kl. 28b vom 10. 6. 1923.

Maschinenfabrik Turner A. G., Frankfurt a. M.

Maschine zum Bearbeiten, insbesondere Bügeln von Leder.

1. **D.R.P. 438939**/Kl. 28b vom 7. 1. 1926.
2. **D.R.P. 472216**/Kl. 28b vom 27. 11. 1926.

Maschinenfabrik Moenus A. G., Frankfurt a. M.

1. Bügelmaschine für Leder mit einem über das Werkstück hinweggleitenden Bügeleisen.
2. Bügelmaschine für Leder mit einem dem Glättwerkzeug vorgeschalteten Recker.

D.R.P. 490437/Kl. 28b vom 23. 12. 1927.

Joh. Kleinewefers Söhne, Krefeld.

Vorrichtung zum Bügeln oder Glätten von Ledern, Kunstleder und anderen Stoffen.

D.R.P. 535764/Kl. 28b vom 25. 11. 1927.

Humbold-Deutzmotoren A. G., Köln-Kalk.

Lederbearbeitungsmaschine zum gleichzeitigen Bügeln und Glanzstoßen.

f) Krispeln.
D.R.P. 266922/Kl. 28b vom 31. 8. 1912.
Zus.P. **271272**/Kl. 28b vom 1. 8. 1913.
Zus.P. **323667**/Kl. 28b vom 5. 2. 1914.

Karl Rausch, Leipzig-Reudnitz.

Krispelmaschine, bei der die zusammengefaltete Haut an ihrer Faltstelle zwischen zwei in parallelen Ebenen zueinander liegenden, bewegbaren Platten hin und her gerollt wird.

D.R.P. 280460/Kl. 28b vom 2. 8. 1913.

Bayrische Maschinenfabrik Regensburg, F. J. Schlageter, Regensburg.

Krispelmaschine mit einem das obere Krispelwerkzeug bildenden Segment und einem um Schwinghebel umklappbaren Tisch.

D.R.P. 292660/Kl. 28b vom 26. 7. 1914.

Fortuna-Werke Spezialmaschinenfabrik G. m. b. H., Cannstatt-Stuttgart.
Krispelplatte mit ununterbrochener Arbeitsfläche.

D.R.P. 308610/Kl. 28b vom 26. 7. 1914.
D.R.P. 305400/Kl. 28b vom 25. 9. 1917.
D.R.P. 319942/Kl. 28b vom 30. 8. 1919.
D.R.P. 356435/Kl. 28b vom 4. 7. 1920.
Karl Rausch, Leipzig.
Krispelmaschine.

D.R.P. 300818/Kl. 28b vom 11. 2. 1917.

Bayrische Maschinenfabrik Regensburg, F. J. Schlageter, Regensburg.
Krispelmaschine mit rotierenden, kegelförmigen Arbeitswalzen.

D.R.P. 584356/Kl. 28b vom 21. 5. 1931.
Zus.P. 588448/Kl. 28b vom 4. 6. 1932.
Maschinenfabrik Turner A. G., Frankfurt a. M.
Krispelmaschine mit ständig umlaufenden, parallel zueinander gelagerten Walzsegmenten.

g) Stollen.

D.R.P. 256501/Kl. 28b vom 2. 6. 1909.
Frank Fisher Slocomb, Wilmington.
Maschine zum Stollen von Leder.

D.R.P. 282507/Kl. 28b vom 4. 7. 1912.
Frank Wayland, Salem, Mass., V. St. A.
Lederstollmaschine mit paarweise zusammenarbeitenden, mit schraubenförmigen Streckmessern besetzten Walzen.

D.R.P. 268663/Kl. 28b vom 7. 1. 1913.
Rheinische Maschinen- & Apparatebauanstalt Peter Dinkels & Sohn, G. m. b. H.,
Mainz.
Lederstollmaschine mit hin und her gehenden, zangenartig zusammenwirkenden Stollwerkzeugen.

1. **D.R.P. 278894**/Kl. 28b vom 11. 10. 1912.
2. **D.R.P. 349611**/Kl. 28b vom 18. 11. 1919.
Maschinenfabrik Moenus A. G., Frankfurt a. M.-Bockenheim.
1. Lederstollmaschine mit hin und her gehenden, zangenartig bewegten und die Werkzeuge tragenden Stollarmen.
2. Stollmaschine.

D.R.P. 342530/Kl. 28b vom 1. 8. 1920.
Bayrische Maschinenfabrik Regensburg, F. J. Schlageter, Regensburg.
Lederstollmaschine.

D.R.P. 359617/Kl. 28b vom 25. 9. 1921.
Façoneisen-Walzwerk L. Mannstaedt & Cie. A. G., Troisdorf b. Köln.
Stollmaschine.

D.R.P. 436892/Kl. 28b vom 28. 7. 1923.
Alexander Kehrhahn, Frankfurt a. M.
Vorrichtung zum Stollen von Leder.

D.R.P. 417523/Kl. 28b vom 10. 1. 1924.
Firma Klöckner-Werke A. G., Abt. Mannstaedt-Werke, Troisdorf.
Stollmaschine mit wagerechter Schlittenbewegung und abgefederten Stollwerkzeugen.

D.R.P. 438938/Kl. 28b vom 2. 10. 1924.

William Fielder Ayles, Oxhey, Norlington, und *Pinner Road & Barrow,
Hepburn & Gale Ltd.*, London.

Lederstollmaschine mit gradlinig bewegtem Schlitten.

D.R.P. 472735/Kl. 28b vom 16. 3. 1926.

Maschinenfabrik Moenus A.G., Frankfurt a. M.

Lederstollmaschine mit hin und her gehenden, zangenartig bewegten Stollwerkzeugen.

h) Walzen, Mustern, Pressen.

D.R.P. 263659/Kl. 28b vom 23. 5. 1912.
Zus.P. 265319/Kl. 28b vom 1. 6. 1912.
D.R.P. 268233/Kl. 28b vom 21. 8. 1912.
D.R.P. 262511/Kl. 28b vom 9. 11. 1912.

Ottilie Voß, Neumünster.

Vorrichtung zum Mustern und Walzen von Leder.

D.R.P. 280461/Kl. 28b vom 14. 5. 1913.

Rheinische Maschinen- und Apparatebauanstalt Peter Dinkels & Sohn G.m.b.H.,
Mainz.

Karrenwalze zum Aufpressen von Mustern auf Leder mit einem heb- und senkbaren Auflagetisch und einer Einrichtung zum Stillsetzen des Walzenwagens an beliebiger Stelle seines Arbeitsweges.

D.R.P. 284606/Kl. 28b vom 1. 8. 1913.

Karl Voß, Newark, New Jersey, V. St. A.

Maschine zum Mustern und Walzen von Leder.

D.R.P. 330976/Kl. 28b vom 3. 2. 1920.

Ernst Schmidt, Durlach.

Maschine zum Walzen und Pressen von Leder.

D.R.P. 361281/Kl. 28b vom 5. 11. 1921.
Zus.P. 382495/Kl. 28b vom 20. 11. 1921.
D.R.P. 373793/Kl. 28b vom 22. 1. 1922.
Zus.P. 374864/Kl. 28b vom 8. 2. 1922.

Gerbereimaschinenfabrik Schmidt, Knappschneider & Co., Kirchheim-Teck.

Karrenwalze für Leder.

1. **D.R.P. 377840**/Kl. 28b vom 29. 9. 1922.
2. **D.R.P. 394278**/Kl. 28b vom 3. 2. 1923.

Façoneisen-Walzwerk L. Mannstaedt & Cie., A.G., Troisdorf b. Köln.

1. Maschine zum Aufpressen von Mustern auf Leder.
2. Karrenwalze zum Mustern, Pressen und Walzen von Leder.

D.R.P. 387392/Kl. 28b vom 5. 11. 1922.

Maschinenfabrik Moenus A.G., Frankfurt a. M.

Vorrichtung zum Mustern von Leder.

D.R.P. 418346/Kl. 28b vom 30. 12. 1923.
D.R.P. 472218/Kl. 28b vom 24. 12. 1927.

Firma Klöckner-Werke A.G., Abt. Mannstaedt-Werke, Troisdorf.

Karrenwalze für Leder.

D.R.P. 488084/Kl. 28b vom 4. 6. 1926.

Johann Kleinewefers Söhne, Krefeld.

Satinier- und Prägemaschine für Leder.

1. D.R.P. 478461/Kl. 28b vom   5. 10. 1926.
2. D.R.P. 513873/Kl. 28b vom 25.   1. 1928.
Maschinenfabrik Turner A. G., Frankfurt a. M.
  1. Hydraulische Lederpresse mit zwei Preßtischen, die abwechselnd in die Preßstellung gelangen und dabei die hydraulische Steuervorrichtung beeinflussen.
  2. Maschine zum Pressen von Leder.

D.R.P. 455430/Kl. 28b vom 21. 1. 1927.
Mebus Maschinenbaugesellschaft, Schwelm i. W.
Lederwalzmaschine.

D.R.P. 476988/Kl. 28b vom 28. 4. 1927.
Zus.P. 501495/Kl. 28b vom ̇3. 3. 1929.
Zus.P. 502819/Kl. 28b vom 27. 3. 1929.
Zus.P. 508112/Kl. 28b vom 9. 5. 1929.
Zus.P. 530072/Kl. 28b vom 9. 5. 1929.
Johann Kleinewefers Söhne, Krefeld.
Kalander, insbesondere zum Pressen von Leder.

D.R.P. 481030/Kl. 28b vom 24. 5. 1927.
Johs. Krause G. m. b. H., Altona-Ottensen.
Verfahren zum Pressen von Leder. Zur Erzielung einer scharfen Narbenprägung wird das Werkstuck zunächst einem mäßigen Druck unter gleichzeitiger Erwärmung ausgesetzt und darnach zur Formung der Druck auf die erforderliche Höhe gesteigert.

D.R.P. 451362/Kl. 28b vom 24. 7. 1925.
Zus.P. 456240/Kl. 28b vom 30. 3. 1927.
D.R.P. 506575/Kl. 28b vom 22. 5. 1928.
D.R.P. 535765/Kl. 28b vom 16. 11. 1930.
D.R.P. 554810/Kl. 28b vom 20. 1. 1931.
Wilhelm Wiegand, Merseburg.
Hydraulische Presse, insbesondere für Leder.

D.R.P. 600511/Kl. 28b vom 6. 8. 1932.
Karl Rausch, Dresden.
Maschine zum Narben und Prägen sowie zum Bügeln von Leder u. dgl.

i) Appretieren, Imprägnieren usw.
D.R.P. 396522/Kl. 28b vom 17. 12. 1922.
Maschinenfabrik Turner A. G., Oberursel.
Maschine zum Auftragen und Verreiben von Farbe, Öl und ähnlichen Appreturmassen auf Leder.

D.R.P. 581989/Kl. 28b vom 31. 5. 1929.
Ernst Enna, Kopenhagen.
Maschine zum Einpressen flüssiger Stoffe aller Art in poröse Stoffe, insbesondere Leder.

D.R.P. 581674/Kl. 28b vom 8. 2. 1931.
Albert Teufel, Maschinenfabrik in Backnang, Backnang.
Vorrichtung zum Spritzen und Trocknen von Leder.

Namenverzeichnis.

Sachverzeichnis.

Berichtigung.

Auf S. 1045 muß es richtig heißen: „Russische Patente"
anstatt „Rumänische Patente".

Printed in the United States
By Bookmasters